Gustav Hegi
Illustrierte Flora von Mitteleuropa

Gustav Hegi
Illustrierte Flora
von
Mitteleuropa

Band V Teil 1
441 Abbildungen, 12 Farbtafeln

Verlag Paul Parey
Berlin und Hamburg

Schutzumschlag und Einband: Christoph Albrecht, D-8399 Tettenweis

1. Auflage 1925, erschienen im J. F. Lehmanns Verlag, München; 2. Auflage 1965, unveränderter Text-Nachdruck, erschienen im Carl Hanser Verlag, München; am 1. Juli 1975 übernommen vom Verlag Paul Parey, Berlin und Hamburg.

Das Werk ist urheberrechtlich geschützt. Die dadurch begründeten Rechte, insbesondere die der Übersetzung, des Nachdrucks, des Vortrages, der Entnahme von Abbildungen, der Funksendung, der Wiedergabe auf photomechanischem oder ähnlichem Wege und der Speicherung in Datenverarbeitungsanlagen, bleiben, auch bei nur auszugsweiser Verwertung, vorbehalten. Werden einzelne Vervielfältigungsstücke in dem nach § 54 Abs. 1 UrhG zulässigen Umfang für gewerbliche Zwecke hergestellt, ist an den Verlag die nach § 54 Abs. 2 UrhG zu zahlende Vergütung zu entrichten, über deren Höhe der Verlag Auskunft gibt.

© 1975 Verlag Paul Parey, Berlin und Hamburg
Anschriften: D-1000 Berlin 61, Lindenstr. 44-47 — D-2000 Hamburg 1, Spitalerstr. 12

Druck: Text: Druckhaus Lichterfelde GmbH, D-1000 Berlin. Tafeln: Kastner & Callway, D-8000 München. — Bindung: Sellier GmbH, D-8050 Freising; Lüderitz & Bauer, D-1000 Berlin.

ISBN 3-489-72021-0 (Sellier); ISBN 3-489-72020-2 (Lüderitz & Bauer) · Printed in Germany

V. Band, 1. Teil

Dicotyledones

3. Teil

Linaceae – Violaceae

Von

Dr. Gustav Hegi

a. o. Professor an der Universität München

unter Mitarbeit von

Dr. H. Gams, Dr. W. Lüdi,
Dr. H. Beger, Priv. Doz. Dr. J. Braun-Blanquet,
Prof. Dr. A. Thellung, Dr. W. Zimmermann

Volkstümliche Pflanzennamen gesammelt und bearbeitet von
Studienprofessor **Dr. Heinrich Marzell** in Gunzenhausen (Bayern)

Mit 12 farbigen Tafeln
und 441 Textabbildungen und Karten

Tafel 175

Tafel 175.

Fig. 1. *Linum usitatissimum* (pag. 20). Blühender Spross.
„ 1a. Staubblätter und Fruchtknoten.
„ 1b. Fruchtquerschnitt.
„ 1c. Längsschnitt durch den Samen.
„ 1d. Reife Frucht.
„ 1e. Samen.
„ 2. *Linum Austriacum* (pag. 19). Blütenspross.

Fig. 2a. Samen (verschleimend).
„ 3. *Linum viscosum* (pag. 10). Habitus.
„ 3a. Reife Frucht.
„ 3b. Laubblatt (vergrössert).
„ 4. *Linum catharticum* (pag. 6). Habitus.
„ 4a. Entleerte Kapsel.
„ 5. *Linum tenuifolium* (pag. 12). Habitus.
„ 6. *Linum flavum* (pag. 8). Blühender Spross.

64. Fam. **Lináceae.** Leingewächse.

Kräuter, Halbsträucher, Sträucher und selten Bäume (selbst Lianen). Laubblätter meist wechselständig, einfach, ganzrandig. Nebenblätter vorhanden, zu Drüsen reduziert (Fig. 1666b) oder ganz fehlend. Blüten strahlig (aktinomorph), meist 5=zählig, zwitterig, einzeln oder in reinen Dichasien, in trauben= oder ährenförmigen Wickeln oder rispigen Trugdolden. Kelchblätter frei, der $^2/_5$ Blattstellung entsprechend sich deckend, quincuncial. Kronblätter gleichviele wie Kelchblätter, dachig, oftmals gedreht. Staubblätter gleichviele wie Kronblätter oder 2 bis 4 mal mehr, alle mit Staubbeuteln oder die den Kronblättern gegenüberstehenden rückgebildet; Staubfäden im unteren Teil verbreitert und ± hoch hinauf zu einer Röhre verwachsen, selten frei; Staubbeutel der Länge nach sich öffnend. Nektardrüsen am Grunde der Kelchblätter bezw. Staminodien oft vorhanden. Fruchtblätter 5 (2 oder 3), oberständig, miteinander zu einem 5=fächerigen, manchmal mit falschen Scheidewänden versehenen Fruchtknoten verwachsen (Taf. 175, Fig. 1b); Griffel meist frei; Samenanlagen einzeln oder zu 2 in den Fächern innen= winkelständig, hängend, umgewendet (Fig. 1664b, c), mit der zuweilen von einem Obturator bedeckten Mikropyle nach aussen und oben gerichtet. Frucht eine wandspaltig aufspringende, trockene oder etwas fleischige Kapsel oder eine ± fleischige Steinfrucht. Samen oft mit ver= schleimender Epidermis (Linum) oder mit flügelförmigem Samenmantel, meist zusammengedrückt, mit fleischigem Nährgewebe. Keimling meist gerade; Keimblätter flach; Radicula gegen den Nabel zu gewendet.

Die Familie umfasst etwa 13 Gattungen mit ungefähr 150 Arten, welche den gemässigten, subtropischen und tropischen Gebieten aller Erdteile angehören. Sie zerfällt in die beiden Tribus der Eulineae mit nur 5 fruchtbaren Staubblättern (fast ausschliesslich Kräuter) und der Hugonieae mit 10 bis 20 fruchtbaren Staubblättern (Holzgewächse der Tropen und Subtropen). Ueber die Abgrenzung der Familie vgl. vor allem die neueste Arbeit von Hallier, Hans. Beiträge zur Kenntnis der Linaceae (DC. 1819) Dumort. in Beiheften zum Botan. Centralbl. Bd. XXXIX (1921), Abt. II. Zu den Eulineae gehört als artenreichste Gattung Linum L. (incl. Hesperolinum Small) mit zirka 100 Arten von der Tracht vieler Silineae, die besonders im Mittelmeer= gebiet verbreitet sind, aber auch in den gemässigten und subtropischen Gebieten der beiden Hemisphären vorkommen (pag. 4) ferner die Gattungen Radiola mit 1 Art (pag. 2), Anisadénia Wallich mit 2 Arten im Himalaya, Reinwárdtia[1]) Dumort. mit 2 Arten in Ostindien, von denen R. trigýna Planch. (= R. Índica Dum.) der schönen Blüten wegen gelegentlich in Zimmern gezogen wird, und Tirpítzia Hallier mit T. Sinénsis (Hemsl.) Hallier in Ost=Yünnan. Die Tribus der Hugonieae wird vertreten durch die Gattungen Ixonánthes Jack. mit 8 Arten in Ostindien, Ochthocósmus Benth. (incl. Phyllocósmus Klotzsch) mit 11 Arten im tropischen Amerika und tropischen Afrika, Asteropeía Thouars (incl. Rhodocláda Baker) mit 7 Arten auf Madagaskar, Durándea Planch. mit 13 Arten in den Monsungebieten, Thilbórnea Hallier mit 2 Arten auf Borneo und den Philippinen, Hugónia L. mit etwa 20 Arten im tropischen Asien und Afrika, in Australien und Neukaledonien, bei welchen die ersten Verzweigungen der Blütenstände in gegenständige, spiralig ein= gerollte Klammerhaken umgewandelt sind (Die Wurzel von Hugonia Mýstax L. wird in Indien gegen Ent= zündungen und bei Schlangenbiss sowie als Wurmmittel verwendet), ferner Rouchéra Planch. mit 4 Arten

---
[1]) Benannt nach dem Forschungsreisenden Professor Reinwardt in Leyden, gest. 1854.

im tropischen Amerika, **Indorouchéra** Hallier mit 3 Arten in Ostindien, **Hebepétalum** Benth. mit 2 Arten in Guayana, **Lepidobótrys** Engler und **Nectaropétalum** Engler in Ostafrika. Die Linaceen zeigen zu den Oxalidaceen und Geraniaceen die nächsten verwandtschaftlichen Beziehungen; andererseits bestehen solche — besonders durch Vermittelung der Hugonieae mit den Erythroxylaceen und Humiriaceen (Hallier betrachtet diese überhaupt nur als Sippen der Linaceen), ferner mit den Symplocaceen, Ternstroemiaceen und Lecythidaceen. Anatomisch ist die Familie nicht scharf charakterisiert; immerhin ist das ziemlich häufige Vorkommen verschleimender Epidermiszellen hervorzuheben.

1. Blüten 4-zählig. Kelchblätter an der Spitze 2- oder 3-zähnig (Fig. 1662 b). **Radiola** CCCCXLIV.
1*. Blüten 5-zählig. Kelchblätter ganzrandig . . . . **Linum** CCCCXLV.

CCCCXLIV. Radiola¹) Hill. (= Linódes Ludw., = Linocárpum Mappus, = Millegrána Kramer). Zwerg-Lein.

Die Gattung ist monotypisch.

1795. Radiola linoides Roth (= R. Radiola Karsten, = R. dichótoma Moench, = R. Millegrána Smith, = R. multiflóra Ascherson, = Linum Radiola L., = L. multiflorum Lam., = L. tetrapétalum Gilib.). **Gemeiner Zwerg-Lein.** Franz.: Faux lin, radiole, petit lin; engl.: Allseed, flax seed. Fig. 1662 und 1663.

Einjähriges, 1 bis 10 cm hohes, kahles Pflänzchen mit ziemlich kurzer, dünner, spindelförmiger, weisslicher Wurzel. Stengel aufrecht oder am Grunde aufsteigend, wenig über dem Boden regelmässig wiederholt gegabelt; Gabeläste ausgebreitet, dem Boden anliegend, wie der unverästelte Teil des Stengels stielrund. Laubblätter gegenständig, sitzend, eiförmig bis länglich, spitz, ganzrandig, 1-nervig. Blüten meist zahlreich, ausnahmsweise einzeln (f. uniflóra O. Jaap), in beblätterten, sehr regelmässig-wiederholt verzweigten Dichasien, am Ende der Aeste geknäuelt. Kelchblätter 4 (Fig. 1662 b), am Grunde verwachsen, dreieckig-verkehrteiförmig, an der Spitze 3-zähnig bis 3-spaltig, 1 bis 1,5 mm lang. Kronblätter 4, sehr klein, 1 bis 1,5 mm lang, spatelförmig, genagelt, stumpf, weiss. Staubblätter 4, nur am Grunde miteinander verbunden, so lang wie die Kronblätter. Staminodien vorhanden oder (häufig) fehlend. Griffel 4; Narben kopfig. Frucht eine flachkugelige, 4-(unvollkommen 8-)fächerige Kapsel. Samen unregelmässig eiförmig, etwa 0,3 mm lang, glatt, glänzend hellbraun. — VII, VIII.

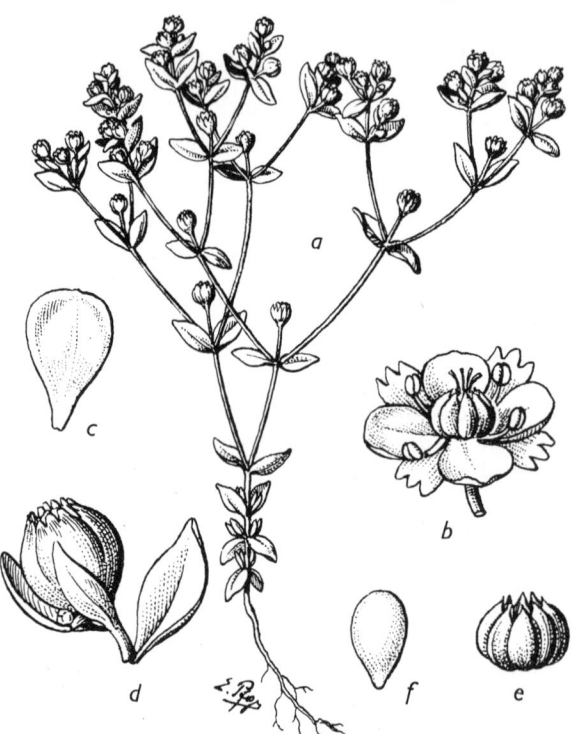

Fig. 1662. Radiola linoides Roth. *a* Habitus (natürl. Grösse). *b* Blüte. *c* Kronblatt. *d, e* Frucht. *f* Same.

Stellenweise häufig auf feuchtem Sand- und Moorboden, an quelligen Abhängen, an Grabenrändern, an Ufern von Seen und Teichen.

Sehr verbreitet in den Heidegebieten des Norddeutschen Flachlandes (auch auf den Nordfriesischen Inseln, in der Lausitz und an der Ostseeküste); sonst nur zerstreut und stellenweise ganz fehlend, so in Salzburg, Tirol, Oberösterreich, Kärnten und in der Schweiz (ehedem [noch 1886] an der Wiese bei Basel und hart an der Grenze auf der Insel Reichenau), in Württemberg einzig im Oberamt Gaildorf bei Winzenweiler

---

¹) Verkleinerungsform vom lat. rádius = Strahl; wegen der strahlenartig angeordneten Aeste.

(ob noch?), in Bayern sehr selten auf der unteren Hochebene (Schönach bei Straubing), im Vorderzug des Bayerischen Waldes (Edenstetten, Berg, Falkenstein), im Keuper- und Buntsandsteingebiet von Franken verbreitet, in Steiermark nur in den Windischen Büheln bei Sodinetz nächst Gross-Sonntag.

Allgemeine Verbreitung: Iberische Halbinsel (bis 2500 m aufsteigend), Frankreich, Britische Inseln, Italien, Mitteleuropa (nördlich bis südöstliches Norwegen, Wermland, Livland, Kurland), Balkanhalbinsel (sehr selten), Mittel- und Südrussland; gemässigtes Asien; Nordafrika, Gebirge des tropischen Afrika, Madeira.

Das kleine, unscheinbare, kalkfliehende Pflänzchen, das leicht übersehen werden kann, ist in der Tracht wenig veränderlich; je nach dem Standort, der Beleuchtung, Feuchtigkeit usw. erscheint es auf Dünen, trockenen Heidewegen u. dgl. zuweilen in Kümmerformen (besonders bei Dichtsaat auf dem Boden ausgetrockneter Tümpel) von kaum 1 cm Höhe. Es bewohnt sowohl den reinen, feuchten Sandboden wie den Torfboden und tritt an verwundeten oder unbedeckten Stellen zuweilen in Masse auf, um dichte Rasen zu bilden. Im nordwestdeutschen Heidegebiet gehört es zu den Charakterpflanzen der echten Heiden gleichwie Narthecium ossifragum, Illecebrum verticillatum, Polygala depressa, Hypericum humifusum, Cicendia filiformis, Pedicularis silvatica, Galium Harcynicum usw. In Schleswig-Holstein, wo es namentlich im Sandgebiet, nach Willy Christiansen zuweilen auch im jüngeren Moränengebiet auftritt, erscheint es auf anmoorigem Boden gern in Gesellschaft von Lycopodium inundatum, Erica tetralix, Montia minor und Gentiana Pneumonanthe. Ueber die Begleitung auf sandigen Aeckern vgl. Myosurus minimus Bd. III, pag. 540. In Böhmen gehört das Pflänzchen nach Domin zur Formation der nackten Teichböden und erscheint daselbst neben Coleanthus subtilis, Carex cyperoides,

Fig. 1663. Radiola linoides Roth. Im norddeutschen Heidegebiet. Phot. Dr. Joh. Mattfeld, Berlin.

Cyperus fuscus und C. flavescens, Isolepis setacea, Heleocharis acicularis und H. ovata, Juncus supinus, J. capitatus, J. Tenageia und J. bufonius, Gypsophila muralis, Spergularia rubra und S. echinosperma, Illecebrum verticillatum, Bulliarda aquatica, Potentilla supina und P. Norwegica, Callitriche vernalis, Elatine hexandra, E. triandra und E. Hydropiper, Peplis Portula, Limosella aquatica, Lindernia pyxidaria, Veronica scutellata, Centunculus minimus, Litorella uniflora, Plantago maior var. Asiatica, Gnaphalium luteo-album und G. uliginosum, verschiedenen Algen und kleinen Laub- und Lebermoosen (z. B. Pleuridium nitidum, Physocomitrium sphaericum, Ephemerum serratum, Sporledera palustris, Riccia- und Anthoceros-Arten). Geht die Gesellschaft des nackten Teichbodens in eine Sandflur über, so kann sich R. linoides auch dort noch lange erhalten. — Als Bestäuber der sehr kleinen weissen Blüten mit verborgenem Honig kommen mehrere winzige Fliegen in Betracht. Die 4 Antheren gelangen mit den 4 Narben in Berührung, so dass eine spontane Selbstbestäubung unvermeidlich ist. Die an der Spitze normal 3-teiligen Kelchblätter können gelegentlich 2- oder auch 4-teilig sein. Borchard beschreibt auch eine Form mit gefüllten Blüten.

CCCCXLV. **Linum**[1]) L. Lein, Flachs. Franz.: Lin, filasse de lin; engl.: Flax; ital.: Lino.

Einachsige, einjährige Kräuter oder ausdauernde Stauden und Halbsträucher mit spindelförmiger, oft verholzter, bleibender Hauptwurzel; die ausdauernden Arten meist mit ± reichästigem Erdstock. Stengel in der Regel dünn, aufrecht oder nur wenig gebogen, selten aus niederliegendem Grunde aufsteigend, meist ziemlich dicht mit aufrecht abstehenden, wechsel-, seltener gegen- oder quirlständigen, sitzenden, ungeteilten, ganzrandigen Laubblättern besetzt.

---

[1]) Lat. linum = Lein, urverwandt mit dem gleichbedeutenden griech. λίνον [línon].

Nebenblätter fehlend oder in Form von drüsenförmigen Organen (Fig. 1666 b) vorhanden. Blüten an der Spitze der gabelig verzweigten Stengel in meist lockeren Wickeln. Kelchblätter 5 (Fig. 1664 f, g), frei, ganzrandig, oft drüsig gewimpert oder hautrandig, ab und zu die äusseren und inneren verschieden gestaltet, meist erhalten bleibend. Kronblätter 5, weiss, blau, rötlich oder gelb, zart und hinfällig. Staubblätter 5, am Grunde meist ± miteinander verwachsen; zwischen den Staubfäden lineale, kurze Staminodien, im verwachsenen Teil alternierend mit den Kronblättern 5 Honigdrüsen. Fruchtblätter meist 5, selten 3 oder 2; Griffel 5, selten 3 oder 2, frei oder seltener ± hoch hinauf verbunden; Narben kopfig, keulenförmig oder lineal. Frucht eine Kapsel mit 5 je durch eine ± vollständige Zwischenwand in 2 einsamige Kammern geteilten Fächern (Fig. 1664 b). Samen flach, glatt, mit verschleimender Oberhaut.

Zu der gut umgrenzten Gattung zählen ungefähr 100 Arten der gemässigten und subtropischen Gebiete aller Erdteile; besonders stark vertreten sind sie im Mittelmeergebiet, während der südlichen Halbkugel nur wenige Arten zukommen. Die Blüten sind homogame „Blumen" mit verborgenem Honig. Eine Reihe von Arten sind als „dimorph" zu bezeichnen, d. h. sie entwickeln lang- und kurzgriffelige Formen. Vollmann wies bei L. perenne auch eine mittelgriffelige Form nach. Bereits Darwin stellte bei L. grandiflorum fest, dass die grösste Fruchtbarkeit dann eintritt, wenn die langgriffelige Form mit dem Pollen der kurzgriffeligen bestäubt wird und umgekehrt. Bei L. perenne fand er, dass eine legitime Befruchtung sowohl der lang- als auch der kurzgriffeligen Form bei $3/4$ der Blüten nie die volle Fruchtbarkeit bewirkt, dass dagegen eine illegitime Befruchtung der langgriffeligen gänzliche, eine solche der kurzgriffeligen fast gänzliche Unfruchtbarkeit zur Folge hatte. Hildebrand zeigte, dass die kurzgriffeligen Formen sowohl mit eigenem Pollen als auch mit jenem anderer Blüten desselben Stockes, als auch endlich mit Pollen anderer kurzgriffeliger Pflanzen durchaus unfruchtbar sind. Neuerdings hat F. Laibach (Biologisches Zentralblatt. Bd. 43, 1923) den Nachweis erbracht, dass die lang- und kurzgriffeligen Linien von L. Austriacum bei Selbstbestäubung und bei illegitimer Bestäubung in verschiedenem

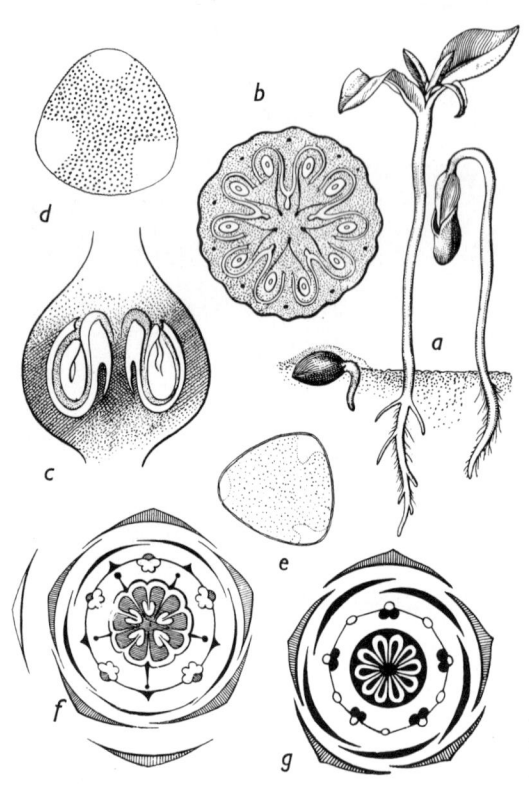

Fig. 1664. Linum usitatissimum L. *a* Entwicklung der Keimpflanze. *b* Querschnitt, *c* Längsschnitt durch den Fruchtknoten. *d, e* Pollenkörner. *g* Diagramm. — Linum Austriacum L. *f* Diagramm (Fig. *a* bis *c* nach Tschirch-Oesterle).

Grade fruchtbar sind. Auch stellte er einwandfrei fest, dass hinreichend stark selbstfertile und illegitim fertile Linien vorhanden sind. Die Nachkommen der Langgriffler des gemischten Bestandes besassen 80,91 % Langgriffler und 19,09 % Kurzgriffler; die Nachkommen der Kurzgriffler des gemischten Bestandes erwiesen sich zu 51,24 % als langgriffelig, zu 48,76 % als kurzgriffelig. Bei L. Austriacum und L. perenne sind nach Laibach die Langgriffler rezessive Homozygoten, die legitimen Kurzgriffler Heterozygoten. Wie bei den Oxalidaceen und Geraniaceen ist auch bei den jungen Blütenständen der Linum-Arten eine Nutation zu beobachten, wobei nach Karl Troll die schlanken, zarten Zweige in der Ebene des Wickels nach abwärts gekehrt sind und unter Höhersteigen des Krümmungsscheitels von unten her gerade gestreckt werden, eine überhaupt bei allen eingekrümmten Wickeln immer wiederkehrende Erscheinung. Nach dieser Aufrichtung können bei einzelnen Arten (L. catharticum) auch die Fruchtstiele aufrecht bleiben, während sich diese bei anderen Arten (L. Austriacum, L. alpinum) postfloral wiederum scharf (positiv geotropisch) nach abwärts krümmen. Für L. Austriacum ist dieses Merkmal gegenüber dem äusserst ähnlichen L. perenne mit seinen aufrechten Fruchtstielen so charakteristisch, dass man die beiden Arten nur daran deutlich unterscheiden kann. Ein Gelenk wird nicht ausgebildet. Die Fruchtstiele beginnen bereits vor der Oeffnung der Kapseln zu vertrocknen und strecken dabei den abwärts gebogenen Stiel durch blosse Schrumpfung etwas gerade. Die Wurzeln bringen (so bei L. Austriacum) Adventivknospen (Wurzelsprosse) hervor; solche hat Magnus auch an dem hypokotylen Stengelglied beobachtet. Stengelfasciationen und trikotyle Keimlinge sind besonders beim Flachs nicht selten. Tetramere Blüten kennt man von L. catharticum, 6-zählige von anderen Arten. Nach Wydler sind die Tragblätter häufig an ihre Blütenzweige angewachsen.

Auf die einzelnen Sektionen verteilen sich die Arten wie folgt:

1. **Cathartolinum** Rchb. Alle Laubblätter gegenständig. Blüten klein. Kelchblätter drüsig bewimpert. Kronblätter frei, weiss. Hieher: L. catharticum. — 2. **Syllinum** Grisebach. Laubblätter wechselständig. Kelchblätter meist drüsig bewimpert. Kronblätter vor dem Aufblühen im unteren Teile zusammenhängend. Fruchtstiele kurz. Hieher: L. flavum, L. hirsutum, L. viscosum sowie L. arbóreum L., ein meterhoher Strauch auf Kreta, und L. campanulatum L. aus dem Mittelmeergebiet. — 3. **Eulinum** Grisebach. Laubblätter wechselständig. Kelchblätter drüsenlos. Kronblätter frei, blau, rosarot oder weiss. Fruchtstiele verlängert. Hieher: L. usitatissimum, L. Austriacum, L. perenne, L. Narbonense, L. Gallicum sowie L. grandiflorum Desf. und L. maritimum L. aus dem Mittelmeergebiet und L. corymbulósum Rchb. — 4. **Linástrum** Planch. Laubblätter wechselständig. Kelchblätter drüsig bewimpert. Fruchtstiele kurz. Hieher: L. tenuifolium. 5. **Cliocócca** Planch. Kronblätter so lang oder kürzer als der Kelch. Blütenstiele sehr kurz. In Südamerika. — 6. **Hesperolínum** Gray. Einjährige Arten mit 2 oder 3 Fruchtblättern und 4- oder 6-fächerigen Kapseln. Diese nur im pazifischen Nordamerika vertretene Sektion wird neuerdings von Small zur Gattung erhoben. Adventiv werden gelegentlich beobachtet: **Linum maritimum** L. aus dem Mittelmeergebiet. Ausdauernd, kahl. Stengel mit den schlanken Aesten eine grosse, lockere, trugdoldige Rispe bildend. Untere Laubblätter gegenständig, elliptisch bis länglich-lineal, obere wechselständig, alle (wenigstens am Grunde) dreinervig. Kelchblätter eiförmig, kaum zugespitzt. Kronblätter schwefelgelb, 3 bis 4mal länger als der Kelch. Adventiv 1910 im Hafen von Ludwigshafen. — **L. corymbulósum** Rchb. (= L. Libúrnicum Scop., = L. aúreum DC., = L. strictum L. β corymbulosum Ascherson und Kanitz). Einjährige, dem L. Gallicum (pag. 14) sehr ähnliche Pflanze. Stengel schlanker, nur im oberen Teile ästig. Laubblätter an den Rändern rauh. Kelchblätter lanzettlich, lang zugespitzt, rauh. Kronblätter etwa 3mal so lang wie der Kelch. Frucht gross, ½ so lang wie die Kronblätter. Heimat: Mediterrangebiet mit Ausnahme des westlichen Teiles. In Südtirol an der Suganatalbahn (Alle Ghiaje, bei Povo und San Christoforo) vorübergehend eingeschleppt. — **L. nodiflórum** L. (= L. lutéolum Bieb.). Einjährige, 15 bis 50 cm hohe, kahle Pflanze. Stengel einzeln, am Grunde gebogen, im oberen Teile verzweigt, kantig geflügelt. Laubblätter spatelförmig, stumpf, die oberen lanzettlich, die unteren spitz; alle am Grunde jederseits mit einer braunen Nebenblattdrüse, am Rande rauh, fein gezähnelt. Blüten sehr kurz gestielt, in locker spreizenden Scheintrauben, mittelgross. Kelchblätter linealisch, grannig bespitzt, feinzackig rauh, 3 bis 4mal länger als die Frucht. Kronblätter keilförmig, lang genagelt, hellgoldgelb. Frucht eikugelig, etwa 6 mm lang — V, VI. Heimat: Mediterrangebiet mit Ausnahme des westlichsten Teiles. In Südtirol an der Suganatalbahn (bei San Christoforo und 1905 als Ueberrest aus den Griechischen Kolonien bei Persen (Pergine) eingeschleppt. — **L. grandiflórum** Desf. Ausdauernde, kahle Pflanze mit aufrechtem oder aufsteigendem, vom Grunde an ästigem Stengel. Laubblätter lineal-lanzettlich, spitz. Blüten in locker rispigem Blütenstand. Kelchblätter lanzettlich, gesägt-gewimpert, die Kapsel etwas überragend. Kronblätter gross, rosa bis karmin. — V bis VII. Heimat: Algier. Seit zirka 1800 hie und da in Gärten, neuerdings auch (Schaffhausen 1921) als Bienenpflanze kultiviert und zuweilen verwildert (Döbling bei Wien und 1908 bei Basel). Die Art ist eine unserer wirkungsvollsten und dankbarsten Sommerblumen, die an sonnigen Stellen mühelos, direkt aus Samen gezogen werden kann. Neuerdings ist sie allerdings etwas aus der Mode gekommen, ähnlich wie Lychnis Chalcedonica, Hesperis matronalis, Fabiana imbricata, Lippia citriodora, Phlox Drummondii, Tradescantia Virginica usw. Bei der Stammform sind die Blüten leuchtend blutrot (f. rúbrum hort.), bei der f. róseum hort. blassrosarot und weniger leuchtend.

Ausser L. grandiflorum, L. flavum, L. Narbonense und L. perenne werden gelegentlich noch als Zierpflanzen angetroffen: L. **suffruticósum** L. Halbstrauch aus Spanien mit weissen bis hellvioletten Blüten. — L. **Berlandiéri** Hook. aus Texas. Kahle Staude mit grossen, goldgelben Blüten. — L. **Orientále** Boiss. aus Vorderasien. Zierliche Pflanze mit grossen, orangegelben Kronblättern. — L. **campanulátum** L. (= L. glandulósum β campanulatum DC., = L. flávum L. β campanulatum Fiori und Paoletti, = Xantholínum campanulatum Rchb.). 5 bis 30 cm hoher, kahler Halbstrauch. Stengel meist mehrere, kantig. Unterste Laubblätter rosettenförmig, spatelförmig, die oberen wechselständig, eilanzettlich oder lanzettlich, mit hellem, häutigem Knorpelrand, die obersten fast gegenständig; alle am Grunde mit Nebenblattdrüsen, einnervig. Blüten auf sehr kurzen Stielen, in lockeren, wenigblütigen Trugdolden angeordnet. Kelchblätter lanzettlich, lang zugespitzt, einnervig, am Rande häutig, nicht oder ± deutlich drüsig gewimpert, zur Fruchtzeit sich vergrössernd, doppelt bis dreimal so lang als die Frucht. Kronblätter 2,5 bis 3 cm lang, gelb, am Grunde lang röhrenförmig zusammenhängend. Frucht schmaleiförmig, lang zugespitzt. Narben länglich. Heimat: Oestliches Spanien, Südfrankreich, Italien, Dalmatien.

1. Laubblätter in der Regel gegenständig. Blüten klein, weiss . . . L. catharticum nr. 1796.
1* Laubblätter wechselständig . . . . 2.
2. Stengel scharfkantig. Laubblätter am Grunde jederseits mit einer Nebenblattdrüse (Fig. 1666 b). Kronblätter sattgelb . . . . L. flavum nr. 1797.
2*. Stengel kantenlos oder nur fein gerillt. Laubblätter ohne Nebenblattdrüsen. Kronblätter niemals lebhaft gelb, blassgelb bei L. Gallicum . . . . 3.
3. Pflanze einjährig oder überwinternd einjährig, sehr selten zweijährig . . . . 4.
3* Pflanze ausdauernd, mit mehrästigem Erdstock . . . . 5.
4. Einjährige Pflanze mit bis 1,5 cm langen, lineal-lanzettlichen Laubblättern. Blüten mit hellgelben Kronblättern und kopfiger Narbe. Einzig in Krain und Küstenland . . . . . . L. Gallicum nr. 1801 a.
4*. Laubblätter lanzettlich, 2 bis 3 cm lang. Kronblätter blau. Narbe lineal. L. usitatissimum nr. 1805.
5. Kelchblätter drüsenlos . . . . 6.
5*. Kelchblätter am Rande drüsig gewimpert . . . . 9.
6. Narbe lineal. Einzig in Krain und Küstenland . . . . L. Narbonense nr. 1801 b.
6* Narbe kopfig . . . . 7.
7. Blütenstiele nach dem Verblühen (besonders zur Fruchtzeit) stark seitlich bis abwärts gekrümmt. Urwüchsig nur in Böhmen, Mähren und Niederösterreich, sonst zuweilen verwildert und eingebürgert.
L. Austriacum nr. 1804.
7*. Blütenstiele auch nach dem Verblühen stets aufrecht oder doch nur schwach seitlich gekrümmt. 8.
8. Kronblätter sich nur am Grunde mit den Rändern deckend. Pflanze meist niedrig, 10 bis 30 cm hoch. Fast ausschliesslich in den Kalkalpen . . . . L. alpinum nr. 1802.
8*. Kronblätter sich mit den Rändern der ganzen Länge nach deckend. Pflanze höher, 20 bis 60 cm hoch. Urwüchsig nur in Nieder- und Oberösterreich, Krain und Süddeutschland . . L. perenne nr. 1803.
9. Pflanze kahl . . . . L. tenuifolium nr. 1800.
9*. Pflanze ± dicht behaart . . . . 10.
10. Alle Laubblätter drüsig gewimpert. Kronblätter rosa bis hellpurpurn.
L. viscosum nr. 1798.
10*. Nur die obersten Laubblätter drüsig gewimpert. Kronblätter hell himmelblau.
L. hirsutum nr. 1799.

1796. Linum cathárticum[1]) L. (= L. diversifólium Gilib., = Cathartolínum praténse Rchb.). Purgier-Lein, Wiesen- oder Berg-Lein. Franz.: Lin sauvage purgatif; engl.: Purging flax, mountain flax, fairy flax; ital.: Lino purgativo, lino cathartico, linoéula, savonina. Taf. 175, Fig. 4; Fig. 1665.

Einjährige, überwinternd-einjährige, zweijährige, selten auch 2- bis mehrjährige, 5 bis 30 cm hohe Pflanze. Wurzel dünn, spindelig, weisslich. Stengel aufrecht oder aufsteigend, einfach (nur im Blütenstand ästig) oder vom Grunde an ästig, dünn, kahl, meist locker beblättert. Laubblätter gegenständig (die obersten oft wechselständig), ungestielt, ganzrandig, am Rande (besonders im unteren Teil) von kurzen, nach vorne gerichteten Wimperhaaren (-borsten) rauh, deutlich einnervig; die unteren länglich-verkehrteiförmig, spitzlich bis fast stumpf, die oberen lanzettlich, spitz. Blüten in lockeren, sparrig verzweigten, rispigen, spärlich beblätterten Wickeln, auf ziemlich langen, dünnen, kahlen Stielen, vor dem Aufblühen überhängend. Kelchblätter elliptisch, 2 bis 2,5 (3) mm lang, vorn etwas geschweift, zugespitzt, in der vorderen Hälfte drüsig-bewimpert. Kronblätter länglich-verkehrtei- bis keilförmig (Fig. 1665f), (3) 4 bis 5 (6) mm lang, weiss am Grunde gelb. Staubblätter etwa 2 mm lang, am Grunde miteinander verbunden, zwischen den Fäden ab und zu mit zahnartigen Fortsätzen. Fruchtknoten mit 5 kopfigen Narben auf dünnen, hinfälligen, 0,5 mm langen Griffeln. Frucht eine aufrechte, kugelige, 2 bis 3 mm lange, 10-spaltig sich öffnende Kapsel; Scheidewände innen lang behaart. Samen elliptisch, 1 bis 1,5 mm lang, flach, glatt, hellbraun. — (V) VI bis VIII (IX).

Sehr verbreitet und häufig, oft in Herden, meist an ziemlich trockenen, sonnigen Standorten, doch auch an ziemlich frischen, nassen und schattigen Stellen: in Wiesen Ge-

---

[1]) Vom griech. καθαίρειν [kathairein] = rein machen, säubern; hier im Sinne von abführen.

büschen und lichten Wäldern, auf Alluvionen, Schutthängen, in Hochmooren, Kleinstrauch=
heiden, an Quellen, Bachufern, auf überrieselten Felsen, an Mauern, in Aeckern; von der
Ebene bis in die alpine Stufe aufsteigend, im Wallis bis 2300 m, im Engadin (Val Chamuera)
bis 2373 m, bei Arosa bis 2320 m, in Bayern bis 2040 m, in Nordtirol am Kirchdach bis 2340 m.
Indifferent in Bezug auf die chemische Beschaffenheit der Unterlage.

In Deutschland sehr verbreitet und häufig, einzig in den höheren Mittelgebirgen und am Nieder=
rhein zerstreut. — In Oesterreich verbreitet und auf grosse Strecken hin sehr häufig. — In der Schweiz
sehr verbreitet und häufig.

Allgemeine Verbreitung: Europa, nördlich bis zu den Britischen Inseln, Island und
Skandinavien (Sandsö bei Hindö [68° 56′ nördl. Breite], Norrland, Kristinestad, Onega=Karelen),
südlich bis Spanien, Italien (mit Aus=
nahme von Sardinien und Sizilien) und bis
zur Balkanhalbinsel (bis Griechenland);
Kaukasus, Vorderasien bis Persien;
Nordafrika, Kanarische Inseln.

Aendert ab: var. alternifólium
Wiesb. Mittlere und untere Stengelblätter
wechselständig, voneinander ± entfernt. Ziem=
lich selten, in Sachsen und in der Schweiz
beobachtet. — var. léve Rohlena. Laubblätter
am Rande glatt, nicht rauh. In Mähren, auf Föhr
(1919), bei Ahrenviöl im Kreis Husum (1919)
und wohl noch an anderen Orten. — var. se=
getále Adam. Pflanze kräftiger, sehr ästig (oft
schon vom Grunde an) ausgebreitet. Laub=
blätter und Früchte grösser. Blütenstiele kürzer.
Bei Romont in den Vogesen auf Aeckern mit Kalk=
untergrlage. — var. condensátum M. T. Lange.
Stengelglieder so lang oder kürzer als die Laub=
blätter. Form steriler Standorte. — var. sím=
plex P. Junge. Stengel einfach, meist etwa 5 cm
hoch, einblütig. Im Daerstorfer Moor bei Buxte=
hude, auf Föhr, bei Ahrenviöl im Kreis Husum
(1919); auf offenem Moorboden. — var. sub=
alpínum Haussknecht (= L. Suécicum Mur=
beck sec. Hayek). Fig. 1665 c, d. Pflanze 2=
bis mehrjährig mit oft verholzender Grundachse,
im Spätsommer sterile Kurztriebe bildend.
Stengel am Grunde meist ästig und dicht ge=
drängt beblättert, oft erst im zweiten Jahre
blühend. Aeste des Blütenstandes spreizend.
Kelchblätter schmäler, mehr zugespitzt. Kron=
blätter rundlich, stumpf, meist 5 bis 6 mm lang,
innen am Grunde lebhafter gelb. Gebirgsform.
In den Alpen, wie wohl überhaupt in den Ge=
birgen innerhalb des Areals der Art, verbreitet
und hier durch zahlreiche Uebergangsformen
(wohl gleitende Reihe) mit dem Typus verbunden.

Fig. 1665. Linum catharticum L. *a, b* Typus. *c, d* var. subal=
pinum Haussknecht. *e* var. densum Vollmann. *f* Blüte. *g* Reife, auf=
gesprungene Frucht.

Zu dieser var. gehört wohl: f. dénsum Voll=
mann. Fig. 1665 e. Pflänzchen rasenbildend, mit mehreren niederliegenden oder aufstrebenden, etwa 5 cm
hohen, 1=blütigen Stengeln und fast dachziegelig sich deckenden Laubblättern. Bis jetzt mit einer Ausnahme
(bei Mannheim) nur aus den Alpen bekannt: in Bayern im Höllenbachtal und am Grünkopf im Wetter=
steingebirge, oberhalb Linderhof, in der Schweiz im Reusstal bei Wassen und Wiler (Es handelt sich hier wohl
um Herbstexemplare mindestens 2=jähriger Pflanzen feuchter Standorte).

Linum catharticum, das in der Tracht einer kleinen Gypsophila oder manchen Alsinoideen gleicht (Blüten jedoch 2-farbig und Fruchtkapsel 5-fächerig), gehört dem europäisch-mediterranen Element an. Die Art zeigt eine grosse Anpassungsfähigkeit an die verschiedensten Standortsbedingungen; sie gedeiht sowohl an trockenen wie an frischen bis feuchten, an sonnigen wie an ziemlich schattigen Standorten, auf humosen wie auf mineralischen Böden. Am häufigsten erscheint sie an trockenen Stellen in Kunstwiesen, in Trockenwiesen vom Charakter des Brometum erecti, an Bahndämmen, auf Weiden, in Flachmooren (im Parvo-Caricetum, im Schoenetum, im Molinietum, seltener auch auf Hochmooren, auf offenem Torfboden, in der Callunaheide auf Sand und Humus, in Ericetum carneae, in lichten Gebüschen und Miniaturwäldern, so in Legföhrenbeständen, im Grünerlengebüsch, an Waldrändern, in lichten Fichten- und Föhrenwäldern, selten auch in Laubwäldern, an Quellen, Bachufern, auf überrieselten Felsen, auf Felsschutt, auf Gesteinsgrus, in Aeckern, auf Mauern, auf Alluvionen, endlich oft auch massenhaft auf verkohlten Stellen (Feuerstellen, Kohlenmeilern). In den tieferen Lagen ist die Art einjährig (subsp. catharticum Hayek, Fig. 1665 a, b); in den Fettwiesen ist sie eine der wenigen einjährigen Pflanzen und hier wohl nur infolge ihrer grossen Anspruchslosigkeit in Bezug auf Raum und Unterlage konkurrenzfähig. In den Gebirgen bildet sie zwei- bis mehrjährige (Fig. 1665 c, d, e) Formen aus (wie dies auch bei anderen Arten, z. B. Poa annua, Viola tricolor, der Fall ist). Auf Kalkböden scheint die Art in den Gebirgen höher hinaufzusteigen als auf Silikatunterlage. — Die kleinen Blüten sind homogam oder schwach proterogyn und duftlos; der Honig ist verborgen und nur durch die runden Lücken zwischen den Basen der plötzlich verschmälerten Kronblätter erreichbar. Die Nektarien sitzen zwischen den Kronblättern an der Aussenseite des durch die am Grunde verwachsenen Staubblätter gebildeten fleischigen Ringes. Die Staubbeutel stehen gleichhoch wie die Narben, sie sind anfangs von ihnen entfernt, sodass besuchende Insekten sowohl Fremd- wie Selbstbestäubung bewirken können; durch spätere Annäherung wird eine spontane Selbstbestäubung möglich gemacht. Der Oeffnungsmechanismus der Blüten reagiert sehr empfindlich. Stahl stellte bei der Art eine endotrophe Mykorrhiza fest. Das Pflänzchen wird öfters vom rotfleckigen Leinrost (Melampsora Lini [Pers.] Dsm.) befallen. Vergrünte Blüten werden durch eine Gallmilbe hervorgerufen. Von Missbildungen sind Zwergformen mit nur 3 oder 4 Staubblättern sowie Exemplare (unter dem Typus) mit 3-quirligen Laubblättern und 4-gabeligen Blüten beobachtet worden.

Linum catharticum war früher als Purgativum, Diureticum usw. (Hérba líni cathártici) offizinell. Das Kraut enthält neben einem gelben Farbstoff und Harz etwa 0,5 % eines amorphen Bitterstoffes, welcher für manche Tiere (für die Katze auf 1 kg 0,01 g) tödlich wirkt. Dem Menschen sind solch kleine Dosen unschädlich, während grössere Mengen brechenerregend wirken. Neueren Angaben zufolge kommt als wirksamer Bestandteil ein amorphes Glykosid, das bei Hydrolyse neben Glykose Linin ($C_{25}H_{24}O_9$) liefert, in Betracht. Als Purgativum und als Wurmmittel war die Pflanze schon von jeher ein beliebtes Volksmittel, ebenso bei Ascitis, Leberleiden, bei katarrhalischen und rheumatischen Erkrankungen. Die erste Beschreibung der Pflanze findet sich bei Thal (Sylva Hercynia, Frankfurt 1588) als Linokarpos, während die ersten Mitteilungen über die Anwendung als Heilmittel von Th. Johnson und Parkinson (1636 und 1640) stammen. Bauhin (1615) bezeichnete das Pflänzchen als Alsine minor capitulis lini cauliculis inflexis. Vgl. auch Kownacki, B. Ueber Linum catharticum. Dissertation, Dorpat 1893. Neuweiler konnte Samen in der Römischen Niederlassung Vindonissa in der Schweiz feststellen.

1797. Linum flávum L. (= Xantholínum flavum Rchb.). Gelber Lein. Taf. 175, Fig. 6; Fig. 1666.

Ausdauernde, 20 bis 55 (in Kultur bis 80) cm hohe, kahle Pflanze. Wurzel spindelförmig, oft verholzt, gelblich. Erdstock ästig, verholzt, neben fertilen auch unfruchtbare Laubsprosse treibend. Stengel aufrecht, seltener aufsteigend, einfach (nur im Blütenstande verzweigt), knorpelig, vielkantig; Kanten rauh, seltener, besonders im oberen Stengelteil, glatt, fast geflügelt. Untere Laubblätter schmal-verkehrteiförmig bis spatelförmig, in den Grund verschmälert, sitzend, stumpf oder spitzlich, die oberen lanzettlich, spitz, nur undeutlich in den Grund verschmälert; alle ganzrandig, kahl, bläulichgrün, am Rande hell hornartig durchscheinend (besonders gegen den Grund zu) rauh; undeutlich 3-nervig (selten 5-nervig), am Grunde an Stelle der Nebenblätter mit 2 dunkelbraunen Drüsen (Fig. 1666 b). Blüten in doldig-rispigen, spärlich beblätterten Wickeln, auf 2 bis 4 mm langen, kantigen, aufrechten Stielen. Kelchblätter schmal-eiförmig, 6 bis 9 mm lang, zugespitzt, am Rande etwas häutig, drüsig-gewimpert (Fig. 1666 d). Kronblätter keilförmig-verkehrteiförmig, in den Grund verschmälert, 12 bis 20 (22) mm lang, sattgelb, mit dunkleren Nerven, doppelt bis 3mal so lang als der Kelch. Staubblätter etwa 10 bis 12 mm lang. Griffel mit keuliger Narbe. Frucht eine rundliche, braune, (ohne die Griffel) etwa 4 bis 5 mm lange Kapsel mit innen behaarten Scheidewänden. Samen länglich, 1,8 bis 2,2 mm lang, flach, glatt, braun. — VI, VII.

Meist nur zerstreut und selten, in trockenen bis ziemlich frischen Wiesen, auf sonnigen Waldblössen, in lichten Gebüschen; von der Ebene bis in die montane Stufe ansteigend (in Steiermark bis etwa 700 m, in Niederösterreich bis 800 m). Auf Kalk viel häufiger als auf kalkarmen Böden.

In Deutschland einzig in Württemberg an der Donauseite der Alb bei Blaubeuren, Beiningen, Arnegg, Herrlingen, Ulm, Söflingen, Hörvelsingen, Langenau, Heidenheim-Schnaitheim, in Bayern auf den Illerleiten zwischen Memmingen und Fellheim, angeblich am Ammersee, früher auf dem Lechfeld, bei Bodenwöhr. Ausserdem hin und wieder aus Gärten verwildert. — In Oesterreich in Oberösterreich am Pfennigberg; in Böhmen zerstreut im wärmsten Teile des Hügellandes (auf der Veliká hora bei Karlstein, Woškaberg bei Poděbrad, bei Dymokur, Berg Kotuš bei Křinec [?], Iserufer bei Benátek [?], Sovice bei Roudnic [?], Thal bei Peruc, um Leitmeritz häufig, Satanaberg, Debus bei Praskowitz, im Aussiger Mittelgebirge [Střizovitzer Berg auf Phonolith], im Radotiner Tal gegenüber Kosoř), in Mähren im Znaimer Kreis um Nikolsburg, auf den Polauer Bergen, Frani, im Brünner Kreis bei Charlottenfeld, Nusslau, Mönitz, Ottnitz, Sokolnitz bis Brünn, bei Auspitz, Klobouk, Lautschitzer Berge, im Hradischer Kreis bei Banov, Gaya, im Olmützer Kreis bei Gross-Latein, Nebotein, Grügau; in Niederösterreich besonders auf Kalk häufig von der Ebene bis in die Bergstufe (800 m), auf dem Granitplateau des Waldviertels fehlend; in Steiermark zerstreut bei Mittendorf nächst St. Peter-Freyenstein, auf dem Plabutsch, St. Gotthard bei Graz, Luttenberg und Ankenstein in den Windischen Büheln, auf der Gora bei Gonobitz, bei Windischgräz, Bad Neuhaus, Hohenegg, Koszeg bei Cilli, Leisberg bei Lichtenwald, Montpreis, Veternik bei Drachenburg; in Kärnten zerstreut auf dem Predigtstuhl, Schmelzhütte, Satnitz, Zwanzgerberg, St. Jakob bei Klagenfurt, Rabensteinerberg, Unterhausschlucht, Keissberg im Lavanttal, Hollenburg, Maria Rain, Unterbergen; in Krain zerstreut (z. B. bei Sagor, auf dem Kumberg, an der Kanker unter Potoče); in Vorarlberg und Tirol fehlend (angeblich am Monte Baldo). — Fehlt in der Schweiz gänzlich.

Fig. 1666. Linum flavum L. *a* Habitus. *b* Laubblatt mit Nebenblattdrüsen. *c* Kronblatt. *d* Blüte (Kronblätter entfernt).

Allgemeine Verbreitung: Donauländer (westlich bis zur Schwäbischen Alb, nördlich bis ins untere Naabgebiet, ins obere Elbegebiet und Mähren), Ostgalizien, Süd- und Südostpolen, Oestliche Lombardei, Albanien, Serbien, Bulgarien, Rumänien, Thrakien, Thessalien, Mittel- und Südrussland.

Aendert ab: f. typicum Beck. Laubblätter aus lang keilförmigem Grunde länglich-verkehrteiförmig; die mittleren kaum 1 cm breit, die oberen allmählich mehr zugespitzt, zuletzt lanzettlich, dreinervig. — f. latifólium Beck. Mittlere Laubblätter aus kurzkeiligem Grunde verkehrt-eiförmig, gerundet, spitz, 3- bis 5-nervig, über 1 cm breit. Nach Petrak unbedeutende Standortsform schattiger, etwas feuchter und humusreicher Stellen. Auf dem Bisamberg in Niederösterreich. — f. angustifólium Javorka. Laubblätter 3 bis 8 mm breit. Selten. — Zu einer Form von L. flavum gehört wohl auch das von der Pötzleinsdorfer Heide in Niederösterreich erwähnte, sonst in Südungarn vorkommende L. uninérve Borb. aus dem Formenkreis des Linum Taúricum Willd.

Linum flavum gehört dem pannonisch-pontischen Element (vgl. Bd. III, pag 395) an. Sein Vorkommen beschränkt sich fast ganz auf Wiesen und zwar besonders auf Trockenwiesen, wie auf das Stipetum pennatae, die durch Andropogon Ischaemum charakterisierte Gesellschaft, auf das Brometum erecti usw. Seltener ist die Art auch in frischeren Wiesen, in den Westkarpaten sogar in Staudenfluren, in den Ostalpen in sonnigen Gebüschen und auf Waldlichtungen anzutreffen. — Die Blüten sind ausgesprochen dimorph und gegen Wärme und Beleuchtung sehr empfindlich.

1798. Linum viscósum L. (= L. hirsútum L. β viscosum Müggenbg., Kanitz et Knapp). Klebriger Lein. Taf. 175, Fig. 3; Fig. 1667 und 1668.

Ausdauernde, 30 bis 60 cm hohe Staude mit spindelförmiger Wurzel und ± reichästigem, knorrigem Erdstock. Stengel aufrecht oder etwas gebogen, stielrund, abstehend zottigweichhaarig. Untere Laubblätter länglich, stumpflich, die oberen eilanzettlich, spitz; alle 3- bis 5-nervig, locker zottig behaart und am Rande drüsig bewimpert (Taf. 175, Fig. 3b), sitzend, von der Mitte an nach unten und mehr noch nach oben an Grösse abnehmend, aufrecht abstehend. Blüten mit kurzen, aufrechten Stielen, in traubig angeordneten Wickeln. Kelchblätter 5 bis 7 mm lang, lanzettlich, spitz, auf der Unterseite und im vorderen Teile der Oberseite zottig behaart, am vorderen Rande drüsig gewimpert. Kronblätter keilförmig-verkehrteiförmig, 17 bis 22 mm lang, blass rosarot bis hellpurpurn, mit dunkleren Adern, ausnahmsweise weiss oder blau. Staubblätter etwa 5 mm lang; Staubfäden am Grunde verbreitert und miteinander verbunden; zwischen den Staubfäden je ein fädliches Anhängsel. Griffel dünn, etwa 6 mm lang; Narbe keulenförmig. Fruchtknoten behaart. Frucht kugelig, 4 bis 6 mm lang, spärlich (gegen die Spitze zu reichlicher) behaart, hellbraun; Scheidewände kahl. Samen länglich, die eine Längsseite gerade, 2 mm lang, flach, braun. — V bis VII.

Zerstreut und meist nicht häufig auf Trocken- und Frischwiesen, in lichten Gebüschen, an Waldrändern, auf Waldlichtungen; von der Ebene bis in die subalpine Stufe, in Südtirol bis fast gegen 1900 m, in den Bayerischen Alpen bis 1800 m aufsteigend.

In Deutschland einzig im südlichen Bayern: im Mittelstock der Alpen bei Hohenschwangau, im Graswangtal, Heuberg bei Eschenlohe, Unterermberg, Geigerstein bei Lenggries, in den Salzburger Alpen bei Inzell, in der Ramsau, am Watzmann, Nesselgraben und Schneizlreuth bei Reichenhall, Lattengebirge, um Berchtesgaden; auf der oberen Hochebene zwischen Lech und Isar ziemlich verbreitet, auf der unteren Hochebene bei Neu-Ulm, Thierhaupten, Ingolstadt, auf dem Meringer Lechfeld, bei Augsburg, auf der Garchinger Heide, Grüneck, zwischen Ismaning und Erding, Rosenau bei Dingolfing, Pilsting im Vilstal. In Württemberg fehlend (der Standort Burlafingen bei Ulm liegt in Bayern, nicht in Württemberg, wie Ascherson und Graebner in der Synopsis angeben). — In Oesterreich in Salzburg an der Glan gegen Glaneck und in Blühnbach bei Werfen; in Oberösterreich im Krems- und Steyertal (Strangwiese, am Pröller, Georgenberg, am Wienerwege bei Michldorf, bei Klaus, Frauenstein, Molln, bei Spital am Pyhrn); in Steiermark zerstreut bis in die Voralpen, in Obersteiermark einzig bei Mittendorf nächst Freienstein, in Untersteiermark häufiger (bei Ankenstein, am Kulmberg bei Friedau, bei Marburg, Windischgraz, bei Neuhaus, Cilli, Tüffer, Prassberg, auf der Merzlica bei Trifail, auf dem Lokouz bei Steinbrück, auf dem Leisberge bei Lichtenwald); in Kärnten ziemlich verbreitet, ebenso in Krain; in Friaul zerstreut; in Vorarlberg fehlend, in Tirol zerstreut: im Lechtal bei Reutte und Pinswang, im Oberinntal an verschiedenen Stellen des Mieminger Gebirges, in der Umgebung von Innsbruck bei Kematen [?], aus dem Unterinntal, Kitzbühel, der Gegend von Meran und dem Vintschgau, aus dem Eisackgebiet und aus dem Pustertal nicht angegeben, dagegen bei Campo in Ampezzo vorkommend, im Draugebiet in der Schobergruppe [?], im Nonsberg zerstreut, in der Umgebung von Bozen zerstreut, im Fassatal bei Forno und Primör, in Judikarien zerstreut, in der Umgebung von Trient verbreitet, ebenso im Gebiet von Riva und Rovereto, bei Tione, im Val di Ledro und am Monte Baldo. Fehlt in Niederösterreich, Böhmen und Mähren. — In der Schweiz fehlend.

Allgemeine Verbreitung: Portugal, Nord- und Mittelspanien, Pyrenäen, Apennin (südlich bis zum römischen Apennin), Alpen (Seealpen und Ostalpen), Schwäbischbayerische Hochebene, Kroatien, Slavonien, Ungarn (Comitat Zala).

Fig. 1667. Linum viscosum L. *a* Habitus. *b* Kapsel mit Kelch.

Aendert ab: var. silvéstre (Scop.) DC. Fast alle Laubblätter, meist auch die mittleren, seltener auch die unteren drüsig gewimpert. Zerstreut mit dem Typus. — var. Nestléri DC. Untere Laubblätter fast kahl, verkehrt=eiförmig bis länglich=eiförmig. Auf Sandäckern in Oberösterreich, Kärnten und Tirol (Kaltern bei Bozen). — var. hypericifólium Salisb. Laubblätter länglich=eiförmig, deutlich 5=nervig. Blüten gross. — l. lactiflórum Maly. Kronblätter weiss. Kärnten. — Auch lila= oder blassblaue Formen sind gelegentlich beobachtet worden, so in Bayern auf dem Marerbergplateau gegen den Lech bei Breiting und mehrfach in Kärnten.

Linum viscosum, das auffallenderweise in der Schweiz fehlt, dagegen in den Ostalpen auf der Bayerischen Hochebene bis gegen die Donau vordringt, gehört dem mediterran=montanen Element an. Als Pflanze des geschlossenen Rasens ist die Art an das Leben in beschränktem Raum angepasst (aufrechter Wuchs, eng beisammenstehende Stengel, kleine, aber dicht stehende Laubblätter). Sie bewohnt Wiesentypen der verschiedensten Art, sowohl kurzgrasige Brometa erecti als auch langgrasige Frisch= (besonders Auen=)wiesen und Moorwiesen. Ausserdem kommt sie auch auf Waldlichtungen, in Kahlschlägen, an Waldrändern, in Staudenfluren zwischen Gebüschen, auf steinigen Weiden, an Schutthängen, an Wegrändern, auf Aeckern u. dgl. vor. Neuerdings wird die Pflanze für Blumengärten empfohlen. Die Blüten öffnen sich nur in voller Sonne. Im nichtblühenden Zustande hat die Art eine entfernte Aehnlichkeit mit Genistella sagittalis.

1799. Linum hirsútum L. Zottiger Lein. Fig. 1669.

Ausdauernde, bis 60 cm hohe Pflanze mit ziemlich dicker, verholzter, spindelförmiger Wurzel und reichästigem Erdstock. Stengel aufrecht oder etwas bogig

Fig. 1668. Linum viscosum L. Trockenhänge am Pressegger See in Kärnten. Phot. P. Michaelis, Köln.

aufsteigend, stielrund, besonders nach der Spitze zu ziemlich dicht kurzflaumig behaart. Laubblätter wechselständig, sitzend; die unteren eilänglich bis länglich=verkehrteiförmig, stumpflich, die oberen eilanzettlich bis lineal=lanzettlich, spitz; alle 3= bis 5=nervig, ganzrandig, graugrün, die unteren sehr spärlich, die oberen reichlicher behaart, die obersten am Rande drüsig gewimpert. Blüten auf kurzen, dicht behaarten Stielen, in rispig angeordneten Wickeln, aufrecht. Kelchblätter lanzettlich, lang zugespitzt, auf der Unterseite und in der vorderen Hälfte der Oberseite dicht ± anliegend behaart, am Rande in der vorderen Hälfte drüsig gewimpert. Kronblätter breit keilförmig=verkehrteiförmig, 20 bis 28 (30) mm lang, hell himmelblau mit dunkleren Nerven und gelbem Nagel. Staubblätter etwa 10 bis 12 mm lang, am Grunde verwachsen, zwischen den Staubfäden mit feinen, linealen Anhängseln. Griffel etwa 5 mm lang, im unteren verbundenen Teil behaart; Narben lineal=länglich; Fruchtknoten in der oberen Hälfte kurzhaarig. Frucht kugelig, vorne spitz zulaufend, gegen die Spitze zu behaart, hellbraun. Samen länglich, 2,5 mm lang, flach, glatt, glänzend dunkelbraun. — VI, VII.

Auf trockenen Grasplätzen, Hügeln, in Weinbergen, an trockenen Abhängen. In Oesterreich im Gebiete der pontischen Flora; fehlt in Deutschland und in der Schweiz.

In Oesterreich im südlichen Mähren (Pollauer Berge), um Nikolsburg, Schöllschitz, Morbes, Wedrowitz, Maretitz, Banov, Welka, Hluk, Altenberg bei Pausram), in Oberösterreich selten, in Niederösterreich im Gebiete der pontischen Flora zerstreut, sonst bei Krems, Stein bei Wien, Weidling, Gaemaus im Bezirk Mistelbach, in Steiermark selten (auf dem Plabutsch bei Graz [wohl verschwunden], bei Jerusalem nächst Luttenberg,

Pettau, angeblich auch bei Neuhaus), in Kärnten bei Raibl, Langenberg im Lavanttal, Finkenstein, Karawanken, Loiblwiesen, Obir, Maria Rain, Jauntal, Eberndorf, in Krain (Dobrava Terrasse südlich von Javornik). Fehlt in Böhmen, Salzburg, Tirol und Vorarlberg.

Allgemeine Verbreitung: Südöstliches Europa (Mittel= und Südrussland, Balkanhalbinsel, Rumänien, Polen, Ungarn, Kroatien, im Gebiet westlich bis Mähren, Oberösterreich, Steiermark und Kärnten).

Aendert ab: var. latifólium Ledeb. Stengel oberwärts wollig, nach unten zu fast kahl. Laubblätter breiter, spärlich zottig behaart, 5=nervig. Hoch= blätter sowie Kelchblätter reichlich drüsenhaarig. Verbreitetste Form. — var. subglábrum Ledeb. (= L. hirsútum L. β glabrátum Kovacs, = L. Pannóni= cum Kerner, = L. nudifólium Borbas, = L. glabréscens Borbas). Stengel ober= wärts spärlich zottig bis weichflaumig, unterwärts kahl. Laubblätter meist 5= oder die oberen 3=nervig, kahl oder die oberen spärlich behaart. Sehr zer= streut. — Exemplare mit weissen Blüten sind in Siebenbürgen beobachtet worden.

Linum hirsutum gehört wie L. perenne und L. Austriacum dem pon= tischen Element an.

Fig. 1669. Linum hirsutum L. *a* Habitus (¹/₄ natürl. Grösse). *b* Frucht (vom Kelch umgeben).

1800. Linum tenuifólium L. (= L. Cilicicum Fenzl, = L. an= gustifólium Tomaschek, = Cathartolinum tenuifolium Rchb.). Schmalblätteriger¹) Lein. Taf. 175, Fig. 5; Fig. 1670.

Ausdauernde, 15 bis 50 (100) cm hohe, meist kahle Staude oder Halbstrauch. Wurzel ziemlich dick, spindelig, wenig ästig, verholzt, gelblich. Stengel mehrere, aus einem reichästigen Erd= stock entspringend (neben fertilen auch sterile Sprosse vorhanden), aufrecht oder aus niederliegendem Grunde aufsteigend, im untersten Teil verholzt und spärlich kurzflaumig behaart, sonst kahl, stiel= rund, feingerillt. Laubblätter wechselständig, im unteren Stengelteil sehr dicht gedrängt, nach oben zu entfernter stehend, kürzer, sitzend, lineal, spitz, die obersten zugespitzt, einnervig, am Rande zurück= gerollt, von kurzen Zäckchen rauh, sonst kahl, graugrün. Blüten bis 22 mm im Durchmesser, in lockeren, bis über 12=blütigen, spärlich beblätterten, rispig angeordneten Wickeln, auf kurzen, dünnen, kahlen Stielen. Kelchblätter lanzettlich, pfriemlich zugespitzt, etwa 6 bis 7 mm lang, auf dem Rücken durch den vortretenden Mittelnerven gekielt (Fig. 1670 b), am Rande drüsig gewimpert, an der Frucht erhalten bleibend. Kronblätter frei, verkehrt=eiförmig, nach dem Grunde zu keilförmig verschmälert, 10 bis 15 mm lang, vorn mit aufgesetztem Spitzchen, ganzrandig, helllila oder rosenrot, seltener milchweiss. Staubblätter etwa 6 bis 7 mm lang; Staubbeutel schmal, 1,8 mm lang; Staubfäden am Grunde frei oder ± verwachsen, verbreitert, am verbreiterten Teil spärlich behaart. Griffel sehr dünn, etwa 6 mm lang; Narbe kopfig. Frucht aufrecht, ei=kegelförmig bis fast kugelig, spitz, 3 bis 4 mm lang, kahl; Scheidewände behaart. Samen schmal=länglich, 2 bis 2,1 mm lang, flach, kahl, glatt, hellbraun. — VI, VII.

Zerstreut, aber oft gesellig in offenen Trockenwiesen, steinigen, schwach berasten Weiden, auf Felsschutt, in lichten Gebüschen und Kiefernwäldern; von der Ebene bis an die obere Grenze der montanen Stufe, im Wallis bis 1500 m, in Südtirol auf dem Monte Cles ebensohoch aufsteigend. Meist auf Kalk, selten auf Silikatgesteinsböden (Gneis).

In Deutschland nur in Süd= und Mitteldeutschland: in Bayern auf der unteren Hochebene bei Garching (ob noch?), Gottfrieding bis Schwaigen bei Dingolfing (ob noch?), im Jura gegenüber Sinzing bei Regens=

---

¹) Fälschlicherweise häufig Zart= oder Feinblätteriger Lein genannt; tenuis bedeutet hier nicht zart= dünn oder fein, sondern schmal, schmächtig. Camerarius erwähnt 1588 die Pflanze als „circa vineta Fran= coniae" wachsend unter dem Namen Linum sylvestre tenuifolium.

burg, im Keupergebiet am Hohenlandsberg bei Uffenheim, Sulzheim bei Schweinfurt, im Muschelkalkgebiet ziemlich verbreitet, in der Rhön bei Elfershausen, Frickenhausen, Völkershausen, Hammelburg, Thulba, in der Mittelpfalz ziemlich verbreitet, in der Nordpfalz im Nahetal; in Württemberg und Hohenzollern im Muschelkalk-, Keuper- und Liasgebiet zerstreut, im Jura vom Randen bis Ulm und Urach zerstreut; in Baden im Bodenseegebiet bei Oehningen, Bodmann, Aach, am Hohentwiel bei Welschingen, Eigeltingen, Mindelsee, in der Rheinebene von Basel bis Lahr, Kaiserstuhl, Bergstrasse, im Vorlande des Schwarzwaldes vom Klettgau bis Rottenburg und Nagold nicht selten, im Neckar- und Maingebiet ziemlich verbreitet; in Elass-Lothringen auf Kalk ziemlich verbreitet; in Mitteldeutschland zerstreut, nördlich bis zum Moseltal, bis ins untere Lahntal, bis zur Wetterau, Schlüchtern, bis zu den Leinehöhen zwischen Göttingen und Northeim, Frankenhausen-Schwarza und in die Gegend von Erfurt (über die Verbreitung im Saalebezirk vgl. August Schulz. Berichte Ver. Erforsch. heim. Pflanzenwelt. Halle a. S., 1922); fehlt in Sachsen und in Schlesien. — In Oesterreich in Salzburg und Schlesien fehlend; in Oberösterreich auf dem Traunalluvium am Wege vom Klimitsch zum Hanselbäck, beim Militärturm hinter Niederreuth; in Böhmen in der westlichen Elbeniederung zerstreut; in Mähren im südlichen Teil verbreitet, nördlich bis Brünn, Austerlitz und Gaya; in Niederösterreich häufig in der Ebene und in der Bergstufe; in Steiermark in Untersteiermark stellenweise nicht selten, bei Maria-Neustift, Sauritsch, Pöltschach, Rohitsch, bei Bad Neuhaus, Cilli, Prassberg, im Sann- und Savetal, bei Tüffer, Römerbad, Steinbrück und Trifail; in Kärnten im Lavanttal, am Kaschauerstein und Langenberg, bei St. Georgen am Längsee, Pontebbana-Graben, Kanaltal, Eberndorf, Kappel und Rechberg; in Krain verbreitet; in Vorarlberg fehlend; in Tirol nur in der Umgebung von Meran (Nals, Andrian), im Nonsberg und Sulzberg, bei Bozen zerstreut, bei Campo in Ampezzo, im Drautal bei Lienz, bei Fleims, Cavalese, Tesero, in Judikarien zerstreut, ebenso im Gebiet von Trient und Rovereto. — In der Schweiz in den wärmeren und tieferen Lagen zerstreut; in den Kantonen Uri, Schwyz, Unterwalden, Luzern, Zug, Glarus, St. Gallen und Appenzell fehlend.

Allgemeine Verbreitung: Mediterrangebiet, Mitteleuropa nördlich bis zum belgischen Jura- und Kohlenkalkgebiet, bis zum Moseltal, Mitteldeutschland, Böhmen, Mähren, Galizien und Siebenbürgen, Mittel-Russland, Kaukasus; Armenien, Kleinasien, Syrien; Nordafrika.

Aendert ab: var. týpicum Ascherson und Graebner. Stengel aufsteigend bis aufrecht. Laubblätter schmal-pfriemlich. Verbreiteste Form. Hiezu: f. elátum Sauter. Stengel bis 1 m hoch. — l. lactiflórum Rouy et Foucaud. Kronblätter milchweiss. — var. rígidum Podpĕra. Stengel steif aufrecht. Laubblätter breiter, erhaben nervig. Kelchblätter kürzer, aus eiförmigem Grunde nicht allmählich verschmälert, spitz. Ob im Gebiet? — var. pubéscens Wohlfahrt. Stengel unterwärts oder bis zur Mitte flaumhaarig. Selten bis zerstreut. — var. scariósum (Sieber). Kelchblätter breitlanzettlich, zugespitzt, mit breitem, trockenhäutigem Rande kleingewimpert, drüsenlos, fast halb so lang als die Kronblätter. In der Bergstufe von Steiermark (kritische, noch zu prüfende Pflanze).

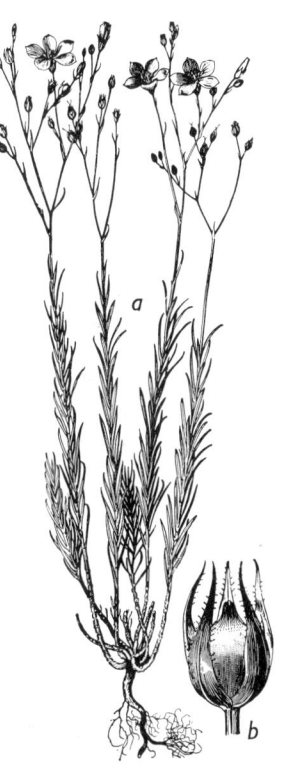

Fig. 1670. Linum tenuifolium L. a Habitus. b Kapsel, vom Kelch eingeschlossen.

Linum tenuifolium gehört dem mediterran-pontischen Element an. Wie die vorhergehende Art ist auch es in besonderem Masse an das Leben in Trockenwiesen auf nährstoffreichem Boden (aufrechter Wuchs, schmale, am Rande umgerollte, graugrüne Laubblätter, schwache Bewurzelung) angepasst. Die Art erscheint im Stipetum pennatae, Brometum erecti, Festucetum Vallesiacae (auf sonnigen, trockenen Lössböden des Unterwallis nach Gams zusammen mit Bulbocodium vernum, Silene Otites, Minuartia fasciculata, Anemone montana, Onosma Helveticum, Euphrasia lutea, Globularia Willkommii, Scabiosa gramuntia, Aster Linosyris), in der Andropogon Ichaemum-Wiese (z. B. der Karstheiden, der galizischen Steppen) u. dgl. Von dem sonnigen, steinigen Hang und aus der Felsenheide geht die Art auch auf die Felsen selbst über, ferner auf Sanddünen (Genfer See) sowie an den Meeresstrand der Adria, andererseits auch in frischere Bergwiesen mit tiefgründigeren Böden (so in den Westkarpaten), in die Staudenfluren der dazischen Bergtrift, in lichte Gebüsche (z. B. in die immergrüne Buschformation von Dalmatien), in lichte Wälder von Pinus silvestris (so z. B. auf den Südhängen der Drumlins im nördlichen Teile des Kantons Zürich), in den Karstwald.

1801 a. Linum Gállicum L. (= L. trigýnum L., = L. Abyssínum Hochst., = L. Libúrnicum Hal. nec Scop., = Cathartolínum Gallicum Rchb.). Franzosen=Lein, Kleinblütiger Lein. Kroatisch: Maihnocvetni lan. Fig. 1671 a bis c.

Einjährige, 10 bis 40 cm hohe, kahle Pflanze. Wurzel dünn, spindelförmig, wenig ästig, gelb. Stengel dünn, aufrecht oder aufsteigend, mattgrün, meist oberwärts ästig, seltener einfach. Laubblätter wechselständig, sitzend, lineallanzettlich, zirka 1 cm lang und 1 mm breit, die unteren stumpf, die oberen zugespitzt, am Rande wenig rauh, im unteren Teile des Stengels zur Blütezeit meist schon abgefallen. Blüten in lockerem, trugdoldig=rispigem, spärlich beblättertem Blütenstand, auf dünnen, die Kelchblätter an Länge überragenden Stielen. Kelchblätter schmallanzettlich bis eilanzettlich, fein grannig zugespitzt, etwa 3 (bis 5) mm lang, am Rande drüsig ge= wimpert. Kronblätter etwa 5 bis 6 mm lang, breitverkehrt= eiförmig, in einen breiten, kurzen Nagel zusammengezogen, etwa doppelt so lang als der Kelch, hellgelb, verwelkend weiss. Narbe kopfförmig. Frucht klein, nur etwa $^2/_3$ so lang als der Kelch. Samen länglich, etwa 2 mm lang, flach, braun. — VI, VII.

An kurzgrasigen Stellen in der Heide (Eichenhaine) und auf Gerölle. Einzig im südwestlichen Teile von Krain im Tale der Reka (bei Unter=Vreme) bei 840 m, im Küsten= land und in Görz=Gradiska. Die Angabe von Wulfen am Nanos und die von Fleischmann bei Brod an der Kulpa werden von Paulin (Beiträge zur Kenntnis der Vegetations= verhältnisse Krains, 2. Heft) nicht bestätigt. Von Wulfen irrtümmlich auch für die Tröpolacher Alm in Kärnten an= gegeben. Adventiv im Hafen von Mannheim (1907).

Allgemeine Verbreitung: Mittelmeergebiet, westlich bis Madeira und bis zu den Kanarischen Inseln, nördlich bis Frankreich (südlich der Loire), bis zu den See= alpen, Görz, Gradiska, Südkrain, Nordungarn und zur Krim, östlich bis zum Kaukasus und Persien, südlich bis Kleinasien, Syrien, Nordafrika und Abessinien.

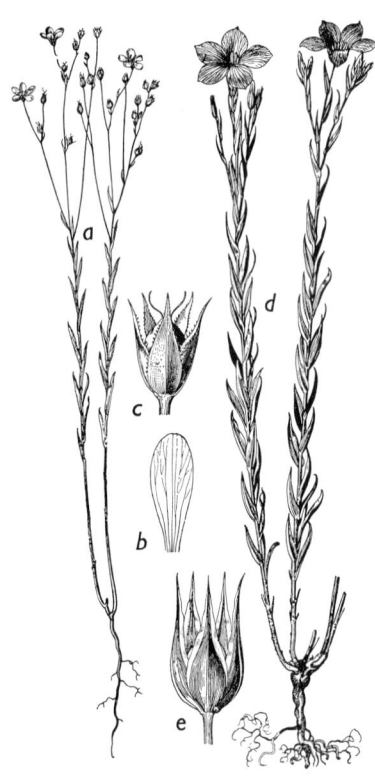

Fig 1671. Linum Gallicum L. *a* Habitus. *b* Kronblatt. *c* Fruchtknoten, vom Kelch ein= geschlossen. — Linum Narbonense L. *d* Habitus. *e* Kelch, die Frucht einschliessend.

Aendert ab: f. aúreum (Waldst. et Kit.). Kronblätter ausgerandet. Wohl nicht im Gebiet. — f. ramosíssimum Fr. Zimmermann. Pflanze sehr ästig. Adventiv bei Mannheim.

Linum Gallicum gehört dem mediterranen Element an. Die Pflanze tritt fast nur in wiesenartigen Pflanzengesellschaften auf: in Weiden, im Festucetum ovinae, in Beständen mit Weingaertneria canescens, in der Felsenheide.

1801 b. Linum Narbonénse L. (= L. lǽve Rchb.). Narboner Lein. Fig. 1671 d.

Ausdauernde, 20 bis 50 cm hohe, kahle Pflanze mit reichästiger, verholzter Wurzel und undeutlichem, wenig ästigem, mehrköpfigem Erdstock. Stengel einfach oder im oberen Teile verzweigt, steif aufrecht, am Grunde etwas gebogen, stielrund, kahl. Laubblätter ziemlich dicht stehend, wechselständig, sitzend, scharf zugespitzt, steif, ± 2 cm lang und 0,5 bis 2,5 mm breit, freudiggrün, am Rande schmal durchscheinend hornrandig, kahl; die untersten klein, schuppenförmig, 3=eckig, die unteren länglich, spitz, klein, allmählich in die lineal=lanzettlichen, scharf zugespitzten, mittleren übergehend, die obersten den mittleren ähnlich, aber kleiner. Blüten in ziemlich armblütigen Wickeln auf etwa 5 bis 7 mm langen, aufrechten Stielen.

Kelchblätter ± breit eilanzettlich, 10 bis 12 mm lang, lang zugespitzt, mit breitem Hautrande, gekielt, kahl, mattglänzend. Kronblätter verkehrt=eiförmig bis fast spatelförmig, in einen langen Nagel verschmälert, vorne mit rechtwinkeliger Spitze, kahl, himmelblau, mit dunkleren, violetten Nerven und gelbem Nagel. Staubblätter etwa 14 bis 15 mm lang, am Grunde zu einer kurzen Röhre verwachsen. Griffel zirka 5 mm lang; Narbe lineal. Fruchtknoten kahl. Kapsel kugelig, oben spitz. — VII.

Selten an grasigen Stellen auf Bergwiesen; gern, doch nicht ausschliesslich, auf Kalk.

Nur in Oberkrain (im oberen Savetal bei Radmannsdorf=Lees=Dobrava und in der Schlucht bei Moste, am Vinj vrh bei Zirknitz, im südlichen Innerkrain, vom Nanos bis zum Schneeberger Wald= gebirge (Nanos, Adelsberg, Senožeče, Vremščica, Osojnica, zwischen Grafenbrunn und Mereče), in Friaul (bei Cividale), am Monte Valentin und Monte Sabotina bei Görz, vom nördlichen Randgebirge über den ganzen Karst bis zum Monte Maggiore und bis in die Cičerei von Istrien häufig. Dagegen in Tirol und in Unter= steiermark (soll zwar nach Maly von Praesens bei Cilli gesammelt worden sein) bestimmt fehlend.

Allgemeine Verbreitung: Mittelmeergebiet, von der Iberischen Halbinsel östlich bis zum Karst, bis Krain und Kroatien; Nordafrika.

Beck zählt diese Pflanze zu jenen pontisch=illyrischen Arten (mit Asparagus tenuifolius, Gladiolus Ilyricus, Cirsium Pannonicum), die im oberen Savetal bei Dobrava und Moste ihre Westgrenze erreichen. — In Schlesien scheint sie bereits im 17. Jahrhundert als Zierpflanze bekannt gewesen zu sein.

1802. Linum alpinum Jacq. (= L. alpinum Jacq. α genuinum Koch, L., = Austriacum L. β alpinum Neilr., = L. perénne L. δ alpinum Schiede, = L. alpinum Jacq. β gracilius Bertol., = L. monadélphum Kit., = Adenolínum alpinum Rchb.). Alpen=Lein. Fig. 1672 und 1673.

Ausdauernde, 10 bis 30 (50) cm hohe, kahle Pflanze mit heller, spindeliger Wurzel und ziemlich reichästigem Erdstock. Stengel meist mehrere, am Grunde bogig aufsteigend oder seltener aufrecht, dicht beblättert, einfach oder im oberen Teile (nach dem Abblühen) sterile, dicht beblätterte Zweige treibend. Laubblätter wechselständig, sitzend, lineal=lanzettlich, 0,5 bis 1 (2) mm breit, einnervig; die untersten eiförmig, fast schuppenförmig, klein, vorne stumpf, die mittleren stumpflich und grösser als die zugespitzten oberen, am Rande glatt, meist ohne Zäckchen, grün. Blüten in arm=(1= bis 7=)blütigen Wickeln auf ziemlich langen, die Kelchblätter an Länge übertreffenden Stielen. Kelchblätter ziemlich gleichartig oder verschieden gestaltet; die 2 äusseren dann lanzettlich bis schmallanzettlich, zugespitzt, die 3 inneren länglich oval bis eiförmig, kurz zugespitzt bis stachelspitzig. Kronblätter hinfällig, verkehrt=eiförmig=keilförmig, etwa 12 bis 18 mm lang, schmäler als bei der folgenden Art, sich nur mit den Rändern deckend, vorne stumpflich, abgerundet, wässerig heller oder dunkler blau, am Grunde gelb= lich und spärlich behaart. Staubblätter bei den kurzgriffeligen Blüten etwa 6 mm lang, am Grunde wenig miteinander verbunden, bei der langgriffeligen Form so lang wie der freie Faden; Staubbeutel weiss. Fruchtstiele 2 bis 3mal länger als die Frucht, aufrecht oder meist einseitig etwas seitwärts gebogen. Kapsel kugelig, weiss, 6 bis 8 mm lang, bespitzt, fast doppelt so lang als der Kelch. Samen 4 bis 5 mm lang, sehr schmal, häutig berandet. — VI bis VIII.

Zerstreut, aber zuweilen massenhaft im Felsgeröll, an sonnigen Felsen in der subalpinen und alpinen Stufe der Alpen von zirka 1400 bis zirka 2200 m; zuweilen in die Täler herabge= schwemmt (in Steiermark im Gesäuse, bei Johnsbach, Unterlaussa), in Niederösterreich am Hohenberg schon bei 474 m, in Kärnten am Kouk bei zirka 900 m. Kalkstet.

Allgemeine Verbreitung: Pyrenäen, Südfrankreich, Alpen, Jura, Gebirge von Südeuropa; die subsp. Anglicum in Frankreich und England.

Die Einteilung und ebenso die Abgrenzung dieser ausserordentlich veränderlichen Art gegen L. per= enne ist bei den wechselnden Anschauungen der Autoren (Alefeld, Reichenbach, R. Beyer, H. Holzer, Rouy, Hayek) äusserst schwierig. Besonders künstlich erscheint die Einordnung — wenigstens aus pflanzen= geographischen Gründen — des Linum Anglicum. Vorläufig mag folgende Gliederung gelten: subsp. **eu-alpinum** Aschers. (= L. alpinum L. im engeren Sinne, = L. perénne L. Rasse eu=alpinum Herrmann). Pflanze ziemlich niedrig. Stengel niederliegend bis aufsteigend. Laubblätter besonders am Grunde dicht stehend, linealisch. Blütenstände armblütig. Kelchblätter meist ziemlich gleichartig; die äusseren meist ovalzugespitzt, die inneren breitoval, stachelspitzig. Kapsel ziemlich klein, breiteiförmig bis fast kugelig. Samen an der ganzen Innenseite mit deutlichem Hautsaume. In den östlichen Alpen verbreitet (fehlt in Bayern), in den westlichen anscheinend zerstreut und auf weite Strecken hin fehlend (wird hier wohl durch die subsp. montanum ersetzt). Hieher: f. saxícola (Jordan) Rouy. Pflanze kräftiger, meist 30 bis 50 cm hoch. Stengel aufrecht. Laubblätter gross, lanzettlich, voneinander weit entfernt. Kelchblätter auffallend breit, stumpf, nur ¹/₈ so lang als die Kronblätter. Früchte grösser. Anscheinend sehr zerstreut; vielleicht nur üppige Standortsform. — subsp. **montánum** (Schleich.) Koch. (= L. lǽve Scop., = L. Austriacum L. α montanum Vis.). Grundachse schief, walzlich, knorrig-kopfig, mit kurzen, ziemlich locker beblätterten, nichtblühenden, kahlen Sprossen. Blütenstengel wenig zahlreich, aus bogigem Grunde aufrecht, oberwärts gabelästig, stielrund. Laubblätter lineal-lanzettlich, 1 bis 1,5 cm lang und 1 bis 2 mm breit, zugespitzt, dünn, steiflich, etwas graugrün, kahl; die unteren zur Blütezeit meist schon verwelkt. Scheintrauben locker. Blütenstiele schlank, unter dem Kelch etwas verdickt, stets aufrecht. Kelchblätter lanzettlich, allmählich zugespitzt, hautrandig, der Mittelnerv bis zur Mitte kielartig vorspringend, kahl, glatt, etwa so lang wie die Kapsel; die 2 inneren öfters verkehrteiförmig, plötzlich kurz zugespitzt. Kronblätter verkehrt-eiförmig, mit den Rändern sich stärker deckend, wässerig hellblau, am kurzen Nagel gelb, etwa 3 mal so lang als der Kelch, den ganzen Tag geöffnet. Kapsel eiförmig. Samen mit einem Spitzchen am stumpfen Ende. In den Alpen ziemlich verbreitet, in der Schweiz und in Tirol überwiegend, in den südlichen Kalkalpen noch auf

Fig. 1672. Linum alpinum L.
Phot. Dr. P. Michaelis, Köln

dem Nanos und im Ternovaner Wald; ausserdem im Französischen und Schweizer Jura (Mont Tendre, Dôle, Reculet). Diese beiden von vielen Autoren als Rassen unterschiedenen Pflanzen sind im allgemeinen auf die Kalkalpen beschränkt und erscheinen hier zuweilen in Massenvegetation im Dryadétum. Im Hortus Eystettensis (1613) wird Linum alpinum als L. sylvéstre flore caerúleo aufgeführt. Das von Murr von der Lavena Alpe in Liechtenstein (Allgemeine Botan. Zeitschr. 1910, pag. 86) angegebene L. alpinum wird von Handel-Mazzetti (in Oesterr. Botan. Zeitschrift, 1911, nr. 6) als L. perenne gedeutet, dürfte aber doch eher in den Formenkreis des L. alpinum gehören (vgl. pag. 18). — subsp. **Júlicum** Hayek (= L. lǽve Fritsch nec Scop., = L. alpínum Fleischm., = L. Austríacum Pacher nec L.). Sanntaler-Lein. Erdstock mehrköpfig. Stengel aufsteigend oder aufrecht, bis 40 cm hoch, kahl, wenig ästig, reich beblättert. Unterste Laubblätter wagrecht abstehend, lanzettlich, kürzer als die übrigen, die oberen lineal-lanzettlich, spitz, bis 2 mm breit, ganzrandig, am Rande glatt, bis zur Mitte 3-, dann 1-nervig. Blüten in blattachselständigen, 2- bis 8-blütigen Wickeln. Kelchblätter eiförmig, gleichlang, kahl, ungewimpert; die 3 inneren stumpf, breithäutig berandet, die 2 äusseren schmäler, spitz, schmäler berandet. Kronblätter keilig-verkehrt-eiförmig, 1,2 bis 1,5 cm lang, tief azurblau mit gelbem Nagel. Fruchtstiele einseitig mässig übergebogen, selten fast wagrecht. Kapsel kugelig, 6 bis 7 cm lang, stachelspitzig. Samen schmal häutig geflügelt. — An Felsen und im Felsschutt der höheren Voralpen bis in die alpine Stufe von zirka 1400 bis 2000 m (hie und da auch tiefer). Wohl in den ganzen südlichen Kalkalpen (westlich bis zum Comersee) und in den nördlichen Ausläufern des Karstes, östlich bis Bosnien. In Steiermark in den Sanntaler Alpen nicht selten (Korsica, Ojstrica, Mrzlagora, Rinka, Sanntaler Sattel), in Kärnten (Reisskofel Reppspitz bei Tröpolach, Watschiger- und Kühweger-Alpe, Mittagskofel bei Malborgeth, Fischbachalm bei Raibl, Dobratsch, Kotschna, Ortatscha, Seleniza, Obir, Petzen usw.), auf dem Krainer Schneeberg (vgl. Bd. VI, pag. 389). Nach Hayek gehört dieser Neuendemismus der südlichen Kalkalpen in den Sanntaler Alpen wie Asplenium fissum, Aspidium rigidum, Trisetum argenteum, Festuca nitida, Alsine Austriaca, Moehringia ciliata, Cerastium Carinthiacum, Dianthus Sternbergii, Thlaspi Kerneri, Hutchinsia alpina, Sedum atratum, Dryas octopetala, Linaria alpina, Leontopodium alpinum, Senecio abrotanifolius usw. zu jenen Arten, die mit den Schuttmassen tief (800 bis 1000 m) hinabsteigen.

subsp. **Anglicum** (Mill.) (= L. Leónii¹) F. Schultz, = L. alpínum Jacq. β collínum Gren. et Godr., = L. læve Scop. γ Leonii Rouy, = L. perénne L. subsp. Anglicum Druce, = Adenolínum Leonii Rchb.). Fig. 1673. Stengel zur Blütezeit aufsteigend, meist niedrig, gewöhnlich nur 10 cm hoch, zierlich, zur Fruchtzeit niederliegend, mässig dicht beblättert. Nichtblühende Sprosse sehr dünn, dicht und fein beblättert (oft auffällig an die Kurztriebe von Taxodium distichum erinnernd). Laubblätter linealisch; die unteren meist abstehend. Wickel meist nur 1= bis 3= (bis 5=)blütig. Blüten= stiele auch zur Fruchtzeit steif aufrecht oder doch nur schwach gebogen. Kronblätter keilförmig, etwa 3 mal so lang als die Kelch= blätter. Reife Samen breiteiförmig, glänzend dunkelbraun, sehr fein eingedrückt punktiert, nur unter der Spitze des etwas heller gefärbten Innenrandes schwach und undeutlich hautrandig. — Auf trockenen Hügeln (Oolithkalk). Nur im westlichen Gebiet in Lothringen um Metz, Châtel, Ars, Ancy, Onville, Novéant, Gorze Bayon= ville, Waville, Verdun, ausser in Frankreich auch in England. Neuerdings von A. Kneucker auch in Baden auf Wellenkalk am Apfelberg zwischen Hochhausen und Gamburg auf dem linken Tauberufer entdeckt, in Gesellschaft von Althaea hirsuta, Linum tenui= folium, Fragaria viridis, Calamintha Acinos, Ajuga Chamaepitys, Allium sphaerocephalum usw. — Die Zugehörigkeit dieser fast nur auf Frankreich und England beschränkten Pflanze zu L. alpinum ist nicht erwiesen (vgl. auch L. Petryii pag. 18). Pflanzengeographisch stellt sie einen selbständigen Typus dar, während sie systematisch zu L. perenne überleitet.

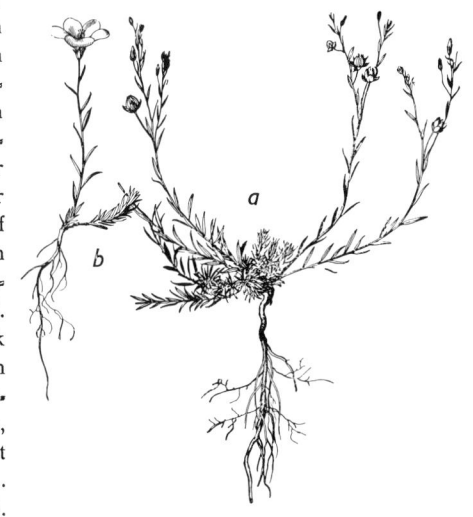

Fig. 1673. Linum alpinum Jacq. subsp. Angli= cum (Mill.). *a, b* Habitus.

1803. Linum perénne L. (= Adenolínum perenne Rchb., = Linum Baváricum F. Schultz, = L. læve Scop. β Bavaricum Rouy, = L. Darmstadínum Alefeld). Stauden=Lein. Fig. 1674 und 1675.

Ausdauernde, 20 bis 60 (100) cm hohe, kahle Pflanze mit hellgelblicher, spindelförmiger Wurzel und reichästigem Erdstock. Stengel mehrere, senkrecht oder schief aufrecht, einfach oder im obersten Teil verzweigt, ziemlich dicht beblättert, stielrund. Laubblätter lineal=lan= zettlich, zugespitzt, 1= bis 3=nervig, am Rande von feinen Zäckchen etwas rauh. Blüten in ziemlich reichblütigen Wickeln auf ziemlich kurzen, die Kelchblätter an Länge meist etwas übertreffenden, aufrechten Stielen. Aeussere Kelchblätter eiförmig=elliptisch, sehr stumpf, etwa 3,5 bis 5 mm lang, schmal weisshautrandig oder aber ohne Hautrand, mit kleiner, aufgesetzter Stachelspitze; die inneren breit eiförmig=rundlich, 4 bis 8 mm lang, breit weisshautrandig, mit winzigem, aufgesetztem Stachelspitzchen, deutlich länger und breiter als die äusseren. Kron= blätter verkehrt=eiförmig=keilförmig, vorne stumpf, abgerundet, 1,5 bis 2 cm lang, hellblau oder röt= lich, ausnahmsweise weiss, am Nagel gelblich, sich mit den Rändern ihrer ganzen Länge nach deckend. Staubblätter in den langgriffeligen Blüten etwa 4,5 mm lang, am Grunde verbunden, kahl, oberwärts meist stahlblau; Staubbeutel gelblichweiss. Griffel bei den langgriffeligen Blüten etwa 6 mm lang; Narbe keilförmig=kopfig. Frucht fast stets eiförmig=kugelig, 6 bis 7 mm lang, bis fast doppelt so lang als die Kelchblätter; Scheidewände behaart. Samen eilänglich, etwa 4 mm lang, flach, braun. — VI, VII, vereinzelt bis X.

Selten auf Trocken= und Frischwiesen, an Waldrändern, an steinigen Hängen, auf Kalk=, Sand= und Lössboden. Nur in den Niederungen und ursprünglich nur in Oesterreich (Nieder= und Oberösterreich, Krain) und in Süddeutschland. Ausserdem gelegentlich gartenflüchtig.

In Deutschland zerstreut im südlichen und mittleren Teile, nördlich bis Frankfurt a. M. und bis in die Rheinfläche (zwischen Darmstadt und Weinheim). In Bayern zerstreut auf der unteren Hochebene (Garchinger= und Sempterheide, bei Landshut, bei Weltenburg, Regensburg, Straubing, Entau bei Bogen, Halbmeile,

---

¹) Benannt nach dem Pflanzensammler Léo, der die Pflanze in Lothringen entdeckte.

Niederaltaich, Plattling, Vilshofen, Passau), im Jura am Staffelberg, bei Artelshofen, zwischen Woffendorf und Prügel sowie Görauer Anger bei Weismain, im Keupergebiet bei Melkendorf bei Kulmbach (vorübergehend), Grettstadt und Röthlein bei Schweinfurt, Kitzingen. Fehlt in Württemberg und in der Pfalz. Ausserdem hie und da aus Gärten verwildert, so in Schlesien (mehrfach um Grünberg), in Thüringen bei Alsleben, bei Erfurt (an der Sangerhäuser Bahn vollständig eingebürgert), in Brandenburg bei Buckow und Rüdersdorf. — In Oesterreich in Niederösterreich (längs der Donau), in Oberösterreich (z. B. um Linz), in Böhmen (im Elbetale bei Wschetat) und in Krain. — In der Schweiz von O. Naegeli 1893 bei Ober-Neunforn im Kanton Thurgau festgestellt, jetzt aber durch Kulturanlagen zerstört (ob überhaupt ursprünglich?) und von Christ, angeblich im Wallis (Felsenheide bei Raron).

Die Abtrennung einer besonderen Varietät Bavaricum ist nach Vollmann (Berichte der Bayer. Botan. Gesellschaft. Bd. XIV [1917], pag. 49) ganz ungerechtfertigt, ebenso einer var. Darmstadianum; denn L. perenne bleibt stets niedrig, wenn der Untergrund trocken, steinig oder nährstoffarm ist. Dagegen dürften die Pflanzen vom Eckerfirst am Göll bei 1700 m in den Berchtesgadener Alpen, ebenso von der Lavena-Alpe in Liechtenstein (vgl. pag. 16) eher zu dem Formenkreis des L. alpinum gehören, während L. perenne von Raron im Wallis von Handel-Mazzetti neuerdings als L. Austriacum gedeutet wird.

Allgemeine Verbreitung: Mittel- und Südrussland, Rumänien, Bulgarien, Serbien, nördl. Bosnien, Siebenbürgen, Karpaten (hier die subsp. Carpáticum Uechtritz, = L. extraaxilláre Kit.), Siebenbürgen, Galizien, Ungarn, Kroatien, Slavonien, Oesterreich, Süddeutschland; Schweiz (var. Sibiricum Schiede). Adventiv in Kalifornien.

Linum perenne ist im Gebiet einigermassen veränderlich; doch handelt es sich nur um unbedeutende Standortsformen. Die Art ist eine ausgesprochen pannonisch-pontische Pflanze, die in Süddeutschland zu den bezeichnenden Typen der Trockenwiesen gehört (vgl. Anemone patens. Bd. III, pag. 535). Ehedem wurde L. perenne als sog. „Ewiger Lein" stellenweise kultiviert, so in Kärnten zu Wulfens Zeiten im Himmelberger Grund und in der Gnesau. Der Anbau hat sich aber nicht bewährt; die Art lieferte eine sehr grobe Faser. Dagegen wird sie schon seit langer Zeit — in Schlesien bereits im Zeitalter Ludwigs XIV. (1643 bis 1715) — als Zierstaude in Gärten gehalten und scheint daraus leicht zu verwildern. Die aus Tirol, Vorarlberg (Rankweil), Norddeutschland, Schlesien und aus der Schweiz (Neunforn, Raron) erwähnten Fundorte dürften solche Gartenflüchtlinge darstellen. Als wirklich ursprünglich ist L. perenne in Mitteleuropa wohl nur in Nieder- und Oberösterreich (hier aus Ungarn eingewandert), in Krain sowie in den Niederungen (Donau-, Main-, Mittelrheingebiet) von Süddeutschland anzusehen.

Als systematisch nahestehende Form (vgl. auch L. Anglicum, pag. 17) mag erwähnt sein: Linum Petrýi[1]) R. Beyer (= L. Leónii vieler Autoren). Pflanze zahlreiche blühende und nichtblühende Stengel treibend. Unterster Blütenstiel meist auffallend tief (bis 7,5 cm unter dem nächstfolgenden) entspringend und frühzeitig fruchtend. Blütenstiele an der Knospe aufrecht, an der Frucht fast stets am Grunde gebogen, aufrecht bis wagrecht abstehend, mehr als doppelt so lang wie die Frucht. Kelchblätter 5 bis 6 mm lang; die äusseren lanzettlich, zugespitzt, die inneren eiförmig, schmal hautrandig, etwas stumpflich, mit aufgesetztem Spitzchen, bis zur Mitte 3- bis 5-nervig, nur wenig kürzer als die entwickelte Kapsel.

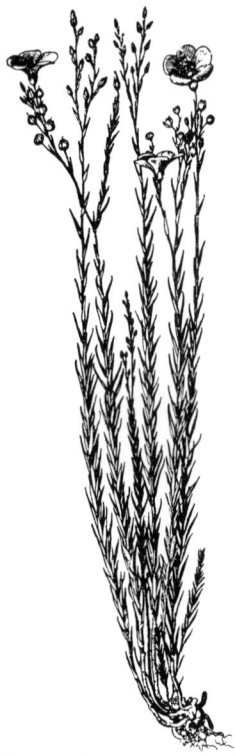

Fig. 1674. Linum perenne L. Habitus.

Fig. 1675. Linum perenne L. Neusiedler See.
Phot. Dr. P. Michaelis, Köln

---

[1]) Benannt nach Hermann Petry, 1868 bis 1913, Amtsrichter in Diedenhofen (Lothringen), einem der besten Kenner der Flora von Elsass-Lothringen.

Kronblätter dunkelblau, nur doppelt so lang als der Kelch, 12 mm lang und 6 mm breit, breit-keilförmig, sich mit den Rändern der ganzen Länge nach deckend. Kapsel mitunter kurz und sehr breiteiförmig, 6 bis 7 cm lang, stark zugespitzt. Samen verkehrt-eiförmig. Einzig bei Metz (an der Côte Quaraille bei Gorze).

1804. Linum Austriacum L. (= L. perénne L. var. Austriacum Schiede, = L. Austriacum L. α praténse Neilr., = L. barbulátum Schur). Oesterreicher Lein. Taf. 175, Fig. 2.

Ausdauernde, 10 bis 63 cm hohe Pflanze mit spindelförmiger, verholzender Wurzel und reichästigem Erdstock. Stengel meist mehrere, neben fertilen auch nichtblühende vorhanden, aufrecht oder am Grunde gebogen oder schief, einfach oder im oberen Teile verzweigt, stielrund, kahl, reichlich beblättert. Laubblätter sitzend, aufrecht, lineal oder lineal-lanzettlich, etwa 1 cm lang und 0,5 bis 1 cm breit; die unteren stumpflich, die mittleren sowie die oberen spitz oder zugespitzt, kahl, glatt, graugrün. Blüten in ziemlich reichblütigen, wickeligen Blütenständen auf ziemlich langen, die Kelchblätter an Länge übertreffenden, anfangs aufrechten, nach dem Verblühen stark überneigenden Stielen. Kelchblätter breit-länglich, 5 bis 6 mm lang, mit aufgesetzter Stachelspitze, hautrandig. Kronblätter 3-eckig-verkehrteiförmig, sehr kurz benagelt, 10 bis 17 mm lang, vorne gestutzt, himmelblau mit dunkleren Nerven und gelbem Grund, ausnahmsweise weiss, sich mit den Rändern ganz deckend. Staubblätter etwa 7 mm lang, am Grunde verwachsen, zwischen den Fäden mit kurzem, linealem Anhängsel. Griffel etwa 2 mm lang, mit kopfiger Narbe. Frucht an den verlängerten, gebogenen Stielen hängend, kugelig-eiförmig, kahl, etwa 4 bis 5 mm lang, gelbbraun. Samen länglich, etwa 2,5 bis 3,6 mm lang, flach, matt, hellbraun. — V bis VII.

Zerstreut und selten an sonnigen, trockenen Hängen, in Trockenwiesen, auf Schutt und Felsen, in der Ebene und in der montanen Stufe. Auf Kalk häufiger als auf kalkarmer Unterlage. Ursprünglich wohl nur in Oesterreich (Niederösterreich, Böhmen und Mähren); sonst hie und da aus Gärten und Friedhöfen verwildert und besonders an Bahndämmen eingebürgert.

In Deutschland in Bayern im Fränkischen Jura bei Wolfsdrossel nächst Eichstätt, auf der Friesener Warte, am Staffelberg (angesät), im Keupergebiet bei Strullendorf, Röten bei Schney, früher bei Windsheim verwildert; im Muschelkalkgebiet am Eselsweg bei Würzburg (adventiv 1902); in Lothringen angeblich bei Bitsch und Sierk (?). In West-, Mittel- und Norddeutschland hie und da aus Gärten verwildert, so bei Bonn an der Ruine Godesberg, auf einem Luzernenfeld zwischen Niedermendig und Laach (1896), auf Kalkberg bei Bitberg am Fusse der Eifel, bei Frankfurt an der Oder (Lossower Chaussee, 1903), bei Stassfurt, Bernburg, Arnstadt, um Erfurt bei Mühlberg, an der Wanderslebener Gleiche, hinter der Schwedenschanze usw.; in Ost- und Westpreussen früher gelegentlich angebaut. — In Oesterreich in Böhmen bei Dux und um Oblik bei Laun (hier von Velenovsky 1884 entdeckt); das Vorkommen bei Libitz unweit Podiebrad ist fraglich; in Mähren bei Nikolsburg (Holkeck zwischen Voitelsbrunn und Pulgram), Pulgram, Kostel, Lundenburg, Pollau, Znaim, Brünn, Czeitsch, zwischen Olmütz und Prossnitz (auf Bahndämmen), Wischau (Drysitz); in Niederösterreich nur im Gebiete der Pannonischen Flora, häufig südlich der Donau bis an die Ostabhänge des Wienerwaldes, auch bei Gneixendorf, von Hollenburg westlich bis Bergern und Retz; in Steiermark nur adventiv an der Mur (1820) und auf dem Schlossberge (vor 1868) bei Graz; in Tirol adventiv im Oberinntal an der Eisenbahn vor Landeck, Damm oberhalb Schönwies sowie bei Zams (1899), in Meran (Sportplatz Untermais 1921), an der Valsuganabahn bei Villazzano, bei Riva, in Vorarlberg an der Bahn bei Frastanz (1910). — In der Schweiz einzig im Unterengadin bei Schuls (1200 m).

Allgemeine Verbreitung: Südeuropa (nördlich bis Frankreich), Niederösterreich, Böhmen, Mähren, Ungarn, Kroatien, Banat, Galizien, Siebenbürgen, Südrussland; Kaukasus, Persien, Vorderasien.

Aendert wenig ab: l. albiflórum Borbás (= L. álbum Nichols.). Kronblätter weiss. Sehr selten. — l. marginátum (Poir.). Kronblätter heller gefärbt. — Hie und da in Botanischen Gärten zu finden ist nach Reichenbach die subsp. squamulósum Velen. aus Siebenbürgen mit niedrigeren, stärker spreizenden, ästigen Stengeln und dünneren, kleineren, mit durchscheinenden Schüppchen besetzten Laubblättern. — Weiter oder näherstehende Arten (L. Tommasínii Rchb., L. collínum Guss., L. crystallínum Gren., L. Loréyi Jord.) kommen in Südeuropa vor.

Linum Austriacum gehört wie L. perenne dem pannonisch-pontischen Element an. Die Pflanze bewohnt besonders Trockenwiesen vom Charakter des Stipetums, des Brometum erecti, der Bestände von Andropogon Ischaemum u. ähnl. In der Steppengesellschaft des Launer Mittelgebirges erscheint sie zusammen mit Stipa pennata, S. capillata, S. Tirsa, Adonis vernalis, Erysimum crepidifolium, Potentilla arenaria, Viola ambigua, Astragalus exscapus, Artemisia Pontica, Aster Linosyris usw. Auch auf Schutt und Felsen sonniger, trockener Hänge findet sich die Pflanze gelegentlich. Wie L. perenne wird sie hie und da in Gärten kultiviert und verwildert gelegentlich. An verschiedenen Orten hat sie sich an Eisenbahndämmen angesiedelt (allerdings meist nur vorübergehend) und scheint sich längs der Eisenbahnlinien auszubreiten; so dringt sie nach Laus in Mähren längs der Nordbahn durch die Winschauer Senke ins obere Marchbecken vor. Als ursprünglich spontane Pflanze ist L. Austriacum einzig in Niederösterreich, Böhmen und Mähren anzusehen; selbst in Mähren erscheint es nur im südlichen Teile spontan, im mittleren Landesteile ist es (an Bahndämmen) zweifelsohne eingeschleppt. Die Angaben aus Kärnten (bei Pacher) beziehen sich sicherlich auf Formen von L. alpinum. Ebenso dürften alle Vorkommnisse in Deutschland (auch in Bayern und in der Schweiz) trotz der öfters angenommenen Spontanität als Kulturrelikte und Gartenflüchtlinge zu deuten sein. Ueber hypokotyle Adventivknospen bei Linum Austriacum vgl. Verh. des Botan. Ver. der Provinz Brandenburg. Bd. XV, 1874.

Von Bastarden werden genannt: L. perenne L. × L. Austriacum L. (von Koelreuter künstlich erzeugt) und L. Narbonense L. × L. usitatissimum L. (gleichfalls von Koelreuter erzeugt).

1805. Linum usitatissimum[1]) L. **Lein, Flachs.** Franz.: Lin; engl.: Flax; ital.: Lino.
Taf. 175, Fig. 1; Fig. 1676 bis 1684.

Das Wort Flachs (althochdeutsch flahs) ist gemeingermanisch (niederl.: vlas, engl.: flax); seine Herkunft ist unklar (Zusammenhang mit griech. πλέκειν [plékein] = flechten?). Noch verbreiteter ist das Wort Lein (althochdeutsch lin), das auch im Slavischen (z. B altbulgar. lĭnŭ, littauisch linaĭ) zu finden ist. Ob es sich um eine Urverwandtschaft handelt oder ob das deutsche Lein aus dem lateinischen linum entlehnt ist, lässt sich nicht mit Sicherheit entscheiden. Das althochdeutsche hara, haro (dän. hör) = Flachs treffen wir in der verbreiteten bayerisch-österreichischen Benennung „Haar" (Maskulinum!) an. Ehedem wurde auch der Flachshändler „Harer" geheissen. — Im rätoromanischen Graubünden nennt man den Flachs glin.

Ein- oder 2-jährige, 20 bis 100 (150) cm hohe, kahle Pflanze mit ziemlich kurzer, hellgelblicher, spindelförmiger Wurzel. Stengel 1 bis mehrere, aufrecht oder kurz bogig aufsteigend, stielrund, einfach oder im oberen Teile verzweigt, ziemlich dicht beblättert. Laubblätter wechselständig, sitzend, am Grunde oft stielartig verschmälert, 2 bis 3 cm lang und 3 bis 4 mm breit, dünn; die unteren lanzettlich bis lineal-lanzettlich, spitzlich, die mittleren grösser als die unteren und oberen, lineal-lanzettlich, zugespitzt, die oberen lineal-lanzettlich, fast grannenartig zugespitzt, alle 3-nervig, am Rande glatt, graugrün. Blüten in rispig angeordneten, lockeren, schlaffen Wickeln auf langen, die Kelchblätter an Länge übertreffenden, aufrechten Stielen. Kelchblätter eiförmig, scharf gekielt, etwa 5 bis 6 mm lang, kurz zugespitzt, kahl, breit-hautrandig (Hautrand im vorderen Teil rauh und fein bewimpert), 2- bis 5- (meist 3-)nervig. Kronblätter keilförmig-verkehrteiförmig, 12 bis 15 mm lang, vorne gestutzt, ganzrandig oder etwas gekerbt, lang, himmelblau, dunkler geadert, am Grunde gelblich, seltener weiss, hellblau, hellrosa oder lila. Staubblätter etwa 2 mm lang oder wenig länger, am Grunde kurz miteinander verbunden, ohne Anhängsel zwischen den Fäden; Staubbeutel blau. Griffel blau, etwa 4 mm lang; Narben kurz keulenförmig-köpfig. Frucht eine auf aufrechtem oder wenig gebogenem Stiele befindliche, kugelig-eiförmige, 6 bis 8 mm lange, spitze, wand- oder fachspaltig aufspringende oder geschlossen bleibende Kapsel; normal 10 Samen, oft aber weniger, sogar nur 1 Samen enthaltend. Letztere stark flachgedrückt, eiförmig, 4 bis 4,85 (6,5) mm lang und 2,5 bis 3 mm breit, glänzend bräunlich. Keimling sehr gross, die Hauptmasse des Samenkerns ausmachend, die plankonvexen Keimblätter von dem dünnen Endosperm umgeben. — VI bis VIII.

Häufig feldmässig angebaut von der Ebene bis in die Alpentäler (in Tirol und Kärnten bis zirka 1600 m, im Engadin bis 1800 m). Ausserdem auf Schutt, in Gärten, unter Getreide, in Rübenfeldern, an Wegrändern verschleppt, jedoch meist unbeständig, selten eingebürgert.

---

[1]) Superlativ vom lat. usitátus = gebräuchlich. (Diese Art wurde von G. Hegi bearbeitet).

Aendert ab: var. vulgáre Boenningh. (= var. týpicum Pospichal, = var. indehíscens Neilr.). Dresch- oder Schliess-Lein, Ackerflachs. Stengel höher als bei der var. crepitans, wenig oder gar nicht ästig. Blüten grösser. Kronblätter meist ganzrandig. Kapseln geschlossen bleibend oder nur wenig sich öffnend, mit schwach bis stärker behaarten Scheidewänden. Samen dunkler. Besonders zur Faser- und Samengewinnung angebaut. — var. biénne Mill. (= L. Africánum hort. nec L., = L. biénne Mill. z. T., = L. usitatíssimum L. α hyemále Romanum Heer). Römischer Winterlein, Lino invernegno italiano. Pflanze einjährig-überwinternd, seltener 2-jährig. Stengel meist mehrere bis viele, aus gebogenem Grunde aufrecht. Kapseln geschlossen bleibend, etwa 7 mm lang; Fächer gewimpert. Samen 5 mm lang, an der Spitze geschnäbelt. Hie und da (wohl nur im Mittelmeergebiet) angebaut. Adventiv im Tessin oberhalb Campione und zwischen Lugano und Melide. Aehnlich ist L. ambíguum Jordan. Alle Laubblätter vorne zugespitzt. Samen 5 mm lang (nach Heer eine Zwischenform zwischen Linum angustifolium und dem Pfahlbautenlein). — Eine ausdauernde, viel-stengelige Form mit meergrünen Laubblättern (ob hieher gehörig?) beschreibt Strobel (in Oesterr. Botan. Zeitschrift. Bd. XXXVI [1886], pag. 182) als Linum Catanénse. — Wohl nicht wesentlich verschieden ist die var. multicaúle (= var. elátum multicaúle) Schur in Verhandl. des Naturw. Vereines Brünn. Bd. XV [1876]). Pflanze wahrscheinlich zweijährig. Stengel meist zu 3, bis 3 dm hoch, oberwärts ästig. Laubblätter schmal-länglich, beiderseits zugespitzt, bis 3,5 cm lang und 4 mm breit, glänzend dunkelgrün, undeutlich 3-nervig. Kronblätter fast kreisrund, 2 bis 3 mal länger als der Kelch, sattblau. Frucht ziemlich gross, den Kelch mehr als 2 mal überragend. Samen kastanienbraun. Auf Rüben- und Leinäckern, auf den letzteren den Typus bei weitem überragend. Mähren, Siebenbürgen.

Neuerdings beschreibt Gentner (dem der Verfasser verschiedene wertvolle Mitteilungen verdankt) aus Oberbayern einen 2-jährigen Alpen-Winterlein (Fig. 1676), der weder mit L. hyemale noch mit L. ambiguum übereinstimmt, dagegen mit dem Pfahlbautenlein ganz auffallende Aehnlichkeiten aufweist (vgl. pag. 22).

Weitere Formen des Schliessleins sind: f. regále Scheidw. Königslein, lin royal. Pflanze sehr hoch (1 bis 1,25 m). Blüten blau oder weiss. Soll sich besonders für sandige Böden eignen. — f. grácile Schur. Stengel zart. Blüten kleiner. — f. leucánthum Maly (= L. Americánum álbum hort.). Blüten weiss. — In Holland, namentlich in der Provinz Friesland, wird schon seit einem Jahrhundert weissblühender Flachs gebaut, der geringere Ansprüche an die Bodenbeschaffenheit und an die Düngung stellt als der blaublühende. Er erzeugt zwar eine kürzere Faser von geringerer Qualität, gibt jedoch eine grössere Samenernte als der blaublühende Lein und ist widerstandsfähiger gegen eine in den dortigen Gegenden als „Brand" bezeichnete Krankheit (Asterocystis radicis). Auch in Schlesien wird auf einigen Gütern ein ähnlicher, weissblühender Lein gebaut. Es handelt sich bei dem weissblühenden Lein jedoch nicht um rein gezüchtete Linien, weshalb dazwischen immer normal-blaublühende Pflanzen auftreten. Fruwirth glaubte die unter blauem Lein nicht allzu selten vorhandenen weissblühenden Pflanzen mit

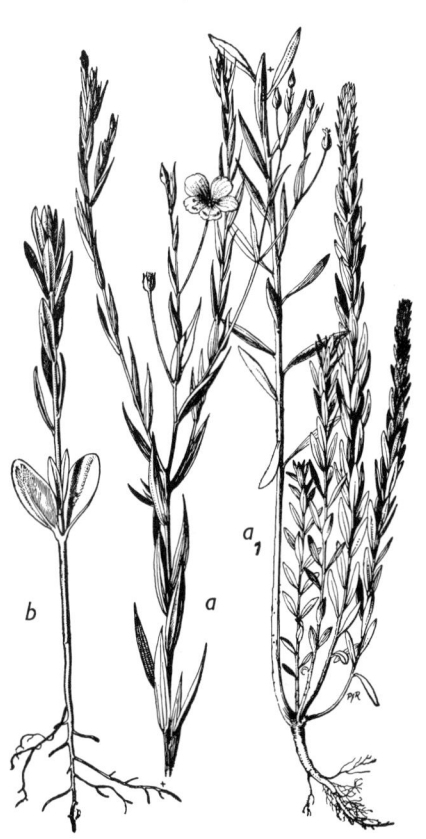

Fig. 1676. Linum usitatissimum L. Zweijähriger Winterlein. a, a₁ Habitus. b Sämling.

weissen (aber auch blauen) Staubbeuteln auf spontane Variabilität zurückführen zu können. Die Feststellung des Verhaltens der Blütenfarbe nach Bastardierung macht es aber sehr wahrscheinlich, dass sie durch Abspaltung nach Bastardierung erscheinen. Dabei bleibt allerdings die Frage der ersten Abspaltung der weissen, wie auch der anderen von Althausen und Tammes beobachteten Farben (hellblau, hellrosa, lila) durch spontane Variabilität offen. Hoffmann, de Vries und Fruwirth fanden die weissblühende Form während 7 Jahren samenbeständig. Alefeld (Landwirtschaftliche Flora. Berlin, 1866) erwähnt eine Reihe von weiteren Formen, die sich durch die Stengelhöhe, die Grösse und Farbe der Blüte und der Samen sowie durch die Grösse der Kapseln unterscheiden. Je nach der Behandlungsweise (Aussaat, Ernte) werden Früh-, Mittel- und Spätlein unterschieden, von denen der erstere etwa im April, der zweite Ende Mai oder Anfang Juni, der dritte jedoch erst nach Johanni gesät wird. In neuester Zeit wurde auch eine blaublühende hochgezüchtete Leinsorte aus Nordamerika in Deutschland eingeführt, die sich durch besonders hohen Ertrag auszeichnet. Durch die besonders in Holland (Groningen) und in Norddakota angestellten Züchtungs- und Veredelungsversuche konnte die von Alefeld aufgestellte Einteilung noch wesentlich vermehrt werden (Näheres hierüber bei Fruwirth, C. Handbuch der landwirtschaftl. Pflanzenzüchtung. Bd. III, 1922).

var. húmile (Mill.) Pers. (= var. crépitans Boenningh.). Spring- oder Klang-Lein, Kleiner Lein. Stengel niedriger, oft einfach. Blüten etwas kleiner. Kronblätter zuweilen etwas kerbzähnig. Kapseln etwas grösser, mit leisem Klang elastisch aufspringend, mit kahlen Scheidewänden, hygroskopisch. Samen heller. Seltener und nur zur Gewinnung von Leinöl angebaut.

Das einjährige Linum usitatissimum ist bis heute nirgends wirklich wild beobachtet worden; man kennt den Lein also nur als Kulturpflanze, deren Heimat unbekannt ist. Bereits Heer, später auch Körnicke u. a. halten das nahe verwandte L. angustifólium Huds. (= L. usitatissimum L. subsp. Hispánicum [F. N. Williams] Thellung) (Fig. 1677) aus dem Mittelmeergebiet für die Stammpflanze unseres heutigen Flachses. Diese Art ist ausdauernd oder auch nur 2-jährig und zeigt an dem verholzten Erdstock faserige, vorjährige Stengelreste und nichtblühende, kurze, dicht beblätterte Sprosse. Die ziemlich zahlreichen, bogig aufsteigenden, dünnen, 30 bis 50 cm hohen, schlanken, oberwärts gabelästigen Stengel sind reich beblättert. Die Laubblätter sind schmallanzettlich, meist 1,5 cm lang und kaum 1 mm breit, beiderseits verschmälert, fast stachelspitzig, schwach graugrün, die unteren kürzer und einander mehr genähert, am Rande oft rauh und zuweilen eingerollt. Die sehr dünnen Blütenstiele verlängern sich nach der Blütezeit stark. Die eiförmigen, scharfgekielten, weiss hautrandigen Kelchblätter erreichen auch zur Fruchtzeit die Länge der Kapsel nicht (Fig. 1677 b) und sind etwa halb so lang als die sehr dünnen, abgerundeten, hellblauen Kronblätter. L. angustifolium ist in Südtirol an der Valsuganabahn (Povo, Pergine, San Cristoforo, Barco) eingeschleppt worden und scheint sich dort zu halten. Neuerdings hat Tine Tames (Genetica, 5/1923) gezeigt, dass L. usitatissimum und L. angustifolium neben anderen Eigenschaften (Homostylie usw.) auch in den „Genotypen" nur sehr wenig voneinander abweichen. Beide Arten besitzen auch die gleiche Zahl von Chromosomen, nämlich 30. Ebenso ist L. angustifolium die einzige Art, die sich mit L. usitatissimum kreuzen lässt; ein solches Kreuzungsprodukt ist vielleicht das bereits erwähnte L. ambiguum Jord. Heer hält aber die Mittelmeerländer als das Vaterland unserer Leinpflanze, zu welcher Ansicht ihn das von ihm als Kretisches Leimkraut (Silene Cretica L.) gedeutete Unkraut bestärkte (vgl. Bd. III, pag. 286). Neuerdings ist aber darauf hingewiesen worden, dass die Bestimmung dieses Unkrautes nicht aufrecht zu halten ist und dass die daraus gezogenen Schlüsse ihrer Grundlage entbehren (siehe Bull. Soc. Bot. Italiana, 1921). Andererseits wurde auch schon Asien (und zwar das Gebiet zwischen dem Persischen Meerbusen und dem Schwarzen und Kaspischen Meer) als Heimat des Flachses angesehen. Auf alle Fälle kann der Pfahlbautenlein (pag. 32) höchstens für den 2-jährigen Winterlein als unmittelbare Stammpflanze gelten. In ganz Norddeutschland bestand allerdings in der älteren Eisenzeit, ebenso in Schweden ein ausgedehnter Flachsbau; aus Dänemark kennt man Funde aus der jüngeren Bronzezeit. Wann später in Mitteleuropa der Pfahlbautenlein durch unseren einjährigen Flachs verdrängt wurde, lässt sich kaum mit Sicherheit feststellen. Immerhin dürfen wir wenigstens bis an den Anfang unserer Zeitrechnung zurückgehen; denn bereits im 3. bis 5. Jahrhundert v. Chr. erscheint unser heutiger Lein bestimmt in Norddeutschland (Frehne im Kreis Ostpriegnitz).

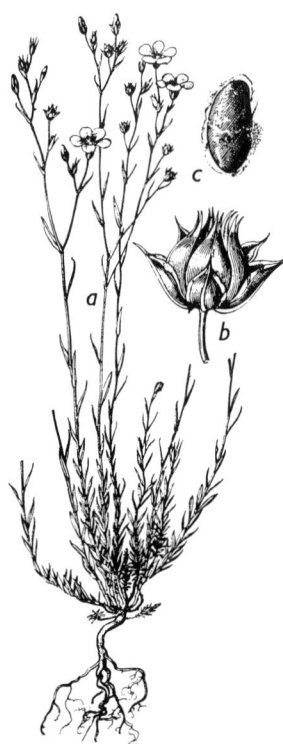

Fig. 1677. Linum angustifolium Hudson. *a* Habitus (¼ natürl. Grösse). *b* Reife Frucht mit Kelchblättern. *c* Same.

Da der Flachs in hohem Grade anpassungsfähig ist, gedeiht er ebensogut in der heissen Zone (so z. B. in Ostindien in höheren Lagen), wie in Mittel- und sogar in Nordeuropa, sowie in hohen Gebirgslagen der gemässigten Zone. Allerdings ist die Oelausbeute in wärmeren und trockenen Gegenden (Südrussland, Argentinien, Aegypten) grösser als in kühleren, dagegen die Faser in kühleren und feuchteren Klimaten besser als in wärmeren. In Argentinien, wo früher nur Samenflachs zu Oel kultiviert wurde, macht man seit zirka 30 Jahren Versuche aus der Samenflachspflanze durch Sortenwahl auch Werg und ein brauchbares Spinnmaterial zu erzeugen. In Mitteleuropa gedeiht der Flachs am besten an der Küste sowie in dem feuchten Klima höher gelegener oder waldreicher Landstriche (Abhänge des Riesengebirges, Sächsisches Erzgebirge, Böhmerwald). Berühmt war ehedem die Pommerische, Danziger, Königsberger, Memeler, Westfälische (Löwentlinnen, Bielefelder und Osnabrücker Leinwand), Hannoveranische, Schlesische (Schockleinen), Sächsische, Schwäbische, Thüringische, Helvetische, Mährische, Böhmische, Tiroler (Oetztal und Axam bei Innsbruck) und Kärntner Leinkultur. Im Bayerischen Wald wird Lein am meisten bei Freyung (bis 1050 m) gebaut; im Allgäu wurde er bis vor kurzem nur der Samen wegen, die man als Kälberfutter hochschätzte, gezogen, während man der Faser (wie auch in der Türkei und in Siebenbürgen) so wenig Beachtung schenkte, dass man den Flachs bis in die Kriegsjahre herein abmähte statt ihn auszudreschen. Die Nordgrenze des Flachsbaues fällt mit jener der Gerste zusammen; in den Alpen (z. B. im Engadin) geht der Flachs höher (über 1800 m) als letztere. Im Samnaun muss die Natur allerdings etwas unterstützt werden, indem zur Erzielung einer frühen Schneeschmelze die an den sonnigen Halden angelegten Aecker im Frühjahr mit Erde dicht überstreut werden, was dann zur Folge hat, dass die talwärts gerutschte Erde später wiederum mühsam in die Höhe zurückgetragen werden muss. In Böhmen wird Flachsbau besonders im Süden und Osten (Tabor, Kamenitz, Pilgram), östlich von Prag und um Policzka betrieben.

Als zwei wesentliche Formen sind zu unterscheiden Schliess- oder Dreschlein bezw. Faserflachs (var. vulgare) und Spring- oder Klanglein bezw. Samenflachs (var. humile oder var. crepitans). Eine Vereinigung von Samen- und Faserflachs, d. h. eine Pflanze zu gewinnen, die gleichzeitig Fasern und Samen erzeugt, ist bis heute noch nicht gelungen. Beim Schliesslein ist der Stengel höher, aber wenig verästelt, die Blüten und Früchte sind kleiner und weniger zahlreich, der Fruchtansatz gering, die Samen dunkler, die Früchte nicht aufspringend. Diese Form wird in der Regel als Faserpflanze benützt. Doch geht ihr Hauptvorzug, der höhere und stark verzweigte Stengel in der Kultur leicht verloren, so dass in den meisten flachsbauenden Ländern stets neues Saatgut gezogen werden muss. Enorme Quantitäten werden zu diesem Zwecke in Mitteleuropa aus Russland (Baltische Länder und Südrussland) eingeführt. Im Jahre 1918 hat Russland 400 000 Tonnen Flachs erzeugt, 1920 zirka 2 Millionen Tonnen. Als beste Sorten gelten der Rigaer und Pernauer Flachs, dann der Finnländer, Libauer und Archangeler. Hier wird der Lein nur der Samen halber gebaut und deshalb selbstverständlich nur Schliesslein kultiviert. Beim Springlein ist der Stengel kürzer, aber ästiger, die Blüten und die elastisch aufspringenden Kapseln sind grösser, die Samen heller. Diese Rasse dient vorzugsweise zur Samengewinnung und Oelbereitung. Ausserdem gibt es einen sog. „Früh-Lein" (dieser wird im März und

Fig. 1678. Linum usitatissimum L., kultiviert.
Phot. B. Haldy, Mainz.

April gesät) und einen „Spät-Lein" (dieser wird im Mai und Juni gesät und eignet sich für Gebirgslagen), einen amerikanischen, holländischen und schlesischen weissblühenden Lein, einen kurzstengeligen „Steppen-Lein", sowie den Sizilianer oder den hochstengeligen (bis 1,25 m hoch) „Rosenlein" und den zweijährigen Alpen-Winterlein (Fig. 1676). Letzterer, der in Oberbayern, in Kärnten, Krain, im Bündner Oberland und in Norditalien (dort auch Römischer Lein genannt) kultiviert wird, wird bereits im September ausgesät. Im Frühjahr zeichnen sich die jungen Pflanzen dadurch aus, dass der Erdstock gewöhnlich 3- bis 5-köpfig ist und dass die jungen Triebe sich zuerst dem Boden anlegen, um dann bogig in die Höhe zu wachsen. Die Blütezeit und die Reife ist fast gleich wie beim Sommerlein. Die Kapseln sind etwas kleiner (7 mm lang und 6 mm breit) als beim Sommerlein, die Samen ebenfalls (4,1 bis 4,2 mm lang und 2,05 mm breit); letztere haben auch meist ein schwächer entwickeltes Spitzchen. Ueber diesen Winterlein hat kürzlich E. Kremer (Faserforschung. Bd. III, Heft 3) eingehende Untersuchungen angestellt. Nach Georg Gentner hat dieser Winterlein grosse Aehnlichkeit mit dem Pfahlbautenlein.

Der heutige Stand des Flachsbaues erfordert zu unterscheiden zwischen dem Flachs, der noch heute als bäuerliche Hauspflanze verarbeitet wird, und zwischen dem Lein als Industriepflanze. Der letztere benötigt eine ungemein sorgfältige, zeitraubende und aufmerksame Pflege. Als Handelsprodukte treten die aus der Hauspflanze erzeugten Garne und Gewebe immer mehr zurück. Trotz ihrer grösseren Dauerhaftigkeit und Festigkeit konnten die Flachsfasern gegenüber den beiden billig gewordenen Textilobjekten Baumwolle und Jute die Konkurrenz nicht aushalten. Zu den besten Sorten gehören die belgischen oder flandrischen Produkte, die meist nach England ausgeführt werden. Der irische Flachs galt früher als beste Qualität, wird aber wenig exportiert. Weitere Sorten ausser den bereits erwähnten sind der italienische und ägyptische Flachs (Ben Said,

Alexandrien), der Petersburger, Rigaer, Libauer, Narwaer, Flandrische, Zeeländer. Die nordamerikanischen Sorten (Minnesota, Dakota, Ohio) können selbst mit den mittleren europäischen Sorten nicht konkurrieren. Trotzdem ist der Flachsimport nach Amerika gering, da die Baumwolle den Flachs dort nicht aufkommen lässt. In den Tropen und Subtropen, z. B. in Ostindien (white seeds), Aegypten, Abessinien, Australien, Argentinien (Santa Fé und La Plata-Saat), Marokko wird der Flachs nicht der Fasern wegen, sondern zur Oelgewinnung aus den Samen gezogen. Erst seit einigen Jahrzehnten versucht man in Argentinien und Canada aus dem Samenflachs auch eine brauchbare Faser zu gewinnen. Die Haupthandelsplätze für Flachs (und für Hanf) sind für Russland Riga, Pernau, Dünaburg, Witbesk, Petersburg, Moskau, Archangelsk und Pskow, für Irland Belfast, für Belgien Gent, für Frankreich Lille, für die Tschechoslowakei Trautenau, für Deutschland Landeshut in Schlesien und Liegnitz. Der Flachs gedeiht am sichersten in einem feuchten und kühlen Klima; bei Trockenheit bleibt er kurz. Kälte verträgt er in seiner Jugend nur bei kräftiger Entwicklung. Zu seiner vollständigen Reife braucht der Flachs 84 bis 120 Tage. Die besten und wertvollsten Sorten werden unter dem Einfluss eines nicht zu heissen Seeklimas erzielt, so in Irland, Belgien, Holland und in den russischen Ostseeprovinzen. Infolge der Bodenmüdigkeit müssen die Aecker oft gewechselt werden; nur alle 7 bis 9 Jahre darf der Flachs, der von dem Boden viel Nährstoffe verlangt, auf das gleiche Feld gepflanzt werden. Ein wiederholter Anbau von Lein ruft Bodenmüdigkeit hervor, bei der die Samen durch Bakterien im Boden zum Faulen gebracht werden, bevor oder während sie keimen. Die Pflanzen können sich der „müdemachenden" Mikroorganismen bis zu einem gewissen Grade erwehren. Uebrigens ist ein Boden, der für Erbsen keimmüde ist, dies auch für Lein und umgekehrt. Von der Keimmüdigkeit ist die Wachstumsmüdigkeit zu unterscheiden; letztere hält sich länger als die Keimmüdigkeit. Ihr Grund ist unbekannt (Mikroorganismen oder Pflanzengifte?). Die Fruchtfolge und die Einschiebung des Flachses in dieselbe wechselt sehr nach der Beschaffenheit des Bodens. In Belgien ist auf einem tiefgründigen, lehmigen Boden folgender Fruchtwechsel gebräuchlich: Flachs, Klee, Roggen, Weizen, Raps, Kartoffeln, Hafer, Gerste und Zichorie, auf leichterem Boden: Flachs, Roggen, Hafer mit Klee, Weizen, Roggen, Kartoffeln, Weizen, Roggen und Gerste; in Böhmen: zweijähriger Klee (im ersten und zweiten Jahr), Weizen oder Roggen, Flachs, Weizen, Kartoffeln, Hafer mit Klee; in der fruchtbaren Oderniederung (bei Glogau in Niederschlesien): Kartoffeln und Zuckerrüben, Hafer oder Sommerweizen, Klee mit Raygras, $^1/_2$ Flachs, $^1/_2$ Raps, Weizen (hier kommt also auf derselben Stelle der Flachs bereits nach 5, sogar nach 4 Jahren wieder) usw. Im Oetztale baut man den Flachs sogar 2 Jahre hintereinander auf der gleichen Stelle und erzielt dabei Stengel von durchschnittlich 1,5 m Länge. Allerdings ist diese Faser von sehr grober Beschaffenheit. Wenn man auch den Flachs fast nach jeder Frucht anbauen kann, so haben doch langjährige Versuche gezeigt, dass er am besten nach gedüngten Halmfrüchten, nach Grünmais und nach Klee gedeiht. Voraussetzung ist immer ein an Pflanzennahrung reicher Boden, der nicht erst zubereitet werden muss. Aus diesem Grunde pflanzt man den Flachs am zweckmässigsten nach Hülsenfrüchten, die — wenigstens hinsichtlich des Stickstoffvorrates — den Boden in angereichertem Zustande zurücklassen. Ausser dem Stickstoff benötigt der Flachs vor allem Phosphorsäure, Kali und Kalk bezw. Magnesia. Immerhin wirkt eine unmittelbare Kalkdüngung ebenso schädlich wie die Stallmistdüngung; die erstere erzeugt eine harte und spröde Faser, die letztere verunkrautet ausserdem den Boden. Kalk kommt deshalb am besten 1 oder 2 Jahre zuvor (zur Vorfrucht) in den Boden. Für den Flachsbau eignet sich eigentlich jeder Boden, abgesehen von einem dürren Sandboden oder einem strengen Tonboden. Immerhin sagt der Pflanze am besten ein milder, lehmiger Sandboden zu. Auf allzu weichen oder humushaltigen Böden, ebenso auf Moorböden wird der Anbau unsicher. Eine stauende Nässe im Untergrunde ist zu vermeiden, wenn auch der Flachs ein gewisses Mass Feuchtigkeit beansprucht. Stösst nämlich die Wurzel der Leinpflanze — ein Tiefwurzler — auf Wasser, so hört die Weiterentwicklung auf.

Die Gewinnung der Faser setzt eine Reihe von Hand- bezw. mechanischen Arbeiten voraus, die in der Hauptsache darin gipfeln, die Rinde zu entfernen, die Leimsubstanz zu lösen, die Fasern vom Holz zu sondern und dieses brüchig zu machen. Die einzelnen Prozesse wechseln stark nach den Gebieten und Landessitten. Ende Juli oder anfangs August werden die zur Fasergewinnung bestimmten Pflanzen, nachdem die Felder 2 bis 3mal von dem oft sehr reichlichen Unkraut (pag. 30) gereinigt werden, mit der Hand aus dem Boden und zwar mit der Wurzel herausgerissen („gerauft"), aber nicht geschnitten. Eine brauchbare Flachsraufmaschine, die zufriedenstellend arbeitet, ist bis heute noch nicht vorhanden. In Europa kamen die ersten Raufmaschinen im Jahre 1921 in Betrieb. Die Flachsstengel hängen mit ihren Verzweigungen zusammen, so dass sich die Pflanzen beim Schneiden nicht niederlegen, wie dies z. B. bei Weizen und Roggen, die mit der Mähmaschine geschnitten werden, der Fall ist. Will man Saatgut oder die Samen zu Oel verarbeiten, so muss selbstredend die Reife der Fruchtkapseln, der sog. „Knoten" oder „Ballen", abgewartet werden. Das Entfernen der den Leinstengeln zunächst noch anhaftenden Fruchtkapseln, das sog. „Riffeln", geschieht mittelst eiserner oder hölzerner Kämme („Flachsraufe"). Die früher übliche Methode des Dreschens empfiehlt sich nicht, weil dabei die Bastfasern beschädigt werden. In neuerer Zeit geschieht das Riffeln auch maschinenmässig durch besondere Walzwerke, die auch gleichzeitig die Samen von den Fruchthüllen befreien können.

Hierauf folgt das „Röste"- oder „Rotte"-Verfahren, welches eine Trennung der Faserbündel von dem umgebenden Parenchym bewirkt. Man kann zwischen natürlicher Röste (Tau- bezw. Wiesenröste, Kaltwasser- und Warmwasserröste) und künstlicher oder chemischer Röste unterscheiden. Die Tau- und die Kaltwasserröste werden am meisten angewendet. Zu diesem Zwecke wird das abgeriffelte Flachsstroh mit Weidenbändern oder mit Getreidestroh zusammengehalten und zu Bündeln („Bossen") vereinigt. Bei der Tau- oder Rasenröste (romanisch stemnada), die ein öfteres Umlegen der Stengel erfordert, wird das Flachsstroh auf Stoppelfelder oder Rasenplätze ausgelegt und dann der Einwirkung von Tau, Regen usw. überlassen. Je nach der Witterung erfordert die Tauröste 4 bis 8, häufig sogar 10 Wochen Zeit. Durch

Fig. 1679. Linum usitatissimum L. Wassergerösteter Flachs, zum Trocknen aufgestellt, Gr. Langheim bei Kitzingen.
Phot. Gg. Eberle, Wetzlar.

starke Niederschläge wird sie gefördert, durch trockenes Wetter hintangehalten. Ist nicht genug Feuchtigkeit vorhanden, so schlägt sich leicht gerbsaures Eisenoxyd nieder, wodurch der Flachs dann fleckig wird. Günstige Resultate liefert die Kaltwasser-Röste, bei welcher der Flachs zu grösseren Garben gebunden und senkrecht in kleine Teiche oder in hiezu eigens geschaffene, mit Wasser gefüllte Gruben („Röstgruben", „Flachsrosen") mit selbsttätigem Zu- und Abfluss gestellt wird; die letzteren werden zudem mit Brettern und Steinen zugedeckt bezw. beschwert. Die Wasserröste nimmt zirka 10 bis 14 Tage, bei kaltem Wetter bis 3 Wochen in Anspruch. Eine äusserst anschauliche Darstellung der noch sehr primitiven Verarbeitung von Flachs und Hanf im Bündner Oberland gibt Pater Dr. Karl Hager im Jahrbuch des Schweizer Alpenklub 1918. Diese Röstgruben (romanisch ils puozs) werden öfters verlegt; eine Sumpfflora siedelt sich dann auf dem Boden der aufgelassenen Teiche und Gruben an, im Oetztal Ranunculus Flammula, Polygonum amphibium, Heleocharis palustris, Glyceria fluitans usw. Am rationellsten wird die Kaltwasserröste in Belgien im Flusse Lys, besonders in Westflandern um Courray, weniger in Ostflandern im Flusse Deurme, gehandhabt, wo eigens konstruierte 3 bis 4 m lange, 2 m breite und 1,5 m tiefe Röstkästen — es sind dies mit grossen Spalten versehene, mit leinenen Packtüchern oder mit Stroh ausgekleidete Lattenkästen, die etwa 1200 kg in grosse Bündel gebundenen Rohflachs fassen — im Betriebe sind. Besondere Formen der Kaltwasserröste sind die Schlammund die Schwarzröste, bei welch letzterer dem Wasser unreife Walnüsse und Erlenblätter beigegeben werden. Der auf diese Weise gewonnene Flachs hat eine dunkle Farbe und dient zur Herstellung dunkler

Gewebe. Bei der gemischten Röste wird das Flachsstroh einer kurzen Tauröste unterworfen, hierauf bei trockener Witterung geriffelt, gebündelt und dann einer Nachröste im Wasser unterworfen, welche je nach der Temperatur des Wassers in 3 bis 7 Tagen vollendet ist. Bei der amerikanischen oder Warmwasserröste werden die Bündel 2 bis 3 Tage lang (50 bis 60 Stunden) in grosse Bottiche gebracht, deren Wasser auf 27 bis 36° C erwärmt ist. Die Warmwasserröste oder Dampfrotte wird abwechselnd mit heissem Wasser oder mit Wasserdampf (Watt'sche Methode) in eisernen Retorten vorgenommen, bei welchem Verfahren der Röstprozess bereits nach 48 Stunden beendet sein kann. Bei der sogenannten „Kanalrotte" (Schneidersches Verfahren), die jetzt in Deutschland vielfach angewendet wird, erfolgt das Rösten in zirka 4¹/₂ Tagen in fliessendem, warmem Wasser von 30 bis 35° C. Bei einem neueren Verfahren von Ruschmann und Tobler (Faserforschung. Bd. I, 1921) wird in die Röstflüssigkeit ein kräftiger Luftstrom eingeführt und dadurch eine aërobe Pektingärung bewirkt. Als lästiger Umstand wird bei dieser Rotte die Abscheidung grosser Mengen eines zähen Schleimes erwähnt. Eine erste, allerdings unbewusste Andeutung dieser Röste in Wasser mit Durchlüftung war im 17. Jahrhundert im Altenlande (Herzogtum Bremen) im Gebrauche. Dort wurden nämlich nur solche Gräben zur Röste gewählt, die viel Kraut, vor allem viel „Bickelbar" (Ranunculus aquatilis) enthielten, wodurch die Flachsbündel nicht unmittelbar mit dem Morast des Grabens in Berührung kamen, während andererseits durch diese untergetauchte Pflanzendecke ein lebhafter Gaswechsel bedingt wurde. Das Wesen der von Krais empfohlenen biologischen „Sicherheitsröste" besteht in der Abstumpfung der bei der Röste entstehenden Säuren (Essig-, Butter- und Isovaleriansäure) durch Alkalien. Dieses Verfahren verläuft sehr rasch und geruchlos; auch wird eine schönere Faser erzielt. Bei einer in Schweden eingeführten Methode als Nebenprodukte werden Aceton, Wasser und Paraffin gewonnen.

Das Wesen der Röste besteht beim Flachs (ebenso beim Hanf) darin, dass die Mittellamellen des Rindengewebes, in dem die Fasern verlaufen, aufgelöst werden. Die Lösung kann entweder auf biologischem Wege mit Hilfe von Bakterien oder Pilzen oder aber auf chemischem Wege erfolgen. Bei der biologischen Röste, dem gewöhnlichen Rösteverfahren, wie es allgemein geübt wird, wird die aus Pektinstoffen bestehendeln terzellularsubstanz durch die Mikroorganismen aufgelöst, vergärt und zersetzt. Hierher gehört die Wasserröste, die Tauröste, Winterröste usw. Es gibt nun eine ganze Anzahl von solchen Mikroorganismen, welche die Mittellamellensubstanz in Lösung bringen können. Bei der Tau- und Winterlandsröste sind es hauptsächlich Fadenpilze, bei der Wasserröste dagegen Bakterien. Van Tieghem hat 1879 den Bacillus amylobácter für den Erreger dieser Pektingärung erklärt, was sich aber später als unrichtig herausstellte, da gerade dieser Bazillus die Zellulosegärung bedingt und die Zellulose bei der Flachsröste doch geschont werden muss. Beijerinck und van Delden schreiben die Hauptwirkung bei der Wasserröste zwei stäbchenförmigen Spaltpilzen von anaërobem Charakter, dem Granulobácter pectinovórum (Fig. 1681 r) und G. urocéphalum zu; bei der Tauröste sind wohl auch Pilze (z. B. Cladospórium herbárum Link) mit im Spiele. Behrens hat es als wahrscheinlich erweisen können, dass ein Clostridium die Wasserröste bewirke, und Fribes fand ein Plectridium, das dabei beteiligt war. Störmer konnte dann 1903 in Reinkultur einen sehr wirksamen Rösteerreger isolieren, der anaërob lebt und von ihm als Plectridium pectinovorum bezeichnet wurde. Schardinger züchtete etwas später aus dem Schlamm von Flachsrösten einen Bacillus macerans und Rossi fand als guten Pektinvergärer für Flachs und Hanf den aërob wachsenden Bacillus Comesii. Dieser ist jedoch nach Carbone identisch mit einem schon früher von Behrens beobachteten Bacillus asterosporus. G. Ruschmann hat eine ähnlich wirkende Bakterienart, die ebenfalls aërob wächst, gefunden. Carbone gewann aus italienischen Röstanlagen einen Bacillus felsineus, der zusammen mit Hefearten bei 37° Hanf in weniger als 2¹/₂ Tagen röstet. Nach D. Carbone und F. Tobler (Faserforschung. Bd. II, 1922) lassen sich die Mikroorganismen, denen bis heute die Fähigkeit zugeschrieben wird, den Flachs, Hanf und andere Faserpflanzen zu „rösten", in 3 Gruppen verteilen: 1. Amylobakterien und Granulobakterien [anaërob], 2. Bazillen aus der Gruppe Subtilis und Mesentericus und aus der Gruppe Bacillus asterosporus [aërob] und 3. Bacillus felsineus [anaërob]. Tobler hält als den eigentlichen „echten Röster" einzig den zuletzt genannten Bacillus felsineus, der durch Erzeugung von zweckmässig hergestellten Kulturen in warmem Wasser (die Optimaltemperatur ist etwa 37° C) in der Lage sein dürfte, die „industrielle" Röste von Textilien in der Zukunft wesentlich zu fördern.

Auch auf chemischem Wege wurde versucht, durch Behandlung des Flachsstrohes mit Säuren und hernach mit Alkalien, durch Kochen mit Alkalien, Seife u. dergl., ferner durch Ueberhitzen mit Wasser unter Druck, zum Teil unter gleichzeitigem Zusatz von Schwerpetroleum (Verfahren von Peufaillet) die Fasern zu isolieren. — Durch den Röstprozess wird der chemische Charakter der Bastfaser zweifellos verändert; je vollkommener die Röste wirkt, desto grösser ist der Gehalt an Zellulose. Während ungerösteter Flachs 65,5 bis 76,5 % Zellulose aufweist, beträgt im gerösteten Flachs die mittlere Menge derselben 85,4 %.

Auf das Rösten folgt das „Trocknen" des Flachses durch mehrtägiges Auslegen oder Aufstellen der Bündel zu Kapellen oder „Hüfeln" an die Luft (oft unter den Scheunendächern) oder Sonne, in geheizten Kammern bezw. in Häusern oder in besonderen Flachsdörröfen. Letzteres Verfahren ist wegen der Feuergefährlichkeit mit grösster Vorsicht durchzuführen. In vielen Gegenden, so im Bayerischen Wald, im Chiemgau, an der schlesisch-böhmischen Grenze zwischen Trautenau und Nachod gibt es besondere Flachs- oder Brechhäuser, in denen das Trocknen in der mit einem grossen Ofen versehenen „Rauchstube" erfolgt. Zuweilen besitzt dieses scheunenähnliche, aus Holz gebaute Flachshaus noch einen nach der Giebelseite offenen Arbeitsraum, in welchem sich die weiteren Prozeduren abspielen.

Es folgt nun das Entfernen der Holzteile von den Fasern durch das sog. „Klopfen", „Brechen", „Schwingen" und „Reiben" oder „Ribben" im trockenen Zustande, welche zeitraubende Arbeit neuerdings im Grossbetriebe mittels Maschinen (Knick- und Schwingmaschinen) ausgeführt wird. Das Klopfen oder Stampfen geschieht mit hölzernen, an Stielen befestigten Schlägeln (Beuteln) oder Klötzen, wodurch die Stengel platt gedrückt werden. Beim Brechen (im Chiemgau „Linden" genannt) kommt die hölzerne Handflachsbreche (in der Schweiz und in Oberbaden „Rätsche" oder „Brechi" geheissen) in Anwendung (Fig. 1680), ein mit einem Taschenmesser vergleichbares hölzernes Gerät, das auf- und zugeklappt werden kann. Diese mühsame, vom weiblichen Geschlecht ausgeführte Arbeit wurde ehedem in der Regel gemeinsam vorgenommen, sehr oft anschliessend oder abwechselnd mit dem Trocknen. Die Fasern bleiben dabei ganz, während die Holzteile in Stücke zerbrechen und zum Teil bereits abfallen. Durch das „Schwingen" mit Hilfe eines hölzernen Messers oder mit dem Schwingstock werden schliesslich alle Holzteile entfernt. Nachdem auf diese Weise der Bast von allen oder fast von allen Holzteilen befreit und gesäubert worden ist, wandert er, um ihn geschmeidiger zu machen, zuweilen noch in die Reibmühle (in der Schweiz „Ribi" geheissen). Diese Reibe befand sich fast immer in einem zu einer Getreidemühle gehörenden kleinen Nebengebäude und bestand in der Hauptsache aus einem runden, einige Meter im Durchmesser haltenden Stein- oder Holzbett, in welchem sich genau bis zu seinem Rande ein schwerer, konischer Stein bewegte, der an einem aufrecht-

Fig. 1680. Flachsbrechen im Knonauer-Amt (Schweiz).
Phot. L. Vollenweider, Obfelden.

stehenden, von einem Wasserrad getriebenen Wendelbaum befestigt war. Die Flachsmasse musste hiebei des öftern gekehrt werden, was bei der raschen Drehung des Steines eine gefährliche Arbeit war. Bei dem letzten Prozesse, beim „Hecheln", werden die langen Faserbündel isoliert und parallel nebeneinander gelegt (Reinflachs), während die kurzen, gröberen Fasern als Werg oder Hede (Schweizerdeutsch „Chuder") ausgeschieden werden. Die Faserbündel sind desto wertvoller, je länger sie sind (0,2 bis 1,4 m). Je nachdem man die Faser zu feinerem oder gröberem Gewebe verwenden will, muss das Hecheln mehrmals wiederholt werden. Gewöhnlich sind drei Hecheln erforderlich; die zu grober Leinwand bestimmte Faser geht nur durch eine Hechel. Die „Hechel" besteht aus einem etwa ellenlangen, hartholzernen Brett, in dessen Mitte nahe beisammen viele in einem Kreise oder Rechteck stehende, etwa 10 cm lange, oben scharf zugespitzte, eiserne „Zähne" sich befinden. Erst jetzt, nach diesen verschiedenen vorbereitenden Arbeiten, ist der Rohflachs zum Spinnen verwendbar und es kann mit dem Spinnen begonnen werden, was gewöhnlich nach Beendigung der Herbstarbeiten (um Martini) der Fall ist. Dann holt man das Spinnrad aus seinem Ruheplätzchen.

Die Länge der Flachsfasern wechselt zwischen 0,2 bis 1,4 m, die Breite zwischen 45 und 620 μ; die Farbe der besten Flachssorten ist eine lichtblonde. Die Faser besteht — sie wurde erstmals von Leeuwenhoek im Jahre 1677 mikroskopisch untersucht — aus ganzen Gruppen von Bastzellen (nur selten findet man gänzlich isolierte Bastzellen), deren Zerfall in Einzelfasern gewöhnlich erst durch die Bleiche erfolgt. Alle Fasern, die primär im Pericambium entstehen, bilden zusammen einen hohlen, zwischen der Rinde und dem Phloëm bezw. Cambium (Fig. 1681 a bis d) liegenden Zylinder. Allerdings verlaufen sie nicht in der ganzen Ausdehnung des Stengels getrennt, sondern sie anastomosieren miteinander und bilden demzufolge gleichsam ein Netz mit verhältnismässig sehr engen Maschen. In der Mitte des Stengels beträgt die Anzahl der Fasern etwa 500 (schwankt aber zwischen 200 und 1400) um nach oben (320) und unten abzunehmen (in der Wurzel 55). Aus diesem Grunde gelangen bei der Flachsbereitung die Fasern des obersten und untersten Stengelteiles, ebenso die der Wurzel, gewöhnlich in das Werg. Die Anzahl der Faserbündel variiert zwischen 20 und 51, während die Anzahl der Fasern pro Bündel 10 bis 30 beträgt. Die einzelnen Bastzellen, die zu den längsten Pflanzenfasern gehören, haben eine durchschnittliche Länge von 25 bis 30 mm (im Minimum 4, im Maximum 100 mm), eine durchschnittliche Breite von (7,7) 15 bis 26 (37) mm. Sie sind gänzlich unverholzt, zeigen eine deutliche Längsstreifung, sind sehr stark und gleichmässig verdickt und mit einem engen, fadenförmigen, stellenweise erweiterten, plasmaerfüllten Lumen versehen. Die Enden sind sehr spitz und lang ausgezogen. Der Querschnitt ist meist polygonal, die Grenzfläche abgerundet prismatisch bis fast zylindrisch. Die unveränderte Bastzelle ist, abgesehen von einer Andeutung einer feinen Längsstreifung (Fig. 1681e, k), strukturlos. Nur ab und zu bemerkt man auch quere oder schiefe Linien, die man früher fälschlich für Porenkanäle hielt. Diese zarten, die Zellhaut durchziehenden „Bruchlinien" haben jedoch mit der Struktur der Bastzelle nichts zu tun. Bei den Bastzellen des gehechelten oder versponnenen Flachses sind diese Bruchlinien nun viel reichlicher und bedeutend schärfer; auch ist die Zelle stellenweise knotenförmig aufgetrieben (Fig. 1681 l bis p) oder zeigt sogenannte „Verschiebungen", die um so deutlicher in Erscheinung treten, je stärker die Bastzellen mechanisch angegriffen sind. Die besten belgischen und auch andere gute Sorten enthalten viele noch nicht angegriffene Bastzellen, die sich dann der natürlichen, unverletzten Faser nähern. Uebrigens geben auch Querwände anhaftender Reste von Parenchymzellen Veranlassung zum Auftreten von queren oder etwas schrägen Linien bezw. von Verschiebungen. Bringt man die Fasern durch Kupferoxydammoniak zum Quellen, so erkennt man auf dem Quer- oder Längsschnitt sehr deutlich eine Schichtung der Zellwand; sie setzt sich aus wasserärmeren und wasserreicheren Lamellen von ungleicher Quellungsfähigkeit zusammen. Zuweilen kann man — besonders am basalen Stengelteile von älteren Fasern — im Inneren der Faser eigentümliche „Einkapselungen" feststellen, in welche sich das Protoplasma zurückgezogen hat. Durch mehrere übereinanderliegende „Kappen" (Fig. 1681 h) kann die Einkapselung von dem übrigen Zellraum abgetrennt werden, sodass dann die Faser scheinbar mehrzellig ist. Chemisch bestehen die Fasern fast aus reiner Zellulose (85,4 %), Eiweiss (4 %), etwas Fett oder Flachswachs (1,6 bis 2,1 %), geringen Mengen von Zucker, Gummi und Pektin, Pektose, Cerylalkohol, Phytosterin; dann enthalten sie als Glyzeride viel Palmitinsäure, Stearinsäure, anscheinend auch Oelsäure, Linolsäure, Linolen- und Isolinolensäure, sowie Spuren eines aldehydartigen Körpers. Holzsubstanz befindet sich nur in der Mittellamelle. Der hohe Wert der Faser liegt also in dem geringen Gehalt an Holzstoff; dem entspricht auch die hohe Zugfestigkeit, wie die nachstehende Tabelle zeigt (nach Sonntag):

	Verholzungsgrad	Festigkeit	Elastizität
Flachs	14,29 %	110,4	10,787
Hanf	15,05 %	91,8	7,205
Manilahanf (Musa textilis)	29,20 %	67,1	6,880
Phormium tenax (Neuseeländer Flachs) . . .	50,7 %	47,7	3,493
Coïr (Kokosnuss)	58,4 %	28,9	377

Der Reinflachs wird in erster Linie zu Leinwand, Linnen (franz.: toile; ital.: tela) oder Batist (die feinsten Fasern) verarbeitet, gröbere Sorten und Abgang zu Zwillich oder Drillich, Zwirn, Sack- und Packlinnen, zu Bettüchern, Garn, Wachstuch, Linoleumläufern usw. Das Bleichen erfolgt gewöhnlich erst nach dem Verspinnen oder Weben. Zur Papierfabrikation (Lumpenpapier) werden die Einzelfasern durch chemische und mechanische Mittel isoliert. Die Fabrikation von Lumpenpapier dürfte wohl in Deutschland entstanden sein. Das Stadtarchiv von Kaufbeuren (Bayern) besitzt Urkunden auf Lumpenpapieren aus dem Jahre 1324; die erste und älteste Papiermühle dürfte 1390 in Nürnberg angelegt worden sein. Durch das sogenannte „Kotonisierungs-Verfahren", wodurch die Faserbündel auf mechanischem oder chemischem Wege zerlegt werden, erhält man eine geschmeidige, baumwollähnliche Faser (Kosmosfaser), die entweder allein oder mit anderen gemischt, zu feinen Geweben versponnen werden kann. Halbleinene oder halbbaumwollene Stoffe sind Ketten aus Leinen mit Einschuss von Baumwolle oder Hanf.

Offizinell als Sémen Líni sind die stark flachgedrückten, eiförmigen, am Rande dünneren, 4 bis 6,5 mm langen, 2,5 bis 3 mm breiten, 1 bis 1,5 mm dicken und 4,69 bis 5,45 μ schweren, am unteren (Chalaza-)Ende abgerundeten, am Hilum genabelten, glatten, glänzenden, gelblichen bis dunkelrotbraunen Samen. Sie besitzen einen, wenn auch schwachen, unangenehmen, öligen Geruch. Mit der Lupe betrachtet erscheint die Oberfläche sehr fein grubig. Die Mikropyle ist an der einen schmalen Kante als dunkles Höckerchen sichtbar; darunter liegt der etwas hellere Nabel, von dem aus die Raphe als meist hellerer Streifen an der scharfen Kante herabzieht. Das Endosperm, das beim Oeffnen der Samen meist an der Samenschale haften bleibt, ist sehr dünn, jedoch auf dem Querschnitt deutlich sichtbar. Von den beiden

Handelssorten: die „Leinsaat", die ausschliesslich aus ausgereiften, frischen und noch keimfähigen Samen besteht und für die Aussaat bestimmt ist, und die „Schlagsaat", deren meist unausgepresste Samen zur Oelgewinnung Verwendung finden, ist pharmazeutisch einzig die erstere Sorte zulässig. Die dichte, harte und zerbrechliche Samenschale lässt 5 Gewebeschichten (Fig. 1682) erkennen. Die äusserste Schicht ist die nach aussen mit einer deutlichen Cuticula überzogene Epidermis, deren ungefärbte, grosse, nahezu würfelförmige oder radial verlängerte Schleimzellen stark verdickte, geschichtete Aussen- und Seitenwände besitzen. Einzig diese Verdickungsschichten, die nicht aus Cellulose bestehen, quellen bei der Benetzung enorm auf und bilden den schleimigen Ueberzug der Samen, wobei die Aussenwand der Zellen gesprengt wird. Darauf folgt eine Schicht mit meist 2 (seltener 1 oder 3) Lagen von dünnen, gestreckten, gelbwandigen Parenchymzellen, dann eine einfache Lage von stark verdickten, bis 0,25 mm langen, tangential gestreckten und reichlich getüpfelten Sklerenchymzellen (Faserschicht), darunter mehrere Lagen von dünnwandigen, zusammengefallenen Querzellen und schliesslich eine Lage von derbwandigen, getüpfelten, mit einer schwarzbraunen Masse gefüllten, 4- bis 6-eckigen, kubischen Zellen (Farbstoff- oder Pigmentschicht), die Gerbstoff führen. Unter der Samenschale liegt das weisse oder blassgrünliche, ölig-fleischige Nährgewebe, das aus 4 bis 25 Reihen von parenchymatischen, farblosen, ziemlich dünnwandigen Zellen besteht, welche reichlich Fett und grosse Aleuronkörner (mit Globoïd und Eiweisskristall), im unreifen Zustande auch etwas Stärke enthalten. Der grosse Keimling mit seinen beiden flachen Kotyledonen zeigt die gleichen Inhaltsbestandteile. Beim Zermahlen der Leinsamen werden die Gewebe der Samenschale bis auf die Sklerenchymzellen und bis auf die Elemente der innersten Haut zerstört. Die Samen enthalten in den Epidermiszellen 5,1 bis 5,9 % Schleim ($C_{18}H_{28}O_{14}$), der mit Jod und Schwefelsäure behandelt keine Blaufärbung zeigt, dagegen mit Kupferoxydammoniak eine feste Gallerte und mit Salpetersäure Schleimsäure bildet. Im Leinsamenschleim kommen neben Spuren von Cellulose (0,51 %) und Mineralstoffen (0,61 %) nur Pentosane und Hexane 2 ($C_6H_{10}O_5$) · 2 ($C_5H_8O_4$) vor; hydrolysiert liefert er neben Dextrose auch Galaktose, Arabinose und Xylose. Der Aschengehalt des rohen Schleims beträgt etwa 12,14 %, darin Calcium- und Kaliumkarbonat, KCl, Calciumphosphat, Kaliumsulfat, Eisen, Aluminium und Kieselsäure. Neben dem Schleim enthalten die Samen 30 bis 40 % fettes Oel, 8 % Wasser, etwas Gerbstoff, Gummi, 25 % Eiweissstoffe (Edestin, kristallis. Globulin, ein Albumin, Proteosen und Peptone), ferner Lecithin (0,88 %), Lipase, Protease, ein glykosidspaltendes Enzym, das Blausäure liefernde Glykosid Linamarin (bis 1,5 %), das mit dem aus Phaseolus lunatus isolierten Phaseolunatin ($C_{10}H_{17}O_6N$) identisch sein soll. Die Samen finden als einhüllendes, reizmilderndes und resorptionshemmendes Mittel bei Katarrhen, Diarrhoe, entzündlichen Erkrankungen der Harnröhre, vor allem aber äusserlich zu Kataplasmen („Leinsäckchen, heisse Breiumschläge"), Klystieren, Gargarismen, Latwergen und Emulsionen Anwendung. Von Laienkreisen wird dem Leinsamen eine hervorragende Wirkung bei Diabetes nachgerühmt. Leinsamenschleim dient als mildes Appreturmittel (Satinappretur). Ebenso wird das entölte, grobe Pulver, als Plazénta séminis Líni (Leinkuchen oder Flachskuchenmehl) medizinisch verwendet; diese bindet mehr Wasser als das ölhaltige Mehl (farína séminis líni). Leinsamenmehl wird auch zur Verfälschung von Gewürzen oder als Zusatz von Getreidemehl benützt.

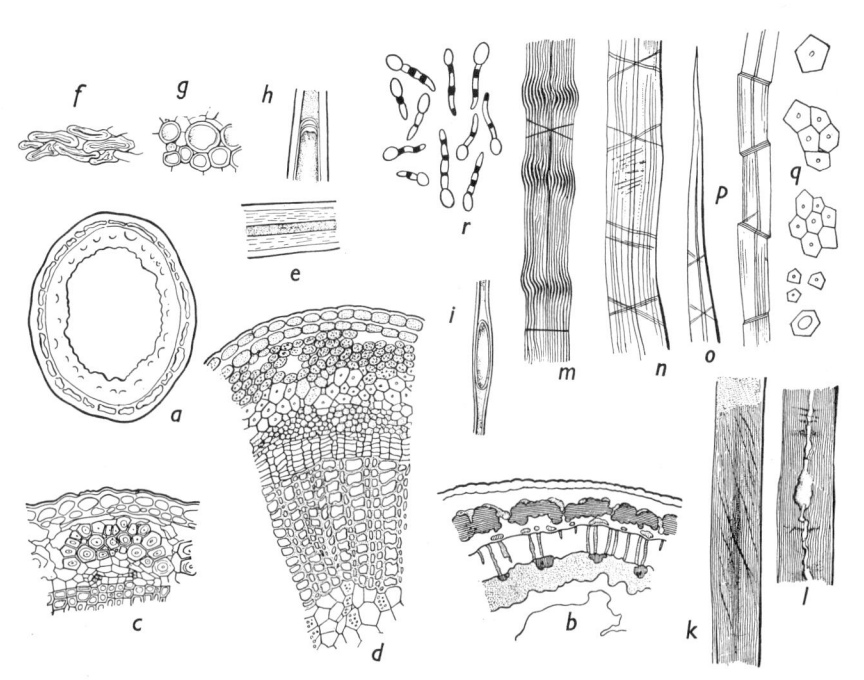

Fig. 1681. Linum usitatissimum L. *a* Querschnitt durch den mittleren Teil eines erwachsenen Stengels. *b, c* Randpartie vergrössert. *d* Querschnitt durch den ganzen Stengel. *e* Längsansicht einer isolierten Faser. *f, g* Querschnitt durch einige Fasern. *h* Faser mit Kappenbildung, *i* mit eingekapseltem Protoplasma. *k* Faser mit Streifung, *l* mit erweitertem, von Plasma erfülltem Lumen. *m* bis *p* Fasern mit Bruchlinien. *q* Querschnitte durch die Fasern. *r* Granulobacter pectinovorum (nach Tine Tammes und Wiesner).

Durch kaltes oder warmes Pressen wird aus den zerkleinerten Samen ein fettes Oel (Öleum Líni) gewonnen und zwar erzielt man bei kaltem Pressen etwa 20% eines hellgelben Oeles von schwachem Geruch und Geschmack, das leicht ranzig wird, während die erwärmten Samen bis 28% dunkleres Oel von bernstein- bis bräunlich-gelber Farbe und etwas stärkerem Geruch und Geschmack liefern. Leinöl löst sich in 36 bis 40 Teilen kaltem und in 5 bis 6 Teilen kochendem Alkohol sowie in 16 Teilen Aether. Es erstarrt bei —15 bis —20° C, siedet bei einer Temperatur von 230° C; bei 300 bis 400° C fangen die schon bei 300° C sich entwickelnden, übelriechenden, weisslichgrauen Dämpfe von selbst zu brennen an. Das Oel brennt dann mit roter Flamme unter starker Rauchentwicklung. Das frische Leinöl ist leicht verseifbar; mit Natron bildet es eine gelbe, weiche Seife. An der Luft wird es unter Sauerstoffaufnahme bald ranzig und dickflüssig; in dünner Schicht trocknet es zu einer durchsichtigen, in Aether unlöslichen, harzartigen Masse (Linoxyn) ein; durch die Einwirkung des Lichtes wird es gebleicht. Leinöl enthält (die Resultate widersprechen sich öfter) 10 bis 15% feste Glyzeride (Stearin, Palmitin, Myristicin), 85 bis 90% flüssige Glyzeride, davon 5% Oelsäure, 20 bis 25% α- und β-Linolsäure ($C_{18} H_{32} O_2$), 15% Linolensäure ($C_{18} H_{30} O_2$) und 65% Isolinolensäure. Die Erkennung des reinen Leinöles gelingt am raschesten durch die Bestimmung der Jodzahl, da Leinöl als das am stärksten trocknende Oel die höchste Jodzahl (156 bis 160) besitzt. Es dient vor allem zur Darstellung von Firnissen, Lacken oder Oelfarben, Buchdruckerschwärze, Seifen, Linoleum, Wachsleinwand, Kitt, mit Kalkwasser gemischt als Brandliniment gegen Brandwunden; Schwefel mit Leinöl im Verhältnis 1:6 gibt den zähen, braunen Schwefel- oder Harlemer Balsam (Öleum Líni sulfurátum), der zu Einreibungen bei Drüsengeschwülsten, in der Veterinärheilkunde gegen die Trommelsucht des Rindviehes usw. Verwendung findet. Als Speiseöl wird frisches, kaltgepresstes Leinöl besonders in Russland, Polen und Ungarn benützt. Die Pressrückstände liefern die Leinölkuchen (die besten Kuchen geben die südrussischen Leinsamen), die als Mastfutter für Haustiere, als Vogelfutter, Dünger, sowie zur Bereitung der Oelgase dienen. Diese enthalten im Durchschnitt 12,19% Wasser, 29,48% stickstoffhaltige Substanzen, 9,88% Fett, 29,91% stickstofffreie Substanz, 9,69% Cellulose und 5,13% Asche. Als „Streckungsmittel" für Leinmehle werden verwendet: Leinspreu, Reisspelzen, Baumwollschalen, Erdnusshülsen, Olivenkernmehl, Sapotaceenmehl, Getreideabfälle, Samen von Raps, Ackersenf, Eruca, Erysímum Orientale, Indischer Senf, Mohn, Sesam, Polygonum Convolvulus, Setaria glauca, Lolium remotum, Spergula arvensis, Cerastium triviale, Chenopodium polyspermum, Arachis hypogaea, Palmkerne usw.

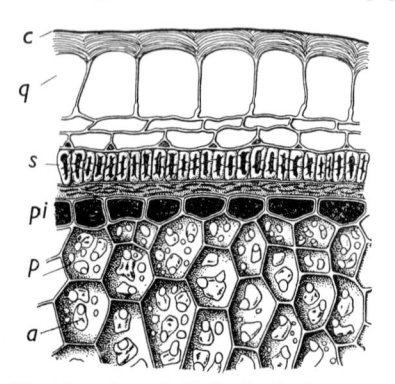

Fig. 1682. Querschnitt durch die Samenwand vom Lein. q Epidermis in gequollenem Zustande mit Cuticula (c). s Steinzellenschicht. pi Pigmentschicht. p Endospermzellen mit Oelplasma und Aleuronkörnern (a) (nach Tschirch).

Die Zahl der Unkräuter in den Leinfeldern, ebenso die Menge der Unkrautsamen in den Leinsaaten ist eine sehr grosse. Einzelne von den Unkräutern haben sich in ihrer Tracht (f. linícola) ganz den Verhältnissen der Flachsfelder angepasst. Der schlanke Stengel verzweigt sich erst oberwärts und entsendet die langgestielten Blüten in den Horizont des Leinfeldes. Das weitaus schädlichste und gefährlichste Unkraut ist die Lein- oder Flachs-Seide (Cuscúta Epílinum), das als solches in Europa seit dem Mittelalter bekannt ist. In ihrer Lebensweise ist die Lein-Seide (Fig. 1683) ganz auf die Flachspflanze angewiesen, obwohl sie auch einige Zeit auf anderen Pflanzen, namentlich auf den Unkräutern des Flachses, aber auch auf dem Klee, zu leben vermag. Der Same der Seide keimt ebenso wie der Lein selbst schon in wenigen Tagen aus. Infolge des hohen Lichtbedürfnisses bleibt die junge Pflanze nicht lange an den unteren Teilen der Wirtspflanze haften, sondern windet sich sofort an der zunächst liegenden Leinpflanze empor, wobei sie ihre Saugapparate in das Innere des Flachsstengels hineinsendet, um dann mit ihren Endtrieben noch benachbarte Pflanzen zu befallen. Als echter Schmarotzer vermag die Seide aus dem Boden nur während der Keimung und in der allerersten Entwicklung Wasser aufzunehmen; später bezieht sie den ganzen Bedarf an Wasser und an gelösten Nährstoffen von der befallenen Leinpflanze. Da gewöhnlich 2 Samen semmelartig zusammenhängen und gleichzeitig auskeimen, so wird auch die Flachspflanze gleichzeitig von 2 (nicht zu selten auch von 3 oder 4) Trieben umschlungen; andererseits können die Seidenpflanzen sich auch gegenseitig befallen. Durch die Seide stirbt die Leinpflanze 3 bis 4 Wochen zu früh ab, was sich in dem Samenertrag stark bemerkbar macht. Auch lässt sich der von der Seide befallene Flachsstengel schlecht rösten und erweist sich in jeder Beziehung als minderwertig. Da die Seidesamen kleiner sind als das Leinsaatgut, so lassen sich diese durch ein Rundsieb von 2 mm Lochweite durch kräftiges Schütteln entfernen. Als zweites, sehr bezeichnendes, in der Saat zuweilen in Menge (bis 59%) auftretendes Unkraut ist der Lein-Lolch (Lólium remótum Schrank, = L. linícolum A. Br.) hervorzuheben, dessen Samen zum mindesten als giftverdächtig anzusehen ist. Wahrscheinlich gibt es wie beim Taumel-Lolch (Bd. I, pag. 377) je nach der Herkunft giftige und ungiftige Sorten. Neben diesen beiden Arten erscheinen in den mitteleuropäischen Leinsaaten nach Gentner (Bayerische Leinsaaten. Faserforschung. Bd. III, 1923) als

Unkräuter hauptsächlich der „Leindotter" (Camelina sativa [L.] Crantz subsp. Alyssum [Miller] Thellung, = C. dentata Pers.; vgl. Bd. VI, 1/371), Spergula arvensis (in einzelnen Saaten fast die Hälfte der Menge ausmachend), Polygonum lapathifolium (bis 40 %), P. Convolvulus und P. aviculare, Chenopodium album, Galium Aparine, Anthemis arvensis, Lapsana communis, Galeopsis Tetrahit, Brassica arvensis, Geranium dissectum, Vicia hirsuta und V. tetrasperma, Centaurea cyanus, spärlicher bis selten Medicago lupulina, Vogelia paniculata, Raphanus Raphanistrum, Scleranthus annuus, Lithospermum arvense, Triticum vulgare, Veronica Tournefortii, Valerianella dentata, Agrostemma Githago, Plantago lanceolata, Vicia sativa, Thlaspi arvense, Avena fatua, Alopecurus agrestis, Setaria glauca, Polygonum Hydropiper und P. Persicaria, Ranunculus repens, Euphorbia Helioscopia, Convolvulus arvensis, Viola tricolor, Myosotis hispida. Es zeigte sich, dass der Lein-Lolch in Oberbayern und Schwaben in 75 % aller Proben enthalten war, in Oberbayern in 60 %, in Niederbayern und in der Oberpfalz in je 52 %, in Unterfranken in 42 %, in Mittelfranken in 37 %. Die Acker-Kamille zeigt in Bayern hauptsächlich osteuropäischen Charakter. Für südrussischen Leinsamen sind ausser den oben genannten Unkräutern noch Panicum miliaceum, P. crus Galli und Echinospermum Lappula zu nennen, für westeuropäische (bis ins westliche Bayern reichend) Alopecurus agrestis. Letztere Art führt Frank neben Lolium Westerwoldicum als spezifisches Unkraut für holländische Samen an. Auch die Saaten aus Argentinien, Nordamerika, Ostindien, Marokko und der Türkei lassen sich nach Filter leicht an ihrem Unkrautbesatz erkennen.

Von tierischen Schädlingen sind zu nennen Engerlinge, die Raupe der Gamma-Eule (Plusia Gamma L.), die Made der Flachsfransenfliege (Thrips lini Lad.), des Flachsknotenwickles (Conchylis [Tortrix] Epilinana Zell.), vor allem aber der Erdfloh (Haltica nemorum L.), der die jungen, eben aufgegangenen Pflanzen befällt. Durch Tylenchus dipsaci kann die ganze Pflanze missgebildet werden, während die Larve von Dasyneura (Perrisia) Sampaina an der Spitze der Haupt- und Seitensprosse eine schopfartige Häufung der verbreiterten kahnförmigen Laubblätter hervorruft.

Von Pilzen sind in Mitteleuropa hauptsächlich zu nennen Melampsora lini Tul.; der Flachsrost (Brand, Firing, Feuer) beschädigt nicht allein die Fasern der befallenen Stengel, sondern kann diese ganz zum Verschwinden bringen. Ausserdem verhindert er örtlich die Röste und führt zu den sogenannten „Tintenspritzern" des ausgearbeiteten Flachses, die das Rindengewebe mit dem Pilz fest an der Faser kleben lassen. Fusarium lini Poll. ruft die sogenannte „Leinmüdigkeit" hervor, die sich in der Weise äussert, dass der Spross in seinem oberen Drittel welk wird, die Blätter vergilben und braune Flecken bekommen. Phoma herbarum West., bekannt unter den Namen „Toter Stengel", „Kalter Brand" (in Holland „doode harrel"), bringt die Stengel am Grunde zum Absterben, Gloeoporium (Colletotrichum) lini, in Holland von J. Westerdijk und Schoevers als Anthracnose, von Bolley für Nordamerika als „Flax canker" beschrieben, ist in Deutschland erst 1920 durch Ernst Schilling bei Sorau (Faserforschung, 1922) festgestellt worden. Der Pilz sitzt in den kranken Leinsamen (Epidermis) und wird durch die Samen verbreitet. Der Schaden kann sich in einer starken Herabsetzung der Keimenergie, im Absterben junger Pflanzen, sowie im Misswachs grösserer Feldbestände äussern. Botrytis cinerea, ein Pilz, der bei feuchter Witterung die Keimpflanzen zum Verjauchen bringt, aber auch ältere Blüten und fruchtende Pflanzen befallen kann, scheint in Mitteleuropa noch wenig verbreitet zu sein, ebenso ein solcher aus der Gattung Helminthosporium (wohl H. lini Gentner), sowie eine Alternaria und Asterocystis radicis. Von Bakterien beobachtete Gentner einen roten

Fig. 1683. Cuscuta europea L.
(Aus der Sammlung des Bot. Instituts, Innsbruck)

Farbstoff ausscheidenden Bazillus, der die Keimfähigkeit beeinträchtigt und mit dem von ihm bei der Gerste u. a. nachgewiesenen Bacillus cerealium identisch sein dürfte. Eine eigenartige, unter dem Namen „Hagelflachs" von E. Schilling kürzlich näher untersuchte Erscheinung dürfte nicht auf Pilzwirkung zurückzuführen sein. Derartige für die Industrie unbrauchbare Stengel zeigen auffällige knotige Anschwellungen, sind zuweilen braun gefärbt oder abnorm verzweigt. Dass für diese Krankheit die Hagelkörner allein verantwortlich zu machen sind, ist kaum anzunehmen. Zur Bekämpfung der vom Saatgut ausgehenden Krankheiten wird seit alter Zeit das Dörren und das Räuchern der Samen vor der Aussaat empfohlen, daneben die Lagerung bezw. die „Samenrastung". Selbst eine 5-jährige, gut geerntete, in den Kapseln trocken aufbewahrte Saat kann erfahrungsgemäss gute Erfolge haben. Dagegen haben sich die verschiedenen Beizmittel nicht bewährt; denn derartig behandelte Samen wurden von Pilzen gleichwohl befallen. Fleischmann hat für das nördliche Ungarn zwei Samenernten in einem Jahre erzielt und zwar ohne dass die zweite Ernte schlechter ausgefallen wäre. Die Keimung, bei der zuerst das Endosperm entleert wird, erfolgt epigäisch (Fig. 1676 b). Die schleimige Epidermis klebt hiebei den Samen an den Boden fest und sichert so das Eindringen der Wurzel in den Boden. Der Lein besitzt einen hohen Grad von Empfindlichkeit für strahlende Wärme, d. h. er wird durch einen Wärmereiz zu Krümmungen veranlasst, reagiert also „thermo-tropisch". Nach den Versuchen von F. Pohl (Beihefte zum Botan. Centralblatt. Bd. XXIV, 1909) hat die Empfindlichkeit in der Gipfelknospe ihren Sitz. Unter dem Einflusse der Sonnenbestrahlung führten die Pflanzen in einer Stunde Bogen bis zu 240° aus. Die auffälligen, grossen, honigbergenden Blumen werden von Bienen (Apis, Halictus cylindricus), von Hummeln, Schmetterlingen (Plúsia gámma, Píeris rápae) und von einer Fliege besucht; doch ist der Insektenbesuch im allgemeinen ein sehr spärlicher. Das Oeffnen der Blüten erfolgt am Morgen von 6 bis 7 Uhr, bei kühler Witterung erst von 8 Uhr an; einzelne Blüten folgen dann bis 9 bezw. 10 Uhr nach. Nach Fleischmann vollzieht sich das Aufblühen in der Weise, dass diejenige Blüte, die die Hauptachse abschliesst, zuerst aufblüht. Das Aufblühen der Blütenzweige schreitet an der Pflanze von oben nach unten fort, während es an den Blütenstandachsen von unten nach oben erfolgt. Zum vollständigen Abblühen bedarf eine Pflanze 8 bis 10 Tage. Nach Hildebrand, Hoffmann, Tammes und Fruwirth tritt auch eine spontane Selbstbestäubung ein; letztere wurde auch künstlich erzielt. Tammes konnte vereinzelt Parthenokarpie feststellen.

Der Lein gehört zu unseren ältesten und geschichtlich interessantesten Kulturpflanzen. Oswald Heer hat in den Schweizer Pfahlbauten der jüngeren Steinzeit, also 3000 bis 4000 Jahre alte Samen, Stengelteile, Früchte, Gewebe eines Leines festgestellt, der von dem heute in diesem Gebiet gebauten Linum usitatissimum wesentlich abweicht. Die aufgefundenen Gerätschaften und Erzeugnisse wie Fäden, Schnüre, Netze, Gespinste, Fransen usw. (Fig. 1684) sprechen für einen regelrechten Flachskultus; Spinnerei, Flechterei und Weberei standen bereits damals auf einer hohen Stufe. Ein primitiver Webstuhl ist rekonstruiert worden (vgl. hierüber Messikommer, Hrch., Die Pfahlbauten von Robenhausen. Zürich, 1913). Zum Gelbfärben der Gewebe diente der Wau (Reseda luteola), zum Blaufärben die Beeren vom Attich (Sambucus Ebulus), wohl auch die Samen von Chenopodium album und Galium palustre. Daneben waren wahrscheinlich auch Rotstein (Rötel) und Oker im Gebrauch. Oswald Heer und neuerdings Ernst Neuweiler haben eingehende Studien über den Pfahlbautenlein gemacht und festgestellt, dass bei diesem sich am Wurzelhals Ansatzstellen für mehrere Stengel zeigen. Die Stengel sind bogenförmig gekrümmt und nachher gerade aufsteigend, dünn, schlank, mit zarten, aufgerichteten Aesten. Beide Forscher schliessen daraus, dass dieser Lein nicht eine einjährige, sondern eine ausdauernde Art gewesen sein müsse. Auch die Samen sind kleiner als beim gewöhnlichen Lein, die Kapselscheidewände mit Haaren versehen. Heer ist der Ansicht, dass der Pfahlbautenlein zu dem zweijährigen bis ausdauernden mediterranen L. angustifolium (Fig. 1677) zu ziehen ist, während Neuweiler glaubt, dass er sich am stärksten an L. Austriacum anlehne. Gegen die Ansicht von Neuweiler wenden sich Thellung und später Gentner, die darauf hinweisen, dass bei L. Austriacum die Fruchtstiele stark seitlich bis abwärts gekrümmt sind, während diese beim Pfahlbautenlein unter 45° abstehen. Durch die Verzweigungsart unterscheidet sich der letztere auch von der zweijährigen Form von L. angustifolium. Gentner weist in seiner Arbeit „Pfahlbauten und Winterlein" (Faserforschung. Bd. I, 1922) nach, dass der Pfahlbautenlein in allen seinen Teilen eine sehr grosse Uebereinstimmung mit dem zweijährigen, in einigen Alpengegenden von Bayern, in Tirol, Kärnten und im Bündner Oberland gebauten „Winterlein" besitzt. Sowohl die vegetativen Teile, wie die Früchte, Samen und die behaarten Kapselwände stimmen mit dem Pfahlbautenlein überein. Nur sind die Kapseln und Samen desselben etwas kleiner (3,7 mm) als die des zur Zeit gebauten Winterleins (4,1 bis 4,2 mm). Da jedoch diese Teile beim gewöhnlichen Lein je nach Sorte, Düngung und Herkunft ebenfalls sehr variieren, so sieht Gentner in der etwas geringeren Samen- und Fruchtausbildung des Pfahlbautenleins kein wesentliches Unterscheidungsmerkmal. Es liegt hier

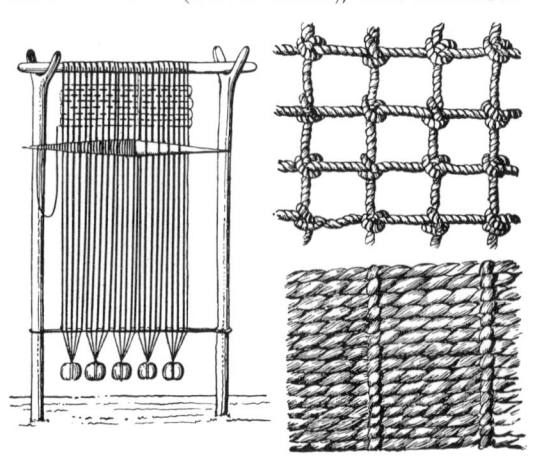

Fig. 1684. Gewebe und Webstuhl aus den Pfahlbauten.

nach Gentner ein ganz ähnlicher Fall vor, wie beim Einkorn und Emmer, die auch in den Pfahlbauten der Schweiz gefunden wurden und sich noch heute in ihrer Kultur in einigen Gebirgstälern der Alpen erhalten haben, während sie im übrigen Mitteleuropa ganz oder zum grössten Teil verschwunden sind.

In Aegypten lässt sich die Flachskultur bis ins 4. Jahrtausend v. Chr. zurückverfolgen. So beobachtete Unger in einem ägyptischen Ziegel der Dashûrpyramide aus der vierten Dynastie (3300 v. Chr.) Früchte und Fasern vom Lein, während ihn Schweinfurth in Theben in einem Totenopfer von Dra Abu Negga (2400 bis 2200 v. Chr.) nachwies. Auch wurden die Mumien mit Gewändern aus Leinfasern bekleidet, ebenso die Priester. Altägyptische Wandmalereien aus der XII. Dynastie (2400 bis 2200 v. Chr.) zeigen den ganzen Prozess der Flachsverarbeitung. Die Untersuchungen von Thommen und Unger haben den Nachweis erbracht, dass der Byssus der alten Aegypter Lein und nicht Baumwolle war. Dieser altägyptische Lein ist nach Schweinfurth und Ascherson unser einjähriges Linum usitatissimum, von dem bereits Schliess- und Klang-Lein unterschieden wurden.

Auch in Mesopotamien existierte bereits vor 4000 bis 5000 Jahren Flachsbau. Strabo nennt später die Stadt Borsippa als Sitz der Leinwandindustrie von Babylonien. Beim Einzuge der Juden nach Palästina fanden sie daselbst bereits den Flachs (pischthah) in Kultur. Die Priester trugen als Symbol der Reinheit und des Lichtes feine, weisse, das Volk grobe leinene Gewänder. Das weisse, leinene Chorhemd hat sich im Kult der Kathol. Kirche bis zum heutigen Tage erhalten. Auch Kaiser Heinrich IV. stand im weissen Büssergewande im Schlosshofe zu Canossa. In der Bibel wird der Flachs wiederholt genannt, so im 2. Buche Moses Kapitel 9, Vers 31 (also ward geschlagen der Flachs und die Gerste; denn die Gerste hatte geschosset und der Flachs hat Knoten gewonnen), im Buch Josua Kapitel 2, Vers 6, im 2. Buch Samuels Kapitel 6, Vers 14 (Nun David tanzte mit aller Macht vor dem Herrn her, und war bekleidet mit einem leinenen Brustkleid), in den Sprüchen Salomons Kapitel 31, Vers 13, im zweiten Buch Moses Kapitel 6, Vers 10 (Als David vor der Bundeslade herging, trug er ein Ephod von Bad, d. h. einen leinenen Leibrock), im Gleichnis vom reichen Mann und dem armen Lazarus usw. Herodot erzählt, dass die Skythen sich bei Totenfeiern mit Leinsamendampf berauschten und reinigten. König Amasis schenkte den Lacedämoniern und dem Tempel der Athene zu Lindos auf der Insel Rhodus je ein leinenes, kunstvoll gewebtes Panzerhemd mit eingewebten Tierbildern. Durch Pausanias wissen wir, dass die Landschaft Elis Flachs baute; Lein findet sich auch in der mykenischen Periode. In Italien ist der Flachsbau sehr alt, geht aber nicht in die vorarische Zeit zurück. Forum und Kolosseum waren im alten Rom mit dem velum, einem ungeheuer grossen Zeltdach aus Leinwand bedeckt. Das Hemd der Römer war aus Leinwand und hiess camisia, woraus das französische Wort „chemise" entstanden ist. Das Handtuch (sudárium) bestand gleichfalls aus Leinwand. Nach Plinius gab es bei den Bewohnern der Poebene einen cibus rusticus ac praedulcis (eine ländliche und sehr süsse Speise) aus Leinsamen. Eine alte römische Inschrift, die in der Gegend von Ferrara gefunden wurde, war dem Gotte Silvanus cannabifer et linifer geweiht. Auf der Iberischen Halbinsel ist der Lein zur Bronzezeit nachgewiesen; Cartagena, Tarragona usw wurden später für die Flachsindustrie wichtig. In der Schlacht bei Cannae (216 v. Chr.) trugen die iberischen Legionen purpurverbrämte, linnene Waffenröcke nach der Sitte ihres Landes. Ueber den deutschen Flachsbau finden sich die frühesten Nachrichten bei dem älteren Plinius, der in seiner historia naturalis im Anschluss an die Flachswirtschaft der Römer bemerkt, dass auch in Germanien der Flachsbau in reger Blüte stehe. Bei den germanischen Völkern lag die Leinkultur und die Verarbeitung seit urdenklichen Zeiten beinahe bis in die Gegenwart ganz in den Händen der Frauen, welche diese Arbeiten im Herbste und im Winter vornahmen. Diese Beschäftigung, die bei der bäuerlichen Bevölkerung viel Abwechslung brachte, war von altersher mit einer gewissen Poesie umfangen. Spinnstuben-Erzählungen, Spinnerliedchen, Brechreime, die sich durch Jahrhunderte von Vater auf den Sohn vererbten, geben hierüber reichen Aufschluss. Auch die bis heute für allzugesprächige, vorlaute und bösartige Frauen übliche Bezeichnung „Raatschen" oder „Rättschen", ebenso die landläufigen Redensarten wie „raatschen" oder „rättschen" (d. h. viel und laut schwatzen) und „durchhächeln" (kritisieren) erinnern an diese Tätigkeit. Mit Vorliebe wurden Leinengewebe ehedem mit roter Farbe geziert (noch heute wird ja die Wäsche allgemein rot gezeichnet); gefärbt wurde die Leinwand bereits im 16. Jahrhundert und zwar meistens blau (solche hiess in Ravensburg „Gugler"), doch auch rot, schwarz und grün. Der Flachs ist die heilige Pflanze der Frigga, der Gemahlin Odins und Schutzgöttin der Ehe. Ihr Katzengespann war mit Strängen von blühendem Lein angeschirrt. Sie war die Beschützerin der Flachsbearbeitung und wurde — unter dem Namen „Frau Holle" — als spinnende Frau dargestellt. Lange Zeit galt die Spindel als Wahrzeichen der Weiblichkeit (die „Kunkel", ein Teil der Spindel, wurde zum Wahrzeichen der Knechtschaft) und dies in so ausgesprochener Weise, dass selbst die Fürsten darauf Wert legten, ihre Töchter mit diesem Gewerbe beschäftigt zu wissen. Königinnen trugen selbstgewebte Kleider und den Toten gab man ihre Spindeln mit ins Grab. Kaiser Karl der Grosse, wie auch dessen Gemahlin Luitgard, ebenso die Gattin Kaiser Heinrichs II. und die Gattin des Herzog Konrad von Franken trugen leinene, zum Teil in Purpur getauchte Kleider. Jahrhundertelang bestand das schönste Kleid einer germanischen Frau aus Leinwand. Der

Besitz von grossen Schränken voll von selbsthergestellter Leinwand bildete und bildet noch heute in einzelnen Gegenden den Stolz der Hausfrau und jahrelang wird gesponnen, um für die Töchter des Hauses das zur Hochzeit erforderliche Weisszeug zusammenzubringen, wie dies in „Hermann und Dorothea" zum Ausdruck kommt:

„Nicht umsonst bereitet durch manche Jahre die Mutter
Viel Leinwand der Tochter, von feinem und starkem Gewebe".

Aus dem nordwestlichen Norwegen wird lina neben laukar (Lauch) bereits in einer Runenschrift aus dem 4. Jahrhundert genannt. Mehrere aus lin- und -vin zusammengesetzte Ortsnamen müssen spätestens aus der Wikingerzeit stammen, der nördlichste liegt im Toms-Amt (später soll Flachs sogar bis Skjervö gebaut worden sein). Neben altnordisch lin kommt auch horr vor. In einem leinenen Frauengewand soll Tor seine Fahrt zu den Riesen angetreten haben. Noch im 19. Jahrhundert war der Flachsbau bis Drontheim von Bedeutung; 1907 wurde er am meisten in Opland und Hedmark angebaut.

Die ältesten Nachrichten über die deutsche Leinenerzeugung stammen aus Schlesien, wo bereits im 13. Jahrhundert, zuerst in Striegau und Sagan (angeblich durch vertriebene Wallonen), das Leinengewerbe blühte. Gegen Ende des 16. Jahrhunderts war Schlesien durch sein Leinenhandwerk, das überall den eisernen Bestandteil des ländlichen Wirtschaftsplanes bildete, zu einem der ersten Industrieländer der Welt geworden. Im 18. Jahrhundert fand die schlesische Manufaktur durch Friedrich den Grossen eine bedeutende Förderung. Seine Auffassung war, dass die Leinwand Schlesiens ebensoviel einbringe als dem König von Spanien sein Peru. Er befreite die Leineweber vom Heeresdienst und verbot in dem Bezirk der Leinenindustrie jeglichen Bergbau (selbst denjenigen auf Gold), um dem Bleichen das Holz nicht zu entziehen. Im Zeichen der Hochkonjunktur konnten die Webermeister teilweise ein herrliches, üppiges Leben führen, wie dies aus der Hirschberger, Greifenberger, Schmiedeberger und Waldenburger Gegend geradezu sprichwörtlich wurde. Auch im Elsass, wo in Strassburg um 1239 die spätere Seilergasse den Namen „Flachsgasse" trug, entwickelte sich die Leinenindustrie. Das zweite grosse Leinenindustriegebiet war aber neben Schlesien Westfalen, wovon die Privilegien der Kaufmannsgilde Bielefelds, der sogenannten „Johannis-Sozietät", zu Beginn des 14. Jahrhunderts Zeugnis ablegen. Der Grosse Kurfürst Friedrich I., dann aber vor allem auch Friedrich II. unterstützte die westfälische Industrie durch Geldzuwendungen reichlich. Zu besonderer Blüte gelangte diese jedoch erst in der ersten Hälfte des 18. Jahrhunderts, welchem Aufschwung jedoch der Siebenjährige Krieg bald hindernd entgegentrat. Immerhin konnte die westfälische Feinweberei (Battiste, Linons, Damaste) zufolge ihrer hohen spezifischen Qualitätsleistung, die später durch die zuerst in Herford eingeführte Maschinenspinnerei, sowie durch die leichte Einfuhr von belgischen und holländischen Flachsen und irischen Garnen zurückgedrängt wurde, sich lange Zeit erhalten. Neben Schlesien und Westfalen hat dann die Oberlausitz, deren Betriebe hauptsächlich in Bautzen, Zittau und Herrenhut ansässig waren, vor allem für feinere Damaste grössere Bedeutung erlangt. Weniger nennenswert ist die Niederlausitz, wo Sorau noch heute eine grössere Anzahl von Betrieben aufweist. In einer historisch-volkswirtschaftlichen Studie behandelt Joachim Musaeus (Dissertation. Halle, 1922) die Leinenindustrie der Niederlausitz in Vergangenheit und Gegenwart. Danach dürfte unter den Innungen im 15. Jahrhundert die alte Hauptstadt Luckau eine Art Vorrang besessen haben. Sorau zählte ums Jahr 1623 etwa 50 Innungsmeister. Ein Aussenhandel erfolgte erst spät, so im 17. Jahrhundert von Lübben mit Böhmen. Für Süddeutschland waren die Städte Konstanz, Ravensburg, Biberach, Ulm, Kempten und ganz besonders Augsburg lange Zeit Sitz der Leinenindustrie; in letzterer Stadt machte sich die Familie der Fugger um die Förderung der Industrie besonders verdient. Als redende Zeugen des einstigen blühenden Leinenhandels sprechen die alten Patrizierhäuser (Weberhaus) in Augsburg. Konstanz und Ravensburg hatten wie noch andere oberschwäbische Städte und auch St. Gallen einen ganz bedeutenden Exporthandel, vor allem nach Spanien (Saragossa, Valencia) aufzuweisen. So wurden in Spanien die deutschen Leinwandgewebe geradezu teles de Costanca oder schlechtweg Costanzes genannt. Um 1500 brachten Venezianer „tele tinte di ogna sorta di Costanza" auf die unteritalienischen Messen. Grobe Leinwand hiess in Oberschwaben allgemein „Golschen". In St. Gallen machte sich in der zweiten Hälfte des 15. Jahrhundert besonders Ottmar Schläpfer um den Leinenhandel verdient (vgl. hierüber Schulte, Aloys. Geschichte der Grossen Ravensburger Handelsgesellschaft 1380 bis 1530. Stuttgart und Berlin, 1923). Dieser bedeutenden einheimischen Industrie, die wohl im 15. Jahrhundert ihren Höhepunkt erreichte, traten eine Reihe von Umständen hemmend entgegen, so der Dreissigjährige Krieg, dann die Religionskriege, die von Napoleon verhängte Kontinentalsperre, die Einführung und die Konkurrenz anderer Textilfabrikate, insbesondere der Baumwolle und Wolle, die maschinelle Verarbeitung, die vor allem den ländlichen Flachsbau empfindlich treffen mussten. Die einsetzende Unrentabilität des Flachsbaues wurde noch dadurch erhöht, dass das Getreide auf dem Weltmarkte eine Rolle zu spielen begann. So kam es, dass der Anbau des Flachses überall im Lande mit rasender Schnelligkeit abnahm. Nach einer aus dem Jahre 1844 stammenden Statistik verteilen sich die Flachskulturen wie folgt: in Schlesien auf die Gebiete um Neisse, Münsterberg, Glatz, Schweinitz, Löwenberg, Trebnitz, Oels und Namslau, in Westfalen auf Paderborn, Bielefeld, Minden und Umgebung, in Hannover auf Diepholz, Hildesheim, Göttingen, Lüneburg, Osnabrück und Rubenhagen, dann auf die Gegenden in Lippe und Geste sowie im Oldenburgischen; in Süddeutschland hatten eine gewisse Bedeutung Oberfranken (Münchberg, Hof), Niederbayern, die Oberpfalz sowie die Rheinpfalz, dann die Württembergische Alb und die Badischen Schwarzwaldtäler, endlich das Rheintal mit den Gegenden um Pforzheim und Ettlingen. Das Königreich Sachsen pflanzte Flachs besonders in den bergigen Gegenden der Oberlausitz und im Erzgebirge, während sich in der Provinz Sachsen der Flachsbau auf Halberstadt und das Eisfeld, in Kurhessen auf die Gegenden von Schaumburg, Rothenburg und Melsungen beschränkte. Unbedeutend war er in Pommern und im Rheinlande, etwas grösser dagegen in Ostpreussen um Drengfurth, Barthen, im Ermland nur in den polnischen Landstrichen. Den Wechsel in der Flachserzeugung in Deutschland veranschaulichen am besten die folgenden Zahlen:

Im Jahre 1872 betrug die Anbaufläche 215 000 ha	im Jahre 1913 betrug die Anbaufläche	12 000 ha
" " 1878 " " " 134 000 "	" " 1916 " " "	22 083 "
" " 1883 " " " 108 000 "	" " 1917 " " "	35 000 "
" " 1893 " " " 61 000 "	" " 1918 " " "	55 000 "
" " 1900 " " " 34 000 "	" " 1921 " " "	80 000 "

Während einer Zeit von rund 40 Jahren hat sich also der deutsche Flachsbau auf etwa den 18. Teil vermindert und zwar ist er fast ausschliesslich auf die ländlichen Bezirke zurückgedrängt worden. Und immer mehr beschränkte sich der Anbau zur Deckung des eigenen Bedarfes und für das Gesinde. Das bekannte Wort

„Selbst gesponnen, selbst gemacht
Rein dabei, ist Bauerntracht"

findet, wenigstens in seiner ersten Zeile, nur noch auf wenige Gegenden Anwendung. Die Poesie der Spinnstuben ist längst verschwunden. Erst die Kriegsjahre, als die Einfuhr von Baumwolle und anderen Textilfasern plötzlich aufhörte, brachte diese alte Kulturpflanze wiederum zu Ehren; mit Unterstützung von Staat, Gesellschaften und Privaten erfährt der Flachsbau (ob für lang?) von neuem eine lebhafte Förderung. Zahlreiche Publikationen und mehrere Institute (in Deutschland besonders die Forschungsstelle in Sorau und das am 5. Dezember 1922 eingeweihte Kaiser Wilhelm-Institut für Faserstoffchemie in Berlin-Dahlem) verfolgen die gleichen Zwecke.

Mit dem Flachs bzw. Lein stehen wohl eine grosse Anzahl von Orts-, Flur- und Familiennamen in Beziehung, so Flachslanden bei Ansbach (Bayern) und im Elsass, Flachsmeer im Emslande, Leinhausen, Leinburg usw. Im Barchetsee (Kanton Thurgau) wurden ehedem Flachsbündel geröstet. Dagegen hat der Name der Gemeinde Oberflachs (Kt. Aargau), die im Wappen in weissem Schilde 3 gekreuzte, zusammengebundene, grüne Flachsbündel mit blauen Blüten führt, mit unserer Pflanze nichts zu tun; dieser leitet sich nach Merz von Fläche, Ebene ab. Auf die Leinfelder, linarias, lassen sich die westschweizerischen Orts- und Flurnamen Lignières (mehrfach) und Lignorolles zurückführen.

Dagegen konnte der Flachsbau in Belgien (besonders in Westflandern mit dem Zentrum Courtray, weniger in Ostflandern und in Namur), woselbst er schon im 1. Jahrhundert nach Chr. eifrig betrieben wurde, sich stets auf der gleichen Höhe erhalten; findet doch daselbst noch heute ein Fünftel der Bevölkerung beim Flachsbau Arbeit und Unterhalt (besonders für die berühmten Brüsseler Spitzen). Die ersten, welche aus Pflanzenfaser Papier herstellten, waren die Chinesen; von dort kam diese Verwendung nach Zentralasien und Arabien, um 850 durch die Mauren nach Spanien. Zwei Jahrhunderte später entstanden in Italien, und im Anfang des 14. Jahrhundert in Deutschland (Nürnberg) die ersten Papiermühlen.

Die Leinsamen werden als Genussmittel — neben Mohn- und Sesamsamen werden sie auf Brot gestreut — zuerst von dem lydischen Dichter Alkmann (650 v. Chr.) genannt. In Abessinien dienen die Samen eines niedrigen Bergleines seit undenklichen Zeiten mit Salz und Pfeffer zerrieben als Fastenspeise. Auch bei den alten Juden spielten Leinsamen und Leinsamensuppe eine Rolle unter den sogenannten diätetischen Mitteln. Die Hippokratiker benützten die Samen innerlich wie äusserlich als Arznei gegen Katarrhe, Unterleibsschmerzen, Durchfall, weissen Fluss sowie als Kataplasmen. Theophrast erwähnt als erster den Schleim als Hustenmittel. Im Mittelalter scheinen die Leinsamen wenig beachtet worden zu sein; doch finden wir sie in der Alphita und im Breviarium Karls, bei der heiligen Hildegard, welche die Samen zu Kataplasmen empfehlen, bei Megenberg und im Gothaer Arzneibuch erwähnt. Als Liebes- und Eheorakel dient der Leinsame noch heute in Oesterreich und im Vogtland und spielt auch bei Hochzeitsbräuchen der Südslaven eine Rolle. In Zeiten der Hungersnot wurden die Samen zur Ernährung benützt. Wegen ihrer leicht verschleimenden Epidermis dienen sie noch heute in der Volksmedizin zur Entfernung von Fremdkörpern aus dem Auge. Auch als Teesurrogat fanden sie gelegentlich Verwendung.

Gross ist die Zahl von Bauernregeln, Sprichwörtern, Sagen usw., die sich auf die Witterung, den Anbau, die Ernte, die Verwertung usw. beziehen. Von den bei Brosch aufgeführten interessanten Mitteilungen mögen einige genannt sein:

> Fällt auf Lichtmess Sonnenschein
> Wird der Flachs sehr lang und fein.

> Regnets am Jakobitag,
> Kommt der schlechte Flachs noch nach.

Als gute Leinsaattage gelten in Schlesien der 25. März bis 15. Mai (Sophie), 22. Mai (Helene), 15. Juni (Vitus), 19. Juni und 8. Juli, in Sachsen der 10. April (Czechiel), in Oberschwaben der 10. bis 12. April, auf dem Hundsrücken der letzte Freitag im März, in Westpreussen der 24. Mai (Esther), in Ostpreussen der 8. Juni (Medardus). Vielerorts wird im Neumond gesät.

> Lein gesät an Esther
> Wächst am allerbesten.

> Wer auf Medardus baut
> Kriegt viel Flachs und Kraut.

> Lein gesät auf Petronell (31. Mai)
> Wachset lang, zerfallet schnell.

> Flachs und Reben
> Geben nichts vergeben.

Als Säe-Thermometer dienten in den besten Flachsgegenden Schlesiens die ausgeschlagenen Eichen. In der Oberpfalz müssen die Weiber in der Fastnacht beim Tanzen gehoben werden, wenn die Flachsernte glücklich ausfallen soll. Um den Flachs vor dem Erdfloh zu bewahren, muss an der Weser ein unbescholtenes Mädchen kurz vor Sonnenaufgang unbekleidet dreimal um das Flachsfeld gehen und dabei sprechen: „Erdfloh, packe dich, Eine reine Jungfrau jaget dich!" (Näheres hierüber auch in der Wochenschrift „Der deutsche Leinen-Industrielle", 1915 und „Landwirtschaft. Zeitschrift für die Rheinprovinz" 1920, pag. 431).

Aus der äusserst reichhaltigen Literatur über diese uralte und wichtige Kulturpflanze mögen neben den Bearbeitungen in den Handbüchern von Wiesner, Julius (Die Rohstoffe des Pflanzenreiches. Bd. III, 1921), Fruwirth, C. (Handbuch der landwirtschaftlichen Pflanzenzüchtung. Bd. III, Berlin 1922), von Tschirch, Zörnig, Reinhardt, De Candolle, Harz, Moeller, Tobler, Alefeld, Langethal, Zipser usw. und den Arbeiten von Hanausek, Schilling, Ritter, Stoermer, Pohl, Gürtler, Reinitzer, Sonntag, Schilling, H. Schneider, Höhnel, Bolley, Koernicke, Neuweiler, Helm, Demoor, Dodge, Dunstan, Eisbein, Heer, Messikommer, Breunlin, Fleischmann, Henge, Hanisch, Herzberg, Hoffmeister, Hornstein, Keurenaer, Krauss, Lengerke, Lenz, Luthmer, Lohren, Mansholt, Nobis, Opitz, Payen, Paliser, Quarizius, Rechenberger, Rufin, Ryan, Spiegel, Schubarth, Schürhoff, Sison, Stein, Stolzenberg, Tognini, Veret, Viebahn, Vogel, Wilde, Hildebrand, Bein, Leiter usw. besonders genannt sein: Brosch, Anton. Der Flachs mit einer Einführung in die Geschichte usw. mit Bauernregeln, Sprichwörtern, Sagen usw. Berlin 1922 (mit vollständigem Verzeichnis der Flachs-Literatur). — Kuhnert, R. Der Flachs, seine Kultur und Verarbeitung. Berlin (Parey) 1915. — Herzog, A. Die Flachsfaser in mikroskopischer und chemischer Beziehung. Trautenau 1896 und: Was muss der Flachskäufer vom Flachsstengel wissen? Sorau 1918. — Winckler, Alfred. Die Grundzüge der belgischen Flachskultur. Berlin 1868. — Overmann, Leo. Geschichtliche und wirtschafts-geographische Studien über den Flachsbau insbesondere Deutschlands. Düsseldorf (Richter) 1910. — Kodolanyi, A. Kultur und Zubereitung des Flachses. Wien 1891. — Giersberg, Fr. Der Flachsbau. Leipzig 1877. — Tammes, Tine. Der Flachsstengel. Eine statistisch-anatomische Monographie. Haarlem 1907 (mit ausführlichem Literaturverzeichnis). — Mareau, Th. Kultur und Zubereitung des Flachses und Hanfes. Weimar 1866. — Hassak, Karl. Der Flachs und seine Bearbeitung. Wien 1906. — Pfuhl, S. Fortschritte in der Flachsgewinnung. Riga 1886 und 1895. — Langer, L. Flachsbau und Flachsbereitung. Wien 1893. — Schindler, P. Flachsbau und Flachsbauverhältnisse in Russland. Wien (Hölder) 1894. — Frost, J. Flachsbau und Flachsindustrie in Holland, Belgien und Frankreich. Berlin 1909. — Etrich, Ignaz. Die Flachsbereitung in ihrer Beziehung zur Flachsbaufrage. Trautenau, 1898. — Havenstein, G. Beiträge zur Kenntnis der Leinpflanze und ihrer Kultur. Göttingen 1874. — Hecker, A. Ein Beitrag zur rationellen Kultur des Leins. Heidelberg 1897. — Gerig, Walter. Untersuchungen zur Terminologie der Hanf- und Flachsbereitung. Heidelberg (C. Winter) 1913. — Schoneweg, Ed. Flachsbau und Garnspinnerei in Sitte, Sprache und Anschauung der Ravensberger. Dissertation. Münster 1911. — Wever, Lotte. Die Anfänge des deutschen Leinengewerbes. Dissertation. Freiburg i. Br. 1918. — v. Stein, E. Ein hundertjähriges Jubiläum in der Flachsbereitung (Sorau, 1920). — Hager, Karl. Flachs und Hanf und ihre Verarbeitung im Bündner Oberland. Jahrbuch des Schweizer Alpenclub. 53. Jahrgang, 1918.

Eine grosse Anzahl von Aufsätzen und Abhandlungen finden sich in den Mitteilungen des Forschungs-Institutes Sorau, in den Mitteilungen der Landesstelle für Spinnpflanzen (München, J. F. Lehmann), in der Wochenschrift der „Deutsche Leinenindustrielle" (Berlin, K. Kubens), in der Zeitschrift „Textile Forschung" des Deutschen Forschungs-Institutes für Textil-Industrie in Dresden, in der Zeitschrift „Faserforschung". Leipzig 1921 ff., mit den neuen Untersuchungen von Tobler, Schilling, Herzog, Gentner, Correns, Carbone, Kappert usw., in landwirtschaftlichen Zeitschriften, Jahresberichten usw.

Den Linaceen steht die kleine Familie der Humiriáceae sehr nahe. Die etwa 18 strauchigen oder baumartigen Arten, die sich auf 3 Gattungen (Humiria, Saccoglóttis, Vantánea) verteilen, bewohnen bis auf die westafrikanische Saccoglóttis Gabonénsis Baillon das tropische Amerika. Von den Linaceen unter‑ scheiden sie sich eigentlich nur durch die den Fruchtknoten becherförmig umhüllende Drüsenscheibe. Humíria floribúnda Mart. liefert den Eingeborenen von Brasilien ein dem Holze entquellendes, wohlriechendes, rotes Balsamharz („Umiri"), das in seiner medizinischen Wirkung dem Peru‑ oder Kopaivabalsam ähnlich ist.

Die den Linaceae gleichfalls sehr nahestehende Familie der Erythroxyláceae oder Kokagewächse mit den beiden Gattungen Erythróxylon L. (Rotholz) und Aneulóphus Benth. enthält gegen 200 Arten, haupt‑ sächlich heimisch im warmen äquatorialen Amerika; einige finden sich auch im tropischen Afrika (südlich bis Natal) sowie in Südasien und Queensland. Der Hauptunterschied gegenüber den Linaceae besteht darin, dass die Kronblätter an der Innenseite Schwielen oder zungenförmige Anhängsel tragen. Es sind kahle Sträucher oder kleine Bäume mit abwechselnden, ungeteilten Laubblättern, mit in die Blattachseln verschobenen (interpetiolaren) Nebenblättern, mit regelmässigen, heterostylen Blüten, deren Staubblätter am Grunde zu einer kurzen Röhre verwachsen sind, und mit 1‑ bis 2‑samigen Steinfrüchten. Von Bedeutung ist vor allem Erythroxylon Cóca Lam. (Coca der Spanier, Cuca der Peruaner, Ipadú in Brasilien), ein in Peru einheimischer, schlehdornartiger, 2 bis 3 (5) m hoher Strauch mit 5 bis 8 cm langen und 2,5 bis 4 cm breiten, einfachen, spitzen, hellgrünen Laubblättern, die auf der Unterseite von der Basis bis zur Spitze rechts und links von dem stark hervortretenden Mittelnerven 2 leicht gebogene Linien (es sind dies die Abdrücke der in der Knospenlage gegen den Mittelnerven eingeschlagenen Blatt‑ ränder) aufweisen. Ebenso bezeichnend sind die innerhalb der Blattachseln liegenden, später braun werdenden und hornartig verhärtenden kleinen Nebenblätter. Anatomisch ist das Kokablatt durch die zierlich gebuckelten Epidermiszellen der Unterseite und durch das häufige Vorkommen von monoklinen Kalziumoxalatkristallen gekennzeichnet. Die kleinen, grünlichweissen Blüten stehen in Büscheln in den Blattwinkeln. Die roten, kaum 1 cm langen, einsamigen Steinfrüchte gleichen kleinen Kornelkirschen. Wild findet sich die Kokapflanze in den östlichen Cordilleren von Peru und Bolivien, wo sie von den Eingeborenen auch in besonderen Pflanzungen (Cocales) kultiviert wird und zwar in den warmen Tälern in Höhen von 800 bis 1700 m. Weniger von Be‑ deutung ist die Kultur in Ekuador, Kolumbien und Brasilien, der südlichste Punkt liegt in der argentinischen Provinz Salta. Seit einigen Jahrzehnten wird der Strauch auch in Westindien, Vorder‑Indien, Ceylon, Zanzibar, Kamerun, Java und Australien (Brisbane) angebaut. In Südamerika reicht die Kultur bis in die ältesten Zeiten zurück. Schon zur Zeit der Inkas, lange vor der Ankunft der Spanier, galt der Strauch als heilig. Ebenso alt ist das Kokakauen, eine dem Betelkauen in Vorderindien analoge Sitte. Dadurch sollen Müdigkeit, Hunger und Durst unterdrückt werden. Heute ist dieses Kokakauen im wesentlichen auf die im Gebirge von Peru und Bolivia wohnenden Indianer (Indos serranos) beschränkt; bei denen der Ebene, bei den Weissen, Negern und Mischlingen hat die Sitte nicht viel Anklang gefunden. Mit wenigen Ausnahmen werden die Blätter gekaut, d. h. 10 bis 20 Blätter werden als Bissen in den Mund geschoben. Meistens wird ihnen ein alkalisch reagierender Zusatz (llipta, llucta, yicta, mambi) von gebranntem Kalk, Asche von Chenopodium Quinoa L., von entkörnten Maiskolben, vom Holz des Kokastrauches oder von Schinus Molle L., von Bananenstielen, Cacteen usw. bei‑ gegeben. Diese fein gepulverte Llipta trägt der Kokakauer in einem Flaschenkürbis oder in einem Gefäss aus Horn, Silber oder aus der Fruchtschale von Crescentia Cujete stets in der hübsch verzierten Tasche (Chuspa) bei sich. Durchschnittlich gebraucht ein Indianer täglich 30 bis 50 g Blätter, ein leidenschaftlicher Kokakauer, Coquero geheissen, bis 150 g. Knaben beginnen das Kauen bereits mit dem zehnten Jahre, nachdem sie sich zuerst an dem ausgekauten Bissen des Vaters gelabt haben. Frauen kauen im allgemeinen nicht oder nur heimlich. Die Vermehrung geschieht fast ausschliesslich durch Samen, die aber nur 8 Tage nach dem Pflücken ihre volle Keimkraft beibehalten. Stecklinge und Absenker geben schlecht bewurzelte, schwächliche Sträucher. Diese liefern nach 1 bis 3 Jahren die erste Ernte; die Blätter können bis zum zwanzigsten Jahre jährlich 3 bis 5 mal gepflückt werden. Es werden 3 Hauptvarietäten mit mehreren Handelssorten, deren Kokaingehalt verschieden gross sein soll, unterschieden, so die Bolivianische oder Huanaco‑Koka (var. Boliviánum Burck), die Peruanische oder Truxillo‑Koka (var. Spruceánum Burck, = E. Truxillénse Rusby) und die Kolumbische Koka (var. Nóvo‑Granaténse Morr.). Die Blätter enthalten 2 Gruppen von Al‑ kaloiden, die der Ecgonin‑ und Hygringruppe, von denen jedoch nur die 6 Alkaloide der ersten Gruppe wirksam sind und deren Gehalt je nach den Sorten zwischen 0,78 und 1,22 Prozent schwankt. Junge Blätter enthalten noch bedeutend (bis doppelt so viel) mehr Alkaloide. Von medizinischer Bedeutung ist aber einzig das Kokain, das Goedecke 1855 feststellte und zunächst Erythroxylin nannte. Die 6 Alkaloide der Ecgonin‑ Gruppe leiten sich von dem Körper Ecgonin ($C_9H_{15}NO_3$) ab, der in seinem Zersetzungsprodukt nahe Be‑ ziehungen zum Atropin und Hyoscyamin erkennen lässt. Das Hauptalkaloid, das Kokain ($C_{17}H_{21}NO_4$), ist der Methyläther des Benzoyl‑Ecgonin, aus welchem es auch synthetisch aufgebaut werden kann; es kommt in allen Sorten und angeblich auch in einigen anderen Arten der Gattung Erythroxylon vor. Schon frühzeitig hat man in Peru angefangen die Gesamtheit der Alkaloide durch einfache Operationen (Extrahieren der alkalisch ge‑ machten Blätter mit Petroleum und Ausfällen der Alkaloide mit Salzsäure usw.) als „Rohkokain" abzuscheiden und dieses zur weiteren Verarbeitung nach Europa zu senden. Seit 1884 hat das Kokain in der Medizin durch Freund und Wilhelm als neues Anästhetikum Eingang gefunden und ist auch zu einem wichtigen

Arzneimittel geworden. Es hat die Fähigkeit, die Lähmung der sensiblen Nervenendigungen, zumal bei örtlicher Anwendung (die durch Adreralinzusatz verstärkt wird), hervorzurufen. Neben der Unempfindlichkeit (z. B. der Schleimhaut) bewirkt es Anämie und (bei Einwirkung auf das Auge) Pupillenerweiterung. So verwendet man das Kokaïn bei kleineren Operationen der Mund- und Nasenhöhle, Harnröhre, Rektum, am Auge, dann zu Zahnextraktionen, zur regionären Anästhesie, Entfernung von Panaritien, ursprünglich auch zur Lumbalanästhesie, ausserdem infolge der lokal hindernden Wirkung bei bestehenden Schmerzen und Reizungsständen, bei Neuralgien, Schnupfen, Heuschnupfen usw. Der Eintritt der örtlichen Anästhesie erfolgt rasch; die Dauer ist jedoch im allgemeinen eine kurze (5 bis 10 Minuten), bei Lumbalanästhesie gegen ³/₄ Stunden. Ein anhaltender Missbrauch des Kokains führt zu psychischem (Verfolgungsideen, Unruhe, Redeseligkeit, Halluzinationen meist angenehmer Natur, Parästhesien der Haut, Unreinlichkeit usw.) und körperlichem Verfall (rasche Abmagerung). Neuerdings ist der Kokaingenuss, namentlich bei Angehörigen der Lebewelt in den Grossstädten z. T. als Ersatz des Morphiums, zu einer besorgniserregenden Krankheit (Kokaïnismus) geworden, weshalb ausser in Amerika auch in Europa namentlich der Handel streng überwacht wird. Das Mittel wird gegessen, geschnupft und gespritzt. Die Folgen des dauernden Missbrauches, die das Opfer von Stufe zu Stufe sinken und schliesslich im Selbstmord, Irrenhaus oder Gefängnis endigen lässt, sind grauenhaft. So erscheint das Cocaïn als ein Körper mit Januskopf. In Indien scheint das Kokaïn im Begriff zu sein, sich mit dem Betelbissen zu verbinden; auch wird es dort als Ersatz von Opium eingeschmuggelt. Die Rinde von einigen westindischen Arten (E. suberósum St. Hil. und E. tortuósum Mart.) gibt eine braunrötliche Farbe; ebenso liefern verschiedene Arten eine Art rötlichen Eichenholzes (redwood).

65. Fam. Zygophylláceae. Jochblattgewächse.

Vorwiegend Sträucher und Halbsträucher, seltener 1-jährige Kräuter, Stauden oder Bäume, ohne Oeldrüsen. Laubblätter meist gegenständig und paarig (oft 1-paarig-, selten 2-paarig-)gefiedert oder ungeteilt, mit Nebenblättern. Blüten endständig, einzeln oder in Wickeln, häufig mit laubigen Vorblättern. Blüten strahlig, zwitterig, mit bisweilen diskusartiger Achse. Kelch- und Kronblätter 5 (seltener 4), in der Knospenlage dachig, sehr selten klappig. Staubblätter doppelt so viel als Kronblätter, in 2 Kreisen obdiplostemonisch (Fig. 1687c), oder selten 3-mal so viel in 3 Kreisen, häufig am Grunde mit meist einwärts stehenden, bisweilen auch den Staubfäden anhängselartig verwachsenen Nebenschuppen; Staubbeutel längsspaltig, in der Mitte des Staubfadenrückens aufsitzend. Fruchtknoten 5- bis 4-, seltener 2- bis 12-fächerig, oberständig mit 1 bis mehreren zentralständigen, hängenden, ana- und epitropen, extrorsen, 2-hülligen Samenanlagen mit oft lang zugespitzter Mikrophyle, in einen kantigen oder gefurchten Griffel verjüngt. Frucht eine Kapsel oder Schliessfrucht oder in mehrere Teilfrüchte zerfallend. Samen mit oder ohne Nährgewebe; Keimling mit nach oben gerichteten Stämmchen und meist flachen, seltener dicken, fleischigen Keimblättern.

Die Familie besteht aus rund 160 sich auf etwa 25 Gattungen verteilenden Arten, die fast nur als Bewohner trockener Gebiete auftreten, z. T. sogar sehr charakteristische Gestalten der Wüsten und Salzsteppen sind. Ihr Verbreitungsgebiet liegt vorwiegend in den wärmer gemässigten Zonen, weniger in den Tropen. Die weitaus grösste Zahl von Gattungen und Arten besiedelt eng begrenzte Gebiete. Endemitenreich sind besonders Südbrasilien, gewisse Teile von Afrika und manche asiatische Steppenbezirke. Nur wenige Arten sind gleichzeitig alt- und neuweltlich, wie z. B. Tríbulus terréstris L., der sich über die wärmeren gemässigten und tropischen Zonen der ganzen Erde erstreckt (Fig. 1685), ebenso T. cistoídes L., ein Bewohner der tropischen Küstenländer. — Nach den neueren Untersuchungen von Engler gliedert sich die Familie in 7, ihrem Umfang nach sehr ungleich grosse Unterfamilien. Die erste und grösste, die der Zygophylloídeae, besitzt gegenständige Laubblätter und fach- oder scheidewandspaltig aufspringende oder in Coccen zerfallende, höchstens aus 5 Fruchtblättern bestehende Kapselfrüchte; beerenartige Früchte sind selten. Auf Grund der Anwesenheit oder des Fehlens von Nährgewebe in den Samen zerfällt sie in die zwei Tribus der Zygophýlleae und Tribúleae. Erstere umfasst 2 Subtribus, die der Fagoniínae mit 3-teiligen oder durch Verkümmerung nur einfachen Laubblättern, und die der Zygophyllínae mit ungeteilten oder paarig gefiederten Laubblättern. Zu den Fagoniínae gehört die monotypische, aber wahrscheinlich durch Vögel in Nord- und Südafrika, Arabien und Indien weitverbreitete Gattung Seetzénia R. Br. und die etwa 18, z. T. sehr nahe verwandte Arten umfassende Gattung Fagónia L., die vorwiegend den Steppen und Wüsten Aegyptens bis Persien angehört und mit 1 Art, F. Crética L., weit in das Mittelmeergebiet (auf europäischem Boden bis Südspanien,

Südportugal, Kreta und dem Mündungsgebiete der Wolga bis Astrachan) einstrahlt. Ein zweites, kleineres Verbreitungsgebiet der Gattung liegt in Nord- und Südamerika und wird von mit F. Cretica sehr nahe verwandten Formen eingenommen, sodass es sich dort nach Engler vielleicht um ein Gebiet handelt, das erst durch Verschleppung von F. Cretica (durch Schiffstransporte) besiedelt wurde, deren Abkömmlinge aber unter den veränderten Lebensbedingungen Umformungen erfahren haben. — Zu den Zygophyllinae zählen 9 Gattungen, von denen hervorgehoben seien: Zygophýllum L. Reich verzweigte, niederliegende oder ausgebreitete, buschige Kleinsträucher mit fleischigen Aesten, dicken Laubblättern und in Kelch und Krone gegliederter Blütenhülle. Die altweltliche Gattung mit 70 Arten ist namentlich in Nord- und Südafrika, Zentralasien und Australien stark vertreten. Bemerkenswert ist der grosse Formenreichtum der Sektion Capénsia in dem räumlich beschränkten Kapland. Die Kapseln sind sehr verschieden gestaltet. Bei Z. álbum L., einem weichhaarigen, nordafrikanisch-vorderasiatischen Strauche, sind sie verkehrt-herzförmig bis kreiselförmig, bei dem nordafrikanischen Z. cornútum Coss. laufen sie in hornförmige Spitzen aus, bei Z. Fabágo L. sind sie lang zylindrisch. Letztgenannte Art, ein 1-jähriges Kraut mit aufrechtem oder ausgebreitetem, knotig gegliedertem und gabelästigem Stengel, mit 1-paarig gefiederten, gegenständigen Laubblättern und einzeln in den Blattachseln stehenden Blüten mit 5 länglich-verkehrt-eiförmigen, gelben Kronblättern, hängender Frucht und eiförmigen, warzigen Samen ist in den südrussischen und vorderasiatischen Steppen weit verbreitet und reicht westwärts bis Tunis,

Fig. 1685. Verbreitung von Tribulus terrestris L. (nach Adolf Engler).

Sardinien und Spanien. Ihre in Essig eingelegten Blütenknospen werden seit langem wie Kappern verwendet; die Pflanze ist deshalb bereits im Catalogos Horti Schulziani (Schlesien, 1594) als Cápparis Fabágo bezeichnet. Aus Kulturen verwildert fand sie sich früher bei Stetteldorf am Wagram in Niederösterreich, scheint aber von dort seit langem wieder verschwunden zu sein. Völlig eingebürgert im Mittelmeergebiete ist sie z. B. bei Montpellier. — In Botanischen Gärten in Kultur findet sich bisweilen auch Z. xanthóxylum Engler aus den Salzwüsten der Mongolei. Bis 50 cm hoher Strauch mit kahlen, hellgrauen Zweigen und häufig verdornten Kurztrieben. Laubblätter gegenständig oder gebüschelt, graugrün, fleischig, mit 1-paarigen, linealen Fiederblättchen. Blüten zwitterig, meist einzeln in den Blattachseln, auf etwa 1 cm langen Stielen. Kelchblätter 4, verkehrt-eiförmig, kürzer als die 4 länglich-spatelförmigen Kronblätter. Staubblätter 8, länger als die Kronblätter, am Grunde mit Schuppenanhang. Fruchtknoten mit 2 bis 3 Flügeln und ebenso vielen Fächern mit je 6 Samen; Griffel pfriemlich; Narbe klein, kopfig. Frucht eine nicht aufspringende Kapsel. — Das Kraut des in den nordafrikanisch-indischen Wüstengebieten, sowie in Südafrika heimischen Z. símplex L. dient in Arabien zur Entfernung von Hornflecken. — Guajácum L. Pockholz. Hierher 4 strauchige oder baumförmige Arten mit gegenständigen, lederartigen, 2- bis 14-paarigen Laubblättern und blauen Blüten; heimisch im wärmeren Nordamerika bis zum äquatorialen Südamerika. Technisch wichtig ist das äusserst harte und zähe, im Wasser nicht untersinkende Holz von G. officinále L. (Fig. 1686) und G. sánctum L. (= G. verticále Ortega), das in Form mächtiger Blöcke über Hamburg, London, Le Havre in den europäischen Handel kommt und hauptsächlich zu Tischlereizwecken und in der Drechslerei (zu Kegelkugeln, Maschinenlagern, Presswalzen, Rollen, Griffen usw.) verarbeitet wird. Infolge der nie gerade, sondern stets tangential oder in Wellenlinien verlaufenden Libriformfasern lässt es sich nie gerade spalten und ist auch sehr schwer schneidbar. Auf der Querschnittsfläche zeigt es konzentrische Streifen von abwechselnd dunklerer und hellerer Färbung, die auf der unregelmässigen Einlagerung von Harz beruhen. Die oft bis zum Verschwinden der Lumens verdickten Libriformfasern sind sehr lang, vielfach gebogen und fest verflochten. Gefässe sind spärlich, liegen stets einzeln, sind grosslumig und meist breiter als die Holzstreifen. Die radial verlaufenden, dunkleren Markstrahlen bestehen stets nur aus einer Zellreihe. An die Leitbündel schliessen sich oft kurze, wenigzellige, bisweilen Oxalatkristalle enthaltende Holzparenchymbinden an. In den Leitbündeln, den engen Lumina der Libriformfasern und dem Parenchym ist in grosser Menge ein hellbraunes bis gelbgraues, sehr selten ziegel- bis karminrotes Harz eingelagert, das nach den neuesten Untersuchungen von Richter, P. Guajakol, Kreosol, Tiglinaldehyt, Pyroguajajacin und eine chemische Verbindung $C_{19}H_{20}O_5$ sowie Stärke und Benzoesäure enthält. Die frühere Guajakonsäure besteht aus einem Gemenge der zwei Guajakonsäuren $C_{22}H_{24}O_6$ (oder $C_{22}O_{26}H_6$) und $C_{21}H_{26}O_6$. Aus dem Harz kann durch Wasserdestillation das Guajaköl gewonnen werden. In der Apotheke ist G. officinale dieses Harzes wegen officinell und war den Indianern schon vor der Entdeckung von Amerika als Heilmittel bekannt. Es gilt als schweisstreibend und blutreinigend und bildet einen Bestandteil des Species Lignorum. Früher wurde es viel gegen die Syphilis (Franzosenkrankheit) unter dem Namen „Franzosenholz" (Lignum sánctum, L. vitae oder L. benedíctum) verwendet, wie z. B. schon Hutten 1519 in einer sehr eingehenden Beschreibung seine Benützung anführt. In späteren Jahrhunderten büsste das Mittel seine Bedeutung für diesen Zweck allmählich ein; dagegen wurde das von selbst austretende oder in Einschnitten sich sammelnde Guajakharz zur Vertreibung rheumatischer Schmerzen, Gicht und Hautausschlägen gesammelt. Heute dient die Guajaktinktur namentlich noch in der Chemie als Reagens und zu Blutuntersuchungen. Das Lignum Guajáci als Drogenmittel stammt meist von Abfällen der Drechslereien. Bisweilen wird auch das Holz des nicht offizinellen G. sánctum L. benutzt. — Nur lokale Bedeutung kommt der ebenfalls durch sehr festes Holz ausgezeichneten, kleinen, mexikanisch-andinen Gattung Porliéria Ruiz et Pav. mit feingefiederten Laubblättern zu, welch letztere bei der südperuanisch-nordchilenischen P. hygrométrica Ruiz et Pav. bei Regen sich zusammenfaltet. — Bulnésia Gray, mit 6 Arten in den argentinischen Trockengebieten und einer weiteren in den Savannen von Columbien und Venezuela heimisch, ist für die südamerikanischen Aufforstungen von hohem Wert. B. arbórea (Jacq.) Engler soll ein Holz besitzen, das Guajakum-Eigenschaften aufzuweisen hat. B. Rétama (Gill. et Hook.) Grisebach, eine andine Dünenpflanze, besitzt einen spartium-artigen Wuchs und assimiliert mit ihren langen Stengelgliedern. B. Sarmiénti Lorentz, ein bis 18 m hoher, mit B. arbórea im Grand Chaco lebender Baum, ist durch sehr festes Holz — seit 1872 als Palo balsamo im Handel — ausgezeichnet, in welchem ein wohlriechendes Harz enthalten ist. Dieses dient zu Parfümeriezwecken und wird in Bulgarien auch zur Verfälschung von Rosenöl benutzt. — Die kleine immergrüne Gattung Larréa Cav. bildet in den Sandsteppen und Salzwüsten der Anden und ihres Ostabfalls ausgedehnte Bestände und findet sich mit L. Mexicána Moric., dem Kreosotstrauch, auch in den Trockengebieten von Kalifornien, Texas und Mexiko. Der letztgenannte Strauch wird von den Eingeborenen zu Heilzwecken benutzt. Die Laubblätter werden vom Vieh nicht gefressen. Der Saft scheint ein Pfeilgift zu enthalten. Ferner findet sich in der Pflanze 26,3 % alkalilöslicher Lackstoff, 61,7 % Harz und 1,4 % Farbstoff, die einen Lackgummi ergeben. — L. divaricáta Cav., die „Jarilla" der Argentinier, enthält in ihrem Harze Guajakonsäure und bedeckt namentlich bei Cordoba ausgedehnte Sandflächen. Sie ist ein bezeichnendes Glied der von Lorentz beschriebenen Monte-Formation. — Zu der Subtribus der Tribúleae zählt ausser Tribulus (s. u.) Kellerónia spléndens Schinz, ein mit Tribulus eng verwandter, bis 1 m hoher, aufrechter, xerophytischer Strauch offener Buschgehölze des Somalilandes, der schmale, lanzettliche Laubblätter besitzt und die einzige strauchige Zygophyllacee der Alten Welt ist. — Durch ihre Tracht auffällig ist Sisyndite spártea E. Meyer, ein Endemismus Südafrikas mit besenginsterartigem Wuchs, wie er in der Familie ähnlich nur Bulnésia Rétama (Gill. et Hook.) Griseb. zukommt. Als letzte Gattung gehört hierher Kallstrœ́mia Scop., die mit 11 Arten in Australien und 2 Arten in Südamerika vertreten ist. — Die Unterfamilie der Augeoídeae mit 10-fächerigem Fruchtknoten und keulenförmigen, gegenständigen Laubblättern ist monotypisch und durch die 1-jährige, sukkulente Augéa Capénse Thunb. in der Karroo und anderen südafrikanischen Salzgebieten vertreten. — Die durch drei monotypische Gattungen gebildete Unterfamilie der Chitonioídeae weicht vom gewohnten Zygophyllaceen-Typus durch wechsel-

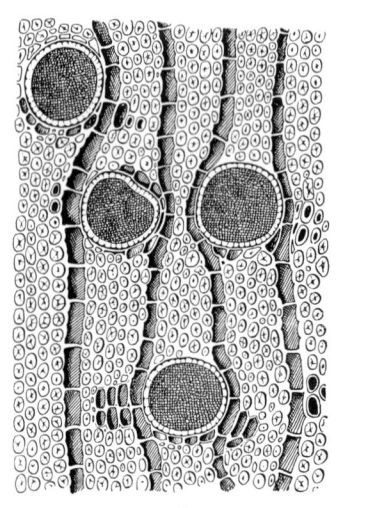

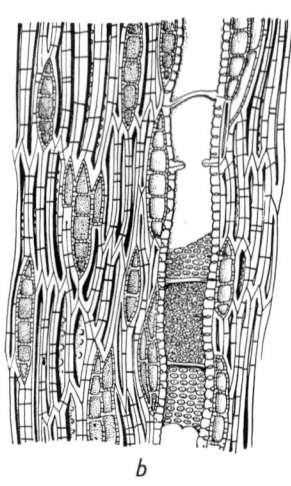

Fig. 1686. Guajacum officinale L. *a* Querschnitt durch das Holz. *b* Längsschnitt durch das Holz (nach Ernst Gilg).

ständige und entweder längliche, ungeteilte Laubblätter (Viscainóa Greene und Sericódes A. Gray) oder unpaarig gefiederte Laubblätter (Chitónia Moc. et Sess.) ab. Sie stellt einen ganz selbständigen Zweig der Familie dar. — Die Unterfamilie der Peganoideae ist an ihren unregelmässig zerschlitzten Laubblättern leicht kenntlich. Zu ihr gehört nur die mit 6 Arten über das Mittelmeergebiet, Asien und Mexiko verbreitete Gattung Péganum L. Davon findet sich als Zierpflanze trockener, sonniger Orte — schon 1561 im Woyselschen Garten in Schlesien gezogen — bisweilen P. Harmála L., eine halbstrauchige Pflanze mit einzeln in den Achseln der zerschlitzten Laubblätter stehenden, langgestielten, grünlich-weissen, ziemlich grossen Blüten. Die kantigen, mit einer grubigen, aussen schleimigen, schwärzlichen Schale versehenen Früchte spielen seit alten Zeiten in der arabischen Arzneikunde ihrer berauschenden Wirkung wegen eine grosse Rolle und werden auch als Wurmmittel verwendet. Im Orient dienen sie auch als Gewürz; in Algerien presst man aus den Samen Oel. Letztere (Sémina Rútae sylvéstris) enthalten nach Wiesner zwei Alkaloide, das Harmalin und das Harmin. Durch Zersetzung des ersteren, das sich in der mittleren Schicht der Samenschalen befindet, soll der als Harmalarot oder Türkischrot bezeichnete rote Farbstoff entstehen, der im Orient viel benutzt wird und auch in unserer Textilindustrie seiner Dauerhaftigkeit wegen geschätzt ist. Die Pflanze besitzt ein vom östlichen Balkan bis nach Tibet und der Dsungarei reichendes geschlossenes Verbreitungsgebiet, westwärts davon aber nur einige versprengte Vorkommen bei Budapest, Potenza (Unter-Italien) und in Südwestspanien, die vielleicht eine auf Einschleppung durch die Araber und Türken zurückzuführen sind. Dafür spricht namentlich das Auftreten am Bocksberg bei Ofen zusammen mit Feigenbäumen. In Spanien hält sich die Pflanze vorwiegend an Eisenbahndämme, fehlt aber auch in natürlichen Steppengesellschaften mit Lygeum Sparteum, Linum maritimum, Helianthemum squamatum usw. nicht. — Zur Unterfamilie der Tetradiclidoideae gehört als einzige Art Tetradíclis sálsa Stev., ein sehr kurzlebiges (nur 1 Monat!), sukkulentes Pflänzchen der Steppen und Wüsten von Aegypten, Vorder- und Zentralasien, dessen Laubblätter unten gegen-, oben wechselständig stehen. Die Samenerzeugung ist sehr reichlich (etwa 2000 Samen bei jedem kaum 2 Zoll hohen Pflänzchen) und die Ausstreuung durch den Oeffnungsmechanismus der Früchte nach Bunge für die Nah- und Fernverbreitung gesichert. — Die beiden folgenden, je nur durch eine Art vertretenen Unterfamilien unterscheiden sich von allen anderen Zygophyllaceen durch die Steinfrüchte. Dabei besitzen die Nitrarioideae einfache, wechselständige Laubblätter, die Balanitoideae 1-paarig gefiederte, wechselständige Laubblätter. Zu Nitrária L. zählen 3 bis 2 m hohe, oft strauchige, halophile Arten der Wüsten der Alten Welt. Am weitesten ist N. Schobéri L. verbreitet, die von Südrussland bis Ostsibirien reicht und ein zweites, ursprünglich vielleicht durch Vogelverbreitung bedingtes Areal in einem grossen Teile Australiens aufzuweisen hat. Die Pflanze wird nach Przewalski von Bären gern gefressen, die zu diesem Zwecke von Tibet nach Tsaidam wandern. Die Früchte sind auch für Menschen geniessbar. Die Pflanze findet sich als sehr schwer zu ziehendes Gewächs bisweilen in Botanischen Gärten. — Eine von Palästina bis Senegambien verbreitete Art, N. retúsa (Forsk.) Aschers. (= N. tridentáta Desf.), liefert den Arabern in ihren Früchten ein berauschendes Mittel. Die Laubblätter und jungen Zweige dienen zur Herstellung von Soda. Der Ueberlieferung nach soll Moses mit ihnen das bittere Wasser von Mara süss gemacht haben. Bisweilen wird die Pflanze auch als Lotos der Alten erklärt. — Balanites Delile besitzt 3 nahverwandte Arten, deren wichtigste B. Aegyptíaca Delile ist, ein bis über 6 m hoher, dorniger Strauch oder Baum mit graugrünen, lederartigen Laubblättern, der im ganzen tropischen Afrika, sowie in Vorderasien (bis Palästina) und Südasien (bis Burma) in trockenen Steppengebieten sehr verbreitet ist. Das sehr harte und widerstandsfähige, gelblichweisse Holz dient zum Häuserbau, in Abessinien zur Herstellung von Pflügen, bei uns auch zur Anfertigung von Spazierstöcken. Die Rinde liefert in Vorderindien ein Fischgift. Die gelblichen, fast pflaumengrossen Früchte besitzen im reifen Zustande ein süssliches, aber fad schmeckendes Sarcocarp, das viel genossen wird (Sklavendatteln). Im unreifen Zustand vergoren, gewinnt man daraus ein berauschendes Getränk. Auch wirken sie gleich den Laubblättern wurmfeindlich. Die Samen liefern das Zachunöl, das im Sudan teils als Speiseöl, teils zum Einreiben des Körpers Verwendung findet. Schon die alten Aegypter scheinen, wie aus ihren Opfergaben hervorgeht, dieses Oel gekannt zu haben. Mit Wein vermischt, ergibt es ein Wundmittel (Samariterbalsam). Neuerdings gelangen die Samen aller 3 Balanites-Arten als Oelsaat in den Handel. In denen von B. Aegyptíaca kommen nach Wehmer 41,2 % Rohfett, 28,8 % Rohprotein und 21,6 % N-freie Substanz vor.

Bezeichnend für die Zygophyllaceen sind nach Solereder die einfachen Gefässdurchbrechungen, das mit Hoftüpfeln versehene Holzparenchym und das Fehlen besonderer, die Spaltöffnungen begleitender Nebenzellen. Die Grenze von Bast und primärer Rinde wird im Zweige von isolierten primären Bastfasergruppen gebildet, zwischen die sich nach Engler zuweilen Steinzellengruppen einschieben. Letztere treten mitunter auch in der primären Rinde auf. Im sekundären Baste fehlen die Bastfasern vollständig. — Zur Familie gestellte Laubblatt- und Fruchtreste aus dem Eozän des Monte Baldo sind nach Potonié zweifelhaft. Saporta und Schimper erblickten in manchen zu Ulmus gezogenen fossilen Flügelfrüchten solche von Zygophyllum. Kapselfrüchte der letztgenannten Gattung, sowie von Guajacum und ein an Balanites erinnernder Steinkern liegen aus dem niederrheinischen Miozän vor. — Die nächsten verwandtschaftlichen Beziehungen der

Familie deuten auf die Rutaceen, mit denen sie weitgehend übereinstimmt, sich aber durch das Fehlen der Oeldrüsen und das Vorhandensein von Nebenblättern unterscheidet. Dennoch ist es bisher nicht gelungen, auf sero-diagnostischem Wege den Nachweis einer Verwandtschaft zu führen. Hingegen hat Hoeffgen Beziehungen, wenn auch schwache, zu den Linaceen nachweisen können.

CCCCXLVI. Tríbulus[1]) L. Burzeldorn. Franz.: Tribule; ital.: Tribolo.

Einjährige Kräuter mit meist niederliegenden Stengeln. Laubblätter gefiedert. Blüten auf blattwinkelständigen Stielen einzeln oder in Wickeln. Kelch- und Kronblätter 5, hinfällig. Staubblätter 10 (Fig. 1687 c), pfriemlich, mit herzförmigen Staubbeuteln. Fruchtknoten 5-fächerig, mit 3 bis 5 fast hängenden, umgewendeten, ana- und epitropen, extrorsen Samenanlagen, zwischen denselben sich später Querscheidewände bildend; Griffel sehr kurz walzlich, mit grosser, pyramidenförmig 5-kantiger, strahliger Narbe. Frucht vollkommen in 5 dreiseitige, geschlossene, nussartige, aussen warzige und dornige bis flügelige oder mit gezähnten Auswüchsen besetzte, innen in 2 bis 5 einsamige Kammern geteilte Teilfrüchtchen zerfallend. Samen mit nach innen gerichteten Würzelchen, ohne Nährgewebe.

Die altweltliche Gattung umfasst etwa 16, z. T. schwer gegeneinander abzugrenzende Arten, von denen der grössere Teil (12 Arten) dem mediterran-westasiatischen Steppengebiet angehört, während wenige Arten in Südafrika und Vorderindien auftreten. Nur eine, T. cistoídes L., ist an den Küsten der Tropenländer weit verbreitet und erscheint auch in der Neuen Welt, besonders häufig in Westindien. Auf europäischem Boden findet sich nur T. terréstris. T. lanuginósus L., in Vorderindien, Beludschistan und auf Ceylon heimisch, welche Pflanze sich von T. terrestris durch dicht wollige Laubblätter und 2-dornige Früchte unterscheidet und vielleicht nur den Wert einer Rasse besitzt, wird in seiner Heimat (bei uns nur versuchsweise) medizinisch als abführendes, wassertreibendes, Fieber niederschlagendes usw. Mittel benutzt. In den Samen findet sich Fett, Harz und ein noch wenig erforschtes Alkaloid. Aehnliche Früchte besitzt der ägyptisch-arabisch-vorderindische T. alátus Del., dessen Früchte jederseits mit 1 bis 2 flachen Dornen besetzt sind.

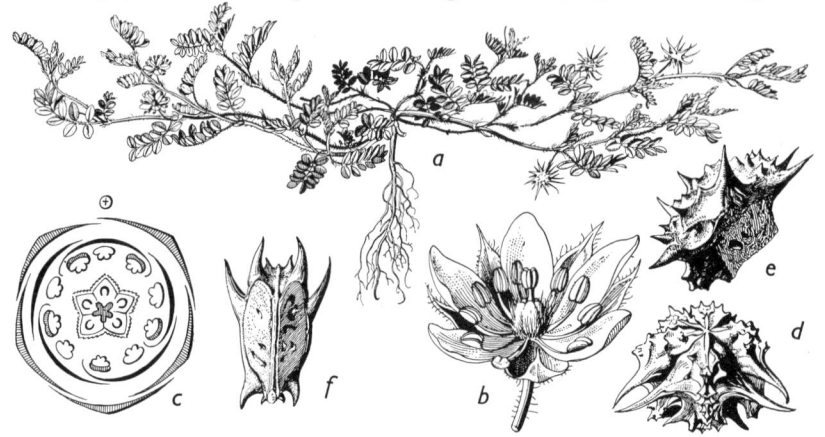

Fig. 1687. Tribulus terrestris L. *a* Habitus der Pflanze. *b* Blüte. *c* Blütendiagramm (nach Eichler). *d* Frucht. *e* und *f* Teilfrüchte.

1806. Tribulus terréstris[2]) L. Erd-Burzeldorn, Erdsternchen, Bettlernuss, Dreispitz, Ungarische Königsmelone. Franz.: Croix de Malte, escarbot, mâcre, corniche, saligot; ital.: Tribolo, caciarello, ceciarello, basapiè. Fig. 1685 und 1687.

Einjährige Pflanze mit dünner, spindelförmiger Wurzel. Stengel 10 bis 60 cm lang, niederliegend, ästig, mit feinen, ± anliegenden und derberen, etwas abstehenden Haaren bedeckt. Laubblätter gleichmässig über den Stengel zerstreut, kurz gestielt, 5- bis 8-paarig gefiedert; Blättchen gegenständig, sehr kurz gestielt, eiförmig oder länglich, stumpf, am Grunde

---

[1]) Abgeleitet vom griech. τρίβολος [tríbolos] = Fussangel (zusammengesetzt aus τρίς [tris] = dreimal und βόλος [bólos] = Wurf), in Anlehnung an die dreieckige, der Frucht des Burzeldorns ähnlichen Fussangel, die im Krieg gegen die Reiterei ausgeworfen wurde.

[2]) Die Bezeichnung Tribulus findet sich schon bei Theophrast, Dioskurides, Plinius, Ovid, Galen und anderen älteren Autoren. Die nähere Bezeichnung terrestris steht im Gegensatz zu aquaticus; unter Tribulus aquaticus verstanden die Alten Trapa natans.

schief, mit anliegenden, steiflichen, einzelligen Haaren bedeckt, oberseits bläulichgrün, unterseits graugrün; Blattspindel wie der Stengel behaart. Nebenblätter dreieckig, zugespitzt, sehr klein, beiderseits wie die Blättchen behaart. Blüten auf kurzen, 2 bis 4 mm langen, behaarten Stielen, einzeln in den Blattachseln oder Zweiggabelungen. Kelchblätter 5, schmal=länglich=lanzettlich, etwa 2,5 bis 3 mm lang, weisshäutig berandet, oberseits kahl, unterseits dicht behaart, abfallend. Kronblätter schmal=länglich=verkehrt eiförmig, 4 bis 5 mm lang, gelb, kahl. Staubblätter 10, etwa 3 mm lang. Fruchtknoten 5=fächerig, in jedem Fache mit 3 bis 5 schief hängenden Samenanlagen, zwischen denselben sich später Zwischenwände bildend; Griffel dick, etwa 0,8 mm lang, mit kopfiger, durch Zusammenschluss der 5 Lappen stumpfer, pyramidenförmiger Narbe. Frucht auf verlängertem, aufrecht abstehendem Stiele, kahl oder behaart, rundlich, in 5 3=seitige, auf der Rückenseite mit in Borsten endigenden Warzen und dornigen, kantigen, am Grunde oft zackigen Auswüchsen besetzte Teilfrüchte (Fig. 1687 e, f) zerfallend. Samen eiförmig, 2,5 bis 3 mm lang, hellbraun. Keimling gerade. — V bis IX.

Zerstreut auf Flugsanddünen, Sandfeldern, Aeckern und Wegrändern der Ebene.

Wild einzig in Niederösterreich bei Marchegg und Angern (Margyarfalva) und in Krain. — In Deutschland eingeschleppt im Hafen von Mannheim (mehrfach seit 1881) und Mühlau bei Mannheim, Legau bei Danzig und neuerdings bei Hamburg.

Allgemeine Verbreitung: Südeuropa: nördlich bis Südfrankreich (bis zum Lyonnais), Oberitalien, Ungarn, Niederösterreich, Krain, Transsilvanien, Südrussland; Kleinasien und östlich bis Tibet und Indien; Nord=, West= und Südafrika (hier wohl kaum spontan), Kanarische Inseln; ferner verschleppt im ganzen wärmeren Asien, Afrika und Amerika.

Gliedert sich in: 1. var. typicus Beck. Kronblätter meist länglich. Früchte ohne die Dornen meist 7 bis 8 mm lang; Dornen meist länger, selten kürzer als die Teilfrüchte, deren doppelte Länge nicht überragend. Eine im Mittelmeergebiet häufige und in der Ausbildung der Fruchtform vielgestaltige Varietät. Fehlt in Niederösterreich, vielleicht in Krain (?). — 2. var. Orientális Beck (= var. longispinósus Rouy et Foucaud). Pflanze in der Regel ± grün. Stengel meist dünn und zierlich. Kronblätter länglich, am Grunde keilförmig. Dornen der Frucht lang, dünn, fast doppelt so lang wie die Breite der Teilfrüchte, meist kahl. Vorherrschende Form des östlichen Gebietes, so z. B. in Niederösterreich und Ungarn, aber vereinzelt auch in den westlichen Mittelmeerländern.

Tribulus terrestris dürfte seine Heimat im Mittelmeergebiete und im westlichen Asien besitzen, ist aber infolge seiner häkelnden Früchte, die sich leicht in das Fell oder Gefieder vorüberstreichender Tiere anhaften oder zwischen die Hufe des weidenden Viehes klemmen, in grossen Teilen des wärmeren Europas, Asiens und Amerikas verbreitet worden. Die Pflanze zählte schon im 3. vorchristlichen Jahrtausend zu den medizinischen Kräutern der Chinesen und wird, zu Heilzwecken brauchbar, auch in den Aphiten genannt, hat aber bei uns in der Neuzeit ihre Bedeutung verloren. In Indien verwendet man die Früchte noch heute als abführendes und wassertreibendes Mittel, bei Hals= und Augenkrankheiten usw. — Tribulus terrestris gehört zu den annuellen Steppenbewohnern, blüht wie Holosteum umbellatum, Cerastium viscosum, Silene conica, Ranunculus testiculatus, Draba verna, Trigonella Monspelliaca, Veronica præcox usw. auf trockenen Böden im Frühjahr und steht mit Eintritt des Sommers bereits in Frucht, um dann vollständig zu verschwinden. In Ungarn zählt sie zu den ersten und bezeichnenden Pionieren frisch aufgehäufter Flugsandhügel, gemeinschaftlich mit Bromus hordeaceus, B. arvensis, B. tectorum, B. squarrosus und B. commutatus, Secale silvestre, Hordeum crinitum, Triticum villosum, Digitaria ciliata, Tragus racemosus, Polygonum arenarium, Corispermum canescens, Salsola Kali, Gypsophila paniculata usw. Ihre Ansiedlung auf diesen mageren Böden dürfte sie nach Issatschenko (vgl. Referat im Botanischen Centralblatt, 1913, pag. 616) der Anwesenheit von Wurzelknöllchen verdanken, die mit Pilzfäden in Verbindung (vielleicht Mykorrhiza) stehen und die in zweierlei Form auftreten: kleine, weisse an den dünneren Wurzelfasern und grosse, runde, dunklere, die an jene der Leguminosen erinnern. Da die Stärke in den Knöllchen sicher aufgelöst wird, so dürfte nach Noël Bernard die Osmose der Zellen und damit die Wasserzufuhr erhöht werden. Auf wasserhaltigeren Böden ist T. terrestris langlebiger und blüht namentlich auf Aeckern bis in den Herbst hinein. Nach Mitteleuropa verschleppte Pflanzen scheinen sich nirgends halten zu können. — Das auffällige Vorkommen von zwei gegenständigen, aber ungleichen Laubblättern, einer Blüten= und einer Laubknospe an jedem Stengelknoten wird nach Delpino folgendermassen erklärt: Die wagrechten, auf der Erde liegenden sekundären Zweige sind nur am Grunde monopodial gebaut und zwar bis zur ersten Blüte, die anscheinend dem fünften oder sechsten Laubblatt gegenüber seitlich entspringt, in Wirklichkeit aber den Seitentrieb als

Endblüte abschliesst. Aus der Achsel des der ersten Blüte scheinbar gegenüberstehenden Laubblattes entspringt ein kräftiger Tertiärtrieb, der die Terminalblüte zur Seite drängt und das Wachstum der Achse fortsetzt. Dieser Spross trägt nur 2 Laubblätter und endet ebenfalls in eine Blüte: Die beiden fast gegenständigen Laubblätter sind wechselständig. In der Achsel des ersten (grösseren) bildet sich wieder der die Terminalblüte verdrängende Spross, während die Axillarknospe der zweiten (kleineren) Laubblätter meist nicht zum Austreiben gelangt.

An die Zygophyllaceen schliesst sich die kleine Familie der Cneoráceae an. Sie unterscheidet sich von ersteren durch das Vorkommen von Oelzellen in Rinde und Laubblättern, durch das Fehlen von Nebenblättern und Anhängseln an den Staubblättern und durch die Anordnung der Staubblätter in nur einem Kreise. Zu ihr gehört als einzige Gattung Cneorum L. mit 12 Arten, die in den Küstengebieten des Mittelmeeres und auf den Kanarischen Inseln heimisch sind. Die häufigste davon ist C. tricóccum L., ein kahler Strauch mit grünen Zweigen, glänzend grünen, lanzettlichen Laubblättern, einzeln oder zu 2 oder 3 in den Blattachseln stehenden, gelblichen, 3-zähligen Blüten und steinfruchtartigen, in 3 Teilfrüchte zerfallenden Früchten. Von Südspanien bis zum Monte Argentario in Italien verbreitet, wird diese Art unter der Bezeichnung „Zwergölbaum" ihres schönen Aussehens wegen nicht selten im Mittelmeergebiet angepflanzt.

66. Fam. **Rutáceae.** Rautengewächse.

Meist Bäume, Sträucher oder Halbsträucher, selten Stauden oder 1-jährige Kräuter, mit lysigenen oder wenigstens mehrzelligen Oeldrüsen (Fig. 1688). Laubblätter wechsel- oder gegenständig, einfach oder zusammengesetzt, infolge von Sekretlücken durchscheinend punktiert, meist kahl, zuweilen geflügelt (Fig. 1698). Nebenblätter fehlend oder zurückgebildet. Blüten einzeln in den Blattachseln oder endständig oder in verschiedenartig zusammengesetzten Blütenständen, meist in Kelch und Krone geschieden, zwitterig, selten eingeschlechtig, strahlig, seltener zygomorph, 3- bis 5-zählig (Fig. 1711 a bis c). Kelch frei oder verwachsen. Kronblätter den Kelchblättern an Zahl gleich, frei oder verwachsen, in der Knospenlage dachig, seltener klappig. Staubblätter meist doppelt so viele als Kronblätter oder mehr, seltener ebenso viele, mit denselben der Blütenachse eingefügt, die vor den Kronblättern stehenden äusseren ab und zu staminodial zurückgebildet; Staubfäden miteinander $\pm$ hoch hinauf verbunden; Staubbeutel meist einwärts aufspringend. Blütenachse gewöhnlich zwischen oder über den Staubblättern zu einem ring-, polster- oder becherförmigen, gekerbten oder gesägten Diskus erweitert (Fig. 1710), nicht selten auch zu einem verlängerten Gynophor verlängert. Fruchtblätter (1 bis) 4 bis 5 (6), verwachsen oder getrennt und nur oben vereinigt, in jedem Fach mit 1 oder 2 bis vielen, 2-reihig angeordneten, ana- und epitropen Samenanlagen. Griffel am Grunde oder an der Bauchseite der Fruchtblätter entspringend, selten endständig, am Grunde meist frei, im oberen Teile verbunden; Narben frei oder verbunden. Frucht eine Kapsel, Steinfrucht, Beere oder eine meist in Teilfrüchte zerfallende Spaltfrucht. Samen mit oder ohne Nährgewebe; Keimling gross, gerade oder gekrümmt.

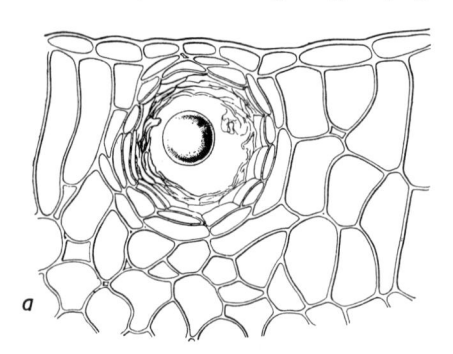

Fig. 1688. *a* Lysigener Sekretbehälter von Dictamnus alba L.

Zu der umfangreichen und vielgestaltigen Familie zählen über 100 Gattungen mit rund 900 Arten, die zum grössten Teile die tropischen und subtropischen Gebiete der ganzen Erde bewohnen, während sie in der nördlichen gemässigten Zone einzig durch die Rutínae vertreten sind. Massgebend für die Umgrenzung der Rutaceen sind weniger die Blütenmerkmale, die keine scharfe Trennung gegen die verwandten Familien der Geraniaceen, Zygophyllaceen, Simarubaceen, Burseraceen und Meliaceen gestatten, als vielmehr der Besitz der in Stengel, Zweigen, Laubblättern und selbst Blütenteilen vorkommenden lysigenen (bei Citrus auch schizolysigen) Oeldrüsen, die nur bei den Dictyolómeae durch mehrzellige Oeldrüsen mit nicht resorbierten Wänden ersetzt sind. Nach den Untersuchungen von Rauter, Martinet, Szyzylowicz u. a. entstehen die Oeldrüsen in Zellen des Hautgewebes und zwar namentlich durch Teilungen einer durch dünne Wände und dichten, feinkörnigen Inhalt ausgezeichneten Zellgruppe, die sich später durch ihren reichen Oelgehalt von dem umgebenden Gewebe deutlich abhebt. Bei Dictyolóma DC. bleiben sie dauernd auf dieser Stufe erhalten, während sie bei den übrigen Rutaceen weitere Umgestaltungen erfahren. Und zwar werden die peripher gelegenen durch Vergrösserung der inneren Zellen aufgelöst und damit ein einziger, zusammenhängender, ölerfüllter Raum geschaffen. In den über diesem liegenden Epidermiszellen tritt darauf wiederum ein feinkörniger Inhalt auf, der aber rasch verschwindet, worauf die Zellen den nämlichen Entwicklungsgang antreten wie ihre Nachbarzellen. Aus dieser Entstehung der Oelbehälter erklärt sich das Auftreten eines ausserhalb von ihnen und ihren benachbarten Gewebeschichten liegenden, durchgehenden, mehrzelligen Hautgewebes, während sie selbst innerhalb des Hypoderms liegen. Bei der Gattung Citrus nimmt der Bildungsgang nach Tschirch (in Tschirch und Oesterle. Anatomischer Atlas, 1900) einen etwas abweichenden Verlauf. In den jüngsten Phasen tritt wie üblich eine Gruppe von 4 Zellen auf, die sich durch Form und Inhalt vom übrigen Gewebe unterscheidet. In diesen setzen schon frühzeitig Zellteilungen ein, denen zufolge eine rundliche Gruppe zarter Zellen entsteht. Am Berührungspunkt der mittelsten dieser neuen Zellen bildet sich ein Interzellularraum, der sich allmählich immer mehr erweitert. Die gegen den Interzellularraum zu liegenden Membranteile wölben sich gegen den Raum kappenförmig vor und stellen zunächst eine Schleimmembran vor, die später zur resinogenen Schicht wird. Nach deren Entstehung gehen die inzwischen durch weitere Teilung auf 6 bis 8 Kammern herangewachsenen, ursprünglichen (4) Zellen durch Auflösung ihrer Wände zugrunde und es entsteht zuletzt ein einheitlicher Raum, der von einem grossen Oeltropfen erfüllt ist (schizolysigene Bildung nach Tschirch). — Die Tracht der Familie ist infolge der weiten Verbreitung, der grossen Artenzahl und dem Auftreten unter sehr verschiedenen klimatischen und edaphischen Faktoren sehr mannigfaltig. Auffällig ist jedoch, dass die Zahl von 1- und mehrjährigen Kräutern sehr beschränkt ist und dass die überwiegende Mehrheit der Rutaceen zu den Sträuchern (darunter auch Klimmer) und hohen Bäumen zählt. Hinsichtlich der Form der Laubblätter hebt Engler hervor, dass sie zumeist der vorherrschenden Spreitenausgestaltung des jeweils besiedelten Florenbezirks entspricht. So sind die der kapländischen Diósmeae meist schmal lineal oder ericoid, die der australischen Boroníeae gefiedert, während in den Tropen und in den nördlicheren Gebieten gedreite oder gefiederte Formen vorwiegen, wie sie bei den nächstverwandten Familien der Simarubaceen, Burseraceen usw. anzutreffen sind. Neben diesen vielfach mit den klimatischen Verhältnissen im vollen Einklang stehenden Erscheinungen treten rein morphologische und teilweise biologische, aber nach Engler vom Klima unabhängige Merkmale in den Vordergrund: die Entwicklung der Blütenhüllen, die Zahl der Samenanlagen in den Fruchtblättern, die Vereinigung der Fruchtblätter, die Entwicklung der Frucht zu einer in meist aufspringende Teilfrüchte (mit sich ablösendem Endocarp) zerfallenden Balgfrucht oder zu einer Stein- oder Flügelfrucht oder zu einer Beere, die Erhaltung des Nährgewebes in den Samen bis zur Keimung oder die vollständige Aufzehrung desselben durch den Keimling — Eigenschaften, die in ihrer allmählich steigenden Entwicklung die Grundlagen zur Einteilung der Familie liefern. Bemerkenswert dabei ist, dass die ursprünglichsten Rutaceen (die Tribus der Xanthoxýleae) diejenigen sind, die die weiteste geographische Verbreitung besitzen, wenngleich auch sie bereits ± stark abgeleitete Formen darstellen und keine unmittelbare Ableitung der anderen Gruppen gestatten. Von Einzelheiten des Blütenbaues sei hervorgehoben, dass einfache Blütenhüllen nur bei der Gattung Xanthóxylum Roxb. (wahrscheinlich primär) und bei der monotypischen Gattung Empleúrum Soland. (wahrscheinlich sekundär) auftreten. Bei den übrigen Gattungen sind Kelch und Krone deutlich geschieden und meist 5-gliederig (mit nach hinten stehendem unpaarem Kelchblatte und nach vorn stehendem unpaarem Kronblatt). Aber auch Gattungen mit 4- und selbst 3-gliederigen Blüten sind nicht selten. Bei Rúta L. ist nur die Gipfelblüte des ganzen Blütenstandes 5-gliederig, alle anderen 4-gliederig. Die Kronblätter sind meist frei, bisweilen auch sympetal, wie bei den meisten Arten der Subtribus der Cupariínae und z. B. bei Corréa Sm. (Fig. 1694). Die Staubblätter stehen meist in 2, selten (vielleicht auf Abort beruhend) in nur 1 Kreise und sind bisweilen in ± hohem Masse staminodial entwickelt. Das Gynäceum ist in der Regel iso-, seltener pleio- oder oligomer. Die Veränderungsfähigkeit des Blütenbaues innerhalb ein und derselben Gattung hat Urban (Zur Morphologie und Biologie der Rutaceen, 1883) bei Borónia Smith aus-

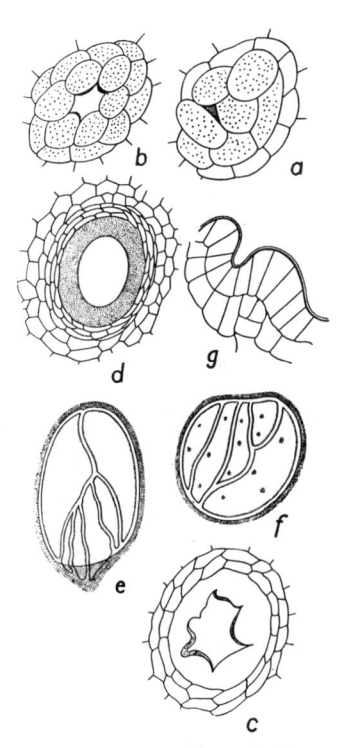

Fig. 1689. Citrus L. *a*, *b* und *c* Entwicklung der Oelbehälter in der Fruchtwand (*a* Bildung eines schizolysigenen Raumes; *b* Kanal mit Oelkappen an einigen Innenzellen; *c* Bildung der resinogenen Schicht). *d* Fertiger Oelbehälter (der Schleimbelag im Innern des Kanals durch Alkohol kontrahiert). *e* Längsschnitt durch einen Samen mit mehreren Keimlingen. *f* Querschnitt durch einen ebensolchen Samen. *g* Beginn der Entwicklung einer Fruchtzotte (nach Biermann).

einandergesetzt. Die meisten Blüten deuten auf Insektenbestäubung, stehen aber z. T. noch auf sehr niederer Stufe, wie manche kleinblütige Aurantieae und die Pilocarpinae (eine Subtribus der Cuspaříeae) mit ihren kleinen, grünlichen, grünlichweissen oder schmutzig purpurnen Blüten. Andererseits bestehen eine ganze Reihe verschiedenartiger Einrichtungen, um der Selbstbestäubung vorzubeugen (siehe Ruta). Der Mangel auffälliger Farben wird bei ihnen durch die Häufung der einzelnen Blüten zu Trauben, Dolden, Köpfen, Trugdolden, Scheinähren, Büscheln und Wickeln gehoben, wozu als weiteres Anlockungsmittel der für die ganze Familie charakteristische, an ätherisches Oel gebundene Geruch tritt. Bei anderen Formen sind die Blüten gross und auffällig und durch eine angenehme Duftentwicklung ausgezeichnet. Hinsichtlich der Fruchtbildung lassen sich 3 Gruppen unterscheiden: Beeren-, Stein- und Kapselfrüchte, die phylogenetisch als gleichwertig gelten können, da sie sowohl bei Gattungen mit niedrig organisierten Blüten als auch bei solchen mit vorgeschrittenem Blütenbau auftreten. Die Familie zerfällt entsprechend diesen Verschiedenheiten in 6 Unterfamilien, von denen 3 die überwiegende Mehrheit aller Arten enthalten: die Rutoideae mit bei der Reife getrennten Fruchtblättern und vorzugsweise aufspringenden Früchten, die Toddalioideae mit synkarpem Gynäceum und Steinfrüchten und die Aurantioideae mit ebenfalls synkarpem Gynäceum, aber mit Beerenfrüchten. Die anderen Unterfamilien sind artenarm und schliessen sich phylogenetisch teils einer der erstgenannten Unterfamilien an, zeigen dabei aber mancherlei Annäherungen an andere mit den Rutaceen verwandte Familien. Die Dictyolomoideae haben ein mit dem der Rutoideae übereinstimmend gebautes Gynäceum, aber ihre in den Laubblättern entstehenden Oeldrüsen sind nicht lysigenen Ursprungs. Zudem sind ihre Spreiten doppelt gefiedert, ihre Staubblätter wie bei vielen Simarubaceen und Zygophyllaceen am Grunde mit Schüppchen versehen. Die Flindersioideae besitzen gleichfalls aufspringende Kapseln, aber die Innenschale löst sich nicht wie bei den Rutoideae elastisch ab, sondern bleibt mit der Aussenschale in Verbindung. Durch die Vielzahl der Samen in den Fächern stellen sie ein Bindeglied zu den Meliaceen dar, unterscheiden sich aber von diesen durch die lysigenen Oeldrüsen. Die Spathelioideae weisen gewisse Züge von Fagára-Arten auf, nähern sich aber andererseits auch gewissen Búrsera- und Boswéllia-Formen. Die Oeldrüsen finden sich nur an den Laubblatträndern, das Gynäceum entspricht dem der Toddalioideae, wird aber zur Fruchtreife zu einer geflügelten Steinfrucht mit 3-fächerigem Steinkern. Da bisweilen am Grunde der Staubblätter Schüppchen auftreten, so ist die Unterfamilie auch schon zu den Simarubaceen gestellt worden. Die Verteilung der Unterfamilien, bezw. die Verbreitung ihrer Tribus und Subtribus bietet mancherlei Eigenheiten. So sind die später zu charakterisierenden Rutoideae-Rúteae-Rutínae auf die altweltliche Nordhemisphäre beschränkt mit Ausnahme der sehr alten Gattung Thamósma Torr., von der eine Art auf Sokotra endemisch ist, eine zweite im Hereroland lebt, während 2 andere von Südkalifornien bis Texas reichen. Die Rutoideae-Boronieae treten nur in Australien und Neukaledonien auf. Andere Tribus dieser Unterfamilie sind auf das indo-malayische Gebiet, Zentralamerika, Chile, Südafrika usw. beschränkt. Die Unterfamilie der Dictyolomoideae lebt im tropischen Südamerika, die Flindersioideae im indo-malayischen Gebiete, die Spatheloideae in Westindien. Die im wesentlichen süd- und ostasiatischen Aurantioideae strahlen mit einigen Vertretern nach

Fig. 1690. Xanthoxylum Americanum Miller. *a* Blühender männlicher Zweig. *b* Fruchtender weiblicher Zweig. *c* und *d* Männliche Blüten. *e* Männliche Blüte nach Entfernung der Kronblätter. *f* Weibliche Blüte. *h* Weibliche Blüte, in der an Stelle der 5 mit den Kronblättern abwechselnden Staminodien 5 sterile Carpelle entwickelt sind. *g* Gynäceum mit Längsdurchschnitt durch ein Carpell. *i* Samen im Längsschnitt. — X. Bungei Planch. *k* Weibliche Blüte. *l* Geöffnete Teilfrucht mit an der losgelösten Plazenta hängendem Samen (*c*, *e* bis *h* und *l* nach Engler, *d*, *i* und *k* nach C. K. Schneider).

Australien und Afrika aus. Es kann keinem Zweifel unterliegen, dass die Rutaceen bereits ein sehr hohes, erdgeschichtliches Alter besitzen, zumal der grösste Teil ihrer vielen Gattungen artenarm ist. Als umfangreichere und z. T. noch gegenwärtig in lebhafter Fortbildung begriffene Gattungen seien Fagára L. mit etwa 140 Arten und Agathósma Willd. mit etwa 100 Arten genannt. Kleinere Gattungen sind z. B. Borónia mit 60, Evódia Forst. mit 45, Ruta mit 40, Ptélea A. Gray mit 22, Amýris (P. Br.) L. mit 13 Arten usw. Als eine der ältesten Gattungen ist Dictyolóma DC. anzusehen. — Fossil ist die Familie durch mehrere auf Blattreste begründete Arten von Xanthoxylum aus dem Tertiär von Europa, Nordamerika und Japan bekannt. Im niederrheinischen Miozän sind eine kleine Kapselfrucht von Ruta und Steinfrüchte von Phellodéndron gefunden worden. Dictamnus erscheint im französischen und japanischen Pliozän. Ptélea liegt in Blattresten aus dem Tertiär Europas, Grönlands und Nordamerikas, in Fruchtresten aus dem steirischen Tertiär vor. Zu Amýris gestellte Reste sind zweifelhaft.

Die Zahl der als Nutz- oder Zierpflanzen bemerkenswerteren Arten ist ziemlich bedeutend. Zur Unterfamilie der **Rutoídeae** und zwar zur Tribus der **Xanthoxýleae** mit grünlichen oder grünlichweissen, stets strahligen, nie kopfig gehäuften Blüten gehören: Xanthóxylum[1]) L. Oft dornig bewehrte Bäume oder Sträucher mit gelblichem Holz, gefiederten, nicht ausdauernden Laubblättern und einfacher Blütenhülle. Mit 15 Arten in Ostasien und Nordamerika heimisch. Die Früchte des in Japan, Korea und Nordchina lebenden X. piperitum DC. (Fig. 1691) dienen ihres scharfen Geschmackes wegen als Pfefferersatz. Sie enthalten Dipenten, d-Limonen, Luminaldehyd usw. Zum selben und auch zu Heilzwecken werden die von X. acanthopódium DC. und X. alátum Roxb. aus Indien und China stammenden Früchte benutzt. Das aus ersteren gewonnene Oel riecht nach Koreander, das des letzteren nach Wasserfenchel. — In Gärten angepflanzt findet sich bisweilen X. Americánum Miller (= X. fraxineum Willd.). Fig. 1690 a bis i. Strauch oder bis über 6 m hoher Baum mit anfangs behaarten, grau- bis rotbraunen, 1-jährigen Zweigen und unter den Knospen gedoppelt stehenden, bis 8 mm langen Stacheln. Laubblätter unpaarig gefiedert, mit ungeflügelter oder sehr schmal geflügelter, behaarter und vereinzelt bedornter Spindel und 5 bis 9 (11) eiförmigen, zugespitzten, oberseits verkahlenden, unterseits weichhaarigen Blättchen. Blüten vor den Laubblättern erscheinend, in dichten Büscheln, 1-geschlechtig, 5- bis 8-gliederig. Blütenhüllblätter grünlich. Fruchtblätter auf kurzem Gynophor, mit je 2 Samenanlagen. Griffel frei; Narbe kopfförmig. Frucht fast kugelig, schwärzlich. Samen kugelig-eiförmig, schwarz glänzend. — IV, V. Heimat: Nordamerika von Quebeck bis Virginien, Süd-Dakota, Nebraska und Kansas. Seit 1740 in Europa in geschützten Lagen in Kultur und ziemlich winterhart. — Seltener ist X. Búngei Planch. (Fig. 1690 k, l) aus Nordchina — 1893 eingeführt — anzutreffen, das sich von der vorigen Art namentlich durch nach dem Blattaustrieb erscheinende, in kurzen Rispen stehende Blüten und durch kürzere, bis 4 cm lange Laubblätter unterscheidet. Ueber weitere wahrscheinlich noch sehr selten in Kultur befindliche Arten vgl. Schneider, C. K. Illustriertes Handbuch der Gehölzkunde. X. planispínum Sieb. et Zucc. wird aus den Anlagen von Heidelberg erwähnt. — Fagára L., mit 140 Arten in allen tropischen Ländern verbreitet und durch doppelte Blütenhülle von Xanthoxylum unterschieden, liefert z. T. von den Eingeborenen verwendete Heilmittel, z. T. Werk- und Tischlerholz. So wird z. B. von F. fláva (Vahl) Krug et Urban das westindische Seiden- oder Atlasholz, von F. pteróta L. das Jamaika-Eisenholz und von F. Caribéa (Lam.) Krug et Urban das Kariben-Eisenholz gewonnen, die in der Möbelindustrie und in der Drechslerei von gewisser Bedeutung sind. — Evódia[2]) Forst., mit gegenständigen, gestielten Laubblättern, eingeschlechtigen, in

Fig. 1691. Xanthoxylum piperitum DC. *a* Zweig mit Früchten. *b* Frucht mit 2 Karpellen. *c* Längsschnitt durch Frucht und Samen.

---

[1]) Abgeleitet von ξανθός [xanthós] = gelb und ξύλον [xýlon] = Holz; Gelbholz wegen dessen Farbe. Linné schreibt Zanthoxylum.

[2]) Von griech. εὖ [eu] = gut und ὀδμή [odmé] = Geruch, Duft; wegen der wohlriechenden Blüten.

der Regel 4=teiligen Blüten, freiem Diskus und bei der Reife fast freien Fruchtblättern. Von ihren etwa 45 strauchigen bis baumförmigen Arten ist E. horténsis Forst. ein seiner ausserordentlich wohlriechenden Blüten wegen in der Südsee sehr beliebtes Ziergewächs. Einige Arten finden sich in unseren botanischen Gärten. — Orýxa Thunb., mit der einzigen Art O. Japónica Thunb. Bis 2 m hoher Strauch mit sommer= grünen, ganzrandigen, durchscheinend punktierten, stark riechenden Laubblättern, mit an den vorjährigen Trieben in Trauben stehenden, getrennt=geschlechtigen, 4=gliederigen, kleinen, grünlichen Blüten und 4=teiligen, 1=samigen Früchten. Diese den Gebirgswaldungen des mittleren und südlichen Japan entstammende Art wird in neuerer Zeit auch in Mitteleuropa kultiviert. — Choisya[1]) ternáta Knuth (Fig. 1692), die einzige Art einer mexi= kanischen Gattung. Immergrüner, wild bis fast 2 m, in Kultur höchstens 80 cm hoher Strauch mit rundlichen, hellgraugrünen, kurzhaarigen, 1=jährigen, später grauen Zweigen. Laubblätter gegenständig, 3=zählig, 5 cm lang gestielt, mit länglichen bis länglich=verkehrt= eiförmigen, zuletzt oberseits kahlen, unter= seits an den Nerven dauernd behaarten Blättchen. Blüten in locker zusammenge= setzten, end= oder achselständigen Trug= dolden. Kelchblätter 5, eiförmig. Kronblätter 5, länglich, bis 2 cm lang, weiss. Staub= blätter 10. Fruchtblätter 5, etwas in das Gynäceum eingesenkt. Frucht in 5 Teil= früchte zerfallend. Seit 1825 im wärmeren Europa an Mauern, in Gärten (Tessin), in Gewächshäusern oder auch als Topfpflanze gezogen. — Zur Tribus der **Rúteae** ge= hören die beiden auch in Mitteleuropa ver= tretenen Subtribus der Rutínae (in Mittel= europa durch Rúta vertreten; vgl. u.) und der Dictamnínae (mit Diptamnus als alleini= gen Vertreter; vgl. u.). — Die Tribus der **Boroníeae** umfasst meist Halbsträucher und Sträucher mit stets strahligen, meist zwitterigen und rötlichen Blüten und ge= radem, im fleischigen Nährgewebe liegendem Embryo. Von der australischen Gattung Borónia[2]) Smith mit 60 Arten werden seit einigen Jahren mehrere ihrer schönen Blüten wegen in Mitteleuropa als Garten= und Zimmerpflanzen gezogen. Meist Sträu=

Fig. 1692. Choisya ternata Kunth. *a* Blühender Zweig. *b* Blüte mit ent= fernten Kronblättern. *c* Blüte in beginnender Fruchtbildung.

cher oder Halbsträucher, selten 1=jährige Kräuter mit ungeteilten, 3=zähligen oder fiederteiligen Laubblättern. Blüten einzeln, achsel= oder endständig oder in Blütenständen, 4=zählig. Kelchblätter am Grunde verbunden. Kronblätter rot, weiss, purpurn oder blau. Staubblätter 8; Staubfäden breit, behaart, oben plötzlich zusammengezogen. Fruchtblätter ± getrennt, durch den Griffel miteinander verbunden, mit je 2 Samenanlagen. Frucht in 4 2=klappig mit elastisch sich ablösendem Endokarp aufspringende Teilfrüchte zerfallend. Genannt seien: B. aláta Sm., mit gefiederten Laubblättern und in endständigen Blütenständen stehenden, deutlich klappigen Blüten, an denen die Kelchblätter kürzer als die Kronblätter sind. Häufig für den Blumenhandel gezogen; 1823 eingeführt. — B. crenuláta Sm. Laub= blätter ungeteilt, verkehrt=ei= oder keilförmig, oben gestutzt oder gekerbt, flach. Blüten in der Knospenlage dachig. Aus Westaustralien stammend und seit langem in Kultur. — B. denticuláta Sm. Laubblätter flach, ungeteilt. Blüten zu mehreren in einem endständigen Blütenstand. In Westaustralien heimisch, seit 1823 in Kultur. — B. pinnáta Sm. Laubblätter gefiedert. Blüten in achselständigen, 3=blütigen Trugdolden. In Ostaustralien und Tasmanien heimisch, seit 1794 in Gärten gezogen. — B. elátior Bartl. (Fig. 1693). Von den voran= gehenden Arten durch staminodiale Ausbildung der 4 vor den Kelchblättern stehenden Staubblätter unter= schieden. Zweige behaart. Kronblätter anfangs magenta=, später fleischfarben, meist stachelspitzig; Staminodien mit schwarzer Spitze. In West=Australien heimisch. Seit 1874 in Europa eingeführt. Ueber weitere Arten vgl. Ascher=

---

[1]) Benannt nach Jacques Denys Choisy, Professor zu Genf, † 1859, der viele botanische Schriften verfasst hat, u. a. einen: Prodromus d'une monographie des Hypéricinées, Genf, 1821.

[2]) Benannt nach Francesco Borone († 1794 in Athen), dem Gehilfen von Sibthorp.

son und Graebner (Synopsis). — Corréa¹) Sm. mit 6 ± formenreichen ost- und südaustralischen Arten. Sträucher oder Bäume mit sternfilzig behaarten, selten kahlen Zweigen. Laubblätter gegenständig, gestielt, eiförmig, länglich oder elliptisch-lanzettlich, ganzrandig, unterseits dicht sternhaarig-filzig behaart. Blüten einzeln oder bis zu 3 achsel- oder endständig, hängend, gross, weiss, grün, gelb oder rot. Kelch becherförmig, abgestutzt, 4-lappig oder 4-zähnig. Kronröhre 4-zipfelig, zylindrisch oder glockenförmig (sympetal!), bisweilen die einzelnen Kronblätter sich trennend. Staubblätter 8; Staubfäden zugespitzt. Fruchtblätter 4, am Grunde getrennt, mit je 2 übereinander stehenden Samenanlagen. Griffel über der Mitte eingefügt, fadenförmig, miteinander verbunden. Frucht mit 4 2-klappigen Teilfrüchten mit knorpelig-elastischem Endocarp. Als häufigere Kulturarten finden sich: C. álba Andr. Etwa 1 m hoher Strauch mit eiförmigen bis kreisförmigen, unterseits dicht hellfarbig-filzigen Laubblättern und hellgraufilziger Kronröhre, deren Kronblätter sich zuletzt trennen. — IV bis VII. — Heimat: Victoria, Tasmanien und Südaustralien. Seit 1793 in Kultur; ist leicht durch Stecklinge zu vermehren und als Pfropfunterlage zu benutzen. — C. speciósa Ait. (Fig. 1694). Bis 2 m hoher Strauch mit breit-eiförmigen bis lanzettlichen, unterseits hellfilzigen Laubblättern und roten, weissen oder gelblichgrünen (var. virens [Sm.] Engl.) Blüten. Heimisch an den Küsten von Neusüdwales bis Tasmanien und über Süd- bis Westaustralien. Seit langem in Kalthäusern und als Zimmerpflanze in zahlreichen Varietäten gezogen. — Die Tribus der **Diósmeae** besitzt stets einfache Laubblätter und nährgewebelose Samen. Die wichtigste ihrer Gattungen ist Barósma²) Willd., deren 15 strauchige Arten mit meist gegenständigen, lederartigen, flachen oder am Rande zurückgerollten, ganzrandigen oder drüsig gekerbten Laubblättern und weissen oder roten, einzeln oder zu 3 bis mehr zusammenstehenden Blüten mit sitzenden Blütenblättern, langem Griffel und einfacher Narbe im Kapland heimisch sind. Eine Anzahl davon, z. B. B. serratifólium (Curt.) Willd., B. crenulátum (L.) Hook. (1774 in botanische Gärten von England eingeführt) und B. betulínum (Thunb.) Bartl. lieferten früher die officinellen, pfefferminzartig schmeckenden Bucco-Blätter, die gegen Nieren- und Harnleiden angewandt wurden und deren Bestandteile das reichlich vorhandene Glykosid Diosmin (= Barosin, = ? Hesperidin), Harz, ätherisches Oel (Buccusblätteröl, = Óleum Búccu Foliórum) mit 50% Diosphenol usw. sind (Näheres bei Tschirch, Pharmakognosie). Als Zimmerpflanze gezogen findet sich seit langem B. foetidíssimum Bartl. et Wendland. Bis 60 cm hoher Strauch mit gedreit stehenden, quirlständigen, selten gegenständigen, länglich, linealen bis linealen Laubblättern, doldig angeordneten, 5-zähligen Blüten mit weissen Kronblättern und zusammengedrückten, geschnäbelten, drüsig punktierten Teilfrüchten. — Eine grössere Reihe von Kalthauspflanzen entstammen der Gattung Agathósma³)

Fig. 1693. Boronia elatior Bartl. *a* Blühendes Zweigstück. *b* Blüte. *c* Blüte mit entfernten Kronblättern.

Willd. Aufrechte Sträucher mit meist kleinen, schmalen, dichtstehenden, oft fast schuppigen Laubblättern und meist in endständigen Dolden oder Köpfchen vereinigten, seltener einzeln in den Blattachseln stehenden, kleinen, weissen, roten oder lila gefärbten Blüten mit genagelten Kronblättern. Die Gattung ist mit etwa 100 Arten in Südafrika verbreitet und findet sich in einzelnen Vertretern in unseren Gewächshäusern oder als Dekorationspflanze. Aus deren Zahl seien genannt: A. imbricátum Willd. Etwa 1 m hoher Strauch mit zugespitzten, eiförmigen, gewimperten oder behaarten Laubblättern, kurz fadenförmigen Staminodien und rundlichen, in einen haarförmigen Nagel zusammengezogenen Kronblättern. Heimisch in den Gebirgen des südwestlichen Kaplandes. Seit 1774 in Kultur. — A. apiculátum G. F. W. Meyer. Laubblätter eiförmig, fast herzförmig, in eine borstige Spitze auslaufend. Staminodien kurz, dicklich, mit einer Drüse am Ende. — A. lanceolátum

---

[1]) Benannt nach dem Portugiesen José Francisco Correa de Serra (1751 bis 1823), Verfasser verschiedener botanischer Schriften.

[2]) Abgeleitet von βαρύς [barýs] = schwer und ὀσμή [osmé] = Geruch; wegen des starken Duftes der Laubblätter.

[3]) Von ἀγαθός [agathós] = gut und ὀσμή [osmé] = Geruch.

(L.) Engl. (= A. rugósum [Thunb.] Link). Etwa 3 bis 4 m hoher Strauch mit länglich-eiförmigen oder lanzettlichen, gewimperten, oben querrunzeligen Laubblättern und in Dolden angeordneten Blüten, deren Staminodien so lang oder länger sind als der Kelch. Im Kapland in zahlreichen Varietäten verbreitet und seit 1790 in Europa in Kultur. — A. ciliátum Link. Von der vorigen Art durch eiförmig-lanzettliche oder lanzettliche, flache, am Rande zurückgekrümmte und gewimperte Laubblätter unterschieden. Heimisch auf dem Tafelberg; in Kultur seit 1774. Eine Form mit behaarten Blütenstielen (f. hírtum Fr. Zimmermann) wurde in Mannheim beobachtet. Weitere kultivierte Arten gehören den nahverwandten Gattungen Adenándra[1]) Willd. und Coleonéma[2]) Bartl. et Wendl. an, deren Blüten kurze Griffel mit kopfiger oder scheibenförmiger Narbe und stets kahle Kronblätter besitzen. Erstere Gattung zeichnet sich durch sitzende Kronblätter aus. Adenándra[1]) umbelláta Willd., ein 30 bis 60 cm hoher Strauch mit länglich-linealen bis linealen, schwach gewimperten, unterseits reichlich punktierten Laubblättern und kurz gestielten Blüten mit oberseits weissen, purpurn gestrichelten, unterseits rötlichen, verkehrt-eiförmig-elliptischen Kronblättern wurde 1790 eingeführt und wird häufig in Töpfen gezogen. — A. frágrans Röm. et Schult., durch langgestielte Blüten mit breit-elliptischen, oberseits weissen, unterseits rötlichen oder roten Kronblättern und ganz kahle Laubblätter unterschieden, fand 1812 Eingang nach Europa. Weitere kultivierte Arten sind A. amoéna Bartl. et Wendl. (1798 eingeführt), A. uniflóra Willd. (1775 eingeführt) und A. rotundifólia Eckl. et Zeyh. Von den 4 durch genagelte Kronblätter von der vorigen Gattung verschiedenen Coleonéma[2])-Arten des südwestlichen Kaplandes finden sich häufiger in den Kalthäusern: C. álbum Bartl. et Wendl. 30 bis 60 cm hoher Strauch von ericoider Tracht. Laubblätter mit gerader, stechender Spitze. Kronblätter weiss. — C. púlchrum Hook. Kräftiger Strauch mit rutenförmigen Aesten. Kronblätter schön rot. — Diósma[3]) L., von allen zuvor genannten Gattungen der Tribus durch den Mangel staminodialer Staubblätter unterschieden (bei den anderen 5 fertile und 5 staminodiale), bewohnt mit etwa 12 Arten das Kapland, wo die Laubblätter gegen Harnkrankheiten verwendet werden. Des

Fig. 1694. Correa speciosa Ait. *a* Blütenzweig. *b* Kronblattröhre aufgeschnitten. *c* Kelch angeschnitten mit Fruchtknoten.

Duftes wegen findet sich seit langem in Gärten und in Zimmern (namentlich auf Dörfern) gezogen D. vulgáris Schlechtend., ein kleiner Strauch mit gekielten, linealen, pfriemlich-zugespitzten, gesägten und gewimperten Laubblättern und in doldenartigen Blütenständen angeordneten, weissen oder rötlichen, 5-teiligen Blüten. Blüht das ganze Jahr hindurch. Die meisten sonst im Gebiet gezogenen „Diosma"-Arten gehören jedoch verwandten Gattungen an. — Empleúrum[4]) ensátum (Thunb.) Eckl. et Zeyh. Bis 1 m hoher, kahler Strauch mit rutenförmigen, rötlichen Zweigen und lineallanzettlichen, flachen, drüsig gesägten Laubblättern, kleinen, gestielten, kronblattlosen, zu 1 bis 3 in den Blattachseln gehäuften Blüten und lanzettlicher, gerader, geschnäbelter, seitlich zusammengedrückter Frucht. Die Laubblätter dieser allein stehenden kapländischen Art kamen früher als lange Buccu-Blätter in den Handel. — Die dem tropischen Amerika eigene Tribus der **Cusparíeae** zeichnet sich durch strahlige oder in der Blütenkrone und dem Andröceum zygomorph gebaute Blüten und durch einen gekrümmten Embryo aus. Wichtig sind: Pilocárpus[5]) Vahl, eine etwa 13 im Verbreitungsgebiet der Tribus lebende Arten umfassende Gattung. Kleine Bäume oder Sträucher mit an der Spitze dicht beblätterten Zweigen und abwechselnden oder paarweise sehr ge-

---

[1]) Abgeleitet von ἀδήν [adén] = Drüse und ἀνήρ [anér] = Mann, Staubblatt.

[2]) Von κολεός [koleós] = Scheide und νῆμα [néma] = Faden. Die Kronblätter besitzen einen gefurchten (scheidenartigen) Streifen, in dem oft die Staubblätter eingeschlossen sind.

[3]) Die Gattung zeichnet sich durch hohen Wohlgeruch aus: δίοσμος [díosmos] = herrlich duftend.

[4]) Zusammengesetzt aus ἐν [en] = in und πλεῦρον [pleúron] = Rippenfell; das knorpelige Endokarp löst sich hautartig ab.

[5]) Gebildet aus πῖλος [pílos] = Filz, Wolle und καρπός [karpós] = Frucht.

näherten oder gegen- oder quirlständigen, krautigen oder fast lederartigen, einfachen oder unpaarig gefiederten Laubblättern. Blüten klein, mit 4- bis 5-lappigem Kelch, abstehenden, lederartigen, eiförmigen oder eilanzettlichen Kronblättern und 1 bis 5 2-klappig aufspringenden Früchten. Die Laubblätter mehrerer Arten liefern die offizinellen Fólia Jaborándi[1]) oder F. Pilocárpi, die innerlich als schweisstreibendes, Rheumatismus, Asthma und Fettsucht linderndes, Verdauung und Speichelfluss förderndes Mittel und äusserlich zur Förderung des Haarwuchses und in der Augenheilkunde als Pupillen verkleinerndes Mittel Anwendung finden. Die wirksamen Stoffe derselben sind: Pilocarpin (ein 2-fach hydroxyliertes Methylnicotin [schweisstreibend und speichelflussfördernd]), Pilocarpidin, Jaborin (mit atropinartiger Wirkung), Jabordin, ätherisches Oel (grösstenteils aus Pilocarpen bestehend), Gerbstoff, Oxalate usw. Die Droge wird 1648 das erstemal bei Pisa und Marckgraff (Historia naturalis Brasiliae) erwähnt, fand aber erst 1873 in Europa als schweisstreibendes Mittel Eingang. Sie kann nach H. Zörnig von allen Arten der Gattung stammen; doch scheinen die Laubblätter von P. pennatifólius Lam. (Fig. 1695), P. Selloánus Engler und P. pauciflórus St. Hil. in erster Linie in Europa medizinisch verwendet zu werden. — Nahe verwandt, aber durch kapselförmige, zuletzt fachspaltige Teilfrüchte verschieden, ist die Gattung Esenbéckia[2]) H. B. et Kth. mit dichtbelaubten Zweigen und einfachen oder gedreiten Laubblättern. Die Rinde von E. febrifúga A. Juss. aus dem östlichen Brasilien und E. intermédia Mart. von den Bergen um Rio de Janeiro werden als Augostúra Brasiliénsis- oder Quina-Rinden gegen Dispepsie, Magenschwäche und Wechselfieber, bisweilen aber auch zur Verfälschung der Cortex Augosturae verus (vgl. unter Cuspária trifoliáta) verwendet. In der Rinde der ersteren Art (auch als Córtex Esenbéckiae febrifúgae bezeichnet) finden sich 2 verschiedene Bitterstoffe, ferner Chinovin, Chinovasäure, Evodin usw. — Galipéa[3]) jasminiflóra (St. Hil.) Engler, ein Holzgewächs mit gedreiten, dünnen, freudiggrünen Laubblättern und trichterförmiger Kronröhre, liefert eine bittere, zusammenziehend wirkende Rinde, die als Ersatz für Chinarinde dienen kann. G. officinális Hancock vom Orinokko, soll nach mancher Ansichten die echte Stammpflanze der Córtex Augostúrae sein. — In Warmhäusern findet sich bisweilen der eine oder andere Vertreter der 3 die tropisch-

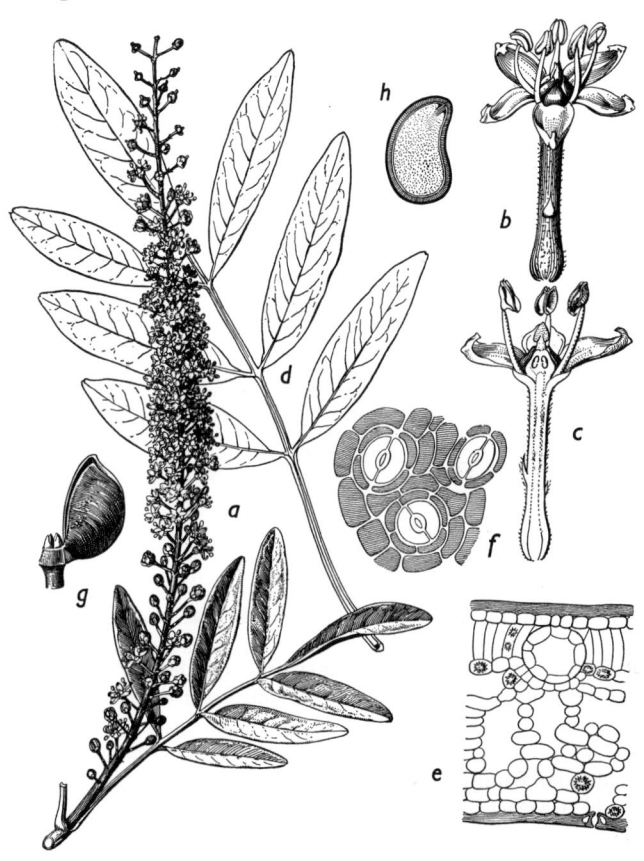

Fig. 1695. Pilocarpus pennatifolius Lam. *a* Blühender Zweig. *b* Blüte *c* Längsschnitt durch die Blüte. *d* Laubblatt. *e* Querschnitt durch ein Laubblatt. *f* Epidermis der Blattunterseite. *g* Teilfrucht. *h* Längsschnitt durch den Samen (*e* bis *h* nach A. Engler).

südamerikanische Gattung Erythrochíton Nees et Mart. bildenden Arten. Kleine Bäumchen mit kurzgestielten, am Ende der Stämmchen zusammengedrängten, krautigen, lanzettlichen, nach dem Grunde keilförmig verschmälerten Laubblättern und grossen, in endständigen Büschen stehenden, sympetalen, weissen oder roten Blüten, deren Staubblätter fast in ihrer ganzen Länge mit der Kronröhre verwachsen sind. Hervorzuheben ist, dass bei E. hypophyllánthus Planch. et Linden aus den Quabrandos von Columbien die Blütenstände den Mittelrippen der Laubblätter scheinbar angewachsen sind. — Cuspária trifoliáta (Willd.) Engler, ein 20 bis 25 m hoher Baum mit angenehm aromatisch duftenden, lang gestielten Laubblättern und in Rispen stehenden, kurzröhrigen Blüten mit tief geteiltem Kelche und freien Teilfrüchten, ist nach Humboldt und Bonp-

---

[1]) Name schweisstreibender Mittel in Brasilien.

[2]) Benannt nach Nees von Esenbeck, einem durch zahlreiche botanische Schriften bekannten Botaniker, geb. 1776 auf dem Reichenberge bei Erbach im Odenwalde, gest. 1858 als Professor zu Breslau.

[3]) Nach den Galipons genannt, einem Indianerstamm in Guayana.

land die Stammpflanze der Córtex Augostúrae vérae, die früher als vorzügliches Fiebermittel galt, gegenwärtig aber fast ganz ausser Gebrauch gekommen ist. Hingegen dient sie viel als Bittermittel für die Herstellung von Likören. — **Monniéria** L., eine von Bahia bis Columbien in 2 Arten vertretene Gattung, ist eines der seltenen Beispiele für das Auftreten 1-jähriger Arten bei den Rutaceen. M. trifólia L., eine Waldschlagpflanze, besitzt scharf aromatisch riechende Wurzeln, die als vorzügliches harntreibendes Mittel gelten. — Zur Unterfamilie der **Dictyolomoídeae** gehört nur die durch 2 kleine Baumarten mit doppelt gefiederten Laubblättern, bis zur Hälfte verwachsenen Kronblättern und geflügelten, nierenförmigen Samen ausgezeichnete Gattung Dictyolóma DC. vom östlichen Peru und einigen Teilen Brasiliens. — Die Unterfamilie der **Flindersioídeae** umfasst die beiden Gattungen Flindérsia R. Br., mit 10 Arten im tropischen Ostaustralien, 1 auf Neukaledonien und 1 auf Ceram, und Chloróxylon DC., mit nur einer einzigen Art in Vorderindien und auf Ceylon. Erstere besteht aus Sträuchern oder Bäumen mit meist unpaarig gefiederten Laubblättern, dachigen, freien Kronblättern und 3-fächerigem Fruchtknoten. Die australische F. Austrális R. Br., ein bis 20 m hoher Baum, liefert das Mao- oder australische Teakholz, das aber bei der Verarbeitung die Haut reizen soll. Ebenso stammt von der auf den Molukken heimischen F. Amboinénsis Poir. ein sehr wertvolles Holz. — Chloróxylon Swieténia DC., von voriger Gattung durch klappige Kronblätter und 3-fächerigen Fruchtknoten unterschieden, besitzt ein grünlich-gelbes, festes,

Fig. 1696. Ptelea trifoliata L. *a* Blütenzweig. *b* Fruchtzweig. *c* Zweig im Winterzustand. *d* Winterknospe.

unter dem Namen Indisches Seiden- oder Atlasholz in den Handel kommendes, aber wegen des Gehaltes an Chloroxylonin (einem Alkaloid) ebenfalls hautreizend wirkendes Holz. Das reichlich aus der Rinde ausfließende Harz findet in Indien Verwendung. — Die Unterfamilie der **Spathelioídeae** wird von der einzigen Gattung Spathélia L. mit 2 hohen Baumarten auf den Gebirgen der Grossen Antillen gebildet. — Die umfangreiche Unterfamilie der **Toddalioídeae** besteht aus der in 3 Subtribus zerfallenden Tribus der **Toddalíeae**. Zu den Pteleinae mit 4- bis 2-fächerigen und 4- bis 2-flügeligen Trockenfrüchten gehört vor allem die in Gärten vertretene Gattung Ptélea[1]) L., Lederblume, engl.: Hop Tree, welche mit 7 miteinander sehr nahe verwandten Arten im gemässigten Nordamerika verbreitet ist und sich durch starken Duft bemerkbar macht. Am häufigsten ist wohl angepflanzt: P. trifoliáta L. Fig. 1696. 1,5 bis 5 m hoher Strauch mit nur anfänglich behaarten, ± oliv- bis zimmetbraunen jungen, später grauen Trieben. Laubblätter gestielt, 3-zählig; Blättchen sitzend, eiförmig-länglich, ganzrandig oder undeutlich gekerbt-gezähnt, das mittlere bis 10 cm lang, nach unten verschmälert, oberseits tiefgrün, kahl, unterseits hellgraugrün, zuletzt nur auf den Nerven mit (denen von Dictamnus alba ähnlichen) Deck- und Drüsenhaaren besetzt. Blüten in doldenähnlichen Rispen, klein, unvollständig 2-häusig, 4- bis 5-zählig. Kelchblätter am Grunde verbunden. Kronblätter länglich, die Kelchblätter 3 bis 4 mal überragend, grünlichweiss, aussen kurzhaarig. Staubblätter am Grunde des Gynophors entspringend, mit weichhaarigen, oberseits zugespitzten Staubfäden, in den weiblichen Blüten zurückgebildet, kurz und mit fehlschlagenden Staubbeuteln. Fruchtknoten der männlichen Blüte verkümmert und unfruchtbar, in den weiblichen Blüten auf einem kurzen Gynophor, flach zusammengedrückt, geflügelt, 2-fächerig, in jedem Fache mit 2 aufsteigenden Samenanlagen. Griffel kurz; Narbe flach-kopfförmig. Frucht kreisrundlich, flach gedrückt (wie bei den Ulmen), etwa 2 bis 2,2 cm lang und 1,8 bis 2,9 mm breit, erhaben netzig-nervig, ringsum breit geflügelt, ± reichlich drüsig und nach Hopfen duftend. Samen in jedem Fache 1, länglich, zusammengedrückt, mit dünner, lederiger, glänzend schwarzer Schale. — VI. Heimat: Atlantisches Nordamerika von Long Island bis Florida. Seit 1704 in den europäischen Gärten gezogen, bisweilen verwildernd und in Gebieten mit ± ozeanischem Klima anscheinend

---

[1]) Abgeleitet von πτελέα [pteléa], dem Namen der Ulmen bei den Griechen; wegen der ähnlichen Früchte.

stellenweise völlig eingebürgert, so z. B. im nordostdeutschen Flachland (Baumgartenbrück, Potsdam, Rheinsberg, Pförten usw.), ferner in Niederösterreich im Prater bei Wien. Zu dieser Art gehören vielleicht einige der kultivierten buntblätterigen Formen. Die aromatisch bitteren Flügelfrüchte, die Dingler zu seinem Haupt= typus der konvex scheibenförmigen Flugorgane (wie Paliurus aculeatus und Dianthus glacialis) stellt, dienen bisweilen als Hopfenersatz, Laubblätter und Schösslinge als Wurmmittel. Aendert ab: var. pubéscens Pursh (= P. móllis auct.). Junge Triebe reichlich behaart, im 2. Jahre ± glänzend tief kastanienbraun. Laubblätter oberseits olivgrün, unterseits deutlich grau oder grauweisslich, fein weich behaart. Die Gattung ist bereits aus dem europäischen Tertiär bekannt. — Zur Subtribus der Toddaliínae mit 5= bis 12=fächerigen, durch ± fleischiges Exocarp ausgezeichneten Steinfrüchten gehören: Phellodéndron[1]) Rupr. Korkbaum. Kahle Bäume mit gegenständigen, unpaarig 5= bis 11=zählig gefiederten Laubblättern und grünlichen, kurz gestielten, am Ende der Zweige in end= und achselständigen Rispen stehenden Blüten. Von ihren etwa 4 ostasiatischen Arten findet sich am häufigsten in Kultur: P. Amurénse Rupr. Bis 12 m hoher Baum mit grauer, dicker Borke und hellorangebraunen, kahlen, 1=jährigen Zweigen. Laubblätter bis 35 cm lang; Fiederblättchen ober= seits glänzend grün, unterseits ± lebhaft hell= graugrün und dauernd behaart. Frucht bis 5 cm lang gestielt, meist deutlich breiter als hoch. — VI. Ein Baum der Flussniederungen des Amurgebietes, der Mandschurei und der nördlichen Mongolei, der oft mehrstämmig wird und sich durch seine breit aus= ladende Krone sehr als Gartenschmuck eignet. Ueber die 3 anderen, offenbar nur schlecht abgegrenzten Arten: P. Sachalinénse Sarg., P. Japónicum Maxim. (1902 eingeführt) und Ph. Chínense vgl. C. K. Schneider (Handbuch der Laubholzkunde). P. Amurense liefert ein geschätztes, bräunlichgrünes, hartes Möbelholz. — Essbare Früchte liefern die beiden, einander nahe verwandten Gattungen Sargéntia Wats. und Casimiróa Llav. et Lex., erstere einen gelappten Fruchtknoten und in jedem Fruchtfach 2 Samen zeigend, letztere mit ungelapptem Frucht=

Fig. 1697. Skimmia Fortunei Mast. *a* Blühender Zweig. *b* Zweig mit Früchten. *c* Blüte. *d* Samen. *e* Querschnitt durch den Samen.

knoten und nur je 1 Samen. Sargentia ist monotypisch und mit S. Gréggii Wats., einem bis 13 m hohen Baume mit glatter, in Platten abspringender Borke auf kleine Gebiete Mexikos beschränkt. Die Frucht ist gelb und besitzt ein dünnes, fleischiges Endokarp und ein krustiges Exokarp. Casimiróa umfasst 4 baumförmige Arten mit langgestielten, fast lederigen, gefingerten Laubblättern, die in Mittelamerika heimisch sind und von denen die an ihren gestielten Fiederblättchen kenntliche C. edúlis Llav. et Lex. die wichtigste ist. Ihre hühnerei= grossen Früchte zeigen eine grünliche Schale und ein saftiges, gelblichweisses Fruchtfleisch von birnenartigem Geschmack. Sie enthalten das Glykoalkaloid Casimirin und sollen einschläfernd wirken. Die Laubblätter werden gegen Durchfall verwendet. — Toddália aculeáta Lam., ein Beispiel eines Kletterstrauches mit abwechselnd stehenden, 3=teiligen Laubblättern, 1=geschlechtigen, 5=gliederigen Blüten und kugeligen, orangefarbenen Stein= früchten, besitzt an den Zweigen gekrümmte, später durch Korknachschub zu Höckern auswachsende Stacheln und bewohnt die Gebirge Ostafrikas, die Maskarenen, Comoren, Madagaskar, das tropische Asien von Vorder= indien und dem Himalaya bis China und die Philippinen. — Skimmia[2]) Japónica Thunb. Völlig kahler Strauch mit grünlichen Zweigen. Laubblätter einfach, ganzrandig, dickledrig, oberseits glänzend hell= oder gelbgrün, 2 bis 2,5 cm lang und 1 cm breit, unterseits ± lebhaft hellgrün. Blüten 4= bis 5=gliederig, meist getrennt geschlechtig, gelblichweiss, wohlriechend, in endständigen Rispen stehend. Steinfrucht korallen= oder leuchtend scharlachrot, mit 2= bis 4=knorpeligen, 1=samigen Steinkernen. Heimat: Japan, Sachalin und Zentral= China. Seit 1860 in Europa. Nicht selten in Kalthäusern und in geschützten, warmen, aber nicht sonnigen Gärten gezogen. Die weibliche Pflanze wird als S. obláta Moore bezeichnet. Weniger häufig sind: S. Fortunéi Mast. (Fig. 1697). Laubblätter oberseits dunkelgrün. Blüten fast stets zwitterig, weisslich. Frucht dunkel karmoisin= rot. 1849 aus Szetschuan eingeführt. — S. Lauréola Sieb. et Zucc. mit stets 5=gliedrigen, übelriechenden Blüten und (wie S. Japonica) hellgrünen, aber sehr schmallanzettlichen Laubblättern; aus Afghanistan, Sikkim und Khasia. — Von der Subtribus der Amyrídinae, mit 1=samigen Steinfrüchten, besitzt die mit 10 Arten im mittleren Amerika verbreitete Gattung Amýris L. eine gewisse Bedeutung. Das balsamduftende Holz der A.

---

[1]) Zusammengesetzt aus φελλός [phellós] = Kork und δένδρον [déndron] = Baum, also Korkbaum; wegen der plattenartigen Borke.

[2]) Skimmi ist der japanische Name einer schädlichen Frucht.

balsamífera L. (Westindisches Sandel- oder Rosenholz, rose wood) dient zn Räucherzwecken und seiner Festigkeit wegen zu Bauten. Man gewinnt ferner aus ihm ein ätherisches Oel (Oleum Sántali ex India occidentáli), das den Sesquiterpenalkohol Amyrol enthält. Das Harz besitzt medizinische Bedeutung. — Zu der den wärmeren Gebieten der Alten Welt (namentlich Südasien, weniger Australien und Afrika) eigenen Unterfamilie der **Aurantioídeae** gehören als einzige Tribus die 14 Gattungen umfassenden **Aurantíeae**. Sie gliedern sich in die beiden Subtribus der Limoniínae mit nur 2 oder 1 Samenanlage in jedem Fruchtknotenfach und der Citrínae mit mehr als 2 (meist vielen) Samenanlagen. Zu ersterer zählt u. a. die Gattung Murráya[1]) L. mit etwa 4 im Indo-malayischen Gebiete lebenden Arten, von denen M. exótica L. ihrer wohlriechenden, weissen Blüten wegen eine häufige Heckenpflanze der Tropen darstellt, bisweilen aber auch im Gebiet in Gewächshäusern anzutreffen ist. — M. paniculáta Jacq. besitzt ein festes, hellgelbes Holz (eine Art von Satin- oder Atlasholz), das für Schnitzarbeiten geschätzt ist. Ihre wohlriechende Rinde dient kosmetischen Zwecken. — M. Koenígii (L.) Spreng. liefert mit ihren unangenehm duftenden Laubblättern in Indien eine Speisewürze. Rinde und Wurzel werden als tonisches und magenstärkendes Mittel benutzt. — Clauséna Burm., mit 10 Arten im Indo-malayischen und 3 Arten im tropischen und südlichen Afrika vertreten und aus Bäumen oder Sträuchern mit unpaarig gefiederten Laubblättern und kleinen, in Rispen stehenden, weissen oder grünlichweissen Blüten bestehend. Ihrer pflaumengrossen, wohlschmeckenden Früchte wegen wird die wahrscheinlich ursprünglich chinesische C. Wámpii Bl. (= Cóokia punctáta Sonnerat) auf Java, Mauritius, in Ostindien, sowie in ihrem mutmasslichen Heimatlande viel kultiviert. Die anisduftenden Laubblätter dienen medizinischen Zwecken. Auch C. Anísum-óleum (Bl.) Merill. von den Philippinen besitzt stark anisduftende Laubblätter. Auf den Philippinen wird der Zigarettentabak damit parfümiert. Sie enthalten 1,16% ätherisches Oel (mit 90 bis 95% Methylchavicol). — Die ostindisch-tropisch-afrikanische Gattung Limónia (Burm.) L. mit gedreiten oder gefiederten Laubblättern auf geflügeltem Blattstiel und 4- bis 5-teiligen Blüten besitzt einige Arten mit essbaren Früchten. Diejenigen von L. acidíssima L. dienen getrocknet als tonisches Mittel und als Gegengift bei Schlangenbissen. Die Wurzel wirkt schweisstreibend; die Laubblätter sollen gegen Epilepsie angewandt werden. — Die monotypische, durch 3- bis 4-teilige Blüten und stets gedreite Laubblätter von der vorigen Gattung geschiedene Triphásia Aurantíola Lour. liefert wohlschmeckende, kirschgrosse Früchte und wird auch der angenehm duftenden Laubblätter wegen sowohl in ihrer vorderindischen Heimat als auch in weiten Gebieten der Tropen gepflanzt. — Die an den ungeteilten Laubblättern kenntliche Indo-malayische Gattung Atalántia[2]) Correa besitzt in A. monophýlla einen Baum mit ähnlich dem des Buchsbaumes verwendetem, gelblichem Holze. Das aus den Früchten gepresste Oel gilt in Ostindien als heilkräftig gegen Rheumatismus. Das Holz der A. missiónis (Wight) Oliv. wird zum Fournieren benutzt. — Zu der Subtribus der Citrínae gehören: Ferónia elephántum Correa, der Vertreter einer tropisch-vorderasiatischen Gattung, mit unpaarig gefiederten, 2-paarigen, lederartigen Laubblättern und kräftigem, bis 30 cm dicken Stamm, dessen gelbliches, hartes Holz viel verwendet wird. Das aus der Rinde ausschwitzende Harz bildet einen Teil des „Ostindischen Gummi arabicum" (Feronia-Gummi). Die saure Pulpa der 5 bis 6 cm dicken, kugeligen Frucht wird zu Gelée verarbeitet. Die anisartig duftenden Laubblätter und Blüten sind als Magenmittel geschätzt. — Aegle Correa, mit 2 Arten im tropischen Asien und einer weiteren im tropischen Westafrika. Das Holz von A. Marmélos (L.) Correa dient als Werkholz. Die getrocknet durchsichtige Pulpa wird gegen Durchfall, zu Limonaden und Confitüren, ferner auch als Zusatz zu Mörtel, namentlich bei Brunnenbauten benutzt. Aus den Fruchtschalen werden Schnupftabakdosen hergestellt; aus den Blüten wird ein wohlriechendes Parfüm gewonnen. Rinde und Wurzel gelten als Heilmittel gegen Verdauungsbeschwerden und Unterleibsleiden. — Die wichtigste Gattung der Subtribus und gleichzeitig der ganzen Familie ist Cítrus[3]) L., welche die Stammpflanzen der Apfelsinen (Orangen), Zitronen, Mandarinen, Bergamotten usw. umfasst und deren

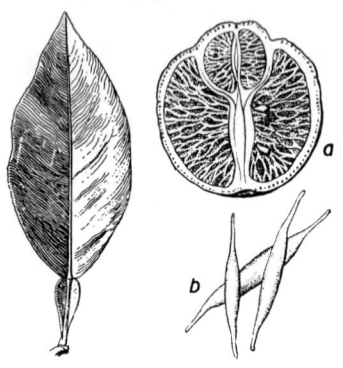

Fig. 1698. Geflügeltes Laubblatt der Orange. — *a* Längsschnitt durch eine Doppelfrucht der Orange (nach Wettstein). *b* Safthaltige Haare (Emergenzen).

---

[1]) Benannt nach J. A. Murray (1740 bis 1791), einem Schüler von Linné, zuletzt Professor der Medizin und Botanik zu Göttingen.

[2]) Atalante, in der griech. Mythologie die schöne Tochter des Königs Schoineus von Böotien. Sie wurde von Hippomenes durch goldene Aepfel überlistet (vgl. pag. 56).

[3]) Die Ableitung des lat. cítrus = Zitronenbaum, einer Entstellung von cedrus = Zeder (griech. κέδρος [kédros]) ist unsicher. Die Alten bezeichneten damit ursprünglich alle Coniferen (nicht nur die Ceder) und sollen das Wort später wegen der ähnlichen mottenfeindlichen Wirkung des Citrus-Holzes auf den Zitronenbaum übertragen haben. Bei Theophrast führt der Baum den Namen μηδικόν μῆλον, bei Dioskurides μηδικόν, bei Galen κίτριον. Bei den Römern heisst er malum medicum s. Assyrícum, citrium malum, citria usw. Grössere Wahrschein-

Kulturformen gegenwärtig als Agrúmen (Agrumi) bezeichnet werden, ein Name, der ursprünglich auf verschiedenartige ölhaltige Früchte (z. B. Zwiebeln) angewandt wurde. Sträucher oder kleine Bäume mit wechselständigen, auf berandeten oder geflügelten Stielen (Fig. 1698) stehenden, einfachen, selten 3-zähligen, eiförmig-elliptischen bis lanzettlichen, ganzrandigen oder unregelmässig gekerbten oder gesägten, immer- oder sommergrünen Laubblättern und mit oder ohne den Axillarsprossen angehörigen Blattdornen (Fig 1701 a, b). Blüten einzeln oder meist in mehrblütigen, blattachselständigen, seltener auch an den Zweigen endständigen Doldentrauben, zwitterig oder durch Abort männlich, meist stark wohlriechend. Kelchblätter 3 bis 5, meist zu einem 3- bis 5-zähnigen Becher oder Krug verbunden. Kronblätter 4 bis 8, lineal-länglich, dicklich, weiss oder rötlich, drüsig, in der Knospenlage dachig. Staubblätter selten 5, meist 20 bis 60, in 2 Kreisen, einem äusseren mit meist einfach bleibenden, vor den Kelchblättern stehenden Staubblättern und einem inneren mit durch Spaltung meist stark vermehrten, vor den Kronblättern stehenden Staubblättern[1]; Staubfäden frei oder verbunden, lanzettlich, in eine Pfriemenspitze auslaufend; Staubbeutel länglich, pfeilförmig, mit nach innen gerichteten Längsspalten. Diskus dick, polster-

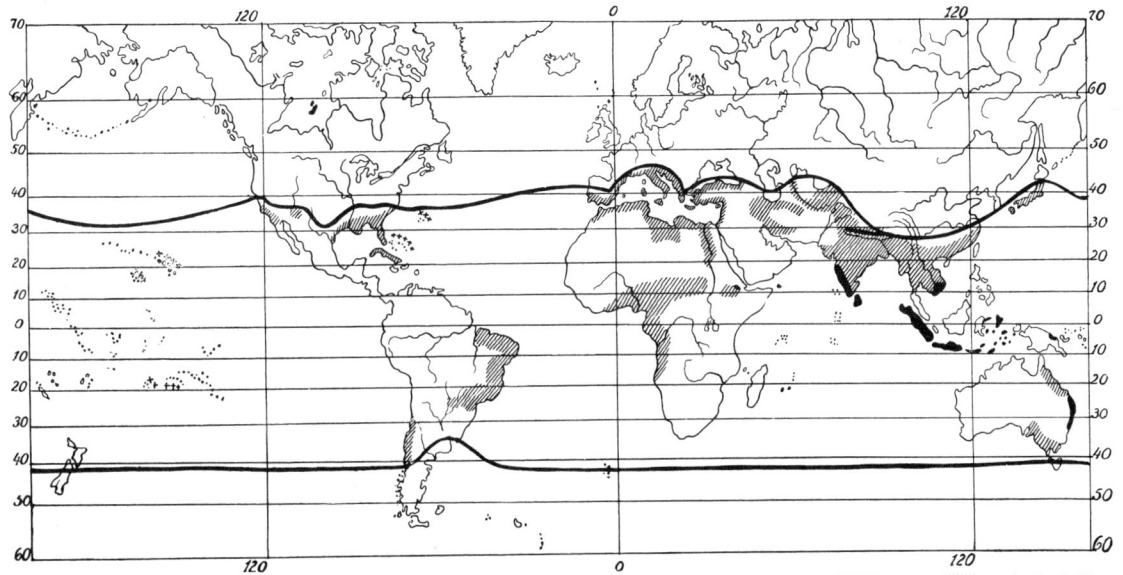

Fig. 1699. Verbreitung der Gattung Citrus L. ■ Natürliches Vorkommen, in Australien nur Wildformen. ||||||| und + Gebietserweiterungen durch Kultur. —— Nord- und Südgrenze der Gattung. Nach Engler, Tschirch, Schweinfurth u. a. zusammengestellt von Dr. H. Beger.

oder ringförmig. Fruchtknoten 5- bis vielfächerig, mit 4 bis 8, in 2 Reihen stehenden Samenanlagen. Frucht eine kugelförmige bis längliche, an den Enden abgestumpfte, runde oder an der Spitze zitzenförmig vorgezogene Beere; Exocarp dünn bis ziemlich dick, reich an mit ätherischem Oel gefüllten Drüsen; Endocarp schwammig; Scheidewände häutig und spaltbar; Pulpa sehr saftreich, aus Auswüchsen (Emergenzen) der Fachwand hervorgehend und Saftsäcke (Fig. 1698) darstellend. Samen wenige, wagrecht oder schräg absteigend, mit derber, lederiger, weisser Schale, oft mit mehreren Keimlingen. Keimling mit ungleichen, plankonvexen Keimblättern und aufrecht gekehrtem Stämmchen. — Ueber die Heimatsgebiete der Gattung (Fig. 1699) stimmen die Ansichten der verschiedenen Forscher insofern überein, als die Ursprünglichkeit im wärmeren Asien (Indien, Malayischer Archipel, Cochinchina, China) und Australien kaum bestritten wird. Schweinfurth fügt diesen Ländern noch die Erythraea und Sokotra hinzu, wo er zweifellose Wildformen

lichkeit besitzt die Herleitung aus einer orientalischen Sprache. Eine Verbindung ist nach Tschirch denkbar mit dem ind. chitra (= ausserordentlich, buntgefleckt, wundervoll), das seinerseits vielleicht aus dem chin. kü-kiuh abzuleiten ist (Nach Engler ist zu beachten, dass die Zitrone in Indien heimisch sein könnte, bevor die Inder ihre Kultur von China übernahmen). An die Bezeichnung kü, die schon im 8. vorchristlichen Jahrhundert von den Chinesen zur Bezeichnung von Citrusarten verwendet wurde, könnte die indische Hauptwortsbezeichnung tra getreten sein, also kü-tra. Dieses Wort ist dann über das koptisch-arabische gitré in κίτρον gewandelt worden, sodass der Gleichklang mit κέδρος nur äusserlich ist. Weiterhin könnte die Etymologie noch in Verbindung gebracht werden mit dem persischen torong, dem chaldischen etrog, etrogin, dem arabischen ottrog und dem spanischen toronja.

[1]) Diese Auffassung wird von Penzig, O. (Studj botanici sugli agrumi e sulle piante affine. Roma, 1887) vertreten. Die Blüte ist demnach diplostemon, nicht isostemonisch, wie häufig angegeben wird.

von Pomeranzen und Zitronen feststellen konnte. Neuerdings ist von Lorentz auch in Neu-Guinea eine neue Art (C. grandiflóra) entdeckt worden. In den Mittelmeerländern, wo die Agrumen heute zu einem untrennbaren Bestandteil des Landschaftsbildes geworden sind („Kennst du das Land ..."), ist keine ihrer Arten ursprünglich heimisch; es sind wie Agave Americana, Opuntia Ficus Indica pseudo-mediterrane Charakterarten, wenn auch der Phantasie des Nordländers die Hesperidenbäume mit den goldenen Aepfeln als Sinnbild des sonnigen Südens vorschweben, Herkules bereits die Früchte der Hera vom Atlas geholt haben soll, Atalante sich durch die aphrodisischen Aepfel im Wettlauf mit ihrem schönen Freier aufhalten liess und schon die Juden das Paradies sich mit solchen Bäumen bevölkert dachten (Baum der Erkenntnis „Paradiesapfel"). Die Griechen hörten erst durch den Zug Alexanders nach Medien von dem immerblühenden Wunderbaume und lernten seine Kultur durch persische Gärtner kennen. Als erste Art wurde von Theophrast eine Form der Zitrone beschrieben, die eine warzige Oberhaut, dicke Schale und kaum sauer schmeckendes Fruchtfleisch besass. Diese Zitrone kann nicht mit der Frucht identisch sein, die wir gegenwärtig in der Regel mit diesem Namen belegen und wissenschaftlich als C. medica L. subsp. Limonum (Risso) Hook. f. bezeichnen. Sie fand bei den Mittelmeervölkern rasch Eingang und galt zunächst als Atem reinigendes und Motten vertreibendes Mittel. Plinius schreibt ihr ferner eine giftfeindliche Wirkung zu. Athenaeos aus Naukratis in Aegypten berichtet sogar über den in weiten Kreisen verbreiteten Aberglauben, dass sie, wie man durch Versuche an Verbrechern habe feststellen wollen, gegen Schlangengift unbedingt fest mache. In Kübeln gezogen spielte dieser, vielleicht in der Kultur allmählich sich wandelnde Zitronenbaum anderthalb Jahrhunderte nach Plinius bereits eine bedeutende Rolle als Schmuck der römischen Gärten und Säulengänge. Florentinus schildert im 3. Jahrhundert Orangerien, die den noch gegenwärtig am Gardasee bestehenden geglichen haben müssen. Palladius berichtet aus dem 4. Jahrhundert von Freikulturen auf Sizilien und bei Neapel. Ob es sich um diese Zeit noch um die ursprünglich eingeführte herbe Form handelt, die mit keiner der gegenwärtig im Mittelmeergebiete bekannten Rassen übereinstimmt und von Warburg deshalb als hypothetische var. prisca bezeichnet wird — vielleicht ist sie aber unter den noch vorhandenen Wildformen vorhanden —, entzieht sich unserer Kenntnis. Die römischen Schriftsteller jener Zeit berichten scheinbar nur von herbfrüchtigen Bäumen und erwähnen nichts vom Duft. Anderseits sollen aber bereits die Juden nach ihrer Rückkehr aus der babylonischen Gefangenschaft bei der Feier des Laubhüttenfestes Citrus-Früchte mit angenehmem Dufte rituell verwendet haben, die mit der gegenwärtig als C. médica subsp. genúina var. éthrog bezeichneten „Ethrog-Zitrone" übereinstimmend erklärt werden. Es wird angenommen, dass sowohl diese Rasse als auch die zur selben Unterart gehörende var. macrocárpa, die Zitronat-Zitrone (Fig. 1706), die aus dem 6. nachchristlichen Jahrhundert aus Palästina bekannt ist, als Kulturabkömmlinge aus der herbfrüchtigen Rasse hervorgegangen seien. Jedenfalls war Citrus medica die erste Art, mit der die Mittelmeervölker in Berührung kamen und die sie in ihre Heimat einführten. Um 1000 fanden sich davon Kulturen bei Salerno. Etwa gleichzeitig wird sie auch diesseits der Alpen in einer St. Gallischen Handschrift von Ekkehard IV. unter dem Namen Cedria poma genannt. Die Heilige Hildegard von Bingen kennt sie als „Bontziderbaum" (verstümmelt aus póma cídri), Albertus Magnus als Cédrus italórum, pómum cedrínum s. cítrium. Durch diese Einführungen fassen die Agrumen in Mitteleuropa festen Fuss, ebenso wie sie in mehreren Arten und Rassen (über die nähere Einführungsgeschichte vgl. dort) allmählich durch Handel und durch die Kreuz- und Pilgerzüge gefördert auch in den Mittelmeerländern immer weitere Verbreitung fanden. Es sei nur kurz angedeutet, dass die Agrumen bereits im 16. Jahrhundert vielfach schon diesseits der Alpen gezogen wurden und dass sie im Zeitalter Ludwigs XIV. und Friedrichs des Grossen — in Kübeln und mit kugelig zugeschnittenen Kronen gehalten — zu jeder fürstlichen Hofhaltung gehörten, wie denn die berühmte Orangerie von Sanssouci zu Potsdam z. B. noch heute einige Bäume aus der Zeit des Grossen Kurfürsten und den Hauptteil aus Friedrichs des Grossen Zeit besitzt. Vornehme Bräute wurden auch damals mit Orangenblüten geschmückt. Welch grosser Wertschätzung sich die Agrumen um jene Zeit erfreuten, geht daraus hervor, dass z. B. Volkamer in seinen „Nürnbergischen Hesperiden" (1708) mehr als 200 Sorten abbilden konnte, denen an Zahl die Abbildungen von Israel Volkmann (1636 bis 1706) aus Schlesien und der wohl 1731 gedruckte „Katalog der Agrumi des Scultetus'schen Garten auf dem Schweidnitzer Anger" kaum nachstehen. Gegenwärtig ist dieser gärtnerische Zweig in Mitteleuropa wieder stark in der Abnahme begriffen. Pfaff (Orangerien und Ananas-Treibhäuser in Bozen, 1923) hat über seinen zunehmenden Verfall z. B. Daten in Bozen gesammelt, die besagen, dass, während noch in der Mitte des 19. Jahrhunderts jeder grössere Garten in Bozen seine Orangerie besass (im Ganzen etwa 55!), bereits um 1900 deren Zahl auf etwa 20 gesunken war und sich 1918 nur noch auf 3 belief, von denen eine im November jenes Jahres den zurückflutenden Truppen zum Opfer fiel. Der Rückgang wird namentlich auf die zunehmende Konkurrenz der billiger eingeführten Früchte, das Auftreten von Schild- und Wolläusen und die wachsenden Unterhaltungskosten zurückgeführt. Nach Hausmann wurden in Bozen in erster Linie gelb-, seltener rotfleischige Orangen, Pomeranzen, Zitronen, Zedrozitronen und Limettazitronen gezogen, von denen nach Weber (Das Land Tirol) um 1837 mehr als 40 000 Stück allein nach auswärts (Nordtirol, München, Prag usw.) versandt wurden. Im 18. Jahrhundert gelangten die Agrumen auch nach Mittelamerika. Eine erfolgreiche Kultur setzte aber erst 1815 in den Südstaaten der Union und um 1842 in Kalifornien ein. Die Limettazitrone kam erst 1852 nach Montserrat (Westindien). In Florida sind gegenwärtig C. Limonum und C. Aurantium stellenweise ganz eingebürgert und finden sich in Menge in Wäldern von Quercus virens (= Q. Virginiana) und Persea borbonea (Harshberger). — Zur Kultur eignen sich am besten die subtropischen Gebiete. In den Tropen hingegen werden die Früchte häufig hinsichtlich ihres Aromas und Geschmackes minderwertig, wie z. B. in Kamerun und manchen Teilen von Ostafrika. Anderseits sind besonders die Limetten sehr frostempfindlich, weniger die Zitronen und Pomeranzen, am widerstandsfähigsten die Apfelsinen. Die günstigsten Anbaugebiete sind Inseln (Malta [Blutorangen], Korfu, Sardinien[1]), Sizilien, Mallorca, die Azoren] und Westindien) oder Küstengebiete (Südfrankreich, Italien, Florida, Kalifornien); die bedeutendsten: Sizilien, das südliche Italien, Südfrankreich (Dép. Alpes maritimes), gewisse Teile von Spanien (Sevilla, Valencia, Malaga), Portugal (Lissabon); Azoren; Mexiko, Westindien, Kalifornien, Florida, Zentral- und Südamerika, Tahiti, Neu-Süd-Wales, Queensland, China, Japan, Indien (z. B. Bombay). Oft überwiegt die Produktion den Absatz. Auf Malta und auf den Azoren werden die Agrumengärten mit hohen Steinwällen, an der Riviera mit Mauern, in Kalifornien und Florida mit Pappel- und Zederreihen eingefriedet, um Windschutz zu schaffen. Am Gardasee, Bozen usw. müssen die Pflanzungen den Winter über eingedeckt werden. Die Kulturen sind bisweilen von tierischen und pflanzlichen Schädlingen bedroht. Am gefährlichsten sind nach Fischer (bei Tschirch) die weissen Schildläuse (Icérya Purchásii), die ganze Pflanzungen in Frage stellen können (vgl. Marlatt, Maladies des Orangers, 1914). Faulen der Früchte rufen Diplódia Natalénsis, Alternária Cítri und Phomópis sp. hervor, Schorfbildungen Milben und Ovulária Cítri, eine Anthraknose-artige Krankheit Collototríchum gloeospongioídes, einen schimmeligen Ueberzug Phythiacýstis citrophthóra in Verbindung mit einer Fusarium-Art[2]) (in Kalifornien). Zwei Russtaupilze: Limacína Cítri (Br. et Pass.) Sacc. und Melíola Camélliae (Catt.) Sacc. überziehen die Laubblätter. Die Schimmelpilze, welche sich auf gequetschten und faulenden Früchten gern in grossen Lagern breit machen, gehören zu Penicíllium Itálicum Wehmer, P. oliváceum Wehmer und P. digitátum (Pers.) Sacc. Zur Bekämpfung der Parasiten werden die Laubblätter bisweilen mit Bordeauxbrühe bespritzt. Solche Laubblätter dürfen aber nicht in der Medizin verwendet werden. Gummibildungen (Gummosis), die ähnliche Eigenschaften wie Gummi arabicum und Kirschgummi aufzuweisen haben und wahrscheinlich hauptsächlich im Xylem durch Hydrolyse der Zellwände unter Einwirkung eines gegen Erwärmung empfindlichen Enzyms zur Entstehung gelangen, werden nach Fawcett, P. S. (Gummosis on Citrus. Jour. Agric. Research, 1923) durch verschiedene Pilze hervorgerufen. Phytiacýstis citróphthora siedelt sich dabei an der äussersten Grenze abgestorbener Rindenflecken an, bewirkt aber die Gummibildung darüber hinaus auch in lebenden Teilen. Als Bekämpfungsmittel haben sich Bordeauxbrühe und andere Fungiciden als wirksam erwiesen. Weitere derartige Pilze sind Phytiacýstis terréstris, Botrýtis cinérea und Sclerotínia Libertiána. Durch partielle Trockenheit wird die Ausbreitung der Gummosis begünstigt. Auch tierische Parasiten und gewisse chemische Stoffe können in beschränktem Masse zur Bildung von Gummi Anlass geben, hingegen nicht mechanische Verletzungen.

Citrus ist eine sehr formenreiche Gattung, in der meist 7 (mit C. grandiflora 8) Arten unterschieden werden, während Risso und Poiteau (Histoire naturelle des Orangers, 1813) im Ganzen 169 Arten und Unterarten, bezw. Bastarde nennen, Hart (The Shaddock or Grape fruit, 1897) und andere dagegen nur 4. Die wichtigsten neueren Untersuchungen stammen von Bonavia (The cultivated oranges and lemons of India and Ceylon with researches into their origin and the derivation of their names, 1890 und Citrons, limes et limons de l'Inde, Journal d'Agruculture tropique, 1902. Eine inhaltsreiche Zusammenstellung findet sich in Tschirch, Handbuch der Pharmakognosie. Bd. II, Erste Abt., pag. 841 bis 879. Ferner sei verwiesen auf Penzig: Sudi botanici sugli agrumi, Roma, 1887; Hume: Citrus fruit and their culture, New-York, 1907; Tanaka: Citrus fruits of Japan,

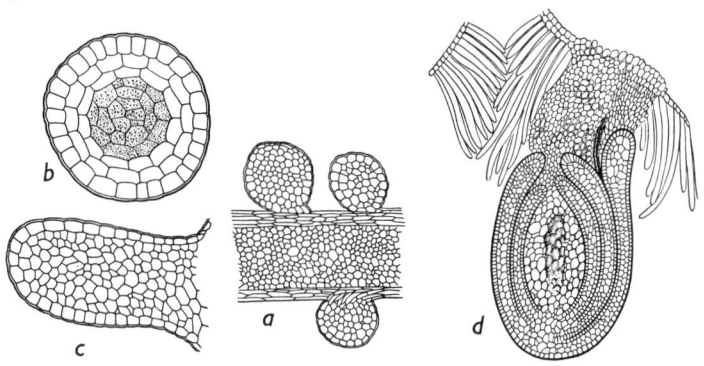

Fig. 1700. Citrus L. *a* In der Entwicklung zurückgebliebene Zotten an der Querwand eines Faches. *b* Querschnitt durch eine ältere Zotte. *c* Längsschnitt durch eine in der Entwicklung begriffene jüngere Zotte. *d* Anatrope Samenanlage; zu beiden Seiten der Anheftungsstelle mit längeren haarartigen Gebilden (nach Biermann).

---

[1]) Der Orangenwald von Milis auf Sardinien umfasst etwa 500 000 Stämme.
[2]) Citrus-Arten mit sauren Früchten sind gegen Phythiacystis citrophthora immun.

Journal of Heredity, 13, 1922 und Swingle, W. and Robinson, T. R.: Two importent new types of citrous hybrids for the home garden-citrangequats and limequats, Journal Agr. Research. 23, 1923. Weitere Literatur vgl. Berg-Schmidt, Atlas, 2. Auflage. Ueber die Entstehung der zahllosen Kulturrassen herrscht grosse Unsicherheit, ebenso über die Verwandtschaftsverhältnisse und namentlich den Grad der systematischen Selbständigkeit vieler Formen. Eingehende Untersuchungen darüber haben Brandis (Forest Flora North-West of Central-India), I. D. Hooker (Flora of British India) und namentlich De Candolle (L'origine des plantes cultivées) angestellt. Bonavia studierte die Kulturrassen von Ceylon und Indien. Engler schloss sich ihm in vielen Auffassungen an. Eine neuere Monographie, die Kulturformen der Botanischen Gärten zu Palermo umfassend, stammt von Riccobono (Boll. ort. bot. Palermo III, 1899). Die etwas abweichenden Ansichten von Schweinfurth sind in der Synopsis der Mittel-europäischen Flora niedergelegt. Nach Tanaka werden die Rassen teils durch Bastardierung erzeugt, teils entstehen sie durch Mutation. Die Konstanz vieler Merkmale ist ausserordentlich gering. Gewisse Eigenschaften „mendeln". Künstlich von Swingle und Webber erzeugte Bastarde zwischen der Orange und der Pompelmus besitzen die Neigung, schon in der 1. Generation teils zur männlichen, teils zur weiblichen Stammform hinsichtlich der Ausbildung der Laubblätter zurückzukehren. Kreuzungen zwischen Orangen und Mandarinen ergaben in Bezug auf die Fruchtschale sehr formenreiche Abkömmlinge 1. Grades mit vorwiegender Annäherung an die weibliche Stammform. Auch die Samenbeständigkeit ist noch nicht restlos geklärt. Nach Schweinfurth sind Apfelsinen und Pomeranzen samenecht. Auch nach Gallesio sollen süsse Orangen immer wieder süssfrüchtige Nachkommen ergeben, nach MacFayden hingegen oft bittere oder nach Ernst saure. Gewisse Rassen scheinen apogam zu sein. Den beiden westaustralischen Citrus-Arten C. Austrális (A. Cunn.) Planch. und C. Australásica F. v. Müll., sowie der auf Neu-Guinea festgestellten C. grandiflóra kommt keine wirtschaftliche Bedeutung zu. Wichtig sind dagegen die übrigen Arten. C. trifoliáta L. (= Aegle sepária DC.) Fig. 1701. Etwa 0,5 bis 1,5 m hoher, kahler, sparrig ästiger, sommergrüner Strauch mit langen Blattdornen. Laubblätter auf geflügeltem Stiel, 3-zählig, mit sitzenden, verkehrt-eiförmigen, in den Grund verschmälerten, gekerbten, lederigen, durchscheinend punktierten Teilblättchen. Blüten einzeln oder zu 2 in den Blattachseln, gross. Kelchblätter eiförmig,

Fig. 171. Citrus trifoliata L. *a* Zweig mit ausgewachsenen Laubblättern. *b* Blühender Zweig. *c* Gynäceum. *d* Längsschnitt durch das Gynäceum. *e* Querschnitt durch das Gynäceum. *f* Samen. *g* Keimling (nach A. Engler).

wenig miteinander verbunden. Kronblätter länglich-spatelig, weiss. Staubblätter 8 bis 10, mit schmalen, nur am Grunde verbreiterten Staubfäden. Diskus ringförmig. Fruchtknoten kugelig, meist 6-, seltener weniger fächerig. Frucht wallnussgross, goldgelb; Samen länglich. — IV, V, bisweilen nochmals VIII. — Der aus Japan stammende Strauch ist die einzige 3-blätterige und gleichzeitig die einzige frostharte Citrus-Art. Sie wird ihrer grossen wohlriechenden Blüten wegen im Mittelmeergebiet und im wärmeren Mitteleuropa als Hecken- und Zierpflanze angepflanzt und überwintert z. B. noch bei Emmishofen am Bodensee, am Mainufer bei Frankfurt und in Minden im Freien. Bei Meran wurde sie an der Haarwaalmündung 1903 verwildert angetroffen. Als frostharte Art dient sie häufig als Pfropfunterlage für Orangen. Eine besonders stark bewehrte Form, die in Gärten und in Weinbergen bei Neustadt (Pfalz) kultiviert wird, bezeichnet Fr. Zimmermann als f. macrospina. Die Fruchtschale wirkt abführend. Aus ihr wird das allerdings nicht vollwertige Chinesische Neroliöl gewonnen, dessen Bestandteile Limonen, Linalool, Camphen (?), Linalylacetat, Anthranilsäuremethylester und ein Kohlenwasserstoff der Paraffinreihe sind. — Neuerdings haben Webber, später auch Swings und Robinson Hybriden mit C. Aurantium subsp. Sinensis hergestellt, von denen sich die als „Thomasville Citrangequat" beschriebene Form durch kräftigen Wuchs auszeichnet, infolge der stark ausgeprägten Winterruhe durch Spätherbst- und Frühlingsfröste nicht leidet und bei der Vollreife gut essbare oder zur Bereitung von Marmelade sich eignende Früchte besitzt. Auch ist dieser Bastard gegen Krebs sehr widerstandsfähig. Infolge der häufig auftretenden Polyembryonie wurden aus einer Kreuzung der Mandarine (als Mutter) und C. trifoliata (als Vater) aus 1 Samen 3 Keimlinge erzogen, von denen 1 die 3-blätterige Blattform der männlichen, die beiden anderen die einfache Blattform der weiblichen Stammpflanze besassen. — C.

nóbilis Lour. (= C. Madurénsis Lour.). Mandarine¹). Franz.: Mandarin, petit grain mandarinien; engl.: Maltese orange; ital.: Arancio mandarino. Fig. 1702. Strauch oder kleiner Baum. Laubblätter auf kurzen, kaum geflügelten Stielen, schmal elliptisch-lanzettlich, spitz, schwach gekerbt. Blüten in Büscheln. Kronblätter länglich, weiss. Staubblätter mit linealen, nur wenig verbundenen Staubfäden. Frucht flachgedrückt-kugelig, 6 bis 7 cm im Durchmesser, orangegelb, 8- bis 10-fächerig, Fruchtschale leicht ablösbar. Heimisch in Cochinchina oder China; auf den Sundainseln, Kalifornien und in geschützten Lagen Südeuropas (namentlich im westlichen Mediterrangebiet) viel gebaut, in das letztgenannte Gebiet merkwürdigerweise erst 1828 eingeführt (San Remo z. B. 1848). Die sizilianischen Pflanzen stammen von Malta. Keimpflanzen finden sich bisweilen auf Küchenabfuhrplätzen. Die Fruchtschalen liefern das hauptsächlich aus d-Limonen bestehende Mandarinenöl (Óleum Mandarínae), das bisweilen mit süssem und bitterem Pomeranzenöl, Zitronenöl und Terpen verfälscht wird. Als Topfpflanze wird häufig die kleinwüchsige Form var. párva Schweinfurth mit kleinen Laubblättern, zahlreichen, kleinen Blüten und meist nur 2,5 bis 3 cm im Durchmesser haltenden Früchten gezogen. Eine kleinfrüchtige Sorte heisst im Tessin Napolloni. — C. Auránt ium²) L. Baum, seltener Strauch mit in der Regel hellgrünen Schösslingen. Blattstiele ± schmal geflügelt. Blüten meist zwitterig, weiss. Früchte meist kugelig oder etwas plattgedrückt, meist orangefarben, 8- bis 12-fächerig, von sehr verschiedener Grösse, mitunter auch mit eiförmigem, zitzenförmigem Fortsatz³). Wohl die ursprünglichste Form dieser Art ist die subsp. amára Engler (= C. Bigarádia⁴) Risso, = C. Aurantium L. subsp. ácida Thellung). Pomeranze,⁵) Bigarade, bittere Orange. Franz.: Bigaradier; engl.: Bitter Seville Orange; ital.: Arancio und Melangolo forte. Laubblätter tiefgrün, stets sehr aromatisch duftend, mit geflügeltem Blattstiel und eiförmiger bis länglicher, stumpfer oder spitzer Spreite. Blüten weiss, stark wohlriechend. Frucht kugelig, mit sehr aromatischer, bitterer Rinde und saurer Pulpa. — Wahrscheinlich am Südabhang des Himalaya (nach Hooker), in Cochinchina,

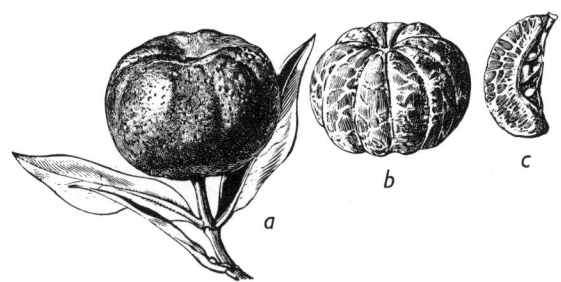

Fig. 1702. Citrus nobilis Lour. *a* Frucht mit einigen Laubblättern. *b* Pulpa der Frucht. *c* Querschnitt durch ein Fruchtsegment.

in der Erythraea und auf Sokotra (nach Schweinfurth) heimisch, aber frühzeitig nach den westlicher gelegenen Ländern gebracht, seit Ende des 9. Jahrhunderts n. Chr. in Arabien, seit 1002 in Sizilien gebaut, gegenwärtig im Mittelmeergebiet, sowie in allen anderen wärmeren Gebieten häufig. Bei Albertus Magnus heisst der Baum (im Gegensatz zu C. medica) arangus, bei Megenberg „die öpfel, die dahaizent arabser vom den paum aarans, de ze larein orangus haizt", im Botanischen Garten der Fürstbischöfe von Eichstätt Poma aurantia nana dicta, kleine, vieltragende Zwergpomeranzen, im Woysel'schen Garten in Schlesien Aurantiorum arboreum arbusculae aliquot. Ein im Kloster San Sabina zu Rom stehender Baum soll der Ueberlieferung nach vom heiligen Dominicus um 1200 gepflanzt worden sein. In den Orangerien findet sich der Baum seltener als C. nobilis. In Zimmern ist bisweilen eine in allen Teilen kleine Form anzutreffen. Die schwach bitter schmeckenden Laubblätter sind als Fólia Auránt ii oder Fólia Cítri vulgáris officinell (Pharm. Germ., Austr. und Helv.). Sie zeigen eine aus polygonalen Zellen bestehende Oberhaut, die nur auf der Blattunterseite Spaltöffnungen besitzt. An der Oberseite schliessen sich 2 bis 3 Reihen von Palisadenzellen an. Die äusserste davon enthält Kristallzellen, die grosse, wohlausgebildete, tetragonale Kristalle führen. Aehnliche Kristalle finden sich, wenn auch in geringerer Zahl, auch auf der Unterseite. Reichlich eingelagert erscheinen ferner auf der Oberseite Sekretbehälter, die äusserlich als durchsichtige Punkte hervortreten, nach Tschirch schizolysigenen Ursprungs sind und bisweilen die halbe Dicke des Blattes übertreffen. Ueber ihnen ist die Epidermis muldenförmig vertieft. Im Blattinneren liegen ein reich durchlüftetes Mesenchym und die Leitbündel, deren Gefässscheiden reichlich mit Oxalatkristallen versehen sind. Aus diesen Laubblättern, sowie den jungen Trieben und den unreifen Früchten wird ein ätherisches Oel gewonnen. Von den zahlreichen, darin ent-

---

¹) Bezeichnung in Anlehnung an die Heimat.

²) Eine der lateinischen Bezeichnungen für die Frucht: aráncium, arángium, aurántium, melaráncium. Ueber den etymologischen Zusammenhang vgl. unter Orange.

³) Zur Art gehörende Keimpflänzchen wurden auf Küchenabfuhrplätzen z. B. in Mannheim, Solothurn (1917) und massenhaft beim Proviantamt in Strassburg festgestellt; meist dürfte es sich wohl um die Apfelsine handeln.

⁴) Nach Rice vielleicht mit dem Sanskritwort bijourí zusammenhängend; die südfranzösische Schreibart lautet bigarrado, oranje bigarrat; ält. ital.: bigarato, bigherato = [mit Spitzen besetzt]; wohl wegen der runzeligen Früchte. Auch mit bigarrer [buntscheckig] wird es zusammengebracht.

⁵) Abgeleitet aus Pómum aráncium.

haltenen Stoffen seien genannt: d-Limonen, Geraniol, Furfurol, Dipenten und l-Camphen. Die als **Frúctus Auŕantii immatúrus** bezeichnete Droge (Pharm. Germ. et Austr.) entstammt den unreif abgefallenen Früchten und wurde früher zur Herstellung von Fontanellkugeln benutzt, während sie heute nur noch als beliebtes Bitter- und Magenmittel Verwendung findet. Im Querschnitt zeigt die Frucht zu äusserst eine aus kleinen polygonalen Zellen gebildete Epidermis, die von Spaltöffnungen durchbrochen ist. Ihr folgt das sog. „Flavedo" mit einreihig angeordneten, schizolysigenen Oelbehältern, über denen die Epidermis eingesenkt ist und als Drüsendeckel wirkt. Das diese Behälter umgebende Gewebe ist reich an Oxalatkristallen, die in eigenartigen Cellulosetaschen eingebettet sind. Das sich anschliessende „Albedo" ist dickwandiger und namentlich in jüngeren Früchten reich an Hesperidin. In die (meist 8) Fruchtfächer ragen von der äusseren Wand her zahlreiche, namentlich aus der subepidermalen Schicht hervorgehende, keulenförmige Zotten (emergenzartige Fruchtwandpapillen) hinein, die später zum Fruchtfleisch werden und zunächst Hesperidin, später auch transitorische Stärke, Chromatophoren und Oxalatkristalle und bei der Reife Zucker ent-

Fig. 1703. Zitronenbaum mit Früchten. Bordighera.
Phot. Dr. P. Michaelis, Köln.

halten. Im Reifezustand der Frucht erfüllen sie den Innenraum vollständig, stehen als „gestielte Tröpfchen" dicht gedrängt und sind vielfach gegeneinander abgeplattet. Neben diesen Fruchtfleischzotten hat Tschirch noch eigenartige Schleimzotten festgestellt, die an der Spitze eines mehrzelligen Stieles einen aus papillös gewölbten Schleimzellen bestehenden Glomerulus tragen. Die von den reifen Früchten in Form von Quadraten oder Spiralbändern abgelöste äussere aromatische Schicht ist als **Córtex Frúctus Auŕantii** oder richtiger **Pericárpium Auŕantii** offizinell (Pharm. Germ., Austr. et. Helv.). Sie enthält 1,25 % ätherisches Oel, Terpen, Hesperidin, Hesperidinsäure, Aurantimarinsäure usw. und wird als aromatisches, appetitanregendes und verdauungsförderndes, zuweilen auch als deckendes Mittel benutzt. Nicht selten findet Verfälschung mit Apfelsinenschalen statt. Für Parfümeriezwecke wird aus den Blüten einer stark duftenden Form (var. néroli) namentlich in Südfrankreich (Grasse) und in Sizilien das Orangenblütenöl, Nafaöl, Neroliöl, Otto in grossen Mengen gewonnen. Ein 20- bis 30-jähriger Baum liefert etwa 15 bis 20 kg Blüten, aus denen etwa 8 kg Orangenblütenwasser und 20 g Orangenblütenöl gewonnen werden. Neuerdings ist es gelungen, das Neroliöl auf synthetischem Wege billiger herzustellen. Ausserdem dienen die Früchte zur Herstellung von Konfitüren, Marmeladen, Liqueuren (Curaçao) und anderen Getränken. In Ostafrika, wo die Pomeranze stellenweise ausserordentlich häufig ist, wird sie in riesigen Massen zur Koagulation des Kautschuks von Manihot Glaziovii (Euphorbiacee) verwandt, indem der Stamm dieses Baumes mit einer halbierten Pomeranzen-Frucht eingerieben wird, ehe die Anzapfung erfolgt. — subsp. **Bergámia**[1]) (Risso et Poiteau) Wight et Arn. **Bergamotte**. Franz.: Bergamotte; engl.: Bergamot; ital.: Sbriamoitu, Melarosa. Kleiner, bis etwa 5 m hoher Baum mit ausgebreiteter Krone und spärlich und kurz bedornten Zweigen. Laubblätter auf schmal geflügelten Stielen, länglicheiförmig, spitz bis abgerundet, undeutlich gezähnt. Blüten klein, in dichten Trugdolden. Kronblätter weiss,

---

[1]) Nach Rice ursprünglich die Bezeichnung einer grossen Birnensorte in der Türkei und abzuleiten von beg-armûdi [Birne des Prinzen]. Mit Bergamo, wo keine Agrumen kultiviert werden, hat es nichts zu tun, hingegen könnte der Name mit der kleinasiatischen Stadt Bergama (Pergamum) zusammenhängen.

aussen grünlich punktiert, süsslich riechend. Frucht glattschalig, zusammengedrückt kugelförmig bis birnenförmig, 6 bis 8 cm im Durchmesser, gelblichgrün bis goldgelb, oft noch mit einem Griffelrest versehen, vorn deutlich zitzenförmig, 8- bis 10-fächerig. Fruchtfleisch angenehm bitterlich sauer. Der Fruchtform nach werden unterschieden: var. párva Risso et Poit. Frucht klein, kugelig. — var. tortulósa Risso et Poit. Frucht birnenförmig, gerippt. — var. Mallarósa[1]) Risso et Poit. Frucht rundlich, abgeplattet, an den Seiten gerippt. Die Heimat der Bergamotte ist unbekannt, dürfte aber in Ostindien liegen. Sie wird seit dem 17. Jahrhundert hauptsächlich in Süditalien (Reggio-Calabrien, Siderno), auf Sizilien und in Westindien gebaut. Die Frucht zeigt im Querschnitt folgendes Bild: Auf die Epidermis folgt zunächst das aromatische Flavedo, in dem sich die schizolysigen entstandenen Sekretbehälter in grosser Zahl befinden, von denen Tschirch nachgewiesen hat, dass sie durch einen kurzen Kanal (Entleerungsapparat nach Haberlandt) an der über den Behältern eingesenkten und spaltöffnungsfreien Epidermis enden. Dem Flavedo schliesst sich das nicht-aromatische Albedo an, das aus einem von zahlreichen Interzellularen durchzogenen Sternparenchym besteht. Das Gewebe besitzt ausserdem zahlreiche Spiralgefässe und Kristallkammerfasern. Die leichte Spaltbarkeit des Fruchtfleisches in die einzelnen Segmente rührt, wie auch bei den Apfelsinen, daher, dass die Mittelschicht der Trennungswände der Fruchtblätter aus einem lockeren, dünnwandigen und leicht zerreissenden Gewebe besteht, wohingegen die Randschichten derbfaserige Häute sind. Durch Pressen wird aus den frischen Fruchtschalen ein ätherisches Oel (Bergamotte-Oel) gewonnen, das im reinen Zustand braungelb bis honigfarben ist, allerdings infolge des Herstellungsverfahrens meist einen ± deutlich grünen (Kupfer-)Schimmer besitzt. Der Geruch ist charakteristisch, der Geschmack bitter aromatisch. Nach Burgers und Page kommen in dem Oel d-Limonen, l-Linalool, l-Linalylacetat, Bergapten (Limettin), Essigsäure, Octylen, Pinen, Camphen und Limen vor. Es ist als Óleum Bergamóttae offizinell (Pharm. Helv.) und dient zum Verdecken unangenehmer Gerüche, zu Einreibungen, Bädern, als Zusatz zu Kölner Wasser usw. Die ersten Angaben über das Oel finden sich 1688 in einem Apothekerinventar der Stadt Giessen. — subsp. Khátta Bonavio. Strauch mit blassgrünen Schösslingen, tief dunkelgrünen, aber nicht riechenden Laubblättern auf ungeflügelten Stielen, grossen, aussen rötlichen, schwach duftenden Blüten und sauren Früchten ist eine indische Unterart, die keinen Kulturwert besitzt, die aber dadurch auffallend ist, dass sich bisweilen an ein und demselben Baum zu verschiedenen Jahreszeiten verschiedengestaltete Fruchtformen entwickeln; aus den Februar- und Märzblüten solche mit glatter Schale (var. lévis) und aus den zur Regenzeit erzeugten Blüten solche mit warziger Schale (var. verrucósa). — subsp. Sinénsis[2]) Gall. (= C. Aurantium Risso, = C. Aurantium L. var. dúlcis L. ex parte, = C. nobilis × C. Bigaradia Trabut, = subsp. decumána var. Sinensis Thellung). Apfelsíne, Süsse Orange. Franz.: Oranger vrai; engl.: Malta-, China-, Sweet or Portugal-Orange; ital.: Arancio dolce Portogallo, Melarancia. Fig. 1703, 1704 b bis d und i, 1705. Baum mit meist blassgrünen Sprossen. Laubblätter auf schwach geflügelten Stielen, schwach aromatisch. Blüten gross, weiss. Frucht meist kugelig, selten eiförmig oder birnförmig, orangefarbig, sehr selten gelb oder grün, mit in der Vollreife süssen oder schwach säuerlicher Pulpa und dicht anliegender Schale. Die gegenwärtig in zahlreichen Rassen gezogene Apfelsine ist sowohl hinsichtlich ihrer Abstammung als auch hinsichtlich ihrer Heimat unsicher. Vielleicht ist sie aus der subsp. amara hervorgegangen. Den Chinesen war sie seit altersher bekannt. Zu den Indern scheint sie erst später gekommen zu sein, da sie nach Rice in ihren Schriften erst 1374 erwähnt wird. Hingegen fanden die Portugiesen, als sie 1498 dorthin und 1518 nach China gelangten, die Apfelsinen-Kultur schon in hoher Blüte. Iohann de Castro soll sie dann 1520 nach Portugal gebracht haben, von wo aus sie sich rasch verbreitete. In England sollen die ersten Früchte schon 1290! eingetroffen sein. Die bedeutendsten Orangenkulturen finden sich in Süditalien, Sizilien und in den südlicheren Randgebieten der Iberischen Halbinsel, ausserdem in zunehmender Menge im französischen Nordafrika und Palästina, in welch letzterem Lande namentlich eine grossfrüchtige, dickschalige, samenlose Form, die „Jaffa-Apfelsine", gezogen wird. Aussereuropäische Anbaugebiete sind: die gesamten Tropen, Ostasien, Australien, Kalifornien, Florida[3]) und das Kapland. Mitteleuropa bezieht den grössten Teil der in Unmenge eingeführten Früchte aus dem Mittelmeergebiet. Messina allein führte im Jahre 1912 1,1 Millionen Zentner Orangen aus, von denen 173 000 Zentner nach Deutschland und 654 000 Zentner nach Oesterreich gingen. Als gute von Italien nach Deutschland eingeführte Sorten gelten: Primofiore, Verdelli usw. In Jahren, in denen die Mittelmeerernte gering ist, werden namentlich aus Australien, vom Kap und aus Westindien Orangen eingeführt. Die subs. Sinensis enthält eine ausserordentlich grosse

---

[1]) Malla rosa wird als „mit dem Messer geschnitten" gedeutet; wegen der glatten Oberfläche der Frucht (Vogtherr).

[2]) Die Bezeichnung Orange (franz.: orange, ital.: arancia, span.: naranja) geht über das arab. naranj auf das altindische naranga = Orangenbaum zurück. Das Wort Apfelsine, das zuerst in der zweiten Hälfte des 18. Jahrhunderts auftritt, bedeutet aus China (franz.: Sine) herstammender Apfel (franz.: pomme de Sine).

[3]) In einigen Teilen Floridas ist die Apfelsine vollständig eingebürgert. Im Jahre 1874 betrug die Ernte dort erst 2500 Kisten (zu je $1/2$ Barrel), 1884 bereits 3 Millionen Kisten.

Zahl von Kultursorten, von denen die blutfleischigen (Blutorangen) als var. s a n g u í n e a Engler bezeichnet werden. Eine sehr auffällige Form, die bei uns teils in Töpfen gezogen wird, teils in Blumenläden zum Verkauf kommt, ist var. m i n u t í s s i m a Risso et Poit. Pflanze meist niedrig und sehr ästig. Laubblätter länglich-eiförmig, spitz, am Rande schwach gezähnt, mit wenig geflügeltem Stiel. Blüten klein, meist nur 2,5 bis 3 cm im Durchmesser, wohlriechend. Früchte klein, rundlich, schwach abgeplattet, etwa 3 bis 4 cm im Durchmesser, mit glatter Schale und etwa 7 Fächern. Die durchschnittliche Zusammensetzung frischer Orangen besteht nach P a r s o n s aus 85,74 % Wasser, 5,41 % Invertzucker, 2,86 % Saccharose, 0,96 % Zitronensäure (0,4 bis 2,3 %), 0,87 % stickstoffhaltigen Substanzen, 0,18 % Fett, 0,28 % Asche und 0,93 % Rohfaser. Künstlich hergestellt, d. h. gefälscht, werden Blutorangen durch Einspritzen von rotem Rübensaft oder Anilinrot. Ausserdem kommen im Fruchtfleisch Hesperidin, Apfelsäure, K- und Ca-Citrat, Asparagin, Glutamin usw. vor, in der Schale namentlich das süsse Orangen- oder Apfelsinenschalenöl (Óleum Auràntii dúlcis, Essence d'Orange Portugal), welches im wesentlichen aus ca. 90 % d-Limonen, Citral (einem nach Orangen duftenden Aldehyd noch unbekannter Zusammensetzung), Citronellal, Stearopten, Trepineol, einem Ester von angenehmem Orangenduft, Anthranilsäuremethylester, Linalool, Buttersäure usw. besteht. Am feinsten wird es aus halbreifen Früchten gewonnen; es ist gelblich bis gelbbraun, von Apfelsinengeruch und mildem, aromatischem, nicht bitterem Geschmack und scheidet bei längerem Stehen eine wachsartige Substanz, das Stearopten, aus. Verfälschungen mit Terpentin-, Bergamotte- und anderen Oelen kommen häufig vor. Das Oel wird in der Parfümerie, in der Likörfabrikation und in der Konditorei viel benutzt. Ein aus den Blüten gewonnenes Oel (Süsses Orangenöl) kommt nicht regelmässig in den Handel. Auch das Süsse Orangenblütenwasser wird daraus hergestellt. Die Früchte werden neuerdings in steigendem Masse zu Marmeladen verarbeitet, wobei der englische „Jams" aus 2 Teilen zerquetschter Fruchtmasse und 1 Teil Zucker bestehen soll. Durch Kochen der Früchte mit Wasser und nachfolgendem Durchseihen erhält man ein angenehm schmeckendes Getränk. Der aus dem Safte hergestellte Orangenwein enthält nach K ö n i g 4,85 Gewichtsteile Alkohol, 3,81 Extrakt, 1,26 Zitronensäure, 2,43 Glukose, 0,35 Stickstoffsubstanz, 0,52 Glyzerin, 0,003 Schwefelsäure. Kantierte Orangenschalen besitzen 15,43 % Wasser, 0,23 % Fett, 78,86 % Zucker, 1,25 % Rohfaser, 0,63 % Asche. Die Blüten werden von zahlreichen Insekten, in Südamerika auch von Kolibris besucht. Spontane Selbstbestäubung ist möglich. Bestäubungsversuche über den Einfluss frühzeitiger Bestäubung auf den Fruchtansatz haben nach H a r t l e y das überraschende Ergebnis erbracht, dass die Narben der Blüten schon in sehr frühem Entwicklungszustande — z. B. 9 Tage vor der vollständigen Entfaltung der Blüte — einen Nektartropfen entwickeln, bestäubungsfähig sind und einen reicheren Fruchtansatz liefern, als diejenigen geöffneter Blüten. Auch die sonst kernlosen Varietäten lieferten bei vorzeitiger Bestäubung zum Teil gute Früchte mit

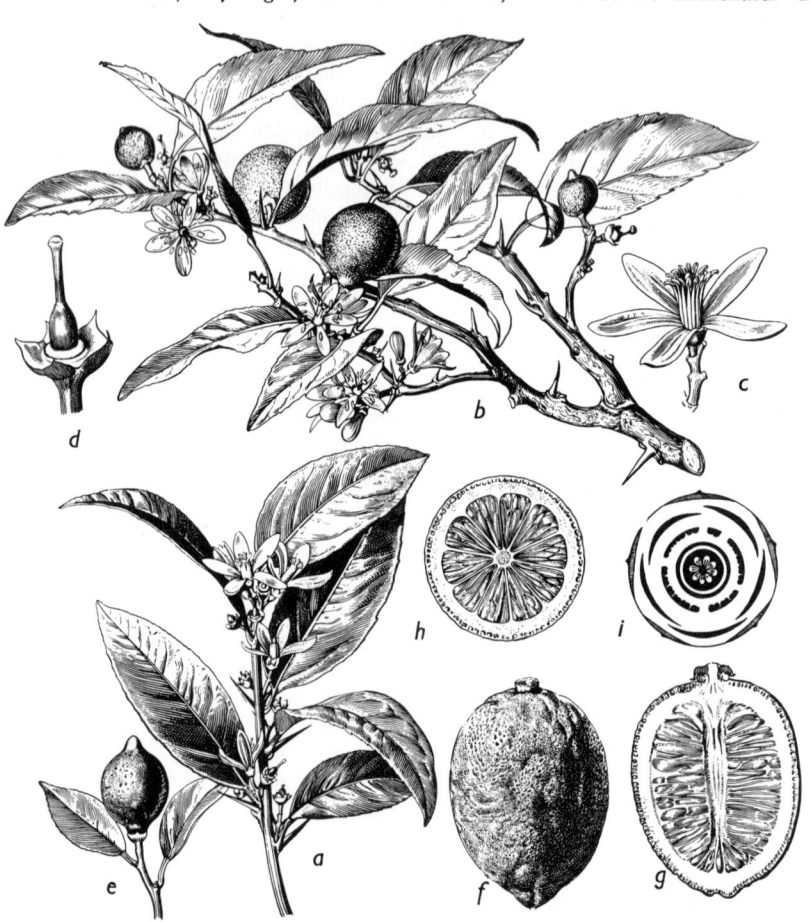

Fig. 1704. Citrus medica L. subsp. Limonum (Risso) Hook. f. *a* Blühender Zweig. *e* Junge Frucht. *f* Ansicht einer reifen Frucht. *g* Längsschnitt durch die Frucht. *h* Querschnitt durch die Frucht. — C. Aurantium L. subsp. Sinensis Gall. *b* Zweigstück mit Blüten und halbreifen Früchten. *c* Blüte. *d* Entblätterte Blüte mit heranwachsendem Fruchtknoten. *i* Blütendiagramm (nach Marktanner).

keimfähigen Samen. Die aus letzteren infolge der Polyembronie zu 1 bis 4 hervorgehenden Sämlinge zeigten sich ebenso kräftig als normal erzogene. Nach Kumagi ist eine in Japan gezogene Orangenform mit samen= losen Früchten parthenokarp. Nach Ikeda treten an diesen Bäumen fruchtbare Sprosse mit Blüten und Früchten, sowie unfruchtbare Laubsprosse auf, zwischen denen in aufeinanderfolgenden Jahren ein regelmässiger Wechsel besteht. Die Zahl der teratologischen Abweichungen ist bei der Apfelsine, wie auch bei den anderen Citrus=Arten, ausserordentlich mannigfaltig und kann sich auf alle möglichen Teile erstrecken. Am seltensten treten Abweichungen bei den Vegetationsorganen auf, wie z. B. Verbänderung der Zweige oder eine Art von Cauliflorie, d. h. die Entwicklung von schlafenden Achselknospen als Blüten an ziemlich alten Aesten. Die starken Dornen, die früher als Umbildung eines der Niederblätter des Sprosses gedeutet wurden, sind auf Grund des Auftretens von 1 oder mehreren Schuppen oder kleiner Laubblätter, in deren Achseln unter Um= ständen wieder Laubknospen und sogar Blütenknospen zur Ausbildung gelangen können, als wirkliche Achsengebilde anzusehen. Die Laubblätter weisen eine ± tiefe Gabelung der Spreite, eine Fiederung (3= oder 2=teilige Laub= blätter bei Sämlingen), verschiedenartige Verwachsungen der Spreiten, Kräuselung oder starke Verschmälerung der Laubblattfläche (letztere als var. salicifólia bezeichnet) auf. In den Blütenständen verwachsen bisweilen Blüten miteinander. Die Zahl der Kelchzipfel ist sehr wandelbar; der Kelch kann infolge ± tiefer Spaltung zwischen den Kelchblättern unregelmässig bis fast 2=lippig werden. Die Zahl der Kronblätter ist wech= selnd; häufig sind mehrere Kronblätter miteinander verwachsen. Die Staubblätter sind bald alle frei oder — durch Uebergänge miteinander verbunden — sämtlich verwachsen, ihre Zahl selbst sehr schwankend. Bisweilen sind sie teilweise zu petaloiden Gebilden oder zu Karpellen umgewandelt. Das Gynaezeum unter= liegt den meisten Abweichungen. Mitunter treten nur 4 Fruchtblätter auf. Die Verwachsung kann vollständig aufgegeben werden, so dass in ausser= gewöhnlichen Fällen jedes Fruchtblatt für sich allein steht. Solche Formen sind seit altersher bekannt und werden als Absonderlichkeit gern gepflanzt. Nicht selten trifft man auch Früchte an, die durch das Auftreten eines 2., bisweilen auch 3. und selbst 4. Fruchtblattwirtels ausgezeichnet sind (Naval= orangen, Fig. 1698). Die häufige Erscheinung der Polyembryonie der Samen wurde schon von Leeu= wenhoek 1719 beschrieben, später von Hof= meister und Schacht, in neuester Zeit besonders von Strasburger eingehend untersucht. Die Zahl der Keimlinge kann bis 13 steigen, von denen allerdings meist nur wenige keimfähig sind. Bei der Keimung verwachsen die Pflänzchen gern längs mit= einander. Sämlinge mit 3 Keimblättern sind häufig. Bisweilen keimen die Samen noch innerhalb der Frucht aus. Die Parthenokarpie wird nach den Unter=

Fig. 1705. Orangen (links) und Zitronat-Citrone „Cedro" (rechts) als Spalier gezogen in Brissago (Südschweiz).
Phot. Dr. G. Hegi, München.

suchungen von Osawa teils durch unvollkommene Ausbildung der Pollenzellen, teils durch Verkümmerung des Embryosackes hervorgerufen und ist für gewisse Formen erblich. Weitere Literatur über die umfang= reiche Teratologie der Apfelsine, sowie auch der anderen Citrusarten vgl. Penzig, O. Teratologie 2. Auflage.
— subsp. decumána[1]) Thellung (= var. γ decumana L., = C. Pompelmos Risso). Pumpelmus[2]) Pompelmuse, Adamsapfel. Franz.: Pompelmouse; engl.: Shaddock, pumelo, forbidden fruit, paradise apple, grape fruit, mockorange; ital.: Pomo di paradiso, pomo d'Adamo. Nur an den jungen Sprossen mit kleinen Dornen versehener, zuletzt fast dornenloser, kahler oder dauernd weichhaariger, 3 bis 5 m hoher Baum. Laubblätter auf breit geflügelten Stielen, länglich=eiförmig, oft ausgerandet, meist kraus, gezähnt. Blüten sehr gross, bis 6 cm im Durchmesser. Kronblätter weiss, aussen grünlich punktiert. Früchte kugelförmig oder abgeplattet=kugelförmig, bis 20 cm dick und bis 6 (10) kg schwer, gewöhnlich 9=fächerig, mit meist sehr dicker,

---

[1]) Decumánus, eigentlich „zu 10 (lat. décem) gehörig", im übertragenen Sinne: sehr gross; wegen der grossen Früchte.

[2]) Lehnwort vom holländischen Pompelmoes.

seltener dünner, weisser, schwefelgelber, fleischfarbener oder roter, oft einseits rot überlaufener Schale und herber, saurer oder süsser Pulpa. Samen sehr zahlreich. Heimat: Malayischer Archipel, Freundschafts- und Fidji-Inseln; vorzugsweise in den Tropen (Java, Amerika) und in zurücktretendem Masse in Südeuropa (Gardasee, Riviera, Calabrien, Sizilien) in Kultur. Einige ihrer Kultursorten zeichnen sich durch aromatisches, sehr angenehm schmeckendes Fruchtfleisch aus, das für sich oder unter Zusatz von Zucker oder auch Wein genossen wird. Die Frucht ist namentlich bei den Chinesen sehr beliebt, die daraus ein Getränk herstellen oder die Schale mit Zucker einkochen. Aus der Schale wird auch das Pompelmusöl gewonnen. — subsp. Japónica (Thunb.) Hook. f. Engl.: Kumquat. Meist nur bis 1,5 m hoher, verästelter Strauch mit kahlen, ± 3-kantigen Zweigen. Laubblätter elliptisch-lanzettlich, schwach gekerbt. Blüten einzeln oder bis zu 3 in den Blattachseln. Kelchblätter kahl. Kronblätter weiss. Frucht kugelförmig oder länglich kugelförmig mit dicker Schale, 1,5 bis 3 cm im Durchmesser, meist bis 5-fächerig, glatt oder dornig, orangefarben, rötlich gefleckt. Heimat: Cochinchina und China; in Japan viel in Kultur. In Mitteleuropa seit 1846 als Topfpflanze gezogen. In Japan werden die Früchte viel roh (und zwar mit der Schale) gegessen oder mit Zucker eingemacht. Weitere, aber für Europa bedeutungslose Unterarten sind: subsp. Suntára Engl. (= C. Aurantium Sinense Rumph.). Franz.: Bigaradier chinois; engl.: Suntára Orange, subsp. Keónla Engl., Falsche Mandarine und subsp. Jambíri Engl., Jambir, Jamiri, Jambhíri. — Eine sehr kleinblätterige Form des C. Aurantium (?) ist die var. myrtifólia, deren sehr kleine, saure Früchte in Zucker eingekocht als Chinois beliebt sind. — Eigenartig sind die als Bizzarria bezeichneten Fruchtformen, über deren Entstehung noch Unsicherheit besteht. Es sind Früchte, die die Charaktere von Zitronen und Orangen oder auch anderer Rassen in sich vereinigen können. Nach Engler sind Vereinigungen von Merkmalen von bis 5 Formen an einer Frucht festgestellt worden. Abbildungen von Risso und Poiteau zeigen die Verbindung von Citrone und Orange derartig, dass z. B. bei der einen Frucht jede der Arten mit ihren Merkmalen auf einer Hälfte der Bizzarria zum Ausdruck kommt, während an einer anderen Form von Pol zu Pol ziehend 4 breite, gelbfarbene, warzige Wülste auftreten, zwischen denen eingeschaltet orangefarbene, glatte Schalenstücke liegen. Solche Monstrositäten sind bereits aus dem Garten Panciatichi in Florenz aus dem Jahre 1644 bekannt. 1711 beschäftigte sich die französische Akademie der Wissenschaften mit einer solchen Frucht und kam zu dem etwas sonderbar anmutenden Schluss, dass sie gleich der Zitrone und Apfelsine von einer ursprünglichen Art stammen müsse. Infolge der Angaben von Gärtnern nahm man später eine Entstehung durch Doppelpfropfung (und folgender Verschmelzung der gepfropften Augen) an; doch haben zahlreiche in dieser Richtung angestellte wissenschaftliche Untersuchungen stets Misserfolge ergeben. Wahrscheinlich handelt es sich um Kreuzungserscheinungen, die bereits auf das befruchtete Ei einwirken (ähnlich wie bei Solanum-, Lilium-, und Zea-Arten), vielleicht auch um die Früchte der Filialgeneration eines Bastardes. Diese sonderbaren Formen lassen sich nicht durch Samen, wohl aber durch Stecklinge vermehren, sind teilweise vollständig konstant oder zeigen neben den Bizzarien Rückschläge zur einfachen Fruchtform. In Italien finden sich seit 2 Jahrhunderten zahlreiche solche Bäume in Kultur. — C. médica L. Zitrone (im weitesten Sinne), Medischer Apfel. Fig. 1704 a und e bis h, 1706, 1707, 1708, 1709. Strauch oder kleiner, 5 bis 10 m hoher Baum mit meist rötlichen Sprossen. Laubblätter kahl. Blüten männlich und zwitterig, mit meist rötlichen Kronblättern. Frucht kugelig, eiförmig oder länglich, mit in der Regel zitzenförmigem Ende. Nach Hooker f. in den Tälern am Fuss des Himalaya von Gurhwak bis Sikkim, in den Khasia- und Garrowbergen, Chittagong, den Westghats und im Satpuragebirge, nach Bonavia dagegen wahrscheinlich in Cochinchina und China heimisch und von da durch die Kultur westwärts bis Medien und Persien verbreitet, wo sie um 300 v. Chr. den Griechen bekannt wurde (Medischer Apfel).[1] Zerfällt in folgende Unterarten: subsp. genuína Engler. Fig. 1706. Laubblätter auf meist ungeflügelten Blattstielen, länglich, gesägt oder gekerbt. Frucht länglich, oft mit Längs- und Querfurchen versehen oder warzig, gelb, mit dickschaligem Pericarp (mit dicker, süsslicher Innenrinde) und fehlender oder schwach entwickelter, saftarmer, saurer (var. Turunj[2] Bonavia) oder süsser (var. Madykunkur[3] Bonavia)

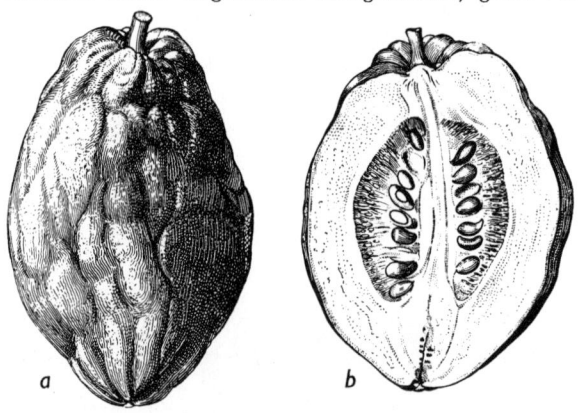

Fig. 1706. Citrus medica L. var. macrocarpa. *a* Cedro-Frucht. *b* Längsschnitt durch dieselbe.

---

[1]) Zur Art gehörige Keimpflänzchen wurden auf Küchenabfallplätzen bei Mannheim und Solothurn festgestellt.

[2]) und [3]) Indische Namen der beiden Formen.

Tafel 176

Tafel 176.

Fig. 1. *Dictamnus alba* (pag. 74). Blühender Spross.
" 1a. Balgfrucht.
" 1b. Hochblatt.
" 1c. Samen.
" 1d. Querschnitt durch eine Teilfrucht.
" 2. *Ruta graveolens* (pag. 69). Blühender Spross.
" 2a. Blüte.
" 2b. Längsschnitt durch den Fruchtknoten.
" 2c. Teilstück aus dem Laubblatt mit Oeldrüsen.
" 2d. Oeldrüse.

Fig. 3. *Polygala Chamaebuxus* (pag. 91). Blühender Spross.
" 3a. Fruchtknoten mit Griffel.
" 3b. Blühender Spross der var. *grandiflora*.
" 4. *Polygala amara* (pag. 108). Habitus.
" 4a. Blüte.
" 4b. Staubfadenröhre aufgeschnitten.
" 4c. Samen.
" 5. *Polygala vulgaris* (pag. 101). Blühender Zweig.
" 5a. Flügel.
" 5b. Kapsel.
" 5c. Samen.

Pulpa. Aus ihr sollen folgende zwei Kulturformen hervorgegangen sein: var. lageniformis Roemer (= C. Medica cucurbitina Risso et Poit., = var. cylindrica hort.). Esrog, Ethrog (der Juden), Echter Adams- oder Paradiesapfel. Ital.: Cedro di Sorrent. Frucht rundlich bis länglich, an der Spitze nicht zitzenartig auslaufend, 10 bis 20 cm lang und bis 15 cm breit, mit dickem (mitunter über 3 cm starkem) Perikarp, hellgelb, angenehm duftend. Der Hauptsitz der Kultur befindet sich auf Korfu, von wo aus die Früchte nach Triest als Versandmittelpunkt gebracht werden. Die Esrog-Zitrone spielt im religiösen Leben der Israeliten eine grosse Rolle. Sie gilt als die Frucht vom Baume der Erkenntnis und zusammen mit dem Palmblatt, der Myrte und Bachweide als Symbol des Schöpfers bei seiner Vereinigung mit den Menschen. Am höchsten werden aus Palästina stammende Früchte geschätzt, sodass sich die Kultur des Baumes in den dortigen jüdischen Bauernsiedelungen immer mehr ausdehnt und Vereine russischer Juden sogar eigene Pflanzungen angelegt haben. Aehnlich wie gegenwärtig in manchen Gegenden (Pfalz) bei uns die echte Zitrone, wurden bereits bei den alten Juden Ethrog-Zitronen bei Begräbnissen getragen, eine Sitte, die aus Indien stammt, wo gegenwärtig noch Frauen, die ihrem verstorbenen Gatten durch den Flammentod folgen wollen, als Symbol der Zusammengehörigkeit mit dem Verstorbenen eine Zitrone mit nach dem Scheiterhaufen tragen. Strasburger glaubt, dass dieser Brauch bei Begräbnissen ursprünglich durch die fäulniswidrigen Eigenschaften und den starken Duft der Frucht bedingt worden sei und erst später seine symbolische Bedeutung erlangt habe. — var. macrocárpa. Zitronat-Zitrone, „Cedro". Fig. 1705 und 1706. Frucht gross, bis 1 (2,3) kg schwer[1]), mit meist runzeliger Aussenschale, sehr dicker, weisser Innenschale und fast fehlender Pulpa. Der Ethrog-Zitrone sehr nahestehend. Die Kultur beschränkt sich fast ganz auf das Mittelmeergebiet (Italien, Spanien). In Palästina wird die Rasse bereits im 6. Jahrhundert aus dem Jordantal bei Jericho genannt. Die unreifen, grünen Früchte werden geschält, die Innenschale kandiert und in der Konditorei und Küche als Zitronat (Sukkade) benutzt. Während des Krieges wurde als Ersatz Kürbis-Zitronat empfohlen. — subsp. Bajoivia, Bonavia (= C. medica cédro Gallesio). Cedro-Limone. Franz.: Cedratier; engl.: Citron; ital.: Cedro. Laubblätter am Grunde mehr eiförmig. Frucht dünn-

Fig. 1707. Citrus medica L. subsp. Limonum (Risso) Hook. f. Fruchtzweige der Zitrone.

schaliger, mit dickerer, saftreicherer und saurer Pulpa. Aus der Schale wird das gelbe, Citral enthaltende, dem Zitronenöl ähnliche Cedro- oder Cedratöl gewonnen. Zu dieser Unterart zieht Engler auch die var. Riversii Hook. f., engl.: Bivers Bijou Lemone, einen kahlen, fast unbedornten Strauch mit elliptischen, gesägten Laubblättern auf berandeten oder schwach geflügelten Stielen, meist paarweise in den Blattachseln stehenden Blüten und kugeligen, 2,5 bis 4 cm dicken Früchten, der von den Azoren nach England als Zierpflanze eingeführt worden ist. — subsp.

---

[1]) Nach M. Rickli erreichen die Früchte die Grösse eines mittelgrossen Kürbis.

Limónum¹) (Risso) Hook. f., Zitrone (aus historischen Gründen besser: Limone). Franz.: Limonier, citronnier; engl.: Lemon; ital.: Limone. Laubblätter bis 16 cm lang, auf berandeten oder sehr schwach geflügelten, 1 cm langen Stielen, spitz, meist unregelmässig drüsig gekerbt-gezähnt. Blüten mittelgross, einzeln oder in kleinen Trauben in den Blattachseln. Kronblätter innen weiss, aussen rötlich, leicht abfallend. Frucht eiförmig bis eikugelförmig, rauh, an der Spitze meist mit einem zitzenförmigen Fortsatz, dünnschalig, gelb, selten grün, 8- bis 10-fächerig. Samen zahlreich. Die wichtigsten Formen sind: var. vulgáris Risso. Malta-Zitrone. Laubblätter auf ungeflügelten Blattstielen, kerbig gesägt oder gekerbt. Frucht meist eiförmig, anfangs blass, später dunkelgelb. Heimat: Täler und Bergwälder des südlichen und östlichen Himalaya; gegenwärtig namentlich im Mittelmeergebiet (besonders Sizilien, Spanien und am Gardasee), Westindien und Nordamerika (Florida, Louisiana und Kalifornien) gebaut. Die Zeit der Einführung ist völlig unsicher. Sie soll unter den römischen Kaisern nach Aegypten gekommen sein. Fraglich sind auch die späteren Angaben von Apicius Caelius,

Fig. 1708. Citrus medica. Überdachte Orangen- und Zitronenterrassen bei Amalfi.
Phot. H. L. Ellenberg, Bux.

Plinius, Travellianus bis hinein in das späte Altertum. Selbst unter Kaiser Friedrich II. war sie noch auf Sizilien unbekannt. Hingegen scheint sie im 12. Jahrhundert zuerst in Spanien und etwas später in Palermo gezogen worden zu sein. 1283 traf Burchardus de Monte Sion in Palästina Naranges (Orangen), Lemones (Zitronen), Poma citrina (C. medica) und Poma ade (C. decumana) an. Durch Handelsleute, Pilger und Kreuzfahrer wurde die Frucht weiter verbreitet. 1369 wurden die ersten Bäume in Genua gepflanzt, im 15. Jahrhundert kannte man sie an der Riviera di Ponente, 1486 in Savona, 1494 auf den Azoren. Im Woyssel'schen Garten wurde sie unter den Namen Citrus arborescens aliquot gezogen. — var. pusilla Risso. Stark dorniger Strauch. Laubblätter auf schmal geflügelten Stielen. Blüten klein (die kleinsten aller Citrus-Formen!), meist zu 3 in den Blattachseln; Mittelblüte meist zwitterig, Seitenblüten männlich, 4-zählig. Kronblätter 1 bis 1,2 cm lang, weiss, aussen schwach rosa überlaufen, verbleichend. Staubblätter meist 20, bis zum Grunde getrennt. Frucht bis 4 cm lang, oval-kugelförmig, mit kurzer Zitzenbildung, 8- bis 10-fächerig, reif grün. Nach Schweinfurth (Sammlung arabisch-aethiopischer Pflanzen, in Bulletin Herb. Boissier, VII. App. II, 1899) in Erythraea wild; vielfach im Orient und im östlichen Afrika gepflanzt. Wahrscheinlich ist auch die in niederen Lagen in Indien angetroffene C. medica var. ácida Brandis mit dieser Form identisch. Sie kommt auch ohne menschliche Pflege sehr leicht fort und ist sehr formbeständig. Nach Schweinfurth dürfte

---

¹) Aus dem ital. limone (franz.: limon) entlehnt und auf das pers. limun = Zitrone zurückgehend; daraus abgeleitet Limonade (mit Zitronensaft und Zucker versetztes Wasser).

sie die Stammform der wilden Zitrone sein. Die Früchte dienen in Mitteleuropa in erster Linie als Zutaten zu Küchenspeisen und nach orientalischer Sitte zur Herstellung der erfrischenden Zitronenlimonade. Diese Zubereitung erfreute sich unter dem Kardinal Mazarin in Frankreich grosser Beliebtheit und veranlasste das Auftreten der ersten „Limonadiers", die bald eine ähnliche Rolle wie gegenwärtig die „Cafétiers" spielten. Der Wert des Getränkes beruht nicht nur auf seiner erfrischenden, sondern auch auf der fäulniswidrigen Wirkung. In den Kräuterbüchern des Tabernaemontanus heisst es, dass der Zitronensaft „nicht allein wider die innerliche Fäulung und das Gift sehr gut und kräftig" sei, sondern auch „gegen alle Traurigkeit und Schwermütigkeit des Herzens und die Melancholey". Die Rinde widerstehe dem Gift, „dann zur Zeit der Pest soll man sie in den Mund halten, auch einen Rauch damit machen". Der Saft gilt heute als ausgezeichnetes Mittel gegen Scorbut (Mund- und Zahnfleischfäule) und muss deshalb nach den bestehenden Verordnungen von Schiffen auf weiten Seereisen mitgeführt werden. Auch bei Gicht, Fieber und Wassersucht wirkt Zitronensaft mildernd. Auf die rituelle Verwendung wurde bereits bei der Ethrog=Zitrone aufmerksam gemacht. Hinzuzufügen ist, dass auch in gewissen Gegenden Konfirmanden, Firmlinge oder Leichenträger (Pfalz) Zitronen tragen. Ungeklärt ist der Brauch, Schweinsköpfen eine Zitrone in das Maul zu stecken. Für Mitteleuropa kommen als Haupteinfuhrländer namentlich Süditalien, Sizilien und Spanien in Frage. Eigenartige Kulturen finden sich am Gardasee, wo die Bäume im Winter eingedeckt werden müssen (Fig. 1708). In Süddeutschland wird dem Weizenbier beim Ausschenken häufig ein Stück Zitrone beigegeben. Italien erzeugt im Jahr durchschnittlich 7 Milliarden Zitronen, von denen ein Drittel im eigenen Lande verbraucht, ein Drittel ausgeführt und ein Drittel zu zitronensaurem Kalk und Zitronenessenz verarbeitet wird. Die Hauptzitronengebiete Siziliens liegen bei Catania und Messina. Gut gepflegte Bäume können bis 1200, in Ausnahmefällen sogar 2000 Früchte tragen. Nach Deutschland wurden 1912 413 000 Zentner, nach Oesterreich 420 000 Zentner, nach Grossbritannien 464 000 Zentner und nach Amerika 760 000 Zentner geliefert, wobei bei Nordamerika zu bedenken ist, dass dieses Land seinen Bedarf in zunehmendem Masse aus seinen eigenen Südstaaten (Florida und Kalifornien) deckt. Das durchschnittliche Frischgewicht der Frucht beträgt nach König 153,1 g,

Fig. 1709. Zitronen als Spalier gezogen in Brissago (Südschweiz). Phot. Dr. G. Hegi, München.

das sich folgendermassen verteilt: Schale 38,49 %, Fruchtfleisch 59,22 %, Kerne 2,29 %, Wasser 82,64 %, Invertzucker 0,37 %, Zitronensäure 5,39 %, Stickstoffsubstanz 0,74 % und Aschenrückstände 0,56 %. Der Saft enthält 10,44 % Extrakt, 1,42 % Invertzucker, 0,52 % Rohrzucker, 5,83 % Zitronensäure, 0,32 % Stickstoffsubstanz, 0,20 % Asche. Für den Grosshandel wird der Saft aus Zitronen, Cedrolimonen, seltener aus Bergamotten oder (in Westindien) aus Limetten gewonnen. Der Versand erfolgt entweder in einer nach einem älteren Verfahren durchgeführten Eindickung auf 55 bis 60 % Zitronensäure (Agro catto), oder aber neuerdings in Form von Zitronenkalk (Citrato di calce, Tricalciumcitrat), der in Nordamerika, Frankreich, Deutschland und England auf Zitronensäure verarbeitet wird. Der Saft kann durch Aufkochen mit 10 % Zuckerlösung haltbar gemacht werden. Synthetisch hergestellte Zitronensäure ist gegenwärtig noch zu teuer. Das abgeschälte Flavedo der Frucht liefert die Cortex Fructus Citri oder das Pericárpium Citri (Cortex limonis) (Pharm. Germ., Austr. et Helv.), die missfarbig gelblich, schwach bitter schmeckend und fast geruchlos ist. Ihr Gehalt an ätherischen Oelen ist gering, dagegen findet sich darin Hesperidin. Die Droge hat nur geringe Bedeutung als würzender Zusatz, z. B. zum Sirupus Melissae compositum. Durch Pressen der von nicht ganz reifen Früchten stammenden Schalen wird das Oleum Citri (Oleum limonis, Zitronenöl) von hellgelber Farbe und aromatischem, etwas bitterem Geschmacke gewonnen. Es enthält besonders d-Limonen, ferner β-Phellandren, verschiedene Pinene, Terpinen, Camphen, Octylen, Geranylacetat usw. Im Handel befindet sich auch ein terpenfreies Zitronenöl (Konzentriertes Zitronenöl), das 30 mal stärker als das natürliche Oel ist. Wie das Pomeranzenöl ist auch das Zitronenöl wenig haltbar (selten mehr als 1 Jahr) und verharzt leicht. Es wird häufig und mitunter sehr geschickt mit Alkohol, Pomeranzenöl, Paraffinöl,

Ricinusöl, Stearin, Terpenen und besonders Terpentinöl verfälscht. Man verwendet es medizinisch als Würzmittel, im Haushalt als Zusatz zu Gebäck, zur Herstellung von Parfümen, in der Likör= und Limonadenfabrikation und benützt es auch häufig als Beimischung des Cetratöles. Laubblätter, Zweige und unreife Früchte liefern das Petitgrain= oder Citronnier=Oel, das Citral enthält. — var. Lúmia Engl. (= C. Limetta var. párva Risso et Poit.). Junge Schösslinge grün. Blüten 3 bis 4 cm im Durchmesser, aussen hellrot bis weisslich, grün punktiert. Früchte (Limi di sponga) abgeplattet=kugelig, mit kurz gestutztem Zitzenende. Die Schalen liefern ein Limettöl. — Eng verwandt mit dieser Form ist: var. Limétta (Risso) Engl. Süsse Zitrone, Limette. Franz.: Limettier ordinaire; engl.: sweet lime of India. Aeste ausgebreitet. Junge Zweige grün, spärlich und klein dornig. Laubblätter auf kaum geflügeltem Stiel, länglich verkehrteiförmig, spitz, schwach gezähnt. Blüten mittelgross. Kronblätter weiss, aussen grün punktiert. Früchte kugelig, mit dickem Zitzenfortsatz und stehenbleibendem Griffel, ziemlich glatt, hellgelb; Pulpa weiss, süss oder säuerlich, oft fade und schwach bitter schmeckend, meist 8= bis 10=fächerig. Samen wenige. Die gepressten Schalen liefern das dem Bergamotteöl ähnliche Limettöl. — Von den übrigen, aber für Mitteleuropa belanglosen Formen sei die var. digitáta Risso genannt, deren Fruchtblätter frei endigen und die Gestalt einer Hand besitzen. Als „Buddhas Finger" wird diese sonderbare Missbildung mit Vorliebe um chinesische Tempel und in Gärten gepflanzt (Fig. 1710c). — C. hýstrix DC. (= C. Papéda Miqu., = C. látipes Hook. f.). Laubblätter eiförmig, elliptisch oder lanzettlich, ± so lang wie der sehr breit geflügelte Blattstiel. Blüten klein. Frucht kugelig oder eiförmig. Heimisch auf dem malayischen Archipel und auf Timor. Wertvoll ist die subsp. ácida (Boxb.) Bonavia (= C. Limonéllus Hassk., = C. Líma Mc. Fad, = C. Javánica Bl.). Limonelle, Citronelle, saure Limette. Engl.: Sour lime of India. Geflügelte Blattstiele mehrmals kürzer als die ovale Spreite. Blüten häufig 4=zählig. Früchte klein, mit sehr saurem, aber aromatischem und äusserst saftreichem Fruchtfleisch. Sie ersetzt in den meisten und namentlich in den feuchten Tropenländern die Sauer=Zitrone (C. medica subsp. Limónum) und wird in bedeutendem Masse zur Herstellung von Limettensaft (lime juice) verwendet, der in gleicher Weise wie Zitronensaft zur Bereitung von Limonaden usw. benutzt wird. Auch Zitronensäure und ätherisches Oel werden aus der Frucht bereitet. Die Hauptkultur liegt in Westindien.

1. Blüten zygomorph, gross, 5=zählig. Kronblätter weiss, rötlich oder rot, dunkler purpurn geadert.
Dictamnus CCCCXLVIII.

1*. Blüten strahlig, 4= bis 5=zählig. Kronblätter gelb . . . . Ruta CCCCXLVII.

CCCCXLVII. Rúta[1]) L. Raute. Franz.: Rue; engl.: Rue; ital.: Ruta.

Stauden und Halbsträucher mit zahlreichen, warzenförmig vortretenden, stark riechenden, lysigenen Oeldrüsen. Laubblätter wechselständig, einfach, dreizählig oder einfach bis mehrfach fiederschnittig. Blütenstand dichasial, aus zu end= ständigen Rispen oder Scheindolden zusammen= gesetzten Doppelwickeln gebildet. Blüten zwit= terig, radiär, die endständigen 5=zählig, die seitenständigen 4= oder 5=zählig. Kelchblätter 4 oder 5, am Grund ± vereint. Kronblätter 4 oder 5, schmal verkehrt=eiförmig, oft gezähnelt oder gefranst, hell= bis dunkelgelb, in der Knospenlage dachig. Staubblätter 8 oder 10, ob= diplostemon, am Grund des stark polsterförmig ent= wickelten Diskus (Fig. 1710) eingefügt, mit pfriem= lichen, am Grund verbreiterten Filamenten und länglichen Antheren. Fruchtblätter 4 oder 5, mit vielen Samenanlagen, zu einem tief gelappten Frucht= knoten mit mittelständigem, eine kleine Narbe tragen= dem Griffel vereinigt. Kapsel 4= oder 5=lappig, nicht oder am Scheitel aufspringend. Samen kantig, höckerig (Fig. 1714e), mit Nährgewebe. Embryo leicht gekrümmt.

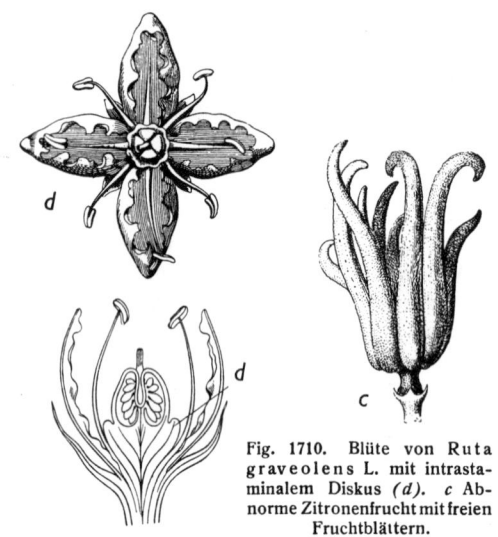

Fig. 1710. Blüte von Ruta graveolens L. mit intrasta= minalem Diskus *(d)*. *c* Ab= norme Zitronenfrucht mit freien Fruchtblättern.

---

[1]) Lateinischer Name von R. graveolens und R. montana, z. B. bei Cicero, Ovid und Columella, als gr. ῥυτή [rhyté] bei Nikandros, angeblich verwandt mit gr. ῥύεσϑαι [rhýesthai] = hemmen, retten und ῥύειν

Die der altweltlichen Nordhemisphäre angehörende Gattung umfasst über 50 Arten, von denen die artenarme Untergattung Eurúta Engl. 4-zählige Seitenblüten mit meist gezähnelten oder gefransten Kronblättern und stets kahlen Staubblättern, sowie fiederspaltige bis mehrfach fiederteilige oder gefiederte Laubblätter besitzt, während die Untergattung Haplophýllum (Juss.) Engler mit etwa 50 Arten fast immer 5-teilige Blüten mit ganzrandigen Kronblättern und mitunter behaarten Staubblättern, sowie ungeteilte bis 3-teilige oder fiederteilige Laubblätter aufzuweisen hat. Die erstgenannte Untergattung ist vorzugsweise mediterran, greift aber z. B. mit der strauchigen, auf Palma endemischen R. pinnáta L. f. auf die Kanarischen Inseln über. Häufigere, zu dieser Gruppe gehörende Arten sind ausser der auch im Gebiet auftretenden R. graveólens L. (pag. 69) R. montána L. (= R. legítima Jacq.), von ersterer durch schmallineale Blattabschnitte und noch stärkeren Geruch verschieden (von Portugal und Marokko bis zum Kaukasus verbreitet), und R. Chalepénsis L., mit gefransten Kronblättern (von den Kanarischen Inseln, Portugal und Marokko bis zur Türkei ziehend). Die sehr formenreiche Untergattung Haplophýllum findet sich vorwiegend im östlichen Mittelmeergebiet und Zentralasien, weniger in Oberitalien, Südspanien und Nordafrika. Sie ist dadurch systematisch von Bedeutung, dass sich bei ihr Verminderung der Zahl der Samenanlagen von 6 auf 2, sowie auch geschlossene Teilfrüchte an Stelle der aufspringenden finden. Von dieser den Steppen eigenen Gruppe tritt im Gebiete nur R. Patavína L. (pag. 73) auf, die zu der 32 Arten umfassenden Sektion der Bioruláta Boiss. (mit je 2 Samenanlagen in jedem Fruchtknotenfach) zählt. Entsprechend den klimatischen Verhältnissen finden sich in der Gattung alle Uebergänge von der Staude zum Halbstrauch und auf den Kanarischen Inseln sogar zu der oben erwähnten Strauchform. Den Ursprung der Gattung sucht Engler in einer ostasiatischen hypothetischen Stammform, aus der sich andererseits die gegenwärtig monotypische, in den Gebirgsländern von Khasia, dem Himalaya und den Gebirgen Chinas und Japans heimische Gattung Boenninghausénia Rchb. entwickelt haben soll.

1. Laubblätter unpaarig gefiedert, mit 1 bis 3 fiederspaltigen Fiedern. Seitenblüten stets 4-teilig. Staubblätter kahl . . . . . R. graveólens nr. 1807.

1*. Untere Laubblätter ungeteilt, die übrigen 3-zählig eingeschnitten. Blüten meist alle 5-teilig. Staubblätter am Grunde spärlich bärtig. R. Patavína nr. 1808.

1807. Ruta graveólens L. Weinraute, Gartenraute, Kreuzraute. Franz.: Rue, rue des jardins, rue puante (in der Westschweiz: Rue, roue, rotta); engl.: Rue; ital.: Ruta (im Tessin: Erba rūga). Taf. 176, Fig. 2; Fig. 1710 bis 1713.

Raute (mittelhochd. rûte) ist ein Lehnwort aus dem gleichbedeutenden latein. ruta. Die niederdeutsche Form lautet Ruē, die alemannische Rûte(n). Nach dem weinähnlichen Geruch heisst die Pflanze im Bayerisch-österreichischen auch Wein(n)raut(e)n, Weinkraut. Andere Benennungen sind ferner Dröegblad, Pingstwuttel (Untere Weser), Totenkräutel (Oesterreich).

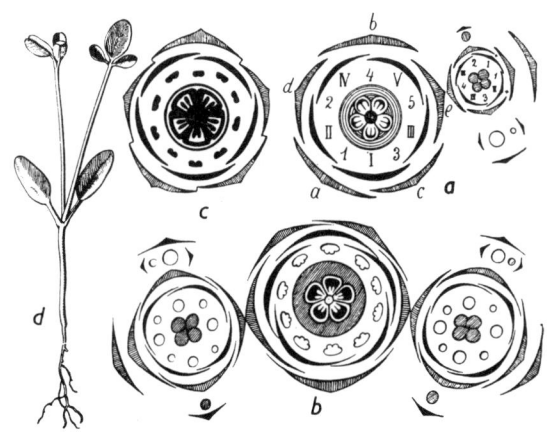

Fig. 1711. Ruta graveolens L. *a* und *b* Diagramm und Entfaltungsfolge der Staubblätter (nach Goebel). *c* Blütendiagramm (nach Marktanner). *d* Keimpflanze.

Kräftige Staude mit holziger Wurzel und schiefem, ästigem Erdstock, zuweilen fast halbstrauchig. Sprosse kahl, bleichgrün, ± dicht mit punktförmig durchscheinenden bis warzig vortretenden Oeldrüsen von herbaromatischem Geruch besetzt. Stengel starr aufrecht, 2 bis 5 (9) dm hoch, meist nur am Grund und im Blütenstand verzweigt, stielrund, unterwärts ± verholzend, ± 9 bis 12 Laubblätter in $^3/_8$ Stellung tragend. Laubblätter ± 4 bis 11 cm lang und 3 bis 7 cm breit, unpaarig gefiedert, mit 1 bis 3 fiederspaltigen Fiedern, mit spateligen bis lanzettlichen, vorn sehr fein gekerbten oder gesägten Endabschnitten, etwas fleischig, bleich gelblich- oder bläulichgrün, mit nur unterseits deutlichen Mittelnerven. Blütenstand trugdoldig, aus in wicklige Aeste ausgehenden Dichasien mit ungeteilten und 3-spaltigen Hochblättern

[rhýein] = fliessen machen. Das davon abgeleitete Raute bezeichnet auch eine ganze Reihe anderer Pflanzen mit ± rauten- oder rhombenförmigen Blattabschnitten, so Botrychium (Bd. I, pag. 44), Thalictrum (Bd. III, pag. 587) und Artemisia-Arten. Dioskurides unterschied ähnlich wie auch Theophrast und Galen 3 Arten von πήγανον [péganon], von denen er für πήγανον κηπαῖον [péganon kēpaion] als römischen Namen ruta hortensis und für πήγανον ὀρεινόν [péganon oreinón] ruta montana angibt, wogegen die dritte Art wohl Peganum Harmala ist.

zusammengesetzt. Endblüten 5=zählig, Seitenblüten 4=zählig. Kelchblätter eiförmig=lanzettlich, kurz verbunden, bei der Fruchtreife abfallend. Kronblätter spatelig, 6 bis 7 mm lang, löffel= förmig ausgehöhlt, kapuzenförmig eingekrümmt, am Rand ± gezähnelt, lebhaft grünlichgelb, drüsig punktiert. Staubblätter doppelt so viel als Kronblätter, mit dünnen, aussen an dem kugelförmigen Diskus inserierten Filamenten und länglichen, sich mit Längsrissen nach innen öffnenden Antheren. Fruchtblätter 4 oder 5, mit eingesenkten Drüsen, einen gelappten Fruchtknoten mit kurzem Griffel bildend. Frucht eine fachspaltige, vielsamige Kapsel. Samen kantig, mit brauner, grob= höckeriger Schale; Nährgewebe mit leicht ge= krümmtem Embryo. — VI bis VIII.

An trockenen, warmen Felshängen, auf Felsschutt, in Felsensteppen im Mittelmeergebiet; nördlich der Alpen meist nur als Heil= und Ge= würzpflanze kultiviert und an Burghügeln, in Wein= bergen, auf alten Mauern, in Kiesgruben verwildert.

Allgemeine Verbreitung: Balkan= halbinsel bis Siebenbürgen und zum Karst, Ober= und Mittelitalien. Im übrigen Europa häufig kulti= viert und namentlich in den Südalpen, in Süd= frankreich und Spanien völlig eingebürgert.

Die somit in ihrer ursprünglichen Verbreitung recht beschränkte, aber durch die Kultur sehr weit ver= breitete Art zerfällt in die beiden Unterarten:

subsp. **divaricáta** (Tenore) Gams (= R. divaricata Tenore, = R. graveolens L. var. divaricata Engler). Fig. 1712. Stengel ± 1½ bis 4 dm hoch. Laubblätter gelblichgrün, fast geruchlos, eiförmig; die Endabschnitte lanzettlich, ± 1 bis 2½ cm lang und 2 bis 4 mm breit. Kronblätter ziemlich kurz genagelt, deutlich gezähnelt. Kapsel nur seicht gespalten.

Die Wildform der Karstheiden um das Adriatische Meer; im Gebiet ausser im Küstenland nur noch im südlichen und südwestlichen Krain (Innerkrainer Karst von Sturija bei Heidenschaft bis zu den Süd= und Ostabstürzen des Nanos, über den Školj, Gabrk, die Vremščica, Osojnica und den Bergrücken Tahor bis an den West= und Südfuss des Schneeberges bei Laas), im Karstgebiet jedoch sehr verbreitet. Nicht in Kultur. Bei der typischen Form (f. genúina Pospichal) sind die Blattabschnitte ± 2 cm lang und 3 bis

Fig. 1712. Ruta graveolens L. subsp. divaricata (Tenore) Gams. *a* Habitus. *b* Blüte. *c* Frucht.

4 mm breit, bei f. crithmifólia (Moricandi) Bartling, die besonders an den Steilabstürzen des Karstes von Auresina bis Sistiana auftritt, nur ± 1 cm lang und 2 mm breit.

subsp. **horténsis** (Miller) Gams (= R. horténsis Miller, = R. graveólens L. var. γ). Fig. 1713. Stengel ± 3 bis 5 (9) dm hoch. Laubblätter mehr bläulichgrün, stark aromatisch, von mehr dreieckigem Umriss; die Endabschnitte verkehrt=eiförmig oder spatelig, ± 1 bis 1½ cm lang und 2½ bis 5 mm breit. Kronblätter länger genagelt, weniger stark gezähnelt. Kapsel tiefer gespalten, mit grösseren, eingesenkten Drüsen. Blüht später als die vorige.

Allgemein kultiviert und in Südeuropa vollständig verwildert, aber wohl überall (auch in Italien und den Illyrischen Ländern) von sehr zweifelhaftem Indigenat und daher wohl nur eine Kulturrasse der vorigen Unterart.

In Deutschland namentlich auf den Burghügeln des Ober= und Mittelrheingebiets verwildert, so am Kaiserstuhl (Sponeck), bei Sinsheim (Steinsberg), früher am Lahnufer oberhalb Niederlahnstein (durch Eis= gang zerstört), im Elsass (z. B. Wildenstein), in der Pfalz, in Hessen (Badenstein), ferner z. B. auf der Reichenau im Untersee, vielfach im Schwäbisch=Fränkischen Jura, vereinzelt auch in Südbayern (Bad Oberdorf, Weissach bei Tegernsee, München, Dillingen), in Nassau (Braubach am Badenstein, in Westfalen am Katthagen unter

Fürstenberg (erfriert dort leicht), in Hannover zwischen Bischhausen und Freudental (seit 1923 gesetzlich geschützt), Thüringen (bei Gross-Jena, Eilenburg, Werratal), bei Freiberg a. U. usw. Auch in Norddeutschland vorübergehend als Gartenflüchtling, doch daselbst viel seltener kultiviert. — In Oesterreich völlig eingebürgert (und daher meist als wild angegeben) im Küstenland (aber viel seltener als die unzweifelhaft wilde subsp. divaricata, so bei der Porta di ferro, im Quistotal, am Sissol ob der Ruine Wachsenstein) und in Südtirol (besonders am Gardasee und im Trentino, ferner bei Stenico, um Bozen, Meran und Brixen, am Ritten bis 1100 m), vereinzelt verwildert auch in Vorarlberg (Feldkirch, nach Murr früher [z. Z. des Weinbaues] häufig verwildernd, jetzt von ihm nicht mehr angetroffen), in Niederösterreich (z. B. im Förthofgraben bei Stein, am Mitterberg bei Baden), Böhmen (z. B. in Weinbergen zwischen Czernosek und Leitmeritz, zwischen Wettel und Gastorf, auf dem Wostray bei Milleschau) usw. — In der Schweiz völlig eingebürgert an Felsen um den Luganer- und Langensee, im Rhonetal (am Genfersee, bei Bex, um Schlösser und Klöster von St. Maurice [z. B. bei Véressaz, von da neuerdings wieder sekundär in die Bauerngärten der weiteren Umgebung als Abortivum verpflanzt], Sitten, Siders und Varen) und am Neuenburgersee (St. Aubin, Grandson), vereinzelt als Gartenflüchtling auch z. B. bei Basel, bei Grenchen, Villmergen (Deckenhübel), Stein a. Rh. und im Unterengadin. — Alle Angaben über wirklich wildes Vorkommen bedürfen durchaus der Bestätigung.

Ruta graveolens ist als mediterrane Felsenpflanze recht wärmebedürftig, worauf wohl auch ihre Vorliebe für Kalk beruhen dürfte. Sie wächst auch auf kalkhaltigem Eruptivgestein (z. B. auf Basalt). Die Blüten gelten als proterandrische „Ekelblumen", deren scharfer Geruch ausser anderen Dipteren und Hymenoptera besonders gern fäulnisliebende Fliegen anlockt. Der Nektar wird auf dem Diskus, namentlich in 8 oder 10 Grübchen desselben, ganz offen abgesondert. Die Antheren führen sehr eigenartige Wachstumsbewegungen aus, die zuerst von Linné 1735, dann von Koelreuter, Sprengel u. a. beschrieben und zuletzt von W. Troll experimentell untersucht worden sind. Bei der Entfaltung der Krone krümmen sich die Staubblätter durch epinastisches Wachstum an ihrer Basis nach aussen und drücken gegen die Kronblätter (werden diese entfernt, geht die Bewegung noch weiter); hierauf tritt hyponastisches Wachstum ein, sodass sich die Staubblätter in bestimmter Reihenfolge über die Narbe (nach Entfernung des Fruchtknotens noch weiter) krümmen. Während

Fig. 1713. Ruta divaricata. Julische Alpen. Phot. Dr. P. Michaelis, Köln.

sich die Narbe öffnet, krümmen sie sich wieder nach aussen, aber nicht mehr bis in die horizontale Lage. Die ganzen Bewegungen sind von Längenwachstum begleitet. Das Filament streckt sich von 5 auf 7,9 mm. Nur am Grund sind sie dorsiventral gebaut und nur dort tritt das epinastische und hyponastische Wachstum ein. Bei 17° dauert die erste Aufwärtskrümmung 2½ Stunden, die Ruhepause über dem Griffel 6, die Rückkrümmung 6 (insgesamt 14½) Stunden, bei 35° die Aufwärtskrümmung ¾, die Ruhe 2, die Rückkrümmung 1½ Stunden. Während also die Gesamtbewegung dann nur 5¼ Stunden braucht, kann sie sich bei kalter Witterung auf mehrere Tage ausdehnen. Die von mehreren Autoren beschriebene Wiederaufrichtung der Staubblätter nach der 2. Aufwärtskrümmung ist eine blosse Welkungserscheinung und hat mit normaler Selbstbestäubung nichts zu tun. Wenn überhaupt kein Insektenbesuch eintritt, was nur bei sehr nasser Witterung der Fall ist, verdirbt der sehr leicht keimende Pollen ohnedies. Die ersten Bewegungen sind dagegen autonom und von Belichtung und Schwerkraft unabhängig. Auch die Entfaltungsfolge der Kron- und Staubblätter, in der sich eine versteckte Zygomorphie („Kryptodorsiventralität" nach Goebel) äussert, kann durch experimentelle Eingriffe wie Exstirpationen nicht verändert werden. Die teleologischen Deutungen dieser Bewegungen sind nach v. Goebel (Entfaltungsbewegungen 1920, pag. 312) und W. Troll (Diss. München, 1921) gänzlich hinfällig; es handelt sich vielmehr um einen periodischen Wachstumsvorgang. Als Bestäuber kommen kleine Hymenopteren (bisweilen aber auch Bienen und Wespen) sowie nach Schulz Käfer in Betracht. Die Keimung erfolgt nach Kinzel langsam und wird durch Dunkelheit und Frost begünstigt. — Die Raute ist gleich mehreren scharf riechenden Umbelliferen eine der Hauptnährpflanzen der Schwalbenschwanzraupen (Papilio Machaon). — Die sowohl auf den Sprossen wie an allen Blütenteilen reichlich vorhandenen, durch Auflösung kugeliger Zellgruppen entstehenden Sekretbehälter enthalten das stark duftende Rautenöl (Oleum Rutae, essence de rue), das aus dem frischen, vor dem Aufblühen gesammelten Kraut durch Destillation mit Wasserdampf zu etwa 0,06 % gewonnen wird. Es ist farblos, gelblich oder grünlich mit schwach blauer Fluoreszenz, von scharfem, bitterlichem Geschmack und Geruch und hat ein spezifisches Gewicht von 0,83 bis 0,85. Es besteht zum allergrössten Teil aus Methylnonylketon. Daneben sind Methylheptylketon (in deutschem Oel zu etwa 2,4 %, in algerischem Oel, das besonders von R. montana L. stammt, zu mehr als die Hälfte), Caprylsäure, Phenole, Ester usw. vorhanden. Die Gelbfärbung der Sprosse und Blüten rührt von dem gelben, sauren Glykosid des Quercetins, dem Rutin ($C_{27}H_{30}O_{16} + 2H_2O$) her. Dieses wurde 1842 zum erstenmal durch Weiss nachgewiesen. Später liess es sich auch in den Blütenknospen von Capparis spinosa, Fagopyrum sagittatum, Sophora Japonica usw. feststellen. Der technische Wert ist gering. Das Oel wurde bereits im 16. Jahrhundert (Berlin 1574, Frankfurt a. M. 1582, Nürnberg 1589) gewonnen; die Anwendung der Pflanze ist jedoch viel älter. Theophrast, Plutarch, Galen, Columella, Dioskurides, Plinius u. a. berichten darüber. Die afrikanischen Namen (ägyptisch: epnubu, syrisch: harmala, bessasa usw.), die Dioskurides überliefert, dürften sich freilich auf Peganum Harmala (pag. 41) beziehen. Nach Plinius soll Mithridates von Pontus die Heilkräfte der Pflanze entdeckt oder doch als erster allgemein bekannt gemacht haben. Schon im Altertum wurde sie allgemein als wärmend, blasenziehend, Antispamodicum, Nervinum, Diaphoreticum, Diureticum, Emmenagogum, Abortivum, Anthelminthicum, Antisepticum, Gegengift gegen Schlangenbiss usw. in mannigfacher Form angewandt. Aeusserlich wurde sie inbesondere in Form von Salben gegen Kopfweh, Augen- und Ohrenleiden usw. gebraucht. Frühzeitig gelangte die Raute auch über die Alpen, sie wird in mehreren Garteninventaren des 9. und 10. Jahrhunderts angeführt. Ganz besonders scheint die Schule von Salerno (Schola Salernitana) im 13. Jahrhundert zu ihrer Popularität beigetragen zu haben. Einige ihrer Sprüche lauten im Original und in einer Uebersetzung aus dem 17. Jahrhundert:

> Salvia cum Ruta faciunt tibi pocula tuta.
> Salbei und Rauten vermengt mit Wein, lassen dir den Trunk nicht schädlich sein.
> Nobilis est Ruta, quia lumina reddit acuta.
> Der Rauten Tugend ist die Augen heiter machen, durch Hülf der Rauten sieht der Mensch die schärfsten Sachen.
> Foeniculus, Verbena, Rosa, Chelidonia, Ruta, Subveniunt oculis dira caligine pressis, ex istis aqua fit, quae lumina reddit acuta.
> Der Fenchel und das Eisenkraut, die Ros, das Schellkraut und die Raut sind dienstlich dem Gesicht, das Dunkelheit anficht. Hieraus ein Wasser zubereit, das bringt den Augen Heiterkeit.

Es würde viel zu weit führen, hier alle Anwendungsarten der Raute die z. B. Tabernaemontan auf 8½ Folioseiten mitteilt, wiederzugeben. Trotz des wenig angenehmen, besonders auch den Katzen, Mardern und Ratten widerlichen Geruches, wird die Pflanze doch da und dort als Gewürz zu Salat, Bäckereien usw. verwandt. Ausser gegen Erkältungen, Augen- und Ohrenleiden und Verdauungsstörungen wurde sie insbesondere gegen Eingeweidewürmer des Menschen und Pferdes, gegen Pest und andere ansteckende Krankheiten, gegen Epilepsie, Gicht, als Antiaphrodisiacum und als Abortivum gebraucht, besonders als letzteres auch heute noch da und dort im Volk. In Süddeutschland und in den Alpenländern wird sie auch wie die auch sonst ähnlich gebrauchten Rosmarin, Lavendel, Wermut, Eberraute usw. zu „Riechsträusschen" verwendet. Der englische Franziskanermönch Bartholomaeus, ein typischer Vertreter der im 13. Jahrhundert herrschenden theologisch-naturwissenschaftlichen Schule, berichtet im Anschluss an die Beschreibung des allen lebenden Wesen den Tod bringenden Basilisken (eines Fabelwesens), dass dieses Tier einzig vom Wiesel bezwungen werden könne, falls letzteres zuvor Raute gefressen habe. Der ärztliche Gebrauch der Weinraute ist gegenwärtig, selbst in der homöotherapeutischen Schule sehr beschränkt, da die Nebenwirkungen des Krautes unangenehm sind. Bei gesunden Menschen bewirkt die aus der frischen Pflanze gewonnene Tinktur heftiges Hautjucken und Ausschläge, Erscheinungen, die bei empfindlichen Leuten schon durch längeres Berühren der Laubblätter hervorgerufen werden. Die Tinktur bewirkt ferner das Auftreten melancholischer Stimmungen, lebhafte Träume, Störungen der Nachtruhe, Tagschläfrigkeit, migräneartige Kopfschmerzen, Schwindelgefühl, krampfhaftes Zucken der Augenlider, Beeinträchtigung der Sehkraft, Muskelschmerzen, Verlangsamung des Pulses, Schüttelfrost, Blutungen der Nase und namentlich des Zahnfleisches, Atemnot, Erbrechen, Durchfall, Harnandrang mit Schmerzempfindungen, Anregung des Geschlechtstriebes usw. (H. Schulz). Erwähnt sei, dass man gegenwärtig in gewissen Gegenden den Toten Kränze aus Raute um den Hals oder auf die Brust legt, die beim jüngsten Gericht zu lauter goldenen Blumen werden sollen. In Oberösterreich legt man ihnen, ehe der Sarg geschlossen wird, aus der Pflanze gebundene Weihbüsche auf die Bahre. Wahrscheinlich hat der starke Duft zu dieser Sitte Anlass gegeben. Die bildende Kunst hat sich mehrfach die Rautenblattform als Vorbild genommen. Als Rautenkrone findet sie sich in dem Wappen der Wettiner. Neuerdings wird die Pflanze auch als Bienenfutter zum Anbau empfohlen. In ähnlicher Weise wie R. graveolens werden im Mittelmeergebiet auch R. Chalepensis und die am stärksten riechende R. montana verwendet. Auf diese und verwandte halbstrauchige Arten, vielleicht auch auf andere Rutaceen, dürften sich die Angaben älterer Autoren (Flavius Josephus, Joh. Schröder, Camerarius) von mannshohen und selbst baumförmigen Rauten beziehen. Der letztgenannte will einen solchen Baum im Fürstlich-Württembergischen Lustgarten in Stuttgart gesehen haben. Auf den Laubblättern von Ruta graveolens wird durch Sphaerélla rhéa Fautr. eine Fleckenkrankheit hervorgerufen.

1808. Ruta Patavina [1]) L. (= Haplophýllum patavínum A. Juss., = H. linifólium Rchb., = R. linifolia Maly, non L.). Dreizählige Raute. Fig. 1714.

Kräftige Staude mit Erdstock. Stengel niedrig, meist nur 10 bis 25 cm hoch, ± dicht beblättert, behaart. Untere Laubblätter ungeteilt, länglich-verkehrt-spatelförmig, die mittleren und oberen 3-zählig eingeschnitten, meist 1,5 bis 2 cm lang und 3 bis 5 mm breit, mit länglichen bis linealen Abschnitten, kahl. Blüten auf dünnen, rauhhaarigen Blütenstielen von der Länge der Blüten oder etwas länger, in dichter Trugdolde. Kelchblätter bis zum Grunde getrennt, lanzettlich, etwas rauhhaarig, spitz. Kronblätter länglich, stumpf, nach dem Grunde verschmälert, kahl, ganzrandig, gelb. Staubblätter kaum kürzer als die Kronblätter, am Grunde spärlich bärtig. Fruchtknoten kahl, mit einwärts gebogenen, hörnchenartigen Fortsätzen von der halben Länge ihres Fruchtblattes. Kapsel mit stumpfen Lappen. — VI.

Fig. 1714. Ruta Patavina L. *a* Habitus der blühenden Pflanze. *b* Pflanze im Fruchtzustand. *c* Blüte. *d* Frucht. *e* Same.

Zerstreut an steinigen, heissen Hängen, leicht bebuschten Lehnen, in der Felsensteppe, auf steinigen Aeckern. Von der Ebene bis in die untere montane Stufe. In der Herzegowina bis 1300 m.

Im Gebiete nur in Krain bei St. Andrä nordwestlich der Adelsberger Grotte (1908 von Bornmüller aufgefunden).

Allgemeine Verbreitung: Nördliches Italien (in Venetien häufiger), Istrien (nur zwischen Parenzo und Fontane), Kroatien, Bosnien, Herzegowina, Montenegro.

---

[1]) Abgeleitet von Patávium, dem römischen Namen für die Stadt Padua.

CCCCXLVIII. Dictámnus[1]) L. Diptam.

Die Gattung ist monotypisch und gleichzeitig alleinstehend in der Subtribus der Dictámníae.

1809. Dictamnus álba L. (= Fraxinélla Dictamnus Moench, = D. Fraxinella Pers.). Weisser Diptam, Weisse Aschwurz, Aeschenwurz, Spechtwurz, Hirzwurz, Springwurz. Franz.: Dictame blanc, dictame commun, dictame des boutiques, fraxinelle; engl.: Dittany, fraxiella, hart's=eye; ital.: Dittamobianco, frasinella, limonella. Taf. 176, Fig. 1; Fig. 1688, 1715, 1716 und 1718.

Diptam stammt aus dem mittelalterlichen diptamnus, das seinerseits aus dem lat.=griech. dictamnus verderbt ist. Volksetymologische Anlehnungen sind z. B. Dippdapp (Baden), Dickdarm (so!) (Lübeck, Pfalz), Dickenda(r)m (obersächsisch).

Ausdauernde, 60 bis 120 cm hohe, zitronen= oder zimmetartig duftende Pflanze mit walzlicher, knotiger, stark verästelter, wagrecht oder schiefkriechender, weisslicher Grundachse. Stengel zu mehreren aufrecht, meist einfach, ± dicht flaumig behaart und besonders im oberen Teile mit schwarzen, sitzenden Drüsen besetzt. Untere Laubblätter fast sitzend, einfach, verkehrt=eiförmig (Fig. 1715 b), die übrigen gestielt, unpaarig gefiedert; Blättchen 7 bis 9, sitzend, schiefläng1ich=eiförmig, spitz oder stumpf, fein gekerbt=gesägt, durch kugelige Sekreträume durchscheinend punktiert, oberseits besonders auf den Nerven mit feinen, einfachen Härchen und auf 1= bis 4=zellreihigen Stielen sitzenden und mit kugeligem, mehrzelligem Köpfchen versehenen Drüsen, dunkelgrün, unterseits reichlicher mit einfachen, spärlicher mit drüsigen Haaren besetzt, hellbläulichgrün; Blattspindel schmal=geflügelt, einfach= und spärlich=drüsig behaart. Blüten in einfacher oder seltener zusammengesetzter Traube auf aufrecht abstehenden, an der Spitze umgebogenen, am Grunde mit lanzettlichen Vorblättern versehenen, reichlich drüsig= und spärlicher einfach=haarigen, bis 2,5 cm langen Stielen. Kelchblätter 5, lineal=länglich, etwa 5 mm lang,

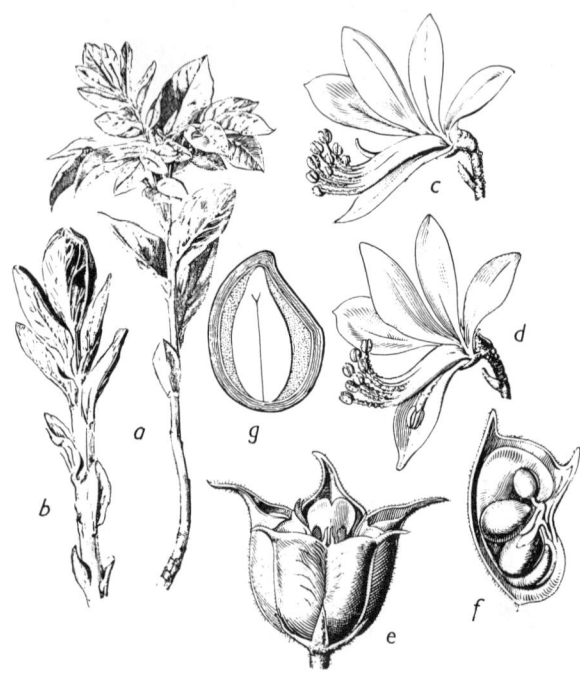

Fig. 1715. Dictamnus alba L. *a, b* Austreibende Sprosse. *c, d* Blüte in 2 verschiedenen Stadien der Entwicklung. *e* Reife Frucht. *f* Teilfrucht geöffnet. *g* Längsschnitt durch den Samen mit Keimling (Fig. *c, d* nach Knuth, Fig. *e* bis *g* nach Engler).

die unteren etwas länger als die oberen, ziemlich lang erhalten bleibend, stumpflich, auf der Unterseite und am Rande einfach= und drüsenhaarig. Kronblätter 5, breit=lanzettlich, spitz, nagelförmig in den Grund verschmälert, etwa 2 bis 2,5 cm lang, rosa mit dunkleren Adern und meist grünlicher Spitze, selten weiss oder ± einfach purpurrot, oberseits kahl, unterseits drüsig und ± reichlich einfach behaart, die 4 oberen Kronblätter aufrecht, das untere herabgebogen. Staubblätter 10, nach vorn gebogen, am Grunde des Diskus eingefügt, 30 bis 35 mm lang; Staubfäden fädlich, zugespitzt, im obersten Teile drüsig, im unteren Teile fein behaart; Staubbeutel rundlich=herzförmig. Diskus ringförmig, ziemlich dick. Fruchtknoten 5=lappig, auf kurzem Gynophor, in jedem Fache mit 3 bis 4 in der Bauchnaht stehenden,

---

[1]) Pflanzenname bei Vergilius und Plinius, δίκταμνος [díktamnos] bei Aristoteles vom Berge Δίκτη [Dikte] auf Kreta und θάμνος [thámnos] = Strauch abgeleitet, von Tragus auf die Aschwurz übertragen, von der man annahm, dass sie so kräftig wirke, dass sie selbst Pfeile aus den Wunden ziehe.

anatropen Samenanlagen; Griffel 1, fadenförmig, in der Mitte des Fruchtknotens entspringend, wie die Staubblätter abwärts gebogen, behaart oder fast kahl; Narbe einfach, stumpflich. Frucht kurzgestielt, eine in 5 Teilfrüchte zerfallende, runzelige, mit Drüsen und einfachen Haaren besetzte, etwa 1 cm lange Kapsel; Teilfrüchte zusammengedrückt, geschnäbelt, 2=klappig, bis fast an den Grund der Bauchnaht aufreissend; innere Schicht der Fruchtwandung (Mesokarp) elastisch abspringend. Samen birnförmig=kugelig, 4 mm lang, glänzend=schwarz, mit fleischigem Nährgewebe (Fig. 1715 g). — V, VI.

Zerstreut, aber stellenweise zahlreich an sonnigen, trockenen Orten:. in Trockenwiesen, an felsigen Hängen, in der Garide, in lichten Gebüschen und auf Laubwaldblössen; oft auch archaeophytisch (z. T. aus Gärten verwildert) an Weinberg= und Wegrändern. Von der Ebene bis in die untere montane Stufe: in Südtirol bis 800 m. Nur auf kalkreichen Böden.

In Deutschland in Süd= und Mitteldeutschland: im Jura Bayerischen Anteils südlich der Linie Nördlingen=Eichstätt=Berching=Keilstein bei Regensburg vielfach (nördlich davon fehlend), im Württembergischen Anteil am Rottensteinfelsen (gepflanzt), Kohlberg, Utzmemmingen=Trochtelfingen, im Badischen Anteil zerstreut, z. B. bei Geisingen, Ofingen, Engen; in Württemberg ferner im Unterland bei Mergentheim, Igersheim, Neukirchen, Diebach und Ensingen, früher auch bei Crailsheim=Kirchberg und Aumühle=Ellenberg, in Baden ferner bei Singen, am Hohenhöwen, Magdeberg, in den Schwarzwaldvorbergen am Isteinerklotz, Kleinkems, am Kaiserstuhl: Büchsenberg, Burkheim, Lützelberg, Sponeck, Limburg, in Nordbaden am Eichelberg bei Bruchsal, Welztal, Tauberbischofsheim, Reicholdsheim; im Elsass nur auf den Kalkvorbergen und (selten) in der Ebene; in der Pfalz bei Asselheim unweit Grünstadt, bei Neustadt, am Donnersberg (namentlich bei Spendel), Alsenztal bei Rockenhausen, im Nahetal und (seltener) im Glangebirge; im Rheinland im Nahe=, Mosel=, Mittelrhein=, Lahn= und unteren Nettetal; in Hannover bei Crinderode, Rüdigsdorf, Petersdorf; in Hessen=Nassau, im Regierungsbezirk Cassel und Hildesheim (seit 1922 bezw. 1923 geschützt); im Thüringischen Muschelkalkbecken, an der Au bei Wolfenbüttel, Fallsteine bei Veltheim, Hoppelberg und Hugwald bei Halberstadt, bei Neu= haldensleben, Rothenburg a. d. Saale, Sandersleben, Nakel, Oschersleben, Saures Holz; im nördlichen Bayern im Keuper=, namentlich im Gipskeupergebiete bei Flachslanden unweit Ansbach, Kloster Heilbronn, Windsheim, Altheim, Neustadt a. d. A., Bullenheimer= und Wiebelsberg im Steigerwald, Irmelshausen, zwischen Hernstadt und Königshofen, Trappstadt, Sulzheim, Grettstadt; im Muschelkalkgebiet ziemlich verbreitet, im Buntsandstein= gebiet zwischen Kreuzwertheim und Hasloch a. M.; in der Rhön bei Euerdorf; in Schlesien bei Ustron und Jauer (vielleicht nur verwildert). Ausserdem bisweilen aus Gärten verwildert, so z. B. in der Norddeutschen Tiefebene bei Teterow im Mecklenburg, auf den Heidebergen bei Suderow, bei Stettin und in Westpreussen im Kreise Schwetz (Pax hält im Hinblick auf ein ähnliches Vorkommen im polnischen Weichselgebiet [Wloclawek] ein natürliches Vorkommen für wahrscheinlich), früher auch bei Neuenburg. — In Oesterreich in Mittel= böhmen, der Elbeniederung, im Beraungebiet und am Fuss des Erzgebirges; in Schlesien bei Teschen; in Mähren im südlichen Teile häufiger, nördlich bis Brünn, Austerlitz, Bisenz; in Niederösterreich häufig im Gebiete der Pannonischen Flora und auf den Hügeln nördlich der Donau bis zum Manhartsberge; in Untersteiermark bei Stattenberg, auf dem Wotsch, auf der Stenica bei Neuhaus, auf dem Humber Tüffer; in Krain ziemlich verbreitet; in Südtirol in der Umgebung von Meran zerstreut, um Bozen gemein (z. B. bei Hörtenberg, zwischen Blumau und Kardaun usw.), im Eggental, im Etschland von Bozen bis Trient häufig, in der Umgebung von Rovereto gemein, bei Arco, Riva, am Varonewasserfall, im Ledrotal bis Barcesino, Vallarsa, Mori. — In der Schweiz im Kanton Schaffhausen bei Osterfingen, Ergoltingen, zwischen Schaffhausen und Herblingen, Beringen, Löhningen, Siblingen, im südlichen Tessin und im Wallis. — Ausserdem in Bauerngärten (z. B. in der Pfalz) angepflanzt.

Allgemeine Verbreitung: Südliches und gemässigtes Europa, nördlich bis zur Côte d'Or, zum Schwarzwald, Mosel= und Nahetal, Lahnstein, Elm, Maingebiet, Thüringen bis Fritzlar und Neuhaldensleben, Schlesien (Ustron), Böhmen, Ostgalizien, Mittelrussland; Sibirien, östlich bis zur Tsungarei, Nordchina, Kiautschau (Lauschan), Amurgebiet, Himalaya.

Die etwas wandlungsfähige Art zeigt in Mitteleuropa folgende Formen: var. genúina Rouy. Obere Kronblätter elliptisch=lanzettlich, am Grunde in den Nagel verschmälert, vorn spitz oder stumpflich. Die häufigste Form. Hierzu gehören: f. macrophýlla Schur. Laubblätter eiförmig bis elliptisch, bis 3 cm lang. — f. angustifólia (Don) (= var. lanceoláta Pasq.). Laubblätter lanzettlich, meist kahl. In Mitteleuropa nur in Gärten. — f. microphýlla Schur. Laubblätter sehr klein, höchstens bis 1,8 cm lang, länglich=stumpf. — Nach der Ausbildung des Fruchtknotens können ferner unterschieden werden: f. týpica Beck. Fruchtknoten entweder sitzend oder fast sitzend. — f. stipitáta Beck. Fruchtknoten deutlich gestielt. Die Kronblätter dieser Formen sind rosa oder fast rot, mit fast violetten Nerven (l. purpúrea Rouy.), weiss (l. albiflóra [Koch])

oder rein rot und grossblumig (l. grandiflóra hort. [= D. májor hort.]). Eine Form mit sehr kurzen Frucht=
stielen wird als f. séssilis (Wallr.) bezeichnet. — var. obtusiflóra (Koch). Kronblätter breit=elliptisch
bis elliptisch, die 3 oberen ganz stumpf, mit einem Stachelspitzchen, das oberste meist ausgerandet. Frucht=
knoten länger als der Gynophor. Laubblätter kürzer als beim Typus (nur etwa $1/4$ so lang), klein gekerbt.
In Südtirol von Bozen südwärts bis Trient und am Gardasee. — Im östlichen Europa treten als weitere Formen
auf: var. Caucásica Boiss. (= D. gymnóstylis Stev.). Obere Kronblätter eiförmig, an der Spitze abgerundet
und seicht gekerbt, gegen den Grund abgerundet und plötzlich in den Nagel zusammengezogen. Heimisch in
Südrussland, auf der Krim, im Kaukasus; im Gebiet bisweilen in Gärten gezogen. — var. Macedónica Borb.
Aehnlich der var. genuina; in Montenegro.

Dictamnus albà gehört zu den thermophilen, eurasiatischen Arten. Am häufigsten findet sich diese
schöne Pflanze in Trockenwiesen von der Art des Stipetum pennatae oder Brometum erecti (über Begleit=
pflanzen vgl. Alsine fasciculata, Bd. III, pag. 394). An felsigen Hängen und Basaltfelsen des Böhmischen
Mittelgebirges sind nach Domin bei ihr etwa anzutreffen: Triticum glaucum, Festuca glauca, Iris nudicaulis,
Arabis arenosa, Sedum mite, Sempervivum soboliferum, Potentilla arenaria, Cytisus nigricans, Viola arenaria,
Seseli glaucum usw. Gradmann führt die Art unter der Pontischen Steppenheidegenossenschaft an, zu der
Allium fallax, Allysum montanum, Coronilla montana und C. vaginalis, Potentilla canescens und P. rupestris,
Rhamnus saxatilis, Seseli annuum, Libanotis montana, Linum flavum, Nepeta nuda, Asperula glauca, Carlina
acaulis, Tragopogon major und Hieracium cymosum gehören. Auch im Hercynischen Florenbezirk sind die Begleiter nach Drude sehr ähnlich. Eine Zuteilung zum montanen Elemente, wie es Wangerin (Die mon=
tanen Elemente in der Flora des nordost= deutschen Flachlandes 1919) tut und bei welchem Dictamnus seiner ganz isolierten, früheren Vorkommen im Kreise Schwetz (Westpreussen) wegen neben Aspidium lo= batum, Luzula silvatica, Cephalanthera alba, Phyteuma orbiculare, Senecio crispatus usw. genannt wird, dürfte sich kaum aufrecht erhalten lassen. In lichten Gebüschen wird die Pflanze meist seltener, dringt aber an der Quarnero küste sogar in den lückigen Lorbeerwald ein. In dichteren Hochwäldern ist sie dem Untergange geweiht. — Der Diptam gehörte früher jedem besseren Zier= und Bauerngarten an. Seine Beliebtheit verdankte er z. T. dem Umstand, dass sich seine Frucht= stände infolge ihres reichlich vorhandenen Oelgehaltes an schwülen, windstillen Tagen leicht zur Entzündung bringen lassen, an dunklen Abenden sogar mit leuchtender Flamme (Vergleich mit dem feurigen Busch der Bibel) brennen. Die Pflanze soll dabei nicht leiden. Ferner lieferte Dictamnus früher die offizinelle Rádix Dictámni s. Diptámni s. Fraxinéllae. Die ersten ziem=
lich sicheren Nachrichten über die Ver= wendung als Heilpflanze, in der Bitterstoffe und verschiedene Salze festgestellt worden sind, stammen von der Hl. Hildegard von Bingen (12. Jahrhundert), von Albertus Magnus und Konrad von Megenberg.

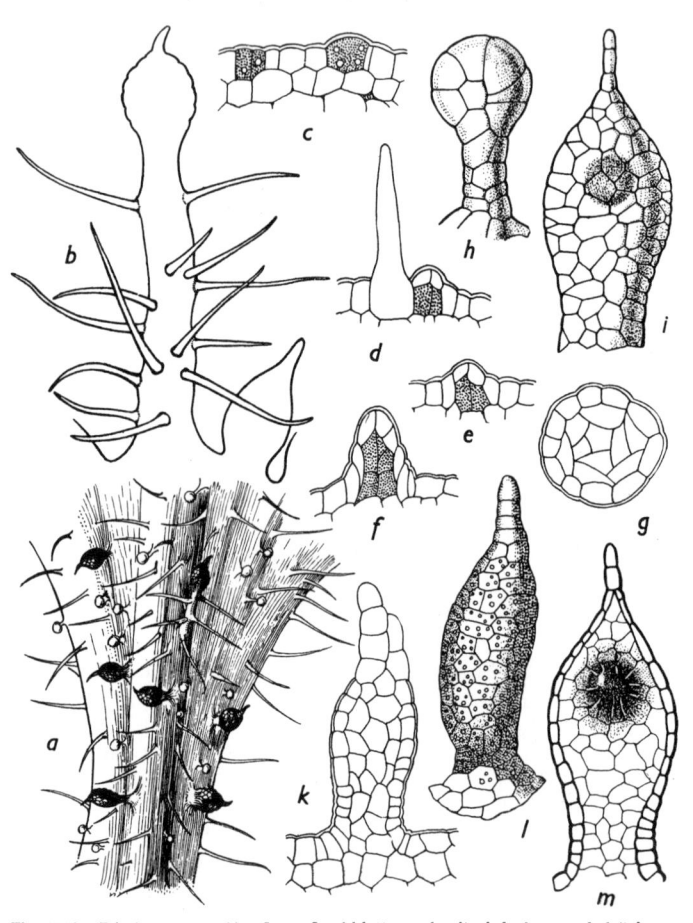

Fig. 1716. Dictamnus alba L. *a* Laubblattgrund mit einfachen und drüsigen Haaren. *b* Mit einfachen Haaren besetztes Drüsenhaar. *c* bis *m* Entwicklungs=
stufen eines Drüsenhaares (*e* bis *g*, *k* und *l* nach Rauter, *h*, *i* und *m* nach Tschirch), die übrigen Originalfiguren.

Hingegen müssen noch weiter zurückliegende Ueberlieferungen, so die im Capitulare de villis von Ludwig dem
Frommen (812), mit Vorsicht behandelt werden, da es sich dort vielleicht um die im Mittelalter viel kultivierte Labiate
Amáracus Dictámnus L. (= Dictamnus Créticus der Alten) handelt. Auch die Angaben über die „wiswurz"
der Glossae Theodiscae aus dem 9. Jahrhundert bieten keinerlei sichere Anhaltspunkte. Gegenwärtig kommt

Dictamnus in Würzburg noch massenhaft auf den Markt. Zusammen mit den Wurzeln von Imperatoria Ostruthium, Angelica officinalis, Inula Helenium, Carlina acaulis und Pimpinella ergibt die Pflanze ein in Volkskreisen benütztes, magenstärkendes Mittel. Nach Paula v. S c h r a n k (1789) wurde die Wurzel früher auch mit Zucker eingesotten. Das Pulver wird für sich allein oder mit Ingwer oder der Wurzel von Acorus Calamus messerspitzenweise gegen Magenkrämpfe, Würmer, Wechselfieber und Unterleibsstockungen der Frauen angewendet. Ein Gemenge von Diptamwurzel, Päonienwurzel und getrockneten Mistelzweigen geht als Geheimmittel gegen die Epilepsie. S t o e r k hingegen stellte bei Anwendung einer aus der Wurzel hergestellten Tinktur eine Verstärkung epileptischer Anfälle fest. Die Homöopathie bereitet aus den frischen Pflanzen eine Essenz, die potenziert bei Frauenkrankheiten verwendet wird (Z i e g e n s p e c k). Aus den Samen und den Blüten wurde früher ebenfalls ein medizinisches Mittel gewonnen. Ein Aufguss der Pflanze soll früher als Schönheitsmittel benutzt worden sein. In Sibirien dienen die jungen Laubblätter als Tee-Ersatz. Im H o r t u s E y s t e t t e n s i s wurde die Pflanze bereits unter dem Namen Fraxinella, gemeiner Diptam oder Aschwurz gezogen. In Niederbayern, Schwaben, in der Pfalz, Mittel- und Unterfranken, sowie bei Bruchsal und Engen in Baden ist die Pflanze gesetzlich geschützt. — Die nach Zitronen oder Zimmet duftenden Blüten sind proterandrisch und ähneln in ihrem blütenbiologischen Verhalten denen der Rosskastanie. Die dem unteren Kronblatt aufliegenden Staubblätter sind im männlichen Zustande oberhalb der Mitte aufrecht gekrümmt und verstäuben nacheinander, wobei die 3 hinteren, epipetalen beginnen. Der Griffel ist bis zu dieser Zeit zwischen den Staubblättern verborgen, die Narbe etwas abwärts gekrümmt. Nach dem Verstäuben strecken sich die Staubfäden gerade, sodass der rechtwinkelig aufwärts gekrümmte Griffel dadurch frei wird und nun seinerseits den Weg zum Nektar versperrt. Anfliegende Insekten, namentlich Apiden, lassen sich auf den Staubblättern und dem Griffel nieder. Die Blütendauer währt 8 Tage. Nach dieser Zeit entblättert sich die Blüte, indem zunächst die Kronblätter, dann die Staubblätter und schliesslich der Griffel abfallen, während der Kelch ziemlich lange erhalten bleibt. Die Bewegung der Staubblätter wird im Gegensatz zu denen von Ruta durch die Schwerkraft bedingt. Nach D u f o u r bleiben auf dem Klinostaten die Blüten radiär und die Staubblätter und Griffel führen keine Bewegungen aus. Verdunklung ist dabei ohne Einfluss. Die durch Drüsen und dickliche Borsten rauhen Balgkapseln zeigen folgenden wirksamen Oeffnungsmechanismus: Bei der Fruchtreife platzen sie im oberen Teile der Bauchnaht auf, wobei die Innenseite des oberen Mesokarpteiles blossgelegt wird. Dann reisst sich der Mesokarpteil vom oberen Endokarp-Hauptstück los, während dessen unterer Teil geschlossen bleibt und mit dem zugehörigen Mesokarpteil eine hülsenartige Röhre bildet, in welcher die Samen eingeschlossen liegen. Der hakenförmig gebogene obere Teil des Mesokarps trocknet nun aus und übt dabei einen immer steigenden Zug auf das Epikarp aus, dem nur die feste Verwachsung an der oberen Kante an den beiden Spitzen der Teilfrucht und im unteren Mesokarp noch Widerstand gegen ein Losreissen gewährt. Bei weiterem Austrocknen lockert sich auch der obere Rand, so dass dann bereits eine leichte Berührung genügt, um beide Teile zu trennen. Die Hälften schlagen zusammen, rollen sich ein und werden aus der Frucht geschleudert. Dabei wird die vom Endokarp zusammengehaltene Hülse zerrissen und die Samen mit grosser Gewalt herausgeworfen. Die grösste gemessene Wurfweite beträgt über 2 m. Die Keimung der Samen wird durch Licht sehr stark verzögert. Die Entwicklung der eigenartigen, mützenförmigen Drüsenhaare nimmt nach J. R a u t e r (Zur Entwicklungsgeschichte einiger Trichomgebilde in Denkschriften der K. Akademie der Wissenschaften Wien, 1870) folgenden Verlauf (Fig. 1716): Eine Oberhautzelle teilt sich, ohne vorher papillös zu werden, in 4 Tochterzellen, deren jede wieder durch eine parallel zur Epidermis verlaufende Wand in 2 weitere Zellen zerlegt wird, sodass 2 Stockwerke mit je 4 Zellen entstehen. Die untere Lage beginnt sich nun zu strecken und wölbt dadurch die oberen Zellen empor. Gleichzeitig setzt eine lebhafte Zellteilung ein, die zu einer Aufbauchung im Inneren führt. In jungen Stadien sind diese so entstehenden Drüsenhaare farblos und dicht mit protoplasmatischer Masse erfüllt. Später wird der Inhalt durch Chlorophyll grün gefärbt und wandelt sich zuletzt in ein ätherisches Oel um. Dieses dient nach den Untersuchungen von S t a h l als Schutz gegen Schneckenfrass, zur Zeit des Eintrocknens nach L u d w i g auch als Abwehrmittel gegen Insekten, die am Stengel emporkriechen (vgl. auch Detto, C. Flora 1903). — Bildungsabweichungen sind bei Dictamnus häufig. Es wurden z. B. festgestellt: pelorische Gipfelblüten, Vergrünung aller Blütenkreise, wozu sich oft Durchwachsungen gesellen können, regelmässigstrahlig gebaute Blüten, Tetra- und Hexamerie, Verwachsung von Kelch- bezw. Kronblättern, monadelphische Verwachsung der Staubblätter, Verkümmerung von 5 Staubblättern zu Staminodien, Verbänderungen usw. An den Stengeln findet sich bisweilen die Ascomycete O p h i ó b o l u s d i c t á m n i (Fuck.).

67. Fam. **Simarubáceae.**[1]) Bitterholzgewächse.

Bäume oder Sträucher mit bitterer Rinde. Laubblätter wechselständig oder seltener gegenständig, gefiedert oder einfach, meist ganzrandig, niemals durchscheinend punktiert.

---

[1]) S i m a r ú b a ist der Name, den die Eingeborenen einem zu dieser Familie zählenden Baume geben.

Blüten meist klein, unscheinbar, 3= bis 7=zählig, strahlig, zwitterig oder durch Verkümmerung ein=
geschlechtig, meist in achselständigen, seltener endständigen Rispen. Kelchblätter frei oder ver=
bunden. Kronblätter frei, meist dachig, seltener klappig, frei oder verbunden. Blüten=
achse zwischen den Staubblättern und den Fruchtblättern meist zu einem ring= oder becher=
förmigen, gekerbten oder gezähnten Diskus erweitert oder zu einem $\pm$ entwickelten Gyno=
phor verlängert. Staubblätter meist in 2 Kreisen angeordnet, doppelt so viel oder gleich viel
wie die Kronblätter, am Grunde oft mit einem schuppenförmigen Anhängsel; Staubbeutel an
der Spitze des Staubfadens aufsitzend, länglich oder eiförmig, mit Längsspalten sich öffnend.
Fruchtblätter 4 oder 5 oder weniger, oft am Grunde frei und nur durch die Griffel oder
durch die Narbe verbunden, bisweilen auch ganz vereint und einen 1=fächerigen, mit 1, selten
mit 2 neben= oder übereinanderstehenden Samenanlagen versehenen Fruchtknoten bildend;
Griffel häufig am Grunde oder an der Bauchseite der Fruchtblätter entspringend oder end=
ständig, selten völlig vereint, meist nur oben und durch die Narbe verbunden, bisweilen
völlig getrennt. Frucht eine 2= bis 5=fächerige Steinfrucht oder aus trockenen, geflügelten oder
steinfruchtartigen Teilfrüchten bestehend. Samen ohne oder mit nur sehr dünnem Nährgewebe.
Keimling ziemlich gross, selten leicht gekrümmt und meist mit dicken, gewölbten oder flachen,
schmalen Keimblättern.

Die rund 125 zu etwa 30 Gattungen gehörenden Arten der Familie verteilen sich auf 4 gut ge=
schiedene Unterfamilien, von denen die Simaruboídeae nur 1 Samenanlage, die anderen hingegen deren
2 besitzen. Bei den Surianoídeae sind die Fruchtblätter frei, bei den Picramnoídeae und Alvara=
doídeae vereint. Letztere zwei Unterfamilien unterscheiden sich dadurch voneinander, dass die Picram=
noídeae hängende, die Alvaradoídeae grundständige Samenanlagen besitzen. Die Familie bewohnt mit
wenigen Ausnahmen — Arten der Gattung Ailánthus Desf. in Ostasien und der monotypischen Gattung
Holacántha A. Gray in Neu=Mexiko — die Tropen und Subtropen. Ihre Gattungen sind meist artenarm
und auf $\pm$ enge Bezirke beschränkt. Die Zahl der endemischen, monotypischen Gattungen ist nicht un=
bedeutend (so z. B. die oben bereits erwähnte Gattung Holacántha in Neu=Mexiko, Picrolémma Hook. f.
am Alto Amazonas in Brasilien, Hyptiándra Hook. f. in Queensland, Kírkia Oliv. in Ostafrika). Weitere
Gebiete besiedeln etwa die Gattungen Brúcea J. S. Müller und Harrisónia Juss. (altweltliche Tropen),
Irvíngia Hook. (Afrika, Asien), Samádera Gaert. (Madagaskar, Südasien, Australien). Suriána L. ist
kosmopolitisch=tropisch. Dieser Verbreitung und der scharfen Trennung der Unterfamilien zufolge erscheinen
die Simarubaceen als Reste einer alten tropischen Familie, die sich allerdings fossil bisher nur bis in das
Tertiär hat zurückverfolgen lassen (vgl. unter Ailanthus). In ihrem Auftreten schliessen sich die meisten
Arten dem Gebüschgürtel tropischer Wälder an, in denen sie z. T., wie Arten von Harrisonia (R. Br.) Juss., als
Klimmer auftreten. Seltener sind Simarubaceen als Waldbildner selbst beteiligt, wie Arten der Gattungen
Mánnia Hook. f., Irvíngia und Desbordésia in Westafrika, Ailanthus z. T. in Südasien und einige
Arten von Simarúba Aubl. in Amerika. Zu den wenigen Xerophyten zählen der Meerstrandbewohner
Suriána marítima L., der blattlose Wüstenstrauch Holacantha Emóryi A. Gray und die durch häufig
stark verdornten Wuchs und kleine lederartige Laubblätter an Steppenklima angepassten Castélia=Arten.
Sommergrüne Arten sind selten (Ailanthus=Arten). — Bezeichnend für die Familie und ihre medizinische
Wertschätzung bedingend ist der Besitz an Bitterstoffen in Rinde und Laubblättern, auf deren Anwesenheit
bei der Bezeichnung der Gattungen vielfach Bezug genommen worden ist, wie die Namen Picrásma Bl.,
Picrocárdia Radlkofer, Picrodéndron Pl., Picrélla Baillon usw. zeigen. Durchgreifende Merkmale
im anatomischen Bau gegenüber anderen Familien sind bisher noch nicht aufgefunden worden; doch treten
bei vielen Arten auffallende, das Mesophyll der Laubblätter zahlreich durchsetzende Ideoplasten auf. Für
die Gliederung innerhalb der Familie selbst besitzt jedoch nach P. Caspari (Beiträge zur Anatomie der
Simarubaceenrinden, 1918) die Anatomie der sekundären Rinde grosse Bedeutung und kann in einzelnen Fällen sogar
zur Abgrenzung verwandter Arten von einander benutzt werden. Die Verwandtschaft der Simarubaceen wird
in erster Linie bei den ihnen in vielen Punkten sehr ähnlichen Rutaceen und Burseraceen gesucht. Nach
den sero=diagnostischen Untersuchungen der Königsberger Schule soll sich die Familie zwischen die Buxaceen
und Burseraceen einschalten (Fig. 1608), während die Rutaceen nur weitläufiger damit verwandt wären, wenn=
gleich sie sich von den Simarubaceen durchgreifend nur durch den Besitz der Oeldrüsen trennen lassen.

Die Unterfamilien der **Surianoídeae** mit Suriana und Cadellia und **Alvaradoídeae** mit der einzigen
Gattung Alvaradóa Liebm. besitzen keine wirtschaftliche Bedeutung. Die **Simaruboídeae** umfassen 5 Tribus.

Zu den Simarúbeae mit Ligularschuppen in der Blüte gehört die aus kleinen Bäumen bestehende Gattung Samadéra Gärtn., in der S. Indica Gaertn. einen giftigen, bei Kaltblütlern nervenlähmenden, dem Quassiin ähnlichen Bitterstoff in der blassgelben Rinde und in den Samen enthält. Die Rinde wird an der Malabarküste als Fiebermittel benutzt, das aus den Samen gewonnene Oel findet in Indien gegen Rheumatismus Verwendung. Auszüge aus dem Holz wirken tonisch. — Die von Florida und Westindien bis zum mittleren Brasilien verbreitete Gattung Simarúba Aubl. und die ihr nah verwandte, südamerikanische Gattung Simába Aubl. sind medizinisch sehr wertvoll. Von Simaruba amára Aubl. (= S. officinalis DC. non Macf.) soll die offizinelle Córtex Simarúbae (Pharm. Helv.) stammen, die neben fettem Oel, Harz, einem fluoreszierenden Stoffe und nichtbitteren Stoffen den kristallinischen, wirksamen Bitterstoff $C_{22}H_{30}O_9$, nach früheren Angaben auch Quassiin enthält und gegen Durchfall und Ruhr Verwendung findet. Caspari hat festgestellt, dass z. Z. als Cortex Simarubae die Rinden zweier Arten geführt werden und zwar neben der Orinokko- und Surinam-Rinde (von S. amara) seit 1904 die Maracaibo-Rinde, die wahrscheinlich von einer Simaba-Art (S. suffruticósa Engl.?) stammt. Zu den nichtoffizinellen Rinden gehört diejenige von Simaruba officinális Macf. (= S. medicinális Engl., = S. amara Hayne, = S. glaúca DC., = Quássia Simarúbae Wright). — Der Aufguss der Rinde und Laubblätter der brasilianischen S. versícolor St. Hilaire dient in Brasilien als Mittel gegen Schlangenbisse, Eingeweidewürmer und syphilitische Ausschläge, gepulvert auch als wirksames Vertilgungsmittel von Insekten. — Von der Gattung Simaba mit 19 baum- und strauchförmigen Arten werden in Brasilien die Rinden von S. ferrugínea St. Hilaire und S. salúbris Engl. als Calungarinden gegen Fieber, Durchfall und als Anregungsmittel benutzt. Auf Reisen werden als Schlangengiftschutz die grossen Samen der bis 5 m hohen S. Cédron Planch. mitgeführt, deren gepulverte und in Branntwein aufgelöste Kotyledonen in die frische Bisswunde eingerieben werden. Der Aufguss der Pflanze hat sich auch als gutes Vertilgungsmittel von schädlichen Insekten in Herbarien bewährt. — Quássia[1]) amára L., Brasilianischer Quassiabaum. Mittelhoher Baum mit gefiederten Laubblättern, lanzettlichen, zugespitzten, dünnen, beiderseits grünen, ganzrandigen Fiederblättchen und ziemlich grossen, roten, traubig oder rispig angeordneten, zwitterigen Blüten. Kelchblätter rundlich oder eiförmig, am Grunde vereint, dachig. Kronblätter 5, länglich, gross, aufrecht oder zusammen geneigt, oben gedreht. Staubblätter 10, am Grunde des Diskus eingefügt; Staubfäden schmal-linealisch, am Grunde mit einer kurzen, verkehrt-eiförmigen, dichtwolligen Ligularschuppe. Fruchtblätter 5; Griffel von unten bis oben vereint; Narbe nur wenig breiter als der Griffel, schwach 5-lappig. Frucht mit 5 spreizenden, 1-samigen Teilfrüchten. Die bis meterlangen, nicht über 10 (meist nur 2 bis 7) cm dicken, geraden oder krummen Stammstücke kommen, meist noch mit der leicht ablösbaren Rinde bedeckt, zum grossen Teil über Surinam unter den Bezeichnungen Surinam-Quassienholz, Lígnum Quássiae Surinaménse (Pharm. Germ., Austr., Helv.), Fliegenholz (Fliegengift) oder Bitterholz in den Handel. Holz und Rinde der höheren Stammteile enthalten den Bitterstoff Quassiin (nach neueren Untersuchungen ein Gemisch von 4 homologen Bitterstoffen) und Quassol, das Holz ausserdem anscheinend ein Alkaloid. In der Rinde der Wurzeln und unteren Stammteile sind ferner Apfelsäure, ein ätherisches Oel, Gallussäure, Calciumtartrat, Chlorcalcium, Calciumsulfat und Calciumacetat (?) nachgewiesen worden. Das ausserordentlich stark und bitter schmeckende Holz wird seit alten Zeiten von den Eingeborenen Brasiliens als Magenmittel verwendet und kam etwa in der Mitte des 18. Jahrhunderts nach Europa. Linné hat sich in seiner Dissertation eingehend damit beschäftigt. Die Rinde wurde früher in England in der Bierbrauerei als Hopfenersatz verwendet. In der Medizin dient sie, wenn auch selten, als Gift gegen Spulwürmer, ferner gegen Syphilis, früher auch als tonisches, magenanregendes und als Fiebermittel. — Zur Tribus der Picrásmeae, deren Staubfäden am Grunde keine Schuppen besitzen, zählen u. a. die eingangs bereits erwähnten Gattungen Holácantha, Brúcea, Picrásma[2]), Picrélla, Picrolémma und Ailanthus (pag. 80). Die 5 im tropischen Afrika und tropischen Australien einheimischen Bäume oder Sträucher der Gattung Brucea sind alle sehr bitter. Die Früchte und Rinde der B. antidysentérica Lam., eines kleinen Bäumchens mit dichter, rostroter Behaarung und zusammengezogenen, fast ährenförmigen Rispen, werden in Abessinien gegen Fieber und Durchfall verwendet. In Ostindien werden alle Teile der B. Sumatrána Roxb. als magenstärkend geschätzt; auch kommen sie gegen Ruhr, Wechselfieber und Würmer zur Anwendung. — Picrásma (= Picraéna) excélsa Planch., der Jamaika-Quassiabaum, ein bis 20 m hoher, eschenartiger Baum mit 4- bis 5-paarigen, starren, glänzenden Laubblättern, deren Fiederblättchen länglich und stumpf zugespitzt sind, und kleinen, gelblichgrünen, zu reichblütigen, trugdoldigen Rispen angeordneten Blüten, liefert in ihrem Holze das offizinelle, als bitteres Magenmittel verwandte Lígnum Quássiae Jamaicénse (Pharm. Germ., Austr.), das höher als die von Quassia amara stammende Droge bewertet wird. Es sind darin Picrasmin (ein Gemisch ver-

---

[1]) Der Name Quassia soll vom Eigennamen eines Negersklaven stammen, der als erster in den westindischen Zuckerplantagen die heilsame Wirkung des Holzes gegen Fieber und Magenbeschwerden entdeckte, zwei Krankheiten, die in jenen Gebieten durch den Genuss von Zuckerabfällen häufig entstehen.

[2]) Im Jahre 1908 wurde von Hesse versuchsweise P. ailanthoides Planch. als Ziergewächs eingeführt.

schiedener Stoffe), nach früheren Angaben auch Quassiin, ein Steropten u. a. m. nachgewiesen worden. Aus diesem Holze hergestellte Becher, die mit Wasser gefüllt werden, sollen letzterem in kurzer Zeit einen intensiv bitteren Geschmack verleihen. — Die kleine, 3 monotypische Gattungen umfassende Tribus der Soulaméeae, sowie die nur durch Kirkia acumináta Oliv. vertretene Tribus der Kirkieae liefern keine Nutzpflanzen. — Zu der Tribus der Irvingieae mit 5 bis 2 völlig verbundenen Fruchtblättern mit je 1 oberhalb der Mitte des Faches hängenden Samenanlage zählt die häufig durch grosse Höhe, lederartige, kahle, längliche, fiedernervige Laubblätter und kleine, nach Maiglöckchen duftende Blüten kenntliche Gattung Irvíngia Hook. f., die teils im tropischen Afrika, teils in Malakka und Cochinchina lebt. Die Früchte aller Arten werden gegessen, insbesondere die Samen, in deren Keimblättern — ebenso wie in den Laubblattstielen und in der Rinde — lysigene, Arabin enthaltende und von fettreichen Zellen umgebene Schleimbehälter vorkommen. Aus den Samen der in Cochinchina heimischen I. Olivéri Pierre wird die „Cay=Cay=Butter" bereitet, die in Malakka und in ihrer Heimat zur Bereitung von Kerzen dient. Von den gerösteten Samen von I. Gabonénsis (Aubry=Lecomte) Baill. stammt die Dika=Butter, die vortrefflich zur Herstellung von Seifen, Pomaden, Gold=Crème, Ceratan u. a. geeignet ist. Gemischt mit Zucker lassen sich die Samen auch zu einer wohlschmeckenden, billigen Schokolade verarbeiten. Ferner wird aus den gerösteten Samen, die mit denen von Fegimaúra Africána Pierre und Pentaclethra macrophýlla Benth. vermischt werden, das nahrhafte „Dika=Brot" hergestellt, das zu $^4/_5$ fette Körper, Glyzeride, 10% albuminoside Stoffe, etwas Zucker und andere Stoffe enthält. Das harte Holz aller Arten ist schwer zu bearbeiten und dient vorzugsweise zu Pfählen. — Die Unterfamilie der **Picramnioídeae** enthält nur die Gattung Picrámnia Sw. Bäume und Sträucher mit unpaarig gefiederten Laubblättern, 2=häusigen, meist sehr kleinen, in Knäueln scheinbar ähren= oder traubenförmig stehenden Blüten und hängenden Samenanlagen. Die etwa 30 im tropischen Amerika von Florida, Westindien und Mexiko bis Paraguay wachsenden, einander ziemlich nahestehenden Arten zeichnen sich durch ihre sehr bittere Rinde aus, die z. B. gegen Ruhr Verwendung findet, wie z. B. die von P. pentándra Sw. stammende Hondurasrinde. Eine andere unbekannte Art liefert die als Radix Picrámnia bekannte, wahrscheinlich das Alkaloid Picramnin enthaltende Droge. In den Laubblättern und im Holze tritt ein an der Luft sich schön violett verfärbender grüner Farbstoff auf.

CCCCXLIX. **Ailánthus**[1]) Desf. Götterbaum.

Hohe, bisweilen stark duftende Bäume mit abwechselnden, unpaarig vielzählig gefiederten Laubblättern mit schief lanzettlichen, ganzrandigen oder buchtig gezähnten Blättchen. Blüten zu 2 bis 3 gebüschelt, in meist endständigen reichverzweigten Rispen, ziemlich klein, zwitterig und eingeschlechtig (Fig. 1717 b, c). Kelchblätter 5 bis 6, zur Hälfte oder darüber verwachsen, mit 3=eckigen oder halbeiförmigen Lappen. Kronblätter 5 bis 6, viel länger als die Kelchblätter, klappig. Diskus kurz, 10=lappig. Staubblätter in den männlichen Blüten 10, in den weiblichen und zwitterigen weniger oder ganz fehlend, ohne Ligularschuppen. Fruchtknoten in den männlichen Blüten verkümmert oder ganz fehlend, in den weiblichen und zwitterigen 5 bis 6 (seltener weniger), mit je 1 hängenden, in der Mitte des Faches angehefteten Samenanlage; Griffel frei und mit abstehenden oder zurückgebogenen Narben oder vereint und mit abstehenden Narben. Frucht frei, unten und oben in einen dünnen Flügel übergehend, lineal=länglich, in der Mitte mit eiförmigem, querliegendem Fach und querliegendem, zusammengedrücktem, dünnschaligem Samen. Keimling mit kurzem Stämmchen und flachen, verkehrt=eiförmigen oder kreisförmigen Keimblättern.

Die Gattung umfasst etwa 7 Arten, die in Vorder= und Hinterindien und in Ostasien heimisch sind. Wie fossile Funde gezeigt haben — die Früchte sind sehr bezeichnend und leicht erkennbar — war das Verbreitungsgebiet im Tertiär viel weiter und erstreckte sich von Nordchina über das Amurland oder Japan bis in das westliche Nordamerika und auch im europäischen Mittelmeergebiet und in Mitteleuropa traten Arten der Gattung auf. — Das weiche Holz der A. Malabárica DC. von Vorderindien und Ceylon wird besonders zu Tischlerarbeiten und Teekisten verwendet. Als Droge wird die Art bereits in der Mitte des 1. nachchristlichen Jahrhunderts in der vermutlich von Vincent stammenden Schrift Periplurs maris Erythraei, einer geographischen Reisebeschreibung, erwähnt. Die von Indien bis Queensland verbreitete A. excélsa Roxb. liefert ein tragantartiges Gummi. Die Rinden beider Bäume werden medizinisch verwandt, die der ersteren Art gegen Verdauungsschwächen, die der letzteren zur Bereitung reizender Salben. Sie sollen Quassiin und

---

[1]) Der Baum heisst auf den Molukken Ailanto, d. h. Baum des Himmels, wegen seiner Höhe.

Ailanthussäure enthalten. Ausser der nachstehend behandelten A. glandulosa werden bisweilen angepflanzt: A. Vilmoriniána Dode (= A. glandulosa Desf. var. spinósa Boiss.). Zweige reich mit kleinen, gelbroten, behaarten, sehr ungleichen Stacheln besetzt. Laubblätter bis über 1 m lang; Blattspindel behaart; Fiederblättchen 33 bis 35, mehr gerade und plötzlich zugespitzt, oberseits tiefgrün, ± feindrüsig und auf den Nerven behaart, unterseits graugrün, ± weich behaart. Frucht 4 bis 5 mm lang und 12 bis 13 mm breit. In der chinesischen Provinz Scetschuan heimisch. Kurz vor der Jahrhundertwende eingeführt. — A. Sutschuenénsis Dode. Bis 20 m hoher Baum mit hellbraunem, jung lichtgrünem Stamm und dichter Verästelung. Laubblätter bis 1 m lang, 12- bis 15-paarig gefiedert; Fiederblättchen keilförmig, am Grunde seicht gelappt, nicht so übelduftend wie bei A. glandulosa, stark gerippt und genervt, leicht flaumhaarig; Blattstiele purpurrot. Flügel der Samen regelmässig flach-kahnförmig, etwas grösser als bei A. glandulosa. Heimat: China. Der prächtige Baum wächst z. B. auf einer Hochebene bei Siang-yang (Hou-peh) zusammen mit Aesculus, Quercus, Rhus, Pinus und Pterocarya und steigt bis 2000 m. In China bereitet man aus den Samen ein vorzügliches Brenn- und Speiseöl (Vgl. Mitteilungen der Deutschen Dendrologischen Gesellschaft, 1908). Die Art wurde 1893 in Deutschland eingeführt und befindet sich z. B. in Weener (Ostfriesland) in Kultur. Sie zeichnet sich durch grosse Raschwüchsigkeit aus und kann bereits 1-jährig als Gartenschmuck oder als Topfpflanze Verwendung finden. — A. Giráldii Dode. Baum mit aschgrauer Rinde und weitausgebreiteter Krone. Laubblätter 1 bis 1,7 m lang, 15- bis 16-paarig gefiedert; Fiederblättchen breit lanzettlich, bis 24 cm breit (an jungen Bäumen noch breiter), spitz, etwas sichelförmig, mit unterseits etwa 16 Nerven, kurz gestielt mit jederseits einem Läppchen, dunkelgrün; Blattstiel braunrot. Weniger unangenehm als A. glandulosa riechend. Flügel etwas kleiner als bei A. grandis. Heimat: China. In den 90 er Jahren des vergangenen Jahrhunderts nach Italien eingeführt. Für Deutschland noch fraglich.

1810. Ailanthus glandulósa Desf. (= A. altíssima [Miller] Siringle, = Toxicodéndron altissimum Miller, = Rhús Cacodéndron Ehrh., = Ailanthus Cacodendron Schinz et Thellung). Chinesischer Götterbaum. Franz.: Vernis de Japon. Fig. 1717.

Bis 27 m hoher Baum mit glatter, hell längsgestreifter Borke und anfangs sehr fein behaarten, gelb- oder rotbraunen, nie bestachelten Zweigen. Laubblätter bis 100 cm lang, unpaarig gefiedert, mit meist 13 bis 20 (41) schiefen, lanzettlichen, meist ganzrandigen oder unregelmässig buchtig gezähnten, in der Nähe des Grundes auf der einen Seite mit 1 bis 3 stumpflichen Drüsenzähnen versehenen, oberseits lebhaft grünen, unterseits hellgraugrünen, beiderseits ± schwach drüsigen Fiederblättchen. Blüten in grossen, reich verzweigten, endständigen, kahlen Rispen, zu 2 oder 3 gebüschelt, zwitterig oder 1-geschlechtig (Fig. 1717 b, c). Kelchblätter 5, bis zur Mitte miteinander verbunden; Abschnitte 3-eckig. Kronblätter 5, viel länger als die Kelchblätter, gelblichweiss, Ränder der unteren $^2/_3$ einwärts gerollt, in der Knospenlage klappig. Diskus 10-lappig. Staubblätter 10, in den Zwitterblüten oft nur 5, in den weiblichen Blüten fehlschlagend; Staubfäden pfriemlich. Fruchtblätter frei, oft nur durch die Griffel verbunden, in den weiblichen und den Zwitterblüten meist 5 oder 6, in den männlichen Blüten zurückgebildet oder ganz fehlschlagend, mit je 1 hängenden Samenanlage; Griffel pfriemlich, frei oder verbunden. Teilfrüchte frei, beidseitig geflügelt (Fig. 1717 d), länglichlanzettlich. Samen in der Mitte querliegend, rundlich, zusammengedrückt, dünnschalig, mit dünnem Nährgewebe. Keimblätter eiförmig, flach. Primärblätter gegenständig, 3-zählig. — VII.

In China heimisch, aber in den Subtropen und in den nördlichen gemässigten Gebieten vielfach angepflanzt, so z. B. in ganz Ostasien und in Europa; in Nordamerika in den Staaten Pennsylvanien, Columbien, Ohio, Potosi, Wisconsin und Nebrasca völlig eingebürgert. Bisweilen auch durch Versamung und namentlich durch Wurzelausläufer verwildernd, so im Gebiete der mitteleuropäischen Flora in Deutschland bei Freiburg i. Br. auf Schutt und Kies des alten Güterbahnhofes und am Dreisamufer unterhalb der Stadt (1906, junge Pflanzen), in den Anlagen und auf einem Lagerplatz bei Mannheim (1906), unweit Falkenberg bei Freienwalde. — In Oesterreich in Böhmen verschleppt in einem natürlichen Waldgebüsch am Fuss der Kalklehne bei Weltrus; in Mähren z. B. in Menge gepflanzt auf den unfruchtbaren Tertiär-Terrassen zwischen Tracht und Pausram, verwildert um Znaim, Neustadtl usw., in Niederösterreich auf Sanddünen bei Oberweiden; in Nordtirol bei Steinach (bei 1050 m noch gut gedeihend), in Trins bei 1200 m, aber nur in geschützten Lagen; in Südtirol um Meran mehrfach verwildert, ganz eingebürgert an den steinigen Lehnen beim Vahrnerbad bei Brixen, um Bozen wie einheimisch und vielfach ein lästiges Unkraut darstellend, im Montigglerwald 1856 reichfruchtend in einer starken Gruppe in einem natürlichen Walde, ferner bei Siegmundskron, in Haslach, im Kriegsbahnhof Branzoll zusammen mit Paulownia tomentosa (Pfaff, 1923), bei Trient am Monte dei Fratri, bei Arco. — In der Schweiz bei Basel (Keimlinge und junge Pflanzen), in Zürich beim Belvoirpark auf Schutt (1914, Keimpflanzen mit starker Behaarung), bei Buchs, im Tessin auf dem Maggia-Delta, am Osthang des Salvatore, zwischen Bissone und Maroggia, bei Chiasso, Novaggio, Agno, im Tal der Tresa (junge Pflanzen an Grabenrändern, auf Mauern, zwischen Schienen und an anderen Stellen).

Als Abänderungen sind bekannt: f. erythrocárpa Rehd. (= A. rúbra hort.) Früchte im Spätsommer sich stark rötend (was vom Wetter abhängig zu sein scheint). — f. pendulifólia Carr. ex Rehd. Zweige üppig, hängend. — f. trícolor Purpus. Laubblätter beim Austreiben rosa=, später weissgefleckt. Diese Form ist nicht streng samenbeständig und entsteht hie und da in Saatbeeten.

Der Götterbaum ist trotz seines starken und unangenehmen Duftes ein sehr beliebter Zierbaum für Parkanlagen und Alleen, da er eine prächtige, breitausladende, schattenspendende Schirmkrone besitzt und auch auf schlechten, trockenen, steinigen Böden recht wohl zu gedeihen vermag. Allerdings erlangt er seine Formenschönheit nur auf tiefgründigen und lockeren Unterlagen. Seiner Raschwüchsigkeit wegen (die Triebe erreichen jährlich bis 3 m Länge) ist der Baum bei Neuanlagen von Gärten sehr geeignet. Er erreicht jedoch meist nur ein Alter von 40 bis 50 Jahren, verjüngt sich aber leicht durch Wurzelbrut. In den wärmeren Gebieten Südtirols verwendet man die leichte Bewurzelungsfähigkeit und starke Bildung von Wurzelschossen forstlich — ähnlich wie bei Robinia Pseudacacia — zur Festigung unfruchtbarer, rutschender Hänge; im Sarcatal hat die Art bereits weite Flächen und gegen Buco di Vela den Boden mit einen dichten Gebüschmantel überzogen. Auch die Aufforstungen des Karstes (z. B. bei St. Peter), sowie solche in den Steppengebieten von Kleinasien sind z. T. mit Ailanthus glandulosa gemacht worden. In China lebt von den Laubblättern eine Seidenraupe (Áttacus Cýnthia, Ailanthusspinner), die jährlich eine zweimalige Ernte ermöglicht. Auch in Frankreich, Algerien und Südtirol sind in dieser Richtung befriedigende Versuche unternommen worden. Der Spinner ist in Strassburg heimisch geworden und ist seit 1906 auch in Köln keine Seltenheit mehr. Das ziemlich harte, schwer spaltbare, ziemlich biegsame Stammholz lässt sich schön glänzend polieren und wird in China als Werk= und Bauholz verwendet. Auch zu Papier wird es verarbeitet. Rinde und Laubblätter dienen als Bandwurmmittel oder zur Verfälschung von Sennes= und Belladonnablättern. Das Laub enthält Quercitin und 11,9% Gerbstoff, der aus Ellagtannin und Gallotannin besteht. Der harzige Saft aus der Rinde wird auch zur Bereitung von Firnis benutzt. — Die stark duftenden Zwitterblüten sind proterogyn und sondern am Diskus Honig ab. Als Besucher kommen kleine Fliegen und Käfer in Betracht. Auch die Drüsen der jungen Laubblätter (extraflorale Nektarien im Sinne von Vjera Petaj) scheiden einen süssen Stoff aus; die Knospen enthalten Diastase. — Die Flügel der Teilfrüchte, die nach Dingler zu den Plattendrehfliegern gehören, sind etwas schraubig gedreht, so dass die fallenden Früchte ziemlich lange ein Spiel des Windes sind. W. Schmidt (Die Verbreitung von Samen und Blütenstaub durch die Luftbewegung. Oesterreichische Botanische Zeitschrift, 1918) berechnet die Sinkgeschwindigkeit auf 91 cm sek. und die daraus hervorgehende theoretische Verbreitungsgrenze auf 0,12 km. Er meint aber, dass im allgemeinen die Wirkung des Windes gering sei und die tatsächliche Verwehung nur nach Metern anzunehmen sei. — Der Götterbaum wurde 1751 in London eingeführt. Man hielt ihn zuerst für einen „Rhus vernisant", was ihm den Namen Vernis de Japon (= Japanlack) einbrachte, unter dem er in Frankreich verbreitet wurde. 1875 pflanzte man ihn in Paris als Ersatz für Platanen (Correvon). — Die Wurzeln schwellen bisweilen traubenförmig an. An kräftigen Nebenwurzeln von etwa 1 cm Durchmesser befinden sich dann zahlreiche, unregelmässige, knollige Auswüchse von 0,5 bis 4 cm Durchmesser, die z. T. dem Wurzelzylinder selbst aufsitzen und manchmal untereinander unregelmässig verwachsen sind. Die einzelnen Knollen haben eine unregelmässige,

Fig. 1717. Ailanthus glandulosa Desf. *a* Blühendes Zweigstück. *b* Männliche Blüte. *c* Zwitterblüte. *d* Früchte.

rauhe, höckerige oder mit kleinen, runden Knöllchen und rissigen Warzen bedeckte Oberfläche. Nach A n d r e a e (Ueber abnorme Wurzelanschwellungen, 1894) entstehen diese Anschwellungen bei einem plötzlichen Wechsel in den Ernährungsbedingungen, zufolge deren einerseits eine ungewöhnlich reiche Anlage von Nebenwurzeln, andererseits eine Hypertrophie in der primären Entwicklung der einzelnen isolierten Seitentriebe einsetzt. Durch Pilze wird die Entwicklung dieser Anschwellungen nicht verursacht. — Die Ausschlagsfähigkeit der Wurzeln ist, wie bereits erwähnt, ausserordentlich gross. Von T r é c u l werden sogar Adventivknospen an abge≈ schnittenen Wurzelstücken beschrieben. Einjährige Wurzelsprosse zeigen bisweilen die Eigentümlichkeit, schon im ersten Jahre zur Blüte zu gelangen (B a x t e r, P e n z i g). Auch Paedogenesis, d. h. Erreichung der Blüten= bildung in jugendlichem Alter, wurde mehrfach beobachtet. So berichtete z. B. A. B r a u n über eine 1=jährige Keimpflanze — das erste Laubblattpaar ist 3=teilig —, deren Achse mit einer männlichen Gipfelblüte endigte; das erste Kelchblatt dieser Blüte war laubblattartig. Verbänderungen der Zweige und Stockausschläge sind häufig; auch Längsverwachsungen von Zweigen wurden beobachtet. Die Fiederteilung der Laubblätter erfährt mancherlei Abweichungen. Bisweilen fehlt oder ver= kümmert das Endblättchen; mitunter sind die dem Grunde genäherten Fiederblättchen wieder gefiedert. — Ailanthus glandulosa ähnelt in der Tracht der Rhus typhina, ist aber höher als diese und durch die fast kahlen Laubblatt= stiele und Blütenstände leicht zu unterscheiden. Im frucht= tragenden Zustande sieht er auch einer Esche nicht un= ähnlich; doch sind seine Laubblätter spiralig gestellt.

Den Rutaceae und Simarubaceae steht die etwa 330 Arten zählende Familie der B u r s e r á c e a e sehr nahe; von beiden unterscheidet sie sich aber insbesondere durch das Vorkommen von schizolysigenen Harz= und Balsamgängen in der Rinde. Es sind ausschliesslich tropische und sub= tropische Holzgewächse (Bäume, Dornsträucher) mit ge= wöhnlich unpaarig=gefiederten, zuweilen auch gedreiten oder einfachen, wechselständigen Laubblättern; Nebenblätter sind nur bei einigen Canarium=Arten vorhanden. Blüten meist klein, 3= bis 5=gliederig, strahlig, zwitterig oder meist durch Abort eingeschlechtig, oft mit einem Drüsendiskus, zu zu= sammengesetzten Rispen vereinigt. Staubblätter doppelt so viele als Kronblätter, obdiplostemon. Fruchtblätter 5 bis 3, vereinigt, mit je 2 (selten nur 1) Samenanlagen. Steinfrucht nicht aufspringend oder mit 5= bis 2=klappigem Epikarp; einsamige Steinkerne entweder frei oder zu einem 2= bis 5=fächerigen Steine verwachsen. Von den 18 Gattungen ist die Gattung Burséra mit 40 Arten ausschliesslich, die Gattung Prótium (= Icíca) mit 50 Arten hauptsächlich tropisch=amerikanisch; Commiphora mit 80 Arten und Boswéllia mit 12 Arten sind afrikanisch=arabisch, Santíria mit 45 Arten südasiatisch, Canárium mit 80 Arten besonders südasiatisch, doch auch polynesisch und afrikanisch. Die übrigen Gattungen mit meist weniger Arten (Tetragástris, Canariéllum, Pachýlobus, Trattiníckia, Dacryódes, Ancoúmea usw.) verteilen sich gleichfalls auf Amerika, Afrika, Südasien und Polynesien. Während der Grossteil der Arten dem tropischen Regenwald angehört, sind andere echte Steppenpflanzen, so vor allem viele Boswellia= und Commiphora=Arten. Ver= schiedene Arten liefern essbare Samen bzw. Früchte, andere enthalten darin fettes Oel. In den Vorkriegs= jahren kamen die harten Steinkerne von C a n á r i u m   e d ú l e   Engler und C. L u z ó n i c u m   A. Gray als „Pili= Nüsse" von den Philippinen über Nordamerika gelegentlich in den europäischen Handel. Eine ganze Anzahl Arten liefern Bauholz; das Okumeholz der westafrikanischen A n c o u m e a   K l a i n e á n a Pierre wird neuerdings nach Europa eingeführt. Der Hauptnutzen besteht jedoch in den Gummi=Balsamharzen, die seit uralten Zeiten (bereits im alten Aegypten) technisch und medizinisch Verwendung (gegen Katarrh, Ausschlag) finden, vor allem aber unter den Bezeichnungen Weihrauch, Myrrhe als Räucherwerk bei Gottesdiensten, zu Fackeln, zum Ein= balsamieren von Leichen, dann zu Wundsalben, Pflastern, Cremen, zu adstringierenden Zahn= und Mundwässern (Tinctúra Mýrrhae) usw. Meistens werden die Balsamharze als „Elemi" bezeichnet, doch auch als Kopal, Dammar, Taka= mahak, Colophon, Molmol usw. Offizinell ist (Pharm. Germ., Austr., Helv.) das Myrrhenharz (M ý r r h a oder G u m m i = r é s i n a   M y r r h a), welches von mehreren afrikanischen Commiphora(=Balsamodéndron)=Arten gewonnen wird, vor allem von C o m m i p h o r a   A b y s s í n i c a (Berg) Engler, einem dornigen Bäumchen in Südarabien („Qafal oder Chad=

Fig. 1718. Dictamnus alba L. (z. S. 74) Elsaß. Phot. P. Michaelis, Köln.

dasch" geheissen), Nordabessinien („Oanha") und in der Erythraea von 300 bis 2000 m Höhe, dann von C. Schim‑péri (Berg) Engler („Gataf" in Yemen), C. Playfairii (Hook. f.) Engler und wohl noch weiteren Arten aus den Trockengebieten des tropischen und subtropischen Afrika. Das Gummiharz schwitzt als halbflüssige Masse aus dem Stamme von selbst aus, während es andererseits — und zwar wohl zum grössten Teil — durch künst‑liches Einschneiden gewonnen wird. Der milchig‑trübe, gelbe Saft trocknet an der Luft rasch ein. Die offizinelle Myrrhe (Mýrrha elécta) bildet Körner oder löcherige Klumpen von unregelmässiger, höckeriger, knolliger bis fast traubiger Gestalt von eigenartigem, aromatischem Geruch und gewürzhaftem, zugleich bitterem und anhaltend kratzendem Geschmack. Beim Kauen klebt Myrrhe an den Zähnen. Die Droge besteht aus 40 bis 67% Gummi, 27 bis 50% Harz (Myrrhin), 2,5 bis 8,8% ätherischem Oel, sowie Bitterstoffen. Bei den Griechen fand die Myrrhe medizinisch als Adstringens, Exsiccans, Hypnoticum Anwendung, später namentlich als Antisepticum bei eiternden Wunden, als Stomachicum, Tonicum usw. Gleichfalls zu den ältesten Medikamenten und Räucher‑mitteln gehört der „Weihrauch" (Olibanum, Gummiresina Olibanum), welche Droge in der Bibel, in den Sanskritschriften, im Koran, im Papyrus Ebers, sowie von den griechischen und römischen Schriftstellern meist mit der Myrrhe zusammen genannt wird. Die Hippokratiker bedienten sich des Weihrauchs medizinisch bei Asthma und Uterusleiden, dann äusserlich zu Salben. Noch heute wird Olibanum in der österreichischen Pharmakopoe geführt. Als eigentliche Lieferanten des Weihrauches werden Boswéllia Cartéri Birdwood, B. Bhau‑Dajiána Birdwood und B. negléc ta S. Moore, kleinere, vom Boden an verzweigte Bäumchen mit 7‑ bis 9‑paarigen Laubblättern, angesehen; sie wachsen in den Gebirgen von Hadramaut in Südarabien und im Ahlgebirge des gegenüberliegenden Somalilandes. Der Weihrauch, der in ähnlicher Weise wie Myrrhe gewonnen wird, gelangt nach Bombay (der grösste Teil) und nach Europa zur Ausfuhr. Von weiteren Balsamharze liefernden Burseraceen mögen genannt sein: Commiphora Opobálsamum (L.) Engler (= Balsamodéndron Gileadense Kth.), heimisch in Arabien und im Somaliland (in Aegypten seit dem 11. Jahrhundert kultiviert, ebenso in Palästina im östlichen Jordantal [Gilead] seit Alexander dem Grossen), liefert den Mekka‑ oder Gilead‑Balsam. Im Jahre 725 nahm der Bischof Willibald von Eichstätt diesen Balsam heimlich von einer Pilgerfahrt nach dem Heiligen Lande mit nach Hause. — C. Africána Engler im Sudan liefert das afrikanische Bdellium. — Von einer Anzahl Bursera‑Arten in Zentralamerika (besonders Mexiko) stammen Elemi‑artige Harze (Amerikanische Elemi), so z. B. das Gomartharz von B. Simarúba (L.) Sargent, der westindische Takamahak von B. tomentósa (Jacq.) Engler, ebenso solche von verschiedenen neuweltlichen Protium‑ oder Icica‑Arten, z. B. das Caranna‑ oder Hyowaharz von P. Caránа (Humb.) L. March., Weihrauch von Cayenne von P. Guaya‑nénse (Aubl.) L. March. usw. Einige Arten der Gattung Canárium von den Philippinen liefern Manila‑Elemi, andere aus dem östlichen Malaiischen Archipel das schwarze Dammarharz. Tabonucoharz von Pachy‑lóbus (= Dacryódes) hexándrus (Grisebach) Engler wird in Westindien zu Fackeln verwendet, das dillartig riechende „Rio"‑Elemi von Prótium Icicariba (DC.) L. March. als Wundsalbe und Räuchermittel.

Die nächstanschliessende Familie der Meliáceae[1]) oder Zedrachgewächse umfasst fast ausschliesslich (z. T. sehr hohe) Bäume, daneben auch Sträucher und wenige Kräuter mit meist grossen, gefiederten, wechsel‑ständigen Laubblättern (Nebenblätter selten) und der Regel kleinen, zu Rispen (selten auch zu Trauben oder zu Aehren) angeordneten, zwitterigen oder polygamen, 5‑ (4‑ bis 7‑)gliederigen, strahligen, oft mit einem Diskus versehenen Blüten. Kelch gewöhnlich becherförmig oder kurzröhrig. Kronblätter frei, ausnahmsweise ver‑einigt. Staubblätter doppelt so viele als Kronblätter, sehr oft im unteren Teil oder der ganzen Länge nach zu einer Röhre (Staminaltubus) verwachsen; am Rande dieser Röhre zuweilen zwischen den Staubbeuteln Zähne oder blumenblattartige Lappen. Fruchtknoten mehrfächerig, mit gewöhnlich einfachem Griffel; jedes Fach in der Regel mit 1 bis 2 (selten 4 bis vielen) Samenanlagen. Frucht meist eine Kapsel oder Beere, seltener eine Steinfrucht; Samen mit Nährgewebe, manchmal geflügelt. Die Familie schliesst sich an die Rutaceen, Simaru‑baceen und Burseraceen eng an; doch fehlen ihr die Balsamgänge und meist auch die Bitterstoffe. Dagegen treten im Mesophyll der Laubblätter, in Rinde und Mark Sekretzellen (jedoch keine Sekretdrüsen wie bei den Rutaceen!) auf, wodurch die Laubblätter durchscheinend punktiert werden. Von den 800 Arten, die sich auf etwa 42 Gattungen verteilen, gehört die Grosszahl den Tropen und zwar besonders den Regenwäldern an; nur wenige Arten sind Steppenpflanzen. Die Gattung Xylocárpus ist die an Meeresverbreitung angepasst. Ver‑schiedene, meist artenreiche Gattungen sind auf einzelne Kontinente beschränkt. In der gemässigten Zone fehlen die Meliaceen fast gänzlich; Toóna Sinénsis Roem. und Aglaia odoráta Lour. dringen in Ostasien bis Peking vor. Andererseits gedeiht Mélia Azedárach L. als Zierpflanze auch in den wärmeren Teilen der gemässigten Zone. Eine ganze Zahl liefert wertvolles Nutzholz, andere (Lánsium‑ und Sandóricum‑Arten) Obst oder (Trichília, Carápa und Azadirachta) Oel oder Gummi. Die bittere Rinde verschiedener Arten wird medizinisch gegen Ruhr, Durchfall, Malaria, als Brechmittel oder als Emeticum (so die von Trichília emética Vahl

---

[1]) Vom griech. μελία [melía] = Esche; wegen des eschenartigen Laubes vieler Arten.

in Afrika) verwendet. Andere enthalten giftige Stoffe (vor allem Saponine und tödliche Säuren) und dienen deshalb zum Vertilgen von Insekten sowie zum Betäuben von Fischen.

Die Familie wird in die 3 Unterfamilien der Cedreloideae (Staubfäden frei. Samen geflügelt), der Swietenoideae (Staubfäden zu einer Röhre verwachsen. Samen geflügelt, in jedem Fach mehrere) und der Melioideae (Staubfäden gleichfalls zu einer Röhre verwachsen. Samen ungeflügelt, meist nur 1 bis 2 in jedem Fach eingeteilt. Von der ersten Unterfamilie der Cedreloideae mögen erwähnt sein: Cedréla[1]) odoráta L., in Westindien und Guayana heimisch, liefert ein leicht spaltbares, angenehm riechendes, rotes Holz, das unter dem Namen Westindisches Zedernholz (richtiger ist die Bezeichnung „Zedrelenholz") zu besseren Zigarrenkisten, als Bleistiftholz, zu Möbeln (weil gegen Termiten sicher) und auch für den Schiffbau und früher als Zuckerkistenholz verwendet und namentlich aus Kuba ausgeführt wird. Da der Baum sehr schnellwüchsig und gegen Buschfeuer widerstandsfähig ist, wird er neuerdings zum Aufforsten empfohlen. Aehnliche ziegelrot gefärbte, von Termiten nicht angreifbare, weiche, aber doch sehr dauerhafte Hölzer stammen von verschiedenen Arten der altweltlichen Gattung Toóna (besonders T. serráta [Royle] Roem. in Indien, T. serruláta [Miq.] Harms auf Sumatra und Java und T. Sinénsis [A. Juss.] Roem. in China), die als Indisches Mahagoni, Zeder von Singapore, Moulmein Cedar in den Handel kommen. Das hellgelbe Kap-Mahagoni, im Kapland „sneez-wood" oder „nieshout" geheissen, kommt von dem süd- und ostafrikanischen Ptaeróxylon obliguum (Thunb.) Radlkofer, das im frischen Zustande zum Niessen reizt. — Von den Swietenoideae liefern eine Anzahl amerikanischer (Swieténia), afrikanischer (Pseudocédrela Kótschyi Schweinfurth [im Steppengebiet], Kh á j a[2]) Senegalénsis Juss. in Westafrika [Gambia-Mahagoni], Entandrophrágma Angolénse (Wehv.) [oder „Quibaba da Queta"] und E. Candolléi in Kamerun) und indischer (Chukrásia tabuláris A. Juss. liefert Bastard-Cedar, Chittagong wood, white cedar, ebenso Soymída febrifúga Juss.) Arten sehr harte und dauerhafte „Mahagoni"-Hölzer. Die wichtigste Art ist der westindische Mahagonibaum Swieténia[3]) Mahagóni[4]) L., der das zu Möbel besonders hochgeschätzte echte Mahagoni- oder Acajouholz liefert. — Von den Melioideae enthalten die grossen, kantigen, holzigen Samen von Carápa[5]) procéra DC. oder „Andiroba" (tropisches Afrika) und C. Guayanénsis Aubl. (tropisches Amerika) fettes, jedoch sehr bitter schmeckendes, wurmwidriges („Carapa"- oder Tulucuna- oder Kundibaum-Oel) Oel, das zu technischen Zwecken sehr brauchbar ist. — Xylocárpus obovátus A. Juss. und X. Granátum Koen. sind auf die Küstengebiete der Alten Welt beschränkt; sie besitzen als Mangrovepflanzen leichte schwimmende Samen, ebenso Atemwurzeln. — Azadiráchta (= Mélia) Indica L., der Indische Flieder, Neem oder Margosa tree, ist in Ostindien weit verbreitet, wird aber auch auf Ceylon, in Ostafrika, auf Java und in Nordamerika häufig kultiviert. Die bittere, adstringierend wirkende Rinde ist in den Vereinigten Staaten als Córtex Margósae, Margosa oder nim bark als Wurmmittel offizinell und gilt auch als Fiebermittel. Die Samen liefern das scharfe, lauchartig riechende Zedrachöl oder Kohombafett, das als Lampenöl und medizinisch verwendet wird. Das mahagoni-artige Holz ist hart und sehr dauerhaft. Die Art dient in Indien als schattenspendender Allee- und Parkbaum. — Als einziger, auch in Südeuropa, wie überhaupt in den wärmeren Teilen der ganzen Erde kultivierter, ursprünglich wohl vom Himalaya stammender Baum kommt Mélia Azedárach[4]) L. (Fig. 1719) in Betracht, Persischer Flieder, Chinesischer oder Syrischer Holunder, Paternoster- oder Paradiesbaum, Sykomore, Lilias des Indes, Laurier grec, Persian Lilac, Bead tree (Perlenbaum) oder Pride of India (Stolz von Indien) geheissen. Bis über 10 m hoch, junge Triebe etwas behaart. Laubblätter sommergrün, sehr verschieden gestaltet, 20 bis 50 cm lang; die unteren und mittleren doppelt gefiedert, scharf gesägt, die oberen einfacher. Blüten zwitterig, 5- bis 6-zählig, zu einer lockeren, bis 20 cm langen, blattachselständigen Rispe vereinigt. Kronblätter blass rötlichblau. Staubblätter 10 (12); Staubfäden zu einem violetten Staminaltubus verwachsen; letzterer an der Spitze zerschlitzt und länger als die Kronblätter. Fruchtknoten auf einem kurzen Diskus, 5- bis 8-fächerig, in jedem Fach mit 1 bis 2 Samen. Frucht steinfruchtartig, hellgelb, mit holzigem Endokarp. Samenschale krustig. Wegen ihres zierlichen, eschenartigen Laubes und der angenehm fliederartig duftenden, violetten Blüten wird die Art wie die vorige gern als Zierbaum kultiviert; als Allee- und Schattenbaum eignet sie sich, weil windbrüchig, aber weniger. Das Melia-Oel kann als Firnisöl Verwendung finden. In Italien benützt man die fünfeckigen Samen zu Rosenkränzen. Alle Teile dienen als kräftiges Wurmmittel; das Holz ist zur Anfertigung von Blasinstrumenten gesucht.

---

[1]) Von Cédrus = Zeder.

[2]) Einheimischer Name des Baumes in Senegambien.

[3]) Benannt nach Gerard von Swieten, geb. 1700 zu Leyden, gest. 1772 in Wien, zuerst Professor der Medizin in Leyden, später Leibarzt der Kaiserin Maria Theresia in Wien.

[4]) Einheimischer Name.

[5]) Carapa bezeichnet bei den Tamanacos in Südamerika Fett und Oel.

Die Familie der **Malpighiáceae**[1]) mit etwa 800 Arten besteht grösstenteils aus Lianen und Sträuchern mit oft unregelmässig zerklüftetem Holzkörper. Die meist gegenständigen Laubblätter tragen am Blattgrund oder Stiel nicht selten Drüsen. Die gewöhnlich zwitterigen, seltener polygam zweihäusigen, fünfgliederigen, häufig recht ansehnlichen, schräg zygomorphen Blüten sind meist zu Trauben vereinigt. Die Kelchblätter können mit Drüsen versehen sein (so bei kleistogamen Arten der Gattung Camarea). Die Kronblätter sind oft gezähnt, gewimpert oder gefranst und gewöhnlich genagelt. Von den 10 Staubblättern sind nicht selten einzelne in Staminodien umgewandelt oder ganz verkümmert. Der in der Regel 3-fächerige Fruchtknoten enthält nur eine einzige Samenanlage in jedem Fach. Bei der Reife zerfällt die Frucht in der Regel in 3 merkwürdig geflügelte, nüsschenförmige oder am Rücken aufspringende Teilfrüchte; seltener sind Nüsse oder Steinfrüchte. Von den etwa 60 Gattungen ist die grösste Menge auf das tropische Amerika beschränkt, darunter die artenreiche Gattung Byrsoníma, ferner die Gattungen Heterópteris (nur 1 Art in Westafrika), Banistéria, Tetrápteris, Stigmatophýllum. Von den 17 altweltlichen Gattungen sind 9 afrikanisch, 3 asiatisch, 1 australisch, während weitere grössere Gebiete der Alten Welt bewohnen. Die meisten Arten sind Lianen des tropischen Regenwaldes; daneben gibt es auch Savannen- und Steppenpflanzen. Nur ganz wenige Arten kommen auch in kühleren Gebieten (Texas, Arizona, Natal, Argentinien) vor. Verschiedene Spezies der amerikanischen Gattungen Byrsoníma, Bunchósia und Malpighia liefern essbare Früchte, so die mit Brennhaaren versehene **Malpighia úrens** L. die Barbadoskirschen, **Malpighia Mexicána** Juss. „Azerolen". In Gewächshäusern wird gelegentlich die etwas stachelblätterige **Malpighia coccífera** L. kultiviert, ebenso Galphímia- und Banisteria-Arten.

Die kleine Familie der **Trigoniáceae** mit etwa 30 Arten, in der Hauptsache Klettersträucher. Die beiden Gattungen Trigónia und Líghtia sind tropisch-amerikanisch (besonders brasilianisch), während die dritte Gattung Trigoniástrum in Hinterindien vorkommt. Aehnlich verhält sich die kleine ausschliesslich tropisch-amerikanische Familie des **Vochysiáceae** mit etwa 100 grossenteils baumartigen Arten.

In die Unterreihe der Polygalíneae, für welche die Porenöffnung der Staubbeutel bezeichnend ist, wird meistens die kleine, auf Australien (vor allem auf Westaustralien) beschränkte Familie der **Tremandráceae** eingefügt. Sie umfasst 23 kleine, xeromorph gebaute

Fig. 1719. Melia Azedarach L. *a* Blühender Spross. *b* Blüten. *c* Längsschnitt durch die Staubfadenröhre mit Fruchtknoten. *d* Früchte. *e* Querschnitt durch die Frucht (Fig. *b* und *c* nach Harms).

Sträucher mit einfachen, lederigen, wechsel- oder quirlständigen Laubblättern und achselständigen, roten oder violetten Blüten. Zuweilen verdornen die Sprosse oder sie werden flach rutenförmig. Die systematische Stellung dieser Familie ist übrigens sehr unsicher.

68. Fam. **Polygaláceae**. Kreuzblumengewächse.

Kräuter, Halbsträucher, Sträucher, seltener kleine Bäume mit meist wechsel-, selten quirl- oder gegenständigen, einfachen, ganzrandigen Laubblättern und in der Regel ohne oder sehr selten in Gestalt kurzer Dornen oder Scheibchen erscheinenden Nebenblättern. Blüten in Trauben, Aehren, Rispen, Ebensträussen oder Köpfchen, mit Trag- und auch meist Vorblättern, median zygomorph (Fig. 1720a), zwitterig. Kelchblätter 5, meist frei, die 3 äusseren klein, die 2 inneren oft kronblattartig („Flügel"). Kronblätter 5, gewöhnlich nur 3 ausgebildet (das untere mittlere und die beiden seitlichen oberen), alle ± mit der Staubblattröhre verwachsen

---

[1]) Benannt nach Marcello **Malpighi**, Professor der Medizin in Bologna, gest. 1693 zu Rom als Leibarzt des Papstes Innocenz XII.

oder wenigstens die beiden oberen mit der Staubblattröhre oder mindestens mit 1 Staubblatt vereinigt; das mittlere in der Regel schiffchenartig und vielfach mit einem rückenständigen, gelappten oder zerschlitzten Anhängsel. Staubblätter in 2 Kreisen, 10 oder in der Regel durch Verkümmerung 8, selten nur 7, 5, 4 oder 3 (Fig. 1720 a); Staubfäden meist zu einer nach oben offenen Röhre verwachsen; Staubbeutel am Grunde angeheftet, im oberen Teil der Innenseite durch Löcher sich öffnend, zuletzt 1=fächerig. Fruchtblätter 5 oder meist 2, oberständig, median stehend, zu einem fast stets 2=fächerigen Fruchtknoten verwachsen; in jedem Fache fast stets 1 hängende, umgewendete Samenanlage. Frucht eine Kapsel, Nuss oder Stein= frucht. Samen mit oder ohne Nährgewebe, oft mit deutlichem Anhängsel (Carúncula).

Die Polygalaceen bilden eine in sich geschlossene, sehr natürliche Familie, die nach Chodat mit keiner anderen nähere Verwandtschaft besitzt. Ihre von Wettstein angenommene Einordnung in die Reihe der Sapindales scheint sich nach den allerdings noch unvollständigen sero=diagnostischen Untersuchungen von F. Hoeffgen (Botanisches Archiv. Bd. I, 1922, Heft 2) zu bestätigen. Ob dabei der von Wett= stein und auch von Chodat vermutete Anschluss bei den Meliaceen als abgeleitete, zygomorphe Familie (in Verbindung mit den Trigoniaceen und Vochysiaceen) zu suchen ist, bedarf noch ganz der Bestätigung. Hingegen haben sich weder zu den Leguminosen — wie Hyata an= nimmt — noch zu den Violaceen — von Hallier behauptet — irgend welche engeren verwandtschaftlichen Beziehungen feststellen lassen. Die Familie umfasst 10 Gattungen mit rund 800 Arten, die meist Kräuter, Halbsträucher und Sträucher, seltener Klettersträucher und kleine Bäume, ausnahmsweise auch chlorophyllose Saprophyten (Arten der Gattung Salomónia Lour.) darstellen. Das Verbreitungsgebiet der Familie erstreckt sich fast über die ganze Erde; es meidet nur die arktischen Gebiete von Nordamerika und Asien, sowie Neuseeland und Poly= nesien. Die Gattung Polýgala L. ist kosmopolitisch. Monnína Ruiz et Pav. reicht von Mexiko bis Argentinien und Chile. Securidáca L. gehört den Tropen, Muráltia Neck. und Múndia Kunth der kap= ländischen Flora an. Breyemeyéra Willd. besitzt 2 Untergattungen in Südamerika und 1 in Australien und Tasmanien. Dem heisseren Asien sind die 2 Gattungen Xanthophýllum Roxb. und Salomónia Lour. eigen. Carpolóbia G. Don. ist eine monotypische Gattung

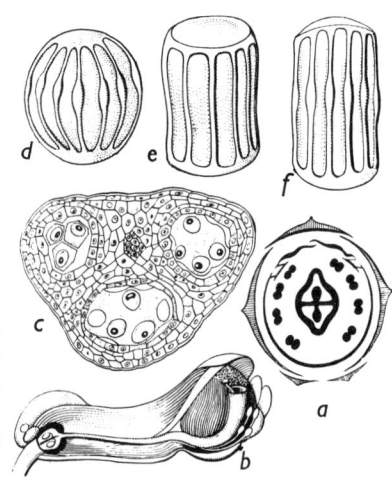

Fig. 1720. *a* Blütendiagramm. *b* Aufge= geschnittene Blüte von P. Chamaebuxus L. *c* Querschnitt durch einen Staubbeutel (nach Jauch). *d* bis *f* Pollenkörner ver= schiedener Polygala-Arten.

Westafrikas. Moutabéa Aubl. ist auf Nordbrasilien, Peru und Guayana beschränkt. Durch diese Ver= teilung erweckt die Familie den Eindruck einer bereits älteren Familie, wenn auch fossile Funde — Flügelfrüchte von Securidaca — nur bis in das Tertiär von Aegypten reichen. Die Gattungen verteilen sich auf 3 Tribus, von denen diejenigen der Polygáleae und Xanthophýlleae freie Kelchblätter aufweisen, sich aber durch Verwachsung bezw. Nichtverwachsung des Andröceum zu einer hinten offenen Röhre von einander unterscheiden, während bei der 3. Tribus, den Moutábeae, der Kelch mit den Kron= blättern verwächst. Die beiden letztgenannten Tribus besitzen nur je 1 Gattung. Xanthophýllum Roxb. ist eine etwa 40 Arten umfassende Gattung von kleinen bis mittelhohen Bäumen, die meist lederige, bisweilen mit Träufelspitze versehene Laubblätter und in Aehren oder Rispen stehende weisse, rote oder braunrote Blüten besitzen. Von X. lanceolátum J. J. S., dem Siurbaum Sumatras, stammen die 40% Oel enthaltenden Samen, die von den Eingeborenen sowohl als Speisefett, als auch gegen Mundkrankheiten (Aphten) verwendet werden. Seit 1910 werden die Früchte als Siur= oder Deaknüsse auch nach Europa ausgeführt und zur Her= stellung von Seifen und Kerzen benützt. Der Presskuchen enthält ein giftiges Saponin. — Moutabéa Aubl., eine artenarme Gattung von Sträuchern oder Bäumchen mit dicken lederartigen Laubblättern und gelben oder weissen, stark duftenden Blüten besitzt essbare, mehrsamige Beeren. — Von der Tribus der Polygáleae ist die Gattung Polýgala die grösste; sie umfasst etwa die Hälfte aller zur Familie gehörenden Arten (s. u.). — Die Gattung Securidáca L. enthält meist holzige, kletternde oder schlingende Lianen oder Bäume mit meist derben Laubblättern; Blüten mit einem Anhängsel am Schiffchen, mit 8 Staubblättern und mit einseitig lang geflügelten Früchten. Von den etwa 30, durch die an halbierte Ahornfrüchte erinnernden Früchte leicht kennt= lichen Arten liefern einige ausgezeichnete Seile, sowie Fasern für Netze und Geflechte. Im tropischen Afrika dient namentlich S. longipedunculáta Fres. diesen Zwecken. Die gewonnene Faser wird als „Buazefaser" bezeichnet und soll dem Flachs gleichkommen. Aus den Laubblättern wird ein Schutzmittel gegen Schlangengift gewonnen, aus den Samen ein Speiseöl. — Durch etwa 60 Arten vertreten ist die Gattung Monnína Ruíz et Pav., zu der 1.jährige bis ausdauernde Kräuter und Sträucher gehören, die sich von Polygala durch nicht. fachspaltig aufspringende Kapselfrüchte unterscheiden. In den Wurzeln einiger Arten, z. B. von M. polystáchya R. et P., M. salicífólia R. et P., M. picrocárpa R. et P. treten giftige saponinartige Stoffe auf, die dieselbe Wirkung wie die Rádix Sénegae besitzen (s. unter Polygala Senega). — Muraltia[1]) Neck. Sträucher, Halbsträucher oder ausdauernde Kräuter mit wechselständigen oder gebüschelten, meist kleinnadel. oder schuppenförmigen Laubblättern; Blüten mit 7 Staubblättern und meist oben 4.horniger Kapsel. Von ihren etwa 50, sehr einförmigen Arten findet sich seit 1787 in den europäischen Gewächshäusern kultiviert: M. Heistéria[2]) DC. Kräftiger, bis 1 m hoher Strauch mit rutenförmigen, behaarten Zweigen. Laubblätter gebüschelt, lineal. pfriemlich, gekielt, 6 bis 8 mm lang, anliegend oder zurückgekrümmt, stechend spitz, gewimpert. Blüten fast sitzend, purpurfarben, mit lanzettlichen, spitzen Kelchblättern und löffelförmigen Kronblättern. Kapsel kürzer als die pfriemlichen Laubblätter. — M. stipulácea DC. Durch nicht gebüschelte, mehr einzeln stehende Laubblätter von voriger Art unterschieden. Seit 1801 in Kultur. — M. filifórmis DC. Laubblätter starr, vollständig aufrecht. Blüten rötlich. In Europa seit 1800 in den Gärten gezogen. — M. mixta Marvey. Bis 60 cm hoher Strauch mit ± büschelig gestellten, dachziegelig sich deckenden, am Grunde der Zweige linealen, weiter oben lineal.keulenförmigen bis spatelförmigen, kahlen Laubblättern. Blüten sitzend, mit elliptischen, stumpfen Kelchblättern und weiss und purpurfarbenen Kronblättern. Kapsel länglich, mit ebenso langen, pfriemlichen Hörnern. Seit langem in Europa eingeführt und im Mittelmeergebiete auch im Freiland gezogen. — Anatomisch zeichnet sich die Familie dadurch aus, dass die Spaltöffnungen in der Regel von mehreren, un. regelmässig gelagerten Epidermiszellen umgeben sind; Anklänge an den Rubiaceen. oder Cruciferen. Typus sind seltener. Der Mittelnerv der Laubblätter und die Blattstiele besitzen zumeist nur 1 Leitbündel. Der oxalsaure Kalk ist in Form gewöhnlicher Einzelkristalle und Drusen eingelagert. Innere Sekretorgane fehlen bei den meisten Arten. Doch gibt Chodat für gewisse Polygala.Arten das Auftreten von lysigenen Sekretlücken und Oelzellen an. Die Behaarung wird aus einfachen Haaren gebildet, die meist 1.zellig, bei Bredemeyéra und Xanthophyllum.Arten aber 1.zellreihig sind. Das Holz enthält schmale Mark. strahlen, Gefässe mit einfach durchbrochenen Zwischenwänden und typisch hofgetüpfeltem Holzparenchym. Gewisse Arten weisen eine anormale Achsenstruktur auf (Solereder). Die Blüten sind am Grunde meist von 3 Hochblättern gestützt, von denen das mittere als Tragblatt, die beiden seitlichen als Vor. blätter bezeichnet werden (Fig. 1721 b). Der 5.zähnige Kelch besitzt 3 äussere, laubige Kelchblätter und 2 innere bedeutend vergrösserte und kronblattartig umgebildete Kelchblätter („Flügel"). Von der Krone sind gewöhnlich nur 3 Blättchen entwickelt, das vordere und die beiden hinteren; das erstere ist viel grösser und kielartig gefaltet („Schiffchen"), häufig 2. bis 3.lappig und bei vielen Arten (z. B. bei Polygala) aussen unter dem Gipfel mit einem bärtigen, fransigen oder gelappten, mitunter doppelten Anhängsel versehen. Die beiden hinteren Kronblätter sind untereinander frei, aber mit dem Schiffchen ± verwachsen und häufig 2.spaltig. Die beiden mittleren Kronblätter fehlen in den meisten Fällen vollständig oder sind noch als Drüsen oder kleine Schüppchen erhalten. Die Staubblätter treten meist in der 8.Zahl auf, sind zu je 4 beidseitig der Symmetrie. ebene angeordnet und in eine hinten offene, vorn meist tiefer gespaltene Scheide verwachsen, die zugleich mit den Kronteilen, besonders dem Schiffchen, zusammenhängt. Der 2.fächerige Fruchtknoten trägt einen meist nach der Rückenseite der Blüte gekrümmten Griffel. Zwischen das Androeceum und Gynaeceum schiebt sich häufig noch ein Diskus ein. Seine allmähliche Reduktion hat Chodat in der Sektion Chamaebúxus der Gattung Polygala verfolgt. Bei 2 indischen Arten ist er (typisch) vollständig und ringförmig entwickelt. Bei amerikani. schen Arten steht er schief aufrecht zur Blütenachse. Bei P. Mánnii Oliv. aus Afrika ist der hintere Teil bereits drüsenförmig und vorn in Verkümmerung begriffen. Bei den europäischen und nordafrikanischen Arten der Sektion ist der vordere Teil vollständig verschwunden und an Stelle des ursprünglichen Diskus eine fleischige Drüse getreten, die von Eichler u. a. fälschlich für ein reduziertes Staubblatt angesehen worden ist. Die Pollenkörner geben das sicherste Merkmal für die Familienzugehörigkeit ab; sie sind von verschiedener Gestalt (Fig. 1720 d bis f). Beide Pole sind grob getüpfelt und gegenseitig durch linealische Verdickungsleisten verbunden, die in der Mitte durch eine verdünnte Aequatorialzone geteilt werden. Ist das Pollenkorn trocken, so erscheint diese Zone eingeschnürt, hat das Korn hingegen Wasser aufgenommen, so wölbt sich die Mitte zu einem her. vorragenden Ringe.

---

[1]) Benannt nach Joh. von Muralt, geb. 18. Febr. 1645 in Zürich, gest. 12. Jan. 1733 ebenda, Arzt und Verfasser von Physicae specialis pars quarta, Botanologia, seu Helvetiae paradisus. Tiguri 1710.

[2]) Benannt nach Lorenz Heister, geb. 19. September 1683 in Frankfurt a. M., gest. 18. April 1758 in Helmstedt, Professor ebenda, Verfasser mehrerer botanischer Werke.

CCCCL. **Polygala**¹) (Tournef.) L. (= Polygalum Buchenau). Kreuzblume. Franz.: Herbe au lait, laitier; engl.: Milkwort; ital.: Poligala.

Einjährige bis ausdauernde Kräuter, Halbsträucher und Sträucher, selten Bäume. Laub=
blätter wechsel=, gegen= oder quirlständig, ungeteilt. Nebenblätter vorhanden oder fehlend.
Blüten meist in Trauben, median=zygomorph, zwitterig (Fig. 1720 a). Kelchblätter ungleich, die
3 äusseren kelchblattartig, die 2 inneren viel grösser, kronblattartig („Flügel"). Kronblätter 5
oder meist durch Reduktion der beiden seitlichen nur 3, mit=
einander und mit den Staubblättern verbunden; das vordere ge=
stielt, rinnig, vorn oft mit lappigem oder fransigem Anhängsel
(„Kamm"); die beiden hinteren meist untereinander frei und meist
mit dem Kelch verwachsen. Staubblätter in der Regel 8, selten
weniger, in 1 oder 2 Gruppen verwachsen; Staubbeutel mit 4
(z. B. bei P. myrtifolia) oder (bei allen unseren Arten) durch zu=
nehmende Reduktion der unteren 2 Pollenfächer mit 3 (von unseren
Arten P. Chamaebuxus; Fig. 1720 c) oder mit 2 Pollenfächern (unsere
übrigen Arten). Diskusring dem Staubblattkreise zugehörig, oft zu
einer Drüse reduziert (P. Chamaebuxus) oder ganz fehlend (unsere
übrigen Arten). Fruchtknoten oberständig, sitzend oder gestielt, aus
2 median gestellten, parallel zur längeren Achse zusammengedrückten
Fruchtblättern verwachsen, 2=fächerig mit je einer hängenden
Samenanlage; Griffel verschiedenartig gestaltet, gerade oder
gekrümmt, vorn oft mit einer löffelförmig gestalteten Grube.
Frucht eine senkrecht zur kürzeren Achse zusammengedrückte,
fachspaltige, meist verkehrt=herzförmige, 2=samige Kapsel (Fig. 1724 d).
Samen eiförmig, rundlich oder kurz keilförmig, am Grunde meist mit
einem 3=lappigen Anhängsel (Caruncula); Nährgewebe fehlend oder
hart und ölhaltig.

Die Gattung Polygala ist die umfangreichste der Familie und zählt
mehr als 450 Arten, von denen 220 in Amerika vorkommen und nur wenige
in Australien endemisch sind. Chodat (Monographia Polygalacearum, 1893)
gliedert sie in 10 Sektionen, von denen in Mitteleuropa nur die Sektion Cha=
maebúxus (mit P. Chamaebuxus) und die Sektion Orthopolýgala (= Poly=
galon DC.) mit dem Rest der einheimischen Arten vertreten sind. Die Sektion
Chamaebuxus besitzt etwa 23 Arten in der Nordhemisphäre von Amerika,
Asien und Europa und reicht in Afrika bis in das Kapland; die Sektion
Orthopolygala besitzt unter ihren etwa 350 Arten viele amerikanische Glieder,
die anderen sind im ganzen Areal verbreitet. — Zusammen mit anderen süd=

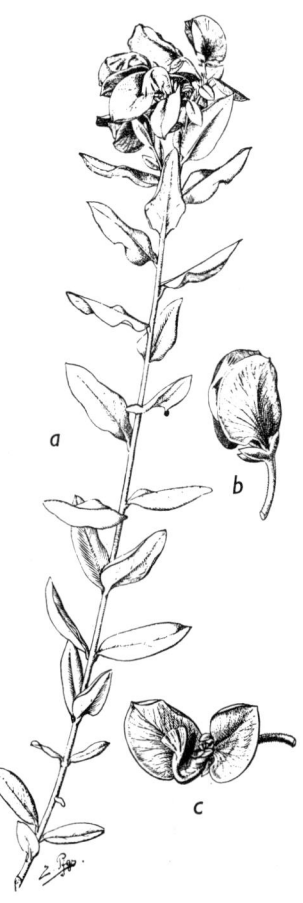

Fig. 1721. Polygala myrtifolia L. *a* Blütenspross. *b* Blüte von der Seite. *c* Blüte von vorn.

afrikanischen Hartlaubsträuchern fand bereits um 1687 P. bracteoláta L. als erste kapländische Polygala=Art
Eingang in den Botanischen Garten zu Leyden; zur Renaissancezeit war sie auch als Gartenpflanze in Schlesien
bekannt. — In Kalthäusern findet sich heute vielfach P. myrtifólia L. (Fig. 1721), ein 1 bis 2,5 m hoher
Hartlaubstrauch des Kaplandes mit ansehnlichen grossen, purpurroten Blüten, der bereits an der Riviera im
Freien überdauert und dort stellenweise vollständig verwildert ist. Durch den Besitz von 4 Pollenkammern
im Staubblatt zeigt diese Art den ursprünglichen Bauplan der Familie. — P. Sénega L. Erdstockstaude mit zahl=
reichen, in den Achseln schuppenförmiger Niederblätter der vorjährigen Achsen entspringenden, aufrechten,
bis 40 cm hohen Stengeln. Laubblätter bis 8 cm lang und 3 cm breit, wechselständig, eiförmig=lanzettlich bis
lanzettlich, zugespitzt, am Rande fein gezähnelt, oberseits sattgrün, unterseits etwas blasser. Blütentraube bis

---

¹) Pflanzenname bei Plinius (Nat. Hist. XXVII, 121), von πολύς [polýs] = viel und γάλα [gála]
= Milch abgeleitet; weil der Genuss des Krautes die Kühe zu starker Milchabsonderung veranlassen soll.
Dioskurides (Mat. med. IV, 139) schreibt πολύγαλον [polýgalon]. Der Name wird von Schinz und Thel=
lung als Femininum, von Ascherson u. a. als Neutrum betrachtet.

8 cm lang, von Deckblättern schopfig überragt. Kronblätter blassrötlich; Flügel gelblichweiss, von grünlichen Adern durchzogen. Heimat: Nordamerika vom atlantischen Ozean bis Texas (34° bis 52° nördl. Breite). Diese im Unterwuchs trockener, lichter Wälder lebende Pflanze liefert die offizinelle Radix Sénegae (Pharm. Germ., Austr. et Helv.), ein beliebtes Lösungsmittel bei Affektionen der Atmungsorgane, das in Form von Abkochungen oder als Pulver gegeben wird. Auch als Schweiss und Wasser treibendes Mittel findet es Verwendung und wird (wohl aus diesem Grunde) bei Vergiftungen infolge Schlangenbiss benützt. Die Homöopathie bereitet aus der getrockneten Wurzel eine Tinktur. Die Wurzel kann auch als Seifenersatz dienen. Die in der Droge wirksamen Stoffe sind vor allem das Glykosid Senegin ($C_{18}H_{28}O_{10}$) und Polygalasäure, ferner ein ätherisches Oel, das aus Acetylsalicetat und einem Ester der Baldriansäure besteht. Das Oel geht bei längerem Lagern verloren. Stärkere Beimischungen von Stengelteilen vermindern durch den Gehalt an Saponin den Wert der Droge. Verunreinigungen dieser Art lassen sich nach E. Steiger (Beiträge zur Morphologie der Polygala Senega L., Berlin, 1920) leicht an der Gegenwart weisser, stark lichtbrechender, unverholzter Bastfasern erkennen. Die Wurzel selbst besitzt als gute Merkmale tiefe Längsrunzeln und Höcker und besonders im oberen Teile halbringartige Wülste und tiefe Einschnürungen, letztere aber nur auf einer Seite, während die Gegenseite dafür eine häufig scharf hervortretende Schwiele (den sogenannten Kiel) trägt. P. Senega ist ein altes Volksmittel der Senekaindianer, eines Irokesenstammes Nordamerikas[1]), die sie gleich den Wurzeln von Aristolochia Serpentaria gegen Schlangenbisse verwenden. In die Schulmedizin wurde sie 1735 durch den schottischen Arzt John Tennent in Philadelphia als Mittel gegen Brustkrankheiten eingeführt, der 1738 eine Probe „Rattle snake root" an das Gouvernement sandte, nachdem schon John Ray die Pflanze 1704 als Plántula marylándica in seiner História plantárum (Suppl.) erwähnt und der Nürnberger Arzt Jakob Trew (Treu) sie 1734 als Senegau abgebildet hatte. Sie kam durch Ph. Miller 1759 in englische Gärten, verschwand aber infolge Kulturschwierigkeiten bald wieder daraus. Linné nannte sie 1749 Polygala marilándica und widmete ihr eine zusammen mit Kiernander verfasste Abhandlung in den Amoenitates. Sie steht bereits in der Pharmac. helv. 1771 als Seneka oder Sennegar, aber Murray sah sie 1779 nur in wenigen Apotheken. Sie erscheint dann 1784 in der Taxe von Lübeck und 1799 in der von Hannover als Radix Senekae. In den nordamerikanischen Arzneimittellehren fehlt sie in Cutlers Vegetable product 1784, findet sich aber bei Schöpf, Cullen 1789 und Bartoon 1798 (vgl. Tschirch, Handbuch der Pharmakognosie, sowie Steiger). Der gegenwärtige Bedarf Deutschlands an Senegawurzeln beträgt etwa 25 000 kg, die durch Sammler zusammengebrachte amerikanische Mittelernte etwa 100 000 kg. Kulturen sind schwierig zu erziehen, aber seit 1904 in Washington und seit neuerer Zeit auch in Zofingen in der Schweiz zu finden. Als Paralleldrogenpflanzen, die aber geringeren Wert besitzen, kommen wahrscheinlich P. tenuifólia Link (Japanische Seneka) und P. álba Nutt. (Falsche oder Weisse Seneka) in Betracht. Als Ersatz für die Radix Senegae wird neuerdings von Wiener Aerzten Radix Primulae empfohlen (Ross, H. Heil- und Gewürzpflanzen, 1920). — Die in Costarica einheimische P. Costaricénsis Chodat liefert ein gutes Ersatzmittel für Ipecacuanha. — Die westafrikanische, krautige P. butryácea Heck wird der schwarzbraunen, glänzenden, mit einem Haarschopf versehenen Samen wegen angebaut (z. B. in Togo). Diese enthalten ein zwischen 35° und 52° schmelzendes, butterartiges Fett („Malukangfett"); die Rindenfasern dienen zur Herstellung von Netzen und Schnüren. — P. inctória Vahl aus Arabien soll einen indigoartigen Farbstoff liefern. — P. Sibírica L., eine in Sibirien weit verbreitete Art, tritt in Europa nur auf einer kleinen, etwa 6,5 ha grossen Fläche in Ost-Ungarn unweit Magashegi (Hohenberg) bei Szascsanád auf und ist dort von der ungarischen Regierung unter Schutz gestellt worden. — Adventiv wurden im Mannheimer Hafen aufgefunden: die ostmediterrane P. rósea Desf., die italienische P. flavéscens DC. und die südamerikanische P. paniculáta L., in Ludwigshafen die nordamerikanische P. cruciáta L. — Die Keimung der myrmekochoren Samen einiger Polygala-Arten ist von Kinzel untersucht worden. Dabei hat sich gezeigt, dass sowohl P. amara als auch P. vulgaris nur im Licht zu keimen vermögen und dass ihre Keimung verzögert ist, d. h. dass sich zwischen die Sprengung der Samenschale und die spätere Bildung von Würzelchen und Keimblättern eine lange Ruhepause einschiebt. Bei P. amara betrug das Keimergebnis nach einem Jahr 40%. P. Chamaebuxus bedarf einer längeren Samenruhe und besitzt eine ähnliche, aber noch mehr verzögerte Keimung. Die Sprengung der Samenschale wird durch Frosteinwirkung gefördert. Die Samenschalen gehen nach Copper aus einem Integument hervor und bestehen aus zwei äusseren und zwei inneren Zellreihen. Die Epidermis des äusseren Integumentes wird zur haartragenden Epidermis ausgebildet, die zweite Zellreihe bildet die Palisadenschicht; das innere Integument obliteriert. — Die von Focke aufgestellte und von Pfeffer übernommene Vermutung, dass die einheimischen Polygala-Arten, weil sie nicht leicht zu kultivieren sind, Wurzelparasiten seien, ist sowohl von Heinricher, als auch von Stahl widerlegt worden. Haustorien fehlen dem Wurzelstock vollständig; hingegen sind die Wurzeln mit Wurzelpilzen behaftet. Heinricher insbesondere hat gezeigt, dass unsere Arten mit Aus-

---

[1]) Bekannt auch dadurch, dass diese 1923 beim Völkerbund in Genf vorstellig wurden.

nahme von P. Chamaebuxus nicht obligat mycotrophe Gewächse im Sinne Stahls sind, sondern dass sie nur eine fakultative entotrophe Mycorrhiza besitzen, die gelegentlich durch einen Besatz zwar kurzer, aber zahlreicher Wurzelhaare ersetzt sein kann. Trotzdem ist die Kultur der Polygala=Arten oft mit Schwierigkeiten verbunden, so dass sie in Botanischen Gärten selten anzutreffen sind.

1. Immergrüner Halbstrauch. Laubblätter derb, lederig, glänzend. Blüten gross, gelb oder teilweise gelb, selten rot, niemals blau, in wenigblütigem Blütenstand . . . . P. Chamaebuxus nr. 1811.

1*. Sommergrüne Kräuter oder Stauden. Laubblätter krautig. Blüten mittelgross oder klein, niemals gelb, in meist reichblütigem Blütenstand . . . . 2.

2. Flügel kürzer als die Kronröhre, 12 bis 15 mm lang. Stiel des Fruchtknotens 2= bis 4=mal so lang wie der Fruchtknoten . . . . P. major nr. 1812.

2*. Flügel so lang oder länger als die Kronröhre, höchstens 9 mm lang. Stiel des Fruchtknotens höchstens so lang wie der Fruchtknoten . . . . 3.

3. Untere Laubblätter gegenständig, nie rosettig genähert. Stengel fadenförmig. Blütenstand 3= bis 8=blütig . . . . P. serpyllacea nr. 1817.

3*. Alle Laubblätter wechselständig. Blütenstand reichblütig . . . . 4.

4. Stengel im unteren Teile ausläuferartig, niederliegend, spärlich mit kleinen, oft schuppenförmigen Laubblättern besetzt, in der Mitte mit rosettenförmig gehäuften, grossen, verkehrt=eiförmigen Laubblättern, aus deren Achseln mehrere Blütenstände entspringend. Rückenlappen des Samenanhängsels wenigstens anfangs wagrecht abstehend . . . . P. calcarea nr. 1818.

4*. Stengel im unteren Teile nicht ausläuferartig. Rückenlappen des Samenanhängsels anliegend, kurz . 5.

5. Untere Laubblätter deutlich Rosetten bildend, bedeutend grösser als die Stengelblätter; diese nach oben gleich gross oder an Grösse abnehmend; alle am Rande flach oder nur leicht umgebogen. Flügel nicht netznervig . . . . 6.

5*. Untere Laubblätter keine Rosette bildend oder, falls vorhanden (P. alpestris), dann Stengelblätter nach oben grösser werdend; alle Laubblätter (trocken) am Rande deutlich umgerollt. Flügel ± netznervig 7.

6. Laubblätter bitter schmeckend, am Rand leicht umgerollt. Rosette den Blütenstand zentralständig tragend . . . . P. amara nr. 1819.

6*. Laubblätter nicht bitter schmeckend, am Rande flach. Rosette mit seitenständigen Blütenständen. Nur in den Schweizeralpen und in Südtirol . . . . P. alpina nr. 1820.

7. Obere Laubblätter grösser und breiter als die unteren, gedrängt. Tragblätter etwa von der Länge der Blütenstiele. Flügel sehr undeutlich netznervig . . . . P. alpestris nr. 1816.

7*. Obere Laubblätter meist nicht grösser als die unteren. Flügel deutlich und reichlich netznervig oder, wenn frei, dann die Tragblätter viel länger als die Blütenstiele . . . . 8.

8. Tragblätter kürzer oder so lang wie die Stiele der eben geöffneten Blüte, bis auf den oft undeut= lichen Mittelstreifen häutig, nicht schopfig über die Spitze des Blütenstandes emporragend. Nerven der Flügel netzartig verbunden . . . . P. vulgaris nr. 1815.

8*. Tragblätter wenigstens so lang wie die Stiele der eben geöffneten Blüte, fast stets derb, mit deutlichem, derbem, grünem oder farbigem Mittelstreifen. Blütenstand ± deutlich schopfig . . . . . . 9.

9. Flügel sehr gross, etwa 8 bis 10 mm lang, breit elliptisch oder fast kreisrund, am Grund plötzlich zusammengezogen. Tragblätter doppelt so lang wie die eben geöffnete Blüte. Blütenstand schwach schopfig. Nur in Südtirol, Kärnten und Krain . . . . P. Nicaeensis nr. 1813.

9*. Flügel meist mittelgross, 5 bis 6 mm lang, elliptisch=verkehrt=eiförmig, gegen den Grund ver= schmälert. Tragblätter etwas länger als die eben geöffnete Blüte. Blütenstand deutlich schopfig. P. comosa nr. 1814.

1811. Polygala Chamaebúxus L.[1]) (= Chamaebuxus alpéstris Spach, = Ch. vulgáris Schur). Zwerg=Buchs, Buchsblätterige Kreuzblume. Franz.: Polygale faux=Buis; ital.: Poligala falso bosso. Taf. 176, Fig. 3; Fig. 1720, 1722 und 1723.

Nach der pantoffelähnlichen Gestalt der Blüte und der frühen Blütezeit heisst die Pflanze Frauen= schüchl (Südtirol), Herrgotts=Strömpf und Schua, Herrgottaschüehli, Muettergottespan= töffli, Pantöffli, Himmelsschlüsseli, Schlösselblüamli, Chellerschlösseli (Schweiz). Wilde(r) Buchs (Schweiz), Waldmirtn (Niederösterreich) gehen auf die immergrünen Laubblätter. Im romanischen Graubünden heisst die Pflanze chödin oder poligala.

---

[1]) Abgeleitet von χαμαί [chamái] = auf der Erde, am Boden, also niedrig und búxus, Name des Buchsbaums bei den Römern.

Niedriger, bis 30 cm hoher, reich verzweigter Halbstrauch mit ästiger, graubrauner Grundachse und kräftigen Ausläufern, Pflanze daher ± dichtrasig. Zweige verholzend, teils niederliegend, teils bogig aufsteigend, am Grunde wurzelnd, mit hakigen Haaren besetzt; die älteren Teile braun, die jüngeren grün. Laubblätter lederartig, immergrün, sitzend oder sehr kurz gestielt, elliptisch bis lanzettlich oder länglich lineal, an der Spitze stumpf mit kurzer, aufgesetzter Stachelspitze, ganzrandig, am Rande umgerollt, kahl, oberseits glänzend; die untersten eines jeden Astes verkehrt=breit=eiförmig, ausgerandet, mit aufgesetztem Stachelspitzchen. Blütenstände 1= bis 2=, seltener 3=blütig, mit rundlich=eiförmigen, häutigen Hochblättern, blatt= winkel= oder endständig. Blüten gross, 13 bis 15 mm lang. Das unpaare Kelchblatt ausgesackt, die beiden anderen kleiner, ei= förmig; Flügel länglich=spatel= förmig bis länglich verkehrt=ei= förmig, aufwärts gerichtet oder zurückgeschlagen, 10 bis 12 mm lang, zur Zeit der Blüte gelblich= weiss, später häufig braunrot purpurn gefärbt (siehe auch die Farbabweichungen), bei der Fruchtreife abfallend; Schiffchen so lang oder meist kürzer als die Flügel, die seitlichen Blumen= blätter eiförmig, blassgelb bis weisslich, das vordere zitronen= gelb bis orange oder selten rot, nach der Blüte sich purpurn oder braunrot färbend. Staubblätter 8 bis 10; Staubfäden nur am Grunde oder in der unteren Hälfte verwachsen; Staubbeutel 3=fächerig (Fig. 1720 c), mit drei Klappen aufspringend, die vordere Klappe kleiner, ausnahmsweise auch 4=fächerig. Diskus dem Staubblattkreise zugehörig, auf eine rückwärts stehende Drüse reduziert. Fruchtstiele aufrecht. Kapsel (Fig. 1723 d) rundlich bis verkehrt=herzförmig, fleischig, dicht drüsig punktiert, mit deutlichem, kantigem Hautrande, trocken braunschwärzlich. Samen 5 mm lang, eiförmig, langhaarig, mit ungleich gelapptem Anhängsel (Fig. 1723 e). — III bis VI, sehr häufig, stellenweise sogar regelmässig, mit einer zweiten Herbstblütezeit; mitunter in günstigen Lagen sogar im Winter (Januar) blühend.

Fig. 1722. Polygala Chamaebuxus L. Phot. † W. Heller, Zürich.

Ziemlich verbreitet und stellenweise häufig auf meist sonnigen, ziemlich trockenen, mineralischen oder humosen, mageren Böden; mit Vorliebe auf kalkreichen Gesteinen, doch auch auf Granit, Gneis, Porphyr, Glimmerschiefer, Phyllit, Serpentin. Von der Ebene bis in die untere alpine Stufe: in den Bayerischen Alpen bis 1750 m, in Tirol bis 2200 m, in Grau= bünden bis 2400 m, im Wallis bis 2480 m, im Berner Oberland bis 1980 m.

In Deutschland in den Alpen, auf der Schwäbisch=bayerischen Hochebene, in den süd= und mittel= deutschen Gebirgen, nördlich bis Thüringen und Sachsen. In Bayern verbreitet in den Alpen, ebenso auf der oberen und unteren Hochebene (im Inngebiet selten), im Bayerischen Wald bei Wörth a. D., Hirschberg, im Oberpfälzer Wald bei Herzogau bei Waldmünchen, Neuenhammer bei Bernrieth, im Frankenwald an der Saale bis zur Landesgrenze, im Fichtelgebirge nicht selten, im Weissen Juragebiet südlich verbreitet, im Norden von der Linie Steinfeld bis Krögelstein an fehlend, im Keupergebiet zerstreut, im Buntsandsteingebiet an der Amts= grenze Eschenbach bis Kemnath, fehlt im Muschelkalkgebiet, in der Rhön und in der Pfalz. In Württemberg und Baden im Jura ziemlich verbreitet bis zerstreut, dem Neckarlande fehlend, dagegen im Hegau; in Thüringen und Sachsen im Anschluss an das Areal im Fichtelgebirge bei Lobenstein am Gallenberge und Siechenberge und im Vogtlande an der Holzmühle bei Plauen, zwischen Chrieschwitz und Voigtsgrün, zwischen Mühlhausen, Sohl und Elster, zwischen Adorf und Leubetha, bei Markneukirchen, zwischen Brambach und Landwüst, bei Kemptengrün, bei Schöneck. — In Oesterreich in Böhmen bei Karlstein, Prag ostwärts nicht überschreitend, im Erzgebirge, im Brdywald, Beraungebiet, bei Pilsen, im Kaiserwald; in Mähren angeblich bei Ecce homo bei Sternberg; in Salzburg verbreitet; in Oberösterreich in der Berg= und Voralpenstufe auf Kalk allgemein verbreitet, ferner herabgeschwemmt an Flussufern, z. B. bei Kirchdorf, Neupernstein, um Mondsee, am Traunufer oberhalb Wels, am Agerufer zwischen Stadl bei Lambach und Schwanenstadt, Atterseeufer, am Traunfall, Ostufer des Traunsees, an der Krummen Steyerling, Enns und Steyer; in Niederösterreich häufig auf den Kalkbergen südlich der Donau bis auf die höheren Voralpen, selten auf Urgestein oder Sandstein; in Steiermark auf Kalk bis in die höheren Voralpen (1500 m) häufig, in den nördlichen Kalkalpen bis zum Semmering und Sonne= wendstein gemein, im Gebiete der Zentralalpen hie und da, gemein in der Lantsch= und Schöckelgruppe und auf den Kalkbergen bei Peggau und Graz, bei Sauerbrunn nächst Stainz, Leibnitz, Marburg, am Bachergebirge bei Lembach, Hausambacher, Frauheim; sehr häufig auf den Kalkbergen von Untersteiermark bei Pöltschach, Gonobitz, Windischgraz, Wöllen, Cilli, Tüffer, Römerbad, Steinbrück, Trifail, in den Karawanken und Sanntaler= alpen, auf dem Weizer Kulm; in Kärnten ziemlich verbreitet im Mölltal, Kreuzbergl, Maiernig, Satnitz, Gurnitz, Lavanttal um St. Paul, Wolfsberg, Mariahilferberg bei Huttaring, Osterwitz, Hurktal, Tiffen, Kanning, Maltatal, Oberdrautal, Gitschtal, Mussen, Tröpolach, Kanaltal, Raibl, Bleiberg, Karawanken, Weidisch, Kolben bei Ebern= dorf; in Krain ziemlich verbreitet; in Vorarlberg und Tirol verbreitet auf kalkreicheren Gesteinen, seltener auf Urgestein, deshalb in einem grossen Teile der Zentralalpen fehlend, am Blaser bei 1900 m, im Ortlerstock nur auf Kalk der Nordseite, im Adamellostock nur bei Campiglio, Tione, im Val Daone auf Kalk. — In der Schweiz verbreitet im Mittelland und in den Kalkalpen, in den Zentralalpen zerstreut auf kalkreichem Urgestein, im Jura im Westen selten (Montoz de Bévilard, Roc Coupé, Rochefort), vom Solothurner Jura an häufiger, auf der Lägern fehlend, dagegen wieder in Schaffhausen.

Allgemeine Verbreitung: In der ganzen Alpenkette von Südfrankreich bis zu den Ostalpen und den Illyrischen Gebirgen; im westlichen Schweizerischen (fehlt völlig im Französischen), im Badischen und Württemberger Jura, in den südlichen herzynischen Gebirgen (östlich bis zum Erzgebirge und Prag), in Siebenbürgen nur in den Galizischen Karpaten, im Banat neuerdings unsicher, in Ungarn im Westen und Südwesten häufig, in Rumänien, im nördlichen Apennin und scheinbar sehr selten in den östlichen Pyrenäen.

Aendert ab: var. linifólia Murr (= var. stenophýlla Hausm.). Alle Laubblätter lineal=lanzettlich oder fast lineal. So besonders an trockenen Orten. — Sehr veränderlich in der Blütenfarbe, in vereinzelten Fällen am selben Stock: l. lútea Neilr. Blütenblätter heller oder dunkler gelb (die gewöhnlichste Form). — l. leucóptera Brügger. Flügel weiss oder sich später auch gelblichweiss oder rötlich färbend. — l. grandi= flóra Gaudin (= var. rhodóptera Ball). Flügel rosenrot gefärbt. So stellenweise vorherrschend, z. B. in Graubünden und im Tessin. — l. rósea Neilr. Wie vorige, aber Kronblätter gelb. — l. rhodopteroídes Lüscher. Flügel rötlich. So z. B. bei Solothurn. — l. heterochróa Beck. Kelch und Röhre gelb mit rotem Saum. — Aus Tirol werden auch Pflanzen mit violetten Blüten angegeben. — „Rote" Formen (nördlich der Alpen) sind wohl z. T. als Trocken=(Frost=)formen zu deuten; auch Lichtmangel verursacht bisweilen eine leichte Rötung.

Polygala Chamaebuxus gehört zum mediterran=präalpinen Element. Christ zählt sie zu seinen alt= afrikanischen Elementen, Gradmann (Schwäbische Alb) zur pontischen Steppenheidegenossenschaft. Im Gegen= satz zu allen übrigen mitteleuropäischen Polygala=Arten gehört sie zu der Sektion Chamaebuxus und besitzt ihre nächsten Verwandten (P. Munbyána Boiss. et Reut., P. Webbiána Cosson und P. Balánsae Cosson) in Nordafrika, in Algier und Marokko und nur eine (P. Vayrédae Costa) in den östlichen Pyrenäen. Auffallend ist das Fehlen im westlichen Jura. Ihren ökologischen Erscheinungen entsprechend kann sie als wärme= und kalkliebender Mager= und Trockenheitszeiger von vorwiegend präalpinem Charakter bezeichnet werden. In den Alpen ist sie am häufigsten und zahlreichsten in den Schneeheide= (Erica carna=)Beständen zu finden und erscheint mit diesen in lichten Mischwäldern der Hügelstufe, in den Steineichenwäldern der Zentralalpen, in Pinus silvestris= und P. montana=Wäldern, in Oesterreich im Pinus nigra=Walde, im lichten Fichtenwalde, fehlt auch selten im Legföhren= Gebüsch (vgl. Buphthalmum salicifolium. Bd. VI, pag. 492), im Alpenrosengebüsch und in Zwergstrauchheiden, sowie in trockenem Kalk=Felsschutt. In den Zentralalpen erscheint die Pflanze nur auf Kalk oder Dolomit oder aber auf kalkhaltigem Urgestein, so nach Hegi auf den Kalkbändern ob dem Silsersee im Oberengadin (etwa 2000 m) in Gesellschaft von Dryas octopetala, Salix reticulata und S. retusa, Rhododendron hirsutum, Rhamnus pumila, Sesleria caerulea, Elyna Bellardi, Gypsophila repens, Hutchinsia alpina, Biscutella levigata, Saxifraga caesia, Sedum atratum, Laserpitium Siler, Achillea atrata, Aster alpinus, Hieracium villosum und H. bupleuroides, Campa= nula pusilla, Valeriana tripteris, Veronica aphylla, Asplenium viride usw. Am Pilatus (nach Amberg) und auch anderwärts ist sie im Brometum erecti zu finden. Das in den Kalkalpen fast durchgängig zu beobachtende Auf=

treten von P. Chamaebuxus im Gefolge von Erica carnea schwindet mit der Annäherung an die nördliche Verbreitungsgrenze in Sachsen und Thüringen. Die Schneeheide wird dort Bewohnerin des schattigen Waldes, der Zwerg-Buchs hingegen bewohnt sonnige Höhen und offene, heideartige Lichtungen, wenn er auch den Rand montaner Kiefernwälder nicht meidet. Meist ist er dann in Calluna-Heiden oder in Gesellschaft von Sarothamnus scoparius, Vaccinium Myrtillus und V. Vitis idaea usw. zu finden. Bei Wunsiedel wächst er sehr gesellig in einem lichten Kiefernwald auf dolomitischer Unterlage zusammen mit Rubus saxatilis, Helianthemum Chamaecistus, Trifolium medium u. a. m. (D r u d e, Hercynia). Auch in Mittelböhmen bei Příbram sind seine Begleiter ziemlich dieselben. In tieferen Lagen steht er in trockenen, dürren Föhrenwäldern, in denen das Unterholz bald gänzlich fehlt, bald durch Juniperus communis, Sarothamnus scoparius, Crataegus oxyacantha und Prunus spinosa gebildet wird, während die einförmige Bodendecke namentlich aus Deschampsia flexuosa, Sieglingia decumbens, Carex digitata, Cytisus nigricans, Melampyrum vulgatum, Vaccinium Myrtillus und Calluna vulgaris besteht. In höheren Lagen, auf den Bergkämmen im Brdywalde, flüchtet er sich in trockene Nardus-Calluna-Vaccinium Myrtillus-Heiden zusammen mit Trientalis Europaea. — Fossil wurde die Pflanze in den interglazialen Ablagerungen der Höttinger Breccie gemeinsam mit Rhododendron Ponticum, Buxus sempervirens, Hedera Helix, Potentilla micrantha (Bd. IV 2, pag. 820) nachgewiesen. — P. Chamaebuxus wird im Volksgebrauch als Ersatz für die Senegawurzel benützt, steht auch gleich dieser im Rufe, die Milchsekretion stillender Frauen anzuregen. In Kultur befindet sich die Pflanze seit 1658.

Im Sinne der Raunkiär'schen Lebensformen ist P. Chamaebuxus als ein Nano-Phanerophyt zu bezeichnen, der mit seinen im Herbste angelegten Blattknospen des winterlichen Schneeschutzes bedarf (Fig. 1723 a und b). Die gegen Ende September sich bildenden Blüten treten z. T. voll entwickelt in die Winterruhe ein, können sich daher sofort beim Verschwinden des Schnees öffnen (Winterblüher). Der Bestäubungsvorgang ähnelt dem gewisser Papilionaceen (Lotus). Staubblätter und Griffel ruhen im unteren Teile der wagrecht liegenden Blüte und biegen sich an dem freien Ende nach oben. Staubbeutel und Narbe liegen in einem seitlich zusammengedrückten, nur oben sich öffnenden Behälter, dem Schiffchen (Fig. 1720 b). Dieses wird von dem besuchenden Insekt (namentlich Hummeln, selten Bienen) niedergedrückt, wobei nicht die Staubbeutel selbst, sondern ein Teil des bereits im Knospenzustande in den Behälter entleerten Pollens dem Insekt an den Leib gedrückt wird. Dabei berührt auch die Narbe den Insektenleib und kann mit Blütenstaub belegt werden (siehe K n u t h, Blütenbiologie). Doch ist, wie B. J a u c h (Quelques points de l'anatomie et de la biologie des Polygalacées, Bull. de la société de Genève, X. 1918) durch Versuche nachgewiesen hat, eine Wechselbestäubung zur Fruchtbildung unbedingt erforderlich; eine Bestäubung mit eigenem Pollen ist ergebnislos. Räuberischer Einbruch in die Blüte erfolgt häufig und kann nach Ricca bis 95 Prozent der Blüten betreffen. S c h u l z fand an etwa 800 untersuchten Blütenständen südtiroler Pflanzen nur 21 mit je 1 bis 4 noch nicht angebrochenen Blüten. Manche Blüten wiesen 3 bis 4 Einbruchslöcher auf. Im Laufe von 5 Minuten führte ein weiblicher B ó m b u s   m a s t r u c á t u s 34, ein anderer 39 und ein dritter 42 solche räuberische Eingriffe aus. — Die xerophytisch gebauten, ledrigen Laubblätter sind im ersten Sommer frischgrün nnd nehmen den dunklen, glänzenden Ton erst während der Ueberwinterung an. Sie gleichen jenen von Arctostaphylos Uva ursi und Vaccinium Vitus Idaea; von den letzteren unterscheiden sie sich leicht durch das Fehlen der gelben Drüsenpunkte auf der Unterseite. — Die Pflanze wird infolge der äusserlichen Aehnlichkeit ihrer Blüten mit einer Schmetterlingsblüte von Anfängern gern für eine Leguminose gehalten; abgesehen von der völlig verschiedenen Frucht ist sie aber durch die 2 seitlichen grösseren Kelchblätter, die an Stelle der 1-blätterigen Fahne der Schmetterlingsblütler treten, leicht zu unterscheiden. Auch in älteren Kräuterbüchern werden mit Polygalon mitunter solche Pflanzen bezeichnet, die zu anderen Familien gehören. So heisst es im Kräuterbuch des Hieronymus Bock, herausgegeben von Melchior Sebizius: „Es ist aber allhie zu mercken, das auch andere Gewächß Polygala heißen; Als das Foenograecum sylv. Tragi oder Glycyrrhiza sylv. Gesneri, so vnsere Kräutter Glidtweich nennen. Dann diß simplex würdt von Cordo Polygalon getaufft. Item das Cicer astragaloides Ponae, oder der Astragalus alpinis Clusii. Dann disen nennt Herr Joachim Camerarius Polygalam. So würd

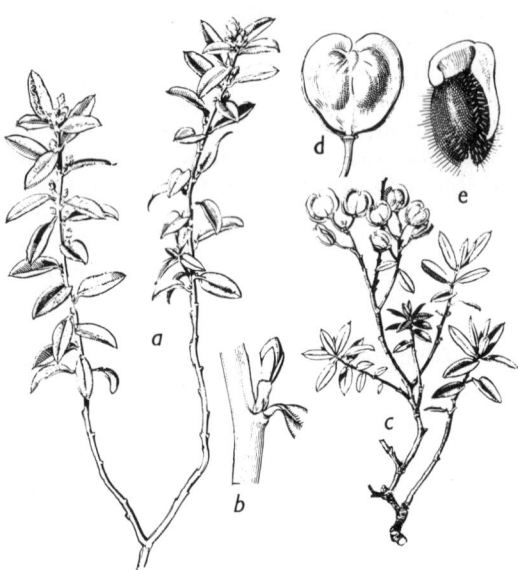

Fig. 1723. Polygala Chamaebuxus L. *a* Sprosse im Winterzustand. *b* Sprossknospe. *c* Zweig mit Früchten. *d* Frucht (vergrössert). *e* Samen.

auch die Onobrychys Dodon. Clus. Thal. vnd Tabernaem. oder das Caput gallinaceum Belgarum in Herbario Lugdunensi genennt" (angeführt von Holzner und Naegele. Die bayerischen Polygalaceen, 1905). Polygala Chamaebuxus heisst bei Camerarius im Hortus medicus und philosophicus (1588) Anonymos pervincae folio (vgl. Berichte der Bayerischen Botanischen Gesellschaft, 1922) und wird „in Bavaria et Vindelicia" angeführt; Jungermann (1615) nennt sie Anonymos Coluteae flore.

1812. Polygala májor Jacq. (= P. mágna Georgi). Grosse Kreuzblume. Fig. 1724.

Ausdauernde, 10 bis 40 cm hohe Pflanze mit dicker, spindelförmiger Wurzel und reichästigem Erdstock. Stengel meist zahlreich, derb, aufsteigend bis aufrecht, selten liegend, am Grunde verholzt, einfach, selten wenig verästelt, kurz flaumig behaart, meist dicht beblättert. Laubblätter ganzrandig, am Rande schwach knorpelig rauh, kahl oder besonders am Rande spärlich behaart; die unteren kleiner, verkehrt-eiförmig bis länglich-elliptisch, spitzlich, die mittleren und oberen lineal-lanzettlich, spitzlich oder stumpflich. Blütenstand anfangs dichtblütig, schlank pyramidenförmig, deutlich schopfig, später sich sehr verlängernd und lockerblütig. Hochblätter elliptisch, spitz, fast ganz häutig, am Rande gewimpert, bis doppelt so lang wie der kurze, gebogen abstehende Blütenstiel. Aeussere Kelchblätter den Hochblättern ähnlich, lineal-lanzettlich, spitz, fast ganz häutig, am Rande gewimpert; die inneren elliptisch bis verkehrt-eiförmig, 10 bis 13 (zuletzt bis 17) mm lang, mit 3 stärkeren, netzig verbundenen Nerven, meist rosa mit grünem Fleck, später verbleichend; Mittelnerv dicker, in ein Stachelspitzchen endigend. Kronblätter deutlich länger als die zur Fruchtzeit 1,2 cm langen und 5 mm breiten Flügel, die seitlichen viel länger als das vordere, vorn stumpf, spatelförmig; das vordere bis an das fransige Anhängsel mit der am Grunde behaarten Staubfadenröhre verwachsen. Staubbeutel sitzend. Fruchtknotenstiel 3- bis 4-mal so lang als der Fruchtknoten (Fig. 1724 c); Griffel verlängert, fadenförmig. Frucht verkehrt-herzförmig, plötzlich in den kurzen Stiel verschmälert, kürzer als die Flügel, ziemlich breit geflügelt (Fig. 1724 d). Samen eiförmig, angedrückt behaart; Anhängsel schildförmig, 3-lappig; der mittlere Lappen dem Samen angedrückt, kurz, die seitlichen bis halb so lang wie der Samen. — VII, VIII.

Fig. 1724. Polygala major Jacq. *a* Habitus. *b* Blüte. *c* Blüte im fruchtenden Zustand, ein Flügel entfernt. *d* Frucht.

Zerstreut in sonnigen, ± trockenen Wiesen und Weiden und an steinigen Hängen, in lichten Gebüschen in der Ebene und Bergstufe (in den Illyrischen Gebirgen bis in die subalpine Stufe). Gern auf kalkhaltigen Böden.

In Deutschland und in der Schweiz vollständig fehlend. — In Oesterreich in Mähren bei Mohelno, auf den Pollauer und Nikolsburger Bergen, bei Znaim, bei Jaispitz, Brünn (Hadiberg), Kanitz, Eibenschitz, Seelowitz, Auspitz, Klobouk, Banow; in Niederösterreich in der Berg- und Hügelstufe besonders im Gebiete der Pannonischen Flora, so im Kalkzuge des Wienerwaldes, im Sandsteingebiet, im Leithagebirge, auf den Hügeln bei Ernstbrunn, Feldsberg, längs der Donau bis in die Wachau; in Steiermark auf dem Donatiberg, auf dem Wotsch, bei Tüffer und bei Reichenburg, in neuerer Zeit nicht mehr beobachtet (Hayek, Flora von Steiermark, 1908 bis 1911).

Allgemeine Verbreitung: Vom südlicheren Mähren, Niederösterreich und Steiermark in südlicher und südöstlicher Richtung bis Italien, Griechenland, Mittel- und Südrussland, Krim; Kaukasus, Kleinasien, östlich bis Westpersien.

Sehr veränderlich, namentlich in der Blütenfarbe. Es werden unterschieden: 1. týpica Beck. Flügel helllila, Kronblätter dunkelrot-lila. — 1. azúrea Pantocs. Blüten azurviolett. — 1. purpúreo-rosea Baumg. Blüten purpurrot. — 1. coccíneo-sanguínea Baumg. — f. leptóptera Chodat. Flügel plötzlich in einen kurzen Stiel verschmälert. Hochblätter wenig hervorragend. Blüten oft kleiner; sonst wie der Typus. Mit dem Typus zusammen vorkommend. — Wichtiger ist die in Niederösterreich (und Ungarn) hie und da mit dem Typus auftretende var. (Rasse) neglécta (Kerner) Borbás (= var. vulgaris Koch, = var. achaétes Neilr.). Blütenstand unverzweigt, schmal, höchstens 2,5 cm breit, nie schopfig. Blütenstiele kurz, 5- bis 6-mal kürzer als die länglich-elliptischen, pfirsichblütenfarbigen, später heller oder weisslichgrünen Flügel. Aeussere Kelchblätter nur ½ so lang wie die Flügel. Kronblätter rosa. Kapselstiel nur ½ so lang wie die 4 mm lange Kapsel.

Polygala major ist ein pontisch-ostmediterranes Element. Ihr Vorkommen beschränkt sich fast ausschliesslich auf Trocken- und nicht zu feuchte Frischwiesen; seltener tritt sie auch in lichteren Eichen- und Sibljak-ähnlichen Gebüschen auf. In der xerophilen, blütenreichen „Pannonischen Triftformation" vereinigt sie sich mit Steppengräsern wie Andropogon Ischaemum, Stipa pennata, Phleum phleoides, Koeleria gracilis, Bromus erectus, Festuca glauca und F. sulcata. Weitere Begleiter dort sind etwa: Carex verna, C. montana, C. Michelii und C. humilis, Anemone nigricans und A. grandis, Adonis vernalis, Potentilla arenaria, Helianthemum canum, Alyssum montanum, Linum tenuifolium und L. flavum, Dictamnus albus, Trifolium rubens, Cytisus albus, C. nigricans und C. Kitaibelii, Seseli annuum, Nonnea lutea, Onosma Visianii, Thymus Marschallianus, Odontites lutea, Campanula Sibirica, Inula hirta, I. Oculus Christi, Anthemis tinctoria, Achillea collina und A. Pannonica, Scorzonera Austriaca und S. purpurea, Hieracium Bauhini und H. setigerum (Hayek). Häufig erscheint P. major auch in den von Bromus erectus beherrschten Bergwiesen der Vorhügel der Westkarpaten, in der gleichen Gesellschaft in Mittelmähren. In den Illyrischen Gebirgen, wo sie bis in die subalpine Stufe ansteigt, kommt sie sowohl in Berg- und Voralpenwiesen, als auch in Heiden vor. — Die Bestäubung der Blüte wird durch Bienen und Schmetterlinge vermittelt.

1813. Polygala Nicæénsis[1]) Risso (= P. comósa Schkuhr var. β? Hoppeána Rchb.). Nizza-Kreuzblume. Fig. 1725.

Ausdauernde, meist 15 bis 35 cm hohe Pflanze mit dicker, spindelförmiger Wurzel und starkem, reichästigem Erdstock. Stengel aufrecht, aufsteigend, seltener am Grunde niederliegend, unterwärts oft verholzt, kurzhaarig. Untere Laubblätter einander genähert, schmal spatelig-verkehrt-eiförmig, stumpf, die mittleren und oberen lineal-lanzettlich, länger als die unteren, spitzlich, kahl oder besonders am Rande und auf der Oberseite am Mittelnerv kurzhaarig. Blütenstände 5 bis 15 cm lang, locker, durch die zur Blütezeit die Blütenstiele an Länge etwa doppelt überragenden Tragblätter schwach schopfig; Hochblätter dünnhäutig, bewimpert, hinfällig. Blüten gross, rosa oder seltener weiss, in höheren Berglagen oft blau. Flügel sehr gross, meist 8 bis 10 mm lang, eiförmig, spitzlich oder stumpf, seltener mit aufgesetztem Stachelspitzchen, in der Regel 3- bis 5-nervig; Mittelnerv gewöhnlich schon von der Mitte an ästig, mit aufrechten, einfachen oder 2-spaltigen Aesten, die seitlichen nach aussen reich verzweigt, meist mit dem Mittelnerv verbunden. Kronblattröhre kürzer als der freie Teil der Kronblätter; Fransen zahlreich, gross. Frucht verkehrt-herzförmig, etwa 6 bis 7 mm lang, ausgerandet, fast sitzend oder gestielt, etwa 0,5 mm breit geflügelt. Samen etwa 3 mm lang, braun, dicht weisshaarig; längere Anhängsellappen bis ½ so lang als der Samen. — IV bis VII.

Auf sonnigen, trockenen Hügeln, grasigen Hängen, im Gesteinsschutt, in lockeren Gebüschen und in lichten Wäldern; von der Ebene bis in die hochmontane Stufe (in Südtirol bis 1500 m, in Friaul bis 1700 m).

Fehlt in Deutschland und in der Schweiz vollständig. — In Oesterreich nur an wenigen Orten in Südtirol, Kärnten und Krain (vgl. unter den Formen).

Allgemeine Verbreitung: Im ganzen Mittelmeergebiet von Spanien über Frankreich, Korsika, Sizilien, Italien, Südtirol, Kärnten, Krain bis zum Balkan und Kleinasien, Nordafrika; die Küstenregion bevorzugend.

---

[1]) Nach der Stadt Nizza benannt.

1. Flügel deutlich netzaderig, Seitennerven vor der Vereinigung mit dem Mittelnerven deutlich verzweigt. Blütenstand fast stets deutlich schopfig. Blüten meist rosa oder blau, gross. Laubblätter alle sehr schmal . . . . subsp. Mediterránea (Dalla Torre) Chodat.
Gliedert sich weiter: 2.

1*. Flügel nicht oder nur schwach netznervig; Blütenstand nicht oder schwach schopfig . . . . 3.

2. Blüten 7 bis 8 mm lang, meist rosa, selten blau. Stengel aufsteigend, dünn. Blütenstand anfangs stark schopfig, später lockerer. Flügel elliptisch bis elliptisch-lanzettlich, etwa 7,5 mm lang und 4 mm breit, abgerundet. Kapsel verkehrt-herzförmig, breit, kurz gestielt. Südtirol. (P. Nicaeensis Risso subvar. subpubéscens Borb., = P. Mediterránea Dalla Torre et Sarnthein var. Adriática Dalla Torre et Sarnthein): var. Adriática Chodat.

2*. Blüten bis 9 mm lang. Blütenstand von Anfang an etwas locker. Hochblätter bewimpert. Aeussere Kelchblätter doppelt so lang wie die Blütenstiele. Flügel elliptisch, etwa 8 mm lang und 5 mm breit, etwas kürzer als die Kelchblätter. Kapsel aus keiligem Grunde verkehrt-herzförmig. Südtirol. (P. Nicaeensis Risso var. Kernéri Borb., = P. Nicaeensis Risso subsp. Mediterránea Dalla Torre et Sarnthein var. Adriática Chodat subvar. speciosa Chodat): var. speciósa (Kern.) March.

3. Kronblätter mit kurzer Röhre, nicht zwischen den Flügeln hervorragend. Blüten bis 8 mm lang, rosenrot. Blütenstiele sehr kurz, 1 mm lang. Aeussere Kelchblätter weiss, mit sehr zartem, grünem Mittelnerven, sehr lang, lineal, bis 6,5 mm lang und wie die Hochblätter die Blütenknospe überragend. Untere Laubblätter klein, eiförmig-elliptisch, spatelförmig verschmälert, ganz kahl oder mit wenigen Haaren besetzt. Krain, Kärnten, Südtirol. (P. vulgáris L. subsp. Nicaeensis Risso var. Forojulensis Fiori et Paol.): subsp. Forojulénsis[1]) (Kerner).

3*. Kronblätter länger als die Flügel, die seitlichen fast doppelt so lang wie die Röhrenfransen. Blüten 8 bis 10 mm lang, blau, selten violett oder weiss. Blütenstiele über 1 mm lang. Aeussere Kelchblätter gefärbt, mit deutlichem, grünem Mittelnerven. Hochblätter kaum die Blütenknospe überragend. Untere Laubblätter sehr kurz, schuppenförmig, am Rande gewimpert. Stengelblätter an Länge nach oben seltener, nach unten (f. decréscens Freiberg) abnehmend. Eine weitere Form ist f. longibracteáta Freiberg. Blüten etwas kleiner, Hochblätter etwas über die jungen Blüten hervorragend . subsp. Carniólica (Kerner).

Der Blütenfarbe nach werden unterschieden: 1. albíflora Rouy et Fouc. Blüten weiss. — l. caerúlea Freyn. Blüten blau. So namentlich in höheren Lagen. — l. rósea Pospichal. Blüten rosen- oder fleischrot. So angeblich selten. — l. ochroleúca Freyn. Blüten gelblich-weiss.

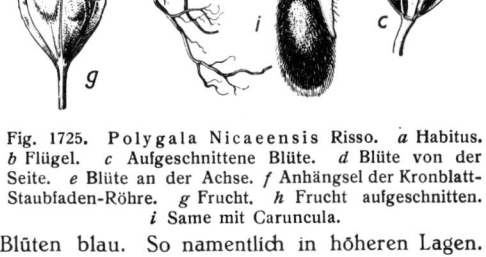

Die subsp. Mediterranea (als Typus der Art) ist wahrscheinlich im ganzen Mittelmeergebiet verbreitet. Die var. Adriatica ist auf die Küstenregion des Adriatischen Meeres beschränkt und reicht von Südtirol über Friaul bis Dalmatien und Bosnien (in Südtirol bei Tschierland, in der Umgebung von Bozen bei Kaiserau und St. Jakob, wohl auch am Etschdamm bei Siegmundskron, häufig in der Umgebung von Tramin; angeblich auch am Sasso della Padella im Primör). Die var. speciosa zieht von Südtirol bis Albanien (Südtirol: im Val Vestino von 300 bis 1500 m, bei Moërna, im Ledrotal am Ledrosee, bei Molina, Pur und am Gardasee). Nur ausserhalb der Gebietsgrenze kommt die f. Tirolénsis Chodat (= P. Kernéri Dalla Torre et Sarnthein f. Tirolensis Dalla Torre et Sarnthein) bei Garda und Madderno vor, eine kräftige Pflanze mit verkehrt-eiförmigen, 10,5 mm langen und 6 mm breiten Flügeln und breit geflügelter Kapsel. — Irrtümlich wird var. confúsa Burnat (= P. vulgaris L. var. grandiflóra DC., = P. rósea Gren. et Godr., = P. Nicaeensis Risso subsp. Mediterranea Dalla Torre et Sarnthein var. Insúbrica Chodat), eine in der Provence und der anschliessenden italienischen Riviera häufige

Fig. 1725. Polygala Nicaeensis Risso. *a* Habitus. *b* Flügel. *c* Aufgeschnittene Blüte. *d* Blüte von der Seite. *e* Blüte an der Achse. *f* Anhängsel der Kronblatt-Staubfaden-Röhre. *g* Frucht. *h* Frucht aufgeschnitten. *i* Same mit Caruncula.

---

[1]) In Friaul (im Altertum Fórum Juliánum) vorkommend.

Abart, von Lugano angegeben. — Die subsp. Forojulensis reicht von Südtirol bis nach Bulgarien (Südtirol: im Ampezzo in sonnigen Föhrenwäldern unterhalb Aquabuona; Kärnten: am Nanos, zwischen Malborgeth und Pontafel, Wolfsbach in 1300 m Höhe, bei Raibl auf dem Predilkopfe; Krain: Lengenfeld, Moistrana, Vorberge des Stol und der Beščica, im unteren Kanaltal bei 600—700 m). Die subsp. Carniolica zieht von Krain bis zur Herzegowina (Krain: Nanos, bei Adelsberg und unterhalb und bei der Kapelle St. Hieronymi bei Praewald in 800 bis 1030 m Höhe). Weitere geographische Rassen sind subsp. Córsica Boreau (= P. Nicaeensis Risso subsp. Mediterranea Dalla Torre et Sarnthein var. Corsica Chodat) in Korsika und Italien, subsp. Gariódiana Jord. et Four. in den Südwestalpen, subsp. Græca Chodat (= P. pruinosum Boiss.) in Griechenland. Viele Formen der P. Nicaeensis zeigen ± enge verwandtschaftliche Beziehungen zu P. major, einige leiten zu P. comosa über. Der Mittelpunkt der Entwicklung des ganzen Formenschwarms dürfte im östlichen Mittelmeergebiet zu suchen sein. Die Ansprüche an Wärme sind ausgesprochener als bei Polygala comosa, das Auftreten innerhalb der Gebietsgrenzen der mitteleuropäischen Flora daher nur auf wenige und sehr begünstigte Orte beschränkt, wo die Pflanze sonnigheisse, xerische Hänge bevorzugt. In Krain dringt die subsp. Carniolica als pontisch-illyrisches Element etwa bis Adelsberg nordwärts, vereinigt mit Stipa pennata, Carex Halleriana, Asparagus tenuifolius, Lilium Carniolicum, Paeonia peregrina, Delphinium fissum, Lathyrus variegatus, Linum Narbonense, Euphorbia epithymoides, Rhamnus rupestris, Gentiana Tergestina, Centaurea leucolepis, Scorzonera villosa usw. Im Pinus nigra-Wald erscheint sie in den Vorbergen von Südkrain vereinigt mit Calamagrostis varia, Lasiagrostis Calamagrostis, Melica nutans, Anthericum ramosum, Helleborus niger, Cytisus purpureus, Polygala Chamaebuxus, Euphorbia amygdaloides, Erica carnea, Arctostaphyllos uva ursi, Cyclamen Europaeum, Asperula aristata, Knautia drymeia und Buphthalmum salicifolium. Auf schwach berasten Schotterhängen im Dolomitgebiete von Friaul findet sich die subsp. Forojulensis nach Scharfetter zusammen mit Dianthus Sternbergii, Spiraea decumbens, Daphne Cneorum, Scabiosa graminifolia, Centaurea rupestris und Inula ensifolia, in der Karstheide am Monte Sabotino in Illyrien nach Beck zusammen mit Andropogon Ischaemum, Diplachne serotina, Sesleria autumnalis, Allium carinatum, Potentilla Tommasiniana, Cytisus argenteus, Ruta graveolens subsp. divaricata, Fumana procumbens, Satureia montana, Galium Mollugo subsp. lucidum, Achillea distans, Jurinea mollis usw. — An Missbildungen wurden bisher nur Verbänderungen von Stengeln und Blütentrauben beobachtet.

1814. Polygala comósa Schkuhr (= P. vulgáris L. var. comosa Coss. et Germ., = P. vulgaris L. subsp. comosa Chodat). Schopf-Kreuzblume. Fig. 1726 und 1727.

Ausdauernde, 7 bis 30 cm hohe Pflanze mit spindeliger Wurzel und reichästigem Erdstock (Fig. 1726 b bis d). Stengel mehrere bis viele, aufsteigend bis aufrecht, meist einfach, seltener ästig, neben den fertilen auch unfruchtbare vorhanden, fein kurzhaarig. Laubblätter ganzrandig, gegen den Grund zu auf der Oberseite und am Rande kurzhaarig oder fast kahl, zuletzt etwas lederartig; die unteren bis etwa zur Höhe der sterilen Stengel reichend, schmalspatelig-verkehrt-eiförmig, stumpflich, zur Blütezeit meist schon abgefallen, die oberen lineal-lanzettlich, spitzlich. Blüten in endständiger, reichblütiger, anfangs kegelförmiger und durch die die Blütenknospen überragenden Tragblätter schopfiger, später zylindrischer Traube auf etwa 1,5 bis 2 mm langen Stielen. Tragblätter lineal, zugespitzt, kahl oder spärlich behaart, etwa 2 bis 3 mm lang; Vorblätter ei-länglich, häutig, etwa 1,5 mm lang, kahl. Aeussere Kelchblätter lineal-lanzettlich, etwa 2,5 bis 3 mm lang, die inneren etwa 5 bis 6 mm lang, elliptisch bis verkehrt-eiförmig, stumpf oder durch den hervortretenden, unverzweigten Hauptnerven stachelspitzig. Seitennerven 2, nach aussen verzweigt; diese Zweige spärlich oder gar nicht netzförmig verbunden. Kronblätter etwa so lang wie die Flügel, schön rosaviolett, selten blau[1])

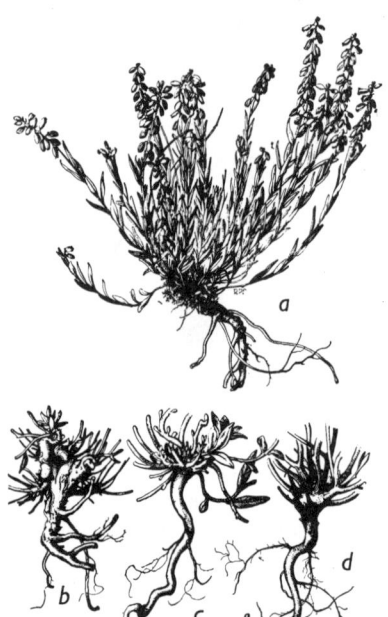

Fig. 1726. Polygala comosa Schkuhr. *a* Habitus. *b, c* und *d* Wurzeln und Erdstöcke.

---

[1]) In Sibirien wird die blaublühende Form als vorherrschend bezeichnet.

oder weiss. Staubblätter behaart. Frucht etwa 5 mm lang, verkehrt-herzförmig, am Grunde keilförmig, mit etwa 0,5 mm breitem Hautrand, meist so breit oder wenig breiter als die Flügel. Samen etwa 2 bis 2,6 mm lang, weisslich behaart; Anhängsel behaart, seitliche Lappen bis etwa ¹/₃ so lang wie der Samen. — V bis VII.

Meist zerstreut oder häufig auf trockenen Wiesen, Rainen, sonnigen Hügeln, in lichten Wäldern, Gebüschen und Heiden, besonders auf Lehm und Kalkboden, seltener auf torfigem Untergrund und sonnige Lagen bevorzugend; von der Ebene bis in die montane, mit der var. Pedemontana auch bis in die subalpine Stufe reichend; letztere am St. Bernhard bis 2200 m.

In Deutschland im Norden sehr zerstreut mit Nordwestgrenze (das nordwestdeutsche Flachland fast ausschliessend), bei Fallersleben(Hannover)-Arneburg-Mirow-Malchin-Teterow und im nördlichen Ostpreussen. Im mittleren und östlichen Deutschland zertreut, gegen Süden meist immer häufiger werdend, doch lokal (auf Urgesteinsboden) fehlend, so auf dem Vogesensandstein der Rheinpfalz, im Böhmerwald und im Fichtelgebirge. — In Oesterreich und in der Schweiz verbreitet, in letzterer oft häufiger als P. vulgaris.

Allgemeine Verbreitung: Finnland, Nordrussland (Gouv. Vologda und Petersburg), Schweden, Deutschland, Belgien, Holland (selten), Zentralfrankreich, südöstl. Spanien, Norditalien, nördlicher Balkan, Südrussland; Kaukasus, Kleinasien, südöstl. Sibirien bis Dahurien.

Lässt sich nach Ascherson und Graebner (Synopsis) folgendermassen gliedern:

Fig. 1727. Polygala comosa Schkuhr. a Habitus. b und c Gipfelschopf des Blütenstandes. d Einzelblüte an der Achse. e desgleichen, Blüte selbst entfernt, zwischen den beiden seitlichen Hochblättern (v = Vorblättern) und dem mittleren Hochblatt (t = Tragblatt) der Blütenstiel. f Flügel. g Geöffnete Blüte von der Seite. h von hinten, i von vorn. k Blüte mit entfernten Flügeln. l Kronblatt- und Staubfaden-Röhre aufgeschnitten. m Fruchtknoten und Griffel von vorn, n desgl., von der Seite. o und p Frucht. q Same mit Caruncula.

1. Alle Hochblätter deutlich länger als der Blütenstiel, die Tragblätter 2- bis 3-mal so lang. Flüge 7 bis 9 mm lang, tief rosarot, ins Bläuliche spielend, zuletzt entfärbt und einseitig rot angehaucht. Blütenstand anfangs schopfig, später lockerblütig (Chodat). Stengel bis 40 cm lang, ausgebreitet bis aufsteigend. Obere Stengelblättlich lanzettlich, breiter als beim Typus, kahl oder ± fein bewimpert. Flügel wenig breiter, aber oft viel länger als die ziemlich breit geflügelte Kapsel; Mittelnerv meist vor seiner Vereinigung mit den Seitennerven verästelt; Seitennerven zahlreich. Fruchtstände kürzer und breiter als beim Typus. Samen eiförmig. Zerstreut auf Weiden, auf Felsschutt und in Felsspalten in den Südwest- und Südalpen von den Seealpen bis Steiermark. Im Gebiet nur in Südsteiermark hie und da, in Tirol im Tiersertal, um Bozen, um Tramin, bei Cenzio alto; in der Schweiz im Wallis (Simplon) und im Tessin. (P. Córsica Gremli, = P. vulgaris L. subsp. comosa [Schkuhr] var. Grémlii Chodat) . . . . . 1. var. Pedemontána Perr. et Song.

1*. Hochblätter sämtlich so lang oder kürzer als die Blütenstiele, die Tragblätter mitunter länger. Blüten klein; Flügel meist 4 bis 6 mm lang (bei der var. stricta subvar. Moriana und subvar. oxysepala bis 8 mm) 2.

   2. Flügel nur halb so lang wie die Kapsel. Blüten klein . . . . 9.
   2*. Flügel länger und fast so breit wie die Kapsel . . . . 2. var. strícta Chodat.
   3. Flügel nicht über 6 mm lang (vgl. auch subvar. rosulátum) . . . . 4.
   3*. Flügel über 6 mm lang . . . . 7.
   4. Pflanze über 10 cm hoch . . . . 5.
   4*. Pflanze meist 5 cm, selten bis 10 cm hoch. Flügel meist unter 4 mm lang. Tragblätter wenig länger als die Knospen . . . . subvar. húmilis Legr.

5. Hochblätter, besonders die Tagblätter, ± lang bleibend . . . . 6.
5*. Hochblätter hinfällig. Stengel hin- und hergebogen, zahlreich. Blütenstand lang, reichblütig. Blüten schön azurblau. Nur in der Schweiz im Domleschg an der Adulagruppe in 650 m Höhe. subvar. nóva Chodat.
6. Blütenstand in fast zylindrischer Traube, an der Spitze deutlich schopfig. Hochblätter lanzettlich. Blüten ziemlich klein. Flügel meist nur 4 bis 5 mm lang, rosa oder weiss (l. leucostáchys Borbás) oder Flügel rosa, vorn dunkler. Bisweilen Blütenblätter weiss, vorn purpurn (f. poecilántha C. Bolle, so selten, nur auf Wiesen am Machnower Weinberg in Brandenburg) . . . . subvar. týpica Beck.
6*. Blütenstand undeutlich schopfig, an der Spitze abgerundet; Tragblätter wenig länger als die Knospen. (Mitunter an einzelnen Stengeln der vorigen subvar., mehrfach aber auch selbständig) . subvar. litigiósa Legr.
7. Flügel stumpf oder stumpflich . . . . 8.
7*. Flügel zugespitzt, lanzettlich bis schmal lanzettlich, fast doppelt so lang, aber schmäler als die keilförmige, lang verschmälerte Kapsel. Im Gebiete nur in Kärnten . . . . . . subvar. oxysépala Borbás.
8. Grundblätter der Blütenstengel rosettig gedrängt. Nichtblühende Triebe sehr verkürzt, mit Blattrosetten; alle Rosettenblätter eiförmig. Stengelblätter breit lanzettlich, stumpflich. Nur auf den Rüdersdorfer Kalkbergen bei Berlin . . . . subvar. rosuláta C. Bolle.
8*. Untere Laubblätter verkehrt-eiförmig bis lanzettlich, spitz, fast rosettig genähert. Stengelblätter lanzettlich-lineal. Blütenstand deutlich schopfig, pyramidal. Blüten meist 7 bis 8 mm lang. Hochblätter elliptisch-oval. Flügel elliptisch, so lang wie die Kapsel, der Mittelnerv mit den seitlichen nur einfach verbunden. In Süddeutschland und in den Alpen von Niederösterreich und Tirol und in der Schweiz . subvar. Moriána Britt.
9. Flügel abgerundet, ganz stumpf oder mit schwacher Stachelspitze. Stengel 10 bis 30 cm hoch. Laubblätter lineal-lanzettlich. Blüten in ziemlich langen, auch zur Fruchtzeit sehr dichten, schwach schopfigen Blütenständen, grünlich weiss oder rosa überlaufen oder reinweiss (so in den Vogesen). Flügel 4 bis 5 mm lang, elliptisch bis verkehrt-eiförmig, kürzer oder kaum so lang wie die Kapsel, Nerven schwach, undeutlich verbunden. Kapsel verkehrt-herzförmig, etwa 6 mm lang, kaum ausgerandet. Samenlappen kurz. In der Rheinprovinz: Galmeiboden bei Aachen, in den Vogesen bisher nur ausserhalb der Gebietsgrenze nachgewiesen. Westliche Form . . . . 4. var. Lejeunéi (Boreau) Chodat.
9*. Flügel länglich spitz. Stengel meist steif aufrecht, etwa 20 cm hoch. Laubblätter fast linealisch, spitz, steif. Blütenstände dicht und reichblütig. Hochblätter pfriemlich, hinfällig; Tragblätter zur Blütezeit länger als der Blütenstiel. Flügel meist weiss mit grünem Mittelnerven, undeutlich 3-nervig. Seitennerven nach aussen verzweigt, deutlich netzaderig. Fruchtknoten sitzend oder sehr kurz gestielt. Eine vorwiegend östliche Form: Brandenburg, Schlesien; aber auch auf Sand am Genfer See. Als Abweichung gehört hieher: f. micrántha Uechtritz (= P. Podólica [DC.] subvar. lilacína Borb.). Stengel meist nur 15 bis 20 cm hoch. Blüten helllila. Flügel schmäler als beim Typus, zuletzt so lang wie die etwa 3,5 bis 4 mm lange, vorn breitere und weniger ausgerandete Kapsel. So in Schlesien. (P. Transsilvánica Schur = P. arenária Moritzi) . var. Podólica DC.

Polygala comosa ist ein mediterran-mitteleuropäisches Steppenelement, das nicht selten in denselben Pflanzengesellschaften wie P. vulgaris erscheint, gelegentlich sogar gemeinschaftlich mit ihr. Jedoch decken sich die ökologischen Ansprüche beider Arten nicht vollständig. P. comosa ist namentlich gegen Norden zu deutlich kalkliebend[1]) und findet sich daher gern auf sogenannten Orchideenwiesen. Ihren grösseren Wärmeansprüchen entsprechend zählt sie im östlichen und nordöstlichen Deutschland zu den pontischen Einstrahlungen und besiedelt gern diluviale Hügel. Es gesellt sich dort etwa zu ihr Phleum phleoides, Stipa capillata, Koeleria glauca, Silene chlorantha, Dianthus Carthusianorum, Alyssum montanum, Vicia Cassubica, Salvia pratensis, Veronica Teucrium, Scabiosa Columbaria und S. canescens, Scorzonera purpurea, Hieracium echioides und H. Pilosella. In den niederschlagsreicheren, nördlichen Alpentälern sucht sie mit Vorliebe warme Berglehnen auf, wo sie sich namentlich in Bromus erectus-Trockenwiesen, in lichten Gebüschen vom Berberis-Rosen-Typus oder in sehr lichten Eichengestrüppen einstellt. Die dem südlichen Alpenteile angehörende var. Pedemontana, die meist bereits durch ihre Tracht eine typische Alpenpflanze darstellt, erscheint am Südhang des St. Bernhard z. B. in den buntblumigen, stufenförmig gehorsteten Buntschwingel-Halden (Festucetum variae) mit folgenden Begleitern: Festuca varia und F. ovina subsp. duriuscula, Agrostis tenuis, Deschampsia flexuosa, Anthoxanthum odoratum, Carex sempervirens, Anthericum Liliago, Allium Victoriale, Lilium Martagon, Nigritella angustifolia, Thesium alpinum, Minuartia laricifolia, Silene rupestris, Anemone sulphurea, Sempervivum montanum und S. tectorum, Potentilla grandiflora, Rosa pendulina, Trifolium alpinum, Lotus corniculatus, Anthyllis Vulneraria, Hippocrepis comosa, Polygala Chamaebuxus, Helianthemum nummularium subsp. grandiflorum, Viola calcarata und V. Thomasiana, Laserpitium Panax und L. latifolium, Vaccinium Myrtillus, Arctostaphyllos uva ursi, Gentiana campestris und G. Kochiana, Ajuga pyramidalis, Thymus Serpyllum, Veronica fruticans, Euphrasia minima, Rhinanthus glacialis, Plantago serpentina, Galium pumilum subsp. anisophyllum, Phyteuma betonicifolium, Cam-

---

[1]) Auch in Steiermark ist sie nach Krašan ausgesprochen kalkliebend.

panula barbata, Solidago Virga aurea, Antennaria dioeca, Chrysanthemum Leucanthemum, Senecio Doronicum, Carlina acaulis, Centaurea nervosa, Crepis grandiflora, Hieracium Peleterianum, H. bifidum und H. scorzoneri= folium (Beger und Braun=Blanquet). — Besuchende Insekten (Falter, Apiden) benützen die Anhängsel des unteren Kronblattes als Anflugstelle und schieben ihren Rüssel durch die zweiklappige Tasche, welche die Staubbeutel und das vordere Griffelende umschliesst; letzteres ist löffelförmig ausgehöhlt und mit dem aus den darüberliegenden Staubbeuteln herabgefallenen Pollen ± gefüllt. Die Narbe ist mit klebriger Flüssigkeit bedeckt; der Honig wird im Blütengrund abgeschieden. Der Insektenrüssel berührt zunächst das mit Pollen gefüllte Griffel= ende, dann die klebrige Narbe. Selbstbestäubung ist dabei ausgeschlossen, da der mit Klebflüssigkeit in Be= rührung gekommene Rüssel erst beim Rückweg dem Griffellöffel Pollen entnimmt, um diesen dann auf die Narbe einer anderen Blüte zu übertragen. Bei ausbleibendem Insektenbesuch tritt zuletzt Selbstbestäubung und zwar dadurch ein, dass sich die Narbe nach dem Griffellöffel zu biegt und Pollen entnimmt. Selbstbestäubung findet auch statt, wenn der Griffellöffel derartig mit Pollen gefüllt ist, dass der Insekten= rüssel Pollen vor sich herschiebt, der dann auf die nur mehr wenig liegende Narbe gelangt. — An Missbildungen sind be= obachtet worden: Vermehrung der Vorblätter und damit in Kor= relation Unterdrückung der Blüten, Verwachsung der Staubblätter zu einem Bündel, Reduktion eines der beiden Fruchtblätter.

1815. Polygala vulgáris L. (= P. vulgaris L. I. genuina Chodat, = P. vulgare L. subsp. P. vulgare Schinz und Keller). Gemeine Kreuzblume. Franz.: Herbe à lait; Engl.: Mickwort. Taf. 176, Fig. 5; Fig. 1728 und 1729.

Der Name Kreuzblume (ab und zu auch volks= tümlich) rührt daher, dass die Pflanze etwa um die „Kreuzwoche" (zweite Woche vor Pfingsten) herum zu blühen beginnt. Ebenso deutet vielleicht die Bezeichnung Heilig'ngeistbleaml Niederösterreich) auf die Zeit um Pfingsten. Andere Benen= ungen, die z. T. auf die Blüten gehen, sind Feldsträussl, Peterzöpfl (Niederösterreich), Goldhansel (Egerland), Schneiderlein (Böhmerwald), Natternzüngl (Nord= böhmen), Pilgerblume (Eifel).

Ausdauernde, 7 bis 35 cm hohe Pflanze mit spindelförmiger Wurzel und reichästigem Erdstock. Stengel aufrecht oder aufsteigend bis niederliegend, meist einfach, weniger gebogen als bei P. comosa,

Fig. 1728. Polygala vulgaris L. *a* Habitus. *b* Blüte. *c* Blüte in fruchtendem Zustand. *d* Tragblatt (= mittleres Hochblatt).

kahl oder schwach behaart. Untere Laubblätter verkehrt=eiförmig bis länglich=elliptisch, am Grunde meist keilförmig, die oberen lineal=lanzettlich; alle spitz, kahl oder spärlich behaart, nicht bitter schmeckend. Blütenstand reichblütig, anfangs pyramidenförmig. Tragblätter beim Aufblühen so lang oder wenig länger als die etwa 2 mm langen Blütenstiele, die Knospen nicht überragend, hinfällig, häutig. Aeussere Kelchblätter lineal, etwa 2,5 bis 3 mm lang; die Flügel anfangs etwa 5 bis 6, zuletzt bis etwa 9 mm lang, länglich verkehrt=eiförmig, am Grunde keilförmig, vorne abgerundet oder durch den über den Rand vortretenden Mittelnerven kurz stachelspitzig, mit 3 Nerven (Mittelnerven an der Spitze mit den Seitennerven verbunden; diese nach aussen netzig verzweigt). Kronröhre meist etwas länger als die freien Teile der Kronblätter, so lang oder länger als die Flügel. Frucht verkehrt herz=eiförmig, am Grunde stielartig verschmälert, mit etwa 0,4 bis 0,6 mm breitem Hautrand. Samen eiförmig, 2,5 bis 3 mm lang, graubraun, weisslich behaart; Anhängsel behaart; Lappen etwa $1/3$ so lang als der Same. — V bis VIII.

Verbreitet und in vielen Gegenden häufig (in der Schweiz z. B. aber stellenweise seltener als ihre Parallelform P. comosa, am Niederrhein zerstreut) auf sonnigen Hügeln, Dämmen, in lichten Wäldern, im Gebüsch, in Zwergstrauchheiden, trockenen bis frischen Wiesen, Flachmooren, auf Kiesalluvionen, an Wegrändern; in Oesterreich und im südöstlichen Bayern besonders auf kalkarmen Unterlagen, gegen Westen ± bodenvag; von der Ebene bis in die subalpine Stufe, in den Bayerischen Alpen bis 1800 m, am Stilfser Joch (in der var. pseudoalpestris) bis 2188 m.

Allgemeine Verbreitung: Weit verbreitet von Skandinavien südwärts bis zur Iberischen Halbinsel, Sizilien, dem nördlichen Balkan, Mittel= und Südrussland; ausserdem im gemässigten Asien.

Die Art ist ein europäisches Element mit sehr ausgedehntem Verbreitungsgebiet. Sie gehört durch ihre zahlreichen Rassen zu den Formationsubiquisten und erscheint sowohl in den weit verbreiteten Trocken= wiesen vom Bromus erectus=Typus, des Sesleria caerulea= und Festuca Vallesiaca=Rasen der Alpentäler, den pontischen Andropogon Ischaemum=Beständen als auch z. B. in den feuchten Sumpfwiesen vom Festuca arun= dinacea=Silaus flavescens=Typus oder im Trichophoretum caespitosi. Auf den Bergwiesen Mitteldeutschlands vereinigt sie sich mit Alopecurus pratensis, Avena pratensis und A. pubescens, Luzula multiflora, Festuca rubra, Trifolium spadiceum, Trollius Europaeus, Meum athamanticum, Arnica montana, Centaurea phrygia, Crepis succisi= folia usw. (Drude). Ferner findet sie sich gern in der norddeutschen Sieglingia=Heide und in vielen Zwergstrauch= Vereinen, namentlich im Callunetum und Ericetum, auch in der Genista sagittata=Heide der Vogesen. Nicht selten tritt sie im Unterwuchs von Legföhrengebüschen, in lichten Kiefernwäldern, Birken=, Eichen= und Kastanien= wäldern auf. Gleich P. comosa besiedelt sie also mineralische und humose Unterlagen; bei Düngung ver= schwindet sie aber weniger rasch als ihre Parallelart.

Ein ausserordentlich veränderlicher Formenkreis, dessen Glieder teils im ganzen Verbreitungsgebiet auftreten, teils ± örtlich beschränkt sind:

1. Flügel elliptisch bis breit=eiförmig=elliptisch, mit abgerundeter Spitze (Formengruppe der var. eu= vulgaris Syme) . . . . 2.

1*. Flügel lanzettlich bis breitlanzettlich, mit deutlicher Spitze. Laubblätter sehr häufig schmal (Formen= gruppe der P. oxýptera s. l.) . . . . 5.

2. Stengel sehr zahlreich, niederliegend bis aufsteigend, rasenbildend, schlaff, oft bis an den Blüten= stand beblättert. Untere Laubblätter breit, mitunter fast gegenständig, gedrängt stehend, die oberen lineal. Blüten meist weisslich=violett. Torfige Wiesen, bewaldete Heiden in der Ebene und im Gebirge, zerstreut im Gebiet (in Schleswig=Holstein z. B. in den Hüttener Bergen) . . . var. caespitósa Pers. (= P. vulgaris L. α. turfósa Celak., = P. vulgaris L. β viréscens Freyn).

2*. Stengel mässig zahlreich, aufrecht oder aufsteigend. . . . . 3.

3. Tragblätter deutlich länger als die Blütenstiele, alle Hochblätter gewimpert. Blüten mittelgross bis gross; Flügel 9 bis 10 mm lang, die reife Kapsel bedeutend überragend. Eine rein westliche Form. Angeblich in der f. venústa Freiberg mit rötlichen, kurz=rothaarigen Samen und stumpfen Anhängsellappen bei Bonn, im Saargebiet und bei Merzig . . . . var. callíptera¹) Le Grand.

3*. Tragblätter kürzer oder höchstens so lang als die Blütenstiele. Blüten meist klein; Flügel meist 4 bis 6 mm lang . . . . 4.

4. Blütenstand gedrängtblütig. Blüten tiefblau oder weiss (f. albiflóra J. Bär) oder bunt (f. variegáta J. Bär); Flügel 5 bis 6 mm lang, schmäler als die Kapsel, beim Typus nach der Blüte dunkel blaugrün bis fast grün.
var. pseudoalpéstris Grenier.

4*. Blütenstand sich meist bald nach Beginn der Blütezeit verlängernd; Flügel meist 4 bis 6 mm (bis 9 mm; vgl. f. umbrósa) lang. Stengel bei der f. glabrescens Freiberg kahl oder bald verkahlend oder (f. pubéscens Freiberg) weichhaarig. Flügel am Rande gewimpert (f. trichóptera Chodat) oder nicht ge= wimpert. Stengel am Grunde mit grossen und breiten, meist rosettenartig gedrängten Laubblättern (f. rosuláta Fries. Eine namentlich in Mittel= und Süddeutschland, in den Mittelgebirgen und Alpen, an feuchteren Stellen auftretende, kalkliebende [?] Form) oder am Grunde nicht oder nur spärlich beblättert (f. májor Koch, die häufigste Form). Als Standortsformen zur letztgenannten Form gehören subf. elongáta (Pers.). Pflanze kräftig, höher. Stengel ziemlich starr aufrecht bis aufsteigend, meist unverzweigt. Ziemlich verbreitet. — subf. montána (Opiz) (= P. vulgaris L. γ grandiflóra Čelak.). Blüten grösser; Flügel etwa 6 mm lang, oft doppelt so gross als die Kapsel. Nicht selten. — subf. umbrósa Holzner und Naegele. Stengel 20 bis 30 cm lang, fädlich dünn, niederliegend bis niederliegend=aufsteigend. Laubblätter ziemlich entfernt stehend. Blüten in lockeren Blütenständen auf ziemlich langen Stielen, 8 bis 9 mm lang. Flügel zur Blütezeit zart, erst zur Samenreife deutlich nervig. Standortsform feuchter, schattiger Stellen. — subf. pseudocomósa Holzner und Naegele. Hochblätter 4 bis 6 mm lang, spitz. Blütenstand daher etwas schopfig oder im unteren Teile des Blütenstandes

---

¹) Abgeleitet von κάλλος [kállos] = Schönheit und πτερόν [pterón] = Flügel.

einzelne oder alle äusseren Kelchblätter verlängert, lineal und daher schopfig erscheinend. — Die Blütenfarbe ist, wie bei vielen anderen Varietäten sehr veränderlich, aber konstant. Es werden unterschieden: Blüten blau: l. cyánea Rchb. — rosenrot: l. cárnea Rchb. — weisslich, die Flügel selten ganz weiss, meist mit grünem Mittelstreifen: l. álbida Chodat. — Blütenstiele und äussere Kelchblätter, oft auch die Hochblätter wie die Flügel gefärbt: l. versícolor . . . . var. týpica Beck.

5. Tragblätter deutlich länger als die Blütenstiele. Flügel deutlich gewimpert (f. Michalétii Freiberg, ziemlich selten) oder nicht gewimpert. Blütenstände ± reichblütig und dann Stengel schlank, ziemlich reich verästelt. Blüten blau und Flügel kaum länger als die Kapsel (f. praténsis Rchb. So auf Wiesen die häufigste Form) oder Blütenstände armblütig, dabei Stengel entweder fadenförmig, sehr ästig, ausgebreitet und Flügel spitz (f. multicaúlis Tausch) oder steif, meist nur sehr mässig hoch, aufrecht oder niederliegend, unverzweigt oder auch wenigästig (f. collína Rchb.). Bei letzterer Form Flügel bisweilen schwach gewimpert (subf. ciliolátá Borb.) . . . . var. oxýptera Dethard.

5*. Tragblätter höchstens so lang wie die Blütenstiele, meist kürzer (Formenkreis der var. intermédia F. Schultz) . . . . 6.

6. Stengel kahl oder frühzeitig verkahlend . . . . 7.

6*. Stengel bleibend weichhaarig. Laubblätter schmal, lineal bis lineal-lanzettlich, genähert, sich fast dachziegelig deckend. Westmediterrane Form; angenähert bei Luisental bei Saarbrücken auf Kohlensandstein bei 320 m.

var. angustifólia Lange.

7. Flügel höchstens fein gezähnelt, nicht oder sehr kurz gewimpert . . . . 8.

7*. Flügel gewimpert. Stengel meist 10 bis 20 cm lang, öfter auch kürzer, ausgebreitet, ziemlich locker beblättert. Untere Laubblätter klein, verkehrt-eiförmig, obere schmallanzettlich oder fast lineal. Blütenstände meist kurz, ± dicht. Tragblätter mitunter wenig länger als die Blütenstiele. Flügel 4 bis 5 mm lang, spitz oder stumpflich und mit aufgesetztem Stachelspitzchen, bewimpert. Reife Kapsel aus keilförmigem Grunde oval, deutlich kürzer und etwa ⅓ breiter als die Flügel. Auf sandigen, salzhaltigen Böden der Küsten. Auf Borkum, Juist, den Schleswig-holsteinschen Nordseeinseln (?), Rügen, am Rhein (?). — Hierher f. ciliáta (Lebel) (= P. blepharóptera Borbás, = P. vulgaris L. l. genuína Chodat C. var. intermédia γ ciliáta Chodat). Blütenstiele, ab und zu auch die Achse des Blütenstandes behaart. Obere Laubblätter, Hochblätter, Kelchblätter und Kapsel ± stark gewimpert, mitunter nur die Flügel gewimpert. Unter dem Typus sehr zerstreut. Auf Rügen (Binz, Schmachter See) nur diese Form . . . . var. dunénsis Buchenau.[1])

Fig. 1729. Polygala vulgaris. Mödling/Wien. Phot. P. Michaelis, Köln.

8. Flügel 4 bis 5 mm lang. Blütenstände ± armblütig. Stengel zierlich, ausgebreitet, unverzweigt oder wenig verzweigt. Laubblätter gleichmässig und locker am Stengel verteilt und die oberen fast lineal oder Palatína Freiberg) am Grunde ± rosettenartig gehäuft und verhältnismässig breit. Hochblätter nicht gewimpert. Blütenstände meist locker, ziemlich wenigblütig. Blüten ziemlich klein, grünlich-weiss, rosa oder violett überlaufen. Flügel 4 bis 5 mm lang, spitzlich. Kapsel oval, deutlich gestielt, breiter und wenig kürzer als die Flügel. Scheint in der westlichen Hälfte von Deutschland die Ostgrenze zu erreichen . var. dúbia (Bellynck) (= P. Lejeunéi Michal., = P. Michaléti Gren., = P. vulgaris L. I. genuína Chodat C. var. intermédia β Michaletii Chodat).

---

[1]) Zu dieser Varietät gehört vielleicht auch f. compácta Lange (non Freiberg). Pflanze niedrig, reichstengelig, dicht beblättert. Flügel weiss, mit grünen Adern. Soll nach Lange in Jütland und Schleswig gefunden worden sein.

8*. Flügel nur 3 bis 4 mm lang. Blütenstand dichttraubig=reichblütig. Fruchtstände dicht oder (f. Dese=
gliseí [Legr.]) etwas lockerer und dann Blütenfarbe etwas heller und Hochblätter kürzer; mitunter dabei die
Flügel fein gewimpert (subf. ciliolata Lam.). Pflanze meist nur 5 bis 15 cm hoch. Blätter zumeist lineal.
Hochblätter oft viel länger als die Blütenstiele. Reife Frucht länglich=oval, etwa so lang und deutlich breiter
als die Flügel. Nur im westlichsten Gebiet an mehreren Stellen in der Rheinprovinz . var. Lenséi Boreau.

Die leichte Frucht löst sich unschwer vom Stiel und wird dann ein Spiel des Windes. Sobald die Zwischen=
wand ausgetrocknet ist, öffnet sie sich und die Samen fallen heraus. Diese besitzen 2 Elaiosome, ein grosses
am vorderen Ende — von der Mikropylengegend ausgehend, dann sich zurückbiegend und ein Stück am Samen
hinaufreichend — und ein kleineres am hinteren Ende, das aus einer Anschwellung der Raphe an der Chalaza
besteht. Die Lappen des grossen Elaiosoms besitzen längsgerichtete, keulenförmige Zellen, welche als Speicher
für Oeltröpfchen dienen (Polygala=Typus bei Sernander). Die Samen werden anfänglich vom Winde verweht
und später durch Ameisen verschleppt. — Gelegentlich lässt sich bei P. vulgaris als Missbildung die Brakteo=
manie beobachten, das heisst die Unterdrückung der Blüte und die bedeutende Vermehrung der Brakteen;
ferner wurden Verwachsung aller Staubblätter zu einem Bündel festgestellt. Manchmal ist nur eines der beiden
Samenfächer wie gewöhnlich in der nahe verwandten Gattung Monnina gut ausgebildet. Durch Gallenstich
werden die Laubblätter an der Sprossspitze am Wachstum gehemmt, sie häufen sich knospenartig, ihre Spreiten sind
gekrümmt. — Pharmazeutisch ist die Art wertlos, wird aber oft irrtümlicherweise oder als Verfälschung für P. amára
genommen. Um die Wende des 16. Jahrhunderts wurde sie bereits im Hortus Eystetténsis kultiviert.

1816. Polygala alpéstris Rchb. (= P. microcárpa Gaudin, = P. amára L. γ alpestris Koch
non Wahlenb.). Voralpen=Kreuzblume. Fig. 1730.

Ausdauernde Pflanze mit wenig verdicktem, oft verzweigtem Erdstock. Stengel
wenige, kurz, niederliegend oder aufsteigend, dünn, 7 bis 15 cm hoch. Untere Laubblätter
stets deutlich kleiner als die oberen, meist schuppenförmig, selten grösser und dann breit=
elliptisch und fast rosettenartig gehäuft, obere Laubblätter nach oben an Länge deutlich zu=
nehmend, breitlanzettlich bis elliptisch=lanzettlich, die obersten genähert, den Grund des Blüten=
standes umgebend. Blütenstände kurz, später bis 3,5 cm lang, ziemlich dicht, nicht schopfig
und auch zur Fruchtzeit von den oberen Laubblättern umgeben. Tragblätter elliptisch, meist
kürzer, höchstens etwas länger als die Blütenstiele, zur Blütezeit hinfällig. Blütenstiele zuletzt
zurückgekrümmt. Blüten klein, 4 bis 5 mm lang, blau, bläulichweiss oder weisslich. Kelch=
blätter kurz, elliptisch, meist so lang wie die Kronblätter; Flügel oval bis schmal oder länglich=
verkehrt=eiförmig, bei der Reife 4,5 bis 6 mm lang, 3=nervig; Mittelnerv unverzweigt oder
wenig ästig, selten oder undeutlich durch sehr spärliche Netzverbindungen mit den ebenfalls
wenig ästigen Seitennerven verknüpft. Kronblattröhre kurz, fast eingeschlossen, aber länger als
bei P. alpina und P. amara und deutlich gegliedert, mit gespreiztem Anhängsel. Kapsel
sitzend, verkehrt=herz=eiförmig, schmal geflügelt, zur Fruchtzeit viel breiter und wenig kürzer
als die Flügel. Samen elliptisch; seitliche Lappen der Samenanhängsel etwa $^1/_3$ der Samen=
länge erreichend. — VI, VII.

Meist häufig auf kurzrasigen Matten und Weiden, auf verrastem Geröll, in alpinen
Zwergstrauchheiden, in lichten Bergföhrenwäldern, ohne Wahl der Bodenunterlage, in der
subalpinen und alpinen Stufe, selten tiefer (bei Kitzbühel bei 950 m [Murr]); in Tirol bis
2200 m, in Graubünden bis 2650 m (am Südgrat des Piz Laschadurella), im Wallis bis 2700 m.

In Deutschland nur in den Bayerischen Alpen: Bärgündeletal im Allgäu, Brannenburger Felssturz,
Salzburger Alpen am Hochfelln, Kammerlinghorn, Schlegel und Staufen bei Reichenhall, Untersberg, Landtal=
alpe. — In Oesterreich in Tirol, Salzburg und Vorarlberg verbreitet, von Niederösterreich und Steiermark
nicht erwähnt, aber wohl vorhanden und verkannt, in Kärnten sehr selten (bei Grosszirknitz bei Sagritz und
am Rapp bei Tröpolach, am Loibl (?); für Krain fraglich. — In der Schweiz in den Alpen verbreitet, im Jura
seltener (noch im Basler Jura von Oberrechenberg bis zur Hasenmatte).

Allgemeine Verbreitung: Frankreich (Pyrenäen, Westalpen und Jura) ostwärts
durch den Alpenzug über die Schweiz, Bayern, Tirol und Norditalien bis zum östlichen
Alpenrand; in den Karpaten vielleicht nur auf die Kalkalpen von Liptau und Bela beschränkt;
fraglich im nördlichen Balkan und im Kaukasus.

Polygala alpestris ist ein endemisch=alpines Element, das sehr nahe verwandtschaftliche Beziehungen zu P. vulgaris aufweist und daher oftmals als deren Subspezies oder Varietät aufgefasst wird; andererseits leitet sie auch zu P. amara über. Die bestandesvage Pflanze tritt gern in Rasengesellschaften auf, namentlich im Seslerietum caeruleae alpinae, im Festucetum violaceae und im Caricetum sempervirentis, oft auch in alpinen Zwergstrauchvereinen, besonders im Ericetum carneae, mit dem sie vielfach in die Bergföhrenwälder eindringt. Ihr höchster Standort am Piz Laschadurella in Graubünden liegt in einem kleinen Ericetumfragment.

Aendert ab: f. elliptica (Chodat). Flügel verlängert, fast doppelt so lang als breit. — f. obtusáta (Chodat). Flügel breit=elliptisch, abgerundet bis fast kreisrund. Im Tessin, z. B. im Val Bavone, zwischen Muglierolo und La Corle grande (1500—1800 m), Alpe Robici (1400—1800 m). — f. Juraténse (Chodat). Laubblätter in der Mitte des Stengels mehr genähert, kleiner, etwas lederartig. — f. rósulans (Chodat). Untere Laubblätter fast rosettenartig gedrängt. — f. condensáta Chodat. Stengel verkürzt. Blüten kleiner. — f. polystáchya Chodat. Stengel oberwärts ästig, daher seitliche Blütenstände vorhanden, in der Tracht an P. serpyllaceum erinnernd. So z. B. im Rappental und Aernergalen (Oberwallis). — var. pyxophýlla Avé=Lallem. (= P. Croatica γ pyxophylla Beck). Stengel niederliegend, am Grunde etwas holzig, ästig. Untere Laubblätter klein, fast rundlich, die übrigen grösser, breit=elliptisch, beiderseits etwa gleichartig spitz. Flügel spatelförmig=verkehrt=eiförmig, etwa so lang wie die Kronblätter und länger als die Kapsel. Einzig in Krain in den Wodreiner Alpen, Jeserih und Tofer.

1817. Polygala serpyllifólia J. A. C. Hose (= P. serpyllácea Weihe, = P. mutábilis Dum., = P. depréssa Wender., = P. Badénsis Schimp. et Spenn., = P. paludósa Bönningh., = Polýgalum serpyllaceum Holzner und Naegele). Quendel=Kreuzblume. Fig. 1731.

Ausdauernde, 8 bis 25 cm hohe Pflanze. Wurzel dünn=spindelig, ästig, mit ansehnlichen, schuppenförmigen Niederblättern besetzt, hellgelb. Stengel dünnästig, faden=förmig, kurzhaarig, am Grunde niederliegend; Aeste die Hauptachse überragend. Untere Laubblätter gegen=ständig; die oberen wechselständig, die untersten sehr klein, verkehrt=eiförmig=elliptisch, stumpf, kurz gestielt,

Fig. 1730. Polygala alpestris Rchb. *a* Habitus. *b* Blüte. *c* Frucht mit Flügel und Hochblättern. *d* Querschnitt durch die Frucht.

die mittleren länglich=verkehrt=eiförmig, die oberen länglich=rautenförmig bis lineal=lanzettlich, spitzlich oder stumpflich, wie die übrigen ganzrandig und besonders in der unteren Hälfte der Oberseite kurzhaarig. Blütenstände 3= bis 8= (bis 10=)blütig. Hochblätter eiförmig, häutig, kahl; das Tragblatt so lang wie der etwa 1 mm lange Blütenstiel oder kürzer. Blüten hellblau bis himmelblau oder blass=grünlichweiss. Aeussere Kelchblätter lineal=lanzettlich, 1,2 bis 2 mm lang, grün, mit weissem Hautrande; Flügel länglich=verkehrt=eiförmig, etwa 5 bis 6 mm lang und 2 mm breit, stumpflich oder spitzlich; Mittelnerv an der Spitze scheinbar verbreitert, meist verzweigt, Seitennerven nach aussen zuletzt deutlich netznervig. Kapsel verkehrt=herzförmig, etwa 4 mm lang und 3 mm breit, undeutlich gestielt; Hautrand etwa 0,2 bis 0,3 mm breit. Samen etwa 2,5 mm lang, behaart; die längeren Lappen des Anhängsels sehr kurz, höchstens $^1/_3$ der Samenlänge erreichend. — V bis IX.

Meist zerstreut, nur teilweise häufig auf torfigen, humosen, feuchten oder frischen Böden, selten auf nassem Sand, bisweilen auch an ziemlich trockenen Standorten; auf kalk=reichen Unterlagen fehlend. Von der Ebene bis in die subalpine Stufe der Gebirge, im Schwarz=wald bis 1400 m.

In Deutschland von Westeuropa eintretend im nordwestlichen Flachland ziemlich verbreitet, nach Osten immer seltener werdend, mit vorgeschobenem östlichen Grenzpunkt bei Greifswald, im mittleren Deutschland

bis Dresden, im südlichen bis Passau und Tölz. In Bayern vereinzelt bei Lindau, auf der Oberen Hochebene bei Rechlberg, Ellbach und Sachsenkam bei Tölz, Tannkirchen bei Dietramszell, Schwaigeralpe, Oberwarngau, Holzkirchen, Deisenhofen, Oedenpullach, Kreuzpullach, Wörnbrunn und Isartal oberhalb München, Lanzenhaar, Höllriegelskreuth bei München, um Ebersberg, auf der Unteren Hochebene früher bei Freimann bei München, im Bayerischen Wald am Oberhauser Berg bei Passau, im Fichtelgebirge bei Benk bei Münchberg, Hallersteiner Wald, Kirchenlamitz, Hendelhammer, Zeitelmoos, Wundsiedler Weiher, Mähring bei Fichtelberg, Fichtelsee, Weissenstadt, Gefrees, bei Immenreuth (auf Buntsandstein), zwischen Immenreuth und Gabellohe (auf Quartär) usw., im Frankenwald am Rennstieg, Gerlas bei Steben, Strassdorf und Göhren bei Schwarzenbach a. W. auf Buntsandstein, bei Altenbuch, bei Karlshöhe, Rothenbuch im Spessart, in der Rhön auf dem Dammersfeld, in der Vorderpfalz bei Bienwald, in der Mittelpfalz verbreitet; in Württemberg und Baden nur zerstreut im Schwarz=
wald ostwärts bis Pforzheim, Calw, Freudenstadt, Kandel, Hubertshofen, Baden, Heid, Renhardsweiler, Aepfingen, Biberach=Rot, in Nordbaden ziemlich verbreitet (der tiefste Fundort in Baden liegt bei Rittersbach, 200 m); in Elsass=Lothringen in den Vogesen und deren Vorland, sonst selten; in den Gebirgen der Rheinprovinz (bis zur Schneifel) und in der nordwestdeutschen Tiefebene meist verbreitet und häufig; in Schleswig=Holstein im Sandgebiet nicht selten, aber in der Marsch und auf den Nordseeinseln fehlend; in Hannover nur bei Wendland und Lüchow, in Pommern nur bei Greifswald, in Braun=
schweig bei Klein=Bartensleben unweit Helmstedt, in Thü=
ringen zerstreut (im Kalten Tal z. B. mit blassblauen Blüten), in Sachsen im Vogtland und im Erzgebirge verbreitet. — In Oesterreich in Böhmen im Erzgebirge an das säch=
sische Verbreitungsgebiet angeschlossen oberhalb Niklasberg gegen Zinnwald, am Mückenturm bei Teplitz und im Rothen=
häuser Waldrevier; in Krain bei Adelsberg; in Vorarlberg bei Möggers und in Fahrnach bei Schwarzach=Bildstein süd=
lich Bregenz; in Südtirol im Valsugana. — In der Schweiz zerstreut: im Kanton Waadt auf den Alpes d'Ollon und der Alpe d'Isenau bei Ormont=dessus, Sous Jaman, im Wallis bei Crois de Cœur sur Ravoire, in Freiburg bei Vaulruz und Praz=Tevi, im Berner= und Solothurner=Jura, bei Thun, im Kanton Zug, auf der Hohen Rone, mehrfach im Kanton St. Gallen (Tössstockgebiet, Speervorberge, Mattstock), im südlichen Tessin.

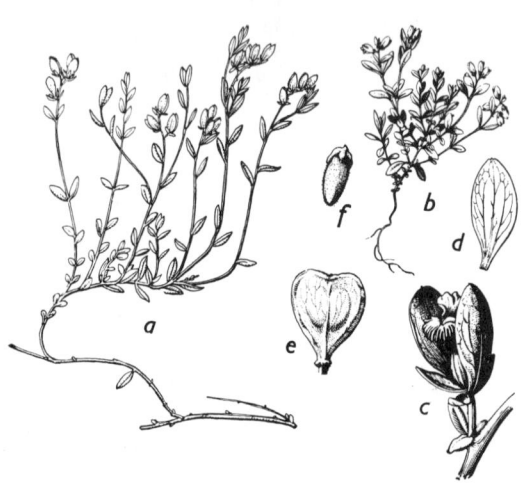

Fig. 1731. Polygala serpyllifolia J. A. C. Hose. *a* und *b* Habitus. *c* Blüte. *d* Flügel. *e* Frucht. *f* Samen.

Allgemeine Verbreitung: West=
europa von Nordspanien bis England, östlich bis Norwegen (Küstengebiet von Arendal bis Molda), Schweden (Schonen), Dänemark, südwärts über Greifswald, Helmstedt, das Erzgebirge, nach Passau und Tölz, längs des Alpenfusses im Vorarlberg und in der Schweiz. Versprengte Vorkommen in Krain, Südtirol, Norditalien, Friaul (?).

Die Art lässt sich nach Rouy und Foucaud folgendermassen gliedern:
var. collina Coss. u. Germ. (= P. serpyllaceum Rouy et Foucaud). Stengel kurz, nur 6 bis 10 cm lang, zahlreich, am Grunde dicht beblättert, schon im ersten Jahre blühend. Laubblätter breit, oval bis länglich=
oval, stumpf, einander genähert, oft rötlich. Blütenstände kurz, oft fast trugdoldig. Besonders im westlichen Gebietsteile, im Kieler Gebiete nur in dieser Form. — var. mutábilis (Dum. s. str.). Stengel meist 8 bis 15 cm hoch, locker beblättert, am Grunde oft ohne Laubblätter, nicht im ersten Jahre blühend. Laubblätter schmäler; die unteren länglich bis lanzettlich, spitzlich bis spitz, etwas schlaffer, grün. Blütenstände länger, in der Frucht lockerer und länger als bei var. collinum. Nicht selten. — var. láxa (Rouy et Foucaud). Grund=
achse kräftiger. Stengel zahlreich, sehr ästig, am Grunde unbeblättert, 15 bis 25 cm lang. Laubblätter wie bei der var. mutabilis, aber schmäler und oft kürzer als die Stengelglieder. Blüten sehr wenig zahlreich. Frucht=
stände kurz und locker. Nicht selten. — var. máior (Rouy et Foucaud) (= P. Lioráni J. de Puyfol). Aehnlich der var. laxa, aber kräftiger. Untere Laubblätter zerstreut stehend; die oberen verlängert, schmäler lanzettlich und spitzer. Blüten in ziemlich langen und dichteren Blütenständen, lebhaft blau, grösser. Flügel 7 mm lang. Selten.

Polygala serpyllifolia gehört durch ihr gut umgrenztes Verbreitungsgebiet dem atlantischen Element an. Sie kommt in recht verschiedenen Pflanzengesellschaften vor, in moosigen Frischwiesen=Typen, Flach= und Sphagnummooren, in Uferbeständen, in feuchten Zwergstrauchheiden. Auf kalkreichen Gesteinen, z. B. im Weissen Jura der Westschweiz, erscheint sie nur in Torfmooren. In den norddeutschen Heidemooren wird sie häufig von Lycopodium inundatum, Agrostis canina und A. vulgaris, Molinia caerulea, Eriophorum gracile,

Rhynchospora alba und R. fusca, Carex=Arten, Myrica Gale, Salix repens, Drosera=Arten, Rubus Chamaemorus, Hypericum humifusum, Viola palustris, Ledum palustre, Andromeda poliifolia, Vaccinium uliginosum und V. Oxycoccus, Erica Tetralix, Gentiana Pneumonanthe, Pedicularis silvatica, Galium saxatile usw. begleitet (Graebner). Auf den Moorwiesen der Herzynischen Niederung und ihrer unteren Bergstufe sind ihre charakteristischsten Begleiter Orchis maculatus, Tofieldia calyculata, Sagina nodosa, Trifolium spadiceum, Parnassia palustris, Hydrocotyle vulgaris, Angelica silvestris, Valeriana dioeca, Succisa pratensis, Senecio barbaraeifolius, Thrincia hirta, Pedicularis silvatica und Myosotis caespitosa (Drude). Auf den Hochweiden der Vogesen erscheint sie nach Issler an den feuchtesten Stellen, zusammen mit Vaccinium Myrtillus und V. Vitis idaea, Angelica Pyrenaica, Ranunculus nemorosus, Lycopodium clavatum, verschiedenen Moosen und Flechten. An der Ostsee findet sie sich bisweilen auf salzigen Wiesen mit Erythraea pulchella, Triglochin maritimum und anderen ± halophilen Arten (Preuss). Seltener tritt sie im Brometum auf (Issler).

1818. Polygala calcárea F. W. Schultz (= P. heterophýlla F. W. Schultz, = P. amára Dumort.). Kalk=Kreuzblume. Fig. 1732.

Ausdauernde, 10 bis 20 cm hohe Pflanze mit spindelförmiger Wurzel und reich= ästigem Erdstock. Stengel verzweigt, im unteren Teil ausläuferartig niederliegend, zuletzt wenig beblättert, im oberen Teile einen rosettenförmigen, zahlreiche aufsteigende oder fast aufrechte Zweige aussendenden Blattschopf ausbildend, neben fruchtbaren immer auch sterile Stengel vorhanden, fast kahl oder ± reichlich kurzhaarig. Laubblätter kahl oder besonders am Rande spärlich kurzhaarig, lederig, dicklich, nicht bitterschmeckend, an den sterilen Stengeln im unteren Teil sehr klein, schuppenförmig, im oberen Teil breit=verkehrt=eiförmig, an den Rosetten der fertilen Stengel spatelförmig=verkehrt=eiförmig, stielförmig in den Grund verschmälert, an den blütentragenden Zweigen lineal=lanzettlich, stumpflich, mit durchscheinendem Knorpelrand. Blüten in anfangs kurzen, später sich verlängernden, meist 6= bis 20=blütigen Trauben auf etwa 2 bis 3 mm langen Stielen. Hochblätter lineal=lanzettlich, häutig, frühzeitig abfallend, die Knospen nicht überragend. Aeussere Kelchblätter hellblau, seltener weiss, sehr selten rötlichblau; innere Kelchblätter elliptisch=länglich bis verkehrt=eiförmig, etwa 5 mm lang; Mittelnerv oft schon von der Mitte aus verzweigt; Seitennerven meist stark verzweigt, nach aussen netzförmig miteinander verbunden. Kronblätter die Kelchblätter überragend. Kapsel verkehrt= herzförmig, etwa 0,5 mm breit berandet, deutlich gestielt, etwa 5 bis 6 mm lang. Samen länglich, etwa 2 mm lang, dunkelbraun, weisslich behaart; Anhängsel 3=lappig; die seitlichen Lappen fast so lang oder länger als der halbe Samen, der mittlere Lappen kurz, zuerst wagrecht abstehend. — IV bis VI.

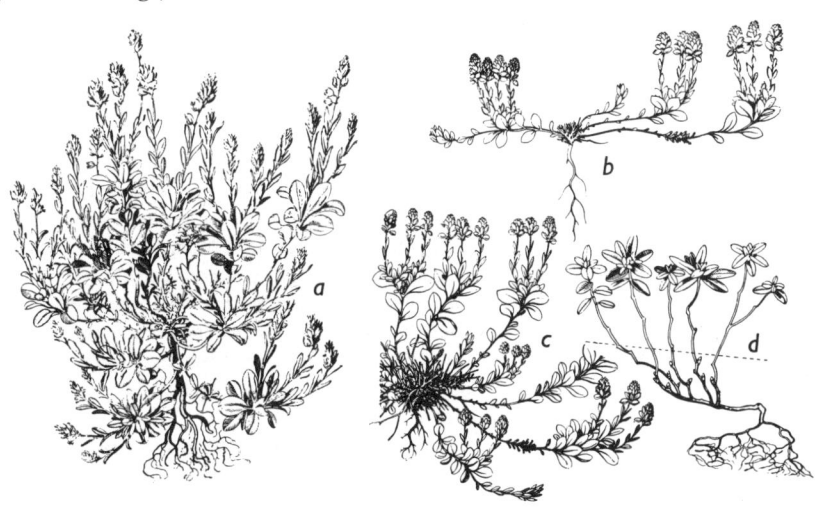

Fig. 1732. Polygala calcarea F. W. Schultz. *a* bis *c* Habitus. *d* Pflanze im Winter-Zustand (*d* nach Allorge).

Zerstreut, aber stellenweise häufig, auf trockenen, sonnigen Kalkbergen und an Wegrändern der Ebene und des Hügellandes; nur auf kalkreichen Unterlagen.

In Deutschland auf den Westen beschränkt. In Baden am Isteiner Klotz, bei Schönberg bei Freiburg und auf den Schelinger Wiesen im Kaiserstuhl, im Sundgau von Lützel bis Altkirch, in Lothringen (häufig bei Metz), in der Pfalz bei Zweibrücken (mehrfach), Hornbach, Contwig, Blieskastel und Leistadt, im Taunus bei Königstein, Rothenburg a. d. Fulda, Schwarzenhasel, Lischeid, Hanau, Röhrig und Lochborn, in der Rheinprovinz bei Gerolstein, Merzig und Saarbrücken; ausserdem in Luxemburg zwischen Wasserbilig, Mompach und Lellig. — In Oesterreich völlig fehlend. — In der Schweiz bei Fleurier im Neuenburger Jura (wenigstens früher) und im Berner bezw. Basler Jura (namentlich bei Pruntrut).

Allgemeine Verbreitung: Britische Inseln, Frankreich, Belgien nördlich und östlich bis zum belgischen Juragebiet, Luxemburg, Westdeutschland, Nordwestschweiz, Spanien.

Ziemlich veränderlich: var. ováta Rouy et Foucaud. Flügel oval, stumpf. Ob im Gebiet? — f. genuína Rouy et Foucaud. Flügel länglich-eiförmig, stumpflich bis spitzlich, etwas schmäler als die Kapsel. Verbreitetste Form. Hieher gehört meist: l. rósea Freiberg. Blüten rosa. — var. lanceoláta Rouy et Foucaud. Flügel länglich-lanzettlich, spitz, deutlich schmäler als die Kapsel. Zerstreut. — f. Meténsis[1]) Freiberg. Junge Blütenstände spitz pyramidal. Hochblätter z. T. länger als die jungen Knospen, Spitze des Blütenstandes infolgedessen schopfig erscheinend. Blüten (nur?) weiss. St. Quentin über Scy bei Metz. — var. condensáta (Chodat) (= P. calcareum ε minus Rouy et Foucaud). Rosettenblätter höchstens doppelt so lang als die Blätter der Blütenzweige. Blütenstengel kurz, ± dicht beblättert, kaum fingerlang, aufsteigend oder aufrecht. Jura. — f. rigéscens Freiberg. Der vorigen Form ähnlich, aber die Blütenstengel verlängert, locker beblättert, steif aufrecht. Mehrfach in der Rheinprovinz.

Polygala calcarea gehört dem atlantisch-westmediterranen Element an. Sie findet sich fast ausschliesslich in Trockenwiesen vom Bromus erectus-Typus oder nahe verwandten Gesellschaften. In der Garide (= Steppenheide im Sinne von Gradmann) Badens erscheint sie nach Oltmanns (Das Pflanzenleben des Schwarzwaldes, 1922) zwischen niederem, offenem Gebüsch von Quercus pubescens, Berberis vulgaris, Viburnum Lantana, Cornus sanguinea, Coronilla Emerus, Acer campestre, Rhamnus cathartica, Sorbus Aria usw. in den Trockenrasendecken eingeschalteter Lücken, zusammen mit Brachypodium pinnatum, Koeleria glauca, Carex humilis und C. gynobasis, Phleum Boehmeri, Thalictrum saxatile, Helleborus foetidus, Fragaria collina, Helianthemum vulgare, Bupleurum falcatum, Libanotis montana, Peucedanum Oreoselinum, Seseli Hippomarathrum und S. coloratum, Viola collina, Vincetoxicum officinale, Stachys rectus, Teucrium Chamaedrys, Veronica spicata, Scabiosa suaveolens, Lactuca virosa und L. Scariola u. a. m. P. calcarea zeichnet sich durch die ausläuferartigen, niederliegenden Stengel aus, die sich rings um den verholzenden Erdstock ausbreiten, Rosetten bilden und aus diesen blattachselständig wiederholt in gleicher Weise neue anzulegen vermögen. Die Pflanze erlangt dadurch einen dichten, runden, rasenförmigen Wuchs (Fig. 1732 a). Die Rosetten überdauern den Winter; die Erneuerungsknospen bilden sich unterirdisch (Fig. 1732 d); die Pflanze besitzt dadurch eine Lebensform, die halb chamäphytisch, halb hemicryptophytisch ist.

Im Gebiete nur in Krain und zwar auf den Schneeberg beschränkt, findet sich die Rasse **P. Croática** Chodat, ein bis Serbien und Albanien verbreiteter Formenschwarm systematisch unsicherer Bewertung. Die Pflanze aus Krain gehört zur var. múliceps Beck (= P. multicaúlis Kit.). Die Rasse unterscheidet sich von P. calcarea s. str. durch den Mangel deutlich ausgeprägter Laubblattrosetten; ihre Laubblätter sind wenig zahlreich, elliptisch-lanzettlich, die Stengelblätter bei unserer Pflanze breitlanzettlich, 4 bis 6 mm breit und 3 bis 4 mal länger, spitz bis zugespitzt; Flügel schmäler und kleiner, spitz, die reife Kapsel nicht völlig deckend. Am Schneeberg tritt sie als Begleitpflanze der Edraianthus graminifolius (Bd. VI, pag. 389) auf.

1819. Polygala amára L. Bittere Kreuzblume. Taf. 176, Fig. 4; Fig. 1733 und 1734.

Ausdauernde, 5 bis 20 cm hohe Pflanze mit spindelförmiger Wurzel und meist reichästigem Erdstock, infolgedessen rasenbildend. Stengel meist unverzweigt oder schwach ästig, kahl oder am oberen Teile fein flaumig, am Grunde mit deutlicher Blattrosette. Rosettenblätter elliptisch bis verkehrt-eiförmig, meist 1,5 bis 3,5 cm lang und 6 bis 10 mm breit, am Grunde keilförmig, oben abgerundet bis etwas spitzlich; die unteren Stengelblätter ± rundlich, am Grunde verschmälert, die oberen lanzettlich bis länglich oder länglich, länger, alle kahl, galligbitter schmeckend. Blütenstand meist reichblütig, anfangs dicht, pyramidal oder stumpf, bisweilen schwachschopfig, später sich auflockernd, bis 17 cm lang werdend. Tragblätter länger oder kürzer als die Blütenstiele, (seitliche) Hochblätter noch kürzer; alle häutig, ± hinfällig, farblos oder gefärbt. Blüten blau, violett, rot, weiss oder gescheckt. Aeussere Kelchblätter kahnförmig, mit grünem Mittelnerv und oft noch 2 Seitennerven. Flügel elliptisch bis länglich-eiförmig,

---

[1]) Nach der Stadt Metz benannt.

2,3 bis 7 mm lang und 1 bis 4 mm breit, stumpf oder spitzlich; Seitennerven meist nicht mit dem Mittelnerven verbunden. Kronblätter so lang oder wenig länger als die Flügel. Anhängsel mit kammförmigem, vielspaltigem, ± deutlich abgegliedertem Anhängsel. Griffel kurz, an der Spitze löffelförmig, mit hakig=lappig angehängter Narbe. Kapsel 2,5 bis 4 mm lang und 1,6 bis 3,5 mm breit, hautrandig, so breit oder breiter als die Flügel. Samen eiförmig, 1,5 bis 2,5 mm lang, mit kurzem, 3=lappigem Anhängsel, wie dieses steifhaarig. — V bis VIII, häufig nochmals im Herbst.

Allgemeine Verbreitung: Europa nördlich bis Südengland (Kent, sehr selten), Rheinlande, Meppen, Osnabrück, Springe, Harz, Kiel (früher), nordjütisches Kalkgebiet, Norwegen bis Orkedal, Stod, Snaasen (64° 11′ bis 64° 12′ nördl. Breite), Jämtland, Åland, Åbo, Südsawo, pomorisches Karelien (Shuigarvi, Segosero), Halbinsel Turja, Archangelsk, südlich bis Spanien, Süditalien, bis zum nördlichen Balkan und bis Südrussland (Krim?).

Die beiden Unterarten zeigen folgende (auf den ganzen Formenkreis bezogen) nur wenig scharf durchgreifenden Unterschiede:

1. Blüten meist gross, 5 bis 7 mm lang, lebhaft blau bis rötlich blau, selten weiss oder schön purpurrot (l. rubriflóra Wiesb. [Karlsburg in Niederösterreich]). Laubblätter nach der Spitze zu rasch abnehmend, anfangs meist flaumig, später verkahlend. Blütenstand sehr locker. Tragblatt kürzer oder so lang wie der Blütenstiel; Vorblätter viel kürzer als der Blütenstiel, ziemlich spät abfallend. Aeussere Kelchblätter zur Blütezeit fast wagrecht abstehend; Flügel elliptisch, gegen den Grund kurz=keilig, beim Verblühen 5 bis 7 (10) mm lang. Anhängsel des vorderen Kronblattes viellappig mit verhältnismässig langen und breiten Lappen, schief aufrecht oder gerade vorgestreckt, an der Uebergangsstelle zum Schiffchen eingeschnürt. Samen 2,5 mm lang (P. amara L. subsp. amarum Hayek, = P. amara L. α genuina Koch, = P. amarella Rchb. non Crantz, = P. amara L. α grandiflora Neilr., = P. amara Chodat)

subsp. **eu-amára** Aschers. et Graebn.

1*. Blüten meist klein, 2 bis 2,5, selten bis 6 mm lang, himmelblau, blauviolett, grünlich oder weisslich, selten rötlich oder gescheckt. Laubblätter mehr allmählich gegen die Spitze kleiner werdend, kurzhaarig oder kahl, beim Vertrocknen feinrunzelig, am Rande hornig. Blütenstand locker bis dicht. Tragblatt kürzer, so lang oder länger als der Blütenstiel. Vorblätter kürzer als der Blütenstiel, frühzeitig abfallend. Aeussere Kelchblätter mit grünem Mittelnerv, zur Blütezeit schräg vorwärts gerichtet. Flügel länglich bis verkehrt=eiförmig, am Grunde ± lang keilig verschmälert. Anhängsel des vorderen Kronblattes wenig gelappt, anfangs einwärts, später oft abwärts gekrümmt, an der Uebergangsstelle zum Schiffchen nicht oder kaum eingeschnürt. Samen 1,5 bis 1,7 mm lang (P. amara L. β parviflóra Mert. et Koch).

subsp. **amarélla** Crantz.

Fig. 1733. Polygala amara L. subsp. eu-amara Aschers. et Graebner. *a* und *b* Habitus. *c* und *d* Wurzelstöcke mit Blattrosetten. *e* und *f* Flügel. *g* und *h* Blüten. *i* Unreife Kapsel mit 2 Kelchblättern. *k* Reife Frucht. *l* Samen.

Genauere Angaben über die Umgrenzung des Verbreitungsgebietes der subsp. **eu-amara**, sowie über ihre allgemeinen ökologischen Ansprüche können gegenwärtig infolge der ± grossen Schwierigkeit einer eindeutigen Trennung der beiden Formenkreise eu=amara und amarella und der damit in Verbindung stehenden Unsicherheit in der Nomenklatur kaum gegeben werden. Der Verbreitungsmittelpunkt für die subsp. eu=amara liegt offenbar in den Ostalpen und endet westwärts im Tiroler und Bayerischen Alpenanteil (in der Schweiz fehlt sie ganz und wird durch die subsp. amarella ersetzt). In diesem Gebiet ist die Pflanze kalkfordernd und stellt sich am häufigsten auf Bergwiesen, in lichten Wäldern und in Legföhrengebüschen auf frischen, humosen Böden oder auf Kalkgeröll ein. In Bayern, wo sie bis 1810 m ansteigt, ist sie nur am Brünnstein, Geigelstein, bei der Eiskapelle bei St. Bartholomä, bei Wasserburg am Inn und im Isarkies oberhalb München herabgeschwemmt bekannt;

in Tirol selten (am Sollstein bei Innsbruck, Hölltal bei Hötting, Griesalpjoch bei Kitzbühel, Schlern, Innervillgraten, Plose bei Brixen); um Salzburg gemein; in Niederösterreich häufig auf Kalk bis zur alpinen Stufe; in Steiermark nur in den nordöstlichen Kalkalpen auf der Raxalpe und Schneealpe, dem Semmering und dem Sonnwendstein; in Kärnten und Krain zerstreut; auch in Friaul. Die Angaben nördlich der Alpen bedürfen vielfach der Bestätigung, zumal die Lokalfloren oft zu wenig in Einzelheiten eintreten. Die Unterart wird angegeben reichlich in Baden (häufig im Bodenseegebiet, im angrenzenden Molasse-Hügelland und im Hegau, im Jura bei Stühlingen, in der Rheinebene am Kaiserstuhl, Bruchsal, St. Ilgen und Nussloch, in Nordbaden bei Berghausen und Schatthausen), auf Kalkbergen in Thüringen (nach Ascherson und Graebner, Synopsis; in der Erfurter Flora jedoch nur die subsp. amarella); Prov. Hannover, in Sachsen bei Schladebach und Kötzschau unweit Leipzig und bei Bischofwerda, in Böhmen (wahrscheinlich nur amarella), in Mähren im Thajatal bei Hardegg.

Aendert ab: var. (Rasse) brachýptera¹) (Chodat) (= P. subamára Fritsch = subsp. brachyptera Hayek). Stengelblätter alle ± lanzettlich-spatelig (beim Typus die unteren verkehrt-eiförmig und nur die obersten lineal-lanzettlich). Blüten kleiner als beim Typus, aber grösser als bei der subsp. amara, ± lebhaft blau bis blauviolett oder weiss; Flügel beim Abblühen etwa 4 bis 5 mm lang. So bisher nur aus dem Kalkgebiet von Steiermark bekannt: Gemein in der ganzen Kette der nördlichen Kalkalpen, nur im Gebiete des Typus vollständig fehlend, ferner in der Lantsch- und Schökelgruppe, auf den Kalkbergen bei Frohnleiten, Peggau, Graz und auf denen von Untersteiermark bis in die Sanntaler Alpen, seltener auf Kalk der Steirischen Zentralalpen, z. B. auf der Koebenze bei St. Lambrecht, im Bachergebirge bei Maria in der Wüste und Hausambacher.

Nach Oltmanns tritt die subsp. amara z. B. auf sonnigen Hügeln zusammen mit Bromus erectus, Brachypodium pinnatum, Avena pratensis, Carex montana, Dianthus Carthusianorum, Fragaria collina, Potentilla verna, Trifolium rubens, Viola alba und V. collina, Vincetoxicum officinale, Centaurea Scabiosa usw. auf. Wesentlich ähnlich sind nach Drude die Begleiter auf den Kalkhügeln von Thüringen. In kärntnerischen Pinus silvestris-Wäldern erscheint die Pflanze zusammen mit Koeleria pyramidata, Sesleria caerulea, Festuca ovina subsp. pseudovina und F. glauca, Carex humilis, Thesium Bavarum, Alyssum montanum, Potentilla arenaria, Peucedanum Oreoselinum, Scabiosa ochroleuca, Centaurea variegata, Hieracium sp. usw. In der alpinen Stufe wurde sie von Scharfetter am Mittagskogel (Kärnten) in der Felsflur gemeinschaftlich mit Sesleria sphaerocephala, Poa alpina, Festuca laxa, Silene acaulis, Papaver Kerneri, Potentilla nitida, Geum montanum, Helianthemum alpestre, Daphne Mezereum, Erica carnea, Bellidiastrum Michelii usw. festgestellt.

Die subsp. **amarella** ist die bei weitem häufigere Unterart mit viel weiterem, vielleicht den ganzen (?) geographischen Bereich der Art umfassendem Verbreitungsgebiete. In Mitteleuropa ist sie ziemlich verbreitet und häufig auf feuchten und frischeren, humosen oder mineralischen Bodenunterlagen kalkiger oder kieseliger Natur, bevorzugt aber mit der Annäherung an ihre nördliche Verbreitungsgrenze Kalkböden. Sie ist von der Ebene bis in die alpine Stufe anzutreffen: in den Bayerischen Alpen bis 2050 m, im Rosengarten in Südtirol bis 2400 m, im Wallis bis 2500 m. Ihre Verbreitung in Mitteleuropa ist folgende: in Deutschland in Bayern meist häufig bis verbreitet, aber im Frankenwald nur bei Seibelsdorf, Untersteinach, Stechern bei Enchenreut, im Juragebiete auf Dogger bei Weismain, Ziegenfeldertal, Würgau, Staffelberg, Truppach bei Mengersdorf, im Muschelkalkgebiete bei Homburg a. W., auf Buntsandstein bei Lohr, Aschaffenburg, Spessart, Leuchau bei Kulmbach, in der Rhön bei Euerdorf, in der Mittelpfalz bei Zweibrücken und Kaiserslautern, in der Nordpfalz im Nahetal; in Württemberg nicht häufig, z. B. bei Lichtel, Ellwangen, Tübingen, auf den Lochen, am Hunsrück, am Zellerhorn bei Jechingen und auf der mittleren Alb; in Baden zerstreut bis häufig (namentlich in der Rheinebene), aber in Nordbaden fehlend; in Elsass-Lothringen ziemlich zerstreut, nordwärts bis Bitsch; in der Rheinprovinz auf Kalk verbreitet, auf Silikatunterlage sehr zerstreut und am Niederrhein fehlend, in Westfalen zerstreut; in Hannover bis Meppen, Osnabrück, Springe und bis zum Harz; in Thüringen zerstreut; in Sachsen am Bienitz bei Leipzig und bei Cotta unweit Pirna (erloschen); im nordostdeutschen Flachland zerstreut: früher bei Kiel²), in West- und Ostpreussen nicht selten, in Schlesien sehr zerstreut und in Oberschlesien ganz fehlend. — In Oesterreich in Böhmen z. B. an der Elbe bei Čečelic, Poděbrad, Libosch, Weisswasser, Habichtstein, Böhmisch-Leipa, Kratzau, Wärnstädtel, Franzensbad, Budweis; in Mähren bei Namiest, Wsetin, Heinrichswald, Mohelno, Krzetin, Czeitsch, Bizens, Lobnig bei Kriegsdorf; in Schlesien bei Weidenau, Troppau, Gilleschau, Bielitz, Ustron, Teschen; in den Alpenländern meist verbreitet, aber für Tirol für den Nons- und Sulzberg, sowie im Fassa, Fleims und Primör nicht angegeben. — In der Schweiz verbreitet.

Die sehr vielgestaltige Unterart wird nach Ascherson und Graebner in folgende 3 ± formenreiche Varietäten gegliedert:

---

¹) βραχύς [brachýs] = kurz und πτερόν [pterón] = Flügel.

²) Die Pflanze wurde dort 1862 von Hennings auf dem Gebiete der Reichswerft entdeckt und von Ohl noch 1900 beobachtet. Nach Willy Christiansen (br.) dürfte sie heute wohl verschwunden sein.

1. Stengel dünn, meist mit schwachen Aesten, bis 20 cm hoch. Rosettenblätter nach dem Grunde zu langsam verschmälert. Stengelblätter meist den Rosettenblättern ähnlich, stumpflich oder seltener lineal und spitz. Blütenstand anfangs kurz und dicht, später sehr verlängert. Aeussere Kelchblätter mit breitem Mittelstreifen, fast grün; Flügel mit starkem, grünem Mittelnerven und ± starken Seitennerven, während der Fruchtreife 2,5 bis 3,5 (5) mm lang und 1,2 bis 1,5 (2) mm breit. Kapsel 3 bis 4 mm lang und 2,5 bis 3 mm breit. Auf Steinen, im Ufersand, auf moosigen Wiesen (P. decipiens Besser, = P. amara L. var. dissita Hausskn., = P. amarum L. α genuinum Rouy et Fouc.) . . . . var. Austriaca (Crantz) Chodat.

1*. Pflanze kräftig, niedrig oder hoch. Stengel einfach oder ästig. Rosettenblätter verkehrt-eiförmig, nach dem Grunde zu rasch verschmälert . . . . . 2.

2. Pflanze bis 20 cm hoch, wenigstengelig und schwachästig. Blattrosette locker, die unteren Stengelblätter meist gross, verkehrt-eiförmig, ziemlich rasch in den Grund verschmälert, obere Stengelblätter lanzettlich bis breit-lanzettlich, mitunter länglich-verkehrteiförmig und fast so gross wie die Rosettenblätter. Blütenstand locker, verlängert, mitunter armblütig. Blüten kornblumen- oder dunkler blau. Aeussere Kelchblätter meist fast wagrecht abstehend; Flügel elliptisch, etwa 4,5 (5) mm lang und 2 bis 2,2 mm breit, meist kurz-keilförmig verschmälert. Kapsel etwa 4 mm lang. Häufigste Form der Alpen und Voralpen, an Alpenflüssen auch herabgeschwemmt (P. Balatónica Borbás).

var. amplýptera (Koch).

2*. Pflanze klein, bis 10 cm hoch, vielstengelig, büschelig. Blattrosette deutlich. Blütenstand ziemlich dicht, anfangs pyramidenförmig, zuweilen etwas schopfig. Hochblätter so lang oder wenig länger wie die Blütenstiele. Blüten meist dunkel himmel- oder kobaltblau bis violett, seltener purpurrosa, hellblau, grünlichweiss oder bunt. Aeussere Kelchblätter schmal, mitunter die Knospen überragend; Flügel etwa 3 bis 4 mm lang und 1,5 bis 2 mm breit, am Grunde meist etwas keilförmig, etwa so lang und etwas schmäler als die Kapsel; letztere etwa 3 bis 3,5 mm lang und 2,2 bis 3 mm breit, zuletzt meist fast kreisrund. Pflanze bald kürzer, gedrungener, der Stengel unverzweigt und die Flügel meist deutlich schmäler als die Kapsel (f. officinális [Kittel] Freiberg, so an sumpfigen Stellen), bald höher, schlanker, der Stengel stärker ästig (f. ramósa [Hegetschweiler], so in dicht geschlossenem Wiesenrasen). — Eine Farbenabweichung ist: 1. leucántha Wimmer et Grabowsky. Blüten dunkelblau, spärlich mit weiss gemischt. Verbreitetste Form auf ausgetrockneten Moorheiden und in Trockenwiesen. IV bis V, in höheren Lagen VI bis VII (P. amarella Crantz β typica Beck, = P. brachypétala Wallroth, = P. amara L. γ alpestris Koch, = P. myrtifólia Fries). var. vulgatíssima Chodat.

Fig. 1734. Polygala amara L. subsp. amarella Crantz. a Habitus. b Kronblattröhre von der Seite, c desgl., aufgeschnitten. d Fruchtknoten und Griffel von unten, e desgl. von der Seite.

Weitere Abänderungen dieser Varietät sind: f. uliginósa Rchb. (= P. amarella Crantz β typica f. Reichenbáchii Beck, = P. amara L. a. týpica b. myrtifólia Fiori und Paoletti). Stengel meist schlanker. Kapsel am Grunde keilförmig verschmälert. Seltener. — f. orbiculáris (Chodat). Kapsel so lang wie breit, am Grunde nicht verschmälert, an der Spitze tief ausgerandet. Nicht häufig. — f. láxa (Rouy et Foucaud). Stengel 10 bis 20 cm lang, niederliegend-ausgebreitet, locker beblättert. Laubblätter grösser, länglich-lanzettlich. Blütenstände locker. Selten. — f. Greniéri (Rouy et Foucaud). Blüten mittelgross; Flügel 4 bis 5 mm lang, viel schmäler als die Kapsel. Kapsel meist am Grund keilförmig, daher ± gestielt erscheinend. Sehr zerstreut. — f. minutiflóra (Chodat). Blüten kleiner. Flügel etwa so lang, aber viel schmäler als die Kapsel. An sumpfigen Orten nicht selten. — f. subalpína (Chodat). Flügel so breit oder breiter als die Kapsel, elliptisch, am Grunde fast 5-nervig. Blüten blau. Selten?

Die subsp. **amarella** ist ein europäisches Element mit weitem Verbreitungsgebiet und grosser Anpassungsfähigkeit. Sie gehört zu den eurosynusischen Arten, bevorzugt aber gleichwohl merklich Pflanzengesellschaften auf feuchteren Böden. Gern erscheint sie in moosreichen, lockeren Frischwiesen, in Flachmoortypen und tritt bisweilen auch in Hochmooren auf. Am Starnberger See findet sie sich in den verlandenden Schoenus nigricans-Beständen zusammen mit Sesleria caerulea, Pinguicula alpina, Gentiana Clusii, Primula farinosa, Bartsia alpina, Valeriana dioeca, Succisa pratensis und Scorzonera humilis. In den Alpen schliesst sie sich mit Vorliebe dem Trichophoretum caespitosi an mit Equisetum palustre, Selaginella Helvetica, Carex Davalliana, C. panicea, C. fusca, C. flava, C. capillaris, C. echinata und C. Hostiana, Eriophorum angustifolium und E. latifolium, Juncus alpinus, Blysmus compressus, Allium Schoenoprasum, Orchis masculus und O. Traunsteineri, den eingangs im Schoenetum genannten Dicotylen, ferner Willemetia stipitata u. a. Vorübergehend tritt sie auch auf feuchten Waldschlägen, bisweilen auch in lichten Weiden und Erlenbeständen auf. Gegen Düngung ist sie etwas empfindlich und verschwindet daher auf den Fettwiesen. Hingegen stellt sie sich bisweilen sogar auf Aeckern ein. — Als Herba Polýgalae (Bitteres Kreuzblumenkraut) kommen die zur Blütezeit samt der Wurzel gesammelten Pflanzen in den Handel. Nach Zörnig (Arzneidrogen, 1911) sind nur die an trockenen Standorten gewachsenen Exemplare bitter und pharmazeutisch verwertbar, solche von sumpfigen Stellen sollen fast geschmacklos sein. Die Pflanze enthält etwas ätherisches Oel, fettes Oel, Polygalasäure, Polygamarin, Polygalit, Senegin, Zucker und dient bei der Landbevölkerung noch heute als Mittel gegen Lungenschwindsucht, Asthma und Magenleiden, erleichtert auch den Schleimabfluss. Der Aufguss aus der Wurzel wird (20 g auf $^1/_4$ l Wasser) tagsüber getrunken. Auch die Milchsekretion stillender Frauen soll dadurch angeregt werden. Die Hauptsammelgebiete für die Droge sind für Deutschland gegenwärtig Thüringen und Franken. Anbau im Grossen ist noch kaum durchgeführt. Die Samen keimen ziemlich langsam und bedürfen des Lichtes. Verfälschungen mit anderen, nichtbitteren Polygala=Arten — P. vulgaris, P. calcarea u. a. — lassen sich gelegentlich feststellen. — Die Pflanze findet sich bereits im Index Thalianus (1577) vom Harz aufgeführt. Im Botanischen Garten der Fürstbischöfe von Eichstätt soll sie noch nicht bekannt gewesen sein; vielmehr sollen an ihrer Stelle P. vulgaris und P. comosa zu medizinischen Zwecken gepflanzt gewesen sein. Erwähnt werden aus diesem Hortus Eystettensis Polygalon fl. rubro und P. fl. caeruleo. — Gelegentlich sind bei Polygala amara s. l. regelmässige, pelorische Blüten zu beobachten. Weitgehende Missbildungen und Vergrünungen besonders des oberen Teils des Blütenstandes werden durch die Gallmücke Eriophyes breviróstris verursacht. Bisweilen werden auch die Laubblätter der blühenden Sprosse verunstaltet und sind dann leicht behaart.

1820. Polygala alpina (DC.) Steudel (= P. Austriaca Crantz β alpina Pers.?, = P. amara L. γ alpina Lam. et DC., = P. gláciális Brügger, = P. nívea Miégev.). Alpen=Kreuzblume.
Fig. 1735.

Ausdauernde, 2 bis 10 cm hohe Pflanze mit dünner, spindelförmiger Wurzel. Achsen niederliegend, kurz, reich verzweigt, am Grunde unbeblättert, mit Blattrosetten endigend. Stengelblätter und Rosettenblätter verkehrt=eiförmig bis länglich; die oberen viel kleiner, länglich bis lineal=länglich, nicht bitter schmeckend. Blütenstengel aus den Achseln der Rosettenblätter entspringend, 1 bis 5 cm lang, aufsteigend, unten beblättert. Blüten in kurzen, dichten, 5= bis 11=blütigen Blütenständen, sehr klein, bläulich, weisslich oder (f. Chodatiána Guyot) weiss, rosa überlaufen oder rein blau. Vorblätter wenig ungleich, kurz, das mittlere die beiden seitlichen wenig überragend, ein wenig kürzer als der Blütenstiel. Aeussere Kelchblätter elliptisch, stumpf, kahl, 3=nervig; Flügel elliptisch=spatelförmig oder länglich=elliptisch, 4 bis 5 mm lang, 3=nervig, mit meist einfachem Mittelnerven und wenig verzweigten Seitennerven. Kronblätter kürzer als die Flügel. Kapsel klein, verkehrt=herzeiförmig, am Grunde ± abgerundet, doppelt so breit wie die 1,5 bis 2 mm breiten Flügel, wenig kürzer als diese. Samen ellipsoidisch; seitliche Lappen der Anhängsel bis $^1/_3$ so lang wie die Samen, das mittlere sehr kurz. — VI bis VIII.

Meist zerstreut und selten auf trockenen, sonnigen Weiden, in kurzhalmigen Rasen und im Feingrus der subalpinen (im Oberengadin bei Schlarigna bei 1715 m) und alpinen Stufe, meist auf Kalk, seltener auf Urgestein, von zirka 1700 bis 3000 m (Gornergrat im Wallis).

Fehlt in Deutschland. — In Oesterreich einzig in Südtirol am Pizlat bei Laas und am Schlern bei Bozen. — In der Schweiz selten und nur in den Kantonen Graubünden (nördlich bis zum Parpaner Schwarzhorn 2630 m), Wallis, Waadt und Tessin.

Allgemeine Verbreitung: Südalpen von den Seealpen bis Südtirol (im Westen verbreitet), Pyrenäen.

Aendert ab: f. Chodatiána Guyot. Blüten weiss, rosa überlaufen.

Polygala alpina ist ein südwestalpines Element mit einem sehr wenig zusammenhängendem Verbreitungsgebiet im Osten. Hier stellt sie ein bemerkenswertes Relikt dar, das auf eisfreien Berggipfeln die Eiszeiten über=

Tafel 177

Tafel 177.

Fig. 1. *Mercurialis perennis* (pag. 129). Habitus der männlichen Pflanze.
„ 1a. Aufgesprungene Frucht.
„ 1b. Samen.
„ 2. *Mercurialis annua* (pag. 126). Habitus der weiblichen Pflanze.
„ 2a. Männliche Blüte.
„ 2b. Frucht.
„ 2c, d. Längs- bezw. Querschnitt durch die Frucht.
„ 2e. Samen.
„ 3. *Euphorbia Cyparissias* (pag. 167). Fruchtender Spross.
Fig. 3a. Erdstock.
„ 3b. Cyathium.
„ 3c. Infizierter Spross.
„ 4. *Euphorbia exigua* (pag. 187). Habitus.
„ 4a. Cyathium.
„ 4b. Querschnitt durch die Frucht.
„ 4c. Samen.
„ 5. *Euphorbia Helioscopia* (pag. 163). Habitus.
„ 5a. Cyathium.
„ 5b. Staubblätter.
„ 5c. Samen.

dauert haben dürfte. In der bis zu 3000 m emporragenden Rothorngruppe der Plessuralpen (Mittel=Graubünden) finden sich neben ihr als weitere derartige Ueberreste Primula glutinosa, Herniaria alpina und Draba Hoppeana (J. Braun=Blanquet, Die Vegetationsverhältnisse der Schneestufe in den Rhätisch=Lepontinischen Alpen, 1913), in ± naher Nachbarschaft.

Bastarde sind einwandfrei noch wenig beobachtet worden oder werden z. T. bestritten. P. comosa × P. amara subsp. amarella (= P. Vilhélmi Podpěra), gesellig zwischen den Eltern auf dem Wiesenmoor Hrabanov bei Lysa an der Elbe in Böhmen und vielleicht bei Naunheim? — P. comosa × P. calcarea, auf Kalkboden zwischen Lellig, Mompach und Mertert (Luxemburg). — Verbindende Glieder zwischen P. vulgaris und P. comosa werden von manchen Autoren teils als Zwischenformen, von manchen als Kreuzungsprodukte erklärt, von anderen ganz in Abrede gestellt. — P. amara subsp. amarella var. vulgatissima × P. vulgaris (= P. amarellum var. vulgatissimum × vulgare Podpěra = P. Skřívánekii Podp.), auf torfigen Wiesen an der Heiligen Quelle bei Kloboučky nahe Bučovice in Mähren. — P. amara subsp. amarella var. Austriaca × P. vulgaris, sowie P. alpestris × P. vulgaris (= P. hýbrida Brügger, non DC.) sind ganz zweifelhaft.

Als besondere Unterreihe folgt die Familie der Dichapetaláceae, die zu den Euphorbiaceae, speziell zu den Phyllanthoideae, Beziehungen aufweist. Die etwa 130 Arten, die sich auf nur 3 Gattungen (Stephanopódium, Tapúra und Dichapétalum) verteilen, sind in der Hauptsache kletternde Waldpflanzen der Tropen beider Erdhälften; nur wenige Arten findet man in Afrika auch in der Buschsteppe und sogar an Felsen. Es sind Holzgewächse mit abwechselnden, ganzrandigen Laubblättern, mit kleinen, schmalen, hinfälligen Nebenblättern und kleinen, zwitterigen oder eingeschlechtigen, strahligen oder zygomorphen, zu achselständigen, reich verzweigten Büscheln oder Scheindolden vereinigten Blüten. Die 5 oft zu einer Röhre verwachsenen Kronblätter sind nicht selten ausgerandet oder gar zweispaltig; auch sind sie zuweilen mit den 5 Staubblättern verwachsen (von den letzteren können 2 bis 4 staminodial ausgebildet sein). Der aus 2 bis 3 Karpellen gebildete Fruchtknoten wird zu einer fleischigen oder ledrigen Steinfrucht. Die dünnschaligen Samen zeigen zuweilen eine Caruncula, doch fehlt ihnen das Nährgewebe. Verschiedene in Afrika wachsende Dichapetalum=Arten sind giftig und dem Weidevieh schädlich; sie enthalten (auch die Früchte und Samen) wahrscheinlich ein blausäurehaltiges Glykosid.

Fig. 1735. Polygala alpina (DC.) Steudel. Habitus.

69. Fam. Euphorbiáceae[1]) (= Tithymaláceae). Wolfsmilchgewächse.

(Bearbeitet unter Mitwirkung von Dr. Walter Zimmermann in Freiburg i. Br. von Dr. G. Hegi und Dr. H. Beger).

Ein= und mehrjährige Kräuter, Sträucher oder Holzpflanzen von sehr verschiedener, zuweilen sogar von kakteenähnlicher Tracht oder mit Phyllokladien (Phyllántus=Arten; Fig. 1742), sehr

---
[1]) Nach Plinius (Nat. hist. XXV, 77) wurde die Pflanze euphorbea (= Euphórbia officinárum L.) von dem König Juba (von Numidien) nach dessen Leibarzt Euphorbus benannt, der die Pflanze entdeckt haben soll.

häufig in gegliederten oder ungegliederten Schläuchen Milchsaft führend (Fig. 1739). Laubblätter meist wechselständig, seltener gegenständig, in der Regel einfach, zuweilen verkümmert, nicht selten auch handförmig gefingert oder sogar fiederähnlich. Nebenblätter fehlend oder vorhanden, manchmal drüsenartig. Blüten meist regelmässig, fast stets eingeschlechtig, 1= oder 2=häusig, nur ganz ausnahmsweise zwitterig (anscheinend normal Cubíncola[1])), von ausserordentlich mannigfachem Baue, oft unscheinbar, klein und dann dichtgedrängt zu doldentraubigen Teilblütenständen (Köpfchen, Knäuel) vereinigt; diese wiederum rispige, traubige oder ährenförmige Gesamtblütenstände bildend. Vor= und Hüllblätter oft vorhanden und blumenblattartig gefärbt, zuweilen die kleinen, eine Zwitter=blüte vortäuschenden Teilblütenstände (Pseudanthien, Cyathien) als Involucrum einschliessend und scheiben= oder wulstartige Drüsen tragend; letztere gelegentlich mit petaloidem Anhängsel. Blüten=hülle (Perianth) fehlend oder einfach, kelchartig (Anthostéma, Fig. 1751 h), zuweilen auch (besonders männliche Blüten) in Kelch und Krone ge=gliedert (Andrachnínae, Chrozo=phorínae). Männliche Blüten mit 1 bis vielen (Fig. 1736a), zuweilen verzweigten Staubblättern, häufig mit intrastaminalem Diskus, hie und da mit einem Fruchtknotenrudiment.

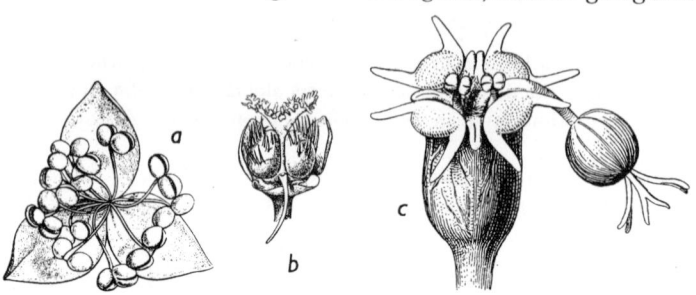

Fig. 1736. *a* Männliche, *b* weibliche Blüte von Mercurialis perennis L. *c* Teil-blütenstand von Euphorbia Peplus L.

Weibliche Blüten in der Regel weniger zahlreich, einen 3=(2=)blätterigen und 3= (seltener 1=, 2=, 4= oder viel)=fächerigen Frucht=knoten enthaltend mit je 1, seltener 2, anatropen, hängenden Samenanlagen in jedem Fache. Staminodien gelegentlich vorhanden, aber nicht konstant. Narben zumeist 3, 2=spaltig. Frucht in der Regel eine in 3 (seltener 2) Teilfrüchte (Kokken) zerfallende, von dem stehenbleibenden Mittelsäulchen sich loslösende Kapsel, seltener beeren= oder steinfruchtartig. Samen mit meist reichlichem Nährgewebe, häufig mit Caruncula. Embryo gerade oder gekrümmt; Kotyledonen meist breit, seltener schmal, halbzylindrisch, bald flach, bald gebogen oder gefaltet.

Die Familie ist mit gegen 200 Gattungen und etwa 4500 Arten mit Ausnahme der kältesten Teile (arktische Gebiete und antarktische Gebiete) über die ganze Erde verbreitet. Eigentliche alpigene Arten gibt es nicht. Auch existieren nur wenige Arten, die ausgedehntere Areale bewohnen. Ihre Hauptformenfülle erreichen die Euphorbiaceen in den Wäldern der Tropen und Subtropen, wo sie in den regenreichen (hier in Gestalt von hohen Urwaldbäumen, Sträuchern oder Lianen), wie auch in den trockenen Distrikten (hier in aus=gesprochen xeromorphen Formen) auftreten. In den gemässigten Zonen kommen halbstrauchige, vollkommen verholzende (z. B. die an felsigen Küsten im Mittelmeergebiet auftretende Euphorbia dendroides L.; Fig. 1737) oder krautige, z. T. ganz unscheinbare, einjährige Formen (Euphorbia Chamaesyce usw.) vor. Die meisten Gattungsgruppen sind sowohl in der Alten wie in der Neuen Welt vertreten, ebenso zahlreiche Gattungen. Nur die beiden kleinen Unterfamilien der Porantheroídeae und der Ricinocarpoídeae oder Bertýeae (Pflanzen von häufig ericoídem Habitus), welche mit ihren schmalen, halbzylindrischen Keimblättern die Unterfamilie der Stenolóbeae darstellen, sind auf Australien inkl. Tasmanien und Neu=Seeland beschränkt. Eine Anzahl von Kulturpflanzen, ebenso verschiedene Anthropophyten (Gartenunkräuter, Ruderalpflanzen) haben ihre ursprüng=lichen Areale weit überschritten. In Europa ist die Familie vor allem durch die Gattung Euphorbia vertreten, die im Mittelmeergebiet eine Anzahl xerophiler Formen (Euphorbia spinosa, E. dendroides, E. Myrsínites, E. Apios, E. biglandulosa) aufweist, ausserdem durch die Gattungen Mercurialis, Chrozóphora (C. tinctória und C. verbascifólia), Andráchne (A. telephioídes) und Securínega (S. buxifólia). Fossile Formen sind aus der Kreide und aus dem Tertiär beschrieben worden; doch ist ihre Zugehörigkeit zu den Euphorbiaceen nicht einwandfrei festgestellt. Mehr Wahrscheinlichkeit hat die von Conwentz aus dem Baltischen Bernstein beschriebene Blüte von Antidésma Maximowíczii. Trotzdem darf bei der gegenwärtigen reichen Entwicklung und aus=gedehnten Verbreitung der Familie mit ziemlicher Sicherheit angenommen werden, dass die Familie mindestens bereits im Tertiär mit vielfachen Vertretern existierte.

---

[1]) Vgl. Urban, Ignaz, in Berichte der Botan. Gesellschaft. Bd. XXXVI [1919], pag. 502.

Hinsichtlich der Lebensformen zeigt die Familie wie selten eine überaus grosse Mannigfaltigkeit. Die krautartigen Formen liegen dem Boden bald ± an (Euphorbia Chamaesyce und Verwandte) und haben das Aussehen eines Polygonum aviculare; andere Arten sind kräftige, aufrechte, meterhohe, oft stark verzweigte Stauden (Ricinus, Euphorbia palustris). Halbsträucher von ericoider Tracht finden wir bei vielen, australischen Gattungen, ebenso in der Kapflora (Cluýtia). Windende Sträucher sind seltener, während die „Mimosenform" namentlich bei der Gattung Phyllanthus vertreten ist. In den Steppen= und Wüstengebieten beider Hemisphaeren nehmen die Euphorbia=Arten den Habitus von Cacteen an und zeigen entweder den kandelaberartigen Typus von Cereus (E. virosa, E. trigona, E. grandicornis, E. Canariensis [Fig. 1738], E. Abyssinica, E. Candelabrum, E. Ammak usw.) oder aber die blattlose Kugelform von Echinocactus (E. globosa, E. meloformis). Die suk= kulenten Euphorbien (vgl. Berger, Alwin. Sukku= lente Euphorbien. Stuttgart, 1907) sind zum aller= grössten Teil in Afrika (nur wenige in Amerika) zu Hause, wo sie die wüsten= und steppenartigen Gebiete oder trockene Berglehnen vom Kap bis nach Gross= Namaland bewohnen und sich östlich längs der Ge= birgsketten bis ans Rote Meer ausbreiten. Im Westen besitzen Marokko, die Kanaren, Kapverden und Azoren solche Arten, im Osten Madagaskar, Arabien und Sokotra. Wohl die älteste Erwähnung und mor= phologisch richtige Deutung finden wir bei Theo= phrast (vgl. Bretzl, Hugo. Botanische Forschun= gen des Alexanderzuges. Leipzig, 1903), dem in den Wüsten von Beludschistan die blattlose und bedornte Euphorbia antiquórum L. auffiel. Diese Art wird auch im Alten Testament erwähnt; auch hat sie einen Sans= kritnamen „Maharriksha". Die Sektion Xylophýlla der Gattung Phyllanthus zeigt blattähnliche, glänzende Phyllokladien. Stattliche baumartige Typen mit leder= artigen, immergrünen Laubblättern besitzen viele Waldformen der Tropen (Hévea). Von anatomischen Merkmalen sind der bei vielen Gattungen auftretende markständige Weichbast, dann Sternhaare oder Elae= agnus=artige Schuppen, welche bei den Crotoneae eine dichte, silberglänzende Bekleidung bilden können, dann aber vor allem die Milchsaftröhren (Fig. 1739)

Fig. 1737. **Euphorbia gregaria Marloth**, Milchbusch, mit Früchten. Am Rand der Namib bei Spitzkopje in Südwestafrika. Phot. Th. Arzt, Wetzlar.

und der Obturator hervorzuheben. Diese letzteren erscheinen bald als gegliederte Schläuche mit deutlich wahrzu= nehmenden Querwänden (Acalypheae usw.) oder aber wie bei den Euphorbien als ungegliederte Röhren. Der Milch= saft, der allermeist stark giftig ist (das Gift ist zwar flüchtiger Natur!), enthält reichlich Stärke (Fig. 1739) oder ist kautschukhaltig. Immerhin gibt es ganze Gruppen (Phyllanthoideae und Caletioideae, so auch Mercurialis und Ricinus), denen der Milchsaft fehlt. M. Aubertot konstatierte kürzlich im Milchsaft den Flagellaten Lep= tomónas Davidi. Nach den Untersuchungen von Oscar Mayus über den Verlauf der Milchröhren in den Blättern der Euphorbiaceen kommen die folgenden Fälle vor: Die Milchröhren begleiten die Leitbündel bis zu deren Endigung oder treten aus den Leitbündeln aus und nehmen im Schwammparenchym freien Verlauf. Schliesslich gibt es Milchsaftgefässe, welche sich durch alle Zellschichten von der Epidermis der Blattunterseite bis zur Epidermis der Blattoberseite hinziehen. Hans Curt Dommel (Berichte der Deutschen Botan. Gesell= schaft. Bd. XXVIII, 1910) zeigte, dass die Spaltöffnungen an den Stengeln der einheimischen Euphorbia=Arten einen langsamen Uebergang vom Rubiaceen=Typus (hier liegen 2 Nebenzellen dem Spalte parallel) in den Ranunculaceen=Typus (3 Nebenzellen umgeben den Spalt derart, dass 2 ihm parallel liegen, während die dritte dazu quer gelagert ist) aufweisen. In den Laubblättern der einheimischen Arten ist der Rubiaceen=Typus durchgeführt.

Der Blütenstand weist innerhalb der Familie überaus zahlreiche Variationen auf. Rispen, Aehren, blattachselständige Knäuel bilden den Gesamthabitus, während die Teilblütenstände meistens dichtgedrängte Trugdolden darstellen, die oft von Hüllblättern umgeben werden. Die meist kleinen, unscheinbaren Einzel= blüten stehen häufig so dicht beisammen, dass man den Eindruck einer einzigen Blüte erhält, welcher Eindruck noch verstärkt wird, wenn — wie bei Dalechámpia — buntgefärbte Hochblätter auftreten. Derartige Formen erleichtern das Verständnis für die Entstehung der Scheinblüten oder Cyathien von Euphorbia, die heute wohl allgemein als rückgebildete Blütenstände anerkannt werden (vgl. die Gattung Euphorbia und Fig. 1736c). Ver= mutlich ist auch der einfache Blütenbau der übrigen Euphorbiaceen als rückgebildet aufzufassen. Namentlich die Eingeschlechtigkeit der Blüten erscheint besonders nach Entdeckung der Gattung Cubincola (Fig. 1751 a, b) mit Zwitterblüten als eine Rückbildung. Auf der verschiedenartigen Deutung der Blüte gründet sich natürlich auch im wesentlichen die verschiedenartige Stellung der Familie in den einzelnen Pflanzensystemen.

Die Samenanlagen wohl der meisten Gattungen zeigen eine merkwürdige Erscheinung, den „Obturator" (Fig. 1740). Dieser gehört stets der Plazenta (nie dem Samen) an und entsteht aus 2 Teilen, die je dem Rande eines und desselben eingebogenen, verwachsenen Fruchtblattes entspringen; durch Verwachsung beider Hälften im Verlaufe der Entwicklung entsteht ein einheitliches Organ. Dieses schiebt sich als Leitungsgewebe für den Pollenschlauch zwischen Plazenta und Nucellus ein; ausserdem hat es für die Ernährung des Pollenschlauches zu sorgen. Nach erfolgter Befruchtung treten Nucellusspitze und Obturator in innigste, meist direkte Verbindung. Bei Mercurialis, wo dies nicht der Fall ist, bildet sich dazwischen ein eigenes Leitungsgewebe aus (Fig. 1740 c, d). Nach der Befruchtung schwindet der Obturator bis auf eine kleine Stelle (vgl. hierüber S c h w e i g e r, Josef. Beiträge zur Samenentwicklung der Euphorbiaceen. Flora Bd. 94, 1905). Von dem Obturator ist die „Caruncula" zu unterscheiden, ein ebenfalls in der Mikropylengegend aus dem äusseren Integument entstehender Auswuchs, der aber erst am reifen Samen (Fig. 1740 f) seine volle Ausbildung erhält und infolge seines Reichtums an Reservestoffen (besonders an fetten Oelen) in erster Linie zur Verbreitung der Samen durch die Ameisen dient. Nach den Untersuchungen von S e r n a n d e r werden jedenfalls vollständige Samen verschiedener Euphorbia-Arten von Ameisen wesentlich rascher

Fig. 1738. Euphorbia Canariensis L., als Typus einer sukkulenten, Cereus-artigen Form.

verschleppt als Samen ohne Caruncula. Zugleich dient die Caruncula zur Loslösung der Samen von der Plazenta, vielleicht vergrössert sie auch die Kraft, mit der die Samen herausgeschleudert werden. Die Entwicklung des Embryosacks und Embryos weicht verschiedentlich von dem allgemeinen Typus ab (vgl. Bd. I, pag. CXLVII). Einerseits bilden sich ohne Befruchtung Nucellarembryonen, so bei unserer im Waldesschatten wachsenden Euphorbia dulcis, die durch ihren meist schlecht entwickelten Pollen schon auf den Geschlechtsverlust hinweist. Ferner ist die Zahl der Embryosackkerne herabgemindert auf 4 (bei Codiaéum) oder vermehrt bis auf 16 (bei Euphorbia pilosa, E. palustris und vielleicht auch bei E. virgata, sowie bei Acalypha).

Zufolge der streng durchgeführten Trennung der Geschlechter sind die Euphorbiaceen an Fremdbestäubung angepasst. Bei der weitaus grössten Zahl vermitteln Insekten, vor allem Fliegen, Wespen, Käfer und Apiden, die Bestäubung. Als Schauapparat dient die lebhafte Färbung der Hochblätter vieler Euphorbia-Arten, von Dalechampia usw., ebenso die petaloide Ausbildung des Kelches von Manihot; Honig wird von Drüsen des Cyathium abgeschieden. Erst neuerdings hat P o r s c h (Blütenstände als Vogelblumen. Oesterr. Botan. Zeitschrift. Bd. LXXII, 1923) verschiedene augenfällig gefärbte Euphorbien (die feuerroten Hochblätter wirken als Schauapparat, während die Cyathien fleischig-wulstige, goldgelbe Nektarien tragen!) aus der Sektion Poinséttia (E. pulchérrima Willd. und E. cyathóphora Murr aus Zentral- und Südamerika) und der Sektion Tithymalus Subsektion Laurifolia (E. punicea Jacq.) als vogelblütig („Kolibripflanzen") erklärt. Auch die Pedilánthus-Arten werden ähnlich gedeutet. Windblütig sind vor allem die Gattungen Mercurialis (pag. 126) und Ricinus und wohl noch andere Acalypheen. Eine grosse Zahl von Euphorbiaceen besitzt kapselige Schleuderfrüchte. Die grossen, bis 25-fächerigen Früchte des tropisch-amerikanischen Sandbüchsenbaumes (Húra

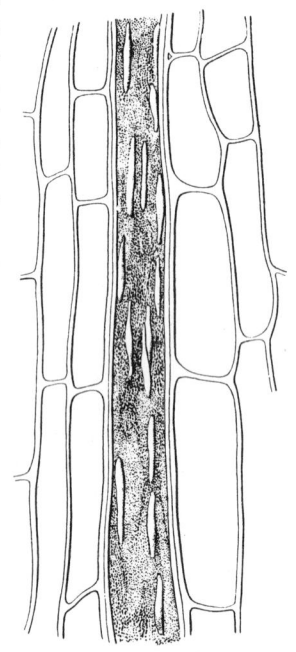

Fig. 1739. Ungegliederte Milchsaftröhre von Euphorbia Cyparissias L.

crépitans L.) zerspringen mit starkem Geräusch. Beerenfrüchte bilden Ausnahmen (Bischófia, Hippómane). Samen mit Caruncula werden durch Ameisen verbreitet.

Die systematische Stellung der Euphorbiaceae ist stark umstritten und noch nicht recht geklärt. Einerseits zeigen sie morphologische (primitive Blüten) und anatomische (Milchsaft) Beziehungen zu den Urticales bezw. Juglandales, andererseits im Baue des Fruchtknotens und der Samen solche zu den Geraniales, Malvales und Sapindales. P. Bugnon weist neuerdings (1922) auf die gemeinsamen Beziehungen der Keimblätter mit jenen der Sterculiaceae (Mercurialis annua und Brachychriton acerifólium F. v. Müell.) hin. Hallier vereinigte die Familie merkwürdigerweise mit den Salicaceae als Pángieae. Nach den serodiagnostischen Untersuchungen von Franz Hoeffgen (Botanisches Archiv. Bd. I, 1922) sind die Euphorbiaceae auf der Verlängerung des Columniferen=Astes zu suchen (Fig. 1608) und weisen ausserdem Beziehungen zu den Geraniales und Sapindales, besonders aber zu den Buxaceen auf (Wettstein vereinigt die Euphorbiaceen mit den Dichapetalaceen und den Buxaceen zu der Reihe der Tricóccae). Eine Verwandtschaft mit den Urticales und Juglandales besteht jedoch nach der Eiweissverwandtschaft nicht. Diese Auffassung deckt sich auch mit der neuerdings ziemlich allgemein gewordenen Annahme einer stattgefundenen „Rückbildung" der Blüten, während die zweite Annahme (u. a. von Wettstein vertreten) von relativ „ursprünglichen" Blüten (hiefür spricht die Eingeschlechtigkeit und die geringe Ausbildung der Blütenhülle) am besten den Anschluss an die Urticales rechtfertigen würde. Auch die Stellung der einzelnen Gruppen innerhalb der Familie ist noch nicht vollständig geklärt

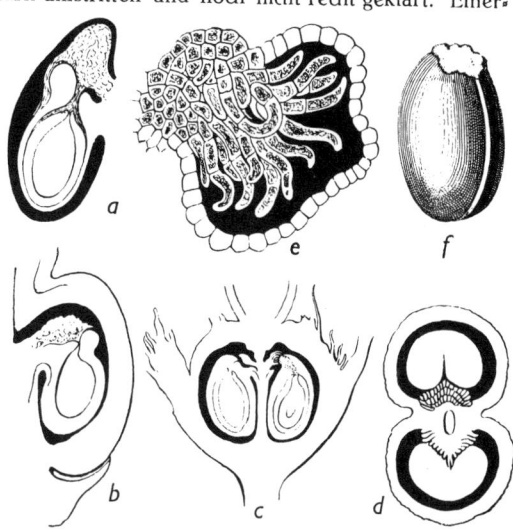

Fig. 1740. *a* Längsschnitt durch den Samen von Euphorbia Myrsinites L. Der Obturatur (schraffiert) schiebt sich zwischen das innere und äussere Integument ein. *b* Samen von Ricinus communis L. Der Obturator geht aus der Plazenta hervor. *c, d* Längs- und Querschnitt durch die beiden Früchte von Mercurialis annua L. *e* Obturatorschläuche von Euphorbia Cyparissias L. *f* Samen von Euphorbia Esula L. mit Caruucula (Fig. *a* bis *e* nach Josef Schweiger).

(vgl. hierüber die Bearbeitung der Euphorbiaceae von Pax, Käthe Hoffmann, Grüning, Jablonszky und Käthe Rosenthal im „Pflanzenreich" sowie von P. Michaëlis, 1924). Die systematische Gruppierung ist zurzeit die folgende:

a) Platylóbeae. Keimblätter vielmal breiter als das Stämmchen des Keimlings.

1. Unterfamilie Phyllanthoídeae. Jedes Fruchtknotenfach mit 2 Samenanlagen. Milchröhren und Weichbast fehlend. Hierher die Gattungen: Phyllánthus mit 500 Arten in den wärmeren Gebieten, davon Phyllanthus Nirúri L., ein einjähriges, kosmopolitisches Tropenunkraut. Bei der amerikanischen Sektion Xylophýlla sind die blütentragenden Zweige blattartig (phyllokladisch) ausgebildet. Andráchne mit A. telephioídes L. im östlichen Mittelmeergebiet. Securinega, Flúggea, Antidésma, Toxicodéndron, Bischófia mit Beerenfrüchten, Bridélia, Daphniphýllum mit lorbeerähnlichen Laubblättern.

2. Unterfamilie Crotonoídeae. Jedes Fruchtknotenfach nur mit 1 Samenanlage. Milchröhren vorhanden oder fehlend. Markständiger Weichbast hie und da vorhanden. Hieher die Gattungen: Cróton mit über 600 Arten in den warmen Zonen, oft mit filziger oder metallisch glänzender Schuppenbekleidung. — Chrozóphora (pag. 120), Mercuriális (pag. 126). — Mallótus (= Rottléra) mit 90 tropischen Arten, vorzugsweise im Indisch=malayischen Archipel (siehe M. Philippinensis pag. 125). — Alchórnea mit 60 Arten in den warmen Teilen beider Südhälften; A. ilicifólia Müll.=Aarg. in Südostaustralien entwickelt Nucellarembryonen. — Macaránga in den Tropen der östlichen Hemisphäre.

Fig. 1741. Euphorbia (Poinsettia) pulcherrima Willd.

— Acalýpha mit etwa 360 Arten in den Tropen (doch die Urwaldgebiete meidend) und Subtropen der Alten und Neuen Welt mit besonderen Entwicklungszentren im Hochland von Mexiko, in den Anden von Südamerika, im Brasilianischen Hochland und im Hochland von Ost- und Südostafrika (vgl. Nitschke, Richard. Die geographische Verbreitung der Gattung Acalypha. Botan. Archiv. Bd. IV, Heft 4, 1923). Sträucher oder Bäume mit nesselartigen, gezähnten, gestielten Laubblättern und oft langen, ährenförmigen (Fig. 1742) oder rispigen Blütenständen. Einzelne Arten mit Brennhaaren. — Trágia mit 120 Arten in den warmen Zonen, z. T. mit Brennhaaren. — Plukenétia. — Dalechámpia mit eigenartigem, von farbigen Hochblättern umgebenem Blütenstand. — Ricinus (pag. 120). — Aleurítes in Süd- und Ostasien. Bäume mit Sternhaarbekleidung und grossen, lang gestielten, zuweilen 4-lappigen Laubblättern. — Jatrópha mit 75 Arten in den warmen Gegenden, vorzugsweise in Amerika. — Hévea mit 17 baumartigen Arten im tropischen Amerika. — Manihot mit ± 100 Arten in Mexiko und Argentinien. — Codiæum (die „Croton" der Gärtner) mit 4 Arten in Australien und im Malayischen Archipel mit eigenartig geformten Laubblättern. — Ricinodéndron mit wenigen (3), bis 10 m hohen, baumartigen Formen im tropischen Südafrika. — Excoecária mit der sehr giftigen E. Agallócha L. in Südasien („Caju Matta", deren Milchsaft ins Auge gebracht Erblindung oder wenigstens sehr starke Entzündung hervorruft). — Sápium mit 170 Arten in den Tropen beider Hemisphären. — Híppománe mit 1 Art (H. Mancinélla L.) in Westindien, deren Milchsaft als äusserst wirksames Pfeilgift verwendet wird. — Húra mit 3 Arten im tropischen Amerika. Bei H. crépitans L., dem Sandbüchsenbaum (Sandbox-tree), springen die grossen, flachgedrückt-kugeligen, vielrippig-gefurchten, holzigen, bis 25-fächerigen Früchte mit einem deutlichen Knall auf, wobei die linsenförmigen, zirka 7 g schweren Samen bis 14 m weit fortgeschleudert werden. Der Milchsaft einer andinen Art („Ochohō") erzeugt Erblindung. — Anthostéma mit 3 Arten im tropischen Afrika und auf Madagaskar. Die männlichen Blüten zeigen ein mehrzähniges Perigon (Fig. 1751 h). — Euphorbia (pag. 131). — Synadénium und Pedilánthus mit 15 Arten im tropischen Amerika.

b) Stenolóbeae. Keimblätter schmal, etwa so breit als das Stämmchen des Keimlings. Die Stenolobeen bilden eine scharf umschriebene Gruppe.

1. Unterfamilie Porantheroídeae. In jedem Fruchtknotenfach je 2 Samenanlagen. Milchsaft fehlend. 4 auf Australien beschränkte Gattungen mit 20 Arten.

Fig. 1742. Phyllanthus angustifolius Müller-Aargau *a* Blütenzweig mit Phyllokladien. *b* Blüte (vergrössert).

2. Unterfamilie. Ricinocarpoídeae oder Bertýeae. In jedem Fruchtknotenfach nur 1 Samenanlage. 9 Gattungen mit zirka 60 Arten in Australien, Tasmanien und Neu-Seeland. Drysópsis glechomoídes Müll.-Aarg. aus dem andinen Südamerika wird neuerdings von Grüning zu den Platylobeae in die Gruppe der Mercurialineen gestellt.

Eine sehr grosse Zahl von Euphorbiaceae enthält Giftstoffe (toxische alkaloide Eiweisskörper und toxische Bitterstoffe sowie Glykoside), weshalb sie als Fisch- und Pfeilgifte in der Heilkunde usw. Verwendung finden, ferner organische Säuren, vereinzelt alkalische Oele, Farbstoffe (Mallotus), im Milchsaft Kautschuk (ein zu dem Polyterpen $C_{10}H_{16}$ gehörender Kohlenwasserstoff, Euphorbin, Gerbstoff und Harz, dann Enzyme (Croton, Ricinus, Hevea); in den Samen vieler Arten findet sich reichlich fettes Oel oder Talg (Óleum infernále von Jatrópha cúrcas, Stillingía-Talg usw.). Von den vielen Nutzpflanzen mögen nur die wichtigeren erwähnt sein. Weit oben an stehen die „Kautschukbäume" der Gattung Hévea (= Siphónia), die mit etwa 25 Arten das tropische Südamerika, besonders das Amazonasgebiet (Hylaea), bewohnt. Es sind dies stattliche, bis 20 m hohe, laubabwerfende Bäume, mit geradem, glattrindigem Stamme und lang gestielten, 3-zähligen Laubblättern, während die kleinen, gelben Blüten zu ansehnlichen Rispen gruppiert sind. Die ziemlich grossen Samen haben einen Durchmesser von über 30 mm. Die wichtigste Art ist die Hevea Brasiliénsis Müll.-Aarg., welche den grössten Teil des Wild- und Plantagenkautschuk, den „Para-Kautschuk" liefert. Seit 1876 befindet sich der Baum in Kultur und wird in grossen Mengen in den britischen und holländischen Teilen von Südasien, ebenso auf Ceylon, in Kamerun und Queensland plantagenmässig gebaut. Zurzeit dürfte zirka 85 % des Welthandels von H. Brasiliensis stammen. W. Fischer (Basel) stellte bei Hevea Brasiliensis fest, dass die grossen individuellen Verschiedenheiten sowohl in der Anzahl der in der Rinde vorhandenen Milchgefässe, als auch in der durchschnittlichen Kautschukproduktion Rassenmerkmale darstellen und nicht bloss die Folge verschiedener Ernährung sind, womit der Beweis erbracht wird, dass eine zielbewusste Selektion auch in der Kautschukkultur grosse Bedeutung haben wird. Weniger wichtig als Kautschuklieferanten, weil sie alle minderwertige Produkte liefern, sind H. paludósa Ule, H. nigra Ule, H. Guayanénsis Müll.-Aarg., H. collína Huber, H. Spruceána Müll.-Aarg., H. discolor Müll.-Aarg., H. membranácea Müll.-Aarg., H. Kunthiána Huber usw. Da Hevea Brasiliensis sich in der Kultur sehr gut bewährt hat, verdrängt sie allmählich alle anderen Kautschukpflanzen. Zu den letzteren gehört auch Mánihot Glazíowii Müll.-Aarg. und mehrere verwandte Arten (M. dichótoma Ule, M. Piauhyénsis Ule, M. Teusonniéri Chev., M. lyráta Ule, M. heptaphýlla Ule, M. violácea Müll.-Aarg.), welche den „Manicoba"-, „Pernambuco"- oder „Ceara"-Kautschuk liefern, der aber die Güte des Parakautschuks bei weitem nicht erreicht. M. Glaziowii ist ein 10 bis 15 m hoher Baum mit ziemlich breiter Krone, mit in silberweissen Querstreifen abblätternder Rinde und abwerfenden, meist schildförmigen Laubblättern, der in den trockenen Steppenwäldern der brasilianischen Staaten Ceará, Piauhy, Rio Grande do Norte und Maranhoa heimisch ist und dort auch gelegentlich plantagenmässig gebaut wird. Da der Baum an klimatische Extreme ziemlich anpassungsfähig ist und auch an den Boden geringe Anforderungen stellt, eignet er sich vor allem für die trockenen Steppengebiete in Indien und Afrika (vgl. hierüber besonders Zimmermann, A. Der Manihot-Kautschuk. Jena, G. Fischer 1913). — Als dritte Gruppe von Kautschuklieferanten ist die Gattung Sápium zu nennen, von der mehrere süd- und zentralamerikanische Arten (S. Tolimense, S. verum, S. utile, S. decipiens, S. styláre, S. ciliátum, S. tapura) als brauchbares Produkt den Caucho blanco (im Gegensatz zu dem Caucho negro der Moracee Castilloa), Caucho virgen (Junpfernkautschuk), Caucho morade liefern. Die Mehrzahl der Arten sind ausgesprochene Gebirgspflanzen, die in Ekuador und Kolumbien bis 3000 m hinaufsteigen. Der Harzsaft des im ganzen tropischen Amerika verbreiteten Sapium aucuparium Jacq. kommt nur als Klebmittel und Vogelleim in Betracht. Von untergeordneter Bedeutung sind Micrándra siphoníoides Benth. und weitere Arten aus der nächsten Verwandtschaft von Hevea, deren Kautschuk als Zusatz zur Hevea-Milch dient. Von Euphorbien haben nur wenige Arten grössere Bedeutung, da der Kautschukgehalt des Saftes gewöhnlich gering ist und harzige (bis 70%) oder guttaperchaartige Beimengungen nicht unbedeutend sind. Von afrikanischen Vertretern mögen genannt sein: Euphorbia rhipsaloídes Welw. (Stammpflanze des Kartoffelgummi), E. Tirucálli L., E. neriifólia L., E. resinífera Berg (liefert Almeidina-Kautschuk) usw., von Madagaskar E. Intisy Drake und E. Pirahazo Jumelle, aus Mexiko E. calyculáta H. B. und E. elástica Altamirano (= E. fúlva Stapf). Auch der Milchsaft der einheimischen Arten (E. Cyparissias und E. Peplus) enthält auf die Trockensubstanz berechnet 0,27% Kautschuk und gehört mit einigen Compositen (Lactuca vimínea und Sonchus oleraceus) zu den wenigen europäischen Kautschukpflanzen. Die technische Verwertung des Milchsaftes erwies sich jedoch als unrentabel, da Kautschuk sich aus den viel rascher wachsenden und reicher milchenden Hevea-Arten erheblich leichter gewinnen lässt, obwohl diese Bäume auch nur 0,3% Kautschuk, bezogen auf die Trockensubstanz, besitzen.

    Als wichtige mehlliefernde Kulturpflanze ist wegen der stärkereichen Knollen Manihot utilíssima Pohl (= Jatrópha Manihot L.), der Bittere Manihot oder Cassavestrauch, hervorzuheben, in den Anden Yuca, in Ostafrika mhogo, manga usw., in Kamerun chachim, malayisch ubi kaju oder ubi pagger genannt. Manihot ist neben der Kartoffel die wichtigste Knollenpflanze und ersetzt auch vielerorts das Getreide. Heimisch im tropischen Südamerika, wird die Pflanze heute überall in den Tropen in zirka 30 Varietäten kultiviert und ist besonders für Afrika wichtig. Sie ist ein 1,5 bis 3 m hoher, meist blaugrün bereifter Strauch mit 3- bis 7-lappigen Laubblättern, monözischen Blüten und schmal geflügelten Kapseln, der gleichmässige Temperaturen von 20 bis 16° C und einen lockeren, trockenen, nährstoffreichen Boden verlangt. Die gewöhnlich 30 bis 45 (selten 60) cm langen, bis 4 (10) kg schweren, aussen braunen, innen weissen oder gelblich-weissen Wurzelknollen enthalten durchschnittlich 70,25% Wasser, 21,44% Stärke, 1,12% Protein, 0,41% Fett, 5,13% Zucker, 1,11% Rohfaser und 0,54% Asche. Im frischen Zustande sind sie zufolge ihres Blausäuregehaltes (0,0275%) sehr giftig; durch Kochen, Rösten, bereits schon durch einfaches Trocknen (Sonnenhitze) wird die sehr flüchtige Blausäure leicht entfernt. Das Mehl, das als Farina oder Brasilianischer Arrowroot bekannt ist, gelangt (besonders aus Brasilien, neuerdings auch von Hinterindien und Java) in grossen Mengen als „Tapioka" zur Ausfuhr, nachdem die Stärkekörner durch Erhitzen teilweise zum Verkleistern und Aneinanderkleben gebracht worden sind; es werden zwei Sorten, Flocken- und Perltapioka unterschieden. Durch Verzuckern, Vergähren und Destillation wird auch ein alkoholisches Getränk „yarak" hergestellt. — Der „Süsse Maniok", in Brasilien macaxeira, aipi, mandioca doce genannt, ist einerseits die ungiftige Form von Manihot utilissima, andererseits eine besondere Art M. Aípi Pohl (= M. palmáta Müll.-Aarg. var. Aipi Pohl) mit ungeflügelten, nur etwas eckigen Kapseln. Die Knollen enthalten nur wenig Blausäure und diese wahrscheinlich in gebundener Form. Dagegen wird die von festen Fasern reichlich durchsetzte Knolle von M. Carthagiénsis (Jacq.) Müll.-Aarg. kaum zu Mehl verarbeitet; ihre Wurzel aber wird, wie auch die von weiteren Arten, geröstet gegessen. Die Kultur aller Manihot-Pflanzen ist sehr einfach; die Vermehrung erfolgt durch Stecklinge.

Ausserdem mögen von Nutz- und Giftpflanzen genannt sein: **Phyllánthus émblíca** Willd., der Amblabaum, liefert die als Graue oder Schwärzliche Myrobalanen (Myrobaláni Emblicae) in Ostindien gegen Ruhr, Cholera usw. geschätzten Früchte, die getrocknet als Gerbmaterial verwendet werden. **Antidésma venósum** Tul., ein in Südasien in Gärten kultivierter Baum, liefert essbare, fleischige Früchte, ebenso verschiedene Arten der afrikanischen Gattung **Uapáca** Hook. Das Holz des westafrikanischen Baumes **Oldfíéldia Africána** Hook. wird von der Sierra Leone als „Afrikanische Eiche" ausgeführt. **Toxícodéndron Capénse** Thunb. vom Kap zeigt sehr giftige Früchte, die zur Vertilgung von Hyänen Verwendung finden. **Cróton laccíferus** L. (= Aleurítes laccifera Willd.) in Südasien, liefert unter der Wirkung des Stiches einer Schildlaus ein brauchbares Lackharz, der rote Saft verschiedener tropisch amerikanischer Arten (C. Dráco Schlecht., C. gossypifólius) eine Art Drachenblut, die aromatischen Rinden verschiedener amerikanischer Croton-Arten ein Chinarinden-Surrogat. **Trágia cannábina** L. liefert in Ostindien, **Manniophýton** im tropisch-afrikanischen Waldgebiet eine brauchbare Bastfaser. — Aus dem Safte von **Chrozóphora tinctória** Just., Lackmuskraut, Fransenträger, Tournesolpflanze, einem 1-jährigen, ästigen, namentlich in Sandwüsten von Arabien und des Mittelmeergebietes vorkommendes Kraut mit pulverig-filzigen Laubblättern wird eine blaue bis grüne Farbe gewonnen, mit welcher man in Frankreich Leinwandstückchen, Tournesol (Túrna sólis) oder blaue Schminkläppchen oder Bezetten[1]) (Besétta caerúlea) färbt. Unter dem Einfluss von Ammoniakdämpfen (hierzu wird auch faulender Harn mit gebranntem Kalk benützt) nehmen diese eine rote Farbe an. Auch färbt man mit ihnen Backwerk, holländischen Käse, blaues Zuckerpapier usw., oder man verwendet sie zur Herstellung von Lackmus sowie zum Schminken. Aehnlich wird im englischen Sudan aus **Chrozophora plicáta** (Vahl) Juss. eine blaue Farbe hergestellt. — **Aleurítes Moluccána** Willd. und A. **tríloba** Forst., der Licht- oder Kerzennussbaum, Bankul oder Kamiri, ursprünglich wohl in Südasien heimisch, heute aber über Polynesien und in Südamerika verbreitet, enthält in den Samen (Bankul-Kakung- oder Kewirinüsse) bis 50 % fettes Oel; die Rinde dient zum Gerben und Schwarzfärben. — **Jatrópha cúrcas** L., ein ursprünglich amerikanischer, heute aber in allen wärmeren Gegenden als Hecken- oder Stützpflanze (auf Sansibar Gräberpflanze) kultivierter Strauch mit epheuartigen Laubblättern liefert die früher offizinellen Purgier- oder Brechnüsse (Núces cathárticae, Sémen Rícini majóris), die besonders von den Capverden in grossen Mengen als Pignons d'Inde ausgeführt werden und sehr stark purgierend wirken. Sie liefern das auch technisch verwertete Óleum infernále. Die Samen von **Sápium sebíferum** Rox. (früher zur Gattung Stillingia gezogen), dem Chinesischen Talgbaum, sind mit einer ziemlich harten Schicht eines weissen talgartigen Fettes überzogen, das als „Pi-Yu" in den Handel kommt. Sehr ölreich sind auch die Samen der tropisch-amerikanischen Gattung **Omphaléa**, die wie die Ricinussamen purgierend wirken. Der sehr giftige Blindbaum „blinding tree", malayisch kaju matta, **Excoecária Agallócha** L., ein am Meeresstrand in Südasien und im tropischen Australien vorkommender Strauch liefert das sehr weiche, weisse, zu Räucherungen verwendete, früher bei uns auch offizinelle „Riech-, Paradies- oder Adlerholz" (lígnum Agallóchin oder l. aloës), eine Art Aloëholz. Eine ganze Reihe von Arten der Familie enthält stark giftige Stoffe, welche als Pfeil- und Fischgifte verwertet werden. Ebenso werden fette Oele aus zahlreichen, hier weiter nicht aufgeführten Arten gewonnen.

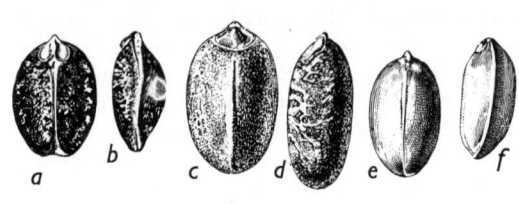

Fig. 1743. Samen verschiedener Euphorbiaceae: *a, b* von Manihot utilissima Pohl; *c, d* von Jatropha Curcas L.; *e, f* von Croton Tiglium L.

Von offizinellen Arten kommen ausser Kautschuk (vgl. Hevea und auch die Moraceae) in Betracht:

Rícinus[2]) L. Wunderbaum.

Die Gattung ist monotypisch. Die früher als besondere Arten aufgefassten Formen vereinigt Müller-Aargau zu einer einzigen Hauptart, die er wiederum in 16 Varietäten gliedert. Diese variieren ausserordentlich in Form, Grösse und in der Bestachelung der Früchte, in der Form, Grösse und Farbe der Samen sowie in der Stärke der Bereifung der Sprosse und Laubblätter.

Rícinus commúnis L. (= R. inérmis Jacq., = R. lívidus Jacq., = R. speciósus Burm., = R. spectábilis Blume, = R. víridis Willd., = Cróton spinósus L.). Wunderbaum, Läusebaum,

---

[1]) Richtiger ist Pezetten, vom italienischen pezzétta = Läppchen.

[2]) Lat. ricinus = Zecke, Holzbock (Ixódes Rícinus L.), nach Plinius (Nat. hist. XV, 25) soll der Wunderbaum wegen seiner zeckenähnlichen Samen seine Bezeichnung erhalten haben. Möglicherweise verhält es sich aber umgekehrt, d. h. das Tier ist nach der Pflanze benannt, da bereits im Altägyptischen die Pflanze kíki hiess.

Hundsbaum, Christuspalme. Franz.: Ricin; engl.: Castor plant, castor oil plant, common oil nut tree, common palma Christi; holl.: wonderboom; ital.: Ricino, fico d'inferno, fagiolo romano, turchesco oder d'India. Fig. 1744 und 1740 b.

1 bis 4 m hohes, meist buschiges Kraut (nördlich der Alpen einjährig, im Mittelmeergebiet auch als Strauch ausdauernd, in den Tropen und Subtropen bis 13 m hoher Baum). Wurzel stark verzweigt. Stengel starr aufrecht, grün oder bräunlichrot, kahl, oft blau bereift. Laubblätter spiralig gestellt, exzentrisch schild=
förmig angeheftet, langge= stielt (Stiel am Grunde und an der Spitze Drüsen tragend), bis 1 m breit, in 5 bis 11 eilängliche oder lanzettliche, gezähnte Lap= pen handförmig geteilt. Blütenstand fast rispig, end= ständig oder meist durch übergipfelnde Seitensprosse scheinbar seitenständig, un= terwärts die büschelig ge= häuften männlichen, oben die gestielten weiblichen Blüten tragend. Männliche Blüten mit (3= bis) 5=lappi= gem Perianth und zahl= reichen, stark verzweigten Staubblättern (Fig. 1744 e) mit bis zu 1000 gesonder= ten, pollenschleudernden Staubbeuteln. Weibliche Blüten mit 5=zähligem, hin= fälligem Perianth und 3=fä= cherigem Fruchtknoten; letz= terer mit kurzem Griffel und mit 3 roten, zweispaltigen Narben (Fig. 1744 d). Frucht= kapsel kugelig, bei der Reife in 2=klappige Fächer aufspringend, glatt oder weichstachelig. Samen läng=
lich eirund bis fast oval, ein wenig flach gedrückt,

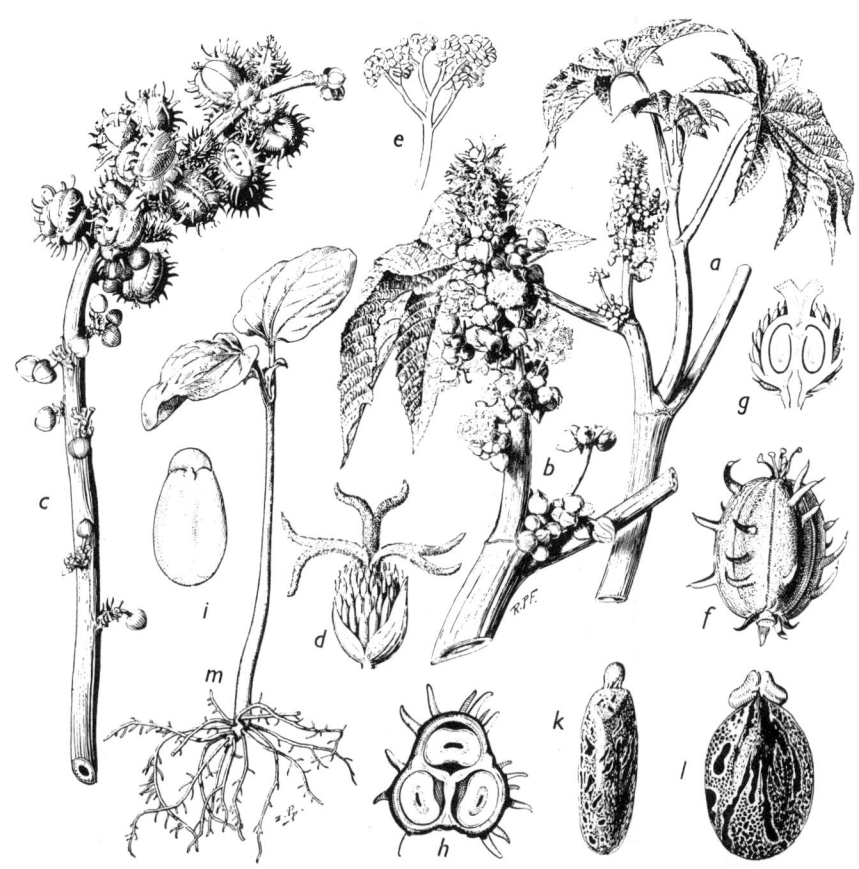

Fig. 1744. Ricinus communis L. *a* und *b* Blühende Zweige. *c* Zweig mit Früchten. *d* Weibliche Blüte. *e* Verzweigtes Staubblatt. *f* Frucht. *g* Längsschnitt, *h* Querschnitt durch dieselbe. *i* Junger Same. *k*, *l* Reifer Same. *m* Keimpflanze.

am unteren, etwas verbreiterten Ende stumpf gerundet, am oberen plötzlich spitz auslaufend, 8 bis 22 mm lang, 5 bis 12 mm breit und 4 bis 8 mm dick, mit glänzender, marmorierter, silbergrauer, schwarzbrauner bis fast schwarzer, spröder und brüchiger Schale und mit wulstiger, leicht abtrennbarer Caruncula (Fig. 1744 k, l). Nährgewebe reichlich, ölig=fleischig, weiss, leicht in zwei Hälften zerfallend. — VIII bis X.

Im Gebiet fast nur als Zierpflanze in Gärten kultiviert; gelegentlich vorübergehend auch verwildert, so bei Hamburg (1894), Humboldtmühle Tegel bei Berlin (1896), Kiesgrube bei Freiburg i. Br. (1906), Hafen und Südbahnhof Triest (alljährlich erscheinend), Güterbahnhof Zürich, im Kanton Thurgau bei Pfyn (Vigogne= Spinnerei auf Kompost, 1917).

Allgemeine Verbreitung: Als Oelpflanze im grossen besonders in Britisch=Ostindien und in den südlichen Vereinigten Staaten gebaut, weniger auf Java, in China, Kleinasien, Syrien, Aegypten, Algier, im tropischen Afrika, Westindien, in Mittel= und Südamerika (ehedem besonders in Argentinien), Italien (Leg= nago in Venetien und Verona, Padua, Neapel, Calabrien, Sizilien, Sardinien), Spanien, Süd= und Mittelfrankreich, England. Ausserdem verwildert.

Als Heimat von R. communis wird heute allgemein das tropische Afrika angesehen; immerhin ist es möglich, dass die Art auch in Ostindien, wo sie bereits im Altertum in Kultur stand, ursprünglich ist. Auf alle Fälle ist Ricinus eine uralte, „Kiki" genannte Oelpflanze Aegyptens. Samen davon hat man in den dortigen Gräbern (zirka

4000 vor Chr.) gefunden. Julia Fontanella hat in solchen Samen noch fettes Oel nachgewiesen. Herodot (484 bis 407 v. Chr.) berichtet von den Kulturen des „silikyprion" (= kiki) an Fluss- und Seeufern. Im Papyrus Ebers finden sich Angaben über die Verwendung der Samen als Purgans und Haarwuchsmittel, des Oeles als Salbe für riechende Geschwüre. Plinius erwähnt die Pflanze als ciki, croton, und sesamum silvestre und gibt auch eine Beschreibung der Oelbereitung. In den indischen Sprichwörtern ist die Pflanze ein Symbol der Zerbrechlichkeit. Im Mittelalter führte sie in Europa die Bezeichnung Palma Christi, römischer oder türkischer Hanf, Cataputia major, in den Glossarien ricinus oder crotonia, bei Albertus Magnus arbor mirabilis, bei C. von Megenberg wunderleich paum, bei Tabernaemontanus Mollenkraut, Zeckenbaum, bei Gesner wundelbaum, im Hortus Eystettensis Ricinus minor. Doch scheint das Oel nur äusserlich und als Brennöl benützt worden zu sein, während dessen purgierende Wirkung in Deutschland erst im 18. Jahrhundert erkannt wurde. Nach Amerika gelangte Ricinus sehr bald nach der Entdeckung. Auf Jamaika verwechselte man die Pflanze mit der Verbenacee Vitex Ágnus cástus, worauf der in England gebräuchliche Name Castor-oil für Ricinusöl zurückzuführen ist. Ricinus besitzt auch alte Sanskritnamen wie eranda, ruwu ruwuka, raktairanda, was Veranlassung gab, die Pflanze auch für Indien als einheimisch zu betrachten.

Im allgemeinen lässt sich Ricinus fast überall da kultivieren, wo der Mais noch zur Reife kommt. Die Kultur ist eine sehr einfache. Die Samen werden bei Beginn der Regenzeit gleich an dem definitiven Standort in die Erde gebracht, nachdem man sie zuvor in lauwarmem Wasser hat aufquellen lassen. Das Wärmebedürfnis der sehr raschwüchsigen Staude ist kein übermässig grosses, wogegen die Pflanze viel Bodenfeuchtigkeit und einen mürben, fruchtbaren, phosphorsäure-, kali- und kalkreichen Boden verlangt. In Indien findet sie sich oft in Mischkultur. In Ungarn werden die Samen Mitte März ausgesetzt, 60 bis 70 cm von einander entfernt. Nach 5 bis 7 Monaten sind die Früchte reif und werden noch vor dem Aufspringen geerntet. Zuweilen erfolgt ein Nachreifen und Trocknen in luftigen Schuppen, wobei die Kapseln von selbst aufspringen. Von tierischen Schädlingen werden Xylomýges eridánia Cr., Tetranýchus quinquenýchus Mac Gregor, Pyrodéoces Rileýi Wals. genannt, von pflanzlichen Cercósphora ricinélli Sacc. et Berl. und in letzterer Zeit besonders in Amerika Sclerotínia ricíni (vgl. Godfrey, Georg. H. Gray Mold of Castor Bean. Journal of Agricultural research. Vol. XXIII [1923] nr. 9), welcher Pilz die Samen befällt.

Die geschälten, reifen Samen (Sémen Rícini vulgáris sive cataputiae majóris s. grána régia), auch Springkörner, Pastorsamen, Schafläuse, Römische oder Indische Bohnen, Höllenbohnen, Pomadenbohne, Zecken-, Purgier- oder Brechkörner, in der Schweiz „Springkernen" und mirasole, in Frankreich graine de Castor oder graine de Mexique, in Italien girasole, in Nordamerika castor bean genannt, sind offizinell (Pharm. Germ., Austr., Helv.) und liefern das medizinisch wie technisch verwendete Rizinusöl (Óleum Rícini, Gránae régiae, O. Castóris, O. Pálmae Chrístae, auch Castor- oder Christuspalm-Oel) geheissen. Die Herstellung des Oeles erfolgt entweder durch Pressen, durch Auskochen oder durch Extrahieren mit Alkohol. Meistens werden die frischen Samen in Walzwerken enthülst, die Kerne sorgfältig gereinigt und ausgelesen, zerstampft und in hydraulischen Pressen 2- bis 3-mal nacheinander in der Kälte gepresst. Für medizinische Zwecke wird nur das Oel der ersten Pressung verwendet; es wird mehrmals mit Wasser ausgekocht, bis alles Eiweiss abgeschieden ist. Aus 100 kg Samen erhält man zirka 26 bis 29 kg Oel erster Pressung, 10 kg zweiter Pressung und 8 kg Oel dritter Pressung. Durch weiteres Pressen in der Wärme und durch Extrahieren mit Schwefelkohlenstoff erzielt man noch weitere 5 bis 10 kg Oel. Die übrigbleibenden Rückstände liefern als Presskuchen ein ausgezeichnetes Düngemittel. Die Samen enthalten 43 (der Gehalt ist bei den einzelnen Varietäten verschieden) bis 70 % fettes Oel, zirka 20 % Eiweisskörper (und zwar viel Globuline, wenig Albumin, Nucleoalbumin und Glykoproteïn. Vgl. auch Einleitung pag. XXIII, Fig. 11), 2,5 % Zucker (Saccharose und Invertzucker), Phosphate, Gummi, Bitterstoff, Harz, Bernsteinsäure, Lecithin, das enorm giftige Toxalbumin Ricin (ein kolloidaler, sehr hoch molekularer Stoff, 1889 von Stillmark näher beschrieben), das ebenfalls sehr giftige, 1864 von Tusson isolierte Ricinin (ein Pyridinderivat von der Formel $C_8N_8N_2O_2$), ferner tryptische, diastatische und fettspaltende Enzyme (Chelidoniumlipase spaltet in 24 Stunden 90 % der Fette auf), sowie ein Labferment. Die so giftige Wirkung (diese übersteigt bei weitem diejenige des Cyankali und Strychnin) der Samen beruht auf dem Ricinin, das zu etwa 3 % in den Samen enthalten ist. Mit 1 g Ricin können nach Ehrlich 1 1/2 Millionen Meerschweinchen getötet werden; 10 (unter Umständen schon 3) Samen töten einen Menschen. Nach den neuesten Untersuchungen von Edw. Dowzard (1923) beträgt die Giftigkeit des Ricinussamens beim Meerschweinchen 0,179 g per kg; demnach würden für einen erwachsenen Menschen von 75 kg Körpergewicht 12,2 g Ricinussamen eine tödliche Wirkung verursachen. In den lufttrockenen Samen bleibt das Gift jahrelang unverändert. Das Ricin ist ein sogenanntes agglutinierendes Toxin, das mit dem Abrin (in den Samen der Paternoster-Erbse, Abrus precatorius; vgl. Bd. IV, pag. 1498), Crotin, Curcin (Jatropha Curcas), Robin und Phallin (in dem Hutpilze Amanita phalloides und in einigen Urticaceen) die Gruppe der pflanzlichen Blutagglutine bildet. Es sind dies solche Toxalbumine, welche bei Menschen, Säugetieren, Vögeln usw. die roten Blutkörperchen sehr rasch zur Verklebung (Agglutination) und Ausfällung bringen. Ebenso kann dadurch die Milch zum Gerinnen gebracht werden. Ehrlich wies zuerst bei Ricinus nach, dass das Ricin wie die Bakterientoxine im Blutserum ein Antitoxin (das Antiricin) erzeugt, so dass man also durch Einverleibung von Ricin eine gewisse Immunität gegen Ricin erzielen kann. Uebrigens scheinen einzelne Tiere (z. B. Hühner) gegen Ricin ziemlich unempfindlich („immun") zu sein. Pferde vertragen z. B. 100 g der Samen. Auch können Tiere durch langsame Gewöhnung an die an für sich giftigen Presskuchen oder durch Ricininjektionen eine gewisse Immunität erlangen. Immerhin können die Presskuchen, in denen ausser der Hauptmenge der Lipasen auch das Ricin zurückbleibt, durch Ausziehen des Giftes mit einer 10 % Kochsalzlösung unschädlich gemacht werden. Nach Bierbaum zwar soll die Giftigkeit der Pressrückstände durch Beimischung anderer giftiger Samen zustande kommen. Die Angabe, dass Ricin durch feuchte Hitze (Wasserdämpfe) von 90 % sowie durch trockene von 130° seine Giftigkeit verliert, hat sich als unrichtig erwiesen. Dagegen geht das Ricin nicht in das Oel über.

Das offizinelle Oel ist sehr dickflüssig, fast farblos, schwach gelblich mit einem Stich ins Grünliche, beinahe geruchlos und von sehr eigenartigem, anfänglich mildem, hinterher kratzendem Geschmack (letzterer tritt bei den amerikanischen Oelen stärker hervor als bei den italienischen und französischen); an der Luft wird es zähflüssig und bildet schliesslich eine zähe Masse. Das Oel besteht aus einer geringen Menge (zirka 1 %) Tristearin, Dihydroxystearin und Hydroxystearin und vorwiegend (über 80 %) aus dem Glycerinester, ferner aus der 1876 von Claus aufgedeckten Ricinolsäure, welch letztere dem Oel die purgierende Eigenschaft verleiht. Die sich beim Erkalten des Oeles zu 3 bis 4 % ausscheidende feste Masse besteht aus Tristearin und Triricinolein. Ricinusöl besitzt die allen fetten Oelen zukommende abführende Wirkung in verstärktem Masse und wird daher auch seit uralter Zeit als mildes Laxans verwendet. Es ist für die Praxis ein unschätzbares Abführmittel, das sich bei einfacher Verstopfung gesunder Leute ebenso gut bewährt wie bei Schwerkranken, namentlich bei obligendiven Formen von chronischen Diarrhöen, ferner bei groben Diätfehlern. Dagegen eignet es sich für hartnäckige und anhaltende Verstopfungen nicht. Auch im Beginn der Ruhr, bei der Bleikolik, gegen Eingeweidewürmer wird es mit Erfolg verwendet. Sehr alt ist auch die Anwendung als Haarwuchsmittel. Technische Verwendung findet es in der Kosmetik, als Collodium elasticum, in der Woll- und Baumwollappretur, zur Herstellung des Türkischrotöles (durch Behandeln mit englischer Schwefelsäure und Neutralisieren mit Ammoniak), in der Leder-, Seifen- und Schmierölindustrie, zum Denaturieren des Spiritus, vor allem aber als Brenn- (es liefert ein helles, weisses Licht) und Maschinenöl. So wird es in Bengalen und Chorassan ganz allgemein als Lampenöl benützt, in Britisch Indien zur Beleuchtung der Eisenbahnwagen. Infolge seiner hohen Viskosität, der grossen Kältebeständigkeit und der Unlöslichkeit in Benzin, findet es neuerdings als Schmieröl bei den Flugzeugmotoren, im Automobilwesen und in der Elektroindustrie Verwendung und hat während des Krieges grosse Bedeutung erlangt. Neuerdings beabsichtigt deshalb Italien den Anbau an Ricinus zu fördern. Durch Einblasen von Luft in erhitztes Ricinusöl wird dieses oxydiert und vermag sich dann mit Mineralölen zu mischen. Bereits die Aegypter bereiteten aus dem Oel eine Salbe, um die Haut geschmeidig zu machen. In Italien ist es noch heute Nationalheilmittel: „Purga il sangue e rinfresca". In Indien wird Samen und Wurzel seit langem als Antirheumaticum benützt. In Europa und Amerika gelten die Blätter (im Gegensatz zu Indien) als milchbefördernd (lactagógum). In Indien werden sie äusserlich und innerlich auch als Emenagogum verwendet; die Fasern finden in der Papierfabrikation Verwendung. Auch liefert die Staude — besonders in Assam — das Futter für die Erie-Seidenraupe (Attacus Ricini Boisd., = Bómbyx Cýnthia). In Südamerika wird sie mit Erfolg gegen die Moskitos um die Häuser angepflanzt; in Indien hält sie die lästigen Termiten fern. Die Presskuchen dienen in Südeuropa als Düngemittel der Weinberge, in Amerika der Mais- und Hanffelder, in Indien der Zuckerrohr-, Betel-, Kartoffel- und Getreidefelder, zuweilen auch als Brennmaterial. Die Kuchen liefern auch ein gutes Ratten- und Mäusegift. — In Deutschland kommt für pharmazeutische Zwecke hauptsächlich italienisches, weniger französisches und amerikanisches Ricinusöl in Betracht.

Ricinus communis ist windblütig und besitzt kugelige, pollenschleudernde Antheren, die nach Steinbrinck (Berichte der Deutschen Botan. Gesellschaft. Bd. XXVIII, 1910) einen Kohäsionsmechanismus aufweisen, der dem der Farne und Selaginellen analog ist. Der rote Farbstoff, der bei vielen Gartenformen von Ricinus deutlich in Erscheinung tritt, mit zunehmendem Alter jedoch abnimmt, wird von Baumgärtl (Berichte der Deutschen Botan. Gesellschaft. Bd. XXXV [1917], pag. 603) als rote Modifikation eines Gerbstoffes angesprochen. Am Stengel entstehen knopfförmige Anschwellungen, in welche Leitbündel eintreten und die von Reed (Botan. Gazette. Bd. 76, 1923) an den Laubblättern als extraflorale Nektarien, die von einer Ameise besucht werden, gedeutet werden. Wiederholt sind bei Ricinus Zwitterblüten beobachtet worden. Bisweilen enden die Staminalverzweigungen nicht mit einer Anthere, sondern sind steril. In der weiblichen Blüte, deren Perigon mit 3 bis 5 Zipfeln versehen sein kann, treten nicht selten 2 bis 4 Fruchtblätter auf. Tischler konstatierte Parthenokarpie. Die Keimpflanzen zeigen zuweilen 3 Kotyledonen, oder die beiden Keimblätter sind verwachsen oder laubblattartig ausgebildet. Koketsu benützte neuerdings dornige und dornenlose Früchte für Bastardierungsversuche.

Ricinus ist wegen seiner majestätischen Pracht, der Grösse und Schönheit seiner Blätter im Gebiet in Gärten als ornamentale Zierpflanze von Rasenplätzen und Beeten (oft mit Canna Indica zusammen) beliebt und wird in vielen Formen mit hechtblau-bereiften Sprossen, mit bräunlich-purpurroten, zuweilen blutroten oder weisslichgraugrünen, wellig-krausen Blättern, unbewehrten oder lang igelartig bestachelten Fruchtkapseln — in der Regel als einjährige Pflanze im Freien gezogen. Neben niedrigen, buschigen Formen gibt es auch halb= strauchige (f. Africánus). Immerhin kann man die Pflanze auch in Töpfen ziehen und dann überwintern. Mit Rücksicht auf die enorme Giftigkeit der Samen sollte von Anpflanzung in öffentlichen Anlagen abgesehen werden. Die Anzucht geschieht durch Samen Ende März in kleinen Töpfen. Zu ihrem Gedeihen verlangt die sehr raschwüchsige Pflanze, die auch im Gebiet bis über 2 m Höhe erreichen kann, viel Nahrung und viel Wasser, noch mehr als der Kürbis. Die Blüten erscheinen erst im August. Die Pflanzen des Freilandes erliegen wie die Begonien und Balsaminen den ersten Herbstfrösten; immerhin aber reifen die Samen noch in Christiania. Die Keimkraft der Samen dauert 3 Jahre.

Óleum Crotónis, Krotonöl (Pharm. Germ., Austr., Helv.) wird aus den reifen, geschälten Samen der kleinen Purgierkörner (grána tíglium bezw. grána moluccána) von Cróton Tíglium L. (= Tiglium offi= cinále Klotzsch) gewonnen, einem in Ostindien, auf Ceylon und den Molukken heimischen, 4 bis 6 m hohen Strauch oder kleinen Baum mit langgestielten, eilänglichen, kerbig gesägten Laubblättern und gipfelständigen Blütentrauben. Der Strauch wird in Indien als Schattenspender, sowie zur Bildung von Hecken benützt. Von Tieren werden die scharf schmeckenden Blätter streng gemieden. Das Oel, das bereits um das Jahr 950 bekannt war, ist bis zu 50% in den stumpfeiförmigen, 8 bis 12 mm langen und 7 bis 9 mm breiten (Fig. 1743 e, f), scharfbe= randeten, sehr giftigen (zwei Eiweisskörper) Samen enthalten und wird nach Art des Mandelöles bei gelinder Wärme ausgepresst. Das klare, etwas dicke, braungelbe, fette Oel zeigt zuerst einen milden, bald aber einen kräftig kratzenden Geschmack. Es enthält Glyzeride der Stearin-, Palmitin-, Oleïn-, Laurin-, Oenanthyl-, Capron-, Valerian-, Isobutter-, Essig- und Ameisensäure, freie Krotonolsäure oder Crotonol bezw. das krotonolsaure Triglyzerid; letzteres soll ein Gemenge von unwirksamen Fettsäuren und dem Crotonharz (ein Lacton) sein, worauf die blasenziehende Eigenschaft des Oeles beruht. Das Oel findet innerlich als starkes, schnell wirkendes Abführmittel bei sehr hartnäckigen Obstipationen, als Diureticum und als Bandwurmmittel, äusser= lich in Mischungen auch als Vesicans und Rubefaciens bei Rheumatismen, Neuralgien Anwendung, erzeugt aber auf der Haut Blasen- und Pustelbildung. Auf den Schleimhäuten des Verdauungstraktes bewirkt es schon in kleinen Gaben (1 Tropfen) Reizungserscheinungen und eine reichliche Stuhlentleerung, in grösseren heftige Schleim= hautentzündungen mit Brechdurchfall und schwerem Kollaps. Im Darmkanal findet eine Verseifung des Krotonol= säure=Triglycerides statt, indem dasselbe zu glycerin- und krotonolsauren Alkalien zerlegt wird. Diese letzteren besitzen eine ebenso starke Wirkung wie die freie Krotonolsäure. Uebrigens wird Krotonöl nur in Ausnahme= fällen, wenn alle anderen Abführmittel versagt haben, als Laxans angewendet. Bei Bleivergiftungen soll es sich sehr bewährt haben.

Córtex Cascaríllae (auch Córtex Crotónis, Cortex Elutériae, Cortex Peruviánus spúrius), Cascarillrinde (Pharm. Germ., Austr., Helv.), stammt von dem 6 m hohen, wegen der angenehm riechenden Blüten „sweet wood" genannten Strauch Cróton Elutéria (L.) Bennet, heimisch auf den Bahama=Inseln Eleuthera, Andros und Long. Die Droge bildet rinnen- oder röhrenförmige, bis 10 cm lange Stücke und wurde ehedem (1640) für eine kleine Form der Chinarinde gehalten und als solche auch gegen Ruhr und Fieber angewandt. Ende des 17. Jahrhunderts wurde sie in Deutschland als „China nova" bekannt und kam auch als Ersatz und zur Verfälschung der Chinarinde in den europäischen Handel. Die Rinde enthält den Bitterstoff Cascarillin, 15% Harz, 1 bis 3% ätherisches Oel, Stärke, Betaïn, Gerbstoff, einen braunroten Farbstoff, Pektinsäure, Gallussäure und 9 bis 10% Mineralstoffe. Cascarillrinde ist ein die Verdauung beförderndes Mittel, wird aber auch bei Dyspepsien verbunden mit Diarrhöen, bei atonischem Magenkatarrh, Ruhr, Fieber, äusserlich zu Zahntinkturen benützt, in der Tierheilkunde wie Radix Gentianae. Ausserdem verwendet man sie heute zu Räucher- und Parfümeriezwecken, ebenso in der Schnupftabakfabrikation, auf Florida zu Magenlikören.

Euphórbium (Deutsches Arzneibuch, Pharm. Austr., Helv.) oder Gummiresína Euphórbium (Pharm. Austr.) ist das Gummiharz der in Marokko heimischen, bis 2 m hohen, fleischig-kaktusartigen Euphorbia resinífera Berg mit vierkantigen Zweigen. Es entsteht durch Eintrocknen des Milchsaftes, der zur Frucht= zeit durch Einschnitte an den Stengelkanten heraustritt. Euphorbium war bereits den alten Römern bekannt; doch wurde erst 1751 durch Jackson die erste Analyse des Harzes ausgeführt. Es enthält eine amorphe Harzsäure (Euphorbinsäure), Spuren eines kristallinischen Aldehydes, zwei Harze, Euphorboresen (2%) und α-Euphorboresen (19%), apfelsaure Salze (zirka 25%), Pentosane (1,26%), Stärke (0,25%), zirka 40% Euphorbon ($C_{30}H_{48}O$). Von medizinischer Bedeutung ist nur das in Aether lösliche, scharfe Harz. Aeusserlich wird die Droge zu scharfen Einreibungen als Rubefaciens oder als Zusatz zu blasenziehenden Pflastern und Salben — sie ist ein Bestandteil des Canthariden=Pflasters (Emplástrum Cantharídum perpétuum) — verwendet, ferner gegen Warzen, bei Knochenfrass, früher innerlich auch als Drasticum. Das Pulver bewirkt heftiges Niessen und

Nasenbluten, Entzündung der Nasenschleimhaut, des Mundes und der Augen (Konjunktiva) und gehört deshalb zu den Separanden. Nach den Feststellungen von Josef Rechtmann erhält man diese Wirkung auf die Verdauungsorgane bei Tieren auch dann, wenn man das Euphorbium in Oel gelöst subkutan einspritzt. Besonders im Dickdarm zeigen sich dann schwerste Enteritis mit Geschwürbildung und Haemorrhagieen, ausserdem in der Magen- und Dünndarmschleimhaut.

Kámala oder Glándulae Rottléra (Pharm. Germ., Austr., Helv.) besteht hauptsächlich aus den an den kirschgrossen Früchten von Mallótus Philippinénsis Müll.-Aarg. (= Rottléra[1]) tinctória Roxb., (= Cróton Philippinénse Lam.) sitzenden, fast kugeligen, roten Harzdrüsen und Sternhaaren. Die Stammpflanze ist ein im südlichen Asien, auf Neu-Guinea und in Australien verbreiteter kleiner, dioezischer Baum mit gestielten, breiten, fiedernervigen Laubblättern. Doch wird die Handelsware nur in Vorderindien und zwar in der Weise gewonnen, dass man die im März geernteten Früchte der wildwachsenden Bäume in Körben kräftig schüttelt, wobei die Harzdrüsen samt den Sternhaaren sich abreiben und auf die unter die Körbe bezw. Siebe gelegten Tücher fallen. Das rote Pulver enthält bis zirka 80% rotgelbes Harz (wirksamer Bestandteil), darin auch den im Wasser löslichen Farbstoff Rottlerin, ferner Gerbstoff und Spuren eines ätherischen Oeles; daneben meistens zufällige und unvermeidliche Beimengungen von Sand, Blatt- und Stengelresten, zuweilen auch Stärke. Medizinisch wird das feinkörnige, rotbraune Pulver innerlich als Bandwurmmittel bei den verschiedenen Taenia-Arten, bei Spul- und Madenwürmern, wobei es gleichzeitig drastisch wirkt, verwendet, äusserlich hie und da zu Einreibungen gegen Flechten. Die anthelminthische Wirkung wurde erst 1841 von Irvine in Kalkutta erkannt; 1871 wurde die Droge in die Pharmacopoea Germanica I aufgenommen. Kamala bildet in Indien ein uraltes Färbemittel zum Orangefärben von Seide, das bereits im 5. Jahrhundert v. Chr. in der Färberei verwendet wurde. Der Farbstoff Rottlerin (oder Mallotoxin) führt die Formel $C_{33}H_{30}N_9$. Aus den Samen von Mallotus wird ein klares, hellbraunes, fettes Oel (Camulöl) gewonnen.

Als Zierpflanzen verdienen ausser einer Anzahl Euphorbien und Ricinus (pag. 120) besondere Erwähnung: Acalýpha Wilkesiána Seem. von den Fiyi-Inseln. Halbstrauch mit langgestielten, zugespitzten, nesselartigen, feuerrot gescheckten Laubblättern und einhäusigen, zu langen, überhängenden, roten Aehren vereinigten Blüten. Diese und ähnliche Arten wie A. margináta Williams, A. ornáta A. Rich., A. Sandéri N. E. Brown werden in Warmhäusern gehalten. — Codiǽum variegátum Bl. von den Sunda-Inseln und den Inseln des Stillen Ozeans. Dieser immergrüne, ästige Strauch, von den Gärtnern als „Croton" bezeichnet, mit gestielten, schmalen, ganzrandigen, fiedernervigen, oft auffällig gedrehten oder eingeschnürten Laubblättern wird in zahllosen Formen und Farbensorten als Warmhauspflanze kultiviert. — Phyllánthus speciósus Jacq. (= Xylophýlla latifólia hort.) aus Westindien. Immergrüner Strauch mit rautenförmigen, gekerbten Phyllokladien; in den Kerben die roten Blüten tragend. Aehnlich verhält sich P. angustifólius Müll.-Aarg. (Fig. 1742) aus Westindien; P. anabaptizátus DC. aus Ceylon mit zierlichen, fiederblattartigen Zweigen, ebenso P. oreophýllus Müll.-Aarg. und P. élegans Müll.-Aarg. aus Ostindien. — Dalechámpia Roezliána Müll.-Aarg. aus dem tropischen Südamerika. Aufrechter Strauch mit verkehrt-eirunden Laubblättern. Blütenstand von 2 grossen, lebhaft rosa (zuweilen auch grün oder rötlichgrün) gefärbten Hüllblättern (Schauapparat) eingeschlossen. — Játropha mit mehreren Arten aus den wärmeren Gebieten.

Fig. 1745. Acalypha hispida Burm. (A. sanderi N. E. Br.). Phot. W. Schacht, München.

1. Pflanzen mit Milchsaft und zwitterigen Scheinblüten . . . . Euphorbia CCCCLII.
1*. Pflanzen ohne Milchsaft mit durchaus getrenntgeschlechtigen Blüten . . . . 2.
2. Hochwüchsiges, einhäusiges Kraut mit handförmig gelappten Laubblättern . Ricinus (pag. 120).
2*. Zweihäusige Stauden und Kräuter mit ungeteilten Laubblättern . . . Mercurialis CCCCLI.

---

[1] Benannt nach J. P. Rottler, einem dänischen Missionär auf Tranquebar (Ostindien), geb. 1749 in Strassburg, gest. 1837 zu Vepery in der Präsidentschaft Marzas.

CCCCLI. Mercuriális[1]) L. Bingelkraut. Franz.: Mercuriale; engl.: Dog's Mercury; ital.: Mercorella.

Kräuter oder Stauden seltener Halbsträucher ohne Milchsaft, mit gegenständigen, gestielten, ungeteilten Laubblättern. Nebenblätter klein, meist 3=eckig, kahl bis wollig= filzig. Blüten meist 2=häusig, an der männlichen Pflanze stets in geknäuelten, armblütigen, sitzenden Wickeln in den Achseln von Hochblättern und zu unterbrochenen, verlängerten, auf= rechten, achselständigen, reichblütigen Scheinähren vereinigt, an der weiblichen Pflanze in Büscheln oder in armblütigen Trauben in den Laubblattachseln. Männliche Blüten mit 3= bis 4=teiligem, kugeligem bis eiförmigem, grünlichem Perianth (Taf. 177, Fig. 2a) und 9 bis 12 (oder mehr) freien, ungegliederten Staubblättern. Antherenhälften fast kugelig, getrennt, quer aufspringend. Diskus fehlend. Weibliche Blüten mit 3= bis 4=teiligem Perianth und 2 oder 3 mit den Frucht= blättern abwechselnden, am Grunde verdickten (Diskusschuppen?) Staminodien. Fruchtknoten 2=, seltener 3=fächerig (Fig. 1801 d bis f), mit 2 (oder 3) draht= oder schuppenförmigen, kurzen, an der Innenseite die Narbenfläche tragenden Griffeln; Fächer mit einer introrsen Samenknospe mit 2=lappig vorgezogenem, äusserem Integument. Kapselfächer als 1=samige Teilfrüchte (Spring= früchte) wand= und fachspaltig sich vom Mittelsäulchen ablösend. Samen eiförmig bis kugelig, glatt oder warzig; Arillus als 2=lappige Mikropylarwucherung vorhanden oder als dünnes Häutchen den ganzen Samen umhüllend. Nährgewebe fleischig. Keimblätter flach.

Die Gattung umfasst 8 Arten, von denen 7 in Mitteleuropa und im Mittelmeergebiet verbreitet sind. Die 8., M. leiocárpa Sieb. et Zucc., ist auf Ostasien (Japan bis Siam und Yünnan) beschränkt, zeigt aber mehr verwandtschaftliche Beziehungen zu der mitteleuropäischen Artengruppe M. perénnis L. und M. ováta Sternberg et Hoppe als zur mediterranen Gruppe M. tomentósa L., M. Reverchóni Rouy, M. ellíptica Lam., M. Córsica Coss. und M. ánnua L. Das Entwicklungszentrum der Gattung liegt gegenwärtig im westlichen Mittelmeergebiet. M. ellíptica und M. Reverchoni sind auf Spanien und die gegenüberliegende nordafrikanische Küste beschränkt; M. Corsica ist ein Endemismus von Korsika und Sardinien. M. annua erscheint über das ganze Mittelmeer verbreitet und dringt nordwärts weit nach Mitteleuropa vor. Hier erreicht M. perennis seine Hauptentwicklung. Innerhalb des Areals dieser Art hat sich im Südosten M. ovata heraus= gebildet. — M. tomentosa L., ein 20 bis 50 cm hoher, meist sehr ästiger Halbstrauch mit weissfilzig=wolliger Behaarung und kurzgestielten, ganzrandigen oder oberwärts entfernt gezähnten, verkehrt=ovalen bis länglich= lanzettlichen Laubblättern, wurde 1891 im Mannheimer Hafen eingeschleppt gefunden. — Die Gattung gehört in die Unterfamilie der Crotonoideae (pag. 117) und zwar in die Tribus der Acalypheae, die sich durch ährige, traubige oder rispige Blütenstände und den Mangel an Milchsaftschläuchen auszeichnet, an deren Stelle zuweilen gegliederte Gerbstoffschläuche treten können. Früher galt die Gattung als windblütig; doch haben neuere Untersuchungen gezeigt, dass die bisweilen auf den Blüten erscheinenden Insekten, kleine Fliegen, Nacht= schmetterlinge und auch Ameisen eine wesentliche Rolle, wenigstens bei M. perennis und wohl auch bei M. ovata, für die Bestäubung zu spielen scheinen. Näheres über die Blütenbiologie vgl. unten. Die Früchte werden bei der Reife von der Pflanze abgeschleudert, die Samen von Ameisen verschleppt. Sernander zählt sie daher zu seinem Euphorbia=Typus.

1. Pflanze ausdauernd, mit Rhizom. Stengel stets einfach . . . . 2.
1*. Pflanze meist nur einjährig, mit schwacher Pfahlwurzel. Stengel meist ästig. M. annua nr. 1821.
2. Laubblätter deutlich gestielt, elliptisch oder länglich=eiförmig oder lanzettlich. Stengel unterhalb der normalen Laubblätter meist nur mit schuppenförmigen Niederblättern besetzt . M. perennis nr. 1822.
2*. Laubblätter sitzend oder sehr kurz (höchstens 2 mm lang) gestielt, rundlich=eiförmig. Stengel unter den normalen Laubblättern meist mit kleineren Laubblättern besetzt . . . . M. ovata nr. 1823.

1821. Mercurialis ánnua L. Einjähriges Bingelkraut. Taf. 177, Fig. 2; Fig. 1746, 1747, 1740 c, d und 1801 e bis k.

Nach der Wuchsform und Aehnlichkeit mit anderen Pflanzen heisst die Art Bäumlichrut (Elsass, Baden, Schweiz), Wildhanf (Elsass), wilde(r) Hampf (Schweiz). Als Unkraut bezw. giftige Pflanze nennt

---

[1]) Nach Plinius (Nat. hist. XXV, 38) (hérba) Mercurialis (= Kraut des Merkur); weil dieser Gott die Heilkräfte des Bingelkrautes entdeckt und angewandt haben soll.

man sie auch Nachtschatten (z. B. Baden, Oberhessen), Franzosechruut [vgl. Galinsoga Bd. VI, pag. 524). Schwengskraut (Luxemburg), alte Weiba (Niederösterreich: Kritzendorf), Scheisskraut (Rheinlande), Schessmal [Schissmelde, vgl. Chenopodium album, Bd III, pag. 225] (Oberhessen). Aus der Eifel wird noch die Benennung Föllmagen angegeben, aus Niederösterreich Stådlzausert.

Einjähriges, selten überwinterndes, fast kahles Kraut mit spindeliger Wurzel. Stengel aufsteigend oder ausgebreitet, meist 10 bis 40 (seltener bis 70) cm hoch, stumpfkantig, gewöhnlich von den Keimblattachseln ab gegenständig verzweigt, an den Knoten verdickt; in der Achsel eines jeden Blütenzweiges mit ein oder mehreren schraubelartig verketteten Laubzweigen. Laub= blätter 5 bis 15 mm lang gestielt, länglich=eiförmig oder gegen den 2=drüsigen Grund abge= rundet, etwas herzförmig oder kurz verschmälert, spitzlich, grob stumpflich gesägt, freudig hellgrün, kahl, am Rande sehr häufig gewimpert. Nebenblätter lineal=lanzettlich. Blüten meist 2=häusig (vgl. unten); die männlichen auf dünnen, faden= förmigen Stielen, deutlich länger als das tragende Blatt, oberwärts in entfernten bis zusammenflies= senden Knäueln. Weibliche Blüten einzeln oder zu 2 (3) in den Blattachseln, fast sitzend oder bis 4 cm lang gestielt. Perianthblätter 3, bei der männlichen Blüte breit eiförmig, zugespitzt, 1,5 bis 2 mm lang, bei der weiblichen eiförmig, zugespitzt, gegen den Grund zusammengezogen. Staubblätter 8 bis 12 (bis 21). Fruchtkapsel mit spitzen, je ein langes, weisses Haar tragenden Höckern, 2,5 bis 3 mm lang. Samen kugelig=eiförmig, 2 mm lang, netzig= grubig, weich, hellbraun, kleiner als bei M. pe= rennis. — V bis X (bezw. bis zum Eintritt des Frostes).

Gesellig lebendes Unkraut auf Schuttstellen, auf lehmigen Aeckern, Gemüsebeeten und anderem Gartenland, in Weinbergen, an Zäunen und am Fuss schattiger Mauern, sowie auf Oedland nahe den menschlichen Wohnungen, am häufigsten in milden Gegenden, aber gegen Kalkgehalt indifferent; in Puschlav (Schweiz) eingebürgert bis 1000 m steigend, vorübergehend adventiv bei St. Moritz bei 1800 m, in Norddeutschland meist nur in 1 Generation jährlich, im südlicheren Teile häufig in 2 Generationen.

Fig. 1746. Mercurialis annua L.
Phot. Th. Arzt, Wetzlar.

Als alte, zugleich angepflanzte, verwilderte und vielfach eingebürgerte Arzneipflanze lässt sich das natürliche Verbreitungsgebiet von Mercurialis annua nicht mehr sicher feststellen. Von Thal wird sie in der Harzflora 1577 noch nicht erwähnt. Nach Gesner fehlte sie ursprünglich bei Zürich und wurde von ihm aus von Baden bezogenen Samen in seinem Garten ausgesäet, von wo aus sie sich später verbreitete. Gegen= wärtig ist sie in Mitteleuropa sehr ungleichmässig verbreitet, fehlt oft auf weite Strecken und erscheint an anderen wieder ungemein häufig und meist sehr gesellig. In Mittel= und Süddeutschland ist sie mit Ausschluss der gebirgigen Teile meist zerstreut oder häufig. In Bayern meist verbreitet, namentlich um grössere Orte und im Maintal von Würzburg abwärts, aber im Bodenseegebiet nur bei Lindau und Aeschach, auf der oberen Hochebene bei Burghausen und Haiming, im Bayerischen Wald bei Cham und auf der Rusel, fehlt völlig im Oberpfälzer Wald und in den Alpen; in Württemberg meist nur zerstreut, am Bodensee selten; in Baden verbreitet, aber im Gebiet des Jurazuges und in der Baar fehlend; in Elsass=Lothringen häufig, ebenso im Westen abwärts bis zum Niederrhein; in Hannover und Westfalen meist häufig, im Wesergebiet nur bei Höxter; im nordwestdeutschen Tiefland selten und sehr unbeständig bei Norden, Oldenburg, Emden und Bremen; in Schleswig=Holstein seit 100 Jahren an vielen Orten bekannt, so bei Itzehoe, Lauenburg, Kiel und Husum (fehlt auf den Nordfriesischen Inseln), bei Hamburg, Lübeck, im Nordostdeutschen Flachland wenig verbreitet, auf grosse Strecken fehlend, in Westpreussen sehr selten, desgleichen in Ostpreussen (nur früher bei Memel); in Thüringen namentlich im Muschelkalkgebiete; in Sachsen in der Ebene und im Hügelland zerstreut, in Schlesien nicht häufig. — In Oesterreich in Böhmen bei Kuttenberg, bei Leitmeritz, Eger und Franzensbad, bei Pisek, Sobeslau, Neuhaus; in Mähren gemein, aber nach Norden an Häufigkeit abnehmend; in Oesterreichisch=Schlesien stellenweise fehlend;

in den Alpenländern in allen tiefer gelegenen Teilen häufig oder zerstreut, aber oft wieder verschwindend. — In der Schweiz verbreitet, doch in der Innerschweiz stellenweise fehlend.

Allgemeine Verbreitung: Fast in ganz Europa bis Skandinavien (hier gelegentlich eingeführt), nördlich bis etwa Riga, südlich bis zum südlichen Balkan; Nordafrika; Südwestasien; vielfach verschleppt, so in Makaronesien, Westindien, Nordamerika und im Kapland.

Mercurialis annua tritt in der Regel in der f. ciliáta (Presl) Pax et K. Hoffmann (= M. annua L. var. angustifólia Gaudin, = var. dioeca Moris, = var. genuína Müller-Aarg., = var. Transsilvánica Schur) mit am Rande gewimperten, verkahlenden, meist eiförmigen bis eiförmig-lanzettlichen Laubblättern auf. Hiezu gehört l. variegáta Löhr. Laubblätter weisslich gefleckt. Wiederholt (bereits 1814) unter der normalen Form beobachtet. — f. glabráta Schemann. Früchte kahl. Bisher nur bei Bochum. — f. capillácea Guépin. Laubblätter sehr schmal lineal, bis fast auf den Mittelnerv beschränkt (vielleicht eine Missbildung?). In Brandenburg und in der Schweiz (bei Arlesheim und Birsfelden bei Basel) adventiv. — f. Camberiénsis Chabert. Weibliche Blüten lang gestielt, meist quirlig gestellt. In Basel eingeschleppt (1918).

Die ammoniakliebende, anthropophile Art tritt im ganzen Gebiete in einer ausgeprägten Gesellschaft weit verbreiteter Unkräuter auf, zu der als bezeichnende Arten Panicum Crus galli, Chenopodium polyspermum und Ch. album, Solanum nigrum, Capsella Bursa pastoris, Convolvulus arvensis, Euphorbia Peplus und E. Helioscopia, Stellaria media, Polygonum aviculare und P. Convolvulus, Veronica hederaefolia, Malva rotundifolia, Senecio vulgaris, Equisetum arvense, Sinapis arvensis u. a. m. gehören. Manchmal, z. B. mehrfach im Maintal zwischen Neustadt und Marktheidenfeld, gelangt sie auch zur vollständigen Alleinherrschaft.

Mercurialis annua ist in der Regel 2-häusig; doch finden sich häufig in den grossen Herden, in denen die Pflanze aufzutreten pflegt, Abweichungen davon. Die männliche Pflanze wird insofern davon betroffen, als aus den Beiknospen weibliche Blütenstände oder an der Spitze ihrer Scheinähre eine weibliche Gipfelblüte auftreten können. Die weibliche Pflanze hingegen entwickelt entweder unterseits männliche Aeste, oder es mischen sich in ihre Blütenknäuel vereinzelt männliche Blüten ein, die kleiner sind als die rein männlicher Stöcke und die nur 2 bis 10 Staubblätter besitzen. Dieser Fall ist der häufigste. Selten werden echte zwitterige Blüten (Fig. 1801 e) beobachtet. Nach den Feststellungen von Blaringhem (Etudes sur le polymorphisme floral. III. Variations de sexualité en rapport avec la multiplication des carpelles chez le Mercurialis annua L., Bulletin de la société botanique de France, 1922) sind an fast weiblichen Pflanzen die männlichen Blüten sitzend, die weiblichen gestielt und die Geschlechtsentwicklung ist einer bestimmten Gesetzmässigkeit unterworfen, indem männliche, zwitterige und zum Schluss die weibliche Phase einander ablösen. Die 1-häusige Form der weiblichen Pflanze, mit welcher zusammen rein männliche Stöcke auftreten, ist namentlich im Mittelmeergebiet weit verbreitet und macht oft den Eindruck einer abweichenden Rasse. Die Pflanze ist schmächtiger, die Laubblätter schmäler und am Grunde keilförmig. Solche Formen sind als M. ambígua L. (= M. annua L. var. ambigua Duby, = var. monoéca Moris, = M. Ladánum Hartm.) beschrieben worden, besitzen aber wahrscheinlich keine systematische Selbständigkeit, da sie, wie Brotero nachgewiesen zu haben glaubt, nicht samenbeständig sind und Nachkommen mit 1- und 2-häusiger Geschlechtsverteilung ergeben sollen. — Die Frage nach der Parthenogenese, die von Kerner und später auch von Ramisch in bejahendem Sinne beantwortet worden war, ist neuerdings von Krüger, Strasburger und Bitter verneint oder wenigstens stark in Zweifel gezogen worden. Vor allem ist darauf hingewiesen worden, dass zwischen den weiblichen Blüten oftmals ausserordentlich kleine, leicht zu übersehende männliche Blüten auftreten, die zweifellos eine Bestäubung veranlassen können. Auch sind Ameisen festgestellt worden, die, angelockt durch den als Nektarium dienenden Diskus, die Blüten besuchten. Weibliche Stöcke, die mit dem Pollen derartiger kleiner, männlicher Blüten belegt wurden, ergaben fast nur weibliche Nachkommen (723 weibliche und 21 männliche). Wechselbestäubung verschiedengeschlechtiger Stöcke führte nach Strasburger zum Verhältnis 40:21. Heyer fand in der Natur unter 21000 Stöcken auf 100 Weibchen 106 Männchen.

Die Freigabe des Pollens aus den männlichen Blüten ist von R. v. Wettstein (Berichte der Deutschen Botan. Gesellsch. 34. Jahrg. 1911) beschrieben worden. Nach dessen Beobachtungen gehört M. annua, ähnlich wie Urtica, Parietaria u. a., zu den „Explosivblütlern". Die männlichen Blüten werden in dem Augenblick, in dem sich die Staubbeutel öffnen, mit ziemlicher Gewalt abgeschleudert; sie fliegen in der Regel in einem Bogen vom Blütenstande weg und fallen erst in ziemlicher Entfernung (bis 21,2 cm!) zu Boden. Gleichzeitig im Augenblicke des Loslösens der Blüte lassen sich kleine, gelbe Wolken von Pollenkörnern beobachten, die in die Luft hineingestossen werden. Das Abschleudern ist an keine Tageszeit geknüpft, erfolgt aber am lebhaftesten in den Morgenstunden. Sehr leicht lässt es sich an abgeschnittenen, in ein Glas gestellten Pflanzen beobachten. Der mechanische Vorgang bei dieser ganzen Erscheinung ist folgender (Fig. 1801 g bis i). Die männlichen Blüten sind anfangs sehr kurz gestielt, fast sitzend; erst kurz vor dem Aufblühen verlängern sich die Blütenstiele. Zur Zeit des Oeffnens der Perianthblätter tritt unmittelbar vor dem Aufspringen der Staubbeutel am Grunde der Innenseite der Perianthblätter ein weisslich gefärbtes Wassergewebe auf, d. h. die dort befindlichen Zellen vergrössern sich unter Vermehrung des Zellsaftes sehr bedeutend. Die Vergrösserung dieses als Schwellgewebe tätigen Gewebes bedingt ein kräftiges Zurückkrümmen der Perigonblätter. Diese Krümmung findet ein Hemmnis an den die Blüten umgebenden Knospen und Stengelteilen, während der Blütenstiel dadurch einem starken Zug ausgesetzt wird. In dem Augenblick, in welchem der Blütenstiel unter dem Einfluss dieses Zuges abreisst, tritt infolge des weiteren Zurückschlagens der Perigonblätter das Abstossen der ganzen Blüte ein. Diese Ablösung ist insofern vorbereitet, als sich dicht unter der Blüte im oberen Teile des Blütenstieles ein Trennungsgewebe aus meristematischen Zellen befindet. Nach Kinzel hat Mercurialis annua eine sehr langsame Keimung; Frost ist für die Keimung sehr notwendig.

Abweichungen im Blütenbau sind nicht selten. Die Zahl der Perianthblätter kann zwischen 2 bis 5 schwanken; auch die Zahl und Stellung der Fruchtblätter ändert sehr. Gewöhnlich sind 2 quer gestellte Fruchtblätter vorhanden; vielfach trifft man auch 3, das unpaare nach vorn oder nach hinten gestellt, oder 4; auch Blüten mit 2 median gestellten Fruchtblättern sind beobachtet worden. In den männlichen Blüten kann sich die Zahl der Staubblätter bis auf 21 erhöhen: oft verwachsen dann mehrere derselben untereinander. Bisweilen erscheinen Blüten mit monadelphischem Androeceum, die sehr an diejenigen von Acalýpha, Aleurítes, Adélia und einige andere Gattungen erinnern. In der Regel besitzt M. annua zwei den Boden durchbrechende Keimblätter; doch kommt auch Drei- oder Einkeimblätterigkeit häufig vor. Bei ersterem Falle tragen oftmals auch die unteren Stengelknoten je drei Blattpaare. — An weiteren Missbildungen wurden festgestellt: Verbänderung des Stengels, Torsion, Veränderung der Blattstellung und Laubblattform, Entwicklung von Laubblättchen an den gewöhnlich nackten, männlichen Blütenzweigen. — Anschwellungen der Wurzel werden durch Heteródera radicícola Graef bedingt; Blattläuse verändern die Sprossspitze und kräuseln die jüngsten Blätter; die Larve von Apion semivittátum Gyllh. verursacht eine längliche Anschwellung der vegetativen Sprosse, der Laubblatt- und Blütenstiele.

Fig. 1747. Mercurialis annua L., links weibliche, rechts männliche Pflanze. Phot. stud. med. Meta Lutz und Dr. G. Hegi, München.

Kraut und Samen der Pflanze enthalten Methylamin (früher als Mercurialin bezeichnet), Trimethylamin, das vielleicht als Zersetzungsprodukt des giftigen Cholins auftritt, und ätherisches Oel, ausserdem einen Indigo-liefernden (?) Farbstoff. Bereits die alten Griechen kannten die Pflanze und glaubten durch den Genuss eines Aufgusses das Mittel zu einer vorherigen Geschlechtsbestimmung bei der Zeugung zu besitzen. Bei Dioskurides wird M. annua auch als abführendes Mittel erwähnt. Die Pflanze wurde früher als Arzneipflanze gezogen und die Droge als Hérba Mercuriális bezeichnet. Heute ist sie nur obsolet, wird aber von Grossdrogenhandlungen noch geführt und im Volksgebrauch wohl namentlich ihrer abführenden Eigenschaften wegen verwandt. Man reichte sie früher mit Honig gemischt als gelind abführendes Mittel bei Brustleiden und Syphilis, äusserlich zu erweichenden Umschlägen als Bestandteil der Herbae quinque emollientes, auch gegen Wassersucht und bei der Herstellung des Syrúpus sanitátis vel lóngae vitae. Durch Kochen geht die Schärfe verloren und das Kraut kann als Gemüse, das leicht abführt, genossen werden. Das Vieh meidet die Pflanze in frischem Zustand ihres unangenehmen Geruches wegen. Auch wird die Milch der Kühe durch den Genuss blau gefärbt.

1822. Mercurialis perénnis L. (= M. nemorális Salisb., = M. silvática Hoppe, = M. longifólia Host). Wald-Bingelkraut. Taf. 177, Fig. 1; Fig. 1736a und b, 1748, 1749 und 1801 a bis d.

Der erste Bestandteil des Namens Bingelkraut (auch volkstümlich) gehört vielleicht zu althochdeutsch bungo = Knolle (vgl. Bachbunge, Bd. VI pag. 63) mit Beziehung auf die knolligen Früchte. Nach dem schattigen, feuchten Standort nennt man die Art ferner Waldmanna [Waldmänner] (Schwäbische Alb), Päddekrut

[Krötenkraut] (Niederrhein). Andere Bezeichnungen sind noch Tollkerschen, Stinkerich (Oberharz), Gizer (Böhmerwald), Sanigel [vgl. Sanicula Europaea], Dålerkretz'n (Niederösterreich).

Staude mit stielrundem, ästigem, kriechendem, stellenweise knotig verdicktem, Wurzelstock. Stengel aufrecht, bis 40 cm hoch, einfach, 4=kantig mit zwei scharfen Kanten, kahl oder zerstreut flaumig, unten nackt, nur oben beblättert. Laubblätter länglich=eiförmig bis elliptisch=lanzettlich, 2= bis 3=mal so lang als breit, gekerbt=gesägt, nach dem Grunde zu ± verschmälert, ± angedrückt borstig behaart, mit 5 bis 30 mm langem Stiel. Nebenblätter eiförmig=lanzettlich, ± 2 mm lang. Blüten streng 2=häusig; die männlichen und weiblichen Pflanzen schon an der Tracht verschieden (Fig. 1748 und 1749), die letzteren meist grösser. Männliche Blütenstände klein, unterbrochen, oft nur die obere Hälfte des achselständigen Scheinährenstiels einnehmend; letzterer dünn, fast fadenförmig, kahl oder behaart, meist länger als das tragende Blatt. Perigon grün, 2 mm lang. Weibliche Blüten einzeln oder zu 2, lang gestielt, achselständig. Kapsel 2=knotig, ziemlich dick, borstig, 4 bis 5 mm lang. Samen fast kugelig, grubig=runzelig, 3 mm lang, weissgrau. — IV, V, in höheren Lagen bis VI.

Fig. 1748. Mercurialis perennis L. Phot. Th. Arzt, Wetzlar

Meist sehr gesellig auf mässig feuchten bis feuchten, humosen, vorwiegend steinigen Böden in schattigen Wäldern und Gebüschen, in Hochstaudenfluren, Schlossruinen usw.; von der Ebene bis zur Krummholzstufe: in Niederösterreich bis 1600 m, in Bayern und Tirol bis 1800 m, in Steiermark bis 1200 m. Bodenvag.

In Deutschland meist häufig bis verbreitet, aber bisweilen auf weite Strecken fehlend oder selten; in Bayern z. B. meist verbreitet, aber im nordwestlichen Franken im Muschelkalkgebiet zerstreut, im Buntsandsteingebiet nur im Haslochtal, in der Rheinpfalz zerstreut; in der nordwestdeutschen Tiefebene ziemlich selten, bei Cleve fehlend, bei Wessel fraglich, für die Emsländer nicht angegeben, fehlt auf den Nordseeinseln, ebenso in reinen Eichenwäldern des westlichen Schleswig=Holstein (wo auch die Buche fehlt), in Oldenburg und auf der Stade=Vegesacker Geest zerstreut, in den Grafschaften Diepholz und Hoya fehlend, bei Harburg, Bergen an der Dumme, Beverbeck bei Lüneburg; ebenso in der nordostdeutschen Tiefebene sehr zerstreut. — In Oesterreich und in der Schweiz meist verbreitet, aber in den Zentralalpentälern fast (so im Wallis nur im Rhônetale aufwärts bis Naters) oder ganz (wie im kontinentalen Engadin) fehlend.

Allgemeine Verbreitung: Von Irland, Schottland, Südnorwegen, Mittelschweden und Südkarelien südwärts bis Nordost=Spanien, Sizilien, Italien, Balkanhalbinsel und Südrussland; Kaukasus bis Persien; Nordafrika. Eingeschleppt in Australien.

Neben dem Typus (f. genuina Müller=Aarg.) mit breit=elliptischen, nur 2= bis 3=mal so langen als breiten, oberseits fast kahlen, unterseits an den Seitennerven sehr spärlich und höchstens auf dem Mittelnerven reichlicher behaarten oder ganz verkahlten Laubblättern, in den übrigen Teilen kahl oder doch viel schwächer behaart, können folgende schwache Abweichungen festgestellt werden: f. silvática (Hoppe s. str.). Laubblätter stärker verlängert, elliptisch=lanzettlich, zugespitzt. Blattnerven und Blattstiele dicker als beim Typus. — f. ovatifólia Hausskn. Laubblätter eiförmig bis länglich=eiförmig, am Stengel vielfach bis über die Hälfte herabreichend, kürzer gestielt als beim Typus. In lichten Gebüschen an trockenen, sonnigen Abhängen. So z. B. bei Zeitlan und am Keilstein bei Regensburg, Münnerstadt gegen Althausen. — f. angustifólia Murr. Laubblätter lanzettlich. — f. robústa Gross. Laubblätter über 10 (bis 15) cm lang und über 5 cm breit. Samen etwa 4 mm lang. — f. saxícola Beck. Laubblätter lang-elliptisch, 4- bis 5-mal so lang als breit, beiderseits zugespitzt, nach der Spitze zu allmählich abnehmend, ober- und unterseits behaart. Holstein, Köln, Göttingen, Freiburg a. U., Königsbach in Baden, Cologna in Südtirol, bei Sennwald (Schweiz), am Klek bei Ogulin in Kroatien.

Mercurialis perennis zählt zum europäischen Elemente, weist aber nach Diels (Berichte der Deutschen Botanischen Gesellschaft, Bd. XXV, 1917) durch den Mangel einer strengen Periodizität darauf hin, dass sie einer ihrer Entwicklung nach vorwiegend tropischen und nicht in gefestigter Ruhe befindlichen Familie angehört. Im Warmhaus kann sie zu ständigem Wachstum und auch zur Blütenbildung gebracht werden (aperiodische Art). Im Freiland beträgt die Winterruhe für Mitteleuropa etwa $3^1/_2$ Monate, in Finnland und Ostrussland hingegen 6. Höck stellt sie zu seinen Erlenbegleitern. Die Pflanze erscheint gern in feuchten Auenwäldern, die vornehmlich aus Quercus Robur, Fraxinus excelsior, Ulmus campestris und U. effusa, Carpinus Betulus und Tilia platyphyllos gebildet werden und deren weitere häufige bezw. bezeichnende Begleiter Allium ursinum, Leucoium vernum, Gagea lutea und G. spathacea, Arum maculatum, Corydalis cava, C. fabacea und C. solida, Anemone ranunculoides, Cardamine impatiens und Euphorbia dulcis sind. Auch in Buchenwäldern bildet sie oft grosse, meist nach Geschlechtern geschiedene Herden. Im Isartal bei Bayerbrunn findet sie sich in einem solchen Walde zusammen mit Carex ornithopoda, Adoxa Moschatellina, Convallaria majalis, Lilium Martagon, Asarum Europaeum, Anemone ranunculoides und A. Hepatica, Oxalis Acetosella, Primula officinalis, Galium silvaticum, Phyteuma spicatum, Lactuca muralis, Aposeris foetida (eine ähnliche Pflanzengesellschaft vgl. Bd. III, pag. 355).

Fig. 1749. Mercurialis perennis L., männliche Pflanzen bei Cleeberg, Krs. Wetzlar.   Phot. Th. Arzt, Wetzlar.

In Schleswig-Holstein, wo die Pflanze allerdings in den reinen Eichenwäldern des Westens, denen auch die Buche abgeht, fehlt, gehören nach Willy Christiansen der Mercurialis perennis-Elementar-Assoziation an (erste Zahl = Konstanzprozent, zweite = Soziabilität nach Braun-Blanquet): Aera caespitosa 25 1, Aera flexuosa 8 +, Angelica silvestris 16 +, Asperula odorata 33 +, Aspidium Filix mas 8 +, Athyrium Filix femina 33 +, Brachypodium silvaticum 8 3, Carex silvatica 8 +, Circaea Lutetiana 50 +, Cirsium oleraceum 8 +, Convallaria majalis 8 +, Crepis paludosa 25 1, Dactylis glomerata 25 +, Equisetum silvaticum 16 +, Festuca gigantea 8 +, Galeobdolon luteum 16 +, Galeopsis Tetrahit 8 +, Galium Aparine 8 +, Geranium Robertianum 25 +, Impatiens Noli tangere 25 +, Maianthemum bifolium 8 +, Melica uniflora 25 +, Milium effusum 66 +, Moehringia trinervia 8 +, Oxalis Acetosella 25 +, Paris quadrifolius 8 +, Pteridium aquilinum 16 +, Ribes Grossularia 16 1, Rubus Idaeus 16 +, R. saxatilis 8 +, Sanicula Europaea 8 +, Spiraea Ulmaria 8 +, Stachys silvaticus 66 +, Stellaria holostea 42 +, S. nemorum 33 +, Taraxacum officinale 8 +, Urtica dioeca 66 +, Viola silvestris 8 3. — Andererseits gehört Mercurialis perennis in Schleswig-Holstein folgenden Elementar-Assoziationen an: Aera caespitosa 12 +, Circaea alpina 20 +, C. Lutetiana 12 +, Convallaria majalis 21 +, Equisetum silvaticum 25 +, Galeobdolon luteum 4 +, Impatiens Noli tangere 21 +, Melica uniflora 7 +, Milium effusum 12 +, Oxalis Acetosella 7 +, Paris quadrifolius Stachys silvaticus 33 1, Stellaria holostea 18 +, S. nemorum 11 1. In der unteren Fichtenwald-Stufe vereinigt sie sich mit Dryopteris Filix mas, Festuca gigantea, Bromus asper, Carex remota und C. pilulifera, Luzula nemorosa, Platanthera bifolia, Epipactis latifolia, Prenanthes purpurea, Lactuca muralis, Melampyrum nemorosum und M. pratense subsp. vulgatum, Lamium luteum, Pirola rotundifolia und P. secunda, Actaea spicata, Viola silvestris, Sanicula Europaea usw. In Hochstaudenfluren der

Alpen wächst sie hie und da im Chaerophylletum Villarsii zusammen mit Brachypodium silvaticum, Agropyrum caninum, Lilium Martagon, Polygonatum verticillatum, Aconitum Vulparia, Thalictrum aquilegiifolium, Aruncus silvester, Circaea Lutetiana, Angelica silvestris, Gentiana asclepiadea, Stachys alpinus, Salvia glutinosa, Valeriana officinalis, Campanula Trachelium, Adenostyles glabra, Petasites albus, Senecio Jacquinianus, Crepis paludosa usw. (L ü d i). Gelegentlich tritt sie als Ueberpflanze auf; so wurde sie im Kiental in der Schweiz auf Bergahorn beobachtet. — Die Pflanze liebt im allgemeinen mässige bis starke Beschattung und zeichnet sich namentlich an feuchten, sonnenarmen Orten durch ausgeprägten Blauglanz aus (G e n t n e r, Georg. Ueber den Blauglanz auf Blättern und Früchten), der die Blattspreiten bisweilen fast blauschwarz färben kann. Welcher Natur dieser Farbstoff ist, konnte noch nicht mit Sicherheit ermittelt werden. Andererseits gehört M. perennis zu den wenigen Arten unserer scheinbar so ausgeprägten Wald- und Schattenkräuter, die die Fähigkeit besitzen, auch nach Wegnahme der schützenden Kronendecke ihren Platz zu behaupten (allerdings nicht auf lange Dauer) und auf sonnigen Schlagflächen zu wachsen, sodass N e g e r (Biologie der Pflanzen, 1913) sie geradezu als Zeugen ehemaliger Waldbedeckung auf Waldblössen anspricht. Ganz im Gegensatz dazu steht es aber, dass diese sehr anpassungsfähige Pflanze in kontinentalen Gebieten ausserordentlich selten ist oder stellenweise ganz fehlt. — Der wagrecht liegende, reichverzweigte Wurzelstock treibt in den Gelenken quirlförmig gestellte Wurzeln, die von Wurzelhaaren bedeckt sind. Die unterirdischen Ausläufer sind an der Spitze scharf eingekrümmt (Fig. 1801 b), sodass dadurch ihre Knospen beim Durchbrechen des Bodens vor mechanischen Verletzungen geschützt bleiben. Wie G o e b e l (Entfaltungsbewegungen, 1920) gezeigt hat, ist diese Krümmung von den Belichtungsverhältnissen abhängig und zwar ruft Licht ein Geradestrecken, Dunkelheit dagegen ein Krümmen hervor. Auch die oberirdischen Laubblätter und Blüten tragenden Sprosse folgen demselben Gesetze und krümmen ihre oberen Teile bei länger anhaltender Verdunklung. Es besteht grosse Wahrscheinlichkeit, dass die anscheinend radiär gebauten Sprosse in Wirklichkeit dorsiventral gebaut sind, insofern als sie eine Seite besitzen, die infolge Verfinsterung schneller wächst als die andere. Der Mercurialis-Spross würde sich damit im wesentlichen wie z. B. ein Ranunculus-Blatt verhalten, dessen Ober- und Unterseite sich dem Lichte gegenüber verschieden verhalten und die Verdunklung durch scharfe hyponastische Krümmung des Blattstiels die Blattspreite mit ihrer Spitze nach unten richtet (Orthonastie). — K n u t h und H i l d e b r a n d halten Mercurialis perennis für rein windblütig, da man nur selten kleine Fliegen auf den Blüten beobachten kann. W e i s s (Die Blütenbiologie von Mercurialis. Berichte der Deutschen Botanischen Gesellschaft. Bd. XXIV, 1916) hat aber auf die von P a x erwähnten linealisch-lanzettlichen Diskusschuppen (vgl. Fig. 1736 b) aufmerksam gemacht, die abwechselnd mit den Fruchtblättern stehen. Diese Gebilde dürften umgebildete Staubblätter darstellen, da S a u n d e r s abnorme Blüten von M. perennis beschreibt, in denen diese Diskusschuppen Staubbeutel tragen und dementsprechend von ihm als Staminodien bezeichnet werden. Die mikroskopische Untersuchung lehrt, dass das freie Ende drüsiger Natur und mit Wasserspalten versehen ist. Aus diesen scheidet sich ein zuckerhaltiges, zweifellos riechendes Flüssigkeitströpfchen aus, das gierig von Fliegen aufgesucht wird. Nach W a r n s t o r f stehen die männlichen Blüten zu 4 bis 7 in Knäueln, die zu Scheinähren verbunden sind und deren Gipfelblüte sich zuerst öffnet. Die beiden kugeligen, gelben Staubbeutel, die getrennt an der Spitze von zarten, bleichen Staubfäden stehen, öffnen sich nach oben. Die Blüten werden nach W e i s s von Fliegen erst dann besucht, wenn sie bereits stark mit Blütenstaub bedeckt sind. Dabei werden die steifen Staubfäden durch das Gewicht der Besucher heruntergedrückt, schnellen aber elastisch wieder empor, sobald sie von ihrer Last befreit werden und schleudern dabei zahlreiche Pollenkörner auf das Insekt. Der ansehnliche, gelb gefärbte Pollen besitzt eine brotförmige Gestalt und bleibt infolge seiner warzigen Oberfläche leicht am Insektenkörper hängen. Die Staubbeutelfächer färben sich nach dem Ausstreuen des Pollens indigoblau. Nach K e r n e r sind die Narben der weiblichen Blüten mindestens 2 Tage früher empfängnisfähig als sich die Staubbeutel der männlichen Blüten öffnen. M. perennis muss nach diesen Erscheinungen unter die Insektenblütler gestellt werden und zwar in die Gruppe der Blumen mit freiliegendem Honig. Freilich ist die Bestäubung durch Wind nicht ausgeschlossen. Da die weiblichen Blüten anfangs unter den Laubblättern ziemlich versteckt liegen und früh empfängnisfähig sind, so mag die Bestäubung durch Insekten sich zu Beginn der Blütezeit vollziehen und später vielleicht eine Windbestäubung folgen. W e i s s nimmt an, dass die Vorfahren der Pflanze Windblütler gewesen seien und dass vielleicht die Entstehung 2-häusiger Pflanzen den Anstoss zum Uebergang zur Insektenbestäubung gegeben habe. Auch bei M. perennis ist, wenn auch seltener als bei M. annua, die in der Regel auftretende Zweihäusigkeit Ausnahmen unterworfen und neben der Diözie hin und wieder Monözie oder Triözie feststellbar. — Parthenokarpie der Früchte wurde von T i s c h l e r beobachtet. Die Zahl der Keimblätter, die im Gegensatz zu M. annua den Boden nicht durchbrechen, kann mitunter 3 betragen. — Das Auftreten von S y n c h y t r i u m M e r c u r i a l i s Fuckel bewirkt die Ausbildung zylindrischer oder halbkugeliger Wärzchen. Die Pflanze, die anscheinend dieselben chemischen Bestandteile wie M. annua besitzt, aber bedeutend kräftiger wirkt, wird im Volksgebrauche in gleicher Weise wie jene angewandt. Ueber ihre schädigenden Wirkungen ist noch wenig Sicheres bekannt. Nach S t e b l e r soll eine Verfütterung bei Kälbern und Rindern heftige Darmentzündung, blutige Milch und Blutharnen hervorrufen und kann nach anderen Quellen sogar den Tod zur Folge haben. Beim

Menschen verursacht ihr Genuss Erbrechen, Durchfall, Schlaf und Betäubung. Die Pflanze war deshalb früher als Hérba Mercuriális montánae vel Cynocrámbes offizinell. In der Harzflora von Thal 1577 wird sie als Mercuriális mas sylvéstris und Mercuriális sylvéstris fœmína bezeichnet, bei Bauhin und Jungermann (1615) als Mercurialis montána spicáta und Mercurialis montana testiculáta.

1823. Mercurialis ováta Sternb. et Hoppe (= M. lívida Portenschl., = M. perénnis L. var. ovata Müller=Aarg., = M. perennis Halacsy). Eiblätteriges Bingelkraut. Fig. 1750.

Ausdauernde Pflanze mit kriechendem, stielrundem, ästigem, stellenweise knotig ver= dicktem, reichfaserigem Wurzelstock und einfachem, aufsteigendem, kahlem oder deutlich be= haartem, 15 bis 40 cm langem Stengel, am Grunde glänzend violett, mit einem oder mehreren kleinen Laubblattpaaren (nicht nur mit schuppenförmigen Niederblättern). Laubblätter rundlich=eiförmig, 1= bis 2=mal so lang als breit, am Grunde abgerundet, kurz ausgeschweift=zugespitzt, am Rande klein gekerbt= gesägt, kurz behaart oder fast kahl, nicht oder sehr kurz (höchstens 2 mm lang) gestielt, gras= bis dunkel= grün. Nebenblätter 2 mm lang, 3=eckig=lanzettlich, häutig. Männliche Blüten in unterbrochen geknäuelten, lang gestielten Scheinähren. Weibliche Blüten meist kürzer gestielt als bei M. perennis, in der Regel ein= zeln. Kapsel dicht gelblich borstig, 4 mm lang. Samen kugelig=eiförmig, fein grubig punktiert, 2,5 mm lang, etwas blaugrau. — IV, V.

Zerstreut auf steinigen oder humosen Böden in Gebüschen, lichten Wäldern, auf Waldwiesen, in Felsfluren und auf Geröllhalden; in der Schweiz im Unterengadin bis 1880 m, in Südtirol bis 1600 m.

In Deutschland nur in Bayern: bei Welchenberg unweit Straubing (?), sowie im Jura um Regensburg (Mading, Bruckdorf a. d. Laber, Etterzhausen, Pielenhofen, Zeitlarn und Keilstein), bei Eichstätt und Neuburg a. D. — In Oesterreich in Mähren bei Znaim, Tasswitz, im Punkwatal bei Blansko (Brünn); in Niederösterreich namentlich um Wien, zerstreut auf den Kalkbergen bis in die Voralpen; in Tirol sehr zerstreut, häufiger nur im Süden, Schobergebiet, Nikolsdorf und Lavant,

Fig. 1750. Mercurialis ovata Sternb. et Hoppe. *a* Habitus der männlichen Pflanze. *b* Habitus der weib= lichen Pflanze. *c* Keimpflanze.

Neumarkt, Geierberg bei Salurn, um Trient, Tezza, im Ledrotal, Riva, Rovereto, Nago, Loppio, Val freddo bei Avio; in Mittel= und Untersteiermark auf dem Plabutsch bei Graz nicht selten, auf dem Wotsch bei Pöltschach, Schlossberg bei Neuhaus, Hum bei Tüffer, Steinbrück, Trifail; in Kärnten bei Satnitz; in Krain bei Bilichgratz, Straza, Veldes. — In der Schweiz im Unterengadin oberhalb Ardez gegen Tanter Sassa, im Tessin bei Castagnola, Ruvigliana und Gandria.

Allgemeine Verbreitung: Von den Ostalpen und dem Pannonischen Hügel= lande, Ostgalizien und Siebenbürgen durch die Balkanländer, Mittel= und Südrussland bis Kleinasien, ferner im südlichen Mähren und im südöstlichen Tafeljura. Angeblich auch in England.

Diese südosteuropäische Art schliesst sich systematisch und auch z. T. ökologisch eng an M. perennis an und soll, nach den Auffassungen mancher Autoren durch Uebergänge mit ihr verbunden sein. Als eine derartige Zwischenform ist vielleicht M. perennis L., f. ovatifolia Hausskn. aufzufassen. In Gärten bleibt sie konstant. In der Schweiz, wo sie 1918 von Braun=Blanquet zuerst bei Ardez auf kalkreichem Bündnerschiefer aufgefunden wurde, steht sie z. T. im Berberis=Rosen=Gebüsch und fernerhin in grosser Menge als Bestandteil der subalpinen Hochstaudenflur im lichten Fichtenwalde in Gemeinschaft mit Lilium bulbiferum subsp. croceum, Rumex arifolius, Aconitum Napellus, Geranium silvaticum, Heracleum Sphondylium, Galium boreale, Centaura Rhaponticum usw. Ihre nächsten Standorte liegen in Südtirol in der Gegend von Bozen.

Mehrere andere östliche Arten, wie Euphorbia Carniolica, Cytisus radiatus, Carex Schreberi usw. zeigen eine ähnliche lückenhafte Verbreitung im Unterengadin. In tieferen Lagen der Ostalpen kann M. ovata in der typischen pontisch=pannonischen Facies des Buchenwaldes erscheinen. Ausserhalb des Gebietes, z. B. in der podolischen Felsflur, schliesst sie sich an folgende ganz andere Arten an: Sesleria Heuffleri, Melica ciliata, Allium flavescens, Minuartia setacea, Dianthus capitatus, Draba nemorosa, Sedum Podolicum, Androsace septentrionale, Anchusa Barellierii, Veronica Jacquini und V. incana, Asperula Thyraica, Echinops Ruthenicus, Jurinea arachnoidea, Centaurea Marschalliana u. a. m. (nach Hayek). Bei Neuburg a. d. D. findet sich in ihrer Nähe Stipa pennata subsp. Mediterranea var. pulcherrima. Die Art tritt anscheinend nur auf Kalkböden auf.

Aehnlich wie bei M. perennis sind auch bei M. ovata die jungen Sprosse beim Durchbrechen des Bodens umgeklappt. Vereinzeltes Auftreten von weiblichen Blüten an männlichen Stöcken und umgekehrt, ist gelegentlich festgestellt worden.

Neben dem Typus (f. genuina Pax et K. Hoffmann) mit fast kahlen oder spärlich behaarten Laub= blättern werden unterschieden: f. angústior Vollmann. Unterste Laubblätter eiförmig=länglich bis länglich, am Grunde nicht abgerundet. In Bayern am Keilstein und bei Zeitlarn bei Regensburg; hierher wohl auch mehrere der sog. Uebergangsformen. — f. Croática Degen. Laubblätter beiderseits dicht und weich behaart. Eine Form von vielleicht grösserer systematischer Wertigkeit. Adelsberg in Krain.

Bastard: M. ovata Sternb. et Hoppe × M. perennis L. (= M. Páxii Graebner). Laubblätter meist denen von M. ovata ähnlich, seltener nur wenig schmäler, deutlich, wenn auch kurz gestielt. Unter den Eltern, aber wohl häufig verkannt. Mit Sicherheit nur in Bayern (Regensburg), hier aber nach Franz Voll= mann (Denkschriften der Botan. Gesellschaft Regensburg, 1898) als Unterform zu M. ovata zu stellen. Eine identische Form, die aber wohl als M. perennis L. f. ovatifolia Hausskn. zu betrachten ist, bei Münnerstadt in Unterfranken (vgl. pag. 130). Auch von Salurn in Südtirol werden Uebergangsformen angegeben.

CCCCLII. Euphórbia L. (= Tithýmalus Tourn.). Wolfsmilch.

Die Volksnamen der Wolfsmilcharten (althochdeutsch woliusmilch) beziehen sich fast ausnahmslos auf den weissen, giftigen Milchsaft der Pflanzen: Wulwesmelk (niederdeutsch), Hundsmilch (vielfach im Mittel= und Oberdeutschen) Geise(n)milch (Elsass), Pellemiälke [Krötenmilch] (Westfalen), Eselsmilch (z. B. Graubünden), Rossmilch St. Gallen), Bullmelk (Kr. Jerichow), Melkeblömke (Emden), Milchkraidl (Niederösterreich), Milchchrut (Aargau), Mil'bloama (Böhmerwald), Teufelsmilch (z. B. bayerisch= österreichisch, alemannisch), Tüfelschrut, Tüfelsmilch (Schweiz), Hexenmilch (z. B. Eifel, Schwaben), Drudenmilch (Mittelfranken). Ganz allgemein als giftige oder verdächtige Pflanze wird die Wolfsmilch gekennzeichnet in Hexekraut (Eifel), Teufelskraut (oberdeutsch), Düllkruud (Emden), Krötenbleaml, =gras, =kraut (bayerisch=österreichisch). Im Niederdeutschen ist die Bezeichnung Bullenkrud ziemlich verbreitet. Nach der Verwendung gegen Krätze und Warzen heisst die Wolfsmilch im Bayerisch=österreichischen Krätzen, Krätzengras, =bleaml, =kraut, Warzenkraut. Im romanischen Graubünden heisst die Wolfsmilch und zwar E. Cyparissias lat d'stria (Engadin) oder latg digl Diavel (Bravuogn).

Ein= bis mehrjährige Kräuter, Stauden, Sträucher oder reich verzweigte Bäume mit reichlichem Milchsaft. Stengel zuweilen dickfleischig, kaktusähnlich, rund oder kantig. Laub= blätter meist wechselständig, seltener quirlig oder kreuzweise gegenständig (E. Lathyris, E. Peplis, E. humifusa), zuweilen frühzeitig abfallend (E. Helioscopia) oder ganz fehlend, ungeteilt und meist ganzrandig. Nebenblätter vorhanden oder fehlend, zuweilen zu Borsten oder Stacheln redu= ziert. Gesamtblütenstände in den Achseln von Vorblättern; die unteren meist wechselständig, die oberen zu einer 3= bis vielstrahligen Trugdolde um ein mittelständiges Cyathium zu= sammengezogen (Fig. 1751 d). Strahlen in der Regel 2=fach (selten mehrfach) gegabelt in ein Cyathium endigend; am Grunde der Strahlen erster Ordnung ein Hüllblatt, am Grunde der Strahlen zweiter und folgender Ordnung je ein Vorblatt. Scheinblüten, d. h. Einzelblüten= stände (Cyathien), aus einer einzigen, länger gestielten, meist heraushängenden weib= lichen Blüte (Fig. 1751 c) und aus 5 Reihen von wickelig verbundenen männlichen (scheinbar Staubblätter!) Blüten bestehend und von einer becher= oder kreiselförmigen Hülle (Hüllbecher) eingeschlossen; letzterer mit 4= bis 5=spaltigem, aufrechtem Saume und mit 4 oder 5 fleischigen, halbmondförmigen, walzenförmigen oder zweihörnigen, gelegentlich mit einem petaloiden An= hängsel versehenen Drüsen („Stipulardrüsen"). Fruchtknoten stets gestielt, 3=knotig, zuweilen warzig, mit 3 am Grunde oft verwachsenen Griffeln; Narbe zweispaltig. Frucht eine in

3 zweiklappig aufspringende, von einem stehenbleibenden Mittelsäulchen sich loslösende Spaltfrucht. Samen glatt oder netzig=wabig, oft mit Anhängsel (Caruncula).

Die Gattung Euphorbia, die neben Croton die artenreichste der Familie ist, ist mit zirka 680 Arten fast über die ganze Erde verbreitet. Die grosse Mehrzahl bevorzugt trockene Standorte. Neben verhältnis=mässig wenigen, über grosse Gebiete ziemlich gleichmässig verbreiteten Arten gibt es eine sehr grosse Zahl, die ganz kleine Areale bewohnen, vor allem Vertreter der Untergattung Euphorbium, von denen einzelne auf bestimmte Inseln (Alt=Endemismen) beschränkt sind, so E. balsamifera Ait., E. atropurpúrea Brouss., E. Régis Júbae Webb et Berth („Tabayba"), E. Canariénsis L. („Cardai") auf die Canaren (Fig. 1738), E. piscatória Ait., „Figueurio de Inferno", mit sehr giftigem, zum Fischfange benützten Milchsaft auf Madeira, E. arbúscula Balf. auf Sokotra, E. Láro Drake, E. Intísy Drake, E. xylophylloídes Brongn., E. spléndens Bojer, E. Bojéri Hook., E. alcicó=rius Baker auf Madagaskar, zahlreiche Arten auf das Kapland, Abessinien usw. Andererseits haben verschiedene Anthropophyten (Archaeophyten, Apophyten) aus den Unterfamilien Anisophyllum und Tithymalus ihr ursprüng=

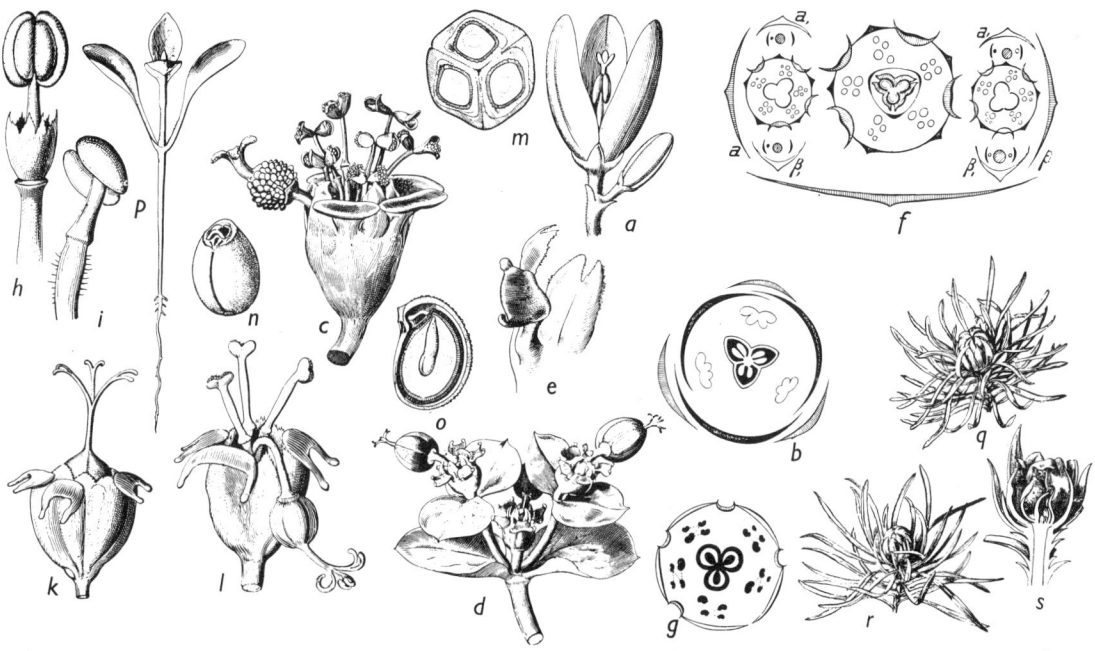

Fig. 1751. *a* Zwitterblüte von Cubincola, *b* Diagramm derselben. — *c* Cyathium von Euphorbia verrucosa L. *d* 3 Cya=thien mit Hüllchen von Euphorbia myrsinites L. *e* Randpartie des Cyathium mit Drüse. *f* Diagramm eines Dichasial=zweiges von Euphorbia Peplus L. mit 3 Cyathien. *g* Diagramm eines einzelnen Cyathium. *h* Männliche Blüte von Antho=stema Senegalensis Juss. *i* Männliche Blüte einer Euphorbia. *k* Proterogyne Scheinblüte im weiblichen, *l* im männlichen Stadium. *m* Querschnitt durch den Fruchtknoten. *n* Samen. *o* Längsschnitt durch denselben. *p* Keimpflanze von Euphorbia Peplus L. *q* bis *s* Blattschopfgallen verursacht durch Perrisia capitigena Bremi (Fig. *a* und *b* nach J. Urban, *g* nach Marktanner).

liches Areal weit überschritten. Hinsichtlich der Lebensformen zeigt die Familie einen ausserordentlichen Formen=reichtum; neben unscheinbaren 1=jährigen Therophyten (Anisophyllum) gibt es stattliche Stauden, Sträucher sowie baumartige Formen; besonders interessant sind die Stammsukkulenten mit vielen kaktusartigen Formen (Fig. 1738).

Zur Zeit lässt sich die Gattung in die folgenden 6 Untergattungen mit einer grösseren Zahl von hier nicht weiter berücksichtigten Tribus gliedern:

1. Anisophýllum Haw. (als Gattung). Niederliegende oder gespreizt=ästige, oft sehr unscheinbare Kräuter, seltener Halbsträucher oder Sträucher mit durchwegs gegenständigen, am Grunde kurzscheidig ver=bundenen Laubblättern (Fig. 1756 b). Nebenblätter meist ausgebildet. Cyathien einzeln oder trugdoldig ange=ordnet. Drüsen oft mit petaloidem Anhängsel. Hieher E. humifusa (pag. 144), E. Chamaesyce (pag. 145), E. maculata (pag. 145), sowie E. Peplis L. (pag. 140).

2. Adenopétalum Bentham. Kräuter oder Sträucher mit kaum fleischigem Stengel. Laubblätter abwechselnd oder die oberen, seltener alle gegenständig oder quirlig. Nebenblätter meist vorhanden. Cyathien axillär oder endständig, einzeln oder trugdoldig angeordnet. Drüsen 5, seltener 4, mit petaloidem Anhängsel. Die ganze Gruppe ist amerikanisch. Von Zierpflanzen gehören hieher: E. margináta Pursh aus den west=lichen Vereinigten Staaten. Einjährige, aufrechte Pflanzen mit weissgeränderten Laubblättern und grünlich=weissen Hüllblättern. — E. fúlgens Karw. (= E. jaquiniaeflóra Hook.), aus Mexiko. Fig. 1752 b. Zierlicher

unbewehrter Strauch mit schlanken, rutenförmigen Aesten und weidenähnlichen Laubblättern. Blüten achselständig, leuchtend gelblich-scharlachrot. Beliebte, im Winter blühende Zimmerpflanze.

3. **Poinséttia** Graham (als Gattung). Ansehnliche Kräuter. Untere oder alle Laubblätter abwechselnd, die oberen gegenständig. Nebenblätter zu Borsten oder Stacheln reduziert. Cyathien an der Spitze der Zweige trugdoldig gedrängt, öfter von gefärbten Hochblättern umgeben. Drüsen ohne Anhängsel. Alle 12 Arten in Amerika beheimatet, in der Alten Welt nur verwildert. Hieher: E. pulchérrima Willd., aus Mexiko und Zentralamerika. Stattliche, 60 bis 120 cm hohe Staude mit ziemlich langgestielten, grossen, aus keilförmigem Grunde eirund-länglichen, oft buchtig-gelappten Laubblättern. Cyathien von dunkelkarmin- bis blutroten Hochblättern umgeben (Fig. 1742). Die „Poinsettia" ist eine Schmuckblume allerersten Ranges, die seit einigen Jahrzehnten als dankbarer Winterblüher — besonders zur Weihnachtszeit nach dem Abblühen der Chrysanthemen — in Gewächshäusern gezogen wird. Gelegentlich werden auch Formen mit hellroten, gelben oder ganz weissen und solche mit riesigen, leuchtendroten (f. cardinális) Hochblättern angetroffen. Ganz ähnlich verhält sich die gleichfalls ornithophile E. heterophýlla L. (= E. cyathóphora Murray).

4. **Eremóphyton** Benth. Kräuter, Halbsträucher oder Sträucher. Obere Zweige nicht doldig. Untere Laubblätter abwechselnd, die oberen meist gegenständig. Cyathien einzeln, axillär oder endständig, häufig in den Achseln der Gabelzweige. Drüsen ohne Anhängsel. Wenige Arten in der Alten Welt, besonders in den Steppen und Wüstengebieten in Abessinien, Arabien, Turkestan, Australien.

5. **Euphórbium** Benth. Stamm fleischig (succulent), oft dick, kaktusartig, rund oder kantig, blattlos oder mit hinfälligen Laubblättern, hie und da bewehrt (Dornen). Drüsen ohne Anhängsel. Besonders in Afrika heimisch. Hieher gehören die äusserst interessanten, vielgestaltigen, z. T. baumartigen Stammsukkulenten, wie E. Tirucalli L. aus Ostafrika, in Ostindien als Heckenpflanze kultiviert, E. antiquórum L. in Ostindien („Schadidacalli"), E. Canariénsis L. („Cardon") mit sehr giftigem Milchsaft, E. cáput Medúsae L. im Kapland, E. melofórmis Ait., E. Abyssinica Raeuschel, E. candelábrum Trémaux im oberen Nilgebiet, E. cereifórmis L. im Kapland, E. alcicórnis Bak. auf Madagaskar mit zusammengedrückt-zweikantigen Aesten, die neben Kakteen und anderen Sukkulenten gern in Gewächshäusern gehalten werden. Allgemeiner verbreitet ist E. spléndens Bojer (Fig. 1752 a) aus Madagaskar (Provinz Immerina), dort „Svongo soongo" geheissen, ein reichverzweigter, bis über meterhoher Strauch mit verbogenen, unregelmässig verzweigten, grossstacheligen Aesten. Laubblätter dunkelgrün, verkehrt-eiförmig oder länglich-spatelig, zugespitzt, an den Spitzen der jungen Zweige und Kurztriebe. Stiele der Blütenstände rot, klebrig, gabelig geteilt. Hochblätter am Grunde verwachsen, fast kreisrund, mit kurzem, vorgezogenem Spitzchen, hochrot. Dieser durch Bojer 1828 nach Europa gebrachte Dornstrauch wird vielerorts in Bauernstuben (Altbayern, Pfalz) als „Christusdorn" gehalten. Ganz ähnlich, jedoch in allen Teilen zierlicher, ist E. Bojéri Hook., gleichfalls aus Madagaskar stammend.

Fig. 1752. *a* Euphorbia spléndens Bojer. *b* Euphorbia fulgens Karw. Blütensprosse.

6. **Tithýmalus** Scop. (als Gattung). Kräuter, seltener Sträucher, meist wenig verästelt. Stengelblätter in der Regel abwechselnd, die obersten (selten alle) meist gegenständig. Nebenblätter fehlend. Blütenstandsachsen gabelig verzweigt, die oberen doldig. Drüsen des Cyathiums ohne Anhängsel. Zu dieser Unterfamilie, die vor allem im Mediterrangebiet und im Orient stark vertreten ist (E. dendroídes L., E. spinósa L., E. hibérna L., E. fragifera Jan, E. Ápios L., E. Charácias L., E. Parálias L., E. terracína L., E. pínea L., E. biglandulósa Desf., E. myrsinítes L. usw.), gehört die grösste Mehrzahl der Arten, so mit Ausnahme der wenigen, nicht ursprünglichen Arten der Untergattung Anisophyllum alle mitteleuropäischen Spezies und zwar verteilen sich diese auf die beiden Tribus Galarrhǽi Boissier et Esúlae Boissier. Die in Mitteleuropa ursprünglich nicht einheimische 1-jährige E. Lathyris L. mit kreuzweise gepaarten Aesten gehört zu der Tribus Decussátae Boissier. Für die Meeresküsten (Dünen und Sandboden) von Süd- und Westeuropa (nördlich bis Belgien und Nord-Holland) charakteristisch ist E. Parálias L. mit derbledrigen, stark blaugrünen, dicht dachziegeligen Laubblättern, während E. Guyoniána Boiss. mit ihren bis 10 m langen Wurzeln für die Sanddünen und den Flugsand in Algier

sehr bezeichnend ist. Ausser E. fragifera (pag. 152), die wegen ihrer intensiv gelben Hochblätter neuerdings in Anlagen kultiviert wird, kommen für Steingruppen in Gärten noch in Betracht: E. biglandulósa Desf. und E. myrsinítes L., beides kahle, grauweisse, vielstengelige Stauden mit dicken, fast stechenden, dachziegeligen Laubblättern aus dem Mittelmeergebiet.

Die 1-jährigen Wolfsmilcharten der im Gebiet herrschenden Untergattung Tithýmalus sind meist 1-achsig[1]), während bei den mehrjährigen in der Regel erst ein Spross zweiter oder folgender Ordnung zur Blüte gelangen kann. Die Triebe entspringen dem basalen (meist verholzten) Teile der Achse (auch die Keimblattachseln liefern zuweilen Seitensprosse), dem Hypokotyl und sogar der Wurzel. Sie sind teils steril[2]) und dann unbegrenzt wachstumsfähig, teils terminal durch ein „Cyathium" begrenzt, wodurch Trugdolden entstehen können, da die Seitenachsen ihr Wachstum in der Regel erst später einstellen.

Zwischen diesen beiden Grundtypen finden sich aber namentlich in der Esula-Gruppe (E. Cyparissias, E. virgata, E. Esula) recht mannigfaltige Uebergangsformen — diese haben auch ziemlich überflüssige Namen erhalten —, deren morphologisches Verstehen zunächst einige Schwierigkeiten bereitet, die aber trefflich die Entstehung cymöser Blütenstände aus einer spiraligen Grundform und entsprechend der Goetheschen Metamorphosenlehre die Umwandlungen von Blattgebilden in Blütenorgane illustrieren. Eine vergleichend-entwicklungsgeschichtliche Betrachtungsweise erleichtert das Verständnis, wenn man nämlich den sterilen Spross mit spiralig gestellten Laubblättern (Fig. 1753 a) zum Ausgangspunkt wählt. Auch die blühenden Sprosse beginnen ja ihre Entwicklung als sterile Triebe und können vergleichend-morphologisch auf sie zurückgeführt werden. Die unmittelbare Ursache der Formenmannigfaltigkeit liegt darin, dass die Umstimmung der Sprossspitze (Vegetationspunkt) zur Blütenbildung zu verschiedenen Zeiten und gewissermassen zögernd erfolgt, sodass an den verschiedenen Sprossen die Grenze zwischen dem basalen sterilen Teil und dem eigentlichen Blütenstand verschieden hoch liegt und zwischen beiden sich oft eine ziemlich breite Grenzzone mit Uebergangsformen findet. Fig. 1753a bis h zeigen dies für die Hauptachse der Sprosse. Beschränkt sich der Blütencharakter auf die Sprossspitze, so entsteht hier nur ein (sehr oft, z. B. bei E. Seguieriana, verkümmertes) Cyathium (Fig. 1753b). Die Seitentriebe, die steril bleiben können, sind oben meist etwas stärker entwickelt (am stärksten der oberste oft steil gestellte) und treten infolge Verkürzung des zugehörigen Achsenabschnittes zu einer Trugdolde zusammen. Ihre ursprünglich spiralige Anordnung ist

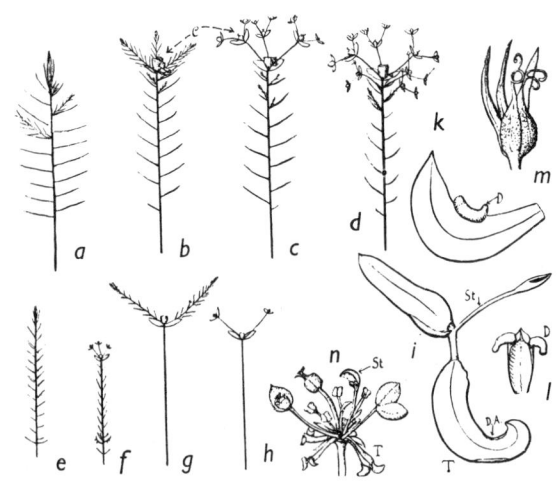

Fig. 1753. Morphologie der Wolfsmilchsprosse. *a* Hauptspross, steril. *b* Hauptspross mit terminalem Cyathium. *c* Hauptspross mit fertiler Gipfeldolde. *d* Hauptspross mit fertiler Gipfeldolde und blühenden Seitenstrahlen. *e* Steriler Seitenspross (unterste Blätter einander vorblattartig genähert). *f* Seitenspross mit terminalem Cyathiumstand. Unterste Blätter mit Drüsen. *g* Dichasium mit sterilen Seitentrieben. *h* Dichasium mit blühenden Seitentrieben. *i* bis *n* Vergrünung von Cyathien. T = Tragblatt vom Charakter der Cyathien-Hüllblätter. St = Vergrünter Staubfaden. Originalfiguren von Walter Zimmerman. *a* bis *h* etwas schematisiert, *i* bis *l* von Euphorbia virgata Waldst. et Kit., *m, n* von Euphorbia Cyparissias L.

aber noch an der Inserierung erkennbar. Ihre Tragblätter, die als „Hüllblätter" bezeichnet werden, sind namentlich in den typischen Blütenständen meist breiter als die normalen Laubblätter und gelbgrün, nach der Befruchtung oft tiefrot gefärbt. Erfasst die Umstimmung auch die Anlagen der Seitentriebe, so bilden sie sich nach abwärts der Reihe nach zu Cyathienständen um. Zwischen den Typen (Fig. 1753b bis h) lässt sich z. B. bei E. Cyparissias leicht eine ununterbrochene Formenreihe auffinden.

Die Gestaltung der Seitentriebe ist ebenfalls recht mannigfaltig, namentlich in der erwähnten Grenzzone zwischen der sterilen und der blühenden Region. Es zeigen aber durchwegs die zuletzt gebildeten Seitentriebe mehr Blütencharakter als die älteren[3]). Sie besitzen durchwegs eine geringere Anzahl von Seitensprossen als die Haupttriebe, stimmen im übrigen aber im Grunde mit ihnen überein. In der Blütenregion herrscht so bei den meisten Arten das Dichasium (z. B. bei E. verrucosa auch das Trichasium) vor. Als erstes Anzeichen des Blütencharakters macht sich an scheinbar rein sterilen Trieben die Annäherung der untersten

---

[1]) Der Abschnitt „Morphologie" enthält, soweit nichts anderes ausdrücklich erwähnt ist, eigene unveröffentlichte Beobachtungen von Dr. Walter Zimmermann, Freiburg i. Br.

[2]) Die Ausdrücke „steril" und „unbegrenzt wachstumsfähig" sind selbstverständlich nur relativ zu den Blütensprossen zu verstehen. Im Herbst stellen z. B. solche sterile Seitensprosse ebenfalls ihr Wachstum ein und können eine Nachblüte bilden.

[3]) Abweichungen siehe pag. 139.

Laubblätter bemerkbar, welche u. U. (Fig. 1753f bis h) schon als typische „Vorblätter" wie in normalen Cya=
thienständen verbreitet und gelbgrün sein können, während ihre Achseltriebe noch steril sind (Fig. 1753g).

Die auffälligsten Uebergangsformen finden sich jedoch in der gleichen Region zwischen Cyathien und
sterilen Trieben. Sie sind als „Cyathienvergrünungen" zum grossen Teil schon von Roeper (1824) und Schmitz
(Flora, 1871) beschrieben, wenn auch diese Autoren die morphologische Stellung nicht erkannt haben. Auch
hier stehen nämlich die ausgeprägteren Cyathienformen durchwegs höher am Spross als die mehr sterilen. Die
Umwandlungserscheinungen betreffen die Sprossachse, die Blätter, sowie deren Achselsprosse, und zwar können
sie an den 3 Sprossteilen $\pm$ unabhängig von einander auftreten. Das erste Anzeichen ist meist eine quirlige
Annäherung der untersten (vielfach 5) Laubblätter infolge einer Verkürzung des zugehörigen Achsenabschnittes.
Die Blätter sind in der Regel verkrümmt und etwas verkrüppelt (Fig. 1753i, k), da sich in einer eingezogenen Bucht
ihres Randes eine verschieden stark ausgebildete Drüse entwickelt, wie sie den Cyathienrand krönen. Wenn
sich die Drüsen auf einem fortgeschritteneren Stadium an beiden Blatträndern ausbilden, ist das Blatt wieder
symmetrisch (Fig. 1753l), aber stark verkleinert. Auch Verwachsungen der Blätter sind recht häufig, so dass
sich leicht eine lückenlose Formenreihe bis zum typischen Cyathium auffinden lässt, an welchem die Zipfel
zwischen den Drüsen den Blattspitzen entsprechen[1]. Am typischen Cyathium werden übrigens z. B. nach
Schmidt, H. (Beihefte zum Botan. Zentralblatt, 1907) die Blätter des Hüllbechers auch in spiraliger Reihen=
folge angelegt. Auch die Vorblätter besitzen in dieser Region manchmal Cyathiendrüsen bezw. die Laubblätter
zeigen Vorblattcharakter. Die Spitzenblätter bilden sich sehr häufig zu Fruchtblättern um; diese können entweder
einen ziemlich normalen Fruchtknoten (allerdings meist mit vermehrter Zahl der Fruchtblätter) inmitten von
sterilen Blättern oder $\pm$ isolierte und vergrünte einzelne Fruchtblätter darstellen (Fig. 1753m). Manchmal
entsteht auch an der Spitze eines solchen Sprosses ein typischer Cyathienstand (Fig. 1753n). Die Achselsprosse
der Cyathienblätter bezw. ihrer Vergrünungen sind häufig als Staubblätter bezw. Uebergangsstufen zu solchen
ausgebildet, worauf schon Schmitz aufmerksam gemacht hat, und zwar kann man (besonders schön bei E.
virgata) fast alle erdenklichen Uebergangsformen zwischen beblätterten Sprossen, bei denen das unterste Blatt
oft Staubblattcharakter hat, Cyathienständen, Cyathien bezw. Teilen davon und Staubgefässen vorfinden.
Fig. 1753i gibt ein solches Gebilde, ein verbildetes Dichasium, wieder, bei dem ein Blatt als Vorblatt und ein
anderes als vergrüntes Staubblatt mit halbgeschlossenem, kahnförmigem Staubbeutel ausgebildet ist. Unter
völliger Verkümmerung des Staubblattes zu einem Fädchen entsteht dann sehr häufig aus einem solchen
Gebilde ein scheinbar gestieltes, achselständiges Blatt. Weitere Umbildungsstadien siehe Fig. 1753k bis n und vor
allem bei Schmitz. Besonders bemerkenswert sind die bei Schmitz geschilderten Staubblätter, die halb als
Fruchtblätter ausgebildet sind.

Aehnliche Uebergangsformen treten auch namentlich im Herbst auf (hierher die von Schmitz be=
schriebenen Formen), wo aus ursprünglich typisch ausgebildeten Blütenständen noch einmal Achselsprosse zu
sterilen Trieben auswachsen können, ferner wenn experimentell bezw. durch Uredineenbefall die Blütenbildung
mehr oder minder unterdrückt worden ist, kurz stets dann, wenn ein Wechsel zwischen steriler und fertiler
Ausbildung der Sprosse einsetzt. Namentlich bei derart erkrankten Sprossen von E. verrucosa kann man
dann sogar an demselben Spross mehrere Uebergangszonen übereinander finden.

Bei den Arten der Untergattung Anisophyllum herrscht im Grunde ein dichasialer Aufbau. Der
Vegetationspunkt der Hauptachse stellt sehr bald sein Wachstum ein. Bei E. Peplis kann er noch ein Cyathium
bilden, bei E. humifusa in der Regel noch ein Blattpaar (vgl. Fig. 1756). Die nächsten Sprosse entstehen als
Achseltriebe der Keimblätter. An den blühenden Sprossen dieser Untergattung ist meist ein Seitentrieb des
Dichasiums stärker entwickelt und stellt sich in die Hauptachse ein, sodass ein Sympodium entsteht. Aehnliche
Verhältnisse finden sich auch bei manchen anderen Euphorbien, z. B. in schwächerem Umfang bei den End=
verzweigungen fast aller Arten und sehr ausgeprägt im Blütenstand von E. Lathyris.

Das Cyathium wird heutzutage ziemlich allgemein als rückgebildeter Blütenstand angesehen und zwar
der Hüllbecher als verwachsene Hochblätter, ferner je ein Staubblatt und der Fruchtknoten als rückgebildete
eingeschlechtige Blüten. Hiefür sprechen:

1. Die beschriebenen Vergrünungen, bei denen z. B. die Staubblätter als typische Achselorgane auf=
treten. 2. Die Gliederung des Staubblattes als Anzeichen eines früheren Perigons (vgl. Fig. 1751i). 3. Der ge=
stielte Fruchtknoten, der noch dazu Krümmungsbewegungen ausführt, wie das sonst nur von ganzen Blüten
bekannt ist. 4. Das Vorherrschen der eingeschlechtigen Blüten bei den übrigen Euphorbiaceen.

Biologisch verhält sich das Cyathium ganz wie eine Einzelblüte. Weitaus die grosse Mehrzahl der
Cyathien ist ausgesprochen proterogyn (Fig. 1751k, l); immerhin sollen nach Heinsius bei E. palustris die in
der Mitte der Dolden stehenden Cyathien proterandrisch, die mehr peripher gelegenen proterogyn sein. Im

---

[1] Glück, H. (Blatt= und blütenmorphologische Studien. Jena, 1919) sieht in den drüsentragenden
Cyathienabschnitten die Blattspitze und in den „Zwischenzipfeln" Stipulargebilde, eine Auffassung, die nicht
haltbar erscheint.

allgemeinen treten also die 3 mit zweispaltigen Narben versehenen Griffel aus der zusammenschliessenden Hülle, während die Staubblätter darin noch geborgen sind, heraus. Erst nachdem die Narben ihre Befruchtungsfähigkeit verloren haben, streckt sich die ganze weibliche Blüte hervor und biegt sich über den Rand des Hüllbechers (hier fehlt, abgesehen von dem terminalen Cyathium, in den Trugdolden meist eine Drüse) abwärts. Während dieses letzten Vorgangs erscheinen die Staubblätter einzeln über dem Becherrand. Ihre Staubbeutel nehmen ungefähr die frühere Stelle der Narben ein. Bei einzelnen Arten wird die Kreuzung noch dadurch begünstigt, dass an den zuerst sich entwickelnden Cyathien die weiblichen Organe fehlschlagen. Der Nektar wird von den 4 bis 5, meist gelblichgrünen, oft auch lebhaft gefärbten Drüsen am Rande des Hüllbechers abgeschieden. Als Bestäuber kommen in erster Linie Fliegen aus verschiedenen Familien in Betracht, während Besuche von Wespen, Käfern und Apiden mehr zufällig und ohne Bedeutung sind. Die meist gelbgrünen, nach der Befruchtung oft auch intensiv rotgefärbten Vor- und Hüllblätter wirken als Schauapparat. Nach Kerner sollen sich die Antheren bei feuchter Luft schliessen, bei trockener wiederum öffnen. Der Stiel der reifenden Frucht wird schliesslich wiederum gerade gestreckt. Goebel (Entfaltungsbewegungen) sieht in diesen Krümmungen des Fruchtknotens eine Bewegung ohne erkennbaren Zweck. Der Fruchtknoten versperrt jedoch zunächst im weiblichen Zustand wie ein Pfropf die Cyathienöffnung (Fig. 1751 k) und ermöglicht erst, nachdem er sich herausgehoben hat, ein Hervortreten der Staubblätter. Auch wird durch das Abwärtskrümmen des Fruchtknotenstiels offenbar die Kreuzbefruchtung erleichtert, da so die Staubblätter in die frühere Lage der Narben gelangen. Bei manchen Arten (z. B. E. bubalina Boiss. aus Südafrika), wo der Fruchtknoten im Cyathium sitzen bleibt, sind die Blüten auch proterandrisch, d. h. die Griffel erscheinen erst nach dem Verblühen eines beträchtlichen Teiles der Staubblätter über dem Cyathiumrand. Der Abschluss des Cyathiums nach aussen erfolgt hier durch besonders dichtstehende Schuppen.

Von Abnormitäten sind weiter beobachtet worden: Stengelverbänderung, Umbildung der Vorblätter zu langgestielten, trichterförmigen Ascidien, Ausbildung von neuen Laubsprossen in der Achsel von Vorblättern, vergrünte Blüten, bei denen die Blätter des Cyathiums getrennt, d. h. aufgelöst und zuweilen in einer Spirale angeordnet sind und ± in Blättchen übergehen können, Ausbildung von kleinen Blättchen unter dem Gelenk der männlichen Blüten oder am Stiele der weiblichen Blüte, Verzweigung der Staubblätter, Vermehrung der Fruchtblätter bis auf 6, Durchwachsung, Ausbildung eines Laubsprosses an Stelle der weiblichen Blüte, oder von vegetativen Sprossen in der Achsel der Cyathialblätter, Fehlen der weiblichen Blüte in sonst normalen Cyathien, Verwachsung von zwei männlichen Blüten, Verwandlung der Stamina in Carpelle mit gleichzeitigem Anwachsen derselben an die zentrale weibliche Blüte, Polyembryonie (besonders bei E. platyphyllos und E. dulcis häufig; die letzte Art neigt nach Hegelmaier auch zur Apogamie und Parthenogenesis), Vermehrung und Verwachsung der Keimblätter, Ausbildung von Adventivknospen am Hypokotyl oder unter den Kotyledonen und besonders von Wurzelknospen.

Eine besonders bei E. Cyparissias, doch auch bei E. verrucosa, E. amygdaloides u. a. nicht seltene Erscheinung wird durch den Pilz Uromyces pisi Pers. (und U. scutellatus Schrank) hervorgerufen. Die durch diese Pilzinfektion deformierten Sprosse sind abnorm stark verlängert, meist unverzweigt und gold- bis gelbgrün; die Laubblätter sind stark verkürzt, breiter und dicker als an den normalen Pflanzen und tragen auf der Unterseite orangegelbe bis bräunliche Fortpflanzungspusteln, die Aecidien (Aecidium Euphorbiae Gmel.). Die Blüten fehlen sehr oft oder sind stark missgebildet (Taf. 177, Fig. 3 c und Fig. 1754). Von weiteren, wohl auf allen Arten auftretenden Pilzen sind zu nennen: Melampsora Helioscopiae (Pers.), Peronospora Cyparissiae De Bary, Sphaerotheca mors Uvae (Schwein.), Gnomonia Euphorbiae (Fuck.), Naévia tithymalina (Kze.), Leptosphaeria Euphorbiae Niessl, Ophiobolus Characiae (Fabre), Didymella modesta Mout. usw. Durch Gallmücken werden an den Spitzen der blühenden Sprosse auffällige, aus einem länglichen (Dasyneura subpatula Bremi) oder mehr kugeligen (Dasyneura capiti-

Fig. 1754. Euphorbia Cyparissias L., verändert durch Uromyces pisi. Links und rechts normal. Tirol. Phot. Th. Arzt, Wetzlar.

gena Bremi) Blattschopf bestehende Gallen (Fig. 1751 q bis s) erzeugt. An der Spitze nichtblühender Sprosse sind die obersten 2 bis 7 Laubblätter zu einer kapselähnlichen, meist flaschenförmigen, ± zugespitzten, gerieften, harten, bis 15 und 10 mm dicken Galle (Dasyneúra capsúlae Kieff.) verwachsen. Bei E. Gerardiána sind durch Dasyneúra Lœwi die Vorblätter vergrössert, aufgeblasen, fest aneinander gelegt, während die Blüten ± missgebildet sind. Bei E. Cyparissias werden durch eine Gallmilbe (Erióphyes Euphórbiae) die Laubblätter gedreht, nach oben eingerollt, gelblich oder rötlich gefärbt und sind bisweilen ± schopfartig gehäuft. Gallmücken erzeugen an den unterirdischen Sprossachsen von E. Cyparissias bis 12 mm lange und 5 mm dicke Anschwellungen, Aelchen (Heterodéra radicicola) an den Wurzeln knotige Anschwellungen.

Die Früchte der Wolfsmilch-Arten, ebenso diejenigen von Mercurialis und Ricinus, sind biologisch als „Trockenschleuderer" zu betrachten. Nach Hildebrandt wird bei Euphorbia durch das von oben her eintretende Aufreissen der Kapselklappen auf die von ihnen eingeschlossenen Samen von unten her ein Druck ausgeübt, der diese wegschleudert. Schon Hieronymus Tragus (Bock) sagt von dem „Springkraut" (Euphorbia Lathyris): Sobald die Nüsslin dürr werden, springen sie mit einem Knall von der Sonnenhitz auff, als die Schotten an den Pfrimmen". Die Samen, und zwar sowohl die riesigen der E. Lathyris wie die sehr kleinen von Euphorbia Peplus, E. humifusa usw., besitzen mit wenigen Ausnahmen (es fehlt z. B. bei E. Helioscopia) ein Anhängsel (Carúncula), das als Elaiosom wirksam ist. Sernander vereinigt die Gattungen Euphorbia, Mercurialis und Claytonia perfoliata (Portulacaceae) zu einem besonderen Typus, den „Euphorbia-Typus", der allerdings ohne Grenze in den „Viola odorata-Typus" übergeht. Kerner hat übrigens bereits beobachtet, dass die Samen von Euphorbia wegen ihrer Anhängsel auf Ameisen (besonders Tetramórum cæspitum) anlockend wirken. Nach Kinzel scheinen die Samen fast aller Euphorbia-Arten unregelmässig und langsam zu keimen. Von E. exigua gibt Wiesner an, dass sie erst nach 9 Monaten zur Keimung gelangten; diejenigen von E. Lathyris keimten dagegen im Dunkeln schon nach 6 Tagen bis zu 30%, im September noch bis zu 44%.

Alle Wolfsmilch-Arten gehören zu den scharfen Giftpflanzen; die giftigen Stoffe sind in dem weissen, bei jeder Verletzung aus allen Teilen reichlich hervorquellenden Milchsaft enthalten (Fig. 1739). Als wirksames Prinzip desselben ist wohl das Euphorbon ($C_{20}H_{48}O$), eine kristallisierende, leicht veränderliche, noch nicht vollständig aufgeklärte Substanz, anzusehen. Daneben enthält der Milchsaft noch Kautschuk, Harz, Gummi, Stärke, viel Gerbstoffe, Zucker, Eiweiss, Wein-, Gallus- und Apfelsäure, fettes und zuweilen ätherisches Oel, hie und da auch einen gelben Farbstoff. Seit alters her werden einzelne Arten als Fischgift, so besonders E. Hiberna L. und E. piscatoria Ait., E. platyphyllos usw. benützt. Der Milchsaft verschiedener Arten, besonders von E. Esula, E. Peplus, nach Steven derjenige von der südrussischen E. rigida Bieb. usw. ist stark ätzend, sodass er vom Volke gleich wie der gelbe Milchsaft vom Schellkraut (Chelidonium maius; vgl. Bd. III, pag. 22) zum Betupfen von Warzen und Hühneraugen Verwendung findet. Auf der Haut zieht er Blasen und entzündet innerlich angewendet Mund und Darm. Bei Verwendung als Kataplasmen können heftige Hautentzündungen entstehen, bei Berührung des Saftes mit den Augenlidern heftige Hornhautentzündungen (Konjunktivitis, Keratitis), die sogar dauernde Erblindung im Gefolge haben können. Kraut und Rinde von E. Helioscopia, E. Esula und anderen Arten waren ehedem als Hérba et Córtex Esúlae vel Tithýmali zum Purgieren im Gebrauch, ebenso das Kraut von E. Peplus als Hérba Esúlae rotundifóliae, das Kraut der im Mittelmeergebiet beheimateten E. Peplis (Fig. 1755) als Hérba Euphórbiae Péplis ausser als Purgans als Expectorans, Epispasticum, bei Asthma, Bronchialkatarrh, Wassersucht und Gicht. In den Vereinigten Staaten von Nordamerika ist das Kraut von E. nutans Lag., E. corollata L. und E. hypericifolia A. Gray gebräuchlich. E. heterodóxa Müll.-Aarg., die „Alvelozpflanze", in Nordbrasilien wildwachsend, liefert die sogenannte Alvelozmilch bezw. den Alvelozbalsam (Seiva de alveloz), welcher bei der Behandlung von Geschwüren, von Epithelkrebs der Lippen, der Nase, Augenlider usw. als vorzügliches Aetzmittel wirksam sein soll. E. Seguieriana und E. silvática Jacq. können als Ersatz für Ipecacuanha dienen. Die Homoeopathie bereitet aus den frischen, blühenden Pflanzen eine Essenz.

Vom Weidevieh werden die Kräuter allgemein stehen gelassen, wodurch natürlich die Versamung begünstigt wird. Werden die Pflanzen gleichwohl vom Vieh gelegentlich gefressen, was zuweilen im Heu geschieht, so geben sich die Vergiftungen durch Durchfall, Blutharnen usw. kund. Anscheinend fressen aber Ziegen die Wolfsmilchkräuter unbeschadet. Ebenso ernährt sich als Spezialist die Raupe vom Wolfsmilchschwärmer ausschliesslich vom Kraut von Euphorbia Cyparissias. Durch Ausroden mit der Haue oder durch Umbruch vor der Samenreife kann die Pflanze von der Weide vertrieben werden. Nähere Angaben bei E. Lathyris (pag. 146) und E. resinifera (pag. 124).

Ausser mehreren der unten ausführlich behandelten Arten wurden vorübergehend im Gebiet als Adventivpflanzen beobachtet:

1. Aus der Gruppe Anisophyllum: E. Péplis L. (Fig. 1755), ein 1-jähriges, fleischiges Kraut aus der Strandzone des Mittelmeergebietes und aus Südrussland (1903 im Hafen von Mannheim). — E. sérpens Humb., Bonpl. et Kth. aus Nordamerika und Mexiko (Karlsruhe). — E. serpyllifólia Pers. aus Nordamerika (Karlsruhe).

2. Aus der Gruppe Adenopétalum: E. margináta Pursh aus den westlichen Vereinigten Staaten (Hafen von Mannheim [1906] und Berlin).

3. Aus der Gruppe Tithymalus: E. núda Velen. aus Bulgarien, vom Habitus der E. palustris Hafen von Mannheim, 1909). — E. terrácina L. aus dem Mittelmeergebiet (Hafen von Mannheim). — E. Cybirénsis Boiss. aus Vorderasien (Schweiz: Malzfabrik und Turnschanze Solothurn, 1904/05). — E. glareósa Bieb. aus dem Kaukasus (ob identisch mit E. Pannonica?), mehrfach bei Frankfurt a. O. eingeschleppt. — E. agrária Bieb. aus den Steppengebieten von Südosteuropa (Frankfurt a. O. beim Proviantamt, seit 1885). — E. Grǽca Boiss. (= E. Dalmática Vis.) aus Südosteuropa bis Ungarn. Ziemlich zahlreich bei Linz a. D. neben Ajuga Chamaepitys, Anagallis caerulea, Caucalis daucoides usw. (wohl mit Getreide eingeschleppt) und in der Schweiz bei Château d'Oex. — E. granuláta Forsk. aus dem nordwestl. Afrika bis Südarabien. Als Gartenunkraut zirka 1893 in Neustadt in Mecklenburg beobachtet. — E. Taurinénsis All. aus den Mittelmeerländern (Mannheim und Erfurt). — E. capituláta Rchb., ein niederliegender Strauch aus den Gebirgen des Balkan. Schmidt (Beihefte zum Botan. Zentralblatt, 1907) hat aus dieser Art eine neue Gattung „Diplocyáthium" gemacht, weil hier mehr als 5 Hüllblätter zum Cyathium zusammentreten. Da die gleiche Erscheinung auch bei anderen Wolfsmilch-Arten (über Terminalblüten, Vergrünungen vgl. pag. 137 bis 139) auftritt, erscheint dieses eine Merkmal nicht ausreichend zur Begründung einer neuen Gattung.

1. Laubblätter sämtlich gegenständig, am Grunde verwachsen (Fig. 1756 b), mit Ausnahme der zuerst gebildeten stark asymmetrisch, stets mit Nebenblättern (Anisophýllum) . . . . 2.

1*. Laubblätter (mit Ausnahme von E. Lathyris) wechselständig, stets ohne Nebenblätter (Tithýmalus) . . . . 5.

2. Stengel 15 bis 40 cm hoch, aufrecht oder aufsteigend. Hüllbecher in dichten, trugdoldigen Gesamtblütenständen am Grunde der obersten Blattpaare. Samen schwärzlich . E. nutans nr. 1824.

2*. Ganze Pflanze niederliegend. Hüllbecher einzeln, blattachsel- oder gabelständig. Samen grau, weisslich oder rötlich . . . . 3.

Fig. 1755. Euphorbia Peplis L. *a* Habitus. *b* Internodium mit *c* Cyathium. *d* Samen.

3. Samen glatt (bei stärkerer Vergrösserung mit sehr feiner, wabiger Struktur), grau, 1 mm lang. Laubblätter kahl . . . E. humifusa nr. 1825.

3*. Samen wenigstens auf den beiden Aussenflächen von zahlreichen unregelmässigen Querrunzeln bedeckt oder von 3 bis 5 geraden, parallelen Querfurchen durchzogen. Pflanze meist behaart . . . . . 4.

4. Samen auf den beiden Aussenflächen unregelmässig querrunzelig, mit zahlreichen, unter sich verbundenen und oft unterbrochenen Runzeln, weisslich oder bräunlichgrau, 1,2 mm lang. Stengelglieder der blütentragenden Zweige etwa von der Länge der zugehörigen Blattpaare. Hüllbecher keine dichten, achselständigen Trauben bildend. Laubblätter einfarbig . . . . E. Chamaesyce nr. 1826.

4*. Samen auf den beiden Aussenseiten von 3 bis 5 geraden, parallelen, unter sich gesonderten, nur am Grunde des Samens zuweilen unregelmässig verlaufenden und zusammenfliessenden Querfurchen durchzogen, meist ziegelrot, 0,8 mm lang. Stengelglieder der blütentragenden Zweige viel kürzer als die zugehörigen Blattpaare. Hüllbecher in kurzen, achselständigen, dicht beblätterten Gesamtblütenständen. Laubblätter oberseits meist mit einem purpurnen Fleck . . . . E. maculata nr. 1827.

5. Stengelblätter gekreuzt gegenständig (Decussátae) . . . . . . E. Lathyris nr. 1828.

5*. Stengelblätter wechselständig . . . . 6.

6. Drüsen des Hüllbechers rundlich oder queroval, nicht ausgeschnitten (vgl. auch E. Cyparissias und E. Seguieriana) (Galorrhǽi) . . . . 7.

6*. Drüsen des Hüllbechers halbmondförmig oder zweihörnig (Esúlae) . . . . 20.

7. Kapsel mit halbkugeligen bis fadenförmigen Warzen . . . . 8.

7*. Kapsel glatt . . . . 16.

8. Blütenstand vielstrahlig . . . . E. palustris nr. 1831.
8*. Blütenstand 3= bis 5=strahlig . . . . 9.
9. Warzen der Kapsel fadenförmig (Fig. 1762 c). Stauden des Südostens . . . . 10.
9*. Warzen der Kapsel halbkugelig oder kurzwalzlich . . . . 11.
10. Zipfel des Hüllbechers 4=mal kürzer als der ganze Hüllbecher. Kapsel (ohne Warzen) über 5 mm lang. Drüsen im Verblühen dunkelbraun . . . . E. fragifera nr. 1832.
10*. Zipfel des Hüllbechers so lang wie der Hüllbecher. Hochblätter und Drüsen hellgelb. Kapsel 2 bis 3 mm lang . . . . E. polychroma nr. 1833.
11. Zweijährige Arten. Obere Laubblätter mit herzförmigem Grunde sitzend . . . . 12.
11*. Stauden. Laubblätter kurz gestielt bis fast sitzend . . . . 13.
12. Kapsel 3 bis 4 mm im Durchmesser, mit fast halbkugeligen Warzen (Fig. 1769 c). Teilfrüchte mit deutlich warzenlosen Streifen über dem Mittelnerven. Samen fast 2 mm lang . E. platyphyllos nr. 1838.
12*. Kapsel 5 bis 2,5 mm im Durchmesser, mit kurzwalzlichen Warzen (Fig. 1771 d). Teilfrüchte ohne warzenlosen Streifen über dem Mittelnerven. Samen 1 mm lang . . . . E. stricta nr. 1839.
13. Erdstock senkrecht, mit mehreren bis zahlreichen, meist blühenden Sprossen. Hochblätter beim Aufblühen gelb . . . . E. verrucosa nr. 1837.
13*. Erdstock wagrecht, mit 1= bis wenigen blühenden oder nichtblühenden Sprossen . . . . . 14.
14. Hüllbecher ziemlich lang (meist 5 bis 13 mm), gestielt (Fig. 1767 b). Hüllblätter des Gesamt=blütenstandes am Grunde abgerundet oder verschmälert . . . . E. Carniolica nr. 1836.
14*. Hüllbecher sitzend oder sehr kurz gestielt. Hüllblätter des Gesamtblütenstandes am Grunde gestutzt . . . . 15.
15. Stengel stielrund . . . . E. dulcis nr. 1834.
15*. Stengel scharfkantig (Fig. 1766 b) . . . . E. angulata nr. 1835.
16. Einjähriges Kraut. Laubblätter verkehrt=eiförmig, vorn gesägt . E. Helioscopia nr. 1840.
16*. Stauden. Laubblätter länglich=lanzettlich oder lineal . . . . 17.
17. Laubblätter wenigstens unterseits behaart. Hüllblätter des Gesamtblütenstandes und Hüllchen eiförmig, stumpf . . . . 18.
17*. Laubblätter stets kahl, seegrün, wie die Hüllblätter und das Hüllchen stachelspitzig . . . 19.
18. Laubblätter länglich oder länglich=spatelig, am Grunde abgerundet oder fast herzförmig, sitzend. Kapsel glatt (seltener etwas warzig), kahl oder zerstreut behaart. In Schlesien und Oesterreich. E. villosa nr. 1829.
18*. Laubblätter länglich=spatelig, am Grunde verschmälert und oft etwas gestielt. Kapsel fein warzig und langhaarig. Nur in den Kalkalpen von Ober= und Niederösterreich und Steiermark. E. Austriaca nr. 1830.
19. Laubblätter lanzettlich oder lineal=lanzettlich, meist weniger als 6 mm breit. Strahlen der Gipfel=dolde wiederholt 2=spaltig . . . . E. Seguieriana nr. 1847.
19*. Laubblätter breitlanzettlich, meist über 10 mm breit. Strahlen der Gipfeldolde einfach 2=spaltig.
E. Pannonica nr. 1849.
20. Hüllchen paarweise verwachsen . . . . E. amygdaloides nr. 1841.
20*. Hüllchen frei. . . . . 21.
21. Stauden . . . . 22.
21*. Einjährige Kräuter . . . . 29.
22. Laubblätter flaumig behaart und drüsig . . . . E. salicifolia nr. 1842.
22*. Laubblätter kahl . . . . 23.
23. Gipfeldolde vielstrahlig (vgl. auch E. Nicaeensis) . . . . 24.
23*. Gipfeldolde 3= bis 5=strahlig . . . . 28.
24. Strahlen der Gipfeldolde 1=mal 2=spaltig. Laubblätter seegrün . . E. Nicaeensis nr. 1848.
24*. Strahlen der Gipfeldolde wiederholt 2=spaltig . . . . 25.
25. Laubblätter lineal oder über der Mitte am breitesten, am Rande leicht umgebogen . . . . 26.
25*. Laubblätter lanzettlich, unter der Mitte am breitesten, am Rande nicht umgebogen . . . . 27.
26. Laubblätter genau lineal oder nach dem Grunde verschmälert. Ausläufer dick.
E. Cyparissias nr. 1843.
26*. Laubblätter lineal=lanzettlich bis breit verkehrt=eiförmig, an der Spitze gezähnelt rauh, die der Seitenäste meist breiter als 2,5 mm . . . . E. Esula nr. 1844.
27. Laubblätter glänzend, dunkelgrün; Seitennerven unter fast rechtem Winkel vom Mittelnerven abzweigend . . . . E. lucida nr. 1845.
27*. Laubblätter glanzlos, trüb olivgrün oder gelbgrün; Seitennerven unter spitzem Winkel (15° bis 30°) abzweigend . . . . E. virgata nr. 1846.

28. Pflanze mit gedrungenem Erdstock. Stengel gerade aufrecht oder aufsteigend. Laubblätter nach oben deutlich grösser werdend . . . . E. variabilis nr. 1851.
28*. Pflanze rasig. Stengel zu mehreren bogig oder geschlängelt aufsteigend. Laubblätter nach oben rasch kleiner werdend oder wenigstens gleich gross . . . . E. saxatilis nr. 1850.
29. Gipfeldolde 5-strahlig . . . . E. segetalis nr. 1852.
29*. Gipfeldolde 3- oder 4-strahlig . . . . 30.
30. Laubblätter sehr stumpf, breit verkehrt-eiförmig, kurz gestielt. Kapsel mit Flügelleisten (Fig. 1797 c).
E. Peplus nr. 1855.
30*. Laubblätter spitz oder stachelspitzig, lineal bis lanzettlich, sitzend. Kapsel ohne Flügelleisten. 31.
31. Laubblätter alle lineal. Hülle des Gesamtblütenstandes und Hüllchen aus fast herzförmigem Grunde lineal . . . . E. exigua nr. 1856.
31*. Untere Laubblätter klein, breit spatelförmig, die mittleren und oberen keilig-lanzettlich . . 32.
32. Pflanze bläulich- oder fahlgrün. Hüllchen deutlich schief-eiförmig, stachelspitzig. Drüsen gelblich.
E. falcata nr. 1853.
32*. Pflanze trüb-dunkelgrün. Hüllchen höchstens an der Spitze knorpelig. Drüsen rot.
E. acuminata nr. 1854.

1824. Euphorbia nútans Lagasca (= E. Préslii Guss., = E. refrácta Lowe, = E. hyperi= cifólia Hill., = Chamaesýce Preslii A. Torreya, = Tithymálus maculátus Moench). Nickende Wolfsmilch.

Einjährige Pflanze mit 15 bis 40 cm hohem, meist aufrechtem oder aufsteigendem, abwechselnd- und gabelästigem Stengel, oberwärts (seltener auch unterwärts) zerstreut lang= haarig, untermischt mit sehr kurzen und angedrückten Flaumhaaren. Laubblätter fast un= gestielt, (1,5) 2 bis 3 cm lang und (6) 8 bis 12 mm breit, aus etwas ungleichhälftigem, 3- bis 5-nervigem Grunde eiförmig-länglich bis lanzettlich, stumpflich, schwach gesägt, oberseits meist mit einem länglichen, rötlichen Fleck. Nebenblätter 3-eckig, gewimpert. Einzelblütenstände in dichten, trugdoldigen, halbkugeligen, am Grund von dem obersten Laubblattpaar gestützten Gesamtblütenständen, zuweilen auch einzeln in den Gabelungen des oberen Stengelteils. Hüllbecher schmal kreiselförmig, aussen kahl, innen rauhhaarig, mit lanzettlichen Zipfeln; Drüsen-Anhängsel eiförmig-kreisrundlich, breiter als die Drüse, weiss oder beim Verblühen purpurn überlaufen. Griffel kurz, 2-spaltig. Kapsel 2 bis 2,5 mm breit, kahl, mit schwach gekielten Fächern. Samen 1 bis 1,2 mm lang, mit zahlreichen, unregelmässigen Querrunzeln, reif schwärzlich. — VII bis IX.

Auf Kulturland, an Strassen- und Eisenbahndämmen, in Weinbergen, Olivenhainen der wärmeren Gebiete ruderal, sich neuerdings einbürgernd.

In Deutschland bisher nur 1883 im Hafen von Mannheim eingeschleppt. — In Oesterreich in Südtirol vom Gardasee und im Etschtal aufwärts bis Bozen, in Krain an der Südbahn von Ober-Lezeče bis über Laibach; vielleicht auch in Südsteiermark. — In der Schweiz im südlichen Tessin, im Kanton Solothurn (mehrfach) und bei Kreuzlingen.

Allgemeine Verbreitung: Nordamerika, von Canada südwärts bis ins tropische Südamerika (Ecuador, Bolivia); verschleppt und eingebürgert auf Madeira, in Portugal, Spanien, Südfrankreich, Sizilien, Südtirol, Küstenland, Kroatien, Krain, Schweiz, Deutschland. Ver= schleppt ferner vielleicht auch auf Neuseeland.

Die Pflanze ist in der Tracht den Standortsverhältnissen entsprechend ziemlich veränderlich. Nach der Färbung lassen sich zwei Formen unterscheiden: f. coloráta Thellung. Ganze Pflanze rot überlaufen. Gewöhnliche Form. — f. pállida Pfaff et Thellung. Ganze Pflanze blassgrün. So unter der Normalform in Bozen.

Euphorbia nutans hat sich seit Anfang des 19. Jahrhunderts namentlich im Mittelmeergebiete einge= bürgert und ist in steter Ausbreitung nach dem Norden begriffen. In Oberitalien, wo sie gegenwärtig ziemlich verbreitet ist, wurde sie erstmals um 1816 angetroffen; 1822 wird sie bei Verona erwähnt, während sie die Provinz Como 1889 erreichte. Ins Tessin ist sie als Eisenbahnpflanze gelangt und bürgert sich dort neuerdings mehr und mehr ein. Ferner wurde sie in der Schweiz verschleppt angetroffen: bei Derendingen an der Bahnlinie Gerlafingen (1918), im Bahnhof Biberist (Kanton Solothurn, 1915 bis 1918; nach Spiegel vielleicht durch französische Wagen eingeschleppt), bei Langendorf und Kreuzlingen (1917). In Südtirol war die Pflanze schon zur Zeit von Pollini in Menge vorhanden. Bei Trient wurde sie 1881 festgestellt, 1884 beim Bahnhof Auer, 1890 bei Blumau, 1895 am Bahndamm bei Peri, 1906 bei Arco. Als weitere Fundorte werden angegeben: Bozen, Salurn, Cognola, Fontana santa, Muralta, Martignano, Riva, Torbole=Nago, Mori, Rovereto, seit 1921 Branzoll, Karnaun und Kardaun. Krain erreichte sie wahrscheinlich längs der Eisenbahn von Triest her 1900 bei Ober=Ležece; 1910 wird sie von Laibach erwähnt. Im Botanischen Garten daselbst stellt sie gegenwärtig ein lästiges Gartenunkraut vor; 1917 ist sie der östlich von Laibach vom Südbahngeleise abzweigenden und unterhalb der Station Vizmarje in die Oberkrainer Rudolfsbahnstrecke einmündenden Bahnstrecke gefolgt und dürfte bereits bis Südsteiermark vorgedrungen sein (Paulin, Alfons. Ueber die in Krain adventiven Euphorbia= Arten der Sektion Anisophyllum, 1917). In Deutschland wurde die Pflanze bisher nur ein einziges Mal und zwar im Mannheimer Hafen angetroffen. — Thellung, der sich eingehend mit der Geschichte der zu der Untergattung Anisophyllum gehörenden Arten befasst hat, nimmt an, dass die neuerdings feststellbare Wanderer= scheinung auf die Ausbildung einer klimatisch weniger anspruchsvollen „Wanderrasse" zurückzuführen sei, während P. Magnus eine Neueinschleppung einer härteren nordamerikanischen Form für wahrscheinlich hält. — Die Samen sind nach Burchard bezeichnend für nordamerikanische Klee= und Grassamen.

1825. Euphorbia humifúsa Willd. Niederliegende Wolfsmilch. Fig. 1756.

Einjährige, bläulichgrüne, kahle, im Alter häufig rotüberlaufene Pflanze. Stengel 5 bis 15 cm lang, dem Boden angedrückt, zart, dünnwalzlich=fädlich, gabelig verzweigt. Laubblätter bis 7 mm lang, aus fast gleichhälftigem Grunde elliptisch oder verkehrt= eiförmig=länglich, stumpf, gegen die Spitze gesägt, nie ausgerandet. Neben= blätter pfriemlich (Fig. 1756 b), am Grunde oft gezähnt. Einzelblüten= stände einzeln, gabelstän= dig. Hüllbecher glockig= kreiselförmig, kahl, mit 3=eckigen, seicht 3=zähni= gen Zipfeln (Fig. 1756 c); Drüsen querlänglich mit 2= bis 3=lappigem, schmalem, stumpfem, hellrotem Anhängsel. Griffel lang, tief 2=spaltig. Kapsel 1,5 bis 2 mm breit, mit stumpf gekielten Fächern. Samen 1 mm lang, länglich, 4=kantig, grauweiss, glatt (bei stärkerer Vergrösserung mit feiner, wabiger Struktur). — VI bis IX.

Fig. 1756. Euphorbia humifusa Willd. *a* Habitus. *b* Stengelstück. *c* Cyathium. *d* Samen. *e* Keimpflanze von oben (stark vergrössert).

Scharenweise auf Kulturland, zwischen Strassenpflaster, auf Wegen; in Botanischen Gärten zuweilen ein lästiges Unkraut.

Diese kleine, häufig mit E. Chamaesyce L. verwechselte Pflanze stammt aus dem gemässigten Asien (vom Ural bis Japan) und wurde spätestens zu Beginn des 19. Jahrhunderts in Botanische Gärten eingeführt, die vor allem den Ausgangspunkt für die spätere Verwilderung gegeben haben mögen. Im europäischen Mittelmeergebiet ist die Pflanze heute eingebürgert und breitet sich nordwärts langsam aus. In Deutsch= land z. B. in den Botanischen Gärten zu München (1907) und Würzburg, in der Baumschule in Regensburg (1897), in Tübingen (1883), im Hafen zu Mannheim (1901, 1906) und Ludwigshafen, im Hofgarten zu Karlsruhe, im Botanischen Garten zu Strassburg (1883), Minden (1875), auf der Pfaueninsel (seit 1862), am Königsplatz (1870) und im alten Botanischen Garten zu Berlin (etwa 1840) und in dem neuen zu Dahlem (1906) und noch ander= wärts, in Proskau, im Botanischen Garten in Frankfurt a. M. (1876 bis 1914), Dresden (1873), Breslau mehrfach, Ham= burg, Königsberg (1860), Caymen. — In Oesterreich in Wien (1880), in Böhmen bei Aussig (1902) und im Botani= schen Garten zu Prag (1907), in Mähren in Olmütz (1914), in Tirol bei Avio (1863), Meran, Untermais, Bozen, Arco (vielfach), Torbole; in Krain in mehreren Gärten in und bei Laibach (seit 1916 festgestellt), bei Adelsberg (1912). — In der Schweiz im südlicheren Tessin (in Lugano seit etwa 1887) eingebürgert, sonst namentlich in den Botanischen und z. T. auch Privatgärten zu Zürich, Solothurn (entstammt aus dem Alpengarten von Correvon in Genf), Basel (1906), Neuenburg (1909), Bern (1900/01) und später in Genf. Im alten Botanischen Garten in München (nach Hegi), ebenso in Olmütz, wucherte das Pflänzchen namentlich in den Beeten der Liliiflorae und zwar wohl deshalb, weil diese den Sommer über wenig Schatten aufweisen. Die europäischen Pflanzen gehören zu der var. glábra Thellung mit kahlen Stengeln und ebensolchen Laubblättern.

1826. Euphorbia Chamaesýce L. Zwerg=Wolfsmilch. Franz.: Monnoyer; ital.: Erba pondina.

Einjährige Pflanze mit oberwärts meist zerstreuter, abstehender, lang und feiner Behaarung, oft dicht weichhaarig=zottig, selten völlig kahl. Stengel dem Boden angedrückt, sehr reichästig, walzlich=fädlich, 5 bis 15 (20) cm lang; Stengelglieder der blütentragenden Zweige etwa von der Länge der zugehörigen Blattpaare. Laubblätter mit sehr ungleichhälftigem, abgerundetem Grunde, fast kreisrund bis eiförmig oder elliptisch, 5 bis 7 mm lang und 3 bis 4 mm breit, dicklich, getrocknet auf der Oberseite etwas runzelig=nervig, in der Regel fast ringsum gekerbt, stumpf oder etwas abgerandet. Nebenblätter borstig, am Grunde oft gezähnelt. Einzelblütenstände an den oberen Verzweigungen der Pflanze gabelständig. Hüllbecher breitglockig=trichterförmig, grünlich oder rötlich, im Schlund bewimpert, mit 3=eckigen, ganzrandigen oder unmerklich gezähnelten, oft gewimperten Zipfeln; Drüsen quer oval=länglich, wachsfarbig, mit meist breiterem, weisslichem, oft etwas 3=lappigem Anhängsel. Kapsel kahl oder abstehend fein und langhaarig, 1,5 bis 2 mm breit, ihre Fächer gekielt. Samen 4=kantig, eiförmig, etwa 1 bis 1,3 mm lang und an den Aussenflächen 0,7 mm breit, jung rötlich, reif weisslich= oder bräunlich=grau, mit zahlreichen, unregelmässig verbundenen Querrunzeln. — VI bis IX.

Im Gebiete nur gelegentlich und meist nur vorübergehend auf Gartenland, namentlich in Botanischen Gärten eingeschleppt.

Die kleine, niederliegende, dem Fusstritt gut Widerstand leistende Pflanze ist aus ihrer mediterran=vorderasiatischen Heimat verwildert bezw. verschleppt gefunden worden, so in Deutschland in Tübingen, Freiburg i. B. (1849, 1911), Hafen zu Mannheim (1881, 1901), Mühlau bei Mannheim (1906), Ludwigshafen (1910), Karlsruhe (1906); in Oesterreich in Südtirol bei Nago unweit Arco (1906) und vielleicht am Eisenbahndamm bei Ravazzone (Roveredo, 1888); in Krain seit 1900 im Botanischen Garten in Laibach, seit 1916 in Wippach; in der Schweiz bei Genf (1848). Noch früher, zur Zeit Gesners (1541) wurde die Pflanze der vermeintlichen Heilkräfte wegen z. B. in einem Garten in Mömpelgard angepflanzt und war dort infolge spontaner Aussaat noch zur Zeit von J. Bauhin (1651) vorhanden.

Es werden 2 Rassen unterschieden: var. eu=chamaesýce Thellung. Laubblätter schwach bis stumpf gekerbt oder (subf. integrifólia Thellung) fast ganzrandig, vorwiegend rundlich. Anhängsel des Hüllkelches unscheinbar, etwa so breit (selten fast doppelt so breit) als die Drüse selbst, häufig ganzrandig. Samen oft bräunlich. — Hierzu gehören: f. glábra Roeper. Ganze Pflanze kahl oder sehr spärlich behaart. — f. canéscens Roeper. Pflanze, namentlich an den jungen Trieben, dicht kurzzottig grau behaart. — l. maculáta Parl. Laubblätter bisweilen auf der Oberfläche längs des Mittelnerven mit einem lineal=länglichen, purpurnen Fleck. — var. Massiliénsis (DC.) Thellung. Laubblätter mit feinen, stachelspitzigen Sägezähnen, schmäler als bei der vorigen Varietät, am Grunde einseitig deutlich verschmälert. Drüsenanhängsel ansehnlich, kronblattartig, (2=) 3= bis 4=mal so breit als die Drüse, oft 3=lappig. Samen grauweisslich. Pflanze stark behaart, oft dicht grauzottig. Eine von der Provence ostwärts auftretende Rasse, die nach Mannheim und Zürich verschleppt wurde.

1827. Euphorbia maculáta L. (= E. depréssa Torrey, = E. supína Rafin., = E. polygonifólia Jacq., = E. Engelmánni Thellung = E. prostráta Bauer). Gefleckte Wolfsmilch. Fig. 1757.

Einjährige Pflanze mit derber, borstenförmiger, aufrecht abstehender, dem Stengeldurchschnitt gleichkommender Behaarung. Stengel dem Boden angedrückt, 5 bis 15 cm lang, sehr ästig, dünnwalzlich. Laubblätter sehr kurz gestielt, aus fast gleichhälftigen Grunde eiförmig bis lineal=länglich, 5 bis 9 mm lang und 2 bis 4 mm breit, abgerundet stumpf oder kurz zugespitzt, am unteren Rande fast vom Grunde an, am oberen Rande von der Mitte gegen die Spitze hin fein gezähnelt, oberseits meist kahl, trübgrün, im Alter oft rot überlaufen, in der Mitte mit einem rundlichen oder länglichen, purpurnen Punkt, unterseits flaumig. Nebenblätter lanzettlich=pfriemlich, fransig gezähnt. Einzelblütenstände achselständig, durch Verkürzung der oberen Stengelglieder einander sehr genähert. Hüllbecher gestielt, glockenkreiselförmig, aussen und innen rauhhaarig, ungeteilt oder nur bis zur Mitte gespalten, mit lanzettlichen, gewimperten Zipfeln; Drüsen quer=elliptisch, rötlich, mit gestutztem oder seicht 2= bis 3=lappigem, meist blassrotem Anhängsel. Griffel kurz, tief 2=spaltig, rötlich. Junge Früchte nickend. Kapsel gleichmässig angedrückt behaart, grün, z. T. rötlich überlaufen, mit auf dem Rücken stumpf gekielten Fächern, 1,5 mm breit und 1,2 mm lang. Samen auf den 2 Aussenflächen von 3 bis 5 geraden, parallelen, unter sich gesonderten, nur am Grunde des Samens zuweilen etwas unregelmässig verlaufenden und zusammenfliessenden Querfurchen durchzogen, meist blass ziegelrot, zuletzt oft grau. — VI bis IX.

Seit längerer Zeit in Botanischen Gärten (London vor 1660) gezogen und daraus vielfach verwildert; im südlichen Gebiet gegenwärtig eingebürgert auf Gartenland, kiesigen Wegen, zwischen Strassenpflaster, im Kies von Bahngeleisen.

In Nordamerika von Kanada bis Florida und Texas einheimisch, ist diese kleine, vielfach verkannte Art an folgenden Orten im Gebiet beobachtet worden: In Deutschland in Baden bei Rheinweiler (1877), mehrfach in und um Karlsruhe, zwischen Schwetzingen und Hockenheim (1905), im Elsass in Strassburg (1906), in der Rheinpfalz in Ludwigshafen (1913), in der Rheinprovinz in Aachen (1897), in Westfalen bei Ahaus (wohl mit fremden Tabakssamen eingeführt), in Mecklenburg bei Neustadt, in Berlin (seit 1857), in Jena (wahrscheinlich mit Vaccinium macrocarpum eingeführt). — In Oesterreich in Böhmen bei Prag, in Wien (wenigstens früher), in Tirol in Innsbruck, bei Blumau (1912); in Krain in und um Laibach, Krainsburg, an der Südbahn gegen Salloch. — In der Schweiz im südlichen Tessin eingebürgert in und um Lugano (seit 1885), Brissago, Locarno=Muralto (1903, 1906), zwischen Bellinzona und Locarno am Bahndamm (1906, 1911), Melide (1901 bis 1902), im Wallis bei Sitten, Genf (seit 1848), Bern (1900), Bahnhof St. Blaise, im Aargau beim Bahnhof Sins (1910) und Mühlau (1913), in und um Zürich (seit 1886), bei Winterthur (1910), im Kanton Glarus beim Bahnhof Linthtal (1890), Enneda und Netstall (1908), Buchs (Kanton St. Gallen, hier 1917 vielleicht mit österreichischer Gefangenenpost aus Italien eingeschleppt).

Fig. 1757. Euphorbia maculata L. *a* Habitus. *b* Samen.

Am kiesigen Ufer des Lago Maggiore bei Locarno beobachtete G. Samuelsson (Vierteljahresschrift der Naturforschenden Gesellschaft Zürich. Bd. LXVII, 1922) die Art zusammen mit folgenden 1=jährigen Anthropochoren: Panicum miliaceum, Eragrostis pilosa, Cyperus rotundus, Commelina communis, Chenopodium leptophyllum, Amarantus retoflexus, A. deflexus und A. albus, Phytolacca Americana, Portulaca oleracea, Lepidium Virginicum, Oxalis stricta, Impatiens Roylei, Solanum luteum, Erigeron Canadensis und Galinsoga parviflora.

1828. Euphorbia Láthyris[1]) L. Spring=Wolfsmilch, Maulwurfskraut, Kreuzblätterige Wolfsmilch. Franz.: Epurge, grande=esula, petite catapuce; engl.: Caper spurge; ital.: Eacapuzza, catapuzia, scatapucia. Fig. 1758.

Die Art heisst Kreuzstock [nach den gekreuzt=gegenständigen Blättern] (bayr. Schwaben), Springkorn[1]) [nach den herausspringenden Samen] (z. B. Fränkischer Jura), Spiessachrut [zum Austreiben von „Spiessen" = Holzsplittern auf Wunden gelegt] (St. Gallen), Porjierkraut [abführende Wirkung] (Lothringen), Chotz=Beri [brechenerregend] (Schweiz), Amerikanische Wolfsmilch (Baden).

---

[1]) Im Mittelniederdeutschen Gothaer Arzneibuch aus dem Anfang des 15. Jahrhunderts führt die Pflanze bereits den Namen Sprinkhorn, bei der Hl. Hildegard von Bingen (12. Jahrhundert) Springwurtz.

Einjährig überwinternde Pflanze mit kurzspindeliger, an der Spitze ästiger Wurzel und aufrechtem, 10 bis 100 (150) cm hohem, kahlem, dunkelgrünem, bläulich bereiftem Stengel, im ersten Jahre dicht beblättert, im zweiten Jahre unterwärts blattlos. Laub= blätter gegenständig, regelmässig gekreuzt, ganzrandig, unterseits blasser; die unteren lineal, stumpflich, die oberen länglich bis eiförmig=länglich, zugespitzt, mit breit abgerundetem oder schwach herzförmigem Grunde sitzend. Tragblätter des 2= bis 4=strahligen, sehr grossen Blütenstandes den Laubblättern ähnlich. Trugdolde zuerst 2=strahlig, dann wickelartig verzweigt. Trag= blätter der Hüllbecher breit 3=eckig=eiförmig, mit herz= förmigem Grunde sitzend, spitz. Hüllbecher 4 mm lang, mit kurz= und 2=hörnigen, hellgelben Drüsen. Kapsel 3=kantig, seicht gefurcht, runzelig rauh, sehr gross, 8 bis 12 mm lang und bis 1 cm breit. Samen eiförmig=kugelig, bis kurz vor der Fruchtreife völlig glatt, später netzförmig runzelig, mit helmförmig ge= wölbter Caruncula, 5 mm lang und 3,5 mm breit, hellbraun. — VII, VIII.

Nicht selten, namentlich in Bauerngärten, als Zierpflanze und zu Arzneizwecken gehalten und durch Selbstaussaat daraus verwildert, ferner als meist un= beständige, aber auffällige Ruderalpflanze auf Schutt= plätzen, an Hecken, in Weinbergen, Grasgärten, an Verkehrswegen und selbst auf Kiesbänken der Flüsse (am Main bei Michelau und Oberwallenstadt er= scheinend); in Scheidegg bei Lindau noch bei 804 m, in der Schweiz bei Chur (Lürlibad) bei 620 m. Im ganzen Gebiet zerstreut, aber nur im wärmeren Sü= den häufiger und beständiger, so z. B. im schweizeri= schen Rheinthal oberhalb Sargans und am Neuen= burgersee bei St. Aubin 480 m.

Allgemeine Verbreitung: Wahrschein= lich im Mittelmeergebiet und im wärmeren Asien hei= misch; ausserdem in Mitteleuropa, in Nord= und Süd= amerika verschleppt.

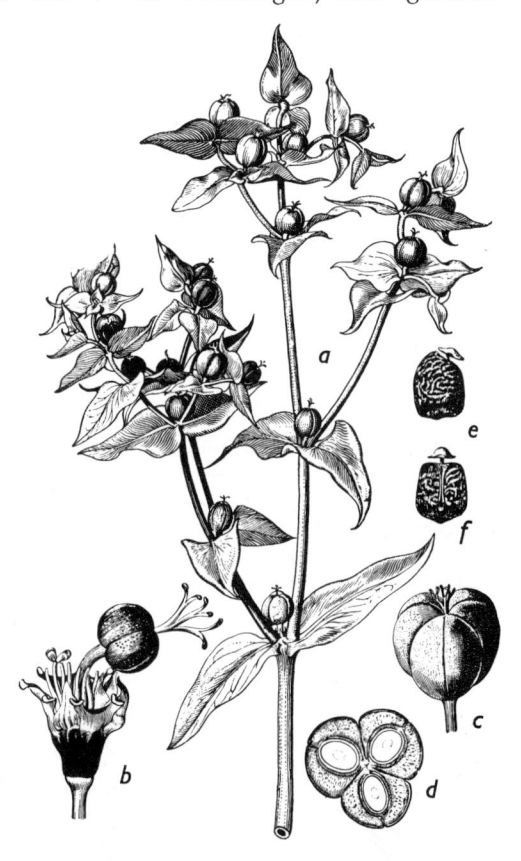

Fig. 1758. Euphorbia Lathyris L. *a* Fruchtender Spross. *b* Cyathium. *c* Frucht. *d* Querschnitt durch die- selbe. *e, f* Samen.

Die Art ist der einzige Vertreter der Sektion der Decussátae mit gekreuzten Laubblattpaaren und besitzt keine nahe stehenden Verwandten. Die Feststellung der ursprünglichen Heimat wird dadurch erschwert, dass die Pflanze bereits bei den Aerzten des Altertums als Brech= und Abführmittel in hohem Ansehen stand und wohl schon damals angepflanzt wurde. So wird sie bereits von Plinius und Dioscurides auf= geführt. Die Samen (sémen Catapútiae minóris sive Tithýmali latifólii s. Lathýridis majóris) enthalten 40 bis 46 (50) %/o fettes, hell bis dunkelgelbes Oel, weshalb die Pflanze früher in Deutschland zur Herstellung von Brennöl kultiviert wurde. Sie sind als giftig zu bezeichnen und enthalten ein dem Ricin (pag. 122) der Ricinussamen ähnlichen Stoff. Das von Tahara darin gefundene Aesculetin ist nach Robert unwirksam. Nach Lewin erzeugen 6 bis 8 Körner Gastroenteritis. Wegelin (Verhandl. der Schweizer. Naturforsch.= Gesellschaft 1913, pag. 221) erwähnt, dass Schüler, die während der Botanikstunde 4 bis 8 Stück der wohl= schmeckenden Samen gekostet hatten, nach einer halben Stunde unter heftigen Leibschmerzen Brechen und Durchfall bekamen. Im Capitulare de villis, der Gartenbauverordnung Ludwigs des Frommen aus dem Jahre 812, wird das Springkraut als „Lacterides" erwähnt und fand auch späterhin, namentlich in den Klostergärten, dauernde Aufnahme. Den deutschen Namen Springkraut führt die Pflanze bereits bei Hieronymus Tragus (Bock), der von ihr berichtet: „Sobald die Nüsslin dürr werden, springen sie mit eim Knall von der Sonnenhitz auff, als die Schotten an den Pfrimmen". In den Glossaren heisst die Pflanze cóctus nídus, septegránia, in alten Kräuterbüchern Tithýmalus májor oder meist Catapútia mínor im Gegensatz zu Catapútia májor, dem Ricinus, dessen Samenöl als harmloseres Abführmittel das Springkraut heutzutage fast ganz verdrängt hat. Rostius in Lund bezeichnete 1610 die Pflanze als Buglóssa montána. Neuere Bezeichnungen für die Samen sind Springkörner, Treibkörner, kleine Purgierkörner usw. Während der vergangenen Kriegsjahre fand Euphorbia Lathyris wieder etwas Aufnahme als Ersatzmittel für Kaffee. Die Bauern in Franken (Gräfenberg) verwenden das frische Kraut gegen das Aufblähen der Kühe, in Südtirol (Salurn) als Fiebermittel; am Bodensee wird die Pflanze unter dem Namen „Tribus" (Treibaus) gezogen, um Splitter aus der Hand zu ziehen (Ruess). Christ (Der alte Bauerngarten) sieht in der Pflanze ein verschwindendes Relikt aus uralten Zeiten. — Die Kapsel öffnet sich (wie auch bei den übrigen Euphorbia-Arten) nicht elastisch, sondern bleibt auch nach erreichter Reife lange Zeit geschlossen. Erst sehr spät werden die drei Teilfrüchte mit ziemlicher Gewalt und deutlichem Knall fortgeschleudert und geben dabei, an der zentralen Naht sich öffnend, je einen, im Mittel 41 mg wiegenden Samen frei. An diesem findet sich die Caruncula in Form eines gelblichen, plankonvexen, gerundeten Körpers mit ölhaltigen Zellen (Elaiosoma), um dessentwillen die Samen von Ameisen aufgesucht und verschleppt werden. Sernander vereinigt die Euphorbia-Samen mit denen von Claytonia perfoliata und Mercurialis zu einem besonderen Euphorbia-Typus. Eine ausführliche Beschreibung der Samen gibt O. Harz in seiner Landwirtschaftlichen Samenkunde, pag. 831.

1829. Euphorbia villósa Waldst. et Kit. (= E. pilósa L. p. p., = E. procéra [1]) Bieb., = E. procera Bieb. α Koch, = E. pilosa L. var. leiocárpa Neilr.). Zottige Wolfsmilch. Fig. 1759.

Ausdauernde, dicht-buschige, grosse Staude mit dick-walzlichem, mehrköpfigem Wurzelstock und weitkriechenden, unterirdischen Ausläufern. Stengel mehrere, aufrecht, 50 bis 120 cm hoch, hohl, kahl oder kurzhaarig, seltener zottig behaart, mit zahlreichen blühenden und nichtblühenden, später die Gipfeldolde überragenden Seitenästen. Laubblätter länglich-eiförmig bis länglich-lanzettlich, mit verschmälertem Grunde sitzend oder sehr kurz gestielt, wechselständig, stumpf, die oberen gegen die Spitze zu am knorpeligen Rande dicht klein-gesägt, oberseits kahl oder spitzlich, kurzflaumig behaart, unterseits weichhaarig, 2 bis 5 cm lang und 1 bis 2 cm breit. Hüllblätter der Blütenstandstrahlen breit oval, vorn abgerundet, seltener spitzlich, anfangs gelblichgrün. Gipfeldolde 5- bis mehrstrahlig; Strahl zuerst 3-teilig, dann 2-teilig. Hüllbecher 3 mm lang, mit querovalen, ganzrandigen, anfangs gelblichgrünen, später rotgelben Drüsen. Kapsel seicht gefurcht, 3 bis 3,5 mm lang, kahl oder anfangs schwach behaart. Samen eiförmig-kugelig, glatt oder mit spärlichen, halbkugeligen Warzen besetzt, mit warzenförmiger Caruncula, 2 bis 2,5 mm lang, glänzend schwarzbraun. — V, VI.

Zerstreut auf nassen Wiesen und Sümpfen entlang der Flussniederungen, in Mooren, an buschigen Grabenrändern, in Ufergebüschen, auf lichten, feuchten Waldwiesen. In der Ebene und im Hügellande.

In Deutschland nur in Schlesien auf dem linken Oderufer namentlich im Bereiche der Schwarzerde südlich von Breslau und Ohlau, sowie am Fusse des Eulengebirges, z. B. bei Peterwitz, an der Grossstrehlitzer Heerstrasse, vor den Dirscheler Gipsgruben, bei Brockau (?), Kl. Tinz, Seiffersdorf (?), Geiersberg, Silsterwitzer Wiesen. — In Oesterreich in Oesterreichisch Schlesien unweit Teschen an der Olsa; in Böhmen bei Prodiebrad, Kuttenberg, mehrfach um Dynokur und Gross-Wossek; in Mähren vor dem Chomotauer Wald bei Olmütz, bei Waslavitz bei Prossnitz, zwischen Scharditz und Göding, bei Kobily, an der Vereinigung der March mit der Thaja; in Niederösterreich entlang der unteren Thaya, March, in der ganzen Ebene südlich der Donau von Laxenburg bis an den Neusiedlersee, bei Neuwaldegg; für Tirol (Bozen gegen Meran und Welschmetz gegen Salurn) höchst zweifelhaft; in Steiermark bei Altenmark unweit Fürstenfeld, Luttenberg, Türkenhügel bei

Fig. 1759. Euphorbia villosa Waldst. et Kit. *a* Habitus. *b* Cyathium.

---

[1] Lat. procérus = vornehm, lang, hoch.

Hausambacher, beim Bahnhof von Ponigl und Rohitsch; in Kärnten bei Satnitz, Siebenhügel, Wörthersee, Ebental, unter Gafenstein, im Lavanthtal bei St. Ulrich, im Arling-, Pressing- und Weissenbach-Graben; in Krain z. B. bei Brezovica unweit Franzdorf. — Fehlt in der Schweiz ganz. — Verschleppt im Hafen zu Mannheim (1892) und im Vorbahnhof in Dürach.

Allgemeine Verbreitung: Nordspanien, Mittel- und Südfrankreich, Schlesien, Oesterreich, Italien, Ungarn, Rumänien, Süd- und Mittelrussland; Transkaukasien, Sibirien.

Die Art ist in der Ausbildung der Kapseln ziemlich veränderlich: var. týpica Beck. Kapsel glatt und entweder (f. leiocárpa Neilr.) kahl oder (f. trichocárpa Koch) anfangs etwas wimperhaarig, dabei sind die Laubblätter entweder (f. obtusifólia Beck) vorn abgerundet, stumpf, fast ganzrandig oder (f. acutifólia Beck) zugespitzt und vorn ± deutlich gesägt. — var. tuberculáta Koch (= E. pilósa L. var. verrucósa Neilr.). Kapsel mit halbkugeligen, nur wenig erhabenen Warzen bedeckt, kahl.

Euphorbia villosa ist ein Helophyt, der auf den ausgedehnten, artenreichen Sumpfwiesen an der March und Thaya mit folgenden bezeichnenden Begleitern erscheint: Agrostis vulgaris und A. alba, Alopecurus aequalis, Poa palustris, Molinia caerulea, Glyceria plicata und G. fluitans, zahlreichen Carex-Arten, Eriophorum angustifolium, Allium angulosum, Epipactis palustris, Orchis incarnatus, Iris Sibirica, Thalictrum lucidum, Potentilla palustris, Galega officinalis, Lathyrus paluster, Geranium palustre, Euphorbia palustris, Lythrum Salicaria, Laserpitium Pruthenicum, Lysimachia thyrsiflora, Gentiana Pneumonanthe, Stachys palustris, Scutellaria galericulata, Teucrium Scordium, Veronica longifolia, Galium boreale und G. palustre, Succisa pratensis, Taraxacum paludosum, Scorzonera humilis, Senecio palustre, Cirsium canum, C. oleraceum und C. rivulare. Bei Olmütz in Mähren tritt Ostericum palustre hinzu (Hayek).

1830. Euphorbia Austríaca A. Kerner (= E. procéra Koch β trichocárpa Koch p. p., = E. pilósa L. γ trichocarpa Neilr. p. p. und lasiocárpa Neilr.). Oesterreicher Wolfsmilch.

Ausdauernde, kräftige Staude mit dick walzlichem, mehrköpfigem Wurzelstock und weitkriechenden, unterirdischen Ausläufern. Stengel aufrecht, bis 80 cm hoch, kahl oder ziemlich kahl. Laubblätter aus kurz stielförmigem, oft etwas verschmälertem Grunde elliptisch, stumpf oder zugespitzt, ganzrandig oder sehr fein gesägt, 18 bis 35 mm breit, oberseits kahl, unterseits weichhaarig. Ausser der Gipfeldolde einzelne Döldchen in den obersten Blattachseln. Hüllblätter der Blütenstandsstrahlen eiförmig-rundlich, gelbgrün; Hüllchenblätter der Einzelblütenstände verkehrt-eiförmig oder eiförmig, gelbgrün. Hüllbecher 4 bis 5 mm lang, mit querovalen, stumpfen Drüsen. Kapsel seicht gefurcht, 4 mm lang, glatt oder etwas warzig, trocken leicht runzelig, lang-wimperhaarig. Samen eiförmig-kugelig, glatt, mit nierenförmiger Caruncula, 2,3 bis 2,5 mm lang. — V, VI, in höheren Lagen VII.

Häufig an steinigen, buschigen Orten, in lichten, subalpinen Nadel- und Mischwäldern, auf kräuterreichen Matten, im Krummholz; von etwa 1200 bis 1900 m, selten bereits bei 1000 m (Pfeiferalp am Sarstein in Steiermark), gelegentlich auch tiefer und dann meist im Kies der Alpenbäche. Nur auf Kalk.

Euphorbia Austriaca ist wie Draba stellata und Soldanella Austriaca ein Neoendemit der ostnorischen Alpen und besitzt ein sehr enges Verbreitungsgebiet in Ober- und Niederösterreich und Steiermark, das etwa durch die Linie Oetscher, Hochkarr, Radmer, Reichenstein, Brandstein, Zellerhut und oberes Salzatal bei Gusswerk umschrieben werden kann. Ein versprengtes Vorkommen liegt innerhalb Deutschland bei Hals unweit Passau (vgl. auch Bd. III, pag. 395). Tonangebend tritt die Art in der Umgebung von Schladming (Obersteiermark) z. B. auf am Südhang südlich vom Steirersee gegen Klachau von 1200 bis 1500 m, unterhalb des Odernthörl im Totengebirge von 1300 bis 1500 m und am Westhang des Röthelsteins bei 1200 bis 1500 m auf.

Die mesohygrophytische, der Euphorbia villosa sehr nahe stehende Art erscheint nach Favarger und Rechinger (Die Vegetationsverhältnisse von Aussee in Obersteiermark, 1905) im lichteren Nadelwalde mit reichlicher Streuschicht in der Bodendecke zusammen mit zahlreichen Farnen, mit Lycopodium annotinum und L. Selago, Calamagrostis villosa, Carex alba, C. digitata und C. umbrosa, Luzula pilosa, Polygonatum verticillatum, Cephalanthera rubra und C. longifolia, Goodyera repens, Corallorrhiza innata, Helleborus niger, Aconitum Vulvaria und A. rostratum, Cardamine trifolia, Oxalis Acetosella, Polygala Chamaebuxus, Mercurialis perennis, Euphorbia amygdaloides, Pleurospermum Austriacum, Heracleum Austriacum, Pirola uniflora, P. secunda und P. rotundifolia, Gentiana asclepiadea, Stachys silvaticus, Salvia glutinosa, Digitalis ambigua, Galium rotundifolium, Adenostyles glabra und A. Alliariae, Aster Bellidiastrum, Petasites niveus, Homogyne discolor,

Senecio sarracenicus, Aposeris foetida u. a. m. In der Milchkrautweide des obersteierischen Hochschwabgebiets findet sie sich nach Nevole mit Deschampsia flexuosa, Phleum alpinum, Carex ferruginea und C. brachystachys, Sesleria varia, Gagea minima, Trollius Europaeus, Aconitum Napellus, Myosotis alpestris, Trifolium pratense subsp. nivale, Thesium alpinum, Gentiana Bavarica und G. Favrati, Homogyne alpina und H. discolor, Senecio alpinus, Leontodon Danubialis, L. hispidus und L. Pyrenaicus, Crepis aurea und Hieracium villosum. In den Eisenerzer Alpen wird sie an der oberen Waldgrenze, wo das Krummholz immer mehr an Oberhand gewinnt, tonangebend. Als ständiger Begleiter tritt dort die in Steiermark seltene Lonicera caerulea auf. Sie blüht an solchen Orten bis in den Juli hinein. Ihre Blätter verfärben schon vor Eintritt des Herbstes lebhaft gelb bis hochrot, sodass die Pflanze dadurch zu einer sehr auffälligen Erscheinung wird.

1831. Euphorbia palústris L. (= Tithýmalus palustris Hill., = T. fruticósus Gilib.). Sumpf= Wolfsmilch. Franz.: Turbith noir. Fig. 1760 und Fig. 1761.

Sehr kräftige, hohe Staude mit dick=walzlichem, mehrköpfigem, verzweigtem, reich bewurzeltem Erdstock und wagrecht weitkriechenden Ausläufern. Stengel aufrecht, 50 bis 1,50 cm hoch, dick, hohl, oben ästig, kahl, schwach bläulich bereift und am Grunde oft rot überlaufen, im Herbst purpurrot, die oberen, meist sterilen Aeste die Gipfeldolde zur Fruchtzeit überragend. Laubblätter lanzettlich oder länglich= lanzettlich, beiderseits ver= schmälert, sitzend, stumpf oder spitzlich, ganzrandig oder vorn klein und ent= fernt gesägt, kahl, bläu= lichgrün, wechselständig. Hüllblätter der Blüten= standsstrahlen eiförmig= rundlich, stumpf, gelblich; Hüllchenblätter verkehrt= eirund, stumpf oder spitz, gelb. Blütenstand doldig, vielstrahlig (mehr als 5); Hauptstrahlen zuerst 3= teilig, dann 2=teilig. Cyathium 3,5 bis 4 mm lang, 4=spaltig, mit spitzen, grünen Zipfeln und querovalen, wachsgelben, später bräunlichen Drüsen. Kapsel 5 bis 6 mm lang, mit kurzen, walzlichen Warzen reichlich besetzt. Samen eiförmig=rundlich, glatt, graubraun, fast glanzlos, 3 bis 3,5 mm lang, mit rundlicher, erhabener Caruncula (Fig. 1760 h). — V, VI.

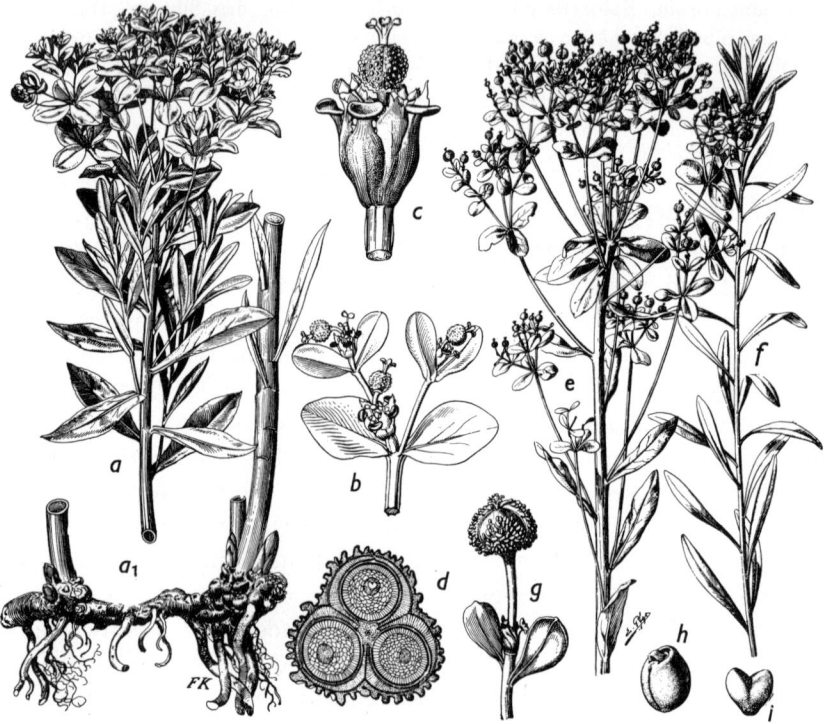

Fig. 1760. Euphorbia palustris L. *a, a₁* Habitus im aufblühenden Zustande. *b* Blüten= standsstrahl. *c* Cyathium. *d* Querschnitt durch den Fruchtknoten. *e* Habitus nahe der Reife. *f* Steriler Spross. *g* Blüte im Fruchtstadium. *h* Samen. *i* Keimling.

Meist gesellig auf feuchten Niederungsauen, in Gräben und Sümpfen, in feuchtem Weidengebüsch und in Auenwäldern, an Teichufern im Bereich von Strömen und Flüssen.

Im Gebiet stellenweise häufig, stellenweise zerstreut, selten oder auch ganz fehlend. In Deutsch= land (Fig. 1761) in Bayern an der Donau von Dillingen bis Vilshofen, Passau, an der Isar bei Marzling unter= halb Freising, bei Landshut (z. B. bei Loiching und Moosfürth, von Loiching bis Dingolfing), im Oberpfälzerwald bei Mähring, an der Wörnitz bis Dinkelsbühl, im Maingebiet in der Umgebung von Schweinfurt bei Sulzheim, Grettstadt, Schwebheim, Gochsheim, Kreuzwertheim und am Main selbst hie und da, in der Vorderpfalz ziemlich verbreitet in der Rheinniederung; fehlt in Württemberg; in der Oberrheinischen Tiefebene im Elsass und in Baden ziemlich häufig, so bei Istein, Kleinkems, Rheinweiler, Neuenburger Insel, Weinstetter Hof, Faule

Waag, Oberhausen, Rust, Kappel, Ettenheim, Kehl, Daxlanden, Maximiliansau, Neureuth, Mannheim, am Neckarufer zwischen Heidelberg und Ziegelhausen; in Lothringen und in den Vogesentälern sehr selten oder fehlend; in der Rheinprovinz vereinzelt von Bingen, Köln, Düsseldorf und Wesel bis Cleve, abseits des Rheins bei Gahlen a. d. Lippe und bei Dedenborn a. d. Ruhr; in der Nordwestdeutschen Tiefebene nicht häufig und aus Ostfriesland und dem Emsgebiet nicht bekannt, im Oldenburgischen in der Nähe der Weser, Ochtum und Ollen, bei Ringstedt, Spaden und Ihlenworth, östlich Bremerhaven, Feldhaus bei Liliental, an der Eyter nicht selten, an der Luhe, an der unteren Elbe bei Hamburg verbreitet, in Hannover ferner z. B. an der Aller bei Celle und Verden, bei Adendorn, bei Pyrmont, in Braunschweig nur bei Neuenhaus unweit Gifhorn und im Schiffgrabenbruch bei Wulfersstedt und Ochersleben, an der Trave bei Travental (wohl verschwunden), im Nordostdeutschen Flachland meist verbreitet, aber fast nur im Bereich der grossen Ströme, in Pommern auf der Insel Usedom bei Zinnowitz, auf Wollin und noch bei Stolp am Hinteren Rohrsee bei Muddelstrand; in Westpreussen nur einmal vor vielen Jahren an der Weichselmündung (bei Danzig) sicher beobachtet; in Ostpreussen fehlend; in Posen an der Oder, Netze und Warthe, an der Prosna bei Grabow, bei Kruschwitz; in Thüringen im Gebiet der Gera und Unstrut bei Laucha, Leubingen, Sömmerda, Gross-Vargula, Elxleben, Nöda, von Mittelhausen über Stotternheim bis Gebersee, bei Aperstedt; in Sachsen nur im Bereich der Weissen Elster, in der Provinz Sachsen bei Schönwald im Gebiet der Schwarzen Elster; in Schlesien an der Oder abwärts von Ohlau und an ihren

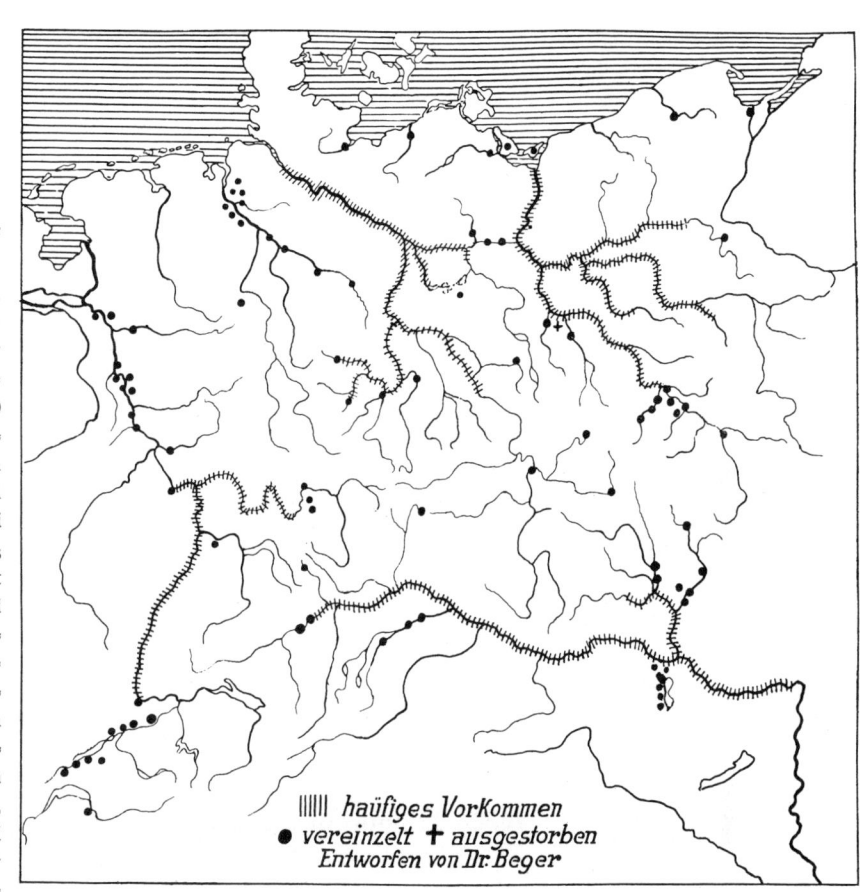

Fig. 1761. Verbreitung von Euphorbia palustris L. in Mitteleuropa.

Nebenflüssen aufsteigend, so an der Bartsch bis gegen Miltitz, an der Weisstritz bis Striegau, im Gebiet von Bober und Neisse bei Sorau und früher bei Guben. — In Oesterreich in Böhmen an der Elbe zwischen Pardubic und Melnik, ferner bei Liebenau südlich Reichenberg; in Mähren zerstreut an der Thaja von Dürnholz über Tracht und Eisgrub bis zur Landesgrenze, vereinzelt auch um Höflein, an der Schwarzava von Muschau aufwärts, Branowitz bei Raigern, Geranowitz, an der March zwischen Laska und Chomotau, Czernowir bei Olmütz, um Ungarisch Hradisch, im Gödinger Wald, bei Pisek und Veselí; in Ober- und Niederösterreich, häufig entlang der Donau, March, Thaja und im südlichen Wienerbecken von Laxenburg bis Kottingbrunn, am Neusiedlersee; in Tirol mit Sicherheit nur bei Riva am Gardasee; in Steiermark nur an der unteren Mur bei Radkersburg und Luttenberg; in Kärnten bei Satnitz, am Wörthsee, bei Ebental. — In der Schweiz selten und neuerdings vielfach zurückgehend: gegenwärtig bekannt aus dem Wallis von Vouvry, aus der Westschweiz bei Murten, Yverdon, Yvonand, Concise, aus dem Kanton Bern (Mutten, Nidau), Solothurn (Grenchen) und Aargau (Aarau). Angeblich auch im Tessin (Balerna und Agno).

Allgemeine Verbreitung: Vom östlichen Spanien und Frankreich (in England und Belgien fehlend) durch Europa östlich bis Süd-Skandinavien, bis zu den baltischen Provinzen, Polen, Ungarn, dem nördlichen Balkan, Südrussland; Ural, Sibirien, Altai.

Euphorbia palustris ist eine schöne, zur Blütezeit von weitem an Senecio paluster erinnernde Pflanze, die für die Havelländischen Niederungen sehr charakteristisch ist. Besonders nach der Blüte, wenn die verlängerten, unfruchtbaren Aeste den Blütenstand weit überragen, gleicht die Pflanze einer Weide; im Herbst verrät sie sich indes durch den hellpurpurnen Stengel, der oft schon zur Blütezeit wie der Laubblattrand rot überlaufen ist (Ascherson). Sie ist ein bezeichnendes Beispiel einer Stromtalpflanze (vgl. pag. 151), die sich in ihrer Verbreitung fast ausschliesslich an die Niederungen der grossen Ströme, spärlicher auch an die kleinen Zuflüsse hält. Dennoch ist sie im Gebiete nicht gleichmässig verteilt, sondern zeigt unregelmässige, sprunghafte Siedelungsbezirke, deren Gestalt und Lage nach August Schulz (Entwicklung der phanerogamen Pflanzendecke Mitteleuropas nördlich der Alpen, 1899) den Anforderungen der Art an Klima und Boden weder in der Jetztzeit entsprechen, noch in einer der früheren klimatischen Perioden entsprochen haben können. Allerdings entbehrt die Pflanze an ihren ansehnlich grossen Samen jedweder Einrichtung, die einer Verbreitung auf weitere Entfernungen dienen könnten; aber eingebettet in Schlammboden dürfte eine Verschleppung durch Wasser- und Sumpfvögel dennoch recht wohl möglich sein. Auch vegetative, entwicklungsfähige Sprossteile der Pflanze können durch das strömende Wasser verfrachtet und später wieder abgesetzt werden. Wenn nun E. palustris heute trotzdem eine lückenhafte Verbreitung besitzt, so ist das nach August Schulz auf wiederholte klimatische Verschiebungen in und nach der Eiszeit, auf Einwanderung, später stellenweises Aussterben und möglicherweise erneute Ansiedlung zurückzuführen. Das Gebiet der Donau mag von Ungarn aus besiedelt worden sein, das des Rheins vornehmlich von Westen und Südwesten her, die übrigen deutschen Gebiete von Russland aus in ostwestlicher Richtung der Rinnen der Urstromtäler folgend. Topographische Verhältnisse, mangelnde Ansiedelungsplätze verschlossen die Quellgebiete. Auffällig ist das spärliche Vorkommen an der Weichsel (auch in Galizien und Polen nur vereinzelt), die völlige Abwesenheit an der Uker und Spree, die Lücke an der Elbe zwischen Melnik und Torgau, das Fehlen an der Ems und das zerstückelte Auftreten am unteren Rhein von Bingen abwärts. Nach Nordböhmen ist E. palustris vielleicht aus dem Odergebiet längs der Neisse oder durch sprunghafte Verbreitung aus dem nahegelegenen Marchgebiet nach Pardubic gelangt. Andere derartige Stromtalpflanzen sind z. B. Carex Buekii, Cardamine parviflora, Nasturtium Austriacum, Eryngium planum, Xanthium strumarium, Bidens melanocarpus, Senecio fluviatilis. Während die Pflanze in der Regel nur auf ungesalzenen Böden zu wachsen pflegt (vgl. ihre Begleiter pag. 149), geht sie auf Usedom in die Salzsümpfe hinein, deren Moor- und Schlickproben nach Preuss 0,26 bis 0,38 % NaCl enthalten und in denen sie mit Triglochin maritima, Juncus Gerardii, Myrica Gale, Glaux maritima, Odontites litoralis, Plantago maritima und Aster Tripolium zusammentrifft. — Die Rinde der Pflanze scheint im Mittelalter medizinische Verwendung gefunden zu haben und wird in der sog. Frankfurter Liste, einem alten Apothekerinventar aus der Mitte des 15. Jahrhunderts, als Cortex Esulae majoris bezeichnet. Thal nennt die Pflanze 1577 Pityússa grándis.

1832. Euphorbia fragifera Jan. (= E. epithymóides L. non Jacq.).
Erdbeer-Wolfsmilch. Fig. 1762.

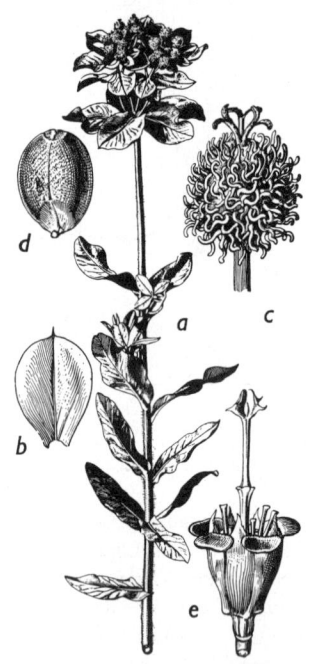

Fig. 1762. Euphorbia fragifera Jan. *a* Blühender Spross. *b* Hüllchenblatt. *c* Frucht. *d* Samen. *e* Cyathium.

Dichtbuschige Staude mit dickem, holzigem Erdstock. Stengel 5 bis 30 cm hoch, aufrecht oder aufsteigend, am Grunde verholzend, nicht verzweigt, gestreift, kantig, bisweilen schwach geflügelt, weisszottig behaart, bleichgrün, mattglänzend, zuletzt wie die ganze Pflanze rötlich überlaufen. Laubblätter zerstreut, länglich-lanzettlich bis schmallineal, stumpf oder zugespitzt, ganzrandig, 2 cm lang und 6 mm breit, anfangs weich und flaumhaarig, später steiflich und verkahlend, hell- oder etwas bläulich-grün. Hüllblätter der Blütenstandsstrahlen eilanzettlich, durch den auslaufenden Mittelnerven (wie auch oft die obersten Stengelblätter) stachelig-knorpelig bespitzt; Hüllchenblätter eirundlich, am Grunde abgerundet, bräunlich bis wachsgelb. Trugdolde endständig, 5-strahlig, in der Mitte oft mit einer gestielten Einzelblüte; die Strahlen zuerst 3-teilig, oder gabelig, mit oder ohne gestielte Einzelblüte in der Gabelachse, dann gegabelt oder durch Verkümmerung des einen Gabelastes einzeln. Cyathium mit kurz (nur $^1/_3$ der Gesamtlänge) eingeschnittenen Zipfeln und querovalen, anfangs wachsgelben, später nach-

Tafel 178

Tafel 178.

Fig. 1. *Euphorbia dulcis* (pag. 154). Blütenspross.
„ 1 a. Cyathium.
„ 1 b. Ebenso, aber sehr jung.
„ 1 c. Samen.
„ 2. *Euphorbia verrucosa* (pag. 157). Junger Blütenspross.
„ 2 a. Cyathium (aufgeschnitten).
„ 2 b. Längsschnitt durch den Samen.
„ 3. *Euphorbia amygdaloides* (pag. 164). Blütenspross.
„ 3 a, b. Cyathium mit Hochblättern.
„ 3 c. Staubblatt.

Fig. 3 d. Samen.
„ 3 e. Längsschnitt durch den Samen.
„ 4. *Euphorbia Seguieriana* (pag. 177). Habitus.
„ 4 a. Cyathium.
„ 4 b. Samen.
„ 5. *Euphorbia Peplus* (pag. 186). Habitus.
„ 5 a. Cyathium.
„ 5 b. Cyathium (aufgeschnitten).
„ 5 c. Caruncula.
„ 5 d. Staubblatt.
„ 5 e Querschnitt durch den Fruchtknoten.
„ 5 f, g. Samen (vergrössert).

dunkelnden Drüsen; weibliche Blüte aus dem Hüllbecher weit überhängend hervorragend. Reife Kapsel über 5 mm, mit durchschnittlich 3 mm langen, purpurnen, fädlichen Warzen dicht besetzt, sonst kahl, in Grösse und Farbe an Erdbeeren erinnernd. Samen eiförmig, sehr fein netzig=runzelig, grau, mit kleiner, pyramidaler Caruncula. — V.

An sonnigen Kalkfelsen, auf Geröllhalden, felsigen Lehnen und grasigen Hängen zwischen Buschwerk. Einzig im südlichsten Krain bis zu einer nördlichen Grenzlinie Sturja, St. Peter und Schneeberg; ausserdem in Friaul, im Küstenland und in Istrien.

Allgemeine Verbreitung: Südkrain, Friaul, Istrien, Kroatien, Dalmatien, Montenegro.

Euphorbia fragifera ist eine ausgesprochene Karstpflanze, ein Chamaekryptophyt im Sinne von Raunkiaer. Ihre bezeichnendsten Begleiter sind nach Schiffner folgende „Karstheide"=Elemente: Helleborus multifidus, Genista sericea, Cytisus argenteus, Gentiana Tergestina, Ruta graveolens var. divaricata, Onosma echioides, Helichrysum Italicum, Teucrium montanum, Ferula galbanifera, Campanula pyramidalis, Aristolochia pallida. Die schöne, durch farbige Hüllblätter ausgezeichnete Art wird neuerdings in Gärten und Anlagen viel kultiviert.

1833. Euphorbia polýchroma[1]) Kerner (= E. epithymoides Jacq. non L.). Vielfarbige Wolfsmilch. Fig. 1763 und 1764.

Staude mit dickem, kräftigem, mehrköpfigem Erdstock. Stengel aufrecht, 30 bis 50 cm hoch, am Grunde unverzweigt und mit rötlichen Schuppenblättern besetzt, weichzottig behaart. Laubblätter verkehrt=eilänglich bis länglich, an beiden Enden verschmälert, an der Spitze abgerundet=stumpf, sitzend, ganzrandig, unterseits ziemlich dicht, oberseits zerstreut weichhaarig. Hüllblätter eiförmig bis eiförmig=länglich, stumpf, hellgelblich, zur Blütezeit orange gefärbt; Hüllchenblätter länglich=eiförmig, ausgerandet. Trugdolde endständig, meist 5=strahlig; Strahlen 2=spaltig. Cyathium 3 bis 4 mm lang, mit 5 zur Hälfte eingespaltenen, spitzen Zipfeln und mit querovalen, wachsgelben Drüsen. Kapsel 4 mm lang, eikugelig, mit dünnwalzlichen, gekrümmten, an der Spitze orange= bis erdbeerroten Warzen dicht besetzt. Samen eiförmig=kugelig, glatt oder undeutlich runzelig, 2,5 mm lang, mit nierenförmiger, warziger Caruncula. — V, VI.

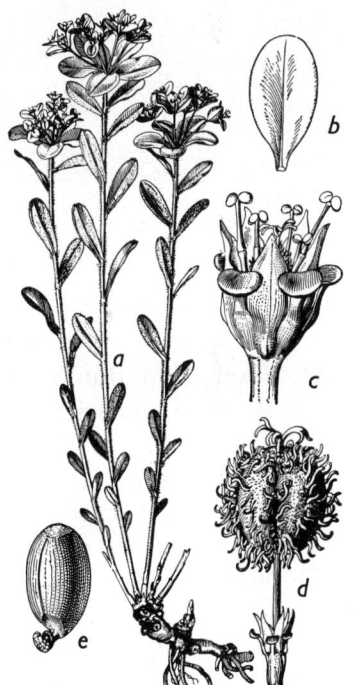

Fig. 1763. Euphorbia polychroma Kerner. *a* Habitus. *b* Laubblatt. *c* Cyathium in der männlichen Phase. *d* Cyathium postfloral. *e* Samen.

---
[1]) Griech. πολύς [polýs] = viel und χρῶμα [chróma] = Farbe; also vielfarbig, bunt.

Auf steinigen, buschigen Hügeln, sonnigen Hängen, an Waldrändern, auf Waldblössen, an Uferplätzen des Hügel- und Berglandes. Gern auf Kalk.

In Deutschland nur in Bayern zwischen Altdorf und Eugenbach nächst Landshut (hier von H. Schultes entdeckt). — In Oesterreich in Böhmen; im mittleren und südlichen Mähren ziemlich gemein; in Niederösterreich und Untersteiermark zerstreut; in Kärnten bei Satnitz und Villach, in Krain hie und da: um Laibach am Schlossberg, im Dobrovatal, am Grosskahlenberg, bei Črnuče, Snebrje, Zadobrova, Kašelj, Salloch, in Unterkrain am rechten Saveufer zwischen Renke und Ratschach, bei Gurgfeld, Vihre, Scopice und Munkendorf, bei Cerklje, Mraševo, Landstrass, Zameško, Hrovaški Brod, in Innerkrain bei Zirknitz. — In der Schweiz fehlend. — Neuerdings in Gärten und in Anlagen angepflanzt und gelegentlich verwildernd, auch vorübergehend eingeschleppt, so z. B. im Hafen von Mannheim und bei Speyer.

Allgemeine Verbreitung: Im Osten und Südosten von Europa: Südpolen, Podolien, Mähren, Böhmen, Bayern, Niederösterreich, Steiermark, Kärnten, Krain, Ungarn, Rumänien, Bulgarien, Bosnien und Albanien.

Euphorbia polychroma ist eine thermophile Trockenpflanze, deren Begleiter sich auf dem Drahaner Plateau bei Olmütz aus Gagea stenopetala, Thesium intermedium und T. linophyllum, Galium scabrum, Veronica prostrata, Centaurea Triumfetti u. a. zusammensetzen. In Kärnten, wo sie nur in den Gailtaler Alpen auftritt und wenig häufig ist, schliesst sie sich nach Beck folgenden ebenfalls als $\pm$ pontisch zu bezeichnenden Arten an: Stipa pennata, Ornithogalum tenuifolium, Cytisus Ratisbonensis, Orlaya grandiflora und Veronica prostrata. An dem sonnigen, buschigen Abhang bei Eugenbach oberhalb Landshut wurden von Hegi und Beger Viscaria vulgaris, Ranunculus bulbosus, Genista tinctoria, Astragalus glycyphyllos, Lathyrus niger, Trifolium alpestre, Dictamnus alba, Euphorbia Cyparissias, Vincetoxicum officinale, Primula officinalis, Chrysanthemum corymbosum, Melica nutans, Brachypodium pinnatum, Carex ornithopoda, C. canescens, C. pilulifera usw. als Begleitpflanzen festgestellt. Der Standort ist neuerdings durch Anpflanzen von Lärchen stark gefährdet.

Fig. 1764. Euphorbia polychroma Kerner. Baden b. Wien. Phot. P. Michaelis, Köln.

1834. Euphorbia dúlcis[1]) L. (= E. soliséqua Rchb., = Tithýmalus dulcis Scop.). Süsse Wolfsmilch. Franz.: Euphorbe doux. Taf. 178, Fig. 1 und Fig. 1765.

Staude mit fleischigem, gegliedertem, einfachem oder verzweigtem Erdstock; mittlere und untere Glieder zylindrisch, flaschenförmig oder walzlich verdickt, zackig begrenzt, $\pm$ ungeradlinig aneinander gesetzt; das letzte, endständige in den bogig aufstrebenden, stielrunden, 15 bis 60 cm langen, zerstreut behaarten, fein gestreiften Stengel verlaufend. Laubblätter 2,5 bis 6 cm lang und 12 bis 22 mm breit, verkehrt-eilänglich oder länglichlanzettlich, mit verschmälertem Grunde sitzend oder sehr kurz gestielt, an der Spitze abgerundet, stumpf, ganzrandig oder nach vorn fein gezähnt, oberseits kahl, unterseits zerstreut weichhaarig oder fast kahl. Hüllblätter des Gesamtblütenstandes länglich- bis breitlanzettlich, nach vorn fein gezähnt und zerstreut bewimpert, grün; Hüllchenblätter aus herzförmigem oder gestutztem Grunde länglich-dreieckig, meist länger als breit, grün. Trugdolde 3- bis 5-strahlig, mit meist ungeteilten, seltener gegabelten Strahlen. Cyathium 2 bis 3 mm lang, mit querovalen, anfangs gelblichgrünen (zuweilen dauernd), später dunkelpurpurfarbenen Drüsen. Kapsel 3 mm lang, kahl, mit halbkugeligen Warzen zerstreut besetzt. Samen 2 mm lang, glatt, glänzend, hellbraun, mit nierenförmiger Caruncula. — V, VI.

---

[1]) Lat. dúlcis = süss; weil der Milchsaft im Vergleich zu dem der anderen Arten weniger scharf ist.

Gesellig auf humosen Kalk- und Urgesteinsböden in schattigen Laubwäldern (namentlich Buchenwäldern), an Waldrändern, in Gebüschen, Legföhrenbeständen, moosigen Waldwiesen, Bachschluchten, Auen, im Bachkies, seltener auch an trockenen Abhängen; in der Ebene seltener, häufig in der Bergstufe und bis in die subalpine Stufe steigend, im Herzynischen Bergland bis 600 m, in den Bayerischen Alpen bis 950 m, in Südtirol bis 1400 m, in Nordtirol bis 1600 m (Rossfälle im Höttinger Berg).

In Deutschland in Süd- und Mitteldeutschland (am häufigsten im östlichen Alpenvorland, fehlt der Rheinpfalz und dem nordbayerischen Buntsandsteingebiet, in den kristallinischen Mittelgebirgen selten), in Norddeutschland sehr selten und mit einer nördlichen Grenze abschliessend, die von Belgien (Grimberghen, Exterlaer) kommend über die Eifel, Südwestfalen, den Ostharz (im Westharz fehlend), Hettstedt, Oschersleben, Walbeck, Hakel, Zerbst, Potsdam, Graudenz und Allenstein nach Polen gegen Grodno verläuft. Die spärlichen ostelbischen Fundorte liegen in Brandenburg bei Belzig, Niemeck, Treuenbrietzen, Luckenwalde, Sanssouci bei Potsdam, Beeskow, in Westpreussen im Kreise Thorn bei Wolfsmühle, Pruska-Lonka und Rudak und bei Graudenz, in Ostpreussen im Kreise Allenstein bei Purden. — In Oesterreich meist verbreitet. — In der Schweiz in den ozeanischen Gebieten verbreitet, in den kontinentalen Zentralalpentälern zerstreut.

Allgemeine Verbreitung: Von Nordspanien und Frankreich ostwärts durch Mitteleuropa und die nördlichen und mittleren italienischen Gebirge bis zu den Karpaten, in der nördlichen und östlichen Balkanhalbinsel, sowie im mittleren und südlichen Russland; in England nur Kulturflüchtling.

Zerfällt im Gebiete in 2 Formen: var. lasiocarpa Neilreich (= f. typica Beck, = E. alpigena Kerner). Kapsel auch bei der Reife ± dicht behaart. Laubblätter vorn stärker gerundet, grösste Blattbreite durchweg vor der Mitte. So vor allem im nördlichen und östlichen Gebiet, in Nordbaden (Heidelberg, Weinheim), in Mittel- und Norddeutschland, in Schlesien, im südöstlichen Teil von Bayern (Passau, Burghausen, Reichenhall), ferner in Oesterreich. — var. incompta Cesati (= var. purpurata

Fig. 1765. Euphorbia lathyris L. Oberer Teil einer Pflanze mit aberlendem Tau.
Garten bei Wetzlar. Phot. Th. Arzt, Wetzlar.

Thuill.). Kapsel höchstens in der Jugend behaart. Im westlichen Gebiet die allein vorkommende Form (abgesehen von den oben erwähnten Fundorten für die var. lasiocarpa), so in der Schweiz und in Süddeutschland (in Nordbaden zusammen mit der var. lasiocarpa), ausserdem in Oesterreich und zwar vor allem in den höheren Lagen. — Die f. chloradenia Boiss. mit dauernd gelbgrünen Drüsen zerstreut unter beiden Varietäten.

Euphorbia dulcis ist ein mesohygrophiler Geophyt mit zarten, wenig- und lockerschichtig gebauten Flachblättern, wie diese bezeichnend für den schattenden und luftfeuchten Laubwald sind und sich bei den meisten Buchenbegleitern wiederfinden. Das den Waldhumus durchsetzende Rhizom wird durch Verwundung zu einer erhöhten vegetativen Vermehrung angeregt. Die myrmekochoren Samen werden durch die Springfrüchte von der Mutterpflanze abgeschleudert. — Die Pflanze, die dem europäischen Element zuzuzählen ist, gehört zu den bestandestreuen Gliedern des Fagétums (vgl. Bd. III, pag. 521) und ist bezeichnend für die praealpinen Bergwälder. Noch an einem der nordöstlichsten Grenzpunkte ihres Verbreitungsgebietes (an der Böslerhöhe bei Graudenz) steht sie im feuchten Laubwald zusammen mit Omphalodes scorpioides, Myosotis sparsiflora, Viola collina und Corydalis cava (Preuss). In den Karawanken Kärntens tritt sie auch in dem anthropogen bedingten Corylusgebüsch auf und hat neben sich in diesem aus Corylus Avellana, Quercus Robur, Berberis vulgaris, Prunus Padus, Sambucus nigra, Fraxinus excelsior und Rubus sp. gebildeten Strauchwerk als Reste des ehemaligen Laubwaldes noch Athyrium filix femina, Stellaria nemorum, Actaea spicata, Anemone trifolia (Bd. III, pag. 521), Thalictrum aquilegifolium, Corydalis cava, Cardamine bulbifera, Viola Riviniana, Symphytum tuberosum, Lamium maculatum und L. Orvala, Asperula odorata aufzuweisen. In dem grossen Felssturz-Gebiet der Alten Schütt auf der Villacher Alpe steht E. dulcis in einem bunten Gemisch ökologisch sehr verschieden gearteter Pflanzen, von denen hier nur genannt seien: Carex alba und C. humilis, Moehringia muscosa, Saponaria ocymoides, Genista Germanica, Cytisus purpureus, Coronilla Emerus, Oxalis Acetosella, Polygala Chamaebuxus und P. amara, Euphorbia verrucosa, E. amygdaloides und E. Cyparissias, Gentiana verna, Brunella grandiflora, Solanum Dulcamara, Pinguicula vulgaris und Aposeris foetida.

1835. Euphorbia anguláta Jacq. (= Tithýmalus angulatus Klotzsch et Garcke). Kantige Wolfsmilch. Fig. 1766 und 1772.

Staude mit meist einfachem, seltener ästigem, walzlichem, wagrecht kriechendem Erd=
stock; dessen Glieder von zweierlei Gestalt: die einen verlängert ausläuferartig, die anderen knollenförmig, einander genähert. Stengel aufrecht oder aufsteigend, am Grunde knollig, oberwärts scharf kantig (Fig. 1766 b), kahl. Laub=
blätter 2 cm lang und 1,4 bis 2 mm breit, verkehrt=eilänglich, an beiden Enden verschmälert, an der Spitze stumpf oder stumpflich und im oberen Teile fein gesägt, kahl oder beiderseits flaumhaarig. Hüllblätter der Blütenstandsstrahlen breit=eiförmig bis elliptisch, spitzlich, stets viel kürzer als die Strahlen; Hüllchenblätter aus herzförmigem oder gestutztem Grunde dreieckig rundlich, so breit oder breiter als lang. Trugdolde 3= bis 5=strahlig; Strahlen einfach (seltener 2 fach) gabelteilig. Cyathium 2 mm lang, mit querovalen, grünlichen, später gelbroten Drüsen. Kapsel 2,5 mm lang, kahl, mit halbkugeligen oder kurzkegeligen Warzen zerstreut be=
setzt. Samen 2 mm lang, glatt, mit kurzkegeliger Caruncula. — V, VI.

Gesellig an steinigen, buschigen Stellen an Waldrändern, an Ab=
hängen, in schattigen Wäldern, Schluchten; von der Ebene bis in die Bergstufe. Gern auf Kalk.

Fehlt in Deutschland und in der Schweiz ganz. — In Oester=
reich in Schlesien und Salzburg; in Böhmen zerstreut und nordwärts nur bis südlich Prag gehend (Kosoř und Hinter=Kopanina); in Mähren nur im mittleren und südlichen Teile, aber da meist nicht selten; in Ober= und Niederösterreich häufig in der Berg=
und Hügelstufe, seltener in der Ebene; in Steiermark nur zerstreut bei Aussee (?), bei Judenburg und Bruck, in Mittel= und Untersteiermark meist häufig; in Kärnten bei St. Primus, Satnitz, Rabensteinerberg, Lavanttal, Weissbriach; in Krain; in Tirol nur südlich der Alpen: bei San Zano, häufig um Trient, im Valsugana, häufig um Rovereto, Castellano, Zugna, Cengialto, Castelcorno, Ala. — Im Hafen von Mannheim vorüber=
gehend verschleppt.

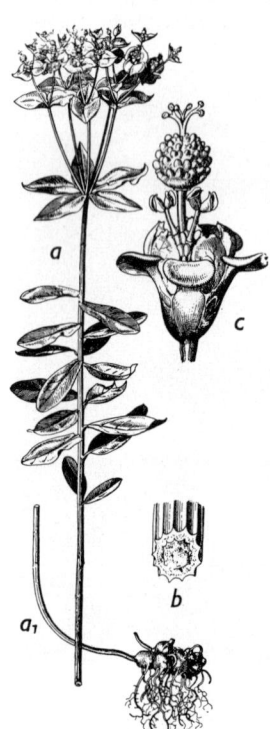

Fig. 1766. Euphorbia an-
guláta Jacq. *a*, *a₁* Habitus.
b Querschnitt durch den Stengel. *c* Cyathium.

Allgemeine Verbreitung: Nordspanien und Südwest= und Mittelfrankreich einerseits; das Hauptverbreitungsgebiet andererseits von Tirol ostwärts, im Norden begrenzt durch Mähren, Polen, Mittelrussland, im Süden begrenzt durch den nördlichen Balkan und Südrussland.

In Mittelböhmen stellt sich die Art in den Laubmischwäldern aus Eiche, Weissbuche und Haselnuss in den tief eingeschnittenen Tälern ein, gemeinsam mit Melica nutans und M. picta, Hierochloa australis, Cephalanthera alba, Potentilla alba, Lathyrus niger und Melittis Melissophyllum; am Rande des Sudetenzuges und seiner vor=
gelagerten Hügelketten erscheint sie in gemischten Eichen=Buchenwäldern mit Melica uniflora, Euphorbia dulcis, Dianthus Armeria, Gentiana ciliata u. a. m. In Mähren ist sie für das xerophile Prunus fruticosa=Rosen=Ge=
büsch sehr bezeichnend.

1836. Euphorbia Carniólica Jacq. (= E. ambigua Waldst. et Kit., = Tithýmalus pilósus Scop., = T. Carniolicus Klotzsch et Garcke). Krainer Wolfsmilch. Fig. 1767, 1772.

Staude mit holzigem, kriechendem, knotig gegliedertem, mehrköpfigem, wagrechtem Wurzelstock. Stengel 20 bis 40 cm hoch, schmächtig, aufrecht, nur Blütenäste tragend, flügelkantig, am nackten Grunde schuppennarbig, oft purpurn überlaufen, behaart, hellgrün. Laubblätter unregelmässig spiralig geordnet, 4 bis 7 cm lang und 1 bis 1,6 cm breit, keilig=verkehrt=eilänglich bis länglich=lanzettlich, mit verschmälertem Grunde sitzend oder kurz gestielt, von unten nach oben an Grösse zunehmend, abgerundet stumpf bis aus= gerandet oder zugespitzt, völlig ganzrandig, kahl oder unterwärts flaumig behaart, dünn, licht= bis gelbgrün. Hüllblätter des Gesamtblütenstandes verkehrt=eiförmig bis verkehrt=eilänglich, abgerundet oder zugespitzt, sitzend; Hüllchenblätter eiförmig=lanzettlich, am Grunde abgerundet oder rasch verschmälert, spitzlich, kurz gestielt, am Rande oft seicht gewellt, grünlich oder goldgelb. Trugdolde endständig, von mehreren seitenständigen, übergebogenen Blütenständen begleitet (daher der Blütenstand breittraubig), 3= bis 5=strahlig mit 2=gabeligen Aesten. Cyathium lang behaart, schön gelb, 3 mm lang, mit querovalen, braungelben Drüsen, meist 5 bis 13 mm lang gestielt (Fig. 1767 b). Kapsel 5 mm lang, mit zerstreuten, halbkugeligen Warzen besetzt, glatt, kahl oder flaumig; Teilfrüchte gekielt. Samen 4 mm lang, eiläng= lich, glatt, braungrün, mit gestielter, schuppenförmiger Caruncula. — IV bis VI.

Auf sonnigen Berglehnen, buschigen Abhängen, in Laub= wäldern, Waldschlägen, auf Berg= und Waldwiesen; vom Hügel= land bis in die subalpine Stufe, in Tirol bis 1900 m, in Steiermark bis 1100 m, in der Schweiz bei 1300 m.

In Oesterreich in Südtirol verbreitet, vielfach in Untersteiermark, in Kärnten z. B. bei Wischberg und in Buchenwäldern am Predil, in Krain. — In der Schweiz einzig im Unterengadin bei Tarasp am Fussweg nach Fon= tana und angeblich im Tessin unterhalb Tenero und bei Locarno. — In Deutschland nur adventiv im Hafen zu Mannheim (1891).

Allgemeine Verbreitung: Von Norditalien, Südtirol und Untersteiermark ostwärts durch Ungarn bis in die Bukowina und bis nach Serbien.

Euphorbia Carniolica ist eine mesohygro= und thermophile, südalpine Waldpflanze, die der illyrischen Untergruppe des submediterran=mediterranen Elementes zuzuzählen ist (Beck, Braun=Blanquet). In Kärnten überschreitet sie, genau so wie Veratrum album, Cerastium silvaticum, Vicia grandiflora und Satureja grandiflora, die Drau nicht. Nach Braun=Blanquet schliesst sie sich wie Angelica (Tommasinia) verticillata, Paeonia officinalis, Vesicaria utri= cularia, Telephium Imperati, Dracocephalum Austriacum u. a. auch dem Föhren= bezirk der Zentralalpentäler eng an und stellt wie Mercurialis ovata (pag. 133),

Fig. 1767. Euphorbia Carniolica Jacq. *a* Habitus. *b* Cyathium.

Dracocephalum Austriacum im Unterengadin einen bezeichnenden Vertreter der sprunghaft verbreiteten, aus den südöstlichen Alpentälern präglazial eingewanderten Pflanzen dar. Ihre Be= gleiter in den südostalpinen Laubmischwäldern, zu denen sich Carpinus Betulus, Ostrya carpinifolia, Fagus sil= vatica, Quercus=Arten, Acer Pseudoplatanus, Tilia=Arten, Fraxinus Ornus in dicht geschlossenen Beständen vereinigen und als deren Unterholz Philadelphus coronarius, Evonymus verrucosa und E. latifolia, Staphylaea pinnata, Daphne Laureola u. a. erscheinen, sind nach Vierhapper: Helleborus macranthus und H. viridis, Isopyrum thalictroides, Anemone trifolia, Epimedium alpinum, Omphalodes verna, Symphytum tuberosum, Pulmonaria Vallarsae, Lithospermum purpureo=caeruleum, Melittis Melissophyllum, Lamium Orvala, Scrophu= laria vernalis, Asperula Taurina.

1837. Euphorbia verrucósa L. em. Jacq. (= Tithýmalus verrucosus Scop., = E. dúlcis Sm.). Warzen=Wolfsmilch. Franz.: Euphorbe verruqueux. Taf. 178, Fig. 4 und Fig. 1768.

Staude mit dickwalzlichem, senkrecht stehendem, holzigem, schuppennarbigem, mehr= köpfigem Erdstock. Stengel aufsteigend oder aufrecht, 30 bis 50 cm hoch, stielrund, kahl oder weichhaarig, am Grunde ästig, d. h. mehrere Stengel aus den Blattachseln des ab= gestorbenen vorjährigen Stengels entspringend, unten meist rötlichgelb oder ganz purpurn überlaufen. Laubblätter unregelmässig abwechselnd angeordnet, länglich=elliptisch oder ver=

kehrt=eilänglich, mit verschmälertem Grunde $\pm$ sitzend, stumpf bis ausgerandet oder spitz, ganzrandig oder fein sägezähnig bis klein gesägt, weich, kahl oder unterseits weichhaarig, oberseits gras= oder gelblichgrün, unterseits bläulich, verkahlend, die meisten am Stengel herab= geschlagen. Hüllblätter der Blütenstandsstrahlen verkehrt=eirund oder oval, spitz, gelb, später oft orange gefärbt; Hüllchenblätter breitelliptisch bis verkehrt=eirund, stumpf oder spitz, fein gesägt. Strahlen des 5=strahligen Blütenstandes 3=spaltig und noch einmal 2=gabelig, kürzer als bei E. dulcis, endständig, selten von einem seitenständigen Blütenast begleitet, zuletzt rotgelb. Cyathium 3 bis 4 mm lang, mit querovalen, wachsgelben Drüsen und breiten, abgerundeten Zipfeln. Kapsel kugelig, 3 bis 4 mm lang, mit halbkugeligen oder kurzwalzlichen Warzen dicht besetzt, kahl. Samen eiförmig=kugelig, 2 bis 2,5 mm lang und 1,2 bis 1,3 mm breit, glatt oder etwas runzelig, glänzend rotbraun, mit nierenförmiger, warziger Caruncula. — V, VI.

Auf trockenen, sonnigen, warmen, seltener auf etwas beschatteten und frischeren Böden: in trockenen Wiesen und Weiden, an Fels= und Schutthängen, in lichten Laub= und Kiefern= gehölzen, nicht selten auch apophytisch an trockenen Weg= und Ackerrändern, an Dämmen usw.; von der Ebene bis in die Bergstufe: in Bayern bis 700 m, in Tirol bis 800 m. Kalkliebend.

In Deutschland nur im südlicheren Gebiet; die Nordgrenze verläuft von Luxemburg, Trier, Ketsch bei Mannheim ins Muschelkalkgebiet von Nordbaden und Unterfranken (besonders Taubergegend und Maintal bei Würzburg), unmittelbar südlich Meiningen, Frankenjura, Südfuss des Bayerischen Waldes (zwischen Regens= burg und Passau) bis nach Ober= und Niederösterreich. Innerhalb dieses Verbreitungsgebietes ist die Art aller= dings sehr unregelmässig verteilt. In Bayern in den Alpen sehr zerstreut (in den Allgäuer Alpen noch nicht beobachtet!), auch am und nördlich vom Bodensee bis in die Gegend von Weiler scheinbar fehlend, auf der oberen und unteren Hochebene verbreitet, im Bayrischen Wald nur im Vorderzug bei Wörth a. D., Bogen= berg, Mitterfels, Schönberg, Passau, im südlichen Juragebiet verbreitet, aber im Neumarkter und Hersbrucker Jura, sowie in der Fränkischen Schweiz fehlend, nördlich nur bei Neuhaus an der Aufsess, zwischen Vierzehn= heiligen und Staffelberg, im Keupergebiet (namentlich auf Gipskeuper) bei Rothenburg, Oberdachstetten, Markt= bergel, Windsheim, Königshofen, Unfinden, Rappershausen, Gollmuthhausen, Rothausen, verschleppt am Bahn= damm bei Horb am Main, bei Lauf, Oberzenn und Westheim, im Muschelkalkgebiet verbreitet, im Buntsand= steingebiet zerstreut, in der Rhön an der Lichtenburg bei Ostheim; in Württemberg im Bereiche der Jagst im eigentlichen Juravorland bei Gmünden, Stuttgart, Tübingen, an der Grenze des nördlichen Schwarz= waldes bei Schwenningen, Dürrheim, Donaueschingen, im ganzen Wutachtal, auf der Alb ziemlich ver= breitet (nach Joh. Bartsch überall innerhalb der Xerothermengrenze, aber nicht bei Aach und Eigeltingen), in Oberschwaben bei Scheer, Wolfegg, Rot, Ravensburg, Eisenharz; in Baden bei Stockau, Hegau, Thengen, im Jura ziemlich verbreitet, auf den Vorhügeln des Schwarzwaldes verbreitet, am Kaiserstuhl, in der Rheinebene bei Oberhausen, Kappel, Nonnenweier, Memprechtshofen, in Nordbaden bei Apfelberg bei Gamburg; in Elsass=Lothringen in der Rheinebene und auf den Kalkhügeln häufig, selten in den Sandsteinvogesen; in der Bayerischen Pfalz fehlend; in der Rheinprovinz bei Trier; in Luxemburg bei Tinant; in Thüringen bei Zeilfeld und ehedem bei Erfurt (jedenfalls ursprünglich angepflanzt). — In Oesterreich in Ober= und Niederösterreich häufig; in Tirol bei Tratzberg und Jenbach, bei Revò, Cles, Mechel, im Val Vestino, Monte Tombèa, Lorina, bei Trient, über Volano gegen Vallunga, Terragnolotal, äusseres Vallarsa (?), am Monte Baldo, in Vorarlberg am Gatteinserberg (1908 von Murr neu aufgefunden); in Steiermark nicht selten bis in die Voralpentäler; in Kärnten bei Raibl, Predil, Tarvis, Arnoldstein, Bleiberg, Föderaun, Faakersee, Rosental, Ortatscha, Obir; in Krain. — In der Schweiz im Jura und im Mittelland meist häufig, stellenweise, wie im Jura, verbreitet, im ozeanischen Alpengebiet (z. B. bis Meiringen) meist nur zerstreut und in gewissen Strichen fehlend, so z. B. im Tösstal; in den kontinentalen, zentralalpinen Tälern sehr selten, wie z. B. im Wallis und in Graubünden.

Allgemeine Verbreitung: Von Nordspanien nordwärts bis Mittelfrankreich, ost= wärts (mit der Nordgrenze Luxemburg, Lothringen, Spessart, Rhön, Südfuss des Bayerischen Waldes und Oberösterreich) durch Mitteleuropa bis zum Nordbalkan und bis Rumänien.

Aendert ab: var. viridis Erdner. Hüllchenblätter und Drüsen grünlich (beim Typus [var. typica Erdner] beide gelb). So z. B. in Bayern bei Grünau unweit Neuburg a. D., zwischen Oberndorf und Ellgau. — E. verrucosa ist in der Tracht sehr vielgestaltig. Im Schatten wachsende Pflanzen sind schmächtig, sehr weit= stehend beblättert und tragen langgestielte, grüne Dolden. Die Warzen der Kapseln sind gewöhnlich kurz= walzlich und stumpf. Pflanzen sonniger Standorte sind buschig, dicht beblättert und tragen eine kurzgestielte, lebhaft gelb gefärbte Dolde und auf den Kapseln spitzigere Warzen.

Euphorbia verrucosa gehört zum mediterran-pontisch-illyrischen Element. Ihre Einwanderung nördlich der Alpen ist nach Otto Nägeli aus der Gegend des Schwarzen Meeres nach Niederösterreich erfolgt, von wo aus sich ein Teil längs der Donau westwärts verbreitete und bis in den Hegau, das Bodenseegebiet und in das schaffhauserisch-züricherische Rheintal vorrückte. Die Einwanderung dieser südeuropäisch-pontischen Steppengenossenschaft, zu der nach Baumann am Untersee (Bodensee) Anthericum ramosum, Ophrys Arachnites, Dianthus Carthusianorum und D. deltoides, Anemone Pulsatilla, Thalictrum Bauhini var. galioides, Arabis sagittata, Reseda lutea, Saxifraga tridactylites, Potentilla canescens var. polyodonta, Trifolium montanum, Anthyllis Vulneraria, Coronilla varia, Polygala comosa, Euphorbia Cyparissias, Seseli annuum, Peucedanum Oreoselinum und P. Cervaria, Laserpitium Prutenicum, Vincetoxicum officinale, Teucrium montanum und T. Chamaedrys, Brunella grandiflora, Melittis Melissophyllum, Galeopsis Ladanum subsp. angustifolia, Stachys annuus und S. rectus, Veronica Teucrium, Euphrasia Kerneri, Orobanche Teucrii und Globularia vulgaris susbp. Willkommii zu zählen sind, ist gegenwärtig noch nicht abgeschlossen. Es gelang z. B. Baumann bei seinen, in den Jahren 1904 bis 1910 durchgeführten Untersuchungen am Untersee die bis dahin aus den Riedern bekannt gewordene Liste pontisch-südeuropäischer Pflanzen um eine ganze Reihe neuer Ankömmlinge zu bereichern, zu denen u. a. auch E. verrucosa gehört.

Auf zeitweise überschwemmten Sumpfwiesen der Rheinniederung westlich vom Kaiserstuhl wächst E. verrucosa zusammen mit Lotus siliquosus, Linum catharticum, Symphytum officinale, Senecio spathulifolius, an besonders feuchten Senken auch mit E. palustris (W. Zimmermann). Vorwiegend aber kommt sie in trockenen bis sehr trockenen Pflanzengesellschaften vor, z. B. in Bromus erectus-Wiesen, von denen Kelhofer vom Malm-Gehängeschutt von Siblingen (Kanton Schaffhausen) folgende Liste gibt: Bromus erectus, Briza media, Avena pratensis, Brachypodium pinnatum, Sanguisorba minor, Ononis repens, Anthyllis Vulneraria, Hippocrepis comosa, Onobrychis viciifolia, Trifolium montanum, Coronilla varia, Pimpinella Saxifraga, Seseli Libanotis, Peucedanum Cervaria, Galium verum, Thymus Serpyllum, Asperula cynanchica, Buphthalmum salicifolium, Carlina vulgaris u. a. m. Im trockenen, lichten Laubwald der Schwäbischen Alb, der aus Acer campestre und A. Pseudoplatanus, Fagus silvatica, Fraxinus excelsior, Sorbus Aucuparia, Pirus communis

Fig. 1768. Euphorbia verrucosa L., Warzen-Wolfsmilch auf einer Trockenwiese bei Sollenau, N. Ö.
Phot. R. Fischer, Sollenau, N.Ö.

und P. Malus, Prunus avium, Quercus pedunculata, Taxus baccata, Tilia platyphyllos und T. cordata besteht und in dem die Strauchschicht von Berberis vulgaris, Rosa repens und Viburnum gebildet wird, findet sich E. verrucosa zusammen mit Convallaria majalis, Lilium Martagon, Cephalanthera rubra, C. longifolia und C. alba, Gymnadenia conopea, Platanthera bifolia, Cypripedium Calceolus, Epipactis rubiginosa, Aquilegia vulgaris, Helleborus foetidus, Hepatica nobilis, Thalictrum minus, Lathyrus vernus und L. heterophyllus, Vicia silvatica, Euphorbia amygdaloides, Astrantia major, Bupleurum longifolium, Hypericum montanum, Lithospermum purpureocaeruleum, Stachys officinalis, Gentiana cruciata, Chrysanthemum corymbosum (Gradmann). — Die Pflanze wird bisweilen mit Grassamen, namentlich Festuca pratensis-, Phleum pratense- und Dactylis glomerata-Saatgut verschleppt (Harz). — Im Schweizerischen Jura gehört sie zu den dominierenden, ja massebildenden Jurapflanzen, die wie Lathyrus vernus, Prunus Mahaleb, Helleborus foetidus, Euphorbia amygdaloides, Bupleurum falcatum, Melittis Melissophyllum, Buxus sempervirens, Daphne Laureola, Teucrium Chamaedrys, Asarum Europaeum, Rhamnus alpina, Coronilla vaginalis, Androsace lactea u. a. beim Uebergang auf den Vogesensandstein plötzlich verschwinden und dort einer Massenvegetation von Calluna vulgaris, Sarothamnus scoparius, Deschampsia flexuosa, Rumex Acetosella u. a. das Feld fast ganz oder vollständig räumen (Christ).

In den gelbgefärbten Deckblättern des Gesamtblütenstandes hat Schwertschlager (Die Farben der Blüten und Früchte bei den Rosen und anderen einheimischen Phanerogamen, 1911) gelbliche Chromoplasten mit Xanthophyll und Chorophyll nachgewiesen. Im Fruchtzustand ist ersteres nicht mehr nachweisbar, dafür tritt in den Epidermiszellen Anthocyan auf.

Die der Euphorbia verrucosa sehr nah verwandte E. **flavicoma** DC. aus dem Mittelmeergebiet mit niedrigerem Wuchs, am Grunde verholzten und verzweigten Stengeln und ausserordentlich zusammengedrängten Blütenständen wird neuerdings für das Käferholz bei Tüllingen (Südbaden) von F. Zimmermann angegeben. Die

Originalexemplare sind verloren gegangen, das Vorkommen ist höchst fraglich; auch ältere Angaben aus Süd=
baden (z. B. Kaiserstuhl) sind bestimmt falsch.

1838. Euphorbia platyphýllos[1]) L. Breitblätterige Wolfsmilch. Fig. 1769.

Einjährige Pflanze mit spindeliger Wurzel und mäuseartigem Geruch. Stengel aufrecht oder aus kurz gebogenem Grunde aufsteigend, 20 bis 60 (bis 100) cm hoch, einfach oder am Grunde mit einem Paar gegenständiger Aeste, stielrund, kahl oder oben samt den Doldenstrahlen flaumig behaart. Laubblätter mit verschmälertem Grunde sitzend, von der Mitte an fein gesägt, zerstreut, mitunter etwas wollig behaart; die unteren länglich=verkehrt=eiförmig, stumpf, die oberen länglich bis breitlanzettlich, stumpf oder spitzlich, am Grunde allmählich ver= schmälert und mit abgestutztem oder etwas herzförmigem Grunde sitzend, weich, hell= oder gelblichgrün, kahl oder zerstreut behaart. Hüllblätter des Gesamtblütenstandes eiförmig bis lanzettlich, fein gesägt, spitz; Hüllchenblätter aus breit= gestutztem oder flach herzförmigem Grunde breit=dreieckig= rundlich, stachelspitzig. Unter der Gipfeldolde meist nur wenige achselständige Döldchen. Gipfeldolde (3= bis) 5=strahlig, zuerst meist 3=gabelig, dann mit 1 oder mehrmals 2=teiligen Aestchen. Cyathium 2,5 mm lang, aussen meist behaart, mit breitovalen, gelben oder grünlichgelben Drüsen. Kapsel 3 mm lang, mit fast halbkugeligen Warzen zerstreut besetzt, kahl oder zerstreut behaart; Klappen mit deutlichem warzenlosen Streifen über dem Mittelnerven. Samen 1,4 bis 2 mm lang und 1,1 mm breit, in der Flächenansicht kreisrundlich, glatt, glänzend, braungrün, mit nierenförmiger Caruncula. — VI bis IX.

Gesellig an lichten, sonnigen Plätzen, an Gräben, feuchten Rainen, auf Wiesen, Grasplätzen, in lichten Gebüschen, an Weg= rändern, auf Aeckern, in Hopfengärten; von der Ebene bis in die Voralpen. Gern in der Nähe von Ortschaften und mit Vorliebe auf schweren Böden.

In Deutschland im Süden und Westen stellenweise verbreitet, stellen= weise selten oder ganz fehlend, wie z. B. in Bayern in den Allgäuer Alpen, im Frankenwald und im Buntsandsteingebiet, in der Rhön nur bei Elfershausen; in Württemberg und im ganzen Rheingebiet meist häufig bis verbreitet, ostwärts meist nur zerstreut und mit der Nordgrenze von Holland über Düsseldorf und das nördliche Westfalen (z. B. Dülmen, Münster, Warendorf) nach dem Harz (Regierungsbezirk Hildesheim), Stassfurt, Schönebeck bei Magdeburg, Krzy= zownik im Kreise Posen, und wie auch in Westpreussen, in der Nähe der Weichsel; fehlt in Ostpreussen; in Sachsen sehr zerstreut im Elster= und Elbhügelland und in den Lausitzen, recht häufig in Schlesien. — In Oesterreich meist häufig bis verbreitet, aber in den zentralalpinen Föhrentälern des ganzen Alpenzuges selten. — In der Schweiz meist häufig, aber in den Urkantonen, Luzern und Zug ganz fehlend; für Freiburg fraglich. — Wird vielfach verschleppt, da sich die Samen nach Harz zuweilen als Verunreinigung unter der Saatware (besonders Luzerne= und Kleesaat) finden.

Allgemeine Verbreitung: Im ganzen südlichen und mittleren Europa von England und Nordspanien ostwärts bis Mittel= und Südrussland und den östlichen Balkan; Kleinasien; Nordafrika; in Nordamerika eingebürgert.

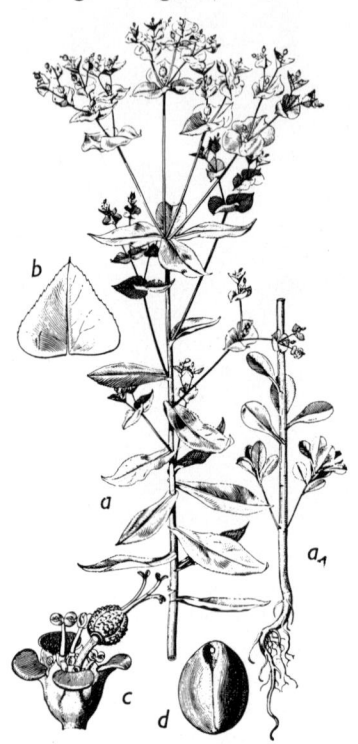

Fig. 1769. Euphorbia platyphyllos L. a, a_1 Habitus. b Hüllchenblatt. c Cya= thium. d Samen.

---

[1]) Abgeleitet von πλατίς [platýs] = breit und φύλλον [phýllon] = Blatt. Der Name geht auf Plinius zurück, der ausserdem folgende in die neuzeitliche Bezeichnung übergegangene Namen für Wolfs= milch=Arten verwendet: tithymalus, amygdalites, cyparissia, helioscopios, dendroides, paralium. — Im „Cata= logus Plantarum, quae circa Altorfium Noricum et vicinis quibusdam locis proveniunt" von Ludwig Junger= mann aus dem Jahre 1615 führt die Pflanze den Namen Tithymalus Characias rubens Bauhin, in der ver= besserten Auflage von M. Hoffmann 1662 die Bezeichnung T. Characias Matthioli.

Als Abänderung sei erwähnt: var. litteráta (Jacq.) Koch (incl. f. pilosa Podp.?). Laubblätter unterseits und am Rande dicht zottig; die untersten oft braun oder purpurn gefleckt. Einheimisch in Istrien, auf den norddalmatischen Inseln und in Mähren(?); im übrigen Gebiet gelegentlich (z. B. Branzoll in Südtirol [leg. Pfaff, 1921]) verschleppt. — Die Art ist ein südeuropäisch-nordafrikanisch-vorderasiatisches Element, das als Archaeophyt für die Ruderalflora der Ortschaften in manchen Gegenden ebenso bezeichnend ist wie E. Helioscopia für das Gartenland. Gleich vielen solchen Schuttbewohnern, z. B. Conium maculatum, Chaerophyllum temulum, Aethusa Cynapium, Hyoscyamus niger, Datura Stramonium, Solanum nigrum, Chelidonium majus und Bryonia dioeca besitzt auch sie scharf giftig wirkende Stoffe und einen ausgesprochen mäuseartigen Geruch. Im trockenen Buschwald erscheint sie nach Oltmanns in fast gleicher Gesellschaft wie E. stricta (vgl. pag. 162) oder aber zusammen mit Hippocrepis comosa, Geranium sanguineum, Genista tinctoria, Genistella sagittalis, Dictamnus alba, Asperula glauca, Euphorbia verrucosa, Aster Amellus und A. Linosyris. Im Weichselgebiet wächst sie fast nur auf Dämmen oder an Wegen.

1839. Euphorbia stricta L. (= E. serrátula Thuill., = E. fœtida Hoppe, = E. platyphýllos L. var. stricta Neilr., = Tithýmalus strictus Klotzsch et Garcke). Steife Wolfsmilch. Taf. 178, Fig. 2; Fig. 1770, 1771.

Einjährige (?) oder 1-jährig-überwinternde Pflanze mit spindelförmiger Wurzel und widerlichem Geruch. Stengel steif aufrecht, meist einfach, selten am Grunde spärlich verzweigt 20 bis 70 cm hoch, kahl, stielrund, gelbgrün, am Grund häufig rot überlaufen. Laubblätter mit verschmälertem Grunde sitzend, von der Mitte an ungleich fein gesägt, kahl oder zerstreut langhaarig, dunkelgrüner als bei E. platyphyllos, die unteren verkehrt-eiförmig bis länglich-verkehrt-eiförmig, stumpflich, die oberen lanzettlich, spitz. Hüllblätter des Gesamtblütenstandes verkehrt-lanzettlich bis eiförmig, fein gesägt, spitz, am Stengel herabgeschlagen; Hüllchenblätter aus gestutztem oder flach herzförmigem Grunde dreieckig, herzförmig, zugespitzt, fein gezähnelt. Unter der Gipfeldolde meist zahlreiche, lang gestielte blattachselständige Döldchen. Gipfeldolde 3- (bis 5-)strahlig mit meist 3-gabeligen Aesten und 2-gabeligen Aestchen. Cyathium 2 mm lang, kahl oder seltener behaart, mit breitovalen, wachsgelben, später braungelben Drüsen. Kapsel 2 mm lang, mit kurzwalzlichen, kegelförmigen Warzen dicht besetzt, kahl; Klappen ohne warzenlosen Streifen über dem Mittelnerven. Samen 1,5 mm lang, in der Flächenansicht 1 mm breit und eiförmig, eirund, glatt, braun, glänzend, mit nierenförmiger oder halbmondförmiger Caruncula. — VI, VII.

Häufig auf Sumpfwiesen, feuchten Waldstellen, in Gebüschen, an Ufern und Gräben, im Bachgeröll, auf Aeckern, an Wegrändern, Dämmen, Schutthaufen usw.; von der Ebene bis in die Bergstufe (in Bayern bis 1100 m).

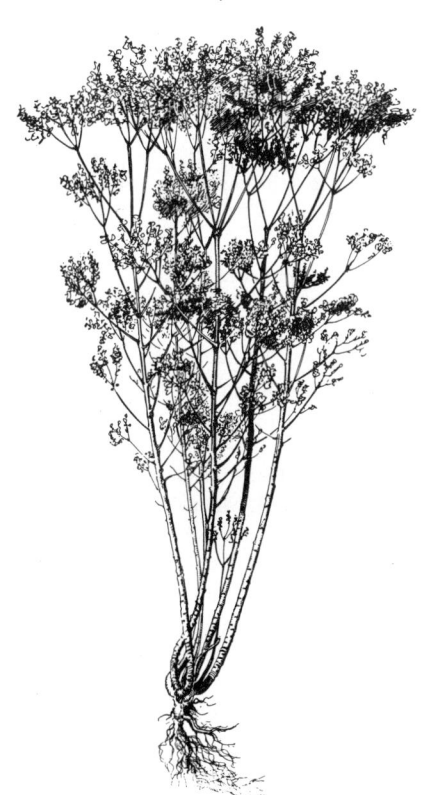

Fig. 1770. Euphorbia stricta L. Abgeblühte Pflanze.

In West- und Süddeutschland im Bereich der Flussgebiete des Rheins und der Donau meist sehr verbreitet; im Stromgebiet der Elbe anscheinend fehlend, aber bisweilen eingeschleppt, so in Dresden (in Gärten seit 1868) und bei Berga an der Weissen Elster; häufig im schlesischen Odertal von Gogolin abwärts bis Grünberg, in Brandenburg nur bei Farrwinkel unweit Frankfurt, im östlichen Oberschlesien auch in den Nebentälern und in das Weichselgebiet gehend. Die nördliche Grenze zieht von der Eifel, ins Niederrheintal noch abwärts vorstossend nach Niederlahnstein, dem Main entlang, überspringt Sachsen und erreicht bei Frankfurt die Oder, an der sie aufwärts geht. In Westpreussen nur einmal bei Thorn an der Weichsel beobachtet. — In Oesterreich in Böhmen fehlend; in Mähren und Oesterreichisch-Schlesien im Gebiet der Oder und Weichsel; in Ober- und

Niederösterreich häufig bis in die Bergstufe; in Vorarlberg häufig im Rheintal und Walgau, gemein um Feldkirch und an anderen Orten, in Tirol bei Völs (als Gartenunkraut), in Südtirol an der Valsuganabahn bei Pergine und San Cristophoro, bei Riva; in Steiermark nicht selten; in Kärnten und Krain. — In der Schweiz verbreitet, aber wie auch in den Ostalpen in den Föhrentälern der Zentralalpen fast fehlend.

Allgemeine Verbreitung: Durch das ganze mittlere und südliche Europa (mit Ausschluss der Iberischen Halbinsel, von Mittel- und Süditalien, Dalmatien und des südlichen Balkans) über Mittel- und Südrussland bis zum Kaukasus und bis Nordpersien.

Aendert wenig ab: var. pubéscens Erdner. Laubblätter unterseits, bisweilen auch oberseits, reichlich weichhaarig. Bayern: Thierhaupten am Lech.

Euphorbia stricta gehört der südosteuropäisch-vorderasiatischen Artengruppe an und ist im Gebiet zu den Stromtalpflanzen im weiteren Sinne zu stellen. An der Oder stellt sie sich gern in Weidengebüschen ein, in denen Salix alba, S. amygdalina, S. purpurea, S. viminalis und deren häufige Bastarde

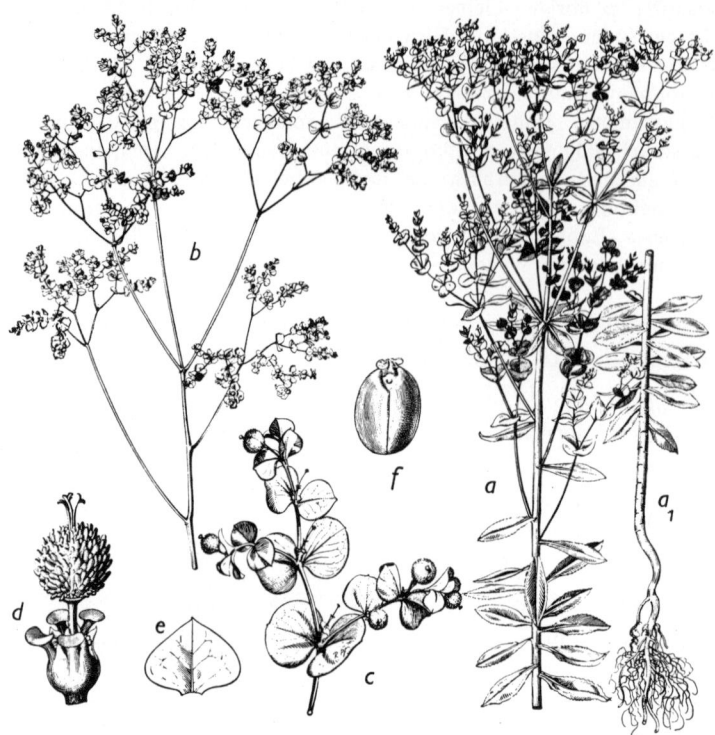

Fig. 1771. Euphorbia stricta L. *a, a*₁ Habitus in der Vollblüte, *b* im Abblühen. *c* Teilstück eines Strahlenastes. *d* Cyathium. *e* Hüllchenblatt. *f* Samen.

die führende Rolle haben. In ihrer Gesellschaft finden sich Humulus lupulus, Convolvulus sepium, Cuscuta lupuliformis, Asparagus officinalis, Cucubalus baccifer, Thalictrum angustifolium, Erysimum cheiranthoides, Euphorbia lucida, Lysimachia vulgaris, Achillea Ptarmica, Senecio barbaraeifolius, Carduus crispus u. a. (Pax). In den weiten Auenwäldern der Donau sind nach Vierhapper neben der unter den Bäumen vorherrschenden Alnus incana und den zahlreichen Weiden ihre Begleiter Berberis vulgaris, Rubus caesius, Rhamnus frangula, Daphne Mezereum, Viburnum Opulus, Humulus lupulus, Stellaria aquatica, Clematis Vitalba, Vicia saepium, Solanum dulcamara, Convolvulus sepium, Cuscuta Europaea, Urtica dioeca, Aconitum rostratum, Thalictrum aquilegifolium und T. lucidum, Filipendula Ulmaria, Lythrum Salicaria, Anthriscus silvester, Angelica silvestris, Lithospermum officinale, Stachys silvaticus, Salvia glutinosa, Valeriana officinalis, Dipsacus silvester, Carduus Personata und langhalmige Gräser wie Deschampsia caespitosa und Poa nemoralis. Im Weichselgebiet erscheint sie nicht selten auf Aeckern, in der Schweiz bisweilen auch auf Waldblössen zusammen mit Ajuga reptans, Lamium Galeobdolon, Veronica officinalis Arctium-Arten und verschiedenen anderen Euphorbien (Kelhofer). — Nicht selten wächst sie auch an den Uferdämmen, so bei Plattling (Niederbayern, leg. Hegi). — Die Pflanze kann in manchen Jahren an sonst gewohnten Siedelungsorten ganz ausbleiben.

Fig. 1772. Euphorbia angulata Jac. Phot. P. Michaelis, Köln.

1840. Euphorbia Helioscópia[1]) L. Sonnen=Wolfsmilch, Hundsmilch, Milchkraut. Franz.: Reveille=matin; engl.: Sun spurge; ital.: Erba calenzola, euphorbio guarda=sole. Taf. 177, Fig. 5 und Fig. 1773.

Die Art heisst auch Rüstertitten (Westfalen: Oelde), Laxirkrut (Riesengebirge), Willen Dönnerluk [vgl. Sempervivum tectorum] (Hannover), Donnerkraut (Eifel), Kapittelkraut (Westfalen), Hirschenkraut (Niederbayern).

Einjährige Pflanze mit pfahlartiger, kurzfaseriger Wurzel und ätzend scharfem Milch= saft. Stengel 5 bis 40 cm lang, einzeln, aufrecht oder aufsteigend oder bogig niederliegend, einfach oder verästelt (meist nur am Grunde ein Paar gegenständige Aeste tragend), stielrund, fleischig, schwach beblättert, gegen die Fruchtzeit häufig völlig nackt, zerstreut abstehend be= haart oder seltener kahl. Laubblätter zerstreut, 1,5 bis 3 cm breit, von unten nach oben an Grösse zunehmend, keilig=verkehrt=eiförmig bis spatelig=rundlich, gegen den Grund stielartig verschmälert, sitzend, kahl oder spärlich flaumig behaart, im vorderen Drittel fein gesägt, vorn abgerundet=stumpf oder seicht ausgerandet, weich, gras= oder gelblichgrün, oft wie die ganze Pflanze purpurn überlaufen. Hüllblätter des Gesamtblütenstandes gross, breitkeilig=verkehrt= eiförmig, stumpf, vorn gezähnelt; Hüllchenblätter eiförmig oder schief=verkehrt=eiförmig, stumpf. Trugdolde endständig, meist 5=strahlig; Strahlen erst 3=teilig, dann 2=gabelig. Cyathium 3 mm lang, mit querovalen, wachsgelben Drüsen. Kapsel 3 mm lang, kahl und glatt, fein, knotig oder erhaben punktiert, nicht warzig. Samen eiförmig, fast kugelig, 2 bis 2,5 mm lang und 1,9 bis 2 mm breit, wabíg=netzig, grau, braun, mit hervorragender, kielförmiger Caruncula. — IV bis XI.

Gesellig auftretendes Unkraut auf bebautem Boden, Gartenland, Brachen, Aeckern, in Weinbergen, an Wegrändern, auf Schutt, fast nur in der Nähe menschlicher Siedelungen; gut gedüngten, lockeren Boden liebend. Von der Ebene bis in die Voralpenstufe; in Bayern bis 975 m, in der Schweiz bis 1800 m, in Tirol bis 1700 m. Meist verbreitet im ganzen Gebiet, im nordostdeutschen Flachland bisweilen etwas seltener.

Allgemeine Verbreitung: Durch ganz Europa, nördlich bis zu den Lofoten, Jämtland, Angermannland, Oeland, Gotland, Südoesterbotten, Onega=Karelien, südlich bis Spanien und Griechenland; in Nordafrika, in Asien bis Japan; in Ostafrika, auf St. Helena, in Nordamerika, Australien und Neuseeland eingeschleppt.

Die var. perramósa Borb. mit vielfach (bis 7=mal) gegabelten Strahlen und gestauchten Strahlen= gliedern wird aus dem Südosten gelegentlich verschleppt, so in Südtirol bei Bozen, bei St. Pietro bei Nomi, zwischen Torbole und Nago und in Annäherungsformen um Trient, in Vorarlberg hinter der Letze und im Südbahnhof München (1904, leg. Hegi). Eine frühblühende Form mit einfachem Stengel wird als f. præcox Junge unterschieden.

Euphorbia Helioscopia, die in Thals Harzflora 1755 als Tithýmalus dendróides Dodonǽi und als T. helioscópius Dodonǽi bezeichnet wird, ist ein seit prähistorischen Zeiten dem Menschen folgender Archäophyt, der auf diese Weise gegenwärtig eine kosmopolitische Verbreitung erlangt hat. Die Samen, von denen 100 grosse 0,225 g wiegen, werden nicht selten durch Klee=, Flachs= und Gras-Saatgut verschleppt. Wie bei manchen anderen weitverbreiteten Ackerunkräutern (Agrostemma Githago, Neslea paniculata, Lamium amplexicaule) ist ihre Heimat nicht mit Sicherheit feststellbar; doch dürfte mit ziemlicher Wahrscheinlichkeit das Mittelmeergebiet dafür anzunehmen sein. — Die Pflanze erscheint mit grosser Regelmässigkeit in der Kultur=Assoziation der Hackkulturen, so auf Kartoffelfeldern zusammen mit Equisetum arvense, Panicum Crus galli, Setaria glauca,

---

[1]) Nach der Sonne schauend; von griech. ἥλιος [hélios] = Sonne und σκοπεῖν [skopein] = schauen; die Pflanzen drehen nach Plinius ihre Blütenstände dem Lichte zu. — Der Name findet sich auch, von Matthioli übernommen, in der Flora von Mauritius Hoffmann (Florae Altorffinae deliciae sylvestres sive Catalogus Plantarum in agro Altorffino locisque vicinis sponte nascentium, cum synonymis acutorum, designatione locorum, atque mensium, quibus vigent, lapidumque; ac fungorum observatorum historia, 1662). — Die Pflanze wurde bereits im 3. vorchristlichen Jahrtausend unter dem Kaiser Shen=Nong von den Chinesen ärztlich (Materia medica) angewendet.

Chenopodium album, Solanum nigrum, Senecio vulgaris, Galium Aparine, Linaria vulgaris, Convolvulus arvensis, Capsella Bursa pastoris, Vicia hirsuta, Sonchus oleraceus und S. arvensis, Erodium cicutarium, Anthemis Austriaca, Viola tricolor, Cirsium arvense, Stellaria media, Euphorbia falcata, Polygonum aviculare, P. Persicaria und P. Convolvulus, Amarantus retroflexus, Veronica agrestis (nach H. Laus, Mährens Ackerunkräuter und Ruderalpflanzen, 1908). Gleich den meisten dieser Arten besitzt auch sie die Eigenschaft, gegenüber vorübergehenden Frostwirkungen ausserordentlich widerstandsfähig zu sein und eine sehr lange Blütezeit aufzuweisen. So wurde sie von Laus noch am 12. November 1907, nachdem bereits einige Fröste vorgekommen waren, in schöner Blüte und Ueppigkeit auf Aeckern am Tafelberge bei Olmütz gemeinsam mit ebenfalls noch blühender Stellaria media, Capsella Bursa pastoris, Mercurialis annua, Crepis virens, Senecio vulgaris, Veronica agrestis, Matricaria discoidea, Antirrhinum Orontium, Vicia hirsuta, Lamium purpureum und Achillea collina beobachtet. — Die Samenschalen gehen, wie auch bei allen übrigen Euphorbien, aus zwei Integumenten hervor, von denen das äussere aus 3 Zellreihen, das innere aus zahlreichen Zellreihen besteht. Bei der Bildung der Samenschale wölbt sich die Epidermis des äusseren Integumentes nach aussen und verdickt sich stark; die übrigen Zellreihen bleiben erhalten. Die Epidermis des inneren Integumentes bildet die Pallisaden-Sclerenchymschicht, während die übrigen Zellen zusammengedrückt werden, aber noch deutlich erhalten bleiben (A. C. Copper, Beiträge zur Entwicklungsgeschichte der Samen und Früchte offizineller Pflanzen, Utrecht, 1909). Die Caruncula soll nach Sernander bei dieser Art nicht als Elaiosom dienen.

Fig. 1773. Euphorbia Heliscopia L.
Phot. Bot. Institut, Innsbruck.

1841. Euphorbia amygdaloides[1]) L. (= E. silvatica Jacq., = Tithymalus amygdaloides Hill.). **Mandelblätterige Wolfsmilch.** Engl.: Wood Spurge. Taf. Fig. 3178, und Fig. 1774.

Ausdauernde, bis 70 cm hohe Staude mit holzigem, mehrköpfigem, ästigem Erdstock. Nichtblühende Stengel zahlreich, einen lockeren Horst bildend, verholzend, dicht beblättert, die Gipfelrosette überwinternd; blühende Stengel aus den überwinterten, am Grunde und in der Mitte völlig entblätterten, narbigen, gewundenen, verholzten, nichtblühenden Stengeln hervorgehend, rundlich, gestreift, locker beblättert, fast kahl oder rostbraun behaart. Laubblätter der nichtblühenden Stengel auffallend gross (4 bis 7 cm lang und 2 bis 2,5 cm breit), länglich-verkehrt-eiförmig bis verkehrt-eiförmig, nach oben sich rasch verschmälernd und spitz oder stumpflich, nach dem Grunde in den kurzen Stiel verschmälert, ganzrandig, dünn, aber derb, dunkelgrün, zuletzt fast lederartig und meist rot oder purpurn überlaufen. Laubblätter der blühenden Stengel viel kleiner, etwa 4 mm breit, sitzend, verkehrt-eilänglich bis verkehrt-eiförmig, abgerundet-stumpf, weich, gelblichgrün, alle ganzrandig, kahl oder flaumig behaart. Hüllblätter des Gesamtblütenstandes verkehrt-eirund, stumpf bis seicht ausgerandet oder schwach zugespitzt. Hüllchenblätter halbkreisförmig, bisweilen ausgerandet, paarweise zu einem rundlichen Blatt verwachsen, gelblichgrün. Trugdolden endständig, 5- bis 9-strahlig, von zahlreichen, seitenständigen Blütenästen begleitet; Strahlen wiederholt 2-gabelig. Cyathium 3 bis 4 mm lang, mit 2-hörnigen, gelben oder purpurnen Drüsen. Kapsel 4 mm lang, tief 3-furchig, kahl, fein punktiert, rauh. Samen 2 bis 2,5 mm lang, eirundlich, glatt, bleigrau, mit lappenförmiger Caruncula. — IV bis VI.

---

[1]) Griech. ἀμύγδαλον [amýgdalon] = Mandel und εἶδος [eidos] = Ansehen; wegen der Aehnlichkeit der Laubblätter mit denen des Mandelbaums. Der Name amygdalites kommt bereits bei Plinius vor. Jungermann bezeichnet die Art nach Bauhin als Tithymalus Characias amygdaloides.

Gesellig auf kalkreichen (selten und spärlich auf kalkarmen) Böden in Laubwäldern (namentlich in lichten Buchenwäldern, seltener in Fichtenwäldern), an Waldrändern, in Gebüschen, in Auenwäldern. Von der Ebene bis in die Voralpen; in Bayern auf der Gotzenalpe am Königssee bis 1680 m, in den Sudeten bis zirka 1200 m, am Wiener Schneeberg bis 1490 m, im Wallis bis 900 m, in Graubünden auf den Jeninser Maiensässen bis 1200 m, in Südtirol am Monte Baldo bis 1400 m.

In Süd=Deutschland z. T. verbreitet, in Mitteldeutschland sehr zerstreut und mit folgender nördlichen Grenze endigend: Valkenberg, Aachen, Düren, Braubach südlich Koblenz, Heinser Klippen nördlich Holzminden, Göttinger Wald, Südwest=Harz, Hainleite bei Sondershausen (das thüringische Bergland und die Rhön ausschliessend), Hassfurt am Main, Wemding im Jura, zwischen Neuburg und Kloster Vornbach im Böhmerwald (Čáslau, Chrudím, Leitomyschl, Landskron in Böhmen), Neisse= und Oppe=Gebirge und Ratibor in Oberschlesien, dann nach Polen verlaufend. In Bayern in den Alpen vom Priental bis zur Gotzenalpe am Königssee verbreitet, zwischen Lindau und Wasserburg (ob noch?), auf der Hochebene auf dem Schlossberg im Buxheimer Wald, bei Illertissen, Krumbach, Dillingen, Simbach, im Salzachgebiet verbreitet, im Böhmerwald zwischen Neuburg und Kloster Vornbach, im Jura am Riesrand nicht selten, im Muschelkalkgebiet bei Triefenstein häufig, im Keupergebiet bei Hassfurt, Schwanheim, Grosslangheim, im Buntsandsteingebiet bei Kreuzwertheim und Triefenstein; in Württemberg im Unterland häufig, auf der Alb verbreitet, in Oberschwaben bei Oberkirchberg unweit Laupheim und bei Rot unweit Leutkirch, im Schwarzwald fehlend; auch im badischen Anteil nur in den Vorbergen, in der badischen Bodenseegegend zerstreut, z. B. bei Heiligenberg, Hochbodman, Ueberlingen, Bodman, Stockach, bei Säckingen, in Haselbachtal einige Stöcke auf Urgestein, im Jura verbreitet, am Kaiserstuhl, in der Rheinebene von Oberhausen bis Kappel, in Nordbaden bei Höpfingen, Hardheim, Schweinsberg, Welztal, Gerlachheim, Wertheim; in Elsass=Lothringen häufig, aber nicht überall; in der Rheinpfalz bei Moorlautern bis Lautertal, zwischen Alsenborn und Neuhemsbach, Donnersberg, Grünstadt und Kaiserslautern; in der Rheinprovinz im unteren Kylltal und im Moseltal bis Bernkastel, Condetal, im Koblenzer Wald bei Waldesch, Lorch, Gerlfangen bei Merzig, Urftal unterhalb Gemünd, in der Eifel bei Malmedy, Eupen, Düren, Aachen; in Westfalen bei Holzminden; in Hannover im Regierungsbezirk Hildburghausen mehrfach, namentlich im südwestlichen Harz häufig; angeblich an Gräben zwischen Mittelhausen und Nöda bei Erfurt (wahrscheinlich verwechselt, aber früher angepflanzt im Steigerforst bei Erfurt); in Schlesien im südlichsten Teile von Oberschlesien und in der Grafschaft Glatz. — In Oesterreich in Böhmen nur bei Landskron, Leitomyschl, Potenstein, Chrudím und Čáslau; in Oesterreichisch=Schlesien bei Troppau und Teschen; in Mähren zerstreut, im südlicheren und östlicheren Teile häufiger, im westlichen seltener oder wie im Iglauer Kreise fehlend; in Ober= und Niederösterreich häufig; in Tirol meist nicht selten bis häufig, bei Vaduz bis 1300 m, am Monte Baldo bis 1400 m steigend; in Steiermark häufig; in Kärnten bei Sattnitz, Gurnitz, um St. Paul im Lavanttal, Eberstein, Ebenberg, Weissbriach, Raibler Wälder, Bleiberger Strasse, Villacher Bad, in den Karawanken gemein; in Krain verbreitet. — In der Schweiz nicht selten, aber in den Urkantonen, Luzern und Zug ganz fehlend, in Graubünden nur im nördlichsten Teile (Herrschaft, Churer Rheintal und Domleschg [zwischen Rhäzüns und Realta]); im Berner Vorland an dem einzigen Fundort bei Eimatt verschwunden.

Fig. 1774. Euphorbia amygdaloides L. Phot. Dr. P. Michaelis, Köln.

Allgemeine Verbreitung: Von Irland, Frankreich und Portugal ostwärts durch Mittel= und Südeuropa (südlich bis Sizilien), den nördlichen Balkan bis Südrussland und den Kaukasus; in Nordamerika eingeschleppt.

Aendert wenig ab: var. Luganénsis Bornmüller. Pflanze in allen Teilen kräftiger. Stengel in der Dicke eines kleinen Fingers, vom Grunde auf bis zur Spitze stark behaart, bis 70 cm hoch. So im südlichen Tessin.

Als thermophile Halbschattenpflanze submediterran=pontischer Herkunft ist Euphorbia amygdaloides mit den überwinternden, trübdunkelgrünen und fast stets stark rot überlaufenen Laubblattschöpfen an den überdauernden Sprossen eine auffallende Erscheinung der mitteleuropäischen Flora und erinnert damit an ihre mediterranen Verwandten Euphorbia Charácias L., E. melapétala Gasp., E. Wulfénii Hoppe (bereits in Friaul und im Küstenland), E. Heldréichii Orph. Boiss. und E. semiperfoliáta Viv. Von Thal wurde sie (1577) be=

reits als Tithýmali charáciae species aufgeführt. Sie ist namentlich im südlicheren Gebiet ein fast nie fehlendes Glied des lichten Buchenwaldes (Bd. III, pag. 99) auf Kalkboden. Im herzynischen Florenbezirk zählt sie nach Drude zu den selteneren Arten des Buchenhochwaldes und des Berglaubwaldes, ähnlich wie Pleurospermum Austriacum, Chaerophyllum aureum, Bupleurum longifolium, Laserpitium latifolium, Omphalodes scorpioides, Symphytum tuberosum, Geranium phaeum, G. divaricatum und G. lucidum, Viola mirabilis, Arabis brassiciformis und Helleborus viridis. Im Jura stellt sie sich in dem von Quercus sp., Tilia sp. und Acer beherrschten Bergbuschwald (vgl. auch Bd. III, pag. 555) und selbst in der Felsenheide ein. Ihre Begleiter am Grencher Stierberg bei Biel sind Salvia glutinosa, Daphne Laureola, Digitalis lutea, Stachys alpinus, Arabis Turrita, Lathyrus vernus, Carduus defloratus und Carlina acaulis (Waldner). In den lichten Fichtenwald dringt sie viel seltener und nur in der unteren Stufe ein, etwa noch begleitet von Mercurialis perennis, Asperula odorata und Actaea spicata. In den Ostalpen erreicht sie noch die Krummholzregion und vereinigt sich hier mit Pinus montana, Rhododendron hirsutum, Sesleria varia, Ranunculus montanus, Alchemilla alpina, Viola biflora, Stachys Jacquinii, Globularia nudicaulis u. a. m. (Favarger und Rechinger).

1842. Euphorbia salicifólia Host (= E. pállida Willd., = E. amygdaloides Lumn. nec L.). Weidenblätterige Wolfsmilch. Fig. 1775.

Buschige Staude mit kriechendem, vielköpfigem, wagrechtem Erdstock. Stengel 30 bis 70 cm hoch, dicht beblättert, aufrecht, flaumig behaart, oberwärts oft mit nichtblühenden Aesten. Laubblätter spiralig aufsteigend, sitzend, lanzettlich oder länglich-lanzettlich, kurz unter der Mitte oder in der Mitte am breitesten ([6] 10 bis 30 mm breit), gegen die Spitze etwas verschmälert, zugespitzt, aber nicht stachelspitzig, ganzrandig, beiderseits drüsig behaart und fein bewimpert. Hüllblätter des Gesamtblütenstandes breitlanzettlich bis eiförmig, stumpflich oder kurz stachelspitzig, zur Blütezeit gelblich; Hüllchenblätter rautenförmig bis herzförmig-3-eckig, breiter als lang, stachelspitzig oder zugespitzt, meist kahl, zur Blütezeit leuchtend gelb bis dottergelb. Trugdolde endständig, vielstrahlig, von wenigen, blattachselständigen, den Laubblättern an Länge ± gleichkommenden Nebenstrahlen begleitet; Strahlen wiederholt 2-gabelig. Cyathium 3 mm lang, mit kurzen, 2-hörnigen, wachsgelben, zuletzt purpurfarbenen Drüsen, seltener einige querovale beigemengt. Kapsel 3,5 mm lang, tief 3-furchig; Teilfrüchte auf dem Rücken undeutlich runzelig. Samen 2 mm lang, rundlich-eiförmig, glatt, mit polsterförmiger, runder Caruncula. — V, VI.

In Wiesen, an Rainen, in Gebüschen, an Zäunen und auf Aeckern der Niederungen; nur im Gebiete der pannonischen Flora.

In Deutschland einzig in Bayern bei Weichs und Brandlberg unweit Regensburg (als Neuheit für Deutschland 1894 von Franz Vollmann entdeckt), jetzt an beiden Fundorten verschwunden. — In Oesterreich in Niederöstereich nur im Gebiet der pannonischen Flora von Simmering und Rodaun gegen Ungarn zu häufiger, auch bei Baumgarten a. d. March und Gaden, in Süd-Mähren selten bei Kunowitz unweit Ungarisch-Hradisch, um Sokolnitz, zwischen Aujezd und Sokolnitz.

Fig. 1775. Euphorbia salicifolia Host. *a* Habitus. *b* Cyathium.

Allgemeine Verbreitung: Von Bayern ostwärts durch die Steppengebiete von Oesterreich und Ungarn, Galizien, den nördlichen und mittleren Balkan bis Bulgarien, Südrussland.

Euphorbia salicifolia hat, wie auch E. Austriaca und E. polychroma, Deutschland nur in Bayern erreicht und fand sich hier früher in der an pontisch-pannonischen Arten so reichen Regensburger Gegend (vgl. Bd. III, pag. 395).

Euphorbia paradóxa Schur (= E. Schúrii Simk.) ist eine in ihrer Artberechtigung zweifelhafte Form, die wegen ihrer Laubblattform vielfach als Bastard von E. Esula und E. salicifolia angesehen wird oder als var. pubéscens Griseb. zu E. Esula gezogen wird. Laubblätter aus deutlich keiligem Grunde verkehrt-eilänglich oder länglich, grösste Blattbreite (7 bis 10 mm) vor der Mitte, vorn abgerundet, kurzhaarig=flaumig, meist schwächer als bei E. salicifolia. Hüllblätter der Blütenstandsstrahlen länglich. — So in Niederösterreich sehr selten an wüsten Plätzen im Prater und am Laaerberge bei Wien (zusammen mit Euphorbia Esula) und in Mähren bei Sokolnitz.

1843. Euphorbia Cyparissias L.[1]) (= Tithýmalus Cyparissias Scop.). Zypressen=Wolfs= milch. Franz.: Tithymale, rhubarbe du paysan; ital.: Erba cipressina. Taf. 177, Fig. 3; Fig. 1754, 1776, 1777 und 1778; Bd. I, Fig. 29 c und d.

Buschige Staude mit holzigem, oft knorrigem, ästigem und schräg liegendem Erdstock, gedrungenen Wurzelköpfen und dicken, kriechenden Ausläufern. Stengel aus den Wurzelköpfen buschig hervorbrechend, an den Ausläufern zer= streut oder in Reihen angeordnet, aufrecht, 15 bis 50 (70) cm hoch, unten narbig, dünn beblättert, meist erst unter der Blütendolde mit nichtblühenden, zuletzt rutenförmig verlängerten Aesten, wenig kräftig, kahl, gelb=, seltener graugrün, am Grunde oft rot überlaufen. Laubblätter spiralig aufsteigend, wagrecht abstehend, an der Spitze der nichtblühenden Aeste fast dachig sich deckend; die stengelständigen 1 bis 2 cm lang und 2 bis 3 mm breit, die astständigen schmäler, oft bor= stenförmig; alle sitzend, lineal, stumpf bis ab= gestutzt oder kurz zugespitzt, am Rande leicht umgebogen, weich, kahl, oberseits sattgrün, unterseits seegrün. Hüllblätter des Gesamt= blütenstandes wie die Stengelblätter; Hüllchen= blätter rautenförmig, oft ausgebissen=wellig und deutlich bespitzt, gelb, zuletzt rot. Trugdolde end= ständig, mit 1 bis 3 Paaren feiner, blühender, blattachselständiger Nebenäste, meist 15=strahlig; Strahlen schlank, 1= oder 2=mal 2=gabelig. Cya= thium 3 mm lang, mit wachsgelben, später braunen, 2=hörnigen Drüsen. Kapsel 3 mm lang, kahl, tief 3=furchig; Teilfrüchte auf dem abgerundeten Rücken fein runzelig, fast kurzwarzig. Samen 2 mm lang, eiförmig=rundlich, glatt, grau, mit erhabener, nierenförmiger Caruncula. — IV bis VII und zuweilen nochmals im Herbst.

Fig. 1776. Euphorbia Cyparissias L., Masuren. Phot. Gg. Eberle, Wetzlar.

Herden= oder gruppenweise auf sonnigen, mageren, steinigen, erdigen oder sandigen Böden in trockenen bis mässig frischen Wiesen, auf Weiden, Heiden, in trockenen, lichten Wäldern und Gebüschen, Holzschlägen, an sandigen Rainen, Dämmen, Wegrändern, auf kurz= rasigen Hügeln, im Flusskies, in Weinbergen, seltener auf Brachfeldern; von der Ebene bis in die alpine Stufe: in Bayern bis 2240 m, in Nordtirol bis 2400 m (Gmeiertal bei Pfunds), in der Schweiz bis 2650 m (Tschimas da Tschitta bei Bergün).

Im ganzen Gebiete meist verbreitet und häufig, aber z. B. in einigen Alpentälern selten und im Hauptzug des Böhmerwaldes ganz fehlend, ebenso in Norddeutschland abnehmend bis selten, neuer= dings vielfach als Wanderpflanze namentlich längs der Eisenbahndämme oder durch Grassaat auftretend und

---

[1]) Nach Plinius wegen ihrer der Cypresse ($\kappa v \pi \acute{a} \varrho \iota \sigma \sigma o \varsigma$) ähnlichen Blätter; jedoch dürfte der Name von ihm nicht auf diese Art, sondern auf die kleinasiatische Euphorbia Aléppica L. angewandt worden sein. — Im Corpus Hippocraticum aus dem 4. vorchristlichen Jahrhundert wird Euphorbia Cyparissias ähnlich wie Euphorbia Characias, E. spinosa und E. Peplus (?) als diätetisches Mittel aufgeführt.

das Verbreitungsgebiet nach Norden vorschiebend. Am Niederrhein noch zerstreut, in der Nordwestdeutschen Tiefebene selten, in der Prignitz ursprünglich nur zwischen Muggerkuhl und Ruhn bei Putlitz, bei Lathen unweit Meppen, auf dem Friedhof und dem Exerzierplatz von Meckelfeld, bei Wilsdorp, Overbeck bei Laban unweit Harburg, seit etwa 1875 im Föhrenwald bei Olm, auf dem Bahnhof Adendorf bei Lüneburg, sonst im Lüneburgischen mit Ausnahme des südwestlichen Teiles fehlend; bei Dortmund nach 1888 erschienen; in Südost-Holstein bis Oldesloe und Blankenese bei Salzau (1828) und Kiel (1909), am Nord-Ostseekanal (offenbar durch Grassaat eingeschleppt); häufig auf Friedhöfen angepflanzt, wandert von Südosten nach Norden, Nordwesten und Westen, in der Umgebung von Lübeck seit 1886, in Mecklenburg schon ziemlich häufig, im Nordostdeutschen Flachland meist gemein, aber an der Ostseeküste nur sparsam; in Pommern stellenweise in den Dünentälern eingebürgert, in Westpreussen nur adventiv bei Brentau, Saspe, auf dem Grossen Danziger Exerzierplatz, zwischen Bohsack und Wordel; in Ostpreussen z. B. als Eisenbahnpflanze an der Strecke Insterburg-Darkehmen und im Brödlaukener Forst, in beiden Provinzen mit grosser Wahrscheinlichkeit erst im 19. Jahrhundert eingewandert.

Allgemeine Verbreitung: In ganz Mittel- und Südeuropa; Nordgrenze: Cumberland (England), Dänemark (eingebürgert?), Süd- und Mittelschweden (eingebürgert?), Kowno, Kurland, Estland und Mittelrussland; Südgrenze: Mittelspanien, Süditalien, Albanien, Mazedonien und Südrussland; in Sibirien ostwärts bis zum Baikalsee; eingeschleppt in Nordamerika.

Aendert wenig ab: f. májor Boiss. Pflanze in allen Teilen kräftiger, bis 70 cm hoch. Laubblätter bis 5 mm breit, locker gestellt. So namentlich im südlicheren Gebiet, z. B. am Kaiserstuhl. — f. latebracteáta C. Schröter. Hüllblätter des Gesamtblütenstandes kurz, breit eiförmig. So z. B. bei Grand Roches unweit Lausanne, Cresta-Avers und im Kanton Zürich bei Herrliberg, Volketswil und Ellikon.

Fig. 1777. Euphorbia Cyparissias L., Wiesbaden. Phot. Gg. Eberle, Wetzlar.

Euphorbia Cyparissias ist ein eurasisches Element xerophytischer Natur, das aber ökologisch ausserordentlich anpassungsfähig ist und als „Formationsubiquist" n den Pflanzengesellschaften sowohl der Ebene als auch der alpinen Stufe aufzutreten vermag. Die xeromorphe Pflanze setzt mit Hilfe ihrer schmalen Laubblätter mit der stark verkleinerten Spreite und dem kräftig ausgebautem Palisadengewebe, sowie durch den Besitz des Milchsaftes die Verdunstung beträchtlich herunter. Die am Grunde des Stengels entwickelten Laubblätter haben nur eine durch den Eintritt des Sommers begrenzte Lebensdauer und werden vermutlich durch die starke Rückstrahlung der Sonnenwärme vom Boden zum Absterben gebracht (Gradmann). Die vegetative Vermehrung ist ausserordentlich stark ausgebildet und wird teils durch die kräftigen, knospenreichen Erdstöcke, teils durch die weitverzweigten, unterirdischen Ausläufer besorgt. Namentlich auf Wiesen, wo die Stengel regelmässig vor der Fruchtreife der Sense zum Opfer fallen, wird der Ausbreitung in dieser Weise beträchtlich Vorschub geleistet und die Bildung von kleinen herdenartigen Gruppen gefördert (Fig. 1778). Das Vieh nimmt die Pflanze in frischem Zustand in der Regel nicht an, hingegen im Heu, wo sie, in Menge beigemischt, Durchfall, Blutharnen und in schweren Fällen sogar den Tod herbeiführen kann. Daraus erklärt sich auch das starke Zunehmen der Pflanze auf übernutzten Weiden (vgl. pag. 140). Nur eine gute Kultur, regelmässige Koppelwirtschaft oder Ausreuten mit der Reuthaue vermögen über dieses lästige, giftige Unkraut Herr zu werden (F. Bornemann, Die wichtigsten landwirtschaftlichen Unkräuter, 1905). Die einzigen Tiere, die die Giftpflanze als Nahrungsquelle aufsuchen, sind die bekannten, farbenprächtigen Raupen des Wolfsmilch-Schwärmers (Sphinx Euphórbiae) und einige gallenbildende Insekten. Wird nach Stahl der Milchsaft durch Alkohol ausgezogen, so verschmähen die Raupen die Wolfsmilchblätter. Ueber die durch die Tätigkeit der letztgenannten Tiere verursachten teratologischen Veränderungen, sowie über die durch den häufigen Pilzbefall bedingten Missbildungen vgl. pag. 139. Es sei nur bemerkt, dass die durch Uromyces pisi De Bary (pag. 139) hervorgerufenen missbildeten Sprosse bereits im 16. Jahrhundert erwähnt werden. Thal nennt solche Missbildungen 1580 in seiner Harzflora **Tithymalus stictiphýllos**, C. Bauhin 1623 **Tithymalus Cyparissias** oliis púnctis cróceis notátis und fügt ausser dem Namen Thals die Synonyme Esúla scabiósa Gesn. col. und Tithýmalus arvénsis Cam. hinzu. J. D. Leopold (Deliciae sylestres Florae Ulmensis, 1728) führt sie als Esúla dégener. Als parasitäre Bildungen wurden die missbildeten Triebe bereits von Caspar Hoffmann (in Jungermann, Catalogus plantarum quae circa Altdorfium etc., 1615) erkannt, indem er seinem Tithymalus Cyparissias die Bemerkung beifügt: „Huius vitium est stictiphyllos Thal". Die Wurzel lebt in Symbiose mit einer endotrophen Mykorrhiza. Euphorbia Cyparissias ist ökologisch ausserordentlich anpassungsfähig und vermag als Formationsubiquist sowohl in den Pflanzengesellschaften des Tieflandes als auch in denen höherer Lagen bis in die alpine Stufe aufzutreten. So tritt sie in der dürren, xerophytischen Karstheide mit Diplachne serotina, Sesleria autumnalis, Carex Michelii, Potentilla Tommasiana, Genista sericea, Polygala Nicaeensis subsp. Carniolica, Ruta graveolens subsp. divaricata, Euphorbia epithymoides, Vincetoxicum hirundinaceum, Satureja rupestris, Galium lucidum, Inula ensifolia, Scorzonera Austriaca u. a. m. auf (Beck).

Sie mischt sich in der pannonischen Stipa capillata-Steppe mit Bromus inermis, Phleum phleoides, Brachypodium pinnatum, Carex humilis, Adonis vernalis, Pulsatilla nigricans, Erysimum odoratum, Potentilla argentea, Prunus fruticosa, Cytisus Ratisbonensis, Genista procumbens, Astragalus Austriacus, Vicia tenuifolia, Falcaria Rivini, Polygala major, Nonnea pulla, Veronica prostrata, Galium scabrum, Campanula Sibirica, Inula Oculus Christi, Jurinea mollis, Achillea Pannonica. Ebenso erscheint sie nach Laus in der Artemisia campestris- und Salvia pratensis-Trift, im Prunus fruticosa-Rosen-Gebüsch Mährens. Auf kalkigen Abhängen von Klodtken bis Roggenburg bei Graudenz, einem ihrer nordöstlichen Grenzpunkte, steht

Fig. 1778. Euphorbia Cyparissias L., Hünerberg bei Lörrach. Phot. Gg. Eberle, Wetzlar.

sie zwischen den massenhaft wachsenden Stipa pennata-Horsten, Saxifraga granulata, Trifolium agrarium, Vicia Cracca, Coronilla varia, Origanum vulgare und Geranium sanguineum (Preuss). Sie ist ein Glied der am Abfall der niederösterreichischen Alpen entwickelten xerophilen Heidewiesen mit Avena alpina, Festuca sulcata, Carex ericetorum, Dianthus Carthusianorum, Potentilla rupestris, Helianthemum obscurum, Libanotis montana, Seseli annuum, Gentiana cruciata, Brunella grandiflora, Veronica spicata, Scabiosa Columbaria, Centaurea Scabiosa u. s. f. (Vierhapper). In der norddeutschen Heide ist sie ein häufiger Begleiter der Calluna-Heide und der trockenen Kiefernheiden. Höck bezeichnet sie direkt als Kiefernbegleiter. Sie fehlt fast nie in der Garide (Steppenheide) des Jura; in den Alpen bevorzugt sie die Magerrasen-Gesellschaften, z. B. das Brometum erecti, das Festucetum variae und Seslerietum, tritt aber auch in langhalmigen Talwiesen der Festuca rubra-Wiese, dem Nardetum auf und geht nicht selten in Hochstaudenfluren auf Felsschutt (vgl. Bd. III, pag. 589) und auf offenen Boden über. Auf stark beweideten Flächen gibt sie Veranlassung zur Bildung der wenig wertvollen Euphorbia Cyparissias-Weide (Schmid, Emil. Vegetationsstudien in den Urner Reusstälern, 1923), deren bezeichnendes Artengefüge aus folgenden Arten gebildet wird: Dactylis glomerata, Cynosurus cristatus, Agrostis tenuis, Carex muricata, Rumex obtusifolius, Cerastium caespitosum, Ranunculus acer, Lotus corniculatus, Trifolium repens, Carum Carvi, Menta arvensis, Galeopsis Tetrahit, Brunella vulgaris, Euphrasia Rostkoviana, Plantago media, P. lanceolata und P. major, Chrysanthemum Leucanthemum, Leontodon autumnalis, Hypochoeris radicata, Achillea Millefolium, Arctium Lappa und Hieracium Auricula. Sie stellt hier ein Element dar, das durch Viehtrieb aufgenommen und hoch hinauf in die Alpen verschleppt werden kann. Als Apophyt dringt die Cypressen-Wolfsmilch in Brachfelder und in Wandergesellschaften ein, mit denen sie namentlich neuerdings ihr Verbreitungsgebiet zusehends erweitert. Auch auf Dächern und Kohlenmeilern lässt sie sich mitunter beobachten. — Die Pflanze wurde in Pfahlbauresten bei Zürich bereits für die Bronzezeit nachgewiesen. Thal erwähnt sie in seiner Harzflora aus dem Jahre 1577 unter dem Namen Tithymali Cyparissias bezw. Tithymali quoddam genus, Jungermann 1615 als Tithymalus Cyparissias major et minor.

1844. Euphorbia Esúla[1]) L. (= Tithýmalus Esula Moench). Scharfe Wolfsmilch, Esels=Wolfsmilch. Fig. 1779.

Staude mit dünnwalzlichem, ästigem Erdstock, verlängerten Wurzelköpfen und dünnen, weitkriechenden Ausläufern. Stengel aufrecht, 30 bis 80 cm hoch, am Grunde mit trockenhäutigen, schuppenförmigen Niederblättern besetzt, weiter nach oben reichlich beblättert und dicht beblätterte, zuletzt verlängerte, unfruchtbare Aeste tragend, stielrund, gestreift, kahl, lichtgrün. Laubblätter spiralig aufsteigend, 4 bis 6 cm lang (vgl. die Formen!), verkehrt=lanzettlich, im oberen Drittel am breitesten (2 bis 4 mm; vgl. die Formen!), mit stumpfer, oft durch den vortretenden Mittelnerven kurzstacheliger Spitze, gegen den Grund allmählich verschmälert, sitzend oder sehr kurz gestielt, ganzrandig mit leicht nach unten umgebogenem, an der Spitze gezähnelt rauhem, sonst ganzem oder undeutlich wellig=geschweiftem Rande, die unteren wagrecht abstehend oder herabgeschlagen, die oberen aufrecht; alle weich, zuletzt steiflich, kahl, oberseits trübgrün, unterseits bläulich. Hüllblätter des Gesamtblütenstandes meist eilanzettlich bis schmaleiförmig, zugespitzt, selten den Laubblättern völlig gleich gestaltet; Hüllchenblätter rautenförmig oder breit herzförmig=3=eckig, breiter als lang, kurz zugespitzt, stachelspitzig, gelbgrün, zuletzt rot. Trugdolden endständig, meist mit zahlreichen, schlanken, oft ausgebogenen, blattachselständigen, blühenden Nebenästen, 7= bis 13=strahlig; Strahlen lang, mit ungeteilten oder 1 oder 2 mal 2=gabeligen Aesten. Cyathium 2,5 mm lang, mit 2=hörnigen, gelben oder grünen, später braunen Drüsen; Hörnchen öfters fast fehlend. Kapsel 3 mm lang, tief 3=furchig, kahl; Teilfrüchte auf dem Rücken abgerundet, fein runzelig=warzig. Samen 2 mm lang, 1,8 mm breit, rundlich=eiförmig, glatt, gelbbraun, mit nierenförmiger, gelber Caruncula. — VI bis VIII.

Stellenweise zahlreich in Wiesen, Auen, Steppen, Heiden, an grasigen Flussufern, Gräben, in Gebüschen, auf Weiden, in Feldern und Aeckern, an Wegrändern, Eisenbahndämmen, auf Schutt, gern auf sandigem Lehmboden. Von der Ebene bis in die Voralpen.

Fig. 1779. Euphorbia Esula L. *a* Habitus. *b* Hüllchenblatt. *c* Cyathium. *d* Samen.

In Deutschland meist nicht selten, mit Ausnahme des südwestlichen Teiles und des östlichen Ostpreussens. In Bayern auf der oberen Hochebene bei Münsing, auf der unteren Hochebene längs der Donau von Ingolstadt bis Vilshofen, bei München, Moosach, Feldmoching, Neufahrn bis Freising, Landshut, Wolnzach, Dingolfing, Plattling, im Bayrischen Wald bei Regenstauf, Schönberg bei Wenzenbach, Bach, Stallwang, Sattelpeilnstein und Passau, im Oberpfälzerwald, Fichtelgebirge und Frankenwald angeblich zerstreut, im Juragebiet bei Mühlbach unweit Riedenburg, St. Helena bei Grossengsee, Vierzehnheiligen, Kelheim und Neukelheim, im Keupergebiet bei Wasserträdingen, Nürnberg, Ansbach, Burgbernheim, zwischen Poppenried und Höchstadt a. A., Windsheim, zwischen Eggolsheim und Jägersburg, Kitzingen, Bayreuth, im Muschelkalk= und Buntsandsteingebiet am Main, ausserdem bei Münnerstadt (1922) und Kulmbach, in der Pfalz von Speyer abwärts, an der Bahnlinie zwischen Kaiserslautern und Eselsfürth; fehlt in Württemberg; in Baden bei Lehen unweit Freiburg und in der Rheinebene von Karlsruhe abwärts, in Nordbaden ausserdem bei Weinheim und am Mainufer bei Wertheim; im Elsass selten, in Lothringen namentlich an der Mosel; im Rheinland besonders in den Haupttälern, in der nord=

---

[1]) Der Name wird mit dem keltischen esu = scharf, wegen des ätzenden Milchsaftes, in Zusammenhang gebracht und findet sich zuerst bei de l'Obel. Auf diese Art dürfte sich die von der Aebtissin Hildegardis von Pingua (die heilige Hildegard von Bingen, 1098 bis 1180) in ihrer Physica angeführte Wulffesmilch beziehen.

westdeutschen Tiefebene häufig in den Wesermarschen, seltener abseits davon und dann oft nur verschleppt, Hasbruch, Eisenbahndamm bei Bassum, an der Ems anscheinend fehlend, an der Elbe häufig, bereits 1890 bei Artlenburg durch Nöldeke festgestellt; zerstreut in Westfalen und Hannover, aber z. B. im nördlichen Teile des Regierungsbezirkes Stade fehlend; in Schleswig=Holstein nur an der Elbe oder bisweilen verschleppt, so am Drachensee (1917), Meisenhof (1920) und auf dem Flintbeker Moor (1909); im Nordostdeutschen Flach= land durch das ganze Gebiet zerstreut, bei Kiel und Blankensee (Lübeck) eingeschleppt und sich sehr aus= breitend, ferner eingeschleppt am Uferabhang des Rabensteinfelder Gartens bei Schwerin, in der Weichselgegend noch häufig, aber ostwärts davon abnehmend; in Thüringen und Sachsen zerstreut; in Schlesien meist häufig. — In Oesterreich in Böhmen und Mähren meist verbreitet; in Ober= und Niederösterreich häufig; in Salzburg fehlend; in Tirol selten: bei Hall (1860), bei Stans, zwischen Covelo und Terlago, an der Etsch bei Trient, an der Mendelbahn bei Salegg (1921), bei Borghetto unweit Ala; in Obersteiermark zerstreut bei Aussee, Admont, häufig im ganzen Murtale, bei Aflenz, Kapfenberg, verbreitet und meist häufig in ganz Mittel= und Unter= steiermark; in Kärnten selten und nur stellenweise, so bei Klagenfurt, Wolfsberg und sehr spärlich bei Ausser= fragaut im Mölltal; in Krain. — In der Schweiz bisher nur einmal (1871) bei Wiedikon=Zürich beobachtet.

Allgemeine Verbreitung: In Europa weit verbreitet von Schottland, Dänemark, Südschweden, Ladogasee in Finnland, Nowgorod und dem Onegatal im Norden, Nordspanien, Mittelitalien, Nordbalkan, Rumänien und Mittelrussland im Süden; greift, z. T. in nahver= wandten Formen, nach Vorderasien, Persien, Sibirien und Ostasien über; eingeschleppt z. B. in Tsingtau und in Nordamerika.

Eine sehr vielgestaltige Art, die im Gebiet folgende Formen aufweist: Vom Typus mit flachen Laub= blättern und dunkelgrüner Färbung abweichend: f. Mosána (Lej.). Laubblätter verkehrt=länglich=lanzettlich, 6 bis 10 mm breit. Selten. — f. salicetórum (Jord.). Pflanze höher. Laubblätter verkehrt=lanzettlich, spitz. — f. segetális (Willd. non L.). Gesamtblütenstand arm=(5=)strahlig. — subsp. pinifólia Lam. Pflanze fast gras= grün. Stengel 20 bis 50 cm hoch, mit unfruchtbaren Nebenästen. Laubblätter sämtlich lineal=lanzettlich, spitz, am Rande deutlich umgerollt, 3 bis 4 mm breit. Hüllblätter des Gesamtblütenstandes schmal=lineal, 2 bis 3 mm breit, in einen kurzen Stiel verschmälert. Hüllchenblätter rhombisch=3=eckig, mit ausgeschweiften bis geraden, seltener schwach vorgebogenen Seitenrändern. Doldenstrahlen stets 3=gabelig. Kapsel schwach warzig=grubig, bei der Reife grün. Samen weiss, kleiner als beim Typus. — Liebt trockenere Standorte, Wiesen, Rasenplätze, seltener an Wegrändern. In Deutschland verbreitet im Ueberschwemmungsgebiet der Elbe von Halle abwärts über Wittemberg bis Rothehorn und Burg bei Magdeburg, im Hamburger Gebiet bei Warwisch, an der Ilm bei Kösen, mehrfach in der Rheinebene, sehr selten im Weichselgelände von Westpreussen (z. B. Thorn), in Ostpreussen nur bei Lyck eingeschleppt. — In Oesterreich in Böhmen an der Moldau bei Prag; in Mähren an der Thaya bei Eisgrub. Die Pflanze ist in der Tracht einerseits der E. virgata ähnlich, aber weniger buschig und niedriger, andererseits erinnert sie durch die schmalen Laubblätter an E. Cyparissias. Auch die Trennung vom Bastard der beiden vorgenannten Arten (E. Figérti) ist bisweilen sehr schwierig, sodass die Möglichkeit einer ursprüng= lichen Bastardnatur der subsp. pinifolia vielleicht in Erwägung gezogen werden könnte (vgl. unter den Bastarden, pag. 189). Euphorbia Esula unterscheidet sich von der naheverwandten E. Cyparissias durch die die Gipfel= dolde nicht überragenden Seitenäste, die meist nicht buschigen, sondern zerstreut stehenden Sprosse, sowie durch die locker gestellten und fast regelmässig breiteren Laubblätter. Vor allem sind die Unterschiede in der Breite der Stengelblätter und der Laubblätter an den Nebenästen nie so gross wie bei E. Cyparissias.

Nächst verwandt ist die im südlichen Russland verbreitete E. Kaleniczénkii Czern. (= E. Esula L. var. cyparissioides DC.), die sich namentlich durch die stark blaugrüne Färbung und durch den gedrungenen Wuchs kenntlich macht.

Euphorbia Esula, ein Hemikryptophyt im Sinne von Raunkiaer, von Thal (1577) als Pitýusa májor Dodonæi und P. minor Dodonæi bezeichnet, ist eine euryoecische eurasiatische Art, die im pan= nonisch=pontischen Florengebiet unter anderem im xerophilen Prunus fruticosa=Rosen=Gebüsch, in der Salvia pratensis= und in der Artemisia campestris=Steppe auftritt, in letzterer z. B. vergesellschaftet mit Sedum acre, Poa compressa, Papaver Argemone, Achillea Pannonica und A. collina, Calamintha Acinos, Euphorbia vir= gata und E. Cyparissias, Coronilla varia, Potentilla argentea var. dissecta, Campanula rapunculoides, Lactuca scariola, Hieracium Pilosella subsp. fulviflorum, H. setigerum, H. leptophytum u. a. m. (Laus). Nicht selten ist sie auch in trockenen Wiesen vom Bromus erectus=Typus bis zu feuchten vom Festuca arundinacea=Silaus flavescens=Typus. An den Elbedämmen erscheint sie zusammen mit Allium Schoenoprasum, Nasturtium Au= striacum und N. silvestre, Xanthium Strumarium, Aster salicifolius, A. Tradescanti und Inula Britannica. Auf Schwemmsand der Mosel bei Metz steht sie mit Deschampsia flexuosa und D. caryophyllacea, Sieglingia decumbens, Festuca Myurus und F. sciuroides, Erythraea pulchella, Corrigiola litoralis, Myosurus minimus, Oenothera biennis, Lythrum Hyssopifolia, Potentilla supina, Chondrilla juncea, Podospermum laciniatum, Gna=

phalium luteo=album und Chrysanthemum segetum (H. Waldner, Excursionsflora von Elsass=Lothringen, 1876), in rasigen Dünen in Westpreussen, die stark beweidet sind, zusammen mit Hierochloe odorata, Nardus stricta, Aira praecox, Corynephorus canescens, Carex arenaria und C. hirta, Salix repens, Viola arenaria, Thymus Serpyllum subsp. angustifolium, Veronica spicata, Plantago arenaria, Jasione montana, Antennaria dioeca, Helichrysum arenarium u. a. (Preuss). Als Apophyt geht sie in die Gesellschaften der Ruderal= und Kulturböden über und siedelt sich z. B. an Bahndämmen häufig neben Poa annua, Rumex crispus, Leonurus Cardiaca, Dipsacus silvester, Lepidium ruderale, Urtica dioeca und U. urens, Ballota nigra, Carduus acanthoides, Matricaria discoidea, Chenopodium album und C. Bonus Henricus und Cirsium arvense an.

1845. Euphorbia lúcida Waldst. et Kit. (= Tithýmalus lucidus Klotzsch et Garcke). Glänzende Wolfsmilch. Fig. 1780 und 1781.

Buschige Staude mit kräftigem, walzlich=spindeligem, schwarzem, mehrästigem Erdstock und dicken, wagrecht kriechenden Ausläufern. Stengel 40 bis 130 cm hoch, aufrecht, dicht beblättert, kräftig, meist ästig, die Nebenäste die Gipfeldolde oft weit überragend, meist röhrig, rund, kahl. Laubblätter spiralig aufsteigend, lanzettlich bis eiförmig=lanzettlich, im unteren Drittel am breitesten und daselbst an den mittleren Stengelblättern 10 bis 26 mm breit, nach der Spitze zu meist allmählich verschmälert, ganzrandig, am Rande durchscheinend, an der Spitze stumpflich, wenigstens die oberen mit aufgesetztem Stachelspitzchen, mit breitem, herzförmigem oder fast geöhrtem Grunde sitzend, oberseits stark fettglänzend, trüb olivgrün oder gelblich, im Alter lederig; Seitennerven unten fast rechtwinklig vom Mittelnerv abgehend, vor dem Blattrand netzig miteinander verbunden. Hüllblätter des Gesamtblütenstandes eiförmig, sehr kurz bespitzt; Hüllchenblätter viel kleiner, rautenförmig bis fast dreieckig=eiförmig oder nierenförmig, etwa so breit als lang, stumpf, stachelspitzig oder kurz zugespitzt, gelbgrün. Trugdolde endständig, vielstrahlig, mit mehreren lang gestielten, achselständigen Nebenstrahlen; Strahlen wiederholt 2=gabelig. Cyathium 3 bis 4 mm lang, mit halbmondförmigen, selten fast querovalen, wachsgelben, zuletzt braunen Drüsen. Kapsel 3 mm lang, tief 3=furchig, kahl; Teilfrüchte auf dem Rücken erhaben punktiert. Samen 2,5 mm lang, fast kugelig, glatt, gelblich=hellbraun oder hellgrau (?). — V bis VII, abgemähte Exemplare auch im Herbst.

Fig. 1780. Euphorbia lucida Waldst. et Kit. a, a_1 Habitus der im Abblühen befindlichen Pflanze. b Steriler Spross. c, d, e Cyathien.

Auf Sumpfwiesen, an Wiesengräben, in Weidengebüschen, an Ufern und auf feuchten, sandigen Triften; in der Nähe der Ströme des Tieflandes.

In Deutschland in Bayern auf der unteren Hochebene längs der Isar: in der Sempter Heide (?), bei Landshut und bei Plattling (Obermoos, Isarmünd); im nordostdeutschen Flachland längs der Oder bis Zehden, von da an ostwärts zerstreut, in Posen im Warthetal und bei Meseritz, häufiger an der Weichsel von Thorn bis Danzig, Bohnsackerweide, in der Nehrungsniederung und am Unterlauf der Nogat; fehlt in Ostpreussen; in Schlesien bei Breslau abseits der Oder nicht häufig, an der Oder von Ohlau ab, in Mittel= und Niederschlesien recht häufig. — In Oesterreich in Böhmen am häufigsten um Prodebrad bei Pecek, Libic, Blato=Wiesen, Kreckov, bei Kolin in der Dubina, im Radovesicer Revier, bei Neuhof, Wälder bei Kladrub, bei Dasic; in Mähren ziemlich häufig bei Lautschitz, häufig an der unteren Thaja und im Marchgebiet: zwischen Kostel und Prittlach, um Eisgrub, bei Lundenburg, bei Ungarisch Hradisch, an der Bečeva bei Weisskirchen (?); in Niederösterreich zerstreut an der March von Lundenburg bis Marchegg, bei Laxenburg, Münchendorf, Möllersdorf, Margarethen am Moos, Velm; in Krain mit Sicherheit nur an den Ufern des Zirknitzer Sees, namentlich beim Saugloche Reseto und bei Ausfluss Velika Karlovca, fraglich für Unterkrain auf Sumpfwiesen bei Möttling und Tschernembl. Ausserdem bisweilen verschleppt, so bei Ludwigshafen (1901 bis 1905), Mannheim, in Schwerin im Gebüsch des Sachsenberger Gartens (soll um 1840 dort angesäet worden sein). — Fehlt in der Schweiz.

Allgemeine Verbreitung: Im östlichen und südöstlichen Deutschland, Böhmen, Mähren, Niederösterreich, Ungarn, Siebenbürgen, Galizien, Podolien, Rumelien, Serbien; mit nordwestlicher Vegetationsgrenze von Landshut nach der Elbe in Mittelböhmen, Frankfurt, Oderberg und Zehden a. d. Oder, Danzig, Grodno.

Euphorbia lucida gehört, wie Carex Buekii, Silene Tatarica, Cucubalus baccifer, Euphorbia palustris, Chaerophyllum bulbosum, Cuscuta lupiliformis, Hypericum hirsutum, Mentha Pulegium, Leonurus Marrubiastrum, Scutellaria hastifolia, Veronica longifolia, Achillea cartilaginea, Senecio fluviatilis zu den ± ausgesprochenen „Stromtal"=Pflanzen von Norddeutschland. Einige von diesen, wie Cucubalus, Veronica longifolia und Senecio fluviatilis, bewohnen mit Vorliebe die Flussgebüsche, andere, z. B. Scutellaria, die Auenwiesen oder den Auenwald. Weniger bezeichnend scheinen die auf sandigen Uferanschwemmungen lebende Petasites tomentosa und jene Arten, die wie Eryngium campestre und E. planum trockenen Hügeln der weiteren Niederung den Vorzug geben. Als fast oder ausschliessliche Stromtalpflanzen der norddeutschen Tiefebene stellen sich ferner Arten ein, die im Mittelgebirge in weniger ausgesprochener Beziehung zu den Flussläufen stehen, wie z. B. Clematis recta Sisymbrium strictissimum und Erysimum hieracifolium. Auch die echten Gebirgspflanzen Arabis Halleri, Thlaspi alpestre, Biscutella levigata u. a. werden im Tiefland zu ausgesprochenen (sekundären) Stromtal=

Fig. 1781. Euphorbia lucida Waldst. et Kit. bei Isarmünd an der Donau (Niederbayern).
Phot. Dr. Emil Schmid, München.

pflanzen. Alle diese Arten haben, mit Ausnahme der am baltischen Ostseegestade heimischen Petasites tomentosa die gemeinsame Eigentümlichkeit, dass sie entsprechend ihrer Einwanderung längs der in nordwestlicher Richtung verlaufendenden Stromrinnen an diesen eine, wenn auch teilweise nur relative nördliche Verbreitungsgrenze erreichen, die für manche gleichzeitig auch den Abschluss des Verbreitungsgebietes nach Westen bezw. nach Osten bedeuten kann (Loew, E. Ueber Perioden und Wege ehemaliger Pflanzenwanderung im Norddeutschen Tiefland, 1879). — Ueber die Begleiter in Weidengebüschen vgl. Bd. IV, 1, pag. 428, über die in Sumpfwiesen diesen Band, pag. 176. In Bayern zählt sie wie E. salicifolia zu den echten pannonisch=pontischen Arten, die auf die Donauniederung beschränkt sind. Im Mündungsgebiet der Isar (unterhalb Plattling) erscheint sie unter Gebüsch in Wiesenmoorgräben und an Waldrändern ähnlich wie Adenophora lilifolia (Bd. VI 1, pag. 366), Veronica longifolia, Euphorbia palustris, Iris Sibirica, Inula Britannica usw. Die Pflanze hat in der Tracht grosse Aehnlichkeit mit E. palustris, mit der sie oft zusammen vorkommt, unterscheidet sich aber von ihr ausser durch die oben angegebenen Merkmale durch die meist spätere Blütezeit.

1846. Euphorbia virgáta Waldst. et Kit. (= Tithýmalus virgatus Klotzsch et Gardke). Ruten= Wolfsmilch. Fig. 1782, 1783, 1784 und 1785.

Staude mit ziemlich tiefgehendem, mehrästigem Wurzelstock; Ausläufer vorhanden oder fehlend. Stengel meist ziemlich schlaff, aufrecht, 30 bis 150 cm hoch, kahl, mit zahl=

reichen, nichtblühenden, den Haupttrieb nicht übergipfelnden Aesten. Laubblätter spiralig aufsteigend, 5 cm lang, am Grunde plötzlich zusammengezogen, grösste Breite (2 bis 10 mm) nahe dem Grunde oder unter der Mitte, nach der Spitze allmählich verschmälert, kurz stachelspitzig, mit ganzem, scharfem, flachem, kahlem Rande, kahl, glanzlos; Seitennerven sehr spitzwinklig (15° bis 30°) abgehend; Stengelblätter erheblich grösser und breiter als die der unfruchtbaren Aeste. Hüllblätter des Gesamtblütenstandes breit=eiförmig, zugespitzt, grün; Hüllchenblätter breit=herzförmig, zugespitzt, breiter als lang, stachelspitzig, gelbgrün. Trugdolde endständig, mit zahlreichen, blühenden, die Gipfeldolde nicht erreichenden Nebenästen, mehrstrahlig; Strahlen mehrfach 2=spaltig. Cyathium 3 mm lang, mit anfangs grünen, später (siehe Formen!) gelben oder olivgrünen bis braunvioletten, 2=hörnigen, an der Spitze keulig verbreiterten (und gekerbten) Drüsen. Kapsel 2,5 bis 3 mm lang, tief 3=furchig, kahl; Teilfrüchte auf dem Rücken mit breitem, feinwarzigem Mittelstreifen, an den Rändern glatt. Samen 1,8 bis 2 mm lang, glatt, fast kugelig, braunviolett, glänzend, mit nierenförmiger Caruncula. — V bis VIII.

In Löss= und Kalksteppen, im Buschwerk, an Rainen, an Fluss=, Eisenbahn= und Strassendämmen, an Teichufern, Gräben, in Getreidefeldern; nur in der Ebene und in der montanen Stufe.

Einheimisch nur im südlicheren Gebiet, vielfach als Wanderpflanze oder adventiv auftretend. In Deutschland in Bayern bei München in den Isarauen unterhalb der Föhringer Brücke bis Mintraching, auf dem Südbahnhof adventiv (noch 1903), bei Regensburg, Passau, im Jura bei Etterzhausen und im Ries auf Tertiärkalk bei Stoffelsberg (hier ursprünglich 1834 wahrscheinlich mit Getreide auf einem Acker eingeschleppt, jetzt in den Anlagen sich erhaltend und weiter ausbreitend), im Keupergebiet bei Neuleyh (1910) und Wöhrd (bei

Fig. 1782. Euphorbia virgata Waldst. et Kit. *a* Habitus. *b* Unfruchtbarer Spross. *c* Blattquerschnitt. *d* Cyathium. *e* Same.

Nürnberg?, seit 1887), in der Rheinpfalz bei Ludwigshafen (1906); in Württemberg auf dem Härtsfeld in der Alb; in Baden bei Kleinkems, Rheinweiler und Rothaus; in Thüringen bei Erfurt auf den Schiessständen im Hopfengrunde des Steigers angesät und eingebürgert; bei Bremen (seit 1892); in Schleswig=Holstein bei Laboe nächst Kiel (1888, 1889) und Mölln in Lauenburg; in Brandenburg in der Umgebung von Berlin früher mehrfach, seit etwa 1870 eingeschleppt beobachtet, doch zweifellos schon früher weiter verbreitet, jetzt noch bei Köpenick, Rüdersdorf an der Strasse nach der Woltersdorfer Schleuse, bei Klein=Kienitz und Gross=Beeren unweit Teltow (1910), beim Proviantamt zu Frankfurt, bei Hohenlübbichow unweit Zehden a. O.; in Pommern bei Pasewalk; in Posen an der Weichsel, im Kreise Inowrazlaw und Bromberg; in West= und Ostpreussen seit mehr als 50 Jahren eingewandert oder eingeschleppt und stellenweise eingebürgert, so bei Thorn in Menge, Mewe, Marienwerder, im Kreise Putzig in den Dünen zwischen Grossendorf und Rixhöft mehrfach und fast zu den Charakterarten der Dünentäler gehörig, bei Oliva, Danzig (1907); in Sachsen unbeständig am Elbufer bei Dresden; in Schlesien vielleicht erst neuerdings eingeschleppt, so bei Hintere Brune an der Warthe, bei Krappitz an der Heerstrasse nach Oberglogau und Ottmuth, bei Gleiwitz im Labander Wald, Liebenwerde bei

Freudental. — In Oesterreich in Böhmen vereinzelt um Prag, sehr häufig und auch zahlreich um Poděbrad; bei Paték, Senic, um und auf dem Voškoberg, bei Liblic, Kopidlno, Brody, Münchengrätz und Zvol, bei Hohenelbe, bei Leitmeritz an der Strasse vor Schüttenitz in Gräben und Kleefeldern, auch an der Elbe, an Dämmen der Kommerner Seewiesen; in Oesterreichisch-Schlesien fehlend; in Mähren verbreitet im Süden und in Mittelmähren, zerstreut in der oberen Marchebene und im Odergebiet, auf Feldern in der Nähe natürlichen Vorkommens bei Brünn, Auspitz, Nikolsburg, Olmütz (Nebotein), sonst bei Littau längs der Bahnstrecke, an der Bahnlinie Wischau-Nezamislitz-Prossnitz usw.; in Nieder- und Oberösterreich nur stellenweise häufig; in Salzburg fehlend; in Tirol sehr selten, am Bahnhof Landeck in wenigen Exemplaren adventiv (1894), auf Aeckern und an Ackerrainen bei Mils und gegen Hall (1872 und später), bei Stans, vielleicht durch ungarische Schafe eingeschleppt (1852 und 1855), Tratzberg, an der Fabrikbahn bei Mühlau (1908); in Untersteiermark längs der kroatischen Grenze zerstreut bei Ankenstein, Sauritsch, Rohitsch, Windisch-Landsberg, bei Neuhaus, Cilli, in Obersteiermark nicht selten und wahrscheinlich aus der Wiener Gegend eingeschleppt, so bei Admont, St. Lorenzen ob Murau und St. Lorenzen bei Knittelfeld, Leoben; in Kärnten; fehlt in Krain. — In der Schweiz zuweilen eingeschleppt und stellenweise beständig, bei Genf (1918), Martigny, Yverdon, Bevaix, Bahnhof Boudry (verschwunden), beständig um Orbe, eingebürgert um Saxon, in einer Weidenpflanzung bei Bellach (von 1902 an in grosser Menge, 1918 infolge Umpflügens jedoch ganz verschwunden), bei Ettiswil, Bözingen (1916 bis 1918), bei Aarburg (1886), bei Wauwil, bei Rheinfelden, am Rheinufer in Basel (1893) und an den Hüninger Festungsmauern, im Kt. Zürich in der Kiesgrube am Hüttensee (1868, 1871, 1881), bei Adliswil, am Greifensee, am Limmatdamm bei Dietikon (1912), Rorschach, im Kt. Glarus bei Mitlödi, bei St. Gallen (1913), Buchs und im Kt. Graubünden.

Allgemeine Verbreitung: Mit Ausschluss der dauernden Einbürgerungen in der Schweiz, Südwest-, Mittel- und Ostdeutschland, sowie der adventiven Erscheinungen von der vermutlich natürlichen Nordwestgrenze: Böhmen, Galizien, Polen, Kur-, Liv- und Estland südostwärts durch den nördlichen Balkan im Süden, Mittel- und Südrussland im Norden nach Sibirien bis zur Dsungarei und bis Vorderasien.

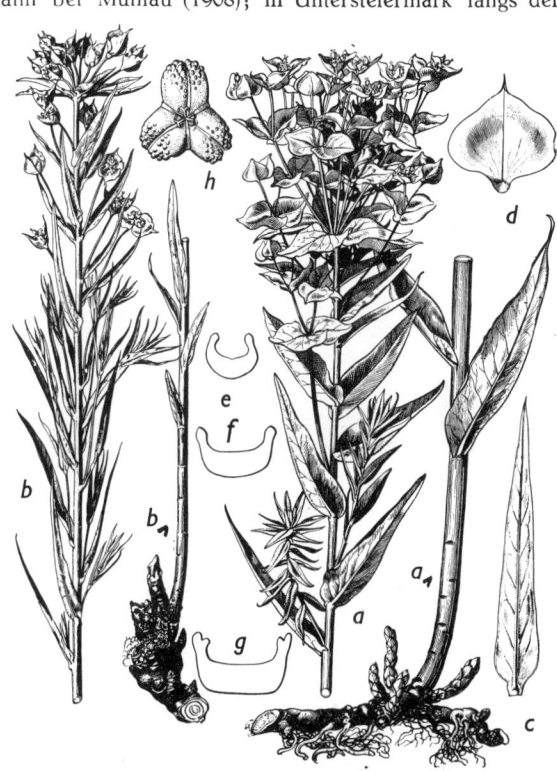

Fig. 1783. Euphorbia virgata Waldst. et Kit. *a, a₁, b, b₁* Habitus. *c* Laubblatt. *d* Hüllblatt. *e, f* und *g* Verschiedene Drüsenformen. *h* Frucht.

Es lassen sich ausser dem Typus unterscheiden: f. esulifólia Thellung. Laubblätter nach dem Grunde lang verschmälert, teilweise über der Mitte am breitesten, an der Spitze oft stumpflich bis gestutzt, in der Form völlig an E. Esula erinnernd, aber mit scharfem, hellem, flachem (nicht nach unten umgebogenem), völlig ganzem (statt an der Spitze gezähnelt-rauhem) Rande. So z. B. bei Wilmersdorf bei Berlin, in der Schweiz bei Bief d'Ependes bei Yverdon (1892), am linken Rhoneufer bei der Brücke zwischen Brançon und Martigny (1909 und 1913), auf dem Güterbahnhof Zürich (1912), Adliswil (1908), beim Elektrizitätswerk Rheinfelden (1920), Kettwiler Moos bei Ettiswil (1910). Annäherungsformen an der Bahn bei Rorschach (1915) und am Wildbachdamm bei Bellach (Kanton Solothurn, 1918). — var. Kneuckéri W. Zimmermann var. nov.[1]) Laubblätter ziemlich schlaff, schmallanzettlich, dunkelgrün. Cyathium mit dunkelbraunen Drüsen. So im Rheinhafen bei Karlsruhe in Baden. — var. Tommasiniána (Bertol.). Ausserhalb der Gebietsgrenze im Küsten-

---

[1]) Euphorbia virgata var. Kneuckéri Walter Zimmermann 1922 in Hegi Illustrierte Flora von Mitteleuropa. Diagnose: „Differt a planta typica foliis laxioribus, fusco-viridibus, glandulisque atro-violaceis". Benannt nach J. Andreas Kneucker, Hauptlehrer in Karlsruhe in Baden, geb. 24. Januar 1862 in Wenkheim (Baden), Herausgeber der „Allgemeinen Botanischen Zeitschrift" und der „Glumaceae exsiccatae". Bekannt durch seine systematischen Untersuchungen über die Gattung Carex und durch die floristische Erforschung besonders von Baden sowie des Sinai-Gebietes.

lande am Monte Spaccato bei Triest auftretende Gebirgspflanze mit eilanzettlichen, etwas glänzenden Laubblättern. — Sämtliche Formen von E. virgata zeigen als gemeinsamen Unterschied gegenüber den nahverwandten E. Esula=Formen die keulig=verbreiterten Drüsenhörner, sowie die oben wiedergegebene Blattrandbildung.

Euphorbia virgata ist ökologisch sehr anpassungsfähig und erscheint z. B. in ihrem natürlichen südosteuropäischen Verbreitungsgebiet sowohl an den Ufern stehender oder langsam fliessender Gewässer in Gesellschaft von Phragmites communis, Calamagrostis Pseudophragmites, Typha latifolia, Sparganium simplex, Glyceria aquatica, Scirpus Tabernaemontani, Carex disticha, C. riparia, C. vesicaria, C. Pseudocyperus, C. rostrata und C. acutiformis, Butomus umbellatus, Euphorbia lucida, Gratiola officinalis, Senecio paludosus und S. fluviatilis (Hayek), als auch in der trockenen pannonischen Steppenwiese mit Festuca sulcata, Bromus erectus, Nepeta Pannonica und Astragalus Danicus oder in der Artemisia campestris=Salvia pratensis=Steppe mit Cytisus Ratisbonensis und Achillea Pannonica. Dieser ausserordentlich grossen Anpassungsfähigkeit verdankt die Pflanze ihre weite Ausbreitung. So tritt sie als Apophyt gelegentlich in Kulturformationen über, so bei Auspitz in Mähren in Getreidefelder, wo sie zusammen mit Euphorbia falcata, Stachys rectus, Bupleurum rotundifolium, Caucalis daucoides, Allium rotundifolium, Melampyrum arvense, Adonis flammeus, Camelina microcarpa, Rapistrum perenne, Scandix pecten Veneris, Galium tricorne, Agrostemma Githago, Crepis rhoeadifolia u. a. Arten mehr wächst (Laus). Als Wanderpflanze erweitert sie in letzter Zeit ihr Gebiet und nistet sich dabei, namentlich an der Ostsee, fast völlig in natürliche Pflanzengesellschaften ein. Preuss gibt von der Kurischen Nehrung folgende Zusammensetzung einer festliegenden grauen Astragalus arenarius=Düne bei Sarkau: Hierochloë odorata, Agrostis vulgaris, Calamagrostis Epigeios, Corynephorus canescens, Festuca rubra f. arenaria, Triticum repens, Carex arenaria, Epipactis rubiginosa, Arabis arenosa, Erophila verna, Sedum acre, Euphorbia virgata, Astragalus arenarius, Hypericum perforatum f. stenophyllum, Viola tricolor var. maritima, Oenothera muricata var. latifolia, Cynoglossum officinale, Thymus serpyllum subsp. Chamaedrys, Helichrysum arenarium, Petasites tomentosus, Hieracium umbellatum in den Formen H. coronopifolium und H. dunale. An Verkehrswegen in Westpreussen findet sie sich mit Salvia verticillata und Nonnea pulla. — Die älteste Einschleppung der vorzugsweise osteuropäisch=westasiatischen Art in die Schweiz beim Hüttensee 1868 wird mit einem früher dort bestehenden Zigeunerlager in Verbindung gebracht. Dass sie in Deutschland ebenfalls schon in den 70er

Fig. 1784. Euphorbia virgata Waldst. et Kit., an der Isar bei München. Phot. Dr. Emil Schmid, München.

Fig. 1785. Euphorbia virgata Waldst., Rutenwolfsmilch auf dem Damm eines Hochwassergrabens bei Felixdorf, N.Ö. Phot. R. Fischer, Sollenau, N.Ö.

und 80er Jahren vielfach vorhanden gewesen sei, glaubt Graebner mit ziemlicher Sicherheit annehmen zu dürfen, da die Pflanze früher fast immer verkannt wurde und auch noch heute vielfach mit E. Esula verwechselt wird. Namentlich an Eisenbahndämmen ist sie stellenweise häufig, aber auch weit ab von aller Kultur findet sie sich eingebürgert. In Westpreussen erscheint sie wie Lepidium apetalum und Potentilla intermedia am zahlreichsten da, wo der Schiffsverkehr mit Russland am regsten ist (Preuss).

1847. Euphorbia Seguieriána[1]) Necker (= E. Gerardiána[2]) Jacq., = E. lineariaefólia Lam., = E. Seguiéri Vill.). Steppen=Wolfsmilch. Taf. 178, Fig. 4; Fig. 1786, 1787 und 1788.

Staude mit harter, stark verzweigter, bis 1,5 m langer Wurzel und kräftigem, holzigem, bis 4 cm breitem Erdstock; nichtblühende Stengel vorhanden oder fehlend. Stengel (5) 15 bis 60 cm hoch, aufrecht oder aufsteigend oder niederliegend, rutenartig, ohne unfruchtbare Aeste, derb, kantig gestreift, kahl, bleichgrün. Laubblätter spiralig, aufsteigend, dachig sich deckend bis locker genähert, 1 bis 2 cm lang; die unteren lineal bis lineal=lanzettlich, dem Stengel angedrückt oder aufrecht, die oberen eilanzettlich, 4 bis 6 (bis 8) mm breit und etwas abstehend; alle sitzend, ganzrandig, stachelspitzig, dicklich=lederig, grau=oder blaugrün. Hüllblätter des Gesamtblütenstandes wie die oberen Stengelblätter. Hüllchenblätter breit=3=eckig, am Grunde abgestutzt bis flach herzförmig, zur Blütezeit gelblich, später vergrünend. Trugdolde endständig, fast stets allein, nur bei üppigen Pflanzen ein oder wenige (bis 4) blühende, blattachselständige Blütenäste tragend, viel=(9 bis 15=)strahlig; Strahlen meist 1= oder 2=mal 2=gabelig, selten bis 5=mal gegabelt und 3=teilig. Cyathium 2,5 mm lang, mit querovalen, am Vorderrande häufig ausgeschweiften, bisweilen auch halbmondförmigen, anfangs dunkelgrünen, später dunkelgelben Drüsen. Kapsel eikugelig, fein punktiert, rauh oder

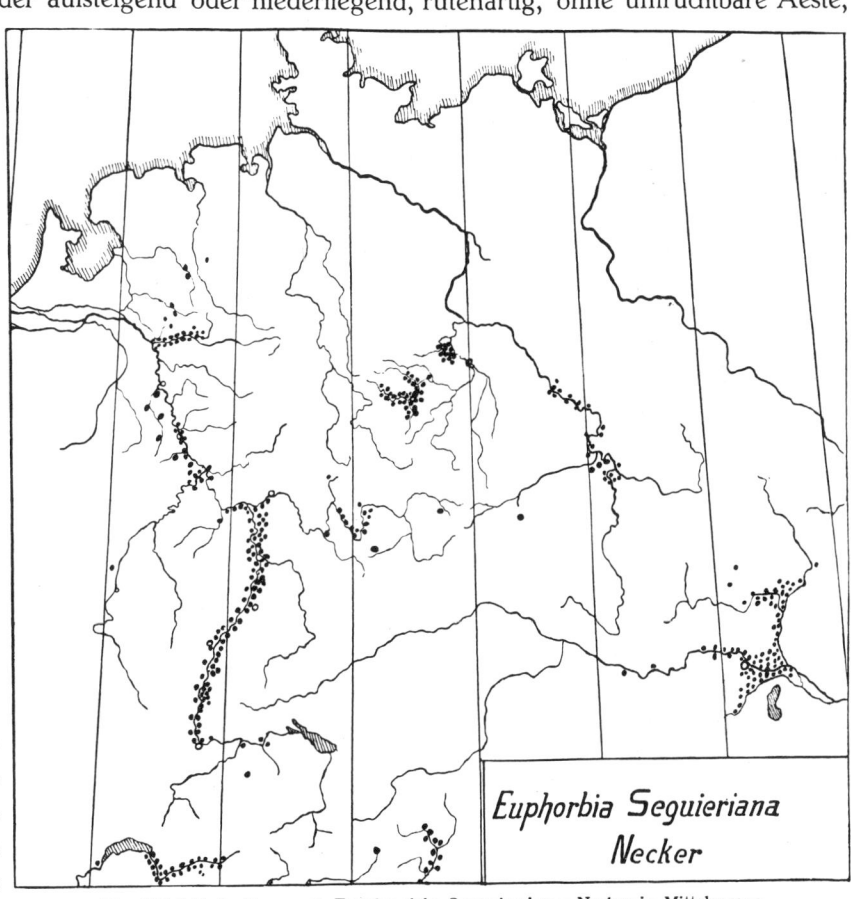

Fig. 1786. Verbreitung von Euphorbia Seguieriana Necker in Mitteleuropa. Bearbeitet von Dr. Walter Zimmermann, Freiburg i. Br.

---

[1]) Benannt nach Joh. Franz Seguier, einem botanischen Schriftsteller und Reisenden, geb. zu Niemes 1705, gest. daselbst 1784.

[2]) Französischer Botaniker, der 1761 eine Flora Gallo=provincialis schrieb. — Von Camerarius wird die Art 1588 in einem Hortus medicus und philosophicus als Tithymalus linifólius ad ripas Moeni in Francona aufgeführt.

glatt, kahl; Teilfrüchte gekielt. Samen 1,7 mm lang, eiförmig, glatt, hellgelb, später hellgrau, mit sitzender, nabelförmiger Caruncula. — VI.

Gesellig bis zerstreut auf trockenen, sonnigen, etwas kalkhaltigen, sandigen oder schotterigen Kies= oder fetten Lehm= und Tonböden, in Wiesen, an trockenen Rainen, Weg= rändern, auf trockengelegtem Moorboden, an Grabenwänden, unbebauten Orten im Bereich der pontischen Flora und der wärmeren und breiteren Flusstäler in der Ebene und im Hügel= land; in Südtirol bis 900 m (Juval ob Staben), im Wallis bis 1600 m.

In Deutschland in den Stromgebieten des Rheins, der Vechte, der Ems und der Elbe. Am Rhein von Basel abwärts bis zur niederländischen Grenze, vor allem auf den ihn begleitenden sonnigen und trockenen, meist kalkreichen Hügeln, z. B. Kaiserstuhl, Kol= marer Vorberge der Vogesen usw., ferner in den Talmulden im Muschelkalk=, Keuper=, Buntsand= stein= und Juragebiet des Mains ziemlich verbreitet von Karlstadt bis gegen den Steigerwald und Schweinfurt, vereinzelt noch in den Tälern des Roten Mains und der Aisch, im Moseltal (auch bei Metz), an der Lippe bis östlich Haltern (zwischen Westleven und Gut Sebbel) und deren Nebenfluss, der Steve. Im westlichen Saalegebiet stellenweise sehr häufig und zwar einerseits west= lich von Halle bis an den Ostrand des Harzes und im Mannsfelder Seekreis, andererseits in den Niederungen der Unstrut zwischen Mühlhausen und Artern, sowie deren Nebenflüssen, z. B. zwischen Gera und Dietendorf; ausserdem z. B. im Wippertal bei Sandersleben, an der Elbe im Königreich Sachsen (wenigstens früher, seit mehreren Jahren nicht mehr beobachtet; wird vielleicht bisweilen, wie Libanotis montana aus Böhmen herabgeschwemmt [Drude]; bei Dresden vor zirka 15 Jahren infolge Gelände=Veränderungen [Abtragung der Kiesdecke] zusammen mit Ranun= culus Illyricus verschwunden [Beger]). — In Oesterreich in Böhmen an der Elbe und an der unteren Moldau häufig, im Donaubecken im Gebiet der pannonischen Flora von der ungarischen Grenze bis Oberösterreich und am Unterlauf der March und ihrer Nebenflüsse bis Südmähren (Sokolnitz); in Südtirol verbreitet im Etschtal aufwärts bis Schlanders. — In der Schweiz im Rheintal bei Rüdlingen (durch Flusskorrektion fast vernichtet), bei Flaach und Bernau=Full (1922 von Becherer und Walo Koch entdeckt), verbreitet im Rhonetal; im Kanton Waadt bei Orbe (ad= ventiv?), im Kanton Luzern auf dem Damm bei Reiden; im Puschlav von Mureda bis ins Val Sanzano (850 bis 1100 m). — Ausserdem bisweilen verschleppt mit fremdem Getreide, so z. B. bei Rossdorf bei Genthin, auf den Rüdersdorfer Kalkbergen bei Berlin, im Proviantamt zu Frankfurt a. d. O. oder mit verfrachtetem Fluss= sand, so z. B. an der Lippe bei Dünen (nach J. Müller), bei Sandau bei Marienbad vermutlich mit der Eisenbahn.

Fig. 1787. Euphorbia Gerardiana (Kaiserstuhl).
Phot. O. Jeske, Berlin.

Allgemeine Verbreitung: Von Holland, Frankreich und Zentral= und Ostspanien ostwärts bis Mittel= und Südrussland und den Balkan (mit Griechenland); Kaukasus, Ural, Westsibirien, Dsungarei.

Aendert ab: var. multicaúlis (Thuill.) Schinz et Thellung (= E. Gerardiána Jacq. var. multicaulis Chabert). Laubblätter kurz=eiförmig bis trapezförmig. So im Wallis am linken Rhoneufer bei Charrat und am Rhonedamm unterhalb Fully und Brançon. — var. Neilreichii Wilczek. Laubblätter lineal=lanzettlich, bespitzt, 5 bis 10 cm lang und 1 bis 2 mm breit. Wuchs niedrig, 5 bis 10 cm hoch. Stengel aufsteigend. Dolde einfach. So im Wallis zwischen Riddes und Isérable, Loèche=ville. — var. minor (Duby) Wilczek. Von der var. Neilreichii verschieden durch bald aufsteigende, bald ausgebreitete Stengel und kleinere, verkehrt=eiförmige Laubblätter. Wallis: Ob Saxon (ferner im Aostatal). — var. Angustána Wilczek. Laubblätter gegen die Zweigspitzen dicht gedrängt, 12 bis 15 mm lang, länglich, plötzlich zugespitzt oder gestutzt und bespitzt. Bisher nur im Aostatal. — var. májor Neilr. Stengel aufrecht, 30 bis 60 cm hoch. Laubblätter lineal=lanzettlich, locker verteilt. Blütenstand doldentraubig bis traubig. In der Tracht an E. Esula erinnernd. So z. B. in Mähren.

Euphorbia Seguieriana ist ein pontisch-mediterranes Element, das sein Verbreitungsgebiet aus den vorderasiatisch-südrussischen Steppen weit nach Mitteleuropa, in Deutschland den Stromtälern folgend, vorgeschoben hat (vgl. Fig. 1786). Die xeromorphe, wenig frostempfindliche Trockenpflanze verlangt Siedelungsorte, die wie die Steppe im Sommer ziemlich stark erhitzt, im Winter stark abgekühlt werden und findet sich daher ausserhalb der pannonisch-pontischen Flora einerseits auf sonnigen, trockenen Kalkhügeln und auf Lössablagerungen, anderseits im Strombereich auf alluvialem Grob- oder Feinkies, dem reichlich Niederschläge mit wechselndem Kalkgehalt beigemischt sind und der einen tiefen Grundwasserspiegel besitzt. Allerdings meidet sie auch fette kalkhaltige Lehmböden nicht, soweit eine gute Durchlüftung geboten ist und der Grundwasserspiegel hoch liegt. August Schulz hat besonders auf die Abhängigkeit von dem letztgenannten Faktor aufmerksam gemacht und nachgewiesen, dass im Saale-Bezirk die untere Unstrut und Helme eine scharfe Grenze insofern bilden, als nördlich dieser Linie die Oertlichkeiten mit tiefem Wasserspiegel und ± kiesigen Böden, südlich davon diejenigen mit hohem Wasserspiegel und lehmigem Untergrund oder auch Fels- oder Felsdetritus besiedelt werden. J. Müller (Die Verbreitung von Eryngium campestre L., Artemisia campestris L. und Tithymalus Gerardianus Kl. et Garcke an der unteren Lippe, 1913) hat dieselbe Abhängigkeit an der unteren Lippe bestätigt. Schulz (Die Geschichte der phanerogamen Flora und Pflanzendecke Mitteldeutschlands, 1914) glaubt, dass sich die Pflanze nach ihrer Einwanderung in der Würm-Bühl-Zwischenzeit zunächst in den Niederungen der Unstrut weit ausgebreitet habe, dass es ihr aber später beim Eintritt der Klimaverschlechterung nur möglich gewesen sei, sich auf Auböden zu erhalten, und dass sie sich an diese Unterlage derartig angepasst habe, dass sie später die Fähigkeit verloren habe, wieder auf andere Böden überzusiedeln. Wenn auch gegenwärtig ihre Siedelungsorte durch die wirtschaftlichen Einflüsse des Menschen stark an Zahl verringert worden sind, so stellt die Pflanze dennoch, namentlich auf sehr trockenen, sandigen und an und für sich wenig ertragsreichen Dauerweiden, auf denen nur kümmerlich Anthoxanthum odoratum, Poa pratensis, Avena pubescens, Festuca ovina, häufig aber Corynephorus canescens, Deschampsia praecox, Arabis Thaliana, Ranunculus bulbosus, Ornithopus perpusillus, Vicia lathyroides, Scleranthus perennis u. a. gedeihen, neben Artemisia campestris und Eryngium campestre ein lästiges und schwer zu beseitigendes Unkraut dar. Weidetiere rühren die Stengel ihres scharfen Milchsaftes wegen nicht an. Die Erneuerungsknospen, die bei dem Hemikryptophyten wenig unter dem Boden liegen (A l l o r g e, P. Les Associations végétales du Vexin francais, Paris, 1922), sind in grosser Zahl vorhanden (Fig. 1788) und entwickeln sich z. T. trotz Kälte und Frost noch im Spätherbst und selbst im Winter zu niedrigen Blattbüscheln und kleinen rot überlaufenen Blattrosetten. Die Samen, die wohl nur zum geringeren Teil myrmekochor, meistens aber epizoisch durch das Weidevieh verschleppt werden, keimen leicht und schnell. Die ausserordentlich kräftige Wurzel, die bis 1,5 m Länge und 4 cm Breite erreichen kann, durchbricht sehr rasch die nahrungsarme Kies- oder Sanddecke und sucht mit den sich verzweigenden Wurzelenden die wasserführenden Schichten auf.

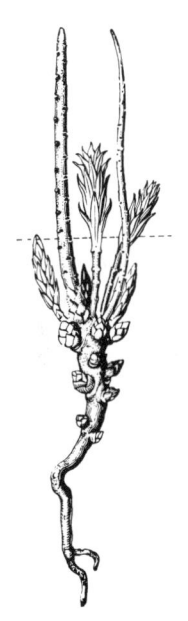

Fig. 1788. Euphorbia Seguieriana Necker. Hemikryptophyt (nach Pierre Allorge).

Euphorbia Seguieriana ist in ihrer östlichen Heimat in erster Linie eine Steppenpflanze der submontanen und montanen Stufe, die z. B. auf den Hängen der beiden Ararate auf trockenen, steinigen oder lehmigen Böden von 1000 bis 2200 m verbreitet ist und sich dort der Steinsteppe mit Artemisien (z. B. A. fasciculata Bieb., A. scoparia Waldst. et Kit. und A. campestris L.) und der Grassteppe mit Stipa Szovitsiana Trin., Aristida plumosa L., Triticum rigidum Schrad. und Agropyrum cristatum anschliesst (K r a u s e, K. Die floristischen Beziehungen des Araratgebietes. Beiblatt zu den Botan. Jahrb. nr. 115, 1913). In Hocharmenien stellt sie sich in den an dichthaarigen Labiaten und derbstacheligen Cirsien und Centaurea-Arten reichen Astragalus-Acantholimon glumaceum-Steppen ein (R i k l i, Martin. Natur- und Kulturbilder aus den Kaukasusländern und Hocharmenien. Zürich, 1914) Bei Sarepta findet sie sich in der Artemisia Austriaca-Steppe, deren häufigste Glieder nach Rübel Centaurea solstitialis und C. diffusa, Gypsophila fastigiata und G. trichotoma Wend., Haptophyllum suaveolens DC., Salvia Aethiopis und S. silvestris, Xeranthemum inapertum Mill. u. a. m. sind. Sie zeigt auf vielen der regenerierten südrussischen Steppen dasselbe Verhalten wie Euphorbia Cyparissias auf übernutzten Weiden Mitteleuropas: die Schwarzerdeböden sind zwar von einer dichten Vegetation bedeckt, leiden aber sehr unter dem Einfluss der ausgedehnten Schafzucht, da die Schafe alle Pflanzen mit Ausnahme der Euphorbien völlig abfressen. Der dadurch entblösste Boden vermag den unterirdisch lebenden Organen nicht mehr genug Schutz zu gewähren und neben den sich ausbreitenden Wolfsmilchstöcken stellen sich in immer wachsender Zahl Disteln, dornige Centaurea-Arten, Xanthium spinosum an Stelle der früher vorhandenen breitblätterigen Kräuter ein. Die Pflanze ist auf Lössboden im Donaugebiet ein häufiger Begleiter des Steppen-Hafers (Avena desertorum), in dessen oft fast reinen Bestand sich von anderen Gräsern höchstens Stipa pennata, Koeleria gracilis, Festuca sulcata und F. glauca, sowie Dianthus Pontederae, Alsine

(Minuartia) setacea, Anemone grandis, Erysimum canescens, Astragalus Austriacus, Cytisus Ratisbonensis, Asperula glauca und Jurinea als die auffälligsten Blütenpflanzen beimischen. Sie ist Leitpflanze der niederösterreichischen Federgrasflur und der Sandheide des Marchfeldes; sie findet sich auch auf den Sandfeldern von Mainz wieder. In der Windsheimer Gegend steht sie mit folgenden für den Gipskeuper bezeichnenden Pflanzen zusammen: Adonis vernalis, Silene Otites, Coronopus Ruellii, Astragalus Danicus, Scorzonera purpurea, Podospermum laciniatum, Carex humilis, Sclerochloa dura, Poa Badensis, Stipa pennata und S. capillata (Hegi, G. Mediterrane Einstrahlungen in Bayern, 1904). Im Kaiserstuhlgebiet besiedelt sie den trockenen Bromus erectus-Rasen auf locker bewachsenem Basalt-Untergrund zusammen mit Helianthemum Fumana, Geranium sanguineum, Medicago minima, Lotus corniculatus var. hirsutus, Linum tenuifolium, Asperula glauca u. a. m. Als spontaner Apophyt geht sie gelegentlich auch auf Ruderalstellen über, so bei den Kohlengruben zwischen Cscheitsch und Mutenitz und am Bahnhof Dobrotitz bei Holleschau in Mähren.

1848. Euphorbia Nicæénsis[1]) All. (= E. Myrsinites Wulf. non L., = E. serótina Host, = Tithýmalus Seguiérii Scop.). Nizza-Wolfsmilch. Fig. 1789.

Staude mit holziger, verzweigter, dicker, senkrechter, walzlicher Wurzel; aus dem Erdstock neben unfruchtbaren, kurzen Blattsprossen im gleichen Jahre mehrere blühende Stengel treibend. Stengel 20 bis 40 cm hoch, einfach oder bisweilen mit wenigen, unfruchtbaren Aesten, aufrecht oder aufsteigend, stielrund, derb, am Grunde narbig, aufwärts dicht beblättert, kahl, blaugrünlich-weiss. Laubblätter dicht spiralig, sitzend, 2 cm lang, 3 mm breit, schmaleiförmig-verlängert bis lanzettlich, zugespitzt oder spitz, die obersten eiförmig, stachelspitzig, alle ganzrandig, steif bis lederig, kahl, blaugrün, untere Seitennerven vom Blattgrund unter sehr spitzem Winkel abzweigend (Fig. 1789 b). Hüllblätter des Gesamtblütenstandes breiteiförmig-lanzettlich, stachelspitzig, mit breitem Grunde sitzend. Hüllchenblätter herzeiförmig, mit deutlicher Stachelspitze, hochgelb. Trugdolde endständig, häufig von mehreren in den Blattachseln stehenden, seitenständigen Blütenästen begleitet, meist 9-strahlig, mit 1- oder 2-mal 2-gabeligen Aesten. Cyathium mit kurzen, dick-halbmondförmigen, seltener eiförmigen, wachsgelben Drüsen. Kapsel schwach runzelig (Lupe!), kahl; Teilfrüchte auf dem Rücken schwach gekielt. Samen eiwalzlich, schwach punktiert, grünlich-gelb oder hellgrau, mit kurzer, rautenförmiger Caruncula. — VII, VIII.

Auf sonnigen, trockenen Kalkhängen und steinigen, grasigen Stellen. Nur in Südtirol und an der Südwestgrenze von Krain.

In Südtirol zwischen Bozen und Meran (?), im Val Vestino, oberhalb Moërna am Uebergang nach Bondone (mindestens 1000 m hoch), im Bezirk Vezzano, bei Arco, häufig um Riva und Torbole, Sonklar, Madonna del Monte bei Rovereto, Brentonico, Ala Ronchital und Ala; in Krain nur an der Südwestgrenze zwischen Senožeče Vreme und Ober-Ležeče. Anschliessend im Küstenland, in Dalmatien und im westlichen Mittelmeergebiet.

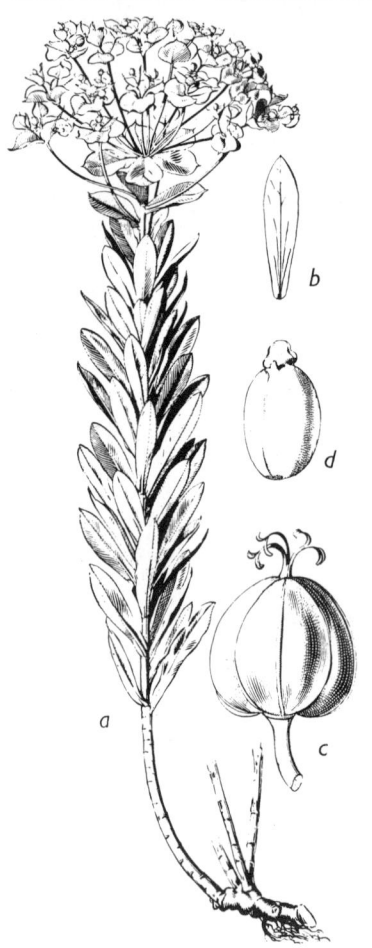

Fig. 1789. Euphorbia Nicaeensis All. *a* Habitus. *b* Laubblatt. *c* Kapsel. *d* Samen.

K. Fritsch hebt in den „Untersuchungen über die Bestäubungsverhältnisse südeuropäischer Pflanzenarten ..." (Sitzber. Akad. Wiss., math.-nat. Klasse, Wien. Bd. CXXII, 1913) E. Nicæensis, ebenso wie die weiteren mediterranen Wolfsmilcharten E. Wulfénii Hoppe und E. Parálias L. als Beispiel einer ganz bedeutungslosen Kontrastfärbung hervor, da die Staubbeutel im Knospen-

---

[1]) Nach der Stadt Nizza benannt.

zustand bereits stark rot überlaufen sind und dabei so glänzen, dass sie, unterstützt durch ihre dichte Häufung, zwischen dem dunkelgrünen Laube hervorleuchten, ohne dabei irgend einen „Zweck" zu besitzen.

1849. Euphorbia Pannónica Host. Ungarische Wolfsmilch. Fig. 1790.

Kräftige, buschige Staude mit reichästigem Erdstock. Stengel bis 40 cm hoch, aufrecht, am Grunde verholzend und narbig, aufwärts dicht beblättert, kahl, hellgrün. Laubblätter spiralig aufsteigend, 45 bis 60 mm lang und 13 bis 20 mm breit, lanzettlich oder verkehrt= eiförmig=lanzettlich, sitzend, vorn gerundet, zugespitzt und schwach gekerbt (Lupe!), dicklich, blaugrün; die vom Blattgrunde abgehenden Seitennerven sehr spitzwinklig abzweigend, vor dem Blattrand untereinander netzig verbunden. Hüllblätter des Gesamtblütenstandes verkehrt=eiförmig, kürzer als die obersten Laubblätter; Hüllchenblätter herznierenförmig bis oval, zugespitzt und meist stachelspitzig, in der oberen Hälfte fein gekerbt, leuchtend gelb. Trugdolde endständig, von zahlreichen, blattachselständigen, blühenden Nebenästen begleitet, gedrungen, vielstrahlig, mit 1=mal 2=gabeligen Aesten. Cyathium 3 mm lang, mit 3=zähnigen Zipfeln (der mittlere Zahn sehr kurz, die beiden seitlichen von etwa ¹/₃ der Zipfellänge, am äusseren Rande gefranst) und trapez= förmig=rundlichen, vorn gestutzten oder schwach eingebuchteten, gelben Drüsen. Kapsel 3 mm lang, glatt oder etwas grubig, kahl oder behaart bis fast zottig. Samen 2 bis 2,5 mm lang, eiförmig=rundlich, glatt, oft bereift, mit warziger, kegelförmiger Caruncula. — V bis VII.

An sonnigen, grasigen Plätzen, an Rainen, Wegrändern; nur im Gebiete der pannonischen Flora.

Einzig in Niederösterreich südlich der Donau von Kalkburg und dem Laaerberge bis Bruck und südlich bis Moosbrunn, ferner am Johannes= berge bei Unterlaa; vorübergehend bei Frankfurt an der Oder verschleppt; schon 1878 in wenigen Exemplaren (zweifellos angepflanzt) im Hopfen= grunde des Steigers bei Erfurt beobachtet und dort mehrere Jahrzehnte hin= durch regelmässig wieder erschienen, aber neuerdings erloschen.

Fig. 1790. Euphorbia Pannonica Host. *a* Habitus. *b* Hüllchenblatt. *c* Cyathium.

Allgemeine Verbreitung: Südosteuropa bis Südrussland, Krim und Kleinasien.

Von Formen werden unterschieden: var. týpica (Host) Beck (= E. Nicaeénsis All. β leiocárpa Neilr.). Kapsel kahl. Hüllblätter des Gesamtblütenstandes herznierenförmig, bespitzt, quereiförmig. — var. tricho= cárpa Neilr. (= E. Pannonica Kerner). Kapsel bei voller Reife stark behaart bis fast zottig, sonst wie vorige. — var. pulverulénta Kit. Hüllblätter des Gesamtblütenstandes eiförmig bis länglich, länger als breit. Kapsel kahl oder behaart.

Euphorbia Pannonica ist eine pannonisch=pontische Steppenpflanze, die sich namentlich in der auf Sandboden verbreiteten Pustenschwingel=Gesellschaft (mit vorherrschender Festuca vaginata) einfindet und als Begleiter aufzuweisen hat: Stipa pennata, Gagea pusilla, Alyssum desertorum, Paeonia tenuifolia, Dianthus serotinus, Melandrium viscosum, Onobrychis arenaria, Euphorbia Seguieriana, Onosma arenarium, Helichrysum arenarium usw.

1850. Euphorbia saxátilis Jacq. Felsen=Wolfsmilch. Fig. 1791.

Lockerrasige Staude mit holzigem, dünnwalzlichem, ± wagrecht liegendem, am Ende auf= gerichtetem, verzweigtem Erdstock. Stengel 7 bis 10 cm hoch, bogig oder geschlängelt aufsteigend, die nichtblühenden an der Spitze dachig beblättert, die Blütenstengel aus dem Rosettenschopf der überwinterten, zähen, bis zur Mitte entblätterten und dichtnarbigen, nichtblühenden Sprosse hervorgehend, rundlich oder schwach=kantig, glatt, ganz kahl, gelblichgrün, nur unter der Rosette purpurn. Laubblätter eng spiralig, sitzend, 0,6 bis 1,2 cm lang und 2 mm breit, die der nichtblühenden Stengel unten abstehend, oben schopfig dachig, lineal=keilig, vorn abge=

rundet oder abgestutzt bis ausgerandet, völlig ganzrandig, die der blühenden Stengel (über der Rosette) zusammengedrängt, sternförmig=rosettig oder pyramidenförmig angeordnet, elliptisch= eiförmig bis eiförmig, kürzer, alle steif, kahl, see= grün. Hüllblätter des Gesamtblütenstandes herz= förmig=rundlich, stumpf. Hüllchenblätter rautenför= mig, breiter als lang, sehr stumpf oder ausgerandet, kurz stachelspitzig, gelbgrün. Trugdolde end= ständig, niemals mit Nebenästen, 5=strahlig; Aeste einmal 2=gabelig. Cyathium 2,5 mm lang, mit eilänglichen, gefransten Zipfeln und wachs= bis goldgelben, stumpfen Hörnchen; Hörnchen kürzer als die Drüsenbreite. Kapsel 4 mm lang, eiförmig, tief 3=furchig, fein grubig oder glatt, kahl; Teil= früchte auf dem Rücken abgerundet, mit dünnem Kiel. Samen 2,5 mm lang, eilänglich, glatt, gelb= lich, mit grosser, nierenförmiger Caruncula. — VI.

An Kalkfelsen und auf steinigen Hängen.

Fehlt in Deutschland und in der Schweiz vollständig. — In Oesterreich nur in Niederösterreich auf den Kalkbergen vom Anninger bis an die Raxalpe und den Unterberg, sowie in Krain.

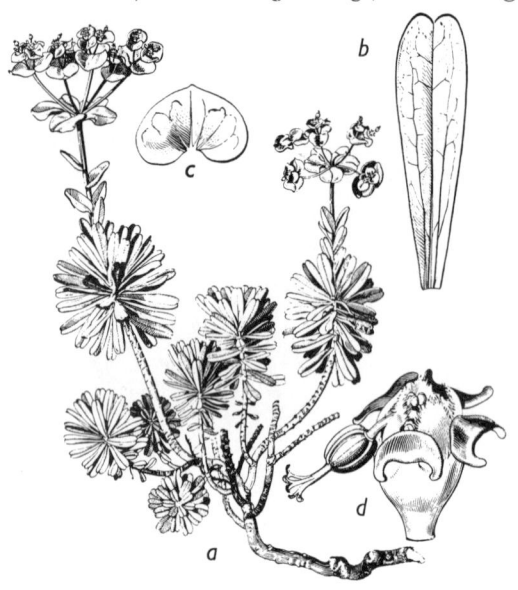

Fig. 1791. Euphorbia saxatilis Jacq. *a* Habitus. *b* Laub= blatt aus der Rosette. *c* Hüllchenblatt. *d* Cyathium.

Allgemeine Verbreitung: Nieder= österreich, Krain, Friaul, Küstenland und Kroatien.

Euphorbia saxatilis ist ein illyrischer Endemit mit sehr kleinem Verbreitungsgebiet. Ihr sehr nahe verwandt ist die nachfolgend angeschlossene E. Kernéri, sowie die im Mittelmeer heimischen E. Barreliéri Sav. und E. rupéstris Frív. Die Art besitzt den Charakter einer hemikryptophytischen Fels= pflanze. Der Wurzelstock liegt fast wagrecht im Boden und treibt alljährlich krautartige, kurzspannige Stengel, die nicht selten in Moospolstern eingebettet sind. Noch lockerer ist das Achsensystem bei der wohl nur als Rasse von E. saxatilis zu bewertenden E. **Kernéri** Huter (= E. saxátilis Poll. non Jacq., = E. Basélices Facch. non Ten., = E. saxátilis Jacq. α u. β. Basélices Hausm., = E. Nicaeénsis All. ♂ Bertol.). Fig. 1792. Unterscheidet sich vom Typus namentlich durch folgende Merkmale: Wuchs höher. Laubblätter nicht dachig, am Grunde der blühenden Stengel zusammentretend; die unteren länglich=eiförmig, zugespitzt, die oberen eiförmig, zugespitzt. Hüll= blätter des Gesamtblütenstandes breit eiförmig und deutlich zuge= spitzt. Hüllchenblätter breit trapezförmig, kurz zugespitzt. Cyathium mit meist nur grobgefransten Zipfeln und purpurbraunen Hörnern; diese so lang wie breit und ausgesprochen halbmondförmig. Die Rasse hat ein sehr beschränktes Vorkommen in Südtirol (For= cella bassa bei Schluderbach, an der Strasse bei Peutelstein [Ampezzo], bei Campo [1100 bis 1200 m], sowie in sonnigen Föhrenwäldern unterhalb Aquabona, zusammen mit Polygala Nicaeensis subsp. Forojulensis). Greift in die anschliessenden norditalienischen Alpen über und erscheint in Südkärnten wiederum im oberen Kanaltal.

1851. Euphorbia variábilis Cesati (= E. Gayi Salis z. T.). Veränderliche Wolfsmilch. Fig. 1793.

Fi 1792. Euphorbia Kerneri Huter. *a* Habitus. *b* Hüllchenblatt. *c* Cyathium. *d* Samen.

Staude mit ausdauerndem, schlankem, kriechen= dem, am Ende gedrungen verzweigtem Erdstock. Stengel 15 bis 35 cm lang, aufsteigend oder aufrecht, ziemlich dünn, kahl, meist ohne nichtblühende Seitenäste, grasgrün, bläulich bereift. Laubblätter von unten nach oben an Grösse zunehmend; die untersten sehr klein, verkehrt= eiförmig, die oberen allmählich grösser, länglich=lanzettlich, meist kurz zugespitzt, alle sitzend und z. T. fast halbstengelumfassend, grasgrün. Hüllblätter des Gesamtblütenstandes grösser als die Laubblätter, eilanzettlich bis lanzettlich, zugespitzt; Hüllchenblätter dreieckig=herzförmig, mit meist einwärts geschwungener Seitenlinie, spitz oder zugespitzt mit aufgesetztem Stachelspitzchen. Trug= dolde endständig, meist von ± zahlreichen, kürzeren, blattachselständigen, blühenden Neben= ästen begleitet, 1= oder 2=mal 2=gabelig. Cyathium mit länglich= eiförmigen Zipfeln und gelben, vorn abgestutzten und in zwei lange Hörner ausgezogenen Drüsen. Kapsel eiförmig=kugelig, flach 3=furchig, glatt oder (getrocknet) schwach punktiert. Samen eiförmig, grau, später dunkelgelb, glatt, mit nierenförmiger Ca= runcula. — V, VI.

Auf rasigen und buschigen Abhängen, auf Bergwiesen, Wildheuplanken; gern auf steiniger Unterlage.

Fehlt in Deutschland und in der Schweiz. — In Oester= reich nur in Südtirol bei Bondone di Storo, im Val Vestino zwischen 600 und 1200 m, im Ledrotal (auf Triften am Monte Nota zwischen 1500 und 1700 m), bei der Bocca di Nembria bei zirka 1100 m.

Allgemeine Verbreitung: Judicarien, Südtirol und Norditalienische Alpen bis zu den Seealpen.

Die Art gehört zu den endemischen Gewächsen der Westalpen, die östlich bis nach Südtirol vorgedrungen sind. Sie tritt am liebsten auf trockenen, rasigen Wiesen mit leichter Beschattung und Vorherrschen von Bromus erectus oder Sesleria caerulea oder Carex refracta auf. Begleiter z. B. im ersteren Falle sind Andropogon gryllus, Carex Baldensis, An= thericum ramosum, Allium pulchellum, Cytisus purpureus, Geranium san= guineum, Laserpitium Siler, Galium purpureum, Scabiosa graminifolia, Centaurea cirrhata und Lactuca perennis. Auch in den südalpinen Nieder= wald mit Quercus sessiliflora und Qu. pubescens, Ostrya carpinifolia und Castanea sativa dringt sie gern ein. Seltener geht sie auf Felsen über und vereinigt sich dort, z. B. am Südhang der Cresta Sinigaglia in der südlichen Grigna (Comersee) nach Gottlieb Geilinger mit Asplenium Ruta muraria und A. Trichomanes, Trisetum argenteum, Sesleria caerulea, Carex mucro= nata und C. sempervirens, Silene Saxifraga, Aquilegia Einseleana, Saxifraga mutata, Potentilla caulescens, Linum alpinum, Laserpitium peucedanoides, Primula Auricula und P. glaucescens, Phyteuma corniculata subsp. char= melioides und Buphthalmum speciosissimum.

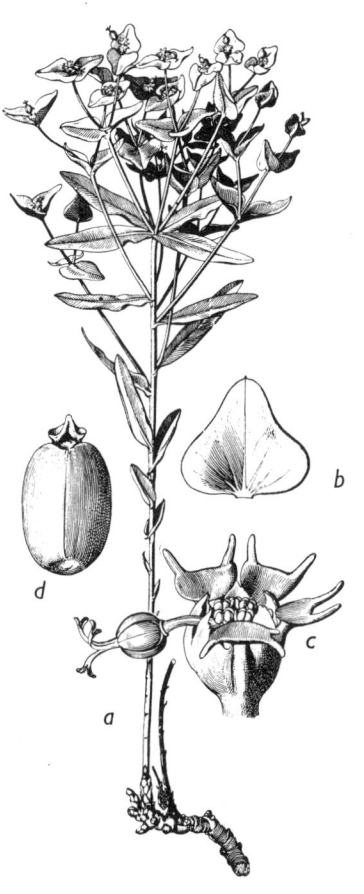

Fig. 1793. **Euphorbia variabilis** Cesati. *a* Habitus. *b* Hüllchenblatt. *c* Cyathium. *d* Same.

1852. Euphorbia segetális L. (= Tithýmalus cineráscens Moench, = T. segetalis Lam.). Saat= Wolfsmilch. Fig. 1794.

Einjährige Pflanze mit spindelförmiger, ästiger Wurzel. Stengel aufrecht oder auf= steigend, 10 bis 30 cm hoch, einfach oder am Grunde wenig ästig, rundlich, dicht beblättert, im unteren Teile zur Blütezeit blattlos und narbig. Laubblätter 16 bis 28 mm lang, sitzend, stachelspitzig, ganzrandig, kahl, blaugrün; die unteren und mittleren lineal bis lineal=lanzettlich, zugespitzt, schräg abwärts abstehend, die obersten breiter als die tiefer stehenden, elliptisch, spitz, wagrecht abstehend. Hüllblätter des Gesamtblütenstandes aus verbreitertem Grunde lanzett= lich, kurz zugespitzt; Hüllchenblätter aus abgerundetem Grunde nieren= bis fast rautenförmig, kurz zugespitzt. Trugdolde endständig, häufig von mehreren, blühenden, blattachselständigen Nebenästen begleitet, 5=strahlig, wiederholt 2=gabelig. Cyathium 1,5 mm lang, mit 2=hörnigen, pomeranzenfarbigen Drüsen. Kapsel 3,5 mm lang, eiförmig, unregelmässig grubig=warzig, grau, mit kurzer, kegeliger Caruncula. — VI, VII.

Eine in den Mittelmeerländern verbreitete Art, die im Gebiete wohl nirgends ein= heimisch ist und nur verschleppt und sich schwer einbürgernd unter der Saat oder auf Bahn= hofsgelände auftritt.

In Deutschland z. B. bei Mannheim, Mühlhausen, bei Grosskarlbach in der Vorderpfalz (1902), früher im Südbahnhof München. — In Oesterreich fraglich für Niederösterreich in der Saat bei Dornbach, Pötzleinsdorf und Schlosshof; ferner nur noch selten in Unterkärnten auf Aeckern zwischen Friedau und Polstrau, angeblich auch bei Luttenberg, Ankenstein und Pettau. — In der Schweiz bei Sitten, Yvorne, Bad Lostorf (Kt. Solothurn), Solo= thurn (1919), Güterbahnhof Zürich (1917) und Ruchfeld bei Basel (1917).

Allgemeine Verbreitung: Südeuropa, Nord= afrika bis zu den Canarischen Inseln.

Die Samen finden sich als bezeichnende Verunreinigung in Turkestanischer Luzerne sowie in asiatischen Wickensaaten und wurden mit solchen in Schlesien eingeführt. In den Getreidefeldern der Pfalz wird die Pflanze stets vor der Samenreife abgemäht, weshalb immer neue Samenzufuhr nötig ist.

1853. Euphorbia falcáta L. (= Tithýmalus falcatus Klotzsch et Garcke, = E. mucronáta Lam., = E. arvénsis Kit.). Sichel=Wolfsmilch. Fig. 1795.

Einjährige Pflanze mit langspindeliger, dünn aus= gezogener, armfaseriger Wurzel. Stengel 8 bis 40 cm hoch, aufrecht oder niederliegend, einfach oder vom Grunde an (wenig=)ästig, steif, stielrund, oben kantig=gestreift, kahl, fahl= grün, bläulich bereift. Laubblätter zerstreut, sitzend, ganz= randig, dünn, aber steiflich, kahl, bläulich= oder fahlgrün; die unteren klein, breitspatelig, stumpf oder ausgerandet, mit aufgesetztem Spitzchen, die mittleren und oberen keilig= lanzettlich, spitz oder zugespitzt, mit Stachelspitze, 2 cm lang und 5 mm breit, alle in den Grund stielartig oder keilig zusammengezogen. Hüllblätter des Gesamtblüten= standes verkehrt=eilanzettlich, zugespitzt, stachelspitzig; Hüll= chenblätter aus abgerundetem Grunde schief=eiförmig oder eiförmig=dreieckig, zugespitzt, mit starkem, kielartigem, in eine lange Stachelspitze ausgezogenem Mittelnerven, am Rande sehr klein und unregelmässig aus= gebissen gezähnelt, steif, fahlgrün, am Grunde auffallend bleich. Trugdolde endständig, mit zahlreichen, blühenden, blattachselständigen Nebenästen, 3= (bis 5=)strahlig; die Strahlen wieder= holt 2=gabelig, mit Einzelblüten in den Gabelwinkeln. Cyathium 1,5 mm lang, mit halbmond= förmigen, gelblichen Drüsen (Fig. 1795f). Kapsel 2 mm lang, kahl, glatt; Teilfrüchte stumpf gekielt. Samen 4=kantig=tonnenförmig, auf allen 4 Flächen mit tiefen, zuletzt braunroten Quer= furchen (Fig. 1795 g). Caruncula klein, warzig. — VI bis X.

Auf Aeckern, Brachen, an wüsten, steinigen Orten, an dürren Hängen, auch adventiv; in der Ebene und im Hügelland.

In Deutschland sehr zerstreut und unbeständig im südlichen und mittleren Teile, in Norddeutsch= land fehlend und nur einmal 1813 bei Treblin (Brandenburg) eingeschleppt. Die Nordgrenze verläuft von Trier über Neuwied, Süd=Thüringen, Nord=Böhmen nach Oppeln in Oberschlesien. In Bayern nur im Gebiet der unteren Hochebene bei den Pitzelhöfen, Kissing und Mergenthau bei Augsburg, verschleppt bei Simbach (1887); in Württemberg noch nicht beobachtet; in Hessen bei Viernheim; in Baden bei Hartheim,

Fig. 1794. Euphorbia segetalis L. *a* Habitus. *b* Laubblatt. *c* Hüllchenblatt. *d* Cyathium. *e* Same.

Rothaus, Kreuzbuch bei Ihringen am Kaiserstuhl (1913), Rohrhof bei Schwetzingen (1880 bis 1905); in Elsass-Lothringen nur auf den Siegolsheimer Hügeln; in der Bayerischen Vorderpfalz von Hessheim bis Grosskarlbach (in neuerer Zeit bis nach Maudach sich ausbreitend), Maxdorf, Neuhofen, Bobenheim bei Frankental; in der Rheinprovinz bei Trier, Boppard, Bingen, Kreuznach, bei Mainz; in Thüringen bei Weimar, Frankenhausen, Bebra, zwischen Grammmühle und Schellenburg, zwischen Gebesee und Schilfa, bei Gangloff-Sömmern; in Schlesien bei Krempa unweit Oppeln. — In Oesterreich in Schlesien und Salzburg fehlend; in Böhmen bei Teplitz, Bilin, Lobositz, Leitmeritz, Raudnitz, selten bei Prag; in Mähren im Süden verbreitet, seltener auf dem Rande des Westplateaus bei Kromau und Mohelno, vereinzelt bei Wisowitz, häufig um Nikolsburg und Auspitz; in Ober- und Niederösterreich häufig; in Tirol nur transalpin bei St. Vigil bei Seis, am Bahnhof Blumau (1921), am Söllerberg bei Tramin, Ambies bei Stenico, um Trient am Monte Terlago und bei Muralto, Vela, Sardagna, Alle Laste, an der Strasse hinter Ponte Alto, zwischen Pontalto und Fort Civezzano, am Schlossberg zu Arco, häufig um Rovereto, bei Mori; in Steiermark nur in den Ebenen von Untersteiermark bei Pobersch unweit Marburg, im unteren Pettauer Felde bei Zirkowitz, Moschganzen, Haidin, Pettau, ferner bei Neuhaus; in Kärnten bei Velden, Malnitz, wohl nur mit Getreide eingeschleppt und wieder verschwunden, Bahnhof von Unterbergen bei Wischberg (?); in Ober-Krain selten, in Inner- und Unterkrain im Bereich der pontischen Flora verbreitet, z. B. bei Poganitz unweit Rudolfswert und bei Vreme im Rekatal. — In der Schweiz im Wallis zwischen Valère und Tourbillon bei Sitten, in den Kantonen Genf, Waadt und Neuenburg (Colombier, Boudry, Bôle), im Kt. Solothurn bei Erlinsbach gegen Stüsslingen, im Kt. Aargau bei Küttigen, Biberstein, Bötzberg, verschleppt auf dem Güterbahnhof Zürich (1903), im Tessin bei Bironico (1921).

Allgemeine Verbreitung: Im Mittelmeergebiet und Vorderasien bis Afghanistan und Belutschistan. Neuerdings in Südaustralien eingeschleppt.

Euphorbia falcata[1]) ist ein Archäophyt meridionaler Herkunft, der mit Saatgetreide und mit Klee- und Koriandersämereien meist nur vorübergehend eingeschleppt wird. Ueber die Begleiter vgl. Bd. VI, 1, pag. 539, sowie bei Euphorbia exigua pag. 188.

1854. Euphorbia acumináta Lam. (= E. obscúra Lois., = E. falcáta L. β mínor Koch, = ? E. erythrospérma A. Kerner). Spitzblätterige Wolfsmilch. Fig. 1796.

Mit der vorigen Art nahe verwandt, habituell sehr ähnlich und häufig mit ihr verwechselt. Unterscheidet sich von ihr namentlich durch folgende Merkmale: Ganze Pflanze trüb- oder dunkelgrün. Hüllchenblätter weich, knorpelig oder nur sehr kurz stachelig bespitzt, gleichfarbig oder nur ganz unmerklich blasser als die Laubblätter. Drüsen purpurfarben. Samen auf der zusammengedrückten Bauchseite von einer Längsfurche durchzogen (Fig. 1796 e), zu beiden Seiten, und auf der ganzen gewölbten Rückenseite querrunzelig, wenigstens zuletzt rötlich. — VII.

Unter der Saat, in Weinbergen und Olivengärten, auf lockerem Kulturboden, vielfach gemeinsam mit E. falcata, aber stellenweise viel seltener und vereinzelt. Nur in Oesterreich.

Nur an bevorzugt warmen Orten in Niederösterreich; in Südtirol: um Trient häufiger als E. falcata, z. B. am Doss, in Fontana santa, Gocciadoro, Kalisberg, Schlucht des Rio del Monte und an der Strasse nach Pontalto, in Arco häufig am Schlossberg und dessen Umgebung zusammen mit E. falcata, bei Rovereto, bei Vallungo; in Krain.

Allgemeine Verbreitung: Mittelmeergebiet und Vorderasien.

Die Art ist anscheinend bisher vielfach übersehen worden. Sie ist z. B. durch das Trentino unzweifelhaft weit verbreitet und wächst, wie es scheint, zumeist an Stellen, wo E. falcata L. fehlt, manch-

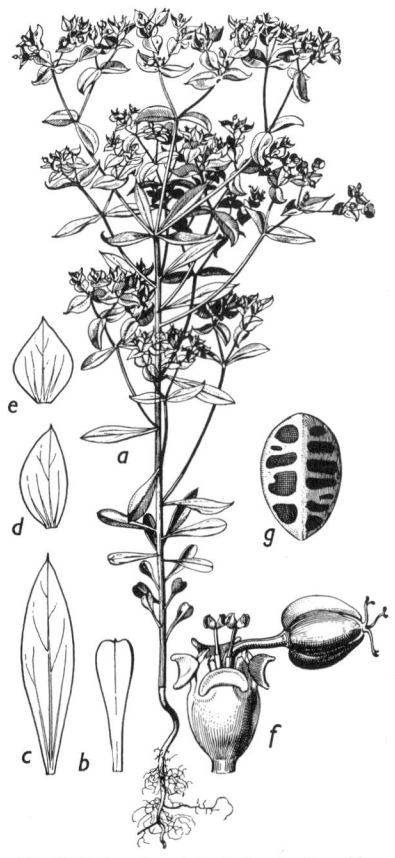

Fig. 1795. Euphorbia falcata L. *a* Habitus. *b* Laubblatt vom unteren, *c* vom mittleren Stengelteil. *d* und *e* Hüllchenblätter. *f* Cyathium. *g* Samen.

---
[1]) Wegen der sichelförmigen Laubblätter falcata (von fálx = Sichel) genannt.

mal aber, wie z. B. in den Olivenhainen über Arco zu gleichen Teilen mit dieser vermischt und sticht sodann durch das dunklere Blattgrün, die roten Drüsen, die eiförmigen, nicht im mindesten sichelförmigen Hüllchen und die reichere tiefer herabgehende Verästelung deutlich genug von der mehr kompakten E. falcata mit ihren gelblichgrünen, mucronaten Hüllchen und den gelben Drüsen ab (Murr, J., Herbarium normale editum ab I. Dörfler nr. 3656).

1855. Euphorbia Péplus[1]) L. Garten=Wolfsmilch. Franz.: Esule ronde, omblette; ital.: Calenzola piccola. Taf. 178, Fig. 5; Fig. 1797 und 1798.

Einjährige Pflanze mit dünnspindeliger, schwacher, geschlängelt=bogiger, meist verästelter Wurzel. Stengel aufrecht, 4 bis 35 cm hoch, meist vom Grunde an verästelt, seltener einfach, schwach, rundlich, ge=streift, kahl, mattglänzend, hellgrün, bisweilen rot überlaufen. Laubblätter sehr zerstreut, verkehrt=eiförmig bis fast kreisrund, in den kurzen oder fast fehlenden Stiel zusammengezogen, ganzrandig, stumpf oder ausge=randet; die untersten sehr klein, die mittleren und oberen 0,5 bis 1,5 cm lang und fast eben so breit, alle sehr dünn und weich, kahl, hellgrün, bisweilen rot überlaufen oder ganz rot. Hüllblätter des Gesamtblütenstandes verkehrt=eiförmig, in den kurzen Blattstiel zusammengezogen; Hüllchen=blätter sehr kurz gestielt, aus keiligem Grunde schief=eiförmig bis eiförmig, stumpf oder durch den auslaufenden Mittelnerv sehr kurz bespitzt, hellgrün. Trugdolde endständig, bisweilen von 1 oder mehre=ren blühenden, blattachselständigen Ne=benästen begleitet, 3=strahlig, mit 2= bis 3=maliger Gabelung. Cyathium 1,5 mm lang, mit hellgelbgrünen, in 2 lange, weisse Hörner auslaufenden Drüsen. Kapsel 2,5 mm lang, kahl, glatt; Teilfrüchte auf dem Rücken mit je 2 einander genäherten, flügel=artigen Längsleisten (Fig. 1797 c). Samen 1,5 mm lang und 1 mm breit, fast 6=kantig=eiförmig; die 4 äusseren Flächen mit je 1 Längsreihe von 3 bis 4 (5) rundlichen Grübchen, die 2 inneren Flächen mit je 1 Längsfurche. — VI bis XI.

Fig. 1796. Euphorbia acuminata Lam. *a* Habitus. *b* Cyathium. *c* Cyathiumdrüsen und weibliche Blüte. *d* Hüllchenblatt. *e* Samen.

Als Unkraut durch das ganze Gebiet verbreitet (auch auf den Nordfriesischen Inseln) und in vernachlässigten Gärten, auf Aeckern, Schuttplätzen, in Weingärten meist gemein und trupp=weise; in der Schweiz bis 1300 m (Schmitten im Kanton Graubün=den; ausnahmsweise einmal ruderal bei Arosa bei 1730 m [Beger!]).

Allgemeine Verbreitung: In ganz Europa, nord=wärts bis zu den Orkney=Inseln, Drontheim, Medelpad, Åland, Åbo, Nyland, Oesel, Estland und dem nördlichen Mittel=russland; auf den Kanarischen Inseln, in Nordafrika bis zu den Sahara=Oasen und bis Aegypten; in Kleinasien, in Sibirien ost=wärts bis zum Baikalsee. Auch nach Nordamerika, den Ber=

Fig. 1797. Euphorbia Peplus L. *a* Habitus. *b* Cyathium. *c* Weibliche Blüte.

---

[1]) Peplus bei Plinius, πέπλος bei Dioskurides, Name einer Pflanze, die vielleicht der mediterranen Euphorbia Péplis L. entspricht. Jungermann führt die Art unter dem Namen Tithymalus foliis per ambitum hirsutis, sed non Bauhin, M. Hoffmann 1662 als Tithymalus arvensis annuus wie Camerarius.

muda= und Hawaii=Inseln, nach Chile (nach Reiche bei Santiago), Australien, den Philippinen, den Loyalty=Inseln, Ostasien und Südafrika verschleppt.

Umstritten ist die systematische Wertigkeit der var. mínima DC. (em. Thellung et Reynier) (= var. mínor Gaud., = var. peploídes Parl., = E. rotundifólia Loís.), die nach Pospichal (Flora des Oesterreichischen Küstenlandes, 1897) eine gute Art, nach Thellung und Reynier (vgl. Le Monde des plantes, 1921, nr. 16) die kümmerlich entwickelte Frühjahrsgeneration von E. Peplus darstellt, d. h. Pflanzen, die nach der Herbst= keimung an unfruchtbaren Orten überwintert haben und sich bereits im Frühjahr (nicht wie die typische Form im Sommer) entwickeln. Auch Tommasini behauptet, die Umwandlung von E. peploides in E. Peplus auf besseren Böden beobachtet zu haben. Die var. mínima unterscheidet sich vom Typus durch ihren vom Grund auf stark verästelten, sehr gestauchten Stengel, die meist ganz niederliegenden Aeste, die ganz kleinen, meist ganz blutroten, kreisförmigen Laubblätter, die die Pflanze als niedrige Büschel er= scheinen lassen. Die Trugdolden sind in der Regel zwar 3=strahlig wie beim Typus, aber häufiger als bei dem Typus treten 2 oder 4 Strahlen auf, die dick, 2= bis 5=mal 2=gabelig sind und die Cyathien im Mittelpunkt und in den Gabelwinkeln tragen. Die Samen sind 5=kantig und tragen auf der Bauchseite je 1 Längsfurche und auf der Rückenseite je 3 oder 4 rundliche Grübchen. Im engeren Mittelmeergebiet einheimisch, tritt diese Form selten und unbeständig in Istrien und im Küstenlande auf und wird bisweilen nach dem Norden verschleppt, so z. B. in der Schweiz bei Aigle im Kt. Waadt und in Zürich.

Euphorbia Peplus ist ein Archäophyt von ursprüng= lich vielleicht eurosibirischer Verbreitung, der aber in neuester Zeit kosmopolitische Verbreitung erlangt hat. Erleichternd dabei wirkt die Tatsache, dass sich die kleinen Samen nicht selten in Klee=, Flachs= und Grassämereien vorfinden und mit diesen verbrei= tet werden. Die Pflanze tritt bisweilen in grossen, fast reinen Herden auf guten, gegen starke Lichtzufuhr ge= schützten Gartenböden auf; truppweise erscheint sie oft auch in der Pflanzengesellschaft der Hackkulturen vom Chenopodium polyspermum=Setaria viridis=Typus, dabei häufig begleitet von Convolvulus arvensis, Polygonum Convolvulus, Mercurialis annua und Euphorbia Helioscopia. In München wird sie neuerdings als Unkraut in Pflanzenkübeln von Lorbeer in Gesellschaft von Galinsoga parviflora, Urtica urens, Capsella bursa pastoris usw. angetroffen. Von Thal wird sie in der Harzflora (1577) als Péplus oder Ésula rotúnda bezeichnet.

Fig. 1798. Euphorbia Peplus L., Gartenwolfsmilch auf der „Scheibe" eines Obstbaumes. Phot. R. Fischer, Sollenau, N. Ö.

1856. Euphorbia exígua[1]) L. (=Tithýmalus exiguus Mœnch). Kleine Wolfsmilch.
Taf. 177, Fig. 4 und Fig. 1799.

Einjährige Pflanze mit dünnspindeliger Wurzel. Stengel 5 bis 20 (25) cm lang, auf= recht, aufsteigend oder niederliegend, einfach oder vom Grunde an bogig verästelt, schmächtig, rundlich, kahl, gelblichgrün, oft rot überlaufen. Laubblätter zerstreut, 0,7 bis 2,4 cm lang und 1 bis 4 mm breit, lineal, am Grunde meist etwas breiter, mit herzförmigem oder rasch verschmälertem Grunde sitzend, ganzrandig, sämtlich oder doch die meisten gegen die Spitze verschmälert (f. acúta L.), abgerundet bis abgestutzt (f. retúsa Roth) oder an der Spitze etwas verbreitert, mit kurzem Mittelzahn und je einem seitlichen, stumpfen Nebenzahn (f. diffúsa Jacq., = E. tricuspidáta Lapeyr.), dünn, aber etwas steiflich, kahl, grasgrün. Hüll= blätter des Gesamtblütenstandes und Hüllchenblätter aus verbreitertem, oft herzförmigem Grunde lineal=lanzettlich oder breit=lineal, weit abstehend, spitz bis ausgerandet, grasgrün. Trugdolden an den Spitzen des Stengels und der Aeste, zuweilen mit einem oder mehreren blattachsel= ständigen Nebenästen, 3=, selten 4= oder 5=strahlig; die Strahlen wiederholt 2=gabelig, mit Einzelblüten im Mittelpunkt und in den Gabelwinkeln. Cyathium 1 mm lang, mit zweihörnigen, verlängerten, gelben Drüsen. Kapsel 1,9 bis 2,5 mm lang, glatt oder fast glatt, kahl; Teil=

---

[1]) Lat. exiguus = klein. — Von Matthioli später und (1615) von Jungermann als Tithymalus leptophyllos bezeichnet.

früchte abgerundet. Samen 1,5 mm lang und 0,9 mm breit, vierkantig, warzig=höckerig, anfangs gelblich, später braunschwarz, mit kleiner, nierenförmiger Caruncula. — V bis XI.

Gesellig auf lehmigen Aeckern, Stoppelfeldern, Oedland, Wegrändern, zwischen Bahngeleisen, auf Schutt; in der Ebene und im Hügelland (in der Schweiz bis etwa 1050 m aufsteigend).

Im Gebiet verbreitet, aber stellenweise sehr zerstreut, im Nordwestdeutschen Flachland kaum einheimisch und meist unbeständig (Rodenkirchen, Elsfleth, Varel, Celle, Drakenburg, Hoya, Nienburg), in Schleswig bisher noch selten im Südosten, aber sich allmählich nach Norden und Westen ausbreitend (auf Helgoland in neuerer Zeit eingeschleppt), ostwärts im diluvialen Gebiete des nordöstlichen Flachlandes stellenweise gemein, an anderen Orten sehr zerstreut, gegen Nordosten immer seltener werdend und im Weichselgebiet bei Thorn und Marienberg endigend. In Bayern im Alpengebiete, im Bayrisch=Böhmischen Walde und im Oberpfälzerwald ganz fehlend, im voralpinen Moränengebiet nur sehr zerstreut bei Lindau, Oberreitnau, Humbertsweiler, Memmingen, Kaufbeuren, Starnberg, zwischen Feldafing und Tutzing, Gaissach bei Tölz, Bahnhof Tölz (adventiv), zwischen Bruckmühl und Vagen, um München bei Trudering, Taufkirchen, Harlaching und Milbertshofen, Bernau, zwischen Laufen und Surheim, am Bahndamm zwischen Geltendorf und Schwabhausen, in den übrigen Landesteilen verbreitet; in Württemberg häufig; in Baden verbreitet; in Elsass=Lothringen gemein in der Ebene und im Hügelland; im Mittel= und Unterrheingebiet häufig, nur am Niederrhein zerstreut; in Westfalen häufig, fehlt aber bei Winterberg und Dellbrück; in Hannover verbreitet nur im Süden, auch im Regierungsbezirk Osnabrück nur im südlichen Teil, im Regierungsbezirk Lüneburg bei Celle unbeständig, bei Missburg, Höver, Ahlten, Kronsberg, Sehnte; in Schleswig=Holstein im Osten bis Eckernförde, weiter nördlich verschleppt (bei Preetz schon 1822), auf den Nordfriesischen Inseln fehlend; in Thüringen und Sachsen häufig, im südlicheren hügeligen Teil des nordostdeutschen Flachlandes meist häufig, an der westpreussischen Ostseeküste bei Westerplatte und Neufahrwasser unweit Danzig und in der Danziger Niederung, in Schlesien verbreitet. — In Oesterreich und in der Schweiz verbreitet und meist sehr häufig, aber im Alpengebiete stellenweise selten.

Fig. 1799. Euphorbia exigua L. Habitus einer sehr verzweigten Spätherbstpflanze.

Allgemeine Verbreitung: Durch den grössten Teil von Europa, von England über Dänemark, Südschweden bis Mittelrussland und von Spanien bis Griechenland; auf den Kanarischen Inseln, in Nordafrika und Kleinasien.

Die an der Blattgestalt unterschiedenen Formen gehen z. T. ineinander über; jedoch ist der Typus (f. acuta L.) in Deutschland fast ausschliesslich vertreten, während die f. retusa Roth vereinzelter festgestellt worden ist, die f. diffusa Jacq. mit den 3=spitzigen Laubblättern eine südliche, im Norden kaum und dann vielleicht nur adventiv auftretende Form darstellt.

Euphorbia exigua, von Thal (Harzflora, 1577) als Tithymalus leptophyllus Matthioli, von Camerarius 1611 in Matthiolis Kräuterbuch (3. Auflage pag. 425) als Tithymalus minor bezeichnet und vortrefflich abgebildet, ist ein als vielerorts verbreitetes Unkraut und als häufige Ruderalpflanze auftretender Archäophyt, dessen Verbreitung gegen Norden (vgl. oben) noch nicht abgeschlossen ist. Die Pflanze erscheint oft in grossen Mengen auf kiesig=sandigen Feldern zusammen mit Scleranthus annuus und Spergularia arvensis. Auf Rüben=
feldern stellt sie sich nach Beendigung der bis zum Frühsommer währenden häufigen Bodenbearbeitung zusammen mit Sinapis arvensis, Linaria vulgaris, Stachys paluster, Equisetum arvense, Anagallis arvensis, Roripa silvestris, Potentilla Anserina, Falcaria Rivini, Sonchus arvensis, Plantago media, Solanum nigrum, Capsella Bursa pastoris, Euphorbia Esula, Senecio vulgaris, Panicum Crus Galli, Chenopodium album und etwa Mercurialis annuua ein. Auf Stoppelfeldern bei Auspitz in Mähren ist sie mit Stachys annuus, Aethusa Cynapium, Euphorbia falcata, Delphinium Consolida, Nigella arvensis, Campanula rapunculoides, Trifolium agrarium, Sonchus oleraceus, Setaria glauca, Galeopsis angustifolia, Reseda lutea, Erodium cicutarium, Thymelaea Passerina, Calamintha Acinos, Linaria spuria, Ajuga Chamaepitys, Diplotaxis tenuifolia u. a. zu finden (Laus). Sie meidet auch Chlornatrium=haltige Böden nicht und gesellt sich, wenn auch selten, z. B. an der nördlichen Westküste der Insel Poel (Mecklenburg) mit Arenaria serpyllifolia, Stellaria media, Papaver Argemone, Anagallis arvensis, Gnaphalium uliginosum, Matricaria inodora u. a. zu halophilen Strandpflanzen wie Atropis distans, Triticum

junceum und T. pungens, Elymus arenarius, Juncus Gerardi, Suaeda maritima, Salsola Kali, Honckenya peploides, Cakile maritima, Hippophaë rhamnoides und Artemisia maritima (Preuss).

Die Esula-Gruppe im engeren Sinne mit glatten Samen und mit nicht miteinander verwachsenen Hüllchenblättern bildet z. T. leicht **Bastarde** oder ist durch zweifelhafte Zwischenformen verknüpft, die sich in folgende Uebersicht zusammenfassen lassen:

	Cyparissias	Esula	virgata	lucida
salicifolia	0	E. paradoxa (pag. 166)	0	0
lucida	Bastard 3	Bastard 6	Bastard 5 ? und E. virgata var. Kneuckeri	
virgata	Bastard 2	Bastard 4		
Esula	Bastard 1 u. ? E. Esula subsp. pinifolia (pag. 171)	0 = bisher überhaupt noch nicht festgestellt oder im Gebiete fehlend.		

1. E. Cyparissias L. × E. Esula (= E. Figérti Dörfler). Häufig, in gleitender Formenreihe die beiden Eltern verbindend: f. pséudo-Esúla Schur gegen E. Esula neigend und f. polyphýlla Schur gegen E. Cyparissias neigend. So mehrfach an der Elbe, an der Oder bei Breslau und Lüben, Krossen und Küstrin, am Rhein bei Mannheim und auf den Mainalluvionen bei Würzburg, an der Donau zwischen Deggendorf und Natternberg (Bayern), bei Peterlesstein unweit Kupferberg und Grosslangheim bei Kitzingen und häufig in den Auen bei Spillern und Lang-Engersdorf in Niederösterreich. — 2. E. Cyparissias × E. virgata, ebenfalls in gleitender Formenreihe (f. super-Cyparissias und f. super-virgata Schröter). Bei Hannover am Kanaldamm vor Seelze, in den Isarauen nördlich von München, an der Rhonebrücke unterhalb Brançon (Wallis), im Kt. Zürich am Greifensee, an der Limmat bei Dietikon und bei Glattfelden, an der Goldach bei Tübach (Kt. St. Gallen), bei Neu-Allschwyl bei Basel und bei Schönbühl (Kt. Bern); in Niederösterreich am Donauufer bei Aspern. — 3. E. Cyparissias × E. lucida. Mehrfach in der Mark Brandenburg an der Oder bei Gross-Blumenberg, Deutsch-Nettkow, bei Tschicherzig unweit Züllichau und bei Schiedlow unweit Guben; in Schlesien bei Grünberg, Neusalz, Glogau, Parchwitz, Wohlau und Breslau; Posen; Westpreussen; in Niederösterreich bei Drösing unweit Wien. — 4. E. Esula × E. virgata Schur (= E. virgata var. latifólia Schur, = E. intercédens Podp.). Podpěra gibt aus der Gegend von Olmütz eine hierhergehörige Form an, die durch eine weniger verzweigte Infloreszenz der E. Esula gleicht und ebenso durch ihre dunklere Farbe auf Esula hinweist. An E. virgata soll das Vorhandensein von einigen blühenden Strahlen unterhalb der Dolde anklingen. Laubblätter lineal-lanzettlich, 5,5 cm lang und 3 bis 4 mm breit, an den Nebenzweigen 2,5 cm lang und 3 mm breit. — 5. E. lucida × E. virgata. Ebenfalls in gleitenden Formen (f. super-virgáta und super-lúcida Podp.) in Mähren. — 6. E. Esula × E. lucida (= E. pseudolúcida Schur). Sehr formenreich. In der Mark Brandenburg am Oderdamm bei Gross-Blumenberg, bei Göritz unweit Küstrin; in Schlesien bei Grünberg, Neusalz, Leubus und mehrfach bei Breslau; in Niederösterreich bei Drösing bei Wien. — E. Esula × E. salicifolia (= E. paradóxa Schur). Vgl. pag. 166. — An weiteren Bastarden sind beobachtet worden: ? E. Cyparissias × E. Seguieriana. Beim Proviantamt zu Frankfurt an der Oder. — E. Esula × E. palustris. In Posen; fraglich für Breslau.

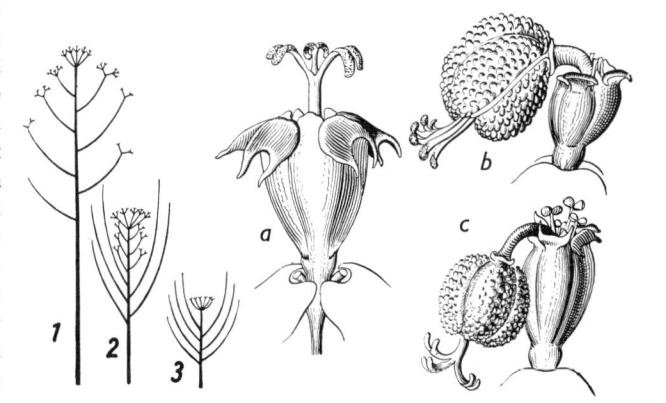

Fig. 1800. Euphorbia Cyparissias L., E. virgata Waldst. et Kit. und deren Bastard. *a* Cyathium von E. virgata (beginnende Blüte im weiblichen Stadium). *b* Cyathium von E. Cyparissias (verblüht, mit abgefallenen Staubblättern und beginnender Aufrichtung der Frucht. *c* Cyathium von E. Cyparissias × E. virgata (Blüte im männlichen Stadium). — *1* bis *3* Schematisierte Verzweigungsverhältnisse der 3 Euphorbien. *1* E. virgata (mit zahlreichen fertilen und sehr wenigen oder gar keinen sterilen Seitenästen). *2* E. Cyparissias × E. virgata (die Mitte zwischen den Eltern haltend, nur die Uebergipfelung der Seitenäste ebenso stark wie bei E. Cyparissias). *3* E. Cyparissias (mit völlig fehlenden oder nur wenigen fertilen und zahlreichen, die endständige Fruchtdolde übergipfelnden Seitenästen) (nach C. Schröter, Euphorbia virgata × E. Cyparissias. 13. Bericht der Züricher Botanischen Gesellschaft, 1917).

Die nebenstehende Figur 1801, welche die unterirdischen Sprosse, sowie die Morphologie und Biologie der Blüte (Explosivblüten) veranschaulicht, dient als Ergänzung der bei der Gattung Mercurialis (pag. 128 usw.) geschilderten Verhältnisse. Die soeben erschienene Arbeit von P. Michaëlis „Blütenmorphologische Untersuchungen an den Euphorbiaceen" (Jena, Gustav Fischer, 1924), in welcher der Verfasser eine Darstellung der z. Z. bestehenden Ansichten über die morphologische Natur der Blüte und die Bildung im phylogenetischen Sinne gibt, konnte nicht mehr berücksichtigt werden, ebenso jene von F. Pax „Die Phylogenie der Euphorbiaceae" in Engler's Botan. Jahrb. Bd. 59, 1924.

70. Fam. Callitricháceae. Wassersterngewächse.

(Bearbeitet von Dr. Herbert Beger).

Einjährige oder ausdauernde, im Wasser flutende oder im Schlamm kriechende, zarte Kräuter mit meist reich verzweigten, dünnen Stengeln und gegenständigen, kleinen, ganzrandigen, 1- bis 3- oder mehrnervigen, an den aufsteigenden Zweigenden der untergetauchten Arten meist zu schwimmenden Rosetten zusammengedrängten Laubblättern. Stengel und Laubblätter kahl oder mit Sternhaaren. Nebenblätter fehlend. Blüten einzeln oder als seriale Beisprosse zu mehreren übereinander in den Blattachseln,

Fig. 1801. Mercurialis perennis L. *a* und *b* Rhizome mit jungen Trieben. *c* Sprossspitze einer weiblichen Pflanze *d* Frucht. — M. annua L. *e* Zwitterblüte mit 3-teiligem Fruchtknoten. *f* Weibliche Blüte mit 2-teiligem Fruchtknoten. *g* Männliche Blüte kurz vor dem Abschleudern. *h* Desgl. unmittelbar nach dem Abschleudern. *i* Desgl. abgeschleudert. *k* Querschnitt durch eine männliche Blüte vor dem Oeffnen (*a* und *b* nach Warming, *g* bis *k* nach R. v. Wettstein).

sehr klein, ohne Blütenhülle, aber meist mit zwei sichelförmig gebogenen, linealisch-länglichen, hinfälligen Vorblättern, stets 1-geschlechtig und 1-häusig. Männliche Blüten nur aus 1 Staubblatt bestehend; Staubfaden lang, fadenförmig; Staubbeutel 4-fächerig. Weibliche Blüten nur aus einem aus 2 Fruchtblättern bestehenden, durch falsche Scheidewände in 4 Klausen zerfallenden Fruchtknoten gebildet; jede Klause mit 1 hängenden, umgewendeten Samenanlage und mit nur 1 Integument; Narben 2, verlängert, pfriemlich. Frucht seitlich zusammengedrückt, nicht aufspringend, sondern zuletzt in 4 1-samige Steinfrüchtchen zerfallend; Teilfrüchtchen mit berandeter oder geflügelter Aussenkante. Samen mit dünner Samenschale; Nährgewebe fleischig, ölhaltig; Keimling leicht gekrümmt.

Die infolge der weitgehenden Rückbildung der Blüten in ihrer systematischen Stellung sehr umstrittene Familie umfasst einzig die wasserbewohnende Gattung Callitriche L., die fast über die ganze Erde verbreitet ist und nur in den meisten arktischen Gebieten zu fehlen scheint. In ihrer Tracht sind die Callitriche-Arten in den meisten Fällen ausserordentlich veränderungsfähig und können sowohl vollständig untergetaucht, als auch mit ihren Zweigenden auf dem Wasser schwimmend oder als Landformen auftreten. Ihrer Organisation entsprechend, zählen sie zur Grundflora der Wassergewächse (Benthos), da sie wie gewisse Ranunculus-, Potamogeton-, Myriophyllum-, Hippuris-Arten und ähnliche Tauchgewächse am Boden verankert sind, aber ihre Wurzeln wohl nur zum Anheften verwenden. Die ganze Nahrungsaufnahme dürfte durch die Stengel und Laubblätter unmittelbar erfolgen. Die Achsen niederer Ordnung verzweigen sich fortwährend, ohne dass eine merkliche Abnahme der Stärke gegenüber den Grundachsen feststellbar ist. Der Uebergang von völlig untergetauchten

Formen zu flutenden und von diesen zu auf feuchtem Untergrunde lebenden Formen geht bei manchen Arten der Eucallitrichen (namentlich Callitriche verna L.) sehr leicht vor sich; Hand in Hand damit ändert sich auch die Ausbildung und Form der Laubblätter. Gradmann spricht von einem geradezu „proteusartigen" Wandelungsvermögen, wie ähnliches nur noch Ranunculus aquatilis und Hippuris, ausnahmsweise auch Myriophyllum aufzuweisen haben, zumal auch der rückläufige Gang, die Umwandlung von Landformen in solche des Wassers, meist ohne jede Schwierigkeit erfolgt. Eingehend experimentell hat diese Veränderungen H. Glück untersucht, dessen Ergebnisse in den biologischen und morphologischen Untersuchungen über Wasser- und Sumpfgewächse, IV. Teil, Untergetauchte und Schwimmblattflora, 1924 niedergelegt worden sind. Die Landformen unserer einheimischen Arten gehen im Winter in der Regel zugrunde, während die Wasserformen erhalten bleiben und dabei sogar in geringem Masse zu vegetieren vermögen. Die grösste Wassertiefe, in der Arten noch angetroffen werden, beträgt 2 m. Die Callitrichen treten meist in grossen Herden auf, welches Verhalten durch die Wachstumsverhältnisse bedingt wird. In mässig tiefem Wasser erreichen die Spitzen der Stengeltriebe vielfach den Wasserspiegel und entwickeln dort infolge Stauchung der Stengelglieder schwimmende Laubblattrosetten. Tritt später eine Streckung ein, so sinken die verlängerten Teile mit den an ihren Knoten sitzenden Laubblattpaaren unter Wasser. In Folge davon legt sich der unterste Teil des Stengels Glied um Glied dem Boden an, und da jeder Knoten befähigt ist, Beiwurzeln und Seitenzweige zu erzeugen, so entsteht ein rasenförmiger Wuchs. Die ältesten Stengelteile sterben bei diesem Vorgang etwa im gleichen Masse ab, wie der Zuwachs an der Spitze erfolgt. Die dadurch selbständig werdenden Seitenzweige stellen neue Pflanzen dar, die sich auf dieselbe Weise weiter vermehren können. Als morphologische Eigentümlichkeit mag das häufige Auftreten serialer Beiknospen erwähnt werden. Der Beispross erscheint dabei unter dem Hauptspross, oft auch dann, wenn dieser eine Blüte ist, und kann sich vegetativ entwickeln oder wieder zur Blüte werden. Tritt letzteres ein, so ist meist die obere Blüte männlich und die untere weiblich, und da letztere häufig der Vorblätter entbehrt, so macht das Blütenpaar den Eindruck einer Zwitterblüte mit 1 Staubblatt und 1 Fruchtknoten. Die Laubblätter werden gegenständig angelegt und behalten diese Stellung zeitlebens bei völlig untergetauchten Arten und Formen bei. Die Gestalt der typischen Tauchblätter ist stets schmallinealisch. Auch besitzen sie nur 1 Nerven und sind sehr zart und ± durchsichtig (Fig. 1804 a7 bis a10, b6 bis b9, c4 bis c6, d4, d5). In der einen Sektion der Gattung, den Pseudocallitrichen, bleiben sie stets auf dieser Stufe stehen (Primärblätter; Fig. 1803 a bis c). Eine Aenderung tritt hingegen in der 2. Sektion (Eucallitriche) bei den Formen mit Schwimmrosetten und Landformen (soweit bei letzteren die Sprosse nicht aufrecht wachsen) ein. Die Laubblattpaare stehen dort nicht mehr rechtwinkelig gekreuzt zueinander, sondern unter den verschiedensten Winkeln, oft zu mehreren in einer Ebene übereinander. Bedingt wird die neue Stellung unter dem Einfluss des Lichtes durch die Drehung der einzelnen, aufeinanderfolgenden Stengelglieder, die meist regellos bald nach rechts, bald nach links erfolgen kann. Bei den Wasserformen tritt diese bereits an den kurzen Internodien der schwimmenden Rosetten ein und wird dadurch zur eigentlichen Ursache der Rosettenbildung. Die Gestalt wird dabei lanzettlich bis verkehrt-eiförmig (Folgeblätter) (Fig. 1804 a1 bis a4, b1 bis b4, c1, c2, d1 bis d3). Bei Schlamm- und Landformen senken sich die teils als Primär-, teils als Folgeblätter ausgebildeten Laubblätter infolge der starken Lichteinwirkung durch Krümmung am Blattgrund und legen sich dicht gedrängt dem Stengel an. Frank nimmt an, dass solche Formen biologisch auch Vorteile aus den dadurch entstehenden luftfeuchten, engen Zwischenräumen für die Atmung zu ziehen vermögen. — Die Epidermis führt im Gegensatz zu vielen Wasserpflanzen kein Chlorophyll und ist cutinisiert. Die jungen Pflanzen besitzen bei allen Arten Spaltöffnungen, die sich aber im Alter nur bei den amphibisch lebenden Eucallitrichen erhalten (Fig. 1802 m), während sie in der Sektion Pseudocallitriche verschwinden und nach P. Weinrowsky,

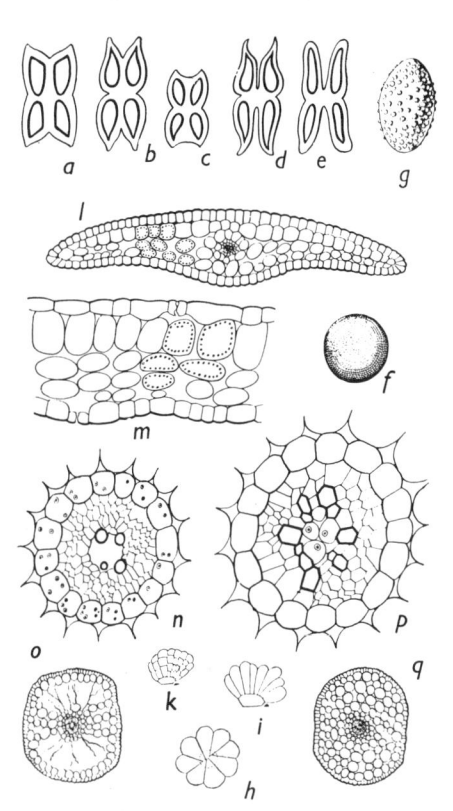

Fig. 1802. Querschnitte durch Früchte von *a* Callitriche hamulata Kütz., *b* C. stagnalis Scop., *c* C. verna L. *d* C. autumnalis L., *e* C. truncata Gussone. — *f* Pollenkörner von C. autumnalis L., *g* von C. verna L. — *h* Sternhaar von C. verna L. — *i* Schuppenhaar von C. verna L. — *k* Desgl. von C. autumnalis L. — *l* Querschnitt durch ein Luftblatt von C. verna L. — *m* Desgl. durch ein Tauchblatt. — *n* und *o* desgl. durch den Stengel der Tauchform. — *p* und *q* desgl. durch den Stengel der Landform (*a* bis *k* nach Hegelmaier, *l* bis *q* nach Schenk).

(Untersuchungen über die Scheitelöffnungen bei Wasserpflanzen, Berlin, 1898) durch einen Porus ersetzt werden. Die Pseudocallitrichen sind demzufolge auch nicht in der Lage typische Schwimmrosetten oder gar Schlamm- und Landformen zu bilden. Die Verteilung der Spaltöffnungen an den verschiedenen Pflanzenteilen ist sehr wechselnd. An den Stengeln treten sie immer nur spärlich auf, am häufigsten noch an den Landformen. An den Laubblättern der mitteleuropäischen Arten finden sie sich fast einzig, dafür aber in der Regel reichlich, auf der Oberseite. Aussereuropäische Arten tragen sie bisweilen auch regelmässig auf beiden Spreitenflächen verteilt oder bei vorwiegend terrestren Arten zahlreicher auf der Blattunterseite. Weiterhin ist nach Hegelmaier die Epidermis der Stengel, Vorblätter, Blütenstiele und namentlich der beiden Blattseiten bei den Eucallitrichen im Gegensatz zu den Pseudocallitrichen mit eigenartigen, als Sternhaare bezeichneten Haargebilden ausgestattet, die aus einer Stielzelle und einer wechselnden Zahl (4 bis 16) in einer Ebene ausstrahlender Haarzellen bestehen (Fig. 1802 h). Ausser diesen Sternhaaren finden sich in den Blattachseln, hauptsächlich neben den Blüten Schüppchenhaare, die bereits von Chatin und Lebel, später von Hegelmaier, Bachmann und namentlich von A. J. Schilling (Anatomisch-biologische Untersuchungen über die Schleimbildung der Wasserpflanzen. Flora, 1894) untersucht worden sind, und die eine gewisse Aehnlichkeit mit den Drüsenhaaren von Pinguicula und Hippuris zeigen. Diese Gebilde (Fig. 1802 i) zeigen auf einer Stielzelle ein eiförmiges, aus fächerförmig angeordneten Haarzellen gebildetes Köpfchen, das am Scheitel meist schüsselförmig eingesenkt ist und Schleim absondert. Auch bei den Pseudocallitrichen treten diese Schüppchenhaare auf; nur sind bei ihnen die einzelnen Haarzellen durch 2- bis 4-zellige Zellreihen ersetzt (Fig. 1802 k). Bei alternden Laubblättern gehen sie verloren. Der Stengel ist zylindrisch (Pseudocallitriche) oder plattgedrückt-zylindrisch (Fig. 1802 o, q). In den Stengelinternodien folgt auf das von weiten Interzellularräumen durchzogene Rindengewebe eine schmale Stärkeschicht, die den dünnen, parenchymatösen Markzylinder umschliesst. In diesem eingebettet liegen die zu zwei Gruppen geordneten, aus den Blattspursträngen gebildeten Leitbündelringe. Die Zahl der Gefässe ist gering, vor allem bei den submersen Arten, namentlich bei Callitriche autumnalis. Die Mitte des Markzylinders wird häufig von einer Markhöhle eingenommen (Fig. 1802 n). Der anatomische Bau in den Stengelknoten ist im wesentlichen derselbe, nur fehlt das Mark und die Markhöhle (Fig. 1857 p). In den Wurzeln rücken die wenigen Gefässe zu einer einzigen, kleinen Gruppe zusammen. — Die am Grunde paarweise zu einer ganz kurzen Scheide verwachsenen Laubblätter sind an der Spitze gestutzt oder $\pm$ ausgeschnitten und in der ganzen Familie in der Jugend eiförmig. Der Pseudocallitrichen zeigen im ausgewachsenen Zustande bei derselben Art stets ein und dieselbe Gestalt, sind sehr zart und ihre Epidermis umschliesst nur zwei, am Rande sogar nur eine Zellschicht (Primärblätter). Bei den Eucallitrichen wechseln Form und Bau ausserordentlich stark je nach den Lebensbedingungen, von denen die innere und äussere Ausbildung stärker beeinflusst wird als von der Artzugehörigkeit. Ihre unter Wasser entstandenen Laubblätter können mit denen der Pseudocallitrichen weitgehend übereinstimmen, ihre Luftblätter hingegen sind in der Regel breiter, dicklich und derber als die Wasserblätter und besitzen etwas vom Rande einwärts 3 bis 4 Zellschichten. Gleichzeitig ist das Blattparenchym — besonders auf der Blattunterseite — durch weite Luftlücken gelockert, sodass ein typisches Schwammparenchym entsteht, während die Oberseite ein Palisadenparenchym aufweist (Fig. 1802 l). Die Laubblätter der Pseudocallitrichen sind stets 1-nervig (Fig. 1803 b), die der Eucallitrichen hingegen nur bei den Primärblättern (an untergetauchten Formen), während die flutenden Folgeblätter 3-nervig werden, indem der Mittelnerv 2 an seinem Grunde entspringende Auszweigungen aussendet oder aber noch mehrnerviger wird, indem aus den Seitennerven abermals 2 oder 4 weitere Aeste entspringen, die durch Querverbindungen verknüpft sein können (Fig. 1804). — Die Blüten werden nur bei den Eucallitrichen von Vorblättern begleitet (Fig. 1805 b, c) und auch bei diesen wird das Auftreten für einzelne Arten (z. B. Callitriche hamulata) sehr von standörtlichen Verhältnissen beeinflusst. Es sind zarte, 1-schichtige, sackartig aufgetriebene Gebilde, die halbmond- oder hakenförmig gegen die Blüte (Staubblatt oder Fruchtknoten) gebogen sind und nach der Blütezeit meist rasch verschwinden. Als gutes spezifisches Trennungsmittel können sie nach Hegelmaier nicht benützt werden weil ihre Gestalt bei manchen Arten sehr veränderlich ist. Der Staubbeutel ist herznierenförmig und bildet nur bei den Eucallitrichen in den Zellen der innersten Wandschicht kurz vor der völligen Reife Verdickungsleisten. Das Aufreissen erfolgt durch zwei annähernd gleichlaufende, seitliche Längsrisse, die bei den Pseudocallitrichen zu einem einzigen Querspalt über dem Scheitel zusammenfliessen. Nach der Entleerung des Staubbeutels erfolgt bei den Eucallitrichen, aber nie bei den Pseudocallitrichen, meist eine nachträgliche beträchtliche Verlängerung des Staubfadens. Der Pollen der letzteren ist kugelig (Fig. 1802 f) und ohne äussere Pollenhaut (Exine), bei den ersteren ellipsoidisch (Callitriche verna) oder ellipsoid-kugelig und mit einer reichwarzigen, äusseren Pollenhaut (Fig. 1802 g) versehen. Ausnahmsweise sollen allerdings auch bei den Eucallitrichen kugelige Pollenkörner beobachtet worden sein. Auch der aus zwei Fruchtblättern bestehende Fruchtknoten zeigt in den beiden Gruppen eine verschiedenartige Entwicklung. Während bei den reifen Früchten der Eucallitrichen die beiden Fruchthälften mit breiter Fläche zusammenhängen (vgl. z. B. Fig. 1803 i), sind diese Hälften bei den Pseudocallitrichen durch tiefe Buchten, in denen die Verwachsungsnähte liegen, getrennt und daher nur auf einer ganz schmalen Fläche zusammenhängend (Fig. 1803 e, f). Die Buchten bilden sich aber erst beim Heranwachsen der Frucht. Zur Blütezeit sind die vier Furchen, welche die Klausen trennen, noch gleich tief. Die Pseudocallitrichen blühen und fruchten stets nur unter Wasser (Hydrogamie). Die Eucallitrichen hingegen zeigen meist nur bei ihren nicht untergetauchten Formen Fruchtbildung. Ihre Blüten sind nach den Untersuchungen von Tomsen in Neuseeland und von Delpino und Werth in der Antarktis windblütig. Nach Kerner öffnen sich unter Wasser angelegte Blüten überhaupt nicht und die geschlossenen Blüten fallen nach einiger Zeit mitsamt dem eingeschlossenen Staubbeutel ab. Wenn nun, wie z. B. Vollmann und ein einziges Mal auch Glück beobachtet haben, trotzdem auch unter Wasser eine Fruchtbildung festgestellt werden kann, so kann diese vielleicht durch die eigenartige Blütenentwicklung an den serialen Beisprossen erklärt werden, da sich bei diesen, wie bereits früher ausgeführt wurde, bisweilen ein aus einer männlichen und einer weiblichen Blüte gebildetes Blütenpaar entwickelt, dem oft die Vorblätter ganz fehlen und das daher den Eindruck einer Zwitterblüte hervorruft. — Der Fruchtansatz ist meist reichlich und geht regelmässig vor sich. Die weiblichen Blüten stehen in der Regel in den Achseln der tieferstehenden Laubblätter, die männlichen in denen der höher oben entwickelten, sodass im allgemeinen Fremdbestäubung angestrebt erscheint; bisweilen können aber auch auf die weiblichen Blüten wieder männliche folgen, oder es kann sogar ein mehrmaliger Wechsel in der Geschlechterverteilung eintreten. Nach der Reifung der Früchte wird das fleischige Perikarp zerstört und die 4 kleinen, gelbbraunen Steinfrüchte mit lederiger oder pergamentartiger Schale werden frei. Obgleich diese von Kirchner als „Schwimmfrüchte" bezeichnet worden sind, besitzen sie doch keinerlei auf das Wasserleben deutenden Einrichtungen. Ihre Verbreitung erfolgt entsprechend ihrer Kleinheit und ihrer flachen Form leicht durch die Wasserbewegung, z. T. auch noch im Zusammenhang mit abgerissenen Stengelteilen. Auch Wasservögel tragen zur Verbreitung bei. Eine Samenruhe ist nicht erforderlich, ist aber bei spätgereiften Samen die Regel. Die Keimung geht sehr rasch, unter günstigen Bedingungen in wenigen Tagen vor sich (Hegelmaier, Fauth, Kinzel) und, da die Fruchtreife teilweise bereits im Hochsommer erreicht wird, so treten die am frühesten gekeimten Pflänzchen mit schon weit entwickelten Stengeln in den Winter ein, den sie unter Wasser sehr leicht überstehen. Zu Beginn der Keimung sind die Keimblätter noch in den Samenschalen eingeschlossen. Sie ergrünen bereits, so lange sie als Saugorgane dienen und nehmen kurz nach ihrer Befreiung aus den ihres Endosperms entledigten Schalenhüllen die Form kleiner, gewöhnlicher Laubblätter an, die sich rasch mit schleimabsondernden Drüsenhaaren bedecken. Nach Schilling dient diese Schleimhülle, die auch an den Knospen und jungen Trieben älterer Pflanzen abgeschieden wird, als Schutz der überaus zarten, jungen Gebilde gegen Auswaschung der wertvollen Inhaltsstoffe. — Die Beurteilungen der verwandtschaftlichen Beziehungen der Callitrichaceen haben zu sehr verschiedenen Ergebnissen geführt. Lange Zeit wurde die Familie nach dem Vorgehen von Robert Brown, De Candolle u. a., denen sich auch der wichtigste Monograph der Familie, Hegelmaier, angeschlossen hat, in die nächste Nähe der Halorrhagidaceen gestellt oder von Bentham und Hooker ganz mit ihnen verschmolzen. Die bedeutenden Unterschiede zwischen beiden Familien haben aber andererseits Richard, später auch Reichenbach, Baillon, Eichler u. a. bewogen, diese Stellung aufzugeben und sie in der Nähe der Euphorbiaceen einzuordnen, mit denen sie Aehnlichkeiten in der weitgehenden Blütenrückbildung, in der Anheftung und Zahl der Samenanlagen usw., sowie hinsichtlich der Blattstellung und Sternhaarbekleidung aufzuweisen haben. Daneben bestehen allerdings wiederum andere tiefgreifende Unterschiede, wie die im Baue des Fruchtknotens (Klausenbildung) und der Samenanlagen. Serodiagnostische Untersuchungen der „Königsberger Schule" liegen noch nicht vor. Gelegentlich ist auch ein Anschluss an die Borraginaceen und Verbenaceen, sowie auch an die Caryophyllaceen versucht worden.

CCCCLIII. Callítriche[1]) L. Wasserstern. Franz.: Callitrique, étoile d'eau; engl.: Water star-wort; ital.: Erba gamberaja, stellaria aquatica[2]).

Die fast kosmopolitische Gattung zerfällt in die beiden, oben eingehender in ihren Unterschieden gezeichneten Sektionen Eucallitriche und Pseudocallitriche, in denen je nach der engeren oder weiteren Artfassung etwa 26 oder auch nur 2 Arten unterschieden werden. In Mitteleuropa finden sich beide Sektionen, die Pseudocallitrichen mit C. autumnális L., die Eucallitrichen mit C. stagnális Scop., C. vérna L. und C. hamuláta Kütz., zu denen als zweifelhaft noch C. obtusángula Le Gall kommt. Häufig werden die Arten der letzteren Sektion (wenigstens die europäischen) unter der Bezeichnung C. palústris L. zusammengefasst. Die Gattung kann sich nicht rühmen, zu den gut bekannten Genera der Mittel-

---

[1]) Abgeleitet vom griech. κάλλος [kállos] = Schönheit und θρίξ [thríx], Genetiv τριχός [trichós] = Haar; also Schönhaar. Bei Plinius der Name für das von Felsen herabwallende Adiántum Capíllus Véneris.

[2]) Dieselbe Bezeichnung besitzt die Pflanze in der vorlinnéischen Nomenklatur, z. B. bei Hoffmann aus Altdorf in Franken 1672.

europäischen Flora zu zählen und ist namentlich in der Verbreitung und der Oekologie ihrer Arten noch wenig bekannt, worauf auch die neuesten Ausführungen von Glück hinweisen. Zur sicheren Bestimmung der Arten sind reife Früchte oft unbedingt erforderlich, da selbst halbreife häufig in der Form noch nicht genügend entwickelt sind, während überreife wiederum durch die sich vorbereitende Auflösung der Frucht in vier Klausen die ursprünglichen Umrisse verwischen und unkenntlich machen. In vielen Fällen ist es sogar, um über die Ausbildung volle Klarheit zu erlangen, dringend erwünscht, Querschnitte durch die Mitte der Frucht herzustellen. Vgl. auch C. A. Jörgensen (Studies on Callitrichaceae Dansk Bot. Tidssktr., 1923).

1. Pflanze untergetaucht oder amphibisch lebend (im Wasser flutend, mit Schwimmrosetten oder ausserhalb des Wassers auf Schlamm oder feuchtem Boden. Laubblätter, mindestens die über der Wasseroberfläche lebenden, mit Spaltöffnungen und Sternhaaren und mikroskopisch kleinen, köpfchenförmigen Schuppenhaaren, in der Form sehr vielgestaltig, aber am Grunde meist verschmälert, seltener lineal, 1- bis 3-nervig. Blüten am Grunde meist mit 2 Vorblättern. Pollenkörner reichlich kleinwarzig (Fig. 1802 g). Fruchthälften bei der Reife mindestens in der Hälfte ihrer Breite verwachsen (Fig. 1802 a bis c) (C. palústris L.) . . . . . 2.

1*. Pflanze vollständig untergetaucht, keine Rosetten bildend, ohne Spaltöffnungen und ohne Sternhaare (nicht mit den Schuppenhaaren verwechseln!), meist reichlich fruchtend. Laubblätter alle lineal oder fast lineal, oft gegen den Grund verbreitert, stets nur 1-nervig. Blüten am Grunde stets ohne Vorblätter. Pollenkörner glatt, ohne Wärzchen (Fig. 1802 f). Fruchthälften bei der Reife durch zwei fast bis zur Mittelachse vordringende Buchten getrennt und daher nur in der Mitte ihrer Flächen verwachsen (Fig. 1802 d).

C. autumnalis nr. 1857.

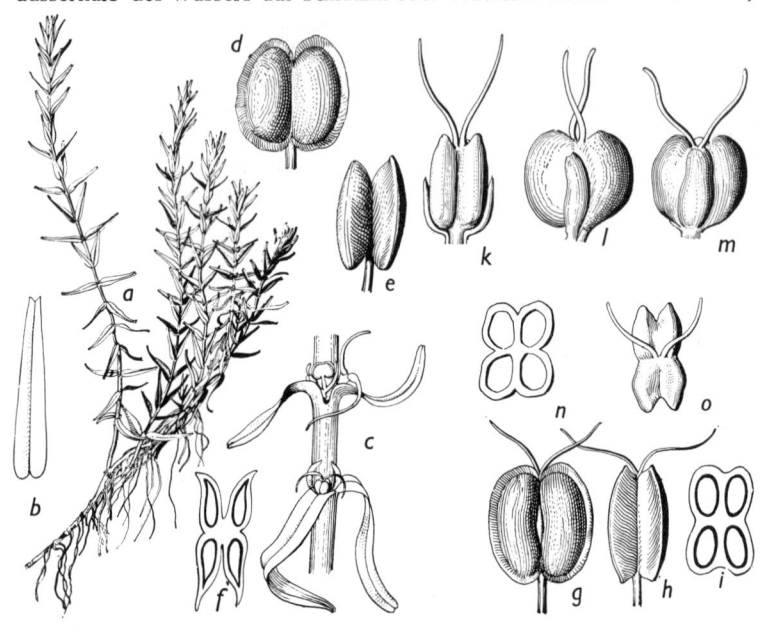

Fig. 1803. Callitriche autumnalis L. *a* Habitus. *b* Laubblatt. *c* Zweigstück mit männlichen und weiblichen Blüten. *d* Frucht von der Breitseite. *e* Desgl. von der Schmalseite. *f* Desgl. im Querschnitt. — Callitriche obtusangula Le Gall. *g* Frucht von der Breitseite. *h* Desgl. von der Schmalseite. *i* Desgl. im Querschnitt. — Callitriche cophocarpa Sendtner. *k*, *l* und *m* Frucht von der Breit- und Schmalseite. *n* Desgl. im Querschnitt. *o* Desgl. von oben (*c* nach Leunis, *d* bis *i* nach Hegelmaier, *k* bis *o* nach Sendtner).

2. Früchte ziemlich dick, fast nussförmig. Reife Klausen mit deutlich abgerundeten oder ganz fehlenden Aussenkanten . . . . C. obtusangula nr. 1860.

2*. Früchte stets flach, scheibenförmig. Reife Klausen deutlich gekielt oder geflügelt . . . . . . 3.

3. Reife Klausen mit schmal gekielten Aussenkanten, nicht deutlich geflügelt . . . . 4.

3*. Reife Klausen deutlich gekielt und an ihrem ganzen Aussenrand deutlich durchscheinend geflügelt. Frucht kreisrund. Vorblätter sichelförmig gebogen. Narbe aufrecht, sehr lang bleibend.

C. stagnalis nr. 1858.

4. Reife Frucht höchstens 1 mm lang, höher als breit, ± oval. Klausen sehr schmalflügelig gekielt. Narben aufrecht, sich sehr lange erhaltend. Pollen elliptisch . . . . C. verna nr. 1861.

4*. Reife Frucht grösser, meist etwas querelliptisch, kurz gestielt oder sitzend. Vorblätter stets hakig. Narben zurückgeschlagen, sehr hinfällig. Pollen fast kugelig . . . . C. hamulata nr. 1859.

1857. Callitriche autumnális L. non Kütz. (= C. vírens Kütz., = C. hermaphrodítica L. subsp. bífida [L.]). Herbst-Wasserstern. Fig. 1803 a bis f und Fig. 1802 d, f, k.

Ausdauernde, zarte, stets untergetauchte Wasserpflanze, ohne Sternhaare. Stengel 15 bis 50 cm lang, kahl. Laubblätter stets 1-nervig, lineal oder lineal-lanzettlich, am Grunde meist etwas verbreitert, sitzend, an der Spitze gestutzt, ± deutlich 2-zähnig (Fig. 1803 b), kahl, lebhaft grün; Zellen der Epidermis der Blattunterseite gleich lang wie die der Oberseite, aber viel englumiger. Vorblätter fehlend. Narben lang, angedrückt zurückgeschlagen, hinfällig. Frucht sitzend, fast kreisförmig, mit 2 scharfen Furchen auf den Rückenflächen und 2 tiefen Buchten über den Nähten; die Klausen daher nur auf schmaler Fläche zusammenhängend (Fig. 1803 d, e, f). — VI bis IX.

Herdenweise in stehenden und langsam fliessenden Gewässern, in Seen, Teichen, Torfstichen usw. Wahrscheinlich nur in der Ebene.

Mit Sicherheit nur im Norddeutschen Tiefland; im Nordwesten vielfach zweifelhaft, sicher bisher nur zwischen Timmersloh und Butendiek, nahe der Elbe bereits mehrfach und ostwärts namentlich in den Seen in Mecklenburg und Westpreussen häufig, in Schleswig-Holstein im Westen selten, z. B. auf der Insel Föhr, im Osten sehr zerstreut; früher auch bei Königsberg. Die Südgrenze zieht von Timmersloh über Brandenburg, Potsdam, Tegeler See bei Spandau, Berlin, Beeskow, Czernikau in Posen nach West- und Ostpreussen. Südlich dieser Linie bleiben alle Verbreitungsangaben, z. B. bei Dresden (früher), im Bayerischen Wald (vgl. Wünsche-Abromeit, Die Pflanzen Deutschlands, 1915), bei Hugstetten und an der Schutter in Baden[1]) und anderen süddeutschen Orten, in Oesterreich (z. B. Tirol[2]) und in der Schweiz (Locarno[3]) im Tessin) zweifelhaft oder sind teilweise sicher falsch.

Allgemeine Verbreitung: Im nördlichen Europa auf Island, in England, Skandinavien bis Nordvaranger (70° 25′ nördl. Breite), Finnland, Nordrussland, Holland, Belgien, Norddeutschland; Nordsibirien; Nordamerika.

Aendert sehr wenig ab:
var. decussáta (Link). Stengel 20 bis 50 cm lang. Laubblätter kürzer. So in tieferem, 30 bis 80 cm tiefem Wasser von Seen auf Stein- oder Muschelgrund.

C. autumnalis gehört dem borealen Elemente an und stellt von allen Callitriche-Arten die geringsten Ansprüche an Wärme. In Heidetümpeln der nordostdeutschen Tiefebene ist sie eine sehr charakteristische Erscheinung, die als dichtes

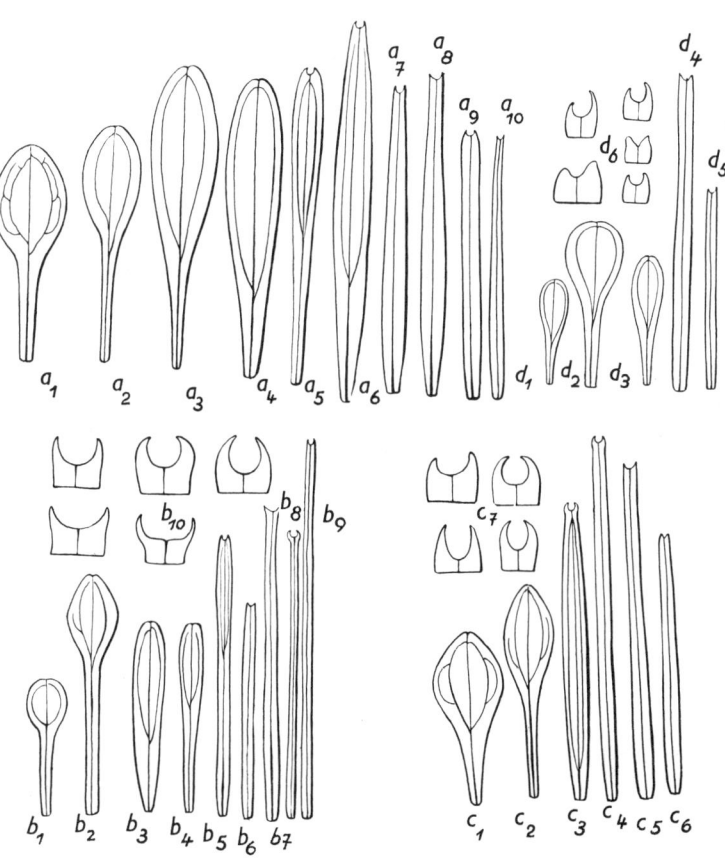

Fig. 1804. Laubblattformen der mitteleuropäischen Callitriche-Arten aus der Sektion Eucallitriche. a_1 bis a_{10} Callitriche stagnalis Scop. (a_1, a_2 Schwimmblätter [f. heterophylla Glück]; a_3, a_4 den Schwimmblättern nahe stehende, dicht unter der Wasseroberfläche flutende Uebergangsblätter; a_5, a_6 3-nervige [untypische] Wasserblätter [a_3 bis a_6 f. spathulata Glück]; a_7 bis a_{10} typische Wasserblätter [f. submersa Glück]). — b_1 bis b_{10} C. hamulata Kütz. (b_1, b_2 Schwimmblätter; b_3, b_4 den Schwimmblättern nahestehende Uebergangsblätter; b_5 submerses Uebergangsblatt; b_6 bis b_9 Wasserblätter; b_{10} Spitzen der Wasserblätter). — c_1 bis c_7 C. obtusangula Le Gall (c_1, c_2 Schwimmblätter; c_3 submerses Uebergangsblatt mit 3 Nerven; c_4 bis c_6 Typische Wasserblätter; c_7 Spitzen von Wasserblättern). — d_1 bis d_6 C. verna L. (d_1 bis d_3 Schwimmblätter; d_4, d_5 Wasserblätter; d_6 Spitzen verschiedener Wasserblätter (nach Glück).

---

[1]) In Seubert-Klein, Exkursionsflora für das Grossherzogtum Baden, 6. Aufl., 1905, als angeblich vorkommend erwähnt.

[2]) Nach Hugo Glück ist von den in Dalla Torre und Sarnthein (Flora von Tirol) genannten Fundorten z. B. der von Ebbs bei Kufstein und der von Kitzbühel falsch. Die Belege vom ersten Orte sind C. stagnalis, die vom zweiten C. hamulata.

[3]) Bei Locarno liegt wahrscheinlich eine Verwechslung mit C. hamulata f. homoiophylla vor, die dort gesammelt worden ist.

Vliess den Boden überkleidet und bereits durch den in der Regel sehr reichen Fruchtansatz, sowie getrocknet durch die schön grünen und durchscheinenden Laubblätter gut kenntlich ist. Dennoch ist die Art häufig verwechselt worden, in erster Linie mit Tauchformen von C. hamulata. Die Verwirrung ist z. T. darauf zurückzuführen, dass Kützing, der sich sehr um die Klärung der Gattung verdient gemacht hat, C. autumnalis L. in einem Aufsatz in der Linnaea (Bd. VII, 1832) mit dem Namen C. virens belegt hat, während C. hamulata Kütz. am selben Orte mit dem Namen C. autumnalis Kütz. neu beschrieben ist. Auf dieser Namensvertauschung beruhen wahrscheinlich ein Teil der älteren Angaben für Mittel- und Süddeutschland, Oesterreich und die Schweiz. Von C. hamulata, mit der sie gewisse Aehnlichkeit in der Tracht besitzt, unterscheidet sie sich durch die grossen und durch tiefe Einschnitte geteilten Früchte und die in der Regel viel längeren, stets nur 1-nervigen Laubblätter, während bei letzterer vereinzelt auch 3-nervige auftreten. Subfossil ist C. autumnalis in den Dryastonen von Deutschland und England festgestellt worden. —

Die zweite zur Sektion der Pseudocallitrichen gehörende Art ist die mediterran-atlantische, bis England nordwärts gehende und in Bächen, Quellen und anderen fliessenden, sowie in stehenden Gewässern auftretende C. truncáta Gussone (Fig. 1802 e), die sich ausser durch die etwas frühere Blütezeit durch kurzgestielte Früchte und ungeflügelte Klausen auszeichnet (vgl. Thompson, H. St., Journal of Botany [1923], 61).

1858. Callítriche stagnális[1]) Scop. (= C. stagnalis Kütz. et C. platycárpa[2]) Kütz.). Grossblütiger Wasserstern. Fig. 1802 b, Fig. 1804 a$_1$ bis a$_{10}$, Fig. 1805 und Fig. 1806.

Ausdauernde, seltener nur 1-jährige oder 1-jährig-überwinternde, ganz untergetauchte oder meist amphibische oder auf Schlamm und anderen feuchten Böden ganz zum Landleben übergehende Pflanze, mit Sternhaaren. Stengel 5 bis 50 (100) cm lang. Typische Wasserblätter (Fig. 1804 a$_7$ bis a$_{10}$) lineal, an der Spitze abgerundet, mit kurzem, rundem Ausschnitt, meist 1-nervig, zart, durchscheinend lichtgrün, oberseits gelblichgrün, unterseits weisslichgrün;

Fig. 1805. Callitriche stagnalis Scop. *a* Habitus der f. vulgaris (Kütz.). *b* Männliche Blüte. *c* Weibliche Blüte. *d* Frucht (der var. vera [Aschers.] entsprechend) von der Breitseite. *e* Desgl. von der Schmalseite. *f* Desgl. im Querschnitt. — *g* Habitus der f. heterophylla Glück. *h* und *k* Frucht (der var. platycarpa [Kütz.] entsprechend) von der Breitseite. *i* Desgl. durchschnitten. *l* Desgl. von der Schmalseite. (*a, b, h* und *i* nach Schlechtendal-Hallier, *d* bis *f* und *k* bis *l* nach Hegelmaier.)

typische Schwimmblätter (Fig. 1804 a$_1$, a$_2$) meist zu einem ± deutlichen Stern gehäuft, länglich bis breit-eiförmig, an der Spitze kaum ausgeschnitten, 3- (oder mehr-)nervig, ± plötzlich in einen etwa gleichlangen Stiel zusammengezogen, dicklich, grasgrün, glänzend; mindestens die über Wasser lebenden mit Spaltöffnungen. Blüten nur über dem Wasser entstehend, am Grunde meist mit 2 breiten, sichelförmig gekrümmten Vorblättern (Fig. 1805 b, c). Staubblatt 5 bis 8 mm lang, stets aufrecht; Pollen fast kugelig, reichlich mit Warzen besetzt. Weibliche Blüte ziemlich gross. Narben aufrecht oder spreizend, bis zur Fruchtreife bleibend. Frucht im Umriss ± kreisförmig, gross, 1,5 bis 2 mm lang, kurz gestielt oder sitzend, mit rinnigen Flächen und tiefen Rinnen über den Nähten; Klausen mit etwas gewölbten Rückenflächen, etwas voneinander abstehend, am Aussenrande breit und durchscheinend geflügelt, häufig 1 oder mehrere Klausen verkümmernd. — V bis X.

Meist herdenweise in grossen Vliessen und vorzugsweise in fliessenden, flacheren, kühleren und beschatteten Gewässern, aber auch in Tümpeln, Dorfteichen und anderen stehenden

---

[1]) Abgeleitet von lat. stágnum = Sumpf.
[2]) Zusammengesetzt aus πλατύς [platýs] = flach, platt und καρπός [karpós] = Frucht.

Gewässern. Von der Ebene bis in die montane Stufe: in der Schweiz bis 1550 m. Gern auf Sandboden.

In Deutschland meist häufig (auch auf den Nordfriesischen Inseln), aber im Nordosten fehlend, im Südwesten verbreitet und nur in den gebirgigeren Teilen seltener. — In Oesterreich in Böhmen und Mähren häufig; in Oberösterreich; in Niederösterreich bei Bubendorf unweit Seitenstetten, Ottenschlag, angeblich auch im Prater, bei Neunkirchen?, auf der Herrenalpe des Dürrensteins?; in Tirol namentlich im südlichen Teile recht häufig, im Inngebiet scheinbar selten, z. B. Ebbs bei Kufstein (Glück); in Steiermark sehr zerstreut bei Marburg, Pettau und Pöltschach; in Kärnten und Krain. — In der Schweiz verbreitet, aber viel seltener als C. verna, im Kanton St. Gallen z. B. nur bei Gräpplang, Altstätten, Marbach, Berneck, Thal und in einer rasigen Form auf der Alp Brod über dem Flumser Grossberg bei 1550 m.

Allgemeine Verbreitung: In ganz Europa mit Ausnahme des hohen Nordens; nördlicheres und mittleres Asien, südwärts bis Vorderindien; in Afrika bis Abessynien, Makaronesien.

Callitriche stagnalis ist in ihrer Tracht sehr veränderlich und mehrfach zu gliedern versucht worden. Kützing, F. T. (Monographia Callitricharum Germanicarum, 1831) unterscheidet 2 als Arten aufgefasste, im Bau der Früchte verschiedene Formengruppen (C. stagnalis Scop. s. str. und C. platycárpa Kütz.), für die er 16 Varietäten und eine Reihe weiterer Formen aufstellt. Die Zweiteilung wird auch von den meisten Systematikern der Neuzeit beibehalten, sodass sich etwa folgende Gliederung ergibt: var. véra (Aschers.) Fig. 1805 d, e, f. Laubblätter sämtlich rundlich-verkehrt-eiförmig bis spatelig. Klausen der Früchte kreuzförmig gestellt; Flügel schmal. Form des Wassers. Hierher als Landform f. microphýlla Kütz. Pflanze kleine Rasen bildend. Laubblätter eiförmig bis eilanzettlich, höchstens 2,5 mm lang. Erinnert in der Tracht an sehr schlanke Formen von Péplis Pórtula. — var. platycárpa (Kütz.). Fig. 1805 h bis m. Untere Laubblätter lineal, obere verkehrt-eiförmig. Fruchthälften zusammengedrückt, ± parallel miteinander verlaufend; Flügel breit. So namentlich in tiefem Wasser. — Glück spricht sich gegen eine durchgreifende Verwertbarkeit der Fruchtform zur Scheidung in 2 Gruppen aus und gliedert folgendermassen: f. submersa Glück (= C. platycarpa Kütz. var. fluviátilis-flúctuans Kütz. und C. stagnalis Kütz. var. stagnalis-leptophýlla Kütz.). Fig. 1804 a₁ bis a₁₀. Laubblätter vorwiegend lineal, 11 bis 20 mm lang und 0,8 bis 8 mm breit. Pflanze stets unfruchtbar. — f. spathuláta Glück. Pflanze untergetaucht, unfruchtbar. Laubblätter lineal und zum grossen Teil auch spatelförmig. — f. heterophýlla Glück (= C. platycarpa var. fluviátilis Kütz.). Fig. 1805 g. Pflanze des tieferen Wassers. Laubblätter z. T. untergetaucht, z. T. schwimmend, spatelförmig. — f. vulgaris (Kütz.). Fig. 1805 a bis f. Pflanze nur mit Schwimmblättern. Häufig blühend. Form des seichten Wassers. — f. terréstris Glück (= C. microphýlla Kütz. et var. serpyllifólia Kütz.). Landform mit rasigem Wuchs. Laubblätter länglich-lineal oder eispatelig, 1,5 bis 5 (7,5) mm lang und 0,5 bis 2,5 mm breit. Pflanze unfruchtbar oder fruchtend. — f. caespitósa Glück. Ueppige Landform. Laubblätter vorwiegend ei-spatelförmig, 4 bis 10 mm lang und 2 bis 5,2 mm breit. Häufig fruchtend. — Zu C. stagnalis gehört auch die von O. Sendtner in den Vegetationsverhältnissen von Südbayern (1854) aufgestellte C. cophocárpa (Fig. 1803 k bis o), die sich durch stumpfe, flügellose Klausenkanten, bleibenden, abstehenden Griffel und breite Vorblätter auszeichnen soll und

Fig. 1806. Callitriche stagnalis Scop. in einem Waldtümpel. Phot. B. Haldy, Mainz.

als die in Bayern allein vorkommende Art bezeichnet wird. Vollmann setzt C. cophocarpa synonym mit C. verna. Nach Glück[1]) stellen jedoch Originalexemplare Sendtners eine kleinblätterige und kleinfrüchtige C. stagnalis-Form dar, da die Früchte mehr rund als oval und mit Kantenbildungen versehen sind, Verhältnisse, wie sie bei C. verna nie auftreten.

Callitriche stagnalis erscheint sowohl in stehenden, als auch in fliessenden Gewässern und vermag in Wassertiefen bis zu etwa 80 cm zu gehen. In ruhigem Wasser stehen die zu dichten Büscheln vereinigten Triebe senkrecht nach oben, in fliessendem sind sie durch die Strömung $\pm$ wagrecht gerichtet. Die Tauchform ist stets unfruchtbar; aber auch Schwimmblattformen in reissenden Bächen gelangen selten zur Blüte und zum Fruchtansatz. Als Begleiter an solchen Orten treten die Arten der Ranunculus fluitans-Assoziation auf, namentlich Ranunculus fluitans und Potamogeton fluitans, ferner Zannichellia dentata, Helodea Canadensis, Nuphar luteum und verschiedene Potamogetonarten (P. lucens, P. pectinatus, P. crispus, P. perfoliatus, P. densus usw.). In ruhigem Wasser, wo die Fruchtbildung regelmässig und reichlich vor sich geht, erscheinen etwa Potamogeton rufescens, Sparganium natans, Ceratophyllum demersum, Ranunculus divaricatus, Nuphar luteum, Nymphaea alba und N. candida, Myriophyllum verticillatum, M. spicatum und Hottonia palustris. Die Landformen entstehen oft infolge Eintrocknens des Wasserbeckens und zeigen dabei die Eigentümlichkeit, dass die Früchte (namentlich bei der f. terrestris) breit gekielt werden. Auch in seichtem Wasser werden gern derartig gestaltete Früchte ausgebildet. Durch Versenkung von Landformen unter den Wasserspiegel kann die Wasserform wieder erzeugt werden.

1859. Callitriche hamuláta[2]) Kütz. (= C. intermédia [Hoffm.], = C. autumnalis Kütz.). Haken-Wasserstern. Fig. 1802 a, Fig. 1804 b₁ bis b₁₀ und Fig. 1807.

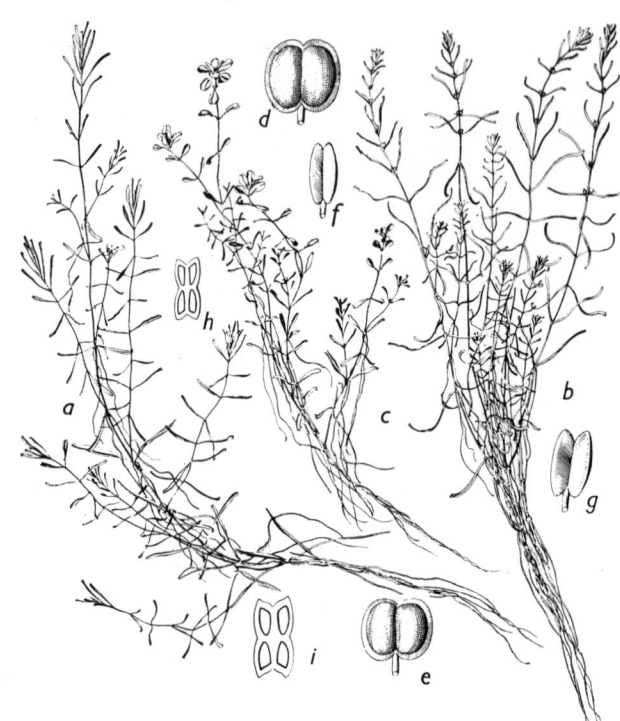

Fig. 1807. Callitriche hamulata Kütz. a und b Habitus der f. genuina (Gren. et Godr.). c Habitus der f. homoiophylla (Gren. et Godr.). d und e Früchte von der Breitseite, f und g desgl. von der Langseite, h und i desgl. im Querschnitt (d bis i nach Hegelmaier).

Meist ausdauernde Tauch- oder Schwimmblatt- oder 1-jährige, auf feuchtem Boden lebende Landpflanze, mit Sternhaaren. Stengel bis 80 cm lang, dünn, meist fädlich, etwas stärker abgeplattet als bei C. stagnalis und C. verna. Laubblätter der Tauchformen (Fig. 1804 b₃ bis b₁₀) lineal, bis 42 mm lang und 1,5 mm breit, gegen die Spitze in der Regel leicht verbreitert und halbkreis- bis zangenförmig ausgeschnitten, sehr zart, 1-nervig oder $\pm$ spatelig, gegen den Grund keilig, stielartig verschmälert und mehrnervig; Schwimmblätter (Fig. 1804 b₁, b₂) rosettenartig gehäuft, eirundlich, in einen 1- bis 2-mal längeren Stiel zusammengezogen, die Spreite bis 14 mm lang und bis 3,8 mm breit; Laubblätter der Landformen klein, breitlineal bis lineal-lanzettlich, oberseits dunkelgrün und fein punktiert, unterseits weisslichgrün. Vorblätter oft fehlend, 1 mm lang, stark sichelförmig oder hakenförmig gekrümmt, häufig sehr schmal. Blüten an Tauch-, Schwimmblatt- und Landformen. Staubblätter 2,5 bis 3 mm lang; Pollen fast kugelig, reichwarzig. Narben 5- bis 6-mal so lang wie der Griffel, zurückgeschlagen,

---

[1]) Herr Prof. Hugo Glück-Heidelberg hatte die Liebenswürdigkeit, Originalexemplare aus dem Herbarium Boicum (München) zu untersuchen, wofür ihm auch an dieser Stelle gedankt sei.

[2]) Abgeleitet von latein. hámula, dem Diminutiv von háma = Haken, also der hakige Wasserstern; wegen der sichel- bis hakenförmigen Vorblätter.

sehr hinfällig. Frucht (Fig. 1807 d bis i) 1 mm lang oder länger, fast kreisförmig oder etwas breiter als lang, stets scheibenförmig=plattgedrückt, mit flachen Seiten; Furchen auf den Rücken= flächen und über den Nähten sehr seicht; Klausen kaum gewölbt; Kanten fast rechtwinkelig abstehend, scharf und zumeist ungeflügelt (d. h. nicht durchscheinend), sehr selten geflügelt (vgl. var. capillaris). — IV bis X.

Herdenweise in stehenden und fliessenden Gewässern: Seen, Tümpeln, moorigen Gräben, Bächen, nicht selten auch auf feuchtem Schlamm, Sand und Kies. Von der Ebene bis in die obere Bergstufe: im Riesengebirge bis 1000 m, in Vorarlberg bis etwa 1700 m. Gern auf nährstoffreichen Böden.

Die Verbreitung von C. hamulata bedarf namentlich für Oesterreich und die Schweiz eingehender Feststellung. Das angeblich nur zerstreute Vorkommen in Süddeutschland wird von Glück nicht bestätigt, vielmehr die Art für dort als häufig bezeichnet (wenigstens für Bayern, Baden und die Pfalz). Für Elsass= Lothringen, sowie für das übrige Deutschland wird die Art als meist häufig, in Schleswig=Holstein z. B. als zerstreut angegeben. — Für Oesterreich lauten die Angaben: in Böhmen zerstreut; in Mähren selten, z. B. bei Radeschin (Bez. Neustadtel), zwischen Leitomischl und Zwittau; in Vorarlberg bei Maria Grün unweit Feldkirch, im Schaanwalder Moor, bei Valduna (?), unterhalb dem Guschgfieljoch bei Nenzing zwischen 1600 und 1700 m; in Salzburg selten; für Tirol nach Dalla Torre und Sarnthein sehr fraglich, aber von Glück z. B. für Kitzbühel (bei Dalla Torre und Sarnthein unter C. autumnalis) festgestellt; in Steiermark in den Alpenvortälern sehr zerstreut, z. B. bei Stein a. d. Enns, bei Admont, am südlichen Randgraben des Hofmoores im Ingeringtal bei Seckau; in Krain. — In der Schweiz zerstreut und stellenweise fehlend, so z. B. um Bern; auch im Kanton Graubünden entweder ganz fehlend oder sehr selten; für Schaffhausen fraglich, um Basel dagegen häufig usw.

Allgemeine Verbreitung: Ganz Europa (vom nördlichen Skandinavien bis Süd= italien und Sizilien, Island); Grönland.

Die Art lässt sich folgendermassen gliedern: f. genuina (Gren. et Godr.) (= f. heterophylla Glück). Fig. 1807 a, b. Obere Laubblätter länglich=verkehrt=eiförmig, rosettig genähert. So gern in moorigen Gräben. — f. homoiophylla (Gren. et Godr.) (= var. trichophylla Kütz., Čelak. p. p.). Fig. 1807 c. Alle Laubblätter lineal, sehr lang, an der Spitze zweispitzig. So in klaren und kühlen Gewässern. — f. terrestris Glück (= f. brachyphylla Kütz., = C. autumnalis Kütz. f. minuta Kütz.). Landform mit linealen oder lineal=lanzettlichen, 4 bis 8 mm langen und 1,3 bis 2 mm breiten Laubblättern. — f. caespitosa Glück. Landform mit spateligen, 4 bis 8 mm langen und 1 bis 2,2 mm breiten Laubblättern. — var. capillaris (Parl.). Laubblätter sehr lang, haarförmig. Klausen mit breiten Flügeln. Im Gebiete bisher nur bei Locarno (Tessin). Eine kritische Form.

Callitriche hamulata gehört nach Glück zu denjenigen Wasserpflanzen, die eigentlich auf der Grenze zwischen submersen und Schwimmblattgewächsen stehen und bei denen ein kleiner Anstoss von aussen genügt, um die Schwimmblätter in ihrer Entwicklung ganz oder grösstenteils zu hemmen. Kühl temperiertes Wasser kleiner Bäche oder rasch fliessendes Wasser oder eine beschattete Wasserfläche oder etwas zu tiefes Wasser (oft schon 50 bis 60 cm) lassen an vielen Standorten selbst ansehnliche Pflanzen nicht über das Blattstadium hinauskommen. Häufig lassen sich am selben Orte Stöcke mit und ohne Schwimmblätter nicht weit voneinander beobachten, obgleich die Lebensbedingungen für beide nur geringe Unterschiede aufweisen können. Land= formen scheinen nicht häufig zu sein, lassen sich aber unschwer erzeugen. Die soziologische Zugehörigkeit der Art ist noch wenig geklärt. P. Allorge rechnet sie zur Scirpus fluitans=Potamogeton polygonifolius=As= soziation, in der sie neben Nitella opaca und N. translucens, Sphagnum cuspidatum=plumosum, Alisma natans, Potamogeton gramineus, Scirpus fluitans und Heliosciadium inundatum zu den Charakterarten gehört.

1860. Callitriche obtusangula Le Gall. Nussfrüchtiger Wasserstern. Fig. 1803 g bis i und Fig. 1804 c1 bis c7.

Ausdauernde Tauch= oder Schwimmblattpflanze oder 1=jährige Landpflanze, mit Stern= haaren. Stengel bis 70 cm lang. Typische Tauchblätter (Fig. 1804 c4 bis c7) schmal=lineal, 1=nervig; Uebergangsblätter (Fig. 1804 c3) lineal=lanzettlich, 3=nervig; beide Formen sehr zart, durchsichtig, sehr vergänglich; Schwimmblätter (Fig. 1804 c1 c2) stets zu einem Stern genähert, ± spatelförmig, mit stets rundlich=rhombischer Spreite und ± breitem Stiel; Luftblätter kurz=lineal oder lanzettlich bis spatelförmig, dunkelgrün, glänzend. Blüten nur (?) an den Schwimmblattformen. Vorblätter sichelförmig. Staubblatt etwa 4=mal länger als die Vorblätter; Pollen länglich=ellipsoidisch.

Griffel aufrecht oder spreizend, lange erhalten bleibend. Frucht (Fig. 1803 g bis i) ansehnlich, etwas länger als breit, auf dem Rücken sehr wenig gewölbt, kantenlos (nach G l ü ck) oder mit sehr seichter Längsfurche und mit abgerundeten Kanten (nach Hegelmaier), ziemlich dick und fast nussartig (nicht flach gedrückt), mit Resten der Griffel. — IV bis X.

Das Vorkommen dieser mediterran-atlantischen Art, die in Flandern, Westfrankreich und Sardinien vorkommt und ferner von der Insel Campell in Polynesien und der Antarktis angegeben wird, ist für Mitteleuropa zweifelhaft. Sie wird für D e u t s c h l a n d als unbeständig an 3 Stellen des Strömer Deiches bei Bremen angegeben (B u c h e n a u - F o c k e, Flora von Bremen und Oldenburg, 1913). Die Tauchform ist stets unfruchtbar, ebenso die Landform, die infolgedessen sehr schwer feststellbar ist, aber von G l ü c k künstlich erzeugt worden ist. — G l ü c k unterscheidet folgende Standortsformen: f. s u b m é r s a Glück. Pflanze ganz untergetaucht. Alle Laubblätter lineal, 9 bis 38 mm lang und 0,5 bis 2 mm breit. Stets unfruchtbar. — f. h e t e r o p h ý l l a Glück. Stets blühende und fruchtende Schwimmblattpflanze. Schwimmblätter 4 bis 9,5 mm lang und 2 bis 7 mm breit. — f. t e r r é s t r i s Glück. Stets unfruchtbare Landform von rasenartigem Wuchs. Laubblätter lineal bis lanzettlich oder am Ende der Sprosse schwach spatelig, 2,5 bis 9 mm lang und 0,4 bis 2,5 mm breit.

1861. Callítriche vérna L. (= C. andrógyna L.). Frühlings-Wasserstern. Fig. 1802 c, h, i, l bis q; Fig. 1804 d₁ bis d₆ und Fig. 1808.

Ausdauernde Tauch- oder Schwimmblattpflanze oder auch häufig 1-jährige Landpflanze, mit Sternhaaren (Fig. 1802 h). Stengel bis 35 cm lang. Wasserblätter (Fig. 1804 d₄ bis d₆) lineal, an der Spitze seicht, nie zangenförmig ausgeschnitten, freudig grün, oberseits etwas dunkler als unterseits; Schwimmblätter stets in Rosetten (Fig. 1808 d), spatelförmig, gegen den Grund stielartig verschmälert; Schwimm- und Luftblätter (Fig. 1804 d₁ bis d₃) lineal bis lanzettlich; mindestens die über Wasser lebenden mit Spaltöffnungen. Blüten an den Tauchformen in der Regel fehlend. Vorblätter schwach sichelförmig, ± 0,5 mm lang. Staubblätter 5 mm lang, nur anfangs aufrecht, später herabgeschlagen; Pollen kurz elliptisch, reichlich mit kleinen Warzen besetzt (Fig. 1802 g). Narben aufrecht oder leicht spreizend, etwa 2 mm lang, fädlich, lang erhalten bleibend. Frucht (Fig. 1808 e bis h) klein (!), höchstens 1 mm lang, länger als breit, fast herzförmig bis oval, auf den Rückenflächen und über den Nähten deutlich gefurcht; Klausen leicht gewölbt, an den Aussenkanten schmal und scharf gekielt, aber nicht geflügelt. — IV bis X.

In kleinen Gruppen oder vereinzelt, selten heerdenweise, in stehenden und fliessenden Gewässern: Teichen, Seen, Tümpeln, Torfstichen, Gräben, Wasserlachen, Bachläufen, auf Schlamm- und feuchten Sandböden, auf Mooren, häufig auch auf feucht-schattigen Waldwegen. Von der Ebene bis in die alpine Stufe: in den Bayerischen Alpen bis 1880 m, in Tirol bis 2200 m, in Graubünden bei Mortels am Piz Corvatsch (mit Ranunculus flaccidus var. confervoides) bis 2630 m (B r a u n - Blanquet).

Callitriche verna gilt im ganzen Gebiete als verbreitet und häufig, für Norddeutschland meist für sehr häufig bis gemein (auch auf den Nordfriesischen Inseln). In Süddeutschland, wo sie ebenfalls als die am meisten verbreitete Callitriche-Art angegeben wird, ist sie jedoch nach G l ü c k die seltenste unserer heimischen Arten. In Bayern fehlt sie im Randgebiete des Bodensees und ist für die Rhön zweifelhaft; im anschliessenden Hügelland ist sie für Heimholz, Scheidegg und Oberstein festgestellt worden, im Juragebiet sehr zerstreut, im Oberpfälzerwald und Fichtelgebirge zerstreut. In den Alpenländern ist sie nicht selten und in der oberen montanen, subalpinen und alpinen Stufe die einzig auftretende Callitriche-Art. Die Verbreitung der Art sei der Nachprüfung empfohlen!

A l l g e m e i n e V e r b r e i t u n g: Ganz Europa; Nordafrika; gemässigtes Asien und Nordamerika, Chile (?).

Nach G l ü c k bildet Callitriche verna folgende Standortsformen: f. s u b m é r s a Glück (= ± f. angustifólia Hoppe). Fig. 1808 m. Pflanze völlig untergetaucht und nur ausnahmsweise fruchtend. Laubblätter fast nur lineal, 6 bis 28 mm lang und 0,5 bis 1,6 mm breit. — f. s t e l l á t a Kütz. (= f. heterophýlla Glück.

Fig. 1808 i, k. Pflanze mit Tauch= und Schwimmblättern oder nur mit Schwimmblättern (f. fontána Kütz.); letztere spatelförmig, 4 bis 11,5 mm lang und 1,5 bis 3,5 mm breit. Blühend und fruchtend[1]). — f. caespitósa C. F. Schulz. Fig. 1808 l. Ueppige, blühende und fruchtende Schlammform. Laubblätter alle oder vorwiegend spatelförmig, 6,5 bis 14,5 mm lang und 2,5 bis 5 mm breit. So auf feuchtem, weichem Morast, wo die Aeste bis 30 cm Länge erreichen können. Die Form erinnert in der Tracht an kleine Elatine=Arten. — f. mínima Hoppe (= f. terréstris Glück). Zwergige, auf ± trockenen Böden wachsende, blühende und fruchtende Land= form, angedrückte Rosetten bildend. Laubblätter vorwiegend lineal, 1 bis 5 mm lang und 0,5 bis 1 mm breit, an den Sprossgipfeln ± lanzettlich. So gern auf Waldwegen in Fahrrinnen, sowie besonders in höheren Lagen, z. B. in Krain auf der Alpe Morosch bei Flitzsch bei etwa 1500 m, auf der Schlappoltalpe am Fellhorngipfel im Allgäu bei 1717 m, im Oberengadin zwischen 1800 und 2200 m (Statzer See, Maloja, Val Fex). Auch auf Korsika erscheint sie in den Gebirgen.

Callitriche verna besitzt mit ihren kleinen Früchten ein sie gegen die übrigen mitteleuropäischen Callitriche=Arten gut abgrenzendes Merkmal. Auch in ihren Standortsansprüchen weicht sie etwas von ihnen ab. Sie bewohnt in der Regel nur flache, bis 30 cm tiefe, sich ± leicht erwärmende und (nach Glück) nur stehende Gewässer, wird allerdings oftmals (ob mit Recht?) in fliessenden Gewässern angegeben. Ihre Tauch= formen sind in der Regel unfruchtbar, die Schwimmblatt= und Landformen hingegen oft reich fruchtend. Früchte können bei der Schwimmblattform da= durch unter Wasser geraten, dass der Stern der Schwimmblätter immer neue Laubblätter entwickelt, wo= durch die tiefer stehenden unter Wasser geraten und mit ihnen die in ihren Achseln sitzenden Früchte. Ob C. verna rein anemophil ist oder doch auch unter Wasser zu einer Bestäubung und Fruchtbildung ge= langen kann, bedarf infolge der vie= len, sich widersprechenden Angaben, einer genauen Untersuchung. Voll= mann und Glück beobachteten ausnahmsweise fruchtende Tauch= formen. Die Umbildung von Schwimm= formen in Landformen geht sehr leicht vor sich und tritt auch infolge

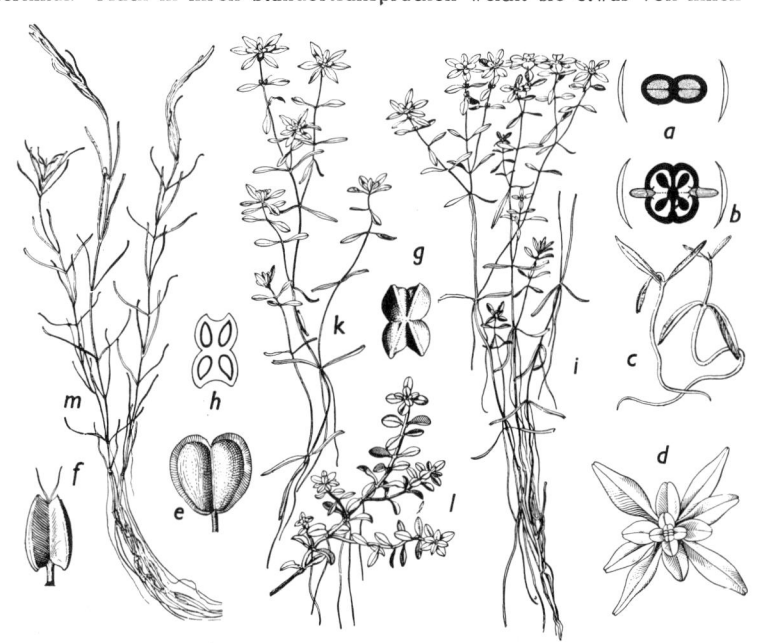

Fig. 1808. Callitriche verna L. *a* Diagramm einer männlichen Blüte. *b* Desgl. einer weiblichen Blüte. *c* Keimpflanzen. *d* Laubblattrosette. *e* Frucht von der Breitseite. *f* Desgl. von der Schmalseite. *g* Desgl. von oben. *h* Desgl. im Querschnitt. *i* und *k* Habitus der f. stellata Kütz. *l* Desgl. der f. caespitosa C. F. Schulz. *m* Desgl. der f. submersa Glück.

der geringen Tiefe der besiedelten Gewässer häufig ein. Auch der entgegengesetzte Gang, die Erziehung der Wasserform als Landformen stösst nach Gradmann, Glück u. a. auf keinerlei Schwierigkeiten. H. Brock= mann (Die Flora des Puschlav, 1907) sammelte im Puschlav eine Reihe von C. verna=Formen, die nach den Untersuchungen von Hegelmaier die Eigentümlichkeit besassen, weibliche Blüten mit abortierten Narben auf= zuweisen, wie das bei exotischen Arten häufiger vorkommt. Die Frucht= und Samenreife wird durch diesen Mangel nicht beeinflusst. Ueber die Ursachen des Aborts ist nichts bekannt. In der norddeutschen Heide findet sich die Art z. B. auf Mooren in den Wasserlöchern und Tümpeln zwischen den von Carices und zahl= reichen anderen Moorpflanzen gebildeten Bülten, häufig im Vereine mit Typha latifolia, Sparganium minimum und S. diversifolium, Ranunculus flaccidus, Epilobium palustre, Myriophyllum spicatum, Berula angustifolia, Helo= sciadium sp., Hottonia palustris, Utricularia vulgaris, U. neglecta und U. minor, Senecio paluster, Alisma Plantago aquatica und Oenanthe aquatica. Im brakigen Wasser der Danziger Bucht ist sie mit Potamogeton pectinatus, Zannichellia palustris und Z. polycarpa, Ruppia rostellata, Scirpus Tabernaemontani und S. parvulus, Juncus ranarius, Ranunculus confusus und R. fluitans, Elatine Hydropiper, Limosella aquatica und Veronica Anagallis var. aquatica vergesellschaftet. An anderen Orten in der Nähe der Ostseeküste erscheint sie mit Helodea Canadensis, Nymphaea alba, Nuphar luteum, Limnanthemum nymphaeoides, Hydrocharis Morsus ranae, Stratiotes

---

[1]) Diese Form entsteht durch die grosse Vergänglichkeit der Tauchblätter.

aloides, Ceratophyllum demersum und den einheimischen Lemna-Arten (Preuss). In den aquatilen Phanero-
gamen-Gesellschaften der Alpen tritt sie sowohl im Potamogetonetum mit Potamogeton natans, P. perfoliatus,
P. gramineus, P. pusillus, P. filiformis u. a., Utricularia minor usw., als auch in der häufig nur unvollständig
ausgebildeten, der alpinen Stufe eigenen Sparganium affine-Gesellschaft mit Sparganium affine subsp. Borderi,
Ranunculus flaccidus var. paucistamineus und R. reptans, Roripa silvestris var. laxa auf. Die f. caespitosa
sowie zahlreiche Uebergänge zur f. minima, erscheinen an schlammigen Teichufern im Tieflande gemeinsam mit
Alopecurus fulvus, Scirpus acicularis, Polygonum tomentosum und P. Hydropiper, Stellaria uliginosa, Ranunculus
reptans, Potentilla Norwegica, Elatine Hydropiper, E. triandra und E. hexandra, Galium uliginosum, Gnaphalium
uliginosum und Bidens tripartitus. Als Apophyt ist die f. terrestris nicht selten auf wenig begangenen, etwas
feuchten und schattigen Waldwegen in Form kleiner Rasen anzutreffen und zeigt an solchen Orten in ganz Mitteleuropa fast stets dieselben Begleiter, die K. Linkola (Studien über den Einfluss auf die Flora in den Gegenden nördlich von Ladogasee, Helsingfors, 1921) in Finnland nördlich vom Ladogasee festgestellt hat, nämlich Alopecurus
geniculatus, Glyceria fluitans, Juncus bufonius, Polygonum Hydropiper, Ranunculus reptans, Roripa silvestris,
Peplis Portula, Epilobium palustre, Myosotis palustris, Menta arvensis, Veronica scutellata und V. serpyllifolia und Gnaphalium uliginosum.

Die nächste Reihe, die der **Sapindáles** (oder Celastráles), unterscheidet sich von den Geraniales einzig
durch eine andere (entgegengesetzte) Stellung der Samenanlagen. Diese sind entweder hängend mit dorsaler
Raphe (also apotrop) und mit nach oben gerichteter Mikropyle oder aber und zwar seltener aufsteigend mit
ventraler Raphe (also epitrop) und mit nach unten gerichteter Mikropyle. Meistens sind es Holzgewächse mit
euzyklischen, zuweilen reduzierten Blüten; Kräuter sind in der Minderzahl. Uebrigens ist die Zugekörigkeit
der einzelnen Familien (siehe dort!) zu der Reihe der Sapindales keineswegs genügend geklärt (vgl. Fig. 1608).
Neuerdings werden auch nach dem Vorschlage von Samuelson und O. Hageruss die Empetráceae
den Sympetalae (Ericaceae) zugezählt, während umgekehrt die Salvadoráceae, die bisher wegen der zuweilen auftretenden Sympetalie zu den Contortae (in die Nähe der Oleaceae) gestellt wurden, zu den Sapindales
gezogen werden.

71. Fam. **Buxáceae.** Buchsgewächse.

Meist immergrüne Sträucher oder (seltener) Bäume, bisweilen Stauden, ohne Milchsaft.
Laubblätter lederartig, gestielt, meist ganzrandig, selten gezähnt, gegenständig oder spiralig.
Nebenblätter gewöhnlich fehlend. Blütenstände in der Regel in der Form von blattachselständigen Köpfchen oder $\pm$ lang gestielten Aehren, aus männlichen und weiblichen, ausnahmsweise zwitterigen Blüten zusammengesetzt, dabei die männlichen Blüten entweder im
oberen, die weiblichen Blüten im unteren Teile des Blütenstandes stehend oder in umgekehrter
Reihenfolge (die Gipfelblüte dann weiblich); bisweilen die männlichen Blüten geknäuelt, die
weiblichen im selben Blütenstande einzeln in den Blattachseln. Hochblätter $\pm$ zahlreich. Vorblätter fehlend oder vorhanden. Blüten regelmässig, eingeschlechtig, meist mit den Rudimenten
des anderen Geschlechts, selten zwitterig, unscheinbar, homochlamydäisch, in der Regel mit
einfachem, grünem Perianth, seltener nackt. Staminodien in den weiblichen Blüten stets fehlend,
in den männlichen nur in der Tribus der Buxeae. Staubblätter zahlreich oder 6, 5 oder 4.
Diskus fehlend. Griffel 3, getrennt, einfach, gewöhnlich an der Frucht als Hörner erhalten
bleibend (Fig. 1810 g, h). Fruchtknoten meist 3-fächerig mit je 2 (1) Samenanlagen in jedem
Fach, bisweilen die Fächer durch Scheidewände in Klausen geteilt. Frucht eine fachspaltig
aufspringende Kapsel oder eine Steinfrucht. Samen mit 2 Integumenten, mit glänzend schwarzer
Testa und Andeutung einer Caruncula (Fig. 1810 l, m); Nährgewebe meist gut entwickelt; Embryo
gerade oder schwach gekrümmt.

Die etwa 30 Arten der Familie verteilen sich auf 6 Gattungen, die mit Ausnahme der geographisch
sehr unregelmässig verbreiteten Gattung Buxus in der nördlich und südlich gemässigten Zone, sowie in den
Tropen gut umschriebene und völlig getrennte Gebiete bewohnen. Auf Südasien ist Sarcocócca Lindl.,
auf Natal Notobúxus Oliv., auf Kalifornien Simmóndsia Nutt., auf die Anden Stylóceras Juss. beschränkt,
während Pachysándra Michx. in Japan und im östlichen Nordamerika einheimisch ist. Auf Grund der
Zahl der Samenanlagen in jedem Fruchtknotenfach, sowie der Staubblattzahl werden 3 Tribus unterschieden:
die der Buxéae, Styloceréae und Simmondsiéae, von denen nur die erste mit wenigen Arten in
Europa vertreten ist. — Ausser den unten behandelten Buxus-Arten werden gelegentlich kultiviert: Sarco-

cóccus salígna Müll.-Aarg. (= S. prunifólia Lindl.). Bis 1 m hoher Strauch. Laubblätter schmal-lanzettlich, gegen die Spitze lang ausgezogen, gegen den Grund verschmälert, 10 bis 16 cm lang und 20 bis 28 mm breit, kurz gestielt, oberseits dunkelgrün, glänzend, unterseits hellgrün. Blüten nach Jasmin duftend. Mitte XI bis zum Frühling. Heimat: Ostasien. In den immergrünen Gärten von Südtirol hie und da, bisweilen auch in Kalt-häusern gezogen. — Pachysándra terminális Sieb. et Zucc., aus Japan. Staude mit verholzendem, krie-chendem Wurzelstock. Aeste aufsteigend, unterwärts mit Niederblättern, oberwärts mit immergrünen, gestielten, schmalrhombischen, ohne Stiel 6 cm langen und 3 bis 3,5 cm breiten, grob gezähnten, seltener fast ganzran-digen, kahlen Laubblättern. Blütenstand einzeln, kaum 4 cm lang, endständig. Perianth grün oder purpurfarben. Staubblätter 4. — Hierzu f. variegáta Manning. Laubblätter weiss-bunt. Auf Schutt beim Friedhof von Heidelberg verwildert (1910). — P. procúmbens Michx. Unterscheidet sich von der vorhergehenden Art durch z. T. nur sommergrüne, stumpflichere und breitere, ohne den 5 cm langen Blatt-stiel 8 cm lange und 6 cm breite und unterseits behaarte Laubblätter. Blütenstände seitenständig, verlängert, der unterste bis 12 cm lang. Hei-mat: Nordamerika (von West-virginien bis Florida und Loui-siana). Die Blüten können als Bienenfutter dienen. Beide Arten werden in Botanischen Gärten kultiviert. — Sim-mondsia Chinénsis Link (= S. Califórnica Nutt.). Ein-ziger, auf den unfruchtbaren, sandigen Hügeln an der kali-fornischen Küste wachsender Vertreter der Gattung. Stark verästelter, schwach weich-haariger Strauch mit gegen-ständigen, 2 bis 4 cm langen und 12 bis 20 mm breiten, ganzrandigen, lederartigen, fiedernervigen Laubblättern. Blüten 2-häusig; die männ-lichen 5-zählig, in Köpfchen, die weiblichen einzeln, grösser, mit 5 bis 6 am oberen Rande gezähnelten Perianthblättern.

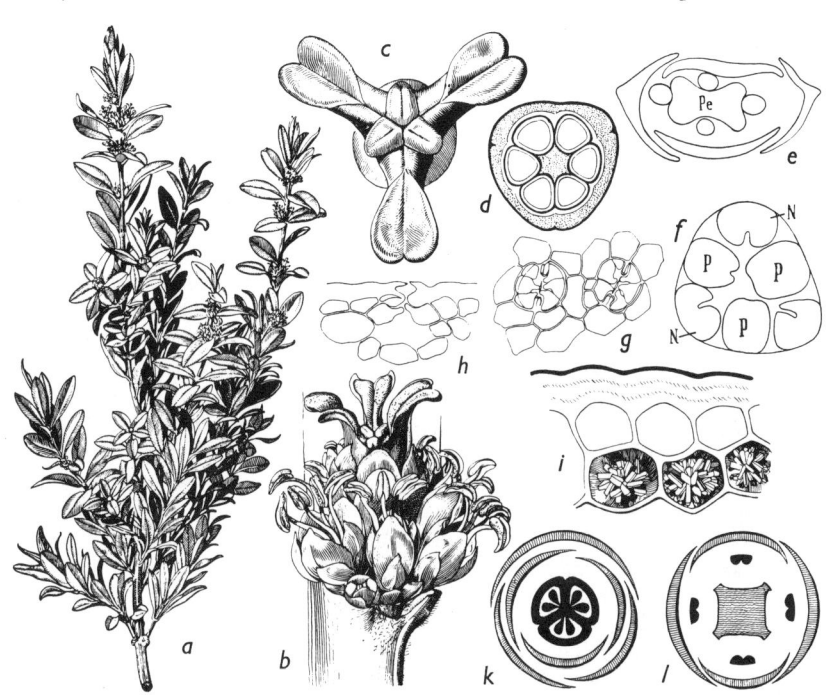

Fig. 1809. Buxus sempervirens L. *a* Blühender Spross. *b* Blütenköpfchen mit männlichen und einer weiblichen Blüte. *c* Weibliche Blüte von oben. *d* Querschnitt durch den Fruchtknoten. *e* Querschnitt durch die männliche Blüte mit Fruchtknotenrudiment (Pe.). *f* Querschnitt durch die weibliche Blüte in der Höhe der Griffel (*p*) und Nektarien (*n*). *g* Spaltöffnungen von oben. *h* Spaltöffnungsapparat im Querschnitt. *i* Querschnitt durch die untere Epidermis. *k* Diagramm der weiblichen Blüte, *l* der männlichen Blüte. (Fig. *e* bis *i* nach Robert Chodat, *k* und *l* nach Marktanner).

Frucht eine lederige Kapsel. Selten in Gärten gezogen; verlangt sehr warme und geschützte Lagen. Die Samen liefern fettes Oel. — Anatomisch zeichnet sich die Familie nach Solereder dadurch aus, dass das Holzparenchym stets hofgetüpfelt ist und die Gefässe in Berührung mit dem Parenchym immer Hoftüpfel tragen, dass ferner die Spaltöffnungen nie mit parallelen Nebenzellen versehen sind und dass endlich Aussendrüsen vollständig fehlen. Der Kork entsteht bei Buxus subepidermal, bei Simmondsia hingegen in parenchy-matischen Pericykel. Letztere Gattung ist auch durch ihre anormale Achsenstruktur (Auftreten von succes-siven Zuwachsringen) bemerkenswert.

Die Buxaceen werden neuerdings in den Verwandtschaftskreis der Celastraceen und Staphyleaceen gestellt, denen sie sich besonders durch die fachspaltig aufspringende Kapsel und die nach innen gewendete Mikro-pyle nähern. Für einen solchen Anschluss spricht auch der von Chodat nachgewiesene Typus der Spaltöffnungen der Buxaceen, bei welchem sich die durch Teilung aus den Nebenzellen hervorgehenden neuen Zellen unter die Schliesszellen gegen die Atemhöhle vorschieben (Fig. 1809 h), ganz ähnlich, wie es neuerdings bei Evonymus, Celastrus Europaeus und Staphylea pinnata festgestellt worden ist (vgl. Rehfous, L. Les stomates des Cela-stracées. Bulletin de la société botanique de Génève, 1917). Von den Euphorbiaceen, mit denen sie früher meist zusammengestellt wurden, unterscheidet sich die Familie durch die verschiedenartige Dehiscens der Frucht und durch die mit dorsaler Raphe versehenen Samen, ausserdem durch das Fehlen von Milchsaft. Hallier glaubt die Familie mit Ausschluss von Simmondsia mit den Hamamelidaceen vereinigen zu können.

CCCCLIV. Búxus[1]) L. Buchsbaum. Franz.: Buis; engl.: Box; ital.: Bosso, bossolo.

Sehr ästige, bisweilen baumförmige, kahle Sträucher. Laubblätter kurz gestielt, lederartig, immergrün, fiedernervig. Blüten eingeschlechtig, in seitenständigen Köpfchen (Fig. 1810n) oder Aehren; die weiblichen im Blütenstand endständig, die männlichen seitlich (Fig. 1809b), zahlreich. Männliche Blüten ohne Vorblätter, mit 4=blätterigem Perianth (Fig. 1810d). Staubfäden dicklich, zuletzt zurückgekrümmt. Rudiment des Fruchtknotens gestutzt oder 3=lappig. Weibliche Blüten (Fig. 1809c und k) mit Vorblättern und wechselnder Zahl von Perianthblättern. Fruchtknoten 3=fächerig; Griffel kurz, dick. Kapsel eiförmig, durch die bleibenden Griffel 3=hörnig (Fig. 1810g, h), bisweilen mit 3 mit dem Griffel abwechselnden Protuberanzen, fachspaltig aufspringend; Klappen durch die gespaltenen Griffel 2=hörnig (Fig. 1810h, i); Perikarp hart; Endokarp dünn, sich zuletzt lösend. Samen glänzend, 3=kantig, mit kleiner Caruncula; Nährgewebe fast fleischig.

Die Gattung umfasst 20 Arten, die sich auf 2 Sektionen verteilen: 1. Sektion Trícera Sw. (als Gattung) mit etwa 11 Arten, durch lockere, fast traubenförmige Aehren und schmale Perigonblätter ausgezeichnet (heimisch auf den Westindischen Inseln); 2. Sektion Eubúxus Baill. mit etwa 9 Arten[2]) durch dicke Aehren und breite Perigonblätter kenntlich (in der Alten Welt heimisch). Von der letztgenannten Sektion leben die meisten Arten in Gebieten mit sehr altertümlichen Floren, so Buxus Madagascárica Baill. auf Madagaskar, B. Hildebrándtii Baill. auf Sokotra, B. Japónica Müll.=Aarg. in Japan, B. Wallichiána Baill., die vielfach als eine geographische Rasse der submediterranen B. sempervirens angesehen wird, im nordwestlichen Himalaya, B. longifólia Boiss. im nördlichen Syrien, B. Baleárica Willd. in Südspanien, auf den Balearen und auf Sardinien. Auch die neuerdings entdeckten chinesischen Arten besitzen nach C. K. Schneider wahrscheinlich gut umschriebene Verbreitungsgebiete. Hin und wieder sind in Gärten und Kalthäusern anzutreffen: Buxus Baleárica Willd. Raschwüchsiger Strauch oder kleiner Baum mit im Mittel 3 bis 4 cm langen, unterseits meist deutlich fiedernervigen Laubblättern. Blüten grösser als bei Buxus sempervirens, gelb, stark nach Jasmin duftend. Kelch etwa 5 mm lang. Griffel so lang wie der Fruchtknoten, an der Frucht nur ²/₃ mal so lang als die Kapsel. Männliche Blüten gestielt. In Südspanien, auf Sardinien und auf den Balearen heimisch, aber nach Feucht auf Mallorca heute infolge des Raubbaues sehr selten. In günstigen Lagen des Gebietes (z. B. in Rovereto in Südtirol, in Anlagen von Heidelberg) gezogen; liebt mildes Seeklima. — Aehnlich ist B. longifólia Boiss. aus den Gebirgen von Syrien. Zweige kahler. Laubblätter schmäler, 2,5 bis 4 cm lang und 7 bis 12 mm breit. Männliche Blüten 2 mm lang gestielt; innere Perigonblätter schmal=oval, etwa 5 mm lang. Staubbeutel kürzer als bei B. Balearica. Frucht ohne die 4 bis 5 mm langen Griffelhörner 8 mm lang. Hierzu gehört nach C. K. Schneider wahrscheinlich auch der sehr ähnliche B. Fortunéi Carr. aus China. — B. Japónica Müll.=Aarg. Aehnlich B. sempervirens var. arborescens. Zweige kahl. Laubblätter kurz gestielt, 1,7 bis 2,8 cm lang und 8 bis 18 mm breit. Männliche Blüten sitzend, mit rudimentärem, den inneren Perigonblättern etwa gleichlangem Fruchtknoten. In Japan und vielleicht auch in China heimisch. Wird in Gärten vielfach als B. obcordáta oder B. Fortunéi gezogen. Hierher dürfte auch B. microphýlla Sieb. et Zucc. zu stellen sein, ein bis meterhoher Kleinstrauch Japans, dessen verkehrt=eiförmige bis spatelige Laubblätter bis 2 cm lang und 8 mm breit werden. Blüht erst im Mai.

1862. Buxus sempérvirens L. Buchs. Franz.: Buis bénit, in der Westschweiz Boui; engl.: Box; ital.: Bosso, bossolo, mortella (im Tessin martell). Fig. 1809 bis 1813.

Das Wort Buchs (mittelhochdeutsch buhs) ist aus dem griech.=lat. búxus entlehnt. Die niederdeutsche Form ist Bussboom, Buskboom, die schweizerische Bochs. Besonders in Westdeutschland bildet der Buchs einen selten fehlenden Bestandteil des „Palms" (Bd. III, pag. 35), daher der Strauch dort Palm(e) genannt wird.

---

[1]) Vom griech. πύξος [pýxos] = Buchsbaum bei Aristoteles und Theophrast; ob davon πυξίς [pyxís] = Büchse abzuleiten ist oder ob das Wort dem Buchsbaum den Namen gegeben hat, ist unsicher. Tatsache ist jedenfalls, dass im Altertum das Buchsbaumholz u. a. zur Anfertigung von Arzneibüchsen verwendet wurde.

[2]) Nach C. K. Schneider (Mitteilungen der Deutschen Dendrologischen Gesellschaft, 1920) finden sich auf Grund der neuesten Durchforschungen Chinas durch E. H. Wilson und andere botanische Reisende in diesem Lande bereits 10 Arten der Sektion Eubuxus; die Artenzahl dürfte sich also noch stark erhöhen.

0,15 bis 1 m hoher Strauch oder niedriger, bis 8 m (im Kaukasus bis 16 m) hoher Baum. Wurzeln sehr kräftig, häufig mit langen Wurzelsprossen. Borke gelbbraun, runzelig, flachrissig. Aeste kurz, dick und meist aufrecht; Zweige anfangs behaart, später verkahlend, olivgrün, kantig, dicht beblättert. Laubblätter gegenständig, auf kurzen, anfangs behaarten Stielen, eirund bis eilänglich oder länglich=elliptisch, stumpf oder ausgerandet, am Rande etwas eingebogen, meist 1,5 bis 2 cm (selten bis 4,2 cm) lang und bis 2,5 cm breit, lederig, immer= grün, oberseits kahl, glänzend dunkelgrün, unterseits matt bleichgrün; längs des Hauptnerven mit je einem Streifen heller Pünktchen; Deckhaare meist sehr vereinzelt in der Blattspitze und über dem Hauptnerven, 1=zellig, dickwandig, ziemlich stumpf. Ne= benblätter fehlend. Blüten in blatt= achselständigen Knäueln, 1=ge= schlechtig, 1=häusig, strahlig, aus 1 weiblichen und ± zahlreichen männlichen Blüten bestehend. Männliche Blüten regelmässig. Pe= rigonblätter 4, bezw. 2 + 2 (Fig. 1809 l), ungleich (je die beiden sich gegenüberstehenden gleich), eiförmig, etwa 2 mm lang, grün= lichgelb; Staubblätter 2 + 2, vor den Perigonblättern stehend, etwa 2,5 bis 3 mm lang; Staubbeutel ei=pfeilförmig, zuletzt herabge= krümmt; Fruchtknotenrudiment sehr klein. Weibliche Blüten von Vorblättern umgeben, endständig; Perigonblätter in wechselnder Zahl, 4 bis 8, meist 5 bis 6, weiss= lich; Fruchtblätter 3, zu einem 3= fächerigen Fruchtknoten (Fig. 1810 g bis i) verwachsen; Fächer mit je 2 herabhängenden, ana= und apo= tropen, introrsen, 2=hülligen Sa= menanlagen; Griffel 3, frei, kurz und dick; Narben gross, 2=hörnig,

Fig. 1810. Buxus sempervirens L. *a* Fruchtzweig. *b* Zweig im Herbst- (Oktober-)Zustand. *c* Zweig der f. aureo-marginata Loud. *d* Männliche Blüte *e* Weibliche Blüte mit Vorblättern. *f* Desgl. ohne Vorblätter (zwischen den sich nach oben verjüngenden, freien Teilen der Fruchtblätter die wulstförmigen, von einem Honigtropfen gekrönten Nektarien, die durch Verwachsung je zweier Flankendrüsen entstehen; auf der Figur sind nur 2 solcher Nektarien zu sehen, das 3. ist durch den Griffel verdeckt). *g* Frucht in geschlossenem Zustand. *h* und *i* Aufgesprungene Früchte. *k* Längsschnitt durch die Frucht. *l* Samen. *m* Querschnitt durch den Samen. *n* Diagramm eines Blütenköpfchens (*c* nach C. K. Schneider, *f* nach Werth, *n* nach Eichler).

auf der Innenseite der Griffel herablaufend; zwischen den 3 Griffeln rundlich=höckerige Nektarien (Fig. 1809 c und 1810 f). Frucht fachspaltig, 3=fächerig, durch die sich spaltenden, bleibenden Griffel 2=hörnig, verkehrt=eiförmig=kugelig, 7 bis 8 mm lang, lederig, netzgrubig=runzelig, zuletzt schwarzbraun. Samen länglich, 5 bis 6 mm lang, 3=kantig, glänzend schwarz, mit kleiner Caruncula, zu zweien von der sich ablösenden, inneren, knorpeligen Fruchtwand bedeckt. Keimling gerade im fast fleischigen Nährgewebe. — III, IV.

Zerstreut, aber meist in grösseren Herden an warmen, ziemlich trockenen Orten: auf Felsschutt, seltener auf Felsen oder auf Sand, meist in Laubmischwäldern, in Trockenwiesen im Schutze lichter Gebüsche oder in offenen Schuttfluren. In Mitteleuropa von der Ebene bis in die montane Stufe: im Neuenburger Jura bis 800 m; in den Französischen Pyrenäen bis 1650 m, in Spanien (Serra de Gudar) bis 1900 m, in Griechenland am Olymp bis 2000 m, im pontischen Gebiet (Sandschak Trapezund) bis 1500 m. Auf Kalk (namentlich im Norden) und anderen dysgeogenen Gesteinen (z. B. Porphyr, Basalt), dagegen eugeogene Unterlagen (toniglehmige Böden) meidend.

In Deutschland zerstreut im Westen an der Mosel zwischen Trier und Koblenz, am Palmberg bei Bad Bertrich, bei Aldegund, Löf, Alken; in Lothringen bei Metz und Sierck; im Elsass zwischen Altkirch und Mühlhausen, am Buchsberg und am Kronenberge bei Ingolsheim a. d. Ill, bei Pfirt und Illfurt; in Baden am Grenzacher Berg, bei Höllstein gegenüber Steinen, Glatterfal, Eschbach, Sasbachwalden, Waldulm, Langengrund zwischen Daxlanden und Maxau, am Dinkelberg unweit Niederschwörstadt in Menge (an einigen der badischen Orte nicht mit Sicherheit ursprünglich heimisch); ausserdem in Süd-, West- und Mitteldeutschland bisweilen verwildert und sich (z. B. in den Rebbergen bei Zernikow in Brandenburg) selbständig vermehrend. — In Oesterreich in Salzburg beim Bad Unken bei 1100 m und bei Ittelsbach (an beiden Orten kaum ursprünglich); in Oberösterreich am Schoberstein bei Steyer (nach Engler interglaciales Relikt, von anderen

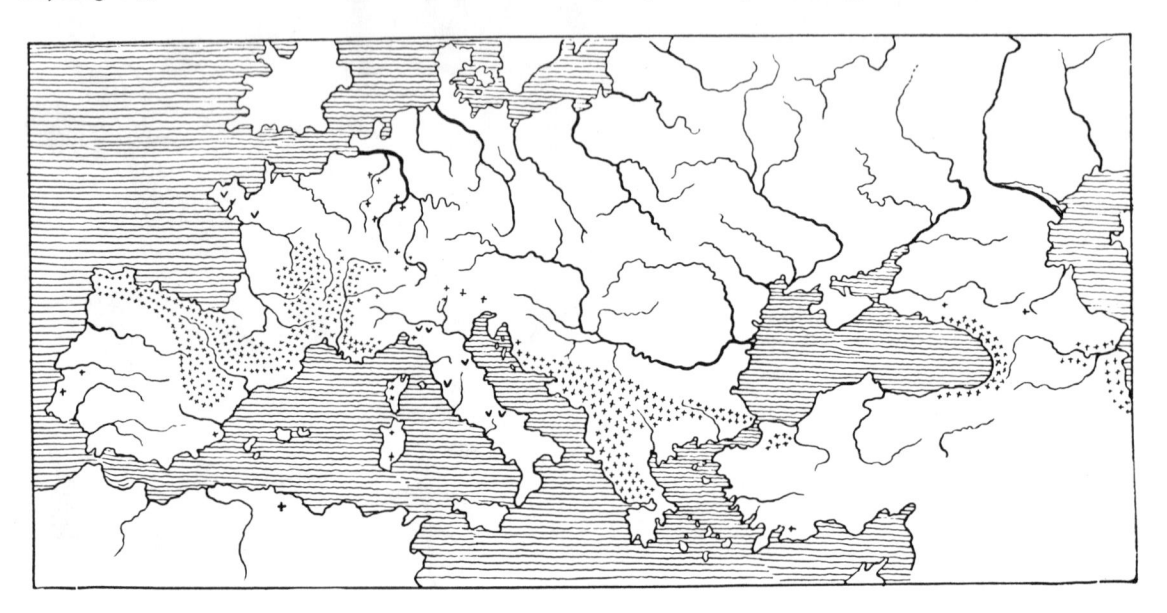

Fig. 1811. Verbreitung von Buxus sempervirens L. (nach Hermann Christ).

Seiten in Bezug auf die Ursprünglichkeit angezweifelt); in Krain am Jetrbenk (Hirtenberg) bei Zwischenwässern; in Südtirol in der Umgebung von Meran bei Altbrandis und Leonburg (spontan?), um Bozen (spontan?) bei Gries, Schloss Warth, Kühlbach, Tramin, in Judikarien im Val Vestino, in der Umgebung von Trient (wohl nur verwildert), am Monte dei Frati, am Franziskanerberg, Ai Giardini, im Gebiet von Rovereto bei Tenno, am Tennosee, bei Riva, Monte Giumella, Meso Ronchi all' Inviolata, an der Tonalestrasse, am Doss Brione; Ausserdem mehrfach verwildert in Salzburg, in Oberösterreich, Steiermark (im Stubaital bei Neustift noch bei 993 m), Tirol und Vorarlberg (z. B. am Pfänder. Vgl. Fig. 1813). — In der Schweiz im Basler Jura auf den das Ergolztal nordöstlich und südwestlich begrenzenden Hängen, auf dem Erzenberg entlang von Weideli und Weisser Fluh bis nach dem Windental und am Bienental, bei Bad Schauenburg, bei Hölstein an der Frenke, bei Niedersdorf, Waldenburg, Langenbruck (früher), Diegten (ob spontan?), Eichberg bei Eptingen, Dangernfluh bei Ormalingen, im Hemmiker Tal, bei Rotenfluh, an der Farnsburg, Bärenfelser Schlosstein ob Angenstein im Birstal (spontan?), im Aargauer Jura auf der Bude (spontan), Gislifluh (spontan?), im Solothurner Jura zwischen Oberbuchsiten und Egerkingen, östlich von Egerkingen vereinzelt bis gegen Hägendorf, bei Balstal, ob Grenchen (früher), Pieterlen, im Berner Jura bei St. Ursanne, Pruntrut, bei Neuveville (spontan?), im Neuenburger Jura in der Seyonschlucht, ob Boudry, Colombier, Vaumarcus, La Raisse (teilweise gepflanzt), La Lance, Concise, Südseite des Chaumont, im Waadtländer Jura bei Orbe, La Sarraz-Pompaples, im Wallis bei St. Maurice (Notre Dame de Sex). Ausserdem hin und wieder verwildert im Jura und auf den Molassebergen, am Genfer See, im Wallis, im Kt. Zürich (z. B. auf dem Uetliberg am Kolbenhofgrat in natürlicher Vergesellschaftung sich vermehrend), im Misox und im Tessin. Soll früher wild oder verwildert nahe der Ascheregg am Lopper (Pilatus) gewachsen sein, ist aber dort jetzt verschwunden. Sonst im ganzen Gebiet in Gärten seit altersher gezogen.

Allgemeine Verbreitung (vgl. Fig. 1811): Süd= und Mitteleuropa: nördlich bis zum östlichen und zentralen Berg= und Hügelland von Frankreich, zerstreut bis zum belgischen Jura (Maastal), Mittel=England (spontan?), Moseltal, Südelsass, Südbaden, Schweizer Jura, Unter= wallis, Savoyen, Gardasee, Oberösterreich (spontan?), Krain, Illyrische Gebirge, Nord=Balkan, südlich bis Portugal (Coimbra, Bussaco usw.), Südostspanien (Cazorla in der Provinz Iaën), Sardinien, nördliche Abruzzen, Nordgriechenland; Nordafrika (Algier), Karien, Kaukasus, Kleinasien, Südufer des Kaspischen Meeres; Westlicher Himalaya (als Buxus Wallichiana Baill.). Ausserdem durch die Kultur weit verbreitet, in Norwegen bis zum 67.° nördl. Breite; in Ost= asien in Kiautschau auf Kap Yatau und Lauschan.

Die Art zeigt folgende Formen: 1. Baumförmige oder hochstrauchige Formen: var. arboréscens (Mill.) L. Baumförmig. Laubblätter doppelt so lang als breit. Hierzu die buntfarbigen Formen: f. argéntea Loud. Laubblätter weiss und grün gefleckt. — f. aúrea Loud. Laubblätter gelb und grün gefleckt. — f. aúreo=marginata Loudin (Fig. 1810c). Laubblätter gelb berandet; weitere gelbbunte Formen vgl. Baillon (Monographie des Buxacées. Paris, 1859). — var. angustifólia Loudin. Baumartig oder hoch= strauchig. Laubblätter 3= bis 4=mal so lang als breit, aber klein, kammför= mig in eine Ebene gestellt, oft blau bereift. An schattigen Orten? Hier= her ebenfalls bunte Formen. — var. rotundifólia Baillon. Baumförmig oder hochstrauchig. Laubblätter mehr rundlich, 1½ mal so lang als breit. Kulturform. Hierzu f. pén= dula nummulariifólia hort. mit hängenden, 2=zeilig gestellten, 1,5 cm langen und 1,25 cm breiten Laubblättern. So in einem Buxus= Bestand (Buxétum) ob Waldenburg in Baselland. — 2. Klein oder seltener bis 1 m hohe Sträucher: var. suf= fruticósa (Mill.) L. In allen Teilen kleiner, steif aufrecht, fast stets steril, falls blühend, die Blüten nur einzeln und endständig. Die bekannte über= all als immergrüne Einfassung von Gartenbeeten oder als Gräber schmuck verwandte Form. Hierher gehören: f. myrtifólia (Lam.) C. K. Schneider. Laubblätter klein,

Fig. 1812. Buxus sempervirens L., als Unterholz im Rotbuchenwald, Grenzacher Horn. Phot. Gg. Eberle, Wetzlar.

schmäler oder doch spitzlich, graugrün. — f. rosmarinifólia (Baillon). Laubblätter lineal=lanzettlich, 4= bis 6=mal so lang als breit. Bisweilen auch in bunten Formen.

Buxus sempervirens gehört dem submediterran=montanen Elemente an und ist nach Christ eine tertiäre Holzpflanze, die sich in einem grossen Teil ihres Verbreitungsgebietes durch die quatärnäre Periode bis heute erhalten hat und mesotherm=mesoxere Natur besitzt. Der Strauch ist ein xeromorph gebauter Phanerophyt, der im Sommer bedeutende Wärmegrade und Lufttrockenheit ertragen kann, dabei aber auch im allgemeinen die mitteleuropäischen Winter zu überdauern vermag. Jedoch leidet er bisweilen stark bei ungewohnt tiefem Sinken der winterlichen Temperatur (z. B. bei Teltow in dem strengen Winter 1911) und vermag daher auch nach Braun=Blanquet in den zentralalpinen Alpentälern mit ihren bis 25° Kälte bringenden Wintern nicht zu überdauern. Sein Verbreitungsgebiet überschreitet im allgemeinen die 10°=Jahres= mittel=Isotherme nicht. Bei starkem Froste verfärben sich die im Spätherbst stumpf dunkelgrün gewordenen Laubblätter infolge lebhafter Anthocyan=Bildung bisweilen bis zu einem leuchtenden Gelbrot. In Mitteleuropa besiedelt der Strauch ziemlich trockene, humose Kalkböden, seltener auch dysgeogene Eruptivgesteinsunterlagen (Porphyr= und Basaltschutt). Sehr selten geht er, wie z. B. am Ufer des Genfer Sees, auch auf Sand über. Im Kaukasus dagegen scheut er auch Lehmböden nicht. An warmen, trockenen Hängen des Jura bildet er, oft die Form eines halbniederliegenden, mit den Aesten gegen den Abhang gerichteten „Krummholzes" annehmend und mit seinem dicht verfilzten Wurzelgeflecht Gesteinsschutt überziehend und festigend, auf weite Flächen hin das lockere, malerische Unterholz lichter Niederwälder von Quercus Robur und Q. pubescens, Carpinus Betulus, Acer platanoides und A. campestre, Sorbus Aria und S. torminalis, Corylus Avellana, Fraxinus excelsior, Tilia platyphyllos, Ilex Aquifolum, Rhamnus cathartica, Crataegus Oxyacantha, Coronilla Emerus, in deren Bodendecke sich Melica uniflora, Cephalanthera rubra, Polygonatum officinale, Tamus communis, Lathyrus vernus, Melittis Melissophyllum, Chrysanthemum corymbosum, Campanula persicifolia usw. mischen. Im Winter leuchten diese dichten Bestände, wie z. B. die „Buchshalden" bei Grenzach in Oberbaden, die bereits von Caspar Bauhin 1622 erwähnt werden und die etwa 80 Hektar umfassen, als glänzend grüne Flächen aus dem grauen, kahlen Mengwald mit seinen eingestreuten, roten Föhrenstämmen. Auch ziemlich geschlossene, lichtarme Wälder werden nicht gemieden; ist doch der Buchs nach Lämmermayer unter allen Holzpflanzen der gemässigten Zone derjenige Strauch, der die weitesten Grenzen des Lichtgenusses (L. = 1 bis $^{1}/_{180}$) aufzuweisen hat. Allerdings kommt er an solchen Orten kaum zur Blüte, fruchtet nie und ist trotz seiner grossen Lebensfähigkeit früher oder später dem Untergange verfallen. Auf offenem Schutt und an oft steilen Felsen vereinigt sich der Strauch gern mit Quercus sessiliflora, Prunus Mahaleb, Coronilla Emerus, Sorbus torminalis, Acer Opalus, Ilex Aquifolium und Colutea arborescens. Er stellt dort oft einen sehr wirksamen Besiedelungspionier dar, der bereits nach den ersten, einleitenden Moos-Phasen seine Keimlinge zur Entwicklung und zur dauernden Ansiedlung zu bringen vermag. Allerdings ist das Wachstum sehr langsam; zählte doch Spinner z. B. an einem Stammquerschnitt von nur 2,5 : 2,3 cm 55, an einem anderen von 4,6 : 4,2 cm 90 Jahresringe. In der jurassischen Garide erscheint der Buchs meist in lockeren Herden. Auf Weiden zieht er sich in den Schutz anderer Sträucher zurück. Am Genfer See besiedelt er nach Chodat bei Sciez zusammen mit Euphorbia Seguieriana, Scabiosa Columbaria var. pachyphylla und S. canescens offene Dünen, bindet durch seine reiche, mehrere Meter lange Bewurzelung deren lockeren Sand und bereitet damit den Boden für einen lichten Föhrenwald vor, in welchem er sich später zu üppigen, fast baumartigen Beständen entwickelt. Auch an der Arve unterhalb Sallanches steht er auf sandigen Alluvionen als Unterwuchs von Föhrenwäldern. In den Sevennen gehört der Buchs hauptsächlich den Quercus sessiliflora-Wäldern an, tritt aber auch regelmässig in dem Quercetum Ilicis auf. Nach dem Abtrieb des sommergrünen Waldes breitet er sich auf den Schlagflächen rasch aus und schafft, namentlich auf sehr unfruchtbaren Böden, durch die reichlich aus seinen Laubblättern sich bildenden Humusstoffe oft die Vorbedingungen zur Wiederansiedelung des Waldes. Da sich die Begleitflora der Buxeten dem Quercetum sessiliflorae eng anschliesst, bezeichnet Braun-Blanquet das Buxetum als dessen Subassoziation. Manchen von ihm überzogenen Gebieten drückt der Strauch den Charakter der Armut, ja der Verödung auf (Thurmann). Den grossen Cistus-Gebüschen und Quercus Ilex-Arbutus Unedo-Macchien ist der Strauch fast fremd; doch kann er sich letzteren (wie z. B. in der Spelonica-Schlucht auf Korsika) bisweilen in prachtvollen, dichten, etwa 6 m hohen Gebüschpartien bestandbildend beimischen (Rikli und Rübel, Sommervegetation von Korsika). In Nordafrika fehlt er in der Ebene und Hügelstufe vollständig und findet sich nur im Gürtel der Cedernwälder. In Kärnten ist er nach Paulin am Fusse des Jetrbenk (Hirtenberg) mit Fraxinus Ornus, Ostrya carpinifolia, Daphne Blagayana, Ruscus Hypoglossum und Potentilla Carniolica vereinigt. In den Balkanländern zählt Buxus sempervirens zu den Bestandteilen der Hartlaubgebüsche (Laurifruticéta) und zwar speziell der „Pseudomacchie", wo er in den Bergländern in Gesellschaft von Prunus Laurocerasus, Juniperus Oxycedrus und J. excelsa, Phillyrea media, Ilex aquifolium, Pistacia Terebinthus, Quercus Ilex und Q. Macedonica auftritt, denen sich von Tropophyten noch Syringa sp., Prunus spinosa, Crataegus monogyna, Ligustrum vulgare, Ostrya carpinifolia, Paliurus usw. als Begleiter anschliessen. Oder aber er stellt sich in den von Eichen und Silberlinden gebildeten, stellenweise bis zur Nadelholz-Stufe aufsteigenden Misch-Laubwäldern ein (Adamović). Zusammen mit Ilex Aquifolium, Prunus Laurocerasus und Rhododendron Ponticum bildet er in dem an Niederschlägen und Feuchtigkeit so reichen colchischen Gebiete ein dichtes Unterholz, das teils die gemischten Laubwälder, teils die reinen Buchenwälder besiedelt und bisweilen echte Schattenpflanzen wie Gentiana asclepiadea, Sanicula Europaea und Circaea Lutetiana birgt. Der bei dieser Vereinigung bereits hervortretende Charakter einer tertiären Pflanze prägt sich noch deutlicher in Nord-Persien aus, wo 2 bis 4 m hohe Buchsdickichte in einem Laubwald stehen, der u. a. die beiden hochstämmigen Leguminosen Gleditschia Persica und Albizzia Julibrissin, eine sehr altertümliche Ulmacee Pterocarya Caucasica und die systematisch einsam stehende Parrotia Persica (eine Hamamelidacee) enthält.

Die gegenwärtige Verbreitung des Buchses (vgl. Fig. 1811) zeigt eine deutliche Spaltung in ein westliches und in ein östliches Gebiet. Die Lücke schaltet sich in Italien ein, wo das Vorkommen des Strauches von Seiten der dortigen Forscher bald nur als durch den Menschen bedingt, bald — wenigstens z. T. — als Ueberrest früher weiter ausgedehnter Verbreitung aufgefasst wird. Diese zweigeteilte Areal-Gestalt, die Briquet treffend als „kapriziös" bezeichnet hat, kann nur mit Hilfe der Florengeschichte erklärt werden. Zahlreiche Funde aus dem Diluvium haben einwandfrei ergeben, dass die Verbreitungsgrenze früher viel weiter nördlich als gegenwärtig verlief und sich bis nach Mitteldeutschland erstreckte. In neuester Zeit ist es E. Werth (vgl. Berichte der Deutschen Botanischen Gesellschaft, IL, 1922) gelungen, den Buchs fossil für Thüringen nachzuweisen, wo er mit Corylus Avellana, Acer campestre und anderen Gliedern der heutigen Waldflora in den Kalktuffen von Bilzingsleben eingebettet liegt. Da der Strauch gegenwärtig nur in Gebieten mit einer mittleren Jahrestemperatur von nicht unter + 10° wildwachsend auftritt, so schliesst Werth aus seinem bedeutsamen Funde auf ein etwa um 2° höheres Jahresmittel in der letzten Eiszeit in Thüringen. Nach Spinner kann der Temperaturdurchschnitt allerdings etwas tiefer liegen. Auch trifft die Annahme von Werth nicht zu, dass der Buchs seine Verbreitung nur in den im Mittel frostfreien Gebieten habe (nach Spinner z. B. für das Gebiet von Neuenburg). Auch in den Alpen, an deren Nordfuss die Vorkommen hinsichtlich ihrer heutigen Natürlichkeit sehr fraglich sind und in deren Inneren der Buchs gegenwärtig gänzlich fehlt, wurde er mehrfach festgestellt. Bei Höttingen nächst Innsbruck bildete er zusammen mit Rhododendron Ponticum den Unterwuchs eines gemischten Laubwaldes, in welchem Acer, Picea, Tilia platyphyllos, Ulmus campestris, Prunus avium usw. vorkamen. Ebenso trat er bei Noranco unweit Lugano und bei Pianico-Sellere am Iseo-See im Gebüschgürtel eines mesophilen Waldes auf, der vorwiegend aus Laubhölzern, am letztgenannten Orte z. B. Acer (wahrscheinlich Acer Opalus una A. Lobelii Ten.), ferner Castanea vesca, Quercus sessiliflora, Carpinus Betulus, Ulmus campestris, Tilia sp., Ilex Aquifolium, Crataegus Pyracantha, Vitis vinifera u. a. bestand. In ähnlicher Gesellschaft wuchs er auch bei Flurlingen unweit Schaffhausen. Die Ablagerungen von Cannstatt zeigen ihn gemeinschaftlich mit Abies, Picea, Salix fragilis, Populus tremula, P. alba und P. Fraasii (?), Juglans regia, Corylus Avellana, Carpinus Betulus, Betula pendula, Quercus pedunculata, Ulmus sp., Evonymus Europaea Frangula Alnus, Tilia sp., Cornus sanguinea usw. In Frankreich wurde er, ebenfalls auf ein gemässigt warmes Klima hinweisend, in quaternären Schichten des Seinebeckens bei Resson, sowie bei Celle sous Moret (hier zusammen mit Laurus Canariensis, Acer Pseudoplatanus und Fraxinus) nachgewiesen. Ein sehr nahe verwandter Vorläufer des Buchses ist der in pliozänen Ablagerungen des Maintales, sowie solcher von Frankreich aufgefundene Buxus pliocénica Sap. et Mar. Durch den allmählichen Temperaturrückgang und — im Mittelmeer-Becken — durch geologische Umgestaltungen verursacht, starb der Buchs an vielen Orten aus; seine Grenze wurde südwärts verlegt und die Spaltung des Gesamtgebietes in die beiden Verbreitungshälften trat ein. Viktor Hehn hat sogar die Anschauung verfochten, dass der Strauch während der grossen Vergletscherungen in ganz Mitteleuropa ausgestorben und selbst im Mittelmeergebiet erst durch den Menschen wieder eingeführt worden sei. Er stützt dabei seine Auffassung auf die grosse Wertschätzung, welche der Strauch schon im frühen Altertum genoss (s. unten), sowie auf die nicht zu leugnende Tatsache, dass sich scheinbar natürliche Buchs-Bestände häufig in der Nähe von Klöstern, Schlössern und deren Ruinen, in der Umgebung von Kirchhöfen usw. vorfinden. Dennoch dürfte die von Hermann Christ (Ueber das Vorkommen des Buchsbaums [Buxus sempervirens] in der Schweiz und weiterhin durch Europa und Vorderasien in Verhandlungen der Naturforschenden Gesellschaft in Basel, 1910), ebenso von Henri Spinner (Contribution à la géographie et à la biologie du Buis. Verhandl. der Schweizer. Naturforschenden Gesellschaft. Bd. XXXV, 1923/24) aufgestellte Theorie viel grössere Wahrscheinlichkeit besitzen, dass für Mitteleuropa ein Rückgang des Strauches nur in den nördlichen Gebietsteilen bis einschliesslich des Alpenzuges anzunehmen sei und vielleicht schon am Ostrande der Juraketten seinen Abschluss fand. Der italienische Hiatus dürfte sehr wahrscheinlich mit den während der Pluvialzeit einsetzenden, grossen geologischen Umgestaltungen, insbesondere den Meeresbildungen in Verbindung stehen. Postglazial ist dann für Mitteleuropa vom südwestlichen Hauptareal aus eine Neueinwanderung im Verein mit vielen anderen Gliedern der xerothermen Flora erfolgt, die bis zur Mosel und bis nach Belgien vorgestossen ist. Wie weit diese Bewegung selbsttätig nach Nordosten und Osten fortgesetzt wurde, wie weit sie dabei von der unmittelbaren oder mittelbaren Mithilfe des Menschen abhängig war, entzieht sich unseren Kenntnissen. Meigen erklärt z. B. die Anwesenheit des Buchses (mit Ausnahme der grossen Bestände am Grenzacher Berge) in Baden für anthropogen. Engler hingegen hält (wohl mit Unrecht) die Siedelungen bei Steyer in Oberösterreich sogar für interglaziale Relikte. Durch den Menschen bedingte Gebietsverluste wurden z. B. für den Engewald bei Schaffhausen festgestellt, wo Haller und nach ihm noch Thurmann den Strauch beobachten konnten. Für den schweizerischen Gebietsanteil glaubt Christ, dass die sich nach dem Rückzug der grossen Vergletscherungen am Ostfuss der Juraketten bildende grosse Seefläche, als deren Reste der Genfer-, Neuenburger- und Murtensee, sowie die grossen Jura-Möser anzusehen sind, der Rückwanderung des Buchses nach dem Osten unüberwindliche Schwierigkeiten entgegenstellte und eine Besiedlung des Schweizerischen Mittellandes verhindern musste. Die Heranziehung der mit dem Buchs ± sicher in Zusammenhang stehenden Orts- und Flurnamen bietet für eine gegenteilige Anschauung keine sichere Gewähr. Von den etwa 30 von Josef Leopold Brandstätter für die deutsche Schweiz aufgeführten Namen liegt ein grosser Teil im nordöstlichen Jura (Buchsgau, Oberbuchsiten usw.), der allerdings reich an Buchsbeständen ist. Andere Ortsnamen (so Buchs in den Kantonen Luzern, Aargau und Zürich) leiten sich wohl von dem mittellateinischen buxinum, boscum = Busch, Gebüsch, Gestrüpp ab. Ferner lässt sich nach Waldburger der Ort Buchs im st. gallischen Rheintal mit bugo, puges = Hügel (vom lat. pódium; franz.: pusg; ital.: poggio) in Beziehung bringen. Der Führung eines pyramidenförmigen Buchsbaums im Wappen der Gemeinde Buchs im Kanton Zürich dürfte ebenfalls keine Bedeutung beizulegen sein. Weitere mit Buchs in Verbindung zu bringende Namen sind nach H. Jaccard in der französischen Schweiz etwa: Buix (deutsch Buchs) bei Pruntrut, Buchillon, Bossey, Bossy, nach Picquénard in der Bretagne z. B.: Beux, Buzit, Beuzen, nach Simon in Nordfrankreich: La Boissiere, Pont de Buis, Boeuxe, Boixe usw. Die Mosel besitzt ihre „Palmberge", die Maas in Belgien ihre „Montagnes au buis".

Nach Kirchner tritt die Befruchtungsmöglichkeit der weiblichen Blüten vor der Oeffnung der Staubbeutel der männlichen Blüten in demselben Blütenstand ein, so dass die auf ihnen anliegenden Besucher, namentlich Apiden und Fliegen, seltener Schmetterlinge, in der Regel Fremdbestäubung vollziehen. Anlockungsmittel sind die frühe Blütezeit (März und April) und der reichlich zwischen den Frucht- und Staubblättern durch die Nektarien ausgeschiedene Blütenhonig. Ein Blütenduft fehlt vollständig; doch könnte der bisweilen sehr aufdringliche Duft des ganzen Strauches als weiteres Anziehungsmittel dienen. Nach Hermann Müller beissen die besuchenden Honigbienen den Pollen der noch nicht aufgesprungenen Staubbeutel ab, machen ihn durch Abgabe von Honig aus dem ganz wenig vorgestreckten Rüssel klebrig und bürsten ihn dann mit Hilfe der Vorderbeine an die Hinterbeine. Nach Warnstorf ist er weisslich gefärbt, kugelig, durch niedrige, dicht stehende Wärzchen undurchsichtig und misst im Mittel 37 μ im Durchmesser. Der Fruchtansatz ist bereits im südwestlichen Deutschland reichlich, während in Mitteldeutschland oft jahrelang keine Früchte gebildet werden. Nach Tischler ist der Strauch häufig parthenokarp. Die Verbreitung der mit einer kleinen Caruncula versehenen Samen dürfte im Gebiete nur durch Verschwemmung bei starken Regenfällen oder sonst durch Rinnsale erfolgen. Möglicherweise werden auch die hakigen Früchte durch Tiere verbreitet. Von John Briquet (La myrméchorie du buis. Archiv des sciences phys. natur., Genève, 1912) sind auf Korsika und in Savoyen Ameisen als Samenverschlepper festgestellt worden. Vollreife Samen keimen nach Kinzel meist nach 2 bis 4 Monaten völlig aus. Sie werden dabei anfangs vom Lichte begünstigt, keimen aber später bei völliger Verdunkelung besser und rascher. Nicht ganz ausgereifte Samen keimen nur im Lichte. Den günstigen Keimverhältnissen ist es zuzuschreiben, dass der Buchs so leicht aus der menschlichen Kultur entweicht und auch an natürlichen Standorten (nach Christ z. B. im Basler Jura) so reichlich Nachwuchs besitzt. Ein starker, namentlich nach Verletzungen einsetzender Austrieb von Adventivsprossen an den mit einer Mykorrhiza in Verbindung stehenden Wurzeln und unteren Stengelteilen gewährt dem Strauche nicht nur ein zähes Ausharren am Wurzelorte, sondern sogar eine beschränkte Ausbreitung. Dabei erreicht er nach Medwedew bisweilen das hohe Alter von 600 Jahren und auch in Mitteleuropa, namentlich in Gärten, beträchtliche Höhen und Stammdicken. So wurde in Buschhoven (Rheinprovinz) ein Stamm beobachtet, der am Boden 1 m, in 1 m Höhe noch 99 cm Durchmesser und eine Stammhöhe von 7,6 m mass (Mitteilungen der Deutschen Dendrologischen Gesellschaft, 1920), in dem feuchten, ausgleichenden Küstenklima von Rügen neben Eiben, die 11,3 m Höhe bei 0,4 m Durchmesser aufwiesen, Buchsbäume bis 7,3 m Höhe bei allerdings nur 15 cm dicken Stämmen (l. c., 1921). Ein gepflanztes Exemplar in Heischeid (Köln) zeigt 6 m Höhe und 35 cm Durchmesser, ein anderes bei Fahrenberg unweit Düsseldorf 4 m Höhe und 35 cm Stammstärke. Nach Christ erreichen bei Basel die am Grunde oft knolligen Stämme einen Durchmesser von 10 cm. Aus dem Kaukasus werden Höhen von bis 16 m und Stammstärken bis 50 cm angegeben. In der Asche des Holzes wurden 45,75% CaO, 3,82% F_2O_3, 11,23% P_2O_5, 7,7% SiO_2 festgestellt. Die Rinde sowohl als auch die Laubblätter enthalten die Alkaloide Buxin (= Buxein?), Parabuxin, Buxinidin und Parabuxinidin, ferner Aether, Oel und nach älteren Angaben neben Gummi auch freie Essigsäure (?) Natrium-Sulfat und -Chlorid usw. Das Buxin ist entgegen früheren Angaben nicht identisch mit Bebeerin (Seripin, Sepeerin), das in Buxus auftreten sollte. Die Laubblätter besitzen Epidermiszellen mit stark getüpfelten Seitenwänden, sehr dicker Kutikula und nur unterseits auftretenden Spaltöffnungen. Letztere sind in der Zahl stark schwankend. Nach Spinner treten pro qcm (65) 100 bis 150 (195), ausnahmsweise sogar 280 auf. An jungen Laubblättern finden sie sich nur an der Spitze und am Blattgrund; später breiten sie sich über die ganze Fläche aus und messen voll ausgebildet im Mittel 20 μ. Junge Laubblätter tragen auch, später fast ganz verschwindend, 1-zellige, dickwandige, ziemlich stumpfe Deckhaare, von denen im Mittel 150 auf 1 qcm kommen. Die Kutikula ist mit einem Wachsüberzug bedeckt, in dem Myricylalkohol und palmitinsaures Myricin festgestellt worden ist. Das unter der Epidermis folgende Schwammparenchym besteht aus einem lockeren Gewebe luftführender Zellen und erlaubt eine leichte Trennung in eine obere und eine untere Blatthälfte. In der oberen findet sich namentlich das Chlorophyll, in der unteren zahlreiche Calciumoxalatkristalle (Fig. 1809 i). Die Verdunstung der Laubblätter ist sehr gering. Abgeschnittene Zweige nahmen bei Versuchen von Spinner im Laufe von 2 Monaten nur etwa die Hälfte ihres Gewichtes ab. Molisch hat überdies gezeigt, dass die Laubblätter — ähnlich wie diejenigen vieler anderer immergrüner Arten — bei verhältnismässig tiefen Temperaturen 4 Monate und länger bei völligem Lichtabschluss verharren können, ohne zu vergilben. — Die Laubblätter werden angeblich als Fälschungsmittel für die Folia Uvae Ursi, sowie für Senna verwendet, lassen sich aber leicht von ersteren durch Behandlung der Blattquerschnitte mit Vanillinsalzsäure, bezw. Ferrosulfatlösung unterscheiden. Die Buchsquerschnitte bleiben in beiden Fällen farblos, während diejenigen von Arctostaphylos Uva

Ursi karminrot im ersten, blauschwarz im zweiten Falle gefärbt werden (Tunmann). In früheren Zeiten wurde der Buchs nach Hugo Schulz als Ersatz für das von Guajacum officinale L. und G. sanctum L. stammende Guajakholz (vgl. pag. 39) empfohlen und bei Gicht, Rheumatismus und veralteter Lues, chronischen Hautkrankheiten und (als Chinin=Ersatz) Wechselfieber verwendet. Folgen dieser ungeeigneten Anwendung sind neben Erscheinungen, die an den sog. „Chininrausch" erinnern, Magen= und Leibschmerzen, sowie Durchfall und Erbrechen, was allerdings vielleicht auf die nicht genügende Reinheit der angewandten Präparate zurückgeführt werden könnte. Der Geschmack der Laubblätter ist sehr unangenehm. Die Homöopathie stellt aus den frischen, beblätterten Sprossen eine Essenz her. Auch als gelindes Abführmittel wurde der Buchs früher verwendet. Die Römer scheinen die Pflanze kaum als Droge gekannt zu haben, da sie trotz der zahlreichen, hinterlassenen, ärztlichen Schriften scheinbar nur bei Strabo (60 v. Chr. bis 20 n. Chr.) verzeichnet ist. Hingegen diente die verwandte Buxus longifolia Boiss., im Talmud als te' aschschûr bezeichnet, den Juden als diätetisches Mittel[1]).. Das Holz ist sehr dicht und gleichmässig gebaut, gelb, ausserordentlich feinfaserig, von hornartiger Beschaffenheit, beinhart, ausgezeichnet spaltbar und durch sehr enge Gefässe ausgezeichnet. Die Aeste besitzen gleich denen von Rhododendron, aber im Gegensatze zu denen aller anderen Laubhölzer, einen hypotropen Holzkörper, d. h. der Holzzuwachs an den Unterseiten der Aeste und Zweige ist stärker als an den Oberseiten und entspricht dadurch den Wachstumserscheinungen, wie sie bei Nadelhölzern die Regel sind. Das spezifische Trockengewicht beträgt 1,20 bis 1,26, das Lufttrockengewicht 0,99 bis 1,02. Das Holz ist also schwerer als Wasser, sodass die aus Buchs gefertigten Gegenstände im Wasser untersinken. Es wird besonders benützt zur Herstellung von Holzschnittstöcken, Blasinstrumenten (Flöten und Klarinetten), Büchsen, Tintenfässern, Dosen, Kämmen, Mal= oder Schreibtafeln (in Griechenland), Figuren, Tischlermassstäben, Pfeifenköpfen usw. Das Buchsbaumholz des Handels stammt hauptsächlich aus der Türkei, dem Kaukasus und Armenien. Im Jahre 1876 wurden, zumeist für die Herstellung von Weberschiffchen bestimmt, nach England aus dem pontischen Gebiete mehr als 10 000 Tonnen verfrachtet. Die kaukasische Ausfuhr des Jahres 1887 belief sich auf etwas über 1000 Tonnen und stellte einen Wert von fast 170 000 Rubel dar. Die Handelsware ist selten länger als 2 m; die meisten Holzstücke sind etwa 1 m lang, haben am dicken Ende etwa 15 cm Durchmesser und zeigen in ihrem Gesamtumriss keulenförmige Gestalt. Das Holz ist bereits so teuer, dass die Bäume oder Sträucher ganz ausgegraben werden und auch die Wurzel Verwendung findet[2]). Seit 1899 sind die Buchsbestände in Russland ganz geschützt und nur die Entnahme von Bruchholz und schadhaften Bäumen ist gestattet[3]). Versuche, den das beste Holz liefernden türkischen Buchsbaum nach Süd= und Westeuropa zu verpflanzen, haben nach Kronfeld (Mitteilungen der Deutschen Dendrologischen Gesellschaft, 1917) zu keinen befriedigenden Ergebnissen geführt. Bereits in der neolithischen Zeit wurde das kostbare Holz zu mannigfachen Zwecken verwendet und Werkzeuge, Flöten, Schmuckkästchen, Arzneigefässe, Götterbilder, Tafeln und selbst Türpfosten daraus gefertigt[4]). Schon in der Ilias wird erzählt, dass das Joch der Maultiere des troischen Königs

Fig. 1813. Form=Buchs, Park von Neggio (Tessin).
Phot. Gg. Eberle, Wetzlar.

---

[1]) Aus dem Holze wurden wie aus dem von Buxus sempervirens Tintenfässer, Kämme, Löffel, Gabeln usw. hergestellt.

[2]) Als Ersatz für Buchs kommt das Holz der westindischen Aspidospérma Vargásii (Apocynaceae) und verschiedener australischer Pittósporum=Arten in den Handel.

[3]) Neuerdings ist der Buchs auch im Gemeindegebiete von Langenbruck (Basler Jura), zusammen mit der Eibe, der Hirschzunge, dem Frauenschuh, Daphne Cneorum und Gentiana acaulis, geschützt worden.

[4]) Artefakte römischer Herkunft aus Buchsholz wurden nach Ernst Neuweiler in Windisch (Vindonissa) bei Brugg in der Schweiz aufgefunden.

Priamos aus Buchsholz ($\pi\acute{v}\xi\iota\nu o\nu$ $\zeta\check{v}\gamma\acute{o}\nu$ [= pýxinon zygón]) hergestellt und mit schönen Ringen verziert gewesen sei. Der römische Dichter O v i d spricht vom Triller der Buchsflöte und vom Buchskamme, mit dem das Haar behandelt wurde, während V e r g i l von flott unter den Peitschenhieben herumtanzenden Kreiseln aus Buchsholz (volúbile búxum) redet. Auch C l a u d i a n u s spricht von der Buchsflöte, die ein Sterbelied stöhne, wenn er sie blase und C o l u m e l l a sagt, dass bei der Käsezubereitung der geronnene Käsestoff in eine Form aus Buchsholz gespannt werde. Der ältere P l i n i u s nennt das Buchsholz als wegen seiner Härte hochgeschätzt, aber schlecht brennbar und nur geringwertige Kohlen gebend. Der in den Pyrenäen häufig wachsende Baum werde auf Korsika am dicksten, aber seine Blüten machen dort den Honig bitter. Er sei in den Gärten veredelt worden, lasse sich zu dichten Wänden ziehen und gut beschneiden. M a r t i a l i s und F i r m i c u s sprechen wie der j ü n g e r e P l i n i u s vom Buchsbaum, der in den römischen Gärten zu den Gestalten, besonders von grossen Tieren, geschnitten wurde (R e i n h a r d t, L. Kulturgeschichte der Nutzpflanzen. Bd. IV, 2. Hälfte, 1911). Nach T h e o p h r a s t wuchs der Buchs besonders in Paphlagonien im Cytorusgebirge, ferner am mazedonischen Olymp und auf der Insel Kyrnos, nach P l i n i u s auch auf dem Berecyntus=Gebirge in Phrygien. Bei D i o s k u r i d e s finden sich Angaben über Buchs auf Korsika. Ferner scheint die im 5. Jahrhundert v. Chr., 200 bis 500 Jahre nach der ersten Ankunft der Griechen in Calabrien gegründete Stadt Buxetum, heute Polcastro genannt, nach dem dort vorkommenden Buchs bezeichnet worden zu sein. M a r c o P o l o gibt den Buxbaum aus Georgien an und nach Y u l e bildete das Buchsbaumholz bei den Genuesen ein derartig wichtiges Handelsgut, dass die Bai von Bombar bei Sudum Kale, über welche der Handel ging, den Namen Chaoda Bux (Caoo di Bussi) erhielt. Wie im Altertum, so spielte der Buchs auch im frühen Mittelalter in den Gärten der Klöster und Schlösser als Beeteinfassung und als medizinische Pflanze — so z. B. bei der Hl. H i l d e g a r d von Bingen — eine nicht unbedeutende Rolle. In jener Zeit wurde er auch von A l b e r t u s M a g n u s (1193 bis 1280) das erste Mal botanisch etwas eingehender behandelt. Den zweiten Höhepunkt in der gärtnerischen Bewertung erwarb sich der Strauch aber dank seiner leichten Bearbeitung durch die „Buchsscheere" in der Zeit des Barocks. als der L e n ô t r e sche Rokokostil architektonisch steife Formen in allen Anlagen, Irrgärten und verschlungenen Pfaden vorschrieb und die Schönheit in geschorenen Hecken und kunstvoll geschnittenen Figuren suchte. Damals dürfte der Buchs auch seine allgemeine und weite Verbreitung gefunden haben. Später, in der Zeit der englischen Gartenkunst, verlor sich die Vorliebe für den Strauch. Er fand aber weiterhin als Beeteinfassung oder als Schmuckpflanze auf Friedhöfen (auch als Weihwasserwedel!) Verwendung. Noch heute wird er auf den Gräbern neben Vinca minor und V. maior, Saxifraga Geum, Arabis albida, Matthiola annua, Cerastium tomentosum, Lobelia Erinus, Pelargonien, Ageratum Mexicanum, Calendula officinalis, Chrysanthemum Parthenium usw. häufig angetroffen. Gegenwärtig wird er wieder häufiger angepflanzt und soll namentlich Park= und Gartenanlagen mit seinem immergrünen Laube über Winter beleben. Im Frühling macht er sich aber besonders zur Blütezeit, in anderen Jahreszeiten auch in den Abendstunden oder nach Regenfällen infolge seines unangenehm durchdringenden Duftes unliebsam bemerkbar. Die Zweige dienen vielfach kultischen Zwecken und zwar sowohl bei den grusinischen Christen als auch bei den mohamedanischen Volksstämmen des Kaukasus, bei den Bewohnern des Mittelmeergebietes, ebenso wie bei den Bretonen Nordfrankreichs. In Talüsch in Persien gibt es alte, unberührte heilige Buchshaine, deren Bäume mit allerlei Lappen und Bändern verziert werden (wohl Gebetstreifen?). Nach dem Volksglauben vermag der Buchs den Blitz abzuwenden; er bannt, am Palmsonntag abgeschnitten, in der Kirche geweiht und an die Haustür genagelt, in der Eifel Hexen und Krankheiten. Vielfach dient er am Palmsonntag in katholischen Kirchen als Ersatz für echte Palmenwedel. Am Rhein und an der Mosel führt er daher auch die volkstümlichen Bezeichnungen Palme, Palmbaum oder auch Wilde Palme. Weit verbreitet ist seine Benutzung als Weihwasserwedel auf Friedhöfen und an der Totenbahre. In den norditalienischen Bergen wird er zu diesem Zwecke vielfach bei den Wohnstätten gepflanzt. Auch soll seine Nähe Obstbäume und Getreidefelder fruchtbarer machen. Zahlreiche Vorkommen verdanken vielleicht derartigen Verwendungen ihren Ursprung und ihr Dasein. Im südlichen Elsass wird der Buchs wagenladungsweise den dortigen Beständen entnommen und dient dort, wie auch anderwärts zur Ausschmückung von Häusern und Zimmern. Zur Gewinnung von Brennmaterial wird der Strauch noch gegenwärtig im Neuenburger Jura geschneitelt. In den Vogesen band man früher aus den im Herbste geschnittenen Zweigen Besen, die gegenwärtig aber durch Reisigbesen ersetzt worden sind. In den Sevennen dienen die Zweige als Einstreu für das Vieh und liefern dann einen sehr geschätzten Dünger. Die Samen können zur Bereitung eines kaffeeartigen Getränkes verwendet werden. — Teratologische Missbildungen am Buchs sind selten und beschränken sich auf die spiralige Anordnung der Laubblätter, auf die Gabelung der Laubblattspitzen und die Drehung der Zweigzwischenglieder. — Einer der wichtigeren auf Buxusblätter auftretenden Pilze ist die P u c c i n i a b ú x i DC., die im Frühsommer schwarze oder rotbraune Linien und Punkte auf der Blattoberseite verursacht und, ohne eines anderen Wirtes zu bedürfen, ihre ganze Entwicklung auf Buxus durchläuft. Von den zahlreichen Ascomyceten seien genannt: die schwarze Punkte erzeugende P h y l l a c t i n i a c o r ý l e a (Pers.), die schon in den interglazialen Ablagerungen von Noranco bei Lugano nachgewiesen wurde (Gams), ferner G u i g n á r d i a búxi (Fuck.), Hyponéctria búxi (DC.), Trochíla búxi Capron, Uncínula sálicis (Wallr.), Wævia pállida (Fuck.). Auch epiphylle Flechten sind auf Buxus beobachtet worden, so von Chodat in einem feuchten Buchsbestand bei Sciez am Genfersee Catilláría Bouteilléri (Desm.) Zahlbr., eine Strígula=Art (S. Búxi Chodat) und eine Parmélia=Art, im Kaukasus auch Pilocárpon leucoblépharon. Zoocecídien erzeugen Erióphyes búxi L. an den Knospen, Psýlla búxi L. an den Laubblättern der Sprossspitzen, die halbkugelig auftreiben und ± schopfig gehäuft erscheinen. Monarthropálpus búxi Laboulb. verursacht die Bildung gelber Blasen auf den Laubblättern und ruft dadurch den Eindruck einer Panaschierung hervor.

Die an die Buxaceae meistens angeschlossene Familie der **Empetráceae** mit den beiden Gattungen Émpetrum und Coréma wird neuerdings zu den Sympetalae und zwar zu den Ericaceae (s. dort!) gerechnet.

Die kleine Familie der **Coriariáceae** umfasst 8 Arten, die zu der Gattung Coriária gehören. Es sind meist kahle Sträucher (seltener auch einjährige Kräuter) mit kantigen Zweigen, gegenständigen oder (zu 3) quirligen, ganzrandigen, 1= bis 5=nervigen Laubblättern, denen Nebenblätter fehlen. Die kleinen, grünlichen, zwitterigen oder polygamen, 5=gliederigen Blüten stehen einzeln in den Achseln der Laubblätter oder sind zu Trauben vereinigt. Die 5 bis 10 Fruchtblätter sind nur wenig miteinander verwachsen und sind um die kegel= förmige Achsenspitze in einen Kreis angeordnet. Die länglichen, zusammengedrückten Früchte mit krustiger Wandung zerfallen in einzelne, einsamige Teilfrüchte (Kokken). Die wenigen, heute über die warmen gemässigten Zonen der nördlichen und südlichen Erdhälfte zerstreuten Arten sprechen für eine ehemals formenreichere Gruppe mit grösseren Verbreitungsarealen. Die meisten Arten sind sehr reich an Gerbstoffen und werden technisch verwendet; daneben enthalten sie noch das toxische Glykosid Coriamyrtin, dann Ellagsäure und Quercetin. Coriaria myrtifólia L., Gerberstrauch, Gerbermyrte oder Lederbaum, der Redoul oder Redou der Franzosen und Stinco der Italiener, ein aufrechter, ausgebreiteter, bis 1,4 m hoher Strauch mit deutlich kantigen Zweigen, derben, länglich=eiförmigen, zugespitzten Laubblättern und grünlichen Blütentrauben, der vor allem im westlichen Mittelmeergebiet (angeblich auch in Griechenland) verbreitet ist und seit altersher (Plinius weist schon darauf hin) zum Gerben von Leder, ebenso zum Schwarzfärben verwendet wird. Er liefert den sogenannten Provenzalischen Sumach, auch Sumach von Montpellier geheissen (vgl. auch Fussnote 2, pag. 224), und zwar werden nicht nur die Blätter, sondern auch die jungen Zweige und zwar meistens in Mischung mit Eichenrinde verwendet (s. Wiesner, J. Die Rohstoffe des Pflanzenreiches. Bd. III [1921], pag. 39). Ausser= dem dienen die giftigen Blätter als Futter für den Ailanthus=Spinner (pag. 82), neuestens auch zum Verfälschen von Senna und Majoran. Der ziemlich winterharte Strauch (er treibt nach dem Zurückfrieren wiederum üppig aus) wird ab und zu kultiviert; in der Schweiz (Aarau, Brugg) und bei Triest ist er auch verwildert beobachtet worden. — Häufiger in Kultur erscheint die ähnliche (Laubblätter spitzer und schmäler, Krone rötlich) C. Japónica Asa Gray, die schöner und härter ist als die vorige Art. — Von C. ruscifólia L. (= C. sarmentósa Forst.) auf Neu=Seeland, den Kermadec= und Chathaminseln, dann auch in Chile und Peru, wird eine lokal benutzte schwarze Farbe gewonnen. Die Früchte und Blätter enthalten einen narkotischen, scharfen Stoff; letztere sind für Rinder und Schafe giftig. Auf Neu=Seeland heisst die Pflanze „Toot". — C. thymifólia Humb., die Tintenpflanze in Neu=Granada, besitzt einen anfänglich roten, an der Luft bald schwarz werdenden Saft („Chami"), der ohne weitere Zubereitung eine unauslöschliche Tinte liefert.

Die Vertreter der kleinen Familie der **Limnantháceae** gleichen in ihrer Tracht stark den Gera= niaceae und werden öfters auch neben diese gestellt. Die kleinen, krautartigen, kahlen, nebenblattlosen Pflanzen besitzen wechselständige, meist fiederig zerschlitzte Laubblätter und einzeln stehende, langgestielte, radiäre, achselständige, 5= oder 3=gliederige Blüten. Die Griffel sind zu einer dünnen, schnabelartigen Säule verwachsen, die sich an der Spitze wiederum in 3 oder 5 freie Narben spaltet. Die 3 oder 5 von dem bleibens= den Kelch umgebenen, nicht aufspringenden Teilfrüchte enthalten je eine nur mit einem Integument versehene Samenanlage und sind nährgewebelos. Die beiden Gattungen Limnánthes R. Br. mit 5=zähligen Blüten und Flœrkea Willd. mit 3=zähligen Blüten sind auf Nordamerika beschränkt. Limnánthes Douglásii R. Br. aus dem westlichen Nordamerika (Kalifornien bis Oregon) mit gelben oder weissen, wohlriechenden Blüten und dicklichen, gefiederten Laubblättern, wird in Mitteleuropa gelegentlich als Salatpflanze angebaut. Das nach Kresse schmeckende Kraut enthält wie die Kreuzblütler ein Allylsenföl=ähnliches Oel. Da sich die 1=jährige Pflanze jederzeit leicht aus Samen heranziehen lässt, kann sie als Ersatz der Kressen, die nur periodisch ge= niessbar sind, dienen.

72. Fam. **Anacárdiaceae.** Sumachgewächse.

Immer= oder sommergrüne Bäume oder Sträucher mit Harzgängen. Laubblätter wechsel= ständig, selten gegenständig oder quirlig, einfach oder 3=teilig oder einfach gefiedert. Neben= blätter fehlend. Blüten in der Regel in reichblütigen, end= oder achselständigen Rispen, meist in den Achseln eines Tragblattes, mit 2 seitlichen Vorblättern, klein, strahlig oder schwach zygomorph, zwitterig (Fig. 1814 d) oder 2=häusig=vielehig. Kelch 5=zählig, unter= bis oberständig. Kronblätter 5=zählig, selten fehlend. Staubblätter gewöhnlich 5, seltener 10, bisweilen auch mehr oder weniger, in 1 oder 2, selten mehr Kreisen. Fruchtblätter meist 3 bis 1, selten 5, frei, selten miteinander verbunden, mit ebenso vielen Fächern und je 1 hängenden oder aufsteigenden, umgewendeten Samenanlage; Raphe dem Rücken der Fruchtblätter zugekehrt. Griffel 1 oder, wenn in Mehrzahl, verwachsen oder seltener getrennt. Blütenachse flach, konkav oder konvex oder zu einem Diskus oder Gynophor umgebildet, oft lappig. Frucht eine steinfruchtartige, seltener trockene Schliessfrucht; Mesokarp harzig. Samen mit sehr wenig oder ohne Nährgewebe; Keimling ziemlich gross, fleischig, häufig gekrümmt, mit flachen oder leicht gekrümmten Keimblättern.

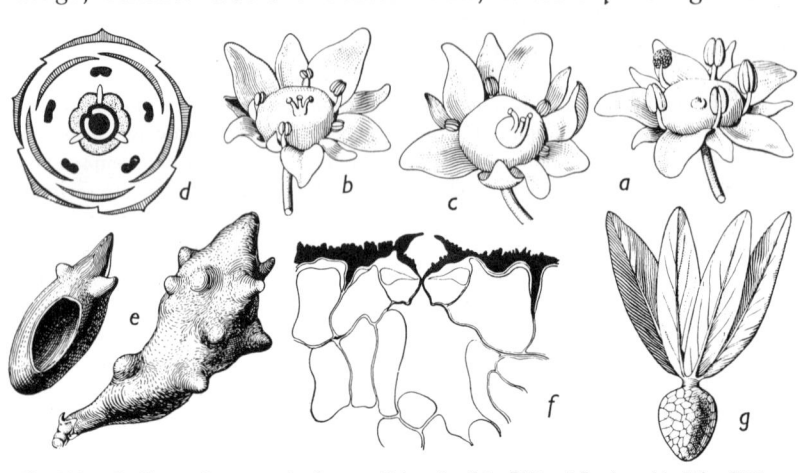

Fig. 1814. Cotinus Coggygria Scop. *a* Rein männliche Blüte. *b* Zweigeschlechtige Blüte. *c* Rein weibliche Blüte. *d* Blütendiagramm. — *e* Chinesische Gallen von Rhus semialata Murr. var. Osbecki DC. — *f* Pistacia Lentiscus L. Spaltöffnungsapparat. — *g* Geflügelte Frucht von Swintonia spicifera Hook. f. (*a* bis *c* nach Knuth, *d* nach Eichler, *f* nach Rehfous, *g* nach Engler).

Die Familie umfasst etwa 58 Gattungen mit annähernd 500 Arten, die in der Hauptsache die Tropen der Alten und Neuen Welt besiedeln. Besonders reich treten die Anacardiaceen im malayischen Gebiete auf. Einige Gattungen, vor allem Pistácia L., Rhús L. und Schinópsis Engler strahlen auch in die aussertropischen Gebiete von Ostasien und Nord= und Südamerika, sowie in das Mittelmeergebiet aus. Eine Anzahl von Gattungen ist auf altgetrennte Gebiete wie Madagaskar, die Makarenen, Neukaledonien, ferner auf Südafrika, Australien beschränkt. Andere wiederum weisen eine ausserordentlich zerstückelte Verbreitung auf, so z. B. Campnospérma Thw. (Madagaskar, Ceylon, Malakka, Sumatra, Borneo und Nordbrasilien) und Glúta L. (Madagaskar und Malayischer Archipel). Sorindéia P. Thouars besiedelt das tropische Afrika, die sehr nah verwandte Gattung Maúria Kunth das andine Südamerika. Diesen zweifellos alten Gattungen steht andererseits die ausserordentlich formenreiche Gattung Rhús gegenüber, die sowohl im nördlichen, als auch im südlichen extratropischen Gebiete entwickelt und selbst in den Tropen durch einige Arten vertreten ist. Die Angaben über fossile Anacardiaceen, die über das Tertiär reichen (z. B. die nur auf Grund der Laubblattform aufgestellte Gattung Anacardítes Sap.), sind vielfach infolge der grossen habituellen Aehnlichkeit vieler Anacardiaceen=Arten mit solchen der Rutaceen, Meliaceen, Sapindaceen, Simarubaceen und anderer Familien zweifelhaft. Mit Sicherheit ist Pistácia im Oligozän und Miozän von Frankreich, im Miozän von Böhmen und dem Quartär von Madeira festgestellt worden. Mit dieser Gattung verwandt sind nach Potonié Früchte, die als Folliculítes Kaltennordheimènsis Zenker aus dem deutschen Tertiär beschrieben worden sind. An die lebende Gattung Párishia Hook f. scheint sich Heterocályx Sap. aus dem Oligozän von Südfrankreich und Oesterreich, sowie aus dem Miozän von Kroatien anzuschliessen. Zu Cótinus Miller gehören die als Rhús palaeocótinus Sap., R. orbiculáta Heer und R. antilóbum Unger, vielleicht auch die als R. fratérna Lesq. beschriebenen Funde. Zahlreiche andere auf Grund von Laubblättern und Früchten beschriebene „Rhus"=Arten aus der Kreide von Nordamerika, Grönland und Mitteleuropa, sowie aus tertiären Schichten verschiedenen Alters von Nordamerika, Grönland, Island, Europa und Ostasien sind hinsichtlich ihrer Zugehörigkeit zur Gattung zweifelhaft. Aus dem Eozän von Sezanne und dem niederrheinischen Miozän sind Früchte aus der vermutlichen Verwandtschaft der Tribus der Spondíeae bekannt geworden, die als Spondiaecárpon Lang bezeichnet worden sind. Infolge der oben erwähnten grossen Aehnlichkeit vieler Anacardiaceen mit Arten anderer Familien liegen die Verwandtschaftsverhältnisse der Familie nicht klar zutage. Nach Engler, der die Hauptbewertung auf die Beschaffenheit der Samen legt, sind die Sapindaceen die nächsten Verwandten, nach anderen Autoren bestehen enge Verbindungen zu den Meliaceen oder Burseraceen und Simarubaceen. Die sero=diagnostischen Unter=

suchungen der „Königsberger Schule" haben die Familie ebenfalls in den Sapindales-Ast, und zwar zwischen die Meliaceen und die Sapindaceen verwiesen (Fig. 1608). — Das systematisch wichtigste anatomische Merkmal der Familie sind die durch Spaltung und Zellauflösung entstandenen (also schizolysigenen) Gummiharzkanäle, die bei allen Arten im Leptom der Leitbündel zu finden sind und in den 1-jährigen Zweigen meist eine kreisförmige Anordnung zeigen. Ausserdem erscheinen sie bisweilen im Mark oder in dem ausserhalb des Phloëms und Bastes gelegenen Grundgewebe, gelegentlich auch in den Laubblättern (besonders bei immergrünen Arten). Bei den oftmals mit den Anacardiaceen verwechselten Sapindaceen fehlen die Harzkanäle. Die verwandten Burseraceen und Simarubaceen, bei denen sie auftreten, besitzen eine andere Stellung der Samenanlagen. Bei allen Anacardiaceen treten ferner im Phloem, seltener auch im Grundgewebe und im Mark, Gerbstoffbehälter auf. Calciumoxalat ist bei den meisten Arten entweder in Form von Einzelkristallen oder von Drüsen, seltener in beiden Formen gleichzeitig eingelagert. — Blütenbiologisch dürften die meisten Arten zu den entomophilen Pflanzen zählen. Als Lockmittel dienen die zwar nicht ansehnlichen, aber in der Regel zu reichblütigen Blütenständen vereinigten Blüten, ferner die meist ausgeprägte Diskusbildung, an der die Honigabscheidung erfolgt. Da die Blüten meist 2-häusig sind, so dürfte Fremdbestäubung die Regel sein. Bei manchen Arten, z. B. bei Cótinus Coggýgria Miller, finden sich neben den 1-geschlechtigen Blüten auch zwitterige (Fig. 1814 a bis c); doch sind bei diesen sowohl die Staubblätter als auch die Griffel zurückgebildet, die Blüten also unfruchtbar. Nach Aug. Schulz lassen sich dabei zwei Formenreihen feststellen, eine mit einem Blütendurchmesser von 3¼ bis 4 mm, die Staubbeutel von der Gestalt derjenigen der männlichen Blüten, aber mit abnorm gebautem Pollen besitzt, und eine andere, die bei einem Blütendurchmesser von 3 bis 3,5 mm völlig verkümmerte Staubbeutel aufweist. Schulz beobachtete an einem einzigen Strauch in Tirol innerhalb kaum einer halben Stunde 350 Besucher, die etwa 50 Arten angehörten und sich aus Käfern, Fliegen, Wespen, Schlupfwespen und anderen kurzrüsseligen Hymenopteren zusammensetzten. Bei Rhus typhína L. wurden als Pollenüberträger von Müller einzelne honigsaugende Bienen, sowie der Netzflügler Panórpa commúnis L. festgestellt. — Zur Verbreitung der Früchte dienen bei mehreren Gattungen die zu Flugorganen umgebildeten Kelch- und Kronblätter, z. B. bei Swintónia Griff. (Fig. 1814 g) und Paríshia Hook. f., flügelartige Gebilde an der Frucht (z. B. Schinópsis Engl.) oder der eigentümliche, mit einer Perücke verglichene Fruchtstand von Cotinus Coggygria, bei dem sich zur Zeit der Fruchtreife alle Blütenstiele verlängern und mit langen, abstehenden Haaren bedecken. Bei anderen Gattungen, namentlich solchen der Tribus der Spondieae dürfte die fleischige Mittelschicht der Frucht, um derentwegen viele Anacardiaceen zu Nutzpflanzen geworden sind, Tiere zur Verbreitung veranlassen.

Die Familie gliedert sich in 5 Tribus, von denen die erste, die der **Mangíferae** 1 oder 5 freie Fruchtblätter (davon 4 unfruchtbar) mit meist seitlich angehefteten Griffel und ungeteilte Laubblätter besitzt. Ihre wirtschaftlich wichtigsten Vertreter sind: Buchanánia latifólia Roxb., im tropischen Asien heimisch, liefert ein völlig lösliches Gummi und Lack, die Samen ein unter dem Namen Chironji-Oel benutztes fettes Oel, das zu 40 bis 50% darin enthalten ist. — Mangífera[1]) Indica L., der Mangobaum des indischen Archipels, ist ein 10 bis 15 m hohes Holzgewächs mit bis 1 m starkem Stamm, breiter Laubkrone und abwechselnd gestellten, lederartigen, länglichen Laubblättern. Staubblätter 10 bis 5, davon nur 4 bis 1, selten 5 fruchtbar. Blüten klein, weiss, wohlriechend; Blütenstiele nur wenig verdickt. Frucht eine fleischige, annähernd nierenförmige Steinfrucht mit dickfaseriger, 2-klappiger, zusammengedrückter Steinschale. Samen mit zarter, papierdünner Testa und nierenförmigem Keimling. Heimisch in Indien, aber in den Tropen allgemein als Fruchtbaum gebaut. Die Art besitzt neben Formen mit stärker nach Terpentin riechenden, für Europäer nicht geniessbaren Früchten auch solche mit fast geruchlosen Früchten, die als gelbe Mangopflaumen (von der Grösse eines Gänseeies bis zum Gewicht von 1 kg) das beliebteste Tafelobst der Europäer in den Tropen darstellen und auch sonst in mannigfacher Form zu Genusszwecken verarbeitet werden. Das Fruchtfleisch enthält nach Wehmer namentlich Saccharose und Dextrose. Die Samen liefern die fettes Oel enthaltende Mangobutter. Die Rinde ist reich an Gerbstoffen. Das harzreiche Holz wird von den Hindus mit Vorliebe zur Verbrennung ihrer Toten benutzt. Auch zu Färbereizwecken, als Heilmittel und zur Herstellung geistiger Getränke finden einzelne Teile des Baumes Verwendung. — Verschiedene Varietäten der M. laurina Bl. bringen essbare, pflaumengrosse Früchte hervor. — Durch sehr verdickte und vergrösserte Blütenstiele (Scheinfrüchte) und harzreiche Fruchtschale unterscheidet sich von der vorigen Gattung die dem tropischen Amerika angehörige Gattung Anacárdium[2]) L., die westindischen Nierenbäume. Durch Kultur weit verbreitet ist A. Occidentále L., der Kaschu-, Acajuba- oder Acajoubaum[3]), dessen sehr saftige, birnenförmige, aussen oft sehr schön rot gefärbte Fruchtstiele mit süss-säuerlichem, apfelartig-herbem Geschmack zur Herstellung von Marmeladen und Limonaden, sowie zur Erzeugung des alkoholischen Kaschuweines und von Branntwein

---

[1]) Gebildet aus dem einheimischen Namen der Früchte Manga oder Mango und lat. férre = tragen.

[2]) Zusammengesetzt aus ἀνά [aná] = nach oben, an, in Form von und καρδία [kardía] = Herz; wegen der vertrocknet einem Herzen ähnlich sehenden Früchte.

[3]) cassu, caja, acajou sind indische Namen für die essbare Frucht.

Verwendung finden. Die harten, nierenförmigen, als Westindische Elefantenläuse, Kaschunüsse oder in der Apotheke als Frúctús Anacárdii Occidentális bekannten Früchte enthalten in der Schale neben Gallussäure ein an der Luft sich schwärzendes, blasenziehendes, scharfes Oel mit Acajouharz, in welchem wiederum das scharfe Cardol und Anacardsäure auftreten (siehe Bd. I, pag. CLII, Fig. 286 g). In den als Mandelersatz dienenden Samen (Sémen Anacárdii Occidentális) finden sich 40 bis 50 % (meist 47,15) eines angenehm schmeckenden Oeles, das als Acajouöl seit Jahrhunderten in Brasilien als Speiseöl bekannt ist. Es eignet sich ferner zur Vertilgung von Warzen und Hühneraugen, sowie als Schutzmittel gegen Termiten. Auch lässt sich eine sehr haltbare, schwarze Leinwandfarbe daraus gewinnen. Die Engländer bezeichnen aus diesem Grunde die Früchte als ink-mark-nuts. Aus dem Stamm wird das sich nicht restlos lösende, Arabin, Dextrin (Bassorin) und 1,5 % Zucker enthaltende Acajou- oder Anacardgummi gewonnen. Das schwach rötliche Holz (Weisses Mahagon) dient zum Boots- und Kistenbau. — A. Rhinocárpus DC. ist in Venezuela ein geschätzter Schattenbaum der Kakaoplantagen. — In der Tracht den Mangifera-Arten ähnlich, aber durch 5 fruchtbare Staubblätter und kugelige bis eiförmige Steinfrucht kenntlich, ist die kleine malayische Gattung Glúta L., von der besonders G. Rénghas L., der Giftfirnisbaum mit schönem, rötlichem, nach dunkelndem Holze seiner hohen Giftwirkung wegen gefürchtet ist. Schon der Rauch des brennenden Holzes ruft Entzündungen der Augen und Schleimhäute hervor. Der in der Rinde eingelagerte, rote, ätzende Kardolverbindungen enthaltende Saft erzeugt auf der Haut Entzündungen und Geschwüre; selbst das Sitzen auf Möbeln aus Renghas-Holz gilt als gefährlich[1]). Der Saft dient andererseits zur Herstellung von vorzüglichem Firnis. — Melanorrhoéa usitáta Wall. (Theet-see), mit 5 oder mehr in 1 bis 4 Kreisen gestellten Staubblättern, kleiner, kugeliger, auf einer Verlängerung der Blütenachse stehender Steinfrucht und an dieser zu Flugapparaten vergrösserten Blütenblättern, aus dem malayischen Gebiet liefert den für Lackarbeiten beliebten „Firnis von Martaban", das dunkelrote, gelbgestreifte, sehr harte und dichte Holz gutes Bau- und Werkholz, sowie eine geschätzte Holzkohle. — In der 2. Tribus, der der **Spondíeae,** sind die meist 5 oder 4 Fruchtblätter miteinander in einem Stempel vereinigt. Jedem Fruchtblatt entspricht im Fruchtknoten ein Fach, das an seinem oberen Ende eine Samenanlage trägt. Von dieser etwa 15 Gattungen umfassenden Tribus sind am bekanntesten: Spóndias[2])

Fig. 1815. Schinus molle L. *a* Blühende Zweigspitze. *b* Fruchtstand. *c* Blüte. *d* Längsschnitt durch die Frucht. *e* Samen.

L., eine etwa 6 Arten umfassende, baumförmige Gattung der alt- und neuweltlichen Tropen mit unpaargefiederten Laubblättern, grossen Rispen, kleinen, gelblichen Blüten und saftigen, als Balsampflaumen bezeichneten, angenehm schmeckenden Früchten. Sehr schief geschnittene und fast sitzende, kleine Laubblätter hat die mittelamerikanische S. purpurea L., deren Früchte purpurrot gefärbt sind und als „Mombinpflaumen"[3]) (Prunier d'Espagne, Iobillo) gegessen werden. Aus der Rinde wird das Amraharz gewonnen. — Gelbfrüchtig, mit kurzgestielten, 6 bis 10 cm langen Blättchen ist die wahrscheinlich im tropischen Amerika, Westafrika und auf Java heimische S. lútea L., die „Gelbe Mombinpflaume" (Jobo). — — Ziemlich symmetrische, gesägte oder gekerbte Blättchen und goldgelbe, bis apfelgrosse Früchte von säuerlich aromatischem, schwach terpentinartigem Geschmack besitzt S. dúlcis Forst., der Tahiti-Apfel, der ursprünglich vielleicht in Polynesien heimisch, jetzt in den alt- und neuweltlichen Tropen überall gebaut wird. — S. mangifera Willd., die Mangopflaume, mit ganzrandigen Laubblättchen gehört dem indo-malayischen Gebiete an. Im Frucht-Fleisch treten 2,94 % Saccharose, 1,68 % Dextrose und 1,84 % Lävulose auf. Aus der Rinde wird

---

[1]) Auf ähnliche gesundheitsschädliche Einwirkungen verschiedener tropischer Hölzer ist bereits mehrfach aufmerksam gemacht worden, so von Rambousek (Gewerbliche Vergiftungen, 1911) beim Borneo-Rosenholz und von A. Nestler beim Amberholz (Chloróxylon Swiétana DC.; vgl. Berichte der Deutschen Botanischen Gesellschaft, 1911) sowie beim Cocolobeholz (Liquidámbar styracíflua L. ebenda, 1913).

[2]) Griech. σποδιάς [spodiás] = Pflaume; wegen der Aehnlichkeit der Frucht.

[3]) Einheimischer Name.

wie bei S. purpurea Amraharz und Gerbstoff gewonnen. — Andere Früchte stammen von der Gattung Dracontomélon Bl. — Die artenarme afrikanische Gattung Sclerocárya Hochst. mit 4- bis 6-teiliger, dachig gedrehter Blüte, freiem Kelch, länglichen Staubbeuteln, 3 Griffeln und schildförmiger Narbe besitzt fast kugelige, pflaumengrosse Früchte und dreifächerige, am Scheitel mit Einsenkungen ausgestattete Steine. Die stattlichen, dicke, an der Spitze belaubte Zweige tragenden Bäume der im tropischen Afrika weitverbreiteten S. Bírrea Hochst. werden als Umfriedung der Dörfer häufig gepflanzt. — S. Schweinfúrthii Schinz, ein mächtiger, in der heissen Zeit blattabwerfender Baum, liefert süss-sauer schmeckende, sehr saftige, zuckerreiche, gelbe, wohlriechende, pflaumengrosse Früchte, aus deren Saft die Ovambos neben einem bierähnlichen Getränk Schnaps herstellen. Die 2 cm langen, nussartig schmeckenden Samen werden gegessen. — Die vorwiegend afrikanischen Lánnea-Arten liefern Holz zu Trommeln und Essgeräten und ein wasserlösliches Gummi (z. B. L. grándis [Dennst.] Engl.). Die Rinde dient gepulvert und mit anderen Stoffen vermengt im Nilgebiet als Gesichtsfärbemittel. Aus dem Bast der L. Bartéri (Oliv.) Engl. wird in Westafrika ein Rindenzeugstoff hergestellt. — Die Tribus der **Rhoídeae** ist die umfangreichste der Familie und umfasst etwa 35 Gattungen, die sich durch die 3-Zahl der Fruchtblätter und einen infolge Rückbildung nur 1-fächerigen und 1-samigen, freistehenden Fruchtknoten auszeichnen. Von dieser Tribus werden eingehender behandelt die Gattungen Rhus (pag. 218), Cotinus (pag. 226) und Pistacia (pag. 229). Von ihren anderen Gattungen sind wichtiger: die südamerikanische Gattung Schínus[1]) L. Sträucher oder Halbsträucher mit dünnen, dicht beblätterten Zweigen und einfachen oder unpaarig gefiederten Laubblättern mit oft geflügeltem Blattstiel. Blütenblätter 5. Staubblätter 10. Steinfrucht kugelig, erbsengross, mit papierartigem, glänzendem Exokarp, ölreichem Mesokarp und beinhartem Endokarp. Die etwa 12 Arten umfassende Gattung enthält in der Rinde stark riechende Harze und Gerbstoffe. Der Aufguss der Früchte von S. terebinthifólius Raddi, S. depéndens Ortega und S. latifólius (Gillies) Engl. wirkt schweisstreibend. — Bekannt und viel benützt wird Schinus mólle L., der Peruanische Pfefferbaum oder Arveira (Fig. 1815), der von Mexiko über die Anden bis Chile, Südbrasilien und Uruguay verbreitet ist. Er liefert nach Verwundung der Rinde ein angenehm duftendes, als Purgiermittel dienendes Harz (Molleharz oder amerikanischer Mastix), während die Laubblätter zum Gelbfärben, die Früchte zur Herstellung eines weinartigen Getränkes, sowie zur Erzeugung von Essig genutzt werden. Die Früchte schmecken scharf nach Pfeffer, haben aber einen unangenehmen Beigeschmack. Das Bäumchen wird der hübschen Fiederblätter, der hängenden gelblichen Blütentrauben und der rötlichen Beeren wegen im Mittelmeergebiete vielfach als Schmuckpflanze sowie als Strassenbaum gezogen. Die Fruchtrispen mit ihren rundlichen, rosavioletten, erbsengrossen Früchten werden nach Mitteleuropa versandt und in Trockensträusse eingebunden. Sie sind sehr haltbar und schrumpfen nicht. Der Baum soll nach Schube bereits zur Renaissancezeit in Schlesien in Kultur gewesen sein. — Nutzholz wird von den Gattungen Heería Meissn. mit länglichen bis lanzettlichen, stark-fiedernervigen Laubblättern, Astrónium Jacq. mit unpaar gefiederten Laubblättern (die Fiederblättchen sind ± schief, gegenständig und ganzrandig oder gesägt) und Schinópsis Engl. (= Quebráchia Griseb.) mit in der Jugend weichharigen, später kahlen Zweigen, einfachen oder vielpaarigen Laubblättern mit schwach geflügelten Blattstielen und kleinen, länglichen, ganzrandigen Fiederblättchen geliefert. Von der ersten Gattung kommt Heería insígnis (Delile) O. Kuntze aus Abessinien bis Natal als Erzeugerin eines ausgezeichneten Möbelholzes, von der mittel- und südamerikanischen Gattung Astronium A. gravéolens Engl. als Mutterpflanze des Quebrachada-Holzes, sowie A. fraxinifólium Schott und A. Urundeúva Engl. wegen ihres dunkel gefärbten Kernholzes in Frage. Am wichtigsten ist Schinópsis, die mit 5 baumförmigen Arten in Brasilien, Argentinien und am Osthang der Anden heimisch ist. S. Balánsae Engl. mit rotem Kernholz, eine der Quebracho-Holz[2]) liefernden Arten, enthält sowohl im Holze als auch in der Rinde Gerbstoff und Fisetin. Er lebt als 8 bis 10 m hoher Baum in den Urwäldern Paraguays und hat einfache, lineal-längliche, lederartige Laubblätter. — S. Loréntzii (Griseb.) Engl., in Argentinien heimisch, mit 10- bis 15-paarigen, fast lederartigen, oberseits kahlen Laubblättern und lanzettlichen Fiederblättchen ist die Stammpflanze des Roten, echten Quebrachoholzes, das etwa 20% Quebracho-Gerbstoff ($C_{41}H_{44}O_{18}[OCH_3]_2)_2$, ferner Ellagsäure (als Tanninverbindung?), viel Gallussäure und den Farbstoff Fisetin enthält. In der Rinde ist neben dem Alkaloid Loxopterygin ein anderes, noch nicht untersuchtes Alkaloid, sowie ein Katechin-artiger Gerbstoff gefunden worden. Das Holz ist seit 1867 in Benutzung und bildet einen bedeutenden Ausfuhrartikel Argentiniens. Die Handelsware wird in Form von Blöcken oder zerkleinert oder auch als aus dem Holze bereiteter Auszug versandt. Deutschland allein führte 1911 155057 Tonnen in Blöcken, 1689 Tonnen zerkleinertes Holz und 10120 Tonnen Extrakt ein.

---

[1]) Name von Pistacia Lentiscus im alten Griechenland. Vielleicht von σχίζω [schízo] = zerschneide, spalte; weil man das Harz durch Einschneiden der Rinde gewinnt.

[2]) Quebracho (sprich Kebrátscho, vom spanischen hácha quebrár = Beil brechen; abgeleitet wegen der Härte des Holzes) ist ein Sammelbegriff für eine ganze Reihe von holzliefernden Arten der Gattungen Aspidosperma (Apocynaceae), Acacia, Schinopsis, Astronium u. a. m.

— Aus der rein südasiatischen Tribus der **Semecárpeae,** die sich von der der Rhoideae durch den meist in die becherförmig oder röhrenförmig ausgehöhlte Blütenachse eingesenkten Fruchtknoten unterscheidet, besitzt nur die Gattung Semecárpus[1]) L. f. grössere Bedeutung. Am bekanntesten ist der Ostindische Tintenbaum S. Anacárdium L. f., der „marking hut tree" des nordwestlichen Indiens, ein bis 10 m hoher Baum mit gestielten, lederartigen, verkehrt=eiförmigen Laubblättern und ziemlich grossen, 2,5 cm langen und 2 cm breiten, zusammengedrückt=eiförmigen Steinfrüchten auf 2= bis 3=mal kürzerem Hypokarp. Seine Früchte werden als „Ostindische Elefantenläuse" oder „Kaschu= oder Akajunüsse" (Sémen Anacárdii Orientális) bezeichnet und dienen in gleicher Weise wie die von Anacardium Occidentale L. (vgl. pag. 215) zum Zeichnen von Wäsche usw. Sie unterscheiden sich von diesen durch eiförmige, nicht nierenförmige Gestalt. Auch wächst der herz=förmig verdickte, fleischige Fruchtstiel nicht wie bei jenem zu einem grossen saftigen Gebilde aus. Das bisweilen gewonnene Gummi enthält 96% Barossin. — Die Tribus der **Dobinéeae** besitzt nur 1 Fruchtblatt in den völlig nackten weiblichen Blüten. Die männlichen Blüten haben einen vereintblätterigen Kelch und eine säulen=förmige Achse, an welche die Blütenblätter von dem Kelch sowohl wie von den Staubblättern durch Zwischenglieder getrennt sind. Diese eigenartige Tribus wird von wenigen, im Himalaya und Yünnan auftretende Sträuchern der Gattung Dobinéa Ham. = Podóon Baill.) mit rutenförmigen Aesten gebildet. Die weiblichen Blüten sitzen auf dem Mittelnerven grosser Tragblätter. Wirtschaftlich hat die Tribus keine Bedeutung.

Die 3 für Mitteleuropa in Betracht kommenden, zur Tribus der Rhoideae zählenden Gattungen Rhus, Cotinus und Pistacia unterscheiden sich folgendermassen von einander:

1. Laubblätter einfach, ganzrandig. Griffel an der Frucht seitenständig . . Cotinus CCCCLVI.
1*. Laubblätter 3=zählig oder gefiedert. Griffel an der Frucht endständig . . . . 2.
2. Gummiharzgänge der Zweige mit milchweissem Sekret. Blütenhülle doppelt, mit 5 Kelch= und 5 Kronblättern . . . . Rhus CCCCLV.
2*. Gummiharzgänge der Zweige mit klarem, durchsichtigem Sekret. Blütenhülle einfach, mit 1 bis 5 Hüllblättern . . . . Pistacia CCCCVII.

CCCCLV. **Rhús**[2]) L. Sumach[3]). Franz. und engl.: Sumac; ital.: Sommacco.

Immer= oder sommergrüne Sträucher oder Bäume mit häufig milchsaftführenden Gefässen. Laubblätter wechselständig, einfach, gedreit oder gefiedert (Fig. 1816). Blüten in der Regel in kleinen, zusammengesetzten Rispen, klein, zwitterig oder getrennt=geschlechtlich, 1= oder 2=häusig, 5=zählig. Kelchblätter dachig. Kronblätter länger als der Kelch, dachig. Staubblätter unterhalb des breiten Diskus eingefügt, mit pfriemlichen Staubfäden und eiförmigen Staubbeuteln, in den weiblichen Blüten sehr zurückgebildet. Fruchtknoten eiförmig bis fast kugelig, mit am grundständigen Samenträger (funiculus) hängenden Samen; Griffel 3, endständig, frei oder etwas verwachsen, mit stumpfer oder ± kopfiger Narbe. Steinfrucht kugelig oder ± zusammen=gedrückt, mit dünnem, glattem oder behaartem Exokarp, harzreichem Mesokarp und krustigem oder sehr hartem Endokarp. Samen ei= oder nierenförmig, mit dünner Schale; Keimling mit flachen Keimblättern und seitlich anliegendem, nach oben gekehrtem Stämmchen.

Die Gattung umfasst wahrscheinlich mehr als 150 Arten, die grossenteils in Nordamerika, Ostasien und Südafrika zu Hause sind, aber auch im Himalaya, in Vorderindien, in den Anden, Polynesien, im Mittelmeergebiet und den tropisch=afrikanischen Gebirgen vertreten sind. Ausserdem sind, wenn auch in ihrer Gesamtzahl nicht sicher, etwa 50 fossile Arten aus dem Miozän, Oligozän und Pliozän (z. T. auch in Mitteleuropa und auf Grönland) nachgewiesen worden. Viele der gegenwärtig lebenden Arten sind wirtschaftlich wichtig; andere werden namentlich wegen ihrer schönen, roten, herbstlichen Laubfärbung in Mitteleuropa angepflanzt. Dazu sei bemerkt, dass, wie eine grosse Literatur nachweist und Wilhelm (Oesterreichische Aerztezeitung, 1915)

---

[1]) Zusammengesetzt aus σῆμα [séma] = Kennzeichen und καρπός [karpós] = Frucht; wegen der Verwendung der Früchte zum Zeichnen von Wäsche usw.

[2]) Die Alten bezeichneten mit dem Worte verschiedene Arten. Die Ableitung ist unsicher. Sie wird mit ῥέω [rhéo] = fliesse, zusammengebracht, wegen des beim Anritzen der Stämme und Zweige ausfliessenden Saftes, oder mit dem Keltischen rhudd = rot, da die Früchte rot sind.

[3]) Die Bezeichnung dürfte am ehesten von Sumachi (Sumacha, Schemacha, Schamak, Schemakhi), einem Distrikt im Russisch=Asiatischen Khanat Schirwan am Kaspischen Meere stammen, wo Sumach=Arten im grossen gebaut werden; nach einer anderen Deutung geht das Wort auf den arab. Namen summaq, von arab. samaqa = „schönen Wuchses sein" zurück.

zusammenfassend ausgeführt hat, alle Rhus-Arten ± hautreizend wirken. Während aber die meisten Menschen (wie bei der bekannten Primeldermatitis und den bisweilen schweren Erkrankungen durch die Berührung der Laubblätter von Cortúsa Matthíoli [vgl. Nestler, A. Berichte der Deutschen Botan. Gesellschaft, Bd. XXX, 1912]) gegen die Giftstoffe unempfindlich sind, besteht bei manchen eine hochgradige Idiosyncrassie ihnen gegenüber, die eine derartige Hautentzündung hervorrufen kann, dass der Kopf „wie ein Kürbis oder wie nach einem überstandenen Boxkampf aussieht". Es sollen sogar Fälle mit tödlichem Ausgang beobachtet worden sein. Jedenfalls ist gegenüber Rhus-Arten stets gewisse Vorsicht zu beachten, da, wie ein von J. Rublic mitgeteilter unglücklicher Zufall aus dem Botanischen Garten zu Dahlem-Berlin gezeigt hat, ein Besucher durch blosse Annäherung an eine Rhus-Gruppe, selbst an bedeckten Stellen des Körpers offene Wunden davontrug und die Verwaltung einen Prozess durchzuführen hatte.

Die ± häufig in Mitteleuropa anzutreffenden Rhus-Arten, von denen nach Th. Schube (Gartenpflanzen in Schlesien im Zeitalter Ludwig XIV.) bereits eine grössere Zahl im Renaissancezeitalter in Kultur waren (vgl. bei den Arten), zeigen folgende, auffällige, trennende Unterschiede (vgl. auch Graebener L., Die in Deutschland winterharten Rhus, Mitteilungen der Deutschen Dendrologischen Gesellsch., 1906):

1. Laubblätter 3- (sehr selten 5-)zählig . 2.
1*. Laubblätter 5- bis 7- und mehr-zählig gefiedert . . . . . . 5.
2. Laubblätter klein, kaum über 10 cm lang, ± verkahlend. Blütenstand klein, scheinährig. Frucht behaart . . . 3.
2*. Laubblätter über 20 cm lang. Blütenstand grösser, locker-rispig. Frucht kahl . . . . 4.
3. Laubblätter 2 bis 5 cm lang; Blättchen 3-lappig, gekerbt. R. trilobáta pag. 220.

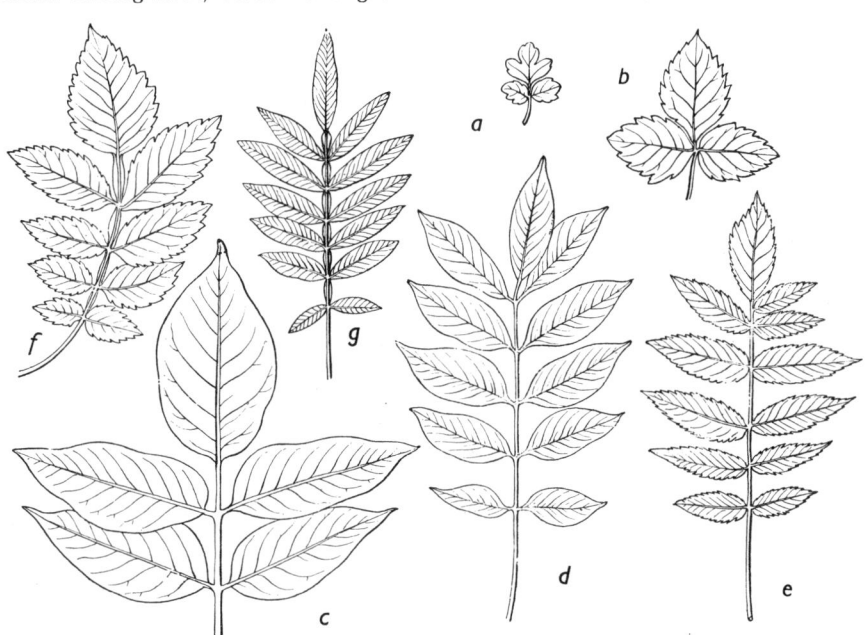

Fig. 1816. Laubblattformen einiger Rhus-Arten: *a* R. trilobata Nutt. *b* R. aromatica Ait. *c* R. vernicifera DC. *d* R. Vernix L. *e* R. glabra L. *f* R. semialata Murr. var. Osbecki DC. *g* R. copallina L. (nach C. K. Schneider).

3*. Laubblätter 5 bis 10 cm lang; Blättchen kerbig-gesägt oder gekerbt . R. aromatica pag. 220.
4. Aufrechter, meist nicht kletternder Strauch. Zweige und Unterseite der Laubblätter reichlich behaart. R. Toxicodendron pag. 220.
4*. Mit Luftwurzeln kletternder Strauch. Zweige höchstens anfangs behaart. Laubblätter nur auf den Nerven der Unterseite leicht behaart . . . . R. radicans pag. 221.
5. Blütenstände seitenständig, vor den Laubblättern erscheinend. Zweige auch anfangs kahl. Frucht kahl . . . . 6.
5*. Blütenstände endständig, nach den Laubblättern erscheinend. Zweige behaart (vgl. aber R. glabra). Frucht ± reichlich behaart . . . . 7.
6. Blättchen meist über 10 cm lang, am Grunde stumpf . . . . . . R. vernicifera pag. 221.
6*. Blättchen meist weniger als 10 cm lang, am Grunde spitzig . . . . R. Vernix pag. 222.
7. Junge Zweige kahl. Laubblätter meist vollständig kahl . . . . R. glabra pag. 223.
7*. Zweige und Laubblätter (meist dicht) behaart . . . . 8.
8. Laubblattspindel nie geflügelt . . . . R. typhina pag. 222.
8*. Laubblattspindel ganz oder mindestens unterhalb des Endblättchens geflügelt . . . . . . 9.
9. Blättchen ganzrandig oder entfernt gezähnt, oberseits tiefgrün, glänzend . R. copallina pag. 225.
9*. Blättchen grob gesägt-gezähnt . . . . 10.
10. Blättchen spitzig, meist über 6 cm lang, oberseits nur auf den Nerven behaart, tiefgrün.
R. semialata pag. 225.

10*. Blättchen stumpflich, meist nicht über 5 cm lang, oberseits auf der ganzen Fläche ± behaart, graugrün . . . . R. coriaria pag. 224.

Rhus aromática Ait. (= Schmáltzia aromatica Small.). Duftender Sumach. Fig. 1816 b. Duftender, 1 bis 2,4 m hoher Strauch mit kahlen, rotbraunen, 1-jährigen Zweigen und kleinen, bis 10 cm langen, 3-zähligen Laubblättern. Blättchen anfangs beiderseits behaart, später oberseits verkahlend, unterseits zuletzt nur noch auf den Nerven behaart. Blüten in 1 bis 1,5 cm langen, scheinähigen Blütenständen, gelbgrün, oftmals vor der vollen Entwicklung der Laubblätter blühend. Frucht kugelig, gelbrot, behaart. — III und IV. — Heimat nach Greene: Nordamerika, von Alabama bis Maryland. Im mittleren Europa wohl nicht ganz winterhart. — R. trilobáta Nutt. (= Schmáltzia trilobáta Small.). Dreilappiger Sumach. Fig. 1816 a. Weniger angenehm duftender, 1 bis 1,8 m hoher Strauch mit anfangs fein behaarten, später verkahlenden, hellaschgrauen 1-jährigen Zweigen. Laubblätter 2 bis 5 cm lang, buchtig-gekerbt, langgestielt, 3-zählig, beiderseits ± behaart oder kahl (?). Heimat: Nordamerika, von Illinois bis Nebraska, südlich bis Texas, westlich bis Kalifornien; in der Heimat bis 2300 m steigend. Die Art wird im Gebiet meist nur in botanischen Gärten gezogen und dürfte nicht ganz winterhart sein. Sie besitzt einigen Wert durch ihre gerbstoffreiche Rinde, wirkt aber hautreizend. — R. Toxicodéndron[1]) L. (= Toxicodendron pubéscens Mill.). Echter Gift-Sumach, Giftiger Efeu. Franz.: Sumac vénéneux; engl.: Epright sumach, Poison oak. Fig. 1817. Bis 1 m hoher Strauch mit aufsteigenden oder niederliegenden, kletternden und wurzelnden Aesten und unterirdischen Ausläufern. Zweige anfangs grün, weichhaarig, später braun, verkahlend. Lenticellen an den 2-jährigen Zweigen zahlreich. Blattnarben die Knospen nur wenig umfassend. Laubblätter 3-zählig (Fig. 1817), mit 8- bis 14 cm langem Stiele; Blättchen länglich, zugespitzt oder stumpf, ganzrandig oder in der Mitte grob gesägt, oberseits dunkelgrün, zerstreut behaart, unterseits heller grün, reichlich behaart. Blüten 2-häusig, selten zwitterig, in blattachselständigen, reichbehaarten Rispen, gestielt. Kronblätter weisslichgrün, mit rötlichem Herzen. Frucht fast kugelig, etwa 6 bis 8 mm im Durchmesser, kahl, gelb oder gelblichweiss, 10-furchig. — V und VI. Heimat:

Fig. 1817. Rhus Toxicodendron L. Zweig.

(nach Britton) Nordamerika, von Virginien bis Georgia und Nordwest-Carolina, nach anderen Angaben auch in Nordostasien. Besiedelt trockene Standorte. Vielfach in Botanischen und Apotheker-Gärten, seltener in Anlagen gepflanzt, bisweilen an alten Mauern und steinigen Hängen verwildert und stellenweise eingebürgert, so z. B. in der Niederlausitz bei Kottbus und Hoyerswerda, in Thüringen, beim ehemaligen Bärenzwinger in Schwerin, bei Königsberg, an der Altenburg bei Bamberg; in Böhmen um Jungbunzlau am „Teich" an steinigen Hügeln, beim Roten Haus, Blatna und Bürglitz; in Südtirol im Lindnerhof bei Bozen-Gries in einem ganzen Gebüsch verwildert. Der giftige, gelblichweisse, sich an der Luft schwärzende Milchsaft erzeugt bei vielen Leuten Hautentzündungen. Eine blosse Berührung genügt unter Umständen, Geschwüre und Blasenbildung auf der Haut hervorzurufen; sogar nur die Annäherung an den Strauch soll bei empfindlichen Personen nachteilig wirken (Kanngiesser, Fr. Vergiftungen durch Pflanzen und Pflanzenstoffe, 1910). Im Safte finden sich nach älteren Angaben toxische Toxicodendronsäure und Toxicodendrin. Nach neueren Feststellungen handelt es sich um einen sirupösen, komplexen Körper von Glycosid-Natur, der mit Säuren gespalten Gallussäure, Fisetin und Rhamnose liefert; auch ein Cardol-artiger Stoff (Toxicodendrol) gilt als der wirksame Bestandteil. $^1/_{1000}$ Milligramm genügt nach Hugo Schulz, um auf der Haut Blasenbildung hervorzurufen. Der Giftstoff wird nach Rost und Gilg (Der Giftsumach Rhus Toxicodendron L. in seinen Giftwirkungen. Berichte der Deutschen Pharm. Gesellschaft. Bd. XXII), entgegen der Ansicht von Schwalbe (1902), nicht

---

[1]) Zusammengesetzt aus griech. τοξικόν [toxikón] = Gift und δένδρον [déndron] = Baum.

durch Haare oder Drüsen ausgeschieden, sondern kann nur aus den schizogenen Gängen durch Verletzungen austreten. Ein Berühren der Pflanze ist nach Angabe dieser Gewährsmänner völlig unschädlich. Als Gegenmittel gegen die Rhus=Dermatitis wird ein Abwaschen mit alkoholischer Bleiazetatlösung empfohlen. Auch der Saft von Hydrophýllum Canadénse L. soll in dieser Hinsicht wirksam sein. Die Laubblätter enthalten Rhusgerbsäure und gelten als Hautreizungsmittel bei Lähmungen. Früher waren sie als Fólia Toxicodéndri oder Fólia s. Hérba Rhois Toxicodéndri, Herba Rhoïs radicántis, Giftsumachblätter, Feuilles de Sumac vénéneux offizinell und 1794 durch Alderson in den Arzneischatz eingeführt worden. Der Auszug aus frischen Laubblättern bewirkt Schmerzen der peripheren Nerven, Schwellungen der Hände und Füsse, rheumatische Schmerzen, psychische Depressionen, Kopfschmerzen, Schwindel, Hautrötung, Bläschenbildung, Uebelkeit, Magenschmerzen, Drüsenschwellungen usw. Die Homöopathie verwendet den Auszug innerlich und äusserlich zur Heilung von Rheumatismus, Hautausschlägen und Nervenleiden. Bei Hasen, die den Strauch in strengen Wintern annagen, wirkt das Gift sofort tödlich. Der Saft findet in der Schwarzfärberei von Leinwand Verwendung. Der schöne, aber gefährliche Strauch wurde nach Goetze 1622 in Europa eingeführt. C. Bauhin erhielt ihn zusammen mit R. typhina; Cornuti führt ihn 1635 auf. 1640 wurde er in Kiew, 1642 in Padua, 1657 in Bologna gepflanzt. Nach Deutschland kam er 1659 (Jena), 1737 nach Holland, 1746 nach Helmstedt, um diese Zeit auch in die Gärten Schlesiens. Vor 1808 fand er sich im Karthäuser Garten zu Eisenach (Goverts in Mitteilungen der Deutschen Dendrologischen Gesellschaft, 1920). — R. radicans L (= R. Toxicodéndron L. var. radicans auct. plur., = Toxicodendron vulgáre Mill.). Rankender Sumach. Ein dem R. Toxicodendron ähnlicher Strauch, aber

Fig. 1818. Rhus typhina L. *a* Blütenzweig. *b* Überwinterte Zweigspitze. *c* Knospe mit Blattnarbe. *d* und *e* Blüten.

Aeste stets mit Luftwurzeln kletternd und schlingend. Zweige höchstens anfangs behaart. Laubblättchen dünn, beiderseits ± hellgrün, nur unterseits auf den Nerven leicht behaart, ganzrandig oder ± gezähnt, breit- oder rhombisch-eiförmig, bis über 15 cm lang und 11 cm breit; Stiel 2 bis 8 cm lang. Frucht im Durchmesser 5 bis 6 mm. — V und VI. — Heimat: Nordamerika, von Canada, New=York und Neu=England südlich in die Gebirge ausstrahlend und westlich bis zum Mississippi. Seit altersher viel in Kultur. Der Kletterstrauch ist für viele Leute seiner Giftigkeit wegen sehr gefährlich und wird wie R. Toxicodendron technisch verwendet. — R. vernicífera[1]) DC. Lack=Sumach. Fig. 1816 c. Strauch oder bis 10 m hoher Baum mit rissiger Rinde und kahlen (ob immer?), meist leicht bereiften Zweigen. Laubblätter bis 60 cm lang, 7= bis 13=zählig gefiedert; Blättchen bis 16 cm lang und 7 cm breit, sitzend, eiförmig-länglich, zugespitzt, ganzrandig, oberseits glänzend, kahl, unterseits meist nur am Hauptnerven behaart. Blüten zwitterig oder 2=häusig, in wenig behaarten Rispen. Frucht etwa 10 mm im Durchmesser, glatt, grünlichgelb. — VI. — Heimat: Japan. Dort sowohl wie in China und auch in Mitteleuropa häufiger gezogen und hier vollständig winterhart. Der Strauch liefert durch seinen bei Verletzungen der Rinde austretenden Phenol, Laccol, Laccase und viel Gummi (mit Araban und Galaktan) enthaltenden, giftigen Milchsaft den Ausgangsstoff für den von den Japanern „ki=urushi" genannten, für ihre Lackarbeiten unentbehrlichen Japanischen Firnis. Im Lack selbst sind nach Wehmer 60 bis 85% Urushinsäure, 3 bis 6% Gummi, 1 bis 3% eiweissartige Körper, eine flüchtige Substanz und eine ebensolche, die Giftwirkung bedingende (?) Säure, etwas fettes Oel (erst bei der Herstellung hineinkommen), Oxylacksäure (Oxydationsprodukt der Urushinsäure durch die Laccase) und 10 bis 33% Wasser nachgewiesen worden. Ueber die Natur mancher Stoffe besteht noch Unsicherheit. Der Giftstoff ist zufolge neuerer Untersuchungen harziger Natur. Bei den Chinesen zählt der Strauch zu den uralten medizinischen Pflanzen und wird bereits am Anfang des 3. vorchristlichen Jahrtausends in den als „Materia medica" bekannt gewordenen Schriften des Kaisers Shen Kung, des Vaters der chinesischen Landwirtschaft und Arznei= und Heilkunde, erwähnt. Die Frucht enthält

---

[1]) Von griech.=lat. berenice = Firnis (franz. vernis; ital. vernice; engl. varnish).

bis 24,2 % fettes Oel und liefert gleich R. succedánea L. (vgl. dort) Japanwachs. Der Strauch wurde erst Anfang der 70er Jahre des vergangenen Jahrhunderts in Deutschland eingeführt. Anbauversuche zum Zwecke der Gewinnung des Japanischen Lackes scheiterten an den zu hohen Wirtschafts=Unkosten. — R. Vérnix L. (= R. venenáta DC.) Gift=Sumach. Fig. 1816 d. Strauch oder bis 6 m hoher Baum, ähnlich R. vernicifera, aber Borke glatt. Zweige ± überhängend, kahl, rot oder orangebraun, zuletzt grau. Laubblätter bis 40 cm lang, 7= bis 13=zählig gefiedert; Blättchen oberseits glänzend tiefgrün, unterseits hellgelbgrün, kleiner, bis 10 cm lang, ganzrandig oder etwas ausgeschweift. Blüten in schmalen, meist über 10 cm langen, lockeren Blütenständen. Frucht etwa 4 mm im Durchmesser, lange hängen bleibend. — VI. — Heimat: Nordamerika, von Nord=Neu=England bis Nord=Georgia und Alabama, westlich bis Nord=Minnesota, Arkansas und West=Louisiana. Besiedelt sumpfige Orte. In Europa selten gepflanzt und wahrscheinlich weniger winterhart. Die Art wird häufig mit R. vernicifera verwechselt und ist sehr giftig. Der Saft des Baumes, der auch als Ersatz für den echten japanischen Lack empfohlen wird, enthält Gummi, schleimartige Stoffe, Harz und ein Enzym. Mit verdünnter Säure behandelt ergibt er einen nicht gärungsfähigen, reduzierten Zucker, enthält aber weder Alkaloide noch Glykoside. Die Giftwirkung wird den in dem Harze enthaltenen Stoffmengen zugeschrieben. Der Strauch oder Baum zeichnet sich durch eine prächtig rote Herbstfärbung aus. — R. typhina[1]) L. (= R. hirta Sudw., = R. viridiflóra Poir.). Essigbaum, Hirschkolben=Sumach. Fig. 1818 bis 1820. Locker verästelter Strauch oder bis 12 m hoher, sparrig verzweigter Baum mit unterirdischen Ausläufern. Stamm mit grauer, rissiger Borke. Junge Zweige, Aeste und Schösslinge dicht weichzottig braunrot behaart, selten verkahlend, ältere Zweige glänzend. Knospen von einer hufeisenförmigen Blattnarbe umgeben. Laubblätter bis 50 cm lang, 11= bis 31=zählig gefiedert, gestielt; Blättchen bis 12 cm lang, sitzend, länglich=lanzettlich, vorne zugespitzt, grobgesägt, oberseits mattglänzend dunkel= oder sattgrün, verkahlend, unterseits von weichen Haaren blaugrau oder weisslich, zuletzt (mit Ausnahme der Nerven) verkahlend und blaugrün. Blüten 2=häusig, fast sitzend, in dichten, endständigen, pyramidenförmigen, mit schmallinealen Deckblättchen versehenen, dicht behaarten, bis 15 (30) cm langen Blütenständen. Kelchblätter dicht behaart. Kronblätter der männlichen Blüten gelblichgrün, die der weiblichen Blüten rot. Nüsschen rundlich, 4 mm lang, stark purpurrotfilzig, in dichtem, kolbenartigem, rotem Fruchtstand. — VI und VII. Heimat (nach Sargent): Westliches Nordamerika, nördlich bis Neubraunschweig, Süd=Ontario, Minnesota, südlich bis Mississipi, Mittel=Alabama und Nord=Georgia. Gern auf guten Böden, besonders an Flussufern und in Sümpfen, aber auch auf trockenen, steinigen Unterlagen. Die Art ist in Mitteleuropa vollkommen winterhart und wird vielfach als vorzüglicher Schmuck in Anlagen und Gärten gepflanzt.

Fig. 1819. Rhus typhina L., unbelaubt im Frühjahr.
Phot. Frau Isabella Hegi - Naef, Rüschlikon (Schweiz).

Im Herbst nimmt das Laub eine mit dem Weinlaub wetteifernde rote Verfärbung an. Die weitkriechenden, mit ihrem braunen Filz an ein im Baste stehendes Hirschgeweih erinnernden Schösslinge und Wurzelausläufer sind ausserordentlich widerstandsfähig und verhelfen der Pflanze zu häufigem Verwildern. So in Deutschland in Bayern bei Helfkam unweit Deggendorf, Metten, am Natternberg, am Hirschberg und Arzberg bei Beilngries in Menge, Nürnberg, unterhalb Rothenburg ob der Tauber, beim Römersessel südlich von Landsberg; in Württemberg bei Kirchberg a. J.; in Brandenburg z. B. bei Gramzow, auf dem Friedhof von Potzlow, und im Boitzenburger Park, bei Schönebeck; in Oesterreich in Südtirol im Talerbett bei Schloss Ried unweit Bozen, bei Gocciadoro wie verwildert, in Nordtirol bei Amras; in Niederösterreich bei Kahlenberg, Leopoldsberg,

---

[1]) Name wegen der entfernten Aehnlichkeit der noch geschlossenen Blütenstände mit denjenigen von Typha.

Laxenburg, in der Brühl, auf Aufschüttungen im Prater usw.; in Mähren bei Znaim, im Leskatal und bei Eibenschitz; in der Schweiz z. B. im südlichen Tessin ob Capolago ganz eingebürgert, verwildert am Neuenburger See bei Concise. — Aendert ab: var. laciniáta Cowell. Fiederblättchen fiederig eingeschnitten. Wild in New=Hampshire in Nordamerika. Die Fruchtstände werden dem Essig beigesetzt (Essigbaum!). Das Holz ist dunkelgelb bis hochorange= rot und wird zu feinen Schreinerarbeiten verwendet. Laubblätter und junge Triebe dienen zum Gerben und zum Parfümieren von Tabak. Rhus typhina ist derjenige Sumach, der zuerst nach Europa gebracht wurde. Er fand 1602 im Vesoasian Robinschen Garten zu Paris Eingang, kam 1629 nach Kew, 1661 nach Amsterdam, 1676 nach Altdorf, 1683 nach Edinburgh, wird 1746 als Rhus fóliis ternátis et pinnátis in Helmstedt eingeführt und gelangt vor 1808 in den Karthäusergarten zu Eisenach. Die Wurzeln der Pflanze besitzen nach Stahl keine Mycorrhiza. Die den Winter bis zum Frühling aufrecht überdauernde, endständige Fruchtrispe ist nach

Fig. 1820. Rhus typhina L. *a* Zweig mit noch geschlossener Blütenrispe. *b* Desgl. aufgeblüht. *c* Samen.

Pilger (Bemerkungen zur phylogenetischen Entwicklung der Blütenstände. Berichte der freien Vereinigung für Pflanzengeographie für das Jahr 1919) scharf gegen den unfruchtbaren Zweig abgesetzt. In der Krone eines alten Baumes enden alle Zweige mit einer Rispe, nach deren Absterben der Zweig durch 1 oder 2 Triebe aus den Achseln oberer Laubblätter fortgesetzt wird. Nach Kinzel bringen in Oberbayern jahreszeitlich spät be= fruchtete Blüten nur ausnahmsweise reife Früchte hervor. Früh gereifte Samen keimen zwar im Dunkeln teil= weise schon nach 8 Tagen, zeigen aber eine Keimungsbegünstigung durch Lichteinwirkung. Die jungen Pflänz= chen besitzen rote Wurzelhaare von der die Frucht kennzeichnenden Farbe. — R. glábra L. (= R. Canadénsis Mill.). Scharlach=Sumach. Fig. 1816 e. Strauch oder bis 6 m hoher Baum. Aehnlich R. typhina, aber 1=jährige Zweige kahl oder fast kahl, meist bereift und rot überlaufen. Fiederblättchen etwas breiter und gröber, zu= weilen auch undeutlich gesägt, unterseits meist ganz kahl. Blütenstand grösser, ± kurz und feinhaarig. Frucht lebhaft rot. — VII. — Heimat: Nordamerika, nördlich von Neu=Schottland bis Britisch=Columbia, südlich von Florida bis Arizona. Liebt Waldränder und trockene, sonnige Hügel. Aendert ab: var. laciniáta Carr. Fiederblättchen fiederig eingeschnitten. — var. élegans Engl. Wuchs schlanker. Zweige schön blau bereift. — Das Laub färbt sich im Spätherbst glänzend rot; die im Gebiet selten anzutreffenden weiblichen Frucht= stände erhalten ihre rote Farbe bis tief in den Winter hinein. Der Strauch wird seiner schmückenden Eigen= schaften einerseits, aber namentlich wegen seiner stark festigenden Wurzeltätigkeit zur Anpflanzung an Bahn= dämmen empfohlen. Verwildert z. B. im Park am Friedhof von Mannheim. Die Früchte enthalten viel primäres

Calciummalat (aber keine Apfelsäure), Weinsäure (?), Tannin, fettes Oel (in den Samen), Bitterstoff, organische Säuren, cholesterinartigen Alkohol und 2,65% Asche. Sie sind in der Pharm. Americ. offizinell und dienen ferner zur Erzeugung von Essig. Die gerbstoffreichen Laubblätter bilden zusammen mit den Laubblättern von R. typhina den als „Amerikanischer Sumach" bezeichneten Handelsartikel, der als schwarzes Färbungsmittel, zu Gurgelwässern und zum Parfümieren von Tabak verwendet wird. Mit den auf den Laubblättern auftretenden Gallen (mit 67% Gerbstoff) wird in Amerika Leder gegerbt. — R. coriaria[1]) L. Gerber-Sumach. 1 bis 3 m hoher Strauch mit fein und dicht behaarten, gelbgrauen Zweigen. Laubblätter bis etwa 18 cm lang, 9- bis 15 zählig gefiedert; Fiederblättchen an gegen die Spitze zu oft geflügelter Blattspindel sitzend, eiförmig oder eilänglich, die unteren fast rundlich, selten über 6 cm lang, stumpflich, grob kerbig gezähnt, oberseits spärlich weichhaarig, unterseits heller und reichlich weichhaarig. Blüten in end- und seitenständigen, bis 25 cm langen, dicht behaarten, schmalen, dichten, rispigen Blütenständen auf sehr kurzen Stielen. Kelch dicht behaart. Kronblätter eiförmig-länglich, stumpf, doppelt so lang wie der Kelch, bewimpert, grünlich. Frucht etwa 4 bis 6 mm im Durchmesser, kugelig, dicht rot, einfach und drüsig behaart. — VII bis IX. — Heimat: Mittelmeergebiet; westlich bis zu den Kanarischen Inseln, östlich bis Persien und Afghanistan. Der Strauch wird in Mitteleuropa selten gezogen (z. B. in Anlagen in Heidelberg), da er nicht winterhart ist und häufig bis zum Erdboden zurückfriert, fand sich aber im Hortus Eystettensis bereits 1597 unter dem Namen Cotinus, Gelbes Presilienholz. Verwildert und eingebürgert in der Schweiz im Kanton Neuenburg auf Felsen längs der Bundesbahn zwischen Neuchâtel und Serrières, im Traverstal auf Friedhöfen gepflanzt. R. coriaria gehört zu den charakteristischen Gewächsen der mediterranen Macchie und bedeckt z. B. in Griechenland oft meilenweit trockenes Kalkgelände. Im Kolchischen Walde, der nach Engler an den Hängen aus Fagus Orientalis, Carpinus Betulus, Tilia intermedia, Castanea sativa, Ostrya carpinifolia, Zelkowa crenata (Desv.) Spach, Acer- und Prunus-Arten usw. gebildet wird, stellt er mit Corylus Avellana, Staphylea Colchica Stev. und S. pinnata, Viburnum Lantana, Berberis vulgaris, Cotinus Coggygria, Philadelphus coronarius, Rosa-Arten, Mespilus Germanica, Rhododendron flavum, Lonicera Caucasica Pall. u. a. das Unterholz dar. Häufig wird er auch im Mittelmeergebiet, besonders auf Sizilien (Hauptzentrum Palermo und Alcamo) der Laubblätter und jungen Triebe wegen gebaut, die unter dem Namen „Gambuzzo" getrocknet und gepulvert ein geschätztes Gerbmittel darstellen. In ihnen wurde Dextrose, der gelbe Farbstoff Myrecetin und der Sumachgerbstoff $(C_{16}H_{15}O_{10})_2$ nachgewiesen; die getrockneten Laubblätter allein kommen als „Sizilianischer" oder „Italienischer Sumach"[2]) in den Handel und dienen als Gerb- und Färbemittel. Sie enthalten nach Wehmer etwa 13% (nach Tschirch bis 27%, nach Veitsch bis 35%[3])) Gerbstoff, Myricetin (= Oxyquercetin), wachsartige Stoffe usw. In der Praxis werden meist 3 Sorten unterschieden: Feiner Sumach (I. Qualität), feine Rippen und grobgemahlene Blattstiele, grobe Rippen und Stiele. Die letztgenannte Sorte kommt für den Handel nicht in Betracht. Andreasch gibt für eine Sorte mit geringem Gerbstoffgehalt den Namen „Sommaco feminella" an; Veitsch unterscheidet zwischen einem „Masculino" (mit 25 bis 35% Gerbstoff) und einer „Feminella" (mit weniger als 25%). Die Stengel führen den Namen „Gambazzo". Mit Hilfe des Sizilianischen Sumach wird das Saffian- und Corduanleder hergestellt. Die hinsichtlich ihres chemischen Inhaltes nicht sicher bekannten Früchte werden zur Verbesserung von Essig und als Gewürz verwendet. Auch Verfälschungen des gestossenen, echten, aus Piper nigrum L. hergestellten Pfeffers mit Rhus coriaria sind bekannt geworden. Laubblätter und Früchte sollen bei Blut und Schleimfluss, sowie bei Gallenfieber heilsam sein und sind deshalb noch in der portugiesischen Pharmakognosie offizinell. Letztere

---

[1]) Abgeleitet von lat. coriarius = Gerber, corium = Haut, Leder. Bei Hippokrates hiess die Art ῥοῦς ἐρυθρή [rhus erythré], bei Columella Ros (rhus) syricum.

[2]) Unter „Sumach" im weiteren Sinne des Wortes versteht man in der Apotheke eine Handelsware, die sich aus den getrockneten und gemahlenen Laubblättern mehrerer Rhus- und Coriaria-Arten zusammensetzt, die meist auch Bruchstücke von Blattstielen und Zweigen enthält und ein graugrünes, schwach riechendes, zusammenziehendes Pulver darstellt. Die wertvollste Sorte wird von Rhus coriaria gewonnen; der Provenzalische Sumach besteht z. B. aus Coriaria myrtifolia L. (vgl. pag. 213). Verfälschungen mit Ceratonia Siliqua, Cistus salvifolius, Ficus Carica, Ailanthus glandulosa, Tamarix Africana, Arctostaphylos uva ursi, auch mit Eisenteilchen usw. kommen vielfach vor. Das Gerben geschieht nach der französischen, italienischen oder türkischen Methode. Bei der ersteren werden die „Blössen" in einer Reihe von Sumachfarben gar gemacht, bei der zweiten werden sie in einer schwachen Sumachfarbe angegerbt und mit einer starken Sumachbrühe fertig gemacht, bei der türkischen Methode endlich wird jedes Fell in einen mit Sumachbrühe gefüllten Sack gebracht und starkem Drucke ausgesetzt; die Operation muss mehrfach wiederholt werden. Auch zum Färben von Chromleder und zum vegetabilischen Nachfärben desselben findet der Sumach Verwendung. Als Ersatz von Eichen- oder Fichtenrinde kommt er nicht in Betracht (Wiesner).

[3]) Die Angabe von Stenhouse, dass der Sumachgerbstoff chemisch mit dem der Galläpfel übereinstimme, ist von Löwe (Zeitschrift für analytische Chemie, Bd. 12) bestätigt worden.

können nach Kanngiesser aber auch schwere Vergiftungserscheinungen hervorrufen. Medizinischen Zwecken diente die Pflanze schon bei den Römern (erwähnt z. B. bei Scribonius Largus [um 45 n. Chr.]). Da man ihr die Fähigkeit zuschreibt, die Reblaus zu vertreiben, wird sie in verseuchten Weinbergen angepflanzt. Laubblätter und Zweige finden ferner zum Schwarzfärben, die Rinde zum Gelbfärben, Wurzeln und Früchte zum Rotfärben Verwendung. Die Laubblätter werden ihres aromatischen Duftes wegen bisweilen dem Tabak beigemischt. Zur Zeit Ludwigs XIV. fand sich die Pflanze in Schlesischen Gärten in Kultur. — R. semialáta Murr. var. Osbécki DC. (= R. Osbécki Steud.). Fig. 1816 f. Bis 10 m hoher Baum mit anfangs rostig behaarten, später verkahlenden, glänzenden, rotbraunen Zweigen und bis 40 cm langen, 3- bis 15-zählig gefiederten Laubblättern; Blattspindel deutlich geflügelt; Fiederblättchen eiförmig, zugespitzt, grobgesägt, oberseits tiefgrün, auf den Nerven ± behaart, unterseits grau, papillös, reichlich behaart, mit vortretenden Nerven. Blüten in grossen, bis 40 cm langen Blütenständen, gelbgrau. Frucht kugelig, etwa 7 mm im Durchmesser, gelbrot, drüsig behaart. Heimat: (nach C. K. Schneider[1])) Japan; an trockenen, felsigen Orten. Die Art ist in Mitteleuropa winterhart. 1752 kam sie nach England. Der Karlsruher Botanische Garten z. B. besitzt einen Baum, dessen Stammumfang 1,18 m beträgt. Auch in den Anlagen in Wiesbaden findet er sich angepflanzt. Im Herbste färbt sich das Laub schön rot. Aphis Chinénsis Doubl. erzeugt an den Laubblattstielen und Zweigspitzen die technisch und medizinisch wichtigen, als Gállae Chinénses und Gallae Japónicae (Fig. 1814 e) bekannten chinesischen und japanischen Galläpfel. Sie zeigen eine an Trapa natans erinnernde Gestalt, buckelige Fortsätze und Höcker, sind stark behaart, hellgelbgrau, bis 8 cm lang, bis 12 g schwer und enthalten nach Wehmer bis 77%, nach Tschirch bis 70% Gerbsäure (= Tannin), 4% andere Gerbsäuren, etwas Gallussäure, Fett, Harz, Gummi und 2% Asche. Bei den Chinesen dienen sie seit alten Zeiten als Heilmittel und werden besonders in den Provinzen Houan und Szetchuan gesammelt. Deutschland führte 1909 22757 Tonnen chinesischer Gallen ein. Sie haben seit 1862 besonders in der Färberei und Tanninherstellung die kleinasiatischen, von Quercus infectória L. stammenden Gallen mehr und mehr verdrängt. Dass, wie Paul Graebner angibt, aus dem Milchsaft Lack hergestellt werde, konnte C. K. Schneider nicht bestätigen. Die Früchte enthalten einen gelben Farbstoff und Balsam. — R. copallína[2]) L. Kopal-Sumach. Fig. 1816 g. Strauch oder bis 10 m hoher Baum mit Wurzelausläufern und anfangs dicht braunfilzigen, verkahlenden, jungen Zweigen. Laubblätter bis 30 cm lang, auf breitgeflügeltem Stiele, 9- bis 21-zählig gefiedert; Blattspindel behaart; Fiederblättchen lanzettlich, bis 9 cm lang, ganzrandig oder ungleich entfernt gezähnt, oberseits tief- und glänzend-grün, an den Nerven behaart, unterseits hellgelblichgrün, locker weichhaarig. Blüten in breit pyramidenförmigen, bis über 20 cm langen, behaarten Rispen. Frucht etwa 4 mm im Durchmesser, kurz drüsenhaarig, karminrot, früh abfallend. — VII, VIII. — Heimat: Nordamerika (von Neu-England südlich bis Florida und Cuba, westlich bis Ost-Nebraska, Kansas und Texas). Liebt trockene, steinige oder felsige Hänge. Die meist als Strauch gezogene Art scheint in Mitteleuropa winterhart zu sein. Diese Art fand sich bereits 1688 im Garten des englischen Bischofs Henri Cumpton. Vor 1808 wurde sie auch im Karthäusergarten zu Erfurt kultiviert. Eine grössere Verbreitung hat sie aber weder seinerzeit noch gegenwärtig gefunden, obwohl sie durch den dunkelgrünen, im Spätherbst braunrot verfärbenden Glanz der Laubblätter als Ziergehölz recht empfehlenswert ist. Die gerbstoffreichen Laubblätter bilden einen Teil des als „Amerikanischer Sumach" in den Handel kommenden Gerbmittels, können auch zum Parfümieren von Tabak Verwendung finden. Die Wurzeln färben rot. Die Früchte sind reich an Calciummalat. Der Name „Kopal"-Sumach wurde dem Strauch nach Sargent von Linné in der irrigen Auffassung gegeben, dass er die Stammpflanze des Kopal-Gummis sei. — Wichtige Erzeugnisse liefern ferner folgende, in Mitteleuropa kaum je gezogene Rhus-Arten: R. succedánea L., der Wachs-Sumach der Japaner und Chinesen, enthält wie R. vernicífera, R. acumináta DC. und R. silvéstris Sieb. et Zucc. im Mesokarp der Früchte und in den Kotyledonen bis 65% Fett. Diese als Céra Japónica, Japantalg, Japanwachs, Sumachwachs, Cire de Japon bekannte Masse besteht nach neueren Untersuchungen laut Wehmer in der Hauptsache aus Palmitin und freier Palmitinsäure, daneben aus mehreren hochmolekularen Fettsäuren: Nonadecamethylcarbonsäure ($C_{21}H_{40}O_4$) und den Säuren $C_{20}H_{38}O_4$ und $C_{19}H_{36}O_4$. Das blaugrüne Rohwachs, das gebleicht und raffiniert weissliche oder gelblichweisse Farbe annimmt, wird in bisweilen zentnerschweren Blöcken und runden oder 4-eckigen Kuchen oder gestempelten Scheiben zusammengeschmolzen und stellt eine bedeutende Ausfuhrware von Japan dar. Die japanische Durchschnittsernte beläuft sich auf etwa 2,4 Millionen kg (= 4 Mill. kin; 1 kin = 0,601 kg). 1909

---

[1]) Nach der Darstellung von Tschirch kommt die var. Osbécki mit breitgeflügelter Blattspindel in China, in Japan jedoch die var. Roxbúrghi DC. mit schmalgeflügelter Blattspindel vor, deren Gallen allerdings wirtschaftlich gleichwertig sind. Auf Formosa und westlich bis zum Himalaya tritt die ungeflügelte var. Sandwicénsis Engl. auf.

[2]) Abgeleitet vom mexikanischen kopalli, der Bezeichnung für den ausgetrockneten Saft der Leguminose Hymenáea coúrbaril L. und verwandten Arten, die das Kopalharz (Resína s. Gummi copal [mex.: kopalli]) liefern.

wurden 5,7 Mill. kin ausgeführt. Die Ausfuhr Chinas ist bedeutend geringer. Die Pflanze gehört dort zu den bereits im 1. vorchristlichen Jahrtausend erwähnten Drogen.

Die gerbstoffreichen Laubblätter von R. lúcida L. und R. tomentósa L., beide im Kapland heimisch und beide nach Schube zur Renaissance=Zeit in den Prunkgärten Schlesiens gezogen[1]), dienen zum Gerben. Die gestossenen und in Wasser gekochten Früchte des westmediterranen R. pentaphýlla (L.) Desf. geben einen gelben Farbstoff. Dauerhaftes Holz gewinnt man von dem abyssinischen R. levigáta L. und dem vom Kapland bis Natal heimischen R. viminális Vahl. Teratologische Bildungsabweichungen sind in der Gattung Rhus nach Penzig vielfach beobachtet worden. An den oben aufgeführten Arten fanden sich folgende Anomalien: Verbänderung der Zweige bei R. glabra, R. semialata und R. typhina, fein zerschlitzte Laubblätter bei R. typhina, Vermehrung der gedreiten Laubblätter durch 1 oder 2 weitere, mitunter lang= gestielte Fiedern bei R. radicans, Ascidienbildung der Fiederblätter bei R. semialata, Verlaubung der Blüten= rispe bei R. copallína, R. typhina und R. glabra. Die von Cotte und Reynier beschriebene R. coriaria= Form mit stark verkürzten Laubblattspindeln und stärkerer Behaarung dürfte nur unter dem Einfluss tierischer Parasiten entstanden sein. Die in der Regel 1=häusigen Blüten des R. copallína besitzen bisweilen in den weiblichen Blüten fruchtbare, pollentragende Staubblätter. Adventivwurzeln auf Wurzeln entstehen gelegentlich bei R. glabra und R. typhina. Bei R. radicans fanden sich längs der Querseiten verwachsene Luftwurzeln.

CCCCLVI. Cótinus[2]) Miller. Perückenstrauch.

Sträucher mit gelbem Holz. Laubblätter abwechselnd, eiförmig bis rundlich, lang ge= stielt. Blüten vielehig, klein, in grossen Rispen, mit Tragblatt und linealen, spitzen Vorblättern. Kelch 5=teilig; Kelchblätter eiförmig=lanzettlich, dachig. Kronblätter länglich. Staubblätter unterhalb des breiten Diskus eingefügt. Fruchtknoten verkehrt=eiförmig, zusammengedrückt, mit 1 Samen= anlage mit grundständigem Funiculus; Griffel 3, seitlich stehend, mit kleinen Narben. Stein= frucht schief=länglich, stark zusammengedrückt, an der schmalen Seite in der Mitte mit den Resten der Griffel; Exokarp dünn, Mesokarp sehr schwach, Endokarp hornartig. Keimling mit flachen Keimblättern und langem, gegen den Scheitel des Faches hin hakig gekrümmtem Stämmchen.

Die Gattung zählt nach neueren Auffassungen 3 Arten, den unten behandelten C. Coggýgria Miller, den mehrfach auch als Form dieser Art aufgefassten C. velútina (Engl.) C. K. Schneider (= Rhus velutina Wall.) und den in Nordamerika (nach Sargent in Alabama, Ost=Tennesse, Indian=Territorium, West= Texas und Südwest=Missouri) in Bergwäldern heimischen C. cotinoídes Britt., einen Strauch oder bis 12 m hohen Baum mit langkeiligen, in den Stiel vorgezogenen, 7 bis 15 cm langen und 3,5 bis 5 cm breiten, am Rande weniger knorpeligen, dünnen, unterseits kahlen oder spärlich behaarten Laubblättern und länglicher Frucht, der seiner sehr lebhaften Herbstfärbung wegen bisweilen in Anlagen angepflanzt wird. Die Ver= wandtschafts=Verhältnisse sowohl dieser Arten als auch weiterer chinesischer Formen sind gegenwärtig noch nicht genügend geklärt.

1863. Cotinus Coggýgria[3]) Miller (= Rhús Cotinus L.[4])). Perückenstrauch. Franz.: Arbre à peruques, fustet, sumac des teinturiers, barbe de Jubiter, pompon, coquecigrue; ital.: Scotano, scotanello, cotino, capecchio (im Tessin: scodan). Fig. 1814a bis d, 1821 und 1822.

Bis über 3 m hoher, sommergrüner Strauch mit reichlicher, ausgebreiteter, graurot= dünnschuppiger Verästelung und kahlen, olivbraunen, glänzenden, 1=jährigen Zweigen. Laub= blätter wechselständig, kurz=(1 bis 4 cm lang=)gestielt, breit eiförmig=rundlich, 3 bis 8 cm lang, am Grunde plötzlich und kurz in den Stiel verschmälert, vorn stumpf, ganzrandig, am Rande

---

[1]) Auch R. unduláta Jacq. aus dem Kapland fand sich dort in Kultur.

[2]) Lat. cótinus, bei Plinius (Nat. Hist. XVI, 73) Name eines in den Apenninen wachsenden Strauches, von dem eine Purpurfarbe gewonnen wurde.

[3]) Entstellt aus der Bezeichnung κοκκυγέα [kokkygéa], wie ein Baum, der auf unsere Art gedeutet wird, bei Theophrast (Hist. plant. 3, 16, 6) heisst. Plinius (Nat. hist. 13, 121) nennt ihn coccygia. Der Name soll mit griech. κόκκυξ [kokkyx] = Kuckuck zusammenhängen (warum?).

[4]) Wie Vollmann in den Mitteilungen der Bayerischen Botanischen Gesellschaft, 1914 hervorhebt, wird das Wort Rhus im Lateinischen und Griechischen teils männlich, teils weiblich verwendet. Die feminine Schreibart kann also benützt werden, jedoch mit Ausnahme von R. Cotinus; denn Cotinus ist im Lateini= schen Substantiv. Bei Plinius dürfte der als cotinus bezeichnete Strauch kaum unserer Art entsprechen; der κότινος [kótinos] des Theophrast ist Ólea Europǽa in der Wildform (var. oleáster L.).

chlorophyllos=durchscheinend, kahl, oberseits grün, unterseits bläulichgrün, mit etwas vor=
tretenden, fast rechtwinklig abstehenden Fiedernerven. Blüten in reichlich verzweigten, end=
ständigen Blütenständen, vielehig, klein, zum grossen Teil unfruchtbar bleibend. Kelchzipfel 5,
eiförmig=lanzettlich, stumpf, grün. Kronblätter 5, eiförmig, 1,5 bis 2 mm lang, grünlichweiss.
Staubblätter 5, unterhalb des breiten, 5=lappigen Diskus eingefügt, vor den Kelchblättern
stehend. Fruchtknoten oberständig, aus 3 Fruchtblättern bestehend, mit 1 auf aufsteigendem
Funiculus hängender Samenanlage; Griffel 3, frei, mit kopfförmiger Narbe. Frucht eine schief
länglich=birnenförmige, etwas zusammengedrückte, etwa 5 mm lange, erhaben längsnervige, grüne,
1=samige Steinfrucht. Samen nierenförmig, mit dünner Samenschale, ohne Nährgewebe. — V, VI.

Zerstreut, aber stellenweise häufig, auf sonnigen, trockenen, stei= nigen oder felsigen Hängen, in lichten Gebüschen; von der Ebene bis in die montane Stufe. In Südtirol bis 900 m, im Tessin bis 700 m, in den Illyrischen Gebirgen bis 1180 m. Auf allen Unterlagen, aber Kalkböden vorziehend.

In Deutschland in den wär= meren Teilen nur gepflanzt und selten verwildernd, z. B. Adamsberg bei Eich= stätt in Bayern, hie und da in Württem= berg und im Elsass, früher auch in den Steinbrüchen über Hochheim in Thüringen. — In Oesterreich in Mähren verwildert bei Nikoltschitz unweit Auspitz; wild in Niederösterreich in Unter=Piesting und vom Calvarienberg bei Baden bis Vöslau und Merkenstein, bei Staats; in Steiermark auf den Kalk= und Dolomitbergen Südsteier= marks, auf dem Wotsch bei Pöltschach, auf dem Donatiberg bei Rohitsch, im Sann= und Savetal bei Tüffer, Steinbrück und Tri= fail; in Krain; in Südtirol in der Umgebung von Meran bis unterhalb Lana (rechts der Etsch bis zu den Felsen westlich der Leon= burg), am Prissianer Vorberg, bei Nals,

Fig. 1821. Cotinus Coggygria Miller. *a* Blütenzweig. *b* Zweigspitze im Frühjahr. *c* Knospe mit Blattnarbe. *d* und *e* Blüten. *f* Teil des Frucht= standes. *g* Frucht. *h* Blütendiagramm (nach Marktanner).

links der Etsch bei Gargazon, bei Brixen (?), im Nonsberg (Revò, San Zeno, Terres, Tajo, Mollaro), in der
Umgebung von Bozen bei Kollmann, bis Kafenstein, Peter Planer und St. Georg im Sand, Waidbruck, Kastel=
rutherstrasse, Schloss Stein am Ritten, Atzwang, Steg, zwischen Steg und Völs, unteres Tierser= und Eggen=
tal, Sigmundskron, im Sarntal bis hinter den Sarner Zoll, ferner im Etschtal abwärts häufig, in Judikarien
bei Preore, Ragoli, Bleggio, Stenico, San Lorenzo, in der Umgebung von Trient bei Vezzano, Castell Toblino,
Monte Maranza, Pergine, Levico, Borgo, in der Umgebung von Rovereto, bei Riva, Arco, im Val di Ledro,
Torbole, Vallarsa, Lizzana, San Marco, Brentonico, Ala, ausserdem vielfach kultiviert und aus der Kultur
verwildert, so z. B. im Inntal bei Schloss Tratzberg. — In der Schweiz im Tessin ziemlich verbreitet an den
Hängen des Luganersees (im Val Solda, zwischen Gandria und Castagnola, am San Salvatore, bei Riva San
Vitale, Sasso Nicolao ob Capolago usw.) und im Wallis von Leuk bis Gampel; ausserdem vielfach in Gärten
und Anlagen gepflanzt und hie und da verwildert, so z. B. in Les Marques bei Martinach im Wallis, im Ufer=
gebüsch bei Colombier, St. Aubin und Boudry im Kt. Neuenburg, an Kalkfelsen bei Gersau am Vierwald=
stätter See.

Allgemeine Verbreitung: Mittelmeergebiet und südliches Mitteleuropa; nörd=
liche Grenze: Hochsavoyen, Jura bis Bugey, Wallis, Südtirol, Niederösterreich, Wolhynien,
Podolien, Bessarabien, Gouvernement Cherson, unterer Donez, Krim; südliche Grenze: süd=

liches Frankreich, Mittelitalien, Balkan; Kleinasien, Syrien, Hocharmenien, östlich bis Zentral=
asien und Nordwest=Himalaya.

Die Art ist wenig formenreich: 1. var. lévis Engler. Pflanze kahl. Wahrscheinlich nur in dieser Form in Mittel= und Westeuropa verbreitet. Dazu: f. péndula (Dippel). Zweige hängend. — f. atropur= púrea (Dippel). Fruchtrispen sich tiefrot färbend. — 2. var. pubéscens Engl. Laubblätter ± behaart. Fruchtstiele ± behaart oder kahl. So bisher aus dem Banat, Kleinasien und dem Kaukasus bekannt; viel= leicht hie und da angepflanzt.

Cotinus Coggygria gehört dem mediterran=vorderasiatischen Element an. Im Tessin und in Südtirol ist die Art ein Bestandteil der Ostrya=Buschwälder und besitzt etwa folgende Begleiter: Ruscus aculeatus, Ostrya carpinifolia, Celtis australis, Pistacia Terebinthus (in Südtirol), Quercus lanuginosa, Prunus Mahaleb, Rhamnus saxatilis, Colutea arborescens, Laburnum sp. usw. Auch bei Baden und Vöslau in Niederösterreich erscheint der Strauch, wenn auch verarmt, mit fast denselben Begleitern im Unterwuchs von Pinus nigra= Wäldern (Beck, Die Vegetation der letzten Interglazialperiode. Lotus, Bd. 56). Bei Leuk im Mittel= wallis tritt sie nach Gams teilweise herrschend und regelmässig fruchtend bei 650 m auf einem südgeneigten Kalkschutthang in einem lichten, von Kühen und Ziegen beweideten Gebüsch auf, das sich aus Prunus Mahaleb, Rosa agrestis, Rhamnus cathartica, Ligustrum vulgare, Berberis vulgaris, Juniperus Sabina und Pinus silvestris zusammen= setzt; den Unterwuchs bilden Festuca ovina subsp. glauca, Koeleria Valesiaca, Phleum phleoides, Tunica Saxifraga, Erysimum hieraciifolium, Potentilla pube= rula, Euphorbia Seguieriana, Centaurea Scabiosa usw. Die Frage, ob das Vorkommen des Strauches im Wallis auf einer Einschleppung durch den Menschen aus südlichen Alpentälern in historischer oder prä= historischer Zeit beruht, ob es sich um einen alten, sesshaft gewordenen Gartenflüchtling handelt oder ob die Pflanze als natürlicher Einwanderer in ein Gebiet mit klimatisch und edaphisch zusagenden Verhältnissen aufzufassen ist, dürfte kaum zu lösen sein. In den Dazischen Tilia tomentosa=Quercus conferta=Mischwäldern tritt Coggygria gemeinsam mit Acer Tataricum, Fraxinus Ornus, Carpinus Orien=

Fig. 1822. Cotinus Coggygria Scop; im Schwarzföhrenwald des Harzberges von Bad Nöshau, N. Ö. Phot. R. Fischer, Sollenau, N. Ö.

talis und den beiden Syringa=Arten S. Josikaea und S. vulgaris auf. In den dalmatinischen Küstengebieten findet er sich auch im Lorbeerwald. Vorherrschend wird er im Balkan, wo er eine eigene „Gesellschaft des Perücken= strauches" bildet. In den Illyrischen Gebirgen tritt er auch in die Omorika=Fichtenbestände ein und dringt vereinzelt bis in die subalpine Stufe vor, wo er als krummholzartiger Strauch, nach G. Beck z. B. am Klek, eine auf= fällige Verbindung mit Juniperus Sabina und J. nana, Salix grandifolia und S. arbuscula subsp. Waldsteiniana, Rubus saxatilis, Rosa pendula und Arctostaphyllos alpina eingeht. — Schon frühzeitig fand der in allen Teilen formenschöne, durch die Perückenbildung seiner Fruchtstände auffällige (Fig. 1822) und im Herbste in farbenzarten, lichtgrünen, warm= gelben und brennendroten Tönen verfärbende Strauch in Gärten Eingang. Als Einführungsjahr gilt 1657. Nach Schube wurde er zur Renaissance=Zeit in Schlesien gezogen; auch nach Christ war er schon frühzeitig beliebt und Gesner meldet, dass er am Lago Maggiore (ad lacum Verbanum) wild wachse. Jedoch scheint er nur in den wärmeren Teilen von Mitteleuropa den Winter gefahrlos zu überdauern; zum mindesten pflegt er in Ostdeutschland bei tieferen Temperaturen im Winter regelmässig zurückzufrieren. In China gehört er neben Ginkgo biloba, Ailanthus= und Acer=Arten, Magnolien usw. zu den geheiligten Gewächsen der Tempelhaine und steht unter der Obhut und Pflege der Mönche. Die aromatischen Laubblätter wurden früher äusserlich und innerlich als zusammenziehendes, besonders blutstillendes und adstringierendes Mittel, ferner als Gurgel= und Mundwasser benutzt, während sie gegenwärtig fast nur noch zum Gerben und als schwarzes Färbemittel beliebt sind. Sie bilden den sogenannten Venetianischen, Ungarischen, Triester oder Tiroler Sumach, Barosch oder Schmack[1]) und werden gepulvert in den Handel gebracht. Wie die jungen Zweige enthalten sie neben 0,1 % ätherischem Oel mit primären Alkoholen und aldehydartigen Substanzen Tannin und nach älteren Angaben auch Myricetin.

---

[1]) Wohl eine „Verdeutschung" von Sumach (vgl. pag. 218, Anm. 3).

Tafel 179

Tafel 179.

Fig. 1. *Empetrum nigrum* (siehe bei den Ericaceae!). Zweig mit männlichen Blüten
" 1a. Männliche Blüte.
" 1b. Weibliche Blüte.
" 1c. Zwitterige Blüte.
" 1d. Zweig mit Früchten.
" 1e. Laubblatt von der Unterseite.
" 1f. Querschnitt durch das Laubblatt.
" 2. *Ilex Aquifolium* (pag. 236). Zweig mit männlichen Blüten.
" 2a. Steinfrucht.

Fig. 3. *Evonymus Europaea* (pag. 249). Blühende und fruchtende Zweige.
" 4. *Evonymus latifolia* (pag. 254). Blühender Zweig.
" 4a. Querschnitt durch die Blüte.
" 4b. Zweig mit Früchten.
" 5. *Staphylea pinnata* (pag. 258). Blühender Zweig.
" 5a. Blüte.
" 5b. Fruchtzweig.
" 5c. Frucht (aufgeschnitten).

Der Gehalt an Gerbstoff hängt von der Herkunft der Laubblätter ab. Nach Morpurgo findet sich im Sumach des Triester Gebietes oft kaum 3%/0 Gerbstoff, während die dalmatinische Ware 7 bis 10%/0 aufweist und nach Collin die montenegrinischen Sorten 28 bis 29%/0 führen können. Bisweilen wird der Schwarze Pfeffer damit verfälscht. Seit etwa 15 Jahren wird auch das fast nur aus Terpenen bestehende, ätherische Oel (Essence de Fustet) aus den Laubblättern (und den Blüten) gewonnen, dessen Geruch schwach an Neroliöl (vgl. pag. 60) erinnert. Anatomisch ist das Laubblatt bifazial gebaut und besitzt glatte, stark verdickte Epidermiszellen auf der Oberseite, die von keinen Spaltöffnungen durchbrochen ist. An sie schliessen sich eine Reihe von Palisaden=zellen und dann das Schwammparenchym an, in welch beiden Calciumoxalatkristalle in Rosettenform reichlich eingelagert sind. Die untere Epidermis weist zahlreiche Spaltöffnungen auf, denen nicht selten schmale Epider=miszellen angelagert sind, die sich anscheinend wie Nebenzellen verhalten. Vereinzelt finden sich die für alle Anacardiaceen charakteristischen Drüsenhaare. Die Rinde von Cotinus Coggygria ist ebenfalls stark gerbstoff=haltig und diente deshalb früher als Ersatz für China=Rinde. Das glänzende, weiche, etwas schwer spaltbare Kernholz (Fisetholz, Visetholz, Fustel, Fustik, bois jaune de Hongrie, de Tirol, Falsches Gelbholz) besitzt ein spezifisches Trockengewicht von 0,51 bis 0,60 und wird zum Fournieren benutzt. Es enthält in dem inneren, grünlichgelb gefärbten Teile nach H. Rupe (Chemie der natürlichen Farbstoffe, 1900) als einzigen Farbstoff das gelbe Fisetin $C_{15}H_{10}O_6$, das als Glykosidgerbsäure (Fustin=Tannin) auftritt. Bolley glaubte, dass es mit dem Quercitin übereinstimme; auch wollte er das Vorhandensein eines weiteren roten Farbstoffes festgestellt haben. Dieser rührt aber von einer Gerbsäure her, an die das Glykosid gebunden ist. Fisetholz wurde früher in der Seidenfärberei zur Herstellung brauner Farben benutzt, ebenso in der Wollfärberei für Orange und Scharlach. Auf Tonerdebeize wird eine gelbliche Lederfarbe, auf Zinnchlorürbeize ein schönes Orangerot er=zeugt. Man färbt damit Leder für Gürtel, Schuhe, türkische Pantoffeln usw. Unter dem Namen Cotinin gelangt ein Präparat von Nowak und Benda in Prag in den Handel. Nach Netolitzky findet sich das Holz auch als Verfälschung im gemahlenen, echten, aus Piper nigrum L. hergestellten Pfeffer. Auch die Wurzel verwendet man bisweilen zum Färben. Der Strauch wird für diese technischen Zwecke im Elsass, Südtirol und Ungarn im Grossen angebaut. Ebenso sammelt man in Bulgarien das Laub zu diesem Zwecke und führt es zum Teil aus. In Montenegro war das Sammeln Staatsmonopol. — Alle 1=jährigen Zweige des Strauches werden nach Pilger durch eine Rispe abgeschlossen, die sich nicht scharf von dem nichtblühenden Teile absetzt. Die unteren Rispenäste tragen Laubblätter als Deckblätter; die Fortsetzung geschieht im nächsten Jahre mit 1 bis 3 aus den Achselknospen der unteren Laubblätter entspringenden Zweigen. — Ueber den Bau und die Biologie der Blüte, sowie über die Veränderungen des Fruchtstandes vgl. die Einleitung der Familie. — Die Früchte werden nach Vogler durch Vögel verschleppt. Die Samen beginnen nach Kinzel bereits nach 23 Tagen zu keimen, zeigten aber bei seinen Aussaaten erst im Herbste des dritten Jahres 95%/0 ausgetriebener Keimlinge.

CCCCLVII. **Pistácia**[1]) L. Pistacie. Franz.: Pistachier; engl.: Pistachia; ital.: Pistacchi.

Immer= oder sommergrüne Sträucher oder Bäume. Laubblätter meist unpaarig oder paarig gefiedert, selten einfach oder 3=zählig. Blüten 2=häusig, mit einfachen Blütenhüllen oder

---

[1]) Dioskurides bezeichnet die Frucht des Pistazienbaumes [πιστάκη = pistáke] als πιστάκια [pistákia]. Das Wort leitet sich entweder von πίσσα [píssa] = Harz, Pech und ἀκέομαι [akéomai] = heilen ab, also eine Pflanze mit heilendem Harz, oder ist syrischen Ursprungs.

nackt, kurz gestielt, in wiederum aus Trauben oder Rispen zusammengesetzten Trauben. Männliche Blüten mit Tragblatt, 2 Vorblättern, 1 bis 2 Blütenhüllblättern und 3 bis 5 kurzen Staubblättern (Fig. 1823 d); Staubbeutel gross, eiförmig, 4=kantig, am Grunde ansitzend, mit seitlichen Längsspalten. Weibliche Blüten mit Tragblatt, 2 Vorblättern, 2 bis 5 Blütenhüllblättern (Fig. 1823 e) und einem fast kugeligen oder kurz eiförmigen, in den Grund zusammengezogenen Fruchtknoten. Samenanlagen mit nach unten gerichteter Micropyle, an nach aussen gekrümmten Funikeln. Griffel kurz 3=spaltig, mit 3 länglich verkehrt=eiförmigen oder länglichen Narben. Steinfrucht schief= eiförmig, zusammengedrückt, mit dünnem Exokarp und hartem, 1=samigem Endokarp. Samen zusammengedrückt, mit dünner Schale; Keimling mit dicken, flach eingesenkten Keimblättern und anliegendem, nach oben gerichtetem Würzelchen.

Die etwa 7 Arten umfassende Gattung findet sich mit ungefähr 5 Arten im Mittelmeergebiet, ferner mit P. Chinénsis Bunge in China und mit P. Mexicána H. B. et Kunth in Mexiko. Ausser P. Terebínthus L. (s. pag. 232) kommen für das Gebiet der mitteleuropäischen Flora als Ziersträucher in Betracht: P. Lentíscus[1]) L. Mastix=Strauch. Franz.: Pistachier, arbre de mastic, lentisque, lentisque d'Espagne, restringe; engl.: Mastich=tree; ital.: Pistacchi, sondrio, lentisco, lentischio. Fig. 1823 a und b. 1 bis 3 (4) m hoher, kräftig bewurzelter, dichtästiger, immergrüner Strauch mit brauner, schuppiger Borke; die 1=jährigen Zweige kahl, rotbraun. Laubblätter 4= bis 10=zählig paarig gefiedert, mit breit geflügelter Spindel; Fiederblättchen 2 bis 3 (kaum über 3,5) cm lang, lanzettlich, stumpf, knorpelig bespitzt, ganzrandig, vollständig kahl, lederig, steif, oberseits glänzend hellgrün, unterseits matter, bleichgrün. Blüten auf kurzen Seitentrieben in kurzen, knäuelförmigen Trauben, sehr klein, dunkelrot. Frucht kugelig, bespitzt, anfangs rot, später schwarz. — IV bis VI. — Im ganzen Mittelmeergebiet, einschliesslich der Kanarischen Inseln. In

Fig. 1823. Pistacia Lentiscus L. *a* Zweig mit männlichen Blütenständen. *b* Weiblicher Blütenstand. — P. Terebinthus L. *c* Zweig mit weiblichen Blütenständen. *d* Männliche Blüte. *e* Weibliche Blüte.

Mitteleuropa seiner Frostempfindlichkeit wegen nur selten als Zierbäumchen oder Heckenstrauch (so in den Gärten Südtirols oder in Botanischen Gärten) gezogen. — Der Strauch zählt zu den bezeichnenden Hartlaubgewächsen der mediterranen Garigue und Macchie und vereinigt sich darin etwa mit Juniperus Oxycedrus, Rosmarinus officinalis, Rhamnus Alaternus, Cistus=Arten, Myrtus Italica usw. Bisweilen findet er sich auf weiten Strecken als vorherrschende Art. In Montenegro bei Cattaro gedeiht er nach Beck mit Ephedra campylopoda, Smilax aspera, Laurus nobilis, Osyris alba, Pistacia Terebinthus, Euphorbia Wulfeni, Trigonella Foenum Graecum, Cephalaria leucantha und anderen echt mediterranen Florengliedern

---

[1]) Abgeleitet von lat. lentiscére = weich, klebrig werden; wegen des klebrigen Harzes. Die Griechen bezeichneten den Strauch als σχῖνος [schínos], wohl abzuleiten von σχίζω [schízo] = spalte, da der Stamm zum Gewinnen des Harzes angeritzt werden musste.

niederer Lagen neben subalpinen Arten wie Thalictrum aquilegiifolium, Peltaria alliacea, Geranium lucidum, Moltkia petraea und Senecio rupester. Auch in lichteren Föhren- und immergrünen Laubwäldern der Ebene und des Hügellandes fehlt der Strauch selten. Die vielleicht in Abyssinien einheimische var. Chía DC., ein kleines Bäumchen mit rundlicher Krone und breiteren Laubblättern, wird namentlich in der Umgebung der sog. 20 Mastixdörfer der Insel Chios auf jungtertiären, gelblichen Sandstein- und weisslichen Mergelböden unter dem Namen Schinia in grossen Mengen gepflanzt und liefert das offizinelle Mastix[1]) (Resína Mástix, Mastix Levantína). Das Mastix, das nach älteren Angaben α-Harz, Mastixsäure, β-Harz (= Masticin), Bitterstoff und 2% ätherisches Oel (Mastixöl), nach neueren Angaben 4% amorphe α- und β-Masticinsäure, 0,5% kristallisierte Masticolsäure, 20 und 18% amorphe α- und β-Masticonsäure, 30 und 20% amorphe α- und β-Masticoresene, Bitterstoff und etwas ätherisches Oel enthält, wird durch dicht gestellte, senkrechte Einschnitte gewonnen, die in den Stamm der Bäumchen von der Wurzel bis zu den Aesten gemacht werden. Das in den Harzgängen der Rinde befindliche flüssige, durchsichtige, wohlriechende Harz beginnt schon nach wenigen Stunden auszutreten und wird auf Steinplatten, Laubblättern oder auch nur auf dem Boden aufgefangen (mastix vulgáris oder in sortís). Ein gut entwickelter Baum liefert jährlich bis 5 kg Harz. Die wertvollste Sorte, das sogenannte Tränenmastix (mastix in lácrimis oder elécta), schwitzt von selbst aus den Zweigen aus und erstarrt in Form klarer, blassgelblicher Tropfen an den Zweigspitzen. Die beim Erwärmen oder Kauen angenehm aromatisch schmeckende Masse, mit einem spezifischen Gewicht von 1,04 bis 1,07, dient zur Herstellung von Lacken (z. B. Decklacken in der Zinkätzung), Firnissen (für Gemälde!) und technisch vielseitig verwendetem Kitt, als Bestandteil von Räucherpulvern, zum Parfümieren von Tabak, als Stopfmittel hohler Zähne, als Zusatz zu Zahnpulvern. Bei den Orientalen wird es zur Festigung des Zahnfleisches gekaut. Ferner besitzt es eine weite Verbreitung als Beigabe zu Gebäcken und Süssigkeiten und zur Bereitung des Mastiki- oder Raki-Branntweins. Für Medikamente wird nur das der var. Chía benützt. Die Droge war bereits in der Pharaonenzeit bekannt und wurde nach 3 Sorten unterschieden. Von römischen Schriftstellern nennen es z. B. Theophrast, Plinius, Dioskurides, Scribarius Largus, Columella u. a.; Alexander Talianus verordnete die Droge sehr häufig. Auch bei den Arabern des Mittelalters, z. B. bei Ibu Baithar, dem bedeutendsten ihrer Pharmakognosten, stand das Mastikī oder Pastaki in hohem Ansehen. In den mittelalterlichen Arzneibüchern Deutschlands kehrt es vielfach wieder. Früher wurde es zu innerlichem Gebrauch gegen Magenbeschwerden, Durchfall, Erkältungen und Gonorrhoe verordnet. Aeusserlich kam es früher und auch hie und da noch gegenwärtig zur Linderung von Gicht und Rheumatismus zur Verwendung. Als Verfälschungen werden namentlich das Sandarakharz (von der Conifere Callítris quadriválvis Vent. stammend), Kolophonium und Resína Píni beobachtet. Die biegsamen Zweige des Strauches sind als Reitgerten beliebt. Jung werden sie auf Scopelos, einer der Sporadischen Inseln, in Essig eingemacht und als Salat gegessen. Nach der griechischen Sage schmückten sich die Nymphen der Diana mit Zweigen des Mastixstrauches, weil er den Alten als Symbol der Reinheit und Jungfräulichkeit galt. Die Laubblätter enthalten 11% Tannin, 2 Gerbstoffe und den gelben Farbstoff Myricetin ($C_{15}H_{10}O_8$) und dienen besonders in Frankreich ausserordentlich häufig zur Verfälschung des echten Sumachs. Auch unter den medizinischen Jaborandiblättern (von Pilocarpus-Arten stammend; vgl. pag. 51) sind sie aufgefunden worden. Ferner reinigt man mit ihrer Abkochung Weinfässer. In Lyon werden sie nach H. Rupe infolge des gelben Farbstoffgehaltes, der sich namentlich in der Epidermis zu befinden scheint, auch zum Färben von gewissen Seideerzeugnissen benützt. Aus Tunis sollen jährlich gegen 10 000 Tonnen solcher „Shinisblätter" nach Frankreich und auch nach Palermo eingeführt werden. Mikroskopisch sind sie leicht daran zu erkennen, dass sie eine sehr stark entwickelte, glatte Kutikula besitzen, unter der das Palissadengewebe in zwei Schichten entwickelt ist, während das Schwammparenchym untypisch aus 2 bis 3 Reihen dicht gedrängter, palissadenähnlicher Zellen besteht. Drusen und Einzelkristalle sind vorhanden (Netolitzky). Hervorzuheben ist, dass die Membranverdickung der Oberhautzellen eine bikonkave Wölbung aufweist, völlig farblos und durchsichtig ist und vielleicht infolge dieser Linsennatur als lichtbrechender und lichtsammelnder Apparat im Sinne von Haberlandt dient.

Die von Hanausek (Berichte der Deutschen Botan. Gesellschaft. Bd. XXXII, 1914) festgestellten Inklusen — nach Tunmann eigentümlich gestaltete, gelbe oder braune Zellinhaltskörper mit bassorin-artiger Grundsubstanz, in der $\pm$ reichlich Gerbstoff gespeichert und in ungemein fester Weise gebunden ist — sind nach Netolitzky in jungen Laubblättern leicht zu übersehen, während sie in 2-jährigen Laubblättern sehr deutlich hervortreten und zahlreiche Zellen so stark erfüllen, dass die Assimilation $\pm$ stark behindert wird. Die Spaltöffnungen ähneln im Aufbau denen von Juglans regia und gehören zum Iris-Typus, bei welchem die Nebenzellen von aussen her verdickt sind und sich leicht gegen die Atemhöhle (Fig. 1814 f) vorziehen (Rehfous). Die Wurzeln stehen nach Stahl mit einer endotrophen Mycorrhiza in Verbindung. Das Holz wird zu kleineren Drechslerarbeiten verwandt. — P. véra L. Echte Pistacie, Pimpernuss. Kleiner Baum mit 1- oder 2-paarigen Laubblättern mit sitzenden, eiförmigen Fiederblättchen. Blütenrispe kurz. Steinfrüchte gross, bis

---

[1]) Der griechische Name für das Harz lautet $\mu\alpha\sigma\tau\iota\chi\eta$ = mastíche.

2 cm lang, länglich. Ursprünglich vielleicht in Syrien und Mesopotamien einheimisch oder nach Planchon in alten Zeiten durch Kultur entstanden, wird dieser kleine Baum jetzt im ganzen Mittelmeergebiet seiner essbaren, mandelartig bitter schmeckenden, 3,26% Saccharose und das chemisch noch unbekannte Pistacienöl enthaltenden Samen wegen angebaut. Diese bilden unter dem Namen Pistacien, Pistacienmandeln oder Syrische oder Alepponüsse einen bedeutenden Handelsartikel und werden sowohl geröstet als auch in Konditorwaren genossen. Die auf den Laubblättern entstehenden Gallen enthalten 32% Gerbstoff und werden als Echte Bokharagallen aus Persien eingeführt. — Wirtschaftlich wertvoll als Mastix=Erzeuger sind ferner die mehr westmediterrane P. Atlántica Desf. — seit 1790 in Europa in Kultur — und die mehr östliche P. mútica Fisch. et Mey. Aus den Samen aller Arten wird Brennöl hergestellt.

1864. Pistacia Terebinthus[1]) L. Pistacie. Franz.: Térébinthe, pudis; engl.: Turpenine=tree; ital.: Terebinto, scornabecco. Fig. 1823 c bis e.

Sommergrüner Strauch oder bis 8 m hoher Baum mit aufrecht ausgebreiteter, reicher Verästelung und gelbgrauer, kleinschuppiger Borke. Einjährige Zweige kahl, glatt, rund, olivgrün, aromatisch duftend. Knospen kugelig=eiförmig, im unteren Teile der Zweige gestielt; Schuppen hellrot, am Grunde grünlich, am Rande schwarzbraun gesäumt. Laubblätter wechselständig, ungeflügelt, gestielt, 5= bis 13=zählig gefiedert, bis über 20 cm lang; Fiederblättchen kurz gestielt bis fast sitzend, breitlanzettlich, etwa 4 bis 8 cm lang, kurzstumpf=spitzig oder mit grannenartigem Spitzchen, ganzrandig, oberseits glänzend dunkelgrün, unterseits matt=hellgrün, anfangs filzig behaart und klebrig, später vollständig verkahlend; Endblättchen kleiner, keil=förmig in den Grund verschmälert, länger gestielt. Blüten 2=häusig, in an Kurztrieben stehenden, langen Rispen, klein, grünlich, auf kurzen Stielen. Männliche Blüten mit 1 Tragblatt, 2 Vor=blättern, 2 bis 5 Blütenhüllblättern und 3 bis 5 fast sitzenden Staubblättern. Weibliche Blüten mit 1 Tragblatt, 2 bis 5 Blütenhüllblättern und kurzem, eiförmigem Fruchtknoten; Griffel 3=spaltig, mit 3 dicken, spatelförmigen, zurückgekrümmten Narben. Frucht eine schief=eiförmige, kugelige, bespitzte, anfangs rote, zuletzt bräunliche Steinfrucht. Samen zusammengedrückt, mit dünner Schale; Keimling mit dicken Keimblättern und anliegendem, nach oben gerichtetem Würzelchen. — IV bis VII.

Zerstreut in Südtirol und Krain, stellenweise aber auch massenhaft an trockenen, sonnigen, steinigen oder felsigen Hängen, in lichten Laubgebüschen. Von der Ebene bis in die montane Stufe: in Südtirol bis 760 m. Meist auf Kalk, seltener auf Urgesteinsböden.

In Deutschland und in der Schweiz vollständig fehlend. — In Oesterreich nur in Südtirol und in Krain. In Südtirol in der Umgebung von Bozen: zwischen dem Guntschna=, Grieser= und Hörtenberg, bei Runkelstein, Sigmundskron und am Virglerberg gemein, massenhaft bei der Ruine Maultasch bei Terlan, zwischen Vilpian und Terlan, im untersten Sarntale, gegen Oberbozen bis 760 m, Montiggl, Margreid, zwischen Neu=mark und Salurn und am Wasserfall zu Salurn, in der Umgebung von Trient bei Kronmetz, Santa Massenza bei Vezzano, Toblino, im Sarcatal, am Hügel des Kastells von Trient, am Doss Trento, San Nicolò, zwischen Alle Laste und Cognola, vor Lo Specchio am Kalisberge, bei Tenno, Nomi, Castel Sasso, Rovereto, beim Castell, Isera, Vallarsastrasse, Drio pozzo, Brentegano (meist ziemlich häufig), Loppio, Mori, Arco, Riva, Ala, Avio, Serravalle; in Krain z. B. bei Wippach.

Allgemeine Verbreitung: Mittelmeergebiet von den Kanarischen Inseln bis zum westlichen Kleinasien; in China kultiviert.

Pistacia Terebinthus ist eine Charakterpflanze der Mittelmeerflora. Sie gedeiht nur in der Ebene und in der unteren Bergstufe (namentlich der Küstengegenden) und dringt im allgemeinen wenig weit in das Binnenland vor. In ihrer Heimat erscheint sie häufig in den Macchien zusammen mit Erica arborea, Spar=tium junceum, Phillyrea latifolia, Quercus coccifera, Cistus=Arten, Olea Europaea var. Oleaster usw. Auch im Monte banjo der Iberischen Halbinsel, dem Sibljak des Balkans, der trockenen, mehr an Kalk gebundenen Garigue ist sie ständig anzutreffen. Beck gibt sie auch aus dem Lorbeerwald von Quarnero und aus dem

---

[1]) Vielleicht zusammenhängend mit τερέω [teréo] = bohre, durchbohre, da die Rinde durch Ein=schnitte das Terpentin liefert. Griechische Formen des Namens sind τέρμινθος [términthos] und τερέβινθος [terébinthos].

Karstwalde an. In Südtirol besiedelt die allerdings nur strauchartig auftretende Art nur die heissesten und sonnigsten Hänge gemeinschaftlich mit vereinzelten anderen Ausläufern der Mittelmeerflora, wie Phillyrea und Cotinus. Das feste, dichte, politurfähige Holz, das im holzarmen Mittelmeergebiete meist als Brennholz dient, wird bisweilen zu Drechslerwaren verarbeitet und besitzt lufttrocken ein spezifisches Gewicht von 0,9 bis 1,1. Durch Einschnitte in den Stamm gewinnt man das grünliche, durchsichtige, wohlriechende Chios-Terpentin, das bis 14% ätherisches Oel (Chios-Terpentin-Oel, grösstenteils aus Pinen bestehend), 83 bis 89% Harze und Spuren von Benzoësäure enthält und vielleicht schon von den Aegyptern zum Lackieren der Mumiensärge benutzt wurde. Die Alten bezeichneten nur das von Pistacia Terebinthus stammende Erzeugnis als Terpentin, während man gegenwärtig meist die Balsamharze von Nadelbäumen darunter versteht. Die Rinde enthält 25% Gerbstoff. Die durch Pemphigus cornículátus Pass. erzeugten, grossen, horn- oder schotenartigen, oft schraubig gedrehten und in der Mitte aufgeblasenen Blattgallen werden als Pistacien- oder Terpentingallen, Carobbe di Giudea oder Judenschoten bezeichnet und im Orient zum Färben von Seide und Wein (letzteres auch in Ungarn) verwendet; seltener dienen sie zum Gerben von Saffianleder. Sie enthalten Myricetin, etwa 60% Gerbstoff, 15% Gallussäure, Harz und 4% ätherisches Oel. Die aromatischen, bitteren Früchte werden z. B. in Griechenland gegessen. Geschichtlich berühmt ist der durch Abrahams Opfer geheiligte Terebinthushain von Mamre bei Hebron in Südpalästina, über den schon im 2. Jahrhundert n. Chr. berichtet wird. Im 13. Jahrhundert zweifelte man, ob es Eichen oder Terebinthen seien; seit dem 14. Jahrhundert gilt eine riesige Steineiche als der Baum Abrahams (Warburg). Der Strauch wird seiner abführenden Wirkung wegen schon im 4. vorchristlichen Jahrhundert im Córpus Hippocráticum unter den Stýptica genannt. Auch in den Alphiten, einer mittelalterlichen Drogen-liste, werden Fólia, sémen und córium als heilkräftig genannt. Seit 1656 wird der Strauch in Mitteleuropa kultiviert. — Missbildungen scheinen bei der Art selten zu sein. Es wurden ± tief gespaltene Endblättchen, sowie Laubblätter mit nur 1 bis 5 Fiedern beobachtet. Nach Fritsch ist Pistacia Terebinthus ein Beispiel für eine ganz bedeutungslose Kontrastfärbung, da die Staubbeutel im Knospenzustand ± stark rot überlaufen sind und dabei glänzen. Sie leuchten aus dem dunkelgrünen Laube umso auffallender hervor, weil sie dicht gehäuft stehen.

An die Anacardiaceae schliessen sich die 3 kleinen Familien der Cyrilláceae mit 3 Gattungen (Cliftónia, Costǽa und Cyrilla) und 5 Arten im wärmeren Amerika, der Pentaphylacáceae (einzig Pentaphýlax euryóides auf der Insel Hongkong) und der Corynocarpáceae (mit einer Art Corynocárpus laevigátus, dem Karakabaum, auf Neuseeland und auf der Chathaminsel) an. Von den Cyrillaceae dürfte einzig Cyrilla racemiflóra L., ein sumpfliebender, immergrüner Strauch mit reichblütigen, dichtgedrängten, kleinen Blüten für die Kultur in Betracht kommen, eventuell auch Cliftónia ligustrína Banks (= C. monophýlla Britton) mit Flügelfrüchten.

73. Fam. Aquifoliáceae.[1]) Stechpalmengewächse.

(Bearbeitet von Dr. Heinrich Marzell, Gunzenhausen).

Meist immergrüne, seltener sommergrüne Sträucher oder (niedrige) Bäume mit ungeteilten, wechselständigen, meist lederartigen Laubblättern. Nebenblätter klein, schwielenähnlich, dreieckig, meist bald abfallend. Blüten in den Blattachseln (nie endständig); bei den einfachsten Formen eine achselständige Einzelblüte, in der Regel jedoch verzweigte (trugdoldige) Inflorescenzen bildend. Blüten aktinomorph, meist isomer, 4- bis 6-zählig, zwitterig; jedoch durch Fehlschlagen des einen Geschlechtes immer 2-häusig. Kelchzipfel etwa bis zur Mitte verwachsen, in der Knospenlage sich dachziegelig deckend. Blumenkrone ± radförmig, weisslich; Kronzipfel am Grunde verwachsen, seltener getrennt. Staubblätter 4 bis 6, mit den Kronzipfeln abwechselnd, am Grunde mit der Kronröhre verwachsen, selten frei; Staubbeutel an ihrer Basis an den Staubfäden befestigt, sich mit zwei seitlichen Längsrissen öffnend. Pollen nur bei den männlichen Pflanzen ausgebildet (bei den weiblichen sind die Staubbeutel kleiner und leer). Diskus fehlend. Fruchtknoten oberständig, frei, synkarp, meist 4- bis 6- (22-)fächerig; Narbe dem Fruchtknoten aufsitzend. Fruchtknoten nur bei weiblichen Pflanzen voll ausgebildet, bei den männlichen zu einem kegelförmigen, ungefächerten Gebilde („Pistillodium") zurückgebildet. Jedes Fruchtknotenfach mit einer einzigen hängenden (apotropen) Samen-

---

[1]) Vgl. pag. 236, Anm. 1.

anlage (letztere nur von einem Integument umhüllt); sehr selten (nur bei Ilex teratópis Loes. bisher beobachtet) in jedem Fruchtknotenfache 2 Samenanlagen. Frucht eine kugel= oder ei= förmige (beerenartige) Steinfrucht, mit meist 4 bis 6 Steinkernen. Samen mit hartem, fett= haltigem Endosperm. Keimling am obersten Ende des Samens etwa herzförmig; Würzelchen nach oben gerichtet.

Die Familie der Aquifoliaceen ist von Th. Loesener[1]) vorbildlich bearbeitet worden. — Die Stellung der Aquifoliaceen im natürlichen Pflanzensystem ist vielfach umstritten. Van Tieghem stellt sie (1898) in strenger Durchführung seines hauptsächlich auf den Bau der Samenanlagen gegründeten Systems in die Nähe der Solanaceen, was jedoch mit Rücksicht auf zahlreiche andere morphologische Verschiedenheiten zwischen den genannten und den Aquifoliaceen kaum zu billigen ist. Warming (1913) ist offenbar der Ansicht, dass die Aquifoliaceen mit den Cornales und mit Viburnum näher verwandt sind als mit den Celastraceen und sucht dies mit der Sympetalie und dem Aufbau der Samenanlagen zu begründen. Eine ähnliche Ansicht hatte bereits früher (1903) H. Hallier geäussert, ist aber von ihr später (1912) wieder abgekommen, indem er jetzt unsere Familie wiederum in die Nachbarschaft der Celastraceen bringt. Die meisten Forscher, so Bentham und Hooker, Eichler, Engler, Radlkofer und Loesener, halten die Aquifoliaceen für nah verwandt mit den Celastraceen. Jedenfalls bestehen sehr nahe Beziehungen zu den Cassinoideen, einer Unterfamilie der Celastraceen. Mit diesen stellt sie das Engler=Prantlsche System in die Reihe der Sapindales (Celastrales). Von den Aquifoliaceen unterscheiden sich die Celastraceen hauptsächlich durch das Vorhandensein eines Blütendiskus und eines zweiten Integuments der Samenanlage sowie durch einen viel grösseren Keimling. Von der Familie der Aquifoliaceen sind bis jetzt etwa 300 Arten beschrieben, die weitaus zum grössten Teil auf die Gattung Ilex fallen. Ihre Hauptverbreitung hat die Familie in den Tropen und Subtropen beider Erdhälften. Mehrere Arten finden sich auch in der nördlichen und südlichen gemässigten Zone. Nach Loesener gliedert sich die Familie in folgende drei Gattungen:

Tribus I Iliceae Dumort. Kronblätter abgerundet, in der Knospenlage sich dachig deckend, ohne nach innen gebogenes Anhängsel, selten verkümmert und dann lanzettlich bis lineal und sich in der Knospenlage nicht (oder kaum noch) deckend.

1. Kelch deutlich. Blumenkrone meist $\pm$ radförmig mit abgerundeten, sich in der Knospenlage deutlich dachig deckenden Kronblättern . . . . Ilex L.

2. Blumenkrone und besonders Kelch stark rückgebildet (dieser bisweilen fast fehlend). Kronblätter frei, lanzettlich oder lineal, nicht oder nur undeutlich sich deckend . . . . Nemopánthes Raf.

Tribus II Phellineae Loes. Kronblätter frei, nach der Spitze zu in ein nach innen gebogenes Zipfelchen verschmälert, in der Knospenlage klappig . . . . Phelline Labill.

Die Gattung Nemopanthus ist eine „monotype" (nur in einer einzigen Art bekannt): N. mucro= nátus (L.) Trel. ist ein kleiner, nordamerikanischer Strauch, der bei uns vollkommen winterhart ist und manchmal als „nordamerikanischer Berghülsen" angepflanzt wird. Die Gattung Phelline (10 Arten) kommt einzig in Neu=Kaledonien vor und hat nur botanisches Interesse.

CCCCLVIII. Ilex[2]) L. Stechpalme.

Die Gattung Ilex (allgemeine Gattungsmerkmale vgl. pag. 233 f.), von der bis jetzt fast 300 Arten be= schrieben sind, ist weitaus die umfangreichste unter den Aquifoliaceen. Ihre Hauptverbreitung hat sie in den tropischen und subtropischen Zonen beider Erdhälften. Eine Reihe von Arten kommt aber auch in der nörd= lich gemässigten Zone vor, so z. B. I. Aquifolium L. in Mitteleuropa und im Mediterrangebiet. Das Gebiet des atlantischen Nordamerika zählt etwa ein Dutzend Arten z. B. I. glábra (L.) Gray, I. Cassine L., I. verticilláta (L.) Gray, J. decídua Walt. In Zentralasien kommen u. a. I. rotúnda Thunbg., I. triflóra Bl., I. dipyréna Wall. vor. Etwa 20 Arten wachsen im mandschurisch=japanischen Gebiete. Nur wenige Arten weist dagegen die südliche gemässigte Zone auf.

---

[1]) Vorstudien zu einer Monographie der Aquifoliaceen. Dissertation, Berlin 1890, 44 S.; Monographia Aquifoliacearum Pars I in Nova Acta, Abhandl. der Kais. Leopold. Carol. Deutschen Akademie der Natur= forscher. Halle, Bd. 78 [1901], Pars II ebenda, Bd. 89 [1908], S. 1 bis 314; Ueber die Aquifoliaceen, besonders über Ilex in den Mitteilungen der Deutschen Dendrologischen Gesellschaft, nr. 28 [1919], S. 1 bis 66]. Loesener's Darstellung ist auch der vorliegenden Bearbeitung zugrunde gelegt.

[2]) Darunter verstanden die Römer die Stein= Eiche (Quercus Ilex) vgl. Bd. III, pag. 116; die Ueber= tragung des Namens auf die Stechpalme erfolgte der ähnlichen Blätter wegen.

Was die Gliederung der Gattung betrifft, so zerfällt sie nach Loesener in vier Untergattungen:
1. Byrónia (Endl.) Loes. Blütenstände einzeln in den Blattachseln oder einzeln am Grunde der jungen Triebe, meist ziemlich lang gestielt. Blüten heteromer (seltener isomer). Fruchtknoten 5- bis 22-fächerig. — Fast ausschliesslich tropische Arten der Alten Welt und Polynesiens; eine Art (I. micrócócca) in Ostasien.
2. Yrbónia Loes. Blütenstände dreigabelig, rispig verzweigt, zwei Samenanlagen in jedem Fruchtknotenfach. — Nur eine Art (I. teratópis Loes.) im andinen Gebiet.
3. Euílex Loes. Laubblätter wintergrün. Blütenstände einzeln achselständig oder einzeln seitlich am Grund der jungen Aeste oder in den Blattachseln büschelig vereinigt, einblütig oder gabelig verzweigt (Trugdolde, Traube, Rispe). Blüten isomer (selten Fruchtknoten oligomer oder pleistomer), 4- bis 8-zählig. — Die weitaus grösste Untergattung (auch I. Aquifolium L. gehört hieher), die sich in zahlreiche Sektionen gliedert.
4. Prínus (L.) Maxim. Laubblätter sommergrün. Blüten (bezw. Blütenstände) einzeln in den Achseln der Laubblätter oder zusammen mit diesen gebüschelt. — Etwa 15 Arten (z. B. J. serráta Thunbg., I. decídua Walt., I. verticilláta (L.) Gray, die zumeist Ostasien und das atlantische Nordamerika bewohnen.

Was die wirtschaftliche Bedeutung der Ilex-Arten für den Menschen betrifft, so stehen hier obenan die Arten, deren Blätter den bekannten Paraguay-Tee, Paraná-Tee (Mate) liefern.[1]) Es handelt sich hier etwa um 15 bis 20 südamerikanische Arten, von denen die wichtigsten sind: I. Paraguariénsis St. Hil. (die am meisten benützte Pflanze; einheimische Namen: Congonha; span.: Yerba Matté; portug.: Herva Matte; etwa zwischen dem 13° und 31° südl. Breite), I. théezans Mart., I. amára (Vell.) Loes., I. Glazioviána Loes., I. affínis Gardn. Uebrigens liefern auch einige nicht zu den Aquifoliaceen gehörige Pflanzen den Mate, so Symplocos-Arten (Symplococaceae), Villarézia Congónha Miers und V. mucronáta Ruiz et Pavon (Icacinaceae) sowie Lomátia oblíqua R. Br. (Proteaceae); diese sind jedoch von geringer Bedeutung. Wie altperuanische Gräberfunde beweisen, ist der Mate-Genuss sehr alt. Durch die in Südamerika als Missionäre tätigen Jesuiten (daher auch früher „Jesuiten-Tee" genannt) kamen die ersten Nachrichten von der Yerva Maté nach Europa. Sie waren es auch, die Kulturen der Pflanze anlegten. Nach Vertreibung der Jesuiten verfiel auch die Mate-Kultur in Südamerika und wurde erst viel später (gegen Ende des 19. Jahrhunderts) wieder aufgenommen. Uebrigens stammt auch heute noch der weitaus grösste Teil des in den Handel kommenden Mate von wildwachsenden Pflanzen. In neuester Zeit versucht man den Mategenuss (als Ersatz für chinesischen Tee) auch in Europa einzubürgern. Die Bedeutung des Mate für die Bevölkerung Südamerikas geht daraus am besten hervor, dass dort der Mate annähernd 20 Millionen Menschen als tägliches Getränk dient sowie daraus, dass z. B. im Jahre 1906 aus Brasilien allein 57 796 403 kg Mate im Werte von etwa 4 405 780 Mk. (Friedenswährung) ausgeführt wurden. Das meiste davon ging nach Argentinien, Uruguay und Chile, auf Deutschland trafen nur 53 kg. Die Weltproduktion an Mate schätzte man 1899 auf etwa 100 Millionen kg. In Brasilien werden die Mate-Blätter in der kalten Jahreszeit (Mai bis September) geerntet. Die abgebrochenen, dünnen Zweige mit den Blättern werden schnell durch ein Feuer gezogen, was den Zweck hat, die harten, steifen Blätter etwas weicher zu machen. Geschieht das nicht, so werden die Blätter beim Dörren schwarz. Hierauf werden sie noch einmal durch ein Feuer oder heisse Luft erhitzt; dann lässt man sie noch einige Tage „schwitzen" (fermentieren). Schliesslich werden sie über einem freien Feuer vollständig getrocknet. Dann werden die Zweige und Blätter zerbrochen, die grösseren Aststücke werden ausgelesen und das ganze wird in Körbe verpackt (Roh-Mate). Eine feinere Sorte wird dadurch hergestellt, dass man den Roh-Mate in Mate-Mühlen noch weiter zerkleinert und von Verunreinigungen befreit. Bei der Bereitung des Aufgusses gibt man etwa 10 g Blätter auf einen Liter Wasser. Der Aufguss muss warm genossen werden, da er beim Erkalten seinen Wohlgeschmack verliert. Die Verwendung des Mate als Getränk beruht auf seinem Gehalt an Koffein (je nach Sorte $1/2$ bis 3%), also dem Stoff, der auch im chinesischen Tee und Kaffee enthalten ist, dementsprechend regt auch der Mate das Nervensystem an. Ein allzureichlicher Mate-Genuss jedoch ist schädlich. Jedenfalls aber scheint der Mate unschädlicher als der chinesische Tee zu sein und würde sich daher als dessen Ersatz wohl eignen. Als Arzneimittel wird Mate (Fólia Máte) bei uns nur wenig angewendet. Er soll bei Migräne, Durchfall und als Diureticum gute Dienste leisten. Die Blätter einer anderen Ilex-Art, nämlich die von I. Caroliniána (Lam.) Loes. (= I. Cassine Walt., = I. vomitória Ait.) liefern ebenfalls einen Tee, der von den Amerikanern als „black drink" bezeichnet wird. Der Tee wird bei Erkrankung der Harnwerkzeuge und Gelenke verwendet, soll aber auch wie der Mate einen wohltuenden Einfluss auf das Nervensystem ausüben. Ihr Verbreitungsgebiet ist das südliche Nordamerika von Texas und Arkansas bis Virginien und Florida.

---

[1]) Vgl. Neger, F. W. und Vanino, L. Der Paraguay-Tee (Yerba Mate). Sein Vorkommen, seine Gewinnung, seine Eigenschaften und seine Bedeutung als Genussmittel und Handelsartikel. Stuttgart, 1903 (enthält auch die wichtigste Literatur); Heinze, E. Der Matte oder Paraná-Tee. Seine Gewinnung und Verwertung, sein gegenwärtiger und künftiger Verbrauch. Beihefte zum Tropenpflanzer. Berlin. Bd. XI nr. 1, 1910.

Eine Reihe von Ilex-Arten (über I. Aquifolium vgl. pag. 237 f. 1) wird im Gebiet in Garten- und Parkanlagen gezogen, bei vielen Arten sind die Akklimatisierungsversuche noch nicht abgeschlossen bezw. noch gar nicht in Angriff genommen. Die meisten Arten haben nur botanisches Interesse und werden demnach nur in botanischen Gärten gezogen. Für Gartenanlagen kommen u. a. in Betracht: I. pedunculósa Miq. (Japan, Zentralchina), J. glábra (L.) Gray, bei uns als „Kanadische" oder als „schwarzfrüchtige Winterbeere" bezeichnet (Atlantisches Nordamerika), I. opáca Ait. (Atlantisches Nordamerika; ein prachtvoller Baum steht im Parke beim Schlosse Helmond in Holland), I. crenáta Thunberg (Japan, Himalaya, Philippinen), I. dipyréna Wall. (Himalaya, Provinz Yünnan in China, Vorderindien), I. Pérnyi Franch. (Zentralchina), I. íntegra Thunbg. (Japan, Korea), I. geniculáta Maxim. (Japan) mit kirschenähnlichen, langgestielten Beeren, I. verticilláta (L.) Gray, die „Virginische Winterbeere" der Gärtner (Nordamerika), I. decídua Walt. (Nordamerika). Als Nutzholz liefernd wäre vor allem bei uns die Kultur von I. opáca Ait., I. dúbia (Don) Britt., Stern, Pogg (Nordamerika, Mexiko, Ostasien), I. Pérnyi Franch. zu empfehlen.

1865. Ilex Aquifólium[1]) L. Stechpalme, Hülse. Franz.: Houx (im Waadtland: Agrebllai, thau, tau); engl.: Holly; ital.: Aquifolio, agrifolio, alloro spinoso, lauro spinoso; in der Südschweiz: Loiro selvadig, pougiaratt, spungiaratt, grifoul; im Bergell: glitsch. Taf. 179, Fig. 2; Fig. 1824 bis 1829.

Der Name Stechpalme (auch volkstümlich, besonders in der Schweiz) bezieht sich auf die stachelspitzig gezähnten, immergrünen (daher häufig im „Palm", der am Palmsonntag geweiht wird, vgl. Buxus sempervirens) Blätter. Aus dem gleichen Grund heisst der Strauch auch Döörn (Emsland), Schwobetörn (Thurgau), Stechlaub (Schweiz, Baden), Stechle, Stechholder (Baden), Walddistel (Eifel, Hunsrück), Rasslaub [bayr. rass = scharf], Waxlaub [bayr. wax = scharf, vgl. Waxenstein als Bergname!] (Oberbayern), Balme [für die stachellose Abart] (Schweiz), Pandore [= Palmdorn] (Berner Oberland), Muttlepalme, Báárlipalme [stachellos] (Baden), Gaispalme [stachellos] (St. Gallen), Quacken [zu queck = lebendig, immergrün, vgl. Queckolter = Juniperus communis, Bd. I, pag. 89] (Gütersloh), Groaschpa [grüner Span] (Oberbayern). Christdorn [vgl. dän. kristorn] (Schleswig) geht ebenfalls darauf zurück, dass man die Pflanze als Ersatz für die Palmen benutzte. Hóls (bergisch), Halsen, Hülsen (Untere Weser), Hülskrabbe [mittelniederd. krabben = kratzen] niederdeutsch), Hulseheck, -holz (Baden) gehören zu althochdeutsch hulis, huls, mit denen ‚ruscus' [bedeutete zunächst den Mäusedorn, Ruscus aculeatus, dann aber auch andere stechende, immergrüne Pflanzen] glossiert wird. Hieher gehört übrigens auch das engl. holly (Stechpalme) und das franz. houx (aus dem Deutschen entlehnt). Huschelbusch, Huenschel (bergisch), Hurlebusk (Waldeck) dürften wohl hieher zu stellen sein. In manchen Gegenden Niederdeutschlands dienen Zweige der Stechpalme zum „Fuën"

Fig. 1824. Ilex Aquifolium L. *a* Männlicher, bewehrter Zweig mit Blütenknospen. *b* Unbewehrter Zweig mit Steinfrüchten. *c* Querschnitt durch den Spaltöffnungsapparat (nach Rehfous).

---

[1]) Aquifolium, aquifolia, agrifolium = Name der Stechpalme bei den Römern; von lat. ácus = Nadel (acútus = scharf, spitzig) und lat. fólium = Blatt; wegen der stechenden Blätter.

[Volksbrauch des Schlagens mit grünen Zweigen an Fastnacht, „Schlag mit der Lebensrute"], daher Fuĕ, Fūĕ (Hannover). In Oesterreich kommen die als „Palm" geweihten Zweige unseres Strauches in die Ställe, damit das Schrattel [Kobold] dem Vieh nichts anhaben könne, daher dort Schradl, Schradllaub, Schrattelbaum, Ross=Schradl [in die Rossställe gesteckt] genannt. In der Schweiz dient ein Splitter der Stechpalme als Spise=hölzli (Thurgau), um auf dem Wege der „Sympathie" in der Haut steckende Holzsplitter („Spīse") auszuziehen. Der Name Vogesengrün (Elsass) ist ein „Kunstname", da die Stechpalme das Wahrzeichen des Vogesenklubs ist.

In vielen katholischen Gegenden bildet die Stechpalme den „Palm" (vgl. Salix caprea. Bd. III, pag. 35), der am Palmsonntag in der Kirche geweiht wird oder sie ist ein Bestandteil davon. Diese Zweige an die Türen und Fenster gesteckt, schützen nach dem Volksglauben vor dem Einschlagen des Blitzes und anderem Unheil. In der Schweiz erzählt man sich, dass das Volk, als Christus in Jerusalem einzog, Palmen auf den Weg streute. Als man aber „Kreuziget ihn" rief, da bekam die Palme, von der die Zweige abgeschnitten waren, Dornen und so entstand die Stechpalme. In England verwendet man den immergrünen Strauch wie die Mistel zur Ausschmückung des Weihnachtsfestes (die Zweige werden dann als „Christmas" bezeichnet). In vielen Gegenden (z. B. Westdeutschland, Oesterreich, Schweiz) dient ein Stechpalmenbusch als „Wirtshaus=schild" (Schankzeichen). So befestigte in Horn bei Detmold der den Ausschank habende Bauer einen Hülsen=busch vor seiner Tür. Ging das Bier zu Ende, so wanderte der immergrüne Busch (wie der Ausschank selbst als „Wib" bezeichnet) zum nächsten Ausschenkenden. Ueber die volksmedizinische Verwendung vgl. unten. Die Volkstümlichkeit der Stechpalme („Hülse") kommt auch in vielen (besonders westdeutschen) Flur= und Ortsnamen zum Ausdruck, z. B. in Hüls, in der Hülsen, Hulsacker, Hülsebruch, Hülsenfeld usw. Auch manche Familiennamen (z. B. Hülsmann, Hülsberg, Droste=Hülshoff) scheinen davon abgeleitet zu sein. Diese Namen lassen vermuten, dass der Baum dort früher häufiger und in die Augen fallender war. In der Schweiz be=ziehen sich die Lokalnamen Stechpalmegg am Zugersee und Stechpalmen (Kanton Solothurn), in Württemberg der Palmenwald bei Freudenstadt auf unsern Baum. In der Westschweiz lassen sich nach H. Jaccard die Flurnamen l'Agreblais und Agriblieray auf den Patoisnamen agrebllai (vom lat. acrifólium) zurückführen; andere führen geradezu die Bezeichnung Tau oder Taux.

Baum oder Strauch, bis 10 m hoch (in England, am Niederrhein und in Norwegen wurden Exemplare von 15 m beobachtet). Aeste und Laub kahl. Laubblätter lederartig, ober=seits dunkelgrün, glänzend, unterseits etwas heller, im Umriss eiförmig bis länglich=lanzettlich, durchschnittlich 3 bis 8 cm lang und 3 bis 4 cm breit, am Rande meist wellig und stachelspitzig gezähnelt; Wellung und Bestachelung dann nach Alter und Formen sehr verschieden stark ausgebildet, manchmal auch (so an alten Bäumen) ganz verschwindend, so dass die Laub=blätter ganzrandig und eben ausgebreitet sind. Nebenblätter sehr klein und hinfällig. Blüten durch Verkümmern des einen Geschlechtes zweihäusig. Blütenstände in den Blattachseln, meist 1= (bei weiblichen Exemplaren) bis 3=blütige (bei männlichen Exemplaren) Trugdolden. Blüten=stiele der weiblichen Blüten meist länger als die der männlichen (etwa 2 mm lang). Kelch 4= (selten 5=)spaltig, meist fein behaart; Zipfel abgerundet, stumpf oder spitzig. Blumenkrone weiss oder rötlichweiss, ± radförmig ausgebreitet, 4= (selten 5=)spaltig, selten (bei weiblichen Blüten) Kronblätter fast frei. Staubblätter 4 (selten 5). Fruchtknoten 4= (selten 5=)fächerig. Frucht eine korallenrote, kugelige bis eiförmige Steinfrucht, mit 4 (bis 5) gestreiften und ge=furchten Kernen. — V, VI.

Als Unterholz in Wäldern, besonders in Buchenwäldern, seltener in Misch= oder Fichtenwäldern, an Waldrändern, in Hecken, auf den verschiedensten Bodenarten; im südlichen Teil des mitteleuropäischen Florenreiches mehr in der montanen Stufe, im nördlichen (in Schottland und Norwegen) im Tiefland. In den Vogesen bis 1050 m, im Alpengebiet bis 1200 m aufsteigend, nur vereinzelt noch höher (Schwendwald im Berner Oberland 1480 m, Kaisertal in Nordtirol, Südseite des Churfirsten und Joux brûlée im Wallis bis 1500 m). Ausser=dem in Gärten und Anlagen oder an Strassen (hier als Heckenpflanze) kultiviert.

In Deutschland vor allem im Westen, Nordwesten (auf den Nordfriesischen Inseln fehlend) und am Nordrand der Alpen. Die Ostgrenze geht in vielfach gebogener und geknickter Linie durch Deutschland. Im einzelnen ist der Verlauf der Stechpalmen=Grenze in Deutschland etwa folgender (nach Loesener): Von Rügen und der Greifswalder Oye scharf zurückbiegend in westlicher Richtung über Grimmen nach Marlow (an der Recknitz), umwendend nach Südsüdwesten über Güstrow, dann wieder vorstossend nach Südosten über Malchow nach Rheinsberg, hier scharf nach Westsüdwest sich wendend nach Kyritz, zurück in fast nordwest=

licher Richtung nach Putlitz (in der Putlitzer Heide in neuester Zeit sehr im Abnehmen begriffen), abermals vorstossend, erst südsüdwestlich, dann südsüdöstlich über Perleberg nach Wilsnack, weiter südwestlich über Osterburg und ungefähr westlich nach Salzwedel, hier umbiegend nach Süden über Klötze nach Weferlingen, Grasleben, Walbeck, dann weiter über Helmstedt, den Elmwald, Rieseberg und Berg Asse südwestlich nach Goslar und westwärts unter Umgehung des Harzes (angeblich im Hahäuser Revier) nach Hahausen, über den Hils, in etwa südlicher Richtung zum Sollinger Wald (Urwüchsigkeit der Stechpalme im Habichtswald bei Kassel und im Werratal zweifelhaft!) nach Westen zum Arnsberger Wald in Westfalen, hier nach Südwesten sich wendend über das Ebbe-Gebirge und weiter in fast südlicher Richtung nach Wissen an der Sieg, durch den westlichen Teil von Hessen-Nassau zum Rhein, der zweimal, bei Oestrich und bei Mannheim, überschritten wird, also unter Ausschluss des grössten Teiles von Rheinhessen und eines kleinen Teiles der bayerischen Pfalz, endlich über Neckarsteinach (in der Nähe von Heidelberg), Durlach, Pforzheim zum südlichen Schwarzwald (mit Einschluss des ganzen, auch des württembergischen Schwarzwaldes), hier in dessen Süden nach Osten umbiegend und als Nordgrenze längs des Nordfusses der Alpen nach Oesterreich (und weiter nach dem Balkan) sich hinziehend. Fehlt im Hegau und auf der Alb, im württembergischen Oberland nur Schmalegg bei Ravensburg (für Niederwangen und Isny fraglich), im bayerischen Bodenseegebiet nur bei Oberstaufen (fehlt um Lindau; dagegen um Konstanz, Meersburg, Immenstaad, auf dem Gehrenberge und Friedrichshafen). In den bayerischen Alpen besonders im mittleren Teile (zwischen Lech und Inn ziemlich verbreitet (starke Exemplare am Breitenstein 1000 m, im Mössmerhölzl bei Reichenhall ein reiner Bestand), fehlt der eigentlichen Hochebene ganz (doch noch am Hauchenberg). — In Oesterreich nur in den Alpen von Vorarlberg (nördlich bis zum Gebhardsberg bei Bregenz, östlich bis Dalaas), in Tirol (entsprechend der Verbreitung der Buche zwei getrennte Areale im Norden und Süden), in Salzburg (ziemlich selten am Fusse der Kalkalpen), in Oberösterreich, Niederösterreich (zerstreut in den Kalkvoralpen südlich der Donau), in Steiermark (sehr zerstreut und selten: um Unterlaussa, bei Mariazell, Birkfeld, früher auch bei Aussee; in Untersteiermark im Kollosgebirge bei Sauritsch, auf dem Zmonik, im Ramschag bei Neuhaus, zwischen Kosenca und dem Laisberge bei Cilli, auf dem Jasselnik), zerstreut in Krain und im Küstenland; fehlt aber sonderbarerweise ganz in Kärnten, ebenso in der Tschechoslowakei. — In der Schweiz ziemlich verbreitet, besonders in den Voralpen und in der Bergstufe; sehr häufig in der Nähe der Seen (Genfer-, Neuenburger-, Thuner-, Brienzer- [im Haslital aufwärts bis Guttannen] und Vierwaldstättersee [am grossen Durren am Pilatus bis 1300 m] und Bodensee); selten im Emmental, in den Juratälern, im Kanton Schaffhausen (einzig am Buchberggrat [Orsental], Staffel bei Bibern, bei Ramsen und Stein a. Rh.), fehlt in den kontinentalen Alpentälern, so im eigentlichen Wallis, im Engadin, Bündner Rheingebiet. In Graubünden einzig im Prättigau (Buchenklima) bei Seewis, Schiers, Schuders, Serneus, dann im Süden im Bergell (angeblich bei Soglio) und im Calancatal (bei Buseno). Ausserdem oft kultiviert und gelegentlich verwildert.

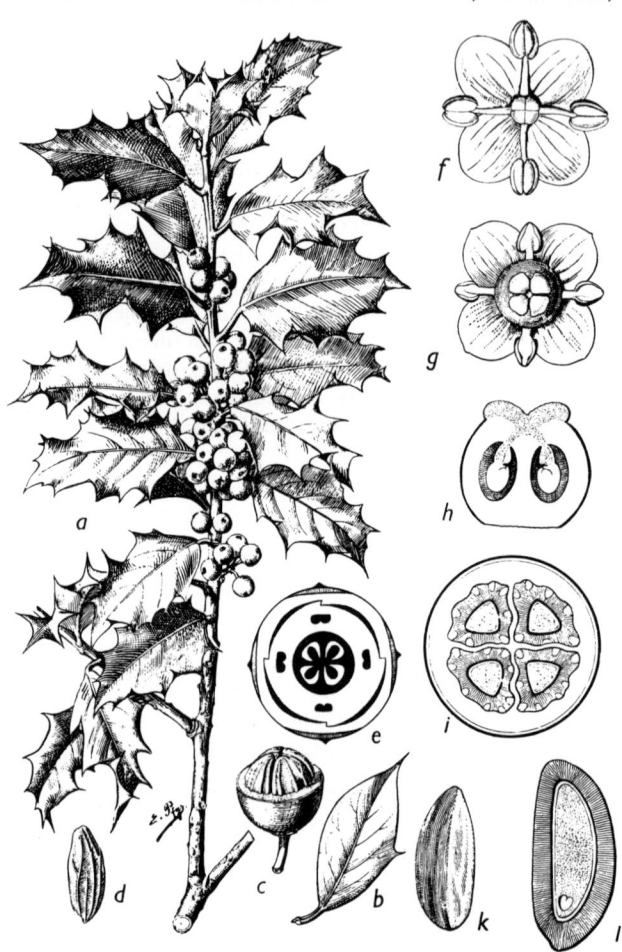

Fig. 1825. Ilex Aquifolium L. *a* Bewehrter Zweig mit Steinfrüchten. *b* Laubblatt mit einem Stachelzahn. *c* Steinfrucht. *d* Steinkern. *e* Diagramm. *f* Männliche Blüte. *g* Weibliche Blüte. *h* Längsschnitt durch den Fruchtknoten. *i* Querschnitt durch die Frucht. *k* Samen. *l* Längsschnitt durch denselben (Fig. *e* nach Eichler, *f* bis *l* nach Kronfeld).

Allgemeine Verbreitung (vgl. Fig. 1826): Mitteleuropa, besonders in der atlantischen und subatlantischen Provinz (Südnorwegen, Dänemark, Holland, Belgien, Westdeutschland, Grossbritannien, Frankreich), als deren „Wahrzeichen" die Stechpalme geradezu genannt werden kann; an der norwegischen Küste unter dem Einfluss des Golfstromes bis 63° nördl. Breite (bis Omsund auf der Nordlaufsinsel in der Nähe von Christiansund), Balkanländer; Vorderasien, Kaukasus (hier bis 2340 m ansteigend), Transkaukasien, Nordpersien; ferner im Mittelmeergebiet (Algier, Tunis, Italien, Iberische Halbinsel). In einem weit östlich vorgeschobenen Vorposten kommt die Stechpalme in Zentralchina (in der Provinz Hupeh) vor (in der Varietät Chinénsis Loes.). Ein Vorkommen in Indien (Kohima, Manipur?) ist noch nicht ganz sichergestellt.

Nach dem geographischen Vorkommen lassen sich verschiedene Varietäten der Stechpalme unterscheiden. Die in Europa vorkommenden Formen gehören zur var. Occidentális Loes., die durch weissliche Kronblätter und im getrockneten Zustand ± grünliche Laubblätter mit oberseits undeutlichen Nerven gekennzeichnet ist. Im übrigen sind die Laubblätter in Form, Berandung und Grösse sehr veränderlich. Die gewöhnliche Form ist f. vulgáris Ait. Laubblätter buchtig und stachelig gezähnt; Blattrand ± stark gewellt (an alten Individuen schwindet an den oberen Zweigen die Bestachelung des Blattrandes). Hauptsächlich im Mediterrangebiet, aber auch in Deutschland z. B. in Schleswig-Holstein nicht selten, ist die f. integrifólia Nolte verbreitet. Laubblätter oval oder die oberen schmäler, stachelig oder ganzrandig, oben zugespitzt und meist in einen Stachel auslaufend. Von beachtenswerten Formen wäre noch die f. platyphylloides (Christ.) Loes. zu nennen, deren Laubblätter fast doppelt so gross wie bei der gewöhnlichen Form (bis 13 cm lang und 9 cm breit), breit-eiförmig bis fast kreisrund, stachelig gezähnt oder ganzrandig, nicht (oder nur wenig) gewellt sind. Diese Form, bei der es sich

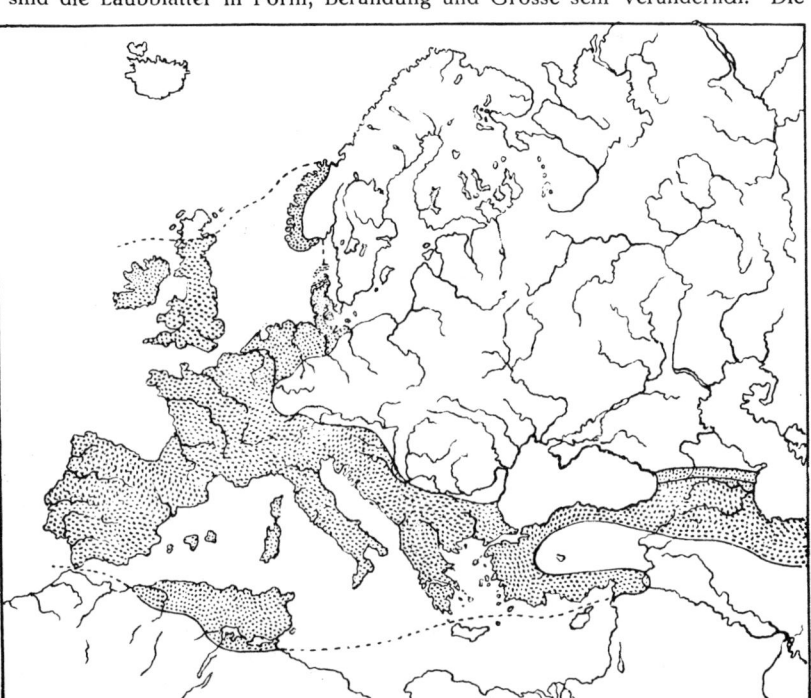

Fig. 1826. Verbreitung von Ilex Aquifolium L. (nach Friedrich Oltmanns).

möglicherweise um einen Bastard von I. Aquifolium und (einem kultivierten Exemplar von) I. Perádo handelt, ist bisher nur am Lago Maggiore bei Canobbio (Oberitalien) festgestellt worden. In Westasien ist I. Aquifolium in der var. angustifólia Hohenack. (Laubblätter im getrockneten Zustand bräunlich, Seitennerven oberseits meist deutlich), in Zentralchina in der var. Chinénsis Loes. (Kronblätter rötlich, nur bis 3 mm lang) vertreten. Ausserordentlich gross ist die Anzahl der kultivierten Formen von I. Aquifolium L., was leicht verständlich ist, da sie sicher schon seit Mitte des 16. Jahrhunderts in Gärten usw. gepflanzt wird. Die Unterscheidung der oft ineinander übergehenden Formen gründet sich vornehmlich auf die Gestalt des Blattumrisses, des Blattrandes und auf die Art der Bestachelung. Systematisch wenig verwertbar sind Färbung, Zeichnung (Panaschierung) der Laubblätter, Färbung der Früchte, Wuchsform der Pflanze. Als häufiger gezogene Formen wären etwa zu nennen: Zur f. vulgaris Ait. (vgl. oben) gehörend: subf. péndula (Moore) Loes. Zweige hängend, oft auch mit panaschierten Laubblättern. — subf. variegáta (Du Mont) Loes. Laubblätter hell oder goldgelb oder grau oder andersfarbig berandet oder ebenso gefleckt, oft auch längs der Mittelrippe gezeichnet. In gärtnerischen Verzeichnissen als I. Aquifolium argéntea-margináta, aúrea, álba-argéntea u. ä. bezeichnet. — subf. macrophýlla (Goepp.) Loes. Laubblätter gross, weniger stark gewellt. — subf. chrysocárpa Loes. (= I. Aquifolium f. citriocárpa Murr). Früchte ± gelb. Kommt z. B. in der Gegend von Feldkirch (Vorarlberg) sowie am Beatenberg oberhalb der Beatushöhle (Bern) auch wild vor. — Ferner f. echináta (Mill.) DC.

Laubblätter nicht nur am Rande, sondern auch auf der Fläche mit Stacheln besetzt. — f. calamistráta Goepp. Laubblätter stark gebuchtet, ± zusammengerollt. — Zur f. ciliáta Loud. mit ebenen, nicht gewellten Blattflächen und langen (bisweilen fast wimperförmigen) Stacheln gehört die häufig gezogene subf. serráta (Desf.) Loes. (in gärtnerischen Verzeichnissen: I. Aquifolium serráta argéntea, serratifólia aúrea usw.) mit schmal=lanzettlichen, dichtstacheligen, fast gesägten Laubblättern; diese oft ± gelb panaschiert. — f. laurifólia (Kern.) Loud. (? = var. senéscens Gaud.). Laubblätter ganzrandig, eben, lanzettlich oder länglich=lanzettlich, auch panaschiert. — f. integrifólia Nolte. Laubblätter ganzrandig, dicker als bei der eben genannten Form.

Was die Verbreitung der Stechpalme in Deutschland betrifft, so zeigt hier der Verlauf der Ilex=Grenze einige Aehnlichkeit mit der Januarisotherme von 0°. Daraus geht schon hervor, dass die Stechpalme zeitweise auch tiefere Temperaturen aushalten kann. In Westdeutschland bewegt sich die Ostgrenze der Stech=palme etwa auf dem Januarminimum von — 4° bis — 5° C, in der norddeutschen Tiefebene (nach Graebner) etwa auf dem von — 12° C. Aus fossilen Funden (interglaziales Torflager von Clinge bei Cottbus, inter=glaziale Kalktuffe bei Weimar), die dem Diluvium angehören, geht hervor, dass die Stechpalme früher weiter nach Osten verbreitet war. In Skandinavien hatte die Stechpalme noch zu Anfang des 19. Jahrhunderts (nach Holmboe) einen weit nach Osten vorgeschobenen Standort (Südwestschweden an der Küste der Landschaft Bohuslän). Demnach ist der Strauch im Rückgang begriffen. Bemerkenswert ist, dass sich Ilex=Reste häufig in einer glazialen Ablagerung bei Kaltbrunn (am oberen Ende des Zürcher Sees) finden. Der älteste bekannte fossile Fundort der Stechpalme (oder einer verwandten Art bezw. Stammform) soll aus dem Pliozän Südfrank=reichs stammen. Engler rechnet Ilex Aquifolium zu den Pflanzen, die von Südeuropa kommend sich nach der Glazialzeit wieder Terrain in Westeuropa eroberten, dessen Klima durch den Einfluss des Golfstromes für sie günstig geworden war. Trotzdem die Stechpalme nach ihrer heutigen Verbreitung als typisch atlantische Pflanze erscheint, so nimmt doch Loesener aus phylogenetischen Gründen und nach der Verbreitung ihrer nächsten Verwandten an, dass sie zentralasiatischen Ursprungs ist. Nach ihm dürfte sie von den Randgebirgen Inner=Asiens aus westwärts wandernd bis in ihr jetziges Verbreitungsgebiet vorgedrungen sein. Dazu würde ein fossiler (diluvialer) Fund im insubrischen Seengebiet stimmen, in dem Ilex Aquifolium zusammen mit dort aus=gestorbenen Vertretern (z. B. Rhododendron Ponticum) der kaukasischen und himalayischen Flora vertreten ist.

Die Stechpalme kann im grossen und ganzen als Buchenbegleiterin angesprochen werden. Höck rechnet sie zu den Buchenbegleitern, die nicht zur Buchengemeinschaft selbst gehören, aber doch noch deutliche Beziehungen zur Buche aufweisen. E. H. L. Krause bezeichnet die Stechpalme ebenso wie die Buche und Primula acaulis als „montan=boreal". In Deutschland, Tirol und in der Schweiz ist die Stechpalme allerdings vorzugsweise in Buchenwäldern anzutreffen, seltener in Mischwäldern. Im Tessin findet sie sich auch im lichten Kastanienwald; in den thessalischen Gebirgen, wo sie in Höhenlagen von 1150 m bis 1600 m vorkommt, fehlt sie der Buchenregion. Uebrigens gedeiht auch im Gebiet die Stechpalme im lichten Eichenwalde besser als im Buchenwalde, da sie sich dort mehr ausbreiten kann. Wenn dagegen im südwestlichen Teile Westfalens und in der Rheinprovinz Ilex Aquifolium in Fichtenbeständen wächst, so mag dies daher rühren, dass es sich da in den meisten Fällen um ehemalige Buchenwaldkahlschläge mit Fichtenaufforstung handelt (Foerster). In Schleswig=Holstein ist die Stechpalme im Verbreitungsgebiet der Buche meist in jedem Laubwald reichlich, im Gürtel der Eiche jedoch sehr spärlich oder ganz fehlend; in den „Knicks" kommt sie zerstreut vor. Reine Be=stände bildet sie dort nur selten; ein solcher ist z. B. der „Ilexhain" bei Lägerdorf, der dadurch entstanden ist, dass der Eichenhochwald 1875 abgeschlagen worden ist. In manchen Buchenwäldern ist die Stechpalme dort so häufig, dass sie (z. B. Immenstedter Holz), um die Verjüngung der Buche zu ermöglichen, gerodet werden muss (Briefl. Mitteilung von Willy Christiansen). Als das eigentliche „Hülsenland" darf in erster Linie Nordwestdeutschland und zwar besonders die nähere und weitere Umgebung von Osnabrück angesprochen werden.

Biologisch bietet die Stechpalme viel Bemerkenswertes. In der ersten Zeit (nach Foerster etwa bis zum 40. oder 50. Lebensjahre) wächst sie verhältnismässig schnell, wobei allerdings die Verhältnisse des Standorts eine grosse Rolle spielen. Später jedoch wird sowohl das Dicken= wie das Höhenwachstum ein äusserst geringes. Es ist wahrscheinlich, dass es Ilex=Bäume im Alter von 200 bis 300 Jahren gibt. Die Blätter der Stechpalme sind gegen zu starke Wasserabgabe durch eine lederartige Epidermis mit stark entwickelter Cuticula (Fig. 1827) geschützt. Nach den neuesten Untersuchungen von Robert Bloch (Berichte der Deutschen Botan. Gesellschaft. Bd. XLII, 1924, pag. 255) dürfte das bereits von A. Meyer festgestellte, im Mesophyll als ölartige Tropfen vorkommende „Mesekret" am Aufbau der Cuticula beteiligt sein. Auch die stark glänzende, das Licht zurückwerfende Blattoberfläche verhindert eine allzu grosse Erwärmung. Nach O. Stocker transpiriert Ilex Aquifolium etwa so stark wie Sedum album und S. purpureum. Die Spalt=öffnungseinrichtungen (Fig. 1824 c) weisen dagegen keinen besonderen Schutz gegen zu starke Transpiration auf; hierin stimmt die Stechpalme mit vielen „Buchenwaldpflanzen" überein. Das einzelne Blatt dauert 1 bis 3 Jahre (nach Hoffmann meist 25 Monate) aus. Ueber die biologische Bedeutung der Blattstacheln und der Wellung des Blattrandes hat Loesener eingehende Studien angestellt. Die Tatsache, dass an älteren höheren Exemplaren von Ilex Aqui=

folium die Blätter der oberen Zweige keine Stacheln mehr ausbilden, hat man früher (so Kerner) allgemein dahin erklärt, dass die in solcher Höhe befindlichen, also unerreichbaren Blätter keinen Schutz gegen Tierfrass (z. B. gegen weidende Wiederkäuer) mehr „nötig" hätten. Mit Recht macht Loesener darauf aufmerksam, dass damit die Tatsache nicht erklärt ist. Sie macht nach ihm vielmehr „ganz den Eindruck einer Gesetzmässigkeit, die mit der inneren Organisation der Pflanze zusammenhängen dürfte". Der Vermutung Foersters, dass Ilex Aquifolium vielleicht aus der Kreuzung einer bestachelten Art mit einer wehrlosen hervorgegangen sei, stimmt Loesener bedingt zu, indem er es für wahrscheinlich hält, dass die Stammform der Gruppe der Oxyodontae (zu der die Stechpalme gehört) sich aus einer ursprünglich unbewehrten Urform entwickelt hat. Andererseits müssen der Verlust der Stacheln, das Unterbleiben der Wellung und die Verschmälerung der Spreite nach Loesener sowohl untereinander als auch — da die Bäume gleich allen anderen Körpern in den 3 Richtungen des Raumes wachsen — mit der alljährlich progressiv steigenden Zahl der neuzubildenden Laubblätter in irgend einem mathematischen Zusammenhange stehen. Da sich dabei die Leitungsbahnen im Stamme und in den Hauptästen im wesentlichen nur verlängern, nicht aber zugleich erheblich erweitern, so hält die Zuführung der zum Aufbau der Stereomteile nötigen Stoffe nicht gleichen Schritt mit der zahlenmässigen Vermehrung der Laubblätter am Gesamtorganismus und ruft die stachellose Spreitenform hervor. Damit steht die Beobachtung im Einklange, dass die während des stärksten Treibens gebildeten Blätter Wellung und Bestachelung am ausgeprägtesten zeigen, während die am Anfange und

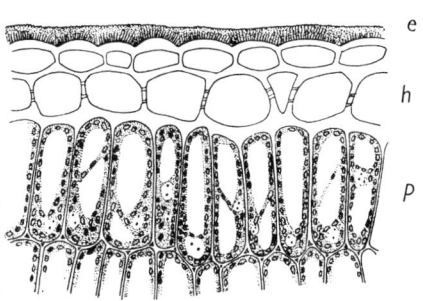

Fig. 1827. Querschnitt durch das Laubblatt von Ilex Aquifolium L. *e* Epidermis mit sehr starker Cuticula, darunter ein einschichtiges Hypoderm (*h*). *p* Chlorophyllführende Palissadenzellen.

gegen Ende der Vegetationsperiode sich entwickelnden die eben genannten Merkmale oft in sehr abgeschwächtem Masse aufweisen. Dass an älteren Ilex-Exemplaren die Blätter der oberen Zweige eine kleinere Blattfläche (infolge grösserer Schmalheit, Wegfall der Wellung und der Stacheln) besitzen als die der unteren, mag auch als Schutz gegen zu starke Verdunstung gelten. Umgekehrt erklärt R. Fischer die durch Wellung und Bestachelung herbeigeführte Vergrösserung der Blattoberfläche als eine Einrichtung das diffuse Licht des Buchenwaldes besser auszunützen. Ferner will Loesener in der Wellung und Bestachelung des Blattrandes eine Schutzvorrichtung gegen heftige und besonders auch trockene und kalte Luftströmungen (z. B. Winterstürme) sehen. Wären die Blätter ganz flach und unbewehrt, so wäre die Blattunterseite infolge ihrer Biegsamkeit bei starken Windstössen diesen schutzlos preisgegeben. Durch die Wellung der Blattspreite und die nach allen Seiten gerichteten Stacheln wird aber der Anprall des Windes für das einzelne Blatt doch etwas abgeschwächt. Jedenfalls bedarf es nach dem Gesagten noch eingehender Beobachtung wildwachsender Stechpalmen sowie auch experimenteller Untersuchung, um die Frage nach der Bedeutung der Wellung und Bestachelung der Blätter ganz zu klären. Als pathologische Erscheinung sei erwähnt, dass die Maden gewisser Fliegen (Agromýza, Phytomýza, Trypéta) im Blattparenchym Miniergänge anlegen, die weiss durch das Blatt durchschimmern. Die Verpuppung erfolgt dann dicht unter der Epidermis der Blattunterseite. Häufig werden die Minen in den Blättern von den Maden der Phytomýza aquifólii Gour. hervorgebracht. Die Made verpuppt sich im Blatt und überwintert dort als Puppe. Im Juni entschlüpft die fertige Fliege (Mitteilungen der Deutschen Dendrologischen Gesellschaft. 123, S. 257).

Fig. 1828. Ilex aquifolium L., Rheinisches Schiefergebirge. Phot. Gg. Eberle, Wetzlar.

Wie bereits oben bemerkt, ist die Stechpalme eine „sekundär" diözische Pflanze, d. h. die Zweihäusigkeit ist aus einem ursprünglichen Hermaphroditismus durch Verkümmerung des einen Geschlechtes (des Andrözeums bezw. des Gynäzeums) entstanden. Die Vermutung von Bonnier, dass in den männlichen Blüten das verkümmerte Gynäzeum (Pistillodium) die Rolle eines Nektariums übernommen habe, scheint nicht richtig zu sein. Loesener sieht in dem Beibehalten der jeweils funktionslos gewordenen Geschlechtsorgane in den Ilex=Blüten nur den Einfluss des anderen Geschlechtes der Stammeltern (also bei weiblichen Individuen den Einfluss des „Vaters" = der pollenliefernden Pflanze und umgekehrt). Was das Vorkommen betrifft, so scheinen die männlichen Exemplare häufiger zu sein als die weiblichen. Vielleicht rührt dies z. T. auch daher, dass diese wegen ihrer schön korallenroten Früchte mehr Nachstellungen ausgesetzt sind als jene. Nach einer Beobachtung, die Foerster an einer der grössten in Deutschland bekannten Stechpalmen (Dr. Foerster=Hülse in Mittel=Enkeln; vgl. unten) machte, kann die Pflanze ihr Geschlecht wechseln. 1911 trug der genannte Baum eine Menge roter Früchte, 1916 konnte Foerster nur männliche Blüten an dem gleichen Individuum entdecken. Es wäre sehr wertvoll festzustellen, ob hier ein Ausnahmefall vorliegt oder ob sich ein solcher Wechsel des Geschlechtes in gewissen Zeiträumen auch an anderen Ilex=Exemplaren wiederholt. Dass die männlichen Stechpalmen in der Blatt= und Blütenregion stärker verzweigt sind als die weiblichen, erklärt Loesener damit, dass diese einen grossen Teil der aufgenommenen Nahrung auf die Bildung der Früchte verwenden müssen. Die Honigabsonderung sowohl der männlichen wie der weiblichen Blüten ist gering; als Blütenbesucher wurden vor allem Bienen und Wespen beobachtet.

Die Samen der Stechpalme scheinen z. T. durch Vögel (Drosseln, Wildtauben), die die Früchte fressen, die Samen aber wieder unverdaut abgeben (endozoische Verbreitung), verbreitet zu werden. So nimmt z. B. Sernander an, dass der (oben erwähnte) weit vorgeschobene Standort der Stechpalme bei Christiansund dem Transport der Samen durch Vögel seine Entstehung verdanke. Bei uns werden die Stechpalmenfrüchte wohl nur in sehr harten, schneereichen Wintern (wie sie jetzt selten sind) von den Vögeln verzehrt. Foerster nimmt an, dass für die Keimung eine Wanderung der Fruchtkerne durch den Vogeldarm unbedingt notwendig sei. Nach Keimungsversuchen von Loesener ist dies jedoch nicht der Fall. Die Keimung erfolgt nur sehr langsam, gewöhnlich erst nach 1 1/2 bis 2 Jahren. Der Keimungsvorgang wird zwar durch Licht begünstigt, jedoch wird der Beginn des Keimungsprozesses durch Licht nicht beschleunigt. Nach Kinzels Versuchen verzögerte Dunkelheit die Keimung so sehr, dass auch nach 4 Jahren noch 15% ungekeimter Samen vorhanden waren, während nach 2 Jahren im Lichte innerhalb von 3 Monaten 100% der Samen keimten. Auffällig erscheint es, dass man selbst in Gebieten, wo die Stechpalme häufig wächst, in der freien Natur nie oder nur äusserst selten aus Samen hervorgegangene Keimpflanzen antrifft. Bei wildwachsenden Pflanzen erfolgt die Vermehrung meist durch Wurzelausschläge. Das Fehlen wildwachsender junger Keimpflanzen führt Loesener teils auf die grössere Seltenheit der weiblichen Individuen, teils auf klimatische (und forstliche) Gründe zurück.

Da die Stechpalme eine vielfache Verwendung (vgl. unten) findet, ist ihr Bestand, auch in Gegenden, wo sie keine Seltenheit ist, oft sehr bedroht. Sie verdient jedoch als „Naturdenkmal" besonders an ihrer Ost= und Nordgrenze allen Schutz. Tatsächlich ist auch die Stechpalme in vielen Gegenden (z. B. in Elsass=Lothringen, im Bergischen, im Rechtsrheinischen Bayern, in der Rheinpfalz, im Regierungsbezirk Hildesheim [seit 1923], in Vorarlberg) durch gesetzliche Massnahmen (ortspolizeiliche Vorschriften usw.) bis zu einem gewissen Grade geschützt.[1]) Ganz besonders verdienen alte Stechpalmen=Bäume diesen Schutz. Einer der schönsten und grössten bisher in Deutschland bekannten Stechpalmen=Bäume ist die „Dr. Foerster=Hülse" in Mittel=Enkeln bei Kürten, Kreis Wipperfurth, Reg.=Bez. Köln. Der Baum hat eine Höhe von 10 m und 1,30 m über dem Boden einen Umfang von 1,45 m. Der astfreie Teil des Stammes ist 2 m hoch. Er ist genauen Nachforschungen zufolge urwüchsig und als Rest eines alten Waldbestandes anzusehen. Diese Stechpalme hatte im Jahre 1910 weibliche Blüten, im Jahre 1916 dagegen konnte Foerster nur männliche Blüten feststellen, so dass hier ein „Geschlechtswechsel" vorliegt (vgl. oben). Ein anderer alter Baum von 10 m Höhe und 1,36 m Umfang steht im Hoheholz bei Kettwig vor der Brücke im Kreise Mettmann, Reg.=Bez. Düsseldorf; bis 15 m hohe Bäume werden von Westerholt im Bergischen angegeben. In Schleswig=Holstein findet sich der stärkste Stamm (1,20 m Umfang in 40 cm Höhe über dem Boden) im Gehege Stauen bei Salzau (nach Willy Christiansen). In den Bayerischen Alpen wachsen von Elbach (Bezirksamt Miesbach) zur Sternplatte im Forstbezirke Kaisill herrliche, 10 m hohe Bäume, ebenso bei der Schuhbräualm (Berichte der Bayer. botan Gesellschaft. Bd. 14 [1914], S. 130).

Die Zweige der Stechpalme (vor allem solche mit Beeren) werden besonders in der Kranzbinderei (zu Totenkränzen), zur Ausschmückung bei Festlichkeiten, als frisches Grün an Weihnachten (sehr oft auch als Weihnachtsbaum), am Palmsonntag usw. benützt. Durch diese Verwendung wird der Bestand dieser in unserer Flora einzig dastehenden Pflanze, wie schon oben bemerkt, sehr gefährdet. Besonders im Rheinland

---

[1]) Foerster, H. Die Hülse oder Stechpalme, ein Naturdenkmal (Naturdenkmäler. Vorträge und Aufsätze. Heft 13. Berlin [Gebr. Borntraeger], 1916. 47 S.).

und in Westfalen, sowie in Schleswig-Holstein (nach Dänemark und nach dem Rheinland) wurden ehedem ganze Wagenladungen in die grossen Städte und ins Ausland geschickt. In der Konstanzer Gegend pflegten die von (Maria) Einsiedeln (Schweiz) nach Schwaben zurückkehrenden Caravanten der Wallfahrer Stechpalmenzweige als Feldzeichen auf den Hut zu stecken. Im Sinne des Naturschutzes ist es gewiss zu begrüssen, dass z. B. die städtische Friedhofverwaltung in München seit Jahren (1903) keine Ilex-Kränze mehr annimmt. Vielfach wird die Stechpalme auch von Gärtnern kultiviert (vgl. oben „Kulturformen"). Infolge des reichlichen Stockaus=schlages eignet sich der allerdings sehr trägwüchsige Strauch für lebende Hecken (Fig. 1829). Eine alte Ilex-Allee von mehreren hundert Meter Länge steht beim Gute Westerholt im Bergischen. Das ungemein harte und sehr gleichmässige, schwerspaltige, gelblich- bis grünlichweisse, zer=streutporige Holz, das sehr leicht Politur annimmt, eignet sich beson=ders zu Drechslerarbeiten, zu Werkzeugstielen, Spazierstöcken, Peitschenstielen, Dachsparren usw. Im Berner Oberland wurden früher solche Spazierstöcke, denen ein Gemshorn als Griff diente, den Fremden zum Verkaufe angeboten. In der Medizin wurde ehedem ab und zu ein Absud aus den Blättern gebraucht bei Wechselfieber, als Diureticum bei Gicht= und Stein=leiden, auch wohl gegen Kolik und Durchfall. Die Blätter enthalten Gerbstoff und das glykosidische Ilicin. Häufiger finden sie noch in

Fig. 1829. Ilex-Laub mit Minen der Phytomyza ilicis Curtis. Rheinisches Schiefergebirge. Phot. Gg. Eberle, Wetzlar.

der Volksmedizin Anwendung. Im Bergischen ist die Verwendung gegen Gelbsucht recht häufig; es heisst dort auch, dass nur die unbestachelten Blätter eine Wirkung hätten. Am Niederrhein werden die Blätter zu diesem Zweck braun gebrannt. In der Gegend von Calw (Württemberg) gelten die mit Zucker eingekochten Früchte als gutes Mittel gegen Seitenstechen.

Die Stechpalme ist vielleicht die πρῖνος ἀγρία [prínos agría] des Theophrast (Hist. plant. III, 4). Unter πρῖνος ist die Stein-Eiche (vgl. pag. 234, Anm. 2) zu verstehen. Plinius (Nat. hist. XVI, 19) nennt als „Abart" der „ilex" (= Quercus ilex) eine „ilex aquifolia" (scharfblätterige Ilex). Vielleicht ist damit unsere Pflanze gemeint. An anderer Stelle (XXIV, 116) schreibt er, dass die Blätter der „aquifolia" zerquetscht gut bei Gelenkkrankheiten, die Beeren bei Ruhr, Gallensucht, Verdauungsbeschwerden und Frauenleiden anzu=wenden seien. Der Baum „aquifolia" halte, bei einem Haus oder Landgut gepflanzt, alle Zaubereien fern. Ob darunter wirklich Ilex Aquifolium zu verstehen ist (und nicht ein anderer Baum mit immergrünen, stacheligen Blättern), bleibt zweifelhaft. Albertus Magnus (13. Jahrhundert) beschreibt die Stechpalme merkwürdigerweise als „daxus" (De Veget. IV, 115). Einen verhältnismässig guten Holzschnitt der Stechpalme bringt das Kräuter=buch (Ausgabe von 1551, S. 402) von H. Bock (Tragus). Er benennt sie bereits mit diesem Namen, sowie mit „Walddistel" und bemerkt, dass der Baum „im Ydar naher dem berghauss Veldentz [Veldenz im Reg.=Bez. Trier] gegen der Moselen [Mosel] seer hoch und gross aufwechst", dagegen z. B. „nidertrechtig" (klein, strauchartig) bleibe im Hagenauer Forst (Elsass). Auch die noch heute übliche Verwendung der Zweige am Palmsonntag erwähnt Bock (er war protestantischer Prediger!) mit den Worten: Der gemein verfüret hauff stecket disen palmen / wann er geweihet würt / über die thürschwellen des haufs / und der vihe ställe / der zuversicht / es sol das wetter nit dahin schlagen / wo diser Stechpalmen gefunden werde". Der Name „Ilex aquifolia" für unsere Pflanze findet sich (mit Hinweis auf Plinius, vgl. oben) zuerst im Kräuterbuch von A. Lonicer (16. Jahrhundert).

74. Fam. Celastráceae.[1]) Baumwürgergewächse.

Bäume oder Sträucher mit einfachen, gegen= oder wechselständigen, selten quirligen Laubblättern und mit kleinen, faden= oder schwielenförmigen, hinfälligen oder bleibenden

---

[1]) Abgeleitet von κήλαστρος [kélastros], unter welchem Namen Theophrast die immergrüne Phillyrea latifolia (Oleaceae) verstand.

Nebenblättern. Blüten in cymösen oder racemösen, rispigen, einzeln oder zu mehreren achsel=, seltener endständigen, durch fadenförmige oder schwielige Hochblätter gestützten Blüten=ständen, seltener einzeln, meist klein, grünlich oder weisslich, bisweilen auch rötlich, strahlig (Fig. 1834 d), zwitterig oder durch Verkümmerung 1=geschlechtig, 1=häusig, seltener 2=häusig. Kelchblätter 4 oder 5, frei oder verwachsen, meist bleibend, mit in der Regel dachziegeliger Drehung oder offen. Kronblätter 4 oder 5, frei, selten fehlend, in der Knospenlage meist dachig, seltener gedreht oder klappig, unterhalb des meist vorhandenen flachen, polster=, ring= oder becherförmigen, ganzrandigen oder $\pm$ gelappten Diskus eingefügt. Staubblätter 4 oder 5, mit den Kronblättern abwechselnd, auf oder unter dem Diskus oder am Rande desselben eingefügt (Fig. 1834 b). Fruchtknoten oberständig, dem Diskus aufsitzend oder in diesen einge=senkt, aus 2 bis 5 Fruchtblättern zusammengesetzt, mit gleich viel Fächern; Griffel 1, kurz; Samenanlagen in jedem Fruchtknotenfach meist 2, seltener nur 1 oder mehrere, meist aus dem Innenwinkel aufrecht, seltener hängend, bisweilen 2=reihig. Frucht eine fachspaltige Kapsel oder Beere, seltener eine nicht=aufspringende Schliessfrucht, Flügelfrucht oder Steinfrucht. Samen meist von einem saftigen, lebhaft gefärbten Samenmantel (Arillus) ganz oder teilweise um=geben (Fig. 1830); Keimling gerade; Nährgewebe vorhanden.

Die Familie umfasst etwa 40 Gattungen mit annähernd 480 Arten, die mit Ausnahme der kalten Zonen in allen Teilen der Erde auftreten. Besonders reich an Arten sind Südafrika und Südasien. Die Gattungen sind teils sehr weit verbreitet, wie z. B. Evónymus L. in Asien, Australien, Amerika und Europa und Celástrus L. in Süd= und Ostasien, Australien, Melanesien und Nordamerika, teils auch sehr beschränkt und in kleinen Gebieten, oft auf alt=abgeschiedenen Inseln, endemisch, so z. B. Polycárdia Juss. und Pte= lídium Thouars auf Madagaskar. Auch Australien, Neuguinea, die Norfolkinseln, Neukaledonien, die Fitschi=Inseln besitzen einige eigene Gattungen oder doch Arten. Als zu den Celastraceen gehörig sind Fossilien bereits aus der Kreide und aus dem Tertiär von Nordamerika, den Polarländern, Europa, Java und Australien wiederholt beschrieben worden. Wenn auch der namentlich auf Laubblattresten gegründete Teil dieser Zu=weisungen höchst unsicher ist, so bieten doch Fruchtfunde etwas grössere Sicherheit, sodass also eine frühe Anwesenheit der Familie in Europa und Nordamerika sicher steht. Auch die oben bereits angedeutete, gegen=wärtige Verbreitung vieler Arten auf altisolierten Landstücken spricht für das hohe Alter der Familie. — Die nächste Verwandtschaft weist einerseits auf die Hippocrateaceen, die Baillon sogar als Unterfamilie auffasst, andererseits auf die Staphyleaceen, zu denen gewisse Gattungen hinneigen. Andere verwandtschaftliche Be=ziehungen bestehen zu den Icacinaceae und den in der Tracht oft ähnlichen Rhamnaceen. Letztere unter=scheiden sich aber durch die epipetalen Staubblätter und durch die epitropen Samen. L. Radlkofer macht auch auf Aehnlichkeiten mit den Euphorbiaceen aufmerksam. Durch den Bau der Spaltöffnungen werden Beziehungen zu den Buxaceen und Aquifoliaceen angedeutet. Nach der sero=diagnostischen Eiweiss=untersuchung der „Königsberger Schule" dürften die Celastraceen an den vom Columniferen=Ast ab=gezweigten Hauptast einzufügen sein, der mit den Vitaceen in gerader Linie endigt, während als ein Seiten=zweig von der Familie die Bicornes ausstrahlen (Bd. IV/3, Fig. 1608). — Für den Menschen haben nur wenige Arten der Familie einen Nutzwert; allerdings sind die meisten chemisch noch nicht untersucht. Einige Arten ent=halten wenig bekannte Alkaloide, organische Säuren, Glykoside, fette Oele, Gerbstoffe, Farbstoffe und Kaut=schuk. Ueber die Kautschukschläuche der Familie hat Radlkofer, sowie Metz (Beihefte zum Botanischen Zentralblatt, 1903) berichtet. Von Nutzpflanzen seien genannt: Cátha edúlis Forsk., ein Strauch oder Bäumchen mit bis 5 cm langen, breit=eilanzettlichen, ledrigen, gekerbten und am Rande und auf den Nerven rot gefärbten Laubblättern, weisslichen, in kurzen cymösen Blütenständen vereinigten, kleinen, 5=zähligen Blüten und 3= bis 4=spaltig aufspringenden, bis 1 cm langen Kapseln, der von Südarabien und Abessinien bis zum Kap verbreitet ist und von den Arabern als anregendes und schlafvertreibendes Mittel benutzt wird. In Arabien werden die Laubblätter (gern frisch) gekaut, in Abessinien z. T. ebenso verwendet, z. T. auch wie Tee („Kat=Tee") aufgegossen und zuweilen mit Honig vermengt. Der Geschmack junger Laub=blätter ist angenehm süss=aromatisch, derjenigen der älteren hingegen unangenehm ledrig, die Wirkung im letzteren Falle stark berauschend. Der Genuss macht zu ausserordentlichen körperlichen Leistungen fähig. Die Pflanze spielt auch im religiösen und bürgerlichen Leben der Galla und Araber eine grosse Rolle und begleitet sie von der Wiege bis zum Grabe. Die halb arabisierte Engländerin Rosita Forbes, die Jemen kürzlich besuchte, war überrascht, in welchem Masse der Genuss der Katblätter dem ganzen Leben der Küstenaraber von Jemen seinen Stempel aufdrückt. In den glühheissen Mittagsstunden versammelt sich die gesamte männliche Bewohnerschaft der Küstenstädtchen in besonders für diesen Zweck errichteten primitiven, strohgedeckten Hütten und gibt sich in einer unbeschreiblichen Atmosphäre von Hitze, Schweiss und Gestank dem Genusse der Wasserpfeifen und dem Kauen der Katblätter hin. Der durch das Gift des Katstrauches erzeugte Erregungszustand hält nicht lange an; um so länger aber scheucht das koffeinähnliche Alkaloid den Schlaf. Die erste Hälfte der Nacht hindurch wälzt sich der Araber daher schlaflos auf seinem Lager; spät und unlustig erwacht er dann aus schwerem Morgenschlaf und zur Arbeit findet er sich erst bereit, wenn die Sonne schon hoch am Himmel steht und der Sand glüht. Nach Wehmer enthalten die Laubblätter das Alkaloid Kathin, Celastrin (?), Gerbstoff, ätherisches Oel, Mannit, Kautschuk, aber kein Koffein. In Usambara wird der Strauch noch in 1600 m Höhe gebaut, wobei man ihn als Steckling zusammen mit dem Kaffee pflanzt. Als vollgültigen Ersatz für echten Tee kommt er aber nach H. Winkler nicht in Betracht. — Celástrus obscúrus Rich., in Abyssinien heimisch, liefert das in seiner Heimat vielverwandte Heilmittel „Add-Add". — C. paniculátus Willd. aus Indien enthält in seinen Früchten das Celasteröl. — Lophopétalum tóxicum Loher. der Insel Lucon eigentümlich, enthält in seiner Rinde ein Pfeilgift, dessen wirksamer Stoff das Lophopetalin ist. — Cassine-Arten, kenntlich durch gegen- oder wechselständige, lederige, ganzrandige oder gekerbte oder gesägte Laubblätter, aufrechte Samenanlagen in den Fächern des 2- bis 5-fächerigen Fruchtknotens und eine trockene, ± fleischige Steinfrucht, werden bisweilen in botanischen Gärten irrtümlich als Ilex Paraguariénsis (pag. 235) gezogen. Die Laubblätter der tropisch-asiatischen C. glaúca (Pers.) O. Kuntze dienen gegen Kopfschmerzen und als Räuchermittel bei Ohnmacht, die Rinde als Heilmittel von Geschwüren. — C. crócea (Thunbg.) O. Kuntze liefert das südafrikanische Saffranhout oder Gelbholz, ein Färbeholz, das aber kaum noch im Gebrauch ist. — Die in Britisch-Guayana wachsende Goúpia tomentósa Aubl. dient mit ihrem Kabucalli-Holz zum Schiffsbau. — In Gärten finden sich ausser den unten behandelten Evonymus-Arten bisweilen einige Arten der Gattung Celastrus L. (Baumwürger) angepflanzt, sommergrüne, dickstämmige Schlinggehölze mit einfachen Laubblättern, unscheinbaren, 1-geschlechtigen, meist 2-häusigen Blüten, unbehaartem, in der Regel 3-fächerigem Fruchtknoten und buntfarbigen Früchten. Sie gedeihen in jedem Boden und in jeder Sonnenlage und eignen sich als Bedeckung von Mauern, Drähten, Spalieren, Bäumen, Zäunen, Lauben usw. Manche werden durch Wurzelaustriebe lästig; auch schwächeren Bäumen können sie bisweilen durch ihre würgende Tätigkeit gefährlich werden, während sie von starkwüchsigen Bäumen mit hartem Holz zerrissen werden. Die angepflanzten Arten lassen sich nach C. K. Schneider, sowie A. Purpus (Die holzigen Lianen . . ., Mitteilungen der Deutschen Dendrologischen Gesellschaft, 1922) folgendermassen unterscheiden:

1. Blütenstände blattachselständig, meist nur 3- bis 1-blütig. Laubblätter klein bis mässig gross . . 2.

1*. Blütenstände endständig, meist in viel-(über 15-)blütigen Rispentrauben. Laubblätter im Durchschnitt länger . . . . 3.

2. Dünnstämmiger, verzweigter Schlinger mit hakig-bedornten (aus Nebenblättern hervorgehenden), wurzelnden, rundlichen, im ersten Jahre rotbraunen Zweigen. Laubblätter rundlich-spitzeiförmig, sehr fein und grannig gezähnt, kahl oder unterseits auf den Nerven leicht rauh behaart, beiderseits ± hellgrün. Samen ganz vom Arillus umschlossen. C. flagelláris Rupr. (= C. ciliídens Miq.). In Nord-China, der Mandschurei, Korea und Japan einheimisch. Im Gebiet winterhart, aber noch wenig bekannt. 1906 eingeführt.

2*. Sehr üppiger, dickstämmiger, hochwindender Schlinger mit mässig auffallenden Lenticellen und abfallenden Nebenblättern. Laubblätter meist über 6 cm lang und 4 cm breit, rundoval, ± drüsig-gekerbt, auf den Nerven ganz leicht behaart. Frucht gelb; Arillus scharlachrot. C. orbiculáta Thunbg. (= C. articuláta DC.). Heimat: China, Sachalin, Japan. Die Pflanze ist ein gefährlicher Schlinger, aber zu Zaunbekleidungen, zumal sie völlig winterhart ist, gut geeignet. Die Schösslingsbildung ist ausserordentlich reichlich. Fruchtende Zweigstücke können vorteilhaft zu Herbststräussen verwendet werden. — Wahrscheinlich nur eine Form dieser Art stellt die japanisch-koreanische C. punctáta Thunbg. dar, die in allen Teilen zierlicher ist. Laubblätter kaum 6 cm lang. Zweige meist deutlicher durch helle Lenticellen punktiert.

3. Laubblätter sehr gross, 11 bis 15 cm lang und 7 bis 12,5 cm breit, in eine lange Spitze auslaufend. Kleiner Strauch oder Schlinger (?) mit kahlen, im ersten Jahre purpurbraunen, ± kantigen Zweigen. Laubblätter derb, auf den Nerven der helleren Unterseite ± leicht kurzhaarig, sonst kahl. Blüten fast sitzend, in 10 bis 20 cm langen Blütenständen. Frucht wahrscheinlich gelbrot. Samenmantel orange. C. anguláta Maxim. In China heimisch. Die Art wurde erst in neuester Zeit eingeführt, ist sehr schön, aber empfindlich.

3*. Laubblätter kaum über 10 bis 11 cm lang und 5 bis 7 cm breit. Blütenstiele deutlich. Fruchtstiele meist über 5 mm lang . . . . 4.

4. Blütenstand 10 bis 20 cm lang, in deutlich hängender, rispiger Traube. Einjährige Zweige mit sehr vielen feinen, hellen Lenticellen, kahl, braun, rundlich. Laubblätter dünn, gelblichgrün. Kronblätter nur etwa doppelt so lang wie der Kelch. C. paniculáta Willd. (= C. depéndens Wall.) Heimat: Himalaya. Wahrscheinlich in Kultur. In Herbarien und in den Gärten werden unter den Namen C. paniculata und C. dependens sehr mannigfache Formen verstanden. Bisweilen verbändern die Zweige dieser Art.

4*. Blütenstand nur 5 bis 10 cm lang, zuweilen etwas verästelt, aufrecht. Junge Zweige ohne deutlich hervortretende Lenticellen, kahl. Laubblätter oval oder elliptisch, 5,5 bis 10 cm lang und 2,5 bis 5 cm breit. Blüten etwa 4 mm im Durchmesser. Frucht orange; Samenmantel scharlachrot. C. scándens L. — VI. In Nordamerika von Quebeck bis Nord=Carolina, Manitoba, Kansas, India=Territorium und Neu=Mexiko ein= heimisch; im Gebiet seit langer Zeit als winterharter Schlinger gezogen. Turin beschreibt eine Blüte dieser Art, bei welcher aus den Achseln der Kronblätter 5 kleine, neue Blüten hervorgegangen waren.

CCCCLIX. Evónymus[1]) L. Spindelstrauch. Franz.: Fusain, bonnet carré; engl.: Spindle-tree, dogwood, pegwood, skewerwood; ital.: Fusaria, fusaggine, beretto da prete (im Tessin: Barettin da prevet).

Meist sommergrüne, seltener wintergrüne Sträucher oder Bäume mit in der Regel gegenständigen, ungeteilten, gesägten, stachelig gezähnten oder meist ganzrandigen Laubblättern. Blüten gewöhnlich in gestielten, dichasialen, seltener pleiochasialen, blattachselständigen und von abfälligen Hochblättern begleiteten Trugdolden, selten einzeln, zwitterig, 4= bis 5=zählig. Kelchblätter abstehend oder zurückgeschlagen. Kron= blätter abstehend, rundlich bis lineal, ganzrandig oder gefranst, grünlich oder rötlich punktiert. Dis= kus flach, polsterförmig, 4= bis 5=lappig. Staubblätter auf dem Diskus[2]) eingefügt; Staubfäden pfriemlich, oft sehr kurz oder ganz fehlend; Staubbeutel breit= bis flach=nierenförmig, beide mit 2 sich nach oben vereinigenden oder mit 1 gemeinschaftlichen Risse schräg seitlich oder nach oben (innen oder aussen) sich öffnend. Fruchtknoten 4= bis 5=blät= terig, zuweilen 1 Fach unfruchtbar, in die Diskus= scheibe eingesenkt; in jedem Fach 2 oder mehr aufsteigende, anatrope und apotrope oder hän= gende und epitrope Samenanlagen. Griffel 1; Narbe klein, kurz 4= bis 5=lappig. Frucht eine (3=) 4= bis 5=kantige, gefurchte oder lappige, 4= bis 5= oder durch Verkümmerung bisweilen 3=, sehr selten 1=fächerige, rundliche, längliche, verkehrt=kegel= oder pyramidenförmige, fachspaltig oder klappig aufspringende Kapsel; Fächer 1= bis 2=samig. Samen aufrecht oder seltener hängend, ganz oder teilweise von einem fleischigen, orangeroten Arillus umhüllt (Fig. 1830); Samenhaut hell= oder dunkelfarbig, lederig, oft glänzend; Nährgewebe fleischig, reichlich vor= handen. Keimling gerade; Keimblätter gross, rundlich oder eiförmig; Würzelchen meist nach unten, seltener nach oben gerichtet.

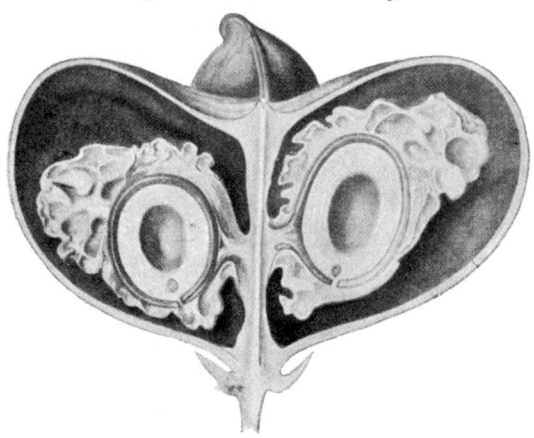

Fig. 1830. Längsschnitt durch die Frucht von Evonymus Europaea L. Samen mit Arillus (stark vergrössert).

Die Hauptverbreitung der Gattung liegt in Ostasien, im Gebiete des Himalaya und in Ostindien. Die Zahl ihrer Arten, die in Englers Natürlichen Pflanzenfamilien (1896) noch mit etwa 60 angegeben wird, hat sich namentlich infolge der Durchforschung von China nach C. K. Schneider (1912) auf bereits etwa 110 erhöht. Artenärmer als das östliche Asien ist Vorderasien. Einige Arten kommen auch auf den Sundainseln, den Philippinen, in Mittel= und Nordamerika und Europa vor, eine einzige in Australien. Die meisten Arten sind sommergrüne, seltener wintergrüne Sträucher oder Bäume niederer, bewaldeter Gebirge; doch dringen einige auch weit in Steppengebiete ein oder steigen als niederliegende, zwerghafte Formen hoch in den Ge= birgen empor. Verschiedene Vertreter vermögen wie unser Epheu Felsen und Bäume schlingend zu überziehen. — Die Blüten sind bei allen Arten unansehnlich und proterogyn. Der freiliegende Honig wird von der den

---

[1]) Die Bezeichnung wird mit εὖ [eu] = gut und dem Namen ὄνομα [ónoma] zusammengebracht und soll in ironischem Sinne auf diese Gattung wegen ihrer schädlichen Eigenschaften übertragen worden sein. Plinius verstand darunter Evonymus latifolia, Theophrast den Oleander.

[2]) Hallier erklärt den flachen Diskus als Verwachsungsprodukt von extrapetiolaren Nebenblättern.

Griffel umgebenden Diskusscheibe abgesondert. Die Samen dürften in vielen Fällen durch Vögel verbreitet werden, die durch die auffallende Farbe des Samenmantels und der Früchte selbst angelockt werden. Das Holz vieler Arten wird von Drechslern und Bildschnitzern geschätzt. Die nordamerikanische E. atropur≈púrea Jacq. enthält in den Zweigen das toxische Glykosid (?) Evonymin, Asparagin, Pektin, Stärke, fettes Oel, Wachs, vier Harze, Calcium≈ und Mangan≈Malat≈Citrat≈ und Tartrat, „Evonsäure", Aluminium≈, Calcium≈ und Eisen≈Phosphat und Calcium≈ und Kalium≈Sulphat und wird zu Heilzwecken bei Verdauungsschwächen ver≈ wendet. Die Wurzelrinde, die ein Alkaloid und ein Glykosid,[1]) nicht näher bekanntes, kristallinisches Atro≈ purpurin, sowie Harz, Fettsäuren u. a. m. enthält, liefert die Córtex Evónymi atropurp. rádicis, eine unter dem Namen Wahoorinde bekannte Droge; auch E. Americána L. wird pharmazeutisch verwertet. Aehnliche Verwendung findet bei indischen Sektierern der innere Teil der Rinde von E. tíngens Wall. Der Arillus und die Rinde verschiedener anderer indischer Arten wird von den Eingeborenen zu kosmetischen Zwecken gebraucht. Das Samenöl der Evo≈ nymus≈Arten ist wegen seines Gehaltes an roten Farbstoffen, bitteren Harzen, Essigsäure und freier Benzoesäure für den menschlichen Genuss nicht verwertbar. Nach F. Kann≈ giesser sind die Samen sogar giftig. — Die Entstehung der Spaltöffnungen wurde zuerst von R. Chodat beschrieben und später von L. Rehfous weiter verfolgt. Zunächst wird in der Mitte der Spaltöffnungsmutterzelle eine senkrechte, pektinhaltige Scheidewand gebildet, die sich — unter gleichzeitiger Verdickung der oberen und unteren Zellwand der Mutter≈ zelle — längs aufspaltet. Dann bildet sich der durch eine schwache, erhöhte und später kutinisierte Membran nach aussen abgeschlos≈ sene Vorhof, während sich unterhalb der Schliesszellen die Atemhöhle entwickelt. Be≈ wegungsfähige Nebenzellen ermöglichen letz≈ terer, sich unter der Epidermis auszudehnen. Im Herbst sinken die Atemöffnungen kurz vor dem Abfallen der Laubblätter zusammen und werden z. T. durch Ablagerungen, die den Gasaustausch hindern, verstopft. Diese von Rehfous im besonderen bei E. Japo≈

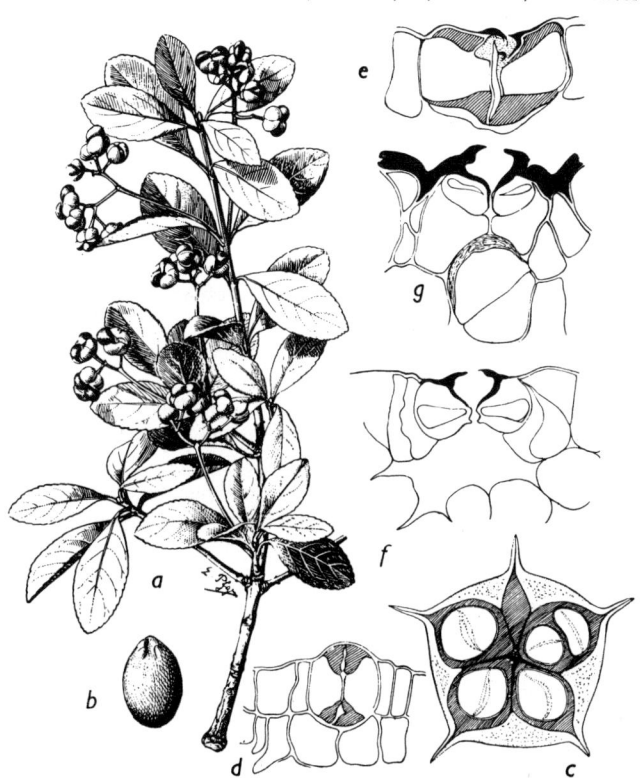

Fig. 1831. Evonymus Japonica Thunb. *a* Fruchtzweig. *b* Samen *c* Querschnitt durch die Frucht. *d* bis *g* Querschnitte durch die Spalt≈ öffnung (*d* und *e* Junge Spaltöffnungen in Entwicklung; *f* völlig ausgebildete Spaltöffnung; *g* Verstopfte Spaltöffnung kurz vor dem Abfall des Laub≈ blattes). (Figur *d* bis *g* nach Rehfous).

nica nachgewiesenen Verhältnisse finden sich mit geringen Ausnahmen auch bei E. verrucosa, E. Europaea, E. latifolia und E. macroptera var. Máckii Rupr., ferner bei Celástrus Européus L. und Cátha edúlis Forsk. und dürften für alle Celastraceen bezeichnend sein.

Die häufiger in Gärten oder Anlagen gezogenen Evonymus≈Arten sind folgende: E. Japónica Thunb. (Fig. 1831). Aufrechter, bis gegen 8 m hoher, kahler Strauch mit schwach≈kantigen Zweigen und grünen, läng≈ lichen, spitzen Knospen. Laubblätter auf 5 bis 15 cm langen Stielen, ± elliptisch, ziemlich veränderlich im Umriss, bis 10 cm lang, vorn stumpflich, am Grunde keilförmig, immergrün, lederig, oberseits glänzend≈, unterseits bleichgrün, stumpf≈gesägt. Blütenstände 5≈ bis mehrblütig. Blüten weiss oder grünlichweiss. Kapsel hellkarminrot. Samen weiss; Samenmantel rot. — VIII, IX. Umfasst ausser der typischen Form folgende Ab≈ arten: var. macrophýlla Sieb. Laubblätter gross, bis 10 cm lang, eiförmig. — var. microphýlla Sieb. (= E. Japonica angustifólia hort., = E. pulchélla hort., = Eúrya microphýlla hort.). Laubblätter klein, schmal, länglich oder länglich≈lanzettlich. — var. columnáris Carr. (= var. pyramidális hort.). Wuchs aufrecht, ± pyramidal. Laubblätter breit≈oval. — Ausserdem werden an bunten Formen unterschieden: f. argénteo≈ variegáta (Regel). Laubblätter weiss≈gefleckt und berandet. — f. aúreo≈variegáta (Rgl.) (= var. aúreo≈ maculáta hort.). Laubblätter gelb gezeichnet. — f. álbo≈margináta (Rehd.) Laubblätter schmal weiss≈

---

[1]) Nach Tschirch ein strophantinartiges Herzgift.

gerandet. — f. médio=pícta (Rehd.). Laubblätter in der Mitte mit gelbem Fleck. — f. pállens (Carr.) (= var. flavéscens hort.). Laubblätter in der Jugend bleichgelb. — f. aúrea (Rehd.). Wie vorige, aber satter gelb und rascher grün werdend. — f. víridi=variegáta (Rehd.) (= var. macrophylla aureo=maculata hort.). Eine Form der var. macrophylla, deren Laubblätter in der Mitte gelb und grün gezeichnet sind. Die in Japan, Korea, Nordost= und Mittelchina heimische Art wurde 1804 in Europa eingeführt und ist heute ein sehr beliebter Zierstrauch, der besonders im Süden, im Mittelmeergebiet sowohl wie in Südtirol (bis 650 m Höhe) und im Tessin vielfach angepflanzt wird, in Deutschland aber in kalten Wintern bei Freistand die Laubblätter verliert und in der Regel unter einem sehr schädlichen Mehltau, sowie einem ganze Zweige befallenden Russtau leidet. Verwildert findet er sich z. B. bei Meran und Bozen, wo er sich z. T. selbst aussät. Er wird sowohl im Frei= stand verwendet als auch als Heckenstrauch, da er sich leicht zurückschneiden lässt. Nicht selten dient er als immergrüner Grabschmuck, vor allem als Schnittgrün. Temperaturen bis — 8° verträgt er noch ohne Schaden. — E. rádicans Miq. (= E. Japónica Thunbg. var. grácilis Dipp.). Sehr vielgestaltiger Strauch mit wurzelnden und klimmenden Aesten. Junge Zweige graugrün; Knospen spitz=eiförmig, die endständigen bis 12 mm lang. Laubblätter rundlich=eiförmig, bis 5 cm lang, mit undeutlichen Nerven, oberseits dunkel=, unterseits bleichgrün. Blütenstände 7= bis 15=blütig. Blüten 4=zählig, grünlichweiss. Frucht grünlichweiss oder rötlich; Samen gelblich= weiss; Samenmantel orangerot. — VI. Der Typus wird als var. víridis Regel bezeichnet. Zu diesem ge= hören eine Reihe bunter Formen, bei denen die Laubblätter teils weiss= (f. grácilis Rgl.), teils rosa= (f. róseo= margináta Rehd.) berandet sind oder längs der Nerven weisse Zeichnungen aufweisen (f. reticuláta Regel). — var. Carrieréi Nich. Laubblätter mehr eiförmig oder länglich=elliptisch, oberseits glänzender grün. Tracht dichtstrauchig. — var. végeta Rehd. Niedriger, ausgebreiteter, ästiger, bis 1,5 m hoher Strauch; die untersten Zweige niederliegend und wurzelnd. Laubblätter der aufstrebenden Zweige breit=eiförmig bis fast rundlich, bis 4 cm lang. Heimat: Japan. Der Strauch wurde 1862 nach Europa gebracht und dient bis= weilen, da er leicht verschneidbar ist, wie Buxus sempervirens besonders zu Beet=Einfassungen oder zum Schmuck von Felsgruppen und Steinbänken. Er ist in Mitteleuropa winterhart, erfordert aber im nördlicheren Gebiete eine leichte, winterliche Schutzdecke. — E. atropurpúrea Jacq. 1 bis 7,5 m hoher Strauch oder kleiner Baum mit bis 13 cm langen, elliptischen, unterseits kurzhaarigen Laubblättern und dunkelrotbraunen oder dunkelpurpurfarbenen Blüten. Staubbeutel dunkel=purpurn. Frucht hellpurpurn, lang hängend bleibend. Samen hellbraun; Samenmantel scharlachrot. — V und VI. Ein beliebter, winterharter Zierstrauch aus Nordamerika, der in die nähere Verwandtschaft von E. Europaea gehört und 1756 eingeführt wurde. — E. nána Bieb. (= E. rosmarinifólia hort., = E. angustifólia hort., = E. linifólia hort.). Ein 30 bis 80 cm hoher Strauch mit schmal= lanzettlichen oder linealischen, etwa 3 cm breiten, ganzrandigen oder undeutlich gesägten, oberseits dunkel= grünen, am Rande ± umgerollten, ledrigen Laubblättern. Blütenstände 1= bis 3=blütig. Blüten braunrot oder dunkelpurpurn. Frucht hellkarminrot. Samen purpurbraun, vom orangeroten Samenmantel nicht vollständig umhüllt. Eine grossblätterigere Form ist die var. Koopmánni (Lauche) Beissn. Heimat: Podolien, Bessarabien, Kaukasus, Turkestan, Mongolei und China. Der zierliche Strauch gilt als ganz winterhart und wird seit etwa 1830 in Europa in Gärten gezogen, wo er sich besonders für Felsgruppen eignet. Nach Klinge (bei Köppen) eignet er sich auch sehr gut zur Befestigung von Sandflächen, Bahndämmen, Böschungen usw. Bisweilen wird er auf E. Europaea veredelt und besitzt dann zierliche hängende Zweige. In Bessarabien wächst die Art in Erlen= und Weidengebüschen an Flussufern. Aus Podolien wird sie von Scafer (Pflanzengeographische Karte von Polen, 1914) als Relikt eines Macchien=Dickichtes an der Küste des ehemaligen sarmatischen Meeres auf= geführt. Auch im Kaukasus wird sie hie und da gepflanzt. — Seltener finden sich in Kultur: E. striáta Loes. (= Celastrus striatus Thunb., = C. aláta Thunb., = E. Thunbergiána Bl.), ein interessanter, winterharter, ost= asiatischer Hochstrauch mit bis zum 2. Jahre grünlichen, später deutlich korkflügelig[1] werdenden Zweigen. Laubblätter kahl, fein und scharf gezähnt. Frucht braunrot. Samen braun; Samenmantel mennigrot. — V, VI. — E. Bungeána Maxim. (= E. micránthus Rehd.). Ein 3 bis 5 m hoher Strauch mit fein, aber meist stumpf gesägten, oberseits hellgrünen, grau oder bläulich überlaufenen Laubblättern, purpurnen Staubbeuteln, bleichgelbgrüner Frucht, gelben oder purpurfarbenen Samen und orangerotem Samenmantel; letzterer oben meist offen. Heimat: von Turkestan ostwärts bis zur Mandschurei. — VI. 1890 eingeführt. — E. oxýphylla Miq. Kahler Strauch mit 4=seitigen oder rundlichen, anfangs grünlichen, später bräunlichen Zweigen. Blüten grünlich oder leicht rosa. Staubbeutel gelblichweiss. Frucht glatt, fast kugelig, dunkelrot. Samen hellgrau; Samenmantel gelbrot. V. Heimat: Japan, Korea. — E. Americána L. Bis 2,4 m hoher Strauch mit 4=kantigen, grauen Zweigen. Laubblätter derb, lanzettlich, fein gekerbt, oberseits sattgrün, unterseits bleicher,

---

[1] Die Bezeichnung „korkflügelig" ist im wahren Sinne des Wortes bei den Evonymus=Arten nicht zutreffend, da die Peridermflügel der Achsen aus locker=verholztem, nicht verkorktem (phelloidem) Gewebe bestehen. Die Breite und Beschaffenheit der Leisten ist von Licht und Schatten abhängig, indem die Leisten an besonnten Zweigen viel höher und lockerer als an beschatteten werden.

zuweilen gelbgrün. Frucht dicht-höckerig, rot. Samen weiss; Samenmantel orangerot. — VI. Hierher var. angustifólia Wood. Laubblätter schmal, ± linealisch, fast wintergrün, oberseits braungrün. Heimat: Nordamerika vom südlichen New-York bis Florida, Nebraska, Texas, die Varietät im südlichen Teil des Verbreitungsgebietes. Seltener sind: E. obováta Nutt., E. Yedoënsis Koehne, E. planípes Koehne, E. hians Koehne.

Das Holz der Evonymus-Arten ist nach Uspensky dadurch leicht kenntlich, dass die Gefässglieder länger sind als die Fasern des Libriforms. Teratologische Abweichungen wurden nach der Zusammenstellung von Penzig bei der Gattung Evonymus vielfach beobachtet. Als klassisches Beispiel für Polyembryonie gilt E. latifolia. Auch bei E. Europaea und E. Americana wurde sie festgestellt. Von E. Europaea sind verkehrt gewachsene Keimpflanzen bekannt. Bei dieser Art sind auch die Blüten häufig 5-gliederig. Die Zahl der Fruchtblätter sinkt bei E. atropurpurea häufig auf 3 oder sogar 1 herab. Die Laubblätter zeigen bisweilen nicht die gewohnte gegenständige Blattstellung, sondern alternieren 2-zeilig (E. Europaea und E. verrucosa) oder werden quirlig oder spiralig (E. Japonica), wobei in beiden letztgenannten Fällen die gabelspreitigen Laubblätter nicht selten auch an den Uebergangsknoten zu finden sind. Bei E. latifolia treten oft 3-gliederige Quirle auf. Bei verschnittenen Zweigen von E. Japonica erhielt Gabelli stark verbildete Laubblätter, die z. T. gegabelte Spitzen besassen oder zu Ascidien ausgebildet waren oder solche an der Spitze trugen. Verwachsungen zweier Laubblätter mit der Rückenseite, längs der Mittelrippe oder seitlich sind bei derselben Art, sowie bei E. latifolia beobachtet worden. Verbänderungen von Zweigen treten oftmals auf; bei E. Japonica sind sie einfach, platt oder schneckenförmig gerollt oder flächenförmig ausgebreitet und entstehen gern bei Verletzungen. Auch Luftwurzeln wurden bei dieser Art beobachtet.

Die in Mitteleuropa einheimischen Arten lassen sich folgendermassen trennen:

1. Zweige fast stielrund, dicht mit schwarzen Korkwarzen besetzt (Fig. 1834 a). Blüten mit dicht und fein rotpunktierten Kronblättern. Frucht mit kugeligen, schwarzen, vom scharlachroten Samenmantel nur halbbedeckten Samen . . . . E. verrucosa nr. 1867.

1*. Zweige 4-kantig oder fast stielrund, glatt, ohne schwarze Korkwarzen. Blüten mit grünlichen Kronblättern. Frucht mit eiförmigen, weisslichen, vom orangeroten Samenmantel vollständig umhüllten Samen . . 2.

2. Junge Zweige 4-kantig (Fig. 1832 c, d). Laubblätter klein, über dem Hauptnerven unterseits meist mit Papillen; Epidermiszellen mit geraden Seitenwänden. Kronblätter meist länglich. Frucht stumpfkantig.
E. Europaea nr. 1866.

2*. Junge Zweige etwas zusammengedrückt (im Querschnitt nicht quadratisch). Laubblätter gross, ohne Papillen über dem Hauptnerven der Unterseite; Epidermiszellen mit wellig-gebuchteten Seitenwänden. Kronblätter meist 5, rundlich. Frucht an den Kanten geflügelt . . . . E. latifolia nr. 1868.

1866. Evonymus Europaéa L. (= E. vulgáris Miller). Pfaffenkäppchen, Pfaffenhütchen, Pfaffenrösel, Käppchen, Gemeiner Spindelstrauch.[1]) Franz.: Fusain, cherme, chermine, bonnet carré, bonnet de prêtre (im Wallis bou carro [= bois carré]; engl.: spindle-tree, prickwood; ital.: Fusaria, fusaro, fusaggine, fussarina, cappel da pret, berettino da prete; die Frucht im Tessin: lumaghin dell'oli, beretin da prèvet. Taf. 179, Fig. 3; Fig. 1830, 1832 und 1833.

Der Name Spindelbaum (althochdeutsch spi[nni]lboom) rührt daher, dass man das Holz des Strauches zu Spindeln verwendete: Spillbom (niederdeutsch), Spindle (Thurgau). Ebenso deuten auf die Verwendung des Holzes (zu Schuhzwecken usw.) hin: Schumakers, Schohmakerspiggholt, Piggeholt (Westfalen), Pinnholt (Westfalen), Plockholt [Plocke = Schuhzwecke] (Altmark), Pluggenholt (Westfalen), Schuënegeliholz, Zweckholz (Schweiz), Lepelholt (Schleswig). Die meisten Benennungen sind jedoch von der Gestalt der Früchte hergenommen. Häufig werden sie mit dem Barett der (katholischen) Geistlichen verglichen, mt Gebäckformen, mit den Hoden gewisser Tiere usw.: Papenmütze (Göttingen), Pfaffenkäppchen (in vielen Mundarten), Paterkapl (Niederösterreich), Pfaffenschläppla (bayr. Schwaben), Heerächäppli (Schweiz: Zug); Brazeliholz [Bretze] (Thurgau), Butschellaholz (St. Gallen), Mûtschela, Mûtscheleshólz [Mutschellen = vierteiliger Wecken] (Schwäbische Alb), Westeleholz [Wästele = kleines Milchbrot] (Elsass), Papmklêtn (Kr. Jericho), Pfaffehödili (Schaffhausen), Paapehöttche (Niederrhein), Papenhötken [wohl erst nachträglich an das unverfängliche „Hütchen" angelehnt; vgl. auch Colchicum autumnale Bd. II pag. 196] (Westfalen), Pogg'nklôt (Altmark), Huneklôtn (Kr. Jericho), Haneklôt (nordwestl. Deutsch-

---

[1]) Bei der heiligen Hildegard von Bingen heisst der Strauch Spinelbaum, im niedermitteldeutschen Gothaer Arzneibuch aus dem XV. Jahrhundert Kattenkloyt, im Hortus Thalianus Evonymus Theophrasti.

land), Chrälleli, Hals=Chralle [Koralle] (Schweiz), Batterle [Rosenkranz, vgl. Bd. I, S. 261] (fränkisch), Rosenkranzblum (bayer. Schwaben), Geisenschinken (Eifel), Gockeleskern (Schwäbische Alb), Kattenklauen (Elberfeld), Bumbeschlegeli (Zürcher Oberland), Judenkirsche (Thüringen), Rut= katlabeem (Schlesien), Râtkaelchenbrot (Nordthüringen). Lûs=Beeri (Schweiz) erklärt sich aus der Verwendung der Früchte gegen Ungeziefer. Im romanischen Graubünden heisst der Strauch caglia da capiallas de prèrs.

Sommergrüner, bis 6 m hoher Strauch oder kleiner Baum mit sparrigen, grau= oder rotbraunen Aesten und anfangs grünen, später braungrünen, abgerundet 4=kantigen, bisweilen geflügelten Zweigen. Korkwarzen an den 1=jährigen Trieben nur am Grunde. Seitenknospen den Zweigen anliegend, spitz=eiförmig (Fig. 1832 b). Knospenschuppen[1]) am Rande häutig, fein gewimpert. Laubblätter auf 5 bis 10 mm langen, rinnigen Stielen, bis 10 cm lang und bis 3,5 cm breit, länglich=lanzettlich oder länglich=ei= förmig, ± lang zugespitzt, am Grunde keilförmig, am Rande fein gekerbt=gesägt, kahl, auf den Ner= ven hin und wieder papillös, oberseits sattgrün, unterseits bläulichgrün. Blüten in blattachselstän= digen, etwa 1 bis 3 cm lang gestielten, 3= bis 9= blütigen Trugdolden, zwitterig, bisweilen durch Verkümmerung des einen Geschlechtes 1=geschlech= tig. Kelchblätter meist 4 (5), kreisrundlich, etwa 1 mm lang. Kronblätter 4 (5), 3 bis 5 mm lang, 3=eckig=eiförmig bis eilänglich, am Rande fransig, oberseits gegen den Grund zu papillös, grünlich= weiss. Staubblätter 4 (5), mit etwa 1,5 mm langen Staubfäden. Kapsel 4= (5=)kantig, 1 bis 1,3 mm lang, an den Kanten abgerundet, rosen= oder karminrot. Samen eiförmig, 6 bis 7 mm lang, weisslich, von dem orangeroten Samenmantel voll= ständig umschlossen. — V bis VII.

Verbreitet, aber selten in Menge, auf feuchten bis ziemlich trockenen, steinigen, aber humosen, seltener rein mineralischen Böden in Wäl= dern, Gebüschen, an Felsen, auf Weiden, an Ufern, in Hecken, an Mauern; von der Ebene bis in die montane Stufe der Mittelgebirge und der Alpen. Im Bayerischen Wald bis etwa 700 m, in den Bayerischen Alpen bis 800 m, in Nordtirol bis 1245 m, in Graubünden (bei Riein im Lugnez) bis 1200 m, in den Urneralpen bis 1245 m, im Wallis bis 1000 m, im Tessin bis 700 m. Auf kalkreichen Unterlagen meist häufiger als auf Urgesteinsböden.

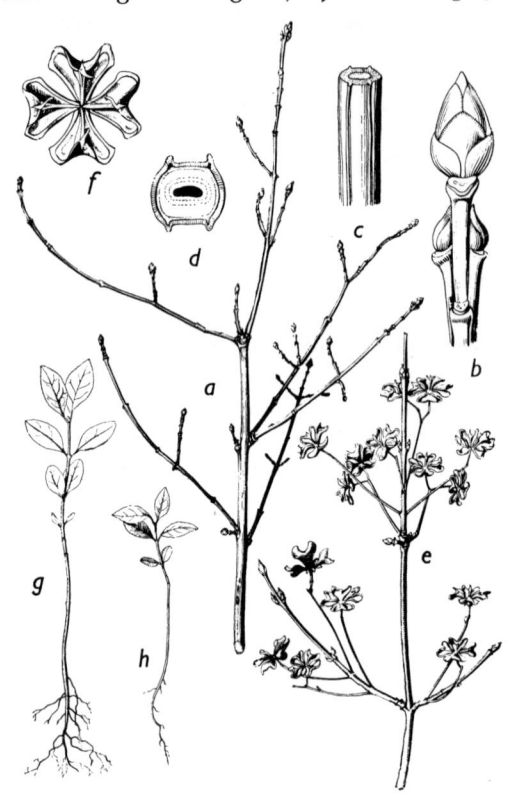

Fig. 1832. Evonymus Europaea L. *a* Zweig im Winter= zustande. *b* Triebspitze mit Knospen. *c* Abschnitt eines jungen Zweiges. *d* Querschnitt durch einen jungen Zweig. *e* Zweig mit Früchten. *f* Aufgesprungene, entleerte Frucht. *g* und *h* Keimpflanzen.

In Deutschland verbreitet; nur am Niederrhein und in den höheren Teilen der Mittelgebirge (im Oberharz, in den höheren Berggegenden Westfalens, in denen des Fichtelgebirges, der Sudeten und in den Alpen) zerstreut; auf den Nordfriesischen Nordseeinseln ganz fehlend. — In Oesterreich verbreitet, nur in den höher gelegenen Zentralalpen zerstreut oder stellenweise fehlend. — In der Schweiz verbreitet, aber eben= falls in den Zentralalpen zerstreut und in ihren oberen Tälern ganz fehlend, so z. B. im Engadin (im Inntal in Tirol nur bis Pfunds), im Wallis (nur bis Siders) und im Berner Oberland.

---

[1]) Die Knospenschuppen entsprechen nach Brick ganzen Laubblättern.

Allgemeine Verbreitung: Fast ganz Europa, nördlich bis Irland, Schottland, Dänemark, Südschweden (bis zum 58.° nördl. Breite), Alands=Inseln, Oesel, Mittel=Livland, Witebsk, Südrjäsan, Mitteltambow und Südwest=Pensa, südlich bis zum Gebiet der baumlosen Steppe und bis zur Krim; Westsibirien, Kleinasien, Kaukasus, Turkestan.

Zeigt nach Rouy und Foucaud folgende Gliederung: 1. var. genúina Rouy et Foucaud (? = var. latifólia Dippel). Laubblätter eiförmig=lanzettlich, spitz, bis 6 (7) cm lang. Blütenstiele 2= bis 4=blütig. Kapsel mittelgross. Häufigste Form. Hieher gehören: f. leucocárpa (DC.) Rouy. Frucht bleich. Samen und Samenmantel weiss. — f. atrorúbens C. K. Schneider (= var. frúctu atropúrpureo hort.). Frucht dunkelrot. — 2. var. angustifólia Schultz. Laubblätter schmäler, länglich=lanzettlich, lang zugespitzt, bis 7 cm lang. Blütenstand 2= bis 4=blütig. Frucht meist kleiner. — 3. var. intermédia Gaudin (= var. macrophýlla Schleicher, = var. ováta Dippel). Laubblätter breit=eiförmig bis eilänglich, denen von E. latifolia ähnlich, die grössten bis 16 cm lang und 7 cm breit. Blütenstände 2= bis 4=blütig. Früchte fast ebenso gross wie bei E. latifolia, bis über 15 mm im Durchmesser. Samen bis über 7 mm lang. Im Wallis und Tessin an gleichen Standorten wie die var. genúina und durch Uebergangsformen mit dieser verbunden. — 4. var. multiflóra (Opiz). Laubblätter eiförmig=lanzettlich, zugespitzt, die grössten 6 bis 7 cm lang. Blütenstände vielblütig. Frucht kleiner als bei der var. genuína. — Ferner die bunten Formen: f. variegáta (Dipp.). Laubblätter gelblichweiss gezeichnet. — f. atropúrpurea (Rehd.). Laubblätter schmal, anfangs grün, später purpurn. — Auch Formen mit panaschierten Laubblättern kommen vor. — In den For-

Fig. 1833. Evonymus europaea L. Frucht aufgesprungen. Phot. Th. Arzt, Wetzlar

menkreis der E. Europaea im weiten Sinne zählen eine Reihe noch nicht eingehend genug geschiedener Formen, so die westchinesische E. Przewálskii Maxim., die noch völlig unklare E. Hamiltoniána (Wall.) Maxim., die wahrscheinlich dem Himalaya eigen ist (1825 eingeführt), E. Maácki Rupr. aus der Mandschurei, E. Bulgárica Velen., vielleicht nur eine geographische Rasse von E. Europaea, und E. velútina Fisch. et Mey. aus Armenien, Transkaukasien und Nordpersien.

Evonymus Europaea im engeren Sinne gehört dem eurosibirischen Florenelement an. Am häufigsten kommt der sehr ausschlagfähige Strauch auf frischem bis ziemlich trockenem, etwas humosem, kalkreichem Boden sonniger Lagen in lichten Laubmischwäldern von Eiche und Linde, in reinen Eichen= oder Erlenbeständen, seltener in Knicks, Buchenwaldlichtungen oder unter Föhren vor. In Mitteleuropa findet er sich auch sehr gern in dornigen Gebüschen trockener Südhänge, zusammen mit Prunus spinosa, Rosa canina, Ligustrum vulgare, Cornus sanguinea, Rubus=Arten usw., an der Ostsee in Dünentälern mit Weidengestrüpp. Weiter im Süden gehört er auch den Cotinus Coggygria=Beständen der südöstlichen Karpaten, dem illyrischen Karstwald, den Eichen= und Corylus=Buschwäldern der Südalpentäler, den Lorbeerwäldern der Quarneroschluchten usw. an. Sein häufiges Vorkommen in den Hecken vom Typus des Berberis=Rosengebüsches, z. T. auf Lesesteinhaufen zwischen Aeckern, auch auf Weiden, an alten Mauern und sogar epiphytisch auf Weidenstümpfen darf wohl zum grossen Teile auf die Verschleppung durch Vögel zurückgeführt werden. Vor allem das Rotkehlchen, dann Elstern und Drosseln sollen für die bunten Lockfarben der im August aufspringenden Früchte eine gewisse Vorliebe zeigen, aus deren roten Kapseln die an Fäden aufgehängten, lebhaft gelbrot gefärbten Samen sehr wirkungsvoll hervorleuchten. Die Samen keimen nur langsam — nach Kinzel erst vom 5. Jahre an — und bedürfen der Einwirkung des Frostes (diejenigen von E. latifolia keimen auch ohne Frost!). Hie und da ist E. Europaea in Form alter Bäumchen anzutreffen, so z. B. bei Chorin (Brandenburg) im Plaggefenn, wo ein 6 m hohes Stämmchen mit 48 cm Umfang in Brusthöhe steht, oder bei Rheinfelden im Kanton Aargau, wo die Höhe mit 5,5 m, der Durchmesser in 1 m Höhe mit 20,5 cm gemessen wurde. — Die Zwitterblüten sind proterandrisch. Die von der Narbe entfernt stehenden Staubbeutel springen nach aussen auf, bevor jene noch entwickelt ist. Erst mehrere Tage später entfaltet die Narbe ihre Lappen und schliesst sie nach der Befruchtung wieder. Die besuchenden Insekten — es kommen nach Müller und Knuth namentlich Bibioniden, Musciden, Syrphiden und Formiciden in Betracht — werden daher in der Regel Fremdbestäubung vollziehen. Ausser den Zwitterblüten treten 1=geschlechtige Blüten auf, in denen die verkümmerten Staubbeutel bezw. Fruchtknoten funktionslos sind. Die Verteilung der Blüten ist nach August Schulz meist gyno= und andro= monözisch, viel seltener gyno= und androdiözisch. — Bisweilen verkümmern nach Bally (in Verhandlungen der Schweizerischen Botanischen Gesellschaft, 1916) die Embryosäcke in einem früheren oder späteren Entwicklungszustand. Der Raum, den sie einnehmen, wird von Nucellusgewebe umgeben. Die Wände dieser Tapetenzellen lösen sich auf, ihr nackter Inhalt wandert in den Hohlraum und erfüllt ihn bald mit einem homogenen Gewebe, etwa in der Art, wie es in den Pollensäcken gewisser Monokotyledonen beobachtet worden ist. Erst wenn die Höhlung nahezu völlig zugewachsen ist, beginnt die Embryo=Entwicklung, die aber, wie erwähnt, bisweilen unterbleibt, sodass parthenokarpe Früchte entstehen. Die meisten derartigen Blüten fallen allerdings frühzeitig ab. — Der Samenmantel umschliesst die Samen in der Regel vollständig; doch sind nach Solereder auch Fälle bekannt geworden, bei denen sich der Arillus nur unvollständig entwickelt. In höherem Alter bildet sich an stärkeren Zweig= und Stammstücken Borke mit dünnwandigen, schwammkorkigen (?) Zellwänden aus. Die namentlich an älteren Zweigen auftretenden Peridermflügel sind (vgl. Anm. zu E. striata pag. 248) aus lockerem, verholztem Gewebe gebildet und an besonnten Zweigen viel höher und lockerer als an beschatteten. Der Blauglanz der Laubblätter, der sich häufig bei $\pm$ stark beschatteten und feucht stehenden Sträuchern findet, soll nach G. Gentner durch unregelmässige, feingekörnte Verdickungen der Epidermis hervorgerufen werden. Die mitunter zu beobachtende silberweisse, metallische Laubblattfärbung erklärt Petri als Folge der Loslösung der Kutinschicht von der Pektozellulose=Membran und des Verschwindens des Chlorophylls der äussersten Schicht des Palissadengewebes. Bei Freistand entwickelt der Strauch reiche Wurzelbrut. Mykorrhiza ist durch Stahl nachgewiesen worden. — Nach Wehmer enthalten die Wurzel Zitronen=, Wein= und Apfelsäure, der Saft Mannit (wenigstens im Sommer), die Früchte Dextrose, Harz und wachsartige Substanz, etwas Zitronensäure, Gerbsäure, orangefarbenes Fett usw., die Samen Harz, Bitterstoff, Zucker, Emulsin mit Glyceriden der Oel=, Palmitin=, Stearin= und Essigsäure, ferner freie Benzoesäure und gelben Farbstoff. — Das gelbe, feinfaserige, zähe, etwas harte, schwer spaltbare, aber wenig dauerhafte und mittelschwere Holz wird zu Drechsler=, Bildschnitz= und Instrumentenmacherarbeiten verwertet; auch Schuhstifte, Pfeifenrohre und Zahnstocher — früher auch Spindeln — werden daraus gefertigt. Die weiche, gleichmässige Holzkohle ist als Zeichenkohle geschätzt und findet auch bei der Pulverbereitung Verwendung. Kapseln und Samen dienen hie und da zum Gelbfärben, die gepulverten Früchte mit Butter verrieben auch als Salbe gegen Kopfläuse. Das Oel der Samen ist zum menschlichen Genusse untauglich und ruft Erbrechen und Durchfall hervor. Es kann aber zum Brennen (z. B. in Tirol) und zur Seifenherstellung benutzt werden und stellt eine leuchtend rotbraune, scharf riechende, mässig dünnflüssige, nicht trocknende Flüssigkeit dar. Im Samenmantel befinden sich etwa 56,41%/o Oel, in den Samen 43,63%/o. In sehr bescheidenem Masse wird es nach Diels auch zu Wundmitteln verwendet. — Die Art wurde mehrfach fossil aufgefunden, so in Frankreich bei Celle sous Moret, Fismes (Aisne), Resson, Pont=à=Mousson, in Deutschland z. B. bei Cannstatt, in der Schweiz in der grauen Kulturschicht von Schweizerbild, in den Pfahlbauten von Moosseedorf bei Bern usw. Neuerdings ist in Grossberlin das Abschneiden oder Abreissen von Zweigen polizeilich verboten worden. Die Zahl der parasitären Schädlinge auf dem Strauch ist ziemlich beträchtlich und setzt sich hauptsächlich aus Ascomyceten zusammen. Genannt seien davon Cucurbitária evónymi Cooke, Gibberélla evonymi (Fuck.), Microsphǽra evonymi (Kze.), Pleóspora evonymi (Fuck.), Válsa heteracántha (Sacc.), Ventúria vermiculariifórmis (Fuck.). Andere Pilze sind z. B. Caeóma evonymi (Gmel.) und Phyllactínia corýlea Pers. Als Bildner von Zoocecidien treten auf Áphis evonymi Fabr. und Eriophyes convólvens Nal. Ehedem wurde dem Strauch von Schuhmachern stark nachgestellt (z. B. in Franken).

1867. Evonymus verrucósa Scop. Warzen=Spindelstrauch. Fig. 1834 a bis d.

Sommergrüner, 30 cm bis über 2 m hoher Strauch mit lockeren, sparrigen, graurissig= gerindeten Aesten und fast stielrunden, stumpfkantigen, dicht mit dunklen Korkwarzen besetzten, anfangs grünlichen Zweigen. Seitenknospen $\pm$ abstehend, spitz=eiförmig, kahl; Knospenschuppen gekielt. Laubblätter auf etwa 2 bis 3 mm langen, rinnigen Stielen, klein, bis 6 cm

lang und bis 3,5 cm breit, länglich=elliptisch oder eiförmig, am Grunde abgerundet oder keil=
förmig verschmälert, zugespitzt, fein gekerbt=gesägt, beiderseits auf dem Mittelnerven und
gegen den Blattgrund zu, sowie am Rande mit stumpf=kegelförmigen, oft nur papillenartigen
Deckhaaren, oberseits sattgrün, unterseits heller grün. Blüten in blattachselständigen, dünn=
und etwa 3 bis 4 cm lang gestielten, 1= bis 3=blütigen Trugdolden. Kelchblätter 4, nieren=
förmig, etwa 1,5 mm lang. Kronblätter 4, rundlich, 2,5 bis 3 mm lang, am Rande fransig, auf
der Oberfläche gegen den Rand zu papillös, grünlich dicht und fein rötlich punktiert. Staub=
blätter 4, mit kurzen Staubfäden. Kapsel mit meist 4 abgerundeten Kanten, 10 bis 12 mm
lang, rosenrot bis gelbrot. Samen kugelig, 6 bis 7 mm lang, schwarz, von dem scharlach=
roten Mantel teilweise umhüllt. — V, VI.

Ziemlich zerstreut und nicht häu=
fig auf feuchten bis trockenen, meist kalk=
reichen, seltener kalkarmen Böden in
Laub= und Nadelwäldern, Gebüschen, auf
Felsen. Nur in Ost=Deutschland und
Oesterreich von der Ebene bis in die mon=
tane, selten subalpine Stufe; in den süd=
pontischen Gebirgen bis 1800 m.

In Deutschland nur im östlichen
Teile: im östlichen Schlesien nur auf der rechten
Seite der Oder bei Militsch, Trebnitz (westlichstes
Vorkommen), Czipken bei Hultschin, Woischnik,
Leschnitz, Berun, bei Grünberg wohl nur ge=
pflanzt; in Posen westlich bis Inowrazlaw und
Bromberg; in Westpreussen westlich bis in die
Kreise Flatow, Tuchel, Berent und Karthaus, öst=
lich davon zerstreut; in Ostpreussen ziemlich ver=
breitet, im mittleren Teil stellenweise verbreitet,
die Ostseeküste aber meidend; ausserdem hin und
wieder aus Anpflanzungen verwildert, so z. B.
in Bayern bei Metten an der Deggendorfer=Strasse,
in Brandenburg im Park zu Muskau. — In
Oesterreich westlich bis Salzburg; in Ober=
österreich im Kriftnergraben und im Schwarzholz
bei Kremsmünster; in Niederösterreich verbreitet
und häufig, in Böhmen bei St. Prokop und St.
Ivan unweit Prag; in Oesterreichisch=Schlesien bei

Fig. 1834. Evonymus verrucosa Scop. *a* Zweigstück mit Blüten.
b Blüte. *c* Frucht. *d* Blütendiagramm (nach Eichler). — E. latifolia
(L.) Mill. *e* Zweig im Winterstadium. *f* Winterknospe.

Bielitz; im südlichen und westlichen Mähren verbreitet, ausserdem bei Trebitsch, Gross=Meseritsch, Tischnowitz,
Doubrawnik, Boskowitz, Kremsier, Hohenstadt, Holleschau; in Tirol mit Sicherheit nur im Drautal bei Linz; in
Unter=Steiermark ziemlich verbreitet; in Kärnten bei Satnitz und am Zwanziger Berg, Arnoldstein, Burnitz, im
unteren Lavanttal, in den Karawanken; in Krain zerstreut. — In der Schweiz völlig fehlend.

Allgemeine Verbreitung: Europa, nördlich bis Ostpreussen, Ost=Kurland, mitt=
leres Livland, Pleskau, Südingrien, Südnowgorod, an der Kama bis zum 57.º nördl. Breite,
südwestlicher Teil von Perm, Ufa und bis zur unteren Wolga, westlich bis Westpreussen,
Posen, Schlesien, Böhmen, Salzburg, oberes Drautal, Friaul, Montfalcone, Istrien und Dal=
matien, südlich bis Bosnien, Serbien, Siebenbürgen, bis zum mittleren Dniepr (Jekaterinoslaw),
Leontiew=Boierk und Sarepta, östlich bis Kasan und Ufa.

Evonymus verrucosa ist ein ausgesprochen osteuropäisch=pontisches Element. An Klima und Boden
stellt der Strauch im allgemeinen wenig Ansprüche, doch scheint er immerhin die 16,5 º August=Isotherme nach
Norden hin nicht zu überschreiten, kann also als thermophil bezeichnet werden. Bei Pressburg in der Tschecho=
slowakei findet er sich nach Gayer z. B. in folgender Siedelung wärmeliebender Pflanzen: Ranunculus Illyricus,
Potentilla pedata, Quercus pubescens, Prunus fruticosa und P. eminens, Lonicera pallida, Dictamnus alba

und Smyrnium perfoliatum. Auch in das Steppengebiet dringt er ziemlich weit vor und erträgt ebenso hohe Winterkälte wie weitgehende sommerliche Austrocknung. In der Regel ist er häufiger auf kalkreichen als auf kalkarmen Unterlagen zu finden. Entsprechend seiner grossen Anspruchslosigkeit kommt Evonymus verrucosa an den verschiedensten Standorten und in den verschiedensten Pflanzengesellschaften vor, auf schweren Lehm= böden sowohl wie auf lockeren Sand= und Humus=Unterlagen, an Felsen, an feuchten oder trockenen Orten, in den Buchenwäldern der Karpaten, den Eichenbeständen Podoliens und der Ungarischen Tiefebene, in den Laubmischwäldern von Mähren und der südöstlichen Kalkalpen, hier z. B. zusammen mit Quercus=Arten, Tilia cordata und T. platyphyllos, Carpinus Betulus, Ostrya carpinifolia, Fraxinus Ornus, Philadelphus coronarius usw., im Carpinus=Betulus=Wald des nördlichen Karpatenvorlandes, im Karstwald. In den westpreussischen lichten Busch= und Mischwäldern vereint er sich nach Scholz mit folgenden wärmeliebenden Arten: Viola mirabilis und V. collina, Lathyrus niger, Vicia Cassubica und V. pisiformis, Genista tinctoria, Trifolium rubens, Laserpitium Pruthenicum, Peucedanum Cervaria, Libanotis montana, Seseli annuum, Melampyrum nemorosum, Serratula tinctoria, Inula salicina, Hieracium cymosum, Hierochloe australis und Campanula Cervicaria. Ferner tritt der Strauch in Laub= und Nadelmischwäldern oder reinen Nadelwäldern auf, z. B. in den Sanntälern im subalpinen Fichtenwalde im Schutze von Fichten, Tannen, Lärchen, Föhren und vereinzelten Buchen oder in lichten Picea= Beständen in der Tatra. Im Cisbusch Westpreussens, den mehr als 5000 Eiben durchsetzen, ist er aus der Zahl der Unterhölzer hervorzuheben (Preuss). In Föhrenwäldern erscheint er z. B. in Mittel= und Südmähren und in den südpontischen Gebirgen und steigt in letzteren, vereinigt mit Evonymus Europaea, Populus tremula, Sorbus torminalis und S. Aria, Ribes Orientale, Berberis Cretica u. a. bis etwa 1800 m empor. Sehr häufig nimmt er auch an der Bildung von Strauch=Gesellschaften teil, so z. B. an den Prunus fruticosa=Gebüschen im pannonischen Oesterreich (vgl. Cotoneaster melanocarpa, Bd. IV, 2, pag. 685), den Cotinus Coggygria=Beständen der Süd=Karpaten, dem Sibljak an den trockenen, sonnigen Hängen der Sanntaler=Alpen, nach Hayek zu= sammen mit Fraxinus Ornus, Ostrya car= pinifolia, Corylus Avellana, Crataegus monogyna, Prunus spinosa, Viburnum Lantana. — Als Zierstrauch ist E. verru= cosa seit 1730 in die Gärten aufgenommen worden. — Die Blüten duften wie Gera= nium Robertianum (Abromeit). Die Samen werden durch Vögel verbreitet. Eine Verfrachtung durch das Wasser scheint nach Scholz nicht vorzukommen, da die Pflanze z. B. in den Weidenkämpen der Weichsel fehlt. Zoocecidien werden durch Aphis evónymi Fabr. und Erióphyes psilonótis Nal. erzeugt. Als Ascomy= cet wurde Microsphǽra evónym, (DC.) festgestellt.

1868. Evonymus latifólia Miller. Voralpen=Spindelstrauch. Taf. 179, Fig. 4; Fig. 1834 e, f, Fig. 1835 und 1836.

Sommergrüner, bis 5 m hoher Strauch oder kleiner Baum mit langen, aschfarbenen, zuletzt feinrissigen Aesten und etwas zusam= mengedrückten, im Querschnitt nicht

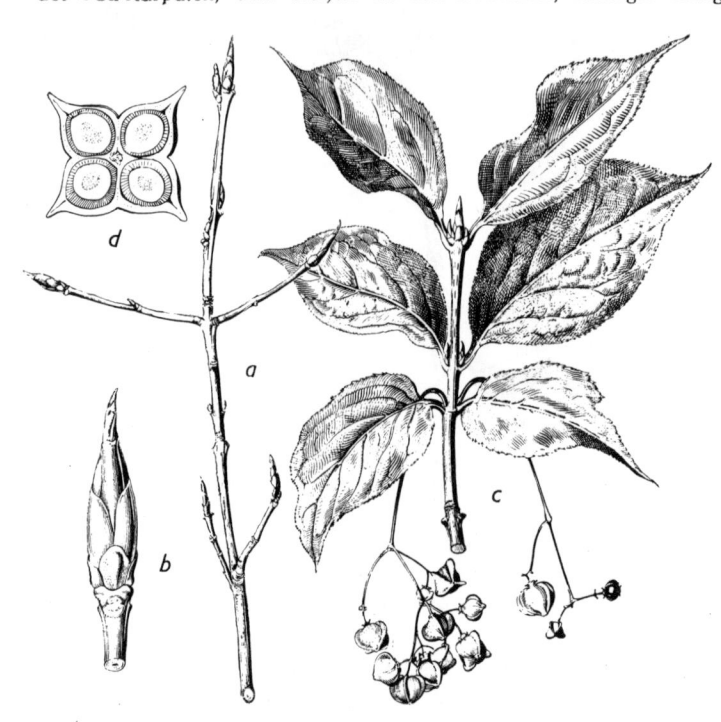

Fig. 1835. Evonymus latifolia L. *a* Zweig im Winterzustand. *b* Spross= knospe. *c* Zweig mit Früchten. *d* Querschnitt durch die Frucht.

quadratischen, anfangs olivgrünen, später wenig glänzenden Zweigen; Korkwarzen fein, erst an den mehrjährigen Zweigen deutlich; Endknospen und oberste Seitenknospen auffallend vergrössert; letztere den Zweigen dicht anliegend bis ziemlich stark einwärts gekrümmt, sehr gross, lang= spindelförmig. Knospenschuppen mit schmalem, hellem, wimperig=gezähntem Hautsaum. Laubblätter auf etwa 5 bis 15 cm langen, rinnigen Stielen, gross, bis 14 cm lang und bis 6 cm breit, länglich=elliptisch bis verkehrt=eiförmig, am Grunde keilförmig oder (bei russischen

Formen) spitz=keilig, nach vorn in eine kurze Spitze allmählich verschmälert, am Rande sehr fein gesägt, kahl, oberseits sattgrün, unterseits hellgrün. Blüten auf dünnen Stielen in blatt= achselständigen, langgestielten, bis 15 cm langen Trugdolden. Kelchblätter meist 5, seltener 4, kreisrundlich, etwa 1 mm lang. Kronblätter 5 (4), kreisrundlich, etwa 2,5 mm lang, hellgrünlich= braun. Staubblätter 5 (4), mit sehr kurzen, höckerförmigen Staubfäden. Kapsel 5=(4=)kantig, bis 1,5 cm lang und 2 bis 2,5 cm breit, karmin= oder purpurrot; Kanten — mitunter nur sehr schmal — geflügelt (Fig. 1835d). Samen 7 mm lang, weisslich, in den orangeroten Samenmantel ganz eingehüllt. — V und VI.

Ziemlich zerstreut und meist vereinzelt auf feuchtem bis ziemlich trockenem, etwas humosem Boden schattiger oder sonniger Lagen in lichten Laub= und Laub=Nadel=Misch= wäldern, in Laubgebüschen, in Schluchten, auf Waldschlä= gen. Von der Ebene bis in die subalpine Stufe der Gebirge: in den Bayerischen Alpen bis 1000 m, in Nord= tirol bis etwa 1500 m, in den Urneralpen bis 920 m, im Tessin bis 870 m, im Oberhasli bis 1240 m, in den südlichen Westalpen bis 1600 m. Häufiger auf Kalk oder kalkreichen Gesteinen als auf Silikat=Unterlage, wie z. B. Gault, Sericitgneiss usw. Nicht selten in Gärten und Anlagen angepflanzt und daraus verwildert.

In Deutschland nur im Alpengebiet und im Alpen= vorland: in Württemberg bei Wolfegg, Mooshausen, Wein= garten, Iller, Schmalegg, Eglofs,

Fig. 1836. Evonymus latifolia Miller mit Früchten, bei Schliersee. Phot. Dr. G. Hegi und Dr. H. Beger, München.

Eisenharz, Wangen, Isny, Eisenbach, Künzelsau=Scheurachshof (an letzterem Orte wenigstens früher), im U land wohl nicht einheimisch; in Bayern im Bodenseegebiet besonders im Hügelland verbreitet, bei Hohen= schwangau, Garmisch, am Peissenberg, bei Lenggries, Rottach, Schliersee (mehrfach), Fischbach, Melleck, Traunstein, Reichenhall, Berchtesgaden; ausserdem hie und da aus Anpflanzungen verwildert und z. T. einge= bürgert, so bei Ottmachau in Schlesien und bei Wensöwen und bei Goldapp in Ostpreussen. — In Oester= reich nur in den Alpenländern: in Vorarlberg ziemlich verbreitet; in Tirol in den nördlichen und südlichen Kalkalpen ziemlich verbreitet, in den Zentralalpen fehlend; in Salzburg bei Salzburg, z. B. am Kühberg, Rositte, Düren= berg, Werfen, Unken, Lofer, St. Leonhard; in Oberösterreich im Voralpengebiet nicht selten, vereinzelt auch den Flüssen entlang tiefer steigend, so in den Traunauen zwischen Wels und Lambach; in Niederösterreich in den Kalkalpen sehr zerstreut, ausserhalb derselben bei Aggstein, Gurhofgraben und auf dem Jauerling; in Steier= mark in den Voralpen sehr zerstreut; in Kärnten bei Satnitz, in den Ebentaler Bergen, bei Weissbriach, Raibl, in den Karawanken, im Loibltal; in Krain im Berg= und Voralpenland hie und da. — In der Schweiz in den südlichen Kalkalpen im Tessin ziemlich verbreitet, im Föhngebiet der nördlichen Kalkvoralpen zerstreut, westlich bis zum Berner Oberland (Zweilütschinen, Tüscherswald bei Bönigen [im Urbachtal über Gürmschi bis 1240 m steigend]), in den Zentralalpen sehr selten (z. B. im Maderanertal, Wolfenschiessen) und auf weite Strecken ganz fehlend (im Kanton Graubünden), im Mittelland sehr zerstreut (noch bei Willisau und um Bern, fehlt im Aargau (kultiviert bei Zofingen, Wohlen, Königsfelden), im Gebiete der subalpinen Nagelfluh sogar selten (westlich bis ins obere Sihltal, Aegeri, Oberarth, Vitznau), am Bodensee bis Arbon und Rorschach, bei Basel ob der Fähre Rheinhalde sehr selten, im Jura nur am Mont du Chat; ausserdem hie und da aus Gartenkulturen verwildert.

Allgemeine Verbreitung: Pyrenäen, südwestlicher Jura, Alpen, Nord- und Mittel-Italien, Ost-Karpaten, Illyrische Gebirge, Balkan, Krim; Kaukasus, Nordpersien, Kleinasien; Nordafrika (Algerien).

Evonymus latifolia gehört dem submediterran-montanen thermophilen Elemente an. Die Art tritt besonders in schattigen Laubmischwäldern auf, in den Vorarlberger Alpen z. B. zusammen mit Acer campestre, Staphylea pinnata, Prunus Mahaleb, Sorbus torminalis, Rosa tomentella und R. spinosissima, in den südöstlichen Kalkalpen zusammen mit Fagus silvatica, Quercus sessiliflora, Acer Pseudoplatanus, Carpinus Betulus, Tilia platyphyllos und T. cordata, Fraxinus Ornus, Ostrya carpinifolia, Philadelphus coronarius, Daphne Laureola usw. Bei Schliersee in Oberbayern beobachtete sie Hegi auf Kreidekalk zusammen mit Picea excelsa, Abies alba, Picea pungens (angepflanzt), Acer Pseudoplatanus, Corylus Avellana, Rosa arvensis, Berberis vulgaris, Ligustrum vulgare, Viburnum Lantana, Prunus spinosa, Crataegus Oxyacantha, Lonicera nigra, Equisetum Telmateja, Aspidium Filix mas, Salvia glutinosa, Festuca gigantea, Asarum Europaeum, Sanicula Europaea, Calamintha Clinopodium, Origanum vulgare, Prenanthes purpurea, Senecio Fuchsii, Cirsium oleraceum u. a. Zum Teil tritt der Strauch dort in einer Fichtenschonung auf. Bisweilen stellt er sich auch in Buchenwäldern ein, so z. B. auf der Krim, oder in den gehölzreichen Wäldern der Sanntaler Alpen, wo er sich mit Fichten, Tannen, Lärchen, Pinus montana, den beiden anderen in Mitteleuropa heimischen Evonymus-Arten, Sorbus Chamaemespilus, Sambucus racemosa usw. zusammenfindet. In den südöstlichen Karpaten fehlt er selten in den lichten Gebüschen felsiger Hänge, die hauptsächlich von Fraxinus Ornus und Syringa vulgaris beherrscht werden. Sein Auftreten bei Wien, zusammen mit Ostrya carpinifolia, Philadelphus coronarius, Cotinus Coggygria und Anthyllis Jacquini, wird von Hayek als Beweis von sehr früher Verbreitung der „Illyrischen" Flora am Ostrand der Alpen aufgefasst. — Das Holz besitzt ähnliche Eigenschaften wie dasjenige von E. Europaea und wird in gleicher Weise verwendet. Seit etwa 1700 wird der Strauch in Gärten angepflanzt. — Fossil wurde die Art z. B. in den zwischen Mindel- und Riss-Eiszeit entstandenen Ablagerungen bei Celle sous Moret (Frankreich) nachgewiesen. Als parasitärer Pilz wurde auf dem Strauch Caeoma evonymi (Gmel.) festgestellt.

Den Celastraceae steht die etwa 200 Arten umfassende Familie der Hippocrateáceae sehr nahe, unterscheidet sich aber von ihr durch den gewöhnlich 3-fächerigen Fruchtknoten und durch meistens 3 Staubblätter sowie durch das fehlende Nährgewebe. Die 3 Gattungen (Hippocrátea, Salácia und Campylostémon) sind in den tropischen und subtropischen Gebieten beider Hemisphaeren (besonders im tropischen Südamerika) verbreitet und zwar sind es grösstenteils Klettersträucher (Zweigklimmer) mit meist gegenständigen Laubblättern.

Die kleine Familie der Stackhousiáceae mit 2 Gattungen (Stackhoúsia und Macgregória) mit zirka 20 Arten ist fast ganz auf Australien und Neuseeland beschränkt; einzig Stackhoúsia muricáta Lindl. reicht bis zu den Philippinen. Es sind einjährige oder perennierende, wenig verzweigte Stauden mit wechselständigen, einfachen, schmalen, ganzrandigen Laubblättern, deren zwitterige Blüten zu endständigen Trauben oder Aehren angeordnet sind.

75. Fam. **Staphyleáceae.** Pimpernussgewächse.

Sommergrüne Sträucher oder kleine Bäume mit gegen- oder wechselständigen, 3-zähligen oder unpaar gefiederten Laubblättern. Nebenblätter vorhanden. Blüten zwitterig, strahlig. Kelchblätter 5, frei oder nur am Grunde verbunden. Kronblätter 5, frei, wie die Kelchblätter in der Knospenlage dachig. Staubblätter 5, vor den Kelchblättern stehend; Diskus flach, zwischen dem Staub- und Fruchtblatt-Kreis eingeschoben. Fruchtblätter 2 bis 3, frei oder $\pm$ hoch hinauf miteinander verwachsen; Samenanlagen in jedem Fache meist mehrere, zentralwinkelständig, meist aufsteigend, anatrop und intrors; Griffel 1 bis 3, frei oder $\pm$ verwachsen. Frucht eine lederige oder fleischige Kapsel oder eine Schliessfrucht mit je 1 oder wenigen Samen in jedem Fach. Samenschale steinhart oder krustig, bisweilen mit dünner, fleischiger Aussenschicht und deutlichem Nabel, oft glänzend. Keimling gross, gerade, im Nährgewebe eingebettet, mit kleinem Würzelchen und grossen, plankonvexen Keimblättern.

Die Familie besteht nur aus 5 Gattungen mit etwa 26 Arten. Davon bewohnen die monotypischen Gattungen Euscáphis Sieb. et Zucc. und Tapíscia Oliv. Japan bezw. die chinesische Provinz Szetschuan. Auf Peru und Kuba ist mit je einer Art die Gattung Huértea Ruiz et Pav. beschränkt. Die formenreiche, mindestens 10 Arten zählende Gattung Turpínia Vent. tritt sowohl im tropischen Asien als auch im tropischen

Amerika auf. Die durch etwa 11 Arten bekannte Gattung Staphyléa bewohnt zum grössten Teil die nördliche gemässigte Zone, 1 oder 2 Arten Mexiko, eine weitere Peru. Die beiden letztgenannten Gattungen bilden die Unterfamilie der Staphyleoideae, die sich durch gegenständige Laubblätter und mehrere bis viele Samen in jedem Fruchtfach auszeichnen, während die übrigen Gattungen wechselständige Laubblätter und je einen Samen in je einem Fruchtfach aufzuweisen haben und die Unterfamilie der Tapiscioideae zusammensetzen. Von letzterer findet sich als seltenes Ziergewächs in Gärten: Euscáphis staphyleoides Sieb et Zucc., ein Hochstrauch mit kahlen, rundlichen Zweigen, kahlen, (5-) bis 7- bis 9-zähligen, bis 25 cm langen, oberseits dunkelgrünen, unterseits hellergrünen, scharf gesägten Laubblättchen, unansehnlichen gelbgrünen Blüten und aus 1 bis 3 spreizenden Balgfrüchtchen bestehenden Früchten. — V. — Die Staphyleaceen zeigen, wie Eichler und Radlkofer eingehend gezeigt haben, sehr enge verwandtschaftliche Beziehungen zu den Celastraceen und unterscheiden sich von diesen im wesentlichen nur durch den Besitz gefiederter Laubblätter. Diese Auffassung ist auch durch die serodiagnostischen Untersuchungen von Hoeffgen bestätigt worden. Sie können dementsprechend als ein von den Celastraceen ausgehender Seitenzweig aufgefasst werden (vgl. Bd. IV, 3, Fig. 1608). Von den in der Tracht ähnlichen Familien der Terebinthales unterscheiden sie sich durch das Fehlen jeder inneren Sekretbehälter. Die von Bentham-Hooker und Baillon angenommene enge Verwandtschaft zu den Sapindales erscheint auf Grund des reichlich entwickelten Nährgewebes, des zwischen dem Staubblatt- und Fruchtblatt-Kreis eingefügten Diskus, des geraden Keimlings, sowie einiger weiterer bezeichnender Unterschiede im anatomischen Aufbau nicht wahrscheinlich. Innere und äussere gemeinsame Merkmale fehlen vollständig. An Stelle des gemischten und zusammenhängenden Sklerenchymringes im Perizykel finden sich nur einzeln stehende, primäre Bastfasergruppen. Als Familiencharakter ist nach Solereder ferner noch die Neigung zur Bildung leiterförmiger Gefässdurchbrechungen zu bezeichnen. Die 2 Unterfamilien sind anatomisch dadurch geschieden, dass bei den Staphyleoideae das Holzparenchym deutliche Hoftüpfel besitzt, während es bei den Tapiscioideae einfache Tüpfelung aufweist.

CCCCLX. Staphyléa[1]) L. Pimpernuss, Blasenstrauch. Franz.: Staphylier; engl.: Bladdernut; ital.: Lacrime di Giobbe.

Sommergrüne Sträucher oder Bäume mit gegenständigen Zweigen und gegenständigen, unpaar gefiederten, 3- bis 7-zähligen, gestielten Laubblättern. Nebenblätter lineal, abfallend. Blüten in aufrechten oder hängenden, rispigen oder traubigen Blütenständen, 5-zählig, auf gegliederten Stielen, mit je 2 Vorblättern. Kelchblätter 5, kronblattartig, abfallend. Kronblätter 5, aufrecht, wie die Kelchblätter in der Knospenlage dachig. Staubblätter 5; Staubfäden pfriemlich; Staubbeutel mit 2 parallel verlaufenden Fächern. Fruchtblätter 2 bis 3, meist nur am Grunde, seltener ganz verwachsen; Samenanlagen in jedem Fruchtfach 2-reihig, aufsteigend oder wagerecht. Diskus 5-lappig. Griffel 2 bis 3, frei oder oben verbunden; Narben kopfig. Frucht eine dünnhäutige, aufgeblasene, 2- bis 3-lappige, 2- bis 3-fächerige, an der Spitze nach einwärts aufspringende Kapsel. Samen 1 bis wenige in je einem Fach, kugelig, mit steinharter Samenschale und grossem, gestutztem Nabel.

Von den etwa 11 Arten der Gattung werden gegenwärtig fast alle mit Ausnahme der 2 mexikanischen Arten und der 1 peruanischen Art in Gärten, Anlagen und in Hecken gezogen. S. Bolandéri Gray. Hochstrauch mit olivgrünen oder gelblichen, 1-jährigen Zweigen. Laubblätter 3-zählig, kahl; seitliche Teilblättchen fast sitzend, das endständige bis 18 mm lang gestielt und bis 6,5 cm lang, breit-eiförmig, grob gezähnt. Kelch, Krone, Staubblätter und Griffel ungleich lang, die Kelchblätter am kürzesten und Staubblätter und Griffel die Kronblätter überragend. Staubblätter kahl. Heimat: Kalifornien. Im Gebiete selten gezogen, aber für warme Lagen recht geeignet. — S. Bumálda Sieb. et Zucc. Niedriger, zierlicher, bis 1,5 m hoher Strauch. Laubblätter bis 4 cm lang gestielt, eiförmig; Teilblättchen oberseits tiefgrün, jung blasig behaart, unterseits heller grün, schwächer behaart, später verkahlend, entfernt gezähnt, mit feinen, aufgesetzten Zähnchen. Blütenstand aufrecht. Kelch und Krone etwa 7 mm lang. Fruchtknoten ± kurz gestielt, im oberen Teile behaart. Frucht kaum aufgeblasen. Heimat: Südliches Japan, Nordost- und Mittel-China. — VI. — Der Strauch kam 1812 zum ersten Mal nach England. — S. Emódi Wall. Hochstrauch oder kleiner Baum von der Tracht der S. trifólia, aber üppiger. Zweige kahl, die 1-jährigen ± bereift. Laubblätter dünn, bis 13 cm lang gestielt; Blättchen ei-elliptisch, am Grunde ± rundlich oder stumpfkeilig, unterseits ± weissgrau bereift, nur an

---

[1]) Staphylodendron (griech. σταφυλή [staphylé] = Traube und δένδρον [dendron] = Baum), Name des Strauches bei Plinius (Nat. hist. XVI, 69); wegen der traubig angeordneten Blüten.

den Rippen oder überall ± behaart. Blütenstand wie bei S. trifolia, kürzer als die Laubblätter. Blüten weiss; Staubbeutel deutlich bespitzt. Frucht breit=eiförmig, bis 8 cm lang. Heimat: Afghanistan und westlicher Himalaya. Wahrscheinlich in Kultur. — S. trifólia L. (= S. trifoliáta Payer). Bis 4 m hoher Strauch oder kleiner Baum. Laubblätter 3=zählig; Blättchen anfangs unterseits weichhaarig, ungleich bis doppelt gesägt, eiförmig. Fruchtknoten dicht behaart. Frucht bis 5 cm lang. Heimat: Nordamerika, von Quebek und Ontario bis Minnesota, Süd=Carolina und Kansas. — IV und V. Der schöne Strauch wurde schon in dem botanischen Garten der Fürstbischöfe zu Eichstätt 1597 unter dem Namen Pistacia oder Welsches Pimpernüsslein gepflegt und zählt auch gegenwärtig zu den häufigeren Arten in Ziergärten. Er entwickelt bisweilen Wurzelsprosse. — S. Cólchica Stev. 2 bis 4 m hoher Strauch von der Tracht der S. pinnáta, aber die Laubblätter an den Blütenzweigen oft sämtlich 3=zählig; Endblättchen der 5=zähligen Laubblätter oft fast sitzend; Blättchen breiter, mehr genähert. Blüten in aufrechten bis überhängenden Rispen, fast doppelt so gross wie bei S. spinnata. Kelchblätter abstehend; Diskus meist sehr schwach entwickelt. Staubfäden kahl. Frucht meist länger als breit, am Grunde ± keilförmig verschmälert. Samen von der Grösse eines Pfefferkorns. Heimat: Transkaukasien, namentlich im westlichen Teile. Hierher gehören: var. Kochiána Medwed. Staubfäden am Grunde oder bis über die Mitte behaart. — var. laxiflóra Baas=Becking. Laubblätter an den Laubsprossen vorwiegend 3=zählig. Blütenstand eine hängende, lang gedehnte, dünne, blütenarme Rispe. Staubfäden unten behaart. Griffel gewöhnlich 2. Blüht etwas früher als der Typus. — Weitere Formen werden z. T. als Bastarde aufgefasst: S. Colchica Stev. × S. pinnata L. (= S. élegans Zabel, =? S. Colchica Stev. var. Coulombiéri Zabel). Blütenstand hängend, reichblühend. Kelchblätter weiss oder schwach rötlich oder (f. Hesséi Zabel) stark gerötet. Frucht unentwickelt bleibend.

1869. Staphylea pinnáta L. Wilde Pimpernuss, Blasenstrauch, Paternosterbaum. Franz.: Staphylier, staphilin, faux=pistachier, pistachier sauvage, pistolochier sauvage, nez coupé, patenôtier; engl.: Shrubberies, bladder=nut, Job's=tears, Saint Antony's=nut; ital.: Pistacchio salvatico, lacrima di Giobbe, Naso=mozzo. Taf. 179, Fig. 5; Fig. 1837 und 1838.

Das Wort Pimpernuss begegnet uns erst um die Mitte des 16. Jahrhunderts. Es gehört zu mittelhochdeutsch (auch jetzt noch bayrisch) „pümpern" = klappern. Mundartliche Formen (ab und zu volksetymologisch weitergebildet) sind: Pimpelsnoot (Niederrhein), Pimpelnuss (z. B. Oberhessen, Gotha), Pumpelnuss (Gotha), Pumper=, Bibernüssli (Schweiz), Pumpernickel [bekanntlich auch Bezeichnung für ein westfälisches Schwarzbrot] (z. B. Untere Weser, Schweiz), Pemmernüssl (Oberösterreich), Bemmanissl (Niederösterreich), Biberli [Bezeichnung für die Samen] (St. Gallen). In Schlesien heissen die Samen Glücksnüsschen; man trägt sie „um Glück zu haben" bei sich, besonders in der Geldbörse. Andere Bezeichnungen sind noch Judennütte (Braunschweig), Kläternöte [vgl. Corylus Avellana. Bd. III, pag. 71] (Mecklenburg=Vorpommern), Maiblaumenböm (Braunschweig).

1,5 bis 5 m hoher Strauch oder kleiner Baum mit kahlen, höchstens anfangs behaarten, reichlich mit weisslichen Lenticellen besetzten, anfangs grünen, zuletzt glänzend braunen Zweigen. Zweigknospen rundlich oder verkehrt=eiförmig (Fig. 1837 b, c). Laubblätter gegenständig, langgestielt, unpaarig gefiedert; Fiederblättchen 5 bis 7, mit sehr kurzem, behaartem Stiel oder mit Ausnahme des Endblättchens sitzend, elliptisch bis schmal=eiförmig, bis 18 cm lang, vorn in eine schmale Spitze vorgezogen, scharf, klein und schmal gezähnt, oberseits sattgrün, gegen den Grund zu auf den Nerven mit kurzen, weisslichen Haaren, unterseits bläulichgrün und auf den Nerven und am Grunde behaart, anfangs dünn und bis zur Blütezeit klein (bis etwa 6 cm lang), später fast lederig, steiflich, verkahlend. Nebenblätter schmal, stumpflich, hinfällig, diejenigen am Grunde der Blättchen sehr klein, nicht abfallend. Blüten in langgestielten, hängenden, aus gegenständigen Trugdolden zusammengesetzten Rispen auf langen, gegliederten Stielen. Kelchblätter 5, kronblattartig, länglich=lanzettlich, 8 bis 14 mm lang, gelblichweiss, an der Spitze etwas rötlich, kahl. Kronblätter länglich=lanzettlich bis verkehrt=eiförmig, nur wenig länger als die Kelchblätter, glockig zusammenschliessend, gelblichweiss, aussen oft etwas rötlich. Staubblätter 5, so lang wie die Kelchblätter. Griffel an der Spitze miteinander verwachsen (Fig. 1837 g); Narben kopfig. Frucht eine kugelige, birn= oder verkehrt=herzförmige, 3 bis 4 cm lange, meist 2=wülstige, häutige, aufgeblasene, blassgrünliche, zuletzt runzelige Kapsel; Fächer 2 bis 3; Fruchtblätter auf dem Rücken schwach gekielt, netznervig, durch den Griffelrest mit kurzem, aufgesetztem Spitzchen versehen. Samen in jedem

Fach 1 oder wenige, etwa 1 mm lang, kugelig oder feigenförmig=verkehrt=eiförmig, glänzend, kahl, hellbraun, mit kreisrundem, flachem, etwas vertieftem, scharf umrandetem, weissem Nabel. — V und VI.

Zerstreut und zumeist ziemlich spärlich — sehr selten in kleinen Reinbeständen — in Laubmischwäldern, an Waldrändern, in Laubgebüschen, an Felsen, steinigen Hängen, Ufern, in Hecken; von der Ebene bis in die unterste Bergstufe, in den Alpen etwa bis 600 m. Auf allen Gesteins=Unterlagen, aber Kalk bevorzugend.

In Deutschland nur im Osten und Süden einheimisch: in Nieder=Schlesien bei Löwenberg, Lieben= tal (ob noch?), Schönau, Jauer und Bolkenhain; im südlichen Süddeutschland im Elsass in der Rheinebene, in Baden im Schwarzwald=Vorland bei Istein, Kleinkems, in der Rheinebene bei Leopoldshöhe, Emmendingen, Durmersheim und Karlsruhe, am Neckar bei Hornberg (einheimisch?), im Schwarzwald bei Waldkirch, Hühnersedel gegen Biederbach, Herthen am Dinkelberg, im Bodensee= gebiet bei Markdorf und Bodman; in Württemberg im Unterland (ein= heimisch?), im Schwarzwald bei Wildbad, Alpirsbach (wohl nicht wild), im Jura mehrfach, auf der Hochebene bei Rot, Weissenau, Waldburg, Friedrichshafen, Betznau; in Bayern im Bodenseegebiet im Rickenbacher Tobel, bei Reutin, Sigmarszell, Streitelsfingen, zwischen Weissensberg und Schönbühel, auf der oberen Hochebene in den Salzachauen bei Neuhofen unterhalb Burghausen, auf der unteren Hochebene bei Straubing, Au= holz bei Irlbach, im Bayerischen Walde bei Passau, im Neuburger Wald, Obernzell, im Jura bei Neuburg a. d. Donau und bei Regensburg, im Keupergebiet in den Mainauen zwischen Untereuerheim und Horhausen bei Schweinfurt (zusammen mit dem seltenen Pilz Diapórthe Rober= giána Desm.) und Münnerstadt (angepflanzt). Sonst häufig angepflanzt und hie und da verwildert, jedoch in manchen Teilen Norddeutschlands ganz fehlend. — In Oesterreich im Rheintal des Vorarlberg ziemlich ver= breitet; in Salzburg bei Salzburg, Hallein und Unker; in Oberösterreich zer= streut und dem Alpenvorland fehlend; in Niederösterreich verbreitet bis zu den Voralpentälern; in Böhmen am Chotobusch bei Krineč und bei Davle; in Mähren im mittleren und südlichen Teile häufiger, sonst verwildert bei Prossnitz, Söhle, Fulnek, Kremsier; in Ober= und Unter= steiermark und in Krain zerstreut; in Tirol kaum einheimisch; in Kärnten wild (wie Ilex!) fehlend. — In der Schweiz in den Kalkvoralpen am Walen= see, im St. Galler Rheintal (eingebürgert), am Vierwaldstättersee und im nordwestlichen Jura häufig, im Baseler Rheintal und den an=

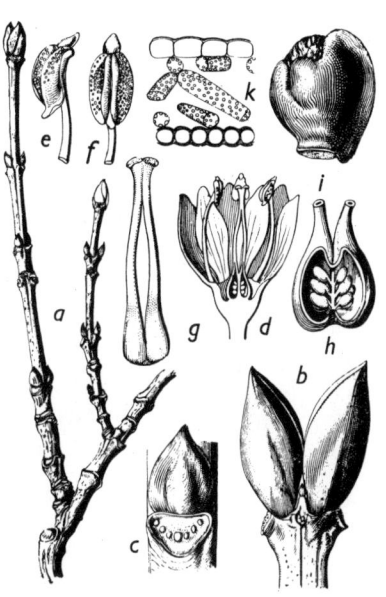

Fig 1837. Staphylea pinnata L. *a* Zweig im Winterstadium. *b* Knospen von der Seite. *c* Knospe von vorn. *d* Längsschnitt durch die Blüte. *e* und *f* Staubblätter. *g* Griffel. *h* Frucht= knoten aufgeschnitten mit Samenanlagen. *i* Samen. *k* Querschnitt durch die Fruchtwand (*k* nach Baumgärtl).

grenzenden Hügeln (namentlich auf der linken Stromseite) verbreitet, in den meisten Kantonen nur zerstreut oder bisweilen selten, so im Kanton Graubünden, im Wallis nur bei Siders, in Appenzell bei Lutzenberg, im Kanton Bern bei Soyhières, in den Kantonen Genf, Tessin, Neuenburg und Zug ganz fehlend.

Allgemeine Verbreitung: Vom Gebiete der Karpaten und deren polnischen, gali= zischen, wolhynischen, podolischen (östlich bis Kiew), bessarabischen, rumänischen und unga= rischen Vorländern, sowie aus dem Balkangebiet westwärts vordringend bis Niederschlesien, den Nordrand der Alpen entlang bis zum Vierwaldstättersee und Jura bei Basel, der ober= rheinischen Tiefebene, Delle im französischen Département Haut=Rhin, Montbéliard im Département Haute=Saône und dem Maintal, südlich der Alpen bis zu den Südostalpen und bis zum Apennin (ausserdem vielfach aus Kulturen verwildert und stellenweise völlig ein= gebürgert); Transkaukasien, Armenien, Kleinasien, Syrien.

Staphylea pinnata gehört dem ostmediterran=pontischen Elemente an. Am häufigsten findet sich der thermophile Strauch an sonnigen, ziemlich trockenen Orten auf kalkreichen Unterlagen der Bergstufe der Mittelgebirge und Alpen. Hier ist er meist ein Glied der Laubmischwälder vom Charakter des Eichen=Linden= Mischwaldes, so z. B. in den südöstlichen Kalkalpen, in den Sudeten und in Südmähren. Reichlich tritt er auch in den Eichenwäldern der Karpaten und der Illyrischen Gebirge, in den Strauch=Gesellschaften trockener und warmer Hänge auf, wie z. B. in Niederösterreich in den Beständen von Prunus fruticosa, zusammen mit P. nana und P. spinosa, Crataegus monogyna, Rosa= und Rubus=Arten, Evonymus verrucosa, Viburnum

Lantana usw., in den Siebenbürgener Karpaten und im Banat nach Hayek in den durch Cotinus Coggygria gekennzeichneten Gebüschen, gemeinschaftlich mit Quercus pubescens, Crataegus spec., Ligustrum vulgare, Fraxinus Ornus, Carpinus Orientalis, Prunus dasyphylla, Acer Tataricum, Cytisus div. sp. Seltener erscheint die Art in Buchenwäldern, in Ufergebüschen, Auenwäldern, feuchten Schluchten oder an Felsen, wie z. B. am Vierwaldstättersee zusammen mit Colutea arborescens, Coronilla Emerus, Fumana ericoides, Geranium sanguineum, Vicia Gerardii usw. Aus der Kultur entwichen siedelt sie sich gern an Waldrändern und in Hecken an. Die Festlegung der Verbreitungsgrenzen des Strauches in Mitteleuropa stösst infolge der häufigen Anpflanzungen und der damit in Verbindung stehenden Verwilderungen (oft durch Ausschlaglohden) auf grosse Schwierigkeiten. Fossil wurde die Art bereits in präglacialen Ablagerungen Mitteleuropas festgestellt. Auch in den der Bronzezeit zugehörigen Pfahlbauten von Castione bei Parma wurden Samengehäuse aufgefunden. Die Kelten sollen den Strauch auf den Gräbern ihrer Toten gepflanzt haben. Plinius führt den Strauch unter dem Namen staphylodendron nördlich der Alpen auf, ohne jedoch irgend eine Verwendung für ihn anzugeben. In der St. Jakobskapelle zu Ermensee im Kanton Luzern findet sich ein aus dem Anfang des 16. Jahrhunderts stammendes plastisches Tafelwerk, die Willisauer Legende von der Pimpernuss darstellend, nach welcher ein Luzerner Pilger auf der Wallfahrt nach St. Jakob Compostella in Spanien allerhand Wunder erlebte und auf der Rückreise irgendwo einen Stab von einem Pimpernussbaum abschnitt. Der daheim in die Erde gesteckte Zweig wurzelte an und kam zur Blüte- und Fruchtbildung. Die Legende berichtet anschliessend, dass die Früchte „gut gegen Bauchgrimmen" seien. Im Garten der Eichstätter Fürstbischöfe wurde die schön blühende Pimpernuss bereits 1597 als Pimpernüsslein oder Staphylodendron gezogen. Der aus Thüringen gebürtige Gelehrte Rostius, dessen Herbar in Lund (Schweden) aufbewahrt wird, nennt sie 1610 Sicomórus Pseudosycomórus. Lonizer bezeichnet sie 1630 Pistácia Germánica und sagt von ihr: „wachsen in teutschen Landen, die nüsslein reinigen das Geblüt, seynd warm und truckner". Th. Zwinger schreibt in seinem Kräuterbuch vom Jahre 1696: „die süssen Kerne der Früchte bringen dem Magen Unwillen und haben noch keinen Gebrauch in der Artzney". Nach seinen Angaben kam die

Fig. 1838. Staphylaea pinnata. Blütenstand. Phot. Th. Arzt, Wetzlar.

Pflanze in der Umgebung von Basel, bei Aarau, zwischen Solothurn und dem Schloss Waldenburg, ferner in Deutschland, Böhmen, Frankreich (?) und Italien vor. Wenn auch diese geschichtlichen Feststellungen einen eindeutigen Schluss auf die natürliche, westliche Verbreitungsgrenze nicht gewähren, so lässt sich doch gegenwärtig beobachten, dass eine Erweiterung der Grenzlinie nach Westen zu vor sich geht, wofür auch das reichliche Vorkommen von verwilderten, sich anscheinend leicht einbürgernden und Jahr für Jahr gut fruchtenden Sträuchern spricht. An gepflanzten Sträuchern werden sogar noch bei Christiania alljährlich Früchte beobachtet. Decker stellte im mittleren Odergebiete fest, dass sich die Früchte oft in grossen Mengen in den angeschwemmten Genisten vorfinden, die das Hochwasser herabführt und später absetzt. — Das sehr harte, schwer spaltbare, gelblichweisse, sehr dichte, gleichmässige Holz wird hie und da zu Drechslerarbeiten verwendet. Die süsslichen, fetten Samen geben ein gutes Oel, wirken aber gelinde abführend. — Zur Blütezeit stehen die Kelchblätter wagrecht ab, während sich die Kronblätter aufrecht erheben und röhrenförmig Staubblätter und Griffel umschliessen. Da die Pollenkörner etwa gleichzeitig, wenn die Narben belegungsfähig sind, reifen und freigegeben werden, und die Staubblätter häufig die Narben überragen, so ist Selbstbestäubung die Regel, zumal die Staubbeutel nach innen aufspringen. Daneben wird nach Knuth durch Syrphiden und Musciden, die dem von dem nach innen vertieften, nach aussen wulstigen Diskus ausgeschiedenen Honig nachstellen,

Tafel 180

Tafel 180.

Fig. 1. *Acer Pseudoplatanus* (pag. 274). Laubspross mit Blütentraube.
„ 1a. Männliche Blüte.
„ 1b. Reife Frucht.
„ 1c. Männliche Blüte im Längsschnitt.
„ 2. *Acer campestre* (pag. 284). Blütenspross.
„ 2a. Fruchtspross.
„ 2b. Weibliche Blüte.
„ 2c. Männliche Blüte.
„ 3. *Impatiens Noli tangere* (pag. 314). Blütenspross.
„ 3a. Aufgesprungene Frucht.
„ 3b. Längsschnitt durch die Frucht.
„ 3c. Längsschnitt durch die Blüte.
„ 3d. Samen.
Fig. 3e. Längsschnitt durch den Samen.
„ 3f. Spitze der jungen Frucht.
„ 4. *Rhamnus cathartica* (nr. 1881). Blühender Zweig.
„ 4a. Fruchtender Zweig.
„ 4b. Weibliche Blüte im Längsschnitt.
„ 4c. Männliche Blüte im Längsschnitt.
„ 4d. Querschnitt durch den Samen.
„ 4e. Längsschnitt durch den Samen.
„ 5. *Rhamnus saxatilis* (nr. 1882). Blühender Zweig.
„ 5a. Männliche Blüte.
„ 5b. Fruchtender Zweig.
„ 5c. Fruchtknoten im Längsschnitt.
„ 5d. Querschnitt durch den Samen.

Fremdbestäubung ausgeführt. — Die Frucht der Pimpernuss zählt zum Typus der Blähfrüchte, zu dem z. B. auch die Früchte von Colutea arborescens, Astragalus penduliflorus, Nigella Damascena u. a. m. gehören. Nach O. Baumgärtl (Sitzungsberichte der K. Akademie der Naturwissenschaften in Wien, mathematisch-naturwissenschaftliche Klasse. Bd. 126, 1917) enthalten diese Pneumatokarpien von Staphylea pinnata ein unter Ueberdruck stehendes Gemisch von Luft mit reichlicher CO_2-Beimischung, die aus dem äusserst lockeren, schwammigen, weitmaschigen, chlorophyllhaltigen Gewebenetz des Mesokarps stammt, in welchem Assimilation und Atmung stattfinden. Das entstehende Kohlendioxyd tritt durch die mit Flüssigkeit erfüllten Zellen des 1-schichtigen Endokarps in das hohle Fruchtinnere. Ein Entweichen nach aussen wird durch das ziemlich undurchlässige Exokarp stark gehindert, das epidermalen Charakter besitzt und arm an Spaltöffnungen ist. Erst zur Zeit der Fruchtreife trocknet dieses Gewebe aus und wird dadurch für Gase durchlässig. Gleichzeitig öffnen sich aber die Früchte entlang der Trennungsnähte, die im Mesokarp durch längs gerichtete und verholzte, im Endokarp und Exokarp durch längsgerichtete Zellen vorgebildet sind. Nach Baumgärtl liegt die biologische Rolle der inneren Lufthülle derartiger Blähfrüchte in der Schaffung eines luftgesättigten Raumes für die Samenentwicklung. Paul Vogler und auch Neger wollen darin auch ein Mittel sehen, die Frucht für die Verbreitung durch den Wind leicht und geräumig zu machen. Diese Annahme dürfte sich allerdings kaum halten lassen, da sich die Früchte nicht von den Rispen ablösen und vielfach im Frühling noch am Strauch hängen. Wahrscheinlicher dürfte die Annahme sein, dass die hell gefärbten, grossen Früchte — wie z. B. bei Colutea arborescens und Physalis-Arten — ein gutes Anlockungsmittel für diejenigen Tiere sind, die die Samen ohne Schaden fressen und unverdaut wieder abgeben, wie das von Heintze für Astragalus penduliflorus nachgewiesen worden ist. — Bildungsabweichungen sind besonders an den Laubblättern häufig zu beobachten, z. B. Verdopplung der Endblättchen, Gabelung derselben, Verwachsungen mit einem oder beiden benachbarten Seitenblättchen, gegabelte oder 3-teilige Seitenblättchen, Tutenbildung durch Verwachsung der Blättchenränder oder Becherbildung an den grannenartig über die Spitze der Blättchen vortretenden Mittelnerven. Bisweilen werden tetramere und hexamere Blüten beobachtet, ferner Fruchtknoten mit 3 Fruchtblättern und Umwandlung der Kronblätter in Staubblätter. Eichler (Blütendiagramme) und R. Wagner (Verhandlungen der zoologisch-botanischen Gesellschaft in Wien, 1900) haben eine weitgehende Anisophyllie nachgewiesen. Die auf der Unterseite der Laubsprosse stehenden Laubblätter sind meist kräftiger ausgebildet als die der Oberseite; sie allein erhalten Achselknospen oder ihre Achselknospen sind bedeutend grösser und kräftiger entwickelt, sodass durch mehrmals nach derselben Seite der Achse sich entwickelnde Sprossgenerationen ein Sichelsympodium zustande kommen kann. Die rechts- und linksstehenden Laubblätter sind gleichmässig ausgebildet. Auch bei den transversal stehenden Laubblättern sind oft die nach vorn fallenden Blättchen bedeutend grösser als die übrigen. — Die Keimreife der Samen — denen übrigens nicht zu selten der Keimling fehlt — wird nach Kinzel erst allmählich und spät, nach Eintritt kühlerer Tage erreicht, obgleich sich äusserlich völlig ausgebildete Samen schon von Mitte Juli an vorfinden. Auf den Zweigen wurden die Ascomyceten Diapórthe robergeána (Desm.), Didymosphaéria staphyléae Haszl., Dothídea staphyleae Allesch., Guignárdia staphyleae Haszl. und Platýstomum compréssum (Pers.), am Holze Válsa milliária (Fries) festgestellt.

Die an die Staphyleaceae anschliessende Familie der Icacináceae oder Phytocrenáceae umfasst etwa 110 Arten und zwar meistens Holzgewächse (darunter Lianen mit zerklüftetem Holzkörper) mit fast stets abwechselnden, krautigen oder lederartigen, meist ganzrandigen Laubblättern und kleinen, 5- oder 4-gliederigen, heterochlamydeïschen, zu Rispen vereinigten Blüten. Die Frucht ist gewöhnlich eine einsamige Steinfrucht, seltener eine Beere. Sämtliche 52 Gattungen sind Bewohner der wärmeren Zonen und zwar auf einzelne Florengebiete beschränkt; reich an endemischen Gattungen ist Westafrika. Nur wenige Arten gehen in der südlichen Hemisphäre auch in die gemässigte Zone hinein. Einige Arten der Gattung Villarésia dienen in Südamerika als Mate-Ersatz (pag. 235), so in Brasilien V. Congónha (DC.) Miers („Gongonha", „Yapon", „Yerva de palos") und V. mucronáta Ruiz et Pav. („Narongillo", „Guilli-patagua") in Chile.

76. Fam. Aceráceae. Ahorngewächse.
(Bearbeitet von H. Gams).

Bäume und Sträucher mit kreuzweise gegenständigen, gestielten, ungeteilten oder häufiger handförmig 3- bis 7- (bis 9-)lappigen und handnervigen oder 3- bis 15-fiederigen Laubblättern, nur ausnahmsweise mit Nebenblättern[1]). Blüten in end- oder seitenständigen Scheintrauben oder Trugdolden, strahlig, zwitterig, monözisch, diözisch, andromonözisch oder androdiözisch, 5- oder 4-zählig. Blütenhülle in Kelch und Krone geschieden, selten apetal. Diskus ringförmig oder gelappt, selten fehlend, ausserhalb oder innerhalb der Staubblätter. Staubblätter meist 8 (4 bis 10), hypogyn oder perigyn oder in der Mitte des Diskus stehend, frei. Fruchtknoten aus 2 einfächerigen, seitlich zusammengedrückten Fruchtblättern gebildet, auch in den männlichen Blüten meist als Rudiment vorhanden. Griffel 2, frei oder unterwärts verwachsen, mit langgestreckten Narben. Samenanlagen in jedem Fach 2 (selten 1), meist übereinander stehend, anatrop oder orthotrop. Frucht eine Spaltfrucht (samára) mit 2 (seltener 3 oder bis 8) einseitigen (Acer) oder allseitigen (Dipteronia), häutigen, starknervigen Flügeln, geschlossen bleibend. Samen meist nur 1 in jedem Fach, abgeflacht, ohne Nährgewebe. Keimling gross.

Ausser der Gattung Acer enthält die Familie nur noch die Gattung Dipterónia Oliv. mit der einzigen Art D. Sinénsis Oliv. in Zentralchina mit gefiederten Laubblättern und ringsum geflügelten Teilfrüchten. Die Aceraceae sind mit den rein tropischen Sapindáceae und den Hippocastanáceae nahe verwandt, unterscheiden sich aber von beiden durch die regelmässig strahligen Blüten, von den nächst verwandten Sapindaceen ausserdem durch die gegenständigen Laubblätter. Die 3 Familien bilden die Sapindíneae, die von Engler zu den Sapindáles, von Wettstein und Hallier dagegen zu den Terebintháles gestellt werden.

CCCCLXI. Ácer[2]) L. Ahorn. Franz.: Érable[3]); in der Westschweiz Ayer; engl.: Maple, maple-tree, mapulder; dän.: Lön, Navr; ital.: Acero; im Tessin: Agher, ager, agra, agar; rätorom.: Ischi, ischia, ascher, aschier; grödnerisch-ladin.: Aier, acero.

Das deutsche „Ahorn" ist vielleicht urverwandt mit dem gleichbedeutenden lat. acer. Niederdeutsche Formen sind: Aårn (Stade: Robenburg), Auheuren (Westfalen: Lengerich), Åhören (Göttingen); mitteldeutsche Orn: (Hessen), Ehren (Mosel), Ohre (Nahe), Ihren (Eifel, Thüringen), Oärne (Thüringer Wald: Brotterode), Ehrn (Oberharz); oberdeutsche: Acher (Kärnten), Achån (Niederösterreich), Ahorra, Ahore, Ahorn (Nordostschweiz). Auch das niederdeutsche Ellhorn (Hannover: Alte Land) scheint hieher zu gehören. Alle diese Bezeichnungen gelten für die einheimischen Ahorn-Arten überhaupt, das schlesische Urle, Uhrla zunächst nur für A. Pseudoplatanus. — Die Früchte der Ahorn-Arten, besonders von A. platanoides, die sich spielende Kinder als Nasenzwicker, Brillen usw. aufsetzen, heissen (in der Kindersprache): Nasenknieper (Bremen), Nasen (Gotha), Nasenstiefel (Wien), -zwicker (Böhmen, Riesengebirge),

---

[1]) K. Wilhelm (Mitteilungen der Deutschen Dendrologischen Gesellschaft, 1918) beschreibt das Auftreten von Nebenblättern an einem Acer nigrum Michx., der alljährlich am Grunde der Laubblattstiele paarweise auftretende, lanzettliche, am Grunde häufig von einem Seitenläppchen begleitete Nebenblätter von 1,5 bis 2 cm Länge besass, die sich bis zum Laubfall erhielten.

[2]) Ob dieser schon im Altertum (z. B. bei Ovid und Plinius) vorkommende Name mit lat. ácer scharf, griech. ἄκρος [ákros] = spitz, hoch zusammenhängt, ist sehr fraglich (das a von Acer ist kurz!). Mit dem lat. acer sind wohl ausser den romanischen Namen auch das deutsche Ahorn und das slavische Javor verwandt.

[3]) Kommt wie das westschweizerische Isérable oder Orsérablo, das nur für A. campestre gilt, von lat. ácer árborem.

Nasäspiegel (St. Gallen), Engelskopf (Niederösterreich), Schmetterling (Riesengebirge), Schärä [Schere], Schlösseli (Toggenburg), Spiegel, Hackmesser (Sargans). Dementsprechend heisst der Ahorn selbst auch Nasen=, Brillenbaum, Näsekniperböm (Nordostdeutschland).

Bäume oder Sträucher. Laubblätter kreuzweise gegenständig (dekussiert), lang gestielt, meist handförmig gelappt, seltener ungeteilt, gefingert oder (Negundo, Trifoliata) gefiedert, meist sommergrün (immergrün bei der asiatischen Sektion Integrifolia Pax). Nebenblätter fast ausnahmslos (vgl. pag. 262 Anm. 1) fehlend. Blütenstände meist an beblätterten Kurztrieben, cymös, ebensträussig bis trauben= oder doldenförmig, einhäusig, polygam (besonders andro= monözisch oder androdiözisch), selten (A. Ne= gundo) rein diözisch. Blüten strahlig, meist 4= oder 5=zählig. Blütenhülle in freie (selten verwachsene) Kelch= und Kronblätter gegliedert (seltener die Krone fehlend), meist gelbgrün. Staubblätter meist 8 (selten nur 4 oder 10), in 2 Kreisen, auf, innerhalb (so bei den meisten unserer Arten) oder ausserhalb des ringförmigen (selten fehlenden) Diskus eingefügt. Fruchtknoten 2=fächerig, seitlich abgeflacht, meist ± behaart, in jedem Fach mit 2 Samenanlagen. Griffel tief, oft bis zum Grund, in 2 lange Narbenäste ge= spalten. Frucht in 2 (ausnahmsweise 3 oder mehr) Teilfrüchte mit je einem einseitigen, ± langen, häu= tigen, stark netznervigen Flügel zerfallend. Keim= blätter meist ziemlich dünn, gefaltet.

Aus der Gattung Acer sind mindestens 200 Arten beschrieben worden, die sich jedoch bei Ausscheidung der Unterarten, Abarten und Bastarde auf höchstens 100 reduzieren. Dazu kommen fast ebenso viele aus tertiären Ablagerungen, die an den charakteristisch geformten und oft gut erhaltenen Laubblättern und Früchten meist gut zu erkennen sind. Näheres hierüber in der Monographie von Pax (Englers Botan. Jahrb. Bd. VI, VII, XI, XII, XVI, 1885 bis 1892). Sowohl die Ver= breitung der lebenden wie der ausgestorbenen Formen spricht für einen arktotertiären Ursprung. Die ältesten sicheren Acer=

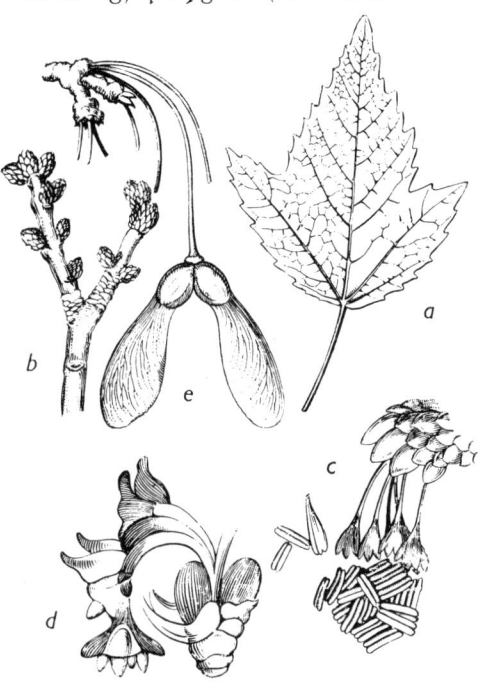

Fig. 1839. Acer trilobatum (Sternb.) A. Br. aus der oberen Süsswassermolasse von Öhningen. *a* Laubblatt. *b* Zweig mit Knospen. *c* Männlicher Blütenstand. *d* Weib= licher Blütenstand. *e* Frucht (nach O. Heer).

Reste sind aus alttertiären Ablagerungen (zweifelhafte schon aus cretacischen) von Grönland, Island, Spitzbergen und Westeuropa bekannt und scheinen den im Mitteltertiär über die ganze Nordhemisphäre verbreiteten Sektionen Spicáta Pax, die heute etwa $1/4$ aller Arten (darunter A. Tataricum und A. Pseudoplatanus) umfasst, Cam= péstria Pax und Rúbra Pax nahegestanden zu haben. Aus der heute auf Nordamerika beschränkten Sektion Rubra (z. B. A. rubrum und A. saccharum) war A. trilobátum (Sternb.) A. Br. (Fig. 1839) vom Oligozän bis ins Pliozän anscheinend über die meisten Länder Europas und Nordamerikas verbreitet. Seine Reste sind z. B. in der nordalpinen Molasse stellenweise häufig. In Süd= und Mitteleuropa waren im Miozän auch die Sektionen Saccharína Pax (jetzt nur in Nordamerika, z. B. A. saccharinum) und Palmáta Pax (jetzt nur in Ostasien, z. B. A. palmatum, fossil auch im pazifischen Nordamerika) vertreten. Die heute neben den Spicata in Europa allein vertretenen Sektionen Platanoídea Pax (A. platanoides) und Campéstria Pax (A. cam= pestre, A. Monspessulanum, A. Opalus) scheinen schon im Tertiär wie heute auf Eurasien beschränkt gewesen zu sein. Von dem im Eozän Südfrankreichs gefundenen A. crassinérvium Ettingsh. scheinen sowohl A. Opalus wie A. Monspessulanum abzustammen. Von den übrigen Sektionen sind die Macrántha in Ostasien und Nordamerika (daselbst nur das auch im Gebiet kultivierte A. Pennsylvanicum), die Indivísa, Argúta, Inte= grifoliáta, Lithocárpa und Trifoliáta nur in Asien, die Glábra und Negúndo nur in Nordamerika vertreten. Die meisten Arten besitzen die Gebirge vom Osthimalaya bis China (einzelne bis 3300 m steigend), etwas weniger die Gebirge um das östliche Mittelmeer und Schwarze Meer, Japan und Nordamerika (von Mexiko und Guatemala bis Oregon und Südkanada, in den Vereinigten Staaten 9 Arten). Ausser den 5 auch nördlich der Alpen vertretenen Arten (mit einigen ihrer oft als Arten bewerteten Unterarten) kommen nur noch 3 in Europa vor: A. Tatáricum (bis Krain und Ungarn), A. Heldreíchii Orph. und A. Orientále auct. (an L.?), beide in Griechenland und auf den Griechischen Inseln. Bis Nordafrika (Atlasländer) reichen nur A. campestre, A. Monspessulanum und A. Opalus. Den Aequator überschreitet einzig A. niveum Blume auf Java und Sumatra. Mehrere der aus Europa durch die diluvialen Vergletscherungen verdrängten Sektionen konnten sich in Asien und Nordamerika erhalten. Die Endemen der südeuropäischen und asiatischen Gebirge sind nach Pax teils Reliktendemen, teils Neoendemen. Näheres über die einzelnen Sektionen und ihre Verbreitung bei F. Pax in Englers Botan. Jahrbüchern. Bd. VII, 1886 und in Englers Pflanzenreich. Bd. IV, 163, Leipzig, 1902. — Reliktartigen Charakter haben auch die Ahornwälder und die aus Eichen, Ahornen, Linden und Ulmen gebildeten Mischwälder, die in ähnlicher Ausbildung fast über die ganze Nordhemisphäre verbreitet waren, in Europa jedoch grossenteils durch die Buche und im Süden durch die Edelkastanie, sowohl unter klimatischen, wie auch unter menschlichen Einflüssen stark zurückgedrängt worden sind. Interglaziale Ablagerungen beweisen, dass in diesen Wäldern auch Arten wie Laurus Canariensis, Philadelphus coronarius, Rhododendron Ponticum, Vitis vinifera und Buxus sempervirens viel weiter nach Norden reichten als dies heute der Fall ist. — Die meisten Arten sind entschieden wärme- und feuchtigkeitsliebend, mit Bezug auf den Kalkgehalt indifferent bis (A. Monspessulanum und A. Opalus) etwas kalkhold. Bei A. Pseudoplatanus enthält die Asche des Holzes 21 bis 44%, die der Rinde 70 bis 76% Kalk, bei A. campestre die der Aeste bis 82%. — Die Keimung erfolgt epigäisch, nur bei A. saccharinum hypogäisch. Die Keimblätter (Fig. 1848 k, l, m, 1851 e bis g, 1863 i) sind meist lineal und 3-nervig, die Erstlingsblätter einfacher gestaltet als die Folgeblätter. Die Keimblätter ergrünen wie z. B. die der Citrus-Arten schon in den Samen, womit wohl in Verbindung steht, dass grüne Keimpflanzen von Acer Pseudoplatanus mehrfach in Höhlen, angeblich sogar in völliger Dunkelheit, gefunden worden sind. Das Wurzelwerk besteht hauptsächlich aus reich verzweigten Seitenwurzeln. Wurzelhaare bleiben oft noch mehrere Zentimeter von den Wurzelspitzen entfernt erhalten. Wurzelbrut wird nie gebildet; auch das Ausschlagvermögen ist bei den meisten Arten gering. Das Holz ist meist weiss, hart, an den Spaltflächen glänzend und besonders an den höchstens 4 Zellreihen breiten, scharf abgegrenzten Markstrahlen und den zerstreuten, feinen, nur einfache Tüpfel aufweisenden Gefässen kenntlich. Vgl. Herrmann, Alice. Ueber die Unterschiede in der Anatomie der Kurz- und Langtriebe einiger Holzpflanzen. Oesterr. Botan. Zeitschr. Bd. LXVI, 1916. A. Pseudoplatanus, A. platanoides, A. Negundo u. a. sind Splintbäume, A. Tataricum, A. platanoides subsp. laetum, A. Pennsylvanicum, A. rubrum, A. saccharinum u. a. Kernholzbäume, A. campestre u. a. Reifholzbäume. Das spezifische Gewicht des Holzes schwankt bei unseren Arten zwischen 0,53 und 0,81. Im Herbst wird Stärke als Reservestoff gespeichert. Am Sprossgipfel von A. Pseudoplatanus folgt (nach Berthold) auf eine stärkeführende Zone eine gerbstoffführende (der Gerbstoffgehalt ist jedoch durchwegs gering) und dann eine rohrzuckerführende. Der Gehalt an Rohrzucker (Saccharose) im Frühlingssaft beträgt bei A. campestre bis über 1%, bei A. platanoides 1,1 bis 3,5%, bei A. Pseudoplatanus 1 bis 3,7%, bei A. Negundo 2,4%, bei A. rubrum 2,81% und bei A. saccharum bis 5,15%. Ausserdem enthält der Blutungssaft auch etwas Kalium- und Calziumsalze, Spuren von Eiweisskörpern, bei A. platanoides etwas Vanillin, bei A. saccharum auch etwas Dextrose, Lävulose, Apfel-, Malon-, Weinstein- und Tricarballylsäure (Näheres über den Säuregehalt bei O. v. Lippmann in Ber. Deutsch. chem. Ges., Bd. XLVII, 1914).

Im Rindenparenchym und im Mesophyll der Laubblätter treten häufig Einzelkristalle oder Drusen von Calziumoxalat auf. Im Kernholz von A. rubrum u. a. sind die Gefässe mit Calziumkarbonat ausgefüllt. In den Leitbündeln der Stengel und Laubblätter entstehen durch Verschmelzung übereinanderliegender Zellen an der Aussenseite des Leptoms Sekretschläuche, die bei A. platanoides und A. campestre echten Milchsaft führen, wogegen sie bei anderen Arten, wie A. Pseudoplatanus, A. Opalus, A. saccharinum und A. Negundo nur milchsaftähnliche Sekrete enthalten. Die Annahme von Olbrich (Vermehrung und Schnitt der Ziergehölze, 1910), dass sich Gehölze mit milchendem Safte niemals mit solchen mit wässerigem Safte veredeln liessen und dass aus diesem Grunde eine Verbindung des milchsaftführenden Acer platanoides mit A. Pseudoplatanus unmöglich sei, ist von Fritz Graf v. Schwerin auf experimentellem Wege untersucht worden. Es hat sich dabei gezeigt, dass sich beide genannten Acer-Arten, ferner auch A. saccharinum unschwer aufeinander veredeln lassen und dauerhafte Verbindungen ergeben. Ohmann hat auch A. platanoides und A. Negundo zu dauernder Verwachsung gebracht. Die Borke ist bald längsrissig (z. B. A. platanoides), bald schuppig (z. B. A. Pseudoplatanus, A. campestre und A. Platanus). Der Kork wird meist oberflächlich gebildet (bei einer Form von A. campestre schon in grosser Mächtigkeit nahe den Sprossspitzen), nur bei den Arten mit Wachsausscheidung wie A. Pennsylvanicum und A. Negundo 3 bis 6 Lagen unter der Epidermis (vgl. Uloth in Flora 1867, pag. 385 und 421). — Das regelmässige Vorkommen entwicklungsfähiger Endknospen (wie bei den Nadelhölzern, Buchen und Eichen im Gegensatz zur Mehrzahl der Laubhölzer) bedingt zusammen mit der dekussierten Blattstellung einen recht charakteristischen Ast- und Zweigbau. Die Bildung von Johannistrieben ist z. B. bei A. platanoides, A. campestre, A. Opalus, A. Tataricum und A. saccharum recht auffallend, wenn auch meist durch eine nur wenig ausgeprägte Ruhepause vom Laubausbruch getrennt („verkappte Johannistriebe"). Die ersten Blätter der Johannistriebe weichen oft durch bleiche oder rötliche Färbung, geringere Grösse und Zerteilung stark ab, fallen aber meist bald ab. Auch freiwilliges Abwerfen ganzer Zweige kommt z. B. bei A. Pseudoplatanus vor. Die Achselknospen der Johannistriebe treiben z. B. bei A. platanoides, A. campestre und A. Tataricum ohne Bildung von Knospenschuppen nicht selten noch im selben Jahre aus (vgl. H. L. Späth in Mitteil. Deutsch. dendrol. Gesellsch. 1913). Durch solche „verzweigte Johannistriebe" (sylleptische Triebe) erhalten besonders gewisse Gartenformen (A. platanoides f. globósum Nicholson und die erst 1910 in einer ostpreussischen Baumschule entstandene f. globósum Geelhaar von A. Pseudoplatanus) sehr dichte, kugelige Kronen. Die Knospen sind nur bei A. Negundo und Verwandten nackt, von besonders zahlreichen Schuppen in der Sektion Lithocarpa umhüllt. Die Knospenschuppen entsprechen der Verbreiterung des Blattgrundes. Uebergänge zwischen Knospenschuppen und Laubblättern kommen meist nur an den Johannistrieben vor, können aber durch Entfernen von Laubblättern an den Achselknospen leicht experimentell erzeugt werden (Fig. 1840 f). Das Laub bildet bei den grossblätterigen Arten (besonders schön bei A. Pseudoplatanus und A. platanoides) ein auffallendes Blattmosaik, das einerseits durch Drehungen am Grund der Blattstiele und ± wagrechte Stellung der Spreiten, andererseits durch eine auffallende Anisophyllie zustande kommt: die Laubblätter der Sprossunterseite sind viel länger gestielt und grösser als die seitlichen und diese grösser als die oberen (Fig. 1841). Nach W. Figdor (Berichte der Deutschen Botan. Gesellschaft, Bd. XXII, 1904) und Wiesner vermögen sowohl einseitige Belichtung wie die Schwerkraft diese Ungleichblättrigkeit zu erzeugen, wogegen nach A. Weisse und Nordhausen die Schwerkraft allein massgebend sein soll. In der Knospenlage sind die Blattspreiten meist gefaltet (Fig. 1840 m), bei den Campestria konvex gekrümmt. Ueber die Entwicklung des Laubblattes von A. Pseudoplatanus vgl. O. Schüepp in Vierteljahrsschr. der Naturf. Ges. Zürich. Bd. LXIII, 1918.

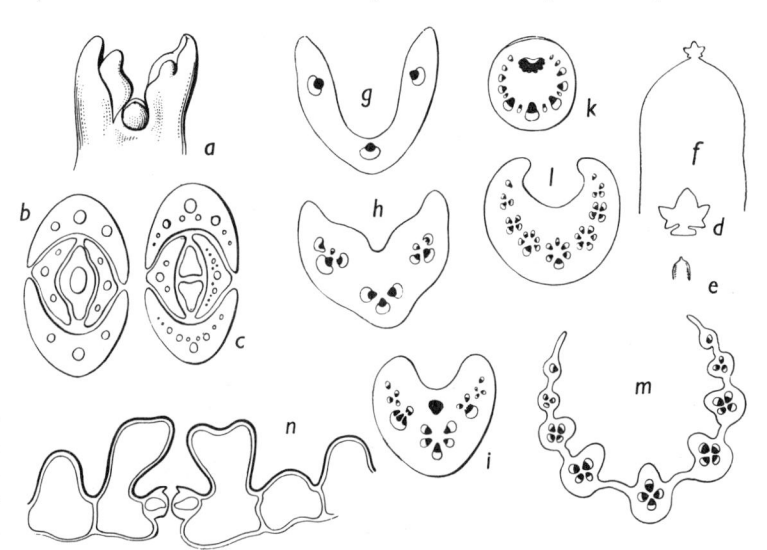

Fig. 1840. Acer platanoides L. *a* Knospe mit 2 Blattanlagen. Querschnitte durch eine Knospe, *b* am Grund, *c* höher oben. *d* Laubblattanlage. *e* Knospenschuppe. *f* Knospenschuppe mit später verdorrender Spreitenanlage. Querschnitte durch den Blattgrund, *g* nahe der Basis, *h* etwas höher. Querschnitte durch den Blattstiel, *i* am Grunde, *k* nahe der Mitte, *l* gegen die Spreite zu. *m* Querschnitt durch die junge Spreite. *n* Querschnitt durch Spaltöffnung des Laubblattes (*a* bis *c* nach Deinega, *d* bis *m* nach Goebel, *n* nach Hryniewiecki).

Gefiederte Laubblätter wie die von Dipteronia haben die Arten der Sektionen Negundo und Trifoliata, immergrüne „Lorbeerblätter" die der Sektion Integrifolia (z. B. A. oblóngum Wall.). Die Gesamtblattfläche ist an der Sonne grösser als im Schatten, z. B. an jungen Bäumen von A. platanoides im Schatten 1466 bis 2677, an der Sonne 3412 bis 4435 cm^2 (nach v. Höhnel). Anderseits haben die vorwiegend an sonnigen Standorten wachsenden Arten und Individuen durchwegs kleinere Spreiten als die an schattigen Standorten. Alle unsere Arten gehören zu den Halbschatthölzern, A. Negundo zu den Lichthölzern. A. campestre und A. Opalus stimmen in ihrem Lichtgenuss etwa mit der Wintereiche überein, A. Pseudoplatanus und A. platanoides mit der Buche. Nach Boysen-Jensen lässt A. Pseudoplatanus im freien Bestand 2%, im Wald nur 7 bis 20% des Tageslichts durch die Krone durch. Nach Knuchel sind die Schattenblätter z. B. bei A. platanoides nicht nur dünner, sondern auch weniger tief zerteilt als die Sonnenblätter. Anderseits steigt das Lichtbedürfnis mit abnehmender Temperatur; es liegt z. B. das Minimum des Lichtgenusses für A. platanoides nach Wiesner in Wien bei $1/_{55}$, in Drontheim bei $1/_{28}$, in Tromsö bei $1/_5$ des Gesamtlichts. Spaltöffnungen sind bei unseren Arten nur auf der Blattunterseite ausgebildet, bei A. Pseudoplatanus 75 bis 160 pro cm^2. 100 g Blattsubstanz verdunstet nach Büsgen bei A. Pseudoplatanus 58,6 kg, bei A. platanoides 53,1 kg Wasser. Mit dem „Bluten" des Stammes im Frühling steht die Wasserausscheidung aus den Knospen („Tränen") in Verbindung. Stahl machte darauf aufmerksam, dass die Arten regenreicher Gebirge (wie A. Pseudoplatanus, A. platanoides und A. saccharum) deutlich ausgebildete Träufelspitzen zeigen, während solche z. B. bei den wärmeliebenden Campestria fehlen. Nach Riegler wurden an einem Baum von A. Pseudoplatanus 77,5% Wasser eines gefallenen Regens dem Boden zugeführt, davon 5,96% längs dem Stamm, 74,5% durch die Krone. Ueber die Blattanatomie vgl. G. Warsow, Systematisch-anatomische Untersuchungen des Blattes bei der Gattung Acer mit besonderer

Berücksichtigung der Milchsaftelemente (Diss. Erlangen, Fischer, Jena 1903). Darnach sind die Sektionen auch anatomisch gut charakterisiert. So sind die Seitenränder der Epidermiszellen bei A. Tataricum und A. Pseudo=
platanus (Spicata), A. Negundo und A. saccharinum beiderseits gerade oder schwach gekrümmt, bei A. pla=
tanoides oberseits gerade bis gebogen, unterseits gewellt (Fig. 1840 n), bei den Campestria oberseits ge=
wellt (nur bei A. Monspessulanum gerade oder schwach gebogen), unterseits gerade oder schwach (bei A. campestre stärker) gebogen. Epidermispapillen kommen meist nur unterseits (besonders stark ausgebildet bei A. Pseudoplatanus, beiderseits bei A. Tataricum) vor, was gegen die Deutung Haberlandts als Lichtsinnes=
organe spricht. Eine dünne Wachsschicht trägt die Cuticula der Blattunterseite von A. Pseudoplatanus, A. Monspessulanum und A. Opalus, eine dickere die von A. saccharinum und A. rubrum. Calziumoxalat tritt in den Blättern unserer Arten nur in Form von Einzelkristallen auf. Typischen Milchsaft führen die Leit=
bündel von A. platanoides und A. campestre. Die meisten Arten tragen auf der Unterseite wenigstens in der Jugend und in den Blattwin=
keln einzellige Deckhaare und meist auch kleine Drüsenhaare, Acer pla=
tanoides auch mehrzellige Haare. Ueber die die Haar=
büschel in den Nerven=
winkeln (Acarodomatien) bewohnenden Milben vgl. Lundström in Nova Acta R. Soc. Sc. Upsali=
ensis Bd. XIII, 1887. Die besonders auf der sonst meist kahlen Blattober=
seite und auf den Frucht=
fächern sitzenden Drüsen=
haare schwitzen bei warmem Wetter ein klebriges Exkret aus. — Die Herbstfärbung ist meist lebhaft, hellgelb bei A. Pseudoplatanus, A. campestre subsp. leiocar=
pum und A. Monspessu=

Fig. 1841. Acer Pseudoplatanus L. Wagrechte Zweige mit starker Anisophyllie. Phot. † Prof. Dr. Eug. Warming, Kopenhagen.

lanum, rot bei A. Tataricum, A. platanoides, A. campestre subsp. hebecarpum, A. Opalus, A. rubrum, A. saccharinum u. a. Arten. Auch das junge Laub ist oft $\pm$ rot gefärbt, bei zahlreichen Gartenformen (von A. Pseudoplatanus, A. platanoides, A. palmatum u. a.) auch das entfaltete Laub. Von den meisten Arten sind Mutationen mit panaschiertem Laub bekannt. In vielen Fällen handelt es sich wohl sicher um Chimären (vgl. Crataegomespilus Bd. IV, 2, pag. 742, Laburnum Adami Bd. IV, 3, pag. 1166, Pelargonium Bd. IV, 3, pag. 1666), in anderen (so bei einer weissen Form von A. platanoides nach P. C. van der Wolk, Kultura, 1919) scheint durch Bakterien hervorgerufene Chlorose vorzuliegen. Nach E. Küster (Beiträge zur Kenntnis der panaschierten Laubgehölze. Mitteil. der Deutsch. dendrol. Ges. 1919, pag. 85/88) ist sektoriale Panaschierung bei Acer häufiger als marginate (Weiss=, Gelb= oder Rotrandigkeit, seltener grüner Rand bei bleichem Mittelfeld). Ausser vielen weiss=
bunten Formen sind auch gelb= und rotbunte in Kultur. Vgl. über die übrige Variabilität Graf Fritz v. Schwerin in Mitteil. der Deutsch. dendrol. Ges. 1896.

Die meist cymösen Blütenstände (ebensträussig bei A. Tataricum, A. platanoides, A. campestre, traubenähnlich z. B. bei A. Pseudoplatanus und A. Negundo, fast doldig bei A. Monspessulanum und A. Opalus, echt traubig z. B. bei A. Pennsylvanicum) stehen meist endständig an Kurztrieben mit meist zu grossen Hoch=
blattschuppen auswachsenden Knospenschuppen und wenigen (bei den Rubra fehlenden) Laubblättern. Die relative Hauptachse schliesst stets mit einer Blüte ab. Von dem normalen (Fig. 1848 c) Blütenbau (5 Kelch= und 5 Kron=
blätter, 4 + 4 Staubblätter, 2 Fruchtblätter) kommen viele Abweichungen vor. Bei A. saccharinum und A. saccha=
rum fehlen die Kronblätter, bei A. rubrum ein Staubblattkreis. In allen Kreisen ist Vermehrung der Glieder=
zahl nicht selten, am häufigsten in den endständigen Blüten, die oft 3 Karpelle (selten 4 bis 8, z. B. bei A. Tataricum, vgl. Fig. 1846 e und f) ausbilden. Gelegentlich gelangt nur eine der beiden Teilfrüchte zu voller Entwicklung, während die andere dann einen etwa nur halb so langen Flügel trägt. Am häufigsten lassen sich nach L. Geisenheyner (Mitteilungen der Deutschen Dendrologischen Gesellschaft, 1918) solche Ab=
weichungen bei Acer Pseudoplatanus und A. campestre, selten bei A. platanoides und A. Negundo fest=

stellen. Bei A. Monspessulanum scheinen sie ganz zu fehlen. Auch Verdoppelung der Flügel an einer Teilfrucht und andere Unregelmässigkeiten sind festgestellt worden. Alle Arten zeigen Neigung zur Bildung eingeschlechtiger Blüten, die bei A. Negundo zu völliger Diözie geführt hat. Doch lassen sich nach Ch. G. Fraser (in Torreya, 1912) bei letzterer Art ausnahmsweise auch Zwitterblüten beobachten. Meist kommen neben zwitterigen Blüten (oft im selben Blütenstand) solche mit verkümmertem Fruchtknoten und solche mit verkleinerten, unfruchtbaren Staubblättern vor. Näheres über die zeitliche Verteilung der männlichen und weiblichen Blüten bei V. Br. Wittrock in Botan. Centralbl. Bd. XXV und P. Vogler in Jahrb. St. Gall. Naturw. Ges. 1905. Bei den weitaus meisten Kulturformen sollen nach Schwerin die weiblichen Blüten stark überwiegen. Die Pollenkörner sind fast kugelig und weisen drei längsgerifte Falten auf (Fig. 1850 g bis k). — Der Nektar wird auf dem recht verschieden entwickelten, bei den meisten unserer Arten ausserhalb der Staubblätter sitzenden Diskus frei ausgeschieden. — Die Blüten mancher amerikanischer Arten (besonders von A. rubrum) entsenden einen eigentümlichen Heliotropgeruch; sie werden von zahlreichen Apiden und Fliegen besucht. Zuerst blüht von unseren Arten A. Opalus, bald darauf A. platanoides (etwa gleichzeitig auch A. Negundo und A. rubrum), diese meist schon vor dem Laubausbruch, später und erst mit der Laubentfaltung A. campestre, A. Pseudoplatanus und A. Tataricum.

Die Früchte zerfallen bei der Reife in die beiden Teilfrüchte, die als typische Schraubenflieger entwickelt sind. Beim Fall geraten sie bald in Drehbewegung und beschreiben einen je nach Form und Grösse

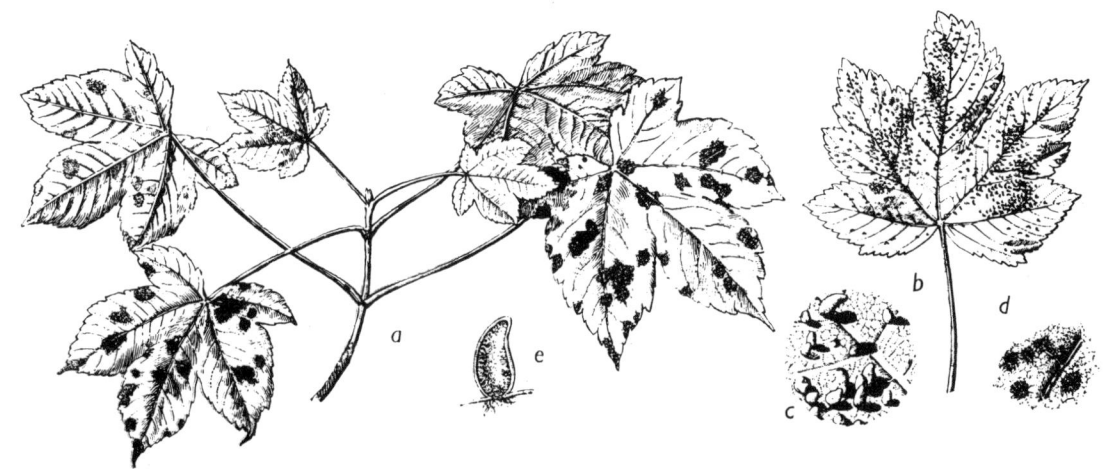

Fig. 1842. Acer Pseudoplatanus L. *a* Blattflecken von Rhytisma acerinum (Pers.) Fries. *b* Gallen von Eriophyes macrorhynchus Nal. *c* Desgl. auf der Blattoberseite, schwach vergrössert. *d* Desgl. im Längsschnitt. *e* Desgl. auf der Blattunterseite.

der Flügel spitzen bis stumpfen Kegelmantel. Um 1 m zu fallen, brauchen drehende Früchte von A. platanoides und A. Pseudoplatanus nach H. Dingler (Die Bewegungen der pflanzlichen Flugorgane. München 1889) im Durchschnitt 0,9 Sekunden. Beauverd beobachtete, dass Ahornfrüchtchen 4 km weit fliegen und dabei Höhendifferenzen von 1000 m überwinden können. Eine Folge der Anemochorie ist das häufige Vorkommen der Ahorne in Gesellschaft von den durch Vögel verbreiteten Beerenfrüchten an Felsen und auf anderen Bäumen. So fand R. Stäger A. Pseudoplatanus auf Nussbäumen und Robinien, A. platanoides auf Robinien, A. campestre auf Eichen. — Ueber den Bau der Samenschale vgl. Magen, K. Beiträge zur vergleichenden Anatomie der Samenschalen einiger Familien aus der Englerschen Reihe der Sapindales. Diss., Zürich 1912. Am Aufbau der meist dünnen, aber oft recht derben Samenschale sind beide Integumente beteiligt. Bei den meisten unserer Arten sind beide Epidermen kahl, bei A. Pseudoplatanus die innere, bei A. campestre subsp. hebecarpum die äussere dicht filzig behaart. Der dicke Nucellus wird von dem grossen Embryo bis auf wenige Reste resorbiert. Endosperm fehlt. Bei A. Tataricum ist der Embryo gerade, bei den meisten anderen Arten gekrümmt. Die Mediane der Keimblätter liegt bei A. Pseudoplatanus und A. Monspessulanum in der Ebene der Flügel, bei den meisten anderen Arten senkrecht dazu. Die Keimblätter sind im Samen meist gefaltet (besonders stark bei A. Pseudoplatanus, A. rubrum und A. saccharum), selten (z. B. bei A. Pennsylvanicum) flach. Ein Durchwachsen der Pollenschläuche durch das Integument bei Acer Negundo beschreibt W. Rössler (Berichte der Deutschen Botanischen Gesellschaft. Bd. XXIX, 1911). — Die Zahl der auf Acer auftretenden Parasiten ist fast so gross wie die der auf Quercus und Salix. Die Mistel (Viscum album) tritt allenthalben vereinzelt auf allen Arten, nach v. Tubeuf auch auf den kultivierten auf; dagegen gelingt die künstliche Infektion verhältnismässig schwer. Der weitaus auffallendste Schmarotzer ist der Ahornrunzelschorf (Rhytisma acerinum [Pers.] Fries), dessen Stromata im Herbst als meist kreisrunde, bis 2 cm im Durchmesser haltende, tiefschwarze Flecken auf der Blattoberseite erscheinen, gelegentlich bei A. platanoides zu 30 bis 50 pro Blatt. Der oft sehr reichliche Befall erklärt sich dadurch, dass die Stromata auf dem alten Laub am Boden überwintern. Eine beträchtliche Schädigung des Wirts scheint nicht einzutreten. Dieser auch schon aus dem Tertiär und Diluvium bekannte Pilz ist sowohl in Europa (auf A. Pseudoplatanus [Fig. 1842a], A. platanoides [besonders häufig], A. campestre [anscheinend auf subsp. hebecarpum häufiger als auf subsp. leiocarpum], A. Monspessulanum und A. Opalus) wie auch in Nordamerika (auf A. saccharinum, A. saccharum, A. rubrum, A. Pennsylvanicum, A. Negundo u. a.) sehr verbreitet. Viel seltener ist Rh. punctatum (Pers.) auf A. Pseudoplatanus und die von Rh. acerinum nur mikroskopisch zu unterscheidende Discomycopsis rhytismoides J. Müller (vgl. Müller, Julius. Zur Kenntnis des Runzelschorfes und der ihm ähnlichen Pilze. Jahrb. für wiss. Botan. Bd. XXV, 1893). Von anderen Pilzen ist am häufigsten der weisse Ahornmehltau Uncinula aceris (DC.) Pers. (Typus und var. Tulasnei Fuckel). Das Laub befallen weiter der Russtau Fumago salicina Tul., die Fleckenerreger Phyllactinia corylea (Pers.), Gnomonia cerastis (Riess) und G. inclinata (Desm.) (G. aceris Feltgen auf den Zweigen), Leptosphaeriella septorioides (Desm.) und L. latebrosa (Cooke), Pezizella acerina Mont. und P. minor Rehm u. a., die Stengel u. a. Dermatea acericola (Peck), die Zweige und Aeste Arten von Nectria, Hypoxylon, Cucurbitaria (z. B. C. acerina Fuck.), Valsa (z. B. V. pseudoplatani Fries und V. platanoidis Otth), Massaria und Massariella, Diaporthe (z. B. D. aceris Fuck.), ferner Didymosphaeria acerina Rehm, Phacys acerina Feltg., Lachnum platani (Pers.),

Fig. 1843a. Acer saccharinum L. *a* Zweig in Winterruhe. *c* Laubblatt. *d* Weiblicher Blütenstand. *e* Desgl. nach Entfernung der Hüllblätter. *f* bis *h* Weibliche Blüten (*h* geöffnet). *i* und *k* Männliche Blütenstände (*k* durchschnitten).

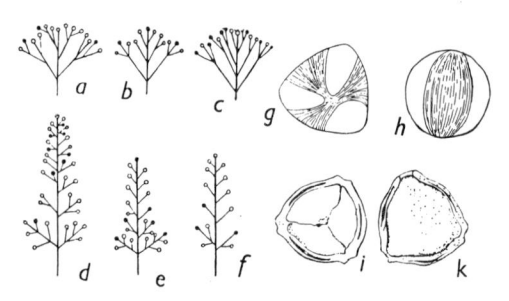

Fig. 1843b. Schemata für die Geschlechterverteilung in den Blütenständen von *a* bis *c* Acer platanoides L., *d* bis *f* A. Pseudoplatanus L. (weibliche Blüten schwarz, männliche hell). — Pollen von Acer platanoides. *g* und *h* frisch, *i* und *k* maseriert (*a* bis *f* nach V. Br. Wittrock, *g* und *h* Orig., *i* und *k* nach W. W. Kudrjaschow).

Otthia aceris Wint. u. a., von Basidiomyceten z. B. Arten von Corticium und Tremella. — Von Gallenbildnern sind zu nennen: die Ahorn-Gallmücke Pediaspis aceris Först., deren verschiedene Generationen kugelige Beutelgallen sowohl an den Wurzeln wie an den Stengeln, Laubblättern, Blüten und Früchten erzeugen. Sehr auffallend sind ferner die $^1/_2$ bis 4 mm grossen, meist roten Beutelgallen der Milbe Eriophyes macrorhynchus Nal. (Fig. 1842b bis e). E. macrochelus Nal. und E. pseudoplatani Corti erzeugen Filzgallen auf den Blättern, E. heteronyx Nal. kugelige Auftreibungen der Sprossachsen. Die Milben Phyllocoptes gymnaspis Nal. und Ph. acericola Nal. bewohnen die „Bärte" (Acarodomatien) in den Nervenwinkeln der Blattunterseite und verursachen Vergrösserung der Haare. Blattfältelungen bewirken die Mücken Dasyneura acercrispans Kieff. (stärkere Kräuselung) und Contarinia acerplicans Kieff. (schwache Faltung zwischen unveränderten Nerven). — Von anderen Gallmücken seien Massalongia aceris Rübsamen (Grübchen der Blattunterseite) und Atrichosema aceris Kieff. genannt, dessen Larve in Anschwellungen der Blattstiele lebt. — Nicht gallenbildende Insekten leben in grosser Zahl auf Ahorn-Arten, so Blattläuse (Aphis aceris Fb., A. platanoides Schk., A. acerina Walk. und A. acericola Walk.), Schildläuse (Lecanium aceris Bouché), Blattflöhe (Psylla aceris Frst.), Maikäfer (Melolontha vulgaris L. und M. Hippocastani F.) und zahlreiche Schmetter=

lingsraupen (so u. a. Eriocámpa áceris Kalt., Acronýcta áceris Hb., Hibérnia aceraria Hb., Penthína aceriána Dup.). Die auffällige Weisspunktkrankheit des Berg=Ahorns wird nach Elisabeth v. Tubeuf (in Naturw. Zeit= schrift für Forst= und Landwirtschaft. Bd. XIV, 1916) durch Typhlócyba= und Eúpteryx=Arten und andere Kleinzikaden hervorgerufen. Im Laub minieren die Larven von Blattwespen (Phyllótoma áceris Kalt.) und Motten (Lithocollétis acerifoliélla und Neptícula áceris Frey und N. speciósa Frey [N. acerélla Gour. in Früchten]). (Näheres über die Ahornmotten bei F. Fankhauser in Schweiz. Zeitschrift für Forstwesen. Bd. LV, 1904, pag. 235/39). — Im Holz und Splint bohren verschiedene Borkenkäfer, Bockkäfer und Schmetterlings= raupen (besonders Cóssus lignipérda und Zeuxéra aésculi). — Von sonstigen schädi= genden Einflüssen ist vor allem der Rinden= brand hervorzuheben, der durch plötzliche Erwärmung, z. B. bei Freistellung im Be= stand erwachsener Bäume von A. Pseudo= platanus und A. platanoides, verursacht wird und im Ausdörren und Aufreissen der Borke besteht. — Kaum schädlich sind da= gegen die älteren Stämme (Fig. 1849) oft dicht bekleidenden Moose (Leúcodon sciuroídes, Steréodon cupressifórmis, Zýgodon víridís= simus, Rádula complanáta, Madothéca platyphýllos usw.) und Flechten (besonders Parmélia= und Leptógium=Arten, Lobária pulmonária).

Viele Ahorn=Arten, von den un= serigen besonders A. Pseudoplatanus und A. platanoides, liefern durch ihre Härte, Elastizität, Feinheit und gute Polierbarkeit recht wertvolle, gegen Feuchtigkeit jedoch

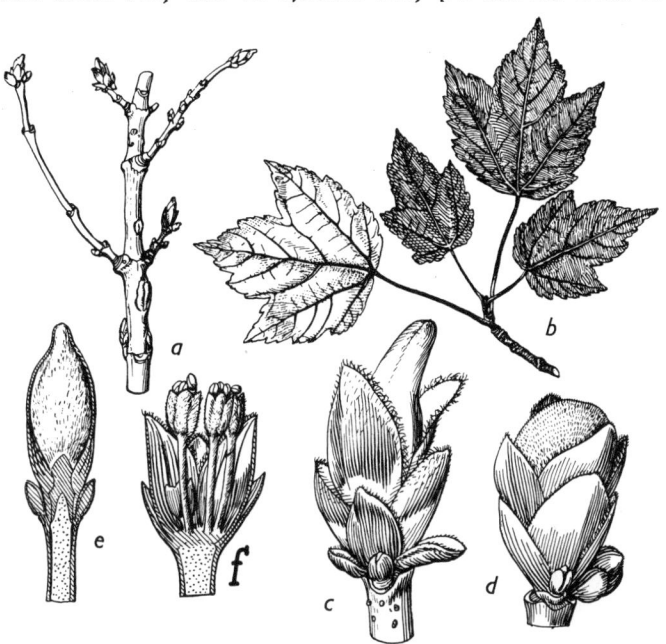

Fig. 1844. Acer rubrum L. *a* Zweig in Winterruhe. *b* Zweig im Herbst= aspekt. *c* Laubknospe. *d* Knospe mit männlichen Blüten. *e* und *f* Desgl. geöffnet.

wenig widerstandsfähige Nutzhölzer. Besonders zu Tischplatten, Werkzeugstielen, Küchengeräten, Musikinstrumenten, Drechsler= und Wagnerarbeiten wird Ahornholz gebraucht. Geräte aus solchen (besonders von A. Pseudoplatanus, doch auch von A. platanoides und A. campestre) sind in grösserer Zahl aus neolithischen, bronze= und eisenzeitlichen Pfahlbauten und römischen Niederlassungen in der Schweiz bekannt. Zu Mehl gemahlen kann das Holz infolge seines Stärkegehaltes — es empfiehlt sich die Bäume im Spätherbst oder im Winter zu fällen — auch als Viehfutter verwendet werden. Ueber die chemische Zusammensetzung vgl. E. Beckmann (Sitzungsberichte der Akademie der Wissenschaften. Berlin, 1915). Der ziemlich viel Saccharose enthaltende Blutungssaft mehrerer Arten kann zur Zuckergewinnung dienen. Von unseren Arten sind hiezu A. platanoides und A. Pseudo= planus früher mehrfach verwandt worden, haben aber keine befriedigende Ausbeute gegeben. Neuer= dings sind besonders in Sachsen wieder Versuche damit auf Anregung von F. W. Neger (Die Deutsche Zuckerindustrie. Bd. XLII, 1917; Land= und Forstwirtsch. Zeitschr. Bd. LXX, 1917; Mitt. Deutsch. landwirtsch. Gesellsch. Bd. XXXII, 1917; Naturw. Zeitschr. für Forst= und Landwirtsch. Bd. XV, 1917) und A. Herzfeld unternommen worden. An der Sonnenseite von nicht unter 30 Jahre alten Bäumen werden kleine Löcher bis in den Splint getrieben und der Saft durch ausgehöhlte Stücke von Holunderzweigen abgelassen. Das Anzapfen hat im Spätwinter beim Einsetzen der ersten warmen Tage zu erfolgen, und der Saft muss jeden Abend abgeholt und sofort sterilisiert werden. Ein vorsichtiges Anzapfen schadet den Bäumen nicht und kann beliebig lang wiederholt werden. Da der sehr schwankende Ertrag stets gering bleibt und das Eindampfen zu Sirup oder auskristallisiertem Zucker viel Brennmaterial kostet, lohnt sich der Betrieb höchstens im kleinen und nur an Orten, wo zahlreiche Bäume an feuchten Standorten zur Verfügung stehen. — Anders verhält es sich mit den amerikanischen (und einigen japanischen) Arten, von denen besonders A. saccharum, weniger auch A. saccharinum und A. Negundo seit etwa 1850 zur Zuckergewinnung kultiviert werden (früher wurden sie schon lange von den Indianern benützt). Besonders ausgedehnt ist die Zuckergewinnung in Kanada, wo schon 1893 in Delaware und Otsego Zuckergärten mit 2000 bis 5000 Bäumen bestanden, aus denen in günstigen Jahren 25 bis 60 Doppelzentner Zucker gewonnen wurden (eine ausführliche Darstellung der Ge= winnung wurde von T. B. Spenner [Die Ahornzucker=Industrie in Kanada, Mitteilungen der Deutschen Dendrologischen Gesellschaft, 1914] gegeben), ähnlich auch in den Nordstaaten der Union, die 1900 über

11 Millionen kg produzierten. Einzelne Bäume sollen mit Erfolg 100 und mehr Jahre angezapft worden sein. Stärkere Bäume geben jährlich 50 bis 150 Liter Saft und 12 bis 35 kg Zucker. Die Gesamtproduktion wurde vor 1907 auf im Mittel 8 Millionen kg, für 1910 auf 10 Millionen kg berechnet und soll seitdem auf über 30 Millionen kg gestiegen sein. Der Saft, der pro Liter meist 24 bis 27 g Rohrzucker enthält, wird meist zu Sirup eingedickt; doch lässt er sich — was schon den Indianern bekannt war — auch zu einer Art Wein vergären. Nach Europa wird nur wenig Ahornsirup ausgeführt. Der sich beim Einkochen des Saftes am Boden ausscheidende „Zuckersand" (sugar sand) enthält 2 wertvolle Stoffe, Apfelsäure und doppeltapfelsauren Kalk, die technisch verwendet werden. Aus den Rückständen wird Essig bereitet, der die meisten im Handel befindlichen Essig-Arten an Güte übertreffen soll. In den Kriegsjahren wurde beabsichtigt, in Südschweden 65 000 km Landstrasse und 15 000 km Bahnlinie

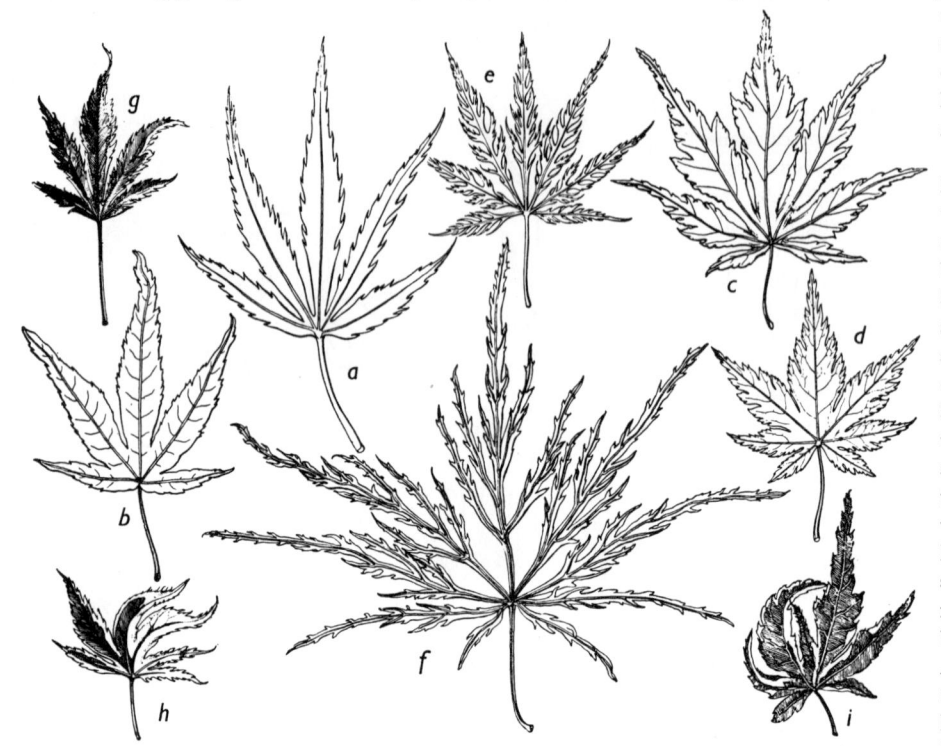

Fig. 1845. Acer palmatum Thunberg. Blattformen: *a, b* var. Thunbergii Pax subvar. eu-palmatum Schwerin. *c, d* subvar. septemlobum Schwerin. *e* var. dissectum (Thunb.) C. Koch. *f* var. linearilobum Sieb. et Zucc. *g* bis *i* Weissrandformen der var. Thunbergii mit reduziertem Wachstum der chlorophyllfreien Blattseiten (f. albo-marginatum Nicholson).

beiderseits mit Zucker-Ahornen zu bepflanzen, wozu etwa 50 Millionen Bäume erforderlich gewesen wären, die bei einem durchschnittlichen Ertrag von 1 kg Zucker pro Baum einen jährlichen Ertrag im Wert von 15 Millionen Kronen ergeben hätten. — Mittelalterliche Arzneibücher empfehlen die Ahornrinde gegen Vergiftungen durch Tiere. — Das Laub der meisten Ahorn-Arten ist ein ausgezeichnetes Viehfutter, das in vielen Alpengegenden durch in regelmässigen Abständen erfolgendes Schneiteln gewonnen wird. A. Pseudoplatanus wird z. B. im Wallis und im Bündner Oberland als Schneitelbaum besonders geschont, vereinzelt selbst um die Siedlungen gepflanzt, ähnlich A. campestre im südlichen Tessin. Durch zu starke Laubnutzung werden ältere Bäume leicht kernfaul. — Die Ahornfrüchte, die auch von verschiedenen Vogelarten, wie Hähern, Kreuzschnäbeln und Kirschkernbeissern, gern gefressen werden, stellen ein vorzügliches Mastfutter dar. In vielen Gegenden sind sie als Kinderspielzeug beliebt und werden an manchen Orten auch gegessen; die von A. platanoides sollen von „lieblichem Geschmack" sein.

Für forstliche Zwecke eignen sich nur A. Pseudoplatanus und A. platanoides, von amerikanischen Arten A. saccharum und A. Negundo (für Europa nicht zu empfehlen). Die Anpflanzung der meisten Arten ist in trockenen Gegenden mit ziemlichen Schwierigkeiten verbunden. Fremde Arten und Formen hat in den letzten Dezennien vor allem der Vorsitzende der Deutschen dendrologischen Gesellschaft, Graf Fritz von Schwerin, in Wendisch-Wilmersdorf bei Berlin eingeführt. Vgl. Acht Beiträge zur Gattung Acer (1883/1903), Neudruck 1919 im Selbstverlag des Verfassers. Ausser den einheimischen Arten, mehreren ihrer mediterranen und asiatischen Unterarten und A. Negundo, werden im Gebiet namentlich die folgenden Arten als Ziergehölze kultiviert[1]:

---

[1] Es ist auffällig, wie verhältnismässig spät ausländische Ahorn-Arten Eingang in die mitteleuropäischen Gärten gefunden haben. Sie fehlen z. B. noch völlig im Hortus Eystettensis (1613) und waren auch in den Schlesischen Ziergärten der Renaissancezeit unbekannt. Am frühesten sind noch amerikanische Arten (von 1725 an) eingeführt worden. Der grösste Teil der ostasiatischen Arten kam erst in der zweiten Hälfte

A. Laubblätter ungeteilt oder kurz dreilappig: 1. A. crataegifólium Sieb. et Zucc. aus der südostasiatischen Sektion Integrifoliata. Von A. Tataricum und Verwandten u. a. durch die einen gestreckten Winkel bildenden Fruchtflügel zu unterscheiden. Heimat: Japan. Ziemlich winterhart. — 2. A. Pennsylvánicum L. (= A. striátum Duroi, = A. Canadénse Marsh., = A. tricuspidátum Stokes). An der durch Wachsausscheidungen weissgestreiften Rinde, den breiten, in drei kurze, scharfe Spitzen ausgezogenen Laubblättern und den schmalen, hängenden Trauben leicht zu erkennen. Heimat: Atlantisches Nordamerika von Quebec bis Nordgeorgien. Seit 1755 auch in europäischen Gärten als sehr winterharter Zierbaum (neuerdings auch mit weiss- und gelbbuntem Laub) kultiviert, so z. B. in Strassburg (besonders zahlreich), Salzburg und Zürich.

B. Laubblätter 3- bis 7-lappig: 3. A. spicátum Lam. (= A. parviflórum Ehrh., = A. montánum Ait. non Lam.). Von dem ähnlichen A. Pseudoplatanus besonders durch die unterseits stärker behaarten Laubblätter, die aufrechten Aehrenrispen und die nur 2 cm langen Fruchtflügel verschieden. Zerfällt in 2 durch arktotertiäre Disjunktion getrennte Rassen: var. Americánum Maxim. mit am Grund schwach herzförmigen, 3- bis 5-lappigen Laubblättern im atlantischen Nordamerika (in Europa seit 1750 kultiviert) und var. Ukurunduénse (Trautv. et Mey.) Maxim. mit tief herzförmigen, 7-lappigen Laubblättern in China, in der Mandschurei, Sachalin und Japan. — 4. A. insígne Boiss. et Buhse. Von A. Pseudoplatanus besonders durch die doldentraubigen Blütenstände verschieden. Laubblätter 2 bis 3 dm lang werdend, mit meist roten Stielen. Jetzt nur mehr in Transkaukasien und Ostpersien, präglazial und interglazial (als A. Sismóndae Gaudin) jedoch auch in Südeuropa (z. B. Pianico am Alpensüdfuss). In Europa erst wieder 1867 eingeführt und als raschwüchsiger Zierbaum recht geschätzt. — 5. A. sáccharum Marsh. (= A. sacchárinum Wangenh. non L., = A. saccharóphorum C. Koch, = A. barbátum Michx.). Echter Zucker-Ahorn; engl.: Sugar maple. Die durch ihren verwachsenblätterigen Kelch und die fehlende Krone leicht kenntliche, aber sonst A. platanoides recht ähnliche Art vertritt diese im atlantischen Nordamerika, wo sie zusammen mit der amerikanischen Buche ausgedehnte Wälder bildet und auch häufig kultiviert wird, da sie die Hauptmenge des Ahornzuckers und das „amerikanische Ahornholz" liefert. Nach England wurde sie 1734 gebracht und wird seither in Europa öfters als Zierbaum, versuchsweise auch als Waldbaum und (z. B. in Schweden) zur Zuckergewinnung gebaut. Als völlig frostharter Waldbaum hat sie sich in Europa von allen amerikanischen Arten am besten bewährt. In Kultur sind Formen mit unterseits ± kahlen, bläulichen Laubblättern (var. pseudoplatanoides Pax), mit unterseits stärker behaarten, grünen (var. barbátum Trelease) und mit unterseits glatten, grünen Laubblättern (var. nígrum [Michx. f. als Art] Britton). — 6. A. sacchárinum L. (= A. dasycárpum Ehrh., = A. rúbrum Lam. non L. = A. rubrum Lam. var. pállidum Ait. u. var. mas Schmidt). Silber-Ahorn. Fig. 1843. Bis 40 m hoher, oft mehrstämmiger Baum mit ± tief zerteilten, scharf gezähnten, unterseits weissen Laubblättern. Heimat: Flusstäler des atlantischen Nordamerika. In Europa seit 1725 in zahlreichen Formen (besonders auch in der geschlitztblätterigen var. laciniátum Pax) als sehr dekorativer und gänzlich winterharter Parkbaum häufig kultiviert. — 7. A. rúbrum L. Roter Ahorn. Fig. 1844. Mit der vorigen Art nahe verwandt, durch die viel weniger tief zerteilten, oft nur stumpf 3-lappigen Laubblätter und die schon im April in kugeligen Büscheln erscheinenden roten, duftenden Blüten verschieden. Herbstfärbung wie bei der vorigen Art prächtig rot. Heimat und Kultur wie bei der vorigen Art, in Europa seit 1656. Hiezu var. tomentósum (Desf. als Art) Kirchner (= subsp. microphýllum Wesmael, = A. fúlgens hort.) mit unterseits stärker behaarten Laubblättern. — 8. A. glábrum Torr. (= A. Douglásii Hook.) mit dünnen, völlig kahlen, in der Form an die von A. Pseudoplatanus erinnernden, bei der z. B. in Speyer kultivierten var. tripartítum (Nutt.) Pax 3-fingerigen Laubblättern. Heimat: Pazifisches Nordamerika. Kleiner, völlig winterharter Zierstrauch.

C. Laubblätter 7- bis 11-lappig bis fingerförmig zerschnitten: 9. A. palmátum Thunb. (Fig. 1845), Laubblätter sehr variabel, oft rot, beiderseits gleichfarbig, kahl. Heimat: Japan. Daselbst und jetzt auch in Europa in zahllosen Formen kultiviert. Seit 1820 eingeführt.

1. Laubblätter 3- oder 5- (selten 7-)zählig gefiedert. Krone und Diskus fehlend. Amerikanische, häufig kultivierte Art. Fig. 1863 . . . . A. Negundo nr. 1876.

1*. Laubblätter nicht gefiedert . . . . 2.

2. Laubblätter ungeteilt oder mit 2 sehr schwachen Seitenlappen (wenn mit 3 scharfen Spitzen, vgl. A. Pennsylvanicum pag. 271), scharf, oft doppelt gesägt (Fig. 1846 a, d, g und h). Blüten in aufrechten, endständigen, ± eiförmigen Rispen. Fruchtflügel 2½ bis 3 cm lang, ± parallel (wenn stärker spreizend, vgl. A. crataegifolium pag. 271) . . . . A. Tataricum nr. 1870.

des 19. Jahrhunderts nach Europa. Die meisten davon sind noch recht selten. Ueber die Einführung und Akklimatisation ausländischer Ahorn-Arten vgl. Fritz Graf von Schwerin (Mitteilungen der Deutsch. Dendrol. Gesellschaft, 1900).

2*. Laubblätter handförmig, in 3 bis 7 Lappen geteilt (wenn in 7 bis 11, vgl. A. palmatum pag. 271), bei einigen Kulturformen tiefer fingerförmig zerschnitten . . . . 3.

3. Blütenstände (Taf. 180, Fig. 1) traubig, hängend (wenn aufrecht, vgl. A. insigne pag. 271). Laubblätter meist über 10 cm lang, meist bis zur Mitte in 5 (selten 3) stumpfe, grob gekerbte Lappen geteilt, unterseits an den Nerven bleibend behaart. Fruchtschale innen behaart. Flügel einen stumpfen bis spitzen Winkel bildend, ± 4 bis 5 cm lang. Junge Sprosse nicht milchend. Borke abschuppend. A. Pseudoplatanus nr. 1871.

3*. Blütenstände meist aufrecht, ± ebensträussig, wenn hängend, doldenähnlich. Fruchtschale (bei unseren Arten) innen kahl . . . . 4.

4. Laubblätter unterseits meist grün, wenn etwas bereift oder stärker behaart, stumpflappig. Krone und Diskus stets vorhanden. Eurasiatische Arten . . . . 5.

4*. Laubblätter unterseits ± weiss, meist spitzlappig, wenn unterseits grün, oft stärker behaart, meist spitzlappig. Amerikanische Arten . . . . 8.

5. Blattnarben eines Paares sich gegenseitig berührend. Junge Sprosse milchend. Laubblätter ziemlich dünn, unterseits nicht bereift, mindestens bis gegen die Mitte in 5 Lappen geteilt. Blütenstände deutlich gestielt, aufrecht oder abstehend. Früchte flach, mit stark spreizenden bis zurückgebogenen Flügeln. Verbreitete Arten . . . . 6.

5*. Blattnarben eines Paares voneinander entfernt. Junge Zweige nicht milchend, mit glatter Borke. Laubblätter derb, unterseits weisslich bereift, meist (ausser bei A. Opalus subsp. obtusatum) rasch verkahlend, 3-lappig oder mit 5 sehr kurzen und stumpfen Lappen. Blütenstände fast sitzend, meist nickend, doldenähnlich. Früchte mit stark gewölbten Fächern und fast parallelen Flügeln. Südliche, bis ins mittlere Rhein- und Maingebiet bezw. bis in den Jura reichende Arten . . . . 7.

6. Laubblätter meist über 10 cm lang, unterseits glänzend, mit lang zugespitzten und (bei unserer Unterart) grob und spitz gezähnten Lappen. Blüten meist vor dem Laub erscheinend. Staubblätter in der Mitte des Diskus inseriert. Fruchtfächer flach, stets kahl. Borke längsrissig, nie mit Korkflügeln. A. platanoides nr. 1872.

6*. Laubblätter meist unter 10 cm lang, etwas derber, unterseits meist ± behaart, mit stumpfen, meist schwach gekerbten Lappen. Blüten mit dem Laub erscheinend. Staubblätter innerhalb des Diskus inseriert. Fruchtfächer etwas gewölbt, oft behaart. Borke der jungen Zweige öfters mit Korkflügeln (Fig. 1856 c). A. campestre nr. 1873.

7. Laubblätter unter 5 cm lang, tief in 3 meist ganzrandige Lappen geteilt. A. Monspessulanum nr. 1874.

7*. Laubblätter meist über 5 cm lang, nur seicht in 3 oder 5 sehr stumpfe, gekerbte bis gesägte Lappen geteilt . . . . A. Opalus nr. 1875.

8. Laubblätter unterseits grün oder schwach bläulich, sehr gross, denen von A. platanoides ähnlich, aber öfters ± behaart und nicht milchend. Kelchblätter verwachsen. Krone fehlend. Diskus vorhanden. Zucker-Ahorn . . . . A. saccharum pag. 271.

8*. Laubblätter unterseits weiss. Kelchblätter frei. Diskus verkümmert . . . . 9.

9. Lappen 3 oder 5, kurz und wenig tief (Fig. 1844 b). Krone rot. Fruchtknoten kahl. A. rubrum pag. 271.

9*. Lappen 5, spitz, oft tief zerschlitzt (Fig. 1843 c), dadurch das Laub platanenähnlich. Krone fehlt. Fruchtknoten behaart . . . . A. saccharinum pag. 271.

Ausserdem werden gelegentlich kultiviert: A. macrophýllum Pursh (Pazif. Nordamerika), A. Trautvettéri Medwedj. (Kaukasus), A. circinátum Pursh (Pazif. Nordamerika), A. Nikoënse Maxim. (Japan), A. Miyabéi Maxim. (Japan), A. cissifolium Koch (Japan), A. Nikoënse Maxim. (Japan) usw.

1870. Acer Tatáricum[1]) L. (= A. cordifólium Moench). Schwarzring-Ahorn, Tatarischer oder Sibirischer Ahorn; ungarisch: Feketegyuru juhar (= Schwarzring-Ahorn); russisch: Tschernokljon (= Schwarz-Ahorn) oder Nekljon (= Nicht-Ahorn). Fig. 1846 und Fig. 1847.

Bis 5 (seltener bis 6) m hoher Baum oder Strauch mit glatter, dunkelgrauer Rinde. Zweige und Knospen lebhaft rotbraun, die jungen Zweige kantig-streifig, kahl. Knospen meist zu 3 nebeneinander. Laubblätter bis 4 cm lang gestielt, eiförmig oder herzförmig-rundlich, ungelappt oder mit 2 schwachen Seitenlappen, doppelt gezähnt, unterseits meist an den Nerven locker behaart, meist derbhäutig, ± 6 bis 9 cm lang und 2 bis 4 cm breit, fiedernervig, beider-

---

[1]) Aus den Ländern der Tataren um das Kaspische und Schwarze Meer stammend.

seits frischgrün, im Herbst lebhaft rot. Blüten polygam, in aufrechten, gestielten, ± eiförmigen Rispen, nach dem Laub sich entfaltend. Kronblätter eingekrümmt, weisslich, etwas behaart, ± 4 mm lang, wenig länger als die Kelchblätter, viel kürzer als die Staubblätter. Fruchtknoten behaart; Griffel in 2 kurze Narbenäste gespalten (Fig. 1846b). Früchte verkahlend, mit ± 2 bis 3 cm langen, gegen die Spitze verbreiterten, bogig einwärts gekrümmten bis fast parallelen (seltener etwas spreizenden), oft rötlichen Flügeln. — V, VI.

In lichten Laubgehölzen in Südosteuropa bis Ungarn und Krain. In Mitteleuropa seit 1759 öfters als winterharter Zierstrauch angepflanzt und vereinzelt verwildernd.

Aus den Wäldern am Rand der Ungarischen Tiefebene vereinzelt bis Krain (auf dem Friedrichstein bei Gottschee anscheinend ursprünglich, sonst nur kultiviert), Steiermark (nur kultiviert und verwildert, besonders grosse Bäume am Pyramidenberg bei Marburg), Niederösterreich (häufig kultiviert und sich in verlassenen Anlagen haltend, z. B. bei Neuwaldegg), Mähren (Leskatal bei Znaim) und Schlesien (am Waldrand bei Schossnitz wohl nur verwildert, halbverwildert bei Canth, früher aber sicher ursprünglich, wie interglaziale Funde von Ingramsdorf bei Breslau beweisen). Sonst in Deutschland und in der Schweiz (selten) nur kultiviert.

Allgemeine Verbreitung: Die var. ginnala in Japan, in der Mandschurei, südlichen Mongolei und im Ussurigebiet; die var. Semenowii in Turkestan (besonders im transilischen Alatau); die var. genuinum von der Wolga (angeblich auch östlich derselben bei Malmysch und Orenburg) bei Samara durch die Gouvernements Simbirsk, Pensa, Tambow, Rjasan, Tula, Orel, Kursk, Charkow, Poltawa,

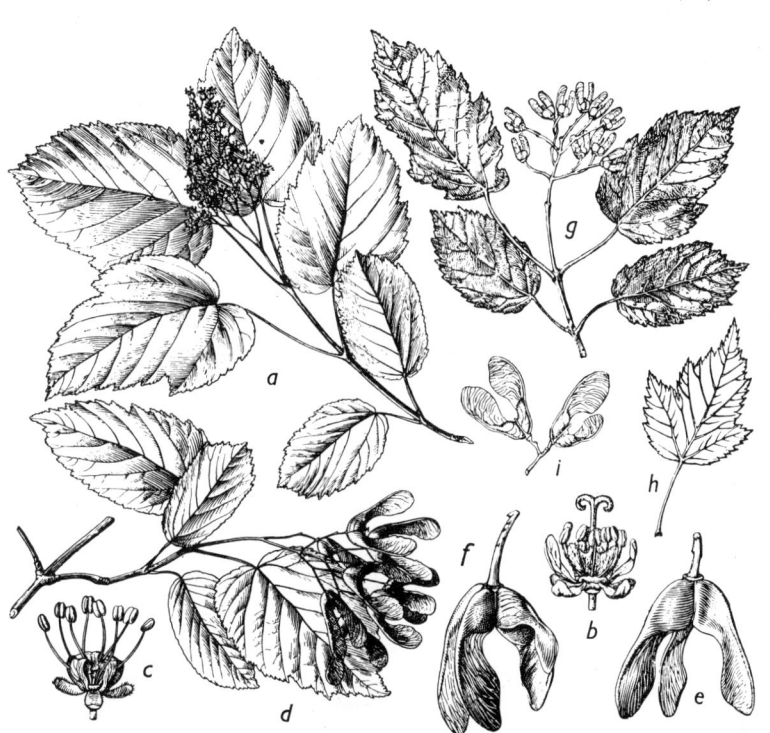

Fig. 1846. Acer Tataricum L. var. genuinum Raciborski. *a* Blütenzweig. *b* Zwitterblüte. *c* Männliche Blüte. *d* Fruchtzweig. *e* und *f* mehrzählige Früchte. — var. ginnala Maxim. *g* Fruchtzweig. *h* Laubblatt. *i* Früchte.

Tschernigow und Kiew, vereinzelt bis zum Kaukasus, Nordpersien und Armenien, durch Süd-Wolhynien (nicht auf der Krim), Bessarabien und Podolien, Südostgalizien (Dnjestrtal), Ungarn (bis an die Karpaten und ins Komitat Neutra), Kroatien (z. B. bei Agram) und Krain. In Kultur jetzt weit verbreitet, nördlich bis England, Dänemark, Norwegen (bis Drontheim), Schweden und Nordrussland (z. B. in Petersburg völlig winterhart). Die Nordgrenze des natürlichen Areals verläuft nach Köppen entlang der $18^{1}/_{2}-19^{0}$-Sommerisotherme, die Südgrenze entlang dem Waldrand der Steppengebiete (Fig. 1847).

Von den Rassen der Sammelart kommt in Europa nur vor: var. genuinum Raciborski (= A. Tataricum s. str.). Fig. 1846 a bis f. Die meisten Laubblätter ungeteilt, am Grund herzförmig. Fruchtflügel meist ± parallel, verkahlend oder (subvar. hebecárpum Schwerin) dauernd zerstreut behaart, ± 3 cm lang. In Europa allein vertreten, östlich bis zum Kaukasus und Armenien. Bei der häufigsten Form (f. týpicum Pax) ist der Blattrand unregelmässig gesägt, bei der f. crispátum Pax (wohl nur eine Gartenform) kraus. — Bei der subvar. torminaloides Pax sind die Laubblätter deutlich gelappt, denen von Sorbus torminalis ähnlich. Aus Armenien; bisweilen in Gärten. — Auch mehrere buntblätterige Formen, z. B. die gelbbunte 1. aúreo-variegátum

Schwerin, sind in Kultur. — var. Semenówii (Regel et Herder) Nicholson (= A. Semenówii Regel et Herder). Laubblätter 3- bis 5-lappig, ± 3 bis 6 cm lang, schwächer gesägt als bei voriger var. Fruchtflügel ± 2 cm lang, fast rechtwinklig spreizend. Mittelasien von Turkestan bis zum Alatau. Diese und die folgende Rasse sind erst seit 1879 in Kultur. — var. ginnala Maxim. (= A. ginnala Maxim. var. euginnala Pax, = A. Tataricum L. var. laciniátum Regel, = var. acuminátum und Aidzuénse Franch., = A. azinátum hort.). Fig. 1846 g bis i. Die meisten Laubblätter deutlich dreilappig, ± 4 bis 8 cm lang, am Grund seicht herzförmig. Fruchtflügel ± 2½ cm lang, fast parallel, schwach einwärts gekrümmt. Ostasien vom Amurgebiet, der südlichen Mongolei und dem Ussurigebiet bis Japan und Korea.

Die als Typus geltende Rasse des asiatischen Formenkreises, der dem aralokaspischen Florenelement zugezählt werden kann, ist sicher eine der abgeleitetsten. Sie ist eine sehr wenig wählerische, doch recht lichtbedürftige Holzart, die besonders gut in Niederwäldern (auch Auenwäldern), aber auch im Unterholz lichter Eichenhochwälder gedeiht, z. B. am Rand der Ungarischen Tiefebene in solchen aus Quercus Robur, Q. pubescens und Q. Cerris, Ulmus scabra, Carpinus Betulus, Tilia cordata und T. tomentosa, Acer campestre, Evonymus verrucosa, Prunus Padus und P. Mahaleb, Crataegus monogyna, Corylus Avellana usw. Tonangebend wird sie dort allerdings nur in den Alluvialwäldern des Banats, wo sie sich besonders an Waldrändern 2-mal im Jahre, nämlich zur Zeit der roten Verfärbung der Früchte und der des Laubes, sehr dekorativ und weithin bemerkbar macht (Graf J. Ambrózy-Miggazzi). Ihr Holz dient dort zur Herstellung von Drechslerwaren, besonders von Pfeifenrohren. Ueber die Begleitpflanzen in der Bukowina vgl. Cotoneaster melanocarpa (Bd. IV, 2, pag. 685). In der Ukraine, z. B. nördlich von Odessa, wird der Baum in der baumlosen Ebene in dichten Hecken längs der Eisenbahnen gepflanzt, um diese bei den dort häufigen Schneestürmen vor Verwehung zu schützen. In Mitteleuropa wird die Art nur sehr wenig von parasitischen Pilzen befallen (z. B. von Taphrina polyspora [Sorok.], dagegen anscheinend nicht von Rhytisma).

— Tataricum VVV Pseudoplatanus ||||||| platanoides --- campestre

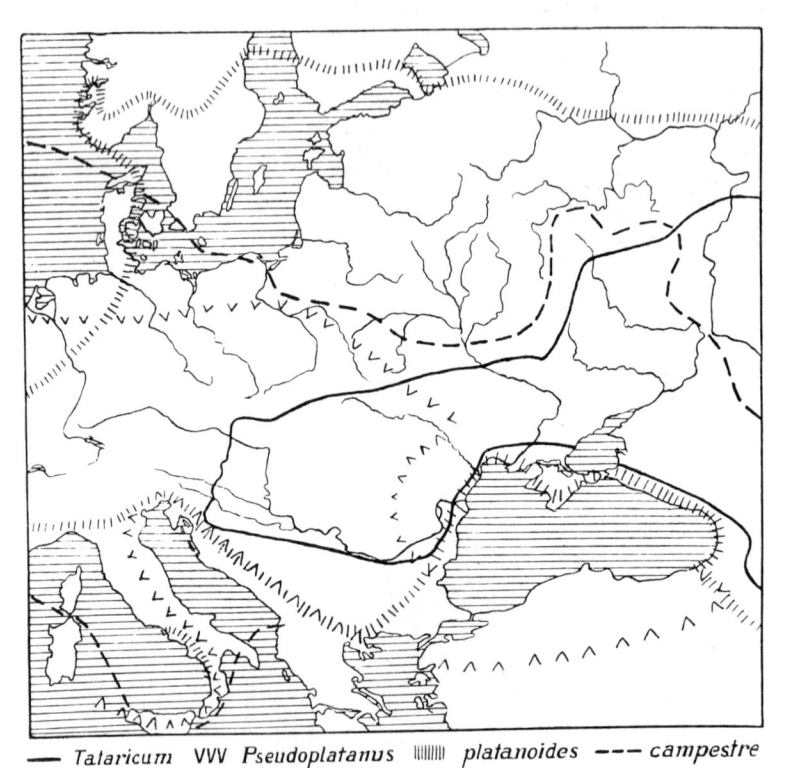

Fig. 1847. Verbreitung von Acer Tataricum L., A. Pseudoplatanus L., A. platanoides L. und A. campestre L. in Mitteleuropa (die Nordgrenzen beziehen sich nur auf das zweifellos wilde Vorkommen). Teilweise nach Köppen von H. Gams.

1871. Acer Pseudoplátanus[1]) L. (= A. procérum Salisb., = A. montánum Lam., = A. opulifólium Thuill. non Vill.). Berg-Ahorn, Urle, Weiss-Ahorn, Wald-Ahorn. Franz.: Érable-sycomore[2]), faux sycomore, érable de montagne, grand érable, érable blanc; in der West-schweiz: Ayer, plâne (aus platane verkürzt), pline oder pléne; engl.: Sycomore, greater or scottish maple; dän.: Aer, valbirk (= welsche Birke, weil eingeführt); ital.: Platano falso o selva-tico, acero di montagna, bianco o stucchio, acero fico, acero tiglio, loppone; im Tessin: Acer, agher, agra bianca, agar, violun, im Bergell und Puschlav Asé; rätorom.: Aschèr, aschier, ischir, ischier. Taf. 180, Fig. 1; Fig. 1841, 1842, 1847, 1848, 1849 und 1850.

---

[1]) Aehnlichkeit mit der Platane, griech. πλάτανος [plátanos], besteht hauptsächlich nur in der Beschaffenheit der Borke. Die Art scheint in Deutschland zuerst von Valerius Cordus als „Acer major" näher charakterisiert worden zu sein. C. Bauhin nannte sie A. montanum candidum.

[2]) Nach entfernter Aehnlichkeit mit der Sykomore (Ficus Sycómorus L.).

Im östlichen Deutschland heisst die Art Urle, in Böhmen Weissårle, im Gegensatz zur Blutårle (A. platanoides). Auf der Schwäbischen Alb gilt die Benennung Weissböm. Zu Flåder, Flåderbaum [auch für A. campestre und A. platanoides] (Niederösterreich) vgl. mhd. vlader = Maser, geädertes Holz. Die in den östlichen Schweizeralpen stellenweise gebräuchlichen Namen Aescher oder Bergesche dürften wohl aus dem romanischen aschèr an Esche angeglichen sein. Im Elsass heisst die Art Bucheschern oder Milchbaum [wegen des Blutens im Frühling]. — Vom Berg=Ahorn leiten sich zahlreiche Orts= und Flurnamen ab, so Ahorn, vielfach in den Schweizer und Oesterreichischen Alpen [im Oberwallis auch als Familienname], Ahornwies (Bayerischer Wald), Ahornsäge bei Eisenstein (Tschechoslowakei), zum Ahörnli (bei Lungern in Obwalden), Orn (mehrfach in Deutschland und in der Nordostschweiz), Ornau, Ornet, z' Oro, z' Oron, welche Namen nach Höfler besonders auch germanische Kultorte bezeichnen, an denen alte Ahorne ähn= lich wie Eichen verehrt wurden. Brandstetter führt 74 von Ahorn abgeleitete Orts= und Flurnamen aus der Nordschweiz an. Ebenso leiten sich viele von dem westschweizerischen Ayer ab, wie Ayer (viel=

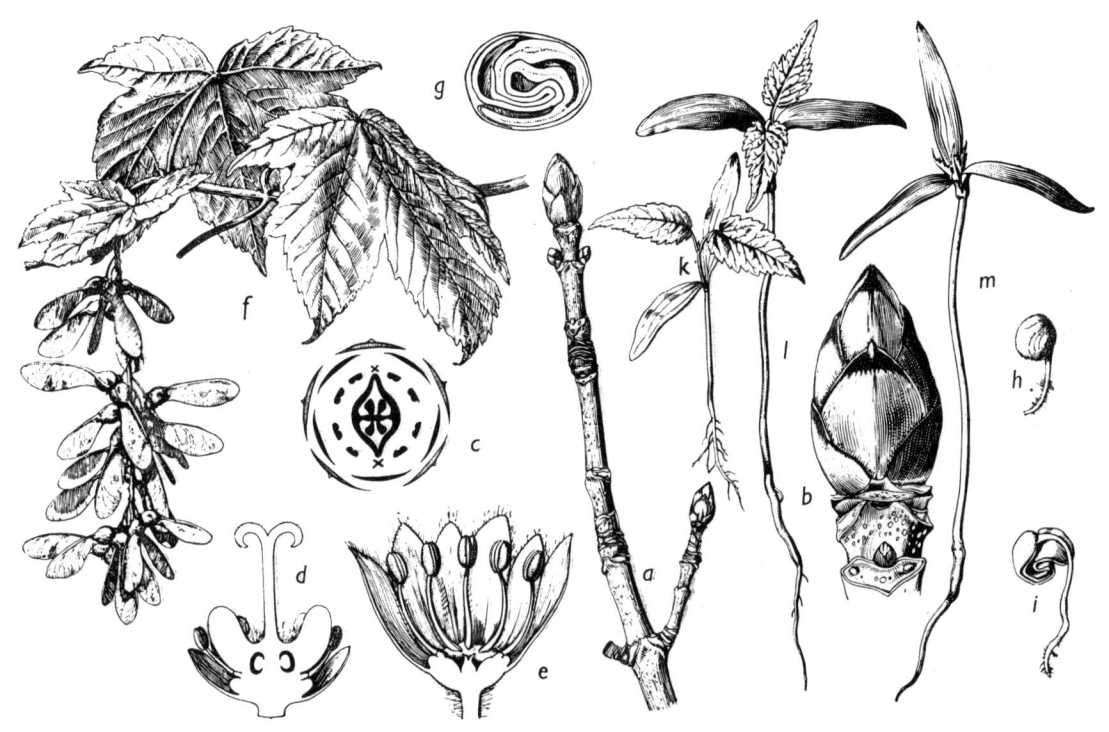

Fig. 1848. Acer Pseudoplatanus L. *a* und *b* Winterknospen. *c* Diagramm. *d* Weibliche und *e* männliche Blüte im Längs= schnitt (*c* bis *e* nach Pax. *f* Fruchtzweig. *g* Querschnitt durch den Samen. *h* und *i* Keimung. *k* und *l* normale Keim= pflanzen, *m* eine trikotyle.

fach, das Dorf Ayer im Eifischtal soll seinen Namen jedoch von dem deutschen Acker, Ägerten haben), Ayert, Ayerne, Agarn usw., auch die Tour d'Aï in den Waadtländer Alpen. Ebenso häufig finden sich Ableitungen von dem romanischen aschèr, aschier, wie Nassereit (Tirol), Aschéra (vielfach in Graubünden, z. B. im Unterengadin), Ascharina in St. Antönien, Pradaschier (= Ahornwiese) bei Churwalden, Val d'Assa oder Val d'Ascherina bei Remüs, Schiers usw. Im slavischen Sprachgebiete heisst der Berg=Ahorn (und wohl allgemein der Ahorn) javor (jawor). In Schlesien sind danach die Orte Jacoor (= Ahornwald) und Jauer (= Ahornstadt) benannt worden. In den Karpaten gehören hierher etwa die Orts= und Gebäudenamen: Javora, Javornok, Javornetz, Javorína (= Ahornwald), Javorova, in Böhmen der Bach Javornice, an der böhmisch= mährischen Grenze der Berg Javorcia, in Kroatien die Ortsnamen Javoranj und Javoraica. Ungarische Um= formungen des indogermanischen Wortstammes dürften Jhar, Juhar, Igar, Jahori und Jàmborfàcika sein. Auch der Name des ungarischen Botanikers Adam Javorka leitet sich von dem Ahorn ab.

Bis 40 m hoher Baum mit bis 1 $^1/_2$ m dickem, meist geradem, mit abschuppender Borke bedecktem Stamm und regelmässig gewölbter Krone (Fig. 1849). Zweige kahl. Knospen= schuppen olivgrün mit dunkel gewimpertem Rand (Fig. 1848 b). Blattnarben eines Paares meist sich nicht berührend. Laubblätter mit ± $^1/_2$ bis 1$^1/_2$ dm langem Stiel und ± 1 bis

2 dm langer und ungefähr ebenso breiter, am Grund seicht herzförmiger (selten tief herzförmiger) oder ± gestutzter, zu ± ²/₅ bis ³/₅ (seltener tiefer) in 5 (seltener nur 3) eiförmige, doppelt stumpf gesägte Lappen geteilter Spreite, oberseits kahl, dunkelgrün, unterseits bläulichgrün bis schmutzigpurpurn, anfangs dicht behaart, später mit Ausnahme der Nerven verkahlend. Blüten in ± 5 bis 15 cm langen, hängenden, traubenförmig zusammengezogenen Rispen mit behaarter Achse, gelblichgrün. Kelchblätter 5, frei, wie die 5 ziemlich schmalen, 4 bis 5 mm langen Kronblätter aussen kahl, innen spärlich behaart. Staubblätter am Innenrand des Diskus eingefügt, behaart, in den männlichen Blüten 2= bis 3=mal so lang wie die Kronblätter. Fruchtknoten zottig behaart, mit langem, 2 ebenso lange Griffeläste tragendem Griffel. Teilfrüchte bald völlig kahl, bald behaart, gewölbt, mit ziemlich harter, innen dicht mit silbergrauen Haaren ausgekleideter Schale; Flügel ± 3 bis 6 cm lang und 1¹/₂ cm breit, gegen die Spitze verbreitert, in sehr spitzem bis sehr stumpfem Winkel spreizend, grün oder rötlich (Taf. 180, Fig. 1 b und Fig. 1848 f). — IV, V.

In montanen und voralpinen Laub= und Nadelwäldern, an Bachufern, Schutthalden usw. stark verbreitet und besonders in den nördlichen Voralpen auf feuchten, tiefgründigen Böden häufig, doch meist nur in Buchen= und Fichtenwäldern eingestreut, seltener in Bachschluchten und auf Geröllhalden oder auf Alpweiden (vom Menschen angeschont!) in kleineren Beständen. Im Harz bis 800 m, im Erzgebirge bis 900 m, im Bayerischen Wald und in Kärnten bis 1300 m, am Wiener Schneeberg bis 1600 m, in Oberbayern bis 1640 m, in Steiermark bis 1700 m, in Tirol bis 1760 m, in den Schweizer Alpen meist bis zirka 1700 m, vereinzelt noch höher: im Tessin bis 1800 m, im Haslital bis 1880 m, am Hinterrhein bis 1920 m, im Unterwallis (auch noch baumförmig) bis 1980 m, im Jura bis 1320 m, in der Ostpontis (nach Rikli) nur bis 1200 m.

Fig. 1849. Acer pseudoplatanus L. am Priesbergmoos. Phot. P. Michaelis, Köln.

Sowohl in den Bergtälern wie auch im Tiefland häufig als Wald=, Allee= und Parkbaum angepflanzt und sich reichlich versamend.

In Deutschland in den Mittelgebirgen und Alpen verbreitet und häufig, im Flachland seltener und vielfach nur kultiviert. Im norddeutschen Flachland wohl nirgends ursprünglich (angeblich z. B. in Schleswig und im Ihlower Gehölz bei Aurich), jedoch im Ostseegebiet schon seit der Mitte des 17. Jahrhunderts angepflanzt und völlig eingebürgert. — In Oesterreich und in der Schweiz sehr verbreitet, doch nicht überall häufig, selten z. B. in einigen Walliser Tälern, im Engadin (aufwärts bis Brail; im Oberengadin nach Geiger angeblich am Cavlocciosee 1900 m), Puschlav, Münstertal und in Südtirol. Die schönste Entwicklung erreicht die Art in den feuchten Tälern der Nordalpen (Zone der „Güllenwirtschaft") von Savoyen durch das Pays d'Enhaut, Berner Oberland, Nidwalden, Glarus, Toggenburg, Appenzell, Prättigau, Allgäu, die Bayerischen und Salzburger Alpen bis Ober= und Niederösterreich.

Allgemeine Verbreitung: Mitteleuropäische Gebirge von den Pyrenäen bis zu den Alpen, Herzynischen Gebirgen und Karpaten; östlich bis Polen, West=Wolhynien, Podolien und den westlichen Kaukasus; nördlich bis Grossbritannien (in England angeblich wild, in Schottland sicher nur eingeführt, in Kultur auch noch auf den Fär=Öern), Deutschland (sicher spontan bis zum Harz, vielleicht auch an einigen Orten an der Ostsee), Dänemark (auf Fünen angeblich wild, sonst häufig schon seit dem 17. Jahrhundert kultiviert und verwildert), ebenso auch in Norwegen (angeblich wild bei Mandal, kultiviert bis 64° nördl. Breite), Südschweden und Gotland. Südlich bis Armenien, Kleinasien, Thessalien, Serbien, Bosnien, Apenninen, Sizilien, Pyrenäen, Spanien (bis zur Asturisch=cantabrischen Kette; in Portugal wohl nicht ursprünglich). In Nordamerika kultiviert und verwildert; ebenso in Südamerika (in Chile beim Llanqihue=See).

Acer Pseudoplatanus ist sehr vielgestaltig; doch sind seine Formen, von denen über 50 beschrieben sind, noch recht ungenügend geklärt. Bei der grossen Plastizität vieler Merkmale hält es sehr schwer festzustellen, ob überhaupt sich mehrere, spontan vorkommende Rassen unterscheiden lassen. Vgl. über die Variabilität der Früchte P. Vogler in Jahrb. der St. Galler Naturw. Ges., 1906 (1907), pag. 333. Alle mitteleuropäischen Formen scheinen zur var. týpicum Pax mit unterseits verkahlenden Laubblättern zu gehören, da die var. villósum (Presl) Pax (= f. mólle Beck?) mit dauernd stärker behaarten Laubblättern und Früchten anscheinend nur mediterran ist. Vorläufig können die mitteleuropäischen Formen folgendermassen gegliedert werden:
1. subvar. quinquélobum (Gilib.) Schwerin (= var. subtruncátum Pax). Laubblätter deutlich 5=lappig, am Grund meist seicht herzförmig, selten (f. claúsum Schwerin) tief herzförmig mit geschlossener Bucht, meist zu ²/₅ bis ³/₅ eingeschnitten, seltener tiefer zerschnitten (f. palmatífidum Duham., = var. Fiebéri [Ortm.] Pax, = var. angustiséctum Lüscher), unterseits meist grün oder bräunlich, seltener (f. purpuráscens Pax) unterseits zuerst grün, dann kupferrot werdend oder (f. spléndens Schwerin) zuerst lebhaft rot (subf. opulifólium [Kirchner]) bis kupferrot (subf. cúpreum [Behnsch]) und später ergrünend. Ueber andere buntblätterige Formen s. unten. — 2. subvar. Dittrichii (Ortm.) Čelak. (= A. Ortmanniánum Opiz, = A. Bohémicum Presl, = f. connívens Blonsky?, = f. falcátum Murr). Laubblätter mit herzförmigem Grund und ziemlich tief getrennten, verlängerten Lappen. Fruchtflügel einen stumpfen Winkel bildend, stark sichelförmig einwärts gekrümmt, öfters ± rot. In den Voralpen anscheinend ziemlich verbreitet und in die folgende subvar. übergehend. — 3. subvar. subtrílobum Schwerin. Laubblätter durch schwache Entwicklung der Seitenlappen 3=lappig. Hiezu: f. vitifólium Tausch. Blattspreite am Grunde tief herzförmig; Lappen stark gesägt, spitz oder (= var. subobtúsum DC.) stumpf. In den Voralpen anscheinend ziemlich verbreitet. — f. trilobátum (Lavallé) Schwerin (= A. præcox Opiz, = ? var. tripartítum Roman Schulz). Blattspreite am Grunde ± gestutzt. Lappen oft ± ganzrandig. Z. B. in Schlesien und im Allgäu. — f. tricuspidátum Schwerin et Bornm. Laubblätter mittelgross, mit vorgezogenen Zipfeln, unterseits bleibend behaart. Fruchtflügel ziemlich gross, spreizend, auch reif ± behaart. „Wilder Graben" bei Weimar. — f. microcárpum Schwerin et Bornm. Laubblätter kleiner, unterseits bleibend behaart. Flügel nur ± 1¹/₂ cm lang und ¹/₃ bis ¹/₂ cm breit. Am „Kickelhahn" bei Ilmenau. — Nach den Früchten werden eine grosse Zahl Formen unterschieden, denen jedoch kaum höherer Wert zukommt. Meist sind die Flügel ± 4 bis 5 cm lang, grün oder rötlich angelaufen (f. rubéscens Dalla Torre et Sarnth.) bis lebhaft rot (f. erythrocárpum Carr., vielleicht nur in Kultur) und bilden einen rechten bis stumpfen Winkel. Die Formen der subvar. quinquelobum mit abweichender Flügelstellung und =Grösse fasst Graf von Schwerin zu einer besonderen „var. anómalum Schwerin" zusammen. Von solchen sind ausser der subvar. Dittrichii noch zu nennen: f. brevialátum Schwerin. Flügel fast parallel, kaum 2 cm lang, schmal. — f. distans Rikli. Flügel ± horizontal, von normaler Grösse. Hie und da als spontane Mutation. — f. obtusángulum Borbás (= var. divarícatum Beck). Flügel länger, einen stumpfen Winkel bildend. Häufig. — f. subalpínum Beck (= var. grandicórne Borb., = var. platýpterum Borb.?). Flügel 4¹/₂ bis 6 cm lang und ± 1¹/₂ cm breit, einen ± rechten Winkel bildend. (zur subvar. quinquelobum gehörig). — f. stenópterum Hayne. Flügel nur ± so breit wie die Teilfrüchte, sonst normal. — f. complicátum Mortensen (= var. subparallélum Borb., = A. melliodórum Opiz). Flügel ± parallel, sich teilweise deckend. Vielleicht zu subvar. Dittrichii gehörend. — Von weiteren Abänderungen seien noch genannt: f. corticátum Fankhauser. Borke dicker, längsrissig. Falcheren bei Meiringen im Berner Oberland. — f. pyramidále Nicholson. Wuchs pyramidenförmig. Eine Gartenform der subvar. quinquelobum. — f. albo=marmorátum Pax. Laubblätter unregelmässig weissbunt. Anscheinend auch spontan (Wäggital in der Schweiz) auftretende Mutation. — f. aúreo=variegátum Kirchner. Laubblätter mit grossen goldgelben Flecken. — f. albo=variegátum Kirchner. Laubblätter dicht mit kleineren und grösseren gelblichweissen Flecken übersät, jung oft rot (f. Leopóldii Lem., f. tricolor Kirchner). Gartenform. — f. limbátum Schwerin. Laubblätter weissrandig. Diese und viele andere panaschierte Formen stellen wohl Chimären dar. Nach H. Timpe (Panaschierung und Transpiration. Jahrb. Hamburg. Wissensch. Anstalt. Bd. XXV, 1906) behalten die bunten Sprosse länger ihre jugendliche Rotfärbung und enthalten mehr Gerbstoff als die grünen. Werden panaschierte Zweige auf normale gepfropft, tritt zuerst Unterernährung, dann normale Entwicklung der grünen Sprosse ein. — Sonstige Gartenformen sind noch: f. trianguláre Schwerin. Laubblätter weniger tief geteilt, spitz 3=lappig. In verschiedenen Formen in Kultur. — f. críspum Schwerin. Laubblätter tief

geteilt, stark kraus. — f. ternátum Schwerin. Laubblätter 3=zählig gefingert. — Ueber Fasciation beim Berg=
Ahorn vgl. E. Jacobasch in Allg. Botan. Zeitschrift. Bd. V, pag. 129. Von anderen Bildungsabweichungen
kommen 3=gliedrige Blattquirle, Vermehrung der Blütenglieder (z. B. 3 bis 8 Karpelle, wobei diese oft wie die
Laubblätter dekussierte Stellung zeigen), Vermehrung und Verwachsung der Keimblätter usw. vor.

Reste des Berg=Ahorns gehören zu den häufigsten und leichtest kenntlichen Fossilien des Känozoikums.
Das nahestehende, vielleicht die Stammform darstellende A. ambiguum Heer (incl. A. Arcticum Heer) ist
aus dem Oligozän von Grönland und Spitzbergen, dem Miozän von Sachalin und dem Pliozän am Fuss des
Altai bekannt; A. Pseudoplatanus, das nach der fossilen Begleitflora schon im Tertiär ein gemässigt ozeanisches
Klima forderte, aus vielen pliozänen (z. B. südfranzösischen) und namentlich interglazialen Ablagerungen (im
älteren Interglazial besonders häufig neben Buxus, so bei Hötting, Cannstatt, Flurlingen bei Schaffhausen,
Uznach, Calprino und Rè in den Südalpen, La Celle bei Paris usw., im letzten Interglazial z. B. bei Schambach
am Inn neben der Buche). Postglazial hat sich die Art in der klimatisch den älteren Interglazialen ähnlichen
atlantischen Periode wiederum sehr stark ausgebreitet (sehr häufig in den atlantischen Tuffen und Seekreiden
des Alpenvorlandes). In der Gegenwart scheint sie in Ausbreitung nach Norden begriffen (grossenteils unter mensch=
lichem Einfluss), in den Alpen dagegen zurückzugehen. — Die
grössten Bäume und auch noch Reste kleiner Ahornbestände
sind in den feuchtesten Nordalpentälern erhalten: im Salz=
kammergut, bei Berchtesgaden, im Isarwinkel (Ahornboden
bei Hinterriss), im Ammergau (bei Altenau ein Baum von 25 m
Höhe und gleicher Kronenbreite), im Allgäu (z. B. Walser=
tal) und Bregenzer Wald (ein besonders grosser am
Stiegele bei Bezau 1885 gefällt), im Tiroler Inntal (Ebbs),
in Graubünden (von dem Ahorn zu Truns, unter dem
am 16. Mai 1424 der Graue Bund geschlossen worden ist
und der 1750 einen Gesamtumfang von 16 m hatte, standen
noch 1824 zwei von drei Stämmen; der letzte wurde
1870 von einem Sturm geworfen; doch wurde aus seinen
Zweigen ein junger Baum an der alten Stelle herangezogen
und der Strunk des alten im Gerichtssaal zu Truns auf=
gestellt), in Unterwalden (z. B. Niederrickenbach, auf der
Alp Ohr im Melchtal ein Stamm von 3½ m Durchmesser,
Umfang über dem Boden 13,1 m, darüber 11 m), im
Berner Oberland (Hasliberg, Lauterbrunnental, auf der
Axalp bei Brienz ein 24 m hoher Baum mit 1 m über dem
Boden 6,1 m Umfang), im Prättigau usw. Ein 23 m hoher
Ahorn mit 6,2 m Umfang steht auch am Hof Röhrbach bei
Wöhrenbach im badischen Schwarzwald, und ein 1788 im
Park zu Brandstein bei Hof gepflanzter hatte schon nach
134 Jahren eine Höhe und einen Kronendurchmesser von
21,5 m. Als Höchstalter werden 600 Jahre angegeben. — Der
Berg=Ahorn erträgt kühlere Sommer und mehr Feuchtigkeit

Fig. 1850. Acer pseudoplatanus L. Blütenstand.
Phot. Th. Arzt, Wetzlar.

als die oft mit ihm vergesellschaftete Buche, stellt aber bedeutend höhere Ansprüche an den Wasser= und
Nährstoffgehalt des Bodens. Er wächst noch recht gut auf zerklüftetem Gestein und auf dem Geschiebe der
Flussauen, meidet jedoch stehende Nässe. Häufiger als die anderen Ahornarten tritt er in voralpinen Nadel=
wäldern auf, neben Sorbus aucuparia oft als einziges Laubholz, in den Südalpen häufig mit Laburnum alpinum
und Rhamnus alpina zusammen. Kleinere Bestände finden sich z. B. im Böhmerwald und in feuchten Tälern
der österreichischen, bayerischen und nordschweizerischen Alpen (z. B. Schwendi bei Weisstannen, Sernftal, Melchtal
und Lauterbrunnental) auf Geröllhalden, an Bächen und auf Lesesteinhaufen, in Mähwiesen und Alpweiden, wo die
Ahorne als wertvolle Schattenbäume, Holz= und Futterlaubbäume geschont und stellenweise sogar gepflanzt
werden. „Der Baum mit seiner höchst plastischen Individualität, seinem reich gefärbten, rötlich gefleckten
Stamm, von dem die Borke sich löst gleich der Platane, den weitgreifenden, schlangenartig gewundenen Aesten,
der schön gerundeten, mächtigen Krone und dem glänzenden Smaragdgrün des Laubes, belebt, wo er auftritt,
wunderherrlich das düstere, schwärzliche Kolorit der Tannenwälder. Er liebt den Waldsaum und die freien
Plätze der Weiden und steht in tausend und tausend mächtigen Stämmen mit kuppelartiger Krone über die Region
unserer unteren Sennhütten zerstreut. Sobald er auftritt, ändert sich der ästhetische Eindruck der Landschaft und
gewinnt einen Reichtum, eine laubige Fülle, eine Plastik des Baumschlags, die uns selbst die Abwesenheit der
Kastanie nicht mehr vermissen lässt" (Christ.) Das Wachstum ist bis zum 20. oder 30. Jahr recht lebhaft

und mit dem 80. bis 100. Jahr meist abgeschlossen. Die Stämme bleiben bis hoch hinauf astrein. Die primäre Rinde bleibt bis ins 4. Jahr erhalten. Eine eingehende Darstellung des Wachstums und der Anatomie des Stammes und der Aeste gibt J. Hämmerle (Zur Organisation von Acer Pseudoplatanus. Bibliotheca botanica. Heft 50, 1900). — Aeltere Stämme sind an nicht zu trockenen Standorten meist dicht mit Moosen und Flechten (Fig. 1849) bewachsen, in tieferen Lagen besonders mit Leucodon sciuroides, Stereodon cupressiformis, Parmelia fuliginosa, Pertusaria globifera usw., wozu am Stammgrund Madotheca platyphyllos, Neckera pennata und N. complanata usw. kommen, in höheren Lagen ausserdem z. B. Pterigynandrum filiforme, Zygodon viridissimus, Antitrichia curtipendula, Parmelia perlata und P. aspidota, Bacidia acerina (Pers.) Arn. und die besonders in feuchten Schluchten auftretende Lungenflechte Lobaria pulmonaria. Dazu kommen verschiedene Pilze (z. B der grosse Polyporus squamosus) und als Gelegenheitsepiphyten Gefässpflanzen (besonders häufig Geranium Robertianum, Oxalis Acetosella, Lamium Galeobdolon usw.). R. Stäger fand von solchen im Berner Oberland insgesamt 53 Arten. Sie wachsen besonders in dem Humus der Astwinkel und Borkenritzen, an dessen Anhäufung die in den Moospolstern lebenden Regenwürmer hervorragenden Anteil haben. Vgl. Stäger, R. Zur Oekologie der Gelegenheitsepiphyten auf Acer Pseudoplatanus. Mitteil. Naturf. Ges. Bern, 1912/13, pag. 301/314. Andererseits tritt auch A. Pseudoplatanus als Gelegenheitsepiphyt auf, z. B. auf Weiden, Eichen und Robinien. — Echter Milchsaft fehlt bei A. Pseudoplatanus. An der Stelle der Milchsaftbehälter befinden sich englumige, langgestreckte Zellen. — Ueber die Entwicklung der Laubblätter vgl. O. Schüepp in Vierteljahrsschr. Naturf. Gesellschaft Zürich. Bd. LXIII, 1918, pag. 99. Die Epidermiszellen beider Blattseiten haben gerade oder schwach gekrümmte Seitenränder; die der Unterseite sind stark papillös verlängert und tragen eine dünne Wachsschicht. Besonders an den Nerven der Blattoberseite treten keulenförmige Drüsenhaare auf, von deren Exkret das Laub bei warmem Wetter oft wie lackiert erscheint. Das Laub schattet stärker als das der Eichen, Eschen und Ulmen, aber schwächer als das der Buche. Schon im Spätsommer färbt sich ein Teil der Blätter hellgelb, woran die Berg=Ahorne oft schon von weitem kenntlich sind. — Die Blühreife tritt im 30. bis 40. Jahr, an Stock=ausschlägen oft schon im 20. Jahre ein. Die Blüten entfalten sich erst mit dem Laub von Mitte April bis Anfang Mai, in höheren Lagen auch erst Ende Mai, sehr selten (so in Berlin nach dem heissen Sommer von 1911) noch einmal im Oktober. Die Geschlechterverteilung unterliegt grossen Schwankungen; doch scheinen rein männliche und rein weibliche Blütenstände bei dieser Art nicht vorzukommen. Die Zwitterblüten sind stark proterandrisch. An den unteren Blütenachsen überwiegen oft männliche, an den mittleren und oberen weibliche Blüten. Die starke Behaarung des Fruchtknotens scheint dem Diskus einen gewissen Schutz zu bieten. Die Blüten werden von zahlreichen Apiden und Dipteren besucht. Bei günstigen Klima= und Bodenbedingungen werden alljährlich reichlich Samen produziert, in höheren Gebirgslagen nur alle 2 oder 3 Jahre. Die Keimfähigkeit bleibt nur über den Winter erhalten. Künstliche Aussaat wird am besten erst im Frühling vorgenommen. Der Verlauf der Leitbündel in den Keimlingen wurde neuerdings von H. S. Holden und Dorothy Bexon (Annals of Botany 37 [1923]) eingehend untersucht.

Von den pag. 267 f. genannten Ahornschmarotzern treten viele auf A. Pseudoplatanus besonders häufig auf. Im Holz alter Bäume bohren die Raupen der Holzbohrer Cossus lignipérda Fabr. und Zeúzera aésculi L., mehrere Borkenkäfer (besonders Xyléborus díspar Hellw., auch X. Saxesénii Ratz., Xylóterus signátus Fabr. und X. doméstícus L.) und die Larven des Ahornbockkäfers (Callídium Insúbrícum Germ.). Fäulnis rufen u. a. Polýporus squamósus Pers. und Néctria cinnabárina Fr. hervor. Die erbsengrosse Ahornschildlaus (Lecánium áceris Bouché) kann auf den Zweigen in verderblicher Menge auftreten. Auf dem Laub leben zahlreiche Pilze (Rhytísma acerínum, Leptória pseudoplátani Rob. et Desm., Phleóspora áceris Lib., Septoglœum acerínum usw.), Gallwespen, Gallmücken, Gallmilben, Käfer (besonders die beiden Maikäferarten) und Raupen (z. B. die der Ahorneule Nóctua áceris L.). Die Samen werden von Eichhörnchen, Kreuzschnäbeln, Kernbeissern usw. gern gefressen. In ihnen entwickeln sich auch Springkäferlarven. Auf den Keimlingen erzeugt der Pilz Cercóspora acerina R. Hartig braune Flecken, Pestalózzia Hartígii Tub. Einschnürungen des Stämmchens. — Die Keimlinge gehen auch oft durch die Konkurrenz von Wiesenpflanzen zugrunde. Der sonst recht frostbeständige Baum leidet unter Frostrissen und Rindenbrand, ebenso unter Ueberschwemmungen. Wipfeldürre, Kern= und Stockfäule führen oft zu raschem Absterben. Recht schädlich wirkt auch der Verbiss durch Hasen, Rehe und Hirsche, da die Regenerationsfähigkeit und das Ausschlagvermögen gering sind. Stocklohden werden nur vereinzelt, Wurzellohden nur selten gebildet. — Die forstwirtschaftlich wie ästhetisch sehr wertvolle Holzart ist daher nur für den Hoch= und Mittelwaldbetrieb brauchbar. Zur Holzgewinnung ist Plenterung oder Kahlschlag mit alle 25 bis 30 Jahre erfolgendem Umtrieb am günstigsten. Das sehr geschätzte Holz ist an den zahlreichen, feinen, scharfen Markstrahlen und den zarten, gleichmässig verteilten Gefässporen kenntlich. Es ist sowohl zu Tischler= und Drechslerarbeiten, Werkzeugstielen, Streichinstrumenten, Laubsägearbeiten, Möbel, Parkettböden usw., wie als Brennholz brauchbar. Schon die Pfahlbauer der Stein= und Bronzezeit verwandten es häufig. So wurden in den Zürcher Bronze=Pfahlbauten nicht weniger als 28 aus ihm hergestellte Geräte (Holzhammer, Beilschaft, Schaufel,

Löffel, Schalen, Platten und Schachteln) gefunden. — Der Saft ist nur vorübergehend (zur Zeit der Kontinentalsperre [Böhringer] und dann wieder 1917) zur Zuckergewinnung gewonnen worden. Ein Baum ergab vom 16. bis 29. III. 1920 nach Rüttner 68 C, bis 12 l täglich. Er kann auch zu einem most- oder weinähnlichen Getränk vergoren werden. — Wichtiger ist die Verwendung des Laubes als Schaf- und Ziegenfutter und als Streue. Zu seiner Gewinnung werden die auf den Maiensässen und um die Dörfer oft angepflanzten Bäume z. B. im Bündner Oberland und im Wallis gleich den Eschen regelmässig geschneitelt. — Im Flachland, aber auch in vielen Bergtälern wird der Baum oft nur als Schattenbaum an Alleen, in Parken usw. gepflanzt. Durch seine langen Wurzeln wirkt er auch bodenverfestigend.

1872. Acer platanoides[1]) L. (= A. Pseudoplátanus Falk non L., = A. platanifólium Stokes, = A. rotúndum Dulac, = A. Dobrúdschae Pax). **Spitz-Ahorn**, Lenne, Leinbaum. Franz.: Érable plane, plaine, iseron, main découpée, faux sycomore, érable de Norvège; in der Westschweiz: plane, pllano, laytura, loeutiva, laytuire (Unterwallis); engl.: Norway-maple; dän.-norweg.: Lön, spidslön; ital.: Acero riccio, oppio riccio, cirfico, platanaria. Fig. 1840, 1847, 1851, 1852, 1853.

Das mit den skandinavischen Namen (dänisch-norweg. Lön, schwed. lönn) gleichlautende Lön findet sich unverändert in Lübeck und Mecklenburg, anderwärts als Löhne, Lään (Nordmark), Lên(e), Lenne (z. B. in Ostdeutschland, auch in der Nordschweiz), Witlêne [Weiss-] (Göttingen), Leinbaum (z. B. in Schwaben und im Oberrheintal, auch verderbt als Leimbaum), Leinurle oder -baum (Schlesien), Leinboom (Nordböhmen), Lienbôm (West- und Ostpreussen), Lie(n) (Glarus) usw. Mit dem gleichbedeutenden slavischen Klon (polnisch klon, russisch klen) (neben Jawór) hängen zusammen Klônebôm (Westpreussen) und plattdeutsch Klews oder Klewas. Nach der Verwendung zur Zuckergewinnung heisst die Art auch Deutscher Zucker-Ahorn. — Auch nach dieser Art sind Orte benannt, in der Westschweiz au Planoz, le Plane, Plané usw.

Bis 20 (selten bis 30) m hoher Baum mit bis über 1 m dickem Stamm und brauner bis schwärzlicher, längsrissiger, nicht abschuppender Borke, kahlen, glänzendbraunen Zweigen und dichter, eiförmiger bis kugeliger Krone (Fig. 1853). Knospen meist glänzend rotbraun, kahl. Blattnarben sich gegenseitig berührend. Laubblätter mit ± 8 bis 12 (4 bis 18) cm langem Stiel und dünner, ± 8

Fig. 1851. Acer platanoides L. subsp. eu-platanoides Gams. *a* Blühender Zweig. *b* Männliche Blüte. *c* Fruchtzweig. *d* Samen. *e* bis *g* Keimpflanzen.

bis 12 (bis 18) cm langer und 9 bis 13 (bis 25) cm breiter, am Grund meist breit-herzförmiger, beiderseits gleichfarbiger, glatter, meist bis gegen die Mitte in 3 (bis 7) Lappen geteilter, nur in der Jugend (dauernd in den Nervenwinkeln der Unterseite) kurz behaarter Spreite; Lappen (bei unserer Unterart) buchtig gezähnt, mit in lange Spitzen („Träufelspitzen") ausgezogenen Zähnen. Herbstfärbung orange bis lebhaft rot. Junge Sprosse milchend. Blüten in kurzen, am Grund von eiförmigen, hellgelben Knospenschuppen umgebenen, kurz vor

---

[1]) Aeltere Namen sind: Acer montana tenuifolia Thal, A. maius multis falso Platanus, alia varietas J. Bauhin.

oder mit dem Laub sich entfaltenden, ± aufrechten, reichblütigen, völlig kahlen, ebensträussigen Doldentrauben. Kronblätter wenig länger wie der Kelch, 5 bis 6 mm lang, verkehrt=eiförmig, stumpf, gelbgrün, deutlich nervig. Staubblätter etwas kürzer als die Kronblätter, am Aussen= rand des Diskus inseriert. Früchte flach, kahl, mit kaum gewölbter, auch innen kahler Frucht= schale und ± wagrecht abstehenden, (bei unserer Unterart) ± 4 cm langen und 1 bis 1¹/₂ cm breiten, vorn nicht oder wenig verbreiterten, starknervigen Flügeln. — IV, V.

Meist nur vereinzelt oder horstweise in Laubwäldern (besonders in Eichen= und Buchen= wäldern); vom Tiefland bis in die montane, selten bis in die subalpine Stufe steigend, in den Herzynischen Gebirgen meist nur bis 500 m (im Lausitzer Bergland bis 750 m), im Jura bis 1200 m, in Steiermark bis 900 m, in den Nordalpen meist bis zirka 1000 m (in Ober= bayern bis 1060 m, im St. Galler Oberland bis 1400 m), in Graubünden spontan bis zirka 1100 m, kultiviert bis 1330 m, im Oberhasli bis 1100 m (die Angabe von Kasthofer von 1302 m für das Berner Oberland beruht wahrschein= lich auf einer Verwechslung mit A. Pseudoplatanus), im Unterwallis bis 1620 (angeb= lich bis 1650) m.

In Deutschland, in Oester= reich und in der Schweiz ziemlich verbreitet, doch in vielen Gegenden

Fig. 1852. Acer platanoides L. *a* Johannistrieb der subsp. eu=platanoides Gams mit atavistischen Blattformen. *b* Laubblatt von A. Dieckii Pax. *c* normale und *d* dreizählige Frucht desselben Bastards. *e* Laubblatt der subsp. Lobelii (Tenore).

von recht zweifelhaftem Indigenat, da allgemein als Allee= und Parkbaum kultiviert und auch häufig in Wäldern eingebürgert. Fehlt sicher ur= sprünglich im Nordwestlichen Flachland (nordwestlich vom Sauerland und Deister und auch wohl in Schleswig= Holstein heute nur angepflanzt), dagegen im Ostseegebiet von Seeland und Mecklenburg bis Ostpreussen und Litauen sicher wild. In den Alpen auf grössere Strecken fehlend, so im grössten Teil des Berner Oberlandes, des Mittel= und Oberwallis, im Tessin angeblich nur gepflanzt, selten und vielfach nur gepflanzt in Appen= zell (fehlt in Innerrhoden), Graubünden, in Tirol (fehlt z. B. ganz im Inntal vom Engadin bis in die Umgebung von Innsbruck), im Tauerngebiet und im adriatischen Küstenland.

Allgemeine Verbreitung: Die subsp. eu=platanoides im grössten Teil Europas von den Nordspanischen Gebirgen und Pyrenäen durch Mittelfrankreich (in England und Holland nur kultiviert), Südbelgien, Deutschland, Dänemark (heute selten, durch Moorfunde auf Seeland und Fünen schon aus der atlantischen Periode belegt, besonders häufig im Ost= teil von Bornholm) bis Norwegen (wild bis zirka 61° nördl. Breite, gepflanzt bis 68°, in Strauch= form selbst bis Tromsö 69°), Schweden (bis Wermland und Ångermanland 63° 10′, auch mehr= fach fossil nachgewiesen, so auf Gotland aus der atlantischen Periode), Mittelfinnland (bis fast 62°), zum Onegagebiet und bis Nowgorod; östlich bis zum Ural (bis 54° nördl. Breite), Uralfluss, Kaukasus und Transkaukasien (bis zum Talyschgebirge); südlich bis Armenien, Krim (nur im Gebirge), Bessarabien, Dobrudscha, Nordgriechenland, Dalmatien (hier auch das etwas zweifel= hafte A. fállax Pax), Oberitalien (die subsp. Lobelii nur um den Golf von Neapel), Südfrank= reich (z. B. Sevennen und Pyrenäen). Kultiviert auch in Nordamerika. Die mit der subsp.

Lobelii nah verwandte subsp. laetum (inkl. A. Turkestanicum [Pax] Krischtofowitsch) vom Kaukasus und seinen Vorbergen bis Turkestan und Westchina, interglazial auch für die Südalpen nachgewiesen (Pianico), in ähnlichen Formen im Miozän (z. B. in Böhmen) und Pliozän weit verbreitet (z. B. in Frankreich, im Altai und in Japan). Einige weitere Unterarten in Ostasien bis Japan.

Von den ziemlich zahlreichen, meist als Arten unterschiedenen, aber durch zahlreiche, z. T. wohl auch hybride Uebergänge verbundenen Unterarten, die schon im Tertiär auf Eurasien beschränkt gewesen zu sein scheinen, scheinen die heute auf West- und Mittelasien beschränkte subsp. laetum (C. A. Meyer) (= A. Lobélii subsp. laetum Pax, z. T. = A. Cólchicum Hartwiss) und die recht nahe stehende, jetzt auf die Umgebung von Neapel beschränkte subsp. Lobélii (Tenore als Art, Parlatore als var.) (= A. platanoides L. var. ntegrilobum Tausch, = A. Lobelii subsp. Tenórei Pax, = A. Aetnénse hort.) die ältesten zu sein, aus denen sich einerseits in Europa die subsp. eu-platanoides, andererseits mehrere asiatische Unterarten entwickelt haben, so besonders die subsp. truncátum (Bunge als Art, Regel als var. von laetum, Wesmael als subsp. von Lobelii) in Zentral- und Nordchina und die subsp. pictum (Thunb. als Art, Wesmael als subsp. von Lobelii) in Japan, der Mandschurei und China. Alle genannten Unterarten werden im Gebiet als Parkbäume kultiviert (die subsp. laetum seit zirka 1830), auch einige wohl hybride Zwischenformen, so A. Diéckii Pax (= subsp. laetum oder Lobelii × eu-platanoides, = A. platanoides var. integrilobum Pax) (Fig. 1852 b bis d). Die 5 Unterarten unterscheiden sich folgendermassen:

1. Blattlappen grob buchtig gezähnt. Blütenstände völlig kahl. Flügel mehrmals länger als die Fruchtfächer, wagrecht abstehend. Fig. 1851 . . . . subsp. eu-platanoides.

1*. Blattlappen ganzrandig (wenn mit einzelnen Zähnen, wohl meist Hybride). Im Gebiet nur als Allee- und Gartenbäume . . . . 2.

2. Fruchtflügel mindestens 2- bis 3-mal so lang wie die Fächer. Kelchblätter aussen behaart. Mediterran-westasiatische Rassen . . . . 3.

2*. Fruchtflügel nur 1½- bis 2-mal so lang wie die Fächer, einen rechten oder stumpfen Winkel bildend. Ostasiatische Rassen . . . . 4.

3. Lappen meist 5, nach vorn gerichtet, mit welligen Rändern (Fig. 1852 e) . . . subsp. Lobelii.

3*. Lappen meist 7, flachrandig. Laub grün (f. viride Hesse) oder in der Jugend blutrot (f. horticola Pax, = f. rúbrum Schwerin) . . . . subsp. laetum.

4. Lappen meist 5. Flügel kaum länger als die Fächer . . . . subsp. truncatum.

4*. Lappen meist 7. Flügel ± doppelt so lang als die Fächer . . . . subsp. pictum.

Im wilden Zustand variiert die subsp. eu-platanoides Gams (= A. platanoides s. str., = var. typicum Fiori et Paol. non Pax) fast gar nicht. In Kultur befinden sich jedoch zahlreiche, besonders auch buntblätterige Formen, als deren wichtigste genannt seien:

1. var. typicum Pax. Laubblätter normal geformt, ausgewachsen beiderseits grün, bei der Entfaltung entweder hellgrün (subvar. pratinum Schwerin) oder bleichrot (subvar. rubéllum Schwerin, so wohl am häufigsten), seltener stärker braunrot (subvar. rúfum Schwerin, besonders in der Form mit dichter, kugeliger Krone, f. globósum Nicholson, beliebter Alleebaum) oder nur rot getüpfelt (subvar. maculátum Schwerin). — f. samáris laciniátis Christ. Fruchtflügel innen zerschlitzt. Riehen bei Basel. — Als besondere Wuchsmutationen der subvar. rubellum sind beachtenswert: f. columnáre (Carr.) Schwerin. Wuchs ± säulenförmig. — f. péndulum Niemetz. Erst nach 1910 in Ungarn entstandene Hängeform. — 2. var. rúbrum Herder (= var. colorátum subvar. rubrum Pax). Laub normal geformt, blutrot, entweder schon im Frühling (f. Schwedléri C. Koch, = var. purpuráscens Willk.) oder erst im Herbst (f. Reitenbáchi Nicholson). Beliebter Alleebaum. — 3. var. variegátum Loud. (= var. colorátum subvar. variegatum Pax). Laub weissbunt. Unter diesem Namen werden Formen recht verschiedenen Ursprungs zusammengefasst. — Die weissrandige f. Drummóndii Drummond ist wohl eine Periklinalchimäre. Andere Formen scheinen parasitären Ursprungs zu sein. So erhielt P. C. van der Wolk (Cultura 1919; Umschau 1920, Heft 4) aus Knospen anscheinend normaler Pflanzen in der Nähe von im Herbst angebrachten Schnittstellen chlorophyllfreie Sprosse mit abnorm behaarten, in 5 schmale, ganzrandige Lappen ausgehenden Laubblättern und eingeschlechtigen Trauben. Aus den Schnittwunden isolierte er einen Bazillus, mit dem er junge Knospen normaler Pflanzen infizierte, worauf er aus diesen stets die weisse Form erhielt. Bei Tötung der Bakterien durch Oxalsäure blieben die infizierten Pflanzen zwar weiss, ergaben aber bei Kreuzung mit grünen nicht wie sonst weisse, sondern intermediäre Nachkommen mit weissgefleckten Laubblättern, wie solche schon lang als f. albo-variegátum Nicholson bekannt sind. — 4. var. palmatifidum Tausch. Spreiten bis zum Grund geteilt, oft tief zerschlitzt. — 5. var. crispum (Lauth) Spach. Blattrand ± kraus. Spreite am Grund gestutzt oder abgerundet (subvar. cucullátum Lauche) oder keilförmig (subvar. cuneátum Pax). — 6. var. heterophyllum

Nicholson. Laubblätter unsymmetrisch, unregelmässig zerrissen. — 7. var. hederifólium Schwerin. Laubblätter 3-lappig, ganzrandig. (Weitere Formen in den Monographien von Pax und des Grafen Fritz von Schwerin).

Die im Gebiet allein wild vertretene subsp. eu-platanoides scheint sich erst im Diluvium aus der Stammart entwickelt zu haben. Ihre Blätter und Früchte wurden in verschiedenen interglazialen und jung-postglazialen Ablagerungen, doch weit seltener als die von A. Pseudoplatanus festgestellt, so in Frankreich Interglazial von Resson und La Sauvage bei Paris), in der Schweiz (interglaziale Deltaschichten von Kaltbrunn und Schieferkohlen von Uznach), Deutschland (Interglazial von Oberohe, Honerdingen, Schambach am Inn u. a.), Dänemark (vielfach postglazial), Schweden und Gotland (Tuffe aus der postglazialen Wärmezeit) und Russland. Sonderbarerweise geht die Art bedeutend weiter nördlich als A. Pseudoplatanus, wogegen sie in den Gebirgen viel weniger hoch steigt. Nach Wille verlangt sie in Skandinavien eine mittlere Sommertemperatur von 12,5°.

Die Ansprüche an Tiefgründigkeit und Wassergehalt des Bodens und an die Lichtmenge sind etwa dieselben wie beim Berg-Ahorn, das Nährstoffbedürfnis etwas geringer; sie erträgt auch stagnierende Nässe. Der Spitz-Ahorn wächst etwas schneller als dieser und wird schon mit etwa 20 Jahren blühreif, aber auch weniger alt, selten über 150 (angeblich bis 500) Jahre. Bäume von über 20 m Höhe und über 4½ m Umfang sind grosse Seltenheiten. Ein schöner Baum von 19 m Höhe mit einem Kronendurchmesser von 30 m und einem Stammumfang von 4 m steht z. B. in Kussen im Kreis Pillkallen (Ostpreussen). Der stärkste und grösste Spitz-Ahorn dürfte im Park von Wollershausen stehen. Er teilt sich in 1 m Höhe in 3 riesige Stämme, von denen 2 weiter oben verwachsen sind, hat ene Höhe von 30 m und in Brusthöhe einen Stammumfang von 4,8 m. Sein Alter wird mit 120 Jahren angegeben. Seine üppigste Entfaltung erlangt der Spitz-Ahorn nicht mit A. Pseudoplatanus,

Fig. 1853. Acer platanoides L. Blüte, schräg seitlich. Phot. Th. Arzt, Wetzlar.

sondern mit den folgenden Arten in den Mischwäldern aus Eichen, Linden, Ahornen, Ulmen usw., die im Tertiär über die Nordhemisphäre allgemein verbreitet und auch in den Interglazialzeiten und in der postglazialen Wärmezeit in Mitteleuropa recht ausgedehnt waren, aber seither in ständigem Rückgang begriffen sind. Reste davon finden sich z. B. in den südfranzösischen Gebirgen, in mehreren Alpentälern (Rhonetal, Haslital, am Vierwaldstätter- und Walensee usw.) und am Jurafuss. Soweit diese Wälder nicht gerodet worden sind, wurden sie vielfach durch Buchen- oder Fichtenwälder verdrängt, in denen der Spitz-Ahorn meist nur vereinzelt und oft recht kümmerlich auftritt. Kleinere Bestände bildet er ausserhalb der genannten Gebiete fast nur unter menschlichem Einfluss. — Das Holz ist wie das des Berg-Ahorns fast weiss, glänzend, hart, von mittlerer Elastizität, gut spaltbar, doch weniger feinmaserig, nur trocken dauerhaft, mittelschwer (spez. Gewicht frisch 0,90 bis 1,02, trocken 0,56 bis 0,81). Durch die nicht abschuppende, längsrissige Borke sind die Stämme von denen des Berg-Ahorns auch im Winter leicht zu unterscheiden. Die jungen Zweige sind glänzend olivgrün bis rotbraun und lassen bei Verletzung einen weissen Milchsaft austreten. Dieser ist nach Warsow nur in absolutem Alkohol und Aether löslich, sehr säurebeständig und mit zahlreichen Farbstoffen (z. B. Methylenblau) gut färbbar. Wahrscheinlich enthält er im Gegensatz zu dem des A. Negundo und vieler Sapindaceen kein Saponin; auch Alkaloide oder Pflanzenbasen liessen sich darin nicht nachweisen. Die Borke findet bisweilen als Lohe Verwendung zum Gerben. — Der Zuckergehalt des Blutungssaftes schwankt zwischen 1,1 und 3,5%. Ausser Saccharose soll der Saft auch etwas Vanillin enthalten, das dem daraus gewonnenen Zucker (vgl. pag. 269) ein angenehmes Aroma verleiht. Der Ertrag unterliegt je nach Standort und Alter der Bäume, nach Jahreszeit und Witterung so grossen Schwankungen, dass sich die Zuckergewinnung höchstens im Kleinbetrieb lohnt. — Auf freiem Feld nimmt die Krone meist rasch Kugelgestalt an; ob dabei Windwirkung von Einfluss ist, muss erst genauer festgestellt werden. Die gelbgrünen Blütenstände erscheinen wenige Tage vor dem Laub (Fig. 1853) oder mit diesem fast gleichzeitig. Ueber die zeitliche Geschlechtsverteilung vgl. V. B. Wittrock in Botan. Centralblatt. Bd. XXV, pag. 55 und P. Vogler in Jahrb. der St. Galler naturw. Gesellschaft für 1905 (1906), pag. 344/45. Es kommen sowohl (meist auf besonderen

Bäumen) rein weibliche und rein männliche Blütenstände vor, wie auch solche mit männlichen und weiblichen Blüten. Bald öffnen sich zuerst diese, bald jene. In den männlichen Blüten ist der Fruchtknoten verkümmert, in den weiblichen (scheinzwitterigen) der Pollen, trotzdem die Antheren auch in diesen entwickelt, nur etwas kleiner sind. Die Pollenkörner sind brotlaibförmig, $\pm$ $1/20$ mm gross, fein gestreift. Nach der Bestäubung wölben sich die Kelch- und Kronblätter über den Fruchtknoten. Besonders in den Endblüten treten nicht selten (6 oder 7 Kronblätter und 3 Karpellen auf, aus denen sich 3-flügelige Früchte (Fig. 1853 d) entwickeln. Ausnahmsweise kommen selbst 5-flügelige Früchte vor (vgl. Wydler in Flora. Bd. XL, 1857, pag. 27). Als weitere Bildungsabweichungen kommen Verwachsung der Keimblätter vor (vgl. P. Magnus in Verhandlungen Botan. Ver. Provinz Brandenburg. Bd. XVII, 1875, Sitzungsberichte pag. 75 und Bd. XVIII, 1876, pag. 73/76), Bildung von 3 Keimblättern (häufig), seltener auch von gespaltenen Keimblättern. Auch gegabelte Staubblätter und vergrünte Fruchtknoten werden beobachtet. Die Schmarotzer sind grösstenteils dieselben wie beim Berg-Ahorn; Rhytisma acerinum ist oft noch häufiger wie auf diesem. — Als Park- und Alleebaum sind beide Arten gleich beliebt; im Tiefland verdient der Spitz-Ahorn gegenüber dem Berg-Ahorn eher den Vorzug. Sein Holz ist, we'l weniger feinfaserig, etwas weniger geschätzt, wird aber ebenso von Tischlern, Drechslern und Wagenbauern verwendet und an manchen Orten z. B. zur Herstellung von Sennereigeräten bevorzugt. In Russland werden daraus besonders Löffel, Kämme und Schaufeln hergestellt. Auch als Brennholz ist es gut. Ein Pflug aus Spitz-Ahornholz aus der Hallstattzeit wurde auf Himmerland (Dänemark) gefunden. Das Laub wird ebenso wie dasjenige des Bergahorns als Viehfutter und Streu benützt. Im Volksglauben ist der Spitz-Ahorn ein wirksamer Schutz gegen Hexen. In Hinterpommern werden daher die Türen und Stuben mit „Klon" (= Ahorn) geschmückt. In Mecklenburg kann man die Hexen dadurch von den Ställen abhalten, dass man Zapfen aus Ahornholz in die Türen und Schwellen einschlägt.

Fig. 1854. Acer campestre L., belaubt.
Phot. V. Zünd, München.

1873. Acer campéstre[1]) L. (= A. trílobum Gilib. non Moench, = A. collínum Ten., = A. silvéstre Wender.). Massholder, Feld-Ahorn, Kleiner Ahorn. Franz.: Acéraille, auzerole oder auzeraule, érable champêtre, petit érable, pois de poule; in der Westschweiz: Arjérablo, orzérablo, isérablo[2]); engl.: Common maple, field- or small-leaved maple; dän.: Navr; ital.: Oppio, olpio, loppio, chioppo, albero testucchio; im Tessin: Romp, rompio, rompor, rompolo (auch Olmo, wohl in Verwechslung mit der Korkulme). Taf. 180, Fig. 2; Fig. 1847, 1854, 1855, 1856, 1857 und 1863 b.

Die Namen wie Maserholder, Massholder (Süddeutschland, Schweiz), Masshalder (Schwäbische Alb), Mess(e)lder (Elsass), Maeselder (Pfalz), Masellere (Göttingen), Messeller (Gotha) und ähnliche[3]) kommen von mittelhochdeutsch mazzolter (althochdeutsch mazzaltra); die neuhochdeutschen Formen sind in ihrem zweiten Bestandteile an „Holder" = Holunder (bezw. „Eller" = Erle) angelehnt. Zu den niederdeutschen Bezeichnungen Mäpel, Mäpeler, Mäpelahoorn (Untere Weser und Ems), Näbeldörn (Braunschweig), Epellern, Aepelduhrn, Eperle (Mecklenburg), Apeldäörn (Altmark), Krusabel (Schleswig), vgl. das gleichbedeutende engl. maple, mapel-tree? Hieher scheint auch Effeltenholt (Westfalen) zu gehören. Auf die Beschaffenheit und die Verwendung des Holzes gehen Hartholz (Eifel), Hart

---

[1]) Als Acer campestre et minus schon bei C. Bauhin. Valerius Cordus hatte die Art Acer tenuifolia seu minor genannt.

[2]) Wie franz. Érable aus lat. ácer árborem entstanden. Isérable. (Izérables, Isérabloz usw.) kommt als Ortsnamen vielfach in der Westschweiz vor, auch Isérabloz (Wallis). Beim Dorf Isérables im Rhonetal wird A. campestre als Viehfutter viel in Hecken gepflanzt.

[3]) Daher die Ortsnamen Maseltrangen und Massholtern in der Nordschweiz.

bäm (Mosel), Knackbaum, -holler, Knickmiss [nach den knackenden Zweigen] (Wiesbaden, Caub), Witthuolern (Westfalen), Wittnäbern (Braunschweig), Milchheckle [nach den milchenden Zweigen] (Elsass), Gaissläuberne Hecka [als Ziegenfutter] (Schwäb. Alb). Zu elsässisch Esp, Steinespe vgl. Populus tremula Bd III, pag. 61. Ueber Namen wie Lên(e), Leinbaum u. a., die auch gelegentlich für den Massholder angewandt werden, vgl. A. platanoides pag. 280. In Niederösterreich heisst die Art auch Wasseraltn oder Wasseralm.

Bis 20 (ausnahmsweise bis 22) m hoher Baum mit knorrigem Stamm und rundlicher Krone oder häufiger dicht verzweigter Strauch. Borke meist dick, braun, durch Längs= und Quer= risse $\pm$ rechteckig gefeldert, etwas abschuppend, an jungen Zweigen bisweilen flügelartig ver= grössert (Fig. 1856 c, d und 1857). Zweige anfangs kurz behaart, verkahlend, olivgrün bis gelb= braun, mit vielen Lentizellen, milchend. Knospen= schuppen meist grünlichbraun, kurz zottig be= haart. Blattnarben mit den Enden meist zu= sammenstossend (Fig. 1856 b). Laubblätter mit $\pm$ 2 bis 5 (bis 10) cm langem, oft rötlichem Stiel und $\pm$ 4 bis 7 cm langer und $4^1/_2$ bis 10 cm breiter, meist bis über die Mitte in 5, selten nur 3 Lappen geteilter, am Grunde herzförmiger, ziemlich derber, anfänglich beiderseits weich be= haarter, oberseits stets und oft auch unterseits verkahlender Spreite; Lappen stumpf, selten spitz, die äusseren ganzrandig, die mittleren meist stumpf 3=lappig. Herbstfärbung gelb oder rot. Blütenstände nach dem Laub sich entfaltend, aufrecht, doldentraubig, $\pm$ 10= bis 20=blütig, flaumig behaart, mit kleinen Trag= blättern. Kelch= und Kronblätter wenig ver= schieden, $\pm$ 3 mm lang, gelbgrün, behaart, die Kronblätter schmal=elliptisch. Staubblätter $\pm$ ebenso lang. Fruchtknoten behaart. Früchte meist nickend; Teilfrüchte leicht gewölbt, stark= nervig, mit aussen filzig behaarter oder rasch völlig verkahlender, innen stets kahler Frucht= wand; Flügel $\pm$ wagrecht abstehend oder etwas

Fig. 1855. Acer campestre L., baumartig, im Freistand. Phot. Lehrer W. Löpl, Töltsch (Böhmen).

zurückgebogen, nach vorn schwach verbreitert, mit den Teilfrüchten $\pm$ 2 bis 4 cm lang. — (IV) V.

In lichten Laubgehölzen, seltener auch in Nadelwäldern, an Waldrändern, sonnigen, buschigen Abhängen, in Hecken, usw. von der Ebene bis in die untere montane Stufe sehr verbreitet und in den meisten Gegenden von Mitteleuropa häufig, nordöstlich bis zur Weichsel (bis Thorn und Graudenz), in Ostpreussen (z. B. bei Minikowo) wohl nur angepflanzt, fehlt auch dem grössten Teil des böhmisch=österreichischen Granitmassivs. Steigt weniger hoch als A. Pseudoplatanus und A. platanoides, in den Herzynischen Gebirgen meist nur bis ins Hügelland, in den Bayerischen Alpen (einzig bei Partenkirchen) bis 800 m, in Liechtenstein (am Triesenerberg) bis 1200 m, in Südtirol bis 1250 m, in der Nordschweiz meist bis zirka 1000 m (im St. Galler Oberland bis 1350 m), im Oberhasli bis 1450 m, in der Südschweiz bis zirka 1400 m, im Unterwallis (auch noch als Baum) bis 1500 m, im Neuenburger Jura bis 1200 m, im Kaukasus bis über 1800 m.

Allgemeine Verbreitung: Im grössten Teil von Europa; nördlich bis Grossbritannien (Irland, England bis Durham, in Schottland nur eingebürgert), Dänemark (ziemlich verbreitet, nur im nördlichsten Teil selten, fehlt auf Bornholm), Schweden (nur im südwestlichen Schonen, in Norwegen nur kultiviert [noch in Trondheim]), Oesel (vielleicht nicht ursprünglich) und zum Weichselgebiet (bis Danzig); östlich bis Grodno, Wolhynien, zum Dongebiet und Kaukasus (von den 8 oder 9 daselbst vorkommenden Acer=Arten die verbreitetste), Turkestan; südlich bis Nordpersien, Kleinasien, nördliche Balkanländer (bis Mazedonien und Thessalien), Süditalien, Sizilien, Korsika, Spanien und Algerien.

Acer campestre umfasst 2 anscheinend scharf getrennte, doch in ihrer Verbreitung noch ganz ungenügend bekannte Unterarten, zwischen denen nur selten (z. B. im Wallis) Uebergänge (Kreuzungen?) vorkommen:

1. subsp. **hebecárpum** DC. (= var. villicárpum Láng, = var. lasiocárpum Wimmer et Grab., = var. týpicum Lindmann). Fig. 1856 g, h und m. Teilfrüchte filzig behaart. Herbstfärbung meist rot. Anscheinend weiter verbreitet als die folgende Unterart. Hierzu gehören: var. lobátum Pax. Laubblätter derb, mit 5 meist stumpfen, ± tief gekerbten Lappen (Fig. 1856 g). Flügel meist wagrecht oder schwach nach aussen gebogen, selten stärker nach aussen (f. falcátum Reinecke) oder nach innen (f. convérgens Reinecke). Zerfällt weiter in: subvar. affíne (Opiz) Pax (= var. quinquélobum Schwerin). Laubblätter unterseits verkahlend. Zu dieser verbreitetsten Rasse gehören u. a. f. palmatífidum Tausch (= var. palmaiséctum Čelak.). Lappen fast bis zum Grund getrennt. — f. microphýllum (Opiz) Gams. Blätter nur 1 bis 2 cm gross (Fig. 1856 h). — subvar. mólle (Opiz) Schwerin (= var. mollíssimum Tausch, = A. tomentósum var. serotinum Kit.). Blattunterseite dauernd weichfilzig behaart. Seltener. — var. oxýtomum Borb. (= var. acutílobum Pax non Tausch, = f. angustílobum Schwerin). Lappen lang zugespitzt, nicht oder undeutlich dreilappig. Südosteuropa bis Ungarn und Steiermark (z. B. Bachergebirge, Grazer Schlossberg). — var. Mársicum (Guss.) Pax (z. T. = var. subtrílobum Schwerin). Laubblätter lederig, mit

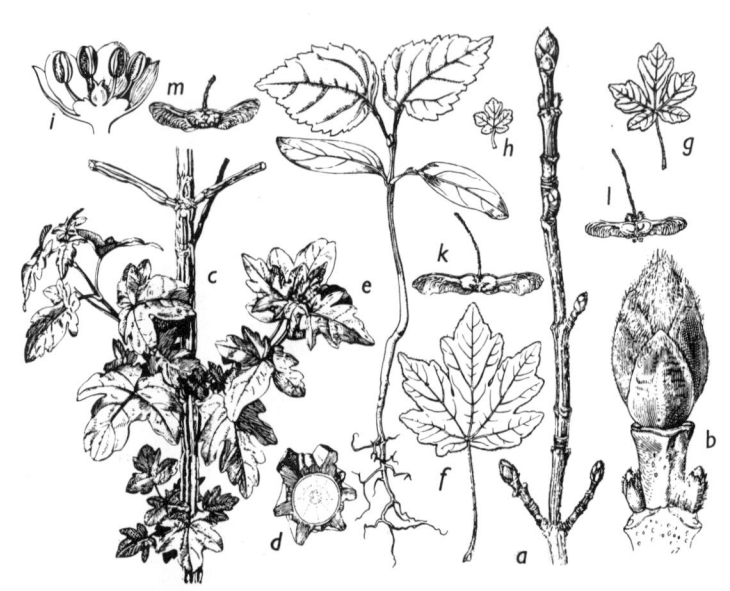

Fig. 1856. Acer campestre L. *a* und *b* Winterknospen der subsp. leiocarpum (Opiz) Tausch. *c* Zweig der f. suberosum (Dumort.) Rogowicz. *d* Querschnitt durch einen solchen. *e* Keimpflanze. *f* Laubblatt von subsp. leiocarpum (Opiz) var. normale Schwerin, *g* von subsp. hebecarpum DC. var. lobatum Pax, *h* von subsp. hebecarpum DC. f. microphyllum Opiz' Gams. *i* Blüte im Längsschnitt. *k* Frucht von subsp. leiocarpum (Opiz), *l* von subsp. leiocarpum (Opiz) f. microcarpun Masner, *m* von subsp. hebecarpum (Opiz).

nur 3, 3=eckigen, kurzen, spitzen Lappen, daher denen von A. Monspessulanum ähnlich. Wohl nur mediterran, von Italien bis Griechenland und Ungarn.

2. subsp. **leiocárpum** (Opiz) Tausch. Fig. 1856 a bis f und k. l. Teilfrüchte rasch völlig verkahlend. Laub im Herbst nur gelb. Im wilden Zustand anscheinend weniger verbreitet als die subsp. hebecarpum, dagegen als Heckenpflanze usw. häufiger als diese kultiviert, aber oft nicht blühend. Hiezu gehören: var. normále Schwerin (= var. chlorocárpum Ducomm. p. p.). Laubblätter mit 5 meist stumpfen, ± gekerbten Lappen (Fig. 1856 f). Zerfällt in: subvar. glabrátum Wimmer et Grab. Blattunterseite verkahlend. Hiezu: f. suberósum (Dumort.) Rogowicz. Zweige mit breiten Korkflügeln (Fig. 1856 c, d und 1857). Stellenweise häufig, in manchen Gegenden fehlend. Ob solche Formen auch bei anderen Abarten vorkommen, bleibt festzustellen. — f. hederifólium H. Braun. Obere Blattlappen nicht grösser als die seitlichen, alle ganzrandig. — f. Bedói (Borbás) Pax. Flügel stark einwärts gebogen. — subvar. lasiophýllum Wimmer et Grab. Blattunterseite dauernd filzig behaart. Anscheinend nur in wärmeren Gegenden. Hiezu: f. collínum (Wallr.) Schwerin (= var. polycárpum Opiz, = var. macrocárpum Wallr.?). Flügel ± 3 cm lang, wagrecht oder schwach auswärts (bei f. orthópteron [Masner] Pax in fast rechtem Winkel einwärts) gebogen, meist nicht rot. Neben der subvar. glabratum die verbreitetste Rasse der Unterart. — f. microcárpum Masner. Flügel kurz, wagrecht abstehend, mit den Fruchtfächern oft kaum 2 cm lang, oft lebhaft rot (= var. erythrocárpum Gaudin). So z. B. mehrfach im Unterwallis (Fig. 1856 l). — var. Austríacum (Tratt.) DC. (= var. acutilobum Tausch). Blattlappen spitz, ganzrandig oder sehr schwach gekerbt, unterseits meist verkahlend (f. trichópodum Borb.),

seltener bleibend behaart (f. Bierbáchii Schwerin). Anscheinend eine südosteuropäisch-vorderasiatische Rasse, die der var. oxytomum bei der subsp. hebecarpum entspricht, ebenso wie die ähnlich verbreitete var. pseudomársicum Pax der var. Marsicum. Die Nordwestgrenze dieser Formen bleibt noch festzustellen. — Von beiden Unterarten sind weissbunte Spielarten beschrieben (subsp. hebecarpum var. albo-variegátum Kirchner, subsp. leiocarpum var. albo-maculátum Schwerin u. a.). Nach E. Küster (Beiträge zur Kenntnis der panaschierten Laubgehölze. Mitt. der Deutsch. Dendrolog. Ges. 1919, pag. 85/87) handelt es sich dabei meist um sektoriale Panaschierung. Viel seltener sind Periklinalchimären mit weissrandigen Laubblättern und einzelnen ganz weissen Sprossen, die völlig mit den entsprechenden Chimären von Pelargonium (Bd. IV, 3, pag. 1666) übereinstimmen. — Von spontanen Bildungsabweichungen kommen besonders Verwachsungen und Verbänderungen der Zweige und dreizählige Blattquirle vor.

Acer campestre verlangt mehr Sommerwärme als A. platanoides und A. Pseudoplatanus, ist aber sonst anspruchsloser als beide Arten, erträgt vor allem besser Trockenheit und Viehverbiss. Die Art gedeiht noch vorzüglich an trockenen Südhängen mit Quercus pubescens, Rubus ulmifolius und R. tomentosus usw. in den Zentralalpen und am Rand der südrussischen Steppen, auch in Auenwäldern und im Unterwuchs der Buchenwälder, erreicht aber ihre üppigste Entfaltung und grösste Höhe in den mässigfeuchten Laubmischwäldern aus Eichen, Linden, Acer platanoides (vgl. pag. 283), Ulmen, Kastanien usw., die schon im mittleren Tertiär grosse Teile Europas bedeckten, jetzt aber in grösserer Ausdehnung fast nur noch an den südeuropäischen Gebirgen erhalten sind. Eine A. campestre sehr nahe stehende Art ist aus dem Miozän z. B. von Schlesien und Steiermark bekannt. Im Pliozän wuchs unsere Art bereits auch in England (Cromer). Aus den älteren Interglazialen ist sie aus Frankreich (La Perle), Mitteldeutschland (Thüringer Kalktuffe) und Norddeutschland (z. B. Oberohe und Klinge mit Ilex und Tilia platyphyllos), aus dem letzten von mehreren Lokalitäten in Frankreich (z. B. Resson bei Paris mit Tilia, Fagus, Buxus usw.) und Deutschland (z. B. Fahrenkrug in Holstein) nachgewiesen. Nach Schweden ist sie wahrscheinlich zu Beginn der Litorinazeit eingewandert (Moorfund von Ystad Havn in Südschweden). — Sehr gut hält sich A. campestre in den aus Corylus Avellana, Juniperus communis, Berberis vulgaris, Hippophaë rhamnoides, Prunus spinosa, Rosa- und Rubus-Arten gebildeten zoogenen Gebüschen, da es Verbiss besser als die anderen Ahornarten erträgt. Auch auf Lesesteinhaufen erscheint es oft in dieser Gesellschaft. Nur ausnahmsweise geht die Art bis in die subalpine Stufe, z. B. im Unterwallis, wo am Fuss der Dents de Morcles bei 1500 m neben Kirschbäumen einige kräftige, dicht mit Usnea und Parmelien besetzte Bäume stehen. Als schönster Massholder der Schweiz gilt ein 13 1/2 m hoher Baum zwischen Noville und Villeneuve am Genfersee, als die grössten diejenigen am Dudelbachfall bei Lungern, bei Attiswil und 2 Bäume bei Pfang im Oberhasli, von denen der eine 14 m hoch bei einem Durchmesser in Brusthöhe von 50 cm, der andere 16 m hoch mit einem Durchmesser von 56 cm ist (Näheres vgl. Schweiz. Zeitschrift für Forstwesen, 1919). Das Wachstum ist sehr langsam: nach 50 bis 60 Jahren beträgt die Durchschnittshöhe nur 12 bis 14 m, an ungünstigen Standorten überhaupt nie über 10 m. Als grösste Höhe wird 22 m, als grösster Stammumfang 3,3 m, als Höchstalter zirka 200 Jahre (nur bei freiem Stand) angegeben. — Blühend wird der Feldahorn erst mit zirka 25 Jahren. Die Blüten entfalten sich meist in der ersten Maiwoche kurz nach dem Laub. Die Geschlechterverteilung ist im wesentlichen dieselbe wie bei A. platanoides. Die Keimblätter sind kleiner und im Samen weniger gefaltet als bei A. platanoides und A. Pseudoplatanus. — Der Runzelschorf (Rhytisma acerinum) ist bei dieser Art weniger häufig als bei A. platanoides und A. Pseudoplatanus anzutreffen. Nach Beobachtungen im Rhonetal scheint er die subsp. hebecarpum viel häufiger als die subsp. leiocarpum zu befallen. Von Gallenbildnern treten besonders verschiedene Eriophyes-

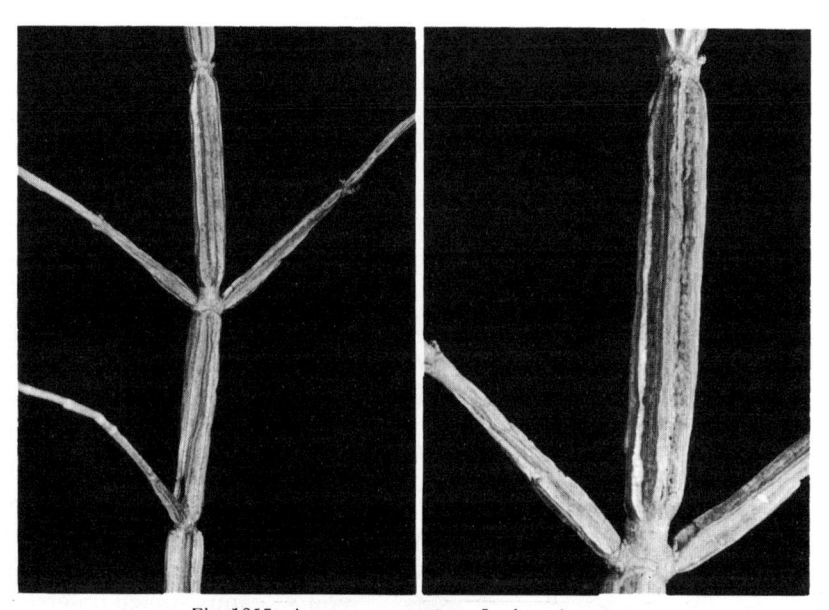

Fig. 1857. Acer campestre. L. f. suberosum.
Links: Zweigausschnitt mit deutlichen Korkleisten.
Rechts: Ein Internodium stärker vergrößert. Phot. Th. Arzt, Wetzlar.

Arten (vgl. pag. 268) und Gallmücken (z. B. Atrichosema aceris Kieff.) auf. — Da die Art im Gegensatz zu den folgenden im Bast echten Milchsaft führt, wird sie von Warsow nicht zu den Campestria Pax, sondern zu den Platanoidea Pax gestellt. Auch in anderen Merkmalen verbindet sie beide Sektionen.

Forstwirtschaftlich eignet sich der Massholder nur für den Nieder= und Mittelwaldbetrieb und ist auch da durch seinen langsamen Wuchs nur von geringer Bedeutung. Der sparrige Strauch ist zu lebenden Hecken brauch= bar, steht jedoch auch hierin dem Weissdorn und der Weissbuche nach. Als Heckenpflanze ist besonders die f. suberosum geeignet. Die anscheinend nur bei subsp. leiocarpum vorkommenden Korkflügel (Fig. 1856 c und 1857) entstehen dadurch, dass eine lebhafte Peridermbildung gleich unter der Endknospe einsetzt (vgl. auch die Korkulme [Bd. III, pag. 119], bei der Pilze an der Korkbildung beteiligt sein sollen). Für die Korkgewinnung kommen beide Arten nicht in Betracht. — Das Holz ist oft schön gemasert, etwas glänzend, fest, elastisch, wenig spaltbar, mittelschwer (spez. Gewicht frisch 0,96, lufttrocken 0,61 bis 0,74) und sehr brennkräftig. Beson= dere Verwertung findet es bei Drechslern und Holzschnitzern (Ulmer Pfeifenköpfe!), bei der Herstellung von Mühlradkämmen usw. Aus den Zweigen werden Spazierstöcke und Pfeifenröhren hergestellt — aus dem Banat werden sie zu diesem Zwecke waggonladungenweise nach Paris ausgeführt —, aus gespaltenen Aesten ge= flochtene Peitschenstöcke. — Das Laub wird von Ziegen und Schafen sehr gern gefressen, weshalb der Strauch z. B. im Jura und in den Südalpen geschont oder sogar zur Futterlaubgewinnung gepflanzt wird. Im südlichen Tessin werden geschneitelte Feldahorne neben Maulbeerbäumen allgemein als Rebstützen kultiviert. — Im 16. Jahrhundert galten sowohl Holz und Rinde wie auch das Laub als heilkräftig (gegen Schlangenbiss, Zahn= weh [in Essig gesottene Rinde], Augenfliessen, Geschwülste, Brand= und Frostbeulen usw.), z. T. wohl nur in= folge Verwechslung mit Platanus.

1874. Acer Monspessulánum[1]) L. (= A. Créticum L. p. p., = A. trilobátum Lam. non Sternb., = A. trílobum Moench, = A. rectángulum Dulac). Französischer Massholder, Dreilappiger Ahorn, Burgen=Ahorn (in Franken). Franz.: Érable de Montpellier, agas, azeron; ital.: Acero spino, acero piccolo, castracane, cestuccio, cestoppio. Fig. 1858 und 1859.

Meist bis 6 (ausnahmsweise bis 11) m hoch wer= dender Baum oder Strauch mit brauner, rissiger, jedoch nicht dickkorkiger Borke. Aeste meist ganz kahl. Knospen nur schwach gewimpert. Blattnarben eines Paares von= einander entfernt (dadurch die Art auch im Winter leicht von A. campestre zu unterscheiden). Laubblätter mit ± 2 bis 6 cm langem Stiel und ± 3 bis 6 cm langer und 4 bis 7 cm breiter, ziemlich derber, am Grund herzförmiger oder abgerundeter, ± bis zur Mitte in 3 (sehr selten 5) Lappen geteilter, oberseits glänzender, glatter, unterseits weich= haariger, bis auf die Nervenwinkel verkahlender, durch Wachsüberzug etwas weisslicher Spreite; Seitenlappen ± wagrecht oder abstehend, alle meist stumpf und ganz= randig, seltener (besonders an den Johannistrieben) wellig oder stärker gekerbt bis gezähnt. Blüten in wenig= blütigen, ± nickenden, meist fast sitzenden, völlig kahlen, nach dem Laub sich entfaltenden Doldentrauben an den Enden beblätterter Kurztriebe. Kronblätter von den Kelchblättern sehr wenig verschieden, verkehrt=eiförmig, 4 bis 5 mm lang, gelbgrün. Staubblätter in den männ=

Fig. 1858. Acer Monspessulanum L. *a* Blüten= zweig. *b* Zwitterblüte. *c* Männliche Blüte. *d* Zweig mit jungen Früchten. *e* eine solche. *f* Fruchtzweig.

lichen Blüten wenig länger, in den weiblichen (scheinzwitterigen) etwas kürzer als die Kron= blätter. Fruchtknoten zerstreut behaart, mit tief in 2 ± schraubenförmig gedrehte Narbenäste

---

[1]) Von lat. Mons Pessulánus, dem heutigen Montpellier, von wo die Pflanze zuerst beschrieben worden ist. Aus dem Rheingebiet wird die Art bereits von C. Bauhin als Acer trifólium angeführt.

gespaltenem Griffel (Fig. 1858 b). Teilfrüchte eiförmig=kugelig, kahl, mit ± 2 bis 3 cm langen, fast parallelen bis rechtwinklig abstehenden, aus schmalem Grund rasch verbreiterten, oft geröteten Flügeln. — IV, V.

In lichten Laubgehölzen, an sonnigen Felshängen der collinen Stufe, besonders auf Kalk; nur südlich der Alpen und im Jura bis zur Eifel und bis Franken. Steigt in Mittel= europa kaum bis in die montane Stufe, in Ungarn nur in 60 bis 240 m Höhe, dagegen im Kaukasus bis gegen 1700 m, im Atlas bis gegen 2000 m.

In Deutschland nur im Mittelrheingebiet ursprünglich: von Lothringen (für das Elsass fraglich, nicht in Baden) und der Pfalz (häufig auf dem Donnersberg [im dortigen Pflanzenschonbezirk nach Voll= mann früher 313 Stämme, darunter solche von 11 m Höhe und 34 cm Durchmesser], ferner bei Altenbamberg, Lemberg, im Huttental, bei Grünstadt und Kallstadt) bis ins Rheinland (im unteren und mittleren Nahetal [z. B. in der Reservation bei Waldböckelheim], im ganzen Moseltal bis Koblenz in Menge [besonders grosse Exemplare bei Bestrich], im Elztal bis zum Schloss Pyrmont, im Ustal bis Bertrich). Oestlich des Rheins im Lahntal bei Holz= appel und dann wieder vereinzelt, aber möglicherweise nur aus Burggärten verwildert, im Maingebiet (Ruine Karlsburg, Karlstadt, bei Euerdorf, Saaletal, bei Kissingen, Schweinfurt, Sodenberg, Ruine Trimburg, Elfershausen, Gössenheim a. W.[1])). Anderwärts seit 1739 öfters in Gärten. — In Oesterreich wild nur im Küstenland (auf dem Karst verbreitet), in Krain, Friaul (z. B. ob Gradisca bei der Wip= pach) und Südtirol (auf den Hügeln ob Avio gegen den Monte Baldo, angeblich auch im Val Manara bei Trient); sonst nur kultiviert, z. B. in Steiermark (auf dem Grazer Schlossberg und bei Maxau ± verwildert) und in Salz= burg (auf dem Mönchsberg). — In der Schweiz nur im südlichen Jura bei Genf (am Fort de l'Ecluse von Reuter und Theobald entdeckt, auch auf dem Mont Vuache, am benachbarten Salève wohl nur angepflanzt); sonst nur vereinzelt in Gärten.

Allgemeine Verbreitung: Fast im ganzen Mittelmeergebiet: von Turkestan, Nordpersien, Transkaukasien und Syrien (Libanon, Hermon) durch die Balkanländer bis Süd= ungarn (an der Donau bis Naszádos, auch im südwestlichen Grenzgebiet), Krain, Istrien und Italien (von Ostfriaul, Verona und Brescia bis Calabrien und auf den grossen Inseln), Süd= und Ostfrankreich bis in den Jura und bis zum Mittelrhein; Spanien; Marokko, Algerien und Tunesien. Anderwärts öfters kultiviert (auch noch in Dänemark).

Fig. 1859. Verbreitung von Acer Monspessulanum L. und A. Opalus Miller in Mitteleuropa. Orig. von H. Gams.

Acer Monspessulanum variiert nur wenig und die verschiedenen Formen sind durch Uebergänge ver= bunden. Ausser dem Typus (f. genuínum Pax, = f. Gállicum Schwerin, = f. microphýllum Boiss.?) seien genannt: f. Libúrnicum Pax (= A. denticulátum hort., = A. littorále hort.). Blattlappen sehr stumpf, gezähnt. Einzelne Laubblätter fast 5=lappig. Meist nur in Kultur. Auch in Franken (Mühlbach bei Karlstadt). Aehnliche Laubblätter werden auch beim Typus im Sommer öfter gebildet. — f. Martini (Jordan) Chabert. Eine Form mit deutlich 5=lappigen Laubblättern. Bisher nur aus Savoyen (Étroit du Cilix) bekannt (die anderen Angaben beziehen sich auf Bastarde). — f. Illýricum Tausch. Blattlappen schmäler und spitzer als beim Typus. Eine ostmediterrane Form. — f. Rumélicum Griseb. (= f. commutátum [Presl] Borbás, = f. cruci= átum Pax). Blattlappen stumpf. Fruchtflügel kreuzweise übereinander gebogen. Istrien, Serbien, Banat. — f. Cassinénse Terracciano. Früchte lebhaft rot. Wohl nur in Kultur.

Im Miozän war das nah verwandte A. decípiens Heer in Mitteleuropa weit verbreitet. Zu A. Opalus überleitende Zwischenformen, wie solche noch jetzt in Turkestan leben (A. pubéscens Franch. und A. Regélii Pax), sind schon aus dem Eozän Südfrankreichs bekannt (A. crassinérvium Ettingsh.). Am Mittelrhein wuchs A.

---

[1]) Nach Landauer (Berichte der Bayerischen Botanischen Gesellschaft. Bd. II, 1892) geht im Main= gebiete die Sage, dass A. Monspessulanum, das sich z. T. in der Nähe alter Burgen findet, durch Kaiser Karl den Grossen angepflanzt worden sei.

Monspessulanum schon im Oberpliozän (bei Frankfurt mit Staphylaea, Buxus usw. nach Kinkelin). Es ist die am meisten wärmebedürftige der nördlich der Alpen vorkommenden Ahorn-Arten. Das westdeutsche Areal hat die Art nicht über den Schweizer Jura erreicht, sondern durch die Burgundische Pforte von der Saône und von der oberen Mosel (Fig. 1859) her, ähnlich wie z. B. Carex binervis und C. hordeïstichos, Polygala calcarea und Helianthemum guttatum. Auch in Südeuropa steigt sie meist nicht höher als Ostrya carpinifolia. Zu ihren häufigsten Begleitern zählen im Karstwald Quercus pubescens, Ostrya carpinifolia, Rhamnus rupestris und R. saxatilis, Prunus Mahaleb und P. spinosa, Laburnum anagyroides, Colutea arborescens, Cotinus Coggygria, Evonymus verrucosa, Paliurus australis, Daphne alpina usw. Viele dieser Arten begleiten A. Monspessulanum auch im „Šibljak" der Balkanländer und im südlichen Jura, so beim Fort de l'Ecluse Laburnum anagyroides und L. alpinum, Colutea arborescens, Acer Opalus, Amelanchier ovalis, Ruscus aculeatus, Sedum rupestre subsp. ochroleucum, Helianthemum Apenninum, Astragalus Monspessulanus usw. Im Main-Hügelland zwischen Grettstadt und Karlstadt tritt der Relikt-Charakter des Baumes für Mitteleuropa deutlich in die Erscheinung, indem er die heissen Triashänge zusammen mit Stipa pennata, Helianthemum Appeninum und H. canum, Rosa pimpinellifolia und Lactuca quercina besiedelt, während die Talwiesen durch Schoenus nigricans, Cladium Mariscus, Allium acutangulum, Iris Sibirica, Primula farinosa, Gentiana verna, Phyteuma orbiculare, Cirsium bulbosum, Teucrium Scordium, Inula Britannica usw. ausgezeichnet werden. — Die Blüten werden nach H. Lohwāg (in Oesterr. Botan. Zeitschrift 1910) schon Mitte Juli des Vorjahres angelegt.

Fig. 1860. Acer Opalus Miller subsp. Italum (Lauth) Gams, ob Brancon im Wallis. Phot. H. Gams.

Forstwirtschaftlich kommt der Art eine sehr geringe Bedeutung zu, da sie abgesehen von ihrer Seltenheit sehr langsam wächst und meist strauchig bleibt. Das Holz ist ähnlich dem des Massholders, aber weicher und etwas schwerer (spez. Gewicht lufttrocken 0,85 bis 0,90). Auch auf dieser Art tritt Rhytisma acerinum auf.

1875. Acer Opalus Miller (= A. Opulus Aiton, = A. opulifólium[1]) Vill. incl. A. Italum Lauth und A. obtusátum Waldst. et Kit.). Frühlings-Ahorn, Stumpfblätteriger oder Schneeballblätteriger Ahorn. Franz.: Érable printannier, érable ayart, érable de Mahon ou des Italiens; im Jura: Muret; im Schweizer Rhonetal: Derre, doray, duré; ital.: Loppo, conocchia, acero neapolitano. Fig. 1859, 1860, 1861 und 1862.

Bis 12, seltener bis 20 m hoher Baum mit bis gegen $^1/_2$ m mächtigem, knorrigem Stamm und runder, breiter, sparrig verzweigter Krone, oder Strauch. Borke ziemlich glatt, graubraun, abschuppend. Zweige von Anfang an kahl oder jung behaart und bald verkahlend, stielrund, glatt, glänzend rotbraun oder olivbraun. Knospen gross, fast stielartig abgesetzt, oft von kurzen Haaren wie bereift. Blattnarben nicht zusammenstossend. Laubblätter mit ± 3 bis 6 (2 bis 9) cm langem, oft rötlichem Stiel und rundlicher, ± 4 bis 12 cm langer und meist ein wenig breiterer, am Grund herzförmiger oder gestutzter, nur zu $^1/_5$

---

[1]) Nach der Aehnlichkeit der Laubblätter mit denjenigen von Viburnum Opulus, dem Schneeball. Die Art wurde zuerst von Rajus als Acer maius, folio rotundiore, minus laciniato beschrieben, aus der Schweiz zuerst von Reynier.

bis ¹/₃ (selten bis ¹/₂) in 5 oder seltener nur 3 stumpfe, gekerbte oder gezähnte, seltener ganzrandige Lappen geteilter, derber, stark vortretend fieder= und netznerviger Spreite, ober= seits kahl, glatt, meist dunkelgrün (bei der Entfaltung oft rötlich, im Herbst leuchtend rot), unterseits hellgraugrün, dicht behaart, entweder dauernd oder bald ± vollständig verkahlend. Blüten an ± 3 bis 4 cm langen, kahlen oder behaarten Stielen in sitzenden, fast doldenartig verkürzten, meist nickenden (seltener aufrechten) Doldentrauben an kurzen, grosse Hochblätter und einige Laubblätter tragenden Kurztrieben, meist etwas vor dem Laub sich entfaltend. Kronblätter meist nicht oder nur wenig länger wie die gleichfalls lebhaft grünlichgelben Kelch= blätter, ± 4 bis 6 mm lang. Staubblätter in den männlichen Blüten fast doppelt so lang. Fruchtknoten locker behaart, bald völlig kahl. Teilfrüchte stark gewölbt, kantig, hart, mit stark vortretenden Netznerven und ± 2 bis 3 cm langen, fast rechtwinklig spreizenden bis parallelen, breit abgerundeten Flügeln. — IV (V).

In lichten Laubwäl= dern der collinen und mon= tanen Stufe der südeuro= päischen Gebirge; im Gebiet nur in den Süd= und West= alpen und im Jura.

Allgemeine Ver= breitung: Südeuropäische Gebirge von der Sierra Ne= vada (auch im Atlas) bis zur Krim, Kleinasien und dem Libanon, nördlich bis in den Jura, die Südalpen und Illy= rischen Gebirge.

Acer Opalus ist eine sehr alte Art. Ihre Stammart, A. Mas= siliénse Saporta (= A. opulifólium pliocénicum Saporta, = A. opu= loides Heer) ist im Oligozän Frank= reichs, im Miozän der Schweiz und im Pliozän Frankreichs gefunden worden. In Turkestan leben 2 an=

Fig. 1861. Acer Opalus Miller subsp. Italum (Lauth) Gams. *a* Laubblatt der f. ro= tundifolium (Lam.) Chabert. *b* Johannistrieb mit atavistischen Blattformen. *c* Blüten= spross. *d* Blütenspross einer Gartenform *e* Fruchtspross derselben. *f* Männliche Blüte. *g* Zweig mit Früchten.

scheinend zu A. Monspessulanum überleitende Arten, A. pubéscens Franch. und A. Regélii Pax. Die zahlreichen, noch ungenügend bekannten Formen lassen sich auf mehrere Unterarten verteilen, von denen für uns nur 2 in Betracht kommen. Das ostmediterrane A. Hyrcánum Fischer et Meyer, das von Kroatien bis Griechen= land, zur Krim und zum Libanon angegeben wird und das Pax als Unterart zu A. Italicum gestellt hat, umfasst nach Maly und Chabert wohl nur verschiedene Bastarde von A. Opalus und A. Monspessu= lanum. Das Holz einer von Pax zu A. Hyrcanum gestellten Rasse der Krim wird besonders zu Rad= speichen verwendet, weshalb der Baum bei den dortigen Tataren Giaur=agatsch = Radahorn heisst.

1. subsp. **Italum** (Lauth) Gams (= A. Italum Lauth, = A. Itálicum Lauche, = A. Italum Lauth subsp. variábile Pax [inkl. subsp. Hispánicum (Pourret) Pax] und subsp. occidentále Schwerin, = A. opulifólium Vill. s. str. und var. genuínum Ducommun, = A. rotundifólium Lam. s. str.) Fig. 1860, 1861 und Fig. 1859.

Zweige kahl, glänzend rotbraun. Laubblätter bis über 11 cm lang und bis 13 cm breit, mit meist kurzen, ± stumpf gekerbten Lappen, unterseits anfangs fast zottig behaart, aber sehr bald bis auf die Nervenwinkel ver= kahlend, im Herbst leuchtend rot. Blütenstiele völlig kahl, von Anfang an hängend. Kelchblätter 5 bis 6 mm lang, fast so lang wie die Kronblätter. Fruchtflügel ± parallel, wenig verbreitert. — IV.

In Laubwäldern und Buschweiden, seltener auch Nadelwäldern der Westalpen und des Jura, in der collinen und montanen Stufe, im Jura bis 1200 m, im Unterwallis bis 1450 (angeblich bis 1600) m, in Savoyen bis gegen 1500 m, in den Sevennen bis 1360 m, in den Pyrenäen bis 1760 m.

Im Schweizer Jura von Genf bis in den Solothurner Jura sehr verbreitet und stellenweise häufig, vereinzelt bis Basel (Dornacherberg, Arlesheim, Birsegg [hier zirka 70 Stämme], Gobenrain) und in den Aargauer Jura (Rohrerfluh und Zwylfluh ob Obererbisbuch, Grat ob Friedheim, Krummulte, angeblich auch am Martinsberg und Geissberg bei Baden). Vielleicht kam die Art früher auch im Elsass vor (nach Mappus angeblich auf dem St. Ottilienberg und bei Hochfeld, nach Montandon und Friche bei Pfirt und Sondersdorf), doch wurde sie dort in neuerer Zeit nicht mehr beobachtet. Vom Genfersee bis in die Waadtländer- und Freiburger Alpen, ganz vereinzelt bis zum Saanetal, im Wallis nördlich der Rhone bis gegen Leuk, südlich der Rhone bis gegen Charrat. — Die Angaben aus Tirol (Monte Baldo und Vorarlberg) beziehen sich jedenfalls nur auf grossblätterige Formen von A. campestre, diejenigen aus Krain (Südhänge des Nanos) wohl auf verkahlende Formen der folgenden Unterart.

Allgemeine Verbreitung: Südspanische Gebirge (A. Hispánicum Pourret, = A. tomentósum Dulac, = A. Italum var. Valentínum Pau und subsp. Hispánicum Pax), Mallorca, Algerien (sehr selten, wohl dieselbe Rasse), das typische Italicum (= subsp. variábile Pax) im östlichen Frankreich (im Rhonetal von der Provence bis in den Jura [etwa bis Pontarlier] und von den Seealpen bis Savoyen, in der Westschweiz, im Tal von Susa und im nördlichen und mittleren Apennin, Sizilien, Korsika. Fossil in den interglazialen Ablagerungen von La Perle (Aisne, dort mit Cercis), Resson bei Paris (mit Buxus).

Die Laubblätter variieren in der Form und Grösse ausserordentlich. Als Hauptformen kann man f. nemorále Chabert (= A. Italicum var. opulifólium Pax, = A. opulifólium Vill. s. str.) mit am Grund gestutzten bis schwach keilförmigen und schärfer gezähnten Spreiten und f. rotundifólium (Lam.) Chabert (= var. Ópalus [Ait.] Pax) mit am Grund herzförmigen Laubblättern (Fig. 1861 a) unterscheiden. Nach Pax soll erstere Form auf das Rhonetal und den Jura, letztere, der er aufgerichtete Blütenstände zuschreibt, auf Italien beschränkt sein. In der Westschweiz kommen jedoch beide Formen so häufig nebeneinander und mit so vielen Uebergängen vor, dass kaum geographische Rassen vorliegen. — Ab

Fig. 1862. Acer Opalus Miller subsp. obtusatum (Waldst. et Kit.) Gams. *a* Laubspross. *b* Blütenspross. *c* Männliche, *d* Weibliche Blüte. *e* Fruchtstand.

und zu trifft man auch, besonders an Johannistrieben, einzelne atavistische Laubblätter mit 3 tiefer geteilten, fast ganzrandigen Lappen (Fig. 1861 b). Hieher dürfte wohl auch die aus Savoyen als A. Martini Jordan bezeichnete Form gehören, die Pax zu der ausschliesslich ostmediterranen subsp. Hyrcánum stellt. Das bei Genf gefundene A. Martini Jord. wird dagegen bald als Rasse von A. Monspessulanum, bald als Bastard Opalus × Monspessulanum gedeutet. — Eine Form mit Korkwarzen beschreibt L. Raemy in Schweiz. Zeitschr. f. Forstwesen. Bd. LXVI, Heft 7/8, 1905.

Die subsp. Italum wird sowohl für den Jura wie für Italien als kalkhold und kalkstet bezeichnet, wogegen sie im Rhonetal ebensogut auf kalkarmer (freilich nur neutraler, nicht saurer) wie auf kalkreicher Unterlage wächst. Sie tritt meist ähnlich wie A. platanoides und oft mit dieser Art zusammen in Eichen- und Buchenwäldern eingestreut auf, ist jedoch wärmebedürftiger. Im Jura wächst sie an den warmen Südhängen mit Quercus pubescens, Sorbus Aria und S. torminalis, Prunus Mahaleb, Coronilla Emerus, Buxus sempervirens, Ilex Aquifolium, im Südjura auch mit Acer Monspessulanum und Laburnum anagyroides, im Wallis mit den genannten Arten (ausser Buxus und den beiden letztgenannten) und besonders auch mit Cornus mas, Tilia platyphyllos, Acer campestre, Corylus Avellana, Rubus ulmifolius usw. In den trockeneren Teilen des Mittelwallis ist sie wie die Buche, Weisstanne, Eibe und Laburnum alpinum auf den Gürtel von zirka 900 bis 1400 m ü. M. beschränkt, wo häufige Nebel grössere Feuchtigkeit bringen. Mit A. Pseudoplatanus, das sich in höheren Lagen ebenfalls beigesellt, gehört A. Opalus zu unseren schönsten Bäumen. Oft schüttet er schon in den ersten Apriltagen, stets mehrere Tage vor A. platanoides, seine zitronengelben Blütenbüschel aus, die sich plötzlich über Nacht entfalten und die knorrigen Gestalten in einen zarten Blütenschleier hüllen. Bald darauf erscheint das anfänglich bleichrötlich gefärbte, unterseits gelblichschimmernd behaarte Laub. Die Herbstfärbung ist ein leuchtendes Rot, das mit dem Dunkelgrün der Stammoose (besonders Leucodon sciuroides) prächtig kontrastiert und in der Flora der Westalpen an Farbenpracht nur von Cotinus Coggygria und Arctostaphylos alpina erreicht wird. Die Buntheit des unterseits durch Wachsüberzug weisslichen Laubes wird durch das Schwarz des Runzelschorfs (Rhytisma acerinum) und das Weiss des Mehltaus (Uncinula aceris) noch erhöht. Die oft sehr knorrigen Stämme erreichen im Wallis einen Durchmesser von 60 cm. Das Holz wird ähnlich wie dasjenige von A. platanoides zu allerlei Geräten verarbeitet, das ziemlich lederige Laub nur als Viehfutter gesammelt. — Das disjunkte Areal im Tal von Susa, wo auch Quercus Tozza ein ganz isoliertes Vorkommen zeigt, wird von G. Negri (L'Acer Opalus Mill. nel bosco submontano di Valle di Susa. Ann. Accad. Agricolt. Torino, Bd. LXIV, 1921) wohl mit Recht als Relikt aus der postglazialen Wärmezeit gedeutet. Der Baum wird seit dem Anfang des 19. Jahrhunderts in Gärten gezogen.

2. subsp. **obtusátum** (Waldst. et Kit.) Gams (= A. opulifólium var. tomentósum Koch, var. obtusatum Vis. und var. velútinum Boiss., z. T. = A. Neapolitánum Ten.). Fig. 1862 und 1859.

Zweige mehr olivbraun. Laubblätter $\pm$ 6 bis 8 (bis 12) cm lang und 10 (bis 18) cm breit, mit 5 stumpfen, gekerbten oder gesägten Lappen, beim Austreiben orange, unterseits dicht weissseidig-filzig, später grau weichhaarig. Blütenstiele erst beim Verblühen hängend, behaart. Kelchblätter deutlich kürzer als die 5 bis 10 mm langen Kronblätter. Flügel der Früchte oft in $\pm$ rechtem Winkel spreizend, stark verbreitert, sonst wie bei voriger Unterart. — IV, V.

An ähnlichen Standorten wie die vorige Unterart; im Gebiet nur im Küstenland und in Krain, z. B. auf dem Sissol, Monte Maggiore und an den Südhängen des Nanos, sonst mehrfach als Parkbaum gepflanzt.

Allgemeine Verbreitung: Nördliche Balkanländer, von Krain, Istrien und Kroatien durch Dalmatien, Bosnien, die Herzegowina und Serbien bis Rumelien und zum Pindus; in Italien typisch (var. genuínum Pax) anscheinend nur im Süden (Kalabrien und Sizilien), die stärker abweichende var. Neapolitánum (Tenore als Art, Pax als subsp. von A. obtusatum) bei Neapel; die var. Africanum Pax im Atlas (Algerien und Marokko). In Kultur ist diese Unterart auch noch im südlichen Norwegen und Schweden. In einer älteren Interglazialzeit war sie am Südfuss der Alpen weiter verbreitet (bei Pianico Sellere mit Castanea sativa, Vitis vinifera, Rhododendron Ponticum, Philadelphus coronarius usw.).

Das rötlichweisse, zähe Holz eignet sich besonders für die Möbelschreinerei.

Uebergänge zur vorigen Unterart scheinen besonders in Italien vorzukommen. Eine solche ist die in Gärten kultivierte var. **malváceum** (Pax) (= A. obtusatum subsp. malvaceum Pax und subsp. glabréscens Schwerin) mit tief herzförmigen, bald verkahlenden Laubblättern, deren halbkreisförmige Lappen sich oft gegenseitig decken. Hiezu dürfte auch die vom Nanos als A. opulifolium angegebene Form gehören. — Die von beiden Unterarten beschriebenen und z. T. kultivierten Bastarde siehe am Schluss der Gattung.

1876. Acer Negúndo[1]) L. (= Negundo aceroídes Moench, = N. Virginiánum Medikus, = N. fraxinifólium Nutt., = N. trifoliátum Raf., = N. lobátum Raf. non auct. plur., = N. Negundo Karst., = Negúndium fraxinifolium Raf., = Acer Fauriéi Lév. et Van., = Rúlac negundo Hitchcock). Eschen-Ahorn. Fig. 1863a.

In Amerika heisst die Art Box-Elder, da sie vorzugsweise zu Einfriedigungen verwandt wird.

Bis 6 (selten 25) m hoher, oft mehrstämmiger Baum, mit breiter, locker und unregelmässig verzweigter Krone. Aeste mit gelbgrauer, fein längsrissiger Borke. Zweige öfters überhängend, meist kahl, glänzend, die 1- bis 2-jährigen oft weisslich oder bläulich bereift. Knospen nackt, nur vom Blattgrund geschützt. Laubblätter unpaarig 3-, 5- oder (selten) 7-zählig gefiedert (eschenähnlich); Fiederblättchen sehr verschiedenartig, $\pm$ gestielt, meist länglich-eiförmig, spitz, $\pm$ 5 bis 13 cm lang und 2 bis 7$^1/_2$ cm breit, ganzrandig oder oft eingeschnitten gelappt und ungleich grob gezähnt, dünn, fiedernervig, kahl oder unterseits (selten beiderseits) $\pm$ behaart. Blütenstände meist lang, vor oder mit dem Laub sich entfaltend, 2-häusig. Männliche Blüten an langen,

---

[1]) Das indische (malabarische) Wort bezeichnet ursprünglich die Verbenacee Vitex Negundo, die ein ähnliches Laub besitzt.

± behaarten Stielen in an Kurztrieben seitenständigen, doldig verkürzten, hängenden Trauben (Fig. 1863 a), klein, ohne Kronblätter und ohne Diskus, mit meist 5= (4=)blätterigem Kelch und 4 bis 6 langen, bespitzten Staubblättern, ohne Fruchtknotenrudiment. Weibliche Blüten in an besonderen Kurztrieben endständigen, armblütigen, hängenden Trauben (Fig. 1863 b), mit 4= oder 5=teiligem, kleinem Kelch und behaartem, später bald verkahlendem Fruchtknoten mit 2 langen völlig getrennten Narbenästen (Fig. 1863 d), ohne Kronblätter, Staubblätter und Diskus. Teilfrüchte länglich=walzlich, vortretend gerippt, mit den spitzwinklig spreizenden oder bogenförmig gegeneinander gekrümmten, vorn etwas verbreiterten Flügeln ± 3 cm lang. — IV, V.

Die aus Nordamerika stammende Art wird im Gebiet als Alleebaum und in Gärten häufig ge= pflanzt (im Bayerischen Wald z. B. bei St. Oswald noch bei 830 m) und ist mancherorts in Fluss= und See= niederungen, Auengehölzen, an Gräben usw., auch auf sandigen Hügeln in Kiefernwäldern verwildert und eingebürgert, so z. B. bei Lauffen (Württem= berg), bei Frankfurt a. Main, bei Basel und Lenz= burg in der Schweiz, bei Meran in Tirol, bei Radkersburg in Steiermark usw.

Allgemeine Verbreitung: Nord= amerika von Vermont über New=York bis Nord= Florida, der Typus westlich bis zum Ostabhang des Felsengebirges und Neu=Mexiko, südlich bis Mexiko; in Arizona, Utah, Texas usw. übergehend in die subsp. Californicum der pazifischen Küste von San Franzisko bis zu den San Bernardino= Mountains.

Der Eschen=Ahorn wurde 1688 nach Europa ge= bracht und erfreute sich durch sein ausserordentlich schnelles Wachstum — Jahrestriebe von 1 bis 1½ m, Hochstämme schon in 3 bis 4 Jahren — rasch grosser Beliebtheit. In besonderer Menge wurde er z. B. im Ober= rheingebiet (im Elsass seit 1770, als Alleebaum seit 1811) und in den Donauländern angepflanzt. Das Wachstum nimmt jedoch nach einigen Jahren rasch ab, bleibt bald hinter dem der einheimischen Ahorne zurück und hört mit dem 40. bis 50. Jahre ganz auf; auch erreichen die Bäume kein hohes Alter. Die recht ungünstigen forstlichen Er= fahrungen, die sogar zu einer allgemeinen Verachtung

Fig. 1863 a. Acer Negundo L. *a* Spross mit männlichen und *b* mit weiblichen Blütenständen. *c* Männliche und *d* weibliche Blüte im Längsschnitt (*c* und *d* nach Pax). *e* Fruchtspross. *f* Junge, *g* reife Frucht. *h* Laubblatt einer krausblätterigen Weissrandform. *i* Chlorophyllfreie Keim= pflanzen aus weissen Samen.

des Baumes führten, beruhen jedoch nach dem Grafen Fritz v. Schwerin (Zur Ehrenrettung des Acer Ne= gundo. Mitteil. der Deutsch. dendrolog. Gesellsch. 1919, pag. 146/150) zum guten Teil auf unrichtiger Kultur, vor allem auf zu trockenem Boden, was die sehr feuchtigkeitsliebende Art schlecht erträgt. Das Holz ist gelblich, hart und spröde, schwer=, aber glattspaltig, leicht (spez. Gewicht frisch 0,84 bis 1,00, trocken 0,55 bis 0,60), wenig dauerhaft und daher auch in der Heimat des Baumes wenig geschätzt, höchstens zu billigen Hausgeräten, Papiermasse usw. geeignet. Schwerin empfiehlt die Art für den Niederwaldbetrieb auf nassem Boden. Sie hat den Vorteil, dass sie fast gar nicht unter Schmarotzern zu leiden hat und dass die sehr bittere Rinde vom Wild weniger als die aller unserer Laubhölzer benagt wird. Ueber eigenartige Wildbeschädigungen vgl. Graf v. Schwerin, Wirkung der Veränderlichkeit chemischer Eigenschaften auf den Wildschaden, Mitteil. der Deutsch. Dendrolog. Gesellsch. 1920. Der Saft wird in Amerika gelegentlich zur Zuckergewinnung gewonnen. Das Laub hat als Teeersatz Verwendung gefunden. Als Zierbaum hat der auffallend hell belaubte Eschen=Ahorn den Vorteil, dass er die Stadtluft sehr gut erträgt. Beschneidung der Krone ist zu unterlassen, da sie zu argen

Verunstaltungen führt. — Ueber die Zytologie vgl. Mottier in Annales de botanique, Bd. XXVIII, 1914, pag. 115. Die Art wird vielfach als Typus einer besonderen Gattung (Negundo) angesehen.

Für forstliche Zwecke ist einzig die var. pseudocalifórnicum Schwerin (= var. Califórnicum Kirchner non A. Californicum Torr. et Gray) mit grünen, dicht weiss bereiften Zweigen brauchbar. Bezüglich der zahlreichen Gartenformen mit kahlen, behaarten oder weiss bis violett bereiften Zweigen, grünem, krausem, oder weiss-, gelb- und rot-buntem Laub muss auf die Zusammenstellungen von Schwerin und Pax (in Englers Pflanzenreich, pag. 42/44) verwiesen werden. Die 1903 beschriebenen 39 Gartenformen haben sich seither beträchtlich vermehrt. Besonders beliebt sind die weissrandigen Periklinalchimären (f. argenteo-variegátum Bonamy u. a.); doch kommen auch Sektorialchimären und grünrandige Periklinalchimären vor. Bei allen werden häufig rein grüne und rein weisse Zweige beobachtet. Vgl. Lakon, G. Die Weissrand-panaschierung von Acer Negundo L. Zeitschr. für indukt. Abstammungs- und Vererbungslehre, Bd. XXVI, 1901; über den Stoffwechsel der Chimären: Timpe, H. Panaschierung und Transpiration im Jahrb. Hamb. Wissensch. Anst. Bd. XXV, 1906. — Das Laub ist bei dieser Art ganz besonders variabel. Die Laubblätter des ersten Paares sind ungeteilt und ganzrandig, die des zweiten gezähnt, die des dritten dreizählig. Eine abnorme Form mit mehrzählig gefingerten Laubblättern beschreibt G. Lakon (Zeitschrift für Pflanzenkrankheiten. Bd. XXVII, 1917, pag. 100/102). An ihrer Entstehung sollen kalte Nächte schuld sein. — Die echte subsp. Califórnicum (Torrey et Gray sub Negundo, Dietrich als Art von Acer, Wesmael als var. von A. Negundo) mit jung dicht behaarten Zweigen und anfänglich beiderseits, später unterseits filzig behaarten Blättchen ist erst 1860 nach Europa gelangt. Sie ist weniger winterhart als die Stammart, überdauert jedoch noch z. B. in Breslau und in Dänemark. Die Samen, die nur in milden Gebieten regelmässig keimen (z. B. in München nur ausnahmsweise, am Bodensee dagegen regelmässig), sind von einer spelzenartigen Endokarphülle eng umschlossen. Diese schützt sie, wie Kinzel gezeigt hat, gegen Schädigung durch beschleunigte Atmung und Frost, die nach Entfernung dieser Hülle und bei Lichteinwirkung die meisten Samen zugrunde gehen lassen, wogegen die behüllten Samen trocken selbst ziemlich hohe Kältegrade ertragen.

Bastarde von Acer sind in grösserer Zahl bekannt, werden jedoch nur sehr selten und anscheinend in Europa nur innerhalb der Sektion Campestria spontan angetroffen. Von diesen kommen alle binären Kombinationen vor: A. campestre L. × A. Monspessulanum L. (= A. Bornmülléri Borbás, = A. Perriéri Chabert?). Mit Sicherheit nur aus der Herzegowina und Frankreich (nach H. de Boissieu in Bulletin de la

Fig. 1863b. Acer campestre L. bei Gundelshausen (Württemberg). Umfang unter der Teilung 4,4 dm. Phot. Forstamtmann O. Feucht, Bad Teinach.

société botanique de France, LIX, 1912) bekannt, angeblich auch in Griechenland. — A. campestre L. × A. Opalus Miller subsp. Italum (Lauth) (= A. Guyóti Beauverd). An der Tournette in Savoyen, bei Martigny und La Balme im Wallis. — A. Monspessulanum L. × A. Opalus Miller (= A. Hyrcánum Fischer et Meyer). Anscheinend überall, wo beide Arten zusammen vorkommen. A. Monspessulanum L. × A. Opalus Miller subsp. Italum (Lauth) (= A. Peronái Schwerin, = A. Perriéri Chabert sec. Maly, = A. Italum subsp. Hyrcanum Pax p. p. non Fisch. et Mey.). Mehrfach in Ostfrankreich (z. B. in Savoyen, an der Schweizergrenze bisher nur beim Fort de l'Ecluse gefunden) und in Italien. A. Monspessulanum L. × A. Opalus Miller subsp. obtusatum (Waldst. et Kit.) (= A. Hyrcánum Fisch. et Mey. s. str.). Besonders in Formen mit lang und spitz gelappten Laubblättern vielfach im östlichen Mittelmeergebiet. Wahrscheinlich gehört hiezu auch das nur in Kultur bekannte A. rotundílobum Schwerin mit auffallend schwach gelappten Laubblättern. — Von Bastarden zwischen Vertretern verschiedener Sektionen werden besonders folgende angegeben und z. T. kultiviert: A. Opalus Miller × A. platanoides L.? (= A. Sabaúdum Chabert). Pointe d'Orgevaz in Savoyen (vgl. Chabert, A. Les Érables de la Savoie. Bull. Soc. bot. de France. Bd. LVI, 1909, pag. 383/89). — A. campestre L. × A. platanoides L. subsp. laetum L. (= A. Diéckii Pax, = A. platanoides (C. A. Meyer) var. integrilobum Zabel), vgl. Fig. 1852b. — A. campestre L. × A. platanoides L. subsp. Lobelii (Tenore) (= A. Zoeschénse Pax). — A. Opalus Miller subsp. Italum (Lauth)? × A. Pseudoplatanus L. (= A. hýbridum Spach). — A. Opalus Miller subsp. obtusatum (Waldst. et Kit.)? × A. Pseudoplatanus L. (= A. Duréttii [hort.] Pax). — A. Monspessulanum L. × A. Pseudoplatanus L. (= A. Créticum Schmidt non L., = A. hýbridum Baudriller non Spach, = A. barbátum hort. non Michx.). — A. Monspessulanum L. × A. Tataricum L. (= A. pusíllum Schwerin, = A. Bóscii Koch non Spach). — A. Pennsylvanicum L. × A. Tataricum L.? (= A. Bóscii Spach). — Weiteres über Ahornbastarde in den pag. 264 angeführten Werken von Pax, sowie bei Camus in Journal de Botanique. Bd. XIII, 1899 und bei Simonkai in Ungar. Botan. Blätter. Bd. VII, 1908.

77. Fam. **Hippocastanáceae**[1]). Rosskastaniengewächse.
(Bearbeitet von H. Beger.)

Sommergrüne Bäume oder Sträucher mit gegenständigen, aus 3 bis 9 Blättchen fingerförmig zusammengesetzten Laubblättern. Nebenblätter fehlend. Blüten vielehig, schief zygomorph, mit Kelch und Krone (Fig. 1864 h), ansehnlich, in endständigen Wickeltrauben. Kelchblätter 5, frei oder verwachsen, in der Knospenlage dachig. Kronblätter 4 oder 5, ungleich, kurz benagelt. Staubblätter 5 bis 8, frei, mit aufrechten oder abwärts gebogenen Staubfäden und introrsen Staubbeuteln. Diskus ausserhalb des Staubblattkreises, ungeteilt oder gelappt, oft einseitig entwickelt. Fruchtblätter 3, einen 3=fächerigen (Fig. 1866 h), oberständigen Fruchtknoten bildend, mit verlängertem Griffel und einfacher Narbe. Samen je zu 2 in jedem Fach, mit 2 Integumenten, in der Regel verschieden angeheftet: der untere absteigend mit rückenständiger Raphe, der obere aufsteigend mit bauchständiger Raphe oder wagrecht abstehend. Kapsel lederartig, meist 1=, seltener 2= oder 3=fächerig (Fig. 1866 k, o), 1=samig, fachspaltig, 3=klappig aufspringend. Samen gross, rundlich, mit glänzender, lederartiger Schale und flachem, grossem, mattem Nabelfleck, ohne Nährgewebe. Keimling gross, mit dicken, halbkugeligen Keimblättern und einem in einer durch Verdoppelung der Samenschale gebildeten Tasche liegenden Würzelchen (Fig. 1865 f).

Die insgesamt nur etwa 18 Arten umfassende Familie steht, wie auch die sero=diagnostischen Untersuchungen von Hoeffgen gezeigt haben, den Sapindaceen und Aceraceen sehr nahe und zerfällt in die beiden eng verwandten Gattungen **Aesculus** L. und **Billia** Peyritsch. Letztere ist tropisch und unterscheidet sich von Aesculus im wesentlichen nur durch 3=fingerige Laubblätter, fast freie Kelchblätter und den exzentrischen Diskus. Sie besitzt einen Vertreter, B. Hippocástanum Peyr., im mexikanischen Hügelland und einen zweiten, B. Columbiána Pl. et Lind., in Neu=Granada, Venezuela und Guatemala. Aesculus berührt die Tropen nur in Ostindien und ist sonst auf die Subtropen und die gemässigte Zone der nördlichen Hemisphäre beschränkt. Die Polargrenze der Familie fällt also mit der von Aesculus zusammen und wird in Europa von A. Hippocástanum L. (Bulgarien, Nord=Griechenland), in Asien von A. Indica Colebr. und A. punduána Wall. (Himalaya), A. Chinénsis Bunge (Nord=China), A. turbináta Bl. und A. dissímilis Bl. (Japan), in Amerika von A. octándra Marsh. (südliches Canada) gebildet. Im Tertiär lag — wenigstens in Europa — die Grenze bedeutend nördlicher, wie Funde aus dem Miozän von Bilin in Böhmen (Palaeohippocástanum Ettingsh.), aus dem Pliozän von Wielizka und Frankfurt a. M. (an letzterem Ort vielleicht A. Hippocastanum) und aus interglazialen Ablagerungen bei Leffe in den Bergamasker Alpen (A. Hippocastanum sehr nahestehende

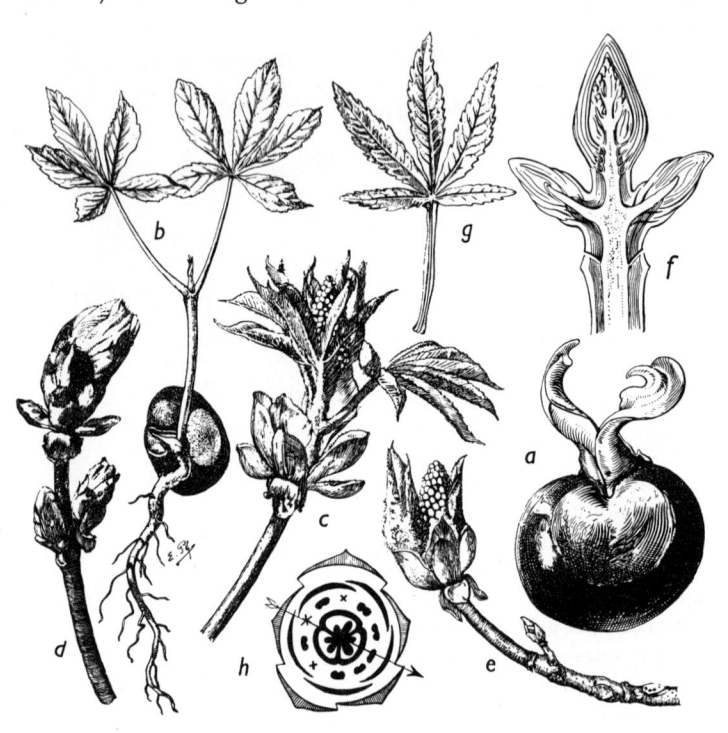

Fig. 1864. Aesculus Hippocastanum L. *a* Auskeimender Samen. *b* Keimpflanze. *c, d* und *e* Austreibende Sprossspitzen mit Knospenschuppen, bezw. Knospenschuppen und Laubblättern. *f* Längsschnitt durch einen Sprosstrieb. *g* Uebergangsgebilde zwischen Knospenschuppe und Laubblatt. *h* Blütendiagramm (nach Marktanner).

---

[1]) Abgeleitet von ἵππος [híppos] = Pferd und κάστανος [kástanos] = Edelkastanie; infolge der äusseren Aehnlichkeit der Früchte der Familie mit den Scheinfrüchten von Castanea sativa. Die Verbindung beider Namen wurde deshalb geschaffen, weil die Türken ihre Pferde mit den Samen als Mittel gegen Husten fütterten.

oder mit ihr übereinstimmende Formen), in Frankreich und Italien bewiesen haben. Auch aus dem Tertiär von Japan und Nord-Amerika sind Reste bekannt geworden.

Anatomisch ist die Familie durch den Besitz eines gemischten Sklerenchymringes, durch einfache, runde bis eiförmige Gefässperforationen und lange, bis 1 mm messende Bastfasern ausgezeichnet. Die Markstrahlen sind 1- bis 2-reihig. Nach Brandza weicht im einzelnen der Bau einiger Aesculus-Arten so stark voneinander ab, dass sich Bastarde dadurch erkennen lassen sollen. Eine grössere Anzahl von Arten besitzt, wie Waag festgestellt hat, haubenlose Kurzwurzeln, die zur Speicherung von Wasser dienen. Nach Stahl sind die Wurzeln mit einer endotrophen Mykorrhiza ausgestattet. — Zwischen den eiförmigen, ungegliederten Knospenschuppen und den voll entwickelten, gefingerten Laubblättern lassen sich häufig bei A. parviflóra und (nach Ulbrich) auch bei A. rubicúnda, weniger häufig bei A. Hippocastanum gleitende Uebergangsformen feststellen, auf die bereits Goebel (Beiträge zur Morphologie und Physiologie des Blattes, 1880) aufmerksam gemacht hat. Er zeigte, dass die an den Blattknospen untersten Schuppen klein und vertrocknet sind und nur wenige und schwache Leitbündel besitzen, während die oberen saftreich und sehr gross (etwa 4 cm lang und 2 cm breit) und reichlich mit verzweigten Leitbündeln versehen sind, sodass sie im Aussehen länglich ovalen, ungegliederten Laubblättern ähnlich sehen. Namentlich an der Innenseite tragen sie Spaltöffnungen, die den unteren Schuppen völlig fehlen. Ueber die Zottenschuppen vgl. Bd. I, pag. LXV und ebenda Fig. 79. Nach Penzig werden bisweilen Uebergangsformen zu Laubblättern beobachtet, bei denen der Laubblattstiel am Grunde ein- oder beidseitig schmal gesäumt ist (Fig. 1864 g), wobei nach Savi der Stiel an der Spitze einige Spreiten tragen kann oder auch nach Pluscal spreitenlos erscheint. Uebergänge zur Fiederung beschreiben Keissler, Janchen, Masters u. a. Nach Losch finden sich solche stets an den innersten Knospenschuppen der Endknospen eines Zweiges. Bei all diesen Uebergängen lässt sich feststellen, dass die xerophile Struktur der Schuppe — als Schutzfunktion — durch einen mesohygrophileren Bau ersetzt wird, der berufen ist, Assimilation und Transpiration zu übernehmen. Zu diesem Zwecke bilden sich auch, namentlich an der Aussenseite, — wie es ähnlich von Cucúrbita Pépo bekannt ist — papillenförmig erhöhte Spaltöffnungen, und zwar finden sich im dünnwandigen Grundparenchym des scheidig verlängerten Blattgrundes grosse schizogene Spalträume, die z. T. von Kalluswucherungen von fadenförmig-einreihiger oder verzweigt-mehrreihiger, am Ende oft blasig angeschwollener Gestalt erfüllt sind. Losch fasst dieses kallusartige Schwammparenchym als ein Transpirationsgewebe auf. — Neben Formen mit erblich tief geschlitzten Laubblättern (f. laciniáta) trifft man bisweilen diesen sehr ähnliche Formen, die aber infolge von Frühjahrsfrösten entstehen, indem namentlich die Kanten der Gewebe an noch jugendlichen Laubblättern geschädigt werden, sodass sie bei der Weiterentwicklung nicht mehr weiterwachsen und zu sich vergrössernden Fehlstellen, Löchern, tiefen Einschnitten usw. Veranlassung geben (vgl. z. B. Thomas, Fr. Die meteorologischen Ursachen der Schlitzblätterigkeit von Aesculus Hippocastanum. Mitteilungen des Thüringischen Botanischen Vereins, 1901, ferner Laubert, R. Mitteilungen der Deutschen Dendrologischen Gesellschaft, 1921). Laubert macht, wie vor ihm bereits schon Daguillon, Cesati, Schlechtendal, Fournier, Fankhauser u. a., noch auf andere bemerkenswerte, mittelbar durch den Frost entstehende, mannigfach gefiederte oder längsgespaltene Spreitenformen aufmerksam, wie sie z. T. bei den naheverwandten Familien der Aceraceen und Sapindaceen Regel sind. Sie entstehen, wenn durch Kälterückschläge die Frühlingsblätter so stark geschädigt werden, dass die Spitzen der Triebe nicht zur Anlage von Winterknospen gelangen, sondern — wenn auch nur kurzgestaucht — weiterwachsen. Die seitlichen Vorwölbungen am Vegetationskegel, die eigentlich zu den braunen Knospenschuppen der Winterknospen werden sollten, wachsen dann zu kleinen Laubblättern mit scheidenartig geflügelten Blattstielen aus und auch die nächstjüngsten Blattanlagen entwickeln sich vorzeitig. Hierbei treten Verschiebungen in der Stellung und in der Ausbildung der in basipetaler Reihenfolge entstehenden Einzelblättchen ein. Die zuletzt angelegten unteren Blättchen bleiben klein und gleiten etwas am Blattstiel herunter, so dass dadurch Uebergänge von der handförmigen zur fiederteiligen Blattform zustande kommen. Solche Laubblätter erinnern nach Laubert z. T. geradezu an Eschenblätter. Auch andere Blattanomalien: Verbänderungen, Längsverwachsungen, sodass dadurch bisweilen grosse, fast ungeteilte oder nur gelappte Spreiten entstehen; Grannenbildung usw. können durch Frost hervorgerufen werden. Infolge von Ueberernährung rücken nach Loesener die in der Regel gegenständigen Laubblätter an der Primärachse sowohl wie an den seitlichen Achsen bisweilen zu 3-gliederigen Wirteln zusammen. Der herbstliche Laubfall wird nach Laubert stark vom Lichte beeinflusst. Er beobachtete in Berlin-Dahlem, dass bei Strassenbäumen (A. rubicunda) derjenige Teil der Krone, der der Strassenlaterne am meisten genähert war, die Laubblätter 2 bis 3 Wochen später abwarf als der an der dem Lichte abgekehrten Seite und führt diese Erscheinung auf die allnächtlich mehrstündige Belichtung zurück, die die Ausbildung der Trennungsschicht am Blattgrund hintan halte. Graf Fr. von Schwerin beobachtete einen über der Oeffnung eines niedrigen Treibhausschlotes hängenden Zweig einer Rosskastanie, der mitten im Winter stark austrieb, ziemlich grosse Laubblätter entwickelte und sogar zur Blüte gelangte, während der ganze übrige Teil des Baumes, der dieser Wärmezufuhr nicht ausgesetzt war, in der Winterruhe verharrte. — Nach

J. R. Jungner (Av vinden förorsakade omgestaltande rörelser hosbladen, 1911) ist die äussere Form des Aesculus=Blattes durch die rotierende Bewegung der Spreite um Stiel und Haupttrippe und auf die Pendel=bewegung senkrecht zur Ebene bedingt, die eine Stauung der Blattmasse im vorderen Spreitenteil hervorruft. — Nicht selten pflegen unsere gepflanzten, gegen gewaltsame Beschädigungen meist wenig empfindlichen Ross=kastanien im Herbste zu einem neuem, wenn auch schwächeren Austrieb von Blüten und Laubblättern zu schreiten. Diese Erscheinung tritt namentlich dann ein, wenn die Bäume durch starke sommerliche Hitze ± gelitten haben und durch herbstliche Feuchtigkeit, von Wärme unterstützt, zu erneuter Tätigkeit angeregt werden. Nach Späth spielt auch gute Ernährung und wiederholter Temperaturwechsel, eine Rolle bei dieser Erscheinung. Meist gelangen in einer ganzen Allee von Rosskastanien nur einige wenige Bäume zu dieser Verjüngung. In München z. B. kommt am Stachus ein Baum fast alljährlich zu dieser Herbstblüte; auch in Dresden sind mehrere solche Bäume bekannt. Wie H. L. Späth in einer sehr bemerkenswerten Studie (Einwirkung des Johannistriebes auf die Bildung von Jahresringen. Mitteilungen der Deutschen Dendrologischen Gesellschaft, 1913) ausgeführt hat, handelt es sich um einen Vorgang proleptischer Art, indem sich die Triebe — im Gegensatz zu echten Johannis=trieben — ohne Rücksicht auf die Jahreszeit an einem belaubten, unversehrten Spross unregelmässig, nach völliger Beendigung des Längenwachstums, also aus bereits abgeschlossenen (fast nur terminalen) Knospen nach einer ausgeprägten Ruheperiode entwickeln. Es werden demnach die Triebe, die erst im nächsten Früh=jahr zu erwarten wären, bereits im Herbst „vorweggenommen". Anatomisch wirkt sich dieser Austrieb dahin aus, dass sich im Gegensatz zum echten Johannistrieb ein zweiter, falscher Jahresring bildet, der, wenn der Herbstaustrieb frühzeitig erfolgt, schwach gegen das Frühlingsholz, wenn er spät erfolgt, scharf gegen dieses abgrenzt. Das Dickenwachstum der Bäume wird bei solchen proleptischen Austrieben nicht, wie in der Regel, im August abgeschlossen, sondern kann sich bis Anfang Oktober hinziehen. — Die Zygomorphie der Blüte und die Bewegungen der Staubblätter und des Griffels (vgl. unter Aesculus Hippocastanum) werden nach Goebel, ähnlich wie bei Dictamnus, durch die Schwerkraft bedingt. Bei der gewöhnlichen Rosskastanie lassen sich bisweilen 4= und 5=gliederige, pelorische Gipfelblüten feststellen. Häufig ist auch die Krone sonst 5=gliederiger Blüten nur 4=gliederig, indem das in der Symmetrie vordere Kronblatt nicht zur Ausbildung ge=langt. Bei Aesculus Pavia wurden Blüten nach der Formel $K_5C_4A_8G_3$ oder $K_5C_5A_8G_3$, sowie solche mit 8 bis 9 Staubblättern und 4 Griffeln beobachtet. Die Blütenstände sind mitunter gegabelt oder durchwachsen, die Samen bisweilen verwachsen. E. Löwi (Oesterreichische Botanische Zeitschrift, 1913) hat die räumlichen Verhältnisse im Fruchtknoten und in der Frucht von Aesculus Hippocastanum einer mathematischen Behandlung unterzogen und festgestellt, dass das Ausreifen von nur 2 (3) Samen aus ursprünglich 6 Samen=anlagen (Fig. 1864 h, Fig. 1866 h), aus mechanischen Gründen erfolgen muss. Von diesen Anlagen befinden sich je 2 in jedem Fach und zwar, je an einer Scheidewand entspringend, übereinander geordnet (Fig. 1866 f) und durch schräg verlaufende Nabelstränge mit ihren in allen Fächern gleich hochstehenden Plazenten vereinigt. Je nach dem in zwei Richtungen möglichen Verlauf der Nabelstränge ergeben sich zwei Haupttypen im Frucht=bau: ein zyklisch geordneter und ein azyklischer, deren jeder wieder im Zeigersinne oder im Gegenzeiger=sinne verlaufen kann. Die Haupttypen stehen in einem mathematisch begründeten und durch die Wirklichkeit bestätigten Verhältnis 1:3. Aus dieser Uebereinstimmung im Verein mit der Tatsache, dass ein der einen Fruchthälfte (apikal oder basal) angehöriger Samen zu einem anderen, der an der gleich bezeichneten (±) Fruchtblattseite entspringt, in Bezug auf die Mittelquerschnittsebene symmetrisch gebaut ist, folgert Löwi, dass die Anordnung der Teile der sich differenzierenden Samenanlage nicht aus inneren Gründen, sondern durch gegenseitige, mechanische Verdrängung der ursprünglich in gleicher Höhe stehenden Anlagen durch Wachstum im beschränkten Raume zustande kommt.

CCCCLXII. Aesculus[1]) L. Rosskastanie. Franz.: Châtaignier de cheval, châtaignier de mer, marronier d'Inde; engl.: Horse-chestnut, conqueror-tree; ital.: Castagne di cavalle, castagna cavallina, castagno d'India, castagna amara.

Sommergrüne Bäume oder Sträucher mit gegenständigen, gefingerten, 5= bis 9=zähligen Laubblättern. Blüten in endständigen, grossen, rispigen Blütenständen, gross, zwitterig oder 1=geschlechtig, schräg zygomorph (Fig. 1867a bis d). Kelchblätter 5, zu einer Röhre oder Glocke verwachsen. Kronblätter 4 bis 5, mit verdicktem, rinnigem Nagel, ungleich. Staub=blätter 5 bis 8, frei, gerade oder aufwärtsgebogen. Fruchtblätter 3, verwachsen, mit je 2 Samen=anlagen. Griffel 1, verlängert; Narbe einfach. Diskus ringförmig oder einseitig, ausserhalb des

---

[1]) Die Gattung wurde von Linné nach einer von römischen Schriftstellern als aesculus bezeich=neten Eichenart bezeichnet. Die Ableitung ist unsicher, wird aber häufig mit édere = essen zusammengebracht.

Staubblattkreises. Frucht eine fachspaltige, 1=, seltener 2= oder 3=fächerige (Fig. 1866 k, o), glatte oder stachelige Kapsel. Samen gross, rundlich, braunglänzend, mit derber Schale, grossem, hell= graubraunem, mattem Nabelfleck; Keimling gross, mit dicken, halbkugeligen Keimblättern.

Die etwa 16 Arten der Gattung verteilen sich auf 4 Sektionen und werden etwa zur Hälfte in un= seren Gärten oder Anlagen gezogen. Von diesen zählen nach der Darstellung von C. K. Schneider zur **1.** Sektion Hippocástanum K. Koch (= Sektion Euaesculus Pax) mit klebrigen Winterknospen, ± 5=tei= ligem Kelch und behaarten Staubfäden und Staubbeuteln: A. turbináta Bl. Bis 30 m hoher Baum von der Tracht des A. Hippocastanum, aber einjährige Zweige behaart, hellbraun. Laubblätter anfangs unter= seits deutlich behaart, erst spät verkahlend, ziemlich regelmässig gekerbt. Kronblätter nur etwa 10 mm lang, weiss, mit rotem Saftmal. Frucht stachellos, rundlich, etwa 5 cm breit, leicht warzig. Heimat: China und Japan. Nicht selten in Kultur und ziemlich winterhart. — A. Hippocástanum L. vgl. unten. — Die **2.** Sektion Ca= lothýrsus K. Koch zeichnet sich durch glatte, nur leicht höckerige Früchte, kleberige Winterknospen, kahle Staub= blätter und ± leicht ge= spaltenen, 2=lippigen Kelch aus. Zu ihr gehören: A. Indica W. I. Hook. Bis 20 m hoher Baum mit kahlen oder rasch verkahlenden, ± rot= oder hellgraubraunen, einjährigen Zweigen. Blättchen 5 bis 7 (9), oberseits sattgrün, unterseits leicht bereift, nur auf den Ner= ven fein behaart oder ganz kahl, am Grunde spitz=keilig, bis über 23 cm lang und 6 cm breit. Blütenstand schmalrispig, bis 45 cm lang, fein behaart. Kelchblätter ungleich lang, die

Fig. 1865. Aesculus Pavia L. *a* Blühende Zweigspitze. *b* und *c* Früchte. *d* und *e* Samen (Schale entfernt). *f* Querschnitt durch den Samen. *g* Blütendiagramm.

seitlichen etwa 25 mm lang. Kronblätter weiss mit roter und gelber Zeichnung. Staubblätter 7 bis 8. Frucht un= regelmässig rundlich=eiförmig, über 6 cm lang, braun, etwas rauh. Heimat: Indien. Seit 1828 in Kultur, aber noch wenig verbreitet. — A. Chinénsis Bunge. Der vorigen Art ähnlich, aber Kelchblätter ± gleich. Kronblätter selten über 10 mm lang. Blättchen wenigstens jung unterseits behaart, am Grunde stets ± deutlich rundkeilig oder rundlich, länger (bis 17 cm lang), gestielt. Blütenstand sehr schmal, rispig, bis 22 cm lang. Frucht mehr spitz eiförmig. Heimat: China. Der Baum soll 1889 eingeführt worden sein. — A. Califórnica Nutt. Hoher Strauch oder bis 13 m hoher Baum mit glatter, hellgrauer Rinde und kahlen Zweigen. Winterknospen ziemlich spitz. Laubblätter 4= bis 7=zählig; Blättchen etwa 8 bis 10 mm lang gestielt, länglich lanzettlich, fein kerbig gezähnt, am Grunde spitz oder stumpf keilförmig, etwas lederig, unterseits ganz oder fast kahl. Blüten in dichten, weichhaarigen, bis 25 cm langen Rispen. Kelchblätter zweilippig. Kronblätter gleich lang, etwa 15 bis 17 mm lang, weiss oder blassrosa. Staubblätter 5 bis 7; Staubbeutel orangefarben. Griffel weiss behaart. Frucht verkehrt=eiförmig, bis 9 cm lang. Heimat: Kalifornien. Seit 1850, auch als Kübelpflanze, in Kultur; doch nur in warmen Lagen brauchbar, nicht winterhart (in Darmstadt z. B. fast jeden Winter zurückfrierend). — Durch nicht klebrige Winterknospen, unterwärts behaarte Staubblätter von etwa der Länge der Kronblätter und ± kurz 5=zähnigen Kelch ist die **3.** Sektion Pávia K. Koch kenntlich. Zu ihr gehören: A. glábra Willd. (= Pávia Ohioénsis Michx.). Meist kleiner, von unten auf verästelter Baum mit flachrunder Krone und meist graubrauner, nur wenig rissiger und festanliegender Rinde. Einjährige Zweige kahl, rundlich, glänzend olivgrau bis fast silbergrau, an der Sonnenseite ± gebräunt. Knospenschuppen graubräunlich, am Rande gewimpert, nicht klebrig. Blättchen gestielt, unterseits längs der Mittelnerven ± behaart und bebärtet, bis 18 cm lang. Kelch ± kurz 5=zähnig. Kronblätter 4, ± gleich lang, gelb oder rötlich, drüsenlos bewimpert. Staubblätter so lang oder nur wenig länger als die Kronblätter. Fruchtknoten meist weichstachelig. Frucht kugelig, höckerig=warzig. Heimat: Kon= tinentales Nordamerika. Seit 1822 (1711?) in Kultur. — A. octándra Marsh. (= A. lútea Wangenh., = A.

fláva Ait., = Pávia lutea Poir.). Strauch oder bis 30 m hoher Baum mit zuletzt überhängenden Aesten. Der vorigen Art ähnlich, aber Knospenschuppen an der Spitze höchstens ganz leicht zurückgebogen. Kelch kurz 5-zähnig-glockig, kahl, gelbgrün. Kronblätter deutlich ungleich, drüsenlos, gewimpert, mit den Kelch deutlich überragendem Nagel, gelblichgrün. Fruchtknoten glatt, behaart, nicht stachelborstig. Frucht glatt. Heimat: Wärmeres Nordamerika. Seit langem (1764) und vielfach in Kultur, verwildert z. B. in Brandenburg bei Bukow. Hiezu var. purpuráscens Schneider (= A. flava Ait. var. purpurascens Gray). Kelch- und Kronblätter schmutzigrot überlaufen. Blättchen unterseits weich behaart. Die Varietät wurde 1812 eingeführt. — A. Pávia[1]) L. (= Pavia rúbra Poir.). Fig. 1865 und 1866 a bis n. Strauch oder kleiner, bis 6 m hoher Baum. Der vorigen Art sehr ähnlich, aber namentlich durch die reichdrüsigen Kronblätter und den mehr röhrigen Kelch unterschieden. Blättchen unterseits ± locker behaart, zuletzt fast kahl, bis 15 cm lang. Blütenstand 10 bis 20 cm lang. Kelch ± kurz 5-zähnig, rot. Kronblätter rot, ungleich, mit den Kelch deutlich überragendem Nagel. Staubblätter kahl; Pollen zinnoberrot. Frucht ± rundlich, 3 bis 5 cm lang, glatt. Heimat: Oestliches Nordamerika. Hieher gehören: var. húmilis Voss. Wuchs strauchförmig, z. T. niederliegend. Blättchen unterseits weich behaart, ungleich gesägt. Blüten rot, ± gelb überlaufen. — var. cárnea Rehder. Kronblätter fleischrot. — var. atrosanguinea Rehder. Kronblätter dunkelrot. — var. Withléyi Rehder. Kronblätter leuchtend rot. Völlig winterhart und seit 1771 in Kultur. Als A. Pavia rósea variegáta werden in Gärten Formen bezeichnet, deren Laubblätter beim Austreiben rosarot mit grünen Punkten erscheinen, dann das Rot in Gelb umwandeln und zuletzt ganz grün werden. Die Art ist im Gebiet meist völlig winterhart, zeigt aber in kalten Wintern in Westpreussen bisweilen Frostrisse. Der viel verbreitete Baum wird oft in Alleen angepflanzt, eignet sich aber nicht recht dazu, weil seine Krone namentlich im Alter sparrig wird. Nach Knuth sind die unteren Blüten der Rispenäste

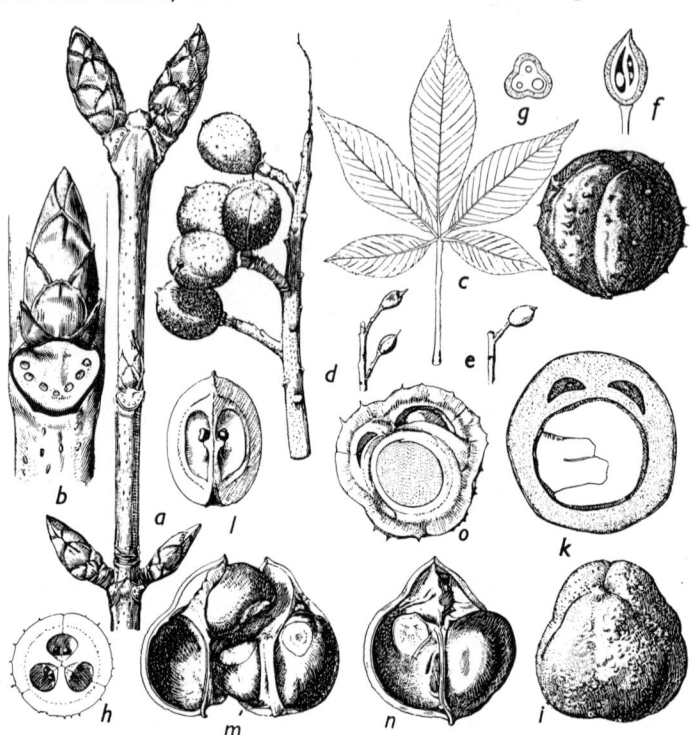

Fig. 1866. Aesculus Pavia L. *a* Zweig mit Winterknospen. *b* Winterknospe mit Narbenkissen des abgefallenen Laubblattes. *c* Laubblatt. *d* und *e* Junge Früchte. *f* Längsschnitt durch den Fruchtknoten. *g* Querschnitt durch den Fruchtknoten. *h* Querschnitt durch eine 3-fächerige, junge Frucht. *i* Frucht. *k* Querschnitt durch eine junge Frucht (ein Fach enthält 1 Samen, die anderen zwei Fächer sind taub). *l* Längsschnitt durch die Frucht. *m* und *n* Frucht geöffnet. — Aesculus Hippocastanum L. × Ae. Pavia L. *o* Querschnitt durch die Frucht. *p* Frucht. *q* Fruchtstand.

zwitterig und fruchtbar, die nächstoberen scheinzwitterig oder sämtliche Blüten scheinzwitterig. Die beiden hinteren, grösseren Kronblätter tragen ein gelbes Saftmal, das später intensiv rot wird. Nicht selten finden sich Misteln auf dem Baume. — Die **4.** Sektion Macrothýrsus K. Koch unterscheidet sich von der Sektion Pavia durch kahle Staubblätter, die doppelt so lang sind wie die langbenagelten Kronblätter. Kelch ± lappenzähnig. Frucht kahl. A. parviflóra Walt. (= A. macrostáchya Michx., = Pávia álba Poir., = Macrothýrsus discolor Spach). Fig. 1867 a. Breitbuschiger, 1 bis 5 m hoher Strauch mit anfangs gegen die Spitze zu behaarten und hellgrauen, später braunen Zweigen und zahlreichen Lenticellen. Knospenschuppen schmal, kegelförmig; untere Schuppe länger als die halbe Knospe, graugrün bis graubraun, leicht behaart, die Endknospen 4- bis 6-schuppig. Blättchen oberseits sattgrün, verkahlend, unterseits ± blaugrün, weich behaart. Blütenrispe ährig, bis 30 cm lang. Kelch röhrig, lappig gezähnt. Kronblätter 4 bis 5, etwa 15 mm lang, die seitlichen etwas länger als die oberen, weiss; Nagel den Kelch überragend. Staubblätter 6 bis 7, doppelt so lang wie die Kronblätter, kahl. Frucht glatt, kugelig, 2,5 bis 3 cm breit. Heimat: Nordamerika von Süd-Carolina bis

---

[1]) Die Betonung liegt nach Zickgraf auf der ersten Silbe. Der Baum ist zu Ehren des holländischen Gelehrten Peter Paaw benannt worden, der 1617 in Leyden starb. Wie Vollmann hervorhebt, ist die bisweilen verwendete Schreibweise Pawia falsch. Bei Latinisierungen wurden die auf w endenden Eigennamen häufig in v umgewandelt, wie z. B. aus Panckow der Pflanzenname Panckovia gebildet wurde.

Alabama und Florida. Ein sehr schöner und winterharter Strauch, der in lichten Baumgruppen sehr wirkungsvoll und seit 1820 in Kultur ist. Die wagrecht abstehenden Blüten sind mit Ausnahme der roten Staubbeutel weiss und besitzen einen lilienartigen Duft. Nach Knuth wurden in Mitteleuropa als Bestäuber Bienen beobachtet; doch liegt die Vermutung vor, dass die Blüten in der Heimat von Nachtschwärmern (oder Vögeln) besucht werden. — Neben diesen reinen Arten werden bei uns häufig Kreuzungen gezogen, die infolge ihres Formenreichtums die Trennung der Arten vielfach sehr erschweren. Als A. cárnea Hayne wird der Bastard A. Hippocastanum L. × A. Pavia L. (Fig. 1866 o, p) bezeichnet. Nach C. K. Schneider ist es jedoch fraglich, ob hierher auch die häufig gepflanzte A. rubicúnda Loisel. gehört, die sich in der Tracht der A. Hippocastanum nähert: Baum von 10 bis 15 m Höhe. Blättchen sitzend oder kurz gestielt, tief kerbig gezähnt. Kronblätter 5, seltener 4, rosa bis dunkelrot, am Rande mit Drüsen. Die Blüten sollen meist unfruchtbar sein und nur ausnahmsweise schwach bestachelte Früchte mit wohlausgebildeten Samen verschiedener Grösse hervorbringen. Die Kreuzung wird gern gepfropft als Alleebaum verwendet, zeigt aber nur sehr langsames Wachstum. Als häufigste Formen dieses Baumes werden gezogen: f. álba Voss-Vilmorin. Kronblätter anfangs fast weiss, gelb und rot gezeichnet, später mehr rot. — f. cárnea Voss-Vilmorin. Kronblätter fleischfarben. — f. rósea Voss-Vilmorin. Kronblätter rosenrot. — f. coccínea Voss-Vilmorin. Kronblätter lebhaft rot. — f. purpúrea Voss-Vilmorin. Kronblätter dunkelrot. — f. péndula hort. Zweige hängend. — Als Rückkreuzungen A. Hippocastanum L. ×(A. Hippocastanum L. × A. Pavia L.) gelten die von André als A. intermédia, A. Balgiána und A. Plantierénsis bezeichneten Formen. Bei letzterer sind die Blüten taub. Die vermutliche Kreuzung A. glabra Willd. × A. octandra Marsh. soll der von Booth beschriebenen A. Marylándica entsprechen.

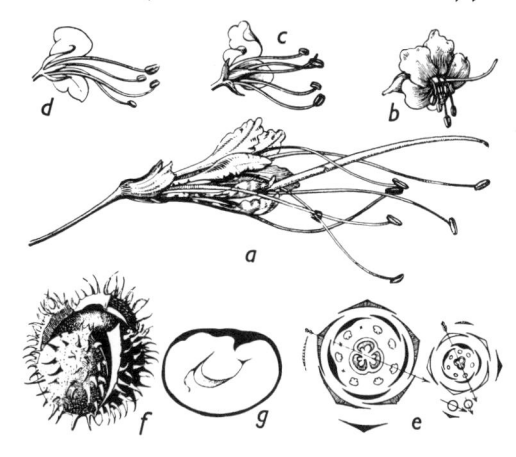

Fig. 1867. Aesculus parviflora Walt. *a* Blüte. — A. Hippocastanum L. *b* Zwitterblüte im ersten (männlichen) Zustande. *c* Zwitterblüte im zweiten (weiblichen) Zustande im Aufriss. *d* Männliche Blüte im Aufriss. *e* Diagramm eines Blütenwickels. *f* Frucht. *g* Querschnitt durch den Samen (Fig. *b* bis *d* nach Herm. Müller, *e* nach Eichler).

1877. Aesculus Hippocástanum L. (= Hippocastanum vulgáre Gaertner). Gemeine Rosskastanie. Franz.: Marronier; engl.: Hors-chestnut. Fig. 1864, 1867 b bis g, 1868, 1869, 1870 und 1871; Bd. I, pag. LXIV, Fig. 79 und pag. LXIX Fig. 87 und 88.

Der Name Rosskastanie soll diese Frucht vor der ähnlichen (jedoch Scheinfrucht!) echten Kastanie (vgl. Bd. III, pag. 101) als minderwertiger, nicht für den menschlichen Genuss geeignet kennzeichnen (vgl. Rosskümmel = Anthriscus, Heracleum im Gegensatz zum echten Kümmel!). Andere Beinamen sagen dasselbe z. B. Wildi Kest(ene), Jude(n)kest, Säukestene (Elsass), Vexierkescht (alemannisch). Ueber Formen wie Kristanje, Kastangel, Kastandel (niederdeutsch), Keschte, Kästene, Kescheze (Baden) vgl. Bd. III, pag. 101.

Bis über 30 m hoher Baum mit dichter, schön gewölbter Krone und zuletzt überhängenden Aussenzweigen (Fig. 1870). Wurzel flach, aber weit streichend. Stamm mit anfangs glatter, zuletzt ziemlich dünnschuppig abblätternder, graubrauner oder grauschwarzer Borke. Jüngere Zweige gelblichbraun bis rotbraun, anfangs braunfilzig behaart. Knospen dick kegelförmig, stark klebrig, die Endknospen sehr gross, die Seitenknospen kleiner (Fig. 1864 d), mit dunkelrotbraunen, undeutlich gesäumten Knospenschuppen. Laubblätter 5- bis 7-zählig gefingert, auf bis 20 cm langen, rinnigen Stielen; Blättchen sitzend, über 20 cm lang, länglich-verkehrt-eiförmig, im oberen Drittel am breitesten, gegen den Grund keilförmig verschmälert, am Rande ungleich kerbig gesägt, fiedernervig, mit parallelen Seitennerven, oberseits mattglänzend sattgrün, unterseits hellgrün, anfangs braunrot behaart, zuletzt nur noch in den Nervenwinkeln flaumig; Haare 1-zellig; Drüsenhaare der Nervenwinkel 1-zellreihig, häufig mit einer rundlichen Zelle abschliessend. Blüten in reichblütigen, steif aufrechten, kegel- oder lang-eiförmigen Rispen (Fig. 1870). Kelch ungleich 5-lappig. Kronblätter 5 (bis 4) 10 bis 15 mm lang, rundlich-eiförmig, genagelt, am Grunde herzförmig, am Rande kraus zurückgebogen und gewimpert, weiss, am Grunde mit gelbem, später rotem Saftmal. Staubblätter meist 7, am Grunde aufwärts gekrümmt, viel länger als die Kronblätter. Fruchtknoten fein samtig und stieldrüsig behaart. Kapsel kugelig, bis 6 cm im Durchmesser, gelbgrün, weichstachelig und fein behaart. Samen flach=kugelig, 1 bis 2 cm im Durchmesser, glänzend braun, mit grossem, gelblich=graubraunem Nabelfleck und derber Schale. — (IV) V.

Auf humosen, tiefgründigen Unterlagen aller Art häufig als Zierbaum in Parkanlagen, Gärten, Alleen, an Strassen, seltener auch in Wäldern gepflanzt; hie und da auch an Waldrändern und in Wäldern verwildert und eingebürgert. Von der Ebene bis in die montane Stufe: im West= fälischen Bergland bis 400 m, in Nordtirol bis 1210 m, im Pustertal bis 1383 m, im Tessin bis 1187 m, im Schanfigg (Graubünden) bis 1380, im Engadin bis 1400 m (nicht fruchtend), im Jura bis 1200 m.

Im ganzen Gebiete als Zierbaum, in Mittel= und Süddeutschland auch z. T. zu forstlichen Zwecken ge= pflanzt. Vielfach verwildert, stellenweise eingebürgert und bereits im südlicheren Norddeutschland und selbst in Schwerin sich selbständig aussäend. — In Oesterreich angeblich wenig häufig verwildert, so z. B. in Böhmen, Mähren, Niederösterreich und Krain, in Südtirol (Serrada 1250 m angepflanzt). — In der Schweiz z. B. verwildert im Aargau, im Limmattal (Kanton Zürich), am Neuen= burgersee (Gorgier) und im Kanton Waadt.

Allgemeine Verbreitung: Gebirge von Nord= Griechenland, Thessalien und Epirus, Bulgarien (Prjeslav Planina); angeblich auch im Kaukasus (Imeretien), Nord= persien und im Himalaya. Durch die Kultur weit ver= breitet; in Europa nördlich bis zu den Britischen Inseln (Faer Oer), Dänemark, Skandinavien, Russland (Narva, St. Petersburg).

An Gartenformen werden unterschieden: f. incisa Dipp. Blättchen verhältnismässig kurz und breit, grob und tief einge= schnitten gesägt. — f. Henkéli Henkel. Aehnlich, aber Blättchen mehr gestreckt. — f. laciniáta Dipp. (= f. asplenifólia, disséta und heterophýlla hort.). Blättchen schmal, tief eingeschnitten fiederig gezähnt. — f. Memmingéri Rehder. Blättchen weissbunt. — f. variegáta Loud. Blättchen gelbbunt. — f. púmila Dipp. (= f. digitáta hort.). Zwergform. — f. pyramidális S. Louis. Wuchs pyramidal. — f. umbraculífera Rehder. Krone dicht, kugelig. — f. Baumánni Schneider (= f. flore pleno Lemaire). Blüten weiss, gefüllt. — f. Schirnhoféri Voss. Blüten gelbrot, gefüllt. — f. tortuósa Bth. Aeste gedreht.

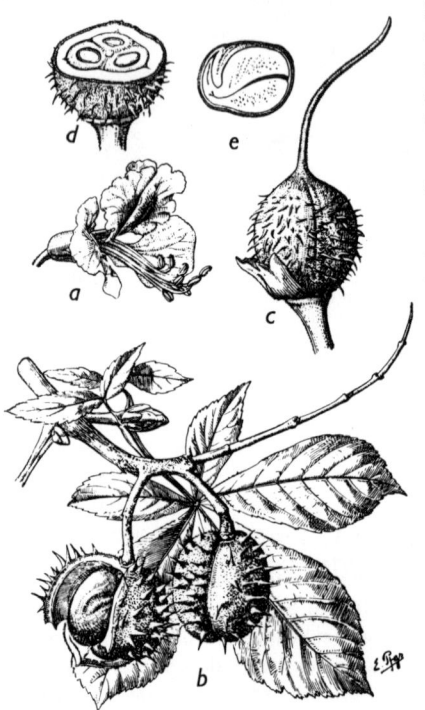

Fig. 1868. Aesculus Hippocastanum L. *a* Blüte. *b* Fruchtzweig. *c* Junge Frucht. *d* Quer= schnitt durch die Frucht. *e* Querschnitt durch den Samen.

In Griechenland kommt Aesculus Hippocastanum nach Th. v. Heldreich in der unteren Tannenstufe von etwa 1000 bis 1300 m Höhe in schattigen, ± feuchten Waldschluchten zusammen mit Alnus glutinosa, Juglans regia, Platanus Orientalis, Fraxinus excelsior, ver=
schiedenen Quercus=Arten, Acer platanoides, Ostrya carpinifolia, Abies Appolinis, Ilex Aquifolium usw. vor. In Bulgarien findet sie sich nach Adamović nur an der Prjeslav Planina. Dort bildet der Baum auf feuchten Böden entlang der Wasserläufe in luftfeuchten Taleinschnitten zwischen 380 und 500 m bisweilen kleinere Bestände, die von Tilia tomentosa, Juglans regia, Acer Pseudoplatanus und A. campestre, Carpinus Betulus, Fagus silvatica, Fraxinus excelsior, Alnus glutinosa, Sambucus Ebulus, Symphytum tuberosum, Salvia glutinosa und anderen mesohygrophilen und schattenliebenden Arten begleitet werden. Meist nur vereinzelt geht er in den auf trockeneren Böden wurzelnden Tilia tomentosa=Juglans regia=Wald über, wo er sich zu Fraxinus Ornus und F. oxyphylla, Carpinus Duinensis und C. Betulus, Staphylea pinnata, Acer campestre, Tamus communis gesellt. Ausgesprochen trockene und sonnige Lagen meidet er dort ganz und tritt auch nicht mehr in den sich oberhalb 500 m anschliessenden Rotbuchenwald ein.

Die erste Abbildung und Beschreibung der Rosskastanie findet sich bei Matthiolus 1565, der von dem kaiserlichen Gesandten Busbeck oder dem flämischen Arzte Quackelbeen einen Fruchtzweig aus Konstantinopel zugesandt erhielt. 1576 pflanzte Clusius durch den österreichischen Gesandten Ungnad ebenfalls aus Konstantinopel bezogene Samen in Wien. 1612 kamen Früchte nach England, 1615 nach Frank= reich, 1633 nach Leyden, 1646 nach Altdorf (Franken), 1657 nach Bologna, 1672 nach der Mark Brandenburg,

1675 nach Leipzig, 1687 nach Bernstadt in Schlesien, 1691 nach Strassburg, gegen 1740 nach Basel. Die Ausbreitung muss dann ziemlich schnell vor sich gegangen sein, da Murray bereits 1796 ein Patent für die technische Darstellung von Stärke aus Rosskastanien aufnahm. 1825 wurden in Fontenay bei Genf die ersten Bäume mit gefüllten Blüten festgestellt. Als Heimat galt zunächst Konstantinopel und Kreta. Später wurde lange Zeit Indien oder Zentral- und Nordasien oder Kleinasien dafür angesehen und die Ansicht ausgesprochen, dass der Baum von da aus nach der Türkei (Pferdefutter) gelangt sei. Einzig im Prodromus der Flora Graeca von Smith aus dem Jahre 1806 werden von Hawkins der Pindus und Pelion als Fundstellen genannt. Diese Angaben fanden jedoch wenig Glauben, bis Tzchihatscheff einwandfreie Nachrichten über das spontane Vorkommen in Griechenland erhielt und wenige Jahre später (1879) Heldreich auf einer Reise in Nord-Griechenland den Baum an seinen natürlichen Standorten im Chelidodoni-Gebirge auffand (vgl. v. Heldreich, Th. Verhandlungen des Botanischen Vereins der Provinz Brandenburg, 1879). Im Jahre 1907 wurde die Rosskastanie auch für den Deroiski-Balkan in Bulgarien als einheimisch nachgewiesen. Aesculus Hippocastanum ist — wenn man von den fraglichen asiatischen Angaben absieht — ein endemisches Element des Balkans und wird von Beck zur Illyrischen Flora gerechnet. Die Art ist um so bemerkenswerter, als sie gegenwärtig der einzige wildwachsende Vertreter der Gattung in Europa ist und erst in Japan und vielleicht Nord-China in der A. turbinata ihren nächsten Verwandten besitzt. Sie reiht sich dadurch den tertiär-borealen Relikten an, die namentlich im Balkan mehrfach zu finden sind, wie z. B. Pinus Peúce Grisebach (P. excélsa Wall.) im Himalaya, Picea Omórica Panc. (P. Ajanénsis Fisch. und P. Sitchénsis Trautv. et Mey. in Ostasien) und Forsýthia Europǽa Degen et Baldacci (F. viridíssima Lindl. in China).

Fig. 1869. Aesculus Hippocastanum L. *a* Blühender Trieb. *b* Junger Fruchtstand.

Ueber die chemischen Bestandteile der Rosskastanien besteht eine umfangreiche Literatur (vgl. Wehmer). In allen Teilen treten Pektinkörper, vielfach auch Kastaniengerbsäure auf. Die Laubblätter, die bisweilen als Verfälschungen des Färber-Sumachs oder im Tabak aufgefunden werden, enthalten Quercetin, Quercitrin oder ein damit verwandtes Glykosid (Queraescitrin), Caroten, Gerbstoff, Harz und ein Phosphatid und sollen bei Rheumatismus lindernd wirken. Während des Krieges wurden die jüngsten Laubblätter als Ersatz von Hopfen benutzt. Die Rinde, die früher als Córtex Hippocástani offizinell war und von Bon 1720 und Zanichelli 1733 als Fiebermittel empfohlen wurde, hat sich nur bei Diarrhoe und Ruhr als heilkräftig erwiesen. Sie enthält 2% Kastanien-Gerbsäure, ein Oxycumaringlykosid Aesculin (auch als Polychrom, Enakkochrom, Bicolorin oder Schillerstoff bezeichnet), das die blaue Fluorescenz der Auszüge bedingt, das Glykosid Fraxin (= Paviin), Zitronensäure, Allantoin usw. Als Ersatz für China-Rinde ist sie völlig wertlos. Als Volksmittel wurde sie auch gegen Verdauungsschwächen, Wechselfieber, Erkältungen, Lungenleiden und äusserlich gegen Geschwüre benutzt. Technisch dient sie gegenwärtig in Italien zum Gerben, bisweilen auch zum Braungelbfärben von Wolle. Das Aesculin spaltet sich durch Einwirkung von Säuren in Glykose und Aesculitin. Nach Sigmund soll auch das Enzym Aesculase dieselbe Aufspaltung hervorrufen. Die eisengrünende Kastaniengerbsäure ergibt das Kastanienrot. Im jungen Holze wurde ein starkes diastatisches Enzym festgestellt, in den Knospen Asparagin und wahrscheinlich Leucin, aber kein Quercitrin, in den Knospenschuppen Aesculin, Phyllaescitannin, Gerbsäure, Harze und pektinartige Stoffe. Die geschälten Samen enthalten 6,5% Saccharose, 3% Pentosane, 0,26% Fettsäure, 0,64% Stickstoff und 0,9% Gerbstoff, die Schale selbst 2% Pentosane, 0,45% Gerbstoff und 0,27% Stickstoff. Ferner werden in den Keimblättern von Fremy angegeben:

Saponin, ein gelber Farbstoff (Quercitrin), ein Bitterstoff (Argyraescin), Aescin- und Propaescinsäure, Zucker (namentlich Laevulose, Saccharose), viel Stärke, fettes Oel, Eiweiss, Gummi, wenig Aesculin und Mannan, in den Fruchtschalen, die unreif nach Kanngiesser giftig sind, Capsulaescinsäure, Pektin und Telaescin. A. Hippocastanum enthält in seinen frischen Samen 40,9 bis 47,5% Wasser und 3,79% bis 3,38% Oel, getrocknet 6,42 bis 6,45%, die „rotblühende" (wohl A. Pavia) in den frischen Samen nur 1,42%, in den getrockneten 2,82% Oel. Dieses Oel lässt sich nach Stillesen mit Benzin ausziehen und ergibt eine gelblichbrennende, fast geruchlose, ziemlich dickflüssige Masse, die hauptsächlich aus Olein, in geringer Menge auch aus Linolein, Palmitin und Stearin besteht und als „Kastanienöl" bezeichnet wird. Es steht dem Mandel- und gelben Senföl am nächsten und ist in der Küche zum Braten und zu anderen Zwecken gut zu verwenden. Zur Gewinnung von Mehl aus den Samen lassen sich die Gerbsäure und die saponinartigen Glykoside leicht mit Alkohol und Azeton auslaugen. Durch Verarbeitung bei 40° erhält man ein nussartig schmeckendes Rohmehl, das dem Getreidemehl ähnelt, bei Siedehitze ein Kleistermehl. Beide sind zu Speisen, namentlich Suppen und Gebäcken sehr geeignet. Das Oel dient auch als Schmieröl für Maschinen. Nach Troost lässt sich das Mehl im Hausgebrauch auch dadurch gewinnen, dass die geschälten und getrockneten Samen gemahlen werden und das so gewonnene, sehr bittere Mehl etwa 6 bis 8mal mit Sodawasser gemischt und je etwa 12 Stunden stehen gelassen wird, wodurch die bitteren Stoffe von der Soda aufgenommen werden. Durch Nachspülen mit reinem Wasser erhält man dann ein verwendungsfähiges Mehl, das, zur Hälfte mit Getreidemehl gemischt, zum Brotbacken dienen kann. Als Mastfutter für das Vieh sind die Samen schon lang, wenn auch nicht allgemein, bekannt und ihretwegen pflanzt auch die Forstverwaltung in Revieren mit starkem Rot- und Damwildbestand gern Rosskastanien an oder lässt die Samen einsammeln bzw. aufkaufen. Auch Schweine, Schafe, sowie Fische fressen die Samen gern. Das Rindvieh muss allerdings erst nach und nach an das Futter gewöhnt werden; doch soll die Milchabsonderung der Kühe dadurch gehoben werden. Durch Entbitterung stellte man daher in der Schweiz während des letzten Krieges ein bei der allgemeinen Futternot sehr willkommenes Kraftfutter her. In Deutschland allein wurden 1916 5720 Tonnen Samen gesammelt, die 12% Rohsaponin und 69,8% Stärke ergaben. Die Verwendung an Stelle von Kaffee hat sich dagegen nicht bewährt. Zum Reinigen von Wäsche, Wollstoffen, als Waschkleie usw. ist das Mehl schon lange bekannt. Namentlich Schlosser, Schornsteinfeger, Schmiede usw. benutzen es gern, da es fettige und schmierige Stoffe leicht löst. Während des Krieges stellte man aus dem zu Syrupdicke eingedampften Auszug der Samen durch Beigabe von kieselsaurer Tonerde die sogenannte „Bolusseife" her, die zwar eine grosse Waschkraft besitzt, aber infolge des Eisengehaltes der Tonerde für die Reinigung weisser Wäsche ungeeignet ist. Aus 1 kg unreifer Samen können etwa 500 g Kunstseife gewonnen werden. Es soll aber vorteilhafter sein, reife Früchte zu benutzen, da sich das gewonnene Pulver, wenn es trocken aufbewahrt wird, beliebig lange hält. Das Mehl ist ferner neben gepulverten Maiblumen (oder Arnica) ein Hauptbestandteil des Schneeberger Schnupftabaks. Sehr bekannt ist auch seine Beimischung zum Giesswasser für Blumentöpfe, aus denen Regenwürmer vertrieben werden sollen (Diels). Das Kastanien-Dextrin und der Zucker, die nach Neger mit 17% in den Samen enthalten sind, werden zur Spirituserzeugung und zur Leimzubereitung für Buchbindereien, Leinwebereien und Pappfabrikation benützt. Aus den Blüten gewinnt man eine Tinktur, die als Mittel gegen Rheumatismus Verwendung findet.

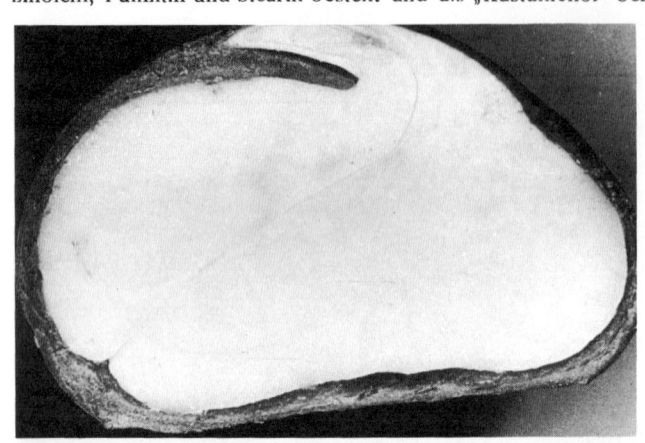

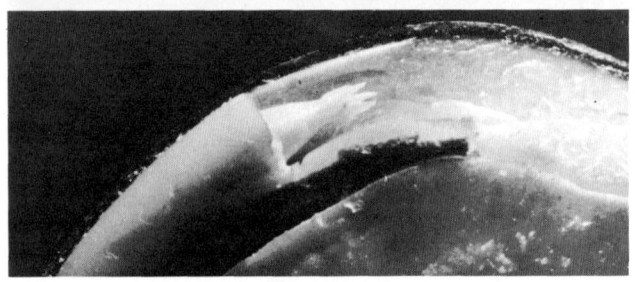

Fig. 1870. Aesculus Hippocastanum (L.). Oben: Samen im Längsschnitt. Die Radicula liegt oben in der Samenschalentasche, rechts die Plumula, die Trennungslinie zwischen den mächtigen Kotyledonen ist deutlich erkennbar. Unten: Plumula freigelegt, ein Primärblatt deutlich erkennbar. Phot. Th. Arzt, Wetzlar.

---

[1]) Dallinger, P. (Nachrichten über Saflor- und Waukultur, 1800) schreibt: „In der Färberey giebt die Rinde dieses Baumes mit frischem Wasser eine trübe braune Brühe, welche den wollenen Zeug ziemlich stark Braungelb färbt, und mit Zusätzen dauerhafte Farben macht."

Das Holz hat nur geringen Gebrauchswert. Es besitzt eine feine und sehr gleichmässige, zerstreutporige Struktur, ist etwas glänzend, leicht, weich, leicht spaltbar, schwachelastisch, etwas zäh biegsam, stark schwindend, wenig fest und dauerhaft und von geringem Brennwert. Sein spezifisches Grüngewicht beträgt etwa 0,9, das mittlere Trockengewicht 0,53. Da es Farbe und Politur leicht annimmt, wird es namentlich zu Schnitzarbeiten, in untergeordnetem Masse auch — namentlich die Wurzel — zu Drechsler- und Tischlerarbeiten, daneben als Kistenholz verwandt. Die Holzkohle wurde zur Schiesspulverbereitung benützt. Der Baum wird bis 200 Jahre alt und erreicht einen Umfang von 5,40 m (z. B. in Weiler bei Weinsberg in Württemberg).

Die kegelförmigen, bis 20 cm langen Blütenstände (Fig. 1870 und Fig. 1871), die oft zu Hunderten im Mai wie helle, anfangs gelblichgrauweisse, später reinweisse Kerzen aus dem frischen Grün der wohlgeformten Laubkrone hervorleuchten (Fig. 1871) und dem Baume zu seiner allgemeinen Beliebtheit verholfen haben, enthalten meist über 100, bisweilen bis 300 Einzelblüten. Die innerhalb des kurzglockigen, 5-zipfeligen Kelches eingefügte Blumenkrone bildet eine Schaufläche von anfangs 15 bis 20, später bis 25 mm Durchmesser, ist schief zygomorph und besteht aus 5 am Grunde faltig übereinander gelegten, weissen Kronblättern, von denen die oberen etwas grösser sind als die unteren und das unterste bisweilen sehr klein ausgebildet ist oder ganz fehlt (Fig. 1867 b, c; 1869 a). Die beiden oberen tragen in der Mitte des Plattengrundes ein zackiges, etwa 6 mm langes und 3 mm breites Saftmal, das bei sich öffnenden Blüten zitronengelb, dann ockergelb und zuletzt schön karminrot gefärbt ist. Im Grunde der Blüte ist ein weisser Wulst entwickelt, der den Nektar absondert. Dicht um den in der Mitte stehenden Fruchtknoten erheben sich etwa 7 Staubblätter, deren weisse, lange, flaumige Staubfäden in jungen Blüten abwärts gebogen sind und an ihrer Spitze die lehmgelben Staubbeutel mit lebhaft rotbraunen Pollenkörnern tragen. Die meisten Blütenstände enthalten zugleich männliche und zwitterige Blüten. Seltener finden sich rein männliche, als Ausnahme rein weibliche Rispen. In den gemischten Rispen treten biologisch dreierlei Blüten auf. Im oberen Teile finden sich besonders die männlichen Blüten (Fig. 1867 d), in denen der Griffel und Fruchtknoten verkümmert ist und die nur etwa 4 mm lang sind. Nach Heinecke besitzen diese nur eine Lebensdauer von etwa 8 Tagen. Schon kurz nach

Fig. 1871. Aesculus Hippocastanum L.
Phot. † Bernhard Othmer, München.

dem Aufblühen strecken sich die 3 unteren Staubblätter wagrecht nebeneinander zur Blüte hinaus und neigen sich nach dem Verstäuben abwärts, während die 4 oberen ebenfalls wagrecht und nebeneinander stehen, aber die Abwärts-Bewegung nicht ausführen. 4 Tage nach der Entleerung der letzten Staubbeutel fallen zuerst die beiden oberen Kronblätter und am nächsten Tage die übrigen ab. Im mittleren Teile der Rispen finden sich vereinzelt zwitterige, proterogyne Blüten. Bei ihnen steht anfangs der weisse Griffel mit der empfängnisfähigen Narbe wagrecht in der Mitte der Blüte (Fig. 1867 b). Dann hebt sich das unterste Staubblattpaar und spreizt nach aussen, so dass der Griffel nicht verdeckt wird. Hierauf folgt das einzelne unterste Staubblatt (Fig. 1867 c). Nach dem Verstäuben dieser 3 heben sich die noch übrigen kurzen oberen, während die unteren wieder abwärts wandern. 4 Tage nach dem Verstäuben fallen die oberen, am 5. Tage auch die übrigen Kronblätter ab. Der Kelch bleibt bei den befruchteten Blüten noch einige Tage stehen, wobei sich die Kelchzipfel zurückbiegen. Die nektarsuchenden Insekten setzen sich auf den Griffel und berühren mit dem unteren Teile des Hinterleibes die nach unten gestreckten Staubblätter, mit dem oberen Teile die Narbe. Nach der Befruchtung verwelkt der Griffel und es heben sich dann die Staubblätter unter gleichzeitiger Oeffnung ihrer Staubbeutel bis zu der Stellung, welche die Griffel vorher inne gehabt hatten und dienen den Insekten als Anflugsstelle. Die untersten Blüten der Rispe sind biologisch weiblich, wenngleich sie auch Staubblätter enthalten. Letztere sind aber nur scheinbar regelmässig ausgebildet. Ihr Pollen ist geschrumpft, die Staubbeutel öffnen sich nur wenig oder bleiben ganz geschlossen; auch führen sie keinerlei Bewegungen aus und fallen frühzeitig ab. Diese Blüten sind auch an dem aufgeschlitzten und nach rückwärts geschlagenen Kelche leicht kenntlich. Als wichtigste Besucher kommen Hummeln in Betracht. In der Hervorbringung männlicher und zwitteriger, bezw. weiblicher Blüten verhalten sich nach Kirchner die einzelnen Bäume sehr verschieden. Häufig findet man solche von vorwiegend männlichem Charakter, bisweilen aber auch solche, bei denen die weiblichen, bezw. zwitterigen Blüten bei weitem vorherrschen. Der Baum blüht nach 10 bis 15 Jahren. — Die Stachel= bildung an den Früchten ist mitunter unregelmässig, so dass sich am selben Baume neben stark stacheligen auch stachellose, glatte Fruchtschalen entwickeln können. — Nach Cooper gehen die Samenschalen aus 2 Integu= menten hervor, von denen das äussere etwa 8, das innere 4 Zellreihen enthält. Aus der Epidermis des äusseren Integumentes bildet sich die stark verdickte Epidermis der Samenschale, auf welche nach innen 3 Parenchym=Schichten folgen, von denen die erste dickwandig, die zweite reich an Lücken und die dritte zart= wandig ist. Das innere Integument wird aufgelöst. — Die Keimblätter verwachsen häufig miteinander. Die Keimung (Fig. 1864 b) erfolgt hypogäisch.

Seiner Raschwüchsigkeit und seiner leichten Bewurzelungsfähigkeit wegen wird Aesculus Hippocastanum nicht selten als Unterlage für Pfropfungen anderer Rosskastanien=Arten benutzt. Aeusserlich sind solche ge= pfropfte Bäume häufig an der ringartig erhöhten Verwachsungsnaht leicht zu erkennen. Nach Laubert finden sich in Berlin=Dahlem einige bemerkenswerte Bäume, die in der Laubkrone neben einer überwiegenden Zahl von Aesculus Hippocastanum=Aesten und =Zweigen einen kleineren Teil von Aesculus rubicunda=Trieben auf= weisen. Es handelt sich dabei aber nicht um Knospenvariationen, wie sie z. B. bei Laburnum Adami vorkommen, sondern die kräftigere Unterlage hat an der Pfropfstelle einige Aeste entwickelt, welche die fremden Reiser zu unterdrücken drohen. Pfropft man nach T. Timpe ein panaschiertes Reis auf eine grüne Unterlage, oder um= gekehrt, so treten an den grünen Laubblättern zunächst gelblichgrüne Flecken und Streifen auf, die sich später bei der grünen Unterlage wieder verlieren, während sie im zweiten Falle (grünes Reis) erhalten bleiben. — Im Frühling kann man öfters in den Baumkronen Zweige beobachten, deren junge Jahrestriebe und Laubblätter zufolge Frühfrösten plötzlich welken. Die Ursache dieses Absterbens ist nur indirekt der Pilz Nectria cinna= barina, der auf der Rinde der Zweige ziegelrote Mützchen hervorbringt und das Holz durchzieht. Von A. Cieslar (Centralblatt für das gesamte Forstwesen, 1916) wurde auch Agáricus mélleus, der bisher nur von Nadelhölzern, Weiden, Pappeln und Eschen bekannt war, als Urheber des Absterbens von Rosskastanien festgestellt. Als sehr gefährlicher Gast siedelt sich ferner bisweilen das Mycel eines holzzerstörenden Hyme= nomyceten aus der Verwandtschaft von Rizomórpha subcorticális auf den Wurzeln an und dringt als flächenartig ausgebreitetes Gebilde zwischen Rinde und Holz am Stamm bis in die Aeste hinauf. An scheinbar ganz gesunden Stämmen sterben dann plötzlich einige Zweige ab. Eine ganze Anzahl neuer Triebe bricht zwar noch aus, doch geht der ganze Stamm in der Regel in kurzer Zeit zugrunde. Diese Erscheinung hat sich namentlich in Berlin in den letzten Jahren an Strassenbäumen sehr unliebsam bemerkbar gemacht. — Bisweilen, aber nicht häufig, werden auf Rosskastanien Misteln beobachtet. Bei Verletzungen der Wurzel oder, wenn der Baum zu kränkeln anfängt, bilden sich Stockloden. — Starke Haarschopfbildung in den Nerven= winkeln der Laubblattflächen wird durch Eríophes hippocastáni (Fockeu) Nal. hervorgerufen. Die Zahl der auf Aesculus Hippocastanum lebenden Ascomyceten ist beträchtlich. Lindau führt über 30 verschiedene Arten auf, von denen hier nur Calonéctria hippocástani (Otth.), Cryptóspora aesculi Fuckel und Massária aesculi Tul. genannt seien.

An die Hippocastanaceen schliesst sich mit etwa 150 Gattungen und rund 1050 Arten die Familie der **Sapindáceae**, Seifenbaumgewächse, an. Es sind Holzgewächse (Bäume, Sträucher und Lianen), ganz selten Kräuter, mit Sekretschläuchen und Sekretzellen und mit abwechselnden, ungeteilten oder gefiederten Laubblättern. Blüten zwitterig oder 1=geschlechtig, typisch 5=gliederig, meist schräg zygomorph, selten strahlig, mit extrastaminalem, häufig einseitigem Diskus, in der Regel unscheinbar, aber häufig wohlriechend. Kelchblätter bisweilen teilweise oder alle verwachsen. Kronblätter 5 bis 3 oder ganz fehlend, vielfach mit Schuppen versehen. Staubblätter in der Regel 8, seltener 10, 5 oder viele. Fruchtknoten aus 2 bis 3 verwachsenen Fruchtblättern bestehend, mit je 1, seltener mehr oder nur 2 Samenanlagen. Frucht eine Kapsel, Nuss, Stein= oder Spaltfrucht. Samen häufig mit grossem, zuckerreichem Arillus (Fig. 1873 b), ohne Nährgewebe. Die Familie bewohnt den gesamten Tropengürtel, sowie die Subtropen bis zum 34.°. Ihre Gattungen sind meist auf bestimmte Kontinente beschränkt, ein Teil davon für altisolierte Gebiete (Madagaskar, Neuseeland, Neukaledonien, Australien, Hawai, die Fidschi= Inseln usw.) bezeichnend. Nur in der gemässigten Zone treten u. a. die Gattungen Xanthóceras Bunge und Koelreutéria Laxm. (beide in China), Bridgésia Bert. und Valenzuélia Bert. (in Chile), Ungnádia Endl. in Texas und Nord=Mexiko) auf. Die meisten Arten sind Holzgewächse. Die als Lianen auftretenden Arten zeigen in ihrem anatomischen Aufbau vielfach eigentümliche Abweichungen von der gewohnten Struktur und besitzen zusammengesetzte (Fig. 1872), geteilte, umstrickte oder zerklüftete Holzkörper, die mit den An= fordernngen an die Zug= und Biegungsfestigkeit der Stämme im engen Zusammenhange stehen. Das Holz der regelmässig gepflanzten Bäume und Sträucher ist häufig sehr hart und infolgedessen als Bauholz, zur Herstellung von Geräten oder infolge des Gehaltes an fetten Oelen für Fackeln geschätzt, aber noch kaum auf dem

Weltmarkt. Zu den Eisenhölzern werden die Stämme von Stadmánnia Sideróxylon DC. aus Madagaskar und Hypeláte trifoliáta Sw. (weisses Eisenholz) aus Westindien gezählt, zu den Quebrachohölzern verschiedene Thouínia-Arten. Zu Wagner- und Drechsler-Arbeiten können Arten der Gattungen Sapindus[1]) L., Erioglóssum Bl., Aphánia Bl., Xerospérmum Bl. usw. herangezogen werden. Als Nahrungs- und Genussmittel besitzen die Früchte, bezw. Arillusbildungen oder Samen einer Reihe von Arten meist lokale Bedeutung. Erwähnt seien die ostindisch-malayischen Khussambinüsse (von Schleichera trijúga Willd.), aus deren Keimblättern das Macassar-Oel stammt, die Mittel- und Südamerikanischen Honigbeeren (von Melicócca bijúga L.), und namentlich die braunroten, gefelderten Litchi-Pflaumen, auch Chinesische (Long-yen) oder Japanische Haselnüsse genannt (Fig. 1873), die von Litchi Chinensis Sonn. aus China stammen und ihres an Muskateller-Trauben erinnernden Geschmackes wegen halbgetrocknet jetzt häufiger nach Europa gelangen. Die Samenkerne sind geröstet sehr angenehm essbar In den Tropen ist ferner der fleischige Arillus von Blíghia[2]) sápida Kön. (aus dem tropischen Westafrika, anderwärts — namentlich in Westindien [Akee, vegetable marrow] — auch kultiviert) eine beliebte Speise. Aus den Samen von Serjánia-, Paullínia-[3]), Cardiospérmum-, Sapindus-, Schleichéra-Arten usw. wird Oel gepresst. Dasjenige der letztgenannten Gattung dient seines Blausäuregehaltes wegen als Haaröl gegen Ungeziefer. Das häufige Auftreten von Glykosiden (z. B. dem Saponín $C_{24}H_{42}O_{15}$ [Sapindus-Sapotoxin], einem cyanogenen Glykosid in Schleichera Willd.) gestattet die Verwendung verschiedener Teile (besonders der Samen und Früchte als Fischgift (Serjánia erécta Radlk., S. nóxia Cambess., S. lethális St. Hil., Paullínia- und Magónia-Arten, Harpúllia thanatóphora Bl.). Seifenartige Stoffe stammen von der Gattung Sapindus, von Pométia pinnáta Forst. usw. Für Heilzwecke kommt in Europa nur den Früchten und Samen der Brasilianischen Paullínia[3]) Cupána H. B. et Kth. (= P. sórbilis Mart.) einige Bedeutung zu, in 3 % Coffeín (= Guaranin), ferner Gerbsäure, Katechin, Stärke, fettes Oel, rotes Harz, Saponin, in Spuren Cholin usw. finden und die als Pulver von Kakao-artigem Geschmack zur Bereitung der in der Pharm. Austr. et Ph. Helv. offizinellen Pásta Guaránae (P. séminum Paullíniae) dienen. Diese findet als tonisches, geschlechtlich anregendes Mittel, ferner als Nervenheilmittel bei Migräne, Kopfweh, sowie bei Chlorose, verschiedenen Darmkrankheiten, zum Ertragen allerlei Strapazen (Nachtwachen, Hunger) usw. Anwendung. Die zerstossenen, gerösteten, schwarzen Samen werden in Form von Teig zu dicken, wurstähnlichen Stangen gepresst. Guaraná enthält von allen Genussmitteln am meisten Coffeín (mindestens 2,6 bis 3, vielleicht bis 5%). Der Name Guaraná, Uarana, Querana usw. bedeutet in der Sprache der Tupi-Indianer einfach Schlingpflanze. In der Heimat gehören die Samen ausserdem zu den bekanntesten Nahrungs- und Genussmitteln (z. B. als Limonade), die alltäglich genossen werden; sie liefern auch einen schönen gelben Farbstoff. Als Rosenkranzperlen werden in Südamerika auch die hartschaligen, kugeligen, schwarzen Samen von Sapindus Saponária L. (dem Arbol de las cuentas del Xabon der Spanier) und von Llagunóa nítida Ruíz et Pav. (dem Arbol de las cuentas, de rosario oder Arbol precatoria), in Ostasien auch diejenigen von Koelreutéria paniculáta Laxm. benutzt. Eine geringe Zahl von Sapindaceen werden auch als Ziergewächse gehalten. Sie entstammen beiden Unterfamilien (Eusapindáceae mit nur 1 Samenanlage in jedem Fruchtfach und Dyssapindáceae mit 2 oder mehreren Samenanlagen in jedem Fruchtfach). Zur ersteren Unterfamilie (mit 9 Tribus) gehört in die Tribus der Paullinieae (meist lianenartig-strauchige, selten krautige Arten mit Ranken und Nebenblättern, sowie Laubblättern mit vollkommen entwickeltem Endblättchen) die in Botanischen Gärten anzutreffende, amerikanische Gattung Cardiospérmum L., krautige oder halbstrauchige, kletternde Pflanzen mit symmetrischen, roten Blüten und aufgeblasenen, unvollkommen 3-fächerigen und ± geflügelten Früchten. Davon befand sich C. Halicacábum L. bereits im Hortus Eystettensis unter dem Namen Písum cordátum („Herzerbse") und zur Renaissancezeit in Schlesien im Garten von Schwenkfeld als Písum cordátum Adversariórum in Kultur. Eingeschleppt bei der Oelfabrik in Mannheim. Die übel-

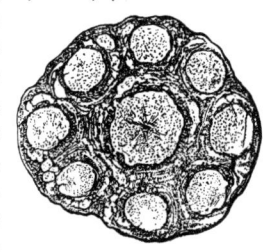

Fig. 1872 Zusammengesetzter Holzkörper einer Sapindacee.

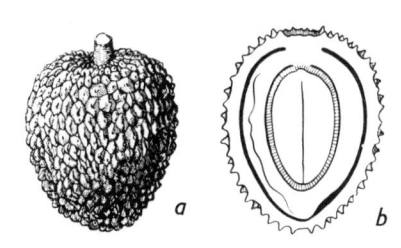

Fig. 1873. Litchi Chinensis Sonn. *a* Frucht. *b* Querschnitt durch die Frucht (Fig. *b* nach Baillon).

---

[1]) Gebildet aus lat. sápo = Seife und Indicus = indisch; weil die Früchte in Indien als Seife benützt werden.

[2]) Benannt nach dem Kapitän Bligh, der 1793 den Baum auf dem Kriegsschiff Bounty nach Westindien führte.

[3]) Benannt nach Simon Paulli, gest. 1680 zu Kopenhagen als Professor der Botanik und königlicher Leibarzt.

riechenden Wurzeln dienen in der Volksmedizin als magenanregendes und harntreibendes Mittel. — Zur nämlichen Unterfamilie, aber zur Tribus der Sapíndéae gehörig (gegenüber der vorigen Tribus leicht dadurch kenntlich, dass die fast ausnahmslos gefiederten Laubblätter kein eigentliches Endblättchen besitzen) zählt die Gattung Sapindus L., von deren 11 asiatisch-amerikanischen Arten S. Drummóndi Hook. et Arn. aus den östlichen Vereinigten Staaten von Nordamerika neuerdings in Mitteleuropa für das Freiland eingeführt worden ist. Bis 13 m hoher, sommergrüner Baum mit rötlichbrauner, kleinschuppiger, längsrissiger Rinde und schwachkantigen, gelblichgrünen, jungen Zweigen. Laubblätter 8- bis 18-zählig gefiedert; Fiedern ziemlich derb, 4 bis 7 cm lang und 1 bis 2,5 cm breit, am Grunde schief, oberseits kahl, unterseits schwach behaart, gelblichgrün. Blüten strahlig oder ± einseitig symmetrisch, gelblichweiss, in reichblütigen Rispen. Frucht (d. h. das sich entwickelnde Fruchtfach) kugelig, bis 1,5 cm im Durchmesser, gelblich, zuletzt schwarz. (V) VI. — Die in 4 Tribus zerfallende Unterfamilie der Dyssapindáceae hat 3 Zierpflanzen geliefert und zwar die Tribus der Koelreuteríéae (Laubblätter mit völlig entwickelten Endblättchen ohne Nebenblätter und mit aufgeblasenen, häutigen Kapselfrüchten): Koelreutéria[1]) paniculáta Laxm. Blasenesche (Fig. 1874). Sommergrüner Hochstrauch oder Baum mit in der Jugend behaarten Zweigen. Laubblätter gefiedert, mit Einschluss des Stieles bis 35 cm lang; Fiedern am Grunde oft fiederschnittig, am Rande ungleich gekerbt bis lappig. Blüten in gestielten Wickeln an gestreckten Aesten in endständigen, aufrechten, bis 40 cm langen Rispen, symmetrisch, gelb. Kelch 5-teilig, mit eiförmigen Abschnitten, die beiden äusseren kleiner. Kronblätter 4, genagelt, mit linealischer, nach oben zurückgeschlagener, am Grunde mit einer kleinen, 2-teiligen, fleischigen, höckerig-krausen (aus 2 gewöhnlich aufwärts gebogenen Läppchen des herzförmigen, etwas schildartig angehefteten Spreitengrundes gebildeten) Schuppe versehener Platte. Diskus schief sockelförmig, am oberen Rande gekerbt. Staubblätter (5 bis) 8, nach abwärts gebogen. Kapsel fachspaltig aufspringend. Dieser in Nordchina heimische und in Ostasien seit alter Zeit gepflanzte, lichtbedürftige, in der Jugend frostempfindliche Hochstrauch wurde 1763 nach Europa gebracht und ist gegenwärtig in Anlagen und Gärten (in Chur, in Colmar z. B. sehr gut fruchtend, in Neustadt a. Haardt ein Baum von 1,90 m Stammumfang) ziemlich verbreitet. Verwildert bei Kolberg. — Zu der durch Laubblätter

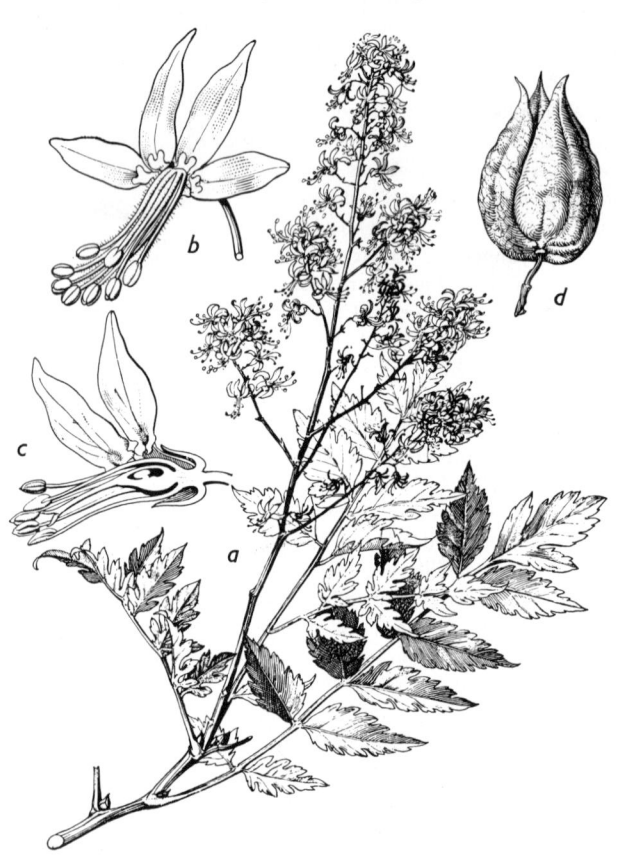

Fig. 1874. Koelreuteria paniculata Laxm. *a* Blühender Zweig. *b* Blüte. *c* Längsschnitt durch die Blüte. *d* Frucht.

mit reduziertem Endblättchen und aufspringende Früchte kenntlichen Tribus der Harpulliéae zählen: Xanthóceras sorbifólium Bunge. Sommergrüner Strauch oder kleiner, bis 8 m hoher Baum mit aufrechten Aesten. Laubblätter 9- bis 17-zählig, 15 bis 30 cm lang; Fiedern eiförmig-länglich, gesägt, oberseits sattgrün, unterseits bleicher, kahl, 4 bis 5,5 cm lang. Blüten in aufrechten, bis 25 cm langen Trauben oder Thyrsen, weiss. Kelchblätter 5, kahnförmig. Kronblätter 5, benagelt, ohne Schuppen. Diskusscheibe in 5 mit den Kronblättern abwechselnde, gelbe Hörner auslaufend. Staubblätter 8. Kapsel länglich-eiförmig, bis 5 cm lang, stumpf, 3-fächerig, grünlich, kastanienartig. — V (VI). Heimat: Nord-China (Tschili). Diese monotypische Art wurde 1866 nach Europa eingeführt, eignet sich aber nur für wärmere Lagen. Im Treibhaus lässt sie sich, wenn auch nicht leicht, bereits im Januar zur Blüte bringen. — Zur selben Tribus gehört Ungnádia speciósa Endl., ein Endemismus des südlichen, zentralen Nord-Amerikas. Strauch oder bis 10 m hoher, sommergrüner Baum mit anfangs hellorangebraunen und weich behaarten, später rotbraunen und kahlen Zweigen. Laubblätter 5- bis 9-fiederig, bis 35 cm lang; Fiedern derb, oberseits tiefgrün, glänzend, unterseits heller, zerstreut behaart, bis 15 cm lang und 6 cm breit.

---

[1]) Benannt nach Johann Gottlieb Koelreuter, geb. 1733 zu Sulz am Neckar, Professor der Naturgeschichte zu Karlsruhe, gest. daselbst 1806 als Direktor des Botanischen Gartens.

Blüten in cymösen Blütenständen, ± gebüschelt, vor den Laubblättern an vorjährigen Trieben erscheinend, rosa, etwas unsymmetrisch. Kelchblätter 5, eiförmig-lanzettlich. Kronblätter 4 bis 5, auf einem mit den Kelchblättern gleich langen, behaarten, rinnigen Nagel und mit am Grunde fädlich zerteilter Schuppe. Diskus einseitig, scheibenförmig. Staubblätter in der Regel 8. Kapsel derb-lederig, gestielt, niedergedrückt birn- bis fast kuchenförmig, 3-klappig, tief braunrot. Samen fast schwarzbraun, mit breitem, hellem Nabelfleck. Wie die vorige Art nur für wärmere Gebiete geeignet, leicht zurückfrierend, aber dann wieder ausschlagend.

Als 9. Unterreihe schliessen sich die Sabiineae mit heterochlamydäischen Blüten an, deren Staubblätter vor den Kronblättern stehen. Zu ihnen gehört nur die etwa 70 Arten starke Familie der **Sabiáceae**. Bäume, Sträucher und spreizklimmende Lianen mit abwechselnden, einfachen oder gefiederten Laubblättern, ohne Nebenblätter. Blüten in Doldentrauben oder verzweigten Trauben, unscheinbar, zwitterig oder 1-geschlechtig. Kelchblätter 2 bis 5. Kronblätter 4 bis 5. Staubblätter 5, davon 4 bisweilen unfruchtbar. Fruchtknoten aus 2 oder 3 Fruchtblättern gebildet, in jedem Fache mit je 2 hängenden oder horizontalen, an der Mittelplazenta, befestigten Samenanlagen. Frucht 1-fächerig, mit 1 Samen, nicht aufspringend. Samen ohne Nährgewebe. Die Familie ist fast ganz auf die Tropen beschränkt (vorwiegend südasiatisch-mittelamerikanisch, in Afrika fehlend) umfasst 4 Gattungen (die beiden monotypischen südamerikanischen Phoxánthus Benth. und Ophiocáryon Schomb., die pantropische Meliósma Bl. [mit 46 Arten] und die dem asiatischen Monsungebiete und Japan eigene Gattung Sábia Colebr.) und hat nur ganz geringe wirtschaftliche Bedeutung. Das Holz ist, wenn auch gut politurfähig, so doch weich und nur für gewöhnlichen Hausrat tauglich. Die Früchte von Ophiocaryon paradóxum Schomb. gelten als Schlangenmittel. Auch die systematische Stellung ist unsicher, da Sekretbehälter fehlen. Möglicherweise ist die Familie zu den Polycarpicae in die Nähe der Menispermaceae zu stellen.

Die folgende Unterreihe der Melianthineae mit regelmässig symmetrischen Blüten, freien Staubblättern und nährgewebehaltigen Samen besteht nur aus der auf das tropische und südliche Afrika beschränkten, 3 Gattungen starken Familie der **Melianthaceae**, Honigstrauchgewächse. Bäume oder Sträucher mit abwechselnden, unpaarig gefiederten oder ungeteilten Laubblättern, häufig mit Nebenblättern. Blüten in Trauben, zwitterig. Kelch- und Kronblätter 5. Staubblätter 5 bis 4, selten 10, ungleich oder teilweise verwachsen. Diskus halbring- oder ringförmig, mit 10 Fortsätzen, ausserhalb der Staubblätter liegend. Fruchtknoten aus 4 bis 5 verwachsenen Fruchtblättern bestehend, mit vielen bis nur 1 Samenanlage in jedem Fache. Kapsel mit 1-samigen Fächern, fachspaltig. Samen mit oder ohne Arillus, mit reichlichem Nährgewebe. Der grösste Teil der Arten der Familie (etwa 25) zählt zur Gattung Bersáma Fres. mit vorwiegend tropischer Verbreitung, 5 Arten zu Meliánthus L. M. major L. ist ein Strauch mit 9- bis 11-fiederigen Laubblättern und schön braunroten, in langen Trauben angeordneten Blüten, die einen eigenartigen, für den Menschen unangenehmen Duft besitzen und von kleinen Honigvögeln bestäubt werden. Die im Kapland verbreitete Art wird nicht selten in den wärmeren Gebieten zur Zierde angepflanzt, war auch bereits im 17. Jahrhundert in Schlesien bekannt. — Greýia Hook. et Harv. besitzt 3 Arten in Natal und im Kapland, von denen besonders G. Sutherlándii Harv. (mit kahlen, ungeteilten Laubblättern und prächtig roten, ansehnlichen, zu dichten Trauben angeordneten Blüten [die Fortsätze des Diskus in einer kreisrunden Platte endend]) gern in Kalthäusern gezogen wird. Sonst besitzt die Familie kaum einen wirtschaftlichen Wert.

Die letzte Unterreihe der Sapindales bilden die Balsaminineae, die gleich den Melianthineae regelmässig symmetrische Blüten aufweisen, in diesen aber verwachsene Staubbeutel zeigen. Ferner fehlt in den Samen das Nährgewebe. Zu dieser Unterreihe gehört nur die nachfolgende Familie.

78. Fam. **Balsamináceae**. Springkrautgewächse.

(Bearbeitet von Dr. H. Beger und Dr. Emil Schmid.)

Kahle oder behaarte, oft saftige Kräuter, seltener Halbsträucher, mit oft an den Stengelknoten verdickten Gelenken und wechsel-, gegen- oder quirlständigen, krautigen, fiedernervigen Laubblättern. Nebenblätter fehlend, aber an deren Stelle oft drüsenartige, extraflorale Nektarien (Fig. 1876 g, i). Blüten zwitterig, zygomorph (Fig. 1875 l), ohne Vorblätter, in blattachselständigen, selten scheinbar endständigen, traubigen oder traubig gebüschelten Blütenständen, seltener einzeln, meist gross und bunt gefärbt. Kelchblätter 5 oder durch Verkümmerung der beiden vorderen 3, das hintere gross, fast immer gespornt, kronblattartig gefärbt, trichter-, boot-, helm- oder sackförmig. Kronblätter 5 oder durch Verwachsung zweier Paare 3, verschiedengestaltig. Staubblätter 5, mit den Kronblättern abwechselnd; Staubfäden kurz, breit, vorn meist miteinander verwachsen; Staubbeutel miteinander verwachsen, den Griffel mützenförmig bedeckend. Griffel 1, sehr kurz; Narben 5, bisweilen völlig miteinander verwachsen. Diskus fehlend. Fruchtknoten 5=fächerig, mit je 3 bis vielen, meist 1=reihig zentralwinkelständigen, hängenden, anatropen Samenanlagen. Frucht eine saftige, lineale, ei= oder keulenförmige, in 5 Klappen fachspaltig aufspringende Kapsel oder — nur bei der Gattung Hydrócera — eine geschlossen bleibende, 4= bis 5=samige Beere. Samen ohne Nährgewebe, mit kurzem Würzelchen und geradem Keimling.

Die Familie umfasst nur die beiden Gattungen Impátiens L. mit etwa 400 Arten und die nur durch eine Art, H. triflóra (L.) W. et Arn. (= Impatiens triflora L.), vertretene Gattung Hydrócera Bl. (= Týtonia A. Don). Letztere ist eine in Südasien vorkommende Sumpfpflanze mit oft mehreren Meter langen, flutenden, röhrigen Stengeln, grossen Blüten und kirschgrossen, roten, beerenartigen, oben und unten abgestutzten, 3=kantigen Früchten und 4= bis 5=kantigen, schwammigen, dickschaligen Samen. Die in sich ausserordentlich scharf umgrenzte und durch ganz besonders ausgeprägten Blütenanpassungen ausgezeichnete Familie lässt sich nur mit Schwierigkeit be= friedigend im System unterbringen. Die Einreihung unter die Sapindales erfolgt nur auf Grund der Lage der Samenanlagen zu ihrer Anheftungsachse. Die bisweilen angenommene Zuweisung zu den Geraniales ist eben= falls nur schwach begründet und lässt die Familie als ein altweltliches Gegenstück zu den Tropaeolaceen erscheinen. Die sero=diagnostischen Untersuchungen der „Königsberger Schule" stellen die Familie an einen zwischen den Buxaceen und Celastraceen entspringenden Seitenast (Bd. IV 3, Fig. 1608). Das Vorkommen auf alten Kontinenten und lang abgeschlossenen Landmassen, wie z. B. Madagaskar, spricht für ein hohes Alter. Fossile Reste sind jedoch — wegen der geringen Widerstandskraft der Organe — bisher nicht gefunden worden.

CCCCLXIII. Impátiens[1]) L. (= Balsámina Gaertn, = Trimorphopétalum Bak.). Springkraut, Balsamine. Franz.: Impatiente; engl.: Balsam, Impatience; ital.: Impatience.

Kräuter, seltener Halbsträucher, mit wechsel=, gegen= oder quirlständigen, sehr selten ganz grundständigen, meist gesägten Laubblättern. Nebenblätter fehlend. Stengel meist saftig, an den Gelenken oft verdickt und an Stelle der Nebenblätter mit drüsenförmigen, extrafloralen Nektarien versehen (Fig. 1876 h). Blüten in meist achselständigen, traubig gebüschelten Blüten= ständen oder seltener einzeln, meist gross, gelb, rot, violett oder weiss, gewöhnlich bunt gefärbt. Kelchblätter 5, die beiden vorderen jedoch meist ± vollständig verkümmert, die beiden seitlichen meist klein und grün, das hintere gross, wie die Kronblätter gefärbt, gegen den Grund zu in einen Sporn auslaufend. Kronblätter 5, das vordere gross und die übrigen bedeckend, selten helmförmig, die seitlichen und hinteren paarweise miteinander verwachsen. Staubblätter 5, zygomorph ausgebildet; Staubfäden kurz, breit, innen mit die Narben umgebenden Ligular=Fort= sätzen, untereinander und mit den Staubbeuteln zu einer die Spitze des Fruchtknotens be= deckenden Mütze verwachsen. Diskus fehlend. Fruchtknoten oberständig, aus 5 Fruchtblättern verwachsen, 5=fächerig, mit meist zahlreichen, am Innenwinkel 1=reihig übereinander hängenden, anatropen Samenanlagen; Griffel kurz; Narben 5, nicht oder erst nach der Blüte sich aus= breitend. Frucht eine linealische, ei= oder keulenförmige, saftige, fachspaltige, elastisch auf= springende Kapsel (Fig. 1876 e). Samen glatt, feinwarzig oder höckerig, kahl oder behaart, länglich oder rundlich, öfters zusammengedrückt, ohne Nährgewebe, mit geraden Keimblättern, plankonvexem Keimling und kurzem Würzelchen.

Die Gattung umfasst etwa 400 Arten, die zumeist in den altweltlichen Tropen heimisch sind. Die Mehrzahl von ihnen sind meso= bis hygrophile Gewächse mit zarten Schattenblättern und grossen buntfarbigen Blüten, die dem Leben im Dämmerlicht des feuchten, windstillen Urwaldes angepasst sind oder in feuchten, montanen bis alpinen Gebüschgürteln auftreten. Th. C. E. Fries (Svensk Botan. Tidsk. 1923) hat neuerdings nachgewiesen, dass in den ostafrikanischen Hochgebirgen die einzelnen Berge (Kenia, Mt. Aberdare, Elgon) ihre eigenen Neoendemismen ebenso unter den Impatiens=Arten haben, wie das auch für die baumartigen Riesen, Senecionen und Riesen=Lobelien der Fall ist. 8 Impatiensarten treten in die nördlich gemässigte Zone ein= davon 2 (I. biflóra Walt. und I. aúrea Muhl) in Nordamerika, 4 in Japan und Korea; I. parviflóra

---

[1]) Name bei Dodonaeus; lat. impátiens = ungeduldig, empfindlich, weil die reife Fruchtkapsel bei der leichtesten Berührung platzt und die Samen fortschleudert.

(s. u.) hat ihre Heimat im südlichen Sibirien, ist aber gegenwärtig in Europa und Nordamerika in der Einbürgerung begriffen; I. Nóli tángere besitzt eurasische Verbreitung. — Die bei der Keimung entwickelte primäre Wurzel besitzt nur eine sehr beschränkte Lebensdauer und wird frühzeitig durch kurze, wenig umfangreiche Adventivwurzeln ersetzt (Fig. 1875 d), die nach Wettstein zwischen zwei Leitbündeln aus der äussersten Zellreihe des Interfaszikularkambiums entstehen und nach P. F. Schulz vielleicht schon in den ruhenden Samen vorgebildet sind. Bemerkenswert ist der anatomische Aufbau der bei den meisten Arten saftigen, halbdurchsichtigen Stengel, denen fast alle mechanischen Elemente fehlen und die im wesentlichen durch den Turgor aufrecht gehalten werden. Auch der verhältnismässig kleine Ballen von Faserwurzeln kann wenig zur Lösung der statischen Aufgaben der Achse beitragen. Zu derer Unterstützung entspringen am untersten Stengelteil dicke, etwa unter 30° Neigung gegen den Boden strebende und sich dort verankernde Stützwurzeln. Den Anschwellungen der Stengelknoten dürfte eine ähnliche Leistung zufallen wie den Halm= (genauer Scheiden=)knoten der Gramineen. Die Laubblätter der meisten Arten sind grosse, flache, matte oder schwach glänzende und wagrecht stehende Schattenblätter, die nach Ludwig vor Schneckenfrass durch die reiche Entwicklung von Raphiden und von oxalsaurem Kalk, gegen Blattläuse durch die die extrafloralen Nektarien besuchenden Ameisen geschützt sind. Hingegen werden sie nach F. Ludwig von den Raupen der Deilephila elpénor gern gefressen. Bei gewissen Arten, z. B. bei I. Noli tangere und I. parviflora, senken sich die jungen Laubblätter in der Nacht infolge des

Fig. 1875. Impatiens Balsamina L. *a* Blühender Spross. *b* Spross mit Früchten. *c* Stengelausschnitt. *d* Wurzelstock. *e* Querschnitt durch den Zentralzylinder einer jungen Beiwurzel. *f* Unreife Frucht. *g* Keimpflänzchen. *h* Querschnitt durch den Zentralzylinder der Wurzel einer Keimpflanze. — I. Noli tangere L. *i* Blüte von der Seite. *k* Frucht. *l* Blütendiagramm. — I. parviflora L. *m*, m_1, m_2 Zergliederte Blüte (m_1 das gespornte Kelchblatt, m_2 Androeceum und Gynaeceum). *n* Laubblatt. *o* Zwei jüngere Früchte. *p* Aufspringende reife Frucht. *q* Unreifer Samen. *r* Reifer Samen (*e* und *h* nach Beyse, *l* nach Marktanner).

gesteigerten epinastischen Wachstums gegen den Boden, während bei I. Hólstii und I. Sultáni nach Goebel derartige Schlafbewegungen nicht festzustellen sind. Die für manche Arten bezeichnende Stellung der Blütenstände unter den Deckblättern, die die Blüten gleich einem Dache überschatten, wird teleologisch in der Regel durch die (angebliche) Notwendigkeit begründet, dass die Blüten — die übrigens leicht abfallen — vor den Einflüssen des Regens geschützt werden müssen. Goebel hat durch Versuche — Anwendung eines Wasserstrahls — und durch vergleichende biologische Erklärungen gezeigt, dass ein derartiger Schutz überhaupt nicht nötig ist, dass die Blüten gegen Wasser sogar ziemlich widerstandsfähig sind und durch ihren Blütenbau allein bereits genug Gewähr gegen eine Beschädigung der Staubbeutel und Griffel durch Feuchtigkeit bieten. Vielmehr dürfte sich die auffallende Stellung der Blütenstände auf eine Hemmungsbildung zurückführen lassen, die bisweilen von einzelnen — chasmogamen wie kleistogamen — Blüten derartig organisierter Arten — z. B. I. Noli tangere — überwunden wird. In letzterem Falle erheben sich die Blüten über die Deckblätter, vollführen also alle Bewegungen, wie sie bei den solchen Hemmungsbildungen nicht unterworfenen Arten — z. B. I. Holstii und I. Sultani — zu beobachten sind. — Auf die Resupination der Blüten hat bereits Eichler aufmerksam gemacht. Die Umkehr wird aber nach Goebel, entgegen der Auffassung von Eichler, nicht durch die

Drehung des Blütenstieles hervorgerufen, sondern es entwickelt sich von der ganzen Blütenhülle zunächst —
bereits wenn der Sporn noch sehr klein ist — das dem Deckblatt der Blüte zugekehrte Kronblatt, das die
anderen, auch das den Sporn bildende, ihm gegenüberstehende Kelchblatt einhüllt, sehr stark, sodass die Spitze
der Blütenknospe verschoben wird. Dazu kommt später ein stärkeres Wachstum des Blütenstiels auf der dem Deck=
blatt zugewendeten Seite. Der Sporn bewegt sich durch hyponastische Ueberkrümmung in der Hauptsache in
einer Richtung und bleibt nach abwärts gerichtet, auch wenn sich der Blütenstiel gerade streckt und die gefärbten
Teile der Blütenhülle sich horizontal stellen. — Die meisten Impatiens=Arten besitzen proterandrische Bienen=
blumen, deren Bestäubung durch Bienen, Hummeln und Schwebfliegen bewirkt wird. Bei lang= und dünn=
spornigen Arten — wie z. B. I. Holstii und J. Sultani — kommen Schmetterlinge in Betracht, bei einigen
nordamerikanischen Arten — z. B. I. biflora nach E. Werth Kolibris, bei der auf Madagaskar heimischen
I. Humboldtiána Baill., mit grossen, purpurglänzenden Blüten auch Honig=
vögel. Ebenso werden nach Vol=
kens I. digitata Warb. und I. Ehlersii
Schweinfurth vom Kilimandscharo von
Vögeln bestäubt. Ausser Fremd=
bestäubung findet bei manchen Arten,
trotz des hochentwickelten Blüten=
baues bisweilen auch Selbstbestäu=
bung statt. Auch Kleistogamie kann
gelegentlich beobachtet werden. —
Die Frucht ist bei allen Arten ±
gleichartig gebaut. Bei I. parvi=
flora z. B. zeigt die Rückenseite jedes
Fruchtblattes in der unteren Hälfte
einen fleischigen Längswulst, die unter
hohem Gewebedruck steht. Bei der
Reife genügt der leiseste Druck, um
die Fruchtblätter an der Verbindungs=
stelle mit dem Stiele abzulösen, so=
dass die Frucht nur noch an der
dünnen, zentralen Achse hängen
bleibt. Blitzschnell lösen sich dabei
zunächst in der unteren Hälfte die
Fruchtblätter voneinander, die mit
den Längswülsten versehenen Teile
rollen sich spiralig einwärts auf
— bei Cardamine impatiens
(Bd. IV/1, pag. 339) rollen sie sich
nach auswärts auf, — und ziehen
dadurch die oberen, an der Spitze

Fig. 1876. Impatiens Roylei Walpers. *a* Blühender Spross. *b* Blüte. *c* „Genital=
säule". *d* Geschlossene Frucht. *e* Aufgerollte Frucht. *f* Samen. *g* Stengelknoten mit
Laubblatt. *h* und *i* Desgl., mehr vergrössert, um die Drüsen zu zeigen.

verbunden bleibenden Hälften, die an der Innenseite die Samen tragen, nach unten, wobei die Fruchtblätter voll=
ständig frei werden und die Samen mit grosser Gewalt fortschleudern. Bei der häufig in Gärten gezogenen
I. Royléi ist von P. F. Schulz ein Abschleudern der Früchte von den etwa 2 m über dem Boden befind=
lichen Gipfelästen bis auf 6 m Entfernung festgestellt worden. — Die Samen von I. Noli tangere und I.
parviflora sind nach Kinzel nur nach stärkerer Frosteinwirkung zur Keimung befähigt; die der in Gebirgs=
lagen des Himalaya wachsenden I. Roylei ertragen jedoch nur eine Kälteeinwirkung bis zu etwa 5°; bei
—10° sterben sie ab. Nach Vilmorin keimen im Herbst in Freibeete eingesäte Samen in der Regel im nächsten
Frühling in grosser Menge, z. T. aber auch bereits nach 8 Tagen. Die Lebensdauer der Samen wird mit 6 Jahren
angegeben. Alle exotischen Arten lassen sich leicht durch Stecklinge, die sogar frühzeitig zur Blüte gelangen,
vermehren. — Die Samenschale wird nach A. C. Cooper von 3 oder 4 äusseren Zellreihen des äusseren
Integumentes gebildet; die übrigen etwa 8 äusseren, sowie die 4 bis 5 Zellreihen des inneren Integumentes
obliterieren. — Der praktische Nutzen der Familie ist, mit Ausnahme ihrer Verwendung als Zierpflanzen, nur
gering und lokal beschränkt. Der Saft der Stengel und Blüten von I. biflora wird in Amerika zum Gelb=
färben, der von I. Balsamina in Indien, Japan und im Bereiche der tartarischen Bevölkerung zum Rotfärben
der Haut und der Nägel verwandt. Der Saft der Wurzelknollen von I. tinctoria Rich. dient in Abessynien zum
Schwarzfärben der Füsse. Die Samen einiger Arten, die fettes Oel, Gerbstoff, Zucker usw. enthalten, werden

in Indien genossen, auch soll ein Speise= und Brennöl daraus gewonnen werden. Einige Arten fanden früher pharmazeutische Verwendung (vgl. I. Noli tangere).

Von den z. T. seit mehreren Jahrhunderten im Freiland oder in Töpfen gezogenen, neuerdings durch Zugang tropischer Arten in Warmhäusern stark vermehrten Arten seien erwähnt: I. Balsámina[1]) (= Balsámina horténsis DC.). Garten=Balsamine, aus Ostindien. Franz.: Balsamine, balsamine des jardins; engl.: Balsam, garden=balsamine; ital.: Balsamina, begli nomini (im Tessin bejomen). Fig. 1875 a bis h. Einjährige, bis 60 cm hohe, kahle Pflanze. Stengel dickfleischig, knotig gegliedert, mit oft rötlich angelaufenen Aesten. Laubblätter lanzettlich, gesägt, die unteren gegenständig. Blüten meist zu mehreren, seltener einzeln in den Blattachseln, gross, verschieden gefärbt, weiss, gelb, purpurn, violett, einfarbig, gefleckt oder gestrichelt. In zahlreichen Kulturformen in Gärten gezogen. Im Handel werden unterschieden: Hohe Balsaminen, 30 bis 60 cm hoch. — Zwerg=Balsaminen, 20 bis 25 cm hoch. In beiden Gruppen finden sich: Rosen=Balsaminen. Blüten gefüllt. Kronblätter regelmässig rosenartig angeordnet, verschieden gefärbt. — Kamellien=Balsaminen. Kronblätter weniger regelmässig angeordnet, weissgefleckt, verschieden gefärbt. — Nelken=Balsaminen. Kronblätter nelkenartig gestreift und gestrichelt, verschieden gefärbt. — Viktoria=Balsaminen. Kronblätter gestrichelt und punktiert. Die sehr frostempfindliche Pflanze spielt noch gegenwärtig in den Bauerngärten eine grosse Rolle und wurde im Laufe des 16. Jahrhunderts von den Portugiesen nach Europa gebracht (Christ, H. Der alte Bauergarten). Gesner sah die ersten Stöcke in Basel. Rostius bezeichnete die Art 1610 als Balsámina faémina. Im Hortus Eystettensis wird sie ebenfalls Balsamina foemica, Balsamkraut das Weibchen genannt.[2]) Nach Schube fand sie sich bereits zur Zeit der Renaissance, in den Ziergärten Schlesiens. Bisweilen verwildert sie in

Fig. 1877. Impatiens walleriana Hook. F. (J. sultanii).
Phot. Wilhelm Schacht, München.

Parkanlagen (wie z. B. in Innsbruck) oder auf Feldern (wie bei Weissenberg i. d. Lausitz). — Impatiens tricórne Lindl., aus Nepal und Ostasien. Einjährige, bis 1,25 m hohe Pflanze mit sehr ästigem, dickem, knotig gegliedertem, punktiertem Stengel. Laubblätter lanzettlich, in den Stiel allmählich verschmälert, gesägt, kurz behaart. Blüten auf ziemlich kurzen, behaarten Stielen in 3= bis 5=blütigen Blütenständen, blassgelb, orangegelb, geadert und punktiert; Sporne oft zu dreien, pfriemlich, nach oben gekrümmt, grün. Seit 1836 in Europa gezogen. Verwildert bei Kirchheim unweit Ried (Ober=Oesterreich). — I. Mariánae Rchb., aus Assam. Halbstrauch mit kriechenden und wurzelnden Stengeln. Laubblätter breit=eirundlich, fein gekerbt, schmal=silberweiss=gesäumt, auf der Fläche weissbunt gefärbt. Blüten einzeln, blattachselständig, blassrot; Sporn aufrecht gekrümmt. Der panaschierten Laubblätter wegen früher viel gezogen, jetzt seltener geworden, aber noch immer in Gewächshäusern, in Zimmern (namentlich Bauernstuben) z. T. als Ampelpflanzen und auch in Freibeeten an geschützten Stellen gehalten. — I. Royléi Walpers (= I. glandulífera Royle, = I. glandulígera Lindl.). Fig. 1876. Heimat: Himalaya und Ostindien. Einjährige, bis über 2 m hohe Pflanze mit kräftigem, ästigem, knotig=gegliedertem, kahlem Stengel. Laubblätter lanzettlich bis ei=lanzettlich, zugespitzt, an den unteren Zähnen und am Blattstiel mit Drüsen. Blüten in langgestielten, etwa 2= bis 14=blütigen Trauben, etwa 3 bis 4 cm breit, purpurn oder weinrot; Sporn gerade, dick. Häufig in Gärten und auf Friedhöfen (z. B. im Bayerischen Wald, in Franken, Oberbayern) als anspruchslose Freilandpflanze gehalten und hie und da auch in grösserer Menge als Bienenfutterpflanze gebaut. Verwilderungen werden neuerdings wiederholt gemeldet, Einbürgerungen hingegen scheinen sehr selten zu sein, da die Samen meist nicht recht ausreifen. Die Pflanze wurde beobachtet in Bayern an der Isar

---

[1]) Der Name wird vom griechischen βάλσαμον [bálsamon] abgeleitet. βαλσαμίνη [balsamíne] erscheint als Pflanzenname auch in den Synonymen des Dioskurides (Mat. med. 3, 139). Möglich wäre auch die Ableitung von βάλλειν [bállein] = werfen und sémen = Samen; weil die Früchte ihre Samen weit wegschleudern.

[2]) Die Bezeichnung steht im Gegensatz zu Balsamina mas, Balsamkraut das Männchen oder Momordikäpfel, unter welcher Bezeichnung Momórdica Balsámina L. verstanden wurde.

bei München, an der Partnach in Garmisch (noch 1917), auf dem Friedhof daselbst (1923) und am Weg zur Partnach=
klamm, in der Umgebung von Nürnberg (eingebürgert) bei Breitenbrunn, Grünsberg und am Lauferthor, ferner bei
Berching, Pommelsbrunn und Unterbürg bei Beilngries, in Baden bei Ilvesheim (1912), auf Schutt bei Oggersheim
in der Pfalz (1912), im Niederschlesischen Bergland bei Löwenberg, Wigandstal, Schönau, Bolkenhain, Hirschberg,
Kosel, Leschnitz und Beuthen; im Kreis Beutnitz; bei Hamburg, Konitz (1897), Reppen, Scharfenberg, Naundorf bei
Frankfurt an der Oder; bei Erfurt; in Mähren massenhaft in Olmütz zusammen mit Rudbeckia laciniata; Oester=
reichisch=Schlesien; in Tirol bei Innsbruck, Brixlegg; im Vorarlberg bei Rankweil (1912, 1919), Röthis 1918,
St. Gerold (auf Sumpfboden.); in Niederösterreich am Weidlingsbach bei Wien, am Preinerbach bei Payerbach,
bei Reichenau; in der Schweiz am Ufer der Birs zwischen Aesch und St. Jakob bei Basel, zwischen Mönchen=
stein und Neue Welt (1904), an der Birs bei Dornach (Solothurn) 1910, Eichholz bei Weesen (seit etwa 1908),
Mühletal am Walensee (1910), am Untersee im Ufergebüsch bei Mannenbach (1911) und am Bach im Espi Tribol=
tingen, Ufer der Thur bei Feldi=Altikon (Kt. Zürich, 1911, 1919), Schutt auf dem Ebnat bei Schaffhausen (1914),
Wattwil (Kt. St. Gallen 1914), Emdtal bei Bern (1916). — f. álbida hort. Blüten weiss. Seeaufschüttung am
Belvoirpark in Zürich (1914). Die Pflanze gelangte um 1839 nach Europa. In Oesterreich führt sie zuweilen den
humorvollen Namen „Altweiberzorn". Die proterandrischen Blüten sind namentlich auf den Besuch von Hummeln
eingerichtet. Wie bei Impatiens noli tangere streifen im männlichen Stadium die Besucher mit dem Rücken an den
Staubblättern, im weiblichen an der entwickelten Narbe vorbei. Ausser Hummeln sind auch vereinzelt Bienen
beobachtet worden. — I. Hólstii Engl. et Warb., aus Ostafrika (vor etwa 20 Jahren eingeführt), mit flachen, scharlach=
roten Blüten und mit langem, dünnem Sporn, ist gegenwärtig eine beliebte Zierpflanze des Warmhauses und der
Zimmer und, da sie das ganze Jahr über blüht, unter dem Namen „Fleissiges Lieschen" bekannt (vgl. auch
die folgende Art). — Ihr sehr ähnlich ist I. Sultáni Hook. f. (Fig. 1877), aus dem tropischen Afrika und San=
sibar. Bis 60 cm hoher, kahler Halbstrauch mit vielen dicken, saftigen Zweigen. Laubblätter elliptisch bis
lanzettlich, angedrückt gezähnt, im unteren Teile des Stengels wechselständig, im oberen fast quirlig. Blüten
in 1= bis mehrblütigen, die Tragblätter überragenden Blütenständen, bis fast 4 cm breit, karminrot, seltener
weiss oder violett; Sporn lang, dünn. Zwischen dieser und der vorhergehenden Art sind eine Reihe
von Bastarden erzeugt worden, die vielfach die Eltern vollständig verdrängt haben und die scharfe Trennung
der Kulturformen sehr erschweren. — I. platypétala Lindl. (= I. pulchérrima Dalzell, = I. latifólia hort.),
aus Java und Vorderindien. Halbstrauch mit dicken, saftigen, gegliederten, meist purpurrötlich gefärbten oder
fein punktierten Stengeln. Laubblätter länglich=lanzettlich bis eiförmig, scharf gekerbt=gesägt, oberseits kahl,
unterseits meist behaart. Blüten einzeln in den Achseln von Laubblättern, gross, karminrosarot. Sporn faden=
förmig, sichelartig gekrümmt. Kronblätter breit=verkehrt=herzförmig. — I. Hookeriána Arn. (= I. biglan=
dulósa Moon), aus Ceylon. Bis 1 m hoher, krautiger Halbstrauch mit stark verästelten, saftigen Stengeln.
Blüten in 3= bis 6=blütigen Trugdolden, bis 5 cm breit, weiss; untere Kronblätter purpurn gefleckt; Sporn
hornartig gekrümmt, 5 bis 8 cm lang. — Seltener finden sich I. scábrida DC. im Freiland, I. Olivéri C. H.
Wright, I. Petersiána Gilg und I. grándis Heyne in Warmhäusern. Verschleppt wurde beobachtet die
gelbblühende nordamerikanische I. biflóra Walt. (= I. fúlva Nutt.) im Südbahnhof München, sowie verwildert
I. amphoráta Edgew. aus dem tropischen Afrika auf Friedhöfen in Dürkheim und Neustadt in der Pfalz.

    Die beiden heimischen Arten unterscheiden sich nach folgendem Schlüssel:

1. Blüten gross, hängend, goldgelb, innen rot punktiert; Sporn gekrümmt. Früchte hängend.
                                                                                                                              I. Noli tangere nr. 1878.
1*. Blüten klein, aufrecht, hellgelb; Sporn gerade. Früchte aufrecht . . I. parviflora nr. 1879.

1878. Impatiens Noli tángere[1]) L. Rühr michnichtan, Wald=Springkraut. Franz.: Balsa=
mine sauvage, balsamine des bois, pain de coucou, impatiente, ne=me=touchez=pas, herbe de Sainte
Catharine, merveille à fleurs jaunes; engl.: Yellow balsam, quick in hand, touch=me=not; ital.:
Erba impaziente, sensetiva. Taf. 180, Fig. 3; Fig. 1878 bis 1880 und Fig. 1875 i bis l.

    Fast alle Namen beziehen sich auf die bei der geringsten Berührung aufplatzenden Springfrüchte: Röge mi
nich an (Untere Weser), Krüütken röhr mi nich an (Westfalen), Krükche rier mich net an (Eifel),
Rühr mi nid a (Schweiz), Hüpferling, Flendekraut [Flintenkraut], Blatzkräudig (Gotha), Alt=
weiberzorn (Oberösterreich), Huppemannl (Westböhmen), Kikrihahn (Oberösterreich), Flohkräudl
(Niederösterreich), Springkraut (Schwäbische Alb), Schrekerli (Aargau), Häxlichrut (Churfirstengebiet).
Auf die Blütenform beziehen sich Ohrringel [Blütensporn?] (Oesterreich), Kapuzinerle [kapuzenförmige
Blüten (Baden). Die niederösterreichische Bezeichnung Gliedwalln nimmt auf den in Glieder (angeschwollene

---

    [1]) Bei Gesner (Hort. Germ. 1560) heisst die Pflanze Noli me tangere [rühre mich nicht an], bei Thal
(1577) Persicária silicósa Anglórum.

Internodien?] geteilten Stengel Bezug. Nach dem Standort heisst die Art Moos=, Gmoospflanzen (Böhmer= wald), Bachchrut (Schwyz). Drollige Verdrehungen des lateinischen „Noli me tangere" stellen das Dula= metankerln (Oberösterreich), Tolimetangerl, Tulimetankerl (Niederösterreich) dar.

Pflanze 1=jährig, bis 1 m hoch, kahl. Primärwurzel frühzeitig schwindend und durch zahlreiche Adventivwurzeln ersetzt werdend. Stengel aufrecht, im oberen Teile ästig, be= blättert, im unteren Teil einfach, an den Knoten angeschwollen, blattlos, zuweilen rötlich. Laub= blätter wechselständig, gestielt, eiförmig bis eilänglich, spitz, am Grunde kurz keilförmig, grob gesägt=gezähnt mit aufgesetzten Stachelspitzchen, am Grunde mit Stieldrüsen. Blüten in (1=) 2= bis 4= (6=)blütigen, blattachselständigen, samt den Blüten überhängenden, mit Hochblättern versehenen Trauben. Kelchblätter 5 oder 3, die beiden vorderen fehlend oder zu undeutlichen Schüppchen verkleinert, die beiden seitlichen breiteiförmig, kurz spitzig (Fig. 1878 d), etwa 5 mm lang und wie die Kronblätter gefärbt, das hintere sehr gross, 2,5 bis 3 mm lang (Fig. 1878 c), gelb, mit gekrümmtem Sporn. Kronblätter 5, das vordere sehr gross, die übrigen bedeckend (Fig. 1878 b), die seit= lichen und hinteren paarweise miteinander verwachsen, alle goldgelb, innen mit roten Punkten. Staubblätter 5; Staubfäden oben miteinander verwachsen, unten mit einem Ligular=Fortsatz; Staubbeutel herzförmig, miteinander zusammenhängend. Frucht= knoten oberständig, aus 5 Fruchtblättern zusammengewachsen, 5=fächerig und mit mehreren innen winkelständigen Samen= anlagen; Griffel fehlend; Narbe kegel= förmig, 5=zähnig. Frucht eine 5=klappig= fachspaltig aufspringende, fleischige Kapsel, walzlich, 15 bis 25 cm lang, grün oder braungestreift (Fig. 1878 e, f). Samen läng= lich, etwa 4 mm lang, runzlich, kahl (Fig. 1878 g). — VII bis IX.

Meist verbreitet und oft gesellig auf kalkarmen wie kalkreichen, aber humosen, seltener mineralischen, ± feuchten Standorten mit hoher Luftfeuchtigkeit, in Laubwäldern — besonders Erlenbeständen — feuchten Gebüschen, Nadelwäldern, auf Wald= schlägen, an Waldbächen und Quellen, in feuchten Schluchten an Felsen, auf Mooren, in Hochstaudenfluren, bisweilen auch als Ueberpflanze[1]) oder adventiv. Von der Ebene bis in die obere montane Stufe: im Wallis bis 1400 m, im Gotthardgebiet bei Göschenen bis 1480 m, in Puschlav bis 1450 m, in der Bon= dasca im Bergell bis 1400 m, in den Bayerischen Alpen bis 1140 m, in Südtirol am Monte Baldo bis 1500 m (in Norwegen bis 630 m).

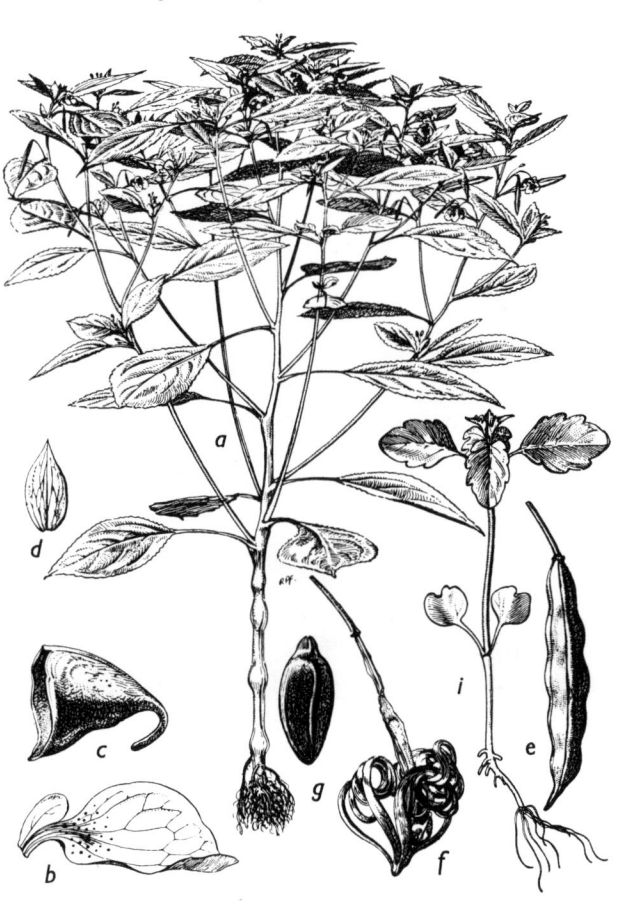

Fig. 1878. Impatiens Noli tangere L. *a* Habitus. *b* Vorderes Kronblatt. *c* Hinteres, gespornte Kelchblatt. *d* Seitliches Kelchblatt. *e* Frucht kurz vor der Reife. *f* Aufgerollte Frucht. *g* Samen (stark ver= grössert) *i* Keimling.

Im Hügel= und Bergland des ganzen Gebietes meist verbreitet und häufig, seltener in den Tiefebenen, wie im Gebiete der pannonischen Flora in Oesterreich, in der Oberrheinischen Tiefebene und

---

[1]) Von R. Stäger werden solche Ueberpflanzen aus der Schweiz auf Platane und Berg=Ahorn genannt.

am Niederrhein, in der Norddeutschen Tiefebene meist nur zerstreut oder z. T. selten; im Gebiet der Erfurter Flora meist nur als vorübergehende, durch Wasser verbreitete Adventivpflanze.

Allgemeine Verbreitung: Europa, nördlich bis Irland, Süd=England, Dänemark, Skandinavien (bis Saltdal, Norrland), Süd= und Kajana=Oesterbotten bis 64° 30′ nördl. Breite) und Olonez=Karelien (Archangelsk); in Südeuropa nur im südwestlichen Teile der Iberischen Halb= insel, auf den italienischen Inseln und dem südlichsten Balkan fehlend, Südrussland; Vorder= asien, Sibirien bis zu den Kurilen und Kamtschatka, China, z. B. bei Lauschan (Tsingtau), und Japan.

Aendert ab: f. albiflóra A. Schwarz. Kelchblätter und Kronblätter weiss mit schwach gelblichem Tone, nur an der Spitze des Sporns hellgelb. Blüten etwas kleiner als beim Typus, beim Trocknen meist rasch braun werdend. Zerstreut mit dem Typus. Kaum davon zu trennen ist wohl f. pállida Hermann. Kron= blätter bleichgelb, fast weisslich. So bei Molmerschwende im Unterharz. Rein weisse Blüten wurden in Ober= bayern zwischen Oberammergau und Graswang beobachtet[1]). Rouy und Foucaud unterscheiden ferner eine f. (subvar.) micrántha, die wohl kleistogam blühenden Stöcken entspricht, und eine f. (subvar.) apétala, bei der alle Blütenhüllblätter fehlen.

Impatiens Noli tangere gehört dem eurasiati= schen Elemente an. Höck stellt sie zu seinen Erlen= begleitern. Die schöne, durch die Kontrastwirkung der sattgrünen Flachblätter mit den halbverdeckt unter diesen hervorleuchtenden, gelben, grossen Blüten auffällige Pflanze erscheint am liebsten an ziemlich feuchten Orten halbschattiger Laubwälder mit hoher Luftfeuchtigkeit, wo sie bisweilen ausge= dehnte Reinbestände bildet. Im Auenwalde, nament= lich im Alnetum incanae und A. glutinosae, trifft sie häufig mit Equisetum maximum und E. silvaticum, Carex pendula, Ranunculus reptans, Myosotis palustris, Cardamine impatiens, Galium palustre, Circium olera= ceum usw. zusammen. In der Schwäbischen Alb ist sie nach R. Gradmann für die mitteleuropäische Schluchtwaldgenossenschaft bezeichnend und findet sich dort mit Fraxinus excelsior, Acer Pseudoplata= nus, Sambucus nigra, Allium ursinum, Bromus asper, Campanula Trachelium, Cardamine impatiens, Carex digitata, C. pallescens und C. silvatica, Cir= caea Lutetiana und Stachys silvatica. Im typischen Buchenwalde wurde sie z. B. bei Joachimsthal (Bran= denburg) zusammen mit Carex silvatica, C. digitata, Melica uniflora, Milium effusum, Cephalanthera grandi= flora, Polygonatum multiflorum, Cardamine impatiens, Vicia silvatica, Lathyrus vernus, Mercurialis perennis, Pulmonaria officinalis, Veronica montana und Asperula odorata beobachtet (Verhandlungen des Botanischen Vereins der Provinz Brandenburg, 1912). Viel seltener tritt die Art in feuchten Fichtenwäldern auf. Ueber ihre Begleiter dort vgl. z. B. Moehringia muscosa (Bd. III, pag. 417). Durch Selbstaussaat erhielten sich die auf der Maloja im Engadin (1860 m) ausgepflanzten Exemplare nur ein Jahr lang. — Trotz der stark lichtabdämmenden Wirkung, welche die Pflanze durch ihr reiches Blattmosaik und durch die häufig breit ausladenden Zweige hervorruft (Fig. 1878a) und mittels deren sie vielfach alles andere pflanzliche Leben unmöglich macht, ist ihr durch die massenhafte Ausbreitung und die stellenweise vollständige Einbürgerung ihrer Verwandten I. parviflora eine gefährliche Gegnerin erwachsen, der sie an vielen Orten hat völlig weichen müssen (vgl. unter I. parviflora). — Die blütenbiologischen Verhältnisse, denen auch die von I. parviflora gleichen, sind sehr beachtenswert. In der männlichen Phase liegen die verwachsenen Staubbeutel kappenförmig über der Narbe, so dass die honigsuchenden Insekten (Hummeln) mit ihrem Rücken den Pollen abstreifen. Später fallen die Staubbeutel ab und die Narbe erreicht, indem sie dieselbe Stellung einnimmt wie zuvor die Staubbeutel, ihre volle Entwicklung. Durch liegengebliebene Pollenkörner kann hierbei ausnahmsweise auch Selbstbestäubung ein= treten. Durch die Form der Blüte ist nur Hummeln der Zugang zum Honig möglich, den sie bisweilen allerdings auch

Fig. 1879. Impatiens Noli tangere L. Springkraut. Phot. A. Straus, Berlin.

---

[1]) F. Vollmann weist darauf hin, dass gelbe Blumen im allgemeinen wenig zum Albinismus neigen.

durch Einbruch (Anbeissen des Sporns) zu erlangen suchen. Neben diesen gewöhnlich auftretenden chasmogamen Blüten finden sich bisweilen auch bedeutend kleinere, etwa 2 mm lange, die einer geschlossenen Knospe ähneln und kleistogam sind. Die Kelchblätter dieser Blüten schliessen nach Knuth dicht zusammen und bilden in ihrem oberen, übereinander gelegenen Teile einen verhältnismässig dünnen, stumpfen Fortsatz. Die weiss gefärbten Kronblätter erreichen nur die Länge des Fruchtknotens und besitzen die Form von Schüppchen. Die auf verhältnismässig langen Staubfäden sitzenden Staubbeutel zeigen ein 3=eckiges, spitz zulaufendes Konnektiv, über dessen Spitze die Fächer hinausragen. Sie sind untereinander nicht verwachsen und über der Narbe mützenartig zusammengeneigt. Der Fruchtknoten ist etwa 2 mm lang; die 5 Griffel sind sehr kurz und konisch zugespitzt, die Narben nur punktförmig an den Griffelspitzen entwickelt. Aus den sich öffnenden Staubbeuteln treiben die Pollenkörner ihre Schläuche gegen die Narben zu aus. Nach der Befruchtung hebt der sich verlängernde Fruchtknoten die zusammenhängenden Kelch=, Kron= und Staubblätter in Form einer Kappe in die Höhe. An sonnigen Orten sollen meist chasmogame, an sehr schattigen Orten fast nur kleistogame Blüten ausgebildet werden; es kommen aber auch Uebergangsbildungen zwischen beiden Formen vor. Auf experi= mentellem Wege durch Aenderung der äusseren Lebensbedingungen gelang es K. Goebel bald die eine, bald die andere Blütenform hervorzurufen. Nach ihm sind Hemmungsbildungen die Ursache des Auf= tretens von kleistogamen Blüten (vgl. Goebel, K. Die kleistogamen Blüten und die Anpassungstheorien. Biologisches Central= blatt, 1904). — Nach H. Ross vermag auch eine Mücke, wahrscheinlich Clinodiplo= sis impatientis, die Kleinheit der Blüte und ihren dauernden Schluss hervorzurufen. — An weiteren Blütenabänderungen wurde das Auftreten der vorderen zwei Kelch= blätter oder das Fehlen der Kronblätter

Fig. 1880. Impatiens Noli tangere L., in einer schattigen Waldschlucht Arzbachgraben, Steiermark. Phot. R. Fischer, Sollenau, N. Ö.

festgestellt. An den Keimlingen wurden ausnahmsweise 3 Keimblätter und darauf folgend 3=quirlig gestellte Primärblätter beobachtet. — Die Pflanze wird hie und da im Absud (5 g auf ¼ l Wasser) als abführendes und wassertreibendes Mittel verwendet (Marzell). Die Laubblätter enthalten nach älteren Angaben einen bittern, Brechreiz verursachenden Stoff (Impatiinid), sowie Gerbstoff, Zucker und 17,5 % Ascherückstand.

1879. Impatiens parviflóra DC. Kleinblütiges Springkraut. Fig. 1881 bis 1883a und Fig. 1875m bis r.

Pflanze 1=jährig, 10 bis 80 cm hoch, kahl. Primärwurzel frühzeitig schwindend und durch Adventivwurzeln ersetzt werdend. Stengel aufrecht, im unteren Teile einfach, un= beblättert, selten am Grunde mit einigen Aesten, im oberen Teile ästig, selten einfach, be= blättert, blassgrünlich oder (an sonnigen Orten) rötlich überlaufen. Laubblätter wechselständig, gestielt, eiförmig bis eilänglich, zugespitzt, am Grunde keilförmig verschmälert, gesägt, am Rande des Grundes stieldrüsig. Blüten in 4= bis 10=blütigen, den Tragblättern an Länge gleichkommenden oder sie überragenden Trugdolden. Kelchblätter 3; die beiden seitlichen eiförmig=3=eckig, etwa 3 mm lang, das hintere gross, 8 bis 10 mm lang, mit geradem Sporn, hellgelb. Kronblätter 5; das vordere gross, die seitlichen und die hinteren paarweise mit= einander verwachsen, alle blassgelb, innen rot gefleckt. Frucht länglich=keulenförmig (Fig. 1875o, p), 15 bis 20 mm lang, kahl, grün. Samen länglich, 4 bis 5 mm lang, fein längs=runzelig (Fig. 1875r). — IV bis X.

Als lästiges, vielfach unvertilgbares und völlig eingebürgertes Unkraut in oft grossen Herden auf Gartenland, in Parkanlagen, an Schuttstellen, Wegrändern, auf Kartoffeläckern,

Bahngeleisen und auf Flusskies; bisweilen auch massenhaft in schattigen Nadel= und Laubwäldern, feuchten Waldmulden und Gebüschen. Von der Ebene bis in das Bergland, bis etwa 760 m eingebürgert, vorübergehend verschleppt bis 1860 m.

In Deutschland in Bayern bei Lindau, Tölz, Deuringen bei Augsburg, München (seit 1892), Ismaning, Passau (seit 1892 oder 1893), Rentweinsdorf, Fürth, Erlangen (in und um den Botanischen Garten, im Schlossgarten), Würzburg (1909, sich neuerdings stark ausbreitend), Rehberg bei Kulmbach, Münnerstadt (im Hof des Augustiner= klosters), in der Pfalz bei Maximiliansau, Langenkandel (1906), Blieskastel, Kastel, Würzbacher Wald, Tschifflik, Auerbach, Zweibrückner Kirchhof, um St. Ingbert; in Württemberg in Stuttgart (seit 1873), Hohenheim, Gmünd, Ulm, Lampheim, Wiblingen, häufig um Wolfegg, bei Waldmannshausen, Creglingen, Bonfeld, Tübingen, Waldbad, Schloss Zeil; in Baden bei Thiengen, Karlsruhe, Mühlburg, Daxlanden, Mannheim, Heidelberg, Kehl; im Elsass z. B. bei Strass= burg (1872), Kirchhof St. Urban usw., in Lothringen z. B. bei Metz; im Rheinland bei Worms (1906), Poppelsdorf, Braubach, Bonn, Krefeld, Bingerbrück und Soden, bei Wetzlar; in Westfalen an der Ullme bei Hagen; in der Nord= westdeutschen Tiefebene hie und da, z. B. in Bremen (seit langem, 1899 massenhaft), bei Oldenburg, um Hamburg aus dem Botanischen Garten eingebürgert, bei Kleinflottbeck, in und bei Kiel, am Westensee (1912), im Brucher Holz, Emken= dorf (1921). Im Nordostdeutschen Flachland in und um Schwerin, bei Greifswald, Demmin, Glötzin, vielfach in der Mark Brandenburg, z. T. aus dem Botanischen Garten zu Berlin ausgewandert, z. T. vielleicht aus alten Ansaaten stammend, so z. B. bei Potsdam, Parez, Berlin, Schöneberg, Weissensee, Frankfurt a. O., Eberswalde, bei Wittenberg, Mag= deburg, im Deister über Springe a. d. Sambke, am Krehla (Hildesheim), bei Göttingen, Braunschweig, Eisleben; in Thürin= gen bei Mühlhausen, Jena, Weimar, Tiefurt; in Sachsen im Elbsandsteingebirge und im Dresdener Elbkessel bis unter= halb Meissen sehr verbreitet (vermutlich 1837 im Grossen Garten zu Dresden ausgesäet), bei Wohla unweit Löbau, Tharandt, Plauen, um Leipzig; in Schlesien meist verbreitet, namentlich um Breslau; in Westpreussen in und um Danzig (seit 1869), Westerplatte (1879), Neufahrwasser (1892), Oliva, Marienwerder, Marienau (1850); in Ostpreussen in Königs= berg (ursprünglich im Botanischen Garten verwildert und jetzt an verschiedenen Stellen). — In Oesterreich in und bei Salzburg seit 1870, z. B. Riedenburg (1892/93), Grossgmain bei Reichenhall; in Oberösterreich bei Linz (seit langem); in Niederösterreich in und bei Wien, bei Kalkburg und massenhaft in den Donauauen der Stockerau; in Böhmen auf mehreren Moldauinseln bei Prag (vermut= lich durch Hochwasser aus dem Botanischen Garten ent= führt), Aussig (1886), Herrnskretschen, bei Zalov, Weg= städtel und Zaluz a. d. Elbe, Weltrus; fehlt z. Z. noch in Mähren; in Steiermark in und um Graz bis etwa 600 m

Fig. 1881. Impatiens parviflora DC. *a* Habitus. *b* Blüten von oben. *c* Seitenansicht der Blüte. *d* und *e* Keimpflanzen in 2 verschiedenen Entwicklungsstadien.

(seit 1863), in fast ganz Mittelsteiermark, z. B. bei Voigtsberg, Köflach, Wildon (1900), ferner bei Pettau, Rohitsch, Bad Neuhaus, in Obersteiermark bei Aussee bis 650 m, bei Leoben (600 bis 660 m); in Kärnten bei Klagenfurt. — In der Schweiz in und um Basel (z. B. bei Birsfeldhof [seit 1902] und am Aeschengraben), im Möhliner Forst, von Olten bis Koblenz, Zofingen, vielfach in Solothurn (seit 1854), Brühl (1916), Rüttenen, Widlisbach (1918), Attisholz (1918), Winznau (1918), Kirchhof Oberdorf (1906/10), St. Niklaus (1907), Aeschi (1906), Bern (vor 1900), Biel, Weissenburg, Genf (seit 1837), Rolle, Devens bei Vaumarcus im Jura (von de Büren eingeführt), von St. Aubin bis Concise, Travers (760 m), Fleurier, in und um Zürich mehrfach (seit 1862), längs des Zürchersees, z. B. Zollikon, Herrliberg (1898), Erlenbach (1906), Schirmensee (1903), Rosenberg= und Eschenberg=Winterthur (1885), Baden (vor 1875), Glarus, im Kanton Graubünden in Sils im Domleschg und im Oberengadin in Sils-Maria bei 1860 m (1890).

Allgemeine Verbreitung: Ost=Sibirien und Mongolei, Turkestan, Dsungarei; einge= schleppt in Nordfrankreich, Belgien, Holland, England, Dänemark, Schweden, in den russischen Ostsee= Provinzen, Deutschland, Oesterreich, Schweiz, Tschechoslovakei, Ungarn, Galizien; Nordamerika.

Impatiens parviflora ist ein ostsibirisch-mongolisches Element, das in Europa das Schicksal vieler eingeführter Arten hat teilen müssen. Die keineswegs schöne Pflanze wurde am Anfang des 19. Jahrhunderts in Zier- und Botanischen Gärten ausgesäet (so in Dresden 1837, wenigstens um eben diese Zeit auch in Genf) und wanderte von solchen Orten vielfach in die nähere und weitere Umgebung aus (neuerdings auch längs der Eisenbahn). Hochwasser soll zur Verschleppung bei Prag beigetragen haben. An vielen Stellen ist die Pflanze seitdem völlig eingebürgert und tritt als äusserst lästiges und schwer zu bekämpfendes Unkraut namentlich in Gärten auf. Auch im Flusskies, z. B. im sächsischen Elbetal, erscheint sie nicht selten und bildet dort kleine, arm- und kleinblütige, oft rot überlaufene, aber sonst kräftige Zwergformen. Ebenso ist sie an nicht wenigen Orten in natürliche Pflanzengesellschaften eingetreten und verdrängt hier namentlich ihre einheimische Verwandte Impatiens Noli tangere, z. B. bei Kiel, Berlin, Passau, München und in der Umgebung von Dresden. In

Fig. 1882. Impatiens Noli tangere L.
Vor und nach der Explosion einer Frucht. Bei Biedenkopf.
Phot. Th. Arzt, Wetzlar.

der Umgebung des letztgenannten Ortes ist sie z. B. am Borsberg bei Pillnitz die vorherrschende Pflanze in geneigten, namentlich im Frühling feuchten Mulden des herzynischen Mengwaldes, die sie mit einem leuchtend smaragdgrünen, gleichmässigen, euphotometrischen Blattmeer erfüllt. Die spärlichen Begleiter solcher bis 40 cm hohen Hochstaudenfluren sind Aspidium Filix mas, Urtica dioeca, Poa nemoralis, Scrofularia nodosa, Galeopsis Tetrahit, Stachys silvaticus, Geranium Robertianum, Cicerbita muralis, Moehringia trinervia, Stellaria media (häufiger) und Viola Riviniana (Beger). In Schlesien steigt Impatiens parviflora eingebürgert bis ins Bergland. In Krain findet sie sich nach Sabidusi auf dem Kreuzberg bei Klagenfurt zusammen mit Vaccinium Myrtillus, Rubus-Arten, Fragaria vesca, Actaea spicata, Aruncus silvester, Aegopodium Podagraria, Galeopsis speciosa, Cicerbita muralis, Urtica dioeca und Oxalis Acetosella in einem aus Fichten, Föhren und Eichen bestehenden Mischwalde. Bei Wassermangel im Hochsommer vergilben die typischen Schattenblätter der im Walde gewachsenen Pflanzen sehr rasch und bieten dann einen wenig erfreulichen Anblick. Nach M. S. Rosing (Berichte der Deutschen Botanischen Gesellschaft. Bd. XXVIa, 1908) lassen sich die Laubblätter sehr gut dazu verwenden, um mit Hilfe von Fehling'scher Lösung nachzuweisen, dass bei offenen Spaltöffnungen viel Zucker und wenig Stärke, bei geschlossenen Spaltöffnungen hingegen viel Stärke, aber kein Zucker gebildet wird. — Die Bestäubungseinrichtungen sind die gleichen wie bei I. Noli tangere; doch scheint Selbstbestäubung häufiger vorzukommen. Als Besucher kommen namentlich Schwebfliegen in Betracht. Die Pflanze kann als Wirt für verschiedene Cuscuta-Arten verwendet werden. Ueber die dabei entstehenden Gewebeveränderungen vgl. M. Mirande (Bulletin scientifique de la France

Fig. 1883a. Impatiens parviflora DC.
Phot. Dr. Fr. Zimmermann, Mannheim.

et de la Belgique. T. XXXV, 1900) und O. Gertz (Berichte der Deutschen Botan. Gesellschaft. Bd. 36, 1918).

Die nächste Reihe, die der Rhamnáles, umfasst vorherrschend Holzpflanzen mit einfachen oder zusammengesetzten Laubblättern und mit radiären, meist kleinen und ziemlich unauffälligen, euzyklischen, diplochlamydäischen (bisweilen auch apetalen), mit einem Drüsendiskus versehenen Blüten, deren epipetale, nur in einem Kreise angeordnete Staubblätter vor den Kronblättern stehen. Der Fruchtknoten ist 2- bis 3- (5-)fächerig und enthält in jedem Fache je 1 oder 2 aufsteigende oder aufrechte Samenanlagen mit dorsaler, seitlicher oder ventraler Raphe und mit 2 Integumenten. Die Samen enthalten Endosperm. Die Reihe besteht nur aus den beiden Familien der Rhamnáceae und Vitáceae oder Ampelidáceae (pag. 350), von denen die erstere durch Kapsel-, Stein- oder Schliessfrüchte, die letztere durch Beerenfrüchte gekennzeichnet ist.

79. Fam. **Rhamnáceae.** Kreuzdorngewächse.

(Bearbeitet von Dr. Ernst Furrer-Zürich und Dr. H. Beger, München).

Sommer- oder immergrüne, kleinstrauchige bis baumförmige, selten windende Holzgewächse oder sehr selten Kräuter, mit bisweilen verdornenden Aesten. Laubblätter gegen- oder wechselständig, einfach, meist 3- bis 5-nervig, mit kleinen, hinfälligen oder in Dornen umgewandelten Nebenblättern. Blüten zwitterig, seltener vielehig oder 2-häusig (in letzterem Falle mit Ansätzen des unterdrückten Geschlechtes), strahlig, 4- bis 5-zählig (Fig. 1900 g), klein, unscheinbar, grünlich, gelblich oder weisslich, in kurztraubigen, trugdoldigen oder knäueligen, seitlichen Blütenständen. Kelchblätter am Saume des Achsenbechers (auch Kelchröhre oder Hypánthium genannt) stehend. Kronblätter bisweilen fehlend oder (falls vorhanden) klein, oft stark gekrümmt bis kapuzenförmig eingerollt, am Grunde häufig genagelt, zwischen den Kelchblättern dem Rande des Achsenbechers eingefügt und oft (besonders anfangs) von diesen überwölbt oder eingehüllt. Diskus innerhalb des Staubblattkreises stehend, frei oder mit diesem verwachsen. Griffel einfach oder geteilt; Fruchtknoten aus 2 bis 5 (meist 3) verwachsenen Fruchtblättern gebildet, frei oder eingesenkt mit dem Achsenbecher verwachsen, in jedem Fach mit 1, sehr selten 2 grundständigen, ana- und apotropen Samenanlagen. Frucht eine meist mehrfächerige Kapsel oder Steinfrucht (Fig. 1888 e). Samen sehr selten mit Arillus, ohne oder mit spärlichem, stärkefreiem Nährgewebe, mit geradem Keimling und grossen, flachen oder nur an den Rändern gebogenen Keimblättern.

Die Familie umfasst etwa 50 Gattungen mit annähernd 500 Arten, die in allen Gebieten der Erde auftreten, soweit die klimatischen Verhältnisse Holzgewächse zulassen; in Europa ist sie verhältnismässig schwach vertreten. Zu den wenigen weit verbreiteten und grossen Gattungen gehören Rhámnus (vgl. pag. 329), die in allen Tropenländern heimische Gattung Gouánia L. und die Gattung Zízyphus L. (pag. 322 u. f.), deren Verbreitungsmittelpunkt im Malayischen Archipel liegt und die von dort nach Australien, nach dem aussertropischen Afrika, dem Mittelmeergebiet und nach dem tropischen Amerika ausstrahlt. Die übrigen formenreicheren Gattungen bezeichnen meist bestimmte pflanzengeographische Gebiete. So tritt die eigenartige, ericoide Gattung Phýlica L. im aussertropischen Afrika auf und weist durch einige Arten auf einstige Landzusammenhänge mit Tristan de Cunha, Neu-Amsterdam, Madagaskar, Mauritius und Bourbon hin. Ceanóthus L. ist ausserhalb des pazifischen Nordamerika nur spärlich vertreten. Auch Colubrína Brongn. findet sich mit Ausnahme der weitverbreiteten, küstenbewohnenden C. Asiática (L.) Brongn. nur im wärmeren Nord- und Mittelamerika. Condália Cav. ist nord- und südamerikanisch. Australien und Neuseeland sind durch die einander sehr verwandten und durch den Besitz von Sternhaaren von allen anderen Rhamnaceen geschiedenen Gattungen Pomadérris Labill., Trymálium Fenzl., Spyrídium Fenzl und Cryptándra Sm. verbunden, die Galapagos-Inseln mit Südamerika durch Scyphária Miers. Die Tribus der Colletiéae ist zum grössten Teile andin. Nur 4 ihrer Arten sind nicht südamerikanisch: Discária Austrális Hook. ist auf Australien, D. Toumáton Raoul auf Neuseeland und die Gattung Adólphia Meisn. mit A. infésta (H. B. et Kunth) Meisn. auf Mexiko und mit A. Califórnica Wats. auf Kalifornien beschränkt. Als rein endemische Bildungen besitzt Australien die Gattungen Emmenospérmum F. v. Muell. und Schistocarpǽa F. v. Muell., das Kapland Nóltea Rchb., das Betschuanaland Marlòthia Engl., Abyssinien Lamellisépalum Engl., St. Helena Nesótha Hook. f. mit der einzigen Art N. ellíptica (Roxb.) Hook. f., Madagaskar Macrorhámnus Baill., die Hawaiischen Inseln Pleuranthódes Weberb., Malakka Apteron Kurz, Brasilien Reissékia Endl. und Crumenária Mart. Aus diesen Verbreitungsverhältnissen bereits ergibt sich das hohe Alter der Familien. Auch der morphologische Bau lässt viele Gattungen als Glieder früher weiter verbreiteter Formenkreise erkennen. Fossilienfunde bestätigen diese Auffassung, wenngleich viele der auf Blattabdrücke begründeten Zuweisungen zu den Gattungen Paliurus, Zizyphus, Berchémia Neck., Rhamnus, Ceanóthus und Pomaderris unsicher sind. Mit Sicherheit reichen diese Funde bis in das frühe Tertiär zurück. Die Gattung Paliurus ist an recht verschiedenen Orten von Europa und selbst auf Grönland festgestellt worden; ihre auf Laubblattreste begründeten Funde weisen z. T. auch nach Nordamerika. Arten der Gattung Zizyphus glaubt man mehrfach in Europa und in Nord-Amerika nachgewiesen zu haben, desgleichen solche von Berchemia. Die anderen genannten Gattungen sind fraglich.

Die nächsten Verwandten der Rhamnaceen sind die ebenfalls altertümlichen Vitaceen (pag. 350), von denen sie sich nach Weberbauer durch die kleinen Blütenblätter, den meist stark entwickelten Achsenbecher, das derbe Endokarp, den grossen Keimling, sowie die niemals gelappten oder zusammengesetzten Laubblätter unterscheiden. Durch die epipetale Stellung der Staubblätter weichen sie von den ihnen nahestehenden Celastraceen ab. Als weitere Verwandte kommen nach Baillon die Oliniaceen in Frage, die aber 2 bis 3 zentralwinkelständige Samen in jedem Fruchtfach und unregelmässig gefaltete Keimblätter besitzen. Die sero-diagnostischen Untersuchungen stellen die Rhamnaceen ebenfalls unmittelbar zwischen die Celastraceen und die Vitaceen (vgl. Bd. IV, 3, Fig. 1608). Als anatomische, wenn auch nicht ganz durchgreifende Eigenart der Familie ist das häufige Vorkommen von Schleimzellen (Fig. 1888 g) zu nennen, die sich, so weit sie in den Laubblättern und auch in der Epidermis anderer Teile auftreten, als wasserspeichernde Organe erweisen. Eigenartig ist es, dass sie bei den altweltlichen Arten der Gattung Zízyphus nur in der Laubblattepidermis und als Gänge unter den Leitbündeln auftreten, während sie bei den neuweltlichen Arten vollständig fehlen. Auch die Gattungen Frángula und Rhámnus, von denen die erstere namentlich neuweltlich, die letztere überwiegend altwelt-lich ist, unterscheiden sich durch den Mangel bezw. durch den Besitz von Schleimzellen. Für die letztere Gattung können die Anordnung der Laubblattnerven sowie die reichlich vorhandenen Kristalldrusen z. T. zur systematischen Gliederung herangezogen werden (vgl. pag. 329). Die in den Laubblättern mancher Gattungen auftretenden durchsichtigen Punkte werden ebenfalls durch Kristalldrusen bedingt. Die Gefässwände sind bis-weilen spiralig verdickt; das Prosenchym zeichnet sich durch einfache Tüpfelung aus. — Der in der ganzen Familie sehr einheitliche Blütenbau weist durch die vielen Gattungen eigene Neigung zur Polygamie und z. T. durch die fast völlig durchgeführte Zweihäusigkeit (bei Rhamnus) auf Fremdbestäubung hin. Allerdings stellen die Blüten mit ihren allgemein zugänglichen und offen liegenden Honigdrüsen die niederste Stufe der Nektar-blüten dar. Delpino spricht von einem besonderen „Rhamnus-Typus", der sich durch offene, regelmässige Blüteneinrichtungen auszeichnet und dessen weitgeöffnete Blüten von den verschiedensten Insekten besucht werden. Ausser den für Mitteleuropa in Frage kommenden Rhamnaceen-Gattungen Rhamnus, Frangula und Paliurus zählen zu diesem Blütentypus: Evonymus, Rhus-Arten, Ilex, Euphorbia-Arten, Hedera, Buxus, Ribes-Arten sowie die Umbelliferen. Selbstbestäubung dürfte nur bei einigen der südafrikanischen Phylica-Arten die Regel sein, deren Blütenköpfe völlig von dicht und lang behaarten Hochblättern eingehüllt sind. Die Blütenfärbung ist meist unauffällig gelbgrün, nur ausnahmsweise bunt und, wie z. B. bei gewissen Ceanothus- und Phylica-Arten, infolge Häufung der Blüten hervortretend. Die Früchte sind teils durch Flügelbildung (z. B. Paliurus) der Windverbreitung (Fig. 1886 e) angepasst, teils werden sie infolge ihrer saftigen Wand oder ihrer fleischigen Blütenstandsachse (Hovénia Thunb., Fig. 1885 b) von Tieren aufgenommen und verschleppt, oder aber sie besitzen elastisch aufspringende Teilfrüchte, welche die Samen weit abschleudern (Collétia). Arillus-bildungen gehören zu den Seltenheiten und sind nur bei der Gattung Adolphia in grösserer Ausdehnung und lebhafterer Färbung anzutreffen. — Hinsichtlich der Lebensformen besitzt die Familie als einziges 1-jähriges Kraut die brasilianische Crumenária decúmbens Mart., sowie als ausdauernde Kräuter 3 weitere Arten dieser Gattung. Die weitaus grösste Artenzahl zählt zu den Klein- und Hochsträuchern, die vielfach als Kletter-sträucher ausgebildet sind und mit Haken, Zweigdornen, Ranken oder ihren senkrecht abstehenden oder zurückgekrümmten Blütenstandsachsen emporsteigen, bisweilen aber auch jedweder Klettervorrichtung ent-behren. Baumformen treten nur in sehr bescheidenem Masse auf. Hygrophyten fehlen vollständig; Meso-hygrophyten sind reichlicher vertreten; xeromorph gebaute Arten finden sich in grosser Zahl. So besteht z. B. die ganze Tribus der Colletieae aus stark verdornten, oft ginsterartigen Sträuchern mit gekreuzt gegenständigen, oft starren Zweigen, deren Laubblattbildung oft sehr gering ist oder sich durch derben Bau und dichte Behaarung auszeichnet und die dadurch zu den ausgeprägten Steppen- und Wüstenformen zählen, so Colletia cruciata (Fig. 1883 b). Auch einige Phylica-Arten zeigen solche xerophile Eigentümlichkeiten.

Die Familie, deren wirtschaftlicher Wert nicht bedeutend ist, wird im wesentlichen auf Grund des verschiedenen Baues ihrer Früchte in 6 Tribus eingeteilt, von denen nur 2, die Tribus der Zizyphéae und der Rhamnéae, Europa berühren. Einen im Achsenbecher freistehenden und 1-fächerigen Fruchtknoten besitzt die nur unvollständig bekannte und bisher in 2 ostafrikanischen Arten bekannte Tribus der dornenlosen, meist kletternden, paläotropischen Maesopsídéae. In der Tribus der Ventilagíneae ist der Griffelrest an der Spitze der Frucht in ein grosses, flügelförmiges Anhängsel ausgezogen. Einige Bedeutung kommt in dieser

Gruppe nur Ventilágo maderaspatána Gaertn. zu, einem derbblätterigen Kletterstrauch mit Kletterhaken und rispigen Blütenständen, der in Birma, Südindien und auf Ceylon heimisch ist und den Indern durch das harzige Ventilagin ($C_{15}H_{14}O_6$) der Wurzelrinde ein Färbemittel liefert. Nach H. Rupe wird Baumwolle nach Tonerdebeizung damit purpurrot, nach Eisenbeizung grau bis schwarz, nach Tonerde=Eisenbeizung braun= purpurn, nach geölter Chrombeizung schön bordeauxrot gefärbt. Auf Wolle und Seide werden dieselben Farb= töne erzielt, dazu auf Zinnbeize ein Türkischrot. Die Ventilago=Färbungen sind wenig lichtecht, lassen sich aber schwer auswaschen. Aus dem Rindenbast werden feste Netze hergestellt. — Schon äusserlich durch ihr xeromorphes Aussehen auffällig und durch die ungeflügelten Steinfrüchte und die in den Achseln der hinfälligen Laubblätter zu mehreren übereinanderstehenden Sprosse (seriale Beisprosse), die niemals irgendwelche Rankenbildungen zeigen, kenntlich, ist die Tribus der Colletiéae. Von ihnen liefert die ginsterartige brasilianische Discária febrifúga Mart. ein unter dem Namen „Brasilianische China" bekanntes, ausgezeichnetes Fiebermittel, zu welchem namentlich die bittere Rinde der Wurzel verwendet wird, die auch einen roten Farbstoff enthält. Die austra= lische D. Austrális Hook. und die Neuseeländische D. Toumáton Raoul werden bisweilen in Botanischen Gärten gezogen. — Ebenso sind Colletia= Arten ihrer eigenartigen, stark seitlich abgeplatteten, breiten Zweigdornen wegen vielfach als typische Vertreter von Flachsprossgewächsen in Kalthäusern, im Süden des Gebietes, z. B. in Südtirol, auch im Freien in Gartenanlagen zu finden. Sehr auffällig ist eine unter dem Namen C. cruciáta Gill. et Hook. (Fig. 1883b) gezogene Form, die sich durch hypotrophische, senkrechte, bandartig verbreiterte Zweige auszeichnet und vielfach als eigene Art angesehen wird. Doch machen Fenzi und Masters darauf aufmerksam, dass sich gelegentlich Rückschlagsbildungen finden, indem einzelne Achsensprosse schlank und zylindrisch erscheinen und sich dann durch nichts mehr von der bisweilen ebenfalls kultivierten C. spinósa Lam. unterscheiden, mit welcher Art C. cruciata auch das geographische Verbreitungsgebiet im andinen Südamerika bis zum südlichen Uruguay teilt. Die Blüten sind maiglöckchenartig, weiss gefärbt und zeigen einen grünlichen Strich. Das Holz besitzt abführende Wirkung — es soll einen Bitterstoff Colletin enthalten — und wird als alkoholischer Aus= zug in Brasilien gegen Wechselfieber verwendet. Aehnliche Eigenschaften

Fig. 1883 b. Colletia cruciata Gill. et Hook. Blühender Spross mit Zweigdornen.

kommt auch anderen Arten der Gattung zu. Von C. spinosa unterscheidet sich C. ulcínia Gill. et Hook. durch dichtere und zahlreichere Bedornung und oft starke Behaarung. — C. férox Gill. et Hook. mit fast stielrunden, scharfstechenden, aufwärts gekrümmten Zweigen wird nach Entleutner in Südtirol in Anlagen gepflanzt. — Die paläotropische Tribus der Gouaniéae besteht aus wenigen Gattungen, deren Arten zumeist Lianen mit rankenden Blütenstandsachsen und deren vom Kelchsaum gekrönte Früchte oft mit 3 seitlichen Kanten oder Flügeln ausgestattet sind. Auf Jamaika werden die Saponin enthaltenden, angenehm bitter schmeckenden Stiele und Zweige der Gouánia Domingénsis als Gärungsmittel für ein bierartiges Getränk, sowie zur Zahn= und Mundpflege ver= wendet. Im letzteren Falle dienen die Zweige entweder zur Herstellung von Zahnstochern, oder sie werden ihres auf= fasernden Holzes wegen als Zahnbürsten oder gepulvert als Zahnpulver benutzt. In Mexiko gebraucht man den Saft der Gouánia tomentósa Jacq. als Enthaarungsmittel. — Zu dieser Tribus gehört auch die oben erwähnte, aus Kräutern zusammengesetzte Gattung Crumenária Mart. — Durch eine steinfruchtartige Frucht oder eine echte Steinfrucht mit 1 harten Kern mit 1 bis 4 Fächern und haut= oder papierartiger Samenschale ist die umfangreiche und weitverbreitete Tribus der Zizyphéae ausgezeichnet. Zwei ihrer Gattungen (Paliurus [s. u.] und Zizyphus) sind dadurch kenntlich, dass die Nebenblätter zumeist in Dornen umgewandelt sind (Stipulardornen), dass aber die Zweige selbst nie in einen Dorn enden. Die Gattung Zizyphus umfasst etwa 40 über alle 5 Erdteile zerstreute Arten, die sich vor allem durch die flügellose Frucht von der Gattung Paliurus unterscheiden. Ihre wichtigsten Arten sind: Zizyphus Jújuba Miller non Lam. (= Rhámnus Zizyphus L., = Zizyphus satíva Gaertner, = Z. vulgáris Lam.). Judendorn, Zizerleinsbaum. Franz.: Jujubier, gingeolier; engl.: Jujuba=tree; ital.: Zozzilo, giuggiolo (im Tessin: zenzoin, zizzola). Fig. 1884. Sparrig hin= und hergebogener Strauch oder kleiner, bis 8 m hoher, weidenartiger Baum mit kahlen Zweigen. Blattknospen rotbraun, mit 2 oder mehreren undeutlichen, be= wimperten Knospenschuppen. Junge Zweige rundlich, olivgrün oder bräunlich, mit feinen, zahlreichen Lenticellen (später erst 2=jährig), grau und mit kleinen Höckern. Laubblätter wechselständig, länglich=eiförmig, ± unsymmetrisch, 2 bis 5,5 cm lang und 1,5 bis 2,8 cm breit, vorn stumpf, mit aufgesetztem Stachelspitzchen, am Rande stumpf gesägt, gegen den Grund verschmälert, mit 2 bis 6 mm langem Stiele, 3=nervig, kahl. Neben= blätter in 2 Dornen umgewandelt, 1 bisweilen fehlend. Blüten (Fig. 1884 b) zu 3 bis 5 in blattachselständigen, büscheligen, sehr kurzgestielten Trugdolden. Fruchtknoten 2-, seltener 3- oder 4-fächerig, mit meist 2-spaltigem Griffel. Frucht eine kugelige bis länglich-eiförmige, ungeflügelte, 2 bis 3 cm lange, zinnoberrote, braunrote oder — nach C. K. Schneider — schwarze, essbare Steinfrucht mit fleischigem Mesokarp und hartem Kern, am Grunde oft vom Achsenbecher umgeben (Fig. 1884 d). Im Mittelmeergebiet nur in der bedornten Form var. spinósa (Bge.) vertreten. In Japan tritt auch eine unbedornte Form var. inérmis (Bge.) auf, die dort sowohl als auch in China viel angepflanzt wird. Die vom östlichen Mittelmeergebiet durch Vorderasien, Bengalen, Mittel- und Nordchina, die Süd-Mongolei und Korea bis Japan verbreitete Art wird in Südtirol in der Umgebung von Meran, Bozen und Riva (Doss Brione), sowie in der Südschweiz im südlichen Tessin bei Locarno und Bellinzona, sowie vereinzelt in Anlagen anderwärts (z. B. in Wiesbaden), gepflanzt, z. T. der essbaren Früchte wegen, und im südlichen Gebiet an steinigen, sonnigen Orten bisweilen verwildert angetroffen; am Eingang des Schlosses Rottenstein bei Meran z. B. ist sie vollständig eingebürgert. Sie liefert in Frankreich durch ihre glänzenden, olivengrossen Früchte die offizinellen Báccae Jújubae seu Zízyphi, die roten Brustbeeren (Fig. 1884 d), die in Deutschland obsolet sind. Innerhalb des dicken, ledrigen Exokarps liegt nach Tschirch ein weiches, markiges Fruchtfleisch (Mesokarp oder Sarcokarp), dessen Zellen hie und da Kristall-drusen und so reichlich Zucker (Hexosen und Saccharosen) führen, dass sie oft völlig von einem zähen Sirup erfüllt sind. Das Endokarp ist steinhart und besteht zu äusserst aus einer breiten Schicht von Sclereïden und einer schmalen inneren Faserschicht. Die meisten Jujuben kommen gegenwärtig aus der Provence (z. B. von den Iles d'Hyères) in den Handel. Sie werden teils in Gelatine gelöst in Bonbonform oder als Zusatz zu Brusttee als hustenlösendes Mittel verwandt. In Süd-tirol bezeichnet man die Früchte als „Datteln". In ähn-licher Weise werden die kleineren und weniger süssen Früchte von Z. Lótus (L.) Willd. gebraucht, der in Aegypten, Italien und Südspanien im grossen ange-pflanzt wird — im Hortus Eystettensis (1597) als Pseudosycomórus, Weisse Brustbeerlein in Kultur — und sich durch fast stets mangelnde Behaarung, undeut-liche bis fehlende Bezahnung und Kleinheit der Laub-blätter von der vorigen unterscheidet. Bei Theophrast stellt dieser Strauch eine seiner zwei „kyreneïschen" Lotus-Arten dar. Bei anderen Schriftstellern des Alter-tums wird der Name „Lotus" auf die verschiedensten „Vergessen bringenden" Pflanzen angewandt und kann mit Tschirch als ein antiker Sammelbegriff bezeichnet werden. So ist der Indische Lotus das Nelumbo nuci-fera (Bd. III, pag. 438), der Aegyptische Lotus die Nym-phaea Lotus (Bd. III, pag. 440), der Grosse Lotus von Kyrene Celtis australis, die Lotusbirne Diospyros Lotus L., der Lotusklee Trifolium fragiferum L., Melilotus Mes-sanensis All. und Trigonella elatior s. s. Auf welche Art sich der Lotus der Lotophagen bezieht, die Odysseus bei seiner Heimkehr von Troja gastfreundlich auf-nahmen, wissen wir nicht. Doch vermutet Desfon-taines, dass es Zizyphus Lotus gewesen sei. Nach

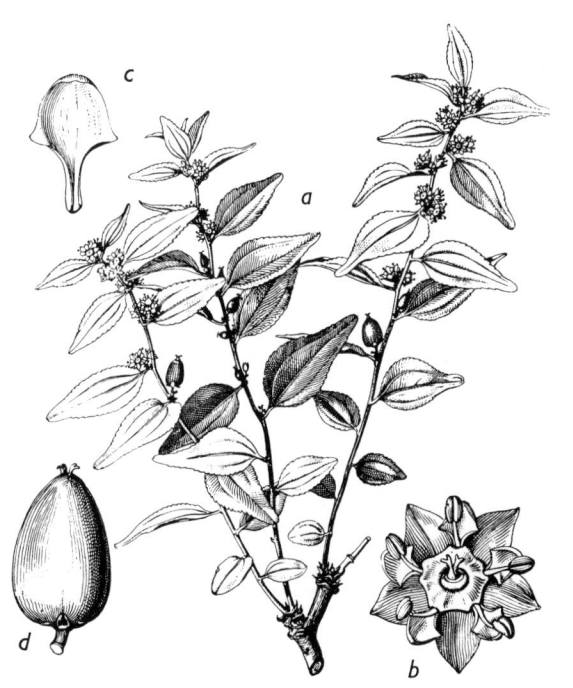

Fig. 1884. Zizyphus Jujuba Miller. *a* Blühende Zweige. *b* Blüte. *c* Kronblatt. *d* Frucht.

Italien kam der Strauch erst gegen das Ende der Regierungszeit des Kaisers Augustus durch den Konsul Scabus Papirius, der ihn aus dem Orient mitbrachte. Doch verbreitete er sich so rasch, dass er zur Zeit von Plinius schon allgemein bekannt war. In Algerien ist er gegenwärtig ein äusserst lästiges Unkraut, das vermöge seiner stark ausgebildeten, reichlich stengeltreibenden Grundachse kaum auszurotten ist. Für die ärmere Bevölkerung spielt er aber insofern eine grössere Rolle, als seine Früchte teils roh gegessen, teils zu Brot verbacken oder zu einem Getränk vergoren werden. — Wichtig ist ferner der ostindische Z. Mauritiána Ham. (= Z. Jujuba Lam. non Mill., = Z. Soróría Roem. et Schult.), der als dorniger Steppenstrauch mit filzigen Laubblättern vom tropischen Afrika über das südliche Vorderasien und Indien bis Ceylon und Australien verbreitet ist und neuerdings auch in Togo angepflanzt wurde. Seine gerbstoffreichen Laubblätter, sowie die Rinde dienen als Gerbemittel und z. T. auch zu Heilzwecken; im Himalaya werden sie als Seidenraupenfutter verwandt. Die Früchte werden als „Tsao" oder „Chinesische Datteln" gegessen. Das harte Holz findet zu Bauzwecken und anderem Nutzholz Verwendung. Auf dem Strauch lebt auch die Lackschildlaus (Cóccus lácca), die den zur Herstellung des Schellacks notwendigen Stocklack ausschwitzt. — Die Früchte des brasilianischen Z. Joazeiro Mart. spielen zur Zeit grosser Dürre als Viehfutter eine grosse Rolle. — Eine Paralleldroge zu Z. Jujuba liefert auch Z. Oenóptia (L.) DC. aus dem indomalayischen Gebiet, Nord=australien und Queensland. — Die beiden westindischen Gattungen Reynósia Griseb. und Sarcómphalus zeichnen sich durch harte, zu Bauzwecken geeignete Hölzer aus. — Karwinskia Humboldtiána (H. B. et Kth.) Zucc., ein kleiner Baum mit drüsenfleckigen Zweigen, Laubblättern und Blüten enthält in ihren länglichen Samen einen lähmenden Stoff, der in Mexiko gegen Krämpfe Anwendung findet. — Aus der etwa 10 Arten umfassenden, hauptsächlich ost= und südostasiatischen Gattung Berchémia Neck. mit meist kahlen, einfachen, ganz= oder fast ganzrandigen Laubblättern mit zahlreichen und stark hervortretenden Nervenpaaren, unschein=baren, grünlichen, in kleinen Rispen stehenden Blüten mit ziemlich flachem Achsenbecher und zweigeteiltem Griffel finden sich in unseren Anlagen bisweilen folgende zwei hochwindende, sommergrüne Sträucher ange=pflanzt: B. racemósa Sieb. et Zucc. Dickstämmiger Kletter=strauch. Blattknospen sehr fein= und langspitzig. Laubblätter 2 bis 7 cm lang und 1,5 bis 4,5 cm breit, herz=eiförmig, am Grunde abgerundet oder seicht herzförmig, unterseits kaum papillös und kaum behaart. Blütenstände zu grossen, bis 15 cm langen Endrispen vereinigt. Frucht erst rot, dann schwarz. — VI, VII. In Japan heimisch. Im Gebiete ziemlich winterhart und auch im Norden in geschützten Lagen verwendbar; erst 1888 eingeführt. — B. scándens Koch (= Rhámnus scandens Hill., = R. volúbilis L. f.). Schwachstämmiger, hochwindender Kletterstrauch mit rotbraunen Zweigen. Laubblattknospen stumpfer als bei der vorigen Art. Laubblätter länglich=eiförmig, an beiden Enden ± gleich, am Rande meist gewellt, am Grund meist stumpfkeilig oder leicht abgerundet, oberseits sattgrün, unterseits graugrün, mit meist 9 bis 12 Nervenpaaren. Frucht ± schwarzblau. — V, VI. In feuchten Wäldern im Südosten von Nordamerika heimisch. Im Gebiete nur für geschützte, sonnige Lagen geeignet und leicht erfrierend, aber seit langem in Kultur. — Durch die ungeflügelten Früchte schliesst sich die Tribus der Rhamnéae an die der Colle=tiéae an, unterscheidet sich aber von ihr vor allem durch den völligen Mangel an serialen Beisprossen. Zu ihren wichtigeren Gattungen gehören: Rhamnus (pag. 329) und Frangula (pag. 343), ferner die Gattung Sagerétia Brongn. Gehölze mit gegenständigen oder annähernd gegenständigen, derben, fieder=nervigen, ganzrandigen oder gesägten Laubblättern und sitzenden, in Knäueln stehenden und zu endständigen und seitlichen, ährenartigen, oft rispig zusammengesetzten Blütenständen vereinigten Blüten. Einige ihrer asiatischen Arten, wie Sagerétia Brandrethiána Aitch., S. oppositifólia Brongn. und S. théezans (L.) Brongn. liefern essbare Früchte. Die Laub=blätter der letztgenannten Art dienen in China der ärmeren

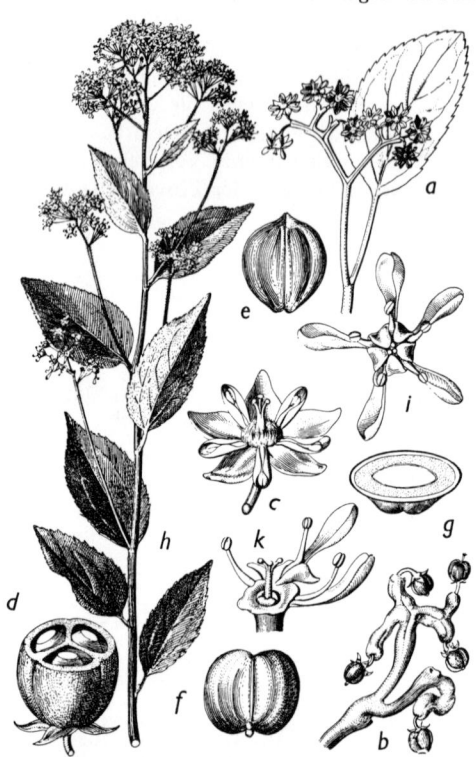

Fig. 1885. Hovenia dulcis Thunb. *a* Blütenzweig. *b* Fruchtzweig. *c* Blüte. *d* Frucht, quer angeschnitten, *e* und *f* Samenansichten. *g* Samen nach Entfernung eines Keimblattes. — Ceanothus Americanus L. *h* Blühender Zweig. *i* Blüte in der Aufsicht. *k* Blüte nach teilweiser Entfernung von Blütenteilen (*c* bis *g* nach C. K. Schneider).

Bevölkerung auch als Tee=Ersatz. — Hovénia dúlcis Thunb. (Fig. 1885 a bis g), ein in Japan, Nord= und Mittel=China heimischer, durch die Kultur in Ostasien weit verbreiteter Strauch oder Baum, zeichnet sich durch eigentümlich verdickte Blütenstandsachsen, an denen an dünnen Fruchtstielen (Fig. 1885 b) die schmutzigweissen, am Grunde vom Achsenbecher umgebenen, schwach 3=lappigen Früchte sitzen, aus. Die Art wird seit 1812 in Botanischen Gärten gezogen. Nahe verwandt mit ihr ist H. acérba Ldl., deren Laubblattstiele nur $1/8$ bis $1/5$ (bei H. dulcis mindestens $1/3$) mal so lang wie die Spreite sind. Diese Art, deren Heimat namentlich im Himalaya liegt, wird wahr=scheinlich nur in England in Gärten gezogen. Das Holz der Hovenia=Arten wird für die Herstellung von Möbeln und Musikinstrumenten hoch bewertet, dasjenige von H. dulc s im besonderen kommt als „Japanisches Mahagoni" in den Handel. — Die Gattung Ceanóthus L. mit etwa 50, namentlich im Süden und Westen der Vereinigten Staaten von Nordamerika heimischen Arten ist an den aus sitzenden Dolden zusammengesetzten, traubenähn=lichen oder rispigen, weiss= oder blaugefärbten (wobei meist auch Kelch und Teile des Achsenbechers gefärbt sind) Blüten und den längs der Innenkante aufspringenden und während der Samenausstreuung weit klaffenden Früchten kenntlich. Wirtschaftlichen Wert besitzen namentlich C. Americánus L. (Fig. 1885 h bis k), dessen Laubblätter als „Neu=Yersey=Tee" einen Ersatz für Tee bilden und medizinisch verwandt werden. In seiner Rinde ist neben Gerbstoff das noch wenig bekannte Alkaloid Ceanothin festgestellt worden. Die

Wurzel dient in Nordamerika gegen Schleimhautkrankheiten; die Indianer verwenden sie auch gegen Fieber. In Mexiko wird C. azúreus Desf. im gleicher Weise benützt. Viel bekannter im Gebiet sind die Ceanothus=Arten aber als schönblühende Ziergewächse. Von diesen seien genannt: C. sanguíneus Pursh. Aufrechter, 1 bis 3,5 m hoher Strauch mit rundlichen, rötlich oder purpurn überlaufenen Zweigen. Laubblätter wechselständig, niemals stechend, eiförmig bis elliptisch, am Grunde abgerundet oder seicht herzförmig, ober= seits sattgrün, unterseits heller, ± locker behaart, am Rande ± deutlich gesägt oder gekerbt. Blütenstand seitenständig, aus dem vorjährigen Zweig hervorgehend, 5 bis 13 cm lang, weiss. — VI, VII. Heimat: Britisch=Columbien bis Nord=Kalifornien und Montana. Nicht ganz winterhart. — C. Americánus L. (Fig. 1885 h bis k). Bis 1 m hoher Strauch mit anfangs behaarten, rotbraunen oder grünlichen Zweigen. Laubblätter eiförmig bis eilanzettlich, seltener rundlich, unterseits ± behaart bis fast verkahlend, graugrünlich, nicht glänzend. Blütenstände blattachsel= und endständig, an diesjährigen Trieben, am Grunde beblättert, bis 40 cm lang, weiss. — VI bis VIII. — Heimat: Nordamerika: Ontario bis Manitoba, Florida, Texas. Seit langem, bereits vor 1713, in Kultur. — C. velútinus Dougl. 0,6 bis 1,8 m hoher Strauch mit überhängenden, rund= lichen, olivgrünen oder bräunlichen Zweigen. Laubblätter breit=eiförmig, oberseits ± drüsig behaart, unter=, seits fein kurz graufilzig, derb, lederig, lackiert, stark 3=rippig. Blütenstände 6 bis 20 cm lang, blattachselständig kaum beblättert. Blüten weiss. — VI, VII. Heimat: Nordamerika von Britisch=Columbien bis Ost=Oregon und den Rocky Mountains. 1854 eingeführt, aber nur selten in Kultur. — C. azúreus Desf. Aufrechter Strauch mit dickfilzigen Zweigen. Laubblätter eiförmig bis eilanzettlich, oberseits dunkelgrün, locker behaart, unterseits dicht weiss= oder bräunlichfilzig. Blütenstände ± lockerrispig, 10 bis 15 cm lang. Blüten blau. Heimat: Mexiko. Die 1818 eingeführte Art kann im Gebiet nicht im Freien gezogen werden. Die meisten der unter ihrem Namen gezogenen Pflanzen sind nach C. K. Schneider Bastarde mit C. Americanus und sind als C. Versailléns is C. K. Schneider zu bezeichnen. — C. Fendléri Gray. Niedriger, dicht verzweigter Strauch mit oft niederliegenden, dicht sammetig silbern behaarten und mit feinspitzigen Dornen endigenden Zweigen. Laubblätter ganzrandig, eilanzettlich, dünn, oberseits grün, ± zerstreut behaart, unterseits licht silbergrau behaart. Blütenstand 2 bis 3 cm lang, ± beblättert. Heimat: Südliches Nordamerika von Neu= Mexiko und Arizona bis Süd=Dakota. Ein schöner Zwergstrauch trockener, sandiger Orte, der sich mehrfach seit 1894 in Gärten findet. — C. Nevadénsis Kellogg. Ausgebreiteter, verästelter, bis 1,5 m hoher Strauch mit oft warzigen, schlanken, nicht verdornenden, jung grünen, später ± bräunlichen Zweigen. Laubblätter dünn, aber fest, oberseits grün, kahl, unterseits graugrün, etwas seidig behaart, später ± verkahlend. Blüten= stand 8 bis 30 cm lang, reichblütig. Blüten weiss oder hellblau. — V bis VII. Heimat: Mittlere Gebirgs= lagen in Kalifornien. Die unter dem Namen C. integérrima auct. in Kultur befindlichen Sträucher sollen nach Greene zu dieser Art gehören. — C. dentátus Torr. et Gray. Ziemlich niedriger, dichtästiger Strauch mit rotbraunen, bis zum Ende des 2. Jahres graufilzigen, später verkahlenden Zweigen. Laubblätter klein, selten über 12 mm lang, beidendig stumpf oder durch die eingerollte Spitze stumpf, derb, oberseits ± harzig glänzend, unterseits stark graufilzig, am Rande umgerollt, drüsentragend. Blüten in 10 bis 13 mm breitem, kugeligem Blütenstand, blau. — VI (in der Heimat IV). Heimat: Kalifornien. Nur für sehr warme Lagen ge= eignet; 1845 eingeführt. — C. cuneátus Nutt. Formenreicher, bis 2 m hoher, reich und steif verästelter Strauch mit grauen oder bräunlichen, kurz feinhaarigen Zweigen. Laubblätter gegenständig, derblederig, selten über 15 mm lang, ganzrandig, oberseits meist nur auf den Nerven behaart, grün, unterseits grau, ± feinfilzig. Blüten in lockeren Büscheln. VI (in der Heimat V). Heimat: Nordamerika von Oregon bis Süd=Kalifornien. In Kultur seit 1845, aber noch selten und nur für wärmere Lagen geeignet. — C. prostrátus Benth. Nieder= liegender, rasiger, an den Aesten wurzelschlagender Strauch mit grünen oder gebräunten, kahlen oder behaarten Zweigen. Laubblätter derb, bis 3 cm lang, beiderseits kahl oder auf der grauen Unterseite leicht seidenfilzig, am Rande gezähnt. Blütenstand gebüschelt, 2 bis 3 cm lang, locker. Blüten blau. Heimat: Nordamerika, von Washington bis Kalifornien. Der niederliegende Spalierstrauch, der in wild in offenen Kiefernwäldern wächst, dürfte im Gebiet ziemlich hart sein, ist aber bei uns noch wenig verbreitet; er gelangte 1889 nach Europa. — Zwei Arten der Gattung Colubrina Brongn. (C. ferruginósa Brongn. und C. recli= náta [L'Hérit.] Brongn.), wehrlose Sträucher mit herzförmigen bis länglichen, wechselständigen Laubblättern, liefern auf den Westindischen Inseln die „Palomabi=Rinde", die zusammen mit Zuckersirup zur Darstellung eines CO_2=reichen, gegen Verdauungsstörungen und andere Leiden wirksamen Getränkes benutzt wird. — Von der sternhaarigen Gattung Pomadérris Labill. mit ziemlich grossen, unterseits sternhaarigen Laubblättern und reichblütigen, meist endständigen Rispen finden sich einige kronblattlose Arten in Botanischen Gärten ange= pflanzt, wie z. B. P. apétala Labill. aus dem südlichen Australien, P. betulína A. Cunn. aus Neusüd= wales und Victoria und P. phylicifólia Lodd. aus Victoria, Tasmanien und Neuseeland. — Ebenso wird aus der nahe verwandten Gattung Spyrídium Fenzl das west=australische S. globulósum (Labill.) Benth. bisweilen gezogen. — Aus der durch erikoide Tracht, starke Behaarung und vorwiegend in endständigen Trauben, Aehren oder Köpfen angeordnete, aussen oft sehr stark behaarte, innen kahle Blüten kenntlichen, vor=

wiegend südafrikanischen Gattung Phýlica finden sich einige Arten in Kalthäusern, so P. buxifólia L., P. paniculáta Willd., P. purpúrea Sond., P. capitáta Thunb., P. ericoídes L. (bereits zur Renaissancezeit in Schlesischen Gärten bekannt), P. stipuláris L. usw.

Zoocecidien werden nicht selten auf unseren einheimischen Arten beobachtet. Durch Gallmücken werden Blattknospen, Laubblätter und Früchte angestochen und zeigen Aufschwellungen; in Blüten schlagen Staubblätter und Stempel bisweilen fehl. Durch den Stich des Blattflohes Trichopsýlla Walkéri Först. rollt sich bei Rhamnus cathartica der Laubblattrand nach oben ein, wird ± stark fleischig verdickt und ± stark behaart, durch die Tätigkeit von Trióza rhámni Schrank erhält die Laubblattfläche kleine Ausstülpungen nach oben, in denen die Larven leben. Auf Rhamnus alpina sind die Ausstülpungen horn- oder beutelartig und etwa 5 mm lang. Unterwärts filzartig graugrüne Behaarung ruft Erióphyes annulátus hervor. Auch Milben können zu solchen Auswüchsen Veranlassung geben. Auf Rhamnus pumila tritt das Aecidium von Puccinia rhamni, auf vielen anderen Arten das von P. coronífera Kleb. (Kronenrost) auf. Nach Israel leben auf unseren Rhamnus-Arten eine grosse Anzahl von Falterraupen, namentlich solche von Kleinschmetterlingen, wie z. B. die vom Zitronenfalter (Rhodocera rhámni L.). Die Räupchen von Ancýlis derasána und A. Sorghegénia hausen in zusammengerollten und versponnenen Laubblättern von Rhamnus cathartica und Frangula Alnus, die von Neptícula rhamnélla, N. catharticélla und Bucculátrix frangulélla minieren auf den Laubblättern.

Die 3 im Gebiete der mitteleuropäischen Flora wild auftretenden Gattungen unterscheiden sich folgendermassen:

1. Nebenblätter in Dornen umgewandelt. Laubblätter stets 3-nervig. Kelch radförmig. Griffel 2 oder 3. Frucht trocken, geflügelt . . . . Paliurus CCCCLXIV.

1*. Nebenblätter krautig, meist hinfällig. Kelch röhrig, glockig oder kegelförmig. Griffel 1, bisweilen mehrspaltig . . . . 2.

2. Laubknospen ohne Knospenschuppen. Griffel ungeteilt, mit kopfiger Narbe. Blüten zwitterig, 5-zählig . . . . Frangula CCCCLXVI.

2*. Laubknospen mit Knospenschuppen. Griffel 2- bis 5-spaltig. Blüten selten zwitterig, meist unvollständig 2-häusig, vorherrschend 4-zählig . . . . Rhamnus CCCCLXV.

CCCCLXIV. Paliúrus[1]) Gaertner. Stechdorn.

Sträucher oder kleine Bäume mit wechselständigen Zweigen, abwechselnd 2-zeiligen, 3-nervigen, sommergrünen Laubblättern und zu Dornen umgewandelten Nebenblättern (Stipulardornen). Blüten in blattachselständigen Trugdolden, zwitterig, strahlig, klein, grünlichgelb. Kelch flach, scheibenförmig, mit eiförmigen Zipfeln, zur Fruchtzeit bleibend. Kronblätter 5, klein, zwischen den Kelchblättern stehend, die davor stehenden Staubblätter ± einhüllend. Fruchtknoten 2- bis 3-fächerig, mit 2- bis 3-spaltigem Griffel und länglichen, stumpfen Narben. Frucht trocken, flach, zusammengedrückt, mit kreisförmigem, wagrechtem, strahlig-nervigem Flügelsaum, lederiger Aussenschicht und holzigem, 2- bis 3-fächerigem Kerne, nicht aufspringend. Samen in jedem Fache je 1, verkehrt-eiförmig, platt zusammengedrückt, ohne Furche.

Ausser der nachfolgenden, näher dargestellten Art in Ostasien noch P. ramosissimus Poir. mit geraden Stipulardornen, der seit 1907 in Darmstadt gezogen wird.

1880. Paliurus Spina-Christi Miller (= Rhámnus Paliurus L., = P. austrális Gaertner, = P. aculeátus Lam., = Zízyphus Paliurus Willd.). Christusdorn, Stechdorn. Franz.: paliure, porte-chapeau, capelets, argolou, arnaves, épine du Christ; ital.: Paliuro, spino-crocefissi, marruca, marruca nera, soldino; engl.: Christ's-thorn. Fig. 1886 und Fig. 1887.

Dichter, aufrechter oder ausgebreiteter, bisweilen überhängender, bis 3 m hoher Strauch mit brauner Rinde und hin- und hergebogenen, in der Jugend behaarten, später verkahlenden, grau- oder rotbraunen Zweigen. Laubknospen von 2 verschieden grossen, behaarten Knospenschuppen eingehüllt. Laubblätter wechselständig, annähernd 2-zeilig, meist kurz gestielt, 2 bis 4 cm lang und 1,3 bis 3,5 cm breit, schief-eiförmig, 3-nervig, fast ganzrandig oder

---

[1]) Griech. παλίουρος [paliuros] Name des Strauches bei Theophrast (3, 18, 3) u. A.; vielleicht von gr. πάλιν [pálin] = wieder und οὖρον [úron] = Harn, wegen der angeblich harntreibenden Wirkung der Blätter und Wurzeln.

undeutlich kerbzähnig, oberseits sattgrün, glänzend, unterseits bleicher. Nebenblätter in kurze, ± rotbraune Dornen umgewandelt (Stipulardornen), der eine davon länger, gerade und schräg aufrecht abstehend, der andere kurz und zurückgebogen (Fig. 1886 f). Blüten zwitterig, mit je 5 Kelch=, Kron= und Staubblättern und 2= bis 3=fächerigem Fruchtknoten, klein, grünlichgelb, in achselständigen, wenigblütigen Trugdolden (Fig. 1886 b). Kelch radförmig; Kelchzipfel lanzettlich, so lang wie der Becher. Kronblätter eingerollt. Fruchtknoten seitlich fast ganz mit dem Achsenbecher verwachsen; Griffel 2= oder 3=spaltig. Frucht halbkugelig, 2 bis 3 cm breit, gelbbraun, mit lederigem Exokarp und holzigem Kern, am Grunde vom Achsenbecher

Fig. 1886. Paliurus Spina Christi Miller. *a* Ast mit blühenden Zweigen. *a₁* Desgl. bei beginnender Fruchtbildung. Blütenstand. *c* Blüte. *d* Kronblatt. *e* Frucht. *f* Zweigstück mit Stipulardornen.

umgeben, ringsum geflügelt; Flügel gross, kreisförmig, gewellt, oft braunrot, aus dem Griffel= rand hervorgehend (Fig. 1886 e). — V bis VIII.

Herdenweise oder vereinzelt an dürren, steinigen Orten auf Kalk und Urgestein in Laubwäldern, Gebüschen, Hecken, Buschweiden von der Ebene bis in die obere montane Stufe, im Gebiet (gepflanzt) bis 500 m (Südtirol), im nördlichen Illyrien selten über 400 m, in Mon= tenegro bis 1000 m, am Pindus bis 1500 m, im Kaukasus bis 1200 m.

Nur im südlichsten Gebietsanteil und dort wahrscheinlich nur eingeführt und stellenweise eingebürgert. In Deutschland vollständig fehlend. — In Oesterreich in Krain und Südtirol. Die Vorkommen bei Riva und Arco in der Olivenstufe gelten als natürlich; doch wird der Strauch dort, wie auch in der Umgebung von Bozen und im Trentino zu lebenden Hecken gepflanzt. — In der Schweiz gepflanzt im südlichen Tessin (mehrfach bei Lugano, Bironico); bei Bôle im Kanton Neuenburg seit 1872 an der Eisenbahnlinie eingebürgert. — Ausserdem bisweilen auch in Parkanlagen gepflanzt, so in Wiesbaden.

Allgemeine Verbreitung: Südtirol, Krain, Istrien, sowie ganz Süd=Europa; West=Asien bis Transkaukasien und Persien. In China durch die var. Orientális (Franch.) ersetzt

Die Hauptverbreitung von Paliurus Spina Christi liegt im östlichen Mittelmeergebiete: Kleinasien, Kaukasus und Balkan. Nach Beck und Morton darf er dem rein mediterranen Gebiete, wo er gegenwärtig als Heckenbildner, seltener vereinzelt auf Felsen oder steinigen Lehnen aufzutreten pflegt, nicht als ursprünglich zugerechnet werden. In seinen natürlichen Verbreitungsgrenzen bevorzugt er das Uebergangsgebiet von den immergrünen zu den sommergrünen Gebüschen und tritt häufig — besonders im Balkan — in ausgedehnten, reinen, von Adamović als „Paliurus=Typus der Sibljak=Formation" bezeichneten Beständen auf. Seine niedrig bleibenden Sträucher verleihen dem Landschaftsbilde einen äusserst trostlosen Anblick (Fig. 1887) und das Durchdringen der Gebüsche wird infolge der zahlreichen, stark zurückgekrümmten Dornen ausserordentlich mühsam. Wollflocken durchgezogener Schafherden hängen stets in Masse an dem verworrenen Ast- und Zweigwerk. In Illyrien ist der Strauch ein Hauptbestandteil des Buschwerkes, das als Folgeglied aus verwüstetem Eichenwalde hervorgeht. Der ursprüngliche Wald besteht vorwiegend aus Eichen (Quercus lanuginosa, Q. Cerris und Q. pubescens), vermengt mit Fraxinus Ornus, Ostrya carpinifolia, Acer campestre und A. Monspessulanum, Carpinus Duinensis usw. und einem Unterholz von Prunus Mahaleb, Cotinus Coggygria, Colutea arborescens, Ligustrum vulgare, Crataegus monogyna, Prunus spinosa und Paliurus Spina Christi. Nach der Vernichtung des Waldes, der sich im mediterranen Gebiete infolge der starken klimatischen und edaphischen Faktoren nach völligen Kahlschlägen nur schwer und langsam wieder zu erneuern vermag, übernimmt Paliurus zumeist die Führung in dem sich haltenden Gebüsch, in welchem namentlich noch Crataegus, Prunus spinosa, Cotinus Coggygria und Juniperus communis an Menge gewinnen. Diese Gebüsche werden oftmals durch zu starke Schaf- und Ziegenbeweidung weiterhin umgeformt. Neben Paliurus erweisen sich Carpinus Duinensis und bisweilen auch Fraxinus Ornus als ausserordentlich widerstandsfähig gegen diesen Tierverbiss, obgleich nach Beck selbst die kräftigen Dornen und das harte, zähe Laub von Paliurus oft arg mitgenommen werden. Alljährlich wiederkehrende und übernützende Beweidung kann allerdings schliesslich doch, wie nach Adamovič die Erfahrungen im Balkan lehren, das völlige Eingehen des Christusdorns zur Folge haben. — In geringerer Menge tritt der Strauch hie und da in den echten Macchien des Mittelmeergebietes auf und steigt andererseits auch an den Berghängen bis in den montanen Rotbuchen-Hochwald. — Häufig dient er als sehr wirksame Hecke; seltener nur wird er als Zierstrauch gepflanzt. Als solcher soll er bereits zur Renaissance-Zeit in die Gärten von Schlesien eingeführt worden sein. — Die Blüten sind ausgeprägt proterandrisch. Die Staubblätter stehen anfangs aufrecht oder schwach einwärts gekrümmt, biegen sich aber später zurück, wenn sich die Narben entwickeln. Unter den zahlreichen Besuchern — es sind etwa 160 Arten beobachtet worden — überwiegen namentlich die Hautflügler. Der Bau der in der Regel pentameren Blüte kann als wenig feststehend bezeichnet werden. Wie Camus und Penzig festgestellt haben, findet man oft 4-, 5- und 7-gliederige Blüten. Einmal wurde auch eine solche mit der Formel $K_8C_8A_7G_3$ gesehen. Der Vermehrung oder Verminderung in der Gliederzahl entsprechend treten 2 oder 4 Fruchtblätter auf. Im Kelch-, Kron- und Staubblattkreis treten oft Verwachsungen zwischen 2 benachbarten Gliedern ein; falls dies im Staubblattkreis stattfindet, so kommt das so gebildete gedoppelte Staubblatt episepal zu stehen. Als eine Andeutung des in der Regel unterdrückten episepalen Staubblattkreises kann das gelegentliche Auftreten von überzähligen Staubblättern ausserhalb des normal vorhandenen Staubblattkreises betrachtet werden. Auch bei einer Gouania-Art sind dieselben Bildungsabweichungen festgestellt worden. Der in der Regel flach ausgebreitete Saum der Früchte ist mitunter nach oben geschlagen und bildet eine kleine Glocke. Auch vegetativ sind mancherlei Abänderungen festgestellt worden: Verbänderung der Zweige kehrt mitunter jahrelang am selben Stocke wieder. Kleine Laubblätter verwachsen mit Dornen oder treten mit geteilten oder mit schmal linealen Spreiten auf. Der deutsche Name „Christusdorn" wird darauf zurückgeführt, dass die Dornenkrone Christi aus den stacheligen Zweigen von Paliurus Spina Christi geflochten worden sei. Nach Warburg hat diese Deutung eine gewisse Wahrscheinlichkeit, da P. Spina Christi in unmittelbarer Umgebung von Jerusalem im Kidrontale massenhaft wächst. Auch die in Trier und Brügge aufbewahrten Reliquien stammen von diesem Strauch, hingegen die in Rom und Turin von Lycium Europaeum. Die den Pilgern verkauften geflochtenen Dornkronen bestehen aus den dornigen Zweigen der häufigen Sanguisorba spinosa Bert. (vgl. Bd. IV/2, pag. 936), die sich besser zum Flechten eignet als der Christusdorn und der vielleicht eben-

Fig. 1887. Paliurus Spina Christi Miller, bei Dernis in Dalmatien.
Phot. F. Kerner, Wien.

falls in Frage kommende Zizyphus Spina Christi, obgleich letzterer ziemlich weit entfernt von Jerusalem erst im Jordantale wächst. Die Bezeichnung der mit langen, starrenden Dornen ausgerüstete Gleditschia triacanthos L. (vgl. Bd. IV/3, pag. 1128) als Christusdorn ist schon deshalb zu verwerfen, weil dieser Baum amerikanischen Ursprungs ist und vor 1700 in der Alten Welt überhaupt nicht kultiviert wurde. Trotzdem wird er nach v. Schwerin im kleinen, mauerumwehrten Gärtchen zu Gethsemane als echter Christusdorn gehegt. — Paliurus Spina Christi fand sich bereits 1597 in dem Botanischen Garten der Fürstbischöfe von Eichstätt und wurde einfach als Paliurus oder Stechdorn bezeichnet. Später soll er auch nach Schube während der Renaissance-Zeit in schlesischen Gärten gezogen worden sein.

CCCCLXV. Rhámnus[1]) L. Kreuzdorn. Franz.: Nerprun; engl.: Buckthorn; ital.: Ramno.

Sträucher oder Bäume mit ungeteilten, gegenständigen oder wechselständigen Laubblättern und häufig verdornenden Zweigen. Laubknospen mit Knospenschuppen. Blüten durch Verkümmerung unvollkommen 2-häusig, selten zwitterig, strahlig, 4-, seltener 5-zählig, unscheinbar, einzeln oder zu mehreren in blattachselständigen Trugdolden. Kelchblätter klein, nach dem Verblühen vom Rande des Achsenbechers umschnitten abfallend. Kronblätter sehr klein, unbenagelt, zwischen den Kelchblättern stehend, die vor ihnen stehenden Staubblätter oft einhüllend. Fruchtknoten frei, 3- bis 4-fächerig, am Grunde der tiefeingesenkten Blütenachse; Diskus über den Staubblättern eingefügt; Griffel 2- bis 4-(5-)spaltig, bisweilen mit mehrspaltigen Narben. Frucht eine steinfruchtartige Beere, mit (1) 2 bis 4 (5) lederartigen, holzigen, 1-samigen Steinkernen (Fig. 1888 e). Samen mit tiefer Rückenfurche und Nährgewebe auf der Aussenseite. Keimblätter dünn, epigäisch.

Die Gattung umfasst etwa 80 fast nur in der Alten Welt auftretende Arten, die etwa zu gleichen Teilen die gemässigten Zonen, die Subtropen und die Tropen bewohnen. Die systematische Gliederung und Abgrenzung der Arten ist z. T. noch wenig gesichert, da viele von ihnen über einen ± grossen Formenreichtum verfügen und (scheinbar) ineinander übergehen. Auch zu der Gattung Frangula sind, wie namentlich einige tropische Arten zeigen, die verwandtschaftlichen Beziehungen sehr eng. Nach dem Stande unserer gegenwärtig noch recht mangelhaften Kenntnisse wird die Gattung in 2 Gruppen geteilt: in die kleine, durch traubige Blütenstände ausgezeichnete Sektion Alatérnus, zu der u. a. R. Alaternus (vgl. unten) zählt, und in die Sektion Leptophýllius mit sitzenden oder einzeln stehenden Blüten, die wiederum auf Grund der Bedornung ihrer Aeste in die Cervispina und infolge deren Wehrlosigkeit in die Éspina getrennt werden. Nach C. K. Schneider dürfte sich die Gattung bei einer natürlichen Gliederung wahrscheinlich in eine grössere Zahl artenärmerer Sektionen zerlegen lassen. Anatomisch ist die Alaternus dadurch gekennzeichnet, dass die Laubblattnerven nur unterseits durchlaufen, während bei der Sektion Leptophýllius die Seitennerven erster Ordnung von Epidermis zu Epidermis reichen. Die Untersektion Espina besitzt im Palisadengewebe grosse, morgensternartige Kristalldrusen; bei der Untersektion Cervispina sind die Kristalle ebenfalls gross und zahlreich vorhanden, aber nach Art der Citrus-Kristalle nicht in Drusen vereinigt, sondern einzeln gelagert. Der wirtschaftliche Wert der Familie ist nicht bedeutend und in erster Linie auf die Verwendung der Früchte einer grösseren Zahl von Rhamnus-Arten (R. cathártica, R. saxátilis, R. púmila, R. alpina, R. infectória L., R. oleoídes L., R. Græca B. R. und R. petiolaris Boiss.) begründet, die je nach ihrem Ursprungsland als „Deutsche, Französische, Ungarische, Mittelländische, Levantinische und Persische Gelbbeeren" bezeichnet werden und teils medizinisch benutzt werden (vgl. unter R. cathartica), teils technische Bedeutung als Färbemittel besitzen. R. cathartica, R. infectoria und R. saxatilis sollen namentlich zu letzteren Zwecken früher im grossen gebaut worden sein. Gegenwärtig liefert nur noch die asiatische Türkei Gelbbeeren[2]) in nennenswerter Menge. Die für die Farbindustrie wichtigen chemischen Hauptbestandteile der unreifen Beeren sind nach H. Rupe: ein in H_2O unlösliches Rhamnetin $C_{16}H_{12}O_7$ (ein intensiv

---

[1]) Griech. ῥάμνος [rhámnos] bei Theophrast (Hist. plant. 3, 18, 2) und Dioskurides (Mat. med. 1, 90) Bezeichnung für verschiedene Rhamnus-Arten. Das Wort wird meist, wie auch nachstehend, als Femininum verwendet; doch sei darauf verwiesen, dass Lobelius, C. Bauhin und auch Linné es als Masculinum benützen.

[2]) Die chinesischen Gelbbeeren stammen von Sóphora Japónica L. und sind getrocknete Blütenknospen (vgl. Bd. IV/2, pag. 1145).

zitronengelbes Pulver), Xanthorhamnin $C_{27}H_{24}O_{12}$ (in Wasser leicht löslich und ebenfalls gelb), Rhamnose (= Isodulcit, $C_6H_{14}O_6$) und Rhamnacin $C_{17}H_{14}O_7$ (ein Dimethylquercetin oder Monomethylrhamnetin), dessen Färbevermögen geringer ist als das des Quercetins und Rhamnetins und das auf Eisenbeize ein helles Braun, auf Tonerde ein schwaches Gelb ergibt. Die Gelbbeeren werden hauptsächlich zum Färben und Bedrucken von Baumwolle benutzt, besonders für Dampfgelb, Orange und Olivgrün, sowie zum Abändern anderer Dampf= farben. Geringer ist die Bedeutung als Färbemittel von Leder und Papier (Schüttgelb). Das Gelb widersteht besonders als bräunlich=gelber Chromlack dem Seifen und Chloren in hohem Masse; sehr schön und lebhaft gelb ist der Zinnoxydullack; auch der Tonerdelack wird angewendet. Sehr selten wird Wolle damit gefärbt oder bedruckt. Auf Kupfersulfat wird ein Olivgrün erzeugt, das am Lichte immer grüner wird und dann eine der lichtechtesten Farben ist. Das Rhamnetin im besonderen färbt Wolle mit Chrom gebeizt rotbraun, mit Tonerde braunorange, mit Zinn schön orange und mit Eisen olivschwarz, das Rhamnacin mit den ent= sprechenden Beizen goldgelb, orangegelb, zitronengelb und olivbraun. Die reifen Beeren ergeben das „Saft= grün" der Maler, das in Blasen in den Handel kommt und daher auch „Blasengrün" (Vert de vessie) genannt wird. Ueberreife Beeren liefern eine purpurrote Farbe. Auch aus den Rinden einiger Arten werden Farbstoffe gewonnen. Im europäischen Kulturkreise kommen namentlich R. saxatilis und R. tinctoria, in geringerem Masse auch R. cathartica, im asia= tischen R. Davúrica Pall., R. chlorophora Koehne und R. útilis Decne dafür in Frage. Die Chi= nesen bereiten aus den beiden letztgenannten Arten das „Lokao, Chinesisch=Grün oder Chinagrün", eine Farbe, die in Europa als Malerfarbe bekannt ist, während sie in ihrem Heimatlande seit alter Zeit zur Färbung von Baumwolle und Seide verwendet worden ist. Die Ware, deren Preis sehr hoch ist, kommt in dünnen, brüchigen, gekrümmten Blättchen von etwas stumpf=dunkelgrünem, ins Violette stechendem Aus= sehen in den Handel. Die Chinesen erzielen damit ein schönes, ins Blaue spielendes Grün von grosser Licht= beständigkeit. Mit schwach saurer oder alkalischer Zinn= chlorürlösung zusammengebracht wird ein Blau er= zeugt, das bei der chinesischen Seidenfärberei durch Zugabe von Kreuzdornfrüchten je nach Wunsch in verschiedene grüne Schattierungen übergeführt wird. Die chemisch wichtigen Stoffe der Rinden dabei sind Lokaonsäure $C_{42}H_{48}O_{27}$ und Lokansäure $C_{36}H_{26}O_{21}$. Näheres vgl. E. Abderhalden, Handbuch der

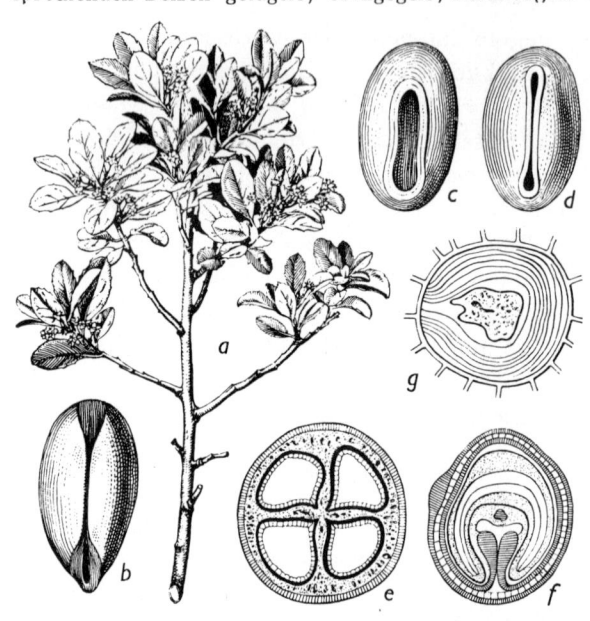

Fig. 1888. *a* Blühender Zweig von Rhamnus Alaternus L. *b* Samen von R. cathartica L. *c* Desgl. von R. saxatilis Jacq. *d* Desgl. von R. infectoria L. *e* Querschnitt durch die Frucht von R. cathartica L., *f* desgl. durch den Samen. *g* Junge Schleimzelle aus der Stammrinde von Frangula Alnus Miller (Fig. *b* bis *d* nach Wiesner, *e* und *f* nach Karsten, *g* nach Tschirch).

biologischen Arbeitsmethoden, Abt. I, T. 10, 1922. — In Abyssinien werden die Laubblätter von R. pri= noídes L'Hérit. als erregendes Genussmittel, die von R. pauciflóra Hochst. zu einem aus Honig her= gestellten alkoholischen Getränk verwandt. R. théezans L. wird in Japan und auf Java dem echten Tee beigemengt. — Eine Anzahl von Rhamnus=Arten hat auch als Ziergehölze in den Gärten Eingang gefunden. Von diesen seien erwähnt: R. Alatérnus L. Immergrüner Kreuzdorn. Fig. 1888a. Formenreicher, bis 5 m hoher Strauch mit in der Jugend meist behaarten und olivgrünen, später braunroten Zweigen, sehr veränderlichen, bald völlig ganzrandigen, bald leicht oder auch völlig und scharf gesägten, stachelspitzigen, immergrünen, derben, 3= bis 5=nervigen, oberseits glänzend grünen, unterseits bleicheren und später häufig bronzefarben werdenden, kahlen oder verkahlenden, bis 5 cm langen Laubblättern, grünlichgelben, meist 5=zähligen, vielehig=2=häusigen Blüten in mehrblütigen, büscheligen Trugdolden und länglich eiförmig=rundlichen, erst roten, später schwarzen Früchten. Der Strauch gehört zu den bezeichnendsten Arten des Mittelmeer= gebietes und zu den fast ständig auftretenden Gliedern der Macchien und der Garigue. Aus der reichen Zahl seiner Begleiter seien nach Beck aus der immergrünen Buschformation der Dalmatinischen Inseln hervor= gehoben: Laurus nobilis, Myrtus Italica, Punica Granatum, Arbutus Unedo, Phillyrea latifolia, Olea Europaea, Viburnum Tinus, Quercus Ilex und Q. coccifera, Pistacia Lentiscus, Juniperus Oxycedrus und J. Phoenicea, Erica arborea, E. verticillata und E. multiflora. Die Heimat der Art liegt im ganzen Mittelmeerbecken und reicht östlich bis Syrien und Armenien. Der xerophile Strauch leidet unter strengerer Kälte und findet sich daher nur im südlichsten Gebietsteile (Südtirol, südlichstes Tessin) angepflanzt, scheint auch nur äusserst selten zu verwildern. So wird er, zusammen mit seiner var. Clúsii (Willd.) von einem felsigen Abhang in Arco angegeben. Nach Schube fand er sich in den schlesischen Gärten der Renaissance-Zeit. In den Nervenwinkeln der Laubblatt-Unterseite finden sich Domatien. — R. Libanótica Boiss. Ein in der Tracht der R. alpina ähnlicher Strauch, aber niedriger, knorriger und mit kürzeren Trieben. Zweige feinfilzig. Laubblätter aus rundlichem oder plötzlich leicht zugespitztem Grunde breit verkehrt-eilänglich, am Rande gekerbt, mit meist 11 bis 15 Nervenpaaren, beiderseits fein weichhaarig, mit feinfilzigem Blattstiel. Blüten auf behaarten Stielen, grünlich, vielehig-2-häusig. Ein Gebirgsstrauch, der in Syrien bis Cilizien und Pamphylien Höhen zwischen 1500 und 2100 m bewohnt und erst 1898 in Deutschland eingeführt worden ist. — R. imerétina Booth. Aufrecht verästelter Strauch von der Tracht der R. alpina subsp. fallax, aber mit feiner, weicher Behaarung auf beiden Laubblattflächen. Junge Zweige $\pm$ fein behaart, erst später verkahlend. Laubblätter lang-eiförmig, bisweilen mit fast parallelen Blatträndern, fein gesägt, am Grund $\pm$ abgerundet, vorn in eine kurze Spitze zusammengezogen, bis über 18 cm lang und 8 cm breit, mit 15 bis 25 (30) Nervenpaaren. Blütenstiele bis 20 mm lang. Ein schöner, winterharter Gebirgsstrauch gemischter Waldungen aus dem westlichen Kaukasus, der sich für trockene, sonnige Lagen sehr wohl eignet. Er wurde 1864 eingeführt und wird neuerdings öfter in Anlagen angetroffen. — R. costáta Maximowicz. Tracht wie bei der vorangehenden Art. Zweige kahl. Laubblätter in Behaarung und Farbe ebenfalls jener ähnlich, aber kleiner, breiter (Länge zu Breite 9 : 5 bis 14 : 7,5), mit etwa 20 Nervenpaaren. Blütenstiele bis 25 (30) mm lang. Samenspalt ganz geschlossen. Heimat: Bergwälder von Japan. Seit 1906 in Europa in Kultur. — R. lanceoláta Pursh. Hoher, aufrechter Strauch mit kahlen oder behaarten Trieben. Junge Zweige grau. Laubblätter von Anfang an kahl oder oberseits auf den Rippen und unterseits sehr fein behaart (Mikroskop!), frisch grün, mit meist 7 bis 9 Nervenpaaren, am Rande fein gekerbt. Blüten auf 2 bis 4 mm langen Stielen, zu 2 bis 3 zusammenstehend. Samen breitfurchig. Ein sehr zierlicher, feuchte Böden liebender Strauch aus dem mittleren und südlichen Teile der Vereinigten Staaten von Nordamerika. — R. alnifólia L'Hérit. (= R. franguloides Michx.). Niedriger, ausgebreiteter, bis 1 m hoher Strauch mit meist anfangs behaarten, braunroten oder olivgrünen, später grauen Trieben, stets dornenlos. Laubblätter mit meist keiligem Grunde, kahl oder unterseits auf den Nerven schwach behaart, grob gekerbt, mit 6 bis 8 Nervenpaaren, 5 bis 10 cm lang und 2,5 bis 5 cm breit. Blüten zu 2 oder 3 an zur Fruchtzeit bis 8 mm langen Stielen. Samen flach, nicht oder kaum gefurcht. In Nordamerika von Neu-Braunschweig bis Kalifornien heimischer Strauch sumpfiger Orte, der seit 1778 in Kultur ist. — R. Pallásii Fisch. et Mey. Meist niedriger, seltener bis 2 m hoher, aufrechter, sparrig breit verästelter Strauch mit wechselständigen, anfangs $\pm$ fein behaarten, später verkahlenden, seltener von Anfang an kahlen Trieben und meist verdornten Aesten. Laubblätter jung beiderseits $\pm$ locker fein behaart, spatelförmig bis breit-lanzettlich, 25 bis 40 mm lang, 2 bis 6 mm breit, an der Spitze stumpf, allmählich in den Blattstiel verjüngt, am Rande $\pm$ fein gezähnt. Heimat: Armenien, Kaukasien und Nordpersien. Der bereits seit langem in den Gärten eingeführte, kalkholde Strauch steigt in seiner Heimat bis 2000 m und ist im Gebiet fast winterhart. Meist wird er als R. erythróxylon Pall. bezeichnet; doch soll nach Maximovicz der echte R. erythroxylon aus Transbaikalien, Dahurien und der Mongolei nicht mit R. Pallasii übereinstimmen. Aendert ab: var. spathulaefólia Maximovicz. Laubblätter $\pm$ schmal rhombisch oder schmal eilanzettlich, vorn zugespitzt, bis 6 cm lang und 1,8 cm breit. Diese im östlichen Transkaukasien bis zum russischen Armenien und Nordpersien verbreitete Form scheint erst 1908 von C. K. Schneider eingeführt worden zu sein. — R. persicifólia Moris. Mit R. cathartica eng verwandter Strauch aus Sardinien, der von diesem durch fein behaarte Zweige und schmal eiförmig-lanzettliche, beiderseits verschmälerte Laubblätter abweicht und bisweilen in botanischen Gärten zu finden ist. — R. útilis Decne. Schlankwüchsiger Strauch mit anfangs kahlen, $\pm$ olivgrünen, später tief rotbraunen Zweigen. Laubblätter dünn, aber derb, oft am Rande fein grannig-gesägt, länglich-elliptisch, 3 bis 4 cm lang und 1 cm breit, oberseits hellgrün, unterseits gelbgrün, mit 5 bis 8 Nervenpaaren. In West-China heimisch. Diese Art wird häufig mit R. Davúrica Pall. aus Transbaikalien, der Mandschurei und Nord-China verwechselt, die sich aber wohl kaum in Kultur befindet und in folgenden Merkmalen wesentlich abweicht: Zweige $\pm$ gelblichgrau oder graubraun. Laubblätter breiter, im Verhältnis 2 bis 3 : 1, meist 9 bis 10 cm lang, mit 4 bis 6 Nervenpaaren. — Zur Zeit der Renaissance soll nach Schube in Schlesien die südafrikanische R. ericóides in Gärten gezogen worden sein.

1. Zweige bedornt (nur ausnahmsweise dornenlos) und wie die Laubblätter gegenständig. Blüten 4-zählig, getrennt-geschlechtig (Cervispina) . . . . 2.

1*. Zweige dornenlos und wie die Laubblätter wechselständig. Blüten 4- oder 5-zählig (Espina)   3.

2. Blattstiele 2- bis 4-mal so lang wie die Nebenblätter, 1 bis 2,5 cm lang. Laubblätter gross, in der Regel 3 bis 6 cm lang, mit 3 bis 4 (5) Nervenpaaren. Samen meist nur am Grunde offen.
R. cathartica nr. 1881.

2*. Blattstiele etwa so lang wie die Nebenblätter. Laubblätter klein, 1 bis 3 cm lang, mit 2 bis 4 Nervenpaaren. Samenspalt der ganzen Länge nach offen . . . . R. saxatilis nr. 1882.

3. Niedergestreckter, knorriger, bis 20 cm hoher Spaltenstrauch. Laubblätter 3 bis 6 cm lang, breiteiförmig bis rundlich, mit 5 bis 7 Nervenpaaren, im Herbst das feine Nervennetz sehr scharf hervortretend. In den Alpen auf Kalk verbreitet . . . . R. pumila nr. 1883.

3*. Aufrechter, bis 3,5 m hoher Strauch. Laubblätter grösser, (5) 7 bis 13 cm lang, mit (7) 9 bis 20 Nervenpaaren . . . . R. alpina L. nr. 1884.

1881. Rhamnus cathártica[1]) L. Purgier=Kreuzdorn. Franz.: Nerprun purgatif, noirprun, cathartique, épine de cerf, bourge épine, épine noire; engl.: Common buckthorn; ital.: Ramno catartico, spina cervino, spino gervino, spino merlo, spina santa, spino di Christo (im Tessin spin corvin, im Puschlav assighiglia). Taf. 180, Fig. 4; Fig. 1889, 1890, 1891 und 1888 b, e und f.

Der Name Kreuzdorn, der auch mundartlich sehr häufig ist, bezieht sich auf die Stellung der Dornen, die mit den Aesten ein Kreuz bilden. Wegen der ungeniessbaren Beeren heisst der Strauch (bezw. seine Beeren) Hundsbeer (Niederösterreich), Hundsbeerstaude, schwarze Hundsbeer (Tirol), Pockpearlainschtaude, Huntischdoarnach (Krain: Gottschee). Scheisskerschen, =beeren (Nordböhmen) gehen auf die abführende Wirkung der Beeren. Zur Bezeichnung Hexendorn (Schleswig) vgl. das unten Gesagte. Aus Mecklenburg (Hagenow) werden die Benennungen Haaf=, Hagdurn angegeben. — Im romanischen Graubünden (Puschlav) heisst der Strauch tossighiglia.

Der Kreuzdorn gilt (wie auch andere Dornsträucher) im Volksglauben als hexenverscheuchend (vgl. oben „Hexendorn"). So schneidet man in Mecklenburg in der Mainacht (Walpurgisnacht! Geisterschwärmzeit) um Mitternacht einen Kreuzdornstock, bohrt ein Stück davon in den Süll (Schwelle) oder ins Butterfass, dann können die Hexen nichts stehlen und einem nichts anhaben. Wenn aber etwas passiert, so erfasst man den Stock, den man immer beim Bette stehen hat und ruft den Namen der Hexe, die man als solche erkannt hat. Sie ist dann persönlich da und man kann sie mit dem Stock züchtigen (nach Bartsch). In anderen Gegenden steckt man in der ersten Mainacht Kreuzdornzweige vor die Ställe, damit das Vieh nicht verhext wird.

Fig. 1889. Rhamnus cathartica L. Fruchtender Zweig. Steinhuder Meer. Phot. Th. Arzt, Wetzlar.

Meist bis 3 m hoher, vielgestaltiger Strauch, seltener bis 8 m hoher, meist krummstämmiger Baum mit unregelmässiger, lockerer Krone (Fig. 1889) oder auch niederliegender, kleinwüchsiger, knorrig verworrenästiger Strauch. Aeste meist sparrig abstehend, seltener aufrecht; Zweige ± deutlich gegenständig, glänzend, kahl oder sehr selten behaart (vgl. var. Villársii), in einen Dorn auslaufend oder dornenlos, jung rund, mit heller Epidermis und zerstreuten, ziemlich grossen Lenticellen, später mit kleinen, querrunzeligen Rissen. Rinde zuletzt feinrissig, schwärzlich. Blattknospen anliegend, kahl, mit stumpfspitzigen, leicht gekielten, gewimperten, braunschwarzen Knospenschuppen. Laubblätter gegenständig, in der Form sehr veränderlich, kreisrundlich bis elliptisch, stumpf, in einen langen Stiel zusammengezogen oder aber eiförmig bis schwach herzförmig, zugespitzt, mit breit keilförmigem Grunde, (1) 3 bis 6 (9), an Lohden bis 13 cm

---

[1]) Abgeleitet von griech. καθαίρειν [kathaírein] = reinigen; weil die Beeren als Purgiermittel dienten.

lang, 1 bis 3,5 (5) cm breit, mit 3 bis 4 (5) stark gebogenen Nervenpaaren, kahl oder bisweilen, meist auf der Unterseite, seltener beidseitig auf der Spreite und auf den Nerven kurz weich= haarig, am Rande mit feinen bis kerbigen, selten groben, stumpfen Zähnen, anfangs dünn und weich, später $\pm$ versteifend, bisweilen derb, lebhaft grün; Laubblattstiele $^1/_2$= bis $^2/_3$=mal so lang wie die Laubblätter und 2= bis 4=mal so lang wie die pfriemlichen, fast borstenförmigen, hinfälligen Nebenblätter. Blüten in blattachselständigen Trugdolden, unscheinbar, undeutlich 2=ge= schlechtig (mit den verkümmerten Resten des anderen Geschlechtes), 4=zählig, gestielt, angenehm duftend. Kelchblätter 2 bis 3 mm lang, 3=eckig=lanzettlich, spitz, etwa so lang wie der Achsen= becher, zuletzt zurückgeschlagen. Kron=
blätter oft mehr als doppelt so lang wie die Kelchblätter, lineal=lanzettlich, in den männlichen Blüten dicht hinter den wenig längeren Staubblättern stehend. Frucht kugelig, 6 bis 8 mm breit (erbsengross), bitter, anfangs grün, zur Reife schwarz, selten gelb. Samen 5 mm lang, 3=kantig, mit schmalem, nur an den Enden etwas auseinandertretendem und dort knorpelig umrandetem Spalt (Fig. 1888 b), im Querschnitt hufeisenför= mig, mit zentraler Höhle. Keimblätter ober= irdisch, gross (Fig. 1890 d, e). — V, VI.

Verbreitet, bisweilen aber nicht häufig, an sonnigen, steinigen, trockenen Orten: in Gebüschen, Laubwäldern, an Zäunen, mit Vorliebe in Süd= und West= lagen, oder auf feuchteren Böden in Auenwäldern, auf Mooren, an Gräben. Gern auf Kalk, doch bisweilen auch völlig bodenvag. In den Bayrischen Alpen bis 1312 m, in Tirol bis 1450 m,

Fig. 1890. Rhamnus cathartica L. *a* Fruchtender Zweig. *b* Laubblatt. *c* Frucht. *d* und *e* Keimlinge.

im Wallis bis 1550 m, in Mittelbünden bis 1560 m, im Engadin bis 1600 m, im Oberhasli bis 1030 m.

Im ganzen Gebiete im Bereiche kalkhaltiger Böden meist verbreitet, auf kieselhaltigen Unterlagen seltener, wie z. B. im Bayrischen Walde, in Sachsen im Elbhügelland, in der Schweiz in den Kantonen St. Gallen (hier nur zwischen Weesen und Amden, bei Bätlis, Leuchingen, Thal) und Appenzell, im Engadin nur bis Lavin hinauf); auf den Nordseeinseln ganz fehlend.

Allgemeine Verbreitung: Fast ganz Europa; nördlich bis Norwegen, Schweden (bis 61° 40' nördl. Breite), Estland, Petersburg, Kasan; südlich bis Mittelspanien, Sizilien, Mazedonien (fehlt in Griechenland); Algerien; Westasien: von Westsibirien und Transkaukasien bis zum Altai und Ferghana.

Rhamnus cathartica ist eine in der Wuchsform und in der Ausgestaltung der Laubblätter ausser= ordentlich vielgestaltige Art, deren Formen aber zum grössten Teile nur als Standortsbildungen aufzufassen sind. Etwa grössere systematische Bedeutung kommt vielleicht nur den ersten zwei nachfolgend genannten Varietäten zu: var. Hydrénsis (Hacq.) DC. Strauch mit stets aufsteigenden, schwach oder fast unbedornten Aesten. Laubblätter vollständig kahl, verkehrt=eiförmig bis breit=lanzettlich, am Grund alle oder fast alle verschmälert und am Stiel etwas herablaufend, mit 4 fast geraden Nervenpaaren. So z. B. in der Schweiz bei Freiburg oberhalb Montbovon. In den Pyrenäen angeblich häufig. Auch hie und da aus den Westalpen bekannt. Westliche Rasse? — var. ambigua Murr. Laubblätter auffallend klein, 15 mm lang und 10 mm breit, mit kurzen, oft den Nebenblättern nur gleichlangen Stielen. An R. saxatilis erinnernd. Bisher nur sehr selten in Südtirol bei San Nicolo bei Trient, an den heissesten Felsen bei San Pietro unweit Nomi und bei Castel Barco unweit Avio. — Wohl nur eine subalpine Form ist die var. montána Brügger. Laubblätter derb. Blütenstände reich= oder ganz armblütig. So z. B. im Wallis im Vispertal bei 1200 m, in Graubünden unweit Reams bei 1250 m und auf den Fideriser Heubergen bei 1300 m. — Xeromorphe Ebenenformen sind: var. Villársii Lagger. Laubblätter beiderseits wie auch die Triebe reichlich kurzhaarig. So z. B. auf den Lägern bei Zürich. — Ihr sehr ähnlich ist: var. púmila Berdau. Niedriger Strauch. Laubblätter klein, oft in den Blattstiel verschmälert, nebst diesem am Rande und auf den Nerven, selten auf den ganzen Flächen behaart. So z. B. mehrfach in Schlesien. — Im Osten des Verbreitungsgebietes von R. cathartica schliesst sich R. Davúrica Pall. an (s. pag. 331), die vielleicht durch westsibirische Formen mit dem europäischen Kreuzdorn verbunden ist.

Der Purgier=Kreuzdorn ist ein westsibirisch= europäisches Element, das sich gern in den Gebüschen und Wäldern der Flussniederungen vorfindet, sofern der Untergrund nicht zu feucht ist und die Lichtab= dämmung in den Wäldern sich in mässigen Grenzen hält. In stark schattenden Gehölzen vermag sich der Strauch nicht zu halten. Er gelangt dort nicht zur Blüte und geht schliesslich an Lichtmangel zugrunde. Auf Lichtungen und am Waldesrande tritt er aber oft reichlich auf. Wie Drude hervorhebt, schliessen sich daher Rhamnus cathartica und Frangula Alnus in den meisten Wäldern vollständig aus. Auf trockenem Boden gehört der Strauch — ebenfalls nach Drude — zu den Charakterarten lichter Haine und Busch= gehölze und bildet, oft mit Prunus spinosa, Cornus sanguinea und Crataegus monogyna, dichte Gebüsche. Aehnlich erscheint er auch an sonnigen, felsig buschigen Hängen in der Felsensteppe, wo er zusammen mit Pinus silvestris, Corylus Avellana, Sorbus Aria und S. torminalis, Rosen, Juniperus communis, Cotoneaster integerrima, Ligustrum vulgare, Cornus sanguinea, Populus tremula, Viburnum Lantana und Amelanchier ovalis erscheint. In den Ostrya carpinifolia=Busch= weiden am Südabfall der Alpen zeigt er ähnliche Standortsbedingungen. Nach Braun=Blanquet

Fig. 1891. Rhamnus cathartica L. Fruchtender Zweig. Phot. Th. Arzt, Wetzlar.

zählt er zu den Hauptbestandteilen des Rosetum rham= nosi. Mehr vereinzelt eingestreut findet er sich in den aus Kiefern, Zitterpappeln, Birken, Erlen, Eichen, Linden und Eschen bestehenden Mischwäldern der norddeutschen Dünentäler. In Mooren meidet er ausgesprochen feuchte Orte, siedelt sich aber gern auf zusammengelesenen Steinhaufen oder auf ausgehobenen Erdhaufen längs Gräben an, die er dann gemeinschaftlich mit Frangula Alnus und Weiden beschattet. In vielen Gebieten scheint er kalkhold zu sein. In den Zentralalpen ist er hingegen nach Braun=Blanquet bodenvag. Es erscheint nicht unmöglich, dass der Kreuzdorn infolge der offizinellen Eigenschaften seiner Früchte durch den Menschen im Mittelalter weitere Verbreitung gefunden hat. Dennoch hebt Sendtner hervor, dass es nicht angebracht sei, darauf das häufige Auftreten des Strauches an alten Burgen und Schlössern zurückzuführen. Im besonderen ist er der Anschauung, dass bei solchen Siedelungen, die auf Granit, Gneis oder Quarzfels gebaut sind, nicht der Mensch die unmittelbare Ursache der Anwesenheit von Rhamnus cathartica sei, als viel= mehr der Kalk des Mörtels, der vom Regen aus den Mauern herausgewaschen werde. In Norddeutschland wird der Strauch häufig in Weghecken angepflanzt. Im Plagefenn bei Chorin finden sich 2 baumförmige, 8 m hohe Stämme.

Die offizinellen Frúctus rhámni cathártici oder Báccae spínae cervínae, Baccae s. Drúpae domésticae werden gegenwärtig hauptsächlich in Ungarn gesammelt und in Sachsen und am Rhein zur Her= stellung des Sirúpus Rhámni cathárticae sive S. spínae cervínae verwandt oder zu einem Mus verarbeitet, das allein oder mit Wacholdermus vermischt, mehrmals täglich kaffeelöffelweise gegen Wassersucht, Gicht und chronische Hautkrankheiten genommen wird. Im Querschnitt zeigen die frisch kugeligen und schwarzen Früchte nach Tschirch eine 0,6 mm starke, verdickte und stark kutinisierte Epidermis von dunkelvioletter

Farbe und enthalten, wie auch in den nächstfolgenden Schichten, im Zellsaft gelöste blaue und rote Farbstoffe. Einwärts folgt eine schmale Collenchymschicht, die allmählich in das weitmaschige Parenchym des Mesokarps übergeht. In diesem finden sich spärliche Kalkoxalatdrusen, kollaterale Leitbündel und namentlich gegen aussen Nester von Sekretzellen eingelagert. Letztere enthalten in Form harter, brauner Klumpen etwa folgende abführend wirkende Anthrachinone: Rhamno=Emodin, Emodin=Glykosid (= Rhamnocathartin) und Emodin=anthranol, ferner an nichtpurgierend wirkenden Bestandteilen: Rhamnoxanthin, Xanthorhamnin und Quercitin. Das die 4 Fruchtfächer auskleidende Endokarp besteht aus 3 Schichten: zu äusserst eine Reihe kleiner, isodiametraler Zellen mit eingelagerten Kristallen (Kristallschicht), in der Mitte eine 5= bis 8=reihige Schicht tangentialer Zellen, in der aussen Sklereïdenzellen, innen Bastzellen liegen, und im Innern ein lockeres Parenchym. Die Aleuron und fettes Oel enthaltenden Samen zeigen eine aus gekrümmten, stark verdickten und reichgetüpfelten Zellen gebildete Hautschicht und einen im Endosperm eingebetteten Keimling mit gekrümmten Keimblättern. — Bisweilen werden die Früchte als Verfälschung des offizinellen Kubebenpfeffers (Piper Cubéba L. f.) festgestellt. — Die Keimung der Samen ist nach Kinzel von den Lebensbedingungen abhängig, unter denen die Muttersträucher leben. Diejenigen, die in milden, geschützten Gegenden gereift sind, erweisen sich als ausgesprochene Dunkelkeimer, leiden stark unter Licht und sind fast frostempfindlich. Ihre Keimblätter erscheinen z. T. bereits nach Monatsfrist über dem Erdboden. Die an rauheren Orten gereiften Samen hingegen, wie man sie z. B. in der Umgebung von München finden kann — Kinzel hebt hervor, dass es allerdings Mühe kostet, bei München reife Samen aufzufinden, da der grösste Teil der Sträucher entweder überhaupt keine Früchte ansetzt oder die vorhandenen zu einem guten Teile ungenügend entwickelte, nicht keimfähige Samen besitzen — sind Licht=Keimer und bedürfen der Frosteinwirkung. — In den Laubblättern hat Tschirch Gerbstoffe in Form fester Körper von kugeliger oder körniger Gestalt nachgewiesen, die vielleicht ein Tannincolloïd sind. — Als Wirtspflanze des Kronenrostes (Puccinia coronifera), dessen Uredoform als orangegelbe, später schwarze Pusteln auf dem Hafer erscheint, sollte der Strauch möglichst aus der Nähe der Felder verbannt werden. — Das gelbliche, harte, oft zierlich geflammte oder marmorartig geäderte Holz wird zu kleinen Drechsler= und Tischlerarbeiten verwendet. Schön gemaserte Stücke werden als „Haarholz" bezeichnet. Die Rinde kann wie diejenige von Frangula Alnus verwendet werden (Córtex Rhámni cathártici).

1882. Rhamnus saxátilis

Jacquin. Felsen=Kreuzdorn. Ital.: Ramno sassatile. Taf. 180, Fig. 5; Fig. 1892, 1893, 1896 und Fig. 1888 c.

Aufrechter oder aufsteigender oder niederliegender, 20 bis 60 bis 150 cm hoher Strauch mit zahlreichen, ± sparrig abstehenden, verdornten oder wehrlosen Aesten (Fig. 1892 a und d). Einjährige Zweige ± behaart, mit hellrotbrauner, später silbergrauer oder oliv=brauner, rissiger und leicht ab=blätternder Rinde. Laubknospen angedrückt, mit Knospenschuppen (Fig. 1892 d bis f). Laubblätter klein (in der Regel kleiner als bei R. cathartica), 0,8 bis 3 cm lang und 0,5 bis 1,5 cm breit, länglich=elliptisch bis länglich=eiförmig, seltener rundlich, meist halb so lang wie breit, seltener breiter, beidseitig zugespitzt oder am Grunde ± keilig, an der Spitze abgerundet oder stumpflich, kahl bis schwach behaart, mit 2 bis 4 bogig gekrümmten

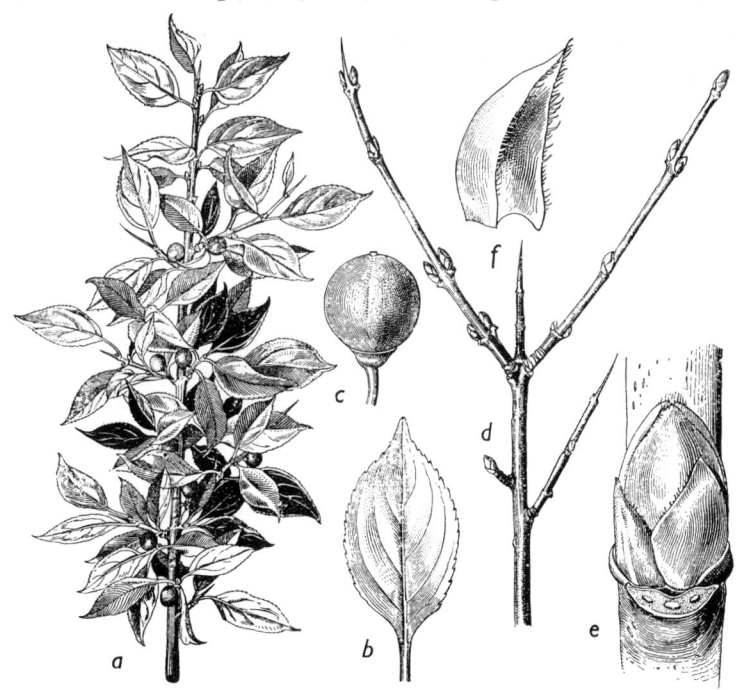

Fig. 1892. Rhamnus saxatilis Jacq. *a* Fruchtendes Zweigstück einer breitblätterigen Form. *b* Laubblatt. *c* Frucht (vergrössert). *d* Zweig im Winterstadium. *e* Winterknospe. *f* Knospenschuppe.

Nervenpaaren (Fig. 1892 b), oberseits frisch hellgrün (heller als bei R. cathartica); Laubblatt=
stiel kurz, meist bis 4 mm, sehr selten bis 15 mm lang, so lang wie die hinfälligen, pfriem=
lichen Nebenblätter. Blüten auf mehrmals längerem Stiel in wenigblütigen, blattachselständigen
Büscheln, 4=zählig, unscheinbar, gelblichgrün. Kelchzipfel lanzettlich, länger als Achsenbecher,
Kron= und Staubblätter. Männliche Blüten mit völlig rückgebildetem Fruchtknoten und linealen,
die Länge der Staubblätter erreichenden Kronblättern; weibliche Blüten mit 2=narbigem Griffel
und oft fehlenden Kronblättern. Frucht eine kugelige, 5 bis 7 mm breite, auf etwas erhöhtem Frucht=
boden stehende, schwarze, zuletzt glänzende Steinbeere (Fig. 1888 c). Samen braun, mit meist kläf=
fender, ringsum knorpelig verdickter Furche. — In tiefen Lagen IV, V, im Gebirge V und Anfang VI.

In der südlichen Gebiets=
hälfte stellenweise verbreitet, doch nur bisweilen gesellig auf guten bis schlechten, steinigen Böden in lichten, trockenen Laub= und Föhrenwäldern, Dornstrauchgebüschen, Buschwäl=
dern, Hecken, auf Kahlschlägen, an sonnigen, felsigen Hängen, auf trocke=
nen Wiesen; von der Ebene bis in die untere montane Stufe: in Bayern bis 930 m, in Tirol bis 1300 m (Leutasch), im Churer Rheintal bis 1000 m, im Tessin bis 750 m, in der Grigna=
gruppe am Comersee bis 1020 m, im Veltlin bis 1400 m, in Frank=
reich bis 1500 m. Nur auf Kalk.

Fig. 1893. Rhamnus saxatilis. Jacq.
Phot. E. Hahn, Kirchheimbolanden.

In Deutschland im badischen, württembergischen und fränkischen Jura: bei Engen, Talkapelle, Schooren gegen Neuhausen, Hattingen, Kirchen, Geisingen, Amtenhauser Steig und Galgenbruck, Ludwigstal und Wurmlingen bei Tuttlingen, Beuron bei Sigmaringen, auf der Wann bei Reutlingen, am Scheuelberg (Gmünd), im Altmühlgebiet von Eichstätt bis Kehlheim verbreitet; ferner in Bayern auf der unteren Hochebene auf den Lech= und Wertachheiden bei Augsburg, Garchingerheide, Sempter Heide, Erdinger Moor, Pförrerau bei Freising, auf der oberen Hochebene bei Tölz, Leitzing, Hechenberg, am Rand des Geltinger und Degerndorfer Filzes, Pupplingerau bei Wolfratshausen, Menterschwaige bei München, in den Alpentälern bei Füssen, Hohen=
schwangau, Mittenwald, Vorderriss, Weitsee und Lödensee südlich von Ruhpolding und im Lattengebirge. —
— In Oesterreich (mit Ausschluss von Böhmen, Mähren, Schlesien und dem Voralberg) bis etwa 1000 m ver=
breitet, besonders im engeren Donautal, im Südtirol alpeneinwärts bis oberhalb Bozen. — In der Schweiz im Schaffhauser Becken mit Südwestgrenze bei Eglisau (Kt. Zürich) und Geissberg (Kt. Aargau), ausserdem bei Mammern (Kt. Thurgau), im Churer Rheintal, in südlichen Tessin (z. B. zwischen Gandria und Castag=
nola, Cavallino, Sasso di Casoro, am San Salvatore, Poncione Caslano).

Allgemeine Verbreitung: Nord=Spanien, Süd=, Südost= und Mittelfrankreich (bis zum Département Ain), Mittel= und Nord=Italien, Schweiz, Süd=Deutschland, Ober= und Nieder=Oesterreich, Steiermark, Kärnten, Krain, Ungarn, Bosnien, Herzegowina, Serbien, Bulgarien, Rumänien.

Rhamnus saxatilis ist, wie sein nächster Verwandter R. cathartica, in seiner Wuchs= und Laubblattform überaus veränderlich und wird folgendermassen gegliedert: var. týpica Beck. Niederliegender oder ± aufsteigender, 20 bis 60 (90) cm hoher, stark ästiger und sparriger Kleinstrauch mit knorrigen, stark be=
dornten Aesten. Laubblätter klein, etwa doppelt so lang wie breit, meist nicht über 3 cm lang und 1,5 cm breit, länglich eiförmig bis länglich verkehrt=eiförmig, fast kahl. Die allgemein verbreitete Form trockener, sonniger Orte. — var. tinctória Waldst. et Kit. (= var. erécta Neilr.). Aufrecht aufsteigender, bis 1,5 m hoher Strauch mit weniger sparrigen, schlankeren, weniger gehäuften und schwächer bedornten bis wehrlosen

Aesten. Laubblätter grösser, an den Langtrieben meist rundlich (bis 4 cm lang und 2,5 cm breit) oder länglich (bis 5 cm lang und 1,3 cm breit), in der Form meist sehr mannigfaltig. So an leicht beschatteten Orten, in lichten Gehölzen; auch in Kultur. — Zwischen beiden Formen gibt Rechinger von Gumboldskirchen einen Bastard (?) R. calcicola Rechinger an. — var. intercédens Beck. Der R. cathartica stark angenäherte Form mit 15 mm langen Laubblattstielen (beim Typus höchstens 4 mm). — var. prunifólia Sibth. et Sm. (= intermédia Steud. et Hochst.). Laubblätter klein, unter 1,8 cm lang, mehr als $^1/_2$ mal so breit als lang, bisweilen fast rundlich, fast oder ganz kahl. Eine südöstliche Rasse, die von Griechenland nordwärts bis Istrien reicht, aber nicht mehr nach Krain einzudringen scheint. — Ist bisweilen schon in Mitteleuropa die Abgrenzung von R. saxatilis gegen R. cathartica nicht leicht, so erscheinen im Mittelmeergebiet eine ganze Reihe weiterer Formen und Arten, die die Grenzen noch weiter zu verwischen geeignet sind. Zu diesen gehört auch R. infectória L., eine in Italien, im wärmeren Frankreich und Spanien verbreitete Art, die nach Burnat wahrscheinlich ganz mit R. saxatilis zusammengezogen werden dürfte, von Rouy und Foucaud als westliche Rasse betrachtet wird. Sie liefert einen grossen Teil der „französischen Gelbbeeren, graines d'Avignon".

Rhamnus saxatilis ist ein ausgeprägt pontisch-mediterranes Element von thermophilem Charakter, das in den wärmeren Teilen des nördlichen Oesterreichs und von Süddeutschland seine Nordgrenze und nördlich der Alpen in der Schweiz eine relative Westgrenze erreicht, die erst im französischen Département Ain ihre Fortsetzung findet. Der Strauch liebt sonnige Kalkhänge und meidet stärker schattende Gehölze, mengt sich aber gern lichten Wäldern und Gebüschen, namentlich niederem, offenem Buschwerk, bei. Am Comersee erscheint nach Geilinger der Strauch gern, wenn auch vereinzelt, in Quercus-Ostrya-carpinifolia-Buschwäldern, von deren artenreichen Gehölzen neben Quercus lanuginosa und Q. sessiliflora, Corylus Avellana und Laburnum anagyroides den Hauptteil ausmachen und mehr vereinzelt z. B. Amelanchier vulgaris, Coronilla Emerus, Fraxinus Ornus, Berberis vulgaris, Prunus spinosa, Cytisus nigricans, Rhamnus cathartica, Frangula Alnus und Lonicera Xylosteum auftreten. Aus den Kleinen Karpaten nordöstlich von Pressburg berichtet Pax von Gebüschen, die sich zwischen Weinbergen und Getreidefeldern hinziehen, in denen Rhamnus saxatilis, Prunus fruticosa und P. Mahaleb und Cornus mas vorherrschen. Im Schaffhauser Wangental ist der Felsen-Kreuzdorn nach Kehlhofer ein Glied des Bergbuschwaldes (= Heidewald im Sinne von Gradmann), der durch Quercus Robur und Q. pubescens, Corylus Avellana, Sorbus Aria und S. Mougeotii, Acer Pseudoplatanus und A. campestre, Lonicera alpigena, Prunus Mahaleb, Rhamnus cathartica, Berberis vulgaris, Viburnum Lantana, Rosen, Brombeeren, wilde Apfel-, Birn- und Kirschbäume usw. gekennzeichnet ist. Auf den Bergsturzhügeln um Bormio traf ihn Furrer neben Berberis vulgaris, Amelanchier vulgaris, Cotoneaster integerrima und C. tomentosa, Arctostaphyllos Uva ursi und Juniperus communis in einem Ericetum, das aus einem verwüsteten Pinus silvestris-Wald hervorgegangen war. Auf der Bayerischen Hochebene gedeiht der Strauch trotz der Mahd mit Vorliebe auf Heidewiesen der Niederterrassenschotter und Alluvionen und auf der Sonnenseite diluvialer Moränen. Bei Eichstätt im Altmühltal ist er an sonnig-felsigen Hängen mit strauchiger Tilia cordata vereinigt. Als Ausnahmen können seine seltenen Standorte in lichten Buchenwäldern betrachtet werden.

1883. Rhamnus púmila Turra. Zwerg-Kreuzdorn. Fig. 1894 a bis d; Fig. 1895.

Niederliegender, 5 bis 20 cm hoher, knorriger, stark verzweigter Zwergstrauch mit querrunzeliger, schmutziggrauer Rinde. Aeste locker, sehr unregelmässig verbogen, brüchig, häufig dem Boden eng angeschmiegt (Spalierstrauch), nur ausnahmsweise (in Kultur) sich etwas über den Boden erhebend.

Fig. 1894. Rhamnus pumila Turra. *a* Ast mit Laubblättern. *b* Winterknospe. *c* und *d* Junge Früchte. — R. alpina L. subsp. fallax (Boiss.) Beger. *e* Zweig mit Früchten (*b* nach C. K. Schneider).

Zweige unbewehrt, wechselständig, in der Jugend fein flaumig. Winterknospen lang behaart (Fig. 1894 b). Laubblätter an den Zweigenden gehäuft, undeutlich wechselständig, dünn, in Form und Grösse sehr veränderlich, (1) 1,5 bis 2,5 (6) cm lang, mit kurzem, selten fast 1 cm langem Stiel, meist schmal länglich=verkehrt=eiförmig bis verkehrt=eilanzettlich, selten eiförmig oder kreisrundlich, spitz oder zugespitzt, bisweilen abgerundet, mit oder ohne aufgesetzte Spitze, seltener ausgerandet, am Grunde häufiger spitz als stumpf, seltener abgerundet, jederseits mit 7 bis 8, bei kleineren Laubblättern auch nur mit 4 bis 6, bei grösseren als Seltenheit mit 9, sehr selten bis mit 13 zunächst geraden, erst gegen den Blattrand schwach einwärts gebogenen, selten im ganzen Verlauf schwach bis mässig gebogenen Nervenpaaren, am Rande ± deutlich fein, scharf oder kerbig gezähnt, auf den Nerven und am Blattstiel ± behaart oder kahl. Nebenblätter lineal, hinfällig, länger als der Blattstiel. Blüten klein, 4= (selten 5=) zählig, auf 4 bis 7 mm langem Stiel, zwitterig oder häufiger unvollkommen 1=geschlechtig, grünlich, mit länglich 3=eckigen, aufgerichteten oder ausgebreiteten, dem Achsenbecher gleich langen Kelchblättern und schmalen, unscheinbaren Kronblättern; letztere in den weiblichen Blüten oft fehlend. Staubblätter etwa so lang wie die Kronblätter und dicht vor diesen stehend. Griffel 2= bis 3=spaltig, mit kurzen Narben (Fig. 1894 c). Frucht eine fast kugelige, 6 bis 8 mm breite, blauschwarze, saftige Steinbeere. Samen meist zu 3, mit in der Mitte fast geschlossener, nach unten sich erweiternder Längsfurche. — (V) VI, VII.

Verbreitet, aber meist nicht zahlreich an ± steilen Felswänden und auf Felsblöcken der Alpen, vornehmlich in der subalpinen Stufe, aber auch hoch in die alpine Stufe steigend: in Graubünden am Piz Curvèr bis 2620 m, am Piz Padella bis 2790 m (neuerdings zwar dort nicht mehr beobachtet), im Wallis bis 3050 m (Braun=Blanquet) und tief in das Hügelland gehend: Riva am Gardasee 100 m, Salurn 220 m, am Luganer See 350 m, Felshügel von Valère und Tourbillon bei Sitten im Wallis 400 m, Walensee zirka 430 m, Urnersee zirka 450 m, Schwanden im Kanton Glarus 600 m, Aareschlucht 610 m, Garnitzenschlucht (Kärnten) 700 m, Kalvarienberg bei Füssen in Bayern 877 m, Mittenwald 930 m. Mit Vorliebe auf Kalk und kalkhaltigem Urgestein. In Bayern meist zwischen 1400 und 2030 m, in Tirol im Gschnitztal bis 2430 m, in der Grigna=Gruppe am Comersee bis 1920 m, im Oberhasli bis 2020 m. Im ganzen Alpenzug, namentlich in den Kalkalpen, häufig; im Jura nur auf dem Mont d'Or.

Fig. 1895. Rhamnus pumila Turra. Höllentalanger.
Phot. P. Michaelis, Köln.

Allgemeine Verbreitung: Von den Pyrenäen ostwärts durch die Alpen bis Kärnten, Krain und Steiermark; in Italien südwärts bis in den mittleren Apennin.

An Formen werden unterschieden: var. genúina Rouy et Foucaud. Laubblätter elliptisch oder verkehrt=eiförmig, stumpf oder spitzlich, fein kerbig gezähnt. — var. valentína DC. Laubblätter fast kreisrund, gekerbt=gezähnt Simplon. — var. caesarea Briq. Laubblätter kreisrundlich bis verkehrt=eiförmig, an der Spitze abgerundet, über der Mitte fein gekerbt=gezähnt, kurz gestielt, bis 3 cm lang und 2,3 cm breit, meist kleiner. Bisher nur für Savoyen nachgewiesen. — var. mirábilis Briq. Laubblätter länglich lanzettlich, schmal, spitz, mit schwach konvexen, auf gewisse Länge fast parallelen Rändern, im oberen Teil undeutlich gekerbt=gezähnt, bis 6 cm lang und 1,8 cm breit, wie var. genuína gestielt, gegen den Grund keilförmig zusammengezogen. Am Salève festgestellt.

Rhamnus pumila ist ein den grossen europäischen Gebirgen eigenes, alpigenes Element, das fast nur auf Kalkfelsen oder kalkreichem Urgestein, seltener auf kalkarmen (kalkfreien?) Unterlagen wächst. „Sein knorriges, reich verzweigtes Astwerk entspringt einem gedrungenen Stamme von oft ansehnlicher Dicke, der aus einer Felsspalte vorquillt und sich sofort in die allseitig ausgebreiteten, graulichen Schlangen der Zweige teilt, die wie um ein Medusenhaupt am Felsen sich emporringen" (C. Schröter). Messungen der Stämmchen zeigen, dass das Wachstum sehr langsam vor sich geht. So mass Rosenthal ein 21-jähriges Stämmchen von Samedan (Engadin) aus einer Höhe von 2000 m, das einen Durchmesser von nur 5 mm und eine mittlere Ringbreite von 0,12 mm zeigte, ein anderes 75-jähriges von den Dents des Morcles aus 2300 m Höhe mit 21,8 mm, was eine Ringbreite von 0,145 mm ergibt. Die Zweige sind lichtfliehend (negativ heliotrop), scheinen aber in keiner Weise von Geotropismus beeinflusst zu werden, sodass sie sich auch an fast senkrechten Felswänden wie ein Gitterwerk nach allen Seiten ausbreiten. So ausgerüstet stellt der Zwerg-Kreuzdorn einen typischen Felsspaltenbewohner (Chasmophyten) dar, der nur selten auch in den ruhenden Schutt übergeht. Seine Wurzelorte entsprechen nach Oettli denen von Potentilla caulescens (Bd. IV/2, pag. 821). An sonnigen Kalkfelsen ist er ein selten fehlendes und bezeichnendes Glied der Kernera saxatilis-Assoziation, in deren Gefolgschaft z. B. im Lauterbrunner Tal nach W. Lüdi Potentilla caulescens, Cotoneaster tomentosa, Seseli Libanotis, Hieracium bupleuroides und H. humile und einige andere Arten als Charakterpflanzen erster Ordnung zu zählen sind. Bisweilen erscheint er auch auf etwas kalkhaltigen Urgesteinsfelsen im Aspleniētum septentrionalis, so bei Arosa zusammen mit Woodsia Ilvensis, Asplenium septentrionale und A. Ruta muraria, Cystopteris fragilis, Polypodium vulgare, Draba dubia, Valeriana tripteris usw. (Beger). In den Alpen von Obersteiermark verzeichnen Favarger und Rechinger als seine Begleiter etwa Asplenium fissum, Cysopteris fragilis subsp. regia var. alpina, Silene acaulis, Primula Auricula und P. Clusiana, Globularia cordifolia, Aster alpinus, Erigeron polymorphus und viele andere Arten. In den kristallinischen Zentralalpen

Fig. 1896. Rhamnus saxatilis Jacq. Garchinger Heide.
Phot. Eberhard Günther, Freising.

stellte G. Hegi seine Anwesenheit ob dem Silsersee im Oberengadin bei etwa 2000 m auf Kalkbändern fest, zusammen mit Dryas octopetala, Salix reticulata und S. retusa, Rhododendron hirsutum, Sesleria caerulea, Elyna Bellardi, Gypsophila repens, Hutchinsia alpina, Saxifraga caesia, Laserpitium Siler, Achillea atrata, Hieracum villosum und H. bupleuroides usw. An Absätzen und in Nischen sonniger Kalkwände wird der Spalierstrauch bisweilen gesellig und bildet die vorherrschende Vegetation. Ein bemerkenswertes Vorkommen aus tiefen Lagen erwähnt Braun-Blanquet aus der nur 600 m hoch gelegenen Felsklus von Ponte Chiuso im Valsassina, wo der Strauch zusammen mit Asplenium viride, Carex Baldensis, Salix glabra, Silene Saxifraga, Heliosperma quadrifidum, Kernera saxatilis, Saxifraga elatior, Gentiana Clusii, Horminum Pyrenaicum, Globularia cordifolia, Buphthalmum speciosissimum, Crepis Froelichiana u. a. wächst, die durch ihr massenhaftes Vorkommen und ihre üppige Entwicklung an einen in die Tiefe verpflanzten Alpengarten erinnern, während wenige Schritte davon an der Südseite der Reichtum der submediterranen Vegetation mit Orchis Provincialis, Allium pulchellum und A. sphaerocephalum, Clematis recta, Fumana ericoides, Ononis pusilla, Galium purpureum, Scabiosa graminifolia, Centaurea bracteata erscheint. Mit thermophilen Arten vereint findet sich Rhamnus pumila z. B. an Dolomitfelsen des San Salvatore bei Lugano, wo Helianthemum Apenninum, Carex mucronata, Silene Saxifraga, Stipa pennata, Aëthionema saxatile, Bupleurum ranunculoides var. canalense, Scorzonera Austriaca, Kernera saxatilis und Hieracium glaucum mit ihm vereinigt sind (Rübel, E. und Schröter, C. Pflanzengeographischer Exkursionsführer durch die Schweizer Alpen, 1923). Vollmann beobachtete den Strauch bei Mittenwald (Oberbayern) in Begleitung von Rhamnus cathartica und R. saxatilis. — Die durch die 4 grossen Kelchblätter etwas auffälligen Blüten, deren Stempel von einer dicken, ringförmigen Honigscheibe umgeben ist, werden von Steinwespen, Käfern und Fliegen besucht. Die Fremdbestäubung wird in den Zwitterblüten durch die entgegengesetzte Stellung der Staubblätter und Narben begünstigt. Auf den Blättern findet sich hie und da der gelbe Rostpilz Aecidium Rhamni Gmelin.

1884. Rhamnus alpína L. Alpen=Kreuzdorn. Ital.: Ramno alpino. Fig. 1897, 1898 und 1894 e.

Aufrechter, schlanker oder vom Grunde auf ästiger, bis 3,5 m hoher, wehrloser Strauch mit ± deutlich geflammtem Holz und wechselständigen, wehrlosen Aesten. Knospenschuppen langkegelig, oben braunhäutig, unten grün, bisweilen leicht einwärts gebogen (Fig. 1897 b, c). Junge Zweige glänzend, ± kahl oder weich behaart, graubraun, leicht gestreift, mit deutlichen Lentizellen. Laubblätter ziemlich gross, an den Langtrieben 5 bis 13 cm lang und 2 bis 6 cm breit, breit=lanzettlich bis eiförmig, am Grunde stumpf oder abgerundet bis seicht herz= förmig, an der Spitze stumpflich bis zugespitzt, kahl oder besonders unterseits an den Nerven etwas behaart, fein gezähnt, mit (7) 9 bis 18 (20) Nervenpaaren; Blattstiel oft behaart oder schwach drüsig, bisweilen aber schon in der Jugend kahl, so lang oder etwas kürzer als die linealen Nebenblätter. Blüten in bis 7=blütigen, blatt= achselständigen Büscheln, 4=zählig, meist 2=häusig, gelb= grün; die weiblichen oft ohne Kronblätter. Kelchblätter etwas kürzer als der ± behaarte Blütenstiel, mit 3=eckig= eiförmigen, stumpfen oder etwas zugespitzten, dem Achsenbecher an Länge gleichkommenden Zipfeln, an= fangs ausgebreitet, später zurückgeschlagen. Kronblätter kürzer als der Kelch, oft sehr klein, herzförmig und an der Spitze geschweift oder 2=zähnig bis schmallinealisch und an der Spitze abgerundet, bisweilen ganz fehlend, unterseits grünlich, oberseits bräunlich. Staubblätter etwa so lang wie die Kronblätter. Griffel kaum bis zur Mitte oder tiefer 3= (2=)teilig, mit 3 (2) kopfigen Narben. Steinbeere bis 10 mm im Durchmesser, an= fangs grün, schwarzblau oder schwarz, eiförmig=kugelig bis rundlich verkehrt=eiförmig, mit 3 schwachen Längs= furchen. Samen meist zu 3, verkehrt=eiförmig, mit nur im unteren Teile oder in der ganzen Länge klaffendem, knorpeligem Spalte, glänzend gelb. — V bis VII.

Vereinzelt oder auch Gebüsche bildend, auf sonnigen, felsigen oder gerölligen Hängen, an Wald= rändern, auf offenen Waldplätzen, an Bachläufen, gern auch als Unterholz in lichten Laubwäldern oder lückigen Nadelwäldern. Vorwiegend in der Hügel= und Berg= stufe, seltener in der subalpinen Stufe; fast nur auf Kalk.

Fig. 1897. Rhamnus alpina L. subsp. eu-alpina Beger. *a* Blühender Zweig. *b* Zweig im Winter= stadium. *c* Winterknospe. *d* Blüte.

Allgemeine Verbreitung: Südeuropäische Gebirge von Nordost=Spanien bis Griechenland, nördlich bis zum östlichen Mittelfrankreich, zur Schweiz, Norditalien, Südsteier= mark, Kärnten, Krain, Nordbalkan; Nordafrika (?); Kleinasien (?).

Rhamnus alpina stellt eine polymorphe Formengruppe dar, zu der im Gebiete die beiden nach= folgenden, geographisch scheinbar gut getrennten Unterarten zu stellen sind und zu der im Mittelmeergebiete wahrscheinlich noch eine Reihe gegenwärtig als Arten angesprochener Formen gehören:

1. subsp. **eu-alpína** Beger (= R. alpina L. s. str., non Scop., = Frángula latifólia Miller, non L'Hérit., = R. alpina L. α týpica Fiori et Paoletti). Fig. 1897. Aufrechter, schlanker, bis 3 m hoher Strauch mit ± dauernd behaarten Zweigen. Laubblätter 5 bis 10 (12), aber meist selbst an den Langtrieben nicht über 7 cm lang, mit (7) 9 bis 12 Nervenpaaren, breit=eiförmig, an der Spitze meist stumpflich, kahl oder leicht behaart. Blüten= stände wenigblütig. Blüten in der Regel 2=häusig. Griffel nur etwa bis zur Mitte gespalten. Steinbeere klein, etwa 4 mm im Durchmesser, schwarzblau. Samenspalt weitklaffend, mit ± parallelen Rändern.

Im Gebiete nur in der Schweiz: besonders im Jura häufig und noch vielfach im Kanton Basel, nordostwärts seltener werdend, im Aargau z. B. nur bei Egg, an der Zwil=, Gelb= und Ramsfluh, bei Momberg, Zelgli südlich Aarau, an der Lägern und an der Wandfluh bei Schwaderloch, im Kanton Schaffhausen bereits ganz fehlend, für St. Gallen fraglich (nach Meli angeblich auf Mädems in den Grauen Hörnern); in den Alpen meist zerstreut und vorwiegend im Bereiche der Föhntäler, im Tessin sehr selten (ob Rovio), ebenso im Kanton Graubünden (nach Ernst Geiger im Bergell zwischen Vicosoprano und Roticcio, 1150 m), im Wallis bis 2150 m steigend, in den Pyrenäen bis 2500 (?) m. Vorwiegend hochmontan und subalpin.

Allgemeine Verbreitung: Schweiz, östliches Mittel= und Südfrankreich, Nordost=Spanien, Korsika, Sardinien, Nordwest=Italien, in Mittelitalien in der Rasse (subsp.?) glaucophýlla (Sommier); angeblich auch Algerien und Marokko.

Auf Grund der verschiedenen Laubblattform können unterschieden werden: var. genuína Rouy et Foucaud. Laubblätter verhältnismässig gross, oval bis elliptisch, zugespitzt, fast in eine Spitze verjüngt. Frucht eiförmig, ziemlich gross. Die gewöhnliche Form. — var. cordáta Timbal=Lagr. Laubblätter grösser als bei voriger Form, eiförmig, plötzlich in eine Spitze zusammengezogen, am Grunde deutlich herzförmig. Frucht eiförmig, ziemlich gross. — var. subrotúnda Rouy et Foucaud. Laubblätter um die Hälfte kleiner, fast kreisrund, die zugespitzten plötzlich in eine Spitze zusammengezogen. Frucht fast kugelig, kleiner. Die beiden letztgenannten Formen an der Gebietsgrenze am Salève bei Genf.

Rhamnus alpina subsp. eu=alpina ist ein west=alpigenes (nach Braun=Blanquet mediterran=montanes) Element, das trotz seines ± ausgesprochen wärmeliebenden Charakters nur in Gebieten mit ± ozeanischem Klima auftritt und seine Hauptverbreitung zwischen 600 und 1300 m besitzt. In der Schweiz gehört der die Kalkböden bevorzugende Strauch nach Christ zu den vorherrschenden, ja bestandbildenden Jurapflanzen. Das Optimum seiner Verbreitung dort liegt in der Laubwaldstufe, von wo aus er spärlich zum Gebirgsfusse abwärts und bis zu den Kämmen — z. B. an der Dôle — steigt. Seine bevorzugten Siedelungspunkte sind steiniger und trockener Untergrund sonniger, schwach bis stark bebuschter Kalkhügel. Im Solothurner= und Neuenburger Jura steht er nach Furrer vorzugsweise im Buschwerk und Niederwald der Flaum=Eiche (Quercus pubescens), gelegentlich auch an warmen, schattenlosen Säumen von Rotbuchenwäldern. Als seine Begleiter werden genannt: Ligustrum vulgare, Fraxinus excelsior, Prunus Mahaleb, Crataegus, Coronilla Emerus, Viburnum Lantana, Sorbus Aria, Corylus Avellana, Rhamnus cathartica, Cornus sanguinea, vereinzelt auch Acer Opalus und A. campestre, Amelanchier vulgaris, Cotoneaster tomentosa und C. integerrima, Sorbus Mougeotii, Lonicera Xylosteum, Evonymus Europaea, Rosa= und Rubus=Arten, Hedera Helix; bezeichnende Kräuter sind: Coronilla coronata, Laserpitium Siler und L. latifolium, Bupleurum falcatum, Melittis Melissophyllum, Melampyrum cristatum, Lactuca perennis, Melica ciliata, Sesleria caerulea, Helleborus foetidus. Nach Wirth zählt er am Südhang der Chasseron=Kette zu den charakteristischen Bestandteilen der Buschgaride oberhalb 800 m, wo Quercus pubescens nur noch in Buschform auftritt und Sorbus Mougeotii zur Vorherrschaft gelangt (vgl. Bd. IV 2, pag. 718). Aus dem Waadtländer=Jura nennt Aubert als Begleiter auf Felsen: Juniperus communis, Amelanchier vulgaris, beide Cotoneaster=Arten, Coronilla Emerus, Sorbus Aria und S. Mougeotii, Coronilla vaginalis, Saxifraga Aizoon, Athamantha Cretensis, Euphrasia Salisburgensis, Sedum album, Asplenium Ruta muraria, Cystopteris fragilis, Carduus defloratus, Dianthus inodorus, Bupleurum falcatum, Hieracium humile, H. villosum, H. amplexicaule und H. murorum. In den Schweizer Alpen ist das Verbreitungsgebiet lückenhafter, weil der Strauch das zentralalpine

Fig. 1898. Rhamnus alpina L. Phot. Eugen Hahn, Kirchheimbolanden.

Klima und das Urgebirge meidet. Er findet sich mit Vorliebe im Bereiche der Föhntäler, in der Hauptsache also im unteren Rhonetal bis zum Genfer See, in der Umgebung des Brienzer- und Thuner-Seebeckens, sowie im Kanton Uri mit dem Vierwaldstätter See. In der Felsklus von St. Maurice im Rhonetal erscheint er noch zusammen mit Arten des Buchenklimas, wie Asplenium fontanum, Kernera saxatalis, Arabis Turrita, Lactuca perennis, denen sich bereits wärmeliebende, wie Arabis muralis, Biscutella levigata var. saxatilis, Scorzonera Austriaca und Ruta graveolens zugesellen. Den Vierwaldstätter See zeichnet er mit Fumana ericoides, Staphylea pinnata, Evonymus latifolia, Colutea arborescens, Hypericum Coris, Sedum Hispanicum als Föhn-pflanzen aus (Christ). Da, wo er noch tiefer in die kontinentalen Täler eindringt, hält er sich nach Gams an die Nebelstufe und steigt daher im Wallis bis 2150 m empor. — Fossil wurde der Strauch mehrmals in interglazialen Ablagerungen auf der Südseite der Alpen festgestellt (vgl. Castanea. Bd. III, pag. 101). Nicht ganz sicher ist sein Auftreten in den französischen miozänen Ablagerungen bei Joursac, wo man ihn zusammen mit Betula alba, Carpinus Betulus, Corylus, Fagus silvatica, Quercus Ilex und Q. coccifera, Salix alba und S. cinerea, Pyrus amygdaliformis, Sorbus Aria und Fraxinus Ornus festgestellt haben will. Nach J. Braun-Blanquet (L'Origine et le développement des Flores dans le massif central de France, 1923) dürfte der Strauch nach dem Rückzug der Rissgletscher in die Schweiz eingewandert sein, ähnlich wie Dianthus hysso-pifolius (bis zum Genfer Jura), Silene Saxifraga (bis zum Fort de Pierre Châtel), Aethionema saxatile (bis zum Fort de l'Ecluse), Anthyllis montana (bis zum Neuenburger Jura), Serratula nudicaulis (bis zum Salève und Mont Vuache), Kentranthus angustifolius (bis zum östlichen Jura und Creux-du-Van bis zum Weissenstein, Iberis saxatilis (bis zum Solothurner Jura), Acer Opalus subsp. Italum (bis zum Basler Jura) usw.

  2. subsp. **fállax** (Boiss.) Beger (= R. alpina Scop. non L., = R. fállax Boiss., = R. Carnióllca A. Kern). Fig. 1894 e und Fig. 1898. Aufrechter, bis 3,5 m hoher, oft vom Grunde auf verzweigter Strauch, mit oft schon in der Jugend kahlen oder doch verkahlenden Zweigen. Laubblätter grösser als bei der subsp. eu-alpina, an den Langtrieben meist 10 bis 13 cm, selten nur 7 cm lang, mit (12) 15 bis 18 (20) Nervenpaaren, länglich-eiförmig bis breit-lanzettlich, oben fast stets zugespitzt, kahl oder verkahlend (Fig. 1894 e). Blütenstände 3- bis 7-blütig. Blüten mit ausgesprochener Neigung zur Zwitterigkeit, grösser als bei der subsp. eu-alpina, die männlichen 7 bis 8 mm im Durchmesser, die weiblichen 5 bis 6 mm im Durchmesser. Griffel bis unter die Mitte gespalten. Steinbeere gross, 7 bis 10 mm im Durchmesser, schwarz. Samenspalt weit klaffend, gegen unten sich erweiternd. In Oesterreich bis 1700 m steigend.

  Im Gebiete nur in Steiermark, Kärnten und Krain: in Süd-Steiermark im Sanntale von Leutsch aufwärts, besonders häufig oberhalb Sulzbach und im Jezeria- und Logartale bis zum Rinkafall; in Kärnten bei Wischberg, in den Karawanken, Bärental bei Suetschach, Kotschna, Ortatscha, Heilige Wand, Loibl, Baba, Koschuta, Wildensteiner Graben gegen die Obir, Kankertal; in Krain häufig, z. B. unter dem Bärensattel in den Kara-wanken und an der Vremscica.

  Allgemeine Verbreitung: Süd-Steiermark, Kärnten, Krain, Dalmatien, Bosnien, Herzegowina, Serbien und auf der Balkanhalbinsel südlich bis Griechenland.

  Die subsp. fallax kann als vikariierende Rasse der R. alpina dem illyrischen Gebirgs-Element zu-gezählt werden. Zu den „Karstpflanzen", wie Kerner es tat, kann sie infolge ihres Auftretens unter keinen Umständen gerechnet werden. Nach Beck spielt dieser „in herrlichstem Grün prangende" Strauch, dessen xeromorphe Ausbildung weniger ausgeprägt als bei der westlichen subsp. eu-alpina ist, eine hervorragende Rolle im Krümmholzgürtel der illyrischen Voralpen, weniger durch Bildung ausgeprägter Bestände als durch sein häufiges truppweises Auftreten. Wo das Krummholz (Pinus Mughus) fehlt, vermag er bisweilen mit anderen Sträuchern zusammen einen Strauchgürtel zu bilden, an dem dann vor allem Juniperus nana und J. Sabina, Lonicera alpigena, Sorbus Aria, Ribes alpinum und R. petraeum teilnehmen. Seine Hauptverbreitung liegt jedoch im Rotbuchengürtel, und zwar sowohl im reinen Fagétum, als auch in Mischwäldern mit Abies alba, Picea excelsa und Acer obtusatum als vorherrschende und Ostrya carpinifolia, Carpinus Betulus, Acer Pseudoplatanus und Fraxinus Ornus als untergeordnete Arten. Im oberen Buchengürtel ist die Unterart mit den bereits oben genannten Vertretern des Krummholzes vergesellschaftet, wobei häufig Lonicera caerulea und L. nigra, Rosa pendulina und Rhododendron hirsutum hinzukommen. In tieferen Lagen tritt sie auch — namentlich auf zerklüftetem Felsboden — in den mediterranen Eichenwald ein, wo sie unter Quercus lanuginosa, Q. sessiliflora und Q. Cerris, Ostrya carpinifolia, Carpinus duinensis, Fraxinus Ornus, Prunus Mahaleb und verschiedenen Acer-Arten zusammen mit Juniperus communis, Corylus Avellana, Cotinus Coggygria, Evonymus Europaea, Prunus spinosa, Crataegus monogyna, Cornus mas und C. sanguinea, Paliurus Spina Christi und Ligustrum vulgare das Unterholz bildet. Im Hügellande mengt sie sich nicht selten mit Pistacia Terebinthus, Colutea arborescens, Coronilla emeroides, Lonicera Etrusca, Clematis recta und Cyclamen repandum. Reichlich ist sie auch in den anthropogen bedingten Gebüschen — Coryletum, gewissen Sibljak-Typen usw. — vertreten, die im zerstückelten Buchenwalde oder an Stelle des Waldes selbst im nördlichen Illyrien bisweilen üppig ent-wickelt sind und die Berghänge weithin bekleiden. — Die Rinde von R. alpina subsp. fallax kann als guter

Ersatz für die Frangula-Rinde dienen, da sie gleich dieser Oxymethylanthrachinone enthält und dadurch abführend wirkt.

Rhamnus-Bastarde werden hie und da, namentlich aus den Alpen, angegeben, doch sind sie in ihrer Natur z. T. noch zweifelhaft. R. Alaternus L. × R. alpina L. subsp. eu-alpina Beger (= R. hýbrida L'Hérit.). Laubblätter ± wintergrün, breit länglich, spitz oder zugespitzt, klein und dicht kerbig gesägt oder (var. Billárdi Lav.) länglich, entfernter gesägt. Nach den Beobachtungen von Kerner an einem seit langer Zeit im Wiener Botanischen Garten gezogenen Strauche erhalten sich die Laubblätter über Winter grün und fallen erst im Frühling ab, wenn aus den Knospen neue Zweige hervortreiben. Der bisweilen in Gärten gepflanzte, nicht ganz winterharte Strauch geht oft unter der Bezeichnung R. sempervirens, R. Americana usw. — R. alpina L. subsp. eu-alpina Beger × R. cathartica L. Aus Savoyen angegeben. — R. alpina L. subsp. eu-alpina Beger × R. pumila Turra. Nach Wilczek auf Pont du Nant (Kt. Waadt). — R. alpina L. subsp. fallax Beger × R. pumila Turra (= R. Mulleyána Fritsch). Diese Deutung gibt Fritsch den am Adelsberger Schlossberg (Sović) in Krain wachsenden Sträuchern.

CCCCLXVI. Frángula[1]) Miller. Faulbaum.

Dornenlose Sträucher oder kleine Bäume mit wechselständigen oder gegenständigen Aesten und Zweigen und nackten, schuppenlosen Knospen. Laubblätter ungeteilt, fiedernervig. Blüten einzeln, gebüschelt oder in Trugdolden, zwitterig, 5-zählig. Kronblätter an der Spitze ausgerandet, kurz und breit. Griffel einfach, mit 3-köpfiger Narbe. Frucht eine steinfruchtartige Beere. Samen ohne Längsfurche. Keimblätter nicht hervortretend, epigäisch.

Die Gattung ist vorwiegend nordamerikanisch und umfasst etwa 20 Arten, von denen nur 2, Frangula Alnus Miller und F. rupestris Scop., im Gebiete der Mitteleuropäischen Flora auftreten. Hinsichtlich ihrer Verwandtschaft steht sie der Gattung Rhamnus sehr nahe und wird mit ihr teils als Sektion — so von J. Gray — teils als Untergattung — so von Dippel — zusammengezogen. Die z. T. systematisch noch sehr ungeklärten Arten besitzen meistens grössere Verbreitungsgebiete, stellen aber auch vereinzelt Endemismen dar, wie die seit 1778 in Botanischen Gärten gezogene Frangula latifólia (L'Hérit.) auf den Azoren, Kanarischen Inseln und (?) Madeira[2]).

Von wirtschaftlicher Wichtigkeit ist Frangula Purshiána Coop. (= Rhámnus Purshianus DC., = R. alnifólia Pursh), die die offizinelle Córtex Rhámni Purshiáni oder Cascára Sagráda liefert. Diese amerikanische Art ist folgendermassen kenntlich: Strauch oder 6 bis 18 m hoher Baum mit in der Jugend graufilzig behaarten Zweigen. Laubblätter breit-langeiförmig mit meist grösster Breite über der Mitte, gegen den Grund abgerundet oder seltener in den Blattstiel verschmälert, an Langtrieben bis 17 cm lang und 7,5 cm breit, mit 8 bis 18 mm langem Stiel, an der Spitze abgestumpft oder kurz zugespitzt, mit etwa 12 bis 16 schräg zum Hauptnerven verlaufenden, wenig hervortretenden Seitennerven, am Rande reich kleingezähnt, in der Jugend filzig behaart, später dunkelgrün, auch im Herbst nicht lederartig. Blüten in blattachselständigen, reichblütigen Trauben. Achsenbecher grün. Kelchblätter grösser als die Kronblätter, beide weiss. Fruchtknoten länger als der Griffel, 3-fächerig. Frucht schwarzpurpurn, ± kreiselförmig. Samen eiförmig, schwarz, glänzend, auf der Aussenseite gewölbt, auf der Innenseite mit einer erhabenen Längslinie. In Brítisch-Columbien bis Montana, Nord-Idaho, Washington, Oregon und Nieder-Kalifornien heimisch, besiedelt die Art gern Flussufer und Nadelwälder. Die Rinde wird hauptsächlich von Mai bis Anfang August gesammelt, einer Zeit, die nach Tschirch nicht günstig gewählt ist, weil die Rinde dann am ärmsten an den gewünschten Anthroglyceriden ist. Die Uebereinstimmung der chemischen Bestandteile mit denen der europäischen Faulbaumrinde ist gross, scheint ihr aber doch nicht ganz zu entsprechen. Es wurden festgestellt: ein Emodin-Glycosid (=? Frangulin), Frangulin-Emodin, sowie 2 Isomere davon, darunter das Cascarol, ein rhamnitinartiger Körper, Chrysophansäure, das Stearin Rhamnol ($C_{20}H_{84}O$), sehr bitteres saures Harz, Glykose, Enzyme usw. Unter letzteren findet sich ein Brechreiz erregendes Toxin, um dessenwillen die Rinde ein Jahr gelagert oder auf 100° erhitzt werden muss. Die Anwendung der Rinde entspricht derjenigen der Córtex Rhámni Frángulae, ist aber in Europa erst seit dem Beginn der 80er Jahre des vergangenen Jahrhunderts bekannt. Von der einheimischen Droge (Fig. 1902) unterscheidet sie sich nach Gilg anatomisch dadurch, dass in der Aussenrinde und den äusseren Teilen der Innenrinde neben den Bastfaserbündeln grosse Nester von Steinzellen vorkommen, die Markstrahlen 3 bis 5 Zellagen breit sind und in der inneren Rinde ausser den Kristallen der Kristallkammerfasern, die auch die Steinzellnester begleiten, nur sehr spärlich Drusen vorkommen (Fig. 1899). Als Verfälschungen

---

[1]) Name des Faulbaums bei Matthioli und Dodonaeus; von lat. frángere = brechen abgeleitet das Holz ist brüchig.

[2]) Gegenwärtig fraglich, aber fossil dort bekannt.

werden die Rinden von **Frangula Califórnica** Gray und **Rhamnus cróceus** Nutt. beobachtet. Bisweilen findet sich der schöne, winterharte, 1826 eingeführte Baum im Gebiet in Parkanlagen angepflanzt. — Als Ziergehölze haben ferner Bedeutung: **Frangula Califórnica** Gray (= R. Purshianus DC. var. Californicus Rehd.). Ausgebreiteter, verästelter, bis 5 m hoher Strauch. Laubblätter zuletzt lederig, in der Form ziemlich veränderlich, die kleineren, stumpferen mehrzähnig, bis 10 cm lang und bis 3 cm breit, mit 5 bis 10, sehr selten 12 Seitennerven und behaarten Stielen. Blüten aussen behaart, zu 8 oder mehr an 5 bis 25 mm langen, behaarten Blütenstielen. Frucht tief purpurn, etwa 7 mm breit, abgeplattet-kugelig. — V bis VII. Heimat: Westliches Nordamerika. — **F. tomentélla** (Gray) (= Rhamnus Californicus var. tomentellus Brew. et Wats.). Der vorigen Art ähnlich, namentlich durch unterseits weiss graufilzige Laubblätter mit sehr undeutlicher oder fast unmerklicher Nervatur ausgezeichnet. Heimat: Süd-Kalifornien bis Arizona. Erst in neuester Zeit in die Gärten eingeführt. — **F. Caroliniána** Gray (= Rhamnus Carolinianus Walt.). Hoher Strauch oder ausgebreiteter, bis 14 m hoher Baum mit in der Jugend ± behaarten, olivgrünen oder ± hell braunroten, zuweilen leicht bereiften, später verkahlenden, ± dunkelgrauen Zweigen. Laubblätter ± sommergrün, dünn, sattgrün, länglichelliptisch, am Grund ± abgerundet oder keilig, beiderseits glänzend und auf den 8 bis 10 Seitennerven behaart, im Herbste gelb verfärbend. Frucht kugelig, etwa 10 mm breit, schwarz. — V, VI. — Heimat: Südliches Nordamerika. In den Gärten findet sich die Art seit 1819, wird meist als Strauch gehalten und ist an ihren lang hängen bleibenden Früchten gut kenntlich. Sie wächst gern auf Kalk.

1. Aufrechter Strauch mit dünnen, gestreckten Aesten. Laubblätter dünn, ganzrandig. F. Alnus nr. 1885.

1*. Aufsteigender oder niederliegender Strauch mit ziemlich dicken, kurzen Aesten. Laubblätter derb, kerbig gesägt. F. rupestris nr. 1886.

1885. Frangula Alnus Miller (= Rhámnus Frangula L., = Frangula pentaphýlla Gilib., = F. vulgáris Borkh.). **Faulbaum**, Pulverholz. Franz.: Frangule, nerprun bourgaine, bourdaine, bourgène, aune noir, bois noir, puene, bois à poudre, rhubarbe des paysans; engl.: Alder buckthorn, berry-bearing alder, butcher's prickwood, butcher's pricktree; ital.:

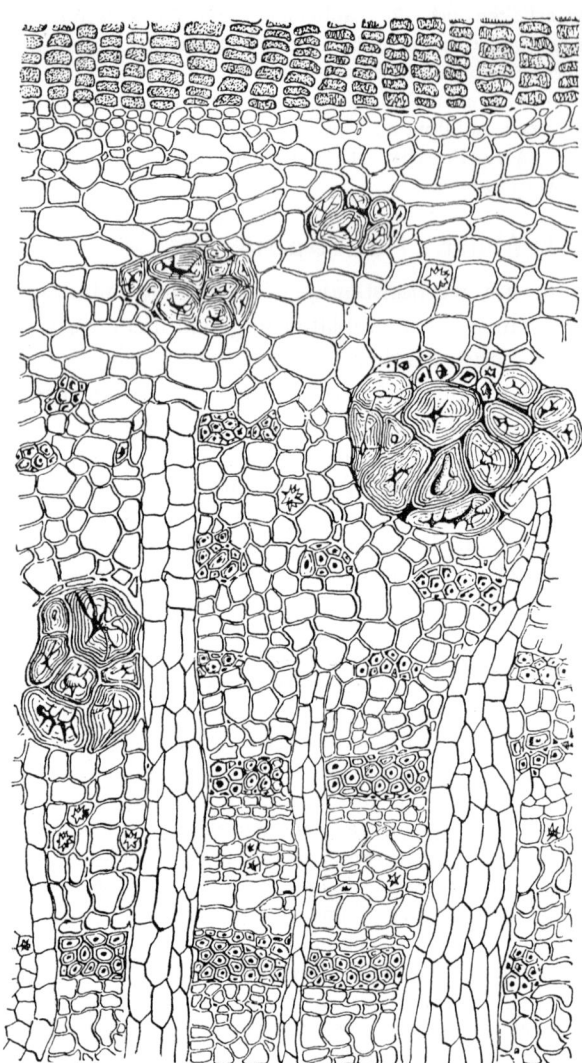

Fig. 1899. Frangula Purshiana Coop. Querschnitt durch die Cortex Rhamni Purshiani (nach Tschirch).

Frangula, fragola, putine, alno nero (im Tessin: alnisceta selvadiga, im Bergell: Onizza selvadega); raetoromanisch: Legnêr da polver. Taf. 181, Fig. 1; Fig. 1900, 1901, 1902 und Fig. 1888 g.

Der Name **Faulbaum** bezieht sich auf den fauligen Geruch der Rinde; er ist auch im Volke ziemlich verbreitet: Fulboom, Fulholt (niederdeutsch), Fülk'n (Mark), Faulkirschen (Innsbruck), Ful-Beri (Zürcher Oberland), Fulholz (St. Gallen). Auf den unangenehmen Geruch weisen ferner hin Stinkbaum (Westfalen), Stinkebère (Göttingen), Stinker, Stinkböm (Schwäbische Alb), Stinkwide (Aargau). Wegen der spröden, leicht zerbrechlichen Aeste heisst der Strauch im Niederdeutschen (niederd. sprok = brüchig, mürbe; sprikke, sprockel = leicht zerbrechliches Reisig): Sprickeln (Schleswig), Sprickel (Lübeck, Brandenburg), Spriäkeln (Westfalen), Spricker, Sprickern (Mecklenburg), Spräkelboom (Ostfriesland). Hieher gehören jedenfalls auch: Sprössel (Altmark), Sprötzen, Sprötzenboom (Hannover), Spräzern (Braunschweig). Die dunkle Rinde gab wohl zu den Namen Schwattbaum (Westfalen), Schwarzerlä, -hasla (St. Gallen) Veranlassung. Wegen der ungeniessbaren (sogar als giftig geltenden) Beeren wird der Strauch (bezw. seine Früchte) genannt: Buukkasten [weil sie Bauchweh hervor-rufen] (Brandenburg), Hundsber (bayrisch-österreichisch), Hundsbäumes (Schwäbische Alb), Vögel-beer [den Vögeln überlassen!] (Niederösterreich), Chrotteholz, -beeri, -stude (Schweiz), Düwelsbeeren (Westfalen), Wolfsbeeri (Schweiz: Waldstätten), Pockpearlain [Bocksbeere] (Krain: Gottschee). Die Beeren finden als Abführmittel Verwendung (vgl. pag. 348), daher Scheissbeeren (in verschiedenen Ge-genden) genannt. Auf die Verwendung des Holzes gehen zurück: Zappeholz (Nahegebiet), Zapfe(n)holz (Schweiz, Elsass); Pfifäholz (St. Gallen); Pulverholz [Faulbaumkohle zu Schiesspulver] (Oberdeutschland); Grindholz [Rinde als Waschmittel bei Krätze, Grind] (Nahegebiet, Unterfranken); Gichtholt (Mecklenburg). Zu Chollgert, Chingerte (Schweiz) vgl. Ligustrum vulgare! Andere Namen sind schliesslich noch: Splint-beere (Stade: Selsingen), Hühneraugen (Ostpreussen), Gehler Hartbäm (Moselgebiet), Wilda Hola (Böhmer-Wald), Schwebelholz (St. Gallen). Im Brienzer Seegebiet heisst der Faulbaum Hautbaum, während unter „Faulbaum" Lonicera alpigena verstanden wird.

Wehrloser, 1 bis 3 m hoher Strauch, selten bis 7 m hoher, schmächtiger Baum mit glatter Rinde, schlanken, wechselständigen, fast glatten Aesten und wagrecht abstehenden, an den Astenden gehäuften, locker bis mässig dicht beblätterten, Zweigen. Rinde in der Jugend grün, an der Sonnenseite oder ringsum dunkel überlaufen, später graubraun, mit langen, quergestellten, grauweissen Len-tizellen. Laubknospen behaart, ohne Knospenschuppen. Laub-blätter dünn, jung weich, später steiflich, breit elliptisch bis ver-kehrt-eiförmig, durchschnittlich 3,5 cm lang und 5 cm breit, doch oft kleiner, in den Blatt-stiel verjüngt, vorn spitz oder ± zugespitzt, seltener stumpf oder gestutzt, meist ganzrandig und leicht gewellt, sehr selten ringsum undeutlich oder gegen die Spitze zu etwas deutlich gezähnt, mit 7 bis 9 (11) am Rande in scharfem Bogen zum nächstvorderen Nerven ver-laufenden Seitennerven, auf der

Fig. 1900. Frangula Alnus Miller. *a* Spross mit Blüten und Früchten. *b* Frucht. *c* Laubblatt. *d* Blüte. *e* Querschnitt durch die Blüte. *f* Samen. *g* Blütendiagramm (nach Eichler).

Unterseite auf den Nerven, wenigstens in der Jugend, behaart. Blüten in 2- bis 10-blütigen, blattachselständigen Trugdolden, auf 1- bis 3-mal (bis 12 mm) so langen Stielen, trichterförmig, 3 bis 4 mm lang, 5-zählig, grünlichweiss, anfangs behaart (Fig. 1900 d und e). Kelchblätter 3 mm lang, länglich-3-eckig, spitz, fast oder ebenso lang wie die Kelchröhre. Kronblätter etwas kleiner als die Kelchblätter, aufrecht oder wie die Staubblätter schief aufgerichtet, genagelt, weisslich, die Staubblätter umhüllend. Staubblätter dicht vor den Kronblättern stehend, etwas kürzer als diese, mit grossen Staubbeuteln und kurzen Staubfäden. Griffel ungestielt, mit kopfiger Narbe. Frucht eine kugelige, anfangs grüne, später rote, zur Reife schwarz-violette (Taf. 181, Fig. 1 d), etwa 8 mm breite, 2- bis 3-samige Steinfrucht. Samen breit, flach, 3-eckig-linsenförmig, 5 mm lang und 2 mm dick, mit langer, sehr schmaler Furche (Fig. 1900 f). — V, VI, vereinzelt bis IX.

Verbreitet und stellenweise häufig auf stark feuchten bis sehr trockenen Unterlagen aller Art von der Ebene bis in die untere Bergstufe in lichteren Laub= und Nadelwäldern, Gebüschen, Hecken, an Wasserläufen, in Baumheiden, auf Mooren, in Buschweiden. In den Bayerischen Alpen bis 1000 m, im Schanfigg bis 1270 m, im Vorderrheintal bis 1350 m, im Wallis bis 1400 m, im Churfirstengebiet bis 1500 m, in Tirol bis 1400 m.

Im ganzen Gebiete verbreitet, nur in den hochgelegenen Alpentälern und auf den Nordsee=Inseln fehlend.

Allgemeine Verbreitung: Fast ganz Europa, nordwärts bis Irland, Skandinavien (65° 30′ nördl. Breite), Lappland (36° 30′ nördl. Breite) und Onegasee—Gouv. Wologda—Perm in Russland, südwärts bis Nord= und Mittelspanien, Italien, Thessalien und Türkei; Kleinasien, Kaukasien, ostwärts bis Talysch, Westsibirien?; Nordafrika?; in Nordamerika verwildert.

Der Faulbaum ist eine an der Nervatur seiner Laub= blätter und den durch die quergestellten grauweissen Lenti= zellen getupften oder gestrichelten Zweigen leicht kenntliche Art, die im Gebiete kaum nennenswerte Formen bildet. Rouy unterscheidet eine f. (var.) genuina mit grossen, eiförmig= spitzen oder elliptischen, zugespitzten Laubblättern und eine f. (var.) subrotúnda mit kürzeren, breit=ovalen bis fast rund= lichen, an der Spitze gestutzten oder fast abgerundeten, plötzlich und kurz zugespitzten Laubblättern. Beide Formen sind jedoch von ganz untergeordneter Bedeutung, da sie sich am gleichen Strauche finden können, die Laubblätter der erst= genannten Form an den langen, endständigen Trieben, die= jenigen der letzteren an tiefer stehenden, schwächlicheren und armblätterigen Zweigen. — C. K. Schneider erwähnt aus dem östlichen Verbreitungsgebiet die var. latifólia Dipp. (sub. Rhamnus; = R. latifólia Kirchn., = R. Canadénsis hort. Nonn.). Laubblätter bis fast 12 cm lang und 6 cm breit, mit oft leicht behaarten Stielen. Früchte grösser, bis 10 mm im Durchmesser. — Ferner führt er an: var. sempervirens hort. Nonn. (= R. sempervirens hort. ex p., = R. Frangula L. var. eximius C. K. Schneider). Laubblätter bis 15 cm lang und 8 cm breit oder noch grösser. Heimat unbekannt. — var. asplenifólia Dippel (sub. Rhamnus; = R. asplenifolia Simk.). Laubblätter 4 bis 6 cm lang und 4 cm breit, am Rande gewellt. Ein Lusus, der vielleicht hie und da in Gärten gepflanzt wird. — Eine schlitzblätterige Form wird aus Schweden (Svensk. Botanisk Tidskrift, 1922) beschrieben.

Fig. 1901. Frangula Alnus Miller.
Blühender Zweig. Bei Wetzlar.
Phot. Th. Arzt, Wetzlar.

Frangula Alnus tritt hie und da zusammen mit Rhamnus cathartica an Wegrändern und in Hecken auf oder erscheint auf Buschweiden, wo sie sich infolge ihrer reich= lichen Stockausschläge leicht zu halten vermag. In den Alpentälern tritt sie gern in der anthropo=zoogenen Prunus Padus=Assoziation der „Mutschnahügel" auf, jenen schon in alten Zeiten durch Herauslesen grosser Feldsteine aus den Aeckern entstandenen Lesesteinhaufen, die infolge der einsetzenden Verwitterung und Ein= schleppung von Früchten durch allerlei Tiere eine recht charakteristische Pflanzendecke tragen. Hager nennt z. B. aus dem Vorderrheintal als Besiedler solcher Orte neben Prunus Padus und Frangula Alnus auch Sorbus aucuparia und S. Aria, Quercus sessiliflora, Ulmus scabra, Berberis vulgaris, Ribes alpinum, Rosen=Arten usw. Neuerdings werden diese Hügel infolge geänderter Kulturverhältnisse immer mehr abgetragen, sodass das Landschaftsbild durch den Verlust der überall zerstreuten Baumgruppen und Horste einen seiner schönsten Reize einbüsst. Der Strauch findet sich ferner gern in nassen Auenwaldungen der grossen Stromtäler und Niederungen (baumförmige Exemplare z. B. in dem ehemaligen Park Florival südl. Sissonne [Franz. Dép. Aisne]) und steigt in den Mittelmeergebirgen und in den niederen Alpentälern mit der Erle im Alnetum glutinosae und Alnetum incanae bis zu deren oberer Verbreitungsgrenze. Dabei sucht er die lichteren Stellen auf und besiedelt vorzugsweise in Gruppen quellige Orte. Als seine häufigeren Begleiter seien genannt: Quercus Robur, Tilia platyphyllos, Prunus Padus, Alnus glutinosa bezw. A. incana, Cornus sanguinea, Viburnum Opulus, Lonicera Xylosteum, Salix=Arten, Clematis Vitalba und Humulus Lupulus. Höck rechnet den Strauch zu den Erlen= begleitern, Warming zu den Charakterpflanzen der Erlenbrüche und Eichenwälder, Braun=Blanquet zu den ± gesellschaftsholden Arten des Alnetums. Auf den feuchten, torfigen Böden der Dresdener Heide bildet der Strauch stellenweise fast allein das Unterholz feuchter Föhrenwälder, deren Bodenschicht von grossen Rubus=Herden — namentlich R. Bellardii und R. Koehleri — oder vom Caricetum brizoidis gebildet wird. In bergigen Gebieten schliesst er sich bisweilen an Waldbächen zu kleinen, reinen Gebüschen zusammen. Nicht selten stellt er sich auch herdenweise auf Mooren ein. Dabei nimmt er in der Molinietum=Serie — der Gesamtheit aller Pflanzenvereine, die vom verlandenden Boden zum Auenwald überführen — an der Endphase teil, indem er sich auf austrocknenden Böden zusammen mit Salix cinerea und S. aurita, Betula verrucosa und anderen Pioniergehölzen ansiedelt und rasch ausbreitet. Bei dieser Ansiedelung lässt sich beobachten, dass der Jungwuchs, sobald er etwa Kniehöhe erreicht hat, auf Böden abstirbt, die wenig tief unter der Oberfläche noch ausgesprochen feucht sind, hingegen auf erhöhten Bülten oder auch dort sehr wohl dauernd Fuss zu fassen vermag, wo die merklich anspruchslosere Birke sich bereits angesiedelt hat und zur Austrocknung des Bodens beiträgt (Furrer). Die Fähigkeit des Strauches auch mit sehr kleinen Wassermengen Haus zu halten, erhellt aus seinem Auftreten in dem trockenen Felsgebiet des Elbsandsteingebirges, wo er nicht selten an steilen Wänden aus engen, wasserarmen Felsspalten herauswächst oder auch im dürren Föhrenwald mit Calluna=Unterwuchs gedeiht.

Die unter dem Namen Córtex Rhámni Frángulae offizinelle Rinde (Fig. 1902) enthält getrocknet das Emodinglykosid Frangulin in zitronengelben Nadeln und dessen Spaltungsprodukt, das Frangula=Emodin, ferner Chrysophansäure und ein Iso=Emodin. In seiner chemischen Beschaffenheit fraglich ist es ein toxisches, abführend wirkendes Doppelglyokosid, das in kaltem H_2O und 90%igem Alkohol löslich ist und in (nur in heissem Wasser lösliches) Pseudofrangulin und Zucker zerfällt. Unter den Abbaustoffen des Pseudofrangulins treten zwei rhamnitinartige Stoffe auf. Die durch Alkohol ausfällbare Frangulinsäure wirkt nicht abführend. Die Rinde ganz junger Zweige, sowie die Laubblattstiele und =nerven, die Früchte und Knospen enthalten als Reservestoffe eingelagert Anthroglyceride. Brechreiz erregend wirkt in der frischen Rinde ein Eiweisskörper Rhamnustoxin, der durch längeres Lagern oder durch Erhitzen auf 100° zerstört wird. Die Droge wird in Form von Auszügen oder eines wohlschmeckenden Likörs als mildes Abführmittel verwandt. Der Absud, der Faulbaumtee, soll ein vortreffliches Heilmittel gegen Leber= und Gallenleiden, Würmer, Wassersucht, Bleichsucht usw. sein. Das Mittel wirkt so stark, dass eine kleine Tasse, täglich schluckweise genommen, genügt. Im Bergischen besteht nach Marzell der Volksglaube, dass durch das Schaben eines Faulbaumstammes von unten nach oben die Wirkung der Rinde Brechreiz erregend sei, beim Schaben in der entgegengesetzten Richtung hingegen Durchfall hervorrufe. Schaben

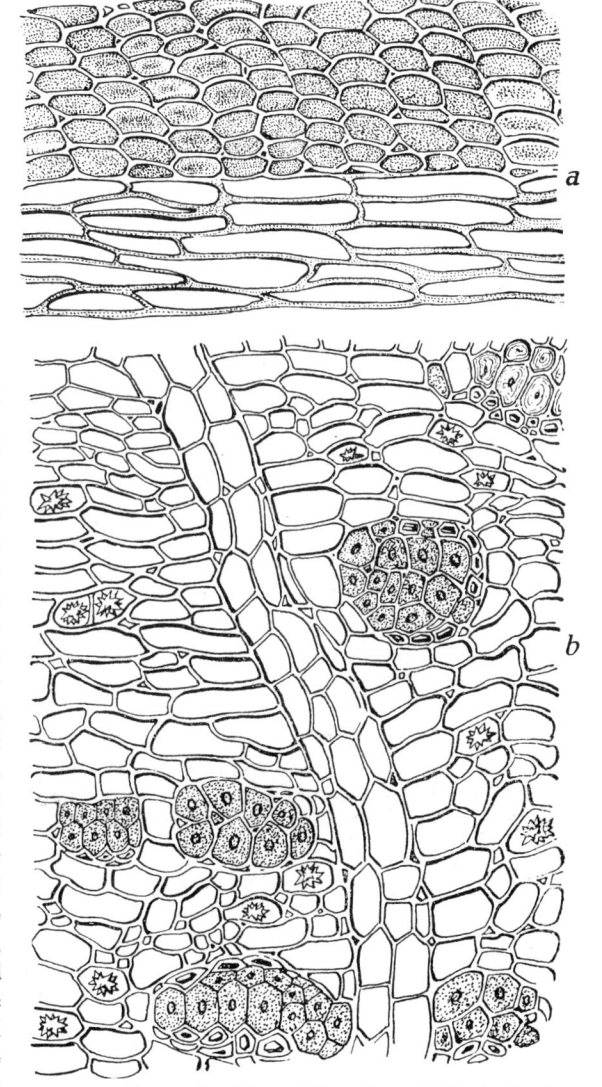

Fig. 1902. Frangula Alnus Miller. Querschnitte durch die Cortex Frangulae: *a* durch die primäre, *b* durch die sekundäre Rinde (nach Gilg).

in beiden Richtungen bewirke beides. Merkmale zur Erkennung der Droge, die bisweilen mit der glatten, glänzend rotbraunen Rinde von Rhamnus cathartica oder der graubraunen, stark längsrunzeligen von Prunus Padus verfälscht wird (der Faulkirsche, die im Volksmunde häufig Faulbaum genannt wird), liegen im anatomischen Bau. Die starke Korkschicht ist mit rotbraunem Farbstoff erfüllt; die Aussenrinde enthält einige unverholzte Bastfasern und Oxalatdrusen, die innere Rinde 1= bis 2=reihige Markstrahlen und tangential verlaufende Reihen unverholzter Bastfasern, sowie Einzelkristallschläuche. Ein Beweis für die Echtheit ist ferner die Rotfärbung durch Kalkwasser oder Alkoholhydroxyden. Es wird empfohlen, die Rinde zur Blütezeit zu sammeln. — Nach der zusammenfassenden Darstellung von Tschirch verstand Theophrast unter dem Namen Rhamnos nicht den Faulbaum, sondern vielleicht Rhamnus saxatilis oder Lycium Europaeum, Dioskurides wahrscheinlich Rhamnus oleoides, R. saxatilis oder Paliurus Spina Christi. Letztere Art könnte auch Plinius meinen. Bei den Alten dürfte die Droge nur äusserlich verwandt worden sein, da nichts von der abführenden Wirkung berichtet wird. Im Mittelalter war die Heilwirkung den Arabern noch nicht bekannt und auch Hildegard von Bingen erwähnt den Strauch nur als „Unkraut". Erst bei Crescenzi finden sich 1305 Angaben über die abführenden Wirkungen. Die Pflanze heisst bei Bock Faulbaum, bei Matthioli und Dodonaeus Frangula, bei Lobelius und Camerarius Alnus nigra, bei Tabernaemontanus Alnus baccifera, bei Bauhin Alnus nigra baccifera, bei Thal Frangula nigra, bei Lonicerus Arbor foetida. Schroeder (1649) hält die Wurzelrinde für besonders wirksam. Im 17. und 18. Jahrhundert galt die Rinde als billiger Rhabarberersatz und hiess daher Rhabárbarum plebejórum. Nach Linné, der sie noch unter den abführenden Mitteln nennt, geriet die Pflanze allmählich in Vergessenheit und war teilweise nur noch als Färbemittel — Rinde, Laubblätter und Früchte geben mit verschiedenen Zusätzen verschiedene gelbe Farben — bekannt. Erst zu Beginn der zweiten Hälfte des vergangenen Jahrhunderts — nach Reinhardt im Jahre 1848 — wurde die Droge in Deutschland offizinell, ist aber neuerdings, wenn auch sehr mit Unrecht, durch die amerikanische Cortex Rhamni Purshianae immer mehr verdrängt worden. Mitbedingend bei dem Rückgang im verflossenen Jahrhundert dürfte nach Gilg (bei Diels) der Umstand sein, dass die Rinde nur ein Nebenerzeugnis bei der Gewinnung des vorzugsweise der aschearmen Kohle wegen zur Herstellung des Schwarzpulvers benützten Holzes war. Als dann das rauchlose Pulver aufkam und die ehedem betriebene Kultur des Faulbaumes verlassen wurde, hörte auch die Gewinnung der Rinde zu Arzneizwecken so gut wie vollständig auf. Erst der Krieg, der die Einfuhr der Cortex Rhamni Purshianae unterbunden hatte, gab erneut Anlass, auf die heimischen Hilfsquellen zurückzugreifen. Ein geregeltes Nutzungsverfahren ist allerdings noch nicht eingeleitet worden. Einerseits verbietet der Forstschutz in Nord= und Mitteldeutschland ein freies Einsammeln der Rinde, andererseits werden die Faulbaumbestände nur veräussert, wenn Kahlschläge in den Forsten durchgeführt werden. In Bayern allerdings bestehen noch keinerlei forstliche Vorschriften, sodass während des Krieges die Rinde auf dem Wege des Raubbaues wagenladungsweise gesammelt und nach Norddeutschland ausgeführt wurde. Im Volksgebrauch bildet die Rinde einen Hauptbestandteil von Blutreinigungs=, Alpenkräuter= und Entfettungstee. Auch Sebastian Kneipp empfiehlt einen Absud von Rinde und Beeren, sowie den Faulbaumwein als wirksames Abführmittel. Zu ähnlichen Zwecken wurden auch die Beeren früher namentlich von der ländlichen Bevölkerung verwandt. Als Ersatz für die Faulbaumrinde kommt diejenige von Rhamnus alpina subsp. fallax in Frage. Neuerdings wird auch aus Epirus in grossen Mengen die Rinde von Alnus glutinosa zu diesem Zwecke eingeführt. — Das Holz findet ausser zur Pulverkohle zur Herstellung von Drechslerarbeiten, Fournieren, Schuhstiften, Holznägeln, Zapfen und Hähnen Verwendung. Im Oberhaslital in der Schweiz, wo der Strauch „Hautbaum" heisst, werden die Zweige zu Besen gebunden, die dauerhafter sein sollen als Birkenbesen. Ferner dienen die Aeste dort als Bindematerial wie Weiden und Viburnum Lantana. Die Samen liefern ein gutes Brennöl. Der Keimvorgang geht nach Kinzel langsamer vor sich als bei Rhamnus cathartica, da die Keimblätter in der Steinschale der Samen stecken bleiben und die ersten hervortretenden Laubblättchen schon so weit vorgebildet sein müssen, dass sie ohne Schwierigkeit die weitere Ernährung des Pflänzchens übernehmen können. Die Samen bedürfen zunächst einer etwa $^1/_2$jährigen Ruhe und keimen fast nur im Licht bezw. im Dunkeln unter Frosteinwirkung. Dunkelkeimung ohne Frosteinwirkung tritt fast nie ein. — Da der Strauch im Hochsommer vielfach zugleich Blüten, unreife und reife Früchte trägt, so sagt der Volksglaube, dass, je frühzeitiger sich reife Früchte in Menge zeigen, um so früher mit der Aussaat des Roggens begonnen werden solle. — Die Blüten, die nach Penzig bisweilen vergrünen können, sind nach Hermann Müller proterandrisch, nach anderen homogam. Der napfförmige Kelch dient zugleich als Nektarium. Zwischen den Kelchzipfeln sitzen die weissen, schwach zweispaltigen Kronblätter und von diesen überdeckt oder mitunter ganz umhüllt die nach innen zusammenneigenden Staubblätter, deren Beutel nach innen aufspringen. Die Narben reichen in kurzgriffeligen Blüten nicht bis an die Staubbeutel heran, in langgriffeligen Blüten bis zu deren Mitte oder höher. Besuchende Insekten sollen meist Fremdbestäubung bewirken, indem sie beim Honigsaugen mit der einen Körperseite die Staubbeutel, mit der anderen die Narben berühren. Der Besuch der Blüten ist anscheinend nicht besonders rege, was bei der Unauffälligkeit erklärlich wäre. Dafür ist er aber höchst mannigfaltig. So sind bei Bozen im Laufe von 14 Tagen gegen 300 Insektenbesucher festgestellt worden, vor allem zahlreiche Bienen, aber auch Wespen, Schlupfwespen, Fliegen und Käfer. Bei ausbleibender Insektenbestäubung erfolgt nachträglich Selbstbestäubung. — Bildungsabweichungen sind nicht bedeutend. So wurden Verwachsungen von Zweigen untereinander festgestellt, die bisweilen das Aussehen von Verbänderungen annehmen können. Einmal wurden an der Trennungsstelle zweier derartig verwachsener Zweige zwei mit der Rückenseite zusammenhängende Laubblätter beobachtet. — Frangula Alnus ist wiederholt in diluvialen Ablagerungen gefunden worden, so in denen des ehemaligen Wauwilersees (Schweiz) und von Cannstatt, wo die Ueberreste zusammen mit denen von Salix fragilis, Populus alba, Juglans regia, Carpinus Betulus usw. vereinigt sind. Bei Pont=à=Mousson fanden sich auch Typha latifolia, Sparganium ramosum, Salix cinerea und

181

Tafel 181.

Fig. 1. *Rhamnus cathartica* (pag. 332). Blütenzweig.
„ 1a. Blüte im Längsschnitt.
„ 1b. Blüte von aussen.
„ 1c. Kron- und Staubblatt.
„ 1d. Fruchtzweig.
„ 1e. Samen im Längsschnitt.
„ 1f. Querschnitt durch die Frucht.
„ 2. *Vitis vinifera* (pag. 363). Blühender Trieb.
„ 2a. Zweig mit reifer Traube.
„ 2b. Blüte mit Mützchen.
„ 2c. Blüte nach Abfallen des Mützchens.
Fig. 2d. Samen.
„ 2e. Querschnitt durch den Samen.
„ 2f. Längsschnitt durch den Samen.
„ 3. *Tilia cordata* (nr. 1888). Blütenzweig.
„ 3a. Blüte.
„ 3b. Fruchtknoten.
„ 4. *Tilia platyphyllos* (nr. 1889). Blütenzweig.
„ 4a. Blüte im Längsschnitt.
„ 4b. Blütenknospe.
„ 4c. Querschnitt durch den Fruchtknoten.
„ 4d. Längsschnitt durch den Fruchtknoten.
„ 4e. Samen.

S. purpurea, Berberis, Solanum Dulcamara u. a., also in beiden Fällen Arten, die in ihrer Gesamtheit ein mit unseren gegenwärtigen Auen- und Uferwaldungen übereinstimmendes Bild ergeben und das Klima jener Zeit — die Ablagerungen entstammen der Riss-Würm-Zwischeneiszeit — als von dem im Gebiet gegenwärtig herrschenden nicht wesentlich abweichend erscheinen lassen. In schwedischen Mooren wurde der Strauch in Schichten aufgefunden, die der Eichenzone zuzurechnen sind.

1886. Rhamnus rupéstris Scop. (= R. púmila Wulf. nec Turra, = R. Wulfénii Hoppe, = Frángula rupestris Brongniard, = F. Wulfenii Rchb.). Felsen-Faulbaum. Fig. 1903.

Anfangs niedergestreckter, später aufstrebender, 20 bis 80 (200) cm hoher Strauch mit knorrigem Stamm, schmutzig graubraunem Holz und wechselständigen, anfangs weissgrauzottigen, ± rundlich-kantigen, dornenlosen Aesten. Laubknospen grauweiss zottig, ohne Knospenschuppen. Laubblätter wechselständig, gegen Ende des Sommers derb-lederig, eiförmig bis rundlich, bis 4 (5) cm lang, am Grunde verschmälert oder abgerundet bis seicht herzförmig, vorn zugestutzt oder fast stumpf, meist ringsum, seltener vom unteren Drittel aufwärts an stumpf, fein und etwas knorpelig gesägt, selten nur gegen die Spitze gezähnt, am Rande oft wellig, oberseits sattgrün, matt, meist kahl, unterseits heller, graugrün, auf den 6 bis 7 (8) Seitennervenpaaren behaart. Laubblattstiele 2 bis 5 mm lang, behaart. Blüten zwitterig, in 2- bis 8-blütigen, blattachselständigen Trugdolden, 5-zählig, mit behaarten Stielen. Kelch aufrecht abstehend, schmutzig grün, häufig dunkelrot überlaufen. Kronblätter etwa so lang wie die Kelchblätter, breit trapezförmig, vorn seicht ausgerandet, gegen den Grund herzförmig geschweift (Fig. 1903 b). Narbe ungeteilt, kopfig. Steinfruchtartige Beere anfangs rot, später schwarz glänzend. Samen mit fast völlig geschlossenem Längsspalt. — V bis VII (VIII).

An steinigen, sonnigen, buschigen Felshängen und Felswänden, an Gebirgsbächen; nur auf Kalk. Im Karst von der Ebene bis in die montane Stufe; im Peloponnes bis 1350 m.

Im Gebiete nur im südöstlichsten Krain, nordwärts etwa bis zur Linie Wippach—Nanos—Adelsberg—St. Peter-Waldgebiet des Javornik-Schneeberg. Südlich und westlich dieser Grenze häufig, z. B. bei Wippach, Nanos, Senožeče, Präwald, Adelsberg, um St. Peter, Vreme, am Tabor ob Grafenbrunn, um Illyrisch-Feistritz, um Achatz, am Südhang der Orlovica usw. Die Angaben von Wulfen aus dem Wocheinertal und am Loibl beziehen sich auf Rhamnus pumila.

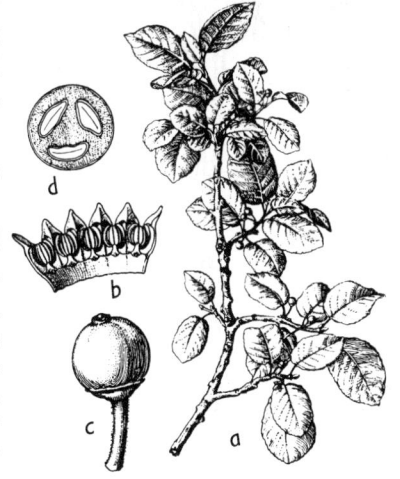

Fig. 1903. Frangula rupestris Scop. *a* Fruchtzweig. *b* Aufgeschnittene Blüte. *c* Frucht. *d* Querschnitt durch die Frucht.

Allgemeine Verbreitung: Von Norditalien (Friaul, Venetien) und Krain durch Bosnien, die Herzegowina, Dalmatien, Montenegro und Albanien bis Griechenland.

Frangula rupestris ist eine Charakterpflanze des eigentlichen Karstes und kann neben Juniperus Oxycedrus, Sesleria tenuifolia und S. autumnalis, Fritillaria tenella, Carpinus Orientalis, Roripa Lippicensis, Paliurus Spina Christi, Genista silvestris, Astragalus Illyricus, Scorzonera villosa, Centaurea rupestris u. a. nach Hayek dazu benützt werden, um den Karstbezirk von dem Pannonischen Eichenbezirk zu trennen. Sie tritt gern in Feldgebüschen, steinigen Halden, in Klüften und Dolinen auf, teils in die Karstheide, teils in den litoralen Eichenwald oder auch zwischen Kulturen eingestreut. Ihr xeromorphes Gepräge äussert sich vor allem in den mit zunehmender Sommerszeit immer steifer bis fast lederartig hart werdenden Laubblättern. Am Sovic bei Adelsberg treten nach Paulin mit ihr Frangula Alnus, Rhamnus Carniolica, R. pumila und R. saxatilis auf. Im Isonzotal mischt sich der nach Beck dem illyrischen Elemente angehörende Strauch zwischen Solkan und St. Lucia dem im Hochsommer fast ganz verdorrten Karstwalde oder dem Buschwerk der wärmeren Hänge bei, zusammen mit Quercus lanuginosa und Q. sessiliflora, Ulmus campestris, vielen Rosenarten, Cytisus hirsutus u. C. nigricans, Colutea arborescens, Coronilla emeroides, Staphylea pinnata, Fraxinus Ornus usw. Im albanischen Karstwald ist er z. B. mit Quercus coccifera, Juniperus Oxycedrus, Celtis australis, Buxus sempervirens und Ilex Aquifolium vergesellschaftet. Im Sibljak des südwestlichen Balkans nennt Adamović als Begleitpflanzen: Cotinus Coggygria, Pistacia Terebinthus, Quercus Macedonica, Fraxinus Ornus, Cornus mas, Colutea arborescens u. a., die von Petteria (Cytisus) ramentacea beherrscht werden und daher den „Petteria=Typus" bilden. In Kultur ist der Strauch selten, wenngleich er bereits seit 1752 dazu verwendet wird.

80. Fam. Vitáceae (= Ampelidáceae). Rebengewächse.

Meist sommergrüne Klettersträucher, oft hochkletternde, wasserreiche Lianen, selten aufrechte Sträucher oder niedrige Bäume, mit meist verlängerten Stengelgliedern, bisweilen auch ober= oder unterirdisch stark angeschwollen (sukkulent), und meist mit Wickelranken. Laubblätter spiralig aufsteigend, meist einfach, handförmig gelappt oder zusammengesetzt, mit meist hinfälligen Nebenblättern. Blütenstände in der Regel in Trugdolden oder Rispen, seltener in Trauben oder Aehren, fast stets einem Laubblatt gegenüberstehend; Blütenstandsachsen zylindrisch oder selten flach bandförmig und dann überall mit Laub= blättern besetzt. Blüten auf den amGrunde stets mitHoch= blättern versehenen Stielen, strahlig (Fig. 1916 i), zwitterig oder vielehig, 1= oder 2=häusig, 4= bis 5=zählig. Kelch klein, becherförmig, am Rande undeutlich 4= bis 5=, seltener 3= bis 7=zähnig bezw. =lappig. Kronblätter 4 bis 5, seltener 3 bis 7, in der Knospenlage klappig, zur Blütezeit ausgebreitet oder zurückgeschlagen oder mit den nach innen und oben umgebogenen Spitzen verwachsen und als Haube abfallend, selten am Grunde mit dem Staubblattring verwachsen. Staubblätter vor den Kronblättern stehend, am Grunde eines hypo= gynen Diskus eingefügt, selten seitlich zu einer Röhre verwachsen, mit fadenförmigen Staubfäden und meist freien, kurzen, intrors gewendeten, mit 2 Längsspalten aufspringenden Staubbeuteln. Fruchtknoten ober= ständig, 2=, selten 3= bis 6=fächerig, mit 2 (selten 1) kollateralen, anatropen Samenanlage mit vom Grunde aufsteigender ventraler Raphe und nach unten und hinten gewendeter Micropyle; Diskus meist becher=

Fig. 1904. Vitis pterophora Baker, mit Luftwurzeln. bis napfförmig und am Rande gelappt oder aus ein= zelnen, oft miteinander verbundenen Drüsen bestehend, selten vollständig mit dem Grunde des Fruchtknotens verwachsen. Griffel kurz bis lang fadenförmig; Narbe becherförmig, punktförmig, undeutlich 2= oder stark 4=lappig. Frucht eine meist weichfleischige, 2= oder durch Abort 1=, selten 3= bis 8=fächerige Beere. Samen in jedem

Fache 2 bis 1, aufrecht, mit krustiger oder steinharter Schale, mit hartem, fleischigem und ölhaltigem Nährgewebe, axillär liegendem, kleinem Keimling und kleinen, flachen, vollständig zusammenschliessenden Keimblättern.

Die in ihrer Tracht ausserordentlich vielgestaltige Familie umfasst zwei scharf getrennte Unterfamilien: die der Vitoideae mit 10 Gattungen und die der wenig untersuchten Leeoideae mit der einzigen Gattung Léea L., voneinander dadurch unterschieden, dass erstere völlig freie Staubblätter, einen 2-fächerigen Fruchtknoten und je 2 Samen in jedem Fach besitzen, während bei letzterer die Staubblätter zu einer Röhre verwachsen und am Grunde mit den 4 Kronblättern vereinigt sind, der Fruchtknoten 3- bis 6-fächerig ist und in jedem Fache nur einen einzigen Samen enthält. Zu Leea zählen etwa 45 sehr nahe verwandte Arten, die besonders die Tropengebiete von Asien, in geringer Zahl auch die von Afrika und Australien bewohnen und vorwiegend waldbesiedelnde, aufrechte, stets rankende Sträucher oder Bäume mit bestachelten Zweigen, abwechselnd stehenden, 1- bis 3-fach gefiederten Laubblättern und ansehnlichen, in Cymen angeordneten, weissen oder roten Blüten sind. In den Gewächshäusern findet sich nicht selten L. críspa L. kultiviert, ein Strauch mit gefiederten Laubblättern;

Fig. 1905. Parthenocissus tricuspidata (Sieb. et Zucc.). Phot. W. Schacht, München.

Fiederblättchen mit zahlreichen, dichtstehenden, parallelen, oberseits deutlich hervortretenden Nerven 2. und mit dichtstehenden, parallelen, unterseits behaarten Nerven 3. Ordnung. Blüten weisslich. Heimat: Vorder- und Hinterindien. — Die Unterfamilie der Vitoideae findet sich vorwiegend in den tropischen und subtropischen Gebieten der ganzen Erde, berührt aber Australien fast gar nicht. Eine nicht geringe Artenzahl (namentlich den Gattungen Vitis und Ampelopsis angehörig) erstreckt sich ziemlich weit nördlich in die gemässigte Zone. Die Arten sind zumeist Klimmer und Schlinger. Die bekannte Parthenocissus quinquefólia (L.) Planch. gehört in den nordamerikanischen Wäldern zu den schönsten Erscheinungen und windet, im Herbste von Rot bis Purpur erglühend, an Felsen und an Bäumen hoch empor. Ebenso steigen dort Vitis aestivális Michx., V. Labrúsca L. und V. cordifólia Michx. mit ihren oft starken Stämmen bis in die Gipfel der Baumriesen. Eigenartige Gestalten mit tonnen- oder kugelförmig angeschwollenen unteren Achsen-

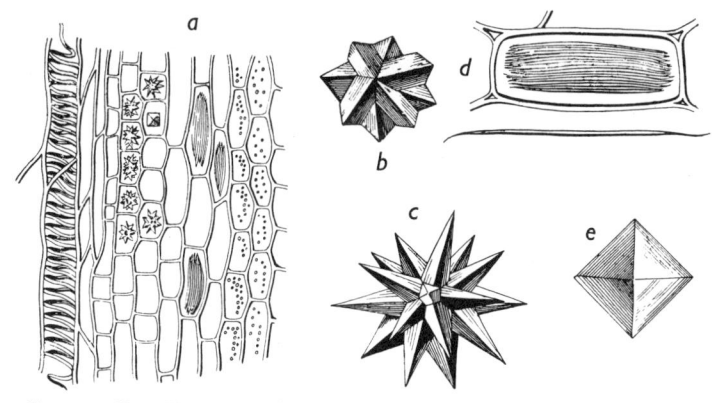

Fig. 1906. Kristallformen von Parthenocissus quinquefolia (L.) Planch. *a* Durchschnitt durch ein abgefallenes Laubblatt. *b* und *c* Drusen. *d* Raphidenbündel. *e* Einzelkristall (nach Kerner).

teilen finden sich bei einigen afrikanischen Gattungen, wie z. B. bei Cissus L. Verschiedene Arten zeigen eine auffällige „Heterophyllie" (Verschiedenblätterigkeit), für die z. B. ein bekanntes Beispiel bei Parthenocissus tricuspidata Planch. vorliegt, dessen Laubblätter an älteren Trieben deutlich tief 3-geteilt sind, während die jüngeren Ranken ± ungeteilte Spreiten besitzen (Fig. 1905), die vollständig mit denen von P. Veitchii übereinstimmen, weshalb die letztgenannte Pflanze (wohl mit Recht) als eine Jugendform von P. tricuspidata angesprochen wird. Die Gattungen stehen einander so nahe und sind voneinander so wenig geschieden, dass ihre gegenseitigen phylogenetischen Beziehungen gegenwärtig noch ziemlich unsicher sind. Gewisse Hinweise zur Lösung dieser Frage dürften vielleicht in dem viel untersuchten allerdings auch in recht widersprechender Weise beurteilten Sprossaufbau der Familie zu suchen sein. Dabei kann allerdings nach M. Brandt (Untersuchungen über den Sprossaufbau der Vitaceen in Englers Botanischen Jahrbüchern, 1911) nicht mehr (wie bisher üblich) Vitis vinifera mit seinem gegenwärtig meist als Sympodium aufgefassten Achsensystem (vgl. pag. 366) als Typus der Familie gelten, da verschiedene, erst in neuerer Zeit aufgefundene afrikanische Arten einen rein monopodialen Aufbau aufweisen. Auf der untersten Stufe der durch Uebergänge verbundenen Entwicklungsreihe stehen nach M. Brandt 2 Cissus-Arten mit rein monopodialen Sprossen und spiraliger Laubblattstellung. Die nächste Stufe weist zahlreiche Arten von monopodialem Bau, aber zweizeilig-alternierender Laubblattstellung auf. Eine Rankenbildung fehlt bei beiden Stufen, da die Blütenstände endständig angeordnet sind. Auf der dritten Stufe wird der sympodiale Bau durch eine Uebergipfelung der Blütenstände erreicht; doch fehlt eine Rankenbildung zunächst auch noch hier. Erst auf der vierten und höchsten Stufe wird diese erreicht. Den Grund dieser Entwicklung glaubt Brandt namentlich in den verschiedenartigen Druckverhältnissen der Triebe suchen zu müssen. Dass der monopodiale Sprossbau hierbei der ältere ist, wird bei den Vitoideae auch dadurch gestützt, dass die Arten mit dem einfachsten Bau fast ganz auf Afrika und einige altisolierte Gebiete beschränkt sind, während diejenigen mit sympodialem Bau im ganzen Verbreitungsgebiete der Familie auftreten. Bei Cissus lässt sich die Aufeinanderfolge der 4 Stufen in deren Untergattung Cyphostemma noch lückenlos verfolgen, während in der Untergattung Eucissus bereits die unterste Stufe fehlt und bei der Untergattung Cayrátia nur noch die oberste vorhanden ist. Die Gattungen Ampelocíssus, Rhoicíssus und Ampelópsis weisen nur noch die beiden oberen, die übrigen Gattungen die höchste Stufe allein auf. Anatomisch ist die Familie nach Solereder durch den Besitz von Raphiden, von vorwiegend einfachen Gefässdurchbrechungen und von einfach getüpfeltem, häufig gefächertem Holzparenchym ausgezeichnet. Die Korkentwicklung erfolgt entweder in einer oberflächlichen Zellschicht der Rinde oder in dem von isolierten Hartbastbündeln oder einem gemischten und zusammenhängenden Sklerenchymringe eingenommenen Pericykel. Die Spaltöffnungen besitzen keine Nebenzellen. Ihre Zahl ist bisweilen ausserordentlich gross. Beim Riesling, einer Kulturform von Vitis vinifera, an deren Laubblättern sie nur auf der Unterseite auftreten, zählte Müller-Thurgau 186 auf 1 qmm, d. h. bei einem normalen Laubblatt von 2150 qmm fast 4 Millionen. Ausser als Raphiden wird der oxalsaure Kalk noch in Form von Kristallnädelchen, gewöhnlichen Einzelkristallen oder von Drusen ausgeschieden (Fig. 1906). Als innere sekretorische Elemente finden sich nur Schleimzellen. Die Behaarung besteht aus einfachen, 1-zelligen oder 1-zellreihigen Trichomen, aus 1-zelligen, 2-armigen Haaren sowie aus 1-zelligen, kurzgestielten Drüsenhaaren, zu denen

Fig. 1907. Vitis vinifera L. Trieb mit Perldrüsen (nach K. Kroemer).

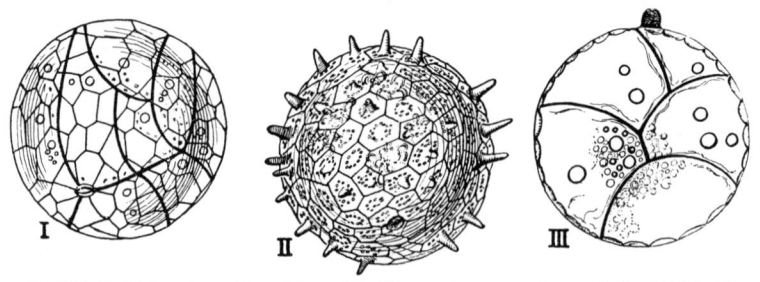

Fig. 1908. Perldrüsen (vergrössert). I von Parthenocissus quinquefolia (L.) Planch. var. radicantissima (Graebn.) II von Vitis Japonica C. A. Schneider, III von Vitis vinifera L. (nach H. Walter).

noch die Perldrüsen und den letzteren ähnliche, schülferige Gebilde treten. Der anatomische Aufbau des Holzes ähnelt dem der Aristolochiaceen insofern, als der Holzkörper durch mächtig entwickelte Markstrahlen stark zerklüftet ist. Diese Erscheinung wird dadurch hervorgerufen, dass die zahlreichen primären Markstrahlen als lange, nach aussen sich stets trompetenartig erweiternde, mehr- bis vielschichtige Gewebestreifen auftreten, während die eingeschalteten, aus den primären Leitbündeln hervorgehenden Hadrompartien meist nur als dünne Bänder erscheinen. Letztere werden später zumeist durch die sich verbreiternden sekundären Markstrahlen noch weiter aufgelöst. Die Gefässe sind z. T. ausserordentlich weit (bis über $1/2$ mm) und werden in ihrem Ausmass von keiner anderen Pflanzenfamilie übertroffen. Bei den dicken, fleischigweichen Urwaldlianen treten zu den stark entwickelten Markstrahlen noch weitere kräftige Mark- und Rindenteile, sowie ein ebenfalls sehr mächtiges Holzparenchym. Anomalien (wiederholte Cambiumbildung im Phloëm) sind von Schenk bei Tetrastigma-Arten beobachtet worden. — An wachsenden Laubblättern und jungen Trieben mancher

Vitaceen treten Perldrüsen oder Perlblasen auf (Fig. 1907). Es sind dies 1- oder 2-zellige Gebilde, die in ihrer äusseren Form an kleine Perlen oder Wassertröpfchen erinnern und bis etwa 2 mm gross werden (Fig. 1908). Nach den Untersuchungen von Heinrich Walter (Ueber Perldrüsenbildung bei Ampelideen. Flora, N. F. Bd. 114, 1921) stellen sie Emergenzen dar, die aus einer flachen Epidermisschicht mit einer Spaltöffnung an der Spitze und aus grossen, dünnwandigen, plasmaarmen Innenzellen bestehen. Ihre Bildung wird durch Anhäufung von Salzen in den an die Atemhöhle grenzenden Zellen und durch nachherige starke Wasseraufnahme bedingt. Dabei vergrössern sich die Zellen stark, stülpen sich hervor und heben die über ihnen liegende Epidermis mit der Spaltöffnung empor. In den entstehenden Hohlraum treten Zersetzungen des Protoplasmas und besonders Chloroplasten ein. Der grüne Farbstoff wird zerstört und die Lipoide werden als Fettropfen abgeschieden. Die in den Chloroplasten enthaltene Stärke wird unter starken Quellungserscheinungen diastatisch bis zum Erythrodextrin und noch weiter gespalten. Da die Anhäufung von Salzen durch heisses und trockenes Wetter, sowie durch grosse Wachstumsintensität beim Austreiben und verhinderte Exkretion durch Schutz vor Benetzung gefördert wird, treten die Perldrüsen in besonders grosser Zahl beim Austreiben im Frühling und ferner an rasch wachsenden gegen Regen geschützten Pflanzenteilen auf. Eine biologische Bedeutung für sie ist nicht festzustellen. Müller-Thurgau weist auf die Abhängigkeit der Drüsen von der Triebkraft des Weinstockes und dem Feuchtigkeitsgehalt der Luft hin; auch nach anderen (Tomaschek, Hofmeister) soll die angebliche Ursache ein Ueberschuss an Wasser sein. Walter hält die Drüsen für pathologische Gebilde, „deren Bildungsursachen von denen der übrigen hyperhydrischen Gewebe (Intumeszenzen, Lentizellenwucherungen, abnorme Trennungsgewebe) wesentlich verschieden sind" (vgl. hierüber auch F. W. Neger, Biologie der Pflanzen, Raciborski, Flora 1918 und H. Müller-Thurgau, Weinbau und Weinhandel 1896). — Phylogenetisch schliessen sich die Vitaceen auf das engste an die Rhamnaceen an, mit denen sie fast den gleichen Blütenbau, aber einen stets oberständigen Fruchtknoten besitzen, während letzterer bei den Rhamnaceen häufig halb- oder ganz unterständig oder aber von einem Achsenbecher umgeben ist. Als trennendes Merkmal (allerdings nicht völlig durchgreifend) tritt ferner die „Lebensform" auf. Von den Celastraceen, mit denen und den Rhamnaceen zusammen man früher die Vitaceen als die Ordnung der Frangulinae vereinigte, sind die Vitaceen durch den Besitz eines einzigen episepalen Staubblattkreises getrennt. Serodiagnostisch ist der nächste Anschluss von Hoeffgen bei den Rhamnaceen, ein etwas entfernterer bei den Celastraceen nachgewiesen worden, so dass die Vitaceen als ganz kurzer Zweig den Rhamnaceen ansitzen (vgl. Bd. IV/3, Fig. 1608). Durch etwas zweifelhafte Reste lassen sich die Vitaceen bis in die nordamerikanische Kreide zurückverfolgen (Cissites Heer, Ampelophyllum Font. und Vitiphyllum Font.). Die bisweilen zur Familie gestellte Gattung Crednéria Zenk. aus der mittleren und oberen Kreide zählt mit grosser Wahrscheinlichkeit zu den Platanaceen (vgl. Bd. IV/2, pag. 657). Mit Sicherheit sind die Vitaceen durch Laubblätter und Samen im Tertiär nachgewiesen. Cissus findet sich in eozänen Schichten von Nordamerika, Europa und Sachalin, Ampelopsis im Tertiär von Europa und Nordamerika; Vitis ist seit dem Eozän (in Frankreich) und später im Oligozän bis Pliozän (Nordamerika, Grönland, Island, Europa, Ostasien) häufig gefunden worden.

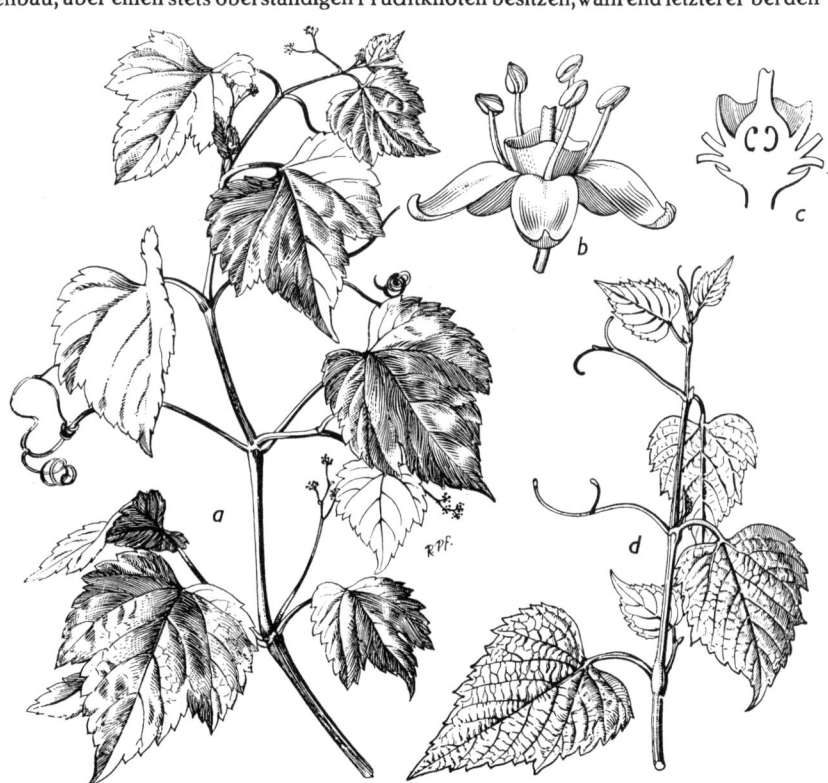

Fig. 1909. Ampelopsis cordata Michx. *a* Blühender Trieb. *b* Blüte. *c* Längsschnitt durch die Blüte. *d* Triebspitze (*b* und *c* nach C. K. Schneider).

Ausser der wirtschaftlich ausserordentlich wichtigen Gattung Vitis L. und den mit einer Reihe von Arten in den Gärten anzutreffenden Gattungen Parthenocissus (pag. 356) und Ampelopsis (pag. 355) seien folgende Gattungen der Vitoideen genannt: als grösste, mit etwa 300 Arten vorwiegend in den Tropen heimische Gattung Cissus L., mit häufig in fast doldenförmigen Cymen stehenden, zwitterigen oder seltener vielehigen Blüten. Kronblätter 4, zur Blütezeit fast stets ausgebreitet; Diskus lang, meist dünn, fadenförmig, ± tief 4-lappig oder in 4 fast freie, napfartige Drüsen getrennt. Vegetativ sind die zugehörigen Arten ausserordentlich vielgestaltig und stellen hochrankende Lianen (bisweilen von Vitis-artiger Tracht), dicke, fleischige und weiche, oft ober- und unterirdisch sonderbar knollen- oder rübenförmig angeschwollene Bäume oder auch echte Steppenstauden von mannigfaltiger Ausbildung dar. Ebenso wechseln die Laubblätter von der ungeteilten, gedreiten oder gefingerten Form bis zur einfachen oder doppelten Fiederung. In Gewächshäusern sind namentlich 4 Lianen anzutreffen: C. rotundifolia (Forsk.) Vahl, von Arabien über Aegypten bis zur Sansibarküste verbreitet, mit schönen, dickfleischigen Laubblättern, C. gongyloides (Burch.) Planch., aus Brasilien und Peru, eine weichstengelige, stark behaarte Liane mit gedreiten Laubblättern und eiförmigen, zugespitzten Schuppenblättern, C. cactiformis Gilg, aus dem Somaliland und der Massaisteppe mit kaktusartigen Stengel-

Fig. 1910. Parthenocissus tricuspidata Planch. *a* Laubblatt. — P. Veitchii Graebner. *b* Laubblatt-Zweig. *c* Trieb mit Blütenständen. *d* Triebspitze mit Haftranken. *e* Haftranke.

gliedern und C. discolor Vent., aus dem Indisch-malayischen Gebiete und dem Himalaya, mit ungeteilten, prächtig gezeichneten, metallisch glänzenden Laubblättern. Als Freilandpflanze hat sich keine Cissusart im Gebiet bewährt. — Tetrastigma Planch. (etwa 40 Arten im tropischen und subtropischen Asien bis Neu-Guinea und spärlich in Australien vertreten), mit oft bandförmigen Stämmen und stark verbreiterten, 4-lappigen oder 4-teiligen Narben, ist als Wirt von Rafflesiaceen bemerkenswert. Wahrscheinlich gehören verschiedene in Warmhäusern der Botanischen Gärten gehaltene „Vitis"-Arten hierher, so Vitis pterophora Baker (Fig. 1904) aus Brasilien mit langen, herabhängenden Luftwurzeln sowie V. Voineriana Baltet aus Cochinchina. — Rhoicissus Planch., eine etwa 12 Arten zählende, rein afrikanische Gattung, besitzt 5 bis 7 hartfleischige Kronblätter, eine unscheinbare Narbe und einen ringförmigen, vollständig mit dem Fruchtknoten verwachsenen Drüsendiskus. Der Verbreitungsmittelpunkt der Gattung liegt im Kapland, von wo aus sie nordwärts bis in das tropische Afrika ausstrahlt. — Pterisanthus Blume, mit 12 Arten im südlichen tropischen Asien, besteht aus Sträuchern mit sehr verschieden gestalteten Laubblättern und eigenartig gebildeten Blütenständen, die eine flache, blatt- oder bandartig verbreiterte Achse besitzen, an deren seitlichem Rande meist die männlichen Blüten auf Stielen stehen, während die weiblichen Blüten in die Flügelachse eingesenkt sind. — Zwei monotypische Schlingsträucher sind Clematicissus angustissima (F. v. Müll.) Planch. in Westaustralien und Landukia Landuk (Hassk.) Planch. im tropischen Ostasien.

Die im Gebiet wild, bezw. in Gärten usw. gepflanzt anzutreffenden Gattungen Vitis, Parthenocissus und Ampelopsis unterscheiden sich folgendermassen voneinander:

1. Rinde (in den allermeisten Fällen) in langen Streifen sich ablösend („Ringelborke"). Mark der 2-jährigen Zweige gelbbraun. Blütenstand länglich-rispig. Kronblätter an der Spitze verwachsen (Fig. 1916 d) und gemeinsam als Haube abfallend . . . . Vitis pag. 359.

1*. Rinde sich nicht in Streifen ablösend. Mark der 2-jährigen Zweige weiss. Blütenstand trugdoldig-rispig. Kronblätter fast immer frei (Fig. 1913 b), während der Blütezeit ausgebreitet . . . . 2.

2. Rankenenden öfter mit Haftscheiben. Blütenstand fast immer rankenlos. Drüsenscheibe der Blüte vom Fruchtknoten nicht oder nur schwach abgesetzt . . . . Parthenocissus pag. 356.

2*. Rankenenden ohne Haftscheiben. Drüsenscheibe der Blüte deutlich von der Fruchtknotenmitte schüsselförmig abstehend (Fig. 1909 b, c) . . . . Ampelopsis pag. 355.

Ampelópsis[1]) Michx. emend. Planch. Kletternde oder windende Sträucher mit stets haftscheibenlosen, gegenständigen Ranken und meist über den Knoten leicht eingeschnürten Zweigen. Laubblätter einfach, ± gelappt oder gefiedert. Blütenstände blattgegenständig, vielteilig, rankenlos, cymös, polygam-monöcisch, oft ± zwitterig. Kronblätter 5, zur Blütezeit ausgebreitet. Drüsendiskus becherförmig, unregelmässig 4- bis 5-lappig, am Grunde des Fruchtknotens angewachsen. Griffel verlängert-fadenförmig, mit unscheinbarer, ungeteilter Narbe. Beeren weich, mit 2 bis 4 eiförmigen, glatten Samen; die fadenförmige Raphe auf dem Samenrücken in den fast spatelförmigen Nabelfleck auslaufend, auf beiden Seiten mit je 1 Grübchen. Die Gattung umfasst etwa 20 Arten, die in den gemässigten bis warmen Gebieten von Nordamerika und besonders von Asien verbreitet sind und nur zu einem sehr geringen Teile bis in die Tropen vordringen. Als Zierpflanzen, die sich leicht durch Stecklinge vermehren lassen, kommen in Betracht: A. cordáta Michx. (= Vitis cordata C. Koch). Fig. 1909. Hoher Schlingstrauch mit un- oder schwach gelappten, am Grunde gestutzten oder nur seicht herzförmigen Laubblättern. Blütenstand locker, 3 bis 8 cm breit. — V bis VII. — Heimat: Nordamerika, Virginia bis Ohio und Illinois, Florida, Texas und Mexiko. Oft als A. cordifolia in Kultur. — A. brevipedunculáta (Maxim.) Koehne (= Vitis brevipedunculata Dippel). Ueppiger Ranker mit gelbroten Zweigen und 3- bis 5-lappigen, oberseits sattgrünen, unterseits hellgrünen, 6 bis 10 cm langen und breiten Laubblättern. Blütenstände breit doldenrispig, fast von der Länge der Laubblätter. — VII, VIII. — Heimat: Ostasien (Amur- und Ussari-Gebiet). Der folgenden Art sehr nahestehend und vielleicht nur eine ihrer Formen. — A. heterophýlla Sieb. et Zucc., aus China und Japan. Sehr vielgestaltiger, üppiger Ranker mit teils seicht 3-, teils tief 3- oder 5-lappigen Laubblättern mit ± rundlich ausgeschweiften Buchten. Blütenstand 3 bis 8 cm breit, auf 3 bis 4 cm langem Stiel. Frucht hellblau, dunkel punktiert. 1868 eingeführt. Eine Gartenform davon ist die var. élegans Regel mit weissbunten Laubblättern (häufig als Cissus élegans hort. bezeichnet). Die tiefeingeschnittenen Formen sind unter dem Namen var. citrulloídes oder Vitis citrulloídes in Gärten anzutreffen und rufen durch ihre Tracht einen vom Typus abweichenden Eindruck hervor; der Polymorphismus der Laubblätter dieser Art ist überhaupt ausserordentlich gross. — A. Japónica C. K. Schneider (= Paulinia Japonica Thunb., = A. serjaniaefólia Franch. et Sav.). Ranker mit knolligem Wurzelstock und kahlen, gestreiften Zweigen. Laubblätter mit geflügelter Spindel und 3 bis 5 fingerartig abgegliederten Fiedern, oberseits sattgrün, unterseits hellgrün, kahl. Blütenstand bis 8 cm lang gestielt, ± 2-gabelig. Frucht hellviolettblau. — VII. — Heimat: Nord-China und Japan. Eine sehr eigenartige, schöne Kletterpflanze, die aber leicht zurückfriert. — A. aconitifólia Bunge. Laubblätter nicht mit abgegliederter, geflügelter Spindel, meist fein zerschlitzt (var. dissécta Koehne), stark gesägt bis gelappt oder fast ganzrandig. Frucht hellorange. Heimat: China. 1868 eingeführt. — A. Orientális (Lam.) Planch. Strauchig oder

Fig. 1911. Parthenocissus tricuspidata (Veitchii) (Sieb. et Zucc.). Phot. W. Schacht, München.

---

[1]) Zusammengesetzt aus ἄμπελος [ámpelos] = Weinstock und ὄψις [ópsis] = Aussehen.

± kletternd. Laubblätter doppelt, die oberen oft nur einfach gefiedert, meist unter 4 cm lang, unterseits kahl. Blüten meist 4=zählig. Heimat: Kleinasien, Cilicien, Syrien, Türkisch=Armenien. Nur für milde Gebiete tauglich. — A. arbórea Koehne (= Vitis arborea L.). Meist strauchig, kaum kletternd. Ranken oft fehlend. Laub= blätter bis 25 cm lang, mit meist 5 1,5 bis 3 cm lang gestielten, sehr vielgestaltigen, unterseits fast stets mit deutlichen Achselbärten versehenen Fiederblättchen. Blütenstand lang gestielt, aber kürzer als die Laub= blätter. Blüten meist 5=zählig. Frucht schwarzpurpurn. — V bis VII. — Heimat: Oestliches Nordamerika. — A. megalophýlla Diels et Gilg. Grosser Ranker mit 50 cm langen, oberseits sattgrünen, unterseits blaugrauen Fiedern. Laubblätter 6 bis 10 cm lang. Blütenstände bis 7 cm lang gestielt, bis 16 cm breit, reich doldenrispig. Blüten meist 4=zählig. Frucht schwarz. Heimat: China. Seit neuester Zeit in Kultur, aber im Norden empfindlich.

Parthenocíssus[1]) Planchon (= Psedéra Necker, = Quinária Raf., = Ampelópsis Michx. ex p. et auct. plur.). Jungfernrebe. Franz.: Vignevierge; engl.: Virginia Creeper. Windende oder schlingende, mit einfachen oder mehrzähligen Laubblättern. Blüten= stände rankenlos, in den Achseln der Laubblätter oder blattgegenständig, gestreckt traubige, verästelte Cymen bildend. Blüten zwitterig oder scheinzwitterig und männlich. Kelch becherförmig, unregelmässig 5=lappig. Kronblätter 5, während der Blütezeit meist ausgebreitet, sehr selten an der Spitze verklebt und dann als Haube abfallend. Drüsendiskus mit dem Grunde des Fruchtknotens verwachsen, aber abweichend gefärbt. Griffel allmählich in den kurzen, dicken Fruchtknoten übergehend. Beeren mit 1 bis 3 kugeligen, zuweilen auf der Bauchseite schwach gekielten Samen. Von den etwa 10 in den gemässigten Gebieten von Asien und Nordamerika heimischen Arten kommen als häufige Zierpflanzen besonders P. vitá= cea Hitchcock, P. quinquefólia (L.) Planch., P. Henrýi Graebner und P. tri= cuspidáta Planch. in Frage, zu welch letzterer als Jugend= form nach Rheder und C. K. Schnei= der auch P. Veitchi Graebner zu stellen sein dürfte. Die vier erstgenannten Arten zeigen folgende Un= terschiede:

Fig. 1912. Parthenocissus vitacea Hitchcock. *a* Blühender scheinzwitterig-männlicher Zweig. *b* Stengelstück der weiblichen Pflanze mit Früchten. *c* Samen.

Fig. 1913. Parthenocissus quinquefolia (L.) Planch. var. radicantissima (Graebn.). *a* Blüten= trieb. *b* Blüte. *c* Staubblatt. *d* Fruchtknoten mit Achsenbecher. *e* Desgl. im Längsschnitt. *f* Frucht= stand. *g* Ranke.

1. Laubblätter 3=teilig eingeschnit= ten, seltener 3=fin= gerig oder ungelappt. P. tricuspidata nr. 1.
1*. Laubblätter (3=) 5= bis 7=zählig gefingert . . . . 2.

---

[1]) Gebildet aus παρθένος [parthénos] = Jungfrau und κισσός [kissós] = Efeu; wegen des klimmenden, an Efeu erinnernden Wuchses.

2. Junge Zweige im Frühling grün. Laubblätter 5=, vereinzelt bisweilen 3=fingerig. Ranken mit 2 bis 5 Verzweigungen, ohne oder mit nur schwachen Haftscheiben. Blütenstände blattgegenständig.
P. vitacea nr. 2.
2*. Junge Zweige im Frühling hellrot. Laubblätter 6= bis 7=fingerig. Ranken mit 5 bis 12 Verzweigungen, mit deutlichen Haftscheiben. Blütenstände an den Zweigenden . . . . 3.
3. Junge Zweige stets rund . . . . P. quinquefolia nr. 3.
3*. Junge Zweige scharf 4=kantig . . . . P. Henryi nr. 4.

1. P. tricuspidáta Planch. (= Ampelópsis tricuspidata Sieb. et Zucc., = Quinária tricuspidata Koehne). Fig. 1910a, 1911 und 1905. Ueppiger Kletterstrauch mit kahlen Zweigen und kurzen, vielzweigigen Ranken. Laubblätter meist 3=zählig, ziemlich gross, bis 15 cm lang, lang zugespitzt, fein gesägt, oberseits glänzend grün, anfangs weich, gegen Herbst derb und sich schön rot färbend. Frucht dunkelblau, bereift. — VII und VIII. — Heimat: China und Japan. Der Typus wird in den Gärten meist als var. robústa hort. oder Ampelopsis bezw. Vitis Japónica geführt. Seiner im Herbste in prächtigstem Rote erglühenden Laubblätter wegen wird er, mit andersfarbigen Klimmern zusammen, gern an geschützten Hauswänden gepflanzt, die er völlig überziehen kann. Bei der viel häufiger gezogenen, vermutlichen Jugendform P. Veitchi Graebner (= Quinária Veitchi Koehne, = Vitis und Ampelopsis Veitchi hort.) mit einfachen, grob gekerbten Laubblättern (Fig. 1910 b bis d) tritt die Rotfärbung häufig schon im Frühling ein. — **2. P. vitácea** Hitchcock (= Ampelópsis hederácea DC. var. dumetórum Focke, = A. quinquefólia Michx. var. laciniáta Dippel, = Psedéra vitacea [Knerr] Greene, = Quinária quinquefolia Koehne, = Parthenocíssus quinquefolia Graebner et P. Spæthii Graebner). Wilder Wein, „Rosinlirebe" (Schweiz), Gemeine Jungfernrebe. Fig. 1912. Mittelhoher Kletterstrauch mit ± glatten, gelblichgrauen Zweigen und stets fehlenden Luftwurzeln. Ranken mit stark verlängerten und windenden Verzweigungen. Teilblättchen der Laubblätter eiförmig bis länglich-eiförmig, seltener länglich, am Grunde meist keilig, grob oder eingeschnitten gesägt, mit zugespitzten, oft auswärts spreizenden Zähnen, oberseits dunkelgrün, glänzend, unterseits etwas heller grün. Blütenstände 3 bis 8 cm lang und 5 bis 7 cm breit. Fruchtstand nickend. Beeren bläulich= schwarz bereift, erbsengross. Samen graubraun, breitherzförmig. Neben dem Typus mit kahlen oder fast kahlen Zweigen und Laubblättern, sowie scharf gezähnten, elliptischen bis länglichen, dunkelgrünen, 3,5 bis 6 cm langen Blättchen lassen sich unterscheiden: var. macrophýlla Rehd. Blättchen eiförmig bis elliptisch, 8 bis 12 cm breit. — var. dúbia Rehd. (= P. hirsúta Graebn.). Laubblätter behaart (eine zweifelhafte Form). — var. laciniáta Rehd. Blättchen kahl, tief eingeschnitten gesägt, länglich oder schmal länglich, meist gelbgrün. — Heimat: Nordamerika; der Typus von Ost=Kanada bis Neu=England, Michigan, Wisconsin, Missouri, Kansas, Nebraska, Dakota und Manitoba. Der in den nordamerikanischen Eichen= (Klimax=)Wäldern der östlichen Staaten häufige Wilde Wein, dem die Haftscheiben ganz fehlen oder in nur schwacher Entwicklung eigen sind, scheint nach Rehder etwas später als die folgende Art in Kultur genommen worden zu sein, wurde aber von den neueren Autoren häufig als die typische V. quinquefolia (L.) Planch. angesehen. Nach Goverts (in Mitteilungen der Deutschen Dendrologischen Gesellschaft 1920) wurde die Art bereits 1620 im Robin'schen Garten zu Paris gezogen. 1622 erhielt sie C. Bauhin von dort. 1629 war sie in Kew in Kultur. Beschrieben wurde sie 1635 das erste Mal von Jac. Cornut unter dem Namen Hédera quinquefólia cana=

Fig. 1914. Parthenocissus quinquefolia (L.) Planch.
Phot. Ingenieur Walter Hirzel, Winterthur.

dénsis. 1675 fand sie sich in dem Garten des Leipziger Ratsherren Paul Ammann, 1676 in Altdorf (Franken). Nach der Stadt Wittenberg gelangte sie erst 1711 unter der Bezeichnung Cissus quinquefólia. Gegenwärtig wird sie meist, aber fälschlich als P. quinquefolia bezeichnet und findet sich ihrer prachtvollen blutroten Herbstfärbung wegen vielfach an Mauern, Ruinen, Zäunen, Gartenlauben, in Friedhöfen usw. angepflanzt (z. B. noch auf der Saletalpe bei Berchtesgaden). In Nordamerika kriecht diese Art, dem Efeu gleich, gern am Boden der Wälder. Durch Zweigstücke, die bei Gartenarbeiten in den Boden gelangen, verwildert sie leicht und wird mit Gartenerde auch häufig verschleppt. Auffällig massenhaft ist sie z. B. im Elbsandsteingebirge. Verwildert erwähnt wird sie (z. T. wahrscheinlich mit der folgenden Art verwechselt) aus Mittelfranken bei Nürnberg, auf der Sandheide zwischen Stein und Gebersdorf, bei Forsthof, Valznerweiher, am Fuss des Alten Rotenberges, bei Breslau, Dresden, Plittersdorf am Alten Rhein (Baden), zwischen Cannstatt und Untertürkheim (Gipsbruch) und am Reimbach bei Wäldenbronn bei Esslingen, vielfach aus der Pfalz, von den alten Erfurter Friedhöfen, dem Hofberge bei Mährisch=Trübau, von Feldkirch, bei Trins im Geschnitztal 1200 m, Meran (an der Passermündung und am Haarwaal), Bozen, Trient und oberhalb Mori, aus Niederösterreich (nicht selten verwildert), bei der Kammgarnfabrik Derendingen (Solothurn) auf Gartenschutt (1913), Zürich, aus dem Kanton Aargau (Oberrüti, Schloss Wildegg, Brugg, Hornussen, Schupfart= Eiken, Rheinfelden), Mols am Walensee usw. — **3. P. quinquefólia** (L.) Planch. (= Ampelópsis quinquefolia Michx., = Psedéra quinquefolia Greene, = Quinária hederácea Raf., = Parthenocíssus Engelmánni Graebner). Selbstklettern= der Wilder Wein. Fig. 1913, 1914. Hoher Kletterstrauch mit dunkelgrünen, bisweilen Luftwurzeln entwickelnden Zweigen. Ranken regelmässig 2=zeilig gestellt und nach oben an Grösse abnehmend. Laubblätter mit ellip= tischen oder eiförmigen bis verkehrt=eilänglichen, grobkerbig gesägten oder gezähnten Blättchen mit breiten, plötzlich zugespitzten, meist etwas abgerundeten Zähnen, oberseits dunkelgrün, unterseits weisslichgrün, matt. Blütenstände ziemlich klein. Samen weniger breit herzförmig. Heimat: Oestliches Nordamerika bis Florida und Mexiko. Neben dem Typus mit kahlen jungen Zweigen und Laubblättern, deren Blättchen meist eilänglich und am Grunde verschmälert sind, und 5= bis 8=teiligen Ranken lassen sich unterscheiden: var. **Graebnéri** (Graebener) (= Ampelopsis hederacea Raf. var. hirsúta Jaeg., = Vitis quinquefolia var. radicantíssima Lauche, = Ampelopsis cirrháta Jaeg. et Beissner, = A. Graebneri Bolle). Junge Zweige und Laubblätter weich behaart. Blättchen meist grob kerbzähnig und plötzlich in den Stiel verschmälert. In den Gärten meist als **Ampelopsis** oder **Parthenocíssus Graebnéri** gezogen. — var. **Saint=Páuli** Rehd. Junge Zweige und Laubblätter behaart; letztere langsamer in den Stiel verschmälert. Ranken mit 8 bis 12 kurzen, regelmässig 2=zeiligen Verzweigungen. — var. **radicantíssima** (Graebner) (= Quinária radicantíssima Koehne). Fig 1913. Vom kahlen Typus durch 8= bis 12=teilige Ranken und kürzere, breitere, etwas derbere Laubblättchen unterschieden. — var. **minor** Rehd. (= P. radicantíssima var. minor Graebn.). Wie vorige, aber mit noch kleineren, breiteren, eirundlichen, 0,5 bis 1 cm lang gestielten Blättchen. Diese Art findet sich ebenfalls häufig in Gärten und ver= wildert dort leicht. Durch nicht seltene Bastarde ist die Trennung der beiden Arten oft nicht leicht. — Das sich entwickelnde Achsensystem weicht etwas von demjenigen der Weinrebe (s. u. pag. 366) ab. Die Keim= pflanze bringt im ersten Jahre nur wenige (bis 3), spiralig angeordnete Laubblätter hervor, in deren Achseln, ebenso wie in denen der Keimblätter, einfache (nicht gedoppelte) Knospen stehen. An allen in späteren Jahren hinzukommenden Trieben fehlen sie aber an jedem 3. Laubblatt und zwar immer an demjenigem, das den unteren von 2 aufeinander folgenden Ranken oder Blütenständen gegenübersteht. Diese Gesetzmässigkeit tritt nach M. Brandt namentlich an den langsam wachsenden, Blütenstände tragenden Zweigen deutlich in die Erscheinung. An ihnen finden sich nach 3 bis 4 am Grunde stehenden Niederblättern einige wenige Laub= blätter und als Abschluss ein endständiger Blütenstand, dessen Stiel die unmittelbare Fortsetzung der tiefer stehenden Internodien bildet. In der Achsel des obersten Laubblattes entwickelt sich eine starke Knospe, die, noch ehe die Blüten zur Reife gelangen, austreibt und den ganzen Blütenstand beiseite drängt und die Ebene der Mutterachse einnimmt. Dieser neue Spross besitzt ein zum nächst tieferen Laubblatt um 180^0 gedrehtes (also wechselständiges) Laubblatt und wird wieder durch einen Blütenstand abgeschlossen. Der Bildungsvor= gang wiederholt sich nun noch einmal, aber mit dem Unterschied, dass der neue Trieb aus 2 Stengelgliedern mit 2 Laubblättern besteht und dann erst durch den Blütenstand beendet wird, wobei sein unterstes Laubblatt wieder wechselständig zu dem des älteren Internodiums steht, sodass die Laubblattstellung vollständig 2=zeilig alternierend ist. Neue Triebbildungen setzen diesen Zyklus fort und führen zu einem ständigen Wechsel von 1= und 2=gliederigen Sympodialsprossen, von denen jeder als Seitengebilde seines Vorgängers entsteht. — Die Verzweigungen der lichtfliehenden Ranken tragen nach Kerner in der ersten Jugend noch keine Haft= scheiben, sondern sind hakenförmig eingerollt und nur unbedeutend verdickt. Sobald sie in die Nähe eines festen Gegenstandes kommen, spreizen die Verzweigungen auseinander und legen sich seitlich an. Innerhalb zweier Tage verdicken sich die gekrümmten Spitzen, färben sich hellrot und werden zu scheibenartigen Ge= bilden, die sich mit einem von den Zellen der Scheibe ausgeschiedenen, anfänglich zähflüssigen, später er= starrenden Kitt untrennbar mit ihrer Unterlage verbinden. Das Anheften kann sowohl an ganz rauhen Wänden als auch an gehobeltem Holze, geschliffenen Steinen und glatt poliertem Eisen erfolgen. Die Blüten sind nach Kirchner proterandrisch. Der Nektar wird in kleinen Tröpfchen unter dem Grunde des Fruchtknotens abgesondert. Nach dem Aufspringen der Knospen schlagen sich die grünen Kronblätter ganz nach rückwärts, während die 5 Staubblätter sich aufrichten und ihre Staubbeutel nach innen öffnen, diese dann mit ihrer mit Pollen bedeckten Seite nach oben richten und etwa 1 mm höher als die zu dieser Zeit noch unentwickelte Narbe stehen. Staubblätter und Kronblätter fallen nach dem Verstäuben ab und nun erst wird die Narbe empfängnisfähig. Als Besucher kommen namentlich Bienen, ferner Hummeln und Wespen in Betracht. Nach Kerner sollen diese Insekten durch den für den Menschen nicht wahrnehmbaren Geruch angelockt werden; doch sind nach den Untersuchungen von K. V. Frisch (Ueber den Geruchsinn der Biene) die Blüten auch für die Bienen nicht stark duftend. Selbstbestäubung dürfte nur in Ausnahmefällen möglich sein. Die aus dem im Herbste purpurrot gefärbten Laube hervorleuchtenden glänzend schwarzen Beeren werden von Vögeln viel gefressen, die die Samen unverdaut wieder abgeben und so zur Verbreitung beitragen. Doch scheinen die Samen nur schwer zu keimen und bedürfen nach Kinzel dazu der Dunkelheit. Für menschliche Genussmittel — Bereitung von Gelée oder Marmelade — sind die Früchte ihres nichtssagenden Geschmackes wegen von nur geringem Werte. Auch für Weinsaucen dürften sie sich kaum empfehlen. In der Kultur ist der Strauch sehr leicht durch Stecklinge fortzupflanzen. Die Wurzeln besitzen nach Stahl eine endotrophe Mykorrhiza. — 4. P. Henrýi Graebener (= Psedéra Henryána C. K. Schneider). Der vorigen Art sehr ähnlich. Laubblätter (bei unseren Kulturformen) meist weiss geadert; Teilblättchen derb, verkehrt= eiförmig bis verkehrt=eilanzettlich, unterseits an den Hauptnerven behaart, bis 15 cm lang und 8 cm breit. Heimat: Zentralasien. Diese Art befindet sich erst seit kurzem in Kultur.

CCCCLXVII. Vítis[1]) L. Weinstock, Rebe, Traubenstock. Franz.: Vigne; engl.: Vine; ital.: Vite.

Meist mit blattgegenständigen, haftscheibenlosen Ranken kletternde Sträucher mit in der Regel lang abfasernder Borke (Ringelborke). Rispen mit oft Ranken tragenden Stielen und dicht gedrängten, zarten Blütenstielen. Blüten vielehig=2=häusig, die männlichen den zwitterigen ähnlich, aber mit längeren Staubfäden und mit abortiertem Fruchtknoten; zwitterige Blüten mit schalenförmigem, kaum ausgerandetem oder schwach buchtig=5=zähnigem Kelch. Kronblätter meist 5, in der Knospenlage klappig, an der Spitze zusammenhängend (Fig. 1916 d und f) und als Mützchen gemeinschaftlich abfallend. Staubblätter 5. Fruchtknoten 2=fächerig, am Grunde 5 zu einer Scheibe zusammenfliessende Drüsen tragend, mit je 2 Samen in jedem Fach; Griffel kurz, aber deutlich; Narbe punktförmig, unscheinbar. Beere 2=fächerig, weichfleischig, mit 2 bis 4 Samen; letztere steinkernartig, $\pm$ deutlich birnenförmig (Fig. 1922 und 1924), gegen den Grund zu meist deutlich zugespitzt, auf der Bauchseite mit 2 Gruben, auf dem Rücken innerhalb einer Längsfurche mit einem runden Nabelfleck.

Die Gattung ist mit etwa 40 einander teilweise sehr nahe verwandten und schwer zu trennenden Arten vorwiegend in den Subtropen der nördlichen Halbkugel vertreten und findet sich mit ihrem grössten Formenreichtum in Nordamerika. Nur wenige Arten dringen aus diesem Gürtel weiter gegen Norden oder Süden vor. Auf europäischem Boden ist nur eine Art, V. vinifera L., heimisch. Monographisch wurde die Gattung von Planchon (Monographie des Ampelidées vraies, 1889) behandelt, zu der später Nachträge von Koehne, Molon, Gouillon, Urban, Balley, Small (letztere zwei für amerikanische Arten), Le= veillé (für chinesische Arten), sowie eine gute Zusammenfassung von C. K. Schneider (Handbuch der Laubholzkunde. Bd. II, 1912) hinzugekommen sind. Die Kulturreben, besonders die zu Vitis vinifera ge= hörigen, haben in H. Goethe (Ampelographie, 1887) ihren Bearbeiter gefunden; doch fehlt für sie noch eine wissenschaftliche Nomenklatur. — Als Zierpflanzen zum Bekleiden von Hauswänden, Gartenlauben, Felsklippen usw. haben eine grössere Anzahl von Arten im Gebiet Eingang in die Ziergärten und in Anlagen gefunden. Die wichtigeren davon unterscheiden sich nach folgendem Schlüssel:

1. Zweige von feinen, deutlichen Lentizellen dicht punktiert; Rinde sich nicht in Streifen ablösend; Knoten ohne Querwände. Samen länglich elliptisch, am Grunde plötzlich kurz zugespitzt. V. rotundifolia (1).

1*. Zweige ohne Lentizellen; Rinde abfasernd; Knoten fast stets mit Querwänden. Samen $\pm$ birnen= förmig, am Grunde $\pm$ deutlich zugespitzt . . . . 2.

2. Laubblätter ziemlich derb, unterseits deutlich braun= oder weissflockig=filzig oder wenigstens blau= grau ($\pm$ bereift), nie beiderseits deutlich grün, falls verkahlend. Zweige 5=kantig (vgl. auch V. Californica) . 3.

2*. Laubblätter ziemlich dünn, beiderseits $\pm$ grün und glänzend, unterseits nur einfach dünn behaart oder

---

[1]) Bezeichnung der Römer für den Weinstock und für die Ranke.

bebärtet (nur bei V. vinifera ± flockig-spinnewebig). Ranken stets abwechselnd. Zweige ± rund (nur bei
V. rubra deutlich kantig) . . . . 9.
    3. Ranken (meist) fortlaufend, d. h. eine Ranke oder ein Blütenstand an mehreren aufeinander
folgenden Stengelknoten . . . . V. Labrusca[1]) (2).
    3*. Ranken an jedem 3. Knoten fehlend . . . . 4.
    4. Junge Triebe rund, nicht deutlich kantig . . . . (5.
    4*. Junge Triebe ± deutlich 5-kantig . . . . 8.
    5. Laubblätter unterseits dauernd weissgraufilzig . . . . V. candicans (3).
    5*. Laubblätter bleibend rotfilzig oder jung gleich den Trieben weissfilzig, später verkahlend . 6.
    6. Laubblätter dauernd rostfilzig . . . . 7.
    6*. Laubblätter nur jung gleich den Trieben weissgraufilzig, später verkahlend. V. Californica (6).

    7. Laubblätter gross (10 bis 20 cm breit), rundlich, 3- bis 5-lappig. Blütenstand 6 bis 10 cm lang. Beeren etwa 1 cm dick.
    V. Coignetiae (3).
    7*. Laubblätter kleiner oder sonst abweichend oder Blütenstand kürzer und Frucht kleiner. V. aestivalis (5).
    8. Laubblätter gewöhnlich tief 3- bis 5-lappig.
    V. Thunbergii (7).
    8*. Laubblätter meist nicht oder nur seicht 3-lappig.
    V. cinerea (8).
    9. Kaum klimmender Strauch mit wenigen, dünnen oder ganz fehlenden Ranken.
    V. rupestris (9).
    9*. Klimmende Sträucher mit gut entwickelten Ranken . . . . . . 10.
    10. Laubblätter mit weit offener, abgerundeter Stielbucht (vgl. aber auch V. vinifera) . . . 11.

Fig. 1915. Vitis Labrusca L. *a* Trieb mit Blütenrispe. *b, b₁* Samen. — Vitis vulpina L. *e* Triebspitze. — Vitis aestivalis Michx. *d* Laubblatt. — Samen von *e, e₁* Vitis monticola Buckley. *f, f₁* Vitis rotundifolia Michx.. *g, g₁* Vitis vulpina L. (Fig. *e* bis *g* nach K. Kroemer).

    10*. Laubblätter mit (meist) enger, spitzwinkeliger Stielbucht . . . . 13.
    11. Scheidewände in den letzten Zweigknoten dünn. Junge Triebe nicht rot. Laubblätter nicht
tief gelappt . . . . V. vulpina (10).
    11*. Scheidewände dick und fest. Junge Triebe ± hellrot. Laubblätter oft tief gelappt . . . 12.
    12. Laubblätter 8 bis 12 cm breit, mit verlängertem, lang zugespitztem Mittellappen. Blütenstand bis
über 15 cm lang und locker . . . . V. rubra (11).
    12*. Laubblätter 12 bis 25 cm breit, mit breit eiförmigem, kurz zugespitztem Mittellappen.
    V. Amurensis (12).
    13. Laubblätter im Umriss ± eiförmig, ungelappt oder kurz 3-lappig . . . V. cordifolia (13).
    13*. Laubblätter im Umriss ± kreisförmig, meist deutlich 3- bis 6-lappig. . V. vinifera (pag. 363).
    1. V. rotundifolia Michx. (= V. Taurina Bartram, = Muscarinia rotundifolia Small). Gemeine
Fuchs-Rebe, Schlehen-, Büffel-, Winter-, Forst-Rebe. Fig. 1915 f. Bis 30 m hoher, über Sträucher und Bäume
kletternder, sehr rasch wachsender Strauch. Junge Triebe ± dünnfilzig. Laubblätter ziemlich klein, 5 bis
10 cm im Durchmesser, oberseits tiefgrün, unterseits glänzend sattgelbgrün, derb, fast stets kahl (nur in der
ersten Jugend ± dünnfilzig), am Grunde breit buchtig bis tief herzförmig, etwa so lang wie der Blattstiel.
Ranken an jedem 3. Knoten oder auch ganz fehlend. Blütenstand dicht. Fruchtstand ± kugelig, mit 3 bis 20

---

    [1]) Labrúsca (vitis) = Name der wilden Rebe bei den Römern (bei Columella, Plinius, Vergil).

purpurnen, unbereiften, 1 bis 1,8 cm dicken und zähschaligen, nach Bisam duftenden, zur Zeit der Reife abfallenden Beeren. — V, VI. — Heimat: Nordamerika von Süd-Delaware bis Nord-Florida und westlich bis Kansas und Texas. Im Gebiet in Kultur noch selten (seit 1851) und meist mit V. rupestris verwechselt. Liefert in Amerika besonders Tafeltrauben. — 2. V. Labrúsca L. Nördliche Fuchs-Rebe, Schuylkilltraube. Fig. 1915 a, b. Hoher Kletterstrauch mit streifenförmig sich ablösender Rinde und flockig grau oder braunfilzigen Zweigen; an mehreren Stengelknoten hintereinander eine gegabelte Ranke oder ein Blütenstand. Laubblätter gross, bis über 18 cm im Durchmesser, kreisrundlich bis eirund, schwach oder nur sehr undeutlich gelappt, oberseits stumpf grünlich, verkahlend, unterseits dicht ± dunkel-filzig, derb. Beeren gross, etwa 18 mm im Durchmesser, an jedem Fruchtstande meist weniger als 20, gewöhnlich dunkelpurpurrot, dickschalig, mit starkem Fuchsgeschmack (ähnlich den schwarzen Johannisbeeren). — V, VI. — Heimat: Alleghany-Gebirge von Kanada bis nach Süd-Karolina, besonders auf Granitböden. Bereits 1635 in Paris in Kultur und die Stammart der meisten (wohl $^2/_3$) amerikanischen Kulturreben. In den Oststaaten, z. B. am Ostufer des Michigansees, ist diese Art ein häufiger Klimmer in den Buchen-Ahorn-(Klimax)-Wäldern. In Europa findet sie sich selten ihrer Trauben wegen angepflanzt (so z. B. im Tessin als Tessiner Rebe [bis 1035 m]), als vielmehr als Schmuckpflanze an Lauben, Mauern usw. und (namentlich früher) als Unterlage für Pfropfungen mit V. vinifera, da die Wurzeln von der Reblaus wenig angegriffen werden (Näheres vgl. pag. 417). — 3. V. Coignétiae Pulliat. Ueppiger Kletterstrauch mit rostigfilzigen Zweigen. Laubblätter gross, 10 bis 20 cm breit, rundlich, 3- bis 5-lappig, oberseits sattgrün und ± verkahlend, unterseits bleibend rostrotfilzig, dünn, aber fest, mit bis über 10 cm langem Stiele. Blütenstand ± filzig. Beeren kugelig, etwa 1 cm dick. Heimat: Japan. 1889 eingeführt. — 4. V. cándicans Engelmann. Hoher Kletterstrauch mit jung dicht filzigen, runden Zweigen. Laubblätter vielgestaltig, etwa 5 bis 12 cm im Durchmesser, oberseits trübgrün, verkahlend, unterseits bleibend weissgrau-filzig, mit 3 bis 6 cm langen Stielen. Fruchtstände 5 bis 12 cm lang. Beeren 1,5 bis 2 cm dick, purpur- oder weinrot, dickschalig, unangenehm schmeckend. Samen breit-birnenförmig, etwa 6 mm lang. Heimat: Texas. Noch selten als Zierstrauch in Kultur. — 5. V. aestivális Michx. Sommer-Rebe. Fig. 1915 d. Kräftiger Kletterstrauch mit ± kahlen oder spärlich filzig behaarten Zweigen. Laubblätter gross, bis 30 cm im Durchmesser, meist ± tief 3- bis 5-lappig, oberseits tiefgrün, verkahlend, unterseits besonders an den Nerven rostrot behaart. Fruchtstiele 10 bis 25 cm lang, ziemlich einfach. Beeren kugelig, 8 bis 10 cm dick, schwarz, bereift, mit zäher Haut und wechselndem Geschmack. Samen zu 2 bis 4, etwa 6 mm lang. — V (VI). — Heimat: Oestliches Nordamerika von Süd-Neu-York bis Zentral-Florida, westlich bis Mississippi und Missouri. Im Gebiet seit 1656 namentlich in der var. Bourquiniána Baill. mit unterseits mehr grau behaarten oder blaugrünen Laubblättern und grossen, schwarzen oder ambrafarbenen Früchten gezogen. — 6. V. Califórnica Benth. Hoher Kletterstrauch mit dünnen Scheidewänden in den Zweigen. Laubblätter nierenförmig bis ± 5-eckig hufeisenförmig, 5 bis 9 cm breit, kerbig gezähnt, oberseits glänzend grün, unterseits jung gleich den Trieben weissgraufilzig, später ± verkahlend. Blütenstand 5 bis 12 cm lang, ± ährig. Frucht etwa 6 mm dick, weisslich-meergrün, wenig saftig, mit mehreren birnenförmigen, ziemlich grossen Kernen. — VI, VII. — Heimat: Nordamerika: Mittel- und Niederkalifornien und Süd-Oregon. Eine zwar noch selten anzutreffende, aber durch ihre schöne Herbstfärbung anziehende Zierpflanze. — 7. V. Thunbérgii Sieb. et Zucc. Kletterstrauch mit ± flockig grau- oder braunfilzig behaarten, deutlich 5-kantigen, jungen Trieben. Laubblätter gewöhnlich 6 bis 10 cm breit und tief 3- bis 5-lappig, jung ± stark behaart, später meist fast ganz verkahlend. Blütenstand reichblütig, behaart, bis etwa 8 cm lang. Früchte klein (pfefferkorngross), schwarz, 2- bis 3-samig. — VI, VII. — Heimat: Japan, Korea, Formosa. Eine sehr formenreiche Art, die sich durch schöne Herbstfärbung auszeichnet und seit langem, zuweilen als V. Sieboldii, in Kultur ist. — 8. V. cinérea Engelmann. Hoher Kletterstrauch mit behaarten Zweigen, dicken Scheidewänden und kräftigen, ausdauernden Ranken. Laubblätter meist nicht oder nur seicht 3-, bezw. nicht tief 5-lappig, oberseits ± verkahlend, stumpfgrün, unterseits bleibend dicht aschgrau oder bräunlich filzig. Blütenstand bis 30 cm lang, locker behaart. Beeren fast kugelig, 10 bis 14 mm dick, schwarz, kaum bereift, spät reifend, nach Frosteinwirkung süss. — VI (VII). — Heimat: Nordamerika: Illinois, Kansas, Florida, Texas, Neu-Mexiko. — 9. V. rupéstris Scheele. Bis 2 m hoher, kaum kletternder Strauch, mit kahlen oder leicht behaarten, ± violetten Zweigen und spärlichen, dünnen, häufig verkümmerten Ranken. Laubblätter rundlich, meist breiter als lang, bis 10 cm im Durchmesser, unregelmässig grob gesägt, meist kaum oder spärlich behaart. Blüten in lockeren, 2 bis 10 cm langen Blütenständen. Frucht 7 bis 14 cm dick, schwarzpurpurn, etwas bereift. — VI. — Heimat: Nordamerika: Süd-Pennsylvanien bis Tennessee, Missouri, Südwest-Texas. Seit langem in Kultur; an der Geramauer in Erfurt völlig eingebürgert. — 10. V. vulpína L. (= V. ripária Michx., = V. odoratissima Donn.). Fig. 1915 c, g. Ueppiger Kletterstrauch mit meist kahlen, jungen Trieben. Laubblätter deutlich 3-lappig, mit ± parallelen, vorwärts gerichteten, ziemlich lang gezähnten Lappen, meist länger als breit (bis 20 cm breit), in der Jugend zusammengefaltet oder wenigstens oberseits vertieft, meist kahl und hellgrün unterseits, meist mit grossen Nebenblättern. Blütenstand reich verzweigt, 6 bis 20 cm lang. Blüten stark duftend. Beeren schwarzpurpurn, stark bereift, säuerlich. Samen etwa 6 mm lang. — VI. — Heimat: Nordamerika: Vom Atlantischen Ozean (Neu=Braunschweig [bis zum Felsengebirge], Wyoming, Montana, Colorado), südlich bis Texas und Florida. Seit 1656 in Kultur. Diese Art besitzt von allen nordamerikanischen Reben die grösste Verbreitung und ist sehr formenreich. Verglichen seien auch: V. candicans Engelm. × V. rupestris Scheele × V. vulpina L. (= V. Solónis Pulliat). Kletterstrauch mit nussbraunen, punktierten jungen Zweigen. Laubblätter rundlich herzförmig, mit weit offener Basalbucht, tief scharf und ungleich gezähnt, durch etwas vorspringende Zähne schwach 3=lappig, oberseits glatt, grün, mit blauroten Adern, unterseits grün, fein borstig behaart, in der Jugend längs des Mittelnerven zusammengefaltet. Traube klein, dicht. Beeren kugelig, 9 bis 10 mm breit, schwarzblau, mit tiefrotem Fleisch, herb. — VI. — Dieser künstlich erzeugte Trippelbastard wurde besonders früher als widerstandsfähig gegen die Reblaus zu Pfropfunterlagen für V. vinifera viel benützt, hat sich aber nicht bewährt und ist daher meist durch die folgende Rückkreuzung ersetzt worden. — V. Solonis Pulliat × V. vulpina L. Kletterstrauch mit etwas borstigen jungen Zweigen. Laubblätter herzförmig, länger als breit, mit weit offener Basalbucht, ungleich grob gezähnt und durch etwas weiter vorspringende Zähne angedeutet 3= bis 5=lappig, oberseits dunkelgrün, glänzend, unterseits hellgrün, mit rötlichen, behaarten Adern, in der Jugend längs des Mittelnerven zusammengefaltet, rötlich überlaufen. Traube klein, kurz. Beeren klein, 8 bis 9 mm breit. — VI. — **11. V. rúbra** Michx. Katzenrebe. Kletterstrauch mit dicken und festen Scheidewänden und hellroten, jungen, eckigen Trieben. Laubblätter oft ± 5=lappig, mit verlängerten, lang zugespitzten Mittel= lappen, 8 bis 12 cm breit, glänzend sattgrün, unterseits bisweilen undeutlich behaart. Blütenstand bis über 15 cm lang, locker. Frucht 6 bis 8 mm dick, schwarz, unbereift, wenig sauer, mit nur meist 1 mm breiten Samen. — VI, VII. — Heimat: Nordamerika: Illinois und Missouri bis Louisiana und Texas. Bisweilen unter dem Namen V. palmáta in Kultur (seit 1806). Nach Eggert wächst diese Rebe auf dem fruchtbaren, häufig überschwemmten Alluvium des Mississippi und überzieht dort bald allein, bald in Gesellschaft von Vitis riparia und V. cinerea, Ilex deci= dua, Crataegus arborescens, Quercus palustris, Fraxinus viridis, Gleditschia monosperma usw. das Dickicht. — **12. V. Amurénsis** Rupr. Von voriger Art durch die stark bereiften Triebe, die 12 bis 25 cm breiten Laub= blätter mit breit=eiförmigen, kurz zugespitzten Mittellappen und kürzeren Blütenstände und 2 bis 3 breit= rundlichen Samen unterschieden. — VI, VII. — Heimat: Mandschurei bis Korea, Sachalin und Nord=China. — **13. V. cordifólia** Michx. Sehr üppiger Kletterstrauch mit bis 50 cm dickem Stamm. Scheidewände der Stengelknoten dick; Zweige kahl oder leicht behaart. Laubblätter im Umriss ± eiförmig, ungelappt oder kurz 3=lappig, oberseits ± glänzend grün, kahl, unterseits heller, verkahlend oder auf den Nerven ± behaart, 7 bis 11 cm breit und 12 bis 15 cm lang. Blütenstände 10 bis 30 cm lang, ± locker verzweigt, kleinblütig. Beeren 8 bis 10 mm dick, kugelig, schwarz, leicht bereift, angenehm säuerlich schmeckend (nach Frosteinwirkung essbar). Samen 5 bis 6 mm lang. — VI. — Heimat: Kanada, New=York bis Kansas, Florida und Texas. Seit 1806 in Kultur. Eine Form mit stinkenden, aromatischen Beeren ist die var. fœtida Engelm., eine Form mit glänzenden, fast immergrünen Laubblättern die var. sempérvirens Munson.

Die grosse wirtschaftliche Bedeutung der Vitis=Arten liegt in erster Linie in der Weingewinnung. Daneben kommt weiter in Betracht die Bereitung von Essig, Branntwein (Kognak), Weingeist oder Alkohol, die Verwendung als frische Tafeltrauben, als getrocknete Trauben (Sultaninen, Malaga=Trauben usw.), die Gewinnung von Weinstein und Holzkohle. In Europa wird fast ausschliesslich Vitis vinifera, neuerdings allerdings z. T. auf amerikanische Reben veredelt, als Kulturrebe gezogen. Im gemässigten Nordamerika kommen neben dieser Art eine Anzahl ursprünglich wilder Arten mit zahlreichen Varietäten und Hybriden in Betracht. Etwa $^2/_3$ aller in Kultur befindlichen amerikanischen Reben sind Sämlinge oder Hybride von V. Labrusca, in Amerika gewöhnlich „Fox Grape" oder „Nothern Muscandine" geheissen. Bekannte auch in Europa ein= geführte Sorten sind die Isabella= und Catawbarebe. Daneben mögen genannt sein: V. vulpina L. (= V. ripária Michx.), welche von allen 14 amerikanischen Reben die grösste Verbreitung hat, dann V. cordifólia Michx. in Canada, in den östlichen und mittleren Staaten der Union, V. aestivális Michx. in den südöst= lichen Staaten, ferner in Mittel= und Südamerika, V. cinérea Engelmann, V. rupéstris Scheele in Texas und Missouri, V. cándicans Engelmann, in Texas „Mustang" (= wildes Pferd) geheissen, V. Arizónica Engelmann in den gebirgigen Teilen von Arizona, V. Caribǽa DC. in Florida, auf den Antillen, an den Küsten von Mexiko und Neu=Granada, V. rúbra Michx. sowie V. rotundifólia Michx., die Muscadine, wegen ihrer grossen Beeren auch „bullet grape" oder „bullace" geheissen. Die bekannteste Form ist die Scupper= nong, weitere sind Flowers, Thomas, Mish, Tender Pulp Richmond usw. Weniger bekannt sind Vitis Lince= cúmii Buckley und V. montícola Buckley in Texas; letztere ist die kleinste Art.

Die meisten amerikanischen Reben (am stärksten V. riparia) sind sehr widerstandsfähig gegen Phyllo= xera sowie gegen Pilzkrankheiten, weshalb sie auch in Amerika wie in Europa als Veredelungsunterlagen für europäische Sorten verwendet werden. Als Tafeltraube ist V. rotundifolia von Bedeutung.

In Ostindien wird V. lanáta Roxb. und V. tomentósa Heyne, in Japan und Korea V. Thun= bérgii Sieb. et Zucc., in Australien V. Antárctica Benth. (letztere liefert den „Känguruhwein") angebaut.

1887. Vitis vinifera[1]) L. W e i n r e b e. Franz.: Vigne, lambrusque, altfranz.: viorgne, lambrunche, in der Südwest=Schweiz: vegna; engl.: Vine; ital.: Vite, lambrusca, lebrusca, zampino, vite selvatica; räto=roman.: vit, die Frucht jua; grödnerisch=ladin.: l'ua, uva (Weintraube). Taf. 181, Fig. 2; Fig. 1907, 1908/III, 1916 bis 1947.

Bis 30 (43) m hoch kletternder Strauch mit tiefgreifenden, reich verästelten Wurzeln und holzigem, bis 1,5 m Umfang messendem Stamm mit meist streifenförmig sich ablösender Borke. Zweige braunrot bis braungelb, kahl oder einfach oder flockig behaart, feinfurchig

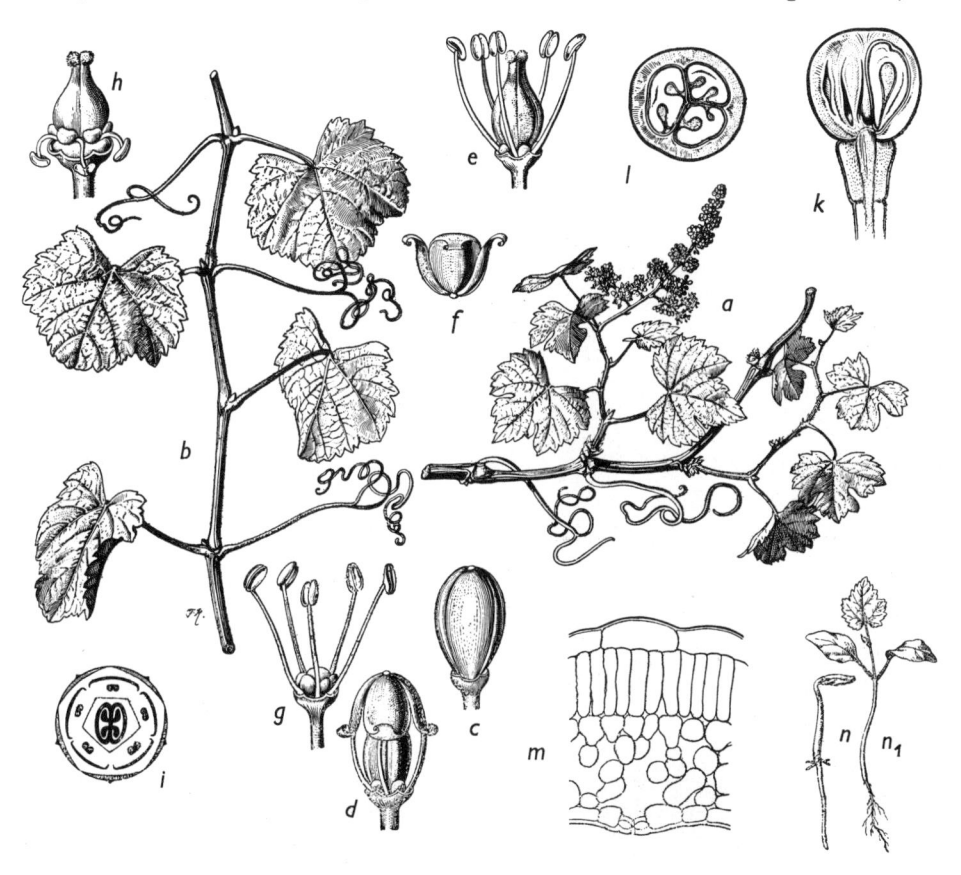

Fig. 1916. Vitis vinifera L. subsp. silvestris (Gmelin). *a* Blühender Zweig der männlichen Pflanze. *b* Laubblattrieb der weiblichen Pflanze. — subsp. sativa (DC.). *c* Blütenknospe. *d* Eine sich öffnende Blüte. *e* Zwitterblüte. *f* Kronblattmützchen. *g* Männliche Blüte. *h* Weibliche Blüte. *i* Blüten-Diagramm. *k* Längsschnitt durch die Frucht. *l* Querschnitt durch die Beere. *m* Querschnitt durch das Laubblatt. *n*, *n*₁ Keimpflanzen (*c* bis *h*, *m* nach K. Kroemer, *i* nach G. Marktanner).

gestreift, mit sehr fein punktförmigen Lentizellen und mit in den Knoten meist durch Scheide=wände gegliedertem Mark. Knospenschuppen 2, dünnhäutig, hellbraun. Laubblätter im Umriss kreisrundlich, in der Regel deutlich 3= bis 5=lappig oder =spaltig, mit meist enger, spitzwinkeliger Stielbucht, 5 bis 15 cm im Durchmesser, am Grunde herzförmig, ungleich und meist stumpflich gezähnt, oberseits verkahlend, unterseits ± behaart, weisswollig bis fast filzig, seltener verkahlend, in der Jugend nicht längs des Mittelnerven zusammengefaltet; nicht jedem Laubblatt eine Ranke oder ein Blütenstand gegenüber stehend. Blüten in zusammen=gesetzten, ziemlich dichten Rispen, duftend. Kelch kurz 5=lappig. Kronblätter 5,2 mm lang, gelbgrün, wie der Kelch abfallend. Früchte länglich bis kugelig, 6 bis 22 mm lang, dunkel=

---

[1]) Gebildet aus lat. vinum = Wein und ferens = tragend.

blauviolett, rot, grün oder gelb, saftig, süss oder säuerlich. Samen 3 bis 4, birnenförmig, hartschalig, auf einer Seite mit 2 länglichen Gruben. — VI.

Zerfällt in 2 ausserordentlich umfangreiche, aber in ihrer feineren systematischen Gliederung nur ganz oberflächlich bekannte Formenkreise:

1. subsp. silvéstris (Gmelin). Wild-Rebe. Pflanze dioezisch, dimorph. Zweige anfangs kastanienbraun. Laubblätter der männlichen Stöcke ziemlich tief eingeschnitten, buchtig gelappt (Fig. 1916a), die der weiblichen ungelappt oder wenigstens nicht tief gelappt (Fig. 1916b). Beeren länglich, 5 bis 7 mm lang, blauviolett, saftarm, sauer (wenigstens vor dem Eintritt der Herbstfröste, mit meist 3 Kernen; diese klein, kurz, dick, ± kugelig bis herzförmig, ungeschnäbelt, auf der Bauchseite fast eben oder aber mit einer durch das dachartige Zusammentreten zweier Flächen gebildeten Kante und stark ausgeprägtem Rückenschild (Fig. 1924 a, a₁).

Zerstreut in Auenwäldern der Ebene und des Hügellandes auf mässig trockenen bis schwach feuchten Böden; in Mitteleuropa nur im Bereiche der grossen Ströme.

In Deutschland nur in der Oberrheinischen Tiefebene (Rhein, Ill) nördlich bis Germersheim und Neustadt a. H. und im Saartal (Dieuze). — In Oesterreich in Mähren hie und da in den Flussauen (ob nur verwildert?), in Niederösterreich in den Auen der grossen Flüsse, besonders der Donau und March; in Untersteiermark in den Sann- und Saveauen von Cilli abwärts, bei Steinbrück und Tschatesch bei Rann; in Krain an der Save; in Südtirol im Etschtal in der Umgebung von Meran, z.B. in der Sinnichschlucht, im Tisenser Mittelgebirge, zwischen Lana und Nals, im Sarntal bei Navisbruck, bei Sigmundskron in der Rodlerau, von Siebeneich bis Salurn, gegen Kampill, in der Umgebung vom Rovereto. — In der Schweiz am Luganersee zwischen Gandria und Castagnola, im Rhônetal vom Genfersee aufwärts bis Saillon und Vetroz, am Genfersee (?) und im Jura bei Orbe (?).

Allgemeine Verbreitung: Mittelmeergebiet, Mittelfrankreich, Südwest-Schweiz, Oberrheinische Tiefebene, Flussgebiet der Donau, südliches Russland; Kleinasien, Transkaukasien und ostwärts bis zum Hindukusch.

Vitis vinifera subsp. silvestris ist eine der wenigen Lianen der mitteleuropäischen Flora und erscheint nur auf ± feuchtem Boden in den Auenwäldern. In den Rheinwaldungen (Fig. 1918) findet sie sich nach E. Issler[1]) (Les Associations végétales des Vosges méridionales . . . ., 1924) zertreut in der mesohygrophilen bis mesophilen Auenwald-Misch-Assoziation des Alneto-Carpinetums auf Alluvialböden, während sie im reinen, aber bodenfeuchteren Alnetum glutinosae, sowie im bodentrockeneren, reinen Carpinetum Betuli fehlt. Ihre charakteristischen Begleiter sind dort: Ulmus levis und U. campestris, Alnus glutinosa, Carpinus Betulus, Quercus Robur, Acer campestre, Fraxinus excelsior, Ribes rubrum, Clematis Vitalba, Hedera Helix, Carex strigosa, Allium ursinum, Ranunculus auricomus, Anemone ranunculoides, Dipsacus pilosus, Lappa major usw. Häufig findet sie sich auch in der dem vorhergehenden Typus nahe verwandten Querceto-Ulmetum-Subassoziation, die als Schlussglied des rheinischen Alnetum incanae auf lehmig-gerölligem Boden stockt. An Zahl überwiegen darin von Bäumen Ulmus campestris und Quercus Robur, häufig finden sich Populus alba und P. canescens, sowie als Lianen Clematis Vitalba, Hedera Helix und Tamus communis. Im Benzenloch bei Speyerdorf schlingen sich die

Fig. 1917. Vitis vinifera L. subsp. silvestris (Gmelin) im Auenwald der Lobau bei Wien (XXI. Bezirk). Phot. Amalie Mayer, Wien.

---

[1]) Bei Issler als Vitis vinifera bezeichnet. Der Autor lässt allerdings (briefl. Mitteilung) die Frage der Zugehörigkeit zur Wildform noch offen.

Reben bei einer Stammstärke von 7 bis 9 cm und einem Alter von 15 bis 17 Jahren 15 bis 17 m aus sumpfigem Boden an Erlen empor. Vielfach fallen sie den Durchforstungen und Waldreinigungen zum Opfer. Geschützt ist die Wildrebe (hier männlich) an der Burg Sponeck am Kaiserstuhl. An der Donau ist die Wildrebe vorzugsweise in den Pappelauen zu finden, die hauptsächlich aus Populus alba und P. nigra bestehen, daneben auch Salix alba und S. viminalis, Alnus incana, Ulmus glabra und U. levis, selten auch Quercus Robur enthalten (Fig. 1917). Der Niederwuchs wird durch das Massenauftreten von Galanthus nivalis, Parietaria officinalis, Senecio fluviatilis, Cirsium arvense oder Urtica dioeca bestimmt. In der Ungarischen Tiefebene ist sie ebenfalls an die Auen= wälder gebunden, die besonders aus Eichen (Quercus Robur, Q. Cerris, Q. pubescens) gebildet werden. Von den im Unterwuchse auftretenden Arten ist von der grossen Zahl hochwüchsiger Gewächse besonders Physalis Alkekengi bemerkenswert, eine für Mitteleuropa sehr bezeichnende Pflanze der Rebkulturen (pag. 393), die bei uns an anderen Orten nur als grosse Seltenheit anzutreffen ist. Im Banat stellt sich die Wildrebe im Dazischen Eichenwald mit verschiedenen Eichen, mit Tilia tomentosa, Corylus Colurna, Juglans regia, Ruscus aculeatus und R. Hypoglossum, Oryzopsis virescens, Trifolium Molinieri, Digitalis lanata, Acanthus Hungaricus, Convolvulus silvaticus usw. ein. Auch im Buchenwald des Csernatales in Siebenbürgen, an den Abhängen des Rotenturm=Passes, sowie in den Bergwäldern der Dobrudscha erscheint sie als wirklich ursprüngliche Pflanze. In den Kolchischen, fast nur aus Laubgehölzen bestehenden Urwäldern überspinnt die Wildrebe mit dichtverflochtenen Netzen gleich dem kolchischen Efeu (Hedera Colchica), Quercus=, Acer=, Ulmus=, Fraxinus= und Sorbus=Arten und vereint sich mit Ostrya carpinifolia, Celtis australis, Philadelphus coronarius, Staphylea Colchica, Lonicera Caprifolium, Humulus Lupulus, Dioscorea Caucasica usw. Auch in den Hartlaubwald dringt sie dort ein und ist dann neben Arbutus Unedo, Rhododendron Ponticum, Buxus sempervirens usw. zu finden.

2. subsp. sativa (DC.). Kultur= oder Edelrebe. Pflanze zwitterig, nicht dimorph. Laubblätter sehr viel= gestaltig (vgl. pag. 384). Beeren sehr vielgestaltig, kugelig bis länglich, 6 bis 22 mm lang, grünlich, rot oder purpur= blau, saftreich, wohlschmeckend, mit durchschnittlich 2 und zwar 6 bis 7 mm langen Kernen; diese lang, schlanker wie bei voriger, länglich birnen= oder eiförmig, geschnäbelt, mit stumpfer, wulstiger Bauchkante und undeutlichem Rückenschild (Fig. 1924 b, b₁). Umfasst eine ausserordentlich grosse Zahl von Kulturformen, von denen eine Form mit gezähnten, buchtig=fiederspaltigen Laubblättern als var. laciniósa (L.) Ascherson bezeichnet worden ist.

Als alte Kulturpflanze gezogen in Weinbergen, Weingärten, an Mauern, Häusern usw., auf meist ± kalk= haltigen, ± trockenen Böden in sonnigen Lagen von der Ebene bis in die Bergstufe; in zusammenhängenden Reb= kulturen (Rebbergen, Rebäckern) in Bayern bis 390 m, im Jura bis 450 m (vereinzelt bis 650 m), im Elsass bis 350 m, am Bodensee, im Rheintal und Wallgau bis 650 m, um Meran und im Vintschgau bis 910 m, im oberen Eisack= gebiet bis 850 m, im Nonsberg bis 900 m, bei Bozen am Ritten bis 1010 m, im Fassatal bis 990 m, in Judikarien bis 800 m, in den Kantonen Schaffhausen und Thurgau bis 600 bezw. 650 m, im Puschlav bis 710 m, im Wallis bis 1250 m (Visper= terminen, Kalpetran), im Veltlin bis 900 m, im Piemont (Camperlongo) bis 970 m, am Aetna und in Andalusien bis 1300 m, am Sinai bis 1800 m, im Himalaya erst von 2700 m aufwärts; im Schutze von Häusern und Mauern, an Spalieren z. B. bei Bozen (Lengstein, Siffian) häufig bis 1043 m, vereinzelt (ob Saal) bis 1232 m, bei Vulpera in Graubünden bis 1280 m, bei Bormio bis 1230 m, im Neuenburger Jura (Travers, Fleurier) bis 750 m. Ausserdem häufig als Ueberrest aus ehe= maliger Kultur oder als Kulturflüchtling (z. T. auch als Wild= formen erklärt) in Auen, an Ufern, Waldrändern, Hohlwegen, Gebüschen, so in Bayern bei Vilshofen, Flintsbach, bei Mat= ting a. D., zwischen Kelheim und Kelheimwinzer, bei Lichten= stein, Zirndorf, Kulmbach, in der Pfalz bei Leistadt und Rockenhausen, in Württemberg bei Heilbronn und Weinsberg, in Baden bei Ueberlingen, Müllheim, Freiburg, Wiesloch, im Elsass bei Gross=Kems, bei Erfurt, in der Niederlausitz in den Mehlenschen Bergen und den alten Schneunoer Weinbergen,

Fig. 1918. Urreben im Germersheimer Stadtwalde in der Rheinpfalz. Phot. † G. Eigner, Speyer.

desgleichen nicht selten im böhmischen und mährischen Weinbaugebiet, in der Schweiz ob St. Blaise (aux Fourches), bei Arisdorf, Augst, zwischen Rheinfelden und Laufenburg, bei Magden, Aarburg, Brugg, Henmen=

tal, Merishausen, Biberichsüdhang, im Rheintal am Buchserberg (Steinbruch), in Graubünden bei Scharans, Domat (Ems), Löwenberg bei Schleuis usw., im Tessin zwischen Castello und Camporo, bei Capolago, Sagno usw., wie überhaupt in den meisten früheren Weinbaugebieten.

Allgemeine Verbreitung (der Weinrebenkultur): Nordgrenze von der Mündung der Loire (47° 5′ nördl. Breite) in nordöstlicher Richtung bis zum 50.°, nördlich bis Clermont und Paris, bis Maastrich, Lüttich, Bonn (51°), Mainz (50°), Maintal, Hammelburg, Thüringen, Brandenburg, Schlesien (Grünberg), Posen (Bomst [52° 30′], nördlichster Punkt des gesamten Weinbaugebietes), Galizien (Bilcze [zirka 49°]), Ungarn (bis zum 48°), über die Täler des Bug, Dniestr, Dniepr und Don (zwischen 48° und 47° schwankend) bis Astrachan (etwa 47° 5′); in Asien über den Ostrand des Kaspischen Meeres bis Turkestan, südlich des Tianschan bis zur Mündung des Amur, Peking, Japan; in Nordamerika bis nördlich St. Franzisko (etwa 41°), bis an den Mississippi (50°), bis zum Ontariosee und bis New-York (etwa 41°). In den Subtropen und Tropen sehr zurücktretend, z. B. auf Java, Mindanao und Negros (Philippinen). Südgrenze: St. Helena, Südafrika (Cap), Australien (Neu-Süd-Wales, Viktoria), Neu-Seeland, Südamerika (Argentinien, Chile).

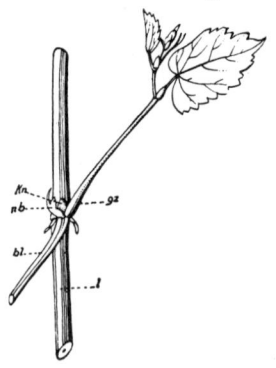

Fig. 1919. Junger Geiztrieb der Rebe *(gz* Geiztrieb. *l* Lotte. *bl* Laubblattstiel. *nb* Niederblatt. *kn* Knospe (nach K. Kroemer).

Die Kultur- oder Edelrebe stellt einen ausserordentlich vielgestaltigen und in dem gegenseitigen phylogenetischen Verhältnis ihrer zahllosen Rassen und Abänderungen vermutlich nie lösbaren Formenschwarm dar, zumal dieser mit grosser Wahrscheinlichkeit aus sehr verschiedenen Gliedern der subsp. silvestris hervorgegangen sein dürfte und sein Formenreichtum durch jahrtausendlange Kultur (Züchtung von Mutationen, Kreuzungen usw.) noch undurchsichtiger geworden ist. Dass dieser Vorgang in den verschiedensten Gebieten und aus verschiedenem Rohmaterial der Wildrebe heraus vor sich gegangen ist, dafür spricht u. a. der schon im Altertum feststellbare Reichtum an Kulturformen. Im 4. und 3. Jahrhundert, zur Zeit von Theophrast, gab es „soviel Äcker, so viel Sorten". Von Demokrites wird als etwas ganz Besonderes hervorgehoben, dass er alle Rebarten gekannt habe. Plinius führt 91 Sorten auf, Columella nennt 58, fügt aber hinzu, dass es noch viele andere gebe, da alle Gegenden und nahezu alle einzelnen Bezirke ihre eigenen Sorten hätten. Auch der weinkundige Vergil nennt die Rebsorten „zahllos wie der Sand in der Wüste". Aufs engste, wie noch gegenwärtig, von den sich wandelnden Geschmacksrichtungen abhängig, sind diese Sorten im Laufe der Jahrhunderte gepflegt und weiter entwickelt worden oder aber auch der Vergessenheit und Vernichtung anheimgefallen und so nach mehr als 5000-jähriger Kultur als unentwirrbares Formenheer zu uns herübergegangen. Konnte doch der französische Minister Chaptal im Jardin de Luxemburg zu Paris über 1400 Sorten pflanzen lassen! Später glaubte man ihre Zahl sogar auf mehr als 2000 Formen bemessen zu dürfen; doch sollen sich diese nach anderer Anschauung durch die Ausscheidung der Synonyme auf etwa 350 zurückführen lassen (Näheres s. pag. 384 u. f.).

Zum Sprossaufbau der Rebe sei folgendes bemerkt: Die Keimpflanze stellt im 1. Jahre ein Monopodium dar, das über dem umfangreich entwickelten Wurzelsystem am oberirdischen Spross über den zwei schmaleiförmigen lanzettlichen Keimblättern (Fig. 1916 n, n1) meist 6 bis 10 (selten mehr) Laubblätter in spiraliger Anordnung aufweist. In den Achseln der letzteren entstehen je 2 ungleichwertige Knospen, von denen die eine sich rasch entwickelt und im günstigen Falle noch im selben Jahre zu einem, im Herbst allerdings wieder abfallenden Kurztrieb auswächst, während die andere als lebenskräftiges Winterauge erhalten bleibt und im folgenden Jahre zu einem Langtrieb wird. Diese Sprossfolge wird dauernd beibehalten. Der als „Geize", Geiztrieb, Irxe oder Aberzahn bezeichnete Kurztrieb ist nur durch 1 (unscheinbares, leichtabfallendes) Niederblatt gestützt, bildet vor der untersten Ranke nur 1 Laubblatt, bleibt unverholzt und wird mit dem Laubblatt (wie oben bemerkt) abgeworfen[1]) (Fig. 1919). Die Langtriebe führen den Namen „Lotte", Lohde, Sommertrieb, Grüner Trieb, Rute, Schoss, besitzen im Gegensatz zu den Geizen 2 Niederblätter und verholzen am Ende der Vegetationsperiode. Die sie hervorbringende Winterknospe ist von 3 bis 4 hartschaligen Schuppenblättern eingehüllt und

---

[1]) Nur bei am Boden kriechenden Reben oder solchen Langtrieben, deren Endknospe irgendwie frühzeitig verloren gegangen ist, entwickeln sich die Geizen kräftig, können fruchtbar werden und im Herbste verholzen. So tragen sie z. B. an frühreifen Sorten der Kulturrebe (dem Blauen Burgunder, Zierfandler, Madeleine Angevine, Saint Laurent usw.) vielfach Blütenstände, die im Süden sogar ± regelmässig bis zur Traubenreife gelangen.

gehört, wie Alexander Braun nachgewiesen hat, trotz ihrer an die Lotte angedrückten Stellung nicht dieser als Beiknospe an, sondern der Geize. Schon sehr frühzeitig werden in ihr die Anlagen des Langtriebes entwickelt und zwar lässt sich bereits im August neben 2 sehr schwach angedeuteten Nebentrieben 1 Haupttrieb erkennen, der die Anlagen von Laubblättern, Ranken und meist 2 (ausnahmsweise 3 bis 4), je nach der Sortenzugehörigkeit, tiefer oder höher stehenden Blütenständen enthält (Fig. 1920). Die Entwicklung dieser Blütenstände gelangt im selben Jahre in den am tiefsten stehenden Knospen in der Regel bis zur Anlage von Blüten, bei höher stehenden hingegen oft nur bis zu einer Mittelstellung zwischen Blütenstand und Ranke (in der Winzersprache als „gegabelte Gescheine" bezeichnet). Zahl und Ausbildung der Blütenstände hängt also nicht von den Verhältnissen des Jahres ab, in dem sie austreiben, sondern von der Gunst oder Ungunst des vorangehenden. Die im Frühling entstehende Lotte trägt an ihrer durch Knoten gegliederten Achse bis 40 in 2 Längsreihen, abwechselnd rechts und links von der Mittellinie angeordnete Laubblätter, deren Divergenz meist mit $1/2$ angegeben wird, aber nach Tondera $7/16$ beträgt. Vom 3. bis 5. Triebglied an (von unten aus gerechnet) folgt mit grosser Regelmässigkeit auf je 2 rankentragende Knoten ein solcher ohne Ranke, so dass infolge der abwechselnden Laubblattstellung zwei unmittelbar aufeinander folgende Stengelglieder ihre Ranken auf entgegengesetzten Seiten tragen, die nächstfolgende durch einen rankenlosen Knoten geschiedene Ranke aber auf derselben Seite wie die vorangegangene, tieferstehende Ranke erscheint (Fig. 1921). In den Achseln der Laubblätter werden nun wieder Knospen angelegt, die mit den fortwachsenden Lotten austreiben und die oben gekennzeichneten Geizen ergeben. Nur von den in der Achsel des untersten Laubblattes entstehenden 2 Knospen verharrt die eine in Ruhe und ergibt im nächsten Jahre wieder einen Langtrieb. Die Ranken sind meist 2-, seltener 3- bis 4-armig verzweigt und besitzen unterhalb der Gabelungsstelle (nicht an der Abzweigungsstelle der Ranke) eine kleine, häutige, bisweilen zu einem gewöhnlichen Laubblatt auswachsende Blattschuppe, sind also als umgewandelte Zweige anzusprechen. Am Grunde der Ranke hingegen fehlt das Deckblatt. Diese bei der unzweifelhaften Zweignatur der Ranke auffällige Erscheinung hat zu vielen Deutungen Anlass gegeben, die in der Theorie von Al. Braun und Eichler einerseits und der von Carl Nägeli und Simon Schwendener andererseits ihre deutlichste Ausprägung erlangt haben. Von den entwicklungsgeschichtlichen Tatsachen ausgehend, haben die beiden letztgenannten Forscher vor allem den Vegetationskegel untersucht und nach dem Auftreten der Organhöcker den Sprossaufbau als monopodial erklärt. In der Tat stehen die Ranken entweder von Anfang an, wie Warming auch für Ampelopsis nachweisen konnte, in blattgegenständiger Stellung wie im fertigen Zustande, oder aber sie entstehen aus dem Achsenscheitel selbst durch ungleiche Teilung, wobei der andere Teil als Lotte fortgebildet wird (so nach Prillieux, und nach Warming auch für Vitis vulpina). Demzufolge stellt die Ranke einen extraaxillären, deckblattlosen Zweig an einem monopodialen Spross dar oder ist der Nebenachse gleichwertig und ein nur durch eine Art von Dichotomie von dieser abgeschiedener Sprossteil (Gilg). Al. Braun und nach ihm Eichler sind vom phylogenetisch-vergleichenden Standpunkt ausgegangen und dadurch zur Deutung eines sympodialen Aufbaues gelangt. Ihrer Meinung nach sind die Ranken als umgewandelte Blütenstände aufzufassen, die gleich diesen zwar den Gipfel der einander (mit 1- und 2-gliederigen Sprossen) ablösenden Glieder bilden, aber durch das frühzeitige Auswachsen der jeweils obersten Achselknospe ständig übergipfelt werden, wobei sich die letzte Sprossgruppe stets wieder in die Richtung der Hauptachse einstellt (vgl. Parthenocissus quinquefolia pag. 356). Da bei diesem fortgesetzten Wechsel 1- und 2-gliederiger Sprossverbände die Zahl der Laubblätter ständig und regelmässig wechseln muss, so wird dadurch

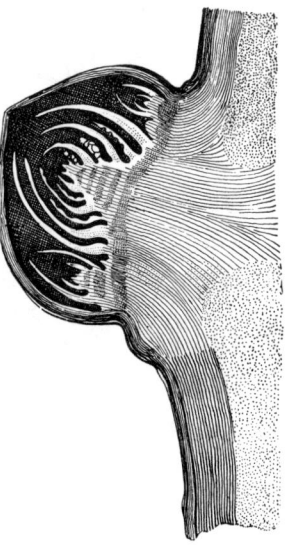

Fig. 1920. Knospe der Rebe im Längsschnitt mit 3 Sprossanlagen (nach K. Kroemer).

auch der ebenso regelmässige Wechsel von 2 bezw. 1 rankenlosen Knoten erklärlich. Der ganze Spross stellt nach dieser Auffassung ein Sympodium dar, an dem die Ranken den Abschluss der Achsen 1. Ordnung darstellen. Eine Stütze erhält diese gegenwärtig meist vertretene Theorie durch die sog. Gablerkrankheit, bei der die Spitzen echter Lotten durch eine Ranke abgeschlossen werden. Nach Goebel lassen sich beide Auffassungen mit Recht vertreten, sofern man bei der Bezeichnung Monopodium den entwicklungsgeschichtlichen Gesichtspunkt, bei der Bezeichnung Sympodium den phylogenetisch-vergleichenden Gesichtspunkt in den Vordergrund rückt. „Die Annahme, dass ein ursprünglich sympodial angelegtes Verzweigungssystem monopodial werden kann, liegt in mehr als einem Falle nahe und findet sich z. B. beim Farnblatte, den Inflorescenzen von Borraginaceen, Hyoscyamus usw. Biologisch kommt es der Pflanze vor allem darauf an, das vegetative Gerüst, das schon in der Knospe so weitgehend angelegt ist, so rasch als möglich fortzusetzen, um die lichtbedürftigen Laubblätter einer Beschattung zu entziehen." — Die Spitzen der Triebe sind stets hakenförmig eingekrümmt und zwar steht die Krümmungsebene immer senkrecht zur Mittellinie der Triebachse. Nach J. Behrens (Weinbau und Weinhandel, 1907) wird sie ursächlich durch die sich spiralig um die Achse verschiebende Wachstumszone bedingt. Der Grad der Nutation hingegen ist von äusseren Einflüssen (Wachstumsenergie, Temperatur, Witterung usw.) abhängig, die Richtung im positiven Sinne vom Lichte. Bei anderen Vitis-Arten (nach Voss z. B. bei Vitis vulpina) soll die Nutation durch die Schwerkraft ausgelöst werden. Die gekrümmten Gabelenden der jungen Ranken weisen ebenfalls eine sich um die Achse drehende Wachstumszone auf und führen kreisende Bewegungen aus, die den reizbaren Spitzen das Erfassen einer Stütze erleichtern. Ist die Berührung eingetreten, so windet sich zunächst die Spitze sehr rasch in schraubenförmigen Windungen um die Unterlage und heftet damit die Rebe fest. Später rollt sich auch der freie, ältere Teil des Rankenzweiges ein, erhärtet, verholzt und bildet ein sehr widerstandsfähiges, federndes Haftorgan. — Die durch die Atmung der Laubblätter erzeugte Wärme ist nach Molisch (Botanische Zeitung, 1908) sehr bedeutend und beträgt bei frisch gepflückten Laubblättern nach 28 Stunden bei einer Lufttemperatur von 17° 43,3°. Mikroorganismen sind dabei nicht beteiligt. Die Zwitterblüten (über andere Formen vgl. pag. 370) sind homogam, nach Kirchner auch proterogyn und enthalten am Grunde des Fruchtknotens zwischen den Staubblättern 5 (seltener 6), fleischige, gelbe Nektarien. Zu Beginn der Blütezeit reissen die grünlichen Kronblätter vom Grunde los und fallen als Mützchen ab (Fig. 1916 d, f). Dann spreizen die Staubblätter auseinander und die Staubbeutel bedecken sich oberseits mit Pollen. Da die $\pm$ gleichzeitig reifende Narbe von ihnen überragt wird, so kann spontane Selbstbestäubung eintreten. In der Regel aber wird die Pollenübertragung von den zahlreich anfliegenden Insekten ausgeführt, die durch den aromatischen Duft angelockt, teils dem Pollen, teils dem Nektar nachgehen. Letzterer wird nach Delpino in südlichen Ländern von den Nektarien in zahlreichen Tröpfchen abgeschieden, während nach Rathay dieser Vorgang in unseren Breiten nicht zu beobachten ist. Portele stellte auch ein stark zuckerhaltiges Narbensekret fest. Die von Rathay angeführte Windbestäubung dürfte wohl nur in Ausnahmefällen eintreten und ist für die Pollenübertragung im allgemeinen bedeutungslos.

Phytopaläontologisch lässt sich Vitis vinifera bis in das Pliozän zurückverfolgen, während die Gattung selbst bis in das älteste Tertiär zurückreicht. Zur Zeit der Braunkohlenbildungen waren Reben in Deutschland bis zu den Alpenländern, in Frankreich, England, auf Island, Grönland, in Nordamerika und Japan verbreitet und sind namentlich in Laubblattabdrücken, seltener als Samen- oder Holzreste erhalten geblieben. Welchen Arten diese Fossilien zugehören, lässt sich bei der Vielgestaltigkeit der Gattung nicht mit Sicherheit entscheiden; doch steht sicher, dass sich die

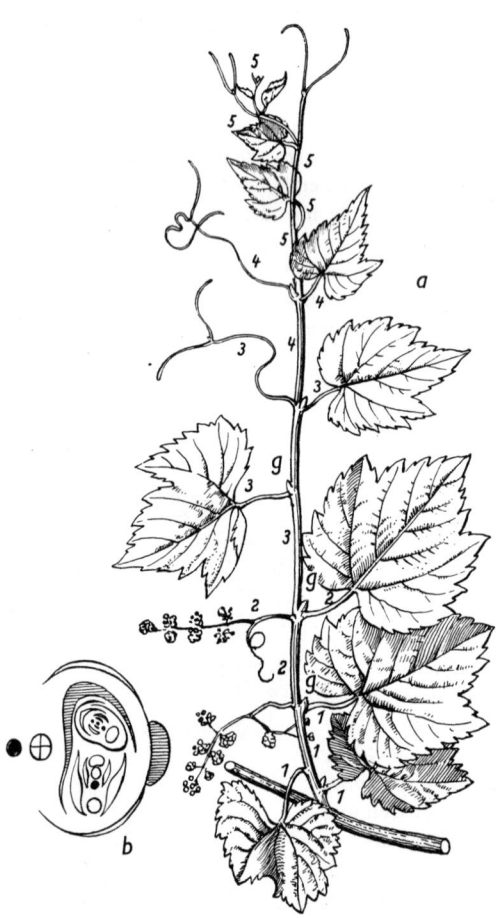

Fig. 1921. *a* Sprossaufbau von Vitis vinifera L. Die dieselbe Ziffer tragenden Teile gehören demselben Sympodialgliede an. *g* = Anlagen von Geizen (nach Eichler). — *b* Querschnitt durch eine Geizenknospe (nach Wettstein).

ältesten Funde viel eher dem Formenkreise der amerikanischen Vitis cordifolia (pag. 362) als dem der europäischen Vitis vinifera anschliessen. Darauf weisen vor allem die in Deutschland in den Braunkohlenlagern von Salzhausen, der Wetterau, Bischofsheim in der Rhön, von Schossnitz in Schlesien, im Jesuitengraben bei Kundraditz im nördlichen Böhmen, bei Leoben in Steiermark und Oehningen in der Schweiz vorkommenden und als Vitis Teutónica A. Br. bezeichneten Laubblätter, ebenso die in England bei Bovey Tracey aufgefundenen Samen, ferner die Fossilien von Island (Vitis Islándica Heer), Grönland (Vitis árctica Heer), Meximieux (Vitis subíntegra Saporta), Mont Charray im Departement Ardèche (Vitis praevinifera Saporta) usw. Der grosse Reichtum von tertiären „Arten" dürfte weniger den tatsächlichen Verhältnissen entsprechen, als vielmehr neben der allgemeinen Vielgestaltigkeit der Laubblätter auch der Ausdruck des Dimorphismus männlicher und weiblicher Stöcke sein. Zu Vitis vinifera zu ziehende Reste reichen mit einiger Sicherheit nur bis in die dem Pliozän angehörenden Travertine des Val d'Era und San Viraldo in der Toscana die ebenso alten Mergel von Piemont und bis in die niederrheinischen Tone von Tegelen zurück. Zweifelhaft bleiben dagegen die Laubblattfunde in der Umgebung von Rom in pliozänen Schichten (Travertine von Fiano Romano und vulkanische Tuffe von Pejerina, an letzterem Orte zusammen mit Taxus, Buxus, Hedera, Ulmus campestris und Juniperus communis). Im anschliessenden Quartär häufen sich die Funde, finden sich aber nur noch in den ausserhalb der Vergletscherungsgebiete liegenden Ländern, so in den zwischen der Riss= und Mindeleiszeit entstandenen Tuffen von Montpellier, Meyrargues und Castelnau (an letzteren 2 Orten zusammen mit Ficus Carica, Celtis australis, Cotinus Coggygria, Acer Neapolitanum, Laurus Canariensis und Pinus nigra var. Salzmanni), ferner in den etwas jüngeren, dem Würm und Neo=würm angehörigen Tuffen von St. Antoine bei Aix=en=Provence (zusammen mit Pistacia Terebinthus, Quercus sessiliflora und Q. Ilex). Innerhalb des Vergletscherungsgebietes fehlen bisher alle Spuren, obgleich aus der Gesamtheit der aus interglazialen Ablagerungen stammenden Pflanzenarten ein seinerzeitiges Vorkommen recht wohl möglich erscheint. Sind doch in der Höttinger Breccie Rhododendron Ponticum, Buxus sempervirens, Arbutus Unedo usw. festgestellt worden, mit denen vereint die Rebe noch gegenwärtig in der Kolchis anzutreffen ist. Jedenfalls dürfte man mit A. Engler (in Viktor Hehn, Kulturpflanzen und Haustiere . . ., 1894) nicht mit der Anschauung fehl gehen, dass die Rebe vom mittleren Tertiär ab bis zur Glazialzeit zum mindesten überall da anzutreffen war, wo sie noch heute wild wächst. Nur während der Vergletscherungen musste sie nach Süden weichen, konnte ihr Gebiet aber mit zunehmender Besserung der klimatischen Verhältnisse wieder nach Norden vordrängen. Als die Laubwälder an den Säumen der breiten Flüsse von neuem nach Mitteleuropa einzogen, wurden jedenfalls auch die durch ihren Geschmack die Vögel anlockenden Früchte (bezw. deren Kerne) ebenso rasch verschleppt, wie die Steinfrüchte von Frangula Alnus, Viburnum und anderer Sträucher. In der Tat erscheinen auch in der jüngeren Steinzeit wieder Funde in und nördlich der Alpen und zwar in den Pfahlbauten von Du Pont im Lac d'Annecy in Hochsavoyen, von Auvernier und St. Blaise im Neuenburger See (die Ablagerungen beginnen im Neolithikum und ziehen sich bis zum Anfang der Bronzezeit) und von +Bovere in der belgischen Scheldemündung. Der Bronzezeit gehören an die Funde von Roselet im Lac d'Annecy. Zweifelhaft sind die Feststellungen für Turgi=Steckborn und Schaffis (Schweiz) aus dem Neolithikum bezw. der Bronze, da diese möglicherweise rezenten Ursprungs sind. Für das Mittelmeergebiet liegen reichlich Funde vor: Zu den ältesten gehören zweifellos die von Aegypten (getrocknete, als Vitis vinifera var. monopyréna bezeichnete Rosinen). Ihnen schliessen sich an diejenigen aus dem frühminoischen Hissarlik=Troja, den älteren Ansiedlungen von Tiryns (der zweiten Stadt von Hissarlik=Troja) und den spätmykenischen Schichten von 1 Orchomenos in Böotien. In der jüngeren italienischen Steinzeit fanden sich Nachweise in + Casale bei Viadana am Po, sowie Polada (Fig. 1922 a1 bis a4) und Puegnano (Fig. 1922 b1 bis b4) und vielleicht Cazzago in norditalienischen Torfmooren. Aus der dortigen Bronzezeit stammen die Funde aus den Pfahlbauten von Peschièra am Gardasee, vom Lago de Fimon, von Isola Virginia im Varesesee, von Bor bei Pacengo, sowie der bosnische Fund von Ripač a. d. Save und der kroatische von Radobay, ferner diejenigen aus den Terramaren von Castione bei Parma und Parma selbst, von St. Ambrogio, Cogozzo und der Provinz Modena. Eisenzeitliche Vorkommen sind nur in 1 Fontinellato in Oberitalien, Donja Dolina in Bosnien und von Mödling in Niederösterreich bekannt geworden.

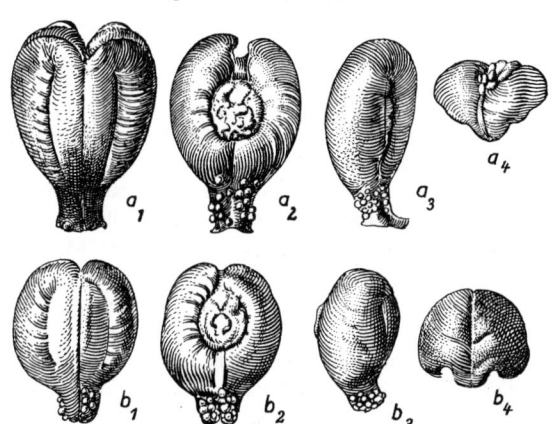

Fig. 1922. Kerne von Vitis vinifera L. var. silvestris (Gmel.) aus norditalienischen, neolithischen Pfahlbauten: a_1 bis a_4 aus Polada, b_1 bis b_4 aus Puegnano (nach Gunnar Anderssen).

Die mit dem Neolithikum beginnenden Funde erfordern insofern grosse Beachtung, weil sie sich überwiegend auf Kerne beziehen. Nur 2 (mit + bezeichnete) haben nur vegetative Reste ergeben. Davon ist die Siedelung von Bovere dadurch bedeutsam, als sie den am weitesten nordwärts vorgeschobenen Punkt für die ehemalige Verbreitung der Rebe bezeichnet und in Verbindung mit anderen in solcher Breite subfossil festgestellten, wärmeliebenderen Arten (z. B. für Schweden Trapa natans) auf ein seinerzeit wärmeres Klima schliessen lässt. Die Kernfunde gliedern sich ihrerseits in 2 Gruppen, in Wildkerne und Edelkerne. Die meisten Stationen haben erstere ergeben und verbürgen vor allem ein Vorkommen der Wildrebe auch im nördlicheren Europa. Edelkerne sind nur an wenigen Orten (mit 1 bezeichnet) festgestellt worden, finden sich allerdings schon im mitteleuropäischen Neolithikum, während sie im griechischen und italienischen Kulturkreise erst bedeutende Zeit nach den ersten Wildkernfunden auftreten.

Die Unterschiede zwischen Wild= und Edelkernen sind in neuerer Zeit besonders eingehend von Albert Stummer (Zur Urgeschichte der Rebe und des Weinbaues. Mitteilungen der Anthropologischen Gesellschaft in

Wien. Bd. 41, 1911) auf Grund von Messungen an einem nach Hunderttausenden von Rebkernen der verschiedensten Art und Herkunft zählenden Material untersucht und dabei eine grundlegende Scheidungsmöglichkeit namentlich durch das Verhältnis von Länge zu Breite der Kerne festgestellt worden. Die „Silvestris"-Kerne (Fig. 1924 a, a₁, Fig. 1922) sind klein, kurz und dick, mehr kugelig oder herzförmig, ungeschnäbelt, auf der Bauchseite fast eben oder aber mit einer durch das dachförmige Zusammenstossen zweier Flächen gebildeten Kante versehen und besitzen ein stark eingeprägtes Rückenschild. Die „Sativa"-Kerne (Fig. 1924 b, b₁) dagegen sind lang und schlank, länglich birnen- oder eiförmig, geschnäbelt, mit stumpfer, wulstiger Bauchkante und weniger scharf hervortretenden und in ihrer ganzen Tracht mehr weichen und verschwommenen Linien ausgestattet. Die Unterschiede der Längenbreitenverhältnisse beider Formen ergeben sich aus der der Arbeit Stummers entnommenen graphischen Darstellung (Fig. 1923), die auf 1000 Kernmessungen beruht (200 Kernen der Wildrebe aus Klosterneuburg und der Lobau [Donau] und 800 Kernen der Kulturrebe [je 100 Stück der Sorten Gutedelrot, Portugieser blau, Veltliner grün, Welschriesling, Muskatgutedler, Sylvaner grün, Traminer grün und Orleans gelb]). Das Ergebnis der Messungen wurde für die vergleichende Darstellung auf je 100 Kerne der beiden Formen umgerechnet. Es ergibt sich dabei, „dass die Indizes von 44 bis 53 für die Kulturform, diejenigen von 76 bis 83 für die Wildkerne bezeichnend sind, die Verhältniszahlen 54 bis 75 aber beiden Formen zugehören können. Es kommen allerdings auch abnorme, ausserhalb dieser Grenzen liegende Werte vor, so z. B. wurden vereinzelte Sativa-Kerne (9 Stück auf 800 Messungen) gefunden, die über 74 besassen; in der auf 100 Kerne bezogenen Darstellung kommen diese Fälle überhaupt nicht mehr zum Ausdruck". Allerdings sei hervorgehoben, dass die Form der Edelkerne sehr mannigfaltig ist, so dass z. B. A. Pontebonja (Die Samen der Vitis vinifera und ihre Bedeutung für die Klassifikation der Sorten. St. Petersburg, 1911) für die Verhältnisse in der Krim zu dem Urteil gelangt, dass sich die Kerne gewisser Edelsorten nicht weniger voneinander unterscheiden wie diejenigen amerikanischer Arten.

Schwächere systematische Unterschiede zwischen den beiden Formenkreisen ergeben sich ferner auch daraus, dass die Beeren der Wildform nur die Grösse von Erbsen besitzen, stets nur blau sind und im Gegensatz zu den meist 2-samigen Kulturformen durchschnittlich 3 Kerne aufweisen. Im übrigen sind sie sehr verschieden, wie besonders J. P. Bronner (Die Wilden Trauben des Rheintales, 1857) in den Rheinwaldungen feststellte. Er unterschied dort nicht weniger als 36 Sorten, die sich nach ihren Beeren als „ungeniessbar bis sehr gut und sogar köstlich süss" voneinander trennen liessen. Leider sind diese oberrheinischen Urreben dem geordneten Walten der Forstbehörden zum grössten Teile zum Opfer gefallen, sodass dadurch der Wissenschaft ein kostbarer Schatz verloren gegangen ist. Auch für die Rebenveredelung, zumal im Kampfe gegen die Reblaus, wären sie nach Bassermann-Jordan vielleicht berufen gewesen, eine wichtige Rolle zu spielen. Ein weiterer Unterschied liegt, wie bereits Bronner angedeutet und später Rathay (Die Geschlechtsverhältnisse der Rebe und ihre Bedeutung für den Weinbau. Bd. II, Wien 1889) grundlegend nachgewiesen hat, darin, dass die Wildrebe diözisch mit scheinzwitterigen männlichen und weiblichen Blüten ist, während die Kulturreben in der Regel rein zwitterig sind. Allerdings gibt es davon bisweilen Ausnahmen. So treten beim Weissen Malvasier, beim Blauen Burgunder, Terlaner usw. gelegentlich rein weibliche Stöcke auf, während durch eine sonderbare als „Droah" bezeichnete Krankheit nach Krasser und Linsbauer in weiten Gebieten nur männliche oder Uebergänge zu diesen darstellende, unfruchtbare, „intermediäre" Blüten ausgebildet werden. Von den echten, fruchtbaren Zwitterblüten unterscheiden sich die Schein-

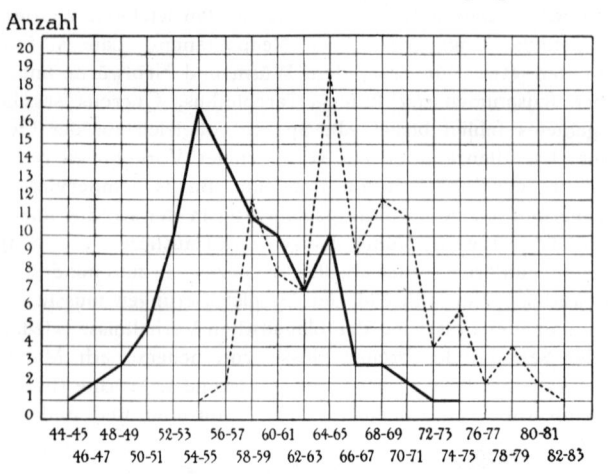

Fig. 1923. Längenbreitenverhältnis von je 100 Kernen der Wildrebe (—) und der Edelrebe (⋯) (nach A. Stummer).

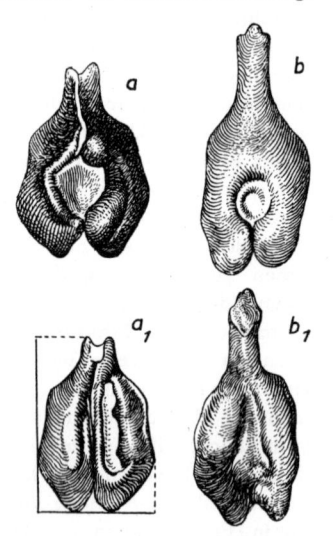

Fig. 1924. Kerne von Vitis vinifera L. *a* von der subsp. silvestris (Gmel.) von der Rückenseite, a_1 von der Bauchseite; *b* von der subsp. sativa (DC.) von der Rückenseite, b_1 von der Bauchseite. Die Art der Längen- und Breitenmessung für die Berechnung der Indices ist bei a_1 angedeutet (nach A. Stummer).

zwitter durch die weitgehende Rückbildung des einen Geschlechtes und zwar besitzen die weiblichen kurzgestielte und nach aussen gekrümmte Staubblätter (Fig. 1916 h) und im Gegensatz zu dem tonnenförmigen, mit rundem Keimporus versehenen echten Zwitterblütenpollen solchen von rundlich kugeliger Form, an dem der Porus in der Regel fehlt. Nach Rathay, Morágyi, Booth, Viala u. a. soll dieser Pollen keimunfähig sein, während Gard durch Uebertragung auf fremde Rebensorten Keimerfolge erzielte. Männliche Zwitter sind scheinbar viel seltener und weisen einen stark zurückgebildeten Fruchtknoten auf, an dem sowohl der Griffel, als auch die Narbe in der Regel fehlt.

Zu Rathay's Darstellungen (Die Geschlechtsverhältnisse der Reben) hatte Paul Steingruber[1]) die Freundlichkeit, noch folgende neue Feststellungen mitzuteilen:

„Was die morphologischen Eigenschaften der verschiedenen Blütenformen unserer kultivierten Vitis vinifera betrifft, sind die Beobachtungen obigen Verfassers wohl eindeutig; bei meinen Beobachtungen in physiologischer Hinsicht jedoch stellten sich gegenüber Rathay's Behauptungen Differenzen heraus, die bei den einzelnen Sorten der kultivierten Rebe mit Bestimmtheit die seinerzeitigen Beobachtungen widerlegen. Aus meinen Beobachtungen (die bei den einzelnen Sorten noch nicht ganz abgeschlossen sind) kann ich jetzt schon mit grosser Wahrscheinlichkeit schliessen, dass die mit den Ausdrücken „androdynamisch=fertil und gynodynamisch=fertil" bezeichneten Eigenschaften von Sorten nicht auf Richtigkeit beruhen und daher eine Abänderung der von Rathay getroffenen Einteilung notwendig erscheint.

Hiefür einige Beispiele meiner Beobachtungen:

Adlerkralle	trägt Früchte mit keimfähigen Samen bei Selbst= resp. Nachbarbefruchtung
Eicheltraube weiss .. {	″ ″ ″ ″ ″ ″ ″ ″ ″
	″ ″ ″ ″ ″ ″ Bestäubung mit Pollen der Kornell= kirschentraube
Eicheltraube blau ..	″ ″ ″ ″ ″ ″ Selbst= resp. Nachbarbefruchtung
Geistude weiss ...	″ ″ ″ ″ ″ ″ Selbst= und Nachbarbefruchtung
Kornellkirschentraube .	″ ″ ″ ″ ″ ″ ″ ″ ″

und viele andere Sorten mehr.

Die Versuche und ihre Resultate beweisen also, dass zum Mindesten eine Menge Sorten, die Rathay als ‚weiblich' bezeichnet, dies nicht sind.

Ein drastisches Beispiel ist Damaszener spätweiss, den ich nun schon 2 Jahre beobachte. Die Blüten waren gegen Fremdbestäubung unbedingt geschützt. Das Verblühen ging bei den meisten Blüten so vonstatten, dass das Mützchen an seiner Ansatzstelle abriss, auf dem Fruchtknoten resp. auf der Narbe sitzen blieb, dort vertrocknete und dadurch die Antheren direkt an die Narbe anpresste. Die Trauben erreichten im Durchschnitt ein Gewicht von zirka 1½ kg und zeitigten keimfähige Kerne. Ich bin überzeugt, dass bei diesen Sorten (Damaszener hat seine Heimat im Orient) nur das Klima eine Rolle spielt. Bei einem Damaszener frühweiss, der typisch zurückgebogene Filamente besitzt, konnte ich an isolierten Blüten Selbstbefruchtung beobachten. Eine andere Tatsache widerlegt Rathay ebenfalls: .... Kastrierte Gescheine wurden mit Pollen von Sorten bestäubt, die angeblich nicht keimfähig sind. Das Resultat setzt mich ausser Zweifel, dass der Pollen dieser Vatersorten befruchtungsfähig ist. Aus allen diesen Beobachtungen lässt sich mit Sicherheit der Schluss ziehen, dass eine „weibliche" Sorte von Vitis vinifera im Sinne von Rathay nicht existiert, weshalb die Annahme von „weiblichen Sorten" dort nicht mehr berechtigt erscheint." — Die in der Regel festzustellende Abwesenheit reiner Zwitterblüten bei der Wildrebe, sowie andererseits die Tatsache, dass die Kulturreben durch Mittelformen männliche Blüten und sowohl männliche als auch zwitterige Stöcke bisweilen die Mittelformen der intermediären Blüten hervorzubringen vermögen, glaubt Rathay dahin deuten zu können, dass die Zwitterblüten aus männlichen Blüten hervorgegangen und die zwitterigen Kulturrassen unter dem Einfluss der Kultur aus männlichen Stöcken der Wildrebe hervorgegangen seien. — Ein weiterer trennender Unterschied liegt darin, dass die Wildrebe einen Dimorphismus der Laubblätter aufweist und zwar besitzen die männlichen Stöcke ziemlich tief eingeschnittene, buchtig gelappte Spreiten, die weiblichen hingegen ungelappte oder doch wenigstens nicht tief gelappte. Ob sich sonst an den Laubblättern ein Unterschied gegenüber der Edelrebe findet, scheint recht zweifelhaft. Zwar glaubte z. B. Kolenati auf seinen in den Jahren 1843 bis 1844 durchgeführten Reisen im Kaukasus und in Transkaukasien zwei durch die Behaarungsverhältnisse deutlich unterschiedene Wildformen (Vitis vinifera A. anebophýlla und B. trichophýlla) festgestellt zu haben, von denen sich die von ihm in jenen Gebieten unterschiedenen 43 Kulturformen zwanglos ableiten lassen sollten. Jedoch konnte sich Krause

---

[1]) Es sei Herrn Paul Steingruber, Assistent an der staatlichen Rebenzüchtungsstation an der Bundes=Lehr= und Versuchsanstalt für Wein= und Obstbau, Klosterneuburg bei Wien, auch an dieser Stelle für die Mitteilung der oben mitgeteilten neuen Tatsachen, die in nächster Zeit in einer grösseren Arbeit erscheinen werden, gedankt, ebenso Herrn Hofrat Prof. Dr. L. Linsbauer, Direktor jener Anstalt, der die Vermittlung übernahm.

(Naturwissenschaftliche Wochenschrift. Bd. XI, N. F., 1911), der einen Teil des Kolenatischen Materials nachprüfte, den Auffassungen jenes Forschers nicht anschliessen, sondern erklärt die von ihm gesehenen Belege eher als mendelnde Nachkommen zweier Sippen, die möglicherweise von Kulturformen abstammen. Dass tatsächlich Verschleppungen von Edelkernen leicht vor sich gehen können, ergibt sich z. B. aus den Berichten von Kolenati selbst, wenn er schreibt, dass Bären und andere wilde Tiere (u. a. zahlreiche Vögel [nach Pallas besonders der Grünspecht]) die Weinberge der Eingeborenen plündern und sich nach dem Frasse in ihre entlegenen Waldverstecke zurückziehen. Im Mittelmeergebiete kommt namentlich Wildschweinen eine Rolle zu, in Mitteleuropa der Weindrossel, dem Rebhuhn, Staren usw., gelegentlich auch dem Fuchs und Dachs (vgl. pag. 398).

In ihren Lebensbedingungen sind die beiden Formenkreise (wenigstens in Mitteleuropa) in einigen Punkten ziemlich verschieden. Die Kulturformen sind im allgemeinen nur insofern gegenüber der Bodenunterlage wählerisch, als sie steinigen, von Feinerde untermischten Boden verlangen, der nicht verschwemmt werden kann, gut durchlüftet ist und sich leicht erwärmt. Daneben erfordern sie aber einen hohen Lichtgenuss. Die Wildform hingegen besiedelt lichtere Auenwälder mit stets ± feuchtem Boden. Besonders üppig wächst sie in den Pappelauen der Donauinseln, wo sie in Gruppen den von Weiden, Rhamnus cathartica, Frangula Alnus usw. gebildeten „Dickichten entsteigt und sich mit oft armstarken Stämmen bis in die höchsten Baumwipfel emporschwingt (Fig. 1917), bald umfangreiche Lauben von Stamm zu Stamm wölbt, bald über Gesträuch und Hecken, wandartig herabfallend, zu weitläufigen Zelten sich aufbaut und im Herbste, vom Goldgelb bis in tiefstes Purpurrot verfärbend und mit oft hunderten blauer Trauben geschmückt, ein Bild stiller Grösse darbietet". Im Prater bei Wien finden sich Stämme, die die Dicke eines Mannesschenkels besitzen, daneben Stümpfe mit noch grösserem Ausmasse. Als verwilderte Abkömmlinge der Kulturrebe können diese Wildlinge, abgesehen von den systematischen Unterschieden, nicht betrachtet werden, da die Edelrebe nur sehr selten und stets nur in nächster Nachbarschaft von Kulturen verwildert. Dasselbe gilt auch für die vielumstrittenen „Urreben" des Rheintals, für deren Ursprünglichkeit bereits Hieronymus Bock, späterhin auch Gmelin (1806) und J. P. Bronner (1857) eingetreten sind. Letzterer hat besonders darauf hingewiesen, dass die Rebe von Mainz rheinabwärts bis Bonn, einer 200 km langen Strecke mit mehr als 800-jähriger Weinkultur, in den Auenwäldern fehlt, eine so auffallende Erscheinung, die darauf hindeuten dürfte, dass die Oberrheinischen Reben wirklich „Urreben" sind. Ueber Samenuntersuchungen scheinen noch keine Veröffentlichungen vorzuliegen. Jedenfalls steht aber auf Grund der Donaureben fest, dass die Wildrebe auch in Mitteleuropa heimisch ist.

Gegen diese, sowie überhaupt gegen die europäische Heimatberechtigung haben sich — besonders ehe das reiche, fossile Material aufgefunden worden war — namentlich die Historiker, z. T. aber auch Botaniker ausgesprochen. Man suchte die Heimat in Vorderasien, in erster Linie in den Gebieten südlich vom Schwarzen Meer (De Candolle z. B. in Armenien) und nahm an, dass die Rebe, dem ostwestlichen Zuge der Kultur folgend, unter der Vermittlung semitischer Völker nach Europa gelangt sei. Die Frage war übrigens schon im Altertum angeschnitten worden. Während die Griechen in ihren meist allegorischen Sagen die Rebe als natürliche Gabe des Landes voraussetzen und die Heimat dort an verschiedenen Orten suchen (z. B. in Böotien, wo ein Hund dem Oresteus das Stammende eines Weinstockes gebar, das vergraben zu einer reichfruchtenden Pflanze erwuchs), treten die Römer zumeist für eine indische Abstammung ein. Gegen diese Auffassung wendet sich wiederum Strabo, indem er erklärt, die Rebe sei von jeher in den verschiedenen weinbauenden Ländern vertreten gewesen. Die Ursachen dieser Widersprüche erklären sich zum guten Teile daraus, dass bis in die neuere Zeit hinein zwei Problemgruppen miteinander verquickt worden sind, die getrennt behandelt, verschiedene Ergebnisse zeitigen müssen: einesteils die sich an den Weinstock als solchen anschliessenden (oben behandelten) Fragen, andernteils die Fragen nach der Herkunft und der Ausbreitung der Weinkultur.

Dass die fleischigen Trauben der Wildrebe schon von den Menschen primitivster Kulturstufe gesammelt und genossen wurden, bedarf keiner Erörterung, ist auch später aus der Römerzeit, aus der Krim und Kolchis (meist zur Bereitung von medizinischen Weinen) verbürgt und gegenwärtig noch in Niederösterreich, Bosnien, im Kaukasus und in den Ländern südlich vom Schwarzen Meer üblich. Ebenso steht infolge der leichten Vergärbarkeit der Weinbeeren fest, dass die Bereitung des Mostes eine uralte Errungenschaft sein muss. Damit waren aber alle Vorbedingungen gegeben, die eine Weinkultur einleiten konnten. Wenn gegenwärtig bei orientalischen Völkern die Reben meist zum Zwecke der Bereitung von Traubenhonig (eingekochtes Beerenfleisch), dem Dips der Araber, und von Traubenkuchen (bereitet durch Zusatz von Mehl und Trocknen in dünnen Lagen an der Sonne), ferner auch zur Gewinnung von Rosinen und Korinthen gezogen werden, so sind diese Zweige der Verwendung zum grossen Teile erst in viel späterer Zeit zu der ausschlaggebenden Bedeutung gelangt. Ist doch der Weingenuss im Orient erst durch den Islam verboten worden [1]) und eine umfangreiche Rosinen- und Korinthenkultur erst aus dem Mittelalter bekannt.

---

[1]) Der Weingenuss ist in der 5. Surre mit den Worten verboten: „Der Teufel bedient sich des Weins (und des Spiels), um in Euch das Feuer der Zwietracht zu nähren und Euch zu verführen, Gottes und des Gebetes zu vergessen". Allerdings werden die Gläubigen dadurch nicht abgehalten, andere Spirituosen zu geniessen und unbedenklich den Champagner zu trinken, weil er nicht „Wein" heisst.

Auf Grund vergleichender Sprachuntersuchungen des mit der Weinkultur zusammenhängenden Sprachschatzes sind O. Schrader (Reallexikon des indogermanischen Altertums, 1901) und Viktor Hehn zu dem Ergebnis gelangt, Vorderasien als die Wiege der Weinkultur anzusehen. Nach Joh. Hoops (Waldbäume und Kulturpflanzen im germanischen Altertum, 1905) steht das hohe Alter des Weinbaues in Aegypten insofern mit dieser Theorie vom indogermanisch-vorderasiatischen Ursprunge (G. Schweinfurth [Verhandl. der Berliner Anthropolog. Gesellschaft. Bd. XXIII, 1891] tritt allerdings für eine Einwanderung aus Nordsyrien zusammen mit dem Getreide und dem Lein ein) in einem gewissen Widerspruch, als selbst die ältesten etwa bis 3500 vor Christus zurückreichenden Daten eine seit langer Zeit heimische Rebkultur voraussetzen und dadurch auf eine selbständige Entstehung in prähistorischer Zeit hinweisen. Ueberliefert sind Wandmalereien in Gräbern und Tempeln, welche die Kultur des Rebstockes in sorgsam gepflegten, von Holzgabeln oder von Holzsäulen getragenen Lauben, das Austreten mit den Füssen, das Pressen in Tüchern, das Filtrieren des Saftes wiedergeben. Den Saft liess man in grossen, zweihenkligen, unten spitzen Krügen, die den griechischen und römischen Amphoren durchaus ähnlich sind, gären. Ueber die Trinksitten, die mit dem Weine zusammenhängenden Kultgebräuche und die Beziehungen der Rebe zur ägyptischen Kunst vgl. F. Woenig (Die Pflanzen im alten Aegypten, 1886) und Erman (Aegypten und ägyptisches Leben, 1885). Etwas jünger als der ägyptische Weinbau dürfte der der Phönizier, Assyrer und Semiten sein. Bildliche Darstellungen des Weins finden sich z. B. auf den Baudenkmälern der Babylonier und der den Israeliten in Palästina vorangehenden Hettiter. Der Genesis zufolge pflanzte Noah den ersten Weinberg. Wein wird dann als Gabe des Melchisedek an Abraham sowie in dem Segen Isaaks und der Weissagung Jakobs erwähnt. Auch sonst gilt Palästina in der Bibel als ausgezeichnetes Weinland und schon die Kundschafter von Moses brachten eine grosse Traube vom Bache Escol als Beweis der Fruchtbarkeit des Landes. Alte Weinkelter finden sich in Vorderasien überall in Fels erhalten. Sie bestanden aus einer flachen, aus dem Fels gehauenen Wanne und darunter einer vertieften Kufe zum Auffangen des in der Wanne ausgetretenen Saftes. Auf alten Münzen erscheint die Traube als Symbol von Palästina, und es galt dem Volke Israel als das Ideal, friedlich unter seinem Weinstock und Feigenbaum sitzen zu können (Warburg).

Im griechischen Kulturkreise sind als erste Anzeichen der Weinbereitung vielleicht die Wildkernfunde von Troja anzusprechen, während die ersten Edelkerne erst in den etwa 1700 bis 1500 v. Chr. anzusetzenden Schichten von Orchomenos aufgefunden worden sind[1]). Sicher verbreitete sich aber die Kultur sehr rasch, wie die zahllosen Sagen und Mythen, ebenso die Bilder auf Münzen[2]) der Griechen beweisen. So bewirtet der Schweinehirt Eumäos Odysseus auf Ithaka mit Wein. Als Spender der Rebe und als Gründer des Weinbaues galt neben Oenopios, Eumolpos, Kekrops und Ikarios namentlich der aus Kleinasien übernommene Gott Dionysos, der nach dem Lärm und Jubel seiner Feste auch Bacchos, Bromios, Euios und Euan oder Lenaeos bezw. Lyros oder Iakchos genannt wurde[3]). Sein Kult kam besonders in dem weinberühmten Thracien zu hohem Ansehen. Von dort aus lässt auch Homer täglich weinbeladene Schiffe nach Troja zum Lager der Hellenen kommen; dort erhält Odysseus von Maron, dem Priester des ismarischen Apollo, den köstlichen Trunk, mit dem er den Cyklopen Polyphem trunken macht, usw. Die Verbreitung der Kultur wird in der Sage des Oenopios und seiner Sippschaft dargestellt, die von Kreta auszieht und über Naxos und Chios (zwei heute noch durch vortreffliche Weine bekannte Inseln) in den verschiedensten Verzweigungen in neue Landstriche einwandert. Die Kultur der Rebe schildert Homer an dem Prunkschild des Achilles, der das Bild eines Weinberges enthält, in welchem Winzer und Winzerinnen bei fröhlicher Traubenlese beschäftigt sind. Auf Kreta wurden die Kulturen in Form von Kreuzgängen im Sinne der Windrose angelegt und namentlich mit pomeranzgelbem, süssem Weine bepflanzt. Daneben fanden sich auch tiefrote bis fast schwarze Weine, die gelegentlich auch von Frauen zum Schreiben von Briefen benützt worden sein sollen. Berühmt als Weinländer waren neben dem Peloponnes und dem übrigen Festlande der Griechenland umziehende und bis Kleinasien streichende Inselkranz: Kreta, von dem manche den Weinbau abstammen lassen, Euböa, auf welchem der Weinstock in einem Tag blühen und reifen sollte, Lesbos, Chios, Lemnos, Naxos, Kos, Rhodos, Ikaria,

---

[1]) Wie vorsichtig man mit der Fällung eines als gesichert zu bezeichnenden Urteils auf Grund der zumeist an Zahl geringen Kernfunde sein muss, zeigt folgende Berechnung von Stummer über die Zahl von Kernen, die bei der Weinbereitung zurückbleiben. Bei der Kulturrebe enthalten 1 kg Trauben etwa 1226 Kerne, und da für die Herstellung von 1 hl Wein etwa 180 kg Trauben benötigt werden, so finden sich in den Pressrückständen rund 210 000 Kerne. Bei der Verwendung von Trauben der Wildrebe erhöht sich die Kernzahl auf 2 180 000! Hält man dieser ungeheueren Zahl die überaus spärlichen Fundzahlen in prähistorischen Stationen entgegen, so kann man sich des Eindrucks nicht erwehren, dass die wilden Trauben nur in frischem Zustande genossen wurden.

[2]) Vgl. Bernhard, Otto. Pflanzenbilder auf griechischen und römischen Münzen. Zürich, 1924.

[3]) Die Perser verehrten als Gründer des Weinbaues den König Dschemschid (angeblich 1200 Jahre vor Salomo), die Inder die Gottheiten Prithu und Šiwa oder Man-Sotti-Wrata, die Chinesen Fohhi (um 3000 v. Chr.).

Thasos, Cypern, Kerkyra (das heutige Korfu), wo blühender und fruchtender Wein gleichzeitig anzutreffen ist, usw. Ueberall verdrängte der Wein den älteren Meth-Trank aus Honig. Nach Italien scheint die Weinkultur erst durch Vermittelung der Griechen gelangt zu sein (P. Weise spricht sich allerdings gegen eine Uebertragung aus Griechenland aus!), da die 13 auf das Neolithikum und auf die Bronzezeit entfallenden italienischen Rebfundstellen nie mit Sicherheit Kerne von Edelreben ergeben haben. Zwar leitet sich der Name des Weines, vinum, von dem griechischen οἶνος [óinos] ab, das freilich wiederum von dem hebräischen ja'in und dem arabischen wain stammt. Helbig (Die Italiker in der Poebene, 1869) hebt hervor, dass irgendwelche auf Kelterbetrieb deutende Einrichtungen in den Terramaren der Emiglia fehlen. Doch berechtigt deren Abwesenheit noch zu keinen endgültigen Schlüssen, wie einesteils die oben angedeutete ägyptische Weinbereitung, andernteils auch die Mitteilung von K. Koch (Die Bäume und Sträucher des alten Griechenlands, 1884) beweist, wonach noch 1836 in der Kolchis Most in ausgehobenen und mit Schieferplatten abgedeckten Erdlöchern bereitet wurde. Erst in der der Eisenzeit angehörenden Fundstelle von Fontinellato in Oberitalien, also zu einer Zeit, als die Handelsbeziehungen zwischen den Mittelmeervölkern sich bereits reger zu gestalten begannen, im 9. und 8. Jahrhundert ägyptische Skarabäen und Götterfiguren nach Etrurien gelangten und im 7. Jahrhundert Italien von phoenizischen Waren überschwemmt wurde, scheinen die ersten echten Edelrebkerne aufzutreten. Dass der Wein nicht allen italischen Stämmen bekannt war und ihnen, wenigstens z. T. von den Griechen gebracht wurde, ergibt sich aus dem Berichte Pindars: als die Pheren die männerbezwingende Kraft des süssen Weines kennen lernten, stiessen sie die weisse Milch vom Tische, tranken den Wein aus silbernen Hörnern und irrten dann willenlos umher. Die Kultur fand willig und rasch Aufnahme und soll bereits frühzeitig zum starken Rückgang der italienischen Wälder geführt haben. Im 5. Jahrhundert bezeichnet Sophokles Italien bereits als das Lieblingsland des Bacchus. In der zweiten Hälfte der römischen Republik und der sich anschliessenden ersten Hälfte der Kaiserzeit stand der Weinbau im römischen Reich auf seinem Höhepunkt und griff mit Tausenden von Fäden in das Kulturleben ein. Man zog den Wein in zahlreichen Sorten und in mannigfachen Methoden. Beliebt waren vor allem die Weine aus Campanien wie der Falerner (Horaz, Catull), Faustiner, Setiner (der Lieblingswein des Augustus), Formianer, Puciner, Tarentiner, Messalier, Massiker, Calener, Cäkuber und Sorrentiner, dann die Sabiner-Weine in Etrurien, der Marmetiner aus Sizilien, der Tiburtiner, Picener usw. In Süditalien (Oinotria) pflegte man die Reben (wie schon Herodot berichtet) wie im alten Aegypten an Pfählen zu ziehen (Οἰνωτρία [Oinotria] = Weinpfahl; also Land der Pfähle); in Etrurien und in der Campagna rankte der Wein an Bäumen (Ulmen, Maulbeerbäumen) in die Höhe, im Brundisischen an dachartigen Spalieren an Stangen und Stricken, in Massalia und in Spanien wuchs er mit kurzem Stamm und ohne Stütze; in Kleinasien und Afrika pflegte man ihn am Boden kriechend zu halten. In Ravenna war der Wein billiger als Wasser. Rebenreich war auch die Landschaft Picenus, wo Hannibal die kranken Pferde seines Heeres mit Wein heilen liess. Berühmt waren die vina Rhaetica, die Weine aus dem Veltlin und Südtirol, denen Virgil nur noch den Falerner vorzog. Den nicht nur kriegs-, sondern auch geschäftstüchtigen Römern konnte es, wie Cato sehr treffend hervorhebt, nicht entgehen, dass von allen Bodenkulturen der Weinbau der vorteilhafteste sei und als Folge davon wurde namentlich Italien in ausgedehntestem Masse ein Weinland, in welchem sich das Verhältnis der Rebenzucht zum Kornbau dergestalt wandelte, dass diese Halbinsel Wein aus- und Getreide einführen musste. Der Wein wurde häufig in ausgepichten, mit Salzwasser ausgeschwenkten Gefässen hergestellt, der entstehende Most geharzt (mit dem Harz der Aleppokiefer), geräuchert oder bis zu $^4/_5$ seines Umfanges eingedickt und mit Eiweiss und Salz geklärt. Die Aufbewahrung geschah teils in sehr grossen tönernen Gefässen, Amphoren oder Dolcen, oder aber in grossen, mit Pech gedichteten Schläuchen aus Ziegenbocksfellen (die Holzfässer lernten die Römer erst in Gallien kennen). Diese Behälter wurden geräuchert und z. T. auch mit allerlei Beigaben wie Mandeln, Fichtennadeln, Wermut, Ysop, Niesswurz, Enzian, Myrtenbeeren, Lorbeer, Wacholder, Therebinthus, Kalmus versetzt. Diese Essenzen wurden zum Gebrauch mit Wasser oder Jungweinen gemischt und zeichneten sich durch einen bitter-herben Geschmack aus. Zur Würzung benutzte man auch Weinblüten und getrocknetes Weinlaub, sowie eine Oenanthe-Art. Uebrigens wurde im alten Rom der Wein stets mit Wasser gemischt getrunken; diese Nüchternheit schwand dann allerdings mit dem Absterben der Republik. Frauen war der Weingenuss überhaupt verboten. Wie Cato berichtet, wurden diese von ihren Angehörigen geküsst, um sich zu überzeugen, ob sie nicht aus dem Munde nach Wein röchen. Uebrigens waren bereits in der Kaiserzeit neben zahlreichen italischen Weinsorten (gegen 60) auch importierte Weine aus Griechenland (vor allem von den Inseln Lesbos und Chios) und sogar aus Aegypten geschätzt. So berichtet Plinius, dass anlässlich eines Gastmahles bei Cäsar 4 Sorten Wein aufgestellt wurden und zwar Falerner, Chier, Lesbier und Mametiner (letzterer von Messina auf Sizilien). Der Falerner war so alkoholisch, dass er mit Flamme brannte. Der Export bewegte sich in grossen Mengen bis nach Indien und Germanien; die Weingüter warfen bedeutende Gewinne ab; die Nachfrage war stets grösser als die Vorräte. Zudem suchte man den Weinbau auf alle mögliche Weise auf die Halbinsel zu monopolisieren. Unterjochten transalpinen Völkern z. B. wurde die Anlage von Weinbergen verboten. Bei Getreide-Missernten wurde mehrfach die Verminderung der Weinberge ausserhalb Italiens angeordnet, zuletzt vom Kaiser Domitianus, wozu Cicero ironisch bemerkt: „Wir aber, die gerechtesten Menschen, lassen die Menschen jenseits der Alpen Oelbaum und Rebe nicht pflanzen, damit unsere Oelgärten, unsere Weinberge höher im Werte seien. Womit wir denn, wie man von uns sagt, klug, aber nicht gerecht handeln". Wie G. Tudichum (Traube und Wein in der Kulturgeschichte, 1881) ausführt, ist diese Art von Staatsweisheit auch den Chinesen, Portugiesen, Spaniern und im Mittelalter dem König Karl IX. von Frankreich nicht unbekannt gewesen, welch' letzterer im Jahre 1577 nach einem Getreidemisswachs $^2/_3$ aller Weinstöcke in Guayenne ausrotten liess. Trotzdem konnten der Ausdehnung des Rebbaues keine dauernden Schranken gesetzt werden.

Für das westliche Mittelmeerbecken sind die geschichtlichen Unterlagen spärlich. Es mag die Verbreitung der Rebkultur auch dort im engsten Zusammenhang mit der kolonisatorischen Tätigkeit der Phoenizier, als auch der der Griechen stehen, z. T. vielleicht selbständig vor sich gegangen sein. Karthago besass einen ausgebildeten Weinbau und in dem unheilvollen Staatsmanne Mago einen Fachmann, der uns Mitteilungen über die Behandlung der Rebe hinterlassen hat; im heutigen Marokko, selbst auf Madeira kannte man ihn. Nach Massalia (Südfrankreich) und Spanien gelangte er der Ueberlieferung zufolge im 6. Jahrhundert vor Christus durch ionische Griechen aus Phokaia in Kleinasien. Jedenfalls führen die Anfänge dieses später so wichtigen landwirtschaftlichen Zweiges in den westlichen Mittelmeerländern nicht auf die Römer zurück, wurden aber von diesen später ausgebaut und vervollkommnet. Durch diese wurde der Weinbau zunächst in Gallia Narbonensis gefördert, später im Rhonetal aufwärts. Durch Cäsars Eroberungszug fand er einen weiteren ungeahnten Aufschwung und gelangte um jene Zeit sogar bis nach England, an den Rhein und wahrscheinlich bis an die obere Donau. Nachrichten von Plinius und Columella aus dem ersten Jahrhundert der Kaiserzeit schildern Gallien bereits als ein Italien gefährliches Weinland, das seine eigenen Trauben- und Weinsorten besitze und solche bereits in das Mutterland ausführe. Diese Ausdehnung beruht nicht zum geringen Teile darauf, dass die Weine, selbst wenn man sie nach damaliger Sitte oft räucherte, einkochte und mit allerhand Gewürzen verdickte, die lange und unruhige Beförderung zu den jahrelang von der Heimat abwesenden Legionen nur schlecht überstehen und dann dem verwöhnten Gaumen mancher römischer Führer und Söldlinge nicht mehr munden mochten, so dass man logischerweise auf den Gedanken verfiel, die Rebe in der Nähe der militärischen Befestigungen selbst zu pflanzen. Auch die Kaufleute jener Zeit mögen die Vorteile solcher vorgeschobener Kulturen zu würdigen gewusst haben. Die gallischen Reben zeichneten sich durch eine grosse Widerstandsfähigkeit gegen die Witterungs-einflüsse aus, waren beerenreich und lieferten beträchtliche Mengen von Most. Dabei waren sie aber in ihren Sorteneigentümlichkeiten noch wenig gefestigt und arteten leicht aus. Die Burgunderrebe tritt als Arverner (Auvergne), Sequener, Helvier (Viviers), Allobroger, als Wein von Vienna (an der Rhône) und von Baeterrae (Frontignac) auf. Manche Sorte kommt in Italien schlecht fort, bleibt dort klein und fault leicht; die Lieblich-keit des Allobrogers wechselt ihre Eigenschaften bei Einführung in andere Landstriche. Ausonius rühmt die Weine der Medulli (Médoc).

Wann die Rebkultur den Rhein erreichte und wie weit sie ihn und auch die Donau überschritt, entzieht sich in den feineren Einzelheiten unserer Kenntnis. Vermutlich aber fanden sich die ersten Anlagen am Rheine schon 100 Jahre vor der Regierungszeit des Kaisers Probus (276 bis 288) vor (vgl. hierüber Weise, P. Beitrag zur Geschichte des römischen Weinbaues in Gallien und an der Mosel. Hamburg, 1901). Völlig aus-geschlossen dürfte es auch nicht erscheinen, dass die römischen Weinberge bis an den Limes getragen wurden, der sich von unterhalb Koblenz über den Taunus, die Miltenburg a. M. und Lorch an der Rems nach Kelheim zog und damit das jetzige badische und württembergische Weinbaugebiet, das alte Dekumanenland, umfasste. Allerdings hebt Bassermann-Jordan hervor, dass die berühmtesten Weinlagen des rechtsrheinischen Rheingaues nachweislich erst mehrere Jahrhunderte nach der Römerherrschaft bepflanzt wurden und dass bei der anerkannten Fähigkeit der Römer, geeignete Gelände ausfindig zu machen, diese Tatsache zum mindesten gegen einen römischen Weinbau im Rheingau spricht. Den Germanen selbst war der Weinbau unbekannt. Selbst Kerne der wilden Rebe sind bisher nicht auf deutschem Boden aufgefunden worden, wie überhaupt Reste des Weinstocks aus prähistorischen Niederlassungen, wie oben gezeigt, im nördlicheren Europa sehr selten sind. Allerdings deuten die Edelkernfunde von Auvernier und St. Blaise am Neuenburgersee wahr-scheinlich auf eine vielleicht örtlich beschränkte Rebkultur an den milden Seeufern am Alpenrande.

Einen starken Schützer und Förderer erhielt der deutsche Weinbau durch den mächtigen, späterhin zum Schutzheiligen und Spender der Rebe für Germanien erhobenen Kaiser Probus. Die Mitwirkung dieses Herrschers mag sich allerdings darauf beschränkt haben, dass er durch seine Siege mindestens auf der linken Rhein-seite neues Vertrauen für die Sicherheit des Landes schuf, Neuanlagen von Weinbergen in jeder Weise unterstützte und mancherlei wertvolle Anregungen ergehen liess. Dass entgegen den Anschauungen von Pauli u. a. der Weinbau bereits unter der römischen Besetzung am linken Rheinufer blühte, ergibt sich mit Sicherheit aus den vielen Funden von Gefässen, die als Totengabe gedient haben und Rebenkerne bergen, ferner aus den zahl-reichen aufgefundenen römischen Winzergeräten, insbesondere Kärsten und Winzermessern (Sesel), der Auffindung (im Jahre 1853) eines römischen Weinberges an der Ahr, aus der noch heute im pfälzischen Weinbaugebiet gepflegten typisch römischen Kulturart des Rahmen- und Kammerbaues (vínea jugáta, cámera). In Oberaden im Kreis Hamm in Westfalen fand man bei Ausgrabungen bis über 2 m hohe Weinfässer, an anderen Stellen Münzen der Kaiser Valerianus (253 bis 260), Gallienus, Postumus (dessen Portrait zeigt einen echt bacchantischen Charakter!) sowie zahlreiche Gefässe mit bezeichnenden Trinkinschriften („bibas multos annos, vivamus, da vinum"). Erwähnenswert ist auch die Etymologie verschiedener den Weinbau betreffenden deutschen Worte (die Ableitung ist zwar nicht immer ganz sicher), die auf eine römische Herkunft hinweisen, so Wein vom lateinischen vínum, Trichter von trajectórium, Most von mústum, Leier von lóra, Kufe von cúpa, Keller von cellárium, Kelter von calcatórium, Schemel (in der Pfalz gebräuchlich) von scamméllum, Winzer von vinítor, Rahmen von rámex, Pfahl von pálus usw. Dass das Moselgebiet seinen Weinbau bereits zur Römerzeit besass, geht unzweideutig aus der Dichtung „Mosella" von Decius Magnus Ausonius hervor, der von Kaiser Valentinian I. (364 bis 375) um 365 von Bordeaux (Burdígala) als Erzieher des Prinzen Gratianus (375 bis 383) nach Trier berufen wurde. Auch diese beiden zuletzt genannten Herrscher haben auf den Weinbau einen bedeutenden Einfluss ausgeübt, und wenn letzterer 378 die Weinausfuhr zu den barbarischen Völkern verbot, um diese nicht in das römische Reich zu locken, so mag darin ein Beweis für den blühenden Weinbau selbst an den äussersten Grenzen des Kaiserreiches erblickt werden. Wesentlich fördernd für die Ausdehnung hat ferner jedenfalls auch die Anlage von Strassen gewirkt, von denen eine Rheinstrasse von Strassburg (Argentoratum) über Lauterburg, Rheinzabern (Tabernae), Speyer (Nemetae), Worms (Vangiones), Oppenheim nach Mainz (Moguntiacum) führte, während eine zweite (eine Bergstrasse) von Strassburg über Concordia (vermutlich bei Weissenburg), Neustadt a. H., Deidesheim, Dürkheim, Grünstadt und Alzey nach Bingen leitete. Hinsichtlich der Wahl von Orten für die Anlagen von Rebbergen zeigten die Römer längs dieser Strassen ein grosses Verständnis, wie zahlreiche von ihnen stammende Funde in der Hoheburg (der besten Lage Ruppertsbergs) und deren Umgebung, im Deidesheimer Kränzler, bei Ungstein und vielleicht auch in Neustadt beweisen. Die Völkerwanderung brachte der rheinischen Weinkultur zwar schwere Schädigungen, aber keineswegs eine Vernichtung, da das Kriegsziel der einbrechenden Stämme ja nicht auf eine Verwüstung, sondern auf einen Erwerb von Wohnsitzen und Anbauflächen gerichtet war. Unter der Herrschaft der Merowinger wurde der Weinbau wieder in vielerlei Weise gefördert. Auf der Tötung eines Winzers stand ein besonders hohes Wergeld. Auch wurde der Wein unter die Naturalabgaben gestellt. Unter den Karolingern erfolgte eine starke Erweiterung des Weinbaugebietes. Pipin verlieh nicht nur Weinberge, sondern auch Gelände, das dieser Bestimmung erst zugeführt werden sollte. Karl der Grosse liess Musterwirtschaften anlegen, die ein Ansporn zu ähnlichen Schöpfungen wurden. Er sorgte auch dafür, dass der Wein unter das Volk kam. Nach dem Capitulare de villis (812) mussten auf jedem seiner Weingüter wenigstens drei Strausswirtschaften betrieben werden, die durch das Aushängen von Kränzen (corónae de racémis) zu bezeichnen waren. Allerdings wurde dort nur der geringere Wein verschenkt, während die guten Sorten an die Hofhaltung gingen. Die Capitulare untersagten es auch, die Trauben beim Keltern mit den Füssen auszutreten, weil dies unsauber sei. Bassermann-Jordan gibt für die weitere Pfalz bereits etwa 75 um jene Zeit urkundlich festgelegte Weinorte an, für das Elsass zwischen den Jahren 644 und 900 deren 119, bis 1300 172; von Rheinhessen werden 16 genannt (Bretzenheim 753), von der Mosel und Saar 5, von der Nahe 6, von Baden 17 (vgl. Dornfeld, J. Geschichte des Weinbaues in Schwaben, 1868, Nordhoff, J. B. Der vormalige Weinbau in Norddeutschland, 1893 und Heyne, M. Das deutsche Nahrungswesen). Albertus Magnus widmete dem Weinstock eine sehr eingehende Beschreibung. Ausserdem gibt er sehr genaue Vorschriften über seine Behandlung im Weingarten (vgl. Fischer-Benzon, Altdeutsche Gartenflora, 1894). Württemberg wurde eines der weinreichsten und weinberühmtesten Länder, von dem später ein alter französischer Ausspruch sagt: „Si on ne cueilloit de Stutgard le ruisin, la ville iroit se noyer dans le vin". Aus der Karolinger Zeit werden 766 aus dem unteren Neckartal erwähnt Biberach, Böckingen usw., aus dem Donautal Offingen, Unlingen usw. Im Taubergrund wird der Weinbau ursprünglich mit dem Fränkischen zusammenhängen. Der Rheingau, unter welchem Namen man gewöhnlich das Gebiet von Hochheim a. Main bis Rüdesheim bezw. Lorch versteht, scheint erst in der karolingischen Zeit den Weinbau erhalten zu haben, da die ältesten Urkunden noch keine Weinberge erwähnen und erst 838 von solchen bei Geisenheim sprechen; 864 wird das erstemal das berühmte Rüdesheim genannt. Von diesem erzählt die Sage, dass Kaiser Karl der Grosse von seiner Burg zu Ingelheim das frühzeitige Wegschmelzen des Schnees an jenem steilen Berge beobachtet habe und darauf seine Bepflanzung mit Reben befohlen habe, die aus Orleans bezogen worden seien. Richtiger scheint es nach Bassermann-Jordan, dass die ersten Anpflanzungen wohl in der Ebene vorgenommen worden sind, da die bekannte Berglage „Rüdesheimer Berg" nach glaubhaften Angaben erst viel später in Kultur genommen wurde. Auch die berühmtesten Rheingauer Weinlagen „Johannisberg" und „Steinberg" sind erwiesenermassen erst im 12. Jahrhundert angepflanzt worden. Aus anderen Gebieten des heutigen Regierungsbezirkes Wiesbaden werden bereits 8 Orte als weinbautreibend im 8. Jahrhundert genannt (Näheres hierüber Dahlen, H. W. Zur Geschichte des Weinbaues und Weinhandels im

Rheingau, 1896 und Reichelt, Beiträge zur Geschichte des ältesten Weinbaues in Deutschland). Im weinbauenden Franken geht die Einführung der Rebe wahrscheinlich auf christliche Sendboten und Klöster zurück und lässt sich urkundlich bis auf das Jahr 770 für Münnerstadt und Halsheim zurückleiten; 775 folgt Holzkirchen, 779 Klingenberg, 777 Hammelburg, 779 Heidingsfeld und Würzburg. Der Sage nach sollen die Begründer des fränkischen Weinbaues der ostfränkische Herzog Priamus (427 bis 444) und Sunno gewesen sein, während die Heilige Adelheid 745 zu Kitzingen den Grund zur Weinkultur legte. Auch das heute fast rebenlose Südbayern gehörte früher zu den Weinländern (vgl. Reindl, J. Die ehemaligen Weinkulturen in Südbayern im Jahresbericht der geographischen Gesellschaft in München, 1901/02). Vermutlich fanden sich schon zur Römerzeit an der Donau, wie Reindl aus den Ortsnamen Oberwinzer, Unterwinzer, Kelheim-Winzer und Hochwinzer zu schliessen berechtigt zu sein glaubt, Weinberge. Ob diese die Stürme der Völkerwanderungen überdauert

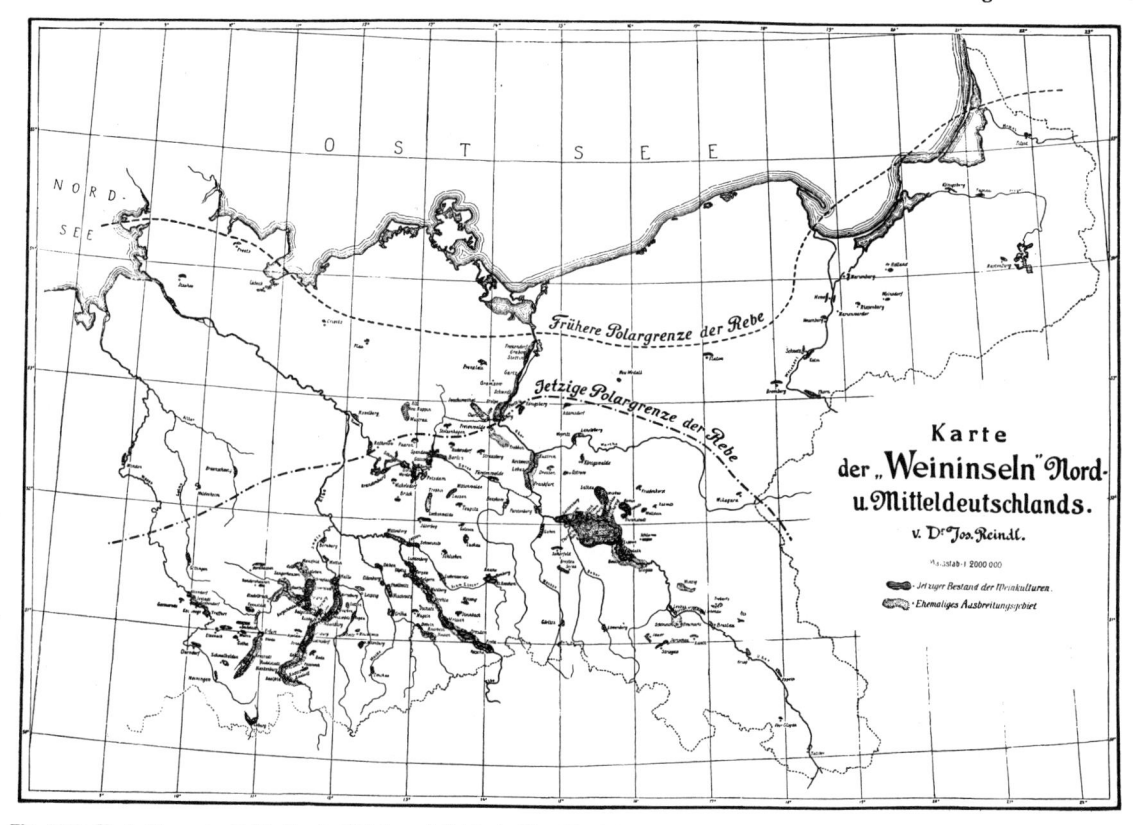

Fig. 1925. Verbreitung der Rebkultur in Mittel- und Ostdeutschland im Mittelalter und zu Beginn des 20. Jahrhunderts (nach J. Reindl).

haben, ist zweifelhaft. Jedenfalls hat später die Kirche wesentlich zur Ausbreitung der Rebe beigetragen und den Anteil der weltlichen Herren oft überflügelt. Klöster, Bischöfe und Orden umgaben ihre Siedelungen mit Weinbergen, deren Ertrag sie einesteils für ihre gottesdienstlichen Handlungen, anderseits zur Erhöhung ihrer eigenen Einkünfte und Genüsse verwendeten. Es füllten sich, wie Schwartz (Der Weinbau in der Mark Brandenburg, 1896) sagt, dann nicht nur die eigenen Kellereien, sondern auch diejenigen mancher anderer Kirchenpatrone und standen im Mittelalter wegen ihrer Fülle und manchen guten Tropfens in hohem Ruhm. Auch die märkischen Klöster haben keine Ausnahme gemacht. Selbst in Nonnenklöstern wurde Wasser nicht mit Leidenschaft getrunken. Als 1588 das Spandauer Jungfrauenkloster seine Besitzungen an Kurfürst Joachim II. gegen ein jährliches Deputat abtrat, versäumten die Nonnen nicht, sich die jährliche Lieferung von 6 t Wein (= 620 l) aus dem Klosterweinberg vorzubehalten. Im heutigen Bezirksamt Freising (Bayern) soll der Weinbau urkundlich bis 753 nachweisbar sein; als Schutzpatron gilt allgemein der heilige Corbinianus, der erste Bischof von Freising. In Niederbayern und in der Oberpfalz (Donau-Weinberge) gehen die Gründungen ebenfalls in die erste Hälfte des 8. Jahrhunderts zurück, besassen aber nur geringen Umfang. Erst im 11. Jahrhundert, nachdem die Einfälle der Hunnen noch viel Schaden angerichtet hatten, breiteten sie sich in bedeutendem Masse aus, erreichten besonders in Niederbayern und sonst im Bereiche der Donau weitere Ausdehnung und erhoben Bayern zum Weinland. Nordwärts erstreckte sich Rebgelände bis Nürnberg und Bamberg (vgl. Weber, H. Bamberger Weinbuch, 1884). Das Kloster St. Emeran in Regensburg, dem Hauptmittelpunkt des damaligen

Weinbaues, besass 47 Weinberge jenseits der Donau und längs dieses Flusses. Von den steilen Jura- und Gneisshängen stromabwärts bis nach Passau traten die Rebpflanzungen vielfach als Charakterzeichen des Landschaftsbildes auf. Die Wertschätzung des Getränkes, das im 14. und 15. Jahrhundert allgemein zu den täglichen Mahlzeiten gehörte und Aventin zu der Bemerkung Veranlassung gab: „Das Bayerisch Volk ist geistlich — hat auch viel Kirchfahrt — macht viel Kinder — sitzt Tag und Nacht bei dem Wein", ergibt sich auch daraus, dass man die Rebe auch in wenig günstigen Gegenden in Kultur nahm, wie am Chiemsee, Adelholzen bei Traunstein, bei Trostberg (Gemeinde „Weinberg"), zu „Weingarten" bei Haag, bei Reisbach, im Rottal und zwar besonders um Griesbach, zu Ortenburg, im Kollbachtal bei Arnstorf, bei Dürnhenning bei Dingolfing, an der Trausnitz sowie am Hof- und Klausenberg bei Landshut („Lacrimae Petri"), bei Achdorf und Eugenbach, an der Abens, bei Maisach, Fürstenfeldbruck, Andechs, Weindorf bei Weilheim, zu Weinhausen bei Kaufbeuren, Babenhausen („Weinried"), ja selbst noch am Staffelsee, bei Tölz und Lenggries („Weinbergleithen"), im Isartal bei Hohenschäftlarn, Harlaching und Gasteigberg bei München, Föhring, Schliersee, Tegernsee (Burghalden) usw. Etwas mehr Bedeutung kam den Rebgeländen an der Donau zwischen Donauwörth und Neuburg a. D. und dann von Kelheim abwärts zu, wo der steile Juraabfall mit seinen warmen Kalkfelsen günstige Lagen bot. Allerdings wird die Güte dieser Bayernweine mitunter wenig günstig beurteilt. So spricht v. Kreitmaier: „O glückliches Land, wo der Essig, welcher anderswo mit grosser Mühe bereitet werden muss, von selbst gedeiht". Ehrenrettungen lässt dagegen Göritz dem Weine insofern angedeihen, als er anerkennt, dass der Bayernwein zwar guten „Essig" mache, und hiervon auch jährlich in Regensburg eine grosse Menge verfertigt und ausgeführt werde, dass aber nichtsdestoweniger auch „aus etlichen Beeren guter Wein komme, den mancher für Rhein- oder Frankenwein getrunken habe". Auch Balthasar Regler hebt 1679 hervor: „ich waiss zwar wol, dass der Bayernwein bey villen keinen guten Namen hat, doch lässt manches Jahr der rothe am Bogenberg wachsende auch ein geschleckiges Weinmaul nicht errathen, was Landmann er sei". Die Weine wurden allerdings meist warm und stark gesüsst getrunken. Erwähnt sei, dass auch das Weinfälschen schon fleissig geübt worden sein muss, da sich die Behörden sehr kräftig dagegen wehrten und Kaiser Friedrich III. 1487 sogar ein Gesetz erliess, „dass jedem Weinfälscher, wo er getroffen wird, in seinem Keller den Fässern die Böden ausgeschlagen, der Wein verschüttet und die Fälscher desselben mit einer Strafe von 100 fl. rheinisch belegt werden sollen". Vom Bodensee erscheinen die ersten Nachrichten über Rebpflanzungen im 7. (Lindau) bezw. 9. Jahrhundert, so bei Manzell 813, Reichenau 818, Ailingen 873, Rappenweiler und Trutzenweiler 873, Bodman 881. In den wettinischen Ländern entstand der Weinbau, gefördert von Kirche und Fürsten, spätestens im 9. Jahrhundert. Schon unter Herzog Heinrich, dem späteren König Heinrich II., finden sich Angaben über Weinberge. Unter den Ottonen umfassten diese bereits grosse Gebiete und werden im 10. Jahrhundert von Meissen, Merseburg und Magdeburg häufig erwähnt. Auch im heutigen Thüringen entstanden die Rebanlagen früh (Dorndorf an der Werra wird 786, Eschwege 976 genannt), bedeckten die Abhänge des Saaletales von Kaulsdorf, Saalfeld, Orlamünde, Rudolstadt, Kahla, Jena, Naumburg, Merseburg bis unterhalb Halle bei Wettin, Hondorf, Besenstedt und Trebnitz, dann bei Apolda, bei Arnstadt, Erfurt, Tennstädt, Sangerhausen, Balgstädt, im Mansfeldischen bei Eisleben und Helbra, bei Gotha, Eisenach, an der Werra bei Meiningen, Schmalkalden, Dorndorf, Treffurt und Eschwege, im Itzegebiet bei Coburg, bei Gera, Zeitz, Pegau, Meuselwitz, Altenburg, Starkenberg erstreckten, sich also nordwärts bis zur Hainleite, zum Kyffhäuser und Harz. Im östlichen Teile der Provinz Sachsen fand sich im 15. Jahrhundert viel Wein an der Elbe bis Wittenberg und an den Ufern der Mulde und Schwarzen Elster. Unter der Regierung des Kurfürsten August (1553—1586) wurde die Kultur in jeder Beziehung gefördert. Er liess die Meissener Hänge und die Berge der Lössnitz bei Dresden mit rheinischen Reben bepflanzen, erbaute zur Gewinnung von Dünger einen eigenen Viehhof (Kreyern), errichtete 3 Hauptkellereien zu Dresden, Leipzig und Torgau und mehrere Hauskellereien (Annaberg, Lichtenberg, Merseburg und Zeitz), setzte 1550 einen eigenen Oberlandweinmeister ein und empfahl die Meidung ausländischer Weine. Die Ausfuhr nach Brandenburg und Hamburg erreichte damals einen grossen Umfang. Unter seinem Nachfolger Christian I. erschien die vom „Vater August" bereits vorbereitete „Weinbauverordnung". Ob der Gedanke an eine rasche Bereicherung zu der ungeahnten Entwicklung der sächsischen Rebkultur Veranlassung gab oder aber die Freude am Genusse selbst, muss dahingestellt bleiben. Jedenfalls gab es in jener Zeit kaum eine Gegend, in der nicht Wein gebaut worden wäre. Zweifelhafte Sorten dürften auch damals der „Puchauer" und der „Königsbrücker" gewesen sein. Hingegen war der „Kötzschenbrodaer" Wein nicht wesentlich billiger als Rheinweine. Zu welchem Uebel der Weingenuss um jene Zeit werden konnte, zeigen die Verhältnisse am sächsischen Hofe. Beim Kurfürsten Christian II. wurde 7 Stunden lang aus ungeheueren Humpen um die Wette getrunken, wobei der Fürst selbst Sieger war. Bezeichnend ist auch, dass dieser Kurfürst, als er 1610 den Kaiser Rudolf II. in Prag besuchte, seinem Gastgeber beim Abschied mit den Worten dankte: „Kaiserliche Majestät haben mich gar trefflich gehalten, dass ich keine Stunde nüchtern war". Der märkische Weinbau soll auf Albrecht den Bären (bis 1173) zurückgehen, der Winzer aus der Rheingegend ansiedelte. Die Blütezeit begann schon gegen Ende des 13. Jahrhunderts. Im Jahre 1592 gab es allein bei Berlin 92 Weinberge. Wichtigere Weinorte waren damals Oderberg, Crossen, Prenzlau, Peliz, Kloster Chorin, Freienwalde, Wriezen, Küstrin, Frankfurt a. O., Sommerfeld, Züllichau, Spandau, Potsdam, Werder, Brandenburg, Rathenow, Rüdersdorf, Luckenwalde, Treuenbrietzen, Straussberg, Alt= und Neu=Ruppin usw.; Stendal bildete den Haupthandelsplatz für märkische Weine. Die pommerischen Rebanlagen sollen 1127 oder 1128 unter dem Bischof Otto von Bamberg, vermutlich mit fränkischen Stöcken begründet worden sein. Sie fanden sich längs der Oder, z. B. oberhalb Stettin bei Garz (1307) und unterhalb dieser Stadt bei Grabow, Frauendorf und Gotzlow. Auch bis nach Mecklenburg, Schleswig=Holstein und Hannover, selbst bis Dänemark drang die Kultur nordwärts, wie Nachrichten aus dem 16. Jahrhundert von Plau in Mecklenburg-Schwerin, Lübeck, den ehe= maligen Klöstern Uetersen und Preetz (Schleswig=Holstein), Itzehoe, Minden, Hildesheim, Göttingen (schon im 11. Jahr= hundert) und päpstliche Breven des 13. Jahrhunderts für dänische Klöster nachweisen. Der Deutschritter=Orden ver= pflanzte die Rebkultur bis an die Ostgrenze des Reiches. Es mutet, wie Reindl ausführt, geradezu wie ein Scherz an, wenn man die alten Loblieder auf die Weine liest, die in West= und Ostpreussen und selbst noch in Kurland gewonnen wurden. Missernten kamen natürlich vor. So erbat sich der Komtur von Kurland vom Ordenshochmeister in Marienburg ein Fässchen „Thorner" aus, „wente der Wyn hir yarlingk nit is gedeyen". Der strenge Winter 1473 vernichtete die grossen Anlagen bei Mewe, Neuen= burg, Marienwerder, Culm, Schwetz und Thorn (hier 1338 das erstemal urkundlich erwähnt). Auch Tilsit, Tapiau, Rastenburg, Pr. Holland, Königsberg, Riesenburg, verdankten ihren Wein grösstenteils dem kriegerischen Orden. Letzterer siedelte auch kulturkundige Winzer aus den benachbarten sächsischen und wendischen Staaten an und liess solche zur Einrichtung von Musterwirtschaften selbst aus Süddeutschland und Italien kommen. 1379 belief sich der Ertrag aller Weinberge des Hochmeisters auf 608 t (rund 108 000 l), eine gewiss nicht unbe= trächtliche Menge, mit der die Deutschritter vor allem bei den Messen und ihren oft langen Trinkgelagen versorgt wurden. Die Güte des Weines kann nicht schlecht gewesen sein, da vom Herzog Rudolf von Bayern, der 1363 auf der Marienburg weilte, der Ausspruch nach dem Genusse eines Bechers Wein von den „Thorner Bergen" überliefert wird, der Trunk sei „ächtes Oel, davon einem die Schnautze anklebt". In die Provinz Posen wurde der Weinbau im 13. Jahrhundert durch fränkische Kolonisten ein= geführt und fand namentlich bei Bomst grosse Ausbreitung. Be= reits ein Jahrhundert früher entwickelte er sich durch die gleiche Vermittlung in Schlesien. Von Herzog Heinrich berichtet die Chronik, dass er bereits 1104 für seine Weinanlagen zu Trebnitz einen eigenen Winzer angestellt habe. 1150 wird als Gründungsjahr für den Weinbau von Grün= berg angenommen; 1245 wird Breslau, 1253 Jauer, 1277 Schweidnitz, 1280 Oels, 1262 Löwenberg, 1293 Ratibor, 1295 Zöllnig bei Freistadt genannt. In der zweiten Hälfte des 14. Jahrhunderts stand der schle= sische Weinbau in höchster Blüte. Die Hussitenkriege und vereinzelte sehr strenge Winter (z. B. 1453) brachten ihm aber grosse Schädigungen und veranlassten besonders den Herzog Heinrich IX. zu erneuter Einführung von Edelreben aus Ungarn, Oesterreich und Franken. Von letzteren haben sich die Traminer bis heute in Grünberg behauptet. Das Jahr 1484 soll das gesegnetste Weinjahr in Schlesien gewesen sein und die zahl= losen Fässer sollen nicht ausgereicht haben, um all den gekelterten Wein zu fassen. Aus allen diesen aller= dings nur sehr lückenhaften Angaben über die allmähliche Verbreitung der Rebkultur (ergänzende Aus= führungen sowie weitere Literaturangaben vgl. z. B. bei Bassermann=Jordan und Reindl) ergibt sich mit voller Deutlichkeit der Zusammenhang mit der Ausbreitung der weltlichen Macht und der Einführung des Christentums. Dass sich die Kultur weit nach Norden auszudehnen begann und in „Weininseln" bis zur Ostsee, Dänemark und bis zur Südgrenze des nordwestdeutschen Flachlandes reichte (Fig. 1925), steht grossen= teils, wie einst zur Römerzeit, in Verbindung mit der schweren Wegsamkeit jener Zeit, ihrer Unsicherheit und der Mangelhaftigkeit des Verkehres im allgemeinen. Auch tranken die Norddeutschen schon damals noch lieber sauren, als gar keinen Wein, zumal Bier zu jener Zeit dort noch wenig gebraut wurde und dieses dem Weine, wie späterhin, keine Konkurrenz bereiten konnte. Es ist sehr bemerkenswert, dass das heutige Norddeutsch= land zu den „alten Trinkländern" gezählt wurde, während Schwaben, Franken, Bayern und die oberen Rhein= länder als „junge Trinkländer" galten, und im Mittelalter die nordischen Gegenden von manchen Trinkgeboten verschont blieben, weil sie sich gleichsam durch Verjährung ein näheres Recht zum Volltrinken erworben hatten (Reindl). Im 16. bis zum Anfange des 17. Jahrhunderts war der Höhepunkt des mittel= europäischen Weinbaues erreicht und hoch und niedrig nahm an den Vorzügen und auch Nachteilen dieses Kulturzweiges teil. Aus der nicht unbedeutenden Zahl von Werken, die um jene Zeit über den Wein ver= öffentlicht wurden, seien als Beispiele genannt: Arnold de Villanuova, Ein löblich Tractat von Be= reitung on Brauchung der Wein, Augsburg, 1482; Johannes Baptista, De vini natura, Basiliae, 1535;

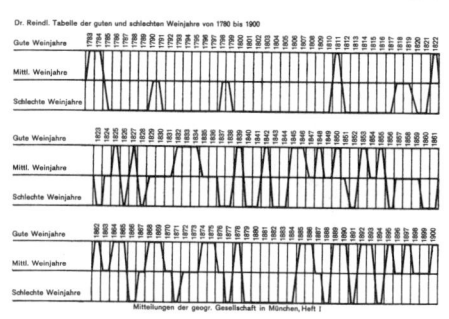

Fig. 1926. Uebersicht der guten und schlechten Wein= jahre von 1780 bis 1900 (nach J. Reindl).

Alfonsus Ferrus, De ligni sancti et vini exhibitione, Basiliae, 1538; Johann Rasch, Weinbuch, München, 1582; Jacobus Horstius, De viti vinifera, Helmstadt, 1587; Mosen Plachern, Weinthewre, Tübingen, 1589 usw. Gleichzeitig aber machten sich bereits die ersten Anzeichen des Rückgangs bemerkbar. Die Ansprüche an die Güte des Weines beginnen sich zu mehren, mit denen die vielerorten noch mangelhafte Pflege der Reben, die veralteten Verfahren bei der Bereitung und Aufbewahrung des Weines trotz aller Sorgfalt nicht mehr Schritt zu halten vermögen, so dass die Einfuhr fremder Weine bei den sich allmählich bessernden Verkehrsverhältnissen und der Ausdehnung des Handels (Hansa) immer mehr begünstigt wird.

Die Herstellung von Branntwein fand bei den nordischen Völkern (namentlich Russland und Polen) immer mehr Anklang und Ausbreitung und entzog z. B. dem märkischen Weinbaugebiet weite Absatzgebiete. Dazu trat dann als verheerendster Faktor der 30-jährige Krieg, der weite Teile Deutschlands in eine Wüste verwandelte, Hungersnot und Pest brachte, die Zahl arbeitender Kräfte ausserordentlich verminderte und viele Weinbergsgebiete in trostlosem Zustand zurückliess. Trotzdem vermochte er die Rebkultur nicht zu vernichten. Die berufenen Weinländer Süd- und Westdeutschland erholten sich ziemlich rasch. In Sachsen nahm der Weinbau bald nach dem Kriege einen solchen Umfang an, dass die Regierung gegen eine weitere Ausdehnung sehr scharf einschritt und z. B. Rebbau auf ganz ungeeigneten Böden mit besonderen Steuern belegte. „Wo der Pflug gehen kann, soll kein Weinstock stehen", war damals das Hauptgebot. Verderblich wurde später für die ungünstigeren Gebiete neben einer grösseren Zahl von Missjahren (Fig. 1926) und mangelhafter Pflege die Ausbreitung des Bier-Verbrauches, für dessen Herstellung (z. B. in Posen und in Mittelfranken) weite Strecken von Weingelände dem Hopfenbau zugeführt wurden. In Sachsen hingegen fand namentlich die Zucht von Obstarten (Kirschbäumen, Johannisbeer-, Stachel-, Him- und Erdbeeren) immer weitere Aufnahme und gegenwärtig sind dort ausgedehnte Rosen-, Spargel-, Pfirsich- und Pflaumenkulturen an die Stelle der Rebäcker getreten. Mitschuldig an dem Rückgange sind das Aufkommen bezw. das Ueberhandnehmen der Weinfälschung, die Herstellung von billigeren Kunst- und Verschnittweinen, die Einführung des Alkohols sowie ausländischer Genussmittel (Tee, Kaffee). In der Mark wurde viel Land in Getreide- und Kartoffelfelder verwandelt. Auch die Einführung des Protestantismus, der die Aufhebung der rebzuchtkundigen Klöster im Gefolge hatte, schmälerte den norddeutschen Weinbau. Im vergangenen Jahrhundert hat endlich die Reblaus (pag. 410), sowie andere verheerende Insekten und verschiedene Pilzkrankheiten, welche den Ernteertrag nur zu oft stark reduzieren, vor allem aber die teueren Arbeitslöhne und die Konkurrenz der billigen ausländischen Weine (namentlich aus Italien, Spanien und Griechenland) den Weinbau stark erschwert. In neuerer Zeit spielt auch die Anti-Alkohol bezw. Abstinenzbewegung eine gewisse Rolle. Alkoholfreie Weine gelangen immer mehr auf den Markt. Die Vorliebe für fremde Weine in Deutschland ist übrigens sehr alt. So besassen fast alle bayerischen Klöster und Fürsten im Auslande grosse Weingüter. Das Kloster Polling bei Weilheim (Oberbayern) verfügte bereits 1861 über Weingärten bei Mais in Tirol, „Herrenchiemsee" über solche in Terlan (25 Gärten), Meran, Obermais und Krems. Wie rasch die Abnahme der Rebflächen in den den neuzeitlichen Anforderungen nicht völlig entsprechenden Gebieten vor sich gehen kann, zeigt z. B. das Königreich Sachsen, das noch 1882 eine Anbaufläche von 1282 ha besass, die 1900 bereits auf 425 ha heruntersank und 1907 nur noch 227 ha aufzuweisen hatte, oder aber Sachsen-Weimar, das 1895 194,2 ha, 1907 aber nur noch 55 ha Rebfläche zählte. Aus Pommern verschwand die Rebe schon infolge der Verwüstungen des 30-jährigen Krieges. Westpreussen hatte in den Kreisen Thorn und Flatow 1878 noch 4,4 ha Anbaufläche, die aber später eingegangen sind. Im Lahngebiet ist der Rebbau zugunsten des Bergbaues und der Industrie im Erlöschen begriffen (pag. 404). Auch im Gebiete der Fränkischen Saale, wo der Weinbau ebenfalls sehr alt ist (Hammel-

Fig. 1927. Vitis vinifera L., Gänsfüssler-Reben als Spalier.
Phot. Dr. Schätzlein, Neustadt a. H. (Pfalz).

burg wird bereits 777 genannt!), sind die „Wengerte" in den 21 Rebgemeinden seit 1893 nach Rössler stark zurückgegangen; an ihre Stelle sind magere Kleefelder getreten. Im mittleren Franken misslangen wiederholte Versuche die Rebe einzubürgern, so zu Pappenheim, Nördlingen und Dennenlohe. Immerhin deuten die Orte Weingarten und Kleinweingarten auf die einstige Kultur hin. Im Donaugebiet erstreckte sich der Weinbau ehedem noch weit über Ulm hinauf bis Scheer bei Sigmaringen, ja nach Volz bis Tuttlingen (644 m). Auf der Neckarseite wurde an der Eyach bis Balingen, an der Starzel bis Hechingen, an der Echaz bis Honau, an der Erms bis Urach, an der Lauter bis Oberlenningen, im Filsgebiet noch am Aichelberg bei Boll (562 m), am Hohenstaufen und bei Donsdorf Wein gebaut. In Baden hat der Weinbau während der Jahre 1907 bis 1916 besonders im Gebiete der Tauber (bis 84 %), im Kraichgau (73,5 %), am Oberrhein und Bodensee (gegen 50 %) abgenommen und auch in dem so begünstigten Kaiserstuhl und im Markgräflerland sind schwache Rückgänge (4,2 % bzw. 7,9 %) zu verzeichnen. Im östlichen Deutschland beschränkt er sich gegenwärtig noch auf rund 1900 ha, von denen 1126 ha auf das schlesische Weingebiet fallen, dessen Mittelpunkt Grünberg (pag. 406) mit 600 ha und andere Teile des Regierungsbezirkes Liegnitz sind; auf den Regierungsbezirk Breslau fallen nur 2,8 ha. Der Anteil Posens umfasst 160 ha und liegt namentlich bei Bomst, Kopnitz und Chwalim. Der brandenburgische Rebbau, der 1878 noch 756 ha umfasste, bis 1902 aber auf 424 ha sank und dann bis 1907 um weitere 177 ha zurückgegangen ist, liegt zum grössten Teile im Regierungsbezirk Frankfurt a. O. und zwar in den Kreisen Züllichau (Züllichau selbst mit im Jahre 1907 134 ha) und Crossen (Crossen 1907 mit 65 ha). Sachsen mit 227 ha hat als Mittelpunkt Meissen. Die Gründe, dass sich diese Gebiete so lang erhalten haben und wenigstens die schlesisch-posenschen Flächen zunächst noch bestehen bleiben werden, liegt zum guten Teile darin, dass die jetzt eingenommenen Gelände so günstig wie möglich ausgewählt sind und an Südhängen und gegen Nordwinde geschützt liegen. Ferner werden die modernsten Erfahrungen auf dem Gebiete des Rebbaues und der Weinbereitung angewendet. Man beschränkt sich in der Auswahl der Sorten auf wenige, aber geeignete (Burgunder, Weisser Gutedel, Sylvaner, Traminer und Portugieser), zieht die Reben zum grössten Teile nicht mehr an Stöcken und Spalieren empor, sondern hält sie sehr kurz, so dass die Trauben fast den Boden berühren und so der Wärmerückstrahlung des Bodens teilhaftig werden usw. Zur Pflege dieser Bestrebungen sind Vereinigungen entstanden, bereits 1800 die „Sächsische Weinbaugesellschaft", 1891 der „Ostdeutsche Weinbauverein". Auch ist mit Vorteil in den meisten dieser Gebiete der Zweck der Rebkultur verändert worden. Ein grosser Teil der Beeren wird nicht mehr gekeltert, sondern als Tafeltrauben verwendet. Grünberg versendet in guten Jahren bis 250 000 kg davon, die bis nach Petersburg geschickt werden. Auch die brandenburgische Ernte wird grossenteils diesem Zwecke zugeführt. Gutedeltrauben werden in Tausenden von Kistchen in alle Himmelsgegenden ausgeführt. Ein anderer Teil der Trauben gelangt in Champagnerkellereien. Die ersten derartigen grossen, mittel= und ost= deutschen Anlagen entstanden 1836 in der sächsischen Niederlössnitz und vielleicht noch früher in Grünberg, das schon vor Jahren 45 000 Flaschen Schaumwein, allerdings meist unter der Flagge von französischem Champagner, versandte. Andere bedeutende Champagnerfabriken sind seitdem in Senftenberg, Rothenstein, Naumburg, Hirschberg, Freiburg a. U. (pag. 402) usw. entstanden. Seit etwa 25 Jahren ist man mit gutem Erfolg auch dazu übergegangen, ältere, fertige, aber saure Weine zu Kognak zu verarbeiten, ebenso wie man die Weine zum Verschnitt ausländischer Sorten verwendet, so namentlich sächsische und thüringische Erzeugnisse, die zu diesem Zwecke seit altersher nach Berlin gebracht werden. Für die oft — namentlich in schlechten Jahrgängen — zweifelhafte Güte der nord= und mitteldeutschen Weine, sprechen die wenig erfreulichen Volksausdrücke, wie Saueracher, Rachenputzer, Krätzer, Sorgenbrecher, Kummerscheucher, Strumpfwein, Schuljungenwein oder „Buebewi" (dieser könnte in der Schule als Zuchtmittel dienen), Dreimännerwein (wer ihn trinken soll, dem halten 2 Männer den Kopf fest, während der Dritte den Trunk eingiesst), Wendewein (man muss sich alle 10 Minuten auf die andere Seite wenden, wenn der Wein den Magen nicht durchfressen soll), Kanonenwein (er verengt selbst das Zündloch einer Kanone) usw. Auch poetische Urteile lauten nicht immer günstig:

In Jena presst man Trauben aus
Und macht sogar noch Wein daraus.

Maria Stuart — Grünberger Wein
Haben miteinander gemein:
Jene war besser als ihr Ruf,
So auch Grünbergs Rebensuff.

Vinum de marchica terra
Transit guttur tamquam serra¹).

Aber der Grünberger.
Ist noch viel ärger . . . . . .
Er ist ein Wein für Mucker,
Für die schlechtesten Dichter
Und dergleichen Gelichter.
Er macht lang die Gesichter,
Blass die Wangen; wie Rasen
So grün färbt er die Nasen.
Wer ihn trinkt, den durchschauert es,
Wer ihn trank, der bedauert es.
(Joh. Trojan.)

---

¹) Märkischer Wein geht durch den Hals wie eine Säge.

Im Gebiete der alten Oesterreich-ungarischen Monarchie gehen die ältesten Nachweise für die Anwesenheit der Rebe auf die der Bronzezeit angehörenden Funde von Ripač a. d. Save und Radobay in Kroatien zurück. Die Ausbreitung erfolgte im wesentlichen von Südosten und von Süden her und stand jedenfalls in engem Zusammenhang mit den Gebietserweiterungen des römischen Reiches. Zur Zeit des Virgil erfreuten sich die Weine am Südabfall der Alpen (Südtirol) bereits eines guten Rufes. Die Erzeugnisse von Glanisch und Leitach zählten zu den Lieblingsgetränken des Kaisers Augustus. Im 3. nachchristlichen Jahrhundert gelangten unter Kaiser Probus griechische Reben nach Pannonien an den Fuss der Karpaten und nach Syrmien. Der Mittellauf der Donau wurde wohl schon um diese Zeit überschritten. Allerdings reichen die Urkunden wenig weit zurück; doch wird z. B. 731 Spitz bei Krems a. d. D. im Zusammenhang mit Weinbau genannt. Die Ausbreitung bewegte sich dann einerseits über Mähren (allerdings erst im 13. Jahrhundert urkundlich erwähnt) nach Böhmen, andererseits über Oberösterreich nach Salzburg. In Melnik in Böhmen sollen die ersten (aus Mähren bezogenen) Reben im Jahre 874 durch Ludmilla, die Gemahlin des Herzogs Borivoy, gepflanzt worden sein. Später (1344) wurden sie durch Kaiser Karl IV. durch Burgunderreben ersetzt. Im Gerichtsbezirk Brandeis wird der Rebbau zum erstenmal 901 urkundlich aufgeführt. Im 11. Jahrhundert brachte König Stephan italienische Reben nach Ungarn. Der Tokayer erhielt aber erst seine volle Berühmtheit seit dem Ende des 15. Jahrhunderts, besonders seit 1560, als man anfing, Ausbruchweine herzustellen. Um jene Zeit stand in ganz Oesterreich (wie in Deutschland) der Weinbau auf seinem Höhepunkt. Damals besass selbst das hochgelegene Salzburg an den Südhängen des Mönchs- und Festungsberges seine Rebberge, während solche dort gegenwärtig ganz fehlen und als Ersatz nur vereinzelte Reben an sonnigen Mauern und Häusern auftreten. Die mährisch-niederösterreichischen Gemeinden besassen schon im Mittelalter ein eigenes und sehr strenges (1784 erloschenes) „Bergrecht", dessen oberster Gerichtshof in der Burg Falkenstein in Niederösterreich zusammentrat. Die nach Mähren eingeführten Weine mussten auf Anordnung von König Wenzel I. in der Bizenser Burg gelagert werden. Die Kellereien für die ganze Provinz der Jesuiten in Böhmen und Mähren befanden sich in Přimětice bei Znaim. Ausser dem 30-jährigen Kriege brachten auch die auf Weinraub

Fig. 1928. Rebkultur im Tessin bei Tutragna.
Phot. Gg. Eberle, Wetzlar.

gerichteten ungarischen Ueberfälle der Rebenkultur schwere Schädigungen. In Tirol reichten grössere Anpflanzungen im Oetztal bis Oetz, Sautens und Umhausen (1036 m). Auch bei Höttingen und Thaur fanden sich im 16. Jahrhundert Kulturen, etwa um die gleiche Zeit auch bei Lienz. Vorarlberg wurde im Gegensatz zu den anderen Landesteilen von Westen und Nordwesten her mit Reben versorgt, schliesst sich also historisch an die schweizerischen Verhältnisse an. Berühmt waren besonders die Weine des Rheintals von Liechtenstein bis gegen den Bodensee (Röthis schon 882). Sogar an Schattenhängen bei Frastanz und Beschling wurden Reben gezogen. Noch vor wenigen Jahrzehnten wurden vorzügliche Weine bei Sulz-Röthis, am Ardetzenberg bei Feldkirch, bei Eschen, Vaduz und Gutenberg in Liechtenstein sowie bei Thüringen im Illtale gezogen. Noch zu Beginn des 18. Jahrhunderts waren alle halbwegs geeigneten Hänge an diesen begünstigten Orten des Vorarlbergs mit Rebbergen bedeckt. Ausserdem wurde roter Burgunder aus dem Veltlin über den Vermuntferner und das „Veltliner Hüsli" nach dem Vorarlberg gesäumt; auch Clevener (aus Chiavenna) und Markgräfler wurde auf Handelswegen hereingebracht. Der Niedergang der Rebkultur wurde nach Josef Murr (Feldkircher Anzeiger, 1911, Nr. 61) durch den Bau der Splügenstrasse (1812 bis 1822) eingeleitet und durch die Erwerbung der Lombardei (bis 1859), von wo billiger Wein in Menge eingeführt wurde, beschleunigt. 1870 erfolgte infolge mehrerer aufeinander folgender ungünstiger Ernten eine Aufgabe des Weinbaues in grösserem Massstab. 1912 verschwanden die letzten 4 Weinberge in Feldkirch, etwa gleichzeitig auch die an den Muhalden bei Dums-Göfis. In anderen österreichischen Gebieten war es besonders die Reblaus, die zur wesentlichen Verminderung des Rebbaues geführt hat. So ist z. B. in Niederösterreich das Anbaugebiet zwischen den Jahren 1851 und 1891 um rund 14000 ha zurückgegangen. Für Mähren wird die bebaute Rebfläche von dem Topographen Wolný im ersten Viertel des 19. Jahrhunderts auf etwa 30000 ha berechnet; 30 Jahre später betrug sie 23997 ha, 1906 nur noch 12392 ha. Die Rebberge erstreckten sich infolgedessen auch viel weiter nördlich. Berühmt war z. B. die Weinlage von Archlebov, wo der Weinbau z. Z. ganz erloschen ist. An der Iglau zogen die Weinberge bis nach Mohelno. Bei Iglau selbst kommen allerdings auch in günstigen Jahren die Trauben kaum zur Reife. Auch am Drahaner Plateau gegen Norden zu, bei Prossnitz, Sternberg, in der Hanna (Vinary bei Prerau) usw. fanden sich ehedem Rebberge. Der mährische Rückgang wurde durch eine Reihe sehr frostreicher Jahre (um 1866) stark gefördert, auf Grund deren die Rebberge dem feldmässigen Anbau von Gurken zugängig gemacht wurden. Späterhin haben der falsche Mehltau und die Reblaus noch grössere Verwüstungen angerichtet.

Für die Schweiz kann, abgesehen von dem bereits erwähnten (pag. 369) Fund von Edelrebkernen in den Pfahlbauschichten von Auvernier, der Beginn der Rebkultur mit dem Vordringen der Römer in Verbindung gebracht werden. Schrittweise drang diese von Südwesten her an den Genfersee, ins Waadtland und ins Wallis ein, während sie von Süden aus in das Tessin und unter Vermittlung des Veltlins in das unterste Puschlav gelangte. In der Westschweiz werden Rebberge im Waadtland — in pago Valdensi — bereits seit dem 6. Jahrhundert genannt. Zu Beginn des 7. Jahrhunderts wird Rebgelände in St. Aubin im Vuilly, 998 am Neuenburgersee erwähnt, dann (nach H. Jaccard) 1177 die Weinberge von Surpierre, 1226 solche von Cully oder Riez, 1232 bei Lavey, 1247 bei Mühlebach im Oberwallis (jetzt aufgegeben!), 1280 bei Morcles und Clarens, 1295 bei Satigny und Yens. Bereits 1370 wird im Waadtland die Einfuhr ausländischer Weine verboten, während zur selben Zeit der „Malvasein vom Waadtland", ebenso „Claret" und „Schafernack" von Genf in Kärnten sehr beliebt war. In Graubünden und zwar im Rheingebiet, gehen die ersten Versuche der Einführung der Rebe mit Bestimmtheit auf die erste Hälfte des 8. Jahrhunderts, wahrscheinlich aber bis auf die Römerzeit zurück. Denn nach einem von Robert Durrer 1894 im Klosterarchiv zu Münster (Münstertal) aufgefundenen Pergamentblatte hat ein gewisser Ovelio aus Trimmis, der ums Jahr 814 (Todesjahr Karls des Grossen) lebte, der Kirche des Heiligen Carpotorus zu seinem und seiner Gattin Seelenheil einen Weinberg vermacht. Unter den Ottonen (Ende des 10. Jahrhunderts) mehren sich die Urkunden, die über bestehende Weinberge Auskunft geben. Am 28. Dezember 955 schenkte König Otto I. dem Churer Bischof den Königshof Zizers samt den dazugehörigen Weinbergen. Auffallenderweise hatte die Rebe in Bünden im allgemeinen im 9. Jahrhundert in der Herrschaft, in den Fünfdörfern und im Hinterrhein jedoch erst zu Beginn des 10. Jahrhunderts, also 100 Jahre später ihren Einzug gehalten. Im Jahre 802 sah sich der Bischof Remedius in Chur veranlasst, jedes sonntägliche Arbeiten in den Rebbergen zu verbieten. 844 werden die ersten Weinberge in Wangs und Grabs, 955 in Zizers genannt. Jedenfalls hat der Weinbau mit der ersten kirchlichen Entwicklung des Christentums gleiches Alter, wie Papon (Der Weinbau des bündnerischen Rheintales, 1850) mitteilt. Auch Pater Karl Hager hält dafür, dass die im 7. bis 9. Jahrhundert im Bündner Oberland zahlreich entstandenen Kirchspiele, welche Naturwein zur Darbietung des christlich gottesdienstlichen Opfers benötigten, zur Weinkultur wesentlich beigetragen haben. Im Vorderrheintal, wo besonders in der sogenannten Gruob (oder Foppa) bei Ilanz, bei dem vor Nordwinden geschützten Sagens (beide Orte werden 760 im Testament des Bischofs Tello von Chur erwähnt), bei Ruen, Schleuis, Luvis, sowie zu Pleiv im Lugnez (1211 m) (vgl. Purtscher, Friedr. Studien zur Geschichte des Vorderrheintales im Mittelalter, 1912) in früheren Jahrhunderten — Ilanz (Glion) erzeugte 766 etwa 3000 l jährlich — Wein gebaut wurde, ist die Rebe bis auf einzelne Spalierreben ganz verschwunden. Wenn auch die ersten Reben aus Italien über die Alpenpässe gebracht wurden, so schliesst dies doch nicht aus, dass später unter der Herrschaft der Franken (von 536 bis 910) Reben aus dem Frankenlande eingeführt wurden. Im 17. Jahrhundert soll dann durch Herzog Heinrich von Rohan die blaue Burgunderrebe (blaue Klävner oder Aeugstler) hinzugekommen sein. Aber auch im Unterengadin waren im früheren Mittelalter bei Remüs (angeblich östlich der Ruine Tschanuff) Weingärten angelegt worden. In einer Schenkungsurkunde König Heinrichs I. aus dem Jahre 930 werden unter dem der Kirche des heiligen Florinus zu Remüs gehörenden Grundstück auch die „vineae" aufgeführt (Mohr, Codex diplomaticus I.), die jedoch zu Campell's Zeiten bereits wieder eingegangen sein dürften. An das schweizerische Bodenseegestade, wie überhaupt in die Nordostschweiz gelangte die Rebe nach Th. Schlatter (Die Einführung der Kulturpflanzen in den Kantonen St. Gallen und Appenzell. Berichte der St. Gallischen Naturforschenden Gesellschaft, 1891/92) von Deutschland aus. Die Urkunden des Klosters St. Gallen weisen während des grösseren Teiles des 8. Jahrhunderts noch keine Weinberge auf schweizerischem Gebiete auf. Vielmehr lagen diese im Elsass (Grosskembs, Habsheim), im Breisgau und im oberen Markgrafenland von Freiburg bis Lörrach. Erst 724 wird Ermatingen genannt; 757 wird Diessenhofen, 779 Romanshorn, 827 Berg (Kanton St. Gallen), 829 Kessweil (Thurgau), 830 Bottigkofen, 834 Stammheim, 909 Mammern als weinbauend bezeichnet. Um 800 war im Thurgau wie auch im Rheingau ein so schlechtes Weinjahr, dass sich der St. Gallische Adel zu ihrer Notdurft des „Wassertrunkes" bedienen musste. Im St. Gallischen Rheintal erscheint die Rebe erst 904 (892?) zu Berneck. In der 2. Hälfte des 13. Jahrhunderts waren die Rheintaler Ortschaften schon mit einem blühenden Kranz von Rebgärten umgeben und nach dem alten Sprichwort: „Wo man pfleget guoten Win, züchtet Münch und Ritter hin" viel umworben. Von Rapperswil wird der Rebbau erstmalig 972, von Erlenbach 981 angeführt, von St. Gallen 960. 1057 zerstörten starke Schneefälle die meisten Anpflanzungen in der Nordschweiz. 1060 und 1063 erfroren viele Reben. 1125 werden Rheinau, 1130 das Kloster Fahr, 1145 Schaffhausen (damals besass die Stadt 9 Bier= [tavernae cerevisinae]= und 2 Weinschenken), 1158 Zürich, 1255 Roggwil und Mammerthofen, 1260 Zuzwil, 1264 Hagenwil, 1280 Sattelberg bei Alt=Ramswag, 1300 Rorschach usw. genannt. Durch seine vielseitige Weineinfuhr zeichnete sich das Kloster St. Gallen aus, wo italienische, französische, Clevener=, Elsässer=, Markgräfler=, Tiroler= und Neckarweine zu finden waren, die ihrer Menge wegen bisweilen sogar von Hütern bewacht, im Freien gelagert werden mussten. Als Unglücksjahre werden 1273 und 1432, als vorzügliches das Jahr 1540 bezeichnet. 1437 zerschlug der Hagel die Reben von Aarberg bis zum Bodensee; 1443 erfroren die Reben im Thurgau und im Rheintal. Dagegen soll in Zürich im Jahre 1480 der Wein so reichlich geflossen sein, dass man Mörtel damit anmachte (für ein Ei erhielt man einen Eimer [= 120 Liter]). Im Jahre 1529 war der Wein wiederum so sauer (er hiess „der Gott behüte uns"), dass er „Bunten, kupferne Rohre und Hahnen frass". Im allgemeinen reichten die Weinberge in früheren Jahrhunderten etwas höher hinauf als gegenwärtig, so bei Gossau bis 720 m, am Hafnersberg östlich von Oberberg bis 736 m, bei Wiehnachthalden am Tannenberg bis 768 m (um 1890 fand sich allerdings bei St. Gallen noch ein höher gelegener Rebberg zwischen 780 und 795 m), während die derzeitigen Anpflanzungen durchschnittlich bis 650 m ansteigen. Weinpanschereien wurden schon frühzeitig strenge geahndet, gleich wie der Ausschank geringer Weinqualitäten bekämpft wurde. In Zürich bestanden bereits 1304 obrigkeitliche Verordnungen für die Weinkontrolle. Wiederholt versuchte man durch gesetzliche Vorschriften einer weiteren Ausdehnung des Weinbaues wie der Einfuhr von fremden Weinen entgegenzutreten. So beschloss 1689 die Eidgenössische Tag=satzung, dass die Neuanlage von Rebbergen zugunsten des Getreidebaues — um in Kriegszeiten von Fremd=staaten unabhängig zu sein — beschränkt werden solle.

Die zu Vitis vinifera gehörenden, äusserst zahlreichen Kulturformen werden in der Praxis auf Grund der Blatt= und Beerenform in die folgenden Gruppen zusammengefasst (vgl. hierüber Goethe, H., Handbuch der Ampelographie. Berlin, 1887. — Babo und Mach, Handbuch des Weinbaues und der Kellerwirtschaft. Berlin, 1923. — Goethe, Rud., Handbuch der Tafeltraubenkultur. Berlin, 1894. — Molon, Ampelografia. Mailand, 1906. — Ravaz, Les vignes américaines. Masson=Paris, 1902. — Viala et Vermorel. Ampelo=graphie [7 Bände]. Masson=Paris, 1915):

Laubblätter:		Beeren:		
Unterseite	Stielbucht	rundlich	länglich	gemischt
kahl	offen	I. 1. a.	II. 1. a.	III. 1. a.
kahl	geschlossen	I. 1. b.	nicht in Mittel=europa	III. 1. b.
kahl	unregelmässig	I. 1. c.	II. 1. c.	III. 1. c.
filzig	offen	I. 2 a.	II. 2. a.	III. 2. a.
filzig	geschlossen	I. 2. b.	II. 2. b.	III. 2. b.
filzig	unregelmässig	I. 2. c.	II. 2. c.	III. 2. c.
wollig	offen	I. 3. a.	II. 3. a.	III. 3. a.
wollig	geschlossen	I. 3. b.	II. 3. b.	III. 3. b.
wollig	unregelmässig	I. 3. c.	II. 3. c.	III. 3. c.

Nicht in Erscheinung treten in dieser groben Gliederung zahlreiche andere Merkmale, die nicht minder bedeutsam sind. So sind die Triebspitzen je nach der Sortenzugehörigkeit glatt oder behaart, grün, braun oder rötlich, bald gedrungen, bald locker (Fig. 1929). Die Verfärbung der Laubblätter im Herbste besitzt eine ge=wisse Bedeutung, indem die weiss=, grün= und rotfrüchtigen Sorten meist in das Gelbliche spielen, während blau=beerige Reben mehr in das Rötliche mit leichter gelblicher Schattierung gehen [1]. Die Verfärbung ist ein konstantes Merkmal. Bei Kreuzungen gelbfärbender Sorten ergeben sich wieder vergilbende Nachkommen; hingegen findet nach Rasmuson eine Aufspaltung statt, wenn die Eltern verschiedene Herbstfärbung besitzen. Die Trauben besitzen

---

[1] Amerikanische Reben weisen häufig abweichende Verhältnisse auf. So vergilben z. B. auch die blaufrüchtige Vitis riparia und V. rupestris, während die blaufrüchtigen Sorten von V. Labrusca meist rot werden. Rotfärbung an normal gelb verfärbenden Sorten erfolgt bisweilen an geknickten oder ge=ringelten Laubblättern (z. B. bei V. riparia × V. rupestris).

in ihrer Gestalt, in ihrer Länge und in der der Traubenstiele, sowie in der Gliederung der Rispenverzweigungen Sorteneigentümlichkeiten. So ist beim Elbling, Sylvaner, Riesling und Ortlieb der Stiel meist so kurz, dass der Kamm dem Rebholz fast ganz aufsitzt, beim Wälschriesling, Trollinger und Damaszener hingegen ist er meist ziemlich lang; doch spielen auch individuelle Veranlagungen dabei eine Rolle. Der Kamm ist bald kurz und mit verhältnismässig kurzen, einfach verzweigten, ± rechtwinklig abstehenden Seitenästen besetzt wie beim Muskateller und Orleans, so dass die Trauben eine walzenförmige oder zylindrische Gestalt besitzen, oder aber er ist mit langen, herabhängenden Seitenzweigen versehen, so dass die Trauben einen kegel= oder pyramiden= förmigen Umfang annehmen. Beim Blauen Kölner können die Seitenverzweigungen die Mittelachse so weit überwachsen, dass neben der Mitteltraube noch eine oder mehrere Seitentrauben, „Flügeltrauben", erscheinen. Die Färbung der Beeren ist in der Regel einheitlich gleichfarbig; doch treten bisweilen auch doppelfarbige Trauben auf wie beim Blauen und Roten Burgunder und beim Gutedel, bei welch' letzterem Zweifler etwa die gleiche Zahl weisser und roter Beeren feststellte. Der Zweifarbige Morillon trägt an ein und demselben Stock rein weisse, rein blaue und doppelfarbige Trauben und ausserdem vereinzelt Beeren, die weiss und blau gestreift sind. Aehnliche Erscheinun= gen sind beim Rotgestreiften Heunisch und anscheinend auch bei Kreuzungen von Ameri= kanerreben beobachtet worden. Um Xenien, d. h. um unmittelbare Abänderungen der Schalen infolge Bestäubung mit einer fremden anders= farbigen Rebensorte, scheint es sich nach Müller= Thurgau (Landwirtschaftliches Jahrbuch der Schweiz, 1898) dabei nicht zu handeln. Wahr= scheinlich entstehen derartige Farbenverschieden= heiten an bastardierten Stöcken, bei denen die Farbmerkmale getrennt zum Durchbruch gelangen.

Die Grösse der Beeren gehört zwar vielfach auch zu den Sorteneigentümlichkeiten, ist aber durch Kulturmassnahmen (Düngung, Art der Bestäubung und Befruchtung usw.) zu beeinflussen. Auffallend grosse Beeren werden z. B. in Gewächshäusern durch künstliche Be= schränkung der Zahl an der einzelnen Traube erzielt. Aus Tirol wird sogar ein Weinstock mit nicht weniger als 1011 Trauben erwähnt. Nach Müller=Thurgau (Berichte der Schweizerischen Botanischen Gesellschaft, 1903) ist die Bildung von fruchtbaren Kernen von wesentlicher Be= deutung, indem das Gewicht des Fruchtfleisches mit der vermehrten Anwesenheit wachsender Kerne steigt und zwar dadurch bedingt, dass damit ein Dickenwachstum der Beerenstiele verknüpft ist, das eine bessere Ernährung durch die Leit= bündel und das zuckerführende Grundgewebe

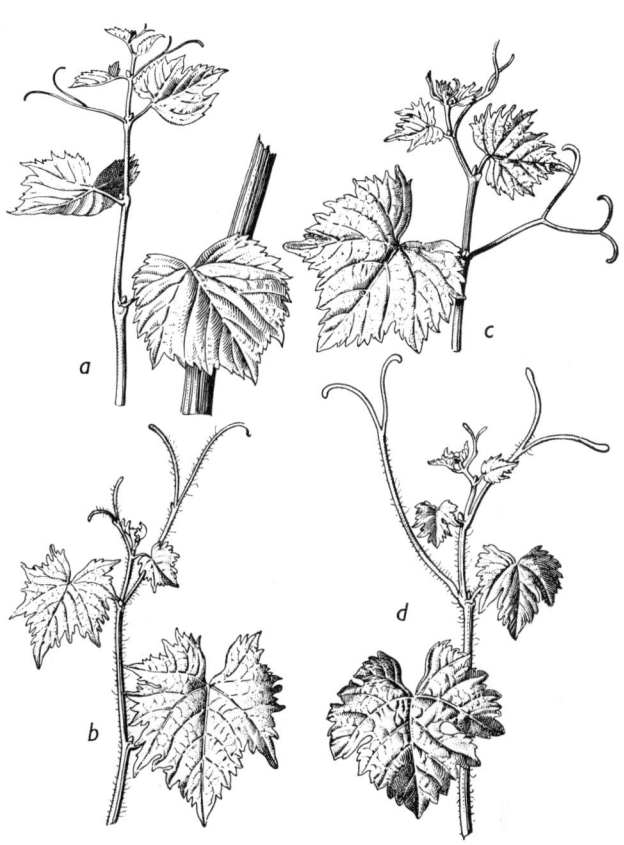

Fig. 1929. Sprossspitzen vom: *a* Steinschiller. *b* Blauen Muskateller. *c* Weissen Hainisch. *d* Blauen Riesling (nach H. Goethe).

ermöglicht. Folgende Feststellungen über das Verhältnis des Gewichtes des Fruchtfleisches in Gramm zur Kernzahl (von je 100 Beeren) wurden gemacht:

Sorte	kernlos	1=kernig	2=kernig	3=kernig	4=kernig
Riesling	25	58	77	89	112
Frühburgunder .	28	53	92	111	140
Portugieser . . .	24	81	116	141	156
Orleans	60	112	202	244	259

Durchschnittlich werden in einer Beere nur 1 bis 2 Kerne ausgebildet. Die übrigen sind entweder taub, d. h. sie besitzen eine harte Samenschale, sind aber hohl, oder aber sie erreichen ± die normale Länge, bleiben aber weich und entbehren des Endosperms, so dass sie eingedrückt erscheinen, usw. Ein Anreiz zu solchen Ent= wicklungserscheinungen wird dann gegeben, wenn nach der Belegung der Narbe das Pollenkorn zum Aus= treiben gelangt und die Samenknospe noch erreicht, aber zu keiner wirklichen Befruchtung kommt. Uebrigens weichen taubfrüchtige Beeren in ihren Formmerkmalen bisweilen von reiffrüchtigen ab. Bei der Damaszener=

und Kornelkirschtraube sind die kernlosen, parthenogenetisch entstandenen Beeren rund, die anderen hingegen länglich. Ueber die Vielgestaltigkeit der Samen vgl. H. Goethe.

Eingegliedert in die pag. 384 gebrachte Uebersicht seien als wichtigere Kultursorten genannt:

I. 1. a. Vor allem der **Gutedel** (f. amínea Schübl. et Mart.). Fig. 1930 a. Laubblätter mittelgross, tief 5-lappig bis handförmig zerschlitzt, unterseits etwas borstig. Traube gross. Beeren ziemlich gross, gelblichgrün, grün oder rot. Weit verbreitet und in zahlreichen Formen als Tafeltrauben und Kelterwein gezogen; liefert einen leichten, guten Tischwein, so im badischen Oberland (Markgräfler, Kaiserstühler). Zu ihm gehören: Weisser früher Gutedel, Geschlitzter Gutedel, Königs-Gutedel (= Fendant rose in der Schweiz), Roter Gutedel (= Roter Junker, Roter Moster, Roter Schönedel, Roter Süssling [Elsass], Tramontaner, Tramündler und Fendant roux [Schweiz], Zlahtnina rudeca [Steiermark], chasselas rouge und rose [Frankreich]), Weisser Gutedel (Kracher [am Rhein], Schönedel [Sachsen], Wällische oder Wälscher [Oesterreich], Chrupka oder Edelweis [Böhmen], Wälsche, Rosmarintraube, Fendant blanc und vert und Blanchette [Schweiz]). Die Sorten zeichnen sich dadurch aus, dass sie sich in Menge und Güte gleichkommen, leiden aber unter Pilzen, namentlich dem Cladosporángium Roesléri. — **Trollinger** (f. macrocárpa Dierb.). Laubblätter gross, rundlich, ungleich 3- bis 5-lappig, unregelmässig breit gezähnt. Traube sehr gross, locker. Beeren sehr gross, über 20 mm im Durchmesser, dunkelblau, bereift, dickhäutig. Ebenfalls sehr formenreich: Blauer Trollinger (Fig. 1931 d) (besonders in der Gegend von Meran in Lauben- und Dachlaubenerziehung viel gebaut und unter den Namen Edel-Vernatsch, Gross-Vernatsch als Kurtraube verwendet, Aegyptischer in Steiermark [Graz], Hammelsschelle, Zottler und Dachtraube [Württemberg], Pfundtraube, Kreuzertraube, Gross-Italiener und gros plant grand noir [Elsass]). Der Trollinger soll aus Italien stammen und zunächst nach Südtirol, im 18. Jahrhundert auch nach Württemberg gelangt sein, wo er jetzt als Keltertraube wegen seiner Fruchtbarkeit (Trauben bis 2 kg) in guten Lagen sehr geschätzt wird, stark verbreitet worden ist, aber dort häufig nicht völlig ausreift. Er gibt einen leichten Rotwein. — Weiter seien genannt: der **Argant** (Jura), die **Blaue Bettlertraube** (Steiermark), der **Blaue Gänsfüssler** [Fig. 1927] (Deutschland), der **Blaue Hängling** oder **Häusler** (= f. péndula Dierb.) (in Württemberg und Böhmen), der **Härtling** (Tirol), der **Oesterreichischweiss** (Niederösterreich), die **gelbe Orangentraube** (Deutschland), die **Blaue Petersilientraube** (Steiermark), der **Rote Portugieser** (Steiermark), **Urice** oder **Plante d'Aoste** (Wallis), **Vertebara, grün** (Etschtal), der **Graue Vernatsch** (Tirol) usw.

I. 1. b. Aus diesen Formen seien hervorgehoben: **Gelber, Roter** und **Schwarzblauer Muskateller** (Kümmeltraube, Katzendreckler [f. Apiána Schübl. et Mart.], Weisser, Grüner oder Gelber Muskateller, Weisse Muskattraube [Süddeutschland], Bily Muscat [Böhmen], Schmeckende Weyrer, Weihrauch [Niederösterreich], Beli Muscat [Steiermark], Chatzäseichler [Schweiz]). Fig. 1932 b. Laubblätter mittelgross, 3- bis 5-lappig, unterwärts spärlich behaart. Traube gross, dick. Beeren ziemlich gross, hellgrün oder anfangs hellrot, später dunkelrot gefleckt oder schwarzblau, dickhäutig, mit eigenartigem Muskatellergeschmack. Diese aus Spanien stammende Rebe liefert namentlich in Südeuropa (Spanien, Italien, Südfrankreich) einen starken,

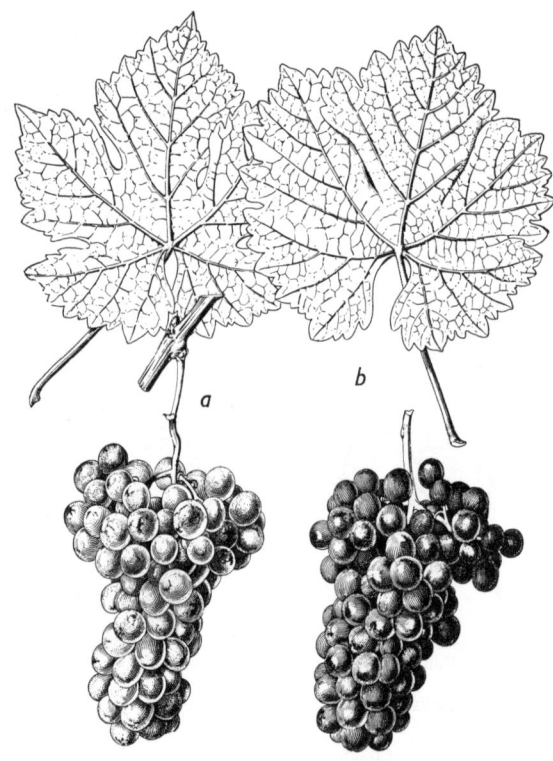

Fig. 1930. Laubblatt und Traube vom *a* Weissen Gutedel, *b* vom Blauen Portugieser (nach H. Goethe).

aromatischen Wein, ergibt aber auch noch in Mitteleuropa sehr geschätzte Marken, z. B. die steirischen Marburger Ausbruchweine und hervorragende, bräunliche Dessertweine im Wallis. Gewöhnliche Muskatweine werden zum Verschnitt anderer bouquetarmer Weine verwandt. — **Blauer Portugieser** (f. Lusitánica Dierb.). Fig. 1930 b. Laubblätter gross, ungleich, teils tief-, teils seicht-eingeschnitten, oberseits glänzend, dunkelgrün, unterseits matt. Traube mittelgross, dicht. Beeren mittelgross, dunkelblau, bereift, dünnhäutig. Der Blaue Portugieser, auch **Vöslauertraube** (Niederösterreich) oder **Portugalské modré** (Böhmen) genannt, wird namentlich in Niederösterreich (angenehme, dunkelfarbige, süsse Vöslauer Rotweine), am Rhein (in niederen Lagen), in der Pfalz, Württemberg und Steiermark (Kralovina) angepflanzt und ist in der Ausbreitung begriffen.

Er reift früh, ist genügsam und soll vom Wurzelschimmel nicht befallen werden, leidet aber in feuchten Jahren unter dem „Schwarzen Brenner" und ist gegen Frost empfindlich. — Grüner Sylvaner, Schönfeilner (= f. Austriaca Dierb.). Laubblätter mittelgross, 3- bis 5-lappig, unterwärts spärlich behaart. Traube klein, sehr dicht. Beeren grün oder blaurot (Blauer) oder rot (Roter Sylvaner) bereift, dickhäutig, ohne Muskateller-Geschmack. In Deutschland meist als Oesterreicher, bisweilen auch als Salviner, Salvaner, Grünedel, Bötzinger usw., am Rhein im besonderen als Frankenriesling und Schwäbling, in Steiermark als Zelencic, Weisser Augustiner, Weisser Oesterreicher, Fliegentraube usw., in Böhmen als Ziehfädl, im Elsass als Rundblatt, Weissblanke, Grünfränkisch, Frankentraube, Gentil vert, Picardon blanc, im Wallis als Plant du Rhin, Gros Rhin, Gross Riesling oder Arvine grande bezeichnet. In allen nördlicheren, höher gelegenen Weingegenden mit ungünstigerer Lage ist der grüne Sylvaner eine sehr schätzenswerte Keltertraube, die von keiner anderen Rebe durch Tragfähigkeit, Lebensdauer und Wert des Produktes übertroffen wird. Der Wein ist grünlichweiss, alkoholreich, sehr wohlschmeckend und fein, jedoch ohne besondere Blume und leicht schleimbildend. Am Rhein wird er daher meist mit dem Riesling, Traminer und Elbling zusammen gekeltert. — Blauer Blaufränkischer (f. Francónica Schübl. et Mart.). Laubblätter sehr gross, dick, pergamentartig, fast rund, wenig eingeschnitten, oben dunkelgrün, glatt, mattglänzend. Trauben mittelgross, sehr ästig und locker. Beeren mittelgross, dunkelblau, schwach bereift, ziemlich dickhäutig. Der Blaufränkische stammt aus Niederösterreich, wo er (meist gemischt mit dem Blauen Portugieser) in der Gegend von Vöslau, Siebenhirten und Matzen viel gebaut wird und sich über die anderen Teile von Oesterreich und auch nach Deutschland verbreitet hat. Insbesondere hat er sich in Württemberg sehr bewährt und ist dort unter dem Namen „Limberger" stark verbreitet. Er ist selbst für ungünstigere Lagen wegen seiner früheren Reife, geringen Empfindlichkeit und grossen Tragbarkeit sehr anbau-

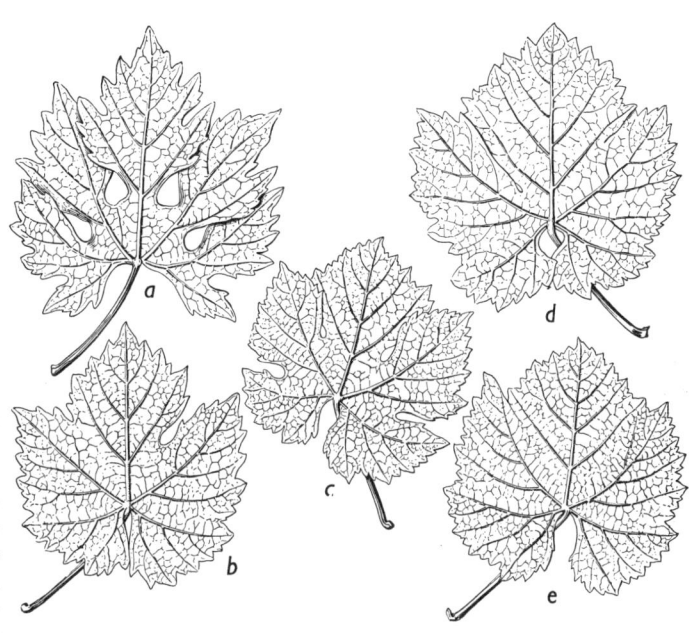

Fig. 1931. Laubblätter von der: *a* Feigenblättrigen Imperialrebe. *b* Vom Weissen Heunisch. *c* Vom Weissen Riesling. *d* Vom Blauen Trollinger. *e* Vom Gelben Ortlieber (nach H. Goethe).

würdig und liefert einen weniger süssen und lieblichen, als vielmehr herben und dauerhaften Rotwein. — Geringere Bedeutung haben ferner die Rote Gewürztraube (Oesterreich), der gelbe Diollaz oder La Jollas (Wallis), der frühe blaue Laska oder Wälscher (in Steiermark auch als Blauer Selenika, Frühblaue, Wälsche Barttraube bekannt, in Deutschland namentlich in Württemberg und Baden) und die Vanilletraube (Tafeltraube mit grossen, gelben Beeren von Muskatgeschmack und grosser Haltbarkeit). — Die Gruppe I. 1 c besitzt keine allgemein wertvollen Sorten. Bekannter sind: Arvine oder Petite Arvine (Wallis), Lang'sche Frühtraube (Uva nera in Wälschtirol), der Schwarzblaue oder Blaue Muskateller (Schwarzer Weihrauch, Muscat noir de Jura, Muscat d'Eisenstadt) (Fig. 1929 b), eine durch schöne, rot- und hartfleischige, blaubereifte, ansehnliche Beeren ausgezeichnete Tafeltraube, Noir de Lorraine (Lothringen) und Trollinger-Muskat, zwei weitere wertvolle Tafeltrauben. — Zu I. 2. a. zählen: die Ahorntraube mit gelblichgrünen, fein punktierten, schwachbedufteten Beeren (Steiermark, Krain), der Dolcetto nero (Refosk debeli, Rotstieliger Dolcedo in Steiermark und Krain), die Weisse Fischtraube (Steiermark), Gueuche (Wallis), der Grosse grüne Hainer (Rossschweif, Grünhainer, Grüner Rosszagler usw. in Steiermark), der Blaue Hainer (Krain), der Weisse Pikolit (Weisser Blaustingl in Steiermark), der Gelbe Plavez (Steiermark) und der Weisse Wippacher (Krain). — I. 2. b. Ebenfalls wenig bedeutungsvoll: Kauka oder Kavka. Laubblätter rund, dick, 3-lappig, klein und kurz gesägt. Traube meist klein und locker. Beere klein, punktiert, würzig, spät reifend (Steiermark). Ferner der Blaue und Weisse Marzemino (Südtirol), das Blaue Ochsenauge (eine Tafeltraube Steiermarks) und die Uranitraube (Steiermark). — I. 2. c. Weisser Räuschling. Laubblätter gross, dünn, oberseits dunkelgrün, unterseits weissgrün, mit kurzen, stumpfen und ungleichen Zähnen. Traube sehr gross und ungleichbeerig, lang- und dickstielig. Beeren gross, hellgrün, geadert, schwarz punktiert, dünnhäutig, spätreifend. In der Schweiz viel gebaut als Rüschling, Silberrüschling, Dretsch, Drutsch, Heinzler, Pfäff-

ling, Züriweiss, Welschweiss, Thuner=Rebe, Züri=Rebe, Guay jaune, Ruchelin (so im Wallis). — **Blauer Wild=
bacher** (Mauserl, Gutrblaue, Kleinblaue, Blauer Kracher, Blauer Greutler, Schilchertraube in Steiermark),
Laubblätter klein, dünn, 3=lappig, wenig eingeschnitten, oberseits dunkelgrün. Traube klein, dicht, sehr ver=
änderlich. Beeren klein, dunkelblau, weiss beduftet. Die im nordwestlichen Steiermark viel angebaute und
dort wahrscheinlich einheimische Sorte ist ausserordentlich empfindlich gegen Schädlinge, namentlich Pilze. Sie
liefert einen hellroten Wein, der eine eigentümliche herbe Säure enthält, an die man sich erst gewöhnen muss,
sodass der Wein nur für den Verbrauch im eigenen Lande in Frage kommt. — Ferner **Blank** (Blauer Ross=
zagler, Schilcher in Steiermark), **Lamberttraube** (Deutschland) und **Weisse eichenblättrige Slacina**
(Steiermark). — **I. 3. a. Weisser Wälschriesling.** Laubblätter mittelgross, länglich, 5=lappig, tief ein=
geschnitten, mit starkem Mittellappen, hellgrün, scharf und lang gezähnt und an den Zahnspitzen oft gelblich
gefleckt. Traube ästig, an langem Stiele. Beeren klein, gelblichgrün, braungefleckt, fein geadert, weisslich be=
duftet; Saft dünnflüssig, süss. Ursprünglich vielleicht aus der Champagne stammend, ist der Welschriesling
zunächst an den Rhein gebracht worden und jetzt namentlich in Niederösterreich, Steiermark und Tirol sehr
verbreitet. Die Stöcke ergeben eine sehr hohe Ernte. Der Wein unterscheidet sich aber von den echten
Rieslingweinen dadurch, dass er keine Blume besitzt. Dennoch gilt er als guter Tischwein sehr geschätzt. —
Gelber Ortlieber (f. xanthocárpa Dierb. (Fig. 1931 e) (auch kleiner Räuschling am Niederrhein, im Rhein=
gau und am Kaiserstuhl, Tockauer, Rungauer und Colmer bei Offenburg, Türkheimer, Kleiner Riesling und
„Knipperle" am Kaiserstuhl, Elsässer bei Bühl in Baden, Knackerle an der Bergstrasse, Trummer oder Weisse
Kauka bei Rohitsch usw.). Laubblätter mittelgross bis gross, dick lederartig, meist ganzrandig, ausgeprägt
5=eckig, unregelmässig gezähnt, oberseits dunkelgrün, unterseits graugrün. Traube klein, einfach. Beeren
mittelgross bis klein, grün, stark weiss beduftet, schwarz punktiert. Der Ortlieber ist eine Elsässer Rebe und
besitzt dort auch ihre Hauptverbreitung. Vereinzelt wird sie auch am Rhein, in der Pfalz und im Badener
Oberland gezogen. Ihre Vorzüge beruhen in ihrer Unempfindlichkeit gegen Kälterückschläge während der
Blüte und ihren grossen gleichmässigen Erträgen, ihre Nachteile in der Regenempfindlichkeit der Beeren (fault
leicht), den häufigen Befall durch den Sauerwurm und der geringen Haltbarkeit des Weines. Dieser ist mild
und angenehm zu trinken und eignet sich sehr gut zum Verschnitt. — Lokalere Bedeutung besitzen: die **Grüne
Bouquettraube**, die **Garganica bianca** (als Weisser Terlaner bei Terlan in Südtirol einen hervor=
ragenden Qualitätswein liefernd), der **Rote Heunisch** (Steiermark), die Feigenblättrige, weisse **Imperial=
traube** (Fig. 1931 a) (eine durch grosse Trauben ausgezeichnete Tafeltraube von Steiermark), die **Madelaine
violette** oder **Magyartraube** (eine kleine, sehr saftige, blaubeerige Tafeltraube), der **Blaue Mohrenkönig**
(Steiermark), die **Blaue Schnellertraube**, der **Blaue Teroldego** (Etschebene), der **Blaue Trollinger=
Muskat** (eine grosse, dunkelblaue, rot beduftete Tafeltraube) und der **Frühe, blauduftige Trollinger**
(Schwarzer Elbling, Cerna belina, Blauwälsche, Vernina). — **I. 3. b. Roter Zierfandler** (auch Rotreifler,
Gumpoldskirchner Spätrot in Oesterreich). Laubblätter mittelgross, rund, dick, lederartig, 5=lappig, kurz ein=
geschnitten, stumpf und breit gezähnt, mit grossem, stumpfem Endzahn. Traube gross, etwas ästig, etwas
dicht. Beeren hellkupferrot oder fleischfarben, nur bei voller Reife dunkelrosenrot, auffallend stark punktiert;
Saft süss. Namentlich in Niederösterreich in der Gegend von Gumpoldskirchen, Mödling, Pfaffstätten, Baden,
Brunn und Gainfahrn viel gebaut und die berühmten Gumpoldskirchner Weine liefernd. Die Sorte ist gegen
den Brennerpilz und gegen Oidium Tuckéri wenig empfindlich. — **Elbling** (f. albuélis Schübl.). (Klein=
berger, Klemmer, Klemmerle im Moseltal, Weissalbe, Weisselbling im Haardtgebirge, Süssgrober, Grohburger,
Kristaller, Grossriesling usw. am Main, Rheinelbe, Harter Elben im Elsass, Tarant bily Bielovacka in Böhmen).
Laubblätter gross, seicht 3=lappig, oberseits blasig. Traube gross, ästig, aber auch walzenförmig. Beeren ziemlich
gross, grüngelb, graugrün beduftet, an der Sonnenseite gebräunt und rostig, schwarz punktiert; Saft wässerig,
süss, ohne Aroma. Der Weisse Elbling war früher am Rhein verbreitet, ist jetzt aber stellenweise stark zu=
rückgedrängt worden und kommt noch hauptsächlich an der Mosel, in Rheinhessen, Württemberg, Baden, Elsass
und der Schweiz vor. Ausserdem wird gelegentlich der **Rote Elbling** (Rotelben, Rotelmeren [mit roten
Beeren]) und der **Blaue Elbling** (mit blauen Beeren) angepflanzt. — Lokale Bedeutung besitzen: der
Weisse und Gelbe Heunisch Fig. 1931 b (Steiermark), der **Weisse Ortlieb** (Steiermark), das **Weisse
Platterle** (Tirol: namentlich um Bozen) und der **Blaue Sulzentaler** (Steiermark). — **I. 3. c.** Die wert=
vollste Sorte dieser formenreichen Gruppe ist der **Weisse Riesling** (f. pusilla Dierb.). Fig. 1931 c (Rhein=
riesling, Rössling, Gewürztraube, Klingenberger, Niederländer, Rheingauer, Hochheimer am Main und auch sonst
in Deutschland, [Gentil aromatique, Karbacher Riesling im Elsass], Pfefferl, Grasevina, Gräfenberger, Weisser
kleiner Riesling in Steiermark). Laubblätter ziemlich klein, rund, dick, rauh, runzlig, oft tief eingeschnitten,
oberseits graugrün, unterseits oft gelb gefleckt. Traube klein, dicht, ästig, in der Form sehr veränderlich.
Beeren klein, hellgelb, grün geadert, bei voller Reife mit braunrötlichem Anflug und weiss beduftet; Saft süss,
aromatisch mit einem für die Sorte charakteristischen würzigen Geschmack. Der Riesling gilt als ein typisch
rheinisches Gewächs, das im Rheingau entstanden sein soll und bereits um 1490 als sehr weit verbreitet ge=

nannt wird. Seines hervorragenden, sich vor allem durch das eigenartige Bouquet auszeichnenden Weines wegen ist er zwar in vielen Gebieten, namentlich im südwestlichen Deutschland, Oesterreich (und Ungarn) angebaut worden, liefert aber nirgends vollwertigere Produkte wie am Rhein und an der Mosel. Um diese zu erreichen, muss er in sehr guten, warmen Lagen auf warmen, nicht zu schweren, aber gut gedüngten Böden gezogen werden. Er liefert keine Massenerträgnisse, ist auch gegen Frost recht empfindlich. In südlicheren Gebieten (z. B. in Südtirol) sind seine Weine zwar sehr alkoholreich, aber an Säure und Bouquet arm. Die Trauben müssen sehr spät gepflückt werden und ergeben dann, in edelfaulem Zustand gekeltert, die vorzüglichsten Johannisberger, Steinberger, Markobrunner, Geisenheimer, Rüdesheimer, Liebfrauenmilch, Niersteiner, Oppenheimer, Klingenberger, Stein= und Leistenweine. Der Besitz des Bouquets wird dadurch erreicht, dass man die Maische längere Zeit auf den Hülsen stehen lässt. Bei den Moselweinen (Mauerblümchen) jedoch wird das mehr liebliche Traubenbouquet dem Edelfäulebouquet vorgezogen. — Blauer Kölner (Blauer Hainer, Grossblau, Kölinger, Grossmilcher, Grobschwarze usw. in Steiermark, Schaibkürn in Niederösterreich). Laubblätter 5=lappig, ziemlich tief eingeschnitten, gross, scharf und meist doppelt gezähnt, oben dunkelgrün, glänzend, unterseits graugrün. Traube sehr gross, ansehnlich, dichtbeerig, ästig, pyramidal, lang gestielt. Beeren gross, dunkelblau, sehr stark weiss beduftet; Saft dicklich, süss und angenehm (wie Trollinger). Seit alten Zeiten als Wandspalierrebe in Steiermark und in Krain als Kelter= und namentlich Tafeltraube gezogen und jenen Gebieten den Charakter verleihend. Die Niederösterreichischen Anbauflächen sind gering. — Ferner gehören zur Gruppe: der Weisse Barthainer (Milcher, Absenger usw. in Steiermark), der Blaue Blaustiel (Steiermark), der Weisse Fütterer (=f. nicarina Dierb.) (Fütterling, Fünderling, Missetäter, Wiesentaiter in Württemberg), der Blaue Gelbhölzer, der Rote Hansen (Württemberg), der Grosse, weisse Javor (Jauer, mit ahornartigen Laubblättern, in Steiermark), die Weisse Königstraube (eine sehr grossbeerige und grosstraubige Tafeltraube), der Gelbe Kracher (Steiermark), der Blaue Ortlieber (in die Verwandtschaft der Kauka und des Wildbachers gehörig), die Blaue Palvanztraube und die Blaue Vranek (Steiermark). — II. 1. a. Eine an Bedeutung zurücktretende Gruppe: Gelber Orleans, auch

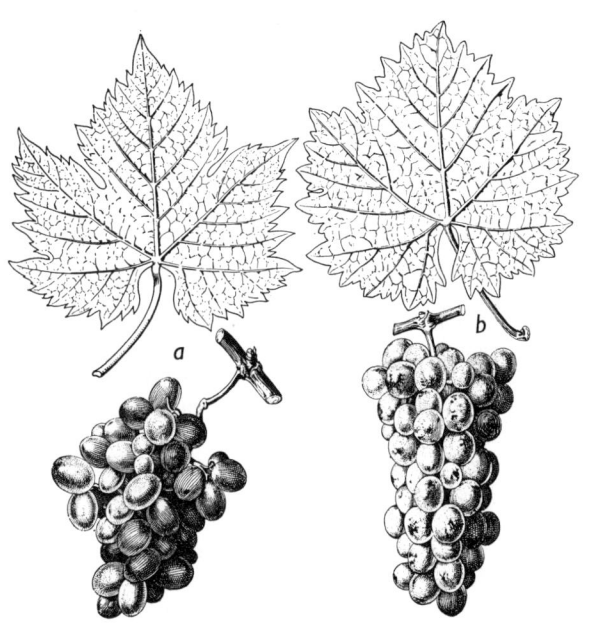

Fig. 1932. *a* Laubblatt und Traube von der Gelben Seidentraube. *b* Desgl. vom Gelben Muskateller (nach H. Goethe).

Orleaner, Orlänzsch, Harthengst, Hartheinisch genannt, soll von Kaiser Karl dem Grossen aus Orleans nach dem Rheingau gebracht worden sein. Laubblätter grob, dick, lederartig, mit ungleichen, grossen Zähnen. Traube mittelgross, dicht, einfach. Beeren gross, gelblichgrün, schwarz punktiert, schwach beduftet. Nur als Tafeltraube verwendet. — Luglienca (Seidentraube). Fig. 1932a. Laubblätter grob, dick, tief eingeschnitten, oberseits dunkelgrün, etwas glänzend, ungleich gezähnt. Traube gross, ästig, pyramidal. Beeren gelblichgrün, dünnhäutig, durchscheinend, weiss beduftet. Als Frühleipziger, Leipziger, Früher Kienzheimer, Weisse und Frühweisse Zibele als eine sehr frühreife Tafeltraube geschätzt. — Rohrtraube oder Rheinwelsch, Zottelwälscher, Wullenwälsch (f. lanata Mart.) mit dunkelroten, schwach bedufteten Beeren in Württemberg als Tafeltraube mehrfach gebaut. — II. 1. b. Erzherzog Johann=Traube, eine wertvolle Tafeltraube mit grünlichgelben, stark braunberosteten, dünnhäutigen, weichfleischigen Beeren von feinem, süssem Wohlgeschmack (Steiermark). — II. 2. a. Weisser Mehlweiss. Laubblätter rund, 5=lappig, ziemlich tief eingeschnitten, oberseits dunkelgrün, scharf und lang gezähnt. Traube meist einfach, locker walzenförmig. Beeren weissgelb, sehr stark weissgrau beduftet, dickhäutig (Steiermark). — II. 2. b. Gelber Furmint (Zapfner, Sipon, Mosler, Maljak, Mainak, Malnik in Steiermark). Laubblätter gross, lederartig, rund, 3=lappig, nicht tief eingeschnitten, mattgrün, oft schwarz gefleckt, ungleich gross gezähnt. Traube gross, einfach. Beeren ziemlich gross, gelblichgrün, mit kastanienbraunen Flecken an der Sonnenseite, fein punktiert, geädert; Saft etwas schleimig, süss, angenehm. Der Mosler ist in Steiermark nach dem Weissen Heunisch die verbreitetste Rebensorte und liefert dort die edlen Luttenberger, Kerschbacher, Pickerer= usw. Weine. In Ungarn, wo er seit alten Zeiten gepflanzt wird, gewinnt man aus ihm die edlen Tokayer, Ruster und Oedenburger Ausbruchweine, da die Beeren in jenen milden Gegenden leicht Cibeben bilden. Diese weltberühmten Weine sind sehr alkoholreich, feurig und stark und werden, neben der Benützung als Dessertweine, im wesentlichen zum Verschnitt anderer leichterer Weine gebraucht. In Steiermark wird der Mosler daher zugleich mit dem Heunisch und anderen geringeren Traubensorten gekeltert. — Zu dieser Gruppe gehören ferner die Blaue Geisdutte mit dunkelblauen, dickhäutigen Beeren und die Weisse Eicheltraube mit eigenartig sichelförmig gestalteten Beeren, beide als Tafeltrauben gezogen. — **II. 2. c.** Weisser Augster (Weisser Fingerhut oder Ragusaner in Steiermark). Laubblätter 3-lappig, kurz eingeschnitten, scharf gezähnt, oberseits dunkelgrün. Traube mittelgross, meist einfach. Beeren weissgelb, an der Sonnenseite braunrot, fein punktiert, dünnhäutig, weiss beduftet. — **II. 3. a.** Sopatua. Laubblätter gross, dünn, papierartig, 5-lappig, tief eingeschnitten, gross und spitz gezähnt. Traube gross, locker, ästig. Beeren gelblichgrün (Steiermark). — **II. 3. b.** Urban (f. Sáncti Urbáni Gok.) (Roturben, Rotwelscher in Württemberg). Laubblätter gross, derb, lederartig, wenig eingeschnitten, länglich, hellgrün, lang und scharf gezähnt. Traube gross, locker, walzlich. Beeren ziemlich gross, hellrot, bräunlich, weissbeduftet, säuerlich. — Mannuka, eine blaue Tafeltraube. — Gelbe Peverella (Pfeffertraube). Beeren schwach aromatisch (Tirol: Salurn, Trient). — **II. 3. c.** Traminer (f. Tirolénsis Dierb.) (am Rhein, Main und an der Mosel als Dreimänner, Marzimmer, Frentsch, Dreipfennigholz, Christkindletraube, Rotklauser, Rotwiener, Fleischrot, Fränkisch, Kläbinger, Kleinbraun usw., im Elsass als Gentil-Duret rouge, Gris rouge, Forment, Formenteau, in Böhmen als Drumin Ljbora, Liwora und Princt, in Steiermark als Roter Nürnberger, im Wallis als Haiden, Plant païen gezogen). Laubblätter klein, dünn, oft mehr breit als lang, 3-lappig und oft unsymmetrisch, oberseits dunkelgrün, unterseits blassgrün, abwechselnd gross und klein gesägt; Buchten oft fast fehlend. Traube klein, dicht, ästig, pyramidal, kurz. Beeren klein, durchschimmernd, aderig, hellrot, graublau beduftet, etwas punktiert, mit dicker, krachender Beerenhaut und schleimigem, sehr süssem und würzigem Saft. Vielleicht ursprünglich bei Tramin in Tirol gezogen (jetzt dort völlig fehlend), ist der Rote Traminer gegenwärtig am meisten in der Bayrischen Pfalz von Neustadt bis Dürkheim a. d. Haardt in Kultur, wo er, mit dem Riesling gemischt, die bekannten Pfälzerweine (Forster, Deidesheimer, Ruppertsberger Dürkheimer und Wachenheimer) liefert. In anderen Weinbaugebieten kommt er nur in ± beschränkter Zahl vor, so in Franken, an der Nahe und Mosel, Baden und im Elsass. Den Heidenwein liefernd erreicht mit dieser Sorte die Rebe im Wallis oberhalb Visp bei 1000 bis 1200 m die höchsten zusammenhängenden Kulturflächen (Fig. 1941). Da die Schalen rot gefärbt sind, müssen die Beeren rasch gekeltert werden, um in dem gewonnenen, hochfeinen Weisswein keine „Schillerfarbe" entstehen zu lassen. Vereinzelt werden auch Stöcke von Weissem Traminer oder grössere Kulturen von Rotem Gewürztraminer (mit hocharomatischen Beeren) gezogen. In den ältesten Weinbüchern wird der Rote Traminer als Vítis arméniæa bezeichnet. — Weisser Damascener (Malagatraube). Fig. 1933b. Laubblätter mittelgross, lederartig, tief eingeschnitten, länglich, oberseits hellgrün. Traube gross, sehr locker ästig, lang pyramidenförmig. Beeren sehr gross, einer Mirabelle ähnlich, hellgelb und grünlich, weiss beduftet, fleischig. — Blauer Damascener (Blaue Zwetschgentraube, in Krain Cespljevna). Laubblätter dünn, 5-lappig, rundlich, oberseits lichtgrün. Beeren bis 3,5 cm lang und 2,5 cm breit, dunkelblau, weiss beduftet. Beide Sorten werden als Tafeltrauben verwendet. — **III. 1. a.** Beclan (im Jura auch als Durée, Durau und Petit Dureau gezogen). Laubblätter klein, breiter als lang, wenig eingeschnitten, kurz und schmal gezähnt. Traube klein, etwas ästig und dicht. Beeren klein, von angenehmem Geschmack. — Rossara. Laubblätter gross, länglich, dick, runzelig, wenig eingeschnitten. Traube gross, wenig verästelt. Beeren sehr gross, rot, blaugrau bereift, sehr saftig und süss (Tirol: Kaltern, Tramin). — **III. 1. b.** Geschlitztblätterige oder Weisse Basilicumtraube. Laubblätter klein, etwas blasig, sehr tief eingeschnitten, rund, dunkelgrün, gross gezähnt. Traube mittelgross, walzlich, einfach. Beeren mittelgross, gelbgrün, schwarz punktiert und beduftet, etwas dickschalig, sehr süss, mit schwachem Muskatgeschmack (Deutschland). — **III. 1. c.** Blauer Oberfelder. Laubblätter länglich, dünn, 5-lappig. Beeren mittelgross, dunkelblau (Krain: Wippacher Tal). — **III. 2. a.** Amigne. Laubblätter sehr gross, wenig eingeschnitten. Traube sehr gross, kegelförmig, verästelt, locker. Beeren grün. Eine alte, im Wallis gepflanzte Rebsorte, die sehr schwere, bis 15 % alkoholhaltige Dessertweine liefert. — Gamay noir (Gamay de Liverdun, Plant de Malin, Plant d'Evelles; Bourgogne noir gros, Dôle grosse noir im Wallis). Laubblätter mittelgross, ziemlich tief eingeschnitten, länglich, oberseits gelblichgrün, mattglänzend, unterseits graugrün. Traube mittelgross, dicht, kurz pyramidenförmig. Beeren dunkelblau, stark beduftet, dünnhäutig. Der Gamay noir ist die verbreitetste Rotweinrebe Frankreichs (Beaujolais und Bourgogne) und wegen seiner gleichmässigen, reichen Erträgnisse sehr geschätzt, steht aber in der Güte seines Weines hinter dem Burgunder-Wein zurück. — Pinjela. Laubblätter rund, 3-lappig, klein und sehr spitz gezähnt, oberseits dunkelgrün. Traube mittelgross, locker ästig. Beeren ähnlich denen des weissen Burgunders, grünlichgelb, dicht grau punktiert, braunfleckig, etwas weiss beduftet (Krain). — **III. 2. b.** Maor. Laubblätter mittelgross, 3-lappig, dick, rauh. Trauben gross, ästig. Beeren mittelgross, gelbgrün. — **III. 2. c.** Roter Veltliner (Grosser Välteliner, Rote Fleischtraube, Feldleiner, Feldlinger, Valtelin rouge in Deutschland, Ryvola cervena in Böhmen, Ranfler, Ranfolica, Rotreifler usw. in Steiermark, irrtümlich Rot-Muskateller in Niederösterreich). Laubblätter gross, dünn, weich, glänzend, tief eingeschnitten,

5-lappig, oben dunkelgrün, unten graugrün. Traube gross, dicht, ästig, pyramidenförmig. Beeren ziemlich gross, hellrot, schwarz punktiert, grau beduftet. Die Sorte hat ihre Hauptverbreitung in Niederösterreich bei Langenlois und liefert einen vorzüglichen, roten Tischwein. — Andere hierher gehörige Sorten sind der **Blaue Affentaler**, der in Baden und Württemberg einen leichteren, roten Tischwein liefert, die **Frühe weisse Lahntraube**, in Westdeutschland und in einigen Teilen der Schweiz zerstreut, die **Müllerrebe** (f. pulverulénta Dierb.) Laubblätter dick, meist 5-lappig, oberseits dunkelgrün, stellenweise mit weisser Wolle, unterseits heller, ungleich kurz- und stumpf gezähnt. Traube mittelgross, meist einfach. Beeren mittelgross, dunkelblau, heller beduftet, mit süsslichem Saft. Namentlich in der Champagne als Meunier zur Herstellung des Champagners angepflanzt; in Deutschland am meisten im Neckartal bei Heilbronn in ungünstigeren Lagen und schlechteren Böden gebaut, anderswo nur zerstreut, z. B. Steiermark, Böhmen) und die **Pavanatraube** (Tirol: Valsugana). — **III. 3. a.** **Frühroter Veltliner**. Laubblätter gross, oft breiter als lang, dünn, ziemlich tief eingeschnitten, 5-lappig, oberseits dunkelgrün, unterseits heller, stumpfer gezähnt als beim Roten Veltliner. Traube dichtbeerig, einfach. Beeren mittelgross, hellrot, schwarz punktiert, graublau beduftet. Der Frührote Veltliner entstammt dem Gumpoldskirchener Weingebirge und wird dort im Gegensatz zu dem als „Spätrot" bezeichneten „Zierfahndler" als **Frührot** in grossem Umfang gebaut. In Deutschland ist er unter der Bezeichnung Rote Babotraube, Früher Veltliner, Mährer Roter, Italienischer Malvasier, Roter Hartheinisch verbreitet. Die aus den Beeren bereiteten niederösterreichischen Weine gehören zu den besten, lieblichsten und geschmackvollsten jenes Landes. — **Grüner Veltliner**. Laubblätter mittelgross, dünn, rund, oberseits hellgrün. Traube ziemlich gross, pyramidal. Beeren klein, gelbgrün, schwach beduftet und punktiert, aderig, süss. Liefert einen reichlichen und guten Ertrag. — **Zimttraube** (Spätblau, Kleinmilcher, Cernina, Kleinkölner usw., Ticenska in Krain). Laubblätter länglich, sehr unsymmetrisch, meist 5-lappig, oben dunkelgrün, stark glänzend (wie lackiert), scharf und lang gezähnt. Traube mittelgross, ästig. Beeren dunkelblau (bei voller Reife), mit süssem, angenehmem Safte. Eine echt steierische Sorte, die, wenn auch nicht vorherrschend, so doch in allen Weingebieten Steiermarks gebaut wird und auch nach Krain und Ungarn gebracht worden ist. Mit der Kaukatraube zusammen gekeltert, ergibt sie die Gonobitzer Rotweine. Auch unver-

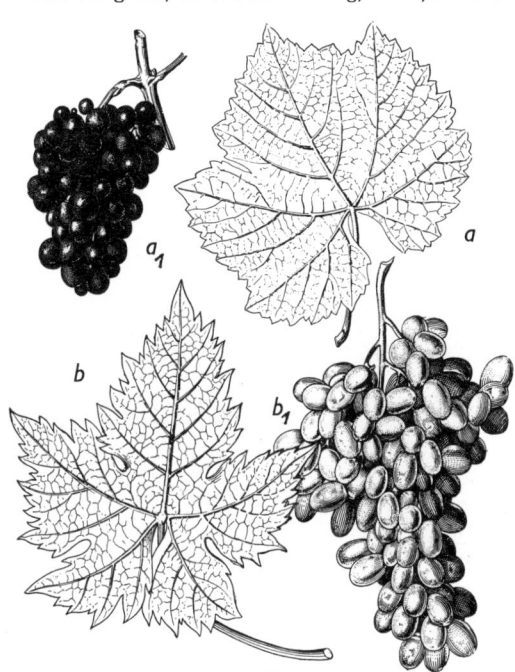

Fig. 1933. Blauer Burgunder. a Laubblatt. a_1 Traube. — Weisser Damascener. b Laubblatt. b_1 Traube (nach H. Goethe).

mischt wird der Wein getrunken. — Andere zu dieser Gruppe gehörige Sorten sind: die **Brattraube** (Tirol), der **Blaue Lagrain** (Bozen), **Muscat Hamburg**, eine sehr feine, dunkelblaue Tafeltraube mit Muskatgeschmack, die **Blaue Negraratraube** (Tirol: Trient, Lavis, San Michele, Calliano, Rovereto) und der **Weisse Vernatsch** (Tirol: Salurn, Bozen). — **III. 3. b.** **Rotgipfler** (Weisser, Grüner oder Grober Reifler). Laubblätter mittelgross, rundlich, etwas dick, rauh, 5-lappig, ziemlich tief eingeschnitten, oberseits dunkelgraugrün, unterseits gelblichgrün. Traube mittelgross, dicht, ästig, pyramidenförmig. Beeren grünlichweiss, an der Sonnenseite bräunlich, sehr stark punktiert, sehr süss. In Niederösterreich bei Percholdsdorf, Mödling, Gumpoldskirchen, Klosterneuburg und Baden verbreitet und von dort mit gutem Erfolge in Württemberg eingeführt. Der Wein ist sehr alkoholreich und besitzt in guten Jahren etwas Blume. — Weniger bedeutende Sorten sind der **Weisse Olber** (Oberelsass: Thann, Gebweiler, Rufach), die **Blaue Corvina** (Südtirol), der **Blaue** und der **Rote Grapello** oder **Gropello** (Tirol: Nonstal, Tramin) und der **Blaue Saint Laurent**. Die letztgenannte Sorte ist von Frankreich eingeführt worden und hat sich namentlich in Württemberg auf der Alb eingebürgert. — **III. 3. c.** Eine umfangreiche Gruppe. Wichtig sind: der **Blaue Burgunder** (f. Clavenénsis Dierb.). Fig. 1933 a. (Blauer Clävner[1]) oder Clevner in Süddeutschland, Grauer Burgunder, Roter und Schwarzer Assmannshäuser, Gutedel in Sachsen, Schwarzer Burgunder, Schwarzer Süssling, Süssedel, Süssrot, Süsschwarzer und Mallerdinger am Rhein und in Württemberg, Roter Burgunder im Elsass und in der Schweiz, auch Pinot noir oder Pigneau noir, Bordeau petit noir, Cortaillod noir und Dôle noir [Schweiz], Blauer Nürnberger und Frühblauer in Steiermark). Laubblätter mittelgross, rundlich, dick, 3- und 5-lappig, rauh,

---

[1]) Die Heimat der Sorte liegt vermutlich in Burgund, nicht in Cleven (Chiavenna), wo sie unbekannt ist.

stumpf und unregelmässig gezähnt, oberseits dunkelgrün, unterseits heller, frühzeitig und vom Rande her rot verfärbend. Traube klein, meist einfach, meist dichtbeerig, walzlich. Beeren klein, schwarzblau, beduftet, schwarz punktiert; Saft weiss, dünnflüssig, süss, aromatisch. Der Blaue Burgunder ist eine in vielen Spielarten (z. B. am Bodensee die beiden etwas grossfrüchtigeren Formen Bodenseetraube [rot verfärbend] und Brunlaubler [braun verfärbend]) gebaute Rebsorte, auf deren Weinen hauptsächlich der Ruhm Frankreichs als Weinland beruht (meist dort als Pinot oder Pineau noir bezeichnet). Die Rebe kam von dort nach Deutschland an den Rhein und an die Mosel, besonders in die Umgebung von Ingelheim, Assmannshausen und an die Bergstrasse, später nach Württemberg, in die Schweiz und nach Oesterreich und ist jetzt in allen Weinbaugebieten anzutreffen. In Mitteleuropa keltert man aus ihren Trauben einen vollen, starken, schweren, überaus wohlschmeckenden Rotwein von feinem, edlem Aroma (Assmannshäuser, Ingelheimer, Ortenauer, Melniker, Ahrbleichert), während man in Frankreich die Trauben zwar ebenfalls zum grössten Teile zur Herstellung der berühmten Burgunderweine verwendet, ihn aber auch weiss gekeltert für die Champagnerbereitung benützt. Die wertvollsten französischen Anbauflächen liegen in Burgund selbst (Côte d'Or). In Hausgärten findet sich unter den Bezeichnungen Jakobitraube, Augusttraube („Aeugstler"), Juliustraube, Magdalenentraube, in Steiermark auch Frauentagtraube, eine durch kleine Trauben, härtere, fad schmeckende Beeren abweichende Form, die früher reift: der Frühe blaue Burgunder. Sehr wertvoll ist auch der Rote Burgunder (Roter Clävner, Ruländer, Viliboner, Grauclävner, Rolander, Drusen, Speyerer usw. am Rhein, Mauserl, Rheintraube usw. in Steiermark). Laubblätter ins Gelbliche verfärbend. Beeren klein, durch den dichten Stand oft plattgedrückt, schmutzig graurot bis blaurot, grau beduftet; Saft sehr süss. Diese Form soll im 17. Jahrhundert durch einen Kaufmann Ruhland aus Frankreich nach Speyer gebracht worden sein und ist gegenwärtig namentlich in Deutschland und auch in Oesterreich, wenn auch in geringerer Zahl als der Blaue Burgunder, verbreitet. Sie liefert

Fig. 1934. Muscari racemosum L. („Weinbergs-Hyazinthe"). Phot. Walter Hirzel, Winterthur.

einen süssen, äusserst feinen, angenehmen Weisswein, der namentlich zur Champagner-Bereitung und zum Verschnitt von Rieslingweinen geeignet ist. Wegen der roten Schalen muss die Traube für die Weissweinbereitung rasch gekeltert werden. — Der Weisse Burgunder besitzt oberseits hellgrüne, mattglänzende, unterseits mehr blaugrüne Laubblätter, verfärbt ins Gelbliche und hat hellgelb durchscheinende, beduftete Beeren mit sehr aromatischem Geschmack. Aus ihm werden in Frankreich die edelsten, weissen Weine (Chablis und Champagner) bereitet. Von dort kam er nach dem Elsass und nach Baden. In neuerer Zeit ist er in Mitteleuropa da verbreitet worden, wo man auf die Erzeugung hochedler Weine Bedacht nimmt. Diese sind besser als die Ortlieber-Weine, aber etwas geringer als der weiss gekelterte Blaue Burgunder. — Weisse Malansertraube. Laubblätter 5-lappig, tief eingeschnitten, spitz gezähnt, mit grossen, braunen Knötchen an der Spitze. Traube gross, pyramidal, lang gestielt. Beeren mittelgross, grau beduftet, stark punktiert, bei voller Reife braunfleckig. Liefert die stärksten und bouquetreichsten Weine der Schweiz. — Lokalere Bedeutung besitzen der Blaue Arbst (die bekannten Affentaler Weine [mit Blauem Burgunder gemischt] von Bühl in Baden liefernd), der Blaue Champagner, der Blaue Enfariné, der Grüne Kanigl (Steiermark), das Blaue Möhrlein (Klebrot oder Kleinrot im Wallis; wohl zum Blauen Burgunder gehörig), der Schiava oder Sciava (Roter und Gemeiner Vernatsch in Bozen und Ueberetsch), der Tantovino (Steiermark) und der Grüne Veltliner (Grüner Weissgipfler, Mouhardsrebe und Grüner Muskateller in Niederösterreich, besitzt aber keinen Muskatgeschmack, gehört auch nicht in die engere Verwandtschaft des Veltliners). — Neben diesen für die mitteleuropäischen Weinbaugebiete bemerkenswerten Sorten kommen für die europäische Weinbereitung ferner als die allerwichtigsten Sorten in Betracht: für die Herstellung hochfeiner Weissweine der Weisse Sauvignon (Feigentraube oder Muskat-Sylvaner) und der Weisse Sémillon (beide in Frankreich viel gepflanzt und zur Gruppe III. 3. a. gehörig), von denen als berühmtester Wein die Marke Château Yquem stammt, ferner der Weisse Malvasier (I. 2. b.), der auf Madeira und in Italien verbreitet ist, in letzterem Lande in Toskana mit blauen Trauben zusammen gekeltert wird („Chianti"), während er in der piemontesischen Stadt Asti den unter dem Namen „Asti spumante" bekannten moussierenden Weisswein liefert. Die Bordeaux-

Weine entstammen zumeist einer Reihe sehr ähnlich gearteter Traubensorten (Cabernet Sauvignon und franc [I. 3. c.], Verdot [I. 3. c.], Merlot [I. 3. a.] und Malbec [I. 3. c.]), die in den Weingärten der Gironde und des Médoc fast stets in gemischtem Satz stehen. Die besten Weine werden aus den 3 erstgenannten Sorten hergestellt. Aus dem Lämmerschwanz oder der Kukuruztraube [I. 3. a.] gewinnt man in Ungarn, besonders am Plattensee, die sehr wohlschmeckenden, wenig sauren, aber sehr starken, süssen Somlauer Weissweine. Der Blaue Sirah oder Sérine (II. 3. a.) liefert namentlich in der Hérmitage an der Rhône in Frankreich sehr feine, mittlere Rotweine. Aus den Trauben des toskanischen Cannajolo (III. 2. b.), Monte pulciano nero (S. Giovese) (I. 3. c.) und Colorino werden in erster Linie die Chiantiweine bereitet. Eine sehr geschätzte Keltertraube Piemonts ist die Blaue Barbera, von der der bekannte Barolowein stammt.

Bekanntlich wird die Rebe in der Pflanzengeographie (Geobotanik) gern für die regionale Gliederung bestimmter Gebiete herangezogen; bereits Wahlenberg unterschied eine Region des Weinstockes. In vielen Fällen deckt sich die heutige Verbreitung wärmeliebender Arten mit den früheren oder heutigen Anbauflächen der Rebe in sehr schöner Weise. Dies gilt z. B. für das Etschtal (aufwärts Meran), das Moseltal und vor allem für das Oberrheintal (von Basel bis Bingen) und dessen Nebentäler (Neckar und Main), welche Gebiete eine ganze Anzahl von südeuropäischen (mediterranen bezw. xerothermen) Arten aufweisen, denen ein Weinklima besonders zusagt, so z. B. Asplenum Ceterach, Gagea saxatilis, Leucojum aestivum, Aceras anthropophorum, Himantoglossum hircinum, Lepidium graminifolium, Sinapis Cheiranthus, Hutchinsia petraea, Potentilla micrantha, Trifolium striatum und T. scabrum, Vicia lathyroides, Euphorbia Seguieriana, Trinia glauca, Chlora perfoliata, Scrophularia canina, Digitalis lutea, Lactuca saligna, Coronilla Emerus, Prunus Mahaleb usw. In völliger Uebereinstimmung damit steht auch der vorherrschend südliche (mediterrane) Charakter der Tierwelt. Nach Robert Lauterborn (Gliederung des Rheinstromes, Heidelberg, 1917) gehören hieher der mediterrane Schmetterling Satýrus arethúsa, verschiedene mediterrane Ameisen, Käfer, Orthopteren (Mántis religiósa [die Gottesanbeterin], Grýllus frontinális, Oecánthus pellúcens), Neuropteren (Ascálaphus coccaíus), Hemipteren (Stária lunáta), Myriopoden (Scutigera coleoptráta), Mollusken (Cyclóstoma élegans, Púpa fruméntum, Bulíminus quádridens usw.), von Reptilien die beiden Eidechsen Lacérta víridis Laur. und L. murális Laur., von Vögeln Emberíza círlus und E. cia, von Fledermäusen Miniópterus Schreibérsii, die bei Breisach die Nordgrenze ihrer Verbreitung erreicht. In Mähren deckt sich heute das Weinareal mit jenem des Bartgrases (böhm.: Vousatka, ungar.: Fenyerfű) Andropogon Ischaemum L. (J. Podpera).

Die Begleiter der Rebe in den ständig in Bewegung gehaltenen Weinbergen sind zum grössten Teile 1= bezw. 2=jährige Arten wie Poa annua, Panicum sanguinale, P. crus galli, Setaria viridis und S. glauca, Bromus tectorum, Cynodon Dactylon, Phleum paniculatum, Chenopodium album, Amarantus viridis („Rotbuggele" am Zürichsee), Stellaria media, Portulaca oleracea, Fumaria officinalis und F. Vaillantii, Capsella Bursa pastoris, Thlaspi perfoliatum, Arabidopsis Thaliana, Cardamine hirsuta, Draba verna, Coronopus procumbens, Euphorbia Helioscopia und E. exigua, Mercurialis annua, Malva neglecta, Anagallis arvensis, Convolvulus arvensis, Solanum nigrum, Datura Stramonium, Ajuga Chamaepitys Lamium purpureum, Linaria vulgaris, L. spuria, Veronica hederifolia, V. polita und V. Buxbaumii, Senecio vulgaris, neben denen sich solche Arten finden, die ein zähes, widerstands= und regenerationsfähiges Wurzelsystem bezw. Rhizome, Zwiebeln oder Knollen besitzen, wie vor allem die „Weinbergs=Hyazinthe" (Muscari racemosum [Fig. 1934]), M. botryoides und M. comosum, Allium vineale und andere Allium=Arten, Gladiolus segetum, Tulipa silvestris, Ornithogalum umbellatum und O. nutans (Fig. 1943), Aristolochia Clematitis, Ranunculus Ficaria, Glechoma hederacea, Bellis, Taraxacum, Cirsium arvense, Physalis Alkekengi, als Seltenheit sogar Inula Britannica (Veitshöchheim bei Würzburg, 1922). Von den Hecken her wandert oft massenhaft Aegopodium Podagraria ein. Die meisten dieser Arten sind als lästige, schwer auszurottende Unkräuter zu bezeichnen, die auch nach Entfernung der Reben oft noch jahrzehntelang erhalten bleiben. So weist Physalis Alkekengi im Vorarlberg, Chur (Untersax), bei Schaffhausen (Weinberg „Stoffler" bei Thayngen), auf dem Roitschberg bei Meissen auf das Vorhandensein einstiger Rebberge hin. In den Weinbergen um Meran stellten im Jahre 1888 M. v. Gugelberg und später P. Magnus als neues Unkraut Galinsoga parviflora Cavan. (vgl. Bd. VI/1, pag. 523) aus Peru fest, dessen Wurzeln die durch das Wurzelälchen Heterodera radicicola erzeugten Knöllchen aufwiesen (Oesterr. Botan. Zeitschrift. Bd. XL, 1890). Die Stützmauern der nach Süden gelegenen Hänge geben wärmeliebenden Pflanzen, wie Heliotropium Europaeum, Ceterach officinarum, Iris sambucina und I. Germanica, Isatis tinctora, Althaea hirsuta, Asperula glauca, Linaria Cymbalaria usw. Gelegenheit zur Ansiedlung. Nach O. Feucht (Württembergs Pflanzenleben, 1912) sind in Württemberg die Mauerköpfe häufig von dichten Blütenpolstern der Arabis albida eingenommen. In enger Verbindung mit dem Rebbau standen in früheren Zeiten Anpflanzungen von Gemüsepflanzen (verschiedener Kohlarten, Spargel, Zwiebeln, Schnittlauch, Erbsen, Fenchel, Hirse, Bohnen, Gelber, Roter und auch Weisser Rüben, Kartoffeln, Salat. Ferner wurden diejenigen aromatischen Kräuter gezogen, die zum Würzen der Weine (bis zum 17. Jahrhundert sehr beliebt) dienten. Daraus erklärt sich das gegenwärtig noch gelegentliche Auftreten von Artemisia Absinthium, Chrysanthemum

Parthenium, Salvia officinalis, Hyssopus officinalis, Ruta graveolens subsp. hortensis („Weinraute"), im Süden wohl auch Rosmarinus officinalis usw. Als Farbpflanze für Rotwein hatte die aus Amerika eingeführte Kermesbeere oder Poke berries (Phytolacca decandra L.) ehedem im Süden (im Tessin Uga di biss geheissen) und Althaea rosea Bedeutung. Zur weiteren Ausnützung des Bodens wurden mancherlei Obst- und Beerenarten in die Rebberge gepflanzt, so Erdbeeren, Stachel-, Johannis- und Himbeersträucher, Pfirsich-, Mandel-, Aepfel-, Birn- und Kirschbäume, Quitten usw. Eine derartige doppelte Ausnützung des Bodens ist heute in Südeuropa (bereits im Tessin) noch sehr üblich, wo namentlich Gemüse, Mais und Hirse, daneben auch etwa Zierpflanzen angebaut werden. Auch in der Pfalz werden die nicht viel Schatten gebenden Mandel- und Pfirsichbäumchen nicht selten zwischen den Reben angetroffen, bei Heidelberg neuerdings Chrysanthemum cinerariifolium. Zur Gewinnung von Rebpfählen zieht man meist Fichtenstangenholz. Für trockene und heisse Lagen werden Anpflanzungen von Robinia Bessoniana empfohlen. In Südtirol bedient man sich der Zweige von Weiden, die man anfangs in den Rebbergen noch als lebende Rebpfähle sich bewurzeln lässt und erst nach mehreren Jahren durch Entrindung zum Absterben bringt. Aehnlich wird mit Castanea sativa verfahren. Im südlichen Tessin verwendet man dazu lebende Feld-Ahorne, ferner den Goldregen und den Feld-Rüster. Das Ziehen der Reben geschieht dort vielerorts an Weiden- und Eichenruten. Um letztere zu gewinnen, legt man Eichen-Schneitelwälder an, in denen die Eichen mit Einschluss der Krone aufgeästet werden, sodass die Wasserreiser sich kräftig entwickeln und, nach 3 bis 4 Jahren, gespalten benützt werden können. Aehnlich wird im Luganesischen Gebiet verfahren (vgl. F r e u l e r, B. Forstliche Vegetationsbilder aus dem südlichen Tessin, 1904). Zum Binden werden in neuester Zeit (vgl. Z i l l e r, Der Anbau von Bindeweiden für den Weinbau in Weinbau und Kellerwirtschaft, 1924) Anlagen von Weidenhegern aus Salix purpurea und ihrer Bastarde empfohlen.

    Die Kultur der Rebe und die Herstellung des Weines kann nur gestreift werden und es sei für nähere Ausführungen besonders auf das breit angelegte Werk von B a b o und M a c h (Handbuch des Weinbaues und der Kellerwirtschaft. Berlin, 1923), sowie auf diejenigen von G o e t h e, Rud. (Handbuch der Tafeltraubenkultur. Berlin, 1894), von N e s s l e r - Windisch (Die Bereitung, Pflege und Untersuchung der Weine. Stuttgart, 1908), von S c h m i t t h e n n e r, F. (Weinbau und Weinbereitung. Aus Natur und Geisteswelt, 1910), D ü m m l e r (Der Weinbau mit Amerikanerreben. Durlach, 1922), K a t s c h t h a l e r (Ratgeber im neuen Weinbau. Mistelbach, 1912), W e n i s c h (Weinbau und Kellerwirtschaft. Berlin-Schöneberg, 1922), G o l d s c h m i d t, Fritz (Der Wein von der Rebe bis zum Konsum. Mainz), K o b e r (Zeitgemässe Massnahmen im Weinbau. Stuttgart, 1920), T e l e k i (Die Rekonstruktion der Weingärten. Wien, 1907), Z o b e l t i t z, v., Hanns (Der Wein. Sammlung illustrierter Monographien, 1901), S t u m m e r, Albert (Weinbau. Wien, 1924) verwiesen. Zur Rebkultur selbst ist zu bemerken, dass sie überall da mit Erfolg getrieben werden kann, wo die Sommer ziemlich lang, nicht zu regenreich und warm (etwa 9,5° mittlere Jahrestemperatur), die Winter mild (0° bis 5°), die Frühlingsmonate möglichst frei von Spätfrösten und die Herbsttage warm und sonnig sind. Der Frost ist es auch, welcher dem Rebbau dort Halt gebietet, wo er von Natur aus nicht hingehört und wo er nur saure Weine zeitigen würde. Es hat sich herausgestellt, dass die Nordgrenze des Weinbaues durch die Winterkälte und nicht durch die zu geringe Sommerwärme gezogen wird. In der Winterruhe, namentlich wenn das Holz gut ausgereift ist, können einzelne Sorten ohne Schaden Temperaturen bis —20° ertragen. Sehr empfindlich gegen Frost sind dagegen die jungen, wasserreichen Sprosse. Bei plötzlich eintretenden kalten Nächten ist es vielerorts (Baden, Zürcher Weinland) üblich, um die nächtliche Wärmeausstrahlung zu hindern, die Reben durch Anlegen von mächtigen, qualmenden Feuern zu schützen. In Rheinau (Kanton Zürich) alarmierte hiezu der Nachtwächter. Auch ist schon daran gedacht worden, zur Rauchentwicklung komprimierte Gase zu verwenden. In besonders wertvollen Lagen (auch bei Spalierreben) werden die Reben mit Decken überspannt. Als Abwehrmassnahme gegen heftige Gewitter bezw. Hagelwetter wurden am Zürichsee, im Waadtland und in Baden ehedem „Wetterkanonen" aufgestellt; an anderen Orten verwendet man dazu sog. „Hagelraketen". Vorsichtiger ist es jedenfalls, die Reben gegen Hagel richtig zu versichern. Vor allem verlangt der Rebstock zu seinem Gedeihen volles Licht. Um ihn vom Wassergehalt des Bodens möglichst unabhängig zu machen, ist für sehr warme Gebiete schon vorgeschlagen worden, ihn auf Arten der naheverwandten Gattung Cissus zu pfropfen, die mit ihren unterirdischen, wasserreichen Knollen dann als Wasserbehälter während der trockenen Zeit dienen können. Dass die edelsten Weine in der Nähe der polaren Verbreitungsgrenze der Rebe (Champagne, Côte d'Or, Mosel, Rheingau, Melnik, Tokay [= Hegyalya]) liegen, dürfte seinen Grund darin haben, dass dort die Trauben langsamer reifen; andererseits wird zufolge der weniger günstigen klimatischen Verhältnisse an der Nordgrenze auf die Kultur grosse Sorgfalt verwendet. Günstige Klimate für den Weinstock gibt es unter sehr verschiedenen Breitengraden. Hiefür sind verschiedene Faktoren bestimmend: neben der Höhenlage und geographischen Breite besonders grössere, das Klima mildernde Wasserflächen (Genfer-, Neuenburger-, Bieler-, Zürcher-, Boden-, Neusiedler- und Plattensee), dann gegen rauhe Winde vorgelagerte Gebirgszüge (Taunus im Rheingau, Schwarzwald, Odenwald, Wachau, Manhartsberg in Niederösterreich), schliesslich die herrschenden Winde. Im Kleinen vermögen bereits unscheinbare, quer gegen die Windrichtung gelagerte Hindernisse (Mauern, Obstgärten, Planken) einen wesentlichen Schutz zu bieten. In Mitteleuropa finden sich die Rebberge überwiegend an den nach Süden geneigten, nicht selten sehr steilen Berglehnen, die keine andere Bewirtschaftung zulassen („absoluter" Rebboden), während diese mit der Annäherung an wärmere Landstriche immer wahlloser verteilt erscheinen, um bereits in Nordafrika vorwiegend auf die schattigen Nordhänge überzugreifen. In den nördlichen Weinbaugebieten (Mosel, Mittelrhein) fehlen ebengelegene Weingärten gänzlich; solche erscheinen aber bereits in Rheinhessen, in der Pfalz, im Elsass, um dann nach Süden immer mehr zuzunehmen. Fast in allen Ländern liefern die an Abhängen wachsenden Reben feinere Weine; sagt doch schon Virgil: „Bacchus amat colles". Umgekehrt steigt in den Tälern die Menge auf Kosten der Güte; in ebenen Lagen ist der Weinstock zufolge des Nebels und der ständigen Bodenfeuchtigkeit auch bedeutend mehr den Frösten und allen möglichen Erkrankungen ausgesetzt. Von grossem Einfluss auf die Qualität (besonders für das „Bukett") des Weines ist die chemische Zusammensetzung und die natürliche Beschaffenheit des Bodens. In Algier wurde festgestellt, dass Weine auf salzhaltigem Boden gewachsen, einen ungewöhnlich hohen Chlorgehalt aufweisen, nämlich 0,6 bis 1,2 gr Chlor im Liter, in einem Falle sogar 4,522 gr (Bonjean). Im allgemeinen sind steinige, kalireiche, gut mit Feinerde untermischte Böden, die eine hohe Erwärmungsfähigkeit und Durchlüftung gewährleisten und Verschwemmungen verhindern, vorteilhaft.

Schwere Lehm- und Tonböden erzeugen meist dunkelgefärbte, volle, blumige Weine, Sandböden (in Ungarn z. B. die reinen Flugsandböden im Gebiete des Szikra bei Kecskemét) heller gefärbte, magere und zarte Weine. Die roten Bordeauxweine sind um so feiner und dunkler, je mehr Eisenoxyd der Boden enthält; die auf der weissen Kreide gewachsenen Champagnerweine sind fast durchgängig hell. Die Unterlagen der berühmtesten Rheingau- und Moselweine bestehen im wesentlichen aus devonischen Tonschiefern oder Quarziten, während die vornehmen Weine von Durbach und Zell in Baden auf Granit gedeihen. Die Tokayerweine entstammen vulkanischen Trachyten und Basalten, ebenso die Kaiserstühler in Baden. Gesteinsböden aus Granit oder kristallinischen Schiefern gibt es in Niederösterreich in der Wachau, oder im Kamptal, bei Eggenburg, in Mähren um Znaim, dann in den Kleinen Karpaten (Pressburg), solche aus mergeligen Schiefern um Klosterneuburg, am Manhartsberg, Tullnerfeld, bei Melnik und Auspitz. Auf Letten- (Ton-)böden wachsen hervorragende Weine an der mährisch-niederösterreichischen Grenze, auf Lössböden am Wagram zwischen Krems und Stockerau in Niederösterreich. Die seit 1912 aufgelassenen, ehedem berühmten Berglagen am Blasien- und Ardetzerberge, am Göfnerwald ob Schildriet usw. bei Feldkirch (Vorarlberg) gehörten dem Gault an. Der Malaga wächst auf Tonschiefer, der Marsalla auf magerem, eisenhaltigem Kiesboden, die besten südafrikanischen Weine auf verwittertem Granit. Völlige Neuanlagen von Rebpflanzungen kommen in Mitteleuropa nur ausnahmsweise vor, so z. B. an der Mosel und Saar (ferner bei Oberertal an der Fränkischen Saale und im Markgräflerland, wo der preussische Staat mit grossem Erfolge Hänge ehemaligen Eichenschälwaldes mit Reben bepflanzt hat. In der Regel aber handelt es sich um Verjüngungen der nach einer Reihe von Jahren an Ertrag nachlassenden Weinstöcke. Dieser

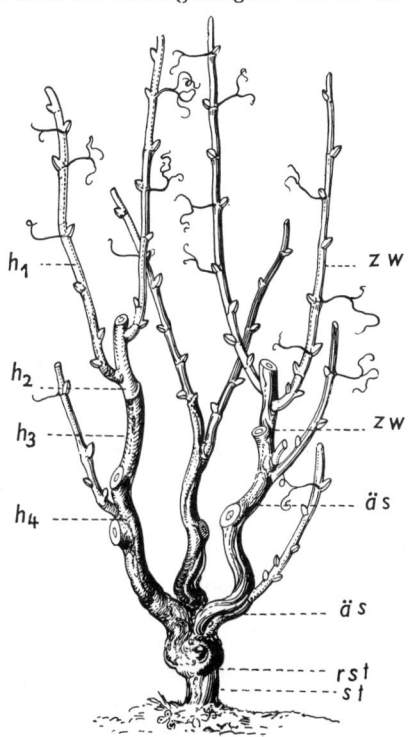

Fig. 1935. Verzweigungssystem der Kulturrebe. *st* Stamm. *rst* Veredlungsstelle. *äs* Aeste. *zw* Zweige. h_4 4-jähriges Holz. h_3 3-jähriges Holz. h_2 2-jähriges Holz. h_1 1-jähriges Holz (nach K. Kroemer).

Rückgang ist teils im Altern der Rebe selbst begründet, die im allgemeinen 40 bis 60, auf Sandböden jedoch nur etwa 20, auf sehr guten, mineralreichen Böden 80 bis 100, mitunter bis 200 Jahre lebenskräftig bleibt[1]), teils hängt er von eigenartigen, durch Mikroorganismen im Boden vor sich gehenden Umwandlungen ab, die selbst durch kräftige Düngung (Stallmist, Kunstdünger, Gründüngung mit Leguminosen wie Saubohne, Lupinen, Luzerne, Erd- oder Steindüngung [mit jungfräulichen Boden- und Gesteinsarten: Kali- und phosphorreiche Mergel in Württemberg, leicht verwitternde Basalte in der Pfalz, Tonschiefer und -mergel im Rheingau oder Ablagerungen von Flüssen, so besonders bei Bozen usw.]) nicht gehindert werden können. Da gegen diese auch aus anderen landwirtschaftlichen Kulturzweigen bekannte „Bodenmüdigkeit" keine zufriedenstellenden Bekämpfungsmittel bekannt sind, überlässt man solche Rebberge nach Rodung der Stöcke einer 6- bis 15-jährigen völligen Ruhe („Wustzeit") oder man bepflanzt sie vorübergehend mit Feldfrüchten oder Leguminosen. Das Anpflanzen von neuen Reben erfolgt dann ausschliesslich

---

[1]) Ein etwa 340-jähriger Weinstock steht in einer Farm auf Roanoke Island in Nord-Carolina, der nachweislich von Ansiedlern stammt, die mit Walter Raleigh 1584 nach Amerika kamen. Sein Stamm ist stärker als der Brustumfang eines erwachsenen Mannes und trägt noch alljährlich reichlich Trauben.

durch Setzlinge bezw. Ableger oder seit der Reblausgefahr meist durch die auf reblausfeste Unterlagen gepfropfte Edelreiser (vgl. unter Rebschädlinge). In Kleinbetrieben hingegen, wo wirtschaftliche Gründe eine Wustzeit nicht zulassen, bedient man sich zur fortgesetzten Verjüngung der Reben der sog. „Vergrubung", d. h. man gräbt den alten Stock bis zur Ansatzstelle der Fusswurzeln aus, legt ihn in der entstandenen Grube bis zur Wagrechten um, und zieht nach erneuter Bedeckung mit Erde nur die jungen Triebe an das Tageslicht. Auch die sehr ähnliche Vermehrung durch Absenker, Ableger oder Markotten ist vielerorts üblich. Um solche zu erhalten, gräbt man einen Schössling tief in den Erdboden. Nachdem dieser in etwa 2 Jahren die gewünschte Grösse und Stärke erreicht hat und namentlich genügend starke Wurzeln erzeugt, wird er von der Mutter= pflanze getrennt und dann wie ein Steckling behandelt. Samen verwendet man zur Verjüngung äusserst selten und nur dann, wenn man neue Sorten züchten will. Beim Qualitätsbau pflegt man im Weinberg nur eine Sorte zu ziehen, beim Quantitätsbau hingegen einen gemischten Satz zu wählen, um dadurch etwaigen Miss= ernten nach Möglichkeit zu begegnen. Die Bewurzelung der heranwachsenden Pflanze wird auf künstlichem Wege geregelt, indem namentlich die obersten Wurzeln, die Tau= oder Tagwurzeln, ab= oder zurückgeschnitten werden, wodurch die gegen Hitze, Trockenheit, Frost usw. geschützten tiefstehenden Fusswurzeln zu kräftigerem Wachstum angeregt werden. Die Tiefe, bis zu welcher sich die Wurzeln in den Boden hinabsenken, hängt von der Beschaffenheit des Untergrundes und der Rebe selbst ab. Einige amerikanische Reben sind flach= wurzelnd; der Blaue Burgunder erreicht in festem Lössboden bis 5 m, der Riesling in steinigem Boden bis 5,5 m, andere Reben in durchlässigen, gut durchlüfteten Böden bis 12 m Wurzellänge (näheres bei Kroemer, K., Untersuchungen über die Bewurzelungsverhältnisse der Rebe, 1904). Sich selbst überlassen würde die Rebe zu einer ± langen Liane auswachsen, wie die hohe Erziehungsart in südlichen Ländern zeigt, wo die Reben= gewinde bis 30 m hoch an Pappeln, Eschen, Ulmen, Nuss=, Kirsch= und Maulbeerbäumen, Feld=Ahornen usw. emporranken. In den kühleren Klimaten hingegen ist es aus praktischen Gründen angezeigt, diese angestammte Wuchsform künstlich zurückzuschneiden und die Pflanze dem Boden möglichst nahe zu halten, um sie vor Frost zu schützen und um allen Sprossen eine gleichmässige Durchlichtung, sowie eine möglichst grosse Rückstrahlungs= wärme des Bodens zukommen zu lassen. Auf diese Weise entsteht vom 4. bis 5. Jahre ab, wenn die Rebe in den Ertrag kommt, ein künstliches Achsensystem (Fig. 1935), dessen Teile in der Winzersprache mit fest= stehenden Ausdrücken belegt worden sind. Der Kulturrebstock enthält danach 3 (Achsen=)Teile: Stamm, Aeste oder Schenkel und Zweige oder Ruten, an welch letzteren die Achsenorgane (Knospen, Laubblätter, Ranken und Blüten= bezw. Fruchtstände) als Seitentriebe sitzen. Bei den niederen, namentlich in nördlicheren Gegenden (Rheingau, Nahe, Pfalz, Lothringen, aber z. B. auch in Steiermark, Waadt) angewandten Erziehungsarten (Kopf=, Bock=, Rheingauer=, Hochheimer=, Pfälzer=Draht= usw. Erziehung) wird der Stamm aus einem knorrigen, unregelmässig verdickten, oft sehr kurzen, kaum 20 bis 30 cm langen Grundstock, bei mittleren Erziehungen, die namentlich in Rheinhessen, im Markgräfler Gebiete, am Kaiserstuhl, im Elsass, an der Mosel und in der Nord=Schweiz geübt werden, aus einem einfachen, bis etwa 1 m hohen Vertikalstock (Fig. 1936), sehr selten aus einem schraubenförmig um einen Pfahl oder Baum gewundenen Mittelstock gebildet. Nur bei den hohen Erziehungsarten, die bei uns nur als Wand= und Laubenspaliere (in der Schweiz „Trüetter" oder „Landere" geheissen) an bevorzugten Orten möglich sind, die aber z. B. in Südtirol und im Tessin in der sog. Dach= lauben= oder Pergelerziehung (Pergolata=Dach) dem Landschaftsbilde einen ganz eigenen Charakter aufprägen, kommen längere Stammbildungen vor. Eine eingehende Darstellung dieses Betriebes gibt L. v. Hörmann (Der tirolisch=vorarlbergische Weinbau. Zeitschrift des Deutschen und Oesterreichischen Alpenvereins. Bd. 26, 1905), für das Tessin B. Freuler (Forstliche Vegetationsbilder aus dem südlichen Tessin, 1904). Im letzt= genannten Gebiete werden als Rebstützen lebende Feld=Ahorne, in geringerem Masse auch Goldregen und Feld=Ulme verwendet. Die Aeste oder Schenkel umfassen alle mindestens 3 Jahre alten Seitenglieder des Stammes, die ebenfalls verschieden gestaltet sein können und bei der Spaliererziehung aus ziemlich kurzen, reichlich mit Astknoten und Schnittflächen bedeckten oder bei den „auf lange Zapfen geschnittenen Stöcken" aus längeren und unregelmässig gebogenen Zapfen bestehen. Zweige heissen alle Achsen, die jünger als 3 Jahre sind und bei denen man, dem Alter entsprechend, 2=jähriges Holz, 1=jährige Ruten, Sommertriebe (Lotten) und Geiztriebe unterscheidet. Das 2=jährige Holz ist stets 2 volle Jahre alt, besitzt meist keine Knospen mehr und zeigt gewöhnlich die Gestalt kurzer Zapfen. Auf ihm steht das 1=jährige Holz, das meist einfach „Rebe, Rebholz, Tragrebe oder Schnittrebe" genannt wird. Zu diesem gehören alle Zweige, die ihre 1. Vegetationsperiode abgeschlossen haben und am Beginn bis gegen Ende des 2. Lebensjahres stehen. Im Gegensatz zum alten Holz sind sie deutlich in Stengelglieder geschieden und an jedem Knoten mit einer Knospe besetzt, unter der noch die Ansatzstelle des abgefallenen Laubblattes sichtbar ist. An ihnen stehen Lotten und ebenso Geizen. Da die Lotten im engsten Zusammenhang mit der Erzeugung der Blütenstände stehen, so ist es Aufgabe des Winzers, durch sachkundigen Schnitt die Rebtriebe so zu beeinflussen, dass sie die höchstmögliche Zahl von gut ausgebildeten Trauben hervorbringen, eine Massnahme, die eine hohe Anforderung an das Geschick und die Intelligenz des Rebmannes stellt, da die Stöcke vielfach individuell, ihren Sorteneigentümlichkeiten und ihrem

Kräftezustande entsprechend behandelt sein wollen. Die beim Verschneiden entstehenden Stümpfe werden nicht wie bei den Obstbäumen überwallt, sondern vertrocknen. Das Tragholz, d. h. derjenige Teil des Stockes, der die traubentragenden Sommertriebe hervorbringen soll, muss dabei stets auf 2-jährigem Holze stehen, da es nur in diesem Jahre fruchtbar ist. In der Winzersprache werden die Blütenstände allgemein als „Gescheine", die Fruchtstände allgemein als „Trauben" bezeichnet. Morphologisch stellen sie aber Rispen dar, deren verzweigte Seitenäste meist infolge von Uebergipfelung durch die beiden seitlich $\pm$ in gleicher Höhe abzweigenden Seitenblüten in Scheingabeln (Dichasien) auslaufen. Seltener tritt der Fall ein, dass eine Blüte unterdrückt wird oder dass Einzelblüten ohne dichasiale Seitenzweige erscheinen. An der Traube unterscheidet der Winzer den (unverzweigten) Traubenstiel und den (verzweigten) Kamm oder Kappen bezw. Trappen, die je nach der Sortenzugehörigkeit bestimmte Ausgestaltung aufweisen.

Nach der im zeitigen Frühjahr, sobald der Rebberg schneefrei wird, durchgeführten Bodenbearbeitung (Umhacken) und Düngung [1]), Stock- oder Laubarbeit wie dem Rebschnitt (Beschneiden), dem Krümmen zu Rundbogen („Bögeln", „Bogeheldä"), dem Ausbrechen oder Auspflücken der unfruchtbaren Knospen (Augen), dem Heften oder Aufbinden der fruchtbaren Triebe, dem Kappen, Pfetzen oder Verzwicken (Vermindern der Laubblätter) und dem Ausgeizen, Klimmen (Vermindern der Geizenzahl)[2]), sowie den vorbeugenden oder unmittelbar bekämpfenden Massnahmen gegen Schädlinge und Krankheiten durch mehrmaliges Bespritzen usw. — Arbeiten, die sich durch die ganze Vegetationszeit hindurchziehen — tritt im Herbste (Oktober = Weinmonat) die Reifung der Trauben und mit dieser die Weinlese (alemanisch Wimmet, Wümmet, Wimmlet, Herbst) und die Weinbereitung ein. In vielen Gegenden folgt dann noch ein herbstliches Umbrechen, wobei der Boden den Winter über in grossen Schollen liegen bleibt. — In Eichstätt im bayerischen Altmühltal, wo der Weinbau schon längst erloschen ist, gelten noch heute nachfolgende Bauernregeln:

Im August viel Regen
Ist dem Wein kein Segen.

An Maria Himmelfahrt Sonnenschein
Bringt viel Obst und guten Wein.

Hat unsre Frau gut Wetter,
Wenn sie in den Himmel fährt,
Gewiss sie dann uns allen
Viel guten Wein beschert.

Die oben kurz angedeuteten, sehr mühsamen, zeitraubenden Behandlungen des Rebstockes erfahren in den einzelnen Gegenden öfters Abweichungen. So kommt unter Umständen (z. B. bei der Tafeltraubenkultur) noch das Ringeln (der grüne Schoss wird unterhalb des ersten Gescheines auf eine Breite von etwa einem Zentimeter entrindet), das Ziselieren und Auslichten (Ausschneiden von zurückgebliebenen oder schlecht entwickelten Beeren mit der Schere), Entspitzen oder Pincieren (Entfernen der Triebspitze) hinzu. Zur Sicherung

Fig. 1936. Vitis vinifera L. Rebstock am Zürichsee.
Phot. Frau Isabella Hegi-Naef, Rüschlikon (Schweiz).

regelmässiger und reichlicher Erträge wird gelegentlich (bei der Tafeltraubenkultur) künstlich befruchtet, indem man den auf schwarzem Papier sorgfältig gesammelten Blütenstaub mit einem Pinsel über die Gescheine streift, was unter eintägigen Pausen wiederholt werden muss. Während die Rebe in Mittel- und meist auch Südeuropa nur sehr selten zu zweimaliger Blütenbildung im selben Jahre gelangt, tritt dieser Fall in wärmeren Gebieten häufiger auf, z. B. auf Madeira und in Pernambuco regelmässig. Auf den Philippinen kann sogar 3-mal geerntet werden. Nach jeder Ernte verlieren die Reben dort den grössten Teil ihrer Laubblätter. Entsprechend

---

[1]) Nach Th. Schlatter dürfte die Rebe die erste Kulturpflanze sein, die gedüngt worden ist. Im Feldbau trat die Dreifelderwirtschaft dafür ein. In Südtirol werden die Reben auch gewässert; doch leidet die Güte des Weines darunter.

[2]) Im Kanton Schaffhausen werden nach altem Brauche die Reben nur im Kreise des Krebses oder Skorpiones geschnitten. In Südtirol herrscht der Glaube, dass alle an einem Donnerstage geschnittenen Reben absterben oder mindestens in demselben Jahre unfruchtbar bleiben.

diesem Laubfall werden dort alljährlich 3 Pseudo-Jahresringe gebildet (vgl. Usteri, A. Beiträge zur Kenntnis der Philippinen und ihrer Vegetation, Zürich 1905).

    Als Stütze für die Kulturreben werden seit altersher Pfähle (Rebstecken) aus Holz (Fig. 1936) verwendet und zwar solche von der Kiefer, Tanne, Fichte, Lärche, Ahorn, Eiche, Kastanie (Südschweiz, Elsass), Robinia u. a., in Süditalien auch das Spanische Rohr (Arundo Donax). Um diese möglichst lang zu erhalten, werden sie alljährlich im Herbst aus dem Boden gezogen oder die Spitzen werden mit einer fäulnishemmenden Flüssigkeit (z. B. Kreosotlösung, Teer, Karbolineum, Kupfervitriol) imprägniert. Neuerdings ersetzt man die kostspielige Pfahlerziehung vielerorts durch die billigeren „Drahtzüge" (hiezu verwendet man drei bis mehr horizontal verlaufende Drähte), die im allgemeinen eine viel bessere und leichtere Behandlung (Aufbinden, Spritzen) ermöglichen und den Blättern auch viel mehr Licht und Luft zugehen lassen. An Stelle des mühsamen Hackens mit dem schweren Karste ist in nördlichen Gegenden (vor allem bei ausgedehntem Rebenbesitz) vielerorts der Pflug getreten und zwar sind besonders konstruierte „Weinbaupflüge" im Gebrauch. Voraussetzung für die Pflugkultur ist Anpflanzung der Stöcke in Reihen („Stege"), sowie ein genügender Abstand (1 bis 1,20 m) derselben voneinander. Bis etwa Mitte August sind die Beeren hart und undurchsichtig und enthalten bis über 3% Säure (namentlich Wein- und Apfelsäure, ferner Glykol-, Ameisen-, Bernstein- und Oxalsäure), unter 1% Invertzucker, sowie Spuren von ätherischem Oel, Pektose usw. Von Mitte August an nimmt der Zuckergehalt auf Kosten der Säure zu; die Apfelsäure verschwindet, die Weinsäure wird in Weinstein umgewandelt. Gleichzeitig wird der Beereninhalt unter Veränderung der Farbe flüssig, die Beere selbst durchsichtig; bei blauen Trauben entwickelt sich in der Beerenhülle (im Zellsaft der Epidermiszellen) ein blauer Farbstoff (Der Saft an sich ist farblos, einzig beim „Färber" ist er rot). Nach Carpentieri und Gautier sollen die Pigmente bei den verschiedenen Sorten nicht einheitlich sein. Meist werden sie als Tanninderivate der Protocatechusäure betrachtet und sollen mit dem Heidelbeerfarbstoff völlig gleichwertig sein. Nach Willstätter, R. und Zollinger, E. H. (Ueber die Farbstoffe der Weintraube und der Heidelbeere in Ann. Chem., CCCVIII, 1915) sind jedoch das Myrtillin und der Weinfarbstoff (Oenin) zwei verschiedene, wenn auch sehr nahestehende Körper. Das Oenin ist ein Monoglykosid ($C_{23}H_{24}O_{12}$) und besteht aus 1 Molekül Glykose und der Farbstoffkomponente Oenidin ($C_{17}H_{14}O_7$). Der Farbstoff hat sich bei vielen Rassen als gleichartig herausgestellt. Die an Menge den grössten Ertrag liefernde „Voll- und Edelreife" wird je nach dem Zeitpunkt der Blüte und der Witterung gegen Ende September bis Anfang Oktober erreicht. Kurz vor ihrem Eintritt wird in den meisten Weinbaugebieten der vom Mittelalter überkommene „Weinbergsschluss" oder „Flurzwang" durch die Ortsgemeinden verhängt, auf Grund dessen der Weinberg nicht mehr oder nur mehr mit besonderer Erlaubnis und zu bestimmten Tagen und Zwecken (z. B. zum Bohnenpflücken) betreten werden darf. Auch das Betreten der dazwischen liegenden Felder darf nur an bestimmten Tagen („Feldertag") geschehen. In der Schweiz wird der Beginn, allenfalls auch eine Unterbrechung des Wümmets bezw. „Herbsten" (wegen starken Regens oder zu grosser Hitze) und die Fortsetzung durch eine Kirchenglocke bekannt gegeben. Vielerorts wird ein „Trottenvogt" (Trottenverwalter) aufgestellt; ferner sind es vor allem die Traubenwächter und Starenschützen, welche Tag und Nacht den Rebberg vor Tier und Mensch zu schützen haben. In der Schweiz galt dieser Schütze, „Traubenhans" (in Südtirol die oft in alten Landestrachten gekleideten „Saltner") geheissen, als Respektsperson und war mit einem Vorderladergewehr, mit Schrot und Pulver ausgerüstet. In der Gemeinde Stammheim muss noch heute jeder Rebbesitzer nach einem bestimmten Turnus etwa einen halben Tag „Ut d'Trubenwach gehen". Der Abtretende übergibt dann dem Nächstfolgenden die alte Schrotflinte und das Säcklein mit Schrot. Von den zur Zeit der Traubenreife sich einstellenden Tieren sind in erster Linie die Stare zu nennen, die oft in ganzen Wolken wegfliegen, daneben die Sperlinge oder Spatzen (diese scheinen wenigstens in der Pfalz früher weniger häufig gewesen zu sein), Amseln, die Rot- oder Weindrossel (Turdus iliaceus), in der Nacht auch Fuchs, Dachs und Wiesel. Dagegen dürften das „Reb"-huhn, Krähen, Elstern und Krammetsvögel als Traubenfresser nicht ernstlich in Betracht kommen. Nach Verordnungen der Speyerer Landesherren (zumal Kardinal Hutten) mussten die Untertanen alljährlich eine bestimmte Anzahl „Spatzenköpfe" und „Eier" abliefern. Noch im Jahre 1901 wurde vom Bürgermeisteramt in Neustadt a. H. für jeden eingelieferten getöteten Sperling eine Prämie von 5 Pfennigen ausbezahlt. Zum Verscheuchen der Vögel dienen vielerorts die zwar wenig wirksamen Vogelscheuchen aller Art und dann auch eigenartige, an holländische Windmühlen erinnernde, selbsttätige Klapperwerke. In Ungarn werden bellende Hunde verwendet. Das unbefugte Traubenabschneiden („Wingertabschneiden"), wie überhaupt der Weinbergfrevel, wird schon seit ältester Zeit geahndet und bestraft. Allerdings macht bereits Moses, später auch die Lex Salica einen Unterschied zwischen „Mundraub" und „Diebstahl", wie er noch im modernen Strafrecht fortbesteht. Das langobardische Gesetz erlaubte, aus einem fremden Weinberg 3 Trauben für sich wegzunehmen. Traubendiebe wurden in früheren Jahrhunderten in Deutschland zuweilen in die „Körb" und „Schellen" gesetzt oder aber ins Wasser gesprengt; für das Zerstören von Weinstöcken war das Abhauen der rechten Hand (gewöhnlich erst beim Rückfall), Stadt- oder Landesverweisung (consilium abeundi) die herkömmliche Strafe. Auch gegen das unbefugte Nachlesen („Süecheln", „Etznen") musste öfters eingeschritten werden, da gedungene Winzer oft absichtlich Trauben stehen liessen. Das Auftreten weisser chlorophylloser Laubblätter an einer Rebe gilt wie bei der Bohne als Vorzeichen, dass der Tod im Hause des Besitzers bald Einkehr halten wird. Ueberall war die Weinlese ein Fest der Freude und ausgelassener Fröhlichkeit; in den Rebbergen wurde gesungen, gejauchzt und aus Pistolen geschossen. Am Abend kamen etwa noch Feuerwerk und Gesellschaftsspiele hinzu.

Die wichtigsten Bestandteile der Weinbeeren sind Zucker, Säuren (Gallussäure, meist an Kalk gebundene Weinsäure, Trauben=, Zitronen=, Salicyl= und Bernsteinsäure) und Gerbstoff, daneben Wasser (bis 79%), das Enzym Invertin, Inosit, Kaliummalat, Pentosane, Lecithin, Quercitrin, Pektinstoffe, Pektose, Gummi, ätherische Oele, Leucin, Tyrosin, etwas Eiweiss, gelegentlich Nitrate, Gips, Kaliumsulfat und Kaliumphosfat, Borsäure, Fluor usw. Während der Reife verschwindet der Gerbstoff vollständig; dafür treten Weinsäure und deren Salze, sowie Apfelsäure auf. In einen zweiten Abschnitt der Reife (etwa Ende Juli), wenn die Beeren anfangen weich zu werden, beginnt die Zuckermenge zu wachsen; die freien Säuren dagegen nehmen rasch ab (von 3,6 auf 0,65%). Während der Zucker anfänglich (0,85%) ausschliesslich aus Dextrose besteht, bildet sich später immer mehr Lävulose, so dass schliesslich ein gleich starkes Verhältnis beider im Invertzucker (gleiche Moleküle) erreicht wird. In den reifen Beeren beträgt der Zuckergehalt (14) 21 bis 30%. Werden die Beeren nicht in diesem Zustande geerntet, so beginnt das Wasser aus ihnen zu verdunsten und es bilden sich entweder Trockenbeeren oder Zibeben oder aber die Beeren gelangen durch den Befall eines Schimmelpilzes (Botrýtis cinérea Pers.) in den Zustand der Edelfäule. Die Zibebenbildung besitzt für die mitteleuropäischen Weingebiete keine grössere Bedeutung, weil sie nur in sehr warmen Herbsten und dann noch unvollkommen eintritt, auch an gewisse Sorten geknüpft ist. In Ungarn hingegen stellt man aus solchen der Moslerrebe entstammenden Beeren die berühmten Tokayer= essenzen und Ausbruchweine her. Viel wichtiger ist dagegen die Edelfäule, wenngleich auch sie nur auf bestimmten Sorten (hartschaligen Weissweinbeeren) veredelnd einwirkt, d. h. den Säuregrad vermindert und die Bukettstoffe in besonderer Weise ausprägt. So wird dadurch das charakteristische Traubenbukett des Rieslings in das honigartige Edelfäulebukett umgewandelt. Bei Rotweintrauben wirkt Botrytis cinerea stets zerstörend auf den Farbstoff ein, ebenso wie der Pilz unreife Beeren zur Säurefäule bringt und bei sehr feuchter Witterung auch ein Bersten der Beerenhüllen und das Auslaufen des Saftes verursachen kann. Bei der Spät= lese werden vollreife und edelfaule Beeren meist getrennt und geschieden verarbeitet. Bei tiefen Herbst= temperaturen durchfrorene Beeren, in denen ein Teil des Beerensaftes erstarrt ist, während die Extraktstoffe noch flüssig sind, ergeben die kostbaren „Eisweine". Bei warmer Witterung hingegen schrumpfen auch die edelfaulen Beeren zusammen und liefern dann sehr feine „Trockenbeeren=Ausleseweine". In manchen Gegenden unterwirft man auch die gepflückten Trauben einer Nachtrocknung auf Stroh oder Hürden und bereitet dann aus dem wasserarmen Saft den Strohwein sowie den Sekt[1]) oder vino secco (vinum siccátum der Alten).

Die reifen Trauben werden gepflückt oder abgeschnitten, wertvollere Sorten auch sorgfältig verlesen. Entweder werden die ganzen Trauben mit den „Kämmen" („Trappen" oder „Troppen") verarbeitet oder man beert sie ab, zuweilen auf hölzernen Rebbelmaschinen (Rebbelgitter, Abbeersiebe). Hierauf werden sie in den Traubenmühlen zwischen Walzen zerquetscht (gemaischt). In sehr primitiver Art werden sie noch heute in Südfrankreich, Italien und Griechenland wie ehedem im alten Aegypten mit den blossen oder mit den mit hölzernen bezw. ledernen Stiefeln be= kleideten Füssen zerstampft, gelegentlich nach den Klängen einer Dorfvioline. Für die Weissweingewinnung kommen sie dann sofort auf die teils für Hand=, teils für maschinellen Betrieb eingerichtete Kelter oder Torkel, wo durch Druck der Saft von den Traubenresten (Kämmen, Schalen usw.) getrennt wird. Hiezu dienten ehedem und gelegentlich heute noch mächtige hölzerne Pressen, in Süddeutschland, Oesterreich und in der Schweiz „Trotten" oder „Torggeln" ge= heissen. Für den mächtigen, bis 13 m langen „Trottbaum" (Fig. 1945) oder „Priel" (Tirol) wählte man mit Vorliebe Eichen= holz, für die Spindel das Holz vom Speierling (Sorbus domestica). Diese „Baumkeltern", die bereits bei den Griechen und Römern (torculárium) in Gebrauch standen, sind vielerorts Eigentum von Gemeinden, Klöstern oder Genossen= schaften („Zehnten" oder „Herren"=Trotte). Heute sind sie meistens durch Schrauben=, Spindel=, Kniehebel=, Hydraulische oder Differentialpressen ersetzt; auch Zentrifugalmaschinen bewähren sich sehr gut. Durchschnittlich gewinnt man aus 100 Teilen Trauben 60 bis 80 Teile Most. Bei der Rotweinbereitung wird das Pressen erst vorgenommen, nachdem die in Gärung übergehende Flüssigkeit (bezw. der bereits entstandene Alkohol und die Säure) den Farbstoff aus den Schalen der blauen oder roten Trauben ausgezogen hat. Der frisch ausgepresste, ungegorene Most, dessen chemische Zusammen= setzung zwar sehr wechselt, aber im Durchschnitt etwa 79,12% Wasser, 14,36 (bis 26,13)% Zucker, 0,77 (bis 1,88)% freie Säure, 1,01% stickstoffhaltige Substanz, 1,05% Pectinstoffe und 0,48 (1 bis 2,3%)% Aschenrückstände enthält, ist eine trübe, sich etwas erwärmende, schäumende, scheinbar kochende Flüssigkeit, auf der sich oben aus den Schalen und Trappen der sog. „Hut" bildet. Der bereits vor dem ersten Druck ablaufende Saft wird als Vorlauf, die beim ersten Druck (bis die Trester scheinbar trocken sind) gewonnene Flüssigkeit als „Pressmost" oder „Presswein" be= zeichnet. Der Rückstand, Trester oder Treber („Träsch"), wird meistens zerkleinert („umgescheitert") und zu Branntwein verarbeitet oder er gibt bei Zusatz von Wasser den „Nachwein", den man als Gesinde= oder Knechtewein verwendet. Es ist dies der „Sklavenwein" (Deuteria in Griechenland) der Alten oder „lora", woher sich auch die neuzeitlichen Benennungen Leier, Lauer, Leuer, Lürcke („Lurcke" bezeichnet gegenwärtig in Sachsen

---

[1]) Sekt (Canarien=, Xeressekt) ist also ursprünglich kein „mussierender" Wein (vgl. pag. 401).

zwar einen schlechten und dünnen Kaffee) ableiten. Für die weitere Entwicklung des Weines, die gewöhnlich in grossen, eichernen, zuvor geschwefelten Fässern sich vollzieht, ist die Mitwirkung von Mikroorganismen (Hefezellen und Bakterien), ebenso der Zutritt von Licht ein unbedingtes Erfordernis. Der allgemein als „Gärung" bekannte Vorgang ist ein biologischer (kein chemischer), bei welchem der trübe, dickflüssige, süsse Most, der als „Brausewein", „Bitzler" (Pfalz), „Sauser" bezw. „Sauser im Stadium" (Schweiz), „Chritzer", „Rauscher", „Hurli" (Chur) usw. gern getrunken wird, durch die Tätigkeit von Hefepilzen (Saccharomýces ellipsoídeus, S. apiculátus, S. exíguus usw.) sich wesentlich verändert. Diese im Boden (bis 30 cm Tiefe) stets vorhandenen Hefepilze werden durch den Wind und den Regen auf den Rebstock gebracht und gelangen zur Zeit der Reife durch Wespen, Ameisen und Fliegen auch auf die Trauben. Die Pilze haben die Fähigkeit im Most durch Bildung von Zymase (Alkoholase) den Zucker ($C_6H_{12}O_6$) in ungefähr gleiche Teile Aethylalkohol (C_2H_5OH), der in der Flüssigkeit gelöst bleibt, und in zum grossen Teile als Gas entweichendes Kohlendioxyd aufzuspalten ($C_6H_{12}O_6 = 2\,C_2H_5OH + 2\,CO_2$) und zwar entstehen aus 100 Teilen Zucker 45,8 bis 48,4 % Alkohol und 48,9 % Kohlendioxyd; ausserdem wird bei der Gärung in geringer Menge Glyzerin (2,5 bis 3,6 %) und Bernsteinsäure (0,4 bis 0,7 %) erzeugt, ferner höhere Alkohole (Propyl-, Butyl- und Isobutylalkohol), flüchtige Säuren (Ameisen-, Essig-, Butter- und andere Fettsäuren), Aldehyde und Verbindungen von Fettsäuren mit Alkoholen (Ester), während Kahmpilze, Schleimhefen, Demátium púllulans de Bary et Löw, Mucor-Arten und zahlreiche Bakterien am Abbau der Eiweissstoffe und verschiedener mineralischer Bestandteile tätig sind. Da diese Mikroorganismen einen unerbittlichen Kampf untereinander führen, die überwiegende Anwesenheit gewisser Weinheferassen für die Bildung guter Weine aber unerlässlich ist, hat man neuerdings auf Grund der bahnbrechenden Arbeiten von Müller-Thurgau und Wortmann Hefereinkulturen hergestellt, die in gewünschter Art und Menge dem Moste zugesetzt werden können. Um die Hefevermehrung zu fördern, bearbeitete man den Most früher öfter mit Rührschaufeln („Schaufelwein") oder mit der Mostpeitschmaschine. Auch ist es nötig, um schädlich wirkende Mikroorganismen (z. B. Essigsäurebakterien) fern zu halten, dass die Gärung bei nicht zu niedriger Temperatur (10 bis 15°) vor sich geht; eine stürmische Gärung setzt erst zwischen 15 und 25° ein. Erfahrungsgemäss wird bei einer mittleren Temperatur von 15 bis 18° C am meisten Zucker vergoren. Unter Umständen ist es daher nötig, die Temperatur durch geeignete Vorrichtungen (Wärmeschlange) künstlich auf diese Höhe zu bringen. Uebrigens hört die Gärung auf, sobald der Alkoholgehalt auf 12 bis 14 % gestiegen ist; bei 16 % stellen die Hefepilze die Tätigkeit ein. Weine, die also mehr als 16 % Alkohol enthalten (wie die meisten Süssweine), sind künstlich mit Spiritus versetzt. Die Hauptgärung verläuft in warmen Gegenden in 3 bis 8, in Mitteleuropa in 8 bis 14 Tagen; in kalten Kellern sind 4 bis 6 Wochen erforderlich. Der Zuckergehalt kann sehr leicht aus dem spezifischen Gewicht des Mostes („Mostgewicht") mittels der Oechslischen Mostwage (Araeometer) festgestellt werden. Der durch die Gärung entstandene, zum Genusse in der Regel noch wenig taugliche Jungwein (Halb- oder Jungfernwein, Federweisser) ist trüb, enthält noch viel Kohlensäure und besitzt einen $\pm$ stark hervortretenden, das Bukett fast völlig verdeckenden Gärungsgeruch, so dass er durch Nachgärung und sorgfältige Pflege (Schulung) noch „ausgebaut" oder „gereift" werden muss. Die „Blume" (das Bukett) entsteht bei der Lagerung durch Bildung mehrerer Aether. Zu diesem Zwecke wird der Wein wiederholt vorsichtig abgelassen („abgestochen"), wobei die nach der Hauptgärung auf den Boden sinkenden Organismen und deren $\pm$ feste Stoffwechselprodukte (roher Weinstein) als „Geläger", „Trub", „Druse" auf dem Boden zurückbleiben. Die Nachgärung, die im Februar oder März beendet ist, beruht im wesentlichen auf dem weiteren Abbau der Zuckerreste, dem allerdings dadurch eine obere Grenze gesetzt wird, dass die entstehende wachsende Alkoholmenge die Lebenstätigkeit der Hefepilze immer mehr einschränkt, so dass ein Vergären von mehr als 28 % Zucker unmöglich ist. Ferner wird namentlich in dieser Phase die bereits während der Hauptgärung eingeleitete Säuregärung (Säurerückgang) durchgeführt, wobei durch Bakterien (namentlich das Milchsäurebakterium Micrococcus malolácticus) die Apfelsäure in Milchsäure und Kohlensäure aufgespalten wird. Durch ferneres Lagern treten weitere Veränderungen im Weine auf, unter denen die Ausgestaltung der Bukettstoffe die grösste Wichtigkeit besitzt. An der letzteren ist auch ein Teil der schwefligen Säure, die vom Schwefeln der Fässer herrührt, beteiligt; diese bildet nämlich mit Aldehyd aldehydschweflige Säure. Die chemische Zusammensetzung des Weines ist eine wesentliche andere als die des Traubenmostes. Im Mittel enthält der Wein ausser Wasser, dessen Gehalt bis 90 % betragen kann, in je 100 ccm hauptsächlich: Alkohol (5 bis 12 g), Zucker (0,05 bis 1,2; in Südweinen bis 50 g), Glyzerin (0,4 bis 1,2 g), Organische Säuren (insgesamt 0,4 bis 1,4 g) und zwar Weinsäure (frei oder mit Kali als Weinstein), Apfelsäure (bis 0,8 g), Bernsteinsäure (0,06 bis 0,12 g), Milchsäure (0,1 bis 0,5 g), in Spuren Essigsäure, Fett- und Salicylsäure, ferner Gerbstoff oder Gerbsäure (in Weissweinen Spuren, in Rotweinen etwa 0,15 bis 0,25 g), stickstoffhaltige Substanzen (Eiweiss, Albumosen, Peptone, Amidosäuren und Ammoniumverbindungen [0,01 bis 0,04 g]), Mineralstoffe (besonders Kali, dann Phosphorsäure, Natron, Magnesia [0,12 bis 0,4 g], Bukettstoffe (Aether), Farbstoffe (nur in Rotweinen in grösserer Menge) und Kohlensäure (in Jungweinen sehr viel). Die deutschen Weine enthalten durchschnittlich 8 bis 10, Ungarweine 9 bis 11, Bordeauxweine 9 bis 14, Champagner 9 bis 12 % Alkohol. Der hohe Gehalt (12 bis 15 %) der Südweine wird durch Zusatz von Alkohol nach der Gärung bedingt.

Zur Verbesserung und Veredelung der Weine sind verschiedene Methoden und Manipulationen im Gebrauch, von denen einzelne allerdings mehr der Verfälschung bezw. zur Herstellung von Kunstweinen dienen. Sehr verbreitet ist das sog. „Verschneiden", d. h. eine Vermischung verschiedener Weinsorten in bestimmten Verhältnissen oder Zusatz von Spiritus. Die künstliche Klärung wird durch „Schönen" mittels Zusatz von Gelatine, Hausenblase, Eiweiss, Kaseïn, Ton, Kaolin, Graue spanische Erde (Yeso gris), Papierbrei oder aber auf mechanischem Wege durch „Filtrieren" (Filter aus Asbest, Zellulose usw.) erreicht. Saurer Wein wird häufig mit Glyzerin versetzt („Scheelisieren"). Beim „Glacieren" durch künstliche Abkühlung wird der Wein alkoholreicher und kräftiger. Beim „Alkoholisieren" oder „Spritten", das oft vor dem Eintritt der Gärung ausgeführt wird, wird dem Most etwa 10 % Spiritus beigegeben. Nach dem Vorschlage des Chemikers und Ministers Chaptal werden zu saure Weine durch kohlensauren Kalk (Marmor) entsäuert und erhalten dann einen Zuckerzusatz („Chaptalisieren"). Andere Chemiker, wie namentlich Dr. Gall in Trier, verbesserten dieses Verfahren durch Verdünnen des sauren Mostes auf den richtigen Säuregehalt und durch Zusatz von Zucker („Gallisieren"). Beim „Peptiotisieren" lässt man die Treber mit dem beigegebenen Zuckerwasser (oft wiederholt) vergären. Weitere Korrekturen erfahren die Weine nicht selten durch Zusatz von Weinsäure oder Gerbstoff; zuweilen werden sie auch gefärbt und zwar mit Heidelbeeren, Holunder- oder Kermesbeeren, Malvenblüten, Farbhölzern, Anilinfarben usw. In Chile verwendet man dazu die schwarzen Maquibeeren von Aristotélia Máqui L'Hérit., einer strauchigen, wohlriechenden Elaeocarpacee. Die Beeren sollen gelegentlich auch nach Europa kommen.

Die verschiedenen Weinkrankheiten werden durch Mikroorganismen (falsche Gärungserreger) bedingt, so vor allem der „Essigstich" (Essigbakterien oxydieren den Alkohol zu Essigsäure), das Zähewerden, auch Weich-, Lang- („Schmeer-") oder Oelwerden (am Rheine „Schlangen" geheissen), das Bitterwerden bei hohem Alter und hoher Temperatur, das Umschlagen oder Abstehen des Weines (Rotweine werden dunkler und schmecken unter Verschwinden des Alkohols fad), das Rahmigwerden (verursacht durch den „Rahmpilz" Mycoderma acéti) als Vorbote des Sauerwerdens, das „Böcksern" (solche Weine riechen durch Bildung von Schwefelwasserstoff nach faulen Eiern), der Schwarze Bruch (durch Ausscheiden von grünschwarzen, gerbsaurem Eisenoxyd) usw. Mehr als Fehler sind der Fass-, Schimmel-, Hefe- oder Mäusel-, Treber-, Kork-, Zapfen-, Dünger- oder Grundgeschmack anzusehen. In neuerer Zeit versucht man durch das „Pasteurisieren", bei welchem Verfahren die Weine während etwa 2 Stunden auf mindestens 45° C erwärmt werden (im Grossbetrieb wird nur 1 bis 2 Minuten lang, dafür aber auf 60 bis 80° erwärmt), diese Krankheiten zu verhindern. Dadurch werden die Weine, ohne an Geschmack und Bukett einzubüssen, keimfrei gemacht. Pasteurisierte Weine sind vollkommen haltbar und ertragen auch jeden Temperaturwechsel, also auch den Transport in die Tropen.

Innerhalb der Naturweine unterscheidet man nach der Farbe Weiss- und Rotwein, hellroten Schiller und rötlichen Bleichert. Rotweine sind in der Regel reich an Extraktivstoffen, vor allem an Gerbsäure, und werden (besonders Bordeaux und Burgunder) medizinisch bei Magen- und Darmschwäche verordnet, während säuerliche Weissweine bei Verstopfung und Blutandrang angewendet werden. Der frisch gekelterte Traubensaft wirkt gleich dem Most leicht abführend. Im Mittelalter mussten schwere Weine den Aerzten das Chloroform ersetzen. Süd-, Süss-, Dessert-, Likör-, Ausbruch- bezw. Auslese-Weine sind verhältnismässig reich an Zucker und an Alkohol und bekommen vielfach noch besondere Zusätze wie eingekochten Most, Auszüge von Feigen, Johannisbrot, Granatäpfeln, Honig, Mastix, Terpentinöl, Quitten, Orangen, Pfirsich-, Kirsch-, Weichsel- und Mandelblättern usw. Von bekannteren Süssweinen sind zu nennen: Malaga, Xeres, Malvasier, Madeira, Alicante, Portwein, Tokayer, Marsala, Lacrimae Christi, Syrakusaner, Amarena, Vermouth, Samos, Achajer, Frontignac (Frankreich), Palästina-, Capwein usw. Die in früheren Jahrhunderten sehr geschätzten, aromatischen „Gewürzweine", wie der Claret (geklärter Wein) oder vinum clarátum, der Hippocras oder Ypocras, Sinopel (von zinnoberroter Farbe), der Lutertranc (= Lautertrank) sind mehr Arzneien als Genussmittel. Von Gewürzen kamen in Betracht: Pfeffer, Ingwer, Gewürznelken, Zitronen, Quitte, Lorbeer, Salbei, Alant, Wermut, Bertram (Anacyclus officinarum), Polei (Menta Pulegium), Raute, Minze, Levisticum (Wurzel), Rosmarin, Melisse, Sassafras, Melone, Odermennig, Sabina usw. Von diesen Getränken hat heute einzig der „Wermutwein" noch einige Bedeutung in Ungarn, Italien (Vermut di Torino) und Frankreich beibehalten. Die sogen. Medizinweine werden gegenwärtig durch Zusatz von Chinaessenz, Eisen, Pepsin, Rhabarber, Cola, Baldrian usw. hergestellt. Reste von solchen versüssten, aromatisierten Gewürzweinen stellen unsere Bowlen (engl. bowl = Becken) dar, wozu in erster Linie der Waldmeister (Asperula odorata), dann Erdbeeren, Ananas, Pfirsich, Orangen, Zitronen, neuerdings auch Gurken benützt werden, ebenso die Glühweine, denen man Zimmt, Gewürznelken, Zitronenschnitzel usw. zusetzt. Die sogen. „gespritzten", „moussierenden" oder „Schaumweine" (Champagner, neuerdings auch Sekt genannt) enthalten insgesamt in reichlicher Menge die beim Vergären entstandene Kohlensäure. Ihr Ursprung fällt mit der Erfindung der Glasflaschen und des Korkpfropfens zusammen, reicht somit bis ins 17. Jahrhundert zurück. Als Vater der vollendeten Erzeugung gilt der Benediktinermönch und Kellermeister Dom Perignon (1638 bis 1715) des

Klosters St. Peter bei Haut=Villers in der Champagne. Anfangs wurde der Champagner, der nur mit Hilfe des Satans zustande kommen könne, mit Misstrauen und Widerwillen aufgenommen; sogar medizinische Fakultäten sprachen sich gegen ihn aus. Erst durch Ludwig XIV. gelangte er zu Ansehen. Gegenwärtig befinden sich die bedeutendsten Champagnerfirmen in Reims (Pommery und Greno, Louis Roederer, Heidsieck, Mumm), in Epernay (Moët et Chandon, C. Gauthier), in Ay, Avize und Chalons sur Marne. Von der Champagne kam die Schaumweinbereitung nach Deutschland. Bereits 1826 entstanden solche Anlagen in Grünberg (C. S. Häusler), sowie in Ettlingen; 1836 folgten Niederlössnitz in Sachsen, 1837 Burgeff und Schweikardt in Hochheim, dann Freiburg an der Unstrut (Foerster), Senftenberg, Hirschberg usw., sodass im Jahre 1908 schon 221 solcher Anlagen vorhanden waren. Es sei erinnert an Henkell und Kupferberg Gold in Mainz, Matheus Müller in Eltville, Ewald in Rüdesheim, Burghardt in Deidesheim, Söhnlein in Schierstein, Deinhard in Coblenz u. a. Die Bezeichnung „Sekt" für Champagner kam erst durch den Schauspieler De=vrient in Mode; der Shakespear'sche Sekt war Sherry. Von wesentlicher Bedeutung bei der Erzeugung echter Schaumweine ist nach der einleitenden allgemeinen Weinbehandlung (Verschneiden, wiederholtes Abziehen, Schönen) ein bestimmter Zusatz von Zucker (1 bis 2%) und ein ebensolcher von besonders gärungsfähiger, reiner Hefe erforderlich, mit denen vermischt der Jungwein in Flaschen gefüllt, sorgfältig verkorkt und wagrecht oder schräg nach unten gerichtet, an kühlen Orten $^1/_2$ bis 3 Jahre gelagert wird. Nach

Fig. 1937. Vitis vinifera L. Terrassiertes Rebgelände bei Eibelstadt Ufr.
Phot. Eugen Kusch, Bavaria.

vollendeter Gärung (Flaschengärung) muss die Hefe, die sich inzwischen unter dem Zapfen angesammelt hat, durch kurzes Oeffnen (Degorgieren) aus der Flasche entfernt werden. Der Vorteil dieser Behandlungsweise liegt darin, dass dem Weine die den erfrischenden und prickelnden Geschmack bedingende Kohlensäure erhalten bleibt. Bei dem sogen. Walford'schen Verfahren werden die Flaschen mit dem Halse in eine Kältemischung gebracht, sodass sich dann ein Eispfropfen bildet, der beim Oeffnen mit dem Korkpfropfen zusammen wegfliegt. Der beim Degorgieren eintretende unvermeidliche Verlust an Flüssigkeit wird durch in Wein gelösten Kandiszucker (sogen. „Likör") ergänzt (Dosage); hierauf werden die Flaschen endgültig verkorkt und mit Draht verbunden. Uebliche Zusätze von Cognak, Südweinen, Bukett= und anderen Stoffen sind gegenwärtig meist verpönt. Der Alkoholgehalt des Schaumweines beträgt 9 bis 10,5%, der Zuckergehalt 0,5 bis 11%. Je nach den in ± grossem Masse zugesetzten Zuckermengen erhält man trockene, halbtrockene und süsse Schaumweine. Die „künstlichen" Schaumweine, deren verbilligte Herstellung in neuerer Zeit immer grössere Ausdehnung gewinnt, entstehen durch Versetzen fertiger Weine mit Likör und durch künstliche Bereicherung mit Kohlensäure. Weinbereitung, ebenso Handel (Ein= und Ausfuhr) mit Wein unterliegen, da die Weinverfälschungen, Panschereien und die Herstellung von Kunstweinen immer grösseren Umfang anzunehmen drohten, in allen Kulturstaaten gewissen Gesetzesbestimmungen (eventuell auch Steuern), deren grundlegende Feststellung in der Definition beruht, dass Wein das „durch alkoholische Gärung aus dem Safte der frischen Weintraube hergestellte Getränk" sei (vgl. Babo und Mach, sowie Zöller, O. Das Weingesetz für das Deutsche Reich, 1909).

In Deutschland beschränkt sich der Weinbau heute fast ausschliesslich auf den Westen und Südwesten, auf das Rheintal und dessen Nebentäler (Neckar mit Kocher und Jagst, Main mit Tauber, Nahe mit Alsenz und Glan, Mosel mit Saar und Ruwer, Ahr, Lahn) abwärts bis gegen Bonn sowie auf die gegen den Rhein vorgeschobenen Hügel des Schwarz= und Odenwaldes, der Vogesen, der Haardt und des Taunus. Kleinere Weingebiete liegen noch im Süden am Bodensee. Die mit Reben bedeckte Fläche betrug z. B. 1923 74 676 Hektar, gegenüber 68 936 im Jahre 1918 (ohne Elsass=Lothringen) und 120 207 im Jahre 1905.

Hinsichtlich der Qualität steht der Rheingau (im weiteren Sinne von Hochheim und Biebrich bis gegen Lorch am Fusse des Taunus) mit etwa 22 Kilometer Länge und mit einer Rebfläche (1921) von 2280 Hektar weit oben an. Hieher gehören die berühmten Weine von Hochheim („Dom Dechaney"), Schierstein, Walluf, Neudorf, Rauenthal, Eltville, Kiedrich, Gräfenberg, Erbach, Markobrunn, Steinberg, Kloster Eberbach, Hattenheim, Hallgarten-Oestrich („Doosberg"), Mittelheim, Johannisberg, Winkel („Hasensprung"), Vollrads, Geisenheim („Rothenberg"), Eibingen, Rüdesheim (bis 300 m), Assmannshausen, Lorch („Bodentaler"). Ueberall an den genannten Orten wird Qualitätsbau getrieben und mit einziger Ausnahme von Assmannshausen Weisswein gebaut. Dann folgt Rheinhessen (von Worms bis Bingen) mit einer Rebfläche von 13 853 Hektar im Jahre 1921. Hieher die Weine von Worms („Liebfrauenstift"), West- und Osthofen, Alsheim, Dienheim, Oppenheim, Nierstein, Nackenheim, Bodenheim, Laubenheim, Hahnheim, Gross- und Klein-Winternheim, Ingelheim, Gau-Algesheim, Ockenheim, Kempten, Gundersheim, Büdesheim („Scharlachberg"), dann im Innern Elsheim, Ensheim, Alzey usw. In der Rheinpfalz liegen die Weinberge, die sich auf etwa 200 Gemeinden verteilen, mit etwa 16 000 Hektar Fläche in der Vorderpfalz am Ostabhang der Haardt („Haardtweine") von der Elsässischen Grenze bei Bergzabern und von Nieder-Horbach nordwärts bis zur Pfrimm gegen Rheinhessen. Das sog. „Oberland" („Ober-Haardt") nördlich bis zum Speierbach, wo die Rebe hochgezogen wird, liefert gute Tischweine, so jene von Gleishorbach, Gleiszellen, Billigheim, Eschbach, Gräfenhausen, Albertsweiler, Böchingen, Gleisweiler, Burrweiler, Hainfeld, Rhodt, Edenkoben, St. Martin, Maikammer, Diedesfeld, Hambach usw. Im mittleren Gebirge („Mittel-Haardt") vom Speierbach bis Isenach, wo die Rebe niedrig gehalten wird, werden die feinsten Edelgewächse (vorwiegend Weissweine) erzeugt, so in Gimmeldingen, Königsbach, Mussbach, Ruppertsberg, Niederkirchen, Deidesheim, Forst, Wachenheim, Friedelsheim, Gönnheim, Ellerstadt, Bad Dürkheim, Ungstein, Leistadt, Kallstadt, Herxheim am Berg, Freinsheim. Im Gebiete des unteren Gebirges („Unter-Haardt") bis zur hessischen Grenze wachsen vorwiegend kleinere Konsumweine, so in Weisenheim am Berg, Bobenheim, Dackenheim, Weisenheim am Sand, Bissersheim, Grosskarlbach, Kirchheim a. d. Eck, Sausenheim, Laumersheim, Grünstadt, Dirmstein, Bockenheim, Harzheim und Zell. Für das Nahe-, Alsenz- und Glantal kommt eine Fläche von 2779 ha im Jahre 1922 in Betracht und zwar als geschlossenes Gebiet, das sich in einigen Seitentälern stark erweitert, die Strecke von Kirn bis Bingerbrück. Es seien genannt die Lagen von Bayerfeld, Steckweiler, Mannweiler, Alsenz, Ober- und Niedermoschel, Altenbamberg und Ehernburg im Alsenztal (Pfalz), Odernheim an der Glan (Pfalz), Monzingen, Sobernheim, Schloss Böckelheim und Schloss Kautzenberg, Burgsponheim, Niederhausen, Münster am Stein, Kreuznach, Roxheim, Wallhausen, Bretzenheim, Winzenheim, Laubenheim, Bingerbrück. Es werden fast nur Weissweine und zwar von sehr verschiedener Qualität produziert. Der sehr alte Weinbau im Moseltal reicht von der lothringischen und luxemburgischen Grenze abwärts bis Koblenz und zeigt eine Fläche (zusammen mit Saar und Ruwer) von 8089,6 ha (1922), die jährlich über 400 000 hl abwirft. Die Hauptweinsorte ist der Riesling, der dem Moselwein seine angenehme Säure verleiht; in dem sogen. „Kalkweingebiet" der oberen Mosel mit mehr Massenerzeugung herrscht der „Kleinberger" vor. Letztere Rebe liefert auch Rotwein („Folgert"); sonst wird nur weisses Gewächs gezogen. Die Weinberge haben stellenweise Böschungen bis zu 50° Steilheit und reichen bis 200 m über die Talsohle. Der Besitz ist stark parzelliert. Hauptweinorte an der Obermosel (von Sierck bis Igel bei Trier) sind Wormeldingen, Wellenstein, Remich (Luxemburg), Grevenmacher, Nittel, Langsur, Oberbillig, an der Mittelmosel von Schweich bis Traben-Trarbach Mehring, Thörnich, Clüsserath, Leiwen, Trittenheim, Neumagen, Dhron, Piesport, Reinsport, Wintrich, Filzen, Mülheim, Braueneberg, Lieser, Cues, Bernkastel, Graach Wehlen, Zeltingen, Erden („Treppchen"), Uerzig, Loesenich, Kinheim, Traben und Trarbach („Badestube", „Doktor"), an der Untermosel von Enkirch bis Güls bei Koblenz Zell, Merl, Bullay, Alf, Aldegund, Eller, Ediger, Sennheim, Ellenz, Poltersdorf, Valwig, Cochem, Clotten, Pommern, Treis, Hatzenport, Alken, Winningen und Lay. Das oberhalb Trier ausmündende Saarweingebiet erstreckt sich aufwärts bis Staadt und umfasst die Orte Serrig, Beurig, Saarburg, Ockfen, Irsch, Ayl, Biebelhausen, Schoden, Scharzhof, Wawern, Canzem, Wiltingen, Cönen, Oberemmel, Crettnach, Nieder-Mennig, Commlingen und Conz. Aus dem Ruwergebiet sind zu nennen: Sommerau, Waldrach, Casel, Mertesdorf, Grünhaus, Karthäuserhof, Eitelsbach, Oberfell, Ruwer-Maximin. Im Saar- und Ruwergebiet liefert der Riesling gleichfalls hervorragende Weissweine.

Zu dem mittelrheinischen Weingebiet gehört das an den Rheingau bei Lorch und Bingerbrück sich anschliessende Rheintal nördlich bis Rolandseck (südlich von Bonn) am linken Ufer und bis Königswinter und Dollendorf bezw. Oberkassel am Siebengebirge am rechten Ufer, sowie das rechtsrheinische Ahrtal und das linksrheinische Lahntal. Aus dem Mittelrheintal seien genannt: linksrheinisch Steeg, Manubach, Bacharach, Oberwesel, St. Goar, Ober-Diebach mit Winzberg, Ober-Heimbach, Salzig, Boppard, Andernach, Sinzig, Remagen, rechtsrheinisch Kaub, St. Goarshausen, Wellmich, Ehrenthal, Kesterz, Kamp, Oberspay, Braubach, Oberlahnstein, Kapellen, Horchheim, Pfaffendorf, Niederhammerstein, Leubsdorf, Vallendar, Rheinbrohl, Rheinbreitbach, Hönningen, Leutesdorf, Linz, Erpel, Unkel, Honnef. Die Weine des Mittelrheins sind teils dem Rheingauer, teils dem Moseler ähnlich. Im Ahrtal umfasst das Weinbaugebiet rund 700 ha, wovon 600 ha auf Rotwein ($^9/_{10}$ Rotspätburgunder [„Kastenholz"] und $^1/_{10}$ Portugieser) und 100 ha auf Weisswein (vor allen Mallinger, wenig Riesling, Elbing und Sylvaner) fallen. Die Ahrweine können den besseren ausländischen Rotweinen an die Seite gestellt werden. Die terrassierten Qualitätslagen liegen ahraufwärts bei Bodendorf, Heimersheim, Neuenahr, Ahrweiler und Bachem, Karweiler, Walporzheim und Marienthal, Dernau, Rech, Mayschoss, Westum und Altenahr. Die Lahnweine sind wenig bekannt und von geringer Güte (kleine Konsumweine). Der im Rückgang begriffene Weinbau erstreckt sich heute von Niederlahnstein bis Obernhof und Weinähr und wo er sich noch in Fachbach (50 ha), Nassau (90), Obernhof (6), Weinähr (14), Runkel (2,5), Kalkofen (0,5) und in Niederbrechen im Goldenen Grund erhalten hat. In Dausenau, Balduinstein, Geilnau, Langenscheid, Laurenburg, Schadeck, Oberbrechen, Aull und Gückingen, wo früher viel Rotwein gezogen wurde, ist er heute vollständig verschwunden. Die vor zirka 40 Jahren niedergelassenen Moselwinzer haben an Stelle des Blauen Burgunders den Moselriesling angepflanzt; daneben wird noch wenig Sylvaner und Blauer Burgunder gezogen (Mitteilungen von Weinbau-Oberinspektor H. Schwarz in Oberlahnstein). Ganz isoliert liegen im Kreis Düren an der Ruhr die kleinen Weingebiete von Winden, Unter-Maubach und Nideggen. In Baden wird die Rebe im ganzen Rheingebiet gebaut und zwar bereits am Untersee und Ueberlingersee, im Hegau (am Mägdeberg bis 618 m), im Bezirk Waldshut, bei Säckingen, dann von Grenzach bei Basel abwärts bis Weinheim an der Bergstrasse und bis Mannheim, ausserdem im Unterlauf der Wiese (Minseln bei Schopfheim), Glotter, Elz (Waldkirch, Bleibach), Kinzig (aufwärts bis Wolfach), Murg,

Fig. 1938. Weinbaugebiete in Südwestdeutschland und in der Schweiz. Bearbeitet von Dr. G. Hegi.

Pfinz, Saal, Kraich, sowie am Neckar, an der Jagst (Neudenau, Krautheim) und im Taubertal. Die Weinbaufläche wurde 1919 auf 10 717 ha berechnet (davon entfallen 8909 ha auf Weisswein) gegenüber 16 141 ha in den Jahren 1908 bis 1912. An dem Rückgang im Tauber= (bis 84 %) und Neckargebiet ist vor allem die Peronospora Schuld. Innerhalb Badens unterscheidet man die einfachen Seeweine von Immenstaad, Hagnau, Meersburg, Oberuhldingen, Ueberlingen, Sipp= lingen, Markdorf, Bermatingen, Espasingen, Radolfszell, Insel Reichenau, Oehningen, Gailingen, die Weine aus dem oberen Rheintal von Lotstetten, Altenburg, Erzingen, Lienheim, Berchtesbohl, Dangstetten, Kadelburg, Dogern, Säckingen, Nollingen, die hervorragenden weissen Tischweine des Markgräflerlandes, in erster Linie diejenigen von Auggen, Müllheim, Laufen, Ehrenstetten, Kirchhofen, Staufen, Pfaffenweiler, Ebringen, Schallstadt, Wolfenweiler, Hal= tingen, Efringen=Kirchen, Istein, Britzingen, Zunsingen, Sulzburg, Ballrechten, Grunern, Oberweiler, in zweiter Linie die von Grenzach, Lörrach, Wollbach, Kleinkems, Tüllingen, Weil, Neuenburg, Schliengen, Feuerbach, Badenweiler, ferner die Weine vom Kaiserstuhl, von denen die besten Sorten auf vulkanischen Böden wachsen (Ihringen, Achkarren, Bickensohl, Burckheim, Sasbach), während mittlere Qualitäten auf Lössboden (Wasenweiler, Amol= tern, Bischoffingen) erzeugt werden, das Breisgauer Weingebiet vom Dreisamberg bis zur Kinzig bei Offen= burg (Wahlenstadt, Bleichheim, Nordweil) mit dem südwestlich in der Rheinebene gelegenen Tuniberg (be= kannt ist der „Glottertäler", ein starker Riesling), die Ortenau, d. i. das Urgesteingebiet zwischen Kinzig= und Murgtal bezw. von Offenburg bis Rastatt mit den starken Weiss= und Rotweinen (z. T. Amerikaner=Reben Taylor und Blankenhorn), Durbach, Oberkirch, Affenthal, Arbst, Neuweier, Varnhalt, Fremersberg, Zell, Weiherbach, Waldulm, Alschweier, Sarbachwalden, Eisental, Bühlertal, Kappelwindeck, Thiergarten, Friesen= heim usw., die Weine von Mittelbaden mit Wiesloch, Langenbrücken, Oestringen, Malsch, Rauenberg, Zeuthern, Kürnbach, Weingarten, Durlach, Elsenz, Tiefenbach, Gernsbach, Oberweier, Schloss Eberstein („Eber= blut"), Ellmendingen, Pforzheim, Obergranbach, Sulzfeld, die Weine der Bergstrasse am Westabhang des Oden= waldes mit Schriesheim, Weinheim, Lützelsachsen, Handschuchsheim, Rohrbach und die Neckar= und Tauberweine von Neckarzimmern, Neudenau, Marbach, Beckstein, Gerlachsheim, Königsheim, Lauda, Speckstein, Unterschüpf, Dertingen, Freudenberg usw. Im anschliessenden Hessen=Starkenburg befinden sich die Rebberge wiederum an der Bergstrasse, so bei Heppenheim, Unter=Hambach, Wimpfen am Berg, Hohenstadt, Zell, Gronau, Bensheim, Auerbach, Zwingenberg, Alsbach, sonst vereinzelt im Kreis Dieburg (Gross= und Klein=Umstadt), Heubach, Lengfeld, im Kreis Gross=Gerau (Rüffelsheim) und Darmstadt (Arheiligen).

In Württemberg liegen die Weinbaugebiete im Neckartal (aufwärts bis Rottenburg 430 m) mit den Seiten= tälern der Steinach, Echaz, Lauter, Lindach, Fils, Murr mit der Bottwar, Metter und Zaber, so im oberen Neckartal bei Hirschau, Breitenholz (OA. Herrenberg), Unterjesingen, Reutlingen, Eningen, Metzingen und Neuhausen (OA. Urach), Beuren, Neuffen, Weilheim (OA. Kirchheim), im unteren Neckartal bei Esslingen, Plochingen, Fellbach, Ober= türkheim, Stetten, Stuttgart, Cannstatt, Untertürkheim, Feuerbach, Hoheneck, Besigheim, Hessigheim, Lauffen a. N., Beilstein, Grossbottwar, Mundelsheim, Heilbronn, Flein, Sontheim, Weinsberg (liefert gute Trauben für Champagner Weine), Eberstadt, Löwenstein, Neckarsulm, Erlenbach, im Remstal bei Schorndorf, Beutelsbach, Schnait, Waiblingen (430 m), Grossheppach, Korb, Waldhausen im OA. Welzheim, im Enztal bei Gräfenhausen, Maulbronn, Gündel= bach, Vaihingen, Hohenhaslach, Horrheim, Leonberg, im Zabergäu bei Brackenheim, Cleebronn, Hausen a. Z., Nordheim, Schweigern, Stockheim, im Kocher= und Jagsttal bei Enslingen (OA. Hall), Adolzfurt, Harsberg, Michelbach, Verrenberg, Künzelsau, Criesbach, Ingelfingen, im Taubergrund bei Nieder= und Oberstetten (OA. Gerabronn), bei Mergentheim, Creglingen, Elpersheim, Haagen, Laudenbach, Markelsheim, Vorbach= zimmern, Wermutshausen und in der Bodenseegegend und dem unteren Schussental bei Ravensburg, Hemig= kofen, Nonnenbach. Am Nordwestrand der Alb, wo die meisten Weinberge auf dem Braunen Jura (nament= lich an Steilhalden des Opalinuston) liegen, befindet sich die mittlere Höhengrenze bei 513 m. Die Weinbau= fläche beträgt etwa 11 000 Hektar, wovon die Hälfte auf das untere Neckargebiet entfällt. Von der einstigen Berühmtheit haben die Württemberger Weine stark eingebüsst (pag. 376); immerhin gibt es noch heute an ver= schiedenen Orten bessere Weiss=, Rot= und namentlich beliebte Schillerweine.

Im rechtsrheinischen Bayern findet sich etwas Weinbau in der Bodenseegegend (Hoyerberg bei Lindau), an der Donau zwischen Donaustauf und Wörth, dann aber namentlich im Maintal mit den Seitentälern (der Wern, Iff und Volkach) sowie im Gebiet der Fränkischen Saale, daneben ein ganz kleines Gebiet im Taubertal (Tauberzell, Tauberrettersheim). Die besten Lagen liegen im Maindreieck und gegen den Steigerwald zwischen Karlstadt, Würzburg und Volkach mit den seit alters berühmten Stein=, Leisten= und Heiliggeistweinen (ebenso „Harfe" und „Schalksberg"), die in dickbauchigen Flaschen, sog. „Bocksbeuteln", in den Handel kommen. Ausserdem kommen in Betracht die Weine des Nachbarortes Randersacker („Pfülben" und „Lämmerberg"), die von Escherndorf („Lump", „Henstberg", „Fürstenberg", „Dalmus", „Elengrube"), Rödelsee, Iphofen mit dem „Schwan= berg" (in den Mauerritzen wachsen Asplenium Ceterach und Althaea hirsuta), Einersheim in Mittelfranken und Ippesheim (BA. Uffenheim) am Steigerwald, dann Kitzingen, Mainstockheim, Dettelbach („Katzenkopf"), Nordheim, Volkach, Wiebelsberg, unterhalb Würzburg Veitshöchheim, Himmelstadt, Erlabrunn, Thüngersheim, Retzstadt, im unteren Maingebiet Marktheidenfeld, Erlenbach, Homburg („Kalmut", „Lerchenberg", „Hühnlein"), Kreuzwert=

heim, Hasloch, Bürgstadt, Miltenberg, Grossheubach, Klingenberg, Kleinostheim, Hörstein („Abtsberg") im sog. „Freigericht" am westlichen Ausläufer des Spessart, im Obermaintal Schweinfurt, Mainberg, Wipfeld, Steinberg, Zeil, Ziegelanger, Zell, Ebelsbach und früher vereinzelt bis gegen Bamberg (hier noch 1913), ehedem am Michelsberg und gegen die Altenburg, Staffelbach, Oberheid, Hallstadt, Staffelstein (früher bei Harsdorf, Ebing und Rattelsdorf), bei Reuth nächst Forchheim (1923 ganz verwildert) und im Aischgrund (Burg Hoheneck, Weimersheim, Windsheim, Rüdisbronn, Ickelheim, Wiebelsheim und Bergel (am Petersberg). In Nürnberg wurde vor etwa 25 Jahren ein Versuch einer Anlage an dem sonnigen Abhang vom Johannisberg zum Sebastiansberg herab gemacht. Im Gebiete der Fränkischen Saale wird die Rebe heute noch in Morlesau, Eschenbach, Hammelburg mit Saaleck, Feuerthal, Obererthal, Aura, Wirmsthal, Ramsthal, Kissingen gebaut, bis vor zirka 25 Jahren auch noch um Neustadt usw. (vgl. Rösser, Ildefons. Forschungen zur bayerischen Landeskunde, 1920). Im Jahre 1918 hatte Franken ein Rebareal von 3176 Hektaren (1908 noch 5774) und eine Weinproduktion von 74 786 Hektolitern aufzuweisen. Mit kleinen Ausnahmen wird nur Weisswein gebaut, der sich besonders gut zur Mischung mit Mineralwässern (Schorle-Morle) eignet.

Mainabwärts wird in Hessen-Nassau in den Kreisen Hanau (Bergen und Langenselbold an der Kinzig), bei Gelnhausen, Höchst, Obertaunus (Altenau, Neuenhain) etwas Wein gebaut, während Hochheim bereits dem Rheingau angegliedert wird.

Aus Mittel- und Norddeutschland sind die Naumburger- oder Saaleweine von Jena, Dornburg, Rossbach, Schönburg, Lobitzsch, Weissenfels, Naumburg a. S., Kösen usw. zu nennen, dann jene aus dem Gebiete der Unstrut von Freiburg (diese werden z. T. zu Schaumweinen verarbeitet. Vgl. pag. 381), von Höhnstedt, Karsdorf, dann von Altenburg, Nissmitz und Erfurt (Kühnhausen, Tieftal), aus dem Gebiete der Elbe von Dresden, Proschwitz und Sörnewitz bis Meissen und Oberpaar, Mühlberg, Torgau (Keysa), Wittenberg (Schmiedeberg), aus dem Gebiete der Schwarzen Elster von Heida und Mühlberg im Kreise Liebenwerda, von Schweinitz und Jessen, im Odergebiet von Karolath, Grünberg, Wittgenau, Kühnau, Poln. Kessel, Lausitz, Sawade, Schweinitz, Krossen, Schwiebus, Züllichau, Padligar, Radewitsch, aus den Kreisen Calau (Gr. Koschen, Menro), Kr. Bombst (Kopnitz, Bombst), Sagan (Kosel, Schöneich), Sorau (Christianstadt). Schliesslich wären noch Jüterbog, Werder a. H. und Nieder-Barnim (Kalkberge) bei Potsdam sowie Witzenhausen an der Werra zu erwähnen.

Fig. 1939. Weinbaugebiete in den Donauländern (teilweise nach A. Stummer).

Elsass-Lothringen verfügte 1917 über eine Rebfläche von 21 071 Hektar; fast alle Gebiete (besonders die Gegend von Metz) sind von der Reblaus stark mitgenommen. Im Elsass beginnt der Weinbau bei Hegenheim vor den Toren von Basel; dann folgen im Oberelsass die Gegenden von Altkirch und Mülhausen, die Weine von Thann („Rangen"), Sennheim, Gebweiler („Wanne", „Kitterle"), Rufach, Colmar, Bennweier, Rappoltsweiler („Zahn" und „Trottacker"), Reichenweier („Sporen"), Türkheim („Brand"), im Unterelsass die besseren Lagen von Wolxheim, Dambach, Barr, Molsheim („Finkenwein"), Wasselnheim, dann Weissenburg, Rott, Oberhofen, Kleeburg, Lobsann, Lambertsloch, Preuschdorf und Wörth an der Sauer. Lothringen erzeugt im Gebiete der Mosel, Saar, Seille (Château-Salins, Vic, Marsal) und Nied (Bezirk Bolchen) Rot- und Weissweine.

In Oesterreich fehlt ein feldmässiger Anbau der Rebe vollständig in Nordtirol, Salzburg, Oberösterreich und Oesterreichisch-Schlesien. In Böhmen betrug die gesamte Rebfläche 1923 433 ha, die wirkliche Ertragsfläche 381 ha, der Ertrag 2466 hl Rot- und 2765 hl Weisswein. Die Weingärten liegen besonders im unteren Elbetal im Böhmischen Mittelgebirge und dem sich südlich anschliessenden Niederungs- und Hügellande (bis südlich der Einmündung der Moldau). Die beiden Mittelpunkte sind Melnik (mit Rotweinen; in Beřkowitz der weisse „Labin"; ferner der weisse Princ) und Cernosek (mit verschiedenen, vorzugsweise aus Rieslingsreben gewonnenen, erstklassigen Flaschenweinen). Kleine Herde liegen an den Ausläufern der Böhmischen Sudeten, bei Rakonitz und in der Brda-Gegend. Bei Prag ist der Weinbau fast ganz im Erlöschen begriffen. In Mähren erstreckt sich das im Jahre 1913 4853 ha umfassende Weingebiet (4185 ha Ertragsfläche mit einer Ernte von 21 957 hl Rot- und 53 531 hl Weisswein) über den südöstlichen Teil des Landes, gegen Nordwesten begrenzt durch eine von Znaim über Brünn gegen Kremsier verlaufende Linie. Die besten Bezirke des „Thajalandes" liegen zwischen Znaim und Joslowitz (mit den berühmten Weinlagen Schatz, Hundsplatzl und Lamplbergen) ferner bei Neusiedel, auf den Kalken des Pollauerberges und der Nikolsburger Berge (deren Süd- und Osthänge reich mit Wein bebaut sind), Unter-Tannowitz, Felsberg, Neu-Prerau usw. Gegen Nordosten und Südosten des Böhmisch-mährischen Plateaus dringen die Weinberge nur als kleine Enklaven in die Täler ein, wogegen sich in der Ebene um Hosterlitz, Misslitz usw. grössere Pflanzungen finden. Gering wiederum ist der Weinbau um Kromau, Eibenschitz (im Iglautale), reichlicher um Kanitz und an der Bobrava bei Schöllschitz. Im Schwarzawatal steigen die letzten Rebberge bis Moravany und Gerspitz, sowie bis oberhalb Bohonitz südlich von Brünn. Im Litavatale finden sich Reste ehemalig weit ausgedehnter Kulturen oberhalb Slavkov. Rebenreich ist der Südfuss des Steinitzer Waldes mit den Weinen von Mutenitz, Bojanovitz, Pavlovitz, Polehraditz. Im südlichen Marchtal liegen die Rebberge nur an begünstigsten Hängen (z. B. oberhalb Bisenz [mit dem Lipkawein]). Oberhalb Polesovitz an den Hängen des Marsgebirges sind die Weingärten von Maratitz bei Ungarisch-Hradisch berühmt. Ostwärts erstrecken sich diese im Olsawatale bis in die Gegend von Sumitz hinter Ungarisch-Brod. Niederösterreich verfügt über etwa 40 000 ha Weinland und schliesst damit unmittelbar an die mährischen Rebberge an. Die Westgrenze verläuft, von Znaim kommend, über Horn, Senftenberg, die Wachau und Melk. Die Südgrenze geht über Loosdorf, St. Pölten, Böheimkirchen, umgürtet den an der Donau vorgeschobenen Wiener Wald, läuft dann weiter über Sieghartskirchen, Kierling, Mütteldorf und zieht über den Silberberg bei Gloggnitz nach Fronsdorf und zur ungarischen Grenze. Hervorragende Lagen finden sich an dem sehr kalkreichen Ostabfall des Wiener Waldes bei Gumpoldskirchen (Zierfahndler und „Braut von Oesterreich"), Traiskirchen, Pfaffstätten und bei Vöslau, dem berühmtesten der nieder-österreichischen Weinorte, dessen Weine aus einem Gemisch von Portugieser und Blaufränkisch bereitet werden. Südwärts von Vöslau auf den unfruchtbaren Flächen des Steinfeldes fehlt der Rebbau. Grössere Flächen finden sich wieder im Leithagebirge und an den Hügeln um Bruck. An der Südostlehne des Kahlengebirges unweit Wien liegen die Rebberge von Nussdorf, Grinzing und Sievering, an der Nordwestlehne diejenigen von Klosterneuburg. Berühmt ist der

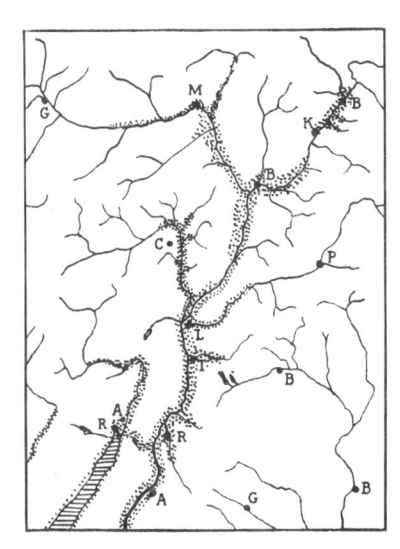

Fig. 1940. Weinbauflächen in Südtirol.

Prälatenwein des dortigen Benediktinerstiftes (scherzweise „Zum rinnenden Zapfen" genannt). An der bei Hollenburg in die Donau mündenden Traisen erstreckt sich der Weinbau nur über den unteren Teil. Berühmte Weinlagen bedecken ferner am Nordufer der Donau die Hänge von Krems bis Melk (Krems, Loiben und Dürnstein mit blumigen Rieslingweinen, ferner Spitz) und erstrecken sich in das Kamptal (mit den aus rotem und weissem Veltliner gekelterten Weinen von Strass, Langenlois und Zöbing). Sie folgen dann dem Osthang der Manhartsberge (mit den Veltlinern von Retz, Retzbach und Nalb) und erreichen über Köschitz das Tal der Pulkau (mit Pulkau, Zellerndorf und Haugsdorf). Sehr gute Veltliner werden auch in dem anschliessenden Gebiete von Mailberg, Falkenstein und Herrenbaumgarten gekeltert. Ein grösseres Rebengebiet liegt am Bisamberg (nördlich von Wien) bei Bisamberg, Langenzersdorf und Stammersdorf und zieht sich in breiter Fläche durch die Hügelkette des Wagram (mit Kirchberg und Fels). Oestlich davon bildet Mistelbach einen Weinmittelpunkt (Schankweine für Wien), während das Marchfeld mit Rotwein einen solchen um Matzen besitzt. Steiermark gehört ebenfalls zu den rebenreichen Ländern und besitzt seine Anbaugebiete (bis 400 m reichend) in den südlichen und mittleren Landesteilen. In Südsteiermark befinden sich die grössten Kulturen südlich von Mahrenberg-Radkersburg in den Windischbüheln, am Bachergebirge bis Gonobitz und Hohenegg, an der Sann bis Frasslau, an der Volska bis Franz. Auch bei Pettau, Luttenberg („Jerusalemer") und an der Save abwärts bis Rann wird viel Wein (besonders Weissweine aus Welschriesling) gebaut. In Mittelsteiermark schliesst sich der Radkersburger Bezirk mit Sylvaner-, Welschriesling- und Gutedelweinen an. Muraufwärts ziehen sich die Rebberge über das hochgelegene Sausalgebirge und die unteren Osthänge der Koralpe (mit Deutsch-Landsberg) nach Stainz (überall vorzugsweise Blauer Wildbacher) und reichen nordwärts bis Ligist und südlich von Graz. Im

Raabtal reicht die Kultur bis Gleisdorf, an der Feistritz bis Fürstenfeld. Kärnten besitzt nur im unteren Lavanttal, sowie um Globasnitz unterhalb Klagenfurt etwas Weinbau. In Krain erstreckt sich das Weinbaugebiet über das östlichste Drittel des Landes (westlich bis Kumberg, Treffen, Seisenberg, Ainöd, westlich von Semič und Weinitz) und besitzt seine Mittelpunkte in Landstrass, Rudolfswert und Gurkfeld. Im Küstenlande und in Görz steigen die Rebenkulturen im allgemeinen bis 400 m (ausnahmsweise bis 600 m). Weinreich ist besonders Istrien, dessen Küsten den dunkelroten, etwas süssen, mussierenden Refosco erzeugen. Bekannt sind ferner die Pflanzungen von Wippach, Kobdil (mit dem Piccolit), Prosecco (mit einem dem Vino d'Asti ähnlichen Schaumwein) usw. Auch Görz und Gradisca besitzen ihre Rebberge, die sich weiterhin das Isonzotal hinauferstrecken und westwärts an die Kulturen von Udine angrenzen. In Nordtirol fehlt ein feldmässiger Rebenbau gegenwärtig vollständig. In Südtirol (Fig. 1940) umfasst er 12 500 ha und zieht sich von Italien her die Täler aufwärts. Im Chiesetal reicht er vom Iseosee kommend bis Daone (780 m), Praso (800 m), Sevror (790 m) und Lardaro (732 m). Vom Gardasee erstreckt er sich im Sarcatal aufwärts allgemein verbreitet bis Preore (550 m; im „Banale" ob Stenico bis 800 m) und spärlich in Stockkulturen bis Tione. Im Etschtale ziehen die Rebberge über Ala (mit dem Traminer, Negrara, Marzemino und dem Marbianco), Rovereto (mit dem dunkelroten Natalino [einem Strohwein]), San Michele, Tramin, Kaltern (Kalterer Seewein) in den berühmten Bozen-Meraner Weinbezirk (mit Hügelwein, Magdalener, Terlaner, Teroldigo, Kreuzbicheler Riesling, Isera). Die obersten Rebberge reichen bis Schlanders (800 m). Im Passeier ziehen sie sich zusammenhängend bis gegen Siffian (700 m), vereinzelt bis St. Leonhard (680 m), im untersten Ultental bis zum Töllgraben (950 m), bei Prissian (ob der Zwingenburg) bis 800 m. Im Sarntal fehlen sie bereits bei Wangen, die höchsten steigen bis 700 m. Auch um Bozen erreichen sie stets reifend bei Siffian, Unterinn und Glaning diese Höhe (nicht alljährlich reifend bis 790 m; der höchste Weinberg am Ritten beim Tolstnerhöfl [1010 m]). Im Eisacktal steigen sie über Seis (900 m), Klausen und Brixen (mit dem Seeburger) bis Aicha (770 m), Mühlbach (800 m), Naz und Elvas (850 m). In den Seitentälern des unteren Etschgebietes endet die Kultur im Sulzberg (Val di Sole) bei Caldes (700 m), im Nonsberg bei Mechel, Fondo (900 m) und Cloz (700 m), im Fleimsertal oberhalb Valfloriana (750 m) und Capriana, im Primör bei Gobbera (900 m), im Vallarsatal bei Raossi (790 m). In Vorarlberg sind als Reste der einst weitverbreiteten Kultur (pag. 382) Weinberge noch bei Bludesch und Thüringen, sowie in Levis anzutreffen; in Liechtenstein ist Vaduz zu nennen.

In der Schweiz[1]) wird die Rebfläche zurzeit auf etwa 18 000 ha gegenüber 30 862 ha im Jahre 1898 und 28 831 ha im Jahre 1905 berechnet; noch vor etwa 60 Jahren wurde sie auf 38 000 ha geschätzt. Einzelne Kantone (Zürich, Basel-Land, Aargau, Thurgau, St. Gallen) weisen in den letzten Jahren eine Abnahme von über 50 (bis gegen 80) % auf. Hier sind an Stelle der Rebberge Kunst- und Trockenwiesen, Obstbäume und Beerenpflanzungen oder Ackerland getreten. Am Zürcher- und am Bielersee (Magglingen) sind die Rebberge vielfach auch der Bauspekulation zum Opfer gefallen. Sogar an den Gestaden des Neuenburger- und Genfersees gehen die geschlossenen Rebberge neuerdings zurück. Eine Zunahme des Areals (um 10 %) verzeichnet einzig der Kanton Wallis. Vielerorts wurden Rebstöcke an Orten beseitigt, wo das Fortkommen einer anderen Kulturart in Frage gestellt ist („Absoluter Rebboden"). Die Gründe des Rückganges sind im allgemeinen die gleichen wie in Deutschland, Frankreich usw. Besonders stark macht sich aber in den letzten Jahrzenten die Abwanderung der Landbevölkerung in die Städte und der Uebergang zur Industrie bemerkbar. Als gefährliche Konkurrenten der Naturweine müssen das Bier, dann die minderwertigen Kunstweine, Heidelbeer- und Johannisbeerweine, Tee usw. angesehen werden. Nicht zu unterschätzen ist auch die Abstinenzbewegung, die hohen Bodenpreise und Betriebskosten, die Entwertung der Rebgrundstücke, sowie die vielerorts eingetretene Verschuldung der Rebbauern. Die besten Weingebiete liegen im Süden, Westen und Nordosten. Einzelne Kantone wie Unterwalden und Zug besitzen heute gar keine Rebberge mehr, während andere, wie Freiburg (Vuilly), Bern, Solothurn, Luzern (Gelfingen), Appenzell a. Rh., Schwyz und Glarus nur mehr kleine Areale aufzuweisen haben. Vielerorts ist der Weinbau erst in den letzten Jahrzehnten gänzlich aufgegeben worden, so am Vierwaldstättersee, wo ehedem bei Hergiswil, Alpnach, Stansstad, Engelberg, bei Sarnen (am Landenberg), bei Schwyz, im Kanton Uri, im Kanton Aargau bei Muri, im mittleren Jura bei Trimbach, im Tösstal bis Zell, im Bezirk Pfäffikon (bei Hittnau bis 700 m) und Hinwil, im Kanton Bern (bis 1915 am Thunersee, früher auch bei Bern, Lobsigen, Münsingen), im Oberwallis (die Gemeinde Raron erinnert mit ihrem Gemeindewappen noch an die ehemalige Weinkultur), in Graubünden usw. Versuche im Jahre 1870, die Rebe am Bachtel (Wernetshausen, Gierriet, Ebnet, Schwendi-Orn) bei 800 bis 900 m Höhe einzubürgern, schlugen fehl. Zahlreiche Ortsnamen im Deutschen und Französischen

---

[1]) Vgl. hierüber besonders Kohler, J. M. Der Weinstock und der Wein. Aarau 1869. und der Weinbau und die Weinbehandlung. Aarau 1878. — Hasler, Hans. Der schweizerische Weinbau mit besonderer Berücksichtigung der zürcherischen Verhältnisse. Zürich 1907. — Bührer, Karl, W. Die Weine der Schweiz. Zürich, 1902. — Brockmann-Jerosch, Hrch. Vegetations- und Wirtschaftskarte der Schweiz. 1923. — v. Liebenau, Th. Das Gasthof- und Wirtshauswesen der Schweiz in alter Zeit. Zürich 1891. — Erhebungen über Stand und Rentabilität des Rebbaues in der Schweiz. Mitteilungen des Schweizer Bauernsekretariates, Brugg 1924. — Hirzel-Gysi, C. Praktische Anleitung zur Weinbereitung. Winterthur, 1888.

Sprachgebiet weisen auf die einstige grössere Ausdehnung des Rebbaues hin, so Rebacker, Weinberg (Wibergli), Weinhalden, Rebrüti, Rebwies (ob Zollikon), Weinrebenkapelle und Rebmatt am Zugersee, dann Vigny, Vigneules, la Vignette, Vignoles, les Uttins (vom franz. hautain = an toten Bäumen emporkletternd), aux Utins, les Hutinets usw. Nördlich der Alpen reicht der Weinbau durchschnittlich bis 550 m hinauf (im Thurgau bis 700 m), im Wallis in Verbindung mit Ackerbau und Alpwirtschaft bis 1210 m. Fast die ganze Ernte wird im eigenen Lande konsumiert. Daneben müssen aber noch bedeutende Mengen eingeführt werden. Im Jahre 1923 bezifferte sich die Einfuhr auf 1 115 017 hl mit einem Werte von 55,7 Mill. Franken. Hiervon entfallen 23,08 Mill. auf Spanien, 20,07 Mill. auf Italien (inkl. Südtirol!), 10,39 Mill. auf Frankreich, während sich der Rest auf Ungarn, Deutschland, die Balkanländer, Portugal, Vereinigte Staaten usw. verteilt. Vor der Erbauung der Rhätischen- und Berninabahn konnte man im Winter ganze Karawanen von Veltlinerweinfuhren über die Alpenpässe (Bernina, Albula, Flüela, Scarl) wandern sehen.

Im Tessin wird die Rebe als Liane an toten oder lebenden Stützen oder aber an Pergolas (Lauben) hochgezogen. An Stelle des Rebstickels tritt meistens der Feld-Ahorn. Diese Kulturarten ermöglichen im Rebberge den Anbau von Leguminosen, Mais, Gerste oder Hirse. Sehr bezeichnend ist die Rebe für das Mendrisotto, die Gegenden um Lugano, für das untere Tessintal, das Maggiatal und Centovalli. Hier steigt sie bis Giornico, im Maggiatal bis Bignasco, im bündnerischen Calancatal bis Arvigo (850 m), im Blegno bis Aquila (748 m) hinauf. Seit Ende der sechziger Jahre wird fast nur mehr die gegen die Reblaus ziemlich widerstandsfähige Vitis Labrusca angebaut, als Isabella oder Corrica bezeichnet. Die Trauben haben einen ziemlich starken Iskiageschmack und einen geringen Säuregehalt. Gebaut wird fast nur Rotwein („Nostrano"). Während 1876 der Kanton Tessin mit 7488 ha die grösste Rebfläche der Schweiz aufwies, beträgt dieselbe dort zurzeit nur noch rund 5000 ha. Im Wallis wird vor allem in dem trockenen, regenarmen Hauptta1e aufwärts bis oberhalb Leuk (früher bis Naters, Mörel und Aernen) und zwar besonders auf der rechten Seite der Rhone seit dem 6. Jahrhundert intensiv Weinbau getrieben. Es ist dies zugleich der einzige Kanton, der in den letzten Jahren eine Zunahme (10 %) an Rebgelände aufzuweisen hat. Berühmt ist vor allem der rote Dôle, dann der weisse, von der Chasselas-Traube gewonnene Fendant und der „Heidewein", geläufiger „Heida", der oberhalb Visp (bei Visperterminen) noch in einer Höhe von 1200 m gedeiht (vgl. hierüber Stebler, F. G. Ob den Heidenreben. Monographien aus den Schweizeralpen. Zürich, 1901). Sehr alte Walliser Rebensorten sind der Amigne, Arvine (Martigny, Sitten), Humagne (das Vinum humanum im 12. Jahrhundert), Bois noir (St. Maurice) und der Rèze (Resi) von Siders, Fully, Leytron usw. Letzterer ist infolge seines hohen Säuregehaltes als Wein sehr haltbar und wird in den Seitentälern, namentlich im Eifischtal (Val d'Anniviers), wo fast jeder Bauer ein Stück Rebgelände bei Siders besitzt, jahrelang gelagert und erhält den Namen „Gletscherwein" (Glacier); er zeigt ein eigenartiges Bukett (Ueber die z. T. durch seine Kultur bedingte, nomadisierende Lebensweise der dortigen Bewohner, vgl. Schroeter, C. Pflanzenleben der Alpen, 1923). Durch Offiziere, die in fremden Kriegsdiensten standen, wurde aus Spanien der Malvasier (Malvasier) eingeführt und wird namentlich um Conthey gezogen. Ausser dem Wallis liegen die besten Weinlagen im untersten Rhonetal (Weissweine von Yvorne und Villeneuve) und am Genfersee (Lavaux und La Côte, wo der vorzügliche St. Saphorin in geschlossenen, terrassenartig gestuften Weingärten gezogen wird). Kleinere Gebiete befinden sich im Tale der Orbe und der Venoge (Petites Vignobles). Uebrigens werden auch am Genfersee in kleinen Mengen Rotweine von bestem Rufe erzeugt (rouges printanniers, Dôlon, Saragnin de St. Prex). Berühmt sind dann die roten und weissen Neuenburgerweine, die sich an den warmen Juraabhängen der Chasseron- und Chasseralkette östlich bis Biel und Bözingen (vereinzelt bis Grenchen) hinziehen und stellenweise bis 650 m hinaufreichen. Am verbreitetsten sind die Burgunderrebe (pineau), die den ausgezeichneten Rotwein von Cortaillod, Boudry und Neuenburg liefert, und die Chassellasrebe, die den weissen Neuenburger (Neuville, Twann) hervorbringt. Weitere Rebgelände liegen am Wistenlacherberg (Vuilly) und am Jolimont zwischen dem Neuenburger- bezw. Bielersee und dem Murtnersee, dann im Grossen Moos und auf Molasse im Seeland (Erlach, Ins, Tschugg). Das nordschweizerische Weinbaugebiet beginnt am Rhein bei Basel, wo im Tale der Birs und der Ergolz (aufwärts bis Sissach) in frostfreien, sonnigen Lagen kleinere Rebgelände auftreten. Im anschliessenden Aargau finden sich fast im ganzen Kanton (ausgenommen die Bezirke Zofingen und Muri) Weinberge, besonders im Frick-, Aare-, Reuss- und Limmattal. Als die besten Weissweine gelten die von Thalheim, Oberflachs, Kastelen (Viktor Scheffel besingt in seinem Trompeter von Säckingen den schweren Castelberger) und Schinznach, als die besten Rotweine der Brestenberger, Goffersberger, Klingnauer, Schartenfelser, Wettinger und Goldwändler. Im Kanton Zürich zerfällt das Weinbaugebiet in 2 Gruppen, in eine südliche für Weissweine am Zürichsee und im Limmattal und in eine nördliche für Rotweine in den Gegenden am Rhein („Weinland"), an der unteren Töss, Glatt und an der Lägern. Die am meisten geschätzten Weine sind unter den weissen die von Stäfa (Sternhalde), Meilen, Herrliberg, Erlenbach (Schipf), Höngg und Engstringen, unter den roten die von Winterthur (Stadtberg), Neftenbach mit Wartgut, Freienstein, Schloss Teufen, Rafz, Flaach, Schloss Goldenberg und Schloss Eigental, Rheinau (Korbwein), Benken, Marthalen, Uhwiesen, Rudolfingen, Trüllikon, Stammheim, Schloss Schwandegg, Rickenbach, Wiesendangen,

Stadel, Regensberg, Dielsdorf, Buchs und Otelfingen. Am oberen Zürichsee schliessen sich die schwyzerischen Reb=
berge von Leutschen und Wilen (von ausgezeichneter Güte), dann die von Wollerau, Weingerten, Luegeten, Hurden,
Wangen, Tuggen usw. an. Im Kanton Schaffhausen liegen die Rebberge im Klettgau (am Randen bis 600 m),
bei Rüdlingen und Stein a. Rh. (Hohenklingen). Vorzügliche Rotweine liefern die Gemeinden Hallau, Oster=
fingen, Trasadingen, Schaffhausen, Thayngen und Stein, gesuchte Weissweine Siblingen, Gächlingen, Schleit=
heim, Beggingen und Buchberg. Im anschliessenden Thurgau finden sich die besseren Lagen am Untersee und
im mittleren Thurtal; berühmtere Sorten sind diejenigen von Ittingen (Karthäusler), Iselisberg, Uesslingen, Warth,
Ottenberg (Bachtobler), Göttighofen, Bisegg, Stettfurt (Sonnenberg, Immen=
berg), Herdern, Steinegg, Kalchrain, Katharinental. Bei Bettwiesen und
Eschlikon liegen die höchsten Rebberge bei 650 m. Der Kanton St. Gallen be=
sitzt seine Reben im unteren (am Buch=
berg bei Thal, Rheineck, Berneck, Au, von Balgach über Rebstein, Marbach bis
Altstätten) und oberen Rheintal (Wartau, Azmoos, Sargans, Ragaz), am Südfuss
der Churfirsten und am Walensee (Walenstadt [Oelberg], Quinten, Quarten,
Weesen), dann um Wil und Bronsch= hofen („Wylberger", „Burgstaller"). Dem
oberen Rheintal schliesst sich die bünd= nerische Herrschaft und die Fünf Dörfer
mit den Qualitätsweinen von Fläsch und Meyenfeld, Jenins, Malans, Untervaz, Ma=
strils, Trimmis, Zizers, Chur an. Bis vor wenigen Jahrzehnten wurde auch rhein=

Fig. 1941. Rebkultur auf den terrassierten Hängen des Kaiserstuhls.
Phot. Gg. Eberle, Wetzlar.

aufwärts bei Felsberg, Ems (Domat), Tamins, Rhäzüns, im Schanfigg bei Ma=
laders und Lüen, dann im Hinterrhein=
tal (Domleschg) bei Cazis (bis 1865), Thusis (bis 1901), Tomils (bis 1907), Baldenstein, Scharans und, wie bereits
erwähnt (pag. 383), im Vorderrheintal Weinbau getrieben. Heute finden sich nur gelegentlich noch einzelne Spalier=
reben, so auf dem Hofe Aignang am Heinzenberg, bei Tomils, im Oberland bis Danis und Truns=Rabius. In Disentis
oder Mustèr (1100 m) wurde 1911 ein Weinstock von den Mauern des Klostergartens entfernt, der in 30 Jahren
nur einmal reife Früchte zeitigte. Zahlreiche deutsche und romanische Flurnamen sprechen von der früheren
ausgedehnten Weinkultur, wie die Gassa da vignas in Rhäzüns), Tierchel (= Torkel), Vignola in Cazis, Vignadur,
Wingert (öfters), Pfrundwingert, Felix Wingert. Die heute verbreitetste Sorte ist der Blaue Burgunder oder
„Clävner" (er stammt aber nicht von Cleven=Chiavenna) bezw. Aeugstler. Daneben hat als Weisswein der
Completer (eine besonders um Malans gebaute endemische Rebe) grosses Ansehen. Ausschliesslich als
Spalierrebe wird die weisse Muskatellertraube mit der Sorte Popparolla (vgl. hierüber Coaz, J. Erhebungen
über den Anbau der Weinrebe im Bündnerischen Rheingebiet, 1919) gezogen. Ausser im Rheingebiet wird heute in
Graubünden noch im unteren Misox und in der untersten Talstufe des Puschlav bei Campocologno und
Compascio (720 m) Rebbau getrieben. Im Unterengadin bis Remüs und Vulpera (1280 m) bringen Spalierreben
ihre Früchte noch zur Reife.

     In Frankreich sind besonders 3 Gebiete von grosser Bedeutung: das linke Ufer der Garonne
und Gironde von Bordeaux bis zum Atlantischen Ozean (zirka 80 km lang und 10 km breit) und südlich
davon die Graves, Sauternes und die Côtes, von denen im wesentlichen die roten und weissen Bordeaux=
weine entstammen, so der Haut Brion, Chateau Yquen, Ch. Citran, Ch. Lafite, Ch. Peujard, Ch. Larose, Ch.
Millet, Ch. Latour, Ch. Malescot, Ch. du Roy, Clos Renon, Clos d'Issan, Clos Lagarde, Branaire, St. Estèphe,
St. Julien, St. Emilion, Margaux, Pauillac, Médoc, Bourg, Musigny, Richebourg, Pomerol, Corton, Cérons, Romanée,
Graves, Sauternes. Die Heimat der Burgunderweine mit Beaune als Haupthandelsplatz liegt hauptsächlich an der
Côte d'Or, der Bergkette zwischen Dijon und Le Creuzot, und an den Monts du Charolais; hier der Clos de
Vougeot, Volnay, Chambertin, Beaujolais, Pommard, Macon, Montrachet (gilt als der beste weisse Burgunder),
Chablis, Nuits, Saint Amour, Mercurey, Fleurie, Thorins, Moulin à Vent, Pouilly=Fuissé. Das dritte Gebiet, die Cham=
pagne, mit etwa 1600 Hektar Fläche liegt bei Reims, Epernay, Avize, Chalons, Vitry=le=François und St. Menehould.
Es erzeugt namentlich die moussierenden Champagnerweine: Veuve Cliquot, Perrier=Jouët, Pommery et Greno,
Mum, Moët et Chandon, Louis Roederer, Heidsieck, Ruinart, Veuve Monnier usw. Weitere Gebiete liegen an den

Ufern der Rhone (l'Hermitage, Côte Rôtie und Château-du-Pape), dann vor allem im Süden (Midi) in der Provence im Departement Var und am Mittelmeer zwischen der Rhonemündung und den Pyrenäen mit den Hauptorten Montpellier („Lunel"), Béziers und Perpignan (Frontignac), an der Charente, in der Provinz Armagnac, im Dauphiné („Mas Raucale"), Puyde Dome, Anjou, Orléanais, am Doubs, Maas, Mosel usw. Der Leibarzt Ludwigs XIV., der seinem Patienten Burgunderwein verordnete, brachte diesen Wein mit einem Schlage zur Mode, während Kardinal Richelieu den Bordeaux gegen Ende des 18. Jahrhunderts im französischen Gesellschaftsleben einführte, Ludwig XV. soll eine Schwäche für Beaune und Romanée, Napoleon I. für Chambertin gehabt haben. Uebrigens wusste schon Karl der Grosse den Wein von Aquitanien zu schätzen. In Spanien, das hinsichtlich seiner Weinproduktion an dritter Stelle kommt, befinden sich die Weinbaugebiete in allen grösseren Flusstälern, sowie an der ganzen Ost- und Südküste; dazu kommen noch die Kanaren und Balearen. Die besseren spanischen Weine sind süss und alkoholreich wie der Malaga (Axarquia) und der Xeres oder Sherry mit den Marken (nach dem Alter) Manzanilla, Amontillado, Soleras und Rancios, ferner Gitano, Diamond, dann der dunkle Alicante und Vino tinto und Vino maëstro, der goldgelbe Pajarete, der süsse Dessertwein Priorato, der weisse Tarragona-Messwein usw. Auch Portugal besitzt im Gebiete des Tajo und Duero (das Paiz do Vino in der Provinz Minho) mit Oporto („Portwein") ausgedehnten Weinbau. Auch Madeira ist seit langem (1421) durch seine herrlichen, bernsteinfarbigen, gleichnamigen Süssweine („Malmsey", „Dry-Madeira: Boal und Cercial", „Verdelho") bekannt, die aber zufolge von verheerenden Rebkrankheiten lange Zeit aus dem Handel verschwunden waren. König Eduard VI. von England liess seinen Bruder, den Herzog von Clarence, in einem Fasse Malmsey ertränken. Von den vielen italienischen Weingebieten ragen hervor: Das Piemont mit dem Asti spumante, Turin mit Vermouth oder Cinzano, das Veltlin mit dem Sassella und Montagner, die Weine der vulkanischen Colli Euganei, von Spilimbergo (Provinz Udine), der Barbera, Barolo, Grignolino, Grumello, Valtolicella, Moscato di Canelli usw., der ehemalige Kirchenstaat mit dem Montefiascone („Est, Est, Est"), die Toskana mit dem Monte Pulciano aus der Nähe des Trasimenischen Sees, mit dem Aleatico, dem gelben Vino santissimo (Monte Catino), dem roten Chianti und Pomino, Rom mit dem Albaner, Genzano, Castel Gandolfo, Frascati und dem Falerno di Caleno, Neapel mit den Lacrimae Christi vom Vesuv und Monte Somma, Vino cottiano der Provinz Teramo usw., Sizilien mit dem süssen Marsala (von der gleichnamigen Stadt), Syrakusaner, Zucco, Bronte, Naccarella, Amarenas. In Apulien sind die Haupthandelsplätze die Hafenstädte Bari und Barletta. In der Slowakei (mit 8860 ha Weinbergen, 7431 ha Ertragsfläche, 36 898 hl Rot- und 149 200 hl Weisswein-Ertrag im Jahre 1923) findet sich der Rebbau besonders in der Donauebene (in den Bezirksämtern Zeliezovce, Hlohovec, Levice, Yráble, Sala nad Vahom, Nové Zamby, Nitra, Modra, Bratislava, Parkáň und Stará Dala), in geringerem Masse im Gebiete von Inovca, Tribeča, Trenčín-Skalička, ferner in der Theiss-Ebene (Bezirksämter Královský Chlumec, Sečovce, Michalovce), im Kaschau-Eperjeser-Gebiet und im Mittelslovenischen Hügellande (Krupina, Modrý Kameň), in kleiner Menge im Zilina-Prievidska-Myjava-Gebiete, am oberen und mittleren Garam, im Rimavsko-Slánský-Gebiete und an der oberen Ondava und Laborca. In Karpatenrussland (mit 2865 ha Weinbergen, 2658 ha Ertragsfläche, 8031 hl Rot- und 54 658 hl Weissweinernte) liegt der Anbau besonders im Stuhlbezirk (Berehove, Velký Sevljuš, Mukačevo, Seredné, Uzhorod und Mukočevo), während er im Mittelgebirgs-Gebiete nahezu fehlt. In Ungarn ist das Zempliner Komitat hervorzuheben, wo zwischen den Flüssen Hernad und Bodrog auf den vulkanischen Dom- und Kuppenbergen der Hegyalja der berühmte „Tokayer" (bei Tarczal, Szantó, Tálya, Bodrog, Mád, Sáros Patak usw.) wächst (neuerdings macht sich dort allerdings die Fabrikation von Kunstweinen breit). Weiter sind das Tal des Maros, dann die berühmten Weingebiete („Bratenweine") von Badaczony-Kéknyelü am Plattensee, Schomlau (Veszprem), Stuhlweissenburg (Székes Fehérvar), Ofen, Erlau (Eger), Debreczen, Oedenburg und Ruszt am Neusiedlersee, Fünfkirchen (Pécz), Villany und in der „Bačka" hervorzuheben. Aus dem ehemaligen Kroatien-Slavonien gelangen aus den Abschnitten Klanjec-Krapina-Warasdin und Kostanjevac-Samobor-Podsused sowie im Abschnitt „Zagorje" bis S. Ivan, aus der „Moslovina" sowie aus Syrmien starke Rotweine (Karlowitzer) in den Handel. Im Banat befinden sich grosse Weinbaugebiete bei Werschetz (Vršac), in dem Rotweinland Dalmatien auf den Karst- und Flyschböden um Spalato (in den Setti castelli), Traù, Canali, bei Sebenico, der würzige Marascino (nicht zu verwechseln mit dem aus der Maraska-Weichsel bereiteten Marascino von Zara), Sabioncello Calmota, Capo d'Istria (Klein Tokayer), auf den Inseln Brazza (der gelbe, feurigsüsse „Vugava"), Almissa („Moscato del Rosa"), Curzola („Peceno"), Lesina und Lissa, in Serbien zwischen Belgrad und Požarevac, Krajná und „Timok", „Tikves", um Nisch, Pirot, Djevdjeli, am Strumicafluss, in Bosnien einzig im Bezirk Prozor, in Rumänien im Osten von Arad um Menes und Vilàgos, im Kokeltal (Mediasch) und in Siebenbürgen. Auf den Felsen der Herzegowina (um Mostar, Prenj-Planina) werden aus der Zilavka-Traube feurige Rotweine gewonnen. Die griechischen Weine, die bereits im Altertum (so der maroneïsche an der Thrazischen Küste und der pramnische vom Berge Pramne) auf der Insel Icarus berühmt waren, werden zumeist durch Alkoholzusatz süss erhalten und sind gewöhnlich stark geharzt (Harz der Aleppokiefer), letzteres angeblich der besseren Haltbarkeit wegen („Harz"- oder „Pechwein"). Neuerdings gelangen sie immer mehr in den Handel, so von Patras der rote Morea, der weisse und rote Achaier, der an Portwein erinnernde Mavrodaphne, von Athen die Marke Schloss Tatoi, von Corinth der Acrocorinth, dann der Lixuri, Mont Aeneås, Elia, Demestica, Olonas, Rombola, Kamarite, Kalavryta, aus Attika der Clos Morathonas und Parnes, in der Nähe von Sparta der Tripolizza, vom Berge Penthelikon der Kephissia usw. Schliesslich sind die Inseln im Aegaeischen und Jonischen Meere zu nennen und zwar hauptsächlich Samos, Chios, Santorin mit dem Vino santo, Cephalonia mit dem Carmite, Argostoli und Kranea, Lesbos, Naxos, Thasus, dann Creta und Cypern (letztere Insel mit dem milden Vino della commanderia = Komturwein). Anbauflächen liegen ausserdem am Skutarisee und bei Cattaro, in Bulgarien, Bessarabien, in Südrussland am Unterlaufe des Dniepr, Bug, Dniestr und Don, Cherson, auf der Krim („Massandra"), bei Jekatharinoslaw, um Astrachan, in Transkaukasien, Kleinasien (besonders bei Smyrna) und Syrien (besonders an der Küste: Jaffa, Beirut, am Libanon, bei Jerusalem), in Mesopotamien, Persien (Schiras), Kabul, Tibet, Kaschmir, Turkestan, dann in Abessinien, Tripolis, Tunis, Algier, Südwestafrika (in Windhoek weisser Kapwein). Im Kapland, wo die Rebkultur 1652 durch Holländer (oder Hugenotten) eingeführt wurde und bereits 1688 richtige Weinzentren („Kap"- oder „Constantiawein") in den Distrikten Paarl und Stellenbosch bestanden, werden gegenwärtig auf fast nur veredelten, aus Tokay stammenden Wurzelreben an Weissweinsorten namentlich Greengrape, Withe French und Stein, an Rotweinsorten Hermitage und Caberete Sauvignon gezogen (R e x o l d , A. J. Der Weinbau in Südafrika, Internat. agr. techn. Rundschau. Bd. VII, 1916). Nach Lauschan (Kiautschau) soll die Rebe vor etwa 120 Jahren durch amerikanische Missionäre gebracht worden sein. In Tschifu finden sich jetzt ausgedehnte Weingärten, die mit Reben aus Geisenheim a. Rh. bepflanzt worden sind. In Japan wird seit 1883 Wein gebaut. In Nordamerika, das von seinen ersten Entdeckern, den Normannen, genauer von L e i f (dem Sohne Eriks des Roten) und dem Deutschen T y s k e r ums Jahr 1000 als „Vinland" bezeichnet wurde, wird heute hauptsächlich in Kalifornien, Missouri, Indiana, Illinois, Kansas und Ohio, nördlich bis zum Erie- und Ontariosee (nach D e c k e r t) Weinbau getrieben. Mittelpunkte des amerikanischen Weinbaues sind San Francisco, Cincinnati, St. Louis und Savannah in Georgia. Neben den bereits genannten einheimischen Arten (vgl. pag. 360 ff.) wurde schon im 17. Jahrhundert versucht europäische Sorten einzuführen, die zum Schutze gegen Phylloxera meistens auf widerstandsfähige amerikanische Unterlagen veredelt wurden. Gute Resultate machte man in Kalifornien mit Riesling, Gutedel usw., so dass dort im Jahre 1884 bereits eine Fläche von 57 000 ha mit Reben bepflanzt war. Die Weine der amerikanischen Reben haben sehr oft einen etwas widerlichen, an die schwarzen Johannisbeeren erinnernden Fuchsgeschmack. In Südamerika wird seit längerer Zeit im trockenen Argentinien (Mendôza), Uruguay, Brasilien, Bolivien, im südlichen Peru und dann namentlich im mittleren Chile Wein gebaut, hier bereits in der ersten Kolonialzeit, um beim Abendmahl den rituell vorgeschriebenen Wein reichen zu können. Stellenweise ist der Weinstock in Chile so akklimatisiert, dass er sich mit Leichtigkeit selbst aussät; in der Araucania rankt er nach K. R e i c h e an dem dickstämmigen Nothofagus obliqua Blume. In Australien begann der Weinbau 1862 in Viktoria und dehnte sich später auf Neu-Süd-Wales sowie auf die Nordinsel von Neu-Seeland aus. Heute ist England der Hauptabnehmer (jährlich ungefähr 35 000 hl) der auf 400 000 hl berechneten Gesamtproduktion. Die australischen Rotweine Emu, Shiraz und Burgoyne, ebenso die leichten Weissweine wie Hock, Chablis, Claret usw. stehen hinter den europäischen Weinen kaum zurück. In den Tropen der Alten Welt spielt der Wein fast gar keine Rolle; immerhin existieren nach F u e x Kulturen auf Java und Mindanao, nach A. U s t e r i solche auf Negros (Philippinen).

Fig. 1942. Rebkultur an Feldahorn-Stämmen überm Lago Maggiore. Phot. Gg. E b e r l e , Wetzlar.

Hinsichtlich der mit Wein bebauten Bodenfläche steht Italien mit etwa 4 Millionen Hektaren im Jahre 1920 obenan. Es folgen dann Frankreich (ohne Algier und Tunis) mit 1,606 Millionen und Spanien mit 1,83 Mill., in weitem Abstand dann Griechenland (355 764 Hektaren), die Türkei (300 000), Algerien (216 000), Ungarn (212 600), Russland (180 000), Jugoslavien (163 436), Chile (150 000), Kalifornien (133 500), Rumänien und Portugal (90 000), Transkaukasien (80 000), Deutschland (72 601), Brasilien (55 000), Bulgarien (43 200), Oesterreich (36 836), Tunis (23 200), Turkestan (21 512), Schweiz (21 000), Tschechoslovakei (17 733; im Jahre 1923: 17 010), Kapland (15 000), Madeira (4000), Palästina (2000), Luxemburg (1600). Von der Gesamt-Weinbaufläche, die 1920 auf 10 043 140 Hektar (ohne Argentinien) berechnet wurde, fallen auf Europa 9 323 028, auf Afrika 260 600, auf Amerika 332 400, auf Asien 104 112 und auf Australien 23 000 Hektar Rebareal. Aehnlich liegen die Verhältnisse hinsichtlich des Ertrages (Weinproduktion). Weit voran marschieren wiederum Frankreich (mit 45 495 Millionen Hektoliter im Jahre 1921) und Italien (33 Mill.). Dann kommt Spanien mit 19,2 Mill., Algier mit 5,002 Mill., Argentinien mit 4,6 Mill., Portugal mit 4 Mill., Ungarn mit 3,4 Mill., Jugoslavien mit 3,1 Mill., Chile mit 2,1 Mill., Rumänien mit 1,8 Mill., Deutschland mit 1,75 Mill., Bulgarien mit 1,35 Mill., Brasilien mit 0,65 Mill., Tschechoslowakei mit 0,5 Mill. (im Jahre 1923 = 0,33), die Schweiz mit 0,410 Mill., Tunis mit 0,25 Mill., Oesterreich mit 0,2 Mill., Madeira mit 84 000 und Luxemburg mit 32 000 Hektolitern im Jahre 1921. Mit diesen Zahlen korrespondiert jedoch der Durchschnittsertrag auf 1 Hektar Rebfläche keineswegs. So hat Portugal im Jahre 1921 auf 1 Hektar Fläche einen Durchschnittsertrag von 44,40 Hektoliter zu verzeichnen, Bulgarien einen solchen von 31,20, Frankreich von 28,30, die Tschechoslowakei von 28,20, Deutschland von 24,10, Algier von 23,10, die Schweiz von 19,00, Jugoslawien von 18,90, Kapland von 12,00, Italien (!) von 8,20, Griechenland von 6,80 und Oesterreich von 5,40. Der mittlere jährliche Weinverbrauch auf den Kopf wird berechnet: in Spanien auf 115 Liter (Bier 1,3 Liter), in Griechenland auf 109,5 (Bier 3,3), Bulgarien 104,2 (Bier 1,0), Portugal 95,6, Italien 95,2 (Bier 0,9, Branntwein 0,8), Frankreich 94,4 bis über 100, (Bier 22,6, Branntwein 4,25), Schweiz 60 bis 70 (Bier 40,0, Branntwein 2,75), Rumänien 51,6 (Bier 2,0), Oesterreich-Ungarn 22,1 (Bier 32,0, Branntwein 5,42), Deutschland 5,7 bis 8 (Bier 109,7, Branntwein 4,3), Russland 3,3 (Bier 4,6, Branntwein 3,0), Holland 2,2 (Bier 34,6), England 1,7 (Bier 131,8), Dänemark 1,2 (Bier 102,9) usw. Diese Zahlen zeigen, dass diejenigen Länder, die reichlich Wein produzieren, auch am meisten Wein, gleichzeitig aber auch weniger Bier verbrauchen. Spanien, Griechenland, Italien und Frankreich sind „Weinländer", Deutschland, Belgien und England „Bierländer"; Oesterreich und die Schweiz stehen an der Grenze. Russland und Schweden sind mehr „Branntweinländer". Verschiedene der Wein erzeugenden Länder haben auf gewisse Qualitätsweine ein Monopol und geben solche ins Ausland ab, so Deutschland seine Rhein- und Moselweine, Frankreich Burgunder, Bordeaux und den echten Champagner, Spanien Malaga und Sherry, Portugal Portwein und Madeira. Deutschland bezieht andererseits zurzeit billigere Weine in grossen Mengen aus Italien (inkl. Südtirol), Spanien und Oesterreich, die Schweiz solche aus Italien, Südtirol und Spanien, Oesterreich aus Ungarn, England aus Australien und Spanien.

Eine etwas geringere, aber noch immer sehr bedeutende Rolle spielt neben der Weinerzeugung die Gewinnung von Weintrauben für Speisezwecke (Tafeltrauben), die als Frühobst (aus Algier schon im Juni und Juli) namentlich aus den südlicheren Mittelmeerländern stammen, während sie als Spätobst auch in unseren Breiten viel gezogen werden. Der Genuss der Beeren reicht, wie in der historischen Uebersicht ausgeführt wurde, bis in die prähistorische Zeit zurück. Später legten die Römer darauf grossen Wert. Man hing die Trauben in Zimmern an Fäden auf, legte sie in süssen Wein oder räucherte sie. Nach Dunonlay war vielleicht um jene Zeit schon die Verwendung von Treibhäusern bekannt, deren Dächer und Wände mit Spiegelstein (Marienglas?) bedeckt gewesen sein sollen. Im Mittelalter befassten sich namentlich fürstliche Gärtnereien mit dieser Kulturart; so liess z. B. die Kurfürstin Anna von Sachsen seltene und kostbare Sorten kommen, um sie auf ihre Brauchbarkeit hin untersuchen zu lassen. Im 3. Jahrzehnt des 18. Jahrhunderts nahmen Spalierkulturen in der Umgebung von Fontainebleau und Thomery (Paris) grossen Umfang an. In der neuesten Zeit erfreuen sich Treibhauskulturen besonders in Belgien, Holland, Frankreich und England grosser Beliebtheit; auch im übrigen Mitteleuropa breiten sie sich immer mehr aus. Belgien besitzt etwa 10 000 Gewächshäuser, die eine Bodenfläche von 180 ha bedecken. In Auchmore bei Killin (Schottland) wird ein Stock von Blauem Trollinger gezogen, dessen Stamm 30 cm über dem Boden 60 cm Umfang misst und der 1888 nicht weniger als 3000 vollkommen entwickelte Tafeltrauben lieferte. Der berühmte Trollinger-Stock in Hampton-Court wurde 1768 gepflanzt; er ist 43 m lang und hat einen Stammumfang von 1 m[1]). Er bedeckt mit seinen Verzweigungen etwa 22 qm Glasfläche und bringt jährlich 2500 Trauben hervor. Zur Anpflanzung verwendet man solche Sorten, die ein schönes Aussehen, grosse, fleischige und saftige Beeren und einen angenehmen, süssen Geschmack, mit mässigem Säuregehalt gepaart, besitzen. Als Sorten mit feinstem Geschmack seien genannt: Duke of Buccleuch, Muskat von Alexandrien, Weisser Muskat-Gutedel, Gelber Muskateller und Schwarzblauer Muskateller, Frühe Malingre, Madelaine Angévine und M. royale, als Sorten mit sehr grossen Beeren: Weisser Damaszener, Gros Kolman, Blauer Trollinger, Almeria (aus Spanien). Durch abweichende Beerenform sind ausgezeichnet: die Blaue und Weisse Eicheltraube und Geisdutte, die kleine weisse Korinthe, der Muscat quadrat usw. (näheres vgl. Goethe, R. Handbuch der Tafeltraubenkultur, 1894). — Zu einem besonderen wirtschaftlichen Zweig hat sich in südlichen Ländern das Trocknen der Weinbeeren entwickelt, indem die Trauben entweder unmittelbar oder nach vorhergehendem Eintauchen in warmes Wasser an der Sonne getrocknet werden oder ihrer Feuchtigkeit durch künstliche Wärme beraubt werden. Als beste Erzeugnisse dieser Art gelten infolge ihrer Farbe, ihres Zucker-

---

[1]) Eine Kulturrebe mit 1,04 m Umfang (50 cm über dem Boden) findet sich in Hassloch in der Pfalz.

gehaltes und der Feinheit ihrer Schale (vgl. Skinas, G. K. Die kleinasiatischen Rosinen, Bonn 1912) die kleinasiatischen (namentlich die Smyrnaer) Sultaninen. Sehr wertvoll sind auch die Valencia=Rosinen. In Malaga (Malagatraubenrosinen) und Valencia werden jährlich gegen 3 Millionen Kisten (mit je 25 engl. Pfund) ver= schifft. Andere Erzeugungsländer sind Griechenland, Cypern, Italien (Calabrien), Samarkand, Buchara und in zunehmendem Masse auch Arizona, Kalifornien und Chile. Aus einer kernlosen Traubensorte (var. apyréna L., zur künstlichen Gruppe I. 2. b. gehörig) mit grossen, dicken, tief eingeschnittenen, oberseits licht= grünen, blauschimmernden, unterseits weissgrünlichen, rauhen, gelblich verfärbenden Laubblättern, langen, lockerästigen, walzlichen Fruchtrispen und sehr kleinen, oft nur erbsengrossen, gelbgrünen, grau bedufteten, dünn= häutigen, sehr süssen und meist völlig kernlosen Beeren werden in Griechenland und auf den griechischen Inseln die Korinthen gewonnen, die im Mittel 62 % Invertzucker, 1,22 % freie Säure (auf Weinsäure bezogen), 0,4 % Apfelsäure, 2,61 % Weinstein, etwas Borsäure und 1,84 % Asche enthalten. Die Handelszentren hiefür liegen auf der Insel Zante, sowie in Patras auf Morea, wo der unermessliche Weingarten beginnt, der die Küstenstrecken des Peloponnes bedeckt (O. Warburg und I. E. van Someren Brand, Kulturpflanzen der Weltwirtschaft). Diese Traubensorte soll erst um 1600 in Griechenland eingeführt worden sein. Die Kenntnis der Rosinen hingegen reicht bis in die altägyptische Zeit, wo sie als Totengabe gefunden worden sind; auch in der Bibel werden sie bei den Propheten Jesaias und Jeremias erwähnt. Im Mittelalter erscheinen sie auf den Heilmittellisten und werden heute noch als Pássulae majóres oder Uvae pássae (im Gegensatz zu den als Pássulae minóres bezeichneten Korinthen) z. B. als Abführmittel (P. laxativae) benutzt. In Griechenland wird aus Korinthen auch ein kräftiger Wein (Korinthenwein) hergestellt, während aus den Rosinen und anderen süssen Früchten von den Türken, die keinen Wein trinken dürfen, der Scherbet oder Sorbet bereitet wird. Gleichfalls im Orient spielt das zu Mus (Traubenhonig, „Dips" der Araber) eingekochte Fleisch der Trauben eine wichtige Rolle als Genuss= und Nahrungs= mittel. Durch Zusatz von Mehl werden durch Trocknen der Masse an der Sonne in dünnen Lagen Dauerkonserven (Trauben= kuchen) bereitet.

Durch Destillation wird aus dem Wein bezw. aus den Weinrückständen Cognac, Tresterbranntwein, Hefebranntwein, auch Alkohol (Weingeist, Spiritus), genauer Aethylalkohol (C_2H_6OH), hergestellt. Der französische Cognac hat seine Bezeichnung von einer kleinen Stadt gleichen Namens im Departement Charente (Grande Champagne), wo er aus einer weissen Traube (Folle blanche oder Pic=poul=blanc) seit mehr als 100 Jahren gewonnen wird. Die charakteristische gelbe Farbe erhält der Cognac erst durch längeres Lagern in Fässern aus Eichenholz, indem das aroma= bildende Quercin, das farbbildende Quercetin, sowie andere Ex= traktivstoffe aus dem Holz in die Flüssigkeit übergehen. Der Alkoholgehalt wechselt in dem französischen Cognac von 35 bis 56 %; sehr alter enthält, da viel Alkohol durch das Lagern ver= dunstet, zuweilen nur noch 20 %. Durch Zusatz von Eichenholz= extrakt oder Caramel sucht man die Farbe zu erhöhen, durch Einpressen von Sauerstoff, durch Gefrierenlassen (bis auf —200°) oder Elektrisieren das Altern zu beschleunigen. Auch dem Aroma wird durch Zusatz von Rum, Tee und Zucker nachgeholfen. Die Haupt=

Fig. 1943. Ornithogalum nutans L. („Milchstern") als Unkraut in Weinbergen. Phot. Eisenlohr, Aubonne (am Genfersee).

menge wird von Cognac, Chateauneuf, Jousac, Angoulème nach Eng= land und Australien ausgeführt. Neuerdings wird Verschnitt=Cognac (Weinbrand=Verschnitt) auch in anderen Ländern hergestellt, z. T. aus Essenzen. Der Tresterbranntwein ist bekanntlich als Mittel gegen rheumatische Schmerzen („Franzbranntwein") sehr geschätzt. Beim Alkohol unterscheidet man je nach dem Wassergehalt einfachen, rektifizierten und absoluten Alkohol. In der Technik, Industrie und in der Heilkunde findet der Aethylalkohol, der heute zwar hauptsächlich aus Kartoffeln oder aus anderen Knollengewächsen gewonnen wird, sehr vielseitige Verwendung, ausserdem zum Konservieren von Früchten und Präparaten, früher und zwar dann meist rot gefärbt zum Füllen von Thermometern, als Desinfektionsmittel (Spíritus dilútus), in der Parfümeriefabrikation, als Auflösungsmittel von wohlriechenden Oelen, zum Entfernen von Flecken, zum Brennen (Spiritusglühlampen), zum Auflösen von Farben, Firnissen usw. Die vielerorts fabrikmässige Herstellung von Wein=Essig (acétum víni) beruht darauf, dass der Alkohol durch Oxydation (durch den Luftsauerstoff) in Essigsäure ($CH_3 \cdot COOH$) und zwar durch Vermittlung des Bactérium acéti (auch B. Kuetzingiánum, B. Pasteuriánum), die sich überall in der Luft vorfinden, übergeführt wird. Daneben bildet der hefeartige Kahmpilz Mycodérma víni Desm. auf dem Essiggut eine Decke (Essigmutter), ohne jedoch Essigsäure zu erzeugen. Vielmehr oxydiert er die

Fruchtsäuren des Essiggutes und macht diese durch Entsäuerung für das Bacterium aceti als Nährboden geeignet. Noch heute geniesst der Wein=Essig vor dem Branntwein=, Bier=, Runkelrüben=, Obst= und Estragon=Essig den Vorzug und wird namentlich aus Rotweinen zubereitet. Sehr häufig kommt es — namentlich bei sauren Weinen — vor, dass am Boden und an den Wänden der Fässer sich eine kristallinische, je nach der Färbung des Weines rote oder grauweisse Kruste von rohem Weinstein (Tártarus, crúdus rúber oder crudus álbus) absetzt, der in der Hauptsache aus saurem weinsaurem Kali (Monokaliumtartrat, $COOH \cdot (CHOH)_2 \cdot COOK = C_4 H_5 O_6 K$) besteht. Durch Reinigen (Auflösen, Klären der Lösung und Kristallisieren) erhält man in Form von kleinen, weissen, durchsichtigen Kristallen den gereinigten Weinstein (Tártarus depurátus, Crystálli tártari); hiebei bildet sich auf der Oberfläche der Lauge ein aus zarten, pulverartigen Kristállchen bestehendes Häutchen von Weinsteinrahm (Crémor tártari). Der rohe Weinstein wird in der Wollfärberei, bei der Essigfabrikation, zur Herstellung der rechtsdrehenden Weinsäure oder Dioxybernsteinsäure (Ácidum tartáricum), zur Bereitung verschiedener Heilmittel, Brausepulvern, als gelindes Abführmittel, zum Reinigen der Zähne, als durstlösendes Getränk, zum Verzinnen usw. verwendet. Durch weitere Behandlung wird aus dem Weinstein (durch Neutralisieren mit kohlensaurem Natron) das Seignette= oder Rochellesalz (Tártarus natronátus, Kaliumnatriumtartrat), ferner durch Kochen mit Antimonoxyd der Brechweinstein (weinsaures Antimonoxyd oder Tártarus stibiátus, $C_4 H_4 Sb KO_7$), ferner Boraxweinstein, Eisenweinstein usw. gewonnen. Weinsäure wird namentlich zur Herstellung künstlicher Limonaden verwendet. Die beim Pressen der Weintrauben zurückbleibenden Abfälle, die aus den Stielen, Schalen und Samen bestehen, können als Futter (besonders in Mischung) für Pferde und Kühe, als Düngemittel oder durch Pressen zu Kugeln zur Feuerung verwendet werden. Hühner zeigen eine Vorliebe für die aus den Trestern ausgesuchten Samenkerne. Auch lässt sich aus ihnen Pottasche und etwas Weinstein, sowie gutes Oel gewinnen, an welch letzterem namentlich die Kerne reich sind. Nach Heeter beträgt deren Oelgehalt 15 bis 20% (meist aber nur 8 bis 10) und setzt sich aus Linolsäureglyzerin (bei 10% Stearin und Palmitin) und wahrscheinlich auch Oel=, Rizinol= und Lineolsäureglyzerid usw. zusammen. Für Deutschland allein hat man eine Produktionsmenge von etwa 10800 Doppelzentner Oel berechnet und während des Krieges in Oesterreich auch Massnahmen zu dessen Gewinnung ergriffen. Die Kerne sollen dabei ausgelesen, gemahlen, mit 10 bis 16% Wasser stark erwärmt und dann gepresst werden; in Württemberg ist diese Verwertung schon längst Gepflogenheit. Das kaltgepresste Oel ist goldgelb und süsslich und kann zu Speisezwecken verwertet werden; die zweite Pressung ist olivgrün und zur Seifenfabrikation (Tropenpflanzer, 1916) oder als Brennöl sowie für die Gerberei verwendbar. Der Gedanke an eine solche Ausnützung tauchte schon 1569 auf, in welchem Jahre Franz Rizzo, „Diener und Musiker in Kaiser Maximilians I. Diensten", ein Privileg zur alleinigen Oelerzeugung aus Traubenkernen in allen österreichischen Ländern eingeräumt wurde. Ob das Vorhaben ausgeführt wurde, ist unbekannt. Jedoch kam 140 Jahre später durch I. Höger eine Oelfabrik auf, die allerdings 1711 wegen mangelhafter Zuführung von Traubenkernen wieder ins Stocken geriet. Auch als Kaffeeersatz sind die Kerne schon empfohlen worden. Durch Verkohlen und Pulverisieren der Trester und des Holzes erhält man das Rebenschwarz (Frankfurter Schwarz). Die Holzkohle eignet sich auch zur Bereitung von Schiesspulver. Paula Fr. v. Schrank (Bairische Flora, 1789) berichtet, dass die abgeschnittenen Ranken samt dem Laube zur Lohgare sehr gut seien. Um Kitzingen und andere Mainorte wurden die noch einmal auf der Kelter ausgepressten Mosthefen in zwei faustgrosse Kugeln geformt, in Pyramiden aufgerichtet und mit darüber angeschürtem Feuer schwarz gebrannt. In einer Mühle wurde schwarze Farbe daraus bereitet, die von den Holländern als Drucker= und Kupferstecherschwärze benutzt wurde. Abfälle beim Schneiden sind schon zur Gewinnung von Bastfasern (Jutersatz) empfohlen worden. In manchen Gegenden werden die Blätter als Viehfutter benutzt; zu diesem Zwecke streift man sie unmittelbar vor der Traubenlese ab und verfüttert sie dann frisch (so z. B. in Südtirol) oder bewahrt sie — wenigstens noch um 1880 bei Lyon üblich — in betonierten Gruben auf, wo sie erst einen Säuerungsprozess durchlaufen müssen. Im Veronesischen werden Schichten von Baumblättern mit solchen von Weinranken abwechslungsweise in Gruben eingestampft. Der Rebengeschmack macht das Futter für die Tiere sehr angenehm. In Oesterreich werden auch 1=jährige Triebe mit Salzwasser vermischt verfüttert. Als Verfälschung finden sich Rebenblätter bisweilen im Sizilianischen Sumach (vgl. pag. 224). Infolge ihrer langen Haltbarkeit verwendet man die Blätter gern als Zwischenlagen. Gewärmte Trester wurden ehedem gegen Podagra angewendet, abgefallene rote Blätter gegen Krätze, während zerquetschte Blätter gegen Erbrechen, Blutspeien, Blutfluss usw. nützlich sein sollen. Rinde und dürre Blätter wirken blutstillend. Aus dem Wein stellte man im Mittelalter Tinte her oder verwendete ihn, wie ehedem in Zürich, zum Anmachen von Mörtel. Früher wurden auch die Weinranken (Pampini vitis) und der Saft (Omphácium) der vor der Reife gesammelten Weinbeeren (Agrésta) medizinisch verwendet. Letztere ergeben, mit Zucker gekocht, ähnlich wie unreife Stachelbeeren, ein wohlschmeckendes Kompott. Noch heute werden die angenehm säuerlich schmeckenden frischen Ranken gelegentlich gegessen. Der nach dem Rebschnitt beim „Weinen" (Tränen) hervortretende Saft (besonders jener der Muskatellerreben) soll gegen allerlei Ausschläge (besonders trockene Flechten) und Augenleiden wirksam sein. Innerlich genommen wirkt der Saft des Rebstockes diuretisch und wird auch gegen Lithiasis empfohlen; der aus den grünen Ranken gewonnene wird gegen innere Blutungen (Haemoptise, Darmblutungen) benützt. Traubenkuren werden bei chronischer Obstipation, bei allgemeiner abdomineller Plethora wie bei chronischen Hautkrankheiten verordnet.

Eine ganze Reihe von Feinden und Schädlingen, die durch ihr Auftreten — sehr oft durch regnerische oder zu trockene Sommer begünstigt — die Hauptursache für die schlechten Weinjahre sind und die Unwirtschaftlichkeit und den Rückgang der Rebflächen in vielen Gegenden bedingen, haben Veranlassung gegeben neben einer sehr intensiven, teilweise vorbeugenden Bekämpfung die Kultur der Rebe auf eine ganz neue Grundlage zu stellen. Denn es zeigte sich, dass die europäischen (auch die wilden des Rheintales) Reben gegen die aus Amerika eingeschleppten Krankheiten nicht widerstandsfähig sind, und dass diese Eigenschaft und nicht die so oft angeführte „Degeneration" der Rebpflanze schuld an den geringen Erträgen ist. Einzelne dieser Schädlinge[1]) werden allerdings schon aus früheren Jahrhunderten erwähnt, so der Springwurm von Paris bereits 1562, der Rebstichler 1765 aus der Pfalz, der Rote Brenner 1763 vom Bodensee, der Sauerwurm 1713 von der Insel Reichenau, die Weissfäule 1798 aus der Waadt; aber die verheerenden und äusserst rasch um sich greifenden Krankheiten sind Erscheinungen der letzten Jahrzehnte.

Von den tierischen Schädlingen hat die Reblaus (Phyllóxera [= Peritýmbia] vastátrix Planch.), eine Blattlaus (Aphide) nordamerikanischer Herkunft, das grösste Interesse, da sie sich in Europa ausserordentlich rasch und in grosser Menge verbreitet und nach Milliarden zählenden Schaden angerichtet hat. Das Tier wurde 1854 von dem amerikanischen Entomologen Asa Fitch an einer dortigen Rebenart und zwar in der blattbewohnenden Form

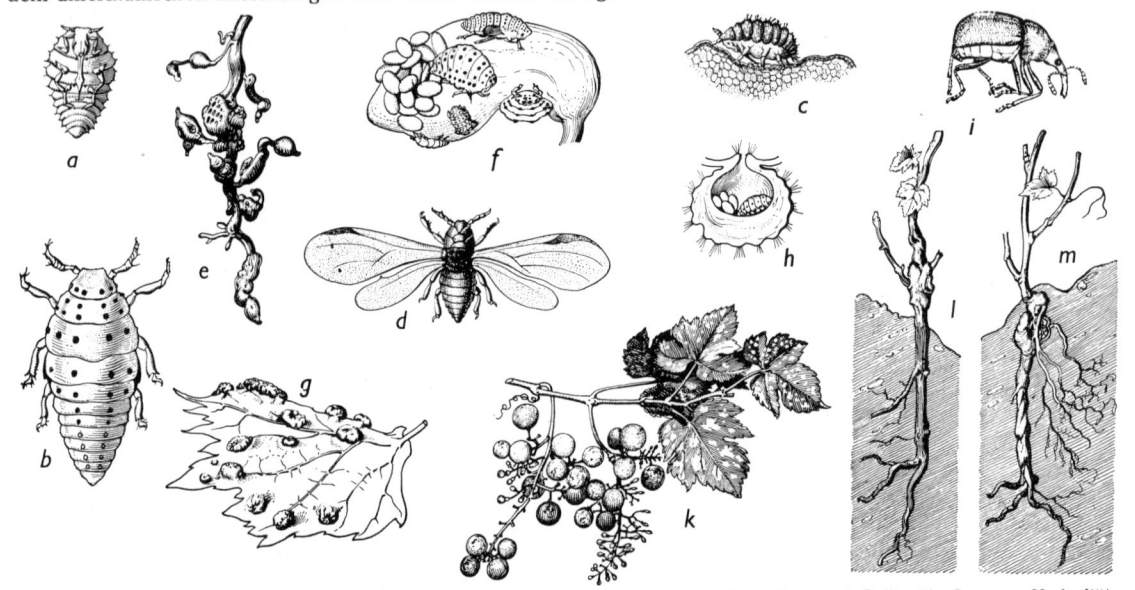

Fig. 1944. Reblaus (Phylloxera vastatrix). *a* Wurzellaus. *b* Nymphe. *c* Saugende Wurzellaus. *d* Geflügelte Laus. *e* Nodositäten. *f* Eine solche Anschwellung vergrössert mit Wurzelläusen, Eiern und einer Nymphe. *g* Blatt einer amerikanischen Rebe mit Reblausgallen. *h* Schnitt durch eine Galle. *i* Rebenstichler (Rhynchítes betuleti Fabr.). *k* Von der Peronospora befallene Trauben, die später verdorren. *l* unrichtige, *m* richtige Pfropfung (z. T. nach K. Müller und Schneider-Orelli).

entdeckt und als Pemphigus vitifólia beschrieben. Wahrscheinlich wurde es zwischen 1858 und 1862 mit bewurzelten Amerikanerreben nach Frankreich eingeschleppt; 1863 konnte es in England festgestellt werden. Im selben Jahre erfolgte die erste sichere Erkennung als Rebenschädling in den französischen Départements du Gard, Vaucluse und Bouches du Rhône. Die wissenschaftliche Erforschung wurde namentlich von J. E. Planchon seit 1868, später durch Grassi und Topi in Italien, Gaston Bazille und F. Sahut betrieben. Gleich einer Pest verwüstete die Reblaus besonders das südlichere Frankreich, wo die Anbauflächen daraufhin von etwa 2,5 Millionen Hektar auf 1,8 Millionen Hektar sanken. Recht beträchtliche Schädigungen hat sie späterhin in Oesterreich (1872), in der Schweiz (1869), in Deutschland (1874), Mähren (1890 bei Schattau), Ungarn (1875), Spanien (1877), Portugal (seit mindestens 1877), Italien (1879), Russland (Bessarabien [1886], Krim [1880]), Kaukasus [1881]), Serbien (1882), Rumänien (1883), Bulgarien (1884), Mazedonien (1885), in der Türkei (1883), Algerien (1885), Argentinien (1888), Brasilien (1879) und auf Neuseeland (1890) angerichtet. In Deutschland wurde die Reblaus zuerst 1874 in der Gartenanlage Annaberg des landwirtschaftlichen Institutes Bonn-Poppels-

---

[1]) Vgl. hierüber besonders Müller, Karl. Rebschädlinge und ihre neuzeitliche Bekämpfung. Karlsruhe 1922 (mit ausführlichen Literaturangaben). — Ketter, Die gefährlichen Schädlinge des Weinstockes. Pressburg 1900. — Kirchner, O. und Boltshauser, H. Atlas der Krankheiten und Beschädigungen des Weinstockes. Stuttgart 1902 (erscheint in neuer Auflage).

dorf auf einer 1867 aus Washington bezogenen Zierrebe beobachtet; dann 1875 in Karlsruhe und Schöneberg bei Berlin, 1876 in einer Gärtnerei in Proskau, Erfurt, Bergedorf und Bollweiler, 1877 in Plantières bei Metz. Grössere Verseuchungen in freien Weinbergen wurden ·erstmals nachgewiesen: 1876 bei Stuttgart, 1879 bei Potsdam, 1881 im Ahrtal, 1884 bei Linz a. Rh., 1887 im Oberelsass bei Lutterbach und Hegenheim, 1887 an vielen Stellen im Freistaat und in der Provinz Sachsen, 1887 in Hessen=Nassau, 1895 bei Sausenheim in der Pfalz, 1902 bei Würzburg, 1907 an der Mosel usw. Zuletzt von allen weinbautreibenden Staaten Deutschlands wurde die Reblaus in Baden (Efringen 1913), obgleich von $\pm$ verseuchten Ländern umgeben, festgestellt. Heute sind Elsass und Lothringen (vor allem das Gebiet um Metz), Württemberg, Rheinhessen, der Rheingau und das Niederrheingebiet mit dem Ahrtal, einzelne Gebiete in Franken (Iphofen, Kitzingen), dann fast die ganze Schweiz als verseucht zu behandeln. In Sachsen ist die gewöhnliche mechanische Bekämpfungsart, weil aussichtslos, eingestellt worden. Wenig befallen sind heute Baden (inkl. Breisgau), die Rheinpfalz und das Moseltal. In Oesterreich trat die Reblaus 1872 in Klosterneuburg bei Wien auf; 1873 folgten weitere Orte um Wien, 1875 Weidling in Niederösterreich, 1882 der wichtige Weinbezirk Baden, 1884 wurde Gumpoldskirchen verseucht, 1888 Baden selbst und Mödling, 1890 Vöslau usw. In Steiermark wurde die Reblaus 1886 zum ersten Male in Kapellen (Bez. Rann) bemerkt, in Krain 1884 im Bezirk Gurkfeld, in Mähren 1890 bei Schattau, in Tirol 1901 bei Meran (doch müssen die Herde dort älter sein). Heute ist Oesterreich gänzlich verseucht. In der Tschechoslowakei gelten von grösseren Gebieten nur jene von Melnik und Leitmeritz als reblausfrei. In die Schweiz gelangte die Reblaus 1874 durch Einschleppung in Gewächshäuser nach Pregny bei Genf; dann wurde sie 1877 im Kt. Neuenburg bei Colombier, Corcelles und Neuenburg festgestellt. Es folgten die Kantone Zürich (1886 Oberstrass, Höngg, Oberweningen, Dielsdorf, Rüti=Bülach, 1888 Kloten, 1896 Nürensdorf, 1899 Töss, 1900 Winterthur), Waadt (1888) usw. Das Tier tritt in einer Reihe verschieden gestalteter Generationen auf. Ungeflügelte und sich ungeschlechtlich, d. h. parthenogenetisch (ohne vorausgegangene Befruchtung) fortpflanzende „Wurzelläuse" (ausschliesslich Weibchen), dann Nymphen mit Flügelansätzen, geflügelte Weibchen, ungeflügelte, rüssellose Geschlechtstiere, berüsselte, sich wiederum ungeschlechtlich fortpflanzende „Gallenläuse" wechseln miteinander ab und zeichnen sich durch eine kolossale Vermehrungsfähigkeit aus. So können aus einem einzigen weiblichen Tier im Laufe eines Jahres 6 bis 8 Generationen mit 720 Millionen Nachkommen entstehen. Die Schädigungen gehen in unseren kühleren Klimaten namentlich von den an den Wurzeln lebenden Wurzelläusen aus, während wärmere Gegenden (Südfrankreich, Italien) auch durch die an den Blättern und Trieben Gallen (Fig. 1944 g) erzeugenden Gallenläuse zu leiden haben. Die Wurzelläuse, kleine, vom blossen Auge gerade noch sicht= bare, gelbliche und schwarzgeringelte Tiere (Fig. 1944 c), besitzen einen starken Saugrüssel, mit dem sie die Wurzel= rinde durchbohren. Dabei geben sie wahrscheinlich giftige fermentartige Stoffe ab, welche die Wurzelzellen zu lebhafter Tätigkeit anregen. Dadurch entstehen an den jungen unverholzten Wurzeln gallenartige, gelbliche, 2 bis 4 mm dicke Geschwülste, sog. „Nodositäten". An länger befallenen Reben erzeugen sie auch an älteren (2= bis 3=jährigen), verholzten Wurzelpartien krebsartige, schorfige Missbildungen, sog. „Tuberositäten". Im Laufe der Jahre führen diese Beschädigungen schliesslich zum Absterben des befallenen Stockes, was dann die Läuse veranlasst, andere Stöcke aufzusuchen. Auf diese Weise breitet sich die Seuche konzentrisch immer mehr aus. Zum Schutze und Kampfe gegen diese gefährlichste aller Krankheiten wurden frühzeitig Schutzmass= nahmen ergriffen. Immerhin ist noch kein Mittel und keine Methode bekannt geworden, die eine wirklich zu= verlässige Vernichtung unter Erhaltung der Rebpflanze ermöglichen würde, obgleich die französische Akademie der Wissenschaften s.Z.zur Lösung dieser Aufgabe einen Preis von 300000 frs., der dann später auf eine halbe Million erhöht wurde, aussetzte. Im Jahre 1878 erschien in Deutschland das Verbot der Einfuhr fremder Reben; 1877 fand in Lau= sanne ein Reblauskongress statt, der im folgenden Jahre in Bern zum Abschluss einer internationalen, 1881 weiter ergänzten Reblauskonvention führte. Das Bekämpfungsverfahren, das in stark verseuchten Ländern allerdings zum grossen Teile wieder aufgegeben worden ist, aber in Deutschland in den meisten Gebieten noch Gültigkeit hat, um= fasst 3 Hauptgruppen: 1. Vorkehrungen bezw. vorbeugende Massnahmen zur Verhinderung von Ein= und Verschlep= pungen: Regelung des Verkehrs mit Reben, Schutzbestimmungen für verseuchte Gebiete, Einsetzung von Sachver= ständigen und ständige Beaufsichtigung der Weinberge; 2. Massnahmen zur Ermöglichung der Rebkulturen: An= pflanzung widerstandsfähiger Reben, Vernichtung der Rebläuse unter Erhaltung der Stöcke durch das „Kultural"= oder „Submersionsverfahren". Bepflanzung der von den Rebläusen gemiedenen, feinkörnigen, immunen Sand= böden (derartige sterile Weinbergsböden gibt es in den Dünengebieten der französischen Meeresküsten, in Ungarn in den Flugsandgebieten zwischen Donau und Theiss, in der Tschechoslowakei bei Bodrog=Serdahel) usw. 3. Vollständiges Vernichten der ganzen Pflanzungen durch Ausroden oder Sterilisierung. Das gebräuch= lichste Bekämpfungsmittel (Extinktiv= oder Ausrottungsverfahren) ist die Behandlung mit dem allerdings sehr feuergefährlichen Schwefelwasserstoff (meist in wasserlöslicher Form und zwar in Mengen von 400 g pro Quadratmeter), der im Boden sehr rasch verdunstet. Zuweilen gibt man dem Rebstock noch 2 l einer 10 bis 15 %igen Saprosol= oder Kresolseifenlösung oder Petroleum. Derartige total vernichtete Partien dürfen frühestens nach 2 Jahren mit Feldfrüchten (zunächst keine Hackfrüchte) und erst nach 6 Jahren wieder mit europäischen

Reben (mit veredelten Amerikanern früher) bepflanzt werden. Will man die Stöcke nicht ganz preisgeben, so kann der Versuch mit einer sehr kleinen Menge ($^1/_{10}$) von Schwefelkohlenstoff gemacht werden. Derartige, alljährlich behandelte Weinberge behielten in Oesterreich bei guter Düngung 30 Jahre lang ihren Ertrag bei. Am besten eignet sich das Ausrottungsverfahren für kleinere, isoliert liegende und frühzeitig entdeckte Herde. Beim Submersionsverfahren werden die Weingärten, sobald sich das Insekt zeigt, mittels mächtiger Pumpwerke während der Winterzeit mehrere Wochen lang unter Wasser gesetzt. Dieses Verfahren eignet sich nur für flache Kulturen und für südliche Gegenden. In Südeuropa wird stellenweise der Strauch Rhus Coriaria (pag. 224) zum Vertreiben der Rebläuse in Weingärten angepflanzt. Als zuverlässigstes Schutzmittel hat sich jedoch die Verwendung amerikanischer Reben als Pfropfunterlage erwiesen. Der Vorschlag dazu stammt von Laliman, einem Weingutsbesitzer in Bordeaux, der bereits 1869 in seinen verwüsteten Weinkulturen die Erfahrung machte, dass einige dort stehende amerikanische Reben nicht von den Läusen befallen wurden. Zunächst beging man allerdings in Frankreich den Fehler, amerikanische Kulturreben einzuführen, die sich aber nicht als seuchenfest erwiesen. Vielmehr besteht Seuchenfestigkeit nur bei Wildarten, wie Millardet zuerst nachgewiesen hat und damit die überaus wichtige Frage der Unterlagsreben in die richtigen Bahnen lenkte. Gemeinschaftlich mit de Grasset stellte er durch künstliche Kreuzungen und Auslese eine grosse Zahl von Formen her, die die gewünschten Eigenschaften besassen. Für stark kalkhaltige Böden fand Viala in Vitis Berlandieri eine geeignete Rebe. In Deutschland haben namentlich R. Goethe, Rathay, Moritz, Lichtenstein, Ritter und C. Börner, Oberlin, in der Schweiz Schneider-Orelli, in Frankreich weiter Foex, Couderc und M. Cornu, in Ungarn Bernatzki und Teleki in Fünfkirchen, in Oesterreich Kober in Klosterneuburg und H. Zweifler in Marburg a. Drau, in Italien Balbiani, Grassi und Topi auf diesem Gebiet erfolgreich gearbeitet. Gegenwärtig werden die zur Veredelung nötigen Unterlagsreben in allen Weinbaugebieten selbst gezüchtet und belaufen sich infolge der mannigfaltigen Kreuzungen der amerikanischen Wildreben untereinander, als auch mit den vielen Sorten der Vitis vinifera auf schätzungsweise 25 000 Formen, von denen jedoch nur ein ganz geringer Bruchteil wirklich brauchbar ist (darunter aber nur etwa 12 wertvolle). Nach ihrer Entstehung werden dabei unterschieden: Reine Amerikaner, d. h. ursprünglich in Amerika heimische (pag. 361), nach Europa eingeführte Wildreben (Vitis riparia, V. rupestris, V. Berlandieri usw.) und aus ihnen durch Zuchtwahl entstandene Abkömmlinge (z. B. die in Frankreich und Ungarn sehr geschätzte Riparia Gloire de Montpellier, Riparia sauvage, Rupestris metallica). Da alle reinen Amerikanerreben anspruchsvoll sind, sind sie meist durch Bastarde ersetzt worden und zwar entweder durch Ameriko-Amerikaner (Kreuzungen amerikanischer Reben untereinander und deren Abkömmlinge [z. B. V. riparia × V. rupestris, V. cordifolia × V. rupestris, V. riparia × V. Berlandieri, V. rupestris × V. Berlandieri] oder auch 3-fache Kreuzungen, wie V. riparia × V. rupestris × V. candicans [= V. Solonis Pulliat], oder deren Rückkreuzungen, wie V. Solonis × V. riparia Couderc, Taylor Narbonne) oder durch Europäer-Amerikaner, d. h. Hybriden amerikanischer und europäischer Rebsorten. Die letztgenannten Kreuzungen wurden namentlich in Frankreich erzogen und sind als äusserst wertvoll unter dem Namen Franko-Amerikaner in allen Weinbaugebieten verbreitet (z. B. V. Armanon × V. rupestris, V. Mourvèdre × V. rupestris [erstere eine spanische, zu I. 2. a. gehörige Rebe], V. Armanon × V. riparia, V. Chasselat × V. Berlandieri, V. Malbec × V. Berlandieri, V. Carbernet × V. Berlandieri Gamay). Viele dieser neuentstandenen Sorten werden als „Direktträger" (d. h. Reben, die unveredelt zur Weinbereitung angepflanzt werden) in Frankreich verwendet, da sie einen reichen, wenn auch allermeist minderwertigen Ertrag liefern. Ihre Widerstandsfähigkeit gegen die Reblaus hingegen ist beschränkt, dafür aber diejenige gegen Pilzkrankheiten oft bedeutend; man hat deshalb die Zuchtwahl häufig auch in diesem Sinne durchgeführt[1]).

    Aus der Tatsache, dass einzelne Unterlagsorte von der Reblaus angesteckt werden können, andere dagegen vollständig reblausfrei bleiben, veranlasste Börner, 2 verschiedene Rassen der Reblaus zu unterscheiden, die südliche Vitiifolia- oder Vastatrix-Rasse (Französische Reblaus), die alle untersuchten Sorten zu befallen vermag, und die Pervastatrix-Rasse (Deutsche Reblaus) der nördlichen Weinbaugebiete, der gegenüber sich einzelne Amerikaner als immun erweisen sollen. Börner unterscheidet jetzt immune, d. h. reblausfreie (diese sollen die Reblaus geradezu vertreiben), halbimmune (die Reblaus kann sich auf die Dauer nicht erhalten), resistente Pflanzen (leiden nicht übermässig) und anfällige Sorten; zu den letzteren gehören die europäischen Reben. Beim Pfropfen ist streng darauf zu achten, dass der Ueberwallungswulst der Veredelungsstelle stets mit Erde bedeckt bleibt (Fig. 1944 m), da sich sonst an demselben Wurzeln bilden. Letztere, und zwar einzig diejenigen des „europäischen Edelreises" können dann, wie Versuche lehren, von Läusen infiziert werden, während das Wurzelsystem der amerikanischen Unterlage davon verschont bleibt.

    Fast ebenso grosse Verheerungen richtet der Traubenwickler an, auch Heu-, Spring- oder Sauerwurm geheissen, zu dem 3 kleine Schmetterlings-Arten gehören, vor allem der Einbindige Traubenwickler,

---

[1]) Erwähnt sei, dass nach J. Smolák (Phylloxera vastatrix in Böhmen in Ziva, 1914) Peklo in der Reblaus ein symbiotisches Bakterium der Gattung Azotobácter auffand, das freien Stickstoff assimiliert und der Reblaus eiweissartige Stoffe überlässt.

franz.: la Conchylis (Cochýlis [= Tórtrix] ambiguélla Hüb.) und der Gekreuzte bezw. Gesprenkelte Traubenwickler (Polychrósis [= Tórtrix, Eudémis bezw. Grapholíta] botrána Schiff.). Ersterer gehört der mitteleuropäischen Fauna an, während der letztere wenigstens in den deutschen Weinbaugebieten erst in den letzten Jahrzehnten (vielleicht aus Südeuropa eingewandert) aufgetreten ist, sich aber immer mehr ausbreitet. Beide Arten sind äusserst fruchtbar und bringen 2 bis 3 Generationen im Jahre hervor. Trockene Hitze, wie in den Jahren 1915, 1917, 1921, ist dem Schädling sehr verderblich, da die Motten wie die Eier zum Leben Feuchtigkeit bedürfen. Die ausgewachsenen, etwa 1 cm langen Räupchen der ersten Generation, die zur Zeit der Heuernte („Heuwurm") erscheinen und sich von dem Fruchtknoten ernähren, vernichten die Blüten (besonders bei nasskalter Witterung), während diejenigen der zweiten Generation („Sauerwurm") die Beeren anfressen und so indirekt das Faulen der Beeren und Sauerwerden des Weines veranlassen. Durch die Frasslöcher dringt nämlich der Grauschimmel (Botrýtis cinerea Pers.) in die Beeren ein. Der durch diese Räupchen angerichtete Schaden (man nimmt an, dass ein Tierchen bis 15 Beeren vernichten kann) bezw. Ernteausfall belief sich 1897 im Moselgebiet auf 30 bis 40 Millionen Mark, 1910 in Baden auf 19, in der Pfalz auf 25 Millionen. Hinsichtlich der Bekämpfung kann man unterscheiden zwischen biologischer, mechanischer und chemischer Methode. Dies geschieht durch Entfernen der den Winterpuppen als Schlupfwinkel dienenden Stroh- oder Weidenbänder, durch Entfernen der Rebpfähle und gleichzeitigen Ersatz durch Draht oder Eisenstäbe, durch Einfangen (mit

Fig. 1945. Alte Weinpresse aus Seuzach (Kt. Zürich). Phot. E. Guyer, Kantonal. Heliograph, Zürich.

Fanglampen, geleimten Fächern, Tresterwein) der Motten, Herauslesen der Heuwürmer aus den Blütenständen, Einbeuteln der Trauben in Pergamentdüten, Bespritzen mit giftigen Pulvern oder Flüssigkeiten wie Nikotinbrühe (in der Praxis zu teuer) bezw. Wurmalin und Venetan, mit Arsenbrühen, Uraniagrün (arsen- und essigsaures Kupfer), arsensaurer Bleibrühe (Zabulon), mit 3%iger Schmierseifenlösung, Chlorbariumlösung (diesen Substanzen wird öfters Kupferkalkbrühe gegen Peronospora zugesetzt), mit Insektenpulver aus Chrysanthemum cinerariifolium (soll sich im Wallis neuerdings bewährt haben), dann durch Begünstigung der insektenfressenden Vögel, die man als natürliche Feinde durch Nistkästen, Schonen von Hecken, Trink- und Futterplätzen an die Weinberge zu fesseln sucht. Namentlich die Meisen stellen dem Sauerwurm sehr nach. In einem Falle in Rheinhessen konnte festgestellt werden, wie ein Kohlmeisenpaar, das seine Brut in einer Mauer aufzog, in 50 m Umkreis um das Nest die Reben von diesem Schädling frei hielt. — Der in Frankreich schon seit dem 16. Jahrhundert, seit 1838 auch am Bodensee, 1874 im Markgräflerland, 1869 bei Bingen, 1876 bei Lorch a. Rh., seit etwa 25 Jahren in Rheinhessen, jetzt auch aus der Schweiz, Ungarn usw. bekannte Springwurmwickler, franz.: la Pyrale (Oenophthíra [= Tórtrix] Pilleriána Schiff.) gilt stellenweise als der gefährlichste Feind der Rebe nach der Reblaus. Denn die 2 bis 2,5 cm langen, sich leicht fortschnellenden Räupchen („Spring"- oder „Laubwurm"), die in den locker zusammengesponnenen Blättern leben, schädigen das Laubwerk ebenso wie die

Beeren. An den Stöcken entstehen dann besenartige Astanhäufungen. Der Springwurm besitzt nur eine Generation und scheint nur engumgrenzte Gebiete heimzusuchen. Nach K. Müller und Schwangart sollen verschiedene Insekten (Tachinen, Schlupfwespen) dem Springwurm nachstellen. — Der Rebenstecher (Rhynchítes betuléti Fabr., = Byctíscus bétulae H.), auch Rebenstichler, Zapfenwickler, Zigarrenwickler oder Botzenstecher geheissen, ist ein etwa 6 mm langer, prächtig grün oder blau metallisch glänzender Rüsselkäfer (Fig. 1944 i), der einmal Löcher und Streifen in die Blätter frisst, dann aber auch den Blattstiel und die jungen Triebe zernagt, während andererseits das Weibchen die welken Blätter mit grosser Geschicklichkeit und Kraft zu zigarrenartigen Wickeln zusammenrollt und dort 5 bis 10 Eier unterbringt. Als Schutz gilt Ablesen der Käfer in der Morgenfrühe oder Einsammeln und Verbrennen der Blattwickel. — Viel gefährlicher und lästiger ist der Rebfallkäfer (Eumólpus [= Adóxus] vítis Kug.), am Zürichsee „Fresser", in Frankreich „Schreiber" (Ecrivain) geheissen, ein etwa 4 mm langes, braunes, einem kleinen Junikäfer ähnliches Insekt, das die jungen Blätter durch Herausnagen der weichen Bestandteile eigenartig skelettiert; andererseits greift es auch die Triebe und sogar die Beeren an, sodass letztere vertrocknen. Da der Käfer, der zweimal (im Mai und Juni und dann nochmals Anfang September) erscheint, bei der leisesten Berührung sich auf den Rücken auf die Erde fallen lässt und sich tot stellt, werden die Tiere am frühen Morgen von den Rebstöcken abgeklopft und in ausgebreiteten Tüchern oder Netzen aufgefangen. Die jungen Larven fressen sich im Herbst auch in die Wurzeln hinein und täuschen dann Reblausbefall vor. Die Weinblattgallmilbe (Erióphyes vítis Nal.) erzeugt die weniger gefährliche Pocken- (Filz- oder Milben-)krankheit (Erinose), indem sie die Unterseite ansaugt und dadurch dort kleine, mit einem weisslichen, gelben, später braunen Haarpolster versehene Gruben, auf der Oberseite blasenartige, zuweilen rötlich gefärbte Auftreibungen erzeugt. Die Veränderungen ähneln entfernt den bei der Blattfallkrankheit hervorgerufenen Erscheinungen. Der Schaden, den diese Milbe anrichtet, ist in der Regel unbedeutend, im Gegensatz zu einer bezw. zwei weiteren Milbenarten (Phyllocóptes vítis Nal. und Epitrimérus vítis Nal.), die nach Müller-Thurgau und Stellwaag ein ganz anderes Krankheitsbild erzeugen. Diese als Kurzknotigkeit (die befallenen jungen Triebe bleiben kurzknotig), Kräuselkrankheit, Verzweigung (court-noué) oder Akarinose bezeichnete Krankheit, am Bodensee Besen- oder Strubelreben, in der Westschweiz und Frankreich Court noué, in Sizilien arriciamento geheissen, wurde zuerst 1903 am Zürichsee festgestellt, ist nun aber auch aus Süddeutschland, Oesterreich, Italien, Frankreich usw. bekannt. Von Schildläusen haben 2 Arten, Lecánium vini Bouché (= L. córni) und Pulvinária vítis Targ. (= P. bétulae), Bedeutung; sie erscheinen in 2 Generationen und sind besonders an mangelhaft ernährten Stöcken anzutreffen. Auf der von den Schildläusen ausgeschiedenen süssen Flüssigkeit („Honigtau") siedeln sich nicht selten Pilze („Russtau") an. Schildläuse wie Blattläuse werden von den Larven der Marienkäferchen vertilgt. Ausser diesen genannten Tieren gibt es noch einige mehr gelegentliche Schädlinge, so die Schmierlaus (Dactylópius vítis Nied.), die rote Spinne (Tetranýchus telárius L.), der Blasenfuss (Thríps haemorrhoidális Bouché), zwei zur Nachtzeit die Blätter und Triebe schädigende Käfer (Otiorrhýnchus sulcátus Fabr. und Peritélus gríseus Ol.), Heuschrecken, Zikaden, Gallmücken, Wurzelälchen, der Reben-Erdfloh (Haltica ampelophága Guer), die Raupen des Weinschwärmers und verschiedener Acker-Eulen (besonders von Agrótis aquilína Hb.), Schnecken, dann Ohrwürmer, Wespen, Hornissen, Fliegen, Ameisen und Vögel, die den reifen Beeren nachstellen.

Von den pflanzlichen Schädlingen haben der „Falsche Mehltau" oder die Peronospora- oder Blattfall-Krankheit und der „Echte Mehltau" die grösste wirtschaftliche Bedeutung. In beiden Fällen handelt es sich um Pilze; der erstere stammt von dem Algenpilz (Phycomycet) Plasmópara (= Perinóspora) vitícola Berl. et de Toni, der zweite von dem Schlauchpilz (Ascomycet) Oídium Tuckéri Berk. aus der Familie der Erysibaceen.

Der Schaden, den die „Peronospora" anrichtet, beläuft sich in die Millionen. In Baden wurde in einem Jahre (1918) der Ernteverlust auf 55 Millionen Mark berechnet, im Kanton Waadt im Jahre 1910 auf 8,3 Millionen Franken. Die Krankheit, die früher in Europa vollständig unbekannt war, steht mit der Phylloxera-Krankheit in direktem Zusammenhange, da sie nachweislich 1878 mit amerikanischen Reben nach Südfrankreich eingeführt wurde. In Amerika wurde sie erstmalig 1834 bekannt. Von Frankreich aus — hier „mildiou" (nach dem amerikanischen „mildew") geheissen — verbreitete sie sich mit Windeseile über ganz Europa; 1879 erschien sie in Oberitalien, 1880 in Krain, Südtirol und 1888 in Niederösterreich (Krems), 1880 in Deutschland (Oberelsass), 1881 in Ungarn, Griechenland, Rumänien, der Türkei und Mittelrussland. Schon 1882 liess sie sich in Deutschland fast in allen Weinbaubezirken feststellen, 1888 im Kanton Zürich in 172 oder in 92 % aller weinbautreibenden Gemeinden. Heute ist sie gleich der Reblaus aus allen Erdteilen bekannt. Ursprünglich befiel der falsche Mehltau nur die Blätter, auf deren Unterseite er weisse Schimmelrasen, deren Fäden im Blattinnern schmarotzen, erzeugt und die er dann zum Welken und Abfallen bringt (daher „Blattfallkrankheit"). Später ging er auch auf die Triebe und Ranken, die zu faulen beginnen, sowie auf die Trauben über, die er mit einem flaumigen weisslichen Ueberzug bedeckt. Derartige Beeren werden schlaff, faltig, schwarzbraun („Lederbeerenkrankheit") und fallen ab. Die Krankheit tritt gewöhnlich Anfang August, bei warmem Wetter auch schon im Juli auf und wird durch regnerisches Wetter stark gefördert, während trockenes Wetter die Entwicklung zurückhält. Gegenden mit stärkeren Niederschlägen (ozeanisches Klima) sind daher der Krankheit besonders stark ausgesetzt (zur Entwicklung der Schwärmsporen auf den Blättern ist nämlich Feuchtigkeit ein unbedingtes Erfordernis!). Auch hat es sich gezeigt, dass nicht alle europäischen Sorten der Krankheit gegenüber gleich empfindlich sind; solche mit geringem Säuregehalt (Gutedel, Portugieser, Trollinger) scheinen besonders empfänglich zu sein. Dagegen widerstehen die meisten in Amerika heimischen Rassen, ebenso die Franko=Amerikaner der Krankheit ziemlich gut. Neben der indirekten Bekämpfung wie Drahterziehung, weite Pflanzung (1 bis 1,2 m Abstand), frühzeitiges Aufbinden und Einkürzen der Triebe, Niederhalten des Unkrautes, Vermeiden der einseitigen Stickstoffdüngung usw. gelangt heute die direkte Bekämpfung durch mehrmaliges Bespritzen mittels Kupferbrühen zur Anwendung. Vor allem verwendet man hiezu die mit Kalkmilch abgestumpfte 2%ige Kupfervitriollösung, sog. „Bordeaux"= oder „Bordelaiser"= Brühe, die auf Vorschlag von Millardet 1885 zuerst in Bordeaux mit Erfolg angewendet wurde. Da die frisch zubereitete Kupferkalkbrühe bereits am zweiten Tage körnig und unbrauchbar wird, empfiehlt es sich (nach W. Kelhofer) derselben einen Zusatz von Zucker (100 g auf 1 hl) zu geben, wodurch sie lange Zeit schleimig bleibt; der Zucker wirkt hierbei als Schutzkolloid. Daneben leisten auch Kupfersoda= oder Burgunderbrühe (statt Aetzkalk verwendet man Soda), dann „Azurinlösung", „Nosperalbrühe", „Bonapaste" (in Oesterreich), „Perozid" (während des Krieges als Ersatz für die Kupfersalze) usw. gute Dienste. Für das „Spritzen", das vielerorts durch staatlichen Zwang (so in einzelnen Kantonen der Schweiz) obligatorisch erklärt wurde, sind verschiedene Spritzapparate im Gebrauche; es muss bereits vorbeugend vor dem Blühen (oft schon im Mai) geschehen und im Sommer noch 2 bis 3 mal wiederholt werden. Im Kanton Neuenburg schreibt die Verordnung vom 15. Mai 1905 eine zweimalige Bespritzung vor; die erste soll vor dem 5. Juni, die zweite vor dem 20. Juli erfolgen.

Der Echte Mehltau, auch Rebenmehltau, Traubenkrankheit, powderry mildew, Aescherich, Aescher oder nach dem Erreger einfach „Oidium" genannt, ist gleichfalls aus Amerika und zwar (mit Trauben oder Reben) als erste der epidemisch auftretenden Krankheiten nach Europa eingeschleppt worden. Die ersten Berichte stammen 1845 aus England von einem Gärtner Tucker in Margate an der Themsemündung (und zwar von Treibhausreben), weshalb der Pilz von Berkeley Oidium Tuckeri benannt wurde. Durch das Auffinden von Perithezien (1892 von Couderc, 1899 von Volkart, 1900 von G. Lüstner) ist die Identität des Rebenmehltaus mit der aus Amerika schon längere Zeit bekannten Uncinella necátor (Schwein.) Burr. erwiesen. Schon 1848 waren die Gelände um Paris von dem Pilze stark verseucht.

Fig. 1946. Freising in Oberbayern mit seinen einstigen Rebbergen (nach Reindl).

Von 1850 an verbreitete er sich mit ungeahnter Schnelligkeit über alle Weingegenden Europas und brachte den Weinbau von Südfrankreich, Italien, Madeira, Algier, Griechenland, Ungarn usw. durch seine furchtbaren Verheerungen an den Rand des Ruins. Fast überall erschien er zuerst an Spalierreben oder in Gewächshäusern (Tafeltrauben). Auch sind für die Krankheit vor allem der Elbing, Portugieser, Trollinger, Gelbe Muskateller, Neuburger, Sylvaner, ebenso die Taylorrebe besonders empfänglich, während die Amerikaner nicht oder nur unbedeutend geschädigt werden. Der Pilz bildet anfänglich auf den Blättern (Ober= und Unterseite) einen feinen, mehligen, grauweissen, leicht abwischbaren Anflug (er lebt also nicht wie die Peronospora im Innern der Blätter) und entsendet nur in die oberste Zellschicht der Blätter hinein Saugorgane. Die Verbreitung und Keimung der Sporen (Konidien) ist im Gegensatz zur vorigen nicht so stark von Feuchtigkeit und Temperatur abhängig, da die Krankheit sowohl in trockenen, wie (besonders) in feuchten und kalten Sommern (1912, 1913) epidemisch auftreten kann. Später fangen die Blätter an sich zu kräuseln, sie vertrocknen und können abfallen. Den Hauptschaden richtet aber der Pilz an den Beeren an. Die vom Mehltau befallenen jungen Beeren sind zunächst mehlig weiss. Später platzen sie auf, beginnen zu faulen und trocknen schliesslich ein, während die Kerne hervortreten („Beeren"= oder „Samenbruch"). Zur Bekämpfung verwendet man seit jeher Schwefelpulver und zwar meistens gemahlenes, seltener sublimiertes (Schwefelblüte) oder aber gefällten (präzipitierten) Schwefel, der mit besonders konstruierten Zerstäubern oder Blasebälgen mehrmals (einmal schon vor der Blüte) auf den Rebstock gebracht wird; das Schwefeln muss an trockenen und windstillen Tagen geschehen. Die Wirkung des Schwefels ist nicht genau bekannt; früher nahm man an, der Schwefel wirke rein mechanisch durch Bedecken der Oberhaut (Cuticula); später machte man die entstehenden Gase, vor allem die schwefelige Säure und den Schwefelwasserstoff, verantwortlich, neuerdings (Muth) Elektronen=Ausstrahlungen. Neben dem pulverisierten Schwefel wird dieser auch in gespritzter, kolloidaler oder in Gasform (mittels Wasserdampf) angewendet. Ausserdem sind Mischungen von Schwefel (Natriumthiosulfat, Schwefelkalium) mit Kupferkalkbrühe empfohlen worden, die gleichzeitig mit dem Mehltau auch die Peronospora abtöten sollen. Derartige Mittel können aber höchstens als Ergänzung der Kupferkalkbespritzung angesehen werden, niemals aber als vielwertiger Ersatz. Auf dem Mehltaupilz schmarotzt wiederum ein Pilz (Cincinnóbolus Cesáti de Bary), der aber praktisch ohne Bedeutung ist.

Der Schwarze Brenner (Anthraknose, Charbon, Schwindpocke, Brand, Pech, Fleck) wird durch den Pilz Gloeospórium (= Sphacelóma) ampelóphagum (Pass.) Sacc. hervorgerufen. Dieser erzeugt im Frühling an den jungen Teilen dunkelbraune, später schwarze Punkte und Flecken; die ganze Rebe bekommt ein pockennarbiges Aussehen. Die befallenen Blätter werden blasig, rollen sich ein und fallen zuletzt ab (vgl. Rathay, Emerich. Der Blackrot. Klosterneuburg 1891). — Der Rote Brenner, auch Laubrausch, Seng= oder Rauschbrand benannt, der mit Vorliebe die Blätter der Rotweinstöcke (vor allem des Blauen Burgunders) befällt, färbt die Blätter frühzeitig rot (bei den Weissweinsorten bleiben die Flecken gelb); später verdorren dieselben und fallen bereits im Juli ab. Als Ursache der Krankheit erkannte 1903 Müller=Thurgau den Pilz Pseudopezíza tracheï= phíla. In trockenen und heissen Sommern, dann an Stellen, wo die Wurzeln leicht unter Trockenheit leiden, entwickelt sich der Pilz besonders gut. Genügende Bodenfeuchtigkeit dient als vorbeugende Massnahme. — Nicht überall und nicht regelmässig erscheint der Wurzelschimmel, hervorgerufen durch Rosellínia necátrix (Hartig) Berlese und andere Pilze (in Ungarn durch Dematóphora glomeráta). Der Pilz lebt auf den Wurzeln (genauer zwischen Rinde und Holzteil) und überzieht dieselben mit weissen, vielfach verzweigten Fäden und Strängen. Den Wurzeln wird er erst gefährlich, wenn diese unter ungünstigen Verhältnissen (nasse oder undurchlässige Böden) wachsen oder durch Insekten (Reblaus, Engerlinge, besonders des Rebfallkäfers) beschädigt worden sind. Uebrigens findet sich dieser Wurzelschimmel, Blanc des racines, Champignon blanc, Pourridié de la vigne, Morbo bianco, Root=rot), auch an anderen im Rebberg wachsenden Pflanzen (Pfirsich, Mandeln, Birnen, Runkelrübe, Kartoffel, Luzerne usw.). Er ist altweltlichen Ursprunges und 1877 durch Hartig erkannt worden. Zur Bekämpfung dient gute Drainage, reichliche Durchlüftung des Bodens, anorganische Düngung mit Eisenvitriol oder saurem schwefligsaurem Kalk. — Der Pilz Septória ampelína Berk. et Curt. bildet auf den Blättern braune oder schwarze Flecken („Melanose"); wiederholt ist er aus Amerika nach Europa übertragen worden. Die „Weissfäule" (Rot livide, Coître, maladie de la grêle), erzeugt durch Coniothýrium diplodiélla Sacc., erscheint nach M. Staehelin stets im Gefolge von Hagelwetter. Die „Schwarzfäule" (Black rot), bedingt durch den Pilz Guignárdia Bidwéllii Viala et Rav., stammt ebenfalls aus Amerika und wird in Frankreich seit 1875 beobachtet. Die Beeren werden trocken und schwarz. Ohne grössere Bedeutung ist das Cladospórium Roeslérii Catt., das mitunter in regnerischen Jahren gegen den Herbst zu an der Pflanze schwarze Flecken erzeugt. Der beim Sauerwurm und bei der Edelfäule (pag. 399) bereits erwähnte Grauschimmel (Botrýtis cinérea Pers.) kann die Ursache der sog. „Stielfäule" werden, wodurch die Trauben vom Stocke fallen. Auf kränkelnden Reben siedelt sich gerne der Hallimasch (Armillária [Agarícus] méllea [Vahl] Quélet.) mit seiner schwarzen Rhizomorpha an, die als „Erdkrebs" bezeichnet wird. Ausserdem ist in den Weinbergen an der Mosel, am Rhein und in der Schweiz (z. B. bei Regensberg) eine Rhizomorpha von blendend weissem Aussehen festgestellt worden, die von P. Magnus (Berichte der Deutschen Botan. Gesellschaft. Bd. XXIV, 1906), als zu Collýbia platyphýlla Fr. (= Agarícus grammocéphalus Bull.) gehörend erkannt wurde. Dieser Pilz befällt vor allem die Holzpfähle, von wo er dann auf die Wurzeln der Reben übergeht. Andere rhizomor= phoide Pilzstränge stammen von den Basidiomyceten Ithyphállus impúdicus (L.) Fr., Póría sp., Collýbia velutipes (Curt.) Fr. und Marásmius rameális (Bull.) Fr. Von weiteren Schädlingen, die aber geringere Bedeutung besitzen, seien von Ascomyceten genannt: Mollísia lignícola Phill., Myco= sphaerélla Vitis Fuck., Patellária vitícola (Pers.), Physalóspora ampelína Haszl., Rosellínia hórrida Haszl., Tympánis vitícola (Schwein.), Válsa vitis (Schwein.) usw.; auf der Wildrebe wurde Metasphǽria Slavónica Schulz. et Sacc. festgestellt. Zoocecidien werden durch Aureo= basídium Vitis Viala et Boy und Sphaerothéca Húmuli (DC.) hervorgerufen. Als phanerogame Schädlinge sind festgestellt worden die beiden Cúscuta=Arten C. lupulifórmis Krock. (namentlich in Südfrank= reich und im Kaukasus, vielleicht auch in Mitteleuropa; vgl. Wahl, v. C. und Müller, K. in Bericht der Ver= suchsanstalt Augustenburg, 1914) und C. Epíthymum (L.) Murray (bisweilen in Südtirol: „bärtige Trauben"). Nach Lavergne geht auch Orobánche ramósa L. auf die Rebe über. In den Weinbergsbezirken der unteren Loire findet sich Lathrǽa clandestína L., in den Schweizer und wohl auch anderen mitteleuropäischen Wein= bergen Lathraea Squamária als „Böse Blume" (franz.: pulmonie) (vgl. Bd. VI/1, pag. 131). Dagegen kann die Mistel nach den Versuchen von K. v. Tubeuf auf der Rebe wie auf Parthenocissus quinquefolia nicht gedeihen; die sich ablösende Ringelborke ist für die Besiedelung nicht geeignet. Die (mehr als 300 Jahre) alten Angaben von Brasavola aus Italien, ebenso von Cordus und Matthioli (1586), wonach man Mistel= büsche auf Weinstöcken aufgefunden habe, sind deshalb zu streichen.

Teratologische Bildungsabweichungen sind, wie im Voranstehenden bereits mehrfach angedeutet wurde, nicht selten und bieten z. T. eine wichtige Stütze zur Erklärung des morphologischen Sprossaufbaues der Rebe. Hierzu gehört vor allem das bisweilen zu beobachtende Erstarken der Ranken und deren Umbildung zu beblätterten Sprossen, andererseits der nicht seltene Fall, dass der Sprossgipfel durch eine Ranke abgeschlossen wird. Ueber die umfangreiche sich damit befassende Literatur vgl. die Zusammenstellung bei O. Penzig (Pflanzen=Teratologie). Verbänderung der Stengel scheint selten zu sein, hingegen die der Infloreszenzachse, der Rhachis und der Blütenstiele häufig. Moteley beschreibt eine Gabelung der Zweige, die nach oben zu wieder verwachsen war. Verwachsene Beeren besitzen bisweilen die Gestalt kleiner Tomaten. Jäger und Pollini bilden eigenartige Trauben ab, bei denen die Blüten abortiert und durch eine grosse Menge von Schuppenblättern ersetzt sind und die Traubenachse selbst und die Blütenstiele sehr dick sind, so dass der ganze Blütenstand an den des Blumenkohls erinnert. Die Laubblätter weisen Gabelungen, Verwachsungen, Ascidienbildungen (Fig. 1947 b) usw. auf. Die Pentamerie (Fünfzähligkeit) der Blüten ist ge= wissen Schwankungen unterworfen und kann bis zur typischen Tetra= und Trimerie führen. Gefüllte Blüten werden von U. Dammer erwähnt. Auf den Wechsel der Geschlechts= verhältnisse wurde bereits aufmerksam gemacht. Auch Vergrünungen sind nicht selten. Eine sehr auffällige Abweichung vom normalen Beerenbau stellte Schlechtendal fest, indem er an Stelle der weichen Beeren trockene, holzige, mit 2 bezw. 3 Klappen auf= springende Früchte fand. Parthenokarpe Früchte (mit tauben Samen oder ohne jede Samenanlage) sind bei den griechischen und orientalischen Rosinentrauben weit ver= breitet. An den Keimpflanzen sind die Kotyledonen nicht selten gabelig gestellt, wobei 3 oder auch 4 Blättchen zustande kommen. Auch Verwachsungen der Keimblätter sind be= obachtet worden. An älterem Rebenholz, das im Schatten bei sehr feuchter Luft, z. B. unter Glas oder an Spalieren wächst, in Italien nach Vannuccini und Rasetti auch bei gewöhnlichen Weinbergsreben nach sehr feuchten Frühjahren, entstehen bisweilen Luftwurzeln.

Zu den durch äussere Verhältnisse bedingten Krankheiten gehört die durch Ernährungsstörungen (stauende Nässe, Sauerstoffmangel, Anhäufung von Stoffwechsel= produkten, reichliche Düngung mit stickstoffhaltigen Substanzen) bedingte Gelb= oder Bleichsucht (Chlorose) der Rebe, bei welcher die Laubblätter gelbgrün bis gelblichweiss und an den schwächlichen neuen Trieben immer kleiner werden, während die Wurzeln zu faulen beginnen. Derartige Stöcke gehen im Ertrag zurück oder erzeugen überhaupt keine Trauben mehr. Ein ähnliches Krankheitsbild stellt sich be der Kalkchlorose an ungeeigneten Sorten auf Böden mit hohem Kalk= bezw. Magnesiagehalt ein. Ehren= berg führt die Chlorose auf eine zu geringe Kaliaufnahme zurück, bedingt durch den Kalküberschuss im Boden. Auch durch schlechte Pfropfung des Edelreises auf die Unter= lage kann die Krankheit entstehen. Unter gewissen Umständen kann sie erblich werden und lässt sich dann durch Stecklinge vermehren („heriditäre Chlorose"). Einzelne Sorten (z. B. Trollinger) sind gegen die Chlorose sehr widerstandsfähig, weshalb sie in Hessen als Pfropfunterlage verwendet werden. Amerikaner werden von ihr auch betroffen. Gegen die Krankheit wird Drainage, gut verrotteter Stallmist (dieser hält die Feuchtigkeit nicht allzusehr fest), sauer reagierende Düngemittel wie Superphosphate (um die Alkalität des Bodens zu mindern), eventuell auch Kalidüngung empfohlen. Bei Treibhauspflanzen äussert sich die Krankheit öfters durch Ausbildung von bis gegen 30 cm langen „Luft= wurzeln" an den älteren Teilen. — Der sogen. „Grind", „Räude" oder „Mauke" ist auf Frosteinwirkung zurückzuführen. Dicht über dem Boden zeigen sich am Stamme krebsartige Wucherungen und maserige Wülste, welche die Saftstromleitung beeinträchtigen. — Ein „Braten" oder Verbrennen der Beeren (auf der Sonnen= seite) kann eintreten, wenn im Sommer nach lange andauernder kühler Witterung plötzlich recht warme, sonnige Tage folgen. Eigenartig ist die nach L. Linsbauer (in Jahresbericht. Ver. angew. Botanik. VII, 1909) durch ausserordentliche Trockenheit während des Winters bedingte Droah=Krankheit, bei der die Triebspitzen ± steif aufgerichtet empor „gedreht" sind. Die Reben zeigen einen sehr reichen Blüten= ansatz, „aber die Blüten reisen total aus" und geben keinen Beerenertrag. In schlechten Jahren bleiben die Stöcke klein, die Laubblätter bräunen sich und sterben ab. Hingegen werden die Geizen sehr üppig. In den Blütenständen finden sich oft in überwiegender Zahl „intermediäre" Blüten (vgl. unter Morphologie).

Fig. 1947. *a* Partheno= cissus Veitchii Graebn. mit Früchten. *b* Vitis vinifera L. Tutenförmig verwach= senes Laubblatt.

Zur Förderung des Weinbaues und der Kellerwirtschaft, zur Untersuchung und Bekämpfung der Krankheiten, zur Veredelung, zur Beschaffung von billigen Bekämpfungsmitteln usw. gibt es eine grosse Zahl von staatlichen wissenschaftlichen Versuchsstationen, denen vielerorts auch Unterrichtsanstalten angeschlossen sind, so in Deutschland in Geisenheim a. Rh., Ahrweiler, Oberlahnstein, Bernkastel=Cues, Trier, Kreuznach, Naumburg a. d. S., Veitshöchheim, Thüngersheim und Miltenberg in Franken, Oppenheim a. Rh. in Hessen, Neustadt a. d. H. in der Pfalz, Weinsberg in Württemberg, Augustenberg in Baden, im Elsass in Colmar, in Oesterreich in Klosterneuburg und Marburg a. Drau, in der Schweiz in Wädenswil, Lausanne und Auvernier, in Südtirol in San Michele, in Istrien in Parenzo, in Ungarn in Ofenpest, in Frankreich in Nimes, Montpellier, Beaune, Toulouse, Bordeaux usw. Ein Deutsches Weinbau=Museum wird zurzeit in Freiburg i. Br. eingerichtet. Zur Belehrung und Wahrung wirtschaftlicher Interessen dienen die zahlreichen Weinbau= oder Winzervereine, ebenso verschiedene Fachzeitschriften wie die Deutsche Weinzeitung (Mainz), die Allgemeine Weinzeitung (Wien), „Weinbau und Kellerwirtschaft" (Freiburg i. Br.), „Wein und Rebe" (Illustrierte Monatshefte), Weinfach=kalender (Mainz), Weinbau=Kalender (Klosterneuburg), Schweizer. Zeitschrift für Obst= und Weinbau u. a.

Wie keine andere Pflanze wird die Rebe, die Winzerarbeit, der Rebensaft von Dichtern besungen und von Malern seit Jahrhunderten verehrt. Bereits im alten Aegypten finden wir auf den Wandgemälden der Totenstadt Beni-Hassan bei Theben eine gute Wiedergabe der ganzen Weinbereitung. Auf einem anderen Bild werden die sinnlos betrunkenen Herren nach einem Gelage von ihren Dienern — an Kopf und Füssen gefasst — nach Hause getragen. Auch die Wandgemälde zu Pompeji zeigen ähnliche Darstellungen. Ueber die Trinklust der Griechen unterrichten uns die homerischen Gesänge. Horaz preist in seinen Gedichten den Falernerwein vom ager Falérnus im westlichen Campanien. Aus der klassischen Zeit der deutschen Dichtung haben Lessing (vgl. Lieder und Sinngedichte), Goethe (Der Sänger, Elegien, Faust I. Szenen in Auerbachs Keller, Ergo bibamus), Schiller (Punschlied), Theodor Körner (Trinklied vor der Schlacht, Weinlied), Uhland (Die Bildsäule des Bacchus, Die Geisterkelter), Max von Schenkendorf, Platen (Trinklied), Justinus Kerner (Im Herbst, Freude aus Schmerz, Wohlauf noch getrunken den funkelnden Wein), Viktor Scheffel (Das grosse Fass zu Heidelberg, Trompeter von Säckingen), E. M. Arndt (Bringt mir Blut der edeln Reben), Matthias Claudius (Am Rhein, am Rhein, da wachsen unsre Reben. Bekränzt mit Laub), Ferdinand Frei=ligrath, F. Rückert, Heinrich Heine den Wein besungen, dann aber auch ein Rudolf Baumbach (Neuer Wein, Weinher, Die Lindenwirtin: Keinen Tropfen im Becher mehr), E. Geibel (Kein Tröpflein mehr im Becher), Weichselbaumer (Im Pokale klaren Wein), Frida Schanz (Wie glüht er im Glase), Friedrich v. Boden=stedt (besingt die Kaukasusweine), H. Stieglitz (Wenn das atlantische Meer lauter Champagner wär), K. Haltaus (Aus der Traube in die Tonne), Carl Müchler (Rheinweinzecher), W. Busch (Rotwein ist für alte Knaben eine von den besten Gaben!), Felix Dahn, den Pfälzer Hüll, Hölty, Joh., Trojan (pag. 381), Fr. Hornfeck, E. Rittershaus, Th. Harszewinkel, Ludw. Eichrodt und viele andere Haus= und Gelegenheitspoeten, so in der Schweiz Molz in Biel, J. J. Leuthy, daneben aber auch Gottfried Keller, Adolf Frey und Arnold Ott. Von bekannten Ge=mälden (abgesehen von Bacchus= und Dionysos=Gestalten) mögen etwa genannt sein „Der trunkene Silen" und „Satyr mit Trauben" von P. P. Rubens, „Der Schlesische Zecher und der Teufel" und der „Feinschmecker" von Ed. Grützner, „Bacchusfest" von Arthur Fitger (im Rathauskeller zu Bremen, dann aus dem 16. Jahrhundert zur Darstellung der Transsubstantiation „Christus in der Weinkelter". Ein prachtvoller Gobelin aus dem An=fange des 17. Jahrhunderts zeigt die Weinlese in Landshut. Weinstock und Rosenstock schmücken das Portal der Elisabeth=Kirche in Marburg aus dem 13. Jahrhundert, ein Weinstöcke beschneidender Bauersmann (das herkömmliche Monatsbild des März) die Fensterrosette der Kathedrale in Lausanne. — Erinnert sei auch an die bekannte Tiersage „Fuchs und Traube" mit dem Sprichwort „Die Trauben hängen ihm zu hoch".

Eine grosse Zahl von Orts=, Flur= und Geschlechtsnamen stehen nachweislich in Verbindung mit der Rebe bezw. mit dem Weinbau (einzelne sind bereits schon als Zeugen einstiger Weinkultur genannt worden). Brandstetter führt für die deutsche Schweiz gegen 30 Orts= und Flurnamen an, denen noch Rebstein, Weinstein und Schloss Weinburg bei Thal im St. Galler Reintal, Weinfelden und Weingarten im Kanton Thurgau, ebenso das nordzürcherische Weinland hinzuzufügen wären. Der Hof „Weinberg" an der Tiroler=Schweizer Grenze bei Finstermünz steht jedoch zur Rebe kaum in Beziehung (allerdings wurde ehedem im Unterengadin Wein gebaut), sondern ist eine missverstandene Verhochdeutschung von wimberg, das sich vom althochdeutschen wimi=Quelle ableitet. Ebenso soll sich nach v. Schwerin der Ortsname Weinheim bei Bingen nicht wie Weinheim bei Alzey von Wein, sondern aus Wigenheim (Wige soll ein persischer Name sein), Weinheim bei Lorsch aus Winenheim (vom Personennamen Wino) und Weinheim bei Kreuznach aus Wihenheim (wih=heilig, geweiht) ableiten. Aus der Oberpfalz möge die Oertlichkeit Weinberg bei Eschenbach genannt sein, aus Franken Wein=zierlein, Weingarts, Weinsfeld, Weingardsreut, Weinleite. Scharfetter (Beiträge zur Geschichte der Pflanzen=decke Kärntens seit der Eiszeit, 1906) nennt als auf Wein bezügliche Orte (an denen übrigens heute keine Rebkulturen mehr bestehen) Weinberg, Weindorf, Weinzierl, Stöckelweingarten am Ossiachersee, Vinće (Ge=meinde Viktring), Zavince (Gemeinde Sittersdorf), Vinare, Vinógrad (= Weingarten), Nógrad und Vinogradi.

In Mähren sind nach Podpěra (briefl.) für heutige und frühere Weingelände die Namen Vinice, Vinĭcky, Vinohrad (= Weingarten), ebenso Stará hora („Alte Berge") bezeichnend. Im Grödnerischen Idiom heisst die Rebe räibes, Weinland „vinja"; vin (Plural vins) bedeutet Sauerdorn, Berberitze (briefl. Mitteil. von Dr. A. Lardschneider in Innsbruck). Die französischen Bezeichnungen in der Westschweiz lehnen sich nach Jaccard z. T. an vigne, z. T. an hautin an. Unter letzterem Worte werden solche Reben verstanden, die -- gegenwärtig in der Schweiz nicht mehr üblich, aber noch am Südufer des Genfersees, z. B. bei Evians gebräuchlich — an abgestorbenen, etwas ästigen Bäumen emporgezogen werden. Von vigne stammen her: Vigny (vinétum = Weinberg), Vegny oder Vegney und als Diminutivformen Vígneules und Vegneules (kleine Reben), ferner Vignex, Vignasse, les Vignettes usw. Die Ableitung von hautin ist namentlich im Kanton Waadt gebräuchlich und hat les Uttins, les Hutinets, aux Hutins, aux Utins ergeben. Im Wappen wird die Rebe namentlich im südwestlichen Deutschland und in der Schweiz geführt. Das Gemeindewappen von Lutzenberg (Kanton Appenzell a. Rh.) zeigt in Gold unter zwei grünen Blättern an einem grünen Ast eine blaue Traube. Die Gemeinde Weinfelden (Thurgau) führt ein Weinfass mit Trauben, die Gemeinde Magden (Aargau) einen Baum mit Früchten zwischen 2 Weinstöcken. Trauben u. dergl. zeigen die Zürcher Gemeinden Dättlikon, Weiningen, Rickenbach, Uhwiesen, Flurlingen, Höngg und Töss, ebenso Raron im Kanton Wallis. Die Familie Cremers in Köln a. Rh. führt Wappen und Helm mit Traube, die Familie Grube in Niedermarschacht in Niedersachsen eine Traube am beblätterten Zweige, die Familie Stachow in Bremen eine Traube mit 2 Laubblättern. Ebenso erscheint die Rebe bezw. Traube, Rebmesser, Kufe in den Wappen der schwyzerischen Familien Räber und Truttmann, dann in denen der Basler Familien Flubacher, Gass I, Honegger, Jung, Kiburt, Köchlin, Ramsperger, Ramspeck, Tobler, der Zürcher Familien Junker, Zoller, Köchli, Tugginer, Altdorfer, Freitag, Tobler, Wirz von Erlenbach (Fasspunten), der Schaffhauser Dürler, Köchlin, Schachemann, Spahn und Zoller. In Basel führen die Rebleutenzunft, Weinleutenzunft und die Gesellschaft zum Rebhaus in Kleinbasel entsprechende Embleme in ihren Schildern, früher auch die Zunft zur Meise in Zürich (die eigentlichen Rebleute gehörten der Zimmerleutenzunft an, nur die Weinhändler und Wirte zur Meise). Johannes der Schnider Wirt und Bürger zu Uznach, Vogt zu Fägschwil hat im Schild des Sigels von 1328 den Fuchs unter einem Strauch mit 3 Trauben. Das Sigel des ehemaligen Barfüsser-Klosters in Zürich (1278 bis 1316) zeigt im spitzovalen Feld 2 Männer mit Judenhütchen, die die Traube aus Kanaan an einem Stabe tragen. Sehr gross ist die Zahl der Geschlechter[1]), die sich von der Rebe, der Tränke, vom Most, Wein, Fass ableiten, so Rebhan, Rebholz, Rebmann, Rebstock, Reber, Traub, Weintraub und Schwarztrauber (Pfalz), Mostler (Pfalz), Weinmann, -garth, -kauff, -schenk, -zieher, -kämmerer, Weinbacher, -beck, -beer, -berg(er), -böck, -brecht, -brenner, -furthner, -gartner, -gärtler, -graben, -hammer, -hard(t), -hauser, -heimer, -holzer, -huber, -maier, -müller, -press, -reich, -schütz, -stein, -stetter, Trotter, Trottmann, Trottbaum (im 14. Jahrhundert in Zürich), Weinzierl, Wingerter, Wingerthans, Weininger, vielleicht auch Fassbänder, Fassbind, Weiner (Pfalz) und Keller, ebenso Erlewein, Gundelwein, Jenewein, Eswein, Edelwein, Wirthwein, Würtwein usw. Sehr verbreitet sind Wirtschaftsbezeichnungen wie zur Traube, zum Trauben, zum Weinberg, Traubenberg, zur Reblaube, zum Rebstock, zum Weinstöckl (Pfalz), zur Weinbrücke, zur Rebe, zur Weinleitern (Zürich), Alte Trotte (Höngg), Torggelstube (München beim Hofbräuhaus), Winzerer Fähndl (Oktoberwiese München), Torglhaus (Bozen) usw. In Zürich gibt es noch heute eine Weingasse, einen Weinmarkt (auch in Luzern), ein Elsässergässli (bis 1527 Weingässli geheissen) und ein Haus zum Elsasser (hier wurde seit 1422 in einer obrigkeitlichen Weinstube Elsässer Wein ausgeschenkt), ein Haus zum Hahnen (bezw. Weinhahnen) und zum Trottbaum (am Rennweg), im Bezirk Winterthur eine Zeitung „Weinländer".

Die Reihe der **Malváles** oder **Columniférae** umfasst viele Holzpflanzen mit wechselständigen Laubblättern und mit Nebenblättern; krautartige Formen treten stark zurück. Anatomisch sind die meisten Familien durch Schleimzellen oder Schleimlücken, dann durch die eigenartigen, mehrzelligen Trichome (Büschelhaare) gekennzeichnet. Die meist sehr grossen und auffälligen Blüten sind in der Regel zwitterig, aktinomorph, 5- (seltener 4-)zählig, mit Kelch (zuweilen mit „Aussenkelch") und Krone; ersterer ist in der Knospenlage in der Regel klappig, letztere meist gedreht. Die Staubblätter stehen in 2 Kreisen und sind (durch Spaltung) zahlreich geworden, wobei dann der äussere Kreis meist wegfällt; oft sind die Filamente zu einem oder mehreren Bündeln verwachsen oder sie werden von einer Säule (colúmna) getragen. Der 2- bis vielfächerige, oberständige, synkarpe Fruchtknoten enthält in jedem Fach 1 bis viele umgewendete Samenanlagen. Die Reihe ist als eine ziemlich natürliche anzusehen, die einerseits unverkennbare morphologische Beziehungen zu den Euphorbiaceae, andererseits solche zu Familien der Parietales aufweist. Die Beziehungen zu den Euphorbiaceen äussern sich in der Knospenlage der Kelchblätter, in der Art der Behaarung, in dem Vorkommen von Nebenblättern, im Baue des Fruchtknotens, dessen Fächer oft einsamig sind und der sich oft in einsamige Teilfrüchte auflöst, endlich auch im endotropen Verlaufe des Pollenschlauches. Die Aehnlichkeit

---

[1]) Verschiedene dieser Mitteilungen verdankt der Herausgeber seinem Bruder Prof. Dr. Friedrich Hegi-Naef in Rüschlikon (Schweiz), Justizrat Fr. Gundelwein in Billigheim (Pfalz), Prof. Dr. Josef Podpěra in Brünn.

mit den Sapindales und Parietales besteht hauptsächlich im Baue des Androeceums (Spaltung des inneren Staub=
blattkreises). Die Reihe lässt sich wie folgt gliedern:

1. Unterreihe. Elaeocarpineae: Kelchblätter ± frei. Antheren dithezisch, mit Poren aufspringend. Schleimzellen fehlen. Hieher die kleine, etwa 120 Arten umfassende, auf die Tropen und Subtropen beschränkte Familie der Elaeocarpáceae. Diese sind ausschliesslich Holzpflanzen mit ungeteilten Laubblättern, die in der Regel entweder auf die Neue oder auf die Alte Welt beschränkt sind. Die knochenharten Samen des alt= weltlichen Elaeocárpus (= Ganitrus) oblóngus Gaertn. und anderer Arten benützt man zu Schnitz= arbeiten oder verwendet sie zu Rosenkränzen, Halsketten u. dergl. In Europa finden sich aus dieser Familie bisweilen in Kultur: in Kalthäusern Elaeocárpus cyánea Sims. aus Neu=Süd=Wales, ein immergrüner Baum mit elliptischen, spitzen, lorbeerartigen, gezähnten Laubblättern, weissen Blüten in achselständigen, hängenden Trauben und blauen Steinfrüchten. — Im Freiland, aber nur in sehr geschützten Lagen und während des Winters unter Schutzdecke, wird der seit 1773 in die Gärten eingeführte Chilenische Jasmin, Aristotélia Máqui L'Hérit., gezogen, ein kleiner, 3 bis 4 m hoher immergrüner Strauch mit fast gegenständigen, eilänglichen, spitzen, gezähnelten, dünnlederigen, glänzend=grünen Laubblättern, kleinen, abfallenden Nebenblättern und kleinen, weissen, zu 3 bis 5, in cymös=traubigen Blütenständen stehenden Blüten. Frucht eine 2= bis 4=fächerige, essbare Beere. In Chile dienen diese zum Färben von Rotwein (pag. 401) und sollen zu diesem Zwecke auch nach Europa ausgeführt werden.

2. Unterreihe. Chlaenineae. Kelchblätter frei, dachig. Staubblätter von einem Becher eingeschlossen; Antheren dithezisch, mit Spalten aufspringend. Blüten oft einzeln oder zu zweien von einer Hülle (involúcrum) eingeschlossen. Hieher gehört einzig die kleine (7 Gattungen und 22 Arten) auf Madagaskar beschränkte Familie der Chlaenáceae (= Schizochlaenaceae), die öfters auch zu den Theaceen gestellt wird.

3. Unterreihe. Malvineae. Kelchblätter dachig, meist klappig. Schleimzellen vorhanden. Ausser der kleinen Familie der Gonystiláceae (mit der einzigen Gattung Gonystilus im Indo=malayischen Gebiet) gehören hieher die wichtigen Familien der Tiliáceae (pag. 426), Malváceae (pag. 453), Bombáceae (pag. 489) und Sterculiáceae (pag. 489).

4. Unterreihe. Scytopetalineae. Kelchblätter zu einem schüsselförmigen Kelch verwachsen. Hieher einzig die kleine (4 Gattungen und 20 Arten), auf das westafrikanische Waldgebiet beschränkte Familie der Scytopetaláceae.

81. Fam. Tiliáceae. Lindengewächse.

Bäume und Sträucher, seltener Kräuter oder Halbsträucher mit meist wechselständigen, ± zweizeiligen, ungeteilten oder gelappten, gezähnelten und mit einfachen oder Sternhaaren versehenen Laubblättern und meist hinfälligen Nebenblättern. Schleimschläuche in Rinde und Mark gewöhnlich vorhanden. Blüten in rispigen Blütenständen, strahlig (Fig. 1949o), meist zwitterig und 5=, seltener 4=gliederig, zuweilen durch Verkümmerung eingeschlechtig, mitunter mit Aussen= kelch. Kelchblätter frei oder bis über die Mitte verwachsen, in der Knospenlage klappig. Kronblätter selten fehlend, meist ansehnlich und farbig, am Grunde oft mit einem Drüsen= fleck, ganzrandig, selten vorn gezähnelt, mit verschiedener Knospendeckung. Staubblätter 10 oder zahlreich, hin und wieder mit dem Fruchtknoten zusammen etwas gestielt (Androgynophor), frei oder in 5 oder 10 Bündeln vereinigt, ein Teil mitunter staminodial; Staubbeutel 2, durch Längsrisse oder endständige Poren sich öffnend. Fruchtknoten oberständig, 2= bis vielfächerig, mit 1 bis vielen Samenanlagen in jedem Fach. Plazenta meist zentralwinkelständig. Samen= anlagen meist aufsteigend, seltener hängend. Griffel einfach, mit kopfiger Narbe oder in so viel Strahlen auslaufend als Fruchtblätter vorhanden. Frucht eine 2= bis vielfächerige, seltener durch Verkümmerung 1=fächerige Kapsel oder Schliessfrucht, aufspringend, geschlossen bleibend oder in Teilfrüchte zerfallend. Samen in jedem Fach 1 bis viele, mit meist fleischigem Nähr= gewebe und geradem Keimling. Keimling mit meist laubblattartigen, selten fleischigen Keimblättern.

Die etwa 40 Gattungen mit rund 370 Arten umfassende Familie gehört grösstenteils den Tropen an, wo sie drei grössere Verbreitungsgebiete besitzt: ein afrikanisches mit zahlreichen, meist monotypischen Gattungen, ein südasiatisch=malayisches, in dem besonders die Gattung Gréwia L. reich vertreten ist, und ein brasilianisches, für das die meisten Arten der Gattungen Lúhea Willd. und Móllia Mart. kennzeichnend sind. Von diesen Zentren aus strahlt die Familie in alle 5 Erdteile aus. Die Gattungen Sparmánnia L. f. und Grewia treten in Südafrika in die gemässigte Zone ein, letztere auch auf Japan. Die Gattungen Tília L. und Corchorópsis Sieb. et Zucc. sind auf die nördliche, Enteléa R. Br. auf die südliche Halbkugel beschränkt. Umfangreich sind nur die Gattungen Grewia (90 Arten), Córchorus L. (etwa 30 Arten) und Triumfétta L. (über 60 Arten). Die anderen Gattungen sind meist artenarm; fast die Hälfte davon ist sogar nur monotypisch und z. T. auf sehr enge Gebiete beschränkt. Die einzige Art der Gattung Christiánia DC., C. Africána DC., bewohnt zugleich Afrika und Guayana; die Gattung Carpodíptera Griseb. besitzt zwei Arten in Nordafrika und eine auf Kuba. Andererseits umfasst Gréwia ein Verbreitungsgebiet, das von Arabien bis China und Japan, von Südafrika bis Abyssinien und vom malayischen Archipel bis Queens= land reicht. Triumfetta findet sich in den Tropen der Alten und Neuen Welt. Eine ihrer Arten, T. semi= triloba L., ist ein weit verbreiteter Tropenubiquist, der sich durch eine ausserordentliche Formenmannigfaltigkeit auszeichnet. Auf Grund dieser geographischen Verhältnisse ist ein höheres Alter der Familie anzunehmen. Fossile Reste sind jedoch mit Sicherheit nur bis ins Tertiär nachgewiesen worden. So sind nach Potonié Vertreter der Gattung Tilia durch Laubblätter und besonders durch Früchte mit den sehr bezeichnenden Tragblättern im Tertiär von Europa, Nordamerika, der Polarländer und von Nordost= und Mittelasien, sowie in den quarternären Ablagerungen Europas nachgewiesen worden, von denen manche Formen weite Verbreitung im ganzen arktotertiären Gebiete besassen. Weniger gesichert sind die zu Grewia gestellten, meist auf Laub= blätter, seltener auf Früchte begründeten Reste, die dem mittleren Tertiär von Europa, Spitzbergen und Nord= amerika entstammen. Die als Grewiópsis Sap. aus der oberen Kreide Nordamerikas und dem Eozän Frankreichs beschriebenen Laubblätter gehören wahrscheinlich verschiedenen Familien an. Fraglich sind auch die als Apeibópsis Heer bezeichneten, aus der grönländischen Kreide, dem Eozän Englands und dem Miozän einiger europäischer Fundstellen festgestellten Formen. Die Gattung Nordenskiöldia Heer, auf Früchte aus dem Tertiär Spitzbergens begründet, ist hinsichtlich ihrer Familienzugehörigkeit zweifelhaft. — Die meisten Tiliaceen sind Mesohygrophyten, die nur selten, z. B. bei den malayischen Gattungen Chartocályx Mast. und Pentáce Hassk. und der südamerikanischen Vasivǽa alchorneoídes Baill. Laubblätter von lederartigem Bau besitzen. Xerophyten sind selten (z. B. einige der südwestafrikanischen Krüppelsträucher aus der Gattung Grewia). Hygrophyten fehlen vollständig. — Die Laubblattstellung ist bei den baumförmigen wie bei den krautigen Formen oft ausgesprochen zweizeilig. Nach K. Schumann geht sie bei den ersteren aus einer ursprünglich dorsiventralen Anlage hervor, da die Laubblätter nicht in $^1/_2$ Stellung stehen, sondern der Oberseite des wagrecht gestellten Sprosses genähert, auf der Unterseite voneinander entfernt sind. Junge Zweige von Tilia zeigen diese Verhältnisse sehr gut. Bei der aus Kräutern und Halbsträuchern gebildeten Gattung Corchorus stehen die Laubblätter in zwei rechtwinklig divergierenden Zeilen und die Dorsiventralität wird erst später dadurch erreicht, dass die Laubblätter eine Drehung vollziehen, durch die sie sich dem Lichte zu in einer Ebene einstellen. — Die vielfach grossen Blüten sind oft bunt gefärbt und auffällig; doch ist über ihre blütenbiologischen Verhältnisse noch wenig bekannt. Einzelblüten sind selten. Meist stehen sie in zu= sammengesetzten, ± reichblütigen, lockeren oder auch geknäuelten Blütenständen von cymösem Aufbau. Ueber den Entwicklungsgang der einzelnen Blütenteile vgl. M. Hirmer (Beiträge zur Morphologie der polyandrischen Blüten. Flora, 1917). Der Kelch ist bisweilen farbig, bei Chartocályx Mast. z. B. violett und bis 5 cm breit. Anatomisch zeichnet sich die Familie mit Ausnahme der Gattung Pityránthe Thw. durch die Anwesenheit lysigener Schleimschläuche in Rinde und Mark oder eines von beiden und durch den Besitz von Kristallen aus oxalsaurem Kalk — meist in Form morgensternartiger Drusen — aus. Die äussere Bekleidung wird von bleibenden oder früher oder später abfallenden Sternhaaren gebildet. Schuppenbildungen und Einzelhaare sind nicht häufig, Köpfchenhaare selten. — Die Verwandtschaftsverhältnisse schliessen, wie auch die sero=diagnosti= schen Untersuchungen gelehrt haben, die Tiliaceen eng an die übrigen Familien der Malvales an (Fig. 1608, IV/3, pag. 1643), von denen sie sich nur durch geringe und selbst unbeständige Merkmale scheiden lassen. Es ist daher schon der Vorschlag gemacht worden, sämtliche zu dieser Reihe gehörenden Familien zu einer einzigen zusammenzufassen. Von den Malvaceen ist die Familie nur durch den Besitz der stets 2=fächerigen Staub= beutel geschieden, die aber bei einer ihrer Tribus, der der Brownlowiéae nur im Knospenzustande diese Verhältnisse zeigen, zur Zeit der Freigabe der Pollen aber zusammenfliessen. In der Regel werden die Tiliaceen zwischen den Elaeocarpaceen und den Malvaceen am Columniferenaste gestellt.

Die Familie wird in 4 Tribus geschieden, von denen die erste, die der Brownlowiéae durch glockenförmigen, an der Spitze 3= bis 5=lappigen Kelch und durch zur Blütezeit mit zusammenfliessenden Längs= spalten versehene Staubbeutel ausgezeichnet ist. Diese Tribus besitzt nur örtliche Bedeutung. Erwähnt sei die in Indien heimische Bérrya Amomílla Roxb., ein hoher Baum, dessen unter dem Namen Trincomali= holz bekanntes Holz sehr fest, zäh und elastisch ist und zum Häuserbau und zu technischen Zwecken Ver= wendung findet, ferner Brownlówia tabuláris und Pentáce Burmánica S. Kurz, ebenfalls zwei hinter= indische Hölzer, von denen das letztere weiss ist und sich an der Luft rötet. Beide werden gern zum Bau von Wasserfahrzeugen usw. verwendet. — Die 3 anderen Tribus besitzen bis zum Grunde freie Kelch= blätter. Bei der Tribus der Grewiéae sind Staubblätter und Fruchtknoten zu einem Androgynophor ver= einigt, der bei den Apeibéae und Tiliéae nicht zur Ausbildung gelangt. Letztere zwei unterscheiden sich voneinander durch die Zahl der Fruchtknotenfächer, die bei den Apeibeae 6 bis viele, bei den Tilieae 2 bis 5 beträgt, sowie durch die Ausbildung der Staubblätter, indem bei den ersteren die Staubbeutel an der Spitze ein häutiges Anhängsel tragen, welches bei den letzteren fehlt. Von der Tribus der Apeibeae liefert Apeibéa Tibóurbou Aubl., die „Jangada" der Brasilianer, ein leichtes, für Bootsbauten geeignetes Holz. Die kugelig-flachgedrückten, ± stacheligen Früchte, die ein rubinfarbenes, fettes Oel enthalten, werden in Guayana vom Volk gegen Rheumatismus benutzt. — Die Tribus der Tilieae ist im Gebiet durch zwei heimische und eine Reihe eingeführter Arten der Gattung Tilia vertreten (s. pag. 430). Ferner findet sich eine Art der afrikanischen Gattung Sparmannia L. f. seit langer Zeit im Gebiet in Kultur: die bekannte und weit verbreitete S. Africána L. f. (Fig. 1948) vom Kap, die als anspruchslose Zimmerpflanze — z. T. mit gefüllten Blüten — sich leicht durch Stecklinge vermehren lässt und während der Sommermonate auch im Freiland gehalten werden kann. Sie ist an folgenden Merkmalen leicht kenntlich: Bis 6 m hoher Strauch mit behaarten, anfangs hellgrünen Zweigen. Laubblätter gestielt, eiförmig rundlich, am Grunde herzförmig, eckig, lappig gezähnt, beidseitig weich sternfilzig behaart, hellgrün. Nebenblätter pfriemlich. Blüten 4-gliederig, in cymösen Dolden. Kronblätter gross, weiss. Staubblätter zahlreich, frei, in 4 den Kelchblättern gegenüberstehenden Gruppen, die äusseren staminodial; Staubbeutel eiförmig, rotgelb. Fruchtknoten mit zahlreichen Samenanlagen. Frucht eine kugelige, borstige, fachteilige, 4-klappige Kapsel. Die Faser dieser Art ist sehr schön und stark und wird mit der Ramiefaser verglichen; doch erscheint ein Anbau im Grossen, wie er z. B. in Victoria versucht worden ist, wegen des sparrigen Wuchses der Pflanze nicht lohnend. Wie Goebel (Entfaltungsbewegungen) hervorhebt, stehen die entfalteten Laubblätter auf steil, unter 45° vom Stengel abweichenden Stielen und tragen die Spreiten wagrecht dazu. Sie bilden, da die Spreiten seitlich über der Einfügung am Blattstiel vorspringen, ein Dach über den jungen Laubblättern, deren Spreiten bei der Entfaltung zunächst mit der Spitze nach unten hängen. An der Hebung dieser Spreiten beteiligen sich zwei Gelenke, eines am Grunde des Stieles und eines an der Ansatzstelle der Spreite. Eine unmittelbare Abhängigkeit vom Lichte wirkt bei dieser Bewegung nicht mit. Die Staubblätter sind reizbar und bewegen sich nach aussen. Haberlandt erklärt daher die Staminodien als „Sinnesorgane für Berührungsreize". Goebel dagegen hebt hervor, dass dieser Bewegung keinerlei Zweck zuzuschreiben sei, da das besuchende Insekt, das zur Pollenentnahme auf die Blüte anfliegt, viel rascher in seinen Bewegungen sei, als die Bewegungserscheinung und die Staubblätter mit seinen Beinen zusammenfasse, um den Pollen auszubeuten. — Seltener wird der einzige Vertreter der neuseeländischen Gattung Enteléa, E. arboréscens R. Br., gezogen, der sich von der Zimmerlinde durch ganzrandige, 5-nervige Laubblätter, nur fruchtbare Staubblätter und länglich-kugelige, mit langen Stacheln bewehrte Kapseln unterscheidet. Der weissblühende Baum besitzt ein ausserordentlich leichtes Holz. — Aus der Rinde des javanischen Trichospérmum Javánicum Bl., mit einfachen, ganzrandigen Laubblättern, 2-klappig aufspringenden Kapseln und zusammengedrückten, kugeligen, am Rande mit strahligen Haaren besetzten Samen, werden Taue angefertigt. — Wichtig ist die Gattung Córchorus L., von der einige Arten innerhalb der Tropen gemeine Unkräuter sind, wie z. B. C. antichorus Raeusch und C. fúscus Roxb. (= C. acutángulus Lam.), während 9 Arten in Australien endemisch sind. Sie besteht aus Kräutern oder Halbsträuchern mit einfacher oder sternhaariger Bekleidung, ganzrandigen, abwechselnden, gesägten Laubblättern, meist 5-gliederigen, gelben Blüten ohne staminodiale Staubblätter und lang schotenförmigen, bis über die Mitte aufspringenden, gefächerten, gerippten oder behaarten Kapseln und einer technisch sehr wertvollen Rindenfaser, die unter dem Namen „Jute" allbekannt ist. Die Ursprungspflanze ist meist C. capsuláris L., Rundkapsel-Jute, mit rundlichen, etwas abgeplatteten Kapseln, und in geringem Masse C. olitórius L., Langkapsel-Jute, mit schotenförmigen, federkielartigen, 4 bis 5 cm langen, 2-klappigen Kapseln, deren Heimat in Asien und vielleicht auch in Afrika liegt und aus denen bereits eine grössere Zahl von Kulturrassen (weiss- und rotstengelige) gezüchtet worden sind. Die Jute-

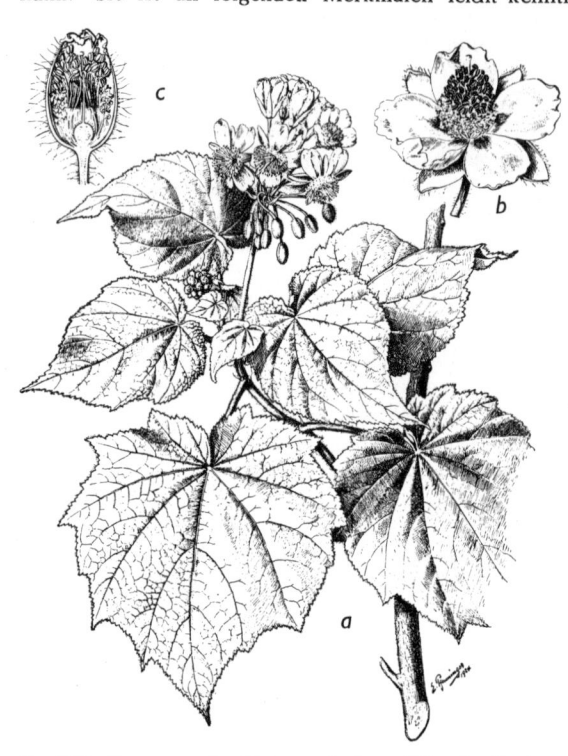

Fig. 1948. Sparmannia Africana L. f. *a* Blühender Zweig. *b* Blüte. *c* Knospe im Längsschnitt.

pflanze ist ein einjähriges, meist unverzweigtes Kraut von 1,5 bis 5 m Höhe, dessen Stengel am Grunde 1 bis 4 cm dick wird. Der Name Jute lässt sich vielleicht auf das Sanskritwort „juta" zurückführen, welches eine unbestimmte Faser bedeutet. Die Kultur ist eine sehr einfache, aber bis heute fast ganz auf Bengalen beschränkt geblieben. Versuche zur Einführung der Kultur sind zwar mehrfach in China, Nordamerika, in Aegypten, auf den Südsee-Inseln, in Ostafrika gemacht worden, aber stets ohne nennenswerten Erfolg. Dagegen ist Corchorus olitorius als Gemüsepflanze in den Tropen der ganzen Welt verbreitet. Die Samen der Jute werden im März in den zuvor gründlich gelockerten, tief gepflügten und gedüngten Boden direkt ausgesät. Nach etwa 4 Monaten, gegen Ende der Blütezeit, wenn die Früchte bereits sichtbar werden, kann geerntet werden, in Bengalen in den Monaten Juli bis September. Das Schneiden geschieht mit der Hand mit einer Art Dornhaue, etwa 5 bis 10 cm über dem Boden. Nachher werden die Pflanzen wie beim Flachs in kleine Bündel geschnürt, auf dem Felde aufgestellt oder in stehendes, weiches und nicht zu kaltes Wasser gebracht (Tau- und Wasserröste). Hierauf werden die Stengel an der Sonne während 4 bis 5 Tagen getrocknet und dann mit der Maschine geschält, wobei sich die in dickeren Bändern im ganzen Stengelumfang liegenden Bastfaserbündel leicht von den übrigen Geweben loslösen lassen. Die Rohfaser ist gelblich-bräunlich oder von silberigweisser Farbe und besitzt im Durchschnitt 2 mm lange und etwa 10 μ breite Zellen mit oft sehr ungleichem Lumen und sehr verschieden abschliessenden, bald $\pm$ stark verjüngten, bald mehr abgestumpften und dann verdickten Enden. Die Fasern sind $\pm$ stark verholzt; die mässig verholzten gelten als die besten (Tobler). Gewöhnlich kann die Jute im Jahr zweimal geschnitten werden. Zu ihrem Gedeihen verlangt die Pflanze ein feuchtwarmes Klima mit einem Temperaturmittel von 20 bis 25°C, dann einen fruchtbaren, durchlässigen und gut durchlüfteten Boden. Zuweilen wird ein Wechselbau mit Reis und Zuckerrohr durchgeführt. In Indien wird die Faser seit altersher zu Spinnerei- und Webereizwecken verwendet. Nach Europa kam sie erst 1795 und zwar nach Dundee in England, wo noch heute der Hauptort der Jutespinnereien liegt. Seit 1861 entwickelte sich diese Industrie auch in Deutschland (Sitz des Juteverbandes war Harburg a. d. Elbe), dann in Oesterreich und hat sich seitdem über ganz Europa und Amerika verbreitet. Als Faserpflanze wird die Jute heute nur noch von der Baumwolle und vom Flachs übertroffen. Die stark glänzende Jutefaser wird in erster Linie zu Packleinen verarbeitet, diese wiederum zu Fourage-, Mehl-, Getreide-, Kaffee-, Zucker-, Zement- und Salpetersäcken; ausserdem verwendet man Jute zur Herstellung von Gurten, Segeltuch, Sofaüberzügen, Portieren, Möbelstoffen, Teppichen, Sammet, Seilerwaren, Zündern, Dochten, Verbandsmaterial, billigere Sorten auch in der Papierfabrikation. Während des Weltkrieges ist es gelungen durch Verwendung von Papiergarnen oder einem Gemisch von Papier und Fasern einen, wenn auch nicht vollwertigen Ersatzstoff dafür zu schaffen. Die indische Anbaufläche wurde 1911 auf etwa 1 340 000 ha geschätzt. Im Jahre 1921 betrug die Jute-Produktion in Britisch-Indien 10,8 Millionen, im Jahre 1922 7,3 Millionen Doppelzentner, die einem Werte von 692 bezw. 439 Millionen Rupien entsprachen. Nach der Baumwolle (pag. 460) ist die Jute der wichtigste Faserstoff des Welthandels. — C. tridens L. und C. trilocularis L. dienen in Indien zur Herstellung von Seilen und werden zur Faser-Gewinnung auch in Senegambien kultiviert.

Auch die Tribus der **Grewieae** besitzt in der Gattung **Triumfetta** L. mit ganzrandigen oder gelappten Laubblättern, gelben, in 3-blütigen Dichasien stehenden Blüten mit am Grunde drüsigen und bewimperten Kronblättern, langem oder kurzem Androgynophor und kleinen bis mässig grossen, kugeligen oder verkehrt-eiförmigen, mehr fächerigen Früchten einige, wenn auch nur lokal bedeutsame Gespinstpflanzen. Die Gattung **Grewia** L. setzt sich aus Bäumen und Sträuchern mit ganzrandigen, oft schiefen, 2-zeiligen Laubblättern, 5-gliederigen, mittelgrossen Blüten und steinfruchtartigen, meist fleischigen, glatten, unbewehrten und geschlossen bleibenden Früchten zusammen. Letztere werden von einigen südwestafrikanischen Krüppelsträuchern, wie G. flava DC., G. monticola Sond. und G. discolor Fresen sowie von einigen tropischen Arten ihres süssen Geschmackes wegen gegessen. Aus denen der erstgenannten Art wird auch ein vorzügliches Bier hergestellt. Das leichte Holz dient vielfältigen Zwecken, der Bast kann zu denselben Zwecken benutzt werden wie Lindenbast. Die Rindenfasern von G. occidentalis L. in Südafrika werden als Kaffernhanf bezeichnet. Auch zahlreiche indische Arten (vgl. Wiesner, J. Die Rohstoffe des Pflanzenreiches) liefern Fasern. Die Laubblätter von G. Microcos DC. besitzen abführende Wirkung. Zwei Grewia-Arten sind als Ziersträucher in Mitteleuropa eingeführt worden: G. parviflora Bge.: Aufrechter, locker verästelter, bis 1 m hoher Strauch. Junge Zweige sternfilzig, rundlich, rutenartig, graubraun, später schwarzbräunlich mit zerstreuten Lentizellen. Laubblätter in der unteren Hälfte eiförmig, im oberen Teile mit $\pm$ geraden Rändern, zugespitzt, ungleich gekerbt, oberseits graugrün, spärlich behaart, unterseits noch ausgesprochener graugrün, oft nur locker sternfilzig, bis über 10 cm lang und 4 bis 6 cm breit, mit bis 3 cm langem Stiel. Blüten klein, in 5- bis 8-blütigen, dicht behaarten Blütenständen. Kelch 6 bis 8 mm lang, aussen dicht behaart. VII bis VIII. Heimat: China bis Korea. Zierlicher, winterharter Strauch. — G. oppositifolia Buch.-Ham. Der vorigen Art sehr ähnlich. Laubblätter aber derber, oberseits mehr sattgrün, kaum 8 cm lang und 4,5 cm breit. Kronblätter halb so lang wie der Kelch. Heimat: Nordwest-Himalaya. Etwas empfindlicher als vorige Art und noch selten in Kultur.

CCCCLXVIII. Tilia[1]) L. Linde. Franz.: Tilleul (in der Westschweiz Té); engl.: Lime-tree, bass-wood linden; ital.: Tiglio (im Tessin: tei, im Engadin: tigl, beide Ausdrücke im Puschlav, im Bergell auch tegl; Groednerisch-ladin.: Linda).

Das Wort Linde ist gemeingermanisch (althochdeutsch linta, mittelhochdeutsch linde, altnordisch linda, angelsächsisch lind). Urverwandt damit ist russ. lutie „Lindenwald" und wohl auch griech. ἐλάτη [eláte] „Fichte" (bei Baumnamen findet des öfteren eine Bedeutungsänderung statt, vgl. Föhre, Bd. I, pag. 97). Die Herkunft des Wortes ist dunkel. Möglicherweise steht es in Beziehung zu lind (weich, geschmeidig, urverwandt mit lat. léntus = biegsam, geschmeidig) wegen des geschmeidigen Bastes oder des weiches Holzes. Auch das littauische lentà „Brett" mag hieher zu stellen sein. Im Althochdeutschen, Altnordischen und Angelsächsischen bedeutet das Wort auch den „Lindenschild" (aus Lindenholz verfertigt oder aus Lindenbast geflochten). Die slavische Bezeichnung „lipa" (russisch, serbisch, polnisch, böhmisch) soll zu einer Wurzel „lip", die „kleben" bedeutet, gehören (z. B. neuslovenisch „lep" = Leim). Ob die Bezeichnung auf den Schleimgehalt der Linde oder auf ihre Bedeutung als Honigbaum hindeutet, sei dahingestellt. Mundartliche Benennungen sind: Linn (niederdeutsch), Lönn, Leng (bergisch), Lingeboom (Niederrhein), Lin (Hunsrück), Lingen (Gotha), Len (Lothringen). Auf der Schwäbischen Alb heissen T. cordata und T. platyphyllos Waechlind („Weichlinde" im Gegensatz zur „Steinlinde" = Ulmus campestris) und Zahme Linde. Im Kanton St. Gallen heisst T. platyphyllos Bastholz. — Im rätoromanischen Graubünden heisst der Baum tigl, tei, tegl, glinda.

Bäume, seltener Sträucher mit kräftigem, tief greifendem Wurzelwerk. Zweige kahl oder behaart. Laubblätter wechselständig, 2=zeilig angeordnet, gestielt, meist herzförmig, oft asymmetrisch, ± reichlich mit einfachen oder mit Sternhaaren (Fig. 1951 g) besetzt, meist gezähnelt oder gesägt bis fast gelappt, seltener ganzrandig. Nebenblätter knospenschuppenartig ausgebildet, frühzeitig abfallend. Blüten in 3= bis 35=blütigen Pleiochasien (Fig. 1949 n) mit monopodialer Endverzweigung, am Grunde mit einem kleinen, schuppenförmigen und einem grösseren, flügelartig ausgebildeten, der Blütenstandsachse angewachsenen Hochblatt, zwitterig, strahlig (Fig. 1949 o). Kelchblätter 5, mit klappiger Knospendeckung, abfallend. Kronblätter 5, mit den Kelchblättern abwechselnd, in der Knospenlage dachig. Staubblätter zahlreich (bis 80), in 5 vor den Kronblättern stehenden Bündeln vereinigt, eins oder mehrere der Staubblätter häufig zu einem kronblattartig ausgebildetem Staminodium umgebildet; Staubbeutel nach aussen gewendet, verwachsen oder getrennt und dann auf besonderen Stielchen stehend, mit einem Längsriss sich öffnend; Pollenkörner breit elliptisch, im Querschnitt rundlich=dreieckig, im Mittel 44 µ im Durchschnitt messend (Fig. 1949 l). Fruchtknoten aus (3 bis) 5 vor den Kronblättern stehenden Fruchtblättern verwachsen, (3= bis) 5=fächerig, in jedem Fache mit 2 aufsteigenden, anatropen Samenanlagen mit ventraler Raphe (Fig. 1949 k); Griffel einfach, kahl oder behaart; Narben 5, zur Zeit der Reife sich ± strahlig ausbreitend. Frucht eine 1= bis 2=samige, 1=fächerige Nuss mit lederiger oder holziger, ± reichlich behaarter Schale, rund oder scharf gerippt, kugelig, elliptisch, eiförmig= oder verkehrt=eiförmig bis birnförmig und schief, 2=seitig=symmetrisch oder radial=symmetrisch (Fig. 1949 b und g). Samen kugelig=eiförmig bis verkehrt=eiförmig (Fig. 1949 c und d); Schale schwach rauh, braun; Keimling zentral im Nährgewebe liegend. Keimblätter handförmig gelappt (Fig. 1955).

Die Gattung umfasst etwa 25, z. T. sehr formenreiche und schwer gegeneinander abzugrenzende Arten und besitzt ihr Verbreitungsgebiet in der nördlichen gemässigten und subtropischen Zone. Am artenreichsten ist sie in Ostasien entwickelt, wo von den 5, sich auf beide Sektionen Anástrae und Astrophilýra verteilenden Subsektionen der Reticuláres, Trabeculáres, Ebarbulátae, Micránthae und Macránthae nur die Trabeculares fehlen und wo wohl auch das Entwicklungszentrum der Gattung zu suchen ist. Von dort aus strahlen besonders die Reticulares über Sibirien bis Europa. Weniger reich an Arten ist Nordamerika, wo die Micranthae auf das Mexikanische Hochland und die angrenzenden Südstaaten der Union beschränkt sind, während die Macranthae in den Oststaaten zur weiteren Entwicklung

---

[1]) Name der Linde bei Columella, Plinius, Vergil u. a., wohl verwandt mit dem griech. πτελέα [pteléa] = Ulme oder mit τιλός [tilós] = Faser.

gelangten. Am artenärmsten ist Europa und Westasien, in denen 3 Subsektionen mit 4 Arten vorkommen. Darunter befindet sich aber als endemisches Erzeugnis die Subsektion Trabeculares. Neuzeitliche Behandlungen der Gattung liegen vor von V. Engler (Monographie der Gattung Tilia. Breslau, 1909, Diss.) und von C. K. Schneider (Handbuch der Gehölzkunde). Vgl. ferner auch Fr. Vollmann (Mitteilungen der Bayer. Botanischen Gesellschaft. Bd. III, 1916).

Die den meisten Tiliaceen eigenen Schleimbehälter sind bei den Tilia-Arten fast in allen Teilen, namentlich im Rindenparenchym der Aeste, Zweige und Wurzeln, im Mark, aber auch in den Blütenstielen, Kronblättern und bereits in den Knospenschuppen usw. ausgebildet; sie fehlen nur im Xylem. Durch Uebergangsformen miteinander verknüpft lassen sich 4 Ausbildungsweisen unterscheiden: einfache Schleimzellen, Gruppen von solchen, Schleimschläuche und Schleimlücken. Nach A. Tschirch entstehen die Schleimlücken aus einer Schleimzelle dadurch, dass sich diese in 4 Tochterzellen teilt, wobei die primären Membranen durch Quellung getrennt werden. Der Schleim lagert sich als „Membranschleim" zwischen Membran- und Primordialschlauch ein. Hin und wieder, besonders zur Blütezeit, kann eine, wenn auch nur unvollkommene Resorption des Schleimes beobachtet werden. Die Rinde ist reich an Kalk-Oxalatkristallen. Unter den Borke- und Korkschichten erstrecken sich von der vielfach noch Chlorophyll führenden, äusseren Rindenschicht nach innen spitz zulaufende Keile von dünnem, grosszelligem Rindengewebe, die sog. Rindenstrahlen. (Bd. I, pag. XCI, Fig. 132). Sie trennen durch ihre regelmässige, zackenartige Lage die Gewebegruppen voneinander, die die eigentlichen Bestandteile der inneren Rinde bilden,

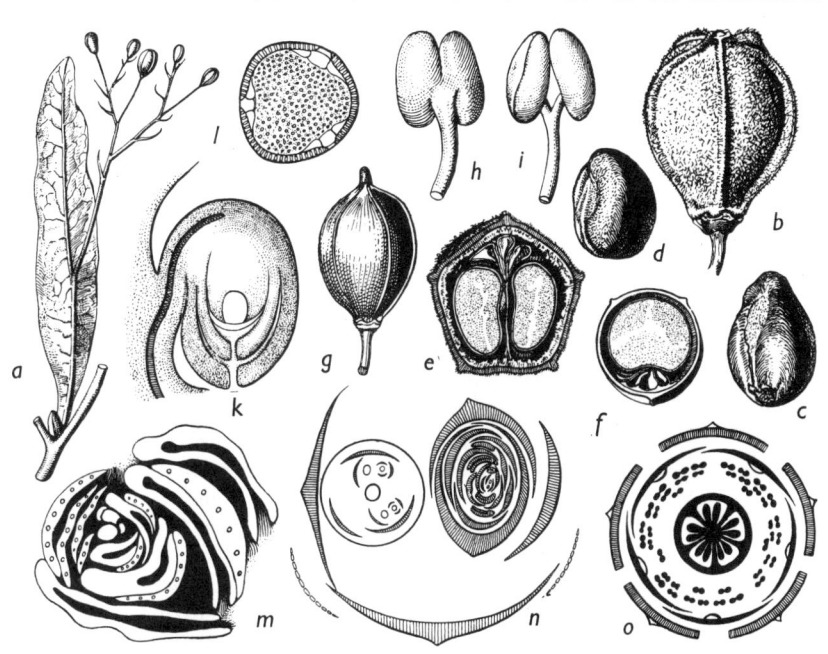

Fig. 1949. Tilia platyphyllos Scop. *a* Blütenstand. *b* Frucht. *c* und *d* Samen. *e* Längsschnitt durch die Frucht. *f* Querschnitt durch die Frucht. — T. cordata Miller. *g* Frucht. *h* und *i* Staubblätter. *k* Längsschnitt durch die Samenanlage. *l* Pollen. *m* Querschnitt durch eine Zweigknospe. *n* Diagramm des Blütenstandes. *o* Blütendiagramm (*a*, *h* bis *l* und *n* nach Tschirch-Oesterle, *m* nach N. J. C. Müller, *o* nach Marktanner).

und werden von dem an der Grenze zwischen Rinde und Holz liegenden Kambium abgeschieden. Kenntlich sind sie vor allem an dem Besitze von band- oder hufeisenförmig angeordneten Bastfasersträngen, die periodisch durch tangentiale Streifen zarter Siebröhren (Bd. I, pag. XCI, Fig. 131) und radial verlaufende Parenchymzonen getrennt werden, sodass auch sie als Strahlen (sekundäre Rindenstrahlen) erscheinen (vgl. auch Bd. I, pag. XC, Fig. 128 und 129). Die Bastzellen sind dickwandig (5 bis 7 μ), stark lichtbrechend, (0,99) 2 bis 5 mm lang und meist 10 bis 15 (20) μ breit. Im Querschnitt sind sie mehr eckig als rundlich und zeigen feine Poren- und Tüpfelkanäle, im Längsschnitt ein fast ausschliesslich strichförmiges Lumen, meist spitze Enden und bisweilen einen unregelmässigen, buckeligen Verlauf. Bei Färbung mit Jodkali heben sie sich gelbbraun (Holzreaktion) von den anderen sich nur im Inneren gelbfärbenden Gewebeelementen ab; Phloroglucin und Salzsäure ergibt rosa, Anilinsulfat hellgelbe Farbenreaktion. Zur Gewinnung des Bastes bevorzugt man etwa beinstarke Aeste und Stämme. Diese werden im Juni gewonnen und entweder geschält oder ungeschält mehrere Wochen oder bis zum Herbst in Wasser eingelegt, während welcher Zeit der eintretende Zersetzungsprozess so weit fortschreitet, dass sich der Bast leicht in Form von etwa 1 cm breiten und bis 1 m langen Bändern ablösen lässt. Am Monte Caprino im Sottoceneri (Tessin) z. B. wurden nach Freuler 1902 15000 kg Bast im Werte von 5400 Franken geerntet. Ausserordentlich gross ist auch der alljährliche Verbrauch in Russland (vgl. Köppen, Th. Geographische Verbreitung der Holzgewächse des europäischen Russlands und des Kaukasus. St. Petersburg, 1888). Der Bast wird seit altersher zu den mannigfaltigsten Zwecken verwendet. Lindenbastgewebe sind bereits aus der Pfahlbauzeit bekannt und noch heute werden Matten und Säcke für Getreide und Mehl daraus hergestellt. Zur Verfertigung von Bogensehnen, Seilen und Schnüren, Sieben und Schachteln, zur Herstellung von Schilden und Sattelzeug, Bekleidungsgegenständen (Bastschuhen) und an Stelle von Papier war er schon früh geschätzt. In Russland wird er gegenwärtig noch vielfach zum Dachdecken und zum Bau von Schuppen und Scheuern verwendet; in Mitteleuropa fertigt man namentlich Matten daraus. Zum Binden in den Gärtnereien ist er — wohl ohne Grund — durch den von der afrikanischen Palme Ráphia pedunculáta P. B. stammenden Raphia-Bast ersetzt worden. Der Schleim, der aus im frischen Zustand geklopftem Baste gewonnen werden kann, soll nach Hugo Schulz bei allerlei Wunden und Geschwüren sehr heilkräftig sein. Das Holz ist zerstreut porig, die Gefässe eng und meist erst mit der Lupe zu erkennen, die Markstrahlen nicht breiter als die Gefässquerschnitte und meist undeutlich (Büsgen). Kernholz und Splint sind nicht scharf voneinander geschieden. Nördlinger bezeichnet Tilia cordata als Reifholzbaum. An der Luft lagernd, nimmt das Lindenholz nach Schramm eine grünliche Tintenfärbung an, die in Gegenwart von Luftsauerstoff durch den Gerbstoff- und Eisengehalt des Holzes entsteht. Beim Dickenwachstum der Aeste wird die Oberseite mehr gefördert als die Unterseite (epinastisches Wachstum). Infolge der sich wie bei den Erlen, Birken und den meisten Nadelhölzern im Sommer und Herbst in den Markstrahlen ansammelnden Reservestärke — das Holzmehl kann aus diesem Grunde zu Futterzwecken verwendet werden —, die über Winter in Fett umgewandelt wird, können die Linden mit A. Fischer (Beiträge zur Physiologie der Holzgewächse. Jahrbuch für wissenschaftliche Botanik, Bd. XXII, 1890) als Fettbäume bezeichnet werden. Verdoppelung der Jahresringe (Fig. 1950) durch proleptischen Austrieb der Sprosse nach ± weitgehendem Verlust der Laubblätter infolge starker sommerlicher Trockenheit, Hagel, Tierfrass usw. lässt sich nach H. L. Späth namentlich bei der häufig gepflanzten Tilia tomentosa beobachten (vgl. Berichte der Deutschen Dendrologischen Gesellschaft, 1913). — Auffällig sind die bei einigen Lindenarten an den Wurzeln vorkommenden sehr grossen, in Quer- und Längsreihen angeordneten Lenticellen. Molisch hat an Hand von Tilia-Blättern den herbstlichen Vergilbungs-Vorgang erläutert und gezeigt, dass er auf der Lichtabnahme beruht, gleichwohl aber ohne Zutritt von freiem Sauerstoff nicht erfolgen kann. Laubblätter, die bis zur Hälfte in Wasser getaucht wurden, blieben im Wasser grün, weil hier der spärlich vorhandene Sauerstoff nicht ausreicht, um die Umfärbung zu erzeugen, die sich sehr rasch bei der in die Luft ragende Hälfte einstellt. — Beim Keimen öffnet sich die Frucht mit 5 Klappen. Die Keimblätter sind gelappt (Fig. 1954 h und 1955), was nach Lubbock ihre Einbiegung im Samen erleichtert, während es nach Goebel namentlich die Wirksamkeit als Haustorien zum Aufsaugen der Nährstoffe aus dem ziemlich harten Endosperm begünstigen soll. Die Keimung erfolgt epigäisch. Die Behaarung der jungen Zweige und Laubblätter besteht aus einzeln stehenden, einzelligen, kurzen, dünnwandigen, oft bandförmig gedrehten und aus ähnlichen, aber längeren und zu zweien stehenden Deckhaaren;

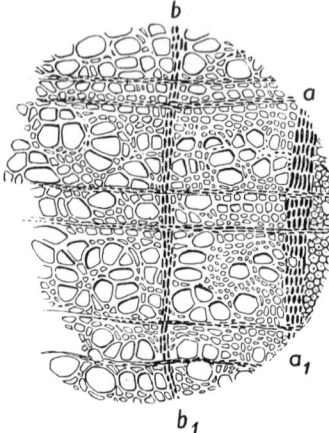

Fig. 1950. Querschnitt durch einen proleptischen Trieb von Tilia tomentosa Moench. $a-a_1$ Echte Jahresgrenze, $b-b_1$ falsche Jahresgrenze (nach H. L. Späth).

ferner finden sich 4- bis 8-strahlige Sternhaare. Die mehrzelligen Drüsenhaare bestehen aus einem einzelligen Stiel und einem eiförmigen Köpfchen, das durch senk- und wagrechte Scheidewände geteilt ist. Die bei vielen Arten in den Nervenwinkeln vorhandenen Bärtchen (Acarodomatien), die an den Keim- und Primärblättern noch fehlen, bestehen aus langen, einzelligen Haaren (Fig. 1959 c). Sie werden von Lundström als eine Anpassung an das Zusammenleben mit Milben gedeutet, welche die Blattfläche von Pilzsporen frei halten sollen. Nach V. Engler hingegen handelt es sich lediglich um einen Raumparasitismus, da sich hie und da Ausbeulungen der Nervenwinkel gegen die Blattoberseite, völlig kahl gefressene Nervenwinkel und Umgestaltung der innerhalb der Domatien gelegenen Epidermiszellen feststellen lassen. — Die Laubblätter stehen anfangs senkrecht zum Sonnenlicht und nehmen erst gegen die Blütezeit eine ± wagrechte Richtung zu diesem ein. Diese Bewegung ist besonders bei denjenigen Arten sehr auffällig, deren beide Spreitenseiten verschieden gefärbt sind. Durch diesen Vorgang bei Tilia tomentosa mag Plinius bereits zu der Bemerkung veranlasst worden sein: „Confecto solstitio folia tiliae vertuntur". Nach Knuchel sind die Laubblätter für auffallendes diffuses Licht nahezu undurchlässig. — Der Blütenstand, der nach Pax ein Pleiochasium mit monopodialer Endverzweigung darstellt, entspringt zu Beginn der neuen Vegetationsperiode an den Trieben des gleichen Jahres aus den Achseln eines Tragblattes und ist einem Achselspross gleichwertig (Fig. 1949 a). Das eine Vorblatt dieses Achselsprosses ist flügelartig ausgebildet und der Blütenstandsachse etwa bis zur Hälfte angewachsen, das andere hat die Form einer Knospenschuppe und stellt das Tragblatt der in der Achsel des Laubblattes stehenden Knospe dar. Die Hauptachse des Blütenstandes endet mit einer Gipfelblüte, der drei zarte, in einer Spirale angeordnete Hochblätter vorangehen. Von diesen entwickeln nur die beiden oberen in ihren Achseln mit einer Blüte abgeschlossene und bis etwa zur Hälfte mit den Hochblättern verwachsene Blütenstiele, während das untere steril bleibt. Die Blüten werden ihrerseits durch zwei, ungleich hoch eingefügte, zarte und hinfällige Hochblätter gestützt, aus deren Achseln sich die Verzweigungen dichasialwinkelig fortsetzen können. Die Zahl der so entwickelten Blüten kann zwischen 3 und 36 schwanken. Der ganze Blütenstand hängt gewöhnlich über oder steht ± wagrecht ab (Tschirch). Die Fortpflanzungsfähigkeit der Linden setzt zwischen dem 10. und 30. Jahre ein, an Stocklohden früher als an den aus Samen erzogenen Bäumen. Die entomophilen Blüten sind proterandrisch oder homogam und werden meist durch Apiden, Musciden und Syrphiden besucht, welche Fremdbestäubung bewirken. Selbstbestäubung wird durch die nach aussen gespreizten und sich nach aussen öffnenden Staubbeutel verhindert. Der Anlockung dient der meist kräftige, weitreichende Duft, der sich namentlich gegen Abend sehr bemerkbar macht, und der am Grunde der Kelchblätter in 2, von Haarbüscheln verdeckten nebeneinander liegenden Grübchen reichlich abgeschiedene Nektar. — Die Endknospe der Zweige geht regelmässig zugrunde und wird beim Austrieb durch die oberste Seitenknospe ersetzt. — In ihrer Epharmose zeigen die Linden das bei den Stauden übliche, bei den mitteleuropäischen Holzgewächsen nur selten (öfters jedoch bei eingeführten Bäumen und Sträuchern [Aesculus, Syringa]) zu beobachtende Verhalten, dass Ausbildung der Assimilations-Organe (Belaubung), dann Blüte, dann Frucht aufeinander folgen (Scharfetter, Klimarhythmik, Vegetationsrhythmik und Formationsrhythmik. Oesterreichische Botanische Zeitschrift, 1922). Die Wurzeln stehen mit einer Mykorrhiza in Verbindung. Die Linden werden sehr leicht und bisweilen massenhaft von Misteln befallen, sodass sie dann bisweilen im Winter für Eichen gehalten werden. Dieser Schmarotzer wurde nach K. v. Tubeuf (Monographie der Mistel, 1923) auf Tilia platyphyllos, T. cordata, T. Americana, T. Mandschurica und T. tomentosa und deren var. petiolaris festgestellt.

Die häufiger kultivierten Arten — nach Theophrast soll die Kultur der Linden bereits in babylonischen Gärten versucht, aber der Misserfolge wegen wieder aufgegeben worden sein — verteilen sich folgendermassen auf die Sektionen und Untersektionen: 1. Sektion Anástraea. Staubblätter 15 bis höchstens 50. Laubblätter[1]) auf der Unterseite mit Ausnahme der behaarten Nervenwinkel kahl oder mit einfachen (selten sternförmigen) Haaren. Zerfällt weiter in: a) Subsektion Reticuláres mit unterseits kahlen oder selten auf den Nerven zerstreut behaarten Laubblättern; Bärtchen zwischen den Nervenwinkeln vorhanden oder fehlend. Nerven 3. Ordnung wenig hervortretend, nie parallel. Krone selten ausgebreitet. Staubblätter 15 bis 30; Staminodien meist vorhanden, selten fehlend. Frucht schief; Fruchtschale dünn, zerbrechlich. Hiezu gehören nur altweltliche Arten: die europäische T. cordata Miller (s. pag. 437) und die mit dieser nahe verwandte sibirische T. Sibirica Bayer em. C. K. Schneider, ferner 6 ostasiatische Arten, von denen hie und da in Kultur ist: T. Mongólica Maxim. Auffallender, 3 bis 6 m hoher Strauch oder Baum mit kleinen, derben, kurzgestielten, kreisrundlichen, vorn plötzlich zugespitzten, grob gezähnten bis fast gelappten, oberseits kahlen, dunkelgrünen, unterseits nur in den unteren Nervenwinkeln bärtigen, sonst fast kahlen, bläulichgrünen Laubblättern. Blütenstände hängend, 7- bis 12-blütig. Frucht bis 8 mm lang, sehr fein behaart, kaum gerippt. Heimat: Oestliche Mongolei und Tschili. 1906 eingeführt, aber meist nur in Botanischen Gärten gepflanzt. — b) Subsektion Trabeculáres. Laubblätter in den Nervenwinkeln der Unterseite bebärtet, auf den Nerven behaart. Nerven 3. Ordnung parallel verlaufend, hervortretend. Krone ausgebreitet.

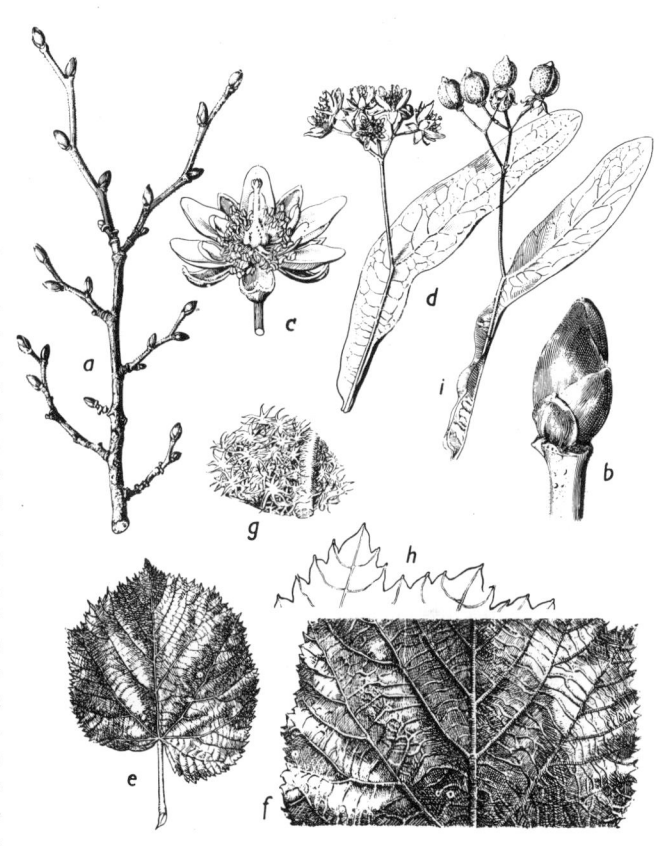

Fig. 1951. Tilia tomentosa Moench. *a* Zweig im Winterstadium. *b* Winterknospe. *c* Blüte. *d* Blütenstand. *e* Laubblatt von der Oberseite. *f* Ausschnitt aus dem Laubblatt von der Unterseite. *g* Sternhaare auf dem Laubblatt. *h* Rand des Laubblattes. *i* Fruchtstand.

---

[1]) Zur Beurteilung sind ausgewachsene Hochsommer- und Herbstblätter der Baumkrone unerlässlich, die der Stockausschläge sind nicht geeignet.

Staubblätter 30 bis 40; Staminodien fehlend. Fruchtschale holzig. Zu diesem schwierig zu lösenden Formenkreis gehören neben der europäisch-kaukasischen T. platyphyllos Scop. (s. pag. 446): T. rúbra DC. (= T. Caucásica Rupr., = T. Steveniána Borbas). Kaukasische Linde. Baum mit kahlen (sehr selten behaarten?) Trieben. Knospen kahl, spitz-eiförmig, wie die jungen Zweige rötlich bis blutrot gefärbt. Aeltere Zweige ± gelbbraun oder mehr grau. Laubblätter am Grunde gestutzt, schief-eiförmig, zugespitzt, dünn, oberseits kahl, sattgrün, glänzend, unterseits ± glänzend hell-(bleich-)grün, bis auf die weisslichen Bärte kahl oder (an Stockaustrieben) spärlich behaart, am Rande ziemlich gleichmässig und grob gezähnt, mit langen, deutlich abstehenden, leicht abbrechenden Grannenspitzen (!). Blütenstand meist 3- bis 7-blütig. Griffel kahl oder ± behaart. Frucht kugelig-verkehrt-eiförmig, etwa 10 mm lang, kantig, häutig, filzig behaart. Heimat: Krim, Kaukasus, Transkaukasien, Armenien und Nord-Persien. Neben dem Typus (var. týpica C. K. Schneider) mit ± rundlich-eiförmigen Laubblättern, 3- bis 7-blütigem Blütenstande, gestieltem Flügelblatt und meist kahlem Griffel sei hervorgehoben die var. dasýstyla (Stev.) C. K. Schneider mit ± schieflänglichen Laubblättern, bis 20-blütigem Blütenstand und behaartem Griffel. Tilia rubra, die vielleicht am richtigsten als Subspecies zu T. platyphyllos zu ziehen ist, scheint gegenwärtig kaum noch in Gärten gepflanzt zu werden, ist aber dadurch von Interesse, dass sie das eine Elter des häufig gezogenen Bastardes T. euchlóra Koch (= T. cordata × T. rubra var. dasystyla) geliefert hat (s. unter den Bastarden pag. 452). Eine nahe Verwandte von ihr ist T. Corinthíaca Bosc. non Koehler (= T. intermédia Boissier, = T. vulgáris Halacy, = T. rubra var. præcox V. Engler), die sowohl T. platyphyllos als auch T. cordata in Griechenland vertritt und wahrscheinlich ebenfalls nur den Wert einer Subspecies der ersteren Art verdient. — 2. Sektion: Astrophilýra. Laubblätter reichlicher behaart, meist unterseits sternhaarig bis sternhaarig-filzig. Nerven 3. Ordnung stets ± parallel verlaufend. Krone nicht ausgebreitet. Staubblätter (45) 50 bis 80, mit getrennten Staubbeutelhälften. Staminodien immer vorhanden. Fruchtschale lederig oder holzig. c) Subsektion Ebarbulátae. Laubblätter ohne Bärtchen zwischen den Nervenwinkeln, oberseits anfangs behaart, später verkahlend, unterseits mit Sternhaaren, weissfilzig. Hieher gehört die südosteuropäisch-kleinasiatische T. tomentósa Moench (= T. rotundifólia Venten., = T. pállida Salisb., = T. álba Ait., = T. argéntea Desf., = T. heterophýlla hort.). Ungarische Silberlinde. Fig. 1951 und 1952. Bis über 30 m hoher Baum von pyramidalem Wuchs, mit aufrecht gerichteten Aesten. Knospen und junge Zweige grün bis graufilzig behaart, später ± rotbraun bis olivgrün. Laubblätter breit eiförmig bis kreisrundlich, meist ebenso lang wie breit, am Grunde ungleich herzförmig, anfangs beiderseits sternhaarig-filzig (Fig. 1951 e bis g, 1950), später oberseits verkahlend und dunkelgrün, unterseits hell weisslich-filzig bleibend. Blütenstand (5-) 7- bis mehrblütig. Flügelblatt sitzend, vorn meist zungenförmig verbreitert (Fig. 1951 d und i). Frucht eiförmig oder länglich oder fast kugelig, spitz, mit etwas holziger, nicht oder ± zartgerippter, graufilziger Fruchtwand. Heimisch von Syrien und Bithynien (und vielleicht dem westlichen Kaukasus) nord- und nordwestwärts bis Südwest-Russland, Rumänien, Siebenbürgen, Süd- und Ost-Ungarn (westwärts bis zum Plattensee), Serbien, Kroatien. Seit 1767 als Strassen- und Zierbaum viel gezogen. Folgende Formen sind im Gebiet zu beachten: 1. var. týpica Beck (= T. tomentosa C. K. Schneider). Wuchs pyramidenförmig, Krone dicht, mit vollständig steif aufstrebenden Aesten. Laubblätter kurz gestielt, ± kreisrundlich, am Grunde herzförmig. Frucht eiförmig oder länglich, spitz, ± deutlich gerippt. Zu diesem Typus gehören: f. subvitifólia (Borbás) V. Engler. Laubblätter fast gelappt; Zähne verschieden gross. — f. calvéscens (Schur) V. Engler (= T. tomentósa Moench var. viréscens Beck, = T. canéscens hort.?). Laubblätter verkahlend, unterseits schmutziggrün. — f. elatiflóra V. Engler. Blütenstand das Flügelblatt weit überragend. — f. inaequális Simk. Laubblätter verschieden gross, am Grunde abgestutzt oder sehr ungleich, herzförmig, unterseits mit dichtem, grünlichweissem Filze. — f. intermédia V. Engler (= T. tomentosa Moench × T. petioláris [DC.] C. K. Schneider). In Bezug auf Umriss der Blattspreite und Aussehen die Mitte zwischen var. typica und der nachfolgenden var. petioláris haltend. Krone lockerer als beim Typus. Zweige leicht überhängend. Häufig gezogen. — 2. Kritisch ist var. petioláris (DC.) Borbás (= T. petiolaris C. K. Schneider, = T. subferrugínea [T. álba × T. tomentosa] Borbás, = T. orbiculáris [T. alba × T. rubra var. euchlora] C. K. Schneider, = T. alba var. pendula hort., = T. tomentosa var. pendula hort., = T. Americana var. pendula hort.). Fig. 1952. Aeste an der Spitze ± übergeneigt. Laubblätter meist länger als breit, am Grunde ± gestutzt bis etwas herzförmig, sehr lang gestielt. Findet sich vielfach angepflanzt. Als abweichende Formen gehören hiezu: f. heterodónta V. Engler (= T. orbiculáris hort.). Laubblätter fast gelappt mit sehr verschieden grossen Zähnen. — f. heterochróma V. Engler (= T. tomentosa pendula variegata hort.). Laubblätter buntfarbig. — f. paradóxa V. Engler. Laubblätter ziemlich kurz gestielt, am Grunde ungleich gestutzt oder kegelförmig, mittelgross, schmal, grauweiss. — f. sphaerobalána (Borbás) V. Engler. Früchte meist unfruchtbar, niedergedrückt kugelig, ± gefurcht. Wohl nur durch klimatische oder andere äussere Ursachen bedingte Ausbildung. Vgl. unter T. platyphyllos. — In ihrer Heimat bewohnt die echt pontische Silberlinde, ähnlich wie im Gebiet Tilia cordata und T. platyphyllos die Laubmischwälder vom Charakter des Tilieto-Quercetums (vgl. pag. 440), in welche aber daselbst mehr östliche und submediterrane Arten eintreten, im Banat und im südwestlichen Siebenbürgen z.B. Quercus pubescens, Q. Cerris, Q. conferta, Acer Tataricum (pag. 272)

Cotinus Coggygria (pag. 226), Fraxinus Ornus, Corylus Colurna, Carpinus Duinensis, Syringa Josikaea und S. vulgaris. Auch den südöstlichen Buchenwäldern fehlt sie nicht. Eine grosse Rolle spielt sie in den montanen und submontanen Laubmischwäldern der bulgarischen Gebirge, wo sie nach Adamovič zusammen mit Juglans regia herrschend auftritt. Als weitere Glieder dieser Bestände seien genannt: Fraxinus oxyphylla, Carpinus Duinensis und C. Betulus, Crataegus melanocarpa, Acer campestre, Ulmus campestris usw. In höheren Lagen der Prjeslav Planina tritt auch Aesculus Hippocastanum hinzu (vgl. pag. 302). In Mitteleuropa wird diese Linde sowohl als äusserst wirkungsvoller Parkbaum, als auch als ein gegen die sommerliche Trockenheit sehr widerstandsfähiger Strassenbaum in den Grossstädten vielfach gepflanzt. Nach H. Teuscher (Die sechs europäischen Arten der Gattung Tilia, in Mitteilungen der Deutschen Dendrologischen Gesellschaft, 1920) ist es empfehlenswert, den Baum wurzelecht zu ziehen, da er sehr starkwüchsig ist, seine Unterlage leicht überwuchert und dann nicht selten zu sehr hässlichen Kropf- und Wulstbildungen Veranlassung gibt, die unter Umständen zum Ab- oder Auseinanderbrechen der Krone führen können. Häufig ist ausserdem an Bäumen, die wegen des starken Befalls durch Tetranýchus telárius L. umgepfropft wurden, zu beobachten, dass der sonst wenig empfindliche Baum stark unter der Spinnenmilbe und dem Russtau leidet. Im Unterengadin kommt er noch gut bei Schuls-Tarasp in 1215 m Höhe fort, bildet aber dort, wie auch vielfach im Tiefland nördlich der Alpen nur selten reife Früchte aus. In München reift nach Vollmann auch das Holz nicht aus. Die Blüten besitzen einen ausserordentlich starken, fast unangenehm aufdringlichen Duft, werden aber als Bienenfutter eben so hoch eingeschätzt wie die von T.

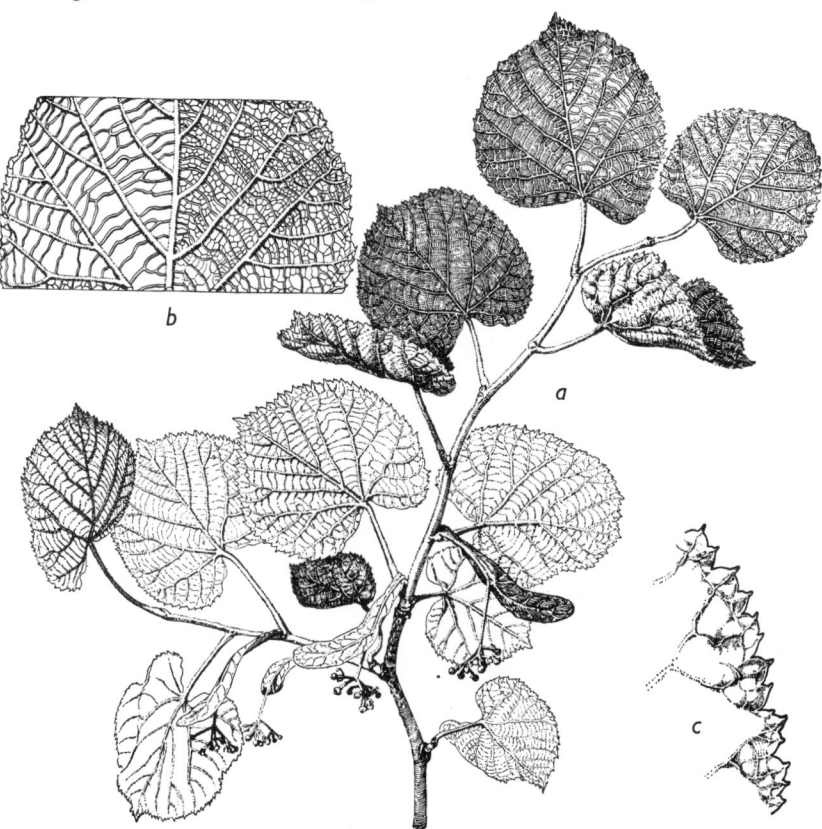

Fig. 1952. Tilia tomentosa Moench var. petiolaris (DC.). *a* Zweig mit verkümmerten Früchten. *b* Unterseite eines Laubblatt-Ausschnittes. *c* Rand des Laubblattes.

cordata. Neuerdings gewinnt man aus ihnen ein sehr kostbares ätherisches Oel. Nach heissen Sommern neigt der Baum nach Späth sehr zur Bildung proleptischer Triebe, in deren Verbindung die Bildung eines zweiten, falschen Jahresringes steht (Fig. 1950; vgl. auch unter Hippocastanaceen pag. 298, ferner Petersen, O. G. Dobbelte Aarringe, Dansk Skovrforenings Tidskr., 1916). Die Vermehrung durch Ableger soll bei dieser Art nicht möglich sein. — Zur selben Subsektion gehören ferner 4 ostasiatische Arten, von denen hin und wieder T. Mandschúrica Rupr. in Kultur anzutreffen ist. Bis 15 m hoher Baum mit sehr grossen, kreisrundlichen bis breit eiförmigen, am Grunde gestutzten bis tief herzförmigen, derben, entfernt stehenden, lang stachelspitzig gezähnten, unterseits filzig behaarten Laubblättern. Heimat: Ostasien, westlich bis Tschili und bis zur Mongolei. — **d)** Subsektion **Micránthae**. Laubblätter auf der Unterseite ± sternhaarig, in den Nervenwinkeln bärtig. Blüten ziemlich klein. Zweige, Knospen und Blütenstiele behaart. Hierher gehören 4 ostasiatische und 3 nordamerikanische Arten, von denen in Europa seit 1762 T. pubéscens Ait. (= T. leptophýlla Small), Weichhaarige Linde, in Gärten eingeführt worden ist. Bis 14 m hoher Baum mit anfangs rostig sternhaarfilzigen Zweigen. Laubblätter gross, breit-herzeiförmig, kurz bespitzt, oberseits sattgrün, ± behaart oder verkahlend, unterseits ± rostfarben sternhaarig-filzig, in den Nervenwinkeln bebärtet, mit unregelmässig stachelspitzigen Sägezähnen. Blüten ziemlich klein. Heimat: Südlicher Teil des Atlantischen Nordamerikas. — **e)** Subsektion **Macránthae**. Laubblätter unterseits ± sternhaarig, selten kahl und in den Nervenwinkeln bebärtet. Blüten ziemlich gross. Zweige, Knospen und Blütenstiele behaart. Hierher gehört die ostasiatische T. Baroniána Diels, ferner 2 in den östlichen Gebieten von Nord=Amerika heimische Arten, die auch in Europa angepflanzt werden: T. heterophýlla Venten. (= T. eburea Ashe, = T. gigantéa Host, = T. macrophýlla hort.). Bis 30 m hoher Baum mit stets kahlen Trieben. Laubblätter sehr gross, bis 20 cm lang und 16 cm breit, rundlich=herzförmig bis meist länglich=eiförmig, fein und kurz, teilweise ± anliegend gesägt, oberseits verkahlend, unterseits silbergrau anliegend behaart; Bärtchen in den Nervenwinkeln des Blattgrundes fehlend, aber in denen 2. und 3. Ordnung vorhanden. Blattstiele kahl. Blütenstand 6= bis 14=blütig. Frucht kugelig. Heimat: Nord=Amerika, Alleghany=Gebirge und dessen Vorland. In Europa seit 1811 eingeführt. —

T. Americána L. (= T. glábra Vent., = T. nigra Borckhausen, = T. Canadénsis Michx., = T. Mississip= pénsis Bosc). Schwarzlinde. Fig. 1953. Bis 40 m hoher Baum mit kahlen, oft ± überhängenden, meist schon 1=jährig ganz kahlen Zweigen. Laubblätter breit=eiförmig, ziemlich scharf grannig gesägt, bei= derseits grünlich, mit Ausnahme der bärtigen Nervenwinkel der Unter= seite kahl oder fast kahl. Blüten= stand 5= bis mehrblütig, ± hängend. Frucht rundlich oder verkehrt=ei= länglich, rippenlos, dickwandig. Griffel bis zur Fruchtreife bleibend. Aendert ab: var. cyclophýlla V. Engler. Laubblätter gross, dunkelgrün, bisweilen sehr grob ge= zähnt (f. megalodónta [V. Eng= ler]). Heimat: Nordamerika, vom nördlichen Neubraunschweig und den Seen bis Ost=Texas. Die als Zierbaum wertvolle Art wurde 1811 eingeführt und gedeiht am besten auf tiefgründigen, etwas feuchten Böden. Das Holz enthält fettes Oel (Basswoodöl, Lindenholzöl), das reich an flüchtigen Fetten ist. Durch die Zersetzung derselben besitzt älteres Holz meist einen äusserst scharfen, unangenehmen, an ranzige Butter erinnernden Geruch. Der Bast

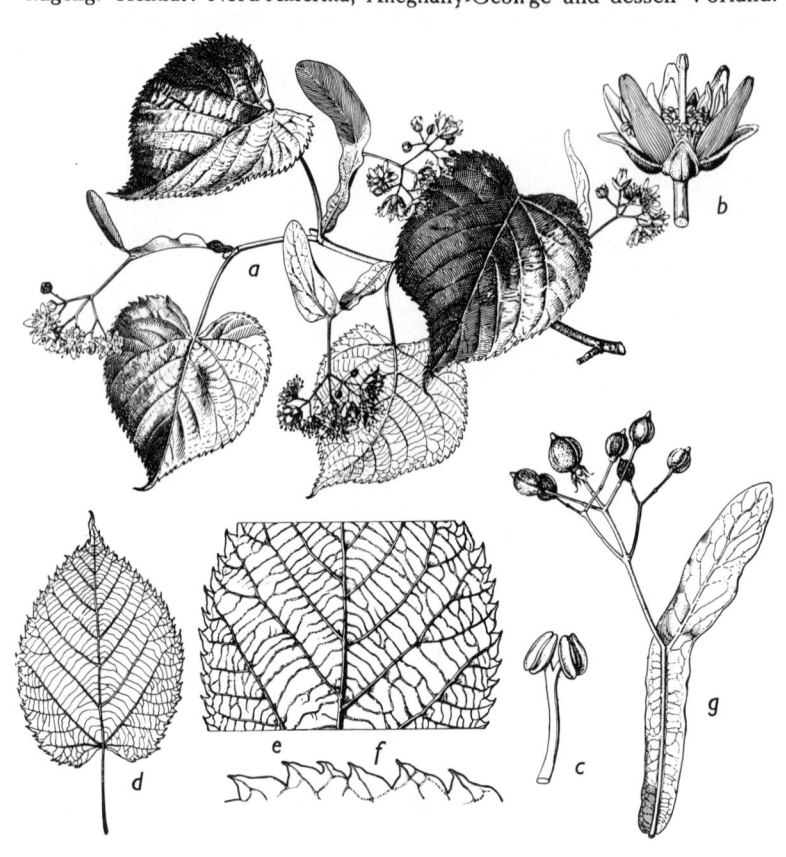

Fig. 1953. Tilia Americana L. *a* Blühender Zweig. *b* Blüte. *c* Staubblatt. *d* Laub= blatt von der Oberseite. *e* Ausschnitt aus dem Laubblatt von der Unterseite. *f* Beran= dung des Laubblattes. *g* Fruchtstand.

findet nach Wiesner ausgedehnte Verwendung zur Herstellung von Matten und groben Seilen. An T. Americana schliessen sich einige unsichere Formen an, wie T. velútina K. K. Mackenzie, T. vestíta A. Br. und T. Moltkéi Späth, welch letztere beide möglicherweise Gartenhybriden zwischen T. Americana und T. tomentosa sind.

Die beiden heimischen Arten und ihr Bastard lassen sich durch folgenden Schlüssel unterscheiden:

1. Laubblätter dicklich, auf der Unterseite in den Nervenwinkeln rostig bebärtet, auf den Nerven schwach drüsenhaarig oder fast kahl, auf der Fläche kahl, blaugrün; Nerven 3. Ordnung nicht oder nur undeutlich hervortretend und nicht durchgehends parallel untereinander verlaufend. Blütenstände meist 5= bis 11=blütig. Blüten mit bis 30 Staubblättern, davon oft eines oder mehrere staminodial. Frucht undeutlich kantig, dünnschalig, zerbrechlich. Samen glatt, stets ohne Längsriefen . . . . T. cordata nr. 1888.

1*. Laubblätter dünner, auf der Blattunterseite ± deutlich behaart. Samen stets etwas längsriefig . 2.

2. Laubblätter dünn, auf der Unterseite in den Nervenwinkeln weisslich bebärtet, auf der ganzen Fläche meist deutlich behaart, seltener nur auf den Nerven; Nerven 3. Ordnung deutlich und scharf hervor= tretend, unter sich ± deutlich parallel. Blütenstände 2= bis 5=blütig, hängend. Blüten mit 30 bis 40 Staub= blättern, nie mit Staminodien. Frucht dickwandig, holzig, deutlich kantig gerippt. Samen stets gerippt (3 Rippen). T. platyphyllos nr. 1889.

2*. Laubblätter auf der Unterseite in den Nervenwinkeln bräunlich oder weisslich bebärtet, bleich oder bläulichgrün, auf der Oberseite kahl und grün. Samen schwach gerippt (1= bis 3=rippig).

T. cordata × T. platyphyllos (s. unter Bastarden pag. 452).

1888. Tília cordáta Mill.¹) (= T. ulmifólia Scop., = T. parvifólia Ehrh., = T. microphýlla Vent., = T. silvéstris Desf., = T. Európǽa L. γ ulmifólia L.). Winter=Linde, Stein=, Spät= oder Wald=Linde. Franz.: Tillau, tillet; engl.: Bast=small=leaved lime; ital.: Tiglio maremmano, tilio selvatico, tilio riccio (im Tessin tei). Taf. 181, Fig. 3; Fig. 1949 g bis o, Fig. 1954 bis 1959 und 1966.

Bis über 25 m hoher Baum, selten bis nur 5 m hoher Strauch, mit kräftiger, mehrfach verzweigter Pfahlwurzel und weitgreifenden Seitenwurzeln. Stamm (bei Freistand) kurz und dick, mit vielen, tief unten entspringenden, kräftigen, eine flache, dichte Krone bildenden Aesten oder (im geschlossenen Bestande) astrein, mit hochangesetzten, starken, eine mehr kugelige Krone bildenden Aesten. Borke anfangs dünn, glatt und braun, später längsgefurcht und schwärzlich. Junge Triebe anfangs ganz fein behaart, olivgrün bis rötlich, mit zerstreuten Lentizellen. Knospen stumpflich zugespitzt, verhältnismässig klein, deutlich abstehend, olivgrün bis purpurn, von den Schuppen oft nur zwei sichtbar, die unterste bis über die Mitte der Knospe reichend, die zweite kapuzenförmig. Laubblätter mit 0,6 bis 4,5 cm langen, kahlen Stielen, rundlich, asymmetrisch, am Grunde ± seicht herzförmig, vorn in eine kurze, aufgesetzte Spitze ausgezogen, 1,8 bis 10,5 cm lang, am Rande scharf gesägt, oberseits dunkelgrün, auf den Nerven drüsenhaarig (Drüsenhaare mit 1=zelligem Stiele und eiförmigem, durch wag= und senkrechte Scheidewände gefächertem Köpfchen), sonst kahl, unterseits bläulichgrün und mit undeutlich oder nicht hervortretenden, nicht durchwegs parallel verlaufenden Nerven 3. Ordnung, in den Nervenwinkeln mit rostfarbenen Haarbüscheln (Deckhaare lang, oft bandförmig gedreht, einzeln oder in Gruppen zu 2 bis 4), auf den Nerven spärlich drüsig. Blütenstände vorgestreckt, 3= bis 16=blütig, am Grunde mit einem kleinen, schuppenförmigen, freien und einem grossen, lineal=länglichen, zungenförmigen, stumpfen, ganzrandigen, häutigen, netzaderigen, bleich grünlichgelben Deckblatt, mit einer Gipfelblüte abschliessend und mit 3 linealen, tiefer stehenden Hochblättern: das unterste steril, die beiden oberen in ihren Achseln dichasial=wickelige Teilblütenstände tragend und mit deren Achse etwa bis zur Mitte verwachsen. Kelchblätter 5, eiförmig, spitz, etwa 3 mm lang, reichlich, besonders am Rande und gegen die Spitze zu, sammetig kurzhaarig, graugrün. Kronblätter 5, schmal=verkehrt=eilänglich, 3 bis 8 mm lang, gelblichweiss, kahl, ± aufgerichtet. Staubblätter bis 30, vielfach z. T. staminodial, in 5 Bündeln, frei, bis 9 mm lang, so lang wie die Kronblätter (Fig. 1954 b). Fruchtknoten aus (3 bis 4) 5 Fruchtblättern gebildet, gefächert; Griffel nur am Grunde behaart, mit 5=kerbiger Narbe, kürzer als die Staubblätter. Fruchtstand sehr lang das grosse Hochblatt tragend. Frucht 1=samig, fast kugelig, kurz und schief zugespitzt, 5 bis 8 mm lang, sehr wenig kantig, dünnschalig, zerbrechlich (Fig. 1949 g). Samen kleiner als die von T. platyphyllos, kugelig=eiförmig, etwa 4,5 mm lang, etwas glänzend, fast glatt, stets ohne Längsriefen, rotbraun. Keimblätter handförmig gelappt; Lappen kurz, stumpf, die beiden untersten häufig geteilt. — Ende VI bis Mitte VII.

Ziemlich verbreitet, aber meist zerstreut, selten in ± reinen Beständen auf frischen bis ziemlich trockenen, tiefgründigen oder dünnkrumigen Böden über Fels und Grobschutt, besonders in Laubmischwäldern, aber auch in reinen Laub= oder in Laub= und Nadelmischwäldern, seltener in Föhrenbeständen, in Laubgebüschen, vereinzelt auch an Ufern, auf Lesesteinhaufen usw., häufig in Dörfern, an Landstrassen und in Parkanlagen gepflanzt. Von der

---

¹) Die Art heisst bei Matthioli Tilia fœmina.

Ebene bis in die untere Bergstufe: in den Herzynischen Gebirgen wild bis 590 m (gepflanzt bis 790 m), im Bayerischen Wald [nach Sendtner] bis 614 m, in den Nordalpen bis 1360 m (so in den Bayerischen Alpen, in Tirol bis 1200 m, im Schanfigg [als Strauch] bis 1240 m), in den Zentralalpen bis 1500 m (so im Wallis, im Berner Oberland bis 1450 m), in den Südalpen (Tessin) bis 1450 m, im Schweizer Jura bis 1100 m; in Ungarn wild bis 880 m (gepflanzt bis 1055 m), in Norwegen bis etwa 550 m, in der Kolchis[1]) bis 2000 m. Auf Unterlagen aller Art, aber Kalkböden vorziehend.

In Mittel- und Süd-Deutschland ziemlich verbreitet und stellenweise häufig, doch in den Alpen, auf der Schwäbisch-bayerischen Hochebene, im Bayerischen und Frankenwald, im Nordbayerischen Triasgebiet und im Schwarzwald anscheinend nur sehr zerstreut; mit Annäherung an die Nordatlantische Niederung seltener werdend; am Niederrhein ganz fehlend; in Westfalen kaum einheimisch; in der Nordwestdeutschen Tiefebene bei Medingen zwischen Uelzen und Bevensen, früher vielleicht weiter verbreitet; um Hannover allgemein verbreitet; in Schleswig (sicher urwüchsig) mehrfach in den Kratts, ferner in den Gebüschen an den Treenehöhen; in Holstein vermutlich nur gepflanzt; im Nordostdeutschen Flachland meist selten, in Mecklenburg sehr spärlich, in Ostpreussen am häufigsten noch in den Kreisen Labiau, Königsberg, Wehlau und Insterburg. – In Oesterreich ziemlich verbreitet, nur im Alpengebiet zerstreut. – In der Schweiz meist verbreitet (namentlich im Tessin), nur im Zentralalpengebiet und im Jura zerstreut.

Fig. 1954. Tilia cordata Miller. *a* Blühender Zweig. *b* Blüte. *c* Staubblatt. *d* Ausschnitt aus dem Laubblatt von der Unterseite. *e* Zähnung des Laubblattes. *f* Zweig im Winterzustand mit noch ansitzenden Fruchtständen. *g* Winterknospe. *h* Keimling aus dem Samen herauspräpariert (Fig. *h* nach Goebel).

Allgemeine Verbreitung: Europa, nördlich bis Cumberland (Nord-England), mittleres Belgien, Nord-Deutschland, Dänemark, Norwegen (Gudbrandsdalen [62° nördl. Breite], Nordland [65° 30′ nördl.

---

[1]) In der Kolchis kann man mit Rikli (in Natur- und Kulturbilder aus den Kaukasusländern und Hocharmenien, 1914) von einer förmlichen Verlegung des vertikalen Verbreitungsschwerpunktes reden, da Tilia cordata in den reichen kolchischen Wäldern erst bei 1400 m erscheint und bis 2000 m ansteigt. Eine entgegengesetzte Verschiebung zeigt Acer Pseudoplatanus, der in den Alpen bis in die subalpine Stufe emporsteigt, in der Ostpontis aber bereits in der Ebene erscheint und schon bei 1200 m seinen höchsten Siedelungsort erreicht

Breite), Schweden bis 63° nördl. Breite (kultiviert in Skandinavien bis 68° nördl. Breite), Finnland (Oesterbotten), Nord=Russland (bis zirka 62°41' nördl. Breite, Nordsawo [bis etwa 63° 40' nördl. Breite], Onega=Karelien, Budosh und Karpopol [Olonetz]); östlich bis Schenkursk (Archan= gelsk), Wologda, bis zum westlichen und südlichen Teile des Gouvernements Wjatka, Perm; südlich bis Spanien (bis Cantabrien, Sierra de Guaderrama, Aragonien und Catalonien), bis zum mediterranen Frankreich, Korsika, Mittel=Italien, Nordbalkan bis zum südrussischen Steppen= gebiet (Cherson, Jekaterinoslaw, bis zur unteren Wolga [Saratow], Orenburg), ferner ver= sprengt auf der Krim und im Kaukasus. Die Angaben aus Sibirien beziehen sich auf T. Sibirica. — In Nord=Amerika in Kultur.

Der nicht allzu formenreiche Baum zeigt folgende Gliederung[1]): 1. var. týpica Beck (= T. cordáta Mill. var. májor V. Engler, = T. cordata Mill. var. cymósa, var. cordifólia und var. boreális C. K. Schneider). Laub= blätter mit Ausnahme der obersten jeden Zweiges am Grunde herzförmig oder schief=herzförmig, meist 4 bis 7 cm lang und breit. Blütenstand (2=) 5= bis 7=blütig. Früchte wollig=filzig. Verbreitetste Form. Hierher gehören: f. rotundifólia (Spach) V. Engler (= T. cordata var. Lemáni H. Braun?). Laubblätter nieren=herzförmig. Hie und da. — f. betulifólia (Bayer) V. Engler (= T. parvifólia var. genuína f. foliis minimis Rchb., = T. ulmifolia var. parviflora Rouy et Foucaud). Laubblätter sehr klein, etwa 3 cm lang und 2,5 cm breit, mit verhältnismässig langen Stielen. Stützblatt sehr klein. Selten? Aus Niederösterreich von Krems angegeben. Ein gepflanzter Baum z. B. bei Memmingen. — f. májor (Spach). Laubblätter sehr gross, 9 bis 10 cm im Durchmesser. — f. vitifólia (Wierzb.) V. Engler. Laubblätter grossenteils 3=lappig. Nur steril beobachtet. Viel= leicht nur eine monströse Form. — f. elongáta V. Engler. Laubblätter grösser, länger als breit, herz=eiförmig oder fast herzförmig, nie gestutzt. Nur in Kultur bekannt. — f. aúreo=variegáta (C. K. Schneider) V. Engler (= T. parvifolia var. argénteo=variegata hort., = T. aureo=variegata hort.). Laub= blätter gelblich panaschiert oder gerandet. Kulturform. — f. longibracteáta (Kirchn.) V. Engler. Deckblatt den Blütenstand weit überragend. Wohl Kultur= form. — Die Formen f. cymósa Rchb. (Blüten bis 11 in einem Blütenstande) und f. oligántha Rchb. (Blüten weniger zahlreich) kommen an ein und dem= selben Baume vor, haben also keinen systematischen Wert. — var. Borba= siána H. Braun soll nach Link nur eine Schattenform mit bleicheren Laub= blättern sein. — 2. var. asymmétrica Borbás (= T. parvifolia Ehrh. péndula hort.) Laubblätter am Grunde ± schief gestutzt, sehr selten etwas herzförmig oder keilförmig, oft allmählich zugespitzt und ziemlich lang gestielt. Stellenweise häufiger als der Typus. Hierher gehören: f. ovalifólia (Spach) V. Engler (= T. cordata var. ovalifolia C. K. Schneider). Laubblätter kleiner, ± eiförmig, am Grunde meist abgerundet, mit kürzeren oder fast gleich langen Stielen. Nur aus der Kultur bekannt. — f. acuminatíssima (Rchb.) V. Engler (= T. cordata var. acuminatíssima C. K. Schneider). Laubblätter mit lang vor= gezogener, fast ¹/₃ der Spreite erreichender Spitze. Ob im Gebiet? — f. Blockiána (Borbás). Laubblätter verhältnismässig gross, 8 bis 13 cm lang, zur Dreilappigkeit neigend. Nur aus der Kultur bekannt. — f. excédens V. Engler. Laubblätter oft kleiner. Deckblätter die Blütenstände über= ragend. Bis jetzt nur aus dem mittleren Schweden angegeben. — 3. var. Tiroliénsis H. Braun. Laubblätter lang gestielt, am Rande meist etwas gelappt. Blütenstände die Laubblätter weit überragend, lang gestielt, locker, länger als ihr Flügel. Frucht verkehrt=eiförmig. Tirol.

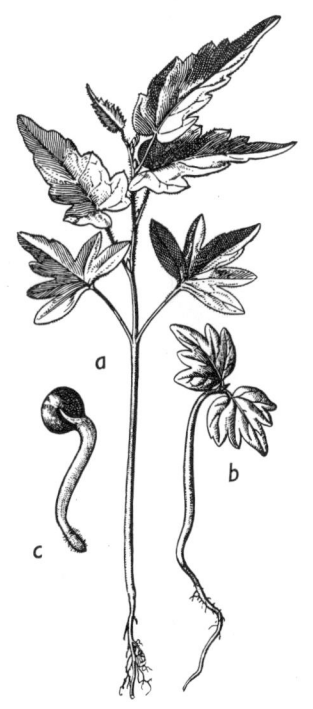

Fig. 1955. Tilia platyphyllos Scop. *a* Keimpflänzchen. — Tilia cordata Miller. *b* Keimpflänzchen. *c* Keimender Samen.

Tilia cordata gehört dem europäischen Elemente an. Sie bewohnt mit Vorliebe gute, mineralreiche (Braunerde=)Böden mit leichter Aufschliessbarkeit, die im Sommer durch die Sonnenstrahlung gut austrocknen und wenig Rohhumus enthalten und ist deshalb gleich der Winter=Eiche durch die Kultur (Wein=, Obst= und Weizenbau, im mediterran=montanen Gebiete auch durch die vom Menschen begünstigte Edelkastanie [vgl. Bd. III, pag. 101]) aus weiten Teilen ihres ehemaligen Verbreitungsgebietes verdrängt worden. In ozeanischen Landstrichen unterliegt sie der daselbst lebensfähigeren Buche. Ihr Rückgang in den letzten Jahrhunderten ist aber nicht nur auf die Verdichtung der Bevölkerung und den im Mittelalter einsetzenden Uebergang zu intensiveren

---

[1]) Man sammle ausser blühenden Zweigen auch Herbstzweige mit reifen Früchten.

landwirtschaftlichen Betriebsformen zurückzuführen, sondern wurde nach Gams und Nordhagen (Postglaziale Klimaänderungen und Krustenbewegungen in Mitteleuropa, 1923) durch eine zur Hallstattzeit einsetzende Klimaverschlechterung bedingt, die der Buche zur Ausbreitung verhalf. Am reichlichsten tritt der Baum gegenwärtig noch im östlichen Europa auf, wo er stellenweise, z. B. im mittleren Russland, in den baltischen Ländern (jetzt stark zurückgehend), in einigen Teilen Polens und in Ungarn ausgedehnte, fast reine Bestände bildet. Auch in Mitteleuropa sollen nach Drude namentlich auf Kalken und Basalten aus Mittelwäldern auch jetzt noch reine Lindenwälder hervorgehen. Der Vergangenheit gehört wohl die Feststellung von Franz Paula v. Schrank (Baierische Flora. Bd. II, 1789) an, dass im Demlinger Holze bei Ingolstadt „ein ganzer Waldort aus dieser Holzart" besteht. An Flussläufen dringt der Baum im Osten bis in das Steppengebiet vor. Gegen Zuwehung durch Sand ist er sehr widerstandsfähig; nach H. Preuss finden sich z. B. auf einer Düne bei Vogelsang in Ostpreussen bis zu den Kronen verschüttete alte Linden, die noch üppig grünen. In den Gebirgen und an der Nordgrenze des Verbreitungsgebietes, z. B. in Finnland, aber nach P. Friedrich z. B. auch in den Lübecker Waldungen, verzweigt er sich meist von Grund auf, bleibt strauchig und meist unfruchtbar. Gut fruchtende, etwa 80 cm hohe Zwergsträucher traf Beger an felsigen Orten im Fränkischen Jura bei Eichstätt an. — Häufig bildet der Baum zusammen mit Quercus sessiliflora einen Mischwald (Quercus sessiliflora-Tilia cordata-Mischwald), dem E. Schmid (Vegetationsstudien in den Urner Reusstälern. Ansbach, 1923) besondere Aufmerksamkeit geschenkt hat. Diese Waldgesellschaft bildet für ziemlich warme und mässig feuchte Gebiete, wie sie in Mitteleuropa z. B. die von den Gebirgen geschützten Talmulden, im Mittelmeergebiet die montane Stufe bietet, den klimatisch bedingten Gehölzabschluss. Sie zeichnet sich über weite Gebiete hin durch grosse floristische Einheitlichkeit und bedeutenden Artenreichtum aus, ist aber infolge der starken wirtschaftlichen Beanspruchung durch den Menschen recht vielseitig umgestaltet worden. Als bezeichnende (Charakter-)Arten sind etwa hervorzuheben: Quercus sessiliflora, Juglans regia, Castanea sativa, Sorbus Aria, Ulmus scabra, Prunus avium, Acer campestre subsp. hebecarpum, Corylus Avellana, Crataegus monogyna, von Rosa-Arten z. B. R. dumetorum und R. Vogesiacum, ferner Lonicera Xylosteum, Evonymus latifolia, Coronilla Emerus, Viburnum Lantana, Melica uniflora, Festuca heterophylla, Polygonatum officinale, Asplenium Adiantum nigrum, Cephalanthera grandiflora und C. rubra, Tamus communis, Anemone Hepatica, Arabis Turrita, Sedum Telephium subsp. maximum, Lathyrus niger, Astragalus glycyphyllos, Lithospermum purpureo-caeruleum und Chrysanthemum corymbosum. Sehr regelmässig (als Konstante) erscheinen Carpinus Betulus, Rhamnus cathartica, Ligustrum vulgare, Viburnum Lantana, Cornus sanguinea, Salix Caprea, Prunus spinosa, Pirus communis und P. Malus, Sorbus Aria, Fraxinus excelsior, Evonymus Europaea, Juniperus communis, Crataegus monogyna und C. Oxyacantha, Sambucus nigra, Berberis vulgaris, Clematis Vitalba, Hedera Helix, Melica nutans, Brachypodium silvaticum, Lathyrus vernus, Asperula odorata, Euphorbia dulcis, Vincetoxicum officinale, Buphthalmum salicifolium usw. Der weiten Verbreitung der Gesellschaft entsprechend lassen sich eine Anzahl geographischer Rassen unterscheiden, die durch folgende floristische Färbungen ausgezeichnet sind: Die atlantische Rasse, die im nördlichen Teile an die atlantischen Buchenwälder, im südlichen Teile im mediterranen Florenbezirk im Hügellande an reine, in Süd-Frankreich von Quercus pubescens und Q. Ilex, auf der Iberischen Halbinsel von Q. Suber, Q. Ilex und Q. Tozza gebildete Eichenwälder grenzt, in der subalpinen Stufe von Buchenwäldern (Sevennen) oder Tannenwäldern (Nord-Spanien), seltener Föhrenbeständen abgelöst wird, besitzt Ilex Aquifolium, Sarothamnus scoparius, Prunus Lusitanica, Carex depauperata usw. In der submediterran-montanen Rasse erscheinen Quercus Cerris, Acer Opalus, Celtis australis, Castanea sativa, Ostrya carpinifolia, Fraxinus Ornus, Cytisus Laburnum, Buxus sempervirens. Diese Arten begleiten den Wald bis etwa Mittel-Spanien,

Fig. 1956. Tilia cordata Mill. 3 Blütenstände.
Phot. Th. Arzt, Wetzlar.

Süd-Italien und zum südlichen Balkan. Hier wird er nach oben durch Buchen- und Buchen-Fichten-Mischwälder, in den Illyrischen Gebirgen auch durch Buchen-Tannenwälder begrenzt, während sich in tieferen Lagen mediterrane Gehölze und Felsensteppen anschliessen. Die pontische Rasse ist durch Prunus Chamaecerasus, P. nana, Staphylea pinnata, Cytisus nigricans, Cornus mas und andere Arten gekennzeichnet. Mit der Annäherung an die südostrussischen Steppen geht das Tilieto-Quercetum in reine oder ± gemischte Quercus Robur-Wälder über. Nach Norden zu verarmt der Wald sehr rasch und ist auch auf die untersten, wärmsten Gebirgslagen oder auf weite Talmulden beschränkt. Ueber ihm finden sich Buchen- und Buchentannen-Mischwälder, im Osten auch Koniferengehölze. Die Nordgrenze verläuft etwa von den Kalkgebieten Nordwest-Frankreichs und Süd-Belgiens zum Moseltal, über den Taunus und das Thüringische Bergland zu den Hängen der Sudeten, zur Lysa Gora und quer durch das mittlere Russland zum Ural und schneidet dadurch im Westen die anstossenden Buchenwälder, im Osten die sich anschliessenden Quercus Robur-, Picea excelsa- und Pinus silvestris-Bestände. Nördlich dieser Grenze findet sich der Mischwald in Deutschland nur noch in kleineren Inseln.

Florengeschichtlich lässt sich nachweisen, dass Tilia cordata schon während des Diluviums in Mitteleuropa ansässig war. So wurde sie bei Perle unweit Fismes (Aisne, Frankreich) zusammen mit Salix cinerea, Populus nigra, Alnus incana, Quercus, Juglans regia, Ficus Carica, Ulmus campestris, Cercis Siliquastrum, Pirus acerba, Euonymus Europaea, Tilia platyphyllos, Acer campestre und Sassafras (?) aufgefunden, lebte also schon damals (Mindel-Riss-Zwischeneiszeit) in fast ähnlicher Gesellschaft wie gegenwärtig. Jedoch war sie, wie zahlreiche Ablagerungen gezeigt haben, wenigstens am Anfang der Diluvialzeit weniger häufig als T. platyphyllos. In den Mergeln von Kaltbrunn, die H. Brockmann als glazial erklärt, die aber nach Jeannet eher der Mindel-Riss-Zwischeneiszeit angehören, fand sie sich neben sehr reichen Resten von Tilia platyphyllos, Quercus Robur und Picea excelsa, ferner mit Salix cf. Caprea, Corylus Avellana, Clematis Vitalba, Asarum Europaeum, Acer platanoides und A. Pseudoplatanus, Fraxinus excelsior, Viburnum Lantana und V. Opulus, sodass sie an diesem Orte als Nebenart in einem Fichten-Mengwald gewachsen sein mag. Dieselben Arten mit Ausnahme von Quercus Robur (?), Acer, Salix und den beiden Viburnum-Arten, aber mit Juniperus communis, Populus tremula, Carpinus Betulus, Betula alba (?), Quercus sessiliflora, Rhamnus Frangula, Tilia intermedia, Cornus sanguinea u. a. kamen in den Mergeln von Honerdingen vor, die C. A. Weber in die erste Interglazialzeit stellt. Auch in präglazialen (tertiären) Schichten wurden bereits mit Tilia cordata übereinstimmende oder ihr nahe verwandte Formen festgestellt, so in den Kalken von Striesa in Schlesien, in den miozänen Schichten von Sinigaglia in Umbrien, in den obermiozänen Ablagerungen des Schichower Tales und den gleichalterigen von Münsterberg in Schlesien. Da nach der gegenwärtig herrschenden Meinung Lindenreste nie in eiszeitlichen Sedimenten, wohl aber in den älteren Torfen (unter mächtigen Hochmoortorflagern und Lebertorfen) gefunden worden sind, so ist für Mitteleuropa die frühzeitige Einwanderung aus dem Osten nach dem Rückzug der grossen Vergletscherung sehr wahrscheinlich. Nach Skandinavien gelangte Tilia cordata vielleicht schon in der borealen, sicher in der atlantischen Phase (Funde von Skåne, Småland, Halland, Blekinge, Wester- und Oester-Götland). Im kontinentaleren Norddeutschland und in Finnland verdrängte sie durch ihr Erscheinen zur Eichenzeit mit dem allmählichen Steigen der Temperatur den Birken-Espen-Kiefern-Wald oder den ± reinen Kiefernwald, im ozeanischen Westen den Birken-Espen-Wald und bildete zunächst mit Pinus silvestris, Acer platanoides, Ulmus scabra, Corylus u. a., später im postglazialen Wärmehöhepunkt (subboreale Phase), als die einwandernde Eiche die Kiefer ablöste, gemeinsam mit diesem Neuankömmlinge und weiteren Laubhölzern den oben bereits kurz gezeichneten Mengwald. In der folgenden, klimatisch mehr ozeanischen atlantischen Phase, welche Buche, Fichte und Tanne nach Mitteleuropa brachte, wurden ihr durch diese Bäume weite Gebiete entrissen, sodass sie bereits in der feuchteren und anfangs kälteren subatlantischen Phase, die etwa der Pfahlbauerzeit bis zur jüngeren Hallstatterzeit entspricht, auf ihre ihr noch gegenwärtig klimatisch zugewiesene Verbreitung beschränkt wurde. Der Mensch hat dann auf dieses Gebiet aus wirtschaftlichen Gründen weiterhin zerstückelnd eingewirkt. Doch lässt sich z. B. für die Alpen ein erneutes Vordringen gegenwärtig wieder feststellen.

Das Holz der Winterlinde ist sehr leicht und hat ein spezifisches Frischgewicht von 0,80, ein Trockengewicht von 0,45. Der Splint ist trocken, rötlichweiss, das Holz hell und im Längsschnitte schwach seidenglänzend. Es ist ziemlich grobfaserig, aber sehr gleichmässig, sehr weich, elastisch, ziemlich biegsam, wenig fest und nur trocken einigermassen dauerhaft, schwindet stark (um 7 %) und spaltet leicht, aber nicht glatt. Der Brennwert ist gering. In der Forstkultur ist die Winterlinde aus diesem Grunde und, da sie grosse Bodenansprüche stellt, wenig beliebt. Ihrer geringen Wärme- und Lichtbedürfnisse wegen wird sie allerdings in kühleren Lagen geschont. Nach Gayer wurde sie früher sogar vielerorten infolge ihrer Raschwüchsigkeit und ihrer starken Lichtabdämmung wegen zugunsten der Buche entfernt. Falls ihre Vermehrung aber im Forstbetrieb vorgenommen wird, so geschieht es meist durch Selbstverjüngung durch die nach einjähriger Ruhe (Feucht) reichlich keimenden Samen; seltener werden Halb- oder Ganzheister gepflanzt. Stock- und Wurzelausschläge tragen reichlich dazu bei, die Art an ihren Siedelungsorten zu erhalten. K. Linkola nennt Tilia cordata zwar hemerophob (menschenfliehend), hebt aber hervor, dass sie sich träge an einmal eingenommenen Orten halte. Im Tessin werden die Bäume, die zur Brennholzgewinnung bestimmt sind, im vorangehenden Winter geschneitelt. Selten verwendet man das Holz als Bauholz, häufiger zu Rebstützen in Weinbergen, zu Dielen und Wandverkleidungen, Möbeln (meist als Blindholz), beim Waggonbau und zu Gebrauchsgegenständen des täglichen Lebens (Zubern, Mulden, Trögen, Schüsseln, Löffeln, Holzschuhen), zu Laubsäge=Arbeiten, Zeichen= brettern, ferner zum Bau von Wasserfahrzeugen, in der Wagnerei zu Bremsklötzen und als Füllholz, beim Flugzeugbau, nicht selten auch als Kistenholz. Vorzüglich eignet es sich seiner weichen und gleichmässigen Beschaffenheit wegen für die Holzschnitzerei: zur Herstellung von Zierschränken, Bilderrahmen, Schachfiguren, Heiligenbildern. Früher hiess es aus letzterem Grunde Lignum sanctum. Lindenholzspäne dienen in Russland der ärmeren Bevölkerung zum Füllen von Matrazen. Das stärkehaltige Holzmehl kann zu Futterzwecken ver=wendet werden. Die weiche Holz=kohle dient als Reisskohle zum Zeichnen, zur Herstellung von Pulver und von Räucherkerzchen, als Zahn=pulver und war früher — namentlich in der schweizerischen Pharmokopoe — zu medizinischen Zwecken (Cárbo Tiliae) sehr geschätzt, da sie eine starke fäulniswidrige Wirkung bei Wunden und offenen Geschwüren aus= übt. — Die Rinde enthält Vanillin und kristallisiertes Tiliadin ($C_{21}H_{32}O_2$). Ihres Schleimgehaltes wegen wurde sie schon im Altertum äusserlich bei Brand= und Schusswunden, Augen= verletzungen usw. benutzt. Im Cam= bialsaft finden sich Saccharose, Sal= miak, Gummi, in jungen Zweigen ausserdem Gallussäure (Wehmer). Das Holz ist reich an Kalk. — Die Laubblätter enthalten Saccharose und etwas Invertzucker, das Glykosid Tilia= cin und den Farbstoff Carotin; Wicke stellte darin auch 0,066 % CuO fest. Der Absud derselben soll ein gutes Mittel gegen Bleichsucht sein. Im Alter=

Fig. 1957. Tilia cordata Mill., Riesenlinde bei Bremgarten (Schweiz).

tum galt er als harntreibendes und blutstillendes Mittel. In futterarmen Gegenden werden wie bei Tilia platyphyllos die Laubblätter oder auch ganze Zweige Ende August oder Anfang September gesammelt (die Bäume geschneitelt) und als Schaf= oder Geissenfutter für den Winter getrocknet. Angeblich dienen sie auch als Tabakverfälschung. Die durch Blattläuse erzeugten Ausscheidungen auf der Oberseite der Spreiten (Honigtau) enthalten unter anderem Saccharose, Mannit, Traubenzucker, Gerbstoff, Gummi und Schleim. In den Blüten tritt als medizinisch wirksame Substanz ein unter dem Namen Lindenblütenöl bekanntes ätherisches Oel auf. Ferner sind darin nachgewiesen worden: Gerbstoff, Schleim, Zucker, Gummi, Wachs, Fett, Anthoxanthin, apfel= und essigsaures Kalium, Kalziumsalze, Cerasin und Pektin. Die offizinellen „Flóres Tiliae" (Pharm. Germ., Austr. et Helv.) werden nach A. Tschirch namentlich in Süddeutschland (Franken, Elsass [hier nach Rosen= thaler etwa 3000 kg jährlich]), in Oesterreich und in der Schweiz, ferner in Belgien, Ungarn, Südrussland und in den Balkanländern gesammelt. Die Droge darf aus den Blütenständen von Tilia cordata, T. platyphyllos und ihrem Bastärde bestehen. Hingegen ist die Verwendung der Blüten amerikanischer Arten, die sich durch einen ganz anderen Duft auszeichnen, nicht gestattet. Die Blütenstände enthalten in der Regel noch das Flügelblatt. Dieses bleibt auch am Baume häufig bis zum Frühling erhalten („Wintersteher"), eine Erscheinung, die bei Tilia platyphyllos viel seltener ist. Der Duft der Lindenblüten nimmt infolge des ziemlich starken Verdunstens des ätherischen Oeles bereits beim Trocknen stark ab und erlischt nach etwa 1 Jahr, sodass die Droge nur inner= halb dieser Zeit verwendbar ist. Der Tee ist als schweisstreibendes Mittel allbekannt. Er wirkt ferner wasser= treibend, krampfstillend, magenstärkend und blutreinigend und wird auch als Mund= und Gurgelwasser benutzt. Die aufgekochten Blüten dienen ähnlich wie Leinsamen zu Umschlägen oder werden Bädern für Nervenleidende beigegeben. Der Gebrauch der Droge wird auf Tragus zurückgeführt. Neuerdings wird das ätherische Oel, dessen Ausbeute nach Neger nur 0,05 % beträgt, fabrikmässig gewonnen[1]). Es übertrifft alle anderen ätherischen Oele an Feinheit des Duftes und wird etwa 10-mal teuerer bezahlt als Rosenöl. Wichtig sind die Blüten auch als Bienenfutter. Ihretwegen war der Baum im Mittelalter gebannt und galt als „des heiligen römischen Reiches Bienengarten". Reiner Lindenblütenhonig wird hoch bewertet und ist sehr begehrt.—Die Samen enthalten ein zitronen= gelbes fettes Oel, welches nach Diels dem besten Olivenöl gleichgestellt werden kann, nicht trocknet, nicht ranzig wird und bei —21° erstarrt. Im Herbste 1915 wurde in Deutschland vom „Kriegsausschuss für Oele und Fette" für 100 kg lufttrockne Lindensamen frei Verladeplatz 140 Mark bezahlt. Nach den Untersuchungen von C. Müller können mit Petroläther bis zu 58%, nach Muth durch Abpressen bis zu 28% des fetten Oeles gewonnen werden. Die gehegten Hoffnungen einer weitgehend technischen Ausnützung sind aber fehlgeschlagen, da der durchschnittliche Gehalt nur 9% (bis 16%) beträgt und sich gleichzeitig herausgestellt hat, dass ein grosser Teil der Früchte völlig taub oder sonst irgendwie unbrauchbar ist. Mehrfach sind sie auch als Kaffee= ersatz vorgeschlagen und benutzt worden. Unter Friedrich dem Grossen wurde der Versuch unternommen, aus Lindenblüten und Lindensamen auf Grund eines von einem Chemiker Massi gegebenen und von Marg= graf geprüften Rezeptes Lindenschokolade herzustellen.

Viel beliebt ist die Winter=Linde als Alleebaum, zumal die fast unbehaarten Laubblätter weniger unter Staub und Befall durch Milben leiden wie manche der ausländischen bei uns eingeführten Linden=Arten. Als Zier= baum ist sie auch weit verbreitet in Parkanlagen, Gärten, auf Dorfplätzen, vor Kirchen, um Kapellen (Fig. 1957), auf Friedhöfen, auf Weiden als Schattenbäume für das Vieh usw. Für solche Pflanzungen kommen nur selten Wildlinge, Stecklinge oder bewurzelte Stocklohden als Ausgangsmaterial zur Verwendung. Meist werden die Pflänzlinge für solche Zwecke in Baumschulen aus Samen gezogen. Der Grund der Beliebtheit der Linden (beide heimischen Arten kommen dafür in Betracht) liegt wohl darin, dass sie im Volksglauben und Volksleben, in der Religion und in der Poesie von altersher eine bedeutende Rolle spielen. Zu Unrecht hat später Klopstock diese Bedeutung der Eiche zugeschrieben, ein Irrtum, auf den besonders Schleiden nachdrücklich hingewiesen hat. Das Lindenblatt war das Zeichen des freien Grundbesitzers; die Eichel hingegen bezeichnet in der Wappenkunde den Stand des besitzlosen Knechtes. Den slavischen und germanischen Volksstämmen war der Baum heilig. Erstere weihten ihn der Ostora (die Russen der Liebesgöttin Krasogani), bei den Germanen galt er als der heilige Baum der Frigga, der Göttin der Fruchtbarkeit. In seinem Schatten wurde Gericht gehalten, gearbeitet, gespielt, getanzt und Hochzeit gehalten. Er galt als Talisman, als Zauberbaum und als Schutz gegen böse Geister und gegen den Blitz. Am Stamme brachte man Votivbilder an. Eine Quelle an seinem Wurzelfuss galt als heilkräftig. Mit seinem Baste waren der Teufel und die bösen Geister zu fesseln. Lindenzweige verjagten die Hexen aus dem verzauberten Walde. Lindenblütenwasser galt als Heilmittel gegen „fallende Sucht, Schlag, Schwindel, Kalte Gebresten des Hirns, Bauchgrimmen, verzehrte Därm, rote Ruhr, Gichter bei Kindern, Blattern, Mund= fäule" usw. Ein herabfallendes Lindenblatt verhinderte die vollständige Hörnung Siegfrieds beim Bade im Drachenblut. Die bisweilen auftretende, monströse, kappenartige Form von Laubblättern entstand der Sage nach auf dem Kirchhof eines Cisterzienserklosters bei Sedlitz an Linden, an denen Mönche den Märtyrertod gefunden hatten (Naturwissenschaftliche Wochenschrift, 1914, pag. 48). Von der 1878 durch einen verheerenden Sturm niedergeworfenen Katharinenlinde auf der Rüdener Heide (Württemberg) wird berichtet, dass die heilige Katharina, die vor ihrem Verfolger Maximilianus II. aus Alexandrien geflohen war, auf der Rüdener Heide gefangen genommen wurde und den Tod dort erlitten habe. Vor ihrer Hinrichtung durch das Schwert habe sie gebeten, dass man auf ihrem Grabe eine Linde umgekehrt pflanze. Wachse der Baum weiter, so sei das ein Zeichen ihrer Unschuld und für die Wahrheit des Christenglaubens. Die Linde habe darauf Wurzeln ge= schlagen und sei zu einer mächtigen Gestalt herangewachsen. Eine ähnliche Sage knüpft sich an eine Linde auf dem Friedhof von Annaberg in Sachsen, die täuschend einem umgekehrten Baume ähnlich sieht, indem die Hauptäste (als die angeblichen einstigen Wurzeln) mit flachgedrücktem Grunde von dem unförmig kurzen und dicken Stamm abgehen, ganz ähnlich wie bei alten Stämmen die Wurzelanfänge als platte Strebepfeiler vom Stamme ab und in den Boden einzutreten pflegen. Die Krone ruht auf einem Gestänge von 23 Säulen. Brandt (Verhandlungen des Botanischen Vereins der Prozinz Brandenburg, 1913) berichtet von Brettästen an Winterlinden im Park zu Kassel, die dicht über dem Erdboden entspringen und bei einer Höhe von 52 cm nur eine Breite von 10 cm besitzen (epinastisches Dickenwachstum). Nach Thyssen (l. c.) stehen im Schloss= park zu Brühl bei Köln 8 starke Linden, deren Stämme schon unten abgeplattet sind und sich dann nach oben in zwei Richtungen ganz auffallend verbreitern, ohne dabei dicker zu werden. Andere brettästige Linden finden sich z. B. in Schwabstedt (Husum), Jerrishoefeld (Flensburg) und Viburg bei Kiel. Die Aeste der letztgenannten Linde sind z. T. 1 m breit und 10 cm dick. Von der Kunigundenlinde zu Nürnberg wird berichtet, dass sie dem Reise einer Linde entstamme, durch die der Kaiser Heinrich III. vor dem Tod auf der Jagd infolge eines Gebetes seiner Gemahlin Kunigunde bewahrt worden sei (Walser). In Utstedt (Oldenburg) steht die sog.

---

[1]) Zur Verwendung kommen dabei auch die Blüten von T. platyphyllos und T. tomentosa.

„dicke Linde", die am Fuss 17 m, in Brusthöhe 14 m und an der Ansatzstelle der Aeste noch 9 m im Umfang misst. Die Krone hat einen Durchmesser von 22 m und einen Umfang von 70 m. Der Baum dürfte bis in das 9. Jahrhundert zurückblicken und es ist wahrscheinlich, dass er als „Marienlinde" von den ersten aus dem Kloster Corvey entsandten Missionaren des Amberggaues um 850 gepflanzt worden ist. Vielleicht handelt es sich aber auch um eine „Fehmlinde" auf einer alten Dingstätte oder um einen frühmittelalterlichen Grenzbaum. Die letzte Gemeindetagung unter seinen Aesten fand 1866 statt, bei welcher der damalige Bürgermeister der Versammlung die Einverleibung des Königreiches Hannover in Preussen mitteilte (Linnemann). Eine andere „Gerichtslinde" von 5,66 m Umfang findet sich in Boldesholm in Holstein, unter der noch am Anfang des 18. Jahrhunderts „Tilialgerichte" gehalten wurden (wahrscheinlich T. platyphyllos). Die Linde zu Grimmental in Thüringen war ehedem Zeugin grossartiger Wallfahrten nach dem „vállis furóris", wie Luther zornentbrannt den Ort nannte. Andere bemerkenswerte thüringische Linden sind die zu Gierstädt (Gotha), die Hörscheler Linde bei Eisenach (1532 zum Andenken an die Uebergabe der Augsburger Konfession gepflanzt), die Merwigslinde bei Nordhausen usw. Im Sihlwald bei Zürich wurde zur Erinnerung an die Niederwerfung des Sonderbundes eine Linde gepflanzt. Auch die wohl 1470 gepflanzte Murtener Linde bei Freiburg in der Schweiz ist weit bekannt. Die an Grösse, Alter (600 bis 700 Jahre) und Reichtum historischer Erinnerungen ehrwürdigste Linde von Graubünden steht in Scharans im Domleschg (näheres bei Chr. Brügger in Seiler, J., Bearbeitung der Brüggerschen Materialien zur Bündnerflora. Dissertation, Zürich, 1909). Lange Zeit fanden die Gemeindeversammlungen unter dieser Linde statt. Ferner sei an die Hohenstaufen-Linden in Schwaben und an die vielen Dichtern gesetzten Linden: Uhlandlinde zu Stuttgart, Goethelinde zu Weimar, Wolframslinde zu Ried bei Cham (Bayern), Gellertlinde, usw. erinnert. Von der Seidellinde wird berichtet, dass sie mit dem Tode des Dichters zusammengebrochen sei (P. Hauerschmid). Um die Mitte des 16. Jahrhunderts wurden in Zürich viele Linden gepflanzt, aus denen z. T. so kräftige Stämme erwachsen sind, dass sie zwei Männer nicht umspannen können. Besonders ansehnlich sind die Bäume an der Limmat auf dem Lindenhof.

Die Linde ist, wie bereits weiter oben angedeutet, schon seit alten Zeiten viel besungen worden. Die Minnesänger, vor allem Walter von der Vogelweide, G. Parzival, Hans Sachs, später V. Scheffel, G. Schwab und viele Lokalpoeten priesen sie als den Baum des Friedens, der Erinnerung und der frohen Ereignisse im Menschenleben. Wer kennt nicht die trauten Lieder: „Am Brunnen vor dem Tore, da steht ein Lindenbaum" oder „Lindenwirtin, du junge" oder das alte Studentenlied „Halle, alte Lindenstadt, vivat, crescat, floreat". Als stärkste Linde Europas und als vielleicht ältester Baum Deutschlands gilt die Alte Linde zu Staffelstein, die am Fuss 16,5 m, in Mannshöhe 15 m Umfang misst. An der Nordwestseite sind Aeste des Baumriesen kahl und tot, aber gegen Süden entfaltet sie im Frühsommer ein wundervolle Blütenpracht, die zu den Sehenswürdigkeiten der Umgebung von Bamberg gehört. Das Alter dieses Veteranen wird auf etwa 1200 Jahre (vielleicht sogar auf 1900) geschätzt. In Zell bei Ruhpolding (Oberbayern) stehen zwei 6- bis 700-jährige Linden, an deren Wetterseite mehr als 12 teils gerade, teils gebogene, mit gesunder Rinde bekleidete Stämme von Armesstärke, die als „Luftwurzeln" bezeichnet werden, vom Kronenabsatz in die Erde herablaufen. Von interessanten Linden in Bayern seien weiter genannt: Die Dorflinde in Hendungen (Unterfranken), die Dorflinde in Effeltrich in Oberfranken (dürfte ums Jahr 1000 von heidnischen Wenden gepflanzt worden sein), die Tanzplatzlinde in Peesten bei Kulmbach, die Dohlenlinde bei Untergräfental (Oberfranken), die Kreuzberglinde zu Wiesau, die Kunigundenlinde bei Karsberg (Oberpfalz), die Kapellenlinde zu Ostheim (S.-Weimar), die Rüssinger Linde in der Pfalz, die grossen Linden auf Frauenchiemsee, die einstige Korbianslinde zu Weihenstephan, die Thassilo-Linde in Wessobrunn, die Grosse Linde in der Ramsau, die Christuslinde bei Berchtesgaden, die alten Linden bei Aufhausen (bei Erding), die Kirchenlinde bei Holzhausen, die Edignalinde bei Puch (bei Fürstenfeldbruck), die Norbertlinde in Roggenburg (Schwaben), die Kastuluslinde bei Hög (ungefähr 1000 Jahre alt mit Gedenktafel von Lehrer Filgertshofer, dem Erfinder der Rechentafel), die Historische Linde auf der Insel Wörth im Staffelsee usw. Nur noch ruinenhafte Reste sind die Ewiglichlinde von Wolfratshausen und Klaus bei St. Wolfgang in Oberbayern (näheres über diese und andere Linden vgl. Stützer, Fr. Die grössten, ältesten und sonst merkwürdigen Bäume Bayerns...., München, 1922). Aus Württemberg verdienen Erwähnung: die Rottweiler Hofgerichtslinde, die Katharinenlinde bei Esslingen, die Cassinilinde bei Cannstatt (nach dem Geodäten Cassini de Thury benannt), die Linde zu Neuenstadt am Kocher, die von 88 steinernen und 12 hölzernen Säulen getragen wird und erstmals 1325 genannt wird, die Ortslinde bei Criesbach am Kocher, die Meimsheimer Linde im Zabertal, die Kaiserlinde in Schlichten, die Hohenstaufenlinde beim Kloster Lorch, die Tübinger Schlosslinde, die Ziegelhoflinde bei Ehingen, die 11 Winterlinden („Apostel") bei Undingen im Oberamt Reutlingen, die Hoflinde im Allenspacherhof, die Badlinde in Ditzenbach, die Sommerlinde in Luizhausen (gilt als der genaue Mittelpunkt zwischen Wien und Paris), die Berglinde bei Erolzheim, die Siechenlinde bei Wurzach, die Hohengrabenlinde in Isny, die vierteilige Sommerlinde in Bergatreute usw. Aus Baden verdient die Alte Linde von St. Trudpert im Münstertal im Schwarzwald, deren Krone nach Art der Schatten-Plantanen breit schirmförmig gezogen ist, dann die Dorflinde von Oedengesäss bei Wertheim a. M. Erwähnung sowie die einstige neunteilige Linde auf dem Todenkopf (Neunlindenberg) im Kaiserstuhl. Als Sehenswürdigkeit des Aachener Stadtgartens wird ein uralter Baum gezeigt, der am Grunde aus 8 Stämmen besteht. Die aus der Reformationszeit stammende Linde bei der Kirche von Seeberg im Emmental (Schweiz) besitzt einen Stammumfang von 7,5 m. Ebenfalls aus der Reformationszeit stammt die Linde in Rietwil. Die rund 450-jährige Murtner-Linde in Freiburg hat (1,3 m über dem Boden gemessen) einen Umfang von 4,7 m (vgl. hierüber Baum- und Waldbilder aus der Schweiz. Erste Serie, 1908). Die Linde von Prilly bei Lausanne hat, trotzdem sie den Gipfel verloren hat, noch 25 m Höhe und 160 cm über dem Boden einen Umfang von 6,70 m. Berühmt sind aus der Schweiz ausserdem die Linden vom Heiterplatz ob Zofingen, bei Linn-Bözberg, die Riesenlinde in Emaus bei Bremgarten (Fig. 1957), „Dreilinden" ob St. Gallen, St. Valentinsberg bei Rüthi im Rheintal usw. Bei Marksuhl bei Eisenach zerstörte 1911 ein Sturm eine etwa 300-jährige, kernfaule Linde, die im Inneren des hohlen Stammes eine von einem Aste ausgehende Wurzel getrieben hatte, mit deren unzähligen Fasern sie in dem entstandenen Mulm Nahrung suchte (Natur, 1911, pag. 192). Eine ähnliche Linde findet sich noch bei Forst unweit Weilheim (Fig. 1966). Wie tief das Gemütsleben des Volkes mit der Linde versponnen ist, erhellt aus der grossen Zahl der Ortsnamen, die mit ihr in Verbindung zu bringen sind. von Berg zählt in Deutschland deren 871, für Bayern allein werden 204 genannt; Brandstetter kennt 241 deutsch-schweizerische, Jaccard 52 französisch-schweizerische Ortsnamen. Bezeichnungen wie Lindau, Linden, Lindach, Lindenberg, Hohenlinden, Linderhof, Gernlinden in Bayern, Lindenau (Leipzig), Lindenfels (Odenwald), Kirchlindach (Kt. Bern), Lindencham (Kt. Zug), Lienz lassen ihre Herkunft ohne weiteres erkennen. Fraglich ist u. a. die Ableitung von Limburg. Vom slavischen lipa = Linde leiten sich u. a. ab: Leipe = Lindheim, Lipine = Lindenberg, Lipsa = Lindendorf, Leipzig (Lipkso = Lindenort), Lipnitz, Lieps, Lubsee usw. Vom keltischen und altfranzösischen til stammen die westschweizerischen Ortsbezeichnungen: au Thé, au Thet, au They, au Thay, Theils, Tilles, au Tilly, Teilly, Tillay, Tilliez, ès Tillats, Tillery, Montelier, Montilliez, Montilly u. a. Auch Flur- oder Quartierbezeichnungen stehen oft in Verbindung mit Linden (vgl. auch [pag. 430] „lind" = weich), so: Unter den Linden (Berlin), bei der Linde, Dreilinden (Anhöhe bei Luzern und St. Gallen), Linden -hof, -wald, -giessen, -boden, -brunnen, -berg, -feld, -moos, -egg, -wies, -tal, -bühl, -acker usw. Aus dem romanisch-italienischen Sprachgebiete sei auf den Flurnamen Tigliedo, einen Hang am Eingang ins Val Calanca gegenüber Castaneda hingewiesen. Auch viele Geschlechtsnamen wie Lindner, Linde, Lindbicher, Lindacher, Lindemann, Lindemayer, Lindemüller, Lindenthal, Lindenberger, Lindendorfer, Lindenfelser, Lindenschmitt, Lindau, Lindauer, Lindpainter, Zurlinden, Zerlinden, Terlinden, Linné[1]), Lindélius, Lindström, Lindeblad, van der Linde, Tilliander usw. zeigen deutlich ihre Abstammung. Viele Gemeinden führen Lindenbäume oder Teile davon im Wappen, z. B. Lindenberg im Bayer. Allgäu, Lindau im Bodensee (eine ausgerissene Linde), Hettlingen, Dietikon, Uster, Uetikon (Kt. Zürich), Beinwil (Kt. Aargau), ebenso zahlreiche Familien in Württemberg, ferner z. B. das bayerische Geschlecht Seggendorfer, die Familie Struckmann in Osnabrück und die schwyzerische Familie Lindauer. Auch die Regensburgertaler besitzen eine Linde. Beliebt ist die Linde für Wirtshausbezeichnungen: zur Linde, zum Lindenbaum, Lindenwirt.

Bildungsabweichungen sind bei Tilia cordata nicht selten. Häufiger kommen Laubblätter mit 3- bis 5-lappiger Spreite vor (vgl. unter den Varietäten), die wohl Rückschläge zum Primärblatt-Typus vorstellen, ferner Verwachsungen der grundständigen Lappen der Spreite, so dass schild-, tuten-, kapuzen- oder becherförmige Gestalten zustande kommen. Vielgliederige Blüten sind seltener. Die häufig auftretenden Wurzelsprosse sind nicht als teratologische Bildungen aufzufassen, ebensowenig die ab und zu auftretenden Luftwurzeln im Inneren hohler Stämme. An stark dem Winde ausgesetzten Orten bildet die Linde Windformen. — Ziemlich verbreitet sind Gallen. Von diesen werden die rundlichen, bis 4 mm grossen, fleischigen oder schwammigen, grün oder rotbraun gefärbten, 1- bis mehrkammerigen Anschwellungen an Knospen, Blattstielen und Nerven

Fig. 1958. Winter-Linde als „Wintersteher" mit reifen Früchten. Phot. Meta Lutz und Dr. G. Hegi, München.

---
[1]) Linnés Familie nannte sich nach einer im Dorfe Stegaryd in Småland stehenden Linde.

und Blütenständen von der schwefelgelben Larve der Contarinia tiliarum Kieff. hervorgerufen (Fig. 1959 a). Die gelbliche Larve von Didymomýia Reaumuriána (F. Löw) Rübs. verursacht bis 8 mm grosse, kegelförmige, in die Laubblattfläche eingesenkte, einkammerige Gallen, die weissliche von Oligotróphus Hartigi Liebel auf der Spreite kreisrunde oder flache, unten schwach gewölbte Blasen. Blattrollung wird durch Dasyneúra tiliam= vólvens Rübs. und Erióphyes tetratríchus Nal. bedingt, Beutelgallen bis zu 15 mm Länge durch Erióphyes Tíliae Pagenstecher. Die var. exílis Nal. dieses Tieres erzeugt in den Nervenwinkeln nach oben gerichtete Buckel, die var. liosóma Nal. filzige Behaarung auf der Blattunterseite zwischen den Nerven oder oberseits längs der Nerven. Weitere Schädlinge unserer beiden Lindenarten sind: Borkenkäfer (Bostrý= chus=Arten, z. B. B. tiliae F., Pogonochórus híspidus L., Anóbium tesselátum F. usw.), auf den Laubblättern lebende Schmetterlingsraupen, wie Smerinthus tiliae L., der bekannte Lindenschwär= mer, Vanéssa antiopa L., Gastrópacha=, Lí= paris=, Acronycta=, Orthósia=, Eugónia=, Amphidásys= und Laréntia=Arten, blatt= minierende Raupen von Kleinschmetterlingen, z. B. die von Neptícula Tiliae Frey und Co= leóphora tilicélla Tr., ferner die in eben= solcher Weise tätige Larve der Blattwespe Cali= róa annúlipes Kl. Im Holze leben die Raupen von Cóssus lignipérda L., Zeuzéra Aes= culi L. und solche von Blattwespen. Blattläuse sind auf Linden selten (Áphis Tiliae L.). Auf der Rinde schmarotzen Aspidiótus Tiliae Bché. und Phytocóris Pópuli var. Tiliae Fb. Die Laubblätter leiden auch unter Pilzen, welche sich in Form von Flecken und Russtau kenntlich machen. Es seien genannt: Fumágo Tiliae Fuckel, Asochýta Tiliae Lasch und Gloeospórium Tiliǽcolum Allescher. Des weiteren vgl. Nalepa, Die Phytoptocecidien von Tilia und ihre Erzeuger (Verhandlungen der zoologisch=botanischen Gesellschaft Wien, 1920).

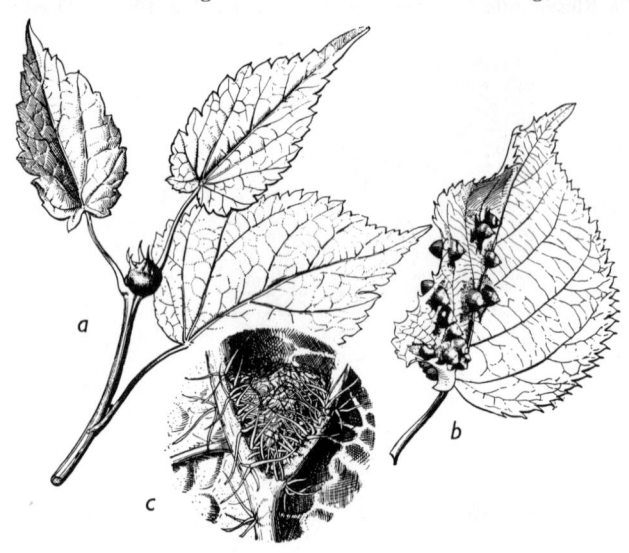

Fig. 1959. *a* An einem Lindenzweig durch Contarinia tiliarum Kieff. hervorgerufene Knospengalle. — *b* Durch Didymomyia Reaumuriana (F. Löw.) Rübs. hervorgerufene Blattgallen. — *c* Domatie in einem Nervenwinkel.

1889. Tilia platyphýllos Scop. (= T. Európǽa L., = T. officinárum Crantz, = T. grandi= fólia Ehrh.). Sommer=Linde, Früh= oder Gras=Linde. Franz.: Tilleul à grandes feuilles, tilleul femelle; engl.: Large leaved lime, female lime; ital.: Tiglio nostrale, tiglio d'estate (im Tessin téi); ladin.: im Engadin tigl, im Bergell teja, im Vorder=Rheintal tegl.[1]) Taf. 181, Fig. 4; Fig. 1949 a bis f, 1955 a, 1960 bis 1963.

Meist bis 40 m hoher Baum, seltener mehrere Meter hoher Strauch mit kräftiger Pfahl= und langen Seitenwurzeln und breit gerundeter, lockerer Krone. Stamm ähnlich wie bei T. cordata, aber Borke gröber, rissig und schwärzlich. Junge Zweige anfangs behaart, später kahl oder mit spärlichen Sternhaaren besetzt, olivgrün bis braunrot, glänzend. Knospen ziemlich gross und spitz, breit bis rundlich=eiförmig, die unterste Schuppe meist höchstens $^1/_2$ so lang wie die Knospe; fast hinter jeder Knospe eine Narbe. Laubblätter mit 2 bis 4,5 cm langen, reichlich behaarten Stielen, rundlich, asymmetrisch, am Grunde ± seicht herzförmig, vorn mit kurz aufgesetzter Spitze, an Stocklohden bis 17,5 cm lang und 19,5 cm breit, am Rande scharf gesägt, oberseits dunkelgrün, auf den Nerven oder auch auf der ganzen Fläche einfach und drüsig behaart (Haare oft dichtwandig, seltener zu Büscheln vereinigt), unterseits bläulichgrün, behaart bis kahl, in den Nervenwinkeln weisslich bebartet; Nerven 3. Ordnung deutlich her= vortretend und untereinander ± deutlich parallel verlaufend. Blüten in 3= bis 9= (bis 17=) blütigen, aus den Blattachseln neuer Triebe entspringenden Blütenständen. Kelchblätter 5, bis 6 mm lang, länglich=eiförmig, am Rande und gegen die Spitze zu reichlich sammtig behaart.

---

[1]) Hoffmann (1662) nennt die Art Tilia montána latifólia.

Kronblätter etwa 8 mm lang, verkehrt=eilänglich, aus schmalem Grunde allmählich verbreitert, gelblich=weiss, zur Blütezeit flach ausgebreitet. Staubblätter 30 bis 40, nie mit Staminodien (Fig. 1960 b). Griffel mit 5 aufrechten Lappen. Frucht kugelig, 4= bis 5=rippig, verholzt, hart, sammetig behaart. Samen eiförmig, ± matt, feinkörnig rauh, dunkel graubraun (Fig. 1949 c und d); Schale dicker als bei T. cordata, auf der Rückenseite mit 1= bis 3=Längsriefen, bei der Keimung längs dieser aufplatzend. Keimblätter mit handförmig=, lang= und spitz=gelappten Keim= blättern; Endlappen häufig geteilt (Fig. 1955a). — Anfang bis Ende VI oder bis Anfang VII, etwa 14 Tage früher als Tilia cordata.

Ziemlich verbreitet, aber meist nicht zahlreich, meist auf frischen und tiefgründigen Unterlagen aller Art in reinen Laub= oder in Laub= und Nadelmischwäldern, Buchen= und Erlenbeständen, Laub= gebüschen; häufig auch in Dörfern, in Gartenanlagen, an Strassen usw. angepflanzt. Von der Ebene bis in die obere montane Stufe (meist aber weniger hoch steigend als T. cordata); im Erzgebirge am Rechenberg bis 612 m, im Bayerischen Wald bis 948 m, in den Nordalpen in Bayern bis 1060 m, im Gotthardgebiet bis 1220 m, in Grau= bünden (Schanfigg) bis 1240 m, in Niederösterreich am Schneeberg bis 1550 m, in den Zentralalpen im Ber= ner Oberland bis 1290 m, im Wallis (Dent de Morcles bis 1790 m), in den Süd= alpen im Tessin bis 1200m, im Jura an der Dôle (als Strauch) bis 1678 m. Auf Kalk und Urgestein.

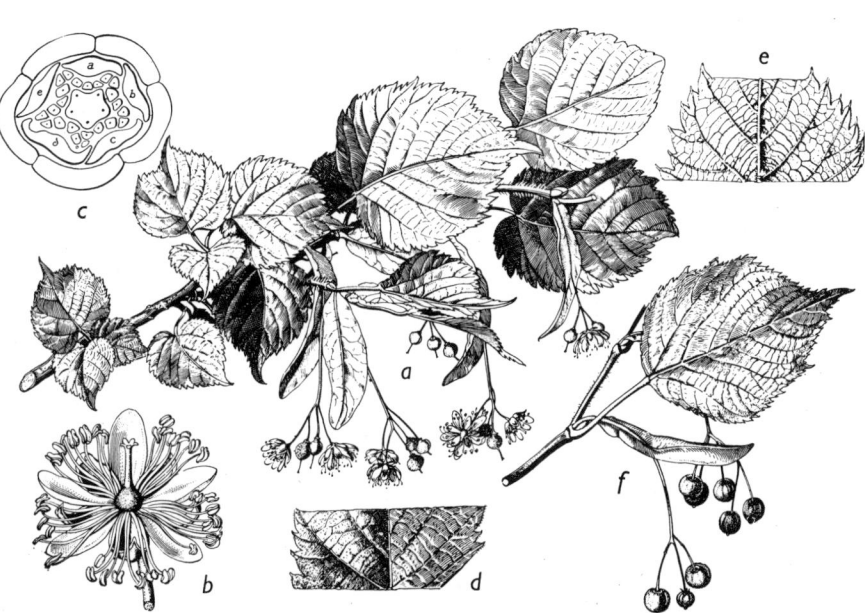

Fig. 1960. Tilia platyphyllos Scop. a Blühender Zweig. b Blüte. c Anlage der Blütenorgane in der Knospe. d Ausschnitt aus dem Laubblatt von der Oberseite. e von der Unterseite. f Fruchtender Zweig (Fig. c nach Hirmer).

In Deutschland meist zerstreut, nur stellenweise verbreitet (namentlich im Fränkischen Jura, in Teilen des Süddeutschen Keupergebietes, im Thüringer Muschelkalkgebiet). Nördlich bis in die mittelrheinischen Gebirge, die Berggegenden der oberen Weser, Hannover (in der Nordwestdeutschen Tiefebene z. T. wenigstens sicher nur gepflanzt), Holstein (nach W. Christiansen urwüchsig in Bauernwaldungen der Geest [reichlich z. B. in Nord=Dithmarschen], in Gebüschen an den Treenehöhen), Schleswig (selten in den Kratts, hie und da in den Knicks, aus den Staatsforsten und anderen gut bewirtschafteten Waldungen wohl völlig verdrängt), bis zum Nordostdeutschen Flachland (in der Spontanität zweifelhaft und nicht sehr häufig), Sachsen, Schlesien; sonst vielfach gepflanzt. — In Oesterreich ziemlich verbreitet, aber in den Zentralalpen nur zerstreut. — In der Schweiz ziemlich verbreitet im Mittelland, stellenweise auch im Jura (namentlich im Solothurner= und Aargauer Jura), in den Alpen in den zentralen Teilen (Wallis und Graubünden) tiefer eindringend als Tilia cordata, jedoch in den Tessiner, Urner und Berner Alpen seltener als diese.

Allgemeine Verbreitung: Europa: nördlich bis England (Hereford, Radnor und West=York), Holland, zu den Gebirgen am Mittelrhein und an der oberen Weser, Süd=Dänemark, Süd=Skandinavien, Südpolen, Westrussland (bis Charkow?, Krim?); südliche Grenze: Zentral= und Ostspanien (bis zum Tafelland und bis zur Serrania de Cuenca), Korsika, Süditalien; Kaukasus.

Tilia platyphyllos ist ausserordentlich formenreich und sehr schwierig zu gliedern[1]). Nach C. K. Schneider lassen sich 5 einander von Nord nach Süd sich ablösende Unterarten auseinanderhalten.

1. Laubblätter beidseitig, namentlich aber auf der Unterseite reichlich behaart . . . . 2.
1*. Laubblätter spärlich behaart, beidseitig ausgesprochen grünfarben . . . . 3.

  2. Laubblätter oberseits und namentlich unterseits stark abstehend behaart und dadurch bleichgrün. Junge Zweige und Blattstiele reichlich zottig behaart; letztere dick und nur 1/3 so lang wie die Spreite . . . . .
   I. subsp. eu=grandifólia C. K. Schneider.
  2*. Laubblätter beiderseits ± grün, weniger behaart, deutlich weiss bebärtet. Junge Zweige und Blattstiele reichlich behaart . . .
   II. subsp. cordifólia (Besser) C. K. Schneider.
  3. Laubblätter auf den Nerven und Adern reichlich und ziemlich lang weichhaarig, am Rande gesägt, deutlich hell bebärtet. Flügelblatt gestielt. Junge Zweige kahl . . . . .
   III. subsp. Braúnii (Simk.) C. K. Schneider.
  3*. Laubblätter unterseits auf den Hauptnerven nur zerstreut behaart oder kahl. 4.
  4. Laubblätter unterseits auf den Hauptnerven zerstreut behaart; Adernetz kahl oder spärlich behaart, deutlich bebärtet. Blattstiele zerstreut behaart oder kahl. Junge Zweige kahl oder behaart . . . . IV. subsp. eu=platyhýllos C. K. Schneider.
  4*. Laubblätter fast haarlos, höchstens auf den Hauptnerven unterseits ± zerstreut behaart (Fig. 1916 b) . . . . V. subsp. pseudo=rubra C. K. Schneider.

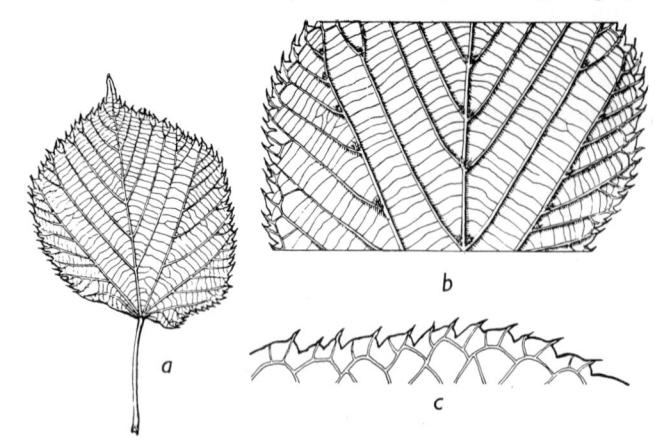

Fig. 1961. Tilia platyphyllos Scop. subsp. pseudo-rubra C. K. Schneider. *a* Laubblatt von der Oberseite. *b* Ausschnitt aus dem Laubblatt von der Unterseite. *c* Berandung des Laubblattes.

  Zu diesen Unterarten gehören eine ± grosse Anzahl von Formen. Zu der I. subsp. eu=grandifólia C. K. Schneider (= T. grandifolia Ehrh. s. str., = T. Europaéa L. p. p.), die den Typus (subsp. eu=platyphyllos) in Nord-Europa vertritt und in Mitteleuropa bis nach Wien reichen soll, gehört vielleicht die var. móllis Ortm. Laubblätter dunkel, aber doch oberseits weichhaarig. Frucht verkehrt=eiförmig. Flügelblatt weichhaarig. — Die II. subsp. cordifolia (Besser) C. K. Schneider (= T. grandifólia hort., = T. mollis Spach) schliesst sich dem Hauptverbreitungsgebiete der subsp. eu=grandifolia südwärts an, bewohnt namentlich das nördliche Mitteleuropa und geht ostwärts bis Galizien, westwärts bis Frankreich. Die Südgrenze ist unbekannt. Zur Gliederung eignet sich nach Fr. Vollmann vor allem die Form der Früchte: 1. var. sphaerocárpa (Rchb.) C. K. Schneider. Frucht fast kugelig, kaum merklich gerippt. Laubblätter ± schief, am Grunde ± abgestutzt; Flügelblatt gestielt, nicht zum Grunde der Blütenstandsachse herablaufend. — 2. var. obliquifólia Ortm. (= T. oblíqua Opiz, = T. piriformis und turbináta Rchb.). Frucht oben mehr abgeplattet, deutlich kugelig oder ± kurz=verkehrt=eiförmig, birn= oder kreiselförmig, deutlich (4=) 5=rippig. Laubblätter am Grunde ± seicht schief-herzförmig. Wohl häufig. — var. apiculáta (Courtois) (= ? oxycárpa Rchb.). Frucht verkehrt=eiförmig, oben etwas zugespitzt, deutlich (4=) 5=rippig. Flügelblätter häufig sitzend. Laubblätter ± herzförmig bis gestutzt, wenig schief. Wohl häufig. Hiezu: f. vitifólia (Host). Laubblätter sehr breit, am Rande lappig=gesägt oder seicht 3=lappig. Flügelblätter weiss, gestielt. Behaarung der Blattstiele und der jüngsten Zweige oft schwächer. Selten. Bisweilen in Gärten gezogen. — 3. var. leptolépsis (Rchb.). Frucht sehr schlank, verkehrt=eilänglich, nach oben etwas zugespitzt, nach unten lang keilförmig. Stützblätter schmal, oft kürzer als die Blütenstiele. Als monströse Abänderungen gehören zur Unterart: 1. cucculláta (Jacq.) C. K. Schneider. Laubblätter teilweise tutenförmig gerollt. — 1. multibracteáta (Kuntze) C. K. Schneider. Einige Blütenstiele mit Flügelblättern.

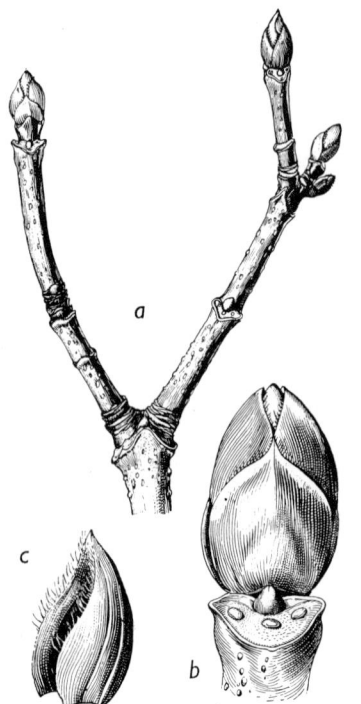

Fig. 1962. Tilia platyphyllos Scop. *a* Zweig im Winterstadium. *b* Winterknospe. *c* Knospenschuppe.

---

  [1]) Zur Gliederung der Formen empfiehlt es sich, Herbstzweige mit reifen Früchten zu sammeln.

— 1. **laciniáta** (Miller). Laubblätter unregelmässig gelappt, geteilt oder geschlitzt. Auch die Bezeichnungen f. **asplenifólia** hort. und f. **filicifólia** hort. beziehen sich auf ähnliche Formen. — Die **III.** subsp. **Braúnii** (Simk.) C. K. Schneider (= var. Braunii Beck) ist im Gebiete bisher nur in Niederösterreich, Böhmen, Sachsen und im Jura beobachtet worden, dürfte aber im Grenzgebiet der subsp. grandifolia und eu=platyphyllos verbreitet sein. Von Simonkai wurde sie anfangs als Bastard zwischen beiden betrachtet. — Die **IV.** subsp. **eu=platyphýllos** C. K. Schneider (= T. platyphyllos Scop. s. str.) ist im pontischen und submediterranen Gebiete verbreitet, zieht sich von Niederösterreich südlich bis Rumänien und tritt auch im südöstlichen Frankreich auf. Zu ihr gehören: 1. var. **corallína** (Host) C. K. Schneider (= T. rubélla Ortm.). Zweige vom Herbst bis zum Frühling rot, dann durch neue Splintbildung wieder ergrünend, abstehend, durch Narben deutlich rauh. Laubblätter breit herzförmig, am Grunde ungleich, oft mit rötlichen Nerven. Flügelblätter sitzend. Blütenstand 2= bis 4=blütig. Frucht kugelig. Selten. — 2. var. **latebracte=áta** (Host). Laubblätter breit=eiförmig, mit kurzer Spitze, dicht grannig gesägt; die unteren am Grunde herzförmig, die oberen seicht ausgerandet bis fast ausgeschnitten; Behaarung abfällig. Flügelblätter meist gestielt, sehr breit. Blütenstand 3= bis 7=blütig. Frucht kugelförmig. — 3. var. **mutábilis** (Host) C. K. Schneider. Laubblätter dick, breit=eiförmig, ziemlich gross, am Rande ungleich gesägt, am Grunde deutlich (mit Ausnahme der obersten) herzförmig, vorn in eine kurze Spitze verlaufend, schon im Juli gelbbraun werdend; Haare ± hinfällig. Frucht verkehrt=eiförmig. Wohl selten. — 4. var. **tenuifólia** (Host) C. K. Schneider. Laubblätter verhältnismässig klein, länglich, am Grunde rundlich und ± schief. Flügelblätter gestielt. Vielleicht nur in Kultur. — Die **V.** subsp. **pseudorubra** C. K. Schneider (= T. rubra auct. et Host ex p.) (Fig. 1961) ist dem südöstlichen Verbreitungsgebiete eigen, geht vielleicht bis in die Krim und strahlt in Mitteleuropa längs des Alpenzuges bis nach dem Oytal bei Oberstdorf im Allgäu westwärts, wo sie nach J. Bornmüller im Knieholz in 1360 m Höhe zusammen mit Sorbus Chamaemespilus und S. Aria wächst. Die Angaben von V. Engler für den Schwarzwald und die Vogesen bedürfen der Be=

Fig. 1963. Tilia platyphyllos Scop. Gekappte Bäume. Phot. Wille, Salzburg.

stätigung. Im Gebiete beobachtet oder zu erwarten sind: 1. var. **oblíqua** (Host) C. K. Schneider (= T. nítida Ortm.). Zweige hängend. Laubblätter, besonders die oberen, länglich, länger als breit, mittelgross, oberseits glänzend, am Grunde schief abgeschnitten, am Rande gesägt, mit deutlich begrannten Zähnen. Flügelblatt ± gestielt, oft sehr lang und schmal, aber den Blütenstand nicht überragend. Frucht rundlich. Die gewöhnliche, verbreitete Form; auch viel in Kultur. — 2. var. **intermédia** (Host). Zweige abstehend. Laubblätter am Grunde abgeschnitten oder seicht herzförmig, mit kurzer Spitze und dichtstehenden, aber nicht grannigen, nach unten umgebogenen Zähnen. Frucht rundlich. — 3. var. **pyramidális** (Host) C. K. Schneider. Zweige aufsteigend. Laubblätter ungleich herzförmig, mit kurzer Spitze, freudig grün, oberseits glänzend. Flügelblatt schmal, sitzend. Frucht verkehrt=eiförmig. In Schlesien und Polen wild beobachtet. — 4. var. **præcox** (Host) C. K. Schneider (= var. corymbósa Ortm.). Zweige abstehend. Laubblätter sattgrün, unterseits bleicher, besonders die unteren nierenförmig, mit kurzer Spitze oder fast stumpf. Flügelblatt gestielt. Blütenstand 5= bis 10=blütig. Frucht verkehrt=eiförmig. Viel in Kultur. — 5. var. **Hoffmanniána** (Opiz) C. K. Schneider. Laubblätter klein, 2,7 bis 5 cm lang und 1,7 bis 4 cm breit, am Grunde abgerundet, bisweilen mit vereinzelten Haaren auf der Unterseite. Flügelblatt meist gestielt. Blütenstand 2= bis 3=blütig. Frucht klein, verkehrt=eiförmig. Vielleicht nur eine Kulturform. — 6. var. **corylifólia** (Host) C. K. Schneider. Laubblätter schief herz=eiförmig, runzelig, eingeschnitten gesägt, kahl, oberseits sattgrün, unterseits bleicher. Flügelblatt meist gestielt. Blütenstand 5- bis 7-blütig.

Tilia platyphyllos gehört dem mitteleuropäischen Elemente an. An Klima und Boden stellt dieser duftreichste und anmutvollste unserer Waldbäume ähnliche Ansprüche wie Tilia cordata, ist aber etwas mehr an luft- und bodenfeuchte Orte gebunden. Die Art nähert sich dadurch der Buche, in deren Bestände sie auch häufig eindringt, ohne jedoch das Tilieto-Quercetum, sowie Kastanienwälder und andere Laubgehölze zu meiden. Auf der klimatisch rauhen Schwäbisch-bayerischen Hochebene ist sie häufiger als die Winter-Linde. Kinzel hat die sehr bemerkenswerte Feststellung gemacht, dass letztere z. B. am Starnberger See fast nur noch taube Früchte hervorbringt, während sich ihre Schwesterart durch reichliche, völlig ausgereifte Samen auszeichnet. Bei Keimproben hat sich gezeigt, dass Tilia cordata die frostempfindlichere und daher auch durch Frosteinwirkungen leichter zu beeinflussende Art ist. Sie keimt sehr rasch nach bereits schwacher Durchfrierung und wird durch Licht stark angeregt. Tilia platyphyllos hingegen ist viel träger, erfordert stärkere Kälte und ist auch durch Licht viel weniger in der Keimung zu fördern. Ihre Keimlinge sind dafür aber frosthärter, sodass die Sommer-Linde der anspruchslosere und hochsteigende Gebirgsbaum oder Strauch, Tilia cordata hingegen — wenigstens in Mitteleuropa — der Baum der Ebenen und der geschützten Berglagen genannt werden kann. Drude (Der Herzynische Florenbezirk) weist darauf hin, dass beide Linden ihr Gegenstück in Acer platanoides und A. Pseudoplatanus besitzen, indem die Verbreitung des ersteren der der Winter-Linde, die des letzteren der der Sommer-Linde entspricht (vgl. Fig. 1847, pag. 274). Auch in der Vergesellschaftung tritt dieser Zusammenhang namentlich im Herzynischen Florenbezirke deutlich hervor. Tilia platyphyllos gehört mit Vorliebe dem montanen Buchen- und Buchenmengwald an, zu dem als weitere Zeiger der Höhenlage Ulmus montana, Acer Pseudoplatanus und Sambucus racemosa zählen. Die Winter-Linde hingegen meidet diese Stufe und vereinigt sich z. B. im Hügelgelände an der Elbe auf Felsabhängen, auf sonnigen Tonerdehügeln im Weissen Elsterlande in 200 bis 300 m Höhe und ebenso in gleicher Höhe in den Vorgebirgstälern mit der Hainbuche zu gemischten Beständen (Drude). Auffällig für Tilia platyphyllos bleibt allerdings, dass sie tiefer in die Zentralalpen eindringt und dabei stellenweise die Winter-Linde vollständig ersetzt. Die höchstgelegenen Täler werden allerdings auch dort gemieden und selbst in Anpflanzungen ist der Baum nicht fortzubringen, da er nach Braun-Blanquet den dort herrschenden winterlichen Temperaturen unter —25° nicht gewachsen ist. Wahrscheinlich spielen florengeschichtliche Ursachen eine Rolle für die gegenwärtigen Verbreitungsverhältnisse beider Bäume. Am Calvarienberg bei Mittenwald ist die Sommer-Linde in 950 m Höhe mit Pinus silvestris und P. montana, Sorbus Aria, Juniperus communis, Amelanchier vulgaris, Rosa tomentella und R. rubiginosa, Berberis vulgaris, Ligustrum vulgare und Rhamnus saxatilis vereinigt (Hegi). In der Regel tritt Tilia platyphyllos in den Nordalpen als bezeichnende Art in einem Laubmischwald auf, der aus klimatischen Gründen das Fagetum ersetzt und in Nordlagen in flachen, wasserdurchzogenen Talsenken oder an feuchten, schattigen Hängen mit humosen Böden den dynamisch bedingten Gehölzabschluss darstellt. Tonangebend in diesem mesohygrophilen Mengwald ist namentlich Acer Pseudoplatanus, bezeichnend ferner Ulmus montana, sodass dieser Wald als Acereto-Ulmetum bezeichnet werden kann (vgl. Beger, H. Vegetationsstudien in der Waldstufe des Schanfigg, 1922). In dieser Waldgesellschaft, die sich in ihrer floristischen Zusammensetzung zwischen das Fagetum und das Alnetum einschaltet, zählen ausserdem noch etwa Sorbus Aria, Viburnum Opulus, Ribes alpinum, Aruncus silvester, Aconitum Lycoctonum, Lilium Martagon und Actaea spicata zu den Charakterarten. Dazu treten vereinzelte Arten aus

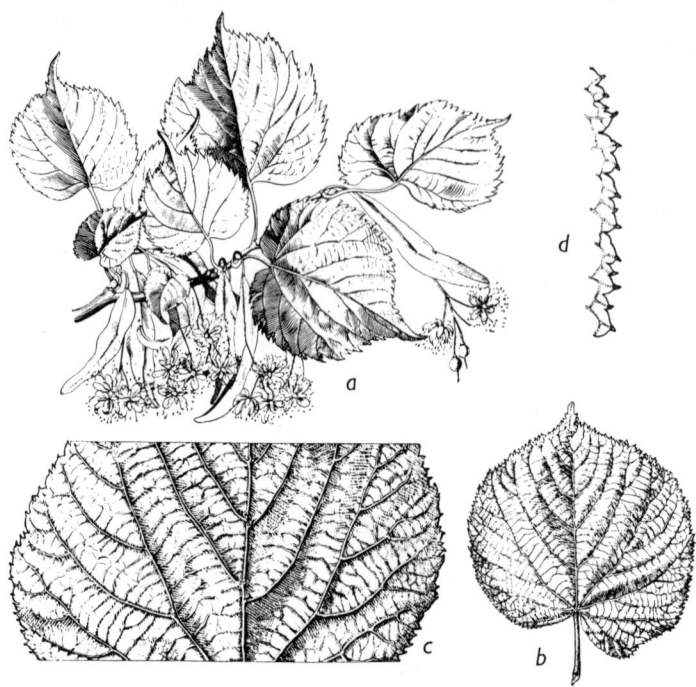

Fig. 1964. Tilia cordata Miller × T. platyphyllos Scop. *a* Blühender Zweig. *b* Laubblatt-Oberseite. *c* Ausschnitt der Laubblatt-Unterseite. *d* Rand des Laubblattes.

dem Fagetum: Fagus silvatica selbst in geringer Menge, Mercurialis perennis, Asperula odorata, Milium effusum, usw. und aus dem Alnetum vereinzelt bis reichlicher Alnus incana, Stachys silvaticus, Galium Mollugo subsp. dumetorum, Brachypodium silvaticum, Aegopodium Podagraria u. a. m. Im Gegensatz zum Buchenwalde fehlen die vielen Frühlingsblüher, wohingegen die Strauchschicht infolge der geringeren Lichtabdämmung reichlich, wenn auch locker entwickelt ist. Als weiteres Merkmal dieser Gesellschaft ist die grosse Menge hochwüchsiger Stauden zu nennen, die oft mehr als Meterhöhe erreichen können. Von diesen seien genannt: Senecio nemorensis var. subalpestris, Polygonatum verticillatum, Knautia silvatica, Ranunculus nemorosus, Geranium silvaticum, Dryopteris Filix mas und D. spinulosa, Phyteuma spicatum, Streptopus amplexifolius, Pimpinella major, Astrantia major, Chaerophyllum hirsutum, Thalictrum aquilegifolium und Angelica silvestris. — Reine Tilia platyphyllos=Wälder scheinen sich nur in Osteuropa, z. B. in Wolhynien, in Polen und in der Ukraine

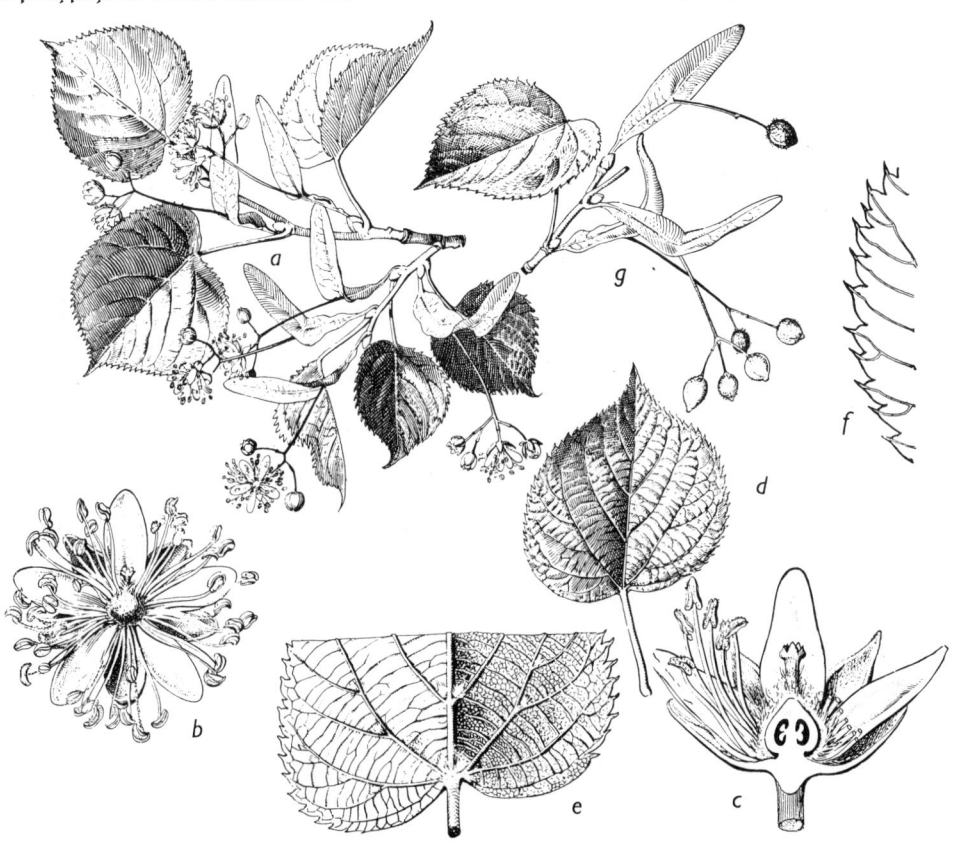

Fig. 1965. Tilia euchlora Koch. *a* Blühender Zweig. *b* Blüte. *c* Längsschnitt durch die Blüte. *d* Laubblatt von der Oberseite. *e* Ausschnitt aus dem Laubblatt von der Unterseite. *f* Berandung des Laubblattes. *g* Fruchtender Zweig.

zu finden. In diluvialen Ablagerungen wurde die Art vielfach festgestellt, so in den älteren Schichten von Honerdingen, Hamburg, Oststeinbeck, Fahrenkrug bei Segelberg, Ingramsdorf (Schlesien), Kaltbrunn (vgl. Tilia cordata, pag. 441), Ré., Pianico=Sellere am Iseosee (vgl. z. B. Buxus sempervirens pag. 208 f.). In der Höttinger Breccie findet sie sich zusammen mit Picea excelsa, Fagus silvatica, Ulmus campestris, Acer Pseudoplatanus, Prunus avium, Sorbus aucuparia und S. Aria, Frangula Alnus, Cornus sanguinea, Viburnum Lantana usw. In den sehr ergiebigen Grenzschichten und den darüber gelagerten tonigen Lehmen von Ludwino (Polen) fanden sich nach Zmuda mit ihr neben 16 Moosen Acer Pseudoplatanus, Abies, Populus tremula, Alnus incana, Fagus, Quercus Robur, Carpinus, Fraxinus excelsior, Ulmus montana, Prunus Padus und P. spinosa, Corylus, Cornus sanguinea, Betula nana, Carex silvatica, Rumex obtusifolius var. silvaticus, Agrimonia Eupatoria (?), Aethusa Cynapium, Heracleum Sphondylium und Pedicularis silvatica (vgl. Pax, F. Pflanzengeographie von Polen, 1918). Häufig findet sich der Baum nach Aniela Kozowska (La Flora interglaciaire des environs de Raków, Acta Societatis Botanicorum Poloniae. Vol. I, 1923) in zwischeneiszeitlichen Ablagerungen des Kiedronka=Baches bei Raków, wo er an der Zusammensetzung eines ähnlichen Laubwaldes teilnahm, unter dessen Arten aber auch Tsuga Canadensis (erster diluvialer Fund dieses gegenwärtig nur in Nordamerika lebenden Baumes) auftrat. Nach G. Andersson wanderte der Baum in Südskandinavien, wo er heute nur noch reliktartig vorkommt, zur

Litorinazeit ein. Auch in England muss er vor der Trennung dieser Insel vom Festland erschienen sein. In Deutschland folgte er auf die Kiefer und gemeinschaftlich mit Cornus sanguinea, Carpinus Betulus, Corylus Avellana und Acer campestre. — Im Volksleben spielt T. platyphyllos dieselbe Rolle wie die Winter=Linde. In Salzburg pflegt man alljährlich am Fronleichnamstag die Zweige bestimmter Bäume abzuschneiden, wodurch eigenartige Krüppelformen entstehen (Fig. 1963). Auch zur Viehfütterung werden die Bäume vielerorts geschneitelt. Im Schanfigg z. B. werden zu diesem Zwecke starke Aeste abgeschlagen, die zu „Garben" zusammengebunden und im Schatten getrocknet werden. Bei der Verwendung im Winter als Schweinefutter werden die Laubblätter abgestreift, zerstossen und abgebrüht. Das Holz zeigt nur geringe Abweichungen von dem der T. cordata, ist aber noch leichter. Der Baum ist auch raschwüchsiger, erreicht im allgemeinen ein höheres Alter und eine ansehn= lichere Gestalt. Ein grosser Teil der bis zu unserer Zeit überkommenen, uralten Linden zählen ihm zu (vgl. T. cordata, pag. 443 und 444). Die forstwirtschaftliche Bedeutung ist sehr gering; doch schätzt man den Baum seiner schönen Kronenbildung wegen als Allee= und Parkschmuck sehr. Auf felsigem Untergrund und auf Grob= schutthängen ist er meist nur kümmerlich entwickelt. In höheren Gebirgslagen erreicht er auch häufig die Baumform nicht mehr, sondern bleibt niedrig und strauchig, z. B. in der Rheinprovinz, in Westfalen, in den Bayerischen Alpen und in Nordbünden. — Blütenbiologisch schliesst sich T. platyphyllos der Winter=Linde völlig an, gelangt aber bereits 14 Tage vor dieser zur Blüte. Die Fruchtstände fallen meist im Herbste ab und werden vom Winde auf kurze Strecken verweht. Häufig sollen sie dann von der Feuerwanze (Pyrrhocóris ápterus L.) weiter verschleppt werden. Kinzel hat bei Alleebäumen in München den grossen Einfluss nach= gewiesen, den Rauchschäden auf die Ausbildung reicher Samen ausüben und festgestellt, dass die Frucht= barkeit dadurch oft ganz aufgehoben werden kann. Häufig finden sich an derartigen geschädigten Bäumen neben einem verschwindenden Bruchteil keimfähiger Früchte solche, die entweder unvollkommen ausgebildet bezw. hohl oder aber nur pfefferkornartig und an der Spitze eingedrückt sind. In ihrem Aussehen weichen solche Früchte wesentlich von gut ausgereiften ab. Bei T. tomentosa hat V. Engler solche Formen als f. sphaerobalána (Borb.) bezeichnet.

Infolge des häufigen Zusammentreffens unserer beiden einheimischen Linden, sowie deren ± aus= gesprochener Fremdbestäubung treten nicht selten Bastarde zwischen ihnen auf, zu denen sich weiterhin solche der eingeführten Arten gesellen. Die Feststellung dieser Kreuzungen ist infolge der Formenmannigfaltigkeit der Eltern oft nicht leicht und trägt auch dazu bei, die Erkennung der reinen Arten bisweilen sehr zu erschweren: T. cordata Mill. × T. platyphyllos Scop. (= T. Európaea L. var. α, = T. vulgáris Hayne). Holländische Linde. Fig. 1964. Laubblätter ± schief, am Grunde herzförmig, oberseits grün und kahl, unterseits bleich oder bläulichgrün, auf der Fläche mit wenigen sternförmig gruppierten Haaren, in den Nervenwinkeln bräun= lich oder weisslich bebärtet. Frucht angedrückt filzig, deutlich gerippt. Samen schwach gerippt (1= bis 3=rippig). Im allgemeinen die Mitte zwischen den Eltern haltend. Hie und da mit den Eltern; nach Vollmann mehr als 1000= jährig auf der Insel Wörth im Staffelsee (Bonifatiuslinde), in der Schweiz im Kanton St. Gallen zwischen Weesen und Amden, in Graubünden im Val Calanca bei 1100 m (vgl. Steiger, Emil. Beiträge zur Kenntnis der Flora der Adulagebirgsgruppe, Basel 1906), im Jura bis zu der Lägern, im Kanton Zug auf der Baarburg, bei Bramegg im Entlibuch, bei Freiburg, Pighé bei Rossa, Roche, bei Lausanne, Orbe, Outrey=Rhône. Dieser Bastard wird viel= fach in Anlagen und an Strassen gepflanzt, da er auch auf trockenen, sandigen Böden rasch und gut gedeiht. — T. Americana L. × T. cordata Mill. (= T. flavéscens und T. floribúnda A. Braun, = T. laxiflóra hort. p. p.). Merkmale der T. cordata überwiegend. Blütenstände gespreizt, die für T. Americana charak= teristischen Verdickungen fehlend oder sehr schwach ausgeprägt. In Europa in Kultur entstanden. — Eine der T. Americana näher stehende Form T. Spǽthii L. Späth wurde in der Baumschule von Späth bei Berlin erzeugt und soll sehr winterhart und widerstandsfähig sein. — T. Americana L. × T. heterophylla Venten. (= T. heterophýlla hort., = T. pubéscens Koch). Ziemlich genau die Mitte zwischen den Eltern haltend. Laubblätter unterseits graugrün behaart, bis 23 cm lang, länglich=eiförmig. — T. Americana L. × T. platyphyllos Scop. (= T. práecox A. Braun), mit den beiden Formen: T. Carlruhénsis Simk., die der T. platyphyllos näher, und T. fláccida Host, die der T. Americana näher steht. — T. cordata Mill. × T. rubra DC. var. dasychlóra (= T. euchlóra Koch, = T. Európaea L. var. dasystyla Loud., = T. multiflóra Simk. non Leder, = T. rubra DC. var. euchlora Dipp., = T. Corinthiaca Koehne). Krim=Linde. Fig. 1965. Zweige und Knospen gelbgrün (im Sommer) und hellgelb bis korallenrot (im Winter). Laubblätter am Rande einfach grannig gezähnt, oberseits kahl, satt glänzend dunkelgrün, unterseits in den Nervenwinkeln schmutzig rostrot gebärtet. Griffel kahl oder bis zur Mitte behaart, blassgrün; Narbenlappen aufrecht. Fruchtschale lederig, schmal 5=rippig, im allgemeinen der T. rubra ähnlicher. Wild in der Krim mit den Eltern. Seit 1884 sehr häufig als beliebter, gegen Staub und Trockenheit sehr widerstandsfähiger Alleebaum oder in Parkanlagen eingeführt. Die kultivierten Bäume sollen nach V. Engler von wilden Bastarden der Krim abstammen. — Als Tripelbastard wird T. orbiculáris Carr. gedeutet, die zwischen T. euchlora Koch und T. tomentosa Moench var. petiolaris (DC.) steht und sich durch überhängende Zweige und oberseits

Tafel 182

Tafel 182.

Fig. 1. *Malva moschata* (pag. 479). Blühender Spross.
„ 2. *Malva silvestris* (pag. 481). Blühender Spross.
„ 2a. Staubfadenröhre mit hervortretenden Narbenästen, die Kronblätter entfernt.

Fig. 3. *Malva neglecta* (pag. 485). Blütenspross.
„ 3a. Kelch von aussen mit Aussenkelch.
„ 3b. Querschnitt durch den Fruchtknoten.
„ 3c. Längsschnitt durch die Blüte.
„ 3d. Samen.
„ 4. *Lavathera Thuringiaca* (pag.472). Blütenspross.

glänzende, unterseits weissfilzige Laubblätter kenntlich macht. — In Kultur befinden sich ferner T. cordata Mill. × T. tomentosa Moench in der der T. cordata näher stehenden Form T. Juranyiána Simk. und in der der T. tomentosa genäherten T. Hegyesénsis Simk., ferner T. platyphyllos Scop. × T. tomen=tosa Moench (= T. Haynaldiána Simk.) in einer der T. tomentosa näher stehenden Form.

82. Fam. Malváceae. Malvengewächse.

Ein= oder mehrjährige Kräuter, Stauden, Halbsträucher, Sträucher und Bäume mit Schleim=schläuchen (Fig. 1983c) in Rinde und Mark. Laubblätter oft an der gleichen Pflanze verschieden gestaltet, wechselständig, einfach, häufig handnervig, oft gelappt, büschelhaarig. Nebenblätter meist hinfällig. Blüten in der Regel gross, einzeln, blattachselständig oder seltener in aus Wickeln zusammengesetzten oder traubigen Blütenständen, fast stets zwitterig, strahlig (Fig. 1987e), seltener durch ungleiche Ausbildung der Kronblätter schwach asymmetrisch, 5=zählig. Hüll=kelch („Aussenkelch") oft vorhanden, aus ± zahlreichen, ± freien oder ± verwachsenen Hochblättern bestehend. Kelch in der Knospenlage klappig, frei oder verwachsen. Kronblätter frei oder am Grunde zuweilen zusammenhängend, in der Knospenlage gedreht. Staubblätter durch Spaltung meist viele, in 2 Kreisen angeordnet, sehr selten nur 5, der äussere Kreis zuweilen staminodial; Staubfadenröhre den Fruchtknoten be=deckend und mit den Kronblättern verbunden; Staubbeutel 1=fächerig, mit 2 Pollensäcken und mit grossen, meist stacheligen Pollenkörnern (Fig. 1981o). Fruchtknoten sitzend, 3= bis viel=fächerig; Griffel an Zahl den Fruchtblättern gleich oder doppelt so viele, meist hoch miteinander verwachsen; Narbe kopfig. Samenanlagen in jedem Fache 1 (Fig. 1986e) bis viele, am Innen=winkel angeheftet, aufsteigend, hängend oder wagrecht, umgewendet. Frucht meist trocken, kapselig oder in Teilfrüchte zerfallend, seltener fleischig, sehr selten beerenartig. Samen oft behaart, mit Nährgewebe; Keimling gekrümmt mit gefalteten, blattartigen Keimblättern.

Die vornehmlich in den Tropen verbreitete Familie umfasst 42 Gattungen mit rund 900 Arten. Sie schliesst sich innerhalb der Reihe der Columniferae oder Malvales am nächsten an die Bombaceae an. Auch den Tiliaceen steht sie sehr nahe (vgl. Bd. IV/3, Fig. 1608) und unterscheidet sich von ihnen in wesentlichen Merkmalen nur durch die stets monothecischen (nicht dithecischen) Staubbeutel. Das Andröceum entwickelt sich aus 5 epipetalen Höckern, die sich tangential in 10 weitere Höcker und zentripetal in bis 25 Höcker verzweigen können; die 5 äussersten werden unmittelbar zu monothezischen Staubbeuteln, während die übrigen 20 sich erst spalten und dann erst die monothezischen Staubbeutel ergeben. Der für die Malvaceen so bezeichnende „Aussenkelch" geht aus 3 Hochblättern hervor. Die Blüten sind durchgehends proterandrisch. Nach dem Ver=stäuben schlagen sich die Staubblätter zurück, so dass eine Berührung mit den erst später sich spreizenden Narbenstrahlen oder Griffelästen nicht mehr stattfinden kann. Spontane Selbstbestäubung nach ausbleibendem Insektenbesuch ist für einige Arten der Gattung Málva nachgewiesen worden. Die Entwicklung der Pollen wurde von Strasburger (Ueber den Bau und das Wachstum der Zellhäute, 1882) u. a. beschrieben. Etwas davon abweichende Beobachtungen teilt Z. Woycicki (Zur Frage der Entstehung der Pollenhaut bei Malva silvestris L. Berichte der Deutschen Botanischen Gesellschaft, Bd. XXIX, 1911) mit. Verschiedene brasilianische Arten der Gattung Abútilon werden nach Fr. Müller durch Kolibris bestäubt. Auch gewisse Hibiscus=Arten sind ornithophil. Die brasilianische Gattung Goethéa Nees et Mart. ist cauliflor. Von wirtschaftlich grösster Bedeutung ist das Auftreten langer, einzelliger, spinnfähiger Haare an den Samen einiger Gossypium=Arten (pag. 460) und zahlreicher Hybriden, die das Rohmaterial für die heute unentbehrlichen Baumwollstoffe liefern.

Die mit einer widerstandsfähigen Stäbchenschicht ausgestatteten Samen gelangen ziemlich schwer zur Keimung und sind wie die der Leguminosen und Convolvulaceen durch Licht nur schwach zu beeinflussen. Die am typischsten ausgeprägten Malvaceen-Gattungen zeigen anatomisch neben dem regelmässigen Besitze von morgensternartigen Kalkoxalat-Drusen eine deutliche Schichtung des sklerotischen Belages der Gefässbündel, eine Erscheinung, die sich um so mehr verliert, je höher eine Gattung im System steht und bei den höchststehenden Malvaceen (Gossypium L. und Verwandte) nur noch undeutlich ausgebildet ist oder (bei der amerikano-australischen Gattung Cienfuegósia Cav.) ganz fehlt. Auf dem Besitze von allerdings nicht immer ganz hochwertigen Bastfasern beruht teilweise der technische Wert einer grösseren Zahl von anderen Arten wie von Hibíscus tiliáceus L. („Strand-Malve"), H. cannábinus L. oder „Hanfrose" (liefert den Gambo-, Dekkan- oder Bombay-Hanf), H. Sabdaríffa L. („Rosella"-Hanf in Vorderindien), H. elátus („Kuba-Bast", dient als Zigarrenband), H. collínus usw., Uréna lobáta L. und U. sinuáta (Tropen), Wissádula periplocifolia (L.) Thw. (Tropen beider Erdhälften) und W. rostráta (Sudan), Lavatéra arbórea L. (für Schiffstaue geeignet), Napǽa diœ́ca L. (Nordamerika), Sída rhombifólia L. (Indien), Maláchra radiáta (Sudan), Pavónia spínifex (L.) W. (Wärmeres Amerika), Thespésia (Hibiscus) lámpas Dalz. et Gibs. (Hindostan), Abelmóschus esculéntus L. (liefert in den Tropen die „Okra-Fibre"), A. moschátus Med. und A. tetraphýllus u. a. Die nie fehlenden, aber in der Tribus der Hibiscíneae seltener auftretenden Schleimschläuche bestehen teils aus einzelnen Zellen, teils aus langen Zellreihen, die durch Verschmelzung entstanden sind. Bei Gossypium finden sich schizogene Schleimtaschen, wie sie bei der verwandten Familie der Sterculiaceen (pag. 489) allgemein zu beobachten sind. Bei manchen Arten tritt in Wurzeln, Sprossen und Früchten ein besonders hoher Gehalt von Pflanzenschleim auf, der von altersher in der Heilkunde eine grosse Rolle gespielt hat. Eine nicht unbedeutende Zahl solcher Arten wurde deshalb schon im ägyptischen, griechischen, römischen und slavischen Altertum allgemein angebaut, besonders solche aus den Gattungen Malva und Althǽa. Die alten Angaben über die meist als Malva, griech.: μαλάχη [maláche], μολόχη [molóche] und ἀλϑαία [althaía] bezeichneten Pflanzen (weitere Namen siehe

Fig. 1966. Linde mit „Luftwurzeln" bei Forst nächst Weilheim (Oberbayern).
Phot. Baurat von Schab, Weilheim (Oberbayern).

bei Althaea [pag. 464] und Malva [pag. 474]) lassen sich infolge der mangelhaften Beschreibungen meist nicht auf eine bestimmte Art beziehen. Ausser der bei den betreffenden Arten näher behandelten Anwendung als erweichendes, lösendes, schmerzstillendes und wundheilendes Mittel usw. wurden die Malvaceen auch vielfach in anderer Weise gebraucht, nach Xenokrates z. B. als Aphrodisiacum, nach Olympias Thebana als Abortivum, bei den Römern besonders auch als Purgans, weshalb Martial singt:

> Exoneraturas ventrem mihi villica malvas
> Attulit et varias, quas habet hortus, opes.

Andererseits galten Malvenblätter (z. B. bei den Pythagoräern) als vornehmstes Schreibmaterial für magische Sprüche. Auch bei den Aegyptern und später bei den Arabern genossen viele Malvaceen hohe Wertschätzung. Als „Prophetennamen" führt Dioskurides für die Gartenmalven αἰγὸς σπλήν [aigós splen] = Ziegenmilz und οὐρά μυός [urá myós] = Mausschwanz an. Frühzeitig gelangten zahlreiche Arten auch nach Mitteleuropa, wo sich mehrere vollständig einbürgerten, weshalb sie heute in den meisten Floren als einheimische Pflanzen bezeichnet werden. Trotzdem steht für keine Malvacee das Indigenat in Mitteleuropa ausser Zweifel.

Die Malvaceen sind über die ganze Erde — die kalten Zonen ausgenommen — verbreitet; nach den Tropen hin nehmen sie an Artenzahl stark zu. Meistens sind es Bewohner niederer Regionen. Das Verbreitungsgebiet der Familie ist sehr weit und erstreckt sich im Norden (mit Malva rotundifolia) bis zum 65°, im Süden mit einigen Vertretern der Gattung Hohéria Cunningh. und Plagiánthus Forst. auf Neuseeland bis zum 45°. Dank der zahlreichen Lebensformen, unter denen nur die Hygrophyten fehlen, treten die Malvaceen sowohl in feuchten als auch in ariden Landstrichen auf, besiedeln aber mit Vorliebe tiefere Lagen. Nur in den Anden steigen sie mit zwergig-dichtrasigen Arten der Gattung Malvástrum L. sehr hoch empor, M. Pichinchénse A. Gray bis 4600 m. Wenn auch nach Potonié bisher keine fossilen Reste der Familie aufgefunden worden sind, so ergibt sich doch schon allein aus der gegenwärtigen Verteilung der Gattungen oder einzelner Formenkreise ihr bereits höheres Alter. Viele Gattungen eignen sich sehr gut zur Kennzeichnung gewisser Florengebiete. Ausser den Tropen, wo die Familie am reichsten vertreten ist (Hibiscus, Abútilon Gaertn., Pavónia L.), können Amerika und Asien als die Hauptverbreitungsgebiete bezeichnet werden. Australien ist durch die Gattungen Howittia F. v. Muell., Lagunária G. Don, Neuseeland durch Hohénia ausgezeichnet. Afrika ist verhältnismässig artenarm, besitzt aber in Sénra incána Cav. eine alte monotypische Gattung, die von Ostafrika nach dem an endemischen Arten so reichen Sokotra und nach Arabien übergreift. Europa zeichnet sich in erster Linie an der unteren Donau durch den Besitz der monotypischen Gattung Kitaibélia[1]) Willd. aus, deren nächste Verwandte die im Mediterrangebiet in 3 Arten auftretende Gattung Malópe L. ist, während die dritte zu dieser engeren Einheit (Tribus der Malopéae) gehörende Gattung Paláva Cav. in Chile und Peru lebt. Die Mittelmeerländer sind der Mittelpunkt der Gattung Lavatéra, die mit etwa 16 Arten in jenem Florenreiche vertreten ist, ferner aber noch 2 weitere Arten auf den Kanarischen Inseln, 1 in Mittelasien und 1 in Australien besitzt. Auch die überwiegend tropische Gattung Hibíscus L. tritt noch mit 2 Arten in Südeuropa auf. Erwähnt sei ferner Sída Sherardiána (L.) Benth. et Hook. aus dem Balkan, die mit der südamerikanischen S. leprósa Ort. eine gut umschriebene Einheit, die Sektion Pseudomalvástrum, bildet, während die Gattung sonst erst wieder in Asien spärlich auftritt und ihre Hauptverbreitung in Amerika besitzt. Ein Gegenstück dazu bildet Kostelétzkya pentocárpa Led. mit italienisch-südrussisch-persischem Areale, deren Verwandten zum grössten Teil (6 Arten) in Amerika leben, während eine weitere Art in Abessinien vorkommt. Verbreiteter sind die auch in Europa heimischen, für die nördliche gemässigte Zone bezeichnenden, artenreicheren Gattungen Althǽa und Málva.

Auf Grund des verschiedenartigen Fruchtbaues und der Zahl der Griffeläste werden die Malvaceen in 4 Tribus eingeteilt. Die Tribus der **Malopéae** ist vor allen anderen Malvaceen durch die grosse Zahl von nicht nur neben-, sondern auch übereinander stehenden, zu einem dichten Köpfchen vereinigten Fruchtblättern ausgezeichnet. Die Gattung Malópe L. umfasst 1-jährige Kräuter mit 3-blätterigem Aussenkelch. Davon sind M. trífida Cav. und M. multiflóra Cav. westmediterran (Südspanien, Portugal, Algerien, Marokko), M. malacoídes L. (= M. stipulácea Cav., = M. althaeoídes Mor.) vielleicht nur im Adriabecken bis Dalmatien heimisch, aber gegenwärtig in ganz Südeuropa, Nordafrika und Kleinasien verbreitet und dort häufig als Arzneipflanze in Kultur. In Mitteleuropa findet sich die erste der genannten Arten, M. trífida, nicht selten als Zierpflanze. Kraut mit verschieden geformten, gestielten, oft gelappten oder geteilten, gekerbten, kahlen Laubblättern und grossen, einzeln stehenden Blüten. Aussenkelchblätter 3. Kronblätter hellpurpurrot oder rosa mit dunkleren Adern. In Mitteleuropa mehrfach verwildert oder eingeschleppt, so in Hamburg an der Aussenalster (1885), Kiel, Brandenburg (Hopfenbruch bei Landsberg), Oberösterreich (Ried), Nordtirol und in der Schweiz (Zürich [um 1885] und in Oberdorf [Solothurn] 1919, zusammen mit Trifolium angustifolium, Medicago-Arten, Erodium cygnorum). — M. vitifólia Willd. 1- bis mehrjährige, bis 2,5 m hohe Staude mit drüsig behaarten Stengeln, gelappten Laubblättern und einzelstehenden, grossen Blüten. Aussenkelch 6- bis 9-blätterig. Kronblätter rot oder weiss. Heimat: Ungarn, Slavonien, Serbien. Als Gartenpflanze hie und da gezogen; verwildert in einem Spargelacker bei Schwetzingen in Baden (1909). — Paláva[2]) Cav., mit 3 Arten in Chile und Peru. Von diesen findet sich bisweilen in Kultur: P. flexuósa Mast. Einjährige, bis 50 cm hohe, vom Grunde auf ästige, mit Sternhaaren besetzte Pflanze mit langgestielten Laubblättern. Stengelblätter fieder- oder doppelt-fiederschnittig. Blüten einzeln, blattachselständig, langgestielt. Aussenkelch fehlend. Kronblätter rosa oder lila, gegen den Grund zu weiss mit dunklem Fleck. — Die Tribus der **Malvéae** besitzt Fruchtblätter, die in einer Ebene kreisförmig angeordnet sind und in Teilfrüchte zerfallen. Die Zahl der Griffeläste entspricht derjenigen der Fruchtblätter. Zu der Subtribus der Malvinéae (mit einzeln stehenden, aufrechten Samenanlagen) gehören ausser den Gattungen Malva, Althaea und Lavatera (s. unten) als bemerkenswertere Gattungen: Sidálcea A. Gray. Von den vorigen Gattungen durch das Fehlen des Aussenkelches und die deutlich in 2 Reihen angeordneten Staubblätter verschieden. Von den 10 auf Nordamerika beschränkten Arten wird die etwa 1 m hohe, schön rosa blühende S. Neomexicána A. Gray als winterharter Zierstrauch gezogen. Eine von Fr. Zimmermann im Hafen zu Ludwigshafen aufgefundene, wahrscheinlich zur kalifornischen S. malvifebra (Moc. et Sesse) A. Gray zu stellende, aber ganz kahle Pflanze, wird als f. glábra Fr. Zimmermann bezeichnet. — Malvástrum A. Gray hat im Gegensatz zu allen vorangehenden Gattungen nicht spitze, sondern kopfig verdickte Griffeläste. Von dieser Gattung sind aus dem tropischen und subtropischen Amerika und aus Süd-

---

[1]) Zu Ehren des ungarischen Botanikers Paul Kitaibel (geb. 1757, gest. 1817) benannt.

[2]) Benannt nach dem spanischen Professor Palauy Verdera, gest. im 18. Jahrhundert.

afrika über 70 Arten bekannt, von denen einzelne zu den gemeinsten Tropenunkräutern zählen, so z. B. M. Coromandeliánum (Willd.) Garcke (= M. tricuspidátum [Aiton] A. Gray), aus dem tropischen Amerika, das jetzt auch in den Tropen von Afrika und Asien und in Australien weit verbreitet ist und mit Baumwolle eingeschleppt 1917 bei der Vigognespinnerei Pfyn in der Schweiz aufgefunden wurde. — Bei Berlin wurden beobachtet: M. Capénse Garcke aus Südafrika (zwischen Wilmersdorf und Halensee, 1876) und M. geranióides A. Gray aus Südamerika (Getreidespeicher an der Tengelstrasse, 1896). — Die nordamerikanische monotypische Napǽa diœca L., ein hohes, ausdauerndes, krautiges Gewächs mit kleinen weissen Blüten liefert eine sehr brauchbare Faser. — Bei der Subtribus der Sidíneae sind die Samenanlagen wie bei den Malvineae einzeln, aber hängend, statt aufrecht. Ein Aussenkelch fehlt fast ausnahmslos. Zu ihr zählen: die oben bereits genannte, ihrer geographischen Verbreitung wegen interessante Gattung Sída L., filzige Kräuter oder Halbsträucher mit bleibenden Fruchtscheidewänden. S. spinósa L. Pflanze mit länglichen, stumpfen Laubblättern und auffälligen Stachelhöckern am Grunde der Laubblattstiele. Vermutlich in den Golfstaaten Nordamerikas ursprünglich, jetzt aber weit verbreitet im wärmeren Nord- und Südamerika, Afrika und Asien, auch auf Honolulu sicher nur eingeschleppt. Im Gebiete wurde diese Art adventiv beobachtet bei Hamburg (Grassbrook), Hannover (Döhrener Wollwäscherei, 1896) und in Vorarlberg (als Gartenunkraut in Dornbirn, 1908). — S. rhombifólia L., mit rhombischen, vorn gesägten Laubblättern, in den Tropen und Subtropen von Afrika und Asien und in Ozeanien bis Hawai heimisch, wurde verschleppt (ausser in Südamerika und im südlichen Nordamerika) einmal auch in Hamburg festgestellt. Die Laubblätter werden als Tee (franz.: Faux thé [auf Mauritius]; portugiesisch: Cha inglez, techincha) benützt, die Stengel einer abweichenden Rasse in Indien zu Faserstoff verarbeitet. —

In den Rheinhäfen wurden ausserdem beobachtet: S. tríloba Cavan., aus Südafrika (Hafen von Mannheim 1894, auf Schutt bei Dürkheim 1894), S. hermaphrodíta (L.) Rusey (= S. Napǽa Cavan.) aus Nordamerika (Hafen von Ludwigshafen) und S. brachyántha Dietr. aus Südamerika (Hafen von Mannheim 1891). Die Angabe von S. tiliifólia Fischer aus China und Tibet von Genf (1882) bezieht sich wohl auf Abutilon Avicennae. — Anóda Cav. Von voriger durch die sich zwischen den Fruchtblättern auflösenden Scheidewände verschieden. Laubblätter 3-eckig, die oberen eilanzettlich, meist ganzrandig. Blüten einzeln in den Blattachseln. Krone blaulila. Von den 8 grossenteils auf Mexiko beschränkten Arten sind A. hastáta (Willd.) Cav. und A. cristáta Schlechtend. (= A. lavateroides Medikus, = A. Dilleniána Cav., = Sida Dilleniána Willd.) im tropischen Amerika weit verbreitete, im Gebiet zuweilen als Zierpflanzen gezogene Unkräuter. A. cristata wurde im Rheintal (Neustadt 1881) auch adventiv gefunden. — Die Subtribus Abutilínae besitzt in jedem Fruchtblatt mehrere, meist übereinander stehende Samen. Die Gattung Abútilon Gaertner (Fig. 1967), bei der ebenso wie bei der früher nicht von ihr getrennten Gattung Sida der Aussenkelch fehlt, ist mit etwa 80 Arten in den Tropen und Subtropen beider Hemisphären verbreitet. Einzelne Arten sind in den Tropen fast kosmopolitische Unkräuter, so die auch als Heil- und Faserpflanzen benutzten A. índicum (L.) G. Don, A. Asiáticum (L.) G. Don, A. críspum (L.) G. Don und A. Avicénnae[1])

Fig. 1967. Althaea rosea L. cav.
In einem Hausgarten in Theresienfeld.
Phot. R. Fischer, Sollenau N. Ö.

Gaertner (= Sida Abutilon L., = S. tiliifólia Fischer). Die zuletzt genannte Art, ein bis 1½ m hohes, einjähriges, samtig behaartes Kraut mit an Tilia platyphyllos erinnernden, langgestielten Laubblättern und kleinen, hellgelben, blattwinkelständigen Blüten, ist von China und Tibet, wo sie als Faser- und Heilpflanze ähnlich wie im Gebiet Althaea officinalis gebaut wird, durch Vorderasien bis zu den Balkanländern, Ungarn (besonders in der Sand- und Salz-Puszta) und Italien verbreitet, im übrigen Europa, Nordafrika, Australien und Nordamerika („Indian Mallow") stellenweise eingebürgert. In Deutschland wurde sie schon im 16. Jahrhundert kultiviert (so um 1600 in Schlesien und zu Eichstätt als Abutilon Avicennae oder Welsche gelbe Pappel), verwildert aber nur selten, so bei Dürkheim (Pfalz 1880). — In Oesterreich anscheinend erst in neuerer Zeit aus Ungarn eingewandert, wo die Pflanze mit Althaea officinalis namentlich in den Auen der unteren Donau, Drau und Save häufig in den Sussholzbeständen (Glycyrrhiza echinata. Bd. IV/3, pag. 1454) und in den Salzsteppen mit Chenopodiaceen, Melilotus

---

[1]) Unter dem Namen Abutilon von dem arabischen Arzt Avicenna beschrieben. Bauhin u. a. hielten diese Pflanze für die gelbe Althaea des Theophrast.

dentatus, Statice Limonium usw. auftritt. In Böhmen adventiv bei Prag (1903); in Mähren bei Brünn (Königs=
feld und Adamstal), in Niederösterreich um Wien (am Donaukanal bei der Sophienbrücke im Prater, Ödland
bei Moosbrunn, erst seit 1913). Beständig schon im Küstenland (Quarnero=Inseln, besonders auf Veglia) und in
Südtirol (um Bozen, vorübergehend auch bei Brixen). — In der Schweiz adventiv bei Genf (1882), Villeneuve (am
Bahnhof 1915), um Basel (mehrfach seit 1906), im Zürcher Botanischen Garten (1904), angeblich auch bei Chiasso. —
Beliebte Zierpflanzen sind ferner: A. venósum Hooker (= Sida venosa Dietr.) aus dem tropischen Amerika.
Fast baumartiger Strauch mit langgestielten, herzförmigen, tief handförmig=7=lappigen Laubblättern; Lappen
lanzettlich, grob eingeschnitten gesägt. Kronblätter etwa 2,5 cm lang, breit spatelförmig, dunkelgelb, mit blut=
roten Adern. — A. striátum Dicks. (= Sida picta Gill., non hort.) aus Mexiko. Kahler Strauch mit herz=
förmigen, 3= bis 5=lappigen Laubblättern; Lappen zugespitzt, grob gesägt. Blüten einzeln, blattachselständig.
Kronblätter 3=mal so lang wie der Kelch, blassrot. Verwildert in der Pfalz bei Dürkheim. — A. Bedford=
iánum Hook. (= Sida Bedfordiana DC.) aus Brasilien. Fast baumartiger Strauch mit kahlen Zweigen und
tief=herzförmigen, lang zugespitzten, gesägten Laubblättern. Blüten einzeln oder zu 2, blattachselständig. Kelch=
abschnitte 5, lang zugespitzt, zurückgeschlagen. Kronblätter kurz benagelt, fast kreisrundlich, gelb, rot geadert.
Fruchtknoten filzig. — A. Darwinii Hook. f. (= A. Hildebrándii Fenzl) aus Brasilien. Bis über 1 m hoher,
filzig behaarter Strauch mit am Grunde herzförmigen, 3= bis 5=spaltigen Laubblättern; Lappen gekerbt. Blüten
einzeln oder zu 2 oder 3 in den Achseln der Laubblätter. Kronblätter verkehrt=eiförmig=kreisrund, blutrot=
orangefarben (Schauapparat im Dienste der Bestäubung durch Kolibris). — A. insígne Planchon aus Neu=
Granada u. a., sowie mehrere Bastarde. — Durch das Vorhandensein eines Aussenkelches unterscheiden sich:
Sphaerálcea St. Hilaire mit einfächerigem Fruchtknoten. Von den ungefähr 25 im wärmeren Amerika und
am Kap verbreiteten Arten werden mehrere als Zierpflanzen gezogen, so S. Emóryi Torr., aus Kalifornien.
Bis 60 cm hohe, vom Grunde an verästelte, dicht weisshaarige Staude mit eiförmigen, gekerbten oder rundlich=
herzförmigen, 3= bis 5=lappigen, meist stumpfen und kleingekerbten Laubblättern. Blüten in kurzen, blatt=
achselständigen Trauben. Kronblätter ziegelrot, am Grunde grün. — S. miniáta Spach, aus Südamerika.
Bis 1 m hoher Halbstrauch (in Kultur meist nur 1=jährig) mit aufrechtem, reich verzweigtem Stengel und
eiförmigen, 3=lappigen, gezähnten Laubblättern. Blüten in 1= bis wenigblütigen, blattachselständigen Trauben.
Kronblätter mennigrot. — Modiola Caroliniana (L.) Don, aus Mittelamerika und Südafrika, unterscheidet sich
von der vorangehenden Gattung durch die quer zweifächerigen Fruchtblätter. Eingeschleppt im Hafen zu
Mannheim (1906). — Die Tribus der **Urenéae** unterscheidet sich von den Malveae dadurch, dass die Zahl der
Griffeläste doppelt so gross wie die der Fruchtblätter ist. Uréna L. ist in den Tropen mit 6 Arten ver=
breitet, die ihres Schleimgehaltes wegen ähnliche medizinische Verwendung wie die Malva=Arten finden. Auch
die Fasern einiger Arten werden benutzt, so besonders die von U. lobáta L., eines in den Tropen kosmo=
politischen Unkrautes, das z. B. auf Madagaskar als Ersatz für Jute dient. — Als Zierpflanzen haben ver=
schiedene Arten der grossen, vornehmlich amerikanischen Gattung Pavónia L. in Europa Eingang gefunden.
Als Topfpflanzen in Warmhäusern, Gärten und Zimmern werden z. B. folgende Sträucher gezogen:
P. Mackoyána E. Morr., aus Brasilien. Vom Grunde an verzweigter, bis 160 cm hoher Strauch mit ellip=
tischen oder elliptisch=lanzettlichen, zugespitzten, fast ganzrandigen, auf behaarten Stielen stehenden, sonst aber
kahlen Laubblättern. Blüten langgestielt, in endständiger Traube. Aussenkelchblätter 5, herzförmig, rosenrot.
Kronblätter dunkelpurpurrot. — P. multiflóra St. Hilaire (= P. Wióti E. Morr.), aus Brasilien. Laubblätter
ei=lanzettlich, am Rande stark gezähnelt, unten rauh. Blüten gestielt, blattachselständig. Aussenkelchblätter
lineal=zungenförmig, purpurrot. Kronblätter dunkelpurpurrot. Griffel sehr lang, behaart. — P. semper=
flórens Garcke, aus Brasilien. Laubblätter elliptisch, vorn gesägt, schwach behaart, lederig. Blüten fast
endständig. Aussenkelch 6=spaltig, braunrot. Kronblätter 5, eingerollt, purpurrot; Staubblattröhre weit
über die Kronblätter hervorragend. — P. Schránkii Spr. (= Lebretónia coccínea Schrank). Behaarter
Strauch mit eiförmigen, lang zugespitzten, gesägten Laubblättern. Blüten scharlachrot. Kronblätter eingerollt.
— P. speciósa H. B. et Kth. Laubblätter fast herz=eiförmig, zugespitzt, gezähnelt, dicht und kurz behaart,
unterseits weissgrau. Aussenkelchblätter 7 bis 9, lanzettlich=spatelförmig, mit Anhängseln. Kronblätter violett, am
Grunde purpurrot. — Malvavíscus Dill., von den übrigen Malvaceen durch fleischige, beerenartige Früchte
unterschieden, bewohnt mit 10 Arten das wärmere Amerika. Der in Jamaika, Neugranada und Mexiko heimische
M. arbóreus Cav. wird wie Althaea officinalis verwandt. — Die aus 2 Sträuchern bestehende australische
Gattung Goethéa Nees und Mart. ist cauliflor. G. strictiflóra Hook. wird zuweilen in Gewächshäusern
gezogen. — Zur Tribus der **Hibiscéae,** die durch die vielsamige, fachspaltige Kapselfrucht charakterisiert ist, ge=
hören ausser Hibíscus (s. unten) und mehreren kleinen, rein tropischen Gattungen: Abelmóschus Medikus
(bisweilen auch mit Hibiscus vereinigt). Einjährige bis ausdauernde, oft bestachelte Kräuter der Tropen
und Subtropen beider Hemisphären mit linealen Aussenkelchblättern und zur Blütezeit aufreissendem Innen=
kelch. Von den 10 bis 12 Arten wird A. moschátus Medikus viel. angebaut und lieferte die früher zu
Parfüm gebrauchten „Bisamkörner". Die Heimat der Pflanze dürfte in Vorderindien zu suchen sein. —

A. esculéntus (L.) Meyer, die Okrapflanze, aus Nubien, Kordofan, Sennar und Abessinien, eine verholzende Staude mit gelappten Laubblättern, schwefelgelben Kronblättern und lineal-länglichen Früchten, wird ebenfalls angebaut. Die Laubblätter und die Wurzeln dienen zu Heilzwecken, die unreifen Früchte (Gombobohnen) sind in verschiedenartiger Zubereitung beliebte Genussmittel; die Samen liefern ein kaffeeartiges Getränk. Die grössten Kulturen befinden sich in Ostindien, kleinere in der Türkei und in Griechenland. In Aegypten ist der Anbau schon aus dem 2. Jahrtausend v. Chr. nachgewiesen. — Hibiscus[1]) L. Kräuter, Sträucher- und Bäume. Fruchtblätter 5, mit glattem Endokarp und langen Griffeln. Ueber 150, hauptsächlich in den Tropen und Subtropen der ganzen Erde verbreitete Arten, wovon in Europa nur die folgenden zwei heimisch sind: H. róseus Thore (= H. palústris DC. non L., = H. paluster var. roseus Spruce). An Ufern in Südfrankreich, Mittel- und Oberitalien. Ueber 1 m hohe Staude mit ± herzförmigen, lang zugespitzten, gezähnten oder gekerbten (die unteren fast 3-lappig), unterseits dicht graugrün behaarten Laubblättern. Aussenkelch 9- bis 11-blätterig. Kronblätter bis über 7 cm lang, meist rosa und am Grund ± karminrot gefleckt. H. Triónum L. (= Trionum diffúsum Moench, = Kétmia Trionum Scop.). Stundenblume, Stunden-Eibisch, Wetterrösel. Fig. 1968. Einjährige, 15 bis 60 (300) cm hohe, zerstreut abstehend steifhaarige und von Sternhaaren filzige Pflanze. Stengel aufrecht, einfach oder am Grunde wenig verzweigt (var. ternátus [Cav.] Oborny), zuweilen zickzackartig gebogen oder purpurrot überlaufen. Laubblätter weich, gestielt; die untersten fast kreisrund, schwach gelappt, seltener geteilt, kleiner als die folgenden; die mittleren und oberen 3- bis 5-spaltig, mit länglich-lanzettlichen, grob fiederspaltigen Abschnitten (Mittelzipfel der obersten Laubblätter mehr als nochmals so lang als die Seitenzipfel). Nebenblätter fädlich. Blüten einzeln blattwinkelständig, bis 4 cm im Durchmesser. Aussenkelch aus 12 schmal linealen, steifborstig bewimperten Blättern gebildet (Fig. 1968 b bis d), etwa halb so lang als der häutige, bleichgrüne, netzaderige, an den gezackten Riefen knotig borstige, zur Fruchtzeit vergrösserte und stark blasig aufgetriebene Innenkelch. Kronblätter eirund, 1,5 bis 3 cm lang, rasch welkend, stumpf, ausgebreitet, hellschwefelgelb, am Grunde und zuweilen auch am Rande schwarzpurpurn. Staubblätter zahlreich, in eine Röhre verwachsen; Staubfäden blutrot, kurz drüsenhaarig; Staubbeutel orange. Narben kopfig, schwarz-purpurn. Frucht eine eiförmige, borstige, von

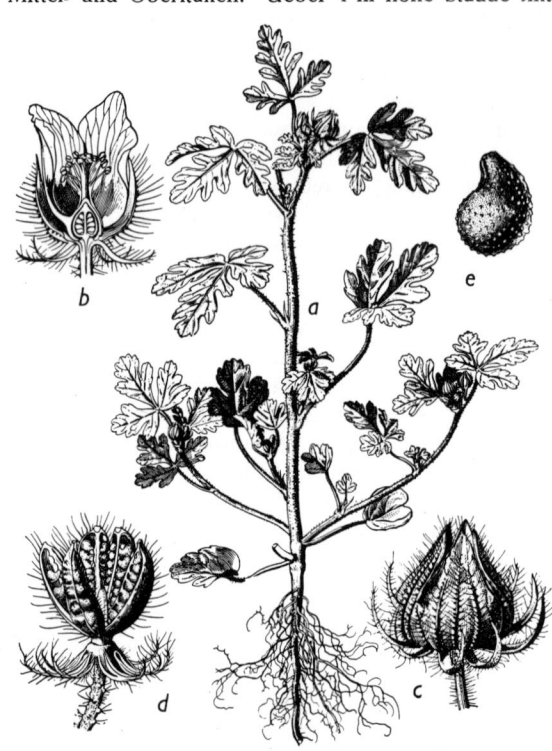

Fig. 1968. Hibiscus Triónum L. a Habitus. b Schnitt durch die Blüte. c Reife Frucht geschlossen. d Reife Frucht offen. e Samen.

dem blasig-häutigen Aussenkelch umgebene, fachspaltig aufspringende, 5-fächerige, vielsamige Kapsel (Fig. 1968 d). Samen nierenförmig, warzig-stachelig (Fig. 1968 e), 2 mm lang. — Hie und da, aber meist nur vorübergehend, auf Aeckern (in Krain namentlich Hirseäckern), Brachen, Schuttplätzen, an Rainen — besonders in Oesterreich — eingebürgert oder gartenflüchtig, jedoch im Gebiet nirgends ursprünglich.

In Oesterreich ± eingebürgert im Gebiete der pannonischen Flora: in Niederösterreich bei Karlsburg, Scheibbs, um Wien im Marchfeld; in Südmähren bei Brünn, Eibenschitz, Satschan, Mönitz, Auspitz, Poppitz, Czeitsch, Lundenburg; in Steiermark bei Gleichenberg, Ehrenhausen, Pösnitz, Radkersburg, bei Allerheiligen, Friedau, Marburg, am Bachergebirge, bei Pettau, Ankenstein, Stattenberg, Hochenegg, Prassberg, um Graz vielfach, aber nur vorübergehend; in Kärnten bei Klagenfurt und im tieferen Unterkärnten; in Unterkrain von Gurkfeld über Landstrass, St. Barthelmae, Rudolfswert, Töplitz, Tschernembl, Möttling bis an die Kulpa allgemein verbreitet (namentlich in Hirseäckern), hie und da auch in Inner-Krain, z. B. bei Wippach, Košana; in Vorarlberg bei Raggall und Gisingen; in Tirol mehrfach um Innsbruck, bei Partschins, Meran, um Brixen, Lienz (hier im Jahre 1797 mit Kochia scoparia und Chrysanthemum segetum an einer Stelle, an der im vorangegangenen Jahre ein Militärdepôt gelegen hatte), bei Nanno, um Bozen (z. T. massenhaft), in Weinbergen bei Valfloriana, Capriana, Comano, bei Trient und Arco; in Böhmen vorübergehend in Prag, bei Chrudin und Jaromez. — In Deutschland nur vorübergehend: in Bayern in und bei München, Lindau,

---

[1]) Griech. ἐβίσκος [ebískos] oder ἰβίσκος [ibískos] griechische Bezeichnung einer wilden Malvenart, bei Dioskurides gleichbedeutend mit ἀλθαία [althaía], ἀλθίσκος [althískos] und μολόχη ἀγρία [molóche agría].

Murnau, Landshut, Deggendorf, Nürnberg, Fürth, Michelau, Bamberg, Rüdenhausen und Castell (1895), Himmels=
pforte bei Würzburg?, in der Pfalz bei Dürkheim (1889), Hessheim und Worms (1889) und anderwärts auf
Komposthaufen in der Nähe von Dörfern spontan fortkommend; in Baden bei Mannheim (1899); Hannover
(1895), in Brandenburg bei Pförten (1904) und Forst (1901); bei Erfurt (mehrfach); Jena (im Garten von Hallier
hielt sie sich 10 Jahre lang); bei Dresden (1922); in Schlesien häufiger, z. B. bei Glogau, Liegnitz, Jauer, Oels,
Breslau, Reichenberg, Bohrau. — In der Schweiz in und um Zürich (seit 1874), bei Winterthur, Murg (1909),
Solothurn (1916, 1919), Basel (mehrfach), Rorschach (1914), Aarau, im Tessin mehrfach als Gartenunkraut.

Allgemeine Verbreitung: Oestliches Mittelmeergebiet und dessen nördliche Ausstrahlungen bis
Krain, Niederösterreich, Mähren, Galizien, Südrussland; verschleppt oder verwildert in Mitteleuropa, im westlichen
Mittelmeergebiet vielfach eingebürgert; Asien bis China, Australien, Afrika; auch in Nordamerika verwildert.

Auf Aeckern und Oedland tritt besonders die var. ternátus (Cav.) Oborny mit bis zum Grunde
3= bis 5=teiligen Laubblättern auf (beim Typus die unteren nur 5=lappig und stumpf).

Hibiscus Trionum ist ein alter Kultur=
begleiter, der bereits in den neolithischen Ablage=
rungen von Aggtelek in Kroatien aufgefunden worden
ist und dessen Heimat vielleicht im östlichen Mittel=
meergebiet liegt. In Mähren wurde die Pflanze schon
in den ersten Jahrzehnten des 19. Jahrhunderts von
Hochstetter beobachtet. Sie gehört zu den alten
Gartenpflanzen und wird von Schwenckfeld um
1600 aus Schlesien unter dem Namen Malva hor=
ténsis VI angeführt. Im Herbar Rostius (1610) in
Lund heisst sie maluna ueneta, „felriss", im Hortus
Eystettensis (1597) Álcea Véneta. — Die schwefel=
gelben Blüten sind sehr vergänglich und öffnen sich
nur zwischen 8 und 12 Uhr vormittags. Aus der
Mitte der eben ausgebreiteten Blüten erheben sich
die pollenbedeckten Antheren, deren freie Staub=
fadenteile sich bald im Bogen herabschlagen, so dass
nun die empfängnisfähig werdenden Narbenäste an die
Stelle der Antheren treten können. Besuchende In=
sekten müssen also Fremdbestäubung vollführen.
Nach wenigen Stunden drehen sich die Griffel S=
förmig und krümmen sich so weit herab, dass die
Narbenpapillen mit den noch pollenbedeckten An=
theren in Berührung kommen.

Als Gartenpflanze in warmen Lagen findet
sich mitunter H. Syriacus L. (Fig. 1969), dessen
Heimat vielleicht in China und Indien oder in Klein=
asien liegt, der aber durch die Kultur in den Tropen und
Subtropen weit verbreitet worden ist. Bis 3 m hoher,

Fig. 1969. Hibiscus Syriacus L. *a* Sprossspitze. *b* Blüte mit
Laubblättern. *c* Kronblatt. *d* Staubblattröhre im weiblichen Stadium.
e Fruchtstand. *f* Aufgesprungene Kapsel. *g* Samen.

buschiger, langtriebiger Strauch mit aschgrauer Rinde und verkahlenden Trieben. Laubblätter ei=keilförmig, meist
3=lappig, gesägt[1]). Aussenkelchblätter meist 6 bis 7. Kelch 5=lappig. Kronblätter gross, mattlila, mit dunkleren
Adern, am Grunde dunkelfleckig (in Gärten häufig weiss, rosenrot, violett oder gestreift oder Blüten gefüllt).
Bisweilen verwildert, so bei Mannheim (1909), im Tessin z. B. bei Ascona, in Südtirol bei Meran, Bozen,
Deutschmetz, Trient, Riva, Rovereto. Auch in Nordamerika eingeschleppt. — Seltenere nordamerikanische

---

[1]) Nach M. Koernicke (in Festschrift zum 70. Geburtstage von Ernst Stahl, 1918) dürften die Laub=
blätter der Hibiscaceen allgemein extraflorale Nektarien besitzen. Diese finden sich stets auf den Rippen der
Blattunterseiten, nehmen aber dort bei den verschiedenen Arten verschiedene Stellen ein. Sie werden sehr
oft von Pilzen befallen und stehen infolge ihrer (wahrscheinlich periodischen) Zuckerausscheidungen vermutlich
mit Ameisen in symbiotischer Verbindung. Die Sekretion geschieht entweder durch Trichome mit Fuss=, Stiel=
zelle und kugel= bezw. quer=eiförmigem, 8= bis 10=, bisweilen auch mehrzelligem Köpfchen oder aber durch
solche von mehrzelliger, keulenförmig=gestreckter Gestalt mit ebenfalls einer Fuss= und Stielzelle. Für feinere
systematische Unterscheidung besitzen die extrafloralen Nektarien keinen Wert.

Vertreter (wohl nur der Kalthäuser) sind: H. Moscheútos L.[1]), H. palúster L.[2]), H. incánus Willd., H. militáris Cav., H. grandiflórus Michx. und H. speciósus Ait. Zu den häufigsten Warmhauspflanzen zählt H. Rósa=Sinénsis L., ein wahrscheinlich aus Südasien stammender Strauch oder kleiner Baum mit eiförmigen, lang zugespitzten, kahlen, im vorderen Teile grob eingeschnittenen, gezähnten Laubblättern. Aussenkelch meist 7=blätterig. Blüten gross. Kronblätter rot, seltener purpurn, weiss, isabellfarben oder gefleckt. Staubbeutelröhre dünn, lang aus der Blüte hervorragend. — Seltenere Erscheinungen sind H. vesicárius Cav. aus Mittelafrika, eine 1=jährige, etwa 50 cm hohe Pflanze. Untere Laubblätter ungeteilt, obere 5=teilig; Lappen länglich, stumpf, gezähnt. Kelch häufig aufgeblasen (soll auch im Freiland zu ziehen sein), ferner der brasilianische H. insígnis Mart. und der ostindische H. mutábilis L.; letzterer wird bereits in Süd=Spanien im grossen gebaut und liefert einen geschätzten Bast. Die Laubblätter und Blüten finden in der Volksmedizin Verwendung. Eine wichtige Faserpflanze ist ferner H. cannábinus L., ein in Afrika und Vorderindien verbreitetes 1=jähriges, bis 3 m hohes Kraut mit stachelhöckerigem Stengel, hanfähnlichen Laubblättern und grossen Blüten. Kronblätter gelb, am Grunde dunkelrot gefleckt. Die Pflanze wird seit alter Zeit in einigen Gebieten Vorderindiens feldmässig gebaut und liefert den „Dekkan=, Madras=, Bombay=, Bimlipatam= oder Gambohanf", auf Java die „Java=Jute". Auch im Sudan und in Westafrika wird die Faser gewonnen. Die jungen Laubblätter dienen im Sudan als Gemüse, die Samen enthalten bis 25% fettes Oel. Die Pflanze ist gegen Wurmfrass, Wanzen, Aelchen und Bakterien=Krankheiten sehr empfindlich. — H. Sabdariffa L. Bis 1,50 m hohes, kahles Kraut mit gelappten Laubblättern und blassgelben, dunkelbraun gefleckten Kronblättern. Ueberall in den Tropen wegen der zur Fruchtzeit fleischig werdenden Kelche gebaut, die in mannigfaltiger Weise zu Speisen und Getränken dienen. Die Laubblätter liefern einen Salat. Die ölhaltigen Samen werden gemahlen oder geröstet wie Sesam als Nahrungsmittel verwandt. Die Fasern liefern den vor allem in der Präsidentschaft Madras in Ostindien kultivierten „Rosella=Hanf". — Von H. elátus stammt der „Kuba=Bast", der als Zigarrenband nach Europa kommt. Auch aus dem lindenblättrigen, baumartigen, überall an den Küsten der Tropen verbreiteten H. tiliáceus L., mit gelben, ornithophilen Blüten, lässt sich ein gutes Gespinst= und Fasermaterial gewinnen. — Zur Tribus der Hibisceae zählt ferner die wichtigste aller spinnbare Fasern liefernden Gattungen: Gossýpium L., die Baumwolle, franz.: cotonnier, engl.: cotton plant, welche die offizinelle „Baumwolle", „Gossýpium", pili gossýpii, lána gossypína, franz.: coton, engl.: cotton, cotton wool, ital.: cotone, span.: algodon, port.: algodão, schwed.: bomull, ungar.: gyapot, malay.: kapas liefert. Die Gattung umfasst zumeist strauchige bis fast baumförmige, bis 2 m hohe, in der Kultur zumeist 1=jährige, krautige Pflanzen mit gewöhnlich 3= bis 7=lappigen, am Grunde herzförmigen Laubblättern und mit meist grossen, dunkel= oder blassgelben, purpurroten oder weissen, in den Blattachseln einzeln stehenden Blüten, die von dem 5=spaltigen, angedrückten Kelch und von 3 grossen, bleibenden, tief gezackten Aussenkelchblättern umgeben werden. Die 3= bis 5=klappig aufspringenden, walnussgrossen Kapseln enthalten 5 bis 10 nierenförmige oder eilängliche, 3 bis 5 mm dicke, schwärzliche Samen, deren Oberfläche mit langen, in der Regel weissen, seltener gelblichen oder bräunlichen, einzelligen Haaren bedeckt ist, die in ihrer Gesamtheit den bis faustgrossen, aus der reifen Frucht heraustretenden Wollbauschen darstellen. Die Länge („Stapel") der Faser variiert zwischen 19,55 und 45,72 mm; sie besteht fast aus reiner Zellulose. Neben diesen langen, eigentlichen Baumwollhaaren oder dem „Vlies" weisen bestimmte Arten auf der Samenoberfläche noch einen kurzen Filz auf, welcher ein ziemlich wertloses Produkt, die sog. „Grundwolle" liefert. Die Keimblätter sind in den Samen eigenartig gefaltet und erscheinen punktiert (Fig. 1970 c, d). Ueber die namentlich auf der Mittelrippe der Blattunterseite auftretenden extrafloralen Nektarien vgl. E. Schwendt (Dissertation. Göttingen, 1906). Die eigentliche Heimat der Gattung liegt auf den Inseln des Stillen Ozeans, wenngleich auch Vorderindien, Brasilien, Kalifornien, Mexiko und Yukatan einige wenige Arten beherbergen. Bis vor wenigen Jahren unterschied man nur 2 asiatische (Gossýpium herbáceum L. und G. arbóreum L.) und 3 amerikanische (G. Barbadénse L., G. hirsútum L. und G. Peruviánum Cav.) Arten. Kürzlich wies G. Wisbar die Baumwolle als Gyssopítes tertiárius in der deutschen Braunkohle nach. Von den zahlreichen Kreuzungen nehmen aber nur wenige in grossem Masse an der Weltproduktion teil, so in erster Linie die Upland=Baumwolle von G. hirsutum und Kreuzungen mit G. Barbadénse aus den Südstaaten der Union, von der mehr als ²/₃ sämtlicher angebauter Baumwolle stammt (in Nordamerika davon 99%), dann die Sea=Island=Baum=

---

[1]) Ein Bastard H. Moscheutos L. × H. militáris Cav., der sich durch schöne, rote Blüten auszeichnet, wurde in Nordamerika künstlich erzeugt und konnte bereits in Mitteleuropa in Gärten kultiviert werden (vgl. Hemming, M. Ein neuer Hibiscus in Mitteilungen der Deutschen Dendrolog. Gesellschaft, 1911, mit Abb.).

[2]) Schwenckfeld erwähnt die Art 1610 als Malva horténsis VII aus Schlesischen Gärten; bei Scholz wird sie „Sabdariffa" genannt (eigentlich der Name von H. Sabdariffa L. aus Ostindien s. o.).

wolle (auch Barbados und New Orleans cotton genannt) von G. Barbadense aus den nordamerikanischen Küstengebieten (Carolina, Georgia, Florida und den vorgelagerten Inseln), die Aegyptische Baumwolle (sie stammt von G. Barbadense, z. T. auch von Kreuzungen von G. hirsutum mit G. herbaceum) mit zahlreichen Kulturrassen (Mitafif, Ashmouni, Ivannovitch, Nubari, Assili, Voltos, Gallini, Abbassi, Siftah, Messifieh, Zagazig, Mansurah, Beharab), die Indische Baumwolle von G. herbaceum oder aus Bastarden von G. arboreum, G. Nánking und G. obtusifolium var. Wightiánum (die Deccabaumwolle wurde ehedem zu Musselinen verarbeitet) und die Peru=Baumwolle, auch Brasil= oder Nierenbaumwolle (Kidney cotton) von G. Peruvianum aus Südamerika. Neuere Züchtungen sind die Caravonica (Queensland= und Mamara= [Salomons=Inseln])=Baumwolle. Die Haupterzeugungsgebiete von Baumwolle sind die Südstaaten der Union (über 12 Mill. Hektar) und zwar Texas, Georgien, Alabama, Mississippi, Nord= und Süd=Karolina, Arkansas, Louisiana, Oklahoma, Tennessee (als bestes Land gilt das durch Dämme [levees] gegen den höher gelegenen Strom geschützte Mississippi=Delta aufwärts bis nach Memphis), Westindien und zwar Haiti, Portoriko, Jamaika, Martinique und Guadeloupe (trotz der Güte der Produkte geht der Anbau zurück), Mexiko, Südamerika und zwar Guayana, Columbien, Venezuela, Peru und besonders Brasilien mit den Ausfuhrhäfen Barranquilla, Sabanilla, Puorto Cabello, Pernambuco, Maceió und Ceará, Aegypten mit dem Sudan (542 000 Hektar Anbaufläche), Vorderindien, China, Japan, Russisch=Asien (Turkestan, Samarkand, Taschkent, Buchara, Chiwa, Transkaspien und Transkaukasien), Vorderindien, Persien, Syrien, Mesopotamien, Smyrna, neuerdings auch das tropische Afrika, Australien und die Südsee=Inseln. Heute ist die im 9. Jahrhundert unter der Herrschaft der Araber nach Sizilien, Spanien (Valencia), Süditalien und nach der Krim überführte Baumwollkultur in Europa bis auf wenige Gebiete in Bulgarien, der Türkei, Griechenland, Süditalien (Castelamare) und Spanien (Granada) aufgegeben worden. Vor etwa 10 Jahren wurden von der österreichischen und bulgarischen Regierung Schritte unternommen, um den Anbau wieder zu beleben.

Fig. 1970. Gossypium (Baumwolle). *a* Spross mit Blüten und reifen Früchten. *b* Samen und Wolle. *c* und *d* Quer- und Längsschnitt durch den Samen mit den gefalteten Keimblättern. *e* Fasern vergrössert, *f* im Querschnitt.

Besonders in Dalmatien in der Umgebung von Spyjet, Vis und Tadar konnten gute Ergebnisse erzielt werden. Im Balkan kommen namentlich die Umgebung von Adrianopel und das Sumpfgebiet der Dobrudscha, eventuell auch Bosnien, Syrmien und Südungarn als Anbaugebiete in Frage. In der Alten Welt wird die Baumwolle etwa 800 v. Chr. genannt; die ersten Nachrichten über den Anbau dürften aus der Mitte des 4. Jahrhunderts stammen. In der Neuen Welt scheint die Kultur gleichfalls sehr alt zu sein und sich dort selbständig entwickelt zu haben. Im Buch Esther gibt die Bibel genauen Bericht über die Baumwollstoffe des Palastes von Susa. Die Vermehrung und die Anzucht geschieht alljährlich neu und zwar ausschliesslich durch Samen, in Grossbetrieben mit Hilfe von Maschinen. Das Einsammeln der Wolle in den Monaten Oktober bis Dezember erfolgt fast überall durch Händearbeit durch Auszupfen der Samen mit der daranhängenden Wolle aus der reifen Kapsel; Pflückmaschinen sind noch wenig im Gebrauch. Für die Entfernung der Samen aus der Wolle, die in besonderen Entkörnungs= oder Egrenieranstalten vollzogen wird, sind Säge= und Walzengins (gin = Abkürzung für engl. engine = Maschine) im Gebrauch, wodurch dann die Samenbaumwolle zur Linterbaumwolle wird, in welcher Form sie zu Ballen gepresst und verschifft wird. Die Ausfuhr von amerikanischer Baumwolle nach Europa begann im Jahre 1747. Hauptmarktplätze für Baumwolle in Europa sind Liverpool und Bremen, dann folgen Hamburg, Le Havre, Marseille, Antwerpen, Rotterdam, Dünkirchen, Barcelona, Triest, Venedig, Neapel, Genua. In Europa wird die eingeführte entkörnte Rohbaumwolle mit besonderen Maschinen gereinigt, gekrempelt und kardiert (bisweilen unter Zusatz von Olivenöl), dann aufgelockert und durch Benzol oder durch verdünnte Natronlauge bezw. Soda vom Fette befreit, mit verdünnter Schwefelsäure, mit Seifenwasser und Wasser ge=

waschen, gebleicht und schliesslich in den Wattemaschinen aufgelockert. Die mit Pottasche oder verdünnter Natronlauge behandelte und nachher gebleichte, fettfreie Baumwolle findet rein oder mit Antisepticis als Verbandwatte (Gossýpium depurátum) in der Heilkunde allgemeine Verwendung. Aus der Baumwolle stellt man das Baumwollgarn her, das sich wegen seiner Glätte und Gleichmässigkeit zum Nähen, Stricken, Sticken und Häkeln gut eignet, aber nicht so haltbar ist wie Leinenzwirn. Die Abfälle werden zu Filzen, Vigognegarn, Sackmaterial, Bindfaden usw. verarbeitet. Das feinste Maschinengarn kommt aus England unter dem Namen „twist" (engl. twist = flechten), das stärkste ist das Wassergarn (water=twist), das weichere, weniger gedrehte das Mulegarn (mule=twist). Das durch Weben erzeugte Produkt wird je nach Dichtigkeit und Reinheit unterschieden als Kattun (vom ital. cotóne), Indienne (aus Indien stammend), Calico (zuerst aus Kalkutta eingeführt), Nanking, Perkal (für Buchbinder), Musselin oder Nesseltuch, Jacouet, Gimgang (javanisch = verbleichend), Tüll (nach der Stadt Tulle in Frankreich benannt), Barchent (mit Leinen verwoben), Piqué, Manchester oder Baumwollsammet (weil in der Stadt Manchester zuerst hergestellt).

Ausserdem wird die Baumwolle in ausgedehntem Masse technisch verwertet, in erster Linie zur Schiessbaumwolle, Nitrozellulose oder Pyroxylin, ein Gemisch von konzentrierter Salpeter= und Schwefelsäure mit gereinigter (durch Sodalauge) und entfetteter Baumwolle. Sie wurde 1845 durch den Chemiker Christian Friedrich Schönbein in Basel entdeckt, später durch den Engländer F. Abel verbessert und wird in der Sprengtechnik, für detonierende Zündschnüre, zu Feuerwerkszwecken (mit Salzen getränkt), zum Filtrieren von Säuren, Alkalien usw. verwendet. Aeusserlich unterscheidet sich die Schiessbaumwolle nicht von gewöhnlicher Baumwolle, fühlt sich aber rauher an. Die lösliche, gummiartige, transparente Kollodiumwolle wird durch Behandeln von flockiger Schiessbaumwolle mit geeigneten Flüssigkeiten (Schwefeläther, Aceton, Nitroglyzerin) gewonnen und dient zur Herstellung des rauchschwachen Pulvers. Neuerdings ist die Schiessbaumwolle als Sprengstoff durch Pikrinsäurepräparate (Melinit, Ekrasit, Lyditt, Schimose) und Trinitrotoluol (Trotyl) stark zurückgedrängt worden. Kollodium oder Klebäther ist eine Auflösung von Kollodiumwolle in alkoholhaltigem Aether und stellt eine farblose, sirupartige, leicht entzündliche Flüssigkeit dar, die an der Luft rasch verdunstet und ein an der Unterlage fest haftendes, firnisartiges Häutchen zurücklässt. Man verwendet Kollodium zum Verschliessen oder Bedecken von kleinen Wunden, Frostbeulen, in der Photographie (1850 von Le Gray erfunden) zur Darstellung von Negativbildern, als Elektrophor, für künstliche Blumen, in der Gärtnerei als Ersatz von Baumwachs, zur Herstellung von Sprenggelatine oder Nitrogelatine (ein 1875 von A. Nobel erfundenes Sprengmittel, bestehend aus 91 bis 93% Nitroglyzerin und 7 bis 9% Kollodiumwolle). Für medizinische Zwecke liefert Kollodium mit Rizinusöl oder Terpentin gemischt das Collódium elásticum, mit Aether und Spanischen Fliegen (Lýtta vesicatória L.) das blasenziehende, olivgrüne Collódium cantharidátum. Durch Behandlung mit Kampfer unter hohem Druck und Erhitzen (bis auf 130°) erhält man das harte, hornartige, durchscheinende, geruchlose, elastische, schwer zerbrechliche, leicht färbbare, in der Wärme plastisch werdende, aber leicht entzündliche Zelluloid oder Zellhorn (Ballistit, Cordit, Pegamoid), das als Ersatz für Hartgummi, Elfenbein und Schildpatt zu Kämmen, Haarpfeilen, Klammern, Schmucksachen, Billardbällen, Schirm=, Bürsten= und Messergriffen, chirurgischen Instrumenten, Gebissen, Klischees, zu photographischen Trockenplatten und Films, zu Wassermessern usw. verarbeitet wird. Dagegen ist es noch nicht gelungen, aus dem Rindenbast der Baumwolle eine spinnfähige Faser herzustellen; Schuld daran ist das Fehlen einer billigen und leistungsfähigen Schälmaschine. Doch wird dieser zur Papierfabrikation verwendet. Die früher unbeachteten oder nur als Viehfutter benützten Samen werden seit 1783 (in grösserem Umfange erst seit 1852) zur Oelpressung verwendet. Die der Haare beraubten Samen enthalten 15 bis 30% fettes Oel (Baumwollsaat= oder Cottonöl, Óleum Gossýpii), (7) 11,11% Wasser, 19,69% stickstoffhaltige Substanzen, 23,43% stickstoffreie Extraktivstoffe, 21,1% Rohfaser, 0,02% TiO_2 (nach Czapek) und 3,8% Asche. Das Oel selbst setzt sich zusammen aus etwa 70% Palmitin, den Glyzeriden der Oel= und Linolsäure, anscheinend auch Arachin= und Stearinsäure, ferner aus geringen Mengen von Oxyfettsäure und Cottonölsäure, einem aldehydartigen Körper, Cholin und Betaïn. Seit 1880 wird das Oel namentlich in Nordamerika, neuerdings auch in Aegypten und Ostindien, wo es für Olivenöl ausgegeben wird, gewonnen. Es dient als Salat= und Speiseöl, als Verschnittöl und zur Verfälschung von Erdnuss=, Oliven=, Sesam= und Rizinus=Oel, zur Herstellung von Margarine; die unreinen Teile werden zu Seifen, Kerzen, Waschpulvern, Glyzerin, Olein, Schmieröl und Kitt verarbeitet. Das Oel ist im rohen Zustande braunschwarz bis rot, nach der Reinigung mit Kalilauge rotgelb und hat einen angenehmen Geschmack. Ehedem wurden die Samen (Sémen Gossýpii oder s. bombácis) wie Leinsamen zu Schleim abgekocht. Die aus den geschälten Samen gewonnenen Pressrückstände liefern ein wertvolles Kraftfutter, das gemischt mit Weizenmehl auch als menschliches Nahrungsmittel in Betracht kommen kann und zwar als Fleischersatz. Es enthält nämlich 43,3% Eiweiss, 14,3% Fett und 16,7% stickstoffreie Extraktivstoffe. Die Rinde (Córtex rádicis gossýpii) soll eine ähnliche Wirkung wie das Mutterkorn besitzen und wird in Nordamerika vom Volke wie jenes verwendet; in Ostindien gilt sie als Diuretikum. Die Blüten enthalten als Glykosid den Farbstoff Gossypetin von der Formel (nach Perkin) $C_{15}H_{10}O_8$ oder $C_{15}H_{12}O_8$, der 6 Hydroxylgruppen aufweist und mit dem Myricetin isomer ist. Wie andere Flavonfarbstoffe gibt Gossypetin ein Monokaliumsalz, das beim Kochen einer alkoholischen Gossypetinlösung mit Kaliumacetat als orangegelbes, kristallinisches Pulver erhalten wird. Neben dem Gossypetin ist auch das Glukosid Gossypitrin ($C_{21}H_{20}O_{13} + 2 H_2O$) in den Blüten nachgewiesen worden. Die Baumwollstaude hat unter einer ganzen Anzahl von Schädlingen und Krankheiten zu leiden. Am gefährlichsten ist der mexikanische Kapselrüssler, Pikudo, „boll weevil" (Anthónomus grándis Boh.), ein 5 mm langes, graues Käferchen, das seine Eier in die Blütenknospen und in die jungen Kapseln legt, dann die Raupe („Curuqueri") des unscheinbaren Schmetterlings Alétia argillácea Hübn., die Grosse Kapselraupe oder „boll worm" (Heliothis ármiger Hübn.), von kosmopolitischer Verbreitung, die Erd-Raupen verschiedener Eulen, Blattläuse, Zikaden, Wanzen, Heuschrecken usw., daneben eine Reihe von Krankheiten hervorgerufen durch Pilze, Bakterien, wie die sogen. Mosaik- und Gelbfleckenkrankheit, der Keimlingsbrand, Anthraknose oder Kapselbrand, Kapselfäule, Welkkrankheit (wilt dease), Wurzelfäule (root rot) usw. — Teratologische Bildungen sind bei den Malvaceen häufig beobachtet worden. Meist beziehen sie sich auf Unregelmässigkeiten in der Blüte. So sah Gagnepain bei Althaea hirsuta Blüten mit sehr vermehrter Anzahl von Fruchtblättern und Verminderung in der Zahl der Staubblätter. Malva moschata wurde mit veränderten Blütenstielen und den dazu gehörigen Tragblättern beobachtet. Gefülltblütige Formen sind von derselben Art, sowie z. B. von Malva rotundifolia und Althaea rosea (vgl. dort) bekannt und werden auch häufig gezogen. Lapeyrouse beschreibt bei Malva silvestris eine Vergrünung der Blüten; Penzig beobachtete bei derselben Art eine solche, bei der an Stelle der Kronblätter lang gestielte Laubblätter getreten waren. Stengelverbänderungen sind häufig. Von Althaea rosea werden auch Ring-Fasziation, sowie Verwachsung von Laubblättern und Aszidien-Bildung gemeldet. Durch Verletzung der Hauptachse von Hibiscus Rosa-Sinensis erhielt Blasinghem allerhand Abweichungen an den Ersatzsprossen. Bei Abelmoschus esculentus beschreibt Harris eine Prolifikation der Früchte. Durchwachsung der Kapseln, d. h. Auftreten einer kleinen Kapsel innerhalb der normalen Frucht wurde von H. tiliaceus durch Delavaud abgebildet. Junge fand bei dieser Gattung trikotyle Embryonen. Bei Gossypium wurden die Keimblätter wechselständig und durch ein Stengelglied voneinander getrennt beobachtet (weitere Angaben vgl. Penzig, O. Pflanzen-Teratologie. Bd. II, pag. 162 u. f., 1923).

1. Frucht in 1-samige Teilfrüchtchen (Fig. 1973 c, d) zerfallend. Aussenkelch vorhanden (falls fehlend, vgl. Sidalcea pag. 455 und Sida pag. 456) . . . . 2.
1*. Frucht eine aufspringende Kapsel (Fig. 1969) mit mehreren mehrsamigen Fächern . . . . 5.
2. Aussenkelch aus 6 bis 9 verwachsenen Hochblättern bestehend . . . . Althaea CCCCLXIX.
2*. Aussenkelch aus 3 (seltener 2) Hochblättern bestehend . . . . 3.
3. Fruchtblätter auf dem kugeligen Blütenboden kopfig gehäuft . . . . . Malope (pag. 455).
3*. Fruchtblätter um die Blütenachse kranzförmig angeordnet . . . . 4.
4. Aussenkelchblätter 2 oder 3, frei, am Kelchgrund eingefügt . . . Malva nr. CCCCLXXI.
4*. Aussenkelchblätter zu einer unter dem Kelche eingefügten, 3-spaltigen Hülle verwachsen . . .
. . . . Lavatera CCCCLXX.
5. Aussenkelch vielspaltig. Kapsel fachspaltig . . . . Hibiscus (pag. 458).
5*. Aussenkelch fehlend. Kapsel nur oben aufspringend . . . . Abutilon (pag. 456).

CCCCLXIX. Althǽa[1]) L. (= Álcea L.). Eibisch, Stockrose. Franz.: Guimauve; engl.: Althaea; ital.: Altèa (Grödner.-ladin.: Mèlva).

Meist ausdauernde, seltener 1-jährige, filzig behaarte Gewächse mit gelappten oder geteilten Laubblättern. Blüten zuweilen in wickeligen Gruppen, aus den Blattachseln hervortretend; diese mitunter wiederum traubig angeordnet. Hüllkelch 6- bis 9-spaltig. Reife Früchtchen in der Mitte eingedrückt, von der Mittelsäule nicht überragt, abfallend oder nicht aufspringend, zuweilen von einem häutigen, gefurchten Rande umzogen.

Die Gattung ist mit etwa 15 Arten in der gemässigten Zone der Alten Welt vertreten und zerfällt in die beiden Sektionen Alcea (Früchtchen auf dem Rücken tiefrinnig, an den Rändern scharf; Griffelpolster kegelförmig) und Althaeástrum (Früchtchen auf dem Rücken gewölbt, an den Rändern abgerundet). Zu der erstgenannten Gruppe zählen A. rósea Cav. und A. pállida Waldst. et Kit., zur zweiten A. offici-

---

[1]) Nach Theophrast nannten die Arkadier die μαλάχη ἀγρία [maláche agría] = wilde Malve auch ἀλθαία [althaía] oder ἀλθέα [althéa], vom griech. ἀλθεῖν [althein] = heilen bezw. ἄλθος [althos] = Heilmittel. Die Beschreibung des Theophrast scheint sich auf Abutilon Avicennae zu beziehen, wogegen die des Dioskurides gut zu Althaea-Arten passt. Plinius zählt Althaea (vielleicht A. hirsuta) zu den Malvae silvestres.

nális L., A. cannábina L., A. hirsúta L., A. Narbonénsis Willd. und A. Taurinénsis DC. In Mitteleuropa treten als ursprünglich einheimisch oder alteingebürgert nur A. officinalis, A. hirsuta und A. pallida auf. Eine uralte und weitverbreitete Gartenzierpflanze ist Althǽa rósea Cav., Gemeine, Schwarze oder Chinesische Stockrose. Franz.: Rose trémière; engl.: Hollyhock; ital.: Rosoni, malva rosa. Nach den grossen, rosenähnlichen (im Herbste erscheinenden Blüten) heisst die Pflanze: Klapprose (Bremen), Burrosen (Lübeck), Stockrose, Stangenblom (Nahegebiet), Stange(n)ros (Elsass, Schweiz), Buabarose, Stickelrosa, Stigbluama (St. Gallen), Sammetrose (Zürich), Cholrose (Oberbaden), Båblrosn (Niederösterreich), Halsrose [gegen Halsweh] (Nahegebiet), Saat=, Herbstrose(n) (Schweiz). Zu Pôpel, Påppel vgl. Malva pag. 474. Fig. 1971, 1972 und Fig. 1978 s und t. Pflanze 1= oder 2=jährig (bis ausdauernd), 1 bis 3 m hoch. Stengel steif aufrecht, zerstreut rauhhaarig. Laubblätter lang gestielt, meist 5= bis 7=lappig, mit herzförmigem Grunde, gekerbt, runzelig, steifhaarig=filzig. Blüten gross (offen 6 bis 10 cm breit), einzeln oder zu 2 bis 4 in den Blattwinkeln, die oberen sitzend oder fast sitzend, eine lange Aehre bildend. Aussenkelch bedeutend kürzer als der Kelch (Fig. 1971 d). Kronblätter weiss, karminrot bis schwarzpurpurn oder schwarzbraun, bis gelb, breiter als lang, bis 4 cm lang und 5 bis 6 cm breit, mit den Rändern sich deckend, am Grunde gebärtet, am Rande seicht ausgerandet, oft gefüllt. Staubbeutel gelblich. Reife Früchtchen in der Mitte eingedrückt, von einem häutigen, gefurchten Rande umzogen; Teilfrüchtchen am Rande nicht gezähnt, kahl. — VII bis IX.

Wild angeblich im Orient, auf der Balkanhalbinsel und Kreta, vielleicht aber daselbst wie auch in Italien und Südfrankreich nur eingebürgert. Nach Beck nur eine Kulturrasse der A. pallida Waldst. et Kit. In Mitteleuropa seit dem 16. Jahrhundert sehr häufig kultiviert, namentlich in Bauerngärten. Völlig eingebürgert im Küstenland (z. B. Pola), in Südtirol (z. B. Bozen) und im Wallis (Valère bei Sitten); anderwärts öfters verwildert, so im Rheintal (z. B. bei Ilvesheim), in Thüringen (mehrfach bei Erfurt, früher feldmässig gebaut), in Württemberg, Bayern (z. B. Schweinfurt), Nordtirol und in der Schweiz (Orbe, Vevey, Solothurn). — Die Herkunft dieser Pflanze ist dunkel. Während die einen Autoren (z. B. schon Caspar Bauhin) die Garten= und Baummalve der Alten, des Capitulare de villis, des Albertus Magnus usw. zu erkennen glauben (vgl. Anm. pag. 472), schliesst Fischer-Benzon aus dem Umstand, dass die ersten sicheren Angaben im 16. Jahrhundert auftreten, dass die Stockrose erst ähnlich wie die Tulpen durch die Türken aus dem Orient gebracht worden sei. Hieronymus Bock, der die Pflanze 1551 als Herbst=[1]) oder Ern= (Ernd=) Rose und Römische Pappeln beschreibt, kannte bereits mehrere Farbenspielarten. Zu Metz hiess sie nach ihm Rose ultramarin. Spätere Autoren wie Matthioli, Tabernaemontanus, Bauhin u. a. nannten sie Malva hortensis oder rosea, Gartenpappel, Herbst= oder Winterrose. — Die Blüten der Stockrose enthalten einen weinroten Farbstoff, das Althaeïn, das nach R. Willstätter und Karl Martin wie das ihm ähnliche Myrtillin ein Monoglukosid des Myrtillidins darstellt und früher zu verschiedenen technischen Zwecken (Drucken), besonders aber zur künstlichen Färbung von Rotwein, Likören und Sirup verwendet wurde. Aus diesem Grunde waren vor allem die Blüten der „schwarzen" Malve (var. nigra) von Weinhändlern sehr gesucht. Vor mehreren Jahrzehnten

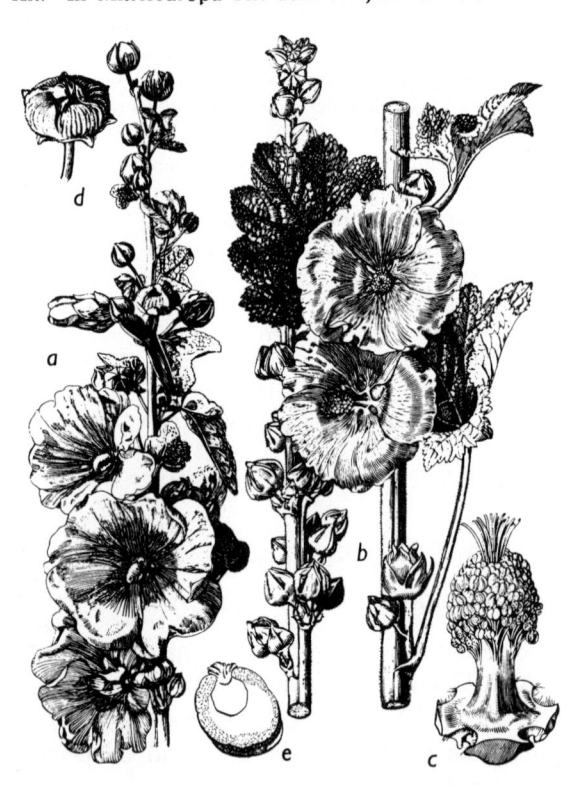

Fig. 1971. Althaea rosea Cav. *a* und *b* Blühende Triebe. *c* Geschlechtssäule zu Beginn des weiblichen Stadiums. *d* Frucht. *e* Samen.

hat die Bayerische Regierung Untersuchungen über die chemische Natur des Farbstoffes angeregt, die dann von L. A. Buchner, F. Elsner, vor allem von E. Kopp sowie später von R. Glan und V. Grafe ausgeführt worden. Die Vermehrung der in vielen Formen, besonders in England gezüchteten, äusserst malerisch wirkenden Staude geschieht am einfachsten durch Abtrennen des an den zweijährigen Pflanzen gegen den

---

[1]) Auch im Herbarium von Rostius (in Lund, 1610) wird A. rosea (flore pleno) als Rósa septémbris, Herps (Herbst)rosen genannt.

Herbst zu in der Nähe des Wurzelhalses entstehenden Laubsprosses oder aber zeitraubender aus Samen. Für die Kultur ist ein kräftiger, durchlässiger Boden erforderlich. In den ausgesprochen proterandrischen Blüten wird der Nektar von den 5 am Grunde des Kelches zwischen den Lücken der Kronblattbasen befindlichen gelben Stellen abgesondert; die behaarten Kronblätter schützen ihn vor Regen und kleinen Insekten. Bei ausbleibendem Insektenbesuch — in Betracht kommt die Honigbiene und Hummeln — tritt zuletzt Selbstbestäubung ein, indem die Narben sich zwischen die noch nicht ganz entleerten Staubbeutel zurückkrümmen. Als Flóres Málvae arbóreae oder horténsis waren die getrockneten Blüten der dunkelvioletten Sorte gegen Husten ein beliebtes Volksheilmittel; zuweilen wurden sie zu diesem Zwecke mit Wollblumen gemischt. Ebenso kommen sie allein oder zusammen mit Salbeiblättern abgekocht als Gurgelwasser in Betracht, auch zu Dämpfen bei Ohrenleiden. Die Pflanze liebt sonnige Lagen und tiefe, humusreiche Böden. Sie wird auch als Nachzucht auf Kartoffeläckern oder Kornfeldern empfohlen. Ab und zu wird Althaea rosea auf Eisenbahndämmen, an Flussufern, auf Schutthaufen, an Zäunen, in Weinbergen usw. als Gartenflüchtling angetroffen. Die gefülltblütigen Varietäten dieser Art werden sehr häufig in Gärten gezogen. Die Füllung wird bei ihnen nach Penzig fast ausschliesslich durch corollinische Ausbildung der Staubblätter hervorgebracht. Je nach den Varietäten können diese petaloiden Organe dichte Knäuel im Blüteninneren bilden oder, ausgebreitet, den echten Kronblättern auch in der Gestalt ähnlich sein. Meist ist dann das Gynaeceum solcher Blüten petaloid. Weit seltener erfolgt die Füllung durch Vermehrung der Kronblattkreise. Zur Füllung gesellt sich ziemlich häufig auch eine Durchwachsung der Blüten. Bei gewissen Handels-Sorten (z. B. Passerose Harlequin) wird sogar eine Art von Füllung durch das Auftreten zahlreicher Blütenknospen in den Achseln der Staubblätter bedingt. Bisweilen treten auch andere Umbildungen auf. So wurde von Massalongo in gefüllten Blüten die Umwandlung einzelner Staubblätter in Fruchtblätter beobachtet. Als ausgesprochene Missbildung wurde von demselben Forscher ein Stock beschrieben, an dem in allen Blüten, bei regelmässig entwickeltem Aussen- und Innenkelch die Krone aus einem einzigen Kronblatt bestand, vor dem epipetal, mit seinem Grunde zusammenhängend, ein Staubblattbündel oder, wenn man will, ein einziges, verzweigtes Staubblatt stand. Ueber die Beziehungen

Fig. 1972. Althaea rosea L.
in Kirchheimbolanden/Pfalz.
Phot. E. Hahn, Kirchheimbolanden.

zwischen der Befruchtung und den postfloralen Blüten- bezw. Fruchtstielbewegungen vgl. E. M. Schmitt (Zeitschrift für Botanik, 1922). Eine Form mit bis über die Mitte 7-lappigen Laubblättern (die obersten 3-lappig und spiessförmig) ist die var. Sibthórpii (Boiss.) Baker (= Álcea rósea var. Sibthorpii Boiss., = A. ficifólia Gouan non L., = Althaea rosea var. ficifolia auct. non Cav.). Verschleppt auf Schutt bei Solothurn (1916). Die echte A. ficifolia (L.) Cav. aus der Ukraine, Armenien, Persien und Südsibirien bis zum Altai wird nach Boissier in Europa nicht kultiviert. — A. cannábina L., die Hanf-Stockrose, eine 1 bis 1,5 m hohe, rauhhaarige Staude mit entfernten, tief 5- bis 7-teiligen, scharf gesägten Laubblättern und lang gestielten, einzeln oder zu 2 stehenden Blüten liefert sehr feste Fasern, wird aber nirgends im grossen gebaut. Sie ist eine südeuropäisch-westasiatische Art, die in der Karstheide im Küstenlande (bei Monfalcone, Triest, Duino, Fiume), nicht aber in Niederösterreich (vor 1756 an den Adelsberger Weingärten bei Bruck an der Leitha, angeblich auf dem Bisamberge) auftritt. Ausserdem verwildert in der Pfalz (Dürkheim 1901), im Güterbahnhof Zürich (1917/19) und angeblich in Südtirol (Gardasee, Val Tesino). — Die mediterrane A. Taurinénsis DC. wurde einmal am Erfurter Güterbahnhof adventiv beobachtet.

1. Sprosse dicht weichhaarig bis sammtig. Blüten in kurzen, aber meist mehr als 3-blütigen Trauben.
A. officinalis nr. 1891.
1*. Sprosse steifhaarig oder locker sternhaarig-filzig. Blüten einzeln oder paarweise in den Blattachseln . . . . 2.
2. Blütenstiele länger als die Blüten und die Tragblätter. Obere Laubblätter handförmig gespalten. 3.

2*. Blütenstiele kürzer als die Laubblätter, die oberen auch kürzer als die Blüten. Alle Laubblätter nur stumpf gelappt . . . . 4.
3. Einjährig, unter ½ m hoch. Kronblätter bleich, ± 1½ cm lang. Antheren gelb. A. hirsuta nr. 1892.
3*. Ausdauernd, oft über 1 m hoch. Kronblätter rosa, 1½ bis 2½ cm lang. Antheren purpurn. A. cannabina pag. 465.
4. Aussenkelchblätter fast so lang und breit wie die 1½ bis 2 cm langen Kelchblätter. Kronblätter tief ausgerandet, bleichlila. Pannonische Art . . . . A. pallida nr. 1890.
4*. Aussenkelchblätter kürzer als die Kelchblätter. Kronblätter weniger tief ausgerandet, meist rot, rosa, weiss oder hellgelb. Als „Stockrose" oder „Pappelrose" häufig kultiviert . . . A. rosea pag. 464.

1890. Althaea pállida Waldst. et Kit. Blasse Stockrose. Fig. 1973.

Zweijährige, 50 bis 150 cm hohe Pflanze. Wurzel spindelförmig, ästig. Stengel aufrecht, einfach oder ästig, wie die Blatt- und Blütenstiele von Sternhaaren und von büschelig gestellten Haaren filzig-rauh. Laubblätter gestielt, eirundlich, stets länger als breit, am Grunde fast herzförmig, am Rande ungleich gekerbt, von fast lauter einfachen Haaren rauh, mit rundlichen, stumpfen Lappen oder fast ungeteilt; die untersten am grössten (bis 15 cm breit), die obersten klein, mit etwas spitzeren Lappen. Nebenblätter lanzettlich, meist gespalten. Blüten einzeln oder zu 2 bis 3, mit kurzen, dicken Stielen, ausgebreitet, bis 8 cm breit, zu einer lockeren, langgestreckten Traube zusammengestellt; Blütenstiele höchstens so lang als der Kelch und stets kürzer als der Stiel des Tragblattes. Aussenkelch 6-spaltig, mit spitzen, eiförmigen Abschnitten, filzig-borstig, fast so lang als der Kelch. Kronblätter aus keilförmigem Grunde verkehrt-eiförmig, länger als breit, mit den Rändern einander nicht deckend, rosenrot oder lila, am Grunde schwefelgelb und bebärtet, vorn ausgerandet, fast 2-lappig (Fig. 1973b). Staubbeutel gelb. Früchtchen am Rücken gezähnt (Fig. 1973d), anfangs borstenhaarig, später verkahlend. Samen mit weisslichen Höckerchen besetzt. — VII bis IX.

Selten und meist unbeständig auf Schuttplätzen, an steinigen Rainen, auf Feldern, in Weinbergen, Hecken und auf Heiden. Nur im Bereiche der pannonischen Flora sich dauernd haltend.

In Oesterreich in Mähren bei Kromau, Znaim, Grussbach, Misslitz, Nikolsburg, Brünn, Eibenschitz usw.; in Niederösterreich bei Simmering, Laa, Klederling, Himberg, Guntramsdorf, Jetzelsdorf nächst Haugsdorf, Baden, Soos, Vöslau, ebenso bei Korneuburg und Hadres. — In Deutschland nur auf dem Südbahnhof München adventiv festgestellt. — Fehlt in der Schweiz.

Allgemeine Verbreitung: Südost-Europa, von Ungarn (Mähren, Niederösterreich) und der Lombardei südöstlich durch den ganzen Balkan bis Südrussland; Bithynien. Eingeschleppt in Südfrankreich.

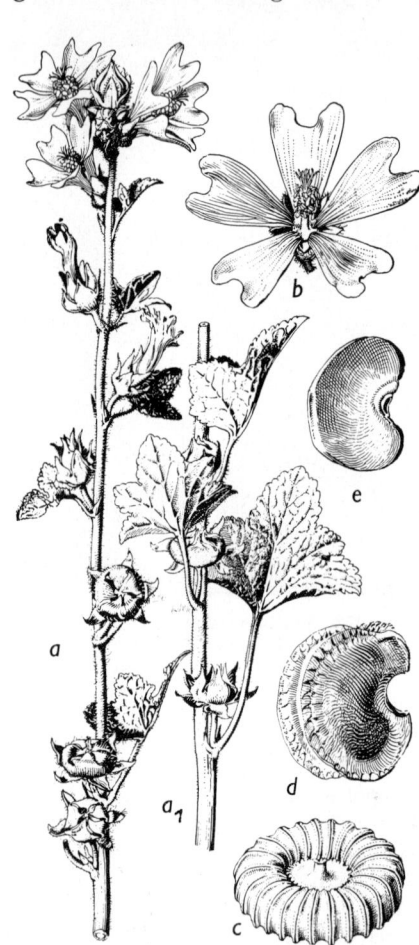

Fig. 1973. Althaea pallida Waldst. et Kit. a, a₁ Blühender Spross. b Blüte. c Frucht. d Teilfrüchtchen. e Samen.

Die orientalische Art, die auch als die Stammart der Stockrose (Althaea rosea) angesehen wird, scheint im Gebiete der Mitteleuropäischen Flora meist nur unbeständig zu sein und ihre Siedelungen ständig zu wechseln. In den siebenbürgischen Steppen erscheint sie zusammen mit Stipa- und Andropogon-Arten, Adonis vernalis, Anemone montana, Ranunculus Illyricus, Filipendula hexapetala, verschiedenen Astragalus-Arten, Onosma arenarium, Digitalis lanata, Inula hirta, Artemisia Pontica und A. campestris und einer weiteren grossen Zahl oft schön blühender Stauden. Der Stengel trägt bei ungestörter Entwicklung in den Achseln der oberen Laubblätter kurzgestielte, in Büscheln angeordnete Blüten. Wird er aber gestutzt, so spriessen nach Kerner aus den Achseln der übriggebliebenen Laubblätter kurze Triebe hervor, die lang gestielte, kleine Blüten tragen.

1891. Althaea officinális[1]) L. Eibisch, Heilwurz, Sammetpappel. Franz.: Guimauve sauvage, bourdon de Saint Jacques; engl.: Marsh mallow, white mallow, moorish mallow; ital.: Bismalva, benefischi, malvavisco, malvaccioni. Fig. 1974, 1975 und 1983a bis c.

Das Wort Eibisch, das bereits im Althochdeutschen als ibisca (mhd. ibische) auftritt, ist aus dem griech.-lat. ibiscum entlehnt. In der Schweiz wird es als Ibisch, Ibsche, Ispe, Ibschge, Ibste, Hübsche usw. gesprochen. Gar sonderbare Verwandlungen erleidet das Wort „Althaea" im Volksmunde. In der Pfalz und in Sachsen wird ein Altthee, alter Thee, in Oberösterreich sogar eine „alte Eh" daraus.

Ausdauernde, 60 bis 150 (200) cm hohe, filzig behaarte Pflanze. Wurzel spindelförmig, frühzeitig durch einen dicken, walzlichen, wagrecht kriechenden, ästigen, armfaserigen Wurzelstock ersetzt. Stengel aufrecht, einfach oder wenig verzweigt, dicht büschelhaarig-filzig. Laubblätter ziemlich kurz gestielt, dick, beiderseits dicht sammtig-weichfilzig, grau bis graugrün, seidig glänzend, spitz, länger als breit, am Rande unregelmässig gekerbt-gesägt, zwischen den Adern gefaltet; die unteren dreieckig-herzförmig, spitz, 3- bis 5-lappig, mit unterseits stark hervortretenden Nerven, mittlere und obere Stengelblätter ungleich eiförmig, zugespitzt, schwach 3- bis 5-teilig, aber weniger tief gelappt. Nebenblätter lineal, etwa 1 cm lang, fast bis zum Grunde geteilt, dicht sternhaarig. Blüten bis 5 cm breit, in blattwinkelständigen und endständigen, armblütigen Trauben, mit kurzen, sternhaarfilzigen Stielen. Aussenkelchblätter 8 bis 10, am Grunde verwachsen, eiförmig, etwa 1 cm lang, zugespitzt, mit Ausnahme der unteren Hälfte der Oberseite filzig behaart.

Fig. 1974. Althaea officinalis L. *a* Blühender Spross. *b* Blüte von unten. *c* Geschlechtssäule. *d* Frucht. *e* Samen. *f* Ausschnitt aus dem Laubblatt mit Spaltöffnungen und Büschelhaaren. *g* Keimpflanze (stark vergrössert).

Kronblätter 3-eckig-verkehrt-herzförmig, seidig glänzend, 12 bis 20 mm lang, vorn seicht ausgerandet, oberseits nach dem Grunde zu papillös, am Grunde bärtig, weiss oder hellrosa (Fig. 1974 b). Staubblätter bis 12 mm lang; Staubfäden schwach flaumig, hellviolett; Staubbeutel purpurrot. Fruchtknoten filzig behaart. Früchtchen auf dem Rücken konvex, nicht rinnig, an den Rändern abgerundet, glatt oder gekörnelt rauh, dicht filzig. — VII bis IX.

---

[1]) Diese Art ist wohl der $\iota\beta\iota\sigma\varkappa o\varsigma$ [ibískos] (vgl. Anm. 1 pag. 458), die $\dot\alpha\lambda\vartheta\alpha\iota\alpha$ [althaía] und $\pi\lambda\varepsilon\iota\sigma\tau o\lambda o\chi\varepsilon\iota\alpha$ [pleistolocheía], bei Plinius plistolochia der antiken Autoren. Wegen ihrer besonderen Heilkraft nannte man sie auch Dialthaea und Bismalva (uismalva in spätlateinischen Glossaren, Mismalva im Capitulare de villis usw., daraus auch das französische guimauve). Albertus Magnus nennt sie altea, bismalva, malvaviscus (wohl aus Malva hibiscus), Konrad von Megenberg alcea, bismalva, weizpapel, die heilige Hildegard ybischa. Im 16. Jahrhundert wurde sie allgemein (z. B. bei Thal 1577 und im Hortus Eystettensis (1597) Althaea vulgáris genannt.

Stellenweise auf feuchten Wiesen, im Ufergebüsch, in feuchten Hecken, auf Viehweiden, in Gräben der Ebene; besonders auf kali= oder salzhaltigen Böden (Meeresstrand, Salinen) und hier vielleicht einzig ursprünglich. Ausserdem hie und da aus Gärten verwildert und eingebürgert.

In Deutschland wild oder doch alteingebürgert an der Ostseeküste von Usedom bis Schleswig (sehr zerstreut), vielleicht auch auf den Salzstellen des Binnenlandes in Posen (Kreise Strelno und Hohensalza), in der Altmark, in Hannover (z. B. Königshorst), um Magdeburg, in Thüringen (z. B. um Erfurt), Sachsen (mehrfach bei Leipzig), im Mittelrhein= (z. B. in der Vorderpfalz bei Frankenthal, Oggersheim, Dürkheim, Maxdorf, Eiers= heimer Mühle, Erpolzheim, Lambsheim, Mutterstadt, Speyerdorf, Bernhardsgraben bei Neustadt, früher auch bei Eppstein und Landau) und im Untermaingebiet; im übrigen Deutschland häufig kultiviert und öfters verwildert, so insbesondere in Franken (namentlich um Bamberg, Nürnberg, Erlangen und Schweinfurt, angeblich wild um Schweinfurt, Grettstadt und Münnerstadt), in der Nieder= lausitz (bei Schwiebus, Sorau, Schönwalde, Sommerfeld, Pförten, Forst, Kl. Jamno), vereinzelt auch im übrigen Brandenburg, in Ostpreussen (Schleuse bei Heiligenbeil), Westpreussen (Niederfelde bei Danzig, Nieschewken bei Thorn), Schlesien und Sachsen (mehrfach), Südbayern (z. B. München, Bad Oberdorf, Lindau, Helfkam bei Deggendorf [Aug. 1916]), Württemberg, Baden (Oberrhein= und Tauber= tal), Elsass (Burgfelden), am Harz (Krottorf bei Aschers= leben) und Westfalen, dagegen anscheinend nirgends an der Nordseeküste. — In Oesterreich wild wohl nur an der Donau und deren grösseren Zuflüssen (in Mähren besonders an der March, Thaya, Iglawa und Schwarzawa (verwildert z. B. bei Tuczap unweit Holleschau, Wsetin, Mistek, Pittlach bei Saitz); in Böhmen bei Poděbrad, Neratowitz, Saidschitz, Sadska usw.; in Niederösterreich (be= sonders im Marchfeld), in der unteren Steiermark und Krain im Gebiet der Pannonischen Flora ziemlich verbreitet; im Küstenland in Istrien, im Karstgebiet und Unter= friaul in den Flusstälern ziemlich verbreitet; vielleicht auch im südlichsten Tirol (z. B. Brentonico, Val di Ledro, Valsugana, im Etschtal vereinzelt bis gegen Bozen, im Vintschgau wohl nur verwildert oder adventiv). Im übrigen Alpengebiet öfters verwildert, so z. B. in Kärnten (z. B. Malta=, Möll=, Lesach= und Gailtal, im |Drautal bis Lienz in Tirol), Salzburg und Nordtirol (z. B. im Inns=

Fig. 1975. Althaea officinalis L. Ringham-Schloß Seehaus (Obb.). Phot. Gg. Eberle, Wetzlar.

brucker Tiergarten, in Vorarlberg bei Tosters und Gisingerau). — In der Schweiz sicher nur verwildert, so z. B. bei Basel (Birsfelden 1916), Mumpf, Brugg, um Schöftland, im Rhonetal vielfach um den Genfersee, bei Vouvry, Sitten und Chippis, ferner bei Lugano, im Reusstal, am Randen usw.

Allgemeine Verbreitung: Sibirien bis zum Alatau und Altai, Stromgebiete des Kaspischen, Schwarzen und östlichen Mittelländischen Meeres, sowie der südlichen Ostsee (vereinzelt bis Pommern, Schonen und Süd=Dänemark); im westlichen Mittelmeergebiet und Atlantischen Europa (bis Irland, England und Holland) wohl nur eingebürgert. Eingeschleppt in Nordamerika in den Salzmarschen der Küsten von Massachusetts, New=York und Penn= sylvanien.

Die Art ist hinsichtlich ihrer Blütengrösse veränderlich. Pflanzen mit 15 bis 20 mm langen Kron= blättern werden als var. typica Beck, solche mit nur 10 bis 12 mm langen als var. micrántha (Wiesb.) Beck bezeichnet; doch finden sich bisweilen beide Extreme an derselben Pflanze. — var. ambigua Rouy et Foucaud. Laubblätter grüner, weicher. Blüten einzeln in den Laubblattachseln, auf sehr kurzen Stielen.

Althaea officinalis ist eine pontische Stromtalpflanze und tritt in der ungarischen Tiefebene z. B. an der Donau und an der Theiss in grossen Mengen in Glycyrrhiza echinata=Buschbeständen auf. In Mitteleuropa besiedelt sie gern salz=, namentlich kalihaltige, häufig auch ± stark ammoniakalische Böden. Als fakultative

Salzpflanze ist sie nach Drude z. B. auf den salzgeschwängerten Böden bei Numburg, in der Umgebung der Mansfelder Seen und im Magdeburger Salzgebiete häufig mit Lavatera Thuringiaca zu finden. An anderen Orten dieses Gebietes schliesst sie sich einer Ruderaltrift an, die durch das Vorherrschen von Rumex maritimus, Atriplex hastatum (mit der var. salinum), anderen Chenopodiaceen, vielen gewöhnlichen Cruciferen usw. ausgezeichnet ist. Im südlichen Mähren zählt sie, vereinigt mit Heleochloa schoenoides, Crypsis aculeata, Atropis distans, Suaeda maritima, Spergularia salina, Bupleurum tenuissimum und Scorzonera parviflora zu den Bestandteilen der Salicornia herbacea-Bestände. Auch den an Halophyten reichen mittelböhmischen Talwiesen ist sie nicht fremd. Ihre Vorliebe für Salzböden erklärt z. T. ihr häufiges ruderales Auftreten auf Schuttplätzen und anderen stark ammoniakalischen Orten. Der natürliche Verlauf der westlichen Verbreitungsgrenze ist unsicher, da die Pflanze seit dem 9. Jahrhundert auf Grund der Verordnung Karls des Grossen als Heilpflanze gezogen worden ist, und vielfach aus den Gärten, in denen sie gegenwärtig noch allgemein eine Heimstätte besitzt, verwildert. Die Verbreitung der Samen erfolgt durch das Wasser, durch Vögel und Säugetiere. Im grossen wird die Pflanze gegenwärtig besonders bei Gochsheim unweit Schweinfurt und im „Knoblauchlande" bei Nürnberg (der nördlichen Umgebung der Stadt) angebaut. Die Länge des Anbaugebietes zwischen Nürnberg und Erlangen wird mit 7, die Breite mit 2 Stunden angegeben. Die Pflanze wird dort neben Gemüsen, Spargel usw. gepflanzt. Kleinere Anbaugebiete liegen bei Ulm, Salzkotten in Westfalen, Jena-Löbnitz und Schlaufach, in Belgien im südlichen Hennegau in der Nähe der französischen Grenze. In Ungarn werden nur wildwachsende Pflanzen verwendet. Auch in Italien fehlt der Anbau. In Böhmen ergaben Versuchsanlagen 1887 kein befriedigendes Ergebnis. Die Vermehrung geschieht entweder durch Wurzelteilung (bei Nürnberg nur auf diese Weise) oder durch Aussaat, aus der die jungen Pflänzchen im günstigen Falle bereits nach 21 Tagen erscheinen. Die Ernte ergab bei Nürnberg nach Wagner (in Ross und Escales, Heil- und Gewürzpflanzen, I. Jahrgang) 1895 150 000 kg trockene Wurzeln, 12 500 kg trockene Blüten und 125 kg trockene Laubblätter. Später sank das Ergebnis etwas, erreichte aber nach Boshart (l. c.) im Jahre 1917 wieder etwa 70 000 bis 80 000 kg. Die Schweinfurter Ernte belief sich in der Regel durchschnittlich auf 200 000 kg, ist aber gegenwärtig in stetiger Abnahme begriffen und betrug 1918 nur noch 80 000 kg. Als Schädlinge machen sich namentlich Erdflöhe (Háltica-Arten) unliebsam bemerkbar, die die Blattflächen austreibender Pflänzchen siebartig durchlöchern und dadurch oft ganz zum Absterben bringen. Ferner richten auch Flohkäfer (Podagrária fusci-córnis), und Schmetterlingsraupen (Laréntia cervinária Hb., Hespéria malvárum Hfsg.) grossen Schaden an. Nach Pater nagen Wühlmäuse die Wurzeln wohl an, dringen mit ihrem Frass aber nie bis zum inneren Fleisch vor. Von parasitären Pilzen ist die auch andere Malvaceen befallende Puccinia Malvacearum Mont.[1]) zu nennen. Sie tritt besonders auf den Unterseiten der Spreiten in Form kleiner, runder Warzen auf, die anfangs rotbraun, später dunkelbraun und zuletzt aschgrau gefärbt sind. — Die Pflanze spielt in der Pharmacopoe eine grosse Rolle. Als Rádix Althǽae sind die im Herbst oder im Frühjahr gesammelten geschälten und bei 35°C getrockneten, gelblichweissen, fleischigen Wurzeläste und Nebenwurzeln der zweijährigen, kultivierten Pflanzen offizinell. Sie enthalten 35 % Schleim, 37 % Stärke, 10 % Zucker, 2 % Asparagin (dieses wurde bei Althaea entdeckt und zunächst als Althaein bezeichnet), ferner Gerbstoff, Fett und 5 % mineralische Bestandteile. Die Droge wird als deckendes Mittel bei Magenleiden und Darm-Entzündungen, gegen Husten, bei Gonorrhoe, Fluor albus, zu Mund- und Gurgelwässern, verschiedenen Latwergen, Pillen (das feine Pulver), Breiumschlägen, Sirupen usw. verwendet. Der schon im 17. Jahrhundert aus Basel (Zwinger, 1696) als Hustenmittel angeführte „Hübscheteig" (= Laderzucker, weisse Reglise) wird gern von Kindern genommen. Diese Althaeen-Paste (Pásta Althǽae) wird aus einer Abkochung der Wurzel mit Zucker, arabischem Gummi und Eiweiss hergestellt. Auch zu Tee und zu Salaten wird die Wurzel beigesetzt. Ob sich die Angaben der antiken Autoren wirklich auf Althaea officinalis beziehen, ist unsicher; Theophrast beschreibt seine Althaea mit gelben Blüten (Abutilon Avicenna?), Dioskurides mit rosenroten. Hippokrates rühmte Althaea insbesondere als Wundmittel und verordnete dazu eine Abkochung der Wurzel. Ausserdem wurde die Pflanze schon im Altertum als erweichendes Mittel gegen die verschiedenartigsten Geschwülste, gegen Stiche von Bienen und Wespen, Zahn- und Ohrenschmerzen, Nervenleiden, Husten, Durchfall, Steinleiden usw. vielfach benützt. Die Stengel- und Wurzelfasern sollen stellenweise zur Papier-Verfertigung Verwendung finden. — Die Blüten sind als Flóres Althǽae offizinell. Sie werden im Juli oder August gesammelt und kommen getrocknet in den Handel. Sie enthalten Asparagin, Schleim, Zucker, fettes Oel usw. — Die Laubblätter (Fólia Althǽae) enthalten als wesentlichsten Bestandteil

---

[1]) Der Pilz ist ursprünglich in Chile heimisch, wurde 1869 das erste Mal in Spanien auf europäischem Boden beobachtet, erschien 1872 in Frankreich, von wo aus er sich mit grosser Geschwindigkeit ausbreitete, 1873 wurde er nach Ihne bereits im Elsass, Baden und Erfurt, 1874 nach Rees auf Althaea-Kulturen bei Nürnberg, 1878 im nördlichen Schlesien festgestellt. Ueber die Entwicklung der Pilzes vgl. z. B. das Referat im Botanischen Zentralblatt, 1912, pag. 575 u. f. zur Arbeit von Erikson, Der Malvenrost (Puccinium Malvacearum Mont.), seine Verbreitung, Natur und Entwicklungsgeschichte, 1911.

Schleim und ergeben etwa 15 % Aschenrückstände. Im Querschnitt (Fig. 1982 a und b) zeigen sie nach Gilg auf beiden Spreitenseiten in grosser Zahl sternartige Büschelhaare, indem 3 bis 8 sternförmig auseinander spreizende, 1=zellige Haare aus ebensoviel nebeneinander liegenden, aussen verholzten und getüpfelten Epidermiszellen entspringen. Ferner besitzen sie kleine Drüsenhaare und spärlich 1=zellige Haare mit kolbig verdicktem Grunde. Die Zellen sind mit Schleim erfüllt (Fig. 1982 c). Das Mesophyll, das besonders unter den Haarbüscheln grosse Oxalatdrusen, aber weniger Schleimzellen führt, besteht aus einer Schicht von Palisaden= Parenchym und einem weitschichtigen, lockeren Schwammparenchym. Von den bisweilen als Verfälschung aufgefundenen Laubblättern der Lavatera Thuringiaca unterscheiden sich ihre Laubblätter nach Augustin und Schweitzer dadurch, dass ihre Zähne länger als breit (bei Lavatera gewöhnlich doppelt so breit als lang) und die Büschelhaare auf der Unterseite der Hauptnerven mit ihrem Grunde zwischen die übrigen Epidermiszellen eingesenkt sind, während sie bei Lavatera auf einem erhöhten Gewebepolster sitzen. Die Eibischblätter werden ihres Schleimgehaltes wegen zu Klistieren, gleichfalls zu Brusttee, Umschlägen angewendet; der Absud ist geruch= und geschmacklos. Auch eine gelbe Althaea=Salbe (Unguéntum Altháeae) aus Wachs, Schweineschmalz, Eibisch und aus der Wurzel von Curcuma dient beim Landvolke den gleichen Zwecken. — Die proterandrischen Blüten werden von Honigbienen und Hummeln besucht. Der Nektar wird von 5 am Grunde des Kelches zwischen den Lücken der Kronblattbasen befindlichen gelben Stellen abgesondert und ist durch die Behaarung der Kronblätter vor Regen und kleinen Insekten geschützt. Bei ausbleibender rechtzeitiger Fremdbestäubung tritt zuletzt spontane Selbstbestäubung ein, indem die Narben sich zwischen die noch nicht ganz entleerten Staubbeutel zurückkrümmen. Nach A. C. Cooper geht die Samenschale aus zwei Integumenten hervor, von denen das äussere aus zwei, auch zur Fruchtzeit wohlerhaltenen Schichten besteht, während das innere Integument sich aus 6 Zellschichten zusammensetzt. Aus der Epidermis entsteht die Palisaden=Sklereidenschicht. Auf diese folgt die Pigmentschicht und dann die obliterierte Parenchymschicht.

1892. Althaea hirsúta[1]) L. (= Málva setígera Spenn., = M. hirsuta Schultz, = Axólopha hirsuta Alfld.). Borsten=Eibisch. Fig. 1976.

Einjährige, 15 bis 60 cm hohe, borstig=rauhe Pflanze. Wurzel spindelförmig, faserästig. Stengel aufrecht oder aufsteigend, stumpfkantig, abstehend rauhhaarig (zwischen den Borsten auch Büschelhaare), zuweilen rot überlaufen. Laubblätter weich, oberseits fast kahl, grasgrün, unterseits auf den Nerven und am Rande borstig; die unteren rundlich=herzförmig, seicht 5=lappig, grob gekerbt, die mittleren handförmig tief 3= bis 5=spaltig, mit keilförmigen oder lanzettlichen, eingeschnitten=gezähnten Lappen, die obersten meist 3=spaltig, mit lanzettlichen, gezähnten Abschnitten. Blüten stets einzeln, mit schlanken, das Stützblatt weit überragenden Stielen, an der Stengelspitze trugdoldig gehäuft, etwa 2,5 cm im Durchmesser. Aussenkelch 6= bis 8=spaltig, mit schmalen, lanzettlich=pfriemlichen, 15 bis 20 mm langen, lang zugespitzten, steifhaarigen Zipfeln (Fig. 1976 c). Kelch tief 5=spaltig, mit lanzettlichen, verlängerten

Fig. 1976. Althaea hirsuta L. *a* Blühender Spross. *b* Verwelkende Blüte. *c* Kelch mit Aussenkelch von aussen. *d* Samen. *e* Teilfrüchtchen.

---

[1]) Zuerst wurde A. hirsuta von Barrelier als „Alcéa hirsúta, mínima, flore cǽsio, Hispánica" beschrieben. Im Hortus Eystettensis (1597) wurde sie als Althaea frúticans Hispánica kultiviert.

Zipfeln (Fig. 1976 b). Kronblätter verkehrt=eiförmig, 12 bis 17 mm lang, bleichlila, vorn fast gestutzt und seicht ausgerandet, am Grunde bärtig. Staubfäden kahl, gelb; Staubbeutel gelb. Früchtchen querrunzelig, am Rücken mit einem feinen Kiel, 2,5 mm lang (Fig. 1976 e). — V bis VIII.

Zerstreut auf Aeckern, Brachen, an Mauern, in Weinbergen, auf Kulturland der Ebene, zuweilen auch eingeschleppt auf Ruderalplätzen, aber unbeständig; im Wallis bis 1100 m ansteigend.

Aendert ab: f. prostráta Fr. Zimmermann. Pflanze niederliegend, mit bis 1 m langen, dem Boden angedrückten, kreisförmig angeordneten Zweigen. So z. B. im Rheintale bei Käfertal (mit Kleesaat eingeschleppt) und Lambsheim, ferner in der Schweiz im Wallis.

In Deutschland sicher nirgends ursprünglich, als Archaeophyt nur im Südwesten: in Württemberg (vielfach auf der Schwäbischen Alb), Baden (zerstreut, besonders am Kaiserstuhl), Lothringen (Metz, Saar=brücken), in der Pfalz (Kallstadt, Grünstadt, Dürkheim, Speyer, Zweibrücken, Dietrichingen, Obermoschel), sehr zerstreut auch im übrigen Mittelrhein=, z. B. bei Käfertal (in der f. prostrata) und im Maingebiet (bei Iphofen an Weinbergsmauern mit Asplenium Ceterach), in der Rheinprovinz bis Kreuznach, Merzig und Trier, in Thüringen bei Haarhausen, Schnepfental, Martinrode, Mühlhausen, früher auch an der Wanderslebener und Mühlberger Gleiche und bei Eisenach. Im östlichen Deutschland nur selten adventiv, z. B. am Münchener Südbahnhof (noch 1903) und bei Benzigerode am Harz (vorübergehend unter Luzerne). — In Oesterreich nur südlich der Donau alteingebürgert, wirklich wild vielleicht im südlichen Istrien. Im Gebiet der Pannonischen Flora in der unteren Steiermark, Niederösterreich (vielfach, aber oft nur vorübergehend) und Südmähren (vorübergehend bei Landshut und Lundenburg). Vom Küstenland bis Krain (im Karstgebiet ziemlich verbreitet), Unterfriaul und Südtirol (an der Valsuganabahn, am Terlago, am Doss Brione, angeblich früher auch bei Meran). — In der Schweiz sicher nirgends wild, als Archaeophyt in Weinbergen und Roggenfeldern im Rhonetal (vom Genfersee bis Siders, im Bagnes= und Eifischtal bis zirka 1000 m steigend) und längs des Jura von Genf bis Basel (Hersberg, Sissach, Liestal). Ausserdem mehrfach adventiv, so in den Kantonen Aargau (Olsberg=Magden, Rheinfelden 1920), Zürich (Zürich, Winterthur, Elgg) und St. Gallen (Weesen).

Allgemeine Verbreitung: Mittelmeergebiet von Persien und Palästina bis zu den Atlasländern, Balearen und Spanien, als Archaeophyt eingebürgert bis in die Donau=länder, im Rheingebiet bis Belgien, im Atlantischen Küstengebiet vereinzelt bis England.

In Mitteleuropa ist diese mediterran=pontische Art nur ein Archaeophyt, in vielen Gegenden sogar nur ein Neophyt oder Ephemerophyt. Im Wallis wächst sie besonders oft neben Bromus squarrosus und Orlaya grandiflora. Ruderal findet sich daselbst und im Rheintal (z. B. zu Lambsheim) öfters die niederliegende Form (f. prostráta Fr. Zimmermann). Zur Zeit von F. W. Schultz war die Art im pfälzerischen Wein=baugebiete viel häufiger als gegenwärtig. Gelegentlich wird sie mit Kleesaaten eingeschleppt.

CCCCLXX. Lavatéra[1]). Strauchpappel, Lavatere. Franz.: Lavatère; engl.: Tree mallow; ital.: Malvere.

Kräuter, Sträucher oder selbst baumartige Gewächse, oft filzig behaart. Laubblätter eckig bis gelappt. Blüten einzeln in den Blattachseln, nicht selten eine endständige Traube bildend. Aussenkelch zu einer unter dem Kelch inserierten dreispaltigen Hülle verwachsen. Kelch 5=spaltig. Früchte wie bei Malva.

Die Gattung umfasst etwa 20 Arten, die besonders das Mittelmeergebiet bewohnen. Sie gliedert sich in die folgenden Sektionen: I. Stégia DC. Mittelsäule kegelförmig zugespitzt, am Grunde scheibenartig verbreitert, den Ring der Nüsschen nicht bedeckend. Hieher L. trimestris. — II. Ólbia DC. Mittelsäule kegel=förmig zugespitzt, unten verbreitert, den Ring der Nüsschen nicht bedeckend. Hieher L. Thuringiaca, L. punctata und L. Olbia. — III. Oxolópha DC. Mittelsäule gestutzt, mit häutigen Kämmen geziert. Hieher L. maritima. — IV. Anthéma DC. Mittelsäule vertieft. Hieher L. arborea und L. Cretica.

Ausser der unten ausführlicher behandelten L. Thuringiaca werden als Zierpflanzen kultiviert oder adventiv angetroffen: Lavatera triméstris L. (= Stégia Lavatera DC.). Garten=Lavatere. Franz.: Lava=

---

[1]) Von Tournefort nach seinem Freunde, dem Zürcher Arzte und Naturforscher J. R. Lavater, so benannt. Die früheren Autoren rechneten Lavatera zu Malva; C. Bauhin bezeichnet sie als Malva folio vario, J. Bauhin als Malva stellata.

tère à grandes fleurs, mauvefleurie; engl.: Three mouthly lavatera. Heimat: Mittelmeergebiet, Syrien, Nordafrika. Einjährige, 60 bis 120 cm hohe, etwas rauhhaarige, verästelte Pflanze. Untere Laubblätter rundlich herz= oder fast nierenförmig, obere eckig oder 3=lappig; alle am Rande unregelmässig kerbig=gezähnt. Blütenstiele kürzer als das Stützblatt. Blüten einzeln achselständig, gross. Kronblätter rosarot, dunkler geadert oder ganz weiss, schwach ausgebuchtet, 30 bis 40 mm lang. Diese Art ist eine altbekannte, dankbare Sommerblume, die vereinzelt auch gartenflüchtig beobachtet wurde, so in Franken (Altenbuch), bei Mannheim (1909), in Brandenburg (Wernitz bei Nauen), Ostpreussen (Ortelsburg, Sensburg), in Böhmen (Sloupnitz), in Niederösterreich (Währing, Klosterneuburg), in Tirol (Tiers, um Laas und Partschins usw.), in Istrien (Campo Marzio bei Triest, 1841) und in der Schweiz bei Sarmenstorf (1906), Friedmatt bei Basel (1914), Hühnerhof in Solothurn (1918/19), Güterbahnhof Zürich (1918). In Schaffhausen 1921 als Bienenfutter kultiviert. — L. Ólbia L. Südfranzösische Lavatere, aus Südfrankreich. Franz.: Lavatère d'Hyères. Halbstrauchig, bis 2 m hoch, vom Grunde an verzweigt. Laubblätter weich, graufilzig, 5=lappig; die oberen 3=lappig mit verlängerten Mittellappen, die obersten länglich, fast ungeteilt. Kronblätter 2=lappig, purpurrot. — L. arbórea[1]) L., Baumartige Lavatere. Franz.: Mauve de jardin, mauve arborescente; engl.: Velvet leaf; ital.: Malva arborea, Malvone; aus dem westlichen Mittelmeergebiet und den Canaren. Bis 3 m hoher Strauch von baumartigem Wuchs (in der Kultur meist 2=jährig). Laubblätter etwas filzig, wellig=gefaltet, undeutlich handförmig gelappt. Kronblätter purpurrot, dunkler geadert, bis 4 cm im Durchmesser. In der Kultur finden sich auch buntblätterige Formen. — Adventiv wird vereinzelt und meist vorübergehend Lavatera punctáta All. aus dem Mittelmeergebiet im Hafen von Mannheim (1890), bei Berlin (Rüdersdorfer Kalkberge), in Südtirol (vorübergehend an der Valsuganabahn), bei Triest (Campo Marzio 1847/74) und in der Schweiz bei Solothurn (1904) und Reigoldswil (1904) beobachtet, ferner L. marítima Gouan aus dem westlichen Mittelmeergebiet im Hafen von Mannheim und L. Crética L. aus dem Mittelmeergebiet in der Schweiz bei Solothurn (1915).

1893. Lavatera Thuringiaca L. (= L. vitifólia Tausch, = Málva Thuringiaca Vis.). Thüringer Strauchpappel. Taf. 218, Fig. 4 und Fig. 1977.

Ausdauernde, 50 bis 100 (200) cm hohe, in der Tracht der Malva Alcea ähnelnde Pflanze. Stengel aufrecht, krautig, ästig, stielrund, entfernt beblättert, unterwärts zerstreut angedrückt sternhaarig, oberwärts nebst den Aesten, Blatt= und Blütenstielen sternhaarig=filzig. Laubblätter gestielt, trübgrün, oberseits zerstreut=flaumig, unterseits büschelhaarig dünn=filzig; die untersten herzförmig=rundlich, stumpf, kurz 5=eckig, die folgenden handförmig=5=lappig mit länglicheren Lappen (der mittlere zuweilen vorgezogen), die obersten eiförmig, allmählich 3=lappig; mit gleichfalls vorgezogenen, vorn meist abgerundeten Mittel= und kurzen Seitenlappen; Lappen ungleich gekerbt, zuweilen alle zugespitzt und spitz gesägt. Nebenblätter 4 bis 6 mm lang, lanzettlich, mit breiter Basis sitzend, zugespitzt, besonders an den unteren Laubblättern hinfällig. Blüten einzeln in den Blattachseln, etwas länger als die Blattstiele, eine endständige, lockere Traube bildend, 5 bis 8 cm breit. Aussenkelch meist mit 3 rundlichen, sehr stumpfen, zugespitzten, filzigen Zipfeln, kürzer als die 5 rundlich=eiförmigen, zugespitzten Kelchblätter (Fig. 1977 b, c und f). Kronblätter gross, verkehrt=3=eckig, blassrosarot, mit dunkleren Adern, trocken blasslilafarben, 2 bis 4,5 cm lang, 3 bis 4=mal länger als der Kelch, vorn tief ausgebuchtet, am Grunde behaart (Fig. 1977 d). Staubfadenröhre 22 bis 45 mm lang, etwas länger als der Kelch. Staubfäden weiss, zottig; Staubbeutel hellgelb. Griffelpolster kegelförmig zugespitzt, die Früchtchen nicht bedeckend. Frucht von dem bleibenden und sich vergrössernden Kelch eingeschlossen. Teilfrüchtchen kahl, schwarzbraun, auf dem erhabenen Rücken fein gekielt, an den seitlichen Kanten abgerundet oder etwas querriefig, 3 bis 3,5 cm hoch. Samen schwarz, matt, 2,5 bis 3 mm breit, nierenförmig, seitlich etwas zusammengedrückt (in der Form der Frucht entsprechend). — VII bis X.

---

[1]) Diese Art, die als Malva arborea im 16. und 17. Jahrhundert in zahlreichen deutschen Gärten kultiviert wurde, ist möglicherweise die Baummalve (gr. δενδρομολόχη [dendromolóche] oder μαλάχη ὑποδενδρουμένη [maláche hypodendruméne], lat. arbor malvae) der alten Autoren, u. a. auch noch des Albertus Magnus. In Griechenland wird sie noch jetzt ähnlich wie Althaea benützt.

Stellenweise in der Ebene an buschigen Stellen, Waldrändern, Wegen, Rainen, unbebauten Orten, in Weinbergen, an Flussufern, auf Salzwiesen; vielerorts nur Archaeophyt. Mit Vorliebe auf Schwarzerdeböden.

In Deutschland selten in Bayern in Oberbayern (Magnetsried bei Weilheim), früher bei Landshut, im Jura bei Muggendorf und Streitberg, in Baden bei Weinheim (1883), verwildert in Strassburg, mehrfach in Thüringen (auf den Salzwiesen bei Ottenhausen unweit Greussen [hier mit Althaea officinalis], um Tennstädt, bei Herbstleben, adventiv bei Erfurt=Nord), im Harz (Steinholz bei Quedlinburg, am Alten Stollberg), bei Windehausen im Regierungsbezirk Hildesheim, in der Provinz Sachsen von Magdeburg bis Barby, bei Schöne= beck, Hadmersleben und Aschersleben, bei Marburg, bei Höxter (seit zirka 1830 adventiv), bei Hamburg und Flottbeck in Holstein verwildert, in Schlesien ziemlich verbreitet, besonders im mittleren Teil der Ebene auf Schwarzerde bei Glogau, zwischen Liegnitz und Jauer, im Leobschützer Hügelland und im Gr. Strehlitzer Kreise, in der Niederlausitz bei Forst (adventiv 1911), in Westpreussen (mehrfach im Kreis Schwetz [besonders bei Gruczno], ver= wildert bei Konitz, früher bei Thorn [seit 1883 nicht mehr], im Kreis Kulm am Lorenzberge zwischen Kulm und Althausen), in Ostpreussen (adventiv beim Bahnhof Lyck) und in Posen (Kreis Ostrowo, Schrimm, Strelno, Hohensalza). — In Oesterreich in Böhmen (Mittelböhmen, Elbe= niederungen, Teplitz, Saaz), zerstreut in Mähren (nördlich bis Olmütz, Sternberg, Rottalowitz, Holle= schau), in Schlesien (Teschen, Bielitz), in Nieder= österreich häufig im Gebiete der Pannonischen Flora, stellenweise im Wiener Wald, von der March bis Retz, bis an die Taffa und den Kamp, in Oberösterreich sehr spärlich auf den Traun= alluvionen bei Wels; fehlt in Tirol; im Küsten= land vorübergehend in Triest auf dem Mars= feld. — In der Schweiz einmal adventiv im Tessin (Buzza di Biasca).

Allgemeine Verbreitung: Mittelrussland, Galizien bis Polen (bis Warschau), nördliche Balkanstaaten, Nord= und Mitteldeutschland, Oesterreich, Ungarn, Italien; in Südschweden sicher nur verwildert; Ostasien.

Aendert wenig ab: f. týpica Beck. Lappen der unteren Laubblätter abgerundet oder die der oberen gerundet spitz; Mittellappen kaum auffallend grösser. Laubblätter beiderseits reich= lich sternhaarig, seltener oberseits fast kahl (f. glabréscens Beck). — f. proténsa Beck. Mittel= lappen der oberen Laubblätter verlängert, stärker

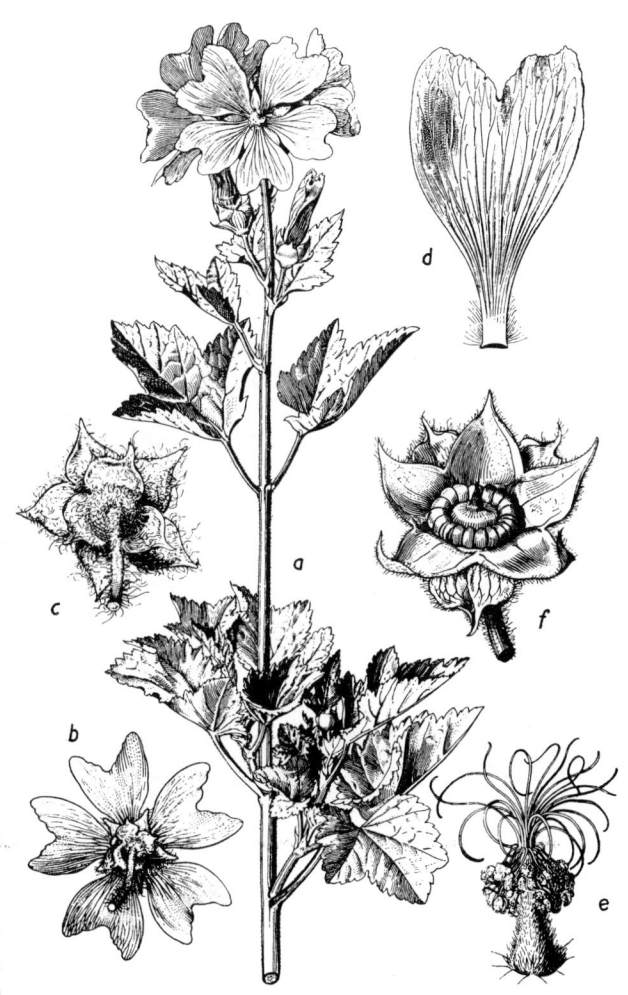

Fig. 1977. Lavatera Thuringiaca L. *a* Blühender Spross. *b* Blüte von aussen. *c* Kelch von aussen. *d* Kronblatt. *e* Geschlechtssäule. *f* Blüte in fruchtendem Zustand.

vorgezogen und lang zugespitzt. — f. obtusilóba Beck. Lappen aller Laubblätter abgerundet, sehr stumpf, der mittlere vorgezogen.

Lavatera Thuringiaca ist eine pontisch=pannonische Steppenpflanze, die in Deutschland nur in Schlesien, Thüringen, in Posen sowie stellenweise in Ost= und Westpreussen ursprünglich sein dürfte; in den übrigen Gebieten erscheint sie als Archaeophyt. In Mähren tritt sie (z. B. bei Olmütz) als Bestandteil der „Salvia=Trift" auf, in Begleitung von Salvia pratensis, Fragaria viridis, Cytisus Ratisbonensis und C. procumbens, Euphorbia Cyparissias und E. virgata, Nonnea pulla, Inula hirta, Hieracium setigerum, Asperula glauca, Verbascum Phoeniceum, Thymus lanuginosus und Th. Marschallianus, Stachys rectus, Betonica officinalis, Cerinthe minor, Dianthus Carthusianorum, Filipendula hexapetala, Onobrychis viciaefolia, Plantago media, Potentilla rubens und P. incrassata, Bromus patulus, Andropogon Ischaemum, Brachypodium pinnatum, Koeleria gracilis, Avena pubescens und A. pratensis, Holcus mollis usw. — Die blassroten, grossen Blüten sind proterandrisch und werden von der Honigbiene besucht. Die Staubbeutel der 70 bis 90 Staubblätter bleiben öfters nach dem Oeffnen der Blüte noch eine Zeit lang geschlossen. Eine spontane Selbstbestäubung erfolgt nicht. — Nach Nyman soll Lavatera Thuringiaca nur eine in der Kultur enstandene Rasse der südeuropäischen L. ambigua DC. darstellen. Im Hortus Eystettensis (1597) wird die Pflanze als Althaea Thuringiaca kultiviert, ebenso in Schlesien unter den Gartenpflanzen im Zeitalter Ludwigs XIV (1643 bis 1715) genannt.

CCCCLXXI. **Málva**[1]) L. Malve, Käsepappel. Franz.: Mauve; engl.: Mallow; ital.: Malva (grödner.-ladin.: Mèlva).

Der Name Malve, der erst im Neuhochdeutschen auftritt, ist aus dem lateinischen Worte entlehnt (vgl. Anm.[1])). Im Hoch= und Niederdeutschen findet sich das Wort „Pappel" (oft in Zusammensetzung mit „Käs", „Ross" usw.), das vielleicht mit „Pap, Pappe" (= Brei, Kinderbrei) zusammenzubringen ist mit Bezug auf den Schleimgehalt der zu Umschlägen verwendeten Blätter, die auch als Gemüse gegessen werden: Pöppel, Poppeln (Nordwestl. Deutschland), Babbel (Hessen), Päpeln (Nordböhmen), Bäwille (Neckarsulm), Bapple(n) (Elsass), Pappelāchrut (Schweiz). Als wildwachsende Gemüse liefernde Pflanze und als ge= meines Unkraut heisst die Art (zusammen mit M. silvestris): Hasenpappel (mundartlich z. B. im Platt= deutschen, Hessischen, Bayerisch=Oesterreichischen), Hasenkohl (Weichseldelta), Ross=, Sau=, Gäns= pappel (Oesterreich). Weitaus die meisten Volksbenennungen nehmen Bezug auf die rundlichen, napfähnlichen Früchte, die besonders von den Kindern als „Käse", „Käslein" usw. gegessen werden (die Zusammensetzung mit „Katze" bezeichnet wie auch sonst in Pflanzennamen das Wertlose): Keeskes (Ostfriesland), Kaiskes (Westfalen), Käsle (Elsass), Chäsli, Zigerli (Schweiz); Käse=, Käschenkrāt (mundartlich besonders im Niederdeutschen und in der Schweiz), Kāslaebla (Schwäbische Alb), Käsenäpfchen (Leipzig), Kasnapfel (Egerland), Käsebabbel (Gotha), Kaspobln usw. (Böhmerwald), Chaspappele(n) (Schweiz), Pöppelkees (Nordwestdeutschland), Kattenkäs(e) (plattdeutsch). — Twieback (Untere Weser), Loaberl [Laiberl, Demin. zu Laib = Brot] (Oesterreich, Böhmerwald), Leible (Elsass), Hosabrutlan [Hasenbrötchen] (Riesengebirge), Schmērlaebla [= Butter] (Schwäbische Alb), Butterwecke (Bayer. Schwaben), Butter= schlägl (Egerland), Kūachla [kleiner Kuchen] (Schwäb. Alb), Pannkoken (Schleswig), Zuckerplätzchen= kraut (Eifel), Zuckerzöltl [=plätzchen zu „Zelten", flaches Gebäck, vgl. „Lebzelten"), Erdäppelkes (Westfalen), Hundskümmerli [=gurke] (Unterfranken). Im nordwestlichen Deutschland finden sich schliesslich noch die Volksnamen: Krallen, Krallenblöme (Ostfriesland), Krallenkrud (Kreis Verden: Achim), Krallenblāer (Westfalen), Kattenkrallen (Schleswig).

Einjährige oder ausdauernde, behaarte, zuweilen später verkahlende Pflanzen mit gelappten oder eingeschnittenen Laubblättern. Nebenblätter lanzettlich oder eirund. Blüten einzeln, gestielt oder wickelig gebüschelt in den Blattachseln, selten in wirklichen Trauben. Aussenkelch frei, 3=, selten 2=blätterig, am Grunde mit dem 5=blätterigen Innenkelch ver= wachsen. Kronblätter 5, keilförmig, am Grunde mit der Staubfadenröhre etwas verwachsen, in der Knospenlage gedreht. Staubblätter zahlreich, zu einer Röhre vereinigt (Taf. 182, Fig. 2a). Fruchtknoten aus zahlreichen Fruchtblättern gebildet, in jedem Fache mit einer aufsteigenden

---

[1]) Lat. málva z. B. bei Columella und Plinius, entsprechend griech. μολόχη [molóche] oder μαλάχη [maláche]. Letztere Form (z. B. bei Theophrast und Dioskurides) wurde schon im Altertum mit griech. μαλακός [malakós] weich, wegen der erweichenden Eigenschaften des Malvenschleims, in Verbindung gebracht. Die antiken Autoren unterscheiden hauptsächlich zweierlei Malven: μολόχη ἀγρία [molóche agría] oder μ. χερσαία [m. chersaía], lat. málva rústica oder silvestris, die wilden oder Feldmalven, zu denen wohl hauptsächlich M. neglecta und M. silvestris, vielleicht auch Althaea hirsuta u. a. zählten, und die μολόχη κηπευτή [molóche kepeuté], lat. malva sativa, also die gebaute Malve, wozu u. a. auch eine baumförmige Malve, μαλάχη ἀποδενδρουμένη [maláche apodendruméne] bei Theophrast, δενδρομολόχη [dendromolóche] der späteren Autoren, arbor malvae des Albertus Magnus, gezählt wurde. Die Deutung dieser Pflanze ist strittig. Während viele Autoren darunter wie auch unter den Malvae des Capitulare de villis und anderer Garteninventare Althaea rosea zu erkennen glauben, nimmt Fischer=Benzon an, dass diese Art, die mit Sicherheit erst im 16. Jahr= hundert beschrieben wird, von den Türken nach Europa gebracht worden sei, und dass die Gartenmalve der Alten Malva silvestris oder aber Lavatera arborea war. Möglicherweise beziehen sich aber die antiken An= gaben eher auf Althaea officinalis. Die Beschreibungen lassen die Frage unentschieden.

Samenanlage; Griffel zahlreich, unterwärts verwachsen und zu einem scheiben- oder kegelförmigen Polster erweitert. Früchte abgeplattet, scheibenförmig, kreisrund, in der Mitte eingedrückt, von der Mittelsäule überragt, bei der Reife in zahlreiche, ungeschnäbelte, nicht aufspringende, von der Mittelsäule sich loslösende, nierenförmige, an der Seite flache, 1-samige Teilfrüchtchen zerfallend.

Die Gattung umfasst etwa 30 Arten, die das gemässigte Europa, Asien, Nordafrika und Nordamerika bewohnen. Einzelne davon sind Archaeophyten oder durch neuere Verschleppung weit verbreitete Ruderalpflanzen geworden. Die Arten verteilen sich auf 3 Sektionen: Bismálva DC. Blüten einzeln, blattwinkelständig, an der Stengelspitze gehäuft, ansehnlich bis gross. Fruchtstiele stets aufrecht. Früchtchen ungeschnäbelt und ohne Membrananhang. Stengelblätter tief handförmig geteilt. Ausdauernde Arten (z. B. M. Álcea und M. moscháta). — Fasciculátae DC. (= Malvotýpus Dumort.). Blüten zu 2 bis 6 in den Blattachseln, gebüschelt, mittelgross bis klein. Laubblätter gelappt, mit ungeteilten Abschnitten. 2-jährige Arten (z. B. M. silvéstris, M. Nicaeénsis, M. rotundifólia, M. boreális und M. verticilláta). — Callirhóe (A. Gray) Baillon (häufig als eigene Gattung betrachtet), Blüten einzeln, blattachselständig. Früchtchen unter dem schnabelförmig vorgezogenen Griffelende mit einer Quermembran. Hierher nur nordamerikanische Arten (z. B. M. involucráta und M. trianguláta). — Malva neglecta und wohl auch M. silvestris und andere Arten werden endozoisch verbreitet, während M. Alcea und M. moschata hauptsächlich anemochor sind. Die jungen Sprosse werden gelegentlich als Spinat gegessen. — Als Zier- und Heilpflanzen finden sich ausser M. Alcea, M. moschata und M. silvestris in unseren Gärten:

M. verticilláta L. 2-jähriges, bis gegen 2 m hohes Kraut. Stengel aufrecht, einfach oder ästig, spärlich kurz behaart und drüsig bis fast kahl. Untere Laubblätter lang, obere kürzer gestielt, fast kreisrund, am Grunde herzförmig, seicht 5- bis 7-lappig, oberseits frischgrün, mit einfachen, anliegenden Haaren, unterseits bläulichgrün, mit dichteren, einfachen und Büschelhaaren. Nebenblätter eiförmig. Blüten fast sitzend, in den Blattachseln kopfig gehäuft. Aussenkelchblätter 3, lineal, ± ½ cm lang, behaart. Kelchblätter wenig länger, etwa bis zur Mitte miteinander verwachsen, spitz, vorne filzig. Kronblätter keilförmig verkehrt-herzförmig, so lang bis höchstens doppelt so lang als der Kelch, meist blassrosa, nur am Rand gewimpert. Frucht ± 6 bis 7 mm breit, in 2½ bis 3 mm grosse, kantige, auf den Seiten radial gestreifte, auf dem Rücken netzig-rauhe Teilfrüchte zerfallend. Samen nierenförmig, ± 2 mm breit, glatt, graubraun. — VII bis IX. — Alte, wahrscheinlich aus China stammende, in Südasien und Südeuropa völlig eingebürgerte Heilpflanze. Die typische Form mit flachen, grob gekerbten Laubblättern und den Kelch deutlich überragenden, meist rosa gefärbten Kronblättern ist ausser in Südostasien, wo sie zu den ältesten Heilpflanzen zählt, auch in Vorderasien, Aegypten, Abessinien, Südeuropa, Nordamerika und auf Neuseeland stellenweise eingebürgert. In Mitteleuropa wird sie nur selten kultiviert. Verwildert oder adventiv beobachtet wurde sie z. B. bei Hamburg, in Brandenburg (Spandau, Ruppin 1880), im Rheintal (Mühlau bei Mannheim), in Bayern (Nürnberg, Steinbühl [1890, 1892], München) und Tirol (auf Schutt bei Innsbruck 1892). — Viel häufiger kultiviert wird die wohl nirgends einheimische, sondern nur eine Kulturrasse

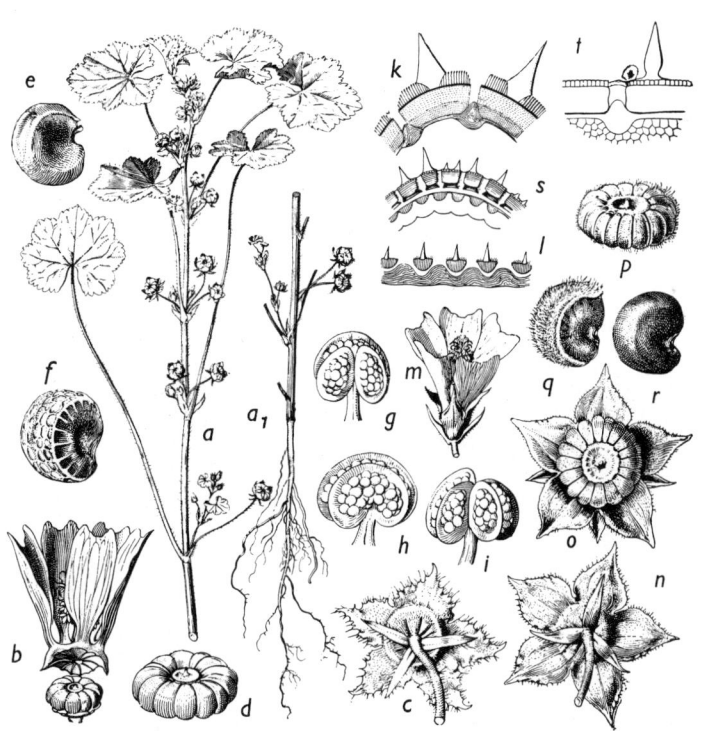

Fig. 1978. Malva pusilla Withering. a, a_1 Habitus. b Blüte nach Entfernung des Kelches; Fruchtknoten herauspräpariert. c Kelch von aussen. d Frucht. e Teilfrüchtchen. f Samen. — M. parviflora L. g, h und i Staubbeutel in verschiedener Ansicht. — M. silvestris L. k Schema des Baues der Pollenhaut. l Querschnitt durch die Exine und Intine. — M. neglecta Wallr. m Blüte. n Kelch von aussen. o Kelch von innen mit Frucht. p Frucht. q Teilfrüchtchen. r Samen. — Althaea rosea Cav. s Durchschnitt durch ein Pollenkorn. t Teilstück der Exine und der anschliessenden Intine (g bis i nach Hirmer, k, l, s und t nach Woycicki).

der vorigen darstellende var. crispa¹) L. (= M. crispa L., = M. breviflóra Gilib.) mit am Rand wellig krausen, dicht und fein gesägten Laubblättern und bleich fleischfarbenen bis weisslichen, den Kelch nur wenig überragenden Kronblättern (Fig. 1979 d). Krause Malve; franz.: Mauve crépue, in der Westschweiz Mávra; im Tessin Malba. Fig. 1979. Zum Typus der M. verticillata verhält sie sich wohl ebenso wie die Krauseminzen zu Menta rotundifolia, M. spicata und M. aquatica. Im Gegensatz zu den Krauseminzen scheint jedoch M. crispa ebenso wie Althaea rosea erst im 16. Jahrhundert aus dem Orient in mitteleuropäische Gärten gelangt zu sein. Camerarius rühmte ihr nach, dass sie stärkere erweichende Kraft als die übrigen Malven besitze, und denselben Ruf geniesst sie noch heute z. B. in vielen Südalpentälern. Verwildert kommt sie in fast ganz Europa (völlig eingebürgert in Russland, Polen und Südeuropa und auch in Nordamerika) vor. In Deutschland wurde sie u. a. beobachtet im Oldenburgischen, in Hannover (Meppen, Stade, Achim, Duderstadt, Nienburg usw.), bei Hamburg, Lübeck, Kiel, häufig noch im Nordostdeutschen Flachland bis Westpreussen (z. B. Elbing), Ostpreussen (z. B. Orlowen, Duttken) und Posen (Wongrowitz, Posen, Kolatschin), im Rheingebiet (z. B. Neudorf, Karlsruhe, Mannheim, Zweibrücken, auch mehrfach in Hessen, in der Rheinprovinz und in Westfalen), in Bayern (Thierhaupten, Simbach, Auing bei Steinebach, Nürnberg, Neustadt bei Coburg), Thüringen (z. B. Saalfeld, Greussen, Erfurt, Dudersleben), Sachsen (z. B. in Dresden [1922], Thürmsdorf, Königstein, Bautzen) und Schlesien (vielfach). — In Oesterreich z. B. in

Fig. 1779. Malva verticillata L. var. crispa L. *a*, *a*₁ Sprosse mit Blüten und Früchten. *b* Laubblatt von unten. *c* Abschnitt eines Laubblattes. *d* Blüte. *e* Samen.

Böhmen (Goldenkron, Jungbunzlau usw.), Mähren (vielfach), Niederösterreich (Kaisersteinbruch, Mautern, Marbach, Schottwien usw.), Oberösterreich (Linz), Steiermark (Stiftsberg bei Vorau), Tirol (Sterzing, Brixen, Völs usw., auch mehrfach in Vorarlberg und Liechtenstein, z. B. bei Tisis, Feldkirch, Schaan, Tosters, Viktorsberg usw.). — In der Schweiz vielfach in den Kantonen Basel, Solothurn, Aargau, Zürich (am Schnebelhorn in Gärten bei 1043 m kultiviert), St. Gallen (z. B. im Bahnhof Buchs beständig), Graubünden, Tessin, Wallis (besonders in den südlichen Tälern eine der gemeinsten Gartenpflanzen) usw. — Verwendung findet die Pflanze, die schon in den ältesten Chinesischen Pharmakopöen genannt wird, bei uns fast nur noch als Volksmittel, namentlich als Emolliens und reizmilderndes Heilmittel bei Augen= und Brustleiden. In Franken benutzen die Bauern die Laubblätter oft zum Umwickeln der Holzpfropfen ihrer Holzgefässe (Schwarz). — Aus der nordamerikanischen Sektion Callírhóe (A. Gray) Baillon werden häufiger als Zierpflanzen gezogen: M. involucráta Torrey et Gray (= Callirhoe involucrata A. Gray, = C. verticilláta hort.), aus Mexiko. Bis 80 cm hohe Pflanze mit dicker, spindeliger Wurzel und niederliegendem, von abstehenden Haaren rauhem Stengel. Laubblätter rund, 5=teilig; Abschnitte keilförmig eingeschnitten, 3= bis 5=spaltig. Nebenblätter eirund, ziemlich gross. Blüten bis 6 cm breit, einzeln in den Blattachseln. Kronblätter purpurviolett, gegen den Grund zu weiss. Früchtchen etwa 20, fast kreisrundlich, netzförmig=runzelig, oben nur sehr kurz geschnäbelt. — Seltener findet sich die durch deutlicher geschnäbelte und mit einem grösseren Querwulst versehene Früchtchen unterschiedene M. Papáver Cav. (= Callirhoe Papaver A. Gray) und einige verwandte Arten, von denen M. trianguláta Leavenworth (= Callirhoe triangulata A. Gray), die in Nordamerika von Indiana bis Minnesota und südwärts bis Nordkarolina und Alabama heimisch ist, einmal in Königsberg eingeschleppt beobachtet worden ist. — Ver=

---

¹) Als Malva crispa oder „Krause Malve" bei Camerarius, im Hortus Eystettensis usw. aufgeführt. In Schlesien wurde sie um 1600 nach Schwenckfeld als „Römische Widerthon" kultiviert.

einzelt eingeschleppt wurden folgende mediterrane Arten im Gebiete gefunden: M. Nicaeénsis[1]) All. (= M. circinnáta Vis., = M. excélsa Presl, = M. rotundifólia auct. Ital., non L.). Pflanze 1=jährig, borstig behaart, mit niederliegendem oder aufsteigendem, ästigem Stengel und langgestielten, rundlichen, am Grunde nur schwach herzförmigen, 5= bis 7=lappigen Laubblättern; Lappen der oberen Blätter spitz. Blüten auf kurzen Stielen zu 2 bis 6, selten einzeln. Aussenkelchblätter eiförmig oder breitlanzettlich. Kronblätter schmal=keilförmig, etwa 10 bis 12 mm lang, doppelt so lang wie der Kelch, bläulichviolett. Früchtchen scharfrandig, kahl oder behaart, unregelmässig netzig=rauh. Samen glatt. Heimat: Mittelmeergebiet, Vorderasien bis zum Kaukasus und Be= lutschistan. In West= und Mitteleuropa (auch in Chile) mehrfach eingeschleppt, so in Deutschland in den Rheinhäfen (in Ludwigshafen und Mannheim seit 1898), Kiel (1898), in Bayern (Mering, Passau 1911) und in der Schweiz (Hühnerhof bei der Solothurner Malzfabrik 1915, 1916, 1919; die Angabe von Airolo [leg. Chenevard] bezieht sich auf M. silvestris). In Oesterreich nur im Küstenland. In Chile stellt sich die Art gern auf Brandstätten ein und sprosst dann üppig aus den ungebrannten Lehmziegeln hervor (Reiche, K. Pflanzenverbreitung in Chile). — M. parviflóra L. Von M. neglecta und M. pusilla hauptsächlich durch die noch kleineren, bläulichvioletten Kronblätter und die sehr stark runzeligen, mit gezähntem Saum versehenen, bei der var. microcárpa (Pers.) Loscos. sehr kleinen Früchtchen verschieden. Heimat: Westliches und südliches Mittelmeergebiet (im nordöstlichen wohl nur adventiv), Vorderasien; eingeschleppt in Mitteleuropa, auf den Kanaren und Azoren, Australien und Neuseeland, in Nord= und Südamerika. In Deutschland bei Hamburg (Wollkämmerei am Reiherstieg 1896), bei Erfurt (1906), in Brandenburg (Neuruppin 1868) und im Rheintal (Strassburger Sporeninsel 1902). In der Schweiz mehrfach um Basel (seit 1916) und Solothurn (seit 1909 bei der Malzfabrik Solothurn, bei der Kammgarnfabrik Derendingen), im Zürcher Güterbahnhof (seit 1916), bei Canobbio im Tessin (1920), in Solothurn (1915); in Zürich (1916) und Altona (1922) zusammen mit der var. microcarpa.

1. Blüten einzeln in den Blattachseln oder die obersten traubig bis kopfig gehäuft. Kronblätter meist über 2 cm lang. Obere Laubblätter fast bis zum Grund 5= bis 7=spaltig . . . . 2.

1*. Blüten zu 2 oder mehr in den Blattachseln gebüschelt. Kronblätter meist unter 2 cm lang. Laub= blätter nur bis zu ¼ bis ⅔ geteilt . . . . 4.

2. Früchtchen unter dem schnabelförmigen Griffelende mit einem ± deutlichen Querwulst. Ameri= kanische Zierpflanzen aus der Sektion Callirhoë . . . . . . M. involucrata und Verwandte pag. 476.

2*. Früchtchen ohne Querwulst. Grosse, ausdauernde, altweltliche Arten . . . . 3.

3. Blattabschnitte 3=spaltig, gezähnt. Aussenkelchblätter eiförmig. Früchtchen kahl oder fast kahl, fein querrunzelig . . . . M. Alcea nr. 1894.

3*. Blattabschnitte einfach bis doppelt fiederspaltig. Aussenkelchblätter lineal=lanzettlich. Früchtchen rauhhaarig, nicht runzelig . . . . M. moschata nr. 1895.

4. Blütenstiele sehr kurz, auch zur Fruchtzeit höchstens doppelt so lang als der Kelch. Krone sehr klein, bleich. Stengel steif aufrecht. Laubblätter oft (var. crispa) kraus . . . M. verticillata (pag. 475).

4*. Blütenstiele mindestens zur Fruchtzeit mehrmals länger als der Kelch. Stengel aufsteigend oder niederliegend. Laubblätter flach . . . . 5.

5. Laubblätter bis über die Mitte in meist 5 spitze Lappen geteilt. Fruchtstiele aufrecht abstehend. Aussenkelchblätter länglich=eiförmig . . . . 6.

5*. Laubblätter zu ¼ bis ½ in abgerundete Lappen geteilt. Fruchtstiele nickend. Aussenkelchblätter lineal=lanzettlich. 1= bis 2=jährige Arten . . . . 7.

6. Kronblätter 3= bis 4=mal so lang als der Kelch, deutlich länger als der Aussenkelch, purpurn. 2= bis mehrjährige Pflanze . . . . M. silvestris nr. 1896.

6*. Kronblätter nur 1= bis 2=mal so lang als der Kelch, ± so lang wie der Aussenkelch, violett. 1=jährige, selten eingeschleppte Pflanze . . . . M. Nicaeensis (pag. 477).

7. Kronblätter meist ± doppelt so lang als der Kelch, tief ausgerandet. Früchtchen fast glatt, behaart. Gemeine Art . . . . M. neglecta nr. 1897.

7*. Kronblätter nicht oder wenig länger als der Kelch, tief ausgerandet. Früchtchen deutlich runzelig und berandet. Seltenere Arten . . . . 8.

8. Früchtchen mässig querrunzelig, mit schmalem, scharfem, ganzem Rand. Verbreitung nordöstlich.
M. pusilla nr. 1898.

8*. Früchtchen grob runzelig, mit breiterem, gezähntem Rand. Mediterrane Art.
M. parviflora pag. 477.

---

[1]) Abgeleitet von Nicaea, dem alten Namen von Nizza.

1894. Malva Alcea[1]) L. (= Alcea palmáta Gilib.). Sigmarskraut, Rosenpappel. Franz.: Alcée, mauve musquée; ital.: Alcèa. Fig. 1980.

Die Art wird in den Büchern bezeichnet als Fellriss, =wurzel (gegen das „Fell" in den Augen), Sigmarswurz, =kraut, Pflugwurz, Wetterrose, Hochleuchte, Studentenwurz, Namen, die sich alle schon in den alten Kräuterbüchern (des 16. Jahrh.) finden.

Ausdauernde, (40) 50 bis 125 cm hohe Pflanze mit nichtästigem Erdstock und spindel= förmiger, verästelter und verholzter Wurzel. Stengel aufrecht, einfach oder ästig, von ein= fachen Haaren und besonders im oberen Teile von Büschelhaaren ± rauh. Untere Laub= blätter lang gestielt, rundlich=herzförmig, 5=lappig bis 5=spaltig, unregelmässig gekerbt, einfach, gabelig und büschelförmig behaart; die mittleren und oberen Stengelblätter abnehmend kürzer gestielt, handförmig 5=spaltig oder 5=teilig, die obersten oft nur 3=spaltig; Zipfel grob=gezähnt bis fiederspaltig. Nebenblätter lineal=länglich, etwa 6 mm lang, unterseits und am Rande, seltener auch oberseits behaart. Blüten auf kurzen, behaarten Stielen einzeln in den Blattachseln, an den Spitzen des Stengels und der Aeste unregelmässig traubig gehäuft. Aussen= kelchblätter ei=lanzettlich, etwa 6 mm lang, spitz, büschel= haarig=filzig, am Rande borstig. Kelchblätter bis zur Mitte verwachsen, mit 3=eckigen Zipfeln, etwa 9 mm lang, büschelhaarig=filzig. Kronblätter 3=eckig=verkehrt=eiförmig, 2 bis 3,5 cm lang, vorn ausgerandet, gegen den Grund verschmälert und am Grunde gewimpert, lebhaft rot bis blassrosa mit oft etwas dunkler gefärbten Nerven. Staub= blätter etwa 1,2 bis 1,5 mm lang, fleischfarben. Frucht etwa 10 mm breit; Früchtchen etwa 2,5 bis 3 mm lang, kahl oder meist (wenigstens zur Fruchtreife) verkahlend, auf dem Rücken gekielt, an den Kanten abgerundet und schwach gerieft (Fig. 1980 d), innerer Teil der Scheidewände erhalten bleibend. Samen nierenförmig, etwa 2 mm breit, dunkel graubraun, an den Seiten vertieft, glatt. — VI bis IX (X).

Ziemlich zerstreut, aber meist truppweise an trockenen, lichten Orten: auf steinigen Hängen, Weiden, in lockeren Gebüschen, auf Waldlichtungen, an Bahndämmen, Burgwällen, Strassenrändern, Zäunen, Mauern, bei Kalk= öfen, in Weinbergen (Pfalz). Von der Ebene bis in die mon= tane Stufe: in Südbayern bis 605 m (im oberen Donaugebiet bis 850 m), im Wallis bis 1000 m, in Graubünden bis 1250 m, in Südtirol bis 1200 m. Mit Vorliebe auf kalkreichen Böden, aber auch auf trockenen Lehm= und Sandböden.

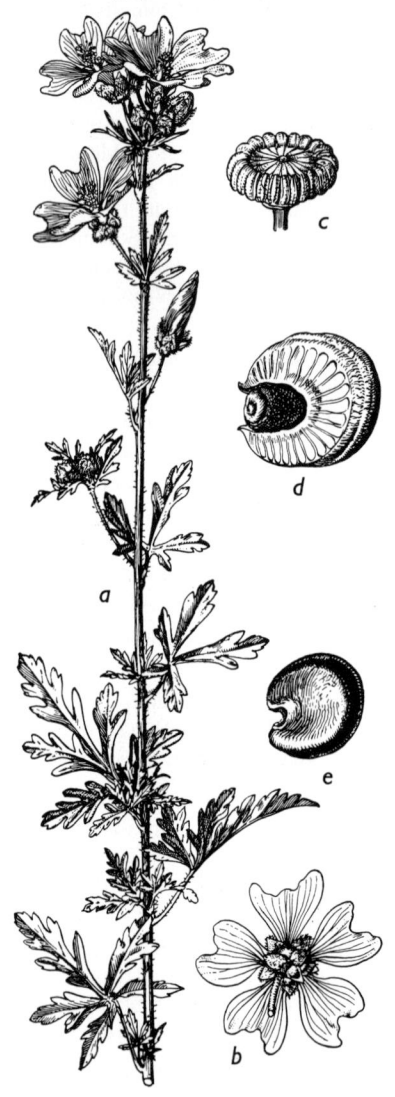

Fig. 1980. Malva Alcea L. *a* Habitus. *b* Blüte (von aussen). *c* Frucht. *d* Teilfrüchtchen. *e* Samen.

In Deutschland ziemlich zerstreut: in Bayern in den Alpen und im Fichtelgebirge fehlend, auf der oberen Hochebene und im Bayerischen Wald sehr zerstreut, in der Rhön etwas häufiger, im Oberpfälzer Wald nur bei Gleissenberg, auf der unteren Hochebene ziemlich verbreitet, im Frankenwald und im übrigen nördlichen Bayern (mit Ausnahme der Rhön) ziemlich verbreitet; in Württemberg im Unterland und im Jura verbreitet, im Schwarzwald und in Oberschwaben zerstreut; in Baden ziemlich verbreitet, in Elsass=

---

[1]) Gr. ἀλκαία [alkaía] oder ἀλκέα [alkéa] bei Dioskurides Name einer wilden Malvenart mit tief zerteilten, an die von Verbena officinalis erinnernden Laubblättern und kleinen Blüten. Wohl verwandt mit ἀλϑαία [althaía], vgl. Althaea.

Lothringen nicht selten; in Mitteldeutschland zerstreut, am Niederrhein selten, in Westfalen meist nicht häufig, in der Nordwestdeutschen Tiefebene nur im äussersten Südosten bei Clievenberg unweit Fallersleben; in Holstein zerstreut von Hamburg bis Segeberg=Bothkamper, See=Lütjenburg, nördlich davon selten und wohl nur aus Gärten verwildert; im Nordostdeutschen Flachland zerstreut, aber in West= und Ostpreussen häufig; in der Nähe der Ostseeküste selten. — In Oesterreich in Böhmen verbreitet; in Mähren namentlich im südlichen und mittleren Teil, ausserdem bei Namiest, Iglau, Mährisch=Trubau, Bizens, Olmütz, Sternberg, Prossnitz, Närn, Freiberg, Wsetin, Raudenberg; in Salzburg und Oberösterreich sehr zerstreut; in Niederösterreich hie und da im Granitgebiet des Waldviertels, im Süden bis an die Pielach, bis Melk und Amstetten, ausserdem bei St. Pölten, Texing, Aschbach bei Seitenstetten, zwischen Marbach und Persenberg; in Steiermark verbreitet; in Kärnten zerstreut, in Krain häufig, im Vorarlberg und in Tirol verbreitet. — In der Schweiz hie und da, bisweilen eingeschleppt, z. B. mehrfach zwischen Laufenburg und Brugg (1916, Mobilisationsflora!), zuweilen unbeständig. — Ausserdem hie und da aus Gärten verwildert.

Allgemeine Verbreitung: Europa: nördlich bis Dänemark, Südschweden, Oesel, Livland und Witebsk, südlich bis Spanien, Italien, bis zum Balkan und bis Südrussland. In Nordamerika kultiviert und verwildert.

Der Formenkreis von Malva Alcea ist hinsichtlich des Laubblattschnittes und der Behaarungsverhältnisse an Stengel, Laubblättern und Früchtchen ziemlich veränderlich, aber in seiner Gliederung noch nicht endgültig geklärt. Die wichtigeren Formen unterscheiden sich folgendermassen voneinander: 1. Stengelblätter tief (bis über die Mitte) handförmig geteilt. Behaarung der Pflanze vorwiegend aus einfachen Haaren bestehend. Früchtchen fast oder ganz kahl. — 2. Kronblätter lebhaft rot, breit=herzförmig, gegen den Grund zusammengezogen. Obere Laubblätter mit 5 verkehrt=eilanzettlichen, eingeschnitten gezähnten Abschnitten: var. týpica Fiori et Paoletti. — 2*. Kronblätter lila bis rosa, verkehrt= bis keilig=eiförmig, gegen den Grund verjüngt. — 3. Untere Laubblätter nierenförmig, die oberen mit 5 schmalen, eingeschnitten gezähnten oder gesägten (bisweilen krausen [f. crispa Heller und Schwarz]) Abschnitten (M. Itálica Rchb., = M. cánnabina Serr.): var. multidentáta Koch. — 3*. Untere Laubblätter seicht herzförmig, die oberen mit 2 bis 5 ungeteilten oder mit 1 bis 3 grossen Zähnen versehenen Abschnitten (M. alceoides Ten., = M. Morénii Rchb.): var. Itálica (Poll.). — 1*. Stengelblätter gelappt oder kaum bis zur Mitte in 5 gezähnte oder leicht eingeschnittene Abschnitte geteilt. Behaarung der Pflanze vorwiegend aus Büschelhaaren bestehend. Kronblätter rosa, breit=verkehrt=herzförmig, gegen den Grund zusammengezogen. Reife Früchtchen schwach behaart (M. Bismalva Bernh.): var. fastigiáta (Cav.). Eine auffällige Abart, in der Tracht an Malva moschata L. erinnernd und auch durch Moschusduft ausgezeichnet, aber durch die fast kahlen Früchtchen von ihr unterschieden, von var. fastigiata durch oberwärts stärkere Behaarung und eingeschnitten gezähnte, lineale bis lanzettliche Laubblattzipfel und tief ausgerandete Kronblätter unterschieden ist var. excisa (Rchb.) Aschers. Selten, z. B. im Nordostdeutschen Flachland, aber auch anderwärts vielleicht nur übersehen.

Malva Alcea gehört dem pontisch=mediterranen Elemente an. Als nitrophile Pflanze hat sich die Art unter dem Einflusse des Menschen stark ausgebreitet, so dass ihr natürliches Verbreitungsgebiet gegenwärtig kaum mehr festgestellt werden kann. In Mitteleuropa tritt sie vielfach als hortifuger Oekiophyt auf und hält sich mit Vorliebe in der Nähe menschlicher Siedelungen, in Halbkulturen und an Ruderalstellen, wo sie stellenweise eine sehr bezeichnende Pflanze ist. Ihre Kultur in Gärten ist sicher alt, da sie früher zu ähnlichen Zwecken wie Malva neglecta und Althaea officinalis in den Apotheken gebräuchlich war. Im Mittelalter schrieb man ihr Schutzwirkungen vor Unfällen zu (daher „Fellriss" = Hautriss) oder trug sie zur Stärkung der Augen als Amulett um den Hals. Als sicher ursprüngliche Siedelungsorte können in Böhmen z. B. die ostböhmischen Eichenwälder mit spärlichem Einschlag von Rot= und Weissbuche, von Acer Pseudoplatanus und A. campestre angesehen werden, in denen sie nach Hayek in dem meist reichen Unterwuchs zusammen mit Pulmonaria angustifolia, Galium vernum, Potentilla alba, zahlreichen Gräsern und Carices, Cytisus nigricans, Trifolium ochroleucum, Astragalus Danicus, Vicia pisiformis, Hypericum hirsutum, Bupleurum falcatum, Peucedanum Cervaria, Inula salicifolia u. a. anzutreffen ist. Ebenso dürfte sie in den trockenen Fels= und Hügelfluren Mitteldeutschlands natürlich sein, wo sie sich nach Drude mit Carex humilis, Brachypodium pinnatum, Bromus erectus, Anthericum Liliago und A. ramosum, Allium montanum, Hippocrepis comosa, Potentilla arenaria, Seseli Libanotis, Asperula glauca, Centaurea Scabiosa, Verbascum Lychnitis, Stachys Germanicus, Alyssum montanum, Adonis vernalis, Dianthus Carthusianorum und vielen anderen vereinigt.

1895. Malva moscháta[1]) L. Bisam=Malve, Moschus=Malve. Franz.: Mauve musquée; engl.: Musk mallow. Taf. 182, Fig. 1; Fig. 1981 und 1982.

Ausdauernde, 20 bis 100 cm hohe Pflanze mit spindelförmiger Wurzel und ästigem

---

[1]) Malva moschata wurde von Valerius Cordus als Alcǽa tenuifólia beschrieben, unter welchem Namen sie auch Thal in seiner Harzflora 1577 anführt.

Erdstock. Stengel ästig, aufrecht, von einfachen oder gebüschelten Borstenhaaren rauh. Grundständige Laubblätter auf längeren Blattstielen, am Grunde herzförmig, handförmig gelappt; Lappen unregelmässig gezähnt; Stengelblätter handförmig 5- bis 7-teilig, mit einfach bis doppelt fiederspaltigen Abschnitten; Zipfel lineal bis lineal-lanzettlich, ± spreizend (Fig. 1981 d). Alle Laubblätter ± spärlich einfach behaart oder büschelhaarig. Nebenblätter lineal-länglich, etwa 6 mm lang, borstig gewimpert. Blüten auf kurzen, behaarten Stielen, einzeln oder bis zu 3 in den Blattachseln oder an den Spitzen der Hauptachse und der Aeste gehäuft. Aussenkelchblätter etwa 3 mm lang, lineal-lanzettlich, borstig behaart und bewimpert (Fig. 1981 f). Kelchblätter zu $^1/_2$ oder $^2/_3$ miteinander verwachsen, etwa 3 mm lang, mit 3-eckigen Zipfeln, oberseits filzig-behaart, unterseits borstig und büschelhaarig. Kronblätter keilförmig-3-eckig, ausgerandet, 2,5 bis 3 cm lang, mit Ausnahme des bewimperten Grundes kahl, rosaviolett, selten weiss, mit dunkleren Nerven (Fig. 1981 e). Früchtchen glatt, dicht behaart (Fig. 1981 l), an den Seiten querrunzelig, auf dem Rücken abgerundet (Fig. 1981 m). Samen nierenförmig, glatt, rötlich (Fig. 1981 n). Junge Pflanze leicht nach Moschus duftend. — VI bis VII (bis X).

Zerstreut und meist spärlich in trockenen bis frischen Wiesen, Gebüschen, an Waldrändern, Bahndämmen, Weg- und Strassenrändern, Zäunen, in Obstgärten, in Kleefeldern. Von der Ebene bis in die untere Bergstufe: in Südbayern bis 604 m, im oberen Donautal bis 790 m, im Wallis bis 1450 m; mit Vorliebe in der collinen Stufe. Auf kalkarmen Böden.

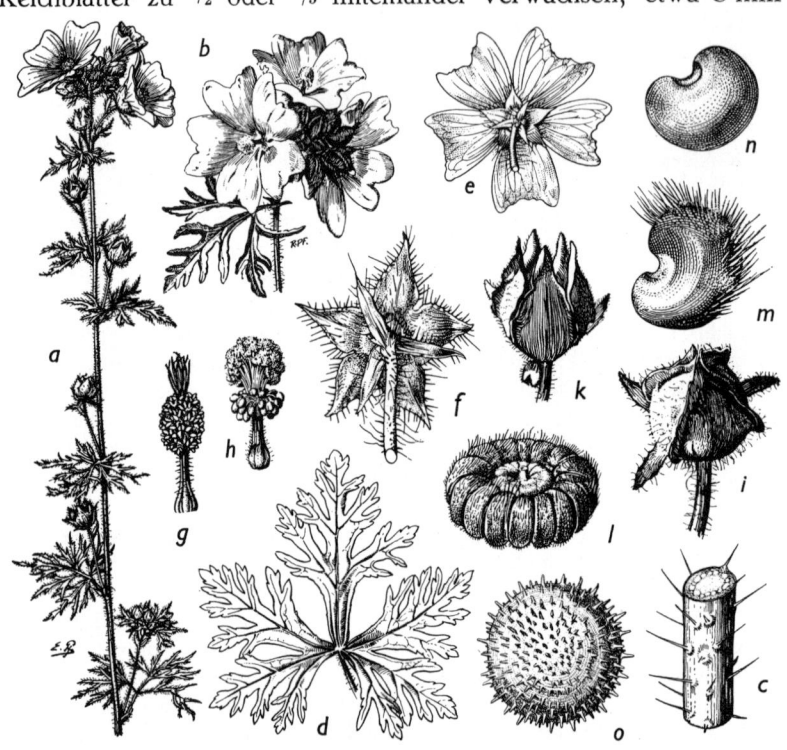

Fig. 1981. Malva moschata L. *a* Blühender Spross. *b* Zusammengedrängter Blütenknäuel. *c* Stengelabschnitt. *d* Laubblatt. *e* Blüte von aussen. *f* Kelch von aussen. *g* und *h* Entwicklungsstufen der Geschlechtssäule. *i* und *k* Blüte im Fruchtzustand. *l* Frucht. *m* Teilfrüchtchen. *n* Samen. *o* Pollen.

In Deutschland fast nur im Süden und Südwesten häufiger, in Mittel- und Norddeutschland zerstreut bis selten: in Bayern im Alpengebiet nur bei Melleck bei Reichenhall und adventiv bei Oberaudorf (1910) und Garmisch (1909), im Bodenseegebiet nur verwildert bei Heimersreut und früher bei Lindau, auf der Hochebene sehr zerstreut (gegen die Donau zu häufiger), im Bayerischen Wald in Achslach bei Ruhmannsfelden, im Fichtelgebirge bei Wunsiedel, Erbendorf, Tirschenreuth, im Frankenwald im Tal der Wilden Rodach, im Jura zerstreut, im Muschelkalk-, Keuper- und Buntsandsteingebiet sehr zerstreut, in der Rhön selten, z. B. bei Neuwirtshaus; in Württemberg im Unterland, Jura und Oberschwaben zerstreut, im Schwarzwald bei Calw, Kohlerstal, Aach, Pfalzgrafenweiler, Krähenbad; in Baden im Bodenseegebiet zerstreut, im Jura in der Baar, in den Schwarzwald-Vorbergen bei Rheinweiler und Köndringen, im Schwarzwald zerstreut, ebenso in der Rheinebene und in Nordbaden; in Elsass-Lothringen zerstreut; in der Vorderpfalz bei Dürkheim und Landau, in der Mittelpfalz zerstreut, in der Nordpfalz bei Wolfstein, Dannenfels und Wartenberg bis Rohrbach; in der Rheinprovinz ziemlich verbreitet, aber am Niederrhein sehr zerstreut, in Westfalen verbreitet; in der Nordwestdeutschen Tiefebene nur vereinzelt und verschleppt und sich meist nicht haltend, in Schleswig-Holstein im östlichen Gebiet und in Südschleswig zerstreut; in Mitteldeutschland nicht häufig; im Nordostdeutschen Flachland selten und wohl nur eingeschleppt, aber stellenweise massenhaft, so z. B. besonders um Magdeburg und im Kreise Putzig bei Rixhöft (Westpreussen), bei Forst in der Lausitz; in Ostpreussen bei Tilsit 1820, 1859 und um 1866 adventiv beobachtet; in Schlesien vielfach verwildert und im Vorgebirge stellenweise fast eingebürgert. — In Oesterreich in Salzburg und Oberösterreich sehr spärlich; in Böhmen selten; in Mähren bei Hohenstadt, Stefanau und Grosswasser bei Olmütz, verwildert bei Rajnochowitz, Ungarisch=Hradisch, Strassnitz und Namiest; in Niederösterreich im Sandsteingebiet sehr zerstreut von Vierling bis in die Brühl, bei Lilienfeld, Seitenstetten, Kottes; in Steiermark im unteren Murtal bei Hainsdorf, Weitersfeld, Purkla und Mureck, verschleppt bei Laarstein bei Aussee und bei Frein; in Kärnten bei Pontafel und Villach (?); in Vorarlberg in Valduna verwildert; in Tirol nur adventiv, z. B. in Trient vor der Lorenzobrücke (1906) und an der Valsuganabahn bei Pergine, zwischen Bozen und Meran fraglich. — In der Schweiz sehr zerstreut, sicher nirgends einheimisch und sich kaum dauernd haltend, am häufigsten noch in der Nordschweiz.

Allgemeine Verbreitung: Europa: nördlich bis Irland, England, Südostnorwegen, Mittel=Schweden, Kurland und Wilna (?), südlich bis Portugal, Spanien, Italien, Griechenland und bis in die Türkei und Westrussland (?). In Nordamerika kultiviert und verwildert.

Die Art zeigt folgende Gliederung: 1. var. laciniáta Gren. et Godr. (= M. moschata L. var. týpica Beck, = var. unduláta Sims., = var. angustisécta Celak., = var. týpica Fiori et Paoletti). Stengel kräftig, ziemlich hoch. Laubblätter gross, bis zum Stiel in lineale bis lineal=lanzettliche Abschnitte zerteilt; Abschnitte der oberen Laubblätter doppelt fiederspaltig. Die gewöhnliche Form. — 2. var. heterophýlla Lej. et Court. Grundständige Laubblätter nierenförmig, gezähnelt. Stengelblätter, wenigstens die oberen, handförmig mit geraden (eingeschnittenen oder gezähnten) Abschnitten. Findet sich im Gebiet meist in der f. latisécta Celak. Pflanze überall behaart. Stengel 4 bis 8 dm hoch. Obere Laubblätter mit 3 bis 5 keilförmigen, 2=zähnigen Abschnitten. — f. glabréscens Becherer et Gyhr. Pflanze unterwärts kahl und nur in der Blütenstandsregion behaart. So bei Basel (bei Neuhüsli und Beinwil).

Malva moschata ist ein submediterranes Element, das von Westen und Südwesten her mit Eisenbahntransporten, Klee= und Grassaaten gegen Osten in der Ausbreitung begriffen ist. Auch aus Gärten, wo die Pflanze ihres schönen Aussehens wegen vielfach gezogen wird, entweicht sie häufig, ohne sich aber vielerorten dauernd halten zu können. Für ganz Mitteleuropa scheint sie kaum zu der alteingesessenen Flora zu zählen. Aus dem Mittelmeergebiet wird sie z. B. von Beck von Berg= und Voralpenwiesen angegeben, die mitteleuropäischen Florencharakter mit pontischem Einschlage zeigen. Willkomm führt die f. latisecta aus Portugal aus der Umgebung von Pontevedra als Begleiterin zahlreicher atlantischer Elemente, wie Mibora Desvauxii Lge., Lobelia urens L., Wahlenbergia hederacea Rchb., Hypericum undulatum Schousb. usw. an. In

Fig. 1982. Malva moschata L. Oberer Teil eines Blütenstandes. Phot. Th. Arzt, Wetzlar.

Baden findet sich die Art nach Oltmanns gern an trockenen und unfruchtbaren Orten an Hängen, Wegrändern und Strassenböschungen zusammen mit Aira caryophyllacea, Bromus inermis, Carex verna, Cerastium brachypetalum, Geranium columbinum, Medicago falcata, Ononis spinosa, Plantago lanceolata, Verbascum=Arten usw. In der Norddeutschen Tiefebene stellt sie sich bisweilen nach P. Graebner in der Calluna=Heide ein. Aehnlich verhält sie sich auch im Spessart, wo sie aber andererseits auch in ziemlich frische Wiesen eindringt.

1896. Malva silvéstris[1]) L. Wilde Malve. Franz.: Mauve sauvage, fausse guimauve, fromage, petit fromage, grande mauve; engl.: Common oder high mallow, marsh=mallow, round=dock, cheese=log; ital.: Malva, riondela. Taf. 182, Fig. 2; Fig. 1983 d bis h, 1978 k und l, 1984 bis 1986, 1987 e.

Zweijährige bis ausdauernde, 25 bis 120 cm (bis mannshohe) lange Pflanze mit spindel=

---

[1]) In den Kräuterbüchern des 16. und 17. Jahrhunderts heist diese Art Málva sylvéstris máior (so z. B. bei Thal 1577) oder Málva sylvéstris fólio sinuáto (z. B. bei C. Bauhin) im Gegensatz zu M. neglecta und Verwandten.

förmiger, wenig ästiger, fleischiger Wurzel. Stengel meist niederliegend oder aufsteigend, seltener aufrecht, ästig, im unteren Teile ± verholzend, innen mit lockerem Mark erfüllt, rund, ± reichlich mit kurzen, anliegenden oder abstehenden, einfachen Haaren und Büschelhaaren besetzt. Laubblätter kreisrundlich oder nierenförmig, grasgrün, die grundständigen langgestielt, am Grunde deutlich herzförmig, wenigstens die Stengelblätter 3- bis 7-lappig, mit halbkreisförmigen oder eiförmig-3-eckigen, unregelmässig gekerbten Abschnitten, am Blattrande spärlicher, an den Stielen reichlicher behaart, mit einfachen und starren, 1-zelligen oder 2- bis 6-strahligen Haaren; Drüsenhaare fast nur auf den Nerven. Nebenblätter kurz-3-eckig-eiförmig, ungleich. Blüten zu 2 bis 6 in den Blattachseln, auf etwa 1 bis 2,5 cm langen Stielen. Aussenkelchblätter 3, frei, etwa 4 bis 5 mm lang, länglich-lanzettlich, auf der Oberseite kahl, am Rande borstig bewimpert, auf der Unterseite meist behaart. Kelchblätter 5, etwa 6 mm lang, zu $^2/_3$ miteinander verwachsen, im freien Teile 3-eckig. Kronblätter 5, frei, 20 bis 25 mm lang, verkehrt-eiförmig, in den Grund keilförmig verschmälert, an der Spitze tief ausgerandet, auf der Oberseite gegen den Grund zu kurzhaarig, am Grunde dichthaarig bewimpert, rosaviolett, mit je 3 dunkleren Streifen, (3- bis) 5-mal länger als der Kelch. Staubblätter viele, zu einer behaarten, 10 bis 12 mm langen Röhre verwachsen; Pollen im Mittel 144 μ breit. Fruchtknoten mit zahlreichen, in der unteren Hälfte verwachsenen Griffeln mit fädlichen, auf der Innenseite papillösen, behaarten Narben. Frucht scheibenförmig, 8 bis 8,3 mm breit und im Mittel 3,5 mm hoch, genabelt, mit überragender Mittelsäule. Teilfrüchtchen 9 bis 11, scharf berandet, am Rücken netzig-grubig-höckerig, kahl oder spärlich behaart. — V bis IX.

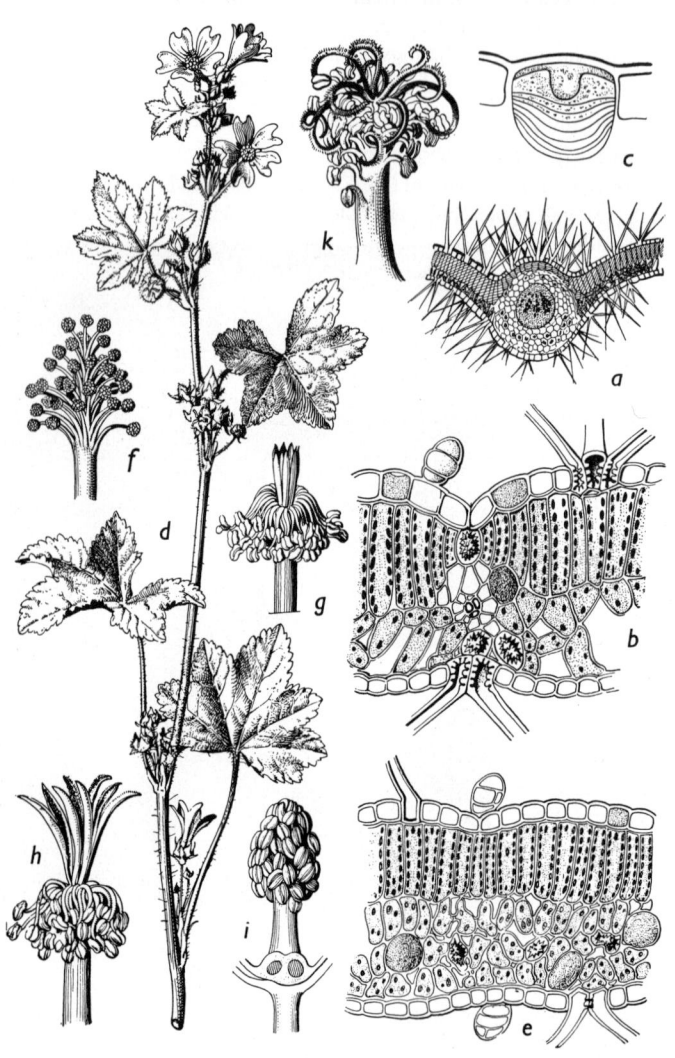

Fig. 1983. Althaea officinalis L. *a* und *b* Querschnitte durch das Laubblatt. *c* Schleimzelle. — Malva silvestris L. *d* Spross mit Blüten und Früchten. *e* Querschnitt durch das Laubblatt. *f*, *g* und *h* Verschiedene Entwicklungsstufen der Geschlechtssäule. — M. neglecta Wallr. *i* und *k* Verschiedene Entwicklungsstufen der Geschlechtssäule. (*a*, *b* und *e* nach Gilg, *c* nach Tschirch.)

Verbreitet und ziemlich häufig auf wüsten Plätzen, Schuttstellen, an Zäunen, Mauern, Wegrändern, auf Düngerhaufen, in Hecken, auf Aeckern, in Kunstwiesen, Weinbergen, stark genutzten Weiden, Sandfeldern, am Meeresstrande, auf Waldschlägen, in Felssteppen usw. Von der Ebene bis in die untere Bergstufe, die vertikale Getreidebaugrenze kaum überschreitend; im Wallis bis 1400 m, in Graubünden (Schanfigg [adventiv] bis 1320; soll auch in Arosa [in etwa 1740 bis 1820 m

Höhe] in einem Gärtchen einmal eingeschleppt beobachtet worden sein); im Inntal bis 1200 m, im Puschlav bis etwa 1000 m, in den oberen Reusstälern bis 930 m, in den Bayerischen Alpen bis 800 m, im Bayerischen Walde bis 660 m. Auf Unterlagen aller Art, doch mit Vorliebe auf ammoniakalischen Böden.

In Deutschland verbreitet und meist häufig, nur am Niederrhein zerstreut und in den höheren Mittelgebirgen seltener oder ganz fehlend. — In Oesterreich in Böhmen meist verbreitet, aber z. B. in der östlichen Elbeniederung selten, in anderen Landesteilen auch ganz fehlend; in Mähren häufig, nur im nördlichen Teile fehlend; in den Alpenländern meist verbreitet, aber nicht häufig; in Kärnten ziemlich zerstreut. In der Schweiz bis in die Alpentäler verbreitet.

Allgemeine Verbreitung: Europa, nördlich bis Irland, Schottland (vielleicht nur adventiv), Skandinavien (Bergen, Kristiania, Mittelschweden), Livland und Pleskau; Sibirien, Kleinasien, Kaukasus, Dsungarei, Altai, Vorderindien; Nordafrika. Adventiv auch in Ostasien, Nordamerika, Südamerika (Chile, Brasilien), Australien, Südafrika. In Indien kultiviert.

Zu dem formenreichen Typus gehören folgende Formen: var. latilóba Celak. (= var. týpica Beck). Laubblätter gross, herzförmig, angedrückt weichhaarig, mit breiten, gerundeten, durch spitze Winkel getrennten Lappen, bleichgrün. Früchte kahl. Verbreitet. — var. angustilóba Celak. (= M. récta Opiz). Laubblätter kleiner, am Grunde gestutzt, tief 3=(bis 5=)lappig, mit weiten, recht= bis stumpfwinkeligen Buchten und länglichen Abschnitten, sonst wie vorige. Hie und da, z. B. bei Buttendorf (Nürnberg) und bei Prag. — var. hispídula Beck. Kelch, Blütenstiele und der obere Teil des Stengels reichlich rauhhaarig, oft wollig (nicht nur zerstreut borstenhaarig) und mit beigemischten Büschelhaaren. Früchte kahl. So z. B. hie und da mit der var. latiloba. — var. glabriúscula Parlat. Laubblätter und Stengel fast kahl, schön grün. Früchte kahl. Hiervon tritt gelegentlich eine kleinblütige Form auf, deren Blüten nur etwa ¹/₃ so lang sind als beim Typus (f. parviflóra Schur). — Weiter werden beschrieben: var. péndula Jacobasch.

Fig. 1984. Malva silvestris L. Auf einem Brackacker bei Sollenau N. Ö. linke grosse Blüte, Biene im Anflug. Phot. R. Fischer, Sollenau N. Ö.

Zweige überhängend oder zuletzt niederliegend. Laubblätter kleiner, meist 3=lappig. Blüten meist einzeln. Selten, z. B. im Nordostdeutschen Flachland und (vielleicht adventiv) in einer Kiesgrube bei Erfurt. — var. orbiculáris Dethard. Laubblätter (namentlich die unteren) rund, ungelappt oder nur ganz stumpf gelappt. Hierzu als Strandform mit grösseren Laubblättern f. litorális Aschers. — Eine südliche, in Mitteleuropa wohl nur adventiv auftretende Form ist die var. dasycárpa Beck (= var. eriocárpa Boiss. p. p.), der var. angustiloba im Blattschnitt ähnlich, aber stärker behaart und mit behaarten Früchtchen. So z. B. eingeschleppt auf dem Wolfsbahnhof in Basel (1919), bei Freiburg i. Br. sowie in Rathen a. d. Elbe (1923, Beger). — Als Unterarten gehören ferner zu M. silvestris: subsp. **ambígua** (Guss.) Rouy et Foucaud. Laubblätter im allgemeinen kleiner als beim Typus, stärker behaart, von Büschelhaaren flaumig bis zottig, die oberen mit spitzen Abschnitten und Zähnen. Blüten nur 1 bis 3, nur mittelgross. Fruchtstiele schwächer, so lang oder länger als die Laubblätter (beim Typus meist kürzer). Früchte meist behaart. Westmediterrane Rasse. In Mitteleuropa bisher nur in Orbe in der Schweiz in der kleinblättrigen Form var. microphýlla Rouy et Foucaud eingeschleppt beobachtet (1880). — subsp. **Mauritánica** (L.) Thellung (= M. Mauritanica L., = M. silvestris L. var. glábra Bertol., = var. Mauritanica Boiss.). Stengel bis 150 cm hoch, aufrecht, spärlich behaart bis fast kahl. Laubblätter gross, rundlich, stumpf= und breitlappig, gezähnelt, fast kahl; Blattstiele nur auf der oberen Seite flaumhaarig. Blüten zu 2 bis 6 in den Achseln der Laubblätter, gross. Kronblätter 1,5 bis 2,5 cm lang, den

Kelch 3- bis 4-mal überragend, verkehrt-herzförmig, vorn ausgebuchtet, lila, auf den Nerven dunkler gestreift oder ganz dunkelrot. Früchtchen 3 bis 3,5 mm hoch, netzig-grubig. Einheimisch im südlichen Mittelmeergebiet. Im Gebiet als Heil- und Zierpflanze in Bauerngärten häufiger angepflanzt als M. silvestris und ab und zu daraus verwildert (selten eingeschleppt). In Deutschland z. B. bei Augsburg, München, Passau, Oberreichenbach, Schwabach, Fürth, Schniegling, in und bei Bamberg (1905, 1909), Altenteich, Altenbuch, Ludwigshafen, in und bei Berlin, Prenzlau, Pförten, um Pirna, bei Dohna, Weissenberg, mehrfach bei Erfurt, Altona (1922), Helgoland, Elbing, Brinsk, Alt-Pillau, Mertinsdorf, Milken, Grontzken, Malga. — In Oesterreich in Böhmen, z. B. bei Jičin, Opočno unweit Pulic und Prag; in Mähren bei Brünn, Adamstal, Znaim, Mähr. Budwitz; in Vorarlberg bei Feldkirch; in Tirol bei Pettnau (1887), Völs (in Maisäckern), Mühlau; in Niederösterreich bei Simmering, Vöslau, Neuwaldegg, Rodaun. — In der Schweiz bei Basel (Ruchfeld 1918), Lenzburg, im Churer Rheintal und bei Fully.

Malva silvestris ist eine eurosibirische Art, deren ursprüngliches Verbreitungsgebiet infolge ihrer ausgesprochenen Archaeophyten-Natur nicht mehr feststellbar ist. Natürliche Standorte scheint die Art z. B. in den dalmatinischen Felsensteppen zu besitzen. In Mitteleuropa tritt sie seltener in $\pm$ ursprüngliche Pflanzengesellschaften ein. P. Graebner erwähnt sie als gelegentlich auftretende Pflanze aus den Norddeutschen Grasheiden und ihrer Ursprünglichkeit wegen unsicher aus Weingaertneria canescens-Festuca ovina-Sandfeldern. Am Meeresstrand erscheint sie in der f. litoralis bisweilen zusammen mit halophilen Begleitern. Gradmann kennt sie von der Schwäbischen Alb nur als Kulturbegleiter. Oft findet sie sich im Schutze lockerer Hecken zusammen mit Alliaria officinalis, Lamium maculatum und L. purpureum, Malva neglecta, Urtica dioeca, Viola odorata und Geum urbanum, bisweilen auch in vernachlässigten Feldern, wo sie sich mit Chenopodium album, Solanum nigrum, Stellaria media, Lamium purpureum usw. vereinigen kann. Auf Düngerhaufen, an Ruderalstellen und auf fetten Gartenböden entwickelt sie sich zu mastigen Formen. In Bauerngärten ist sie seltener als ihre Unterart Mauritanica zu finden. Sie spielt noch gegenwärtig in der Heilpflege eine nicht unbedeutende Rolle und war für diese Zwecke schon bei den römischen und griechischen Aerzten bekannt. Samenfunde bei Ostra in der Oberlausitz, die aus der letzten Eiszeit stammen, deuten ebenfalls auf eine frühzeitige Verwendung bei den Slaven. Aus der an Funden von Pflanzensamen so reichen schweizerischen Pfahlbauzeit ist die Art merkwürdigerweise noch nicht bekannt geworden. Die von der wildwachsenden Pflanze gesammelten Blüten sind als Flóres Málvae seit dem 17. Jahrhundert in der Apotheke gebräuchlich und heute noch (Pharm. Germ., Austr., Helv.) offizinell. Sie enthalten reichlich Schleim und finden zu Gurgel- und Mundwassern, Umschlägen, bei Erkrankung der Augen, Brustschmerzen, Zahngeschwüren, Hals- und Mandelentzündungen usw. Verwendung. Bisweilen wird diese Malva auch als Gemüsepflanze gezogen; die Blätter gelten auch als Tee-Ersatz. Die zur Blütezeit gesammelten Laubblätter werden gleich denen von M. neglecta als Fólia Málvae (Pharm. Germ., Austr., Helv.) ihres Schleimgehaltes wegen als reizlinderndes und erweichendes Mittel, innerlich als Expectorans, äusserlich zu Umschlägen (Kataplasmen), benützt. Der in den Kronblättern enthaltene Farbstoff besteht nach R. Willstätter und W. Mieg (Ueber den Farbstoff der wilden Malva, 1915) aus einem Diglykosid $C_{29}H_{34}O_{17}$; sein zuckerfreies Derivat, das Malvidin, ist isomer und mit dem Oenidin nahe verwandt. Nach den eingehenden Untersuchungen von Bochmann (Beiträge zur Entwicklungsgeschichte offizineller Samen und Früchte,

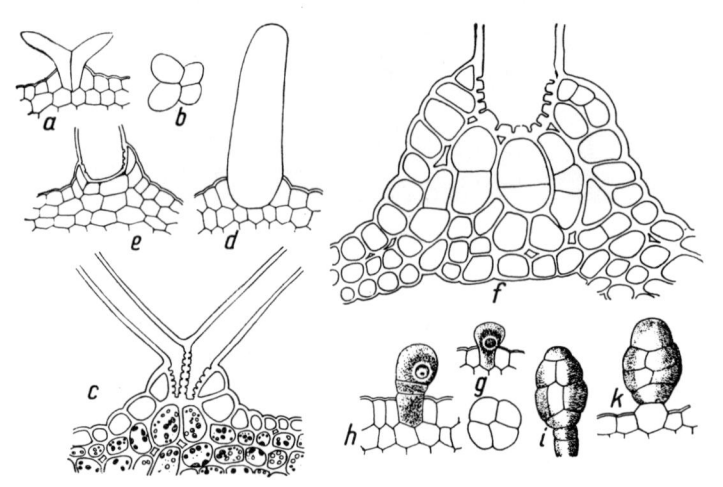

Fig. 1985. Malva silvestris L. *a* bis *f* Entwicklung von Einzel- und Büschelhaaren. *g* bis *k* Entwicklung von Köpfchenhaaren (nach Reuter).

1911) geht die Samenschale aus zwei Integumenten hervor. Das äussere ist 2-schichtig. Jedoch ist nur im Reifezustand die zweite Schicht noch gut entwickelt und wird teils aus längs-, teils aus querrechteckigen, schleimerfüllten Zellen gebildet. Die äussere Zellschicht hingegen wird im Laufe der Entwicklung immer mehr zusammengepresst und erscheint zur Zeit der Reife nur noch in Form schmaler, quergestellter und stark verdickter Zellen. Das innere Integument schliesst sich mit einer Reihe ansehnlicher, tangential gestellter, prismatischer und im Querschnitt 5- bis 8-eckigen Stäbchen oder Palisadenzellen an, deren Inneres von einem spindelförmigen, am oberen Ende allmählich verschwindenden Lumen eingenommen wird. Innerhalb dieser Zellen liegt je ein kleines aus Kieselsäure oder Silikaten bestehendes Körperchen. Am oberen Ende dieser Zellen (oberhalb des verdrängten Lumens) entwickelt sich mit zunehmender Reifung sehr scharf eine „Lichtzone" oder „Lichtlinie", die sich durch ihre helle Färbung kenntlich macht und ähnlich bei den Samen bezw. Sporenfrüchten der Leguminosen, Convolvulaceen, von Pilularia, Marsilia, Nelumbo nucifera Gaertn. usw. beobachtet worden ist. Nach den Untersuchungen von A. Tschirch scheint diese optische Erscheinung nicht, wie früher von Russow, Sempolowsky, Wettstein u. a. angenommen wurde, auf dem verschiedenen Wassergehalt der einzelnen Schichten zu beruhen, sondern auf Verschiedenheiten im Chemismus der Membranen. Eine biologische Bedeutung für diese eigenartige Bildung hat sich bis jetzt noch nicht finden lassen. Auch Kinzel kommt bei seinen Keimungsstudien nur zu dem Ergebnis, dass zwar die Keimung durch Licht gefördert werden kann, dass aber die physikalischen Einflüsse von geringer Bedeutung sind. Unterhalb der Stäbchenschicht lagern sich 2 oder 3 parenchymatische, grosszellige Reihen an, die anfangs mit Stärke erfüllt sind, diese aber zur Reife völlig abgeben. Ihre mit einem braunen, gerbstoffhaltigen Stoffe erfüllte äussere Reihe verdickt bei dieser Abgabe die den Stäbchenzellen abgewandten Wände, während die übrigen Schichten („Nährschicht" nach Tschirch) bei der Entwicklung aufgelöst werden. — Der Blühvorgang nimmt folgenden Verlauf: Zu Beginn der Blütezeit bedecken die reifen, bläulichen Staubbeutel die noch unentwickelten, in der Staubblattröhre eingeschlossenen Narbenäste (Fig. 1982 f) und stehen in der Mitte der Blüte. Später krümmen sich die Staubblätter nach abwärts und überlassen den heran= wachsenden und sich strahlig ausbreitenden Narbenästen ihren Platz (Fig. 1982 g und h). „Kurz"= und „Langgrifflig= keit" der Blüten sind also zwei Entwicklungsphasen, nicht aber, wie Tschirch (Handbuch der Pharmakognosie. Bd. II,

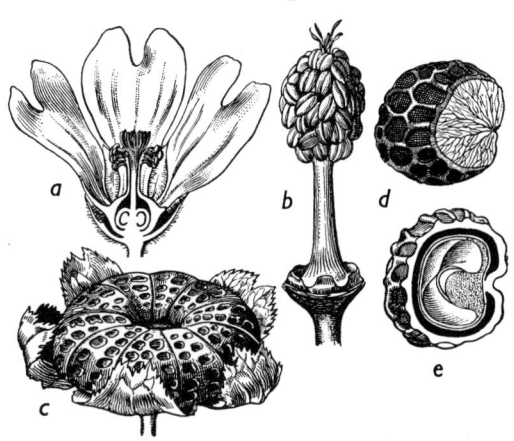

Fig. 1986. Malva silvestris L. *a* Blüte im Längsschnitt. *b* Geschlechtssäule im männlichen Stadium. *c* Frucht. *d* Teilfrüchtchen. *e* Desgl. im Längsschnitt (nach Warming).

1912) angibt, zwei verschiedene Ausbildungsweisen der Blüten, wie sie z. B. bei manchen Primulaceen anzu= treffen sind. Während Knuth eine nachträgliche, spontane Selbstbestäubung als unwahrscheinlich ablehnt, hält Warnstorf eine solche im zweiten Stadium für möglich, da sich die dichtstacheligen, grossen Pollen= körner noch lange nach dem Verstäuben noch an den entleerten Staubbeuteln vorfinden. Ein Blütenduft soll nicht wahrnehmbar sein; doch stellen sich eine grosse Zahl der verschiedensten Insekten als Besucher ein. Bemerkenswert ist die von F. Müller festgestellte Beobachtung, dass von den vielen von ihm beobachteten Bienenarten nur eine (Chelostóma nigricórne Nyl.) Pollen sammelte, während die anderen sich nur an den Nektar hielten. Derselbe Forscher beobachtete auch Honigraub, indem Honigbienen bei geschlossenen Blüten den Rüssel nacheinander hinter den 5 Kelchblättern einführten und diese Tätigkeit dann auch bei offenen Blüten fortführten.

1897. Malva neglécta[1]) Wallr. (= M. vulgáris Fries, = M. rotundifólia L. p. p. non Fries). Käsepappel, Kleine Malve, Gänsepappel, Hasenpappel. Franz.: Herbe à fromage, fromageon, petite mauve, mauve des chemins; engl.: Dwarf or common mallow; dän.: Katost; ital.: Malvetta. Taf. 182. Fig. 3; Fig. 1987 a bis d, 1988, 1978 m bis r, 1983 i und k.

Einjährige oder ausdauernde, 7 bis 45 cm lange Pflanze mit langer, dünner, spindel= förmiger Wurzel. Stengel niederliegend oder aufsteigend, seltener aufrecht, ästig, rund, zerstreut einfach und büschelhaarig, oft rötlich überlaufen (schmächtiger als bei M. silvestris). Laubblätter sehr lang (bis 27 cm) gestielt, nierenförmig bis fast kreisrund, undeutlich 5= bis 7=lappig (Lappen abgerundet oder stumpf), gekerbt, am Grunde stets herzförmig, oberseits spärlich behaart oder fast kahl, unterseits und am Rande reichlich einfach und büschelhaarig und mit ziemlich reich= lichen Drüsenhaaren. Nebenblätter kurz, ungleichseitig=3=eckig=eiförmig, fast häutig, bewimpert. Blüten einzeln oder zu mehreren in den Achseln der Laubblätter, auf sich verlängernden

---

[1]) Diese Art, die von Linné noch nicht von der folgenden unterschieden wurde, heisst in den Kräuterbüchern meist schlechthin Málva oder Malva vulgáris und Pappel, oder aber im Gegensatz zu M. silvestris auch Malva sylvestris púmila (z. B. bei Thal) oder M. sylvestris folio rotúndo (z. B. bei Bauhin).

(bis 4 cm langen), mit Büschelhaaren und Drüsen besetzten Stielen. Aussenkelchblätter 3, etwa 4 bis 5 mm lang, lineal=länglich, beidseitig behaart, am Rande bewimpert (Fig. 1978 n). Kelchblätter 6 bis 10 mm lang, bis etwa zur Hälfte verwachsen, aussen behaart, innen fast kahl; Zipfel 3=eckig, zugespitzt, ganzrandig oder undeutlich gezähnelt, im vorderen Teile der Oberseite ± wollig behaart (Fig. 1978 o und 1987 d). Kronblätter verkehrt= eiförmig, am Grunde keilig, vorn ausgerandet, etwa 8 bis 13 mm (ausnahmsweise bis über 20 mm) lang, 2= (bis 3=)mal so lang als der Kelch (vgl. auch var. brachypetala), auf der Oberseite gegen den Grund zu behaart, am Grunde beidseitig dicht bärtig, hellrosa= rot bis fast weiss, über den Nerven dunkler (Fig. 1978 m, 1987 b). Staubfäden zu einer etwa 6 mm langen, dicht kurzhaarigen, weissen oder rötlichen Röhre verwachsen; Pollen im Mittel 112 μ breit. Fruchtknoten aus 11 bis 15 Frucht= blättern verwachsen, fein behaart oder fast kahl. Frucht auf verlängerten Stielen, scheibenförmig, schwach genabelt, etwa 6 bis 7 mm im Durch= messer und etwa 2 bis 2,5 mm hoch, behaart (Fig. 1978 p); Teilfrüchtchen glatt oder schwach runzelig, an den Kanten abgerundet (Fig. 1978 q); Griffelpolster nahezu so breit wie die Teilfrüchtchen. Samen nierenförmig, fein punktiert (Fig. 1978 r). — (V) VI bis XI.

Sehr verbreitet und meist häufig an Ruderal= stellen: auf Schutthaufen, an Wegrändern, Mauern, auf Dämmen, um Häuser, Hütten und Ställe, in Gärten, ferner auf Aeckern, in lichten Hecken, auf trockenen Wiesen (meist Kunstbeständen), in Heiden. Von der Ebene bis in die subalpine Stufe oder (seltener verschleppt) noch höher; in den Bayerischen Alpen bis 900 m, in den Reuss= tälern bis 920 m, in Südtirol und im Wallis bis 1700 m, am Ofenberg bis 1800 m, Alp Spluga ob dem Silsersee 1900 m, beim Berninahospiz einmal auf Schutt verschleppt bei 2309 m. Auf Unterlagen aller Art; ammoniakliebend.

Fig. 1987. Malva neglecta Wallr. *a* Habitus. *b* Längs= schnitt durch die Blüte. *c* Stengelstück mit einfachen und gebüschelten Haaren. *d* Blüte im Fruchtzustand. — M. sil- vestris L. *e* Blütendiagramm (nach Marktanner).

Im ganzen Gebiete sehr verbreitet und häufig, nur in den höheren Mittelgebirgen und in den alpinen Hochtälern seltener.

Allgemeine Verbreitung: Europa: nördlich bis Irland, Schottland, Dänemark, Ost=Norwegen (von Haugesund und den Hvalöern bis Kristiania), Mittel=Schweden, Åland, Åbo, Nyland, Süd=Karelien; Westasien bis zum Baikalsee und Tibet, Vorderindien; Nord= afrika. Eingeschleppt in Nordamerika, Chile und Australien.

Ausser der gewöhnlichen Form (var. týpica Beck) mit grossen, rundlichen, 3 bis 5 (7,5) cm breiten Laubblättern, 10 bis 12 mm langen Kronblättern und 7 bis 8 mm breiter Frucht werden unterschieden: var. elachísta Beck. Laubblätter klein, 8 bis 15 mm breit, oft nierenförmig und breiter als lang, mit höchstens 3,5 cm langen Stielen. Kronblätter 8 bis 11 mm lang. Frucht 5 bis 6 mm breit. So in Nieder= österreich bei Hetzendorf. — var. brachypétala Uechtritz (= var. decípiens Aschers.). Kronblätter kaum oder bis 1½=mal so lang wie der Kelch. In Mitteleuropa in Schlesien vielleicht schon heimisch, sonst nur adventiv, so bei Tübingen (1902), Erfurt, Zürich, Solothurn (1912, 1915) und mehrfach bei Basel (1915). — Abromeit erwähnt aus der Umgebung von Königsberg (Ostpreusssen) Formen mit auffällig grossen, bis über 2 cm breiten Blüten.

Malva neglecta gehört dem eurosibirischen Elemente an. Sie ist einer der gewöhnlichsten Archäo=
phyten Mitteleuropas auf Schutt und erscheint oft in grossen Herden in den Ruderalgesellschaften. Ihrer Vor=
liebe für Ammoniak entsprechend siedelt sie sich gern an überdüngten Orten, längs der Strassenränder, in
unsauber gehaltenen Ortschaften, in der Nähe von Ställen und auf Viehlägern an. Häufige Begleiter dabei
sind mehrere Chenopodium=Arten, Atriplex patulum, Arctium Lappa, Urtica urens, Capsella Bursa pastoris,
Geranium molle, Potentilla Anserina, Poa annua usw. Auf Brachäckern können Lepidium ruderale,
Anagallis arvensis, Sonchus arvensis, Cirsium arvense, Plantago major, Senecio vulgaris, Lamium amplexicaule,
Delphinium Consolida, Hyoscyamus niger u. a. mit ihr erscheinen. In lichten Gebüschhecken stellt sie sich
neben M. silvestris ein (vgl. pag. 484). Mit Grassaat wird sie nicht selten in Kunstbestände eingeschleppt und
hält sich häufig in den entstehenden Halbkulturfor=
mationen. P. Graebner erwähnt die Art auch
aus der norddeutschen Callunaheide, O. Drude
aus trockenen Triften Mitteldeutschlands. In den
Salzsteppen der ungarischen Tiefebene tritt sie nach
Hayek zusammen mit Camphorosma ovata, Lep=
turus Pannonicus, Hordeum murinum subsp. Gusso=
neanum, Festuca ovina subsp. pseudo=ovina, Statice
Gmelini, Lepidium crassifolium, Bupleurum tenui=
folium usw. auf. Nach Beck findet sie sich z. B.
in Dalmatien auf den Salzböden der Meeresküste, in
der Felsensteppe usw. Ueber die Zeit der Ein=
wanderung der Art in Mitteleuropa liegen keinerlei
Daten vor; sie wird aber z. B. von Thal in der
Harzflora angegeben. — Nach P. Knuth steht die
Blüteneinrichtung dieser Art in der Mitte zwischen
derjenigen von M. silvestris und M. pusilla.
Auch hier schliessen am Anfang der Blütezeit die
über den unterwärts verwachsenen Staubfäden
pyramidenförmig zusammengestellten Staubfäden
die noch unentwickelten Narben vollständig ein.

Fig. 1988. Malva neglecta Wallr. Phot. Dr. G. Hegi, München.

Nachdem sich die Staubbeutel entleert haben, biegen sich die oberen, freien Teile der Staubblätter nach unten,
sodass die bisher von ihnen eingeschlossenen Narben frei werden. Diese breiten sich strahlenförmig auseinander
und biegen sich soweit zurück, dass die an ihrer Innenseite gelegenen Papillen frei hervortreten und die zuvor
von den Staubbeuteln eingenommene Stelle einnehmen. Insekten, die von einer im ersten Zustande befind=
lichen Blüte kommen, müssen daher in einer im zweiten Zustande befindlichen Fremdbestäubung hervorrufen.
Gegen Ende der Blütezeit krümmen sich die Narbenäste so weit zurück, dass sie die noch mit etwas Pollen
bedeckten, herabgeschlagenen Staubblätter berühren und zu Selbstbestäubung Veranlassung geben können.
Die Pflanze wurde bereits von Plinius und Scribarius Largus als Gemüse empfohlen. In Norddeutschland
werden die rundlichen Früchte gern von Kindern zum Spielen verwendet, bisweilen auch gegessen (Keeskrut).

1898. Malva pusilla Withering (= M. rotundifolia L. p. p. et Fries, non auct. plur., = M. borealis
Wallman, = M. Henningii Goldbach, = Althæa borealis Alefeld). Kleinblütige Käse=
pappel. Fig. 1989 und Fig. 1978 a bis f.

Einjährige oder ausdauernde, (8) 15 bis 40 (60) cm lange, gelbgrüne Pflanze mit spindel=
förmiger, langer, wenig verzweigter Wurzel. Stengel niederliegend, am Ende aufsteigend
oder bisweilen ganz aufrecht, ästig, zerstreut behaart. Untere Laubblätter sehr lang gestielt,
rundlich=nierenförmig, am Grunde herzförmig, sehr seicht winkelig 5= bis 7=lappig, unregel=
mässig gesägt=gekerbt, oberseits angedrückt einfach behaart, unterseits mit einfachen,
büscheligen und drüsigen Haaren; mittlere und obere Stengelblätter kürzer gestielt, deutlicher
5= bis 7=teilig gelappt. Nebenblätter lineal=länglich, unterseits und am Rande behaart.
Blüten zu 2 bis 6 in den Achseln der Laubblätter, mit ziemlich langen, behaarten Stielen.
Aussenkelchblätter 3, lineal, etwa 3,5 mm lang, borstig gewimpert. Kelchblätter etwa 5 mm
lang, bis zur Hälfte miteinander verwachsen, mit breit=3=eckigen, etwas krausen Zipfeln, aussen
und am Rande einfach= und büschelhaarig. Kronblätter länglich=eiförmig, etwa 4 mm lang,

vorn abgestutzt oder seicht ausgerandet (Fig. 1978 b), am Grunde zerstreut gewimpert, hell=
rosa bis fast weiss. Staubblattröhre etwa 3 mm lang, kahl. Pollen im Mittel 100 μ breit.
Früchte auf wagrecht abstehenden oder abwärts gebogenen Stielen (Fig. 1978a, a₁), etwa
6 mm breit und etwa 2 mm hoch, fein behaart oder kahl (Fig. 1978 d); Früchtchen scharf
berandet, an den Seiten radial gerippt, auf dem Rücken netzförmig rauh (Fig. 1978 f); Griffel=
polster viel schmäler als die Teilfrüchtchen. Samen nierenförmig, etwa 1,8 bis 2 mm breit,
glatt, etwas flachgedrückt, dunkelbraun (Fig. 1978 e). — VII bis Herbst.

  Zerstreut und meist einzeln auf Ruderalplätzen aller Art: auf Schuttplätzen, über=
düngten Plätzen, an Dorfstrassen, Zäunen, auf Bahnhöfen, bei Mühlen, in Hafenanlagen,
seltener an Ackerrändern und auf Feldern. Von der Ebene bis in die Bergstufe. Mit Vor=
liebe auf kalkarmen, sandigen Böden.

  In Deutschland nur in Ost= und Westpreussen häufig, sonst zerstreut bis selten und in grossen
Gebieten des Westens und Südens ganz fehlend. In Bayern im Keupergebiet bei Schniegling und mehrfach
(? vielleicht z. T. übersehen) bei Nürnberg (anscheinend einheimisch), eingeschleppt in München und Deggendorf;
in Württemberg einzig im Unterland bei Laibach und Schöntal; in Baden bei Mannheim häufig (im Hafen=
gebiete in starker Ausbreitung begriffen und vollständig eingebürgert), bei Rheinau (seit 1880) und unweit Ravens=
burg bei Sulzfeld, Altwiesbach und Baiertal; in Elsass=Lothringen mehr=
fach in Strassburg, bei Kehl; in den Rheinlanden nur im Norden bei
Krefeld, Traar, Uerdingen, Neuss, Breyell (1893), Viersen, Hilden bei
Düsseldorf, Aachen (für Bonn und Neuwied unsicher), mancherorten
sich einbürgernd; in Westfalen hie und da eingeschleppt, z. B. bei Siegen,
Dortmund und an der Emschertalbahn bei Huckarde; Hannover (1890);
in Braunschweig bei Derenburg, Halberstadt, Langenstein, Bornecke,
Westerhausen, Oschersleben, Rüdigsdorf, Neustadt; bei Eisleben, Halle;
in der Nordwestdeutschen Tiefebene sehr selten und scheinbar ver=
schwindend: Bremen, Bardenfleth, Timmersloh bei Liliental (früher bei
Mittelbüren, zwischen Vegesack und Blumental und Bremerhaven), an=
geschwemmt bei Celle (1889), Hastedt; in Schleswig=Holstein zerstreut
und wohl nur eingeschleppt; im Nordostdeutschen Flachland im südlicheren
Teile stellenweise häufiger, sonst zerstreut und in der Nähe der Ost=
see selten odar ganz fehlend, öfters vorübergehend adventiv; in der
Erfurter Flora bei Erfurt, Alperssstedt, Stottersheim, Herbstleben, Rude=
stedt, Gebesee, Bremstal, Ringleben usw.; ferner z. B. häufig bei Tenn=
stedt, Schleiz; im Freistaat Sachsen im Elsterland bei Leipzig (Schöne=
feld, Lindental, Gundorf, Stahmeln), Weida, um Dresden; in Schlesien zer=
streut. — In Oesterreich in Vorarlberg adventiv bei Tosters (1910);
in Salzburg (St. Johann); in Oberösterreich um Steyr, an mehreren
Stellen der Haide; in Niederösterreich besonders im Marchfeld und im
südlichen Wiener Becken; in Böhmen im Mittellande und in der Elbe=
niederung, häufig z. B. am Fuss des Erzgebirges bei Komotau; in Schlesien
bei Teschen; in Mähren besonders im südlichen Teile, ausserdem bei
Olmütz, Prossnitz, Holleschau, Weisskirchen, Rusawa und Mistek. —
In der Schweiz selten eingeschleppt; mehrfach in Zürich (seit 1889),
Solothurn (1904, 1910, 1914), bei Basel (seit 1914), bei Freiburg (1917)
und in Locarno.

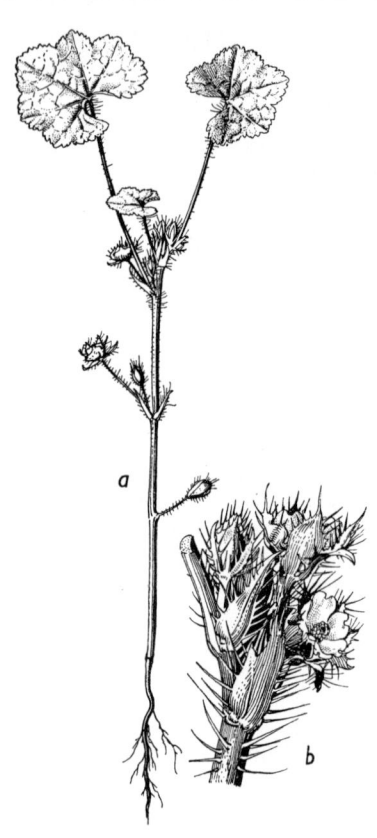

Fig. 1989. Malva pusilla Withering.
  a Habitus. *b* Blütentrieb.

  Allgemeine Verbreitung: Europa, nördlich bis
Skandinavien (Drontheim, Mjösensee, Dalarne, Medelpad,
Satakunta), Ladoga= und Onega=Karelien (für England [Kent] unsicher); westlich bis zum
Rhein, südlich bis Nord=Italien, bis zum nördlichen Balkan, Südrussland; in Sibirien bis zum
Irkisch, im Orient bis Indien.

  Malva pusilla gehört dem osteuropäisch=westasiatischen Elemente an. Sie ist wie M. silvestris und
M. neglecta ein Archäophyt und hält sich in den westlicheren Gebietsteilen fast ausschliesslich an Ruderalplätze
und wird durch menschliche Tätigkeit nicht selten dort eingeschleppt. In der Norddeutschen Tiefebene soll
sie nach Buchenau im Verschwinden begriffen sein. Am Niederrhein hat sie sich nach Höppner an

einigen Orten dauernd angesiedelt. Meist erscheint die Art im Gebiet nur vereinzelt. In Russland gehört sie hingegen zu den lästigsten Unkräutern und entwickelt bisweilen ein ausserordentlich üppiges Wachstum. Nach S. David bedeckten einzelne von ihm beobachtete Exemplare dort eine Bodenfläche von 1,6 qm und erzeugten bis 57 000 Früchte. — Die Blüteneinrichtung entspricht nach Knuth anfangs derjenigen von M. silvestris; doch besitzt M. pusilla infolge ihrer viel kleineren und weniger lebhaft gefärbten Kronblätter, mit denen ein viel geringerer Insektenbesuch verknüpft ist, in der zweiten Blütenphase die unbedingte Möglichkeit der Selbstbestäubung, da die Staubblätter soweit aufgerichtet bleiben, dass die mit Pollen bedeckten Staubbeutel von den sich zurückkrümmenden und sich spiralig aufrollenden Narbenästen berührt werden. Nach Warnstorf sind die unter dem dichten Blätterdach fast verdeckten Blüten sogar fast homogam, indem sich die Narben bereits zu Anfang der Blütezeit ± stark aufrollen. Als Bestäuber wurden geflügelte Ameisen, Bienen, Fliegen usw. festgestellt.

Von Bastarden kommen vor: M. Alcea L. × M. moschata L. (= M. intermédia Boreau, = M. Alcea L. var. intermedia Dur.-Duq., = M. intermedia Dethardingii Link?). Mehrfach aus Frankreich und Schweden angegeben; in Deutschland mit Sicherheit nur aus dem Botanischen Garten von Berlin bekannt (vgl. Urban, J. in Verhandlungen des Botanischen Vereins der Provinz Brandenburg. Bd. XXII, Sitzungsberichte, pag. 94). Vielleicht in Gärten. — M. neglecta Wallr. × M. pusilla Withering (= M. adulterina Wallr., = M. hýbrida Celak., = M. boreális Wallman var. lilácina Opiz). Im Nordostdeutschen Flachland hie und da; in Westpreussen am Weichselufer bei Thorn und in Feuerfier; in Ostpreussen bei Schwentainen; in Schlesien bei Kontopp, Neusalz, Liegnitz, Jauer, Militsch, Breslau (vielfach), Oppeln und Gross-Strehlitz; in Niederösterreich bei Biedermannsdorf und Hof a. d. March; in Mähren bei Znaim; in Böhmen bei Birma unweit Aussig, Laun und bei Prag. — M. neglecta Wallr. × M. silvestris L. Wird von Fritsch für Oesterreich angegeben.

Die Bombáceae mit 22 Gattungen und etwa 14 Arten sind auf die Tropen (besonders in Südamerika) beschränkt. Es sind meistens Bäume mit oft eigenartig bewehrten, plumpen, geradezu tonnenförmigen Stämmen, mit einfachen, fieder- oder handnervigen oder auch gefingerten, zuweilen beschuppten oder sternhaarigen Laubblättern und hinfälligen Nebenblättern und gewöhnlich sehr grossen, oft schön gefärbten Blüten. Staubbeutel 1-, 2- oder mehrfächerig, zuweilen wurmförmig gekrümmt oder nach dem Verblühen schneckenförmig eingerollt. Pollen fast stets glatt, niemals stachelig. Fruchtknoten 2- bis 5-fächerig; in jedem Fach 2 bis viele Samenanlagen. Frucht trocken, seltener fleischig, aufspringend oder geschlossen bleibend. Samen kahl, zuweilen mit Arillus oder von den von den Fruchtwänden ausgehenden Haaren umschlossen. Zu den auffallendsten Erscheinungen des innerafrikanischen Steppengebietes gehört der Affenbrotbaum, Calabassenbaum oder „Baobab", Adansónia digitáta L., ein bis 18 m hoher, sehr raschwüchsiger Baum mit äusserst dickem (bis 40 m im Umfang) Stamm und gefingerten, zur Trockenzeit abfallenden Laubblättern. Das sehr leichte und weiche, aber gegen Pilze wenig widerstandsfähige Holz, sowie der Rindenbast (Adansonfibre) und die an langen Stielen herabhängenden, gurkenähnlichen, nicht aufspringenden, holzigen, leichten Früchte, endlich die geniessbaren, fettreichen Samen finden vielseitige Verwendung, so das Holz für Kanus, die Früchte als Schwimmer für Fischnetze, das gelbliche Fruchtmark (es enthält u. a. 12 % Weinstein und 2 % Weinsäure, 14,5 % Zucker) als durststillendes Getränk, zu Mehl gestampft („Terra Lemnia") als Fiebermittel, gegen Dysenterie usw. Den im Alter hohlen Stamm verwenden die Eingeborenen als Wohnung oder als Leichenkammer. — Die säuerlich schmeckenden Früchte von A. Gregórii Ferd. v. Müller in Nordaustralien werden gleichfalls gegessen. — Eine Anzahl von Arten der Gattungen Bómbax (besonders B. Ceíba L. [= B. Malabáricum DC.] in den südasiatischen Urwäldern, dann B. Buonopozénse Beauv. in Westafrika) und Chorisia, ferner der tropisch-amerikanischen Hasenpfoten- oder Balsabaum, Ochróma lagópus Sw., und dann vor allem der ursprünglich im tropischen Amerika beheimatete, heute aber auch in Südasien (besonders auf Java) sowie im tropischen Afrika und auf Neuguinea kultivierte, bis über 50 m hohe, sehr schnellwüchsige „Kapokbaum", silk cotton tree, fromager der Franzosen, Ceíba pentándra Gaertn. (= Eriodéndron anfractuosum DC.), enthalten in den Früchten weiche, seidenartige Wollhaare, die aber wegen ihrer Sprödigkeit, ihrer geringen Dauerhaftigkeit und geringen Stapellänge nicht versponnen werden können. Die Hauptverwendung von Kapok (in Brasilien paina limpa geheissen) beruht in der Benützung als Polster- und Füllmaterial (Pflanzendaunen) für kühlende Kissen, für Schwimmgürtel, zum Füllen von Matratzen, als Papiermaterial usw. — Als Obstbaum verdient der vielfach gefeierte, aber auch gelästerte Durianbaum oder Indische Zibetbaum (Dúrio zibethinus L.) aus dem Malayischen Archipel Beachtung. Die fleischigen, nach faulen Zwiebeln und altem Käse riechenden Bestandteile der kopfgrossen, gelbbraunen, dicht stacheligen, melonenähnlichen Früchte werden von den Eingeborenen leidenschaftlich gern gegessen, zumal sie ihnen als Aphrodisiacum gelten, während sich die Europäer nur schwer an den Geschmack gewöhnen. Wegen des durchdringenden Geruches ist der Genuss dieser Frucht in besseren Hotels nicht gestattet. Zibetkatzen können mit Hilfe der Früchte gefangen werden.

Die letzte Familie, die Sterculiáceae, umfasst Holzpflanzen (darunter auch einzelne kletternde Lianen) und krautartige Gewächse mit zuweilen ± zygomorphen Blüten und in der Regel einfachen, doch auch gelappten und gefingerten Laubblättern mit einer oft sehr dichten Sternhaarbekleidung. Ein Aussenkelch ist gewöhnlich nicht ausgebildet. Alle Staubblätter sind ± zu einem röhrenförmigen Bündel verwachsen; die des äussern („episepalen") Kreises fehlen oder sind staminodial (zuweilen auch petaloid) ausgebildet, die des inneren Kreises besitzen stets dithezische, extrorse Antheren. Zuweilen ist der Fruchtknoten nebst den Staubblättern über den Blütenboden durch einen stielartigen Fortsatz (Androgynophor) emporgehoben. Die trockene, hie und da holzige Frucht ist beeren= oder kapselartig oder zerfällt in Teilfrüchte (Kokken). Die Familie ist mit etwa 53 Gattungen mit 660 Arten ausschliesslich auf die wärmeren Gebiete und zwar meist einer Hemisphäre beschränkt; immerhin sind einzelne artenreiche Gattungen wie Stercúlia, Buettnéria, Helícteres, Hermánnia und Waltéria beiden Erdhälften gemeinsam. Von grosser wirtschaftlicher Bedeutung ist der echte Kakaobaum (Theobróma[1]) Cacáo[2]) L.), ein im wilden Zustande 4 bis 6, selten bis 13 m hoher Baum, mit unregel=

Fig. 1990. Theobroma Cacao L. *a* Blühender Zweig. *b* Blüte. *c* Diese im Längsschnitt. *d* Staubblatt. *e* Staubblattröhre. *g* Quer- und Längsschnitt durch den Fruchtknoten. *h* Geöffnete Frucht. *i* Querschnitt durch die junge Frucht. *k* Samen. *l* bis *n* Samen durchschnitten mit den gefalteten Keimblättern. *o* Epidermis der Keimblätter mit den „Mitscherlich"schen Körperchen (Fig. *f* und *g* nach Berg und Schmidt, *o* nach Prantl-Pax).

mässigem, etwas knorrigem Stamm, breiter Krone, dunkelgrünen, in der Jugend rötlichen, ziemlich grossen, ledrigen, länglich=eiförmigen Laubblättern und kleinen, rötlichen, zu Büscheln auf dem Stamme und an den dickeren Zweigen auf sog. „Blütenkissen" sitzenden (Cauliflorie oder Stammbürtigkeit) Blüten. Kelchblätter 5, schmal. Kronblätter kappenförmig, gestielt, mit fahnenartiger Spreite. Staubblattröhre kurz, mit 5 fruchtbaren Staubblättern und 5 pfriemenförmigen Staminodien. Frucht eine Beere, gross, 15 bis 25 cm lang und 10 cm dick, länglich oder verkehrt=eilänglich, dickschalig, gelb oder rötlich, gefurcht, zuweilen höckerig, gurken= ähnlich. Samen 20 bis 50 (70), in Reihen angeordnet, in ein süss=säuerliches, rosafarbenes Fruchtmus eingebettet, ± flachgedrückt, nährgewebelos, mandelförmig, rötlichbraun („Kakaobohnen"), unter einer dünnen, brüchigen, gelb= oder rotbraunen Samenhaut zwei dicke, fleischige, dunkelbraune bis dunkel= violette, stark ineinandergefaltete, leicht in eckige Stücke zerfallende Keimblätter („nibs") aufweisend. Der Rest des Nährgewebes (Perisperm) überzieht die Falten in Form eines dünnen Häutchens (Fig. 1990 *o*) und zeigt

[1]) Von θεός [theós] = Gott und βρῶμα [bróma] = Speise; also „Götterspeise".
[2]) Der Baum hiess bei den Mexikanern Cacaua Quahuitl.

eigenartig gekrümmte, wurmartige, quergestreifte Haarbildungen (Mitscherlich'sche Körperchen). Die sehr nahrhaften Kakaobohnen (sémina Cacao, fábae Mexicánae) enthalten durchschnittlich 1,49% Theobromin oder Dimethylxanthin = $C_7H_8N_4O_2$ (wie das nahe verwandte, in geringen Mengen ebenfalls vorhandene Koffeïn oder Trimethylxanthin ein Methylderivat), 45 bis 56% eines bei 30 bis 33 (35)° schmelzenden Fettes, 14 bis 15% Eiweissstoffe, 8 bis 11,72% Stärke, 5 bis 7% Wasser, 6,7% Gerbstoff, 2% Cacaorot, ferner Asparagin, Cholin, Wein- und Apfelsäure. Entölter Kakao wie Schokoladen (Cacáo tabuláta) sind deshalb nicht nur als Genussmittel, sondern als vollwertiges Nahrungsmittel zu betrachten. Beide werden auch in Mischungen mit Arzneien als Geschmackskorrigens oder als Stärkungsmittel (mit Rhabarber, Chinin, Ipecacuanha, Santonin, Isländische Moos [Moos-Schokolade], Kalomel, Magnesia) verwendet. Der Baum, der wild nur im tropischen Mittel- und Südamerika vorkommt, wird heute fast überall in den Tropen kultiviert; gut gedeiht er aber nur in den wärmsten Teilen der Tropen, etwa zwischen dem 13.° nördlich und 13.° südlich des Aequators. Die Kultur war bereits den alten Tolteken und Azteken bekannt, die den Kakao kalt oder warm als schäumendes Getränk, „chocolatl" (choco = Schaum und atl = Wasser) geheissen, genossen; die gerösteten, geschälten und zerstossenen Bohnen, die auch als Geld eine Rolle spielten, wurden mit gequollenem Mais oder Maniokmehl, auch mit Gewürzen, Spanischem Pfeffer, Orlean, Vanille, Honig oder mit duftenden Blumen versetzt. Im Jahre 1526 kam die erste Kunde vom Kakao durch Ferdinand Cortez nach Spanien; im 17. Jahrhundert breitete sich der Genuss — wenn auch nicht immer ohne Widerstand — in Italien und in Frankreich aus. So musste sich Maria Theresia von Spanien, die Gemahlin Ludwig XIV., noch verstecken, um Schokolade zu trinken. In Deutschland wird der Kakao zum erstenmal im Jahre 1640 erwähnt und zwar im Inventar der Braunschweiger Ratsapotheke, dann 1656 in Hessen-Kassel, 1669 in Leipzig, 1682 in Zelle, 1694 in der Mark Brandenburg. Friedrich der Grosse verbot die Einfuhr von Schokolade und beauftragte den Chemiker Marggraf dafür ein Surrogat aus Lindenblüten herzustellen. Heute wird der raschwüchsige, eine gleichmässige Wärme (mindestens 22° C), Feuchtigkeit und Schatten (deshalb werden Bananen oder breitkronige Leguminosenbäume aus den Gattungen Erythrina, Inga, Albizzia, Caesalpinia als Schattenspender angepflanzt) verlangende Baum im grossen im tropischen Amerika kultiviert und zwar heute vornehmlich in Ekuador (dieses Land liefert mehr als ein Drittel der Weltproduktion), dann in Venezuela („Caracas-Kakao"), Bolivien, Peru, Brasilien, Kolumbien, Surinam, Westindien (Trinidad, Grenada, San Domingo), ausserdem seit einigen Jahrzehnten in Westafrika (San Thomé, Fernando Pó, Goldküste, Liberia, Gabun, Kamerun, Kongo), auf Ceylon und Java. Von den zahlreichen Sorten, die sich in der Ausbildung der Früchte und Samen unterscheiden, mögen genannt sein: der sogen. Kriollokakao (der das feinste Produkt liefert) im westlichen Venezuela und Zentralamerika, die Forastero-Sorten mit Trinitario, Carupano, Cundeamor, die Amelonado- und Calabacillo-Sorten mit Arriba, Balao, Machala (Guayaquil). Die mit Messern abgeschnittenen Früchte werden geöffnet und dann in Körben oder Gefässen in die Gärhäuser gebracht, wo sie einen doppelten Prozess, eine Gärung (das „Rotten" oder „Schwitzen") unter Mitwirkung von Enzymen (hydrolytische Oxydation) und Saccharomyceten und eine Trocknung (an der Sonne oder durch künstliche Erwärmung in Trockenhäusern) durchmachen müssen, was eine sehr umständliche Behandlung erfordert. Durch die Gärung schwindet der den frischen Bohnen eigene bittere Geschmack, während sich gleichzeitig das angenehme Aroma einstellt. „Ungerotteter" Kakao wird direkt getrocknet und schmeckt bitter. In den Kakao- und Schokoladefabriken werden die Bohnen geröstet, von den Schalen befreit, gemahlen, worauf dann ein Teil des Fettes (für Kakaopräparate bis auf 30%) abgepresst („entölter Kakao") wird. Zur Herstellung von Schokolade soll das Fett nicht entfernt werden. Der fetthaltigen Kakaomasse werden hierauf durch Walzwerke Zucker, Milch und Gewürze (besonders Vanille oder das künstlich hergestellte Vanillin, seltener auch Zimmt, Gewürznelken, Cardamomen oder Perubalsam) beigegeben, worauf die in Blechformen gebrachte Masse in Kellern oder Kühlapparaten (auf 12,5°) abgekühlt wird. Hiebei erstarrt das Fett kleinkristallinisch. Neuerdings nimmt der Verbrauch von reinem, entfettetem Kakao ohne Zusatz von Zucker usw. immer mehr zu. Um den letzteren angeblich leichter verdaulich zu machen, wird er durch Kaliumkarbonat, durch leicht flüchtige Ammoniumsalze oder Wasserdampf „aufgeschlossen". Billigere Sorten von Schokolade werden gelegentlich mit Mehl, mit Pulver von gerösteten Eicheln, Kastanien, Erdnüssen, Cichorien, ja sogar mit Gips vermengt. Die in den Kakaofabriken massenhaft abfallenden Schalen, die ebenfalls Theobromin enthalten, gelangen als „Kakaotee" oder „Kakao-Kaffee" in den Handel. Die erste Schokoladefabrik wurde in Deutschland 1756 von dem Fürsten Wilhelm von Lippe in Steinhude errichtet. Bekanntere Unternehmen sind heute Sarotti-Berlin, Stollwerck-Köln, Hartwich & Vogel-Dresden, Reichardt-Hamburg-Wandsbeck, Rüger-(Hansi-)Dresden, Most-Halle, Fassbender-Berlin, Alpursa-Biessenhofen (Bayern), Petzold & Aulhorn-Dresden, Moser-Roth-Stuttgart, Riquet-Leipzig, Waldbaur-Stuttgart, Cenovis-München, Karnatzski-Wernigerode, Kant-Wittenberg, dann Milka, Velma, Hildebrand, Nimrod, Holdie, Balda, Elldee, Weinberg, Brinkmann, Ritter, Badenia, Wernick, Jentzsch, Mauxion, Wadoka, Eszet, Teel, Spanetti, Frankonia, Frankenland, Hoffmann, Lobeck, Subtzik, Colima, Portola, Puberno, Heller-Wien, Van Houtten, Bensdorf-Amsterdam usw. In der Schweiz sind zu nennen: Tobler-Bern, Lindt- & Sprüngli-Zürich-Bern, Grison-Chur Frey-Aarau, Villars-Freiburg, Klaus-Locle, Suchard-Neuenburg (Filiale in Varese), Maestrani-St. Gallen, Peter, Cailler,

Kohler=La Tour de Pertz, Croisier=Genf. Das aus den enthülsten, geriebenen und stark gepressten Kakaobohnen als Nebenprodukt gewonnene und gereinigte fette Oel bildet eine talgartige Masse, die Kakaobutter (Óleum Cácao, Butýrum Cacao) oder richtiger Kakaoöl, eine bei 15° brüchig=, spröde, zuerst schwach bräunliche, später blassgelbe, nicht leicht ranzig werdende Substanz von feinem, angenehmem, an Kakao erinnerndem Geruche und mildem Geschmack. Sie enthält 59,7% feste Fettsäure und zwar Stearinsäure (39 bis 40%), Palmitin= und Arachinsäure (letztere zum Teil als Triglyceride), flüssige Oelsäure und noch 6,3% andere flüssige Fettsäuren (darunter Linolsäure), gemischte Ester (Oleopalmitostearin, Oleodipalmitin, Myristicopalmitoolein und Oleostearin), eine Lipase, wohl auch Stigmasterin und Sitosterin, vielleicht auch etwas Cholesterin und neben einem Kohlenwasserstoff ($C_{30}H_{48}$) ein hyazinthartig riechendes Oel. Das offizinelle Oel (Pharm. Germ., Austr., Helv.) wird zu Pillen, Salben, Einreibungen, Ceraten, Suppositorien (Stuhlzäpfchen), Vaginalkugeln, Urethralstäbchen, Lippenpomaden und Augensalben (es schmilzt bei Körpertemperatur), zum Einfetten von Patronen, zur Herstellung von Pralines und bessern Seifen verwendet. In der Medizin gilt das Theobromin als essigsaures (Agurin) oder als salicylsaures=Natrium=Theobromin (Diuretin) als gutes Diureticum, das seine besten Wirkungen bei allgemeinem Hydrops (Wassersucht), insbesondere im Gefolge von Herzkrank=heiten entfaltet, ebenso bei Oedemen. — Von anderen Arten der Gattung werden in Amerika noch Theobroma pentágonum (liefert den Lagarto= oder Alligator=Kakao), Th. bicolor Humb. et Bonpl. (Cacao blanco), Th. angustifólium Moç. et Sess. (Cacao mico) und Th. Balaénsis (Cacao del monte) angebaut, die aber alle keine grössere Bedeutung haben.

Mit den Kakaobohnen haben die Kola=, auch Guru= oder Ombenen=Nüsse der westafrikanischen, baumartigen Cóla véra K. Schum. (= C. nítida) und C. acumináta R. Br. eine gewisse Aehnlichkeit, zumal sie wie diese keine reinen Genussmittel, sondern Reiz= und Nährmittel zugleich darstellen. Die nicht sehr auffälligen, eingeschlechtigen, einhäusigen Blüten entspringen häufig am alten Holz und entwickeln eine sternförmige, in Teilfrüchte (Balgkapseln) zerfallende, lederartige, 8 bis 16 cm lange, 4= bis 5=fächerige Frucht, in deren Fächern je 3 bis 5, in das Fruchtfleisch eingebettete, etwa 4,5 cm lange und 3 cm breite, rot= oder weissgefärbte Samen (Fig. 1991 m) mit dicken, gespaltenen oder ungespaltenen Kotyledonen liegen. Die Nüsse enthalten 2,35 bis 2,71 % Coffeïn, 0,023 % Theobromin, Colarot, 3,25 % Zucker, 33,75 % Stärke, 29,83 % Cellulose, 12,22 % Wasser (in frischen Nüssen bis 60 %), 6,7 bis 8,6 % Eiweissstoffe, 0,58 % Fett, 3,04 % Gummi, 1,62 % Gerbstoff (Colatannin) sowie ein fettspaltendes Enzym (Colalipase). Der Gehalt an Coffeïn ist also ausserordentlich gross (grösser als beim Kaffee); ihm und dem Theobromin werden auch die das Hunger= und Durstgefühl vertreibenden Eigenschaften, sowie die Fähigkeit des Ertragens von grossen Strapazen zugeschrieben. Bei den Eingeborenen (namentlich bei den Sudanvölkern), welche die frischen Nüsse kauen, werden diese als Nahrungs=, Genuss= und Heilmittel sehr hoch geschätzt. Immerhin werden sie erst in der Mitte des 16. Jahrhunderts von Leo Africanus und zwar als „Goro" erwähnt. In neuerer Zeit wird der Baum in Afrika als Nebenkultur angepflanzt. Versuche, die Kolanuss in Europa zu verwerten, hatten bisher keinen nennenswerten Erfolg. Im allgemeinen gelangen nur getrocknete Kolanüsse (Fig. 1991 l) nach Europa, die einerseits zu Pastillen, Extrakten, Tabletten, Biskuits und Bonbons verarbeitet werden, anderseits Weinen (vínum cólae), Likören, Kakao usw. zugesetzt werden. Als sémen Cólae (Pharm. Austr., Helv.) werden sie als anregendes Mittel, als Tonicum, Analepticum, Diureticum, gegen Migräne, Neuralgie, hysterische Zustände, chronische Diarrhoe angewendet. — Glossostémon Bruguéri Desf. liefert die echte „Revalenta Arabica", ein aus den Wurzelknollen stammendes, leicht verdauliches Mehl. — Mansónia Gagéi in Birma liefert das wohlriechende, in der Heimat sehr geschätzte Kalanutholz, Triplochíton útile von der Goldküste eine Art Mahagoni, Stercúlia tragacántha Lindl. und S. tomentósa Guill. et Perr. aus dem tropischen Afrika afrikanisches Traganthgummi. — Heritiéra litorális Dryand., ausgezeichnet durch starke, bajonettartig aus dem Sand oder Schlamm hervorstehende, grosse Atemwurzeln, ist ein von Ostafrika bis Ozeanien verbreiteter Strandbaum, dessen Früchte durch Meeresströmungen (Driftfrucht) weithin verfrachtet werden. — Als Zierpflanzen werden in Kalthäusern gelegentlich einzelne Arten der Gattung Hermánnia (vor allem aus dem Cap) sowie Thomásia quercifólia Gay aus Westaustralien mit prächtig rotgefärbtem Kelch kultiviert.

Die Reihe der Parietáles[1]) zeichnet sich durch einen in der Regel aus 3 Fruchtblättern gebildeten synkarpen, ober= oder unterständigen Fruchtknoten mit parietalen und zwar laminalen Plazenten aus; seltener sind freie Fruchtblätter oder Plazenten, die in der Mitte zusammentreffen; schliesslich gibt es auch grundständige Samenanlagen. Neben durchwegs zyklisch angeordneten, meist strahlig gebauten Blüten sind auch solche mit teilweise spiraliger (spirozyklischer) Anordnung innerhalb einzelner Kreise vorhanden. Diese sind meist 5=zählig, hypo= bis peri= oder epigyn, zuweilen mit sympetalem Kronblattkreis, mit zahlreichen Staubblättern und einem 1= bis mehrfächerigen Fruchtknoten. Die Samen bezw. Keimblätter enthalten gewöhnlich fett= und eiweiss=, oft auch stärkehaltiges Nährgewebe. Die sehr formenreiche Reihe ist nicht einheitlich, sondern

---

[1]) Von lat. páries = Wand; nach der Anordnung der Samenanlagen.

polyphyletisch und hat zu den Ranales, Rhoeadales, Malvales, je selbst zu den Cucurbitales (besonders die Familien der Passifloraceae und Achariaceae), Euphorbiaceae usw. unleugbare genetische Beziehungen (vgl. Fig. 1608 pag. 1643). Sie umfasst 28 Familien, die sich auf die folgenden 11 Unterreihen (die Unterreihe der Theïneae wird auch als besondere Reihe der Guttiferáles aufgefasst) verteilen. 1. Unterreihe. Theíneae. Gynaeceum frei, auf konvexer oder flacher Achse. Nährgewebe der Samen Oel und Proteinkörner enthaltend. Hieher die Familien der Dilleniáceae, Eucryphiáceae (mit der einzigen antarktischen Gattung Eucrýphia), Ochnáceae (pag. 494), Caryocaráceae (oder Rhizoboláceae), Marcgraviáceae, Quiináceae (die beiden Gattungen Quiina und Touroúlia mit 19 Holzgewächsen sind auf das tropische Amerika beschränkt), Theáceae oder Ternstroemiáceae (pag. 494), Guttiférae (pag. 498) oder Hypericaceae (mit den Unterfamilien der Kielmeyeroideae, Hypericoideae, Endodesmioideae, Calophylloideae und Clusioideae [vielfach Baumwürger]) und Dipterocarpáceae (pag. 533).

2. Unterreihe. Tamaricíneae. Gynaeceum frei, auf flacher Achse. Nährgewebe stärkehaltig oder fehlend. Kronblätter frei. Staubblätter in Quirlen oder (wenn zahlreich) in Bündeln. Hieher die Familien der Elatináceae (pag. 535), Frankeniáceae (pag. 543) und Tamaricáceae (pag. 544).

3. Unterreihe. Fouquieríneae. Gynaeceum frei, auf flacher Achse. Nährgewebe ölhaltig. Kronblätter vereinigt. Diese früher zu den Tamaricaceen gestellte Familie hat Aehnlichkeiten mit den Polemoniaceen. Sie umfasst 2 auf die trockenen Gebiete von Südkalifornien und Nordamerika beschränkte Gattungen (Fouquiéra und Idria) mit z. T. auffallend bauchig verdickten Stämmen. Fouquíera spléndens Engelm., der Ocotillastrauch oder Coach-whip der Yankees, ein 7 m hoher Strauch mit peitschenartigen Zweigen und prächtig ziegelroten Blüten, eignet sich zur Bildung von Hecken; die Rinde enthält Gummi, Wachs (Ocotillawachs), Glykoside, sowie einen roten Farbstoff und wird in Nordamerika medizinisch verwendet.

4. Unterreihe. Cistíneae. Gynaeceum frei, auf flacher oder konvexer Achse. Nährgewebe stärkehaltig. Kronblätter frei. Staubblätter zahlreich, nicht in Bündeln. Hieher die beiden Familien der Cistáceae (pag. 552) und Bixáceae.

5. Unterreihe. Cochlospermíneae. Wie vorige, aber Nährgewebe der nierenförmigen Samen ölhaltig. Hierher die Familie der Cochlospermáceae mit den Gattungen Sphaerosépalum (2 Arten auf Madagaskar), Amoreúxia (3 Arten in Mittelamerika) und Cochlospérmum oder Maximilianéa bezw. Wittelsbáchia (13 Arten in den gesamten Tropen). Es sind Sträucher, kleine Bäume oder Halbsträucher mit meist handförmig gelappten oder gefingerten Laubblättern, zuweilen knollig verdickten Stämmen und sehr häufig behaarten Samen. Die Samenhaare von mehreren Arten dienen als Ersatz von Kapok.

6. Unterreihe. Flacourtineae. Gynaeceum frei, auf dem konvexen Blütenboden oder in röhriger Achse, selten seitlich angewachsen. Nährgewebe reichlich Oel und Eiweiss enthaltend. Hieher die Familien der Canelláceae (= Winteranáceae), Violáceae, Flacourtiáceae, Stachyuráceae (die Gattung Stachyúrus mit 5 holzigen Arten in Süd- und Ostasien. In Europa St. Yunnanénsis Franch. et St. praécox Sieb. et Zucc. selten kultiviert), Turneráceae, Malesherbiáceae (Maleshérbia mit 30 stark behaarten Kräutern oder Halbsträuchern im westlichen Südamerika), Passifloráceae und Achariáceae (mit den 3 Gattungen Achária, Guthriéa und Ceratosícyos in Südafrika mit sympetalen Kronblättern).

7. Unterreihe. Papayíneae. Aehnlich der vorigen Unterreihe, aber in allen Teilen mit gegliederten Milchsaftschläuchen. Hieher die Familie der Caricáceae (= Papayáceae).

8. Unterreihe. Loasíneae. Fruchtknoten unterständig, mit der Blütenachse und dem Kelch verschmolzen. Samen meist Oel und Protein enthaltend. Hieher die Familie der Loasáceae.

9. Unterreihe. Datiscíneae. Fruchtknoten unterständig. Nährgewebe spärlich. Embryo Oel und Proteïnstoffe enthaltend. Blüten stark reduziert, windblütig, in Trauben. Hieher die Familie der Datiscáceae.

10. Unterreihe. Begoniíneae. Wie vorige, aber Nährgewebe fehlend. Blüten eingeschlechtig, in Wickeln oder Dichasien. Hieher die Familie der Begoniáceae.

11. Unterreihe. Ancistrocladíneae. Fruchtknoten unterständig, 1-fächerig, mit 1 grundständigen Samenanlage. Nährgewebe zerklüftet, stärkehaltig. Hieher (Stellung zwar unsicher) die Familie der Ancistrocladáceae mit der aus kletternden Lianen bestehenden Gattung Ancistrocládus (8 Arten), in Westafrika und im tropischen Asien.

Die Dilleniáceae[1]) umfassen 14 Gattungen mit rund 300 Arten, in der Hauptsache Holzgewächse (nicht selten Lianen mit konzentrisch gebautem Holzkörper) mit abwechselnden, fast immer einfachen, oft behaarten und rauhen, viel Kieselsäure enthaltenden, meist ledrigen und ungezähnten Laubblättern (Nebenblätter fehlen in der Regel) und häufig sehr ansehnlichen, meist gelben oder weissen (seltener rötlichen), einzeln stehenden oder zu Büscheln und Trugdolden angeordneten, strahligen oder zygomorphen Blüten. Kelchblätter 3 bis 5 oder zahlreich, nach dem Verblühen oft vergrössert. Kronblätter in der Regel 5, hinfällig. Staubblätter 10 bis viele, oft ± gebüschelt, manchmal z. T. staminodial. Fruchtknoten 1 bis viele, frei oder miteinander

---

[1]) Benannt nach Johann Jakob Dillenius, geb. 1687 zu Darmstadt, gest. 1747 als Professor der Botanik in Oxford.

verwachsen; Griffel fast immer frei. Frucht gewöhnlich eine trockenhäutige, seltener eine holzige Kapsel, seltener eine Beere. Samen wenig zahlreich, zuweilen mit geschlitztem Arillus. Die Familie ist im wesentlichen auf die warme Zone der Alten und Neuen Welt beschränkt; nur wenige Arten reichen in Australien (hier stark vertreten), in Mittelchina und in Osttibet bis in die gemässigte Zone. Einige Arten liefern brauchbare Hölzer oder Gerbrinden; Dillénia Indica L. (= D. speciósa Thunb.) besitzt apfelgrosse, stark säuerlich schmeckende Scheinbeeren (Kelch wird fleischig), die wie Zitronen zu Limonaden verwendet werden. Diese Art, sowie Sauraúja gigantéa DC., Hibbértia dentáta R. Br., H. volúbilis (Vent.) André (= H. scándens [Willd.] Gilg) und H. (Candóllea) cuneifórmis (Labill.) Gilg werden gelegentlich in Gewächshäusern angetroffen, während verschiedene laubabwerfende Arten der Gattung Actinídia aus dem östlichen Asien (vom Himalaya [hier bis 3000 m aufsteigend] und von Cochinchina bis zum Amurgebiet verbreitet) mit dünnhäutigen, ganzrandigen oder gezähnten Laubblättern, meist weissen Blüten und vielfächerigen Beeren ab und zu als Schlingpflanzen oder Kletterstraücher im Freien gehalten werden, so A. callósa Lindl. vom Himalaya, A. Kolomíkta (Rupr.) Maxim. aus der Mandschurei, A. polygáma (Sieb. et Zucc.) Planch. aus Japan und der Mandschurei, A. argúta Miq., A. Chinénsis Planch., A. rubricaúlis Dunn. Viele Arten der Gattungen Tetracéra und Curatélla sind „Wasserlianen", deren Stämmen man durch Einschneiden trinkbares Wasser entnehmen kann. Die Laubblätter mancher Arten (besonders von Curatélla Americána L.) werden ihrer rauhen Oberfläche wegen als Glas- oder Schmirgelpapier benützt.

Zu den Ochnáceae [1]) gehören 18 Gattungen mit 200 Arten, die fast ganz auf die Tropen beschränkt sind. Es sind fast ausschliesslich Holzgewächse (aber keine Lianen) mit wechselständigen, meist lederartigen, kahlen, häufig ganzrandigen Laubblättern (Nebenblätter stets vorhanden) und oft sehr ansehnlichen, meist gelben, zu Rispen oder Trauben angeordneten, gewöhnlich strahligen Blüten. Fruchtblätter 2 bis 5 (15), frei oder verwachsen, aber mit gemeinsamem Griffel. Frucht steinfrucht- oder beerenartig oder eine 1- bis vielsamige Kapsel, im ersteren Falle die einsamigen Steinfrüchte der stark anschwellenden und fleischig werdenden Blütenachse aufsitzend. Samen ohne Arillus, zuweilen geflügelt. Verschiedene Arten liefern ein brauchbares Holz (Oldfiéldia Africana, Ochna- und Ouratéa-Arten), andere gerbstoffreiche Rinden oder besitzen ölhaltige Samen (Lophíra aláta Banks, der Bongosibaum, in Zentral- und Westafrika liefert Méni-Oel). In Gewächshäusern wird gelegentlich Óchna atropúrpurea DC. vom Kap mit farbigem Blütenpolster angetroffen. — Die kleine Familie der Caryocaráceae oder Rhizóboleae mit den beiden Gattungen Caryocar L. (= Pékea Aubl., = Rhizóbolus Gaertn.) und Anthodíscus G. Mey. mit etwa 13 Arten ist auf das tropische Amerika beschränkt, wo ihre Arten zu den höchsten und dicksten Bäumen gehören. Sie sind ausgezeichnet durch meist 3-teilige, gegenständige Laubblätter, zahlreiche feine und sehr lange Staubblätter und eigenartig gebaute Steinfrüchte; der Keimling zeigt ein stark ausgebildetes Stämmchen. Die fettreichen, nach Mandeln schmeckenden Samenkerne von verschiedenen Caryocar-Arten kommen gelegentlich als Butter-, Pekea- oder Suari-Nüsse aus Brasilien in den europäischen Handel. Andere mit butterartiger Mittelschicht der Fruchtwand liefern Pekafett.

Die sehr eigenartigen Vertreter der Marcgraviáceae sind kletternde oder epiphytische Sträucher, teilweise mit ausgesprochenem Dimorphismus der Sprosse (sterile Schattensprosse mit zweireihig angeordneten, flach ausgebreiteten, der Unterlage mittels Klammerwurzeln angehefteten Laubblättern und in Blütenstände endende Lichtsprosse mit viel grösseren, gestielten, spiralig stehenden, meist gespitzten, lorbeerartigen Laubblättern). Die strahligen Blüten besitzen eigenartige, gefärbte, kugelige, schlauch- oder spornförmige Tragblätter, womit sie den besuchenden Insekten und Vögeln Nektar darbieten. Sämtliche 50 Arten der 5 Gattungen (Marcgrávia, Norántea, Souróubea, Ruýschia und Caracásia) sind auf das tropische Amerika beschränkt. Neuerdings hat H. Melchior bei der Familie Inulin und zwar als Assimilationsprodukt nachgewiesen. In Botanischen Gärten werden in Warmhäusern gelegentlich getroffen: Marcgrávia pícta Willd., M. umbelláta L., sowie Norántea Guyanénsis Aubl.

Die Theáceae [2]), auch Ternstroemiáceae [3]) oder Camelliáceae [4]) geheissen, umfassen etwa 200 Holzpflanzen mit einfachen, wechselständigen, häufig immergrünen, lederartigen Laubblättern, die sich auf 18 Gattungen der Tropen und Subtropen verteilen. Viele davon sind Unterhölzer der tropischen Gebirgswälder; nur wenige Arten dringen in Ostasien und Nordamerika (Arten von Stewártia, Gordónia und Théa) auch in die gemässigte Zone vor. Anatomisch sind die Theaceae durch das Vorkommen von stark verdickten, getüpfelten Steinzellen

---

[1]) Von griech. ὄχνη [óchne] oder ἀχράς [achrás] = wilder Birnbaum; die Blätter einzelner Arten sollen jenen dieses Baumes gleichen.

[2]) Nach dem chinesischen Namen theäh, tschäh oder tai.

[3]) Der Schwede Ternstroem († 1745) beabsichtigte China zu erforschen.

[4]) Benannt nach Georg Jos. Kamell (Camellius), Apotheker der mährischen Brüder-Mission auf Manila, der die Camellie 1738 aus Japan nach Europa (angeblich dem Lord Petre in London) brachte.

(Sclereiden oder Idioblasten) im Mesophyll der Laubblätter (Fig. 1991 k) und im Stamme gekennzeichnet. Als Genussmittel hat der Teestrauch die grösste Bedeutung. Er gehört zur Sektion Euthéa Szysz. mit gestielten, nickenden Blüten und nicht abfallenden Kelchzipfeln. Als Stammpflanze des Grün- und Schwarztees kommen zwei Hauptarten (Théa Sinénsis L. und Thea Assámica Masters) in Betracht (letztere, oft nur als Unterart von Thea Sinensis aufgefasste Pflanze, hat bedeutend grössere und an der Spitze deutlich ausgezogene Laubblätter), sowie zahlreiche Kreuzungen zwischen den beiden. Die Assam-Hybriden bilden heute die Grundlage vieler Kulturen. Beide Arten sind in der Kultur reich verzweigte, 1 bis 3 m hohe Sträucher (in wildem Zustande mehr baumartig) mit dunklen, immergrünen, kurz gestielten, länglich-lanzettlichen oder lang-eiförmigen, am Rande grobgesägten, deutlich netzaderigen, in der Jugend seidig-flaumigen Laubblättern und mit einzeln, zu 2 oder 3 in den Blattachseln stehenden, kurzgestielten, weissen oder schwach rosaroten, zirka 3 cm breiten Blüten von jasminartigem Duft. Die 5 bis 6 Kronblätter fallen beim Verblühen nicht ab; die zahlreichen Staubblätter sind am Grunde (wenigstens die äusseren) miteinander verwachsen. Die Frucht ist eine 3-fächerige, grünlichbraune, holzige Kapsel (Fig. 1191 e) mit 3 grossen, runden, braunen, ölreichen, nährgewebelosen Samen. Die über der Erde sich entfaltenden Keimblätter sind dick (Fig. 1991 i), halbkugelig. Die Heimat des Teestrauchs liegt im

Fig. 1991. Thea Sinensis L. *a* Blühender Zweig. *b* Laubblatt. *c* Blüte im Längsschnitt. *d* Zweig mit Frucht. *e* Aufgesprungene Kapsel. *f* Samen. *g* Zweig von Thea Assamica Masters. *h* Laubblatt. *i* Keimling. *k* Querschnitt durch das Laubblatt mit Idioblasten (nach Moeller). — Cola vera K. Schum. *l* Getrocknete Frucht (¹/₂ natürl. Grösse). *m* Samen.

südlichen Asien, in Assam, im nördlichen Hinterindien (Ober-Birma und Schanstaaten), sowie in Südchina. Bis ins 19. Jahrhundert blieb die Kultur auf China und Japan (dort angeblich 1191 aus China eingeführt) beschränkt; 1841 wurde der Teestrauch auf Ceylon (bis 2500 m), 1826 durch Siebold auf Java eingeführt; 1885 in Batum am Schwarzen Meere, 1810 versuchsweise in Brasilien (in den Staaten Rio de Janeiro und Sao Paulo), ebenso in Mexiko, 1828 in Kalifornien, Süd-Carolina und Texas, Jamaika, 1859 in Australien, auf den Azoren, Philippinen, Borneo, in Tonkin, bei Singapore, Penang, auf St. Helena. Versuche zeigten, dass er auch in Oberitalien (Pallanza, Isola Madre, Pavia) reife Früchte hervorbringen kann. Heute wird er im grossen in China (zwischen dem 22. und 36. Breitengrade), in Japan (nördlich bis zum 43.⁰), in Britisch-Ostindien (im Himalaya bis 2200 m Höhe), auf Ceylon, Java und Sumatra (Siantar bis 2400 m) gebaut; neueren Datums ist der Teebau in Natal, Transkaukasien (bis fast zum 42.° nördl. Breite), in Guatemala, Britisch-Nyassaland, auf Mauritius und den Fidji-Inseln. In China ist die anregende Wirkung (auch als Heilmittel) des Tees seit alten Zeiten bekannt; so wird er bereits 276 n. Chr. von Kuo P'o als t'u, ming und tschuan erwähnt. Europa erhielt die ersten zuverlässigen Nachrichten im 16. Jahrhundert. 1610 wurde der erste echte Tee nach Holland gebracht, 1643 wird er von dem Missionar Alv. Semedo, 1645 von dem Augsburger Martini beschrieben. 1667 findet man ihn als Herba Schak in der Apotheke der Stadt Nordhausen, 1662 in der Taxe von Liegnitz, 1664 in jener von Ulm, 1683 als Herba Cha in Dresden. Im Jahre 1638 kam er nach Russland, wo er sich sehr rasch allgemein beliebt machte. Der Teestrauch besitzt eine weitgehende Anpassungsfähigkeit; er kann sogar Temperaturen, die unter dem Gefrierpunkt liegen, ertragen. Im allgemeinen eignen sich mittlere Gebirgslagen am besten für die Kultur. Der Boden muss tiefgründig und sehr durchlässig sein; längere Trockenzeiten sind ihm schädlich. Die Anpflanzung erfolgt ausschliesslich durch Samen, worauf nach $1^1/_2$, 2 oder 3 Jahren mit dem Pflücken der Blätter begonnen wird. Die Verarbeitung des eingesammelten Laubes ist sehr verschiedenartig, wodurch man je nach der Art desselben den „Schwarzen" oder den „Grünen" Tee bekommt; den letzteren erhält man dadurch, dass das frische Laub kurze Zeit der Einwirkung heisser Wasserdämpfe (bis über 100°) ausgesetzt oder in eisernen Pfannen erhitzt, also gedämpft wird. Hiebei wird die beim Schwarztee durch die Einwirkung auf das Tannin die dunkle Farbe erzeugende „Oxydase" getötet, so dass die grüne Farbe erhalten bleibt. Grüner Tee stammt also nicht, wie man früher annahm, von einer besonderen Art (Thea viridis) ab. Für die Aufbereitung des Schwarzen Tees sind bei den Chinesen nicht weniger als 14 Operationen erforderlich, die in Indien auf 4 (Welken der Blätter, Drehen oder Rollen, Fermentieren, Rösten oder Trocknen) beschränkt sind. Der wichtigste und schwierigste Punkt ist das Fermentieren bei einer Temperatur von 35 bis 40° C, in der Hauptsache bedingt durch Fermente (Oxydase und Jaquemase). In China und auf Java wird vielfach das Aroma durch Zufügen von wohlriechenden Blüten, Früchten oder Wurzelstöcken korrigiert bezw. verbessert (Parfümierter Tee), so durch die Blüten von Olea fragrans, Ligusticum Sinense, Jasminum Sambac und S. paniculatum, Citrus-Arten, Gardenia floribunda, Thea (Camellia) Sassanqua, Chloranthus inconspicuus, Magnolia fuscata, Viburnum odoratissimum, Aglaia odorata, Tee-Rose, durch die Früchte vom Sternanis, die Wurzelstöcke von Iris florentina, Curcuma sowie durch das Oel von Bixa Orellana. Die Teeblätter enthalten folgende Bestandteile: 8,46 (bis 11,97)% Wasser, 24,13 (38,63)% Stickstoffsubstanz, 2,79 (1,09 bis 4,67)% Alkaloide, 8,24% ätherisches Extrakt, 12,35 (4,48 bis 25,20)% Gerbstoff, 30,28% stickstoffreie Extraktstoffe, 10,61% Rohfaser, etwas Oxalsäure, Cholin, 5,93% Asche, sowie das wasserlösliche Vitamin B (Wachstum-Vitamin). Für die Wirkung des Tees als Genuss- und Erregungsmittel kommen die verschiedenen Alkaloide, der Gerbstoff und die ätherischen Oele in Betracht. Von den ersteren, die sich fast ausschliesslich im Mesophyll der Blätter vorfinden und wohl beim Zerfall und Abbau der Proteinstoffe entstehen und Exkrete des Stoffwechsels darstellen, übertrifft an Menge das 1827 von Oudry im Teestrauch aufgefundene und mit dem Coffeïn identische Theïn oder Trimethylxanthin die übrigen verwandten Alkaloide (Harnsäure- oder Purinderivate) bei weitem, so das Xanthin oder Dioxypurin (1884 von Baginsky aufgefunden), das Theophyllin, Theobromin oder Dimethylxanthin (1888 durch Kossel festgestellt), das Adenin oder Aminopurin (1895 durch Krüger dargestellt) und das Monomethylxanthin (1903 von Albanese entdeckt). Wahrscheinlich kommen die Alkaloide wie bei zahlreichen alkaloidhaltigen Pflanzen ursprünglich als Tannate vor und werden erst beim Welken und Rollen in Freiheit gesetzt. Diesen Alkaloiden ist auch ausschliesslich die anregende und ermunternde Wirkung des Tees zugeschrieben, während das Aroma durch das ätherische Oel, als dessen Hauptbestandteile Methylalkohol, Methylsalicylat, Salicylsäure, Aceton und ein weiterer Alkohol ($C_6H_{12}O$) bekannt wurden, und den adstringierend wirkenden Gerbstoff (wohl glykosidischer Natur) bedingt wird. In den frischen, lebenden Blättern fehlt das ätherische Oel noch ganz; es entsteht offenbar erst beim Fermentationsprozess. Das Koffein wird medizinisch (zuweilen in Form von Doppelsalzen) am meisten bei Herzkrankheiten (als teilweises Ersatzmittel von Digitalis, Adonis und Convallaria) angewendet, dann als Diureticum, bei Migräne, zum Schwinden von Oedemen, bei schweren Alkoholvergiftungen (Teeaufguss dient heiss getrunken zur Steigerung der Körperwärme [als Excitans]), zur Linderung von Kopfschmerz, bei Uebelkeit, wegen des Gerbsäuregehaltes als Antidot bei Alkaloidvergiftungen, als Mittel zur Verstopfung, während seine psychische Wirkung sich in einer Beschleunigung des Bewusstseinsvorganges äussert und überhaupt auf geistige Arbeit von förderndem Einfluss ist.

Die Zahl der Ersatzstoffe des Tees, die in den Kriegsjahren wieder an Bedeutung gewonnen haben, ist eine sehr grosse (vgl. hierüber Hasterlik, A. Tee, Tee-Ersatzmittel und Paraguaytee in Wirtschaft und Wissenschaft. Leipzig, 1919). Bereits im 16. Jahrhundert wurden eine ganze Reihe von einheimischen und ausländischen Pflanzen — in erster Linie allerdings wie z. T. noch heute als Arzneimittel — zu Tee verwendet. Allen noch so sehr gepriesenen Surrogaten (z. Z. gegen 80) geht aber zufolge Mangels der Alkaloide jede anregende Wirkung ab. Für Mitteleuropa kommen die folgenden in Betracht und zwar werden Blätter, Blüten, Früchte, Samen, Wurzeln und Rinde benützt: Anthoxanthum odoratum (Kraut), Juglans regia (Blätter), Myrica Gale (in

Norddeutschland), Salix-Arten, Betula alba (Blätter), Quercus, Ulmus (im sog. „Warschauer-Tee"), Morus alba und M. nigra, Urtica urens (Blätter), Ranunculus-Arten, Paeonia officinalis, Anemone Hepatica, Aquilegia vulgaris, Clematis Vitalba, Papaver Rhoeas, Nasturtium officinale (wirkt blutreinigend), Cheiranthus Cheiri, Sedum maximum, Ribes nigrum und R. rubrum, Sorbus Aucuparia (Blätter), Crataegus oxyacantha, Brombeer-Arten (die jungen Blätter bilden den wichtigsten Ersatztee), Himbeere, Erdbeeren, Potentilla Tormentilla und P. Anserina, Agrimonia Eupatoria, Sanguisorba officinalis, Rosa-Arten (Kerne liefern den Hagebutten-Tee), Filipendula Ulmaria, Sieversia montana (Alpen), Geum rivale (Erdstock), Dryas octopetala (Alpen), Alchemilla alpina, Prunus spinosa P. Avium (Blätter und Fruchtstiele) und P. Cerasus, Onobrychis sativa, Melilotus officinalis (Blüten), Anthyllis Vulneraria, Glycyrrhiza glabra (im Harzer Gebirgstee), Trifolium-Arten (minderwertig), Ilex Aquifolium (Bd. V, pag. 243), Frangula Alnus (Rinde), Tilia-Arten (Blüten), Althaea officinalis (Wurzel), Malva-Arten (Blätter), Hypericum-Arten (zum Erzielen einer schön gelben Farbe des Aufgusses), Viola tricolor, Epilobium angustifolium (Blätter liefern den Koporka, Koprischen oder Kurilischen Tee, in Russland auch „Iwan Tschai" geheissen), Sanicula Europaea (Blätter), Coriandrum sativum, Foeniculum officinale, Carum Carvi und Pimpinella Anisum (Früchte als Beigabe wegen des Aromas), Pimpinella Saxifraga, Peucedanum Oreoselinum, Cornus mas, Pyrola-Arten (Blätter), Vaccinium Vitis Idaea, V. Oxycoccus und V. uliginosum, Rhododendron-Arten (Alpen), Calluna vulgaris (Blüten), Primula officinalis (besonders die Blüten), Menyanthes trifoliata, Chlora perfoliata (Schweiz), Gentiana-Arten, Erythraea Centaurium, Lysimachia Nummularia, Anagallis arvensis, Vinca minor, Fraxinus excelsior (Blätter im Warschauer-Tee), Borrago officinalis, Lithospermum officinale (Blätter liefern den sog. Böhmischen oder Kroatischen Tee), Pulmonaria officinalis, Lamium- und Menta-Arten, Lavandula spica (Blüten), Betonica officinalis (Blätter), Salvia

Fig. 1992. Thea (Camellia) Japonica Nois. *a* Zweig mit gefüllten Blüten und einer Blütenknospe (links oben).

officinalis, Melissa officinalis, Origanum vulgare, Thymus Serpyllum und Th. vulgaris, Calamintha Clinopodium, Monarda didyma, Dracocephalum Moldavica, Glechoma hederacea, Teucrium Chamaedrys, Scrophularia nodosa, Verbascum, Alectorolophus und Euphrasia-Arten, Veronica chamaedrys (entspricht der V. theezans im 17. Jahrhundert), V. officinalis und V. Beccabunga, Lycium barbarum, Pinguicula vulgaris, Plantago-Arten (Blätter), Asperula odorata (Kraut dient zur Erzielung eines angenehmen Aromas), Sambucus nigra (Blüten im sog. „Lebenstee"), Scabiosa-, Knautia- und Succisa-Arten (Blätter), Bellis perennis, Antennaria dioeca (mehr Füllmaterial), Achillea Millefolium und A. Clavenae, Tanacetum vulgare, Matricaria Chamomilla, Tussilago Farfara („Teeblümchen"), Carlina acaulis (Blätter), Centaurea Cyanus (Blütenköpfe), Buphthalmum salicifolium, Calendula officinalis, Cichorium Intybus (Kraut), Solidago Virga aurea, Arnica montana, Lappa-Arten, Artemisia vulgaris und A. Abrotanum, Hieracium Pilosella, Scolopendrium vulgare, Asplenium Ruta muraria, Equisetum arvense, Marchantia, Cetraria Islandica usw. Eines der ältesten Tee-Surrogate (in Deutschland bereits 1719 erwähnt) bildet das Kraut von Chenopodium ambrosioides L. aus dem tropischen Amerika (vgl. Bd. III, pag. 233).

Thea Japónica Nois. (Fig. 1922) (= Caméllia Japonica L., = Rósa Chinénsis Edw., = Taubákki montána Kaempfer) aus Japan (hier „Jabu tsubaki" geheissen) und China („Son-tsfa" = Tee der Berge"), ein bis 4 m hoher, kahler, immergrüner Strauch mit eirund-länglichen, ± lang zugespitzten, glänzenden, lederartigen, scharf gesägten Laubblättern und prachtvollen, grossen, aufrechten, ungestielten, geruchlosen Blüten, wird in vielen Formen mit einfachen und gefüllten, rein weissen bis dunkelroten, gestreiften oder gesprenkelten Kronblättern als Topfpflanze in Wohnräumen (im Süden auch als Freilandpflanze) kultiviert. Bei der Treibkultur blühen die Sträucher bereits vor Weihnachten, sonst im Frühjahr. Die Knospen haben den unangenehmen Nachteil, dass sie bei mangelhafter Pflege leicht abfallen. Aus den Samen, die 72 % Fett enthalten, wird ein Haar= und Uhrmacheröl gewonnen. Eine über 200 Jahre alte Camellie steht im Schlossgarten zu Pillnitz bei Dresden. Der Baum ist etwa 8 m hoch und hat einen Kronenumfang von 35 m; er dürfte also wohl der grösste in Europa sein. Eine eigene Heizanlage sorgt dafür, dass es dem Baum nicht zu kalt wird. Die älteste Camellie befindet sich (sie wurde 1760 gezogen) im Giardino Inglese zu Caserta bei Neapel. Grosse Kulturen befinden sich heute in Dresden, in Tremezzino am Comersee und in Holland. Norbert Cornelissen schrieb 1820 ein allegorisches Märchen „de fatis Camelliae Japonicae, lusus poëticus"; auch Alphonse Karr, sowie der jüngere Dumas (letzterer in seiner „Dame aux Camélias") verewigten die vielfach gefeierte Blume (siehe Strantz v., M. Die Blumen in Sage und Geschichte, Berlin 1875). Da die Samen schon nach wenigen Monaten ihre Keimfähigkeit einbüssen, erfolgt die Vermehrung in der Kultur durch Stecklinge oder durch Pfropfen. Dem Leipziger Georg Bauer, alias „George Agricola" und 1835 Verschaffelt in Gent gelang es als ersten die Pflanze durch Blattstecklinge zu vermehren. — Weitere ostasiatische Arten, vor allem Thea Sassánqua (Thunb.) Nois., T. drupífera (Lour.) Pierre usw. liefern technisch und für Speisen verwertbare Oele (Teesamenöl); die wohlriechenden weissen Blüten der ersteren Art werden zur Aromatisierung dem Chinesischen Tee beigemengt. Ausserdem werden gelegentlich in Wintergärten, in wärmeren Gegenden auch im Freien gehalten: Visnéa Mocanéra L. von den Kanaren, Eúrya Japónica Thunb. (Blüten zweihäusig) aus Japan, Stewártia Virgínica Cav. (= St. Malachodéndron L.) und St. pentagýna L'Hérit. aus dem südlichen Nordamerika, St. monadélpha Sieb. et Zucc. und St. Pseúdo=Caméllia Maxim. aus Japan, sowie Gordónia (Franklínia) Altamáha Sarg. und G. Lasiánthus L. aus Virginien und Mexiko.

83. Fam. Hypericáceae (= Guttíferae). Johanniskrautgewächse.

Zumeist Bäume oder Sträucher, seltener Halbsträucher und Kräuter mit Sekretbehältern in Zweigen, Laub= und Blütenblättern. Laubblätter gegenständig, selten wechselständig. Neben= blätter meist fehlend. Blüten zwitterig oder 1=geschlechtig, strahlig, meist zyklisch, an den Zweigen endständig, seltener einzeln, meist in zymösen Blütenständen. Blütenhülle in der Regel in Kelch und Krone geschieden. Kelchblätter meist 5 bis 6, in der Knospenlage gewöhn= lich dachig. Kronblätter in gleicher Zahl wie die Kelchblätter, in der Knospenlage gedreht, dachziegelig oder gekreuzt. Staubblätter 4 bis viele, frei oder meist zu Bündeln (Synandrien) verwachsen, hin und wieder am Grunde mit den Kronblättern verbunden, oft zum Teil zu Staminodien verkümmert; Staubbeutel verschieden gestaltet, zuweilen teilweise miteinander verschmolzen, mit Spalten oder Poren aufspringend. Fruchtblätter meist 3 bis 5, selten weniger oder mehr. Fruchtknoten 1=fächerig oder mit ebenso vielen Fächern als Fruchtblättern; Pla= zenta meist wand=, selten grund= oder scheidewandständig; Samenanlagen meist viele, um= gewendet. Griffel gleichviele wie Fruchtblätter, frei oder vereinigt; Narbe oft breit, konkav, ganzrandig oder gelappt. Frucht eine scheidewandspaltige, selten fachspaltige Kapsel, eine Steinfrucht oder Beere. Samen ohne Nährgewebe, mitunter mit Arillus; Keimblätter häufig sehr schwach entwickelt, bisweilen fehlend.

Die annähernd 820 zur Familie zählenden Arten verteilen sich auf etwa 43 Gattungen, die in 5 bis= weilen zu Familienrang erhobene Unterfamilien zusammengefasst werden. Die Familie ist durch den Besitz von Oellücken oder langen, durch Spaltung entstandenen (schizogenen) Oelgängen (Fig. 1995) in Rinde, Mark, Laubblättern, Kronblättern usw. gut gekennzeichnet. Der weitaus grösste Teil der Gattungen und Arten bewohnt die Tropen; nur die umfangreiche, mehr als 200 Arten umfassende Gattung Hypericum greift auch in die Subtropen und sehr stark in die gemässigten Zonen über. Ihre Siedelungsorte innerhalb der Wendekreise liegen vornehmlich in den Gebirgen, in den gemässigten Zonen jedoch in den Ebenen und Hügelländern. Sie auch besitzt unter ihren Lebensformen Halbsträucher und Stauden, die sonst der Familie in der Regel fehlen und durch Bäume und Hochsträucher, seltener Klettersträucher oder ausnahmsweise durch Epiphyten ersetzt sind. Die Laubblätter sind teils typische, tropische, grosse Glanzblätter, teils in den ariden Klimaten lederartig, nehmen bisweilen kleine, schmale bis nadelförmige, selbst schuppenförmig sich deckende Gestalt von xero= morphem Bau an und zeigen alle Uebergänge vom immergrünen zum sommergrünen Typus. Auch die Aus= gestaltung der Blüten unterliegt grossen Schwankungen. Ein, wenn auch nicht durchgehendes und gegenüber anderen Familien nicht völlig durchgreifendes Merkmal liegt in der Vereinigung von mehreren bis vielen Staubblättern zu Bündeln, die frei oder häufig in Form von Bechern, Röhren, Säulen, Flaschen, Keulen, Kugeln, Halbkugeln usw. vereinigt sind. Durch eine ± weitgehende Verwachsung dieser Staubblattbündel mit den Griffeln oder teilweise mit den Kronblättern wird weiterhin eine grosse Mannigfaltigkeit im Blütenbau hervorgerufen, wie sie namentlich in den Gattungen Hypericum L., Clúsia L. und Garcínia M. zum Ausdruck kommt. Im Bereiche der mitteleuropäischen Flora stehen die Hypericaceen innerhalb der fast rein tropischen Familie völlig isoliert da. Ihre nächsten Verwandten sind die Theaceen, von welchen sie sich nur durch den Besitz der schizogenen Oelgänge unterscheiden. Auch mit den Dipterocarpaceen haben sie zahlreiche Berührungspunkte. Die sero=diagnostischen Untersuchungen haben die Familie als Seitenzweig in die Nähe der Cistaceen verwiesen (Fig. 1608). Ihrer gegenwärtigen geographischen Verbreitung entsprechend muss die Familie als eine alte Einheit angesprochen werden, wenngleich auffälligerweise fossile Reste bisher noch nicht aufgefunden bezw. als zu ihr gehörig gedeutet worden sind. Hingegen spricht das endemische Auftreten der Gattungen Montrouziéra Pancher und Clusianthémum Viell. auf Neu=Kaledonien, Eliǽa Camb. auf Madagaskar, sowie Tripétalum K. Schum. und Pentaphalángium Warb. auf Neu=Guinea für diese Auffassung. Die Verbreitung der Gattungen in den Tropen ist sehr unregelmässig. Die wenigsten Glieder finden sich in Afrika; doch gehören auch diese z. T. endemischen Gattungen an (z. B. Endodésmia Benth.). Als Stütze der Wegner=schen Hypothese einer alten Landverbindung (Atlantis) zwischen Westafrika und Südamerika können Arten der Gattungen Vísmia Vell. und Symphónia L. f. herangezogen werden. Madagaskar ist durch die im wesentlichen amerikanische Gattung Rhéedia L. mit dem Neuen Erdteile verknüpft. Die asiatisch=amerikanischen Calophýllum=Arten strahlen in einer, die Meeresküsten bewohnenden Art nach Afrika aus. Gut ausgestattet mit endemischen Gattungen ist das Indo=malayische Gebiet; reich ist ferner Südamerika, das in den tropischen Anden allein 5, im Amazonasgebiet 8, im mittleren und südlichen Brasilien 2 eigene Gattungen besitzt. Die grosse, rein amerikanische Gattung Clúsia L. verteilt sich mit den meisten ihrer Sektionen über gut begrenzte geographische Gebiete von Mittel= und Südamerika. Die Gattung Hypericum ist in allen Erdteilen vertreten. — Der wirtschaftliche Wert der Hypericaceen ist recht bedeutend und ergibt sich teils durch das feste Holz vieler baumartiger Arten, teils durch den Besitz von Gummi= und Balsamharzen, ätherischen Oelen usw., teils werden Früchte oder Samen als Nahrungs= oder Genussmittel verwertet.

Die wichtigeren Gattungen verteilen sich folgendermassen auf die 5, durch keine scharfen Grenzen geschiedenen Unterfamilien: Zu der kleinen, mittel= und südamerikanischen Unterfamilie der **Kielmeyeroídeae** mit meist wechselständigen Laubblättern, freien oder nur am Grunde verwachsenen Staubblättern, 3 bis 5 verwachsenen Griffeln und Kapselfrüchten gehören: Kielmeyéra Mart., eine zumeist für die Campos von Südbrasilien bezeichnende Gattung. Bäume, Sträucher oder Halbsträucher mit meist lederartigen, undeutlich fiedernervigen Laubblättern, weissen oder rosa gefärbten, oft wohlriechenden Blüten und an beiden Enden geflügelten Samen. Einige Arten liefern gutes Werkholz. — Caraípa Aubl. Meist stattliche Bäume mit gestielten, fiedernervigen Laubblättern, in Rispen stehenden, wohlriechenden, weissen Blüten und nackten Samen aus dem Amazonasgebiet; zeichnet sich ebenfalls durch dauerhaftes Holz aus. C. fascículata Camb. liefert durch tiefe Einschnitte in das Kernholz einen sehr scharfen, blasenziehenden, weissen, geruchlosen Saft, der mit Erfolg gegen Ungeziefer und Krätze angewandt wird. — Das schöne rote Holz der beiden zu Haploclathra Benth. gehörigen Baumarten dient zur Anfertigung von Instrumenten aller Art. — Die Unterfamilie der **Hypericoídeae** mit fast stets gegenständigen Laubblättern, meist zahlreichen, zu 5 Bündeln vereinigten Staubblättern, sowie 3 bis 5 meist getrennten Griffeln zerfällt in 3 Tribus, die der Hypericeae mit 1=fächerigem oder unvollkommen gefächertem Fruchtknoten und wandspaltiger Kapsel, die der Cratoxýleae mit 3=fächerigem Fruchtknoten und fachspaltiger, z. T. gleichzeitig wandspaltiger Kapsel und die der Vismieae mit 5=fächerigem Fruchtknoten und Beeren oder Steinfrüchten. Die erstgenannte Tribus umfasst nur die zwei, einander sehr nahe verwandten Gattungen Ascýrum L. und Hypericum (vgl. unten). Zur Tribus der Cratoxyleae zählt nur die strauchige Eliǽa articuláta Spach mit gelbem Safte, die als einzige Vertreterin ihres Geschlechtes Madagaskar bewohnt, und die strauchige oder baumförmige, 12 Arten umfassende Gattung Cratóxylon Blume aus Hinterindien und dem Malayischen Archipel, deren Holz bisweilen zu Bauzwecken verwandt wird. — Die Tribus der Vismieae verfügt über etwa 40 Arten der Gattung Vísmia Vell. in Mittel= und Südamerika, von denen einige, namentlich V. Guayanénsis (Aubl.) Choisy, durch ihr eingetrocknetes Gummiharz — Amerikanisches Gummigutt — früher einige Bedeutung besassen. Ihre Sektion Euvísmia Wawre lebt in Westafrika. — Die nur durch eine einzige Art, die 25 bis 40 m hohe Endodésmia calophylloídes Benth. in Kamerun und Gabun, bekannte Unterfamilie der **Endodesmoídeae** besitzt gegenständige Laubblätter, zahlreiche, unterwärts in 5 Bündeln, oberwärts zu einer Röhre verwachsene Staubblätter, einen fadenförmigen, exzentrischen Griffel und eine im oberen Teile des Fruchtknotens hängende Samenanlage. — Die umfangreiche Unterfamilie der **Calophylloídeae** ist durch gegenständige, von zahlreichen, dicht nebeneinander verlaufenden, parallelen Seitennerven durchzogene Laubblätter, durch einen 1= bis 4=fächerigen, von einem Griffel gekrönten Fruchtknoten mit 1 bis 2 Samenanlagen in jedem Fach und durch fleischige, meist geschlossen bleibende Früchte ausgezeichnet. Zu ihr gehört die von Vorderindien bis Java in 3 Arten verbreitete Gattung Mésua L. Sträucher oder Bäume mit lanzettlichen, lederartigen Laubblättern und ziemlich grossen, einzeln und blattachselständigen Blüten mit 4 Kelchblättern. M. férrea L. (= M. speciósa Choisy) ist der bekannte, in den wärmeren und feuchteren Teilen Vorder- und Hinterindiens lebende, weissblühende „Nagas- oder Eisenholzbaum" (Indian Rose Chesnut), der durch eisenhartes, von gewöhnlichen Aexten nicht angreifbares Holz (Ceylon- oder Ostindisches Eisenholz bezw. Nagasholz) ausgezeichnet ist und in ganz Ostasien, namentlich in Tempelgärten, vielfach gepflanzt wird. Der mittelgrosse Baum besitzt einen geraden, aufrechten Stamm, dünne Zweige und lineallanzettliche, starre, oberseits dunkelgrüne, unterseits wachsüberzogene Laubblätter. Die veilchenartig duftenden Blüten werden als Flóres Nagkáscar in der Parfümerie verwendet und enthalten nach Wehmer ätherisches Oel und zwei toxische Bitterstoffe. Wurzel und Rinde wirken schweisstreibend. Die Samen enthalten ein bitteres fettes Oel — die Keimblätter bis 73% — sowie zwei wenig bekannte Bitterstoffe, von denen einer harzartig ist und als Herzgift wirkt. Sie sind essbar, führen aber leicht ab. Sie werden auch zu Einreibungen oder zu Brennzwecken benutzt. Unter dem Namen „Surli-" oder „Nangelnüsse" gelangen sie zur Ausfuhr. Auch die Blüte der M. salicína liefert durch ihre angenehm duftenden Staubbeutel eine kosmetische Handelsware. — Mámmea Americána L. ist ein in Westindien endemischer, im tropischen Amerika vielfach gepflanzter Baum mit ausgebreiteter, dichter Krone, ganzrandigen, lederigen Laubblättern, blattachselständigen Blüten und bis 20 cm im Durchschnitt messenden rötlich-gelben Früchten (Mammi-Apfel, Aprikosen von St. Domingo), die unter der sehr bitteren Aussenschale ein goldgelbes Fleisch von aprikosenartigem Geschmack besitzen und roh oder gekocht gegessen oder gleich dem Safte der Zweige zu Mammi-Wein (Toddy) verarbeitet werden. Aus den Blüten wird ein Liqueur (Eau de Créole) bereitet. Das Holz ist unter Wasser sehr haltbar und liefert zudem ein Harz. — Von der nahe verwandten Gattung Ochrocárpus Thouars sind die gelben Früchte des O. Africánus (Don) Oliv. von Sierra Leone und die des O. Madagascariénsis DC. essbar, von ersterer Art wird auch das Holz vielseitig benützt. Die Laubblätter des vorderindischen O. longifólius (Wight) Benth. et Hook. dienen zum Färben von Seide. — Die wichtige Gattung Calophýllum L. tritt mit mehr als 50 Arten in den altweltlichen Tropen und mit 4 Vertretern im tropischen Amerika auf. Sie besteht aus Bäumen mit glänzenden, lederigen Laubblättern und in Rispen oder Trauben angeordneten Blüten, die einen 1-fächerigen Fruchtknoten mit nur 1 Samenanlage besitzen. Das küstenbewohnende C. inophýllum L. (Alexandrinischer Lorbeerbaum, franz.: Tamanou) mit rötlichem, hartem Holze und grossen, wohlriechenden Blüten hat pflaumengrosse Früchte, die als Driftnüsse weithin verfrachtet werden und dem Baume eine wichtige Rolle als Besiedelungspionier zukommen lassen. Die im Handel unter dem Namen Ponang-, Pinnay-, Calaba- oder Dombanüsse bekannten Samen enthalten 41,2% Rohfett, 5% Protein, 7,8% stickstoffreie Extraktstoffe und 3,5% Rohfasern. Technisch und medizinisch wichtig ist der Gehalt des Rohfettes an 58% Triolein, 42% Tristearin und Tripalmitin, sowie das stark H_2O-haltige fette Oel, in welchem sich neben Schleim u. a. 10% bis 25% toxisches Harz befindet. Das grünlichgelbe Fett („Ndilo-Oel") dient zur Feuerung, zu Heilzwecken gegen Rheumatismus und zur Herstellung von Seifen, das Oel gegen Rheumatismus. Mit dem aus Risswunden ausfliessenden Harz (Ostindisches Tacamahac) von angenehm lavendel- und ambraartigem Dufte, das in Kürbisschalen in den Handel kommt, werden Schiffe geteert, Werkzeuggriffe befestigt, Fackeln hergestellt oder medizinische Präparate (Balsámum Maríae) bereitet. Das Holz wurde früher versuchsweise als Indisches Mahagoni- oder Rosenholz nach Europa gebracht und zu Fournierarbeiten und Täfelungen empfohlen. Auch das Harz anderer Arten, z. B. von C. Tacamaháca Willd., C. Brasiliénse Camb., C. Calába Jacq. „Galba" wird hie und da benützt, ebenso wie das Samenöl vielfach zu Feuerungszwecken herangezogen wird. Der letztgenannte Baum wird in Westindien auch viel als Windschutz angepflanzt. Das Holz mehrerer Arten liefert teils Masten (C. spectábile in Hinterindien), teils anderes Schiffs- oder Möbelholz (z. B. C. Thorélii Pierre und C. Saigonénse Pierre, beide aus Cochinchina). — Die Unterfamilie der **Clusioídeae** besitzt im wesentlichen dieselben Merkmale wie die Calophylloideae, ist aber durch den Besitz eines Samenmantels ausgezeichnet, der teils vom Funiculus, teils von der Micropyle ausgeht und in letzterem Falle von Planchon und Triana als „Arillodium" bezeichnet worden ist. Die beiden zu ihr gehörenden Tribus der Clusíeae und Garcinéae unterscheiden sich voneinander dadurch, dass bei der ersteren die Staubbeutel nie zu Bündeln vereint, sondern frei oder vollständig verwachsen sind und die Frucht scheidewandspaltig aufspringt, während bei der zweiten die Staubblätter meist zu Bündeln verwachsen sind und die Frucht eine Beere ist. Von den nur in Amerika heimischen Clusieae besitzt nur die etwa 100 Arten starke Gattung Clúsia L. grössere Bedeutung. Sie besteht zumeist aus epiphytisch lebenden Sträuchern vom Typus der „Baumwürger", selten aus Bäumen und ist an ihren lederartigen, gegenständigen, bisweilen kleinen Laubblättern und den einzelstehenden oder rispig angeordneten Blüten kenntlich. Die Arten enthalten in ihren Harzgängen viel bitteres Gummiharz, das in der Heimat teils zu Arzneizwecken (Abführmittel, Heilsalben, Zusatz zu Bädern), teils zu kosmetischen Zwecken oder auch zur Bereitung von Pech und Teer für den Schiffsbau verwendet wird. Die zu diesen Zwecken am

Tafel 183.

Fig. 1. *Hypericum humifusum* (pag. 514). Habitus.
" 1a. Fruchtknoten.
" 1b. Kelchblatt.
" 1c. Samen.
" 2. *Hypericum Coris* (pag. 513). Habitus.
" 2a. Laubblatt, quergeschnitten.
" 2b. Laubblatt.
" 2c. Kelchblatt.
" d. Samen.
" 3. *Hypericum montanum* (pag. 514). Blütenspross.
" 3a. Kelchblatt.

Fig. 3b. Blüte nach der Anthese.
" 3c. Frucht
" 4. *Hypericum perforatum* (pag. 526). Blütenspross.
" 4a. Staubblätter und Fruchtknoten.
" 4b. Frucht.
" 4c. Samen.
" 5. *Hypericum maculatum* (pag. 517). Habitus.
" 5a. Stengelquerschnitt.
" 5b. Frucht.
" 5c. Querschnitt durch den Fruchtknoten.

---

meisten benutzten Arten sind C. rósea L. und C. mínor L. in Westindien. Von der ebenfalls in Westindien einheimischen C. fláva stammt das als Wundmittel geschätzte „Schweinsgummi", dessen Name angeblich daher stammt, dass sich verwundete Schweine an den Stämmen reiben, bis der Saft zu fliessen beginnt. — Die artenreiche Tribus der Garcineae umfasst zunächst die drei kleinen, wirtschaftlich belanglosen, auf Neu-Kaledonien und Neu-Guinea heimischen Gattungen Clusiánthemum Viell., Tripétalum Schum. und Pentaphalángium Warb., ferner die nur durch wenige Arten bekannte Gattung Allanbláckia Oliv. mit grossen, dickschaligen, geschlossenen Früchten, in denen zahlreiche kastaniengrosse, abgerundet-4-kantige, von einem rosafarbenen, fleischigen Arillus umgebene, sehr fette Samen eingeschlossen sind. Die Samen der A. floribúnda Oliv. besitzen ungeschält 46%, geschält bis 73,2% fettes Oel, das unter dem Namen Bouandjobutter gehandelt wird und viel Stearin, gegen 12,65% Olein und noch wenig bekannte Glyceride, ferner Tannin, Glykose, Saccharose, Harz, Phlobaphene u. a. m. enthält. — A. Stuhlmanni Engler (Ostafrikanischer Talgbaum, in Ostafrika Mkanyi oder Msambo geheissen) verfügt ungeschält über 55,5%, geschält über 67,8% talgartiges Fett (Mkanifett), das von den Eingeborenen Ostafrikas gegessen oder zu Heizzwecken benützt wird, aber auch durch seinen hohen Stearinsäuregehalt (52,75%) recht wohl zur Herstellung von Seifen und Kerzen benutzt werden könnte. Weiter gehören hierher: die pflanzengeographisch beachtenswerte Gattung Rheédia (s. pag. 499) mit etwa 30 Arten, deren wohlschmeckende Beerenfrüchte, namentlich die von R. floribúnda (Miq.) Planch. et Tr. in Guayana, R. lateriflóra L. in Westindien und R. edúlis in Mittelamerika, gegessen werden. In Peru gewinnt man aus dem ausfliessenden Balsamharz mehrerer Arten ein ärztlich angewandtes Heilmittel. — Sehr vielseitigen Nutzen gewährt die altweltliche, etwa 150 Arten umfassende, aus Bäumen oder Sträuchern mit meist lederartigen, lanzettlichen oder länglichen Laubblättern und mittelgrossen Blüten mit 4 bis 5 Kelchblättern gebildete Gattung Garcínia[1] L. Am wertvollsten ist sie durch die Gewinnung des aus spiralig gezogenen, sehr flachen und wenig breiten Rinden-Einschnitten mehrerer Arten (namentlich G. Hanbúryi Hook. f. in Hinterindien, in geringerem Masse auch von G. pictória (Roxb.) Pierre auf Ceylon, G. Moréla Desr. [= Hebradéndron Cambogioídes Grah., = Combogío gútta L.], „Tong rong" oder Gokatoogas in Vorder- und Hinterindien, sowie einigen anderen südasiatischen Vertretern) während der Trockenzeit ausfliessenden Gummiharzes — Gummigutt —, das entsprechend der Herkunft von verschiedenen Arten gelb bis schön dunkelrot gefärbt ist. Bei G. Hanburyi fängt man die beste Sorte in Bambusröhren auf, trocknet sie am Feuer, befreit sie aus ihrer Form und bringt sie als Stangen von bis 0,5 m Länge in den Handel. Schlechtere Sorten entstammen dem an den Bäumen selbst erstarrten Harze oder Auskochungen von Abfällen, Fruchtschalen und Laubblättern. Das Gummiharz ist in Form von sehr feinen Körnchen in der schleimreichen, stark quellenden, resinogenen Schicht der langen und grossen schizogenen Sekretbehälter enthalten, welche besonders in der sekundären Rinde, aber auch im Mark, in den Laubblättern und Früchten vorkommen. Erst im Alter von 7 bis 10 Jahren können die Bäume angezapft werden und zwar jeder Baum 2- bis 3-mal. Chemisch besteht das Gummigutt im wesentlichen aus etwa 77% Harz und 15 bis 23% Gummi. Ersteres besitzt Säurecharakter und enthält nach älteren Untersuchungen namentlich Cambogia- und Garcinolsäure, letzteres ist vom Arabischen Gummi verschieden und liefert bei seiner Zersetzung Phloroglucin, Butter-, Valeriana-, Essig- und Isuvitinsäure, nebst zahlreichen anderen Nebenbestandteilen. Seines gelben Farbstoffes wegen wird das Gummigutt namentlich in der Aquarellmalerei — den Chinesen schon im 13. Jahrhundert geläufig — viel benutzt, ferner auch zum

---

[1] Nach dem Engländer Lawrence Garcin, der im 18. Jahrhundert Indien bereiste.

Lackieren und zur Bereitung von Goldfirnis. Medizinisch diente es im 17. Jahrhundert in Europa als stark abführendes Mittel, heute noch als Gutti[1]) oder Gummiresína Gutti (Pharm. Germ., Austr., Helv.) zur wirksamen Bekämpfung von Würmern, als Diuretikum, bei Hydropsien. Die Rinde mancher Arten wird zu Färbezwecken benutzt; G. Delpyána Pierre, G. merguénsis Wight u. a. färben hellbraun, G. Vilersiána Pierre grün, G. Mangostána L. fixiert die Farben. Die bitteren Wurzeln von G. picrorrhíza werden im Malayischen Archipel zur Verbesserung des Palmweines herangezogen. Das Stammholz ist hinsichtlich seiner technischen Verwendbarkeit bei den einzelnen Arten recht verschieden, z. T. sehr hart und brauchbar, z. T. aber weich und ± wertlos. Seine Färbung ist sehr verschieden, bei einigen Arten weiss bis gelblich, bei anderen blassgelblichbraun, gelblich bis bräunlich, rotbraun oder blassrot. Die Früchte sind ± geniessbar. Bei G. pedunculáta Roxb., G. paniculáta Roxb. u. a. wird das Fruchtfleisch roh oder zubereitet gegessen, bei der vielgepflanzten G. Mangostána L. z. B. erfreut sich der saftige, schneeweisse, aromatische Arillus grosser Beliebtheit. Die Früchte anderer Arten hingegen können nur zur Essig-Bereitung benutzt werden. Die Samen der G. Índica L. enthalten in ihrem 20 bis 25 % ihres Gewichts ausmachenden fetten Oel 80 % Oleodistearin und anscheinend etwas Laurin, nach älteren Angaben auch Stearin, Olein und 7 bis 10 % freie Fettsäure und werden wegen dieses schmutzig-weissen, bei 40° schmelzenden Fettes teils für medizinische Zwecke, teils zum Färben oder in Indien auch zur Verfälschung von Butter (Kokumbutter) benutzt. In Afrika gelten die bitteren, etwas aromatischen, jedoch alkaloidlosen Samen der G. Cóla Heckel als gutes Mittel bei Erkältungen und Schnupfen und werden von den Negern vielfach gekaut (Bitter- oder Orogbo-Kola). — Die Unterfamilie der **Moronoboídeae** besteht aus z. T. sehr hohen Bäumen, enthält aber auch einige Sträucher, die durch zwitterige Blüten mit in 5 Bündeln oder in 1 Röhre vereinigten Staubbeuteln und Beerenfrüchte ausgezeichnet sind. Die 5 hieher gehörenden Gattungen sind artenarm und meist auf kleine Gebiete beschränkt. Der westafrikanische Talg- oder Butterbaum Pentadésma butyráceum Don mit 30 bis 40 m Stammlänge besitzt dunkelbraune Früchte von der Grösse kleiner Melonen mit essbarem, gelbem Fruchtfleisch. Das Harz der Fruchtschalen wird gegen Rheumatismus benutzt. Die kastaniengrossen Samen — die Lamynüsse des Handels — sind reich an Gerb-säure und enthalten kein Eiweiss, aber einen sehr verschieden hoch angegebenen Gehalt an fettem Oel — afrikanische Pflanzenbutter, Kanyabutter — mit 82 % Stearin und 18 % Olein und werden daher zur Her-stellung von Seifen und Kerzen benutzt. Als vikarisierende Art tritt in Togo P. Kerstingii auf. — Die brasilianische Platónia insígnis Mart., ein prächtiger Baum mit glänzenden Laubblättern, liefert sehr beliebte Früchte mit süsslich-säuerlich schmeckendem Fruchtfleisch. Ihr gelbbraunes, politurfähiges Stammholz ist für Parkett- und Möbel-Herstellung geeignet. — Die Gattung Symphónia L. f. ist durch 5 Arten auf Madagaskar und durch S. globulífera L., dem Macona-Baum oder Oananie, in Westafrika und in Südamerika vertreten. Die letztgenannte Art liefert einen schwefelgelben, als Wundmittel dienlichen Balsam, der wie bei dem Gummiharz der Clusia-Arten als „Schweinsgummi" bekannt ist oder getrocknet und sich dann schwärzend als „Anani-harz" zum Pechen und Teeren von Schiffen brauchbar ist. Die Samen enthalten ein dunkelrotes Fett. Diejenigen von S. fasciculáta Baill. (mit 56 % fettem Oel [49 % Olein, 45 % Stearin und Palmitin]) werden teils gegessen, teils als kosmetisches Mittel verwendet.

CCCCLXXII. **Hyperícum**[2]) L. Johanniskraut, Hartheu. Franz.: Mille-pertuis; engl.: St. John'swort; ital.: Iperico.

Stauden, selten 1-jährige Kräuter, Halbsträucher, Sträucher, bisweilen Bäume. Stengel stielrund, kantig bis geflügelt. Laubblätter gegenständig, selten quirlständig, sitzend oder kurzgestielt, oft durch Oeldrüsen (Fig. 1992 a und 1996 b) durchscheinend oder schwarz punktiert. Blüten in endständigen, zusammengesetzten, zumeist in Schraubeln endigenden Trugdolden oder Rispen, selten einzeln. Kelchblätter 5, selten 4, gleich oder verschieden gestaltet, in der Knospenlage dachig oder klappig, an der Frucht erhalten bleibend. Kron-blätter 5 oder selten 4, in der Knospenlage gedreht, ungleichseitig, einfach oder über dem Grunde mit einem meist zungenförmigen Anhang, meist erhalten bleibend. Staubblätter viele, frei oder meist zu 3 oder 5 vor den Kronblättern stehenden Bündeln verwachsen; Staub-beutel rückenständig, intros, oft mit Sekretdrüsen zwischen den Beuteln; vor den Kelchblättern bisweilen 5 hypogyne Drüsen (Staminodien?) oder auch einzelne Staubblätter. Fruchtblätter

---

[1]) Von dem malayischen Worte gutah, guttach oder getah = Gummi, Balsam.

[2]) Pflanzenname bei Plinius und Hippokrates, bei Dioskurides ὑπερικόν [hyperikón] genannt. Wahrscheinlich bezog sich der Name auf das in Griechenland weit verbreitete H. críspum L.

3 bis 5, zu einem oberständigen, freien, vollkommen oder nur im unteren Teile 3- bis 5-fächerigen Fruchtknoten (Fig. 1996 c) verwachsen; Griffel 3 bis 5, fädlich, frei oder ± hoch hinauf miteinander verwachsen; Narbe kopfig, seltener keulenförmig oder scheibenförmig, papillös; Samenanlagen meist viele, anatrop oder pleurotrop; Samenleiste naht- oder zentralständig. Frucht meist eine wandspaltige, 3- bis 5-klappige Kapsel (Fig. 2011 d) mit häutigen oder lederartigen, oft mit linealen oder blasigen Harzgängen versehenen Wänden, seltener eine Beere. Samen klein, länglich, mit netzig-streifig angeordneten Vertiefungen oder durch Papillen fein sammtig-rauh (Fig. 2011 f, i), selten gekielt oder geflügelt; Keimling gerade oder gekrümmt; Nährgewebe fehlend.

Die Gattung umfasst etwa 200 Arten, die auf Grund ihres Blütenbaues nach Robert Keller auf 18 Sektionen verteilt werden. Zu diesen kann auch die sehr nahe verwandte Gattung Ascýrum L. gestellt werden, die mit 5 Arten in Nordamerika und den Anden und einer weiteren Art im Himalaya heimisch ist. Die Sektionen sind sehr ungleich gross, z. T. klein, mitunter sogar nur monotypisch (z. B. die Sektionen Helódes, Humifusoideum, Campýlopus und Psorophýtum), z. T. aber sehr umfangreich, wie die Sektion Euhypéricum mit etwa 100 Arten, zu der alle in Mitteleuropa einheimischen Arten mit Ausnahme von H. Helódes L. (Sektion Helódes) und H. Androsǽmum L. (Sektion Androsǽmum) zählen. Geographisch sind viele der Sektionen auf ± enge Gebiete beschränkt oder wenigstens ihre Arten räumlich sehr eng begrenzt. Im Gegensatz dazu stehen Arten mit sehr weiter Verbreitung, wie Hypericum humifúsum L., das im Westen der östlichen Halbkugel von der Nordhemisphäre bis zur Südspitze Afrikas reicht und ostwärts bis nach Indien geht, und Hypericum Japónicum Thunb., das von Japan bis Neuseeland und Australien reicht und auch in Nordamerika vorkommen soll. Die Sektion Euhypericum erscheint vornehmlich in der ganzen nördlichen gemässigten Zone, die Sektion Androsaemum in Mittel- und Nordamerika, die Sektion Norýsca von Afrika über Indien, China bis Japan. Die Sektion Bráthys ist nord- und südamerikanisch und besitzt einige Vertreter in Japan. Gebiete des Massenauftretens von Sektionen und Arten sind das Mittelmeerbecken, der Himalaya und die Anden. Für letztere ist die Sektion Myriándra sehr bezeichnend. Aus dem Reichtum an endemischen Formen, der Art-Verteilung innerhalb gewisser Sektionen in verschiedenen Erdteilen, dem Auftreten vikarisierender Arten in geologisch älteren Gebieten oder auch dem gemeinsamen Besitz derselben Arten auf lang isolierten Gebieten ergibt sich mit völliger Klarheit das bereits hohe Alter der Gattung, aus ihrer grossen Artenzahl ihre Lebensfähigkeit. Im Gegensatz zu der Beschränkung der weitaus meisten Glieder der übrigen Familie auf rein tropische Gebiete lebt die Gattung Hypericum meist in den Gebirgen der Tropen und Subtropen und erstreckt sich von dort aus bis zu den Grenzen der gemässigten Zonen, wobei die nördliche Halbkugel weitaus bevorzugt ist. Nur in der Arktis und Antarktis fehlt die Gattung, steigt aber z. B. in den Anden mit H. laricifólium Juss. bis 3600 m aufwärts, in der Owen Stanley-Kette auf Neu-Guinea mit H. Marcgregórii nach Lauterbach bis 4000 m. In der Eichenwaldstufe der mexikanischen Gebirge treten gemeinschaftlich mit Hypericum-Arten auch andere in Europa heimischen Gattungen auf, z. B. Ranunculus, Thalictrum und Salvia (Engler), in Java in den Gebirgen nach Beccari Alchemilla, Agrimonia, Sanicula, Pimpinella, Daphne, Cerastium und Stellaria. Als tropisch-afrikanische Elemente seien H. Roeperiánum L., H. Abyssínicum L. und H. angustifólium genannt. Unter den Lebensformen überwiegen weitaus die xeromorph und mesohygromorph gebauten Sträucher, Halbsträucher und Stauden, selten sind Baumformen, vergängliche Kräuter, sowie Wasser- und Sumpfpflanzen (H. mútilum L. in Nordamerika, H. myrtifólium Lam. in Florida und H. Helódes in Westeuropa). Der schönen gelben Blüten wegen werden neuerdings eine ständig zunehmende Zahl von Arten aus anderen Erdteilen nach Europa eingeführt und auch in Mitteleuropa in Gärten gezogen. Die verbreiteteren davon lassen sich mit Hilfe des folgenden Schlüssels (im wesentlichen nach C. K. Schneider) unterscheiden:

1. Laubblätter zu 3 (vgl. auch H. Coris pag. 513) quirlständig, fein nadelförmig, kahl, durchscheinend punktiert, sitzend, bis 16 mm lang. Bis 40 cm hoher Zwergstrauch mit z. T. niederliegenden Zweigen. Blütenstand reichblütig, pyramidenförmig. Blüten hellgelb, 1,5 bis 2 cm im Durchmesser, trimer. Kelchblätter am Rande schwarzdrüsig, zur Fruchtzeit abstehend oder zurückgeschlagen. Kronblätter 3- bis 4-mal so lang wie die Kelchblätter. Staubblätter in 3 Bündeln. Frucht lederartig. Mit H. Coris eng verwandt. Heimisch in Griechenland und Kleinasien. Seit 1820 in Kultur . . . . H. empetrifólium Willd.

1*. Laubblätter zu 2 gegenständig, meist nicht fein nadelförmig . . . . 2.

2. Staubblätter frei, nicht oder nur ganz undeutlich verwachsen . . . . 3.

2*. Staubblätter deutlich in 3 oder 5 Bündeln . . . . 5.

3. Griffel 3 (4). Kapsel vollkommen oder unvollkommen 3-fächerig . . . . 4.

3*. Griffel 5. Kapsel 5=fächerig. Aeltere Zweige ± 4=kantig, jüngere ± abgeflacht und 2=kantig. Laubblätter länglich=lanzettlich, unterseits stark bläulich. Blüten 1,5 bis 2,5 cm im Durchmesser. Kelchblätter spitz=eiförmig, 6 bis 8 mm lang. Frucht 6 mm lang, eiförmig. Heimat: Nordoststaaten der Vereinigten Staaten von Nord= amerika. Seit 1759 in Kultur . . . . H. Kalmiánum L.

4. Blüten sitzend, einzeln oder seltener zu 3, 2,5 cm breit, goldgelb. Etwa 1 m hoher Strauch. Laub= blätter lederig, 2,5 bis 7 cm lang, breit=eilänglich, stumpf oder mit aufgesetzter Spitze, flach oder am Rande leicht umgerollt, unterseits blaugrün. Kelchblätter sehr ungleich, laubblattartig. Heimat: Südliches Nordamerika. Seit etwa 1890 in Kultur . . . . H. aúreum Bartr.

4*. Blüten gestielt, bis 2 cm breit, tief gelb, in wenigblütigem, schmalem Blütenstand. Bis 1,2 m hoher, lockerer, winterharter Strauch. Laubblätter schmallanzettlich=eiförmig, 2 bis 8 cm lang, am Rande leicht umgerollt, kurz gestielt. Kelchblätter ungleich, meist 5, 4 bis 6 mm lang. Frucht 8 bis 10 mm lang. Heimat: Nordöstliches Nordamerika . . . . . .
. . . . H. prolíficum L.

5. Staubblattbündel 5 . . . . 6.

5*. Staubblattbündel 3. Niedriger, kahler, wenig verästelter Strauch mit dünnen, runden, ± rot= gelben Zweigen. Laubblätter halbwintergrün, schmal= eiförmig, in Kultur meist bis 3,5 cm lang und 1,1 cm breit, spitz, ± graugrün, sitzend. Blütenstand 1= bis 5=blütig. Blüten bis 5 cm im Durchmesser. Kelch= blätter breit=eiförmig, zugespitzt, ± fein gezähnelt. Frucht 3=kantig=eiförmig. Heimat: Südost=Europa und Kleinasien. Nur für ganz warme Lagen geeignet.
. . . . H. Olýmpicum L.

6. Griffel 5. Kapseln ± 5=fächerig. Kron= und Staubblätter hinfällig. Staubblätter 30 bis 100. 7.

6*. Griffel 3. Kapsel ± 3=fächerig . 11.

7. Kelchblätter ungleich, zur Fruchtzeit ver= grössert, abstehend oder zurückgeschlagen. Blüten einzeln, 6 bis 8 cm im Durchmesser. Niedrige, immergrüne Sträucher . . . . 8.

7*. Kelchblätter lederartig, zur Fruchtzeit

Fig. 1993. Hypericum calycinum L. *a* Habitus. — H. Moseri= anum André. *b* Zweig. *c* Blütenknospe. *d* Abgeblühte Blüte. *e* Längsschnitt durch eine reifende Frucht.

aufrecht . . . . 10.

8. Bis 1,5 m hoher Strauch. Zweige rund= lich, jung etwas bläulich. Laubblätter spitz=eiförmig bis elliptisch, bis 8 cm lang, ± sitzend. Blüten in 3= bis 5=blütigen Blütenständen, etwa 5 cm im Durchmesser, weisslich=gelb. Frucht kegelförmig, 12 mm lang. Heimat: West=Himalaya . . . . . H. cérnuum Roxb.

8*. Niedrige, bis 30 cm hohe Halbsträucher . . . . 9.

9. Blüten einzeln, an den Zweigen sitzend, 6 bis 8 cm im Durchmesser, goldgelb. Laubblätter läng= lich=elliptisch, stumpf, 3 bis 8 cm lang und 1,5 bis 3 (4) cm breit, fast sitzend, unterseits graugrün. Kelch breit= eiförmig=abgerundet. Frucht nickend, eiförmig. Heimat: Griechenland, Türkei, Nordwest=Kleinasien. Seit 1676 in Kultur und bisweilen verwildernd (Heidelberg, Arco in Südtirol, Aarburg in der Schweiz). Fig. 1993a.
. . . . H. calýcinum L.

9*. Blüten meist zahlreich. Kelchblätter ungleich, zur Fruchtzeit aufgerichtet. Kron= und Staubblätter nicht abfallend. Sonst wie H. calycinum und vielleicht nur eine Varietät dieser Art. Von dem in der Tracht ähnlichen H. Androsaemum (pag. 511) durch scheidewandspaltige (nicht beerenartige) Früchte und ungeflügelte (nicht geflügelte) Samen unterschieden. Heimat: Sibirien, Japan, Nordamerika. Seit 1747 in Kultur . . . .
. . . . H. Ascýron L.

10. Zweige rundlich. Laubblätter ± wintergrün, derb, eiförmig bis eiförmig=lanzettlich, bis 10 cm lang und 2 bis 5 cm breit, oberseits sattgrün, unterseits blaugrün oder rostfarben, sitzend. Blütenstand reich= blütig. Blüten sattgelb. Frucht ei= oder stumpfkegelförmig, fast 2 cm lang. Heimat: Ost=Himalaya, West=China (zwischen 2000 und 4000 m). In Mitteleuropa über Winter schutzbedürftig. Schon längere Zeit in Kultur
. . . . H. Hookeriánum Wight et Arn.

10*. Zweige ± 2=kantig. Laubblätter derb, immergrün (?), spitz=eilänglich. Blüten 2 bis 4,5 cm im Durchmesser, ± hellgelb. Frucht stumpfkegelförmig, etwa 1,3 cm lang. Formenreiche (Sammel?=)Art, vom Himalaya bis Japan heimisch. Blüht erst im IX und X . . . . H. pátulum Thunb.[1])

11. Griffel kürzer als der fast 1=fächerige, nicht aufspringende Fruchtknoten. Kelchblätter bis zur Fruchtzeit erhalten bleibend . . . . H. Androsaemum nr. 1901.

11*. Griffel ± länger als der Fruchtknoten. Frucht an der Spitze aufspringend, lederartig (Kapsel!). Kelch an der reifen Frucht fehlend . . . . 12.

12. Wohlriechender, bis 1 m hoher Strauch mit reichblütigen Blütenständen und undeutlichen Staub= blattbündeln. Zweige gerötet, die jungen 2=streifig, drehrund. Laubblätter spitz oder stumpflich, am Grunde häufig herzförmig, bis 6 cm lang und 4 cm breit, unterseits blaugrau. Kelchblätter eiförmig=lanzettlich, ganzrandig, an der noch unreifen Frucht zurückgeschlagen. Heimat: Kanarische Inseln und Madeira. Nur in Kalthäusern. H. grandifólium Choisy[2]).

12*. Strauch mit Bocksgeruch. Blütenstände armblütig. Blüten 2,5 bis 3,5 cm breit. Staubblattbündel deutlich. Zweige braunrot, ± 2=kantig. Laubblätter spitz=eilanzettlich, 4 bis 7 cm lang und 1,2 bis 3 cm breit, unterseits hell= bis graugrün, sitzend. Kelchblätter schmal=ei= lanzettlich, abfallend. Heimat: Nördliches Mittelmeergebiet von Nord= spanien und Südfrankreich bis Syrien. Leicht kultivierbare Art, die bereits im Hortus Eystettensis gezogen wurde; bei Thal heisst sie Androsæmum fœtidum; auch in Schlesien wurde sie zur Zeit der Renaissance gepflanzt . . . . H. hircinum L.

Andere kultivierte Arten sind z. B. H. lysimachioídes Wall. aus dem westlichen Himalaya und (?) China (1894 eingeführt), H. réptans Hook. f. et Thoms. aus dem Himalaya, H. polyphýllum Boiss. et Bal. aus Kleinasien, H. répens L. aus dem Orient, H. galioídes Lam. aus Florida und Alabama (1896 eingeführt). Eingeschleppt wurden be= obachtet: H. tomentósum L. aus dem westlichen Mittelmeergebiete, mit weissfilzigem Stengel, im Hafen von Ludwigshafen (1912). — H. Japónicum Thunb. (= ? H. gymnánthum Engelm. et Gray) und H. mútilum L. aus Nordamerika, die beide, wahrscheinlich mit amerika= nischen Grassamen eingeschleppt, 1884 von Straehler auf Moor= wiesen beim Forsthaus Theerkante bei Wronke (Posen) aufgefunden wurden. Letztere Art, eine Sumpfpflanze, wurde früher bereits am Lago di Bientina in der Toskana festgestellt, wo sie sich mehrere Jahrzehnte hin= durch gehalten hat.

Die in Mitteleuropa vertretenen Arten gehören sämtlich zum Raunkiär'schen Typus der Hemikryptophyten, d. h. ihre Ueberwinterungs= knospen liegen über der Erdoberfläche (Fig. 1994a). Eine Ausnahme macht bisweilen H. humifusum, das auch einjährige Formen aus= zubilden vermag. Von den Arten mit dauernd lebensfähiger Primär=

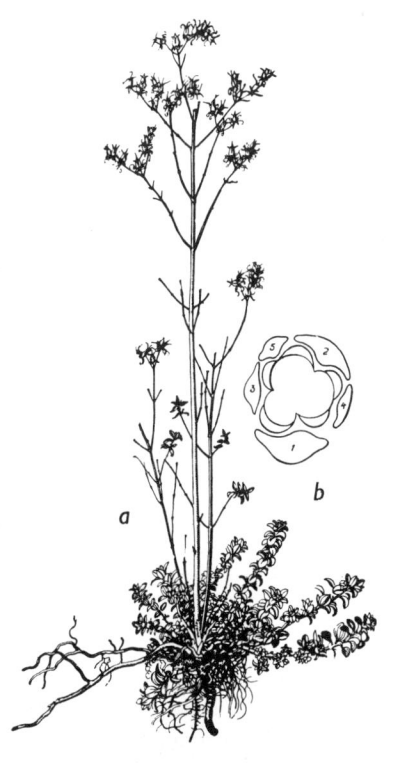

Fig. 1994. Hypericum perforatum L. *a* Habitus im Dezember mit hemikrypto= phytischen Erneuerungsknospen. *b* Anlage der Blütenblatteile (Fig. *b* nach M. Hirmer).

wurzel und ästigem Erdstock, an dem die überwinternden Sprosse aufrecht stehen, bis zu denjengen Arten, deren Primärwurzel abstirbt und durch Adventivwurzeln am Grunde kurz ausläuferartig kriechender Sprosse ersetzt wird und deren Stengel aus niederliegendem Grunde aufsteigen, finden sich alle Uebergänge. Eine ± ausgesprochene Vegetationsruhe scheint aber — wenigstens bei den mitteleuropäischen Arten — nicht einzutreten, da bereits im Spätherbst, wenn die Fruchtstengel vollständig abgedorrt stehen, die neuen Triebe über der Grundachse zu treiben beginnen und dicht beblättert den Winter überdauern. Die meisten Arten stellen keine besonderen Ansprüche an Klima und Boden, sind auch vielfach an keine besonderen

---

[1]) H. patulum bildet zusammen mit H. calycinum einen von Moser in Versailles gezogenen Bastard H. Moseriánum André (Fig. 1993 b bis e), der folgende Merkmale zeigt: Junge Zweige leicht über= hängend, rund, rot. Laubblätter dick, stumpf, eiförmig, 5 bis 6 cm lang und 2,5 bis 3 cm breit, glanzlos, oberseits sattgrün, unterseits bläulich, fast sitzend. Blütenstand 1= bis 3= (seltener mehr=)blütig. Blüten goldgelb, 6 bis 7 cm im Durchmesser. Kelchblätter stumpf eiförmig=länglich bis ± rundlich. VII bis VIII. Liebt geschützte Lagen.

[2]) Mit H. grandifolium wird häufig das nach R. Keller in Amerika heimische, aber den Amerikanern nicht bekannte H. elátum Ait. zusammengebracht, das also eine zweifelhafte Art darstellt. Verwildert werden unter dem letzteren Namen bezeichnete Pflanzen aus dem Wallis (Notre Dame de Sex Bieudron und La Planta bei Sitten) angegeben.

Pflanzengesellschaften gebunden und können somit als euryözisch bezeichnet werden. Im allgemeinen bevorzugen sie aber reichlich belichtete Siedelungsorte, Gras= und Staudenfluren, lichte Gebüsche und schüttere Wälder. Nicht selten treten mehrere Arten miteinander vergesellschaftet auf, so z. B. H. pulchrum und H. Androsaemum oder H. perforatum, H. acutum und H. humifusum. Auch H. acutum und H. maculatum erscheinen in gewissen Gebieten miteinander oder in Gesellschaft von noch weiteren Hypericum=Arten. Es sei jedoch hervorgehoben, dass Kreuzungen meist zu den Seltenheiten gehören und bisher nur von wenigen Arten nachgewiesen sind. In dieser Beziehung steht die Gattung also in merklichem Gegensatz zu der ihr in Hinsicht auf das gruppenweise Auftreten verschiedener Arten am selben Siedelungsort sehr ähnlichen Gattung Epilobium, deren Bastarde dann aber fast stets zu finden sind. — Blütenbiologisch sind die Johanniskräuter durch ihre grossen, lebhaft gelb gefärbten Kron= und Staubblätter und den Reichtum an Pollen ausgezeichnet. Die Blüten sind homogam. Die Befruchtung geschieht durch Fremd= und durch Selbstbestäubung, indem die zahlreichen besuchenden Insekten, besonders Schmetterlinge, Fliegen und Bienen, die inneren Staubbeutel und die mit ihnen in gleicher Höhe auf gespreizten Griffeln stehenden Narben berühren, während die äusseren Staubblätter kürzer sind und sich bereits früher öffnen. Bisweilen werden kleistogame Blüten beobachtet. Die sehr kleinen und leichten Samen können durch

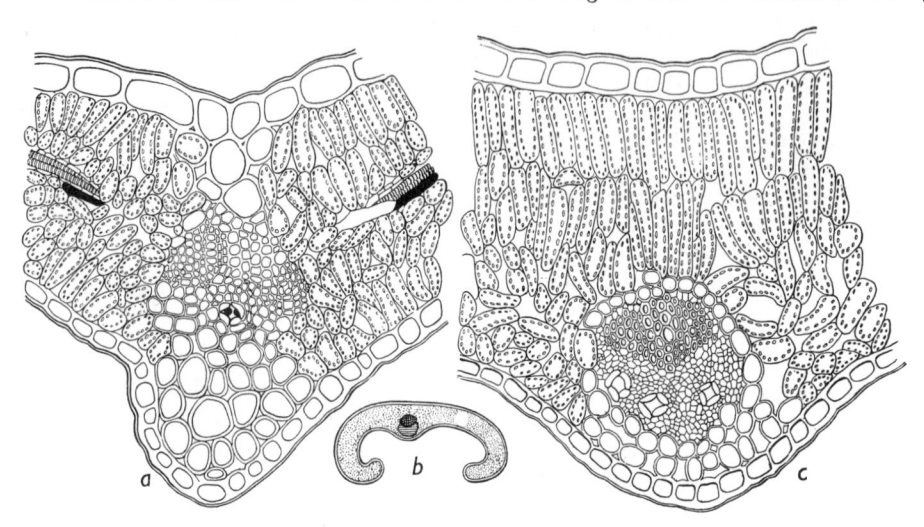

Fig. 1995. Hypericum perforatum L.[1]) *a* Querschnitt durch das Laubblatt mit Leitbündel, Sekretgängen und hypodermalem Gewebe. — H. Coris L. *b* Schematisierter Querschnitt durch das Laubblatt. *c* Ausschnitt eines Laubblatt-Querschnittes mit 2 Palisadenschichten und der Stärkescheide (nach Albert Pünter-Egli).

vorüberstreichende Tiere (z. B. Vögel) oder auch durch den Wind verschleppt werden. Nach Kinzel keimen sie erst nach längerer Zeit und nur bei Lichtzutritt. Im Dunkeln können sie jahrelang feucht liegen, ohne zum Austreiben zu gelangen. Auch im ersteren Falle verharrt ein kleiner Bruchteil sehr lange in Samenruhe. Nach C. A. Cooper wird die Samenschale aus zwei Integumenten gebildet, von denen im Reifezustand das äussere aus 2 Zellreihen parenchymatischer Natur besteht, während von den ursprünglich 5 bis 6 Zellreihen des inneren die Sklereïdenschicht zur inneren Epidermis wird und die übrigen Zellen obliterieren. Bei H. maculatum, H. perforatum und H. calycinum vergrössern sich bei der Samenentwicklung nach K. Schnarf (Beiträge zur Kenntnis der Samenentwicklung einiger europäischer Hypericum=Arten, 1914) die Epidermiszellen am Ende des Nucellus kurz vor ihrer Auflösung stark und weisen einen grossen „aktiven" Kern auf. Sie dienen zu dieser Zeit als eine Art von Schwellkörper, der den engen Raum innerhalb der Integumente erweitert und für die Ausdehnung des Embryosackes Platz schafft. Dem auf dem entgegengesetzten Pole liegenden Endosperm fällt die Aufgabe zu, die zugeleiteten Stoffe an sich zu ziehen und wahrscheinlich chemisch umzuwandeln. Die so gewonnenen Nahrungsstoffe werden durch Vermittlung des wandständigen Endosperms weitergeleitet und durch die mikropylaren Kerne dem Embryo zugeführt. Gleichzeitig wird das innere Integument bis auf die Sklereïdenschicht aufgesogen, während dafür der Embryo und das Antipoden= Endosperm anwächst. Bei Hypericum maculatum treten ganz vereinzelt zwei Eizellen auf, die beide zu Keimlingen heranwachsen können. Durch diese Samenentwicklung zeigt Hypericum nur insofern Abweichungen von dem gewohnten Gang bei den übrigen Angiospermen, als der Nucellus klein und nur aus wenigen Zellen aufgebaut ist, sein gefächertes Endosperm nur kurze Lebensdauer besitzt und Tapetenzellen fehlen. Gewisse Aehnlichkeiten ergeben sich zu Parnassia; doch reichen sie nach der Ansicht des Verfassers nicht aus, um eine nähere Verwandtschaft zwischen beiden Gattungen zu begründen. Eine abweichende Darstellung der

---

[1]) Figur 1995, 1996 u. a. stammen aus einer unveröffentlichten, im Systematisch=botan. Institut der Universität Zürich ausgeführten Diplom=Arbeit von Albert Pünter=Egli, Sekundarlehrer in Uster (Schweiz).

Endospermbildung gibt B. Palm (Das Endosperm von Hypericum. Svensk. Botanisk. Tidskrift, 1922) auf Grund von Untersuchungen bei Hypericum Japonicum. Darnach soll nicht eine anfangs nuklear verlaufende Endosperm=
bildung und Kernwanderung stattfinden, sondern ein zellularer Typus vorliegen, wie er bei den Saxifragales üblich ist (vgl. Gäumann, E. Studien über die Entwicklungsgeschichte einiger Saxifragales, Rec. trav. bot. néerlandais., 16, 1919; Jacobsson=Stiasny, Emma. Die spezielle Embryologie der Gattung Semper=
vivum . . . . in Denkschriften der K. Akademie der Wissenschaften. Wien, 89, 1913; Juel, H. O. Studien über die Entwicklungsgeschichte von Saxifraga granulata. Nova Acta R. Soc. Sci. Upsaliensis, IV, 1907). Bei Hypericum Helodes im besonderen verändern sich nach Ohlendorf (Beiträge zur Anatomie und Biologie der Früchte und Samen einheimischer Wasser= und Sumpfpflanzen, 1907) während des Reifungsvorganges die geraden Wände der inneren Zellschicht, indem sie sich schwach wellig zueinander stellen. Gleichzeitig wachsen diese stärker in die Höhe, sodass zwischen Epidermis und der nach innen folgenden Schicht Interzellularräume entstehen. Diese stellen jedoch keine besondere „zweckmässige Einrichtung" für das Wasserleben der Art dar, da auch die Samen terrestrer Arten wie Hypericum perforatum und H. humifusum — bei denen sie fehlen — mit Wasser schwer netzbar sind, mehrere Tage auf der Wasseroberfläche schwimmen und durch die Strömung oder den Wellenschlag verbreitet werden können. Die Samen von Hypericum Helodes pflegen nach etwa 3 Tagen unterzu=
sinken, im schlammigen Boden zu überwintern und im nächsten Frühling zu keimen. Trocken aufbewahrte Samen keimten nach Ohlendorf bereits 12 Tage nach der Aussaat. Ueber die Ent=
wicklung der Keimpflanze berichtet Ohlendorf weiterhin, dass der Keimling die Testa am Funi=
kulusende mit seinem dicken Würzelchen durch=
bricht und dieses durch starke Streckung des Hypo=
cotyls in den Boden einsenkt, worauf sich an der Uebergangszone in das Hypocotyl ein dichter Kranz von Wurzelhaaren entwickelt. Die Keim=
blätter bleiben ziemlich lange in den Samen=
schalen eingeschlossen, streifen diese erst nach dem Ergrünen ab und besitzen dann eine länglich=eiför=
mige Gestalt. Der Spross entwickelt sich langsam. Die ersten Laubblätter und die erste Neben=
wurzel erscheinen erst nach etwa Monatsfrist. Die bald nachfolgenden zahlreichen Nebenwurzeln überholen die Hauptwurzel rasch an Länge. — Der Blütenbau ist hinsichtlich der Zahl der Kron=, Kelch= und Fruchtblätter mannigfaltig und durch Uebergänge miteinander verknüpft. Häufig sind Arten=Gruppen mit rein 5= oder 3=gliederigen Blüten. Max Hirmer hat die von Payer ver=
mutete Ableitung der letzteren von ersteren be=
stätigt und gezeigt, dass die Zahl der Staubblatt=
bündel in Abhängigkeit von der sinkenden Zahl der Fruchtblätter steht und dass je 2 Paare be=
nachbarter Bündel unter Wahrung der Alternanz zu den Fruchtblättern miteinander verschmelzen.

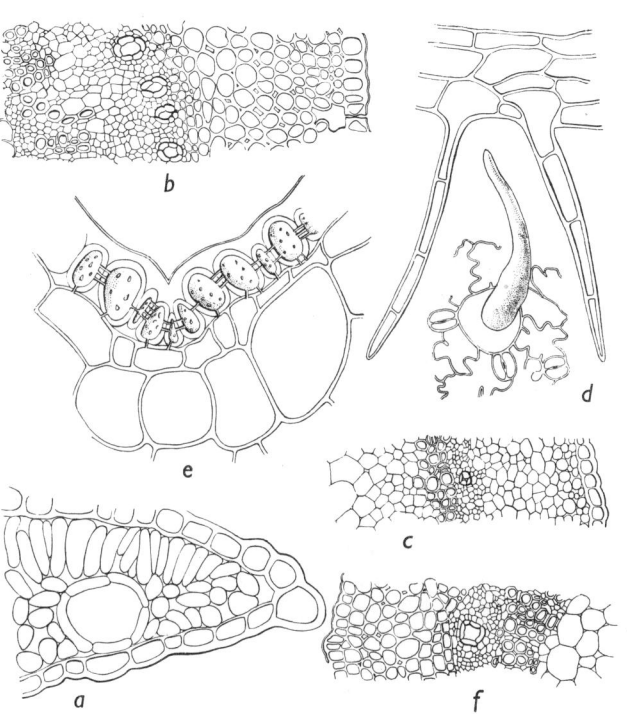

Fig. 1996. Hypericum perforatum L. *a* Querschnitt durch das Laubblatt mit Sekretgängen und hypodermalem Gewebe *b* und *c* Teil=
stücke von Stengelquerschnitten. — H. hirsutum L. *d* Haare der Laub=
blattnerven in der Aufsicht und im Längsschnitt. *e* Innere Epidermis der Samenleiste. — H. acutum Moench. *f* Teilstück eines Stengelquer=
schnittes (nach Albert Pünter=Egli).

Zahlenmässige Unregelmässigkeiten innerhalb der einzelnen Blütenblattkreise sind vielfach festgestellt worden. So wurden bei sonst regelmässig gebauten Blüten von H. Ascyron L. nur 4 Fruchtblätter festgestellt. Pseudotetramere Blüten, d. h. solche, in denen je 2 Kronblätter seitlich bis zur Spitze verwachsen, wurden von Penzig bei H. perforatum beobachtet. Die Bildung vollständig 4=gliederiger Blüten bei sonst gewöhnlich pentameren Arten ist mehrfach festgestellt worden: für die var. Liotárdii des H. humifusum sind sie bezeichnend; bei H. Androsaemum, H. hirsutum und H. Olympicum treten sie an den Gipfelblüten auf; Camus fand auch H. acutum ± tetramer. Durch den Einfluss von Parasiten soll H. perforatum mitunter eingeschlechtig werden. Pistillodie, d. h. Verwandlung von Staubblättern in Fruchtblätter, wird von Rehder bei H. nudi=
florum beschrieben. In jeder Blüte waren 3 bis 10 Staubblätter in z. T. offene, gekrümmte Fruchtblätter umgewandelt. Sehr beachtenswerte Mittelgebilde trugen bisweilen gleichzeitig Samenanlagen und Pollensäcke. Polyembryonie ist bei H. perforatum und H. maculatum beobachtet worden. — Gegen den Herbst bildet

sich am Stengel bis zur Mitte eine starke Korkschicht aus, die dem Rindenparenchym die Nahrungszufuhr unterbindet und die Stengelrinde später in grossen Streifen sich ablösen lässt. Die in Form von Sekretbehältern entwickelten Oelgänge liegen im Leptom der Stengel und der Laub- und Kronblattnerven. Bei H. Androsaemum zeigen sie sich auch im Rindenparenchym. Sie bilden ein ununterbrochenes Kanalnetz, dessen Anlagen schon im Keimling vorgezeichnet sind und das erst in den älteren, verholzenden Teilen verschwindet. Ferner enthalten die Laub-, Kelch-, Kron- und Fruchtblätter rundliche oder streifenförmige Sekretlücken. Die Entstehung dieser Behälter ist lange Zeit umstritten gewesen. Nach der Auffassung von Hieser, Meyen, v. Mohl, Frank, v. Höhnel, van Tieghem, Kienast und Tschirch sind es schizogene Gebilde, die durch Erweiterungen von Interzellularen entstehen, nach Link, Martinet, De Bary und Green entstehen sie auf lysigenem Wege durch Auflösung von Zellwänden. Nach unveröffentlichten Untersuchungen von Albert Pünter-Egli werden die Kanäle aus grösseren Zellen durch Teilung und Auseinanderweichen der Tochterzellen gebildet, wobei letztere plattgedrückt werden (vgl. Fig. 1996 a). Reste aufgelöster Zellen fand Pünter nie vor. Nach seinen Feststellungen tritt das ätherische Oel nur in den Kanälen der Blattnerven auf, fehlt hingegen in denen der Stengel. Aehnlich entstehen die von klaren, hellen Oeltropfen erfüllten Sekretlücken der Laubblätter und die dunkelvioletten, eine dunkle, harzige Masse enthaltenden Drüsen, die ausser in den Laub- und Kronblättern auch in der Stengelepidermis zu finden sind. Sie stehen im Zusammenhang mit dem Fibrovasalsystem, von dem je ein Strang zu ihnen verläuft. Der Farbstoff des dunklen Sekretes löst sich in Alkohol und Glyzerin. Ueber seine genauere chemische Zusammensetzung ist wenig bekannt (vgl. unter H. perforatum). — Verlaubung von Hochblättern und Auftreten von Laubsprossen im Blütenstande, d. h. der Beginn einer Virescenz, ist bei Hypericum perforatum von Massalongo beschrieben worden. Von H. acutum kennt man auch das Herabrücken von Kelchblättern (Apostasie). Abweichungen in der gewohnten Anordnung der vegetativen Teile sind seltener. Solche wurden in der Blattstellung von H. Coris nachgewiesen. H. maculatum zeigt mitunter an Stelle der Laubblattpaare 3-gliederige Laubblattquirle, H. perforatum ausserordentlich kleine Laubblättchen. Die oberen Laubblattpaare schwellen durch Stiche der Dasyneúra hyperíci (Bremi) Rübs. zu geröteten Verdickungen oder zu kahnförmigen Aufblasungen an. Geográta Braúnii (Handl.) Rübs., eine Mücke, verhindert das Oeffnen der unterirdischen Sprossknospen und wandelt sie in fleischige, gelbliche, lanzettliche Schuppenblätter um. Die Sprossachsen von H. perforatum zeigen durch Einstiche der Schildlaus Asterolecánium fimbriátum Fons. spindelförmige Anschwellungen.

Die in Mitteleuropa einheimischen Arten unterscheiden sich nach folgendem Schlüssel:

1. Zwergstrauch. Laubblätter lineal, nadelförmig, quirlständig, am Rande umgerollt. Einzig in Südtirol und in der Nordschweiz . . . . H. Coris nr. 1901.
1*. Laubblätter nicht lineal, flach oder, wenn am Rande etwas umgerollt, dann ei-länglich . . . 2.
2. Pflanze behaart . . . . 3.
2*. Pflanze kahl, höchstens an den Hoch- und Kelchblättern fransig gewimpert . . . . 4.
3. Stengel aufrecht, 40 bis 100 cm hoch, mit länglich-eiförmigen oder elliptischen Laubblättern. Staubblätter nur am Grunde verwachsen. Kapsel 3-fächerig . . . . H. hirsutum nr. 1903.
3*. Stengel bis 40 cm lang, niederliegend oder aufsteigend, mit rundlich-eiförmigen, mit herzförmigem Grunde sitzenden Laubblättern. Staubblätter bis zur Mitte zu je 5 in 3 Bündeln verwachsen. Kapsel 1-fächerig. subatlantisches Gebiet . . . . H. Helodes nr. 1899.
4. Pflanze 1- bis mehrjährig. Stengel niederliegend, mit den Sprossenden aufsteigend, dünn, hohl, mit 2 Längsleisten. Staubblätter 15 bis 20 . . . . H. humifusum nr. 1902.
4*. Pflanze ausdauernd. Stengel aufrecht oder aus aufsteigendem Grunde aufrecht. Staubblätter über 20 . . . . 5.
5. Kelchblätter gross, ungleich, bleibend und an der Frucht zurückgeschlagen. Staubblätter in 5 Bündeln. Frucht eine Beere. Nur in den Südalpen oder kultiviert . . H. Androsaemum nr. 1901.
5*. Kelchblätter klein. Staubblätter in 3 Bündeln. Frucht eine Kapsel . . . . 6.
6. Kelchblätter am Rande drüsig gewimpert oder gezähnt . . . . 7.
6*. Kelchblätter ganzrandig, nicht gefranst, selten mit einzelnen, unregelmässigen Sägezähnen oder Drüsen . . . . 11.
7. Stengelblätter viel länger als die Stengelglieder, dicht dachig stehend, fest, auf der Fläche nicht oder nur spärlich durchscheinend punktiert, am Rande mit schwarzen Drüsenpunkten. Kelchblätter mit langen, die Breite der Kelchblätter an Länge übertreffenden, teilweise mit Drüsenköpfchen versehenen Fransen. Pflanze der Südalpen . . . . H. Richeri nr. 1910.
7*. Laubblätter meist kürzer als die Stengelglieder, durchscheinend punktiert, am Rande mit schwarzen Drüsenpunkten oder nicht oder sehr spärlich durchscheinend punktiert, dann aber mit über die ganze Fläche verteilten, schwarzen Drüsenpunkten (vgl. H. barbatum pag. 532) . . . . 8.

8. Laubblätter nicht oder nur sehr spärlich durchscheinend punktiert, unterseits mit schwarzen Drüsen. Kelchblätter mit langen, die Breite der Kelchblätter an Länge übertreffenden, drüsenlosen Fransen (Fig. 2008 c). Einzig in Niederösterreich und in Steiermark . . . . H. barbatum nr. 1911.

8*. Laubblätter reichlich durchscheinend punktiert. Kelchblätter nicht gefranst; Länge der randständigen Stieldrüsen die Breite der Kelchblätter nicht erreichend (Fig. 2003 b) . . . . 9.

9. Laubblätter herzförmig, an der Spitze abgerundet, am Rande ohne schwarze Drüsen.
H. pulchrum nr. 1907.

9*. Laubblätter am Rande mit schwarzen Drüsen, eiförmig, lanzettlich oder länglich, spitz oder stumpflich . . . . 10.

10. Stengel stielrund. Laubblätter 2 bis 8 cm lang, kürzer als die Stengelglieder, eiförmig.
H. montanum nr. 1908.

10*. Stengel wenigstens im oberen Teil mit 2 Längsleisten. Laubblätter 1 bis 3,5 cm lang, meist so lang oder länger als die Stengelglieder, länglich-lanzettlich. Zerstreut in Mitteldeutschland, in Böhmen, Mähren und Niederösterreich . . . . H. elegans nr. 1906.

11. Stengel stielrund oder durch 2 Längsleisten kantig. Kelchblätter fein zugespitzt.
H. perforatum nr. 1909.

11*. Stengel durch 4 Längsleisten kantig oder geflügelt . . . . 12.

12. Stengel in der Regel 4-kantig. Kelchblätter stumpf, zuweilen einzelne spitz.
H. maculatum nr. 1904.

12*. Stengel 4-flügelig. Laubblätter halbstengelumfassend. Kelchblätter zugespitzt.
H. acutum nr. 1905.

1899. Hypericum Helódes[1]) L. (= Helodes palústris Spach, = Tripéntas helodes Ascherson). Sumpf-Johanniskraut. Franz.: Élodès des marais. Fig. 1997 und 1998.

Ausdauernde, abstehend flaumig behaarte, (6) 10 bis über 40 cm lange Pflanze mit spindelförmiger, kriechender, verzweigter, an den Knoten wurzelnder Grundachse. Stengel aus niederliegendem Grunde aufsteigend, einfach oder ästig, stielrund, gefurcht, im unteren Teile kahl, weiter oben von abstehenden, weissen Haaren dicht zottig. Laubblätter rundlich-eiförmig, wenig länger als breit, mit undeutlich herzförmigem Grunde halbstengelumfassend-sitzend, die oberen grösser als die unteren, alle fein durchscheinend punktiert, rauhhaarig, nur die untersten kahl. Blüten in 1- bis 10- (13-)blütigen Rispen, auf spärlich behaarten oder kahlen Stielen, ziemlich gross. Kelchblätter eiförmig oder länglich, 4 mm lang, spitzlich, häutig-nervig, ebenso wie die Deckblätter am Rande rotdrüsig gewimpert (Fig. 1997 c). Kronblätter am Grunde mit zerschlitzter Schuppe, keilförmig-verkehrt-eiförmig, ganzrandig, 3- bis 4-mal so lang wie die Kelchblätter, zitronengelb, mit grünen Nerven, nicht abfallend, nach dem Verblühen gedreht. Staubblätter kürzer als die Kronblätter, zu je 5

Fig. 1997. Hypericum Helodes L. *a* Blühende Pflanze. *b* Überwinterter, im Frühling austreibender Stock. *c* Blüte.

---

[1]) Abgeleitet von ἕλος [hélos] = Sumpf. Die vielfach angewandte Schreibweise Elodes entstammt der französischen Gewohnheit, den griechischen Spiritus asper unbeachtet zu lassen (vgl. Helodea Canadensis. Bd. I, pag. 160).

in 3 Bündeln bis zur Mitte verwachsen; Staubbeuteldrüse gelb, zwischen den Bündeln je 1 sehr kleine, kronblattartige, 2=spaltige, dem Fruchtknoten anliegende Honigschuppe. Fruchtknoten 1=fächerig, 3=griffelig (Fig. 1997 c). Frucht eiförmig, wenig länger als der Kelch, 3=klappig aufspringend. Samen 0,8 mm lang, eiförmig, längsgefurcht. — VI bis VIII (XI).

Nur stellenweise verbreitet und vereinzelt auf feuchten bis nassen, sandigen oder torfigen Böden in Heiden, in Torfstichen, in Gräben, an versumpften Ufern, auf stark feuchten Wiesen. Von der Ebene bis in die obere Bergstufe (in den Sevennen bis 1300 m).

In Deutschland im Gebiete des Rheins bis zur Weser und versprengt im Elbegebiet im Bereich der Schwarzen Elster. In der Nähe des Mittelrheins bei Mossau im Odenwald, zwischen Messel, Offental und Ober=Rode nordöstlich Darmstadt, von Siegburg abwärts z. B. bei Siegburg, Troisdorf, Schlebusch, Leichlingen, Hilden (Hildener Heide, Vennhauser Sumpf), Düsseldorf, Krefeld, Oberhausen, Dinslaken, Wesel, Cleve, Emmerich, im Moselgebiet in den lothringischen Vogesentälern, und zwar im Gebiet der Mosel selbst und ausser= halb der Gebietsgrenze in dem der Vologne und Meurthe; im Maingebiet bei Hanau und im Lohrtal westlich von Heigenbrücken, früher bei Waldaschach bei Kissingen und bei Neuhütten; nördlich des Mains ausserdem im Büdingerwalde und bei Wächtersbach; im Ruhrgebiet bei Hagen (?), im Lippegebiet bei Dülmen und Lüdinghausen, an zahlreichen Orten im Gebiet der Ijssel und Vechte in der Rheinprovinz; in West= falen z. B. bei Bocholt, Burgsteinfurt und Ochtrup; in Hannover bei Bentheim, Schüttorf, Nordhorn und Neuenhaus; in den Gebieten der Roer und Niers vielfach, z. B. bei Gangelt, Geilenkirchen, Randerath, Heinsberg, Hüls, Geldern, Goch, Gennep; im Ems= gebiet zahlreich in der weiteren Umgebung von Münster, z. B. bei Rheda, Sassenberg, Warendorf, Drensteinfurt, bei Kattenvenne, Ladbergen, Saerbeck, Emsdetten, Rheine, im Randgebirge bei Tecklenburg, Ibbenbüren, nördlich davon strichweise häufig bis zum Ledagebiet (Edewecht, Zwischahn, Westerstede, östlich bis Neuenkirchen, Quakenbrück, Vechte); scheint in Ostfriesland zu fehlen; zwischen Rhein und Ems an mehreren Stellen in der Küstengegend; im Wesergebiet südlich bis Hille und Petershagen, ab= wärts bei Hunteburg, Lemförde, am Dümmer und bei Diepholz, Hude östlich Oldenburg, an der Aller bei Hannover und Celle; zwischen Ems und Weser bei Aurich und Jever; im Gebiet der Schwarzen Elster mehrfach bei Hoyerswerda und Ruhland. — In Oesterreich fraglich; angeblich in Oberöster=

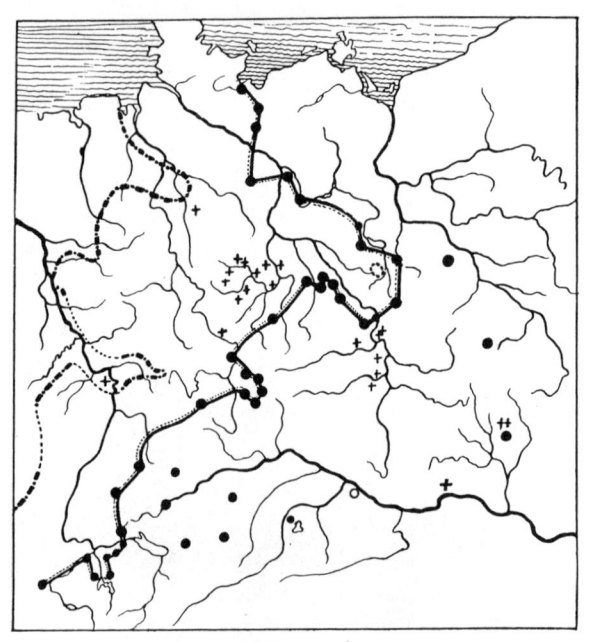

Fig. 1998. Verbreitung einiger Hypericum-Arten in Mitteleuropa. — · — · — Ostgrenze und ◯ versprengtes, östlichstes Vorkommen von H. Helodes L. — —●—●— Ostgrenze von H. pulchrum L. — + Verbreitung von H. elegans Stephan. Orig. von H. Beger.

reich bei Neuhaus a. d. Donau und im Kienauer Torfstich bei Weissenbach am Walde im unteren Mühlkreis. — In der Schweiz ganz fehlend.

Allgemeine Verbreitung: Westeuropa, nördlich bis Nord=Irland und West=Schottland (Argyll), östlich bis Deutschland (Jever, Westerstede, Hude, Celle, Hannover, Diepholz, Wittlage, Münster, Düsseldorf, Bonn, Spessart, westliche Vogesen; versprengt bei Hoyerswerda) und Oberösterreich (?); ferner in Frankreich (mit Ausschluss des Jura, der Alpen und des mediterranen Gebietes), Italien (Ligurien, Toscana [selten]), Nord=Spanien (von Catalonien bis Galizien), Nord=Portugal; Azoren.

Hypericum Helodes zählt gleich Isnardia palustris, Scutellaria minor, Wahlenbergia hederacea usw. zu den subatlantischen Arten. A. Engler (Versuch einer Entwicklungsgeschichte ...) bringt den Hygrophyten in Ver= bindung mit Meconopsis Cambrica Vig., Hypericum linearifolium Vahl, Lavatera arborea L., Erica arborea L., E. ciliaris L., E. vagans L., E. mediterranea L., Pinguicula Lusitanica L., Scilla verna Huds., Simethis bicolor Kunth, Asplenium lanceolatum, A. marinum Huds., Trichomanes radicans Sw. und Hymenophyllum Tunbrid= gense Sm., die im westlichen Mittelmeergebiet heimisch sind und die Eiszeit an den milden Gestaden des Atlantischen Ozeans überdauern konnten. Die Art ist der einzige Vertreter der Sektion Helódes. Die nächsten

Verwandten, die zur Sektion Elodéa gehören, leben z. T. im atlantischen Nordamerika, eine Art, H. breviflórum Wall. in Khasia. Wie fast alle Wasserpflanzen ist auch dieser Hygrophyt in der Ausbildung seiner Vegetationsorgane stark von der Höhe des Wasserstandes abhängig. Die ihm am meisten zusagenden Verhältnisse findet er nach Glück (Biologische und morphologische Untersuchungen über Wasser- und Sumpfgewächse. 3. Teil, 1911) in seichtem Wasser, etwa in feuchten Gräben, am Ufer von Wasseransammlungen in Mooren und Torfstichen. Diese Seichtwasserform, die regelmässig überwintert, zeichnet sich durch eine lange kriechende Achse aus, die an den Stengelknoten aufrechte Aeste über das Wasser schickt, an denen die Luftblätter (Folgeblätter) breit-eiförmig, beidseitig rauhhaarig und am Grunde oft schwach herzförmig ausgerandet sind. Die Blüten stehen in den Blattachseln in sehr schwach verzweigten Rispen von 2 bis 10 cm Länge und erreichen bei dieser Form ihre grösste Anzahl (4 bis 13). Die untergetauchte Form (f. submérsum Glück) besitzt gegenüber den Luftsprossen stark verkleinerte, allerdings noch immer bis über 40 cm (83 cm) lange, aber fadendünne, stets vereinzelte und senkrecht im Wasser stehende, unverzweigte, kahle Sprosse mit kleinen, ($1/2$- bis $1/4$mal so gross wie die Luftblätter), schmäleren, zarteren und kahlen Laubblättern und gelangt in diesem Zustande nie zur Blüte. Die Landform ist als rückgebildete Seichtwasserform aufzufassen und entsteht in der Regel im Herbste, wenn der Wasserstand gesunken ist. Die Primärblattsprosse entwickeln wasserblattartige, aber kleinere Laubblätter und können wahrscheinlich überwintern. Die im nächsten Frühling erscheinenden Folgeblätter gleichen denen der submersen Form, sind aber kleiner. Auch die Blütenbildung erfolgt weniger reichlich. — August Schulz hebt hervor, dass die Art am häufigsten am Rande von Teichen, Tümpeln und Gräben mit ± schlammigem oder torfigem Sandboden, selten Lehm- oder Tonboden erscheint. Bei lang anhaltender Austrocknung der Wohnstätte pflegt die Pflanze zugrunde zu gehen, dagegen kurz anhaltende Ueberschwemmungen gut auszuhalten. Gegen wuchernde Begleiter ist sie stets im Nachteil und fällt dabei bald der Vernichtung anheim. Die Samen bleiben lange Zeit im Boden keimfähig erhalten und können unter passenden Umständen zur Entwicklung gelangen. Die Lausitz erreicht Hypericum Helodes zusammen mit Scirpus multicaulis, Heliosciadium inundatum und Cicendia filiformis, die gleichfalls subatlantische Areale besitzen. Im Nordwestdeutschen Tiefland findet sich die Pflanze in fast stehenden, torfigen Wasserläufen gemeinschaftlich mit Sparganium affine, Ranunculus hederaceus, R. hololeucus, Potamogeton polygonifolius, Scirpus caespitosus, Myriophyllum alterniflorum, Heliosciadium inundatum usw. Bisweilen füllt sie auch allein grössere Torftümpel aus. R. Lauterborn (Die geographische und biologische Gliederung des Rheinstroms. Sitzungsberichte der Heidelberger Akademie der Wissenschaften, Abt. B., 1918) erwähnt sie vom Niederrhein aus verschilften Moortümpeln, wo sie aber gleich ihren Begleitern Calla palustris, Carex limosa, Elisma natans, Litorella juncea und Myriophyllum alterniflorum seit einem Menschenalter in ständigem Rückgang begriffen ist. Im Lohrtal oberhalb Heigenbrücken (Spessart) wächst die Art in einem versumpften Wiesengraben zwischen Sphagnen, zusammen mit Drosera rotundifolia, Lotus uliginosus, Hypericum acutum, Hydrocotyle vulgaris, Vaccinium Oxycoccus usw. — In Gärten wird sie bisweilen in Wasseranlagen ausgesetzt.

1900. Hypericum Androsǽmum[1]) **L.** (= Androsaemum officinále All., = A. vulgáre Gaertn., = Hypericum baccíferum Lam.). Mannsblut, Blutheil, Grundheil, St. Cäcilienkraut, Konradskraut. Franz.: Androsème, toute saine, toute bonne, herbe à tous maux, souveraine, grand millepertuis en arbuste; engl.: Tutsan, park-leaves, allsaint's-wort; ital.: Androsemo, ciciliana, erba Santo Lorenzo, ruta selvatica, erba sana. Fig. 1999.

Ausdauernder, 30 bis 100 cm hoher, kahler Halbstrauch mit verholzter, ästiger, wagrechter Grundachse. Stengel aufrecht, ästig, mit 2 Längsleisten. Laubblätter gross, halbstengelumfassend, sitzend, herz-eiförmig, seltener ei-lanzettlich, ganzrandig, stumpf, mit aufgesetztem Spitzchen, durchscheinend punktiert, oberseits frischgrün, unterseits bläulichgrün, lederig. Blüten gross, auf kurzen Stielen, in endständigen, armblütigen Trugdolden. Kelchblätter ungleich, gross, eiförmig oder länglich-eiförmig, ganzrandig, unterseits spärlich drüsig punktiert, an der reifen Frucht zurückgeschlagen. Kronblätter eiförmig, 2,5 bis 3 cm lang, stumpf, gelb. Staubblätter in (5-) 10- bis 25-zähligen Bündeln, etwas länger als die Kronblätter, ohne schwarze Drüsen an den Staubbeuteln. Griffel 3, kürzer als der Fruchtknoten. Frucht eine kugelige oder kugelig-eiförmige, 6 bis 7 mm lange Beere, durch die vorspringenden

---

[1]) Androsǽmum wird abgeleitet vom griech. ἀνήρ (anér), Gen. ἀνδρός [andrós] = Mann und αἷμα [haíma] = Blut, also Menschenblut; der Name bezieht sich auf die Farbe des Saftes der Pflanze oder der noch nicht völlig reifen Frucht.

Plazenten unvollständig 3=fächerig (Fig. 1999 c), nicht aufspringend, schwarz. Samen gekielt, unregelmässig grubig gestreift. — VI bis VIII.

Im Gebiete sehr zerstreut und selten und vielleicht nur verwildert und eingebürgert in feuchten Gebüschen der Ebene und der Bergstufe.

In Deutschland wild vollständig fehlend; 1880 bis 1889 bei Heidelberg verwildert. — In Oesterreich in Untersteiermark bei Radkersburg und Ankenstein (nach Hayek wohl nur verwildert); angeblich auch in Krain und in Südtirol (nach Dalla Torre und Sarnthein beruhen die Angaben von Rovereto wahrscheinlich auf Irrtum). — In der Schweiz im südlichen Teile des Kantons Tessin am Lago Maggiore (Verbano) bei Moscia und Brissago, am Luganer See (Cerisio) bei Lugano, Sorengo, Melide, Vico Morcote, Ponte Tresa, Pugerna, Monte Caprino, zwischen Campione und Bissone, Mendrisio, von Chiasso bis Pedrinate und wohl noch an anderen Orten in der Umgebung der beiden Seen. — Nicht selten im ganzen Gebiet in Botanischen Gärten, in Anlagen, in Felsgruppen und in Ziergärten gepflanzt.

Allgemeine Verbreitung: Europa: Atlantisches Gebiet von Irland, Kanal=Inseln, Belgien, West=Frankreich, Portugal, Spanien, Italien, Südschweiz, Kroatien; Kaukasus, Klein= asien, Nord=Persien; Algerien, Tunis; verwildert in Chile (zwischen Lebu und Cañete).

Hypericum Androsaemum gehört dem mediterran=atlantischen Elemente an und stellt gleichzeitig das einzige Glied der Untersektion Euandrosæmum dar, die mit der Untersektion Pseudoandrosaemum die Sektion Androsaemum bildet. Das Verbreitungsgebiet der wenigen hierher gehörigen Arten, u. a. H. hircinum L., zieht sich vom Kaukasus und dem westlichen Mittelmeerbecken bis zu den Kanaren und bis zu den Azoren und greift nach Nordamerika bis nach Kalifornien über. Die natürlichen Standorte von H. Androsaemum liegen in ozeanischen Gebieten mit starker Nebelbildung. Im nordatlantischen Spanien tritt die schöne Pflanze in schattigen Gebüschen von Ilex aquifolium, Cistus salvifolius, Sambucus nigra und S. Ebulus, Ligustrum vulgare und Evonymus latifolia, zusammen mit Digitalis purpurea, Melittis Melissophyllum, Wahlenbergia hederacea, Hesperis matronalis, Lithospermum officinale usw. auf (Willkomm). Im Kaukasus zählt sie zu den Begleitern der urwaldartigen kolchischen Mengwälder, von deren kleineren Sträuchern und Halbsträuchern ausser unserer Art A. Engler (Ueber die Vegetationsverhältnisse des Kaukasus, 1913) Amelanchier vulgaris, Cotoneaster vulgaris, C. Fontanesii Spach, Rubus Idaeus, Rosa Gallica, Cytisus biflorus, Ruscus aculeatus, R. hypophyllum L., Andrachne Colchica Fisch. et Mey., Hypericum ramosissimum Ledeb., Daphne Pontica L., Jasminum fruticans L. und Vaccinium arctostaphylos L. nennt. — In Mitteleuropa wurde die Art das erstemal in den vermutlich der ersten Zwischeneiszeit angehörenden Tonen von Tegelen an der Maas nachgewiesen, wo mit ihr zusammen Hypericum perforatum und H. pulchrum, Melissa officinalis, Physalis Alkekengi, Vitis vinifera, Magnolia kobus, Pterocarya Caucasica usw. vorkamen. Dennoch ist ihre gegenwärtige Ursprünglichkeit in Oesterreich und in der Südschweiz nicht ganz sichergestellt; vielmehr dürfte sie dort als alter Kulturflüchtling aufzufassen sein, zumal sie im Mittelalter als Zier= und Heilpflanze (zur Bereitung von Wundtränken und Wundsalben) gehalten wurde. Für das Jahr 1597 ist ihr Anbau im Botanischen Garten der Fürstbischöfe von Eichstätt nachgewiesen. Im Herbar von Rostius aus dem Jahre 1610 liegt sie unter dem Namen Antro semon oder box biren. Zwinger gibt in seinem Kräuterbuch vom Jahre 1696 an, dass sie in Flandern und Italien angebaut werde, dagegen auf Sizilien und in England wild wachse. In Schlesien wurde sie in der ersten Hälfte des 17. Jahrhunderts in Gärten kultiviert.

Fig. 1999. Hypericum Androsaemum L. *a* Blühender Spross. *b* Fruchtender Spross. *c* Querschnitt durch die Frucht.

1901. Hypericum Córis[1]) L. (= H. verticillátum Lam.). Nadel-Johanniskraut. Franz.: Coris jaune; ital.: Cori. Taf. 183, Fig. 2; Fig. 2000 und Fig. 1995 b und c.

Ausdauernder, (10) 15 bis 40 (60) cm hoher, kahler Kleinstrauch mit spindelförmiger, ästiger Wurzel und ästigem Erdstock. Stengel mehrere, neben fruchtbaren auch unfruchtbare, einfach oder vom Grunde aus ästig verzweigt, aufsteigend, stielrund, hohl, am Grunde mit wirtelig stehenden, 3-eckig-eiförmigen, etwa 1 mm langen Niederblattschuppen. Laubblätter zu 3 bis 5 wirtelig stehend, nadelförmig, lineal, stumpflich, mit kurzem, aufgesetztem Spitzchen, kurz gestielt, sehr fein durchscheinend punktiert, unterseits bläulichgrün, oberseits frischgrün, am Rande zurückgerollt. Blüten in lockeren, armblütigen Rispen. Hochblätter am Rande mit schwärzlichen Drüsen. Kelchblätter lanzettlich bis elliptisch, etwa 3 mm lang, schwarzdrüsig gezähnt, vorn abgerundet. Kronblätter länglich, etwa 9 bis 10 mm lang, reingelb oder hin und wieder mit rötlichen Streifen. Staubblätter kürzer als die Kronblätter. Griffel 3, etwa 3-mal so lang wie der Fruchtknoten. Kapsel eiförmig, etwa 6 bis 8 mm lang, mit dicken, schräg verlaufenden Harzgängen. Samen 6 bis 10 in jedem Fach, papillös, braun. — VI bis VIII.

Zerstreut, doch stellenweise reichlich, an sonnigen, trockenen, felsigen Kalkhängen, in Felsspalten, selten an Mauern. Von der Ebene bis in die subalpine Stufe; am Col de Tende in den Seealpen bis gegen 2000 m.

Fehlt in Deutschland. — In Oesterreich nur in Südtirol in Judikarien am Idrosee bei Bondo (mehrfach), am Doss Brione bei Riva, oberhalb Bolognano bei Arco (140 bis 280 m), um Rovereto bei Drò gegen den Monte Stivo, bei Garniga, oberhalb Ceī gegen die Becca und gegen Prà dell' Albi, bei Castelcorne. — In der Schweiz einzig im oberen Linth-, Sihl- und Reussgebiete: im Linthtal bei Bilten, am Wiggis, Alp Morgenholz bei Niedurnen (von W. Ris 1909 entdeckt), zwischen Mollis und Netstal ob Riedern-

Fig. 2000. Hypericum Coris L., ob der Tellskapelle am Vierwaldstättersee. Phot. Dr. G. Hegi, München.

Glarus und Föhmen bei Schwanden, im Muottatal und dessen Ausgang gegen Schwyz, an den beiden Mythen, am Gibel, von Illgau bis Muottatal, auf Lipplisbühl, Platte bei Wasserberg, im Bisital, Rätschtal, Lochweiden, an der Guggerenfluh und am Wändli hinter Studen, am Vierwaldstättersee beim Kindli, Morschach, am Axen, Mythenstein, bei Seelisberg, an der Schwandfluh bei Emmetten, ob Bauen, bei Isleten, am Gitschen, Hochweg, Rosenbergli bei Stans.

Allgemeine Verbreitung: Am Nordhang der Alpen im Reuss-, Sihl- und Linthgebiet, am Südhang in Südtirol, in den norditalienischen Alpen, in den Seealpen, in den Basses Alpes und im Departement Var (südlich bis Montrieux), in den Apenninen südlich bis Mittelitalien, Korsika?

Hypericum Coris gehört dem südalpinen Elemente an. Seine nächsten Verwandten, H. linearifolium Vahl, H. empetrifolium Willd., H. ericoides L. und H. galiifolium Rupr., mit denen zusammen H. Coris innerhalb

---

[1]) Der Name findet sich bereits bei Dioskurides.

der Sektion Euhypericum die Subsektion Coridium bildet, bewohnen das Mittelmeergebiet bis zum Kaukasus. Der kleine, zierliche Strauch ist ein echter, ausgesprochener Xerophyt mit linealen, umgerollten Laub=
blättern, der festverankert mit grosser Vorliebe in wenig breiten Fugen sonniger, heisser Kalkfelsen nistet. Am Urner See findet er sich an solchen Orten zusammen mit Asplenium Ruta muraria, Stipa Lasia=
grostis, Kernera saxatilis, Potentilla caulescens, Fumana ericoides, Sedum album und S. Hispanicum, Laserpitium Siler, Hieracium sp. Auf breiteren Felsbändern findet er sich neben kümmerlichen Kiefern oder lockerem Gebüsch nach Christ gemeinsam mit Asplenium Adiantum nigrum, Stipa pennata, Carex humilis, Lilium bulbiferum, Allium sphaerocephalum, Vicia Cracca subsp. Gerardi, Coronilla Emerus, Colutea arborescens, Geranium sanguineum und anderen wärmeliebenden Arten. In Kultur ist er seit 1690.

1902. Hypericum humifúsum[1]) L. Erd=Johanniskraut. Franz.: Millepertuis couché. Taf. 183, Fig. 1; Fig. 2001.

Einjährige bis ausdauernde, meist kahle Pflanze mit spindeliger, reichlich verästelter, gelblicher Wurzel und meist kurzer, holziger, wagrechter Grundachse. Stengel ausgebreitet, niederliegend, 3 bis 35 cm lang, am Grunde oft wurzelnd, an der Spitze meist aufsteigend, selten aufrecht, 2=kantig, selten ganz stielrund, hohl. Laub=
blätter sitzend oder sehr kurz gestielt, eiförmig oder länglich=eiförmig bis ellip=
tisch=lanzettlich, stumpf, ganzrandig, am Rande nicht oder nur sehr wenig umgerollt, blaugrün, auf der Fläche meist durch=
scheinend punktiert, am Rande mit schwarzen Punkten. Blüten in arm=
blütigen Trugdolden, meist 5=zählig. Kelchblätter ungleich, 3 grössere, eiförmige, stumpfe oder kurz zugespitzte und 2 kleinere, lanzettliche, alle ganzrandig oder schwach drüsig gezähnelt. Kronblätter 5 bis 7 mm lang, die Kelchblätter nur wenig überragend, schmal verkehrt=eilänglich, hellgelb bis weisslichgelb, am Rande mit schwarzen Drüsen. Staubblätter 15 bis 20, kürzer als die Kronblätter. Kapsel eiförmig, etwa 5 mm lang, wenig länger als der Kelch, mit harzerfüllten Längsstreifen. Samen zylindrisch, an beiden Enden kurz zugespitzt, warzig gestreift, 0,5 bis 0,6 mm lang, dunkelbraun. — VI bis IX.

Ziemlich verbreitet und vielfach in Menge auf Torf=, feuchtem Sand= oder Lehm=
boden: an offenen Stellen in Mooren, an Gräben, auf sandigen und mergeligen Aeckern, an Wegrändern, auf Weiden, seltener in feuchten Fettwiesen, bisweilen herdenweise an lichten Stellen in Laub= und Nadelwäldern, an Waldrändern und auf Waldschlägen (hier unbeständig). Von der Ebene bis in die montane Stufe: in Tirol und Steiermark bis 1200 m, in Bayern nach Vollmann angeblich bis 1800 m (Druckfehler?), am Rachel bis 730 m, in der Schweiz in der Adulagruppe bis etwa 1550 m.

In Deutschland meist häufig, aber in den Alpen zerstreut (Oberstdorf, Benediktenwand, Schliersee [auf Flysch], Gindelalm, Oberaudorf, Reichenhall, Berchtesgaden), ebenso im Jura, am Niederrhein und in manchen anderen Teilen der Norddeutschen Tiefebene, in Schleswig=Holstein unbeständig, auf den Friesischen Inseln, sowie

Fig. 2001. Hypericum humifusum L., fruchtend. Locker begraster Waldweg (Mischwald auf schwach lehmigem Boden) im Dahlemer Holz bei Neuenwalde (Kreis Lehe). Phot. Dr. Joh. Mattfeld, Berlin.

---

[1]) Bei Jungermann (1615) als Hypericum supinum glabrum Bauhin geführt.

im nördlichen Ostpreussen ganz fehlend. — In Oesterreich im Urgesteinsgebiet von Böhmen, Mähren und Niederösterreich verbreitet, im Voralpengebiet, den Alpen und der Kalkzone Mährens zerstreut. — In der Schweiz im Jura und in den Alpen zerstreut, im Mittellande ziemlich verbreitet.

Allgemeine Verbreitung: Europa, nördlich bis England, Dänemark, Schonen, Blekinge, Småland, Estland, Wilna; gemässigtes Asien bis Japan; Makaronesien, Südafrika.

Die Art zeigt folgende Gliederung: var. týpicum Beck. Kelchblätter ganzrandig, einzelne hie und da mit spärlichen grünen Zähnchen; schwarze Drüsen an den Zähnchen fehlend. Verbreitet. — var. decúmbens Peterm. (= H. humifusum L. var. radicans Neyr.). Pflanze kräftiger. Stengel bis 35 cm lang. Kelchblätter mit spärlichen schwarzen Drüsenköpfen. Verbreitet. — var. Liottárdi (Vill.) Car. et St. Lager. Pflanze 1- bis 2-jährig. Stengel aufrecht, oft einfach, armblätterig, 3 bis 6 cm hoch. Kelch und Krone 4-zählig, seltener 5-zählig. Staubblätter 10 bis 15. Zerstreut, stellenweise verbreitet, so im Bayerischen Keupergebiet und in Nord-Hannover im Marschkreise Staade, besonders auf trockenem Sand- und Torfboden auf Aeckern, bisweilen auch an Ruderalstellen. — f. arenárium F. A. Novák. Kelchblätter ungleich, stumpf, dicht schwarzdrüsig. Kapseln einfarbig. Staubblätter drüsenlos (Böhmen).

Hypericum humifusum ist der einzige Vertreter der zur Sektion Euhypericum zählenden Untersektion Oligostéma und besitzt eine fast kosmopolitische Verbreitung. Die ihr nächst verwandte Untersektion Olýmpia ist südosteuropäisch-kleinasiatisch. Die Art findet sich sowohl auf feuchten wie auf trockenen Unterlagen, scheint aber nicht gern auf Kalk zu wachsen und die Gebiete mit kontinentalem Klima zu meiden. In der Norddeutschen Heide ist die oft zierliche Pflanze nach P. Graebner bisweilen in Menge auf sandigem Grunde anzutreffen, kann aber vielfach auch plötzlich von altbesiedelten Orten verschwinden. In den Calluna-Heiden auf diluvialen Sanden sind ihre Begleiter Moose wie Ceratodon purpureus, Polytrichum juniperinum und Hypnum Schreberi, ferner Sieglingia decumbens, Molinia caerulea, Weingaertneria canescens, Carex arenaria, C. ericetorum, Rumex Acetosella, Calluna vulgaris, Empetrum nigrum usw. Ueber die Begleitflora in Sandfluren vgl. die Angabe über die Besiedelung des Tertiärhügels bei Wolnzach unter Aira caryophyllea (Bd. 1, pag. 241). In dicht geschlossenen Gesellschaften vermag sie sich nicht zu halten, tritt dafür aber in grossen Herden auf frischen Torfstichen mit Agrostis canina, A. alba, Trifolium spadiceum usw. oder nach Buchenau auf durch Verletzungen entstandenen offenen Böden, z. B. Maulwurfshaufen, auf. Sehr häufig erscheint sie apophytisch auf sandigen und feuchten Aeckern und Brachen. Auf Stoppelfeldern Nordostdeutschlands trifft man dann mit ihr nach Abromeit etwa Alchemilla arvensis, Centunculus minimus, Radiola linoides, Gypsophila muralis, Juncus capitatus usw. In forstlichen Pflanzgärten, auch in manchen Botanischen Gärten ist sie ihrer Kleinheit und ihrer starken Vermehrung wegen ein äusserst lästiges und schwer zu beseitigendes Unkraut. Die Blüten gelangen bisweilen schon während der Vollblüte zur Selbstbestäubung. Regelmässig soll nach Knuth eine Pollen-übertragung innerhalb derselben Blüte bei sich schliessenden Blüten zu beobachten sein. Auch bei ungünstiger Witterung, bei der sich die Blüten nicht öffnen, soll nach Kerner spontane Selbstbestäubung eintreten. Hin und wieder sind die Gipfelblüten 4-zählig. Kraut und Blüten waren ehedem als Heilmittel im Gebrauch; die Blüten färben und riechen wie jene von Hypericum perforatum.

1903. Hypericum hirsútum L. (= H. villósum Crantz). Behaartes Johanniskraut. Franz.: Millepertuis hérissé. Taf. 184, Fig. 1; Fig. 2002 und Fig. 1996d und e.

Ausdauernde, 40 bis 100 (144) cm hohe, dicht kurzhaarige, mehrstengelige Pflanze mit spindelförmiger Wurzel. Stengel aus einem kurzen, ästigen Erdstock wagrecht entspringend, am Grunde wurzelnd, dann aufrecht, einfach oder kurzästig, stielrund, dicht kurz und kraus behaart, im nichtblühenden Zustande am Grunde mit Niederblättern. Laubblätter sehr kurz gestielt, eiförmig oder länglich-eiförmig, stumpf, dicht kurzhaarig, am Rande gewimpert, durchscheinend punktiert, ohne schwarze Drüsen, unterseits heller. Blüten in lockerem, pyramidenförmigem Blütenstande, auf behaarten Stielen. Kelchblätter länglich-lanzettlich oder lanzettlich, spitzlich, etwa 4 bis 5 mm lang, durch schwarze, kurzgestielte Drüsen gewimpert, auf der Unterseite $\pm$ reichlich kurzhaarig. Kronblätter 8 bis 11 mm lang, eilänglich, schmal-zungenförmig, an der Spitze mit wenigen schwarzen Drüsen, bleichgelb bis goldgelb. Staubblätter wenig kürzer als die Kronblätter. Kapsel eiförmig, etwa 8 mm lang, mit harzführenden Längsstreifen. Samen zylindrisch, an beiden Enden abgerundet, 1 bis 1,2 mm lang, von in Längsreihen angeordneten Papillen rauh, hellziegelrotbraun. — VI bis VIII.

Ziemlich verbreitet und stellenweise in grosser Menge, seltener nur vereinzelt in lichten Laubwäldern, Gebüschen, an Waldrändern, auf Waldschlägen, in Schluchten, Hecken, auf schattigen Wiesen, an Gräben. Von der Ebene bis in die montane Stufe: in Bayern bis 860 m, im Schweizer Jura bis 1600 m. Mit Vorliebe auf Kalkboden.

In Mittel- und Süd-Deutschland meist verbreitet, doch in den höheren, aus Urgesteinen bestehenden Mittelgebirgen zerstreut (z. B. im Schwarzwald, im Bayerischen und Oberpfälzer Wald, Fichtelgebirge, Harz, in den Thüringischen Gebirgen, im höheren Erzgebirge); in der Norddeutschen Tiefebene meist nur zerstreut: in Ostfriesland und im Emslande ganz fehlend, ebenso in grossen Teilen des Nordostdeutschen Flachlandes, in Schleswig-Holstein von Ahrensburg über Oldesloe und Lübeck im östlichen Gebiet (besonders an Steilküsten), um Kiel und Eckernförde fehlend; in Mecklenburg nur bei Dassow; im Elbe- und Odergebiet sehr zerstreut, in Pommern bei Altdamm (1916 von F. Römer entdeckt), in Westpreussen früher bei Danzig, häufiger im nördlichen Ostpreussen östlich von Insterburg, namentlich im Instergebiete. — In Oesterreich nur in Böhmen, Niederösterreich, Vorarlberg und Krain verbreitet, sonst zerstreut und streckenweise ganz fehlend, wie z. B. in grossen Teilen der Zentralalpen (so im Unterinntal, bei Kitzbühel, Meran wie überhaupt im Vintschgau), in Südtirol sehr zerstreut, in der Umgebung von Trient fehlend. — In der Schweiz im Jura verbreitet, im Mittelland zerstreut und stellenweise ganz fehlend, in den Kalkvoralpen ziemlich verbreitet (fehlt Appenzell), im zentral- und südalpinen Gebiete sehr zerstreut und auf weiten Strichen fehlend, in Graubünden z. B. nur bei Thusis und Seewis, im Urgesteinsgebiet des Kantons Uri fehlend, im Tessin nur im Süden, im Wallis nur bei Vionnaz, Murac und angeblich (?) bei Sitten.

Allgemeine Verbreitung: Europa mit Ausschluss des äussersten Südostens und Südwestens, nördlich bis zu den Britischen Inseln, Holland (sehr selten), Nordwestdeutschland, Dänemark, Skandinavien (bis zu den Lofoten [68° 13′ nördl. Breite], Mittelschweden, Åland, Åbo, Oesel, Moon), Estland, Pleskau; Sibirien, Kaukasus, Dsungarei, Armenien; Nordwest-Afrika.

Fig. 2002. Hypericum perforatum L. Achselspross im Gegenlicht (S. 526). Phot. Th. Arzt, Wetzlar.

Aendert ab: f. latifólium Beckhaus (= var. május F. Gér). Schattenform mit breiteren und grösseren, 4 bis 6 cm langen Laubblättern. — f. congéstum Bor. Blütenrispe dicht gedrängt, eiförmig. — var. pseudomontánum Murr. Stengelblätter spärlicher, breit-eiförmig, an der Spitze abgerundet. Seitenzweige zu kurzen Blattbüscheln rückgebildet. Kronblätter grösser, bleicher. Kelchblätter länger, mit länger gestielten Drüsen. In der Tracht an Hypericum montanum erinnernd. Im Vorarlberg verbreitet, z. B. an der Bregenzer Ache, Hard, Klaus, Göfnerwald; in Liechtenstein bei Vaduz.

Hypericum hirsutum gehört dem eurosibirischen montanen Florenelemente an. Seine nächsten Verwandten, H. pruinátum Boiss. et Bal. und H. Kotschyánum Boiss., die mit ihm zusammen die Untersektion Homotænium der Sektion Euhypericum bilden, treten in Vorderasien auf. Im allgemeinen bevorzugt die Pflanze feuchte, ± schattige Standorte auf kalkhaltiger Unterlage, ist aber an keine besondere Pflanzengesellschaft gebunden. Gern tritt dieser Hemikryptophyt in Laubmischwäldern aus Eiche, Hainbuche und Winterlinde auf, gemeinschaftlich mit Potentilla erecta, Geum urbanum, Trifolium alpestre, Cytisus nigricans, Lathyrus niger und L. vernus, Astragalus glycyphyllos, Pulmonaria officinalis, Melampyrum nemorosum (so nach Hayek z. B. in den Sudeten). Sehr ähnliche Begleiter besitzt die Pflanze nach Drude auch im Herzynischen Florenbezirke in der „Formation der gemischten Laubhölzer und Buschgehölze". In Buchenhochwäldern und in anderen Berglaubwäldern ist sie meist seltener. In Auenwäldern erscheint sie zusammen mit Paris quadrifolius, Galeobdolon luteum, Epilobium hirsutum, Phyteuma spicatum, Senecio Fuchsii. Nicht selten findet sie sich auch auf Waldschlägen und Schonungen, so z. B. bei Starnberg (Fig. 0000) zusammen mit Dactylis glomerata, Lathyrus pratensis, Vicia sepium, Pimpinella magna, Aegopodium Podagraria, Epilobium angustifolium, Cirsium arvense, C. lanceolatum und C. oleraceum (Hegi), bisweilen auch gemeinsam mit anderen Hypericum-Arten, z. B. H. perforatum, H. pulchrum und H. humifusum.

1904. Hypericum maculátum Crantz (= H. quadrángulum auct. non Crantz nec auct. brit.). Geflecktes Johanniskraut. Fig. 2003, 2004 und 2005.

Ausdauernde, 20 bis 60 cm hohe, kahle Pflanze mit vergänglicher, ästiger, spindeliger Wurzel und kurzer, wagrechter, ästiger, ausläuferartige Sprosse treibender Grundachse. Stengel aufrecht oder aufsteigend, einfach oder im oberen Teile ästig, durch 4 Leisten 4=kantig (Fig. 2003b), seltener ohne Leisten, bisweilen schwarz punktiert (Fig. 2003 c). Laubblätter sitzend, ± breit=eiförmig bis elliptisch, gegen den Grund abgerundet, vorn stumpf, ganzrandig, am Rande, bisweilen auch auf der Fläche mit schwarzen Drüsenpunkten, aber meist nicht oder spärlich, selten reichlich durchscheinend punktiert, oberseits dunkelgrün und meist dicht netz= aderig, auf der Unterseite hellgrün (Fig. 2003c). Blüten etwa 20 bis 30 mm im Durchmesser, auf schwarzdrüsigen Stielen, in meist armblü= tigen, einfachen oder zusammengesetzten Trauben. Kelchblätter elliptisch, stumpf oder etwas zugespitzt, so lang bis $1^{1}/_{2}$=mal so lang wie der Fruchtknoten, ganzrandig oder an der Spitze stark buchtig gezähnt, am Rande und auf der Unterseite, seltener auch auf der Oberseite mit nur hellen oder hellen und dunklen, punktförmigen oder punkt= und strichförmigen Drüsen. Kronblätter eiförmig=rundlich, etwa 10 bis 11 mm lang, goldgelb, am Rande mit oder ohne schwarze Drüsen= punkte, auf der Fläche mit nur hellen oder mit hellen und dunklen, punktförmigen oder punkt= und strichförmigen Drüsen (Fig. 2003 e). Staubblätter viele (bis 100), $^{2}/_{3}$ bis fast so lang wie die Kronblätter. Fruchtknoten breit=eiförmig, etwa 9 (10) mm lang, reichlich mit schmalen, grösstenteils strichförmigen Längsleisten; Griffel 1= bis 2=mal so lang wie der Fruchtknoten (Fig. 2003f). Samen zylindrisch, 0,8 bis 1,2 mm lang, an beiden Enden stumpf, feinwarzig, hell= bis dunkel= braun (Fig. 2003g). — VI bis IX.

Eine sehr vielgestaltige Art, deren Glieder z. T. ökologisch verschiedenes Verhalten zeigen, z. T. geographisch getrennt (sowohl horizontal, als auch vertikal) auftreten und ± feuchte Unterlagen aller Art: Wälder, Gebüsche, Legföhrenbestände, Hochstaudenfluren, Wald= wiesen und Waldschläge, Sumpfwiesen, Flachmoore, Gräben, feuchte Weiden usw. von der Ebene bis in die alpine Stufe (am Rachel bis 1330 m, in den Bayerischen Alpen bis 1800 m, im Neuenburger Jura bis 1550 m, in Tirol bis 2100 m, im Wallis bis 2300 m, in Grau= bünden bis 2650 m [Schanfigg]) besiedeln.

Allgemeine Verbreitung: Ganz Europa ausser dem äussersten Südosten, nördlich bis Irland, Mittel=England, Skandinavien: Hindö (68° 22′ nördl. Breite), Jämtland, Nord=Onega, Imandra=Land (Umba); West=Sibirien.

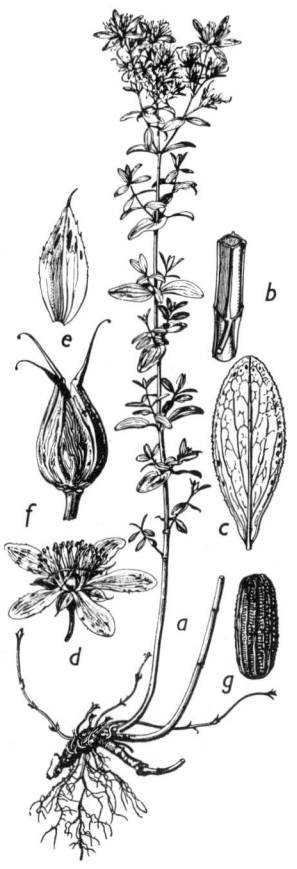

Fig. 2003. Hypericum macu‑ latum Crantz. *a* Habitus. *b* Stengelaus‑schnitt. *c* Laubblatt. *d* Blüte. *e* Kelchblatt. *f* Kapsel. *g* Samen.

Hypericum maculatum umfasst folgende Unterarten: I. subsp. eu=maculátum Schinz et Thellung (= H. maculatum Crantz subsp. týpicum Fröhlich, = H. dúbium Leers, = H. Delphinénse Vill., = H. obtúsum Moench, = H. quadrángulum auct. plur.). Laubblätter mit unterseits sehr dichtem, durchscheinendem, verhältnis= mässig stark hervortretendem Nervennetz, fast ohne oder mit zahlreichen hellen Drüsenpunkten. Blüten 20 bis 25 mm im Durchmesser. Kelchblätter verhältnismässig kurz, so lang wie der Fruchtknoten, sehr breit, stumpf oder etwas spitz, mit meist unmerklich gezähnter Spitze und sehr feinen, hellen und dunklen punkt= förmigen Drüsen. Kronblätter etwa 10 mm lang, ganzrandig, auf der Fläche mit strich= und punktförmigen, sehr feinen, meist dunklen Drüsen, am Rand meist drüsenlos. Staubblätter $^{2}/_{3}$ bis fast so lang wie die Kronblätter. Griffel etwa so lang wie der Fruchtknoten. Fruchtwand mit zahlreichen schmalen, strichförmigen Drüsen. Samen nur etwa 0,8 mm lang, gelblich= bis grünlichbraun. Die verbreitetste Form in Mitteleuropa, in den

Alpen vornehmlich hochmontan bis alpin (in Bayern bis 1800 m, in Graubünden bis 2650 m). Zerfällt in: 1. var. genuinum (Schinz) Fröhlich. Laubblätter ohne oder fast ohne durchsichtige Punkte. Häufig. — 2. var. punctátum (Schinz) Fröhlich (= H. commutátum Nolte). Laubblätter mit vielen durchscheinenden Punkten. Selten. Beide Varietäten können auf Grund ihrer Laubblattform weiterhin gegliedert werden in f. rotundifólium (Fröhlich). Laubblätter sehr breit, fast kreisrund. — f. angustifólum Fröhlich. Laubblätter sehr schmal. — f. glábrum Fröhlich. Stengel fast ohne Leisten. So namentlich bei der var. punctatum. — f. subnervósum Fröhlich. Nervennetz der Laubblätter unterseits weitmaschig. — f. lúteum Fröhlich. Kronblätter ohne oder mit nur hellen Drüsen. — II. subsp. immaculátum (Murb.) Fröhlich (= H. quadrangulum Crantz var. immaculatum Murb.). Laubblätter mit dichter durchscheinender Netznervatur, mit oder ohne helle Drüsenpunkte. Kelchblätter breit= eiförmig, stumpf oder etwas spitz, meist mit unmerklich gezähnter Spitze und, wie die Kronblätter, mit vielen, sehr feinen, nur hellen punkt= und strichförmigen Drüsen. Bisher nur in der montanen bis alpinen Stufe der Balkangebirge nachgewiesen. — III. subsp. obtusiúsculum Fröhlich (= subsp. obtusiusculum [Tourlet] Hayek z. T., = subsp. erósum [Schinz] Fröhlich z. T.). Pflanze höher, reichlicher verzweigt. Zwischenstengel= glieder länger als bei subsp. eu=maculatum. Nebenleisten meist deutlich, seltener fehlend. Laubblätter breiter oder schmäler elliptisch, reichlich helldrüsig punktiert oder fast ohne Drüsenpunkte; Nervennetz verhältnis= mässig weniger dicht, durchscheinend. Blüten meist grösser als bei subsp. eu=maculatum, 25 bis 30 mm im Durchmesser. Kelchblätter meist sehr breit, eiförmig oder ei=länglich, stumpf oder mehr spitz, mit meist stark buchtig gezähnter Spitze und mit nur hellen oder hellen und dunklen, punkt= und strichförmigen Drüsen. Kronblätter in der Regel nur an einem Rande etwas gekerbt und schwarz drüsig punktiert, auf der Fläche mit nur hellen oder hellen und dunklen, vorwiegend lang strichförmigen Drüsen in geringer Zahl. Staubblätter $^2/_3$ bis fast so lang wie der Fruchtknoten. Griffel so lang bis doppelt so lang wie der Fruchtknoten. Drüsen der Fruchtwand verhältnismässig wenige, breiter und von mehr wechselnder Länge als bei subsp. eu=maculatum. Samen etwa 1 bis 1,2 mm lang, hell= bis dunkelbraun. Von der Ebene bis in die Bergstufe. So namentlich in Süddeutschland und in der Schweiz; in Oesterreich bisher nur für Krain nachgewiesen, aber zweifellos weiter verbreitet; ausserdem in Frankreich. Gliedert sich in: 1. var. inperforátum (Tourlet) Fröhlich (= var. epunctatum Schinz). Laubblätter ohne Drüsenpunkte. Häufig. — 2. var. perforátum (Tourlet) Fröhlich (= var. punctatum Schinz). Laubblätter mit durchsichtigen Drüsenpunkten. Selten. — f. latisépalum Fröhlich. Kelchblätter sehr breit, fast rundlich=eiförmig, gezähnt, häufig mit fast nur hellen Drüsen. — f. lúcidum Fröhlich. Kronblätter mit hellen Drüsen. — f. nígrum Fröhlich. Kelch= und Kronblätter mit dunklen Drüsen= punkten und Strichen. — IV. subsp. Styríacum Fröhlich (= subsp. obtusiúsculum [Tourlet] Hayek z. T., = subsp. erósum [Schinz] Fröhlich z. T.). Stengel scharf 4=kantig. Laubblätter meist dicht durchscheinend netz= aderig, meist sehr wenig drüsig punktiert. Kelchblätter sehr breit, oft fast rundlich, verhältnismässig gross, vorn stumpf, gezähnt, wie die Kronblätter spärlich dunkel und reichlich hell gestrichelt und punktiert. Bisher nur im Hügellande und in der unteren montanen Stufe in Steiermark nachgewiesen. — V. subsp. Desetángsii (Tourlet) Fröhlich (= subsp. Desetangsii [Lamotte] Tourlet z. T., = H. perforatum L. var. latifólium Gaudin, = H. intermédium Bellynck, = H. perforatum × H. quadrangulum O. Kuntze, = H. maculatum × perforatum Fröhlich). Pflanze 30 bis 100 cm hoch. Stengel oberwärts reichlich verzweigt. Laubblätter länglich=oval, ungestielt, fein und zart helldrüsig punktiert; Nervennetz meist sehr locker, durchscheinend; die oberen vom Stengel abgebogen, nicht hängend. Kelchblätter breiter oder schmäler lineal=lanzettlich oder länglich=lineal, spitz oder zugespitzt, mit feiner Haarspitze, ebenso wie die Kronblätter spärlich schwarz punktiert. Kronblätter etwa 12 bis 15 mm lang, etwa von der Grösse derer von H. perforatum. Blütezeit später als bei subsp. eu=maculatum. In der Ebene und im Hügelland auf Sumpfwiesen, Mooren, an Gräben. In Deutschland in Bayern z. B. bei Peterhof, Glonn, im Leutstettener Moor, München gegen Föhring, bei Spiegelau; in Württemberg beim Bad Boll, südlich Göppingen, Donnstetten; in Baden bei Köndringen, Buchheim, Denzlingen, Freiburg, Günterstal, Ravennaschlucht hinter Höllsteig, Hinterzarten, Titisee; in der Schweiz sehr verbreitet bis in die Bergstufe, am Untersee z. B. bei Gottlieben, Triboltingen, Wollmatinger Ried, im Wallis bei Sitten; im Solothurner Jura z. B. viel häufiger als subsp. eu=maculatum, in Arosa (Graubünden) einmal eingeschleppt bei 1840 m; in Oesterreich bisher nur in Salzburg nachgewiesen; in Europa ausserdem in Spanien, Frankreich, Belgien, England und Italien. — VI. subsp. Desetangsiifórme Fröhlich (= subsp. Desetángsii [Lamotte] Tourlet z. T.). Unterscheidet sich von der vorhergehenden durch oberseits etwas runzelige, auffällig am Stengel herab= geschlagene, mitunter angedrückte Laubblätter mit zahlreichen, grösseren, auf beiden Seiten mehr hervortretenden und in ein meist ziemlich dichtes, durchscheinendes Nervennetz eingebetteten Drüsen. Kelchblätter im Durchschnitt breiter und nur wenig spitz und ebenso wie die Kronblätter reichlich schwarzdrüsig punktiert. Nur in Steiermark, dort aber an Waldrändern und in Wiesen der Ebene und des Hügellandes nicht selten, z. B. bei Stübing, Judendorf, Göeting, St. Martin, Puntigam, Strassgang, Doblbad, Wundschuh, Maria Trost, Stiftingtal, Ragnitztal, Raabtal (Gleisdorf). Aendert ab: var. aporósum Fröhlich. Laubblätter nur mit spärlichen oder ganz fehlenden Drüsenpunkten. Selten auf feuchten Wiesen an Waldrändern bei Maria Trost bei Graz.

Die systematische Bewertung der vom Monographen der Gruppe, A. Fröhlich, als Unterarten bezeichneten Sippen ist nicht über jeden Zweifel erhaben und wird namentlich dadurch erschwert, dass diese Sippen einesteils formenreich und z. T. durch Zwischenglieder untereinander verbunden sind, anderenteils nicht selten Kreuzungen mit Hypericum acutum und H. perforatum eingehen. Ferner sollen auch noch nichthybride Annäherungsformen, namentlich bei der ersteren Art, auftreten, während sich auch Hypericum perforatum durch ihre var. latifolia dem Hypericum maculatum nähert. Bereits die dem typischen H. maculatum subsp. eu=maculatum nahestehende subsp. obtusiusculum zeigt mischkörnige Pollenkörner. Die subsp. Desetangsii ist noch am meisten umstritten. Auch sie besitzt mischkörnigen Pollen und ist bereits ihrer Tracht wegen vielfach als Kreuzung angesehen worden. Nach der Zusammenstellung von A. Thellung (Ueber ein verkanntes Hypericum der Flora Süddeutschlands [Hypericum Desetangsii Lamotte], 1912) sehen Lasch, O. Kuntze, Focke und (früher auch) Fröhlich diese Unterart als Bastard zwischen Hypericum maculatum und H. perforatum an, Michalet als solchen zwischen Hypericum acutum und H. perforatum; Brügger erklärte sie z. T. gleichfalls als Mischling dieser beiden Verbindungsmöglichkeiten, z. T. als Bastard zwischen Hypericum acutum und H. maculatum. Eine Reihe anderer Autoren dagegen erblicken in ihr eine eigene Art, die entweder zwischen H. perforatum und H. maculatum oder H. maculatum und H. acutum zu stellen sei, bald eine Varietät oder Unterart einer der zwei letztgenannten Arten. Durch die Form und feine Punktierung der Laubblätter, sowie durch die kleinen gelben Blüten erscheint eine Kreuzung zwischen Hypericum acutum und H. maculatum am wenigsten wahrscheinlich, zumal sichere, von Desetangsii deutlich verschiedene Bastarde dieser Verbindung bekannt sind. Mischlings=

Fig. 2004. Hypericum maculatum Crantz. Fruchtende. Roskilde in Seeland/Dänemark. Phot. E. Hahn, Kirchheimbolanden.

natur zwischen Hypericum maculatum und H. perforatum ist eher in Betracht zu ziehen, weil die subsp. Desetangsii wenigstens in Frankreich und in der Schweiz fast ausschliesslich in Gesellschaft dieser beiden Arten aufzutreten pflegt. Doch sind die Kelchblätter bei beiden Arten schmäler als bei der in Frage stehenden kritischen Form. Dennoch glaubte auch Fröhlich ursprünglich eine solche Stellung annehmen zu müssen. Dagegen haben Tourlet und später Thellung Bedenken geltend gemacht. Die Möglichkeit einer hybridogenen Abstammung wird dabei aber nicht durchwegs abgelehnt, vielmehr wird an Circaea intermedia, Menta verticillata und M. villosa erinnert, die mit grosser Wahrscheinlichkeit als konstant gewordene Abkömmlinge ursprünglicher Bastarde zu betrachten sind. Die subsp. Desetangsii bewohnt vorzugsweise Sumpfwiesen der Ebene und der unteren Bergstufe. Der Schwerpunkt der Verbreitung der subsp. eu=maculatum liegt in den Alpen in der subalpinen und alpinen Stufe und zwar namentlich auf $\pm$ trockenen Böden (Alpenweiden, in lichten Wäldern usw.), in Nord= und Mitteldeutschland ebenfalls auf trockenen Unterlagen, aber ohne Ausprägung bestimmter Höhenstufen. Die subsp. obtusiusculum nimmt sowohl in Bezug auf die morphologischen Verhältnisse als auch auf die Höhenstufe eine Mittelstellung zwischen den zuvorgenannten Unterarten ein. Neuerdings hat Fröhlich im Gebiete der mitteleuropäischen Flora noch die weiteren Unterarten Desetangsiiforme und Styriacum unterschieden, zu denen im Balkan noch die subsp. immaculatum tritt. Die subsp. Desetangsiiforme steht zwischen subsp. eu=maculatum und subsp. obtusiusculum, die subsp. Styriacum zwischen subsp. obtusiusculum und subsp. immaculatum. Hinsichtlich der vertikalen und horizontalen Verbreitung der verschiedenen Sippen ergibt sich auf Grund der gegenwärtigen Kenntnisse folgendes Bild: subalpin=alpin in den Alpen und ohne Höhengliederung im nördlicheren Gebiete und verbreitet im ganzen Verbreitungs=Areal ist die subsp. eu=maculatum; die Ebenen= und Hügelform im weiteren Bereiche des westlichen Alpenzuges (etwa bis

Salzburg) ist subsp. Desetangsii, die des Ostens (bisher nur als eng begrenzter Neo=Endemismus von Steiermark bekannt) subsp. Desetangsiiforme. Für die montane Stufe erscheint eine horizontale Gliederung insofern nicht streng durchführbar, als die subsp. obtusiusculum sowohl im Osten (Krain) als auch im Westen (allgemein) auftritt, während der Osten bisher nur in Steiermark durch die subsp. Styriacum ausgezeichnet ist.

Die subsp. eu=maculatum tritt im Herzynischen Florenbezirk nach Drude namentlich in den etwa über 400 m gelegenen, durch Avena pratensis und A. pubescens, Alopecurus pratensis, Luzula multiflora, Agrostis canina, Meum athamanticum, Trollius Europaeus, Arnica montana, Centaurea pseudophrygia, Crepis succisifolia und Phyteuma orbiculare ausgezeichneten Bergwiesen auf. In den norddeutschen Erica Tetralix= Heiden mit vorherrschendem Juncus squarrosus erscheint sie öfters in grösserer Menge an grasigen Stellen mit Scirpus caespitosus, Eriophorum vaginatum, Carex pilulifera, Salix=Arten, Polygala depressa, Gentiana Pneumonanthe, Pedicularis silvatica usw. (Graebner). Im Alpengebiet findet sie sich in der Regel in Trisetum flavescens= und in mittelfeuchten Agrostis tenuis=Fettwiesen. Im Schanfigg gehört sie bisweilen zu den Begleitern des Delphinietums elati, einer Hochstaudenflur, die auf gefestigten Grobgeröllhalden als Pionier= Verein dem Alpenerlengebüsch vorausgeht und in der sich Aconitum Vulparia, Adenostyles glabra, Carduus Personata, Cerinthe glabra, Chaerophyllum hirsutum, Laserpitium latifolium, Valeriana montana, Petasites niveus, Gentiana asclepiadea als die bezeich= nendsten Vertreter vor= finden (Beger). In Pinus montana=Gebüschen am Wie= ner Schneeberg zeigen sich in der Gesellschaft dieser Unter= art Betonica Alopecurus, Carduus defloratus, Astran= tia major, Helianthemum vulgare, Achillea Millefolium, Senecio Fuchsii und Pimpi= nella major (Hegi). Oeko= logisch fast kongruent wächst

	westalpin	ostalpin
subalpin=alpin (im Norden nicht vertikal gegliedert)	eu=maculatum	
montan (in den Alpen i. w. S.)	obtusius=	Styriacum =culum
Ebene und collin (in den Alpen i. w. S.)	Desetangsii	Desetangsiiforme

Fig. 2005. Horizontale und vertikale Gliederung der Unterarten von **Hypericum maculatum** Crantz in Mitteleuropa.

sie auch unter Legföhren am Torrenerjoch bei Berchtesgaden. — Die subsp. Desetangsii gehört zu den ± bezeichnenden Gliedern der Molinietum=Serie, erscheint auf feuchten Böden, auf denen sich Molinia caerulea bereits in grösseren Mengen eingestellt hat oder an Grabenrändern und hält sich im Molinietum, bis dieses durch das Aufkommen von Rhamnus Frangula, Salix cinerea und S. aurita, Betula verrucosa u. a. Bäume und Sträucher in einen Auenwald übergeführt wird. Bei Glattfelden unweit Zürich wurde die Unterart in der Endphase des Molinietums mit folgenden wichtigeren Arten beobachtet: Iris Sibirica, Allium angulosum, Selinum carvifolium, Pulicaria dysenterica, Thalictrum flavum und var. exaltatum, Sanguisorba officinalis, Serratula tinctoria, Parnassia palustris, Menta aquatica, Gentiana Pneumonanthe, Succisa pratensis, Epipactis palustris, Galium verum, Cirsium oleraceum, Spiraea Ulmaria, Gymnadenia odoratissima, massenhaft Molinia caerulea und weniger Deschampsia caespitosa (Beger).

1905. Hypericum acútum Moench[1] (= H. tetrápterum Fries, = H. quadrángulum Crantz non L.). Flügel=Johanniskraut. Fig. 2006 und 1996f.

Ausdauernde, (15) 20 bis 70 cm hohe, kahle Pflanze mit kurzlebiger, spindelförmiger, ästiger Hauptwurzel und ästigem, wagrechtem, viele dünne, lange unterirdische Ausläufer treibendem Wurzelstock. Stengel aufrecht, ästig, durch 2 Hauptleisten und 2 wenig schwächere Nebenleisten 4=kantig oder geflügelt (Fig. 2006b), hohl, an den Kanten mit schwarzen Drüsen (Fig. 2006b). Laubblätter eiförmig bis breit=elliptisch, mit breitem Grunde halbstengelumfassend, sitzend, stumpf oder seltener spitz, ganzrandig, sehr fein und dicht durchscheinend punktiert, mit spärlichen, schwarzen, sitzenden Drüsen (Fig. 2006c). Blüten in dichten, zusammengesetzten Trugdolden. Kelchzipfel schmal=lanzettlich, zugespitzt, etwa 4 bis 5 mm lang, ganzrandig, mit hellen, punkt= und strichförmigen und spärlichen schwarzen, punktförmigen Drüsen (Fig. 2006d). Kronblätter 7 bis 8 mm lang, elliptisch, am Rande auf einer Seite meist etwas gekerbt, auf der Fläche mit hellen, gegen die Spitze zu mit dunklen Drüsen (Fig. 2006f). Staubblätter

---

[1] Hoffmann bezeichnet die Art 1622 als Hypericum ascyrum variegatum sive aureum.

etwa 30 bis 40 (60), gleich lang wie die Kronblätter oder wenig kürzer als der Fruchtknoten. Frucht eiförmig bis schmal=eiförmig, spitz, etwa doppelt so lang wie der Kelch, mit strich= förmigen Drüsenleisten. Samen ziemlich zahlreich, zylindrisch, 0,8 bis 1,1 mm lang und 0,3 mm breit, dunkelbraun, feinwarzig. — VII bis VIII (IX).

Verbreitet und meist häufig auf ± feuchten Unterlagen aller Art: auf Waldwiesen, in Ufergebüschen, an Gräben, Bächen, quelligen Orten, in Flachmooren, an Seeufern, in feuchten Hecken, Weinbergen, auf Gänseangern. Von der Ebene bis in die untere montane Stufe: im Jura bis 750 m, in den Bayerischen Alpen bis 810 m, in Tirol im Oberinntal bis 1050 m, im Val Blegno bis 900 m, im Wallis bis etwa 1300 m[1]).

In Deutschland meist nicht selten, aber in den höheren Mittelgebirgen, im Jura und am Nieder= rhein meist nur sehr zerstreut, auf den Nordsee=Inseln ganz fehlend, aber z. B. in Schleswig=Holstein nicht selten. — In Oesterreich verbreitet in Salzburg, Ober= und Niederösterreich, Böhmen, Steiermark und Krain, zerstreut in Mähren, Schlesien, in Vorarlberg und Kärnten, in Tirol ziemlich zerstreut und stellenweise ganz fehlend, so im Lechgebiet, im Bezirk Kitzbühel und im Pustertal. — In der Schweiz im Mittelland und im Jura verbreitet, in den Alpentälern ziemlich zerstreut.

Allgemeine Verbreitung: Europa; Sibirien, Vorderasien; Nordwest=Afrika.

Aendert wenig ab: f. húmile Boenningh. Stengel kaum 20 cm hoch, wenig geflügelt, nur im oberen Teile kurzästig. Auf Lehmboden. Aus Westfalen angegeben. — f. pátulum Boen= ningh. Stengel von unten auf langästig. Laubblätter elliptisch. Blüten wenig dicht stehend. In Gebüschen. Aus Westfalen angegeben. Nach Fröhlich ist auch die Breite und die Deut= lichkeit der Netznervatur der Laubblätter, die Breite der Kelch= blätter, die Zahl der schwarzen Randdrüsen an denselben und die Stärke der Ausbildung der Leisten an den Fruchtwänden grossen Schwankungen unterworfen.

Hypericum acutum ist ein europäisch=mediterranes Element. Am häufigsten tritt die Pflanze in feuchten, von Erlen und Pappeln durchsetzten Weidengebüschen auf, zusammen mit Caltha palustris, Cicuta virosa, Peucedanum palustre, Angelica silvestris, Filipendula Ulmaria, Lythrum Salicaria, Epilobium hir= sutum und E. palustre, Scrophularia nodosa, Solanum Dulcamara, Lysimachia vulgaris, Symphytum officinale usw. In norddeutschen Waldheiden mischt sie sich mit Aspidium montanum, Blechnum spicant, Platanthera bifolia, Trifolium medium, Scrophularia nodosa, Bidens tripartitus, Centaurea Jacea, Origanum vulgare u. a. und bevorzugt dabei buschige Stellen. In Molinia=Beständen erscheint sie im Schanfigg (Kt. Graubünden) z. B. gemeinsam mit Festuca arundinacea, Juncus glaucus und J. articulatus, Epilobium parvi= florum, Eupatorium cannabinum, Galium Mollugo subsp. elatum, G. verum, Convolvulus sepium, Rhinanthus minor, Crepis paludosa, Helleborine palustris usw. Auf den Alluvionen grösserer Flüsse stellt sie sich am Saume von Erlenwäldern zusammen mit Equi= setum limosum, Sparganium erectum, Glyceria plicata, Montia rivularis, Stellaria uliginosa und S. aquatica, Caltha palustris, Nasturtium officinale, Cardamine amara, Veronica Beccabunga u. a. feuchtigkeitsliebenden Pflanzen ein. — Die Samen keimen nach

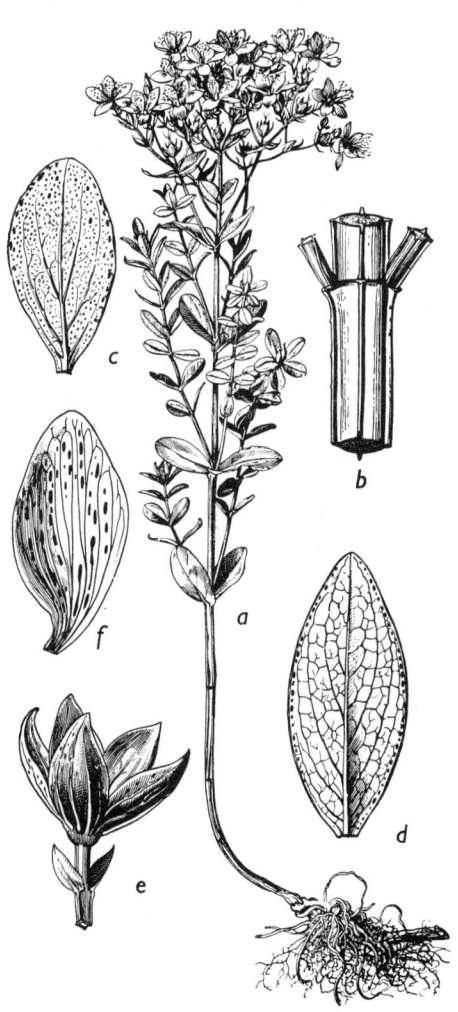

Fig. 2006. Hypericum acutum Moench. *a* Habitus. *b* Stengelausschnitt. *c* Laubblatt. *d* Kelchblatt. *e* Kelch. *f* Kronblatt.

Kinzel nur im Lichte und nach langer Ruhezeit. — Die Blüten verhalten sich blütenbiologisch wie diejenigen von H. perforatum. Nach Kirchner ist aber an offenen Blüten eine freiwillige Selbstbestäubung unmöglich. Als Ueberträger der Pollen wurden Nitiduliden, Fliegen und Syrphiden festgestellt. — Stöcke mit tetramerem Kelch

---

[1]) Auf einer Verwechslung beruht wohl die Angabe von Murith von Planards im Wallis bei 1930 m.

und Krone sind von Camus beobachtet worden. — Zoocecidien werden durch die Stiche von Thecodiplósis giardiána Kieff. hervorgerufen. Pilzbefall wurde bisher nur durch die fast alle Hypericum=Arten befallende Erysibe polýgoni DC. festgestellt.

1906. Hypericum élegans Stephan (= H. Kohliánum Sprengl.). Zierliches Johannis= kraut. Fig. 2007 und Fig. 1998.

Ausdauernde, 15 bis 40 cm hohe, kahle Pflanze mit langer, spindelförmiger, ästiger Wurzel und reichästigem Erdstock, teils dünne unfruchtbare Sprosse, teils blühende Stengel treibend. Stengel am Grunde kurz wagrecht kriechend oder aufrecht, im unteren Teile stielrund, im oberen mit 2, meist reichlich schwarzdrüsigen Leisten, einfach oder kurzästig. Laubblätter länglich= lanzettlich (Fig. 2007 e), mit halbstengelumfassendem Grunde sitzend, meist so lang oder länger als die Stengelglieder, die unteren an der Spitze abgerundet, die oberen ± zugespitzt, am Rande etwas umgerollt und meist spärlich schwarz punktiert, auf der Fläche reichlich durchscheinend punktiert, selten mit ver= einzelten schwarzen Drüsenpunkten. Hochblätter teilweise zugespitzt und gefranst. Blüten in lockeren Rispen. Kelchblätter eilanzettlich, spitz, etwa 5 mm lang, auf den Flächen reichlich helldrüsig, nicht oder nur sehr spärlich schwarzdrüsig, am Rande mit kurzen, die Breite der Kelchblätter an Breite nicht übertreffenden Drüsenfransen, bleibend (Fig. 2007 c). Kronblätter etwa 10 bis 12 mm lang, schief=verkehrt=eilanzettlich, am Rande mit schwarzen Drüsenpunkten, hellgoldgelb; Staubbeutel mit einer schwarzen Drüse zwischen den Staubbeutelfächern (Fig. 2007 d). Frucht eiförmig, etwa 7 mm lang, mit linealen, blasigen Drüsen. Samen länglich, etwa 1 mm lang, fein längsstreifig= punktiert, braun. — VI, VII.

Meist vereinzelt an trockenen, sonnigen Orten, vorzugsweise auf kalkiger Unterlage, aber auch auf Sandstein, Keuper und Gips auf mageren Wiesen, Weiden und an Felsen, apophytisch auch in Wein= bergen und Kiesgruben. Von der Ebene bis in die untere Bergstufe.

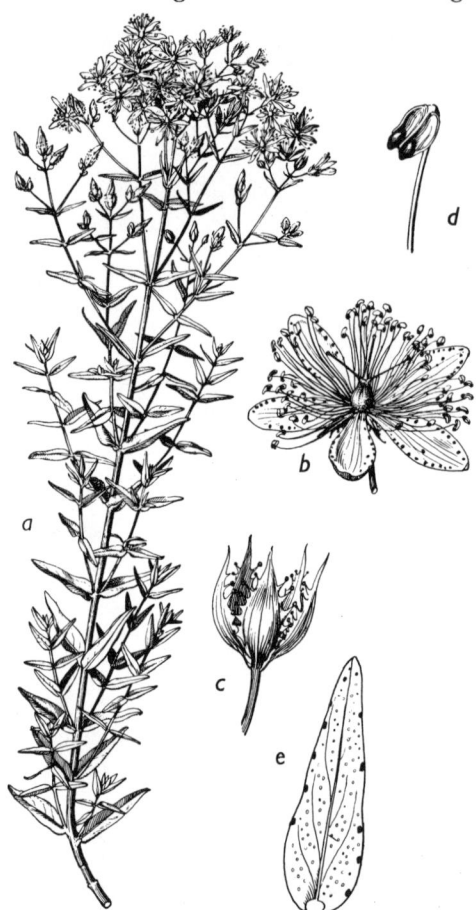

Fig. 2007. Hypericum elegans Stephan. *a* Habitus. *b* Blüte. *c* Kelch. *d* Staubblatt. *e* Laubblatt.

In Deutschland (Fig. 1998) bei Bennstedt unweit Halle an der Saale und bei Eisleben; in Thüringen z. B. bei Mertendorf bei Naumburg, Erfurt (Schellenburg bei Kühnhausen, Gerichtsfeld bei Gebesee, Schrotheim, an der Schallenburg und an der Landstrasse Schallenburg=Gramme=Mühle, bei Erfurt=Nord auch verschleppt), bei Wendelstein a. U., am Frevel bei Allstedt, Nebra, Frankenhausen, Tennstedt, Kickelberg bei Schwarza (westlich Suhl); in Hessen bei Odernheim (linksrheinisch?); früher auch am Tosmarberg bei Hildesheim und verschleppt bei Königsberg in Ostpreussen. — In Oesterreich in Böhmen bei Karlstein, Srbsk bei Beraun, Georgsberg, Lobositz, Leitmeritz und Budin; in Mähren bei Cejtsch, Austerlitz (zwischen Ottnitz und Koberitz); in Niederösterreich hinter Stein bei Krems. — Fehlt in der Schweiz.

Allgemeine Verbreitung: Mittel=Deutschland, Tschechoslowakei, Oesterreich, Galizien, Ungarn, Banat, Kroatien, Transsylvanien, Südwest= und Süd=Russland; Sibirien bis zum Altai.

Hypericum elegans ist eine sarmatisch=südsibirische Steppenpflanze, die hohe Sommertemperaturen erfordert, aber kalte Winter gut verträgt und im Saalebezirk, Thüringen und Hessen ihre nordwestliche Grenze findet. Neben Prunus fruticosa, Quercus pubescens, Poa Badensis, Gagea saxatilis, Astragalús exscapus und A. Danicus, Oxytropis pilosa, Seseli Hippomarathrum usw. ist sie nach Drude eine der sehr bezeichnenden Pflanzen der erstgenannten beiden Landschaften. Sie besiedelt trockene, grasige Hügel von xerothermem Charakter und erscheint in Böhmen z. B. zusammen mit Brachypodium pinnatum, Stipa pennata und S. capillata, Melica Transsylvanica, Thesium Linophyllum, Chondrilla juncea, Inula hirta, Anemone patens, Erysimum crepidifolium, Bupleurum falcatum usw. (Domin). In Weinbergen bei Krems gedeiht sie mit Reseda Phyteuma, Rosa Jundzillii und R. Kremsensis. In den Prunus fruticosa-Gebüschen Galiziens und der Bukowina entwickelt sie sich nach Hayek im überaus artenreichen, kräuterreichen Unterwuchs neben Aconitum Anthora subsp. Jacquini, Seseli annuum, Gentiana ciliata, Nepeta Pannonica, Phlomis tuberosa, Adenophora liliifolia, Carlina simplex, Waldsteinia geoides, Euphorbia tristis usw. Oestlich der Strypa tritt sie auch in die Steppen ein, bei Bilcze und Cygan unweit Borszczow z. B. zu Avena compressa, Melica altissima, Muscari comosum, Asparagus tenuifolius, Oxytropis pilosa, Astragalus Austriacus, Crepis rigida, Hieracium virosum und anderen südöstlichen Arten gesellt. — Auf Grund des zerstückelten Verbreitungsgebietes in Mitteleuropa, das gewisse Aehnlichkeit mit dem von Erysimum crepidifolium und Seseli Hippomarathrum besitzt, und auf Grund der Tatsache, dass die Samen durch keinerlei Verbreitungs-Einrichtungen ausgezeichnet sind, so dass Verschleppungen durch Zugvögel auf Entfernungen bis zu 500 km — wie dies dann bei den beiden Vorkommen bei Krems in Niederösterreich und Odenheim südlich von Mannheim der Fall sein müsste — als äusserst fraglich erscheinen, äussert August Schulz die Anschauung, dass H. elegans während einer der wärmeren Zwischeneiszeiten schrittweise von Ungarn her nach Mitteleuropa gelangt sei und zwar vermutlich teils über Böhmen und dann längs der Oder oder Elbe, z. T. auch längs der Donau. Durch klimatische Rückschläge sei die Art später wieder an vielen Orten ausgestorben, so dass dadurch ihre gegenwärtige Arealfigur entstanden sei. Die Art ist eng mit H. pulchrum und H. montanum verwandt und bildet mit noch weiteren 8 Arten einen engeren zur Untersektion Homotaenium zählenden Artenschwarm, der zumeist im westlichen Eurasien, mit einzelnen Arten auch im Himalaya, in Südafrika und in Mexiko lebt.

1907. Hypericum púlchrum L. (= H. amplexicáule Gilib.) Heide-Johanniskraut. Engl.: Small upright St. John's wort. Fig. 2008 und Fig. 1998.

Ausdauernde, (15) 20 bis 60 (100) cm hohe, kahle Pflanze mit spindeliger, ästiger, ausdauernder Wurzel und kurzem, niederliegendem oder aufrechtem, reichästigem Erdstock; neben blühenden Stengeln auch unfruchtbare Sprosse treibend. Stengel aufrecht oder aufsteigend, einfach oder ästig, stielrund, hohl, oft rötlich überlaufen. Laubblätter des Hauptstengels kreuzweise gegenständig, 3-eckig-herzförmig, stumpf, mit breitem, halbstengelumfassendem Grunde sitzend, mit sich deckenden Oehrchen, durchscheinend punktiert, oberseits grün, unterseits blaugrün, am Grunde knorpelig (Fig. 2008 d); Laubblätter der nichtblühenden Sprosse, der Stengeläste und des untersten Stengelteils länglich-eiförmig, sonst wie die übrigen. Blüten auf langen Stielen, in lockerer, schmaler, langgestreckter Rispe. Kelchblätter verkehrt-eiförmig, etwa 3 mm lang, stumpf, am

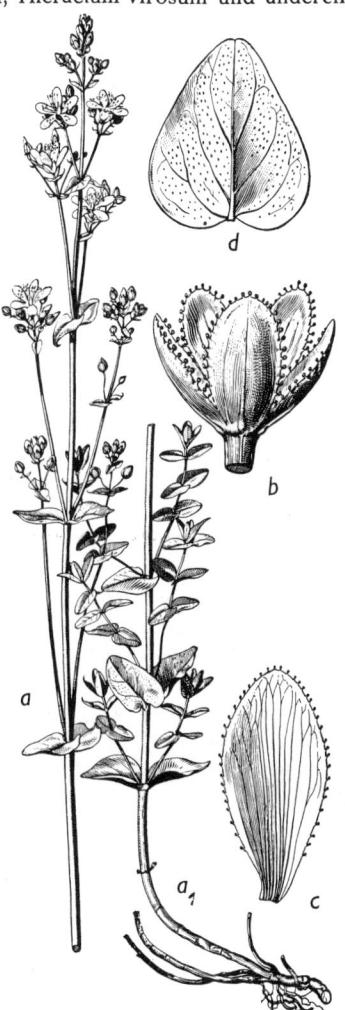

Fig. 2008. Hypericum pulchrum L. *a, a₁* Habitus. *b* Kelch. *c* Kronblatt. *d* Laubblatt.

Rande mit gestielten oder sitzenden, schwarzen Drüsen, nicht abfallend (Fig. 2008 b). Kronblätter länglich-lanzettlich, 8 bis 9 mm lang, 3- bis 4-mal so lang wie die Kelchblätter, am Rande mit sitzenden und ± deutlich gestielten, schwarzroten Drüsen, goldgelb, oft rötlich überlaufen (Fig. 2008 c); Staubblätter wenig kürzer als die Kronblätter; Staubbeutel gelbrot. Griffel etwa 4 mm lang. Kapsel etwa 6 mm lang, eiförmig. Samen eilänglich, etwa 0,5 mm lang, hellbraun, fein papillös-rauh. — VII bis IX.

Meist einzeln oder in kleinen Gruppen auf kalkarmen Böden, gern auf Sand: in trockenen Nadel- (bes. Kiefern-) und Laubwäldern, Zwergstrauch- und Grasheiden, an Waldrändern, seltener auch in Strassengräben. Vorzugsweise in der collinen und unteren Bergstufe; in den Vogesen bis etwa 1000 m. Kieselhold.

In Deutschland häufig im Westen und Südwesten: Vogesen, Pfälzer Bergland, Schwarzwald, im Bergland des unteren Neckars, Mains, Mittelrheins und seiner Nebenflüsse, weniger häufig in den an die Nordwestdeutsche Tiefebene angrenzenden Bergländern, zerstreut im Jura, am Oberrhein und in der Norddeutschen Tiefebene bis etwa östlich der Elbe, auf den Nordsee-Inseln fehlend, verbreitet wieder in Schleswig-Holstein (im Geestgebiet, vereinzelt im Hügelland). Die Ostgrenze (Fig. 1998) verläuft in Deutschland vom Hohentwiel auf die Schwäbische Hochebene, nach Leutkirch, Memmingen, Schorren bei Füssen, Augsburg nach Eggstädt am Chiemsee, im Jura bis zum Veldensteiner Forst, greift über den Neckar und zieht über die Umgebung von Bayreuth (Rot bei Sackdilling, Thurnau, Vierzehnheiligen, Lichtenfels) in das nördliche Westsachsen (Nossen, Oschatz) und das Elbsandsteingebirge, tritt nach Böhmen (Fugau bei Löbau, Schluckenau [früher] und Mähren [zwischen Cejtsch und Cejkowitz] über, erscheint wieder in Schlesien bei Geiersberg, bei Rengersdorf, Hammerwald bei Klein-Kotzenau und Görlitz und zieht nordwärts nach Lübben, Luckau, Klötze, Havelberg, Ludwigslust, Schwerin und Ratzeburg. Oestlich dieser Linie tritt die Art nur verschleppt oder verwildert auf, so in Westpreussen bei Karlsberg unweit Oliva. — In Oesterreich in Böhmen und Mähren (s. o.), angeblich nach Fleischmann (1853) in Untersteiermark bei Cilli und Tüffer und in Krain südlich von Laibach (nach Hayek in beiden Ländern sehr zweifelhaft; die Angaben beruhen wahrscheinlich auf Verwechslungen mit H. montanum). — In der Schweiz nur im nördlichen Teile ziemlich verbreitet, östlich bis zum Mont Sion bei Genf (ausserhalb der Gebietsgrenze), dann im Jura südlich von Biel (nicht am Creux du Van) eintretend mit der östlichen Grenze bei Entlibuch (Kt. Luzern), Geissboden (Kt. Zug, früher), Hohe Rone, dann bei Rheinfelden, Lenzburg, Baden, Boppelsen, Dielsdorf, Winterthur, Klettgau (Kt. Schaffhausen) zum Hohentwiel überleitend.

Allgemeine Verbreitung: Westeuropa, nördlich bis Irland, Shetlands-Inseln, Norwegen, östlich bis zur Nordseite des Drontheimer Fjords, Tvedestrand, Larvik, Halland, Bohus, Dänemark, Mecklenburg, Brandenburg, Schlesien, Mähren, Nordböhmen, Fränkischer Jura, Schwäbisch-bayerische Hochebene, Nordwestschweiz, Französische Voralpen, Süditalien.

Aendert ab: var. pállidum Rouy et Foucaud. Blüten hellgelb, in schmaler, armblütiger Traube.

Hypericum pulchrum gehört dem subatlantischen Elemente an. Seine Zuweisung zum westmediterranen Elemente, wie es A. Süssenguth (in Berichte der Bayerischen Botanischen Gesellschaft. Bd. XV, pag. 274) vorschlägt, dürfte sich kaum aufrecht erhalten lassen, zumal die Art nördlich bis Irland und den Shetlands-Inseln reicht. E. Kelhofer bezeichnet die Art, weil ihr schweizerisches Gebiet in engem Zusammenhang mit dem Schwarzwald steht, als Schwarzwaldelement. G. Anderson sieht in ihrem Auftreten in Dänemark, Halland und Skåne in Schweden einen Ueberrest aus der Litorinazeit, in welcher der Golfstrom mit einem Zweige noch die Ostsee berührte. Das Verbreitungsareal der Pflanze entspricht im wesentlichen dem von Ilex Aquifolium (pag. 236), Digitalis purpurea und Sedum Anglicum. Die kieselholde Pflanze erscheint gern in lichten Gebüschen und Wäldern von Pinus silvestris und Quercus sessiliflora auf ziemlich trockenem, sandigem Boden, gemeinschaftlich mit Juniperus communis, Calluna vulgaris, Genista Germanica, G. tinctoria, Deschampsia flexuosa, Festuca heterophylla, Hypericum perforatum, H. humifusum und H. hirsutum, Epilobium collinum, E. tetragonum, Jasione montana und verschiedenen Moosen (so nach Gams z. B. im nördlichen Teile des schweizerischen Mittellandes). Auch in Norddeutschland tritt sie häufig unter ähnlichen Verhältnissen z. T. in der typischen märkischen Kiefernheide, z. T., namentlich im Nordwesten, auch nach Focke und Friedrich in Eichengesträppen auf. In der echten Calluna-Heide der Norddeutschen Tiefebene stellt sie sich auf sandigem Grund nach P. Graebner oft in Menge ein, hält sich mehrere Jahre hindurch in Masse, um dann plötzlich wieder zu verschwinden. Auf sandigen Böden in Nordlothringen sind ihre Begleiter nach H. Waldner Nardus stricta, Aira praecox, Weingaertneria canescens, Scleranthus perennis, Anemone vernalis, Arabis arenosa, Ornithopus perpusillus usw., im Spessart u. a. Blechnum Spicant, Pteridium aquilinum und Genista pilosa. In den Vogesen findet man sie nach E. Issler im Tannenmengwald und auf frischem, mineralischem Boden auf Bergweiden. Fossil wurde die Art im älteren Diluvium zusammen mit Hypericum Androsaemum (vgl. pag. 512) aufgefunden. — Nach Hermann Lüscher besitzt die frische Wurzel wie auch jene von H. humifusum und H. perforatum einen deutlichen Schabziegergeruch. Ab und zu treten an Wald- und Wiesenrändern putierte Formen mit niedrigem, stark verzweigtem Stengel auf, so z. B. bei Heigenbrücken im Spessart.

1908. Hypericum montánum[1]) L. Berg-Johanniskraut. Taf. 183, Fig. 3; Fig. 2009, 2010.

Ausdauernde, 30 bis 100 cm hohe Pflanze mit ästiger, kurzer, verholzender Grundachse. Stengel aufsteigend oder aufrecht, einfach, seltener verzweigt, stielrund, kahl. Laub-

---

[1]) Jungermann (1615) bezeichnete vermutlich diese Art oder H. hirsutum als Hypericum Ascyrum dictum Bauhin.

blätter sitzend, 2 bis 8 cm lang, mit fast herzförmigem Grunde halbstengelumfassend, eiförmig oder länglich, stumpf oder spitzlich, die oberen kleiner und am Grunde eiförmig, ganzrandig, unterseits bläulichgrün, am Rande schwarz punktiert, die oberen durchscheinend punktiert, kahl und unterseits auf den Nerven feindrüsig oder die unteren unterseits flaumhaarig rauh, zu 2, selten zu 3 in einem Wirtel stehend. Blüten in endständigen Trugdolden. Kelchblätter lanzettlich oder eilanzettlich=spitz, auf jeder Seite mit 7 bis 8 kurzen Stieldrüsen (Fig. 2009 b). Kronblätter länglich, 10 mm lang, etwa doppelt so lang wie der Kelch, blassgelb, nicht schwarz punktiert. Staubblätter wenig kürzer als die Kronblätter. Kapsel eiförmig, bis doppelt so lang wie der Kelch, mit groben, harzführenden Längsstreifen. Samen zylindrisch, an beiden Enden kurz zugespitzt, 0,6 bis 0,8 mm lang, feinwarzig. — VI bis VIII.

In kleinen Gruppen auf meist humus= und kalkreichen Böden: in lichten Wäldern, Gebüschen, Zwergstrauchheiden, Wiesen, auf Fluss= alluvionen usw. Von der Ebene bis in die subalpine Stufe: in den Bayerischen Alpen bis 1300 m, in Tirol bis 1500 m, in den Urner Alpen bis 1600 m, in den Tessiner Alpen bis 1900 m, im Puschlav bis 1800 m, im Wallis bis 1900 m.

In Süd= und Mittel=Deutschland meist ziemlich verbreitet, aber in den Alpen, im Bayerischen Wald, im Fichtelgebirge, im Schwarzwald und in den Gebirgen von Thüringen zer= streut, nur im Bayerischen Bodenseegebiet anscheinend fehlend; in Norddeutschland im Nordwesten sehr zerstreut (bis Damme und Oldenburg beobachtet), im Emsgebiet scheinbar fehlend (im an= grenzenden Holland nur in Geldern), in Schleswig=Holstein nur im östlichen Teile und im Westen im Krattgebiet der Kreise Dithmarschen, Husum, Tondern und Hadersleben, im nordostdeutschen Flachland strichweise sehr spärlich, im Küstengebiete z. T. fehlend; ebenso im nördlichen Ost= preussen. — In Oesterreich meist verbreitet, in Salzburg, Mähren, Schlesien, Obersteiermark und in den zentralen Alpenländern zerstreut. — In der Schweiz besonders im Jura verbreitet und bis 1500 m aufsteigend, weniger häufig in den Zentralalpen, so besonders im Wallis und in Graubünden.

Allgemeine Verbreitung: Europa, nördlich bis Nordost=Irland, Kanal=Inseln, England, Norwegen (Vaardal, 63° 45′ nördl. Breite), Mittel= schweden, Oesel, Åbo (Lojo), Insterburg, Wilna, Mittelrussland, südlich bis Portugal, Sizilien, Korsika, Griechenland; Vorderasien, Kaukasus; Algerien.

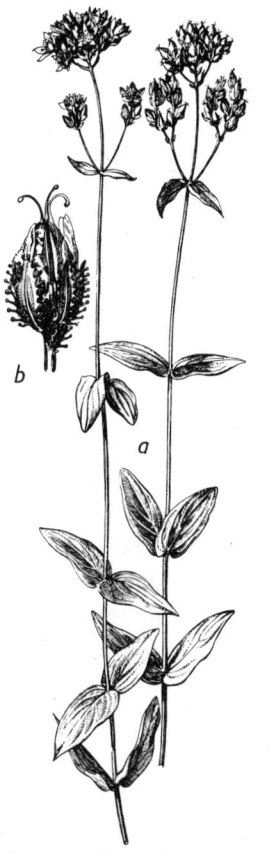

Fig. 2009. Hypericum mon= tanum L. *a* Blühender und in den Fruchtzustand übergehender Trieb. *b* Abgeblühte Blüte.

Fig. 2010. Hypericum montanum L. Früchte im Fruchtkelch. Phot. Th. Arzt, Wetzlar.

Die Pflanze tritt in folgenden Formen auf: var. týpicum Beck (= H. elegantíssimum Crantz). Laubblätter kahl. — Hierzu eine f. abbreviátum Reinecke. Obere Stengelblätter breit=eiförmig, kurz zugespitzt. Rhoda in Thüringen. — var. scábrum Koch (= var. scabérulum Beck). Laubblätter unterseits

rauh. Selten unter dem Typus, im Süden häufiger. — var. Caucásicum Parl. Laubblätter ohne durch=
scheinende Punkte. — var. maculanthérum Sagorski. Pflanze im oberen Teile überall schwarzdrüsig. Bisher
nur in Illyrien nachgewiesen.

Hypericum montanum zählt zum europäisch=vorderasiatisch=montanen Element und schliesst sich in seiner Verbreitung dem Buchengebiete an, ist also ein Buchenbegleiter im Sinne von Höck. Die Pflanze bevorzugt im allgemeinen wärmere Lagen auf ziemlich trockenem und etwas kalkhaltigem Boden in der Berg= stufe der Alpen und Mittelgebirge. Hier findet sie sich häufig in lichten Laubmischwäldern, Niederwäldern mit vorherrschender Quercus sessiliflora, in Laubgebüschen vom Berberis=Rosen=Typus oder mit Ostrya carpinifolia (in den Südalpen), Carpinus Betulus, Corylus Avellana usw., zusammen mit Carex alba, Anemone Hepatica, Aquilegia vulgaris, Astrantia major, Euphorbia dulcis, Cyclamen Europaeum, Melittis Melissophyllum, Salvia glutinosa, Buphthalmum salicifolium, Prenanthes purpurea, Chrysanthemum corymbosum u. a. m. Etwas seltener erscheint sie im Buchenwalde, gemeinschaftlich mit Asperula odorata, Lathyrus vernus, Viola mirabilis, Sanicula Europaea usw. Jenseits der Alpen ist sie auch oft in Birken= und Kastanienwäldern, diesseits auch gern in Mischbeständen von Föhre und Fichte zu finden, gemeinschaftlich mit Pteridium aquilinum, Milium effusum, Rubus Idaeus, Trifolium medium, Astragalus glycyphyllos, Oxalis Acetosella, Epilobium angustifolium usw. Bisweilen erscheint sie, z. B. in der Norddeutschen Tiefebene, in ausgesprochenen Calluna=Heiden, in den Alpen auch in subalpinen Zwergstrauch=Vereinen mit vorherrschendem Rhododendron ferrugineum, Juniperus communis oder Vaccinium Myrtillus. Selten nur trifft man sie in ungedüngten Bergmatten mit Luzula Sudetica, Polygonum Bistorta, Ranunculus platanifolius, Geranium silvaticum, Chaerophyllum hirsutum, Arnica montana und Cirsium heterophyllum an. Bisweilen findet sie sich auch herdenweise auf Waldschlägen und auf Lesesteinhaufen, scheint aber nirgends als Apophyt in Halb= oder Vollkulturen überzugehen.

1910. Hypericum perforátum L.[1]) (= H. officinárum Crantz). Echtes Johanniskraut, Tüpfel=Hartheu, Sonnwendkraut, Mannskraft, Konradskraut, Hexenkraut, Jageteufel, Herrgottsblut, Johannisblut. Franz.: Millepertuis, herbe aux piqûres, herbe à mille trous, herbe percée, herbe de Saint Jean, chasse=diable; in der Waadt: milperte, trotzeran; im Wallis [Fully[trendzelan, in Bagnes: troidzan; engl.: Saint Johns wort, hardhay; ital.: Iperico, erba di San Giovanno, pilatro, caccia diavoli, mille bucchi. Taf. 183, Fig. 4; Fig. 1994, 1995a, 1996a bis c, 2002, 2011a bis e und i, m, p, 2012 und 2013.

Der Name Hartheu (mittelhochdeutsch harthöuwe) soll daher kommen, dass die Pflanze hartes Heu (infolge der derben Stengel) gibt. Dasselbe Wort liegt anscheinend in Hartenau (Nahegebiet), Hertenau (Elsass) vor. Sehr weit verbreitet vom Norden bis nach Süden ist die Be= nennung Johanniskraut (im bayerisch=österreichi= schen auch Honskraut, =kräutl, in der Schweiz Johannnis=Chrut usw.). Die Pflanze, die zu Johanni (24. Juni) in schönster Blüte steht, wird in vielen Gegen= den an diesem Feste ge= pflückt, zu Kränzen ge= bunden, an die Türen und Fenster gesteckt. Sie soll nach dem Volksglauben Gewitter und Behexung abhalten; daher auch Hexenkrout (Braun= schweig), Hexenkraut (Steiermark), Hexakraut (Schwäbische Alb) genannt. Das „Jödüvel" des Schles=

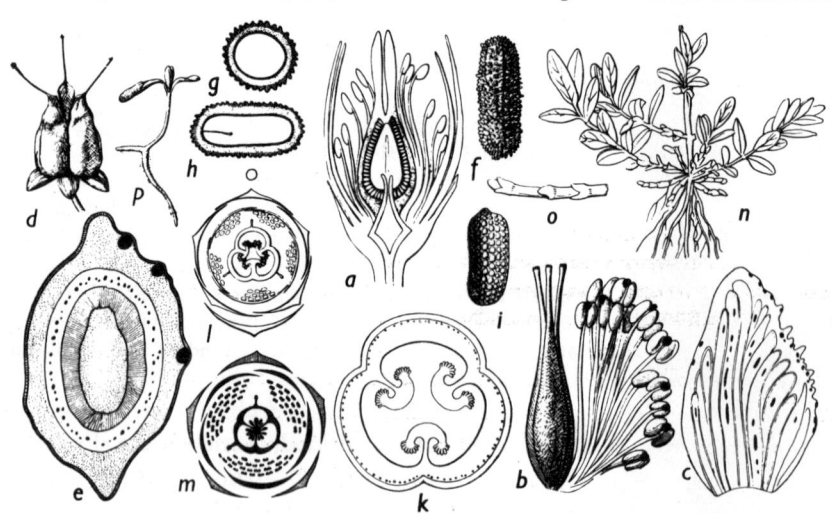

Fig. 2011. Hypericum perforatum L. *a* Längsschnitt durch die Blüte. *b* Staubblattbündel und Fruchtknoten. *c* Kronblatt mit dunklen Drüsen am Rande und durchsichtigen Behältern in der Fläche. *d* Kapsel. *e* Stengelquerschnitt. *i* Samen. *m* Blütendiagramm. *p* Keimpflanze. — H. Coris L. *f* Samen. *g* und *h* Quer- und Längsschnitt durch den Samen. — H. Androsae= mum L. *k* Querschnitt durch die Frucht. *l* Blütendiagramm. — H. hirsutum L. *n* 4 Monate alte Keimpflanze. *o* Spitze eines Bodenausläufers (Fig. *a, b, c, e, g, h, i* nach A. Pünter-Egli).

[1]) Lat. perforátus = durchlöchert; wegen des durchscheinend punktierten Blattes. Bauhin bezeichnete die Art als Hypericum vulgare, Thal (1588) als Hypericon, Rostius in Lund (1610) als Hypericonis.

wigers ist das mundartliche „Jageteufel", wie die Pflanze (nach dem mittellat. „fúga daemónum") in den Kräuterbüchern früherer Jahrhunderte hiess. Das schweizerische M a n n s = C h r a f t scheint ebenfalls auf die bösen Zauber lösenden Eigenschaften des Krautes zu gehen. Zu L ö c h e r k r a u t (Schlesien), T a u s e n d l ö c h e r l k r a u t (Steiermark) vgl. Anm. 1 pag. 526! Eine Legende erzählt, dass es der über die Heilkraft des Krautes erboste Teufel gewesen sei, der die Blätter mit unzähligen Nadelstichen durchlöcherte. Die Blüten geben beim Auspressen einen roten Saft von sich: B l u t k r a u t (in den verschiedenen mundartlichen Formen in Schleswig, im Nahegebiet, im Riesengebirge), B l u t g r o s (Böhmerwald), H e r r g o t t s b l u t (Nahegebiet, Eifel, Nassau), C h r i s t u s b l u t (Ostpreussen), C h r i s t i K r e u z b l u t u n B l ö m e n (Mecklenburg), J o h a n n i s b l u t, = s c h w e i s s (Nordböhmen), J e s u =, H e r r g o t t s w u n d e n k r a u t (Westpreussen), F ä r b á k r a u t (Niederösterreich). In katholischen Gegenden gilt die Pflanze, die in der Volksmedizin gern bei Frauenkrankheiten Verwendung findet, der Mutter Gottes geweiht (vgl. auch Thymus Serpyllum und Galium verum): L e i w e f r u g g e n b e t t e s t r a u h [= Liebfrauen=Bettstroh] (Westfalen), M a r i a B e t t s t r o h (Nordböhmen), U n s e r e r l i e b e n F r a u N a g e i [Nelke], = M o r k r o [Margram, Majoran], = G r a s (Böhmerwald), F r a u e n p l i e s t e r (Tirol: Pitztal). Nach der Verwendung der Pflanze gegen Frauenkrankheiten (z. B. Bleichsucht), Kreuzschmerzen, Fieber wird sie genannt: F r a u e(n) = k r a u t (Schwaben), J u m p f e r e(n) k r a u t (Elsass), K r e u z k r o t t c h [= =kraut] (Nordböhmen), F i e b e r k r a u t (Schwäbische Alb). Bezeichnungen wie G ē l e D o s t (Göttingen), F a l s c h e r W o h l g e m u t (Böhmerwald) rühren wohl daher, weil das Hartheu wie der Dost (= Origanum vulgare) zum Vertreiben von Hexenspuk benannt wurde. Romanisch (Bergün): Flours=tenta.

Ausdauernde Pflanze mit langlebiger, spindelförmiger, reichästiger Wurzel und reich= ästigem Erdstock. Stengel 20 bis 100 cm hoch, aufrecht, im oberen Teile ästig, mit zahlreichen, oft ausläuferartigen, kur= zen, bis 12 cm langen Adventivsprossen, stiel= rund, mit 2 Längskanten, kahl, bereift, gegen die Spitze zu mit Drüsen be= setzt. Laubblätter ellip= tisch = eiförmig, länglich oder lineal, die unteren am Grunde abgerundet, sitzend, die oberen kurz stielartig in den Grund verschmälert, stumpf, zu= weilen etwas stachel= spitzig, ganzrandig, kahl, durchscheinend punktiert, am Rande und teilweise auch auf der Fläche mit schwarzen Drüsen. Blüten

Fig. 2012. H y p e r i c u m p e r f o r a t u m L. bei Marienwerder.
Phot. G g. E b e r l e, Wetzlar.

auf kahlen, meist schwarzdrüsigen Stielen, in ausgebreitetem, ebensträussigem, trugdoldigem Blütenstand mit aus ± reichblütigen Schraubeln bestehenden Seitengliedern. Kelchblätter eilanzettlich bis lanzettlich, fein zugespitzt, etwa 6 mm lang, an der Spitze ganzrandig oder gesägt, kahl, ± reichlich mit hellen und schwarzen, punkt= und strichförmigen Drüsen. Kron= blätter schief=elliptisch, 10 bis 13 mm lang, kurz benagelt, spitz, an der einen Seite — selten beidseitig — gekerbt, goldgelb, mit schwarzen Punkten und helleren oder dunkleren Strichen auf der Fläche. Staubblätter 50 bis 60 (100), $^1/_3$ bis $^1/_6$ kürzer als die Kronblätter. Fruchtknoten breit= bis schmal=eiförmig; Griffel $1^1/_2$= bis 3=mal so lang wie der Fruchtknoten. Frucht breit= bis schmal=eiförmig, 5 bis 10 mm lang, mit breiten, strich= bis punktförmigen Drüsen und unregel= mässigen, harzführenden Riefen. Samen zylindrisch, an beiden Enden kurz zugespitzt, feinwarzig (Fig. 2011 i und 2013 b), 1 bis 1,3 mm lang, schwarz oder dunkelbraun. — (V) VI bis VIII (IX).

Verbreitet und häufig im ganzen Gebiete auf meist ziemlich trockenen Kalk- oder Urgesteins-Böden in lichten Wäldern, Gebüschen, Kleinstrauchheiden, auf Wiesen, Mooren, an Ufern, auf Felsen, an Wegrändern, auf vernachlässigten Aeckern. Von der Ebene bis in die subalpine Stufe, doch auf den Nordseeinseln fehlend. In Tirol bis 1700 m, im Wallis bis etwa 2000 m, im Schweizer Jura bis 1500 m.

Allgemeine Verbreitung: Europa, nördlich bis Brunö (65° 28' nördl. Breite), Ångermanland, Nordtawastehus, Nord- und Onega-Karelien; Westasien (östlich bis zum Altai und China), Nordafrika, Canarische Inseln; eingeschleppt und teilweise völlig eingebürgert in Ostasien, Nord- und Süd-Amerika (in Chile sich neuerdings in den südlichen Provinzen ausbreitend), Australien, Neuseeland.

Die zahlreichen, z. T. ineinander übergehenden Formen dieser ausserordentlich vielgestaltigen Art gliedern sich (zunehmend xeromorpher werdend) folgendermassen: **1. var. latifólium** Koch (= var. β Gaudin, = var. platýcalyx Čelak., = H. médium Peterm.). Laubblätter breit-eiförmig bis breit-lanzettlich. Kelchblätter breit-lanzettlich bis breit-eiförmig, 2 bis 3 mm breit und 4 bis 6 mm lang, an der Spitze ± buchtig gezähnelt, so lang oder doppelt so lang wie der Fruchtknoten. Kronblätter gross. Frucht verhältnismässig breit. Hin und wieder, besonders in der Bergstufe, vielfach zusammen mit der var. vulgare, in Mittel- und Nordostdeutschland, Böhmen, Ober- und Niederösterreich, Steiermark und der Schweiz. Hierher gehören: **f. dentátum** Fröhlich. Laubblätter verhältnismässig schmäler. Kelchblätter breit, an der Spitze stark buchtig gezähnt. Graz in Steiermark. — **f. fimbriátum** Fröhlich. Kelchblätter im vorderen Teile am Rande gewimpert; Wimpern mit schwarzen Drüsenköpfen. Steiermark (?). — **2. var. vulgáre** Neilr. (= subsp. týpicum Beck). Laubblätter verhältnismässig gross, meist breit-eiförmig, seltener elliptisch. Kelchblätter 1 bis 1,5 mm breit und bis 7 mm lang, fein zugespitzt, lanzettlich, meist etwa doppelt so lang wie der Fruchtknoten, gesägt oder ganzrandig. Blüten bis 35 mm breit. Kronblätter verhältnismässig gross, bald nur mit hellen, bald mit hellen und dunklen, punkt- und strichförmigen Drüsen. Verbreiteteste Form. Hierher: **f. brevisépalum** Fröhlich. Kelchblätter stark verkürzt, bis kürzer als der Fruchtknoten. Laubblätter klein. Standortsform trockener Orte? — **f. anómalum** K. Friedrichsen. Stengelglieder lang. Laubblätter länglich-verkehrt-eiförmig, zart. Blüten grösser. Blütenstand locker. Hadersleben in Schleswig. — Hierzu gehört wohl auch: **f. (var.) ellípticum** Durand et Pittier. Laubblätter und Kelchblätter elliptisch-länglich. So bei Rolle im Kanton Waadt. — **f. lanceolátum** (Jord.) Fröhlich. Kronblätter dunkel-gestricheltpunktiert. — **f. lúcidum** Fröhlich. Kronblätter nur hellgestrichelt-punktiert. — **3. var. angustifólium** DC. (= H. stenophýllum Opiz). Laubblätter schmal elliptisch bis fast lineal, kleiner als bei der var. vulgare. Blütenstand reichblütig. Blüten klein, 15 bis 20 mm im Durchmesser. Kelchblätter schmal-lanzettlich, 0,7 bis 1 mm breit, 4 bis 6 mm lang, so lang oder bis doppelt so lang wie der Fruchtknoten, meist nur hell gestrichelt-punktiert. Kronblätter meist schmäler als bei var. vulgare, auf der einen Seite stark gekerbt und mit schwarzen Drüsenpunkten. Frucht 5 bis 8 mm lang, schmal; Drüsen meist punktförmig, 1 bis 2, gegen die Mittellinie hin strichförmig. Zerstreut an trockenen Orten, besonders auf Sand- und Kalkboden in Mittel- und Südeuropa. In Deutschland in Bayern auf der Hochebene, im Frankenwalde, Jura, im Keuper- und Muschelkalkgebiet; ferner in Westfalen, Brandenburg, Ost- und Westpreussen. In Oesterreich in Ober- und Niederösterreich, Steiermark, Tirol. In der Schweiz z. B. in den Kantonen Zürich, Aargau und Waadt. — **4. var. Veronénse** (Schrank) Beck (= var. microphýllum DC., ? Jord. p. sp., = var. nánum Gaudin?, = H. perforatum L. a) genuínum, b) microphyllum Boenningh.?). Fig. 2013 a. Laubblätter klein bis sehr klein, meist weniger als 10 mm lang, breit-eiförmig, am Rande meist etwas umgerollt. Kelchblätter kurz, 3 bis 4 mm lang, 0,7 bis 1 mm breit, so lang oder bis 1½mal so lang wie der Fruchtknoten, fast nur hell gestrichelt-punktiert. Kronblätter nur hellgestrichelt-punktiert. Frucht klein, etwa 4 bis 6 mm lang, 3 mm breit; Drüsen verhältnismässig wenig, stark schwielenförmig, nur 1 oder 2 zu beiden Seiten der

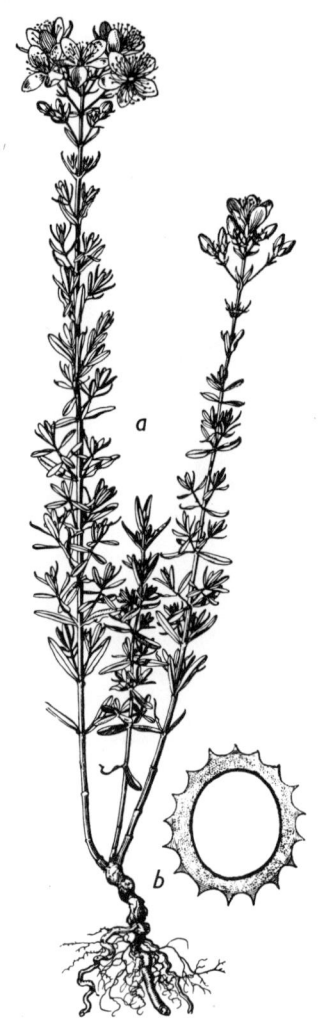

Fig. 2013. Hypericum perforatum L. var. Veronense Beck. *a* Habitus. *b* Querschnitt durch den Samen von H. perforatum (nach A. Pünter).

Mittellinie strichförmig. Im südlichsten Teile der Gebiete verbreitet, nördlicher zerstreut und wohl in ganz Mittel= (Thüringen?) und Norddeutschland (angeblich in Westfalen) fehlend. In Deutschland wohl nur in Schlesien bei Grünberg, Lüben, Winzig, am Zobtenberg, Schweidnitz, Reichenstein, in Bayern bei Grosshesselohe oberhalb München und bei Bernau am Chiemsee. — In Oesterreich in Mähren, Niederösterreich (in Vorarlberg wahrscheinlich fehlend), Steiermark, Kärnten und wohl auch Tirol (z. B. Bozen). — In der Schweiz z. B. in den Kantonen Genf, Waadt, Tessin, Zürich, Schaffhausen, St. Gallen. Diese für das pontisch=mediterrane Florengebiet kenn= zeichnende Varietät wird vielfach verkannt. 1910 wurde sie im Hafen zu Ludwigshafen eingeschleppt beobachtet. Infolge des Auftretens von Uebergängen sowohl zur var. angustifolium als auch zur var. vulgare stösst die Abgrenzung bisweilen auf Schwierigkeiten. Das extremst xeromorph ausgeprägte Glied des Hypericum perforatum=Formenkreises stellt die var. corioides Vokutino dar, eine südöstliche Rasse, die angeblich bei Ilanz (Graubünden) gefunden worden ist.

Hypericum perforatum ist in Mitteleuropa der einzige Vertreter der zur Sektion Euhypericum gehörenden Unter=Sektion Heterotaenium, deren wenige andere Glieder, meist auf kleine Gebiete beschränkt, im Mittelmeerbecken leben. Dank ihres grossen Formenkreises und der damit verbundenen grossen ökologischen Anpassungsfähigkeit ist die Art ein ausgesprochener Formations=Ubiquist, der sich aber mit Vorliebe in Gesellschaften auf trockenen Böden einstellt. Man findet die Pflanze daher häufig in lichten Laubwäldern, namentlich in Mischwäldern aus Eichen und Linden, auch in trockenen Föhrenbeständen, lichten Laubgebüschen (Haselnuss= und Dorngesträuchern), in Wacholder=Heiden, auf Waldschlägen, hier etwa zusammen mit Fragaria vesca, Rubus Idaeus, Senecio viscosus und S. silvaticus, Cirsium arvense und C. lanceolatum, Epilobium angustifolium, Verbascum div. sp., Gnaphalium silvaticum, Juncus effusus usw. In der Norddeutschen Calluna=Heide steht sie auf diluvialen Sanden bei Arneburg an der Elbe z. B. nach P. Graebner zusammen mit Cladonien, Moosen, Weingaertneria canescens, Carex ericetorum, Luzula campestris, Teesdalia nudicaulis, Spergularia vernalis, Cerastium caespitosum, Genista Anglica, Achillea Millefolium, Hieracium Pilosella und H. Auricula. Auf einmähdigen Torfwiesen in Oberbayern findet sie sich nach Paul mit Briza media, Holcus lanatus, Anthoxanthum odoratum, Deschampsia caespitosa, Plantago lanceolata, Potentilla erecta, Viola palustris, Carices, Ranunculus acer, Equisetum palustre, Trifolium montanum, Betonica officinalis, Hypericum acutum, Lythrum Salicaria, Polygala vulgare usw. In den Alpen tritt sie z. B. gern in das Brometum erecti, Festucetum Vallesiacae, in das feuchte Agrostidetum tenellae oder in trockene Kunstwiesen ein. Gruppenweise erscheint sie auf Weiden oder auf Felsen, bisweilen auch auf Flusskies, an Uferböschungen oder an offenen Stellen in Mooren zusammen mit Agrostis canina. Mit Vorliebe wächst sie auch apophytisch auf Aeckern, Mauern, auf Lesesteinhaufen, an Wegrändern und Bahndämmen auf. Auf Brachäckern können nach Laus mit ihr z. B. gefunden werden: Cirsium lanceolatum, Carduus acanthoides, Centaurea Scabiosa, Daucus Carota, Geranium columbinum, Lithospermum arvense, Crepis biennis, Campanula rapunculoides, Equisetum arvense, an Bahndämmen Rumex Acetosella, Erigeron Canadensis und E. acer, Oenothera biennis, Silene nutans, Plantago arenaria, Anchusa officinalis, Euphorbia Cyparissias usw. In Nordamerika ist die Pflanze in den Vereinigten Staaten und in Kanada ein äusserst lästiges und verbreitetes Unkraut geworden. Im pannonischen Florengebiet erscheint die var. Veronense z. B. in der Beifuss=Trift auf festerem Sand= und besonders schotterigem Boden zusammen mit Bromus tectorum, Koeleria gracilis, Phleum phleoides, Cynodon Dactylon, Poa compressa, Artemisia campestris, Asparagus officinalis, Kochia arenaria, Salsola Kali, Silene Otites, Eryngium campestre, Echium vulgare, Anchusa officinalis, Linaria genistifolia, Chondrilla juncea, Crepis rhoeadifolia, Hieracium setigerum usw. (Hayek).

Die schwarzen Punkte und Streifen an den Laub=, Kelch= und Kronblättern enthalten ein durch Anthocyan und Xanthophyll dunkelgefärbtes, aromatisch riechendes, abführend wirkendes und bitterschmeckendes Harz, das in Wasser unlöslich, in Alkohol und fetten Oelen leicht löslich ist und um dessentwillen die Pflanze bereits im Altertum zu Heilzwecken, z. T. auch bis in das Mittelalter hinein zu Zaubermitteln verwendet wurde. Samen sind in den Resten der römischen Niederlassung von Vindonissa (Schweiz) aufgefunden worden. In Mittenwald (Bayern) fügt man die Pflanze noch heute den „Kräuterbüscheln" bei, die neben den „Wetter= kerzen" (Verbascum thapsiforme) Origanum vulgare, Aconitum variegatum, Wermuth, Kamillen, Fingerhut und Blätter der Pfingstrose enthalten. In Schlesien benutzt man das Johanniskraut als Orakelblume. Dabei wird darauf geachtet, ob der aus den Stielen abgerissener Blüten austretende Saft blutrot oder (wie es bisweilen vorkommt) grau gefärbt ist oder ganz ausbleibt. Der erstere Fall wird als günstig angenommen und durch den Spruch ausgedrückt: Bist mir gut, gibst mir Blut; der letztere: bist mir gram, gibst mir Schlamm. Bei der Landbevölkerung gilt die Pflanze heute noch als (angeblich von den Germanen überkommenes) Mittel gegen Blitzgefahr (durchstochene Laubblätter!). Zur Sonnwendfeier am Johannistag (24. Juni) schmücken sich nach Kerner die um die Johannis= feuer tanzenden Burschen und Mädchen mit Kränzen dieser Art und werfen diese nach dem Verlöschen der Feuer auf die Dächer der Häuser, um dadurch dem Einschlagen der Blitze vorzubeugen. Die zur Blütezeit gesammelten Zweigspitzen oder auch die ganzen Pflanzen sind getrocknet ein weitverbreitetes Volksmittel, das Lunge, Magen und Nieren reinigt, innere Hitze und Brand benimmt und gegen innere Krämpfe gut sein soll. Das Kraut gilt auch als Nervenmittel, dient bei Verbrennungen, gegen Somnambulismus, Gelbsucht, Kopfweh, Gesichtsneuralgien, Blähungen, Bettnässen, führt zur Menstruation, benimmt Kolik, heilt Blattern im Munde und vertreibt Würmer. Zum Teil gewinnt man das Heilmittel durch Einlegen der frischen Blüten in Speiseöl. Gegenwärtig ist die Pflanze nicht mehr offizinell. Früher dienten die Hérbe sive summitátes et flóres Hyperíci perforáti pharmazeutisch als Wurm- und Wundmittel, ferner gegen Hysterie, Asthma, Lungenschwindsucht, Blutandrang, Ischias und bei Menstruationsleiden. Ausser den oben erwähnten Stoffen finden sich in der Pflanze eisengrünender Gerbstoff, ätherisches Oel, Pectinsäure und Gummi. Der blutrote Saft (Hypericum-Rot) wird auch bisweilen zum Färben verwendet. Die ganze Pflanze oder auch nur die Früchte finden seit langem als Tee-Surrogat Benützung. Ueber die medizinische Wirkung ist nur wenig bekannt. Anscheinend ruft die Tinktur in den verschiedenen Organen Blutandrang hervor und beeinflusst den Stoffwechsel. Die Homöopathie verwendet sie daher innerlich bei Blasenkrampf, äusserlich zur Linderung von durch Quetschungen hervorgerufenen Schmerzen, auch als Wundmittel. Bei Stuten ruft das Kraut nach Cornevin Krankheiten hervor. Zwischen Käse eingelegt soll es Maden fernhalten. Nach Konrad von Megenberg kräftigt die Pflanze Herz und Leber, reinigt die Nieren, heilt Geschwüre und „zieht Gift an". In Norwegen führt die Pflanze heute den Namen Oelkong (Bierkönig), was vielleicht darauf hindeutet, dass sie als Würze dem Bier zugesetzt worden ist. — Die Blüten sind homogame Pollenblumen. Selbstbestäubung wird nach Möglichkeit dadurch vermieden, dass die auseinanderspreizenden Griffel zwischen den Staubgefässbündeln stehen, so dass die nach oben aufspringenden, aber in gleicher Höhe stehenden Staubbeutel nicht berührt werden. Als Pollenüberträger kommen Hummeln, Syrphiden, Bienen und Rhopaloceren in Frage, die jedoch bei ihren Besuchen auch Selbstbestäubung leicht ausführen können. Auch durch das Zusammenziehen von Kron- und Staubblättern am Ende der Blütezeit kann nachträglich noch Selbstbestäubung vollzogen werden. Hie und da, namentlich auf durchlässigen, sandigen Böden, treten an den Wurzeln Adventivsprosse auf. Bisweilen werden 4-gliederige Kelche und Blütenkronen beobachtet. — Krankhafte Bildungsabweichungen sind verlaubte Hoch- und Kelchblätter, vergrünte Blüten, in Kelchblätter umgewandelte Hochblätter und polyembryonale Samen. Dasyneúra serótina Winn. verursacht nach H. Ross rotgefärbte Aufblasungen und Verdickungen der obersten Laubblattpaare. Von parasitären Pilzen werden unter anderen Erysíbe polýgoni (DC.), Melámpsora hyperícorum (DC.) und Synchýtrium aúreum Schroet. beobachtet. Zoocecidien werden durch Perrísia- und Eriophyídárum-Arten, von Macrolábis Martéli Kieff. und Thecodiplósis Giardiána Winn. hervorgerufen.

1911. Hypericum Richéri[1]) Vill. Alpen-Johanniskraut.
Fig. 2014.

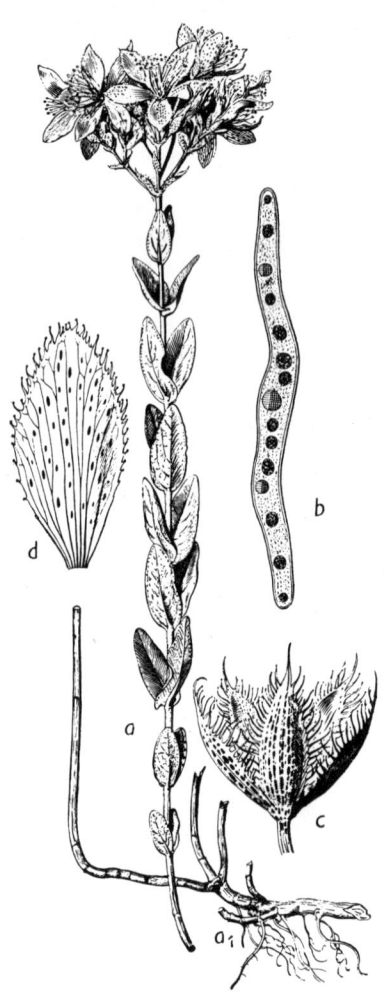

Fig. 2014. Hypericum Richeri Vill. *a*, *a*₁ Habitus. *b* Querschnitt durch ein Laubblatt (nach A. Pünter). *c* Kelch. *d* Kronblatt.

Ausdauernde, 20 bis 60 cm hohe, kahle Pflanze mit ausdauernder, spindelförmiger, ästiger Wurzel, verholzter wagrecht kriechender, ästiger Grundachse und mit Niederblattschuppen versehenen Sprossen (Fig. 2014 a₁). Stengel zu mehreren, aufsteigend, seltener aufrecht, hohl, oberwärts mit 2 Längsleisten, unterwärts stielrund, einfach. Untere und mittlere Laubblätter eiförmig bis lanzettlich, am Grunde abgerundet, die obersten herzeiförmig; alle kreuzweise verteilt, halbstengelumfassend-sitzend, spitzlich oder stumpflich, am Rande unterseits schwarzdrüsig, knorpelig, nicht oder nur spärlich durchscheinend punktiert, oberseits dunkelgrün, unterseits bläulichgrün. Blüten einzeln oder zu zweien oder in (3-) 5- bis 10-blütigen, dichten,

---

[1]) Benannt nach P. Richer de Belleval.

doldigen Rispen. Hochblätter lineal=lanzettlich, drüsig=fransig gewimpert, schwarzdrüsig punktiert. Kelchblätter lineal=lanzettlich bis ei=lanzettlich, zugespitzt, etwa 6 bis 7 mm lang, am Rande von drüsigen und drüsenlosen Fransen gewimpert, auf den Flächen reichlich mit schwarzen, reihenweise miteinander verschmolzenen Drüsen, nicht abfallend (Fig. 2014 c). Kronblätter elliptisch oder länglich, etwa 15 bis 20 mm lang, am Rande drüsig gefranst, auf den Flächen reichlich schwarzdrüsig punktiert (Fig. 2014 d). Staubblätter nicht viel länger als die Kelch= blätter, etwa 90; Griffel etwa so lang wie der Fruchtknoten, mit roten Narben. Kapsel etwa 6 bis 7 mm lang, kugelig=eiförmig, mit rundlichen bis eiförmigen schwarzen Drüsen. Samen hellbraun, mit wabig vertiefter Samenschale, etwa 1 mm lang, walzlich=eiförmig. — VI, VII.

Sehr zerstreut auf steinigen Weiden, felsigen Hängen, in lichten Gebüschen, Hoch= staudenfluren usw.; von der montanen bis in die alpine Stufe, im Jura zwischen 1050 und 1600 m, im Wallis bis 2200 m, in den See=Alpen bis 2400 m. Meist auf Kalk, aber auch auf anderen Gesteinsunterlagen.

In Deutschland wild fehlend; im Mannheimer Hafen 1891 eingeschleppt. — In Oesterreich nur in Krain am Schneeberg bei Laas und in den Sanntaler Alpen auf dem Hochplateau südlich von Konj (ob dem Feistrizgraben) zwischen den Alpen Dol und Konjščica unweit der steierischen Grenze. — In der Schweiz nur im Westen und Südwesten: im Wallis ziemlich verbreitet in den Lemanischen Alpen bis Tanneverge auf den Alpen von Salvan, im Hochjura vom Reculet bis zum Chasseron (1600 m), so bei Aiguillon, Suchet, Monts de Baulmes, Embornats, Mont=Tendre, La Brévine, Marchairuz, bei Bière, Amburnez, Crêt=Martin bei Ste. Croix (für den Creux=du=Van fraglich).

Allgemeine Verbreitung: Nördliches Spanien, Alpen, Jura, Apenninen bis zu den Abruzzen, Balkangebirge, Taurien.

Die Art zerfällt in mehrere geographisch geschiedene Rassen, von denen im Gebiete auftreten: subsp. Eu=Richéri E. Schmid (= H. Richeri Vill. s. str., = H. fimbriátum Lam., = H. barbátum All., non Jacq.). Pflanze bis 35 (40) cm hoch. Laubblätter lanzettlich, seltener ei=lanzettlich. Fransen der Hochblätter länger als deren Breite; Fransen der Kelchblätter so lang oder länger als deren Breite. Kronblätter etwa 10 bis 18 mm lang. Hierher die Vorkommen in der Schweiz (Jura und Alpengebiet). Aendert ab: var. androsaemifólium Vill. Stengel niedriger, mehr niederliegend. Laubblätter eiförmig, am Grunde verbreitert, ausgebreitet. Ob im Gebiet? (Aus Frankreich bekannt). — subsp. alpígenum (Kit.) E. Schmid (= H. alpinum Waldst. et Kit. z. T., = H. Richeri Paulin non Vill.). Pflanze bis 60 cm hoch. Laubblätter eiförmig bis eilanzettlich. Fransen der Hochblätter kürzer als deren Breite; jene der Kelchblätter kürzer als deren Breite. Kronblätter bis 20 mm lang. Hierher gehören die Vorkommen aus Krain (sowie solche aus dem Balkan).

Hypericum Richeri ist ein südalpin=mediterranes Gebirgselement aus der Sektion Drosocárpium (vgl. H. barbatum), das in mehreren geographischen Rassen von den West= und Ostalpen bis nach Spanien bezw. Taurien auftritt. Sein Verbreitungsgebiet in Italien deckt sich nach Vaccari und Wilczek völlig mit dem von Cardámine Plumiéri Vill., einem ± ausgesprochenen Element der nördlichen Mediterraneïs und erstreckt sich über die Seealpen und Lombardischen Alpen, Istrien und die Abruzzen. Im mitteleuropäischen Floren= gebiet bevorzugt die Art Rasen=Gesellschaften vom Festuca violacea= und F. pulchella=Typus, ferner das Caricetum sempervirentis, bisweilen auch das Nardetum, die Zwergstrauchheiden und Felsfluren. Robert Keller gibt sie aus den Grajischen Alpen von Alpenmatten im Val Seja bei 2000 m zusammen mit Nardus stricta, Phleum alpinum, Poa alpina, Lloydia serotina, Nigritella angustifolia, Anemone alpina, Dryas octopetala, Potentilla aurea, Linum alpinum, Astrantia minor, Euphrasia minima, Achillea nana, Crepis aurea, Hieracium villosum usw. an. Im schweizerischen Jura findet sich die subsp. Eu=Richeri im Carex sempervirens=Rasen mit Anthoxanthum odoratum, Briza media, Anemone alpina und A. narcissiflora, Alchemilla vulgaris und A. Hoppeana, Potentilla aurea, Anthyllis Vulneraria, Helianthemum vulgare, Gentiana lutea, Astrantia major, Phyteuma orbiculare, Scabiosa lucida, Campanula rhomboidalis, Hypericum maculatum, Cirsium acaule, Hieracium murorum, H. Auricula usw., bisweilen auch in Felsfluren, so am Gipfel des Chasseron mit Thesium alpinum, Anemone narcissiflora und A. alpina, Dianthus caesius, Bupleurum ranunculoides, Athamantha Cretensis, Helianthemum canum, Rhododendron hirsutum, Androsace lactea, Crepis blattarioides und Hieracium villosum. Am Südabfall des St. Bernhard wächst sie vereinzelt in Alpenerlen=Gebüschen auf kalkigen, feuchten Schieferhängen zusammen mit Salix hastata und S. Helvetica, Lonicera caerulea, Adenostyles Alliariae, Peucedanum Ostruthium, Gentiana purpurea, Cicerbita alpina, Saxifraga rotundifolia, Achillea macrophylla, Ranunculus aconitifolius, Cirsium spinosissimum, Rumex alpinus, Aconitum Vulparia, Milium effusum, Melandrium rubrum, Aspidium spinulosum usw. (Beger und Braun-Blanquet). Die sehr spärlichen Vorkommen der subsp. alpigenum in Krain liegen zwischen 1400 und 1500 m und, wie es scheint, auf Kalk. Am Krainer Schneeberg findet sie sich nach Paulin zusammen mit H. maculatum. Die bis 20 mm breiten Blüten bedürfen, da die Narben auch beim Verblühen nicht mit den höher stehenden Staubbeuteln in Berührung kommen, der Fremdbestäubung.

1912. Hypericum barbátum Jacq. Bart-Johanniskraut. Fig. 2015.

Ausdauernde, 30 bis 100 cm hohe, kahle, bläulich bereifte Pflanze mit ästiger, spindelförmiger Wurzel und kriechender, wurzelnder Grundachse, wenigen, dünnen, unfruchtbaren Sprossen und 1 oder wenigen fruchtbaren Stengeln (Fig. 2015 a$_1$). Stengel aus aufsteigendem Grunde aufrecht, stielrund, meist ohne Leisten, hohl. Laubblätter aufrecht oder aufrecht abstehend, kürzer oder so lang oder nur wenig länger als die Stengelglieder, eilänglich-lanzettlich, gegen die Spitze zu verschmälert bis zugespitzt, mit rundlicher Spitze, am Grunde abgerundet, halbstengelumfassend-sitzend, am Rande etwas zurückgerollt, nicht oder nur sehr spärlich durchscheinend punktiert, am Rande und auf den Flächen reichlich mit schwarzen Drüsenpunkten besetzt; Nervennetz kaum entwickelt, fast nur die nach vorne gebogenen Seitennerven 1. Ordnung vorhanden (Fig. 2015 b). Blüten in rispig angeordneten, end- und blattachselständigen Trugdolden. Hochblätter spitz, gegen die Spitze zu gefranst. Kelchblätter lineal-lanzettlich oder eilänglich, etwa 8 mm lang, auf der Unterseite reichlich mit teilweise zu Längslinien verschmelzenden schwarzen Drüsenpunkten, am Rande mit langen, die Breite der Kelchblätter an Länge übertreffenden, drüsenlosen, dünnen, linealen, am Grunde hie und da schwärzlichen Fransen, nicht abfallend (Fig. 2015 c und d). Kronblätter schief-verkehrt-eiförmig bis lineal-lanzettlich, etwa 9 bis 10 mm lang, ganzrandig oder gegen die Spitze fransig, schwarzdrüsig, goldgelb, nicht abfallend. Staubblätter so lang wie die Kronblätter, mit gelben Staubbeuteln und schwarzen Drüsen zwischen den Staubbeuteln. Griffel gelb. Frucht eiförmig, etwa 6 bis 9 mm lang, mit hellen, rundlich eiförmigen, blasenförmigen Drüsen. Samen walzlich, etwas gebogen, 1 bis 1,5 mm lang, gerillt, hellbraun (Fig. 2015 e). — V, VI.

Zerstreut auf trockenen Wiesen, an Waldrändern. Einzig in Oesterreich in Niederösterreich zwischen Mauerbach und Gablitz (angeblich auch bei Hütteldorf, Hadersdorf, Weidlingau [Hirschwang]) und in Untersteiermark im unteren Mur- und Drautal bei Windisch-Goritz unweit Radkersburg bei Marburg am Bachergebirge bei Faal, Maria-Rast, Lembach, Pickersdorf.

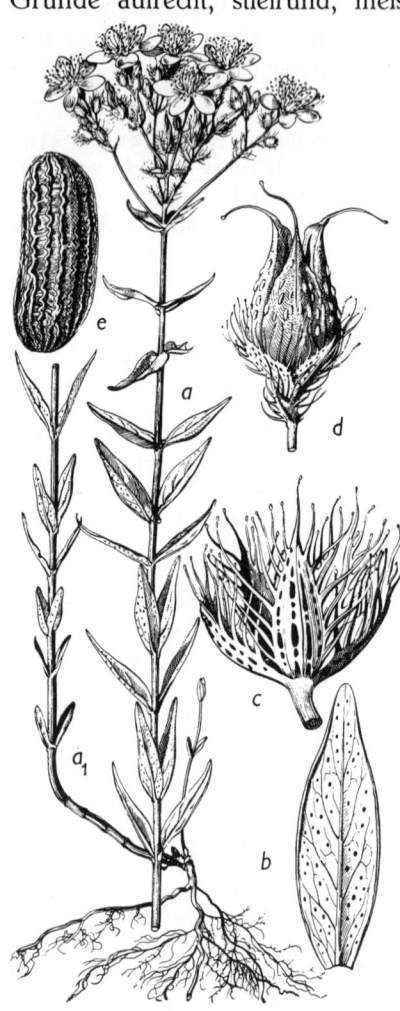

Fig. 2015. Hypericum barbatum Jacq. a, a$_1$ Habitus. b Laubblatt-Unterseite. c Kelch. d Kapsel. e Samen.

Allgemeine Verbreitung: Niederösterreich, Untersteiermark, Ungarn und südwärts im Balkan bis Nord-Griechenland.

Hypericum barbatum, wie H. Richeri der Sektion Drosocárpium angehörend, ist ein pontisch-pannonisches Element, das im Alpenzuge montan und subalpin, im Balkan auch alpin ist. Im Wiener Wald erscheint die Art in der Sandsteinzone in hochhalmigen Talwiesen gemeinschaftlich mit Gagea lutea, Orchis militaris, Ranunculus Steveni, Anemone ranunculoides, Filipendula hexapatala, Peucedanum Pastinaca, Chaerophyllum aureum, Ononis Austriaca, Tragopogon Orientale, Senecio alpester u. a. (Beck). In den Illyrischen Gebirgen wächst sie u. a. auf wenig durchfeuchteten und humusarmen Böden in den an mitteleuropäischen Elementen reichen Bergheiden und Bergwiesen, zusammen mit Dactylis glomerata, Briza media, Trisetum flavescens, Bromus erectus, Anthericum Liliago, Orchis=Arten, Dianthus Carthusianorum, Helianthemum vulgare, Polygala major, Linum flavum, verschiedenen Genista= und Cytisus= und Trifolium=Arten usw. In den Ostserbischen Pinus Peuce=Wäldern findet sie sich mit Stipa Lasiagrostis, Dianthus stenopetalus, Sedum saxatile und S. hispidum, Potentilla Tommasiniana, Genista sagittalis, Verbascum macrostachys, Phyteuma limoniifolium, Achillea odorata und A. pubescens. Hayek sieht in Hypericum barbatum, ebenso wie in Pinus nigra, Anthyllis Vulneraria subsp. Jacquini, Convolvulus Cantabricus, Plantago Cynops usw., Arten, die in den Ostalpen Ueberreste aus einer wärmeren nacheiszeitlichen Periode darstellen.

Bastarde sind mit Ausnahme der sehr fraglichen, von O. Kuntze aufgestellten Kreuzung Hypericum humifusum L. × H. perforatum L., die bei Leipzig gefunden worden sein soll, nur zwischen Hypericum acutum, H. maculatum und H. perforatum festgestellt worden. 1. Bei der Kreuzung Hypericum acutum Moench × H. maculatum Crantz haben von letzterer Art als Eltern bisher die 3 Unterarten eu=maculatum, Desetangsii und Styriacum nachgewiesen werden können. Diese Bastarde sollen sich nach Fröhlich mit Sicherheit von nichthybriden Uebergängen unterscheiden lassen. Hypericum acutum Moench × H. maculatum Crantz subsp. eu=maculatum Schinz et Thellung (= H. Laschii Fröhlich, = H. tetráptero=quadrángulum Lasch). Stengel scharf 4=kantig oder fast 4=flügelig. Laubblätter fast halbstengelumfassend, breit, dicht hell=punktiert, kleindrüsig, dicht durchscheinend netzig. Blütenstand mehr verzweigt als bei H. maculatum. Kelchzipfel eilänglich oder länglich=lineal, fast gestutzt oder spitzlich. Kronblätter bis doppelt oder 3=mal so lang wie die Kelchzipfel, spärlich schwarz=punktiert. Frucht fast stets fehlschlagend. Vielfach nachgewiesen, z. B. in Bayern (bei Reichenhall), in Thüringen, Hannover (z. B. bei der Rahlmühle bei Minden), Schlesien (bei Lindenbusch bei Grünberg, Matzdorf bei Hotzenglotz), Brandenburg (hie und da), Salzburg, Oberösterreich, Böhmen, Mähren, Schweiz; ferner in Schweden. — Aehnlich sind: Hypericum acutum Moench × H. maculatum Crantz subsp. Desetangsii (Tourlet) Fröhlich (Einsiedeln und Steinerberg am Lowerzer See in der Schweiz) und H. acutum Moench × H. maculatum Crantz subsp. Styriacum Fröhlich (Steiermark). — 2. Hypericum maculatum Crantz × H. perforatum L. (= H. Carinthiacum Fröhlich). Stengel 2=kantig oder fast 4=kantig. Laubblätter spärlich durchscheinend punktiert (bei H. perforatum und H. maculatum subsp. Desetangsii reichlich hell=punktiert). Kelchzipfel eiförmig oder lineal=länglich, vorn gestutzt oder spitzlich, seltener auch stachelspitzig. Kronblätter mit schwarzen Punkten und Strichen. Fruchtwand meist ziemlich reichlich längs=striemenförmig drüsig. Bisher beobachtet in Posen, Schlesien (mehrfach), bei Büchen in Lauenburg, Steiermark, Kärnten, Mähren. Tritt besonders in zwei Formen auf, einer dem Hypericum perforatum ähnlichen (mit fast 2=, seltener 4=kantigem Stengel. Laubblätter mit spärlich durchscheinenden verästelten Nerven und lineal=länglichen, vorn stumpfen oder spitzlichen, seltener stachelspitzigen Kelchblättern, = f. perforatifórme Fröhlich) und in einer dem Hypericum maculatum näherstehenden Form (mit 4=kantigem Stengel. Laubblätter mit fast dicht durchscheinendem Nervennetz und eiförmigen oder lineal=länglichen, ± stumpfen oder kurz stachelspitzigen Kelchblättern, = f. maculatifórme Fröhlich). Ausserdem sind die Kreuzungen Hypericum maculatum Crantz subsp. obtusiusculum Fröhlich × H. perforatum L. und H. maculatum Crantz subsp. Styriacum Crantz × H. perforatum L. unterschieden worden. Die erstere, die weitere Verbreitung besitzen dürfte, ist an folgenden Merkmalen zu erkennen: Stengel mit 2 Längsleisten. Laubblätter elliptisch=länglich=eiförmig, gegen den Grund verschmälert, die unteren, aber nicht auch die oberen mit spärlichen Drüsenpunkten. Kelchblätter wie bei Hypericum maculatum gegen die Spitze mit Zähnen. Fruchtklappen z. T. mit blasigen Drüsen. Samen grubig gestreift. — 3. Hypericum acutum Moench × H. perforatum L. (= H. médium Petermann). Anscheinend die seltenste Kreuzung und meist fraglich. Angegeben z. B. für die Umgebung von Leipzig, Achim bei Bremen, Lichtenhausen bei Celle, vom Geissboden im Kanton Zug (?) usw.

Die an die Guttiferae anschliessende Familie der **Dipterocarpáceae**[1]) mit über 300 Arten besteht fast ausschliesslich aus immergrünen, stattlichen Bäumen mit abwechselnden, ganzrandigen Laubblättern und kleinen, zuweilen stengelumfassenden Nebenblättern. Die zwitterigen, strahligen Blüten sind häufig zu einseitswendigen Aehren bezw. Trauben oder zu Rispen angeordnet. Die 5 öfters schon zur Blütezeit ungleichen Kelchblätter wachsen bei der Fruchtreife (entweder alle 5 oder nur 2 bis 3) zu grossen Flügeln aus. Die zahlreichen, bezw. 15, 10 oder 5 Staubblätter sind fast stets frei. Der gewöhnlich von 3 Fruchtblättern gebildete, 3=fächerige Fruchtknoten entwickelt sich zu einer 1=samigen, vom Kelch ± eingeschlossenen oder von ihm flügelartig überragten Nussfrucht mit lederartiger Schale. In den reifen Früchten ist das Nährgewebe gewöhnlich nicht mehr vorhanden; dafür enthalten die fleischigen, zuweilen gefalteten Kotyledonen Stärke

---

[1]) Griech. δίς [dis] = zwei, πτερόν [pterón] = Flügel und καρπός [karpós] = Frucht; nach der zweiflügeligen Frucht.

und Fett als Reservestoffe. Bezeichnend ist das Vorkommen von harz- und balsamartigen Stoffen, ätherischen Oelen, sowie dasjenige von Talg. Die sehr gut abgegrenzte, zweifellos sehr alte Familie hat mit den Theaceae, Guttiferae, Ochnaceae und Tiliaceae nahe verwandtschaftliche Beziehungen. Sie ist streng altweltlich und mit ihren 17 Gattungen hauptsächlich auf das tropische Asien (Ceylon, Vorder- und Hinterindien, Malayischer Archipel, vereinzelt bis Neuguinea) und auf die Seychellen und das tropische Afrika (13 Arten) beschränkt. Verschiedene Arten treten bestandbildend im Primärwald der Ebene auf; doch zeigen die meisten Arten trotz der geflügelten — freilich ziemlich schweren — Früchte nur kleine Verbreitungsareale. Als Stammpflanze des offizinellen Dammar-Harzes, Dámmar oder Resína Dammar (Pharm. Germ., Austr.) wird Shórea Wiesnéri Schiffner von Sumatra angesehen. Dammar bedeutet malayisch = Träne, Harzträne, im übertragenen Sinne auch Licht bezw. Leuchtstoff und ist ein Sammel- bezw. Handelsname für die Harze verschiedener Dipterocarpaceen (Shórea-, Hópea-[1]) und Pachynocárpus-Arten) des Malayischen Archipels. Bis vor einigen Dezennien hielt man Arten der Coniferen-Gattung Agáthis bezw. Dammára, die den Manila- oder Kaurikopal liefern, für die Stammpflanzen des Dammarharzes, später auch Engelhárdtia spicáta Blume (eine indische Juglandacee). Uebrigens werden auch indische Burseraceen-Harze (Dammar item = schwarzes Dammar), wohl von Canárium strictum und C. rostratum, als Dipterocarpaceen-Harze angesehen. Das Dammarharz, das freiwillig in grossen Mengen aus den Stämmen austritt und an der Luft sehr bald erhärtet, ist gelblichweiss, durchsichtig, aussen bestäubt, in Benzol, Schwefelsäure, Chloroform und Schwefelkohlenstoff, weniger leicht in Alkohol, Aether, Toluol und Aceton löslich, enthält 23 % Dammarolsäure ($C_{56}H_{80}O_8$), 40 % α-Dammarresen ($C_{22}H_{34}O_2$), 22,5 % β-Dammarresen ($C_{31}H_{52}O$), ätherisches Oel, 0,5 % Bitterstoff, 2,5 % Wasser, 3,5 % Mineralstoffe, 8 % Verunreinigungen. Das Harz wurde in der zweiten Hälfte des 17. Jahrhunderts durch Rumphius auf Amboina näher bekannt und gelangte 1827 in den europäischen Handel. Medizinisch dient es zur Herstellung von Pflastern (Emplástrum adhaesívum), technisch wie das Saul- oder Salharz von Shórea robústa Gaertner oder jenes von S. Selámica Blume zur Herstellung von Fackeln, Firnissen, Lacken, zum Einbetten von mikroskopischen Präparaten, zu Beleuchtungszwecken usw. Ausserdem liefern Doóna Ceylánica Thw. auf Ceylon, Vatica Rássak Bl. auf Borneo (Rosen-Dammar), sowie Vatéria[2]) Indica L. (Piney resin) durchsichtige Harze. Dünn- bis dickflüssige Harzbalsame werden durch Anbohren der Stämme von verschiedenen indisch-malayischen Dipterocarpus-Arten, malayisch „kerning" geheissen, gewonnen. So liefert D. grandiflúus Blanco das Apiton-Oel oder Calao (mit 25 bis 40 % ätherischem Oel), D. verniciflúus Blanco das Panao-Oel oder malapaho, D. turbinátus Gaertn., D. alátus Roxb., D. laévis Ham., D. incánus Roxb. u. a. das wood-oil (Holzöl), Kanyin-Oel, den Gurjunbalsam, Garjanbalsam, Balsámum Gurjúnae (= B. Dipterocárpi, B. Capíví, B. Gargánae), der ähnlich wie der Kopaiva-Balsam seit alters medizinisch (gegen Hautkrankheiten, Syphilis, Gonorrhoe, Lepra) und technisch zu Firnissen, Lacken, Farben, ebenso zur Verfälschung von ätherischen Oelen, um Holzwerk (Häuser, Schiffe) und Bambus wasserdicht und termitensicher zu machen, schliesslich zu Beleuchtungszwecken sowie in der Parfümerie verwendet wird. Der Gurjunbalsam gehört auch zu den wenigen Lösungsmitteln für Kautschuk. Der frische Balsam ist eine grünlich fluoreszierende Flüssigkeit, die an der Luft bald zu Harz erhärtet. Die Dipterocarpeen-Balsame sind je nach der Art und nach dem Alter der Bäume voneinander ± verschieden; es sind Gemische in sehr veränderlichen Gewichtsverhältnissen von ätherischem Oel (bis 80 %), kristallisierbaren und amorphen Harzsäuren, indifferenten Harzen (16 bis 18 %) und Bitterstoff. — Von Dryobálanops aromática Gaertn. (= D. Cámphora Colebrooke), einem riesigen, auf Borneo, Labuan und Sumatra heimischen Baume, wird der Sumatra-, Borneo- oder Baros-Kampfer gewonnen. Der Kampfer ist in Spaltenräumen des Holzes in kristallinischen Massen vorhanden und bildet vollständig rein als Borneol ($C_{10}H_{18}O$) weisse, perlmutterglänzende oder vollkommen farblose Kristallblättchen, die sich leicht zu einem weissen Pulver zerreiben lassen. Borneol besitzt einen eigenartigen, weniger an Kampfer als an Pfeffer erinnernden Geschmack und schmilzt bei 207°. Das Borneolkampferöl enthält etwa 35 % Terpene, 10 % alkoholische Bestandteile, 20 % Sesquiterpene und 35 % Harz. In Süd- und Ostasien steht der Borneokampfer noch in hohem Ansehen; von den Chinesen wird er zum Einbalsamieren von Leichen, von den Malayen zu rituellen Zwecken benützt. — Aus den Samen bezw. Früchten von verschiedenen Arten der Gattungen Hopea, Shorea und Isoptera wird der Borneotalg oder das Tangkawangfett gewonnen, das als Speisefett sowie als Ersatzstoff des Kakaofettes Bedeutung hat. Ein gleichfalls ausgezeichnetes Fett liefern die Samen (Butterbohnen) des ostindischen Kopalbaumes Vatéria Indica L., welches im europäischen Handel als Piney tallow, Pineytalg, Malabartalg oder Vateriafett bekannt ist und besonders in England in der Kerzen- und Seifenfabrikation Verwendung findet. Durch Einschnitte in den Stamm wird ein an der Luft erhärtendes, durchsichtiges Harz gewonnen (piney resin). Verschiedene Arten der Familie liefern ein gutes Bauholz.

---

[1]) Benannt nach John Hope, 1725 bis 1786, Professor der Botanik in Edinburgh.

[2]) Benannt nach Abraham Vater, 1684 bis 1751, Professor der Anatomie und Botanik in Wittenberg.

84. Fam. Elatináceae. Tännelgewächse[1]).

Meist kleine, am oder im Wasser lebende, 1= und mehrjährige Kräuter mit gegen=
ständigen oder quirligen, ungeteilten, sich oft in einen Stiel verschmälernden Laubblättern und
mit kleinen, dünnen Nebenblättern. Blüten einzeln in den Laubblattachseln oder in wickeligen
Blütenständen, klein, zwitterig, strahlig, 2= bis 5=zählig (Fig. 2016 h), meist alle Kreise gleich=
zählig. Kelchblätter frei oder am Grunde verwachsen. Kronblätter frei, in der Knospenlage
dachig. Staubblätter so viele oder doppelt so viele als Kronblätter. Fruchtknoten oberständig,
2= bis 5=fächerig; Griffel frei, meist kurz keulig. Samenanlagen mit 2 Integumenten, an einem
z. T. auch von der Blütenachse gebildeten Mittelsäulchen sitzend. Frucht eine vielsamige,
septifrage Kapsel. Samen gerade oder ± gekrümmt; Schale glatt oder felderrippig. Nähr=
gewebe meist völlig fehlend. Keimblätter kurz.

Die zuerst von Du Mortier 1827 und Cambessèdes 1829 aufgestellte, früher mit den Caryo=
phyllaceae, Crassulaceae und Lythraceae in Verbindung gebrachte Familie wird seit Bentham und Hooker
ganz allgemein zu den Parietales neben die Tamaricaceae und Frankeniaceae gestellt. Ob die auffallende
Aehnlichkeit einzelner Arten mit Hippuris auf blosser Konvergenz beruht, ist weiter zu prüfen. Von mono=
graphischen Bearbeitungen seien diejenigen von M. Seubert (Elatinarum monographia. Nova Acta Acad.
Leopold. Bd. XXI, 1845), F. Niedenzu (in Engler und Prantl. Nat. Pflanzenfam. Bd. III 6, 1895), G. Moesz
(Die Elatinen Ungarns. Ung. Bot. Bl. Bd. VII, 1908) und K. Kossinsky (in der von Fedtschenko heraus=
gegebenen Flora des asiatischen Russland, H. 14, 1917, russisch) genannt.

Ausser unserer Gattung umfasst die Familie nur noch Bérgia L., die mit etwa 27 Arten (bis 50 cm
hohe Stauden und 1=jährige Kräuter) in den Tropen (meist in Afrika, nördlich bis Aegypten, Arabien und
Turkestan) und in der südlichen gemässigten Zone weit verbreitet ist, aber in Europa fehlt.

CCCCLXXIII. Elátine[2]) L. Tännel. Franz.: Elatine; engl.: Waterwort; schwed.: Lånkesärf.

Einjährige, selten ausdauernde, zarte, amphibische, kahle Kräuter. Stengel nieder=
gestreckt oder aufsteigend, weich, glasig durchscheinend und wie die Wurzeln und die Laub=
blattstiele von weiten Lufthöhlen durchzogen. Laubblätter ganzrandig oder kerbzähnig, oval
oder länglich=elliptisch bis lineal, mit kleinen Nebenblättern. Blüten stets einzeln in den
Blattachseln, ohne Vorblätter, sitzend oder gestielt. Kelchblätter 2 bis 4, am Grunde ver=
wachsen, häutig, aber ohne abgesetzten Saum, bleibend. Kronblätter 3 oder 4, weisslich oder
rosa, abfallend. Staubblätter 3, 4, 6 oder 8, frei, mit introrsen Antheren. Fruchtknoten frei;
Griffel 3 oder 4, frei; Narbe kurzkeulig. Frucht eine fast kugelige, oben etwas eingedrückte,
häutige Kapsel, mit 3 oder 4 mehrsamigen Fächern. Samen zylindrisch, mit einer wechselnden
Zahl von Längsreihen quergestreckter, durch ebensoviele Längskanten getrennte Grübchen,
gerade bis hufeisenförmig gebogen (Fig. 2017 h bis 2020 k), nur 0,5 bis 0,8 mm lang.

Die Gattung umfasst über 20, teilweise sehr mangelhaft bekannte Arten, von denen 9 nur aus
Amerika, 2 nur aus Asien und 3 oder 4 nur aus den westlichen Mittelmeerländern bekannt sind. Wohl alle
sind Amphiphyten, d. h. wachsen mit Vorliebe an periodisch überschwemmten Ufern von Teichen, Seen und
Flüssen, wo sie mit Leichtigkeit aus kleinen, kurzgliederigen Landformen in langgliederige Wasserformen über=
gehen. Beide blühen und fruchten; die Wasserformen scheinen regelmässig kleistogam zu sein und sich
ausserdem auch vegetativ stark zu vermehren. Die meisten Arten sind kalkfliehend (kalkhold angeblich die
westmediterrane E. macrópoda Guss.), d. h. verlangen saures bis höchstens neutrales Wasser, werden aber im übrigen
durch Nährstoffreichtum (besonders durch Kali, einzelne Arten anscheinend auch durch einen gewissen Chloridgehalt)
begünstigt. E. hexandra und E. Hydropiper wachsen hauptsächlich in den Sauerwasservarianten der Litorelleta

---

[1]) Bearbeitet von Dr. Walter Kupper=München und Dr. H. Gams.
[2]) Griech. ἐλατίνη [elatíne] = tannen, von ἐλάτη [eláte] = Tanne. Der Name wurde im Altertum) z. B. bei
Dioskurides und Plinius) und bis ins 18. Jahrhundert für Arten von Kickxia (Bd. VI, pag. 28) gebraucht.
Auf unsere Gattung (vgl. das deutsche „Tännel") wurde er anscheinend zuerst von Tournefort übertragen.

und Heleochareta acicularis, mit den Isoëtes-Arten, Limosella aquatica usw., die Wasserformen mit Myriophyllum alterniflorum und Trapa, im Norden mit Lobelia Dortmanna, die Landformen mit Riccia-Arten, Archidium phascoides, Botrydium granulatum, Isolepis setacea, Cyperus-Arten usw., oft sehr gesellig. Die kleinen Samen (vgl. über deren eigenartigen Bau unter Elatine Alsinastrum pag. 538, sowie M. Seubert [l. c.], Fr. Müller [Untersuchungen über die Struktur einiger Arten von Elatine. Flora, 1877] und Baillon [Histoire des Plantes, T. IX]) werden wohl weniger durch Wasser und Wind als epizoisch (besonders durch Wasservögel) verbreitet. So erzog Kerner Elatine Hydropiper neben Isolepis, Cyperus- und Juncus-Arten, Centunculus, Limosella usw. öfter aus dem an Ufervögeln anhaftenden Teichschlamm. Sernander fand Sprossstücke einer Elatine in der Ostseedrift und nimmt daher auch vegetative Hydrochorie an. Aus dieser Verbreitungsweise und den eigenartigen Standortsansprüchen, zu denen wohl auch eine sehr geringe Konkurrenzfähigkeit kommt, erklärt sich, warum meist mehrere Arten zusammen und oft in grösster Menge in einzelnen Teich- und Seengebieten auftreten, in benachbarten aber ganz fehlen oder doch nur vereinzelt und vorübergehend erscheinen (so im nördlichen Alpenvorland mit seinen vorwiegend stark basischen Gewässern) und warum die meisten Elatine-Arten ganz ähnlich wie Trapa so ausgedehnte, aber zerrissene Areale haben.

Näheres über die Standortsmodifikationen in den pag. 535 genannten Monographien und im III. Bd. von Glücks Biologischen und morphologischen Untersuchungen über Wasser- und Sumpfgewächse (Jena 1911, pag. 301 ff.). Die Kriechsprosse besonders der Feuchtschlammformen bilden an den Knoten reichlich Beiwurzeln. Die Stengel und Wurzeln der Wasserformen sind im Rindenparenchym von weiten Luftkanälen durchzogen. In den Stengeln sind diese durch einschichtige, radial angeordnete Gewebeplatten voneinander getrennt, in den Wurzeln dagegen nur von radialen Parenchymzellfäden durchzogen. Auch in den Blattstielen finden sich in der Regel zwei weite Lufträume. — Parasiten scheinen ganz zu fehlen.

1. Laubblätter quirlständig, ungestielt. Stengel aufrecht oder aufsteigend, unverzweigt oder nur am Grunde ästig (Sektion Potamopithys Seubert) . . . . E. Alsinastrum nr. 1913.
1*. Laubblätter gegenständig, gestielt. Stengel niedergestreckt, am Grunde wurzelnd, ästig . . 2.
2. Staubblätter 3, in 1 Kreise angeordnet. Laubblätter länglich-eiförmig bis lineal, ihr Stiel kürzer als die Spreite. Samen nicht oder nur wenig gebogen (Sektion Crypta Seubert) . . . . 3.
2*. Staubblätter 6 oder 8, in 2 Kreisen angeordnet. Laubblätter eilänglich oder länglich-elliptisch (Sektion Elatinella Seubert) . . . . 4.
3. Blüten fast sitzend . . . . E. triandra nr. 1914.
3*. Blüten mit bis 2,5 mm langen Stielen . . . . E. ambigua pag. 539.
4. Blüten 3-zählig. Laubblätter eilänglich, ihr Stiel nicht länger als die Spreite. E. hexandra nr. 1915.
4*. Blüten 4-zählig; Staubblätter 8. Laubblätter länglich-elliptisch bis spatelig; Stiele, wenigstens die der unteren und mittleren Laubblätter, länger als die Spreite . . . . 5.
5. Samen gerade . . . . E. orthosperma pag. 543.
5*. Samen sichel- oder hufeisenförmig gebogen . . . . 6.
6. Blüten fast sitzend. Kronblätter länger als die Kelchblätter . . . E. Hydropiper nr. 1916.
6*. Blüten deutlich gestielt. Kronblätter kürzer als die Kelchblätter . . E. Hungarica pag. 543.

1913. Elatine Alsinastrum [1]) L. (= E. verticillata Lam.). Quirl-Tännel, Mierenstern-Tännel. Franz.: Elatine fausse alsine. Fig. 2016.

Ausdauernde oder 1-jährige Pflanze. Stengel kahl, 2 cm bis nahezu 1 m lang, aufrecht oder aufsteigend, einfach oder sich verzweigend, an den unteren Knoten wurzelnd. Unterwasser-Blätter in 8- bis 16-zähligen Quirlen, zurückgeschlagen, schmal-linealisch, 1-nervig, bis 5 cm lang, sehr zart (Fig. 2016 a, b); Luftblätter in 3-zähligen Wirteln, eiförmig, derber, mehrnervig, 6 bis 12 mm lang, 3 bis 8 mm breit; alle sitzend und kahl. Nebenblätter einzeln oder zu 2 zwischen je 2 Laubblättern (Interpetiolärstipeln), sehr zart, aus einer einzigen Zellage bestehend, farblos, ungeteilt oder (an den Wassersprossen) ± sich in lineale Zipfel auflösend, 1 bis 2,5 mm lang. Blüten einzeln in den Achseln fast aller Luftblätter, teilweise auch der Uebergangsblätter, sitzend oder sehr kurz gestielt, 4-zählig mit 2-Staubblattkreisen (Fig. 2016 g und h). Kelchblätter am Grunde deutlich verwachsen. Kronblätter grünlichweiss, den Kelch kaum überragend. Frucht eine zartwandige, fast kugelige, etwas niedergedrückte Kapsel,

---

[1]) Zuerst von Vaillant 1727 als Alsinastrum Galii folio beschrieben. Alsinastrum = falsche Alsine (vgl. Bd. III, pag. 389).

4-fächerig, mit 4 Klappen aufspringend. Samen walzlich, sehr schwach gebogen, 0,6 bis 0,8 mm lang. — VI bis IX.

Zerstreut und ziemlich selten, oft für mehrere Jahre verschwindend und dann wieder auftretend; in stehenden Gewässern, wie Teichen, Tümpeln und Wassergräben, bisweilen auf Gänseweiden. Auf lehmiger, kalkarmer Unterlage, auch auf Salzboden.

Im mittleren Deutschland sehr zerstreut, nördlich bis Westpreussen (bis Flatow, Schwetz und Briesen), Magdeburg, Stormarn (früher auch bei Hamburg, Ahrensburg und Ratzeburg), Bremen (bis 1892 bei Hastedt, infolge Bebauung verschwunden), Steinhuder Meer, Westfalen (Reinhardswald), Rheinprovinz (bis Trier), westlich und südlich bis zum Oberrhein (fehlt der Rheinpfalz [früher bei Ketsch], für das Untermaingebiet [Aschaffenburg, Kahl] und für das Elsass fraglich), zum Badischen Schwarzwald (Säckinger See) und ins Schwäbisch-fränkische Keupergebiet (in Württemberg nur bei Ellwangen, in Bayern an mehreren Orten im Aischgebiet und bei Herzogenaurach, früher auch bei Bayreuth, Dechsendorf [1819] und Weissendorf). — In Oesterreich zerstreut in den Sudetenländern, südlich bis Niederösterreich (Mollends bei Langenlois, Laaerberg bei Wien, Staatz, Angern, früher auch bei Hütteldorf und zwischen Neunkirchen und Diepholz); die Angaben aus Tirol beziehen sich auf Veronica scutellata. — In der Schweiz nur um den Luganersee (bei Agno und Riva S. Vitale von Franzoni gefunden).

Allgemeine Verbreitung: Von Osteuropa bis Griechenland, Sizilien, bis zu den Balearen, bis Spanien, bis zur ostalgerischen Küste, bis Frankreich, Deutschland, Dänemark (nur vorübergehend bei Frederiksborg), Norwegen (bei Kragerö wohl nur vorübergehend eingeschleppt) und Südwestfinnland, in Asien östlich bis Westsibirien (Guv. Tomsk und Tobolsk); Kaukasus, Nordturkestan und Japan.

Fig. 2016. Elatine Alsinastrum L. *a* Submers gewachsene Pflanze. *b* Amphibisch gewachsene Pflanze. *c* und *d* Landformen. *e* Blütenknospe. *f* Kelch von unten. *g* Blüte von oben. *h* Blütendiagramm. *i* Schnitt durch die Kapsel (Fig. *a*, *c* und *d* nach Glück, *b*, *e* bis *g* und *i* nach Kossinsky, *h* nach Eichler).

Die Wasserformen (Fig. 2016a) erinnern ganz auffallend an diejenigen von Hippuris vulgaris, sind aber noch zarter und heller grün. Beim Wachsen aus dem Wasser verringert sich rasch die Blattzahl der Wirtel; die Laubblätter werden kürzer und breiter (Uebergangsblätter). Ueber Wasser entstehen nur noch Luftblätter in meist 3-zähligen Quirlen und in ihren Achseln die Blüten.

Je nach der Wassertiefe bilden sich verschiedene Standortsformen aus: f. submérsa Glück (Fig. 2016a). Sehr ähnlich den Wasserformen von Hippuris, nur bei grösserer Wassertiefe, die das Auftauchen verhindert, wachsend; sonst übergehend in die f. aquática Seubert (incl. f. flúitans Seubert), die weitaus die häufigste Ausbildungsform ist und in der sich die Pflanze am üppigsten entwickelt (Fig. 2016 b). Sinkt das Wasser während des Sommers ab, so entsteht die f. terréstris Seubert (Fig. 2016c, d), die nur noch aufrechte Sprosse mit Luftblättern bildet, die aber in allen Teilen kümmerlichere Ausbildung zeigen als die Luftsprosse der Seicht-Wasserform. Unter besonders ungünstigen Verhältnissen entstehen auch Landformen, die keine typischen Luftblätter zu bilden vermögen, sondern eine Blattform hervorbringen, die mehr an die Wasserblätter oder wenigstens an die Uebergangsblätter erinnert. Wie diese stehen die Laubblätter einer solchen Landform in wenig- (7- bis 9-)zähligen Wirteln und sind breiter, kürzer und derber als die Wasserblätter.

Elatine Alsinastrum zeigt ähnlich wie viele andere Wasserpflanzen eine sehr schwache Ausbildung des Stranggewebes und ein wenig differenziertes Mark. Ferner ist bemerkenswert, dass der weitaus grösste Teil des Stengelquerschnittes von Luftkammern eingenommen wird, die die Internodien der Länge nach durchziehen und nur durch einschichtige, radial angeordnete Gewebeplatten voneinander getrennt sind. Im Gegensatz zu den folgenden „homoblastischen" Arten ist E. Alsinastrum (und ähnlich auch die westfranzösische E. Brochóni Clavaud) „heteroblastisch", d. h. die Wasserblätter sind von den Luftblättern sehr stark verschieden. Die Ueberwinterung erfolgt bei gleichmässigem Wasserstand durch Sprosse, an zeitweise austrocknenden Standorten ausschliesslich durch Samen. Auf eine Verschleppung durch Vögel deutet das Vorkommen auf Gänseweiden. Bei Ketsch, wo die Art an einem solchen Orte früher jahrelang zu finden war, ist sie in neuerer Zeit infolge Anlage eines Sportplatzes gänzlich verschwunden (Fr. Zimmermann). Im Jahre 1924 trat sie in einem 20 Morgen grossen, durchschnittlich 40 cm tiefen Fischteich bei Sproitz in der Oberlausitz nach wiederholter Kali- und Phosphordüngung in solchen Massen auf, dass das ganze Wasser erfüllt wurde und selbst ein zweimaliges Abmähen nichts half, vielmehr die Vermehrung noch begünstigte. Als wirksames Gegenmittel ist in solchen Fällen Kalk zu empfehlen. Vom sumpfigen Schwemmlande des Rheins und der Kinzig zwischen Kork und Willstett gegenüber Strassburg gibt E. Waldner als Begleiter Heliosciadium repens, Myosurus minimus, die 3 anderen mitteleuropäischen Elatine-Arten, Moenchia erecta, Lythrum hyssopifolia, Limosella aquatica usw. an.

Die kleinen, grünlichbraunen, zylindrischen Samen weisen nach O. Ohlendorf (Beiträge zur Anatomie und Biologie der Früchte und Samen einheimischer Wasser- und Sumpfpflanzen. Diss. Erlangen, 1907) 9 seichte Längsfurchen auf, die quergestreift sind und die Samenoberfläche gitterartig gezeichnet erscheinen lassen. Sie gehen aus Samenanlagen hervor, die ein äusseres, 4- bis 5-schichtiges Integument und ein inneres, fast durchweg nur 2-schichtiges Integument besitzen. Die Samenschale entsteht aus ersterem. Die Epidermiszellen sind plattenförmig, sehr dünnwandig und in Reihen parallel zur Längsachse des Samens angeordnet. An sie schliessen sich äusserst grosslumige Zellen an, die quer zur Samenlängsachse stehen, und zwar umgeben 9 der Samenlängsachse parallel laufende Zellreihen den ganzen Samen, aus welchem Grunde dieser auf dem Querschnitt 9-eckig erscheint. Die Seitenwände dieser Zellen sind nahe der Innenwand durch je eine leistenartige, schwach verholzte und deutlich geschichtete Verdickung verstärkt. Die Leisten schliessen in jeder Zelle zu einem quergestellten Rechteck, alle Rechtecke zu einem Gitterwerke zusammen. Auf diese Zellschicht folgt eine einen braunen Farbstoff führende Lage flacher, stark verdickter, sklerotisierter und mit welligen Seitenwänden versehener Zellen mit reichlicher Tüpfelung. Die Epidermis und die subepidermale Schicht sind in reifen Samen bis auf die Verdickungsleisten der subepidermalen Schicht zusammengesunken. Ebenso fehlt dann das Nährgewebe bis auf einen geringen Rest, der das aus stark kollabierten Zellen zusammengesetzte Häutchen zwischen Embryo und Testa bildet. Die Keimung erfolgt nach W. Kinzel nur im Lichte, aber ziemlich rasch und sehr vollständig. Die Keimblätter sind schmal-lineal und pfriemlich zugespitzt.

1914. Elatine triándra Schkuhr (= E. Hydrópiper L. var. triandra Palmstruch, = Alsinástrum triandrum Rupr.). **Dreimänniger Tännel, Kreuz-Tännel.** Franz.: Elatine à trois étamines. Fig. 2017 a bis h.

Einjähriges Kraut. Stengel zart, reich verzweigt, kriechend und an den Knoten wurzelnd oder aufsteigend, 2,5 bis 15 cm lang (Fig. 2017 a bis c). Laubblätter länglich-eiförmig bis lineal, bis 14 mm lang und nur 1 bis 2 mm breit; die unteren in einen die Spreite an Länge nie erreichenden Stiel zusammengezogen, am Rande undeutlich gekerbt, an der Spitze etwas ausgebuchtet (Fig. 2017 d, e). Nebenblätter frei am Stengel sitzend, meist 3-eckig, farblos, 1-schichtig, mit unregelmässig gezähneltem Rande. Blüten sitzend, einzeln in den Blattachseln, sehr klein (Fig. 2017 g). Kelch 3-blätterig (Fig. 2017 f). Kronblätter 3, weiss oder blassrosa. Staubblätter 3 (der innere Kreis fehlt). Fruchtknoten 3-fächerig. Frucht eine dünnwandige Kapsel, mit schwach gekrümmten Samen (Fig. 2017 h). — VI bis IX.

An schlammigen Teichrändern, in seichten Tümpeln und anderen untiefen, stehenden Gewässern, an oft überschwemmten Plätzen, in Sümpfen, auf kalkfreiem Lehm- und Sandboden.

In Deutschland in Bayern bei Wellenburg unweit Augsburg, Deggendorf, früher bei Sallern und Donaustauf bei Regensburg, bei Keilbücherl bei Waldmünchen, am Dutzendteich bei Nürnberg, Cadolzburg, Bodenwöhr; in Württemberg nur am Muckentaler Strassenweiher bei Ellwangen; in Baden am Kaiserstuhl, bei Kehl, Karlsruhe, Mannheim, Friedrichsfeld; im Elsass bei Strassburg zwischen Kork und Willstett; in der Rheinprovinz im Pulvermaar bei Gillenfeld, im Merheimer Bruch bei Mühlheim a. R. (früher in Menge, jetzt vielleicht verschwunden), bei Münchau bei Hattenheim, Weilburg, Hanau; im Nordwestdeutschen Flachlande im Schlamm der Aue bei Liebenau, am Steinhuder Meer; in Westfalen und im südlichen Hannover scheinbar ganz fehlend; im Nordostdeutschen Flachlande bei Wittenberg am Elbeufer (von Schkuhr entdeckt, aber in neuerer Zeit nicht wieder aufgefunden), bei Boitzenburg, um Luckau (am Grossen Teiche bei Bornsdorf und am Sandteiche bei Fürstlich=Drehna), bei Niesky, angeblich auch bei Beelitz, früher bei Weissensee unweit Berlin; in Sachsen im Elsterlande bei Weida, ferner bei Radeburg (Dippelsdorf, Moritzburg), Bautzen (Arnsdorf, Göda und Gaussig), fraglich für Kirchberg bei Zwickau, Grimme; in Thüringen früher bei Albrechts unweit Suhl; in Westpreussen bei Espenkrug, Kahlberg, Riesenburg, Thorn, Uchel, Pojrstieten, in Ostpreussen bei Königsberg; in Schlesien bei Görlitz, Hirschberg, Reichenbach, Falkenberg und an der Klodnitz bei Gleiwitz, bei Rybnik und Myslowitz. — In Oesterreich in Böhmen (Frauenberg, Wittingau, Platz, Soběslau, bei Prag, Dux, Pilsen, Kreuzberg), in Mähren (Neudorf bei Rudoletz, Dat= schitz, Zlabings, Teiche bei Namiest, früher bei Brünn), in Niederösterreich (Wiener Prater, unterer Ritzmanns= hofer Teich, Franzen bei Zwettl, bei Schrems), Salzburg (angeblich am Zeller See, Lambacher Lache, Felben, Habach), Steiermark (Pölz und Waltendorf bei Graz, Rad= kersburg, Meretinzen, Pod= vinzen bei Pettau). Fehlt in Kärnten, Tirol und in der Schweiz.

Allgemeine Verbreitung: Von Kamtschatka und Korea durch Sibirien und Russ= land bis Finnland (bis nach Nord = Österbotten), bis Schweden (bis zum untern Torneelf), Norwegen (bis

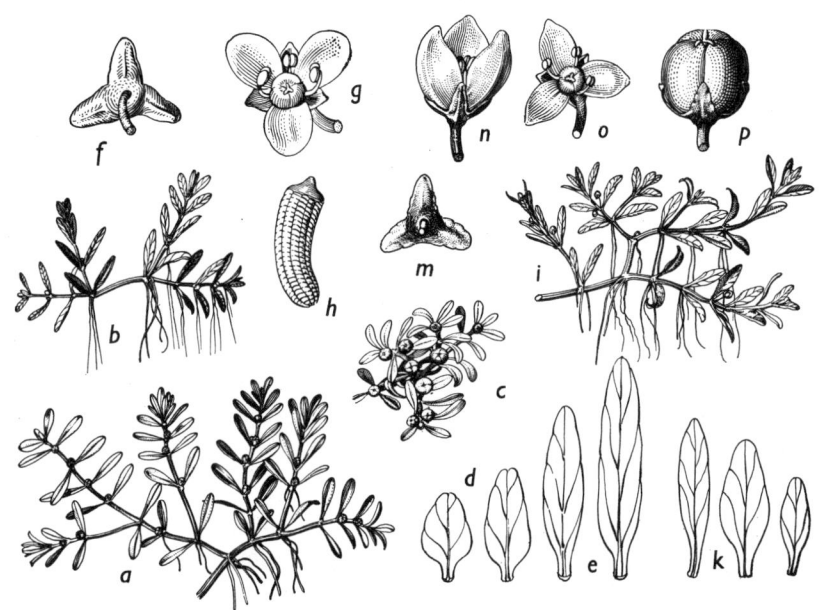

Fig. 2017. Elatine triandra Schkuhr. *a* Wasserform, *b* Sumpfform, *c* Landform. *d, e* Laub= blätter. *f* Kelch. *g* Blüte. *h* Samen. — Elatine ambigua Wight. *i* Sumpfform. *k, l* Laub= blätter. *m* Kelch. *n, o* Blüten. *p* Frucht (Fig. *a* und *c* nach Glück, übrige Figuren nach Kossinsky).

Skedsmo, fehlt Dänemark), Belgien (Ardennen), Frankreich (bis ins untere Loire=Gebiet), Italien (nur bei Oldenico und Novara), Siebenbürgen; Nord= und Mittelamerika, angeblich auch in Chile.

Die Wasserform (f. submérsa Seubert, = f. májor A. Braun) (Fig. 2017 a) wächst am häufigsten in 10 bis 25 cm Tiefe, wo sie Kriechstengel mit aufrechten Aesten treibt. In der Regel trägt nur das eine Laubblatt eines Paares eine Blüte in seiner Achsel. Die Blüten öffnen sich nicht, sind also kleistogam, setzen aber trotzdem ausnahmslos Früchte an. Die Art soll auch in fliessendem Wasser vorkommen und dort sogar noch üppiger gedeihen (f. stenophýlla Seubert). Die Landform (f. terréstris Seubert, = f. minor A. Br., = f. genuína Rouy et Fouc.) (Fig. 2017 c), die sich an feuchten Stellen bildet, ist in allen Teilen gegenüber der Wasserform erheblich verkleinert, die Seitenäste sind niederliegend und die Laubblätter in einer Ebene ausgebreitet. Nur die Blüten sind besser entwickelt; sie öffnen sich vollständig und breiten ihre rosafarbenen Kronblätter aus. Der Fruchtansatz ist ebenso regelmässig wie bei der Wasserform. — Eine besonders grosse und kräftige Wasserform ist f. callitrichoídes Ruprecht (Oberschlesien). — Die Form des seichten Wassers (f. intermédia Seubert) nimmt bezüglich ihrer Ausbildung eine Mittelstellung zwischen der Wasser= und der Landform ein und ragt mit ihren Zweigen teilweise aus dem Wasser heraus. Die Ueberwinterung erfolgt nur durch Samen. Ueber die Begleiter auf nackten Teichböden, auf denen sich die Art mit grosser Vorliebe, aber meist viel spärlicher als Elatine hexandra einstellt, vgl. Radiola linoides. Bd. V/1, pag. 3.

Elatine ambigua Wight (= E. triandra Schkuhr var. pedicelláta Krylow) (Fig. 2017 i bis p), die in Südasien verbreitet ist und auch in der Ukraine und in Ungarn aufgefunden wurde, ist mit E. triandra sehr nahe verwandt. Sie unterscheidet sich hauptsächlich nur durch die gestielten Blüten (Fig. 2017 n und o). Sie soll auch in Bayern (bei Regensburg) festgestellt worden sein und wäre demnach wohl auch in Oesterreich zu erwarten.

1915. Elatine hexándra (Lapierre) DC. (= E. paludósa Seubert, = E. paludosa var. hexandra Gren. et Godron, = E. Hydrópiper L. var. hexandra Gaudin, vix Birólia paludosa Bellard). Sechsmänniger Tännel, Stiel=Tännel. Taf. 184, Fig. 2; Fig. 2018 a bis f.

Einjährige, zarte, sehr ästige Pflanze mit kriechenden, an den Knoten wurzelnden Hauptachsen und kleinen, aufsteigenden Seitenästen, 2 bis 20 cm lang (Fig. 2018 a und b). Laubblätter eilänglich, in den Stiel verschmälert, die Spreite so lang oder länger als der Stiel, bis 3,5 mm breit, mit dem Stiel höchstens 10 mm lang, oberseits dunkler grün als unterseits. Nebenblätter gewöhnlich 3=eckig, durchsichtig, 1=schichtig, am Rande unregelmässig gezähnt. Blüten gestielt, einzeln in den Blatt=achseln, meist alternierend, seltener in beiden Blattachseln eines Paares auftretend, 3=zählig, mit 2 Staubblattkreisen; Blütenstiel oft kaum 0,5 mm lang, meist aber länger (bis 9 mm bei untergetauchten Formen). Kelchblätter am Grunde etwas verwachsen. Kronblätter rötlich=weiss, etwas länger als die Kelchblätter. Kapsel dünnwandig, etwas abgeplattet, klappig auf=springend. Samen schwach gekrümmt (Fig. 2018 f). — VI bis IX.

Sehr zerstreut, oft unbeständig, in stehenden Gewässern wie an Seeufern, auf feuchten, schlammigen Teichböden, sehr selten auch in schwach fliessendem Wasser; nur auf kalkfreiem, lehmigem oder sandigem Unter=grunde, fast immer in dichten Rasen wachsend, oft mit den vorigen Arten zusammen.

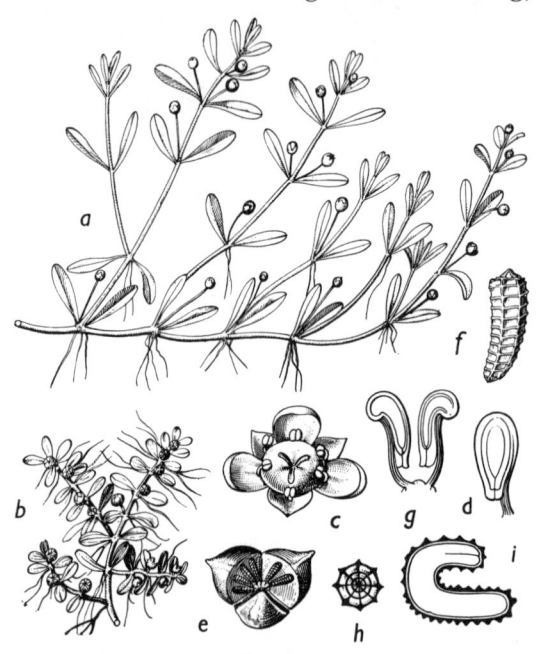

Fig. 2018. Elatine hexandra (Lapierre) DC. *a* Submers gewachsene Pflanze. *b* Landform. *c* Blüte. *d* Samenknospe. *e* Aufgesprungene Kapsel. *f* Samen. — E. Hydropiper L. em. Oeder. *g* Zwei Samenknospen. *h* Samen von oben. *i* Längs=schnitt durch den Samen (Fig. *a* und *b* nach H. Glück, *c* bis *i* nach Beck).

In Deutschland ähnlich verbreitet wie die vorigen, nordwestlich bis in die südliche Rheinprovinz und Hannover (Neuenkirchen, Steinhuder Meer), fehlt Holstein, in Schleswig nur im dänischen Teil (bei Haders=leben und Tondern); südlich bis in die Oberrheinebene (im Elsass bis Friesen) und bis ins Schwäbisch=fränkische Keupergebiet (von Ellwangen und Wälderschub in Württemberg bis in die Oberpfalz zerstreut), in Thüringen nach einer alten, sehr fragwürdigen Angabe bei Birkigt und Lausnitz, in Sachsen bei Leipzig, Lausick, Grimma, Meissen, im Moritzburger Seengebiete, bei Kamenz, in Schlesien bei Hoyerswerda, Niesky, Muskau, Rotenburg, Hirschberg und Rybnik. — In Oesterreich zerstreut in Böhmen (bei Dux, am Grossen Hirschberger Teiche, bei Frauenberg, Platz, Lomnic, Nýřan, Blatna, Soběslau, Neuhaus, Voreik, angeblich bei Reichenberg) und Mähren (bei Weisskirchen und Neutitschein) bis Niederösterreich (am oberen Ritzmannshofer Teich und im Teich von Franzen bei Zwettl), einmal auch in Vorarlberg (von Rehsteiner 1846 in der Frastanzer Au) gefunden. Die Angaben für Steiermark beziehen sich auf Callitriche hamulata und Lindernia pyxidaria. — In der Schweiz am Nordufer des Lago Maggiore und bei Magadino, früher auch am westlichen Genfersee (Genthod bei Versoix) und im Linthdelta (früher auch bei Nidau), im Grenzgebiet im Veltlin (hierauf bezieht sich wohl die Angabe der „Birolia paludosa Bellard." von Em. Thomas und Gaudin für Rätien).

Allgemeine Verbreitung: Nur in Europa, nördlich bis England und Skandinavien (in Norwegen bis zum Söndfjord, in Schweden bis Norrland, in Dänemark nur in Jütland), östlich bis Südwestpolen und Ungarn (nur 2 Fundorte), südlich bis Friaul (bis zur Adria) und Oberitalien, westlich bis Belgien und Ostfrankreich.

Tafel 184

Tafel 184.

Fig. 1. *Hypericum hirsutum* (pag. 515). Blühendes Stengelstück.
„ 2. *Elatine hexandra* (pag. 540). Habitus.
„ 2a. Blüte.
„ 3. *Myricaria Germanica* (pag. 548). Zweig mit blühendem Spross.
„ 3a. Blüte.
„ 3b. Aufgesprungene Frucht.
„ 3c. Querschnitt durch den Fruchtknoten.

Fig. 3d. Samen.
„ 3e. Samenanlage.
„ 4. *Helianthemum nummularium* subsp. *nummularium* (pag. 565). Habitus.
„ 4a. Fruchtknoten und Griffel.
„ 5. *Helianthemum canum* (pag. 573). Habitus.
„ 5a. Fruchtknoten mit Griffel.
„ 6. *Fumana vulgaris* (pag. 581). Habitus.

Auch Elatine hexandra erzeugt verschiedene Standortsformen. Sie bevorzugt stehende Gewässer mit geringer Wassertiefe (10 bis 30 cm) und bildet darin meist kleinere oder grössere Rasen: f. s u b m é r s a Seubert (= f. flúitans A. Schwarz, = f. pedunculáta Coss. et Germ.). Fig. 2018 a. Nur selten steigt sie in Wassertiefen von 50 bis 80 cm hinab, wächst dort in der Regel nur in Einzelexemplaren und bildet länger gestreckte Glieder und grössere, aber dünnere Laubblätter aus, vermag aber auch da zu blühen und zu fruchten. Die untergetauchte Form blüht stets kleistogam. Die Landform, f. t e r r é s t r i s Seubert (Fig. 2018 b), ist ziemlich häufig zu treffen. Sie bildet kleine, dichte Rasen und ist, je nach dem Feuchtigkeitsgrade des Standortes, in stärkerem oder geringerem Masse reduziert. Je trockener der Standort, desto kürzer sind die Stengelglieder und um so kleiner und derber die Laubblättchen, die bis auf $1/6$ ihrer gewöhnlichen Grösse zurückgehen können. Bei den Landformen sind alle Aeste auf den Boden niedergestreckt, die Laubblätter sind in einer Ebene angeordnet, dunkelgrün und glänzend, die Blüten chasmogam und kürzer gestielt oder fast sitzend; alle Sprosse sind durch zahlreiche, aus den Knoten entspringende Adventivwurzeln am Boden befestigt. Eine besonders extreme Landform mit nur 2 bis 5 mm hohen, karminroten Stengeln beschrieb A. S c h w a r z aus Franken. — Eine Zwischenform, f. i n t e r m é d i a Seubert (= f. prostráta Schwarz), entsteht an Orten mit ganz geringer Wassertiefe, wo die Pflänzchen teilweise über den Wasserspiegel emporwachsen. Sie geht meistens aus der Wasserform hervor und nimmt hinsichtlich ihrer Ausmasse eine Mittelstellung zwischen dieser und der Landform ein. Die Ueberwinterung erfolgt nur durch Samen.

Am Genfersee, wo die Art von Philippe T h o m a s entdeckt wurde, fand sie R e u t e r 1851 bei Genthod, wo heute das Schloss Bartholoni steht, in Gesellschaft von Scirpus supinus, Limosella aquatica, Riccia glauca und R. supina und dem von dieser jetzt zerstörten Stelle beschriebenen Wasserlebermoos Riella Reuteri Mont., das hier wie im Unterwallis, wo es G a m s 1917 entdeckte, wohl durch Wasservögel aus dem westlichen Mittelmeergebiet eingeschleppt worden ist. Auf Teichböden in Sachsen, die im August trocken gelegt werden, erhalten die sandigen oder schlammigen Flächen nach B. S c h o r l e r und T. T h a l l w i t z (Pflanzen- und Tierwelt des Moritzburger Grossteiches bei Dresden. Annales de Biologie lacustre, T. I, 1906) im Oktober einen grünlichen oder rötlichen Anflug, der sich vorwiegend aus Elatine hexandra zusammensetzt und dem Bidens cernuus (in Zwergformen), Peplis Portula, Montia minor, Isolepis setacea, Heleocharis ovata, Cyperus fuscus und Carex cyperoides in ± grossen Trupps beigemischt sind. Die Befestigung der Seichtwasserform ist oft so schwach, dass die Pflänzchen durch stärkere Wasserbewegung (durch den Wind) in grosser Menge entwurzelt und in dichten Ballen an das Ufer getrieben werden. Die Samen keimen nach W. K i n z e l nur im Lichte, aber im Gegensatz zu denen von E. Alsinastrum sehr langsam. Halbreife Samen gelangen eher zum Austrieb als reife.

1916. Elatine Hydrópíper [1]) L. em. Oeder (= E. Schkuhriána Hayne, = E. paludósa var. octándra Gren. et Godron, = E. Oedéri [2]) Moesz, = E. Hydropiper L. em. Oeder var. Schkuhriana Gaudin, var. gyrospérma [Düben] Lange, subsp. Oederi Hermann, = Alsinástrum gyrospérmum Ruprecht). W a s s e r p f e f f e r - T ä n n e l. Franz.: Elatine poivre d'eau. Fig. 2018 g bis i und Fig. 2019.

Einjährige, zarte, ästige Pflanze mit kriechenden und an den Knoten wurzelnden,

---

[1]) Vielleicht bezieht sich der Name, den L i n n é auch für mehrere andere Arten brauchte, nur auf eine sehr entfernte Aehnlichkeit mit Polygonum Hydropiper (vgl. Bd. III, pag. 202), kaum auf die Form der Früchte und sicher nicht auf den durchaus milden Geschmack.

[2]) Benannt nach dem deutsch-dänischen Botaniker Georg Christian O e d e r, geb. 1728, gest. 1791 als Landvogt von Oldenburg. Er war Mitarbeiter der Flora Danica und bereiste u. a. das norwegische Hochgebirge, wo er die nach ihm benannte Pedicularis-Art (Bd. VI/1, pag. 127) entdeckte. Vgl. auch Carex Oederi (Bd. II, pag. 117).

2 bis 15 cm langen Haupttrieben und mit aufsteigenden oder aufrechten Zweigen. Laubblätter länglich=elliptisch oder spatelig, gestielt, auf der Unterseite heller als auf der Oberseite; Stiel fast stets länger als die Spreite (bis 3=mal so lang), nur an den Zweig=Enden und an Land= formen kürzer als die Spreite; Gesamtlänge des Laubblattes je nach dem Standort 1,5 bis 20 mm, Breite 0,5 bis 2,5 (selten bis 4) mm. Nebenblätter zart, glashell, 1=schichtig, gezähnt. Blüten sitzend oder ganz kurz gestielt, 4=zählig mit 2 Staubblattkreisen (Fig. 2019 e). Kelch= blätter am Grunde etwas verwachsen (Fig. 2019 f). Kronblätter rötlich, nicht länger als die Kelchblätter (Fig. 2019 e, g). Staubblätter 8 (Fig. 2019 h). Frucht kugelig=abgeplattet, 4=fächerig, mit 4 Klappen aufspringend (Fig. 2019 i). Samen stark gekrümmt, ungleichschenklig=hufeisen= förmig (Fig. 2019 k und Fig. 2018 i). — VI bis IX.

An zeitweise überschwemmten Orten, in untiefen, stehenden Gewässern, an Teich= und Seeufern, auf schlammigen, kalkarmen Böden, bisweilen auch in brackigem Wasser. Sehr zerstreut und oft unbeständig, wahrscheinlich vielfach übersehen.

In Deutschland ähnlich verbreitet wie die vorigen, fehlt aber dem ganzen Emsgebiet, Ostfriesland, dem westlichen Schleswig=Holstein (nur südöstlich der Eider), der Provinz Posen, der Rheinpfalz, ganz Württem= berg und Südbayern, auch für das Elsass (angeblich früher bei Mühlhausen) fraglich, im Bodenseegebiet erloschen (bis 1862 im Paradies bei Konstanz). In Bayern nur bei Dinkelsbühl, Dennenlohe bei Gunzen= hausen, Deggendorf, Haidweiher bei Amberg, Boden= wöhr, Nassangerteich bei Lichtenfels, früher auch bei Regensburg und Dechsendorf, in Baden im Rhein= tale bei Kehl, Kork, Renchen, Daxlanden, Knielingen, Beiertheim, Friedrichsfeld, in der Rheinprovinz sehr selten, z. B. im Merheimer Bruch bei Mühlheim (jetzt vielleicht verschwunden), im Nordwestdeutschen Flachlande (mit Ausschluss von Ostfriesland und dem Emsgebiete), sowie im südlicheren Hannover sehr zerstreut, in Holstein zerstreut in den Kreisen Lauen= burg und Stormarn, ferner bei Alt=Lauerhof, Herren= fähre, Ihlsee, am Einfelder See (?) und an der Unter= eider (?), im Nordostdeutschen Flachlande bei Salz= wedel, Brandenburg, Belzig, Berlin (früher), Frank= furt, Oderberg, Driesen, zerstreut in Mecklenburg, Pommern und Westpreussen (besonders auf der Seen= platte), seltener in Ostpreussen, in Thüringen hie und da, z. B. bei Jena und Gera, bei Halle, in Sachsen bei Leipzig, Weida, Grimma, Dresden (früher), im Moritzburger Seengebiet, in Schlesien bei Bunzlau, Reichenbach, Strehlen, Wölfelsdorf, Leobschütz (früher).
— In Oesterreich in Böhmen zerstreut, am

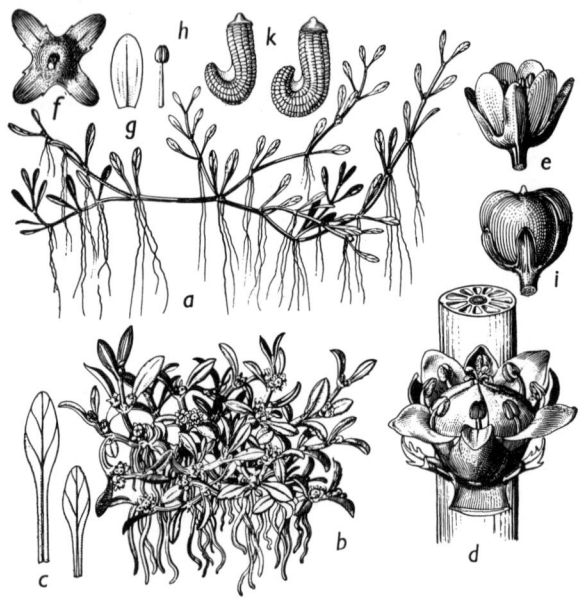

Fig. 2019. Elatine Hydropiper L. *a* Wasserform. *b* Land= form mit z. T. mehrzähligen Blüten. *c* Laubblätter. *d* Stengelstück und mehrzählige Blüte. *e* Normale Blüte. *f* Kelch. *g* Kronblatt. *h* Staubblatt. *i* Frucht. *k* Samen (Fig. *a, c* und *e* bis *k* nach Kos= sinsky, *b* und *d* Orig.).

häufigsten im Süden, in Mähren sehr zerstreut bei Namiest und Slawitsch, für Ober= und Niederösterreich (angeblich bei Wien) fraglich, dagegen in Steiermark bei Dobrava unweit Sauritsch (nahe der kroatischen Grenze) und Kärnten (Wasserhofen bei Eberndorf). — In der Schweiz im Grenzgürtel des Langensees vom Maggiadelta bis Magadino und bei Ponte=Tresa, jenseits der Grenze im Veltlin und Aostatal.

Allgemeine Verbreitung: In Europa von Spanien und Oberitalien bis England, Dänemark (Seeland), Skandinavien (Norwegen bis Hamar, Schweden bis Lappland) und Finn= land (bis Kemi= und Imandra=Lappland), von Russland (weit verbreitet) bis Westsibirien (Gouv. Tomsk, Tobolsk, Jenisseisk); Nordamerika.

Die somit holarktisch verbreitete Art wächst am häufigsten in Litorelleten, im Sommer 10 bis 30 cm unter Wasser, wo sie als Wasserform (f. submersa Seubert) (Fig. 2019a), regelmässig und reichlich blüht und fruchtet, doch ohne dass sich die kugeligen Blüten öffnen (Kleistogamie). In tieferem Wasser (40 und mehr cm) wächst sie nur kümmerlich und blüht spärlich (Glück). Seichtwasserformen (f. intermédia Seubert) und

Landformen (f. terréstris Seubert) (Fig. 2019b), werden verhältnismässig selten gebildet. Letztere zeigen wie bei den anderen Arten gegenüber den Wasserformen zwergigen Wuchs, stark verkürzte (1 mm lange) Stengelglieder, kleine (3 mm lange), dickliche, fast sitzende Laubblättchen und chasmogame Blüten, die kleinere Früchte liefern. Im Wuchs sind sie vollständig niedergestreckt. — Auf sandig-schlammigem Boden an der Rheda und am Putziger Wiek (Westpreussen) fand P. Graebner Elatine Hydropiper im Brackwasser zusammen mit Potamogeton pectinatus, Zannichellia palustris und Z. polycarpa, Ruppia rostellata, Scirpus Tabernaemontani und S. parvulus, Juncus ranarius, Ranunculus confusus und R. fluitans, Callitriche verna, Limosella aquatica und Veronica Anagallis subsp. aquatica auf.

Von der typischen E. Hydropiper unterscheidet sich **E. orthospérma**[1]) Düben (als Art, Hartman als var., Hermann als subsp., = E. spathuláta Gorski, = Alsinástrum orthospermum Ruprecht) hauptsächlich nur durch die etwas längliche Kapsel und die fast geraden Samen (Fig. 2020a bis k). Sie wird aus Bayern (Donaustauf) und Schleswig (Rendsburg-Süderstapel) angegeben und ist ausserdem aus Südskandinavien, Finnland, Litauen, Russland (Gouv. Petersburg und Ufa) und dem Amurland (Michailowsk) bekannt.

Von verwandten, Mitteleuropa nicht erreichenden Arten seien weiter genannt: **Elatine Hungárica** Moesz (Fig. 2020 l bis o) mit 1 bis 5 mm langen Blütenstielen und halbkreisförmig gekrümmten Samen. Von Ungarn durch die Ukraine bis Turkestan. — **Elatine campylospérma** Seubert, deren Verbreitungsgebiet sich von West-Frankreich über das Mittelmeergebiet erstreckt, und die ebenfalls ungleichschenkelig hufeifenförmig gekrümmte Samen besitzt, beide auch mit 4-zähligen Blüten.

Ob zwischen unseren Arten Bastarde vorkommen, ist noch nicht bekannt; vielleicht sind manche als Rassen oder Arten beschriebene Formen solche.

Die anschliessende, etwa 40 Arten umfassende Familie der **Frankeniáceae**[2]) besteht aus einjährigen Kräutern und Stauden sowie aus einigen Halbsträuchern mit kleinen, fast nadelförmigen, zuweilen umgerollten, gegen- oder quirlständigen Laubblättern, die am Grunde durch häutige bewimperte Flügel paarweise verbunden sind. Die strahligen, meist zwitterigen, 4- bis 7-gliederigen Blüten sind zu end- oder achselständigen beblätterten Trugdolden angeordnet. Die bleibenden Kelchblätter sind zu einer gezähnten Röhre verwachsen; die gleichfalls bis zur Fruchtreife bleibenden, freien Kronblätter zeigen auf der Innenseite meist eine zungenförmige Ligularbildung. Die bisweilen zahlreichen Staubblätter stehen in 2- oder in der Regel in 3-zähligen Quirlen und sind am Grunde öfter etwas verbunden. Die 2 bis 4 Fruchtblätter bilden einen 1-fächerigen Fruchtknoten mit in der unteren Hälfte zahlreichen, aufsteigenden Samenanlagen (diese sitzen mit 2 Integumenten an parietalen Plazenten) und mit getrennten, fädlichen Griffeln. Pollen kugelig oder in Tetraden. Die meist 3-klappig längs der Mittelrippe der Fruchtblätter aufspringenden Kapseln tragen an den Kapselklappen zahlreiche Samen mit knorpel-krustiger Schale, reichlichem, mehligem Nährgewebe und geradem, axilem Keimling mit flachen Keimblättern. Die Frankeniaceen sind ausnahmslos Xerophyten und Halophyten und zeigen dementsprechend an den Laubblättern verschiedenartige Vorrichtungen zur Herabsetzung der Transpiration sowie zur Wasserspeicherung (ericoider Habitus, Behaarung, Umrollung des Randes, stark verdickte Cuticula, Salz ausscheidende Epidermisdrüsen, papillenförmig vorspringende, oft in Haare auswachsende Epidermiszellen, starke Bastbelege, Spikularzellen). Dadurch ist es ihnen ermöglicht, unmittelbar an den Salzseen sowie am Meeresstrand zu wachsen. Die Blätter einiger Arten scheiden ein hygroskopisches Salzgemische (Kochsalz, $MgCl_2$ u. a.) ab. Bei **Frankenia Berteroána** Gay ist diese Salzabscheidung eine so reichliche, dass sie in Nordchile in früheren Jahrhunderten zum Würzen der

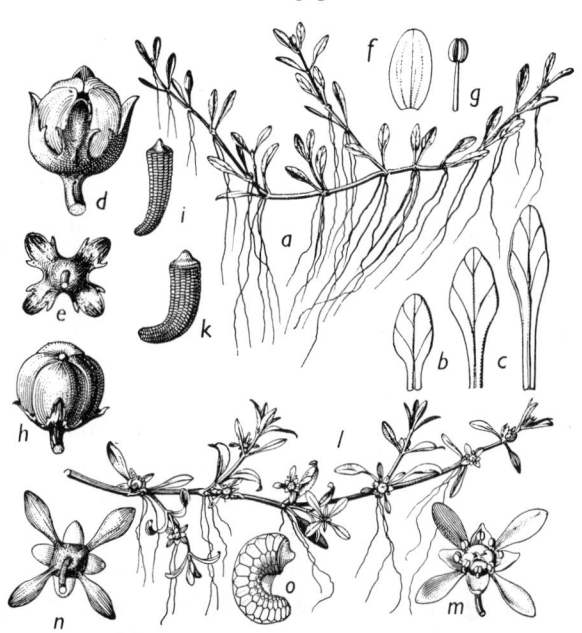

Fig. 2020. Elatine orthosperma Düben. *a* Habitus. *b, c* Laubblätter. *d* Blüte. *e* Kelch. *f* Kronblatt. *g* Staubblatt. *h* Frucht. *i, k* Samen. — Elatine Hungarica Moesz. *l* Habitus. *m* Blüte von oben und *n* von unten, *o* Samen (*a* bis *k* nach Kossinsky, *l* bis *o* nach Moesz).

---

[1]) Griech. ὀρθός [orthós] = gerade und σπέρμα [spérma] = Same, also geradsamig, im Gegensatz zu καμπυλόσπερμος [kampylóspermos] = krummsamig und γυρόσπερμος [gyróspermos] = bogensamig.

[2]) Benannt nach Johann Frankenius, gest. 1661 als Professor der Medizin in Upsala.

Speisen verwendet wurde. Die Familie hat mit den Tamaricaceen die nächsten verwandtschaftlichen Beziehungen; ebenso bestehen solche zu den Guttiferae, dagegen kaum solche zu den Caryophyllaceen und Droseraceen. Von den 5 Gattungen ist Frankenia (ital.: Erba franca) mit verschiedenen Arten im Mittelmeergebiet (F. pulverulénta L., F. hirsúta L., F. laévis L. [reicht nördlich bis Westfrankreich und England], F. Boissiéri Reut., F. Reutéri Boiss., F. Wébbii Boiss. et Reut.), auf den Canaren, in Vorderindien, Zentralasien, in den trockenen Gebieten von Australien und Chile sowie im südwestlichen Teil von Nordamerika vertreten, die monotypischen Gattungen Hypericópsis Boiss. (mit ± H. Pérsica Boiss.) an den Salzseen von Südpersien, Beatsónia Roxb. auf St. Helena (B. portulacoídes Roxb. liefert den Eingeborenen einen Tee) sowie Niederleínia Hieron. mit N. juniperoídes Hieron. an den Salzseen von Patagonien. In der atlantischen Küstenzone im südlichen Spanien gehören Frankenia pulverulenta und F. hirsuta den zeitweilig unter Wasser gesetzten, salzigen Strandsümpfen (Marismas) an und erscheinen dort in Begleitung von Atriplex Halimus und A. glaucum L., Salicornia fruticosa, Arthrocnemon macrostachyum, Inula crithmoides, Artemisia Gallica, Limoniastrum monopetalum, Obione portulacoides, Aster Tripolium und A. longicaulis, Statice ovalifolia, St. virgata, St. diffusa und St. Limonium, Juncus acutus, Scirpus maritimus, Triglochin maritimum und T. Barrelieri, Suaeda maritima, Salicornia herbacea, Cotula coronopifolia, Erythraea latifolia und E. spicata usw. F. pulverulenta ist in Holland (Leyden, Zwyndrecht) adventiv festgestellt worden.

85. Fam. **Tamaricáceae.** Tamariskengewächse.

Bäume, Sträucher oder Stauden mit spiralig gestellten, meist kleinen, ungeteilten, ± erikoiden oder schuppenförmigen, meist sitzenden Laubblättern. Nebenblätter fehlend. Blüten einzeln oder in Trauben oder Rispen endständig, ohne echte Vorblätter, strahlig (Fig. 2022 g), fast stets zwitterig, in Kelch und Krone geschieden, 5- oder 4-, selten mehr-zählig. Kelchblätter in der Regel frei, selten ± verwachsen. Kronblätter meist frei, selten verwachsen, hinfällig. Staubblätter in der Zahl der Kronblätter oder doppelt so viele, in 1 oder 2 Kreisen, frei oder seltener unterwärts verbunden, einem Diskus ± aufsitzend; Staubbeutel meist nach aussen gerichtet, längsspaltig; Konnektiv oft in eine Spitze auslaufend; Pollenzellen mit 3 Keimfalten. Fruchtknoten oberständig, aus 2 bis 5 (meist 3) Fruchtblättern gebildet, 1-fächerig oder durch später sich ablösende Plazentarleisten gekammert, mit wand- oder grundständigen, aufsteigenden, anatropen, zweihäutigen Samenanlagen. Griffel 1 bis 5, meist frei, seltener ± hoch verwachsen, mit endständiger, gerader oder schiefer, einfacher, breiter Narbe. Frucht eine fachspaltige, bis zum Grunde aufspringende Kapsel. Samen zahlreich, mit einem gedrängten Schopf ± langer, stets 1-zelliger Haare, selten mit Hautflügeln an der Chalaza, mit ganz oder fast fehlendem Nährgewebe. Keimling gerade, länglich, mit flachen Keimblättern.

Zu der nur in der Alten Welt vorkommenden Familie zählen 4 Gattungen mit etwa 100 Arten, die zu den Charakterarten der Steppen- und Wüstengebiete gehören und vorwiegend die des Mittelmeergebietes und Zentral-Asiens besiedeln. Einige Arten der umfangreichen, etwa 75 Arten starken Gattung Támarix L. dringen bis nach Mittelafrika, andere bis nach Vorderindien, eine, T. Anglica Webb., an der Westküste von Frankreich bis zum Aermelkanal vor. Auch die Gattung Myricária L. ist weit verbreitet und reicht von der Mongolei westwärts bis zum nördlichen Skandinavien und bis zu den Pyrenäen. Diese beiden Gattungen zeichnen sich gemeinschaftlich dadurch aus, dass ihre kleinen Blüten in Trauben angeordnet sind und die zahlreichen, nabellosen Samen scheitelständige Haare tragen, aber kein Nährgewebe enthalten. Sie bilden die Tribus der Tamariceae. Ihnen gegenüber steht die Tribus der Reaumurieae, durch einzelnstehende, ziemlich grosse Blüten und wenig zahlreiche, ringsum behaarte, in einen Nabel auslaufende Samen mit dünnem Nährgewebe charakteristisch. Zu ihr gehört die aus 13 reich verzweigten, niederliegenden oder spreizenden Zwerg- oder Halbsträuchern mit flachlaubigen oder ± lineal-stielrund-fleischigen Laubblättern und meist prächtigen, an den Hauptästen endständigen Blüten gebildete Gattung Reaumuría L. aus dem östlichen Mittelmeergebiet und Zentralasien. Manche ihrer auf Salzböden lebenden Arten, z. B. die arabisch-ägyptische R. hirtélla Jaub., die nordafrikanische R. mucronáta Taub. et Spach und die von Transkaukasien bis in die Dsungarei verbreitete, bisweilen in Warmhäusern gezogene R. hypericoídes Willd. scheiden auf ihren Laubblättern so bedeutende Salzmengen ab, dass sie zur Salzgewinnung benützt werden. Am Morgen pflegen diese Krusten so viel Wasser angezogen zu haben, dass die Laubblätter völlig wie mit Perlen bedeckt sind. Die Salzausscheidung geschieht mit Hilfe von Epidermaldrüsen, die aus 2 epidermalen und 2 subepidermalen Zellen bestehen. Das Sekret der Reaumuria-Arten enthält vorwiegend Ca-, Na- und Mg-Chloride. Bei Tamarix, wo derselbe Vorgang zu beobachten ist, treten kohlensaure Verbindungen in grösserer Menge hinzu. Bei T. articulata z. B. stellte Marloth 51,9 % $CaCl_2$, 12 % $MgSO_4 + H_2O$, 4,7 % $MgCl_2$, 3,2 % $MgHPO_4$, 5,5 % NaCl, 17,2 % $NaNO_3$ und 3,8 % Na_2CO_3 fest. Die Eingeborenen verwenden dieses durch Wasser von den Zweigen gelöste Gemisch unmittelbar zu Speisezwecken. Stahl sieht in dieser Sekretion ein Mittel, um dadurch die Transpiration und in Verbindung damit das Wachstum zu fördern. Kerner und Volkens hingegen nehmen an, dass das auf dem Salze sich niederschlagende Wasser von der Pflanze aufgenommen werde und einen teilweisen Ersatz für die mangelhafte Zufuhr (Wüstenklima!) durch die Wurzeln darstelle. Marloth deutet die Erscheinung als Transpirationsschutz. An diesen eigentlichen Drüsenkörper schliessen sich nach Vuillemins einwärts 2 weitere Zellen (cellules annexes) an (Fig. 2023 u bis w). Nach C. Brunner (Beiträge zur vergleichenden Anatomie der Tamaricaceen, 1909) gehen sowohl die sezernierenden als auch die Anhangszellen aus einer Epidermiszelle hervor. Entfernt man die Kruste, so welken die Pflanzen sehr rasch. In der Achse finden sich, von den Leitbündeln unabhängig, nach Vesque wasserspeichernde Zellen eingelagert, die mit Heinricher als Speichertracheïden bezeichnet werden können. — Die durch 2 Halbsträucher bekannte zentralasiatische Gattung Hololáchne Ehrenb. soll wirtschaftlich eine ähnliche Verwendung finden wie Tamarix. Geht man von der Voraussetzung aus, dass die Vorfahren der Familie wie ihre jetzt lebenden Arten Wüsten und Steppen bewohnten, so ist es nicht verwunderlich, dass sich fossile Reste nicht erhalten haben. Trotzdem müssen die Tamaricaceen bereits ein hohes Alter besitzen. Viele ihrer Arten besitzen trotz ihrer guten Verbreitungs-

Fig. 2021. Tamarix Gallica L., kultiviert. Phot. B. Haldy, Mainz.

möglichkeiten (flugfähige, sehr kleine — bei Tamarix mannifera z. B. nur 0,8 mm lange — Samen) gut umschriebene Gebiete. Einige sind sogar räumlich eng beschränkt, wie z. B. Tamarix Meyéri Boiss. auf Cypern, T. amplexicaulis Ehrenbg. auf die Oase Siwah, T. Ewersmánni Presl auf die Wolgamündung usw. Die systematische Verwandtschaft der Familie weist auf die Fouquieraceen (mit denen man sie früher ganz vereinigte), die Frankeniaceen und Elatinaceen hin, die alle drei wie die Tamaricaceen nur am Grunde der Fruchtblattränder Samenanlagen entwickeln. Die am nächsten verwandten Fouquieraceen unterscheiden sich chemisch nach H. Brunswik (Akademie der Wissenschaften, Wien. Bd. 129, 1920) dadurch, dass ihre in den Geweben eingelagerten Kristalle aus Kalk bestehen, während sie bei den Tamaricaceen aus Gips gebildet sind. Bei Tamarix sind sie besonders gut am unteren Ende der 1-jährigen Zweige zu beobachten. Auch mit den Salicaceen wird die Familie in Verbindung gebracht, mit denen sie folgende grosse Aehnlichkeit besitzt: Gynäceum, Plazentation, Samenanlage; Frucht und Samen entsprechen einander bei beiden Familien vollständig, nur beträgt die Zahl der Fruchtblätter bei den Salicaceen 2, bei den Tamaricaceen 3 bis 4. Auch der Diskus ist beiden Familien gemeinschaftlich. Die anatomischen Verhältnisse bieten ebenfalls viele Aehnlichkeiten, u. a. die einfache Tüpfelung der Gefässe. Daneben weisen die Tamaricaceen, durch ihre Lebensweise in trockenen Klimaten bedingt, manche Eigentümlichkeiten auf. Die Kutikula der Laubblätter ist stets ± dick und häufig vorgewölbt, zuweilen papillös und meist mit einer Wachsschicht überzogen. Die inneren Mesophyllzellen, in denen oft umfangreiche Tracheïdenzellen eingelagert sind, sind teilweise zu Wasserspeichern umgewandelt. Anatomische Unterschiede zwischen den beiden Tribus bestehen nach C. Brunner darin, dass bei den Reaumurieae primäre Markstrahlen fehlen, während sie bei den Tamariceae immer deutlich, meist mehrere Zellen breit, als zartwandige oder später nur in geringem Masse im Anschluss an die Faserzellen des Perizycels sklerotisierte Gewebeelemente erscheinen. Unter dem für die ganze Familie charakteristischen Sklerenchymring bilden die Tamariceae einen subepidermal entstehenden echten Oberflächenkork, wogegen diese Bildung bei den Reaumureae eine innere, ebenfalls meristematische oder auf sekundärer Verkorkung bestimmter Rindenpartien beruhende Umwandlung ist¹). Ein weiterer Unterschied ergibt sich darin, dass bei Reaumurea und Hololáchne die prosenchymatischen Holzelemente deutlich radial angeordnet sind, während eine solche Gruppierung bei Tamarix und Myricaria nicht zu beobachten ist. Die Spaltöffnungen und Epidermisdrüsen sind bei den meisten Arten tief eingesenkt (Fig. 2023 r bis w) und können bisweilen, z. B. bei Reaumurea hypericoides, bis unter die Mitte des Mesophylls reichen und sitzen dann am Grunde einer schornsteinartigen Röhre.

Der wirtschaftliche Wert der Familie ist unbedeutend und beruht z. T. auf der lokalen Salzgewinnung, sowie auf einigen weiteren Erzeugnissen, die von einzelnen Arten der Gattung Tamarix²) stammen (Tamarisken-Manna, Oscotillawachs, Tamariskengallen). In Nordafrika verwendet man die auf Tamarix articuláta Vahl vorkommenden, als Takut oder Téggaut bekannten Gallen zum Schwarzfärben. Die Gattung, die sich in neuerer Zeit ihrer feinzerteilten, rutenförmigen Zweige und der gehäuft stehenden rosavioletten bis weisslichen Blütenrispen wegen zunehmender Beliebtheit erfreut und mit dem Namen „Federbusch" belegt worden ist, unterscheidet sich von Myricaria durch untereinander freie oder nur ganz kurz am Grunde verbundene Staubblätter (Fig. 2022 c), nach auswärts gewendete Staubbeutel, meist deutlichen Griffel, flache oder etwas hohle Narbe und dem Samen ansitzenden Haarschopf. Zu ihr zählen etwa 64 strauchige oder baumförmige Arten, die vorwiegend Bewohner von Steppen und Wüsten sind, in den Oasen eine nicht unbeträchtliche Rolle als schattenspendende Gehölze spielen und nach O. Paulson (The second Danish Pamir Expedition, 1920) in ariden Gebieten stets Zeiger von Anwesenheit von Wasser sind. Tamarix Crética Bunge, ein der T. parviflora DC. nahestehender Endemismus von Kreta, ist ein steter Auenwald-Begleiter, T. Hampeána Boiss. in Griechenland gehört der artenreichen, hinter Dünen auftretenden „Formation der Halipeda" an, vereint mit Alhagi Graecum, Cardopatium corymbosum, Statice sinuata und St. Limonium, Eryngium Creticum usw. In Griechenland werden verschiedene Arten als ausgesprochene Friedhofpflanzen gehalten und ersetzen nach C. Sprenger (Mitteilungen der Deutschen Dendrologischen Gesellschaft, 1923) in der Nähe der Küste oft vollständig die Cypressen. Ein Teil der Arten zeichnet sich biologisch dadurch aus, dass er den grössten Teil seiner 1-jährigen Triebe am Ende des Jahres abwirft. Da die Blütenrispen am Ende dieser Zweige sitzen, so können sie erst im Verlaufe der laufenden Vegetationsperiode angelegt werden; diese Arten sind also Spätblüher (z. B. T. pentándra Pall., T. Gállica L.). Im Gegensatz dazu entwickeln die anderen Arten die Blütenrispen-Anlagen am alten Holze seitenständig, erscheinen als Frühblüher und kennen ein periodisches Abwerfen der 1-jährigen

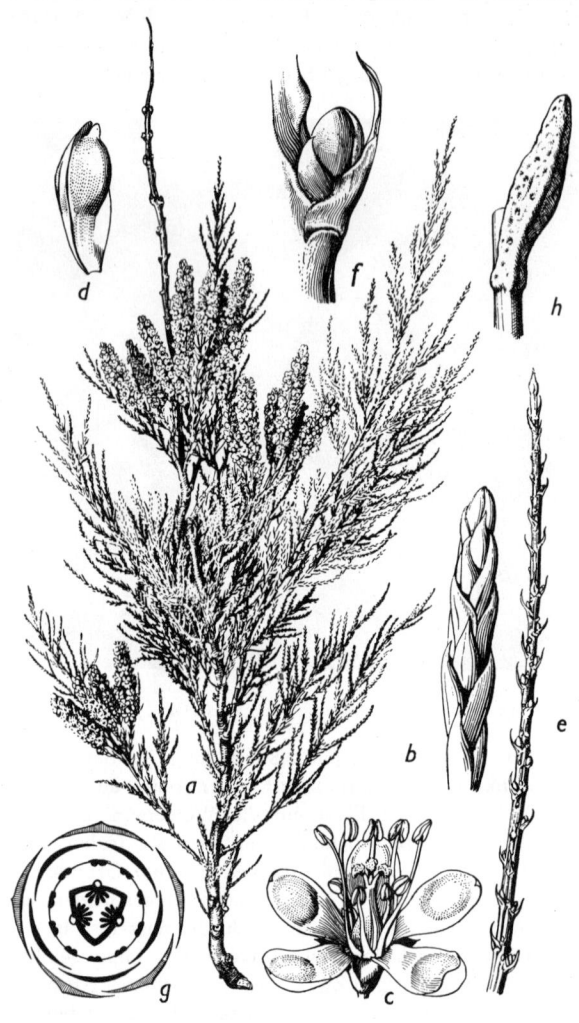

Fig. 2022. Tamarix Gallica L. *a* Blühender Zweig. *b* Spitze eines Blattzweiges vergrössert. *c* Blüte. *d* Junge Blütenknospe. — T. tetrandra Pall. *e* Austreibender Spross mit Knospen. *f* Knospe vergrössert. — Myricaria Germanica (L.) Desv. *g* Blütendiagramm. *h* Laubblatt (Fig. *g* nach Marktanner).

Zweige nicht. Als Zierpflanzen für Ziergärten, Anlagen, Friedhöfe usw. seien genannt: T. híspida Willd., ein noch selten in Gärten gepflanzter, bis 1 m hoher, aufrechter, gedrungen verzweigter Strauch mit ± blaugrünen, behaarten (!) Laubblättern, lebhaft rosa gefärbten Blüten in 6 bis 7 cm langen und 8 mm dicken, endständigen

---

¹) Das Auftreten solcher Korkschichten im Holzkörper ist bisher nicht oft beobachtet worden. Es wird z. B. von P. Brenzina bei der westamerikanischen, in Steppen lebenden Artemísia tridentáta Nutt. beschrieben.

²) Name zweifelhafter Herkunft, der schon bei den Alten (Columella, Celsus, Plinius) verwendet wurde.

Rispen. — VIII bis IX. Vom Nordufer des Kaspischen Meeres bis in die Dsungarei verbreitet. — T. Gállica L. (= Tamaríscus Gallicus All.). Fig. 2021 und Fig. 2022 a bis d. Strauch oder bis 10 m hoher Baum mit schlanken, etwas bogigen, dunkelgraugelben Aesten, feinrutigen, leicht übergeneigten, mit Lentizellen besetzten 2-jährigen und kahlen, feinstreifigen 1-jährigen Zweigen. Laubblätter klein, 1 bis 2 mm lang, eilanzettlich, mit spitzem Grunde sitzend, spitz, etwas gekielt, an den jüngeren Zweigen sich deckend, fleischig, vorn häutig berandet, graugrün, vertieft drüsig punktiert. Blüten (Fig. 2022 c) in bis 2,6 cm langen, an den Zweigen desselben Jahres entspringenden, dichten, ährigen Trauben, in den Achseln eiförmiger, lang zugespitzter Tragblätter auf ebenso langen oder etwas längeren Stielen entspringend. Kelchblätter 5, verkehrt-eilänglich. Kronblätter 5, klein, eirundlich, etwa 3-mal so lang wie die Kelchblätter, hellrosa, hinfällig. Staubblätter 5, etwa so lang wie die Kronblätter, am Grunde $\pm$ verbreitert; Staubbeutel zugespitzt, dem lappigen Diskus $\pm$ aufsitzend, rosa. Kapsel pyramidenförmig, 3- bis 4-seitig, rosa. Samen schnabellos, an der Spitze mit einem Haarschopf. — VI bis VIII. Heimat: Westliches Mittelmeergebiet, östlich bis Dalmatien und Sizilien, in Frankreich nördlich bis in die Départements Vaucluse, Drôme und Ardèche; Kanarische Inseln. Seit 1596 in Gärten als Zierstrauch verwendet. Eingeschleppt oder verwildert (?) in Solothurn (1918). In sehr kalten Wintern friert der Strauch oft bis zum Grunde zurück. Die Aeste liefern Pfeifenrohre, die Zweigspitzen ein Hopfensurrogat. Die Stengel und Laubblätter, in denen Ellagsäure (Ellagitannin) und ein gelber Farbstoff $C_{16}H_{12}O_7$ (= Quercetinmonomethyläther) auftritt, finden sich als Sumachverfälschungen. Die gerbstoffreiche Rinde, sowie häufig entstehende Gallen, dienen zum Gerben und Gelbfärben. In Ungarn wird Tamarix Gallica auf Friedhöfen wie Salix Babylonica und Sorbus torminalis angepflanzt. — Als Varietät ist nach C. K. Schneider hierher wahrscheinlich T. élegans Spach (= T. víridis hort.) zu stellen, die noch feiner und zierlicher als T. Gallica ist, grünlichere Laubblätter besitzt und später, bis September, blüht. — Nahe verwandt mit T. Gallica ist auch T. Nilótica Ehrenb. var. mannífera Ehrenb., ein bis 7 m hoher Baum, dessen Heimat in Persien, Afghanistan, in der Wüste Sinai, Ober-Aegypten und Nubien liegt und der als die Stammpflanze des sinaitischen Manna gilt. Angeblich durch die Lebenstätigkeit einer Schildlaus (Cóccus manníparus Ehrenb.) veranlasst, wird nachts ein schmutziggelbes, süssschmeckendes Sekret auf den Blättern und Zweigen abgeschieden, das in der Sonnenwärme während der Monate Juni und Juli in glänzend weissen, honigdicken Tropfen von eigentümlich angenehmem Geruch herabträufelt. In der Umgebung des St. Katharinen-Klosters (Dèr es-Sina) am Sinai wird es vor Sonnenaufgang, wenn es noch erstarrt ist, in ledernen Schläuchen (dschírab) gesammelt (die Ernte ergibt 2 bis 300 kg) und seit Jahrhunderten (bereits Antonius Martyr [ca. 570 n. Chr.] berichtet davon) teils von den Mönchen genossen, teils um teures Geld als „echtes Manna der Kinder Israel" an die Pilger verkauft. Während Carl Ritter, Tischendorf, Ebers und andere diese Abstammung des jüdischen Manna annehmen, vertritt namentlich A. Haussknecht, gestützt z. T. auf die alttestamentarischen Darstellungen, die Meinung, dass die biblische Manna durchaus nichts mit den Ausschwitzungen von Tamarix zu tun habe, vielmehr eine Erdflechte sei, vielleicht Chlorángium Jussúffii Link (= Lecanóra esculénta Eversm., = L. desertórum Krempelh.), die sich in der Wüste Sinai findet (Näheres bei Kaiser, Alfred. Der heutige Stand der Mannafrage. Arbon [Schweiz] 1924). Nach Henry Castrey könnte es sich um Sphaerothállia esculénta Nees ab Esenb. handeln, die von den Nomadenvölkern Arabiens in grossen Mengen zusammengetragen und teils zur eigenen Ernährung, teils als Futter für die Kamele verwendet wird. Bei Wüstenstürmen wird die Flechte oft weit weggetragen und fällt dann als „Mannaregen" nieder, wie Ledebour und Eversmann in der Kirgisensteppe, Parrot in Persien, Kotschy in Kurdistan, Haidinger bei Karput feststellten. Die chemischen Bestandteile der Tamariskenmanna sind 55 % Saccharose, 25 % Lävulose und 20 % Dextrin. Auch die Flechten schmecken schwach süss und enthalten 14 % Stickstoff, 32 % Kohlehydrate und 4 % Fett. Im alten Aegypten scheint man die Manna-Tamariske mit den Namen ámaxeu, áser und ásern belegt zu haben. Auch Theophrast kannte die Benützung des Mannas. Herodot berichtet, dass ausgerissene Gestrüppe der Tamariske dazu benützt worden seien, um auf dem Nil die Stellen stärkster Strömung ausfindig zu machen. Die in Europa auf Messen und Märkten von Händlern als „Manna" angebotenen, zylindrischen, schwarzen Hülsen, die neben harten Kernen auch ein schwarzbraunes, süssliches Mus enthalten, sind bekanntlich die Früchte von Cássia fistulósa L. (vgl. Bd. IV/1, pag. 1131). — T. pentándra Pall. Formenreicher Strauch oder kleiner Baum mit anfangs grünen, später purpurn gefärbten Zweigen. Der T. Gallica sehr ähnlich, aber Kronblätter bleibend und Staubblätter deutlich zwischen den Diskusdrüsen stehend, am Grunde nicht verbreitert. — VII und VIII. Im Balkan, Südrussland, Turkestan und Kleinasien bis Persien heimisch, im Gebiete hie und da kultiviert. — T. juniperína Bunge. Schlank verästelter, $\pm$ braunästiger, bis 5 m hoher Strauch oder Baum mit sehr feinen Zweigen. Laubblätter $\pm$ grünlich, an der Spitze $\pm$ häutig. Blütenstände am alten Holz erscheinend (Frühblüher). Blüten 5-zählig, deutlich gestielt; Griffel mit $\pm$ dicker keuliger Narbe. Staubblätter unbespitzt. — V und VI. Heimat: Japan, Mandschurei, Nord-China. — T. Africána Poir. Von der vorigen Art namentlich durch sehr kurz gestielte Blüten mit allmählich in die Narbe übergehendem Griffel unterschieden. — V, VI (VII). In den Küstenländern des Mittelmeergebietes heimisch; soll im Gebiet in Kultur sein. Nach Netolitzky finden sich Teile dieser Art als Verfälschung des Sumach (Rhus coriaria. Bd. V/1, pag. 224). — T. parviflóra DC. Strauch oder bis 5 m hoher Baum mit ± purpurfarbenen Aesten. Laubblätter eilanzettlich, 1 bis 2 mm lang, ± stengelumfassend, seegrün. Blütenstände an den vorjährigen Zweigen entspringend. Blütenstand 2,6 cm lang. Blüten 4=zählig. Kronblätter sehr klein, ausgebreitet, bleibend, blassrot, getrocknet weisslich. Griffel 3, sehr kurz. Kapsel purpurviolett. — V. Westmediterrane Art. In den Gärten oft als T. Africana oder T. Gallica bezeichnet. In Griechenland wird diese Art gern als Heckenpflanze, an Feldwegen, um Weinberge usw. gezogen. — T. tetrándra Pall. Fig. 2022 e und f und Fig. 2023 u bis w. Der vorigen Art ähnlich, aber Aeste mehr schwarzrindig. Laubblätter lebhaft grün, mit durchscheinendem Rande. Blüten= stand 4 bis 5 cm lang, ± unregelmässig büschelig=seitenständig. Blüten grösser, mit abfallender Krone und 3 bis 4 deutlichen Griffeln; Diskus und Staubbeutel ± rot. — IV bis VI. Im nördlichen Teile des östlichen Mediterran=Gebietes von Cypern und Griechenland ostwärts heimisch. Seit 1821 in Kultur. — T. Chinénsis Lour. und T. Odesssána Stev. dürften kaum in Kultur sein. Als Trägerin von Misteln ist nach v. Tubeuf noch keine Tamaricacee festgestellt worden.

CCCCLXXIV. Myricária[1]) Desv. (= Tamaríscus Scop.). Rispelstrauch, Tamariske. Franz.: Myricaire; engl.: Tamarisk; ital.: Tamarigio. Fig. 2022 g und h, 2023 a bis f, 2024.

Niedrige Sträucher mit aufrechten Aesten. Laubblätter meist ungestielt, wechselständig, klein, schmal, flach. Blüten in endständigen, einfachen oder rispig verzweigten Trauben. Kelch= und Kronblätter meist 5, seltener 4. Staubblätter 10, die 5 äusseren länger, die 5 inneren kürzer, mit einwärts gewendeten Staubbeuteln und bis über die Mitte verwachsenen Staubfäden (Fig. 2016 d). Fruchtknoten schmal=pyramidenförmig, 1=fächerig, mit zahlreichen anatropen Samenanlagen an den 3 grundwandständigen Plazenten. Griffel fehlend; Narben 3, sitzend. Frucht eine 3=klappige, fachspaltige Kapsel. Samen mit einem gestielten Haarschopf (Fig. 2016 k) an der Chalaza (Taf. 184, Fig. 3 d).

Die Gattung umfasst etwa 10 Arten, die in der nördlichen gemässigten Zone der Alten Welt namentlich in der montanen bis subalpinen Stufe heimisch sind. Die überwiegende Mehrheit findet sich in beschränkten zentralasiatischen Gebieten. M. prostráta Benth. et Hook. ist auf die Gebirge des Himalaya beschränkt. Das grösste Areal kommt der M. alopecuróides Schrenk zu, einer nahen Verwandten unserer M. Germánica (L.) Desv., das sich von China über den Himalaya und das westliche Sibirien bis zum Kaukasus erstreckt. Von diesem Gebirgsstock ausgehend dringt M. Germánica als einziger Gattungs=Vertreter nach Europa vor. In Gärten wird bisweilen M. Dahúrica Ehrenb., ein in Dahurien, Transbaikalien und im Altai lebender Strauch, gepflanzt, der sich durch eilängliche, stumpfe, ringsum mit einem gleichbreiten Hautsaum ausgestattete Tragblätter, besonders an den Seitentrieben auftretende Blütenstände und bisweilen nur zu $^1/_3$ verwachsene Staubblätter unterscheidet. — VII bis IX (vgl. auch unter M. Germanica).

1917. Myricaria Germánica (L.) Desv. (= Támarix Germanica L., = Tamaríscus Germanicus Scop.). Deutscher Rispelstrauch, Deutsche Tamariske, Porsthirz, Birtzenbertz. Franz.: Bruyère, myricaire, tamarin; engl.: Tamarisk; ital.: Myricaria. Taf. 184, Fig. 3; Fig. 2022 g und h, 2023 a bis t und 2024.

Volkstümliche Verdrehungen aus Tamarix sind Damischkerl (Oberösterreich), Mariske(l) (Schweiz). Die Blätter gleichen einigermassen denen des Sevenbaumes, daher (wilder) Sefi (Graubünden).

0,6 bis 2 (2,5) m hoher Strauch mit aufrechten, rutigartigen Aesten. Einjährige Zweige rundlich, gelbgrün bis glänzend rotbraun. Knospen sehr klein. Laubblätter sehr klein, mit breitem Grunde sitzend, an den jüngeren Zweigen angedrückt und dicht dachig stehend, an älteren ± abstehend, lineal=länglich oder lineal=lanzettlich, stumpf, 2 bis 5 mm lang, etwas fleischig, kahl, drüsig punktiert, graugrün (Fig. 2022 h). Blütenstände besonders an den 5 bis 6 mm dicken Hauptästen, weniger an den Seitentrieben, endständig, gedrungene, einfache oder rispig verzweigte Trauben auf 8 bis 10 cm langen Stielen bildend. Tragblätter aus breitem,

---

[1]) Vom griech. μυρίκη [myríke] abgeleitet, unter welcher Bezeichnung Theophrast und Dios= kurides die Tamarix Africána verstanden. Plinius nennt unsere Pflanze tamarix.

hautsaumigem Grunde in eine lange, nicht gesäumte Spitze ausgezogen. Kelchblätter 5, selten 4, lineal, etwa 3 mm lang, am Rande häutig (Fig. 2023 c), erhalten bleibend. Kronblätter 5, seltener 4, etwa 4 mm lang, hellrosa oder weiss (Fig. 2023 h), erhalten bleibend. Staub= blätter 10, die 5 kürzeren so lang wie der Kelch, die 5 längeren etwas länger; Staubbeutel purpurrot oder rot. Kapsel schmal pyramidenförmig, spitz, etwa 12 mm lang, graugrün, oft rötlich überlaufen. Samen lineal=länglich, ohne den federförmig behaarten Schnabel etwa 1 bis 1,5 mm lang (Fig 2023 k). — (V) VI bis VIII.

Zerstreut, aber meist herdenbildend, auf Kies= und Schotter=Alluvionen, seltener auf Sand oder verschleppt an Bahndämmen, in Kiesgruben, an lehmigen Wegböschungen in der

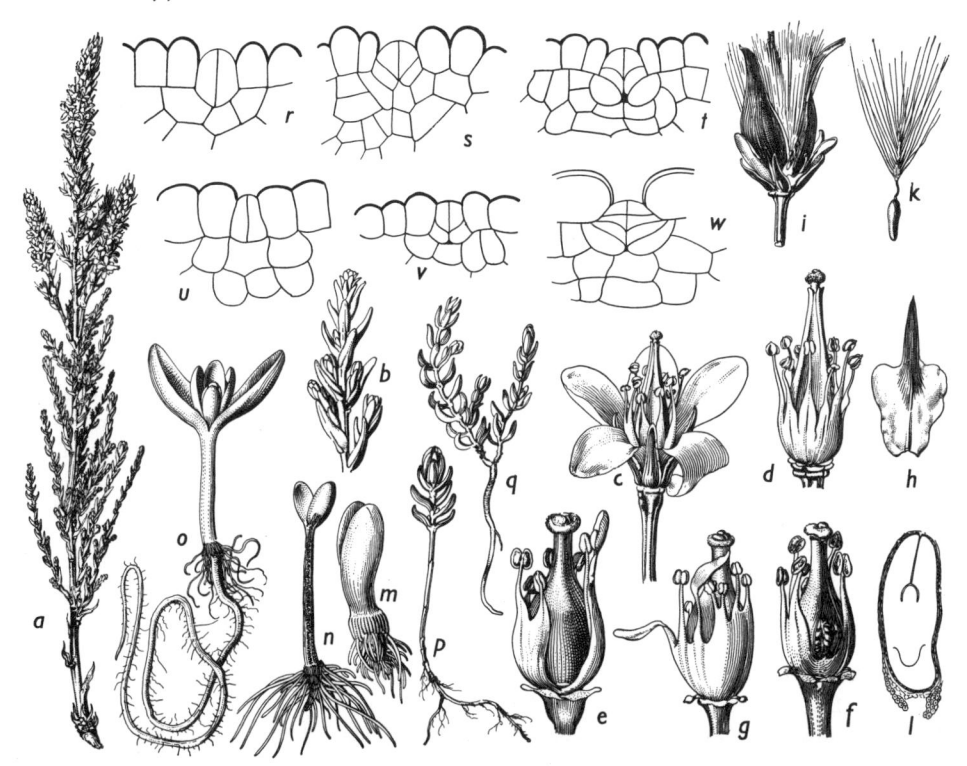

Fig. 2023. Myricaria Germanica L. *a* Blühender Spross. *b* Seitenzweig. *c* Blüte. *d* Blüte nach Entfernung der Kronblätter. *e*, *f* und *g* Anormale Blüten. *h* Kronblatt. *i* Fruchtkapsel. *k* Samen. *l* Querschnitt durch den Samen. *m* bis *q* Entwicklung des Keimlings. *r*, *s* und *t* Spaltöffnungsapparat in verschiedener Entwicklung. — Tamarix tetrandra Pall. *u v* und *w* Spaltöffnungsapparat in verschiedener Entwicklung (*e* bis *g* und *l* bis *q* nach Frisendahl, *r* bis *w* nach C. Brunner).

montanen und subalpinen Stufe der Gebirge; an Flüssen bis in die Ebene hinabgeschwemmt. In den Bayerischen Alpen bis 1100 m, in Tirol bis 1860 m, im Engadin bis 2000 m, im Wallis (Findelen Gletscher) bis 2350 m (in Norwegen bis 630 m). Auf Kalk und Urgestein.

In Deutschland nur in den Alpen und deren Vorland: in Bayern in den Alpen und nordwärts auf der oberen Schwäbisch=bayerischen Hochebene verbreitet, nur in der weiteren Bodensee=Umgebung selten (früher an der Laiblachmündung, bei Schwarzensee), vereinzelt den Flüssen entlang auf der unteren Hochebene bis zur Donau (Marxheim, Abbach, auf Kiesplätzen bei Ludwigsfeld und Moosach bei München), am linken Ufer der Donau bei Passau; in Württemberg längs der Iller und Argen bis zu deren Mündung in die Donau, ausserdem bei Altshausen, Biberach, Aulendorf, Teuringen, Kisslegg, bisweilen verschleppt an Eisenbahndämmen, so bei Hall=Hessental, Leonberg=Höfingen, an der Mündung des Monbachs (Calw); in Baden im Schwarzwald bei Hinterzarten, am Bodensee bei Rheinau (verschleppt bei der Luftschiffhalle, 1909), in der Rheinniederung zerstreut (nördlich bis Mannheim, ausserdem bei Durlach; im Elsass längs des Rheins bis Strassburg und an der Fecht z. B. bei Ingersheim); in der Pfalz bei Wörth, Maximiliansau, Schifferstadt, Rheininsel oberhalb Ludwigshafen, in den Rheinwaldungen der Badischen Pfalz bis 1880 häufig, dann — wohl infolge von Fluss=

bauten — verschwunden und 1909 in einem einzigen Exemplar wieder festgestellt; in Schlesien (auch im österreichischen Anteil) nur im Bereich der Beskiden von den mittleren Vorbergen bis zur Ebene (Hultschin, Teschen, Freistadt, Skotschau, Friedek, Ustron, Bielitz, Friedland-Hammer). — In Oesterreich ferner im Bereich der Alpenländer verbreitet, in Ober- und Niederösterreich bis zur Donau gehend; in Salzburg scheinbar im Pinzgau und Lungau fehlend; in Böhmen früher (?) bei Krumau, bei Tepl (wahrscheinlich Kulturflüchtling), eingeschleppt an der Bahn bei Deutschbrod; in Mähren bei Wall-Weseritsch, Krasna, Freiberg, Friedland, Wsetin (wohl überall gepflanzt). — In der Schweiz in den Alpen und Voralpen und den Flüssen entlang bis in das Mittelland (fehlt im Oberlauf der Thur und Töss; am Rhein stellenweise früher häufiger) meist verbreitet, im Jura sehr selten, so am Neuenburger See (à la Lance, Concise) und an der Birs.

Allgemeine Verbreitung: Europäische Gebirge: von den Pyrenäen ostwärts, Corbières, Oberrheinische Tiefebene (bis Ludwigshafen), Skandinavien (von Ringerike und der Indalself bis zur Ostfinmark [Laksefjord 70° 30′ nördl. Breite]), Karpaten, bis zur Krim und dem Kaspischen Meer; südliche Grenze von den Pyrenäen bis zum mittleren Apennin und den Illyrischen Gebirgen; Kleinasien, Armenien, Kaukasus, Persien, Khorossan, Afghanistan.

Die Art ist im allgemeinen sehr wenig veränderlich. Es werden unterschieden: var. erécta Rchb. Kapsel aufrecht. Tragblätter fast ganzrandig. — var. pátens Rchb. Kapsel abstehend. Tragblätter eingeschnitten gezähnt. — Im Hochsommer, wenn die Zweige der Frühlingstriebe bereits verholzt sind, blüht die Pflanze oft noch ein zweites Mal, indem sie unterhalb des Fruchtstandes neue Blütenähren treibt, unter denen meist viel längere Laubblätter stehen. Diesen Zustand hat Reichenbach (nach Koch) unter dem Namen M. squamósa beschrieben. Rouy et Foucaud hingegen halten die Reichenbach'sche Art für identisch mit M. squamosa Desv. (= Tamarix Germanica Schkuhr, = T. Dahúrica var. Itálica Avé-Lall.). M. squamosa Desv. soll nach allerdings nicht abschliessenden Untersuchungen von C. K. Schneider von M. Dahurica Ehrenbg. (vgl. pag. 548) nicht zu unterscheiden sein. Für das Gebiet der mitteleuropäischen Flora wird diese kritische, der näheren Untersuchung empfohlene Pflanze von Rouy und Foucaud von den Alluvionen des Rheins und der Fecht im Elsass angeführt; C. K. Schneider gibt ganz allgemein West-Deutschland an. Weiterhin soll M. squamosa noch in den französischen Hautes Alpes und in den Alpes maritimes (von E. Burnat allerdings nicht aufgenommen) beobachtet worden sein. Sollte sich die Uebereinstimmung von M. squamosa Desf. mit M. Dahurica Ehrenb. ergeben, so wäre in ihr eine jener seltenen Arten zu erblicken, die wie etwa Betula humilis (vgl. Bd. III, pag. 82) zwei völlig getrennte Verbreitungsgebiete besitzen.

Myricaria Germanica ist eine Charakterpflanze der europäisch-westasiatischen Gebirge. Sie gehört zu den Erstbesiedlern der Flussalluvionen und ist am häufigsten auf offenen, zeitweise vom Hochwasser stark überströmten, zeitweise wieder in hohem Masse austrocknenden Kies- und Sandbänken (Fig. 2024) anzutreffen. Dort tritt sie oft scharenweise auf und beherrscht die nach ihr benannte Wanderassoziation des Flusskieses, das Myricariétum. Kennzeichnende Begleiter in den Alpen sind: Chondrilla chondrilloides, Hieracium florentinum und H. staticifolium, Erigeron acer subsp. Droebachiensis, Epilobium Fleischeri, Hippophae rhamnoides, Salix incana und S. purpurea, Erucastrum obtusangulum, Linaria alpina, Hutchinsia alpina, Saxifraga aizoides, Gypsophila repens, Campanula pusilla, Juncus alpinus, Agrostis alba var. prorepens, Thesium pratense, Equisetum variegatum, Typha minima usw. In tieferen Lagen treten einige der alpin-hochmontanen Arten zurück und dafür Calamagrostis Epigeios und C. Pseudophragmites, Polygonum Persicaria und P. Hydropiper, Populus tremula usw. ein. In den alpinen Hochtälern geht das Myricarietum in das subalpine Petasitétum nívei über. Charakteristisch für die Gesellschaft ist die grosse Aufnahmefähigkeit sehr verschiedenartiger, zufällig angeflogener oder durch das Wasser herbeigetragener Arten (am Lech Dianthus barbatus, Reseda lutea, Lunaria annua), die sich aber meist den eigenartigen Lebensbedingungen der Kiesebenen nicht anzupassen vermögen und rasch wieder verschwinden. Für etwas erhöhte und weniger vom Hochwasser überflutete Schotterterrassen sind im Urgesteinsgebiet ferner noch Racomitrium canescens und Stereocaulon alpinum, auf kalkreichen Unterlagen Tortella inclinata sehr bezeichnend. Die bald einzeln, bald in lockeren, durch den Haarschopf verketteten Ballen auftretenden, leichten, nur 0,065 mg wiegenden Samen werden durch die in den Tälern bald aufwärts, bald abwärts wehenden Winde mit Leichtigkeit verfrachtet und verhelfen dem Strauch zum gesicherten Ausharren auf seinen oft gefährdeten Siedelungsstätten. Bei Trois-Rods oberhalb Boudry (am Neuenburgersee), wo er 1869 durch Godet zusammen mit Typha minima entdeckt wurde, verschwanden jedoch beide Arten nach kurzer Zeit. Die Samenhaare sind im unteren Teile eine Strecke weit miteinander verwachsen. Bei den untersten besitzt die eine Wand in das Lumen greifende klammerartige Verdickungen, die wahrscheinlich eine gewisse Bedeutung für das Hinausdrängen der reifen Samen aus den aufgesprengten Kapseln besitzen. Neben dieser leichten Flugfähigkeit teilen die Samen mit jener der Weiden die Eigenschaft, ausserordentlich rasch zu keimen. In günstigen Fällen beobachtete Kinzel ein 100%iges Auskeimen bereits nach 24 Stunden. Die Samen sind gegen Licht und Feuchtigkeit (Tau!) ausserordentlich empfindlich. Gelbes Licht wirkt am meisten verzögernd, hellviolettes am stärksten fördernd. Bei Dunkelheit ist ein Austreiben nur möglich, wenn die Samen etwas feucht sind. Vom Hochwasser mit Sand und Schottermassen überdeckte Aeste und Zweige schlagen leicht wieder aus. Nach Hermann Müller sind die Narben schon vor dem Aufblühen empfängnisfähig. Die Staubbeutel stäuben kurz nach dem Oeffnen der Blüten. Bei günstigem Wetter bewirken Insekten, die den halbverdeckt am Grunde innerhalb der Staubblattröhre ausgeschiedenen Nektar suchen, Fremdbestäubung. Bei Regenwetter hingegen bleiben die Blüten halb oder auch ganz geschlossen und es kann Selbstbestäubung eintreten. — Die Samenanlagen bestehen aus 2 Integumenten, von denen (wie bei Tamarix) das äussere anfangs infolge langsameren Wachstums von dem inneren überragt wird. Sie sind nur 3 Zellreihen dick und besitzen in Längsreihen angeordnete Epidermiszellen. Der Nucellus ist im Längsschnitt schlank-elliptisch, der Mikropylenkanal kurz, aussen trichterförmig erweitert, der Chalazahöcker zu einer stielförmigen Verlängerung von ungefähr der halben Länge der eigentlichen Samenanlage ausgezogen und am Ende mit einem kurzen Schopf von dicht zusammenliegenden Haaren (den stark papillös ausgebildeten Epidermiszellen) versehen. — Ein Querschnitt durch einen Spross zeigt nach C. Brunner folgende anatomische Verhältnisse: Die Epidermis-

Fig. 2024. Myricaria Germanica L., auf Kiesbänken am Lech (Bayern). Phot. E. R. Pfenninger, München.

zellen besitzen kräftig verdickte Aussenwände und hie und da kaum eingesenkte Drüsen. Im äusseren Teile der primären Rinde liegen vereinzelte, nicht besonders starkwandige und kristallfreie Steinzellen, die aber in stärkeren Achsen zu kleinen, tangential gestreckten Gruppen vereinigt sind. Die übrigen Rindenzellen werden später etwas derbwandig. Korkbildung ist schwach ausgeprägt. Der geschlossene, perizyklische Sklerenchymring besteht aus eng aneinander anschliessenden, dreieckigen, mit der Spitze nach aussen gerichteten Fasergruppen. Der sekundäre Hartbast bildet schmale Platten. Mehrjährige Achsen zeigen aber keine abwechselnde Schichtung von Hart- und Weichbast, sondern ansehnliche, durch allmählich von aussen nach innen vorschreitende Sklerose des sekundären Weichbastes entstehende, in radialer Richtung stark gestreckte Sklerenchymmassen. Zerdrückte Weichbastelemente finden sich nesterweise überall in den Sklerenchymmassen eingeschlossen. Infolge des Auftretens von sekundären Markstrahlen zeigen einzelne dieser Hartbaststränge an der Innenseite ± tief einspringende Buchten, die von kristallfreiem Markstrahlgewebe erfüllt sind. Das Gewebe der primären Markstrahlen sklerotisiert nur streckenweise, gewöhnlich nur im nächsten Anschluss an die Faserbündel und führt hier spärlich kleine Einzelkristalle. Frisendahl, A. (Myricaria Germanica [L.] Desv., in Acta Florae Sueciae, 1921) stellte an einem 9,5 cm starken Stock 67 wohlentwickelte Jahresringe fest. Da der innerste Kern morsch war, nimmt er für dieses älteste Exemplar ein Gesamtalter von mindestens 70 Jahren an. — Der Strauch wurde bereits 1582 als Zierpflanze in Gärten gehalten. Seine Rinde war früher offizinell. Auch wurden aus seinem Holze Geschirre für Milzkranke hergestellt. Nach Reuss kann die Pflanze zur Gewinnung von schwefelsaurem Natron benutzt werden. — Gallenbildungen scheinen an dem Strauch noch nicht beobachtet worden zu sein, jedoch wird er häufiger von Ascomyceten befallen. An Stamm und Stengeln findet sich Phialéa discréta (Karst.), nur an den Zweigen Didymosphæria albéscens Nies, Láchnum calyculifórme (Schum.), Mollísia myricáriae Rehm., Rosellínia myricariae (Fuck.), Strickéria pezíza Wint. und Válsa myricáriae Rehm. An den Laubblättern wurde Mycosphaerélla myricáriae (Fuck.) festgestellt.

86. Fam. Cistáceae. Zistrosengewächse.

Sträucher, Halbsträucher, Stauden und einjährige Kräuter mit gegenständigen, seltener wechselständigen, ganzrandigen Laubblättern. Nebenblätter vorhanden (Fig. 2036e) oder fehlend. Behaarung aus einfachen, einzelligen Haaren, aus stets mehrzelligen Drüsenhaaren und aus Büschel= haaren (Fig. 2031i), seltener aus echten Stern= und Filzhaaren bestehend. Blütenstände zymös, reich= oder armblütig (selten die Blüten scheinbar einzeln), traubenähnliche Wickel. Blüten strahlig (Fig. 2026i), zwitterig. Kelchblätter 5, frei, 3 innere und 2 abweichend gestaltete, meist kleinere äussere. Kronblätter 5, frei, von roter, weisser oder gelber Farbe, in der Knospenlage gedreht. Staubblätter zahlreich, selten nur wenige, meist alle fruchtbar, seltener die äusseren unfruchtbar und ohne Staubbeutel; Staubfäden meist reizbar. Fruchtknoten oberständig, aus 5 oder 3 Fruchtblättern gebildet, 1=fächerig oder durch die vorspringenden Plazenten (unvollständig) mehrfächerig, mit ein= fachem, geradem oder gekrümmtem Griffel (Fig. 2041d) oder auch mit sitzender Narbe. Samen= anlagen zahlreich bis nur 6, an leistenartigen, die Fruchtblattmitte einnehmenden Plazenten, mit meist langem Nabelstrang, orthotrop, seltener anatrop. Kapsel lederig oder holzig (Fig. 2028g, h), an den Fruchtblatträndern meist bis zum Grunde aufspringend, seltener die Fruchtblätter nur an der Spitze voneinander und gleichzeitig von den eng aneinander schliessenden Samenleisten sich lösend. Samen rundlich oder polyedrisch, glatt oder fein warzig, mit stärkereichem Nähr= gewebe. Embryo meist stark gekrümmt, spiralig (Fig. 2043), kreisförmig, hufeisenförmig, U=förmig oder S=förmig, mit flachen oder halbstielrunden Keimblättern.

Die Familie umfasst rund 160 Arten, von denen der weitaus grösste Teil auf der nördlichen Halb= kugel und zudem im Mittelmeergebiet heimisch ist. Nur etwa 30 Arten finden sich in Nordamerika, 3 auch auf der südlichen Halbkugel der Neuen Welt. Je nach der Be= wertung einzelner ge= meinschaftlicher Merk= male werden meist 7 oder 4 Gattungen unterschieden. Im letz= teren Falle findet eine Erweiterung der Gattung Heliánthemum L. statt, indem die Gattungen Halímíum[1]) (Dunal) Willk., Tuberária (Dunal) Spach und Fumána (Dunal) Spach als Sektionen zu ihr gezogen werden. Janchen[2]) (Die systematische Gliederung der Gattung Fumana, in Oesterreichische Botan. Zeitschrift, 1920) macht aber darauf aufmerksam, dass eine solche Zusammenziehung der vermutlichen phylogenetischen Ableitung wider= spricht. Enger verwandt dürften nur Helianthemum und Fumana sein, deren gemeinsamer Urtypus sich frühzeitig abspaltete und durchweg fertile Staubblätter und zahlreiche orthotrope Samenanlagen besass. Die Gattungen Halimium und Tuberaria dürften sich erst später aus dem Cistus=Stamm entwickelt haben (Fig. 2025a). Von der Familie besitzt rein mediterrane Verbreitung die Gattung Cistus, rein amerikanische die Gattungen Hudsónia[3]) L. und Léchea[4]) L. Von der Gattung Halímíum (Dunal) Willk. tritt die durch Spartium= artigen Wuchs ausgezeichnete Sektion Spartióides Grosser mit 3 Arten im pazifischen Amerika von Mittel= Kalifornien bis zu den chilenischen Kordilleren und die durch den gleichzeitigen Besitz chasmo= und kleistogamer Blüten ausgezeichnete Sektion Lecheóides Dunal (sub Helianthemum) mit 15 Arten vom Atlantischen Nordamerika und namentlich dem mittelamerikanischen Xerophytengebiet bis Chile (mit H. hirsutissimum [C. Presl] Gross.) und Brasilien und Argentinien (mit H. Brasiliénse [Lam.] Gross.) auf. Die Sektion Euhalímíum Gross. mit 7 Arten ist vorwiegend westmediterran und erreicht mit H. halimifólium (L.)

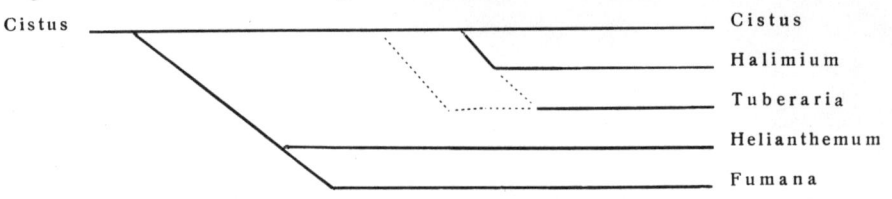

Fig. 2025a. Mutmassliche Abstammung der altweltlichen Cistaceen-Gattungen (nach E. Janchen).

---

[1]) Vom griech. ἅλιμος [álimos] = Atriplex halimus; wegen der Aehnlichkeit in Form und Farbe der Laubblätter.

[2]) Herrn Oberinspektor Dr. Erwin Janchen in Wien verdankt der Herausgeber wertvolle Beiträge zu dieser Bearbeitung.

[3]) Benannt nach William Hudson, geb. 1730 in Kendal (Westmoreland), gest. 1793 in London, Apotheker und Verfasser einer Flora anglica.

[4]) Benannt nach Johann Leche, 1704 bis 1764, Professor der Medizin in Åbo.

Willk. et Lge. noch die Ostküste Süditaliens. H. umbellátum Mill. dringt nordwärts bis zur Seine vor und besitzt andererseits versprengte Siedelungen im Taygetosgebirge auf Morea und in der subalpinen Stufe des Libanon. Die Gattungen Helianthemum, Tuberária und Fumána besitzen eine europäisch-mediterran-westasiatische Verbreitung. — Die Cistaceen sind vorwiegend Bewohner trockener, sonniger Orte der tieferen Lagen in wärmeren Gebieten und hauptsächlich kleine Sträucher und Halbsträucher, seltener mehrjährige Stauden oder 1-jährige, bisweilen ephemere Kräuter. In der Gattung Helianthemum finden sich, mit Ausnahme des therophytischen H. salicifólium, nur Chamaephyten. Die meisten Arten sind ausgesprochen xeromorph gebaut und zeichnen sich durch Reduktion der Laubblattflächen, durch umgerollte Spreitenränder (Fig. 2031 h) durch ätherische Oele, durch Bewehrung (Dornen), durch frühzeitigen Blattfall (vor Eintritt der grössten Hitze), zum Teil durch immergrüne Laubblätter, Korkbildungen, knollige Rhizome, teilweise auch durch eine sehr kurze Vegetationsdauer oder durch Kleistogamie aus. — Die anatomische Struktur weist nach Solereder wenig Eigentümlichkeiten auf. In der Rinde können bisweilen kleine Bastzellgruppen oder auch nur einzeln liegende Bastzellen erscheinen. Das Holz ist sehr einheitlich gebaut; nur das primäre Holz zeigt einfach getüpfelte, englumige Gefässe, die in radial geordneten Reihen angeordnet sind. Das starkwandige Holzprosenchym besitzt Hoftüpfel von schwankender Grösse; die Markstrahlen sind schwach entwickelt und meist nur einreihig. Innere Sekretelemente fehlen. Die Behaarung bietet einen grossen Reichtum an Deck- und Drüsenhaaren. Erstere sind 1-zellig, dickwandig und häufig zu stern- oder pinselartigen Büschelhaaren, selten zu Schildhaaren vereinigt, letztere stets nur aus einer Zellreihe gebildet, im übrigen aber sehr mannigfaltig gestaltet: bald kugelig-elliptisch und wenigzellig, bald langgezogen-schlauchförmig. Die Blüten besitzen in der Regel neben 3 grösseren inneren Kelchblättern 2 kleinere äussere, die sich aber der Drehung in der Knospenlage nicht anschliessen. Sie sind daher bisweilen als Vorblätter gedeutet worden, wogegen aber die Anwesenheit echter Vorblätter spricht. Auch erreichen sie bei manchen Cistus-Arten dieselbe Grösse wie die inneren Kelchblätter. Sind sie kleiner, so treten von den 5 Kronblättern 3 in deren Lücken, während die übrigen 2 sich entsprechend dem noch vorhandenen Platze vor die beiden äusseren stellen. Bisweilen fehlen die äusseren Kelchblätter auch ganz. Die gegen Einwirkung von Reizen ± deutlich empfindlichen Staubblätter entwickeln sich auf einer zwischen dem Fruchtknoten und dem Kelche sich einschiebenden Wachstumszone in unbestimmter Zahl, aber in basipetaler Reihenfolge, d. h. die am weitesten nach aussen stehenden sind die jüngsten (Fig. 2027 k). Die Blüten sind in der Regel entomophil, homogam oder schwach proterogyn, besitzen nur kurze Lebensdauer und entfalten ihre meist bunt gefärbten Kronblätter oft nur wenige Stunden. Als Lockmittel dient ferner der reichlich vorhandene Pollen. Zur Embryologie vgl. A. Chiarungi (R. Accad. Vaz. dei Linnei. Bd. 33, 1924). Das regelmässige Auftreten von kleistogamen Blüten in der Sektion Lechioides der Gattung Halimium wurde bereits oben angedeutet. Diese Blüten sind kleiner als die chasmogamen und erscheinen später im Jahre. Auch bei Arten der altweltlichen Wüstengebiete sind solche Blüten öfters beobachtet worden; in Mitteleuropa dagegen sind sie selten. Die Wände der lederartigen oder holzigen Kapseln sind mitunter verschleimt. An wichtigen Stoffen treten in der Familie ferner Harze, ätherische Oele, Glykoside und Gerbstoffe auf, die als Heil- und Räuchermittel verwertet werden, aber keine allzu bedeutende Rolle spielen. Hinsichtlich ihrer Verwandtschaft schliessen sich die Cistaceen eng an die Bixaceen an, von denen sie sich durch ihre orthotropen Samen und das vielgliederige Androeceum unterscheiden. Beide Familien werden als Unterreihe der Cistineae zusammengefasst. Von den Violaceen sind sie ebenfalls durch die orthotropen Samenanlagen, sowie durch die gedrehte Knospenlage getrennt. Auch zu den Flacourtiaceen und Tamaricaceen bestehen nähere Beziehungen (vgl. Bd. IV/3, Fig. 1608). Fossile Reste sind durch Cistus-artige Früchte aus dem niederrheinischen Miocän und durch eine Kapselfrucht aus dem Bernstein (als Cistinocárpus Conw. beschrieben) aufgefunden worden. Letztere gehört aber möglicherweise zu den Violaceen.

1. Sträucher mit gegenständigen, nebenblattlosen Laubblättern. Blüten gross. Kronblätter rot oder weiss (getrocknet oft gelblich). Aeussere Kelchblätter fast so gross oder grösser als die inneren. Fruchtknoten 5-blätterig (Fig. 2026 i). Kapsel aufrecht . . . . Cistus CCCCLXXV.

1*. Halbsträucher oder 1-jährige Kräuter. Kronblätter gelb, selten weiss oder andersfarbig. Aeussere Kelchblätter kleiner als die inneren. Fruchtknoten 3-blätterig (Fig. 2045 f₁ bis f₅). Kapseln hängend, seltener aufrecht 2.

2. Halbsträucher. Aeussere Staubblätter ohne Staubbeutel, kürzer und dünner als die inneren, perlschnurartig gegliedert. Laubblätter (bei unseren Arten) wechselständig, nadelförmig. Fumana CCCCLXXVIII.

2*. Halbsträucher oder 1-jährige Kräuter. Sämtliche Staubblätter fruchtbar. Laubblätter (mindestens die unteren) stets gegenständig, niemals nadelförmig . . . . 3.

3. Einjähriges Kraut. Laubblätter ungestielt, von 3 getrennten Längsnerven durchzogen. Blütenstand ohne Vorblätter. Narbe sitzend . . . . Tuberária CCCCLXXVI.

3*. Halbsträucher, seltener 1-jähriges Kraut. Laubblätter (mindestens die unteren) gestielt, fiedernervig. Blütenstand mit Vorblättern durchsetzt. Narbe deutlich entwickelt, wenn auch bisweilen sehr kurz . . . . Helianthemum CCCCLXXVII.

CCCCLXXV. Cistus[1]) L. Zistrose. Franz.: Ciste; engl.: Bockrose; ital.: Cisto.

Reichverzweigte, buschige Sträucher von selten über 1 m Höhe, mit rauher, filziger, zottiger oder drüsig=klebriger Behaarung (Fig. 2026 e, f), mit gegenständigen, nebenblattlosen, oft immergrünen Laubblättern und mit zymösen, trugdoldigen oder wickelartigen, seltener auf Einzelblüten reduzierten Blütenständen. Kelchblätter 5, alle ungefähr gleichgestaltet oder die beiden äusseren auffallend breiter. Kronblätter 5, rot oder weiss, am Grunde gewöhnlich gelb, meist sehr gross. Staubblätter sehr zahlreich (Fig. 2026 c, i), alle fruchtbar. Fruchtblätter 5, einen durch die weit vorspringenden laminalen Plazenten 5=fächerigen Fruchtknoten bildend; Narbe gross, 5=lappig, auf langem oder kurzem Griffel, selten fast sitzend. Samenanlagen zahlreich, orthotrop. Kapsel meist durch Auseinandertreten der Fruchtblätter, mit denen die zugehörigen Plazenten in Verbindung bleiben, fachspaltig aufspringend.

Die echt mediterrane Gattung besitzt 16 gut unterschiedene Arten, die vorwiegend im westlichen Teile (in Spanien 14, darunter 3 endemische Arten) vorkommen, während der Osten nur durch 5 Arten ausgezeichnet ist. Am weitesten ostwärts gehen C. salviifolius (bis zum Kaukasus und Persien) und C. villosus L. (bis an die Ostküste des Schwarzen Meeres). In Aegypten fehlt die Gattung. Die Nordgrenze liegt im allgemeinen in Südfrankreich, Oberitalien und Istrien. Nur C. salviifolius L. dringt an der atlantischen Küste bis La Rochelle=Noirmoutier, im Rhônetale bis Lyon, am südlichen Alpenabfall bis ins insubrische Seengebiet und an der Adria bis Triest vor, C. hirsutus mit einem völlig versprengten Vorposten bis in das französische Départe= ment Finistère und C. albidus L. bis an das Ostufer des Gardasees (nach ganz unsicheren Angaben sogar bis in das Gebiet von Riva). Alle Cistus=Arten zeichnen sich durch ihr meist herdenweises Auftreten aus und bedecken oft grosse Strecken. In Spanien gehören diese Gebüsche („Jarales" genannt), die z. T. auch als Unterwuchs in lichte immergrüne Wälder eintreten, zu den bemerkenswertesten landschaftlichen Eigenheiten. In fast unermesslichen Beständen zieht C. Monspeliensis, stellenweise von C. populifolius und ver= schiedenen Halimium=Arten abgelöst, über die Gebiete von Estremadura und der Sierra Morena. Auch auf Korsika findet sich diese Art in oft grossen Mengen. Im Ebrogebiet herrscht C. Clúsii Dun. vor. In anderen Gebieten treten wiederum andere Arten dominierend auf. Im Balkan sind Cistus Creticus L., C. incanus L. und C. parviflorus L. häufig dominierende Bestandteile der „Phrygana". Der Gebüschschluss ist vielfach ausser= ordentlich dicht und gestattet dann nur anspruchslosen und ephemeren Arten wie Aira caryophyllea, Mibora verna, Allium Chamaemoly, Draba verna ein Fortkommen. So prachtvoll die Cistrosengebüsche während der Blütezeit sind, während welcher sie mit ihren weissen oder rosenroten, grossen, aber vergäng= lichen Blüten wie überschneit sind und die Luft mit dem Duft ihres aromatischen Blattwerkes erfüllen, um so eintöniger erscheinen sie im Verlaufe des ganzen übrigen Jahres. Willkomm vergleicht die wellige, namentlich von C. ladaniferus besiedelte Sierra Morena dann mit den dunklen Wogen eines düsteren, erstarrten Meeres. Häufig nehmen die Cistrosen auch an der Zusammensetzung der Macchien teil. In diesen gewinnen sie nach Bränden, denen die Gebüsche häufig zum Opfer fallen, besonders dann die Oberhand, wenn der neuaustreibende Jungwuchs beweidet wird. Es fressen dann, wie M. Rikli und Ed. Rübel (Sommervegetation von Korsika. Verhandlungen der naturforschenden Gesellschaft in Basel, 1923/24) die genügsamen Mufflons, Ziegen und Schafe wohl die jungen Triebe von Quercus Ilex, Phillyrea sp., Arbutus Unedo und selbst die von Pistacien gern, meiden aber alle Pflanzen, die sich durch aromatische Oele auszeichnen und fördern durch diese Auslese die gewaltige Ausdehnung der Cistus=Arten. Nur bei sehr starkem Weidegang leiden auch diese und zwar besonders durch den Viehtritt und die mit der Austrocknung des Bodens in Verbindung stehenden Auswehungen desselben während der trockenen, regenlosen Sommermonate. Es siedeln sich dafür in grosser Menge das ebenfalls seines Oelgehaltes wegen vom Vieh gemiedene Helichrysum angustifolium an, begleitet von dem vielzähligen Heere der Einjährigen (Therophyten) und Geophyten, die mit den Resten der Macchien=Bestand= teile und anderen Neuankömmlingen die Felsensteppe bilden. Vgl. auch Tuberaria guttata pag. 559. Erwähnt sei auch, dass der grossen Brandgefahr wegen, welche die Cistusgesträuche bergen, z. B. die französischen Forst= verordnungen ein periodisches Ausreuten der Büsche in den Wäldern vorschreiben. Das an Zweigen und Laubblättern ausgeschiedene, ambraartig duftende und bitter balsamisch schmeckende Harz einiger Arten wird gesammelt und war früher als Ladanumharz, Ladanum, Ladanumgummi als zusammenziehendes, blutstillendes

---

[1]) Griech. κίστος [kistos], κίσθος [kisthos]. Name der Gattung bei den antiken Schriftstellern (Theophrast, Dioskuridis).

und den Auswurf förderndes Mittel in hohem Ansehen, dient aber bei uns nur noch zu Parfümeriezwecken. Es stammt namentlich von C. villosus L. var. Creticus (L.) Boiss., C. ladaniferus L. und einigen anderen Arten und war bereits Herodot und Dioskurides bekannt. Die Hippokratiker gebrauchten das Ladanon mit Rosensalbe usw. gegen den Ausfall des Haares. In der Bibel wird es lôt genannt. Die beste Sorte des dunkelbraunen bis schwarzen Harzes wird gegen Ende des Sommers auf Kreta von Mönchen gesammelt, die lange, dünne, an einem hölzernen Heft befestigte Riemen über die harzschwitzenden Pflanzen hinwegziehen, das an den Riemen sich anhängende Harz abschaben und in spiralige Rollen zusammenkneten. Früher gewann man es auch durch Hindurchtreiben von Schafherden und späteres Ablesen aus den Fellen. Echtes Ladanum enthält 86%/o Harz, 7%/o ätherisches Oel, 1,27%/o Wachs und 1%/o Extraktivstoffe. Biologisch wirkt die Harzausscheidung wie eine Leimrute, an der sich aufwärtskriechende, missliebige Insekten fangen. Zur Sonn= wendfeier werden nach Ronninger auf Korsika Zweige von C. Monspeliensis wagenladungsweise turmförmig aufgeschichtet und unter Musikbegleitung abgebrannt, wobei der harzig=ölige Duft der verbrennenden Cistrosen die Luft noch lange und weithin erfüllt[1]). — Seismonastisch reizbare Staubfäden wurden bereits 1717 von Vaillant bei dem weissblühenden C. salviifolius L. festgestellt. Sie sind aber viel weniger empfindlich als z. B. die von Helianthemum Apenninum. Bei rotblühenden Arten fehlt die Reizbewegung. Die Staubbeutel öffnen und schliessen sich ent= sprechend den Feuchtigkeitsverhältnissen. Der Pollen ist gegen Nässe sehr empfindlich. Selbstbestäubung der Blüten tritt häufig ein, erfolgt bei C. villosus var. Crèticus nach Fritsch unver= meidlich bereits beim Oeffnen und ist bei C. salviifolius nach Knuth am Ende der Blütezeit oder beim Schliessen bei einbrechender Nacht oder trübem Wetter die Regel. — Nach Grosser wird die Gattung in 7 Sektionen gegliedert, von denen aber nur eine, die Sektion Ledónia (durch am Grunde breitherzförmige äussere Kelchblätter, bis zum Grunde fachspaltig aufspringende, aber mit den Plazenten im Zusammenhang bleibende Kapseln und 8 bis 16 Samenanlagen ausgezeichnet) mit C. salviifolius das Gebiet im Tessin berührt. Die Trennung der Arten wird durch die zahl= reichen, namentlich in Spanien und Südfrankreich auftretenden natürlichen Bastarde ziemlich erschwert. Ebenso sind für wissen= schaftliche Zwecke (so besonders von Bornet in Antibes [Süd= frankreich]), als auch für den gärtnerischen Bedarf zahlreiche Kreu= zungen hergestellt worden, die namentlich am Anfang des 19. Jahr= hunderts in den englischen Gärten sehr beliebt waren, gegenwärtig aber aus der Kultur fast ganz verschwunden sind. Die wissenschaftlichen Bastardierungen, mit denen sich ausser Bornet besonders Plan=

Fig. 2025b. Cistus albidus L. Ventimiglia. Phot. Dr. P. Michaelis, Köln.

chon, Loret, Timbal=Lagrave, Daveau u. a. befassten, strebten vor allem die Erkennung von Gesetzmässigkeiten bei reziproker Kreuzung an (vgl. bei den Onagraceen), scheinen aber nicht ganz einwandfrei durchgeführt worden zu sein. Dagegen haben die Untersuchungen von Bornet ergeben, dass die Blüten von Cistus=Bastarden, deren Narben mit Pollen desselben Stockes belegt werden, stets unfruchtbar sind, während sie mit Pollen anderer, aber derselben Bastardform angehörender Stöcke bisweilen Fruchtansätze zeigen.

Als wichtigste Ziersträucher für das Freiland in warmen Lagen kommen in Betracht:

1. Laubblätter deutlich, wenn auch bisweilen kurz gestielt . . . . 2.
1*. Laubblätter sitzend, 3=nervig . . . . 5.
2. Laubblätter oberseits kahl (wenigstens im unteren Teile), ± deutlich 3=nervig. Kelchblätter 3, gleich gross. Blüten gross, weiss. Griffel kurz oder fehlend. . . . . 3.
2*. Laubblätter beiderseits ± büschelhaarig, ± deutlich 5=nervig . . . . 4.

---

[1]) Eine eingehendere Darstellung der Cistaceen findet sich bereits in der illustrierten Spanischen Flora von C. Clusius aus dem Jahre 1576, in welcher schon 19 Arten abgebildet werden. Clusius berichtet von den mächtigen Gebüschen in der Sierra Morena, wo er einmal 20 Meilen durch Cistusgesträuche wanderte, ebenso von den fast lorbeerhohen Cistussträuchern in den Hügelketten zwischen Gibraltar und Malaga. In Altkastilien ist Cistus villosus (als Ledon IV bezeichnet) so verbreitet, dass ein Volksvers von ihm berichtet: Quien al monte va y mas no quede, almenos ardivieja coge (wer ins Holz geht und nichts Besseres findet, bringt wenigstens Cistrosen mit). Das Ladanum wurde zur Zeit von Clusius nicht gesammelt.

3. Drüsig-klebriger Strauch. Laubblätter kurz gestielt, oberseits glänzendgrün, unterseits weisslich-filzig. Blüten einzeln. Kelch dicht gelbschuppig. Kronblätter 4 bis 5 cm lang. Kapsel 10-fächerig. Heimisch in Marokko, Algerien, Südspanien und versprengt in Südfrankreich. Seit 1656 in Kultur. C. ladaníferus L.

3*. Drüsenloser Strauch. Laubblätter länger gestielt, oberseits tiefgrün, unterseits weisslich- bis schneeweiss-filzig. Blüten zu mehreren zusammenstehend. Kelch büschelig behaart. Kronblätter 2,5 cm lang. Kapsel 5-fächerig. Heimisch in Marokko, auf der Iberischen Halbinsel, in Südfrankreich (im mittleren Mediterrangebiet fehlend), Kleinasien von Bithynien bis Cilicien. Seit 1752 in Kultur . . . . . C. laurifolius L.

4. Laubblätter eiförmig bis verkehrt-eiförmig. Die beiden äusseren Kelchblätter die 3 inneren einhüllend. Blüten weiss. Griffel fast fehlend . . . . C. salviifolius nr. 1918.

4*. Vielästiger Strauch. Laubblätter elliptisch bis verkehrt-eiförmig, plötzlich in den Stiel zusammengezogen, beidseitig ± büschelhaarig und oft drüsig, oberseits trübgrün. Kelchblätter ± gleich gross. Blüten rosa, in 3- bis 5-blütigen Cymen. Heimisch im ganzen Mittelmeergebiet, formenreich; in den var. undulatus (Dunal) Grosser und rotundifolius (Sweet) Grosser nur in Kultur bekannt. 1596 in den Gärten eingeführt . . . . C. villósus L.

5. An den jungen Teilen weissfilziger Strauch. Laubblätter eilanzettlich bis eiförmig, am Rande umgerollt, beiderseits sternfilzig. Blüten rosa, in 2- bis 5-blütigen Cymen. Kronblätter 2,5 bis 2,8 cm lang. Kapsel seidig behaart. Heimisch im westlichen Mittelmeergebiete, ostwärts bis Algerien, Sardinien, Korsika, Italien (aber auf Sizilien fehlend). Seit 1640 in Kultur. Fig. 2025b . . . . C. álbidus L.

5*. An den jungen Trieben haariger Strauch. Laubblätter lanzettlich, am Rande ± umgerollt, klebrig-drüsig, oberseits trübgrün, unterseits angedrückt behaart. Blüten weiss, in 3- bis 10-blütigen Cymen. Kronblätter 1 cm lang. Kapsel glänzend. Heimisch im grössten Teile des Mittelmeergebietes, im Osten auf dem kleinasiatischen Festlande fehlend. Seit 1656 in Kultur . . . . C. Monspeliénsis L.

Ausserdem werden als Kalthauspflanzen oder auch in Zimmern als Topfpflanzen gehalten: C. symphytifólius Lam. (1779 eingeführt) und C. ochreátus Chr. Smith (1817 eingeführt), beide von den Kanarischen Inseln, C. heterophýllus Desf. aus Algier (seit 1817), C. críspus L. aus der West- und Mittel-Mediterraneïs (seit 1656), C. parviflórus Lam. aus dem südlichen Mediterrangebiete, C. hirsútus Lam. von der Iberischen Halbinsel und Frankreich (seit 1656) und C. populifólius L. aus Marokko, Süd- und Zentralspanien und Südfrankreich (seit 1656), sowie eine Reihe von Bastarden, unter denen die Kreuzungen von C. villosus mit C. ladaniferus, C. albidus und C. parviflorus überwiegen.

1918. Cistus salviifólius L. Salbeiblätterige Zistrose. Franz.: Ciste femelle, mondré; ital.: Cisto femmina, salvia pazza, salvia d' San Per, brentine, muccoli, scornabecco (im Tessin: Reus bianc del Sass). Fig. 2026 a bis h und Fig. 2027.

Aufrechter, seltener niederliegender, reichverzweigter Strauch mit kurzer, lockerfilziger Behaarung, ohne längere Haare und mit oder ohne Drüsen (Fig. 2026 a und e). Laubblätter gestielt, eiförmig, am Grunde mitunter seicht herzförmig oder verkehrt-eiförmig, seltener verkehrt-eilanzettlich, spitz oder abgerundet, fiedernervig, meist sehr runzelig, am Rande flach oder häufiger zurückgerollt, mitunter etwas wellig, beidseitig grün oder unterseits von dichterem Filze grau. Blüten end- oder seitenständig, einzeln oder in wenigblütigen Trugdolden (Fig. 2026 c). Kelchblätter sehr ungleich; die 3 inneren breit-eiförmig, die 2 äusseren breit-herzförmig-rundlich, mit geöhrtem Grunde, alle kurz zugespitzt (Fig. 2026 d). Kronblätter rundlich-verkehrt-3-eckig, etwa 2 cm lang, weiss, am Grunde zitronengelb (beim Trocknen ganz gelblich werdend). Fruchtknoten 5-kantig-eirundlich, an der Spitze eingedrückt, zottig-filzig; Narbe gross, halbkugelig, den äusserst kurzen Griffel verdeckend. Kapsel zerstreut behaart, bis zum Grunde fachspaltig aufspringend. Samen tetraëdrisch-rundlich, schwarzbraun, mit glatter oder netziggrubiger Oberfläche (Fig. 2026 h). — IV bis VI.

Im Mediterrangebiet verbreitet und häufig heerdenweise an ziemlich frischen bis trockenen Orten Gebüsche bildend oder reichlich eingestreut in Laubgehölzen, seltener in der Felsensteppe, in Trockenwiesen, auf Dünen usw. Von der Ebene bis zur montanen Stufe: im Val Onsernone im südlichen Tessin bis etwa 700 m. Mit Vorliebe auf kalkarmen Unterlagen, immerhin an der nördlichen Verbreitungsgrenze auch auf Kalk.

In Deutschland völlig fehlend. — In Oesterreich nur im Küstenland an der Adria (nördlichstes Vorkommen bei Triest). — In der Schweiz im südlichen Tessin in der Umgebung von Locarno (östlich bis Brione, westlich bis Ronco und Ronconaglio, nördlich bis Ponte Brolla), am Südende des Luganersees bei Riva San Vitale und von Capolago bis Mendrisio.

Allgemeine Verbreitung: Mittelmeergebiet, westlich bis Spanien, Portugal und bis zur Vendée, nördlich bis Südfrankreich (Département Ain), Südschweiz, Istrien, Dalmatien, Mazedonien, östlich bis Kleinasien, Transkaukasien und Aserbeidschan, südlich bis Syrien, Tunis, Algier, Marokko.

Cistus salviifolius ist eine Charakterart des Mittelmeergebietes. Dort bildet er für sich allein oder mit anderen Cistus-Arten vereinigt die Cistusmacchie, in der als immergrüne Sträucher Erica arborea, Arbutus Unedo, Quercus coccifera und Q. Ilex, Olea Europaea, Pistacia Lentiscus, Myrtus, Phillyrea latifolia, Spartium junceum usw. hinzutreten können. Häufig findet sich der xeromorphe Strauch auch als Unterwuchs der immergrünen

Fig. 2026. Cistus salviifolius L. *a* Blühender Zweig. *b* Fruchtender Zweig. *c* Blüte. *d* Blüte im Fruchtzustand. *e* Kelchzipfel mit Sternhaaren. *f* Sternhaar. *g* Fruchtknoten. *h* Samen. *k* Längsschnitt durch die Blütenknospe (die untersten Staubblätter sind die jüngsten). — C. acutifolius Sw. *i* Blütendiagramm (nach Eichler; Fig. *k* nach K. Reiche).

Quercus Ilex-Wälder oder, mehr vereinzelt, in der auf trockenem, ± kalkreichem Boden wachsenden Garigue, begleitet von Rosmarinus officinalis, Lavandula Stoechas, Genista candicans, Rhamnus Alaternus, Fumana procumbens, Anthyllis cystoides, Dorycnium suffruticosum usw. Aus Spanien wird er von Willkomm ausserdem aus den Espartograsbeständen (Macrochloa [= Stipa] tenacissima [L.] Kth.) und als Dünenbesiedler genannt. Im südlichen Tessin, am Eingang in das Val Onsernone, wo sein Vorkommen an eine fortwährende, wenn auch nur unterirdische Bewässerung gebunden ist, setzt sich die Begleitflora nach J. Bär aus wesentlich anderen, wenn auch südlichen, wärmeliebenden Arten zusammen, z. B. aus Adiantum Capillus Veneris, Asplenium Ceterach, Notholaena Marantae, Ruscus aculeatus und Serapias longipetala, denen sich alpine und südalpine Arten, wie Crocus albiflorus, Saxifraga Cotyledon, Carduus defloratus, Crepis conycifolia, Festuca varia, Salix grandifolia, Sempervivum alpinum usw. zugesellen. Desgleichen tritt der Strauch dort dominierend in einem Gebüsche von Quercus pubescens, Rosa div. spec., Prunus Mahaleb, P. spinosa, Cornus mas usw. auf. — Beim Aufblühen sind nach Knuth die Staubbeutel bereits geöffnet und die Narbe ist völlig entwickelt. Die Staubblätter liegen anfangs den zurückgebogenen Kronblättern an, richten sich dann aber nach oben, sodass sie über die Narbe zu stehen kommen und dadurch Selbstbestäubung bewirken können. Die Reizempfindlichkeit der Staubblätter ist gering, sodass es nach Knoll einer Verbiegung der Filamente bedarf, um eine Veränderung in der Stellung auszulösen. Knoll sieht in dieser Bewegung zwar eine entbehrliche, aber in Bezug auf die Fremdbestäubung durch die zahlreichen Besucher (Bienen und Hummeln) nützliche Einrichtung. Die schwach duftenden Blüten zeigen am Grunde ein gelbes Mal. Auf Capri beobachtete Knuth als Pollenüberträger hauptsächlich einen Käfer (Oxythyréa squálida Scop.) seltener eine der Gattung Halictus angehörige Biene, die beide die Narbe als Anflugplatz benutzten. Zur Entwicklung von Blüten bedarf der an und für sich schon lichtbedürftige Strauch nach Beck mindestens 0,23 % der gesamten Lichtintensität. — Die Pflanze enthält nach Wehmer 0,024 % ätherisches Oel und scheidet Paraffin ab. Die gerbstoffhaltigen Laubblätter werden nach Ascherson zusammen mit Granatfruchtschalen als Gerbmittel benützt oder finden sich als Verfälschung im Sizilianischen Sumach (vgl. Rhus Coriária Bd. V/1, pag. 224). Sie zeigen nach F. Netolitzky Epidermiszellen mit stark und unregelmässig geknoteten Seitenwänden und auf beiden Flächen zahlreiche, verteilte, nicht eingesenkte, 40 μ grosse Spaltöffnungen ohne Nebenzellen. Die reichlich vorhandenen Büschelhaare bestehen aus 2 bis 8 nebeneinander mit getüpfeltem Fusse in die Epidermis eingesenkten, dickwandigen Einzelhaaren. Neben selten erscheinenden einfachen Haaren treten noch kurze, etwa 50 μ lange Drüsenhaare auf, die aus 2 bis 6 übereinander gestellten, niedrigen Zellen mit 1= bis 2=schenkeligem Stiele und wenig erweitertem, eiförmigem Köpfchen bestehen, welch letzterem senkrechte Scheidewände fehlen. An die Epidermis beider Aussenseiten schliesst sich ein 2= bis 3=reihiges Palisadengewebe und dann ein lockeres Schwammgewebe an. Die grösseren Leitbündel besitzen ein Kollenchym; Kristalldrusen finden sich längs dieser Bündel gehäuft. Früher waren die Laubblätter und die Blüten als Hérba et flóres cisti fœminae gebräuchlich und dienten als zusammenziehendes Mittel bei Wunden, Halsgeschwüren, Durchfall und Ruhr. — Als Zierstrauch wurde C. salviifolius bereits 1584 eingeführt und fand sich zur Zeit der Renaissance in den Gärten Schlesiens. Gegenwärtig ist er nur noch selten zu sehen, weil er geschützte und warme Lagen erfordert. — Von Missbildungen sind wirtelig gestellte Laubblätter festgestellt worden. — Auf den Wurzeln schmarotzt im Mittelmeergebiet

Fig. 2027. Cistus salviifolius L. bei Locarno (Tessin).
Phot. Gg. Eberle, Wetzlar.

der zu den sonst tropischen Rafflesiaceen gehörende Cýtinus Hypocístus L., eine schuppig beblätterte, gelblichbraune oder karminrote, bis 1,2 m hohe, goldgelb blühende Pflanze, deren Schleim früher als zusammenziehendes Mittel benutzt wurde. R. v. Wettstein hat (vgl. Berichte der Deutschen Botan. Gesellschaft, 1917. Bd. XXXV) über die verschiedenen Formen und deren Beziehungen zu den Nährpflanzen Untersuchungen angestellt. Er unterscheidet darnach 5 Unterarten: subsp. ochráceus Guss. als Schmarotzer auf Cistus Monspeliensis und auf C. salviifolius aus den Sektionen Stephanocarpus bezw. Ledonia, subsp. kermesiánus Guss. (= C. Clúsii Nyman) auf rotblühenden Arten der Sektion Eucistus, so auf Cistus albidus und C. villosus, subsp. Canariénsis (Webb. et Berthelot) Wettstein auf C. symphytifolius Lam. (Sektion Rhodocistus), subsp. macránthus Wettst. auf Halimium=Arten in Algier und subsp. Orientális Wettstein auf C. parviflorus (Sektion Ledonella). Wahrscheinlich kommt der Parasit auch auf Fumana=Arten vor.

CCCCLXXVI. Tuberária[1]) Spach. Sandröschen. Franz.: Grille, Tartifle.

Stauden oder häufiger 1=jährige Kräuter mit zottiger, drüsiger oder filziger, oft spärlicher Behaarung. Laubblätter gegenständig oder die obersten wechselständig, sitzend, 3=nervig oder im unteren Teile 5=nervig, ohne oder (die oberen) mit Nebenblättern. Blüten in traubenähnlichen Wickeln. Kelchblätter 5; die äusseren von den inneren gewöhnlich auffällig verschieden. Kronblätter 5, gelb oder orange, oft mit dunklem Fleck am Grunde. Staubblätter meist zahlreich, sämtliche fruchtbar. Fruchtknoten aus 3 Fruchtblättern gebildet, durch

---

[1]) Von lat. túber = Knolle. Der Typus der Gattung, die westmediterrane Tuberária vulgaris Willk. (= Helianthemum Tuberaria Mill.), besitzt einen dicken, holzigen Wurzelstock.

die vorspringenden, laminalen Plazenten in 3 Fächer geteilt. Narbe halbkugelig und schwach 3=lappig, sehr kurz gestielt oder sitzend. Samenanlagen zahlreich, orthotrop. Kapsel durch Auseinandertreten der Fruchtblätter 3=klappig aufspringend. Samen viele (Fig. 2028 h), mit in zahlreichen Längslinien angeordneten, feingefärbten Warzen. Keimling in der Randzone des Samens gelegen, hufeisenartig oder 3=eckförmig gekrümmt, nicht zusammengefaltet.

Die Gattung umfasst etwa 11 Arten, die sich in 2 sehr ungleich starke Sektionen gliedern lassen, in die Eutuberária mit 2 ausdauernden, durch knollenförmigen, verholzten Wurzelstock, grosse Blüten, kurze Griffel, gestielte Samenanlagen und 3=kantigen Embryo charakterisierten Arten und die Scorpioídes, 1=jährige Arten mit mittelgrossen bis kleinen Blüten, sitzenden Samenanlagen, fehlendem Griffel und gekrümmtem Embryo. Von der ersten Sektion findet sich in Kultur: T. vulgáris Willkomm (= Tuberária perénnis Spach var. melasto= matifólia Spach, = Heliánthemum Tuberária Mill.). Wurzel dünn, unfruchtbare, durch Blattrosetten abgeschlossene Triebe und 20 bis 30 cm hohe Blütenstengel treibend. Laubblätter am Grunde zahlreich und unterseits weiss=seidig behaart, am oberen Stengelteil kleiner und kahl. Blüten hellgelb, viel grösser als der Kelch, zu 3 bis 10 in lockeren Blütenständen. In westlichen Mittelmeerbecken bis Italien und Sardinien heimisch. — Das Verbreitungszentrum der Gattung liegt im westlichen Mittelmeer=Gebiet und wird nach Osten hin immer artenärmer. T. inconspícua (Thib.) Willk. (= Helianthemum inconspicuum Thib.) reicht bis nach Kleinasien. Die weiteste Verbreitung besitzt die formenreiche T. guttáta (L.) Fourreau, die sowohl auf den Kanarischen Inseln, als auch in Kleinasien und Syrien auftritt und im atlantischen Europa bis Westengland und im sub= atlantischen Mitteleuropa bis über die Elbelinie vordringt. Die Arten leben vorwiegend in tieferen Lagen der Küstenländer, wo sie in den Litoralsteppen, Macchien oder auch als ± ausgesprochene Halophyten — wie T. villosíssima (Pomel) Grosser — am Meeresstrande und in Salzsteppen zu finden sind. Andererseits steigt z. B. T. vulgaris in Südspanien bis 1500 m. — Eine direkte phylogenetische Ableitung der Gattung von Helianthemum hält Janchen (schon auf Grund der Embryobildung) für ausge= schlossen (vgl. Fig. 2025 a). Auch Rosenberg (Vergleichende Ana= tomie der Samenschale der Cistaceen, 1899) ist auf Grund anatomischer Untersuchungen zu der Auffassung gekommen, dass sich Tuberaria, trotz ihrer habituellen Aehnlichkeit mit Helianthemum, ganz unab= hängig von dieser Gattung entweder von Cistus oder von Halimium abgezweigt hat (Fig. 2025 a).

1919. Tuberaria guttáta (L.) Fourreau (= Heliánthemum guttatum Mill.). Geflecktes Sandröschen. Franz.: Grille taché, Helianthème taché. Fig. 2028 und Fig. 2029.

Zartes, 1=jähriges Kraut. Stengel steif aufrecht, 5 bis 40 cm hoch, einfach oder häufiger verzweigt, kurz anliegend und oft gleichzeitig abstehend behaart, mitunter ausserdem drüsig. Laubblätter gegenständig oder nur die obersten wechselständig, sitzend, die rosettig gehäuften, zur Blütezeit meist schon vertrockneten grundständigen verkehrt=eiförmig oder verkehrt=eilanzettlich, die stengel= ständigen verkehrt=eilanzettlich bis lineal=lanzettlich, alle 3=nervig (oder die unteren am Grunde 5=nervig, die obersten 1=nervig), am Rande flach oder wenig zurück= gerollt, zerstreut langhaarig und namentlich unterseits kurz

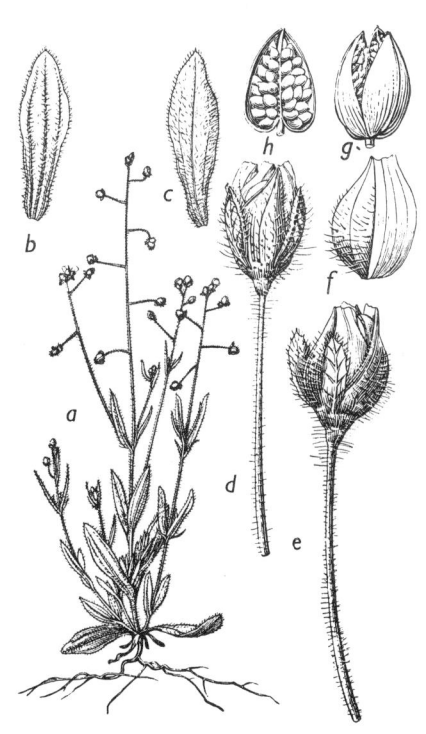

Fig. 2028. Tuberaria guttata (L.) Fourreau. *a* Habitus. *b* und *c* Laubblatt von oben bezw. von unten. *d* und *e* Halbgeschlossene Blüten. *f* Inneres Kelchblatt. *g* Aufspringende Kapsel. *h* Kapsel im Längsschnitt.

sternhaarig, oft auch drüsig (Fig. 2028 b und c). Nebenblätter nur an den oberen Laubblättern vorhanden, selten fehlend, lineal=lanzettlich, $1/3$ bis $2/3$ der Blattlänge messend, frei, selten der Spreite angewachsen. Blüten in 5= bis 15=blütigen, vorblattlosen, traubenähnlichen Wickeln am Ende der Zweige. Innere Kelchblätter eiförmig, spitz oder stumpflich; die beiden äusseren nur ungefähr halb so lang, ei= oder lineal=lanzettlich, meist stumpf, alle abstehend langhaarig.

Kronblätter verkehrt=eiförmig, gegen den Grund keilig, die Kelchblätter überragend, 6 bis 10 mm lang, zitronengelb, mit oder ohne schwarzbraunen Fleck am Grunde, sehr hinfällig. Fruchtknoten eiförmig=kugelig, kurzhaarig, mit sitzender Narbe. Früchte an bogigen Stielen hängend. Samen sehr klein, eiförmig, hellbraun, mit halbkugeligen, weissen Warzen dicht besetzt. — VI bis VIII.

Sehr zerstreut, aber gesellig auf trockenem, sonnigem, unbewachsenem oder locker berastem Sandboden, in lichten Kiefernwäldern, in Callunaheiden der Ebene und Hügelstufe. Wohl nur auf kalkfreien oder kalkarmen Unterlagen.

Nur in Deutschland (Fig. 2029): im Elsass bei Gebweiler, Jungholz (früher) und auf dem Oberlinger; in der Pfalz bei Schifferstadt; in Hessen bei Walldorf (Darmstadt); häufiger in den Sandgebieten des nördlichen Mitteldeutschlands (Gebiete der Altmark, von Magdeburg, der Provinz Sachsen, von Anhalt und im südlichen Brandenburg) bei Klötze, Teuchel bei Wittenberg, Potsdam, in den Lupitzer Sandkuhlen bei Genthin zwischen Altenklütsch und Wulkow, Rathenow, Brandenburg (Schwarzer Berg bei Briedow), Teupitz, Mittenwalde, Treuenbritzen, Grüne bei Jüterbog, Niemeck, Coswig (Purtzberg), Luckau, Kalau, Elsterwerda, Gohlis bei Zeithain (Sachsen) und südlich Mühl= berg auf sächsischem Boden, zwischen Sellendorf und Mahlsdorf, bei Wuster= mark im Auerbalz, bei Krausnick auf dem Hohenberg gegen den Wasser= burger Forst und zwischen Krinitz und Gross=Mehsow; auf Norderney und Juist (auf letzterer Insel durch O. Leege angepflanzt).

Allgemeine Ver= breitung: Mittelmeerländer von den Kanarischen Inseln ost= wärts bis Kleinasien und Syrien; nordwärts bis Süd= und West= Irland, England, Frankreich, Belgien, West= und Mittel= Deutschland.

Ein im Mittelmeergebiet sehr veränderlicher und formen= reicher Typus, von dem sich einige geographisch ± gut begrenzte Rassen unterscheiden lassen. In Deutsch= land tritt die Art nur in der typischen f. vulgáris (Willk.) Janchen (= He= lianthemum guttatum Halascy, = T. guttata [L.] Fourreau var. genuína Grosser) auf.

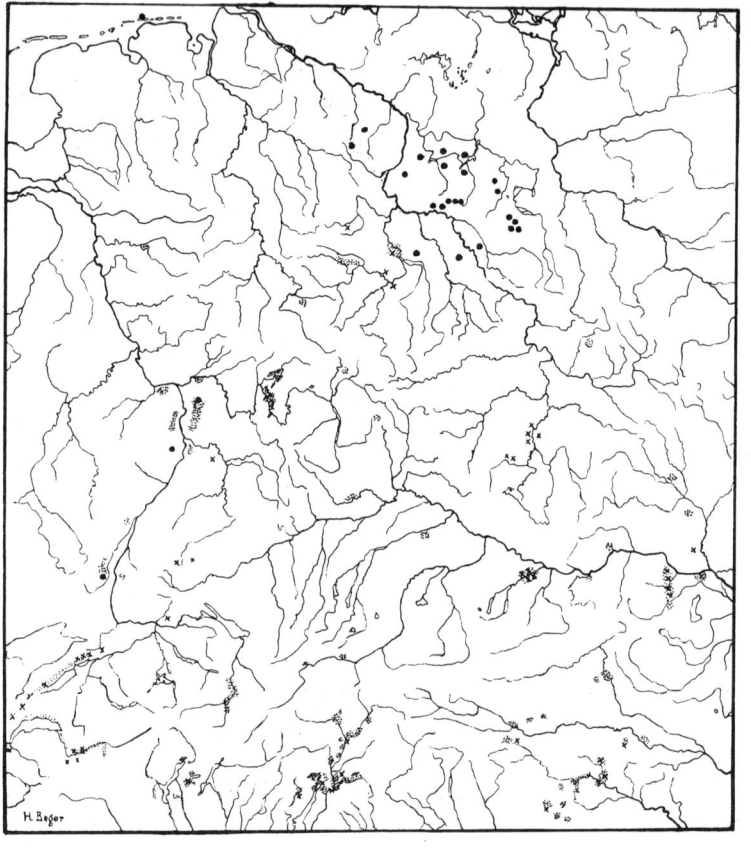

Fig. 2029. Verbreitung von • Tuberaria guttata (L.) Fourr. /// Helianthemum Apenninum (L.) Mill. × H. canum (L.) Baumg. und •:• Fumana vulgaris Spach in Mitteleuropa. Orig. von Dr. H. Beger.

Tuberaria guttata gehört dem mediterran=atlantischen Elemente an. Ihre weitversprengten deutschen Standorte, denen sich die nächsten Kolonien in Frankreich erst in den Départements Marne, Yonne, Côte=d'Or, Saône=et=Loir und Ain anschliessen, um dann von dort an auf kalkarmen Böden ziemlich weit verbreitet zu werden, zeigen die Art für Mitteleuropa als ein Relikt einer wärmeren Periode. Auf Weingaertneria=Sandfeldern tritt der Therophyt in weit zerstreuten Herden zusammen mit Festuca ovina subsp. glauca, Koeleria glauca, Thymus Serpyllum subsp. angustifolium, Chondrilla juncea, Helichrysum arenarium, Hieracium Pilosella usw. auf. P. Graebner führt die Art aus der Calluna=Heide von Klötze zusammen mit Cladonia rangiferina, Carex pilulifera, Pulsatilla vulgaris, Genista pilosa und G. Anglica, Radiola multiflora, Pimpinella Saxifraga, Scabiosa suaveolens, Antennaria dioeca, Hieracium umbellatum usw. an. In diesen Zwergstrauchheiden ist die Pflanze leicht zu übersehen, da sie bereits am Vormittag ihre Kron=

blätter abwirft und dann unscheinbar und graugrün erscheint, zumal zur Blütezeit ihre grundständige Laubblatt=
rosette meist schon vollständig verdorrt ist. In lockeren Deschampsia flexuosa=Beständen, wie sie sich als Folge=
Gesellschaft nach Waldschlägen auf sandigen Böden gern einstellen, erscheint die Art neben Nardus stricta,
Scleranthus annuus, Calluna vulgaris, Erica Tetralix, Jasione montana und Filago minima. Das Optimum des
Auftretens in Mitteldeutschland scheint in den sandigen Kiefernheiden zu liegen, wo die Art mitunter in grosser
Menge erscheint. Die Begleiter dort sind ± die nämlichen wie in den Calluna=Heiden und den trockenen
Grasbeständen. Im Mittelmeergebiet finden sich die bevorzugten Siedelungsorte auf trockenen, lockerrasigen
Sandhügeln und Schottermassen, in Felsensteppen und im Schutze der Gesträuche in den Macchien und in der
Garigue. Auf Korsika z. B. stellt sich der Therophyt gern zusammen mit Papaver hybridum, Trifolium
agrarium, Galactites tomentosa, Jasione montana und anderen anspruchslosen Arten auf aufgelassenen Aeckern
ein, muss aber bereits nach wenigen Jahren dem sich immer mehr ausdehnenden Cistus Monspeliensis weichen,
der seinerseits wieder stark durch die sich ansiedelnden übrigen Macchien=Sträucher, Daphne Gnidium vor
allem, eingeschränkt wird (Warming). — Die Blüten sind nur wenige Stunden des Morgens geöffnet. Dabei
stehen die Staubbeutel über den grossen Narben, so dass durch Herabfallen von Pollenkörnern leicht Selbst=
bestäubung eintreten kann. Unvermeidlich ist diese, sobald (was im Laufe des Vormittags eintritt) die Kronblätter
abgefallen sind und die sich eng zusammenschliessenden Kelchblätter die Staubbeutel fest an die Narben
andrücken. Nach P. Ascherson (Sitzungs=Berichte der Gesellschaft naturforschender Freunde zu Berlin, 1880)
lösen sich dabei die Staubblätter am Grunde los und bleiben nur durch die Klebrigkeit der Narbe mit der
Blüte in Verbindung. Die Bestäubungsverhältnisse erinnern sehr an die kleistogamen Blüten. Solche sollen
bereits von Linné beobachtet worden sein. Grosser (81. Jahresbericht der Schlesischen Gesellschaft für
vaterländische Kultur, 1904) kannte diese Form nur aus Kulturen. F. Vierhapper hat sie wildwachsend
im östlichen und westlichen Mittelmeergebiete nachgewiesen. Diese kleisto= oder semikleistogame Sippe unter=
scheidet sich von der chasmogamen auch durch ihren zierlicheren, in allen Teilen kleineren Wuchs und ist als
f. clandestina Vierh. (= γ inconspicuum Hal.) bezeichnet worden. Eingehendere Blütenuntersuchungen in
Mitteleuropa fehlen. Auf Norderney soll nie ein Insektenbesuch nachzuweisen sein.

CCCCLXXVII. **Helianthemum**[1]) Miller. Sonnenröschen. Franz.: Hélian-thème; engl.: Rockrose; ital.: Eliantemo.

Halbsträucher, Stauden oder 1=jährige Kräuter mit sehr verschiedener, filziger, zottiger,
seidenartiger, drüsiger oder schuppiger Behaarung, mitunter auch fast ganz kahl. Laubblätter
gegenständig oder die oberen wechselständig, gestielt, seltener fast sitzend, fiedernervig, mit
(Fig. 2036e) oder ohne Nebenblätter. Blüten in traubenartigen Wickeln. Kelchblätter 5, sehr
ungleich; die 3 inneren ± kräftig, 4= bis 5=nervig, die beiden äusseren bedeutend kleiner oder auch
umgekehrt. Kronblätter 5 (Fig. 2031 b), weiss, gelb, orange, rosa oder rot. Staubblätter meist zahl=
reich, alle fruchtbar. Fruchtknoten 1=fächerig oder durch die vorspringenden laminalen Plazenten
3=kammerig, aus 3 Fruchtblättern gebildet. Griffel stets entwickelt, von verschiedener Länge,
gerade oder häufiger am Grunde knieförmig oder S=förmig gebogen; Narbe gross, kopfig,
meist deutlich 3=lappig. Samenanlagen zahlreich oder wenige, orthotrop. Kapsel durch Aus=
einandertreten der Fruchtblätter 3=klappig aufspringend. Keimling einfach oder doppelt zu=
sammengefaltet (Fig. 2030 g).

Die Gattung umfasst etwa 80 Arten, deren Hauptverbreitungsgebiet in den Mittelmeerländern liegt
wo ihre westlichste Art, H. gorgoneum Webb, auf den Capverden endemisch ist, während H. Soongaricum
im Osten die Kirgisen=Steppen und die Dsungarei bewohnt. Die weiteste zirkum=mediterrane Verbreitung
(von Westafrika bis in die armenisch=iranischen Länder reichend) besitzen H. ledifolium (L.) Miller, H.
salicifolium (L.) Miller und H. Aegyptiacum (L.) Miller. Weit nach Norden dringen H. nummularium
und H. Arcticum vor, ersteres bis Südschweden, Finnland und Nordrussland, letzteres bis über den Polarkreis.
Reich an Endemismen ist die Pyrenäen=Halbinsel. Die meisten Helianthemum=Arten sind Bewohner tieferer
Lagen. Von den selteneren Gebirgspflanzen erstreckt sich H. montanum subsp. alpestre von den Pyrenäen
und den Spanischen Gebirgen durch die Alpen, Karpaten, den nördlichen Balkan bis zum Bithynischen Olymp.
Räumlich sehr eng begrenzt sind dagegen H. Strickeri Grosser in Cilicien, H. Daghastanicum Rupr.
in Daghestan und H. obtusifolium Dunal auf Cypern. Die Gattung zerfällt auf Grund ihres Samenbaues in
die beiden Untergattungen Ortholobum mit einfach gefaltetem Embryo und geraden Keimblättern, die kürzer

---

[1]) Zusammengesetzt aus ἥλιος [hélios] = Sonne und ἄνθεμον [ánthemon] = Blume; also Sonnenblume

als die Keimwürzelchen sind, und Plectólobum mit doppelt gefaltetem Embryo, dessen Keimblätter bedeutend länger als die Keimwürzelchen und etwa in ihrer Mitte eingeknickt sind. Von der ersteren Untergattung, die Grosser (Das Pflanzenreich, 1903) in 5 Sektionen zerlegt, treten in Mitteleuropa nur zwei auf und zwar die Sektionen Euheliánthemum und Brachypétalum, voneinander dadurch geschieden, dass Euheliánthemum ausdauernde Arten umfasst, deren innere Kelchblätter länger sind als die äusseren, während Brachypetalum aus 1-jährigen Arten mit kürzeren, inneren Kelchblättern besteht. Von der aus 2 Sektionen bestehenden Untergattung Plectolobum kommt für Mitteleuropa nur die Sektion Chamaecistus in Betracht. Ein Teil der Arten ist gut umgrenzt und leicht kenntlich; ein anderer hingegen ist ausserordentlich veränderlich und stellt vielgestaltige, schwer voneinander zu trennende Formenschwärme dar, deren Bewertung in sehr verschiedener Weise erfolgt. Zweifellos spielt auch die Bastardierung (ähnlich wie bei Cistus) eine bedeutende Rolle, wenngleich bisher nur wenige Bastarde mit Sicherheit festgestellt worden sind. Einen gewissen Anhaltspunkt gewähren dabei die Pollenuntersuchungen, wenngleich auch ungünstige Ernährungsverhältnisse bei reinen Arten sowie Mutationen oft eine weitgehende Sterilität hervorrufen. Eugen Wulff (Ueber Pollensterilität bei Potentilla. Oesterreichische Botanische Zeitschrift. Bd. LIX, 1909) stellte bei H. nummularium subsp. nummularium f. discolor 8,23 bis 13,52%, bei der subsp. ovatum 35,74% tauber Pollen fest. In der Helianthemum montanum-Gruppe betrug die Sterilität bei H. canum f. vineale subf. candidissimum 81,46%, bei H. rupifragum 19,05%, bei H. alpestre 32,66%! Die Gattung Helianthemum schliesst sich in diesen Verhältnissen an die polymorphen Gattungen Potentilla, Rosa, Rubus, viele Lythraceen usw. an. Als die wichtigsten systematischen Arbeiten neuerer Zeit seien genannt: W. Grosser, Cistaceae (Das Pflanzenreich, IV, 193, 1903; E. Janchen, Randbemerkungen zu Grossers Bearbeitung der Cistaceen (Oesterreichische Botanische Zeitschrift, 1919); ders., Die Cistaceen Oesterreich-Ungarns (Mitteilungen des Naturwissenschaftlichen Vereins an der Universität Wien. Bd. VII, 1909); ders., Helianthemum canum (L.) Baumg. und seine nächsten Verwandten (Abhandlungen der Zoologisch-Botanischen Gesellschaft in Wien. Bd. IV, 1907); ferner E. Du Rietz, On svensk Helianthemum-artern (Botaniska Notiser, 1924).

  Biologisch beachtenswert sind besonders die wüstenbewohnenden Arten. Bei denen der Sektion Eriocárpum bleiben die vorjährigen fruchtbaren Triebe stehen und wandeln sich in Dornen um. Die neuen Sprosse besitzen zu Beginn der Regenfälle anfangs grössere, fast flache, aber sehr bald hinfällige Laubblätter. In deren Achseln entwickeln sich beblätterte Sprosse, deren neu entstehende Laubblätter mit zunehmender Hitze immer kleiner ausgebildet werden und zuletzt nur noch die Form fast stielrunder Rollblätter besitzen, bis auch sie der Hitze erliegen, so dass die Halbsträucher die grösste Wärme in blattlosem Zustand überdauern. Weitere Schutzeinrichtungen sind in der reichlichen Korkentwicklung in der sekundären Rinde zu erblicken. Ueber sehr kurze Lebensdauer verfügen die wüstenbewohnenden Arten der Sektion Brachypetalum, zwischen deren Auskeimen und Fruchtreife nur wenige Wochen liegen. Das in Spanien und Marokko auf Salzsteppen und anderen salzhaltigen Böden lebende H. squamátum (L.) Pers. zeigt als Verdunstungsschutz Schuppenhaare, welche den Laubblättern und Stengeln einen silberartigen Schimmer verleihen. Bezeichnend ist auch das häufige Auftreten von kleistogamen Blüten bei wüstenbewohnenden Arten, während es bei den mitteleuropäischen Formen nur ausnahmsweise beobachtet worden ist. Die Blütenstände sind (wie auch bei den Arten der Gattung Fumana) nach den Untersuchungen von K. Troll (Die Entfaltungsbewegungen der Blütenstiele und ihre biologische Bedeutung. Flora, 1922) rein sympodial-wickelig gebaut. Die Nutation des jungen Sympodiums ist gerollt. Die postflorale Nutation der Blütenstiele dürfte, wenn auch nach Wiesner ein negativer Heliotropismus vorhanden sein mag, doch in der Hauptsache von dem positiven Geotropismus bestimmt sein. Dieser macht sich solange bemerkbar, als ein Zusammenhang mit dem Fruchtknoten besteht. Für Helianthemum variabile Spach hat H. Schultz z. B. gefunden, dass durch das Abschneiden der Frucht ein Wiederaufrichten des schon gekrümmten Fruchtstieles eintritt. — Adventiv beobachtet wurde im Hafen von Ludwigshafen 1910 Helianthemum Aegyptiacum Mill. aus dem Mittelmeergebiet.

  1. Laubblätter mit Nebenblättern . . . . 2.
  1*. Laubblätter ohne Nebenblätter . . . . 4.
  2. Einjähriges Kraut. Griffel kurz, gerade. Frucht aufgerichtet. . . H. salicifolium nr. 1922.
  2*. Halbsträucher. Griffel lang, am Grunde knieförmig gebogen. Früchte hängend . . . . 3.
  3. Nebenblätter lanzettlich-pfriemlich; die unteren ± so lang wie der Laubblattstiel, die oberen länger. Kronblätter weiss . . . . H. Apenninum nr. 1920.
  3*. Nebenblätter lanzettlich, sämtlich länger als der Laubblattstiel. Kronblätter gelb, sehr selten weiss oder orange . . . . H. nummularium nr. 1921.
  4. Laubblätter beiderseits oder doch wenigstens unterseits filzig. Blütentragende Aeste in der Regel ohne Drüsenhaare. Lockerästiger Halbstrauch warmer Lagen . . . . H. canum nr. 1923.
  4*. Laubblätter beiderseits grün, nur borstig behaart oder ganz kahl. Blütentragende Aeste häufig mit Drüsenhaaren . . . . H. Italicum nr. 1924.

1920. Helianthemum Apenninum (L.) Mill. (= H. polifólium Mill., = H. pulveruléntum Lam. et DC., = H. velútinum Jord.). Apenninen=Sonnenröschen. Fig. 2030 und 2031.

Lockerrasiger, am Grunde meist reichlich verzweigter Halbstrauch mit einfachen, aufrechten oder aufsteigenden, 10 bis 30 cm langen Aesten und anliegend filziger Behaarung. Laubblätter gegenständig, gestielt, lineal, lineal=lanzettlich, lanzettlich oder ei=lanzettlich, 8 bis 32 mm lang und 1 bis 6 mm breit, am Rande ± zurückgerollt, mit unterseits meist stark vortretenden Mittelnerven, unterseits von dichten sternförmigen Büschelhaaren weissfilzig, seltener nur graufilzig, oberseits von lockerer Behaarung grau=filzig, seltener weissfilzig oder auch verkahlend und grün. Nebenblätter lineal=lanzettlich, spitz, ungefähr $1/4$ so lang wie die Laubblätter oder kürzer. Blüten in einfachen, endständigen, lockeren, von kleinen Vorblättern durchsetzten, 3= bis 10=blütigen Wickeln (Fig. 2030 a und 2031 b). Blütenstiele ungefähr 10 mm lang, so lang wie die Kelche oder länger, nach dem Verblühen zurückgekrümmt. Knospen länglich=eiförmig, stumpf. Innere Kelchblätter eiförmig, stumpf, selten spitzlich, 5 bis 10 mm lang, dicht kurzfilzig, ohne längere Haare; die äusseren lineal=lanzettlich, stumpf, etwa $1/3$ so lang wie die inneren. Kronblätter rundlich=verkehrt=eiförmig, 8 bis 15 mm lang, weiss, am Grunde zitronengelb. Staubblätter zahl=reich. Fruchtknoten eiförmig=kugelig, von dichtstehenden Büschelhaaren zottig=filzig. Griffel ziemlich lang, am Grunde knieförmig gebogen, aufsteigend, im unteren Teile fädlich, gegen die Spitze verdickt; Narbe die Staub=fäden etwas überragend. Kapsel 3=kantig=eikugelig, behaart (Fig. 2030 c und d). — V bis VII, vereinzelt bis zum Herbst.

Zerstreut an trockenen, sonnigen, steinigen Hängen, auf Felsbändern, in Steppenwiesen und lichten Gehölzen. Von der Ebene bis zur Bergstufe: im Tessin bis 880 m (in Südspanien bis 1000 m). Nördlich der Alpen wohl nur auf Kalk, südlich derselben auch auf kalkarmen Unterlagen.

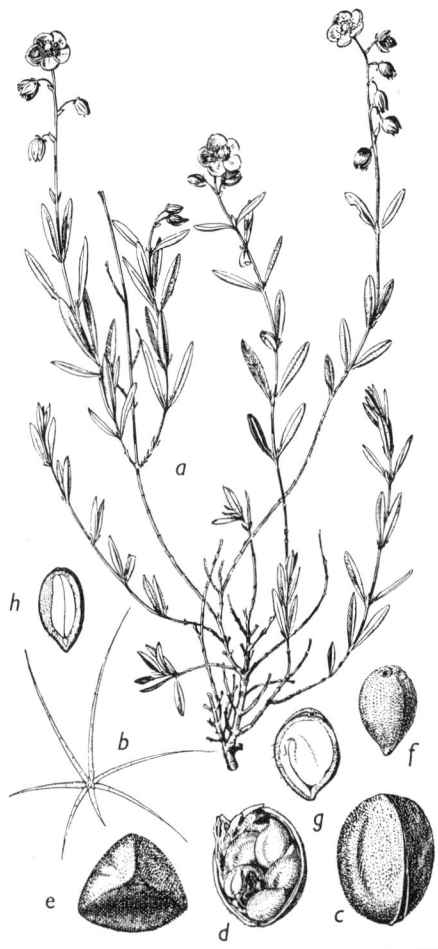

Fig. 2030. Helianthemum Apenninum (L.) Mill. *a* Habitus. *b* Sternförmiges Büschelhaar. *c* Frucht. *d* Frucht geöffnet. *e* Samen von oben. *f* Desgl. von der Seite. *g* und *h* Längsschnitte durch den Samen.

In Deutschland sehr selten: in Rheinhessen oberhalb Bingen bei Sprendlingen, am Ockenheimer Hörnchen und auf dem Gaualgesheimer Berg bei Bingen, im nördlichen Bayern auf Muschelkalk im mittleren Maingebiet (vielfach zusammen mit H. canum) um Karlstadt (vom Stettnerlochberg, Nikolausberg, Saupurzelberg, Rehnützberg, Rosenrain, Kalbenstein und Grainberg durch den Stettener Gemeindewald und über den Ilbberg, die Tanne und den Eichelberg auf das rechte Wernufer überspringend bis Eussenheim und den Südhang der Homburg bei Gössenheim), bei Würzburg (Veitshöchheim, früher auch bei Zell[1]), im Tal der Fränkischen Saale von Machtilshausen bis Euerdorf, Hammelburg, Elfershausen, Feuertal, Langendorf, Unter=Ertal, am Staffelberg bei Bamberg wahrscheinlich verschwunden. — In Oesterreich nur im südwestlichen Tirol, hier aber an zahl=

---

[1]) Die beschränkte Siedelung bei Zell im Maintale selbst (beim Zeller Bahnhof) scheint nach Gr. Kraus 1910 erloschen zu sein. Die Pflanze wurde dort zu Beginn des 19. Jahrhunderts von J. Fr. Lehmann auf=gefunden und als Seltenheit für Deutschland in den Primae lineae florae Herbipolensis, Wirceburgi 1809 folgendermassen veröffentlicht: „Helianthemum appeninum Smithii, in pascua sterili ad viam, quae ducit ad Veitshöchheim, frequens quidem, sed rarissimus Germaniae incola."

reichen Standorten und zwar im Etschtal südwärts von Bozen, an der Mendel, im Va di Non und Val di Sole, in Judikarien, in den Gebieten von Trient, im Val Sugana, Rovereto und Riva, ostwärts bis zur Mendel, bis Margreid, bis zum Fersinatal und Borgo. — In der Schweiz nur im südlichsten Tessin: bei Locarno, am S. Salvatore und (?) am Monte Generoso.

Allgemeine Verbreitung: Süd=England, auf dem Europäischen Kontinent nördlich bis zur Loire, bis ins Pariser Becken und Namur, östlich bis in das mittlere Maintal, den südwestlichen Jura und dem Südfuss der Alpen entlang zum Piave und Griechenland, südlich bis Südspanien und Calabrien; auf dem nördlichen Balkan, auf Korsika, Sardinien und Kreta fehlend; Kleinasien.

Die in der Ausgestaltung der Laubblätter sehr veränderliche Art zeigt (häufig an denselben Siedelungs= plätzen) folgende Formen: f. velútinum (Jord.) Fiori (= H. velutinum Jord.). Laubblätter gross, lanzettlich,

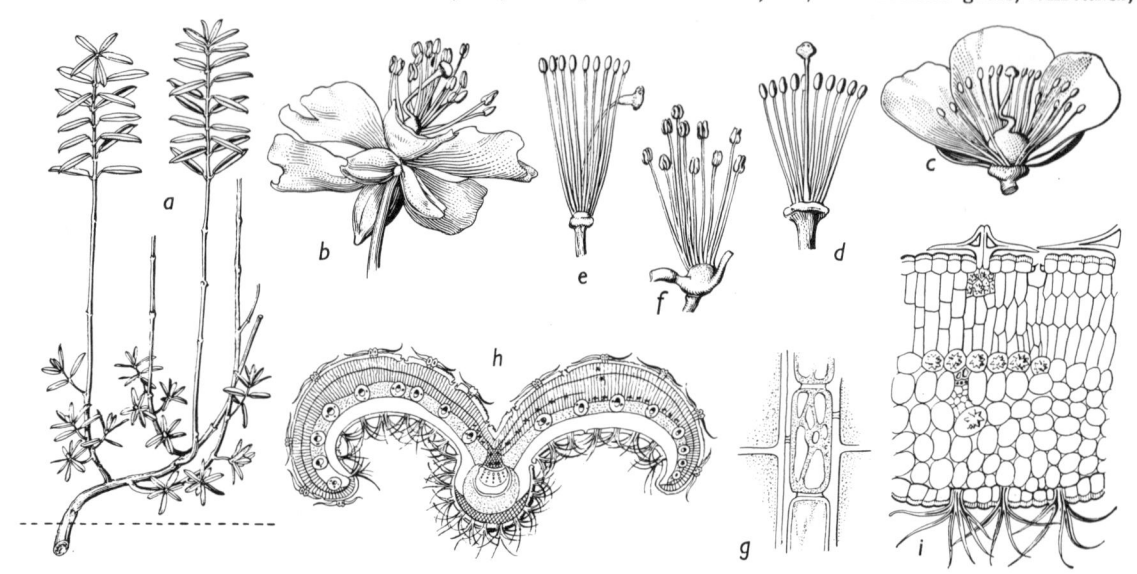

Fig. 2031. Helianthemum Apenninum (L.) Miller. *a* Ueberwinterungsspross. *b* Blüte. *c* Längsschnitt durch die Blüte. *d* und *e* Entblätterte zwitterige Blüte mit verschiedener Griffelstellung. *f* Androeceum einer rein männlichen Blüte. *g* Zelle des Rindenparen= chyms und des Staubfadens, die interzellularen Plasma-Verbindungen zeigend. *h* Querschnitt durch ein Laubblatt. *i* Desgl. stark vergrössert (*a*, *h* und *i* nach Allorge, *b* bis *g* nach Briquet).

beiderseits filzig. So im mittleren Maingebiet anscheinend selten, z. B. spärlich am Südhang des Stettnerloch= berges zwischen Himmelstadt und Karlstadt. — f. oblongifólium (Koch) (= H. polifólium α oblongifolium Koch, = H. Apenninum f. polifolium Grosser). Laubblätter kleiner, länglich=lanzettlich, am Rande leicht umgerollt, oberseits spärlich sternhaarig. So im mittleren Maingebiet etwas häufiger. — f. angustifólium (Koch) (= H. polifólium β angustifolium Koch, = H. Apenninum β pulveruléntum Fiori). Laubblätter lineal= lanzettlich, am Rande stark umgerollt, oberseits nur schwach filzig. So im mittleren Maingebiet weitaus vorherrschend. — In Gärten gepflanzt findet sich bisweilen die nach Janchen vielleicht besser als Art zu bewertende, in Ligurien, Piemont und auf den Balearen heimische var. róseum Gross. Laubblätter lanzettlich, flach, spitzlich, bis 3,5 cm lang und 7 mm breit, oberseits vergrünend, unterseits grauhaarig. Blüten ansehnlich, rot.

Helianthemum Apenninum gehört dem westmediterran=atlantischen Elemente an. In Mitteleuropa besiedelt der thermophile, kalkholde Chamaephyt (Fig. 2031 a) vorwiegend trockene, sonnige Hänge, zusammen mit anderen xeromorphen Arten südlicher Herkunft. Am Kalbenstein bei Karlstadt steht er nach Vollmann z. B. zusammen mit Sesleria caerulea subsp. calcarea, Stipa pennata und S. capillata, Festuca glauca, Carex humilis, Allium senescens, Anemone Pulsatilla und A. silvestris, Thalictrum minus, Thesium Linophyllum, Trifolium alpestre, Geranium sanguineum, Linum tenuifolium, Dictamnus alba, Helianthemum canum, Salvia pratensis, Lactuca perennis usw. Im Stettener Gemeindewald und an anderen Orten in der Nähe beteiligt er sich am Unterwuchs der dortigen Aufforstungen aus Pinus Austriaca, zusammen mit Anemone silvestris, Alyssum montanum, Helianthemum canum, Trinia glauca usw. Noch mediterranere Färbung tragen seine Begleiter, die sich ihm in der Garide am Fort d'Ecluse unterhalb Genf zugesellen und von denen Christ Acer Monspessulanum, Laburnum anagyroides und L. alpinum, Arabis saxatilis, A. muralis und A. stricta, Hutchinsia petraea, Ononis Natrix, Potentilla rupestris, Sedum anopetalum, Parietaria diffusa, Ruscus aculeatus, Astragalus Monspessulanus und

Colutea arborescens anführt. An den Dolomitfelsen am Südhang des San Salvatore im Tessin ist die Pflanze mit Rhamnus pumila, Stipa pennata, Carex mucronata und C. refracta, Silene Saxifraga, Dianthus silvester, Aethionema saxatile, Fumana procumbens, Kernera saxatilis, Bupleurum ranunculoides var. canalense, Laserpitium Siler, Trinia glauca, Scorzonera Austriaca, Anthericum Liliago, Hieracium glaucum vereint. In den Grajischen Alpen gedeiht sie nach Robert Keller in den Kiefernwäldern am Südhang des Jafferau (südlich vom Mont Cenis) auf fast nacktem, nur von einer dichten Nadelschicht bedecktem Boden zusammen mit vereinzelten Exemplaren von Cephalanthera rubra, Epipactis atrorubens, Astragalus Onobrychis und Hieracium murorum. Im Mittelmeergebiete findet sich der Halbstrauch mit Vorliebe in den Felsensteppen auf Kalk- und Sandstein-Unterlagen oder in den immergrünen Buschgehölzen. Hinsichtlich des Anspruchs der Pflanze an Kalk stellte Gregor Kraus fest, dass die von ihr besiedelten Böden meist sehr kalkreich sind (Wellenkalk mit bis 61,91 % $CaCO_3$), andererseits aber auch karbonatfrei sein können (z. B. auf Sandböden), wo die Pflanze trotzdem in wohlentwickelten Exemplaren wächst und als Begleiter Thymus serpyllum, Hieracium Pilosella, Eryngium campestre und Cichorium Intybus besitzt. Bezüglich des ökologischen Verhaltens der Formen erscheint im Unterfränkischen Muschelkalkgebiet die f. velutinum auf die heissesten steilen Südhänge beschränkt, während die f. angustifolium auch ± ebene Unterlagen auf den Plateaus (kurz- und lockerrasige Trockenwiesen, Steinbrüche, Pinus Austriaca-Aufforstungen) bewohnt.

Die Staubfäden älterer Blüten sind gegen Reize sehr empfindlich und deshalb ein bekanntes Beispiel für seismonastische Einwirkungen. Beim Aufblühen, vor der Abgabe des Pollens stehen sie in gleicher Höhe mit der Narbe in einem Ringe eng um den Griffel geschart und haben ihre Staubbeutel einwärts gerichtet. Im Augenblick der Pollenfreigabe kehren sich letztere nach aussen, während sich der Griffel etwas verlängert und die Narbe dadurch in die Höhe hebt, so dass eine spontane Selbstbestäubung fast ausgeschlossen ist. Die Staubfäden besitzen nun die Fähigkeit, auf Reiz mancherlei Art (Berührung, leichter Stoss oder nach Goebel durch starkes Versengen der Kronblätter usw.) ihre Lage zu verändern und zwar bewegen sie sich nach J. Briquet in 1 bis 5 (selten mehr) Sekunden um 45 bis 90° nach auswärts. Diese neue Stellung wird etwa 15 Minuten inne gehalten, worauf eine allmähliche Rückbewegung in die Ausgangslage einsetzt. Der Vorgang kann im Tage mehrmals wiederholt werden, nimmt aber allmählich an Stärke ab. Nach Briquet wird er durch Wasseraustritt auf der konkaven Seite des Staubfadens bedingt: Die Reizeinwirkung braucht aber, wie schon Hansgirg hervorgehoben hat, nicht nur an dieser auslösenden Stelle zu erfolgen, da nach den Untersuchungen von Briquet das Protoplasma der Zellen durch feine Stränge miteinander in Verbindung steht (Fig. 2031 g). Goebel lehnt irgend eine „nützliche" Beziehung der Staubfaden-Bewegung für die Pollenübertragung ab, da die sehr reichlich erscheinenden Bienen sich unmittelbar auf die Staubblätter niederlassen und diese so energisch mit den Beinen bearbeiten, dass eine besondere Bewegung der Staubblätter zwecklos sei. Nach Briquet hingegen tritt dabei eine Anheftung des Pollens an die Unterseite der Insekten ein, wodurch sowohl eine Belegung der eigenen Narbe, als auch später die einer anderen gesicherter erscheint. Unmittelbar nach dem Verblühen bewegen sich die Blütenstiele nach abwärts; die Kelchblätter schliessen sich vollständig und umfassen die Reste der vergänglichen Kronblätter, Staubblätter und Narbe. Eine Selbstbestäubung bei dieser Bewegung, wie sie z. B. bei Tuberaria guttata (vgl. pag. 561) beobachtet worden ist, hält Briquet für ausgeschlossen, da die Staubbeutel in diesem Augenblicke vollständig leer sind. Die Blüten sind in der Regel zwitterig (Fig. 2031 d und e). Bisweilen treten aber auch vereinzelt männliche Blüten mit verkümmertem Fruchtknoten auf, die viel kleiner als die zwitterigen, etwa 1,5 cm breiten Blüten sind und nur 10 bis 15, statt 30 bis 35 Staubblätter enthalten (Fig. 2031 f). Nach Briquet kommt auf 50 bis 80 Zwitterblüten je 1 solche männliche Blüte. Unter den zwitterigen Blüten treten vereinzelt auch oligandrische Formen auf, die den männlichen Blüten gleichen, aber ein wohlentwickeltes Gynäceum besitzen und reichlich Samen hervorbringen. — Hexenbesenartige Bildungen werden durch Eriophyes rosália Nal. hervorgerufen. Es entsteht dabei an den Blütenständen und vegetativen Sprossen eine ungewöhnliche Blatt- und Zweigsucht, wobei die Laubblätter klein und oft schuppenförmig, einander genähert und ± stark behaart ausgebildet werden.

1921. Helianthemum nummulárium[1]) (L.) Miller (= H. vulgáre Gaertner, = H. Chamaecístus Miller). Gemeines Sonnenröschen. Franz.: Herbe d'or, fleur du soleil, hysope; engl.: Little sun-flower, hedge-hyssop; ital.: Eliantemo, panace chironico, erba d'ore. Taf. 184 Fig. 4; Fig. 2032 bis 2037, Fig. 2040 h.

Die Pflanze heisst nach den gelben Blüten, bezw. den myrtenartigen Blättern Geel Röscher (Niederrhein), Goldraesle (Schwäbische Alb), Sunnräsl (Teplitz), Wilde, tote Mirren [Myrten] (Oberharz). In Steiermark nennt man sie Zwangkräutel, Ziehkraut.

---

[1]) Der Name geht auf Lysimáchia nummulária zurück und leitet sich von dem lat. númmulus = Münze ab. Als Cístus nummulárius bezeichnete Linné zunächst eine breitblätterige Form der subsp.

6 bis 50 cm hoher Halbstrauch mit vielen, am Grunde entspringenden, niederliegenden, aufsteigenden oder aus bogigem Grunde aufrechten Zweigen und kräftiger Wurzel. Behaarung ± reichlich, aus teils langen, borstenförmigen, teils sternförmig ausgebreiteten Büschelhaaren gebildet, selten vollständig fehlend. Laubblätter gegenständig, lineal=lanzettlich bis verkehrt= eiförmig oder breit=eiförmig=rundlich, am Rande flach oder zurückgerollt, meist ± borstig behaart, unterseits oder beiderseits filzig. Nebenblätter stets vorhanden, lanzettlich bis lineal= lanzettlich, etwa $1/4$ so lang wie die Laubblätter oder kürzer (Fig. 2033b, 2036a, d und e). Blüten meist in einem einfachen, selten am Grunde mit einem Wickelast versehenen, von kleinen Vorblättern durchsetzten, meist lockeren, 2= bis 15=blütigen, sehr selten auf 1 Blüte reduzierten Wickel. Blütenstiele so lang oder länger als die Kelchblätter, nach dem Verblühen zurück= gekrümmt. Knospen eiförmig=läng= lich bis ei=kegelförmig, spitz. Aeussere Kelchblätter lineal oder lineal=lanzett= lich, etwa $1/3$ so lang wie die ei= förmigen, 5 bis 10 mm langen, von 4 kräftigen Nerven durchzogenen, kahlen oder nur auf den Nerven lang büschelhaarigen oder kurz= flaumigen oder filzigen inneren Kelch= blätter. Kronblätter rundlich=verkehrt= eiförmig, 8 bis 15 cm lang, gelb, selten weisslichgelb oder gelblich=orange bis orange, sehr selten rein weiss (f. albiflórum [Koch]). Staubblätter zahlreich. Fruchtknoten eiförmig= kugelig, von dicht stehenden Büschel= haaren zottig=filzig. Griffel ziemlich lang, am Grunde knieförmig gebogen, aufsteigend, im unteren Teile fädlich, gegen die Spitze verdickt (Fig. 2033f). Narbe die Staubblätter überragend.

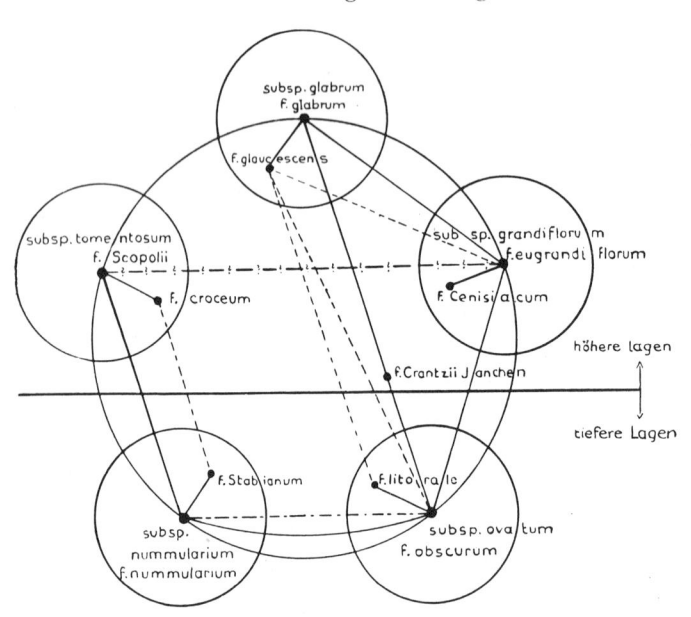

Fig. 2032. Beziehungen der mitteleuropäischen Unterarten von Helianthemum nummularium (L.) Miller zueinander. —— Uebergänge im Gebiete bekannt. — — — Uebergänge innerhalb des Gebietes fraglich. — ? — Ueber= gänge überhaupt fraglich.

Kapsel 3=kantig=eikugelig, behaart. Samen vieleckig=rundlich, braun, fein warzig. — V bis IX.
Meist zerstreut an trockenen, warmen bis mässig feuchten, sandigen bis anmoorigen oder mergeligen Unterlagen aller Art in Trockenwiesen, an Hängen, Wegrändern, auf Matten, Weiden, in lichten Gebüschen und Wäldern, Heiden, austrocknenden Mooren, im Felsschutt und auf feinerem Flussschotter. Von der Ebene bis in die hochalpine Stufe: im Sächsischen Erzgebirge auf Basalt bis über 1000 m, in Graubünden bis 2820 m (Piz del Fuorn, Ofenpass).
In Deutschland meist häufig, nur im Nordwesten und in Holstein selten, in Schleswig fehlend (Nordgrenze: Gelepp bei Krefeld, Neuhaldersleben, Calvörde, Gardelegen, Ratzeburg, Segeberg=Neumünster). — In Oesterreich meist häufig, nur in Böhmen stellenweise fehlend. — In der Schweiz häufig. Näheres siehe bei den Unterarten. — Die formenreiche Art besitzt in Mitteleuropa folgende Unterarten:
1. subsp. **nummárium** (L.) Schinz et Thellung (= subsp. nummularium (L.) var. tomentósum Grosser, = H. vulgáre Garsault subsp. nummularium Thellung). Taf. 184, Fig. 4; Fig. 2033.

---

nummarium, deren Laubblätter in der Gestalt einige Aehnlichkeit mit jenen von Lysimachia nummularia besitzen. Für die Sammelart ist die Bezeichnung wenig zutreffend. Von Camerarius wird die Pflanze 1588 als Flos solis Matthioli interdum flore albo, von Thal und Jungermann als Helianthemum Cordi bezeichnet. Im Herbar von Hieronymus Harder liegt sie als Panax chironu Haiden=Isopp, in dem von Rostius als Chamaecistus Clusij. Der Botanische Garten der Fürstbischöfe von Eichstätt kultivierte sie unter dem Namen Helianthemum fl. luteo, gelber Heidenhyssop oder Sonnengunzel.

Niederliegender oder aufsteigender, 10 bis 35 cm hoher Halbstrauch. Laubblätter gestielt, lineal= lanzettlich bis eiförmig=länglich, 20 bis 50 mm lang und 2 bis 5 mm breit, unterseits filzig, oberseits zerstreut behaart oder selten schwach filzig, sehr selten oberseits kahl (Fig. 2033 b). Knospen länglich=eiförmig, spitz. Innere Kelchblätter 5 bis 8 mm lang, locker filzig, mit oder ohne längere Haare auf den Nerven, selten zwischen den Nerven fast kahl und nur auf den Nerven kurz büschelhaarig (Fig. 2033 e). Kronblätter rundlich= verkehrt=eiförmig, 8 bis 12 mm lang, goldgelb, selten orangegelb oder weisslichgelb. — V bis VIII.

In Deutschland ziemlich verbreitet und meist häufig. Die nähere Verbreitung ist noch unbekannt, da die Pflanze früher gewöhnlich von der subsp. ovatum nicht genügend unterschieden worden ist. — In Oesterreich im nördlichen Salzburg; in Oberösterreich am Nordabfall der Alpen bis zur Donau; in Niederösterreich namentlich längs der Donau bis gegen Krems; in Südtirol in Judikarien, im südlichen Etschtal, Fassatal und Pustertal, in Nordtirol in der Umgebung von Innsbruck und sonst im Inntal (ausserdem in Dalmatien und Galizien). — In der Schweiz in den unteren und mittleren Höhenlagen, vorzugsweise der wärmeren Gegenden: Wallis, Tessin, Berner Oberland, Aargau, Zürich, Schaffhausen, Glarus, am Walensee, in Graubünden.

Allgemeine Verbreitung: Süd= und Mitteleuropa, nördlich bis zum mittleren Schweden und Finnland; Vorderasien.

Variiert in Wuchs, in der Blattgestalt, Zahl und Grösse der Blüten und namentlich in der Behaarung der Laubblätter. Diese sind gewöhnlich nur unterseits filzig, oberseit dagegen zerstreut behaart oder kahl: f. discolor (Rchb.) Janchen. Viel seltener sind die Laubblätter auch oberseits ± filzig: f. Stabiánum (Ten.) Janchen (= H. Stabianum Ten., = H. gláucum var. cróceum Willk. p. p.). So im Gebiet nur an wenigen Stellen in Tirol beobachtet (Mühlau bei Innsbruck, Gentkofel im Nonsberg).

2. subsp. **tomentósum** (Scop.) Schinz et Thellung (= H. vulgáre var. Scopólii Gremli, = H. Chamaecístus var. Scopólii Fiori).

Steht der subsp. nummularium sehr nahe. Sie unter= scheidet sich von ihr hauptsächlich durch die auffallend grossen Blüten und den kräftigeren Wuchs. Aeste aufrecht oder aufsteigend. Laubblätter eiförmig oder eiförmig=lanzettlich, 15 bis 40 mm lang und 5 bis 15 mm breit, 2= bis 4=mal so lang als breit, am Rande flach oder wenig zurückgerollt. Blüten meist nicht sehr zahlreich. Innere Kelchblätter 7 bis 10 mm lang, locker filzig oder zwischen den Nerven kahl, auf den Nerven meist mit langen Büschel= haaren. Kronblätter 10 bis 15 mm lang. — VII, VIII.

In der subalpinen und alpinen Stufe in Trockenrasen, Zwergstrauchheiden, Weiden, auf Feinschutthalden und gröberen Geröllhängen, in Legföhrengebüschen, in lichten Bergföhrenwäldern.

Fehlt in Deutschland. — In Oesterreich nur in Südtirol: in den Dolomiten verbreitet, ferner am Ifinger und Gallberg bei Meran, am Monte Roën bei Bozen, am Monte Bondone bei Trient, am Monte Baldo, Tonale, auf der Alpe Lanciada bei Tione, auf dem Berg Cadria, Laroda, Gaverdina, Altis= simo und Terena zwischen Sarca= und Chiese=Tal. Die auf Scopoli zurückgehende Angabe der Pflanze aus den Krainer Alpen beruht wohl sicher auf einem Irrtum, bezw. auf einer Verwechslung mit Südtirol, wo Scopoli die Pflanze zuerst aufgefunden und als neue Art beschrieben hat. — In der Schweiz nur im Tessin: Bosco, Compieto, Cima di Cagnone, Lukmanier (Bormio).

Fig. 2033. Helianthemum nummularium (L.) Miller subsp. nummularium (L.) Schinz et Thellung. a Habitus. b Laubblatt mit Nebenblättern. c Blüte. d Kelch von aussen. e Inneres Kelchblatt. f Fruchtknoten mit Griffel.

Allgemeine Verbreitung: Atlas; Pyrenäen, Apenninen, Alpen, Karpaten, Gebirge der Balkanhalbinsel; Gebirge von Kleinasien und Armenien, Kaukasus.

Die Pflanze variiert namentlich in der Behaarung der Laubblätter. Im Gebiet wächst nur die f. Scopólii (Willk.) Janchen mit nur unterseits filzigen Laubblättern. Die f. cróceum (Desf.) Janchen (= Heli= anthemum croceum Pers.) mit auch oberseits filzigen Laubblättern ist weniger verbreitet und vorwiegend auf die südlichen Gebirge beschränkt. — Die Unterart ist als das alpine Höhenglied der vorigen Unterart aufzufassen. Nicht=hybride Uebergänge scheinen im Gebiete der mitteleuropäischen Flora nicht häufig zu sein, finden sich aber reichlicher in anderen Ländern in hochmontanen und subalpinen Höhenlagen.

3. subsp. **ovátum** (Viv.) Schinz et Thellung (= H. obscúrum Pers., = H. hirsútum Mérat, = H. vulgáre β cóncolor Rchb., = H. vulgare β hirsutum Koch, = H. Chamaecístus subsp. hirsutum Vollmann). Fig. 2034 und Fig. 2040 h.

Niederliegender oder aufsteigender bis fast aufrechter, 10 bis 40 cm hoher Halbstrauch. Laubblätter gestielt, lineal-lanzettlich bis breit-eiförmig, 8 bis 30 mm lang und 1,5 bis 8 mm breit, nicht filzig, oberseits mit zerstreuten, vorwärts gerichteten, unterseits mit zerstreuten, sternförmig ausgebreiteten Haaren, selten nur am Rande und Mittelnerven behaart oder ganz kahl, hell- oder blaugrün. Knospen länglich-eiförmig, spitz. Blüten etwa so gross wie bei subsp. grandiflorum. Innere Kelchblätter 5 bis 8 mm lang, locker filzig oder dicht flaumig, mit oder ohne längere Haare oder zwischen den Nerven spärlich behaart bis kahl und nur auf den Nerven ± dicht büschelhaarig. Kronblätter 8 bis 12 mm lang, goldgelb, selten orangegelb oder weisslichgelb. — V bis IX.

In trockenen Wiesen, auf sonnigen Hängen, in lichten Gebüschen, Heiden und lichten Wäldern.

In Deutschland verbreitet und meist häufig, aber infolge der früher ungenügenden Unterscheidung von der subsp. nummularium nur lückenhaft bekannt. — In Oesterreich die verbreiteste Cistacee, die keinem Lande fehlt und in den meisten Gebieten häufig ist. Nur in Oberösterreich seltener als die subp. nummularium und dem Verbreitungsgebiet der letzteren meist ausweichend. — In der Schweiz verbreitet.

Allgemeine Verbreitung: Ganz Mitteleuropa, nordwärts bis Schweden. In Südeuropa seltener, in den südlichen Teilen der Iberischen und der Balkan-Halbinsel ganz fehlend; Kleinasien, Armenien.

Die Unterart ist hinsichtlich ihres Wuchses und der Grösse aller Teile, der Blattgestalt, Behaarung usw. eine sehr vielgestaltige Pflanze. Die mitteleuropäischen Formen werden als f. obscúrum (Pers.) zusammengefasst, die durch die filzige, flaumige oder kurz büschelhaarige Bekleidung der inneren Kelchblätter zwischen den Nerven[1]) ausgezeichnet sind. Ihr gegenüber steht als ± geograpische und südliche Rasse f. litoràle (Willk.). Kelchblätter zwischen den Nerven kahl oder fast kahl. So nur in Südtirol am Doss del Diabolo, Castelbell bei Meran und in der Fersinaschlucht oberhalb

Fig. 2034. Helianthemum nummularium (L.). Mill. bei Heiligenblut am Großglockner. Phot. Th. Arzt, Wetzlar.

Ponte Alto bei Triest. — Nach der Laubblattform lassen sich unterscheiden: subf. angustifólium (Willk.). Laubblätter lineal-lanzettlich, ± 2 mm breit. — subf. lanceolátum (Willk.). Laubblätter elliptisch bis lineal-lanzettlich; obere 15 bis 45 mm lang und 4 bis 9 mm breit. — subf. nummulárium (Lam. et DC.). Untere Laubblätter fast kreisrund, obere elliptisch-lanzettlich, 15 bis 35 mm lang und 7 bis 15 mm breit, untere kleiner. So im Jura. — Eine Form mit orangeroten Blüten im Willroder Forst bei Erfurt. — Die Unterart ist zweifellos mit subsp. nummularium nächst verwandt und phylogenetisch auf letztere zurückzuführen. Ob indes noch gegenwärtig nichthybride Mittelformen vorkommen, bleibt zu untersuchen. Dagegen wurde bei Unken in Salzburg mit ziemlicher Sicherheit ein Bastard der beiden Unterarten festgestellt, bei dem die Blattunterseite mit ziemlich dichten, aber nicht zu einem geschlossenen Filz zusammenschliessenden groben, sternförmigen Büschelhaaren bekleidet ist: Helianthemum Kernéri Gottlieb et Janchen.

4. subsp. **grandiflórum** (Lam. et DC.) Schinz et Thellung. (= H. vulgáre Gaertner β grandiflorum Roth, = H. Chamaecístus Miller β grandiflorum Fiek). Fig. 2035, Fig. 2036 a bis c und 2037.

Steht der subsp. ovatum sehr nahe und unterscheidet sich von ihr hauptsächlich durch die auffallend grossen Blüten. Wuchs meist aufsteigend bis aufrecht, 10 bis 30 cm hoch. Laubblätter gross und breit, 15 bis 32 mm lang und 6 bis 14 mm breit, 2- bis 4-mal so lang als breit, am Rande flach oder nur wenig zurückgerollt, beiderseits oder mindestens oberseits zerstreut behaart. Blüten meist nicht sehr zahlreich. Innere Kelchblätter 7 bis 10 mm lang, zwischen den Nerven kahl (Fig. 2036 b), seltener locker kurz-flaumig, auf den Nerven mit langen Büschelhaaren bekleidet. Kronblätter 10 bis 18 mm lang, goldgelb oder orangerot. — VII, VIII

---

[1]) Die hie und da in Tirol festgestellte, bisweilen auch in Gärten gezogene var. surrejánum (L.) Miller mit verkümmerten, lanzettlichen Kronblättern ist eine Monstrosität.

Auf Matten der Gebirge in der alpinen und oberen subalpinen Stufe, selten tiefer, bisweilen längs der Alpenflüsse herabgeschwemmt, so im Isarkies bei Lenggries und Tölz.

In Deutschland nur in den Bayerischen Alpen (von etwa 1400 m an aufwärts). — In Oesterreich in Mähren im Grossen Kessel im Gesenke; häufig in Tirol, Kärnten und Krain, seltener in Steiermark (Grieseralp bei Stadl unweit Murau, Karnerboden bei Turrach, Raducha bei Sulzbach, Ojstrica [Saaner Alpen]). In Salzburg, Nieder- und Oberösterreich noch nicht nachgewiesen. — In der Schweiz in den Alpen verbreitet, im Jura selten (Marchairuz, Chasseral, Pieterlen usw.).

Allgemeine Verbreitung: Apenninen, Alpen, Sudeten, Karpaten, Hochgebirge des Balkans; Kaukasus.

Die namentlich in den östlicheren Alpen auftretende Form mit grossen Blüten und 14 bis 25 mm langen und 10 bis 15 mm breiten Laubblättern wird als f. eu=grandiflorum (Grosser), die den Westalpen eigene Form mit kleineren Blüten und kleineren, eiförmig=lanzettlichen, oberseits, am Rande und unterseits auf dem Mittelnerv behaarten Laubblättern als f. Cenisiacum Grosser bezeichnet. Letztere in der Schweiz auf der Gemmi, bei Zermatt, im Rappental und am Piz Padella. — Durch orangefarbene Kronblätter von der f. eu=grandiflorum abweichend ist subf. aurantiacum (v. Tavel et Rytz). So im Berner Oberland bei Kandersteg im Oeschinental, 1860 m. — Die Unterart grandiflorum stellt zusammen mit der subsp. glabrum das alpine Höhenglied der subsp. ovatum dar und ist sowohl mit dieser, als auch mit der subsp. glabrum durch nicht=hybride Uebergangs= formen verbunden, jedoch von beiden nach Janchen nicht nur morphologisch gut zu unterscheiden, sondern auch geographisch getrennt, indem sie sich von subsp. ovatum vertikal, von subsp. glabrum horizontal abgliedert.

5. subsp. **glabrum** (Koch) Wilczek (= H. nitidum Clementi, = H. Chamaecistus Miller subsp. barbatum var. serpyllifolium Grosser). Fig. 2036 d bis g.

Steht der subsp. grandiflorum nahe, unterscheidet sich aber von ihr durch die kahlen oder fast kahlen Laubblätter (Fig. 2036 e). Wuchs meist niederliegend, seltener aufsteigend oder aufrecht, 7 bis 25 cm hoch. Laubblätter lanzettlich bis verkehrt=eiförmig=rundlich, 10 bis 23 mm lang und 2 bis 10 mm breit, 1½= bis 4=mal so lang als breit, am Rande flach oder kaum zurückgerollt, kahl oder am Rande und am Mittelnerven ge= wimpert, selten auch auf der Fläche mit vereinzelten Haaren. Blüten grösser und weniger zahlreich als bei der subsp. ovatum. Innere Kelchblätter 7 bis 10 mm lang, zwischen den Nerven kahl, selten auf den Nerven sehr fein flaumig, ohne oder mit zerstreuten, langen, bis 3 mm langen Büschelhaaren (Fig. 2036 f und g). Kron= blätter 10 bis 15 mm lang. — VII und VIII.

Fig. 2035. **Helianthemum nummularium** (L.) Miller subsp. **grandiflorum** (Lam. et DC.) Schinz et Thellung. *a* Habitus. *b* Blütendiagramm (nach Marktanner).

Auf steinigen Matten, in Trockenrasen, in Zwergstrauch= heiden, im Legföhrengebüsch und auf Schutthängen der subalpinen und alpinen Stufe, bisweilen herabgeschwemmt.

In Deutschland nur in den Bayerischen Alpen am Sonntagshorn, auf der Reiteralpe, dem Steinernen Meer, Trischübel, sowie im Isartal bei München. — In Oesterreich in Salzburg, Ober= und Niederöster= reich zerstreut, in Nordtirol bei Gaklerin im Sondestal, bei Gschnitz, am Hinterkaiser bei Kufstein und am Lämmerbühel bei Kitzbühel, in Südtirol fehlend; in Steiermark häufig; in Krain an der Černa prst. — In der Schweiz in Graubünden bei St. Peter (Schanfigg) und im Wallis bei Chameson gegen Ardon und bei Raron.

Allgemeine Verbreitung: Apenninen, Alpen, Illyrisch=balkanische Hochgebirge, Karpaten; Kaukasus.

Nach der Färbung der Laubblätter lassen sich 2 Formen unterscheiden: f. glabrum (Koch). Laub= blätter grasgrün oder gelblichgrün, meist breit. Hierher im Gebiete alle Pflanzen vom Schanfigg ostwärts. — f. glaucescens (Grosser). Laubblätter ± dunkel= oder blaugrün, meist schmal. Zerfällt in: subf. velutisepalum (Wilcz.). Kelchblätter filzig (so bei Chameson). subf. Hercegovinum (Beck). Kelch kurz=flaumig befilzt, längere Haare auf den Nerven vorhanden oder fehlend (so bei Raron). — Die f. glaucescens besitzt nach Janchen ihre Hauptverbreitung in den Illyrischen Hochgebirgen. Aus den österreichischen Alpenländern von Tirol bis Krain ist sie noch nicht bekannt.

In Gärten angepflanzt finden sich ferner: an die subsp. nummularium und subsp. tomentosum anschliessend die in den Pyrenäen und im nordöstlichen Spanien endemische subsp. Pyrenáicum (Janchen) (= H. Chamaecistus Miller subsp. nummulárium [L.] Vollm. var. róseum C. K. Schneider, = H. vulgáre Gaertner var. roseum Willk.). Untere Laubblätter rundlich, obere elliptisch, unterseits bläulich graufilzig. Blüten rosa, mittelgross, bisweilen gefüllt (f. roseopléna C. K. Schneider, = H. róseum Sweet var. múltiplex Sweet). — Nur aus der Kultur bekannt ist das H. macránthon Sweet (= Helianthemum Chamaecistus Miller var. macranthum Grosser, = H. nummulárium [L.] Miller var. macranthum C. K. Schneider). Laubblätter ± elliptisch, oberseits grün, behaart oder kahl, unterseits ± blaugrün, feinfilzig. Blüten weiss mit gelben Nabelflecken, etwa 4 cm breit, bisweilen gefüllt (f. alopléna C. K. Schneider, = H. macránthon Sweet var. múltiplex Sweet). An die Unterarten mit beiderseits ± grünen Laubblättern schliessen sich folgende 2 Kulturformen an: var. fœtidum C. K. Schneider (= H. foetidum Jacq.). Laubblätter ± weich behaart, unterseits zerstreut büschelhaarig. Blüten weiss. — var. cúpreum C. K. Schneider (= H. hyssopifólium Ten. var. cupreum Sweet, = H. Chamaecistus Miller var. cupreum Gross.). Laubblätter spärlich behaart, grün, glänzend. Blüten ± rotgelb, bisweilen gefüllt (f. cupreopléna C. K. Schneider, = H. serpyllifólium Ten. var. multiplex Sweet).

Helianthemum nummularium als Sammelart gehört dem europäischen Elemente an. Der ausserordentlich anpassungsfähige Chamaephyt tritt als Formationsubiquist in sehr verschiedenartigen Pflanzengesellschaften auf, scheint sich aber mit Vorliebe in solchen trockenerer Böden und sonniger Lagen einzustellen. Im nördlicheren Gebiete gehört die Pflanze nach Höck zu den Kiefernbegleitern und wird z. B. von Brick sogar zu den Charakterarten der Kiefernwälder im Kreise Tuchel gezählt neben Veronica spicata, Pirola secunda, Dianthus Carthusianorum und D. arenarius, Peucedanum Oreoselinum, Silene Otites, Arctostaphyllos uva ursi, Pulsatilla patens, Linnaea borealis und Goodyera repens. Einen ähnlichen Charakter tragen auch die Kiefernwälder des übrigen Norddeutschlands. Weniger häufig erscheint die Art in ± trockenen Grasheiden und im Callunetum der Ebene. Sehr gern findet sie sich auf den Kiesalluvionen der Flüsse. Im Wesergebiete ist die Pflanze sehr bezeichnend für den Korallen-Oolith, ähnlich wie Taxus baccata, Sesleria caerulea, Carex humilis, Asplenum Ceterach, Anthericum Liliago, Allium montanum, Dianthus caesius, Saxifraga tridactylites, Asperula cynanchica, Sedum dasyphyllum, Hippocrepis comosa usw. Auf den sonnigen Hügeln Mitteldeutschlands findet sie sich namentlich in Trockenwiesen (Brométum erécti, Festucétum ovínae duriúsculae und Seslerétum caerúleae calcáreae). Bei Enzelshausen in Bayern erscheint sie auf den tertiären Sanden in den Sarothamnus-Beständen mit Agrostis vulgaris, Holcus mollis, Scleranthus perennis, Calluna vulgaris, Genista tinctoria, Jasione montana, Filago minima und Hieracium umbellatum. Auf den Steinschutthängen bei Wels vereinigt sie sich nach vorangegangener Erstbesiedelung durch Moose, Pappelsämlinge, Alyssum

Fig. 2036. Helianthemum nummularium (L.) Miller subsp. grandiflorum (Lam. et DC.) Schinz et Thellung. *a* Fruchtender Trieb. *b* Blüte nach dem Abfallen der Kronblätter. *c* Kelchblatt von aussen. — subsp. glabrum (Koch) Wilczek. *d* Blühender Trieb. *e* Laubblatt mit Nebenblättern. *f* Blüte im Fruchtzustand. *g* Kelchblatt.

calycinum, Daucus Carota, Verbascum Lychnitis, Scabiosa ochroleuca usw. mit Arrhenatherum elatius, Silene inflata, Sedum mite, Anthyllis Vulneraria, Medicago lupulina, Lotus corniculatus, Thymus serpyllum, Salvia verticillata, Centaurea Scabiosa u. a. zu einem Trockenrasen, in dem wiederum der Wald seinen Einzug hält. Bei all diesen Vorkommen dürfte es sich z. T. um die subsp. ovatum, z. T. um die subsp. nummularium handeln. Die drei den höheren Gebirgslagen angehörenden Unterarten treten gern in den Trockenrasengesellschaften vom Festucetum violaceae- und Festucetum variae-Typus, im Semperviretum und Seslerétum caerúleae alpínae, in Juniperus nana- und Erica-Arctostaphyllos-Zwergstrauchgebüsch auf. An den durch schöne Fluktuationserscheinungen ausgezeichneten Festuca varia-Treppen an den steilen Südhängen am Berninapasse findet sich die subsp. grandiflorum zusammen mit Carex sempervirens, Koeleria hirsuta, Juncus trifidus, Luzula lutea, Juniperus nana, Silene rupestris, Anemone alpina subsp. sulphurea, Trifolium alpinum, Rhinanthus glacialis, Gentiana compacta, Nigritella nigra, Laserpitium Panax, Bupleurum stellatum, Arnica montana usw.

(Beger). Die subsp. glabrum tritt nach Favarger und Rechinger in den Alpen Obersteiermarks in feuchteren Mulden ausgedehnter Rhododendron hirsutum-Gebüsche in einem artenreichen Niederwuchs von Gräsern, Kräutern und Stauden auf, von denen Sesleria caerulea, Ranunculus montanus, Draba aizoides, Saxifraga aizoides, Dryas octopetala, Alchemilla alpina, Geranium silvaticum, Viola biflora, Stachys Jacquinii, Globularia nudicaulis, Hieracium bupleuroides und H. villosum genannt seien. Fr. Herget stellte sie z. B. am Grossen Almkogel in Oberösterreich im Caricetum sempervirentis mit Allium Victorialis, Potentilla Clusiana, Heliosperma quadrifidum, Meum Athamanticum, Achillea Clavenae, Hieracium villosum und H. saxatile usw. fest. Gr. Kraus hebt hervor, dass Helianthemum nummularium im Maintal an den Kanten der Abstürze, die dem Winde ständig ausgesetzt sind, ebenso wie Brachypodium pinnatum fehlt, während H. canum und H. Apenninum (zusammen mit Teucrium montanum) an solchen Orten gut fortkommen. — Im Sonnenschein breiten sich die Kronblätter, in deren Zellen polygonale Chromoplasten mit Carotin und Xanthophyll zu etwa gleichen Teilen eingelagert sind, während die rote Streifung an der Aussenseite durch Anthocyan hervorgerufen wird, zu einer flachen Schale aus, in der die Staubblätter von Griffel und Narbe abspreizen. Nach Warnstorf sind die Blüten homogam oder proterogyn; die dicke Narbe ist in letzterem Falle oft bereits in der noch nicht vollkommen geöffneten Blüte belegungsfähig. In der Regel erfolgt die Bestäubung durch Insekten. Spontane Selbstbestäubung tritt aber leicht ein, wenn sich die homogamen oder die älteren proterogynen Blüten am Abend oder bei trübem Wetter schliessen. Bei Riva am Gardasee wurde die Pflanze von H. Imkeller bereits im Januar blühend beobachtet. Die Testa

Fig. 2037. Helianthemum nummularium (L.). Rax.
Phot. Rudolf Tkalcsics, Sauerbrunn.

schwillt bei Zutritt von Wasser an, doch treten die Schleimmassen nie heraus. Auch wüstenbewohnende Arten zeigen diese Erscheinung. Die Keimung wird vom Licht fördernd beeinflusst, während Dunkelheit nach W. Kinzel eine Verzögerung im Austreiben bis zu 8 Jahren verursachen kann. Die bifaziell gebauten Laubblätter der subsp. ovatum besitzen nach F. Netolitzky eine aus kleinen, polygonalen Zellen gebildete Epidermis, die auf beiden Spreitenseiten von fast kreisrunden Spaltöffnungen durchbrochen ist. Die Innenwände zahlreicher Epidermiszellen verschleimen so stark, dass sie den Eindruck einer scheinbar 2-schichtigen Epidermis hervorrufen können. Die Büschelhaare stehen oben meist zu 2 bis 3, unten zu 3 bis 5 (oder mehr) zusammen und enthalten in ihrer dicken, zartgestreiften Wand häufig (wie bei vielen Rosaceen, Cupuliferen usw.) daneben eine Spiralstreifung. Drüsenhaare sind spärlich vorhanden und klein. Oft bilden mehrere fast gleichgestaltete Zellen einen gebogenen Schlauch mit oder ohne abgesetztes Köpfchen oder ein Zellfaden schliesst mit einem runden, ovalen oder birnförmigen Köpfchen ab, in dem sich ein gelbes Sekret befindet. Unter der Epidermis erstreckt sich ein ausgedehntes, aus 1 bis 3 Lagen schlanker Zellen gebildetes Palisadengewebe, das in ein Schwammgewebe übergeht. Drusenkristalle sind reichlich längs der eingebetteten Leitbündel eingelagert. Das Kraut war früher als Hérba Heliánthemi vel Chamaecísti vulgáris als zusammenziehendes Mittel im Gebrauch. Der wirksame Stoff dürfte ein nicht näher bekanntes Glykosid, das Helianthemumglykosid, sein. — Die an der Dent de Morcles in 2200 m gesammelten Stöcke (wohl zur subsp. grandiflorum gehörig) zeigten nach F. Kanngiesser (Mitteilungen der Deutschen Dendrologischen Gesellschaft, 1907) einen Durchmesser der Stämmchen von 3 bis 7,2 mm und ein Alter von 10 bis 30 Jahren. — Teratologische Bildungen sind selten und beziehen sich meist auf die Zahl der Kelch- und Kronblätter. Letztere betragen nicht selten 6. Bei der subsp. grandiflorum wurde Polyembryonie festgestellt. — Hexenbesenbildungen werden durch Eriophýes rosália Nal. hervorgerufen. Von Ascomyceten wurden Pyrenopezíza Islebiénsis (Kze.) und Sphaerothéca húmili (DC.) var. fuligínea (Schlecht.) beobachtet.

1922. Helianthemum salicifólium (L.) Mill. Weidenblätteriges Sonnenröschen.
Fig. 2038 und Fig. 2039.

Einjähriges Kraut mit lockerer, sternfilziger Behaarung. Stengel meist aufrecht, 5 bis 25 cm hoch, einfach oder häufiger schon am Grunde verzweigt mit bogig aufsteigenden Aesten. Laubblätter gegenständig, gestielt, eiförmig, verkehrt=eiförmig oder verkehrt=eilanzettlich, stumpf, mit unterseits oft kräftig vorspringenden, fiederig gestellten Nerven, am Rande etwas zurückgerollt. Nebenblätter vorhanden (Fig. 2038 b), $^1/_4$ bis $^1/_2$ so lang wie das zugehörige Laubblatt, frei. Blütenstand steif aufrecht, 5= bis 20=blütig, sehr locker, mit Vorblättern durch= setzt (Fig. 2038 a). Blüten= und Fruchtstiele abstehend und bogig aufwärts gekrümmt, ungefähr so lang wie der Kelch. Innere Kelchblätter eiförmig, spitz, von 3 kräftigen Nerven durchzogen; äussere lineal=lanzettlich, halb so lang (Fig. 2038 d). Kronblätter keilig=verkehrt=eiförmig, die Kelchblätter überragend oder kürzer als dieselben, blass= gelb, sehr hinfällig. Staubblätter nur etwa 10 bis 20, ungefähr halb so lang wie die inneren Kelchblätter. Fruchtknoten 3=kantig=eikugelig, nur gegen die Spitze zu schwach behaart. Griffel kurz, gerade, säulenförmig; Narbe die Staubblätter kaum überragend. Kapsel aufrecht, 3=kantig=eikugelig, kahl. Samen klein, polyedrisch (Fig. 2038 e), hellbraun oder rot, mit weiss gefärbten, papillösen Warzen besetzt. — IV, V.

Truppweise an trockenen, sonnigen, offenen Plätzen, in lichten Gebüschen und in Felsensteppen. Von der Ebene bis in die montane Stufe: im Wallis bis 750 m (im Mittel= meergebiet bis 1700 m aufsteigend). Sowohl auf kalkrei= chen als auch auf kalk= armen Unterlagen.

Fehlt in Deutsch= land. — In Oester= reich nur in Südtirol: bei San Pietro bei Nomi, Calliano und (?) im äusseren Vallarsa. — In der Schweiz im Wallis: Les Marques bei Martigny, Follaterres, Brançon, Tassonières ob Fully, Mazembroz=Saillon; im Tessin nach Hegetschweiler um Mendrisio und an anderen Orten nicht sehr selten, neuerdings jedoch nicht mehr aufgefunden.

Allgemeine Verbreitung: Mediterran= gebiet, westlich bis Portugal, nördlich bis Zentral= frankreich, bis zur Südwest=Schweiz, bis Südtirol, Süd= Istrien, Dalmatien, Serbien, Bulgarien, Krim, östlich bis Transkaukasien, südlich bis Mesopotamien, Aegypten, Tunis und Marokko.

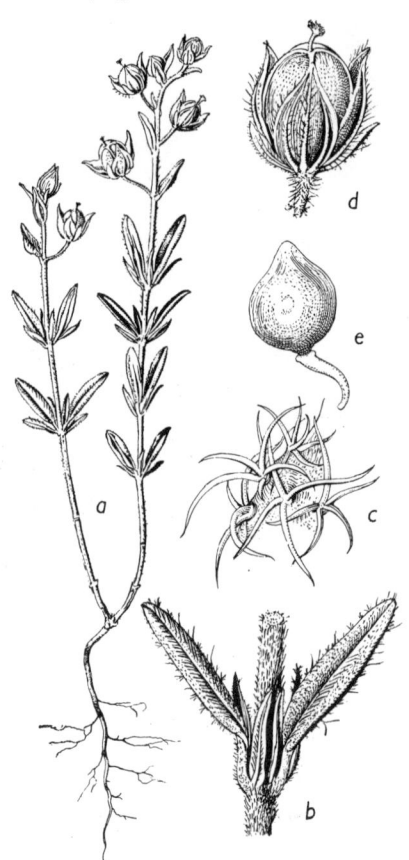

Fig. 2038. Helianthemum salicifolium L. *a* Habitus. *b* Laubblattpaar mit Neben= blättern. *c* Sternhaare. *d* Junge Frucht. *e* Samen.

Fig. 2039. Helianthemum salicifolium L. mit Artemisia campestris und Verbascum Lychnitis im Cyno= dontétum bei Brançon (Wallis). Phot. Dr. H. Gams.

Die Art ist namentlich hinsichtlich der Grösse der Kelch= und Kronblätter und der Früchte sehr veränderlich. Die im Gebiete auftretende Form gehört zur var. macrocárpum Willk. Kapsel eiförmig, 5 bis 6 mm lang und 3 bis 4 mm breit. Kelchblätter fast gleich lang.

Helianthemum salicifolium gehört dem mediterranen Elemente an. Als Therophyt zählt die Pflanze zu jenen Ephemeren, die wie Poa concinna, Draba verna, Alyssum calycinum, Cerastium semidecandrum, Hutchinsia petraea, Clypeola Jonthlaspi, Stenophragma Thalianum, Saxifraga tridactylites usw. sonnig=warme, trockene Hänge im zeitigen Frühjahr mit ihren Blüten überziehen, mit Eintritt der Wärme aber rasch in den Fruchtzustand übertreten und dann sehr schnell und fast spurlos von der Bildfläche verschwinden. Im Wallis bilden dann vielfach Cynodon Dactylon, Tragus racemosa, Trigonella Monspeliaca, Sherardia arvensis usw. den solche Orte überkleidenden Rasen. Im Mittelmeergebiet findet sich Helianthemum salicifolium unter sehr ähnlichen Verhältnissen an offenen Stellen in der Felsensteppe, auf Feinschutt=Terrassen, in der Garigue, Macchie und in anderen lockeren Strauchgesellschaften. Ausserdem dringen einige der südlichen Formen in die Steppen und selbst in die Wüsten ein. — Kleistogame Blüten wurden von Linné 1756 beobachtet. Eigenartig ist die Entwicklung von Samenkapseln von zweierlei Grösse, die aber nicht auf Kleistogamie beruht. Die kleineren Kapseln besitzen die halbe Grösse der grossen. Beide Formen treten aber nie an demselben Exemplare auf. Der Dimorphismus unterscheidet sich darin von dem der nordamerikanischen Halimium=Arten, wo beide an derselben Pflanze gemischt sind und offenbar durch die Kleistogamie bedingt werden.

1923. Helianthemum cánum (L.) Baumg. (= H. marifólium Miller non Lam. et DC., = H. vineále Sprengel, = H. Itálicum Ten. non Pers., = H. Oelándicum Koch var. tomentósum Koch, = H. marifólium Mill. var. canum Grosser)[1]). **Graufilziges Sonnenröschen.** Franz.: Héliantème blanchâtre. Taf. 184, Fig. 5; Fig. 2029, 2040a bis g und 2040A (pag. 574).

(3) 10 bis 20 (30) cm hoher, am Grunde reichlich verzweigter, locker verzweigter Halbstrauch mit kräftiger, tiefgehender Pfahlwurzel. Blütentragende Aeste aufrecht oder aufsteigend, locker oder gegen die Spitze zu dichter angedrückt filzig, mit oder ohne abstehende längere Haare, meist nicht drüsig; nicht=blühende Aeste am Grunde niederliegend, an der Spitze aufsteigend. Laubblätter lineal= bis ei=lanzettlich oder verkehrt=eiförmig, bis 3 cm lang und bis 6 mm breit, in einen kurzen oder bis 1 cm langen Stiel verschmälert, selten fast alle sitzend und halbstengelumfassend, oberseits grünlich bis grau= oder weissfilzig,

Fig. 2040. Helianthemum canum (L.) Baumg. *a* Habitus (Annäherungsform an das nordische H. Oelandicum [L.] Willd. von Karlstadt in Unterfranken). *b* Habitus im Winter. *c* Blüte. *d* Kelch. *e* Kronblatt. *f* Fruchtknoten mit dem S-förmig gedrehten Griffel. *g* Junge Frucht. — H. nummularium (L.) Miller subsp. ovatum (Viv.) Schinz et Thellung. *h* Habitus. — Fumana sp. *i* und *k* Laubblätter mit Nebenblättern. *l* Stengelausschnitt.

unterseits stets weissfilzig, am Rande und auf den Flächen meist angedrückt langhaarig, mit auf

---

[1]) Die Pflanze heisst bei Clusius 1583 Chamaecistus folio cano, bei Tabernaemontanus 1590 Cistus humilis latifolia und angustifolia, bei Bauhin 1651 Chamaecistus foliis myrti tarentinae canis vel cinereis oder Helianthemum alpinum folio Pilosellae minoris Fuchsii. Haller beschreibt sie 1742 mit den Worten: Helianthemum foliis ad terram congestis, superne pilosis, inferne tomentosis.

der Unterseite in der Regel deutlich hervortretenden Mittelnerven und 1 bis 4 schwächeren Seiten=
nerven. Nebenblätter in der Regel fehlend, selten an einzelnen der oberen Laubblätter Spuren
davon in Form von dem Blattgrunde anhängenden Zähnen oder ganz frei und dann lineal, halb
so lang wie die Laubblätter oder so lang wie diese. Blüten in einfachen, seltener am Grunde
mit 1 Aste versehenen, 3= bis 15=blütigen Blütenständen; Blütenknospen kugelig, stumpf oder
kurz zugespitzt. Aeussere Kelchblätter lineal, stumpf oder zugespitzt, kürzer oder etwas länger
als die breit=eiförmigen, stumpfen oder spitzen, von 4 kräftigen Nerven durchzogenen inneren
Kelchblätter (Fig. 2040 d und g); alle sehr locker oder nicht filzig, ausserdem mit abstehenden
oder fast aufrechten, seltener anliegenden Haaren besetzt. Kronblätter rundlich=verkehrt=eiförmig
bis keilig, 3 bis 8 mm lang, bis doppelt so lang wie die inneren Kelchblätter, dunkelgelb,
selten gelblichweiss. Fruchtknoten 3=seitig=eiförmig bis fast kugelig, dick, zottig=filzig, büschel=
haarig; Griffel am Grunde S=förmig gebogen, gegen die Spitze verdickt (Fig. 2040 f).
Fruchtstiele aufrecht= oder wagrecht abstehend, selten zurückgeschlagen. Frucht eine 3=kantige,
eiförmig=kugelige, ± reichlich behaarte, lichtbraune, mehrsamige Kapsel. Samen rundlich bis
länglich=vieleckig=eiförmig, fein punktiert oder glatt, rotbraun. — V und VI, vereinzelt bis
zum Herbst.

Gesellig an trockenen, sonnigen Orten auf Fels und Schutt, in Trockenwiesen, in der
Garide, in lichten Gebüschen und Wäldern. Von der Ebene bis in die hochmontane, selten
subalpine Stufe: auf der Alb bis 995 m, im Schweizer Jura bis 1650 m, in Niederösterreich
bis 1000 m, in Südtirol bis 1080 m, im Wallis bis etwa 900 m. Fast ausschliesslich auf Kalk.

In Deutschland in Bayern im Unterfränkischen Muschelkalkgebiet vom Böhlberg, Ilb, Eichelberg und
Grainberg über den Kalbenstein bis an den Nikolausberg bei Karlstadt, Eussenheim, (Rothenburg?); in Württemberg
am Schafberg bei Rottweil und am Böllat bei Balingen; in Baden am Küssaberg bei Thiengen und zwischen
Sindolsheim und Boselberg; in Thüringen bei Naumburg, Freiburg a. U. und Arnstadt, zwischen Bennstedt und
Köhne bei Halle an der Saale. — In Oesterreich in Oberösterreich auf der Welserheide, um Kremsmünster, am
Schlederbach, bei Rohr, im Kriftnergraben; in Niederösterreich im Gebiet der pannonischen Flora: am Ostabfall
der Alpen von Klosterneuburg über Türkenschanze,
Perchtholdsdorf, Brunn, Mödling, Gumpoldskirchen,
Baden, Vöslau bis Wiener Neustadt und zur Hohen
Wand verbreitet, ferner auf dem Braunsberg und
Pfaffenberg bei Hainburg, bei Zistersdorf, Hollen=
burg a. d. Donau und anderwärts; in Böhmen haupt=
sächlich in der Umgebung von Prag und im unteren
Berauntale; in Südsteiermark am Wotsch bei Pölt=
schach, Wurmberg, Ankenstein, Neuhaus, Turjeberg
bei Römerbad; in Krain bei Mojstrana, Dör bei
Senosetsch; in Tirol im Etschtal südlich von Bozen,
im Val di Non und Val di Sole, in Judikarien, im
Gebiete von Trient, Rovereto und Riva. — In der
Schweiz im Jura: Dôle, Mont Tendre, Dent de
Vaulion, Chasseron, Wandfluh, Brügglibergflühe,
Heiterwald=Staalfluh; im Wallis bei Brançon, Sem=
brancher, Ardon, Vence bei Martigny.

Allgemeine Verbreitung: Süd=
und Mitteleuropa, nördlich bis West=England
(von Westmoreland bis Glamorgan und in
Teesdale), Nordfrankreich, Mitteldeutschland,
Böhmen, Karpaten, Südrussland; Kleinasien,
Armenien.

Fig. 2040a. Helianthemum canum (L.).
Baumg. in einer Kalkschottergrube
bei Sollenau N.Ö. Phot. R. Fischer, Sollenau N.Ö.

Die Art ist in Bezug auf die Grösse aller
Teile, Wuchs, Behaarung und Laubblattform sehr ver=
änderlich. Die mitteleuropäischen Formen gehören grösstenteils zu der im ganzen Verbreitungsgebiete in

den tieferen Lagen erscheinenden f. vineále (Willd.) Syme. Pflanze locker rasig. Blütentragende Aeste 7 bis 20 cm lang, 3= bis 10=blütig, drüsenlos. Laubblätter lineal= bis eiförmig=lanzettlich, 6 bis 30 mm lang und 2 bis 6 mm breit. Blüten mittelgross. Kronblätter etwa 4 bis 6 mm lang. Fruchtstiele meist aufsteigend oder wagrecht abstehend, selten zurückgeschlagen. Zerfällt in die subf. viréscens (Ten.) Janchen mit nur unterseits filzigen Laubblättern und in die subf. candidíssimum (Ten.) Janchen mit auch oberseits ± filzigen Laubblättern. Beide Formen kommen gelegentlich am selben Standorte vor, z. B. am Böllat in Württemberg. — Im Wallis wurde 1916 von Wilczek zwischen Vence und Sembrancher die scheinbar bis dahin in den Alpen noch unbekannte, auf der Iberischen Halbinsel und den Pyrenäen verbreitete f. alpínum (Willk.) Grosser festgestellt. Blütentragende Aeste am Grunde niederliegend, zu 3 bis 8 cm Höhe bogig aufsteigend. Laubblätter klein, sehr selten rosettig gehäuft, die unteren ± mittelgross, eiförmig-elliptisch oder eiförmig=lanzettlich, zugespitzt, 4 bis 8 mm lang und 2 bis 4 mm breit, beiderseits oder nur unterseits locker filzig, z. T. mit langen Striegel= haaren (wie Hieracium Pilosella, aber kürzer). Blütenstand drüsenlos. Kelch filzig und kurz striegelhaarig. Kronblätter 4 bis 5 mm lang. Fruchtstiele hakig aufrecht oder abstehend, selten zurückgeschlagen. Diese Form stellt das alpine Höhenglied der aus niederen Lagen der Pyrenäen bekannten f. piloselloídes (Lapeyr.) Grosser dar, die ebenfalls die Hieracium Pilosella=artigen Haare auf den Laubblättern besitzt. Letztere sind aber grösser, 8 bis 14 mm lang und 4 bis 6 mm breit, deutlich und lang gestielt, der Wuchs der ganzen Pflanze lockerer und bis 10 cm hoch. Annäherungsformen dazu sind von Janchen für die Schweiz und Savoyen festgestellt worden. — Bei Karlstadt (Unterfranken) finden sich Helianthemum canum=Formen, deren Laubblätter klein, dick, flachrandig und sehr arm an Borstenhaaren, deren Kelche ebenfalls spärlicher, kürzer und weicher borstenhaarig und deren Fruchtknoten schwach filzig ist und die dadurch starke Annäherungs= formen an das nordische, in England (Yorkshire) und im südlichen Oeland heimische H. Oelándicum (L.) Willd. (pro sp.) f. canéscens Hartmann darstellen.

Helianthemum canum ist ein thermophiler Chamaephyt, der dem submediterran=pontischen Elemente zugehört. Die Art ist gleich Tuberaria guttata in Mitteleuropa ein Relikt einer wärmeren Trockenzeit und tritt, durch grosse Lücken getrennt, im westlicheren Europa erst in der Gegend von Lüttich, Luxemburg und in den französischen Départements Marne, Haute=Marne, Haute=Saône, Côte=d'Or, Jura (bei Salins), Ain und Haute= Savoie wieder auf. In Mitteleuropa besiedelt die Pflanze mit Vorliebe trockene Hänge der Hügelstufe (vgl. Fumana vulgaris pag. 583), lichte Gebüsche und Wälder, sowie lockerrasige oder ± offene Grasfluren. Im Maintal wurden die Wurzeln zwergiger Pflanzen in braunfarbenem Lössboden bis in 75 cm Tiefe verfolgt. Im Wallis wächst die Pflanze bei Sembrancher in lichten Föhrenwäldern zusammen mit Astragalus Monspessulanus, Viola rupestris, Carex alba und C. alpestris; im Jura findet sie sich teilweise auf den Hochweiden in Carex sempervirens=Beständen, in Südtirol nach Vierhapper z. B. in Gebüschen von Quercus Cerris und Q. lanuginosus, Prunus Mahaleb, Corylus Avellana, Colutea arborescens, gemischt mit Adonis vernalis, Dorycnium Germanicum, Geranium sanguineum, Dictamnus alba, Origanum vulgare usw. In Niederösterreich erscheint sie nach Hayek in den aus Stipa pennata, Andropogon Ischaemum, Phleum phleoides, Bromus erectus usw. gebildeten Trockenwiesen des pannonischen Gebietes, vereint mit Cytisus nigricans, Adonis vernalis, Poten= tilla arenaria, Eryngium canescens, Linum tenuifolium, Polygala majus, Trifolium rubens usw. (Fig. 2040). Die besiedelten Böden sind fast ausnahmslos kalkhaltig. Im fränkischen Wellenkalk=Gebiete stellte Gregor Kraus die Kalkkarbonatschwankungen innerhalb der Grenzen von 2,1% bis 56,8% fest; auf dem Kalbensteinplateau fand er jedoch auch auf völlig kalkfreiem Löss kräftige, 10= bis 11=jährige Exemplare. Bertsch fand am Schafberg in Württemberg zwei in der Blütengrösse verschiedene Formen, von denen die kleinblütigere ihre Blütenknospen erst zu entfalten begann, als die grossblütige bereits abgeblüht hatte. Aehnliche Beobachtungen sind von den Schweden auf Oeland bei Formen des H. Oelandicum gemacht worden. Die Blüten besitzen in einem Ring um das kürzere Gynäceum stehende Staubblätter, die seismonastisch nicht reizbar sind. Die Narbe ist früher bestäubungsfähig, als die Pollen reif werden, so dass die Blüten ausgesprochen proterogyn und in Verbindung damit auf Fremdbestäubung angewiesen sind. Eine Uebertragung des eigenen Pollens soll nach Briquet am Ende der Blütezeit durch Bienen stattfinden können. — Die ganze Pflanze wird häufig durch Eriophýes rosália Nal. hexenbesenartig umgebildet (vgl. H. Apenninum).

1924. Helianthemum Itálicum (L.) Pers. s. l. Italienisches Sonnenröschen. Fig. 2041 und 2042.

3 bis 20 cm hoher, ± reichlich verzweigter, dicht= oder lockerrasiger Halbstrauch mit bogig aufsteigenden, selten ± steif aufrechten, locker bis dicht weisslich=filzigen, im oberen Teile oft drüsigen, seltener kahlen, grünen oder rötlichen, blütentragenden Aesten und nieder= liegenden, an der Spitze aufstrebenden und meist durch eine Blattrosette abgeschlossenen,

unfruchtbaren Trieben. Behaarung aus in Gruppen zu 5 bis 9 stehenden, 1=zelligen, weichen, meist geschlängelten, der Oberseite anliegenden, schlangensternartigen Filzhaaren und in Gruppen zu 2 bis 5 stehenden, geraden, meist etwas längeren, anliegenden bis wagrecht abstehenden Borstenhaaren und mehrzelligen, gegen die Spitze verjüngten und durch eine köpfchenartige Zelle abgeschlossenen Drüsenhaaren bestehend. Laubblätter lineal= bis ei=lanzettlich oder verkehrt= eiförmig, gestielt, selten fast alle sitzend und stengelumfassend, bis 3 cm lang und bis 6 mm breit, beiderseits grün, nur borstig behaart oder ganz kahl. Nebenblätter in der Regel fehlend. Blüten in einfachen, bisweilen am Grunde mit 1 oder mehreren Aesten versehenen, arm= bis reich= (20=)blütigen Blütenständen. Blütenknospen kugelig bis eiförmig, stumpf oder kurz zugespitzt. Aeussere Kelchblätter lineal, ± zugespitzt, halb so lang oder etwas länger als die breit=eiförmigen, stumpfen oder spitzen, von 4 kräftigen Nerven durchzogenen inneren Kelchblätter, alle kaum filzig, ausserdem mit abstehenden oder fast aufrechten, selten anliegenden Haaren besetzt. Kronblätter in der Regel rundlich=verkehrt=eiförmig, 3 bis 8 mm lang, bis doppelt so lang wie die inneren Kelchblätter, gelb. Fruchtknoten 3=seitig=eiförmig bis fast kugelig, filzig=büschelhaarig; Griffel am Grunde S=förmig umgebogen, gegen die Spitze ver= dickt (Fig. 2041 d). Fruchtstiele aufrecht=, wagrecht= oder zurückgeschlagen. Frucht eine 3=kantige, eiförmig=kugelige, ± reichlich behaarte, lichtbraune, mehrsamige Kapsel. Samen rundlich bis länglich=vieleckig=eiförmig, fein punktiert oder glatt, rotbraun. — V bis VIII.

Allgemeine Verbreitung: Süd= und Mitteleuropa (mit Ausschluss von Portugal, Belgien, Holland, Norddeutschland, Dänemark, Russland und Süd=Griechenland); Kleinasien, Armenien, Kaukasusländer.

Die umfangreiche und vielgestaltige Art umfasst eine grössere Zahl von Sippen, die einander sehr nahe stehen, und, da sie in manchen Gebieten keinerlei verbindende Glieder besitzen, als eigene Arten auf= gefasst werden und mehrfach als solche beschrieben worden sind. Im Gebiete der Mitteleuropäischen Flora treten davon 3 auf, weitere finden sich in Südeuropa. Näher verwandt mit H. Italicum ist auch H. canum und das sich in Nordeuropa (England, Insel Oesel, Nordrussland [mitt= lere Pinega]) anschliessende H. Oelandicum (L.) Willd. (mit f. canéscens Hartman und f. præcox Fries). Mit diesen beiden Arten zusammen bildet H. Italicum die phylogenetisch zusammenge= hörige Helianthemum canum= Gruppe. Helianthemum canum stellt darin das älteste Glied dar, von dem sich im Norden H. Oelandicum, in Mittel= und Süd= europa H. Italicum (oder die Helianthemum Italicum=Gruppe) abgegliedert haben. Von den nachfolgend als Unterarten be= werteten Sippen eu=Italicum, rupifragum und alpestre nimmt Janchen (l. c. 1907) an, dass die ersten beiden, die noch durch Uebergangsformen mit H. canum verbunden sind, als von letzt= genannter Art unmittelbar ab= geleitete Formen zu betrachten

Fig. 2041. Helianthemum Italicum (L.) Pers. subsp. alpestre (Jacq.) Beger. *a* Habitus der f. hirtum (Koch) Pacher und *b* der f. glabratum Dunal. *c* Blüte. *d* Fruchtknoten= spitze und Griffel. *e* Stengelstück der f. melanothrix Beck.

seien, und dass von ihnen wieder gemeinsam (polytop) die Sippe alpestre abstamme. Der systematisch ziemlich grossen Einheitlichkeit der subsp. alpestre wegen scheint es aber eher angebracht, in dieser Sippe einen durch den Uebergang in die subalpine bis nivale Stufe aus H. canum unmittelbar hervorgegangenen Abkömmling zu

sehen, während die subsp. eu=Italicum und rupifragum, die sich durch grössere Formenmannigfaltigkeit aus=
zeichnen, vielleicht hybridogene Abkömmlinge von H. canum und der subsp. alpestre sind.

1. subsp. **alpéstre** (Jacq.) Beger (= H. Oelándicum Lam. et DC., = H. alpestre Grosser p. p., = H. montánum (L.) Pers. var. víride Thomé). Berg=Sonnenröschen. Fig. 2041.

3 bis 12 cm hoher, dicht rasiger Halbstrauch mit unfruchtbaren Blattrosetten und bogig aufsteigenden Zweigen. Laubblätter lanzettlich oder verkehrt=eilanzettlich, in einen sehr kurzen, bis 7 mm langen Stiel verschmälert, bis 1,8 cm lang, vorn stumpf oder spitzlich, flach oder am Rande umgerollt, beiderseits ± reichlich mit anliegenden Haaren besetzt oder kahl. Blüten in einfachen, sehr selten am Grunde mit 1 Aste versehenen, 2= bis 6= (selten mehr=)blütigen Wickeln. Knospen eiförmig=länglich, seltener kugelig, stumpf oder spitz. Kelchblätter 4 bis 6 mm lang, nicht oder nur sehr locker filzig, mit Striegelhaaren besetzt. Kron= blätter 7 bis 10 mm lang. Fruchtknoten büschelhaarig. Fruchtstiele aufrecht oder wagrecht abstehend, zurück= gekrümmt oder zurückgeschlagen. — VI bis VIII.

Häufig auf Matten, in niederen Zwergstrauchheiden, auf Kalkschutt, Felsalluvionen, in Legföhren= und Alpenrosengebüschen, Felsspalten usw. Vorzugsweise in der sub= bis zur hochalpinen Stufe: in den Bayerischen Alpen bis 2540 m, in Tirol bis 2500 m, im Bernina=Gebiet bis 2850 m, im Tessin bis 2450 m, im Wallis bis 2800 m; nicht selten auch schon in der montanen Stufe in Lärchen= und Kiefernwäldern usw., z. B. bei Mitten= wald (Oberbayern) bei 950 m, am San Salvatore bei 915 m oder noch tiefer im Kies der Alpengewässer: im Churer Rheintal zwischen 620 bis 520 m, bei Riva am Gardasee bei zirka 200 m. Auf Kalkgesteinen, seltener auf kalkhaltigen Urgesteinen.

In Deutschland in den Bayerischen Alpen verbreitet von zirka 1600 m an. — In Oesterreich im ganzen Alpengebiete verbreitet, aber in den Urgesteinsalpen seltener als in den Kalk= alpen. — In der Schweiz in den Alpen und Voralpen verbreitet.

Allgemeine Verbreitung: Pyrenäen, Alpen, Apen= ninen, Karpaten, nördliche Balkangebirge bis zum Bithynischen Olymp.

Aendert ab, namentlich in der Gestalt der Laubblätter und in der Behaarung. Eine Form mit zahlreicheren Drüsenhaaren im Blüten= stand ist die f. melanóthrix Beck (Fig. 2041 e); diese findet sich fast überall an stark sonnigen Standorten, besonders in den südlicheren Teilen des Gebietes. Ausserdem lassen sich unterscheiden: f. hírtum (Koch) Pacher (Fig. 2041 a). Laubblätter beiderseits zerstreut bis ziemlich reichlich behaart. — f. glabrátum Dunal (Fig. 2041 b). Laubblätter nur am Rande und Mittelnerven gewimpert oder voll= ständig kahl. Häufig findet man alle drei Formen untereinander. — Eine bleichblütige Form ist f. pállidum Stage; so am Oeschinensee bei Kandersteg 2200 m.

Die subsp. alpestre ist ein alpigenes Element im weiteren Sinne, das dem grössten Teile der europäischen Hochgebirge eigen ist. Am häufigsten findet sich die Art auf kalkreichen Unterlagen, wo sie nach C. Schröter in lockeren Büschen als Schuttüberkriecher auf Kalk= geröll, auf Gips= und Kalkfeinerde manchmal (z. B. am Ofenpass) förmlich bestandbildend erscheinen kann. Ferner ist sie häufig in ± lockeren Rasengesellschaften: dem Caricétum firmae, dem Caricétum semperviréntis, dem Sesleriétum cǽruleae alpínae, im Dryadétum octopétalae und anderen alpinen Zwergstrauchheiden, im Legföhren= gebüsch usw. anzutreffen. In tieferen Lagen wächst sie im Unter=

Fig. 2042. Helianthemum Italicum (L.) Pers. subsp. eu=Italicum Beger. Habitus der Südtiroler Pflanze.

wuchs lichter Lärchen= und Kiefernwälder auf und kann sogar heisse Felsen der Hügelstufe zusammen mit Globularia cordifolia und Hippocrepis comosa besiedeln. Durch die Alpenflüsse herabgetragen gesellt sie sich nach Braun=Blanquet z. B. im Churer Rheintal zwischen Fläsch und Rothenbrunnen zu zahlreichen anderen, z. T. festen Ansiedlern, z. T. vorübergehenden Irrgästen der Alpen wie Agrostis rupestris, Silene acaulis, Arenaria ciliata, Hutchinsia alpina, Saxifraga oppositifolia, Astragalus alpinus, Viola calcarata, Euphrasia Salisburgensis, Artemisia laxa, Crepis alpestris usw. Nach Fr. Vollmann findet sich die Unterart auch zahlreich auf trockenen Wiesen in der Umgebung von Mittenwald auf glazialem Diluvium und Hauptdolomit zwischen 950 bis 1300 m. — Die Blüten sind nach H. Müller homogam, nach Kerner schwach proterogyn, von nur 3=tägiger Dauer und nur kurze Zeit des Vormittags geöffnet. Sie werden meist durch Fremdbestäubung befruchtet; doch ist Selbstbestäubung nicht ausgeschlossen. Die Blütenstiele bewegen sich periodisch. An schnee= freien Orten nehmen die Laubblätter im Winter eine anthocyanrote Färbung an. Die Oberhautzellen zeigen

Schleimeinlagerungen, die von Neger als Transpirationsschutz gedeutet werden. Fr. Kanngiesser stellte bei an der Dent de Morcles in 2200 bis 2250 m Höhe gesammelten Stämmchen von 1 bis 3,5 mm Dicke ein Alter von 18 bis 36 Jahren fest.

2. subsp. **eu-Itálicum** Beger (= H. penicillátum Thibaut, = H. marifólium Mill. var. Italicum f. austrále Grosser p. p.)[1]). Fig. 2042.

5 bis 20 cm hoher, sparrig verästelter Halbstrauch mit steifen, oft schief aufrechten oder schlaffer und bogig aufsteigenden, meist rötlichen, dünnen, filzigen, sehr selten kahlen Aesten. Laubblätter voneinander entfernt stehend oder nur im unteren Teile locker dachziegelig, lineal-lanzettlich bis eilanzettlich oder verkehrt-eiförmig, bis 2 cm lang und bis 6 mm breit, meist stumpf, sehr kurz gestielt, am Rande meist umgerollt, mit unterseits deutlich vorspringenden Mittelnerven, beidseitig grün, sehr selten ganz kahl. Blütenstand einfach oder am Grunde ästig, 6- bis 20-blütig, drüsenlos (so im Gebiet) oder $\pm$ reichdrüsig. Knospen kugelig, stumpf oder zugespitzt. Kelchblätter nicht oder sehr locker filzig, aber mit abstehenden und aufrecht abstehenden langen Haaren. Kronblätter 3 bis 6 (meist 4) mm lang. Fruchtknoten dicht büschelhaarig. Frucht auf zurück-gekrümmtem Stiele oder aufrecht auf abstehendem oder S-förmig gebogenem Stiele. — V, VI.

An sonnigen, trockenen Orten auf Hängen, steinigen Halden, in Trockenwiesen, an Felsen; von der Ebene bis in die montane Stufe, nur im Gebiete der mediterranen Flora.

In Deutschland und in der Schweiz vollständig fehlend. — In Oesterreich nur in Südtirol im südlichen Etschtal zwischen Mori und Rovereto, am Gardasee bei Riva (gegen den Ponale) und bei Arco (Castellberg), in den Lessinger Bergen bei Campobrun und am Passo della Lora, im Val di Bono.

Allgemeine Verbreitung: Nord-Spanien, Süd-Frankreich, Ober- und Mittel-Italien, Südtirol, Istrien, Dalmatien, Montenegro.

Die Pflanzen Südtirols gehören der f. penicillátum (Thibaut) Janchen an und zeichnen sich dort besonders durch den Mangel an Drüsenhaaren aus. Ihre Blüten sind aber etwas grösser als bei der gewöhn-lichen Form und nähern sich dadurch der folgenden subsp. rupifragum. Uebergänge zur subsp. alpestre wurden z. B. am Galgenbühl bei Salurn festgestellt.

3. subsp. **rupifrágum** (Kerner) Beger (= H. alpéstre C. A. Meyer, = H. marifólium Mill. var. Itálicum Grosser p. p. et H. alpestre f. rupifragum Grosser p. p.). 8 bis 18 cm hoher, dicht- bis lockerrasiger Halb-strauch mit meist unfruchtbaren Laubblattrosetten. Blütentragende Aeste aus bogigem Grunde aufrecht, locker filzig, im oberen Teile oft drüsig. Laubblätter $\pm$ lanzettlich, bis 3 cm lang und 5 mm breit, meist spitz, am Rande meist umgerollt oder fast flach, beidseitig grün, mit zerstreuten, anliegenden, namentlich an der Spitze pinselförmig zusammenstehenden Striegelhaaren, selten kahl. Blütenstand unverzweigt, seltener am Grunde armästig, 3- bis 15-blütig, drüsenlos oder $\pm$ reichdrüsig. Knospen kugelig, stumpf oder kurz spitzig. Kelch-blätter locker oder fast nicht filzig, aber mit Striegelhaaren besetzt. Kronblätter 5 bis 9 mm lang. Fruchtknoten dicht büschelhaarig. Früchte aufrecht, auf aufrechten, oder wagrecht abstehenden oder S-förmig gebogenen Stielen zurückgekrümmt. — V, VI.

An steinigen Hängen, Felsen, in Trockenwiesen, vorwiegend in der collinen und montanen Stufe.

In Deutschland und der Schweiz völlig fehlend. — In Oesterreich nur in Mähren am Berg Kotouč bei Stramberg, in Niederösterreich am Sonnwendstein; in Steiermark auf dem Stuhleck bei Spital am Semmering; in Krain am Nanos bei Präwald.

Allgemeine Verbreitung: Niederösterreich, Steiermark, Karpaten- und Balkanländer, Krim; Kleinasien, Armenien, Kaukasus.

Im Gebiete nur durch die durch drüsenlose oder sehr armdrüsige Aeste ausgezeichnete f. Orientále (Grosser) Janchen vertreten. In den Illyrischen Bergländern, wo die reichdrüsige f. Hercegoviníacum (Grosser) Janchen herrscht, kommen Uebergangsformen zu der subsp. eu-Italicum, sowie zu subsp. al-pestre f. melanóthrix häufig vor. Die subsp. rupifragum ist ein schwacher illyrisch-sarmatischer Neo-Endemismus, der gleich H. canum in thermophilen Gesellschaften aufzutreten pflegt. Hayek führt die Pflanze aus dem Bereiche der Karpaten von trockenen Steppenwiesen, zusammen mit Carex humilis und C. Michelii, Stipa pennata, Dianthus Carthusianorum, Potentilla arenaria, Cytisus Ratisbonensis, Euphorbia polychroma, Nonnea lutea, Inula hirta, Scorzonera purpurea und ferner von Steilabstürzen des Biharia-Gebirges zusammen mit Avena decora, Sesleria rigida, Trisetum alpestre, Dianthus spiculifolius, Sedum glaucum, Amelanchier ovalis, Cotoneaster tomentosa, Sorbus Aria, Galium lucidum usw. an.

---

[1]) Bei Clusius heisst die Pflanze 1583 Chamaecistus serpillifolia, bei Tabernaemontanus 1590 Cistus humilis serpillifolia. Bauhin beschreibt sie 1651 als Chamaecistus serpillifolia nigricante et hirsuto, flore aureo odorato, 1671 bezeichnet er sie als Chamaecistus repens serpillifolia lutea. Haller gibt 1742 folgende Diagnose: Helianthemum foliis ad caulem ovalibus, inferioribus longe ellipticis.

Bastarde sind noch wenige beschrieben worden; doch dürften sich solche in nicht unbedeutender Zahl unter den sog. Uebergangsformen zwischen den Unterarten von Helianthemum nummularium (L.) Miller (beschrieben subsp. nummularium [L.] Schinz et Thellung × subsp. ovatum [Viv.] Schinz et Thellung [= H. Kernéri Gottlieb et Janchen] von Unken in Salzburg), denen von H. Italicum (L.) Pers., sowie diesen und H. canum (L.) Baumg. finden. Ferner ist aus dem Gebiete bekannt H. Apenninum (L.) Mill. × H. nummularium (L.) Miller vom San Salvatore. Fraglich ist das H. Farquétii Christ vom Creux du Loup ob Branson im Wallis, das als H. nummularium (L.) Miller × H. salicifolium (L.) Miller angesprochen wird.

CCCCLXXVIII. Fumána[1]) (Dun.) Spach. Heideröschen.

Halbsträucher mit drüsiger, zerstreut kurzborstiger, sehr selten filziger Behaarung, oft fast gänzlich kahl. Laubblätter gegen- oder wechselständig, gestielt oder öfters ungestielt, schmallineal oder lanzettlich, 1-nervig oder undeutlich fiedernervig, mit oder ohne Neben-blätter (Fig. 2045 d). Blüten in endständigen, traubenähnlichen Wickeln oder einzeln, scheinbar seitenständig (Fig. 2044 a und 2045 a). Kelchblätter 5, sehr ungleich; die 3 inneren ± kräftig, 4- bis 5-nervig, die beiden äusseren bedeutend kleiner, oft abstehend oder zurückgebogen. Kronblätter 5, gelb. Staubblätter zahlreich; nur die inneren fruchtbar, die äusseren kürzer und dünner, durch ganz seichte Einschnürungen perlschnurähnlich gegliedert (Fig. 2045 e). Fruchtknoten aus 3 Fruchtblättern gebildet, durch die vorspringenden laminalen Plazenten 3-kammerig, mit 6 oder 12 anatropen, hängenden Samenanlagen. Griffel etwa von der Länge der fruchtbaren Staubblätter, am Grunde leicht knieförmig gebogen; Narbe 3-lappig. Kapsel 3- bis 12-samig, 3-klappig aufspringend (Fig. 2045 f₁, f₂, f₃). Samen mit fast kreisförmig eingerolltem Keimling (Fig. 2043) und mit linealen Keimblättern.

Die Gattung umfasst 10 Arten, die durch die Mittelmeerländer und Vorderasien verbreitet sind und von denen eine, Fumana vulgaris Spach, auch in wärmeren Lagen von Mitteleuropa auftritt. Bis Istrien nordwärts reicht noch die circum-mediterrane F. thymifólia (L.) Verlot mit im unteren Teile des Stengels gegen-ständigen, lineal-lanzettlichen Laubblättern, in deren Achseln die unfruchtbaren Blattbüschel fehlen. Blüten in endständigen, traubenartigen Wickeln. Kapseln 6-samig. In Dalmatien enden die Verbreitungsgebiete der west-mediterranen F. laévipes (Juslenius) Spach (= Helián-themum laevipes Moench), von der vorigen Art durch wechselständige Laubblätter und die Anwesenheit steriler Blattbündel ausgezeichnet (Inseln Busi und S. Andrea) und F. Arábica (Juslenius) Spach (= Heliánthemum Arabicum Pers., = H. Sávii Bert.), durch einzelne, scheinbar seitenständige Blüten und namentlich 12-samige Kapseln kenntlich (Lesine, Lissa usw.). Sämtliche Arten sind durch xeromorphen Bau ausgezeichnete Chamae-

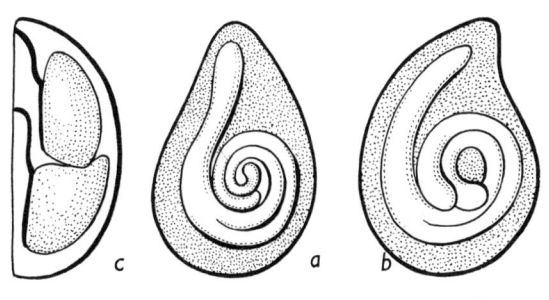

Fig. 2043. Fumana ericoides (Cavan.) Pau. Längsschnitte durch den Samen (nach E. Janchen).

phyten, die trockene, sonnige und wasserarme Böden bewohnen. Nach Janchen sind sie die letzten spärlichen Reste eines früher viel reicher entwickelten Formenkreises. Die beiden im Gebiete auftretenden Arten, F. ericoídes und F. vulgaris, bilden, gemeinschaftlich mit F. calýcina (Dunal) Clauson (= F. Fontanésii Pomel), einer die Gebirge von Marokko und Algerien bewohnenden Art, die Sektion Leiospérma des Subgenus Eufumána. Letzteres unterscheidet sich von dem die übrigen Arten mit Ausnahme von F. Arabica umfassenden Subgenus Fumanópsis durch 4-samige Plazenten (12-samige Kapseln) und durch den eingerollten Embryo, während das Subgenus Fumanopsis 2- oder 1-samige Plazenten (3- oder 6-samige Kapseln) und einen nur gebogenen Embryo aufzuweisen haben. Innerhalb des Subgenus Eufumana steht der Sektion Leiospérma mit nebenblattlosen Laubblättern die Sektion Platyphýllon gegenüber, die sich durch den Besitz von Nebenblättern auszeichnet und als einzige Art F. Arábica enthält.

1. Stengel von kurzen, abstehenden Drüsenhaaren rauh. Blütenstiele in der Regel bedeutend länger als die nächststehenden Laubblätter, dicht abstehend drüsenhaarig (Fig. 2044 c) . . F. ericoídes nr. 1925.

---

[1]) Die Ableitung ist unsicher, hängt aber möglicherweise mit dem feinen, filzigen Flaum mancher Arten zusammen, die durch diesen wie angeräuchert (lat. fúmus = Rauch) aussehen.

1*. Stengel im oberen Teile von anliegenden, drüsenlosen Gliederhaaren grauflaumig (selten mit einzeln eingestreuten, abstehenden Drüsenhaaren). Blütenstiele etwa so lang wie der Kelch und die nächststehenden Laubblätter, anliegend flaumig (Fig. 2044 e) bis kahl . . . . F. vulgaris nr. 1926.

1925. Fumana ericóides (Cavan.) Pau (= Heliánthemum ericoides Dunal, = H. Fumana Dunal, = Fumana vulgáris Spach p. p., = F. Spáchii Gren. et Godr., = F. montána Pomel, = Helianthemum Fumana Dun. β ericoides Fiori, = Fumana vulgaris Spach subsp. ericoides Br.=Bl.). Felsen=Heideröschen. Fig. 2043 und Fig. 2044 a bis c.

10 bis 35 cm hoher Halbstrauch mit niederliegenden oder aufsteigenden, stärkeren Aesten und aufrechten Blütenzweigen, seltener die ganze Pflanze aufrecht oder auch nur aufsteigend. Laubblätter schraubig gestellt, ohne Nebenblätter, sehr schmal, dick, nadelförmig, lineal, seltener schmal lineallanzettlich, mit begranntem oder spitzem Ende, ihre Länge vom Grunde der Zweige gegen die Mitte derselben allmählich zunehmend, dann wieder abnehmend. Borstenhaare an den Laubblatträndern und Kelchen vorhanden oder fehlend. Drüsenhaare auf den jüngeren Zweigen und den Blütenstielen sehr reichlich (Fig. 2044 c), auf den Laubblättern und Kelchen spärlicher, aber immer mit wohlentwickelten Drüsenköpfchen und immer abstehend, sehr klein und kurz (Lupe!), daher die letzteren dem unbewaffneten Auge kahl oder nur wenig rauh erscheinen, seltener (nicht im Gebiet), und dann besonders im oberen Teile des Stengels und an den Blütenstielen die Drüsenhaare länger (Behaarung dann kurz zottig und auch mit unbewaffnetem Auge nicht zu übersehen). Blüten in armblütigen, endständigen, traubenähnlichen Wickeln oder mehr einzeln, mit zwischengeschalteten, unfruchtbaren Zweigstücken, stets aber die Laubblätter der Blütenstandsregion kürzer oder bedeutend kürzer als die schlanken Blüten= und Fruchtstiele, meist aber länger als die Kelche. Kelchblätter 5, die beiden äusseren abstehend, breit=eiförmig, bedeutend kleiner als die 3 kräftig 4= bis 5=nervigen, länglich= elliptischen inneren. Kronblätter 5, verkehrt=eiförmig, gelb, etwa 8 mm lang. Staubblätter 20 bis 40, die äusseren unfruchtbar, durch Einschnürung perlschnurartig gegliedert, kürzer und dünner als die fruchtbaren inneren. Fruchtknoten eiförmig=kugelig, nur an der Spitze sehr spärlich behaart, sonst kahl, 3=fächerig. Griffel etwa so lang wie die fruchtbaren Staubblätter, am Grund knieförmig gebogen; Narbe 3=lappig. Frucht (Fig. 2044 b) eine 3=kantig= ei=kugelige, an der Spitze mit sehr spärlichen Haar= resten besetzte, 3=klappig aufspringende Kapsel. Samen 12, gross, 2,5 mm lang, schwarzbraun, glänzend, mit nicht= grubiger Oberfläche. Keimling fast kreisrund eingerollt (Fig. 2043), mit linealen Keimblättern — VI bis VIII.

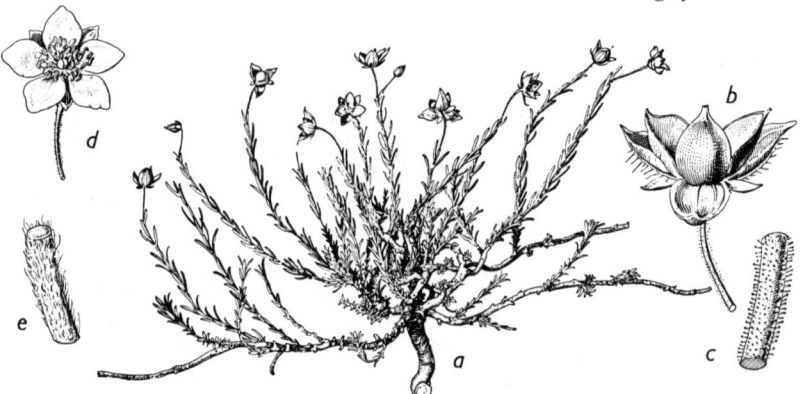

Fig. 2044. Fumana ericoides (Cavan.) Pau. *a* Habitus. *b* Blüte in beginnender Fruchtbildung. *c* Blütenstiel. — Fumana vulgaris Spach. *d* Blüte. *e* Blütenstiel.

Zerstreut an sonnigen, trockenen Orten: an Felsen, auf Felsschutt, seltener in offenen Trockenwiesen, in der Garide, in lichten Gebüschen und schütteren Wäldern steiler Hänge. Von der Ebene bis in die Bergstufe. Vorzugsweise auf Kalk, selten auch auf kalkreichen Urgesteinen (kristallinen Schiefern, Porphyr usw.).

In Deutschland vollständig fehlend. — In Oesterreich in Südtirol: am Gescheibten Turm bei Bozen, in der Umgebung von Trient, im Valarsa bei Rovereit, bei Mori, im Val Vestino, um Riva mehrfach, am Monte Brione, bei Torbole, Arco, Tenno. — In der Schweiz im südlichen Tessin mehrfach in der Umgebung von Lugano, bei Gandria und am S. Salvatore; im Wallis bei Tassonières ob Fully, Saillon, Siders, Granges= Lens; am Thunersee bei Sandlauenen, an der Heimwehfluh, Meiringen; am Vierwaldstätter See an der Axenfluh, am Axenberg, Oelberg ob Sisikon (in den Tälern der Bündner Föhrenregion jedoch fehlend).

Allgemeine Verbreitung: Mittelmeergebiet: Portugal, Spanien, Balearen, Süd= frankreich (nordwärts bis Savoyen), Schweiz, Korsika (?), Sardinien, Sizilien, Italien, Südtirol, Südistrien, Küsten=Kroatien, Dalmatien, Herzegowina, Randgebiete von Montenegro und Albanien, mittleres Griechenland, Süd=Mazedonien (?); Cilicien, Nordsyrien; Tunis, Algier, Marokko.

Im Gebiete tritt nur die f. typica Pau auf, bei der die Blütenstände mit kurzen Drüsenhaaren besetzt sind.

Fumana ericoides gehört dem mediterranen Elemente an und besitzt das Schwergewicht ihrer Verbreitung in den westlicheren Teilen des Mittelmeergebietes. Nach den neueren Untersuchungen von Janchen wird sie mit der Annäherung an die ostmediterranen Länder immer spärlicher und stellenweise durch die folgende Art ersetzt. Letzterer sieht sie mitunter in ihrer Tracht sehr ähnlich, sodass sie vielfach mit ihr verwechselt oder aber mit ihr als Unterart der Fumana vulgaris Spach (im weiten Sinne) aufgefasst worden ist. Nach Janchen sollen beide Formen aber vollständig selbständige Arten sein und Uebergänge oder Annäherungsformen fehlen. Für die Erkennung ausschlaggebend ist die Behaarung, vor allem die der Blüten= stiele (Fig. 2044 c) und der oberen Stengelteile. Ein zweites gutes Mittel liefert die Länge der Blütenstiele, die bei F. ericoides stets länger als die nächststehenden Laubblätter sind, während sie (wenigstens in Mitteleuropa) bei F. vulgaris nur deren Länge erreichen oder kürzer als diese sind. Auch in den thermischen Ansprüchen ist F. ericoides viel anspruchsvoller als F. vulgaris und überschreitet daher die Alpenkette nur an wenigen Punkten. Die Art scheint (wenigstens im Gebiete) mit Vorliebe an heissen Felsen, auf Bändern und in Nischen aufzutreten, wo F. vulgaris nur ausnahmsweise zu finden ist. So nehmen z. B. beide Arten am Vierwaldstättersee an der Bildung der Felsspalten besiedelnden Potentilla caulescens=Assoziation teil. In den trockenen Rasen= gesellschaften tritt F. ericoides bereits an Zahl zurück, findet sich aber z. B. noch in halboffenen Gesellschaften, in denen Carex humilis, Stipa pennata, Festuca duriuscula, Koeleria Vallesiana, Hippocrepis comosa und Astragalus Monspessulanus vorherrschen.

1926. Fumana vulgáris Spach (= Heliánthemum Fumána Mill., = H. procúmbens Dunal, = Helianthemum Fumana α týpicum Fiori, = Fumana nudifólia (Lam.) Janchen, = F. vulgaris subsp. procumbens Br.=Bl.). Zwerg=Heideröschen. Taf. 184, Fig. 6; Fig. 2029, Fig. 2044 d und e, Fig. 2045 und 2046.

10 bis 20 cm hoher Halbstrauch mit niederliegenden oder aufsteigenden Aesten. Laubblätter schraubig aufsteigend, ohne Nebenblätter, sehr schmal, dick, nadelförmig, lineal, mit begranntem oder stumpfem Ende (Fig. 2045 d); die untersten und die obersten Laub= blätter jeden Zweiges nicht wesentlich kürzer als die mittleren (ausgenommen bei 2 süd= europäischen Formen); in den Achseln der gewöhnlichen Laubblätter sehr häufig aus ganz kurzen Laubblättern bestehende sterile Blattbüschel (Fig. 2045 c). Borstenhaare an den Laub= blatträndern und Kelchnerven spärlich oder ganz fehlend. Normale Drüsenhaare nicht oder nur andeutungsweise entwickelt (die charakteristische und weitaus überwiegende Behaarung wird aus anliegenden, gekrümmten, nicht oder kaum drüsigen Gliederhaaren gebildet und ist meist als dünner, grauer Ueberzug, seltener als dichter, weisser Filz an den oberen Teilen der Zweige, spärlicher an den Laubblättern, Kelchen und Blütenstielen vorhanden [Fig. 2044 e]. Letztere bisweilen fast kahl, aber immer auffällig schwächer behaart als das benachbarte Stengelstück). Blüten in der Regel einzeln seitenständig oder (nie im Gebiet) in endständigen Wickeln. Kronblätter 8 bis 10 mm lang, sonst wie bei der vorigen Art. Blütenstiele gewöhnlich verhältnismässig kurz und dick, ungefähr so lang wie der Kelch, etwas kürzer oder ungefähr so lang wie die nächststehenden Laubblätter oder (nicht im Gebiet) bedeutend länger als diese. Kapsel und Samen wie bei der vorigen Art. — VI bis VIII.

Zerstreut auf sonnigen, trockenen Hügeln und Hängen, seltener an Felsen in der Garide, in lockeren Rasengesellschaften, offenen Gebüschen, lichten, trockenen Wäldern, auf Flugsand und Alluvialboden. Von der Ebene bis in die montane Stufe (in Mitteleuropa); in Südtirol bis 1230 m, in Graubünden bis 1050 m, im Tessin bis 700 m, im Wallis bis zirka 1400 m. Vorzugsweise auf Kalk und Gips, seltener auf kalkärmeren Gesteinen.

In Deutschland auf der Schwäbisch=bayerischen Hochebene bei Augsburg (ausgestorben?), in der Rosenau bei Dingolfing und früher bei Moosburg, in der Oberrheinischen Tiefebene im Kaiserstuhl (am Bitzenberg bei Achkarren und im Steinbruch zwischen Oberbergen und Vogtsburg), am Rufacher Hügel, Sulzmatt, Bollen=berg, Bergheim, Sigolsheim (vielleicht verschwunden), am Bischofsheimer Berg bei Oberehnheim, bei St. Ilgen, Schwetzingen, Sandhausen, Rohrhof bei Mannheim, Friedrichsfeld, Rheinau, Käfertal, Leistadt; für Wachenheim, Dürkheim, Grünstadt und Kallstadt zweifelhaft, am Mittelrhein bei Langenlohnsheim, Mombach, Flörsheim, Gaualgesheim, Mainz, am Main bei Frankfurt, gemein um Darmstadt, Griesheim, im Altmühltal bei Eichstätt, im nördlichen Fränkischen Jura bei Böheimstein unweit Pegnitz, im obersten Maingebiet bei Grub und Ahorn

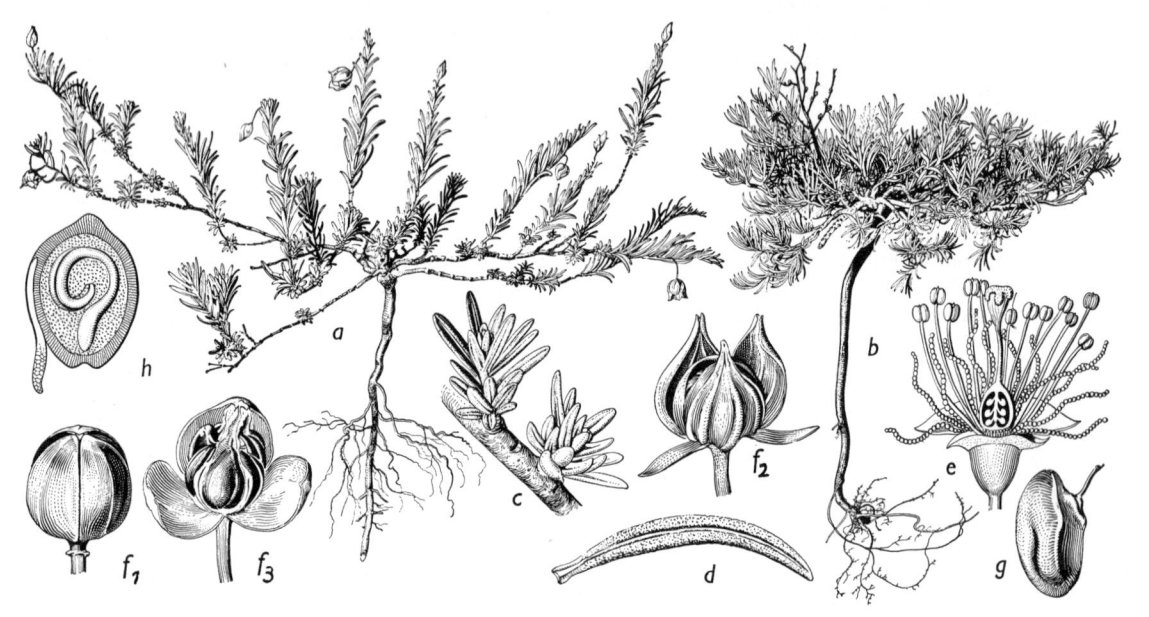

Fig. 2045. Fumana vulgaris Spach. *a* Habitus in Blüte. *b* Habitus im Winter. *c* Zweig mit unfruchtbaren Blattbüscheln. *d* Laubblatt. *e* Blüte längs durchschnitten. *f₁, f₂, f₃* Kapseln. *g* Samen. *h* Längsschnitt durch den Samen (nach M. Willkomm).

unweit Coburg, in Thüringen auf dem Zechstein des Kyffhäusers weit verbreitet (z. B. bei Nordhausen, Haynrode, bei Wendelstein, Nebra, Hachelbich), Eisenach; Wettin, Könnern, im Salzke= und Schlenzegebiet, früher bei Sandersleben. — In Oesterreich in Böhmen auf den Iserlehnen bei Jung=Bunzlau; in Mähren bei Nikolsburg und bei Mährisch=Kromau; in Oberösterreich auf der Welser Heide; in Niederösterreich bei Braunsberg unweit Hainburg, Pfaffenberg bei Deutsch=Altenburg, Wien, Mauer, Rodaun, Perchtoldsdorf, Mödling, in der Brühl, auf dem Eichkogel, Baden, Vöslau, bei Maxing, Theresienfeld, Wiener=Neustadt, Hohe Wand gegen Unter=Höflein, bei Klosterneuburg, Spitz an der Donau und bei Melk; in Nordtirol bei Zams und Zirl; in Südtirol im Val Vestino, bei Mori, Rovereto (mehrfach), im Val Sugana, bei Lavis, um Trient, im Val di Non, bei Eppan, mehrfach bei Bozen, Meran, im Vintschgau, bei Klobenstein, Atzwang und Brixen; in Kärnten zwischen Leopoldskirchen und Pontafel, an der oberen Vellach bei Villach, Otwinskogel bei Glandorf, Launsdorf; in Steiermark bei Peggau, Gösting bei Graz, bei Lankowitz unweit Voitsberg, Pettau, Wotsch bei Pöltschach, Neuhaus, Hum bei Tüffer, Steinbrück und Trifail; in Krain bei Vreme in Innerkrain, unter dem Kumberg, bei Sagor, am Mošjak ob Sava, im Geröll der Save bei Laibach, bei Tacen und Zwischenwässern, am Grosskahlenberg, auf der Grmada und am Utoše bei Laibach, bei Billichgraz, Franzdorf, Zirknitz, Zoll, am Kook ob Wippach, bei Präwald, auf der Vremešica bei Senosetsch und auf der Göttenitzer Alp im Gottscheer Bezirk. — In der Schweiz im Tessin am S. Salvatore, Monte Caslano und bei Gandria; im Wallis im Rhonetal vom Genfersee von Vouvry bis Visp, bei Visperterminen und Zermatt; im Kanton Waadt im Rhonetal, am Genfersee und im Juravorland, im Neuenburger und Berner Jura von Orbe bis Biel; im Kanton Zürich früher be Trüllikon; im

Kanton St. Gallen in Rheintal bei Wartau und Sevelen, im anschliessenden Graubünden zwischen Ragaz, Ellhorn bei Fläsch, ausserdem im mittleren Albulatal nicht selten (im Ilanzer Becken nicht nachgewiesen).

Allgemeine Verbreitung: Europäisch=asiatisches Mittelmeergebiet, südlich bis Nordportugal, Südwestspanien, Südfrankreich, Italien (Maremmen), Griechenland, Kreta, Kleinasien, Armenien und Nordpersien, nördlich bis Nordfrankreich, Belgien (Kalkgebiet), West= und Mitteldeutschland (Nahetal, Mainzerbecken, Thüringen bis zum Südharz und Aschersleben), Böhmen (Jung=Bunzlau), Mähren, westliche Slowakei, Ungarn, Siebenbürgen, Rumänien, Süd= russland und Transkaukasien; ausserdem zwei versprengte Kolonien auf Oeland und in Gotland.

Fumana vulgaris ist ein mediterran=pontisches Element, dessen Verbreitungsgebiet grösser als das von F. ericoides ist, weniger weit nach Süden reicht (die afrikanischen Randländer werden nicht mehr erreicht), aber weiter gegen Osten und namentlich Norden vorgestreckt ist. Von den zwei versprengten Kolonien auf Oeland und in Gotland (Schweden) nimmt G. Andersson an, dass sie gleich denen von Helianthemum

Fig. 2046. Fumana vulgaris. Phot. G. Eberle, Wetzlar.

Oelandicum [sowie H. canum], Coronilla Emerus usw. während der Ancyluszeit durch die Einwanderung vom Süden her entstanden seien. Das zerrissene Verbreitungsgebiet in Mitteleuropa (vgl. Fig. 2029) erklärt sich nach O. Naegeli (Ueber westliche Florenelemente in der Nordostschweiz. Berichte der Schweizerischen Botanischen Gesellschaft, 1905) aus einem früher viel reichlicheren Vorkommen der Pflanze. So liegen gegen= wärtig die Siedelungen in Thüringen 250 km von denen des Mains entfernt und 700 km von Gotland. Zwischen dem subjurassischen (früheren) Auftreten bei Trüllikon im Kanton Zürich und den nächsten Siedlungen bei Biel und Neuenburg liegen 105 km. Das Fehlen auf der letztgenannten Strecke teilt Fumana vulgaris mit Poa bulbosa, Trifolium rubens und T. alpestre, Lathyrus niger, Veronica spicata usw. („Solothurner Lücke"). Auf das gelegentlich gemeinschaftliche Auftreten der Pflanze zusammen mit F. ericoides wurde bei der vorigen Art aufmerksam gemacht. Dalla Torre und Sarnthein erwähnen ein solches Vorkommen auch am Gescheibten Turm bei Bozen. Issler führt F. vulgaris von der Steintrift der Elsässer Kalkvorhügel zusammen mit Bromus erectus, Koeleria gracilis, Andropogon Ischaemum, Teucrium Chamaedrys und T. montanum, Linum tenuifolium, Alsine tenuifolia, Globularia vulgaris, Potentilla verna, Hieracium Pilosella usw. an. Auch im thüringischen Zechstein= und Muschelkalk=Gebiet erscheint sie nach Drude in sehr ähnlicher Gesellschaft und stellt neben Prunus Chamaecerasus, Quercus pubescens, Stipa capillata, Gagea saxatilis, Astragalus exscapus, Aster Linosyris, Ruta graveolens, Helianthemum canum, Veronica spicata usw. eine der Charakterarten der Thüringer Hügelformation dar. Im Mainzer Becken findet sie sich zusammen mit Silene conica (vgl. Bd. III, pag. 282). In der Garide am Bielersee sind Rumex scutatus, Saponaria ocymoides, Genistella sagittalis, Hippocrepis comosa, Rosa spinosissima, Lactuca perennis, Allium sphaerocephalum, Coronilla vaginalis, Linum tenuifolium, Euphrasia lutea, Ajuga Chamaepitys, Medicago minima, Teucrium montanum, T. Chamaedrys und T. Botrys und andere wärmeliebende Arten ihre Begleiter. A. Graber macht im Neuenburger Jura Fumana vulgaris zum Typus einer eigenen Unterassoziation des Brometum erecti, mit Andropogon Ischaemum und Koeleria Vallesiana, Himantoglossum hircinum, Linum tenuifolium, Trifolium arvense und T. striatum, Peucedanum Cervaria, Bupleurum falcatum und Aster Amellus als augenfälligste Bestandesbegleiter. In Ungarn zählt die Unterart zu den Gliedern der Federgrassteppe, die mit dem Brometum erecti grosse Verwandtschaft besitzt. Bisweilen siedelt sie sich auch in Schuttfluren oder in lichten Föhren- oder Steineichenwäldern an. Im Bereiche der Mittelmeerflora tritt sie namentlich in Felsen- und Grassteppen, sowie in der Garigue auf. — Die Blüten sind nach A. Schulz homogam und öffnen sich nur wenige Stunden und nur bei hellem Sonnenschein. Die jungen Blütenknospen sind wie die Zweige plagiotrop gerichtet. Am Abend vor dem Aufblühen stellt sich der Blütenstiel nach den Untersuchungen von T. Vestergren (Om Helanthemum Fumanas blomning. Svensk Bot. Tidsk. III, 5, 1909) nach oben. Die Blüte öffnet sich (auf Gotland) meist gegen 7 Uhr morgens und schliesst sich nach 2 bis 5 Stunden wieder. Dabei biegen sich die 3 inneren Kelchblätter nach innen und sprengen die noch turgescenten Kronblätter am Grunde ab, halten sie aber noch einige Zeit zwischen ihren Spitzen fest. 48 Stunden nach dem Blühen hat sich die geschlossene Blüte senkrecht nach unten gebogen. In der Regel tritt Autogamie ein. Wie schon Grosser hervorgehoben hat, ist der Griffel länger als die Staubfäden, etwas bogig oder S-förmig gekrümmt und oft nach aussen gebogen. Die Bestäubung findet gewöhnlich dadurch statt, dass die Kronblätter, wenn sie beim Schliessen vom Grunde abgerissen werden und nach oben schiessen, erst die Staubbeutel und dann die Narbe berühren. Nur selten sind die (übrigens reizbaren) Staubfäden so lang, dass sie mit den daraufsitzenden Antheren die Unterseite der Narbe berühren. Die Früchte bleiben, von den sparrigen Aesten wie durch ein Gitter zurückgehalten, auf dem Boden liegen, bis sie der Wind einzeln verweht, wobei die im trockenen Zustande auseinander spreizenden Kelchblätter als Flugorgane dienen. Der xerophile Chamaephyt besitzt zentrisch gebaute, nadelförmige Laubblätter, deren Epidermis aus kleinen, polygonalen Zellen mit verdickter und schwach papillöser Aussenwand und meist verschleimender Innenwand besteht. Spaltöffnungen finden sich ringsum. An die Epidermis schliesst sich ein mehrschichtiges Palisadengewebe an, in dem zentrisch eingebettet ein von kollenchymatischen Zellen umgebenes Leitbündel liegt. An der Grenze zwischen Kollenchym und Palisadengewebe finden sich Kristalldrusen angehäuft. — An den Zweigen wurde der Ascomycet Pleóspora fumánae Hazsl. festgestellt.

An die Cistaceen schliesst sich eng die Familie der **Bixáceae** an, zu der neuerdings als einzige Gattung mit der einzigen Art Bíxa Orellána L. (= B. Americána Poir., = B. platycárpa Ruiz. et Pav.), der Orleans- oder Rukubaum, Rocouyer, gezählt wird. Der 5 bis 10 m hohe Strauch bezw. Baum mit einfachen, spiralig gestellten, 15 bis 32 cm langen, handnervigen, zugespitzten, sehr selten am Grunde verschmälerten (bei den Wildformen unterseits dicht mit gelbroten Schuppen besetzten) Laubblättern besitzt ansehnliche, strahlige, zwitterige, pfirsichrote, zu Rispen angeordnete Blüten mit zahlreichen, auf einer schwach konvexen Scheibe stehenden Staubblättern und einer 1-fächerigen, 2-klappig aufspringenden, braunroten, aussen mit weichen, 4 mm langen und biegsamen Stacheln versehenen Kapselfrucht (ähnlich Datura), deren 36 bis 48 Samen von einem roten, zuerst weichen, fleischigen, markartigen, später erhärtenden, nach Veilchen duftenden Samenmantel (Endokarp) umgeben werden. Dieser letztere enthält den als Orleans (richtiger Orelhana), Anatto, Arnotto, Ruku (= Farbe), Urucu, Bicha, Gintjöe, Achiote, Açafrao (= Safran), Kernrot, terra Orellana usw. in den Handel kommenden orangegelben Farbstoff. Der Strauch gehört zu den ältesten amerikanischen Kulturpflanzen und wurde bereits in alten peruanischen Gräbern aufgefunden. Seine eigentliche Heimat liegt auf den Antillen und im Tropischen Südamerika, wo er namentlich auf Guadeloupe, Portorico, in Französisch-Guayana (Cayenne) und Brasilien kultiviert wird. Heute ist er aber im ganzen Tropengebiet verbreitet und ist stellenweise wie in Holländisch-Indien fast einheimisch geworden. Um den Farbstoffextrakt zu bekommen, werden die Samenkörner mit heissem Wasser übergossen und dann längere Zeit gründlich umgerührt. Hierauf wird die Brühe geseiht und die Flüssigkeit sich selbst überlassen, worauf der Extrakt sich auf den Boden setzt. Nachher wird das Wasser vorsichtig abgelassen. Der Rückstand trocknet durch Verdunstung ein und wird hierauf zu Kuchen oder Rollen von 50 bis 100 g Gewicht, die meist in Blätter einer Canna- oder Bananen-Art eingewickelt werden, versandfähig gemacht. Der Farbstoff enthält das rote Bixin $C_{28}H_{34}O_5$ (nach neueren Untersuchungen $C_{29}H_{34}O_5$ oder $C_{26}H_{30}O_4$), daneben einen im Wasser löslichen Bestandteil (Orellin), Fett, Harz und Bitterstoff. Der schöne, orangerote Farbstoff ist wenig lichtbeständig; dagegen widersteht er sehr gut der Einwirkung von Chlor, Säuren und Alkalien. Er dient zum Färben von Milchprodukten (Chesterkäse wird in England, Edamer in Holland ohne Nachteil mit Orlean gefärbt), von Speisen, Fett (ähnlich Safran), Schokolade, Salben und Pflastern, seltener und immer mehr zurückgehend, da die künstlichen Ersatzstoffe billiger und haltbarer sind, auch zum Färben von Seide, Wolle, Baumwolle, Firnissen und Wachs sowie als nuancierender Zusatz von Wasser= und Oelfarben. Vielerorts färben die Eingeborenen die Fingernägel mit dem Farbstoff oder bemalen — wie die Orinoko=Indianer — ihren Körper mit einer Mischung von Orlean und Ricinusöl zum Schutze gegen Moskitos. In der Heimat des Baumes werden die Samen (Acafrao) auch arzneilich verwendet; ebenso die Blätter und die Rinde, in denen ein nicht näher bekanntes Glykosid festgestellt wurde. Aus dem Baste der Rinde verfertigen die Eingeborenen starke Seile. Ueberall in den Tropen ist der Baum als Zier= oder Schattenbaum verbreitet in Heckenpflanzung kann er als Windschutz („Windbrecher") oder am Rande von Kaffeeplantagen gegen die Hemileia dienen.

Die kleine, nur 5 Gattungen und 7 Arten umfassende Familie der Winteranáceae[1]) oder Canelláceae[2]) besteht aus Bäumen oder Sträuchern mit abwechselnden, ganzrandigen, schwach durchsichtig punktierten Laubblättern und strahligen, einzelnstehenden oder zu achselständigen Trugdolden vereinigten Zwitter= blüten. Die letzteren besitzen 3 dachige Kelchblätter, 4 bis 12 freie oder röhrenförmig verwachsene Kronblätter, 4 bis 12 Staubblätter und einen 1=fächerigen, aus 2 bis 6 Fruchtblättern gebildeten Fruchtknoten. Die Frucht ist eine kahle Beere, deren Samen ein öliges Nährgewebe und einen sehr kleinen Keimling mit dicken Keim= blättern enthalten. Das Vorkommen von ätherischem Oel in den Blättern und in der Rinde hat Veranlassung gegeben, früher die Familie in den Verwandtschaftskreis der Polycarpicae, besonders der Magnoliaceae (Drímys)[3]), Myristicaceae und Lauraceae einzuordnen; für die Parietales sprechen jedoch die wandständigen Samenanlagen. Von den 5 Gattungen bewohnen 3, nämlich Winteránia[4]), Cinnamodéndron und Pleo= déndron (P. macránthum in Portorico) das wärmere Amerika, die Gattung Warbúrgia[5]) (mit W. Stuhl= mánni Engler) Ostafrika und Cinnamósma mit C. frágrans Baill. Madagaskar. Von Wintérana Canélla L. (= Canélla álba Murray), einem 16 m hohen, weissrindigen Baum von den Antillen, den Bahama= Inseln und dem südlichen Florida, stammt die stark nach Zimt und Muskat riechende Kanellrinde oder der Weisse Zimt, früher in Europa (heute noch in England) unter der Bezeichnung Córtex canéllae álbae, Cóstus dúlcis, Costus corticósus als Stomachicum, Aromaticum, Stimulans und Tonicum offizinell, die in Amerika als gewöhnliches Küchengewürz Verwendung findet. Sie enthält 0,72 bis 1,25 % ätherisches Oel (es ist das gleiche zyklische Sesquiterpen [Caryophyllen], das in den Gewürznelken enthalten ist) mit Pinén, Eugenol (Benzoyleugenol), Cineol und Caryophyllen, 8 % Harz, 8 % Mannit („Canellin" oder Zimtzucker), 11,6 % Stärke, 16 % Rohfaser, Pentosane usw. Die falsche Wintersrinde mit ähnlichen Bestandteilen kommt von Cinna= modéndron corticosum Miers. Beide sehr stark aromatisch riechende Rinden wurden ehedem vielfach mit der echten Wintersrinde von der Magnoliacee Drímys Wintéri Forst., die den Canelo de Páramo oder Magelhaenschen Zimt (Córtex Winteránus vérus) liefert, verwechselt. Die gleichfalls sehr gewürzige Rinde (auf Kisuaheli Karambaki geheissen) von Warburgia Stuhlmánni Engler wird zum Räuchern ver= wendet, das Holz zur Anfertigung von Tischen, Rosenkränzen usw.

87. Fam. **Violáceae**[6]). Veilchengewächse.

Kräuter (im Gebiet ausschliesslich), Halbsträucher, Sträucher und Bäume mit in der Regel wechselständigen, selten gegenständigen, meist ungeteilten Laubblättern (Epidermis oft mit Papillen und Haaren). Nebenblätter gewöhnlich vorhanden. Blüten meist einzeln oder gepaart in den Blattachseln, mit 2 Vorblättern an dem meist abgegliederten Blütenstiel, zwitterig, mit 5=zähliger (Fig. 2047a), in Kelch= und Krone geschiedener, meist dorsiventraler (seltener fast regelmässiger) Blütenhülle. Kelchblätter 5, frei, bis zur Fruchtreife bleibend. Kronblätter 5,

---

[1]) Benannt nach dem Kapitän John Winter von der „Elisabeth", der die Rinde von Drímys 1578 in der Magelhaenstrasse gegen Skorbut benützte.

[2]) Canella (neulateinisch) vom spanischen Worte canéla = Zimt; letzteres von lat. cánna = Rohr; nach der Röhrenform der Handelsrinde.

[3]) Neuerdings trennt Hutchinson (Kew Bulletin, 1921) die Gattungen Illicium, Drimys, Zygogynum usw. von den Magnoliaceae ab und erhebt sie zu einer eigenen Familie.

[4]) Siehe Anm. 1.

[5]) Benannt nach dem Botaniker Otto Warburg (geb. 26. VII. 1859 in Hamburg), Professor an der Universität und am Orientalischen Seminar in Berlin, Herausgeber des 3=bändigen Werkes „Die Pflanzenwelt" (Leipzig und Wien, Bibliographisches Institut. 1913 bis 1923), der „Monsunia", des „Tropenpflanzers" usw.

[6]) Bearbeitet von H. Gams unter Benützung eines Manuskriptes und von Notizen von W. Becker.

frei, hypogyn, ungleich; das vordere meist grösser und von den anderen verschieden, am Grunde ausgesackt oder gespornt. Staubblätter 5, mit den Kronblättern abwechselnd, um den Fruchtknoten einen Zylinder bildend. Staubfäden sehr kurz; Antheren aufrecht, auf der Innenseite mit zwei Längsrissen aufspringend, mit schuppenförmig verlängertem Konnektiv. Fruchtknoten 1=fächerig, sitzend, kugelig oder ellipsoidisch, in der Regel aus 3 (seltener aus 2 bezw. 4 bis 5) Fruchtblättern gebildet, mit wandständigen Plazenten und meist zahlreichen, anatropen Samenanlagen. Griffel endständig, oberwärts oft verdickt und S=förmig gekrümmt; Narbe einfach, sehr verschieden gestaltet. Frucht eine häutige, lederartige, seltener holzige, fachspaltig mit 3 Klappen elastisch aufspringende Kapsel, seltener eine Beere (Hymenanthéra, Gloeospérmum, Leónia). Samen sitzend oder mit kurzem Funikulus; Nährgewebe gewöhnlich reichlich fetthaltig.

Die Familie der Violaceae, die mit den rein tropischen Flacourtiaceae und den Cistaceae nächst verwandt ist, hat ihre Hauptverbreitung auf den Gebirgen von Süd= und Mittelamerika. Linné (1753) kannte nur 19, Willdenow (1797) 39, Persoon (1805) 55 und Roemer und Schultes, die als erste eine weitere Gattung von Viola abtrennten (1819), 143 Arten. Etwa die Hälfte der 15 bis 18 heute unterschiedenen Gattungen und mehr als die Hälfte der über 600 Arten sind auf die südamerikanischen Kordilleren beschränkt. Nur die Gattung Viola, die fast $^2/_3$ aller Arten umfasst, reicht von den Kordilleren, auf denen sie auch durch z. T. sehr abweichende Rosettenstauden vertreten ist, bis nach Nordamerika, Nordasien und Europa. Die beiden Gattungen Hybánthus Jacq. (= Jonídium Vent.) und Rinórea Aubl., auf die die grosse Mehrheit aller übrigen Arten entfällt, sind über die Tropen beider Hemisphären verbreitet, wogegen von den anderen Gattungen je 1 in Kamerun, auf den Sandwichinseln, auf Neukaledonien und den Fidschiinseln und 2 auf Neuseeland und in Australien endemisch sind. Die meisten tropischen Gattungen umfassen vorwiegend Sträucher, auch einzelne Lianen und Bäume. Hybánthus (Jonídium) Ipecacuánha (L.) Taubert (Weisse Brechwurzel, Rádix Ipecacuánhae álbae s. fláva s. lignósa), Anchiétia salutáris St. Hil. und Noiséttia orchidiflóra (Rudge) Ging. dienen wie die echte Ipecacuanha (die Rubiacee Uragóga [Cephaélis] Ipecacuánha Baill.) als Brechmittel (die erstgenannte brasilianische Art und Viola Itoúbou werden auch als Ersatz oder Verfälschung dieser gebraucht), wogegen einige gleich diesen Arten in Südamerika beheimatete Rinórea=Arten (besonders R. Cúspa [H. B. et Kth.] O. Kuntze) als Fiebermittel und Gemüse Verwendung finden. Die Brechen und Abführen erregende Wirkung der Grundachsen und Sprosse der genannten amerikanischen Pflanzen und auch vieler Viola=Arten beruht wohl hauptsächlich auf dem Gehalt an Salizylsäure in glykosidischer Bindung, aus der durch Enzymwirkung Salizylsäuremethylester abgespalten wird; ob auch Emetin vorhanden, ist scheint nach neueren Untersuchungen zweifelhaft. Mehrere Hybanthus=Arten enthalten Inulin. Für alpine Anlagen kommt Hymenanthéra crassifólia Hook. f. in Betracht, ein starrer, aufrechter oder niederliegender Strauch aus Neu=Seeland mit lederartigen Laubblättern und kleinen, in den Blattachseln gebüschelten, im zeitigen Frühjahr sich entwickelnden, gelblichweissen Blüten und erbsengrossen, weissen oder ± violett überlaufenen Beeren. — In Warmhäusern wird gelegentlich Amphírrhox longifólia Spreng., ein Strauch aus Brasilien mit achselständigen Blütentrauben, gezogen.

CCCCLXXIX. Víola[1]) L. Veilchen, Veiel, Stiefmütterchen. Franz.: Violette, pensée; engl.: Violet, pansy; ital.: Viola; rätorom.: Viola, violina, violetta; ladin. (Gröden): Faidl, faigl.

Das Wort Veilchen ist eine Entlehnung aus dem latein. viola. Die Verkleinerungsform (Diminutiv) bürgert sich im Schriftdeutschen erst im 17. Jahrhundert ein (vgl. mittelhochdeutsch viel, veiel). Von den zahlreichen mundartlichen Formen (die besonders im Schweizerischen oft weitgehend entstellt sind) seien nur genannt: Vijôle, Fiólke, Vijôlken, Fijáuleken (plattdeutsch), Viul (Niederrhein), Folk (Nord= böhmen), Veigerl (bayerisch=österreichisch), Viŏle (schwäbisch), Veilote (Baden), Vijeli, Viŏndli (Schweiz), Hofenöli, Gufenöli (Thurgau). Nicht selten (besonders bei V. hírta) tritt der Zusatz von

---

[1]) Das lateinische Viola (z. B. bei Vergil, Columella, Plinius) ist wohl ein Diminutiv des griechischen ἴον [íon], ursprünglich Ϝίον [víon], das schon bei Pindar und Homer vorkommt und im Alter= tum mit der mythologischen Io in Verbindung gebracht worden ist. ἰόπλοκος [ióplokos] oder ἰοπλόκαμος [ioplókamos] = veilchengeflochten, werden dunkelgelockte Frauen genannt und ἰοστέφανος [iostéphanos] =

„blau" auf: Bloofaijun (Oberhessen), Blovella, Blofalke, Blovelka (Nordböhmen, Riesengebirge), blåbi Veigl (Niederösterreich); Blaumaiali (St. Gallen).

Kahle oder behaarte, meist mehrjährige Kräuter und (nicht im Gebiet) Halbsträucher. Laubblätter wechselständig, stengel= oder grundständig oder beides, meist (bei unseren Arten immer) ± lang gestielt, ± eiförmig oder herzförmig, mit meist krautigen, oft gefransten Nebenblättern. Blüten einzeln in den Achseln der grund= oder stengelständigen Laubblätter, an ± langen, gegliederten, 2 Vorblätter tragenden Stielen nickend, dorsiventral (Fig. 2047a); die ersten meist ansehnlich (chasmogam), die späteren oft klein und geschlossen bleibend (kleistogam). Kelchblätter 5; am Grund mit krautigen Anhängseln. Kronblätter 5, das untere meist grösser als die übrigen, am Grund in einen Honigsporn ausgezogen, oft abweichend gefärbt. Staubblätter 5, meist hypogyn und ± zusammen= hängend, mit sehr kurzen Staubfäden und sporn= artigen Fortsätzen, die 2 unteren ausserdem mit je einem in den Sporn ragenden, nektarabsondern= den Anhängsel; Konnektive verbreitert, in häutige Anhängsel endend. Fruchtknoten mit 3 zahlreiche, in 2 oder mehr Reihen angeordnete Samenanlagen tragenden Plazenten und meist schiefem, oft keulig verdicktem Griffel mit sehr mannigfaltig gestaltetem Narbenkopf. Frucht eine 3=klappige, meist ela= stisch aufspringende Kapsel. Samen rundlich oder eiförmig, mit reichlichem Nährgewebe und kurzem, oft zu einem Oelkörper (Elaiosom) angeschwollenem Funiculus.

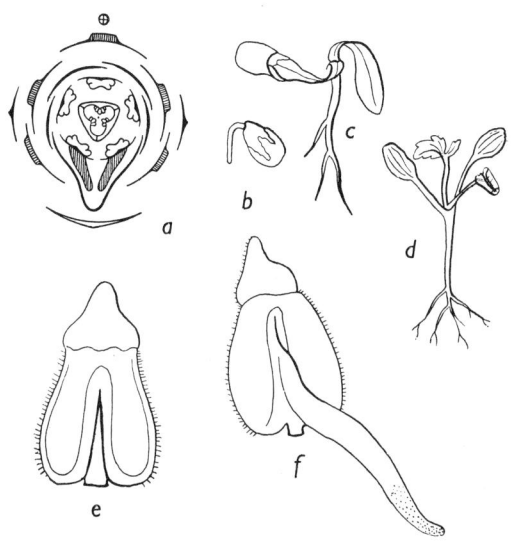

Fig. 2047. *a* Blütendiagramm von Viola. *b* bis *d* Keimung von Viola tricolor L. *e*, *f* Staubblätter derselben Art (Fig. *a* nach Eichler, *b* bis *f* nach Gingins).

Die Gattung ist mit gegen 500 Arten, die z. T. wieder in ± zahlreiche Unterarten zerfallen, über die Gebirge Südamerikas und die nördliche gemässigte Zone verbreitet; wenige finden sich im tropischen und subtropischen Amerika und Afrika, 8 auf Australien und Neuseeland, 8 auf den Sandwichinseln. Nach dem Sprossbau und der Beblätterung lassen sich folgende Wuchsformen, die nur z. T. auch systematische Sippen umgrenzen, unterscheiden: I. Laubblätter ungestielt, dicht stehend, alle grundständig (Rosulátae Reiche) oder

---

veilchenbekränzt heisst bei Pindar die Stadt Athen. Spätere Sagen erklärten den Namen dahin, dass jonische Nymphen diese Blume dem Jon bei der Gründung Athens darbrachten oder dass sie Zeus seiner Geliebten, der Königstochter Io, als süsse Speisen geboten habe. Die antiken Autoren unterscheiden 3 Gruppen von Veilchen: die blauen (schwarzen oder purpurnen): das eigentliche ἴον (Viola odorata und Verwandte), auch ἴον τὸ μέλαν [ion to mélan] = Schwarzveilchen (Theophrast), ἴον πορφυροῖν [ion porphyrún] = Purpur= veilchen (bei Dioskurides) und Viola purpurea (bei den Römern) genannt; das weisse Veilchen, ἴον τὸ λευκόν [ion to leukón] oder λευκόιον [leukóion], woraus später Levkoje wurde, = Matthiola incana (vgl. Bd. III, pag. 469), bei den Römern Viola alba (Plinius), pallens viola (Vergil), leucoium (Columella); und das gelbe Veilchen, λευκόιον μήλινον [leukóion mélinon] bei Dioskurides, viola lútea bei Plinius, viola crócea bei Albertus Magnus, = Cheiranthus Cheiri (Bd. III, pag. 442). Von den blauen und gelben „Veilchen" wurden schon im Altertum mehrere Arten benannt, z. B. δασυπόδιον [dasypódion], das dichtfüssige, πριαπήιον [priapéion] oder κυβέλειον [kybéleion], das des Priapus oder der Kybele (Liebesgötter), ἴον ἄγριον [ion ágrion] wildes Veilchen, lat. viola muralis, segetalis und die gelbblühenden Tusculána und marina, sowie die erst im Herbst blühende, geruchlose Calathiána. Viel jünger sind die Bezeichnungen Nachtviole für Hesperis (Bd. III, pag. 464) und Mondviole für Lunaria (Bd. III, pag. 353). Hingegen kommt schon in den alt= nordischen Mythen eine Tysfiola, also ein dem Gotte Tys oder Tyr geweihtes Veilchen vor. Auch der Glaube, dass gelbe Veilchen Neid und Eifersucht bedeuteten (daher später „Schwägerin" oder „Stiefmütterchen" für V. tricolor), scheint recht alt zu sein. Ebenso wie von Viola violaceus und violett (neuerdings schlägt W. Ostwald hiefür „veil" vor) kommt von ἴον gr. ἰάνθινος [iánthinos] = violett. Weiteres über die geschicht= liche und volkskundliche Bedeutung bei V. tricolor (pag. 596) und V. odorata (pag. 652).

stengelständig (Confértae Reiche). Nur auf den Gebirgen Südamerikas. II. Laubblätter deutlich gestielt (Sparsifóliae Reiche): 1. Halbsträucher (Fruticulósae). Hieher die westmediterrane V. arboréscens L. und die Arten der Sandwichinseln. — 2. Ein- und mehrjährige Kräuter mit krautiger, langgliederiger, Laubblätter und Blütenstiele tragender Primärachse. Hieher die Caudiculátae und Canínae. — 3. Stauden mit als verzweigter, dünner, ziemlich langgliederiger, doch nicht unterirdisch kriechender, in kurze Stengel übergehender Erdstock ausgebildeter Primärachse. Hieher die Calcaratae. — 4. Zweiachsige Stauden mit langgliederigem, unterirdisch weit kriechendem Wurzelstock und daher nur in geringer Zahl beisammen stehenden Laubblättern. Hieher die Cordátae (Die Adventivwurzeln entspringen bei den Veilchen mit Rhizom aus dem Cambium desselben). — 5. Stauden mit kurzgliederigem, schiefem oder aufrechtem Erdstock (mehr ein Mesocormus als ein echtes Rhizom), aus dem direkt die zahlreichen Laubblätter und in deren Achseln die Blüten entspringen. Hieher die Scapósae, Pinnátae und Acáules eflagellátae. — 6. Ebenso, aber mit verlängerten, ober- und oft auch unterirdischen Ausläufern. Hieher die Acáules flagellátae. — 7. Dreiachsige Veilchen, d. h. die als Wurzelstock oder Mesocormus ausgebildete Primärachse mit grundständigen Laubblattrosetten abschliessend, aus der die Laubblätter und Blütenstiele tragenden Stengel entspringen. Hieher V. biflora und die Caulifórmes. — Durch ihren abweichenden Spross- und Blattbau nehmen auch einige altweltliche Arten recht isolierte Stellungen ein, so V. pinnata, die an ein Thesium, Linum oder eine Linaria erinnernde V. delphinántha Boiss. vom Athos und Olymp und V. bulbósa Maxim. mit zwiebelartiger Nebenblattrosette im Himalaya. Näheres über die Morphologie unter besonderer Berücksichtigung der amerikanischen Arten bei H. Kraemer in Bull. Torrey. Botan. Club. Bd. XXVI, 1899. — Zu einer in mancher Hinsicht abweichenden Einteilung, die aber für sich allein auch nicht den natürlichen Verhältnissen gerecht wird, gelangt man auf Grund der Merkmale des Gynaeceums. — Die erste monographische Bearbeitung der von Ventenat als Familie aufgestellten Violaceae stammt von dem Schweizer F. de Gingins (Mémoire sur la famille des Violacées. Soc. de Phys. et d'Hist. nat. Genève. Bd. II, 1823; ferner bei A. P. de Candolle Prodromus. Bd. I, 1824). Die damals bekannten Arten (etwas über 100, vgl. pag. 585) verteilte er auf Grund der Griffelmerkmale auf 5 noch heute allgemein anerkannte Sektionen oder besser Untergattungen, zu denen nach der neuesten Bearbeitung von W. Becker (in Engler und Prantl Natürliche Pflanzenfamilien, 2. Aufl., noch 9 weitere kommen. In Mitteleuropa sind jedoch nur die 3 folgenden vertreten:

Nomímium[1]) Ging. Narbenöffnung an der vor- oder abwärts gestreckten Spitze des schwach keulenförmig verdickten Griffels. Hiezu die grosse Mehrzahl aller Arten.

Dischídium[2]) Ging. Narbenöffnung an der Vorderseite des zweilappigen Griffelkopfes. Hieher V. biflora.

Melánium[3]) Ging. (= Mnémion[4]) Spach als Gattung, = Grameiónium Reichb.). Narbenöffnung an der Vorderseite des kugelig verdickten Griffelkopfes) einer Mundöffnung mit vorgestreckter Lippe gleichend. Hieher die „Stiefmütterchen", die meist an den Schluss der Gattung gestellt werden, jedoch nach ihrem Sprossbau, den Blüten- und Fruchtmerkmalen vielmehr an den Anfang gehören. Mnemion[4]) und Dischidium sind auch zu einer Untergattung Violástrum Pospichal vereinigt worden.

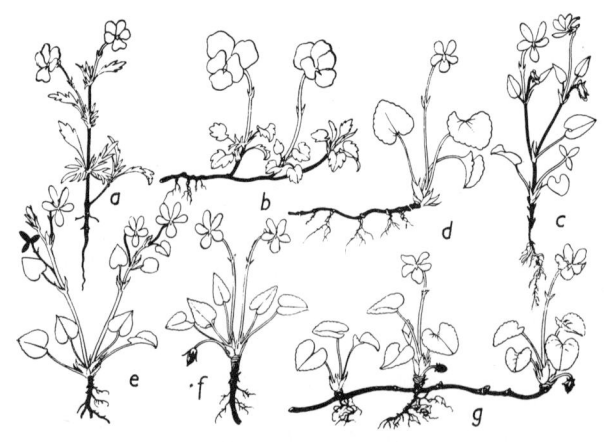

Fig. 2048. Schematische Darstellung des Sprossbaues bei Viola. a Caudiculatae. b Calcaratae. c Caninae. d Cordatae. e Cauliformes. f Acaules eflagellatae. g Acaules flagellatae. Die Achsen 1. und 3. Ordnung sind schwarz gehalten (Orig. von H. Gams).

Die weitere Einteilung der Untergattung Nomímium wird verschieden, teils nach vegetativen, teils nach generativen Merkmalen vorgenommen. Linné unterschied bereits Acáules und Caulescéntes, Godron trennte die Arten mit am Boden reifenden, nicht explosiven Früchten („Viola odorata-Typus"

---

[1]) Vom griech. νόμιμος [nómimos] = gesetzlich, normal und ἴον [ion] = Veilchen. Die Schreibweise Nominium ist falsch.

[2]) Vom griech. δισχιδής [dischidés] = zweispaltig und ἴον = Veilchen; wegen des zweilappigen Griffelkopfes.

[3]) Vom griech. μέλας [mélas] = schwarz, dunkelfarbig und ἴον = Veilchen.

[4]) Vom griech. μνήμη [mnéme] = Gedächtnis, Erinnerung, entsprechend dem franz. Pensée, deutschschweizerisch Dänkeli.

Sernanders) als Hypocárpeae ab, diejenigen mit schief tellerförmigem Narbenkopf als Plagiostigma. E. Fries nannte diese Gruppe (V. palustris, V. epipsila und V. uliginosa) Heliona, Boissier Patelláres (im Gegensatz zu den Rostellátae mit schnabelförmigem Griffel). Zu Plagiostigma werden auch, als Gruppe Estolonóae Kupffer V. pinnata und die nordeuropäische V. Selkirkii Pursh (= V. umbrósa Fries) gerechnet; doch trennte Pospichal V. pinnata auf Grund ihrer Griffelform als besondere Gruppe Violétta (im Gegensatz zu allen anderen Nomímium=Arten, = Euvíola) ab, ebenso R. R. Kupffer (in Oesterr. Botan. Zeitschrift. Bd. LIII, 1903, pag. 328/329) V. uliginosa, die er als Gruppe Repéntes zu seinen Rostrátae (die Caninae und Cauliformes umfassend) stellt, wogegen er im übrigen Plagiostigma (inkl. V. pinnata) seinen Uncinátae (= Hypocárpeae) gegenüberstellt. Kupffers weitere Gliederung der Rostratae wird von W. Becker, der zahlreiche neue Gruppen aufgestellt und benannt hat, abgelehnt. Die meisten übrigen Autoren unterschieden innerhalb Nomímium oder (unter Ausscheidung von Plagiostigma) innerhalb den Rostellatae nur die beiden Gruppen Linnés: die Stengellosen (Acaúles L. em. Rouy et Fouc., = Scapígerae Becker) und die Stengel= treibenden (Caulescéntes L. em. Rouy et Fouc., = Axilliflórae Becker) und etwa noch als Zwischengruppe V. mirabilis (= Mirábiles Nyman), trotzdem schon E. Fries auf das Künstliche dieser Einteilung hingewiesen hatte. Unter Mitberücksichtigung der vegetativen Merkmale nach dem Vorgang von Kittel, Al. Braun und Döll, Neilreich, Pospichal u. a. dürfte die folgende Gruppierung der mitteleuropäischen Veilchen dem heutigen Stand unserer Kenntnisse am besten entsprechen (vgl. Fig. 2048): I. Melánium. 1. Caudi= culátae (V. tricolor, V. lutea, V. Dubyana, V. cornuta). 2. Calcarátae (V. calcarata, V. Cenisia). 3. Scapósae (V. alpina). — II. Dischídium (V. biflora). — III. Nomímium. 4. Canínae = Caules= céntes arosulátae (V. canina und persicifolia s. lat.). 5. Cordátae = Patelláriae p. p. (V. uliginosa, V. epipsila und V. palustris). 6. Pinnátae (V. pinnata). 7. Cauliformes = Caulescéntes rosu= lántes = Silvéstres (V. mirabilis, V. silvestris, V. Riviniana und V. rupestris). 8. Hypocárpeae = Acaúles eflagellátae (V. hirta, V. collina, V. ambigua, V. Pyrenaica) und Acaules flagellátae (V. alba, V. sepincola, V. odorata). Die Hypocarpeae bilden eine sehr einheitliche, hoch spezialisierte Gruppe, die sehr zu Unrecht meist an den Anfang der Gattung gestellt wird. Die Trennung in Eflagellatae und Flagel= latae ist wenig scharf. Auch V. collina bildet oft ausläuferähnliche Rhizomäste und Wurzelsprosse, die an Bodenausläufer erinnern; solche treten auch nicht selten bei V. canina und V. silvestris auf.

Uebersicht der in Mitteleuropa vertretenen Viola=Sektionen:

	Dreiachsig	Dischidium (V. biflora)	Cauliformes = Silvestres (V. mirabilis)	
Zweiachsig, Primärachse entwickelt als	Grundachse	Melanium { Scaposae Calcaratae	Pinnatae Cordatae (V. uliginosa)	Flagellatae Eflagellatae
	Laubspross	Caudiculatae	Caninae = Caulescentes erosulatae	
Systematische Hauptgruppen		Violastrum	(Plagiostigma) Nomimium (Rostellatae)	
Oekologische Hauptgruppen		Epicarpeae (mit Schleudermechanismus) = „Euphorbia=Typus"		Hypocarpeae (ohne Schleudermechanismus) = „V. odorata=Typus"

Von den Inhaltsstoffen der Viola=Arten und der meisten Violaceen überhaupt scheint Salicylsäure besonders verbreitet zu sein und zwar in Form eines Glykosids, aus dem durch Enzymwirkung Salicylsäure= methylester abgespalten wird. Auf diesem dürfte die Erbrechen und Abführen erregende Wirkung der meisten Veilchen=Arten beruhen (über andere Inhaltsstoffe vgl. V. odorata pag. 652). Der gelbe Farbstoff, der besonders in den Blüten, aber auch in den Sprossen der Melanium=Arten vorhanden und von Mandelin als Viola= quercitrin beschrieben worden und der mit dem Rutin ($C_{27}H_{30}O_{16} + 2H_2O$) und dem Sophorin von Sophora Japonica identisch ist, stellt das Rhamnoseglukosid des Quercetins dar. R. Willstätter und H. Mallison (Annalen der Chemie. Bd. CCCCVIII, 1914/15) fanden ihn in der Krone gelber Gartenstiefmütterchen zu bis

23 % des Trockengewichts. Daneben ist aber auch Carotin reichlich vorhanden. Der violette Farbstoff, das Violanin, ist ein ähnliches Glukosid des Delphinidins, das sich auch in den Blütenfarbstoffen von Delphinium, Petunia, Malva, Althaea usw. und in den Fruchtfarbstoffen von Vitis, Vaccinium u. a. vorfindet. Nach R. Willstätter und J. Weil (Annalen der Chemie. Bd. CCCCXII, 1916) macht es bis zu $^1/_3$ des Trockengewichts der Krone dunkelblaublühender Gartenstiefmütterchen (Sorten Mohrenkönig und Othello) aus. Das ätherische Oel der Veilchenblüten soll grösstenteils aus Salicylmethylester bestehen, der eigentliche Veilchengeruch hingegen auf gewissen Ketonen beruhen, wahrscheinlich α= und β=Iron ($C_{13}H_{12}O$) und α= und β=Ionon, die aber bisher nicht aus Veilchenblüten, sondern nur aus der „Veilchenwurzel" von Iris Florentina und I. pallida und auf synthetischem Weg aus Citral dargestellt worden sind. In Südfrankreich (besonders um Grasse, dem Hauptsitz der Parfümfabrikation) und an der Riviera kultiviert man die Veilchen im Grossen und zwar eine zartblaue, gefüllte Abart von Viola odorata, das sog. „Parmaveilchen", zur Bereitung des Veilchenparfüms und der Veilchenpomade. Da die Blüten zu dieser Verwendung nicht nass sein dürfen, werden sie erst nach dem Verschwinden des Taues, doch bevor die Sonne stärker einwirkt, gepflückt. Hierauf kommen sie sofort (wenigstens beim „Mazerationsverfahren") in die Fabrik, wo sie in sehr gut gereinigtes, auf 40 bis 50° C erwärmtes und flüssig gehaltenes Fett geschüttet werden. Nach einigen Stunden wird das Fett von den Veilchenblüten abfiltriert und mit frischen Blüten bis zur erforderlichen Sättigung versetzt. Dieser Veilchenpomade kann dann der Duft durch Weingeist oder durch sehr gut gereinigten, geruchlosen Kornbranntwein vermittelst Durchschütteln entzogen werden. Daneben wendet man für die Gewinnung des Riechstoffes auch das kalte Verfahren oder die Extraktion mittelst Petroläther an. Das künstlich erzeugte „Ionon" bedarf zu seiner vollen Entfaltung stets einen Zusatz des natürlichen Produktes. Das nach Veilchen duftende „Veilchenholz" der südaustralischen Acácia homalophýlla (Victoria Myall), ebenso der „Veilchenstein" (Trentepóhlia [= Chroolépus] iolíthus) und die „Veilchenwurzel" von Iris Florentina und I. pallida haben mit den Veilchen nur den Duft gemeinsam.

Die Blütenstiele entsprechen wahrscheinlich ursprünglich Blütenständen, die beiden, meist stark rückgebildeten Vorblätter den paarweise verschmolzenen Nebenblättern zweier Laubblätter (Glück), von denen ausnahmsweise auch Spreitenteile gebildet werden, in seltenen Fällen sogar zu Blüten auswachsende Achselknospen. Die Nervatur der Kronblätter lässt sich nach Glück auf diejenige der Laubblätter zurückführen. — Das Nicken der Blüten ist geotropisch bedingt (Vöchting). Die Entwicklung des Pollens und des Embryosackes, den Befruchtungsvorgang und die Embryobildung hat Mary C. Bliss (in Annals of Bot. Bd. XXVI, 1912) bei V. odorata, V. cucullata und anderen amerikanischen Arten untersucht. Der Pollen ist im allgemeinen „quercoid", d. h. die Mikrosporen sind denen von Quercus sehr ähnlich. — Die Blüteneinrichtung ist nach den Untergattungen und Sektionen verschieden. Bei Melanium scheinen nur chasmogame Blüten vorzukommen, die für kleistogam gehaltenen mancher tricolor=Formen weichen nach Wittrock u. a. lediglich durch die reduzierte Krone von den normalen ab. Schon Kerner beobachtete bei den Melanium= Arten nyktinastische Krümmungen des Blütenstiels, und nach Wittrock führen auch die Kronblätter während der ersten Nächte der Anthese Vorwärts= und Einwärtsbewegungen aus. Kerner u. a. wollten darin einen Schutz gegen Wärmestrahlung sehen. — Der sehr eigenartige, vom Fruchtknoten durch eine Art Gelenk abgesetzte Narbenkopf (Styluskopf, Röhrennarbe) ist vielfach unrichtig beschrieben worden. Die Narbenöffnung ist ungewöhnlich weit und von Schleim erfüllt, der bei Druckwirkung austritt und Pollen aufnehmen kann. Die bei den Melanium=Arten unter der Oeffnung sitzende „Lippe" (nach Goebel der Rest einer verkümmerten eigentlichen Narbe, als Labellum schon von Gingins beschrieben) ist nach Wittrock und Goebel (Organographie 2. Aufl. Bd. III, pag. 1642) nicht, wie Hildebrand, H. Müller u. a. geglaubt hatten, eine bewegliche, sich bei Insektenbesuch vor die Narbenöffnung legende und so Selbstbestäubung verhindernde Klappe, sondern ein fächerförmiges, ziemlich starres Büschel von Epidermispapillen. R. Lange (Ber. Deutsch. Botan. Gesellschaft. Bd. XXXI, 1913, pag. 268/273) hat die Entwicklungsgeschichte der Lippe von V. tricolor untersucht und die Angabe von Correns bestätigt, dass die Lippe Pollenkörner von Insektenrüsseln abstreifen kann und ihnen durch Verschleimung einiger der stark kutinisierten Papillen ein Keimbett bietet. — Ebenfalls durch lange Epidermispapillen werden auch bei vielen Melanium= und Nomimium=Arten teils nur auf dem Spornblatt, teils auch auf den seitlichen Kronblättern bürstenförmige Besätze gebildet. Bei den Melanium=Arten bilden sie auf dem Spornblatt eine offene oder $\pm$ geschlossene „Pollenkammer", die den Pollen aufnimmt und den Besuchern von unten darbietet. Wo sie ganz fehlt, wie bei den meisten Nomimium=Arten und der ganz kahlen Krone von V. biflora, wird der Pollen nur direkt aus den Antheren ausgestreut. Die Staubbeutel werden durch ineinander greifende Haarbildungen mit ziemlich festen Nähten verbunden, weshalb Linné zunächst die Gattung in seine 19. Klasse (Syngenesia) gestellt hat (vgl. Falck, K. in Svensk. Botan. Tidskrift 1910). Der Bürstenbesatz der beiden seitlichen Kronblätter wirkt als Pollendach und Anflugplatz. Der Zugang zum Sporn wird durch einen bei den Melanium=Arten meist gelben, bei den Nomimium=Arten weissen Honigfleck am Grunde des Spornblattes und ausserdem auch meist durch $\pm$ violette bis schwärzliche Honigstriche auf diesem und den beiden seitlichen

Kronblättern gekennzeichnet. Der Nektar wird durch 2 von den unteren Staubblättern ausgehende Fortsätze (zuerst von Sprengel als „Saftdrüsen" beschrieben) in den Sporn abgesondert. Als Bestäuber wirken bei den meisten Arten hauptsächlich Apiden, daneben aber auch Syrphiden und Tagfalter. Einzelne kleinblütige Arten, wie V. biflora und V. palustris, scheinen vorwiegend durch Dipteren bestäubt zu werden, die grossblütigen, lang gespornten Gebirgsformen (besonders V. calcarata und V. cornuta) dagegen vorwiegend durch Schmetterlinge. Uebrigens stehlen nicht nur bei diesen, sondern selbst bei verhältnismässig kurzspornigen Arten, wie V. canina und V. persicifolia, kurzrüsselige Apiden (Erdhummeln u. a.) Nektar durch Anbeissen des Sporns. Die normalen Bestäuber stecken den Kopf von oben her unter den von den verbundenen Staubbeuteln und den Antherenanhängseln gebildeten Kegel in den Blüteneingang. Bei ausbleibendem Insektenbesuch findet in den chasmogamen Blüten der meisten Nomimium-Arten keine Befruchtung statt; bei manchen Arten (z. B. V. mirabilis) bilden sich überhaupt sehr selten Früchte aus. Bei den kleinblütigen Formen von V. tricolor und auch bei V. biflora ist dagegen spontane Selbstbestäubung, begünstigt durch die Nutationen des Blütenstiels und der Kronblätter, möglich und auch regelmässig von Erfolg. Das Pollenmagazin wird durch die Aufwärtskrümmung des unteren Kronblattes dabei dem Griffel genähert. — Bei allen unseren Nominium-Arten (mit Ausnahme von V. uliginosa) und bei V. biflora wird die Selbstbestäubung durch Ausbildung besonderer kleistogamer Blüten gesichert. Schon Dillenius und Linné kannten sie. Meist werden diese erst später als die chasmogamen und an jüngeren Stengelteilen (bei V. mirabilis in den Achseln der Stengelblätter, bei den Caninae und Cauliformes in den oberen Achseln, bei V. odorata an den Ausläufern) gebildet. Sie sind meist kurz gestielt und zeigen eine ± stark verkümmerte bis ganz fehlschlagende Krone, dafür stets reichliche Samenbildung. Der Kelch bleibt bis zur Reifezeit geschlossen. Von den 4 Fächern jeder Anthere entwickeln sich nur die beiden äusseren, die beiden inneren schlagen fehl. Der Pollen ist normal, treibt im Inneren der Staubbeutel Schläuche, durchbricht die Antherenwand an der Spitze und wächst in die benachbarte Narbe hinein. Ueber die Entstehung der kleistogamen Blüten sind die verschiedensten Meinungen laut geworden. Vöchting (Jahrbuch für wissenschaftl. Botanik. Bd. 25, pag. 174) verpflanzte V. odorata im Herbst in Töpfe, überwinterte sie an einem hellen Ort und stellte sie vor Beginn der Blütezeit bei verschiedener Beleuchtung auf. Die in 20 bis 30 cm Entfernung von einem Ostfenster stehenden Pflanzen entwickelten normale, offene Blüten, die weiter vom Fenster entfernten entfalteten ihre Knospen, soweit solche angelegt waren, überhaupt nicht. Unmittelbar nach diesen Knospen entstanden an allen Stöcken, auch an 1 m vom Fenster entfernten, kleistogame, fruchtende Blüten. Andere Pflanzen von V. odorata wurden von Vöchting im ersten Vorfrühling am Boden eines Gewächshauses schattig gestellt, von da nach Entfaltung der Laubblätter die einen ganz hell, die anderen in das erwähnte Ostzimmer, wieder in verschiedener Entfernung vom Fenster. Nun blühten alle nur kleistogam und entwickelten reichsamige Früchte. Vöchting hat also in beiden Versuchen chasmogame Blüten zum Verschwinden gebracht und zwar durch mangelhafte Beleuchtung. Goebel berichtet (Ergänzungsbd. Flora 1905, pag. 234), dass er kleistogame Blüten auch in voller Beleuchtung gezogen habe, indem er die Pflanzen unter die Bedingungen brachte, unter denen sonst die kleistogamen Blüten entstehen. Im botanischen Garten im Schatten kultivierte V. mirabilis entwickelte an Stelle der chasmogamen Grundblüten nur einige wenige, deren Kronblätter verkümmert waren und deren Antheren, soweit sie untersucht waren, nur zwei Pollensäcke wie die der kleistogamen trugen. Ein Fruchtansatz war nicht eingetreten, obgleich die Pollenkörner Schläuche getrieben hatten. Dass aber tatsächlich statt der chasmogamen fertile kleistogame Blüten gebildet werden können, lehrte eine seit Juli 1904 im Gewächshaus kultivierte V. mirabilis. Im Frühjahr 1905 zeigte sie keine Blüte; erst am 19. Juni 1905 fand sich eine grundständige Blüte, die aber statt chasmogam durchaus kleistogam und schon zur Fruchtbildung übergegangen war. Nach Goebel sind es die ungünstigen Ernährungsbedingungen, die zur Ausschaltung der chasmogamen Blüten führen. — Andere Versuche stellte er mit V. odorata an: Pflanzen mit chasmogamen Knospen wurden im Herbste in einem Kulturhaus einer Tagestemperatur von 15 bis 20° C ausgesetzt. Die vorhandenen Blütenknospen wurden bald gelb und starben ab, während sich die Laubblätter weiter entwickelten und die Pflanzen durchaus gesund blieben. Das Steckenbleiben der Blüten ist hierbei auf die starke Entwicklung der vegetativen Organe zurückzuführen. Als die Ruheperiode in der Entwicklung der Laubblätter eintrat, wurden viele chasmogame Blütenknospen gebildet. Anfang Juni begannen die Pflanzen chasmogam den ganzen Monat hindurch zu blühen. Drei Töpfe wurden ins Freie sonnig und trocken gestellt. Sie blühten bis Anfang Juli chasmogam; die Knospen blieben trotz grosser Hitze nicht in der Entwicklung stecken, wie im Gewächshaus, nur wurden die Kronen kleiner. Die im Kulturhause verbliebenen Pflanzen wurden reichlich bewässert. Anfang Juli zeigten sie keine chasmogamen Blüten mehr, sondern nur solche, die sich nicht öffneten, aber doch auch nicht ganz kleistogam waren; sie hatten nämlich 4-fächerige Antheren, Antherenanhängsel und kürzere chasmogame Griffel. Die Pollenschläuche entwickelten sich innerhalb der Antheren wie bei den kleistogamen Blüten. Es zeigten sich eben Uebergänge zu diesen in allen Stufen. Die Kapseln reiften normal. Aehnliche Resultate erzielte Goebel auch mit V. collina. — Kirchner (Blumen und Insekten, 1911) hält die kleistogamen Blüten für phylogenetisch ererbt, nicht durch Anpassung an äussere Verhältnisse entstanden; sie sind früher angelegt als die chasmogamen, entwickeln sich dann aber langsamer, so dass sie erst nach den chasmogamen zum Vorschein kommen. Die Entwicklungshemmung betrifft vorzugsweise nur Blütenhüllen, lässt aber die Geschlechtsorgane noch bis zur Funktionsreife gelangen. — W. Becker äussert sich hierüber folgendermassen: „1. Mangelhafte Beleuchtung ist der Bildung und Entfaltung der chasmogamen Blüten hinderlich. V. hirta und V. silvestris blühen an lichten Orten auffallend voller als im schattigen Walde. 2. V. mirabilis, an denselben lichten Orten (auf steinigen Muschelkalkböden) in grosser Zahl angetroffen, zeigte äusserst wenige chasmogame grundständige Blüten und diese nicht in völlig gesunder Form. Da sie im Verein mit zahlreichen V. silvestris auftrat und keine Hybriden zu konstatieren waren, ist anzunehmen, dass seit einer Reihe von Jahren oder auch seit jeher die Bildung und Entfaltung offener Blüten unterblieb. In diesem Falle mögen die ungünstigen Ernährungsbedingungen die Bildung chasmogamer Blüten unterdrücken. 3. Wichtig ist Goebels zweiter Versuch mit V. odorata. Es ist anzunehmen, dass die Anlagen für die chasmogamen und kleistogamen Blüten ursprünglich dieselben sind und dieselben Entwicklungsmöglichkeiten besitzen. Die volle Entwicklung bis zur offenen Blüte wird aber inhibiert, sobald die Entwicklung der vegetativen Organe eintritt. Für die Richtigkeit dieser Erklärung spricht auch das Auftreten von Mittelformen zwischen den beiden Extremen. An schattigen Orten kommt nur eine geringe Zahl von Blüten zur vollen Entwicklung oder offene Blüten fallen ganz aus, weil die Pflanzen dort die vegetativen Organe in grösseren Dimensionen entwickeln. Dass Violenbastarde zuweilen nicht blühen, hängt vielleicht auch mit ihrer auffallenden vegetativen Ueppigkeit zusammen."

Nicht alle Violenbastarde zeichnen sich übrigens durch besonders üppige vegetative Vermehrung und Sterilität aus, sondern viele sind normal fruchtbar und daher meist für „nichthybride" oder „irrelevante" Zwischenformen gehalten worden. Moderne genetische Untersuchungen liegen bisher nur vor über die nordamerikanischen Veilchen von Ezra Brainerd (in Rhodora Bd. VI, 1904, ferner in Bull. 224 of the Vermont Agricultural Experiment Station 1921), der 75 Arten und 89 Bastarde unterscheidet, sowie über V. tricolor (pag. 599) von Clausen und Kristofersson.

Die Verbreitung der Veilchen geschieht auf mannigfaltige Weise. Eigentliche Ausläufer bilden nur die Acaules flagellatae (V. sepincola, V. alba, V. odorata) und Cordatae (V. palustris, V. uliginosa), Wurzelsprosse auch V. hirta und V. collina. Die Samen werden bei den meisten Arten auf mindestens zweifache Weise verbreitet.

Zunächst zeigen die Kapseln aller unserer Arten mit Ausnahme der Acaules eflagellatae und A. flagellatae einen hochentwickelten Schleudermechanismus, der von F. Hildebrand (Die Schleuderfrüchte und ihr im anatomischen Bau begründeter Mechanismus. Pringsheims Jahrb. für wissenschaftl. Botanik. Bd. IX, 1874) beschrieben worden ist. Die Fruchtklappen zeigen folgenden Bau (Fig. 2049 a): aussen 5 oder 6 Lagen (höchstens die Hälfte der Wanddicke einnehmend) etwas quergestreckter, dünnwandiger, chloroplastenführender Parenchymzellen. An diese Schicht legt sich nach innen am äusseren Teile der Flügel eine Schicht von mehreren Reihen längsgestreckter, verdickter, geporter Zellen, auf welche zuinnerst eine Lage gleicher, aber horizontal gestreckter Zellen folgt. Im mittleren, wulstigen Klappenteil liegen unter dem dünnen Assimilationsgewebe längliche, geporte Zellen, deren Längswände bogenförmig angeordnet sind. Zuinnerst befindet sich die aus ganz dünnwandigen Zellen gebildete, etwas hervortretende Plazenta, deren Gewebe sich auch nach rechts und links auf die Innenseite der Klappe erstrecken. Dieses zieht sich nun beim Eintrocknen der reifen Frucht stark zusammen und verursacht in Verbindung mit den bogig angeordneten Zellen das Zusammen-

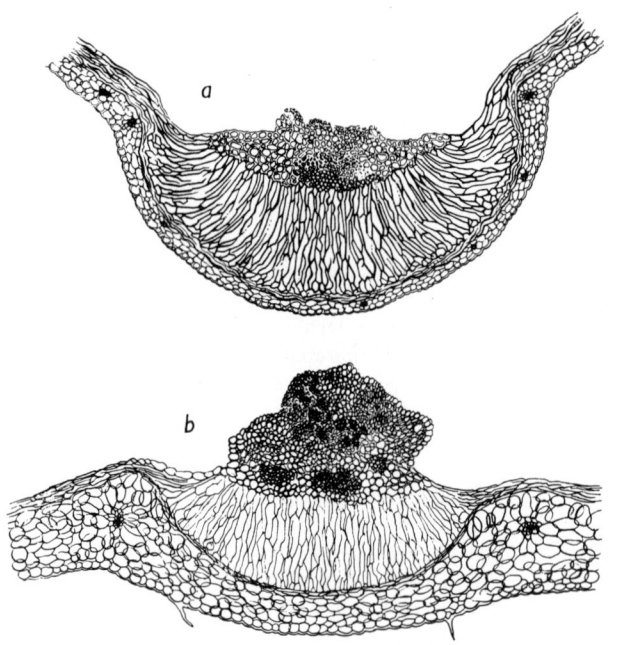

Fig. 2049. Querschnitt durch die Kapselwand *a* von einer schleuderfrüchtigen Viola (V. elatior Fries) und *b* von einer myrmekochoren Art (V. sepincola Jord.), jene mit stark entwickeltem, diese mit reduziertem mechanischem Gewebe (nach R. Sernander).

klappen der Karpelle. Bevor sich diese durch 3 Längsrisse trennen, richtet sich die anfangs nickende Frucht auf (vgl. über diese Postflorationsbewegungen K. Troll in Flora. Bd. CXV, 1922, pag. 353 ff.). Hernach breiten sich die kahnförmig zusammengefalteten Fruchtklappen horizontal aus (Taf. 185, Fig. 5 a).

Durch den Kohäsionsdruck werden die in 3 Reihen auf den Plazenten sitzenden, glatten Samen herausgepresst und einer nach dem anderen herausgeschleudert, bis zuletzt die beiden Ränder jeder Klappe einander berühren. Bei den meisten Arten (am wenigsten bei V. canina, V. persicifolia, V. uliginosa und V. palustris) wächst die Raphe zu einer grossen, hahnenkammförmigen, weissen, ölreichen Samenschwiele (Strophiole) aus, die aus langgestreckten, an fettem Oel reichen, dünnwandigen, durch Tüpfeln verbundenen Zellen besteht. Dieser Oelkörper (Elaiosom) wird, wie Kerner, Lagerheim und Sernander gezeigt haben, von Ameisen (besonders Lasius niger und L. fuliginosus und Formica=Arten) derart geschätzt, dass sie nicht nur die ausgeschleuderten Samen sammeln und in ihre Nester tragen, sondern zuweilen selbst aus den Fruchtklappen herausholen. Sernander fand vor einem einzigen Nest von Lasius niger im Botanischen Garten zu Upsala gegen 300 Samen verschiedener Viola=Arten, deren prozentuale Verteilung dem Abstand der Pflanzen vom Nest entsprach. Bei künstlicher Entfernung der Elaiosome werden die Samen von den Ameisen meist gar nicht beachtet. Am vollkommensten ist die Myrmekochorie bei den Acaules eflagellatae und A. flagellatae entwickelt, die schon Grenier als besondere Gruppe Hypocarpeae zusammengefasst hat. Bei diesen ist der Schleudermechanismus gänzlich verloren gegangen. Das mechanische Gewebe ist auf $^1/_5$ bis $^1/_8$ der Wanddicke reduziert, wogegen das Assimilationsgewebe stark vergrössert ist (Fig. 2049b). Die grossen, kugeligen, oft behaarten Kapseln richten sich bei diesen Arten auf den hiezu viel zu schwachen Fruchtstielen nicht auf, sondern senken sich auf den Boden. Diejenigen der kleistogamen Blüten können sich sogar z. T. im Boden entwickeln. Näheres über die Myrmekochoren vom „Viola odorata=Typus" (die Veilchen mit Schleudermechanismus gehören zum „Euphorbia=Typus") bei R. Sernander. Den Skandinaviska vegetationens spridningsbiologi (Berlin und Upsala 1901) und Entwurf einer Monographie der europäischen Myrmekochoren (K. Svenska Vetenskapsakad. Handl. Bd. VLI, 1906). — Neben der Synzoochorie, zu der die Myrmekochorie zählt, kommt besonders bei Arten vom Euphorbia=Typus auch Endozoochorie vor. So wird nach Aug. Heintze V. tricolor von Kühen und Hirschen, wohl auch von Pferden und V. biflora im Norden von Renntieren, in den Alpen wohl durch Ziegen und Gemsen verbreitet. Borzi beobachtete, dass die Samen auch typisch myrmekochorer Arten wie die von V. odorata und V. sepincola endozoisch verbreitet werden und zwar von Eidechsen (Lacerta agilis, L. muralis und L. viridis); sie sind also wie auch z. B. manche Araceen und Cactaceen „saurochor". — Die Keimung scheint bei den meisten Arten nach den Versuchen von Kinzel durch Belichtung der Samen in hohem Grad begünstigt zu werden. Bei der von unseren Arten mit der kleinsten Lichtmenge auskommenden Viola biflora kann das Licht durch mässigen Frost ersetzt werden. Abweichend scheinen sich auch die Hypocarpen zu verhalten, deren Samen naturgemäss viel weniger belichtet werden. Sie keimen meist nur sehr langsam und spärlich und ertragen (wenigstens die wärmeliebenden Arten wie V. collina) nur geringe Abkühlung.

Bildungsabweichungen sind recht häufig. Wurzelsprosse wurden z. B. wiederholt durch Wydler, Irmisch, Warming u. a. bei V. canina und V. silvestris beobachtet. Ferner wurden festgestellt: Spaltung von Laubblättern, Verwachsungen von Nebenblättern, Bildung von mehreren Blüten in den Achseln der Vorblätter (von Kirschleger beobachtet), Fasciationen usw. Besonders häufig wurden Pelorien, teils ohne, teils mit mehreren Spornen beobachtet, auch Vergrünungen, Synanthien und Durchwachsungen von Blüten (vgl. V. tricolor, V. canina, V. silvestris und V. odorata).

Von Parasiten treten auf zahlreichen Viola=Arten auf die Rostpilze Puccinia violae (Schum.) DC., die keine wesentlichen Deformationen erzeugt, und Urocystis violae (Sow.) Fischer von Waldh., die Laubblätter und Blütenstiele auftreibt und verkrümmt, die Algenpilze Peronóspora violae De Bary, Synchýtrium aúreum Schroet. und S. globósum Schroet.; Blattrollungen und Filzgallen erzeugende Gallmücken (Perrísia affinis Kieff. auf den Nomimium=Arten) und Gallmilben (z. B. Eriophyes violae Nal.) und auf den Melanium= Arten die Sprossgallen erzeugende Perrísia violae Kieff. (= Dasyneúra violae Löw). Eine Blattfleckenkrankheit von V. tricolor erzeugt Cercóspora macróspora. Zahlreiche andere Schmarotzer treten nur auf einzelnen Arten auf, deren isolierte Stellung sich auch hierin kundgibt (vgl. V. biflora und V. palustris).

Als Zierpflanzen werden kultiviert: a) aus der Sektion Melanium: V. tricolor (pag. 596), V. lutea (pag. 604), V. gracilis (besonders die subsp. Olympica [Griseb.]; vgl. V. Dubyana [pag. 608]), V. cornuta (pag. 614), V. calcarata (pag. 609) und deren Bastarde (pag. 615), ferner die folgenden: V. Altáica Ker=Gawler (= V. oréades Bieb., = V. speciósa Schrad., = V. acaúlis hort.). Fig. 2064c bis g. Aehnlich der V. calcarata, aber in allen Teilen grösser, nur der Sporn kürzer, kaum länger als die Kelchanhängsel. Heimat: Taurien, Kaukasus, Armenien, Transkaukasien, Turkestan, Tianschan, Altai. Diese schon von Tournefort als „V. orientális montana grandiflóra" beschriebene Art ist um 1810 aus Russland in England eingeführt und seit 1816 zur Veredlung der Gartenstiefmütterchen verwendet worden. Von ihr stammen u. a. die dunkle Laub= und die tief violettblaue Kronfarbe vieler Gartenstiefmütterchen. Rein wird die Art nur noch selten kultiviert. — V. Battandiéri[1])

---

[1]) Benannt nach dem algerischen Botaniker M. A. Battandier. Am bekanntesten von seinen Schriften ist die zusammen mit L. Trabut verfasste Flore de l'Algérie (grosse Ausgabe mit Nachträgen 1888 bis 1910, kleine Ausgabe 1902).

W. Becker (= V. Munbyána hort. non Boiss. et Reuter, = V. cornuta Desf. non L., = V. grácilis Battandier et Trabut non Sibth. et Sm.). Von V. calcarata durch verlängerte Stengelglieder (Stengel bis 3 dm lang) und ähnlich wie bei V. Dubyana und Verwandten fiederschnittige Nebenblätter, von letzteren durch grössere Krone verschieden. Heimat: Algerischer Atlas. Als „V. Munbyana" werden mitunter selbst Nomimium-Arten in botanischen Gärten kultiviert! Die beiden erstgenannten Arten gehören zum Formenkreis der V. calcarata im weitesten Sinn. — b) aus der Sektion Nomimium: V. odorata und V. sepincola in zahlreichen Formen, seltener auch V. mirabilis und andere einheimische Arten, ausserdem: V. arboréscens[1]) L. Halbstrauch aus dem westlichen Mittelmeergebiet. Ob sich einzelne Angaben über strauchige Veilchen (z. B. V. erecta des Hortus Eystettensis) in deutschen Gärten auf diese, heute im Gebiet nicht kultivierte Art beziehen, erscheint sehr fraglich (vgl. V. elatior und V. odorata f. arborea). — V. oblíqua Hill (= V. cuculláta Aiton, = V. pachyrhizóma F. O. Wolf). Zweiachsige Rosettenstaude mit dickfleischigem Wurzelstock. Laubblätter sehr gross, herzförmig, jung tutenartig eingerollt, später ± löffelförmig eingebogen. Blüten grundständig, über 2 cm gross, blauviolett, geruchlos. — IV. Heimat: Von Neuschottland bis Minnesota, Georgia und Kansas. Diese in mehreren Formen als „Pfingstveilchen" kultivierte, besonders zu Einfassungen auf trockenem Boden geeignete und auch schon am Zürichsee verwildert beobachtete Amerikanerin ist 1897 von F. O. Wolf als neue Art von der Alp Arolla im Eringertal (2200 m hoch) beschrieben worden. Der Irrtum rührte wohl lediglich daher, dass im Garten zu Sitten von der genannten Alp stammende Veilchen durch die daneben wachsende amerikanische Art überwuchert wurden. — V. pedáta L. (= V. multifida Miller, = V. digitáta Pursh) aus Nordamerika. Laubblätter wie bei V. pinnata 5- bis 7-spaltig, aber im Gegensatz zu dieser bis zum Grund handförmig geteilt, durchscheinend punktiert und mit zerschlitzten Nebenblättern. Blüten ziemlich gross, mit blauvioletter, oft gefleckter Krone und schief gestutztem, sehr kurz geschnabeltem Narbenkopf. — c) aus in Europa nicht vertretenen Sektionen: V. Canadénsis L. (Sekt. Chamaemelanium Ging.) aus Nordamerika. Dreiachsig, mit aufsteigenden Stengeln. Laubblätter herzförmig. Nebenblätter fransig zerschlitzt. Kelchblätter lanzettlich. Krone milchweiss bis blasslila, aussen ± violett gestreift, mit sehr kurzem Sporn. — Als „V. Canadensis" wird auch die zweiachsige V. rotundifólia Michx. mit gelblichweisser Krone gezogen. — V. hederácea Labill. (= Erpétion [Herpétion] hederáceum Spruce) aus Neuholland. Australisches oder Efeu-blätteriges Veilchen. Grundachse Ausläufer treibend. Stengel sehr kurz oder fehlend. Laubblätter büschelig gehäuft, mit kleiner, nierenförmiger bis fast kreisrunder, am Grund keilförmiger oder schwach ausgebuchteter, grob gezähnter Spreite. Krone weiss oder weiss und blau. Narbenkopf rüsselförmig. Aendert ab: mit längeren (var. grácilis [R. Br.] Voss) und kurzen Blütenstielen (var. renifórmis [R. Br.] Voss, = Erpétion reniforme Sweet). Die 1826 eingeführte Art eignet sich als Topf- oder Ampelpflanze, auch für Teppichbeete und zur Bekleidung von Felsanlagen, ist aber frostfrei zu überwintern. — V. chrysántha Hooker aus dem westlichen Nordamerika wurde 1909 im Hafen von Ludwigshafen am Rhein adventiv gefunden.

1. Seitliche Kronblätter nach aufwärts gerichtet oder wagrecht. Meist mindestens das untere Kronblatt ± gelb, wenn alle violett, die Blüte mindestens 2½ cm gross oder die Laubblätter ganzrandig. Griffel stark keulig verdickt . . . . 2.

1*. Seitliche Kronblätter nach abwärts gerichtet. Auch das untere Kronblatt nie gelb. Blüten meist unter 2½ cm gross. Griffel nicht oder wenig keulig verdickt. Sektion Nomimium . . . . 10.

2. Blattspreiten breiter als lang, am Grund tief herzförmig. Kronblätter gelb. Griffel winkelig gebogen (Fig. 2067 A), mit abgeflachtem Narbenkopf. Schattenpflanze der Gebirge. Sektion Dischidium. Taf. 186, Fig. 4 . . . . V. biflora nr. 1935.

2*. Blattspreiten länger als breit, nach dem Grund verschmälert. Griffel fast gerade, mit krugförmigem Narbenkopf. Lichtpflanzen. Sektion Melanium . . . . 3.

3. Stengel verlängert, aufsteigend oder aufrecht. Nebenblätter grob gezähnt oder fiederspaltig. Laubblätter nie ganzrandig . . . . 4.

3*. Stengel kurz, niederliegend oder fehlend. Nebenblätter ganzrandig oder 3-spaltig. Niedrige Alpenpflanzen . . . . 7.

4. Nebenblätter nur palmettenartig gezähnt. Sporn über 1 cm lang. Im Gebiete nur in Krain und n Kultur . . . . V. cornuta nr. 1934.

4*. Nebenblätter fiederspaltig. Sporn unter 1 cm lang (wenn länger, vgl. auch V. Battandieri pag. 593) . . . . 5.

---

[1]) C. Bauhin, der diese Art (?) Viola tricolor erecta und V. Martia arborescens purpurea nannte, hielt sie für das Διὸς ἄνθος [Diós ánthos] = Zeusblume des Theophrast, das sehr verschieden, meist aber als Caryophyllacee gedeutet wird (vgl. Bd. III, pag. 296 und 318).

5. Stengel mindestens bei den Gebirgsformen ästig. Nebenblätter mit 2 bis 4 (selten 5) Paar Fiedern und meist deutlich verbreitertem, oft gekerbtem Endabschnitt. Taf. 186, Fig. 6 und 7. V. tricolor nr. 1927.

5*. Stengel meist einfach, am Grund niederliegend. Nebenblätter mit ± linealem, stets ganzrandigem Endabschnitt. Ausdauernde Gebirgspflanzen . . . . 6.

6. Nebenblätter mit 2 oder 3 Paar ziemlich kurzer Fiedern (Fig. 2055 c, d). Stengel meist 3=kantig. Krone meist gelb. Pflanze der Nordalpen und Mittelgebirge . . . . V. lutea nr. 1928.

6*. Nebenblätter mit 4 bis 7 Paar verlängerter Fiedern. Krone stets violett. Nur in den Südalpen. . . . . V. Dubyana nr. 1929.

7. Stengel fehlend, Laubblätter und Blüten daher grundständig. Nebenblätter an den Blattstiel angewachsen (Fig. 2026 b). Nur in den Ostalpen . . . . V. alpina nr. 1933.

7*. Stengel vorhanden, wenn auch oft sehr kurz. Nebenblätter frei (vgl. auch die als Zierstaude kultivierte V. Altaica pag. 593) . . . . 8.

8. Nebenblätter deutlich gezähnt bis fiederspaltig. Blattspreite meist beträchtlich länger als breit. Krone ± 3 cm gross, meist dunkelviolett, selten blassgelb oder weiss. Rasenpflanze der West= und Zentral= alpen. Taf. 186, Fig. 5 . . . . V. calcarata nr. 1930.

8*. Nebenblätter ganzrandig oder nur einzelne mit wenigen Zähnen. Blattspreiten fast kreisrund . 9.

9. Blattspreite gekerbt (Fig. 2059 h, i). Krone lebhaft gelb. Rasenpflanze der Dinarischen Gebirge . . . . V. Zoisii nr. 1931.

9*. Blattspreite ganzrandig (Fig. 2061 b). Krone hellviolett, nur ± 2 cm gross. Kalkgeröllpflanze der Westalpen . . . . V. Cenisia nr. 1932.

10. Laubblätter tief fiederspaltig. Nebenblätter ganzrandig (wenn kammförmig zerschlitzt, vgl. V. pedata pag. 594). Niedrige Kalkalpenpflanze . . . . V. pinnata nr. 1943.

10*. Laubblätter ungeteilt, eiförmig=lanzettlich bis breit herz=eiförmig . . . . 11.

11. Laubblätter und Blütenstiele alle grundständig. Kelchblätter stumpf . . . . 12.

11*. Laubblätter und Blütenstiele mindestens z. T. (bei V. mirabilis nur die Sommerblüten) an kurzen oder verlängerten Stengeln (wenn Halbstrauch, vgl. V. arborescens pag. 594). Kelchblätter spitz. Blüten mit Ausnahme von V. mirabilis geruchlos. Fruchtstiele aufrecht . . . . 21.

12. Grundachse kurzgliederig oder ± langgliederige Ausläufer treibend. Rosetten meist reichblätterig. Fruchtstiele schlaff, nickend. Narbe stets deutlich schnabelförmig. Bewohner vorwiegend trockener oder mässig feuchter Standorte . . . . 13.

12*. Grundachse langgliederig, weit kriechend. Laubblätter zu wenigen, meist kahl. Fruchtstiele aufrecht. Kapsel ganz kahl. Narbe gestutzt, nur bei V. uliginosa kurz schnabelförmig. Kalkmeidende Moor= pflanzen . . . . 19.

13. Grundachse ganz ohne Ausläufer (bei V. hirta und V. collina zuweilen mit kurzen, ± ober= irdischen Aesten, wenn mit kurzen Ausläufern, vgl. die Bastarde, wenn die Grundachse dick fleischig und die auffallend grossen, tief herzförmigen Blattspreiten ± kapuzenförmig eingerollt, V. obliqua [pag. 594]. Rosetten reichblätterig . . . . 14.

13*. Grundachse mit deutlichen, ober= oder doch unterirdischen Ausläufern. Laubblätter mit stark gewölbten, gekerbten Rändern (wenn nieren= bis keilförmig und buchtig gezähnt, vgl. V. hederacea pag. 594). Blüten duftend. Kapsel ± deutlich kurzhaarig. Wärmeliebende Arten . . . . 17.

14. Fast kahle, gelbgrüne Alpenpflanze. Blattspreiten ± so breit wie lang, offen herzförmig. Neben= blätter lang gefranst. Kelchblätter breit abgerundet. Krone hellviolett, stark duftend. Kapsel ganz kahl . . . . V. Pyrenaica nr. 1951.

14*. Meist stärker behaarte, dunkler grüne Pflanzen. Blattspreiten deutlich länger als breit, meist deutlich behaart, ebenso auch die Nebenblätter und Kapseln 15

15. Nebenblätter ganzrandig oder mit wenigen, bei den Formen des Gebiets meist sehr kurzen Fransen, gleich den Kapseln nur schwach behaart bis fast kahl. Blattspreiten am Grund gestutzt oder schwach herzförmig, vorn mit fast geraden Seitenrändern. Blüten geruchlos, meist hellblauviolett (wenn die Blüten duftend oder die Grundachse ± ausläufertreibend, vgl. V. hirta × V. odorata). Gemeinste Art. Taf. 185, Fig. 2 . . . . V. hirta nr. 1948.

15*. Laubblätter, Nebenblätter und Kapseln meist stärker behaart, die Nebenblätter auch auf den stärker entwickelten Fransen. Krone duftend. Seltenere Arten . . . . 16.

16. Laubblätter deutlich herzförmig, mit mindestens im Sommer stärker konvexen Rändern. Krone hellblauviolett bis weiss, mit auffallend kurzem Sporn. Alle Fransen der Nebenblätter lang (Fig. 2083 c). Kalkholde, wärmeliebende Art . . . . V. collina nr. 1949.

16*. Laubblätter schmäler, nur undeutlich herzförmig. Krone lebhaft violett. Untere Fransen der Nebenblätter höchstens halb so lang als diese breit (Fig. 2084 c). Kalkmeidende Art der Alpen und des Pannonischen Tieflandes . . . . V. ambigua nr. 1950.

17. Laubblätter mit fast geraden Vorderrändern, ziemlich dicht behaart. Ausläufer verlängert, oberirdisch, aufsteigend. Nebenblätter lanzettlich (Fig. 2086 b), mit langen, drüsenlosen Fransen. Krone weiss oder hellviolett . . . . V. alba nr. 1952.

17*. Laubblätter breit-herzeiförmig, meist abgerundet, schwach behaart bis fast kahl. Nebenblätter meist mit drüsigen Fransen. Krone dunkler violett . . . . 18.

18. Ausläufer oft über 1 dm lang, unter 2 mm dick, oberirdisch, niederliegend. Nebenblätter eiförmig, ganzrandig oder kurz gefranst. Krone purpurviolett. Weit verbreitete Art. Taf. 185, Fig. 3. V. odorata nr. 1954.

18*. Ausläufer kürzer und dicker, oft unterirdisch. Nebenblätter länger lanzettlich, mit längeren Fransen (wenn mit kurzen, vgl. V. hirta × V. odorata). Kronblätter meist mehr blauviolett, fast in der ganzen unteren Hälfte weiss. Pontische, in den Zentral- und Südalpen weit nach Westen reichende Kollektivart. . . . . V. sepincola nr. 1953.

19. Nebenblätter fast bis zur Hälfte mit dem geflügelten Blattstiel verbunden. Krone ziemlich gross, violett. Griffel kurz geschnäbelt. Oestliche, im Gebiet sehr seltene Art . . . . V. uliginosa nr. 1940.

19*. Nebenblätter frei. Blattstiel meist ungeflügelt. Krone heller lila. Griffel gestutzt, fast tellerförmig . . . . 20.

20. Laubblätter meist zu 4 (2 bis 6), die Spreite meist breiter als lang, auch unterseits kahl und glänzend. Vorblätter in oder wenig über der Mitte des Blütenstiels eingefügt. Blüten meist unter $1^1/_2$ cm gross. Sporn nur wenig länger als die Kelchanhängsel. Weit verbreitete Art. Taf. 185, Fig. 1. V. palustris nr. 1941.

20*. Laubblätter meist nur zu 2, die Spreite meist länger als breit, unterseits zerstreut behaart. Vorblätter hoch über der Mitte der Blütenstiele entspringend. Blüten $1^1/_2$ bis 2 cm gross. Sporn 2- bis 3-mal so lang wie die Kelchanhängsel. Nordische, im Gebiet seltene Art . . . . . V. epipsila nr. 1942.

21. Sumpfpflanzen (auf kalkarmem Boden auch in Wäldern, Heiden und Wiesen) ohne grundständige Laubblattrosette. Blattspreite meist schmal eiförmig, am Grund nicht oder undeutlich herzförmig . . . 22.

21*. Waldpflanzen (V. rupestris auch in Trockenwiesen und Heiden) mit grundständiger Laubblattrosette. Blattspreiten breiter, meist deutlicher herzförmig . . . . 25.

22. Sporn 5 bis 6 mm lang, ± doppelt so lang als die Kelchanhängsel. Laubblätter sehr verschieden. Weit verbreitete Art. Taf. 186, Fig. 3 . . . . V. canina nr. 1936.

22*. Sporn nur 2 bis 3 mm lang, die kurzen Kelchanhängsel kaum überragend. Laubblätter eiförmig-lanzettlich, am Grund gestutzt oder keilförmig. Seltene Sumpfpflanzen (V. persicifolia s. lat.) . . . . . 23.

23. Sprosse 2 bis 5 dm hoch, kurz behaart, frischgrün. Krone über 2 cm gross, hellblauviolett. . . . . V. elatior nr. 1938.

23*. Sprosse niedriger, meist ganz kahl. Krone unter 2 cm gross . . . . 24.

24. Sprosse bleich gelbgrün. Mittlere Nebenblätter ± halb so lang wie die Blattstiele. Spreite am Grund ± gestutzt. Krone höchstens $1^1/_2$ cm lang, weisslich . . . . . V. persicifolia nr. 1937.

24*. Sprosse frischgrün. Mittlere Nebenblätter ± so lang wie die Blattstiele. Spreite am Grund ± keilförmig verschmälert. Krone meist über $1^1/_2$ cm lang, hellviolett. Häufiger als die vorigen auch auf trockenem Boden . . . . V. pumila nr. 1939.

25. Laubblätter glänzend gelbgrün, breit und stumpf. Nebenblätter gross, ganzrandig (wenn schwach gefranst, vgl. die Bastarde mit den folgenden Arten). Frühlingsblüten grundständig, blasslila, ± $1^1/_2$ cm gross, stark duftend. Sommerblüten stengelständig, meist kleistogam. Taf. 185, Fig. 5 . V. mirabilis nr. 1944.

25*. Laubblätter meist matt, trübgrün. Nebenblätter gefranst oder gezähnt. Alle Blüten stengelständig, geruchlos . . . . 26.

26. Flaumig behaarte, seltener kahle, meist nur ± $1/_2$ dm hohe, oft ± violett überlaufene Heide- und Felsenpflanze. Blattspreiten nur 1 bis 2 cm lang und fast ebenso breit, oft fast ganzrandig. Blüten höchstens $1^1/_2$ cm lang, trübviolett oder weiss. Taf. 185, Fig. 4 . . . . V. rupestris nr. 1947.

26*. Kahle oder schwach (nie flaumig) behaarte, meist ± 1 bis $1^1/_2$ dm hohe Waldpflanzen. Blattspreiten meist über 2 cm lang, stets deutlich gekerbt. Nebenblätter lang zugespitzt, mit schmalen Fransen 27.

27. Blattspreiten ± so breit wie lang. Blüten meist über 2 cm lang. Kelchblätter mit fast quadratischen Anhängseln. Kronblätter breit, einander ± deckend; der Sporn weisslich, dick, an dem stumpfen Ende ausgerandet. Griffelschnabel schwach papillös (Fig. 2081 a), fast kahl. Taf. 186, Fig. 2. V. Riviniana nr. 1946.

27*. Blattspreiten meist länger wie breit. Blüten meist unter 2 cm lang. Kelchblätter mit sehr kurzen Anhängseln. Kronblätter schmäler, sich nicht deckend; der Sporn violett, spitz. Griffelschnabel deutlich behaart (Fig. 2081 f) . . . . V. silvestris nr. 1945.

Tafel 185

Tafel 185.

Fig. 1. *Viola palustris* (pag. 628). Habitus.	Fig. 3 e. Frucht.
„ 1a und 1b. Staubblätter.	„ 3 f. Samen mit Elaiosom.
„ 1c. Griffelkopf.	„ 3g. Samen im Schnitt.
„ 2. *Viola hirta* (pag. 638). Habitus.	„ 4. *Viola rupestris* (pag. 636). Habitus.
„ 2a. Blüte im Längsschnitt.	„ 4a. Staubblatt.
„ 2b. Fruchtknoten nebst Griffel.	„ 4b. Fruchtknoten nebst Griffel.
„ 3. *Viola odorata* (pag. 649). Habitus.	„ 5. *Viola mirabilis* (pag. 631). Habitus.
„ 3a. Staubblätter und Narbenkopf.	„ 5a. Aufgesprungene Frucht.
„ 3b und 3c. Staubblätter.	„ 5b. Samen.
„ 3d. Fruchtknoten nebst Griffel.	„ 5c. Staubblatt.

1927. Viola tricolor[1]) L. Stiefmütterchen, Freisamkraut, Dreifaltigkeitsblume[2]). Franz.: Pensée[3]), fleur de la Trinité, herbe de la Trinité; engl.: Pansy, heartsease, love=in=idleness, love=and=idle[4]), cat's face, biddy's eyes, look=up=and=kiss=me, Jack=behind=the=garden=gate; dän.: Stedmorsblomst; schwed.: Styfmorsfiol; ital.: Erba della Trinitá, panzèa, suocera e nuora, viola farfalla o renajòla, viola di tre colori, viola del pensiero, jacea. Taf. 186, Fig. 6 und 7; Fig. 2047 b bis f und 2049a bis 2054.

Die im folgenden angeführten Namen gelten z. T. nur für die wilde Unterart (subsp. arvensis) bezw. nur für die Gartenform (subsp. vulgaris var. hortensis). Den in vielen Mundarten gebräuchlichen Namen Stiefmütterchen hat die Volksphantasie geschaffen: Die beiden nach oben gerichteten Kronblätter sind der Sitz der Stiefmutter, die sich auf zwei Stühlen breit macht; neben ihr sitzen auf je einem Stuhle ihre beiden leiblichen Kinder, während die beiden armen Stiefkinder sich zusammen mit einem Stuhle (das nach unten gerichtete Kronblatt!) begnügen müssen. Vielleicht verglich man auch die ganze Blüte mit dem (bösen) Gesicht (vgl. unten!) einer Stiefmutter. In den schweizerischen Benennungen Schwigerli (Aargau), Schwigerli=Schwögerli (St. Gallen) ist die Stiefmutter offenbar durch die Schwiegermutter ersetzt. Auf die helle und dunkle Färbung der Blüten gehen Tag=und=Nacht=

Fig. 2049a. Viola tricolor L. subsp. subalpina Gaudin var. ramosa (Gaudin) Gams. *a* Habitus einer Pflanze von Zermatt. *b* und *c* Laub- und Nebenblätter derselben Rasse („V. alpestris subsp. Zermattensis Wittrock") (nach Wittrock).

[1]) Im Altertum scheint diese Art und ihre Verwandten gar nicht beachtet worden zu sein. Die gelben und weissen Veilchen der Alten sind Cruciferen (vgl. Bd. IV/1 pag. 442, 467, 469). Aus dem Mittelalter liegt nur eine Miniaturmalerei in der Bibliothek zu Brüssel vor. Die erste sichere Angabe mit Abbildung und Beschreibung der „Herba Trinitatis, Dreyfaltigkeitsblümlin" findet sich bei Brunfels 1531. Dieselben Namen brauchen Fuchs 1542, Bock 1552, Gesner u. a. Die Namen Dreifaltigkeitsblume und Freisamkraut waren bis ins 18. Jahrhundert vorherrschend, doch kommt „Stiefmütterlein" schon um 1600 (z. B. im Hortus Eystettensis) vor. Neben Herba Trinitatis finden sich die Namen Jacea (z. B. bei Mattioli), Viola flammea (z. B. bei Dodoens), Heptachroum oder Heptachrum (= Siebenfarb, z. B. bei Gesner) u. a., V. tricolor auch schon bei Dodoens.

[2]) Diesen Namen erklärt eine Volkssage (Oberpfalz, Siebenbürgen) folgendermassen: Das Stiefmütterchen duftete früher noch schöner als das Märzveilchen. Da es aber im Getreide wuchs und die Leute um seinetwillen das Korn zertraten, bat es die heilige Dreifaltigkeit, ihm den Duft zu nehmen.

[3]) Dieser in allen romanischen Sprachen heute gebräuchlichste Name findet sich zum erstenmal bei dem Franzosen J. Ruellius 1537 zu pensea latinisiert. Nach Dodoens (1583) war er ausser in Frankreich auch in Belgien (wallonisch „peinsaie") gebräuchlich.

[4]) Von englischen Namen führt John Gerarde 1597 an: Hartes ease, paunsie, liue in Idleness, cull me to you, tree faces in a hood. Zu Pansy vgl. Ophelia in Shakespeare's Hamlet: „There's rosemary,

veigerl (oberdeutsch). Tag-und-Nachtblūmla (fränkisch), Tag-und-Nachterli (schwäbisch); Nachtvijōle (Nordthüringen), Nachtschatterl (Altbayern), Nachtschöppli (Unterfranken). Da die Blüten gewöhnlich dreifarbig sind, nennt man die Art auch Dreifaltigkeitsblūmel, -veigerl (bayerisch-österreichisch), Dreifaltigkeit(s)li (Baden, Elsass). Andere „religiöse" Benennungen sind Herrgottsblūmli, Jesusli, (Herz-) Jesuveiele, Jesusknäbli, Jesusblūmli (Baden), Mariānāgeli, Marienstāngel (Schweiz). Vielfach werden auch die Blüten mit einem menschlichen Antlitz (Gesicht, Augen) verglichen: Geseetche, Schöngesicht (Niederrhein), (brete) Gesichter, Menschengesichter (Nahegebiet), Judegesecht [Judengesicht] (Oberhessen), Liebgsichtli (Zürich), Christusauge (Aachen), Mädchenaugen (Nahegebiet), Glotzbock (Baden), Klotzerveilchen (Mittelfranken), Glotzer [„glotzen" = starr schauen] (Württemberg), Zahnblöckerli (Baden). Nach ihrer Gestalt bezw. der samtartigen Beschaffenheit heissen die Blüten noch Frauenschūcherl (Tirol, Kärnten), Liebeherrgottsschüehele (Elsass), Sammetpotsch, -veilche (Nahegebiet), Sammetblūamli (St. Gallen), Schmuckkroitche (Oberhessen). Uebersetzungen des französischen Namens Pensée [von penser = denken] dürften sein: Denkelcher, Dinkelcher, Adenkelcher, Addingelche, Kadenkelche (Nahegebiet), Dānckeli, Denggeli, Dankeli (St. Gallen). Aus dem Kraute wird ein Tee, der besonders gegen die „Fraisen" oder den „Fraisdam" (krampfartige Anfälle, auch Milchschorf) kleiner Kinder, und so als blutreinigendes Mittel Verwendung findet, zubereitet: Theeveigerl (Niederösterreich), Freisam(kraut) (Hessen; im 16. und 17. Jahrhundert in Süddeutschland und in der Nordschweiz allgemein). Wie verschiedene andere Gartenpflanzen nennt man die Kulturform auch Jelängerjelieber (z. B. Nahegebiet, Baden), Engelliebele (Württemberg), Englieblin (Baden). Als vereinzelte Namen wären noch anzuführen Swälkeblom (Schleswig), Schwölkeblom (Norderney), Pfaffenschnalla (Tirol), Feldveigerl (Böhmerwald), Judeveiele, -veialatt (Elsass). — Im rätoromanischen Graubünden heisst das Stiefmütterchen madrastra.

Fig. 2050. Viola tricolor L. subsp. subalpina Gaudin, am Rigi.
Phot. † W. Heller, Zürich.

Mehrjährig bis einjährig. Sprosse meist gelblichgrün, kahl oder ± kurzhaarig. Stengel mit unterwärts meist ± verkürzten, oberwärts verlängerten Internodien, aufsteigend bis aufrecht, ± 1 bis 2½ (½ bis 3½) dm lang, meist ästig, stielrund oder kantig. Laubblätter mit ± ½ bis 2 cm langem Stiel und eiförmig-lanzettlicher bis eirunder, ± 1 bis 3 (½ bis 5) cm langer und ½ bis 1 (bis 1½) cm breiter, meist jederseits 2 bis 4 (bis 6) seichte Kerbzähne tragender Spreite. Nebenblätter ¼ bis ¾ so lang, ± tief fiederspaltig, mit 2 bis 4 (selten bis 5) Paar linealer Fiedern und meist ± laubblattartigem, gekerbtem, seltener ± linealem und ganzrandigem Endabschnitt. Blütenstiele stengelständig, 2- bis 3-mal so lang wie die Laubblätter.

---

that's for remembrance; prey you, love, remember: and there is pansies, that's for thouts." Zu Love-in-Idleness (Liebe vergeblich) Oberon in Shakespeare's Sommernachtstraum: „Yet marked I where the bult of Cupid fell: It fell upon a little western flower, Before milk-white, now purple with love's wound, And maidens call it Love-in-Idleness." Vgl. auch Hrch. Marzell (Unsere Heilpflanzen. Freiburg i. Br. 1922, pag. 93 ff.).

Blüten ± 1 bis 3 cm gross. Kelchblätter lanzettlich, spitz, ³/₄ bis 1 cm lang, mit kreisrunden oder elliptischen Anhängseln, oft ± violett überlaufen. Kronblätter kürzer bis mehr als doppelt so lang wie die Kelchblätter, breit verkehrt=eiförmig, hellgelb, weisslich, rosa oder ± violett, die 3 unteren mit purpurnen bis schwärzlichen Honigstrichen, das untere mit lebhaft gelbem Saftmal, aus 2 papillösen Höckern gebildeter Pollenkammer und 3 bis 6 mm langem, stumpfem, geradem, meist violettem Sporn. Pollenkörner kurz prismatisch, 3= bis 5=kantig. Griffel gekniet, mit kopfförmiger, papillöser, unter der rundlichen Oeffnung ein lippenförmiges Anhängsel tragender Narbe. Kapsel eiförmig, höchstens so lang wie der Kelch, kahl, aufspringend. Samen birnförmig, gelb, mit kleinem, weisslichem Elaiosom. — V bis VIII, die Ackerformen oft das ganze Jahr.

In Mager= und Fettwiesen, Weiden, Aeckern (bisweilen gebaut), an Felsen, auf Alluvionen, Dünen usw. in zahllosen Formen allgemein verbreitet und von den Küsten bis über die Waldgrenze (Maximum 2700 m im Wallis und in Mittelasien) fast überall häufig, wenn auch in vielen Gegenden nicht urwüchsig.

Allgemeine Verbreitung: Gemässigtes Eurasien, nördlich bis Island, Nordskandinavien (verschleppt bis Loppen 70° 16′ nördl. Breite, Alten und Porsanger), Finnisch=Lappland (bis 66° 40′ nördl. Breite) und Sibirien, östlich bis zum Altai und Tarbagatai (in Vorder= und Mittelasien besonders subsp. occúlta [Lehm.]), südlich bis zum Mittelmeer und Vorderindien, die subsp. arvensis als Unkraut fast kosmopolitisch, die der subsp. minima ähnliche V. tenélla Mühlb. in den Südstaaten der Union, eine andere Rasse (V. Andína W. Becker) in den nördlichen Anden von Südamerika.

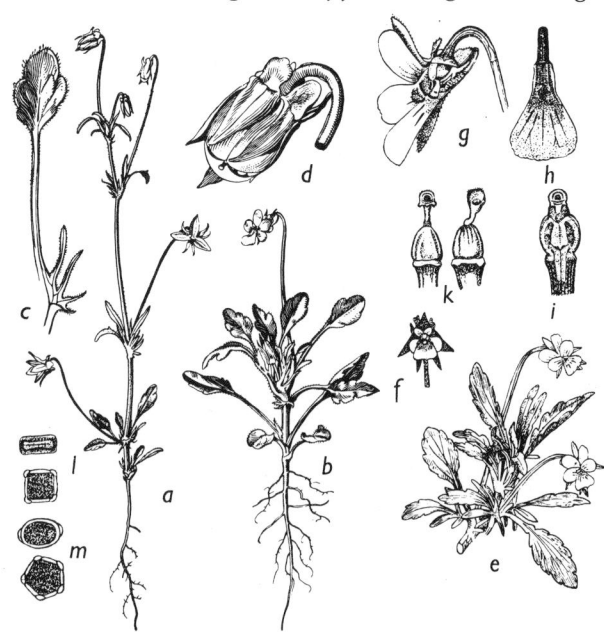

Fig. 2051. Viola tricolor L. subsp. minima Gaudin. *a* Habitus der var. Kitaibeliana (Römer et Schultes) Ledeb, *b* der subvar. pygmáea Rouy et Fouc. *c* Laubblatt. *d* Frucht. — subsp. arvensis (Murray) Gaudin. *e* Habitus der f. pátens (Wittrock). *f* Herbstblüte mit verkümmerter Krone. *g* Längsschnitt durch eine normale Blüte. *h* Spornblatt mit Pollenkammer. *i* Geschlechtssäule. *k* Fruchtknoten. *l* und *m* Pollenkörner (*e* bis *m* nach V. Br. Wittrock, übrige Orig.).

Der Formenkreis der V. tricolor wird ausserordentlich verschieden bewertet. Die meisten Autoren (so Veit Brecher Wittrock in seinen grundlegenden Viola=Studier. Acta Horti Bergiani Bd. II, Stockholm 1897) unterscheiden 3 Arten, die andere (so W. Becker, ähnlich schon 1828 Gaudin) als Unterarten zu einer einzigen) zusammenfassen, mit der Hooker, Rouy u. a. selbst V. lutea, V. gracilis u. a. vereinigten, wogegen Jordan gegen 30 „Arten" unterschied! Wie K. B. Kristofferson (Botaniska Notiser 1914 und Hereditas Bd. 4, 1923, und J. Claussen (Studies on the collective species Viola tricolor L. Bot. Tidskrift Bd. XXXVII, 1921/22. Increase of chromosome numbers in Viola, experimentally induced by crossing. Hereditas Bd. V, 1924) auf experimentellem und zytologischem Weg gezeigt haben, beruht dieser Polymorphismus auf Bastardierung und Aufspaltung. Nach letzterem unterscheiden sich V. arvensis und V. tricolor s. str., die er für gute Arten (ersterer für Unterarten) hält, durch 19 selbständige, erbliche Merkmale, woraus sich 5 308 376 Merkmalkombinationen ergeben. Schon die primären Bastarde der beiden „Arten" sind keineswegs immer intermediär; so haben V. arvensis 17, V. tricolor 13 Chromosomen, ihre Bastarde meist 14 oder 15, in einzelnen Fällen aber auch nur 12. Es ist aber sehr wahrscheinlich, dass auch V. arvensis und V. tricolor schon abgeleitete Derivate sind, doch sind die Ansichten hierüber und über den Wert der einzelnen Merkmale sehr geteilt. Während z. B. Wittrock nach der Kronenfarbe Abarten und selbst Unterarten unterschied, sieht Becker von diesem Merkmal seiner Unbeständigkeit wegen ganz ab. Oft färben sich erst hellgelbe Blüten später rosa oder violett. Grösse und Violettfärbung der Kronblätter scheinen mit zunehmender Luftfeuchtigkeit zuzunehmen (vgl. K. Bertsch in Jahresh. d. Ver. f. vaterl. Naturk. in Württemb. Bd. LXX, 1914 pag. 198/203 und König, Zur Ausmalung der Stiefmütterchenblüte, Isis 1891). H. Hoffmann (Naturk. Verh. Hollandsch. Maatsch. Wetensch., 3. Verz. Deel II 5, 1875 und Bot. Zeitung 1887) konnte durch blosse Auslese aus den Nachkommen gewöhnlicher V. arvensis in 6 Jahren Pflanzen mit 24 und in 8 Jahren solche mit 30 mm grossen, mehrfarbigen, z. T. reinvioletten Kronen erhalten, die ziemlich konstant blieben. Becker schloss 1904 (Systematische Behandlung der Viola arvensis s. l. auf Grundlage unserer phylogenetischen Kenntnisse. Mitt. Thüring. Bot. Ver. N. F. Bd. XIX) aus derartigen Beobachtungen, dass die gross- und violettblütigen Formen von den klein- und gelbblütigen (also subsp. minima und ihren mediterran-orientalischen Verwandten) abstammen. Später schloss er sich jedoch der Ansicht Wittrocks an, dass die grossblütigen Gebirgsformen die ursprünglichsten und aus ihnen durch Anpassung an ein trockenwarmes Klima die kleinblütigen hervorgegangen seien. Der Bearbeiter (Gams) hält erstere Anschauung für wahrscheinlicher und vermutet, das sowohl V. arvensis, wie V. tricolor s. str. durch Kreuzung occulta- und minima-ähnlicher Urformen mit auch schon abgeleiteten grossblütigen Gebirgsformen hervorgegangen seien. Die mitteleuropäischen Formen lassen sich auf 4 Unterarten verteilen:

1. Kronblätter kürzer bis wenig länger als die Kelchblätter, meist alle hellgelb oder nur die oberen $\pm$ violett. Ein- bis zweijährige, seltener mehrjährige, kahle oder öfters $\pm$ flaumig behaarte Pflanzen . . 2.

1*. Kronblätter meist beträchtlich länger als die Kelchblätter, sehr verschieden gefärbt, die oberen oft violett. Sprosse kahl oder zerstreut, meist nicht flaumig behaart. Endlappen der Nebenblätter meist eiförmig-lanzettlich bis lineal . . . . 3.

2. Sprosse $\pm$ flaumig, seltener kahl, meist nicht oder wenig ästig. Endlappen der Nebenblätter breit-eiförmig, von dem der Laubblätter wenig verschieden. Krone nur $1/2$ bis 1 cm lang. Mediterrane Rasse. . . . . 1. subsp. minima Gaudin.

2*. Sprosse meist kahl oder schwach behaart, meist sehr ästig. Endlappen der Nebenblätter eiförmig-lanzettlich bis lineal. Krone $\pm$ $3/4$ bis $1^1/2$ cm lang. Ackerpflanzen . . . 2. subsp. arvensis (Murray) Gaudin.

3. Ein- bis zweijährige, seltener (besonders auf Sandboden) auch mehrjährige, meist niedrige Pflanzen von vorwiegend nördlicher und östlicher Verbreitung. Sporn nur etwa $1^1/2$ mal so lang als die Kelchanhängsel. Pollenkammer geschlossen . . . . 3. subsp. vulgaris (Koch) Oborny.

3*. Mehrjährige, oft über 2 dm hohe Gebirgspflanzen. Sporn $\pm$ doppelt so lang als die Kelchanhängsel. Pollenkammer $\pm$ offen . . . . 4. subsp. subalpina Gaudin.

1. subsp. **minima** Gaudin (= V. Kitaibeliana[1]) Römer et Schultes, = V. tricolor L. var. hirta Ging., = var. húmilis Bertol., = var. Mediterránea Gren. et Godron, = V. mínima Presl, = V. Nemausénsis Jordan, = V. canéscens Jord. non Wall.). Fig. 2051 a bis d.

Einjährig, einstengelig oder aus den untersten Knoten mehrstengelig, $\pm$ $1/2$ bis $1^1/2$ (bis 2) dm hoch. Sprosse deutlich grauflaumig behaart. Nebenblätter mit sehr deutlichem, blattartigem Endzipfel und sehr tief gestellten Seitenzipfeln. Blattspreiten spatelig, stumpf die unteren eiförmig-rund; die oberen länglich bis lineal, kleiner als bei subsp. arvensis und mit wenigen flachen oder fehlenden Kerben. Kronblätter kürzer bis wenig länger als die Kelchblätter, blassgelb, die oberen zuweilen violett. Sporn etwas länger als die Kelchanhängsel, violett, stärker aufwärts gekrümmt als bei den folgenden Unterarten. — III bis V.

In trockenen, offenen Magerwiesen und Weiden, an Acker- und Weinbergsrändern im Mittelmeergebiet (von Spanien bis Transkaukasien, südlich bis Oran), daselbst viel verbreiteter als subsp. arvensis. In Deutschland wohl nur vorübergehend eingeschleppt, so mehrfach im Oberrheintal (Elsass, Häfen von Mannheim und Ludwigshafen). — In Oesterreich typisch im Küstenland (z. B. bei Pedena in Istrien, bei Obrou und Slivje am Karst), von Ungarn aus vereinzelt bis Steiermark (Kalkfelsen von Löffelbach bei Hartberg), Niederösterreich (z. B. am Leopoldsberg) und Mähren (z. B. Kronau). — In der Schweiz sehr verbreitet im Mittelwallis (von Dorénaz und den Follatères bis Visp und Zermatt, meist nur unter 1000 m, bei Zermatt bis über 1600 m), in abweichenden Formen auch im Tessin (z. B. Generoso, Val Colla) und in den südlichen Bündnertälern (z. B. im Puschlav), in der Nordschweiz (z. B. Kloten) wohl nur adventiv.

Von den im Mittelmeergebiet sehr zahlreichen Formen, die z. T. auch als besondere Unterarten aufgefasst worden sind, wurden bisher die folgenden im Gebiet unterschieden: var. Kitaibeliána (Römer et Schultes) Ledeb. (= var. Vallesiaca [Thomas als Art] Gremli, = var. canéscens Rapin, = var. parviflora Rouy et Fouc. non Hayne subvar. cinérea Rouy et Fouc., = V. Kitaibeliana var. týpica Becker). Pflanze sehr klein, in typischer Ausbildung nur 2 bis 5, an schattigen und feuchteren Standorten aber auch 10 bis 20 cm hoch, dicht grauflaumig. Untere Blattspreiten und Endabschnitte der Nebenblätter fast kreisrund. Krone nur

---

[1]) Benannt nach dem Botaniker Paul Kitaibel (geb. 3. Febr. 1757 zu Mattersdorf in Ungarn, gest. 4. Dez. 1817 zu Budapest), der mit dem Grafen von Waldstein die Plantae rariores Hungariae (1799—1812) herausgab.

4 bis 7 mm lang, nur der Sporn violett. So in Ungarn, Istrien und im Mittelwallis. Extreme Formen sind subvar. pygmǽa Rouy et Foucaud (= V. párvula Tenore non Tineo). Pflanze nur 2 bis 4 cm hoch, oft unverzweigt. Blüten nur 4 bis 5 mm gross. Typisch auf den beweideten Löss= und Gehängeschutthalden des Mittelwallis von Fully bis Siders bis zu zirka 900 m Höhe, in Gesellschaft von Poa concinna, Cerastium semidecandrum, Erophila verna, Arabidopsis Thaliana, Saxifraga tridactylites, Trigonella Monspeliaca, Myosotis micrantha, Lamium amplexicaule, Veronica verna, Valerianella carinata, Sherardia arvensis, Galium Pedemon= tanum usw. die Lücken im Festucetum Vallesiacae ausfüllend. — subvar. Hyméttia (Boiss. et Heldr.) W. Becker. Sprosse und Blüten grösser. So z. B. in Weinbergen im Wallis; wohl weiter verbreitet. Eine ähnliche, zur subsp. arvensis überleitende Form ist auch: var. procérior Gaudin (= V. derelícta Jordan?, = V. tricolor var. procerior f. segetális Pospichal? non V. segetalis Jord.). Stengel verlängert, aufrecht. Blattspreiten und Nebenblätter schmäler. Blüten grösser. So z. B. im Oberrheintal, in Istrien, Südtirol und im Wallis. — var. Brockmanniána (Becker) Gams (Becker als subsp. von V. Kitaibeliana, Schinz und Keller als subsp.

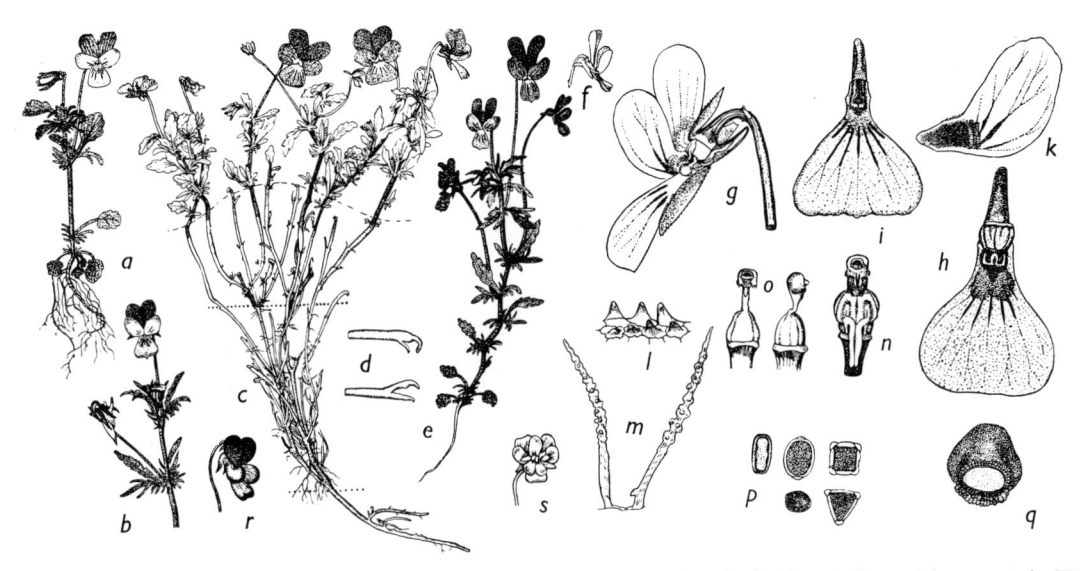

Fig. 2052. Viola tricolor L. subsp. vulgaris (Koch) Oborny. *a* f. typica Wittr. im Frühlingsstadium. *b* f. anopetala Wittr. *c* var. maritima Schweigg. f. coniophila (Wittr.) nach wiederholter Verwehung durch Flugsand. *d* Ausläuferspitzen derselben. *e* var. maritima Schweigg. f. stenochila (Wittr.). *f* Blüte derselben. *g* Blüte der f. typica Wittr. im Längsschnitt. *h* Androeceum über der Pollenkammer. *i* Spornblatt mit Pollenkammer. *k* Seitliches Kronblatt mit Papillenbart. *l* Papillen der oberen Spornblatt-Epidermis. *m* Haare der Pollenkammer. *n* Geschlechtssäule mit den Honigspornen. *o* Fruchtknoten mit Narbenkopf. *p* Pollenkörner. *q* Narbenkopf. *r* Blüte der var. hortensis DC. „Herba trinitatis" aus dem Hortus Eystettensis. *s* Gefüllte Blüte „double Hartsease" nach Parkinson 1629 (alle Figuren nach V. Br. Wittrock).

von V. tricolor). Aehnlich, aber die Blüten noch grösser. Obere Kronblätter oft violett. Leitet zu subsp. saxatilis var. ramosa über. In montanen Magerwiesen der Südalpen, z. B. bei Brusio im Puschlav und am Monte Generoso.

2. subsp. **arvénsis**[1]) (Murray) Gaudin (= V. arvensis Murray, = V. tricolor var. arvensis Wahlenb., = var. unicolor Wirtgen, = var. parviflóra Hayne, = V. segetális, V. Lloýdii, V. variáta, V. graciléscens, V. Deseglísei, V. agréstis, V. rurális, V. pentéla, V. obtusifólia, V. arvática, V. Timbáli et V. súbtilis Jordan). Taf. 186, Fig. 6 und Fig. 2051 e bis m.

Ein= bis zweijährig. Sprosse meist niederliegend oder aufsteigend, seltener aufrecht, kahl oder spärlich flaumig, meist stark verzweigt, meist nur ± 1 bis 2 dm hoch. Laub= und Nebenblätter sehr veränderlich. Blattstiel oft länger als die 1 bis 2 (bis 3) cm lange Spreite. Endabschnitt der Nebenblätter meist eiförmig bis schmal=lanzettlich, gleich den Laubblättern ± gekerbt oder ganzrandig. Blüten 1 bis 1½ cm gross, an aufrechten oder abstehenden, die Laubblätter um das 2= bis 3=fache überragenden Stielen. Kronblätter kürzer bis wenig länger als die Kelchblätter, blassgelb, das unterste lebhaft gelb, der Sporn und oft auch die oberen Kronblätter ± violett. Sporn so lang bis wenig länger als die Kelchanhängsel. Pollenkammer offen. Pollenkörner meist 5=kantig, wenige 4=kantig. — IV bis X, oft auch im Winter.

In Getreide= und Hackfruchtäckern, Brachen, an Weg= und Ackerrändern, auf Weiden usw. auf den verschiedensten Bodenarten häufig (auf Kalk seltener) und meist sehr gesellig. Steigt bis zur Grenze des

---

[1]) Wird als Viola bicolor arvensis schon von Bauhin unterschieden, als Jacea altera von Mattioli.

Getreidebaues: in Oberbayern bis 850 m, in Südtirol bis 1600 m, im Oberengadin bis 1870 m, im Wallis (Findelen) bis 2125 m. Wirklich einheimisch vielleicht nur im Orient (möglicherweise aber überhaupt nur in Kultur entstandene Spaltprodukte orientalischer und mediterraner Unterarten), als Archaeophyt eingebürgert in fast ganz Europa (im Mittelmeergebiet meist durch die vorige Unterart vertreten) und in Sibirien, als Getreideunkraut und Adventivpflanze fast über die ganze Erde verbreitet.

Sehr formenreich und mit allen übrigen Unterarten durch wohl durchwegs hybridogene Uebergänge verbunden. Die vielen von Jordan, Boreau, Wittrock u. a. unterschiedenen Formen lassen sich grössten= teils nicht sicher wiedererkennen. Als wichtigste seien genannt: var. segetális (Jordan) Grenier (= V. segetalis, V. mentita et V. Timbáli Jordan, = V. arvensis Murray subsp. commúnis et subsp. sublilácina Wittrock). Neben= blätter tief fiederspaltig, mit schmal=lanzettlichem, ± ganzrandigem, spitzem Endlappen. Kronblätter ± so lang als die Kelchblätter, alle hellgelb oder (f. sublilácina [Wittrock]) die oberen violett. Ziemlich verbreitet, im Alpen= gebiet anscheinend seltener als die folgende.
— var. agréstis (Jordan) Grenier (= V. agrestis, V. rurális et Deseglisei Jordan, = V. arvensis Murray var. týpica Pospichal, = subsp. pátens et striata Wittrock). Neben= blätter tief fiederspaltig, aber mit laub= blattartig verbreitertem, deutlich gekerbtem Endlappen. Kronblätter wie bei voriger. Die im Alpengebiet bei weitem häufigste Form, im Norden anscheinend seltener. — var. latilaciniáta W. Becker. Neben= blätter nur etwa bis zur Mitte in breite Fiedern gespalten. Blüten oft grösser. Selten. — var. graciléscens DC. (= V. graciles= cens Jordan). Stengel gestreckt, 2 bis 3 dm hoch. Nebenblätter bald mehr denen der var. segetalis, bald denen der var. agrestis genähert. Krone den Kelch deutlich über= ragend, die oberen Kronblätter oft violett. Anscheinend eine Uebergangsform zu subsp.

Fig. 2053. Viola tricolor L. ssp. vulgaris var. maritima. Schwarzort. Phot. P. Michaelis, Köln.

subalpina var. polychroma. Zu dieser und der subsp. vulgaris überleitende Formen scheinen auch var. Provóstii (Boreau) Cottet (z. B. mehrfach in der Westschweiz) und var. curtisépala (Wittrock) Neuman von Gotland zu sein. — var. crassifólia DC. (= var. sýrtica Floerke?). Eine Strandform mit grossen, fleischigen Laubblättern. — Eine Form mit an= geblich kleistogamen Blüten beschreibt Zederbauer (Oesterr. Botan. Zeitschrift 1904).

3. subsp. **vulgáris** (Koch) Oborny (= V. tricolor L. em. Wittrock, = var. vulgaris Koch, = var. grandiflóra Hayne, = subsp. subalpina Gaudin p. p., = subsp. tricolor W. Becker, = var. týpica Zapalowicz). Taf. 186, Fig. 7 und Fig. 2052.

Stengel meist nur 1 bis 2 (½ bis 3) dm hoch, einfach oder ästig, meist aufsteigend, gleich den Laub= blättern kahl oder unterwärts zerstreut behaart. Blattspreiten meist ziemlich schmal. Endabschnitt der Neben= blätter eiförmig=lanzettlich, meist gekerbt. Blüten 1½ bis 2½ (seltener bis 3½) cm lang, meist auffallend bunt. Sporn 3 bis 5 mm lang, so lang bis 1½mal so lang als die Kelchanhängsel. Pollenkammer geschlossen. Pollenkörner meist 4= (3= bis 5=)kantig. — IV bis X.

Von Grossbritannien und Frankreich durch Nord= und Osteuropa bis Vorderasien verbreitet (in Mittelasien Beziehungen zu V. occúlta Lehm.), in Mitteleuropa besonders auf kalkarmem Substrat (Sand, Torf) von der montanen bis zur subalpinen Stufe (daselbst in subsp. subalpina var. polychroma übergehend).

Hiezu gehören: var. genuína (Wittrock) Blytt. Einjährig, selten zweijährig. Stengel nur über dem Boden verzweigt, meist ziemlich dünn. Blüten von sehr wechselnder Grösse und Farbe, bei der typischen Form (f. týpica Wittrock) zuerst alle weisslich, später die obersten violett, die 3 anderen gelblichweiss oder die oberen schon von Anfang an, zuletzt alle violett (f. versícolor Wittrock) bis schwarzviolett und stark duftend (subf. septentrionális Wittrock). Nach Form und Farbe unterschied Wittrock eine grosse Zahl von Formen. Genannt seien: f. bícolor Hoffmann. Alle Kronblätter violett, nur das unterste mit gelbem Fleck. — f. ornatíssima Wittr. Obere Kronblätter zuerst lila, untere weisslich, zuletzt alle purpurn. — f. lutéscens Wittr. Alle Kronblätter mit Ausnahme des violetten Sporns gelb bis (f. álbida Wittr.) weisslich. In Heiden, Kiefernwäldern, Molinia=Wiesen, an Wegrändern usw.; anscheinend vorzugsweise auf kalk= armem Boden. In Deutschland im nördlichen Flachland und in den Mittelgebirgen (im Jura seltener)

ziemlich verbreitet, in Oberbayern bis 1240 m steigend. — In Oesterreich sehr zerstreut in den Sudeten=
ländern und in den Alpen (von Tirol [bis zirka 1500 m] bis Niederösterreich [z. B. auf dem Marchfeld] ziemlich
verbreitet, scheint jedoch in Steiermark zu fehlen), vereinzelt auch auf dem Karst. — In der Schweiz
anscheinend selten typisch (z. B. auf den Mooren des oberen Toggenburgs, im Wauwiler Moos usw.).

    var. marítima Schweigg. (= var. sabulósa DC., = var. arenária Sonder, var. campéstris
Fries et f. Báltica Krause, = subsp. ammótropha, conióphila et stenochila Wittrock, = subsp. Curtisii [Forster
als Art] Rouy et Foucaud). Fig. 2052 c bis f. Mehrjährig, selten nur zweijährig, mit ästiger, meist ± tief im
Sand vergrabener Grundachse. Laubblätter und Nebenblätter meist auffallend schmal und etwas fleischig, kahl
oder sehr kurz behaart. Blüten lang gestielt, meist ziemlich klein bis mittelgross, von sehr wechselnder Farbe
(bei f. marítima [Schweigger] Sonder und f. conióphila [Wittrock] Blytt meist alle violett, ebenso meist bei
der durch schmale Kronblätter und verlängerten Sporn ausgezeichneten f. stenochila [Wittrock] Blytt, bei
f. ammótropha [Wittrock] Blytt rosa, bei f. sýrtica Flörke und f. Baltica Krause meist hellgelb, bei
f. sabulósa DC. und f. arenária
Sonder meist dreifarbig). Auf den
Dünen der Nord= und Ostseeküsten
in zahlreichen Formen sehr ver=
breitet. Eine ausführliche morpho=
logische Beschreibung der sand=
bewohnenden (psammophilen) Stief=
mütterchen gibt Wittrock (Viola=
Studier I, pag. 37 bis 50 und 66
bis 80), eine scharfe Trennung der
Formen lässt sich aber ohne Iso=
lierung reiner Linien nicht durch=
führen. Einerseits scheinen manche
Dünen= und Strandformen anderen
Unterarten näher zu stehen (so die
f. sýrtica Flörke und f. Báltica
Krause der subsp.arvensis), anderer=
seits kommen auch im Binnenland
stellenweise ähnliche Formen vor
(so z. B. in Böhmen und im Wallis).
Nach Focke (Festschrift für
Stahl, 1920, pag. 297) sind
sie nicht an Salzwasser gebunden.
An der Nord= und Ostsee treten
die Stiefmütterchen stellenweise

Fig. 2054. Viola tricolor L. subsp. subalpina Gaudin var. polychroma (Kerner) Gams, in Fettwiesen bei Klosters (Schweiz), zirka 1200 m. Phot. Dr. G. Hegi, München.

sehr häufig auf den grauen Dünen, seltener auch auf den weissen und Vordünen auf, mit Ammophila arenaria,
Lathyrus maritimus, Erodium cicutarium, Hieracium umbellatum usw. — var. horténsis Roth (et DC. non
V. hortensis Wettstein et hort.). Fig. 2052 r, s. Einjährig, aber in allen Teilen kräftiger als var. genuina. Laub=
blätter oft 5 bis 6 cm lang. Blüten ± 2 bis 2½ cm gross. Kronblätter (mindestens die oberen) meist tief
violett (wenn die Krone 3 bis 5 cm lang, gelb oder mehrfarbig und die Stengel kurzgliederig, vgl. die Garten=
bastarde!). Wahrscheinlich nur eine Gartenform der var. genuina. Jetzt fast nur noch in Bauerngärten und
Friedhöfen abgelegenerer Gegenden (z. B. in den Alpen und im Jura) und daraus gelegentlich verwildernd
und ± zu var. genuina zurückschlagend. Die ersten Angaben über kultivierte Stiefmütterchen stammen aus
dem 16. Jahrhundert: 1536 in Deutschland (Brunfels, Fuchs, Bock, Gesner), 1583 in Belgien und
Frankreich (Dodoens als „V. tricolor"), 1597 in England, 1642 in Italien, 1648 in Dänemark, 1657 in Schweden
usw. Obwohl auch schon im 16. und 17. Jahrhundert (1583 in Deutschland, 1629 in England, 1642 in Holland,
1651 in Polen) V. lutea kultiviert worden ist, scheinen doch bis 1800 keine Kreuzungen aufgekommen zu
sein, so dass die zahlreichen Gartenformen des 17. und 18. Jahrhunderts (z. B. im Hortus Eystettensis um
1600, bei Parkinson in England 1629 schon Pelorien mit gefüllten Blüten, bei J. W. Weinmann in
Regensburg 1742 schon 8 verschiedene Formen) wohl alle zur var. hortensis gehören (Näheres und Abbildungen
alter Gartenformen bei Wittrock, Viola=Studier II, pag. 6 bis 15).

    4. subsp. **subalpina** Gaudin (= V. saxatilis Schmidt und V. tricolor L. var. alpéstris Ging. apud DC.
et var. montána Čelak., = V. alpestris, V. flavéscens, V. Sagóti, V. montícola, V. lépida, V. confínis, V. peregrína
et V. contémpta Jordan, = V. tricolor subsp. alpestris W. Becker). Fig. 2049 a, 2050 bis 2053 und 2054.

Zwei- bis mehrjährig, kahl oder schwach behaart. Stengel aufsteigend oder aufrecht, ± 2 bis 3 (bis 4) dm hoch. Blattspreiten ± 2 bis 4 cm lang. Nebenblätter leierförmig-fiederspaltig. Krone 2 bis 3½ cm lang, oft ± duftend. Sporn 5 bis 6 mm lang. Pollenkammer ± offen. Meiste Pollenkörner 4-kantige Prismen. — VI bis VIII.

Nur auf den Gebirgen vom Altai und Tarbagatai durch die Balkanländer, Karpaten und Alpen bis zu den Pyrenäen. In Deutschland nur in den Vogesen, im Schwarzwald (zwischen Hinterzarten und dem Titisee), in den Alpen, im Bayerischen Wald (nicht häufig, z. B. bei Spiegelau), Erz- und Riesengebirge, angeblich auch in Ostpreussen (bei Lyck und Drygallen). — In Oesterreich in den Sudeten- und Alpenländern (südlich bis Südtirol, Friaul und Krain) verbreitet. — In der Schweiz in den Alpen allgemein verbreitet, im Jura nur in den Hochtälern der Kantone Waadt und Neuenburg.

Von den zahlreichen Formen, die vielleicht polyphyletisch von anderen Unterarten abstammen, seien genannt: var. alpéstris Ging. apud DC. (= V. alpestris Jordan, = V. flávida Schur, = V. lútea Tratt. non Hudson, = V. grandiflóra auct. non L. nec Vill., = V. alpestris subsp. typica W. Becker, = subsp. Paulini Hayek). Sprosse aufsteigend oder aufrecht, ± kahl. Nebenblätter mit meist laubartig verbreitertem und gekerbtem (subvar. bélla Grenier), lineal-lanzettlichem, ganzrandigem Mittellappen. Krone hellgelb, nur am Sporn ± bläulich. An Felsen auf Geröllhalden und trockeneren Alluvionen die vorherrschende Form, in Südtirol bis 2100 m, im Engadin und Wallis bis über 2300 m, die subvar. bélla Grenier (= var. graciléscens Grenier non V. gracilescens Jordan, = V. grandiflóra subsp. elongáta Gaudin, = V. montícola Jordan, = V. tricolor L. var. montícola Rouy et Foucaud) anscheinend seltener, in der West- und Südschweiz jedoch stellenweise vorherrschend. — var. polychróma (Kerner) Gams (= V. polychroma Kerner, = V. tricolor L. var. grandiflora Maly, = V. saxatilis var. polychroma Borb., = V. alpestris subsp. polychroma Hayek). Fig. 2054. Sprosse wie bei voriger, aber meist schlanker und zarter, oft völlig aufrecht. Krone von sehr verschiedener Farbe, öfters ganz violett. Meist sehr gesellig in subalpinen Fettwiesen (besonders Trisetum-Wiesen und Hochstaudenfluren, ausnahmsweise auch in Aeckern) der Alpen (in den Voralpen verbreitet, in Oberbayern bis zirka 700 m abwärts, in den Zentral- und Südalpen auf grösseren Strecken fehlend, so in Krain, Friaul, Südtirol und im Mittelwallis), des Kettenjura, der Vogesen, des Schwarzwaldes und der Sudeten. Scheint der subsp. vulgaris nahe zu stehen. Zwischenformen zwischen beiden Rassen sind stellenweise häufig (hiezu auch V. alpestris subsp. Zermatténsis Becker p. p. non Wittrock). — var. ramósa (Gaudin) Gams (= V. grandiflóra subsp. ramosa Gaudin, = V. Rothomagénsis Hausm. non Desv., = V. tricolor var. hírta Hausm.? non Ging., = V. alpestris subsp. Zermatténsis Wittrock, = V. tricolor subsp. Zermattensis W. Becker). Fig. 2049 a. Sprosse ausgebreitet, kräftig, sehr ästig, kurz flaumig behaart. Nebenblätter von sehr wechselnder Gestalt, oft wie bei subsp. Kitaibeliana mit rundlichem Endabschnitt. Blütenstiele ziemlich kurz. Krone hellgelb, der Sporn und oft auch die obersten Kronblätter ± violett. In Trockenwiesen, auf trockenem Kies und auf Kulturland der zentralalpinen Föhrenregion wohl ziemlich verbreitet, so in Tirol (z. B. Ladis, Seiseralpe, Klobenstein), in Graubünden (vielfach) und im Ober- und Mittelwallis (vom Simplon bis Fully, am Riffel ob Zermatt bis 2700 m). Diese eigenartige Pflanze, die Becker zur vorhergehenden Unterart stellt, scheint vielmehr zwischen subsp. Kitaibeliana und subsp. subalpina var. alpestris zu stehen. Nach der Beschreibung scheinen damit auch var. pinetórum (Pacher als var. von V. lutea) von Semlach in Kärnten und V. Macedónica Boiss. et Heldr. aus den Balkanländern (nach W. Becker auch in Südtirol: Val Saleci in Rabbi) ähnlich oder selbst identisch zu sein. — Uebergangsformen zwischen subsp. arvensis und subalpina kommen gleichfalls öfters vor; hiezu gehören wohl var. Sagóti Gren. et Godron, var. Provóstii (Boreau) Cottet und var. subarvénsis (Wittr. als subsp. von V. alpestris).

Von Bildungsabweichungen wurden wiederholt Verdoppelungen von Laubblättern und Blüten, Synanthien, Pelorien, Hyperpetalie (gefüllte Blüten) und Polyembryonie beobachtet. Von Parasiten treten ausser den auch auf anderen Veilchen verbreiteten Arten (vgl. pag. 593) u. a. auch der Rostpilz Urocýstis Kmetiána Magnus und als Blütengallenerzeuger die Fliege Lauxánia aénea Meigen auf. — Die Morphologie, Physiologie und Oekologie der V. tricolor-Rassen ist wiederholt untersucht worden, am eingehendsten von Veit Brecher Wittrock in seinen Viola-Studier (Acta Horti Bergiani Bd. II, 1897) und H. Krämer (Viola tricolor L. in morphologischer, anatomischer und biologischer Hinsicht. Diss. Marburg, 1897). Die ersten 2 oder 3 Stengelinternodien bleiben fast stets unentwickelt, sodass die Keimblätter mit 1 bis 2 Laubblättern eine kleine Rosette bilden. Die unteren Laubblätter sind von den oberen meist recht auffallend verschieden. Neben normalen Zweigen finden sich oft auch akzessorische. Die Verzweigung ist bei manchen Formen, z. B. den sandbewohnenden, oft sehr stark. Entsprechend kann auch der Blütenreichtum sehr gross werden: bei der fast das ganze Jahr hindurch blühenden subsp. arvensis können nach Wittrock von einem Stock jährlich bis 1600 Blüten gebildet werden und, da jede Kapsel 27 bis 75 Samen enthält, gegen 90000 Samen. Die Angaben früherer Beobachter, dass sich die einzelnen Unterarten in der Blüteneinrichtung wesentlich unterscheiden, konnte er nur z. T. bestätigen. Wohl erhalten die grossblütigen, duftenden Alpenformen reicheren

Tafel 186

Tafel 186.

Fig. 1. *Viola silvestris* (pag. 634). Habitus.
„   1a. Same.
„   2. *Viola Riviniana* (pag. 635). Habitus.
„   2a. Frucht entleert.
„   3. *Viola canina* (pag. 619). Habitus.
„   3a. Frucht.
„   3b. Unreifer Same an der Plazenta.
„   4. *Viola biflora* (pag. 617). Habitus.

Fig. 4a. Narbenkopf.
„   4b. Same.
„   5. *Viola calcarata* (pag. 609). Habitus.
„   6. *Viola tricolor* subsp. *arvensis* (pag. 600). Blütenspross.
„   6a. Blüte im Längsschnitt.
„   6b. Same.
„   7. *Viola tricolor* subsp. *vulgaris* (pag. 602). Blütenspross.

Falterbesuch als die kleinblütigen Tieflandsformen; aber solcher kommt neben Hymenopteren- und Dipterenbesuch doch auch bei diesen vor. Bei allen sind, wie schon Sprengel feststellte, Bienen die häufigsten Besucher. Nach Kristofferson erzeugt in Schweden Thrips regelmässig Selbstbestäubung. Anderwärts tritt auch bei der subsp. arvensis nicht regelmässig Autogamie ein (wohl aber wahrscheinlich bei der daraufhin noch nicht näher untersuchten subsp. minima) und auch bei ihr trägt der Narbenkopf stets eine, wenn auch kurze Lippe. Vgl. auch Zederbauer, Kleistogamie von Viola arvensis und ihre Ursachen (Oesterr. bot. Zeitschr. Bd. LIV, 1904, pag. 355). Ueber die ausserordentlich wechselnde Grösse und Färbung der Krone vgl. pag. 599 und 600). Häufig wird im Frühling und Herbst mehr Anthozyan gebildet als im Hochsommer und im Winter. Die Samen werden wie bei allen unseren Arten der Untergattung Melanium ausgeschleudert, um dann meist durch Ameisen weiter verbreitet zu werden. Die Keimdauer soll 4 Wochen betragen; doch dürften sich hierin und in den Keimungsbedingungen die einzelnen Arten recht verschieden verhalten.

Ausser als Zierpflanze (in Bauerngärten besonders in der var. hortensis, jetzt meist durch Gartenbastarde verdrängt) wird V. tricolor seit dem Mittelalter auch als Heilpflanze kultiviert (so wieder 1921 mit gutem Erfolg in Sachsen), besonders als Volksmittel gegen Kinderkrankheiten, wie Hautausschläge (Milchschorf = Freisam, daher der alte Name Freisamkraut, der nichts, wie behauptet worden ist, mit den in der aufgesprungenen Kapsel frei daliegenden Samen zu tun hat!), Skrophulose und Rhachitis, auch zum Baden Neugeborener. Camerarius und Tabernaemontan empfahlen Freisamkrautwasser gegen die Franzosenkrankheit (Syphilis). Eine gewisse Heilwirkung bei Hautkrankheiten ist auch in neuester Zeit beobachtet worden (H. Schulz). Bei der Verwendung der Abkochung von Laubblättern und Blüten ist jedoch Vorsicht geboten, da grössere Mengen schädlich wirken. Der Tee wird auch wie der von V. odorata als Expectorans bei Husten gebraucht, wirkt jedoch schwächer. In Lettland gilt die Art als Mittel gegen Schreckneurosen. Ueber die Rolle der Pflanze im Volksglauben vgl. die Namen pag. 597 und 598, weiteres bei Marzell, Hrch. Unsere Heilpflanzen, Freiburg i. Br. 1922, pag. 93 bis 96.

1928. Viola lútea[1]) Hudson (= V. grandiflóra L. p. p., = V. trícolor L. subsp. lutea Hooker). Gelbes Stiefmütterchen, Vogesen-, Erz- und Galmei-Stiefmütterchen, in Aachen Kelmesblume. Franz.: Grande pensée jaune; engl.: Great yellow pansy. Fig. 2055 und 2056.

Kahle oder spärlich kurzhaarige Staude mit dünnem, ästigem, mehrere Stengel treibendem Erdstock. Stengel aufsteigend oder aufrecht, $\pm$ 1 bis 2 ($^1/_2$ bis 3) dm hoch, meist einfach, dünn, dreikantig, gleich den Laub- und Nebenblättern glatt, gelbgrün. Laubblätter $\pm$ 2 bis 3 (1$^1/_2$ bis 4) cm lang, jederseits mit 0 bis 4 seichten Kerben; die untersten mit fast kreisrunder, $^1/_2$ bis 1 cm langer, die oberen mit länglich-eiförmiger bis lineal-lanzett-

---

[1]) Diese Art wurde von Camerarius in Nürnberg, der sie sowohl aus den Schweizer Alpen (vielleicht durch Gesner vom Pilatus) wie aus dem herzoglichen Garten zu Stuttgart erhalten hatte, als Viola montana tricolor odoratissima beschrieben, von Clusius, der sie teils von Camerarius, teils aus dem Garten des Landgrafen von Hessen in Cassel hatte, als V. tricolor odoratissima und V. montana III. In dem Fürstbischöflichen Garten zu Eichstätt (im Hortus Eystettensis um 1600 als V. flammea major, Flos Trinitatis major) dürfte sie durch Camerarius gelangt sein, wogegen sie C. Bauhin, der sie V. montana lutea grandiflora nennt, selber in den Vogesen geholt haben wird. Auch in England wurde sie in Kultur genommen und von Parkinson 1629 als V. flammea lutea maxima abgebildet.

licher, in den Stiel verschmälerter, ± 2 bis 3 cm langer und ¹/₄ bis 1 cm breiter, stumpfer oder spitzer, ± deutlich fiedernerviger Spreite. Nebenblätter der untersten Laubblätter kürzer als der Blattstiel, ungeteilt oder 3=spaltig, die mittleren palmettenartig, die oberen mehr fieder= spaltig geteilt, nur wenig kürzer als die Laubblätter, mit lineal=lanzettlichem, ganzrandigem Endlappen und jederseits 2 bis 4 (bis 6) fast bis zur Spindel getrennten, linealen Fiedern. Blütenstiele ± 3 bis 9 cm lang. Blüten ± 2 bis 4 cm gross, meist duftend. Kelchblätter lanzettlich, mit rundlichen Anhängseln. Kronblätter meist alle hell bis lebhaft gelb, die oberen und seitlichen verkehrt=eiförmig, ± lang genagelt bis fast kreisrund, zuweilen blass himmel= blau bis purpurviolett, das untere verkehrt=herzförmig, meist gelb mit schwarzpurpurnen Nektarstrichen. Pollenkammer fast geschlossen. Sporn 3 bis 7 mm lang, meist 2= bis 3=mal (1= bis 5=mal) so lang als die Kelchanhängsel, ziemlich dünn, meist gerade und violett, doch in Form und Grösse sehr wechselnd. Griffel gekniet, mit fast würfelförmigem Narbenkopf.

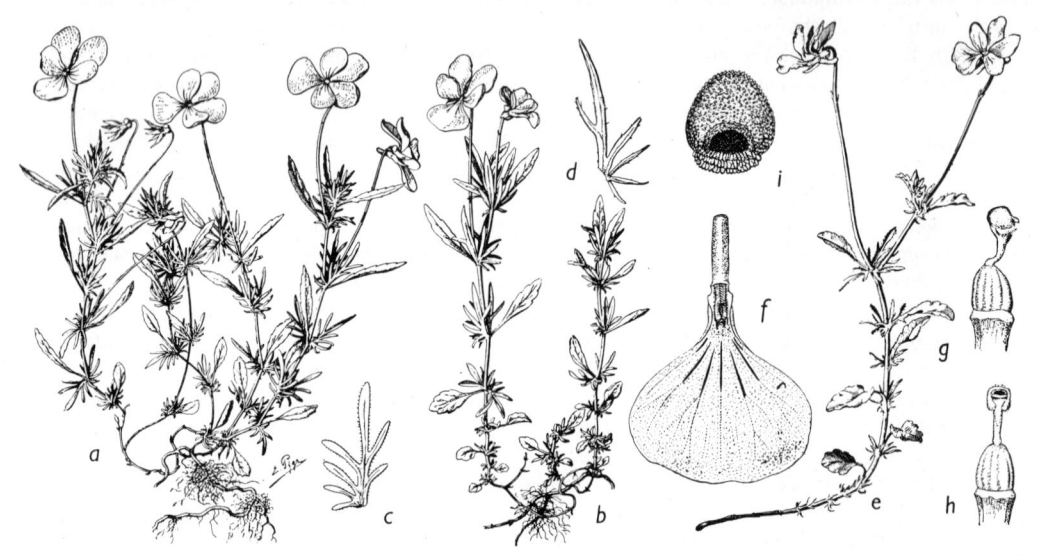

Fig. 2055. Viola lutea Hudson var. grandiflora (L.) Rchb. *a* und *b* Habitus. *c* und *d* Nebenblätter. *e* Habitus der var. elegans (Spach) subvar. multicaulis (Koch). *f* Spornblatt einer Gartenform mit der Pollenkammer. *g* Fruchtknoten von der Seite und *h* von unten. *i* Narbenkopf (Fig. *f* bis *i* nach V. Br. Wittrock).

Kapsel ± so lang als die Kelchblätter, aufspringend. Samen birnförmig, gelb, mit kleinem Elaiosom. — VI bis VIII, vereinzelt bis X.

Meist gesellig in Magerwiesen und Weiden, je nach den Rassen auf sehr verschiedenem Substrat und in wechselnder Höhe. Auch als Zierpflanze gezogen und verwildernd (so bei Kiel).

Allgemeine Verbreitung: Die typische Unterart in der Tatra, in den Sudeten, Rottenmanner Tauern, Helvetischen Kalkalpen, in Ost= und Südfrankreich, in den Vogesen, im Rheinisch=belgischen Schiefergebirge bis Südostlimburg, England und Schottland. Stärker abweichende Unterarten in den Gebirgen der nördlichen Balkanländer und in den Pyrenäen bis Cantabrien (daselbst die durch längeren Sporn stärker abweichende, der V. cornuta ge= näherte V. Bubánii Timbal=Lagr.).

Becker (Beiheft zum Botan. Centralblatt. Bd. XVIII [1905], pag. 376/393) rechnet zur Gesamtart V. lutea als Kleinarten auch V. Dubyana, V. declinata und einige weitere aus den Gebirgen der nördlichen Balkanländer bis Nordgriechenland (daselbst die V. Orphánidis Boiss.), die aber ebenso gut zur folgenden Art gestellt werden können, ferner die durch stärkere Behaarung abweichende und von den meisten Autoren zur V. tricolor gestellte V. Rothomagénsis Desf. (= V. híspida Lam.) von den Kalkhügeln Nordfrankreichs, die auch aus Limburg, Belgien und der Rheinprovinz (Spa) angegeben wird, welche Angaben aber sehr zweifelhaft sind. In Mitteleuropa lassen sich 3 Rassen geographisch und ökologisch sehr scharf, dagegen morphologisch nur sehr schwer unterscheiden:

var. Sudética (Willd.) Koch (= V. Sudetica Willd., = V. grandiflora Haenke et Mikan non L., = V. lutea var. grandiflora Strobl non Rchb., = subsp. Sudetica Becker). Stengel aufrecht, kräftig. Laubblätter kahl oder spärlich behaart, ± 5 bis 8 mm breit. Nebenblätter ± fiederig geteilt. Krone 2½ bis 4 cm lang, mit Ausnahme der Nektarstriche und des meist bläulichen, schwach aufwärts gekrümmten Spornes fast stets ganz gelb. In Wiesen auf kristalliner Unterlage in zirka 1000 bis 1400 m Höhe. — In Deutschland nur in Schlesien auf dem Glatzer Gebirge (Schneeberg, Dürre Koppe, Saalwiesen), auf dem Riesengebirge wohl nur auf der böhmischen Seite. — In Oesterreich in Böhmen auf dem Glatzer Schneeberg und im Riesengebirge (Langer Grund, Aupagrund, Blaugrund, Riesengrund, Rehhorn, Brunnenberg), in Mähren auf den Gipfeln des Gesenkes (Dreistein, Fuhrmannsteine, Köpernick, Glaserheide, Hockschar, Tietzhübel, Grosser und Kleiner Kessel usw.), am Altvater (Hohe Heide, Leiterberg, Petersteine usw.) und auf den Beskiden (Barania und Kobylaberg), angeblich auch bei Iglau. Dann ganz isoliert in Steiermark: in der Krummholz- und alpinen Stufe der Rottenmanner Tauern (nur am Hengst- und Bruderkogel in der Bösensteingruppe, von Hatzi entdeckt) und Wölzer Tauern (Schöttlgraben bei Oberwölz zirka 2000 m). Die Angabe aus Kärnten ist wohl falsch. Ausserdem nur noch auf der Tatra. Aendert ab mit schmäleren Kelchblättern (f. stenosépala Zapal.).

var. grandiflóra (L. p. p.) Rchb. (= V. grandiflora L. an Vill.? non hort., = V. grandiflora subsp. lutea Gaudin, = V. lutea subsp. elegans Becker p. p. non V. elegans Spach). Fig. 2055 a bis d. Stengel dünn, aufsteigend oder aufrecht. Laubblätter kahl oder am Rand kurz gewimpert, 3 bis 6 mm breit. Nebenblätter handförmig bis fiederig zerteilt. Krone 2½ bis 4 cm lang, gelb mit schwärzlichen Nektarstrichen und meist dunkelviolettem Sporn, seltener auch die oberen Kronblätter ± violett. Nur in den Nunatakgebieten der helvetischen und präalpinen Kalkalpen der West- und Mittelschweiz, auf Mähdern, Wildheuplanggen und sonnigen Weiden von zirka 1300 bis 2000 m: am Grammont (Lac de Taney), von der Dent de Morcles (nur auf der Waadtländer Seite, die Angabe vom Gr. St. Bernhard sehr fraglich) und Anzeindaz durch die Waadtländer-, Freiburger- (Morteys, Brenleyres, Lac Noir, Dent de Ruth, Berra, Kaiseregg), Berner- (vom Simmen- bis zum Haslital, besonders häufig ob Mürren und auf der

Fig. 2056. Viola lutea Huds. Bösenstein, Niedere Tauern. Phot. P. Michaelis, Köln.

Stockhornkette, südlich bis Adelboden, Schilthorn, Grimsel) und Unterwaldner Alpen bis Luzern (Pilatus von 1500 m aufwärts) und Uri (Maiental).

var. élegans (Spach apud Kirschleger als Art) (= V. amœna Sym., = V. lutea Huds. var. amoena Borb., = subsp. elegans Becker p. p., = V. tricolor L. subsp. lutea var. unguiculáta Rouy et Fouc.). Fig. 2055 e bis h und 2056. Sehr ähnlich der vorigen, aber Stengel meist kräftiger und mit kürzeren Internodin. Laub- und Nebenblätter etwas breiter, fast kahl. Krone fast ebenso oft violett oder bunt wie gelb. In Nardeten, Vaccinieten und Calluneten auf kristallinem Untergrund in den Gebirgen Mittelfrankreichs und auf den Vogesen. Im Elsass von zirka 1000 bis 1400 m Höhe vielfach, so am Schwarzen See, Rottach bei Hohwald, Hochfeld, Hohneck, Münstertal, Reiss- und Rossberg, Rainkopf, Rotenbacher Kopf, Sulzer Belchen (daselbst fast nur gelbblütig, sonst meist ebenso häufig bunt oder violett). Am häufigsten und massenhaftesten tritt das „Vogesen-Stiefmütterchen" nach Issler auf verhältnismässig fruchtbaren Weiden mit dominierender Agrostis tenuis und Festuca ovina auf, mehr nur vereinzelt auch in den reinen Nardus stricta-, Calluna- und Vaccinium Myrtillus-Beständen (Fig. 2056) der ärmsten Böden. — Die meist auch zu der V. elegans gerechnete Pflanze von Blankenrode in Westfalen (in grosser Menge in den Wiesen bei den „Bleikuhlen", d. h. Galmeigruben) dürfte dem Standort nach zur folgenden, nicht scharf abzutrennenden Form gehören: subvar. multicaúlis Koch (= var. calamínaria [Lejeune] Borb., = V. calaminaria et zinci Lejeune, = V. Sudetica Willd. var. calaminaria Ging.). Galmeiveilchen, Erzblume, Kelmesblume. Fig. 2055 e. Grundachse sehr verlängert (bis 1 m lang), zahlreiche, rasige Stengel treibend. Laubblätter und Blüten meist kleiner als bei den vorigen Rassen. Endzipfel der Nebenblätter oft ebenso breit wie die Laubblätter. Krone 1½ bis 3 cm lang, gelb oder bunt, selten ganz violett. Einzelne Stöcke mit 50 bis 70 Blüten. Besonders auf Galmei- (bestehend aus Kieselzinkerz [$H_2Zn_2SiO_5$] und aus Zinkspat [$ZnCO_3$]) haltigem Boden in Belgien, in der Rheinprovinz, Westfalen und Hannover (Lüttich, Eupen und Spa, um Aachen, Moresnet,

Büsbach, Vicht, Maubach, Eschweiler, Altenberg, Osnabrück, an den „Bleikuhlen" südlich von Lichtenau im Kreis Büren), angeblich auch bei Tarnowitz und in Schlesien (?). Diese Rasse, die allein von den mitteleuropäischen Formen regelmässig unter 1000 m vorkommt, ist nicht streng an den Zinkboden gebunden. Nach Risse enthält die Asche 1,52%/o Zinkoxyd, nach A. Baumann 4,28%/o (im lufttrockenen Zustand 0,37%/o). Vgl. auch die schwermetallischen Rassen von Silene inflata, Thlaspi alpestre, Arabis Halleri und Armeria elongata, ferner Aug. Schulz. Ueber die auf schwermetallhaltigem Boden wachsenden Phanerogamen Deutschlands. XL. Jahresber. der Westfäl. Prov.-Ver. für Wiss. u. Kunst, Münster 1914) und O. v. Linstow. Die natürliche Anreicherung von Metallsalzen in den Pflanzen. Repertorium specierum novarum. Berlin 1924.

Grundformen der V. lutea waren schon um 1600 zu Eichstätt und bald darauf auch in England in Kultur; sie gehören zu den Stammarten der grossblütigen Gartenstiefmütterchen (vgl. die Bastarde). — Die Standortsansprüche der einzelnen Rassen sind recht verschieden. Die Pflanze der Alpen (und wohl auch die anderen) ist nach W. Kinzel ein typischer Lichtkeimer. Blüte und Frucht verhalten sich im übrigen wie bei den grossblumigen Rassen der V. tricolor. Als Bestäuber sind neben Musciden und Apiden besonders auch Tagfalter tätig. Eine in den Vogesen beobachtete Vergrünung der Blüten dürfte auf Insektenstich beruhen. Pflanzen mit gefüllten Blüten werden nur selten kultiviert.

1929. Viola Dubyána[1]) Burnat apud Gremli (= V. heterophýlla var. β Bertol., = V. grácilis Comolli non Sibth. et Sm., = V. declináta Gaudin non Waldst. et Kit., = V. declinata Gaud. var. gracilis Koch p. p.). Feinblätteriges Stiefmütterchen. Fig. 2057 a.

Kahle oder sehr kurzbehaarte Langsprossstaude mit dünnem, ästigem Erdstock, ohne oberirdische Ausläufer. Stengel aufsteigend bis aufrecht, ± 1 bis 2 ($^1/_5$ bis 3) dm hoch, meist einfach oder nur am Grund verzweigt, ziemlich dünn. Laubblätter mit dem Stiel ± 2 bis 3 (bis 4) cm lang, die unteren mit eiförmiger bis kreisrunder, $^1/_2$ bis 1 cm langer, jederseits 2 bis 4 rundliche Kerbzähne tragender Spreite, die mittleren und oberen schmal-lanzettlich bis lineal, 2 bis 4 mm breit, spitz oder stumpf, allmählich in den Stiel verschmälert, ganzrandig oder jederseits mit 1 bis 3 stumpfen Sägezähnen, meist ohne deutliche Nerven. Nebenblätter der unteren Laubblätter kürzer als der Blattstiel, ± bis zum Grund in 3 bis 7 lineale Zipfel zerschlitzt, die oberen $^2/_3$ bis $^4/_5$ so lang als die Laubblätter, fiederspaltig, mit laubblattähnlichem, doch stets ganzrandigem Endzipfel. Blüten mit 3 bis 7 cm langem Stiel, ± 2 bis 2$^1/_2$ cm gross. Kelchblätter lanzettlich, mit rundlichen Anhängseln. Kronblätter ziemlich schmal verkehrt-eiförmig, meist lebhaft violett, das untere mit hellgelbem Saftmal, dunkelvioletten Nektarstrichen und 5 bis 6 mm langem, die Kelchanhängsel um 3 bis 5 mm überragendem, ziemlich dünnem, meist geradem Sporn. Kapsel kürzer als die Kelchblätter, aufspringend. — VI, VII.

In Felsspalten und Magerwiesen subalpiner und alpiner Felshänge der südlichen Kalkalpen von der Grigna bis zum Monte Baldo.

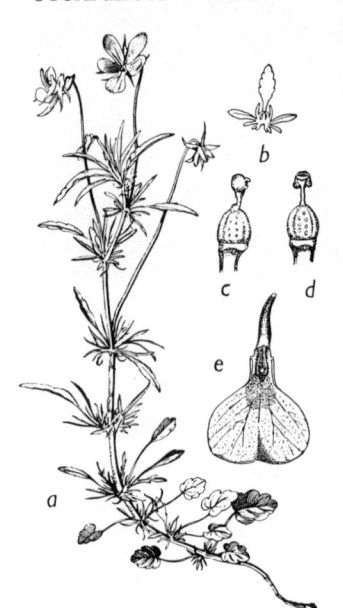

Fig. 2057. Viola Dubyana Burnat. *a* Habitus. — V. declinata Waldst. et Kit. *b* Stengelblatt. *c* und *d* Fruchtknoten. *e* Spornblatt. (*b* bis *e* nach Wittrock).

In Südtirol auf den Bergen zwischen Chiese, Sarca und dem Gardasee verbreitet, besonders in der Val di Ledro und Val Vestino, von 900 bis 2100 m (herabgeschwemmt unterhalb Turano 670 m, in Judikarien und im Trentino meist erst über 1500 m), auch auf dem Monte Baldo. Erreicht die Schweiz nicht; eine von der Südtiroler etwas abweichende Form westlich bis zur Grigna bei Lecco (in Magerwiesen mit Carex sempervirens, Allium Insubricum usw. von 1360 bis zirka 1800 m) und zu den Corni di Canzo am Comersee. Fehlt anderwärts.

Dieser Reliktendemit der südalpin-dinarischen Kalkalpen gehört zu einer an Kleinarten von meist ähnlich beschränkter Verbreitung reichen Gruppe der süd- und südosteuropäischen und orientalischen Gebirge,

---

[1]) Benannt nach dem Genfer Pfarrer und Floristen J. E. Duby (geb. 1798), der die Pflanze 1817 an den Corni di Canzo in den Bergamaskeralpen entdeckt und dem ihm befreundeten Gaudin übermittelt hat. Schon früher hatte sie Comoll am Comersee gefunden und bald darauf entdeckte sie auch Pollini in Südtirol.

die sowohl zu V. lutea und V. tricolor, wie zu V. calcarata Beziehungen zeigt. Die nahestehende V. declináta Waldst. et Kit. der Transsylvanischen Alpen (Fig. 2057 b bis e) unterscheidet sich u. a. durch weniger tief zerteilte Nebenblätter und das regelmässige Vorkommen oberirdischer Ausläufer. Diese Kleinart und einige weitere aus Dalmatien, Bosnien, Montenegro und Albanien rechnet W. Becker (Die systematische Behandlung der Formenkreise der Viola calcarata und V. lutea. Beihefte zum Botan. Centralblatt. Bd. XVIII, H. 3, 1905) zur Gesamtart V. lutea, dagegen die übrigen zur V. calcarata im weitesten Sinn. Hieher gehören u. a. V. Corsíaca Nyman auf Sardinien und Korsika, V. Aetnénsis Guss. auf Sizilien, V. heterophýlla Bertol. in zahlreichen Formen auf Sizilien und auf den Apenninen von Messina bis Ligurien, im östlichen Algerien, in Albanien und Griechenland, V. elegántula Schott und mehrere andere auf den Gebirgen der Balkanländer, die zuweilen auch im Gebiet als Zierpflanze kultivierte V. grácilis Sibth. et Sm. (= V. Olýmpica [Griseb.] Boiss.) von Mazedonien und dem nördlichen Kleinasien bis Tibet u. a. Für Einzelheiten muss auf die Arbeiten W. Beckers in den Beiheften zum Botan. Centralblatt. Bd. XVIII, 1905 und XL, 1923 verwiesen werden.

1930. Víola calcaráta[1]) L. **Alpen=Stiefmütterchen**, Sporn=Veilchen. Franz.: Pensée des Alpes, pensée à long éperon; ital.: Farfanella viola, farfalla grande, pensieri odorosi. Taf. 186, Fig. 5; Fig. 2058, 2059a bis f und bis 2060.

Staude mit dünnem, ästigem, meist kurze, unterirdische Ausläufer treibendem Erdstock. Stengel meist sehr kurzgliedrig, ± $^1/_2$ bis 1 (selten bis 5) cm lang, aufsteigend, selten die obersten Stengelglieder etwas verlängert. Laub= blätter und Blütenstiele ± grundständig. Laub= blätter in den Blattstiel verschmälert, eiförmig bis lanzettlich, ± 2 bis 3 (1$^1/_2$ bis 4) cm lang und 3 bis 8 mm breit, stumpf oder spitzlich, jederseits mit 1 bis 3 seichten Kerben, selten ganzrandig, ziemlich dünn, dunkelgrün, wie die Nebenblätter kahl oder am Rande be= sonders im unteren Teil etwas behaart. Neben= blätter viel kürzer bis so lang wie der Blattstiel, die mittleren und oberen gezähnt oder häufiger fie= derspaltig, auf der Innenseite ohne oder mit 1, auf der Aussenseite mit 1 oder 2 ± linealen Fie= dern und lineal=lanzettlichem, ganzrandigem Endzipfel, die unteren (seltener alle) ganzrandig.

Fig. 2058. Viola calcarata. Avers-Cresta, Schweiz. Phot. W. Heller, Zürich.

Blüten einzeln oder zu 2 (selten bis 4), ± 3 (2$^1/_2$ bis 4) cm lang, an 3 bis 8 cm langen, aufrechten, über den kleinen Vorblättern geknieten Stielen. Kelchblätter lanzettlich, 6 bis 7 mm lang, spitz oder stumpf, mit quadratischen, gezähnelten Anhängseln. Kronblätter dunkelviolett, seltener gelb, ausnahmsweise auch weiss, die oberen spreizend, breiteiförmig, oft breiter als das verkehrt=eiförmige untere. Saftmal lebhaft gelb, mit schwarzvioletten Honigstrichen. Pollenkammer vorhanden, fast geschlossen. Pollenkörner teils 4=, teils 5=kantig. Sporn ± 8 bis 15 mm lang, so lang oder etwas länger (selten kürzer) als die Kronblätter, gerade oder schwach aufwärts gebogen. Griffel stark gekniet, mit abgerundet würfelförmigem Narbenkopf. Kapsel eiförmig, kahl, aufspringend. — VI, VII, in der subalpinen Stufe vereinzelt schon Ende IV, oft noch einmal VIII, IX.

In alpinen, seltener auch in subalpinen Mager= und Fettwiesen, Weiden, auf ruhendem Schutt, vorzugsweise auf schwach kalkhaltigen, doch auch auf kalkfreien Böden. Nur in den Alpen und im südlichsten Jura. Im Allgäu von 1600 bis 2400 m, in der Schweiz (Graubünden,

---

[1]) Lat. cálcar = Sporn; nach dem langen Honigsporn. Die schon von Barrelier aus den West= alpen beschriebene Art heisst bei Haller V. caule exili paucifloro.

Südwallis) vereinzelt bis gegen 3000 m steigend, nur ausnahmsweise unter 1600 m (bei Untervaz 1450 m, herabgeschwemmt am Rhein bis Fläsch 520 m), im Wallis an der Pissevache 460 m).

In Deutschland nur im Allgäu (im Bezirksamt Sonthofen jetzt geschützt), besonders auf Dolomit: Biber- und Linkerskopf, Einödsbacher Schafberg, Obermädele, Steinscharte, Muttlerkopf, Rappenköpfe und Rappensee, Waltenberger Haus, Kratzer, Wildengundkopf, um Hinterstein. Fehlt östlich von Füssen. Die Angabe aus der Rheinprovinz (am Schneifel 1839) beruht auf der Fälschung eines Apothekers. — In Oesterreich nur in Tirol: Lechtaleralpen, Vorarlberg (Widderstein, Gentscheljoch, Haldenwangerjoch, Hochkrummbach, Formarinsee, Arzberg, Arlberg, Rätikon usw.), Oberinntal (Kaiserjoch, Alperschonjoch, Zamserjoch, Steinjoch, Muttekopf), Öztaleralpen (Schlinig, um Langtaufers, Franzenshöhe, Santa Maria), weiter in den Bormieser und Brescianer Alpen. — In der Schweiz in den Alpen ziemlich verbreitet, jedoch auf grössere Strecken fehlend (in Freiburg nur Merlas, Grandvillard, Dent de Jaman, in Uri nur Isletenalp, im Tessin nur vereinzelt im nördlichen Teil, auch in Graubünden stellenweise [z. B. im Engadin] selten oder [Misox, Puschlav] fehlend), im Jura nur im südlichsten Teil und meist nur auf französischem Boden (Faucille, Reculet, Grand Colombier usw.).

Allgemeine Verbreitung: Die typische Sippe nur in den Alpen und im südlichsten Jura, andere Unterarten auf den Apenninen und am Aetna, nahe verwandte Arten auch auf den übrigen südeuropäischen Gebirgen (vgl. V. Zoisii (pag. 611) und die Angaben bei V. Dubyana!) mit Ausschluss der südfranzösischen und spanischen Gebirge, dagegen auch auf dem algerischen Atlas (V. Munbyána Boiss. et Reuter und V. Battandiéri Becker, vgl. pag. 593) und in den Gebirgen von Vorder- und Mittelasien bis zum Sajanschen Gebirge (besonders V. Altáica Ker-Gawler, vgl. pag. 593).

In den Alpen ist die Art vertreten durch V. calcarata L. s. str. (= var. Halléri Gingins). Stengel deutlich, wenn auch meist sehr kurz. Obere Nebenblätter mindestens auf der Aussenseite mit Fiederzähnen. Krone meist dunkelviolett, selten blassgelb oder weiss. Nur in den Alpen von den Seealpen bis zu den Allgäuer, Tiroler, Bormieser und Brescianer Alpen. Hiezu

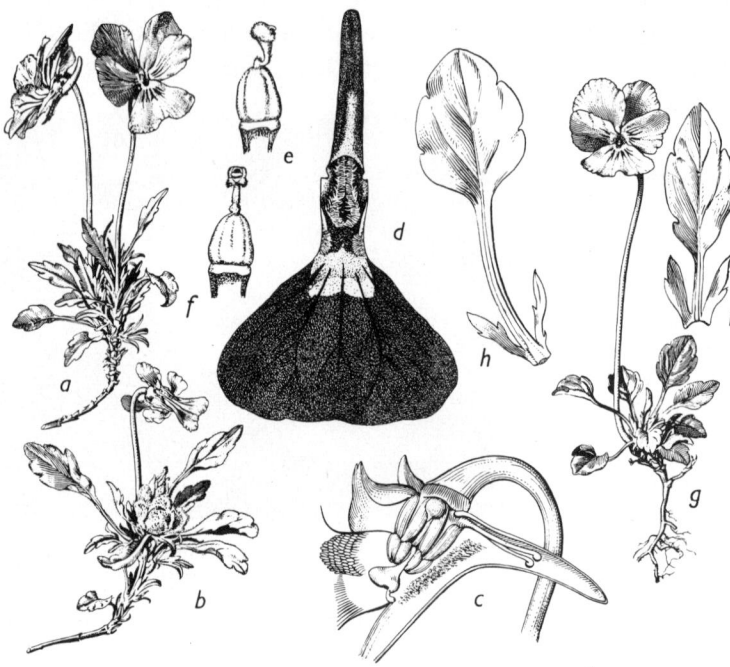

Fig. 2059. Viola calcarata L. *a* Habitus der var. subacaulis Gaudin subvar. citrina Gaudin. *b* var. subacaulis mit durch Gallmilben deformierter Herbstblüte. *c* Blüteneinrichtung (nach H. Müller). *d* Spornblatt. *e* und *f* Fruchtknoten (Fig. *d* bis *f* nach Wittrock). — V. Zoisii Wulfen. *g* Habitus. *h* und *i* Laubblätter.

gehören: var. subacaúlis Gaudin (als subsp., = var. violácea Ducommun). Stengel höchstens 1 cm lang. Blattspreiten stets deutlich gekerbt, eiförmig-lanzettlich (f. genuína Rouy et Fouc.) bis fast kreisrund (f. rotundifólia [Hegetschweiler] Rouy et Fouc.). Blätter meist einzeln. Krone 2½ bis 3 cm gross, dunkelviolett[1]), selten an einzelnen Individuen weiss (f. albiflóra Ging., = f. álba Rion). Die weitaus verbreitetste Rasse.

---

[1]) Ausserordentlich mannigfaltig in Form und Farbenausbildung ist die Art im Gebiete von Arosa. Die Farbenskala läuft vom reinen Weiss mit weissem Sporn über milchig-hellgelb, hellgelb, hochgelb (gern auf Serpentin), hell- bis dunkelrot- und blauviolett, wobei die Farben entweder rein und allein auftreten oder zwei- bis drei-farbig gemischt sind. Der Sporn ist nur bei dem seltenen Albino weiss bis schwach schmutzig gefärbt. Bei den übrigen Formen ist er in der Regel mattviolett. Dem herdenweisen Auftreten gleichfarbiger Exemplare und den vereinzelt auftretenden Zwischenformen zwischen solchen reinen Gruppen zufolge, dürfte eine Erblichkeit der Farben-Eigentümlichkeiten anzunehmen sein, die aber durch Blendlinge verwischt wird (Mitteilungen von H. Beger). Dasselbe ist im Wallis der Fall.

— var. cauléscens Gaudin (= V. Villarsiána Römer et Schultes, = var. Villarsiana Becker, = V. grandiflóra Suter non L. an Vill.?). Stengel 1 bis 3 cm lang. Laubblätter lanzettlich, wenig gekerbt bis fast ganzrandig. Nebenblätter deutlicher fiederspaltig. Blüten 3 bis 4 cm lang, wie bei voriger gefärbt, an jedem Stengel bis zu 4. Leitet zu V. heterophylla Bertol. über. Von den Seealpen bis zu den Brescianeralpen, in der Schweiz vereinzelt in den Waadtländer und Walliser Alpen, im Tessin und Misox. — subvar. flάva Gren. et Godron (= V. Zoysii Schleicher non Wulfen, = var. Zoysii Koch non Ging., = var. grandilfóra Rouy et Fouc. vix V. grandiflóra L. an Vill.?). Krone hellgelb. Sporn und Nektarstriche violett, zuweilen auch die Kronblätter blass bläulich überlaufen. Tritt meist herdenweise unter der var. caulescens auf, mit der sie dann auch in Stengel und Laubblättern übereinstimmt, seltener aber auch (als subvar. citrína Gaudin) unter var. subacaulis, so z. B. mehrfach im Wallis, im Tessin (Bosco), Graubünden (vielfach) und Tirol (Lünersee, Langtaufers). Diese Formen sind im Gegensatz zu der f. albiflora keine blossen Albinos, sondern wahrscheinlich atavistische Mutationen. Sie sind oft fälschlicherweise mit der subsp. Zoysii und mit Formen der V. lutea identifiziert worden. — var. Raética Gremli (= var. brevicalcaráta Rchb.? p. p., = V. trícolor L. var. niválís Brügger, = V. Júlia Brügger, = V. Cenísia Brügger non L.). Stengel sehr kurz. Laubblätter mit lang gestielter, völlig ganzrandiger, 7 bis 11 mm langer und 4 bis 6 mm breiter Spreite. Nebenblätter ungeteilt oder 3-spaltig. Blüten 2½ bis 3 cm lang, dunkelviolett. Vielfach im Ober- und Unterengadin (scheint daselbst die var. subacaulis zu vertreten), auch im Albulagebiet, bei Arosa und in Tirol. Von V. Cenisia, mit der sie oft verwechselt worden ist, durch den kurzästigen, nicht rasenbildenden Erdstock, die dünnen Laubblätter und die grösseren, dunkel gefärbten Blüten zu unterscheiden.

V. calcarata ist in den Zentralalpen ± neutrophil, in den Westalpen ziemlich bodenvag bis eher kalkmeidend, bevorzugt z. B. im Wallis die Curvuleten und Nardeten. Sie tritt im übrigen in den verschiedensten alpinen Wiesentypen auf, ausnahmsweise selbst in Lärchen- und Arvenwäldern, in Lägern, Höhlenvorhöfen und Schneetälchen, vorzugsweise jedoch im kurzgrasigen Weiderasen an im Winter lange schneebedeckten Stellen. Die sehr ansehnlichen Blüten werden vorwiegend von Schmetterlingen besucht, und zwar anscheinend je nach der Spornlänge von verschiedenen Tag- und Nachtfaltern. H. Müller beobachtete Arten der Gattungen Erebia, Colias, Vanessa, Melitaea, Argynnis und Plusia, sowie Macroglossa stellatarum, die mit ihrem 25 bis 28 mm langem Rüssel allein imstande sein soll, auch die am längsten gespornten Blüten normal auszubeuten. — Ueber die Samenverbreitung und Samenkeimung scheinen noch keine Beobachtungen vorzuliegen, wahrscheinlich dürfte die Keimung nur sehr langsam und nach längerer Frosteinwirkung erfolgen. — Nicht selten

Fig. 2060. Viola calcarata L. Phot. P. Michaelis, Köln.

sind die Sprosse durch eine Eriophyide deformiert. Diese Exemplare (= var. brevicalcarata Rchb. und var. rosulans Rouy et Fouc.?) bilden meist ungestielte, ± radiäre, sich meist erst im August oder September entfaltende Blüten ohne oder mit kurzem, dickem Sporn (vgl. Fig. 2059 b und W. Vischer in Bull. Soc. Bot. Genève. Bd. VII, 1915, pag. 209). Nicht vergallte Pflanzen reflorieren sehr selten.

1931. Viola Zoísii[1]) Wulfen (= V. calcaráta L. var. Zoysii Ging., = var. fláva Koch = V. alpína Jacq. flore flavo Willk. non V. alpina Jacq.). Dinara-Veilchen. Fig. 2059 g bis i.

Grundachse sehr dünn (dünner als bei V. alpina). Stengel sehr kurz, oft scheinbar ganz fehlend, selten bis gegen 1 cm lang. Laubblätter rosettig gehäuft, mit ½ bis 1½ cm langem Stiel und ± ebenso langer, breit-eiförmiger bis fast kreisrunder, jederseits 1 bis 3 sehr

---

[1]) Benannt nach Carl Freiherr von Zois (Zoys) (geb. 1756, gest. 1800, Gutsbesitzer in Egg bei Krainburg in Krain), der die Pflanze 1785 auf dem Stol entdeckt und Wulfen mitgeteilt hat. Erst 1857 wurde sie daselbst von Deschmann wiedergefunden.

seichte Kerben aufweisender, völlig kahler Spreite. Blüten stets einzeln, 2 bis 3 cm gross. Krone meist (in den Alpen stets) lebhaft gelb (f. týpica Beck), seltener z. T. (f. semicaerúlea Beck) oder ganz lila (f. lilacína Beck). Nektarstriche schwächer als bei V. calcarata var. flava oder ganz fehlend. Blüht früher als V. calcarata (V, VI), sonst wie diese.

Nur auf den Dinarischen Gebirgen: Albanien, Montenegro, Herzegowina, Südbosnien, Karawanken.

Im Gebiet nur in Krain, wohl nur in den Karawanken (von der Bärentaler Kotschna über den Vajnasch, die Belschica, den Kleinen und Grossen Stol und die Zelenica bis zur Koschuta; angeblich auch im Triglavgebiet der Julischen Alpen), auch im benachbarten Kärnten (bis zur Matschacher Alm, Koroshica und Ortatscha; die Angabe vom Bichel bei Tarvis sehr zweifelhaft).

In den Karawanken wächst diese illyrische Pflanze meist sehr gesellig in Magerwiesen und Felsspalten von zirka 1800 bis 2200 m. In ähnlicher Weise reichen auch viele andere illyrische Arten bis nach Krain, so Festuca pungens, Heliosperma pusillum, Trifolium Pannonicum (Bd. IV, pag. 1350), Daphne Blagayana, Scabiosa silenifolia, Hedraianthus Croaticus, Chrysanthemum macrophyllum und Cirsium pauciflorum. Vgl. Derganc, L. Geographische Verbreitung der Viola Zoisii Wulfen. Allg. Botan. Zeitschr. Bd. XV, 1909.

1932. Viola Cenísia[1]) L. Geröll=Stiefmütterchen, Stiefmütterchen vom Mont Cenis. Franz.: Pensée des glaciers, pensée du Mont Cenis; ital.: Mammola rupina. Fig. 2061.

Staude mit dünnem, in rasenbildende Laub= und Blütensprosse endende Ausläufer treibendem Erdstock. Sprosse kahl oder ± kurz behaart, etwas fleischig, bläulichgrün. Stengel niederliegend, ± 3 bis 5 (bis 20) cm lang, dünn, ziemlich kurzgliederig. Laubblätter mit 3 bis 12 mm langem Stiel und eiförmiger bis fast kreisrunder, ±5 bis 10 mm langer und 3 bis 8 mm breiter, stumpfer, flacher, stets völlig ganzrandiger Spreite, meist ohne deutliche Nerven, die oberen bei der typischen Form nur wenig schmäler als die unteren. Nebenblätter ähnlich, aber kleiner, gleichfalls ungeteilt oder mit 1 oder 2 kleinen, ± grundständigen Fiedern. Blütenstiele zu 1 bis 3 am Stengel, 2 bis 4 (bis 6) cm lang. Blüten 2 bis 2 ½ (bis 3) cm gross. Kelchblätter lineal=lanzettlich, 6 bis 8 mm lang, kurz zugespitzt, mit kleinen, im

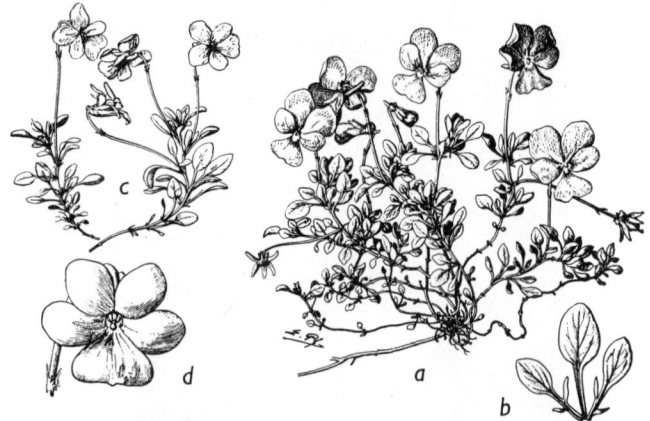

Fig. 2061. Viola Cenisia L. *a* Habitus der var. ovatifolia Ging. *b* Laubblatt mit den Nebenblättern. — Viola Comollia Massara. *c* Habitus. *d* Blüte.

Gegensatz zu denen von V. calcarata ganzrandigen oder nur schwach ausgerandeten Anhängseln. Kronblätter verkehrt=eiförmig, hellviolett, selten dunkler oder weisslich, das untere verkehrt=herzförmig, mit hellgelbem Saftmal, meist ganz ohne dunkle Nektarstriche, nur die seitlichen am Grund mit Haarbürsten, das untere glatt. Sporn 5 bis 8 mm lang, 4= bis 5=mal so lang wie die Kelchanhängsel, gerade. Griffel deutlich gekniet, mit kugeligem, dicht papillösem Narbenkopf. Kapsel kürzer als der Kelch, aufspringend. — VII, VIII.

Auf beweglichem Kalk= und Dolomitgeröll der Alpen westlich des Rheins, meist zwischen 2000 und 2700, im Wallis bis 2900 m, am Rocciamelone bei Susa bis 3317 m, vereinzelt bis unter die subalpine Stufe herabsteigend, so im Kanton Glarus bis zum Mutten= und Spanneggsee, im Wallis an der Lizerne bis 1200 m.

Fehlt in Deutschland und Oesterreich sowie in Graubünden ganz (die Angaben aus Tirol beziehen sich teils auf V. Dubyana, teils, wie diejenigen aus dem Engadin, auf V. calcarata var. Rætica).

---

[1]) Nach dem Mont Cenis in Savoyen, von wo Linné die Pflanze erhalten hatte. Haller beschrieb sie aus den westlichen Schweizeralpen.

— In der Schweiz besonders in den Westalpen: südlich der Rhone in der Umgebung der Dents du Midi, im Val de Bagnes und am Hörnli ob Zermatt, auf den Kalkalpen zwischen Rhone und Aare recht verbreitet, nördlich bis in die Freiburger Alpen (Sommet des Morteys, Vanil Noir, Bonavalettaz) und bis zur Faulhornkette, im Aarmassiv selbst fast ganz fehlend. Oestlich der Aare nur ganz vereinzelt in den Unterwaldener Alpen bis zum Pilatus (zwischen den Kilchsteinen und dem Esel; hier von Wahlenberg entdeckt. Der Standort war nach dem Bau des neuen Tomliswegs 1863 völlig verschüttet; erst nach 10 Jahren hatten sich einige Pflanzen durch den Schutt wieder durchgearbeitet [nach Amberg]) und bis zum Urirotstock, dann wieder in den Glarneralpen (Tödigebiet, Glärnisch, Schilt, Mutten- und Spanneggsee, ob Mühlebach) und am Säntisgipfel. Fehlt weiter östlich und südlich.

Allgemeine Verbreitung: Die typische Unterart (= var. ovatifólia Ging.) nur in den Seealpen, Cottischen Alpen, im Dauphiné, in den Grajischen, Penninischen, Savoyer und Helvetischen Alpen; abweichende Rassen (nah verwandte Arten oder Unterarten) in den Bergamasker Alpen (V. Comóllia Massara im Veltlin bis 2400 m, Fig. 2061 c, d), Seealpen, auf Korsika, den Pyrenäen (V. diversifólia [Ging.] W. Becker) und Spanischen Gebirgen (V. crassiúscula Bory auf der Sierra Nevada bis 3800 m), auf den Kanaren (V. cheiranthifólia Humb. et Bonpl.), Apenninen (V. Magellénsis Porta et Rigo in den Abruzzen 2500 bis 2800 m), in Albanien (V. Albánica Halácsy), Mazedonien (mehrere Kleinarten), Kreta (V. frágrans Sieber), Kleinasien und Armenien (mehrere Kleinarten, V. crassifólia Fenzl in Cilicien bis 3000 m) und auf dem Kaukasus (V. minúta Bieb. bis 3000 m).

Näheres über die Gesamtart bei Becker, W. Die systematische Behandlung der Viola cenisia (im weitesten Sinne genommen) auf Grundlage ihrer mutmasslichen Phylogenie. Beih. zum Botan. Centralblatt. Bd. XX, 1907 und Bd. XL, 1923, pag. 94/101. Die Pflanze der Schweizeralpen (var. ovatifólia Ging.) variiert nur sehr wenig: Individuen mit bläulichweisser, nur um das Saftmal lebhaft violetter Krone (f. álbida Stäger et Becker) wurden am Iffigensee im Berner Oberland beobachtet. — Die subvar. pubéscens Gaudin mit kurz behaarten Sprossen, die zu den stärker behaarten Rassen der Französischen Alpen (V. Valdéria All., = V. Cenisia var. Valderia Ging.) überleitet, reicht bis ins Unterwallis (Alp von Fully).

V. Cenisia s. str. ist also ein alpigenes Glied der von Spanien bis zum Kaukasus verbreiteten Gesamtart. Sie ist eine kalkstete Geröllpflanze, die in der alpinen Stufe sowohl an Südhängen, wie auch an nur wenige Monate apern Nordhängen wächst, meist in Gesellschaft von Trisetum distichophyllum (Bd. I, pag. 250), Silene inflata subsp. alpina (Bd. III, pag. 280), Cerastium latifolium (Bd. III, pag. 267), Ranunculus parnassifolius (Bd. III, pag. 569), Galium Helveticum (Bd. VI, pag. 219) usw. Gleich diesen Arten meidet sie ruhenden Schutt und anstehenden Fels, sowie den geschlossenen Rasen. — Die Blüteneinrichtung beschreibt R. Stäger (Beiheft zum Botan. Centralblatt. Bd. XXXI, 1913, pag. 303). Eine Pollenkammer ist nicht vorhanden; dafür sammelt sich der Pollen in einer mit klebriger Flüssigkeit erfüllten Grube am Narbenkopf. Nur langrüsselige Apiden und Schmetterlinge vermögen normal Honig zu saugen.

1933. Viola alpína Jacquin (= V. grandiflóra Host non L.). Ostalpen-Stiefmütterchen. Fig. 2062.

Rosettenstaude mit kräftigem, 2 bis 3 mm dickem, einfachem oder verzweigtem, dicht mit Nebenblattresten bedecktem Erdstock. Laubblätter alle grundständig, mit ± 1 bis 2 cm langem Stiel und rundlich-eiförmiger, ½ bis 1½ cm langer, stumpfer, an der Basis gestutzter bis schwach herzförmiger, seicht gekerbter, kahler oder spärlich kurzhaariger Spreite. Nebenblätter lanzettlich, ± ½ cm lang, ungeteilt, bis über die Mitte mit dem Blattstiel verwachsen. Blütenstiele grundständig, aufrecht, ± 2 bis 5 (bis 10) cm lang. Blüten ± 1½ bis 3 cm gross. Kelchblätter lanzettlich, ± ½ cm lang, oft etwas gezähnt, stumpflich, mit breiten, kurzen Anhängseln. Kronblätter lebhaft violett, sehr selten weisslich, verkehrt-eiförmig, das untere breit-verkehrt-herzförmig ausgerandet, mit 3 bis 4 mm langem, stumpfem, bisweilen aufwärts gebogenem Sporn. Saftmal hellgelb, mit dunkelvioletten Nektarstrichen. Kapsel eiförmig, aufspringend. — VI, VII.

In Magerwiesen, auf Abwitterungshalden usw. der höheren Krummholz- und Alpenstufe, von zirka 1600 bis 2200 m; nur auf Kalk in den Ostalpen.

Im Gebiet nur in Oesterreich: Niederösterreich (Wiener Schneeberg, Raxalpe), Oberösterreich (Gerstenberg, Hoher Nock), Steiermark (Hohe Veitsch, Kräuterin, Hochschwab, Eisenerzer Reichenstein, Zinken,

Neuberger Alpen usw.) und Kärnten (Sannetsch). — Die Angaben aus Tirol (Grauner Alpe, Eichholz) und aus der Schweiz (Lötschental) sind sicher unrichtig.

Allgemeine Verbreitung: Ostalpen, Karpaten (auf der Tatra in der var. Tatrénsis Zapalowicz), Siebenbürgen (Kronstadt, Butschetsch u. a.). Die Angabe aus den Apenninen (Belegexemplar aus dem Jahr 1821) neuerdings nicht bestätigt.

Aendert ab: f. týpica Beck. Laubblätter kahl. Krone violett, selten (subf. cándida Beck) schneeweiss. — f. pilósula Beck. Laubblätter oberseits und namentlich am Rande kurzhaarig.

Die Verbreitung dieser eigenartigen, erst 1762 von Jacquin beschriebenen Pflanze erstreckt sich in den Ostalpen nur so weit, als diese im Diluvium auf grössere Strecken unvergletschert waren, sie hat also reliktartigen Charakter. Morphologisch hat V. alpina unter unseren Arten der Sektion Melanium durch Ausbildung eines echten, kurzgliederigen Erdstockes die höchste Stufe erreicht.

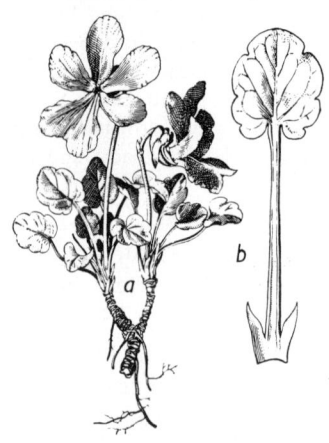

Fig. 2062. Viola alpina Jacquin. *a* Habitus. *b* Laubblatt.

1934. Viola cornúta[1]) L. Pyrenäen=Stiefmütterchen, Hornveilchen. Franz.: Violette cornue. Fig. 2063.

Staude mit ästigem, kurz kriechendem, mehrere langgliederige, ± 2 bis 3 (bis 4) dm hohe, aufsteigende oder aufrechte Stengel treibendem Erdstock. Laubblätter deutlich gestielt, ± 2 bis 5 cm lang, mit eiförmiger, am Grund gestutzter oder schwach herzförmiger, vorn sumpflicher, stumpf gekerbter Spreite, oberseits meist kahl, dunkelgrün, unten besonders an den Nerven und Rändern wie auch die Nebenblätter weisshaarig. Nebenblätter dreieckig=eiförmig, palmettenartig eingeschnitten, mit grösserem Endzipfel oder unregelmässig gezähnt, so lang wie der Blattstiel oder länger. Blüten mit 6 bis 10 cm langem Stiel, ± 3 bis 4 cm lang und 2 bis 3 cm breit, wohlriechend. Kelchblätter lineal=lanzettlich, lang zugespitzt, mit grossen, quadratischen Anhängseln. Kronblätter violett oder lila (selten weiss), auffallend schmal keilförmig, sich nicht berührend; das unterste verkehrt=herzförmig, ± 1½ cm lang, mit mindestens ebenso langem, schwach gekrümmtem Sporn. Saftmal gelblich oder weisslich. Pollenkammer verlängert, fast geschlossen. Griffel mit aufrechtem, ungeflecktem Hals und verlängertem, dicht zottigem Narbenkopf. Kapsel eiförmig, kürzer als die Kelchblätter, kahl. — VI bis VIII.

In Magerwiesen und trockenen Hochstaudenfluren der südeuropäischen Gebirge, auf Kalk; im Gebiet nur auf den Karawanken in etwa 1300 bis 1500 m Höhe.

In Oesterreich einzig in Krain. Hier 1902 von H. Roblek und A. Paulin an einem Wasserriss unter der Spitze der Begunjšica entdeckt (vgl. Paulin, A. Ueber das Vorkommen einiger seltenerer Pflanzenarten, namentlich der bisher nur aus den Pyrenäen bekannten Viola cornuta L. in den Karawanken. Mitt. d. Musealvereines für Krain 1902) und nahe davon 1911 auch von R. v. Benz in einer Mulde des Südhanges. — Die Angaben aus der Schweiz sind sämtlich zweifelhaft und dürften sich wie diejenigen aus Deutschland (z. B. als Gartenflüchtling bei

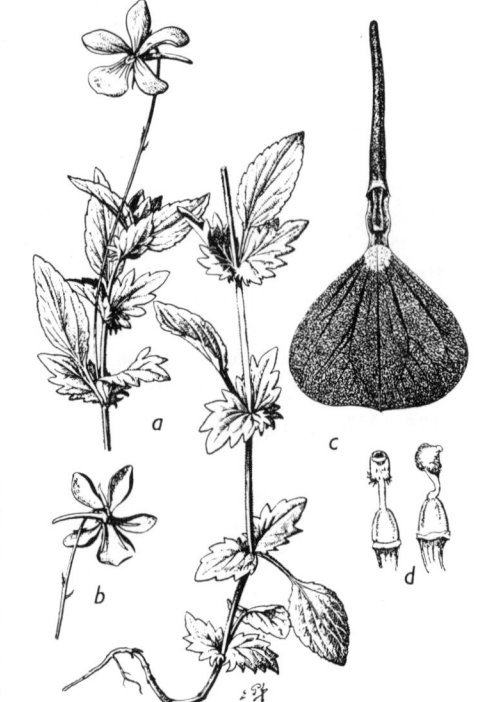

Fig. 2063. Viola cornuta L. *a* Habitus. *b* Blüte von hinten. *c* Spornblatt. *d* Fruchtknoten (Fig. *c* und *d* nach Wittrock).

---

[1]) Zuerst von Ray als V. pyrenáica, fóliis Teúcrii, serótina beschrieben, von Tournefort als V. Pyrenaica lóngius caudáta Teucrii fólio.

München: Sendling und Holzapfelskreut 1901, Hechendorf am Ammersee 1921 und Savoyen (am Salève) mindestens zum grössten Teil auf angepflanzte Exemplare beziehen. Die Angabe aus dem Jura von Ray wurde schon von Haller und Gaudin bezweifelt (vielleicht Verwechslung mit V. calcarata); hingegen liegt echte V. cornuta aus den Lemanischen Alpen vor (bei Montagny in der Waadt von E. Thomas, am Grammont im Unterwallis von Fröschli gesammelt, an ersterem Ort wohl nur kultiviert, an letzterem seit 1887 vergeblich gesucht, nach H. Jaccard vielleicht auch nur angepflanzt). In Kultur als sehr dankbarer Dauer= blüher schon seit dem 17. Jahrhundert, seit 1863 in England zu Kreuzungen mit den Gartenstiefmütterchen, jetzt auch in Deutschland zur Züchtung besonders reichblütiger Sorten benützt.

Allgemeine Verbreitung: Pyrenäen (in der alpinen und subalpinen Stufe von der Vallée d'Aspe und dem Pic d'Anie bis zum Aude und den Corbières, auch auf der spanischen Seite; Asturien (Monte Puerto del Aramo). Für Italien sehr zweifelhaft (angeblich am Monte Senario in den Apenninen von Florenz), Schweiz(?), Krain.

An das Pyrenäenareal der V. cornuta schliesst sich nach Süden hin das kleine der nur eine Unterart darstellenden V. Moncaúnica Pau an; beide sind durch Uebergangsformen miteinander verbunden. Sehr ähnlich ist der V. cornuta auch die in Mingrelien und Armenien vorkommende, auch mit langem Sporn ver= sehene V. orthóceras Ledebour; einen gewissen Grad von Verwandtschaft verraten auch die kurzspornigen auf der Balkanhalbinsel vorkommenden Arten V. Orphánidis Boiss., V. Nicolái Pant. und V. polyodónta W. Becker.

Die Verwandtschaft dieser heute fast ganz auf die Pyrenäen beschränkten Pflanze deutet also auf eine Herkunft aus dem Orient. Aus den Alpen ist sie offenbar nur durch die Vereisungen vertrieben worden, hat sich aber im Südosten ein ganz kleines Relikt= areal zu behaupten vermocht. Aehnliche Relikt= standorte besitzen in den Karawanken und Juli= schen Alpen zahlreiche andere Pflanzen. Den zuerst gefundenen Standort teilt V. cornuta u. a. mit Cirsium Carniolicum, Pedicularis Hacquetii (Bd. VI, pag. 123) und Trifolium Noricum (Bd. IV, pag. 1341); an anderen Standorten wachsen u. a. Lilium Martagon, Iris graminifolia, Rumex Acetosa, Anemone alpina, Cardamine impatiens, Saxifraga Aizoon, Alchemilla vulgaris, Lotus corniculatus, Vicia sepium, Geranium silvaticum, Astrantia Carinthiaca, Myrrhis odorata, Laserpitium lati= folium, Myosotis silvatica, Carduus Carduelis, Cirsium Carniolicum, an einer zweiten höheren Stelle auch Adenostyles Alliariae. Mehrere dieser Arten wie Lilium Martagon, Anemone alpina, Myrrhis odorata usw. finden sich auch in den ganz ähnlichen Hochstaudenfluren des Grammont am Genfersee, zusammen mit Eryngium alpinum, das auch einen isolierten Standort auf den Karawanken (an der Golica) besitzt. Es scheint daher doch nicht unmöglich, dass V. cornuta tatsächlich am Grammont wild vorkommt. Schleicher, der auch sonst im Unterwallis mehrere seither nicht wieder aufgefundene Pflanzen entdeckt hat (so

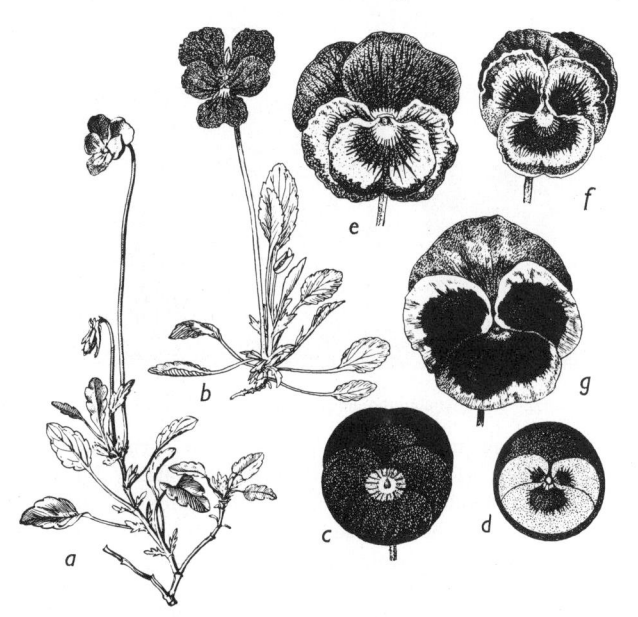

Fig. 2064. *a* Viola calcarata L. × tricolor L. subsp. subalpina Gaudin (V. Christii Wolf) von Jeur-brûlée im Wallis. — *b* V. Altaica Ker-Gawler. *c* bis *g* Gartenformen der V. Wittrockiana Gams: *c* Ne plus ultra (1838), *d* Monströse Blüte (1848), *e* Leonidas (1856), *f* Napo= léon III. (1861), *g* Empress Pansy (1894) (Fig. *b* bis *g* nach Wittrock).

z. B. die Moose Voitia nivalis und Pyramidula tetragona), weigerte sich, die Herkunft der von ihm aus= gegebenen V. cornuta näher zu bezeichnen, was gegen eine Einführung von auswärts spricht. — Die Blüten sollen besonders nachts duften und daher ausser von Tagfaltern besonders auch von Nachtschmetterlingen (z. B. Eulen) besucht werden.

Bastarde sind aus der Sektion Melanium verhältnismässig wenige beschrieben worden, trotzdem sie kaum seltener als bei der Sektion Nomimium sein dürften. Für das Gebiet kommen in Betracht: 1. V. lutea Hudson × V. tricolor L. Hieher V. lutea var. Sudetica (Willd.) × V. tricolor subsp. subalpina Gaudin (= V. Tátrae Borbás) Sudeten und Tatra, V. lutea var. elegans (Spach) × V. tricolor subsp. subalpina Gaudin (= V. Mantziána Becker) Vogesen und V. lutea var. multicaulis Koch × V. tricolor subsp. vulgaris (Koch) oder arvensis (Murray) (= V. Aquisgranénsis Borbás, = V. lutea var. hýbrida Kaltenbach) um Aachen. Gartenbastarde von V. lutea und V. tricolor sind in England mit Sicherheit seit 1813, in Deutschland seit 1820 bekannt, vielleicht sind aber auch schon einige gross= und buntblütige Stiefmütterchen des Hortus Eystettensis (um 1600) als solche aufzufassen. — 2. V. declinata Waldst. et Kit. × V. tricolor L. subsp. subalpina Gaudin (V. Carpática Borbás, = V. Pruténsis Zapal.) Karpaten. — 3. V. calcarata L. × V. tricolor L. subsp. subalpina Gaudin). Hieher V. calcarata × V. tricolore subsp. subalpina var. bella Gren. et Godron (= V. Christii Wolf, an V. Helvética Brügger?) mehrfach im Wallis und in Graubünden, Fig. 2064a und V. calcarata × V. tricolor subsp. subalpina var. ramosa (Gaudin) (= V. Riffelénsis Becker) Riffelalp. — 4. V. calcarata L. × V. lutea Hudson var. grandiflora (L.) in den Formen subcalcaráta Becker et Lüdi, sublútea Becker et Lüdi und luteoides Becker et Lüdi im Lauterbrunnental. — 5. V. calcarata L. × V. Cenisia L. (= V. Jaccárdi Becker) Les Audannes, Donin bei Arbiaz, Gemmi, Adelboden). — Von Gartenbastarden seien genannt: 6. V. Altaica Ker=Gawler × V. tricolor L. (= V. Rolándi=Bonapárte F. O. Wolf). — 7. V. Altaica Ker= Gawler × V. lutea Hudson (= V. Rouyána F. O. Wolf). — 8. V. Altaica Ker=Gawler × V. lutea Hudson × V. tricolor L. (= V. Wittrockiána[1]) Gams, = V. hortensis auct. non V. tricolor var. hortensis, V. gran= diflóra hort. non L. nec Vill. nec Host., = V. tricolor maxima hort., = Violae hortenses grandiflorae Witt= rock). Fig. 2064 c bis g und 2065. Eine ausführliche Ge= schichte dieser anscheinend zuerst in England um 1816 durchgeführten Kreuzung gibt V. B. Wittrock in Teil II seiner Viola=Studier (Bidrag till de odlade Penséernas historia. Acta Horti Bergiani Bd. II nr. 7, 1896). Die Veredlung der V. tricolor setzte 1810 in England auf die Initiative von Lady Mary Bennett, Lady Ledeley und Lady Gambier an vielen Orten ein; die Kreuzung mit der aus Russland ein= geführten V. Altaica scheint zuerst Thomson in Iver vorgenommen zu haben. Seit ungefähr 1830 wurde sie auch in Hamburger Gärten, seit 1835 auch in Frankreich gezogen. 1841 waren in Hamburg schon 134 englische Sorten zu haben. Mit der Ver= edlung befassten sich um 1850 besonders Mosch= kowitz, Siegling und Neumann in Erfurt, Gotthold in Arnstadt und Schwanecke in Oschersleben. Besonderen Anklang fand die 1872 in Erfurt gezüchtete Sorte „Kaiser Wilhelm" mit ultra= marineblauen, in der Mitte purpurvioletten Blüten. 1845 wurde in Schottland die Scottish Pansy Society

Fig. 2065. Gartenstiefmütterchen (V. Ŵittrockiana Gams).

und später mehrere ähnliche Gesellschaften gegründet. In England wurden die „Show=pansies" ähnlich zu Modeblumen wie früher die Tulpen in Holland, für ein einziges Fruchtexemplar der Sorte „Metropolitan" wurden 10 Pfund Sterling geboten. Die zahllosen, besonders in England erzielten Sorten wurden seit 1850 eingeteilt in die Bunten mit gelber Grundfarbe oder mit weisser Grundfarbe, die einfarbig Gelben (hiezu auch die „Primelfarbigen"), die einfarbig Weissen (mit den „Creamefarbigen") und die einfarbig Dunkeln (wozu die Schwarzen, Purpurnen, Karmoisinroten und Blauen, letztere die am stärksten von V. Altaica beeinflussten). Während in England seit 1836 der Hauptwert auf möglichst geometrische, namentlich kreisrunde Formen gelegt wurde, kamen in Belgien und Frankreich die möglichst bunt gezeichneten „Phantasie=Pensées" oder „Belgischen Stief= mütterchen" auf. Besonders gross= und hellblütige, wohlriechende Sorten wurden durch mehrfache Kreuzung mit V. lutea erzielt. Die grössten, bis 10 cm langen Blüten scheint die „Pensée à grandes naculés" von Benary in Chiswick (1894) zu besitzen. Auch im übrigen Europa (in Norwegisch=Finnland werden Stief= mütterchen mit gutem Erfolg bis 70° 28′ nördl. Breite) kultiviert und in Nordamerika wurden zahlreiche neue Sorten erzielt. — 9. = V. cornuta L. × Wittrockiana Gams (= V. Williámsii Wittrock). Diese Kreuzung wurde 1863 von James Grieve in Edinburgh mit der 1861 durch Wills und Bennet in England eingeführten V. cornuta ausgeführt. Eine der ersten dieser u. a. durch längeren Sporn ausgezeichneten Hybriden war die „V. cornuta Perfection" von Williams. Von rein weissen Sorten ohne Nektarstriche gehören hieher „Violetta" und „Sylvia". Durch weitere Kreuzung mit V. lutea entstand V. Suecána Wittrock. Schliesslich scheint auch noch eine andere Art aus der Verwandtschaft der V. calcarata in England zur Veredlung benützt worden zu sein, wahrscheinlich weniger V. calcarata selber, als vielmehr eine in der Literatur als

---

[1]) Benannt nach Veit Brecher Wittrock, geb. 1839 in Dalarne, gest. 1914 als Professor am Hortus Bergianus bei Stockholm. Ausser mit Viola hat sich der vielseitige Forscher auch mit den Formen von Linnaea, Malus u. a. und besonders mit Algen befasst. Vgl. Willes Nekrolog in Ber. Deutsch. Bot. Ges. Bd. XXXIII, 1916.

„V. stricta Dickson" non Hornemann nec Gmelin gehende Pflanze unbekannter (angeblich indischer) Herkunft mit bunter, langsporniger Krone. Hievon leiten sich die sog. „Ariel-Rassen" ab.

1935. Viola biflóra[1]) L. Gelbes Bergveilchen. Franz.: Violette jaune; ital.: Violetta gialla. Taf. 186, Fig. 4; Fig. 2066 und 2067 A a bis g und B.

Nach der Farbe bezw. dem Vorkommen auf den Bergen (Almweiden) heisst diese Art gelba Almveigl (Niederösterreich), Almveigel (Kärnten), Bergviönli (Schweiz: Churfirstengebiet), gelbes Stiafmirtal, Milchkraut [gilt offenbar als milchvermehrendes Kraut] (Niederösterreich).

Dreiachsige Staude mit schiefem oder ± weit kriechendem, 2 bis 3 mm dickem, mit fleischigen, weisslichen Niederblattschuppen bekleidetem Erdstock. Stengel einzeln oder zu 2, aufsteigend oder aufrecht, ± 1 bis 2 ($^1/_2$ bis $2^1/_2$) dm lang, zart, kahl, 2 bis 4 Stengelblätter und 1 bis 3 Blütenstiele tragend. Rosettenblätter 1 bis 3, mit ± 4 bis 12 cm langem, kahlem Stiel und breit nierenförmiger, ± 2 bis 4 cm langer und $2^1/_2$ bis 5 cm breiter, am Grund tief herzförmiger, vorn breit abgerundeter, ringsum kerbig gesägter, handnetznerviger, dünner, frischgrüner, oberseits zerstreut, unterseits nur auf den Nerven kurzhaariger Spreite. Stengelblätter mit kürzerem Stiel und kleinerer Spreite. Nebenblätter 3 bis 4 mm lang, eiförmig bis lanzettlich, ganzrandig oder die unteren etwas gezähnt, die stengelständigen krautig, am Rand ± häutig und oft etwas gewimpert, die grundständigen zu fleischigen Niederblattschuppen umgewandelt. Blütenstiele ± 2 bis 3 cm lang, dünn, aufrecht, mit meist ganz verkümmerten Vorblättern. Blüten ± $1^1/_2$ cm lang, fast geruchlos. Kelchblätter lanzettlich, spitz, mit verkümmerten Anhängseln. Kronblätter schmal verkehrt-eilänglich, lebhaft gelb, alle bartlos, die 4 oberen aufgerichtet, das untere bis über die Mitte mit dunkelgelbem Saftmal und dunkelbraunen Nektarstrichen. Sporn nur 2 bis 3 mm lang, gerade, stumpf. Griffel (Taf. 186, Fig. 4 a) mit abgeflachtem, 2-lappigem Narbenkopf. Kapsel länglich-eiförmig, an aufrechtem Stiel nickend, länger als der Kelch, kahl, aufspringend.

Fig. 2066. Viola biflora L. Schluderbach (Dolomiten). Phot. P. Michaelis, Köln.

Samen fast kugelig, hellbraun, mit schwach entwickelter Strophiole. — V, VI, in höheren Lagen bis VIII.

In den subalpinen Wäldern, subalpinen und alpinen Hochstaudenfluren, in Höhlenvorhöfen und Balmen, an geschützten, feuchten Wildlägern in den meisten Gebirgen recht verbreitet und oft sehr gesellig, auf Kalk eher etwas häufiger als auf kalkarmem Gestein. Steigt im Elbsandsteingebirge bis 250 m, im Riesengebirge bis zirka 1400 m, in Oberbayern bis 2280 m, in Tirol bis 2400 m, in Kärnten bis 2500 m, in Graubünden bis 2790 m, im Wallis (Gornergrat) bis gegen 3000 m. Geht öfters an Bächen, feuchtschattigen Felshängen usw. bis unter 1000 m hinunter, so in Oberschwaben (Kernaten) bis 510 m, im Rheintal bei Feldkirch bis 400 m, bei Buchs-Altendorf

---

[1]) Nach den oft, nicht immer zweiblütigen Stengeln. Die Art wurde schon von Mattioli und Clusius beschrieben, dann von Camerarius aus Tirol als V. Martia lutea inodora alpina, von C. Bauhin aus der Schweiz als V. alpina rotundifolia lutea u. a.

bis 460 m, früher an der Kander bei Thun und Einigen, in Tirol (Margreid) bis 260 m, in der Südschweiz (Misox) bis 320 m, in Böhmen (Tetschen) bis zirka 100 m hinunter.

In Deutschland verbreitet und gemein in den Alpen (nordwärts bis Oberschwaben: Schwarzer Grat, Adelegg, Schmidsfelsen an der Eschach, um Wangen, vielfach im oberen Argengebiet; in Bayern bis Kaufbeuren, Murnau, Kochel, Beuerberg usw.). Fehlt im Bayerischen und Böhmerwald, Fichtel- und Erzgebirge, erscheint dagegen wieder in der Sächsischen Schweiz (Amselfall, Uttenwalder Grund, Herrnskretschen, Grosser Zschand, Kirnitzschtal), in der Lausitz (Lausche bei Zittau) und vor allem in Schlesien (im Gebirge recht verbreitet, nördlich vereinzelt bis Hirsch). In Thüringen (Annatal bei Eisenach) nur angepflanzt, in Westfalen (am Ramsbecker Wasserfall) angeblich ursprünglich. Für die Vogesen sehr fraglich. — In Oesterreich im ganzen Alpengebiet verbreitet und häufig, südöstlich bis zur Smrektova Draga, zum Mondrazovac, Cawin und Nanos. In den Sudeten vielfach in Böhmen, Tetschen, Iser- und Riesengebirge, Mähren (Schneeberg, Köpernik, Fuhrmannstein, Brünnelheide, Altvater, Peterstein, Kessel, Neustadtl, Smrk) und Schlesien (Barania in den Beskiden, Hutti, Dobrau). — In der Schweiz in den Alpen verbreitet und häufig, nördlich bis ins Zürcher Oberland (Tösstock bis 800 m herab) und ins St. Galler Rheintal. Im Mittelland nur vorübergehend herabgeschwemmt (so 1870 in Emmeschachen bei Burgdorf), angeblich früher auch als Glazialrelikt an Nagelfluhblöcken im Jonental (Aargau). Im Jura nur in der Waadt und in Neuenburg (Reculet, Grand Colombier, Dôle, Mont Tendre, mehrfach längs des Doubs).

Allgemeine Verbreitung: In Europa von Bulgarien, Serbien, Montenegro, Italien, Korsika, den Pyrenäen und Katalonischen Gebirgen bis zum Mont d'Or, Südjura, Sudeten- und Karpatengebiet, dann wieder im nördlichen Finnland und Skandinavien (von Ångermanland, Dalarne und Röldal bis zum Nordkap, Kemi- und Ponoj-Lappland). In Asien in den Kaukasusländern (bis 3300 m steigend), Mingrelien, Turkestan, Himalaya, Tibet, Sibirien bis 70° nördl. Breite, West- und Nordchina, Japan, Sachalin, Kamtschatka; auch in Nordamerika.

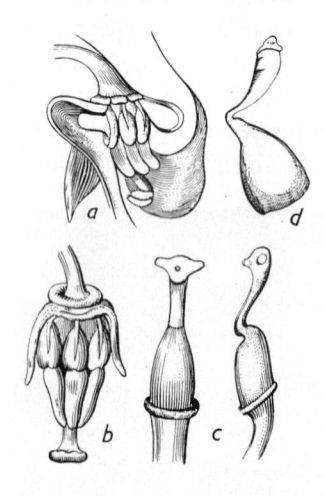

Fig. 2067 A. Viola biflora L. *a* Längsschnitt durch die Blüte. *b* Geschlechtssäule. *c* und *d* Fruchtknoten (Fig. *a* bis *c* nach H. Müller).

In Europa variiert die somit circumpolar verbreitete Art kaum (eine f. stenopétala Zapałowicz mit schmäleren Kronblättern ist aus den Karpaten beschrieben), wogegen in den west- und mittelasiatischen Gebirgen nicht nur stärker behaarte Formen, sondern auch mehrere verwandte Arten vorkommen (vgl. die Bearbeitung der Untergattung Dischidium von W. Becker in Beih. zum Botan. Centralbl. Bd. XXXVI, 1918). Als einziger europäischer Vertreter der Sektion weicht V. biflora sowohl morphologisch, wie physiologisch und ökologisch stark von den anderen europäischen Veilchen ab. In ihrer Dreiachsigkeit stimmt sie mit V. silvestris und V. rupestris überein, ist aber im Gegensatz zu diesen ausgesprochen hygrophil und schattenliebend. Sie gehört mit Geranium Robertianum, Arabis alpina und Urtica dioeca zu den am weitesten in alpine Kalkhöhlen vordringenden Blütenpflanzen. Nach Hans Müller (Oekologische Untersuchungen in den Karrenfeldern des Sigriswilergrates. Diss. Bern 1922) beträgt die Saugkraft ihrer Wurzeln und der unteren Blattepidermis nur 4 bis 5 Atmosphären, so dass die Pflanze leicht welkt. Besonders regelmässig tritt sie im Unterwuchs der Krummholz-, Alpenerlen- und Alpenrosengebüsche und der Adenostyleten auf, deren Humus ihre Grundachsen durchspinnen und wo sie mit Soldanella alpina und Ranunculus montanus gleich nach der Schneeschmelze blüht. Die Blüten stehen auf einer relativ sehr niedrigen Entwicklungsstufe. Auch die seitlichen Kronblätter tragen keinen Haarbesatz. Ein 2 bis 3 mm langer Rüssel genügt, um zum Honig zu gelangen. Bestäuber sind hauptsächlich Syrphiden und Musciden (Syrphus, Platycheirus, Melanostoma, Cheilosea nach Hermann Müller), daneben aber auch einzelne Apiden (z. B. Halictus cylindricus) und Schmetterlinge. Die stellenweise häufigen kleistogamen Blüten (Fig. 2067 B) scheinen an manchen Orten ganz zu fehlen. Die Samen werden anscheinend weniger durch Ameisen als vielmehr endozoisch durch Wiederkäuer verbreitet, im Norden durch Rentiere (nach Heintze), in den Alpen wohl durch Rehe, Ziegen und Gemsen. Gelegentlich epiphytische Vorkommnisse (z. B. auf Bergahornen nach Stäger) scheinen auf Verschleppung durch Ameisen oder Vögel zu beruhen. Die Keimung erfolgt fast ausschliesslich nach Einwirkung mässiger

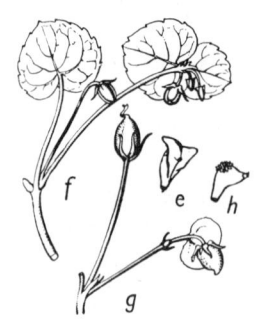

Fig. 2067 B. Viola biflora L. *e* Griffelkopf. *f* Spross mit kleistogam gebildeten Früchten. *g* Desgleichen mit chasmogam (links) und kleistogam gebildeten Früchten. — V. canina L. *h* Narbenkopf (Fig. *e* und *h* nach Gingins, *f* und *g* nach Goebel).

Kältegrade, im Dunkeln ebensowohl wie im Licht; doch werden Temperaturen unter —12° nur schlecht ertragen, weshalb die Pflanze auch nur an im Winter schneebedeckten Standorten wächst. Das Hypokotyl ist ungewöhnlich lang (nach Kinzel). — Spezifische Schmarotzerpilze sind Puccinia alpina Fuckel, Uredo alpestris Schroeter und Synchytrium alpinum Thomas.

1936. Viola canina[1]) L. Hunds=Veilchen, Heideveilchen[2]). Franz.: Violette de chien, violette de serpent; engl.: Dag's violet; ital.: Viola matta, viola selvatica; ladin. (Gröden): Violes mates. Taf. 186, Fig. 3 und Fig. 2067 B h und 2068.

Die verschiedenen duftlosen, blauen Veilchen=Arten (Viola canina, V. silvestris, V. Riviniana und V. hirta usw.) werden vom Volke zum Unterschied von den wohlriechenden Veilchen genannt: Wilde Veilchen (z. B. Thüringen, Schweiz), dulle Vijoileken (Göttingen), Hundsveilchen (in den verschiedenen Mund= arten), Rossveigele (schwäbisch), Katzeveigele (Schwäbische Alb), Ottaraviali (St. Gallen), Frösche= veilchen (Eifel), Judeveiele [vgl. Vinca minor] (Baden, Elsass). Andere Benennungen sind noch Swalke= blöm [Schwalbenblume] (Insel Juist), Himmelsbläuäli, Tubächnopf, =deckel (St. Gallen).

Zweiachsige Staude mit meist ziemlich kurzem, mehrköpfigem Erdstock, zuweilen mit Wurzelsprossen. Sprosse schwach behaart oder kahl, meist trübgrün. Stengel aufsteigend oder aufrecht, $\pm$ $^1/_2$ bis $1^1/_2$ ($^1/_3$ bis 2, zur Fruchtzeit ausnahmsweise bis 4) dm hoch, meist nur am Grund verzweigt, mit 3 bis 6 Stengelblättern. Laubblätter alle stengelständig, mit ziemlich langem Stiel und schmal bis ziemlich breit eiförmiger, $\pm$ 2 bis 3 (1 bis 5) cm langer und 1 bis 2 (bis 3) cm breiter, seicht gekerbter, am Grund gestutzter bis schwach herzförmiger, meist ziemlich derber Spreite. Nebenblätter schmal=lanzettlich, $\pm$ häutig, meist $^1/_2$ bis 1 ($^1/_4$ bis $1^1/_2$) cm lang, gezähnt bis entfernt gefranst, auf der Innenseite öfters ganzrandig. Blüten zu 1 bis 3 pro Stengel, an die tragenden Laubblätter kaum bis um das Dreifache überragenden Stielen, $\pm$ $1^1/_2$ bis gegen $2^1/_2$ cm lang, geruchlos. Kelchblätter spitz, mit ziemlich grossen, quadratischen Anhängseln. Kronblätter hell bis ziemlich dunkel blauviolett, am Grund (an einzelnen Individuen auch ganz) weisslich, verkehrt=eiförmig, in der Breite ähnlich wie die Laubblätter variierend. Sporn 4 bis 7 (bis 8) mm lang, meist dick und stumpf, gerade oder schwach aufwärts gebogen, weiss oder gelblichweiss, nie violett. Pollen kugelig bis tetraedrisch. Narbe kurz schnabelförmig, papillös. Kapsel an aufrechtem Stiel stumpf oder spitz eiförmig, länger als der Kelch, aufspringend. Samen eiförmig, gelblichweiss bis braun, mit schwach entwickelter Strophiole. — IV bis VI, in höheren Lagen bis VII.

In Magerwiesen, Heiden, Mooren, lichten Wäldern, auf Sand, Lehm und Torf, nie auf kalkreichem Boden. Vom Tiefland bis gegen die Waldgrenze in zahlreichen Formen weit verbreitet und stellenweise häufig, in den Kalkgebieten jedoch selten und auf grössere Strecken fehlend.

Allgemeine Verbreitung: Durch das ganze gemässigte Eurasien bis Grönland, Island, Lappland, Kola, Sibirien und Japan, südlich bis Kaschmir und zum Mittelmeer.

Der Formenkreis der V. canina ist sehr schwer zu gliedern, sodass die einzelnen Sippen bald als Arten, Unterarten, Abarten oder Bastarde bewertet und entsprechend ganz verschieden benannt werden. Linnés V. canina und V. montana umfassen auch eine ganze Reihe anderer Arten, weshalb z. B. Allioni, Borbás u. a. als V. canina die V. silvestris bezeichneten. Während die meisten neueren Autoren innerhalb

---

[1]) Uebersetzung des alten deutschen Namens. Bis zu Linné wurde die Art mit den folgenden und der silvestris=Gruppe vermengt (so von Bock als V. canina seu sylvestris, von Bauhin als V. Martia inodora sylvestris); erst E. Fries, Reichenbach, Hayne u. a. führten die Trennung durch.

[2]) Beim Sammeln von Veilchen der Untergattung Nomimium, zu der alle folgenden Arten gehören, notiere man stets die Form und Farbe der Kronblätter und des Sporns, sowie das Vorhandensein oder Fehlen des Duftes. Man sammle auch Fruchtexemplare im Mai, Juni oder Juli. Bei mutmasslichen Hybriden notiere man alle am Standort wachsenden Arten derselben Sektion und lege nur Stücke desselben Stockes auf einen Bogen, was bei der Ueppigkeit vieler Hybriden meist in reichlicher Menge möglich ist. Vor allem suche man aber auch von diesen, die durchaus nicht immer steril sind, Samen zu Kulturversuchen zu erhalten.

der V. canina im hier angenommenen Sinn mehrere Arten unterscheiden, vereinigten Rouy und Foucaud nicht nur diese, sondern auch die 3 folgenden Arten zu einer Kollektivart. Näheres über diese Gruppe in den Bearbeitungen von W. Becker in Mitt. Thüring. Botan. Ver. Bd. XXV, 1909 und besonders in Beih. Botan. Centralblatt. Bd. XXXIV, Abt. II, 1917. Für Mitteleuropa können die folgenden Unterarten unterschieden werden:

1. subsp. **canina** (L. em. Rchb.) Hooker (= subsp. týpica Becker, = subsp. eu-canina Braun-Blanquet, = V. ericetórum Schrader, = V. pumila var. ericetorum Ging.). Fig. 2068 a bis e. Stengel meist niedrig, aufsteigend, seltener aufrecht. Nebenblätter nur ⅙ bis ⅓ so lang als die Blattstiele, entfernt gefranst-gesägt, auf der Innenseite oft ganzrandig. Blattspreiten meist deutlich herzförmig, mehr als halb so breit wie lang, dicklich, dunkelgrün. Kronblätter meist blauviolett, selten an einzelnen Individuen milchweiss (f. lactiflóra Rchb., = var. láctea auct. non V. lactea Sm.). Sporn 1- bis 2-mal so lang wie die Kelchanhängsel.

Die in Mitteleuropa verbreitetste, besonders in den Gebirgsländern in die folgende übergehende Unterart. In typischer Ausbildung meist nur bis in die montane Stufe steigend, in einzelnen Formen auch höher (Sölden

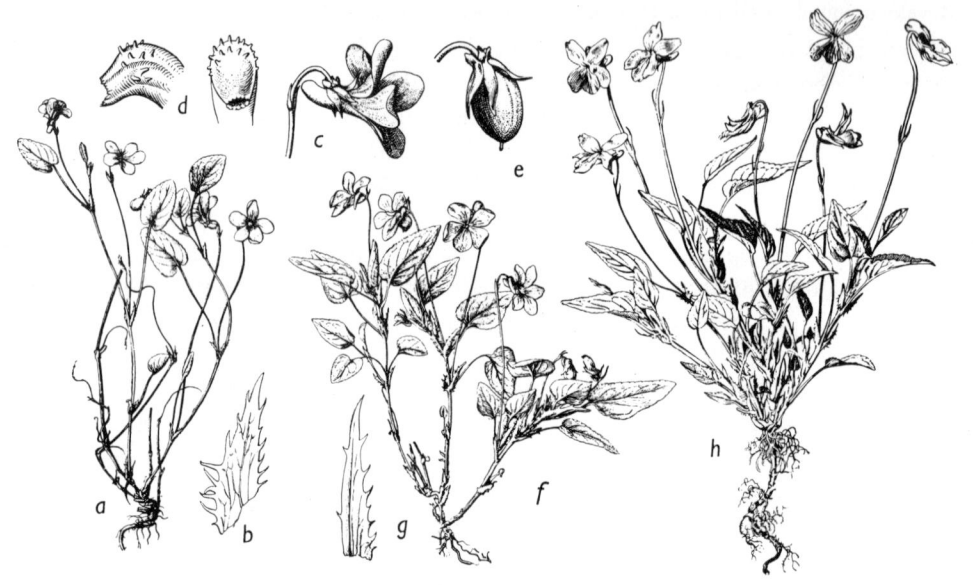

Fig 2068. Viola canina L. subsp. canina (L. em. Rchb.) Hooker. *a* Habitus der var. ericetorum (Schrader) Rchb. *b* Nebenblatt. *c* Blüte. *d* Narbenkopf von der Seite und von vorn (nach Kupffer). *e* Kapsel. — subsp. montana (L. Fl. Suec.) E. Fries. *f* Habitus. *g* Nebenblatt. — subsp. Schultzii (Billot) Kirschl. *h* Pflanze vom Originalstandort.

in Tirol bis 1800 m, Berninagebiet bis 2300 m, im Tessin angeblich bis 2500 m). Fehlt auf weite Strecken in den Nordalpen (in den Bayerischen Alpen nur Berchtesgaden, Riesenkopf, Rehleitenkopf, Zwiesel 1330 m, Kreuth, Oberstdorf, fehlt ganz in den Helvetischen Kalkalpen zwischen Bodensee und Aare). Vielleicht nur Standortsformen sind: var. sabulósa Rchb. (= var. minor Ging. apud DC.?, = var. rupéstris Kirschl.?, = var. flavicórnis Ascherson et auct. an V. flavicornis Sm.?). Stengel nur 3 bis 8 (bei f. mínima Fiek nur 1 bis 3) cm lang, niederliegend. Blattspreiten klein. Sporn kurz, meist gelblich. So in Magerwiesen und Heiden auf Sand und Lehm. Diese Form wurde sehr oft mit der habituell ähnlichen V. rupestris verwechselt. — Eine ähnliche, mehr der subsp. lactea genäherte Sandform ist die var. dunénsis W. Becker (= var. lancifólia Sonder et Buchenau non V. lancifolia Thore). Blattspreiten länglich-eiförmig, meist etwas zugespitzt, am Grund gestutzt oder schwach keilförmig verschmälert. Kronblätter schmäler, Sporn länger. Auf den Dünen der Nordseeküsten z. B. bei Hamburg und auf den Friesischen Inseln. — var. ericetórum (Schrader) Rchb. (= V. ericetorum Schrader s. str., = var. brevifólia Neilr.). Stengel 5 bis 15 cm hoch, am Grund niederliegend. Blattspreiten länglich, klein, ziemlich kurz gestielt. Sporn kurz, gelblich. In Heiden und Magerwiesen die verbreitetste Rasse. — var. lucórum Rchb. (= subsp. Kóchii Kirschl., = var. longifólia Neilr., = var. týpica Posp.). Stengel ± aufrecht, 1½ bis 3 dm hoch. Laubblätter mit 3 bis 5 cm langem Stiel und 2 bis 3½ cm langer und 1½ bis 2½ cm breiter Spreite, etwas an diejenigen von V. Riviniana erinnernd. Sporn weisslich. In Kiefern- und Moorwäldern. — Von den zahlreichen, meist für „nichthybrid" gehaltenen Zwischenformen, die die genannten Abarten mit denen der folgenden Unterart verbinden, ist die wichtigste: var. Einseleána (F. Schultz) (= V. ericetorum Schrad. var. Einseleana Borb., = V. montana var. Einseleana Becker,

= V. stricta var. humilis Wimm.?). Stengel kurz, ± aufrecht. Nebenblätter dünn, gefranst, ¹/₃ bis ¹/₄ so lang als die Blattstiele. Blattspreiten klein, zugespitzt ei=herzförmig bis fast kreisrund. Sporn ± 3=mal so lang als die Kelchanhängsel, aufwärts gebogen, kurz 2=spaltig. Besonders in montanen und subalpinen Nardus= und Agrostis tenuis=Wiesen. Scheint z. B. in Oberbayern, in Nordtirol und im Rhonetal die bei weitem häufigste und zugleich die am höchsten steigende Form der Gesamtart zu sein. — Grössere Formen, die einen allmählichen Uebergang von var. lucorum zur subsp. montana und Schultzii vermitteln, werden als V. Ruppii[1]) All., V. pumila var. cordifolia Gaudin usw. bezeichnet. Hieher auch V. Oenénsis Borb., V. Kützingii Becker u. a.

2. subsp. **montána**[2]) (L. Fl. Suec. non Spec. pl. nec Rchb., Borb. et al.) E. Fries (= V. nemorális Kütz., = V. Rúppii Ledeb. et auct. vix All., = V. stricta Godron et auct. non Gmel., = V. canina L. var. montana Garcke). Fig. 2068 f, g.

Stengel meist aufrecht, ± 1 bis 3 (zur Fruchtzeit bis 4) dm hoch, einzeln bis recht zahlreich (f. Caflischii Woerlein). Mittlere Nebenblätter ¹/₄ bis ¹/₂ so lang, obere fast so lang wie die Blattstiele, gefranst bis tief gezähnt. Blattspreiten meist schmal eiförmig, ± doppelt so lang wie breit, mit fast geraden Rändern, am Grund schwach keilförmig, gestutzt oder sehr seicht herzförmig, meist heller grün als bei der vorigen Unterart. Krone meist hellblau, öfters milchweiss. Sporn ± 1¹/₂= bis 2=mal so lang als die ziemlich grossen Kelchanhängsel.

In feuchten bis ziemlich trockenen Heidewiesen und Heidewäldern, insbesondere in Calluna= und Sarothamnus=Beständen der collinen und montanen Stufe, sehr zerstreut, nach Süden häufiger werdend (doch auch bis Island, Lappland und Sibirien) und in den Südalpen bis zirka 1800 m steigend. In Deutschland sehr zerstreut in den Mittelgebirgen und Voralpen (in Oberbayern bis 1320 m steigend), nördlich bis zum Mittelrhein, Thüringen, Sachsen, Schlesien, Posen. Die Angaben aus Norddeutschland (Biederitzer Busch bei Magdeburg, mehrere Angaben aus West= und Ostpreussen) beziehen sich wohl auf Bastarde V. canina × V. persicifolia. — In Oesterreich anscheinend ziemlich verbreitet, doch auch nicht überall typisch. — In der Schweiz besonders im Tessin, weniger ausgeprägt auch in den Nordalpen und im westlichen und mittleren Molasseland. — Von den zahlreichen bei dieser Unterart unterschiedenen Formen stellen die meisten wohl nur Uebergänge zu den anderen Unterarten oder Kreuzungen mit Formen derselben und der V. persicifolia dar. Im übrigen ist die Verbreitung der „typischen" Rasse noch ungenügend bekannt.

3. subsp. **Schultzii**[3]) (Billot) Kirschl. (= V. Rúppii Rchb. vix All., = V. canina L. subsp. Kochii var. Schultzii Kirschl., = V. stagnina var. Schultzii Beck). Fig. 2068 h. Aehnlich der vorigen Unterart. Stengel meist am Grund aufsteigend, ± ¹/₂ bis 2 dm hoch. Nebenblätter ± 1 bis gegen 1¹/₂ cm lang, gefranst; die mittleren ± ¹/₃ bis über ¹/₂ so lang wie die Blattstiele. Blattspreiten ± 2 bis 3 cm lang und etwa halb so breit, ziemlich dünn. Krone blassblau bis milchweiss. Sporn 2= bis 3=mal so lang als die Kelchanhängsel, bis 8 mm lang, deutlich aufwärts gebogen, ausgerandet. In Flach= und Uebergangsmooren anscheinend ziemlich verbreitet, aber selten und oft verkannt. Zuerst 1836 von Hagenau im Elsass beschrieben, dann auch aus der Rheinpfalz (Schaidt, Maudach), aus Bayern (z. B. Dinkelscherben, Freising), Thüringen (Rotenbach), Oberschlesien (Falkenberg), Mähren (Znaim), Steiermark, Tirol (angenähert mehrfach im Inn= und Etschtal) und der Schweiz (z. B. am Muzzanersee, wohl auch am Rhein bei Diessenhofen) bekannt geworden. W. Becker bewertete die Pflanze zuerst nur als extrem charakteristische V. montana, erkannte ihr aber später ebenso wie Gerstlauer Artwert zu.

4. subsp. **láctea** (Smith) Hooker (= V. lactea Sm., = V. Lusitánica Brot., = V. lancifólia Thore?, = V. canina L. var. lancifolia Ging., = subsp. Lusitánica Rouy et Fouc.). Blattspreiten eiförmig bis eiförmig= lanzettlich, lang zugespitzt, am Grund gestutzt oder keilig. Mittlere Nebenblätter ± halb so lang, obere fast so lang wie die Blattstiele. Kronblätter schmäler als bei den übrigen Unterarten, ± 3=mal so lang wie breit, nach der Spitze verschmälert. Sporn lang. — In typischer Ausbildung nur im atlantischen Europa von Portugal bis England. Die Angaben aus Holland beziehen sich teils auf V. persicifolia var. lacteaeoides Becker et Kloos, teils wie die von der deutschen Nordseeküste auf die var. dunensis der V. canina. Hingegen sollen im Küsten= land der Adria sehr ähnliche Formen vorkommen, so auf dem Karst (Magerwiesen und Weinberge des

---

[1]) Benannt nach Heinrich Bernhard Ruppius, geb. 1688 in Giessen, gest. 1719 in Jena, dem Verfasser der erst 1726 erschienenen Flora Jenensis, der ersten Thüringer Flora.

[2]) Linné verstand unter V. montana auch V. persicifolia und V. elatior, welch letztere daher wiederholt (so von Gingins, Neilreich, Gaudin, Borbás u. a.) als V. montana bezeichnet worden ist.

[3]) Benannt nach Friedrich Wilhelm Schultz, geb. 1804 an der Lauter zu Zweibrücken (Rheinpfalz), seit 1833 als Apotheker in Bitsch (Lothringen), seit 1853 in Weissenburg im Elsass, gest. 1876. Er war gleich seinem Bruder Karl Heinrich Schultz (Schultz=Bipontinus, 1805 bis 1867) einer der verdientesten Erforscher der ober= rheinischen Flora. Seine Hauptschriften sind die Flora der Pfalz (Speyer 1846) und die Grundzüge zur Phytostatik der Pfalz (Pollichia 1863). Ausführliche Biographien haben Lauterborn und Poeverlein verfasst.

Wippach= und Rekatals, eine durch fettglänzende, am Grund stärker keilige Laubblätter und milchweisse [statt blaue] Kronblätter abweichende Form auch in Friaul (bei Cormons und Görz). Diese hielt Pospichal zu Unrecht für V. lactea Sm., jene dagegen für V. lancifolia Thore, die jedoch von den meisten Autoren mit dieser identifiziert wird und gleichfalls im Adriagebiet fehlt. — Eine besondere Rasse ist V. Jordáni Hanry (= V. canina L. subsp. persicifólia var. elatior 1. Provinciális Kirschl., = V. canina subsp. Jordáni Rouy et Fouc., = V. elatior var. Provincialis Burnat, = V. Vandásii Velen., = V. elatior var. latifolia Velen.) aus den Seealpen, den nördlichen Balkanländern (Ungarn, Serbien, Bulgarien, Makedonien) und Vorderasien (in Cilicien bis 1400 m, in Kaschmir bis 3000 m), die von den meisten Autoren zu V. elatior, von Becker dagegen neben die subsp. montana und Schultzii gestellt wird.

Die einzelnen Rassen der V. canina sind ökologisch und z. T. auch geographisch besser charakterisiert als morphologisch. Die subsp. canina besiedelt hauptsächlich trockene bis mässig-feuchte Moor= und Heide= wiesen, die var. lucorum auch Moor= und Heidewälder, die subsp. montana sowohl in den Südalpen (z. B. auf dem Porphyr am Luganersee) wie auch in Süddeutschland (z. B. auf den Tertiärsanden bei Wolnzach in Bayern) die Bestände von Calluna vulgaris, Sarothamnus scoparius und Agrostis tenuis (mit Holcus mollis, Genista tinctoria und G. Germanica, Jasione montana usw.). Die zwischen beiden stehende var. Einseleana ist im Unterwallis sehr charakteristisch für die Agrostis tenuis= und Nardus=Wiesen mit Genistella sagittalis auf dem kalkarmen Gneis=, Karbon= und Verrukanoboden. Nur ausnahmsweise geht sie aus diesen auch in stärker gedüngte Trisetum= und Arrhenatherum=Wiesen. Alle Rassen der V. canina sind im Gegensatz zu V. hirta und V. odorata ausgesprochene Magerkeitszeiger und wohl ohne Ausnahme (die „var. calcarea Rchb." gehört wohl zu V. rupestris) kalkmeidend. Die subsp. Schultzii scheint ähnlich wie V. persicifolia nur in nassen, zeitweise überschwemmten Sumpfwiesen vorzukommen. — Neben nur bei Fremdbestäubung fruchtbaren chasmogamen Blüten werden ziemlich regelmässig in den oberen Blattachseln auch kleistogame Blüten mit sehr stark redu= zierter Krone gebildet. Pelorien wurden öfters beobachtet, besonders solche mit mehreren Spornen.

1937. Viola persicifólia[1]) Roth (= V. stagnina Kitaibel, = V. láctea Rchb. p. p. non Sm., = V. stricta Hornem. non Gmel., = V. canina L. subsp. persicifolia und subsp. Kóchii Kirschl., = var. lactea Döll, = subsp. stagnina Rouy et Fouc., = V. récta Garcke). **Pfirsichblätteriges oder Bleiches Torfveilchen.** Franz.: Violette dressée. Fig. 2069 a bis e.

Zweiachsige Staude mit bleich gelblichgrünen, sehr kurz behaarten, fast kahlen Sprossen. Grund= achse öfters Bodenausläufer treibend. Stengel meist einzeln, ± 1½ bis 2 (selten bis 4) dm hoch, meist ästig, mit ± 1 bis 5 cm langen Inter= nodien. Laubblätter alle stengelständig, die untersten mit Ausnahme ihrer niederblattartigen Nebenblätter frühzeitig vertrocknend, die mittleren und oberen mit ± ½ bis 3 cm langem, oberwärts ± deutlich geflügeltem Stiel und schmal eiförmiger bis lanzett= licher, ± 2 bis 4 (bis 4½) cm langer und ⅖ bis ½ mal so breiter, am Grund gestutzter bis sehr seicht herzförmiger, selten keilförmiger, vorn ab= gerundeter, ringsum fein gekerbter Spreite. Mittlere und obere Nebenblätter krautig, lanzettlich bis eiförmig, ± 1 cm lang und 1½ bis 3 mm breit, ± gezähnt bis entfernt gefranst, seltener ganzrandig,

Fig. 2069. Viola persicifolia Roth. *a* und *b* Habitus. *c* Nebenblatt. *d* Kapsel. *e* Same. — V. pumila Chaix. *f* und *g* Habitus. *h* Laubblatt mit den Nebenblättern.

---

[1]) Von lat. persica = Pfirsich. Der Vergleich mit Pfirsichblättern stammt von Ruppius, der die Art aus der Leipziger Gegend in seiner „Flora Jenensis" 1726 als V. palustris angustis Persicae foliis be= schrieben hat. Seither ist der Name wiederholt auch für die beiden folgenden Arten gebraucht worden, muss aber beibehalten werden, da ihn Roth schon 25 Jahre vor dem gebräuchlicheren Kitaibels veröffentlicht hat.

zuweilen ± mit dem Blattstiel verbunden. Blüten zu 2 bis 5 pro Stengel, an ± 4 bis 6 cm langen, über der Mitte die lanzettlichen Vorblätter tragenden Stielen, 1 bis 1½ cm gross, geruchlos. Kelchblätter lanzettlich, spitz, mit grossen, abgerundet quadratischen Anhängseln. Kronblätter eiförmig, milchweiss, mit lila Adern und grünlichem, nur ± 2 mm langem, die Kelchanhängsel kaum überragendem, oft deutlich zurückgebogenem Sporn. Griffel mit kurzem Schnabel. Kapsel länglich=eiförmig, länger als der Kelch, spitz, kahl. Samen eiförmig, stroh= gelb, mit sehr schwach entwickelter Strophiole. — Ende V bis Anfang VII.

In nassen Flachmooren, besonders in Molinieten mit Carex panicea, C. flava usw., Ophioglossum vulgatum u. a., kaum über 500 m, besonders in den Stromtälern.

In Deutschland im Ober= und Mittelrheingebiet (von der Aaremündung und Basel bis Bonn), im Maingebiet (zerstreut im Keupergebiet, bei Erlangen erloschen, im Muschelkalkgebiet nur bei Volkach); im Weser= gebiet nur bei Holzminden am Südharz (bei Lengefeld und Nüxei); im Elbegebiet sehr zerstreut von Böhmen bis Hamburg (in Sachsen bei Pirna [früher auch bei Pillnitz] und im Elstergebiet um Leipzig, im Saaletal bis nach Thüringen [Alperstedt, Herbsleben, Gebesee], dann sehr zerstreut über Magdeburg, Pitna und Lenzen bis in die Umgebung von Hamburg, in Holstein wohl nur noch bei Warwisch, im Gehege=Moor bei Hagen [Kreis Plön] trotz Schutzmassnahmen wohl verschwunden; vielfach in Brandenburg und Mecklenburg, in Pommern nur bei Belling [Ueckernriesen und Pyritz]), im Odertal aufwärts bis in die Umgebung von Kosel; vielfach im Warte=, Netze= und Weichselgebiet, in Ostpreussen bis Fischhausen und Insterburg; im Donaugebiet durch das mittlere Bayern (bis Neu=Ulm, südlich bis München, Kaufbeuren, Königsdorf) bis nach Württemberg (Schmiecher See, Allmendinger Ried, Mittel=Bieberach, seit 1910 wohl überall durch Verlandung oder künstliche Entwässerung verschwunden). — In Oesterreich im Elbegebiet (zerstreut in Mittelböhmen bis gegen das Riesen= und Isergebirge, Teplitz, Saaz, Budweis, Wittingau), im Donaugebiet selten (in Niederösterreich z. B. bei Breitenfurt, Moosbrunn und Kalksburg und im Wienerwald), in Oberösterreich anscheinend verbreiteter, auch an der Traun, in Mähren nur bei Brünn und Olmütz, in Steiermark auf dem Semmering und auf Liebach bei Gross=Wilfers= dorf). Für Kärnten (angeblich im Lavanttal, bei Klagenfurt, am Wörthersee usw., an der Drau angeblich bis Lienz in Tirol) und Krain zweifelhaft. In Tirol mit Sicherheit nur in Vorarlberg (Bodenseeried bei Fussach und Höchst, Wolfurt, Mauern, angeblich auch bei Feldkirch). — In der Schweiz im Glattgebiet (Niederglatter Ried, um den Katzensee), um Bern (z. B. Belpmoos), um den Bieler=, Neuenburger= und Murtnersee (auch noch im Jura beim Plein de Seigne) und vielfach um den Genfersee (im Rhonetal aufwärts bis Aigle). Die Angaben aus dem Tessin sind falsch. Im Rheintal (Bodenseeried und bei Basel) nur über der Grenze.

Allgemeine Verbreitung: Von Sibirien (bis ins obere Jenissei= und Angara= gebiet) durch Russland bis Livland, Oesel, Südskandinavien (Öland, Gotland, von Schonen vereinzelt bis Südnorrland, in Norwegen nur bei Lilleström, am Tyri= und Randsfjord), Süd= ostengland und Mittelfrankreich, südlich nur bis ins obere Rhone= und Donaugebiet.

Variiert besonders in der Grösse der Nebenblätter und ganzen Sprosse: f. vulgaris F. Schultz. Nebenblätter ± 1 cm lang. — f. microstipula F. Schultz. Nebenblätter wesentlich kleiner. — f. macro= stipula F. Schultz (= V. Billótii F. Schultz, = V. stagnina Kit. var. Billotii Gren. et Godron). In allen Teilen grösser.

V. persicifolia ist sowohl mit der vorigen, wie mit den beiden folgenden Arten nahe verwandt und oft mit ihnen verwechselt worden. Sie ist gleich den folgenden eine Stromtalpflanze östlicher Herkunft und im Gegensatz zu V. canina neutrophil, d. h. an ± neutrale bis schwach saure Bodenreaktion gebunden.

1938. Viola elátior[1]) Fries (= V. persicifolia Schkuhr non Roth, = V. persicifolia var. Rothiána Wallr., = V. montana L. Spec. pl. p. p. non Fl. Suec., Borb. non Fries, = V. Hornemanniana Römer et Schult., = var. pubéscens et stricta Ging., = V. canina L. subsp. persicifolia var. elatior Kirschl. und subsp. elatior Rouy et Fouc.). Hohes Veilchen.
Fig. 2070.

Nahe verwandt mit voriger Art, aber Sprosse frischgrün, meist stärker flaumig behaart (selten fast kahl) und in allen Teilen grösser. Stengel ± 2 bis 4 (bis 5) dm hoch, sehr kräftig.

---

[1]) Unter diesem Namen zuerst bei Clusius. Die Art wurde aber schon von Dodoens als V. assurgens tricolor beschrieben, unter diesem Namen auch schon von Menzel von Rotengriess und Thurn bei Ingolstadt angeführt, um 1600 als V. erecta im Garten der Fürstbischöfe zu Eichstätt kultiviert, dann von Morison u. a. abgebildet, doch bis in die neueste Zeit häufig verkannt.

Blattspreiten ± 3 bis 7 cm lang und 1 bis 2 cm breit, gestutzt oder in den 2 bis 4 cm langen, nur undeutlich geflügelten Blattstiel verschmälert. Nebenblätter ± 2 bis 3 (bis 4) cm lang und bis 8 mm breit, ganzrandig oder unterwärts ± grob gezähnt. Vorblätter dicht unter den 2 bis 2¹/₂ cm langen Blüten. Kronblätter hellblau, gestreift, am Grunde (selten ganz) weiss; die seitlichen stark gebärtet. Sporn die Kelchanhängsel wenig überragend, grünlich. Griffelschnabel vorwärts gerichtet, am Knie papillös behaart. Kapsel zugespitzt, mit hervortretenden Rändern, kahl. — V, VI.

Auf Wiesen und in feuchten bis trockenen Gebüschen im Gebiete grösserer Flüsse.

In Deutschland im Ober- und Mittelrheingebiet (Dingelsdorf bei Konstanz, dann erst wieder unterhalb Basel und von da zerstreut bis Mainz und Bingen, in Württemberg nur im Bölgerntal und bei Kirchberg a. I.), im Maingebiet (bis Gerolzhofen, Schweinfurt, Grosslangheim, Hassfurt, Randersacker), Elbegebiet (um Leipzig und Dresden, Naumburg, Halle, Bernburg, Unseburg, Barby, Magdeburg), Odergebiet (besonders in Schlesien, namentlich um Breslau), Weichselgebiet (mehrfach in Westpreussen) und Donaugebiet (längs der Donau bis zur Rissmündung [hier 1914 wiedergefunden], Lechauen bis Rehling und Mering, Amperauen bis Haag und Inkofen, Isarauen bis Garching). — In Oesterreich in der Elbeniederung (Mittelböhmen, z. B. Lysá, Wettel, Kopidloro usw., angeblich auch bei Prag), an der Donau und ihren grösseren Zuflüssen sehr zerstreut, in den Thayaauen bei Tracht, Neumühl, Prittlach, Eisgrub usw. (sonst in Mähren nur noch bei Písek und Kremsier), an der Drau bis St. Peter, Wurmberg und Pettau (sonst in Steiermark nur bei Gleichenberg, in Kärnten bei Arnoldstein; die Angabe vom Gaimberg bei Lienz sehr fraglich, an der Sau bis Krain (angeblich bei Laibach), im Küstenland an den Seen von Pietra rossa und Doberdo, am Molino di Sdobba und bei Cormons, an der Etsch bei Trient, Eichholz, Salurn (auch weissblühend), Margreid, Branzoll, Auer und Cles (ob auch die „Viola arborescens", die Mattioli und nach ihm Linné vom Monte Baldo angab?) — In der Schweiz mit Sicherheit nur am Genfersee (vielfach um Genf, in der Waadt bis Orbe und rhoneaufwärts bis zum Bévieux), an der Aare um Grenchen und Lengnau, bei Frauenfeld, angeblich früher auch an der Glatt bei Dübendorf. Die alten Angaben aus dem Jura (Chaux de Fonds nach Haller) und aus den Alpen (Wallis, Graubünden usw.) sind sicher unrichtig.

Allgemeine Verbreitung: Von Turkestan und Westsibirien (bis zum Irtysch, Ob und Tarbagatai) durch Russland bis Estland, Livland, Moon, Oesel, Öland (fehlt dem übrigen Skandinavien), durch Mitteleuropa bis Nordfrankreich, ins Rhone- und Pogebiet (Pavia, Parma usw.), Serbien und Bulgarien (in Asien vom 39. bis zum 52., in Europa vom 42. bis zum 57. Breitegrad).

Fig. 2070. Viola elatior Fries.
a Habitus. b Blüte. c Staubblätter. d Fruchtknoten.

Die in Mitteleuropa fast ausschliesslich an feuchte Standorte in den Flusstälern gebundene Art ist dies im Osten so wenig wie die folgende; sie tritt z. B. in Russland in Steppengehölzen und auch auf Öland in den trockenen „Alvar-Wäldern" auf. Sie trifft oft sowohl mit V. persicifolia wie mit V. pumila zusammen, scheint aber mit beiden nur durch hybride Zwischenformen verbunden zu sein. Sie lässt sich leicht kultivieren. Bei Speyer wächst die Pflanze nach C. Velten in den Rheinwaldungen zusammen mit Convallaria majalis, Paris quadrifolius, Orchis fuscus, Aquilegia vulgaris, Lithospermum officinale, Gentiana cruciata usw., ebenso in den Auenwäldern (Saliceta mixta, Alnétum glutinosae mit Ulmus glabra und U. levis) der Sudetenflüsse in Gesellschaft von Festuca gigantea, Poa palustris, Glyceria aquatica, Calamagrostis lanceolata, Rumex Hydrolapathum und R. aquaticus, Cucubalus baccifer, Impatiens noli tangere, Geranium palustre usw. In den Niederungen der March und der Thaya gehört V. elatior der Flora der Sumpfwiesen an, wo sie nach Hayek neben verschiedenen tonangebenden Carices (Carex gracilis, C. elata, C. caespitosa usw.), Triglochin palustre, Allium angulosum, Epipactis palustris, Thalictrum lucidum, Trifolium hybridum und T. fragiferum, Galega officinalis, Lathyrus paluster, Euphorbia villosa und E. palustris, Teucrium Scordium, Veronica longifolia, Senecio aquaticus usw. auftritt.

Eine völlig fruchtbare und daher vom Autor für „nichthybrid" erklärte Sippe ist die var. Bar = byénsis W. Becker. Schon zur Blütezeit 45 cm hoch. Nebenblätter mit vielen langen Zähnen. Laubblätter trüber grün, mit in den geflügelten Stiel verschmälerter Spreite. Kelchblätter verlängert, mit deutlichen Anhängseln. Vom Autor zwischen Barby und Werkleitz bei Magdeburg unter V. elatior, V. pumila, V. elatior × V. pumila und V. canina × V. elatior gesammelt, vielleicht ein Rückkreuzungsprodukt.

1939. Viola púmila Chaix (= V. praténsis Mertens et Koch, = V. persicifolia Roth var. pumila Neilr., = V. canina L. var. pratensis Döll und subsp. pumila Rouy et Fouc., = V. lactea Fries et auct. non Sm.). Zwerg = Veilchen. Fig. 2069 f bis h.

Im Spross = und Blütenbau zur Hauptsache mit den 3 vorigen Arten übereinstimmend. Sprosse dunkler grün, ganz kahl. Stengel nur 1 bis 1½ (bis 3½) cm hoch. Laubblätter in den stets deutlich geflügelten, meist ziemlich kurzen Blattstiel verschmälert, ziemlich derb, vorn oft ± ganzrandig. Nebenblätter gross, die mittleren ± so lang, die oberen länger als die Blattstiele, gezähnt oder ganzrandig. Blüten ± 1½ cm gross, die zuerst sich entfaltenden mit ziemlich lebhaft violetter, die späteren mit blassvioletter, nur etwas dunkler geaderter Krone. Griffelschnabel aufwärts gerichtet, kahl. — V, VI (3 bis 4 Wochen vor V. persicifolia).

In trockeneren Magerwiesen als die anderen Unterarten, doch im Gebiet auch fast nur in den Flusstälern (bei Gap in den Seealpen bis 1200 m steigend).

Aehnlich verbreitet wie die vorige Unterart, mit der sie vielfach vermengt worden ist: in Deutsch = land am Ober = und Mittelrhein von Büsingen bei Schaffhausen bis Frankfurt und Bingen und ins Maingebiet (vielfach in Unter = und Mittelfranken, besonders auf Gipskeuper, z. B. bei Windsheim, Gerolzhofen, Schwein = furt, Hassfurt usw.); im Elbegebiet vereinzelt bis Magdeburg und bis Lenzen (angeblich bis ins Wendland: Dannenberg, Hitzacker, Gross = Gusborn, Wehningen, an der Elster bei Wahren und Bistum um Leipzig (fehlt sonst dem Freistaat Sachsen), an der Saale, Unstrut und Bode bis Thüringen (Sassendorf bei Halle, Artern, Cannawurf, Donndorf, Aschersleben, Bernburg, Wolmirstedt, Loitsch, Hadmersleben, Pferderried bei Halberstadt; angeblich auch bei Wülferode, Davenstedt, Holzberg und bei Rheine in Westfalen). Im Oder = und Wartegebiet wohl ziemlich verbreitet, besonders im Schwarzerdegebiet Schlesiens, aufwärts bis Schlawitz bei Oppeln und Weschelle, abwärts bis in die Mark. Die Angaben aus Pommern, West = und Ostpreussen beziehen sich wohl auf V. persicifolia. Im Donautal bis gegen Ulm ziemlich verbreitet, im Isargebiet bis in die Umgebung von München (aufwärts bis Deining). — In Oesterreich in Böhmen (Jičin = Bunzlau, Elbeniederung, Kostomlaty, Chlum, Komotau, Velenka), Saaz, Teplitz, eher seltener als V. persicifolia, in Mähren (bis in die Umgebung von Brünn und Olmütz), Nieder = und Oberösterreich (besonders ob der Donau) dagegen häufiger. Die Angaben aus Steiermark und Kärnten sind sehr zweifelhaft. — In der Schweiz am Rhein bei Diessenhofen (Schaaren = wiese), am Bielersee bei Ins und Nidau (ob noch) und um den Genfersee (vielfach im Kanton Genf, im Rhonetal von Villeneuve bis Crebelley bei Aigle).

Allgemeine Verbreitung: Von Westsibirien (bis ins obere Jenissei = und Angara = gebiet 59° und zum Altai) durch Russland und die Ukraine bis Livland, Gotland 58° nördl. Breite, Öland, Südostengland, Ostfrankreich, südlich der Alpen fehlend.

Die von Döll und Uechtritz (als V. pratensis var. fallacina Uechtritz) aus dem Rheintal und von Nassau beschriebenen „Zwischenformen" zwischen V. pumila und V. persicifolia sind nach W. Becker teils reine V. pumila, teils reine V. persicifolia. In Mitteleuropa ist wohl nur die var. týpica Kupffer vertreten, in der Ukraine und in Sibirien auch die durch breitere, am Grund gestutzte Laubblätter abweichende var. Orientális Kupffer.

Die ausgesprochen pontische V. pumila unterscheidet sich von den vorigen Arten besonders durch das Vorkommen in trockenen Wiesen und durch die damit in Verbindung stehende frühere Blütezeit. W. Becker (Viola pumila Chaix, eine xerophile Pflanze des pontischen Elements. Mitt. der Thür. Botan. Ver. N. F. Bd. XXXIII [1916] pag. 28) nimmt an, dass sie ursprünglich rein xerophil gewesen sei, sich aber bei ihrem Vordringen nach Westen in den Flusstälern auch an nassere Standorte angepasst habe. Sowohl in Süd = russland (z. B. auf der Krim) und in den nördlichen Balkanländern wie auch vereinzelt noch im östlichen Deutschland wächst sie selbst in eigentlichen Steppenwiesen, z. B. in der Bukowina nach Gusuleac mit Andropogon Ischaemon, Carex humilis, Dianthus capitatus, Silene chlorantha, Adonis vernalis, Anemone nigricans, A. patens und A. silvestris, Potentilla alba, P. patula und P. arenaria, Prunus fruticosa, Cytisus Ratisbonensis, Hypericum elegans, Teucrium Chamaedrys, Stachys rectus, Inula ensifolia, Cirsium Pannonicum, Jurinea mollis usw. In den oberbayerischen Heidewiesen und Quellmooren mischt sich das Steppenelement mit dem der Flachmoore; so tritt auch V. pumila z. B. im Dachauer Moor in anmoorigen Molinia- und Festuca rubra-Wiesen in Menge neben V. canina, Cirsium tuberosum, Serratula tinctoria, Scorzonera humilis usw. auf, in ähnlicher Gesellschaft (mit Sesleria caerulca, Carex panicea u. a.) auch auf Öland und Gotland. Schadow rechnet sie zur „Genossenschaft des silingischen Schwarzerdegebiets in Schlesien"; auch auf dem russischen Tschernosjom ist sie nach Litwinow u. a. häufig.

1940. Viola uliginósa Besser (= V. scaturiginósa Wallr., = V. nítens Host, = V. hýbrida Wulfen). Grossblumiges Bruchveilchen. Fig. 2071 bis 2073.

Zweiachsige Rosettenstaude mit dünnem, sich ± verzweigendem, wagrecht kriechendem Wurzelstock. Sprosse ganz kahl, frischgrün. Laubblätter meist zu 3 oder 4 grundständige Rosetten bildend, mit 2 bis 10 cm langem, brüchigem, oberwärts deutlich geflügeltem Stiel und herzförmiger bis herz-eiförmiger, ± 2 bis 6 cm langer und $1^1/_2$ bis 4 cm breiter, stumpfer oder kurz zugespitzter, seicht gekerbter Spreite. Nebenblätter ei-lanzettlich, $^1/_2$ bis 1 cm lang, häutig, ganzrandig, fast bis zur Mitte mit dem Blattstiel verwachsen. Blütenstiele 5 bis 12 cm lang, zu 1 bis 3 pro Rosette, mit ± verkümmerten Vorblättern. Blüten 2 bis 3 cm gross, geruchlos. Kelchblätter eiförmig-lanzettlich, stumpf bis spitzlich,

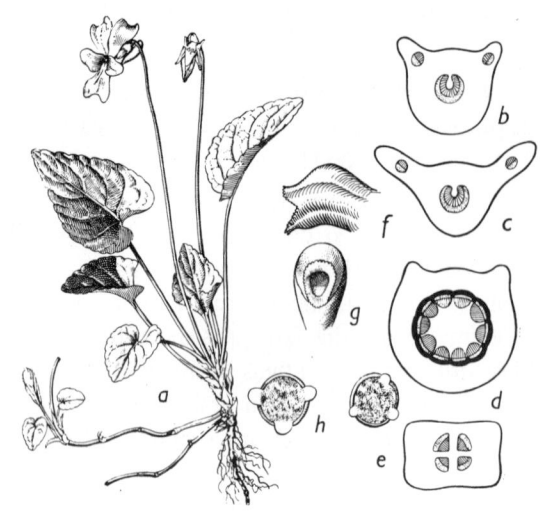

Fig. 2071. Viola uliginosa Besser. *a* Habitus. *b* und *c* Querschnitte durch den Blattstiel, *d* und *e* durch den Blütenstiel in verschiedenen Höhen. *f* Narbenkopf von der Seite und *g* von vorn. *h* Pollenkörner (Fig. *b* bis *h* nach K. R. Kupffer).

mit kurzen, rundlichen Anhängseln. Kronblätter eiförmig, seicht ausgerandet, lebhaft violett, selten heller bis weiss (f. albiflóra Paulin), beim Verblühen oft weiss gefleckt; die seitlichen kahl oder schwach gebärtet. Sporn 3 bis 4 mm lang, dick, schmutzig hellviolett, etwas abwärts gebogen. Griffel gekniet, der Narbenkopf ohne Papillen, nicht abgeflacht, in einen kurzen, vorwärts gerichteten Schnabel mit weiter Narbenöffnung übergehend (Fig. 2071 f, g). Kapsel an aufrechtem Stiel nickend, länglich-eiförmig, ± 1 cm lang, 3-kantig, stumpf, kahl. Samen gelblich-weiss, ohne deutlich ausgebildete Strophiole. — Ende IV bis Anfang VI.

Fig. 2072. Viola uliginosa Besser und Viola palustris L. Ossat-Wiesen, Forst Wilhelmsbruch.   Phot. Gg. Eberle, Wetzlar.

Gesellig auf Moorwiesen, in Erlenbrüchen und anmoorigen Wäldern in Osteuropa, im Gebiet sehr selten.

In Deutschland mit Sicherheit nur noch in Schlesien (um Niesky und Rietschen nicht selten, Winau bei Oppeln, Blumental bei Neisse, Rudzinitz im Kreis Gleiwitz) und Ostpreussen (in Menge im Forstrevier Wilhelmsbruch am Rand des Jodeglins), angeblich auch noch in der Niederlausitz (Golssen), früher auch in Pommern (Salinentorfmoor bei Kolberg, seit langem durch Austorfung vernichtet), Sachsen (angeblich Bockwitz bei Borna nahe Leipzig, Schkeuditz, Lausigk, Bautzen, bei Rachlau, überall fraglich) und Thüringen (Wiehe, Goldlautern, bei Wiche im Villaruthtal von Wallroth entdeckt, seither nicht wieder gefunden). Diese Angaben sind wie auch alle aus Schleswig=Holstein (Röbsdorf, Hadersleben) und Mecklenburg sehr zweifelhaft oder sicher unrichtig. Schimpers Exemplare aus Schwetzingen in Baden entstammen der Kultur. Vgl. P. Ascherson, Zur Geschichte und Verbreitung der Viola uliginosa (Verh. Botan. Ver. Prov. Brandenburg. Bd. XXXVII, 1896). — In Oesterreich mit Sicherheit einzig um Laibach in Krain (z. B. im Stadtwald, am Fuss des Rosenbacherberges und Golovec, bei Vevče, angeblich auch bei Möttling in Unterkrain). Die Angaben aus Kärnten (Waldsümpfe bei Klagenfurt) und Salzburg (Elishausen, Ursprung, Weissbriach) sind wohl sicher falsch, die nächsten sicheren Fundorte liegen in Ungarn und Galizien (z. B. bei Krakau und Lemberg, von wo die Art 1809 durch Besser zum erstenmal beschrieben worden ist). — Fehlt in der Schweiz.

Allgemeine Verbreitung: Zerstreut vom Dnjeprgebiet (dagegen nicht im Kaukasus) durch Süd= und Mittelrussland bis Ungarn, Galizien, Schlesien, Estland (bis Reval und Dorpat), Livland (bis zum 58.° nördl. Breite) und Gouv. Pleskau und Wladimir, ausserdem vereinzelt in

Fig. 2073. Viola uliginosa Besser. Jodeglin, Forst Wilhelmsbruch. Phot. Gg. Eberle, Wetzlar.

Krain, Nordostdeutschland, Südschweden (von Schonen bis Småland und Upland), auf Öland, Bornholm, Åland, Oesel, Moon und Dagö, in Südwestfinnland, bei Petersburg und im südwest= lichen Kurland.

Die Art gehört somit dem nordpontisch=baltischen Florengebiet an. In Deutschland war sie offenbar früher weiter verbreitet als heute; ihr Rückgang ist wie bei vielen anderen Moorpflanzen hauptsächlich auf die Entwässerung und Urbarmachung der Moore zurückzuführen. Da sie meist sehr gesellig (Fig. 2073) auftritt, bietet sie im Mai mit ihren grossen Blüten einen prächtigen Anblick. Im Sprossbau und in der Art des Vorkommens zeigt sie die grösste Uebereinstimmung mit der folgenden Art, weicht dagegen durch die Merkmale der Narbe sehr stark von dieser ab. Die Narbe gleicht nahezu völlig derjenigen von V. mirabilis, gleich welcher auch V. uliginosa Beziehungen sowohl zu den primitiveren Caninae wie auch zu den höherstehenden Cauliformes aufweist, was einerseits durch das gelegentliche Vorkommen spitzer Kelchblätter, andererseits durch das Auftreten von Bastarden mit beiden Gruppen bewiesen wird. Die Angabe, dass die Kelchblätter im Norden spitzer seien als im Süden, ist irrtümlich. Die Annahme von K. R. Kupffer (Beschreibung dreier neuer Bastarde von Viola uliginosa, nebst Beiträgen zur Systematik der Veilchen. Oesterr. Botan. Zeitschr. Bd. LIII, 1903), dass die bis in die einzelnen Stengelgewebe nachweisbare Uebereinstimmung des Sprossbaus mit demjenigen von V. palustris nur auf ökologischer Konvergenz beruhe, braucht nicht richtig zu sein, da sich sowohl V. palustris wie die primitivere V. uliginosa und die höherstehenden V. mirabilis und V. silvestris von den Caninae ableiten lassen (vgl. das Diagramm pag. 652). Die Punktierung getrockneter Laubblätter von V. uliginosa und manchen Formen von V. canina beruht nicht, wie angegeben wird, auf dem Vorhandensein von Drüsen, sondern auf einer nachträglichen Veränderung des Zellsafts. Kleistogame Blüten scheinen im Gegensatz zu V. palustris und V. mirabilis bei V. uliginosa nie vorzukommen. Auf lockerem, nährstoffreichem Boden, also besonders in Kultur, bilden zuweilen auch die paarigen Kronblätter kurze Sporne aus (vgl. M. v. Treskow in Verh. Botan. Ver. Prov. Brandenburg. Bd. XXXVII, 1896).

1941. Viola palústris[1]) L. Sumpf=Veilchen, Moosveilchen, Kleinblumiges Moorveilchen. Taf. 185, Fig. 1 und Fig. 2074 und 2075 c, d.

Zweiachsige Rosettenstaude mit dünnem, kriechendem, oft langgliederige, dünne, mit Niederblattschuppen bedeckte Bodenausläufer treibendem Wurzelstock. Spross 3 bis 6 (höchstens 10) cm hoch. Laubblätter alle grundständig, zu 2 bis 6 (meist 4) rosettig vereinigt, mit ± 3 bis 5 (selten bis über 10) cm langem, höchstens ganz oben schmal geflügeltem Stiel und aus herz= förmigem Grund rundlich=nierenförmiger bis eiförmiger, ± 2 bis 5 cm langer und etwas breiterer, stumpfer oder (besonders an den Sommerblättern) kurz zugespitzter, entfernt und schwach gekerbter, dünner, beiderseits kahler, glänzend gelblichgrüner Spreite. Nebenblätter länglich= eiförmig, nicht mit dem Blattstiel verwachsen, zugespitzt, häutig, kahl und ganzrandig oder kurz gefranst. Blütenstiele ± 4 bis 10 cm lang, die Vorblätter ± in der Mitte oder wenig darüber tragend, dauernd aufrecht. Blüten 1¼ bis 1½ cm gross, geruchlos. Kelchblätter eiförmig, stumpf bis kurz zugespitzt, mit kurzen, runden Anhängseln. Kronblätter verkehrt=eiförmig, blass rötlich=lila bis fast weisslich, das untere violett geadert. Sporn stumpf, ± 1½=mal so lang wie die Kelchanhängsel, blasslila. Narbenkopf teller= förmig verbreitert, mit weiter Narbenöffnung. Kapsel am aufrechten Stiel dreiseitig, kahl, auf= springend. Samen ohne deutliche Strophiole. — IV, V, in höheren Lagen VI, VII.

Fig. 2074. Viola palustris L. Rominter Heide. Phot. Gg. Eberle, Wetzlar.

Meist sehr gesellig in nassen Hoch= und Zwischenmooren, auf kalkarmer Unterlage auch in Flachmooren, Erlenbrüchen und anderen Moorwäldern vom Tiefland bis in die alpine Stufe (im Wallis bis 2558 m, auf der Sierra Nevada bis gegen 3000 m) weit verbreitet und in den meisten Moorgebieten häufig, in den grösseren Kalkgebieten jedoch auf weite Strecken fehlend.

In Deutschland ziemlich verbreitet, in Sachsen bis 1100 m, in Oberbayern bis 1750 m steigend. Fehlt dem grössten Teil der mitteldeutschen Muschelkalk= und Weissjuragebiete, auch in der Rheinebene und in Lothringen selten. Auf den Friesischen Inseln nur auf Borkum. — In Oesterreich ziemlich verbreitet in den Sudeten= und Alpenländern, im Böhmerwald bis 1300 m, am Ritten bis 2085 m, im Inntal bis 2100 m, im Schobergebiet bis 2200 m steigend. Fehlt in den Niederungen der Donau, March, Thaya und Elbe (bei Prag nur bei Michalovic und Popovic), im Küstenland und im südlichsten Teil von Tirol. — In der Schweiz mit Ausschluss des Tafeljuras und des westlichsten Teils des Molasselandes (fehlt Genf, Basel und Schaffhausen ganz, im Jura nur in den grossen Mooren) ziemlich verbreitet, in Glarus bis 2170 m, im Oberengadin bis 2380 m, am Schwarzsee bei Zermatt bis 2558 m steigend.

Allgemeine Verbreitung: Im grössten Teil von Europa, nördlich bis Island, auf die Färöer, ins nördlichste Skandinavien und Kola; südlich bis zur Sierra Nevada, den Pyrenäen, Korsika, Kalabrien, Bosnien und Siebenbürgen; scheint ganz Asien zu fehlen, dagegen auf Grönland (bis 61° nördl. Breite) und in Nordamerika von Labrador bis Alaska, südlich bis zu den Gebirgen von Neuengland, Colorado und Washington.

Aendert nur wenig ab: f. albiflóra Neum. Kronblätter weiss, Sporn lila. Z. B. in der Schweiz (Klöntal) und in Kärnten (St. Marein, Lavantauen, St. Leonhard an der Saualm). — f. acutiúscula O. Kuntze.

---

[1]) Die Art wurde wohl zuerst von Morison als V. palustris rotundifolia glabra beschrieben.

Blattspreiten etwas zugespitzt. — f. microphýlla O. Kuntze (= f. minor W. Becker). In allen Teilen kleiner als der Typus. Frühjahrsblätter unter 2 cm breit. Z. B. bei Leipzig und in der Südschweiz (Puschlav, Lago di Muzzano). — f. major Körnicke. Pflanze in allen Teilen grösser. Frühjahrsblätter 3 bis 4, Sommerblätter 5 bis gegen 10 cm breit. In Moorgehölzen. — Spärlich behaarte Formen z. B. in der Rheinprovinz (nach Becker Uebergang zur lusitanischen V. Juressi Link). V. palustris bildet mit der sie in Asien vertretenden V. epipila, mit V. Juréssi Link der Iberischen Halbinsel und einigen amerikanischen Arten die Gruppe Cordátae Kittel (= Helióna Fries, = Patelláres Boiss.). Sie zeigt Beziehungen sowohl zu den ziemlich isolierten Gruppen der V. uliginosa, der gleichfalls circumpolaren V. Selkírkii Pursh (= V. umbrósa Fries), der V. pinnata u. a., weniger enge auch zu den wohl primitiveren Caninae. Die Grundachsen der V. palustris kriechen besonders in Torfmoosen (Sphagna der Sektionen Squarrosa, Palustria und Subsecunda), seltener auch in Laubmoosrasen (Aulacomnium palustre, Dicranum Bergeri, Philonotis fontana, Climacium dendroides usw.), oft in grosser Menge weite Flächen bedeckend. Von Blütenpflanzen treten daneben besonders Trichophorum caespitosum, Carex limosa und C. echinata, Comarum palustre, Andromeda polifolia, Parnassia palustris usw. auf. Kleistogame Blüten kommen im Gegensatz zur V. uliginosa vor. Ihre Kapseln sind kürzer und dicker als die der chasmogamen Blüten. Die Samenausbreitung scheint vorwiegend nur durch den Schleudermechanismus zu erfolgen; Elaiosome sind nicht ausgebildet. Sernander beobachtete Verschwemmung von Grundachsen. — Ein spezifischer, auch auf der folgenden Art lebender Parasit ist Puccinia Fergussóni Berk. et Br.

1942. Víola epípsila[1]) Ledebour (= V. palústris L. var. uliginósa Fries non V. uliginosa Besser, = subsp. Scánina Fries, = var. epipsila Maxim.). Sibirisches Moorveilchen. Fig. 2075 a, b.

Sehr ähnlich der vorigen Art, aber in allen Teilen grösser. Laubblätter stets nur zu 2. Blatt= und Blütenstiele öfters über 10 cm hoch. Blattspreiten rundlich bis nierenförmig, öfters eiförmig und etwas länger als breit, unterseits zerstreut behaart. Vorblätter weit über der Mitte, meist im oberen Drittel oder Viertel des Blütenstiels. Blüten 1½ bis 2 cm gross. Sporn 2= bis 3=mal so lang wie die Kelchanhängsel. — V.

An ähnlichen Standorten wie die vorige Art, doch nur im nordöstlichen Teil des Gebiets.

In Deutschland in Ost= und Westpreussen und im nördlichen und mittleren Posen ziemlich verbreitet und stellenweise so häufig wie V. palustris, vereinzelt bis Pommern (Reinfeld, Kreis Belgard, längs der Travel und Recknitz), Mecklenburg und Schleswig=Holstein (Trittau, Lübeck, Weesries bei Rüllschau, jetzt wohl nur noch bei Escheburg, Curauer Moos und Timmendorf), Brandenburg (Arnswalde, bei Triebel in der Niederlausitz) und Oberschlesien (mehrfach um Oppeln, Oberglogau, Kosel). Die Angaben von Celle in Hannover, aus der Rheinprovinz und vom Titisee im Schwarzwald sind wohl sicher falsch. — In Oesterreich nur in der Tschechoslowakei (an der Mohra unweit Heidenpiltsch bei Jägerndorf sowohl auf mährischer wie auf schlesischer Seite, Annäherungsformen bei Wittingau in Böhmen). Die Angaben aus Salzburg (nach Mielichhofer und Hoppe bei Glanegg und Ursprung), Kärnten und Krain sind höchst zweifelhaft, wohl ebenso unrichtig wie diejenigen aus der Schweiz (Burgmoos) und aus Frankreich.

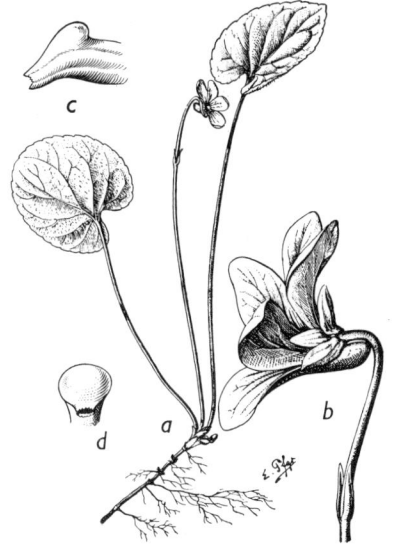

Fig. 2075. Viola epipsila Ledebour. *a* Habitus. *b* Blüte. — V. palustris L. *c* Narbenkopf von der Seite, *d* von vorn (Fig. *c* und *d* nach Kupffer).

Allgemeine Verbreitung: Nordasien von zirka 50 bis 60° nördl. Breite bis Kamtschatka allgemein verbreitet, auf der Tschuktschenhalbinsel bis 67° nördl. Breite, ganz Fennoskandinavien, Ost= und Südbaltikum (in Dänemark besonders auf Seeland), Sudeten und Karpaten (Tatra); die in Nord= und Ostasien verbreitete subsp. répens (Turcz.) W. Becker bis Nordamerika (Sitka im Alexanderarchipel).

---

[1]) Griech. ἐπί [epí] = auf, oberseits und ψιλός [psilós] = kahl; nach den nur oberseits kahlen Laubblättern.

Die in Nordeuropa verbreitetste Form, var. Scánica (Fries) Neum., Wahlst. et Murb., hat grosse Laubblätter mit oberwärts geflügelten Stielen, spitzliche Kelchblätter und grosse, hellblaue Kronblätter. — var. Suécica Fries mit nur ± 2 bis 2¹/₂ cm breiten Blattspreiten und kleineren Blüten und f. glabréscens Fröhlich mit fast oder ganz kahlen Spreiten (z. B. in Finnland häufig) scheinen zur vorigen Art überzuleiten. Bastarde mit dieser sind in Skandinavien und Nordrussland nicht selten; das Vorkommen nichthybrider Zwischenformen wird dagegen in Abrede gestellt.

Während V. palustris mehr die atlantische Hälfte des zirkumpolaren Areals der ganzen Gruppe einnimmt, hat V. epipsila mehr sibirisch-pazifischen Charakter.

1943. Víola pinnáta[1]) L. Fieder-Veilchen. Fig. 2076 und 2077.

Zweiachsige Rosettenstaude mit senkrecht oder schief absteigendem, kurzwalzlichem, 2 bis 3 mm dickem, kurzgliederigem, dicke Wurzeln treibendem Erdstock. Stengel fehlend. Sprosse fast kahl, gelblichgrün, ziemlich derb. Laubblätter alle grundständig, zu 3 bis 6, mit 4 bis 10 cm langem Stiel und im Umriss aus flach herzförmigem Grund rundlicher, 3 bis 6 cm breiter und fast ebenso langer, tief hand-fiederteiliger, fast kahler, nur am Rand und auf den Nerven der Unterseite zerstreut kurzborstig behaarter Spreite; ihre 5 bis 9 Abschnitte ± 1 bis 2¹/₂ cm lang und ¹/₄ bis ¹/₂ cm breit, stumpf, meist wieder eingeschnitten. Nebenblätter lanzettlich, ± 1 cm lang, bis

Fig. 2076. Viola pinnata L. *a* Pflanze mit kleistogamer Blüte und Früchten. *b* Chasmogame Blüte von vorn und *c* im Längsschnitt. *d* Andrœceum. *e* Gynæceum. *f* Same (Fig. *b* bis *e* nach H. Müller).

über die Mitte mit dem Blattstiel verwachsen, weisshäutig, ganzrandig oder wimperig gezähnelt. Blütenstiele ± 3 bis 6 cm lang, auch zur Fruchtzeit aufrecht, in der Mitte mit 2 linealen Vorblättern. Blüten 1 bis 1¹/₂ cm lang, zart duftend. Kelchblätter länglich-eiförmig, stumpf bis spitzlich, mit schmalem Hautrand und kurzen, stumpfen Anhängseln. Kronblätter ziemlich schmal-verkehrt-eiförmig; das untere breiter, alle blassviolett, nur die seitlichen am Grunde bärtig. Sporn stumpf, so lang wie die Kelchzipfel. Fruchtknoten kahl. Griffel keulig, mit abgeflachtem, fast dreieckigem, nach vorn in ein kurzes Schnäbelchen übergehendem Narbenkopf. Kapsel an aufrechtem Stiel nickend, dreiseitig-eiförmig, 1 cm lang, aufspringend, kahl. Samen rotbraun, mit wohlentwickeltem, weissem Elaiosom. — V, VI.

In Felsspalten, an Abwitterungshalden, auf ruhendem, feuchtem bis trockenem Schutt und in offenen Magerwiesen auf Kalk, Dolomit und Kalkphyllit. Nur in der Föhren-, Lärchen- und Krummholzstufe der Alpen, in Tirol bis 1900 m, im Engadin und Wallis bis zirka 2300 m, in den Westalpen (Col Séréna) bis 2538 m steigend, in der zentralalpinen Föhrenregion tief herabsteigend: in Tirol (Zirl bei Innsbruck) bis 750 m, in Graubünden (Felsberg) bis 605 m, im Wallis (bei Ardon) bis 800 m.

Fehlt in Deutschland vollständig. — In Oesterreich in Krain und in dem benachbarten Friaul (Vremščica in den Karawanken, Zdornik bei Sesana, Nanos, Čavin bei Heidenschaft, Ušika bei Osek nächst

---

[1]) Zum erstenmal beschrieben aus der Umgebung von Bormio von C. Bauhin als Viola alpina folio in plures partes dissecto und J. Bauhin als V. montana folio multifido.

Görz), Kärnten (Mölltal, besonders um Obervellach, Heiligenbluter Tauern, Lesachtal, Pontafel, Dobratsch) und Tirol (zuerst von Mentzel 1682 gefunden, im Draugebiet auf der Kirschbaumeralpe, am Rauchkofel, bei Lienz, Winnebach, in Defreggen und Kals und um Windischmatrei; in den Dolomiten sehr verbreitet [Taufers, Enneberg, Buchenstein, Ampezzo, Fassatal, Fleims, Primör, Schlern, Tiers, Seiseralpe, Gröden] bis ins Trentino, Val Sugana und Val di Ledro, zum Cornetto di Folgaria und Monte Baldo; in Judikarien in der Val Chiese und Val Vestino, im Nonsberg in der Valle Tovel und am Monte Peller; im Vintschgau zwischen Graun und Haid, am Godria bei Laas und am Stilfserjoch; im Inntal zwischen Zirl und der Martinswand bei Innsbruck, um Zams und Finstermünz). — In der Schweiz im Engadin und dessen Nachbartälern bis zum Piz Alv und St. Moritz recht verbreitet; im Rheingebiet von Felsberg und Tamins bei Chur bis Rheinwald, im Albula= gebiet bis Bergün, um Arosa und Davos; im Tessin nur auf der Alpe Compietto über Olivone im Bleniotal; im Wallis in Zwischbergen, vielfach im Binnental, um Saas und Zermatt, dann erst wieder im Entremont am Westhang des Catogne und am Ruan an der Savoyer Grenze, nördlich der Rhone mehrfach in der Umgebung von Sitten, bei Ardon, am Portail de Fully (hier durch Abraham Thomas für die Schweiz entdeckt, vor wenigen Jahren durch Centuriensammler ausgerottet) und an der Dent de Morcles.

Allgemeine Verbrei= tung: Von den Hautes und Basses Alpes bis Savoyen (Val de Tignes, Termignon, Mont Cenis), im Wallis und in den Penninischen Alpen von Piemont, dann vom Hinterrheingebiet und Veltlin bis zu den Hohen Tauern, Julischen Alpen und Karawanken. Andere, wohl ursprünglichere Rassen (zusammen = subsp. multifida [Willd.] W. Becker) in Mittelasien vom Bal= kasch= bis zum Baikalsee (subsp. Sibirica [Ging.] W. Becker) und in Ost= asien (subsp. dissécta [Ledeb.] W. Becker).

Fig. 2077. Viola alpina L. Rax c. 1900 m. Phot. P. Michaelis, Köln.

Die somit ausgesprochen altaiisch=alpine Art ist in den Alpen durch die subsp. Europǽa (Ging.) W. Becker vertreten. Sie variiert nur sehr wenig: eine Form mit weniger zerteilten Blattspreiten wurde am Galen bei Zermatt, eine solche mit weisser Krone (f. albiflóra Rouy) in den Französischen Alpen beobachtet. — V. pinnata ist eine kalkstete, dagegen mit Bezug auf Feuchtigkeit und Licht wenig empfindliche Felspflanze. Auf alpinen Kalk= und Dolomitabwitterungshalden zählt sie mit Sesleria caerulea, Carex rupestris, Kernera saxatilis, Coronilla vaginalis, Globularia cordifolia, Campanula pusilla, Aster alpinus, Leontopodium alpinum usw. zu den ersten Besiedlern. Gleich den letztgenannten Arten erscheint sie nur ausnahmsweise in geschlossenem Rasen. An den tiefergelegenen Standorten wächst sie fast nur in Spalten schattiger Felsen, oft in Gesellschaft von Potentilla caulescens, Rhamnus pumila, Hieracium humile usw. — Die Samen werden von Ameisen verbreitet. — Von den meisten Autoren wird V. pinnata in nahe Beziehung zu den Cordatae gebracht oder selbst mit ihnen zu einer Sektion Plagiostigma Godron vereinigt. Pospichal trennte sie dagegen von allen anderen europäischen Veilchen als Sektion Violétta ab. Mehrere nahverwandte Arten (Gruppe Pinnátae W. Becker) sind auf Mittel= und Nordasien beschränkt, eine ferner stehende Gruppe mit ähnlich zerteilten Laubblättern auf Nordamerika. — Die Blüteneinrichtung (Fig. 2076 b bis e) beschreibt H. Müller. Der Pollen fällt von oben auf die Besucher. Selbstbestäubung soll durch eine Erweiterung des Narbenrandes erschwert sein. Die bei dieser Art häufigen kleistogamen Blüten kannte bereits Linné.

1944. Viola mirábilis[1]) L. Wunder=Veilchen. Franz.: Violette singulière. Taf. 185, Fig. 5 und Fig. 2078 und 2079.

Zuerst zweiachsige, dann dreiachsige (stengeltreibende) Rosettenstaude mit 2 bis 4 mm dickem, stark verholztem, schiefem, ästigem, von glänzend dunkelbraunen Nebenblattresten

---

[1]) Von Linné so genannt nach dem höchst auffallenden Aspektwechsel im Spross= und Blütenbau. Diesen hat als erster Dillenius beschrieben.

bedecktem Erdstock. Sprosse hell gelbgrün (im Sommer dunkelgrün, nie gerötet), glänzend, fast kahl, spärlich kurzhaarig. Erste Laubblätter alle grundständig, mit anfangs 3 bis 10, später 12 bis 18 cm langen, oberwärts schmal geflügelten Stielen und anfangs aufrechter, tuten= förmig eingerollter, nach der Entfaltung 2 bis 3, später 5 bis 10 cm langer und mindestens ebenso breiter, aus breitherzförmigem Grund fast kreisrunder bis nierenförmiger, stumpfer oder kurz bespitzter, sehr flach gekerbter, meist beiderseits spärlich behaarter, unterseits stark glänzender Spreite. Nebenblätter breitlanzettlich, $\pm$ 1 bis 2 cm lang und fast halb so breit, ganzrandig, anfangs (auch die oberen) weisslich, etwas gewimpert, später (die vorjährigen) kahl, glänzend rotbraun. Stengel erst nach den Rosettenblättern sich entwickelnd, aufrecht, $\pm$ $1^1/_2$ bis 2 (bis 3) dm hoch, kräftig, kantig bis fast geflügelt, meist nur auf der unter einem Laubblatt stehenden Kante behaart (var. vulgáris Ledeb., in Europa nur diese), 2 bis 4 kurzgestielte, sonst den Rosetten= blättern ähnliche Stengelblätter und in den Achseln der 1 bis 3 sehr genäherten, fast sitzenden oberen kleistogame Blüten tragend. Chasmogame Blüten grundständig, $\pm$ 2 cm lang, stark und angenehm duftend, an 5 bis 12 cm langen, in oder über der Mitte die lanzettlichen Vorblätter tragenden Stielen. Kelchblätter breitlanzettlich, $\pm$ 6 bis 8 mm lang und fast halb so breit, 3=nervig, etwas zugespitzt, mit grossen, fast quadratischen Anhängseln. Kronblätter verkehrt=eiförmig, hell=lila bis blass=rötlich, an den späteren Blüten mehr bläulich, gegen den Grund zu weiss; Sporn 6 bis 7 mm lang, grünlichweiss, dick und stumpf oder schlanker und etwas spitz. Narbenkopf ohne Papillen, mit weiter, nur kurz röhrig vorgezogener Narbe (Fig. 2078 f). Stengelständige Blüten an nur $^1/_2$ bis 2 cm langen Stielen, meist kleistogam, selten mit $\pm$ entfalteter, blauvioletter Krone, dafür im Gegensatz zu den meist sterilen Grundblüten stets fruchtbar. Kapsel aufrecht, $\pm$ $^3/_4$ bis $1^1/_4$ cm lang, zugespitzt, kahl, auf= springend. Samen gelblichweiss, mit wohl ausgebildetem Elaiosom. — IV, V, die chasmogamen Blüten etwas später als V. hirta und V. odorata, aber vor V. silvestris sich entfaltend.

Fig. 2078. **Viola mirabilis L.** *a* Pflanze in Entfaltung mit chasmogamen Blüten. *b* Pflanze im Hochsommer mit kleistogam erzeugten Früchten. *c* und *d* solche vergrössert. — *e* Laubblatt. *f* Narbenkopf (Fig. *c* bis *e* nach Goebel, *f* nach Kupffer).

In lichten Laubwäldern und Gebüschen, auf feuchtem bis ziemlich trockenem, kalk= haltigem Boden, seltener auch in Nadelwäldern und auf kalkarmem Boden (nie auf saurem Humus), vom Tiefland bis in die montane und subalpine Stufe: in Oberbayern kaum über 600 m, im Tiroler Inntal und im nördlichen Tessin bis 1200 m, im Berner Oberland bis 1600 m, in Graubünden (Avers, Celerina) bis 1820 m und im Wallis (unter Arven und Lärchen oberhalb Jeur=brûlée) bis 1880 m, im Kaukasus bis 1650 m steigend. Weit verbreitet und in vielen Gegenden häufig, aber sowohl in feuchtkalten wie in trockenwarmen Gebieten auf weite Strecken fehlend.

In Deutschland in den Kalkgebieten des Alpenvorlandes und der Mittelgebirge weit verbreitet und stellenweise (z. B. im Jura) häufig (selten im Elsass, in Luxemburg bei Echternach), fehlt ganz im Schwarzwald und vom Bayerischen Wald bis zum Fichtel= und Erzgebirge (in Sachsen nur bei Gera, Zeitz und Schkeuditz), ebenso im nordwestlichen Flachland: nordwestlich bis in die südliche Rheinprovinz (bis zum Moseltal, Hillesheim in der Eifel), Süd= und Ost=Westfalen (Höxter, Warburg, Welda, Biggetal, Wittgenstein, Siegen), Harzgebiet (nur auf den Vorbergen bis Hildesheim, Lehrte, Calvörde), Loburg bei Magdeburg, Mecklenburg (selten), Pommern, West= und Ostpreussen (auch noch im nördlichen Teil), dann wieder im nördlichen Jütland (früher auch in Schleswig bei Klensby, wo wohl erloschen). — In Oesterreich sowohl in den Sudeten= wie in den Alpenländern ziemlich verbreitet, wenn auch in den kristallinen Gebieten und in den Nordalpen auf grössere Strecken fehlend (in Salzburg selten, im Inntal nur ganz vereinzelt von Rattenberg bis Fliess und dann erst wieder im Engadin, im Draugebiet bis in die Kreuzkofelgruppe bei Lienz, im Etschgebiet bis gegen Bozen, fehlt anscheinend ganz in den Lechtaler Alpen, im Vintschgau und im Friaul). Auf dem Karst selten (Doline von Orlek, Kokuš, Grotte von St. Canzian, bei Divača und Brezovica, auf dem Slavnic usw.). — In der Schweiz im Jura und in den wärmeren Teilen des Mittellandes ziemlich verbreitet, in den Alpen selten, etwas häufiger in den wärmeren Gegenden von St. Gallen und Graubünden (im Engadin bis Celerina), im Tessin nur im Mendrisiotto bis zum S. Giorgio und in der Val Bavona, in der Urschweiz nur um den Vierwaldstättersee, im Berner Oberland um den Thunersee und im Lauterbrunnental, im Rhone= tal vereinzelt, vom Genfersee bis zum Brigerberg, scheint im Gotthardmassiv und in den Kantonen Freiburg und Glarus ganz zu fehlen.

Allgemeine Verbreitung: Im grössten Teil des gemässigten Eurasiens, westlich und nördlich bis Süd= und Ost= frankreich (in Spanien durch V. Willkómmii De Roemer vertreten, fehlt in Gross= britannien und den Niederlanden), Loth=

Fig. 2079. Viola mirabilis L. Saaletal b. Jena.

ringen, Mittel= und Nordostdeutschland, Dänemark, Fennoskandinavien (in Norwegen bis 68° 28′ nördl. Breite, in Schweden bis 62° nördl. Breite, in Ostfinnland bis 63° 16′ nördl. Breite), Nordrussland, Sibirien (hauptsächlich um den 50. Breitegrad herum), östlich bis Japan; südlich bis Mittelasien, zum Kaukasus, zur Dobrudscha, Bulgarien, Bosnien, Norditalien, Südfrankreich.

V. mirabilis ist somit eine eurasiatische Waldpflanze, die sowohl in morphologisch-ontogenetischer, wie auch in phylogenetischer Beziehung den Uebergang von den zweiachsigen Veilchen der Sektionen Caninae und Cordatae (V. umbrosa und V. uliginosa) zu den dreiachsigen Cauliformes (insbesondere zu V. Riviniana) darstellt. Im Bau des Griffels zeigt sie eine auffallende Aehnlichkeit mit V. uliginosa. Während sie in Mitteleuropa keine einzige irgendwie bemerkenswerte Rasse oder selbst Standortsform ausgebildet hat, zeigt sie ein nach den jahreszeitlichen Aspekten ausserordentlich wechselndes Aussehen, das A. P. De Candolle zur Aufstellung zweier Varietäten verführt hat. Die bei dieser Art besonders auffallende Heteranthie ist von Goebel (Flora. Bd. XCV, 1905, pag. 234 ff.) experimentell geprüft worden (vgl. pag. 591). Ausnahmsweise bilden auch die grund= ständigen chasmogamen Blüten reife Früchte und die stengelständigen kleistogamen ± ausgebildete Kronblätter (f. micropétala und f. petalifera Beck). Goebel konnte dadurch, dass er Pflanzen unter ungünstige Ernährungs= bedingungen brachte, auch die Grundblüten kleistogam und fruchtbar werden lassen. Im allgemeinen bildet aber V. mirabilis an den verschiedensten Standorten beiderlei Blüten aus. Eine Pelorie mit 5 Spornen beschreibt L. J. Wahlstedt (Bot. Notiser 1914). — Den normalen Standort der Art bilden lichte Laubmisch= wälder (Eichenlohen, Buchenmittelwälder, Auenniederwälder), in denen sie in Gesellschaft von V. silvestris, V. hirta, V. odorata u. a., Allium=, Gagea=, Corydalis=, Primula=, Pulmonaria=Arten usw., also lauter Myrme= kochoren, in meist sehr unregelmässig verteilten, aber oft sehr individuenreichen Herden auftritt. In höheren Lagen der Alpen mit hoher Lichtintensität scheint sie eher etwas schattigere Standorte (Hochstaudenfluren, Nadelwälder) zu bevorzugen, an denen ihre Sommersprosse oft ungewöhnliche Grösse erlangen.

1945. Viola sílvéstris[1]) Lam. em. Rchb. (= V. canina L. Sp. pl. p. p. em. Ging. non L. Fl. Suec., = V. canina L. var. silvatica Wahlenb., = V. silvática Fries, = V. Reichenbachiána[2]) Jordan, = V. silvestris var. Reichenbachiana Briq. und subsp. Reichenbachiana Braun=Blanquet). Wald=Veilchen, Grosses Hundsveilchen. Franz.: Violette des bois; engl.: Wood=violet, dog=violet; ital.: Viola selvatica, viola bastarda, mammola senza odore. Taf. 186, Fig. 1 und Fig. 2080 und 2081 f bis f₂.

Dreiachsige Halbrosettenstaude mit dünnem, kurzkriechendem, vielköpfigem Wurzel= stock und grundständiger Laubblattrosette, oft mit Wurzelsprossen. Sprosse matt dunkelgrün, öfters von Anthozyan ± violett überlaufen, kahl oder kurz behaart. Stengel oft z. T. über= winternd, ± ½ bis 1½ dm lang, aufsteigend bis niederliegend, am Grund oft ästig, 3 bis 7 Laubblätter und 1 bis 3 chas= mogame, dazu oft noch kleisto= game Blüten tragend. Laub= blätter mit ± 1 bis 5 (an den grundständigen bis 8) cm langem Stiel und aus seicht herzförmigem Grund länglich= eiförmiger, ± zugespitzter, ± 2 bis 4 cm langer und 1½ bis 2 cm breiter, oberseits meist zerstreut behaarter, unterseits oft geröteter, dünner Spreite; die grundständigen länger ge= stielt, breiter und stumpfer als die stengelständigen. Neben= blätter schmal lanzettlich, ½ bis 1 cm lang und 1 bis 2 mm breit, stets lang gefranst. Blüten= stiele alle stengelständig, 4 bis 10 cm lang (die der kleisto= gamen Blüten kürzer), die linealen Vorblätter im oberen Drittel oder Viertel tragend. Chasmogame Blüten 1½ bis 2 cm lang, geruchlos. Kelchblätter schmal lanzettlich, 5 bis 7 mm lang, spitz, mit kurzem, gestutztem, an der Frucht oft undeutlichem Anhängsel. Kronblätter schmal=eiförmig, meist hellviolett; das untere am Grund weiss und dunkelviolett gestreift. Sporn 3 bis 6 mm lang, schlank, gerade, spitz, meist violett. Griffel fast gerade, mit knieförmig abgebogenem, deutlich behaartem Narbenschnabel. Kapsel aufrecht, ¾ bis 1¼ cm lang, spitz, kahl, aufspringend. Samen gelblichweiss, mit kleinem Elaiosom. — IV bis VI (später als V. mirabilis, V. hirta und V. odorata beginnend), oft nochmals VIII bis XII.

Im Gebiet in Wäldern verschiedenster Art verbreitet.

Fig. 2080. Viola silvestris Lam. Phot. Th. Arzt, Wetzlar.

---

[1]) Als V. martia inodora silvestris von C. Bauhin, als V. coerulea martia inodora silvatica von J. Bauhin beschrieben, aber ebensowenig wie später von Linné von V. Riviniana und V. canina unterschieden.

[2]) Benannt nach Heinrich Gottlieb Ludwig Reichenbach (dem Vater), geb. 1793 zu Leipzig, gest. 1879 als Professor der Naturgeschichte und Direktor des botanischen Gartens und Naturalienkabinetts zu Dresden. Von seinen zahlreichen botanischen Schriften sind am wichtigsten die beiden grossen Tafelwerke: Iconographia botanica seu plantae criticae. Mit 1000 in Kupfer gestochenen Tafeln, Leipzig 1823 bis 1832 (hierin werden zum erstenmal V. silvestris und V. Riviniana als Arten getrennt). — Icones Florae germanicae et helveticae. Mit 2800 Tafeln. Von 1834 bis 1870 gemeinsam mit seinem Sohn Heinrich Gustav (Rchb. fil.) herausgegeben und später von anderen fortgesetzt.

Allgemeine Verbreitung: Im grössten Teil von Europa, nördlich bis Südengland (dagegen auf den Friesischen Inseln und in Norwegen fehlend), Schweden (bis 58° nördl. Breite, Oeland, Gotland), Oesel, Litauen und Kurland; südlich bis über das Mittelmeer (Atlasländer, Madeira, Teneriffa); in z. T. stärker abweichenden Formen durch das gemässigte Asien (zwischen 40 und 60° nördl. Breite) bis Japan.

Variiert besonders in der Blütenfarbe (f. týpica Neum., Wahlst. et Murb. hell violett, f. lilacína Cell. hell lila, f. rósea Neum., Wahlst. et Murb. rosa, f. pállida Neum., Wahlst. et Murb. mit weisslichem Sporn, f. albiflóra Lange [= f. leucántha Beck] ganz weiss) und im Grad der Behaarung: f. villósa W. Becker mit mehr flaumig, f. trichocárpa L. Gross mit mehr abstehend behaarten Sprossen. — f. sépium G. Meyer. Sprosse schlanker, kleiner, ± kahl. — f. pygmǽa (Gaudin) Gams (= var. nána Ducommun, = f. pusílla Beckhaus, = var. pseudo=canína Lüscher, vielleicht auch f. oeconómica Podpera). Niedrige, der V. canina habituell und auch durch den weisslichen Sporn genäherte Zwergform. Besonders auf den Gebirgen. — Herbst= individuen mit verlängerten Stengeln und vorwiegend kleistogamen Blüten sind zu Unrecht als besondere Formen (V. apétala Schmidt, V. canina L. var. apetala Gaudin usw.) beschrieben worden. Vgl. im übrigen die Bastarde.

V. silvestris ist hauptsächlich eine Art des gemässigten Buchen= und Fichtenklimas, wogegen sie sowohl im Eichen=, Kastanien= und Stechpalmenklima, wie auch im kontinentalen Föhren= und Lärchenklima meist durch die folgende ersetzt wird, im Föhrenklima besonders auch durch V. rupestris. W. Becker nimmt an, dass V. silvestris gleich der nahe verwandten, ostasiatischen V. grypóceras A. Gray in Ostasien aus der ostasiatisch=nordamerikanischen V. rostráta Pursh hervorgegangen sei, dagegen in keinen engeren verwandtschaftlichen Beziehungen mit der von vielen Autoren mit ihr vereinigten V. Riviniana und deren nächsten Verwandten stehe. Die in manchen Gegenden häufigen Zwischenformen sind wohl sämtlich Bastarde. — V. silvestris blüht im Gegensatz zu den meisten unserer Nomimium=Arten (ähnlich wie V. ambigua subsp. Thomasiana) oft nochmals im Herbst, bis in den Dezember und Januar, sowohl kleistogam wie chasmogam, besonders in Lichtungen und Schlägen von Buchen= und Fichtenwäldern. — Pelorien sind bei dieser Art ziemlich häufig, sowohl spornlose wie solche mit 2 bis 4 Spornen. Kirschleger beschrieb (in Flora. Bd. XXVII, 1844) eine Pflanze mit endständigen, nur aus 5 Kelch= und 2 Kronblättern bestehenden Blüten, aus denen langgestielte, gefüllte Pelorien hervorsprossten. Camus fand eine Blüte, deren obere Kronblätter verschmolzen waren und deren linkes vorderes 2 wohlausgebildete Antheren trug.

1946. Viola Riviniána[1]) Rchb. (= V. canína L. var. macrántha Ging. apud DC., = var. Rivi= niana Mert. et Koch, = V. silvéstris var. Riviniana Koch, = var. crássa F. Schultz, = var. grandiflóra Gren. et Godr., = var. macrántha Döll, = V. silvatica Fries var. macrantha Fries., = subsp. Riviniana Ascherson, = V. caninaefórmis C. Richter). Hain=Veilchen.
Taf. 186, Fig. 2 und Fig. 2076a bis e.

Nahe verwandt mit voriger Art, aber Stengel aufsteigend bis aufrecht, ± $^1/_2$ bis 1 dm hoch. Blattspreiten tief herzförmig, bis 5 cm lang und bis 3 cm breit, fast so breit bis (besonders die grundständigen) etwas breiter wie lang, ± stumpf, frisch dunkelgrün, oft ganz kahl. Nebenblätter ziemlich breit, wenig gefranst, einzelne oft fast ganzrandig. Blüten 2 bis 2½ cm lang. Kelchblätter breitlanzettlich, mit fast quadratischen, auch an der Frucht deutlichen Anhängseln. Kronblätter breit=verkehrt=eiförmig, sich ± deckend, hell blauviolett, am Grund weiss; Sporn dick, unten gefurcht und an der Spitze ausgerandet weiss oder gelblich= weiss, selten blasslila. Griffel ziemlich dick, mit allmählich aufwärts gekrümmtem, nur wenig papillös behaartem bis fast kahlem Schnabel. — IV, V.

Vorwiegend in Laubgehölzen, besonders in Eichenmischwäldern, doch auch in Fichten= und Lärchenwäldern, Hochstaudenwiesen u. a., in den meisten Gegenden Mitteleuropas weniger häufig als V. silvestris (im westlichen Schleswig=Holstein fehlend), in einigen Teilen des Rhein=

---

[1]) Benannt nach August Quirinus Rivinus (latinisiert aus Bachmann), geb. 1652, gest. 1723 als Professor der Botanik in Leipzig. Durch seine 1690 bis 1699 in Leipzig herausgegebene Ordo plantarum und seine gleichfalls 1690 erschienene Introductio generalis in rem herbariam suchte er ein neues Pflanzensystem zu begründen.

und Donaugebiets, des Herzynischen Gebiets, der Südalpentäler u. a. jedoch häufiger. Steigt in Sachsen bis 1100 m, in Tirol (Gschnitz) bis 1360 m, in den Schweizer Alpen bis zirka 1700 m (angeblich in Oberbayern bis 1750, am Simplon bis 2300 m).

Allgemeine Verbreitung: Im grössten Teil Europas, nördlich bis zu den Färöern, Lappland (Tromsö 60° 42′ nördl. Breite), Finnland (bis 66° nördl. Breite), südlich bis zum Mittelmeer (bis Portugal und Madeira); in Asien nur die subsp. neglécta (Bieb.) W. Becker (Kleinasien, Kaukasus, Persien, Libanon).

Ziemlich formenreich: var. týpica Neum., Wahlst. et Murb. Sprosse gross, fast kahl. Kronblätter hellblau, ihr Grund und der Sporn weisslich. — f. bryóphila W. Becker. Pflanze kleiner. Kelchanhängsel verkümmert. Sporn schlank, meist gelblich. In Magerwiesen, besonders auf trockenem Torfboden. — f. arenícola Chabert (= V. silvestris var. pumila Coss. et Germ., = var. microsóma Briq., = var. turfósa Beck?, = var. ericetórum Corb., = var. éxilis Christ). Ebenfalls klein, oft rot überlaufen. Stengel verkürzt, oft niederliegend. Laubblätter mit kurzem Stiel und kleiner, rundlicher Spreite. Blüten klein, mit weissem

Fig. 2081. Viola Riviniana Rchb. *a* Narbenkopf von der Seite und *b* von vorn. *c* bis *e* Pollenkörner. — Viola silvestris Lam. em. Rchb. *f* Fruchtknoten mit Narbenkopf. *f₁* chasmogam und *f₂* kleistogam erzeugte Frucht. — Viola rupestris Schmidt. *g* var. arenaria (DC.) Beck. *h* var. glaberrima Murbeck. *i* Nebenblatt. *k* Androeceum. *l* Fruchtknoten mit Narbenkopf (Fig. *a* bis *e* nach Kupffer, *f₁* und *f₂* nach Goebel, *k* und *l* nach H. Müller, übrige Orig.).

oder blassviolettem Sporn. Auf trockenem Sand. — var. nemorósa Neum., Wahlst. et Murb. Kelchanhängsel verkürzt. Kronblätter schmäler, violett, auch der Sporn violett. Ebenso wie f. intermédia Le Grand (= V. vicína Martr.-Don.) eine der V. silvestris genäherte, aber angeblich „nicht hybride" (?) Form. — Durch stärkere Behaarung nähern sich der V. rupestris die var. Holsática E. H. L. Krause aus Schleswig-Holstein, Dänemark und Südskandinavien, die vielleicht mit ihr identische f. villósa Neum., Wahlst. et Murb. aus Südskandinavien, var. trichocárpa W. Becker aus der Rheinpfalz und var. pubéscens Murr aus Südtirol, durch Zwergwuchs die f. éxilis Christ in der Südschweiz. Eine sichere Abgrenzung dieser Formen von den Bastarden ist ohne genetisch-zytologische Untersuchung ganz unmöglich.

V. Riviniana besitzt wenigstens in Europa eine grössere ökologische Amplitude als V. silvestris, indem sie sowohl weiter nach Norden, wie auch weiter in die trockenwarmen Gebiete reicht. Ueber ihre zahlreichen asiatischen Verwandten vgl. W. Becker in Beih. zum Botan. Centralbl. 1923, pag. 31 ff.

1947. Viola rupéstris[1]) Schmidt (= V. arenária DC., = V. Alliónii Pio, = V. nummulariaefólia Suter et Schleicher et Rchb. non All. nec Vill., = V. Schmidtiána Römer et Schult., = V. canína L. var. calcárea Rchb., = var. Alliónii et rupestris? Kirschl., = V. silvática subsp. arenaria Ascherson, = V. silvestris subsp. arenaria Rouy et Fouc.). Sand- oder Stein-Veilchen. Taf. 185, Fig. 4 und Fig. 2081 g bis l.

Dreiachsige Halbrosettenstaude mit kurzem, vielköpfigem, oft fast senkrechtem Erdstock. Sprosse meist ± dicht flaumig behaart, seltener ganz kahl, trübgrün, oft durch Anthozyan

---

[1]) Die Art wurde als solche erst 1791 von Schmidt aus Böhmen beschrieben, jedoch schon viel früher von Mattioli und dann auch von Allioni unterschieden.

gerötet. Stengel meist sehr kurz, selten 4 bis 6 cm lang. Laubblätter mit kurzem, an den Rosettenblättern bis 2 (selten bis 3) cm langem Stiel und rundlich=eiförmiger bis fast herz= nierenförmiger, $\pm$ 1 bis 2 (1^1/$_2$ bis 3^1/$_4$) cm langer und ^{1}/$_2$ bis 2 (bis 2^3/$_4$) cm breiter, am Grund flach=herzförmiger, stumpflicher, oberseits meist bläulichgrüner, unterseits oft $\pm$ violetter, ziemlich derber Spreite mit stark konvexen, dicht und fein gekerbten bis $\pm$ ganzen Rändern. Nebenblätter eiförmig, $\pm$ 5 bis 8 mm lang (meist ^{1}/$_5$ bis ^{1}/$_3$ so lang wie der Blattstiel) und 2 bis 3 mm breit, über dem Grunde sich verbreiternd, krautig, mit groben, in oft sehr feine Spitzen auslaufenden Zähnen (mehr gezähnt als gefranst). Blüten meist alle chasmogam, an 2 bis 5 cm langen, die Vorblätter in oder über der Mitte tragenden Stielen, $\pm$ 1 bis höchstens 2 cm lang, geruchlos. Kelchblätter breitlanzettlich, wie die Nebenblätter über dem Grund etwas verbreitert, weniger lang zugespitzt als bei V. silvestris, oft verhältnismässig stumpf, mit kurzen, gestutzten Anhängseln. Kronblätter länglich verkehrt=eiförmig, blauviolett bis fast so stahlblau wie die von Swertia perennis, nicht selten rötlich oder bleichviolett (wie die von Viola palustris) bis weiss; Sporn 2= bis 3=mal so lang als die Kelchanhängsel, stumpf, von gleicher oder blasserer Farbe wie die Kronblätter. Griffel kurz geschnäbelt. Kapsel ellipsoidisch, etwas spitz, $\pm$ behaart bis kahl, nickend, aufspringend. Samen mit kleinem Elaiosom. — IV, V, im Süden schon Ende III, in höheren Lagen bis VII.

In Trockenwiesen, besonders auf kalkreichem Kies und Löss, im Norden und Osten auch auf kalkarmem Sand, auf Alluvionen, Felsschutt, zuweilen auch in Felsspalten. Von der collinen bis in die subalpine und alpine Stufe sehr zerstreut, nur in den Föhrengebieten häufiger, in Oberbayern bis 1235 m, im Vorarlberg bis 1600 m, im Berner Oberland bis 1640 m, in den Dolomiten am Schlern bis 2000 m, im Engadin (Piz Alv) bis 2420 m, im Wallis am Gornergrat bis 2940 m, am Findelen=Rothorn bis 3080 m, im Kaukasus bis 3500 m, am Ararat und Karakorum bis 4000 m.

In Deutschland sehr zerstreut im mittleren und östlichen Teil: im Rheintal im Elsass, am Kaiserstuhl und vereinzelt in der Ebene von Rastatt bis Bingen und Ingelheim, in der Bayerischen Pfalz (bei Dürkheim und Maxdorf) angeblich erloschen, vereinzelt auch am Niederrhein gefunden. In Württemberg nur bei Mengen und in Form einer Hybride bei Mittelbiberach. In Bayern zerstreut im Donautal, im Illergebiet bis Oberstdorf und Pfronten, am Lech bis Augsburg, im Loisach= und Isargebiet bis Mittenwald, zum Heim= garten, um München, Rosenau bei Dingolfing, im Inntal vielfach, um Berchtesgaden bis zum Hochriss; nördlich der Donau, vielfach im fränkischen Malmgebiet, selten auch im Keupergebiet (Feuchtwangen, Dinkelsbühl, Amberg, Michelau). Zerstreut in Hessen (bis Marburg und Giessen, angeblich auch in Westfalen bei Emmerich), Thüringen und Sachsen (bis zum südlichen und östlichen Harz, Steigertal und Neustadt und bis in die Altmark), Schlesien (besonders rechts der Oder verbreitet), Brandenburg (angeblich vorwiegend Bastarde, z. B. in der Berliner Jungfernheide), Posen, Pommern (bis Usedom, Rügen und Hiddensee), West= und Ostpreussen (zerstreut, nach Osten häufiger). Die ziemlich zahlreichen Angaben aus Mecklenburg, Schleswig=Holstein und Nordhannover sind wohl alle unrichtig; E. H. L. Krause (in Ber. Deutsch. Botan. Ges. Bd. V, 1887, pag. 26 und bei P. Prahl, Kritische Flora d. Prov. Schleswig=Holstein, 1890, pag. 22) bezieht sie auf die von ihm V. Holsatica genannte Form der V. Riviniana. — In Oesterreich ziemlich verbreitet, besonders in den Donau= ländern (fehlt Mährisch=Schlesien) und in den Zentralalpen, seltener in den Nordalpen (Nordtirol, Salzburg, Oberösterreich) und auch stellenweise in den Südalpen (scheint Friaul zu fehlen, dagegen auf dem Nanos, auf den Karstheiden ziemlich verbreitet). — In der Schweiz sehr verbreitet in der zentralalpinen Föhrenregion (Graubünden, Nordtessin, Wallis (vom Goms bis St. Maurice, dann erst wieder um Aigle, bei Genf erst jenseits der Grenze]), ausserdem sehr vereinzelt in der nordalpinen Föhnzone (La grève des Marches in Freiburg, vereinzelt im Berner Mittel= und Oberland bis ins Lauterbrunnental, bei Stans und im Reusstal) und im Rheintal (angeblich zwischen Rafz und Buchberg und im Aargau, Neudorf und Grosshüningen bei Basel).

Allgemeine Verbreitung: Zwischen dem 40. und 50. Breitengrad über den grössten Teil der nördlichen Halbkugel, in Europa nördlich bis Mittelfrankreich und Holland (fehlt in Belgien und an den niederländisch=deutschen Nordseeküsten, auch für Grossbritannien und Island sehr fraglich), Fennoskandinavien (an der Westküste nur diesseits des Polarkreises, nördlich bis Loppen 70° 20′ und Alten in Finmarken, Enare=Lappland und Kola); südlich bis Spanien,

in die Südalpen, Serbien und Bulgarien, in Asien besonders zwischen dem 40. und 63. Breiten=
grad vom Kaukasus und Ural bis Kamtschatka; in Nordamerika auf den Admiralitätsinseln,
in Alaska, Kanada, in den Vereinigten Staaten von Maine bis Michigan, Süd=Dakota und
Saskatchewan, die subsp. adúnca (Sm.) W. Becker im pazifischen Gebiet weiter verbreitet.

Umfasst in Mitteleuropa folgende Formen: var. arenária (DC.) Beck (= V. arenaria DC. s. str.,
= V. Alliónii Pio, = V. arenaria var. genuina et Allionii Ducommun, = var. incána Pacher). Sprosse und
meist auch die Kapseln kurz flaumig behaart. Blattspreiten meist klein bis sehr klein (f. pusílla [Schleicher
als Art] Gams), seltener bis über 2 cm lang (f. májor W. Becker, = V. glauca Bieb.?, = V. cinerascens
Kerner?). Kronblätter meist violett, oft sehr bleich (f. lívida Kittel) bis weiss (f. albiflóra F. Schultz,
= var. álba Parlat.). Diese besonders auf Kalkboden bei weitem verbreitetste Rasse scheint jedoch stellenweise,
z. B. auf der Schwäbisch=bayerischen Hochebene und auf dem Karst, zu fehlen. Aendert weiter ab: f. ovati=
sépala W. Becker. Untere Kelchblätter eiförmig=lanzettlich oder länglich=spatelförmig. Joshofen bei Neuburg
a. d. Donau. — var. subarenária Beck (= var. glabréscens [Neuman als var. von V. arenaria] W.
Becker). Sprosse schwächer behaart. Kapseln ± kahl. Nicht selten. — var. glabérrima Murbeck (= V.
rupéstris Schmidt s. str., = V. arenaria var. rupestris Boreau, = subsp. rupestris Nyman, = V. rupestris
var. týpica Beck, = V. silvatica subsp. arenaria var. rupestris Ascherson). Sprosse ganz kahl. Sehr zerstreut,
z. B. in Ost= und Westpreussen, auf der Schwäbisch=bayerischen Hochebene, in Böhmen, in den Alpen von
Kärnten, Graubünden und Wallis und auf dem Karst. Scheint in den Alpen die var. arenaria auf kalkarmer
Unterlage in höheren Lagen zu ersetzen und auch in Böhmen eher kalkmeidend zu sein, anderwärts jedoch
auch auf Kalk vorzukommen. Variiert ähnlich wie die vorigen: f. leucochlamýdea Borb. Krone weiss. —
subvar. macrántha (Fries) Gams (= V. arenaria var. grandiflóra Gren. et Godron, = var. majoriflóra
Borb.). In allen Teilen, namentlich in den Blüten grösser. — Die var. glaberrima ist besonders in ihren
alpinen Zwergformen manchen Formen der V. canina oft recht ähnlich und vielfach mit solchen verwechselt worden.

Die holarktisch weit verbreitete, offenbar recht alte Art hat in Mitteleuropa vorwiegend pontischen
Charakter; R. Sterner zählt sie zu der subarktischen Variante des pontisch=sarmatisch=zentraleuropäischen
Elements. Sowohl im nordwestlichen Norwegen wie in den Zentral= und Südalpen scheint sie die letzte Eiszeit
als Nunatakpflanze überdauert zu haben. Sehr zu Unrecht ist sie von manchen Autoren nur als Form der
V. silvestris bewertet worden; im ganzen steht sie der V. Riviniana näher und in einigen Merkmalen erinnert
sie selbst an V. canina. Im Gegensatz zu dieser ist sie jedoch im Alpengebiet (in Nordostdeutschland nicht)
ausgesprochen kalkhold. Im Rhonetal wächst sie sehr gesellig auf Kalkschutt und kalkreichem Löss, sowohl
in offenen Trockenwiesen mit Koeleria Vallesiana, Stipa pennata, Potentilla verna subsp. puberula usw., wie
auch im Unterwuchs der Föhrenwälder mit Carex alba und C. humilis. Auf den süddeutschen Heidewiesen
zählt sie zu den treuesten Begleitern der Carex ericetorum. In den Alpen wird V. rupestris erst in höheren Lagen
zu einer eigentlichen Felsen= und Heidepflanze. Die an diesen Standorten überwiegenden var. glabrescens
und var. glaberrima wachsen auch z. B. in Mittelböhmen und im östlichen Deutschland auf kalkarmem Sand
mit Weingaertneria canescens, Festuca ovina, Jasione montana, Helichrysum arenarium usw. In der Rosenau
bei Dingolfing (Niederbayern) breitet sich die anscheinend ziemlich ansiedlungsfähige Art an den Böschungen
der dortigen Entwässerungsgräben aus.

1948. Viola hírta[1]) L. (= V. hirta L. var. praténsis Neilr., = V. Mártii var. α Schimp. et
Spenner et subsp. hirta Kirschleger, = V. umbrósa Hoppe non Fries). Wiesen=Veilchen,
Geruchloses Märzveilchen, Anger=Veilchen. Franz.: Violette folle, violette sans odeur; engl.:
Horse violet; ital.: Viola senza odora, viola selvatica. Taf. 185, Fig. 2 und Fig. 2082.

Ueber die Volksnamen vgl. V. canina pag. 619.

Zweiachsige Rosettenstaude mit kurzem, vielköpfigem, auf lockerem Boden auch
zuweilen stengelartig vortretendem, kurzgliedrigem Erdstock. Sprosse hell trübgrün, nie
gerötet, ± dicht kurz abstehend behaart, später zuweilen etwas verkahlend. Laubblätter alle
grundständig, im Frühling mit ± 1 bis 8 cm langem Stiel und eiförmiger bis 3=eckig=eiförmiger,
± 1 bis 4 cm langer und ³/₄ bis 3 cm breiter, am Grund flach (selten tiefer) herzförmiger
bis fast gestutzter, beiderseits ± behaarter, nicht glänzender Spreite mit vorn meist fast geraden,
fein regelmässig gekerbten Seitenrändern. Sommerblätter mit ± ½ bis 2 dm langem Stiel
und länglich=eiförmiger, ± 4 bis 10 cm langer und 2½ bis 5½ cm breiter, am Grund seicht
bis tief herzförmiger, vorn meist zugespitzter Spreite. Nebenblätter lanzettlich, ± 1 cm lang

---

[1]) Lat. hirtus = rauhhaarig. Die Art wurde von den meisten vorlinnéischen Autoren von den
Caninae und Cauliformes nicht unterschieden.

und 2 bis 3 mm breit, spitz, häutig, ganzrandig oder kurz (selten länger) gefranst, kahl oder (besonders an der Spitze) spärlich behaart. Blütenstiele grundständig, oft zahlreich, ± 3 bis 12 cm lang, die Vorblätter meist unter der Mitte tragend, postfloral erschlaffend. Blüten $1^{1}/_{4}$ bis $1^{3}/_{4}$ cm lang, geruchlos. Kelchblätter eiförmig, stumpf, mit kurz abgerundeten, dem Blütenstiel anliegenden Anhängseln. Kronblätter länglich-verkehrt-eiförmig, vorn ausgerandet, sich mit den Rändern deckend, hell blauviolett und am Grunde weiss, selten dunkler violett, gescheckt, rosa oder weiss; Sporn 3 bis 5 mm lang (länger als bei V. collina), ziemlich dünn, meist gerade und nur an der Spitze hakig gebogen, rötlich violett. Fruchtknoten ± behaart (anfangs oft fast kahl); Griffel mit nach vorn abwärts gestrecktem Narbenschnabel. Kapsel kugelig, ± $^{1}/_{2}$ bis $^{3}/_{4}$ cm gross, ± kurz und locker behaart, sich langsam am Boden öffnend. Samen weisslich, mit sehr langem Elaiosom. — III bis V.

In trockenen und nassen, mageren und fetten Wiesen und Weiden, Gebüschen, lichten Wäldern auf den verschiedensten Böden allgemein verbreitet und in den meisten Gegenden häufig, oft sehr gesellig. Steigt in Oberbayern bis 1200 m, im Tiroler Inntal bis 1320, in Glarus bis 1600, im Engadin bis über 1700, im Schanfigg bis 1760, im Wallis bis gegen 2000 m.

In Deutschland in vielen Gegenden die häufigste Veilchenart (besonders in den Kalkgebieten), seltener im Bayerischen Wald (nur längs der Donau, Eschlkam, Viechtach, Bärnstein), in Ost- und Westpreussen (nur im Binnenland) und im nordwestlichen Flachland: in Schleswig-Holstein nur im Südosten auf Alsen und bei Lütjenburg, mehrfach an der Untertrave und im Land Oldenburg, in Hannover nördlich bis Fallersleben, Ilten, Ahlten, Deister, Ith, Lathen an der Ems, am Niederrhein selten (häufiger nur zwischen Uerdingen und Düsseldorf). — In Oesterreich und in der Schweiz bis in die grösseren Gebirgstäler allgemein verbreitet und häufig.

Allgemeine Verbreitung: Im grössten Teil Europas vom Mittelmeergebiet (in der eigentlichen Mediterranregion selten) bis Irland, England (bis Forfur), Dänemark, Norwegen (nur bei Kristiania), Schweden (von Schonen bis Uppland und Dalarne), Oesel, Moon und Ingrien (bei Åbo in Finnland wohl nur verwildert); in Asien vom Kaukasus durch Turkestan bis zum Altai und zur Angara, hauptsächlich zwischen dem 40. und 60.° nördl. Breite.

Fig. 2082. Viola hirta L. *a* Pflanze im Sommerstadium. *b* Narbenkopf. *c* Samen mit Elaiosom (Fig. *b* nach R. Kupffer).

Nach Ausschluss der von manchen Autoren nur als Unterarten bewerteten V. collina, V. ambigua und V. Pyrenaica umfasst die Art 2 Unterarten:

subsp. **brevifimbriáta** W. Becker. Nebenblätter ganzrandig oder kurz gefranst, kahl oder spärlich gewimpert. Die nördlich der Alpen allein vertretene Unterart. Aendert ab in der Grösse und Farbe der Krone (f. álba Ging., = f. lactiflóra Rchb. mit weisser, f. œnóchroa Gillot et Ozanon, = f. rósea Becker mit rotvioletter und f. variegáta Bogenh. mit weissviolett gescheckter Krone), ausserdem hauptsächlich in der Grösse, Form und Behaarung der Laubblätter. Als wichtigste Formen seien genannt: var. fratérna Rchb. (= V. fraterna Hegetschw. p. p., = var. minor Gaudin, = var. párvula auct. vix, V. parvula Opiz, = var. týpica Pospichal, = f. brevifoliáta Becker). Laubblätter klein, kurz gestielt, von den meist sehr zahlreichen Blüten überragt, meist dicht behaart (= f. genuína Pospichal, = var. hirtifólia Becker und var. pubescentifolia Becker p. p.), seltener verkahlend (= f. Foudrási [Jordan] Boreau, = var. glabrifólia subvar. planicordata et subtruncáta Becker). Die gemeine, frühblühende Wiesenform. Extrem kleinblätterige und kleinblütige Formen wurden als var. calcárea Babingt., var. praténsis Hausskn., var. inconcínna Briquet und V. párvula Opiz unterschieden. — var. vulgáris Ging. (= var. umbrícola Rchb., = var. némorum Kittel, = var. dumetórum Hausskn., = f. longifoliáta Becker, = V. Gloggnitzénsis C. Richter). Laubblätter schon zur Blütezeit grösser und länger gestielt, die oft weniger zahlreichen, dafür meist grösseren, z. T. öfter kleistogamen Blüten erreichend oder überragend, mässig bis stark behaart (subvar. hirsúta Schultes, = var. hirtifólia et pubescentifólia Becker p. p.), selten fast bis ganz kahl (f. glabréscens Pospichal, in einer Form mit tief herzförmigen, ganz kahlen Laubblättern im Rhonetal bei Monthey und Sitten, = var. glabrifólia subvar. profundicordáta W. Becker). Formen mit extrem langgestielten und grossen Sommerblättern, wie sie besonders in Föhrenwäldern auftreten, können als f. grandifólia Rchb. (= var. pinetórum Wiesbauer, = var. umbrósa Beckhaus, an V. umbrosa Hoppe? non Fries) unterschieden werden, diejenigen mit bis über 2 cm langen Blüten als f. grandiflóra Pacher. Die Grundachse treibt öfter ausläuferartige verlängerte Aeste (= var. fállax Marsson em. Beckhaus) und kleistogame Blüten (= var. apétala Ging.).

subsp. **longifimbriáta** W. Becker (= V. Tridentína W. Becker). Nebenblätter länger gefranst, dichter gewimpert, bisweilen auch an den Fransen. Nur in Südeuropa, nördlich etwa bis Burgos, Pyrenäen, Provence, Piemont; angenähert auch im Unterwallis: = V. Vallesíaca Hausskn. non Thomas, = V. collina var. Vallesiaca Jaccard, am Lago Maggiore (ob auch auf Schweizer Gebiet?), in Südtirol (um Trient), Krain, Ungarn, Siebenbürgen, Orel.

Wieweit die beiden Unterarten und die zahlreichen, von Reichenbach, Becker u. a. unterschiedenen Abarten geographische und ökologische Rassen und wieweit nur Standortsformen oder gar nur Aspektstadien darstellen, bleibt noch weiter zu untersuchen. — Das sehr unregelmässige, meist gesellige Vorkommen der Art in den verschiedensten Wiesentypen (auch in Torfmooren) mit Ausschluss der eigentlichen Steppenwiesen und der regelmässig längere Zeit unter Wasser stehenden Sumpfwiesen erklärt sich aus der sehr vollkommenen Myrmekochorie dieser und der folgenden Arten. Die chasmogamen Blüten sind meist unfruchtbar. Die Pollenkörner sind brotlaibförmig, glatt, etwa 37 μ lang und 25 bis 30 μ breit. Gelegentlich kommen Pelorien mit 3 bis 5 Spornen vor.

Fig. 2083. Viola collina Besser. *a* Blühende und *b* fruchtende Pflanze. *c* Nebenblatt. *d* Kapsel. *e* Samen.

1949. Viola collína Besser (= V. hirta L. var. umbrósa Neilr. non V. umbrosa Hoppe nec Fries, = var. canéscens Godet, = subsp. collina Rouy et Fouc., = V. fratérna Hegetschw. p. p., = V. non scripta F. Zimmermann). Hügel=Veilchen. Fig. 2083.

Zweiachsige Rosettenstaude mit kriechendem, reich verzweigtem, öfters auch oberirdische, kurzgliederige Aeste, doch keine echten Ausläufer treibendem Wurzelstock. Sprosse denen der vorigen Art sehr ähnlich, aber mit meist dichteren und weicheren, abstehenden, weissen Haaren. Frühjahrsblätter mit 1 bis 4 cm langem Stiel und eiförmiger bis rundlicher, ± 1 $^1/_2$ bis 4 cm langer und wenig schmälerer bis ebenso breiter, zugespitzter, am Grund ± tief herzförmiger, fein gekerbter, sehr weicher, besonders unterseits fast wollig behaarter Spreite. Sommerblätter mit 5 bis 12 cm langem Stiel und 2 bis 6 cm langer und 1 $^1/_2$ bis 4 $^1/_2$ cm breiter, an den unteren herzförmig rundlicher, an den oberen herz=eiförmiger, ±

zugespitzter, nur wenig unter der Mitte breitester Spreite. Nebenblätter schmallanzettlich, dicht gewimpert, mit zahlreichen, langen ($\pm$ so lang wie das Nebenblatt breit), deutlich gewimperten Fransen. Blütenstiele 4 bis 6 cm lang, zerstreut behaart, die Vorblätter in oder über der Mitte tragend, postfloral bald erschlaffend. Blüten $\pm$ 1^1/$_2$ cm gross, wohlriechend. Kelch wie bei der vorigen Art meist gewimpert. Kronblätter schmal verkehrt=eiförmig, nur das unterste ausgerandet, hellviolett, am Grunde, nicht selten auch ganz, weisslich; Sporn nur $\pm$ 3 mm lang, spitzlich, aufwärts gebogen, weisslich. Narbe schnabelförmig. Kapsel kugelig, $\pm$ ^{3}/$_4$ mm gross, meist dicht weichhaarig, am Boden sich langsam öffnend. Samen wie bei voriger Art. — III, IV.

In Föhren=, Eichen= und Lärchenwäldern, Buschwäldern an Südhängen, fast nur auf kalkreichem, warmem Boden (in Mitteldeutschland besonders auf verwittertem Muschelkalk, im Alpengebiet auf Glanzschiefer, kalkreichem Moränenschutt usw.). Nördlich der Alpen nur in der collinen und montanen Stufe und auch da ziemlich selten, in der zentralalpinen Föhrenregion bis in die Lärchenwälder aufsteigend: in den Bayerischen Alpen bis 1160 m, in Nordtirol bis 1520 m, im Oberengadin bis 1820 m, in Südtirol (Nonsberg) bis 2000 m, im Wallis bis mindestens 1550 m, im Berner Oberland bis 1380 m.

In Deutschland besonders im Süden und Osten: im Rheingebiet vielfach im Badischen Jura (auch im Linzgau), Oberweiler und Schönberg im Breisgau, Limburg am Kaiserstuhl, selten in Elsass=Lothringen, in der Rheinpfalz zwischen Herxheim und Leistadt und bei Ludwigshafen, fehlt in Hessen, in der Rheinprovinz, in Westfalen (angeblich am Ith) und im nördlichen Hannover (die Angabe vom Minneweg im Alten Land wohl irrtümlich). In Württemberg nur im Donautal und im alten Donaulauf der Schniechen und Blau (Beuron, Wilzingen, Sigmaringen, Hohenzollern usw.), im Laurental (Weingarten), Lauchert= und Talbachtal, südlich bis Ravensburg. In Bayern sehr zerstreut fast im ganzen Donaugebiet, südlich bis Oberstdorf, Hinterstein, Füssen, Hohenschwangau, Ammergau, Rehleitenkopf bei Brannenburg, Reichenhall, Schellenberg, nördlich bis ins Doggergebiet (Truppach bei Mengersdorf), Keupergebiet (Oettinger Forst, Nürnberg, zwischen Beringersdorf und Günthersbühl, Lichtenfels), zum Fichtelgebirge (Saaletal) und Bayerischen Wald (Roding, Passau, Obernzell). In Thüringen ziemlich verbreitet, nördlich bis ins Harzgebiet (Windehäuser Holz, Steigertal, Crimderode, Rüdigsdorf, Stollberg) und in die Umgebung von Halberstadt (Huywald bei der Paulkopfwarte und Sargstedter Warte), ausserdem im Elbegebiet, aber nur noch um Meissen und Leipzig (angeblich auch bei Nossen) bekannt. Im Odergebiet nur in Schlesien (ziemlich verbreitet, z. B. bei Liebau und Langenbielau). Im Weichselgebiet in Posen (Gorayer Berge, um Hohensalza, Niedermühle bei Getau, Rinkau bei Bromberg, um Crone a. Br.), Westpreussen (Tuchel, längs der Weichsel von Thorn bis Marienwerder, Löbau) und Ostpreussen (Kreise Sensburg und Insterburg). — In Oesterreich in Böhmen (ziemlich verbreitet, besonders auf Kalk, z. B. Hermaniz, Ossegg, Sürglitz, Nimes, Duppauer Basaltgebirge) und fast im ganzen Donaugebiet (in Mähren bis Saaz, Gross=Meseritsch, Namiest, in Nieder= und Oberösterreich und Steiermark bis in die Voralpen, im Draugebiet bis ins Lavanttal und Tirol, am Schoberkopf bis 1000 m). Selten in Krain (Reisnitz), Istrien (Karst=abhänge von Lontovallo bei Triest) und Salzburg (z. B. Golling, Imberg). In Tirol recht verbreitet (im Nonsberg mehrfach bis 2000 m), auch in Vorarlberg. — In der Schweiz fast im ganzen Rheingebiet (aufwärts bis Ilanz und bis ins Albulagebiet, abwärts bis Basel [z. B. Muttenz, an der Gumpenfluh von Nees für die Schweiz entdeckt], im Mittelland südlich bis in den Thurgau, Ellikon, Irchel, Lägern, Sarmenstorf im Aargau, Hunzikerau bei Bern, Wimmis, im Lauterbrunnental bis 1380 m). Ausserdem im Engadin bis Samaden, im Münstertal, Puschlav, Bergell, Val Calanca, Tessin (Sottoceneri, Auressio bei Locarno) und im Rhonetal (nördlich der Rhone vereinzelt bei Aubonne und von Villeneuve bis Brig, südlich vom Entremont bis Visp).

Allgemeine Verbreitung: Mittleres Asien vom Amurgebiet (in abweichender Rasse auch in Japan) bis Russland, in den Ostseeländern nördlich bis Ingrien, Onega= und Ladoga=Karelien, Medelpad, in Norwegen bis Inderö (63^0 53' nördl. Breite) und Dovre, fehlt in Dänemark und in den Deutschen Küstengebieten; westlich und südlich bis an den Mittel=rhein, zum nördlichen Jura und den westlichen und südlichen Alpen, Istrien und Ungarn.

Aendert ab: var. umbrícola (Rchb.) Beck (= V. hírta L. var. umbricola Rchb.). Laubblätter gross, dicht weichhaarig. Blüten ansehnlich. Krone blauviolett, seltener (f. violácea Wiesbauer) rötlich violett. Kapsel kugelig, dicht behaart. Die nördlich der Alpen vorherrschende Form. Hiezu gehören auch: f. glabréscens W. Becker. Sprosse verkahlend. Z. B. im Frankenjura bei Hersbruck, Pommelsbrunn und Velburg und im Puschlav bei Angeli Custodi. — f. Pfaffiána Murr. Blattspreiten breit= bis rundlich-herzförmig.

Blüten dunkler. So in Tirol (Kaiseraue bei Bozen) und Liechtenstein (bei Vaduz). — var. declivis Dumoulin (= var. typica Beck). Laubblätter und Blüten meist kleiner. Krone weisslich oder blasslila. Behaarung wie bei voriger. So besonders in der zentralalpinen Föhrenregion häufig, doch auch z. B. in Niederösterreich, bei Neuburg a. d. Donau, bei Basel usw. — f. stolonifera Murr. Grundachse ± verlängerte Aeste treibend. So vielfach in den Alpen, im Fränkischen Jura usw. — var. gymnocarpa W. Becker. Kapsel völlig kahl. An der Via alva bei Flims im Vorderrheintal. — Stärker weicht ab: subsp. porphyrea (Uechtritz als Art) W. Becker (= V. sciaphila auct. Siles. non Koch). Laubblätter anfangs schwach behaart, später ganz kahl oder nur an den Rändern gewimpert. Nebenblätter kahl. Kapsel fast kahl. Einzig in Schlesien: auf Porphyrgeröll am Fuss der Rabenfelsen bei Libau in 600 bis 700 m Höhe. Scheint eine junge Mutante zu sein.

Viola collina gehört zum nordpontisch-altaischen Element. Sie ist eine ausgeprägt kalkholde, trockenheitsliebende Pflanze, die sich trotz der grossen morphologischen Aehnlichkeit mit V. hirta und V. ambigua von beiden ökologisch scharf unterscheidet. Sie bewohnt hauptsächlich den leicht beschatteten Kalkboden im Föhrenklima. Offene Trockenwiesen scheinen ihr nicht zuzusagen, wahrscheinlich wegen der zu grossen Temperaturextreme. Die Samen, die an die Myrmekochorie unter allen unseren Veilchen vielleicht am extremsten angepasst sind, aber wohl auch durch fliessendes Wasser verbreitet werden können, bedürfen nämlich nach Kinzel zu der wie bei den meisten Veilchen nur sehr langsam erfolgenden Keimung einer geringen, gleichmässigen Abkühlung, die in ihrer Wirkung auch durch Belichtung begünstigt wird. Gegen Höhenunterschiede ist die Art im übrigen ebenso wenig empfindlich wie V. ambigua, die sie gewissermassen in den Zentralalpen und Pontischen Trockengebieten auf Kalkboden ersetzt.

1950. Viola ambigua[1]) Waldst. et Kit. em. Koch (= V. hirta L. subsp. ambigua Rouy et Fouc.). Puszten= Veilchen. Fig. 2084.

Zweiachsige Rosettenstaude mit kräftigem, meist unverzweigtem, aber öfters mehrköpfigem, niemals Ausläufer treibendem Erdstock. Sprosse trüb bis frischgrün, meist gleichmässig kurz behaart, selten ± kahl. Laubblätter mit zur Blütezeit 2 bis 5, zur Fruchtzeit 5 bis 11 cm langem Stiel und länglich=eiförmiger, zur Blütezeit ± 1 bis 4 cm langer und ³/₄ bis 3 cm breiter, zur Fruchtzeit 4 bis 5¹/₂ cm langer und 2 bis 3¹/₂ cm breiter, am Grund seicht herzförmiger bis fast gestutzter, vorn kurz zugespitzter, bogennerviger, ziemlich derber Spreite mit vorn wenig (an den Sommerblättern etwas stärker) gekrümmten, regelmässig gekerbten Rändern. Nebenblätter lanzettlich, ¹/₂ bis 1¹/₂ cm lang und 1 bis 3 mm breit, lang zugespitzt, bleichgrün, gewimpert, mit ziemlich langen, gewimperten Fransen. Blütenstiele 3 bis 8 cm lang, die Laubblätter meist nicht oder wenig überragend, die Vorblätter in oder über der Mitte

Fig. 2084. Viola ambigua Waldst. et Kit. em. Koch subsp. campestris (Bieb.) Gams. *a* Habitus. *b* Blattspreite. Nebenblatt. — subsp. Thomasiana (Perr. et Songeon) Gams. *d* Blühende und *e* fruchtende Pflanze. *f* Kapsel. *g* Same mit Elaiosom.

tragend, postfloral erschlaffend. Blüten ± 1¹/₂ cm lang, mit sehr starkem, angenehmem Geruch. Kelchblätter länglich=eiförmig, nur 3 bis 4 mm lang, stumpf oder ± spitzlich, kahl oder schwach behaart, mit kurzen, abgerundeten Anhängseln. Kronblätter verkehrt=eiförmig, abgerundet, selten die paarigen schwach ausgerandet, lebhaft rötlichviolett; Sporn aufwärts gebogen, hellviolett. Fruchtknoten dicht behaart, mit fast aufrechtem, geschnäbeltem Griffel. Kapsel kugelig, ± ³/₄ cm gross, meist dicht kurzhaarig, sich langsam am Boden öffnend. Samen gelblichweiss, mit langem Elaiosom. — IV, V, in den Alpen V bis VII, öfters noch einmal VIII, IX.

---

[1]) lat.: ambiguus = zweideutig. Die Art wurde oft mit den beiden vorigen verwechselt.

In Trockenwiesen, Heiden und Felsspalten; nur auf kalkarmer Unterlage. In Mittel=
europa nur im Pannonischen Gebiet und in den kristallinen Alpen.

Allgemeine Verbreitung: Länder um das Schwarze Meer vom Kaukasus, Taurien und den nördlichen Balkanländern bis Galizien (Bilcze), Ungarn, Tschechoslowakei, Alpen von Oesterreich bis Frankreich und Ligurien.

Die somit ausgesprochen pontische Art umfasst 2 geographisch getrennte, aber sehr nahe verwandte Unterarten:

subsp. **campéstris** (Bieb.) Gams (= V. ambigua Waldst. et Kit. s. str., = f. campestris et arbustórum Wiesbauer, = V. campestris Bieb. et var. Pannónica Rchb., = V. hírta L. var. frágrans Ging.). Fig. 2084 a bis c. Erdstock 2 bis 4 mm dick, bisweilen kurze Aeste treibend. Nebenblätter 1 bis 1½ cm lang und 2 bis 3 mm breit, lang zugespitzt, mit 1 bis 2 mm langen, vorn ± gewimperten Fransen. Kelchblätter 3 bis 4 mm lang und 2½ bis gegen 3 mm breit. Sporn ± 3 mm lang, dick, aufwärts gebogen.

In trockenen Bergwiesen, auf Heiden und Weiden, unter Gebüsch, an Waldrändern in der collinen und montanen Stufe der Länder um das Schwarze Meer. Von Ungarn nach Oesterreich ausstrahlend: bis Mähren (Nikolsburger und Pollauer Berge, Pratzer Berg, Pausram, Brünn, Bisenz, Butschowitz), Böhmen (Laun, Brüx) und Niederösterreich (bei Matzen, Münichsthal, auf dem Bisam= und Waschberg, um Krems, auf den Hainburger Bergen, bei Reissenberg a. d. Leitha, auf den Bergen von der Mödlinger Klause bis Baden, bei Goggendorf und Kirschberg im Bezirk Oberhellabrunn). Die Angaben aus Istrien (bei Triest nach Opcina und Borbás), Kärnten (bei Klagenfurt und Obervellach nach Pacher) und Salzburg (nach Mielichhofer) sind äusserst fraglich, diejenigen aus Thüringen (an der Saale nach Čelakovsky unrichtig). — Fehlt in Deutschland und in der Schweiz.

Aendert ab mit behaarten (var. týpica Beck) und mit kahlen Kapseln (var. gymnocárpa Janka, = V. petróphila Schur), letztere Form z. B. bei Mödling und Neudorf in Niederösterreich, bei Bisenz und Brünn in Mähren.

Diese Unterart stellt die ursprüngliche Tieflandsrasse vor. Ihre Standortsansprüche sind im allge= meinen ähnlich denen von V. pumila; sie soll ausnahmsweise auch auf Kalkbergen und selbst (in Ungarn) im Röhricht vorkommen.

subsp. **Thomasiána**[1]) (Perrier et Songeon) Gams (= V. fratérna Hegetschw. p. p. non V. hirta var. fraterna Rchb., = V. collína Venetz et Tissière non Besser, = V. Thomasíana et suavéolens Perr. et Song., = V. hirta L. subsp. ambigua f. Thomasiana Rouy et Fouc.). Fig. 2084 d bis g.

Erdstock nur 1 bis 2 mm dick. Blattspreiten etwas dünner. Nebenblätter kürzer; die unteren Fransen nur ± halb so lang, die oberen länger als die Breite des Nebenblattes. Frühlingsblüten die Laub= blätter meist überragend. Kelchblätter oft unter 3 mm lang und nur etwa halb so breit, meist im unteren Teil behaart. Sporn 3 bis 4 mm lang, ziemlich schlank und spitz.

Ausschliesslich in Felsspalten, Magerwiesen und Alpenheiden der Alpen von Tirol und der Berga= masker Alpen bis Savoyen, zu den Penninischen, Grajischen, Cottischen und Seealpen. Meist zwischen 1500 und 2100 m (im Pustertal bis 2200 m, im Engadin und Wallis bis 2300 m, im Domleschg bis 700 m, im Unter= wallis bis 1000 m, am Luganer= und Langensee bis zirka 300 m herabsteigend). Fehlt in Deutschland. — In Oesterreich mit Sicherheit bisher nur aus Südtirol bekannt (im nordöstlichen Etschgebiet und Draugebiet mit Ausschluss der Dolomiten und der südlichen Kalkalpen weit verbreitet, wahrscheinlich aber auch in Kärnten). — In der Schweiz in den kristallinen Alpen allgemein verbreitet und stellenweise häufig, nordöstlich bis Zernez, Feldis und Parpan, im ganzen Gotthard=, Aare=, Aiguilles=rouges= und Montblanc=Massiv, besonders häufig in den Penninischen Alpen bis zum Luganer= und Langensee hinunter.

Aendert ab: var. **Gandéri** (Hausmann als Art) Gams (= V. cheiranthodóra Huter, = V. Thomasiana Perr. et Song. subsp. Tiroliénsis W. Becker). Sommerblätter aus flachherzförmigem Grund breit=eiförmig, tief gekerbt, stumpflich, blassgrün, schwach behaart, mit unterseits stärker vortretenden Nerven. Im östlichen Tirol (Ahrntal, Mühlwaldtal, Lappachtal, Tauferertal, Pustertal, Innervillgraten usw.). — var. **alpína** (Ging. als var. von V. hirta) Gams (= f. ciliata St. Lager, = V. Thomasiana subsp. Helvética W. Becker). Sommerblätter herz=eiförmig,

---

[1]) Benannt nach dem Entdecker Abraham Thomas (geb. 1740, gest. 1824) und seinem Sohn Louis (geb. 1784, gest. 1823), Waldhütern von Plans de Frenières bei Bex im Rhonetal, die zuerst für Haller, dann zusammen mit Murith und Schleicher die Walliser Alpen durchstreiften und dank ihrer hervorragenden Beobachtungsgabe zahlreiche Neufunde machten, ähnlich wie schon vorher der Grossvater Pierre und später auch Emanuel Thomas (geb. 1788, gest. 1859). Vgl. den von Murith herausgegebenen Briefwechsel mit A. Thomas (Guide du botaniste qui voyage dans le Valais, Lausanne 1910) und die Biographie von Mouille= farine (Une famille de botanistes: les Thomas de Bex. Rameau de sapin, Neuchâtel 1889).

etwas zugespitzt, flacher gekerbt, dunkler grün, stärker behaart, mit unterseits weniger vortretenden Nerven. Die in den Westalpen allein vorkommende Rasse, vereinzelt bis Tirol (Vahrn bei Brixen zwischen Schalders und Steinwand; im Val di Sole hinter dem Fort Strino, gegenüber der Cima Presena). — var. glabérrima W. Becker (als var. von V. Thomasiana subsp. Helvetica, = V. hirta L. var. Salvatoriána Calloni?, = V. odorata L. var. glabréscens Calloni? non V. glabrescens Focke). Sprosse ganz kahl, daher der folgenden Art ähnlich. Nur im Insubrischen Gebiet (z. B. Balla drume über Ascona 350 m, unter Viggiona bei Canobbio, San Salvatore bei Lugano).

Die subsp. Thomasiana ist somit eine rein alpine Felsenpflanze des kristallinen Gesteins (auch auf Casanna= und Karbonschiefer, Verrukano, kalkarmen Jura= und Flyschphylliten). In den Südalpen tritt sie ganz besonders charakteristisch in den Festuceta variae (vgl. Bd. I, pag. 348) trockener Südhänge auf, im Oberengadin z. B. in Gesellschaft von Bupleurum stellatum, Phyteuma corniculatum und Ph. hedraianthifolium, Senecio abrotanifolius usw., im Wallis ausser mit Festuca varia auch mit Festuca Halleri und F. duriuscula, Calamagrostis tenella, Juniperus communis subsp. nana, Androsace carnea, Senecio Doronicum, Hieracium prenanthoides usw. Im Frühling überragen die ansehnlichen, ungewöhnlich stark duftenden Blüten in grosser Zahl die dann noch kleinen Laubblätter, wogegen die nach den Beobachtungen des Bearbeiters (Gams) im Wallis regelmässig gebildeten und gleichfalls chasmogamen Herbstblüten nur in geringer Zahl gebildet und von den grossen Sommerblättern überragt werden. Die Samen werden wohl hauptsächlich durch die z. B. an den Walliser Standorten häufigen Ameisen Lasius niger und Formica fusca verbreitet. — Auch steril sind beide Unterarten an der charakteristischen Form und Nervatur der Laubblätter leicht kenntlich: die Spreite ist in der meist seichten Basalbucht deutlich gegen den Blattstiel vorgezogen und die bogigen Seitennerven gehen in auffallend spitzem Winkel vom Mittelnerv ab. — Dass pontische und altaiische Steppenpflanzen Reliktareale in den Süd= und Westalpen (Ueberreste der glazialen Steppen) aufweisen, ist keine Seltenheit; ähnlich verhalten sich z. B. Bulbocodium vernum (Bd. II, pag. 194), Astragalus penduliflorus (Bd. IV 3, pag. 1418) und A. sericeus (Bd. IV 3, pag. 1449), Dracocephalum Ruyschiana und D. Austriacum, Leontopodium alpinum (Bd. VI, pag. 458) u. a. Viele xerische Arten der Zentralalpen (u. a. z. B. Stipa pennata) treten auch in den Trockenwiesen der Weinbaugebiete ebensogut wie in der alpinen Stufe auf, da die für ihr Gedeihen massgebenden Faktoren (frühe, kurze Vegetationszeit mit genügend hohen Tagestemperaturen und starker Insolation, grosse Verdunstungskraft der Luft, rauhe Winter mit sehr geringer Schneebedeckung) an den scheinbar so verschiedenen Standorten dieselben sind. V. ambigua ist wohl diejenige unserer Nomimium=Arten, die in den Alpen am regelmässigsten auch im Winter schneefreie Standorte besiedelt und die daher auch in Höhen über 2000 m regelmässig schon im Mai oder doch Anfang Juni aufblüht.

1951. Viola Pyrenáica Ramond (= V. umbrósa Sauter non Fries nec Hoppe, = V. sciáphila Koch, = V. glabráta Salis=Marschlins, = V. hirta L. var. sciaphila Duftschmid et subsp. sciaphila Rouy et Fouc.). Glattes Bergveilchen. Fig. 2085.

Fig. 2085. Viola Pyrenaica Ramond. Habitus: *a* praefloral, *b* floral und *c* postfloral. *d* Blütenkelch. *e* Entleerte Kapsel. *f* Samen mit Elaiosom.

Zweiachsige Rosettenstaude mit fast senkrechtem, dünnem, einfachem oder meist kurze, ausläuferähnliche, aber nicht wurzelnde Aeste treibendem Erdstock. Sprosse bei der Entfaltung meist ± zerstreut behaart, später oft ganz kahl, glänzend gelblichgrün. Laubblätter mit ± 1 bis 5 cm langem Stiel und breiteiförmiger, ± 1 bis 3 cm langer und ungefähr ebenso breiter, am Grund flach herzförmiger, vorn meist zugespitzter, seicht, aber oft ziemlich scharf gezähnter, dünner Spreite. Nebenblätter ¹/₂ bis 1¹/₂ cm lang, schmal- oder breitlanzettlich, spitz, kahl oder vorn gewimpert, deutlich gefranst, die Fransen aber kürzer als die halbe Nebenblattbreite, kahl oder gewimpert. Blütenstiele grundständig, meist zahlreich, ± 3 bis 7 cm lang, die Laubblätter nicht oder wenig überragend, die Vorblätter ungefähr in der Mitte tragend, postfloral erschlaffend. Blüten 1 bis 2 cm lang, wohlriechend. Kelchblätter, besonders die unteren, breit-eiförmig, 4 bis 5 mm lang, sehr stumpf, zuweilen fast gestutzt, mit 3-eckigen, verschmälerten Anhängseln. Kronblätter verkehrt-eiförmig, meist lila, seltener mehr blauviolett, fast in der ganzen unteren Hälfte weiss; Sporn stumpf oder aufwärts gebogen und etwas spitzlich, wenig länger als die Kelchanhängsel, weisslich. Fruchtknoten kahl, mit geschnäbeltem Griffel. Kapsel eiförmig bis kugelig, ± ¹/₂ cm breit, ganz kahl, sich langsam am Boden öffnend. Samen mit deutlichem Elaiosom. — IV, V, in tieferen Lagen (z. B. im Savoyischen Jura) schon Ende III, in höheren V bis VII.

In Spalten beschatteter Felsen, auf Felsschutt, in subalpinen Magerwiesen, in lichten montanen und subalpinen Gehölzen, hauptsächlich, aber nicht ausschliesslich, auf Kalk. Nur in den Alpen und im südlichen Jura, meist zwischen 1000 und 1500 m, doch in Bach- und Lawinenrunsen usw. auch tiefer, in den Kalkalpen auch höher (Oberengadin bis 1850 m, Berner Oberland bis 1770 m, Unterwallis bis 2250 m: Portail de Fully nach Gams).

Fehlt in Deutschland. — In Oesterreich auf den Alpen von Oberösterreich (Christkindlau bei Steyr und bei Neustift), Salzburg (bei Mittersill im Pinzgau und am Rainberg bei Salzburg von Sauter für die Alpen entdeckt), Kärnten (Lavanttal, Obervellach, Tröpolach) und Tirol (z. B. um Innsbruck [um Hötting bis 1450 m], Virgen, Lienz, Windisch-Matrei, Pustertal, in Südtirol bei Rovereto. — In der Schweiz in Graubünden (Engadin bis St. Moritz, Rheingebiet von Marschlins bei Chur bis ins Domleschg und Schams), im Säntisgebiet (z. B. St. Galler Rheintal, Seealpsee) und von da zerstreut durch die Helvetischen Kalkalpen bis zum Genfersee (z. B. Maderanertal, Widderfeldfluh am Pilatus, Lauterbrunnen- und Simmental, Vanil du Crozet, Waadtländer-Alpen bis Montreux), im Wallis auch in den Penninischen Alpen bis zum Simplongebiet anscheinend ziemlich verbreitet, für den Tessin noch fraglich. Im Jura von Savoyen (z. B. Fort de l'Ecluse, Reculet) durch den Waadtländer Jura bis zum Chaumont.

Allgemeine Verbreitung: Cantabrien, Pyrenäen, Alpen vom Isère- und Dora-Gebiet bis in den Südjura und bis Oesterreich, Bulgarien, Thessalien, Kaukasus.

Aendert nur sehr wenig ab. Von Bedeutung ist einzig: var. glabréscens (Focke als Art) W. Becker (= V. sciaphila var. glabrescens Gremli, = V. glabrata var. subodoráta Borb. p. p.). Pflanze in allen Teilen kleiner, schon bei der Entfaltung ganz kahl. Laubblätter kleiner, dunkler grün, denen von V. rupestris ähnlich. Krone tief blauviolett. Bisher nur aus der Westschweiz von den Kalkalpen von Bex (am Plan de Jaman 1868 von Focke entdeckt, Solalex) und Fully (von 1450 bis 2250 m) bekannt; scheint eine kalkstete, photophile und etwas xerophile Rasse zu sein. — Die typische Form wächst vorzugsweise an etwas schattigen, lang schneebedeckten Standorten (z. B. in Tirol oft mit Corydalis intermedia) und entfaltet ihre auffallend zarten Laubblätter und oft ungewöhnlich zahlreichen Blüten gleich nach der Schneeschmelze. Habituell erinnert sie zur Blütezeit stark an V. mirabilis, ist jedoch in allen Teilen viel kleiner. Die Veilchenblätter, die R. v. Wettstein (Denkschr. math.-naturw. Kl. k. Akad. der Wissensch. Wien, 1892. Taf. VI, Fig. 7; auch bei Blaas, Kleine Geologie von Tirol 1907. Taf. 12) aus der altinterglazialen Breccie von Hötting bei Innsbruck als V. odorata abbildete, dürften nach Murr und Becker zufolge ihrer Form (Spitze etwas zugeschweift, doch stumpf, Ausbuchtung sehr seicht, Kerbung stumpf, weit) und Aderung (die 2 obersten Nervenpaare anscheinend fast unverzweigt, bogig einwärts gekrümmt) eher zu V. Pyrenaica gehören, die noch jetzt um Hötting reichlich vorkommt. Die südeuropäische Montanpflanze dürfte demnach die Alpen schon vor der Risseiszeit, vielleicht schon präglazial, besiedelt haben.

1952. Viola álba Besser (= V. odoráta L. var. leucántha Gaudin et var. acutifólia Neilr., = V. Mártii var. álba Döll, = V. viréscens et scotophýlla Jordan, = V. scotóphila Rapin).

Weisses Veilchen. Fig. 2086 und 2087.

Zweiachsige Rosettenstaude mit meist bleibender Primärwurzel und meist stark verzweigtem, dünne, ± ¹/₂ bis 1¹/₂ dm lange, aufwärtsstrebende, nicht wurzelnde, gewöhnlich zur Blüte gelangende Ausläufer treibendem Erdstock, seltener (an trockenen Standorten) ohne deutliche

Ausläufer. Sprosse hell- bis dunkelgrün, mit ziemlich rauhen, ± abstehenden, weissen Striegelhaaren ± dicht besetzt. Nebenblätter lineal-lanzettlich, 1 bis 1½ cm lang und ± 2 mm breit, spitz, mit ± entfernten, ziemlich langen Fransen, samt diesen behaart. Laubblätter mit ± 2 bis 10 (im Sommer bis 12) cm langem, rückwärts abstehend behaartem Stiel, herz-eiförmiger bis rundlich-eiförmiger, ± 2 bis 6 (1½ bis 7) cm langer und 1 bis 5 cm breiter, zugespitzter, am Grund tief und eng herzförmiger, besonders an den regelmässig gekerbten, vorn geraden bis bis etwas konkaven Rändern auffallend straff behaarter Spreite, oft z. T. überwinternd. Blütenstiele ± 4 bis 6 cm lang, die Vorblätter in oder über der Mitte tragend, postfloral erschlaffend.

Blüten ± 1½ bis 2 cm lang, duftend, aber weniger angenehm als bei V. odorata. Kelchblätter länglich-eiförmig, 3 bis 5 mm lang, stumpf, mit rundlichen Anhängseln. Kronblätter verkehrt-eiförmig, abgerundet, weiss oder ± violett; Sporn eiförmig, 3 bis 4 mm lang, meist stumpf, weiss, gelblich- oder grünlich-weiss oder ± violett. Narbe schnabelförmig. Kapsel kugelig, deutlich behaart, sich langsam am Boden öffnend. Samen mit grossem Elaiosom. — III, IV.

In lichten Laubgehölzen, besonders in Niederwäldern, der collinen und montanen Stufe (im Unterwallis bis 1200 m steigend), sowohl auf Kalk wie auf kalkarmem Boden. In den wärmeren Gegenden weit verbreitet, jedoch im eigentlichen Föhrenklima ganz fehlend.

Fig. 2086. Viola alba Besser. *a* Habitus. *b* Nebenblatt. *c* Fruchtknoten.

In Deutschland nur im Süden: sehr zerstreut im Oberrheintal vom Bodensee bis ins Lothringische Kalkgebiet (z. B. bei Metz) und Saargebiet (Gerlfinger Wald im Kreis Merzig), in Baden bei Konstanz, auf der Reichenau, bei Markdorf, Rheinweiler, Lipburg, Waldshut, zwischen Würmersheim und Au, Istein, Kaiserstuhl, Schönberg bei Freiburg, Sunnhöhle bei Müllheim. In Württemberg nur im Oberamt Tettnang (erst 1913 von Bertsch bei Hemigkofen und Tunau gefunden, ein Bastard auch bei Gattnau). In Bayern nur im Bodenseegebiet (Unterhochsteg) und zwischen dem Ammer- und Würmsee (am Pilsen- und Wörthsee, um Weilheim). — In Oesterreich in Mähren (Lundenburg, Unter-Themenau, Auspitz; fehlt in Schlesien und Böhmen), Niederösterreich (ziemlich verbreitet), Oberösterreich (Loderleiten bei Ernsthofen, Traun- und Mühlkreis), Steiermark (am Schökel bei Graz, Gleisdorf, Riegersburg, häufiger um Marburg und in der unteren Steiermark), Krain (z. B. Franzdorf, Zwischenwässern, Nabresina, Rekatal, Rudnik, Babnagora), Istrien und Friaul (ziemlich verbreitet), Kärnten (Klagenfurt, Deutsch-Bleiberg), Salzburg (Maria-Plain), Vorarlberg (besonders am Bodensee vielfach, Feldkirch, Stehlen usw.) und Südtirol (vom Gardasee bis Bozen vereinzelt). — In der Schweiz längs dem Jura und im Molasseland ziemlich verbreitet und stellenweise häufig (in St. Gallen nur im Rheintal und in der Linthebene häufiger), für Appenzell und Glarus (Mitlödi) fraglich, in Schaffhausen nur in der Exklave Buchberg, bis in die nordalpine Föhnzone (Wäggital, um den Zuger- und Vierwaldstättersee, Beatenberg, Attalens in Freiburg, im Rhonetal vereinzelt bis Martigny). Ausserdem in den Alpen nur im Tessin (um den Langen- und Luganersee). Fehlt Graubünden, dem Sopraceneri, Ober- und Mittelwallis und dem ganzen Aarmassiv ganz.

Allgemeine Verbreitung: Mittelmeergebiet von Spanien und Algerien bis Kleinasien, Kaukasus, Syrien und Palästina, Alpengebiet bis in den Jura und ins Oberrheingebiet, Karpatengebiet bis zum Duklapass in Galizien. Ein ganz isolierter Fundort auf Öland.

Die somit submediterrane Art umfasst folgende 3 Rassen: var. scotophýlla[1]) (Jordan als Art) Gremli (= V. nigricans Schur). Sprosse dunkelgrün. Laubblätter oft z. T. überwinternd. Sporn fast stets ± violett.

---

[1]) Griech. σκότος [skótos] = Dunkelheit und φύλλον [phýllon] = Blatt. Sprachlich richtiger wäre scotiophylla.

Kronblätter im übrigen weiss (f. albiflóra Wiesbauer, = var. scotophyllóides Wiesbauer, so im Alpen= und Juragebiet am verbreitetsten), gescheckt (f. variegáta W. Becker), rötlich (f. rósea und rúbra W. Becker) oder ganz violett (f. violácea Wiesbauer, = var. Besséri [Rupr. als Art] Beck, z. B. um den Genfersee, im Jura, Oberrheintal, Lorzetobel im Kanton Zug, selten auch in den Südostalpen). Die im Alpen= und Juragebiet bei weitem vorherrschende Rasse scheint dagegen in Bayern und Mähren ganz zu fehlen. — var. viréscens (Jordan als Art) Gremli (= var. genuína Halacsy et H. Braun, = subsp. scotophýlla W. Becker var. viréscens Freyn). Sprosse ganz frei von Anthozyan. Laubblätter gelblichgrün, meist nicht überwinternd. Blüten etwas kleiner als bei voriger. Krone rein weiss, mit gelblichem oder grünlichem Sporn. In Mähren und Bayern ausschliesslich, im Alpen= und Juragebiet vereinzelt neben der vorigen Rasse (im Rhonetal weiter gegen das Mittelwallis vordringend als var. scotophýlla), in Kärnten, Friaul, Südtirol und Istrien anscheinend ganz fehlend. Zwischenformen kommen z. B. in der Schweiz häufig vor, weshalb W. Becker die Unterscheidung der beiden Rassen wieder fallen liess. — var. Ligustína W. Becker. Laubblätter rundlich, stumpf. Eine zu der mediterranen subsp. Dehnhárdtii (Tenore) W. Becker (von Boissier, Burnat, Rouy u. a. zu V. odorata L. gestellt) überleitende Form. Südtirol: Riva, Trient, in einer ganz kahlen Form (var. glabérrima W.Becker) am Castel Corno.

Die Formen der var. scotophýlla unterscheiden sich von den anthozyanfreien Individuen der V. odorata besonders durch die stärkere Behaarung und die spitzen Blattspreiten, von dem primären Bastard V. alba × V. odorata durch die kürzeren, nicht wurzelnden, zuweilen auch fehlenden (f. subcollína Gremli) Ausläufer und die Fertilität der Blüten. — Kleistogame Blüten kommen auch bei dieser Art vor. In ihren Standortsansprüchen zeigt sie viel Aehnlichkeit mit V. mirabilis, mit der sie oft zusammen vorkommt; im ganzen verlangt sie jedoch etwas mehr Wärme und gleicht hierin mehr der nächstverwandten V. odorata.

Fig. 2087. Viola alba Besser. Tessin. Phot. Gg. Eberle, Wetzlar.

1953. Viola sepíncola Jordan em. W. Becker (= V. suávis W. Becker non Bieb.[1])).
Duftendes Blauveilchen. Fig. 2088.

Zweiachsige Rosettenstaude mit kurzen, ± ¼ bis höchstens 1 dm langen und ± 2 mm dicken (meist dicker als bei V. odorata), ober= oder unterirdischen Ausläufern. Sprosse kurz anliegend seidig behaart bis fast kahl, meist lebhaft dunkelgrün. Laubblätter grundständig, mit ± 3 bis 10 (im Sommer bis 15) cm langem Stiel und herz=eiförmiger, ± 3 bis 9 cm langer und ²/₃ bis ⁴/₅ so breiter, regelmässig gekerbter, besonders unterseits etwas glänzender, oft etwas dicklicher Spreite. Nebenblätter lanzettlich, ± 1½ bis 2½ (bis 3) cm lang und 2 bis 3 mm breit, länger zugespitzt als bei V. odorata, fast kahl, mit kurzen bis ziemlich langen Fransen. Blütenstiele so lang bis doppelt so lang wie die Laubblätter, mit meist tief sitzenden, oft breiten oder ganz verkümmerten Vorblättern, postfloral erschlaffend. Blüten ± 2 bis 2½ cm (bis 3) cm lang, wohlriechend. Kelchblätter eiförmig, stumpf, mit kurzen, dem Kelch ± anliegenden Anhängseln. Kronblätter verkehrt=eiförmig, meist schwach ausgerandet, violett bis rein dunkelblau, fast in der ganzen unteren Hälfte weiss. Narbe schnabelförmig. Kapsel kugelig, ± ¾ cm lang, anliegend spärlich behaart bis fast kahl. Samen gelblichweiss, mit wohlentwickeltem Elaiosom. — III, IV.

---

[1]) V. suavis Bieb. gehört nach E. R. Kupffer zu V. odorata, sodass die Kollektivart den nächstältesten, von vielen Autoren zu Unrecht für V. hirta × V. odorata gebrauchten Namen sepincola (= heckenbewohnend) zu tragen hat.

In Gebüschen, lichten Wäldern, Hecken, Fett- und Magerwiesen, an Weinbergsmauern usw. in der collinen Stufe, sowohl auf kalkreicher wie auf kalkarmer Unterlage. Nur in Südeuropa bis in die Zentralalpentäler und Sudetenländer. Anderwärts als Zierpflanze kultiviert und verwildert.

Allgemeine Verbreitung: Süd- und Mittelfrankreich, Zentral-, Süd- und Ostalpentäler, Balkanhalbinsel, Ungarn, Südrussland; Kleinasien.

Die von den Formen und Bastarden der V. odorata nur schwer abzugrenzende Kollektivart umfasst nach W. Becker (in Allg. Bot. Zeitschr. Bd. IX, 1903, in Denkschr. Schweiz. Naturf. Ges. Bd. XLV, 1910 und in Beih. Bot. Zentralbl. Bd. XXXVI, 1918) eine grössere Anzahl von Kleinarten und Unterarten, von denen die folgenden genannt seien:

1. subsp. **Póntica** W. Becker (= V. suavis Becker olim non Bieb.). Nebenblätter bis 3 cm lang. Spreiten der Sommerblätter rundlich bis nierenförmig, schwach behaart. Vorblätter etwa in der Mitte der Blütenstiele. Blüten 2½ bis 3 cm gross, hellviolett.

Nördliche Balkanländer, Ungarn (erst neuerdings von Gáyer in Nadelwäldern um Sée entdeckt), Südrussland, Kleinasien, Persien. In Mitteleuropa nur als Topf- und Gartenpflanze, selten als Gartenflüchtling (so in Brandenburg bei Wrietzen und Frankfurt).

2. subsp. **Adriática** (Freyn) W. Becker (= V. suavis var. Adriatica Posp.). Blattspreiten breit-3-eckig bis herz-eiförmig, zugespitzt, dicklich, stark glänzend, ausgewachsen völlig kahl. Kronblätter tief violett.

Illyrisches Gebiet bis zum Karst.

3. subsp. **cyánea** (Čelakovsky als Art) W. Becker (= V. insignis C. Richter). Nebenblätter etwas kürzer, lanzettlich. Laubblätter mit sehr langem Stiel und verhältnismässig kleiner, breit herz-eiförmiger, meist stumpfer Spreite mit tiefer, ziemlich enger Basilarbucht. Kronblätter kornblumenblau oder hell- bis dunkelviolett.

Fig. 2088. Viola sepincola Jordan em. W. Becker. *a* subsp. Austriaca (Kerner) W. Becker. — *b* subsp. Wolfiana W. Becker. *c* Nebenblätter und *d* Blüte derselben. — *e* Gartenform unbekannter Herkunft. *f* Nebenblatt derselben.

Von Ungarn bis Bosnien, Istrien, Steiermark (Peggau, Deutsch-Feistritz, Jennersdorf, um Cilli), Niederösterreich (um Wien häufig, ob urwüchsig?), Mähren (vielfach um Znaim, Nikolsburg und Brünn) und Galizien. In Böhmen (sehr häufig im Prager botanischen Garten, bei Nimburg) nur verwildert, ebenso vielfach im östlichen Deutschland: in Bayern (Oberhauserleite bei Passau, Neuburg a. D., Nürnberg), Thüringen (Weimar, Vitzenburg a. d. Unstrut), Schlesien (Breslau, Nikolausdorf), Brandenburg (Berlin, Finkenkrug bei Nauen, Forsthaus Bredow, Kunersdorf bei Wriezen usw.). Eine Form mit schmäleren, länger gefransten Nebenblättern (var. perfimbriáta [Borb.] Becker) in Niederösterreich, Steiermark und im Illyrischen Gebiet vom Karst bis Dalmatien. Nach Ascherson soll diese öfters als Topfpflanze kultivierte Unterart mit der aus Spanien, Nordafrika und Madeira angegebenen V. Maderénsis Löwe identisch sein, welche Art schon 41 Jahre früher (1831, V. cyanea erst 1872) beschrieben worden ist, aber nach W. Becker zu V. odorata gehört. Sicher gehören zu subsp. cyanea die als Topfpflanzen gezogenen „Russischen Veilchen" (= V. Rússica hort.) und wohl auch die gefülltblütigen, in verschiedenen Farbenspielarten gezogenen „Parma-Veilchen" (= V. odorata Parménsis hort.). Die Kultur der „gefüllten Veil" reicht mindestens bis ins 16. oder 17. Jahrhundert zurück. Nach Johannes Costaeus wurden damals in Konstantinopel stark duftende Veilchen mit gefüllten Blüten von der Grösse einer kleinen Rose kultiviert.

4. subsp. **Austríaca** (A. et J. Kerner) W. Becker (Kerner als Art, Pospichal als var. von V. cyanea, Rouy et Fouc. als Form von V. odoráta subsp. Beraúdii, = V. sepincola Kerner non Jordan). Fig. 2088 a. Laubblätter mit etwas kürzerem Stiel und herz-eiförmiger, etwas zugespitzter oder stumpflicher, am Grund offen herzförmiger Spreite. Nebenblätter lanzettlich, kahl oder an der Spitze spärlich gewimpert, lang gefranst. Vorblätter unter der Mitte des Blütenstiels sitzend. Kronblätter hellviolett, im unteren Drittel weiss.

In typischer Ausbildung in Südtirol (vom Gardasee und Trient gemein bis Bozen, Brixen und ins Pustertal [Bruneck, Klobenstein am Ritten, Nonsberg], in ähnlichen, von der vorigen Unterart schwer zu unterscheidenden Formen auch im Küstenland, in Kärnten, Steiermark und Mähren (Nikolsburg, Grussbach, Czeitsch, Brünn). Eine Form mit länglich-eiförmigen, tiefer herzförmigen, stumpflichen, seidig behaarten Blattspreiten, meist nur kleistogamen Blüten und stärker behaarten Kapseln (f. Weiherburgénsis W. Becker als subsp. von V. Austriaca, = V. sepincola Jordan var. pubescens Becker) an der Weiherburg bei Hötting, bei Mühlau usw. in der Umgebung von Innsbruck. — Diese Unterart verbindet sowohl morphologisch wie geographisch die vorige mit den folgenden.

5. subsp. **Wolfiána**[1]) W. Becker (= V. Stevéni Faucounet non Besser, = V. sepincola auct. Helv. non Jordan, = V. Beraúdii Gremli, = V. Wolfiana W. Becker). Fig. 2088 b bis d und Fig. 2093.

Nebenblätter kurz (höchstens 2½ cm lang), breit-lanzettlich; die inneren etwas schmäler, im unteren und mittleren Teil kurz, im oberen länger gefranst, die Fransen bedrüst. Laubblätter ziemlich kurz gestielt, mit breit herz-eiförmiger, abgerundeter Spreite mit ziemlich tiefer Bucht, sehr ähnlich denen von V. odorata, aber etwas derber. Vorblätter ± am Ende des unteren Drittels des Blütenstiels sitzend, oft verkümmert. Kronblätter vorn lebhaft blauviolett bis kornblumenblau, unten weiss; Sporn weiss bis bläulich, ziemlich kurz und dick, etwa doppelt so lang wie die Kelchanhängsel.

In Eichengebüschen, Hecken, an Weinbergsmauern usw. in den Tälern der Westalpen von Drôme, dem Isère-Tal, Savoyen (z. B. bei Chambéry, angeblich auch am Salève) und dem Aostatal bis ins Schweizer Rhonetal: zerstreut von Aigle bis Siders (angeblich bis Brig), kaum über 700 m steigend. Die Pflanze macht im Wallis, wo sie ganz wie V. odorata und oft mit ihr zusammen in den Buschweiden, Hecken usw. um die Dörfer und Städte auftritt, mehr den Eindruck eines Archaeophyten als einer urwüchsigen Pflanze. Aendert ab mit deutlich zugespitzten Blattspreiten: var. **acuminatifólia** Becker. Sitten.

6. subsp. **sepíncola** (Jordan) W. Becker (= V. Reverchóni Willk., = V. cochleáta Coincy). Aehnlich der vorigen Unterart, aber mit deutlicher zugespitzten, am Grund weiter herzförmigen, stärker behaarten Sommerblättern.

Typisch nur in Süd- und Mittelfrankreich. Die Pflanze Jordans ist wiederholt als V. hirta × V. odorata gedeutet worden, nach W. Becker jedoch mit Unrecht. — Neuerdings beschreibt Zapalowicz noch eine weitere Kleinart aus Galizien als V. Jagellónica Zapal.

1954. Viola odoráta L. (= V. Mártii[2]) var. β Schimper et Spenner, = subsp. odoráta Kirschleger, = V. odorata L. var. obtusifólia Neilr., = var. rotundáta Čelak.). März-Veilchen, Wohlriechendes Veilchen, Hecken-Veilchen. Franz.: Violette de mars, fleur de mars, violette odorante, violette de carême, violette des haies; engl.: Common violet, sweet scented violet; ital.: Viola mammola, viola zopa. Taf. 185, Fig. 3; Fig. 2089 und 2090.

Nach der Blütezeit heisst die Art **Märzveilchen** (in verschiedenen Mundarten), (blåg) **Oeschen** [= „Oesterchen"; vgl. „witt Oeschen" = Anemone nemorosa. Bd. III, pag. 522] (Mecklenburg), **Osterveigerl** (bayerisch-österreichisch). Sie ist auch das **Veilchen** im engsten Sinn (vgl. pag. 586).

Zweiachsige Rosettenstaude mit kurzem, dickem, aber weichem Erdstock und meist 1 bis 2 dm langen und nur ± 1½ mm dicken, langgliederigen, am Boden liegenden, sich

---

[1]) Benannt nach Ferdinand Otto Wolf, geb. 1838 in Ellwangen (Württemberg), gest. 1905 als Professor der Botanik in Sitten, dem langjährigen Vorsitzenden der Société Murithienne du Valais und verdienstvollen Erforscher der Walliser Flora.

[2]) Als Viola Martia odorata wurde die Art schon allgemein von den vorlinnéischen Autoren (z. B. H. Bock und C. Bauhin) bezeichnet. Die antiken Autoren benannten sie nach der dunklen, purpurvioletten Blütenfarbe: ἴον μέλαν [ion mélan], ἴον πορφυροῦν [ion porphyrún], lat. viola nigra sive purpurea = schwarzes oder purpurnes Veilchen.

bewurzelnden und meist erst im zweiten Jahr chasmogame Blüten treibenden Ausläufern. Sprosse lebhaft dunkelgrün, zerstreut anliegend kurzhaarig bis fast kahl. Laubblätter mit 1 bis 5 cm langem, oberwärts oft etwas geflügeltem Stiel und rundlich nierenförmiger bis breiteiförmiger, $\pm$ 1$^1/_2$ bis 3$^1/_2$ cm langer und fast ebenso breiter, am Grund tief und eng ausgebuchteter, vorn völlig abgerundeter bis sehr wenig zugespitzter, dicht und fein gekerbter, ziemlich dünner, unterseits oft glänzender Spreite. Nebenblätter eiförmig zugespitzt, $\pm$ 1 bis 1$^1/_2$ cm lang und 3 bis 4 mm breit (die breitesten unter unseren stengellosen Veilchen), ganzrandig oder besonders oberwärts mit $^1/_2$ bis 1 mm langen, bedrüsten Fransen. Blütenstiele $\pm$ 3 bis 7 cm lang, die Vorblätter in oder über der Mitte tragend, postfloral erschlaffend. Blüten 1$^1/_2$ bis 2 cm lang, wohlriechend. Kelchblätter eiförmig, $\pm$ 4 bis 5 mm lang, stumpf, mit deutlich vom Blütenstiel abstehenden Anhängseln. Kronblätter länglich verkehrt-eiförmig, meist dunkel purpurviolett, nur am Grunde weiss; Sporn 5 bis 7 mm lang, die Kelchanhängsel um 3 bis 4 mm überragend, dick, gerade oder wenig gebogen, zuweilen zugespitzt, wie die Kronblätter gefärbt. Narbe schnabelförmig. Kapsel kugelig, gegen $^3/_4$ cm gross, 3- bis fast 6-seitig, deutlich dicht kurzhaarig, oft $\pm$ violett, sich langsam am Boden öffnend. Samen mit grossem Elaiosom. — III, IV.

In Hecken, lichten Laubgehölzen, an Bachufern, Waldrändern usw. meist sehr gesellig, oft auch nur als Kulturrelikt in Gärten, Kirchhöfen, Baumgärten usw.; auf den verschiedensten, doch nicht zu trockenen und mageren Böden allgemein verbreitet, wenn auch in den meisten Gegenden Mitteleuropas kaum urwüchsig. Steigt in Süddeutschland bis 850 m, in der Schweiz mehrfach bis 950 m (ob St. Maria im Münstertal bis 1410 m), im Tiroler Inntal bis 1140 m, im Kaukasus bis 1400 m.

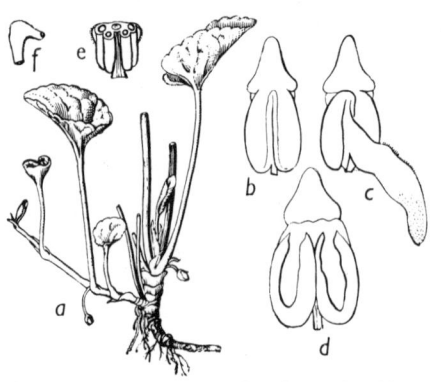

Fig. 2089. Viola odorata L. *a* Stück einer Pflanze mit kleistogamen Blüten an der Hauptachse und an einem Ausläufer. *b* bis *e* Staubblätter, *e* im Querschnitt. *f* Narbenkopf (Fig. *a* nach Goebel, *b* bis *f* nach Gingins).

In Deutschland vielleicht nur im Oberrheintal urwüchsig, im übrigen fast überall nur in der Nachbarschaft der Städte und Dörfer angesiedelt, aber völlig eingebürgert (um Weimar z. B. von Goethe ausgesäet). — In Oesterreich möglicherweise überall nur eingebürgert, in Südtirol seltener als V. sepincola. — In der Schweiz verbreitet und im Tessin und Rhonetal wohl auch urwüchsig.

Allgemeine Verbreitung: Urwüchsig wohl nur im Mittelmeergebiet vom Kaukasus, Kurdistan, Mesopotamien und dem Libanon bis zum Atlas und bis zu den Südalpen, sowie im atlantischen Europa bis Südengland. Völlig eingebürgert im grössten Teil des übrigen Europa bis Irland, Schottland, Holland, Südskandinavien, Öland und ins Weichselgebiet, seltener auch in Nordamerika. Stärker abweichende Rassen im Mittelmeergebiet (V. Maderénsis Lowe) und in Ungarn (V. trístis Gáyer), nahe verwandte Arten in Süd- und Ostasien.

V. odorata ist somit wahrscheinlich ursprünglich eine mediterrane Art ähnlich wie die nahe verwandte von vielen Autoren mit ihr vereinigte vorige Art. Aendert ab: var. týpica Beck. Sprosse schwach behaart. Laubblätter herz-eiförmig. Krone mittelgross, lebhaft violett, selten lila (f. lilacína [Rossm. als Art] Wiesb.), fleisch- bis kupferrot (f. subcárnea [Jordan als Art] Parlat.) bis purpurn (f. rubriflóra Beckhaus, = f. erythrántha Beck, so z. B. bei Höxter, Colmar, Nürnberg, München, Leipzig, Wien, im Tessin usw.), gescheckt (f. variegáta DC.) oder mit Ausnahme des meist violetten Sporns weiss (f. albiflóra Oborny, = var. álba auct. non V. alba Besser, = var. leucóium Krause ap. Prahl, = f. decoloráta Zapal.). Wohl nur Standortsformen dieser verbreitetsten Rasse sind: f. longifimbriáta Neum. Nebenblätter mit längeren, 1 bis 1$^1/_2$ mm langen Fransen. An trockeneren Orten. — f. tenérrima Wiesb. Blattspreiten kleiner und dünner. Blüten kleiner, lila oder hell blauviolett. Z. B. in Föhrenwäldern bei Kalksburg in Niederösterreich und am Volnik im Litorale. — f. pállida Domin. Blattspreiten rundlich-nierenförmig, meist sehr stumpf. Blüten kleiner, blassviolett. Vielleicht mit voriger Form identisch. Im Radotiner Tal bei Prag stellenweise in Menge streng von der typischen Form gesondert. — var. hispídula Freyn (= var. hirsúta Pacher?, = var. hírta Wirtgen apud Beckhaus?). Sprosse stärker abstehend behaart. Blütenstiele rückwärts steifhaarig. Z. B. Bingen, Südharz, Nürnberg, München, Kärnten, Istrien. — var. Favráti (Haussknecht als Art) Gremli. Laubblätter grösstenteils fast kreisrund, glänzend. Krone auffallend dunkel purpurviolett. In den wärmeren Tälern der Zentral- und Südalpen, besonders typisch im Rhonetal, doch auch z. B. in Tirol. Hiezu f. subodoráta (Borbás p. p. als var. von V. glabrata, Becker als var. von V. odorata, Dalla Torre und Sarnthein als Art). Auch der Fruchtknoten kahl oder nur an der Spitze spärlich behaart. Bei Innsbruck. Nach Murr auf eine Kreuzung mit V. Pyrenaica zurückzuführen, hat aber sicher nichts mit deren var. glabrescens zu tun, mit der sie Borbás vereinigte. — Formen zweifelhafter, wohl grösstenteils hybrider Abkunft sind u. a.: f. sulfúrea (Cariot als Art) Rouy et Fouc. Krone gelb; Sporn violett. Wild in Mittelfrankreich; in Gärten (z. B. bei Haage und Schmidt in Erfurt) als Zierpflanze. — f. sórdida Zwanziger (= V. Drávica Murr). Krone schmutzig purpur-violett. Nach Murr wahrscheinlich durch Kreuzung mit V. alba entstanden. Kärnten, Südsteiermark, Vorarlberg. — f. semperflórens hort. (= V. Itálica Voigt, = V. prǽcox hort.). Sprosse stärker behaart. Blüten zweimal im Jahr erscheinend. Eine angeblich ebenfalls von V. alba beeinflusste Gartenform. — f. arbórea hort. Erdstock stammartig verlängert (bis 3 dm hoch), ohne Ausläufer. Derartige „Baumveilchen", die in verschiedenen Sorten (z. B. Bornstedter Veilchen) in Kultur sind, können nach Vilmorin leicht aus gewöhnlicher V. odorata erzielt werden, indem man kräftige Pflanzen an Stäbchen bindet, stark düngt und 2 bis 3 Jahre alle Ausläuferanlagen und Blütenknospen entfernt. — Von übrigen Gartenformen seien noch die weissrandigen (f. fóliis variegátis hort.), die gefülltblühenden (f. flóre pléno hort., z. B. Kaiser Wilhelm, Marie Louise, Ruhm von Kassel, eine Bruneau genannte Form schon von Aug. Pyr. und Alph. De Candolle näher untersucht, ferner

Fig. 2090. Viola odorata L. Landskrone (Ahrtal). Phot. Gg. Eberle, Wetzlar.

Kaiserin Augusta, Königin Charlotte, Victoria Regina, Zar usw.) genannt. An gefüllten Blüten konstatierte Goebel (Jahrbuch für wissenschaftliche Botanik, 1886, pag. 233) u. a. normale Anlage von Kelch-, Kron- und Staubblättern, aber ein völliges Schwinden der Zygomorphie, völlige Verkümmerung von Pollensäcken und Samenanlagen, Vermehrung der oft verkümmerten Fruchtblätter auf 4 oder 5. Am Vegetationspunkt, der eine spaltenförmige Vertiefung darstellte, folgten noch viele neugebildete, petaloide Blätter. Neben dieser Petalomanie treten noch andere Füllungsarten auf. Nach A. P. De Candolle waren in einem Fall die Staubblätter petaloid umgebildet und die 2 vor dem Spornblatt stehenden ebenfalls mit je einem kleinen Sporn versehen. Zwischen den Staubblättern folgten weitere Kronblätter, und auch der Fruchtknoten war etwas petaloid umgebildet. Blüten mit 2 bis 5 Spornen wurden wiederholt beobachtet. So berichtet Prag (Oesterr. botan. Zeitschr. 1913, pag. 190) von vollkommen 4-zähligen, 2-spornigen Blüten, deren Blätter jedoch nicht in Kreuzstellung standen. Von den 4 Staubblättern hatten 3 Fortsätze, von denen 2 in den einen und 1 in den anderen Sporn ragten. J. Vilhelm sieht in der Ausbildung mehrerer Sporne eine progressive Mutation. Gefüllte Veilchenblüten kannte übrigens schon Theophrast und um 1600 waren sie bereits in vielen deutschen Gärten zu finden. Besonders an gefüllten Blüten ist auch öfter Vergrünung zu beobachten, die in vielen Fällen durch den Stich einer Gallmücke hervorgerufen wird. — Von anderen Bildungsabweichungen seien noch Spaltungen von Laubblättern und Verbänderungen genannt.

Die chasmogamen Blüten werden hauptsächlich von Apiden, seltener auch von Bombyliden und Rhopaloceren (z. B. Zitronenfaltern) besucht. Die Pollenkörner sind etwa 44 μ lang und 23 μ breit. Die kleistogamen Blüten werden oft erst im Hochsommer an den heurigen Ausläufern gebildet. Sie stehen an 3 bis 5 cm langen Stielen und reifen ihre Kapseln am oder selbst im Boden. — V. odorata verlangt viel Wärme, Feuchtigkeit und Nährstoffe. Im übrigen ist ihr meist unregelmässiges, herdenweises Auftreten hauptsächlich durch die Ausläuferbildung und die Myrmekochorie bedingt, neben der auch Saurochorie (endozoische Verbreitung durch Eidechsen, nach Borzi) vorkommt. Besonders häufig wächst V. odorata zusammen mit anderen Myrmekochoren (Gagea lutea, Corydalis cava und C. solida, Adoxa moschatellina u. a.) im Traufbereich von Obstbäumen (hier gern mit Ranunculus Ficaria), Kastanien usw. Die Samen keimen ausserordentlich langsam, weshalb die Pflanze in der Gärtnerei hauptsächlich durch Ableger vermehrt wird. Kräftige Pflanzen lassen sich in Mistbeeten leicht treiben (Hamburger Treibveilchen, Zossener Veilchen, Viktoria Regina, The Czar, f. Barrensteinii, Augusta) und auch zu wiederholter Blüte (V. Italica Voigt, V. præcox hort., f. semperflorens hort. = Monatsveilchen; franz.: Violette des quatre saison; engl.: Neapolitan violet) bringen. Daneben gibt es eine ganze Anzahl von beliebten Gartenformen mit einfachen und gefüllten, grösseren oder abweichend (weissen, rosaroten gefärbten Blüten von eigenartigem Wuchs. Es sei an das merkwürdige, aufrecht wachsende „Baumveilchen", das keine Ausläufer mehr bildet und durch Stecklinge vermehrt wird, erinnert), oder mit weissgeränderten Laubblättern (Armandine Millet), die sich sowohl für die Topfkultur (als Winterblüher) wie für Einfassungen und Teppichbeete eignen (vgl. hierüber Barfuss, Kultur der Veilchen. Leipzig 1901 und Millet, Les violettes, leurs orgines, leurs cultures. Paris 1898). — Wenn die Veilchen lange Stiele haben, wird auch der Flachs lang (Lausitz). Im Erzgebirge herrscht beim Volke die Meinung, es würden die Hundsveilchen aus den wohlriechenden Märzveilchen hervorgehen, dass diese nach dem ersten Donner nicht mehr riechen. In Schwaben bekommen jene Rossmucken (Sommersprossen), die an dem Hundsveilchen riechen (nach H. Marzell). Veilchen finden sich auch in zahlreichen Wappen (z. B. in denjenigen der württembergischen Familien Veiel, Veielmann, Veyhel, Veyhelin und Veyelsdorf), seltener in Flurnamen (z. B. En la Violaz bei Aigle), dagegen neuerdings wieder häufiger in Villenbezeichnungen (z. B. Violetta in der Schweiz vielfach). Da vielerorten zur Zeit der Veilchenblüte Zahltermine für Dienstboten sind, singen die Kinder in Opfertshofen (Kanton Schaffhausen):

Vise=Vischöli, Meister gimmers Löh'li!
Leg de Seckel uf de Tisch und gimmer, wa' d'mer schuldig bisch!

Die bereits Hippokrates und Plinius, ebenso der Heiligen Hildegard und H. Bock wohlbekannte medizinische Verwendung des März=Veilchens beruht hauptsächlich auf dem Gehalt an Salicylsäure, neben dem auch ein Erbrechen und Durchfall erregender Bitterstoff (schon um 1820 von Boullay für ein Alkaloid Violin oder Veilchen=Emetin gehalten) vorhanden sein soll. Nach Kroeber soll dieses mit dem Ipecacuanha=Emetin identisch sein. W. Peters, der 1918 die Droge auf Anregung O. Lindes untersuchte, fand nur Spuren eines Alkaloids; A. Goris und Ch. Vischniac stellten ein ätherisches Oel fest. Als Brech= und Abführmittel wurden sowohl die Grundachsen (auch gegen Kopfweh und als Schlafmittel) und Laubblätter, wie die Blüten (diese auch gegen Entzündungen und Epilepsie) und Samen gebraucht, später aber durch Radix Ipecacuanhae nahezu völlig verdrängt. Als diese im Weltkrieg nicht mehr erhältlich wurde, gelangte die Veilchenwurzel wieder zu Ehren und soll sich nach den Erfahrungen von O. Linde in Braunschweig u. a. als Expektorans bei Bronchitis und Bronchopneumonie gut bewährt haben. Junge Blätter wurden früher auch gegen Ausschläge gebraucht, aus den Blüten bereitete Aufgüsse, Destillate, Salben und Sirupe (besonders der mit heissem Wasser und Zucker bereitete, noch um 1850 sehr beliebte Veielsirup) als schweisstreibendes und schmerzlinderndes Mittel bei Keuchhusten und anderen Kinderkrankheiten, Kopfweh usw., das aus den Blüten gewonnene Veilchenöl ähnlich wie Rosenöl. Zur Bereitung von Veilchensirup (Sirupus Violarum) lässt man die von den Kelchen befreite Blüten mit der doppelten Menge heissen Wassers in einem verschlossenen Zinngefäss stehen, drückt sie aus, setzt zum Filtrat die $3^{1}/_{2}$fache Menge Zucker zu und erwärmt nochmals $^{1}/_{4}$ Stunde. Der rote Veilchenessig wird durch Ausziehen der Kronblätter mit verdünnter Essigsäure gewonnen. Bei Zusatz von genügend Alkali schlägt das Rot in Blau um; es kann somit dieser Farbstoff (Violanin) als Indikator bei Azidiätsbestimmungen verwendet werden. Ebenso diente er früher als unschädliches Färbemittel in Zuckerbäckereien.

Mit den Rosen gehören die Veilchen zu den volkstümlichsten Blumen, die von Pindar bis zu Goethe unzähligemal besungen wurden (siehe auch pag. 586, Anmerkung 1). Den Griechen galt das Veilchen als eine der Persephone geweihte Totenblume, mit der die verstorbenen Jungfrauen und die dreijährigen Knaben, nachdem diese die gefährlichen Jahre der Kinderkrankheiten überstanden hatten, bestreute.

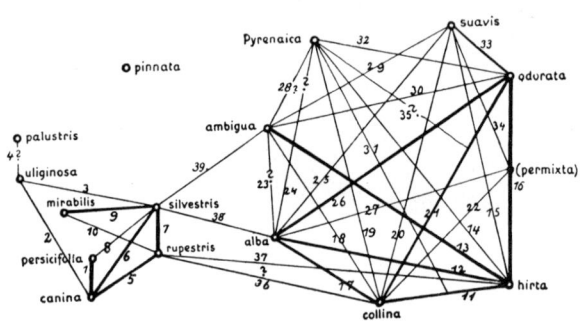

Fig. 2091. Die verwandtschaftlichen Beziehungen der mitteleuropäischen Viola-Arten aus der Untergattung Nomimium, ausgedrückt durch ihre Bastarde und deren relative Häufigkeit. An Stelle von V. suavis ist V. sepincola zu setzen, neben V. palustris noch V. epipsila. Kollektiv gefasst sind hier V. persicifolia (inkl. V. elatior und V. pumila) und V. silvestris (inkl. V. Riviniana). Als neuentdeckte Kombinationen sind nachzutragen: V. persicifolia × V. rupestris, V. odorata × V. silvestris, V. alba × (V. ambigua × V. hirta). Die Nummern verweisen auf den Text. Orig. von H. Gams.

Die Bacchanten schmückten die Thyrsosstäbe mit Veilchen, gleichwie die Bilder der Hausgötter mit Veilchen geziert wurden. Als die Tochter des Atlas sich vor Apollo verbergen wollte, wurde sie in ein Veilchen verwandelt. Die Perser hielten das Veilchen für den Propheten der Rosen, während es arabische Dichter mit den blauen Augen der Geliebten, Mohammed sogar mit der Herrlichkeit des Islam verglichen. Die Römer nannten es viola purpurea. Da es bei den Nordländern dem Kriegsgott geweiht war, führt es auf Island noch heute den Namen Tyrsfiola. Bekanntlich war das Veilchen die Lieblingsblume der Kaiserin Josefine und dadurch auch von Napoleon. Erwähnt sei auch der um das Jahr 1225 von Gerbert de Montreuil verfasste „Veilchenroman" (Roman de la Violette, auch Gérard de Nevers benannt), auf dem Weber's Oper „Euryanthe" begründet ist. Der Sagenstoff kehrt auch im „Decamerone", sowie in Shakespeares „Cymbeline" wieder. Nach dem Volksglauben in Mecklenburg bekommt derjenige kein kaltes Fieber, der am Ostermorgen die 3 ersten Veilchen, die man findet, verzehrt.

Bastarde bilden sich unter den meisten Arten der Untergattung Nomimium (diejenigen von Melanium s. pag. 615 ff.) innerhalb der Arten der Hypocarpeae, der Caninae und Cauliformes, selten auch zwischen diesen Gruppen (vgl. Fig 2091). Da die Bastarde trotz ihres oft sehr üppigen Wuchses und Blütenreichtums meist steril sind (im Pollen sind neben einzelnen gut entwickelten Körnern zahlreiche unentwickelte, verschrumpfte, in Wassertropfen bei 100= bis 150=facher Vergrösserung festzustellen), kommen nur selten und nur bei den Hypocarpeae auch Tripelbastarde (angeblich auch Quadrupelbastarde) vor. Von den zahlreichen, mit besonderen Namen belegten Hybriden können hier nur die Hauptkombinationen angeführt werden. Näheres enthalten insbesondere die Schriften von A. Bethke (Ueber die Bastarde der Veilchenarten. Königsberger Schriften, Bd. XXIV, 1881 und Diss. Königsberg, 1882), W. Becker (Violae Europeae 1910, Veilchen der bayerischen Flora 1902, Violen der Schweiz 1910), K. Schnarf (Zur Samenentwicklung einiger Viola=Bastarde. Oesterr. Bot. Zeitschr. Bd. LXXI, 1922) und als Vorbild moderner Bastardforschung die pag. 591 genannten Arbeiten von E. Brainerd.

a) Bastarde der Caninae, Cordatae und Cauliformes:

1. V. elatior Fries × V. persicifolia Roth (= V. Torslundénsis W. Becker). Wien, Oeland. — V. persicifolia Roth × V. pumila Chaix (= V. Gotlándica W. Becker, = V. pratensis var. fallacina Uechtritz). Schlesien, Magdeburg, Bayern, Westschweiz. — V. elatior Fries × V. pumila Chaix (= V. Skofitziána Wiesb., = V. subpubéscens Borb., = V. pratensis var. elatior Čelak.?). Mittel= und Süd= deutschland, Böhmen, Niederösterreich, angeblich auch Choulex und Orbe in der Westschweiz. — V. canina L. × V. persicifolia Roth (= V. Ritschliána W. Becker). Vielfach in Mittel= und Norddeutschland und auf den Nord= und Ostseeinseln. — V. canina L. subsp. montana (L.) × V. persicifolia Roth (= V. Genevénsis Chenevard). Um den Genfersee, Oesel. — V. canina L. × V. elatior Fries (= V. Mielnicénsis Zapal.). Regensburg, Galizien. — V. canina L. × V. pumila Chaix (= V. Semseyána Borb., = V. stipuláris Peterm. non Sw.). Süd= und Mitteldeutschland, Baltikum, stellenweise häufig. — V. canina L. subsp. montana (L.) × V. pumila Chaix (= V. commutáta Wiesb., = V. Biederitzensis W. Becker, = V. stricta var. elatior Wimmer). Magdeburg, Breslau, Genf. — Ueber die von vielen Autoren als V. montana × V. stagnina oder V. montana × V. pumila gedeutete V. Rúppii All. vgl. pag. 621.

2. V. canina L. subsp. montana (L.) × V. uliginosa Besser (= V. Klingeána und V. Lehbertiána Kupffer). Småland, Ostbaltikum.

Fig. 2092. Viola mirabilis L. × V. Riviniana Rchb. (= V. orophila Wiesb.). *a* Habitus. *b* Nebenblätter.

3. V. Riviniana Rchb. × V. uliginosa Besser (= V. Kupfferiána W. Becker). Oesel, Småland. Vgl. über diese beiden Bastarde E. R. Kupffer in Oesterr. Bot. Zeitschr. Bd. LIII, 1903.

4. V. epipsila Ledeb. × V. palustris L. (= V. Ruprechtiána Borb.). Ostpreussen, Fennoskandinavien, Russland, stellenweise häufig. — V. palustris L. × V. uliginosa Besser (= V. Silesíaca Borb.) ist nach Kupffer und Becker reine V. palustris.

5. V. canina L. × V. rupestris Schmidt (= V. Braúnii Borb., = V. rupestris var. proténsa Beck). Mehrfach in Preussen, Schwaben und in den Zentralalpen, zuweilen ohne V. rupestris. — V. canina subsp. montana (L.) × V. rupestris Schmidt (= V. Villaquénsis Benz). Launsdorf und Villach in Kärnten, Churer Rheintal.

6. V. canina L. × V. silvestris Lam. (= V. Borússica [Borb.] W. Becker, = V. Megapolitána und V. Kisis Krause, = V. Babiogorénsis Zapal.). Selten. — V. canina L. subsp. montana (L.) × V. silvestris Lam. (= V. longicórnis Borb.). Südbayern, Ungarn, Frankreich. — V. canina L. × V. Riviniana Rchb. (= V. Báltica W. Becker, = V. Sanénsis Zapal.). Häufig zwischen den Eltern, zuweilen auch ohne V. canina, im Vorarlberg häufiger als diese. — V. canina L. subsp. montana (L.) × V. silvestris Lam. × V. Riviniana Rchb. (= V. mixta Kerner). Ungarn. — V. canina L. subsp. montana (L.) × V. Riviniana Rchb. (= V. negléeta Schmidt, = V. intérsita Beck, = V. Weinhárti W. Becker), unter den Eltern nicht selten.

7. V. silvestris Lam. × V. Riviniana Rchb. (= V. intermédia Rchb., = V. dúbia Wiesb., = V. Bethkeána Krause non Borb.), unter den Eltern sehr häufig. — V. rupestris Schmidt × V. silvestris Lam. (= V. Iselénsis W. Becker, = V. glaúca Bieb.?, = V. cinerascens Kerner?, = V. Bethkeana Borb. non Krause, = V. Slesvicénsis Krause?). Z. B. in Tirol. — V. rupestris Schmidt × V. Riviniana Rchb. (= V. Burnáti Gremli, = V. Riviniana var. fállax Čelak.?, = V. Carinthíaca Borb., = V. Carnúntia Gayer). Vielfach in den Alpentälern, Ungarn, Holland.

8. V. persicifolia Roth × V. silvestris Lam. Gehege-Moor in Holstein. — V. elatior Fries × V. silvestris Lam. (= V. Medélii W. Becker) Oeland. — V. pumila Chaix × V. silvestris Lam. (= V. Gerstlauéri L. Gross). Rheinpfalz. — V. persicifolia Roth × V. Riviniana Rchb. (= V. Najádum Wein). Nüxsee im Südharz. — V. elatior Fries × V. Riviniana Rchb. (= V. Scharlóckii W. Becker). Graudenz in Westpreussen. — V. pumila Chaix × V. Riviniana Rchb. (= V. Murbéckii Dörfler). Gotland, Frankreich. — V. persicifolia Roth × V. rupestris Schmidt (= V. Vilnaénsis W. Becker). Russland. — V. pumila Chaix., × V. rupestris Schmidt, in Schweden.

Fig. 2093. Viola canina L. Hermagor, Kärnten. Phot. P. Michaelis, Köln.

9. V. mirabilis L. × V. silvestris Lam. (= V. perpléxa Gremli, = V. spúria Čelak., = V. Bogenhardiána Gremli, = V. trísticha Wiesb.). Mittel- und Süddeutschland, Nordschweiz, Oesterreich. — V. mirabilis L. × V. Riviniana Rchb. (= V. oróphila Wiesb., = V. Uechtritziána Borb.). Fig. 2092. Unter den Eltern ziemlich verbreitet, zuweilen auch fertil. Die ebenfalls zwischen V. mirabilis und V. Riviniana stehende V. pseudomirábilis Coste aus Südfrankreich und Serbien wird von W. Becker für nichthybrid gehalten.

10. V. mirabilis L. × V. rupestris Schmidt (= V. heterocárpa Borb., = V. paradóxa und V. Schmalhauséni Rouy et Fouc.). Mehrfach in den Alpen, Schweden.

b) Bastarde der Hypocarpeae untereinander:

11. V. hirta L. × V. collina Besser (= V. interjécta Borbás, = V. hýbrida Val de Lièvre non Wulfen, = V. collinaefórmis Murr). Unter den Eltern ziemlich verbreitet.

12. V. alba Besser × V. hirta L. (= V. adulterína Godron, = V. Badénsis Wiesbaur, V. rádians Beck, V. abortíva Pospichal und V. Schoenachii Murr et Pöll). Unter den Eltern ziemlich verbreitet.

13. V. ambigua Waldst. et Kit. subsp. campestris (Bieb.) × V. hirta L. (= V. hirtaefórmis. Wiesbaur, = V. revolúta Heuffel?). Niederösterreich, Mähren. — V. ambigua Waldst. et Kit. subsp. Thomasiana (Perr. et Song.) × V. hirta L. (= V. Chenevárdii W. Becker). Zentrale und südliche Schweizeralpen.

14. V. hirta L. × V. Pyrenaica Ramond (= V. Pachéri Wiesbaur). Westliche Schweizeralpen, Nordtirol, Kärnten.

15. V. hirta L. × V. sepincola Jord. subsp. cyanea (Čelak.) (= V. Kernéri Wiesb., = V. foliósa Čelak., = V. Bessarábica Zapal.). Neuburg a. d. Donau, Böhmen, Mähren, Niederösterreich, Friaul. — V. hirta

L. × V. sepincola Jord. subsp. Austriaca (Kerner) f. Weiherburgensis (Becker) (= V. variifrons Pöll und V. heterophýlla Pöll). Hötting bei Innsbruck. — V. hirta L. × V. sepincola Jord. subsp. Wolfiana Becker (= V. Sedunénsis F. O. Wolf und V. Tourbillonénsis W. Becker). Rhonetal.

16. V. hirta L. × V. odorata L. (= V. permixta Jordan, = V. sepincola Beck et auct. non Jord., = V. pseudosaepincola W. Becker, = V. Szilyána Borb., = V. spectábilis Richter, = V. leptostolóna Pöll, = V. Domburgénsis W. Becker, = V. odorata L. var. oblongáta Čelak., = V. hirta L. var. stolonífera Brügger). In zahlreichen Formen (meist in der durch kurze Ausläufer rasenbildenden V. permixta Jordan) sehr verbreitet und in den meisten Gegenden häufig, zuweilen auch ohne V. odorata. Stellenweise auch fertil und als zur Art gewordener Bastard auftretend.

17. V. alba Besser × V. collina Besser (= V. Wiesbaúrii Sabransky, = V. frágrans Wiesb. non Sieb. nec DC.). Niederösterreich, Südtirol, Vorarlberg, Nordbünden.

18. V. ambigua Waldst. et Kit. subsp. campestris (Bieb.) × V. collina Besser (= V. Dioszegiána Borb.). Niederösterreich. — V. ambigua subsp. Thomasiana (Perr. et Song.) × V. collina Besser (= V. Tessinénsis Becker, = V. Vallesíaca Borb. non Thomas nec Hausskn.). Südliche Schweizeralpen, Luttach in Tirol.

19. V. collina Besser × V. Pyrenaíca Ramond (= V. Rǽtica Borbás). Mühlau bei Innsbruck.

20. V. collina Besser × V. sepincola Jord. subsp. cyanea (Čelak.) (= V. atrichocárpa Borb., = V. suavéolens Wiesb. non Perr. et Song. nec Schur). Niederösterreich. — V. collina Besser × V. sepincola subsp. Austriaca (Kerner) (= V. suaviflóra Borb. et H. Braun). Um Trient.

21. V. collina Besser × V. odorata L. (= V. Merkensteinénsis Wiesb., = V. Hellwegéri Murr, = V. Riddénsis F. O. Wolf und V. Vadutzénsis Murr et Pöll). Unter den Eltern vielfach.

22. V. collina Besser × V. hirta L. × V. odorata L. (= V. Poelliána Murr). Innsbruck, vielleicht auch Cles. — V. collina Besser × V. hirta L. × V. odorata L. × V. Pyrenaica Ramond (= V. Oenipontána Murr). Bei Innsbruck.

23. V. alba L. var. scotophylla (Jord.) × V. ambigua Waldst. et Kit. subsp. campestris (Bieb.) (= V. Hungárica Degen et Sabr.?). Angeblich in Ungarn und Niederösterreich.

24. V. alba Besser × V. Pyrenaica Ramond. Gleich der vorigen Kombination sehr zweifelhaft.

25. V. alba Besser × V. sepincola Jordan subsp. cyanea (Čel.) (= V. Kalksburgénsis Wiesbaur, = V. Ronnigéri Becker, = V. Halliéri Borb.). Niederösterreich.

26. V. alba Besser × V. odoráta L. (= V. multicaúlis Jordan, = V. pluricaúlis Borb.), Unter den Eltern ziemlich häufig, besonders in der durch besonders lange Ausläufer ausgezeichneten f. multicaulis, doch auch in stärker der V. alba (V. Basilénsis Becker) und der V. odorata genäherten Formen (= V. Vorarlbergénsis Becker, = V. Cluniénsis Murr et Pöll und V. mirabilifórmis Murr et Pöll), die vielleicht V. alba × V. odorata × V. collina sind.

27. V. alba Besser × V. hirta L. × V. odorata L. (= V. Montforténsis Murr et Pöll, = V. Kupčokiána Becker). Mehrfach im Elsass und bei Basel, Vorarlberg, bei Lugano, Salève bei Genf. Aehnlich auch V. alba Besser × V. Chenevardii Becker (s. 13., = V. Salvatoriána Becker et Thellung in Fedde, Repert. Europ. et Med. I 40, 1924) am Cap S. Martino bei Lugano.

28. V. ambigua Waldst. et Kit. × V. Pyrenaica Ramond? Für diese Kombination ist fälschlicherweise die kultivierte V. obliqua Hill gehalten worden.

29. V. ambigua Waldst. et Kit. subsp. campestris (Bieb.) × V. sepincola (Jord.) subsp. cyanea (Čelak.) (= V. Haynáldi Wiesbaur und V. Kelléri Becker, = V. Neilreichiána Borb.). Niederösterreich.

30. V. ambigua Waldst. et Kit. subsp. campestris (Bieb.) × V. odorata L. (= V. Mödlingénsis Wiesbaur, = V. Hungárica Degen et Sabransky?). Niederösterreich, Ungarn. — V. ambigua subsp. Thomasiana (Perr. et Song.) × V. odorata L. (= V. Luganénsis Becker). Monte Bré bei Lugano.

31. V. collina Besser × V. hirta L. × V. Pyrenaica Ramond (= V. Múrrii Pöll). Innsbruck.

32. V. Pyrenaica Ramond × V. odorata L. (= V. Gremblíchii Murr, = V. tránsiens Pöll, = V. subglabráta Pöll). Innsbruck, Vuache bei Genf.

33. V. odorata L. × V. sepincola Jord. subsp. cyanea (Čelak.) (= V. Vindobonénsis Wiesb.). Niederösterreich. — V. odorata L. × V. sepincola subsp. Austriaca (Kerner) (= V. Sardágnae W. Becker). Südtirol. — V. odorata L. × V. sepincola subsp. Wolfiana W. Becker (= V. Murétii F. O. Wolf). Rhonetal.

34. V. hirta L. × V. sepincola Jord. subsp. cyanea (Čelak.) (= V. Neoburgénsis Erdner). Neuburg a. d. Donau.

35. V. collina Besser × V. odorata L. × V. Pyrenaica Ramond? (= V. Tiroliénsis Borb.), nach Becker unrichtig gedeutet.

c) Bastarde zwischen den Cauliformes und Hypocarpeae (alle selten):

36. V. collina Besser × V. rupestris Schmidt, angeblich in Tirol.

37. V. hirta L. × V. rupestris Schmidt (= V. Wilczekiána Beauverd), angeblich mehrfach im Wallis.

38. V. alba Besser × V. silvestris Lam. (= V. Duffórtii Fouillade, = V. insidiósa Rouy et Fouc.) und V. alba Besser × V. Riviniana Rchb. (= V. digénea Rouy et Fouc.), bisher nur aus Frankreich bekannt.

39. V. ambigua Waldst. et Kit. subsp. Thomasiana (Perr. et Song.) × V. Riviniana Rchb. (= V. Bernoulliána W. Becker). Seealpen.

40. V. odorata L. × V. silvestris Lam. (= V. Olímpia Beggiato). Schemnitz in Ungarn.

Die an die Violaceen anschliessende Familie der Flacourtiáceae enthält ausschliesslich Holzgewächse (selten auch Schlinggewächse) mit ± deutlich zweizeiligen, fast stets abwechselnden, meist dicken, immergrünen, lederigen, seltener sommergrünen, fiedernervigen, einfachen, ganzrandigen oder gesägten Laubblättern und in der Regel frühzeitig abfallenden Nebenblättern. Bei der Gattung Bartéria Hook. in Westafrika sind eigenartig aufgetriebene, hohle oder durchlöcherte, gallenartige Zweigabschnitte ausgebildet, die von Ameisen bewohnt werden. Die strahligen, meist zwitterigen Blüten, deren Stiele nahe der Basis vielfach mit einem Gelenk versehen sind, stehen gewöhnlich in Büscheln oder Trugdolden; blattbürtige Blüten (Epiphyllie) besitzen die Gattungen Phyllobótryum und Phylloclínium. Die Blütenachse bildet öfter einen krug-, ringoder kragenförmigen Diskus. Die 2 bis 5 Kelchblätter sind gewöhnlich frei, seltener unter sich oder mit dem Fruchtknoten verwachsen. Die freien Kronblätter wechseln in der Zahl von je 10 bis 0, gehen auch in spiraliger Anordnung ohne Sonderung in die Kelchblätter über; zuweilen wachsen sie bei der Fruchtreife flügelartig aus oder tragen am Grunde schuppenförmige Anhängsel. Die Staubblätter sind meist in grösserer (zuweilen doppelter) Zahl als die Kronblätter vorhanden, während die Fruchtblätter (in der Regel 3 bis 5, selten bis 10) zu einem einfächerigen, meist ober-, seltener halb- oder ganz unterständigen Fruchtknoten mit zahlreichen umgewendeten Samenanlagen an wandständigen Plazenten verwachsen sind. Die Frucht ist eine Beere oder Kapsel, seltener auch eine trockene Schliess- oder Steinfrucht. Die gewöhnlich hartschaligen, zuweilen behaarten, selten geflügelten Samen sind zuweilen von einem Arillus umgeben und enthalten reichliches Nährgewebe. Die Familie ist mit ihren rund 500 Arten, die sich auf 77 Gattungen verteilen, im wesentlichen auf die Tropen der Alten und Neuen Welt, unter Bevorzugung Afrikas beschränkt; immerhin ist sie auch noch in Südafrika (Kiggelária, Triméria), in Argentinien (Azára), Chile (Berberidópsis, Azára), in China und Japan (Idésia, Poliothýrsis, Carriérea) und in Neusüdwales (Streptothámnus) vertreten. Die artenreichsten Gattungen der gesamten Tropen sind Caseária (120 Arten) und Homálium (80 Arten); Madagaskar vor allem besitzt eine ganze Anzahl von endemischen Gattungen (Prockiópsis, Tisónia, Bembícia, Ropalocárpus). Die meisten Arten sind Bewohner der Ebene und der unteren Bergstufe; nur wenige erscheinen in den Anden, in Abessinien und auf Ceylon als Bergpflanzen. Die geographische Verbreitung der einzelnen Gattungen, ebenso die geringe Artenzahl in den meisten derselben, spricht für ein hohes Alter der Familie und für die erlöschende Lebenskraft derselben. Der Nutzen der Familie ist ein geringer. Einige Arten liefern essbare Früchte bezw. Samen (die meisten Flacoúrtia-Arten, dann verschiedene Oncóba-, Dorýalis- und Carpotróche-Arten), während aus den Samen weiterer Arten (Pángium edúle Reinw. [„Pitjung-" oder „Samaunoel"], Carpotroche Brasiliénsis Endl., Hydnocárpus Kúrzii Warburg, Trichadénia Ceylánica Thw. usw.) bis 65% Oel und Fett, das als Brenn- und Speiseöl Verwendung findet, gewonnen wird. Mehrere Arten haben lokal medizinische Bedeutung gegen Hautkrankheiten, Lepra, Krätze, Rheumatismus, Fieber, Dysenterie, so besonders die „Chaulmoogra-Samen" von Gynocárdia odoráta R. Br. in Indien (diese enthalten das Blausäure abspaltende Glykosid Gynocardin [$C_{13}H_{19}O_9N$] sowie ein Enzym Gynocardase) und die Krebaosamen („Ta-fung-tze", „Lukrubau") von Hydnocárpus anthelmíntica Pierre in China. Wegen ihres Blausäuregehaltes werden die Früchte von verschiedenen Hydnocarpus-Arten, ebenso die Rinde von Pangium edule u. a. als Fischgift benützt. Verschiedene Arten besitzen verwertbares Holz; jenes von polynesischen Myróxylon-Arten dient zum Parfümieren von Kokosöl. Als Ziersträucher werden in Mitteleuropa gelegentlich angetroffen: Berberidópsis corallína Hook. f., ein leicht kletternder Strauch mit etwas dornzähnigen Laubblättern, mit endständigen, überhängenden, roten Blütentrauben und korallenroten Beeren aus den Wäldern von Südchile. — Azára microphýlla Hook. f., ein zierlicher Strauch mit einem blattartig vergrösserten Nebenblatt und kleinen, wohlriechenden, blattachselständigen, 1- bis wenigblütigen Blütenbüscheln und runden, orangefarbenen Beeren aus Chile. Aehnlich sind Azára Gilliésii Hook. et Arn. (Nebenblätter hinfällig und Beeren schwarz), A. integrifólia Ruiz et Pav. und A. dentáta Ruiz et Pav. aus den Cordilleren. — Idésia polycárpa Maxim. Sommergrüner Baum aus China und Japan mit dünnen, breitovalen, am Grunde 5- bis 1-nervigen, in den Winkeln behaarten, sonst kahlen, gestielten Laubblättern, endständigen zymösen Trauben, diözischen, kronblattlosen Blüten und vielsamigen, rotgelben Beeren. — Poliothýrsis

Sinénsis Oliv. aus China. Der vorigen Art habituell sehr ähnlich, aber Blüten monoezisch, Laubblätter am Grunde 3- bis 5-nervig und Frucht eine kugelige Kapsel. — Carriérea calýcina Franchet aus den Wäldern von China. Bis 15 m hoher Baum mit sommergrünen, lederartigen, glänzenden, ganz kahlen, am Grunde 3-nervigen, gezähnten Laubblättern, 1- bis wenigblütigen Scheintrauben (Zwitterblüten), holzig-filziger, schnabelförmiger Kapsel und geflügelten Samen.

Die Familie der Turneráceae[1]) besteht aus etwa 100 einjährigen und ausdauernden Kräutern, sowie kleineren Holzgewächsen mit wechselständigen, gesägten, gekerbten, nicht selten fiederspaltigen oder fiederteiligen, mannigfach behaarten Laubblättern (die Blattzähne gehen häufig in sezernierende Organe über) und zuweilen ausgebildeten Nebenblättern. Die radiären, zwitterigen, 5-gliederigen, oft heterostylen, perigynen, meist ansehnlichen, gelben, roten, blauen oder weissen Blüten stehen einzeln oder in Trauben, Trugdolden, Wickeln oder Köpfchen. Am Grunde der Blüte gelangt ein röhren- oder becherförmiges Receptaculum („Kelchröhre") zur Entwicklung, dem das Gynaeceum eingesenkt ist; diesem sind auch die 5 freien, in der Knospenlage gedrehten, gelegentlich mit einer Ligularbildung versehenen Kronblätter, sowie die 5, mit diesen abwechselnden Staubblätter in verschiedener Höhe eingefügt. Bei der Gattung Piquiréta sitzt dem Receptaculum eine zerschlitzte Nebenkrone auf. Extraflorale Nektarien sind nicht selten. Der aus 3 Fruchtblättern gebildete 1-fächerige Fruchtknoten steht frei in der Höhlung des Receptaculums und läuft in 3 fadenförmige, zuweilen an der Spitze geteilte Griffel aus. An den seitlichen Plazenten sitzen je 3 bis viele umgewendete Samenanlagen. Die Frucht ist eine einfächerige, mit 3 Klappen fachspaltig aufspringende, dicke oder langgestreckte bis schotenförmige Kapsel. Die Samen sind zuweilen von einem zerschlitzten oder in Haare aufgelösten Arillus umgeben und enthalten in dem reichlichen Nährgewebe einen grossen, geraden oder schwach gekrümmten Keimling. Die 7 Gattungen sind mit wenigen Ausnahmen auf die amerikanischen und afrikanischen Tropengebiete beschränkt. Nur wenige Arten reichen weiter nach Norden (Piquiréta Caroliniána Urban bis Nordkarolina) oder Süden (P. Capénsis Urban im Kapland). Einige afrikanische Wormskióldia-Arten mit knollig verdicktem Stengelgrunde zeigen xeromorphe Anpassungen, während ericoide Sträucher in den brasilianischen Campos auftreten. Die sehr formenreiche Túrnera ulmifólia Willd. mit orangefarbenen Blüten, die auch in Botanischen Gärten angetroffen wird, hat sich von Amerika aus nach Ostasien und dem Malayischen Archipel verbreitet. Turnera diffúsa Willd. und T. aphrodisíaca Lester F. Ward aus Zentralamerika und in den südlichen Staaten der Union liefern die Droge Damiana (Fólia Damiánae), die in neuerer Zeit als Aphrodisiacum, Herztonicum, besonders aber gegen sexuelle Schwächezustände empfohlen wird. Die Droge kam 1874 durch Dr. John I. Caldwell in Baltimore und Dr. St. Clair in Washington als Aphrodisiacum in den Arzneischatz; seit 1880 ist sie auch in Europa gebräuchlich. Die Mexikaner, denen die Wirkung der Pflanze schon lange bekannt war, trinken die Damiana als Hausmittel in Form von Teeaufguss zur Stärkung der Nerven. Die wirksamen Bestandteile stammen aus dem Inhalt bezw. aus dem Exkret der Drüsenhaare; in Betracht kommen: 0,5% bis 0,9% ätherisches Oel, 3,46% Tannin, 7,08% Bitterstoffe, 13,50% Gummi, 14,88% Albuminoide, 6,15% Stärke, 6,39% hartes und 8% weiches Harz, 6,4% Farbstoff und Zucker, 5% Cellulose, Spuren von Säuren und 8,37% Aschenbestandteile. Unter dem Namen Damiana geht im Handel auch eine Droge, die aus den Blättern der beiden Compositen Aplopáppus discoídeus DC. und Bigelóvia véneta Gray besteht.

Die Familie der Passifloráceae[2]) mit rund 400 Arten enthält in der Hauptsache mit Sprossranken kletternde, seltener rankenlose, aufrechte oder windende Kräuter oder Halbsträucher, mit wechselständigen, meist gelappten, seltener einfachen oder gefiederten, gestielten, am Blattstiel oder Blattgrund nicht selten mit extrafloralen Nektarien, die als Blattlappen ausgebildet sein können, versehenen Laubblättern. Die Nebenblätter sind meist vorhanden und nicht selten laubblattartig ausgebildet. Die gewöhnlich korkzieherartig sich zusammenrollenden Ranken, die achselständige Sprossbildungen darstellen, entsprechen in der Regel der Mittelblüte der doldentraubigen Blütenstände. Die fast stets sehr ansehnlichen, strahligen, 4- bis 5-gliederigen, meist zwitterigen, seltener eingeschlechtigen und zwar dann zweihäusigen (mit Geschlechtsdimorphismus), perigynen, heterochlamydeischen Blüten sind öfter von einem 3-teiligen (Tragblatt und 2 Vorblätter) Hochblattinvolucrum umgeben. Die Blütenachse bildet in der Regel ein hohles, napf-, schüssel-, glockenförmiges oder zylindrisches Receptaculum, das sich zwischen den 4 bis 5 (3 bis 10) dachigen, meist freien Kronblättern und den gewöhnlich in der gleichen Zahl vorhandenen, episepalen Staubblättern zu einer am Rande häufig gefalteten oder geschlitzten, einen oder mehrere Fadenkränze bezw. Strahlensterne darstellenden oder aber zu Schuppen reduzierten häutigen oder fleischigen Nebenkrone (Corólla, paracorólla) entwickelt. Die dem Grunde oder der Wandung des Receptaculums entspringenden, zuweilen verwachsenen Staubblätter werden mit dem oberständigen, 3- bis

---

[1]) Nach dem englischen Arzte William Turner, der im 16. Jahrhundert eine Geschichte der Pflanzen Englands schrieb.

[2]) Lat. póssio = Leiden und flós = Blüte, Blume.

5-blätterigen (die Zahl der Fruchtblätter ist ziemlich wenig konstant), 1-fächerigen Fruchtknoten auf einer stielartigen Verlängerung der Blütenachse (Androgynophor) emporgehoben (Fig. 2094). Der Fruchtknoten umschliesst 3 (seltener 4 bis 5) wandständige Plazenten mit zahlreichen umgewendeten, zweihülligen Samenanlagen und trägt gewöhnlich 3 in eine kopf- oder schildförmige Narbe übergehende Griffeläste. Die Frucht ist eine meist fachspaltig oder unregelmässig aufspringende Kapsel oder Beere, die gewöhnlich zahlreiche, von einem fleischigen Arillus sackartig umhüllte, nährgewebehaltige Samen aufweist. Die von den Turneraceae durch die stärker ausgebildete „Corolla" und die dachigen Kronblätter verschiedene Familie ist mit ihren 12 (oder 18) Gattungen fast ganz auf die Tropen beschränkt unter Bevorzugung (und zwar bedingt durch die dort stark vertretene Gattung Passiflora incl. Tacsónia) der Neuen Welt. Nur wenige Arten gehen nördlich bis in die gemässigte Zone, so Passiflóra lútea L. bis nach Pennsylvanien oder südlich bis nach Südafrika (Adénia [Modecca], Tryphostémma) und bis Neuseeland (dort die monotypische Gattung Tetrapathǽa). Während die meisten Arten Kletter- oder Schlinggewächse darstellen, weichen von diesem Typus die südwestafrikanischen, sparrig-strauchigen Adenia globósa Engl. und besonders A. (Echinothámnus) Pechuélii (Engl.) mit ihren dicken, kugeligen, zu mächtigen Polstern vereinigten, bis 100 kg schweren Stämmen wesentlich ab. Verschiedene Passiflora-Arten haben geniessbare, z. T. wohlschmeckende, pflaumenähnliche, an Stielen herabhängende Früchte und werden zu diesem Zwecke in den Tropen (besonders in Westindien und Südamerika) an Spalieren gezogen. Früher kamen sie auch (1816 durch E. Boehm eingeführt) nach England, Frankreich und Portugal; auch werden sie zu diesem Zwecke in England (ehedem vor allem durch die Gräfin Vandes in Buyeswater) und in Belgien (durch Senator Bioley auf Hombret bei Verviers) in Treibhäusern gezogen (und zwar besonders P. quadranguláris L.), wegen der Aehnlichkeit mit kleinen Granatäpfeln „Grenadilla", auch „Paocha", in Brasilien „Maracuja" genannt. Die schleimigbreiige Pulpa enthält neben Zuckerarten Aepfel- und Citronensäure, etwas Eiweiss und Stärke. In Betracht kommen besonders die Früchte von Passiflora caerúlea L., P. edúlis Sims („Calabasch", pomme de liane; in Mossamedes in Portugiesisch-Afrika [hier angeblich von St. Helena eingeführt] „roxa" geheissen), P. laurifólia L. (in Mexiko „Granada china" genannt), P. aláta Ait. mit geflügelten Stengeln, P. quadranguláris L. (Barbadine, Grenadille vineuse, Melonen- oder Königs-Granadill, in Costarica Granada real), P. membranácea (Rosen-Granadille, in Costarica Granadilla bellísima), mit sehr grossen Früchten und unscheinbaren Blüten, P. macrocárpa Lind. (Mara cuja) mit 18 cm langen und 4 kg schweren Früchten gibt in Brasilien eine beliebte Limonade, P. incarnáta L. und P. maliformis L. Die Wurzeln und die Blüten, seltener auch die Samen verschiedener Arten sind giftig und enthalten eine Blausäure abspaltende Substanz (wohl ein Glykosid), weiter Salicylsäure, fettes Oel, Harze, Harzsäuren usw. Vom Dekokt der Wurzel wird angegeben, dass es Hunde in 40 Minuten töte, dass Hühner epileptisch werden und dass Eidechsen in Starrkrampf verfallen. Eine Art mit rosinenartiger Frucht gilt in Amerika als Antidot und als Diuretikum. Die in den Tropen als Unkraut weit verbreitete P. fœtida wird in den Kokospflanzungen zuweilen zur Unterdrückung des lästigen Alang-Alang-Grases kultiviert. Sehr beliebt sind verschiedene Arten als Zimmer- und Topfpflanzen, die in Südeuropa im Freien aushalten. Bereits im 17. Jahrhundert waren in Italien und in Schlesien 3 Arten (P. caerulea, P. incarnata und P. lutea) bekannt; später kamen weitere, südamerikanische, namentlich auch Bastardformen hinzu. Die bekannteste und neben P. incarnata auch härteste (im Süden hält sie im Freien aus; bei Torbole am Gardasee wurde sie verwildert beobachtet) ist die aus Brasilien und Peru stammende P. caerúlea L. (Fig. 2094 und 2095), die eigentliche „Passionsblume" (franz.: Grenadille bleue fleur de la passion; engl.: Blue passion vine), die Niklaus Robert 1701 als Clemátis quinquefólia Americána bezeichnete. Sie ist ein Kletterstrauch mit kahlen, breitherzförmigen, einfachen bis 5- oder 7-lappigen, gestielten

Fig. 2094. Passiflora caerulea L.
Phot. W. Schacht, München.

Laubblättern und nierenförmigen, gezähnten Nebenblättern. Die grüne, 3-blätterige, an die Blüte heraufgerückte Hülle (Involucrum) übernimmt die Aufgabe der Kelchblätter. Diese auf der Innenseite weissen, auch in Gestalt und Grösse den 5 abwechselnden Kronblättern ganz ähnlichen Blätter bilden mit diesen letzteren zusammen eine auffällige, 5 bis 9 cm breite, wagrecht stehende, weisse Scheibe. Der Blütengrund (Receptaculum) entwickelt eine ringförmige, nektarführende, nur durch eine schmale Spalte nach aussen offene Furche; in diesen Behälter springt das Nektarium vom äusseren Rande halseisenartig vor. Eine zweite Saftdecke entspringt unmittelbar ausserhalb des Zuganges in Form von gitterartig angeordneten Fäden, die unten knieförmig gebogen sind und sich mit ihren oberen dunkelpurpurn gefärbten Abschnitten schräg aufwärts an den Androgynophor anlegen und den inneren Strahlenstern der Nebenkrone darstellen. Der äussere Fadenkranz wird aus mehreren fädlichen, ziemlich wagrecht auf die Kelch- und Kronblätter sich niederlegenden Strahlen gebildet, die im äusseren Drittel hellblau, in der Mitte milchweiss, im inneren Drittel dunkelblau gefärbt sind und den Insekten wohl als wirksames Saftmal dienen. Die wohlriechenden und sehr kurzlebigen (sie bleiben nur einen Tag geöffnet) Blüten sind ausgesprochen proterandrisch. Beim Aufgehen sind die Antheren bereits geöffnet und mit der pollenbedeckten Fläche nach aussen gerichtet. Hernach drehen sie sich in der Weise, dass sie an der Spitze der Filamente rechtwinkelig zu diesen stehen und die geöffnete Seite nach unten wenden. Die 3 spreizenden, auf der zirka 2 cm hohen Blütenachse stehenden Griffel breiten sich jetzt mit ihren grünen, kopfförmigen Narben etwa 10 mm über den Antheren aus, sodass wohl diese, nicht aber die Narben, von den auf den wie Radspeichen angeordneten Fäden der äusseren Nebenkrone umherspazierenden Insekten berührt und ihres Pollens beraubt werden. In älteren Blüten senken sich die Griffel bogig herab, kommen etwas tiefer zu stehen als die dann gewöhnlich leeren Staubkolben und müssen demzufolge von dem mit Pollen bestäubten Rücken der Insekten mit Sicherheit gestreift werden. Delpino, Dodel, Stadler, Kirchner zählen diesen Blütentypus wie die Nigella-Arten zu den „Immenblumen mit Umwanderungseinrichtung". Ersterer schliesst aus der Blütenkonstruktion, besonders in Hinblick auf den grossen Abstand zwischen der „Pollenzone" und der von der äusseren Strahlenzone gebildeten „Umwanderungsfläche", dass nur grossleibige Hymenopteren (Hummeln, Xylocópa-Arten) als Bestäuber in Betracht kommen können. Wahrscheinlich dürften in Amerika bei der Bestäubung bei dieser und anderen, übrigens selbststerilen Arten auch Kolibris mit beteiligt sein; hiefür würde auch die auffallende Grösse und Klebrigkeit der Pollenkörner sprechen. Immerhin könnten die Vögel auch nur des Insektenfanges wegen die Blüten aufsuchen. Die orangegelben Beerenfrüchte erreichen bei P. caerulea fast Hühnereigrösse. Die Vermehrung erfolgt am einfachsten durch Stecklinge, wozu sich besonders gut die heute sehr

Fig. 2095. Passiflora caerulea L., kultiviert von Paul Mehnert in Oberwinterthur. Phot. Ing. W. Hirzel, Winterthur.

verbreiteten Kreuzungen mit P. racemosa und P. alata eignen (vgl. Gablenz. Die Passionsblume, Berlin 1892). Die in Italien bereits 1625 bekannte Blume wird von dem 1653 zu Siena gestorbenen Jesuiten J. B. Ferrari (De florum cultura, 1633) mit den Attributen oder Marterwerkzeugen Christi verglichen: Die 3 Narben stellen die Nägel dar, der Fadenkranz die Dornenkrone, der gestielte Fruchtknoten den Kelch, die 5 Staubbeutel die 5 Wundenmale, die 3-lappigen Laubblätter die Lanze, die Ranken die Geissel, die weisse Farbe die Unschuld des Erlösers. Andere verglichen den Strahlenkranz mit einem Glorienschein, die 5-lappigen Laubblätter mit den Händen der Feinde, die 10 Blütenhüllblätter mit den 10 Aposteln. Die beiden fehlenden Apostel sollen Petrus und Judas sein. Ehedem soll diese Wunderblume das Sinnbild des 1644 zur Förderung der Reinheit der Deutschen Sprache (vorzüglich in der Reimkunst) gestifteten „gekrönten Blumenordens" der sogen. „Pegnitzer Hirtengesellschaft" gewesen sein. — Nicht allzu selten kann bei dieser und anderen Arten eine zentrale Durchwachsung der Blüte, die zu einer Doppelfrucht führt, beobachtet werden; ebenso können die Ovarien oben offen sein und längs der Carpellränder Samenanlagen und Antheren tragen. Ausser P. caerulea werden in Europa noch gelegentlich in Kultur angetroffen: P. vitifólia H. B. et Kunth (= P. sanguínea Sm., = Tacsónia Buchanánii Lem.). Laubblätter herzförmig-dreilappig. Blüten 8 bis 15 cm breit, prächtig rotorange oder scharlachrot mit scharlachroter, weiss punktierter Nebenkrone. — P. incarnáta L. Laubblätter tief

3-teilig mit grobgesägten, flaumigen Abschnitten. Blüten weiss und blassrötlich mit violettpurpurner Neben=
krone. Ueberwintert wie P. caerulea in milden, frostfreien Lagen im Freien. Seit 1609 in Europa bekannt. —
P. violácea Vell. Laubblätter kahl, tief 3-lappig. Blüten 8 bis 11 cm breit, violett, mit violettweisser
Nebenkrone. — P. racemósa Brot. Laubblätter vielgestaltig, ungeteilt bis 3-lappig, fast schildförmig, lederig.
Blüten 8 bis 12 cm breit, scharlach- bis dunkelrot, mit dunkelblauer Nebenkrone, zu langen, traubigen Blüten=
ständen vereinigt. — P. Raddiána DC. (= P. kermesína Link et Otto). Laubblätter bis zur Mitte 3-lappig,
unterseits weinrot bis violettpurpurn. Blüten karmesinrot, mit ziemlich langröhriger, violetter Nebenkrone. —
P. quadranguláris L. Stengel häutig-4-kantig. Blüten etwa 11 cm breit, vanilleartig riechend, weiss, innen
rosarot; Nebenkrone weiss, purpurn und violett gescheckt. Wurzel giftig. — Seltener sind anzutreffen: P.
serráta L. (= P. Selówii Dehnh.). Blüten lilafarben; Nebenkrone hellviolett. — P. speciósa Gardn.
Blüten scharlachrot, bis 15 cm breit; Nebenkrone gegen die Spitze hin purpurrot. Ferner P. amethýstina
Mikan, P. cincinnáta, P. álba, P. pinnatistípula (Blüten langröhrig), P. míxta, P. Vanuxémii u. a.

Die kleine, nur 28 Arten umfassende Familie der Caricáceae[1]) oder Papayáceae[2]) besteht
aus kleinen, meist unverzweigten Bäumen mit verhältnismässig dicken, saftigen (sukkulenten), zuweilen stacheligen
Stämmen. Die grossen, lang gestielten, handförmigen oder gefingerten, nebenblattlosen Laubblätter sind an
den Enden der Stämme und Aeste zu einer auffälligen Schirmkrone gehäuft. Die achselständigen, zwitterigen
oder durch Verkümmerung eingeschlechtigen und dann verschieden gestalteten Blüten bezw. Blütenstände
besitzen einen 5-blätterigen Kelch, eine 5-blätterige, verwachsene Krone, 10 Staubblätter und einen oberständigen,
meist 5 (seltener 1-)fächerigen, aus 10 Fruchtblättern hervorgegangenen Fruchtknoten, der an den parietalen,
oft weit in die Fächer vorspringenden Plazenten zahlreiche umgewendete Samenanlagen trägt. Die Frucht ist
eine grosse, fleischige, etwas melonen- oder kürbisartige, weichschalige, häufig schwach 5-kantige Beere, mit
zahlreichen, ölhaltigen, von einer saftigen Aussenschicht (die äussere Sarcotesta ist saftig-weich, die Endotesta
holzig-höckerig) umgebenen Samen. Alle Teile enthalten in den verzweigten und gegliederten, durch die
Cambialzone hindurchgehenden Milchsaftschläuchen einen weissen, bitteren Saft. Die Caricaceen haben mit
anderen Familien der Parietales nur geringe verwandtschaftliche Beziehungen; am nächsten stehen sie noch
den Achariaceae, während andererseits zu den Cucurbitaceae gewisse (mehr äusserliche) Anklänge vorhanden
sein sollen. Die 3 Gattungen sind ursprünglich auf die Tropen beschränkt. Die Gattung Carica (mit
21 Arten) erstreckt sich von Mexiko und Westindien bis Chile und Argentinien, Jacarátia mit 5 Arten durch
Westmexiko und das nördliche Südamerika, während Cylicodáphne mit 2 Arten in Afrika (Usambara,
Kamerun) auftritt. Am bekanntesten ist der ursprünglich aus Zentralamerika stammende, seit dem 16. Jahr=
hundert auch nach anderen Tropenländern verbreitete, in der Kultur meist streng zweihäusige „Melonenbaum",
Cárica Papáya L. (= Papaya vulgáris DC.), auch Mamaja, Mamoeiro, Papaw, Papaya- oder Mamabaum
geheissen. Dieser im wilden Zustande nicht bekannte, 4 bis 6 m hohe, staudenartige Baum mit unverzweigtem fleischig=
holzigem Stamm trägt einen Schopf von grossen, langgestielten (Stiel bis 90 cm lang), handförmig 5- bis 7-teiligen
(denen von Ricinus ähnlich) Laubblättern und gelblichweisse, nach Maiblumen duftende, in den beiden
Geschlechtern grundverschiedene Blüten. Die männlichen Blütenstände bilden reichverzweigte, herabhängende
Rispen mit verhältnismässig kleinen Blüten, während die weiblichen Blüten fast stiellos (Cauliflorie) in den Blattachseln
am Stamme sitzen. Daneben treten sowohl auf den männlichen, als auch auf den weiblichen Bäumen vereinzelt
vollkommen zeugungsfähige Zwitterblüten auf; letztere können sich nach Solms=Laubach auch kleistogam
bestäuben. Da diese Zwitterblüten sich in den einzelnen Tropenländern morphologisch und physiologisch sehr
verschieden verhalten, glaubt Solms beim kultivierten Melonenbaum ein kompliziertes Mischungsprodukt,
hervorgegangen durch Bastardierung (diese erfolgt tatsächlich sehr leicht) verschiedener Stammpflanzen annehmen
zu dürfen. Wahrscheinlich gibt es auch parthenokarpe, ebenso samenlose Früchte. Als Bestäuber der sehr
angenehm riechenden und auch nachts geöffneten Blüten kommen Nachtfalter und vielleicht Honigvögel
(Cinnyriden) in Frage. Die Samen werden wahrscheinlich durch Ameisen verbreitet. Die normal unverzweigten
Stämme teilen sich nicht selten in mehrere Aeste. Eine sehr häufige Anomalie ist die Prolifikation der Früchte, die
zur Entstehung einer inneren Frucht führen kann. Näheres hierüber namentlich bei A. Usteri (Studien über
Carica Papaya L. Berichte der Deutschen Botan. Gesellschaft. Bd. XXV, Berlin 1907), welcher Autor auch für eine
Verwandtschaft mit den Euphorbiaceen, speziell zu den Jatropheen (Milchröhren, Obturator, gelegentliche
Trimerie der Zwitterblüten) eintritt. Die länglichen, bis 30 cm langen, 15 cm dicken und 2 bis 5 kg schweren,
keulenförmigen bis kürbisartigen, schwach längsfurchigen, gelben bis gelbgrünen Beerenfrüchte enthalten in der
Mitte meist zahlreiche schwarze, pfefferkorngrosse, etwas scharf nach Kresse schmeckende Samen, die als

---

[1]) Lat. Cáricus = carisch, d. h. aus Karien in Kleinasien stammend. Von den Spaniern
wird die Frucht von Carica Papaya mit der Feige (Ficus Carica L.) verglichen und als „higo de mastuerço"
(mastuerço=Tropaeolum) bezeichnet.

[2]) Papaya stammt von dem karaibischen Worte Ababai oder Mabai (= Melonenbaum).

Gewürz oder gepulvert als Wurmmittel Verwendung finden. Das reiche orangegelbe Fruchtfleisch (es enthält u. a. zirka 5,55 % Zucker, 24 % Fett, etwas Eiweiss, Aepfel- und Weinsäure) hat im reifen Zustand einen angenehmen, melonenartigen Geschmack; die jungen Früchte werden wie Kürbisse eingemacht oder dienen als Kompott für Gemüse, ebenso bilden sie einen wesentlichen Bestandteil des westindischen Pickels. Der in allen Teilen vorhandene Milchsaft (Ketah, im getrockneten Zustande „Papaïn" geheissen) enthält vor allem das dem Pepsin ähnlich wirkende, Eiweiss verdauende, 1879 von Wurtz und Bouchut dargestellte „Papayacin" oder „Papayotin", das grosse Mengen von Fibrin aufzulösen vermag. Ausserdem sind in dem an der Luft sofort koagulierenden Milchsaft nachgewiesen: 4,5 % kautschukartige Substanz, 2,4 % Wachs, 2,9 % Harze, 7,1 % Pektin und Asche, 2,3 % Extraktivstoffe, 0,4 % Apfelsäure, Fett, Eiweiss, Zucker, ein Labenzym, das Alkaloid Carpaïn (ein Herztonicum und Diureticum), in den Wurzeln, Blüten und Samen ferner ein Senföl-abspaltendes Sinigrin-ähnliches Glykosid (Caricin) sowie ein Myrosin-artiges Enzym. Auf dem Gehalt des Papayotin beruht zweifels-ohne die wohltätige, erst seit 1878 bekannte Wirkung (Digestivum) der Frucht auf den Magendarm-Traktus. Es wird deshalb innerlich als Heilmittel gegen Beri-beri, als Vermifugum und Laxans verwendet und gelangt als Súccus Papáyae aus Westindien und Ceylon (auch nach Europa) in den Handel. Das aus dem Safte der Blätter (Fólia Cáricae Papáyae) gewonnene Papayotin wird innerlich als Stomachicum bei dyspeptischen und katharralischen Magen- und Darmleiden, als Anthelminticum, äusserlich gegen Hautkrankheiten (gemischt mit Oel) zur Beseitigung diphtheritischer und kangröser Exsudate auf den Mandeln, zur Auflösung von Neu-bildungen benützt. 5 %ige Lösungen von Papayotin sollen Muskelfleisch und Kroupmembranen in 2 Stunden zu einem Brei verdauen. Seit undenklichen Zeiten wird der Saft zum Gerinnen der Milch, sowie zum Mürbe-machen von frisch geschlachtetem oder von zähem bezw. trockenem Fleisch verwendet, wodurch dieses weich und leicht verdaulich wird. Zu diesem Zwecke bringt man dasselbe in Wasser mit zerkleinerten Blättern zusammen, wickelt es nachts in Papayablätter ein oder besprengt es mit dem Milchsaft. In Westindien dient der Saft in den Zuckersiedereien gleich dem tierischen Eiweiss zur Klärung des Zuckersaftes. In Panama bedient man sich der Blätter statt Seife. Aus dem Baste des sehr weichen Stammes werden Stricke und Gewebe verfertigt. Die Kultur des äusserst rasch wachsenden Baumes ist sehr einfach und mühelos. Vielerorts entwickelt er sich von selbst aus den verstreuten Samen. Schon im dritten Jahre ist er 30 cm dick und erzeugt dann bis 60 Früchte. Allerdings trägt er nur während 2 bis 4 Jahren Früchte, um dann abzusterben. — Andere Arten besitzen kleinere, aber trotzdem wohlschmeckende Früchte, so die Berg-Papaya (C. Cundina-marcénsis Hook.), in den Anden von Ekuador „Chamburú" geheissen, die Affen-Papaya (C. peltáta Hook. et Arn.), C. dolicaúla usw. C. quercifólia St. Hil. ist ein Charakterbaum der ostandinen Täler. Ein äusserst merkwürdiger kleiner Strauch des Gran chaco ist Iacarátia Hassleriána, der „Sipoy" der Indianer, dessen ungeheure, rübenförmige Wurzelknollen von den Eingeborenen zu Zeiten grosser Dürre als Wasserquell ausgegraben wird (Th. Herzog).

Zur Familie der Loasáceae oder Brennwinden gehören etwa 250 Kräuter (darunter auch Schling-gewächse), sowie einige Sträucher und niedrige Bäume mit wechsel- oder gegenständigen, meist gelappten oder fiederspaltigen, seltener ganzrandigen, in der Regel nebenblattlosen Laubblättern. Alle vegetativen Organe sind mit verschiedenartigen Trichomen, besonders mit verkieselten Hackenhaaren und Brennborsten ausgerüstet, deren Inhalt durch Abbrechen der Spitze auf der Haut ein starkes Jucken verursacht. Die meist ansehnlichen, bunten, strahligen, zwitterigen, in der Regel 5- (seltener 4-, 6- oder 7-)gliederigen, perigynen Blüten tragen auf der mit dem unterständigen Fruchtknoten ± verwachsenen Blütenachse 5 in der Knospenlage gewöhnlich dachige, meist bis zur Fruchtzeit bleibende Kelchblätter, 5 gewöhnlich freie, seltener zu einer Röhre verwachsene, sehr oft konkave, kahn- oder kapuzenförmige Kronblätter und (2) 5 oder 10 oder viele (bis 300), zuweilen in Bündel verwachsene und zu oft blumenblattartigen Staminodien bezw. hohlen Nektarschuppen umgewandelte Staubblätter. Der ganz oder zum Teil unterständige, aus 1 bis 7 Karpellen gebildete Fruchtknoten ist einfächerig oder durch Auswachsen der Plazenten 2-fächerig und trägt an den 3 bis 5 parietalen Plazenten viele bis wenige (1) umgewendete, nur mit einem Integument und mit mächtigen Haustorien (an der Mikropyle und Chalaza) versehene Samen-anlagen. Die meist lederige, dünnwandige oder holzige Frucht ist eine zuweilen unregelmässig aufspringende Schliess- oder eine häufig spiralig gewundene, aufgeblasene Kapselfrucht, deren ab und zu geflügelte Samen meist stark ölhaltig sind. Die recht eigenartige (ausserordentlich vielgestaltig ist ganz besonders das Androe-ceum) und sehr isoliert stehende Familie bewohnt fast ausschliesslich die Neue Welt und zwar vor allem die Andengebiete von Südamerika; nördlich reicht ihre Verbreitung über Mexiko, Kalifornien und Texas bis zu den östlichen Staaten der Union, südlich bis Argentinien bezw. Patagonien. Viele Arten sind Bergpflanzen und reichen bis in die Schneestufe, andere sind Savannen- oder Steppenbewohner oder Ruderalpflanzen. In Chile, wo die Familie sehr stark entwickelt ist, werden einige Arten (Loása acanthifólia Desr. und L. tricolor Ker., Cajóphora coronáta Hook. et Arnold) für das Vegetationsbild mitbestimmend. Alt-weltlich ist einzig die monotypische Gattung Kissénia mit K. spathuláta Endl. in Südarabien, im Somaliland und in Südwestafrika. Die Blüteneinrichtungen, die J. Urban genau studiert hat, sind äusserst mannigfaltig.

Selbstbestäubung ist bei ausbleibendem Insektenbesuch bei verschiedenen Arten möglich. Kleistogame Blüten besitzt L. trilóba Domb. Einzelne Arten der Gattung Mentzélia, besonders die weissblühende M. decapétala (Pursh) Urban et Gilg, sind Nachtblüher. Wiederholt wurde beobachtet, dass an den Widerhäkchen der Pflanze Fliegen, ja sogar Eidechsen hängen bleiben. Die zuerst fleischigen, später austrocknenden, aufgeblasenen, leichten Früchte bei Blumenbáchia werden durch den Wind verbreitet. Wirtschaftliche Bedeutung haben die Loasaceen nicht. Mentzélia[1]) híspida Willd. wird in Mexiko gegen Syphilis, früher auch (wie Blumenbáchia insígnis Schrad.) zu Nesselpeitschungen verwendet. Dagegen haben eine ganze Zahl von Arten wegen ihrer eigenartigen Blüten (Gestalt, Farbe) als Zierpflanzen (die meisten lassen sich durch Samen mühelos ziehen) in Europa Eingang gefunden, so Gronóvia scándens L. aus Mexiko und Zentralamerika, ein mittelst ankerförmiger Borsten kletterndes, einjähriges Kraut mit langgestielten, nieren- bis herzförmigen Laubblättern. — Mentzélia decapétala Urban et Gilg (= Bartónia ornáta Nutt.) aus Nordamerika, ein zweijähriges, bis 1 m hohes Kraut mit sehr grossen, gelblichweissen, wohlriechenden, an gewisse Kakteen erinnernden, abends und nachts sich entfaltenden Blüten mit 200 bis 300 fadenförmigen Staubblättern und mit einem laubblattartigen Involucrum. — M. Líndleýi Torr. et Gray (= Bartónia aúrea Lindl.) aus Kalifornien mit glänzenden, tiefgelben Blüten. — M. bartonioídes (Presl) Urban et Gilg aus Mexiko mit zitronengelben Blüten. — M. albicaúlis Dougl. aus den östlichen Vereinigten Staaten und Mexiko. — M. arboréscens Urban et E. Gilg aus Mexiko, ein Halbstrauch mit sehr grossen, zu reichen Inflorescenzen vereinigten Blüten. — M. polyántha Urban et Gilg aus Mexiko, ein bis 3 m hoher Strauch mit dichtgedrängten Blütenständen. — Loása[2]) triphýlla Juss., L. híspida (= L. úrens Jacq.), L. papaverifólia H. B. et Kth. usw., einjährige, rauhhaarige bis borstige, brennende Arten mit keulen- bis kegelförmigen Kapseln. — Cajóphora[3]) laterítia Klotzsch (= Loása laterítia Hook.), Ziegelrote Brennwinde, Brennrebe, Fackelträger. Fig. 2096. Ein in Argentinien heimisches, bis 10 m hohes, einjähriges, mit Brennborsten versehenes Schlinggewächs, mit mennigroten Blüten und kreiselförmigen Kapseln. Seltener sind die nicht windenden Arten, wie C. contórta (Desr.) Urban et Gilg, C. Chu'quiténsis Voss, C. coronáta Hook. et Arnold, sowie C. canarinoídes (Lenné et C. Koch) Urban et Gilg anzutreffen. — Blumbáchia[4]) insígnis Schrad; ein einjähriges, zierliches, kletterndes mit Brennhaaren und Widerhaken ausgestattetes Kraut, mit gegenständigen und dekussierten Laubblättern, weissen Blüten und bei der Reife trockenen und aufgeblasenen, kugeligen Kapseln. Aehnlich ist B. Hierónymi Urban aus Argentinien.

Fig. 2096. Cajophora lateritia Prese. Phot. W. Schacht, München.

---

[1]) Benannt nach dem Brandenburger Arzt Chr. Mentzel, gest. 1701.
[2]) Einheimischer Name in Südamerika.
[3]) Griech. καίω [kaio] = brenne und φέρω [phéro] = trage; wegen der Brennborsten.
[4]) Benannt nach dem Zoologen Joh. Friedrich Blumenbach, geb. 1752 zu Gotha, gest. 1840 als Professor in Göttingen.

— Adventiv wurden gelegentlich beobachtet: Loása triphýlla Juss. bei Speyer, Mentzélia Líndleýí Torr. et Gray bei Mannheim (1910), Blumenbáchia insígnis Schrad. bei Speyer und Bl. Hierónym-Urban bei der Dampfmühle Wandsbeck bei Hamburg (1896) und in Prag (1912 beim Physikalischen Institut).

Die kleine Familie der Datiscáceae[1]) mit den 3 Gattungen Tetraméles (monotypisch), Octoiméles (monotypisch) und Datísca (= Triceràstes) mit 4 bis 5 Arten besteht einerseits aus Bäumen mit ungeteilten oder höchstens schwach gelappten, behaarten Laubblättern, andererseits aus Stauden mit abwechselnden, tief eingeschnittenen oder einpaarig gefiederten, stets nebenblattlosen Laubblättern. Die kleinen, unauffälligen, strahligen, eingeschlechtigen (meist diözischen), gewöhnlich nackten Blüten besitzen einen 3- bis 10-blätterigen, ± verwachsenen Kelch, 4 bis 25 Staubblätter und einen unterständigen, aus 3 bis 8 Karpellen gebildeten, 1-fächerigen Fruchtknoten (mit deutlichen freien Griffeln), der an den wandständigen Plazenten zahlreiche, umgewendete, mit 2 Integumenten versehene Samenanlagen trägt. Die Frucht ist eine dünnhäutige Kapsel, die zahlreiche, äusserst kleine, nährgewebelose Samen enthält. Die stark rückgebildeten Blüten, die die sichere systematische Stellung sehr erschweren, dürfen, zumal Nektar und Schauapparat fehlen, als Windblütler angesehen werden, weshalb Hallier die Familie als Verwandte der Salicaceen zu den Amentifloren stellen will. Die Familie, die heute ein sehr zerstückeltes Areal aufweist, dürfte früher verbreiteter gewesen sein. Tetrameles nudiflóra R. Br. (ein blattabwerfender [z. B. in den Teakwaldungen] Laubbaum) von Vorderindien bis Java und Ocotméles Sumatrána Miq., gleichfalls ein hoher Baum, kommen im Malayischen Archipel vor, während die Gattung Datísca mit je einer Art (D. cannábina) im Orient (westlich Kreta) bis Nordindien und (D. glomeráta) [Presl] B. et H., im wärmeren Amerika (Californien bis Mexiko) verbreitet ist. Lokale wirtschaftliche Bedeutung hat Datísca cannábina L., der „Gelbe Hanf", auch „Strich- oder Streichkraut" geheissen, eine hanfähnliche, stattliche, bis 2 m hohe Staude mit wechselständigen, tiefeingeschnittenen, unpaar gefiederten, am Rande gesägten Laubblättern und achselständigen, zu büscheligen (männliche) oder traubigen (weibliche Pflanze), gelben Blütenständen vereinigten Blüten. Die Pflanze enthält in allen Teilen einen gelben Farbstoff, das Datiscetin, das in Form eines Glykosides, des Datiscins ($C_{21}H_{24}O_{11} + 2 H_2O$), noch heute in Indien (Lahore) und im Orient zum Färben von Seide verwendet wird.

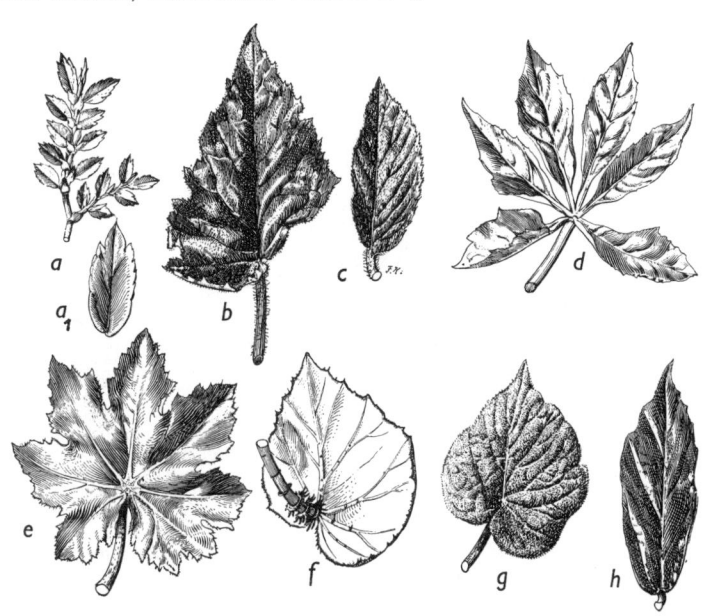

Fig. 2097. Blattformen von Begonien: *a* Spross von Begonia fuchsioides Hook. mit Laubblatt (a_1). *b* Laubblatt von B. metallica G. Sm., *c* B. ulmifolia Willd., *d* B. caroliniaefolia Regel, *e* B. macrophylla Dryand., *f* B. manicata Brogn., *g* B. imperialis Lem. var. smaragdina Lem., *h* B. scandens Sw.

Mit Alkalien gibt das Glykosid Datiscin eine tiefgelbe, dauerhafte Farbe. Aus den Bastfasern kann eine spinnbare Faser hergestellt werden. Ebenso besitzt die Pflanze bittere, purgierend wirkende Substanzen. Als Einzelpflanze für grössere Ziergärten eignet sich wegen ihrer längeren Blütentrauben besonders die weibliche Pflanze. Die Wurzelknöllchen sollen eine von Bacterium radicicola der Leguminose verschiedene Bakterienart aufweisen. Tischler hat Parthenokarpie nachgewiesen. Verwildert wurde die Pflanze in Mannheim 1907 beobachtet.

Zu den Begoniáceae[2]), Schiefblattgewächse, gehören vorherrschend krautartige Gewächse mit saftigen Sprossen (darunter Wurzelkletterer, Spreizklimmer und Epiphyten) und mit dicken Laubblättern, sowie Halbsträucher. Neben aufrechten Formen gibt es solche mit kriechendem Stengel, mit knollig verdickten Stengelteilen oder Rhizomen. Die gestielten, wechselständigen und in der Regel 2-zeilig angeordneten (eine Ausnahme machen einzig die Sprossknöllchen von Begonia Socotrana Hook. f.) sind allermeist ± asymmetrisch, schief, meist handnervig, ganzrandig, gezähnt, gelappt oder ± schief eingeschnitten, zuweilen auch hand- oder

---

[1]) Von δατέομαι [datéomai] = teile, zerteile; wegen ihrer Wirkung bei skrofulösen und ähnlichen Krankheiten (nach Wittstein).

[2]) Benannt nach Michael Begon, geb. 1638, Gouverneur von St. Domingo (Westindien).

fussförmig geteilt bis schildförmig (Fig. 2097) und besitzen meist grosse, häutige oder lederige, zuweilen blattartige Nebenblätter (Fig. 2102). Die zu end- und achselständigen Dichasien oder Wickeln angeordneten Blüten sind stets eingeschlechtig und einhäusig, allerdings selten ganz strahlig, mit einfacher oder doppelter, weisser oder roter (seltener gelber) Blütenhülle; selten sind die Kronblätter, noch seltener die Kelchblätter, ± verwachsen. Die männlichen Blüten besitzen meist 2 Kelchblätter, 2 bis 5 (oder 6) Kronblätter und zahlreiche, ± verwachsene Staubblätter, ohne Andeutung eines Fruchtknotens; die weiblichen Blüten zeigen einen meist vollständig unterständigen, mit der Blütenachse verwachsenen, 2- bis 3- (selten 4- bis 6-)fächerigen, gewöhnlich 3-flügeligen [Flügel oft ungleich stark ausgebildet]) Fruchtknoten mit zahlreichen, umgewendeten, 2-hülligen, zentralwinkelständigen oder parietalen Samenanlagen, der von 2 bis 5 (6 bis 8) Blütenhüllblättern und meist von 3 (2, 4 bis 6) tief zweispaltigen, oft schraubig gedrehten Griffeln (die Narbenpapillen [Fig. 2098 f] bilden auf denselben ein kontinuierliches Schraubenband) gekrönt wird. Die Frucht ist grösstenteils eine hornige, seltener eine papierartige, lederige oder fleischige, geflügelte, vielsamige Kapsel, seltener eine Beere. Die sehr kleinen, punktierten oder gerieften, (später) nährgewebelosen Samen, werden von einem dicken, geraden, ölhaltigen Keimling mit 2 kurzen Keimblättern ausgefüllt. Die Familie ist mit ihren 420 Arten, von denen über 400 Spezies auf die Gattung Begónia entfallen, auf die Tropengebiete beschränkt, wo diese besonders als Bewohner des Regenwaldes in Erscheinung treten, um jedoch in den Gebirgen (Himalaya bis 3600 m, Anden) auch in die kühleren Zonen hinaufzusteigen. Nur wenige Arten

Fig. 2098. *a* Laubblatt mit stark verbreitertem Blattohr von Begonia ricinifolia A. Dietr. f. Weheana hort. — *b* Blühender Spross von Begonia Rex Putzeys. *c* 4 Narben. — Begonia tuberhybrida hort. *d* Männliche Blüten. *e* Fruchtknoten mit Narben. *f* Griffel mit Narbenband.

reichen in die gemässigte Zone hinein, so Begonia Evánsiana Andr. (Fig. 2101) bis Nordchina und Mitteljapan, einige bis ins nördliche Argentinien und bis Natal. Sogar die trockene Insel Sokotra besitzt einen morphologisch sehr interessanten Vertreter (Begonia Socotrána Hook. f.). Die monotypische Gattung Hillebrándia Oliv. ist auf die Sandwichinseln, die gleichfalls monotypische Gattung Symbegónia Warburg auf Neu-Guinea und Begoniélla Oliv. mit 3 Arten auf Kolumbien beschränkt. Die verwandtschaftlichen Beziehungen und die systematische Stellung sind noch nicht genügend geklärt. Seit 50 Jahren haben die Begoniaceen ihren Platz im System wiederholt wechseln müssen. Alexander Braun erhob die Familie zu einer selbständigen Ordnung, den Plagiophýllae, Benecke (1888) zu den Hillebrandínae, während andere Beziehungen vor allem zu den Cucurbitaceen (eingeschlechtige Blüten, unterständiger Fruchtknoten, Verwachsung der Staubblätter, Plazentation, Nervatur, Cystolithen), dann zu den Umbelliferen, Campanulaceen, Euphorbiaceen, Cactaceen, Aristolochiaceen, Saxifragaceen (Hydrangeen) u. a. erkennen wollten. Die 1901 von H. Hallier lediglich auf Grund der „Haare" vertretene Anschauung einer Verwandtschaft mit den Compositen dürfte tatsächlich an den „Haaren" herbeigezogen sein. Ziemlich ungezwungen lassen sich die Begoniaceen in die Reihe der Parietales einordnen, wo sie zu den Loasaceen, vor allem aber zu den Datiscaceen (mit Tetrameles), wie dies Walter Sandt neuerdings in seinen Beiträgen zur Kenntnis der Begoniaceen (Flora. N. F. Bd. 14, 1921) bestätigen konnte, die nächsten Anklänge zeigen. Technische oder medizinische Bedeutung kommt den Begoniaceen nicht zu. Sie enthalten ziemlich viel Oxalsäure und werden lediglich lokal als kühlende, antiskorbutische, purgierende, schweiss- und harntreibende oder adstringierende Mittel benützt. Von einzelnen asiatischen Arten werden die Blätter als Gemüse gegessen. Auch soll der saure Saft zum Reinigen von Waffen verwendet werden. Wegen ihrer hübschen, roten, weissen oder gelben Blüten und wegen ihrer eigenartigen, oft grossen und eigenartig gezeichneten Laubblätter gehören die Begonien zu unseren beliebtesten und bekanntesten Freiland-, Ampel- und Zimmerpflanzen, die sich durch Blatt- (Fig. 2099) und Spross-Stecklinge leicht vermehren lassen. Man unterscheidet in der Praxis Blatt-, Knollen-, Grundstamm-, halbstrauchige und strauchige Begonien. Alle Arten zeichnen sich durch dorsiventral gebaute, fleischige Sprossachsen aus, die in 2 Längszeilen die meist stark asymmetrischen (ungleichhälftigen), dicken, buntgezeichneten, zuweilen metallisch glänzenden Laubblätter tragen. Diese besitzen sehr vielgestaltige Trichome (Peitschen=, Stern=, Büschel=, Köpfchen=, Zotten= und Schuppenhaare, Schülfern, Perldrüsen) oder zeigen eine samtartige Oberfläche, die von papillenartigen, lichtfangenden Epidermiszellen gebildet werden. Die oft rot gefärbten Blattunterseiten dürften, ebenso wie die durch Lufträume erzeugten hellen oder spiegelnden Flächen der Oberseiten zufolge ihrer stärkeren Erwärmung die Transpiration fördern. Bei vielen hygrophilen Arten ist ein grosszelliges Hypodermgewebe ausgebildet. Sehr bezeichnend sind die Kristalle aus Kalkoxalat, sowie die Doppelcystolithen, die Stein= und Spikularzellen. Die durchgängige Eingeschlechtigkeit der Blüten, die Farbe und die Lage der Blütenhülle, der bei vielen Arten vorhandene feine Geruch, die stets zu verschiedenen Zeiten erfolgende Reife der männlichen und weiblichen Blüten, die in der Regel vorhandene Proterandrie sprechen trotz der Abwesenheit von Nektarien für eine Fremdbestäubung durch kleine Insekten. Immerhin ist in einigen Fällen auch Selbstbestäubung (Geitonogamie) nachgewiesen. Die Grösse der Pollenkörner ist bei allen Arten fast konstant. Lufttrocken sind sie nach W. Sandt durchschnittlich 26 μ lang und 13 μ breit (im gequollenen Zustande 29 μ lang und 23 μ breit) und weisen in der sonst glatten Exine 3 Meridionalfalten auf, in deren Mitte sich je eine kreisrunde Durchlassöffnung für den Pollenschlauch vorfindet. In der Kultur scheinen Begonien nur spärlich reife Früchte auszubilden. Die sehr kleinen, ellipsoiden Samen sind im Mittel 0,4 mm lang und 0,22 bis 0,25 mm breit; solche von Begonia Wallichiána DC. zeigen ein Durchschnittsgewicht von 6,0032 mg. Sie sind nach der Reife sofort keimfähig, wachsen nach etwa 4 bis 6 Tagen aus und zwar wird an dem mikropylen Ende (Wurzelpol) wie bei den Datiscaceen eine scharf umrissene, runde Kappe von der keimenden Wurzel abgesprengt. Infolge ihrer ausserordentlichen Kleinheit und ihrer rauhen Oberfläche bleiben sie an den Schnäbeln der Vögel, an Krallen, Rüsseln von Tieren, in Rindenrissen, Erdklümpchen sehr leicht hängen. Allgemein bekannt ist die starke Neigung zur Blütenfüllung; nach Sandt in dürfte es sich um teratologische Bildungen, hervorgerufen durch die verbreitete Inzucht, handeln. Dadurch resultieren eine ganze Reihe von Abnormitäten, wie Zwitterbildung, Wechsel des Geschlechts und der Funktion der Blütenorgane usw. Vor allem und in allen Fällen sind es immer zuerst die männlichen Blüten, die durch Petaloidwerden der Staubblätter, dann auch durch Spaltung der Blütenblätter „gefüllt" werden. Solche gärtnerische Züchtungen sind bei Knollenbegonien erstmals 1874 erzielt worden. Ebenso können an Stelle der Staubblätter Einzelblüten treten oder die Fruchtflügel werden durch abnormes Wachstum und Teilung zu Schauapparaten. Samenanlagen vermögen in Griffel mit wohlausgebildeten Narben, Antheren zu Narben auszuwachsen. Durch ein $\pm$ vollständiges Verwachsen solcher aus Staubblättern hervorgegangenen Griffel können „weibliche" Blüten mit oberständigem Fruchtknoten entstehen. Sehr häufig kann man auf verschiedenen Blütenteilen die Samenanlagen bemerken. Ebenso ist eine Vermehrung der Fruchtblätter, ein Petaloidwerden der Griffel, eine Vergrünung eines oder mehrerer Blütenblätter, Prolifikation, eine $\pm$ deutliche Zygomorphie der Blüte möglich. Laubblätter können als Ascidien,

Fig. 2099. Junge Begonie als Blattsteckling erzogen.

als Doppelblätter oder als Wendeltreppenblätter mit spiralig aufgerollten Blattohren (Fig. 2098 a) auftreten. Selten scheinen dagegen ganz symmetrische, nierenförmige Laubblätter ausgebildet zu werden. Ziemlich häufig ist die Entwicklung von achselständigen Bulbillen, besonders aber von blattbürtigen Adventivknospen, die z. T. durch Wucherung und Umbildung der bartbildenden Emergenzen auf der Blattfläche entstehen. Diese Gebilde können leicht künstlich an abgeschnittenen Laubblättern erzeugt werden; es entwickeln sich dann an den durchschnittenen Nerven junge Knospen. Bei B. gemmipara Hook. f. aus dem östlichen Himalaya ist diese Bildung auf den Laubblättern fast normal. Besonders eigenartig sind die Adventivknospen bei der in Gewächshäusern gelegentlich kultivierten B. (Magnúsia) phyllomaníaca Mast., die nach Goebel wahrscheinlich einen Bastard zwischen B. manicáta Brogn. und B. incarnáta Link et Otto darstellt. Hier treten sie auf den Laubblättern, Blatt= und Blütenstandsstielen, vor allem aber auf den Sprossachsen in grosser Menge auf, lösen sich aber nicht, wie man erwarten sollte, freiwillig von der stets unfruchtbar bleibenden Mutterpflanze los. W. Sandt glaubt annehmen zu dürfen, dass diese stets exogen entstehenden Adventivsprosse ursächlich mit der Bastardierung zusammenhängen bezw. eine Folgeerscheinung derselben darstellen, zumal auch andere Begonien= Bastarde stark „proliferieren".

Für die Kultur in Gärten (zur Gruppenpflanzung), weniger in Zimmern kommen verschiedene aus den Anden stammende „Knollen=Begonien" mit einfachen und gefüllten, gekräuselten oder gewellten Blüten in

Betracht. Viele von ihnen stellen Züchtungen unbekannter Herkunft dar und werden als Begonia tuber= hýbrida (Fig. 2098 d bis f und 2100) zusammengefasst. Sie verlangen alljährlich eine gewisse „Ruhezeit" und werden deshalb im Herbst aus dem Boden genommen und frostfrei, trocken und mässig warm (öfter in Sägespänen oder in Sand) aufbewahrt. Die Pflanzen erliegen den ersten Herbstfrösten. Ausserdem gehören hieher: B. Bau= mánni Lemoine aus Bolivien mit scheinbar lauter grund= ständigen, wenig asymmetrischen, dunkelgrünen Laubblättern und hellrosaroten, wohlriechenden, nach Teerosen oder Primeln duftenden Blüten. Staubblätter zu einer Säule verwachsen. Aehnlich ist B. fúlgens Lemoine. — B. Boliviénsis DC. ans Peru und Bolivien mit schmal lanzettlichen, langzugespitzten, gesägt=gezähnten Laubblättern und rosaroten Blüten. — B. octo= pétala l'Hér. (= Húszia octopetala Kl.) aus Peru mit lang= gestielten, nierenförmigen bis eirunden, unterseits flaumigen Laubblättern und weissen (aussen grünen) oder rötlichen Blüten (weibliche Blüten mit 6 Blütenhüllblätter). Bildet mit anderen Knollen=Begonien dankbare Kreuzungen (La Lorraine). — B. cinnabarína Hook. f. aus Bolivien mit handförmig= mehrnervigen, am Grunde fast herzförmigen, gekerbten Laub= blättern und mit grossen, scharlach= oder zinnoberroten Blüten. — B. Froebélii DC. aus Ekuador mit grundständigen, schief= elliptischen am Rande welligen und gekerbten, unterseits dicht wolligen Laubblättern und glänzend scharlachroten Blüten. — B. Veitchii Hook. f. aus Peru. Pflanze stengellos, mit dick=

Fig. 2100. Begonia tuberhybrida Voss. Phot. W. Schacht, München.

gestielten, schief=eirunden oder rundlich=herzförmigen, lederigen, gekerbten Laubblättern und karminroten oder weissen Blüten. — B. Dávisii Hook. f. aus Peru. Laubblätter grundständig, schiefrundlich=herzförmig, oberseits grün, unterseits braunrot. Blüten 5 bis 6 cm breit, zinnoberrot. — B. Pearcéi Hook. f. aus Bolivien und Peru. Laubblätter fast grundständig, ziemlich lang gestielt, schief=oval, langgespitzt, oberseits sammtig=bronzegrün, unterseits trübrot. Blütenstandstiele viel länger als die Laub= blätter, meist 2 (seltener 3) goldgelbe Blüten tragend. Bildet mit B. Boliviensis und B. cinnabarina Kreuzungen mit schön orangeroten Blüten. — B. grácilis H. B. et Kth. aus Mexiko. Pflanze kahl oder kurz behaart. Laubblätter bei den einzelnen Formen sehr verschieden, eirund=spitz, 5 bis 8 cm lang und 2,5 bis 3 cm breit, am Rande breit gekerbt, in den Achseln oft Bulbillen tragend. Nebenblätter bleibend. Blüten zu 1 bis 2, rosarot. Kapseln ungleich geflügelt Sehr dankbare Gruppenpflanze. — B. Socotrána Hook. f. von der Insel Sokotra. Pflanze abstehend behaart, ver= zweigt. Untere Laubblätter schildförmig, kreisrund, gekerbt; die obersten herzförmig oder 3= bis 5=lappig. Blüten 6 bis 8 cm im Durchmesser, rosarot. Blüht im Herbst und Winter. Hieher auch die bekannten Sorten Gloire de Lorraine (ist wohl ein Bastard B. Socotrana × B. Dregei) und Gloire de Sceaux. — B. Thwaitésii Hook. f. aus Ceylon. Pflanze stammlos. Laubblätter eirund=spitz, fein gekerbt, oberseits kupferig und grün, zuweilen weiss gefleckt, zerstreut purpur= haarig. Blüten mittelgross, weiss. Kapsel etwas behaart, ungleich geflügelt (Warmhauspflanze). — B. Evansiána Andr. (= B. díscolor Sm.) aus China, Japan und Java (Fig. 2101). Laubblätter schief=eirund, spitz oder zugespitzt, am Rande borstig=gezähnt. Blüten rosarot. — B. Dregéi

Fig. 2101. Begonia Evansiana Andr. Phot. W. Schacht, München.

O. et D. aus Natal mit kleinen, weissen Blüten. — Die „Grundstamm=Begonien" haben einen dicken, schiefen Wurzelstock und sind meist stengellos. Die weitaus bekannteste ist die aus Ostindien stammende B. Rex Putzeys

(Fig. 2098 b) aus der Sektion Platycéntrum mit grossen, bis über 30 cm langen und bis über 20 cm breiten, schief-eirunden bis herz-förmigen, kurz zugespitzten, am Rande buchtig-gezähnten, oberseits kahlen oder zerstreut behaarten, schwärzlichen bis purpurnen oder silberweissen, unterseits gewöhnlich roten Laubblättern und mit lanzettlichen, borstig zugespitzten Nebenblättern. Blütenstandsachsen so lang oder länger als die meist rötlichen Blattstiele. Blüten rosarot, seltener weiss oder gelblich. Die „Königs-Begonie" wird in zahlreichen Formen (z. T. Kreuzungen mit Knollenbegonien) als interessante Blattpflanze in Zimmern gehalten. Bei der merkwürdigen Comtesse Louise Erdödy ist der eine der beiden Grundlappen des Laubblattes schneckenförmig eingerollt. — B. Griffithii Hook. f. (= Platycéntrum annulátum C. Koch) aus Ostindien. Blattstiele und Blütenstandsachsen mit filzigen, gelbroten Haaren besetzt. — B. xanthína Hook. f. mit gelblichen Blüten. — B. heracleifólia Cham. et Schlecht. aus Mexiko. Pflanze stammlos, Laubblätter handförmig, tief 7-lappig, fast kreisrund. — B. imperiális Lem. aus Mexiko. Laubblätter breit-eirund, spitz, fast ganzrandig, samtartig (Fig. 2097), smaragdgrün, unterseits ausgehöhlt netzig. — Seltener sind B. asplenifólia Hook. f. aus den Gebirgen des tropischen Westafrika, mit zarten, farnkrautartig-fiederschnittigen Laubblättern und weissen Blüten, B. peponifólia Vis. von Jamaika, B. álbo-coccínea Hook. f., B. ricinifólia A. Dietr. (= B. heracleifolia × B. peponifolia) u. a. (vgl. auch f. Wehleána hort., Fig. 2098 a). Als B. rhizohýbrida werden alle jene, meist stengellose Kulturformen zusammengefasst, die keinen knolligen, sondern einen wagrechten oder schiefen Erdstock aufweisen.

Von den „halbstrauchigen" oder „strauchigen" Begonien ist die fast das ganze Jahr hindurch blühende, wenig empfindliche und deshalb für Gruppen im Freien wie als Zimmerpflanze allgemein verwendete B. semperflórens Link et Otto, „Gottesauge", die bekannteste (Fig. 2102). Stengel und Aeste fleischig. Laubblätter schief-eirund, gekerbt-wellig, am Grunde herzförmig. Nebenblätter bleibend, schwach bewimpert. Blütenstandsachse mit 2 bis 10 Blüten. Blüten weiss oder rosaweiss, bei den vielen Züchtungen auch rosarot bis blutrot. — B. cucullata Willd. (= B. spathuláta Lodd.) aus Brasilien. Aehnlich, aber die Laubblätter am Grunde eingebogen und die Nebenblätter gross. — B. magnífica Warsc. aus Zentralamerika. Pflanze robust. Stengel verholzend; Aeste, Blatt- und Blütenstiele rostfarben, weichhaarig. Blüten purpurn oder scharlachrot. Kann im Sommer ins Freie gepflanzt werden. — B. Hoegeána Regel und Schmidt. Halbstrauchig, bis 2,5 m hoch. Stengel z. T. mittelst Haftwurzeln kletternd. Laubblätter glänzend-grün, breit-eirund, lang zugespitzt (Warmhauspflanze). — B. nítida Ait. aus Jamaika. Pflanze strauchig, ästig, ausgebreitet, kahl. Laubblätter schief-eirund, glänzend, 7-nervig, unterseits punktiert. — B. suavéolens Lodd. aus Zentralamerika. Halbstrauchig. Laubblätter schief-eirund, spitz, deutlich gekerbt. Blüten klein, weiss, wohlriechend. — B. Schmidtiána Regel aus Brasilien. Kleiner Halbstrauch. Laubblätter schief herzförmig-eirund, spitz, kerbig-gesägt, fast lederig, beiderseits kurzhaarig, oberseits metallisch-dunkelgrün, unterseits blutrot. Blüten zu 3 bis 7 achselständig. — B. maculáta Raddi (= B. argyrostígma Fisch., = B. álbo-pícta hort., = Gærdtia maculáta Kl.) aus Brasilien. Bis 1,5 m hoher Strauch mit schief-eiförmigen, lederigen, am Rande knorpeligen, welligen, oberseits weiss fleckigen, unterseits ± purpurroten Laubblättern. — B. Lubbérsii Morr. aus Brasilien. Winterblütiger Strauch mit schildförmig-lanzettlichen, nach beiden Seiten zugespitzten, oberseits silbernetzig, unterseits bronziert dunkelrot. Blüten schneeweiss. — B. metállica G. Smith aus Brasilien. 50 bis 75 cm hoher, ästiger, von weissen Borsten kurzhaariger Halbstrauch mit langgestielten,

Fig. 2102. Begonia semperflorens Link et Otto. *a* Blühende Pflanze. *b* Männliche Blüte (von oben). *c* Weibliche Blüte. *d* Fruchtknoten mit Narben. *e* Querschnitt durch denselben.

schief-eirunden, oberseits olivgrün und metallisch glänzenden, unterseits purpurroten Laubblättern. Fruchtknoten kurz, braunhaarig. — B. manicáta Brogn. „Manschetten-Begonie" aus Mexiko. Niedriger, fleischigholziger Strauch. Laubblätter eirund-spitz, gezähnelt und bewimpert, oberseits kahl, unterseits auf den Nerven und am oberen Ende des Blattstieles (hier manschettenartig angeordnet) mit purpurn gefransten Schuppen (Fig. 2097 f). Blüten zahlreich, ziemlich klein, rötlich (Winterblüher; zuweilen in Bauernstuben). — B. fuchsioides Hook. f. (= Tittelbáchia fuchsioides Kl.) aus Zentralamerika (Fig. 2097 a). Bis über 1 m hoher, ästiger, kahler Strauch mit dicht stehenden, ziemlich kleinen, verkehrt-eirunden oder elliptischen, spitzen, am Rande feingesägten, sehr kurz gestielten Laubblättern und breit-lanzettlichen, borstig zugespitzten Nebenblättern (Guter Winterblüher). — B. Natalénsis Hook. f. (= Augústia Natalénsis Kl.) aus Südostafrika. Laubblätter ungleich-halbherzförmig, zugespitzt, kantig-gelappt, oft geöhrt, gesägt, oberseits weissgefleckt. — B. Scharffiána Regel aus Brasilien. Niedriger, wenig verzweigter, steif rothaariger Halbstrauch mit schief-herzförmigen fast geschwänzt-zugespitzten, ganzrandigen oder ausgeschweift-gezähnten, oberseits dunkelgrünen oder metallischglänzenden, unterseits purpurroten Laubblättern. Blüten weiss, rot gefleckt. Bildet mit B. metallíca G. Smith beliebte Kreuzungen (B. Crednéri Haage et Schm.) mit weissen, in dichten Dolden stehenden Blüten (Zimmerpflanze). — B. coccínea Hook. f. (= Pritzélia coccinea Kl.) aus Brasilien. Bis 60 cm hoher, ästiger Halbstrauch mit schieflänglich-eirunden, zugespitzten, kurzgestielten Laubblättern. Blüten schön scharlach- und korallenrot. — B. scándens Sw. aus Westindien, Zentralamerika und Peru. Bis 2 m hoher Kletterstrauch mit länglichen, stumpfen, unregelmässig gekerbt-gezähnten Laubblättern (Fig. 2097 h) und kleinen, weissen Blüten (Warmhauspflanze). — Seltener sind anzutreffen: B. carolinaefólia Regel aus Mexiko (Fig. 2097 d), B. foliósa H. B. et Kth., B. fruticósa DC., B. hederácea DC. aus Zentralamerika, B. Jamesoniána DC., B. incána Lindl. aus Mexiko, B. incarnáta Link et Otto (Hänge-Begonie), B. Maurándiae DC. aus Zentralamerika, B. microphýlla DC., B. platanifólia Grah., B. Poeppigiána DC., B. Rœzlii Regel, B. sericoneúra Liebm., B. subvillósa Klotzsch aus Brasilien, B. tomentósa Schott, B. conchifólia A. Dietr. aus Costarica, B. ulmifolia Willd. (Fig. 2097 c), B. anguláta Raddi aus Brasilien u. a. Als B. caulohýbrida werden alle jenen halbstrauchigen und strauchigen Kreuzungen bezeichnet, die bei den Arten nicht als zugehörige Formen untergebracht werden können.

Nachträge, Berichtigungen und Ergänzungen

Zum unveränderten Nachdruck von Band V/1 1965

Zusammengestellt von Dr. A. Schmidt, Hamburg

mit Beiträgen von Dr. A. Becherer, Lugano, Prof. Dr. H. Gams, Innsbruck, Prof. Dr. E. Janchen, Wien, Prof. Dr. H. Meusel, Halle, Prof. Dr. E. Schmid, Zürich, Prof. Dr. H. Straka, Kiel, Dr. R. Wannenmacher, Wien, Dr. I. Zimmermann, Freiburg i. Br. und anderen

64. Familie Linaceae

Wichtige Literatur: Pedersen, A., 1956, Rubiaceernes, Polygalaceernes, Linaceernes, Oxalidaceernes og Balsaminaceernes udbredelse i Danmark. Bot. Tidsskr. *53*, 139—196. — Sauer, H., 1933, Blüte und Frucht der *Oxalidaceae, Linaceae, Geraniaceae, Tropaeolaceae* und *Balsaminaceae*. Planta *19*, 417—481. — Winkler, H., 1931, *Linaceae* in Natürl. Pflanzenfam., 2. Aufl., Bd. *19a*, 82—130.

S. 2:
444. *Radiola* Hill
Zu Nr. 1795 *Radiola linoides* Roth
Die Chromosomenzahl der Art beträgt $2n = 18$.
Der Pollen von *Radiola* ist nach Erdtman und Mitarb. vom gleichen Typ wie *Linum*, aber im Gegensatz zu diesem kleiner als $30\,\mu$ (etwa $20 \times 18\,\mu$).

S. 3 ff.:
445. *Linum* L.
Von unseren einheimischen *Linum*-Arten sind folgende Chromosomenzahlen bekannt: $2n = 16$: *L. catharticum, L. hirsutum, L. tenuifolium, L. viscosum*; $2n = 18$: *L. alpinum* (*L. laeve*), *L. austriacum, L. hirsutum, L. maritimum, L. perenne, L. tenuifolium*; $2n = 20$: *L. gallicum, L. maritimum*; $2n = 30$: *L. flavum*.
Vom Kulturlein (*L. usitatissimum*) gibt es zwei Chromosomenrassen mit $2n = 30$ und $2n = 32$.
Pollen der mitteleuropäischen Arten: ± kugelig bis subprolat, tricolpat, mit dünner Endexine und sehr dicker Ektexine, diese von Clavae, Spinae oder Verrucae gebildet, welche bei *L. catharticum* in der Aufsicht sehr regelmäßig angeordnet sind; bei *L. usitatissimum* stehen die Processus dichter und sind zum größten Teil kleiner ($0,4\,\mu\,\varnothing$), dazwischen aber mit größeren (um $1\,\mu\,\varnothing$) gemischt. Nach Saad (1961b) gehören folgende Arten unserer Flora nach ihrer Pollenmorphologie zu den vier Gruppen der tricolpaten Pollentypen:
1. breite mit Processus bedeckte Colpi: *L. angustifolium* ($54 \times 48\,\mu$), *L. bienne* ($56 \times 40\,\mu$), *L. austriacum* ($65 \times 52\,\mu$), *L. perenne* ($65 \times 42\,\mu$).
2. breite mit Processus bedeckte Colpi, mit Schlitzen: *L. alpinum* ($70 \times 60\,\mu$).
3. schmale mit Processus bedeckte Colpi: *L. catharticum* ($45 \times 40\,\mu$), *L. hirsutum* ($55 \times 53\,\mu$), *L. tenuifolium* ($58 \times 51\,\mu$).
4. schmale nicht bedeckte Colpi mit Schlitzen: *L. flavum* ($62 \times 55\,\mu$), *L. narbonense* ($75 \times 67\,\mu$).
Fossiler Pollen sowie Makroreste von *Linum* werden öfters gefunden und vielfach nach Typ oder Art bestimmt. In den jüngsten Schichten wird es sich wohl tatsächlich um Leinkulturen anzeigenden *Linum usitatissimum*-Pollen handeln.

Wichtige Literatur: Ciferri, R., 1945, La sistematica del Lino. Secondo Wulff ed Elladi, Bologna. — Gauckler, K., 1964, *Linum anglicum* Miller — neu für Bayern. Ber. Bayer. Bot. Ges. *37*, 103—104. — Helbaek, H., 1959, Notes on the evolution and history of *Linum*. Kuml 1959, 103—129. — Hoffmann, W., 1961, Lein, *Linum usitatissimum* L. In: Handbuch d. Pflanzenzüchtung, 2. Aufl., *5*, 264—366. — Kantor, T. S., 1961, Vergleichende Embryogenese einiger Leinarten im Zusammenhang mit ihren phylogenetischen Beziehungen. Morphogenese der Pflanzen, Moskau, Univ. Moskau, Bd. *2*, 441—444 (russ.). — Kramer, F., 1942, Die Verbreitung von *Linum perenne* L. in der Rheinebene. Beitr. naturk. Erforschung Oberrheingebiet *7*, 110—122. — Kulpa, W. und S. Danert, 1962, Zur Systematik von *Linum usitatissimum* L. Kulturpflanze, Beih. *3*, 341—388. — Müller, K., 1957, Der Gelbe Lein (*Linum flavum* L.) auf der Südostalb. Jahresh. Ver. vaterl. Naturk. *112*, 217—223. — Nestler, H., 1933, Beiträge zur systematischen Kenntnis der Gattung *Linum*. Beih. Bot. Zbl., 2. Abt. *50*, 497—551. — Nieschalk, A. und Ch., 1963, *Linum leonii* Schultz in Hessen. Hess. Flor. Briefe *12* (Brief 137), 29—32. — Rabanova, L., 1959, Bestäubungsverhältnisse beim Lein, *Linum austriacum*. Biológia (Bratislava) *14*, 749—761 (slowak., deutsch. Zusammenf.). — Ray, C., 1944, Cytological studies in the flax genus, *Linum*. Amer. Journ. Bot. *27*,

241—248. — SAAD, S.I., 1961a, Phylogenetic development in the apertural mechanisms of *Linum* pollen grains. Pollen et Spores *3*, 33—43. — Ders., 1961b, Pollen morphology and sporoderm stratification in *Linum*. Grana palyn. *3* (1), 109—129. — SCHILLING, E., 1930, Botanik und Kultur des Flachses. Technologie der Textilfasern, Bd. *5*. — TAMMES, T., 1928, The genetic of the genus *Linum*. Bibliographia Genetica *4*, 36 p. — Ders., 1930, Die Genetik des Leines, Züchter *2*, 245—257. — WENDELBERGER, G., 1957, Der Meerstrandslein (*Linum maritimum*) am Neusiedler See. Natur und Land *43*, 116.

S. 5: *Linum maritimum* L. kommt an einigen Stellen im Burgenland (Österreich) spontan vor: Salzwiesen beim St. Andräer Zicksee (Standort vor kurzem vernichtet), südöstl. und südwestlich von Weiden.

S. 6: Zu Nr. 1796 *Linum catharticum* L. Die var. *subalpinum* Hausskn. wird in neueren Floren als Unterart geführt: *L. catharticum* ssp. *suecicum* (Murb.) Hayek. Hauptmerkmale sind der am Grunde dicht beblätterte, ästige Stengel, die sparrig verzweigten Blütenstände und die im Herbst erscheinenden sterilen Kurztriebe. Die Unterart wächst vor allem in den Voralpen. In den Schweizer Alpen kommt sie gerne in Dolomit-Schutthalden vor. Die Verbreitung ist wahrscheinlich subarktisch-präalpin.

S. 10: Zu Nr. 1798 *Linum viscosum* L. Verbreitung im alpinen Bereich s. MERXMÜLLER, H. in Jahrb. Ver. Schutze Alpenpfl. u. Tiere *18*, 145 (1953), Vorkommen im nördlichen Alpenvorland und angrenzenden Gebieten s. BRESINSKY, A. in Ber. Bayer. Bot. Ges. *38* (1965).

S. 12: Zu Nr. 1799 *Linum hirsutum* L. In Österreich kommt nur die ssp. *hirsutum* (= var. *latifolium* Ledeb.) vor. Der Fundort bei Graz (Steiermark) ist erloschen.

S. 12: Zu Nr. 1800 *Linum tenuifolium* L. Die Art kommt auch im fränkischen Jura bei Pottenstein und Riedenburg vor. In der Südsteiermark wurde ein neues Vorkommen nahe Gamlitz bei Ehrenhausen (MELZER) festgestellt.

S. 14: Zu Nr. 1801b *Linum Narbonense* L. Die Art wächst in der Schweiz zwischen Visp und Stalden (Wallis) am Straßenbord und an Felshängen, wo sie erstmals 1926 festgestellt, aber erst 1943 erkannt wurde (zweifellos neuere Einschleppung).

S. 15: Zu Nr. 1802 *Linum alpinum* Jacq.
Die Abgrenzung und Verbreitung der Kleinarten ist noch völlig unklar. Derzeit ist folgende Nomenklatur gebräuchlich:

L. alpinum Jacq. s. str. (=ssp. *eu-alpinum* Graebner). Kommt wahrscheinlich in den Ost-, West- und Südalpen vor.

L. laeve Scop. (= ssp. *montanum* [Schleich.] Koch).

L. julicum Hayek (= ssp. *julicum* [Hayek] Hegi). Österreich, in Südkärnten und Osttirol.

L. leonii F. Schultz (= ssp. *anglicum* [Mill.] Hegi?). Die Sippe gehört mit Sicherheit nicht in den Formenkreis von *L. alpinum* s. lat., sondern zu *L. perenne* L. s. lat. Ungeklärt ist, ob die Vorkommen in Deutschland und Ostfrankreich wirklich mit den englischen Formen identisch sind. Neue Fundorte: Württemberg, Schwäbische Alb bei Blaubeuren (BERTSCH), Bayern, Unterfranken, im Taubergebiet bei Böttigheim (GAUCKLER 1964), Hessen, bei Liebenau Krs. Hofgeismar und Gertenbach, Krs. Witzenhausen (A. und CH. NIESCHALK 1963), Hessen, Zierenberg, Krs. Hofgeismar (F. KOPPE), Saargebiet, zwischen Perl a.d. Mosel und Merzig a.d. Saar (ANDRES).

S. 17: Zu Nr. 1803 *Linum perenne* L. Die Angabe Felsenheide bei Raron im Wallis (CHRIST) ist zu streichen.

S. 19: Zu Nr. 1804 *Linum austriacum* L. Bayern: im fränkischen Jura auch bei Pottenstein, im unterfränkischen Muschelkalkgebiet bei Karlstadt und Marktheidenfeld, in der Rhön bei Mellrichstadt. In Hessen bei Ostheim im Diemeltal (NIESCHALK). Wohl an vielen Stellen nicht ursprünglich. Im Wallis bei Raron (zweifellos eingeschleppt); außerdem hie und da subspontan oder adventiv. Verbreitung in der Tschechoslowakei s. MARTINOVSKY, J. in Ochrana Przyrody *15*, 6 (1960).

S. 20: Zu Nr. 1805 *Linum usitatissimum* L. Eine ausführliche Darstellung des heutigen Standes der Kulturlein-Züchtung gibt HOFFMANN (1961); dort findet sich auch ein umfangreiches Literaturverzeichnis. Die Ansichten über die systematische Gliederung der Rassen von *Linum usitatissimum* sind sehr unterschiedlich (s. MANSFELD, R. in Kulturpflanze, Beih. 2, 1959 und KULPA und DANERT 1962). Die bei uns gebauten Formen lassen sich in zwei Unterarten zusammenfassen:

ssp. *usitatissimum*: Kapseln geschlossen bleibend, großsamig, kurzstengelig (Öl-Lein, Schließlein) oder kleinsamig und langstengelig (Faser-Lein). Die am meisten gebaute Rasse.

ssp. *crepitans* (Boenningh.) Vavilov et Eladi: Kapseln größer, reif aufspringend. Nur noch wenig gebaut, so in Südwestdeutschland und Südbaden, Nieder- und Oberösterreich, Steiermark und Kärnten. MANSFELD (1959) betrachtet die Sippe als Art.

Als Stammpflanze des Kulturleins gilt *Linum bienne* Mill. (1768) (= *L. angustifolium* Huds. 1778). Es ist unklar, welcher der beiden Namen gültig ist. MANSFELD (1959) verwirft *L. bienne* als nomen dubium.

65. Familie Zygophyllaceae

Wichtige Literatur: ENGLER, A., 1931, *Zygophyllaceae* in Natürl. Pflanzenfam., 2. Aufl., *19a*, 144—184. — NEGODI, G., 1937, Lineamenti sulla cariologia delle *Rutaceae* e delle *Zygophyllaceae*. Arch. Bot. Forli *13*, 93—102. — Ders., 1939, Cariologia delle *Rutaceae* e delle *Zygophyllaceae*. Scient. Genet. *1*, 168—185.

446. *Tribulus* L.

S. 42: Zu Nr. 1806 *Tribulus terrestris* L. Die in Österreich (an der March) vorkommenden Pflanzen gehören zur ssp. *orientalis* (Kerner) Dostál (= var. *orientalis* Beck). In der Schweiz adventiv; im Grenzgebiet im Aostatal.

Die Chromosomenzahl ist 2 n = 24.

66. Familie Rutaceae

Die *Rutaceae* werden heute in eine eigene Reihe *Rutales* (= *Terebinthales* p.p., bzw. *Anacardiales*) gestellt. Die *Rutales* sind von den *Geraniales* vor allem durch die weitergehende histologische Differenzierung und durch Fortentwicklung zur Zygomorphie der Blüten geschieden. Häufig kommen Öldrüsen, Ölzellen und Sekretgänge vor.

Umfangreiche Bibliographie der Familie s. BRIZICKY (1962).

Wichtige Literatur: BRIZICKY, G. K., 1962, The genera of *Rutaceae* in the Southeastern United States. Journ. Arnold Arbor. *43*, 1—22. — DESAI, S., 1960, Cytology of *Rutaceae* and *Simarubaceae*. Cytologia *25*, 28—35. — ENGLER, A., 1931, *Rutaceae* in Natürl. Pflanzenfam., 2. Aufl., *19a*, 187—359. — HARTL, D., 1957, Struktur und Herkunft des Endokarps der Rutaceen. Beitr. Biol. Pfl. *34*, 35—49. — Ders., 1958, Die Übereinstimmungen des Endokarps der Simaroubaceen, Rutaceen und Leguminosen. Beitr. Biol. Pfl. *34*, 453—455. — MAURITZON, J., 1935, Über die Embryologie der Familie *Rutaceae*. Svensk Bot. Tidskr. *29*, 319—347. — MOORE, J. A., 1936, Floral anatomy and phylogeny in the *Rutaceae*. New Phytol. *35*, 318—322. — NEGODI, G., 1937, Lineamenti sulla cariologia delle *Rutaceae* e delle *Zygophyllaceae*. Arch. Bot. Forli *13*, 93—102. — Ders., 1939, Cariologia delle *Rutaceae* e delle *Zygophyllaceae*. Scient. Genet. *1*, 168—185.

S. 57 ff.: *Citrus* L.

Die systematische Umgrenzung der kultivierten Sippen ist wegen der großen Anzahl fertiler Kreuzungen sehr schwierig. Die meisten Arten sind diploid (2 n = 18), doch kommen auch triploide, tetraploide (2 n = 36) und selten penta- und hexaploide Pflanzen vor. Aneuploide Zahlen wurden bei einigen Bastarden festgestellt. Ausführlich findet sich die Systematik und Züchtung der *Citrus*-Arten bei SWINGLE, bzw. WEBBER und BATCHELOR (1943) dargestellt; neuere Literatur führt BRIZICKY (1962) auf. Für die kultivierten Arten gelten heute folgende Namen (nach MANSFELD, R. in Kulturpflanze, Beih. 2, 1959):

1. Mandarine, *C. reticulata* Blanco; der früher verwendete Name *C. nobilis* Lour. gehört zu einer anderen (in Südchina und Cochinchina gebauten) Sippe.
2. Pomeranze, *C. aurantium* L. ssp. *aurantium* (= *C. aurantium* L. ssp. *amara* Engler).
3. Bergamotte, *C. aurantium* L. ssp. *bergamia* (Risso et Poit.) Engler.
4. Apfelsine, Orange, *C. sinensis* (L.) Osbeck (= *C. aurantium* L. ssp. *sinensis* Engler).
5. Pompelmuse, Riesenorange, *C. maxima* (Burm.) Merrill (= *C. aurantium* L. ssp. *decumana* Thellung).
6. Grape-fruit, *C. paradisi* Macfayden in Hook. Wird vor allem zur Saftherstellung verwendet (Vitamin C und B_1).
7. Zitronat-Zitrone, *C. medica* L. (= *C. medica* L. ssp. *genuina* Engler).
8. Zitrone, saure Zitrone, *C. limon* Burm. f. (= *C. medica* L. ssp. *limonum* [Risso] Hook.).
9. Saure Limette, *C. aurantiifolia* (Christm.) Swingle; zur Herstellung von Limetten-Saft (lime-juice) verwendet.
10. Süße Zitrone, sweet lime, *C. limetta* Risso.

Wichtige Literatur: FORD, H. W., 1961, A list of species, varieties and relatives in 70 *Citrus* collections. Univ. Fla. Agr. Rep. Sta. Bull. *633*, 84 pp. — HUME, H. H., 1957, *Citrus* fruits. Rev. ed. Macmillan, New York, 444 pp. — KRUG, C. A., 1943, Chromosome numbers in the subfamily *Aurantioideae* with special reference to the genus *Citrus*. Bot. Gaz. *104*, 602—611. — NAITHANI, S. P. and S. S. RAGHUVANSHI, 1963, Cytogenetical studies in *Citrus*. I. Genetica *33*, 301—312. — RAGHUVANSHI, S. S., 1962, Cytogenetical studies in genus *Citrus*. IV. Evolution in genus *Citrus*. Cytologia *27*, 172—188. — SHARMA, A. K., and A. K. BAL, 1957, Chromosome studies in *Citrus*. I. Agronomia Lusitanica *19*, 101—126. — SWINGLE, W. T., 1943, The botany of *Citrus* and its wild relatives of the orange subfamily. In: WEBBER and BATCHELOR, The *Citrus* Industry *1*, 129—474. — TANAKA, T., 1954, Species problems in *Citrus*. A critical study of wild and cultivated units of *Citrus*. Tokyo, 152 pp. — WEBBER, H. J. and L. D. BATCHELOR, 1943, The Citrus industry. Vol. I. History, botany and breeding; 1948, Vol. II. The production of the crop. Univ. Calif. Press, Berkeley and Los Angeles.

Verschiedene Autoren: Chemistry and technology of *Citrus*, citrus products and byproducts. Agric. Res. Serv. U. S. Dept. Agric. Agr. Handbook No. *98*, 1962.

447. *Ruta* L.

S. 69: Zu Nr. 1807 *Ruta graveolens* L. Die Art hat 2 n = 72 Chromosomen. Wichtige Literatur: BERSILLON, G., 1956, Les inflorescences de *Ruta graveolens* L. Rev. Gén. Bot. *63*, 437—460. — SOUÈGES, R., 1926, Développement de l'embryon chez le *Ruta graveolens* L. Bull. Soc. Bot. France *73*, 245—260.

448. *Dictamnus* L.

S. 74: Zu Nr. 1809 *Dictamnus albus* L. Die Chromosomenzahl ist 2 n = 36. Der Diptam als offizinelle Pflanze s. GESSNER, O., Die Gift- und Arzneipflanzen von Mitteleuropa, 2. Aufl., p. 35 (1953). Verbreitungskarten der Art: Gesamtverbreitung s. MEUSEL, H., Vergleichende Arealkunde, Karte 25c (1943); Nordbayern s. GAUCKLER, K. in Ber. Bayer. Bot. Ges. *23* (1938); Mitteldeutschland s. MEUSEL, H. in Hercynia *1* (1), (1937); Mähren s. SMARDA, J. in Rozsireni xerothermních rostlin na Morave a ve slezku. Brno (1963); Polen s. KEPCZYNSKI, K. in Szata Roslinna Wysoczyny Dobrzynskiej, Torún (1965); Pommern s. CZUBINSKI, Z. in Zagadnienia geobotaniczne pomorza. Poznan 1950.

Wichtige Literatur: BARNIKEL, W., 1960, Der Diptam. Aus der Heimat *68*, 109—111. — HERMANN, F., 1960, *Dictamnus albus* L. lusus *simplicifolius*. Mitt. Thür. Bot. Ges. *2* (1), 214. — RENNER, W., 1962, Beiträge zur Kenntnis der Biogenese sekundärer Pflanzenstoffe von *Dictamnus albus* L. Die Pharmazie *17*, 763—776.

67. Familie Simaroubaceae

Die Familie wird heute *Simaroubaceae* (früher *Simarubaceae*) geschrieben (s. BRIZICKY 1962, p. 177 und BULLOCK, A. A. in Taxon *8*, 199 [1959]). Die *Simaroubaceae* werden in die Ordnung *Rutales* gestellt und als nächstverwandt mit den *Rutaceae* angesehen. Weitere Literatur über die Familie findet sich bei BRIZICKY (1962).

Wichtige Literatur: BRIZICKY, G. K., 1962, The genera of *Simaroubaceae* and *Burseraceae* in the Southeastern United States. Journ. Arnold Arbor. *43*, 173—186. — DESAI, S., 1960, Cytology of *Rutaceae* and *Simarubaceae*. Cytologia *25*, 28—35. — ENGLER, A., 1931, *Simarubaceae* in Natürl. Pflanzenfam., 2. Aufl., *19a*, 359—405. — HARTL, D., 1958, Die Übereinstimmungen des Endokarps der Simaroubaceen, Rutaceen und Leguminosen. Beitr. Biol. Pfl. *34*, 453—455. — NAIR, N.C. and R. K. JOSHI, 1958, Floral morphology of some members of the *Simaroubaceae*. Bot. Gaz. *120*, 88—99.

449. *Ailanthus* Desf.

S. 81 ff.: Der Gattungsname *Ailanthus* Desf. (1789) ist ein nomen conservandum gegenüber *Pongelion* Adans. (1763).

Der gültige Name für Nr. 1810 ist: *Ailanthus altissima* (Mill.) Swingle 1916 (= *A. peregrina* [Buchoz] F. A. Barkley).

Bei uns werden vor allem *A. vilmoriniana* Dode, *A. sutchuenensis* Dode und *A. altissima* (Mill.) Swingle angepflanzt.

Wichtige Literatur: SCHWARZ, H., 1955, Die forstliche Bedeutung des Götterbaumes in Österreich. Österr. Vierteljahresschr. f. Forstwesen *69*, 133—140.

68. Familie Polygalaceae

Die *Polygalaceae* werden heute als am stärksten abgeleitete Familie in die Ordnung *Rutales* (= *Terebinthales* p.p.) gestellt.

450. *Polygala* L.

S. 89 ff.: Von den mitteleuropäischen *Polygala*-Arten sind bisher folgende Chromosomenzahlen bekannt: 2 n = 28: *P. amara* ssp. *amara* und ssp. *brachyptera*, *P. comosa* ssp. *comosa*; 2 n = 32: *P. serpyllifolia*; 2 n = 34: *P. alpestris*, *P. amarella* ssp. *amarella* und ssp. *austriaca*, *P. calcarea*, *P. comosa* ssp. *comosa*, *P. serpyllifolia*, *P. vulgaris*; 2 n = 68: *P. vulgaris* ssp. *vulgaris* und ssp. *oxyptera*.

Chamaebuxus alpestris hat 2 n = ca. 46 Chromosomen.

Pollen ± kugelig, sehr typisch (allerdings ähnlich dem von *Utricularia*) mit 10—14 meridionalen Furchen und einer durchgehenden äquatorialen Ringfurche (polyzonocolporat, synclinorat). Exine mit einem glatten Tectum, dieses im polaren Bereich durch „Lacunae" unterbrochen. Pollen von *P. vulgaris* um 40 μ groß. Fossiler Pollen bisher nur vereinzelt gefunden. JANSSEN wertet den Pollen von *P.* cf. *vulgaris* als Besiedlungszeiger; MAYER gibt in seinen alpinen Pollendiagrammen *P. chamaebuxus* an.

Wichtige Literatur: EBERLE, G., 1954, Die Buchs-Kreuzblume *(Polygala chamaebuxus* L.*)*. Jahrb. Schutze Alpenpfl. u. Tiere, *19*, 30—34.— GLENDINNING, D. R., 1954, British *Polygala* species. Proc. Bot. Soc. Brit. Isles *1*, 2. — Ders., 1955, Le cytologie de *Polygala chamaebuxus* L. Bull. Soc. Neuchât. Sci. Nat. *78*, 161—167. — Ders., 1960, Cytology of *Polygala*, Nature *188*, 604—605. — JUNGBLUT, F., 1957, Le *Polygala ilseana* A. et G. est il un hybride ou une forme écologique? Arch. Inst. Luxembourg, Sci. Nat. phys.-math. N.S. *24*, 79—82. — KNOLL, S., 1961, Über das Vorkommen von *Erica carnea* und *Chamaebuxus alpestris* im Südvogtland und in den angrenzenden Gebieten der CSSR. Ber. Arb. Gem. sächs. Bot. N.F. *3*, 150—152.— LARSEN, K., 1959, On the cytological pattern of the genus *Polygala*. Bot. Notiser *112*, 369—371. — MORAVEC, J., 1961, Ein Beitrag zur Verbreitung von *Chamaebuxus alpestris* Spach in SW-Böhmen. Preslia *33*, 375—385 (tschech., deutsch. Zusammenf.). — PAWLOWSKY, B., 1958, De Polygalis polonicis annotationes criticae. Fragm. Flor. Geobot. *3* (2), 35—68. — PEDERSEN, A., 1956, Rubiaceernes, Polygalaceernes, Linaceernes,

	Oxalidaceernes og Balsaminaceernes udbredelse i Danmark. Bot. Tidsskr. *53*, 139—196. — Pócs, T., 1958, Beiträge zur Kenntnis des Formenkreises der *Polygala nicaeensis* Risso und ihres Vorkommens in Ungarn. Magy. Tud. Akad. Biol. Csoport Közl. *2*, 235—247 (ungar.).
S. 91:	Zu Nr. 1811 *Polygala Chamaebuxus* L. Von neueren Autoren wird die Art wieder in eine eigene Gattung gestellt: *Chamaebuxus alpestris* Spach. Die Sippe steigt in Graubünden bis 2615 m, im Wallis sicher bis 2250 m.
	Verbreitungskarten: Gesamtverbreitung s. SAXER, A., in Beitr. geobot. Landesaufn. Schweiz *36* (1955); nördliches Alpenvorland und angrenzende Gebiete s. BRESINSKY, A. in Ber. Bayer. Bot. Ges. *38* (1965); Nordbayern s. GAUCKLER, K., in Ber. Bayer. Bot. Ges. *30* (1954); südwestl. Böhmen s. MORAVEC (1961).
S. 98:	Zu Nr. 1811 *Polygala Nicaeensis* Risso. Erstmals für Österreich wurde kürzlich die der *P. nicaeensis* nahestehende *Polygala carniolica* Kerner nachgewiesen. *P. carniolica* wird in die beiden Unterarten ssp. *carniolica* und ssp. *pannonica* (Pócs) Melzer aufgeteilt, die sich vor allem an der Größe der Kelchflügel unterscheiden. Die ssp. *carniolica* wächst im Burgenland: Schneiderberg südöstlich Neumarkt a. d. Raab (GUGLIA); die ssp. *pannonica* kommt im Burgenland (Teichbachtal SÖ von Oberwart, GUGLIA) und in der Steiermark (Klöch bei Radkersburg, MELZER; Badlgraben bei Peggau NW Graz, MELZER) vor. Näheres über die Sippen s. Pócs (1958) und MELZER, H. in Mitt. Naturw. Ver. Steiermark *95*, p. 144-145 (1965).
S. 99:	Zu Nr. 1814 *Polygala comosa* Schkuhr. Die var. *pedemontana* Perr. et Song. kommt im Wallis (Rhonetal und besonders Simplonsüdseite) und in Südbünden vor.
	Verbreitung in Polen s. PAWLOWSKI (1958), Nordwestbrandenburg s. FISCHER, W., in Wiss. Zeitschr. Päd. Hochschule Potsdam 1959.
S. 101 ff.:	Zu Nr. 1815 *Polygala vulgaris* L. Die Sippe wird heute in zwei Unterarten untergliedert, denen auch Artrecht zugesprochen wird:
	ssp. *vulgaris*: Flügel vorn abgerundet, elliptisch bis breiteiförmig elliptisch, so breit wie die Kapsel und etwas länger.
	ssp. *oxyptera* (Rchb.) Lange: Flügel vorn zugespitzt, lanzettlich bis breit-lanzettlich, schmaler als die Kapsel oder etwa so lang.
	Über die Verbreitung der Unterarten ist wenig bekannt. Die ssp. *oxyptera* erreicht wohl die Ostgrenze in Polen, in Österreich wurde sie im Burgenland und in Niederösterreich festgestellt.
S. 104:	Zu Nr. 1816 *Polygala alpestris* Rchb. Die Art fehlt in Österreich im Burgenland und Niederösterreich; in Oberösterreich kommt sie im Dachsteingebiet vor. Fundorte in der Steiermark s. MELZER, H. in Mitt. Naturw. Ver. Steiermark *95*, p. 145 (1965). Im Mittelstock der Bayerischen Alpen auf der Reißenden Lahnspitz. Die Sippe reicht in der Schweiz im Jura ostwärts bis zum Grenchenberg und zur Hasenmatt (nicht Hasenmatte), im Basler Jura fehlt sie.
S. 105:	Zu Nr. 1817 *Polygala serpyllifolia* J. A. Hose. In Österreich um Seefeld in Nordtirol und im nördlichen Vorarlberg. In der Schweiz auch um Luzern und im Napfgebiet. In Bayern weiter verbreitet (s. HEPP, E. in Ber. Bayer. Bot. Ges. *31*, p. 34, 1956).
	Verbreitungskarten: Gesamtverbreitung s. HULTÉN, E., The amphi-atlantic plants. Stockholm (1958) und DUPONT, P., La flore atlantique européenne. Toulouse (1962); Vorkommen in Sachsen s. MILITZER, M. in 2. Jahresber. Arbeitsgem. sächs. Bot. p. 88 (1942), Schleswig-Holstein s. CHRISTIANSEN, W. Neue kritische Flora von Schleswig-Holstein. Rendsburg (1953).
S. 108 ff.:	Zu Nr. 1819 *Polygala amara* L. Die Artengruppe wird heute in zwei Arten aufgespalten:
	P. amara L. mit den Unterarten ssp. *amara* und ssp. *brachyptera* (Chodat) Hayek (= var. *brachyptera* [Chodat] Hegi).
	P. amarella Crantz mit den Unterarten ssp. *amarella*, ssp. *amblyptera* (Koch) Jávorka und ssp. *austriaca* (Crantz) Jávorka.
	Die Unterarten sind in HEGI als Varietäten aufgeführt, der Bestimmungsschlüssel hat sich nicht verändert. Über die Verbreitung der einzelnen Einheiten ist noch wenig bekannt. Verbreitung von *P. amara* s. lat. in Polen s. PAWLOWSKI (1958).

69. Familie Euphorbiaceae

Die Ansichten über die systematische Stellung der stark spezialisierten und abgeleiteten *Euphorbiaceae* sind immer noch uneinheitlich. Einerseits wird die Familie in eine eigene Unterordnung *Euphorbiineae* der Ordnung *Geraniales* gestellt. Anderseits werden auch nähere verwandtschaftliche Beziehungen der *Euphorbiales* zu den *Malvales* und *Celastrales* (TAKHTAJAN 1959) angenommen. HUTCHINSON (1959) glaubt, daß die *Euphorbiales* keine einheitliche Gruppe sind, sondern sich von mehreren Ordnungen ableiten lassen. DÄNIKER (1946) erwägt eine engere Verwandtschaft mit den *Juglandaceae* und *Balanopsidaceae*.
Über die (häufig kultivierten) *Poinsettia*-Arten liegt eine moderne Bearbeitung von DRESSLER (1961) vor.
Ein großer Teil der Euphorbiaceen-Gattungen läßt sich auch nach anatomischen Merkmalen bestimmen (ASSAILLY 1954).

Wichtige Literatur: ASSAILLY, A., 1954, Contribution à la détermination des Euphorbiacées par la méthode anatomique. Bull. Soc. Hist. Nat. Toulouse *89*, 157—194. — DÄNIKER, A. U., 1946, Über die Euphorbiaceen

und die Entwicklung der *Monochlamydeae*. Arch. Klaus-Stiftg. *21*, 465—469. — DRESSLER, R.L., 1961, A synposis of *Poinsettia* (*Euphorbiaceae*). Ann. Miss. Bot. Gard. *48*, 329—341. — HEGNAUER, R., *Euphorbiaceae* in Chemotaxonomie der Pflanzen *4* (im Druck). — MANDL, K., 1926, Beitrag zur Kenntnis der Anatomie der Samen mehrerer *Euphorbia*-Arten. Österr. Bot. Zeitschr. *75*, 1—17. — PAX, F. und K. HOFFMANN, 1930, Euphorbiaceen in KIRCHNER, LOEW und SCHRÖTER, Lebensgeschichte d. Blütenpfl. Mitteleuropas *3* (3), 241—308. Stuttgart. — Dies., 1931, *Euphorbiaceae* in Natürl. Pflanzenfam., 2. Aufl., *19c*, 11—233. — PERRY, B. A., 1943, Chromosome number and phylogenetic relationship in the *Euphorbiaceae*. Amer. Journ. Bot. *30*, 527—543. — PUNT, W., 1962, Pollen morphology of the *Euphorbiaceae* with special reference to taxonomy. Wentia *7*, 1—116. — RASMUSSEN, S.M., 1954, Euphorbiaceernes, Malvaceernes og Violaceernes udbredelse i Danmark. Bot. Tidsskr. *50*, 239—278.
Weitere Literatur s. Syllabus der Pflanzenfamilien. Bd. II, p. 261—262. Berlin 1964; s. auch unter *Euphorbia*.

451. *Mercurialis* L.

Pollen von *M. perennis*: ± kugelig, $25 \times 23\ \mu$, tricolporat, Furchen durch eine äquatoriale Brücke unterbrochen; Tegillum mit dichten, etwas unregelmäßig verteilten kleinen Perforationen (Puncta). Bacula sehen Pila ähnlich aus. Pollen von *M. annua* ähnlich, $26 \times 23\ \mu$. Fossilfunde der Gattung mehrfach.

Wichtige Literatur: DURAND, B., 1957, Polymorphisme, polyploïdie et répartition des sexes chez les Mercuriales annuelles. C. R. Acad. Sci. Paris *244*, 1249—1251. — Ders., 1962, Un complexe polyploïde méconnu *Mercurialis annua* L. Rev. Cytol. et Biol. Veg. *25*, 337—341. — Ders., 1962, Le Complexe *Mercurialis annua* L. s. l. — une étude biosystématique. Ann. Sci. Nat. Bot. et Biol. Vég., *12* (4), 579—736. — GAERTNER, H., 1960, Entwicklungsgeschichtliche und zytologische Untersuchungen an Phloemelementen von *Mercurialis annua* und *perennis*. Zeitschr. f. Bot. *48*, 398—414. — HORAK, J., 1964, Bemerkungen zum Vorkommen von *Mercurialis ovata* Sternb. et Hoppe. Preslia *36*, 89—92. — LOHWAG, K., 1947, *Mercurialis annua*, ein giftiges Unkraut. Wiener Tierärztl. Monatsschr. *34*. — MERKURJI, S. K., 1936, Contributions to the autecology of *Mercurialis perennis* L. Journ. Ecol. *24*, 38—81 und 317—339. — THOMAS, R.G., 1958, Sexuality in diploid and tetraploid races of *Mercurialis annua* L. Ann. of Bot. *22*, 55—72.

S. 126 ff.: Zu Nr. 1821 *Mercurialis annua* L. Die Arbeiten von DURAND (vor allem 1963) behandeln ausführlich die Karyologie, morphologischen Merkmale und die geographische Verbreitung der Rassen des *M. annua*-Komplexes in West- und Südwesteuropa. In Mitteleuropa wurde bisher nur die diploide Form ($2\,n = 16$) festgestellt. Polyploide Sippen wachsen vor allem im iberischen Raum.

Alle Teile der Pflanze (auch von *M. perennis*) enthalten Saponin (s. GESSNER, O., Die Gift- und Arzneipflanzen von Mitteleuropa. 2. Aufl., p. 252 [1953]).

S. 129: Zu Nr. 1822 *Mercurialis perennis* L. Gesamtverbreitung s. MEUSEL, H., Vergleichende Arealkunde, Berlin 1943, Karte 42c und SAXER, A. in Beitr. geobot. Landesaufnahme Schweiz *36* (1955).

S. 133: Zu Nr. 1823 *Mercurialis ovata* Sternb. et Hoppe. Die Art hat $2\,n = 32$ Chromosomen. Von BAKSAY (in Ann. Hist.-Nat. Musei Nat. Hung., ser. nov. *8*, 170—171, 1957) wurde in Ungarn eine polyploide Sippe *M. longistipes* (Borbás) Baksay mit $2\,n = 64$ Chromosomen festgestellt, die möglicherweise hybridogen entstanden ist und sich von *M. ovata* vor allem durch die kurz gestielten, fein gekerbten Blätter unterscheidet. *M. longistipes* kommt auch in der Südslowakei vor (s. HOLUB, J. in Preslia *33*, p. 403 [1961]).

Die Angaben aus dem Tessin sind zu streichen. Die betreffenden Pflanzen gehören zu *M. perennis* var. *ovatifolia* Hausskn.

Gesamtverbreitung s. MEUSEL (1943) und SAXER (1955) l. c.; Nordbayern s. GAUCKLER, K. in Ber. Bayer. Bot. Ges. *23* (1938).

452. *Euphorbia* L.

S. 134 ff.: Unsere einheimischen Arten der Gattung *Euphorbia* werden von LÖVE & LÖVE (Chromosome numbers of Central and North-West-European plant species, Opera Botanica *5*, 1961) wieder als Gattung *Tithymalus* Trew abgetrennt; die südeuropäischen und eingeschleppten annuellen Arten finden wir in der Gattung *Chamaesyce* S.F. Gray.

Die Chromosomenzahlen in der Gattung *Euphorbia* sind sehr unterschiedlich und lassen sich auf verschiedene Grundzahlen zurückführen. Von den mitteleuropäischen Sippen sind folgende Zahlen bekannt: $2\,n = 12$: *E. dulcis*; $2\,n = 14$: *E. nutans, E. polychroma, E. verrucosa*; $2\,n = 16$: *E. exigua, E. falcata, E. peplus, E. polychroma, E. segetalis, E. seguieriana, E. villosa*; $2\,n = 18$: *E. amygdaloides, E. angulata, E. dulcis, E. verrucosa*; $2\,n = 20$: *E. cyparissias, E. lathyris, E. palustris, E. stricta, E. virgata*; $2\,n = 22$: *E. humifusa*; $2\,n = 24$: *E. dulcis, E. exigua*; $2\,n = 28$: *E. exigua, E. maculata, E. platyphyllos, E. stricta*; $2\,n = 36$: *E. acuminata, E. lucida, E. salicifolia*; $2\,n = 40$: *E. cyparissias*; $2\,n = 42$: *E. helioscopia*; $2\,n = 56$: *E. exigua*; $2\,n = 60$ und $2\,n = 64$: *E. esula* ssp. *esula*. Bei *E. exigua* kommen auch noch die Zahlen $2\,n = 25$ und $2\,n = 26$ vor.

Über den Bau der Infloreszenzen s. TROLL, W., Die Infloreszenzen. Bd. *1*, Fischer Stuttgart (1964).

Nach dem Bestimmungsschlüssel von RÖSSLER (1943) lassen sich die europäischen *Euphorbia*-Arten auch am Samentyp erkennen.

Über Inhaltsstoffe, Pharmakologie und Vergiftungen s. GESSNER, O., Die Gift- und Arzneipflanzen von Mitteleuropa, 2. Aufl., p. 523 ff. (1953).

Pollen von *Euphorbia*: ± kugelig, tricolporat, Colpi crassimarginat, mit netzartigem Muster, das infolge trichterartiger, von Bacula getragener Vertiefungen im Tegillum (foveolat nach FAEGRI und IVERSEN) entsteht. *E. hirta* 30 ×23 μ, *E. peplus* 27 × 29 μ, *E. palustris* 50 × 45 μ, *E. esula* (mit Operculum) 43 × 40 μ. Fossilfunde wurden nur vereinzelt gemacht.

Wichtige Literatur: ARIETTI, N., 1943, Distribuzione e variabilità dell'*Euphorbia variabilis* Ces. in alcuni aspetti della vegetazione bresciana. Atti Inst. Bot. Univ. Pavia Ser. 5, *2*, 87—119. — BODMANN, H., 1937, Zur Morphologie der Blütenstände von *Euphorbia*. Österr. Bot. Zeitschr. *86*, 241—279. — CESCA, G., 1961, Ricerche cariologiche ed embriologiche sulle *Euphorbiaceae*. I. Su alcuni biotipi di *Euphorbia dulcis* L. della Toscana. Caryologia *14*, 79—86. — D'AMATO, 1939, Ricerche embriologiche e cariologiche sul genere *Euphorbia*. Nuov. Giorn. Bot. Ital. *46*, 470—509. — Ders., 1946, Nuove ricerche embriologiche e cariologiche sul genere *Euphorbia*. Nuov. Giorn. Bot. Ital. *53*, 405—436. — HANELT, P., 1957, Wuchsformen annueller *Euphorbia*-Arten. Wiss. Zeitschr. Univ. Halle, Math.-nat. Reihe *6*, 935—943. — KOCH, W., 1950, *Euphorbia prostrata* Aiton, eine bemerkenswerte neue Adventivpflanze der Schweizer Flora. Ber. Schweiz. Bot. Ges. *60*, 316—326. — KUEMMEL, K., 1937, *Euphorbia amygdaloides* L. im Vorgebirge, ein neuer Standort der mandelblättrigen Wolfsmilch. Decheniana *95 B*, 170—184. — KUZMANOV, B., 1964, On the origin of *Euphorbia* subg. *Esula* in Europe *(Euphorbiaceae)*, Blumea *12*, 369—379. — MOORE, R. J., 1958, Cytotaxonomy of *Euphorbia esula* in Canada and its hybrids with *Euphorbia cyparissias*. Canad. Journ. Bot. *36*, 547—559. — Ders., and LINDSAY, D. R., 1953, Fertility and polyploidy of *Euphorbia cyparissias* in Canada. Canad. Journ. Bot. *31*, 152—163. — PRITCHARD, T., 1961, The cytotaxonomy of the weedy species *Euphorbia cyparissias* L. and *Euphorbia esula*. Recent advances in Botany, 866—870. — RECHINGER, K., 1926, Zwei neue Hybriden. Repert. spec. nov. *22*, 186—187. — RÖSSLER, L., 1943, Vergleichende Morphologie der Samen europäischer *Euphorbia*-Arten. Beih. Bot. Ctrbl. Abt. B *62*, 97—174. — RÖSSLER-HAUBER, L., 1946, Zur Kenntnis von *Euphorbia taurinensis* Allioni sensu ampl. Ber. Schweiz. Bot. Ges. *56*, 271—301. — SOJÁK, J., 1960, Einige Bemerkungen zu den *Euphorbia*-Arten in den Ostkarpaten. Biológia (Bratislava) *15*, 920—925. — SOÓ, R., 1924/25, Übersicht der ungarischen *Euphorbia*-Hybriden. Botanikai Közlemények *22*, 65—67 und (29). — TROLL, W. und B. HEIDENHAIN, 1953, Studien über die Infloreszenzen von *Euphorbia cyparissias*. Ber. Deutsch. Bot. Ges. *65*, 377—382. — WIKUS, E. und PIGNATTI, S., 1954, *Euphorbia indica* Lam. — neu für Österreich. Verh. Zool. Bot. Ges. Wien *94*, 147—149.

S. 141: *Euphorbia marginata* Pursh: aus dem westlichen Nordamerika. Manchmal verwildert, so bei Graz, in Wien und mehrfach in Südtirol.

Euphorbia taurinensis All. Eingeschleppt auch bei Linz und Tattendorf im Steinfeld (MELZER); Bahnhof Werndorf südlich Graz; Bahnhof Gramatneusiedl (HABERHOFER).

Euphorbia indica Lam. Eingeschleppt in Kärnten (Bahnhof Tainach-Stein bei Klagenfurt, WIKUS und PIGNATTI).

S. 143: Zu Nr. 1824 *Euphorbia nutans* Lagasca. Eingeschleppt in der Steiermark und in Kärnten. In der Schweiz häufig im südlichen Tessin, ferner mehrfach nördlich der Alpen.

S. 145: Zu Nr. 1826 *Euphorbia chamaesyce* L. Eingeschleppt in der Oststeiermark (Hatzendorf).

S. 145: Zu Nr. 1827 *Euphorbia maculata* L. Der gültige Name ist *E. supina* Raf. Eingeschleppt z. B. in Niederösterreich, Steiermark, Kärnten, Tirol (Innsbruck), in Bozen.

S. 149: Zu Nr. 1831 *Euphorbia austriaca* A. Kerner. Die Verbreitung der Art ist nicht rein nordostalpin. Neuerdings wurde sie auch in der NO-Slowakei am Westrand der Waldkarpathen festgestellt (SOJÁK 1960).

S. 150: Zu Nr. 1831 *Euphorbia palustris* L. Im Bayerischen Ries bei Laub und Muttenau, Bez. Öttingen (BLUM). In vielen Gegenden durch die Entwässerung der Standorte stark zurückgehend.
Verbreitung in Mitteldeutschland s. MEUSEL, H. in Wiss. Zeitschr. Univ. Halle, math.-nat. 5 (2) (1955), dort auch Gesamtverbreitungskarte; Vorkommen in Brandenburg s. MÜLLER-STOLL, W. R. und H.-D. KRAUSCH in Wiss. Zeitschr. Pädag. Hochschule Potsdam 1962; Polen s. KEPCZYNSKI, K. in Szata Roslinna Wysoczyzny Dobrzynskiej, Torún (1965).

S. 153: Zu Nr. 1833 *Euphorbia polychroma* Kerner. Fehlt in der Steiermark. Verbreitung in Mähren s. ŠMARDA (1963).

S. 154: Zu Nr. 1834 *Euphorbia dulcis* L. Die Art wird heute in zwei Unterarten zerlegt:
ssp. *dulcis*, Kapsel auch bei der Reife dicht behaart
ssp. *purpurata* (Thuill.) Rothm. (= var. *purpurata* [Thuill.] Koch = var. *incompta* [Cesati] Hegi et Beger). Die genaue Verbreitung der beiden Unterarten ist noch unbekannt. Die ssp. *dulcis* scheint weiter verbreitet zu sein, die ssp. *purpurata* wurde sicher festgestellt in Österreich (vielleicht verbreitet), sowie im westlichen und südwestlichen Deutschland. Verbreitung von *E. dulcis* in Mitteldeutschland s. MEUSEL (1955), in Polen s. KEPCZYNSKI (1965).

S. 156: Zu Nr. 1835 *Euphorbia angulata* Jacq. Verbreitung in Mähren s. ŠMARDA, J. in Rozsíreni xerothermních rostlin na Moravĕ a ve Slezku. Brno (1963).

S. 160: Zu Nr. 1838 *Euphorbia platyphyllos* L. In Bayern auch in den Allgäuer Alpen (Käseralpe, 1700 m).

S. 163: Zu Nr. 1840 *Euphorbia helioscopia* L. Steigt in der Schweiz bis 1880 m.

S. 164: Zu Nr. 1841 *Euphorbia amygdaloides* L. Im Wallis bis 970 m. Verbreitung in Mitteldeutschland s. MEUSEL (1955) l. c.

S. 167:	Zu Nr. 1843 *Euphorbia cyparissias* L. Im Wallis ob Zermatt bis 3050 m. Von dieser Art gibt es bei uns diploide (2 n = 20) und tetraploide (2 n = 40) Sippen, die sich aber bisher nur an der Pollengröße unterscheiden lassen.
S. 170:	Zu Nr. 1844 *Euphorbia esula* L. In der Schweiz verschleppt (Zürich, Tessin). Nomenklatur: ssp. *pinifolia* (Lamk.) Asch. et Graebner!
S. 172:	Zu Nr. 1845 *Euphorbia lucida* Waldst. et Kit. Die Art wurde neuerdings am Altrhein bei Gimbsheim im Oberrheingebiet gefunden (KORNECK).
S. 173:	Zu Nr. 1846 *Euphorbia virgata* Waldst. et Kit. In der Schweiz auch im Kanton Genf. Der Fundort Hüninger Festungsmauern (im Elsaß) ist zu streichen. Verbreitung in Mähren s. ŠMARDA (1963) l.c.
S. 177:	Zu Nr. 1847 *Euphorbia Seguieriana* Necker. Verbreitung in Mähren s. ŠMARDA (1963) l.c.
S. 181:	Zu Nr. 1850 *Euphorbia saxatilis* Jacq. Ein Verbreitungskärtchen von *E. saxatilis* und der nahe verwandten *E. kerneri* Huter gibt MERXMÜLLER, H. in Jahrb. Schütze Alpenpfl. u. -Tiere *17*, 118 (1952).
S. 182:	Zu Nr. 1851 *Euphorbia variabilis* Cesati. Schweiz: im Grenzgebiet in der Val Cavargna (zwischen Porlezza und dem Comersee) 1962 von BECHERER entdeckt.
S. 183:	Zu Nr. 1852 *Euphorbia segetalis* L. In Österreich in neuerer Zeit nicht wiedergefunden.
S. 184:	Zu Nr. 1853 *Euphorbia falcata* L. Im südlichen Tessin mehrfach (urwüchsig!).
S. 185:	Zu Nr. 1854 *Euphorbia acuminata* Lam. Um Wien stellenweise eingebürgert: Eichkogel bei Mödling, Einöd bei Baden, Groß-Enzersdorf und Hetzendorf.
S. 187:	Zu Nr. 1856 *Euphorbia exigua* L. Verbreitung in Schleswig-Holstein s. CHRISTIANSEN, W. Neue kritische Flora von Schleswig-Holstein. Rendsburg (1953), Tschechoslowakei s. MORAVEC, J. in Preslia *30*, 9 (1958).
S. 189:	Mehrere *Euphorbia*-Bastarde wurden vor allem aus Österreich (Burgenland, Niederösterreich) mitgeteilt. Näheres s. JANCHEN, E. in Catalogus florae Austriae Bd. *1* (1), p. 174 (1956) und *1* (4), p. 922 (1959). Der Bastard *E. cyparissias* × *E. virgata* wurde im Wallis mehrfach festgestellt.

70. Familie Callitrichaceae

Wegen der starken Reduktion der vegetativen und generativen Organe ist die systematische Stellung der *Callitrichaceae* noch immer unklar. Auf Grund neuerer embryologischer Untersuchungen wird die Familie in die Ordnung der *Tubiflorae* hinter die *Verbenaceae* gestellt. Dafür sprechen das Vorkommen nur eines Integumentes, die Entwicklung des Archespors, das Vorkommen eines Tapetums, der Bau der Frucht u. a. Merkmale. Verwandtschaftliche Beziehungen der *Callitrichaceae* zu den *Euphorbiaceae* und *Halorogaceae* werden ebenfalls noch diskutiert.

453. *Callitriche* L.

S. 193 ff.: Pollen ± kugelig, mit drei sehr undeutlichen Falten oder ohne Aperturen (tricolpoid bzw. atrem), Oberfläche netzig, Maschen des Retikulums in einzelne, in Seitenansicht Trommelschlägern ähnliche Elemente aufgelöst, Exine ca. $1\frac{1}{2}\,\mu$ dick; Mittl. $\varnothing$ 17—20 μ. Fossiler Pollen wurde bisher nur selten gefunden.

Wichtige Literatur: BEGER, H., 1932, *Callitrichaceae* in KIRCHNER, LOEW und SCHRÖTER, Lebensgeschichte der Blütenpflanzen Mitteleuropas, Bd. *3* (3), 309—344. — DERSCH, G., 1965, Notizen über das Vorkommen von *Callitriche*-Arten in (Nord-) Hessen. Hess. Flor. Briefe *14* (Brief 164), 35—44. — DETTMANN, U., 1963, *Callitrichaceae* in W. ROTHMALER, Exkursionsflora von Deutschland, Kritischer Ergänzungsband, Gefäßpflanzen, 210—211. — HEGNAUER, R., 1964, *Callitrichaceae* in Chemotaxonomie d. Pflanzen, Bd. *3*, 337—338. — HEINE, H., 1954, *Callitriche cophocarpa* Sendtn. Ber. Bayer. Bot. Ges. *30*, 32—37. — JONES, H., 1955, Notes on the identification of some British species of *Callitriche*. Watsonia *3*, 186—192. — KUNZ, H., 1956, *Ranunculus polyanthemophyllus* Koch et Hess, *Neslia apiculata* Fischer et Meyer und *Callitriche obtusangula* Legall in Südbaden. Beitr. Naturk. Forschung in Südwestdeutschland *15*, 54. — PAWLOWSKI, B., 1956, Distributio specierum generis *Callitriche* L. in Polonia et in terris adiacentibus. Fragmenta Floristica Geobot. *2* (1), 27—48. — SAMUELSSON, G., 1925, Die *Callitriche*-Arten der Schweiz. Veröffentl. Geobot. Inst. Rübel, Zürich, *3*, 603—628. — Ders., 1934, Die Verbreitung der höheren Wasserpflanzen in Nordeuropa (Fennoskandien und Dänemark). Acta Phytogeogr. Suec. *6*, 1—211. — SAVIDGE, J.P., 1958, Distribution of *Callitriche* in North-West-Europe. Proc. Bot. Soc. British Isles *3* (1), 103. — Ders., 1960, The experimental taxonomy of European *Callitriche*. Proc. Linn. Soc. London *171*, 128—130. — SCHOTSMAN, H.D., 1954, A taxonomic spectrum of the section *Eu-Callitriche* in the Netherlands. Acta Bot. Neerlandica *3*, 313—384. — Dies., 1958, Beitrag zur Kenntnis der *Callitriche*-Arten in Bayern. Ber. Bayer. Bot. Gesellsch. *32*, 128—140. — Dies., 1961a, Races chromosomiques chez *Callitriche stagnalis* Scop. et *Callitriche obtusangula* Legall. Ber. Schweiz. Bot. Gesellsch. *71*, 5—17. — Dies., 1961b, Contribution à l'étude des *Callitriche* du canton de Neuchâtel. Bull. Soc. Neuchâtel. Sci. Nat. *84*, 89—101. — Dies., 1961c, Notes on some Portuguese species of *Callitriche*. Bol. soc. Broter. *35* (2), 95—127.

Die meisten europäischen *Callitriche*-Arten wurden in neuerer Zeit, vor allem von SCHOTSMAN, experimentell und zytotaxonomisch untersucht. Dabei ergaben sich große Veränderungen in der Artauffassung. Auch nach den neuesten Untersuchungen ist es oft nicht möglich, sterile Land- oder Wasserformen sicher zu bestimmen. Dagegen lassen sich fruchtende Exemplare meist einwandfrei erkennen. Die Hauptmerkmale zur Erkennung der Arten liegen in der Form und Flügelung der Samen, der Form der Pollenkörner, der Länge und Form der Narben, in der Blattform, der Form der Stengeldrüsen und vor allem in der Zahl der Chromosomen. Wir finden die Chromosomenzahlen 2 n = 6 (*C. hermaphroditica*), 2 n = 10 (*C. cophocarpa, C. obtusangula, C. stagnalis*), 2 n = 20 (*C. palustris, C. platycarpa*), 2 n = 38 (*C. hamulata*), die sich auf die Grundzahlen x = 3 und x = 5 zurückführen lassen. Über die Verbreitung der einzelnen Sippen ist noch wenig bekannt; alle früheren Fundortsangaben müssen erst revidiert werden. Erste Bearbeitungen liegen für Bayern (SCHOTSMAN 1958) und Hessen (DERSCH 1965) vor.

Bestimmungsschlüssel für fruchtende Pflanzen:
1 Pflanzen ohne Schwimmblätter, völlig im Wasser untergetaucht. Blüten ohne Vorblätter. Blätter ohne Sternhaare und Spaltöffnungen. *C. hermaphroditica*
1 Pflanzen mit Schwimmblättern, im Wasser untergetaucht oder auf feuchtem Boden kriechend. Blüten mit zwei Vorblättern. Blätter mit Sternhaaren und Spaltöffnungen.
  2 Samen an der Rückennaht deutlich durchgehend geflügelt.
    3 Flügel fast $1/3$ so breit wie der Samen. Früchte groß, hellbraun, rundlich, bis 2 mm breit.
      4 Antheren klein, 1—2 mm lang. Pollen rundlich. Narben an der jungen Frucht meist stark herabgebogen, den seitlichen Furchen schwach angedrückt. *C. stagnalis*
      4 Antheren größer, etwa 3—6 mm lang. Pollen kurz-elliptisch, abgerundet-dreieckig oder unregelmäßig viereckig. Narben an der jungen Frucht meist aufrecht. *C. platycarpa*
    3 Flügel höchstens $1/5$ so breit wie der Samen, Frucht von der Seite gesehen kreisrund. Narbenreste im basalen Teil zurückgeschlagen, den lateralen Seiten der Frucht dicht angedrückt. Antheren klein, fast farblos, Pollen ± farblos. Weibliche und männliche Blüten völlig submers. *C. hamulata*
  2 Samen stumpfkantig, gekielt oder nur im oberen Teil geflügelt.
    5 Früchte von der Seite gesehen elliptisch mit breit abgerundeten Kanten, länger als breit, 1,5 bis 2 mm lang. Pollenkörner stets ellipsoidisch. Narben aufrecht, mehrmals länger als die Frucht. *C. obtusangula*
    5 Früchte abgeflacht, rundlich oder oval, bis 1,5 mm lang.
      6 Früchte rundlich, bis 1,5 mm breit, oft etwas breiter als lang. Narben mehrmals länger als die Frucht, bis 6 mm. Samen etwa 1 mm lang, ungeflügelt. *C. cophocarpa*
      6 Früchte verkehrt-eirund, nach unten verschmälert, etwa 1 mm lang. Narben sehr reduziert, Staubfäden ebenfalls sehr reduziert, oft fehlend. Samen schwärzlich-braun, an der Oberseite geflügelt. *C. palustris*

S. 194: Zu Nr. 1857 Der gültige Name ist *C. hermaphroditica* Jusl. (= *C. autumnalis* L.).
S. 196: Zu Nr. 1858 *C. stagnalis* Scop. Die Art wird in folgende drei Sippen zerlegt: *C. stagnalis* Scop., *C. platycarpa* Kütz. und *C. cophocarpa* Sendtner (= *C. polymorpha* Lönnroth). *C. stagnalis* und *C. platycarpa* sind nahe verwandt. Die Unterscheidungsmerkmale sind im oben gegebenen Schlüssel zusammengestellt. Über die Verbreitung der drei Sippen läßt sich noch wenig aussagen. Eine Revision der Herbarbelege wäre dringend notwendig. *C. stagnalis* ist offenbar im Gebirge wie im Flachland gebietsweise recht verbreitet, fehlt aber in einigen Gegenden. Sichere Fundorte liegen aus Bayern und Hessen vor. Aus Österreich ist die Art ebenfalls bekannt (Oberösterreich). Ebenso dürfte sie in der Schweiz öfters vorkommen.
C. platycarpa scheint eine mehr westeuropäische Verbreitung zu haben. Viele Vorkommen liegen in England, den Niederlanden und in Belgien. In Deutschland kommt sie öfters in Hessen (vor allem Nordhessen) vor, außerdem im Odenwald und bei Braunschweig. Noch keine sicheren Fundorte sind aus Bayern und Österreich bekannt. In der Schweiz wächst die Sippe an einigen Stellen im Kanton Neuenburg.
C. cophocarpa bevorzugt höhere Lagen, vor allem Gebirgsgegenden. Sie ist in Österreich offensichtlich verbreitet (Angaben aus Nieder- und Oberösterreich, Steiermark, Kärnten, Tirol und Salzburg). Ebenfalls nicht selten ist die Art in Bayern, vor allem im südlichen und östlichen Teil. Aus Hessen sind zwei Fundorte aus der Wetterau bei Bad Nauheim (Grund-Schwalheim und Rockenberg) gemeldet worden. Sichere Schweizer Fundorte liegen im Kanton Neuenburg.
S. 198: Zu Nr. 1859 *C. hamulata* Kütz. (*C. intermedia* ist nach SCHOTSMAN 1958 eine andere Art). Die Art hat eine mehr westliche Verbreitung und bevorzugt das Flachland. Wahrscheinlich fehlt *C. hamulata* in den Alpen. Sichere deutsche Fundorte liegen in Hessen (vor allem Nordhessen) und Bayern. In Österreich wurde die Art bisher zweimal sicher festgestellt (Niederösterreich, Isper, Bez. Amstetten und Salzburg, Maishofen bei Zell a. See), in der Schweiz einmal (Kt. Neuenburg, Biaufond).
S. 199: Zu Nr. 1860 *C. obtusangula* Le Gall. Die Art ist mediterran-atlantisch verbreitet. Die vor allem durch die ellipsoidischen Pollenkörner gut charakterisierte Sippe wurde in letzter Zeit mehrfach in Mitteleuropa festgestellt. Die bayerischen Fundorte liegen im Bereich der Isar (München, Freising, Garching, Markt Schwaben) und Donau (Isarmünd). An eine Neueinschleppung wäre hier zu denken. Weitere deutsche Fundorte sind: Südbaden, am Rhein bei Haltingen und Westfalen, Hüls bei Krefeld. Auch aus Österreich wurde die Art neuerdings nachgewiesen: Niederösterreich, St. Pantaleon nördl. St. Valentin a. d. Enns und bei Ponsee, Nordtirol, im Ötztal bei Winkl nahe Längenfeld. Die Schweizer Fundorte liegen am Genfer See und im Elsaß jenseits der Grenze. Die Sippe ist in Flußtälern sicher weiter verbreitet und wohl in Ausbreitung begriffen.

S. 200: Zu Nr. 1861. Der gültige Name ist *C. palustris* L. em. Schotsman. Die Art scheint weit verbreitet zu sein und im Gebirge und Flachland vorzukommen. Bei Landformen wurde Aposporie festgestellt. Sichere Fundorte liegen vor aus Deutschland (Hessen und Bayern), Österreich (Nieder- und Oberösterreich, Steiermark, Kärnten, Salzburg, Ost- und Nordtirol). Sie dürfte auch in höheren Lagen von Vorarlberg und der Schweiz nicht selten sein.

Der Bastard *C. cophocarpa* × *C. platycarpa* wurde im Kanton Neuenburg (Schweiz) bei Biaufond festgestellt.

71. Familie Buxaceae

Die sicher abgeleiteten *Buxaceae* werden an verschiedenen Stellen des Pflanzensystems eingeordnet. Mehrere Merkmale (z. B. Anatomie des Blattstiels, eingeschlechtige Blüten, das aus drei Fruchtblättern aufgebaute Gynäzeum, vielporige Pollenkörner) sprechen für eine Verwandschaft mit den *Euphorbiales* (bzw. *Tricoccae*). Neuerdings werden sie auch als Unterordnung *Buxineae* zu den *Celastrales* gestellt, wobei nähere Beziehungen zu den *Celastraceae* und *Staphyleaceae* angenommen werden. Anatomische Merkmale, die atrope Samenanlage und andere Kriterien rechtfertigen diese Annahme. TAKHTAJAN (1954) und HUTCHINSON (1959) führen die *Buxaceae* bei den *Hamamelidales* auf.

Wichtige Literatur: HEGNAUER, R., 1964, Chemotaxonomie der Pflanzen, *3*, Buxaceae, 318—322. — MATHOU, TH., 1940, Recherches sur la famille des *Buxaceae*. Étude anatomique, microchimique et systématique. Trav. Lab. Botan. Fac. Med. et Pharm. Univ. Toulouse. Thesis. — PAX, F., 1927, Buxaceae in Pflanzenareale, Reihe 1, Heft 7, Karte 70, 82. — WIGER, J., 1936, Embryological studies on the families *Buxaceae*, *Meliaceae*, *Simarubaceae* and *Burseraceae*. Bot. Notiser 1936, 585—589.

454. *Buxus* L.

S. 204 ff.: Zu Nr. 1862 *Buxus sempervirens* L. Die Chromosomenzahl beträgt 2 n = 28.

Pollen panto-polyporat, ± kugelig, ca. 30 μ im Durchmesser, reticulat, simplibaculat. Fossilfunde: Vereinzelt in interglazialen Ablagerungen, ferner postglazial im Mediterrangebiet. Neuerdings mehrfach in Mooren der Westschweiz gefunden.

Der Buxbaum stammt der Herkunft nach wohl aus subtropischen Feuchtwäldern, wie sie heute noch in der Kolchis vorkommen. Er findet sich dort als Unterwuchsbaum im *Fagus orientalis*-Wald. Ähnliche Herkunftsverhältnisse dürften bei *Fagus*, *Juglans*, *Ilex*, *Castanea* u. a. vorliegen.

S. 206: Berichtigung einiger Schweizer Fundorte: Niederdorf (nicht Niedersdorf), Rothenfluh (nicht Rotenfluh), Balsthal (nicht Balstal), Buch (nicht Bude); die Angabe „Dangernfluh" ist zu streichen.

Wichtige Literatur: DURIN, L., MULLENDERS, W. and VAN DEN BERGHEN, C., 1964, Les forêts à *Buxus* des Bassins de la Meuse française et de la Haute Marne. Bull. Soc. Roy. Bot. Belg. *98*, 77—100. — EBERLE, G., 1956, Buchsbaum. Natur u. Volk (Frankfurt) *86*, 7—13. — MARZELL, H., 1954, Das Buchsbaumbild im Kräuterbuch (1551) des Hieronymus Bock. Sudhoffs Archiv für Geschichte der Medizin und der Naturwissenschaften *38*, 97—103. — MORTON, F., 1960, Über die Verbreitung von *Buxus sempervirens* L. in der näheren und weiteren Umgebung von Riva (Trentino). Mem. Mus. Storia Nat. Venezia Trid. *13*, 105—136. — Ders., 1963, Über das Vorkommen von *Buxus sempervirens* in Riva und Umgebung. Lavori di Bot., 95 bis 100. — PODHORSKY, J., 1939, Der Buchsbaum ‚eine „aussterbende" Holzart. Blätter f. Naturk. u. Naturschutz *26*, 91—92. — ROHRHOFER, J., 1934, Der Buchsbaum im oberösterreichischen Ennstal. Österr. Bot. Zeitschr. *83*, 1—16. — STOEBER, R., 1949, Sur quelques stations remarquebles de *Buxus sempervirens* dans le Haut Rhin. Monde d. Plant. *257/58*, 20—22. — WIEMANN, D., 1939, Geschützte Gehölze. Rheinische Heimatpflege *11* (2), 27—36.

72. Familie Anacardiaceae

Die *Anacardiaceae* werden heute meist zu den *Sapindales* (= *Acerales*, *Terebinthales* p. p.; *Anacardiales* bei GROSSHEIM) gestellt. TAKHTAJAN (1959) führt sie dagegen als primitive Gruppe bei den *Rutales* auf.

Wichtige Literatur: BARKLEY, F. A., 1957, Generic key to the sumac family (*Anacardiaceae*). Lloydia *20*, 255—265. — BRIZICKY, G. K., 1962, The genera of *Anacardiaceae* in the Southeastern United States. Journ. Arnold Arbor. *43*, 359—375. — HEGNAUER, R., 1964, Anacardiaceae in Chemotaxonomie der Pflanzen, Bd. *3*, 90—115.

S. 215: *Anacardium occidentale* L. Die Samen der Art (Cashew-Kerne, Akajunüsse, Indische Mandeln usw.) werden zur Zeit in erheblichen Mengen eingeführt und geröstet (und gesalzen) verzehrt.

455. *Rhus* L.

S. 218 ff.: Die giftige Wirkung einiger *Rhus*-Arten (vor allem des Gift-Sumach, *Rhus toxicodendron*) entsteht durch ätzende Phenole, die im weißen Milchsaft enthalten sind. Weitere Angaben s. GESSNER, O. Die Gift- und Arzneipflanzen von Mitteleuropa, 2. Aufl., Heidelberg 1953, p. 542.

Pollen tricolporat mit lalongaten Ora, subprolat bis prolat, 31×23 bis 52×35 μ groß, in Polansicht ± hexagonal, fein reticulat bis striato-reticulat (Abb. von *Rhus typhina*-Pollen bei ERDTMAN 1952, Fig. 14 B). Fossilfunde aus interglazialen Ablagerungen; meist 3 porige Pollenkörner vom *Rhus*-Typ häufig in pliozänen und altpliozänen Ablagerungen von S- und Mitteleuropa.

Wichtige Literatur: BRIZICKY, G. K., 1963, Taxonomic and nomenclatural notes on the genus *Rhus* (*Anacardiaceae*). Journ. Arnold Arbor. *44*, 60—80.

S. 222: *Rhus typhina* L.: Der gültige Name für die Sippe ist *Rhus typhina* L. (1756); *Rhus hirta* (L.) Sudworth ist ein jüngeres Homonym zu *Rhus hirta* Haw.

Die vielfach angepflanzte Art verwildert leicht. In Kärnten und im ganzen Südalpengebiet wird die Pflanze als schotterbindendes Gehölz kultiviert.

456. *Cotinus* Miller

Wichtige Literatur: PÉNZES, A., 1958, Data to the ecology and taxonomy of the *Cotinus* genus. Acta Bot. Sin. *7*, 167—169.

Pollen tricolporat, Ora lalongat, etwa 27×18 μ, fein reticulat (bis feines OL-Muster). Pollenfoto: BEUG, H. J. in Flora *154*, 401—444 (1964), Taf. XII, Abb. 8 und 9. Fossilfunde von Pollen in postglazialen Ablagerungen des Mediterrangebietes (BEUG, l. c.).

S. 226: Zu Nr. 1863 *Cotinus coggygria* Scop. (nicht Miller!). Kommt in Österreich auch bei Graz vor. Mehrfach verwildert und eingebürgert, so bei Bad Kösen nahe Naumburg und im Mühltal bei Jena. Das Vorkommen Les Marques b. Martigny im Wallis gehörte zu den wilden Vorkommnissen, jetzt erloschen. Das Val Solda liegt in Italien. Berichtigung: San Nicolao (nicht Sasso N.).

Die Chromosomenzahl der Art ist n = 15.

Die Pflanze wurde früher vielfach, vor allem in Südtirol, für Gerbereien gesammelt. Die Sippe ist Charakterart des Flaumeichengürtels.

457. *Pistacia* L.

S. 229 ff.: Pollen ± kugelig, mit 3 bis 8 undeutlichen porenartigen Aperturen mit rauher Membran oder Operculum (Abb. bei ERDTMAN 1952, Fig. 14 A und BEUG, 1964, l.c., Taf. XII, 2 bis 7). Fossilfunde vereinzelt aus dem Mediterrangebiet.

Wichtige Literatur: KUPRIANOVA, L. H., 1961, Palynological data elucidating the taxonomy of the genus *Pistacia* L. Bot. Zhur. Moskau *46*, 803—814 (russ.). — SCARAMUZZI, F., 1957, Il ciclo riproduttivo di *Pistacia lentiscus* L. Nuov. Giorn. Bot. Ital. *64*, 198—213. — ZOHARY, M., 1952, A monographical study of the genus *Pistacia*. Palest. Journ. Bot. Jerusalem *5*, 187—228.

73. Familie Aquifoliaceae

Die *Aquifoliaceae* werden heute allgemein als primitive Familie an den Anfang der *Celastrales* gestellt.

Wichtige Literatur: BRIZICKY, G. K., 1964, The genera of *Celastrales* in the Southeastern United States. Journ. Arnold Arbor. *45*, 206—234. — FRIERSON, J.L., 1960, Cytotaxonomic study of selected indigenous and introduced species of the genus *Ilex*, commonly grown in United States. Ph. D. Thesis. Univ. South Carolina, 115 pp. — HEGNAUER, R., 1964, *Aquifoliaceae* in Chemotaxonomie der Pflanzen, Bd. *3*, 163 bis 173. — HERR, J.M., JR., 1959, The development of the ovule and megagametophyte in the genus *Ilex* L. Journ. Elisha Mitchell Sci. Soc. *75*, 107—128. — Ders., 1959, Embryological evidence for the relationship of *Aquifoliaceae* to *Celastraceae* (Abstract). Va. Journ. Sci. N.S. *10*, 259. — LOESENER, TH., 1942, *Aquifoliaceae* in Natürl. Pflanzenfam., 2. Aufl., Bd. *20b*, 36—86.

Weitere Literatur s. BRIZICKY (1964) und LOESENER (1942).

458. *Ilex* L.

S. 234 ff.: Pollen tricolporoid, etwas constricticolpat, ± kugelig bis prolat, ca. 41×28 μ, insulat-clavat (d.h. zwischen großen inselartigen Flecken stehen kleine keulenartige Gebilde, die gegen den Colpusrand hin häufiger werden). Abb. bei IVERSEN (1944) und ERDTMAN u. Mitarb. An introduction to a Scandinavian Pollen Flora. Uppsala. 1961. Pl. 3, Fig. 1 bis 4.

Fossilfunde: Von IVERSEN (1944) wurde *Ilex*-Pollen als Klimazeiger in jütländischen Pollendiagrammen herangezogen; er wird dort in der Mittleren Wärmezeit und in der Nachwärmezeit gefunden. Sonst sind besonders im westlichen Europa Funde gemacht worden, im allgemeinen ist der Pollen aber spärlich. Auch in interglazialen Ablagerungen (Südalpen, Polen, Rußland) kommt er manchmal recht zahlreich vor. Siehe auch: IVERSEN, J., 1960, Problems of the Early Post-Glacial Forest Development in Denmark. Danm. Geol. Unders. 4, *4* (3), und TROELS-SMITH, J., Ivy, Mistletoe and Elm, Climate Indicators — Fodder Plants. Danm. Geol. Unders. 4, *4* (4), 1960.

S. 236: Zu Nr. 1865 *Ilex aquifolium* L. Die Chromosomenzahl beträgt 2 n = 40. Über die Verwendung als Heilpflanze s. GESSNER, O., Die Gift- und Arzneipflanzen von Mitteleuropa. 2. Aufl. Heidelberg 1953, p. 642 ff.

Die Verbreitung der Art ist eurasiatisch. DUPONT, P. La flore atlantique européenne. Toulouse 1962, führt *Ilex aquifolium* unter den zu Unrecht atlantisch genannten Arten auf.

Die Art wächst auch an der Grenze von Niederösterreich und Burgenland zwischen Schwarzenberg und Landsee östlich der „Buckeligen Welt".

Verbreitungskarten: Ostdeutschland s. MEUSEL, H., in Fedde Rep. Beih. *141* (1964); Pommern s. CZUBINSKI, Z., in Zagadnienia geobotaniczne pomorza. Poznan 1950; Mecklenburg s. KAUSSMANN, B., in Wiss. Zeitschr. Univ. Rostock *6* (1956/57); Brandenburg s. MÜLLER-STOLL, W.R., in Wiss. Zeitschr. Päd. Hochschule Potsdam, math.-nat. *3*, 63—92 (1957); NW-Brandenburg s. FISCHER, W., in Wiss. Z. Pädag. Hochschule Potsdam (1959); Sachsen s. MILITZER, M., 1956, Geschützte heimische Pflanzen. Leipzig-Jena; Westfalen s. RUNGE, F., in Natur und Heimat (Münster) *10* (1950); Luxemburg s. REICHLING, L., in Arch. Inst. Luxembourg *21* (1954); Nordalpen s. GAMS, H., in De natura tiroliensi, Innsbruck (1959).

Wichtige Literatur: BEISINGER, G., 1956, Die Stechpalme (*Ilex aquifolium*) an ihrer pflanzengeographischen Verbreitungsgrenze im Odenwald. Schriftenr. Naturschutzst. Darmstadt *3*, 135—150. — BERNAL, E.D., 1952, Estudio histoquimico del *Ilex aquifolium*. Farmacognosia (Madrid) *12*, 109—152. — COPELAND, H.F., 1963, Structural notes on hollies (*Ilex aquifolium* and *I. cornuta*, family *Aquifoliaceae*). Phytomorphology *13*, 455—464. — DORMER, K.J. and HUCKER, J., 1957, Oberservations on the occurence of prickles on the leaves of *Ilex aquifolium*. Ann. Bot. N.S. *21*, 385—398. — EBERLE, G., 1961, Die Stechpalme (*Ilex aquifolium*), ein Gehölz des Alpenwaldes. Jahrb. Ver. Schutze Alpenpfl. u. -Tiere *26*, 118—121. — IVERSEN, J., 1944, *Viscum, Hedera* and *Ilex* as climate indicators. Geol. Fören. Förhandl. *66* (3) 463—483. — LÄMMERMAYR, L., 1942, Ergänzungen zur Verbreitung atlantischer Florenelemente in der Steiermark. Sitzungsber. Akad. Wiss. Wien, math.-nat. Reihe, Abt. I., *151*, 87—101. — OBERKIRCH, K., 1939, Die Hülse in der rheinischen Flora. Rheinische Heimatpflege (Düsseldorf) *11*, (1/2) 60—77. — ROSENKRANZ, F., 1925, Eibe und Stechpalme in Niederösterreich. Blätter f. Naturk. u. Naturschutz *12*, 146—147. — Ders., 1933, Zur Verbreitung der Stechpalme (*Ilex aquifolium*) in Österreich. Wiener Allg. Forst- u. Jagdzeitung *51*, 209—210. — SCHULZ-DÖPFNER, G., 1925, Die Stechpalme (*Ilex aquifolium*). Blätter f. Naturk. u. Naturschutz *12*, 97—103. — SCHUMACHER, A., 1934, Ilexstudien im Oberbergischen. Mit einem Anhang von O. KOENEN, Zur Frage der Keimfähigkeit bei *Ilex*. Abhandl. Westf. Prov.-Mus. Naturk. *5* (7), 3—11. — UMRATH, K., 1940, Blattform und Blütenzahl bei *Ilex aquifolium* L. Ber. Deutsch. Bot. Ges. *58*, 499—501.

74. Familie Celastraceae

Die *Celastraceae* werden heute allgemein in die Ordnung *Celastrales* gestellt (Unterordnung *Celastrineae*).

Wichtige Literatur: ANDERSSON, A., 1931, Studien über die Embryologie der Familien *Celastraceae, Oleaceae* und *Apocynaceae*. Lunds Univ. Årsskr. II. Sect. 2, *27* (7), 1—110. — BERKELEY, E., 1953, Morphological studies in the *Celastraceae*. Jour. Elisha Mitchell Sci. Soc. *69*, 185—206. — BRIZICKY, G.K., 1964, The genera of *Celastrales* in the Southeastern United States. Journ. Arnold Arbor. *45* (2), 206—234. — HEGNAUER, R., 1964, *Celastraceae* in Chemotaxonomie der Pflanzen, Bd. *3*, 395—407. — LOESENER, TH., 1942, *Celastraceae* in Natürl. Pflanzenfam., Bd. *20b*, 2. Aufl., 87—197. — MAURITZON, J., 1936, Zur Embryologie und systematischen Abgrenzung der Reihen *Terebinthales* und *Celastrales*. Bot. Not. 1936, 161—212. — PROKHANOV, Y.I., 1949, *Celastraceae* Lindl. Flora URSS *14*, 546—573, 744—746. — Ders., 1960, Conspectus systematis Celastracearum URSS. Addenda et corrigenda. Not. Syst. Leningrad *20*, 409—412 (russ. und lat.).

Weitere Literatur s. BRIZICKY (1964) und LOESENER (1942).

459. *Evonymus* L.

Der Gattungsname wird heute *Euonymus*, nicht *Evonymus*, geschrieben (s. International Code of Botanical Nomenclature, Montreal 1959, Art. 74 [2]).

Eine neue Übersicht über die Gattung gibt BLAKELOCK (1951). Aus der Wurzelrinde, gelegentlich auch der Stammrinde, von *E. verrucosa* und *E. europaea* wird in neuerer Zeit, vor allem in der UdSSR, vielfach Guttapercha gewonnen. Darüber gibt es eine sehr umfangreiche russische Literatur.

Wegen des möglichen Vorkommens von Herzgiften (Cardenoliden) in verschiedenen Arten und Pflanzenteilen sind die *Euonymus*-Arten als Giftpflanzen zu führen (s. auch GESSNER, O., Die Gift- und Arzneipflanzen von Mitteleuropa, 2. Aufl., 1953, p. 643ff.).

Pollen tricolporat, Ora groß (ca. 6 μ), $\pm$ kugelig bis subprolat, etwa 30 × 26 μ groß, Colpusmembran glatt bis rauh, reticulat, Reticulum gegen die Colpi hin feiner werdend, Muri simplibaculat (Mikrofoto ERDTMAN u. Mitarb. An introduction to a Scandinavian Pollen Flora, Uppsala 1961, Pl. 13, Fig. 1 bis 3). Fossilfunde wurden bisher nur selten gemacht.

Wichtige Literatur: BARÁTH, Z., 1956, Über unsere heimischen *Euonymus*-Arten. Bot. Közlemények *46*, 235—250. — BLAKELOCK, R.A., 1951, A synopsis of the genus *Euonymus*. Kew Bull. 1951, 210—290. — BRIZICKY, G.K., 1964, Polyembryony in *Euonymus* (*Celastraceae*). Journ. Arnold Arbor. *45*, 251—259. — HOFMAN, J., 1959, Die Varietäten von *Euonymus verrucosa* nach Blattgröße und Form. Biológia (Bratislava) *14*, 102—116 (tschech., deutsch. Zusf.). — KLOKOV, M., 1959, De Euonyme europaea auct. florae ZRSS. Not. Syst. Leningrad *19*, 274—314. — LEONOVA, T.G., 1959, De speciebus generis *Euonymus* L. seriei *Lophocarpi* (Loes.) Blakel. Not. Syst. Leningrad *19*, 315—329. — Dies., 1960, A contribution to the knowledge of the genus *Euonymus* L. Bot. Zhur. *45*, 750—758 (russ.). — McNair, G. T., 1930, Comparative anatomy within the genus *Euonymus*. Univ. Kansas Sci. Bull. *19*, 221—260. — Regel, C., 1941, Beiträge zur Kenntnis von mitteleuropäischen Nutzpflanzen. Angew. Botanik *23*, 117—123. — Verschiedene Autoren: 1958, *Euonymus* als Guttaperchapflanze und die wissenschaftliche Begründung von deren Kultur und Nutzung. Trudy Inst. Lesa Akad. Nauk SSSR *46*, 1—153 (weitere Arbeiten in früheren Bänden der Zeitschrift).

S. 249: Zu Nr. 1866 *Euonymus europaea* L. Die Chromosomenzahl beträgt 2 n = 64.

E. europaea var. *intermedia* Gaudin: Kommt auch in Graubünden (Misox, Puschlav) vor.

S. 252: Zu Nr. 1867 *Euonymus verrucosa* Scop. Verbreitung in Pommern s. Czubinski, Z., 1950, in Zagadnienia geobotaniczne pomorza Poznan. und Kepczynski, K., in Szata Roslinna Wysoczyzny Dobrzynskiej, Torún 1965. Verbr. in Polen s. Szafer, W. in Szata Roslina Polski II. Warschau 1959.

S. 254: Zu Nr. 1868 *Euonymus latifolia* Miller. Die Art fehlt im Tessin. Bei Basel nur subspontan. Die Angabe im Jura am Mont du Chat liegt weit ab der Schweizer Grenze in Frankreich (= Jura savoisien). Fundorte in der Steiermark s. Melzer, H. in Mitt. Naturw. Ver. Steiermark *94*, 116 (1964). Verbreitung im nördlichen Alpenvorland s. Bresinsky, A., in Ber. Bayer. Bot. Ges. *38* (1965).

75. Familie Staphyleaceae

Die *Staphyleaceae* weisen einerseits engere Beziehungen zu den *Celastrales* auf, andererseits werden auch verwandtschaftliche Beziehungen zu den *Sapindales* (vor allem zu den *Aceraceae*) erwogen.

460. *Staphylea* L.

Wichtige Literatur: Eberle, G., 1958, Die Pimpernuß (*Staphylea pinnata*) und die Flora des Ebersteins. Jahrb. Nass. Ver. Nat. *94*, 13—19. — Foster, R.C., 1933, Chromosome number in *Acer* and *Staphylea*. Journ. Arnold Arbor. *14*, 386—393. — Krause, J., 1942, Staphyleaceae in Natürl. Pflanzenfam., Bd. *20b*, 255—321.

S. 258: Zu Nr. 1869 *Staphylea pinnata* L. Die Chromosomenzahl ist 2 n = 26. Pollen tricolporat, ± kugelig, um 40 μ groß, reticulat, crassimurat. Muri dupli- bis multibaculat (Abb. bei Erdtman 1952, Fig. 238). Fossilfunde vereinzelt in Interglazialen.

Der Standort Eberstein im Biebertal (Kreis Wetzlar, Hessen) ist jetzt durch einen Steinbruch vernichtet (Arzt).

76. Familie Aceraceae

Die *Aceraceae* werden zu den *Sapindales* gestellt.

461. *Acer* L.

Nach den bisherigen Untersuchungen sind *Acer campestre* ssp. *campestre* und *A. platanoides* diploid (2 n = 26), *A. pseudoplatanus* ist tetraploid (2 n = 52).

Pollen tricolpat (oder tricolporoid), subprolat bis prolat, Polachse etwa 36—48 μ; striat, Streifen meist ± meridional ausgerichtet (Abb. Erdtman 1943, Fig. 34—41, Erdtman u. Mitarb. An introduction to a Scandinavian Pollen Flora. Uppsala 1961. Pl. 1 und 2, Dies., l.c. 1963, Pl. 1 und 2).

Fossilfunde: Pollen meist nur vereinzelt gefunden (Insektenblütler!). Funde meist wärmezeitlich (wird zum „Eichenmischwald" gerechnet) oder interglazial.

Neuere Verbreitungskarten der europäischen *Acer*-Arten bringt Ruhe (1936). Die Verbreitung von *A. campestre*, *A. platanoides* und *A. pseudoplatanus* in Mitteldeutschland haben Meusel, H. und A. Buhl in Wiss. Zeitschr. Univ. Halle, math.-nat. *11*, 1245—1317 (1962) zusammengestellt. Daselbst finden sich auch Gesamtverbreitungskarten.

Wichtige Literatur: Beskaravainaya, M.A., 1961, A contribution to the ecology of flowering and fructification of the box elder (*Acer negundo* L.). Bot. Zhur. (Moskau) *46*, 1171—1177 (russ.). — Brizicky, G.K., 1963, The genera of *Sapindales* in the Southeastern United States. Journ. Arnold Arbor. *44*, 462—501. — Chodat, F. et P. Fattet, 1943, Analyse des caractères spécifiques des feuilles d'érables (*Acer*). Bull. Soc. Bot. Genève, ser. 2, *34*, 51—78. — D'Errico, P., 1956, Studio sistematico delle entità italiane di *Acer opalus* Mill. Webbia *12*, 41—120. — Everling, E., 1949, Flug der Ahornfrucht. Forsch. und Fortschritte *25*, 20—22. — Foster, R.C., 1933, Chromosome number in *Acer* and *Staphylea*. Journ. Arnold Arbor. *14*, 386—393. — Hall, B.A., 1951, The floral anatomy of the genus *Acer*. Amer. Journ. Bot. *38*, 793—799. — Ders., 1954, Variability in the floral anatomy of *Acer negundo* L. Amer. Journ. Bot. *41*, 529—532. — Hoffmann, E., 1960, Der Ahorn. Wald-, Park- und Straßenbaum. VEB Deutscher Landwirtschaftsverlag. — Jones, E.W., 1945, *Acer pseudoplatanus* L., *Acer platanoides* L., *Acer campestre* L. in Biological Flora of the British Isles. Journ. Ecol. *32*, 215—252. — Kondratieva-Melville, H.A., 1963, The structure of the embryo and the seedling of *Acer platanoides* L. Bot. Zhur. Moskau *48*, 199—210 (russ.). — Kuemmel, K., 1937, Kleiner Beitrag zur Verbreitung des *Acer monspessulanum* L. im mittleren

Rheintal. Decheniana *95* B. — LAUTERBORN, R., 1934, Ein für Deutschland neuer Waldbaum. Naturschutz *16*, 68—69. — MITZKA, W., 1950, Der Ahorn. Untersuchungen zum Deutschen Wortatlas. Gießener Beiträge z. Deutschen Philologie. *91*, 80 pp. — MOMOTANI, Y., 1961 Taxonomic studies of the genus *Acer* with special reference to the seed proteins. I. Taxonomical characters. Mem. Coll. Sci. Univ. Kyoto *28 B*, 455—470. — PAX, F., 1926, *Acer* in Pflanzenareale, Reihe 1, Heft 1, Karte 4 und 5, sowie 1927, Karte 31—33, p. 45—46. — POJARKOVA, A. I., 1933, Botanico-geographical survey of the maples in USSR in connection with the history of the whole genus *Acer* L. Acta Inst. Bot. Acad. Sci. URSS, Ser. 1, *1*, 225—374 (russ., engl. Zusf.). — RADDE-FOMIN, O., 1934, Zur Systematik der polymorphen Art *Acer campestre* L. Journ. Inst. Bot. Acad. Sc. Ukraine *4* (2), 3—28 (ukrain., deutsche Zusf.). — RUHE, W., 1936, Areale der mitteleuropäischen *Acer*-Arten. Rep. spec. nov. Beih. *86*, 95—106. — SCHOLZ, E., 1960, Blütenmorphologische und -biologische Untersuchungen bei *Acer pseudoplatanus* und *Acer platanoides*. Züchter *30*, 11—16. — WILDE, J., 1933, *Acer monspessulanum* L., der französische Ahorn, in der Pfalz. Mitt. Deutsch. Dendrol. Ges. *45*, 84—87. — WRIGHT, J. W., 1957, New chromosome counts in *Acer* and *Fraxinus*. Bull. Morris Arbor. *8*, 33—34.

Ausführliches Literaturverzeichnis bei BRIZICKY (1963) 481 ff.

S. 272: Zu Nr. 1870 *Acer Tataricum* L. Die Art kommt auch im östlichsten Österreich wild vor: Burgenland, Leitha-Auen bei Zurndorf und Niederösterreich, Marchauen bei Marchegg.

S. 276: Zu Nr. 1871 *Acer Pseudoplatanus* L. Zu streichen: „in der Ostpontis (nach Rikli) nur bis 1200 m."

S. 284 ff.: Zu Nr. 1873 *Acer campestre* L. Die richtige Nomenklatur der beiden Unterarten ist:
ssp. *campestre* (= ssp. *hebecarpum* [DC.] Pax);
ssp. *leiocarpum* (Opiz) Pax (nicht Tausch).

S. 288: Zu Nr. 1874 *Acer Monspessulanum* L. Die Art fehlt in der Schweiz, sie kommt im französischen Grenzgebiet vor (Ain, Savoyen).

S. 290: Zu Nr. 1875 *Acer Opalus* Miller. In Deutschland am rechten Rheinufer bei Grenzach (Baden). Über diesen Fundort s. LITZELMANN, E. u. M. in Bauhinia *1* (3), 249 (1960); über neuere Fundorte im nördlichen Jura: PLATTNER, W. in Tätigkeitsber. Nat. Ges. Baselland *21*, 50—54 (1959).

77. Familie Hippocastanaceae

462. *Aesculus* L.

S. 298 ff.: Die bei uns häufig angepflanzte Sippe *A. carnea* Hayne ist eine Hybride aus *A. hippocastanum* und der nordamerikanischen *A. pavia*. *A. carnea* ist octoploid (2 n = 80), während die anderen kultivierten Arten (*A. hippocastanum, A. octandra, A. parviflora, A. pavia*) tetraploid (2 n = 40) sind.

Französischer Name: marronnier d'Inde (nicht marronier).

Wichtige Literatur (auch für die ganze Familie): BOERNER, F., 1932, Knospenbildungseigentümlichkeiten der Roßkastanie. Mitt. Deutsch. Dendrol. Ges. *44*, 375—378. — BRIZICKY, G. K., 1963, The genera of *Sapindales* in the Southeastern United States. Journ. Arnold Arbor. *44*, 462—501. — DOBRONZ, K., 1935, Beiträge zur Zytologie der Gattung *Aesculus* und deren systematische Auswertung. Diss. Univ. Berlin, 61 pp. — FISCHER, R., 1961, Die Roßkastanie, Lebensbild eines vertrauten Baumes. Universum (Wien) *16*, 257—261. — HARDIN, J. W., 1957, A revision of the American *Hippocastanaceae*. I. Brittonia *9*, 145—171, II. Brittonia *9*, 173—195. — Ders., 1957, Studies in the *Hippocastanaceae*. 4. Hybridization in *Aesculus*. Rhodora *59*, 185—203. — Ders., 1960, Studies in the *Hippocastanaceae*. 5. Species of the Old World. Brittonia *12*, 26—38. — HOAR, C. S., 1927, Chromosome studies in *Aesculus*. Bot. Gaz. *84*, 156—170. — PAX, F., 1928, *Hippocastanaceae* in Pflanzenareale, Reihe 2, Heft 1, Karte 8. — PELLETIER, M., 1935, Recherches cytologiques sur l'*Aesculus Hippocastanum* L. Le Botaniste, sér. 27, Fasc. 1—2, 279—321. — SKOVSTED, A., 1929, Cytological investigations of the genus *Aesculus* L. with some oberservations on *Aesculus carnea* Willd., a tetraploid species arisen by hybridization. Hereditas *12*, 64—70. — SVOLBA, F., 1935, Untersuchungen über den Schlimfluß der Roßkastanie. Gartenbauwissenschaft *9*, 390—404. — THALER, I. und F. WEBER, 1960, Frühblühende *Aesculus*-Bäume. Österr. Bot. Zeitschr. *107*, 463—470. — UPCOTT, M., 1936, The parents and progeny of *Aesculus carnea*. Journ. Genetics *33*, 135—149.

Weitere Literatur s. BRIZICKY (1963) p. 495 ff.

S. 301: Zu Nr. 1877 *Aesculus hippocastanum* L.

Französischer Name: Marronnier (nicht Marronier).

Pollen tricolporat, prolat, striat-rugulat, ohne Operculum, aber mit rauher Colpus-Membran. Etwa $29 \times 19 \mu$ groß.

Aesculus-Pollen gibt F. LONA mit einigem Zweifel aus dem Altinterglazial von Leffe in den Bergamasker Alpen an. Ob die im bronzezeitlichen Pfahlbau von Molina di Ledro wiederholt gefundenen verkohlten *Aesculus*-Samen wirklich aus der bronzezeitlichen Kulturschicht stammen, ist sehr zweifelhaft (GAMS). Die Samen der Roßkastanie werden heute in großen Mengen für die Wildfütterung (Hirsche) und als Rohstoff für die Arzneimittel-Industrie gesammelt. Ausgangsprodukt für letztere Verwendung ist der frische, geschälte Same, der nach Zerkleinerung mit verdünntem Alkohol extrahiert wird. Der Saponingehalt ist beträchtlich (bis 15 % der frischen Samen).

Als Hauptwirkstoff wird meistens das (nur schwach hämolysierende) Saponin Aescin angesehen, doch sind die ebenfalls vorhandenen Flavone, Cumarine und der Gerbstoff sicherlich auch maßgeblich an der Wirkung auf das System der Blutgefäße beteiligt. Die Roßkastanie wird heute vornehmlich von der Schulmedizin bei erhöhter Gefäßbrüchigkeit, Neigung zu Blutstauungen (Krampfadern) sowie allgemein zur Kräftigung der Venen in Form von Fertigpräparaten verordnet.

Der Reinbestand der Roßkastanie in der östlichen Stara Planina ist von zweifelhafter Ursprünglichkeit. Er wurde zur Schweinemast benutzt. In Nord-Griechenland und Albanien wächst die Roßkastanie nicht im Reinbestand, sondern als Einzelbaum im reichen Laub-Mischwald der Trockenwaldstufe (spontane Vorkommen nur im Pindus-Massiv mit seinen Ausläufern nach Norden und Süden). Verbreitungskarte in Bilbiotheca Botanica *105*, 110 (1932) (F. MARKGRAF briefl.).

78. Familie Balsaminaceae

Die stark spezialisierten *Balsaminaceae* (verwachsene Antheren, fehlende Diskusbildung) werden als isoliert stehende Familie an das Ende der *Sapindales* (= *Acerales*) gestellt. Einige Autoren, wie neuerdings HUTCHINSON und TAKHTAJAN nehmen verwandtschaftliche Beziehungen zu den *Geraniales* (*Geraniaceae* und *Tropaeolaceae*) an. Nach embryologischen Merkmalen wird auch eine Einreihung bei den *Celastrales* erwogen.

Wichtige Literatur: HEGNAUER, R., 1964, *Balsaminaceae* in Chemotaxonomie der Pflanzen, *3*, 229—234.

463. *Impatiens* L.

S. 310 ff.: *Impatiens* heißt auf italienisch Impaziente (nicht Impatience).

Der Pollen von *Impatiens* ist tetracolpat, bilateral, subisopolar, in Polansicht ± rechteckig, reticulat. Die Äquatorachsen messen bei *Impatiens noli-tangere* etwa $31 \times 23\,\mu$, bei *I. parviflora* $40 \times 29\,\mu$. (Abb. des Pollens von *I. sultanii* bei ERDTMAN, 1952, Fig. 25). Fossilfunde liegen nur vereinzelt vor.

Folgende Chromosomenzahlen kommen bei den heimischen und eingebürgerten *Impatiens*-Arten Mitteleuropas vor:

I. noli-tangere $2n = 20$; *I. parviflora* $2n = 20, 24, 26$; *I. balsamina* $2n = 14$; *I. glandulifera* $2n = 18, 20$; *I. sultanii* $2n = 16, 20$; *I. balfourii* $2n = 14$.

Die Samen fliegen bei *I. parviflora* bis 3,4 m, bei *I. glandulifera* bis 6,3 m weit. Über die Schleudermechanismen der Früchte siehe OVERBECK (1924) und die Zusammenfassung bei STRAKA, H. in Handbuch d. Pflanzenphys. XVII/2, 716—835 (1962) mit ausführlichem Literaturverzeichnis.

Wichtige Literatur: CHRISTIANSEN, W., 1954, Unsere Springkräuter. Die Heimat *61*. — COOMBE, D. E., 1956, *Impatiens parviflora* DC. in Biol. Fl. Brit. Isles. Journ. Ecol. *44*, 701—713. — Ders., 1959, Notes on some British plants seen in Austria. Ergeb. Intern. Pflanzengeogr. Exk. Ostalpen 1956. Veröff. Geobot. Inst. Rübel Zürich *35*, 128—137. — DAHLGREN, K. V. O., 1934, Die Embryologie von *Impatiens Roylei*. Svensk Bot. Tiskr. *28*, 103—125. — HEIKERTINGER, F., 1949, Ein fremder Gast im Heimatwald. Der Siegeszug des Kleinblütigen Springkrautes (*Impatiens parviflora* DC.) Natur u. Land *35*, 167—169. — ISSLER, E., 1934, *Impatiens Roylei* Walpers. Le Monde des Plantes *205*. — JASNOWSKI, M., 1960, *Impatiens Roylei* Walpers, eine neue Auwaldpflanze in Polen. Fragm. florist. geobot. *7* (1), 77—80. — KHOSHOO, T. N., 1957, Cytology of some *Impatiens* species. Caryologia *10*, 55—74. — LUDWIG, W., 1956. Weitere Mitteilungen über *Impatiens glandulifera* Royle (= *I. roylei* Walp.). Hess. Flor. Briefe *5* (Brief 58), 1—3. — MEIGEN, F., 1942, *Impatiens parviflora* bei Freiburg. Mitt. Landesver. Naturk. Naturschutz. N. F. *4*, (9), 335—338. — NAUMANN, A., 1931, Ein aufdringlicher Mongole. Mitt. Landesver. Sächs. Heimatschutz *20*, 271—280. — OVERBECK, F., 1924, Studien an der Turgeszenz-Schleudermechanismen von *Dorstenia contrayerva* L. und *Impatiens parviflora* DC. Jb. Wiss. Bot. *63*, 467—500. — PEDERSEN, A., 1956, Rubiaceernes, Polygalaceernes, Linaceernes, Oxalidaceernes og Balsaminaceernes udbredelse i Danmark. Bot. Tidsskr. *53*, 139—196. — PFEIFFER, H., 1935, Das Kleinblütige Springkraut (*Impatiens parviflora* DC.) — ein fremder, aber einflußreicher Bürger unserer Flora. Mitt. Ges. heim. Pilz- und Pflanzenk. Bremen *2*, 8—9. — PREYWISCH, K., 1964, Vorläufige Nachricht über die Ausbreitung des Drüsigen Springkrautes (*Impatiens glandulifera* Royle) im Wesergebiet. Natur und Heimat *24* (5), 101—104. — SCHIMMELBAUER, H., 1961, *Impatiens glandulifera* Royle in Südbayern. Ber. Bayer. Bot. Ges. *34*, 92. — SCHÜRHOFF, P. N., 1931, Die Haploidgeneration der Balsaminaceen und ihre Verwertbarkeit für die Systematik. Engl. Bot. Jahrb. *64*, 324—356. — SMITH, F. H., 1934, Prochromosomes and chromosome structure in *Impatiens*. Proc. Amer. Phil. Soc. *74*, 193—214. — STEFFEN, K., 1951, Zur Kenntnis des Befruchtungsvorganges bei *Impatiens glandulifera* Lindl. Planta *39*, 175—244. — WULFF, H. D., 1934, Untersuchungen an Pollenkörnern und Pollenschläuchen von *Impatiens parviflora*. Ber. Deutsch. Bot. Ges. *52*, 43—47.

S. 313: *Impatiens balsamina* L. Kommt gelegentlich verwildert vor.

Impatiens Roylei Walpers.

Der gültige Name ist *I. glandulifera* Royle (1835) = *I. glanduligera* Lindl. (1840) = *I. Roylei* Walpers (1842).

Die Art hat sich in den letzten Jahrzehnten an Flußläufen, Bachufern und feuchtem Ödland vielerorts eingebürgert. In Österreich vom Tiefland bis in die Voralpenstufe zerstreut, in den meisten größeren Tälern häufig. Aus der Schweiz von vielen Stellen, vor allem aus dem Rheintal und Nebentälern, nachgewiesen.

S. 314: Die Sippe hat sich auch in Deutschland weit ausgebreitet.
Impatiens balfourii Hook. f. = *I. mathildae* Chiovenda.
Schweiz: Tessin (eingebürgert), Graubünden (Misox), bei Genf und anderwärts.

S. 314: Zu Nr. 1878 *Impatiens Noli-tangere* L.
Französisch: n'y-touchez-pas (nicht ne-me . . .); italienisch: sensitiva (nicht sensetiva). Der Fundort heißt Sainte Catherine (nicht Catharine).
Verbreitung in Schleswig-Holstein s. CHRISTIANSEN (Neue kritische Flora von Schleswig-Holstein, Rendsburg 1953, p. XXV).

S. 317: Zu Nr. 1879 *Impatiens parviflora* DC. In der Schweiz heute verbreitet.

79. Familie Rhamnaceae

Meistens werden die *Rhamnaceae* mit den *Vitaceae* als Ordnung *Rhamnales* zusammengefaßt. Einige Autoren, wie neuerdings wieder GUNDERSON (1950, Families of dicotyledons) und CRONQUIST (1957, Bull. Jard. Bot. Brux. *27*, 13—40) führen die Familie bei den *Celastrales* auf.

Wichtige Literatur: BENNEK, CH., 1958, Die morphologische Beurteilung der Staub- und Blumenblätter der Rhamnaceen. Bot. Jahrb. *77*, 423—457. — BRIZICKY, G. K., 1964, The genera of *Rhamnaceae* in the South-eastern United States. Journ. Arnold Arbor. *45* (4), 439—463. — DOLCHER, T., 1947, Ricerche embriologiche sulla famiglia delle *Rhamnaceae*. Nuov. Giorn. Bot. Ital. *54*, 648—673. — JUEL, H. O., 1929, Beiträge zur Morphologie und Entwicklungsgeschichte der Rhamnaceen. Kungl. Svenska Vet.-Akad. Handl. 3. Serie, *7*, Nr. 3, 13 pp. — PRICHARD, E.C., 1955, Morphological studies in *Rhamnaceae*. Jour. Elisha Mitch. Sc. Soc. *71*, 82—106. — SUESSENGUTH, K., 1953, *Rhamnaceae* in Natürl. Pflanzenfam., 2. Aufl., Bd. *20d*, 7—173.

Weitere Literatur s. BRIZICKY (1964) und SUESSENGUTH (1953).

S. 322: Gattungsnamen: *Ziziphus* (nicht *Zizyphus*).

464. *Paliurus* Miller

S. 326: Der Autor der Gattung ist Miller (nicht Gaertner).

S. 326: Zu Nr. 1880 *Paliurus spina-christi* Miller
Die Chromosomenzahl ist $2n = 24$.

465. *Rhamnus* L.

S. 329: VENT (1962) erhebt die Sektion *Eurhamnus* Boiss. zur Gattung *Oreoherzogia* W. Vent und kennzeichnet sie mit folgenden Hauptmerkmalen: Besitz wohl ausgebildeter Knospenschuppen, die am Rande stets gewimpert sind; Vernation der Knospen konduplikativ (einfach gefaltet); als „Phyllopodien" ausgebildete Sproßteile; Achsencupula mit kahlem Diskus; Zahl der Samen in der Frucht („Rhamnokarpium") stets 3; dazu kommen mehrere andere, vor allem anatomische Merkmale.

Pollen von *Rhamnus cathartica*: Pollen tricolporat, goniotrem, $\pm$ kugelig, etwa $23 \times 25\,\mu$ groß, fein reticulat-foveolat, Muri suprategillar und solide, Exine etwa $1\frac{1}{2}\,\mu$ dick, um die Ora deutlich verdickt (Fot. STRAKA in Flora *141*, 101—109, Abb. 6, 1954 und ERDTMAN u. Mitarb., An introduction to a Scandinavian Pollen Flora. Uppsala 1961. Pl. 52, Fig. 12, 13).

Wichtige Literatur: AUTERHOFF, H., 1953, Vergleichende Untersuchungen der Rinden von *Rhamnus Frangula* und *Rhamnus Purshiana*. 4. Mitt. Anthrachinone. Arzneimittelforschung *3*, 137—139. — DOLCHER, T., 1963, Osservazioni cariologiche su alcune specie del genere *Rhamnus*. Nuov. Giorn. Bot. Ital. *70*, 147—150. — ESDORN, I., 1944, Pharmakobotanische Untersuchungen von Fructus Frangulae und Fructus Rhamni cathartici. Deutsche Heilpflanze *10* (12). — GODWIN, H., 1943, *Rhamnus cathartica*, *Frangula alnus* in Biol. Flora Brit. Isles. Journ. Ecol. *31*, 66—92. — GRUBOF, V.I., 1949, Monographische Studie der Gattung *Rhamnus*. Acta Inst. Bot. Komarovii, Acad. Sci. URSS Ser. I, 242—423 (russ.). — Ders., 1950, De systemate generis *Rhamnus* L. s. l. Notul. syst. Tom. *12*, 123—133. — HASLER, O., 1936, Entwicklungsgeschichte und vergleichende Anatomie der pharmakognostisch wichtigen *Rhamnus*rinden unter besonderer Berücksichtigung der Ca-Oxalat-Bildung. Ber. Schweiz. Bot. Ges. *45*, 519—593. — HEPPELER, F., 1928, Beiträge zur Systematik der Gattung *Rhamnus* mit besonderer Berücksichtigung des Emodinvorkommens. Arch. Pharm. *266*, 152—173. — KOLLE, F., und E. RAMSTAD, 1937, Über die Schleimbehälter bei *Rhamnus frangula* L. Nytt Magazin *77*, 195—200. — POJE, B., 1956, Pharmakognostische Untersuchungen an Blättern einiger *Rhamnus*arten. Folia Rhamni Fallacis. I. Mitt. Planta Med., *4* 5/6, 180—181. — PRILOP, H., 1962, Vorkommen und Verbreitung des Echten oder Purgier-Kreuzdorn *Rhamnus cathartica* L. in Nordwest-Deutschland. Abh. Naturw. Ver. Bremen *36*, 169—180. — ROULIER, C., 1929, Le *Rhamnus alpina* L. Thèse Pharm. Univ. Lyon, 100 pp. — STENZEL, E., 1963, Der Faulbaum, *Rhamnus frangula* L., eine bedeutsame Arzneipflanze im Wandel der Zeiten. HGK Mitteil. *6*, 7—9. — VENT, W., 1957/58, Beiträge zur Kenntnis von *Rhamnus fallax* Boiss. als Stammpflanze von Cortex Rhamni fallacis. Wiss. Zeitschr. Univ. Jena, Math.-nat. *4/5*, 411—418. — Ders., 1962, Monographie der Gattung *Oreoherzogia* W. Vent gen. nov. Feddes Repert. *65*, 3—132. — ZODDA, G., 1954, Monoicismo eventuale in *Rhamnus alpina* L. Nuov. Giorn. Bot. Ital. *61*, 696 ff.

S. 332: Zu Nr. 1881 *Rhamnus cathartica* L.
Italienischer Name: Spino di Cristo (nicht Christo). Chromosomenzahl: 2 n = 24. Steigt im Wallis (Schweiz) bis 1625 m. Verbreitung in Nordwestdeutschland s. PRILOP (1962).

S. 335: Zu Nr. 1882 *Rhamnus saxatilis* Jacq.
Verbreitung im nördlichen Alpenvorland und angrenzenden Gebieten s. BRESINSKY, A. in Ber. Bayer. Bot. Ges. *38* (1965); Verbreitung in Nordbayern s. GAUCKLER, K. in Ber. Bayer. Bot. Ges. *23*, 120 (1938).

S. 337: Zu Nr. 1883 *Rhamnus pumila* L. (nicht Turra!)
Die Knospe in Fig. 1894b gehört nach VENT (1962) nicht zu *Rhamnus pumila*.
Die Chromosomenzahl der Art beträgt 2 n = 24.
VENT (1962) teilt die Sippe unter dem Namen *Oreoherzogia pumila* (L.) W. Vent in mehrere Unterarten auf, die sich nur durch verschiedene Haartypen unterscheiden:
ssp. *pumila*: Haare mit ± deutlicher Krümmung; vor allem in den West- und Südalpen.
ssp. *velutina* (Bornm.) W. Vent: Haare lang, gerade und borstig; Süd- und Südostalpen bis Mazedonien und Albanien.
Verbreitung der Sippe in Europa siehe VENT (1962).

S. 340: Zu Nr. 1884 *Rhamnus alpina* L. = *Oreoherzogia alpina* (L.) W. Vent
Die Sippe wird von VENT (1962) in zwei Arten zerlegt, die ihrerseits wieder in Unterarten und Varietäten aufgespalten werden:
1. *Oreoherzogia alpina* (L.) W. Vent: Knospenschuppen behaart; Europa und Nordafrika.
2. *Oreoherzogia fallax* (Boiss.) W. Vent = *Rhamnus alpina* L. ssp. *fallax* (Boiss.) Maire et Petitm. (nicht Beger!). Von dieser Sippe, die kahle Knospenschuppen hat, kommt für uns nur die ssp. *liburnica* W. Vent in Betracht (Krain, Bosnien).
Verbreitung von *Rhamnus alpina* ssp. *alpina* und ssp. *fallax* bei MERXMÜLLER, H. in Jahrb. Schutze Alpenpfl. u. -Tiere *18*, 157 (1953); Verbreitung in Europa bei VENT (1962).

466. *Frangula* Miller

S. 343: Literatur siehe unter *Rhamnus*.
Pollen von *Frangula alnus*: Pollen ähnlich *Rh. cathartica*, aber psilat bis scabrat, oblat, etwa 20 × 23 μ groß. Ganz undeutliches OL-Muster. Ähnelt auch sehr dem Pollen von *Cornus suecica* und *C. mas* (Unterschiede siehe STRAKA, H., in Flora *141*, 101—109, 1954) (Fot. ERDTMAN und Mitarb., l.c., 1961, Pl. 52, Fig. 14).
Pollen von *Frangula* und *R. cathartica* werden oft, aber nur in geringer Menge in inter-, spät- und postglazialen Ablagerungen gefunden.

S. 344: Zu Nr. 1885 *Frangula alnus* Miller. Von der Art sind die Chromosomenzahlen 2 n = 20, 22 und 26 bekannt.

S. 349: Zu Nr. 1886 „*Rhamnus rupestris* Scop.". In der Überschrift muß es richtig heißen: *Frangula rupestris* Brongniart (nicht Brongniard).

80. Familie Vitaceae

Die *Vitaceae* werden zusammen mit den verwandten *Rhamnaceae* in die Ordnung *Rhamnales* gestellt.
Der gültige Name für die Familie ist *Vitaceae* (= *Ampelidaceae*).
Wichtige Literatur: BRIZICKY, G. K., 1965, The genera of *Vitaceae* in the Southeastern United States. Journ. Arnold Arbor. *46* (1), 48—67. — SUESSENGUTH, K., 1953, *Vitaceae* in Natürl. Pflanzenfam., 2. Aufl., *20d*, 174—371. — VATSALA, P., 1960, Chromosome studies in *Ampelidaceae*. Cellule *61*, 191—206.

S. 351: *Cissus* L.
Wichtige Literatur: LAWRENCE, G. H. M., 1959, *Cissus* and *Rhoicissus* in cultivation. Baileya *7*, 45—54.

S. 356 ff.: *Parthenocissus* Planchon
Parthenocissus Planchon (1887) ist nomen conservandum gegenüber *Psedera* Neck. (1790) und *Quinaria* Rafin. (1830).
Wichtige Literatur: JANCHEN, E., 1949, *Parthenocissus quinquefolia* (L.) Planchon, unser gewöhnlicher Wilder Wein. Phyton *1*, 170—177.

S. 358: *Parthenocissus quinquefolia* (L.) Planch.
Die Chromosomenzahl ist 2 n = 40.
Mehrfach verwildert und eingebürgert, so in Niederösterreich (Donauauen von Wallsee bis Wien, an der March und an der Schwechat), Steiermark (Auen der Mur von Stübing bis Radkersburg), Nordtirol, Vorarlberg. In der Schweiz vielfach.

467. *Vitis* L.

S. 359: Die neuere Literatur über die Weinrebe ist sehr umfangreich. Eine ausführliche Zusammenstellung über die Kulturreben gibt HUSFELD (1962). In der Arbeit werden u.a. die Geschichte, Systematik und Verwandtschaftsverhältnisse, Zytologie und Genetik, wie auch moderne Züchtungsmethoden der Weinrebe behandelt. In dem mehrseitigen Literaturverzeichnis werden alle wichtigen Arbeiten zitiert. Die in Österreich gebauten *Vitis*-Sorten sind bei JANCHEN in Catal. Fl. Austriae I (2), 414—417 (1957) zusammengestellt; dort findet sich auch weitere Literatur.

Die Arten der Untergattung *Euvitis* (die meisten Kulturreben) haben 2 n = 38, die der Untergattung *Muscadinia* 2 n = 40 Chromosomen.

Wichtige Literatur: BERTSCH, K., 1940, Die wilde Weinrebe in Deutschland, Umschau *44*, 572—574. — HUSFELD, B., 1962, Reben in Handbuch d. Pflanzenzüchtung. 2. Aufl. *6*, 723—773. — KIRCHHEIMER, F., 1946, Das einstige und heutige Vorkommen der wilden Weinrebe im Oberrheingebiet. Zeitschr. Naturf. *1*, 410—413. — MOOG, H., 1957, Einführung in die Rebsortenkunde. Ulmer Verl. Stuttgart, 93 pp. — SCHERZ, W. und J. ZIMMERMANN, 1953, Die Kulturrassen der Gattung *Vitis*. In Natürl. Pflanzenfam., 2. Aufl., Bd. *20d*, 334—371. — VOGT, E., 1960, Weinbau. Ulmer Verlag. Stuttgart.

S. 361: *Vitis riparia* Michaux (= *V. vulpina* L. p.).
Verwildert in Niederösterreich: Donauauen bei Klosterneuburg.

S. 363: Zu Nr. 1887 *Vitis vinifera* L.
Die Unterarten werden heute auch als Arten behandelt: *Vitis silvestris* Gmelin = *V. vinifera* L. ssp. *silvestris* (Gmelin) Beger; *Vitis vinifera* L. = *V. vinifera* L. ssp. *sativa* (DC.) Beger.
Die Kulturrebe geht im Wallis bis 1100 m (Vispertal: bei Törbel und Visperterminen).
Pollen tricolporat, goniotrem, subprolat, etwa 25×21 μ groß, Colpi schmal, Ränder eingestülpt und daher crassimarginat erscheinend. Sehr deutliches rundes unscharf begrenztes Os. Undeutliches feines OL-Muster (fein reticulat) (Foto STRAKA, H. in Flora *141*, 101—109, Abb. 7 (1954) und ERDTMAN und Mitarb. An Introduction to a Scandinavian Pollen Flora. Uppsala 1961. Pl. 65, Fig. 10 und 11).
Fossil wird der Pollen öfters gefunden. Er kann sowohl von Wildarten (wie *V. silvestris*) oder von kultivierten Pflanzen stammen, so daß noch weitere Kriterien herangezogen werden müssen, will man aus solchen Funden auf Weinkultur schließen.
Samenabdrücke von wahrscheinlich kultivierten Reben im südschwedischen Neolithikum (s. SCHIEMANN, G. bei FLORIN, S.: Vråkulturen, Stockholm 1958, p. 270—274).

Der moderne Weinbau

(Zusammengestellt von Dr. J. ZIMMERMANN, Freiburg i. Br.)

Der Weinbau wird heute mit Pfropfreben betrieben. Die Unterlagen sind entweder Bastarde zwischen den amerikanischen Wildarten (*Vitis berlandieri* Planchon, *rupestris* Scheele, *vulpina* L. = *riparia* Michaux) oder solche mit *Vitis vinifera*-Sorten (meist nicht genügend reblausfest) oder ausgelesene Typen der Wildarten *V. rupestris* und *V. vulpina*. Diese Unterlagen sind zwar nicht ganz unanfällig gegen die Reblaus, aber sie werden bei Befall nicht nachhaltig geschädigt. Vollständige Unanfälligkeit gegen die Reblaus besitzt der von BÖRNER gefundene Typ Arnold von *V. cinerea* Engelmann (aus dem Arnold Arboretum, Havard University Mass., USA), der für die Züchtung reblausunanfälliger Unterlagen Verwendung findet.
In „Muttergärten" werden aus jeder Pflanze mit Kopfschnitt jährlich 6—10 Triebe an schräg befestigten Stangen, an horizontal gespannten Drähten oder an hohen Pyramiden aus Pfählen gezogen (brauchbare Länge eines Triebes je nach Klima 2—8 m). In heißen, trockenen Gebieten erfolgt auch kriechende Erziehung ohne Unterstützung (Südfrankreich, Mittelitalien).
Die Unterlagensorten besitzen unterschiedliche Adaptation und Affinität zu den Edelreissorten. Als Unterlage für die Propfrebe dient ein 25—40 cm langer Triebteil, der basal mit einem Knoten abschließt. Apikal wird durch „Zungen- oder Lamellenschnitt" (Hand oder Maschine) ein 2—3 cm langes Reis mit einem Auge aufgepfropft. Die Kallusbildung und Verwachsung der beiden Pfropfpartner hängt von der witterungsabhängigen Ausreifung und von der Dorsiventralität der Triebteile ab. Der dorsiventrale Bau des Rebtriebes bedingt eine schwache Ausbildung des Holz- und Bastgewebes auf der „Rankenseite" (Sektor des Internodiums über der Blattinsertion bis zur darüberstehenden Ranke), so daß auf dieser Seite die Kallusbildung und Verwachsung oft unterbleiben und das Gewebe vertrocknet („Rückendarre"). Derartige Pfropfreben sind unbrauchbar. Durchschnittlich sind nur 35% der hergestellten Pfropfungen pflanzfähig. Vorgetrieben in feuchtem Sägemehl oder Torf bildet sich bei 25—30 °C der Verwachsungskallus, und das Auge treibt aus. Nach Abhärtung erfolgt Einschulen im Freiland (Rebschule) oder (in geringem Maße) weiteres Vortreiben unter Glas in Töpfen oder Kartonagen, bis die ersten Blätter voll entwickelt sind. Diese „Kartonagereben" werden Anfang Juni unmittelbar in den Weinberg gepflanzt. Die Pfropfreben aus der Rebschule werden im Spätherbst ausgeschult, geprüft und im folgenden Jahr an Ort gepflanzt. Im dritten Jahr („im 3. Laub") nach der Pflanzung ist der erste Ertrag („Jungfernertrag") zu erwarten, bei sehr günstigen Bedingungen vereinzelt auch schon im zweiten Jahr. Auf Grund des Reblausgesetzes wird in der deutschen Bundesrepublik der Anbau von Pfropfreben gefördert, so daß bis 1960 bereits 55% der deutschen Rebfläche damit bestockt waren. Mit der Umstellung von wurzelechten Reben auf den Pfropfrebenanbau wird häufig eine Flurbereinigung durchgeführt. Vor der Bepflanzung wird der Boden etwa 60 cm tief rigolt (gepflügt) und terrassiertes Gelände sowie Hohlwege durch Erdschieber planiert, um eine maschinelle Bewirtschaftung zu ermöglichen. Nach der Pflanzung müssen besonders in Hanglagen Senf, Raps oder schnellwüchsige Kleearten eingesät werden, um durch den Pflanzenbestand eine Bodenabschwemmung zu verhindern. Diese Pflanzen werden später als Gründüngung untergepflügt.

Die Erziehung erfolgt heute vorwiegend an Drahtrahmen (im Abstand von 1,20 bis 1,80 m) mit einem 60—80 cm hohen Stamm. (Pflanzabstand 1,10 bis 1,60 m) und ein bis zwei Tragruten, die an Drähte parallel zur Hangneigung gebunden werden. Anstelle der früher zum Binden verwendeten Weidenruten oder Stroh werden heute Papiergarn mit Drahteinlage oder auch Kunststoffklammern benutzt. Die fruchttragenden Jahrestriebe werden an höhere Drähte geheftet, durchgesteckt oder ranken sich selbst fest, so daß eine spalierartige Verteilung entlang des Rahmens erfolgt. In Österreich ist die Hochkultur nach Lenz-Moser stark verbreitet (1963 = $1/3$ der Rebfläche). Der Abstand der Rahmen beträgt hier 3,00 m und die Stammhöhe 1,30 m. An Querjochen gespannte Drähte ermöglichen auch ein seitwärtiges Hängen der Triebe, so daß die Wuchsform der Kulturrebe mehr dem natürlichen Wuchs der Wildreben (*V. silvestris*) entspricht. Der Vorteil dieser Erziehungsart liegt im Wegfall der Laubbehandlung und maschinellen Bewirtschaftung mit Traktoren. Je nach Klima, Boden und Hangneigung werden die Drahtrahmen niedriger, enger oder weiter gehalten oder noch die bisher gebräuchliche Pfahlerziehung benutzt.

Die Zusammensetzung des Rebensortimentes (siehe Moog 1957) verschiebt sich seit Ende des zweiten Weltkrieges in Richtung qualitativ leistungsfähigerer Sorten. Eine Neuzüchtung ,,Müller-Thurgau'', angeblich (aber stark bezweifelt) eine Kreuzung von Riesling × Silvaner und häufig so bezeichnet, hat infolge hoher Fruchtbarkeit, Ertragssicherheit (fruchtbare Nachtriebe nach Spätfrostschäden) und wegen des sehr ansprechenden fruchtigen Buketts der Weine eine starke Ausbreitung erfahren (1882 aus Kreuzungen hervorgegangen, die Dr. Müller-Thurgau in Geisenheim durchführte; später von Schellenberg, Schweiz, geprüft und vermehrt).

Die Ziele für die Kreuzungszüchtungen sind:
1. Steigerung der Leistung in Qualität und Quantität mit guter ökologischer Anpassung, ausgehend von *vinifera-sativa* Sorten.
2. Resistenz gegen Schädlinge, vorwiegend gegen *Plasmopara viticola* (Wegfall genau einzuhaltender Spritztermine) und *Uncinula necator*, kombiniert mit den Geschmackseigenschaften der *vinifera*-Weine und Eigenschaften des 1. Zuchtzieles; ausgehend von Kreuzungen *vinifera-sativa* Sorten mit ± pilzresistenten amerikanischen Wildreben. Sehr zeitraubender Zuchtweg, da das Zuchtziel erst nach mehreren Kreuzungs- und Rückkreuzungsgenerationen zu erreichen ist.

Durch künstliche Auslösung von Mutationen und Polyploidisierung wird ebenfalls versucht, diese Zuchtziele zu erreichen. Kreuzungsprodukte der *vinifera*-Sorten mit amerikanischen Wildarten werden im Weinbau als ,,Hybriden'' bezeichnet und damit ein negatives Urteil über den ,,Fremd-, Gras-, Fox- und Frucht''-Geschmack und -Geruch des Weines verbunden. Jedoch werden deutsche Züchtungen neuerer Zeit den Anforderungen nach Weingeschmack und Pilzresistenz gerecht und in Versuchsanlagen erprobt.

Die Schädlingsbekämpfung wird mit fahrbaren (für kleinere Betriebe auch tragbaren) motorisierten Spritz-, Sprüh- und Stäubegeräten durchgeführt. Als Fungizide dienen bis nach der Blüte vorwiegend organische und später anorganische (kupferhaltige) Mittel. Echter Mehltau wird mit schwefelhaltigen Präparaten bekämpft. Als Fraß- und Berührungsgifte gegen tierische Schädlinge verwendet man synthetische Mittel. Die Virosen der Rebe werden sehr stark beachtet. Eine direkte Bekämpfung ist bisher nicht möglich. Es ist Aufgabe der Rebenzüchter darauf zu achten, daß Virose-verdächtige Pflanzen nicht vermehrt werden.

	Weinbaufläche ha in Tausend	Wein hl in Millionen	Rosinen dz in Tausend	Tafeltrauben dz in Tausend	Jährlicher Konsum pro Kopf in Liter
Albanien	5,0	35,0			
Belgien	0,5	0,04		65	6,5
Bulgarien	185,2	3,9		1473	16,3
Deutschland	79,9	3,9		3	12,5
Frankreich	1417,3	71,3		1509	123,8
Griechenland	299,1	3,9	972	602	39,5
Italien	1729,7	69,6	33	4035	111,8
Jugoslavien	270,0	5,2		1000	
Luxemburg	1,3	0,12			
Österreich	35,5	1,0		107	22,1
Portugal	329,9	15,4	0,4	250	75,0
Rumänien	290,6	5,5		385	
Schweiz	12,2	0,7		17	37,3
Spanien	1685,2	24,2	67	1266	63,5
Tschechoslowakei	24,6	0,2		17	4,6
Ungarn	239,1	3,1		369	25,0
Sowjetunion	1039,0	8,5	150	3000	3,5

Die Traubenlese erfolgt von Hand. Eine maschinelle Ernte (wie z. B. in USA) erfordert große Flächen, eine besondere Erziehungsform und Sorten mit langstieligen Trauben. Das Lesegut wird zu „Maische" gemahlen und dabei die „Rappen" (Traubenachse und Beerenstiele) maschinell entfernt. Die Maische wird in horizontal rotierenden Preßzylindern durch einen zentralen radial wirkenden Preß-Schlauch oder mit horizontal wirkender Spindelpresse (auch Gegendruckpressen) oder permanent arbeitenden Pressen abgepreßt. Der Most wird in Zentrifugen von Trubstoffen befreit („entschleimt") und je nach Menge und Güte in Fässern aus Eichenholz, in Betonbehältern, die mit Glas oder säurefestem Belag ausgekleidet sind, oder in Stahltanks vergoren und ausgebaut.

Die Rebfläche, Wein- ,Rosinen- und Tafeltraubenmengen, sowie Konsum je Kopf der Bevölkerung verteilen sich auf die europäischen Weinbauländer (Internationales Weinamt Paris für 1962) in folgender Weise (Tabelle siehe S. 674 a).

81. Familie Tiliaceae

Die von den meisten Autoren bei den *Malvales* (= *Columniferae*) aufgeführten *Tiliaceae* stellt HUTCHINSON (1959) in die abgetrennte Ordnung *Tiliales*.

Wichtige Literatur: BRIZICKY, G. K., 1965, The genera of *Tiliaceae* and *Elaeocarpaceae* in the Southeastern United States. Jour. Arnold Arbor. *46* (3), 286—307. — BURRET, M., 1926, Beiträge zur Kenntnis der Tiliaceen. Notizbl. Bot. Gart. Mus. Berlin *9*, 592—880. — JACCARD, P. und FREY, A., 1927, *Tiliaceae* in KIRCHNER, LOEW und SCHRÖTER Lebensgeschichte der Blütenpflanzen Mitteleuropas. Stuttgart *3* (4), 1—62. — WEIBEL, R., 1945, La placentation chez les Tiliacées. Candollea *10.* 155—177.

S. 418: Wichtige Literatur: KALB, R., 1934, Die Zimmerlinde. Aus. d. Heimat *47*, 229—236.

468. *Tilia* L.

S. 430: Unsere einheimischen *Tilia*-Arten sind polyploid und haben $2n = 82$ Chromosomen (*T. cordata*, *T. platyphyllos* ssp. *platyphyllos* und ssp. *grandifolia*).

Pollen manchmal schwach paraisopolar, oblat, fast diskusförmig. Tricolporat, brevicolpat, mit netzigem Muster, das aber besonders kompliziert gebaut ist; über die Unterschiede bei den beiden Arten siehe ERDTMAN u. Mitarb. in: An Introduction to a Scandinavian Pollen Flora. II. Uppsala 1963. (Fot. ERDTMAN u. Mitarb., l. c. Bd. I, 1961, Pl. 60, Fig. 6 bis 8 und Pl. 61 Fig. 1).

Obwohl *Tilia* zoogam ist, produziert sie doch genügend Pollen und streut auch größere Mengen davon aus, so daß er in Oberflächenproben und in fossilen Schichten gefunden wird. Er ist aber immer stark untervertreten, wenn man seine Menge mit der anderer anemogamer Baumarten vergleicht.

Der charakteristische und leicht kenntliche Pollen wird in post- und interglazialen Ablagerungen gefunden und gilt als Zeiger für ein wärmeres Klima. So wird er besonders während der Mittleren Wärmezeit (Eichenmischwaldzeit) festgestellt, in den Südalpen schon im Spätglazial.

Wichtige Literatur: DERMEN, H., 1932, Chromosome numbers in the genus *Tilia*. Journ. Arn. Arb. *13*, 49—51. — JACCARD, P. und FREY, A., 1928, *Tilia cordata* Mill. und *Tilia platyphyllos* Scop. Pflanzenareale Reihe 2, Heft 2, 1928, Karte 18—20, 14—17. — LI, H. L., 1958, The cultivated Lindens. Morris Arbor. Bull. *9*, 39—44. — SCHMERSAHL, K. J., 1963, Ein Beitrag zur Morphologie der Lindenblüten. Die Pharmazie *18*, 437—440. — SCHNEIDER, C., 1935, Von den Linden unserer Wälder und Gärten. Gartenflora *84*, 195—199. — SCHNETTER, R., 1965, Phänologische Karte vom Blühbeginn der Winterlinde *Tilia cordata* Mill., Beitr. Biol. Pfl. *41* (1), 139—142. — SEN, D. N., 1961, Self saprophytism in roots of *Tilia cordata* L. Preslia *33*, 36—40. — Ders., 1961, Root ecology of *Tilia europaea* L. 1. On the morphology of mycorrhizal roots. Preslia *33*, 341—350. — TRELA, J., 1929, Zur Morphologie der Pollenkörner der einheimischen *Tilia*-Arten. Bull. Acad. Polon., math.-nat., Ser. B 1928, 45—54. — WAGNER, J., 1927—1934. Lindenstudien II—VI. Mag. Bot. Lap. *25*, 22—24 (1927); *26*, 58—60 (1928); *28*, 166—173 (1930); *31*, 55—60 (1932); *33*, 61—68 (1934). — Ders., 1932, Die Linden des historischen Ungarns. I. Mitteil. Deutsch. Dendrol. Ges. *44*, 316—345; Teil II, 1933, l. c. *45*, 5—60. — WALLISCH, R., 1930, Die Chromosomenverhältnisse bei *Tilia platyphyllos*, *Tilia cordata* und *Tilia argentea*. Österr. Bot. Zeitschr. *79*, 97—106.

S. 434: *Tilia tomentosa* Moench var. *petiolaris* (DC.) Borbás wird auch als eigene Art betrachtet (*T. petiolaris* DC.).

S. 437: Zu Nr. 1888 *Tilia cordata* Mill.

Verbreitung in Mitteldeutschland s. MEUSEL, H. und BUHL, A. in Wiss. Zeitschr. Univ. Halle, math.-nat. *11*, 1264—1267 (1962).

S. 441: An der Peripherie des Areales in Finnland sind die Samen von *Tilia cordata* nicht mehr keimfähig. Der Baum wird strauchförmig. Aus dem Holzsockel entspringen Innovationssprosse, welche zu gleich großen Stämmen heranwachsen wie der primäre. Die gleiche Erscheinung zeigt sich an den Wurzeln und an den Zweigen, welche den Boden berühren.

S. 446: Zu Nr. 1889 *Tilia platyphyllos* Scop.

Nomenklatur:

ssp. *grandifolia* (Ehrh.) Vollm. = ssp. *eu-grandifolia* C. Schneider

ssp. *platyphyllos* = ssp. *eu-platyphyllos* C. Schneider.

Verbreitung der Art in Mitteldeutschland s. MEUSEL und BUHL, l. c.

S. 452: *Tilia vulgaris* Hayne (Bastard aus *T. cordata* × *T. platyphyllos*) wächst anscheinend wild am Pfänder (Vorarlberg).

Ordnung Malvales

Wichtige Literatur: EDLIN, H. L., 1935, A critical revision of certain taxonomic groups of the *Malvales*. New Phytol. *34*, 1—20 und 122—143. — RAO, C. V., 1952, Floral anatomy of some *Malvales* and its bearing on the affinities of families included in the order. Journ. Ind. Bot. Soc. *31* (3), 171—203. — STENAR, A. H., 1925, Embryologische Studien I. Zur Embryologie einiger Columniferen. Akad. Abhandl. Uppsala 1925, 195 pp.

82. Familie Malvaceae

Der Pollen ist für die Familie recht charakteristisch. Beispiel *Malva moschata*: Pollen groß, um 110 μ, kugelig, panto-polyporat, etwa 50 Poren, diese $\pm$ kreisrund, 3 bis 4 μ im Durchmesser. Exine etwa 6 μ dick, crassinexinös; tectat. Mit spitzen großen Spinae, diese etwa 6 bis 13 μ lang, von kleinen Bacula getragen (Fot. ERDTMAN u. Mitarb., 1961, An introduction to a Scandinavian Pollen Flora. I. Uppsala, Pl. 38, Fig. 4 bis 6).

ERDTMAN u. Mitarb. (1963, An Introduction to a Scandinavian Pollen Flora. II. Uppsala) geben folgenden Schlüssel:

1. Verrucae — *Malva pusilla*
   Spinae — 2
2. Spinae etwa 10 μ oder länger — *Lavatera, Malva alcea, M. moschata*
   Spinae kürzer als 10 μ — 3
3. Spinae monomorph — *Malva neglecta, M. pusilla, M. sylvestris*
   Spinae dimorph — *M. pusilla*

Fossilfunde wurden bisher nur selten gemacht, z. B. von ZOLLER im Tessin.

Wichtige Literatur: BREJCHA, L. und V. VAŠÁK, 1964, Aussichtsvolle Pflanzen für Fasergewinnung oder komplexe Verwertung. I. Acta Horti Bot. Pragensis 1963, 3—12. — DAVIE, J. H., 1933, Cytological studies in the *Malvaceae* and certain related families. Jour. Genet. *28*, 33—67. — FORD, C. E., 1938, A contribution to a cytogenetical survey of the *Malvaceae*. Genetica *20*, 431—452. — RASMUSSEN, S. M., 1954, Euphorbiaceernes, Malvaceernes og Violaceernes udbredelse i Danmark. Bot. Tidsskr. *50*, 239—278. — SKOVSTED, A., 1935, Chromosome numbers in the *Malvaceae*. I. Journ. Genet. *31*, 263—296. — Ders., 1941, Chromosome numbers in the *Malvaceae*. II. C. r. Trav. Lab. Carlsberg, Sér. Physiol. *23*, 195—242.

S. 455: *Kitaibelia vitifolia* Willd. = *Malope vitifolia* Willd. Eingeschleppt in der Steiermark (Graz).

S. 456: *Abutilon theophrasti* Medik. = *A. avicennae* Gaertn. Mehrfach eingeschleppt in der Schweiz und in Österreich (Burgenland: Andau; Niederösterreich: Marchegg; Wiener Stadtgebiet). Die Chromosomenzahl der Art ist 2 n = 42.
Literatur: MEYER, K., 1938, Die Sammet-Malve (*Abutilon avicennae* Gaertn.). Natur und Volk *68*, 273—276.

S. 458: *Abelmoschus esculentus* (L.) Moench.
In Österreich sehr selten als Gemüsepflanze kultiviert.

S. 458: *Hibiscus trionum* L.
In der Schweiz eingeschleppt bei Schönenwerd (Kanton Solothurn).
Die Chromosomenzahl beträgt 2 n = 28 und 2 n = 56.

S. 460: *Gossypium* L.
Die Gattung wird neuerdings von einigen Autoren zu den *Bombacaceae* gestellt.
Die altweltlichen Arten der Baumwolle *G. arboreum* und *G. herbaceum* sind diploid (2 n = 26), die neuweltlichen Sippen *G. hirsutum* und *G. vitifolium* tetraploid (2 n = 56). Die neuere Literatur über die Gattung ist sehr umfangreich, für die Systematik wichtiger sind folgende Arbeiten:
Wichtige Literatur: BROWN, H. B., 1938, Cotton. 2. ed., 604 pp., New York-London. — HUTCHINSON, J. B., 1951, *Gossypium*. Heredity *5*, 161—193. — Ders., 1954, New evidence on the origin of the old world cottons. Heredity *8*, 225—241. — Ders., SILOW, R. A., and STEPHENS, S. G., 1947, The evolution of *Gossypium* and the differentiation of the cultivated cottons. London, New York, Toronto. — KEARNEY, T. H., 1957, Wild and domesticated cotton plants of the world. Leafl. West. Bot. *8*, 103—109. — MAUER, F. M., 1954, Entstehung und Systematik der Baumwolle. Die Baumwolle I. (russ.). — PROCHANOW, J. I., 1947, Conspectus des Systems der Baumwolle. Zhur. Bot. URSS *32* (2) (russ.). — ROBERTY, G., 1942, Gossypiorum revisionis tentamen. Candollea *9*, 19—103. — Ders., 1950—1952, Gossypiorum revisionis tentamen (Suite et fin). Candollea *13*, 9—165. — SAUNDERS, J. H., 1961, The wild species of *Gossypium* and their evolutionary history. Oxford. — SETHI, B. L. et al., 1960/1961, Cotton in India. A monograph. 4 vols. Bombay, Indian Central Cotton Commitee. — SMITH, C. E. JR., 1964, *Gossypium*: Names available for specific and subspecific taxa. Taxon *13*, 211—217. — STEPHENS, S. G., 1950, The international mechanism of speciation in *Gossypium*. Bot. Rev. *16*, 115—149.

469. *Althaea* L.

S. 463: Die Chromosomenzahl von *A. officinalis*, *A. rosea* und *A. pallida* beträgt 2 n = 42.

S. 470: Zu Nr. 1892 *Althaea hirsuta* L.
In Hessen im oberen Kinzigtal bei Schlüchtern (siehe SEIBIG, A., 1958, Der Rauhhaarige Eibisch, *Althaea hirsuta* L., im oberen Kinzigtal. Hess. Flor. Briefe *81*).

471. *Malva* L.

S. 474: Unsere „einheimischen" Arten haben folgende Chromosomenzahlen: 2 n = 42: *M. mauritiana, M. moschata, M. pusilla, M. neglecta, M. sylvestris*; 2 n = 84: *M. alcea, M. verticillata*; 2 n = ca. 112: *M. crispa*.

Wichtige Literatur: DANERT, S., 1965, Über einige infraspezifische Sippen von *Malva verticillata* L. Kulturpfl. *13*, 715—735. — KRISTOFFERSON, K. B., 1925, Species crossings in *Malva*. Hereditas *7*, 233—354.

S. 475: *Malva verticillata* L.
Eingeschleppt in der Steiermark (Göstinger Au und Kapfenberg).
Malva crispa L. = *M. verticillata* L. var. *crispa*
Die Sippe wird heute meistens als Art geführt.
In der Schweiz vor allem im Süden und Südosten verwildert: Im Wallis bis 1600 m, Graubünden (Bonaduz, Misoxtal, Calancatal, Puschlav in Viano und Campocologno), Waadt (Corbeyrier) und anderwärts.

S. 479: Zu Nr. 1895 *Malva moschata* L.
Österreich, Burgenland bei Marz und Bernstein, mehrfach um Lockenhaus (TRAXLER); Schweiz: Die Höhenangabe „Wallis bis 1450 m" (Leukerbad) ist zu streichen. Bayern, in den Allgäuer Alpen, Grünten, unterh. Roßbergalpe, 1300 m; auch bei Berchtesgaden.

S. 481: Zu Nr. 1896 *Malva sylvestris* L.
Nomenklatur:
ssp. *sylvestris*
ssp. *mauritiana* (L.) A. et G. = ssp. *mauritanica* (L.) Thellung.
Die ssp. *mauritiana* (auch als Art geführt) wird in Österreich öfters kultiviert, vor allem Burgenland, Niederösterreich (Marchfeld), Oberösterreich, Steiermark. Gelegentlich verwildert.

S. 487: Zu Nr. 1898 *Malva pusilla* Smith, in Smith and Sowerby (1795!) non Withering (1796).

83. Familie Hypericaceae

Die *Parietales* werden heute in mehrere Ordnungen aufgespalten. Die *Hypericaceae* (zusammen mit den *Clusiaceae* auch als *Guttiferae* bezeichnet) finden wir teils bei den *Theales* (TAKHTAJAN 1959), teils bei den von den einzelnen Autoren sehr verschieden abgegrenzten *Guttiferales* eingeordnet. Die Verwandtschaft der *Hypericaceae* zu den *Theaceae* ist allgemein anerkannt; dagegen liegen Beziehungen zu Familien der *Polycarpicae* sicher nicht vor. Den *Guttiferales* nahe steht die Gattung *Parnassia* (s. Hegi Bd. IV/2, 2. Aufl., p. 227).

Wichtige Literatur: ADAMS, P., 1962, Studies in the *Guttiferae*. II. Taxonomic and distributional observations on North American taxa. Rhodora *84*, 231—242. — ENGLER, A., 1925, *Guttiferae* in Pflanzenfam., 2. Aufl., *21*, 154—237. — VESTAL, P. A., 1937, The significance of comparative anatomy in establishing the relationship of the *Hypericaceae* to the *Guttiferae* and their allies. Philippine Journ. Sci. *64*, 199—256.

472. *Hypericum* L.

S. 502 ff.: Die bisher bekannten Chromosomenzahlen unserer einheimischen Arten lassen sich auf die Grundzahlen $x = 8$ und $x = 9$ zurückführen: 2 n = 16 *H. humifusum, H. maculatum* ssp. *maculatum, H. tetrapterum*; 2 n = 32 *H. elegans, H. maculatum* ssp. *obtusiusculum, H. perforatum* ssp. *perforatum*; 2 n = 18 *H. hirsutum, H. pulchrum*.

Wichtige Literatur: BOUCHARD, J., 1954, Un *Hypericum* nouveau pour la flore de France. Bull. Soc. Bot. France *101*, 351—354. — CHATTAWAY, M. M., 1926, Note on the chromosomes of the genus *Hypericum* with special reference to chromosome size in *H. calycinum*. Brit. Jour. Exp. Biol. *3*, 141—143. — FAHRENHOLTZ, H., 1927, Über Rassen- und Artkreuzungen in der Gattung *Hypericum*. Schauinsland-Festschrift. Bremen 1927, 23—32. — FRÖHLICH, A., 1960, Zwei *Hypericum*-Bastarde in der Tschechoslowakei. Preslia *32*, 97—99 (tschech., deutsch. Zusammenf.). — GREBE, H., 1956, Das Zierliche Johanniskraut, *Hypericum elegans* in Rheinhessen. Hess. Flor. Briefe *5* (Brief 49), 1—3. — HEINE, H., 1962, Les Millepertuis américains dans la flore d'Europe. Bauhinia *2*, 71—78. — HOAR, C., and E. J. HAERTL, 1932, Meiosis in the genus *Hypericum*. Bot. Gaz. *93*, 197—204. — JONKER, F. P., 1959, *Hypericum canadense* in Europe. Acta Bot. Neerl. *8*, 185—186 und 1960, l.c. *9*, 343. — JURASKY, J., 1962, Das zierliche Johanniskraut (*Hypericum elegans* Steph.) mehrfach in Niederösterreich. Natur und Land *48*, 92—93. — KELLER, R., 1925, *Hypericum* in Pflanzenfam., 2. Aufl., *21*, 175—183. — KŒIE, A., 1939, Hypericaceernes udbredelse i Danmark. Bot. Tidsskr. *45*, 68—72. — McCLINTOK, D., 1958, *Hypericum canadense* in Ireland. Watsonia *4*, 145. — MERXMÜLLER, H. und H. VOLLRATH, 1956, Ein amerikanisches *Hypericum* als Neubürger in Europa. Ber. Bayer. Bot. Ges. *31*, 130—131. — MÜLLER-STOLL, W. R. und G. HUDZIOK, 1960, *Hypericum maius* als Neubürger in der Mark-Brandenburg und das Auftreten von *Hypericum*-Arten der Sektion *Brathys* in Europa. Wiss. Z. Päd. Hochsch. Potsdam, math.-nat. *6*, 171—178. — NIELSEN, J., 1924, Chromosome numbers in the genus *Hypericum*. Hereditas *5*, 378—382. — NOACK, K. L., 1934, Über *Hypericum*-Kreuzungen. IV. Die Bastarde zwischen *Hypericum acutum* Moench, *montanum* L., *quadrangulum* L., *hirsutum* L., und *pulchrum* L. Zeitschr. f. Botanik *28*, 1—71. — Ders., 1939, Über *Hypericum*-Kreuzungen. VI. Fortpflanzungsverhältnisse und Bastarde von *Hypericum perforatum* L. Zeitschr. Indukt. Abst. Vererbl. *79*, 569—601. — PLAISTED, R. L. and LIGHTLY, R. W., 1959, The ornamental Hypericums. Nat. Hort. Mag. *38*, 122—131. — PRITCHARD, T., 1960, Race formation in weedy species with special reference to *Euphorbia cyparissias* L. and *Hypericum perforatum* L. in: The Biology of Weeds (ed. HARPER), Oxford, 61—66. — ROBSON, N. K. B., 1957, *Hypericum maculatum* Crantz. Proc. Bot. Soc. Brit. Isles *2*, 237—238. — Ders., 1958, *Hypericum maculatum* in Britain and Europe. Proc. Bot. Soc. Brit. Isles *3*, 99—100. — SALISBURY, E. J., 1963, Fertile seed production and self-incompatibility of *Hypericum calycinum* in England. Watsonia *5*, 368—376. — STEFANOFF, B., 1939, Die mediterran-orientalischen Arten der Gattung *Hypericum*. Pflanzenareale 4. Reihe, Heft 1, Karte 1—9. — TRAXLER, G., 1962, Ein burgenländisches Vorkommen des Bart-Johanniskrautes (*Hypericum barbatum* Jacq.). Natur und Land *48*, 46. — WEBB, D. A., 1959, *Hypericum canadense* L. in western Ireland. Watsonia *4*, 140—144. — ZELENÝ, V., 1960, *Hypericum elegans* in der Tschechoslowakei. Sborník Přírodovedeckého klubu v Brně *32*, 69—75 (tschech.). — Ders., 1965, *Hypericum pulchrum* L. in Čechoslovakia. Preslia *37* (1), 79—83.

S. 505 ff.: Die nordamerikanische Sippe *Hypericum maius* (Gray) Britton wurde in Nordbayern (Oberpfalz, Sperlhammer bei Luhe, Bez. Weiden) und in Brandenburg (Fauler See bei Sperenberg) eingebürgert gefunden (s. MERXMÜLLER und VOLLRATH 1956, MÜLLER-STOLL und HUDZIOK 1960). Die Art gehört in die Verwandtschaft von *H. canadense*, *H. gymnanthemum* und *H. mutilum*. Von *H. canadense* L. (schmale, dreinervige Blätter, kurze Sepalen) unterscheidet sich *H. maius* vor allem durch fünfnervige, breitere Blätter und etwa 5 mm lange Kelchblätter. *H. canadense* wurde in neuerer Zeit vor allem in Westeuropa eingeschleppt gefunden.

S 509: Zu Nr. 1899 *Hypericum Helodes* L. Die richtige Schreibweise der Art ist *H. elodes* Grufb. (nicht L.). Die Sippe ist durch fortschreitende Kultivierung der Standorte stark im Rückgang begriffen und schon an einigen Stellen (wie im Untermaingebiet) erloschen. Arealkarte in Webbia *11*, 849 (1956).

S. 513: Zu Nr. 1901 *Hypericum coris* L. In der Schweiz auch ob Amden (Kanton St. Gallen). Die Art kommt auf Korsika nicht vor.
Verbreitung in den Alpen s. MERXMÜLLER, H., in Jahrb. Schutze Alpenpfl. u. -Tiere *48*, p. 156 (1953).

S. 517: Zu Nr. 1904 *Hypericum maculatum* Crantz
Die richtige Nomenklatur der Unterarten ist:
ssp. *maculatum*
ssp. *obtusiusculum* (Tourlet) Hayek (im Wallis verbreitet)
ssp. *styriacum* A. Fröhlich
ssp. *desetangsii* (Lamotte) Tourlet em. A. Fröhlich.
Die ssp. *desetangsii* wird auch als Art aufgefaßt: *H. desetangsii* Lamotte
ssp. *desetangsiiforme* A. Fröhlich
Über die Verbreitung der Unterarten ist noch wenig bekannt.

S. 522: Zu Nr. 1906 *Hypericum elegans* Stephan
Die Art kommt in Rheinland-Pfalz bei Sprendlingen, Zotzenheim und Ockenheim vor. In Österreich wurde sie mehrfach in Niederösterreich (nördliches Weinviertel, Schmida-Tal) von JURASKY festgestellt.

S. 523: Zu Nr. 1907 *Hypericum pulchrum* L. In der Schweiz im Entlibuch (nicht bei E.).
Verbreitung in Sachsen s. MILITZER, M., Das atlantische Florenelement in Sachsen. 2. Jahresber. Arbeitsgem. sächs. Bot. 1942.

S. 526: Zu Nr. 1910 *Hypericum perforatum* L.
Pollen tricolporoid, prolat, etwa $30 \times 20\ \mu$ groß. Colpi recht breit, im Äquator zusammengezogen, fein reticulat (Fot. ERDTMAN u. Mitarb. An Introduction to a Scandinavian Pollen Flora. Uppsala 1961. Pl. 29, Fig. 6 bis 9). Fossilfunde nur ganz vereinzelt.
Die Varietäten werden heute meistens als Unterarten geführt:
ssp. *latifolium* (Koch) A. Fröhlich (auch im Burgenland)
ssp. *perforatum*
ssp. *angustifolium* (DC.) Gaudin (mehrfach in Salzburg)
ssp. *veronense* (Schrank) A. Fröhlich (auch im Burgenland).
Die Verbreitung der Unterarten muß erst genau festgestellt werden.

S. 531: Zu Nr. 1911 *Hypericum Richeri* Vill. Steigt im Wallis (Schweiz) bis 2400 m.

S. 532: Zu Nr. 1912 *Hypericum barbatum* Jacq.
In Österreich auch im Burgenland: Unterpetersdorf westlich Deutsch-Kreutz (TRAXLER); Unterpullendorf und zwischen Kroatisch-Geresdorf und Lutzmannsburg (MELZER).

84. Familie Elatinaceae

Die systematische Stellung der *Elatinaceae* ist umstritten. Sie werden einerseits als abgeleitete Familie zu den *Tamaricinae* in die Ordnung der *Violales* (*Parietales* p. p.) gestellt, andererseits werden verwandtschaftliche Beziehungen zu den *Hypericaceae* angenommen. TAKHTAJAN (1959) stellt die *Elatinaceae* daher zu den *Theales*. Bei HUTCHINSON (1959) finden wir die Familie am Anfang der *Caryophyllales*.

Wichtige Literatur: Niedenzu, F., 1925, *Elatinaceae* in Natürl. Pflanzenfam., 2. Aufl., *21*, 270—276. — Pottier, J., 1927, Recherches sur l' anatomie comparée des espéces dans la famille des Elatinacées et sur le développement de la tige et de la racine dans le genre *Elatine*. Besançon. 157 pp.

473. *Elatine* L.

S. 535: Wichtige Literatur: Boros, A., 1927, Neue Standorte der *Elatine hungarica* und *E. ambigua* in Ungarn. Magy. Bot. Lap. *25*, 150—153. — Brielmaier, G.W., 1951, Der Tännel in Oberschwaben. Aus der Heimat (Öhringen) *59* (10), 262—266. — Frisendahl, A., 1927, Über die Entwicklung chasmo- und kleistogamer Blüten bei der Gattung *Elatine*. Acti Hort. Gotob. *3*, 99—142. — Glück, H., 1936, *Elatine* in: Die Süßwasserflora Mitteleuropas. Jena. *15*, 299—313. — Györffy, I., 1927, Über das Vorkommen von *Elatine gyrosperma* Düb. (*E. oederi* Moesz) in Ungarn. Mag. Bot. Lap. *25*, 154. — Larsen, K. and Pedersen, A., 1960, Papaverceernes, Fumariaceernes, Nymphaeaceernes, Ceratophyllaceernes, Elatinaceernes, Halorhagidaceernes, Hippuridaceernes og Lythraceernes udbredelse i Danmark. Bot. Tidsskr. *56*, 37—86. — Lemesle, R., 1929, Embryogénie des Elatinacées. Développement de l'embryon chez l'*Elatine alsinastrum* L. C. R. Acad. Sci. Paris *188* (24), 1569—1570. — Margittai, A., 1930, Über neuere Standorte der *Elatine ambigua*. Mag. Bot. Lap. *29*, 14—15. — Ders., 1939, Bemerkungen zur Kenntnis der ungarischen *Elatine*-Arten. Bot. Közlem. *36*, 296—307 (ungar.). — Samuelsson, G., 1934, Die Verbreitung der höheren Wasserpflanzen in Nordeuropa (Fennoskandien und Dänemark). Acta Phytogeogr. Suecica *6*, 1—211.

S. 536: Zu Nr. 1913 *Elatine alsinastrum* L.
Maingebiet bei (Hanau-) Bischofsheim.
Pollen tricolporat, Ora $\pm$ rund, prolat, etwa $20 \times 14\,\mu$ groß. Fein reticulat. (Fot. Erdtman u. Mitarb., 1961, An introduction to a Scandinavian Pollen Flora, Pl. 23, Fig. 2 und 3.)

S. 538: Zu Nr. 1914 *Elatine triandra* Schkuhr
Schweiz, franz. Grenzgebiet: Faverois (Belfort) und Moos (Haut-Rhin). Hessen: Ober-Moos und Weiherhof bei Wächtersbach (Ludwig). Sachsen: Wittenberg und Süptitz nahe Torgau (Jage).

S. 539: *Elatine ambigua* Wight
Die Sippe ist umstritten. Neuere Fundorte: Franz. Grenzgebiet: Belfort, Friesen (Haut-Rhin).

S. 539: Zu Nr. 1915 *Elatine hexandra* (Lapierre) DC.
Schweiz, franz. Grenzgebiet: Faverois (Belfort) und Moos (Haut-Rhin). Niederösterreich: Im nordwestlichen Waldviertel ziemlich verbreitet, so auch bei Heidenreichstein. Nordhessen: Schwarzenborn im Knüll und im Vogelsberggebiet. Sachsen: Mehrfach in der Dübener-Heide (SO-Teil) und in der angrenzenden Dahler Heide, Bennewitzer Teiche (Jage).
Die Chromosomenzahl der Art beträgt $2n = 72$.

S. 541: Zu Nr. 1916 *Elatine hydropiper* L. em. Oeder
Der gültige Name ist *E. hydropiper* L. (1753) em. Oeder (1764), em. A. Braun (1824) = *E. gyrosperma* Düben (1839). Schweiz, franz. Grenzgebiet: Moos (Haut-Rhin). Niederösterreich: Heidenreichstein. Hessen: Schwarzenborn im Knüll und mehrfach im Vogelsberggebiet (Ober-Moos, Nieder-Moos, Reichlos, Herbstein, Hunger Stadtwald; Klein, Ludwig). Sachsen: Bleddin und Pratau bei Wittenberg (Jage).

85. Familie Tamaricaceae

Die *Tamaricaceae* werden entweder zu den *Violales* (= *Parietales* p. p.), meist als Unterordnung *Tamaricineae*, gezogen (neuerdings Novák in Preslia *26* (1954) und Cronquist in Bull. Jard. Brux. *27* [1957]), oder auch in eine eigene Ordnung *Tamaricales* gestellt (z. B. Hutchinson 1959 und Takhtajan 1959).
Wichtige Literatur: Niedenzu, F., 1925, *Tamaricaceae* in Natürl. Pflanzenfam., 2. Aufl., *21*, 282—289.

474. *Myricaria* Desv.

S. 548: Zu Nr. 1917 *Myricaria germanica* (L.) Desv.
Die Chromosomenzahl beträgt $2n = 24$.
Pollen tricolpat, $\pm$ kugelig, $23 \times 21\,\mu$ groß. Colpi ziemlich breit. Exine glatt (Fot. Erdtman u. Mitarb. An Introduction to a Scandinavian Pollen Flora. Uppsala 1961, Pl. 60, Fig. 1 und 2). Fossilfunde nur äußerst selten. Die Art steigt in Tirol (Ötztal) bis 2300 m, in Graubünden bis 2000 m. Verbreitung im nördlichen Alpenvorland und angrenzenden Gebieten s. Bresinsky, A. in Ber. Bayer. Bot. Ges. *38* (1965).
Wichtige Literatur: Höfler, K., 1965, Die *Myricaria germanica - Astragalus alpinus* - Assoziation im Osttiroler Defreggental. Verh. Zool. Bot. Ges. Wien *103/104*, 101—109. — Zabban, B., 1935, Come aumenta il numero dei cromosomi nei nuclei interiori del sacco embrionale di *Myricaria germanica*. Rendic. R. Accad. Naz. Lincei Cl. Sci. Fis. Nat. VI, *21*, 208—211. — Ders., 1936, Osservazioni sulla embriologia di *Myricaria germanica* Desv. Ann. di Bot. *21*, 307—321.

86. Familie Cistaceae

Die bisher an den Anfang der *Parietales* gestellten *Cistaceae* werden heute teils den *Violales* (*Parietales* p.p.), teils einer eigenen Ordnung *Cistales* (Hutchinson und Takhtajan) zugeteilt. Verwandtschaftliche Beziehungen zu den *Flacourtiaceae* und den *Dilleniales* sind wahrscheinlich.

Wichtige Literatur: Atsmon, D. and Feinbrun, N., 1960, Chromosome counts in Israeli *Cistaceae*. Caryologia *13*, 240—246. — Brizicky, G. K., 1964, The genera of *Cistaceae* in the Southeastern United States. Journ. Arn. Arb. *45*, 346—357. — Chiarugi, A., 1925, Embriologia delle „*Cistaceae*". Nuov. Giorn. Bot. Ital. N. S. *32*, 223—316. — Chodat, P. and N. Popovici, 1933, Ètude chimique de la calcicolie et calcifugie de quelques espèces de Cistes. Ber. Schweiz. Bot. Ges. *42*, 507—514. — Guinea, E., 1954, Cistáceas españolas. Inst. Forest. Invest. Exp. Madrid. 181 pp. — Hegnauer, R., 1964, Chemotaxonomie der Pflanzen, Bd. *3*. Cistaceae, 429—432. — Janchen, E., 1925, *Cistaceae* in Pflanzenfam., 2. Aufl., *21*, 289—313. — Martín Bolaños, M. y E. Guinea, 1949, Jarales y jaras (Cistografia hispanica). Inst. Forest. Invest. Exp. Madrid. 228 pp. — Proctor, M. C. F., 1955, Some chromosome counts in the European *Cistaceae*. Watsonia *3*, 154—159. — Rallet, L., 1962, Les Cistes dans l'Ouest de la France. Bull. Soc. Bot. France *107* (1960), 86e Session extraord., 100—106.

475. *Cistus* L.

S. 554: Der Pollen ist tricolporat, reticulat.

C. salviifolius: Reticulum spinulos, Spinulae bis $1\frac{1}{2}$ μ lang, Pollenkörner groß, $\pm$ kugelig, 41—49 μ, Exine 3—4 μ dick (Foto Beug in Flora *150*, 600—656, Taf. XV, 15—17, 1961).

C. monspeliensis: Exine 3—5 μ dick, Pollenkörner groß, 42—53 μ, $\pm$ kugelig.

C. albidus, C. villosus, C. polymorphus: Exine $1\frac{1}{2}$—$2\frac{1}{2}$ μ dick, Pollenkörner prolat bis fast kugelig, in Äquatoransicht mit vorgezogenen Pollen (apiculat) oder $\pm$ rhomboid. Polachsen 40—55 μ (Foto Beug 1961, Taf. XV, 11—14). Zu dem gleichen Pollentyp gehören *Helianthemum glutinosum* und *Tuberaria guttata*.

Fossilfunde bisher nur von Beug (1961) im Mediterrangebiet, von Zoller (s. Denkschr. Schweiz. Naturf. Ges. *82* [2], 1960) in der Südschweiz, und einige weitere in der Sahara.

Wichtige Literatur: Dansereau, P. M., 1939, Monographie du genre *Cistus*. Boissiera *4*, 1—90. — Gard, M., 1933, Atlas d'hybrides artificiels de Cistes (*Cistus* L.). Paris. — Laibach, F., 1955, Untersuchungen über den Abblühvorgang bei einigen *Cistus*-Arten. Beitr. Biol. Pfl. *31*, 27—43. — Ders., 1955, Cistrosen. Natur und Volk, *85*, 265. — Ders., 1956, Weitere Untersuchungen über den Abblühvorgang bei einigen *Cistus*-Arten. Beitr. Biol. Pfl. *33*, 115—126. — Ricci, I., 1957, Morfologia e costituzione chimica nei peli del genere *Cistus* e loro importanza nella sistematica di alcune specie. Annali di Bot. *25*, 540—566. — Warburg, O. E., 1931, *Cistus* hybrids. Journ. Roy. Hort. Soc. *56*, 217—224. — Ders. and E. F. Warburg, 1930, A preliminary study of the genus *Cistus*. Journ. Roy. Hort. Soc. *55*, 1—52.

S. 556: Zu Nr. 1918 *Cistus salviifolius* L.

Die rein silicicole Art kommt in der Schweiz nur um Locarno (Tessin) vor; die Angaben aus dem Gebiet des Luganer Sees sind irrig, dagegen ist die Sippe im Grenzgebiet am Comer-See nicht selten.

Die Chromosomenzahl der Art beträgt 2 n = 18.

476. *Tuberaria* Spach

S. 558: Wichtige Literatur: Proctor, M. C. F., 1960, *Tuberaria guttata* (L.) Fourr. (Biol. Fl. Brit. Isles). Journ. Ecol. *48*, 243—253. — Ders., 1962, The British forms of *Tuberaria guttata* (L.) Fourr. Watsonia *5*, 236—250.

S. 559: Zu Nr. 1919 *Tuberaria guttata* (L.) Fourreau

Das Vorkommen der Art in Südhessen ist wohl erloschen.

Chromosomenzahlen: 2 n = 24, 2 n = 36, 2 n = 48 (verschiedene Rassen).

Verbreitung in Mitteldeutschland: Militzer, M., 1942, 2. Jahresber. Arbgem. sächs. Botaniker und Müller-Stoll, W.-R., 1962, Wiss. Z. Päd. Hochsch. Potsdam, math.-nat. *7*.

Der Pollen der Art ist wie bei *Cistus albidus* gebaut (siehe oben).

477. *Helianthemum* Miller

S. 561: Bei den einheimischen Arten wurden bisher folgende Chromosomenzahlen festgestellt: 2 n = 20 (*H. apenninum, H. nummularium, H. grandiflorum, H. salicifolium*); 2 n = 22 (*H canum, H. alpestre*); 2 n = 32 (*H. tomentosum*).

Der Pollen ist tricolporat, tectat, striat, subprolat bis prolat. In Polansicht kreisrund.

Man kann zwei Typen unterscheiden:

H. nummularium: Pollen 47 × 36 μ groß, im zentralen Teil der Mesocolpia entsteht durch unregelmäßig angeordnete Bacula in der Aufsicht oft das Bild eines netzartigen Musters (Fot. Erdtman u. Mitarb. 1961, Pl. 14). Dazu gehören *H. nummularium* und *H. ovatum*.

H. oelandicum: Tectum gleichmäßig fein perforiert. Kein netzartiges Muster, 43 × 31 μ. Pollenkörner apiculat (Fot. Erdtman u. Mitarb. 1961, Pl. 15, Fig. 1—5). Dazu gehören auch *H. canum* und *H. italicum*.

Beide Typen werden nicht selten in spät- und postglazialen Ablagerungen gefunden.

Wichtige Literatur: Griffiths, M. E. and Proctor, M. C. F., 1956, *Helianthemum canum* (L.) Baumg. (Biol. Fl. Brit. Isles), Journ. Ecol. *44*, 677—682. — Huber, A., 1928, *Helianthemum nummularium* (L.) Mill. ssp. *glabrum* (Koch) Wilczek in der Schweiz. Allg. Bot. Zeitschr. *33*, 41—42. — Issler, E., 1934. Contribution à l'étude d'*Helianthemum. nummularium* (L.) Dunal et d'*H. ovatum* (Viv.) Dunal. Bull. Soc. Bot. France *81*, 55—62. — Krause, W, 1935, *Helianthemum apenninum* in Nordthüringen. Mitt. Thür.

Bot. Ver. *42*, 64—68. — Proctor, M. C. F., 1954, The cytology of the British species of *Helianthemum* and their allies. Proc. Bot. Soc. Brit. Isles *1*, 87—88. — Ders., 1956, *Helianthemum* Miller (Biol. Fl. Brit. Isles), Journ. Ecol. *44*, 675—677, *Helianthemum chamaecistus* Mill., l.c. 683—688, *Helianthemum apenninum* (L.) Mill., l.c. 688—692. — Ders., 1957, Variation in *Helianthemum canum* (L.) Baumg. in Britain, Watsonia *4*, 28—40. — Ders., 1958, Embryological and historical factors in the distribution of the British *Helianthemum* species. Journ. Ecol. *46*, 349—371. — Schweitzer, H.-J., 1956, Die strauchartige Abart des Gelben Sonnenröschens an der nördlichen Bergstraße. Hess. Flor. Briefe *5* (Brief 57).

S. 563:
Zu Nr. 1920 *Helianthemum apenninum* (L.) Mill.
In Rheinhessen auch bei Elsheim; in Sachsen-Anhalt bei Karsdorf a. d. Unstrut. In Südtirol reicht die Art ober Kurtatsch bis 1750 m (Kiem). In der Schweiz nur im Tessin: Monte San Salvatore (Becherer 1966 briefl.).

S. 565:
Zu Nr. 1921 *Helianthemum nummularium* (L.) Miller
Die Unterarten werden heute meistens als Arten bewertet:
H. nummularium (L.) Mill. In der Schweiz nur in den wärmeren Gegenden, im Wallis häufig.
H. tomentosum (Scop.) Dunal var. *scopolii* (Willk.) C. K. Schneider. Auch an mehreren Stellen im Wallis.
H. ovatum (Viv.) Dunal. Die richtige Bezeichnung bei Bewertung als Unterart ist: ssp. *ovatum* (Viv.) Schinz et Thellung 1909 (der Name ssp. *obscurum* [Pers.] Holub 1964 ist nomen superfluum!).
H. grandiflorum (Scop.) Lam. Im Wallis bis 3120 m (Oberrothorn bei Zermatt); fehlt in Niederösterreich und Salzburg, selten in Steiermark und Oberösterreich.
H. nitidum Clementi
Im Wallis auch bei Saillon und Varen. Fehlt in Kärnten und Vorarlberg.

S. 572:
Zu Nr. 1922 *Helianthemum salicifolium* (L.) Mill. Oberhalb Fully (Wallis) bis 820 m; der Fundort Les Marques bei Martigny scheint erloschen.

S. 573:
Zu Nr. 1923 *Helianthemum canum* (L.) Baumg.
Im Wallis bis 1750 m (bei Vertsan); die f. *alpinum* Willk. ist zu Unrecht für das Wallis angegeben.

S. 575:
Zu Nr. 1924 *Helianthemum italicum* (L.) Pers.
Die Unterarten werden als Arten aufgefaßt.
H. alpestre (Jacq.) DC.
Im Wallis bis 3105 m (Gornergrat bei Zermatt).
H. rupifragum Kerner
Die Angaben aus Niederösterreich und der Steiermark sind zu streichen.

478. *Fumana* Spach

S. 579:
Wichtige Literatur: Coode, M. J. E. and P. H. Davis, 1964, A neglected mediterranean *Fumana*. Notes Roy. Bot. Gard. Edinburgh *26* (1), 27—34.

S. 580:
Zu Nr. 1925 *Fumana ericoides* (Cav.) Gandoger(!).
Im Wallis auch bei Ardon.

S. 581:
Zu Nr. 1926 *Fumana vulgaris* Spach
Der gültige Name ist *Fumana procumbens* (Dunal) Gr. et Godr.
Die Chromosomenzahl beträgt $2n = 32$.
Im Wallis bis 1510 m (Aren nördl. Visperterminen), vereinzelt im Solothurner Jura ob Trimbach bei Olten. Öfter auch in Nordtirol, vor allem im Inntal (Mühlau, um Zirl, zwischen Mötz und Magerbach, Larsental bei Mils, Roppen, um Imst).
Verbreitung in Bayern: Gauckler, K., 1938, Ber. Bayer. Bot. Ges. *23*, p. 109; Mitteldeutschland: Meusel, H. 1939, Hercynia *2*.
Pollen tricolporat, brevicolpat, $\pm$ kugelig, Durchmesser 50—63 μ, Colpi schmal, Ora $\pm$ kreisrund. Exine etwa $2\frac{1}{2}$ μ dick. Reticulat, Muri breit, Lumina unregelmäßig, etwa 1 μ im Durchmesser, vielfach blind endende Muri oder lose stehende clavaähnliche Skulpturelemente (Fot. Erdtman u. Mitarb. 1961, Pl. 13, Fig. 10 und 11). Fossilfunde bisher nur von Beug (1961) in mediterranen Ablagerungen und von Zoller (1960) im Tessin.

87. Familie Violaceae

Die *Violaceae* werden heute in die Ordnung *Violales* gestellt, die (nach Ausschluß der *Guttiferales*) etwa den „Parietales" entspricht. Bei Hutchinson (1959) bestehen die *Violales* nur aus der einzigen Familie *Violaceae*. Takhtajan ordnet die *Violaceae* bei den *Cistales* ein, die er von den *Theales* herleitet.

Wichtige Literatur: Arnal, C., 1945, Recherches morphologiques et physiologiques sur la fleur des Violacées. Thèse. Dijon, 262 pp. — Brizicky, G. K., 1961, The genera of *Violaceae* in the Southeastern United States. Journ. Arnold Arbor. *42* (3), 321—333. — Exell, A. W., 1925, Phylogeny of *Violaceae*. Journ. of Bot. *63*, 330—333. — Mauritzon, J., 1936, Embryologie einiger *Parietales*-Familien. Svensk Bot. Tidskr. *30*, 79—113. — Melchior, H., 1925, *Violaceae* in Pflanzenfam., 2. Aufl., *21*, 329—377. — Ders., 1925, Die phylogenetische Entwicklung der Violaceen und die natürlichen Verwandtschaftsverhältnisse ihrer Gattungen. Fedde Rep., Beih. *36*, 83—125. — Ders., 1927, Sind die Violaceen und Resedaceen miteinander verwandt? Ber. Deutsch. Bot. Ges. *45*, 171—179.

S. 586 ff.:
479. *Viola* L.
Pollen von *Viola:*
1. *Viola palustris*: Pollen tricolporat, Os aber oft kaum zu sehen, subprolat, Polansicht $\pm$ kreisrund, $33 \times 26\ \mu$. Exine etwa $1\ \mu$ dick, tectat, Sexine etwa so dick wie die Nexine, Tectum mit sehr feinen stumpfen Processus (Fot. ERDTMAN u. Mitarb., An Introduction to a Scandinavian Pollen Flora. Uppsala 1961. Pl. 65, Fig. 7 bis 9). Zu diesem Typus gehören auch *V. biflora, V. elatior, V. epipsila* und *V. riviniana.*
2. *Viola tricolor*: Pollen 3- bis 5-, (meist 4-) colporat, goniotrem, subprolat, $70 \times 55\ \mu$, allerdings auch kleiner, Exine etwa $3\ \mu$ dick, tectat, Sexine dicker als die Nexine, Tectum mit sehr feinen stumpfen Processus (Fot. ERDTMAN u. Mitarb. l.c., Pl. 65, Fig. 5 und 6).

Viola-Pollen wird nur selten fossil gefunden; *Viola tricolor*-Pollen kommt spätglazial vor.

Die Chromosomenzahlen der meisten einheimischen Arten der Sektion *Nomimium* verteilen sich auf die Grundzahl x = 10. Dagegen kommen in der Sektion *Melanium*, vor allem bei den *Tricolores*, sehr verschiedene Chromosomenzahlen vor.

Sekt. *Nomimium:* 2 n = 20: *V. alba* s. lat., *V. collina, V. hirta, V. odorata, V. pyrenaica, V. thomasiana; V. mirabilis, V. reichenbachiana, V. rupestris, V. stagnina, V. uliginosa.*
2 n = 24: *V. epipsila;* 2 n = 40: *V. ambigua, V. suavis; V. canina, V. elatior, V. montana, V. pumila, V. riviniana;* 2 n = 48: *V. palustris, V. pinnata;* 2 n = 58: *V. lactea.*
Sektion *Dischidium:* 2 n = 12: *V. biflora.*
Sektion *Melanium:* 2 n = 20: *V. cenisia, V. dubyana;* 2 n = 22: *V. alpina, V. cornuta;* 2 n = 40: *V. calcarata* s. lat., *V. zoysii;* 2 n = 48: *V. lutea;* 2 n = 52: *V. calaminaria.*
Aus der *V. tricolor*-Gruppe haben *V. kitaibeliana* 2 n = 16 und 2 n = 48, *V. tricolor* 2 n = 26 und *V. arvensis* 2 n = 34 Chromosomen.

Die Gliederung der Gattung ist nach neueren Untersuchungen etwas abzuändern. Sicher sind die *Uncinatae* (*Acaules*) abgeleiteter als die caulescenten Veilchen. In der Sektion *Melanium* gehören die *Tricolores* zu den abgeleiteten Typen. Folgende Gliederung dürfte natürlicher sein:

1. Sektion *Nomimium* (= Sektion *Viola*)
    Subsekt. *Rostratae* (= *Caulescentes*)
    Subsekt. *Stolonosae* (= *Patellares*)
    Subsekt. *Adnatae* (= *Pinnatae*)
    Subsekt. *Uncinatae* (= *Acaules*)
2. Sektion *Dischidium*
3. Sektion *Melanium.*

Eine natürliche Untergliederung der Sektion *Melanium* ist noch nicht möglich, lediglich die *Tricolores* lassen sich klar herausstellen.

Über den Bau der Infloreszenzen bei *Viola* s. TROLL, W., Die Infloreszenzen. I. Stuttgart 1964.

S. 594:
Viola cucullata Aiton f. *albiflora* Britton
Die aus Nordamerika stammende Art ist an einigen Stellen der Schweiz verwildert und eingebürgert, so vor allem im südlichen Tessin und in Graubünden (Misox-Tal). Näheres bei RUSSEL (1965), wo auch weitere Literatur zu finden ist.

Wichtige Literatur: BALME, O. E., 1954, *Viola lutea* Huds. in Biol. Fl. Brit. Isles. Journ. Ecol. *42*, 234—240. — BECKER, W., 1925, *Viola* in Pflanzenfam., 2. Aufl., *21*, 363—376. — BERGDOLT, E., 1932, Morphologische und physiologische Untersuchungen über *Viola.* Goebels Bot. Abhandl. *20*, 120 pp. — BERGER, E., 1960, *Viola elatior* Fr., eine aufs höchste gefährdete Veilchenart der Schweiz. Bauhinia *1* (3), 208—210. — BRUUN, H. G., 1932, A theory on the cytologically irregular species *Viola canina* L. Heredita *16*, 63—72. — CLAUSEN, J., 1926, Genetical and cytological investigations on *Viola tricolor* L. and *V. arvensis* Murr. Hereditas *8*, 1—156. — Ders., 1927, Chromosome number and relationship of species in the genus *Viola.* Ann. Bot. *41*, 677—714. — Ders., 1929, Chromosome number and relationship of some North-American species of *Viola.* Ann. Bot *43*, 741—764. — Ders., 1931, *Viola canina* L., a cytologically irregular species. Hereditas *15*, 67—88. — Ders., 1931, Cytogenetic and taxonomic investigations on *Melanium* violets. Hereditas *15*, 219—308. — Ders., 1932, Inheritance and synthesis of *Melanium* violets. Proc. Intern. Congr. Genetics *2*, 346—349. — DE LANGHE, J. E., 1962, Les Violacées de Belgique et des régions limitrophes. Nat. Belg. *43*, 177—190. — DIETERT, F., 1952, Unser Gartenstiefmütterchen. Die Neue Brehm-Bücherei, Nr. *76*, Leipzig, 80 pp. — DIZERBO, A. H., 1960, *Viola Riviniana* Reich. ssp. *minor* (Murbeck) Valentine (*V. Riviniana* Reich. β. *ericetorum* Corbière) sa valeur taxonomique, sa répartition dans le Massif Armoricain. Bull. Soc. Sci. Bretagne *35*, 97—111. — Ders., 1963, Quelques pollens de *Viola* des sections *Nominium* Ging. et *Dischidium* Ging. Bull. Soc. Bot. France *110*, 26—33. — EBERLE, G., 1939, Moorveilchen, Natur und Volk *69*, 186—191. — FOTHERGILL, P. G., 1938, Studies in *Viola* I. The cytology of a naturally occuring population of hybrids between *Viola tricolor* L. and *Viola lutea* Huds. Genetica *20*, 159—186. — Ders., 1944, Studies in *Viola* IV. The somatic cytology of our British species of the genus *Viola.* New Phytologist *43*, 23—35. — GADELLA, T. W. J., 1963, A cytotaxonomic study of *Viola* in the Netherlands. Acta Bot. Neerl. *12*, 17—39. — GERSHOY, A., 1934, Studies in North American violets. III. Chromosome number and species characters. Vermont Agric. Sta. Bull. *367*, 1—91. — GERSTLAUER, L., 1943, Vorschläge zur Systematik der einheimischen Veilchen. Ber. Bayer. Bot. Ges. *26*, 12—55. — HANDEL-MAZZETTI, HEINR. v., 1941, Der

Formenkreis der ostmärkischen *Viola „sepincola"*. Österr. Bot. Zeitschr. *90*, 63—66. — HANDEL-MAZZETTI, HERM. V., 1941, Die Verbreitung der Frühjahrsveilchen (*Hypocarpeae* Godron) in Tirol. Ber. Bayer. Bot. Ges. *25*, 32—37. — HEIMANS, J., 1961, Taxonomic, phytogeographical and ecological problems round *Viola calaminaria*, the zinc violet. Public. Naturhist. Genootschap Limburg *12*, 55—71. — HOLM, T., 1932, Comparative studies on North American violets. Beih. Bot. Ctrlbl. *50* II, 135—182. — HORN, W., 1956, Untersuchungen über die zytologischen und genetischen Verhältnisse beim Gartenstiefmütterchen *Viola tricolor maxima* hort. (= *V. wittrockiana* Gams), einer polyploiden Bastardart. Züchter *26*, 193—207. — JÄGER, I., 1963, Die hypopeltaten Sepalen von *Viola arvensis* und *Viola mirabilis*. Österr. Bot. Zeitschr. *110*, 417—427. — JANCHEN, E., 1953, in Phyton *5* (1—2), 87. — MEZZENA, R., 1958/1959, Le specie e le forme del genere *Viola* della Venezia Giulia, con particolare riguardo al significato della loro distribuzione stazionale. Atti Mus. Civico Storia Nat. Trieste *21*, 79—165. — MIYAJI, Y., 1927, Untersuchungen über die Chromosomenzahlen bei einigen *Viola*-Arten. Bot. Mag. Tokyo *41*, 262—268. — Ders., 1929, Studien über die Zahlenverhältnisse der Chromosomen bei der Gattung *Viola*. Cytologia *1*, 28—58. — Ders., 1930, Betrachtungen über die Chromosomenzahlen von *Viola*, Violaceen und verwandten Familien. Planta *11*, 631—649. — MOORE, D.M., 1958, *Viola lactea* Sm. in Biol. Fl. Brit. Isles. Journ. Ecol. *46*, 527—535. — Ders., 1959, Population studies on *Viola lactea* Sm. and its wild hybrids. Evolution *13*, 318—332. — Ders. and HARVEY, M. J., 1961, Cytogenetic relationships of *Viola lactea* Sm. and other West European Arosulatae violets. New Phytologist *60*, 85—95. — MULLENDERS, W. et E., 1957, Notulae palynologicae I. Les pollens de *Viola tricolor* L. et de *Viola maritima* Schweigg. Bull. Soc. Roy. Bot. Belg. *90*, 5—12. — PETTET, A., 1964, Studies on British Pansies I. Chromosome numbers and pollen assemblages. Watsonia *6*, 39—50. — Ders., 1964, Studies on British Pansies II. The status of some intermediates between *Viola tricolor* L. and *V. arvensis* Murr. Watsonia, *6*, 51—69. — Ders., 1965, Studies on British Pansies. III. A factorial analysis of morphological variation. Watsonia *6*, 141—160. — RASMUSSEN, S.M., 1954, Euphorbiaceernes, Malvaceernes og Violaceernes udbredelse i Danmark. Bot. Tidsskr. *50*, 239—278. — RÖSSLER, W., 1943, Inhalt und systematische Bedeutung der Phloroglucingerbstoffzellen in den Laubblättern europäischer *Viola*-Arten. Österr. Bot. Zeitschr. *92*, 97—123. — RUSSEL, N.H., 1965, Violets (*Viola*) of central and eastern United States: an introductory survey. Sida *2* (1), 1—113. — SCHARFETTER, R., 1953, Biographien von Pflanzensippen, Wien. *Viola* p. 174—191. — SCHMIDT, A., 1961, Zytotaxonomische Untersuchungen an europäischen *Viola*-Arten der Sektion *Nomimium*. Österr. Bot. Zeitschr. *108*, 20—88. — Ders., 1961, Zytotaxonomische Untersuchungen an *Viola*-Arten der Sektion *Melanium*. Ber. Bayer. Bot. Ges. *34*, 93—95. — Ders., 1965, Zytotaxonomische Beiträge zu einer Neugliederung der Sektion *Melanium* der Gattung *Viola*. Ber. Deutsch. Bot. Ges. 77 (Sonderheft 1) (94)—(99). — SCHÖFER, G., 1954, Untersuchungen über die Polymorphie einheimischer Veilchen. Planta *43*, 537—565. — SORSA, M., 1965, Hybridization of palustres violets in Finland. Ann. Acad. Sci. Fenn. Ser. A, *IV* Biologica, *86*, 1—18. — THELLUNG, A., 1928, Über die Frühjahrsveilchenflora von Lugano. Festschr. Hans Schinz. Beibl. Vierteljahrsschr. Naturf. Ges. Zürich *73*, Beibl. 15, 62—72. — TODD, E. E., 1930, A short survey of the genus *Viola*. Part I. The *Nomimium* and *Dischidium* section. Journ. Roy. Hort. Soc. *55*, 223—243. — Ders., 1932, Part II. The *Chamaemelanium* and *Melanium* sections. Journ. Roy. Hort. Soc. *57*, 212—229. — VALENTINE, D.H., 1941, Variation in *Viola Riviniana* Rchb., New Phytologist *40*, 189—209. — Ders., 1949, Vegetative and cytological variation in *Viola riviniana* Rchb. in WILMOTT, Brit. Fl. Pl. and Mod. Syst. Methods (B.S.B.I. Conference 1948), 48—53. — Ders., 1950, The experimental taxonomy of two species of *Viola*. New Phytologist *49*, 193—212. — Ders., 1956, Variation and polymorphism in *Viola*. Proc. Roy. Soc. B, *145*, 315—319. — Ders., 1958, Cytotaxonomy of the rostrate violets. Proc. Linn. Soc. *169*, 132—134. — Ders., 1962, Variation and evolution in the genus *Viola*. Preslia *34*, 190—206. — Ders., and HARVEY, M. J., 1961, Variation in *Viola rupestris* Schmidt. Veröffentl. Geobot. Inst. Eidg. Techn. Hochsch., Stiftg. Rübel, Zürich, *36*, 157—163. — WEST, G., 1930, Cleistogamy in *Viola Riviniana* with especial reference to its cytological aspects. Ann. Bot. *44*, 87—109.

S. 597: Zu Nr. 1927 *Viola tricolor* L.

Die Unterarten werden am besten als eigene Arten bewertet. Sie lassen sich außer an morphologischen Merkmalen vor allem durch die Chromosomenzahlen trennen. Der engere *V. tricolor*-Formenkreis hat stets 2 n = 26. *V. arvensis* 2 n = 34 Chromosomen, von *V. kitaibeliana* sind bisher 2 n = 16 und 2 n = 48 Chromosomen bekannt. *V. tricolor* s. str. ist rein auf Fremdbestäubung eingestellt, bei *V. arvensis* kommt Autogamie vor, *V. kitaibeliana* ist offensichtlich meistens autogam. *V. tricolor* s. str. läßt sich bei uns in drei Unterarten aufspalten. Die Nomenklatur der Gruppe ist:

V. kitaibeliana Roem. et Schult. (= *V. tr.* ssp. *minima* Gaudin)
V. arvensis Murray (= *V. tr.* ssp. *arvensis* [Murr.] Gaud.)
V. tricolor L.

    ssp. *tricolor*
    ssp. *curtisii* (Forst.) Rouy et Fouc. (= *V. maritima* Schweigg.)
    ssp. *subalpina* Gaudin (= *V. saxatilis* F.W. Schmidt, einschließlich *V. polychroma* Kerner).

Vor allem zwischen *V. tricolor* und *V. arvensis* kommen an geeigneten Standorten mehrfach Bastardpopulationen vor. Neuere Untersuchungen darüber liegen von PETTET (1964, 1965) vor.

S. 605 ff.: Zu Nr. 1928 *Viola lutea* Hudson
Die Unterteilung in drei Varietäten läßt sich sicher nicht aufrechterhalten. Dagegen ist die subvar. *multicaulis* Koch von *V. lutea* als eigene Art *Viola calaminaria* Lej. abzutrennen. Die Sippe hat 2 n = 52 Chromosomen und gehört nach HEIMANS (1961) in die Verwandtschaft von *V. tricolor*.
V. lutea var. *grandiflora* (L. p. p.) Rchb.: Schweiz, Wallis: zu streichen Gr. St. Bernhard; sicherer Standort im Wallis Lac de Tanay. Der Fundort im Kanton Uri heißt richtig Meiental (nicht Maiental).

S. 609: Zu Nr. 1929 *Viola dubyana* Burnat
Verbreitung bei PITSCHMANN und REISIGL in Veröffentl. Geobot. Inst. Rübel Zürich *35*, 44—68 (1959).
Fußnote: Die Corni di Canzo liegen am Comersee (Lecco-Arm), nicht in den Bergamaskeralpen.

S. 609: Zu Nr. 1930 *Viola calcarata* L.
Die schmalblättrige Rasse der südlichen Alpen (*V. villarsiana* Roem. et Schult.) ist wohl als Unterart zu *V. calcarata* zu stellen.

S. 612: Zu Nr. 1932 *Viola cenisia* L. Die Höhenangabe 2900 m für das Wallis ist nicht gesichert.

S. 617: Zu Nr. 1935 *Viola biflora* L. Die Art steigt im Wallis bis 3045 m ob der Gandegghütte bei Zermatt. Verbreitung im nördlichen Alpenvorland s. BRESINSKY, A. in Ber. Bayer. Bot. Ges. *38* (1965).

S. 619: Zu Nr. 1936 *Viola canina* L.
In dem Formenkreis, der u. a. durch den kurzen gelblichen Sporn gut gekennzeichnet ist, muß *Viola lactea* Sm. als eigene Art betrachtet werden. Die Sippe ist westeuropäisch verbreitet, ein Vorkommen in Deutschland ist nicht bekannt. *V. montana* kann man ebenfalls als Art von *V. canina* abtrennen. Die nahe Verwandtschaft von *V. canina*, *V. montana* und *V. schultzii* zeigen künstliche Hybriden, die voll fertil sind. Bastarde dieser Gruppe mit anderen Arten der caulescenten Veilchen (*V. riviniana*, *V. reichenbachiana*, *V. rupestris*, *V. elatior*, *V. pumila*, *V. stagnina*) sind stets steril.
Nomenklatur: *V. canina* L.
            V. montana L.
               ssp. *montana*
               ssp. *schultzii* (Billot) Janchen
            V. lactea Smith

S. 622: Zu Nr. 1937 *Viola persicifolia* Roth
Der gültige Name der Art ist *Viola stagnina* Kit. Die Sippe ist durch Entwässerung der Wuchsorte stark im Rückgang begriffen und an vielen Stellen schon ausgestorben. Neuer Fundort in der Schweiz: Aargau, Reußtal bei Merenschwand.

S. 623: Zu Nr. 1938 *Viola elatior* Fr.
Viola elatior nimmt ebenfalls stark ab. In der Schweiz sind die Vorkommen bei Grenchen und Lengnau fast erloschen (BERGER 1960). Neue Fundorte in Bayern: bei Rosenheim und an der Amper bei Olching. Bastarde von *V. elatior* mit *V. stagnina* und *V. pumila*, sowie der *V. canina*-Gruppe und *V. riviniana* sind stets steril.

S. 625: Zu Nr. 1939 *Viola pumila* Chaix. In der Schweiz sind heute wahrscheinlich alle Fundorte erloschen.

S. 626: Zu Nr. 1940 *Viola uliginosa* Besser
Die Art ist an vielen Stellen inzwischen verschwunden.

S. 628: Zu Nr. 1941 *Viola palustris* L.
Über natürliche Hybriden mit *V. epipsila* siehe SORSA (1965).

S. 629: Zu Nr. 1942 *Viola epipsila* Led. Die Art kommt in der Schweiz nicht vor.

S. 630: Zu Nr. 1943 *Viola pinnata* L.
Verbreitung in Nordtirol bei HANDEL-MAZZETTI (1941).

S. 631: Zu Nr. 1944 *Viola mirabilis* L.
Die etwas isoliert stehende Art ist wohl am nächsten mit *V. riviniana* verwandt. Verbreitung in Nordtirol bei HANDEL-MAZZETTI (1941), Vorkommen in Mitteldeutschland siehe MEUSEL, H. in Hercynia *3* (6), p. 328 (1942).

S. 634: Zu Nr. 1945 *Viola silvestris* Lam. em. Rchb.
Der gültige Name ist *Viola reichenbachiana* Jordan (ex Boreau).

S. 635: Zu Nr. 1946 *Viola riviniana* Rchb.
Viola reichenbachiana und *V. riviniana* sind gut getrennte Arten. *V. reichenbachiana* ist an dem stets dunkelvioletten, meist etwas abwärts gebogenen Sporn, der schmal-rechteckigen Blütenform und den rötlich-violetten Blüten zu erkennen. *Viola riviniana* hat einen dickeren, meist weißlichen, stark gefurchten Sporn, breiteren Blütenumriß, und hellviolette Blütenfarbe. In einigen Gegenden kommen ausgedehnte Bastardpopulationen zwischen den beiden Sippen vor, deren endgültige Klärung noch aussteht (siehe VALENTINE 1950, SCHÖFER 1954).

S. 636: Zu Nr. 1946 *Viola rupestris* F. W. Schmidt.
Verbreitung in Nordbayern siehe GAUCKLER, K. in Ber. Bayer. Bot. Ges. *23*, p. 106 (1938).

S. 638: Zu Nr. 1948 *Viola hirta* L.
Eine Unterteilung in ssp. *brevifimbriata* und ssp. *longifimbriata* ist nicht aufrechtzuerhalten. Die „ssp. *longifimbriata*" dürfte einerseits aus Aufspaltungsprodukten der Hybride *Viola collina* × *V. hirta*, andererseits aus ausläuferlosen Formen der mediterranen *Viola alba* ssp. *dehnhardtii* bestehen.

S. 640: Zu Nr. 1949 *Viola collina* Besser
In Hessen bei Darmstadt und mehrfach in Nordhessen.

S. 642: Zu Nr. 1950 *Viola ambigua* Waldst. et Kit.
Die beiden Unterarten sind gut getrennte Einheiten: *V. thomasiana* Perr. et Song.: diploid (2 n = 20) Blüten hellrötlichviolett, oft fast weiß, Stipeln schmal lanzettlich, Samenschale (trocken) weiß, vor allem in Lärchenwäldern und Nardeta der Alpen. *V. ambigua* W. et Kit.: tetraploid (2 n = 40), Blüten dunkelviolett, Stipeln breit lanzettlich, Samenschale (trocken) braun, nur im pontischen Bereich.

V. thomasiana kommt mehrfach in Nordtirol vor: die Verbreitung reicht nach Osten bis ins Zillertal oberhalb Mayrhofen, vielfach im Brennergebiet und in den südlichen Seitentälern des Oberinntals, Verbreitung bei HANDEL-MAZZETTI (1941). Die ssp. *helvetica* W. Becker der *V. thomasiana* ist nicht aufrechtzuerhalten.

S. 644: Zu Nr. 1951 *Viola pyrenaica* Ramond
Verbreitung in Nordtirol bei HANDEL-MAZZETTI (1941).

S. 645: Zu Nr. 1952 *Viola alba* Besser
Die Art läßt sich in die ssp. *alba* mit weißem Sporn und die ssp. *scotophylla* (Jord.) Nyman mit violettem Sporn unterteilen. Von der ssp. *scotophylla* kommt bei Wien und bei Lugano auch eine rein violett blühende Rasse vor. Im mediterranen Bereich wächst als dritte Unterart ssp. *dehnhardtii* (Ten.) W. Becker mit violetten Blüten und mehr konvexen Blatträndern.
Schweiz: auch in Graubünden.

S. 647: Zu Nr. 1953 *Viola sepincola* Jordan em. W. Becker.
Der gültige Name ist *Viola suavis* M. Bieb. Die Unterarten im Sinne von W. Becker lassen sich nicht aufrechterhalten. Die Merkmale erwiesen sich bei Kulturversuchen als nicht konstant. Verbreitung in Nordtirol siehe HANDEL-MAZZETTI (1941); das angebliche Vorkommen im Venner-Tal am Brenner bezieht sich auf eine Form von *V. collina*.

S. 653 ff.: Bastarde.
Sekt. *Nomimium* Subsekt. *Uncinatae* (*Acaules*).
Die Hybriden zwischen den diploiden Arten sind meistens fertil. In einigen Bastardpopulationen (vor allem *V. hirta* × *V. odorata*, *V. alba* × *V. hirta*, *V. collina* × *V. hirta*) wurden erhöhte Chromosomenzahlen von 2 n = 21—28 festgestellt. Als steril erwiesen sich triploide Hybriden (*V. ambigua* ×, *V. hirta*, *V. hirta* × *V. suavis*) und tetraploide Hybriden (*V. ambigua* × *V. suavis*).
Sekt. *Nomimium* Subsekt. *Rostratae* (*Caulescentes*).
Fertil sind nur Hybriden innerhalb der *V. canina*-Gruppe, sowie Hybriden und Aufspaltungsprodukte zwischen *V. reichenbachiana* und *V. riviniana*. Die Bastarde sind an dem weitgehend tauben Pollen oder später an den vertrockneten kleistogamen Blüten gut zu erkennen.
Sekt. *Melanium*: Hybriden kommen vor allem zwischen *V. arvensis* und *V. tricolor*, sowie zwischen *V. lutae* und *V. tricolor* vor. Näheres bei CLAUSEN (1926), FOTHERGILL (1938), PETTET (1964, 1965).

I. Verzeichnis von lateinischen Pflanzennamen

Kursive Seitenzahlen beziehen sich auf den Nachtrag

A

Abelmoschus Medikus 457
Abutilon Gaertner 456
Acalypha Sanderi N. E. Brown 125
„ Wilkesiana Seem. 125
Acer L. 262, *673*
„ Bornmülleri Borbas 295
„ Boscii Spach 295
„ campestre L. 284
„ cordifolium Moench 272
„ Creticum Schmidt non L. 295
„ dasycarpum Ehrh. 271
„ Dieckii Pax 295
„ Durettii (hort.) Pax 295
„ glabrum Torr. 271
„ Guyoti Beauv. 295
„ hybridum Spach 295
„ Hyrcanum Fisch. et Mey. s. str. 295
„ insigne Boiss. et Buhse 271
„ Italicum Lauche 291
„ Monspessulanum L. 288
„ montanum Lam. 274
„ Neapolitanum Ten. 293
„ Negundo L. 293
„ obtusatum Waldst. et Kit. 290
„ Opalus Miller 290
„ opulifolium Vill. 290
„ platanoides L. 280
„ procerum Salisb. 274
„ Pseudoplatanus L. 274
„ pusillum Schwerin 295
„ rubrum L. 271
„ Sabaudum Chabert 295
„ saccharinum L. 271
„ saccharum Marsh. 271
„ silvestre Wender. 284
„ Tataricum L. 272
„ trilobum Moench 288
„ Zoeschense Pax 295
Aceraceae 262, *673*
Adansonia digitata L. 489
Adenandra Willd. 50
Adenolinum perenne Rchb. 17
Aegle 54
Aegle separia DC. 58
Aesculus L. 298, *673 a*
„ Chinensis Bunge 299
„ glabra Willd. 299
„ Hippocastanum L. 301
„ octandra Marsh. 299
„ parviflora Walt. 300
„ Pavia L. 300
„ turbinata Bl. 299
Agathosma Willd. 49
Aglaia odorata Lour. 84
Ailanthus Desf. 80, *671 a*
„ Cacodendron Schinz et Thellung 81
„ glandulosa Desf. 81
Alcea palmata Gilib. 478
Aleurites Moluccana Willd. 120
Allanblackia Oliv. 501
Alsinastrum triandrum Rupr. 538
Althaea L. 463 *674 c*
„ borealis Alefeld 487
„ cannabina L. 465
„ hirsuta L. 470
„ officinalis L. 467
„ pallida Waldst. et Kit. 466

Althaea rosea Cav. 464
„ Taurinensis DC. 465
Ampelidaceae 350
Ampelopsis Michx. 355
„ cordata Michx. 355
„ quinquefolia Michy. 358
„ tricuspidata Sieb. et Zucc. 357
Amyris L. 53
Anacardiaceae 213, *672 b*
Anacardium Occidentale L. 215
Ancistrocladaceae 493
Androsaemum officinale All. 511
„ vulgare Gaertn. 511
Anoda Cav. 456
Anthostema 118
Antidesma venosum Tul. 120
Aquifoliaceae 233, *672 c*
Atalantia Correa 54
Augea Capense Thunb. 40
Azadirachta Indica L. 85
Azara microphylla Hook. f. 656

B

Balanites Delile 41
Balsaminaceae 309, *673 b*
Balsamodendron Gileadense Kth. 84
Barosma Willd. 49
Begonia 664
Begoniaceae 663
Berchemia Neck. 324
Blighia sapida Kön. 307
Blumenbachia 663
Bombaceae 489
Bombax Ceiba L. 489
Boronia Smith 48
Boswellia Carteri Birdwood 84
Brucea antidysenterica Lam. 79
„ Sumatrana Roxb. 79
Bulnesia Gray 40
Burseraceae 83
Buxaceae 202, *672 b*
Buxus Japonica Müll.-Aarg. 204
„ sempervirens L. 204, *672 b*

C

Cajophora 661
Callitrichaceae 190, *672*
Callitriche L. 193, *672*
„ androgyna L. 200
„ autumnalis Kütz. 198
„ autumnalis L. non Kütz. 194
„ cophocarpa O. Sendtner 197
„ hamulata Kütz. 198
„ obtusangula Le Gall 199
„ stagnalis Scop. 196
„ verna L. 200
„ virens Kütz. 194
Camelliaceae 494
Camellia Japonica L. 497
Canarium edule Engler 83
Canellaceae 584
Caraipa Aubl. 499
Cardiospermum L. 307
Caricaceae 660
Carica Papaya L. 660

Caryocaraceae 494
Casimiroa Llav. et Lex. 53
Catha edulis Forsk. 244
Cathartolinum pratense Rchb. 6
„ tenuifolium Rchb. 12
Ceanothus L. 324
Cedrela odorata L. 85
Ceiba pentandra Gaertn. 489
Celastraceae 243, *672 d*
Celastrales 202
Celastrus orbiculata Thunbg. 245
„ punctata Thunbg. 245
„ scandens L. 246
Chamaebuxus alpestris Spach 91
„ vulgaris Schur 91
Chlaenaceae 426
Chloroxylon DC. 52
Choisya ternata Knuth 48
Chrozophora tinctoria Just. 120
Cissus L. 354, *673 d*
Cistaceae 552, *675 a*
Cistus L. 554, *675 b*
„ albidus L. 556
„ ladaniferus L. 556
„ laurifolius L. 556
„ Monspeliensis L. 556
„ salviifolius L. 556
Citrus L. 54, *671*
„ Aurantium L. 59
„ Bigaradia Risso 59
„ decumana Thellung 63
„ hystrix DC. 68
„ Madurensis Lour. 59
„ medica L. 64
„ nobilis Lour. 59
„ Papeda Miqu. 68
„ Pompelmos Risso 63
„ trifoliata L. 58
Clausena Burm. 54
Clusia L. 499
Cneorum L. 44
Cochlospermaceae 493
Cola vera K. Schum. 492
Coleonema Bartl. 50
Colletia cruciata Gill. et Hook. 322
„ spinosa Lam. 322
Columniferae 425
Commiphora Abyssinica (Berg) Engler 83
„ Opobalsamum (L.) Engler 84
Corchorus L. 428
Correa Sm. 49
Cotinus Miller 226, *672 c*
„ Coggygria Miller 226
Croton Eluteria (L.) Bennet 124
„ lacciferus L. 120
„ spinosus L. 120
„ Tiglium L. 124
Cusparia trifoliata (Willd.) Engler 51
Cyrillaceae 233

D

Dalechampia Roezliana Müll.-Aarg. 125
Datiscaceae 663
Dichapetalaceae 113
Dictamnus alba L. 74, *671 a*
„ Fraxinella Pers. 74

Dilleniaceae 493
Dillenia Indica L. 494
Diosma L. 50
Dipterocarpaceae 533
Dryobalanops aromatica Gaertn. 534
Durio zibethinus L. 489

E

Elaeocarpaceae 426
Elatinaceae 535, *675*
Elatine L. 535, *675 a*
,, Alsinastrum L. 536
,, ambigua Wight 539
,, campylosperma Seubert 543
,, hexandra (Lapierre) DC. 540
,, Hydropiper L. 541
,, Oederi Moesz 541
,, paludosa Seubert 540
,, triandra Schkuhr 538
,, verticillata Lam. 536
Empleurum ensatum (Thunb.) Eckl. et Zeyh. 50
Eriodendron anfractuosum DC. 489
Erythrochiton Nees et Mart. 51
Erythroxylaceae 37
Erythroxylon Coca Lam. 37
Esenbeckia H. B. et Kth. 51
Euphorbia L. 134, *671 c*
,, acuminata Lam. 185
,, alpigena Kerner 155
,, ambigua Waldst. et Kit. 156
,, amygdaloides L. 164
,, amygdaloides Lumn. nec L. 166
,, angulata Jacq. 156
,, Austriaca A. Kerner 149
,, Carniolica Jacq. 156
,, Chamaesyce L. 145
,, Cyparissias L. 167
,, dulcis L. 154
,, Engelmanni Thellung 145
,, epithymoides Jacq. non L. 153
,, epithymoides L. non Jacq. 152
,, Esula L. 170
,, exigua L. 187
,, falcata L. 184
,, Figerti Dörfler 189
,, flavicoma DC. 159
,, fragifera Jan. 152
,, fulgens Karw. 135
,, Gayi Salis z. T. 182
,, Gerardiana Jacq. 177
,, Helioscopia L. 163
,, humifusa Willd. 144
,, hypericifolia Hill. 143
,, Jaquiniaeflora Hook. 135
,, intercedens Podp. 189
,, Kaleniczenkii Czern. 171
,, Kerneri Huter 182
,, Lathyris L. 146
,, lucida Waldst. et Kit. 172
,, maculata L. 145
,, Myrsinites L. 137
,, Myrsinites Wulf. non L. 180
,, Nicaeensis All. 180
,, nutans Lagasca 143
,, palustris L. 150
,, Pannonica Host 181
,, paradoxa Schur 166
,, paradoxa Schur 189
,, Peplis L. 140
,, Peplus L. 186
,, pilosa L. p. p. 148
,, platyphyllos L. 160
,, polychroma Kerner 153
,, procera Bieb. 148
,, pseudolucida Schur 189
,, pulcherrima Wild. 136

Euphorbia resinifera Berg 124
,, salicifolia Host 166
,, saxatilis Jacq. 181
,, saxatilis Poll. non Jacq. 182
,, segetalis L. 183
,, Seguieri Vill. 177
,, Seguieriana Necker 177
,, serotina Host 180
,, serpens Humb., Bonpl. et Kth. 140
,, serpyllifolia Pers. 140
,, serratula Thuill. 161
,, splendens Bojer 136
,, stricta L. 161
,, variabilis Cesati 182
,, verrucosa L. 157
,, villosa Waldst. et Kit. 148
,, virgata Waldst. et Kit 173
Euphorbiaceae 113, *671 b*
Evodia Forst. 47
Evonymus L. 246, *672 d*
,, Europaea L. 249
,, Japonica Thunb. 247
,, latifolia Miller 254
,, radicans Miq 248
,, verrucosa Scop. 252
,, vulgaris Miller 249
Exooecaria Agallocha L. 120

F

Fagara L. 47
Fegimaura Africana Pierre 80
Feronia elephantum Correa 54
Flacourtiaceae 656
Flindersia R. Br. 52
Fouquierineae 493
Frangula Miller 343, *673 d*
,, Alnus Miller 344
,, pentaphylla Gilib. 344
,, Purshiana Coop. 343
,, rupestris Brongniard 349
,, vulgaris Borkh. 344
,, Wulfenii Rchb. 349
Frankeniaceae 543
Fraxinella Dictamnus Moench 74
Fumana (Dun.) Spach 578, *675 c*
,, ericoides (Cavan.) Pau 579
,, vulgaris Spach 579
,, vulgaris Spach 581

G

Galipea jasminiflora (St. Hil.) Engler 51
Garcinia L. 501
Goethea Nees et Mart. 457
Gonystilaceae 426
Gossypium L. 460, *674 c*
Grewia L. 429
Guajacum L. 39
Guttiferae 498

H

Halimium (Dunal) Willk. 552
Haplophyllum patavinum A. Juss. 73
Helianthemum Miller 561, *675 b*
,, alpestre Grosser p. p. 576
,, Apenninum (L.) Mill. 563
,, canum (L.) Baumg. 573
,, Chamaecistus Miller 565
,, ericoides Dunal 579
,, Fumana Dunal 579
,, Fumana Mill. 581
,, guttatum Mill. 559
,, Italicum (L.) Pers. 575

Helianthemum Kerneri Gottlieb et Janchen 578
,, marifolium Miller non Lam. et DC. 573
,, nummularium (L.) Miller 565
,, Oelandicum Lam. et DC. 576
,, pulverulentum Lam. et DC. 563
,, salicifolium (L.) Mill. 572
,, vulgare Gaertner 565
Helodes palustris Spach 509
Heritiera litoralis Dryand. 492
Hevea 118
,, Brasiliensis Müll.-Aarg. 118
Hibiscus L. 458
,, Syriacus L. 459
,, Trionum L. 458
Hippocastanaceae 296, *673 a*
Hippocastanum vulgare Gaertner 301
Hippocrateaceae 256
Hippomane 118
,, Mancinella L. 118
Hovenia dulcis Thunb. 324
Hypericaceae 498, *674 d*
Hypericum L. 502, *674 d*
,, acutum Moench 520
,, amplexicaule Gilib. 523
,, Androsaemum L. 511
,, Ascyron L. 504
,, bacciferum Lam. 511
,, barbatum Jacq. 532
,, calycinum L. 504
,, Coris L. 513
,, elegans Stephan 522
,, Helodes L. 509
,, hircinum L. 505
,, hirsutum L. 515
,, humifusum L. 514
,, Kohlianum Sprengl. 522
,, Laschii Fröhlich 533
,, maculatum Crantz 517
,, medium Petermann 533
,, montanum L. 524
,, officinarum Crantz 526
,, perforatum L. 526
,, pulchrum L. 523
,, quadrangulum auct. 517
,, quadrangulum Crantz 520
,, Richeri Vill. 530
,, tetrapterum Fries 520
Hura crepitans L. 118

I (J)

Jatropha curcas L. 120
,, Manihot L. 119
Icacinaceae 261
Idesia polycarpa Maxim. 656
Ilex L. 234, *672 c*
,, Aquifolium L. 236
,, Paraguariensis St. Hil. 235
Impatiens L. 310, *673 b*
,, glandulifera Royle 313
,, Holstii Engl. et Warb. 314
,, Marianae Rchb. 313
,, Noli tangere L. 314
,, parviflora DC. 317
,, Roylei Walpers 313
,, Sultani Hook f. 314
Irvingia Hook. f. 80

K

Kelleronia splendens Schinz 40
Khaja Senegalensis Juss. 85
Kirkia acuminata Oliv. 80
Koelreuteria paniculata Laxm. 308

L

Larrea Cav. 40
Lavatera 471
  ,, arborea L. 472
  ,, Olbia L. 472
  ,, Thuringiaca L. 472
  ,, trimestris L. 471
  ,, vitifolia Tausch 472
Leea L. 351
Limnanthaceae 213
Limnanthes Douglasii R. Br. 213
Linaceae 1, *669*
Linodes Ludw. 2
Linum L. 3, *669*
  ,, alpinum Jacq. 15
  ,, Anglicum (Mill.) 17
  ,, angustifolium Huds. 22
  ,, angustifolium Tomaschek 12
  ,, Austriacum L. 19
  ,, Bavaricum F. Schultz 17
  ,, bienne Mill. 21
  ,, campanulatum L. 5
  ,, catharticum L. 6
  ,, Darmstadinum Alefeld 17
  ,, flavum L. 8
  ,, Gallicum L. 14
  ,, grandiflorum Desf. 5
  ,, hirsutum L. 11
  ,, Julicum Hayek 16
  ,, laeve Scop. 16
  ,, Leonii F. Schultz 17
  ,, Narbonense L. 14
  ,, nodiflorum L. 5
  ,, perenne L. 17
  ,, Petryi R. Beyer 18
  ,, tenuifolium L. 12
  ,, usitatissimum L. 20
  ,, viscosum L. 10
Litchi Chinensis Sonn. 307
Loasaceae 661

M

Mallotus Philippinensis Müll.-Aarg. 129
Malope L. 455
Malphighiaceae 86
Malva L. 474, *674 c*
  ,, Alcea L. 478
  ,, borealis Wallman 487
  ,, hirsuta Schultz 470
  ,, Mauritanica L. 483
  ,, moschata L. 479
  ,, neglecta Wallr. 485
  ,, parviflora L. 477
  ,, pusilla Withering 487
  ,, rotundifolia L. p. p. 485
  ,, setigera Spenn. 470
  ,, silvestris L. 481
  ,, Thuringiaca Vis. 472
  ,, verticillata L. 475
  ,, vulgaris Fries 485
Malvaceae 453, *674 c*
Malvales 425, *674 c*
Malvastrum A. Gray 455
Malvaviscus Dill. 457
Mamma Americana L. 500
Mangifera Indica L. 215
Manihot Aipi Pohl 119
  ,, Carthagiensis (Jacq.) Müll.-Aarg. 119
  ,, Glaziowii Müll.-Aarg. 119
  ,, utilissima Pohl 119
Marcgraviaceae 494
Melia Azedarach L. 84
Meliaceae 84
Melianthaceae 309
Mentzelia 662
Mercurialis annua L. 126, *671 c*
  ,, ovata Sternb. et Hoppe 133
  ,, Paxii Graebner 134

Mercurialis perennis L. 129
  ,, tomentosa L. 126
Mesua L. 500
Micrandra siphonioides Benth. 119
Millegrana Kramer 2
Modiola Caroliniana (L.) Don. 457
Monnina Ruiz et Pav. 88
Monnieria L. 52
Moutabea Aubl. 87
Muraltia Neck. 88
Murraya L. 54
Myricaria Desv. 548, *675 a*
  ,, Germanica (L.) Desv. 548

N

Negundo aceroides Moench 293
  ,, fraxinifolium Nutt. 293
Nitraria L. 41

O

Ochnaceae 494
Ochrocarpus Thouars 500
Ochroma lagopus Sw. 489
Oryxa Thunb. 48

P

Pachysandra Michx. 202
Palava Cav. 455
Paliurus Gaertner 326, *673 c*
  ,, aculeatus Lam. 326
  ,, australis Gaertner 326
  ,, Spina-Christi Miller 326
Papayaceae 660
Parietales 492
Parthenocissus Planchon 356
  ,, quinquefolia (L.) *673 d* Planch. 358
  ,, tricuspidata Planch. 357
  ,, Veitchi Graebner 357
  ,, vitacea Hitchcock 357
Passifloraceae 658
Paullinia Cupana H. B. et Kth. 307
  ,, sorbilis Mart. 307
Pavia alba Poir. 300
  ,, rubra Poir. 300
Pavonia L. 457
Peganum L. 41
Pentaclethra macrophylla Benth. 80
Pentadesma butyraceum Don 502
Pentaphylacaceae 233
Phellodendron Rupr. 53
Phylica 326
Phyllanthus emblica Willd. 120
  ,, Niruri L. 117
  ,, speciosus Jacq. 125
Phytocrenaceae 261
Picraena excelsa Planch 79
Picramnia Sw. 80
Picrasma excelsa Planch. 79
Pilocarpus Vahl 50
Pistacia L. 229, *672 c*
  ,, Lentiscus L. 230
  ,, Terebinthus L. 232
Poinsettia Graham 136
Polygala (Tournef.) L. 89, *671 a*
  ,, alpestris Rchb. 104
  ,, alpina (DC.) Steudel 112
  ,, amara L. 108
  ,, Badensis Schimp. et Spenn. 105
  ,, calcarea F. W. Schultz 107
  ,, Chamaebuxus L. 91
  ,, comosa Schkuhr 98
  ,, depressa Wender 105
  ,, heterophylla F. W. Schultz 107

Polygala magna Georgi 95
  ,, major Jacq. 95
  ,, microcarpa Gaudin 104
  ,, mutabilis Dum. 105
  ,, myrtifolia L. 89
  ,, Nicaeensis Risso 96
  ,, Senega L. 89
  ,, serpyllacea Weihe 105
  ,, serpyllifolia J. A. C. Hose 105
  ,, Sibirica L. 90
  ,, Vilhelmi Podpěra 113
  ,, vulgaris L. 101
Polygalaceae 86, *671 a*
Polygalum Buchenau 89
Psedera Necker 356
  ,, quinquefolia Greene 358
Ptelea L. 52
Pterisanthus Blume 354

Qu

Quassia amara L. 79
Quinaria Raf. 356
  ,, quinquefolia Koehne 357
  ,, tricuspidata Koehne 357
  ,, Veitchi Koehne 357

R

Radiola Hill. 2, *669*
  ,, linoides Roth 2
Reaumuria L. 544
Rhamnaceae 320, *673 c*
Rhamnales 320
Rhamnus L. 329, *673 c*
  ,, Alaternus L. 330
  ,, alnifolia L'Hérit. 331
  ,, alpina L. 340
  ,, Carniolica A. Kern. 342
  ,, cathartica L. 332
  ,, fallax Boiss. 342
  ,, Frangula L. 344
  ,, hybrida L'Hérit. 343
  ,, imeretina Booth. 331
  ,, Mulleyana Fritsch 343
  ,, Paliurus L. 326
  ,, pumila Turra 337
  ,, Purshiana DC. 343
  ,, rupestris Scop. 349
  ,, saxatilis Jacquin 335
  ,, Zizyphus L. 322
Rhizoboleae 494
Rhoicissus Planch. 354
Rhus L. 218, *672 b*
  ,, aromatica Ait. 220
  ,, Cacodendron Ehrh. 81
  ,, coriaria L. 224
  ,, Cotinus L. 226
  ,, glabra L. 223
  ,, Osbecki Steud. 225
  ,, radicans L. 221
  ,, succedanea L. 225
  ,, Toxicodendron L. 220
  ,, trilobata Nutt. 220
  ,, typhina L. 222
  ,, venenata DC. 222
  ,, vernicifera DC. 221
  ,, Vernix L. 222
  ,, viridiflora Poir. 222
Ricinodendron 118
Ricinus communis L. 120
  ,, inermis Jacq. 120
Rottlera tinctoria Roxb. 125
Ruta L. 68, *671*
  ,, divaricata Tenore 70
  ,, graveolens L. 69
  ,, Patavina L. 73
Rutaceae 44, *671*

S

Sabiaceae 309
Sapindaceae 306
Sapindales 202
Sapindus Saponaria L. 307
Sapium 119
„ sebiferum Rox. 120
Sargentia Wats. 53
Schinopsis Engl. 217
Schinus molle L. 217
Schizochlaenaceae 426
Scytopetalaceae 426
Securidaca L. 87
Shoera Wiesneri Schiffner 534
Sida L. 45
Sidalcea A. Gray 455
Simaruba amara Aubl. 79
„ officinalis DC. non Macf. 79
Simarubaceae 77, *671 a*
Simmondsia Chinensis Link 203
Siphonia 118
Skimmia Japonica Thunb. 53
Sparmannia Africana L. f. 428
Sphaeralcea St. Hilaire 457
Spondias L. 216
Stachyuraceae 493
Stackhousiaceae 256
Staphyleaceae 256, *673*
Staphylea Bumalda Sieb. et Zucc. 257
„ pinnata L. 258, *673*
„ trifolia L. 258
Stegia Lavatera DC. 471
Sterculiaceae 489
Swietenia Mahagoni L. 85

T

Tamaricaceae 544, *675 a*
Tamariscus Scop. 548
„ Germanicus Scop. 548
Tamarix Africana Poir. 547
„ articulata Vahl 546
„ elegans Spach 547
„ Germanica L. 548
„ mannifera 545
„ pentandra Pall. 547
„ tetrandra Pall. 548
Ternstroemiaceae 494
Tetradiclis salsa Stev. 41
Tetrastigma Planch. 354
Thea Assamica Masters 495
„ Japonica Nois. 497
„ Sinensis L. 495
Theaceae 494
Theobroma Cacao L. 490
Thomasia quercifolia Gay 492
Tiglium officinale Klotzsch 124
Tilia L. 430, *674 b*
„ Americana L. 436
„ Baroniana Diels 436
„ cordata Mill. 437
„ euchlora Koch 452
„ Europaea L. 446
„ grandifolia Ehrh. 446
„ heterophylla hort. 452
„ heterophylla Venten. 436
„ parvifolia Ehrh. 437
„ petiolaris C. K. Schneider 434
„ platyphyllos Scop. 446
„ rubra DC. 434
„ Sibirica Bayer 433
„ silvestris Desf. 437
„ Spaethii L. 452
„ tomentosa Moench 434
„ ulmifolia Scop. 437
Tiliaceae 426, *674 a*
Tithymalaceae 113
Tithymalus Tourn. 134
„ amygdaloides Hill. 164

Tythmyalus angulatus Klotzsch et Garcke 156
„ cinerascens Moench 183
„ Cyparissias Scop. 167
„ dulcis Scop. 154
„ Esula Moench 170
„ exiguus Moench 187
„ falcatus Klotzsch et Garcke 184
„ fruticosus Gilib. 150
„ lucidus Klotzsch et Garcke 172
„ palustris Hill. 150
„ segetalis Lam. 183
„ Seguierii Scop. 180
„ verrucosus Scop. 157
„ virgatus Klotzsch et Garcke 173
Toddalia aculeata Lam. 53
Toxicodendron altissimum Miller 81
„ Capense Thunb. 120
„ pubescens Mill. 220
Tragia cannabina L. 120
Tremandraceae 86
Tribulus terrestris L. 42, *671*
Trigoniaceae 86
Tripentas helodes Ascherson 509
Triphasia Aurantiola Lour. 54
Triumfetta L. 429
Tuberiaria guttata (L.) Fourreau 559
Turneraceae 657

U

Urena L. 457

V

Viola L., *586, 675 d*
„ adulterina Godr. 654
„ alba Besser 645
„ alpina Jacq. 613
„ Altaica Ker-Gawler 593
„ ambigua Waldst. et Kit. 642
„ arborescens L. 594
„ arenaria DC. 636
„ arvensis Murray 601
„ atrichocarpa Borb. 655
„ Austriaca Kerner 649
„ Battandieri W. Becker 593
„ Bernoulliana W. Becker 656
„ biflora L. 617
„ Borussica (Borb.) W. Becker 654
„ Braunii Borb. 653
„ Burnati Gremli 654
„ calcarata L. 609
„ Canadensis L. 594
„ canina L. 619
„ caninaeformis C. Richter 635
„ Cenisia L. 612
„ Chenevardii W. Becker 654
„ Christii Wolf 616
„ chrysantha Hook. 594
„ collina Besser 640
„ cornuta L. 614
„ cucullata Aiton 594
„ cyanea Čelak. 648
„ declinata Gaudin 608
„ digenea Rouy et Fouc. 656
„ Dioszegiana Borb. 655
„ Dubyana Burnat 608
„ Duffortii Fouilld. 656
„ elatior Fries 623
„ epipsila Ledebour 629
„ Gerstlaueri L. Gross 654
„ grandiflora Host non L. 613
„ Gremblichii Murr 655
„ Haynaldii Wiesb. 655
„ heterocarpa Borb. 654
„ hirta L. 638
„ hirtaeformis Wiesbaur 654

Viola Hungarica Degen et Sabr. 655
„ hybrida Wulfen 626
„ insignis C. Richter 648
„ interjecta Borb. 654
„ intermedia Rchb. 654
„ Iselensis W. Becker 655
„ Kalksburgensis Wiesbaur 655
„ Kerneri Wiesbaur 654
„ Klingeana Kupfer 653
„ lactea Sm. 621
„ Luganensis Becker 655
„ lutea Huds. 605
„ Mantziana Becker 615
„ Medeli W. Becker 654
„ Merkensteinensis Wiesb. 655
„ mirabilis L. 631
„ mixta Kerner 654
„ Moedlingensis Wiesb. 655
„ montana L. 621, 623
„ Montfortensis Pöll 655
„ multicaulis Jord. 655
„ Murbeckii Dörfler 654
„ Muretii F. O. Wolf 655
„ Murrii Pöll 655
„ neglecta Schmidt 654
„ Neoburgensis Erdner 655
„ nigricans Schur 646
„ nitens Host 626
„ obliqua Hill 594
„ odorata L. 649
„ Oenipontana Murr 655
„ Olimpia Beggiato 656
„ oreades Bieb. 593
„ Pacheri Wiesbaur 654
„ palustris L. 628
„ pedata L. 594
„ permixta Jord. 655
„ perplexa Gremli 654
„ persicifolia Roth 622
„ pinnata L. 630
„ Poelliana Murr 655
„ pratensis Mert. et Koch 625
„ pumila Chaix 625
„ Pyrenaica Ramond 644
„ Raetica Borb. 655
„ Reichenbachiana Jordan 634
„ Reverchoni Willk. 649
„ Riviniana Rchb. 635
„ Rothomagensis Desf. 605
„ rupestris Schmidt 636
„ Ruppii Rchb. 621
„ Ruprechtiana Borb. 653
„ Salvatoriana Becker et Thellung 655
„ Sardagnae W. Becker 655
„ scaturiginosa Wallr. 626
„ Scharlockii W. Becker 654
„ Schultzii Kirchl. 621
„ sciaphila Koch 644
„ scotophila Jord. 645
„ Sedunensis F. O. Wolf 655
„ sepincola Jord. 647 u. 649
„ silvatica Fries 634
„ silvestris Lam. 634
„ stagnina Kit. 622
„ suaviflora Borb. et H. Braun 655
„ suavis Becker 647
„ Sudetica Willd. 607
„ Tatrae Borbás 615
„ Tessinensis Becker 655
„ Thomasiana Perr. et Song. 643
„ Tirolensis Borb. 655
„ Torslundensis W. Becker 653
„ tricolor L. 597
„ Tridentina W. Becker 640
„ uliginosa Besser 626
„ umbrosa Sauter 644
„ variifrons Pöll 655
„ Vindobonensis Wiesb. 655
„ Vilinaensis W. Becker 654
„ Wiesbaurii Sabransky 655
„ Wilczekiana Beauverd 655

Viola Williamsii Wittrock 616
„   Wittrockiana Gams 616
„   Wolfiana W. Becker 649
„   Zoisii Wulfen 611
Violaceae 585, *675 c*
Vitaceae 350, *673 d*
Vitis L. 359, *673 d*
„   aestivalis Michx. 361
„   Californica Benth. 361
„   candicans Engelm. 361
„   Coignetiae Pulliat 361
„   cordata C. Koch 355
„   cordifolia Michx. 362
„   Labrusca L. 361

Vitis riparia Michx. 361
„   rotundifolia Michx. 360
„   rubra Michx. 362
„   rupestris Scheele 361
„   Solonis Pulliat 362
„   Thunbergii Sieb. et Zucc. 361
„   vinifera L. 363
„   vulpina L. 361
Vochysiaceae 86

W

Winteranaceae 584

X

Xanthoceras sorbifolium Bunge 308
Xantholinum flavum Rchb. 8
Xanthophyllum Roxb. 87
Xanthoxylum L. 47
Xylocarpus obovatus A. Juss. 85
Xyolphylla latifolia hort. 125

Z

Zizyphus Jujuba Miller non Lam. 322
„   Paliurus Willd. 326
Zygophyllaceae 38, *670*

II. Verzeichnis der deutschen Pflanzennamen

A

Aârn 262
Acajoubaum 215
Achån 262
Acher 262
Acker-Flachs 21
Adams-Apfel 63, 65
Adenkelcher 598
Adingelche 598
Äpelduhrn 284
Äscher 275
Agrumen 55
Ahôren 262
Ahorn 262
„ , Dreilappiger 288
„ , Roter 271
„ , Schneeballblätteriger 290
„ , Sibirischer 272
„ , Tatarischer 272
„ -Gewächse 262
Ahorra 262
Alm-Veigl (gelba) 617
Alpen-Johanniskraut 530
„ -Kreuzblume 112
„ -Kreuzdorn 340
„ -Lein 15
„ -Stiefmütterchen 609
Alte Eh 467
Alter Thee 467
Alte Weiber 127
Altthee 467
Amblabaum 120
Anger-Veilchen 638
Apeldäörn 284
Apenninen-Sonnenröschen 563
Apfel, Medischer 64
Apfelsine 64
Asch-Wurz, Weisse 74
Auheuren 262
Australisches Veilchen 594
Azerolen 86

B

Bapple 474
Båblrosen 464
Bäärlipalme 236
Bäumli-Chrut 126
Bäwille 474
Balme 236
Balsamine 310, 313
Bapple(n) 474
Barbados-Kirschen 86
Bast-Holz 430
Batterle 250
Baum-Veilchen 651, 652
Baumwollbaum 460
Baumwolle 460
Baumwürgergewächse 243
Begonien 664
Bemmanissl 258
Berg-Ahorn 274
Bergamotte 60
Berg-Esche 275
„ -Johanniskraut 524
„ -Sonnenröschen 577
„ Veilchen- Gelbes 617
„ -Viönli 617
Biberli 258
Biber-Nüssli 258
Bigarade 59
Bingelkraut 126, 129, 190, Fig. 180

Birtzenbertz 548
Bisam-Hyazinthe Fig. 1934
„ -Malve 479
Bitterholzgewächse 77
Blasen-Esche 308
„ -Strauch 257, 258
Blau-Maia(li) 587
„ -Veilchen 647
Bleiches Torfveilchen 622
Blind-Baum 118
Blofalke 587
Bloofaijun 587
Blovelka 587
Blut-Årle 275
Blutgros 527
Blutheil 511
Bochs 204
Bräzeliholz 249
Brasilianischer Quassiabaum 79
Brenn-Rebe 662
„ -Winde, Ziegelrote 662
„ -Winden 661
Brillen-Baum 263
Bruch-Veilchen, Großblumiges 626
Buabarose 464
Bucheschern 275
Buchs 204
„ , Wilde(r) 91
Buchsbaum 204
Buchs-Gewächse 202
Büffel-Rebe 360
Bullen-Krud 134
Bullmelk 134
Bumbeschlegeli 250
Burgen-Ahorn 288
Burrosen 464
Burzel-Dorn 42
Buskboom 204
Bussboom 204
Butschellaholz 249
Butter-Baum 502
„ -Schlägl 474
„ -Wecke(n) 474
Buukkasten 345

C

Camellie 497
Cassavestrauch 119
Cedro 65
„ -Limone 65
Chäsli 474
Chaspappele(n) 474
Chellerschlösseli 91
Chingerte 345
Chol-Rose 464
Chotz-beri 146
Chrälleli 249
Christ-Dorn 236
Christi Kreuzblut un Blômen 527
Christus-Auge 598
„ -Blut 527
„ -Dorn 136
„ -Palme 121
Chrotte-Beeri 345
„ -Holz 345
„ -Stude 345
Citronelle 68

D

Dälerkretz'n 130
Dänckeli 598

Damischkerl 548
Dankeli 598
Denggeli 598
Denkelcher 598
Deutscher-Rispelstrauch 548
Dickdarm 74
Dickenda(r)m 74
Dinara-Veilchen 611
Dinkelcher 598
Dippdapp 74
Diptam 74
Döörn 236
Donner-Kraut 163
Dost, Gële 527
Dreifaltigkeits-Blümel 598
„ -Blume 597
Dreifaltigkeit(sli) 598
Dreifaltigkeitsveigerl 598
Dresch-Lein 21
Dröegbad 69
Druden-Milch 134
Düll-Krudd 134
Düwels-Beeren 345
Durian-Baum 489

E

Efeu, Giftiger 220
Effeltenholt 284
Ehren 262
Ehrn 262
Eibisch 463, 367
„ , Stunden- 458
Eisenholzbaum 500
Ellhorn 262
Engelliebele 598
Engels-Köpf 263
Englieblin 598
Epellern 284
Eperle 284
Erd-Äppelkes 474
Erdbeer-Wolfsmilch 152
Erzblume 607
Eschen-Ahorn 293
Esels-Milch 134
„ -Wolfsmilch 170
Esp 285
Esrog 64
Essig-Baum 222
Ethrog 65

F

Fackel-Träger 662
Färbakraut 527
Faulbaum 343, 345
„ , Felsen- 349
Faulkirschen 344
Feder-Busch 546
Feld-Ahorn 284
„ -Sträußl 101
„ -Veigerl 598
Fellriss(wurzel) 478
Felsen-Heideröschen 580
„ -Kreuzdorn 835
„ -Wolfsmilch 181
Fieber-Kraut 527
Fijäuleken 586
Fiölke 586
Flachs 3, 20
Fläder(baum) 275

Fleißiges Lieschen 314
Flieder, Indischer 85
„ , Persischer 85
Flügel-Johanniskraut 520
Föllmagen 127
Folk 586
Fransen-Träger 120
Franzosechruut 127
Fraue(n)-Kraut 527
Frauen-Pliester 527
„ -Schüchl 91
Fraue-Schücherl 598
Freisam(kraut) 597, 598, 605
Frösche-Veilchen 619
Früh-Linde 446
Frühlings-Ahorn 290
Fuchs-Rebe 360, 361
Fuë 236
Fülk'n 344
Ful-Beri 344
Fulholt 344

G

Gänse-Papplel 485
Gäns-Pappe 474
Gaispalme 236
Gaissläuberne Hecka 285
Galmei-Veilchen 607
Garten-Balsamine 313
„ -Raute 69
„ -Stiefmütterchen 616
„ -Wolfsmilch 186
Geise(n)-Milch 134
Geisen-Schinken 250
Geiss-Klee, Regensburger 78
Gelbes-Bergveilchen 617
„ -Stiefmütterchen 605
Gelb-Holz 47
Gerber-Sumach 224
Geröll-Stiefmütterchen 612
Geseetche 598
Gesichter, (brete) 598
Gicht-Holt 345
Giftfirnisbaum 216
Gift-Sumach 220, 222
Gizer 130
Glotz-Bock 598
Glücks-Nüsschen 258
Gockelskern 250
Götterbaum 80
„ , Chinesischer 81
Gold-Hansel 101
Gottes-Auge 667
Gras-Linde 446
Grind-Holz 345
Groaschpa 236
Grundheil 511
Gufenöli 486

H

Haar 20
Hackmesser 263
Hain-Veilchen 635
Hals-Chralle 249
Halsen 236
Halsrose 464
Hampf, Wilde(r) 126
Haneklöt 249
Hanf, Gelber 663
„ -Rose 454
„ -Stockrose 465
Hart-Bäm 284
Hartenau 526
Hartheu 502
„ , Tüpfel 526
Hartholz 284
Hasen-Kohl 474
Hasen-Pappel 474, 485

Haut-Baum 345
Hecken-Veilchen 649
Heerächäppli 249
Hefepilze 400
Heide-Johanniskraut 523
Heideröschen 579
„ , Felsen- 580
Heide-Veilchen 619
Heilig'ngeistbleaml 101
Heil-Wurz 467
Herbst-Rose(n) 464
Hergottaschüehli 91
Hergotts Strömpf und Schua 91
Hergotts-Blümli 598
„ -Blut 526, 527
„ -Wundenkraut 527
Hertenau 526
Herz-Jesuveiele 598
Hexa-Kraut 526
Hexe-Kraut 134
Hexen-Dorn 332
Hexenkraut 526
Hexe(n)-Milch 134
Himmels-Bläuäli 619
Himmels-Schlüsseli 91
Hirschen-Kraut 163
Hirschkolben-Sumach 222
Hirzwurz 74
Hoch-Leuchte 478
Höls 236
Hofenöli 586
Holunder, Chinesischer 85
„ , Persischer 85
Honskraut(l) 526
Hornveilchen 614
Hosa-Brutlan 474
Hübsche 467
Hügel-Veilchen 640
Hühner-Aug(en) 345
Hülse(n) 236
Hülskrabbe 236
Huenschel 236
Hütchen 249
Hulseheck 236
Hulseholz 236
Hunds-Bäumes 345
„ -Baum 121
„ -Beer(e), (Schwarze) 332
„ -Beer(staude) 332, 345
„ -Gurke 474
„ -Kümmerli 474
„ -Milch 134, 163
„ -Veilchen 619
„ „ , Großes 634
Hundtischdoarnach 332
Huneklötn 249
Hurlebusk 236
Huschelbusch 236

I

Ibisch 467
Ibsch(g)e 467
Ibste 467
Ihren 262
Ispe 467

J

Jageteufel 526
Jambir 64
Jelängerjelieber 598
Jesus-Blü(a)mli 598
„ -Knäbli 598
Jesusli 598
Jesu-Veiele 595
„ -Wundenkraut 527
Jochblattgewächse 38
Jödüvel 526
Johann-Blut 526, 527
Johannis-Chrut 526

Johanniskraut 502
„ , Alpen- 530
„ , Berg- 524
„ , Heide- 523
„ , Sumpf- 509
Johanniskrautgewächse 498
Johannis-Schweiß 527
Jude-Gesecht 598
Juden-Dorn 322
Jude(n)-Kest 301
Judenkirsche 250
Juden-Nütte 258
Jude-Veialatt 598
„ -Veiele 598, 619
Jumpfere(n)kraut 527
Jungfernrebe 356, 357
Jute, Langkapsel- 428
„ , Rundkapsel- 428

K

Kadenkelche 598
Käppchen 249
Käschenkrät 474
Käse-Babbel 474
„ -Krät 474
„ -Näpfchen 474
„ -Pappel 474, 485
Käslaebla 474
Käsle 474
Kästene 301
Kaiskes 474
Kakaobaum 490
Kalk-Kreuzblume 107
Kapittelkraut 163
Kapokbaum 489
Kaschubaum 215
Kasnapfel 474
Kaspobln 474
Kastandel 301
Kastangel 301
Katten-Käs(e) 474
„ -Klauen 250
„ -Krallen 474
Katzen-Rebe 362
Katze-Vcigele 619
Kaukasische Linde 434
Keeskes 474
Kelmesblume 605, 607
Kerzen-Nußbaum 120
Kescheze 301
Keschte 301
Kest(ene), Wildi 301
Klärenöte 258
Klang-Lein 22
Klapp-Res(en) 464
Klew(a)s 280
Klon 280
Klotzerveilchen 598
Knack-Baum 285
Knack-Holler 285
Königs-Lein 21
Kokapflanze 37
Konradskraut 511, 526
Kork-Baum 53
Krätzen 134
„ -Gras 134
„ -Kraut 134
Krallen 474
„ -Bläer 474
„ -Blöme 474
„ -Krud 474
Kreosotstrauch 40
Kreuzblume 89, 101
„ , Bittere 108
„ , Buchsblätterige 91
„ , Große 95
Kreuzblumengewächse 86
Kreuzdorn 329
„ , Felsen- 335
„ , Zwerg- 337

677 d

Kreuzdorn-Gewächse 320
Kreuz-Krottch 527
„   -Raute 69
„   -Tännel 538
Kristanje 301
Kröten-Bleaml 134
„   -Gras 134
„   -Kraut 134
Krüütken röhr mi nich an 314
Krusabel 284
Küachla 474

L

Lackmuskraut 120
Lack-Sumach 221
Laön 280
Läuse-Baum 120
Laxirkrut 163
Leder-Blume 52
Leible 474
Leim-Baum 280
Lein 3, 20
„ , Gelber 8
„ , Klebriger 10
„   -Baum 280, 285
Leingewächse 1
Leiwefruggenbettestrauh 527
Lên(e) 280, 285
Len(g) 430
Lenne 280
Lepelholt 249
Lichtnußbaum 120
Liebe-Herrgottsschüehele 598
Liebgsichtli 598
Lie(n) 280
Limette 68
„ , Saure 68
Limone 66
Limonelle 68
Linde 430
„ , Früh- 446
„ , Kaukasische 434
„ , Schwarz- 436
„ , Sommer- 446
„ , Spät- 437
„ , Wald- 437
„ , Winter- 437
Lindengewächse 426
Lingeboom 430
Lin(gen) 430
Linn) 430
Loaberl 474
Löcherkraut 527
Löhne 280
Lönn 430
Lorbeer-Baum, Alexandrinischer 500
Lüs-Beeri 250

M

Macona-Baum 502
Mädchenauge(n) 598
Mäpelahoorn 284
Mäpel(er) 284
März-Veilchen 649, 652
Maeselder 284
Maiblaumenbôm 258
Malve 474
„ , Bisam- 479
„ , Kleine 485
„ , Moschus- 479
„ , Strand- 454
„ , Wilde 481
Malvengewächse 453
Mamabaum 660
Mamja 660
Mamoeiro 660
Mandarine 59
„ , Falsche 64
Mango-Baum 215

Manihot 119
Manna-Tamariske 547
Manns-Blut 511
„   -Chraft 527
„   -Kraft 526
Maria Bettstroh 527
„   -Nägeli 598
Marien-Stängel 598
Mariske(l) 548
Masellere 284
Maserholder 284
Massholder 284
„ , Französischer 288
Mastix-Strauch 230
Mate 235
Maulwurfskraut 146
Medischer Apfel 64
Melkeblömke 134
Melonenbaum 660
Menschengesichter 598
Mess(e)lder 284
Messeller 284
Mierenstern-Tännel 536
Mil'bloama 134
Milch-Chrut 134
Milch-Kraidl 134
„   -Kraut 163, 617
Milchstern 514 Fig. 1943
Mirch 305
Monats-Veilchen 652
Moor-Veilchen, Sibirisches 629
Moos-Veilchen 628
Moschus-Malve 479
Mütschela 249
Mütschelesholz 249
Muettergottes-Pantöffli 91
Muscadine 362
Muttlepalme 236

N

Nachtschatten 127
Nacht-Schatterl 598
„   -Schöppli 598
„   -Vijôle 598
Nadel-Johanniskraut 513
Näbeldörn 284
Näsekniperbôm 263
Nagas-Baum 500
Narboner Lein 14
Nasäspiegel 263
Nasen 263
„   -Baum 262
„   -Stiefel 262
„   -Zwicker 262
Natternzüngel 101
Nierenbaum 215
Nizza-Kreuzblume 96
„   -Wolfsmilch 180

O

Oananie 502
Oarne 262
Öschen (Blaag) 649
Österreicher Lein 19
Ohre 262
Okrapflanze 458
Orange, Bittere 59
„ , Süße 61
Orleansbaum 584
Orn 262
Oster-Veigerl 649
Ottara-Viali 619

P

Paapehötiche 249
Pädde-Krut 129

Pandore 236
Pannkoken 474
Pantöffli 91
Papaya, Affen- 661
„ , Berg- 661
„   - Baum 660
Päpeln 474
Papen-Hötken 249
Päpenmütz(e) 249
Papmklêtn 249
Pappel 464, 474
Pappelächrut 474
Paradies-Apfel 65
„   -Baum 85
Parma-Veilchen 649
Passionsblume 658
Paterkapel 249
Paternoster-Baum 85, 258
Pellemiälke 134
Pemmernüssel 258
Perl-Hyazinthe 392, Fig. 1934
Perückenstrauch 226
Peterzöpfl 101
Pfaffe-Hödili 249
Pfaffen-Hütchen 249
„   -Käppchen 249
„   -Rösel 249
„   -Schläppla 249
„   -Schnalla 598
Pfeffer-Baum, Peruanischer 217
Pfifäholz 345
Pfingst-Veilchen 594
Pflugwurz 478
Piggeholt 249
Pilgerblume 101
Pimpelnuß 258
Pimpernuß 257, 258
„   -Gewächse 256
Pingstwuttel 69
Pinnholt 249
Pistazie 229, 332
Plockholt 249
Pluggenholt 249
Pock-Holz 39
Pockpearlain 345
Pockpearlainschtaude 332
Pöppel 474
Pöppelkees 474
Pogg'nklöt 249
Pôpel 464
Poppeln 474
Porjierkraut 146
Porst-Hirz 548
Pulverholz 344, 345
Pumpel-Mus 63
Pumpelnuß 258
Pumpernickel 258
Pumpernüssli 258
Purgier-Kreuzdorn 332
„   -Lein 6
Puszten-Veilchen 642
Pyrenäen-Stiefmütterchen 614

Qu

Quacken 236
Quassiabaum, Brasilianischer 79
„ , Jamaika- 79
Quendel-Kreuzblume 105
Quirl-Tännel 536

R

Rätkälchenbrot 250
Rasslaub 236
Raute 68
Rautengewächse 44
Rebe 359
Rebengewächse 350
Rispelstrauch 548
Röge mi nich an 314
Rosenkranz-Blum 250

Rosen-Pappel 478
Roßkastanie 298, 301
Roß-Milch 134
Roß-Pappel 474
„ -Schradl 236
„ -Veigele 619
Ruë 69
Rühr mich nicht an 314
Rüster-Titten 163
Rukubaum 584
Russisches Veilchen 648
Rûte(n) 69
Ruten-Wolfsmilch 173
Rutkatlabeem 250

S

Saat-Rose(n) 464
„ -Wolfsmilch 183
Säukestene 301
Sammet-Blüamli 598
Sammet-Pappel 467
„ -Potsch(veilche) 598
„ -Rose 464
Sand-Röschen 558
„ -Veilchen 636
Sanig(e)l 130
Sankt Cäcilienkraut 511
Sau-Pappel 474
Schärä 263
Scharlach-Sumach 223
Scheiß-Beere(n) 332, 245
„ -Kerschen 332
„ -Kraut 127
Schessmal 127
Schiefblattgewächse 663
Schließ-Lein 21
Schlössel-Blüamli 91
Schlöss(e)li 263
Schmërlaebla 474
Schmetterling 263
Schmuck-Kroitche 598
Schneiderlein 101
Schön-Gesicht 598
Schohmakerspiggholt 249
Schopf-Kreuzblume 98
Schradl(laub) 236
Schrattel-Baum 236
Schuenegeliholz 249
Schumakers 249
Schwarzerlä 345
Schwarz-Hasle 345
„ -Linde 436
Schwattbaum 344
Schwebelholz 345
Schwengs-Kraut 127
Schwigerli 597
Schwobetörn 236
Schwögerli 597
Schwölkeblom 598
Sefi(Wilder) 548
Seifenbaum-Gewächse 306
Sigmars-Kraut 478
„ -Wurz 478
Silber-Ahorn 271
„ -Linde, Ungarische 434
Siurbaum 87
Sommer-Linde 446
„ -Rebe 361
Sonnenröschen 561
„ , Appenninen- 563
„ , Berg- 577
„ , Italienisches 575
Sonnen-Wolfsmilch 163
Sonnenwend-Kraut 526
Spät-Linde 437
Spiegel 263
Spiessa-Chrut 146
Spillbom 249
Spindelbaum 246, 249
Spindle 249
Spisehölzli 236

Spitz-Ahorn 280
Splinibeere 345
Sporn-Veilchen 609
Spräkelboom 344
Spräössel 344
Spräzern 344
Spriäkeln 344
Sprickel(n) 344
Spricker(n) 344
Spring-Korn 146
Spring-Kraut 310, 314
Springkraut-Gewächse 309
Spring-Lein 22
„ -Wolfsmilch 146
„ -Wurz 74
Sprötzen(boom) 344
Städlzausert 127
Stangen-Blom 464
Stange(n)-ros 464
Stauden-Lein 17
Stech-Dorn 326
„ -Holder 236
„ -Laub 236
Stechle 236
Stechpalme 234, 236
Stechpalmengewächse 233
Stein-Espe 285
Stein-Veilchen 636
Steppen-Wolfsmilch 177
Stiafmirtal, Gelbes 617
Stickelrosa 464
Stiefmütterchen 586, 597
„ , Alpen- 609
„ , Erz- 605
„ , Gelbes 605
„ , Geröll- 612
Stiel-Tännel 540
Stig-Bluama 464
Stink-Bôm 344
„ -Bêre 344
Stinker 344
Stinkerich 130
Stink-Wide 344
Stockrose 463, 464
„ , Chinesische 464
„ , Schwarze 464
Strand-Malve 454
Strauch-Pappel, 471
„ „ , Thüringer 472
Streich-Kraut 663
Strich-Kraut 663
Studentenwurz 478
Stunden-Blume 458
„ -Eibisch 458
Sumach 218
„ -Gewächse 213
Sumpf-Johanniskraut 509
„ -Veilchen 628
„ -Wolfsmilch 150
Swälkeblom 598
Swalkeblöm 619
Sykomore 85

T

Tännel 535
„ , Kreuz- 538
„ , Wasserpfeffer- 541
„ , Gewächse 535
Tag-und Nachtblüemli 598
„ „ Nachterli 598
„ „ Nachtveigerl 597
Talgbaum, Chinesischer 120
„ , Ostafrikanischer 501
„ , Westafrikanischer 502
Tamariske, Deutsche 548
„ , Manna- 547
Tamariskengewächse 544
Tausendlöcherlkraut 527
Tee-Strauch 495

Teufels-Kraut 134
Theeveigerl 598
Tollkerschen 130
Torf-Veilchen, Bleiches 622
Toten-Kräutel 69
Tournesolpflanze 120
Traspe 363
Trauben-Stock 359
Tuba-Chnopf 619
Tubädeckel 619
Tüfels-Chrut 134
Tüpfel-Hartheu 526
Twieback 474

U

Uhrla 262
Ungarische Silberlinde 434
Unserer lieben Frau Gras 527
„ „ „ Morkro 527
„ „ „ Nagei 527
Urle 262, 275

V

Veiel 586
Veigerl 586
Veigl, Blâbi 587
Veilchen 586
„ , Anger- 638
„ , Australisches 594
„ , Dinara- 611
„ , Hain- 635
„ , Hecken- 649
„ , Hügel- 640
„ , Hunds- 619
„ , März- 649
„ , Parma- 649
„ , Puszten- 642
„ , Russisches 648
„ , Sand- 636
„ , Sporn- 609
„ , Stein- 636
„ , Sumpf- 628
„ , Wald- 634
„ , Weißes 645
„ , Wiesen- 638
„ , Wilde 619
„ , Wohlriechendes 649
„ , Wunder- 631
„ , Zwerg- 625
„ -Gewächse 585
Veilote 586
Vexier-Kescht 301
Vijeli 586
Vijölken 586
Vijoileken, dulle 619
Vijôle 586
Viön(d)li 586
Viul 586
Vögelbeer 345
Vogesengrün 236
Voralpen-Spindelbaum 254

W

Waechlind 430
Wald-Ahorn 274
„ -Bingelkraut 129
„ -Linde 437
„ -Manna 129
„ -Mirtn 91
„ -Springkraut 314
„ -Veilchen 634
Warzen-Kraut 134
„ -Spindelbaum 352
„ -Wolfsmilch 157
Wasser-Alm 285
„ -Altn 285

678a

Wasserpfeffer-Tännel 541
Wasserstern 190
  „   -Gewächse 190
Waxlaub 236
Wein, Wilder 357
Weinberg-Hyazinthe 392 Fig. 1934
Wein-Kraut 69
Weinraute 69
Weinrebe 363, 365
Wein-Stock 359
Weiß-Ahorn 274
  „ -Arle 275
  „ -Bôm 275
Weißes Veilchen 645
Westeleholz 249
Wetter-Rose 458, 478
Wiesen-Veilchen 638
Wilde Malve 481
Wildes Veilchen 619
Wilder Wein 357
Wild-Hanf 126
Wild-Rebe 364
Willen Dönnerluk 163

Winter-Lein, Römischer 21
  „ -Linde 437
Wit-Lêne 280
Witt-Huolern 285
  „ -Näbern 285
Wohlgemut, Falscher 527
Wolfs-Beeren 345
Wolfsmilch 134
  „ , Amerikanische 146
  „ , Krainer 156
  „ , Österreicher 149
  „ , Ungarische 181
  „ - Gewächse 113
Wulwes-Melk 134
Wunder-Baum 120
  „ -Veilchen 631

Z

Zahn-Blöckerli 598
Zapfe(n)holz 345
Zappeholz 345
Zedrachgewächse 84
Zibetbaum, Indischer 489
Zigerli 474
Zimmer-Linde 428
Zistrose 554
Zistrosengewächse 552
Zitronat-Zitrone 65
Zitrone 64, 66
  „ , Süsse 68
Zizerleinsbaum 322
Zucker-Ahorn, Deutscher 280
  „   „ , Echter 271
  „ -Plätzchenkraut 474
  „ -Zöltl 474
Zweck-Holz 249
Zwerg-Buchs 91
  „ -Heidenröschen 581
  „ -Kreuzdorn 337
  „ -Lein 2
  „ -Veilchen 625
Zypressen-Wolfsmilch 167

Inhaltsverzeichnis für Band V, Teil I

Kursive Seitenzahlen beziehen sich auf den Nachtrag

64 Familie Linaceae . . . . . Seite	1, *669*
Radiola	2, *669*
Linum	3, *669*
Familie Humiriaceae	36
Familie Erythroxylaceae	37
65. Familie Zygophyllaceae	38, *670*
Tribulus	42, *671*
Familie Cneoraceae	44
66. Familie Rutaceae	44, *671*
Citrus	54, *671*
Ruta	68, *671*
Dictamnus	74, *671 a*
67. Familie Simarubaceae	77, *671 a*
Ailanthus	80, *671 a*
Familie Burseraceae	83
Familie Meliaceae	84
Familie Malpighiaceae	86
Familie Trigoniaceae	86
Familie Vochysiaceae	86
Familie Tremandraceae	86
68. Familie Polygalaceae	86, *671 a*
Polygala	89, *671 a*
Familie Dichapetalaceae	113
69. Familie Euphorbiaceae	113, *671 b*
Ricinus	120
Mercurialis	126, *671 c*
Euphorbia	134, *671 c*
70. Familie Callitrichaceae . . .	190, *672*
Callitriche	193, *672*
71. Familie Buxaceae	202, *672 b*
Buxus	204, *672 b*
Familie Coriariaceae	213
Familie Limnanthaceae	213
72. Familie Anacardiaceae	213, *672 b*
Rhus	218, *672 b*
Cotinus	226, *672 c*
Pistacia	229, *672 c*
Familie Cyrillaceae	233
Familie Pentaphylacaceae	233
Familie Corynocarpaceae	233
73. Familie Aquifoliaceae	233, *672 c*
Ilex	234, *672 c*
74. Familie Celastraceae	243, *672 d*
Evonymus	246, *672 d*
Familie Hippocrateaceae	256
Familie Stackhousiaceae	256
75. Familie Staphyleaceae	256, *673*
Staphylea	257, *673*
Familie Icacinaceae	261
76. Familie Aceraceae	262, *673*
Acer	262, *673*
77. Familie Hippocastanaceae . . .	296, *673 a*
Aesculus	298, *673 a*
Familie Sapindaceae	306
Familie Sabiaceae . . . . Seite	309
Familie Melianthaceae	309
78. Familie Balsaminaceae	309, *673 b*
Impatiens	310, *673 b*
79. Familie Rhamnaceae	320, *673 c*
Paliurus	326, *673 c*
Rhamnus	329, *673 c*
Frangula	343, *673 d*
80. Familie Vitaceae	350, *673 d*
Ampelopsis	355
Parthenocissus	356, *673 d*
Vitis	359, *673 d*
Der moderne Weinbau	*674*
Familie Elaeocarpaceae	426
Familie Chlaenaceae	426
Familie Gonystilaceae	426
81. Familie Tiliaceae	426, *674 b*
Tilia	430, *674 b*
82. Familie Malvaceae	453, *674 c*
Gossypium	460, *674 c*
Althaea	463, *674 c*
Lavatera	471
Malva	474, *674 d*
Familie Bombaceae	489
Familie Sterculiaceae	489
Familie Dilleniaceae	493
Familie Ochnaceae	494
Familie Caryocaraceae	494
Familie Marcgraviaceae	494
Familie Theaceae	494
83. Familie Hypericaceae (Guttiferae)	498, *674 d*
Hypericum	502, *674 d*
Familie Dipterocarpaceae	533
84. Familie Elatinaceae	535, *675*
Elatine	535, *675 a*
Familie Frankeniaceae	543
85. Familie Tamaricaceae	544, *675 a*
Tamarix	546
Myricaria	548, *675 a*
86. Familie Cistaceae	552, *675 a*
Cistus	554, *675 b*
Tuberaria	558, *675 b*
Helianthemum	561, *675 b*
Fumana	579, *675 c*
Familie Bixaceae	584
Familie Winteranaceae	585
87. Familie Violaceae	585, *675 c*
Viola	586, *675 c*
Familie Flacourtiaceae	656
Familie Turneraceae	657
Familie Passifloraceae	658
Familie Caricaceae	660
Familie Loasaceae	661
Familie Datiscaceae	663
Familie Begoniaceae	663

Nachträge, Berichtigungen und Ergänzungen
    Zusammengestellt von Dr. Alexander Schmidt, Hamburg 669
Verzeichnis der lateinischen Pflanzennamen . . . . 676 c
Verzeichnis der deutschen Pflanzennamen . . . . 677 c